简明铝合金加工手册

谢水生　刘静安　徐　骏　李静媛　编

北　京

冶　金　工　业　出　版　社

2016

内 容 简 介

本手册全面、系统地介绍了铝及铝合金加工工艺、技术和装备，特别对近年来铝加工工业的新材料、新工艺、新技术和新设备进行了详细介绍。内容丰富，简明实用。

手册共分6篇。第1篇为绪论；第2篇为变形铝合金及典型性能；第3篇为铝及铝合金加工技术；第4篇为铝材深加工技术及其开发应用；第5篇为废铝回收再生、环境保护与安全生产技术；第6篇为铝材产品检验与技术标准目录总汇。

本手册是铝加工企业技术人员、生产人员、质量管理人员、检测人员以及科研院所的工程技术人员和研究人员必备的实用工具书；也可供从事铝及铝合金材料深加工产品生产、科研、设计、产品开发、营销方面的技术人员和管理人员阅读；并可作为大专院校有关专业师生的参考书。

图书在版编目（CIP）数据

简明铝合金加工手册/谢水生等编 . —北京：冶金工业出版社，2016. 12
ISBN 978-7-5024-7318-1

Ⅰ. ①简… Ⅱ. ①谢… Ⅲ. ①铝合金—金属加工—技术手册 Ⅳ. ①TG146. 2-62

中国版本图书馆 CIP 数据核字（2016）第 257763 号

出 版 人 谭学余
地　　址 北京市东城区嵩祝院北巷 39 号 邮编 100009 电话 （010）64027926
网　　址 www. cnmip. com. cn 电子信箱 yjcbs@ cnmip. com. cn
责任编辑 张登科 唐晶晶 美术编辑 彭子赫 版式设计 孙跃红
责任校对 王永欣 责任印制 牛晓波
ISBN 978-7-5024-7318-1
冶金工业出版社出版发行；各地新华书店经销；三河市双峰印刷装订有限公司印刷
2016 年 12 月第 1 版，2016 年 12 月第 1 次印刷
787mm×1092mm 1/16；94. 5 印张；2295 千字；1482 页
298. 00 元

冶金工业出版社　投稿电话　（010）64027932　投稿信箱　tougao@cnmip. com. cn
冶金工业出版社营销中心　电话　（010）64044283　传真　（010）64027893
冶金书店　地址　北京市东四西大街 46 号（100010）　电话　（010）65289081（兼传真）
冶金工业出版社天猫旗舰店　yjgycbs. tmall. com
（本书如有印装质量问题，本社营销中心负责退换）

前　言

由于铝及铝合金材料具有质量轻、比强度高、耐蚀性好等一系列优良特性，因此，广泛应用于国民经济的各个领域，如航空航天、交通运输、电子通信、建筑装饰、包装容器、机械电力、石油化工、能源动力、五金家电、文体卫生等行业，成为国民经济发展与人民物质文化水平提高不可缺少的重要的基础材料。

我国的铝加工业发展十分迅速，根据国家统计局公布的有关数据，铝材产量从 2004 年的 439.7 万吨，发展到 2015 年的 5000 余万吨，占世界产量的一半以上，已成为名副其实的铝业大国。

进入 21 世纪以来，节约资源、节省能源、改善环境越来越成为人类生活与社会持续发展的必要条件，人们正竭力开辟新途径，寻求节约资源、节省能源、改善环境和绿色发展的有效模式，其中轻量化显然是有效的发展途径之一，而铝合金是轻量化发展首选的金属材料之一。因此，近十年来，我国的铝及铝合金产品和产量的增长更加迅速，应用领域更加广泛，其中，铝合金型材广泛应用于轨道交通、高速列车、大型建筑、建筑模板、各种全铝合金建筑物；铝合金板带材广泛应用于航空航天以及各种包装、罐盖制造等。铝加工材的广泛应用，给铝材和加工技术提供了广阔的发展平台和机遇。

十多年来，铝及铝合金材料及加工技术发展迅猛，涌现出不少新材料、新工艺、新技术和新装备。因此，作者在 2005 年已出版的《铝加工技术实用手册》一书基础上，从篇幅、结构、内容等进行了全面、系统的调整和修改，删除了许多过时的内容，并大幅度增加了近年来国内外铝及铝合金材料加工方面的先进技术、工艺以及新材料和新装备等，大大丰富实用的内容，以飨读者。希望该手册的出版能对铝材生产工业和技术的发展，对扩大铝材的品种，提高铝材的产量、质量和效益，降低铝材的成本，拓展铝材应用领域等，起到应有的促进作用。

本手册共分 6 篇，44 章。第 1 篇为绪论，包括 1～3 章，即铝加工技术概论，变形铝合金的加工方法分类及生产工艺流程，铸造铝合金的特征、分类与主要用途；第 2 篇为变形铝合金及典型性能，包括 4～7 章，即变形铝合金的分类、牌号、状态、成分与特性，主要铝合金的相组成及相图选编，1 × × ×

系~8×××系变形铝合金材料的典型性能及用途，新型变形铝合金材料的典型性能及用途；第3篇为铝及铝合金加工技术，包括8~36章，即铝及铝合金的熔炼技术，铝及铝合金的熔体净化，铝合金铸造技术与铸锭均匀化退火，铝合金铸锭的质量检验及主要缺陷分析，铝合金熔炼铸造设备，铝合金板带箔材生产工艺及平辊轧制原理，铝合金热轧技术，铝合金连续铸轧技术，铝合金连铸连轧技术，铝合金冷轧技术，铝箔生产技术，铝及铝合金板带箔材的分剪、精整与热处理技术，铝及铝合金板带箔材板形与辊型控制技术，铝及铝合金板带箔的主要缺陷分析与质量控制，铝合金板带箔材加工设备，铝合金管棒型线材的品种规格及典型生产工艺，铝及铝合金挤压生产技术，铝及铝合金管材轧制技术，铝及铝合金拉拔（伸）生产技术，铝及铝合金旋压加工技术，铝合金管、棒、型、线材的热处理与精整矫直技术，铝合金挤压工模具设计与制造技术，铝合金管、棒、型、线材的主要缺陷分析与质量控制，铝合金管、棒、型、线材的主要生产设备，铝及铝合金锻件生产技术，铝粉生产技术及粉末冶金，铝基复合材料生产技术，几种铝及铝合金加工制备新技术，铝加工材测试技术与装备；第4篇为铝材深加工技术及其开发应用，包括37~40章，即铝材表面处理技术，铝材接合技术，铝板带材深加工技术及其应用与开发，铝合金挤压材深加工技术及其应用与开发；第5篇为废铝回收再生、环境保护与安全生产技术，包括41~43章，即废铝回收及再生利用技术，铝加工的环境保护技术，铝加工企业的安全生产与卫生技术；第6篇为铝材产品检验与技术标准目录总汇。

手册由谢水生、刘静安拟定大纲，谢水生、刘静安、徐骏、李静媛分别根据大纲调整、撰写和修改，最后由谢水生、刘静安教授审定。

手册可供铝加工企业技术人员、生产人员、质量管理人员、检测人员以及科研院所的工程技术人员和研究人员使用；也可供从事铝及铝合金材料深加工产品生产、科研、设计、产品开发、营销方面的技术人员和管理人员阅读；并可作为大专院校有关专业师生的参考书。

手册在编写过程中，参考或引用了国内外有关专家、学者许多珍贵的资料、研究成果和著作等，在此一并表示衷心的感谢。

编者热切希望本手册的出版能为读者提供有益的帮助和启示，但鉴于编著水平和搜集资料的局限性等，书中不妥之处恳请广大读者批评指正。

编 者
2016 年 6 月 6 日

目　　录

第 1 篇　绪　　论

第 2 篇 变形铝合金及典型性能

第3篇 铝及铝合金加工技术

第4篇　铝材深加工技术及其开发应用

第5篇　废铝回收再生、环境保护与安全生产技术

第6篇　铝材产品检验与技术标准目录总汇

第 1 篇

绪 论

1 铝加工技术概论

1.1 铝的基本特性及应用领域

铝是地壳中分布最广、储量最多的金属元素之一，约占地壳总质量的8.2%，仅次于氧和硅，比铁（约占5.1%）、镁（约占2.1%）和钛（约占0.6%）的总和还多。它的化学元素符号是Al，原子序数为13，是门捷列夫周期表中第三周期主族（ⅢA）元素，相对原子质量为26.98154，面心立方晶系，无同素异构转变，常见化合价为+3价。表1-1列出了纯铝的主要物理性能。

表1-1 纯铝的主要物理性能

性　能		高纯铝（99.996%）	工业纯铝（99.5%）
原子序数		13	—
相对原子质量		26.9815	—
晶格常数（20℃）/nm		0.40494	0.404
密度/kg·m^{-3}	20℃	2698	2710
	700℃	—	2373
熔点/℃		660.24	约650
沸点/℃		2060	—
熔解热/J·kg^{-1}		3.961×10^5	3.894×10^5
燃烧热/J·kg^{-1}		3.094×10^7	3.108×10^7
凝固体积收缩率/%			6.6
比热容(100℃)/J·(kg·K)$^{-1}$		934.92	964.74
热导率(25℃)/W·(m·K)$^{-1}$		235.2	222.6(O状态)
线膨胀系数/μm·(m·K)$^{-1}$	20~100℃	24.58	23.5
	100~300℃	25.45	25.6
弹性模量/MPa		—	70000
切变模量/MPa			2625
音速/m·s^{-1}		—	约4900
电导率/S·m^{-1}		64.94	59(O状态)
			57(H状态)
电阻率(20℃)/μΩ·m		0.0267（O状态）	0.02922(O状态)
		—	0.3002(H状态)
电阻温度系数/μΩ·m·K^{-1}		0.1	0.1
体积磁化率		6.27×10^{-7}	6.26×10^{-7}

性 能		高纯铝（99.996%）	工业纯铝（99.5%）
磁导率/$H \cdot m^{-1}$		1.0×10^{-5}	1.0×10^{-5}
反射率/%	λ 为 $2500 \times 10^{-10} m$	—	87
	λ 为 $5000 \times 10^{-10} m$	—	90
	λ 为 $20000 \times 10^{-10} m$	—	97
折射率（白光）		—	0.78~1.48
吸收率（白光）		—	2.85~3.92
辐射能（25℃，大气中）		—	0.035~0.06

铝具有一系列比其他有色金属、钢铁、塑料和木材等更优良的特性，如密度小，仅为 $2.698kg/m^3$，约为铜或钢的1/3；良好的耐蚀性和耐候性；良好的塑性和加工性能；良好的导热性和导电性；良好的耐低温性能，对光热电波的反射率高、表面性能好；无磁性；基本无毒；有吸声性；耐酸性好；抗核辐射性能好；弹性系数小；良好的力学性能；优良的铸造性能和焊接性能；良好的抗撞击性。此外，铝材的高温性能、成型性能、切削加工性、铆接性、胶合性以及表面处理性能等也比较好。因此，铝材在航天、航海、航空、汽车、交通运输、桥梁、建筑、电子电气、能源动力、冶金化工、农业排灌、机械制造、包装防腐、电器家具、日用文体等各个领域都获得了十分广泛的应用。表1-2列出了铝的基本特性及主要应用领域。

表1-2 铝的基本特性与应用领域

基本特性	主 要 特 点	主要应用领域举例
质量轻	铝的密度是 $2.698kg/m^3$，与铜（$8.9kg/m^3$）或铁（$7.9kg/m^3$）相比，约为它们的1/3。铝制品或用铝制造的物品质量轻，可以节省搬运费和加工费用	用于制造飞机、轨道车辆、汽车、船舶、桥梁、高层建筑和质量轻的容器等
强度好	铝的力学性能不如钢铁，但它的强度高，可以添加铜、镁、锰、铬等合金元素制成铝合金，再经热处理得到很高的强度。铝合金的强度比普通钢好，也可以和特殊钢媲美	用于制造桥梁（特别是吊桥、可动桥）、飞机、压力容器、集装箱、建筑结构材料、小五金等
加工容易	铝的延展性优良，易于挤出形状复杂的中空型材和适于拉伸加工及其他各种冷热塑性成型	受力结构部件框架，一般用品及各种容器、光学仪器及其他形状复杂的精密零件
美观，适于各种表面处理	铝及其合金的表面有氧化膜，呈银白色，相当美观。如果经过氧化处理，其表面的氧化膜更牢固，而且还可以用染色和涂刷等方法制造出各种颜色和光泽的表面	建筑用壁板、器具装饰、装饰品、标牌、门窗、幕墙、汽车和飞机蒙皮、仪表外壳及室内外装修材料等
耐蚀性、耐气候性好	铝及其合金，因为表面能生成硬且致密的氧化薄膜，很多物质对它不产生腐蚀作用。选择不同合金，在工业地区、海岸地区使用，也会有很优良的耐久性	门板、车辆、船舶外部覆盖材料，厨房器具，化学装置，屋顶瓦板，电动洗衣机，海水淡化，化工石油，材料，化学药品包装等
耐化学药品	对硝酸、冰醋酸、过氧化氢等化学药品有非常好的耐药性	用于化学用装置和包装及酸和化学制品包装等

基本特性	主要特点	主要应用领域举例
导热、导电性好	热导率，电导率仅次于铜，为钢铁的3~4倍	电线、母线接头、锅、电饭锅、热交换器、汽车散热器、电子元件等
对光、热、电磁波的反射性好	对光的反射率，抛光铝为70%，高纯度铝经过电解抛光的为94%，比银（92%）还高。铝对热辐射和电波也有很好的反射性能	照明器具、反射镜、屋顶瓦板、抛物面天线、冷藏库、冷冻库、投光器、冷暖器的隔热材料
没有磁性	铝是非磁性体	船上用的罗盘、天线、操舵室的器具等
无毒性	铝本身没有毒性，它与大多数食品接触时溶出量很微小。同时由于表面光滑、容易清洗，故细菌不易停留繁殖	食具、食品包装、鱼罐、鱼仓、医疗机器、食品容器、酪农机器
有吸声性	铝对音响是非传播体，有吸收声波的性能	用于室内天棚板等
耐低温性	铝在温度低时，它的强度反而增加且无脆性，因此它是理想的低温装置的材料	业务用冷藏库、冷冻库、南极雪上车辆、氧及氢的生产装置

1.2 铝及铝合金材料的分类

纯铝比较软，富有延展性，易于塑性成型。可以在纯铝中添加各种合金元素，制出满足各种性能、功能和用途的铝合金。根据铝合金中加入合金含量的多少和合金的性能，铝合金可分为变形铝合金和铸造铝合金，如图1-1中1和2所示。变形铝合金可加工成板、带、条、箔、管、棒、型、线、自由锻件和模锻件等加工材；铸造铝合金可加工成铸件、压铸件等铸造材。加工材和铸造材又可分为可热处理型合金材料和非热处理型合金材料两大类。

变形铝合金中，合金元素含量比较低。一般不超过极限溶解度B点成分。按其成分和性能特点，可将变形铝合金分为不可热处

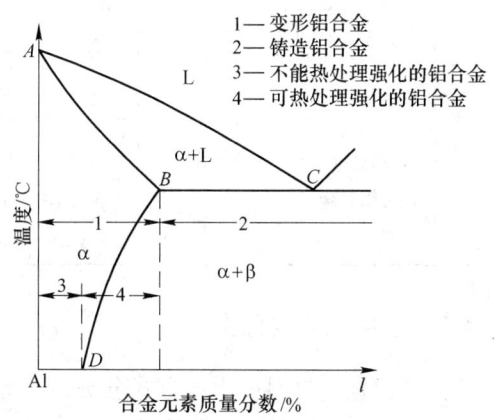

1—变形铝合金
2—铸造铝合金
3—不能热处理强化的铝合金
4—可热处理强化的铝合金

图1-1 铝合金分类示意图

理强化铝合金和可热处理强化铝合金两大类。不能热处理强化铝合金和一些热处理强化效果不明显的铝合金的合金元素含量小于图1-1中的D点。可热处理强化铝合金的合金元素含量比不能热处理强化铝合金高一些，合金元素含量相应于状态图1-1中D点与B点之间的合金含量，这类铝合金通过热处理能显著提高力学性能。

铸造铝合金具有与变形铝合金相同的合金体系，具有与变形铝合金相同的强化机理（除应变硬化外），同样可分为热处理强化型和非热处理强化型两大类。铸造铝合金与变形铝合金的主要差别在于，铸造铝合金中合金化元素硅的最大含量超过多数变形铝合金中的硅含量，一般都超过极限溶解度B点。铸造铝合金除含有强化元素之外，还必须含有足够量的共晶型元素（通常是硅），以使合金有相当的流动性，易于填充铸造时铸件的收缩缝。

1.2.1 按合金成分与热处理方式分类

铝及铝合金材料按合金成分与热处理方式分类见表1-3。

表1-3 铝及铝合金按合金成分与热处理方式分类

类 别		合金名称	主要合金成分（合金系）	热处理和性能特点	举 例
铸造铝合金材料		简单铝硅合金	Al-Si	不能热处理强化，力学性能较低，铸造性能好	ZL102
		特殊铝硅合金	Al-Si-Mg	可热处理强化，力学性能较高，铸造性能良好	ZL101
			Al-Si-Cu		ZL107
			Al-Si-Mg-Cu		ZL105，ZL110
			Al-Si-Mg-Cu-Ni		ZL109
		铝铜铸造合金	Al-Cu	可热处理强化，耐热性好，铸造性和耐蚀性差	ZL201
		铝镁铸造合金	Al-Mg	力学性能高，抗蚀性好	ZL301
		铝锌铸造合金	Al-Zn	能自动淬火，宜于压铸	ZL401
		铝稀土铸造合金	Al-RE	耐热性好，耐蚀性高	
变形铝合金材料	不能热处理强化铝合金	工业纯铝	Al≥99.90%	塑性好，耐蚀，力学性能低	1A99，1050，1200
		防锈铝	Al-Mn	力学性能较低，抗蚀性好，可焊、压力加工性能好	3A21
			Al-Mg		5A05
	可热处理强化铝合金	硬 铝	Al-Cu-Mg	力学性能高	2Al1，2Al2
		超硬铝	Al-Cu-Mg-Zn	室温强度最高	7A04，7A09
		锻 铝	Al-Mg-Si-Cu	锻造性能好，耐热性好	2A70，2A80
			Al-Cu-Mg-Fe-Ni		

1.2.2 按生产方式分类

铝及铝合金材料按生产方式分类，可分为铝铸件和铝加工半成品。

1.2.2.1 铝及铝合金铸件

在各国的工业标准中明确规定了铸件可分为金属模铸件、砂模铸件、压力铸造铸件、蜡模铸件等铝及铝合金铸件。

铝合金铸件的铸造法按铸模可分为砂模铸造法和金属模铸造法。如果在铸造时，施加外力，会使铸件容易成型。按适用于铸模的压力方式，压力铸造可分为以下几种：

（1）常压浇铸方式。适用于砂模铸造和金属模铸造。

（2）加压浇铸方式。可分为低压铸造法（压力低于20MPa）、中压铸造法（压力小于300MPa）、高压铸造法（压力大于3000MPa）。

（3）减压铸造方式。如真空吸引铸造法等。

（4）减压-常压浇铸方式。

（5）减压-加压浇铸方式。如真空压铸法等。

（6）加压下凝固方式。高压凝固铸造法（如液体模锻法）、离心铸造法等。

在砂模铸件中根据铸件砂使用的黏结剂、铸模的造型、凝固方法等可分为砂模铸造法、壳模铸造法、碳酸气型铸造法、自硬性型铸造法和蜡铸造法等。

1.2.2.2　铝及铝合金加工半成品

用塑性成型法加工铝及铝合金半成品的生产方式主要有平辊轧制法、型辊轧制法、挤压法、拉拔法、锻造法和冷冲法等。

（1）平辊轧制法。主要产品有热轧厚板、中厚板材、热轧（热连轧）带卷、连铸连轧板卷、连铸轧板卷、冷轧带卷、冷轧板片、光亮板、圆片、彩色铝卷或铝板、铝箔卷等。

（2）型轧轧制法。主要产品有热轧棒和铝杆、冷轧棒、异型材和异型棒材、冷轧管材和异型管、瓦楞板（压型板）和花纹板等。

（3）热挤压和冷挤压法。主要产品有管材、棒材、型材和线材及各种复合挤压材。

（4）拉拔法。主要产品有棒材和异型棒材、管材和异型管材、型材、线材等。

（5）锻造法。主要产品有自由锻件和模锻件。

（6）冷冲法。主要产品有各种形状的切片、深拉件、冷弯件等。

1.2.3　按产品形状分类

为了满足国民经济各部门和人民生活各方面的需求，世界原铝（包括再生铝）产量的85%以上被加工成板、带、条、箔、管、棒、型、线、粉、自由锻件、模锻件、铸件、压铸件、冲压件及其深加工件等铝及铝合金产品。目前生产铝及铝合金材料的方法主要有铸造法、塑性成型法和深加工法。

铝及铝合金材料按产品形状分类如下：

（1）铸件。各种铸造方法生产的铸件可分为圆盘形的、桶形的、管状的、平板形的和异型的铝及铝合金铸件。

（2）塑性成型半成品。主要可分为板材、带材、条材、箔材、管材、棒材、型材、线材、锻件和模锻件、冷压件等。

1.2.4　按产品规格分类

铝及铝合金材料按产品规格分类如下：

（1）铝及铝合金板材按产品的壁厚分类。可分为超厚、厚、薄、特薄等几个类别。如厚度大于150mm的板材为超厚板，厚度大于8mm的为厚板，厚度为2~8mm的为中厚板，厚度为2mm以下的为薄板，厚度小于0.5mm的板材为特薄板，厚度小于0.20mm的为铝箔等。

（2）棒、型材按外形轮廓尺寸、外径或外接圆直径的大小分类。可分为特大型、大型、中型、小型和特小型等几个类别。断面积大于400cm^{2}的型材、宽度大于250mm的型材为大型型材；宽度大于800mm的型材为特大型产品；而断面积小于0.1cm^{2}的型材、宽度小于10mm的型材为超小型精密型材等。

（3）锻件和铸件按照尺寸或质量分类。如投影面积大于2m^{2}的模锻件、质量大于10kg的压铸件等都属于特大型产品；质量小于0.1kg的压铸件称为特小型产品。

1.3 铝加工技术的发展

1.3.1 铝的发展历史

铝是一种比较年轻的金属，其整个发展历史也不到 200 年，而具有工业生产规模仅仅是 20 世纪初才开始的。铝的存在是英国 H. 达维于 1807 年用电化学方法分离明矾石时发现的，然而他当时无法从这种化合物中分离出所要寻找的金属。1809 年，他在电弧炉中炼出一种铝铁合金。在此后的 70 多年中，他和他的学生 M. 法拉第（建立了电化学的基本定律）以及众多的丹麦、德国、法国和美国的科学家进行了大量的研究试验工作。1852 年，德国科学家 R. Bunsen 首先用火法电解成功地分解了氯化镁。1854 年，S. C. Deville 将同样的原理用于分解铝和钠的二氯化物，并于 1855 年在法国巴黎博览会上第一次展出了铝棒，引起了人们的极大关注，被称为"从黏土中提炼出的银子"，价格十分昂贵，只限于制作专用奢侈品，如当时的拿破仑三世曾用铝制成胸铠和头盔，并为他儿子做了一只拨浪鼓。1859 年法国第一次大规模生产了 1.7t 铝，由于铝的冶炼技术复杂和生产成本非常高，因此发展速度十分缓慢。

1883 年，法国科学家 D. F. Loutin 对一种通过在熔体中溶解并电解以还原金属氧化物的技术申请了专利，并发现合适的熔体是一种半透明的矿石——冰晶石。1886 年美国人 C. M. 霍尔和法国人 P. 埃鲁在互不知情的情况下，几乎在同一时间都申请了一项专利，其内容是采用一种碳质阳极对溶解于冰晶石熔体中的氧化铝进行分解。在首次试验中是采用电池以及外部热源来保持坩埚和熔体的温度，但 1883 年美国人 Bradley 已了解到可能通过电流产生热量来保持熔体温度。12kW 直流电动机的应用使 P. 埃鲁在 1887 年对他的专利的一个增补篇进行申请时得以清楚阐明电流的热效应。

1886 年发明的用电解法由氧化铝提炼金属铝和 1888 年发明的用拜耳法由铝矾土矿生产氧化铝以及直流电解生产技术的进步，为铝生产向工业规模发展奠定了基础。随着生产成本的下降，在美国、瑞士、英国相继建立了铝冶炼厂。到 19 世纪末期铝的生产成本开始明显下降，铝本身已成为一种通用的金属。20 世纪初期，铝材的应用除了日常用品外，主要在交通运输工业上得到了发展。1901 年开始用铝板制造汽车车体；1903 年，美国铝业公司把铝部件供给莱特兄弟制造小型飞机；汽车发动机开始采用铝合金铸件，造船工业也开始采用铝合金厚板、型材和铸件。随着铝产量的增加和科学技术的进步，铝材在其他工业部门（如医药器械、铝印刷版及炼钢用的脱氧剂、包装容器等）的应用也越来越广泛，大大刺激了铝工业的发展。1910 年世界的铝产量增加到 45000t 以上。

20 世纪 20 年代铝的各种新产品得到不断发展。1910 年已开始大规模生产铝箔和其他新产品，如铝软管、铝家具、铝门窗和幕墙，铝制炊具及家用铝箔等也相继出现，使铝化程度向前推进了一大步。一种新材料的推广应用必须依靠新品种、新产品的不断研制与开发，不断提高材料的性能和扩大材料的应用范围。德国的 A. 维尔姆于 1906 年发明了硬铝合金（Al-Cu-Mg 合金），使铝的强度提高 2 倍，在第一次世界大战期间被大量应用于飞机制造和其他军火工业。此后又陆续开发了 Al-Mn、Al-Mg、Al-Mg-Si、Al-Cu-Mg-Zn、Al-Zn-Mg 等不同成分和热处理状态的铝合金，这些合金具有不同的特性和功能，大大拓展了铝的用途，使铝在建筑工业、汽车、铁路、船舶及飞机制造等工业部门上的应用得到迅速的发展。第二次世界大战期间，铝工业在军事工业的强烈刺激下获得了高速增长，1943年原铝总产量猛增到 200 万吨左右。战后，由于军需的锐减，1945 年原铝总产量下降到100 万吨，但由于各大铝业公司积极开发民用新产品，把铝材的应用逐步推广到建筑、电子电气、交通运输、日用五金、食品包装等各个领域，使铝的需求量逐年增加，到 20 世纪 80 年代初期，世界原铝产量已超过 1600 万吨，再生铝消费量达到 450 万吨。铝工业的生产规模和生产技术水平达到了相当高的水平。表 1-4 列出了 1859～1980 年世界铝产量及消费量，表 1-5 列出了 1980～1989 年主要工业发达国家的原铝产量和消费量，表 1-6 列出了 1981～1986 年世界发达国家铝消费结构及比例。

表 1-4　1859～1980 年世界铝产量及消费量

年　份	原铝产量/t	原铝消费量/t	再生铝消费量/t	总计消费量/t
1859	1.7	1.7		1.7
1870	1.0	1.0		1.0
1880	1.1	1.1		1.1
1890	175.0	175.0		175.0
1900	7300	7300		7300
1910	44400	44400		44400
1920	12600	12600	14500	140500
1930	269000	269000	40400	309400
1940	780000	780000	124000	907000
1950	1507000	1507000	400000	1907000
1960	4547900	4178900		
1970	10302000	10027000	2476500	12503500
1980	16064400	15320600	4360100	19680700

表 1-5　1980～1989 年主要工业发达国家的原铝产量和消费量　　　（万吨）

年　份		美国	苏联	日本	加拿大	德国	挪威	法国	英国	澳大利亚	意大利	小计
1980	产量	405.40	240.00	109.20	107.50	73.10	66.20	43.20	37.40	30.40	27.10	1139.50
	消费量	445.35	185.00	163.90	31.19	104.23			40.93	25.04	—	995.64
1981	产量	414.80	264.60	84.90	123.00	80.40	70.10	48.00	37.90	41.80	30.20	1195.70
	消费量	458.10	205.00	173.10	37.20	112.60		59.40	37.40	27.20	45.50	1155.50
1982	产量	360.90	264.60	38.70	117.90	79.70	71.10	43.00	26.50	42.00	25.70	1070.10
	消费量	402.30	201.20	180.70	25.20	110.30		63.80	36.00	25.60	46.30	1090.70
1983	产量	335.32	240.00	25.59	109.12	14.34	78.90	39.80	25.25	47.51	21.60	937.43
	消费量	421.80	185.00	180.01	74.80	108.50		67.60	32.34	25.93	47.40	1143.38
1984	产量	409.90	240.00	28.67	122.20	77.72	83.90	34.10	28.79	75.48	25.40	1126.16
	消费量	457.28	180.00	174.39	31.10	115.16		63.90	36.95	26.53	48.30	1133.61
1985	产量	349.97	—	22.65	127.88	74.51	78.50	29.30	21.54	85.17	24.40	819.95
	消费量	440.00	185.00	181.56	24.50	115.80		52.60	35.04	28.30	51.00	1120.70

续表 1-5

年　份		美国	苏联	日本	加拿大	德国	挪威	法国	英国	澳大利亚	意大利	小计
1986	产量	303.85	—	14.02	136.35	76.54	—	23.40	27.59	87.68	—	669.43
	消费量	463.18	190.00	184.38	24.50	123.79	—	59.20	38.34	28.70	—	1112.09
1987	产量	334.60	—	—	154.00	73.77	79.78	32.25	29.44	102.40	—	806.24
	消费量	453.90	—	169.30	42.10	118.60		61.60	38.40	31.80	54.80	970.50
1988	产量	394.50	—	35.00	153.00	—	—	32.70	—	114.10	—	729.30
	消费量	459.80	—	211.50	43.70	123.30	—	66.10	42.70	32.70	58.10	1037.90
1989	产量	402.50	—	36.00	153.70	127.00	—	—	—	—	—	719.20
	消费量	442.50	—	215.50	—	—	—	67.30	45.00	—	—	770.30

表 1-6　1981～1986 年世界发达国家铝消费结构及比例

国　别	年份	铝消费量 /万吨	铝加工材		铝导体		铝铸件		炼钢及其他	
			产量 /万吨	占消费量 /%	产量 /万吨	占消费量 /%	产量 /万吨	占消费量 /%	产量 /万吨	占消费量 /%
日　本	1981	241.69	142.98	59.00	12.10	5.00	66.43	28.00	20.18	8.00
	1982	248.89	157.23	63.00	10.51	4.00	63.89	26.00	17.35	7.00
	1983	270.23	172.43	64.00	10.73	4.00	65.99	24.00	21.08	8.00
	1984	273.27	176.18	64.00	10.71	4.00	72.50	27.00	13.88	5.00
	1985	284.34	181.38	64.00	8.78	3.00	78.10	27.00	16.08	6.00
	1986	265.90	183.80	—	8.69	—	79.32	—	—	—
美　国	1981	572.47	431.50	75.00	32.04	6.00	71.46	12.00	37.47	7.00
	1982	525.66	380.69	73.00	28.42	5.00	59.25	11.00	57.30	11.00
	1983	594.91	446.15	76.00	31.34	5.00	68.01	11.00	49.41	8.00
	1984	628.34	453.39	72.00	45.67	7.00	80.12	13.00	49.16	8.00
	1985	607.58	459.62	76.00	37.87	6.00	87.44	14.00	22.65	4.00
	1986	602.54	485.00	—	28.57	—	99.19	—	—	—
德　国	1981	141.85	92.61	65.00	5.76	4.00	30.00	21.00	13.48	10.00
	1982	143.21	95.05	66.00	5.79	4.00	29.34	21.00	13.03	9.00
	1983	155.47	106.59	68.00	6.43	4.00	30.62	20.00	11.83	8.00
	1984	163.73	109.42	67.00	5.57	3.00	33.09	20.00	15.65	10.00
	1985	177.44	109.12	61.00	5.64	3.00	35.66	20.00	27.11	15.00
	1986	183.34	110.22	—			42.66	—	—	—
意大利	1981	72.05	44.58	62.00	2.18	3.00	24.50	34.00	—	—
	1982	71.60	47.95	67.00	1.05	1.00	23.10	32.00	—	—
	1983	75.90	49.29	65.00	2.00	2.00	25.20	33.00	—	—
	1984	81.10	49.02	60.00	3.03	3.00	28.60	35.00	—	—
	1985	83.90	45.38	54.00	2.91	3.00	28.30	34.00	—	—
	1986	88.70	54.82	62.00	2.72	3.00	30.50	34.00	—	—

1.3.2 全球铝加工工业的发展

自 1990 年以来，全球铝工业进入了一个崭新的发展时期，随着科学技术的进步和经济的飞速发展，在全球经济一体化与大力提高投资回报率的经营思想推动下，一方面加大结构调整力度，另一方面开展了一场向科技研发大进军的热潮，以求更合理更均衡地利用与配置自然资源，不断扩大铝工业的规模，增加铝产品的品种与规格，提高产品的科技含量，并拓展其应用范围，大幅度降低电耗、改善环保；大幅度降低成本与提高经济效益，不断加强铝材部分替代钢材成为人民生活和经济部门基础材料的地位。归纳起来，目前世界铝工业正向以下的方向发展：

（1）铝及铝加工业处于高速发展期，铝材应用领域和消费量迅速扩大，在各种材料的激烈竞争中处于优势地位。在 21 世纪初期，每年保持 5% 左右增长率，而传统的钢铁产品将年均缩减 3% ~5% 。

（2）铝及铝加工材将以朝阳工业的姿态替代传统的钢铁产品，成为交通运输等工业部门和人民生活各方面的基础材料。交通运输正超过建筑业和包装业成为铝及铝加工材的第一大用户。

（3）铝及铝加工企业正面临重大的变革，进入一个空前剧烈的分化、调整、重组时期，企业两极分化、优胜劣汰的进程将会大大加快，生产要素和市场份额会加速向优势企业及名牌产品集中。大型化、集团化、规模化和国际化成为现代铝及铝加工企业的重要标志之一。例如，1999 年，加拿大铝业公司（Alcan）、法国普基铝业公司（Pechiney）、瑞士铝业公司（Algroup）宣布合并，组建成世界最大的 A. P. A 铝业公司；美国铝业公司（Alcoa）宣布收购雷诺兹金属公司（Reynolds Metal Co.），这是它于 1998 年收购阿卢马克斯铝业公司（Alumax）之后又一次大的兼并行动，还收购了哥尔登铝业公司（Golden Aluminium）；在俄罗斯组建了俄罗斯铝业公司和西伯利亚铝业集团公司；中国铝业公司和中国西南铝业集团公司陆续成立等。这标志全世界铝工业的企业结构调整已基本完成，大型跨国铝业公司的规模越来越大，全球铝工业一体化程度大大加强，企业之间的竞争更趋激烈，企业间的分工更为明确，研究开发工作会明显加强。

（4）铝及铝加工企业的产品处于大调整时期。产品是企业的龙头和赖以生存的基础。失去了产品优势，企业将会衰败甚至消亡，反之，夺得了名牌和主导产品，企业将欣欣向荣，蒸蒸日上。为了适应科技的进步和经济、社会的发展及人们生活水平的提高，很多传统的和低档产品将被淘汰，而新型的、节能的、环保的、多功能、多用途、优质高档的高科技产品不断涌现。产品的更新换代加快，优胜劣汰的竞争局面加剧。

（5）企业发展将主要依靠科技进步、技术创新、信息交流与人才优势，随着信息时代和知识经济时代的到来，这对铝及铝加工企业显得更为重要。大型企业纷纷成立科技开发中心、信息中心和人才培训中心，集中人力、物力和财力研究开发新技术、新工艺、新材料、新产品、新设备，不断提高产品质量，扩大新品种，提高生产效率，更新设备，节能降耗、降低成本、提高效益，把企业做大、做强，做成高科技含量的国际一流企业。这在世界金融危机后的今天尤为必要。

（6）铝及铝加工企业正面临一场管理革命，体制和机制将不断进行调整，全面实现自动化、科学化、现代化、高效化和全球一体化，更加注重企业形象的塑造和企业文化的培育，以适应社会发展和市场变化的需要。

（7）铝的再生技术、废料回收与综合利用技术将得到高度重视，废铝回收率将超过80%。电解铝厂、铝加工厂、深度加工厂和铝铸件厂纷纷组成大型联合企业，以简化工艺、减少工序、减少污染、节省能源、降低成本、扩大规模、提高效益，使铝及铝加工企业向环保型、可持续发展型方向发展。

（8）不断改进工艺（如新型的拜耳法、改进的霍尔-埃罗电解法、半固态成型法等），改进炉型（如高效熔铝炉等）和槽型（如新型电极和电解槽等），提高电流效率（95%以上），降低综合能耗强度，改变铝工业"电老虎"、耗能大户的形象。

当前，全世界铝工业面临着两大问题的挑战，第一是在环保要求日益严格与污染排放指标不断调低的情况下，如何尽可能地降低生产成本；第二是铝工业必须全面地尽可能多地向使用铝的部门提供有关的知识、铝材的各种性能，使用户的工程师和设计师愿意使用铝材，才能在剧烈的竞争中不断扩大铝的新应用领域。

由于世界能源的紧缺和人们对环境保护的重视，节能、减排成为国民经济发展的重要指标。因此，铝及铝合金的应用成为结构材料的首选，极大地推动铝加工工业的发展，铝加工工业成为很多国家和地区的支柱产业之一。表 1-7 列出了 2002~2014 年全球原铝产量及消费量，表 1-8 列出了 2007~2014 年世界主要原铝生产地区及产量。

表 1-7　2002~2014 年全球原铝产量及消费量

年　份	2002	2003	2004	2005	2006	2007	2008	2009	2010	2011	2012	2013	2014
产量/kt	2609	2798.4	2986	3192.6	3397	3815	3883	3768	4201	4376	4771.8	5120	5390
消费量/万吨	2531.1	2716.8	3038	3209.2	3433	3781	3783.8	3428	4100	4202	4725.8	5215	5585
平　衡	77.9	81.6	-52	-16.6	-36	34	99.2	340	101	174	46	-95	-195

注：1. 数据来源：IAI 和 CRU；

2. "-"代表供应短缺。

表 1-8　2007~2014 年世界主要原铝生产地区及产量　　　　（万吨）

年　份	非　洲	北美洲	拉丁美洲	亚　洲	西　欧	中东欧	大洋洲	波斯湾	中　国	总　计
2007	181.5	564.2	255.8	371.7	430.5	446.0	231.5	—	1258.8	3740.0
2008	171.5	578.3	266.0	392.3	461.8	465.8	229.7	—	1310.5	3875.9
2009	168.1	475.9	250.8	440.1	372.2	411.7	221.1	—	1296.4	3636.3
2010	174.2	468.9	230.5	250.0	380.0	425.3	227.7	272.4	1613.1	4042.1
2011	180.3	496.9	218.4	253.3	402.7	431.9	230.6	347.3	1778.6	4340.0
2012	163.9	485.1	205.2	253.3	360.5	432.3	218.6	366.2	1970.9	4456.2
2013	181.0	490.9	192.1	243.6	352.5	399.5	210.5	388.1	2193.6	4652.0
2014	174.4	457.6	153.0	242.2	351.4	376.5	203.4	483.1	2394.0	4836.4

2015 年全球百万吨以上产量电解铝企业集团共有 17 家，合计产量 3761 万吨，占全球总产量（全球产量为阿拉丁自有统计数据）的 66%。其中有 10 家中国企业，占 17 家总产量的 56.6%。

2015 年中国宏桥电解铝产量 455.9 万吨，位居全球第一，中铝第二，俄铝第三，力拓加铝第四,信发第五。

铝主要应用在交通运输、建筑、电力、包装等相关领域。据 2013 年统计,在全球铝消费中占比最大的是交通运输(25%),其次为建筑(23%)。在我国铝消费结构中占比最大的是建筑(27%),其次是交通运输(20%)。表 1-9 列出了 2013 年世界与中国铝加工材生产情况。

表 1-9 2013 年世界与中国铝加工材生产情况　　　　　　(万吨)

项　目		世　界	中　国
原铝(＋再生铝)		5000(＋2800)	2506(＋500)
铝加工材	合　计	4800	2400＋(电缆线材 300)
	铝轧制材(板、带、箔材)	2800	720＋150＝870
	铝挤压材(管、棒、型、线)	2200	940＋160＝1100
铝轧制材:铝挤压材		56:44	42:58
铝合金型材	合　计	1800	940
	铝建筑型材	860	680
	铝工业型材	940	260
建筑型材:工业型材		45:55	66:34
铝铸造材		2500	300
铝及铝材的年平均增长率/%		5～6	15～20

1.3.3 中国铝加工工业的发展

中国铝工业起步于 20 世纪 50 年代中期(1954 年),在利用本土铝土矿资源的基础上,逐渐形成了比较完整的铝工业生产体系。但是,在 20 世纪 80 年代以前由于陈旧的计划经济发展模式,中国铝业一直以中央直属的国有企业为主,发展速度缓慢,铝产量始终没能突破年产 40 万吨大关。直至实行改革开放以后,这种局面才得以根本改变。1983 年成立中国有色金属工业总公司,确立了优先发展铝的方针,铝工业出现了崭新的局面,铝产量迅速增加,到 1989 年全国原铝产量已达 75.83 万吨,铝加工材达 42 万吨,全年铝消耗量达 87 万吨,见表 1-10。

表 1-10 1953～1989 年全国铝产量、消费量及进口量　　　　　　(t)

年　份	铝产量	铝消费量	铝进口量	年　份	铝产量	铝消费量	铝进口量
1953	364	5900	11500	1984	475158	773000	220700
1960	120586	163300	22000	1985	523628	844000	483000
1970	235196	300800	92500	1986	561507	942000	315000
1980	399480	524000	106000	1987	616192	954000	185400
1981	395048	53300	45900	1988	713020	843000	99400
1982	401246	641000	206400	1989	758300	870000	175500
1983	444797	728000	301400				

1990 年以来，我国的铝工业进入了一个高速发展时期，国家投入了上千亿资金，调动了中央与地方两个积极性，从矿山开采、选矿、氧化铝和电解铝生产到铝加工、深度加工及产品销售应用等各方面都得到了蓬勃的发展，形成了一个完整的工业体系和产业部门。到 1990 年年底，全国已形成氧化铝生产能力 180 万吨、电解铝生产能力 116 万吨、铝加工能力 85 万。这种发展势头，在"八五"期间又得到了进一步的加强，特别是铝加工及深加工业在全国遍地开花，得到了蓬勃的发展。

截至 1998 年年底，全国累计探明铝土矿储量 23.38 亿吨，保存储量 22.66 亿吨，2000 年中国氧化铝产能达到 422 万吨，产量达 433 万吨。20 世纪 90 年代中国电解铝工业开始进入快速发展阶段，电解铝产量年均递增 13%，而消费量则以年均递增 16% 的速度增长。2001 年中国电解铝的年产能达 427 万吨，产量已达 342.7 万吨，超过美国 336 万吨，居世界榜首；截至 2001 年年底，中国铝加工企业已超过 1650 家，铝加工材生产能力达 380 万吨，铝加工材产量已达 240 万吨以上，位居全球第三。2000 年中国再生铝产量超过 100 万吨大关，位居世界前列，此外，由于铝的应用范围不断扩大，铝材深度加工业也有了很大发展。2001 年中国铝（含再生铝）消费量达 500 万吨以上，占据全球第二，而人均耗铝量也由 20 世纪 80 年代的 0.8kg/（年·人）增加到 2001 年的 3.8kg/（年·人）。到 2015 年，我国的人均耗铝量达到 25kg/（年·人）以上。表 1-11 列出了我国 1999～2015 年的电解铝及铝材产量。

表 1-11 1999～2015 年我国的电解铝及铝材产量

年 份	1999	2000	2001	2002	2003	2004	2005	2006	2007
电解铝/万吨	280.9	298.8	357.6	451.1	556.3	684	780	934.9	1258.8
铝材/万吨	176.6	217.2	234.2	298.8	399.7	439.7	583	814.8	1251

年 份	2008	2009	2010	2011	2012	2013	2014	2015
电解铝/万吨	1310.5	1296.4	1613.1	1778.6	1970.9	2193.6	2394	2550
铝材/万吨	1427	1650	1990	2352	2595	3962	4845	5236

1.3.4 我国铝加工工业的现状及发展趋势

1.3.4.1 铝板带箔加工业现状

改革开放 30 多年来，中国铝板带箔加工业发展迅速，至今企业数量众多，产业规模和产品产能巨大。

（1）企业数量超过 300 个。中国改革开放之前，除了东北轻合金加工厂、西南铝加工厂、西北铝加工厂之外，很少有人知道其他的铝板带箔加工企业。改革开放之后，特别是进入 21 世纪，我国的铝板带箔加工业步入了高速发展之路。截止到 2015 年年底，我国已拥有铝板带箔加工企业 500 余个，其中以生产铝箔为主的企业有 60 多个，以生产铝板带为主的企业有 250 多个。另外，还有正在建设尚未投产、还没有统计在内的铝板带箔企业至少 10 个以上。

（2）产能总量突破 1500 万吨。中国已经名副其实地成为世界铝板带箔产量第一大国。到目前为止，中国铝板带箔产能总量已超过 1300 万吨，约占全球产能总量（2800 万吨）的 38.5%。保守估算，铝板带箔实际产量不少于 800 万吨，约占全球总产量（2150 万吨）

的 37.2% 。另外，在近 3 ~ 5 年之内，中国还将有至少 5 个以上超过 100 万吨级年产能的铝板带箔加工企业投产运行。

（3）高端设备应有尽有。到目前为止，我国已经新建或扩建了一批年产 10 万 ~ 20 万吨以上的大型铝板带箔企业，可以说我国铝板带箔加工的高端设备应有尽有，已形成生产能力的 1 + 4 热连轧生产线 8 条、1 + 5 热连轧生产线两条、黑兹莱特连铸连轧生产线两条、连续铸轧生产线 700 余条、5 机架和 3 机架冷连轧生产线各两条、六辊冷轧机 16 台，而且上述生产线的配置都代表了当今世界铝板带箔加工领域的最高水平。

另外，中国还拥有德国 BWG 和意大利 SELEMA 的纯拉伸矫直生产线 11 条，还自己设计和制造了一套 120MN 级拉伸机。

（4）产品档次参差不齐。中国铝板带箔产品几乎包括了当今世界上所有品种，但其产品质量与发达国家相比还有不小的差距，仅在某些品种上达到了世界先进水平。

以厦顺铝箔有限公司为代表的中国铝箔加工企业，不但使中国成为世界上最大的铝箔生产国，而且占领了铝箔高端市场，厦顺公司的双零铝箔可以做到世界最薄、最好的。我国还能采用连续铸轧方式生产出高端的铝箔产品。

在罐体料方面，我国已经能够生产质量稳定、可靠的产品，产量稳步增加。罐体料不但满足自用，而且可以投向国际市场。但就铝板带箔产品总体质量水平而言，中国大部分产品的质量还处于发展中国家水平，或者说是属于中下等水平。比如，大规格铝合金航空用厚板、铝合金汽车用板、印刷用铝版基等，还远不能满足用户与市场的需要。而就一般用途的铝板带箔产品质量，大多数属于较低水平，这些产品只能供给国内低端客户，中国经济的高速发展、市场广泛使其能够有一席之地。

（5）综合实力有待提升。中国铝板带箔行业概括起来可以说是装备精良、产能巨大、企业众多、竞争力不足。因此说中国是铝板带箔的生产大国，但还不是强国，还必须努力提升企业的综合实力。

当前，中国铝板带箔行业全面不景气，表观上与世界整体经济危机有关，而实质上还是在于中国本行业企业自身的原因。可以说，中国铝板带箔加工企业多数是在全球经济形势大好、国内外市场旺盛、外部诸多条件优越的情况下诞生、发展起来的，企业经营的好坏基本上是靠天吃饭。当一些因素发生变化时，多数企业就只能束手无策、顺其自然了。

中国铝板带箔加工企业竞争力不足主要表现为，能形成自主品牌优势，能在某一市场、某一领域长时期或较长期占有一席之地的企业很少。当出现产品过剩或遇到市场需求萎缩等情况时，多数企业只会通过简单的价格调整来应对，其结果是生产厂家互相厮杀，整个行业陷入欲做不成、欲停不忍的尴尬局面。

1.3.4.2　铝管棒型线加工业现状

铝管棒型线的主要加工方法是挤压成型，下面主要介绍铝挤压加工企业及挤压产品。

2015 年，中国的铝挤压材年产能达 1800 万吨，实际产量达 1350 万吨，占我国铝材总产量的 60% 左右（国际水平约为 40%），除了进口一部分特殊管材、型材和棒材及特殊板、带、箔等工业用材外，建筑型材已大批出口，大大超过美国并成为净出口国。我国铝挤压工业的发展特点如下：

（1）建成了一大批大中型现代化挤压企业，产能产量大幅度增长。从 2003 年开始，我国掀起了建设大中型挤压机和挤压企业结构调整浪潮，配置了一大批大中型挤压机和组

· 16 · 第 1 篇　绪　论

建了一批世界级挤压企业，年产能和产量大幅度增加。如我国目前最大的铝挤压企业——忠旺铝型材有限公司，拥有 90 台大、中、小型挤压机（其中最大的为 125MN 正向双动油压机，并正在筹建世界最大的 225MN 油压卧式挤压机），年产能力 40 万吨，2015 年年产量达 70 万吨左右。广东凤铝铝业有限公司是一家专业铝挤压企业，拥有大、中、小型挤压机 70 多台，年产能力 50 万吨以上，2015 年年产量达 40 万吨左右，其中工业材占 40% 以上，出口材占 45% 左右，该公司研发出了大批的新材料、新工艺和新技术，并在世界铝业协会注册了我国第一个自主开发的新型铝合金——无铅、易切削 6043 铝合金，是一家有影响力的大型综合性铝合金挤压企业。我国目前有各种铝挤压企业 900 家以上，其中年产能大于 5 万吨的有 50 家以上，大于 10 万吨的有 35 家左右，大于 20 万吨的有 15 家左右。大型的民营挤压企业正在崛起。

（2）大型挤压机建设高潮迭起，反向挤压机引进剧增。到 2015 年年底已投产的挤压机，吨位大于 50MN 的有 100 台左右，在建和拟建的 12 台以上；到 2018 年，中国建成的大挤压机将有 120 台以上，其中 225MN 两台，150MN 4 台，125MN 8 台，100MN 10 台，80MN 级的 12 台。目前中国共有挤压机 4000 台以上，数量居世界第一，大型挤压机台数可与美国、俄罗斯相比。到 2015 年年底，中国已有 38 台反向挤压机，其中 22 台是从德国 SMS 公司引进的现代化水平很高的设备。因此，中国是拥有世界上数量最多、水平最高、吨位最大的反向挤压机的国家。同时，大批小型的落后的挤压机正在被淘汰或改造。

（3）加大了产业和产品调整力度，加强了科技自主开发能力，拓展了应用领域，开发了大批新产品、新技术、新工艺，新合金、新状态、新品种的多种性能与用途的新型铝合金挤压材大量涌现。工业材：建筑材的比例由 20 世纪的 18∶82 提高到了 2015 年的近 38∶52，特别是在交通运输和电子电器部门，铝型材获得了广泛的应用，大中型工业结构用材的比例大幅度增加。

（4）出口量大增，我国已成为铝挤压材净出口国。2011 年我国铝挤压材净出口量为 100 万吨。

1.3.4.3　铝锻压件加工业现状

我国有色加工企业已有 800MN、450MN、300MN、185MN、100MN、60MN、50MN、30MN 等 10 余台大、中型铝锻压水（液）压机，160kN 以下的模锻锤，16000kN 以下的摩擦压力机，8000kN 以下的热模锻压机，100MN 多向模压水压机 1 台、ϕ6m 轧环机两台，ϕ9m 轧环机 1 台，有色金属及合金锻件年生产能力为 30000t 左右，最大模锻件投影面积为 5.5m^2（铝合金）及 1.5m^2（钛合金），最大锻件长度为 8m，最大宽度为 3.5m，锻环最大直径 9m，以及盘径为 ϕ534~730mm 的铝合金绞线盘，ϕ600mm 左右的汽车轮箍。

但是，我国有色金属合金锻件产品品种相对较少，例如工业发达国家的模锻件已占全部锻件的 60% 左右，我国只占 30% 左右。国外模锻件的设计、模具制造方面已引入计算机技术、模锻 CAD/CAM/CAE 和模锻过程仿真已进入实用化阶段，而我国很多锻压厂在这方面才刚刚起步。工艺装备的自动化水平和工艺技术水平也相对落后。

最近，我国已经成功设计和制造了世界上最大的 800MN 多向模锻水压机，为提升我国的锻压水平提供了有利的条件。但是，我国有色金属及合金锻压工业，无论在技术装备上、模具设计与制造上、产品产量与规模上、生产效率与批量化生产上、产品质量与效益等方面与国外先进水平存在一定差距，不仅不能满足国内外市场对有色金属及合金锻件日益增长的需求，更跟不上交通运输（如飞机、汽车、高速火车、轮船等）轻量化要求以有色金属及合金锻件代替钢锻件的步伐。为此，我国应集中人力、物力和财力，尽快提高我国有色金属合金锻压生产的工艺装备水平和生产工艺水平，并尽快新建若干条大中型现代化有色金属及合金锻压减压机生产线，以尽快缩小与国外先进水平的差距，最大程度满足国内外市场的需求。

1.3.4.4　我国铝加工工业的发展趋势

目前，我国正掀起铝加工产业发展第三次高潮，铝加工产业的发展有以下特点：

（1）铝加工企业正处在大改组、大合并、上规模、上水平的改造过程。淘汰规模小、设备落后、开工不足和产品质量低劣的企业，建成几个具有国际一流水平的现代化大型综合性铝加工企业。

（2）产品结构大调整，向中、高档和高科技产品发展。淘汰低劣产品，研制开发高新技术产品，替代进口并打入国际市场，满足市场需求。

（3）大搞科技进步、技术创新和信息开发，建立技术开发中心。更新工艺，使铝加工技术达到国际一流水平。

（4）大力进行体制与机制调整，与国际铝加工工业接轨，把我国铝加工工业和技术推向国际一体化。创建我国完整的铝加工技术体系和自主知识产权体系。

我国铝加工业正在完成从小到大、由弱变强、从粗放式经营向现代化大企业发展的过程。在建和拟建大批具有一定规模（年产 10 万吨以上）的较高装备水平的铝板、带、箔生产线（如 1 + 3、1 + 4、1 + 5 热连轧生产线等）和大型的（225MN、125MN、100MN、95MN、80MN 挤压机）高水平的挤压生产线，以及多条超宽、高速、特薄连续铸轧和连铸连轧生产线，精密模锻生产线和深加工生产线，同时大力开发新产品和新技术，不断提高产品质量，提高生产效率和经济效益。可以预计在不久的将来，中国将很快成为世界铝及铝加工工业大国和强国。

2 变形铝合金的加工方法分类及生产工艺流程

2.1 变形合金的加工方法分类

铝及铝合金塑性成型方法很多，分类标准也不统一。目前，最常见的方法是按工件在加工时的温度特征和工件在变形过程中的应力-应变状态来进行分类。

2.1.1 按加工时的温度特征分类

按工件在加工过程中的温度特征，铝及铝合金加工方法可分为热加工、冷加工和温加工。

（1）热加工。是指铝及铝合金锭坯在进行充分再结晶的温度以上所完成的塑性成型过程。热加工时，锭坯的塑性较高，而变形抗力较低，可以用吨位较小的设备生产变形量较大的产品。为了保证产品的组织性能，应严格控制工件的加热温度、变形温度与变形速度、变形程度以及变形终了温度和变形后的冷却速度。常见的铝合金热加工方法有热挤压、热轧制、热锻压、热顶锻、液体模锻、半固态成型、连续铸轧、连铸连轧、连铸连挤等。

（2）冷加工。是指在不产生回复和再结晶的温度以下所完成的塑性成型过程。冷加工的实质是冷加工和中间退火的组合工艺过程。冷加工可得到表面光洁、尺寸精确、组织性能良好和能满足不同性能要求的最终产品。最常见的冷加工方法有冷挤压、冷顶锻、管材冷轧、冷拉拔、板带箔冷轧、冷冲压、冷弯、旋压等。

（3）温加工。温加工是介于冷、热加工之间的塑性成型过程。温加工大多是为了降低金属的变形抗力和提高金属的塑性性能（加工性）所采用的一种加工方式。最常见的温加工方法有温挤、温轧、温顶锻等。

2.1.2 按变形过程的应力-应变状态分类

按工件在变形过程中的受力与变形方式（应力-应变状态）铝及铝合金加工可分为轧制、挤压、拉拔、锻造、旋压、成型加工（如冷冲压、冷弯、深冲等）及深度加工等，如图 2-1 所示。图 2-2 所示为部分加工方法的变形力学简图。

铝及铝合金通过熔炼和铸造生产出铸坯锭，作为塑性加工的坯料，铸锭内部结晶组织粗大而且很不均匀，从断面上看可分为细晶粒带、柱状晶粒带和粗大的等轴晶粒带，如图 2-3 所示。铸锭本身的强度较低，塑性较差，在很多情况下不能满足使用要求。因此，在大多数情况下，都要对铸锭进行塑性加工变形，以改变其断面的形状和尺寸，改善其组织与性能。为了获得高质量的铝材，铸锭在熔铸过程中必须进行化学成分纯化、熔体净化、晶粒细化、组织性能均匀化，以保证得到高的冶金质量。下面简要介绍几种主要塑性加工方法。

2.1.2.1 轧制

轧制是锭坯依靠摩擦力被拉进旋转的轧辊间，借助于轧辊施加的压力，使其横断面减

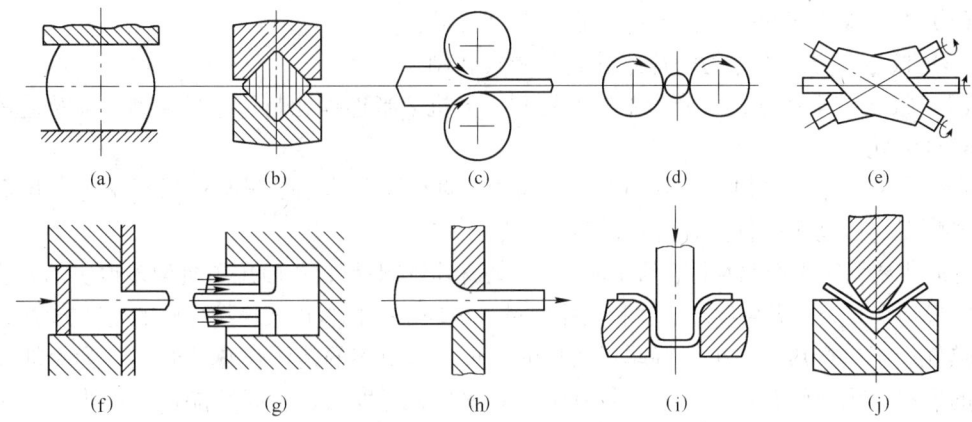

图 2-1　按工件的受力和变形方式的分类

（a）自由锻造；（b）模锻；（c）纵轧；（d）横轧；（e）斜轧；（f）正挤压；
（g）反挤压；（h）拉拔；（i）冲压；（j）弯曲

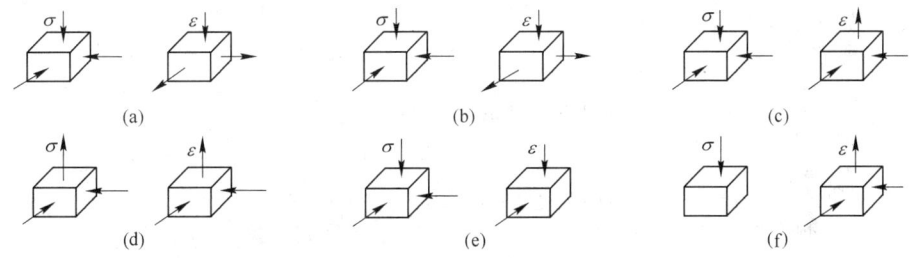

图 2-2　主要加工方法的变形力学简图

（a）平辊轧制；（b）自由锻造；（c）挤压；（d）拉拔；（e）静力拉伸；
（f）在无宽展模压中锻造或平辊轧制宽板

小、形状改变、厚度变薄而长度增加的一种塑性变形过程。根据轧辊旋转方向不同，轧制又可分为纵轧、横轧和斜轧。纵轧时，工作轧辊的转动方向相反，轧件的纵轴线与轧辊的轴线相互垂直，是铝合金板、带、箔材平辊轧制中最常用的方法；横轧时，工作轧辊的转动方向相同，轧件的纵轴线与轧辊轴线相互平行，在铝合金板带材轧制中很少使用；斜轧时，工作轧辊的转动方向相同，轧件的纵轴线与轧辊轴线成一定的倾斜角度，在铝合金板带材轧制中也很少使用。在生产铝合金管材和某些异型产品时常用双辊或多辊斜轧。根据辊系不同，铝合金轧制可分为两辊（一对）系轧制、多辊系轧制和特殊辊系（如行星式轧制、V 形轧制等）轧制。根据

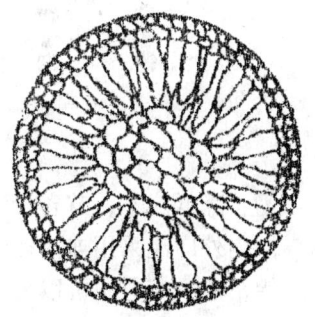

图 2-3　铝合金铸锭的内部
结晶组织

轧辊形状不同，铝合金轧制可分为平辊轧制和孔型辊轧制等。根据产品品种不同，铝合金轧制又可分为板、带、箔材轧制，棒材、扁条和异型型材轧制，管材和空心型材轧制等。

　　在实际生产中，目前世界上绝大多数企业是用一对平辊纵向轧制铝及铝合金板、带、箔材。铝合金板带材生产可以分为以下几种：

(1) 按轧制温度可分为热轧、中温轧制和冷轧。

(2) 按生产方式可分为块片式轧制和带式轧制。

(3) 按轧机排列方式可分为单机架轧制、多机架半连续轧制和连续轧制，以及连铸连轧和连续铸轧等。

在生产实践中，可根据产品的合金、品种、规格、用途、数量与质量要求与市场需求及设备配置与国情等条件选择合适的生产方法。

冷轧主要用于生产铝及铝合金薄板、特薄板和铝箔毛料，一般用单机架多道次的方法生产，但近年来，为了提高生产效率和产品质量，出现了一批多机架连续冷轧的生产方法。

热轧用于生产热轧厚板、特厚板及拉伸厚板，但更多的是用作热轧开坯，为冷轧提供高质的毛料。用热轧开坯生产毛料具有生产效率高、宽度大、组织性能优良的优点，生产的毛料可作为高性能特薄板（如易拉罐板、PS板基和汽车车身深冲板等）的冷轧坯料，但设备投资大，占地面积大，工序较多且生产周期较长。目前国内外铝及铝合金热轧与热轧开坯的方法主要有两辊单机架轧制、四辊单机架单卷取轧制、四辊单机架双卷取轧制、四辊两机架（热粗轧＋热精轧，简称1＋1）轧制、四辊多机架（1＋2，1＋4，1＋5等）热连轧等，如图2-4所示。

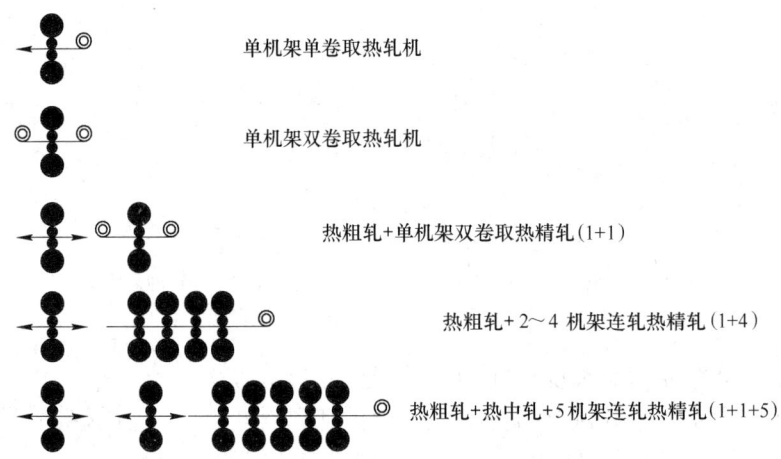

单机架单卷取热轧机

单机架双卷取热轧机

热粗轧＋单机架双卷取热精轧(1+1)

热粗轧＋2～4机架连轧热精轧(1+4)

热粗轧＋热中轧＋5机架连轧热精轧(1+1+5)

图2-4 目前采用的热轧制加工工艺

为了降低成本，节省投资和占地面积，对于普通用途的冷轧板带材用毛料和铝箔毛料，国内外广泛采用连铸连轧法和连续铸轧法等方法进行生产。

铝箔的生产方法可以分为如下几种：

(1) 多层块式叠轧法。采用多层块式叠轧的方法来生产铝箔是一种比较落后的方法，仅能生产厚度为 0.01～0.02mm 的铝箔，轧出的铝箔长度有限，生产效率很低，除了个别特殊产品外，目前很少采用。

(2) 带式轧制法。采用大卷重（径）铝箔毛料连续轧制铝箔，是目前铝箔生产的主要方法，生产效率高，现代化铝箔轧机的轧制速度可达 2500m/min，轧出的铝箔表面质量好，厚度均匀。一般在最后的轧制道次采用双合轧制（双层叠轧），可生产宽度达 2200mm，最薄厚度可达 0.004mm，卷重达 20t 以上的高质量铝箔。根据铝箔的品种、性能和用途，大卷铝箔可分切成不同宽度和不同卷重的小卷铝箔。

（3）沉积法。在真空条件下使铝变成铝蒸气，然后沉积在塑料薄膜上形成一层厚度很薄（最薄可达 0.004mm）的铝膜，这是最近几年发展起来的一种铝箔生产新方法。

（4）喷粉法。是将铝制成不同粒度的铝粉，然后均匀地喷射到某种载体形成一层极薄铝膜，这也是近年来开发成功的新方法。

轧制铝箔所用的毛料：一是用热轧开坯后经冷轧所制成的 0.3~0.5mm 的铝带卷；二是采用连铸连轧或连续铸轧所获得铸轧卷经冷轧后，加工成的 0.5mm 左右的铝带卷。

2.1.2.2 挤压

挤压是将锭坯装入挤压筒中，通过挤压轴对金属施加压力，使其从给定形状和尺寸的模孔中挤出，产生塑性变形而获得所要求的挤压产品的一种加工方法。按挤压时金属流动方向不同，挤压又可分为正向挤压法、反向挤压法和联合挤压法。正挤压时，挤压轴的运动方向和挤出金属的流动方向一致；反向挤压时，挤压轴的运动方向与挤出金属的流动方向相反。按锭坯的加热温度挤压还可分为热挤压和冷挤压。热挤压是将锭坯加热到再结晶温度以上进行挤压，冷挤压是在室温下进行挤压，温挤压是坯料的挤压温度介于二者之间。

2.1.2.3 拉拔

拉伸机（或拉拔机）通过夹钳把铝及铝合金坯料（线坯或管坯）从给定形状和尺寸的模孔拉出来，使其产生塑性变形而获得所需的管、棒、型、线材的加工方法。根据所生产的产品品种和形状不同，拉伸可分为线材拉伸、管材拉伸、棒材拉伸和型材拉伸。管材拉伸又可分为空拉、带芯头拉伸和游动芯头拉伸。拉伸加工的主要要素是拉伸机、拉伸模和拉伸卷筒。根据拉伸配模可分为单模拉伸和多模拉伸。铝合金拉伸机按制品形式可分为直线和圆盘式拉伸机两大类。为提高生产效率，现代拉伸机正朝着多线、高速、自动化方向发展。多线拉伸可同时拉 9 根以上，拉伸速度可达 150m/min 以上。有的拉拔已实现了装、卸料等工序全盘自动化。

2.1.2.4 锻造

锻造是锻锤或压力机（机械的或液压的）通过锤头或压头对铝及铝合金铸锭或锻坯施加压力，使金属产生塑性变形的加工方法。铝合金锻造有自由锻和模锻两种基本方法。自由锻是将工件放在平砧（或型砧）间进行锻造；模锻是将工件放在给定尺寸和形状的模具内锻造。近年来，无飞边精密模锻、多向模锻、辊锻、环锻，以及高速模锻、全自动的 CAD/CAM/CAE 等技术也获得了发展。

2.1.2.5 铝材的其他塑性成型方法

铝及铝合金除了采用以上四种最常用、最主要的加工方法获得不同品种、形状、规格及各种性能、功能和用途的铝加工材料以外，目前还研究开发出多种新型加工方法，主要有：

（1）压力铸造成型法。如低、中、高压成型，挤压成型等。

（2）半固态成型法。如半固态轧制、半固态挤压、半固态拉拔、液体模锻等。

（3）连续成型法。如连铸连挤、高速连铸轧、Conform 连续挤压法等。

（4）复合成型法。如层压轧制法，多坯料挤压法等。

（5）变形热处理法等。

（6）深度加工。深度加工是指将塑性加工获得的各种铝材根据最终产品的形状、尺寸、性能或功能、用途的要求，继续进行（一次、两次或多次）加工，使之成为最终零件或部件的加工方法。铝材的深度加工对于提高产品的性能和质量，扩大产品的用途和拓宽市场，提高产品的附加值和利润，变废为宝和综合利用等都有十分重大的意义。

铝及铝合金加工材料的深度加工方法主要有以下几种：

1）表面处理法。包括氧化上色、电泳涂漆、静电涂漆和氟碳喷涂等。

2）焊接、胶接、铆接及其他接合方法。

3）冷冲压成型加工。包括落料、切边、深冲（拉深）、切断、弯曲、缩口、胀口等。

4）切削加工。

5）复合成型等。

2.2　铝及铝合金加工材的生产工艺流程

铝及铝合金加工材中以压延材（板、带、条、箔材）和挤压材（管、棒、型、线材）应用最广，产量最大，据近年的统计，这两类材料的年产量分别占世界铝材总年产量（平均）的54%和44%左右，其余铝加工材，如锻造产品等，仅占铝材总产量的百分之几。因此，下面仅列出铝及铝合金板、带材生产工艺流程和铝及铝合金挤压材生产工艺流程，如图2-5及图2-6所示。

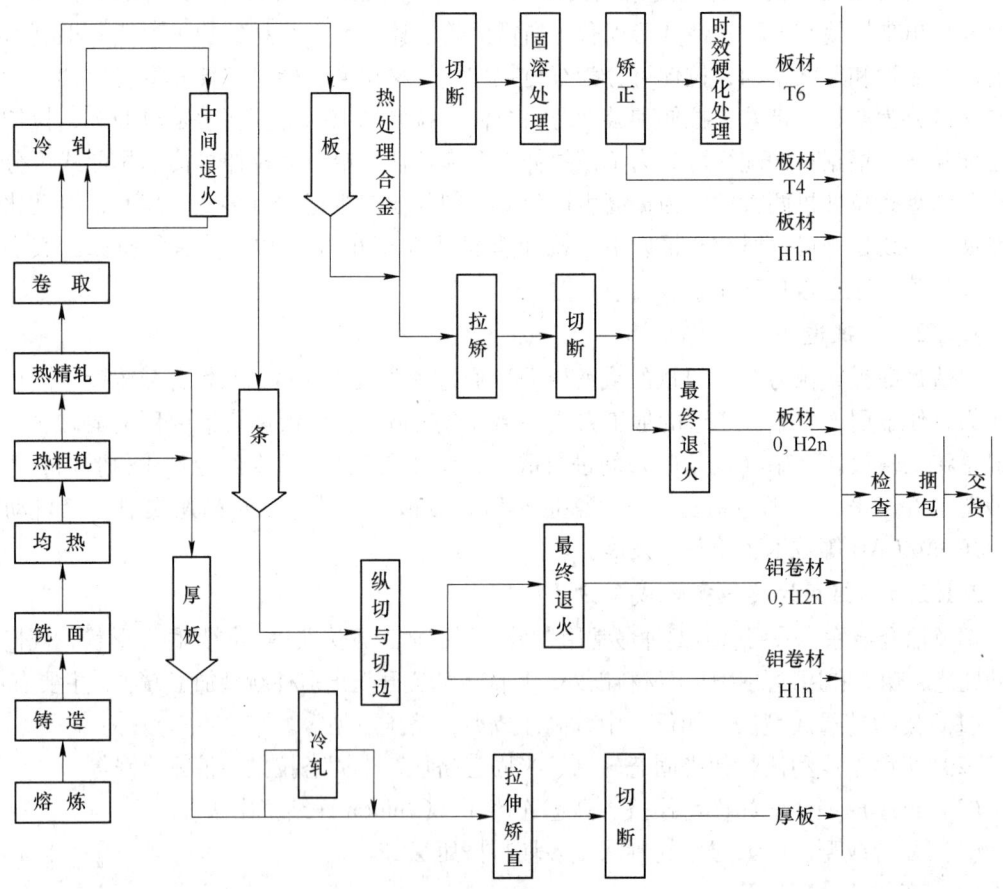

图 2-5　铝合金板、带材生产工艺流程

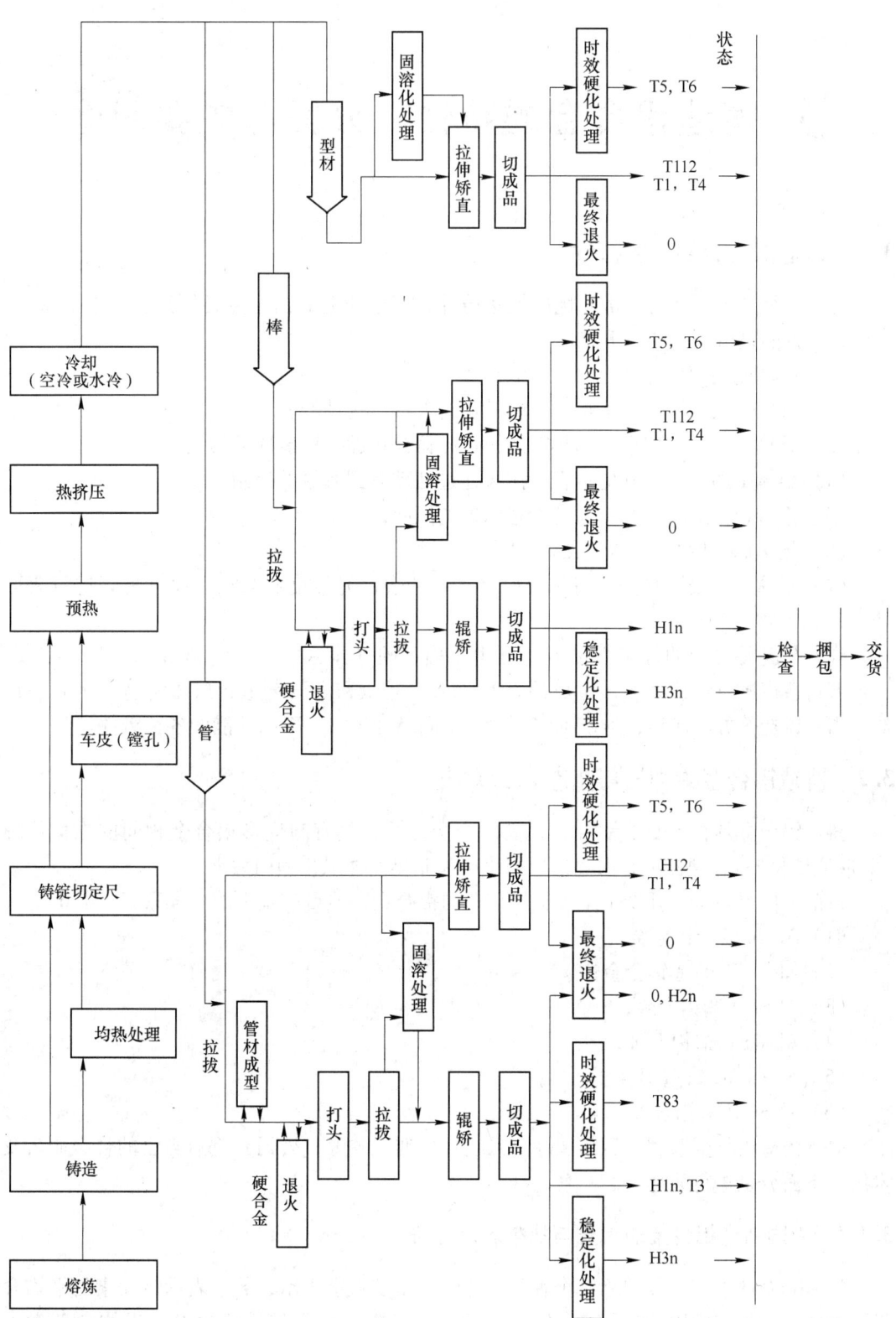

图 2-6 铝挤压材生产工艺流程

3 铸造铝合金的特性、分类与主要用途

3.1 铸造铝合金的一般特性

为了获得各种形状与规格的优质精密铸件，用于铸造的铝合金必须具备以下的特性，其中最关键的是流动性和可填充性：

（1）有填充狭槽窄缝部分的良好流动性；

（2）有比一般金属低的熔点，但能满足绝大部分构件的要求；

（3）导热性能好，熔融铝的热量能快速向铸模传递，铸造周期较短；

（4）熔体中的氢气和其他有害气体可通过处理得到有效的控制；

（5）铝合金铸造时没有热脆开裂和撕裂的倾向；

（6）化学稳定性好，并有高的抗蚀性能；

（7）不易产生表面缺陷，铸件表面有良好的表面光洁度和光泽，而且易于进行表面处理；

（8）铸造铝合金的加工性能好，可用压模、硬（永久）模、生砂和干砂模、熔模、石膏型铸造模进行铸造生产，也可用真空铸造、低压和高压铸造、挤压铸造、半固态铸造、离心铸造等方法成型，生产不同用途、不同品种规格、不同性能的各种铸件。

3.2 铸造铝合金的牌号与状态表示方法

铸造铝合金具有与变形铝合金相同的合金体系，具有与变形铝合金相同的强化机理（除应变硬化外），同样可分为热处理强化型和非热处理强化型两大类。

目前，世界各国已开发出了大量供铸造的铝合金，但目前基本的合金只有以下 6 类：

（1）Al-Cu 铸造铝合金；

（2）Al-Cu-Si 铸造铝合金；

（3）Al-Si 铸造铝合金；

（4）Al-Mg 铸造铝合金；

（5）Al-Zn-Mg 铸造铝合金；

（6）Al-Sn 铸造铝合金。

对于铸造铝合金系属，目前国际上无统一标准。各国（公司）都有自己的合金命名及术语，下面分别进行简述。

3.2.1 中国铸造铝合金的牌号与状态表示方法

按 GB 8063 规定，铸造铝合金牌号用化学元素及数字表示，数字表示该元素的平均含量。在牌号的最前面用 "Z" 表示铸造，例 ZAlSi7Mg，表示铸造铝合金，平均含硅量为 7%，平均含镁量小于 1%。另外还用合金代号表示，合金代号由字母 "Z"、"L"（分别

是"铸"、"铝"的汉语拼音第一个字母）及其后的三位数字组成。ZL后面第一个数字表示合金系列，其中1、2、3、4分别表示铝硅、铝铜、铝镁、铝锌系列合金；ZL后面第二位、第三位两个数字表示顺序号。优质合金的数字后面附加字母"A"。

合金铸造方法和变质处理代号为：S——砂型铸造；J——金属型铸造；R——熔模铸造；K——壳型铸造；B——变质处理。

合金状态代号为：F——铸态；T1——人工时效；T2——退火；T4——固溶处理加自然时效；T5——固溶处理加不完全人工时效；T6——固溶处理加完全人工时效；T7——固溶处理加稳定化处理；T8——固溶处理加软化处理。

GB/T 1173—1995 规定的铸造铝合金化学成分见表3-1，杂质允许含量见表3-2。

表3-1 铸造铝合金的化学成分（GB/T 1173—1995）

序号	合金牌号	合金代号	主要元素(质量分数)/%							
			Si	Cu	Mg	Zn	Mn	Ti	其他	Al
1	ZAlSi7Mg	ZL101	6.5~7.5	—	0.25~0.45	—	—	—		余量
2	ZAlSi7MgA	ZL101A	6.5~7.5	—	0.25~0.45	—	—	0.08~0.20		余量
3	ZAlSi12	ZL102	10.0~13.0	—	—	—	—	—		余量
4	ZAlSi9Mg	ZL104	8.0~10.5	—	0.17~0.35	—	0.2~0.5	—		余量
5	ZAlSi5Cu1Mg	ZL105	4.5~5.5	1.0~1.5	0.4~0.6	—	—	—		余量
6	ZAlSi5Cu1MgA	ZL105A	4.5~5.5	1.0~1.5	0.4~0.55	—	—	—		余量
7	ZAlSi8Cu1Mg	ZL106	7.5~8.5	1.0~1.5	0.3~0.5	—	0.3~0.5	0.10~0.25		余量
8	ZAlSi7Cu4	ZL107	6.5~7.5	3.5~4.5	—	—	—	—		余量
9	ZAlSi12Cu2Mg1	ZL108	11.0~13.0	1.0~2.0	0.4~1.0	—	0.3~0.9	—		余量
10	ZAlSi12Cu2Mg1Ni1	ZL109	11.0~13.0	0.5~1.5	0.8~1.3	—	—	—	Ni 0.8~1.5	余量
11	ZAlSi5Cu6Mg	ZL110	4.0~6.0	5.0~8.0	0.2~0.5	—	—	—		余量
12	ZAlSi9Cu2Mg	ZL111	8.0~10.0	1.3~1.8	0.4~0.6	—	0.10~0.35	0.1~0.35		余量
13	ZAlSi7Mg1A	ZL114A	6.5~7.5	—	0.45~0.60	—	—	0.10~0.20	Be 0.4~0.07 (a)	余量
14	ZAlSi5Zn1Mg	ZL115	4.8~6.2	—	0.4~0.65	1.2~1.8	—	—	Sb 0.1~0.25	余量
15	ZAlSi8MgBe	ZL116	6.5~8.5	—	0.35~0.55	—	—	0.10~0.30	Be 0.15~0.40	余量
16	ZAlCu5Mn	ZL201	—	4.5~5.3	—	—	0.6~1.0	0.15~0.35		余量
17	ZAlCu5MnA	AL201A	—	4.8~5.3	—	—	0.6~1.0	0.15~0.35		余量
18	ZAlCu4	ZL203	—	4.0~5.0	—	—	—	—		余量
19	ZAlCu5MnCdA	ZL204A	—	4.6~5.3	—	—	0.6~0.9	0.15~0.35	Cd 0.15~0.25	余量
20	ZAlCu5MnCdVA	ZL205A	—	4.6~5.3	—	—	0.3~0.5	0.15~0.35	Cd 0.15~0.25	余量
									V 0.05~0.3	
									Zr 0.05~0.2	
									B 0.005~0.06	
21	ZAlRE5Cu3Si2	ZL207	1.6~2.0	3.0~3.4	0.15~0.25	—	0.9~1.2	—	Ni 0.2~0.3	余量
									RE 4.4~5.0 (b)	
22	ZAlMg10	ZL301	—	—	9.5~11.0	—	—	—	Er 0.15~0.25	余量
23	ZAlMg5Si1	ZL303	0.8~1.3	—	4.5~5.5	—	0.1~0.4	—	—	余量
24	ZAlMg8Zn1	ZL305	—	—	7.5~9.0	1.0~1.5	—	0.1~0.2	Be 0.03~0.1	余量
25	ZAlZn11Si7	ZL401	6.0~8.0	—	0.1~0.3	9.0~13.0	—	—	—	余量
26	ZAlZn6Mg	ZL402	—	—	0.5~0.65	5.0~6.5	—	0.15~0.25	Gr 0.4~0.6	余量

注：1. 在保证合金力学性能前提下，可以不加铍（Be）；

2. 混合稀土含各种稀土总量不小于98%，其中含铈（Ce）约45%。

表 3-2　铸造铝合金杂质允许含量（GB/T 1173—1995）

序号	合金牌号	合金代号	Fe S	Fe J	Si	Cu	Mg	Zn	Mn	Ti	Zr	Ti+Zr	Be	Ni	Sn	Pb	杂质总和 S	杂质总和 J
1	ZAlSi7Mg	ZL101	≤0.5	≤0.9	—	≤0.2	—	≤0.3	≤0.35	—	—	≤0.25	≤0.1	—	≤0.01	≤0.05	≤1.1	≤1.5
2	ZAlSi7MgA	ZL101A	≤0.2	≤0.2	—	≤0.1	≤0.10	≤0.1	≤0.10	—	—	≤0.20	—	—	≤0.01	≤0.03	≤0.7	≤0.7
3	ZAlSi12	ZL102	≤0.7	≤1.0	—	≤0.30	—	≤0.1	≤0.5	≤0.20							≤2.0	≤2.2
4	ZAlSi9Mg	ZL104	≤0.6	≤0.9	—	≤0.1	—	≤0.25	—			≤0.15			≤0.01	≤0.05	≤1.1	≤1.4
5	ZAlSi5Cu1Mg	ZL105	≤0.6	≤1.0	—	—		≤0.3	≤0.5			≤0.15	≤0.1		≤0.01	≤0.05	≤1.1	≤1.4
6	ZAlSi5Cu1MgA	ZL105A	≤0.2	≤0.2	—			≤0.1	≤0.1						≤0.01	≤0.05	≤0.5	≤0.5
7	ZAlSi8Cu1Mg	ZL106	≤0.6	≤0.8	—			≤0.2							≤0.01	≤0.05	≤0.9	≤1.0
8	ZAlSi7Cu4	ZL107	≤0.5	≤0.6	—		≤0.1	≤0.3	≤0.5						≤0.01		≤1.0	≤1.2
9	ZAlSi12Cu2Mg1	ZL108		≤0.7				≤0.2		≤0.20				≤0.3	≤0.01	≤0.05		≤1.2
10	ZAlSi12Cu1Mg1Ni1	ZL109		≤0.7				≤0.2	≤0.2	≤0.20					≤0.01	≤0.05		≤1.2
11	ZAlSi5Cu6Mg	ZL110		≤0.8				≤0.6	≤0.5						≤0.10	≤0.05		≤2.7
12	ZAlSi9Cu2Mg	ZL111	≤0.4	≤0.4				≤0.1							≤0.01			≤1.0
13	ZAlSi7Mg1A	ZL114A	≤0.2	≤0.2	—	≤0.1		≤0.1		≤0.1		≤0.20			≤0.01	≤0.03	≤0.75	≤0.75
14	ZAlSi5Zn1Mg	ZL115	≤0.3	≤0.3		≤0.1									≤0.01	≤0.05	≤0.8	≤1.0
15	ZAlSi8MgBe	ZL116	≤0.60	≤0.6	—	≤0.3		≤0.3	≤0.1			≤0.20	B≤0.10		≤0.01	≤0.05	≤1.0	≤1.0
16	ZAlCu5Mn	ZL201	≤0.25	≤0.3	≤0.3	—	≤0.05	≤0.2		≤0.2				≤0.1			≤1.0	≤1.0
17	ZAlCu5MnA	ZL201A	≤0.15	—	≤0.1	—	≤0.05	≤0.1		≤0.15				≤0.05			≤0.4	—
18	ZAlCu4	ZL203	≤0.8	≤0.8	≤1.2	—	≤0.05	≤0.25	≤0.1	≤0.20	≤0.1				≤0.01	≤0.05	≤2.1	≤2.1
19	ZAlCu5MnCdA	ZL204A	≤0.15	≤0.15	≤0.06	—		≤0.1		≤0.15				≤0.05			≤0.4	—
20	ZAlCu5MnCdvA	ZL205A	≤0.15	≤0.15	≤0.06	—		≤0.05		≤0.15				≤0.01			≤0.3	≤0.3
21	ZAlRE5Cu3Si2	ZL207	≤0.6	≤0.6	—	—		≤0.2									≤0.8	≤0.8
22	ZAlMg10	ZL301	≤0.3	≤0.3	≤0.30	≤0.10		≤0.15	≤0.15	≤0.20			≤0.07	≤0.05	≤0.01	≤0.05	≤1.0	≤1.0
23	ZAlMg5Si1	ZL303	≤0.5	≤0.5	—	≤0.1		≤0.2		≤0.15							≤0.7	≤0.7
24	ZAlMg8Zn1	ZL305	≤0.3	—	≤0.2	≤0.1				≤0.1	≤0.2						≤0.9	
25	ZAlZn11Si7	ZL401	≤0.7	≤1.2	—	≤0.6			≤0.5								≤1.8	≤2.0
26	ZAlZn6Mg	ZL402	≤0.5	≤0.8	≤0.3	≤0.25			≤0.1					≤0.01			≤1.35	≤1.65

注：S—砂型；J—金属型。

3.2.2　美国及 ISO 铸造铝及铝合金

根据美国铝业协会（AA）规定，铸造铝合金用三位数字加小数点表示，小数点后是"0"（即×××.0）表示纯铝及铝合金铸件成分，小数点后是"1"或"2"（即×××.1或×××.2）表示纯铝或铝合金铸锭。牌号的第一位是"1"表示铸造纯铝，第一位是"2"、"3"、"4"、"5"、"7"、"8"表示铸造铝合金。

美国铝业协会的分类法如下：1××.×：控制非合金化的成分；2××.×：含铜且铜

作为主要合金化元素的铸造铝合金；3××.×：含镁或（和）铜的铝硅合金；4××.×：二元铝硅合金；5××.×：含镁，且镁作为主要合金化元素的铸造铝合金，通常还含有铜、硅、铬、锰等元素；6××.×：目前尚未使用；7××.×：含锌，且锌作为主要合金化元素的铸铝合金；8××.×：含锡，且锡作为主要合金化元素的铸铝合金；9××.×：目前尚未使用。

UNS 数字系统用 A 加五位数字表示铸造纯铝及铝合金。ISO 标准的铸造纯铝及铝合金中，纯铝铸锭用 Al 加 99 及小数点表示。小数点后为 0 表示铝含量有效值为 99%，例如铝含量为 99.00%，牌号表示为 Al99.0。小数点后数字为 5、7、8 表示铝含量的小数点后的有效值，例如 Al99.5、Al99.7 等表示 Al 含量为 99.5%，99.7%。铸造铝合金用 Al 加元素符号及元素的平均含量表示，牌号前加标准号。ISO 铸造铝合金标准号有 R164、R2147 及 3522，例如 3522AlCu4MgTi、R164AlCuMgTi、R214AlCuMgTi 等。美国"AA"、"UNS"及"ISO"的铸造纯铝及铝合金牌号及化学成分可参阅有关参考文献。

3.2.3 日本的铸造铝合金

表 3-3 ~ 表 3-5 列出了日本主要铸造铝合金的化学成分及典型特性和用途。

表 3-3 日本铸造铝合金化学成分（JISH 5202—1982）

合金牌号	化学成分(质量分数)/%											
	Si	Fe	Cu	Mn	Mg	Zn	Ni	Ti	Pb	Sn	Cr	Al
AC1A	1.2	0.50	4.0 ~ 5.0	0.30	0.15	0.30	0.05	0.25	0.05	0.05	0.05	余量
AC1B	0.20	0.35	4.0 ~ 5.0	0.10	0.15 ~ 0.35	0.10	0.05	0.05 ~ 0.30	0.05	0.05	0.05	余量
AC2A	4.0 ~ 6.0	0.8	3.0 ~ 4.5	0.55	0.25	0.55	0.30	0.20	0.15	0.05	0.15	余量
AC2B	5.0 ~ 7.0	1.0	2.0 ~ 4.0	0.50	0.50	1.0	0.35	0.20	0.20	0.10	0.20	余量
AC3A	10.0 ~ 13.0	0.8	0.25	0.35	0.15	0.30	0.10	0.20	0.10	0.05	0.15	余量
AC4A	8.0 ~ 10.0	0.55	0.25	0.30 ~ 0.60	0.30 ~ 0.60	0.25	0.10	0.20	0.10	0.05	0.15	余量
AC4B	7.0 ~ 10.0	1.0	2.0 ~ 4.0	0.50	0.50	1.0	0.35	0.20	0.20	0.10	0.20	余量
AC4C	6.5 ~ 7.5	0.55	0.25	0.35	0.25 ~ 0.45	0.30	0.10	0.20	0.10	0.05	0.15	余量
AC4CH	6.5 ~ 7.5	0.20	0.20	0.10	0.20 ~ 0.40	0.10	0.05	0.20	0.05	0.05	0.05	余量
AC4D	4.5 ~ 5.5	0.55	1.0 ~ 1.5	0.50	0.40 ~ 0.60	0.30	0.20	0.20	0.10	0.05	0.15	余量
AC5A	0.6	0.8	3.5 ~ 4.5	0.35	1.2 ~ 1.8	0.15	1.7 ~ 2.3	0.20	0.05	0.05	0.15	余量
AC7A	0.20	0.30	0.10	0.6	3.5 ~ 5.5	0.15	0.05	0.20	0.05	0.05	0.15	余量
AC7B	0.20	0.30	0.10	0.10	9.5 ~ 11.0	0.10	0.05	0.20	0.05	0.05	0.15	余量
AC8A	11.0 ~ 13.0	0.8	0.8 ~ 1.3	0.15	0.70 ~ 1.3	0.15	0.8 ~ 1.5	0.20	0.10	0.10	0.10	余量
AC8B	8.5 ~ 10.5	1.0	2.0 ~ 4.0	0.50	0.50 ~ 1.5	0.50	0.10 ~ 1.0	0.20	0.10	0.10	0.10	余量
AC8C	8.5 ~ 10.5	1.0	2.0 ~ 4.0	0.50	0.50 ~ 1.5	0.50	0.50	0.20	0.10	0.10	0.10	余量
AC9A	22 ~ 24	0.8	0.50 ~ 1.5	0.50	0.50 ~ 1.5	0.20	0.50 ~ 1.5	0.20	0.10	0.10	0.10	余量
AC9B	18 ~ 20	0.8	0.50 ~ 1.5	0.50	0.50 ~ 1.5	0.20	0.50 ~ 1.5	0.20	0.10	0.10	0.10	余量

注：1. 表中未给出范围数字表示最大允许含量；

2. V、Bi 的含量在 0.05% 以下，V 和 Bi 以及未列出的各个元素只有在订货者提出要求时才进行化学分析。

表 3-4　日本压铸铝合金化学成分（JISH 5302—1976）

合金牌号	化学成分(质量分数)/%								
	Si	Fe	Cu	Mn	Mg	Zn	Ni	Sn	Al
ADC1	11.0 ~ 13.0	≤1.3	≤1.0	≤0.3	≤0.3	≤0.5	≤0.5	≤0.1	余量
ADC4	9.0 ~ 10.0	≤1.3	≤0.6	≤0.3	0.4 ~ 0.6	≤0.5	≤0.5	≤0.1	余量
ADC5	≤0.3	≤1.8	≤0.2	≤0.3	4.0 ~ 8.5	≤0.1	≤0.1	≤0.1	余量
ADC6	≤1.0	≤0.8	≤0.1	0.4 ~ 0.6	2.5 ~ 4.0	≤0.4	≤0.1	≤0.1	余量
ADC10	7.5 ~ 9.5	≤1.3	2.4 ~ 4.0	≤0.5	≤0.3	≤0.1	≤0.5	≤0.3	余量
ADC12	9.6 ~ 12.0	≤1.3	1.5 ~ 3.5	≤0.5	≤0.3	≤0.1	≤0.5	≤0.3	余量

表 3-5　压铸铝合金的特点和典型用途

合金牌号	特　点	典型用途举例
ADC1	铸造性能优良，耐腐蚀性和力学性能良好	打字机、照相机、除尘器、测量仪器和飞机零件
ADC3	铸造性能优良，耐腐蚀性和力学性能良好	离合器壳、洗衣机拨水轮、油泵盖盘轮
ADC5	耐腐蚀性能优良，不宜做形状复杂的铸件	照相机体、熨斗底板、搅拌器、室外开关盒、飞机螺旋桨、管接头
ADC6	耐腐蚀性能优良，伸长率和抗拉冲击性良好，铸造性能不好	手柄、电机壳、电饭锅零件
ADC10	铸造性能和力学性能良好	曲轴箱、缝纫机壳、电机壳以及家庭用品
ADC12	铸造性能和力学性能良好	曲轴箱、齿轮箱、气化器本体、照相机机体、风扇底座

3.2.4　世界各国铸造铝合金对照

表 3-6 为世界各国铸造铝合金牌号对照表。

3.3　铸造铝合金的特性和主要应用

根据用途或生产方式，铸造铝合金可分为一般铸造用铝合金和压力铸造用铝合金，以下按日本金属协会（JIS）分类法介绍铸造铝合金的特性和主要用途。

3.3.1　一般铸造用铝合金

3.3.1.1　Al-Cu 系合金（AC1A）

Al-Cu 系列合金的切削性优良，热处理材料的力学性能高，特别是有较大的伸长率。但高温强度低，容易发生高温断裂及铸造裂纹。耐蚀性比 Al-Si 和 Al-Mg 系合金稍差。如用人工时效处理，能显著改善其力学性能。主要用于制作要求强度较高的零件。

此系列合金的凝固温度范围广，容易产生细的缩孔，属于铸造比较困难的合金。

3.3.1.2　Al-Si 系合金（AC3A）

AC3A 合金熔液的流动性好，但容易产生缩孔。该合金的热脆性小，焊接性、耐蚀性好。主要用于薄壁大型铸件和形状复杂的铸件。

表 3-6 各国铸造铝合金牌号对照

类别	中国 GB	中国 YB	中国 HB	前苏联 ГОСТ	美国 ASTM UNS	美国 ANSI AA	美国 SAE	英国 BS	英国 BS/L	法国 NF	法国 AIRLA	德国 DIN	日本 JIS	ISO
铝硅合金	ZL101	ZL11	HZL101	АЛ9,АЛ9B	A03560 A13560	356.0 A356.0	323	—	—	A-S7G	AS7G03	G-AlSiMg (3.2371.61)	AC4C	AlSi7Mg
	ZL102	ZL7	HZL102	АЛ2	A14130	A413.0	305	LM20	4L33	A-S13	—	G-AlSi12 (3.2581.01)	AC3A	AlSi12
	ZL104	ZL14	—	АЛ3,АЛ3B	—	—	—	—	—	—	—	—	AC2B	—
	ZL104	ZL10	HZL104	АЛ4,АЛ4B	A03600 A13600	360.0 A360.0	309	LM9	L75	A-S9G A-S10G	AS10G	G-AlSi10Mg (3.2381.01)	AC4A	AlSi9Mg AlSi10Mg
	ZL105	ZL13	HZL105	АЛ5	A03550 A03550	355.0 C355.0	332	LM16	3L78	—	—	G-AlSi5Cu	AC4D	—
	ZL106	—	—	АЛ4B	A03280 A03281	328.0 328.1	331	LM-24	—	—	—	G-AlSi8Cu3 (3.2151.01)	AC4B	—
	ZL107	—	—	АЛ6-АЛ7-4	A03190 A03191	319.0	326	LM4 LM21	L79	A-S5UZ A-S903	—	G-AlSi6Cu4 (3.2151.01)	AC2B	—
	ZL108	ZL8	—	—	—	SC122(旧)	—	LM2	—	—	—	—	—	—
	ZL109	ZL9	—	АЛ30	A03360 A03361	336.0 336.1	—	LM13	—	A-S12UN	—	—	Ac8A	AlSi12Cu
	ZL110	ZL3	—	АЛ10B	—	—	—	LM1	—	—	—	G-AlSi(Cu)	—	—
	ZL111	—	—	АЛ4M	A03541 A03540	354.0	—	—	—	—	—	—	—	—

续表3-6

类别	中国			前苏联	美国			英国		法国		德国	日本 JIS	ISO
	GB	YB	HB	ГОСТ	ASTM UNS	ANSI AA	SAE	BS	BS/L	NF	AIRLA	DIN		
铝铜合金	ZL201	—	HZL-201	АЛ19	—	—	—	—	—	A-U5GT	A-U5GT	G-AlCuTiMg (3.1372.61)	—	AlCu4MgTi
	—	—	HZL-202	高纯 АЛ19	—	—	—	—	—	—	—	—	—	—
	ZL202	ZL1	—	АЛ12	A03600	A360.0	309	—	—	A-U8S	—	—	—	Al-Cu8Si
	ZL203	ZL2	HZL-203	АЛ7	A02950	295.0 B295.0	38	—	2L91 2L92	A-U5GT	—	G-AlCu4Ti (3.1841.61)	ACIA	Al-Cu4MgTi
	ZL301	ZL5	HZL-301	АЛ8	A05200 A05202	520.0 520.0	324 320	LM10 KM5	4L53	—	—	G-AlMg10 (3.3591.43)	AC7B	—
铝镁合金	ZL302	ZL6	—	АЛ22	A05140 A05141	514.0 514.1	—	—	L74	A-G6 A-G3T	—	G-AlMg5 (3.356.1.01)	ACIA	Al-Mg6 Al-Mg3
	—	—	HZL-303	АЛ13	—	—	—	—	—	—	—	—	—	—
	ZL401	ZL15	HZL-401	АЛIP1	—	—	—	—	—	—	—	—	—	—
铝锌合金	ZL402	—	—	АЛ24	A07120 A07122	712.2	—	—	—	A-Z5G	—	—	—	Al-Zn5Mg
	—	—	HZL-501	АЛ11	—	—	—	—	—	—	—	—	—	—

3.3.1.3 Al-Mg 系合金（AC7A、AC7B）

添加镁能够提高力学性能，改善切削性及耐蚀性，但却增大了热脆性。铝镁合金容易氧化，熔液的流动性不好。凝固温度的范围广，补缩冒口的效果差，铸造的成品率低。

AC7A（含镁 3.5% ~5% ）合金的耐蚀性，特别是对海水的耐蚀性好，容易进行阳极氧化而得到美观的薄膜。在该系合金中，它是伸长率最大、切削性较好的合金。但熔化、铸造比较困难。

AC7B（含镁 9.5% ~11.0% ）经过 T4 处理可以得到比 AC7A 更优良的力学性能，阳极氧化性也好，但容易发生应力腐蚀，铸造性不好。

3.3.1.4 Al-Si-Cu 系合金（AC2A、AC2B、AC4B、AC4D）

AC2A、AC2B 是在 Al-Cu 系合金中添加硅，AC4B、AC4D 是在 Al-Si 系合金中添加铜，从而使它们的切削性与力学性能得到改善的合金。如经过热处理，其效果更好。

此系列合金熔液的流动性和耐压性好。因为铸造裂纹和缩孔少而广泛用于机械零件的铸造，也适用于金属模的铸造。

AC2A、AC2B 的切削性和焊接性好，铸造裂纹少，但铸造操作方法难以掌握。

AC4B 的铸造性和焊接性良好，但耐蚀性较差。

AC4D 的强度高，铸造性良好，有耐热性，耐压性及耐蚀性也好。

3.3.1.5 Al-Si-Mg 系合金（AC4A、AC4C）

在 Al-Si 系合金中添加少量的镁，不仅不会失去 Al-Si 系合金的特性，而且会改善其力学性能与切削性。

AC4A 中由于添加了锰，故铸造性非常好，耐震性、力学性能及耐蚀性也好。

AC4C 的铸造性、焊接性、耐震性、耐蚀性都好，是导电性最为优良的铸造铝合金。

3.3.1.6 Al-Cu-Mg-Ni 系合金（AC5A）

Al-Cu-Mg-Ni 系列合金的铸造性不太好，但与其他耐热合金比较，缩孔却很少，出现外缩孔的倾向较大。膨胀系数稍高，但切削性、耐磨损性优良。

3.3.1.7 Al-Si-Cu-Mg-Ni 系合金（AC8A、AC8B）

为降低 Al-Cu-Mg-Ni 合金的热膨胀系数，改善耐磨性，而添加 Si，可作为活塞用合金。要求热膨胀系数和耐磨性时，采用过共析结晶硅合金。

AC8A 的耐热性良好、热膨胀系数小，与 AC8B 比较，内部容易发生气孔。

AC8B 的高温强度比 AC8A 优良，铸造性也优良，但是热膨胀系数比 AC8A 大。

从 AC8B 中除掉镍便是 AC8C。在 300℃ 以下温度时，其性能与 AC8B 差不多。

3.3.1.8 其他合金

其他一般铸造用铝合金主要有：

（1）超级硅铝明合金。这是制作活塞用的合金，其组成是把 AC8A 中硅的含量定为 15% ~23%。此种合金的铸造性与 AC8A 和 AC8B 没有多大差别，但如果需要得到均匀而细小的初晶硅，必须在熔解时进行变质处理。

此种合金的抗拉强度比 AC8A 稍差，但高温强度优良。硬度、耐磨性能也好，是由日本轻金属公司研制的。

（2）CX-2A。这是日本轻金属公司研制的 Al-Mg-Zn 系合金，强度高，而且有韧性，耐应力腐蚀的性能好。

过去，为了提高制品的强度，都是采用经 T6 处理的材料。目前由于经过 F 处理的材料也有相当高的强度和韧性，因此已有不少单位开始使用经 F 处理的 CX-2A 合金。

CX-2A 的熔体流动性不次于 AC7A，耐蚀性比 AC7A 稍差，但比 AC4C 却远为优越。

（3）NU 合金。这是日本轻金属公司研制的强力合金，韧性不比 AC1A 低，而且强度还有所提高。耐应力腐蚀的性能好。其综合性能比铸铁好，所以是广泛用做代替铸铁件及铜合金铸件的轻量化合金材料。

这种合金的铸造工艺与 AC1A 合金的几乎相同。

（4）优质合金。近年来欧美一些国家称为 "premium quality castings"（高质量铸件）的，就指的是把杂质元素铁的含量下降到 0.15% 以下的优质合金。此种优质合金可以制作出强度高、韧性好的铝合金铸件。

为此目的所开发的 JIS 合金，有 AC1A、AC4C、AC4D 等，它们几乎都经过 T4 或 T6 处理。

3.3.2　压力铸造用铝合金

3.3.2.1　Al-Si 系合金（ADC1、ADC7）

ADC1 的熔液流动性好，所以铸造性优良。它的耐蚀性和热膨胀性也好，适用于压铸壁薄而形状复杂的铸件；但切削性和阳极氧化性不好。

ADC7 的熔液流动性比 ADC1 差，强度低，所以使用较少。

3.3.2.2　Al-Si-Mg 系合金（ADC3）

ADC3 的铸造性比 ADC1 稍差，但耐蚀性、切削性优良，有韧性；其缺点是容易产生粘模现象。

3.3.2.3　Al-Mg 系合金（ADC5）

Al-Mg 系合金的耐蚀性和切削性是铝合金中最优良的，并且能制出美观的阳极氧化膜；但是流动性、耐压性不好，有热脆性，也易产生粘模现象。

3.3.2.4　Al-Mg-Mn 系合金（ADC6）

ADC6 的切削性、耐蚀性良好，伸长率大，但强度低；铸造性、耐压性不太好，阳极氧化薄膜的性能好。

3.3.2.5　Al-Si-Cu 系合金（ADC10、ADC12）

ADC10 的铸造性、耐压性好，适于制造大型压铸件；力学性能和切削性良好，但耐蚀性稍差。

ADC12 与 ADC10 相比，含硅量多，所以适于压铸复杂的铸件。它的强度高，耐压性特别好，热脆性小。

3.3.2.6　DX-1 合金

DX-1 合金是日本轻金属公司研制的添加有其他元素的 Al-Si-Cu 系新合金，是一种不影响 Al-Si-Cu 系合金的铸造性，由于添加了新的合金元素和经过简单的时效处理而具有高强度的压铸用合金。

压铸件经过热处理一般都会产生水泡，因而会引起强度降低。但是 DX-1 合金在

200℃以下的时效温度内进行析出处理，它的强度仍可提高。

3.3.3　主要铸造铝合金的特性和性能

表3-7～表3-11列出了主要铸造铝合金的特性和性能（JIS合金）。

表3-7　重力铸造用铝合金的物理性能（JIS标准）

合金	密度 /g·cm^{-3}	凝固温度范围/℃		线膨胀系数/℃$^{-1}$			热传导系数(25℃) /W·(m·℃)$^{-1}$	弹性模量/GPa	
		液相	固相	20～100℃	20～200℃	30～300℃		纵向	横向
AC1A	2.81	645	550	23.0×10^{-6}	24.0×10^{-6}	25.0×10^{-6}	138	70.1	26.0
AC1B	2.80	650	535	23.0×10^{-6}	—	—	140	—	—
AC2A	2.79	610	520	21.5×10^{-6}	22.5×10^{-6}	23.0×10^{-6}	142	73.5	24.0
AC2B	2.78	615	520	21.5×10^{-6}	23.0×10^{-6}	23.5×10^{-6}	109	74.0	24.5
AC3A	2.66	585	575	20.5×10^{-6}	21.5×10^{-6}	22.5×10^{-6}	121	77.0	25.0
AC3B	2.68	595	560	21.0×10^{-6}	22.0×10^{-6}	23.0×10^{-6}	138	75.0	25.0
AC4B	2.77	590	520	21.0×10^{-6}	22.0×10^{-6}	23.0×10^{-6}	96	76.0	25.0
AC4C	2.68	610	555	21.5×10^{-6}	22.5×10^{-6}	23.5×10^{-6}	159	73.5	25.0
AC4CH	2.68	610	555	21.5×10^{-6}	22.5×10^{-6}	23.5×10^{-6}	159	72.5	24.0
AC4D	2.71	625	580	22.5×10^{-6}	23.0×10^{-6}	24.0×10^{-6}	151	72.5	24.0
AC5A	2.79	630	535	22.5×10^{-6}	23.5×10^{-6}	24.5×10^{-6}	130	72.5	24.0
AC7A	2.66	635	570	24.0×10^{-6}	25.0×10^{-6}	26.0×10^{-6}	146	67.6	23.5
AC8A	2.70	570	530	20.0×10^{-6}	21.0×10^{-6}	22.0×10^{-6}	125	80.9	20.6
AC8B	2.76	580	520	20.7×10^{-6}	21.4×10^{-6}	22.3×10^{-6}	105	77.0	25.5
AC8C	2.76	580	520	20.7×10^{-6}	21.4×10^{-6}	22.3×10^{-6}	105	76.0	24.5
AC9A	2.65	730	520	18.3×10^{-6}	19.3×10^{-6}	20.3×10^{-6}	105	88.3	27.0
AC9B	2.68	670	520	19.0×10^{-6}	20.0×10^{-6}	21.0×10^{-6}	110	86.3	26.5

表3-8　压力铸造用铝合金的物理性能（JIS标准）

合金	密度 /g·cm^{-3}	凝固温度范围/℃		线膨胀系数/℃$^{-1}$			热传导系数(25℃) /W·(m·℃)$^{-1}$	弹性模量/GPa	
		液相	固相	20～100℃	20～200℃	30～300℃		纵向	横向
ADC1	2.66	585	574	20.5×10^{-6}	21.5×10^{-6}	22.5×10^{-6}	121	—	—
ADC3	2.66	590	560	21.0×10^{-6}	22.0×10^{-6}	23.0×10^{-6}	113	71.1	26.5
ADC5	2.56	620	535	25.0×10^{-6}	26.0×10^{-6}	27.0×10^{-6}	88	66.2	24.5
ADC6	2.65	640	590	24.0×10^{-6}	25.0×10^{-6}	26.0×10^{-6}	146	71.1	—
ADC10	2.74	590	535	—	22.0×10^{-6}	22.5×10^{-6}	96	71.1	26.5
ADC12	2.70	580	515	—	21.0×10^{-6}	—	92	—	—

表 3-9 重力铸造用铝合金的铸造性和一般特性

合金	铸模的种类	铸造性								可否热处理强化	铸件特性						
		综合铸造性		熔体补给性	耐热裂性	耐压泄漏性	熔体流动性	凝固收缩性	熔体吸气性		耐蚀性	切削性	研磨性	电镀性	阳极氧化外观	高温强度	焊接性
		砂型	金型														
AC1A	砂·金	3	4	3	4	3	3	3	3	可	4	2	2	1	2	2	3
AC1B	砂·金	3	4	4	4	3	3	4	3	可	4	2	3	2	2	3	3
AC2A	砂·金	1	2	2	2	1	2	1	3	可	3	3	3	2	4	3	2
AC2B	砂·金	1	2	2	2	1	2	1	3	可	3	3	4	2	5	3	2
AC3A	砂·金	1	1	1	1	2	1	1	2	否	3	4	5	2	5	3	2
AC4A	砂·金	1	1	1	2	2	1	1	2	可	3	3	3	2	3	3	2
AC4B	砂·金	1	1	1	1	2	1	1	2	可	3	3	3	3	3	3	2
AC4C	砂·金	1	1	1	1	1	1	1	2	可	2	4	3	3	3	3	1
AC4CH	砂·金	1	1	1	1	1	1	1	2	可	2	4	3	3	3	3	1
AC4D	砂·金	2	2	2	1	2	1	2	2	可	2	4	2	3	3	1	2
AC5A	砂·金	3	3	3	3	3	3	6	3	可	4	1	1	1	3	1	4
AC7A	砂·金	3	4	5	4	4	5	5	5	否	1	1	5	5	1	3	4
AC8A	金	3	2	3	1	2	1	3	3	可	3	4	5	4	5	1	4
AC8B	金	3	2	4	2	2	1	3	3	可	3	4	5	4	5	2	4
AC8C	金	3	2	3	1	2	1	3	3	可	3	4	5	4	5	2	4
AC9A	金	4	2	4	3	3	2	1	3	可	4	5	4	5	1	4	4
AC9B	金	4	2	4	3	3	2	1	3	可	4	5	4	5	1	4	4

注: 1—优, …, 5—劣。

表 3-10 压力铸造用铝合金的铸造性和一般特性

合金	适用范围	铸造性				热处理适应性	铸件特性						
		耐热裂性	耐压泄漏性	模型充填能	模型非熔着性		耐蚀性	切削性	研磨性	电镀性	阳极氧化外观	化学皮膜性	高温强度
ADC1	G	1	1	1	2	否	2	4	5	3	5	3	3
ADC3	S	1	1	1	3	否	2	3	3	3	3	3	1
ADC5	S	5	5	4	5	否	1	1	1	5	1	1	4
ADC6	S	—	—	—	—	否	—	—	—	—	—	—	—
ADC10	G	2	2	2	1	否	4	3	3	1	3	5	2
ADC12	G	2	2	2	3	否	4	3	3	2	4	4	2
ADC14	S	4	4	1	2	否	3	5	5	3	5	5	3

注: G—一般用; S—特殊用; 1—优, …, 5—劣。

表 3-11　压力铸造用铝合金的力学性能（JIS 标准）

合　金	σ_b/MPa	$\sigma_{0.2}$/MPa	δ/%	α_k/kJ·m^{-2}	疲劳强度[①]/MPa
ADC1	240	145	1.8	56	130
ADC3	295	170	3.0	144	125
ADC5	280	185	7.5	144	140
ADC6	280	—	10.5	—	125
ADC10	295	170	2.0	85	140
ADC12	295	185	2.0	81	140

① 旋转疲劳试验 $N = 5 \times 10^8$。

第 2 篇
变形铝合金及典型性能

4 变形铝合金的分类、牌号、状态、成分与特性

4.1 变形铝合金的分类

变形铝合金的分类方法很多，目前，世界上绝大部分国家通常按以下三种方法进行分类：

（1）按合金状态图及热处理特点分为可热处理强化铝合金和不可热处理强化铝合金两大类。可热处理强化铝合金如纯铝、Al-Mn、Al-Mg、Al-Si 系合金；不可热处理强化铝合金如 Al-Mg-Si、Al-Cu、Al-Zn-Mg 系合金。

（2）按合金性能和用途可分为工业纯铝、光辉铝合金、切削铝合金、耐热铝合金、低强度铝合金、中强度铝合金、高强度铝合金（硬铝）、超高强度铝合金（超硬铝）、锻造铝合金及特殊铝合金等。

（3）按合金中所含主要元素成分可分为：工业纯铝（1×××系）、Al-Cu 合金（2×××系）、Al-Mn 合金（3×××系）、Al-Si 合金（4×××系）、Al-Mg 合金（5×××系）、Al-Mg-Si 合金（6×××系）、Al-Zn-Mg-Cu 合金（7×××系）、Al-Li 合金（8×××系）及备用合金组（9×××系）。

这三种分类方法各有特点，有时相互交叉、相互补充。在工业生产中，大多数国家按第三种方法，即按合金中所含主要元素成分的4位数码法分类。这种分类方法能较本质地反映合金的基本性能，也便于编码、记忆和计算机管理。我国目前也采用4位数码法分类。

4.2 变形铝合金的特性

4.2.1 变形铝合金的物理性能

主要变形铝合金的物理性能见表4-1。

4.2.2 变形铝合金的力学性能

主要变形铝合金的力学性能见表4-2。

4.2.3 变形铝合金的化学性能

铝是一种电负性金属，其电极电位为 $-0.5 \sim -3V$，99.99% Al 在 5.3% NaCl + 0.3% H_2O 中对甘汞参比电极的电位为 $(-0.87 + 0.01)V$。虽然从热力学上看铝是最活泼的工业金属之一，但是在许多氧化性介质、水、大气、大部分中性溶液、许多弱酸性介质与强氧化性介质中，铝具有相当高的稳定性。这是因为铝在上述介质中能在其表面上形成一层致密的连续的氧化物膜。这种氧化物的摩尔体积约比铝的大30%。这层氧化膜是处于压应力

表 4-1　变形铝合金的物理性能

合金代号	材料状态	密度 ρ /g·cm⁻³	临界温度/℃ 上限	临界温度/℃ 下限	平均线膨胀系数 α/K⁻¹ 20~100℃	20~200℃	20~300℃	20~400℃	比热容 c/J·(kg·K)⁻¹ 100℃	200℃	300℃	400℃	热导率 λ/W·(m·K)⁻¹ 25℃	100℃	200℃	300℃	400℃	电导率 K (以铜的电导率为基数)/%	20℃时的电阻系数 /Ω·mm²·m⁻¹
1035(L4) 8A06(L6)	退火的 冷作硬化的	2.71	657	643	24.0×10^{-6}	24.7×10^{-6}	25.6×10^{-6}		946	962	999	994	226.1 217.7					59 57	0.0292 (0℃)
5A02(LF2)	退火的 半冷作硬化的 冷作硬化的	2.68	652	627	23.8×10^{-6}	24.5×10^{-6}	25.4×10^{-6}		968	1005	1047	1089	154.9	159.1	163.3	163.3	167.5	40	0.0476
5A03(LF3)	退火的 半冷作硬化的	2.67	640	610	23.5×10^{-6}		25.2×10^{-6}	26.1×10^{-6}	879	921	1005	1047	146.5	150.7	154.9	159.1	159.1	35	0.0496
5A05(LF5)	退火的 半冷作硬化的	2.65	620	580	23.9×10^{-6}	24.8×10^{-6}	25.9×10^{-6}		921				121.4	125.6	129.8	138.2	146.5	29 27	0.0640
5A06(LF6)	退火的	2.64			23.7×10^{-6}	24.7×10^{-6}	25.5×10^{-6}	26.5×10^{-6}	921	1005	1047	1089	117.2	121.4	125.6	129.8	138.2	26	0.0710
5B05(LF10)	退火的	2.65	638	568	23.9×10^{-6}	24.8×10^{-6}	25.9×10^{-6}		921	963	1005	1047	117.2	125.6	134.0	142.3	146.5	29	
5A12(LF12)		2.61				23.3×10^{-6}	24.2×10^{-6}	26.4×10^{-6}						119.3	142.3	134.0	142.3		0.0770
3A21(LF21)	退火的 半冷作硬化的 冷作硬化的	2.74	654	643	23.2×10^{-6}	24.3×10^{-6}	25.0×10^{-6}		1089	1172	1298	1298	180.0 163.3 154.9	188.4 159.1 154.9	180.0	184.2	188.4	50 41 40	0.034
2A01(LY1)	淬火和自然时效	2.76	648	510	23.4×10^{-6}	24.5×10^{-6}	25.2×10^{-6}		921	1005	1089	1172	163.3 154.9	171.7	180.0	184.2	192.6	40	0.039
2A02(LY2)	淬火和人工时效	2.75			23.6×10^{-6}	25.2×10^{-6}	26×10^{-6}		837	921	921	963	134.0	142.4	150.7	159.1	171.7	55	0.055
2A06(LY6)	淬火和自然时效	2.76			22.9×10^{-6}	24×10^{-6}	25×10^{-6}		876	963	1047	1089		138.2	150.7	171.7		61	0.061
2B11(LY8) 2A11(LY11)	淬火和自然时效 退火的	2.80	639	535	22.9×10^{-6}	24×10^{-6}	25×10^{-6}		921	963	1005	1047	117.2 171.7	129.3	150.7	171.7	175.8 175.8	30 45	0.054
2A12(LY12)	淬火和自然时效 退火的	2.78	638	502	22.7×10^{-6}	23.8×10^{-6}	24.7×10^{-6}		921	1047	1130	1172	117.2 188.4					30 50	0.073 0.044

续表 4-1

合金代号	材料状态	密度ρ/g·cm⁻³	临界温度/℃		平均线膨胀系数α/K⁻¹				比热容c/J·(kg·K)⁻¹				热导率λ/W·(m·K)⁻¹					电导率K(以铜的电导率为基数)/%	20℃时的电阻系数/Ω·mm²·m⁻¹
			上限	下限	20~100℃	20~200℃	20~300℃	20~400℃	100℃	200℃	300℃	400℃	25℃	100℃	200℃	300℃	400℃		
2A10(LY10)	淬火和自然时效	2.80							963	1047	1130	1172	146.5	154.9	163.3	171.7	184.2		0.0504
2A16(LY16)	淬火和人工时效	2.84			22.6×10^{-6}	24.7×10^{-6}①	27.3×10^{-6}②	30.2×10^{-6}③					138.2	142.4	146.5	154.9	159.1		0.0610
2A17(LY17)		2.84			19×10^{-6}	23.78×10^{-6}①	26.79×10^{-6}②	33.74×10^{-6}③	795	879	963	1005	129.8	138.2	150.7	167.5			0.0540
6A02(LD2)	淬火和人工时效 / 退火的	2.70	652	593	23.5×10^{-6}	24.3×10^{-6}	25.4×10^{-6}		795	879	963	1089	154.9 / 175.8	180.0	184.2	188.4		45 / 55	0.055 / 0.048
2A50(LD5)	淬火和人工时效	2.75			21.4×10^{-6}				837	879	963	1005	175.8	180.0	184.2	175.8	188.4		0.041
2B50(LD6)	淬火和人工时效	2.75			21.4×10^{-6}	23.7×10^{-6}	26.20×10^{-6}	30.50×10^{-6}	837	921	1005	1049	163.3	167.5	171.2	175.8	180.0		0.043
2A70(LD7)	淬火和人工时效	2.80			22×10^{-6}	23.1×10^{-6}	24×10^{-6}	24.8×10^{-6}	795	837	921	963	142.4	146.5	150.7	159.1	163.3		0.055
2B70(LD8)	退火的 / 淬火和人工时效	2.77	638	509	21.8×10^{-6}	23.9×10^{-6}	24.9×10^{-6}		837	921	963	1047	180.0 / 146.5	184.2 / 150.7	192.6 / 159.1	201.0 / 167.5	71.7	50 / 40	0.050
2A90(LD9)	退火的 / 淬火和人工时效	2.80	638	510	22.3×10^{-6}	23.3×10^{-6}	24.2×10^{-6}		754	837	963	1005	188.4 / 154.9	159.1	163.3	171.7	180.0	50 / 40	0.047
2A14(LD10)	退火的 / 淬火和人工时效	2.80	638		22.5×10^{-6}	23.6×10^{-6}	24.5×10^{-6}		837	879	963	1047	196.8 / 159.1	167.5	175.8	180.0	180.0	50 / 40	0.050
7A03(LC3)	淬火及人工时效	2.85			21.9×10^{-6}	24.85×10^{-6}①	28.87×10^{-6}	32.670×10^{-6}	712	921	1047		154.9	159.1	163.3	167.5			0.044
7A04(LC4)	淬火及人工时效 / 退火的	2.85	638	477	23.1×10^{-6}	24.1×10^{-6}①	26.2×10^{-6}						125.6 / 154.9	159.1	163.3	163.3	159.1	30	0.042①
4A01(LT1)	冷作硬化的	2.66			22×10^{-6}								142.4					37	

① 100~200℃的数据；
② 200~300℃的数据；
③ 300~400℃的数据。

表 4-2 常用铝合金加工产品的一般力学性能（参考数据）

组别	合金代号	材料状态	弹性模量 E /GPa	剪切弹性模量 G /GPa	泊松系数 μ	抗拉强度 σ_b /MPa	条件屈服强度 $\sigma_{0.2}$ /MPa	循环数为 5×10^8 次的疲劳强度/MPa	抗剪强度 σ_r /MPa	伸长率 δ_{10} /%	断面收缩率 ψ /%	冲击韧性 α_k /J·cm^{-2}	布氏硬度 HB
硬铝	2B12(LY9)	淬火并自然时效的包铝板 CZ	71	27	0.31	420	280			18	30		105
		退火的包铝板 M	71	27	0.31	180	100			18			42
	2A12(LY12)	淬火并自然时效的其他半成品 CZ	71	27	0.31	460	300	115		17	30		105
		退火的其他半成品 M	71	27	0.31	210	110			18	35		42
	2A16(LY16)	淬火并自然时效的大型型材 CZ	72	27	0.33	520	380	140	300	13	15		131
		淬火并自然时效的棒材(ϕ40mm) CZ	72	27	0.33	500	380		260	10	15		131
		挤压半成品 CS	71	27	0.31	400	250	130		13	35		110
		板材 CS	71	27	0.31	420	300			12			
	2A17(LY17)	5kg 以下锻件 CS	71	27	0.31	430	350			9	18		
锻铝	6A02(LD2)	退火的 M	71	27	0.31	180			80	30	65		30
		淬火并自然时效的 CZ	71	27	0.31	220	120	45		22	50		65
		淬火并人工时效的 CS	71	27	0.31	330	280	75	210	16	20		95
	2A50(LD5)	淬火并人工时效的 CS	71	27	0.31	420	300	75		13			105
	2B50(LD6)	模锻件 CS	77	27	0.33	410	320		260		40		
	2A70(LD7)	淬火及人工时效的 CS	71	27	0.31	440	330			12			120
	2B70(LD8)	淬火及人工时效的 CS	71	27	0.31	440	270			10			120
	2A90(LD9)	淬火及人工时效的 CS	71	27	0.31	440	280	100		13			115
	2A14(LD10)	淬火及人工时效的 CS	72	27	0.33	490	380	115	290	12	25	10	135
	7A03(LC3)	线材 CS	71	27		520	440		320	15	45		150
超硬铝	7A04(LC4)	淬火及人工时效的 CS	74	27	0.33	600	550	160		12		11	150
		退火的 M	74	27	0.33	260	130			13	23		
		淬火及人工时效的包铝板材 CS	74	27	0.33	540	470			10			
		退火的包铝板材 M	74	27	0.33	220	110			18	50		

续表 4-2

组别	合金代号	材料状态	弹性模量 E /GPa	剪切弹性模量 G /GPa	泊松系数 μ	抗拉强度 σ_b /MPa	条件屈服强度 $\sigma_{0.2}$ /MPa	循环次数为 5×10^8 次的疲劳强度 /MPa	抗剪强度 σ_τ /MPa	伸长率 δ_{10} /%	断面收缩率 ψ /%	冲击韧性 α_k /J·cm^{-2}	布氏硬度 HB
工业纯铝	1035(L4)	退火的 M	71	27	0.31	80	30	40	55	30	80		25
	8A06(L6)	冷作硬化的 Y	71	27	0.31	150	100	50		6	60		32
防锈铝	5A02(LF2)	退火的 M	70	27	0.30	190	100	120	125	23	64	90	45
	5A02(LF2)	半冷作硬化的 Y2	70	27	0.30	250	210	130	150	6			60
	5A03(LF3)	退火的 M	70	27	0.30	200	100	110	155	22			50
	5A03(LF3)	半冷作硬化的 Y2	70	27	0.30	250	130	120	160	3			70
	5A05(LF5)	退火的 M	70	27	0.30	260	140	140	130	22			65
	5A05(LF5)	半冷作硬化的 Y2	70	27	0.30	300	200	155		14			80
	5A05(LF5)	冷作硬化的 Y	70	27	0.30	420	320	130	220	10			100
	5A06(LF6)	退火的(横向性能) M	68		0.30	325	170		210	20	25	31	70
	5A12(LF12)	挤压的 R	72	27		430	220			25			
	5B05(LF10)	退火的 M	70	27	0.30	270	150		190	23	70		70
	3A21(LF21)	退火的 M	71	27	0.33	130	50	55	80	23	55		30
	3A21(LF21)	半冷作硬化的 Y2	71	27	0.33	160	130	65	100	10	50		40
	3A21(LF21)	冷作硬化的 Y	71	27	0.33	220	180	70	110	5			55
硬铝	2A01(LY1)	退火的 M	71	27	0.31	160	60			24			38
	2A01(LY1)	淬火并自然时效的 CZ	71	27	0.31	300	170	95	200	24	50		70
	2A02(LY2)	淬火并人工时效的挤压产品 CS	71	27	0.31	490	330			20			115
	2A02(LY2)	淬火并人工时效的冲压轮叶 CS	71	27	0.31	440	300			15			115
	2A04(LY4)	线材 CZ	70			460	280		290	23	42		115
	2A06(LY6)	包铝板材 CZ	68			440	300			20			
	2A06(LY6)	包铝板材 Y2	68			540	440		260	10			
	2A10(LY10)	淬火并自然时效的 CZ	71	27	0.31	400				20			
	2B11(LY8)	退火的 M	71	27	0.31	210	110	75		18	58	30	45
	2A11(LY11)	淬火并自然时效的 CZ	71	27	0.31	420	240	105	270	15	30		100

作用下,当它遭到破坏时,又会立即形成。在普通大气中,铝表面形成的氧化膜厚度相当薄,其厚度是温度的函数,在室温下,厚约 $2.5 \sim 5.0 \mu m$。

在水蒸气中形成的氧化膜较厚。在相对湿度为 100% 的室温下,氧化膜的厚度比在干燥大气中形成的约厚 1 倍。在湿环境中,铝表面上的氧化膜是复式的,靠铝的一层为氧化物膜,而外层却含有羟基化合物。在高温下以及在铝合金(特别是含有铜与镁的合金)表面上会形成更加复杂的氧化物膜,同时氧化物膜的成长也不是时间的简单函数。

铝及铝合金的腐蚀是一个很复杂的过程,既受环境因素的影响,又与合金的性质有关。在环境因素中,既有物理方面的因素,又有化学方面的因素。属于前者的有温度、运动、搅拌、压力与散杂电流;属于后者的有成分、杂质(类型与多少)。变形铝合金化学特性见表 4-3。

表 4-3　变形铝合金化学特性

合金系列	代　号	化　学　特　性
纯　铝	1035、1050A、1060、1070A、1200	铝的化学活泼性很高。20℃ 时其标准电位为 $-1.69V$,易与空气中的氧作用形成一层牢固、致密的氧化膜,把标准电位提高到 $-0.5V$,所以铝在大气中是耐蚀的。杂质增加能破坏氧化膜的连续性或形成微电池,会降低其耐蚀性。 铝在纯水中的耐蚀性主要取决于水温、水质和铝的纯度。水温低于 50℃ 时,随水质和铝纯度的提高,铝的耐蚀性能提高,腐蚀类型以点腐蚀为主,若水中含有少量活性离子(Cl^-,Cu^+ 等),铝的耐蚀性急剧降低。 铝在酸、碱中的耐蚀性比较,大致如下: 介　质　　　耐蚀情况　　　　介　质　　　耐蚀情况 海水　　　　弱　　　　浓硝酸,浓醋酸　　好 氨,硫气体　　好　　　　碱、氨水、石灰水　不好 氟、氯、溴、碘　不好　　　有机酸　　　略弱 盐酸、氢氟酸、稀醋酸　不好　　稀硝酸　　　较好 硫酸、磷酸、亚硫酸　好　　　　食盐　　　不好 铝在石油类、乙醇(酒精)、丙酮、乙醛、苯、甲苯、二甲苯、煤油等介质中耐蚀性良好
铝锰系合金 (防锈铝)	3A21	有优良的耐蚀性,在大气和海水中的耐蚀性与纯铝相当,在稀盐酸溶液(1:5)中的耐蚀能力比纯铝高而比 Al-Mg 合金低,这类合金在冷变形状态下有剥落腐蚀倾向,此倾向随冷变形程度的增加而增大
铝镁系合金 (防锈铝)	5A02、5A03、5A05、5A06、5A12、5A13、5B05、5B06	耐蚀性良好,在工业区和海洋气氛中均有较高的耐蚀性,在中性或近于中性的淡水、海水、有机酸、乙醇、汽油以及浓硝酸中的耐蚀性也很好。合金的耐蚀性与 $\beta(Mg_2Al_3)$ 相的析出和分布有关,因为 β 相的标准电位为 $-1.24V$,相对于 $\alpha(Al)$ 固溶体是阴极区,在电解质中它首先被熔解。含镁量较低的 LF2、LF3 合金,基本上是单相固熔体或析出少量,分散的 β 相,故合金的耐蚀性很高;若含镁量超过 5%,β 相沿晶界析出形成网膜时,合金的耐蚀性(如晶间腐蚀和应力腐蚀)严重恶化
铝铜镁系合金 (硬铝)	2A01、2A02、2A04、2A06、2B11、2B12、2A10、2A11、2A12、2A13	这类合金的耐蚀性能比纯铝及防锈铝合金低,腐蚀类型以晶间腐蚀为主。一般情况下,硬铝在淬火自然时效状态下耐蚀性较好,在 170℃ 左右进行人工时效时,材料的晶间腐蚀倾向增加。若人工时效前给以预先变形,将能改善其耐蚀性能。 为了提高硬铝在海洋和潮湿大气中的耐蚀性,可用包上一层纯铝的方法进行人工保护,包铝的纯度要大于 99.5%,对薄板材其包铝层的厚度每边不应小于板厚的 4%

合金系列	代　号	化　学　特　性
铝铜锰系合金（硬铝）	2A16、2A17	这类合金中的铜含量较高，其耐蚀性低于 Al-Cu-Mg 系硬铝合金，为了提高其板材耐蚀性，可进行表面包铝，但由于基体铜含量较高，易于铜扩散，故其耐蚀性仍低于 LY12 合金的包铝板材。LY16 合金挤压制品耐蚀性不高，在 160～170℃进行 10～16h 人工时效时具有应力腐蚀倾向，且其焊缝及过渡区间蚀倾向较高，应采用阳极氧化和涂漆保护。LY17 合金人工时效状态应力腐蚀稳定性合格，用阳极化保护，可提高耐蚀性
铝镁硅和铝铜镁硅系合金（锻铝）	6A02、6B02、6070、2A50、2B50、2A14	铝镁硅系合金（LD2、LD2-1、LD2-2）耐蚀性能良好，无应力腐蚀破裂倾向，在淬火人工时效状态下合金有晶间腐蚀倾向；合金中含铜越多这种倾向越大。 铜铝镁硅系合金（LD5、LD6、LD10）由于铜含量增加，合金的耐蚀性低。LD10 比 LD5、LD6 合金的晶间腐蚀倾向较大（因其含铜高），尤其经过 350℃以上高温退火，其晶间腐蚀倾向加大。但在淬火人工时效状态下合金一般耐蚀性能较好，因此不妨碍合金的使用
铝铜镁铁镍系合金（锻铝）	2A70、2A80、2A90	这类合金有应力腐蚀倾向，制品用阳极氧化和重铬酸钾填充，是防止腐蚀的一种可靠方法
铝锌镁铜系合金（超硬铝）	7A03、7A04、7A09、7A10	超硬铝合金一般比硬铝合金化学耐性高，但比 Al-Mn、Al-Mg、Al-Mg-Si 系合金低。带有包铝层的超硬铝板材其耐蚀性能大为提高。 对于不进行包铝的挤压材料和锻件，可用阳极氧化或喷涂等方法进行表面保护。超硬铝合金在淬火自然时效状态下的耐应力腐蚀性较差，但在淬火人工时效状态下，其耐蚀性反而增高。研究证明，采用分级时效工艺能够减少其应力腐蚀敏感性

4.2.4　变形铝合金的冶金特性

变形铝合金中的各种添加元素在冶金过程中相互之间会产生物理化学作用，从而改变材料的组织结构和相组成，得到不同性能、功能和用途的新材料，合金化对变形铝合金材料的冶金特性起重要的作用。以下简要介绍铝合金中主要合金元素和杂质对合金组织性能的影响。

4.2.4.1　铜元素

铜是重要的合金元素，有一定的固溶强化效果，此外时效析出的 $CuAl_2$ 相有着明显的时效强化效果。铝合金中铜含量通常在 2.5%～5%，铜含量在 4%～6.8% 时强化效果最好，所以大部分硬铝合金的含铜量处于这个范围。

铝铜合金中可以含有较少的硅、镁、锰、铬、锌、铁等元素。

4.2.4.2　硅元素

共晶温度 577℃时，硅在固溶体中的最大溶解度为 1.65%。尽管溶解度随温度降低而减少，但这类合金一般是不能热处理强化的。铝硅合金具有极好的铸造性能和抗蚀性。

若镁和硅同时加入铝中形成铝镁硅系合金，强化相为 Mg_2Si。镁和硅的质量比为 1.73：1。设计 Al-Mg-Si 系合金成分时，基本上按此比例配置镁和硅的含量。有的 Al-Mg-Si 合金为了提高强度加入适量的铜，同时，加入适量的铬以抵消铜对抗蚀性的不利影响。

变形铝合金中，硅单独加入铝中只限于焊接材料，硅加入铝中也有一定的强化作用。

4.2.4.3　镁元素

镁在铝中的溶解度随温度下降而迅速减小，在大部分工业用变形铝合金中，镁的含量均小于 6%，而硅含量也低，这类合金是不能热处理强化的，但可焊性良好，抗蚀性也好，并有中等强度。

镁对铝的强化是明显的，每增加 1% 镁，抗拉强度大约升高 34MPa。如果加入 1% 以下的锰，可起补充强化作用。因此加锰后可降低镁含量，同时可降低热裂倾向，另外锰还可以使 Mg_5Al_5 化合物均匀沉淀，改善抗蚀性和焊接性能。

4.2.4.4　锰元素

在共晶温度 658℃ 时，锰在 α 固溶体中的最大溶解度为 1.82%。合金强度随溶解度增加不断增加，锰含量为 0.8% 时，伸长率达最大值。Al-Mn 合金是非时效硬化合金，即不可热处理强化。

锰能阻止铝合金的再结晶过程，提高再结晶温度，并能显著细化再结晶晶粒。再结晶晶粒的细化主要是通过 $MnAl_6$ 化合物弥散质点对再结晶晶粒长大起阻碍作用。$MnAl_6$ 的另一作用是能溶解杂质铁，形成（Fe，Mn）Al_6，减小铁的有害影响。

锰是铝合金的重要元素，可以单独加入形成 Al-Mn 二元合金，更多的是和其他合金元素一同加入，因此大多铝合金中均含有锰。

4.2.4.5　锌元素

锌单独加入铝中，在变形条件下对合金强度的提高十分有限，同时存在应力腐蚀开裂倾向，因而限制了它的应用。

在铝中同时加入锌和镁，形成强化相 $MgZn_2$，会对合金产生明显的强化作用。$MgZn_2$ 含量从 0.5% 提高到 12% 时，可明显增加抗拉强度和屈服强度。镁的含量超过形成 $MgZn_2$ 相所需要的量时，还会产生补充强化作用。

调整锌和镁的比例，可提高抗拉强度和增大应力腐蚀开裂抗力。所以在超硬铝合金中，锌和镁的比例控制在 2.7 左右时，应力腐蚀开裂抗力最大。

如在 Al-Zn-Mg 基础上加入铜元素，形成 Al-Zn-Mg-Cu 合金，其强化效果在所有铝合金中最大，也是航天、航空工业、电力工业上的重要的铝合金材料。

4.2.4.6　微量元素和杂质的影响

微量元素和杂质对合金组织性能的影响如下：

（1）铁和硅。铁在 Al-Cu-Mg-Ni-Fe 系锻铝合金中，硅在 Al-Mg-Si 系锻铝中和在 Al-Si 系焊条及铝硅铸造合金中，均是作为合金元素加入的；在其他铝合金中，硅和铁是常见的杂质元素，对合金性能有明显的影响。它们主要以 $FeAl_3$ 和游离硅存在。当硅大于铁时，形成 β-$FeSiAl_5$（或 $Fe_2Si_2Al_9$）相，而铁大于硅时，形成 α-Fe_2SiAl_8（或 Fe_3SiAl_{12}）。当铁和硅比例不当时会引起铸件产生裂纹，铸铝中铁含量过高时会使铸件产生脆性。

（2）钛和硼。钛是铝合金中常用的添加元素，以 Al-Ti 或 Al-Ti-B 中间合金形式加入。钛与铝形成 $TiAl_2$ 相，成为结晶时的非自发核心，起细化铸造组织和焊缝组织的作用。Al-Ti 系合金产生包晶反应时，钛的临界含量约为 0.15%，如果有硼存在则减小到 0.01%。

（3）铬。铬是 Al-Mg-Si 系、Al-Mg-Zn 系、Al-Mg 系合金中常见的添加元素。在 600℃

时，铬在铝中溶解度为 0.8%，室温时基本上不溶解。

铬在铝中形成（CrFe）Al_7 和（CrMn）Al_{12} 等金属间化合物，阻碍再结晶的形核和长大过程，对合金有一定的强化作用，还能改善合金韧性和降低应力腐蚀开裂敏感性；但会增加淬火敏感性，使阳极氧化膜呈黄色。铬在铝合金中的添加量一般不超过 0.35%，并随合金中过渡族元素的增加而降低。

（4）锶。锶是表面活性元素，在结晶学上锶能改变金属间化合物相的行为。因此用锶元素进行变质处理能改善合金的塑性加工性能和最终产品质量。由于锶的变质有效时间长、效果和再现性好等优点，近年来在 Al-Si 铸造合金中取代了钠的使用。在挤压用铝合金中加入 0.015%～0.03% 锶，使铸锭中 β-AlFeSi 相变成 α-AlFeSi 相可减少铸锭 60%～70% 均匀化时间，提高材料力学性能和塑性加工性；改善制品表面粗糙度。在高硅（10%～13%）变形铝合金中加入 0.02%～0.07% 的锶元素，可使初晶硅减少至最低限度，力学性能也显著提高，抗拉强度 σ_b 由 233MPa 提高到 236MPa，屈服强度 $\sigma_{0.2}$ 由 204MPa 提高到 210MPa，伸长率 δ_5 由 9% 增至 12%。在过共晶 Al-Si 合金中加入锶，能减小初晶硅粒子尺寸，改善塑性加工性能，可顺利地热轧和冷轧。

（5）锆元素。锆也是铝合金的常用添加剂，一般在铝合金中加入量为 0.1%～0.3%。锆和铝形成 $ZrAl_3$ 化合物，可阻碍再结晶过程，细化再结晶晶粒。锆也能细化铸造组织，但比钛的效果小。有锆存在时，会降低钛和硼细化晶粒的效果。在 Al-Zn-Mg-Cu 系合金中，由于锆对淬火敏感性的影响比铬和锰的小，因此宜用锆来代替铬和锰细化再结晶组织。

（6）稀土元素。稀土元素加入铝合金中，可使铝合金熔铸时增加成分过冷，细化晶粒，减少二次枝晶间距，减少合金中的气体和夹杂，并使夹杂相趋于球化；还可降低熔体表面张力，增加流动性，有利于浇注成锭，对工艺性能有着明显的影响。

各种稀土加入量以 0.1% 为好。混合稀土（La-Ce-Pr-Nd 等混合）的添加，使 Al-0.65%Mg-0.61%Si 合金时效 GP 区形成的临界温度降低。含镁的铝合金能激发稀土元素的变质作用。

（7）杂质元素。在铝合金中有时还存在钒、钙、铅、锡、铋、锑、铍及钠等杂质元素。这些杂质元素由于熔点高低不一、结构不同，与铝形成的化合物也不相同，因而对铝合金性能的影响各不一样。

钒在铝合金中形成 VAl_{11} 难熔化合物，在熔铸过程中起细化晶粒作用，但比钛和锆的作用小。钒也有细化再结晶组织、提高再结晶温度的作用。

钙在铝中固溶度极低，与铝形成 $CaAl_4$ 化合物；钙又是铝合金的超塑性元素，大约含 5% 钙和 5% 锰的铝合金具有超塑性。钙和硅形成 $CaSi_4$，不溶于铝，由于减小了硅的固溶量，可稍微提高工业纯铝的导电性能。钙能改善铝合金切削性能。$CaSi_2$ 不能使铝合金热处理强化。微量钙有利于去除铝液中的氢。

铅、锡、铋元素是低熔点金属，它们在铝中固溶度不大，略降低合金强度，但能改善切削性能。铋在凝固过程中膨胀，对补缩有利；高镁合金中加入铋可防止钠脆。

锑主要用作铸造铝合金中的变质剂，变形铝合金中很少使用。仅在 Al-Mg 变形铝合金中代替铋防止钠脆。锑元素加入某些 Al-Zn-Mg-Cu 系合金中，可改善热压与冷压工艺性能。

铝在变形铝合金中可改善氧化膜的结构，减少熔铸时的烧损和夹杂。铍是有毒元素，能使人产生过敏性中毒。因此，接触食品和饮料的铝合金中不能含有铍。焊接材料中的铍含量通常控制在 $8\mu g/mL$ 以下。用作焊接基体的铝合金也应控制铍的含量。

钠在铝中几乎不溶解，最大固溶度小于 0.0025%。钠的熔点低（97.8℃），合金中存在钠时，在凝固过程中吸附在枝晶表面或晶界，热加工时，晶界上的钠形成液态吸附层，产生脆性开裂即为"钠脆"。当有硅存在时，形成 NaAlSi 化合物，无游离钠存在，不产生"钠脆"；当镁含量超过 2% 时，镁夺取硅，析出游离钠，产生"钠脆"。因此高镁铝合金不允许使用钠盐熔剂。防止"钠脆"的方法有氯化法，使钠形成 NaCl 排入渣中，加铋使之生成 Na_2Bi 进入金属基体；加锑生成 Na_3Sb 或加入稀土也可起到相同的作用。

氢气在固态熔点的条件下比在固态的条件下的溶解度要高，所以在液态转化固态时会形成气孔隙，氢气也可以用铝还原空气中水气而产生，也可以从分解碳氢化合物中产生。固态铝和液态铝都能吸氢，尤其是当某些杂质，如硫的化合物在铝表面上或在周围空气中时。在液态铝中能形成氢化物的元素能促进氢吸收量，但其他元素如铍、铜、锡和硅则会降低氢的吸收量。

除了在浇铸中形成原生孔隙外，氢还导致次生孔隙、起泡以及热处理中因高温而在内部形成气体沉积。氢在铝合金中是一种极其有害的杂质，熔体中的氢含量应采用在线除气装置加以限制。

4.2.5　变形铝合金热处理特征及主要热处理方式

热处理对铝合金的力学性能和物理性能的影响很大，通过热处理可以使一些合金元素溶解到固溶体内并使它们作为聚集状亚显微粒子析出（可热处理合金或称析出硬化合金），从而增加铝合金的强度，使其具有更广泛的用途。

4.2.5.1　回复

将冷变形铝及铝合金加热会发生回复与再结晶过程。其驱动力是冷变形储能，即冷变形后金属的自由能增量。冷变形储能的结构形式是晶格畸变和各种晶格缺陷，如点缺陷、位错、亚晶界等。加热时晶格畸变将恢复，各种晶格缺陷将发生一定的变化（减少、组合），金属的组织与结构将向平衡状态转化。使冷变形金属向平衡状态转变的热处理称为退火。

在退火温度低、退火时间短时，冷变形金属发生的主要过程为回复。

回复过程的本质是点缺陷运动和位错运动及其重新组织，在精细结构上表现为多边化过程，形成亚晶组织。退火温度升高或退火时间延长，亚晶尺寸逐渐增大，位错缠结逐渐消除，呈现鲜明的亚晶晶界，在一定条件下，亚晶可以长大到很大尺寸（约 $10\mu m$），这种情况称为原位再结晶。

回复退火一般使纯铝塑性提高，屈服强度、抗拉强度降低。其他铝合金的情况与此类似。

回复不能使冷变形储能完全释放，只有再结晶过程才能使加工硬化效应完全消除。

4.2.5.2　再结晶

从某一温度开始，冷变形铝及铝合金显微组织发生明显变化，在放大倍数不太大的光学显微镜下也能观察到新生的晶粒，这种现象称为再结晶。再结晶晶粒与基体间的界面一一般为大角度界面，这是再结晶晶粒与多边化过程所产生亚晶的主要区别。

再结晶过程的第一步是在变形基体中形成一些晶核，这些晶核由大角度界面包围且具有高度结构完整性。然后，这些晶核就以"吞食"周围变形基体的方式长大，直至整个基体为新晶粒占满为止。再结晶晶核的必备条件是它们能以界面移动方式吞并周围基体，进而形成一定尺寸的新生晶粒，故只有与周围变形基体有大角度界面的亚晶才能成为潜在的再结晶晶核。

4.2.5.3 固溶和脱溶

固溶体脱溶是热处理可强化铝合金进行强化热处理（淬火和时效）的基础。

热处理可强化的合金含有较大量的能溶入铝中的合金元素，如铜、镁、锌及硅等，它们的含量超过室温及在中等温度下的平衡固溶度极限，甚至可超过共晶温度的最大溶解度。图 4-1 所示为铝合金典型的二元相图。成分为 C_0 的合金，室温平衡组织为 $\alpha + \beta$。α 为基体固溶体，β 为第二相。合金加热至 T_q 时，β 相将溶入基体而得到单相的 α 固溶体，这种处理称为固溶处理。若温度降低至 T_0 以下，固溶体成为过饱和状态，超过平衡溶入量的溶质就有析出的倾向，在一定的条件下，多余的溶质就以 β 相的形式析出，这种现象称为脱溶或沉淀。过饱和度增加（对一定成分的合金而言，也就是相当于温度更低时），脱溶驱动力也增大。若 C_0 合金自 T_q 温度以足够大的速度冷却，溶质原子的扩散和重新分配来不及进行，β 相就不可能形核和长大，固溶体就不可能沉淀出 β 相，合金的室温组织即为 C_0 成分的 α 单相过饱和固溶体，这种处理就称为淬火。

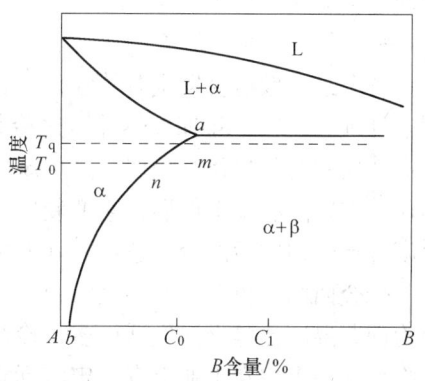

图 4-1 铝合金典型的二元相图

图 4-1 中成分为 C_1 的合金，在低于共晶温度下的任何温度都含有 β 相。加热至 T_q，合金的组织为 m 点成分的过饱和 α 固溶体加 β 相。若自 T_q 淬火，α 固溶体中过剩 β 相来不及沉淀，合金室温的组织仍与高温时的相同，只是固溶体成为过饱和的了（成分仍为 m）。

淬火获得的过饱和固溶体有自发分解，即脱溶的倾向。大多数铝合金在室温下就可产生脱溶过程，这种现象称为自然时效。自然时效可在淬火后立即开始，也可经过一定的孕育期才开始。不同合金自然时效的速度有很大区别，有的合金仅需数天，而有的合金则需数月甚至数年才能趋近于稳定态（用性能的变化衡量）。若将淬火得到的基体为过饱和固溶体的合金在高于室温的温度下加热，则脱溶过程可能加速，这种操作称为人工时效。

淬火和时效均会导致合金性能明显变化。

淬火后性能的改变与相成分、合金原始组织及淬火状态组织特征、淬火条件、预先热处理等一系列因素有关，不同合金性能的变化大不相同。一些合金淬火后，强度提高、塑性降低；而另一些合金则相反，经处理后强度降低、塑性提高；还有一些合金强度与塑性均提高。此外，有很多合金在淬火后性能变化不明显。变形铝合金淬火后最常见的情况是在保持高塑性的同时强度升高，其塑性可能与退火合金的相差不大。

淬火对强度和塑性的影响大小取决于固溶强化程度及过剩相对材料的影响。若原来的过剩相质点对位错运动的阻滞不大，则过剩相溶解造成的固溶强化必然会超过溶解造成的软化，提高合金强度。若过剩相溶解造成的软化超过基体的固溶强化，则合金强度降低。若过剩相属于硬而脆的粗质点，则它们的溶解也必然伴随塑性的提高。淬火后的时效过程会使合金发生强化及软化，特征如下：

（1）降低时效温度可以阻碍或抑制时效硬化效应。

（2）温度增高则硬化速度以及硬化峰值后的软化速度也增大。

（3）在具有强度峰值的温度范围内，强度最高值随时效温度增高而降低。

淬火及时效是一种综合热处理工艺，可用来提高铝合金的强度性能。因此，一般是合金最终处理工序，以充分发挥材料的使用潜力。但有些合金（如含镁量较高的铝合金）在固溶处理（淬火）后由于抑制了 β 相的析出，可大大提高塑性，因此可用淬火代替退火，作为冷变形前的软化手段。

4.2.5.4 回归现象

合金经时效后会发生时效强化。若将经过低温时效的合金放在比较高的温度（但低于固溶处理温度）下短期加热并迅速冷却，那么它的硬度将立即下降到和刚淬火时差不多，其他性质的变化也常常相似，这个现象称为回归。经过回归处理的合金，不论是保持在室温还是在较高温度下保温，它的硬度及其他性质的变化都与新淬火的合金类似，只是变化速度减慢。回归后的合金还可重新发生自然时效。

合金回归后再在同一温度时效时，时效速度比直接淬火后时效要慢几个数量级，这是因为回归温度比淬火温度低得多，冷却后保留的过剩空位少，使扩散速度减小，时效速度下降。回归现象在工业上有一定实际意义。例如零件的整形与修复，可利用回归热处理来恢复塑性。但应注意：

（1）回归处理的温度必须高于原先的时效温度，两者差别越大，回归越快、越彻底；相反，如果两者相差很小，回归很难发生，甚至不发生。

（2）回归处理的加热时间一般很短，只要低温脱溶相完全溶解即可。如果时间过长，会出现对应于该温度下的脱溶相，使硬度重新升高或过时效，达不到回归效果。

（3）在回归过程中，仅预脱溶期的 GP 区（Al-Cu 合金还包括 θ″ 相）重新溶解，脱溶期产物往往难以溶解。由于低温时效时不可避免地总有少量脱溶期产物在晶界等处析出，因此，即使在最有利的情况下合金也不可能完全回归到新淬火的状态，总有少量性质的变化是不可逆的。这样，既会造成力学性能一定损失，又易使合金产生晶间腐蚀，因而有必要控制回归处理的次数。

4.2.6 变形铝合金的加工特征

变形铝合金的加工特征有以下几点：

（1）可机加工性。变形铝合金具有优良的可机加工性。但是在各种变形铝合金中，以及在这些合金产出后具有的各种状态中，机加工特性的变化相当大，这就需要在加工过程中使用特殊的机床或技术。

（2）化学铣削。在碱溶液或酸溶液中以化学浸蚀法除去金属是一种常规的专业化缩减厚度的作业。应用这种方法能均匀地除去复杂的大表面积上的金属，而且非常经济。该工艺方法广泛应用于浸蚀航空航天用的预制零部件，以得到最大的强度/质量比。整体加强的铝机翼和机身部分需经化学铣削，可以产出最佳的横截面和最小的蒙皮厚度。建筑工程的铝制桁条、纵梁、楼面梁和框架也常用此法制备。

（3）可成型性。这是许多变形铝合金较重要的特性之一。特定的拉伸强度、屈服强度、可延展性和相应的加工硬化率支配着允许变形量的变化。商业上可提供的变形铝合金在不同状态下成型性的额定值取决于成型的工艺方法，这些额定值在做金属加工特性的定性对照中仅能起大致的指导作用，即不能定量地作为成型性的极限值。状态的选择取决于成型作业的程度与性质。对于像深拉、轧制成型或小半径弯曲之类的深度成型作业而言，可能需要退火状态。通常，人们选择能一直加工成型的强度最高的状态。对变形不太强烈的成型作业而言，可选择中等程度的状态，甚至完全硬化的状态。

可热处理强化的合金可以成型而用于要求强度/质量比高的地方。这类合金的退火状态是加工的最佳条件。但是应考虑尺寸变化和挠曲，这些变化和挠曲是由后继的热处理和矫直或其他所需的尺寸控制步骤造成的。紧跟在固溶热处理和淬火以后成型的合金（T3、T4 或 W 状态）几乎同退火的合金一样，可由自然时效或人工时效进行硬化。处于 W 状态的零部件可在低温下（大约 $-30 \sim -35\,^{\circ}\mathrm{C}$ 或更低）存放很长时间，这可作为一种抑制自然时效和保存一种可接受的可成型性程度的手段。经固溶热处理和淬火但未经人工时效的合金材料（T3、T4 或 W 状态）一般仅适合于不能在淬火后直接进行的一些轻度成型作业，如弯曲、轻度拔制或中等程度的拉伸成型。经固溶热处理和人工时效（T6 状态）的合金一般不适合于成型作业。

（4）可锻性。变形铝合金可以锻造成形状复杂、品种繁多的锻件，它们具有很宽的最终部件锻造设计标准的选择范围（基于预定的用途）。变形铝合金锻件，特别是封闭模生产的锻件，与热锻的碳钢和（或）合金钢相比，通常可以制成更精确的最终外形。对于一种给定锻件形状的变形铝合金来说，锻造温度可以变化很大，这主要取决于被锻造的合金的化学成分、所用的锻造工艺方法、锻造应变率、加工的锻件种类、润滑条件及锻造与锻模温度。

一般认为，作为一类合金，变形铝合金比碳钢及许多合金钢难于锻造。但是与镍/钴基合金和钛合金相比，变形铝合金的可锻性要强得多，特别是在用常规锻造生产工艺的条件下，此时锻模只加温到 $540\,^{\circ}\mathrm{C}$ 或更低。

连接铝可用各种各样的方法，如熔焊、电阻焊、硬钎焊、软钎焊、黏结以及诸如铆接和栓接之类的机械方法。影响铝焊接的因素包括氧化铝覆盖层、热导率、线膨胀系数、熔化特性、电导率等。

4.3 变形铝合金的牌号及状态

4.3.1 中国变形铝合金牌号及状态表示方法

4.3.1.1 中国变形铝及铝合金牌号及表示方法

根据新制定的 GB/T 16474—1996《变形铝及铝合金牌号表示方法》，凡是化学成分与变形铝及铝合金国际牌号注册协议组织（简称国际牌号注册组织）命名的合金相同的所有合金，其牌号直接采用国际四位数字体系牌号，未与国际四位数字体系牌号的变形铝合金接轨的，采用四位字符牌号（但试验铝合金在四位字符牌号前加×）命名，并按要求注册化学成分。四位字符牌号命名方法应符合四位字符体系牌号命名方法的规定。

四位字符体系牌号的第一、三、四位为阿拉伯数字，第二位为英文大写字母（C、I、L、N、O、P、Q、Z字母除外）。牌号的第一位数字表示铝及铝合金的组别，见表4-1。除改型合金外，铝合金组别按主要合金元素来确定，1×××为纯铝（铝含量不小于99.00%），2×××是以铜为主要合金元素的铝合金，3×××是以锰为主要合金元素的铝合金，4×××是以硅为主要合金元素的铝合金，5×××是以镁为主要合金元素的铝合金，6×××是以镁和硅为主要合金元素并以 Mg_2Si 相为强化相的铝合金，7×××是以锌为主要合金元素的铝合金，8×××是以其他合金元素为主要合金元素的铝合金，9×××为备用合金组。主要合金元素指极限含量算术平均值最大的合金元素。当有一个以上的合金元素极限含量算术平均值同为最大时，应按 Cu、Mn、Si、Mg、Mg_2Si、Zn、其他元素的顺序来确定合金组别。牌号的第二位字母表示原始纯铝或铝合金的改型情况，最后两位数字用以标识同一组中不同的铝合金或表示铝的纯度。

A 纯铝的牌号命名法

铝含量不低于99.00%时为纯铝，其牌号用1×××系列表示。牌号的最后两位数字表示最低铝含量。当最低铝含量精确到0.01%时，牌号的最后两位数字就是最低铝含量中小数点后面的两位。牌号第二位的字母表示原始纯铝的改型情况。如果第二位的字母为A，则表示为原始纯铝；如果是B~Y的其他字母（按国际规定用字母表的次序选用），则表示为原始纯铝的改型，与原始纯铝相比，其元素含量略有改变。

B 铝合金的牌号命名法

铝合金的牌号用2×××~8×××系列表示。牌号的最后两位数字没有特殊意义，仅用来区分同一组中不同的铝合金。牌号第二位的字母表示原始合金的改型情况。如果牌号第二位的字母是A，则表示为原始合金；如果是B~Y的其他字母（按国际规定用字母表的次序选用），则表示为原始合金的改型合金。改型合金与原始合金相比，化学成分的变化仅限于下列任何一种或几种情况：

（1）一个合金元素或一组组合元素形式的合金元素，极限含量算术平均值的变化量符合表4-4的规定。

表4-4 极限含量算术平均值的变化量

原始合金中的极限含量算术平均值范围/%	≤1.2	>1.0~2.0	>2.0~3.0	>3.0~4.0	>4.0~5.0	>5.0~6.0	>6.0
极限含量算术平均值的变化量/%	≤0.15	≤0.20	≤0.25	≤0.30	≤0.35	≤0.40	≤0.50

注：改型合金中的组合元素极限含量的算术平均值，应与原始合金中相同组合元素的算术平均值或各相同元素（构成该组和元素的各单个元素）的算术平均值之和相比较。

（2）增加或删除了极限含量算术平均值不超过0.30%的一个合金元素；增加或删除了极限含量算术平均值不超过0.40%的一组组合元素形式的合金元素。

（3）为了同一目的，用一个合金元素代替了另一个合金元素。

（4）改变了杂质的极限含量。

（5）细化晶粒的元素含量有变化。

4.3.1.2 中国变形铝及铝合金的新旧牌号对照

中国变形铝及铝合金的新旧牌号对照见表4-5。

表 4-5 中国的变形铝合金新旧牌号对照

新牌号	旧牌号	新牌号	旧牌号	新牌号	旧牌号	新牌号	旧牌号
1A99	原 LG5	2A20	曾用 LY20	4043A		6B02	原 LD2-1
1A97	原 LG4	2A21	曾用 214	4047		6A51	曾用 651
1A95		2A25	曾用 225	4047A		6101	
1A93	原 LG3	2A49	曾用 149	5A01	曾用 LF15	6101A	
1A90	原 LG2	2A50	原 LD5	5A02	原 LF2	6005	
1A85	原 LG1	2B50	原 LD6	5A03	原 LF3	6005A	
1080		2A70	原 LD7	5A05	原 LF5	6351	
1080A		2B70	曾用 LD7-1	5B05	原 LF10	6060	
1070		2A80	原 LD8	5A06	原 LF6	6061	原 LD30
1070A	代 L1	2A90	原 LD9	5B06	原 LF14	6063	原 LD31
1370		2004		5A12	原 LF12	6063A	
1060	代 L2	2011		5A13	原 LF13	6070	原 LD2-2
1050		2014		5A30	曾用 2103，LF16	6181	
1050A	代 L3	2014A		5A33	原 LF33	6082	
1A50	原 LB2	2214		5A41	原 LT41	7A01	原 LB1
1350		2017		5A43	原 LP43	7A03	原 LC3
1145		2017		5A66	原 LT66	7A04	原 LC4
1035	代 L4	2117		5005		7A05	曾用 705
1A30	原 L4-1	2218		5019		7A09	原 LC9
1100	代 L5-1	2618		5050		7A10	原 LC10
1200	代 15	2219	曾用 LY19、147	5251		7A15	曾用 LC15、157
1235		2024		5052		7A19	曾用 919、LC19
2A01	原 LY1	2124		5154		7A31	曾用 183-1
2A02	原 LY2	3A21	原 LF21	5154A		7A33	曾用 LB733
2A04	原 LY4	3003		5454		7A52	曾用 LC52、5210
2A06	原 LY6	3103		5554		7003	原 LC12
2A10	原 LY10	3004		5754		7005	
2A11	原 LY11	3005		5056	原 LF5-1	7020	
2B11	原 LY8	3105		5356		7022	
2A12	原 LY12	4A01	原 LT1	5456		7050	
2B12	原 LY9	4A11	原 LD11	5082		7075	
2A13	原 LY13	4A13	原 LD13	5182		7475	
2A14	原 LD10	4A17	原 LD17	5083	原 LF4	8A06	原 L6
2A16	原 LY16	4004		5183		8011	曾用 LT96
2B16	曾用 LY16-1	4032		5086		8090	
2A17	原 LY17	4043		6A02	原 LD2		

注：1. "原"是指化学成分与新牌号等同，且都符合 GB 3190—82 规定的旧牌号；

  2. "代"是指与新牌号的化学成分相近似，且符合 GB 3190—82 规定的旧牌号；

  3. "曾用"是指已经鉴定，工业生产时曾经用过的牌号，但没有收入 GB 3190—82 中。

4.3.1.3 中国变形铝合金牌号及与之对应的国外牌号

中国变形铝合金牌号及与之近似对应的国外牌号见表4-6。

表 4-6 中国变形铝合金牌号及与之近似对应的国外牌号

中 国	美 国	加拿大	法 国	英 国	德 国	日 本	俄罗斯	欧洲铝协会	国 际
（GB）	（AA）	（CSA）	（NF）	（BS）	（DIN）	（JIS）	（ГOCT）	（EAA）	（ISO）
				1199					1199
1A99	1199	9999	A9	（S1）	Al99.98R	AlN99	（AB000）		Al99.90
（LG5）					3.0385				
1A97							（AB00）		
（LG4）									
1A95	1195								
1A93	1193						（AB0）		
（LG3）									
1A90	1090				Al99.9	（AlN90）	（AB1）		1090
（LG2）					3.0305				
1A85	1085		A8	1A	Al99.8	A1080	（AB2）		1080
（LG1）					3.0285	（A1×s）			Al99.80
1080	1080	9980	A8	1A	Al99.8	A1080			1080
					3.0285	（A1×s）			Al99.80
1080A			1080A					1080A	
1070	1070	9970	A7	2L.48	Al99.7	A1070	（A00）		1070
					3.0275	（A1×0）			Al99.70
1070A			1070A		Al99.7		（A00）	1070A	1070
（L1）					3.0275				Al99.70（Zn）
1370			1370						
1060	1060				Al99.6	A1060	（A0）		1060
（L2）						（ABC×1）			
1050	1050	1050	A5	1B	Al99.5	A1050	1011		1050
		（995）			3.0255	（A1×1）	（AД0,Al）		Al99.50
1050A	1050	1050	1050A	1B	Al99.5	A1050	1011	1050A	1050
（L3）		（995）			3.0255	（A1×1）	（AД0,Al）		Al99.50（Zn）
1A50	1350								
1350	1350								
1145	1145								
1035	1035								
（L4）									
1A30						（1N30）	1013		
（L4-1）							（AД1）		
1100	1100	1100	A45	1200	Al99.0	A1100			1100
（L5-1）		（990C）		（1C）		A1×3			Al99.0Cu
1200	1200	1200	A4		Al99	A1200	（A2）		1200
（L5）		（900）			3.0205				Al99.00

中　国	美　国	加拿大	法　国	英　国	德　国	日　本	俄罗斯	欧洲铝协会	国　际
1235	1235								
2A01	2117	2117	A-U2G		AlCu2.5Mg0.5	A2117	1180		2117
(LY1)		(CG30)			3.1305		(Д18)		AlCu2.5Mg
2A02							1170		
(LY2)							(ВД17)		
2A04							1191		
(LY4)							(Д19П)		
2A06							1190		
(LY6)							(Д19)		
2A10							1165		
(LY10)							(B65)		
2A11	2017	CM41	A-U4G	(H15)	AlCuMg1	A2017	1110		2017A
(LY11)					3.1325		(Д1)		AlCu4Mg1Si
2B11	2017	CM41	A-U4G				1111		
(LY8)							(Д1П)		
2A12	2024	2024	A-U4G1	GB-24S	AlCuMg2	A2024	1160		2024
(LY12)		(CG42)			3.1355	(A3×4)	(Д16)		AlCu4Mg1
2B12							1161		
(LY9)							(Д16П)		
2A13									
(LY13)									
2A14	2014	2014	A-U4SG	2014A	AlCuSiMn	A2014	1380		2014
(LD10)		(CS41N)		(H15)	3.1255		(AK8)		AlCu4SiMg
2A16									
(LY16)	2219		A-U6MT				(Д20)		AlCu6Mn
2B16									
(LY16-1)									
2A17							(Д21)		
(LY17)									
2A20									
(LY20)									
2A21									
(214)									
2A25									
(225)									
2A49									
(149)									
2A50							1360		
(LD5)							(AK6)		
2B50							(AK6-1)		

续表 4-6

中　国	美　国	加拿大	法　国	英　国	德　国	日　本	俄罗斯	欧洲铝协会	国　际
（LD6）									
2A70	2618		A-U2GN	2618A		2N01	1141		2618
（LD7）				（H16）		（A4×3）	（AK4-1）		AlCu2MgNi
2B70									
（LD7-1）									
2A80							1140		
（LD8）							（AK4）		
2A90	2018	2018	A-U4N	6L. 25		A2018	1120		2018
（LD9）		（CN42）				（A4×1）	（AK2）		
2004				2004					
2011	2011	2011			AlCuBiPb	2011			
		（CB60）			3. 1655				
2014	2014	2014	A-U4SG	2014A	AlCuSiMn	A2014			2014
		（CS41N）		（H15）	3. 1255	（A3×1）			Al-Cu4SiMg
2014A									
2214	2214								
2017	2017	CM41	A-U4G	H14	AlCuMg1	A2017			
				5L. 37	3. 1325	（A3×2）			
2017A								2017A	
2117	2117	2117	A-U2G	L. 86	AlCuMg0. 5	A2117			2117
		（CG30）			3. 1305	（A3×3）			Al-Cu2Mg
2218	2218		A-U4N	6L. 25		A2218			
						（A4×2）			
2618	2618		A-U2GN	H18		2N01			
				4L. 42		（2618）			
2219	2219								
（LY19,147）									
2024	2024	2024	A-U4G1		AlCuMg2	A2024			2024
		（CG42）			3. 1355	（A3×4）			Al-Cu4Mg1
2124	2124								
3A21	3003	M1	A-M1	3103	AlMnCu	A3003	1400		3103
（LF21）				（N3）	3. 0515	（A2×3）	（AMц）		Al-Mn1
3003	3003	3003	A-M1	3103	AlMnCu	A3003			3003
		（MC10）		（N3）	3. 0515	（A2×3）			Al-Mn1Cu
3103								3103	
3004	3004		A-M1G						
3005	3005		A-MG05						
3105	3105								
4A01	4043	S5	A-S5	4043A	AlSi5	A4043	AK		4043
（LT1）				（N21）					（AlSi5）
4A11	4032	SG121	A-S12UN	（38S）		A4032	1390		4032

中 国	美 国	加拿大	法 国	英 国	德 国	日 本	俄罗斯	欧洲铝协会	国 际
(LD11)						(A4×5)	(AK9)		
4A13	4343					A4343			4343
(LT13)									
4A17	4047	S12	A-S12	4047A	AlSi12	A4047			4047
(LT17)				(N2)					(AlSi12)
4004	4004								
4032	4032	SG121	A-S12UN			A4032			
						(A4×5)			
4043	4043	S5		4043A	AlSi5	A4043			
				(N21)	3.2345				
4043A								4043A	
4047	4047	S12		4047A		A4047			
				(N2)					
4047A								4047A	
5A01									
(2101,LF15)									
5A02	5052	5052	A-G2C	5251	AlMg2.5	A5052	1520		5052
(LF2)		(GR20)		(N4)	3.3523	(A2×1)	(AMГ2)		AlMg2.5
5A03	5154	GR40	A-G3M	5154A	AlMg3	A5154	1530		5154
(LF3)				(N5)	3.3535	(A2×9)	(AMГ3)		AlMg3
5A05	5456	GM50R	A-G5	5556A	AlMg5	A5456	1550		5456
(LF5)				(N61)			(AMГ5)		AlMg5Mn0.4
5B05							1551		
(LF10)							(AMГ5П)		
5A06							1560		
(LF6)							(AMГ6)		
5B06									
(LF14)									
5A12									
(LF12)									
5A13									
(LF13)									
5A30									
(2103,LF16)									
5A33									
(LF33)									
5A41									
(LT41)									
5A43	5457					A5457			5457
(LF43)									
5A66									

续表4-6

中国	美国	加拿大	法国	英国	德国	日本	俄罗斯	欧洲铝协会	国际
(LT66)									
5005	5005		A-G0.6	5251 (N4)	AlMg1 3.3515	A5005 (A2×8)			
5019								5019	
5050	5050		A-G1	3L.44	AlMg1 3.3515				
5251								5251	
5052	5052 (GR20)	5052	A-G2	2L.55 2L.56,L.80	AlMg2 3.3515	A5052 (A2×1)			5251 Al-Mg2
5154	5154	GR40	A-G3	L.82	AlMg3 3.3535	A5154 (A2×9)			5154 Al-Mg3
5154A	5154A								
5454	5454								
5554	5554	GM31P				A5554			
5754	5754								
5056 (LF5-1)	5056 (GM50R)	5056	A-G5	5056A (N6,2L.58)	AlMg5 3.3555	A5056 (A2×2)			5056A Al-Mg5
5356	5356 (GM50P)	5356		5056A (N6,2L.58)	AlMg5 3.3555	A5356			
5456	5456								
5082	5082								
5182	5182								
5083 (LF4)	5083 (GM41)	5083		5083 (N8)	AlMg4.5Mn 3.3547	A5083 (A2×7)	1540 (AMг4)		5083 Al-Mg4.5Mn0.7
5183	5183		A-G5	(N6)		A5183			Al-Mg5
5086 Al-Mg4	5086		A-G4MC						5086
6A02 (LD2)	6151	(SG11P)				A6151 (A2×6)	1340 (AB)		6151
6B02 (LD2-1)									
6A51 (651)									
6101	6101		A-GS/L	6101A (91E)	E-AlMgSi0.5 3.2307	A6101 (ABC×2)			
6101A				6101A (91E)					
6005	6005								
6005A			6005A						
6351	6351	6351 (SG11R)	A-SGM	6082 (H30)	AlMgSi1 3.2351				6351 Al-Si1Mg

中 国	美 国	加拿大	法 国	英 国	德 国	日 本	俄罗斯	欧洲铝协会	国 际
6060								6060	
6061 (LD30)	6061	6061 (GS11N)	A-GSUC	6061 (H20)	AlMgSiCu 3.3211	A6061 (A2×4)	1330 (AД33)		6061 AlMg1SiCu
6063 (LD31)	6063	6063 (GS10)	A-GS	6063 (H19)	AlMgSi0.5 3.3205	A6063 (A2×5)	1310 (AД31)		6063 AlMg0.7Si
6063A				6063A					
6070 (LD2-2)	6070								
6181							6181		
6082							6082		
7A01 (LB1)	7072				AlZn1 3.4415	A7072			
7A03 (LC3)	7178						1940 (B94)		AlZn7MgCu
7A04 (LC4)							1950 (B95)		
7A05 (705)									
7A09 (LC9)	7075	7075 (ZG62)	A-ZSGU	L95	AlZnMgCu1.5 3.4365	A7075			7075 AlZn5.5MgCu
7A10 (LC10)	7079				AlZnMgCu0.5 3.4345	A7N11			
7A15 (LC15,157)									
7A19 (919,LC19)									
7A31 (183-1)									
7A33 (LB733)									
7A52 (LC52,5210)									
7003 (LC12)							A7003		
7005	7005					7N01			
7020									7020
7022								7022	
7050	7050								
7075	7075	7075 (ZG62)	A-Z5GU		AlZnMgCu1.5 3.4365	A7075 (A3×6)			
7475	7475								

续表 4-6

中　国	美　国	加拿大	法　国	英　国	德　国	日　本	俄罗斯	欧洲铝协会	国　际
8A06 (L6)							АД		
8011 (LT98)	8011								
8090									8090

注：1. GB—中国国家标准，AA—美国铝业协会，CSA—加拿大国家标准，NF—法国国家标准，BS—英国国家标准，
　　　DIN—德国工业标准，JIS—日本工业标准，ГОСТ—苏联国家标准，EAA—欧洲铝业协会，ISO—国际标准化组织；
　　2. 各国牌号中括号内的是旧牌号；
　　3. 德国工业标准和国际标准化组织的铝合金牌号有两种表示法，一种是用字母、元素符号与数字表示，另一种是完
　　　全用数字表示；
　　4. 表内列出的各国相关牌号只是近似对应的，仅供参考。

4.3.1.4　中国变形铝及铝合金状态代号及表示方法

根据 GB/T 16475—1996 标准规定，基础状态代号用一个英文大写字母表示。细分状态代号采用基础状态代号后跟一位或多位阿拉伯数字表示方法。

基础状态代号分为 5 种，见表 4-7。

表 4-7　基础状态代号

代　号	名　　称	说明与应用
F	自由加工状态	适用于在成型过程中，对于加工硬化和热处理条件无特殊要求的产品，该状态产品的力学性能不作规定
O	退火状态	适用于经完全退火获得最低强度的加工产品
H	加工硬化状态	适用于通过加工硬化提高强度的产品，产品在加工硬化后可经过（也可不经过）使强度有所降低的附加热处理。 H 代号后面必须跟有两位或三位阿拉伯数字
W	固溶热处理状态	一种不稳定状态，仅适用于经固溶热处理后，室温下自然时效的合金，该状态代号仅表示产品处于自然时效阶段
T	热处理状态 （不同于 F、O、H 状态）	适用于热处理后，经过（或不经过）加工硬化达到稳定状态的产品。 T 代号后面必须跟有一位或多位阿拉伯数字

细分状态代号：

（1）H（加工硬化）的细分状态，即在字母 H 后面添加两位阿拉伯数字（称做 H××状态），或三位阿拉伯数字（称做 H×××状态）表示 H 的细分状态。

1）H××状态。H 后面的第一位数字表示获得该状态的基本处理程序，如下所示：

① H1——单纯加工硬化状态。适用于未经附加热处理，只经加工硬化即获得所需强度的状态。

② H2——加工硬化及不完全退火的状态。适用于加工硬化程度超过成品规定要求后，经不完全退火使强度降低到规定指标的产品。对于室温下自然时效软化的合金，H2 与对应的 H3 具有相同的最小极限抗拉强度值；对于其他合金，H2 与对应的 H1 具有相同的最小极限抗拉强度值，但伸长率比 H1 稍高。

③ H3——加工硬化及稳定化处理的状态。适用于加工硬化后经低温热处理或由于加

工过程中的受热作用致使其力学性能达到稳定的产品。H3 状态仅适用于在室温下逐渐时效软化（除非经稳定化处理）的合金。

④ H4——加工硬化及涂漆处理的状态。适用于加工硬化后，经涂漆处理导致了不完全退火的产品。

H 后面的第二位数字表示产品的加工硬化程度。数字 8 表示硬状态。通常采用 O 状态的最小抗拉强度与表 4-8 规定的强度差值之和，来规定 H×8 状态的最小抗拉强度值。对于 O（退火）和 H×8 状态之间的状态，应在 H× 代号后分别添加 1~7 的数字来表示，在 H× 后添加数字 9 表示比 H×8 加工硬化程度更大的超硬状态。各种 H×× 细分状态代号及对应的加工硬化程度见表 4-9。

表 4-8　H×8 状态与 O 状态的最小抗拉强度的差值

O 状态的最小抗拉强度/MPa	H×8 状态与 O 状态的最小抗拉强度差值/MPa	O 状态的最小抗拉强度/MPa	H×8 状态与 O 状态的最小抗拉强度差值/MPa
≤40	55	165~200	100
45~60	65	205~240	105
65~80	75	245~280	110
85~100	85	285~320	115
105~120	90	≥325	120
125~160	95		

表 4-9　H×× 细分状态代号与加工硬化程度

细分状态代号	加工硬化程度
H×1	抗拉强度极限为 O 与 H×2 状态的中间值
H×2	抗拉强度极限为 O 与 H×4 状态的中间值
H×3	抗拉强度极限为 H×2 与 H×4 状态的中间值
H×4	抗拉强度极限为 O 与 H×8 状态的中间值
H×5	抗拉强度极限为 H×4 与 H×6 状态的中间值
H×6	抗拉强度极限为 H×4 与 H×8 状态的中间值
H×7	抗拉强度极限为 H×6 与 H×8 状态的中间值
H×8	硬状态
H×9	超硬状态，最小抗拉强度极限值超 H×8 状态至少 10MPa

注：当按上表确定的 H×1~H×9 状态抗拉强度极限值不是以 0 或 5 结尾时，应修正至以 0 或 5 结尾的相邻较大值。

2）H××× 状态。H××× 状态代号如下所示：

① H111——适用于最终退火后又进行了适量的加工硬化，但加工硬化程度又不及 H11 状态的产品。

② H112——适用于热加工成型的产品。该状态产品的力学性能有规定要求。

③ H116——适用于镁含量不低于 4.0% 的 5××× 系合金制成的产品。这些产品具有规定的力学性能和抗剥落腐蚀性能要求。

花纹板的状态代号和其对应的压花前的板材状态代号见表4-10。

表4-10 花纹板和其压花前的板材状态代号对照

花纹板的状态代号	压花前的板材状态代号	花纹板的状态代号	压花前的板材状态代号
H114	O	H164	H15
		H264	H25
		H364	H35
H124	H11	H174	H16
H224	H21	H274	H26
H324	H31	H374	H36
H134	H12	H184	H17
H234	H22	H284	H27
H334	H32	H384	H37
H144	H13	H194	H18
H244	H23	H294	H28
H344	H33	H394	H38
H154	H14	H195	H19
H254	H24	H295	H29
H354	H34	H395	H39

（2）T的细分状态。在字母T后面添加一位或多位阿拉伯数字表示T的细分状态。

1）T×状态。在T后面添加0~10的阿拉伯数字，表示的细分状态（称做T×状态）见表4-11。T后面的数字表示对产品的基本处理程序。

表4-11 T×细分状态代号说明与应用

状态代号	说明与应用
T0	固溶热处理后，经自然时效再通过冷加工的状态。 适用于经冷加工提高强度的产品
T1	由高温成型过程冷却，然后自然时效至基本稳定的状态。 适用于由高温成型过程冷却后，不再进行冷加工（可进行矫直、矫平，但不影响力学性能极限）的产品
T2	由高温成型过程冷却，经冷加工后自然时效至基本稳定的状态。 适用于由高温成型过程冷却后进行冷加工，或矫直、矫平以提高强度的产品
T3	固溶热处理后进行冷加工，再经自然时效至基本稳定的状态。 适用于在固溶热处理后进行冷加工，或矫直、矫平以提高强度的产品
T4	固溶热处理后自然时效至基本稳定的状态。 适用于固溶热处理后不再进行冷加工（可进行矫直、矫平，但不影响力学性能极限）的产品
T5	由高温成型过程冷却，然后进行人工时效的状态。 适用于由高温成型过程冷却后，不经过冷加工（可进行矫直、矫平，但不影响力学性能极限），予以人工时效的产品
T6	固溶热处理后进行人工时效的状态。 适用于固溶热处理后不再进行冷加工（可进行矫直、矫平，但不影响力学性能极限）的产品

状态代号	说明与应用
T7	固溶热处理后进行过时效的状态。 适用于固溶热处理后为获取某些重要特性，在人工时效时强度在时效曲线上越过了最高峰点的产品
T8	固溶热处理后经冷加工，然后进行人工时效的状态。 适用于经冷加工，或矫直、矫平以提高强度的产品
T9	固溶热处理后人工时效，然后进行冷加工的状态。 适用于经冷加工提高强度的产品
T10	由高温成型过程冷却后，进行冷加工，然后人工时效的状态。 适用于经冷加工，或矫直、矫平以提高强度的产品

注：某些 6××× 系的合金，无论是炉内固溶热处理，还是从高温成型过程急冷以保留可溶性组分在固溶体中，均能达到相同的固溶热处理效果，这些合金的 T3、T4、T6、T7、T8 和 T9 状态可采用上述两种。

2）T×× 状态及 T××× 状态（消除应力状态除外）。

在 T× 状态代号后面再添加一位阿拉伯数字（称做 T×× 状态），或添加两位阿拉伯数字（称做 T××× 状态），表示经过了明显改变产品特性（如力学性能、抗腐蚀性能等）的特定工艺处理的状态，见表 4-12。

表 4-12 T×× 及 T××× 细分代号说明与应用

状态代号	说明与应用
T42	适用于自 O 或 F 状态固溶热处理后，自然时效到充分稳定状态的产品，也适用于需方任何状态的加工产品热处理后，力学性能达到 T42 状态的产品
T62	适用于自 O 或 F 状态固溶热处理后，进行人工时效的产品，也适用于需方对任何状态的加工产品热处理后，力学性能达到 T62 状态的产品
T73	适用于固溶热处理后，经过时效以达到规定的力学性能和抗应力腐蚀性能指标的产品
T74	与 T73 状态定义相同。该状态的抗拉强度大于 T73 状态，但小于 T76 状态
T76	与 T73 状态定义相同。该状态的抗拉强度分别高于 T73、T74 状态，抗应力腐蚀断裂性能分别低于 T73、T74 状态，但其抗剥落腐蚀性能仍较好
T7×2	适用于自 O 或 F 状态固溶热处理后进行人工过时效处理，力学性能及抗腐蚀性能达到 T7× 状态的产品
T81	适用于固溶热处理后经 1% 左右的冷加工变形提高强度，然后进行人工时效的产品
T87	适用于固溶热处理后经 7% 左右的冷加工变形提高强度，然后进行人工时效的产品

3）消除应力状态。在上述 T× 或 T×× 或 T××× 状态代号后面再添加"51"，或"510"，或"511"，或"54"表示经历了消除应力处理的产品状态代号，见表 4-13。

表 4-13 消除应力状态代号说明与应用

状态代号	说明与应用
T×51 T××51 T×××51	适用于固溶热处理或自高温成型过程冷却后，按规定量进行拉伸的厚板、轧制或冷精整的棒材以及模锻件、锻环或轧制环，这些产品拉伸后不再进行矫直。 厚板的永久变形量为 1.5%～3%；轧制或冷精整棒材的永久变形量为 1%～3%；模锻件、锻环或轧制环的永久变形量为 1%～5%

状态代号	说明与应用
T×510 T××510 T×××510	适用于固溶热处理或自高温成型过程冷却后按规定量进行拉伸的挤制棒、型和管材,以及拉制管材,这些产品拉伸后不再进行矫直。 挤制棒、型和管材的永久变形量为 1%~3%;拉制管材的永久变形量为 1.5%~3%
T×511 T××511 T×××511	适用于固溶热处理或自高温成型过程冷却后按规定量进行拉伸的挤制棒、管和管材,以及拉制管材,这些产品拉伸后略微矫直以符合标准公差。 挤制棒、型和管材的永久变形量为 1%~3%;拉制管材的永久变形量为 1.5%~3%
T×52 T××52 T×××52	适用于固溶热处理或高温成型过程冷却后通过压缩来消除应力,以产生 1%~5% 的永久变形量的产品
T×54 T××54 T×××54	适用于在终锻模内通过冷整形来消除应力的模锻件

(3)W 的消除应力状态。正如 T 的消除应力状态代号表示方法,可在 W 状态代号后面添加相同的数字(如 51、52、54),以表示不稳定的固溶热处理及消除应力状态。

(4)原状态代号与新状态代号的对照。原状态代号与新状态代号的对照见表 4-14。

表 4-14　原状态号与相应的新状态号

旧代号	新代号	旧代号	新代号	旧代号	新代号
M	O	T	H×9	MCS	T62
R	H112 或 F	CZ	T4	MCZ	T42
Y	H×8	CS	T6	CGS1	T73
Y1	H×6	CYS	T×51、T×52 等	CGS2	T76
Y2	H×4	CZY	T0	CGS3	T74
Y4	H×2	CSY	T9	RCS	T5

注:原以 R 状态交货的,提供 CZ、CS 试样性能的产品,其状态可分别对应新代号 T62、T42。

4.3.2　ISO 的变形铝合金牌号及状态表示方法

4.3.2.1　ISO 的变形铝合金牌号及表示方法

国际标准化组织(ISO)制定的轻金属(铝、铝锭)及其合金的牌号是由化学元素符号与代表其成分数的数字组成(ISO 2092 及 ISO 2107),在牌号前冠以"ISO"。如已用文字指明是国际标准牌号,则可省略。

A　重熔用纯铝锭

电解厂生产的重熔纯铝锭牌号由铝的化学元素符号 Al 与代表其纯度的百分数组成,但应精确到小数点后两位或两位以上,如 Al99.80。

B　加工的工业纯铝及铝合金

加工铝材的变形铝及铝合金的牌号由化学元素符号与代表金属纯度或合金元素含量的

百分数数字组成。在工业纯产品牌号中，数字只表达到小数点后一位，如 Al99.0。如果工业纯铝产品还含有最大量不超过 0.1%（铜则例外，为 0.2%）的合金元素，则在数字后还应标出该合金元素的化学符号，如 Al99.0Cu，即是铝含量为 99.0%，而含铜量不大于 0.2% 的工业纯铝。若工业纯铝中的某些杂质受到控制，且有特种用途时，应在表示纯度的数字后附加表示用途的大写拉丁字母，如纯度为 99.5% Al 的电工铝的牌号为 Al99.5E。

铝合金的牌号由基本元素 Al 及合金元素的化学元素符号-合金元素含量的平均百分数数字组成。合金元素含量大于 1% 的，只标出其含量整数，如镁含量的平均数约为 3.0% 的铝-镁合金，其牌号为 AlMg3。合金元素含量小于 1% 的不标数字，如镁及硅的含量分别小于 1% 的铝-镁-硅合金的牌号为 AlMgSi。为了区别它们的含量关系，也可在其中的一个合金元素的化学元素后附加表示其平均含量的小数数字，如 AlMg0.5Si。

当合金中的基本金属是用特殊规定成分的纯金属熔炼时，应在基本金属的元素符号后附加其含量百分数的小数点后的两位数字，例如 Al90Mg2 表示一种约含 2% Mg 与用纯度为 99.90% 的高纯铝锭熔炼的铝-镁合金。

在合金牌号中，表示合金元素的化学符号依其含量多少按递减次序排列，如它们的含量大致相等，则按其化学元素符号的字母顺序排列。需指出的是，国际标准中还规定变形铝及铝合金的牌号可用四位数字表示，即用美国铝业协会（AA）的牌号，但去掉数字前的"AA"字母。

4.3.2.2　ISO 的变形铝合金状态代号

按国际标准规定，铝材的状态代号由拉丁字母与数字组成，标于合金牌号后，用连字符把它们分开。

A　基本状态代号

加工铝材的基本状态代号如下：

（1）M——制造状态。表示热成型的材料，对其力学性能有一定的要求。

（2）F——加工状态。表示不控制力学性能的热加工的材料所处的状态。

（3）O——退火状态。表示处于最低强度性能的完全退火的压力加工产品所处的状态。

（4）H——加工硬化状态（仅用于压力加工产品）。表示退火的材料（或热成型的）再加以冷加工所处的状态，以使材料达到标定的力学性能；或是冷加工后经部分退火或稳定化退火所处的状态。通常，在字母"H"之后加一数字，在数字后再加一字母，表示材料的最终加工硬化程度。

（5）T——一种完全不同于 M、F、O 与 H 状态的热处理状态。用于通过热处理可使其强度增加的产品。在字母 T 之后附有第二个字母，以表示不同的热处理状态。材料在热处理之后，既可进行一定量的冷加工，也可不进行冷加工。

B　基本状态代号的细目

a　加工硬化状态（H）的细目

加工硬化状态（H）的细目如下：

（1）H1——加工硬化状态。

（2）H2——加工硬化后经部分退化状态。

（3）H3——加工硬化后经稳定化处理状态。

在数字之后还应加字母，以表示材料的最终加工硬化程度（×表示上述的 1、2、3）：

（1）H×H——充分硬化状态。

（2）H×D——材料的抗拉强度大致介于 O 状态的与 H×H 状态的之间。

（3）H×B——材料的抗拉强度大致介于 O 状态的与 H×D 状态的之间。

（4）H×F——材料的抗拉强度大致介于 H×D 状态的与 H×H 状态的之间。

（5）H×J——材料的抗拉强度比 H×H 状态的大 10MPa 以上的状态。

b 热处理状态（T）的细目

热处理状态（T）的细目是在字母 T 之后再加另一字母，以表示不同的热处理状态。

（1）TA——从热成型工序冷却到室温与自然时效后的状态。适用于热加工（如热挤压）后以一定的降温速度冷却到室温，并自然时效到稳定状态的产品。

（2）TB——固溶热处理与自然时效状态。适用于固溶热处理后不进行冷加工的材料，但矫平与矫直时的冷加工例外。处于这种状态的某些合金材料的性能是不稳定的。

（3）TC——热加工后冷却到室温，再冷加工与自然时效后的状态。适用于从热加工（锻造或挤压）温度以一定的降温速度冷却到室温，再冷加工一定的量以提高其强度的产品。处于这种状态的某些合金的性能是不稳定的。

（4）TD——固溶热处理、冷加工与自然时效后的状态。适用于固溶热处理后进行一定量的冷加工，以提高其强度或降低其内应力的产品。处于这种状态的某些合金材料的性能是不稳定的。

（5）TE——从热成型温度冷却到室温再人工时效后的状态。适用于热挤压产品。

（6）TF——固溶热处理与人工时效后的状态。适用于固溶热处理后不进行冷加工的材料，但可进行必要的矫直与平整。

（7）TG——从热加工温度冷却到室温，再冷加工与人工时效后的状态。适用于少量冷加工可提高其强度的材料。

（8）TH——固溶热处理、冷加工与人工时效后的状态。适用于少量冷加工可提高其强度的材料。

（9）TL——固溶热处理、人工时效与冷加工的状态。适用于冷加工可提高其强度的材料。

（10）TM——固溶热处理与稳定化处理后的状态。适用于固溶热处理后加以稳定化热处理，使其强度越过强度曲线上峰值而具有某些特殊性能的材料。

ISO 2107 还规定：如果必要，在状态代号细目之后可再附加一位或两位数字，一个或两个字母，以表示材料状态的精细变化。

加工铝材的国际标准状态代号也可用美国铝业协会的状态代号替换，它们的对应关系见表 4-15。

4.3.3 美国的变形铝合金牌号及其状态表示方法

4.3.3.1 合金牌号

根据美国国家标准 ANSIH 351—1978 的规定，美国的变形铝及铝合金的牌号用四位数字表示。该系统是美国铝业协会（The Aluminium Association）1954 年采用的，1957 年由美国标准化协会纳入美国标准。1983 年国际标准化组织又将其纳入 ISO E107—1983（E）中，作为国际标准之一。

表 4-15　国际标准状态代号与美国铝业协会的状态代号对照

ISO 状态代号	AA 状态代号	ISO 状态代号	AA 状态代号	ISO 状态代号	AA 状态代号
M	H112	H1H、H2H、H3H	H18、H28、H38	TE	T5
F	F	H1J、H2J、H3J	H19、H29、H39	TF	T6
O	O	TA	T1	TG	T10
H1B、H2B、H3B	H12、H22、H32	TB	T4	TH	T8
H1D、H2D、H3D	H14、H24、H34	TC	T2	TL	T9
H1F、H2F、H3F	H16、H26、H36	TD	T3	TM	T7

在四位数字牌号中，第一位数字表示合金系列。按铝合金中主要合金元素的分类如下：

```
工业纯铝（Al≥99.00%）      1×××系列
Al-Cu 系合金               2×××系列
Al-Mn 系合金               3×××系列
Al-Si 系合金               4×××系列
Al-Mg 系合金               5×××系列
Al-Si-Mg 系合金            6×××系列
Al-Zn 系合金               7×××系列
其他元素合金               8×××系列
备用系                     9×××系列
```

在 1××× 中，最后两位数字表示最低铝含量中小数点右边的两位数字，如 1060 是最低铝含量为 99.6% 的工业纯铝。牌号的第二位数字表示对杂质范围的修改，若是零则表示该工业纯铝的杂质范围为生产中的正常范围；如果为 1~9 的自然数，则表示生产中应对某一种或几种杂质或合金元素加以专门的控制，例如 130 工业纯铝是一种铝含量大于 99.50% 的电工铝，其中有 3 种杂质应受到控制，即（V + Ti）≤0.02%，B≤0.05%，Ga≤0.03%。在 2×××~8××× 合金系列中，牌号最后两位数字只用来区别该型号中不同牌号的铝合金。第二位数字表示对合金的修改，如为零，则表示原始合金；如为 1~9 中的任一整数，则表示对合金的修改次数。

对于实验合金的牌号，在四位数字前加"×"。

4.3.3.2　状态代号

状态名称代号标在合金牌号后并用破折号隔开。标准的状态名称系统是由一个表示基本状态的字母和一个或几个数字所组成。除了退火和加工状态之外，按不同种类加上一个数字或几个数字来更准确地说明。

A　四种基本状态

（1）F——加工状态。用于经过正常加工工序后获得的产品状态，如热挤压状态与热轧状态。适用于不需要进行专门的热处理或加工硬化的产品，对其力学性能不加以限制。

（2）H——应变硬化状态。

（3）O——退火状态。

（4）T——热处理状态。

B 基本状态代号 H 和 T 的详细分类

a 基本状态代号 H 的分类

（1）H1n——单纯加工硬化状态，适用于不需要退火的材料，只需通过加工硬化就可获得所需强度，H1 后的 n 代表加工硬化程度的数字。

（2）H2n——加工硬化后进行不完全退火的状态。H2 后的数字表示材料经不完全退火后所保留的加工硬化程度。

（3）H3n——加工硬化后再经过稳定化处理的状态。适用于加工硬化后经低温退火，使其强度略为降低、伸长率稍有升高而使力学性能稳定的材料。冷加工后于 130～170℃进行稳定化处理。n 是表示加工硬化程度的数字。

$n=2$，表示 1/4 硬状态；$n=4$，表示 1/2 硬状态；$n=6$，表示 3/4 硬状态；$n=8$，表示全硬状态；$n=9$，表示超硬状态。数字 8 表示材料极限抗拉强度与完全退火后受到75%冷加工量（加工温度不超过 50℃）获得的强度相当的状态。数字 4 表示极限抗拉强度约为 0 和 8 状态中间值的材料状态。数字 2 表示极限抗拉强度约为 0 与 4 状态的中间值的材料状态。数字 6 表示约为 4 和 8 状态中间值的材料状态。数字 9 表示材料的最低抗拉强度比状态 8 的强度还大 10MPa 以上的状态。对于第二位数字为奇数的两位数字 H 状态，其标定抗拉强度是第二位数字为偶数的相邻的两位数字 H 状态材料的标定值的算术平均值。

H 后三位数字的材料状态的最低抗拉强度与相应的两位数字的材料相当，具体内容如下：

（1）H111——加工硬化程度比 H11 稍小的状态。

（2）H112———种对加工硬化程度或退火程度未加调整的加工状态。但对材料的力学性能有要求，需做力学性能试验。

（3）H116——Al-Mg 系合金所处的一种专门的加工硬化状态。

（4）H191——加工硬化程度比 H19 的稍低而比 H18 的又略高的状态。

（5）H311——适用于镁含量大于 4% 的加工材料，加工硬化程度比 H31 稍小的状态。

（6）H321——适用于镁含量大于 4% 的加工材料，热加工和冷加工的加工硬化程度都比 H32 稍小的状态。

（7）H323、H343——特殊的加工状态。适用于镁含量大于 4% 的加工材料，处于这种状态的镁含量高的铝材具有相当好的抗应力腐蚀开裂的能力。

b 基本状态代号 T 的分类

（1）T1——热加工后自然时效状态。

（2）T2——高温热加工冷却后冷加工，然后再进行自然时效的状态。

（3）T3——固溶处理后进行冷加工，然后自然时效的状态。

（4）T4——固溶处理和自然时效能达到充分稳定的状态。

（5）T5——高温热加工冷却后再进行人工时效的状态。

（6）T6——固溶处理后人工时效状态。

（7）T7——固溶处理后再经过稳定化处理的状态。

（8）T8——固溶处理后冷加工再人工时效的状态。

（9）T9——固溶处理后人工时效，再经冷加工的状态。

（10）T10——高温热加工冷却再冷加工及人工时效的状态。

（11）T31、T361、T37——T3 状态材料分别受到 1%、6%、7% 冷加工量的状态。

（12）T41——在热水中淬火的状态，以防止变形与产生较大的热应力。此状态用于锻件。

（13）T42——由用户进行 T 处理的状态。

（14）TX51——消除应力的状态。

（15）TX52——施加 1%～5% 压缩量消除应力的状态。适用于锻件。

（16）TX53——通过淬火时温度急剧变化引起的热变形消除应力后的状态。

（17）TX54——通过拉伸与压缩相结合的方法消除残余应力后的状态。用于表示在终锻模内通过冷锻打消除应力的锻件。

（18）T61——在热水中进行 T6 处理，适用于铸件。

（19）T62——由 O 或 F 状态固溶处理后再进行人工时效的状态。

（20）T73——为改善材料的抗应力腐蚀开裂的能力而进行过时效处理后的一种状态。

（21）T7352——材料在固溶处理后受 1%～3% 的永久压缩变形以消除残余应力，然后再经过过时效处理所达到的一种状态。

（22）T736——过时效程度介于 T73 与 T76 之间的状态。这种状态的材料有高的抗应力腐蚀开裂的性能。

（23）T76——过时效处理状态。这种状态的材料有相当高的抗剥落腐蚀的能力。

（24）T81、T861、T87——分别为 T31、T371、137 的人工时效状态。

4.3.4 日本的变形铝合金牌号及其状态表示方法

4.3.4.1 合金牌号

日本的变形铝合金的牌号分三部分，最前面的为"A"表示铝及铝合金。第二部分是国际数字牌号。第三部分表示材料品种或尺寸精度等级的大写字母，如 A2024P，P 代表板材。

4.3.4.2 状态代号

日本变形铝合金的状态代号完全用美国铝业协会（AA）的国际状态代号。

4.3.4.3 铝合金材料品种表示

材料品种用英文字母表示：

（1）P——板材（plate）。

（2）PC——包铝的原板及薄板（clad plate and clad sheet），如 A2024PC。

（3）BE——普通级挤压棒材（ordinary grade extruded bar）。

（4）BES——特级挤压棒材（special glade extruded bar）。

（5）BD——普通级拉伸棒材（ordinary grade drawn bar）。

（6）BDS——特级拉伸棒材（special grade drawn bar）。

（7）W——普通级拉制线材（ordinary grade drawn wire）。

（8）WS——特级拉制线材（special grade drawn wire）。

（9）TE——普通级挤压管（ordinary grade extruded tube）。

（10）TES——特级挤压管（special grade extruded tube）。

（11）TD——普通级拉伸管（ordinary grade drawn tube）。

（12）TDS——特级拉伸管（special grade drawn tube）。

（13）TW——普通级焊接管（ordinary grade welded tube）。

（14）TWS——特级焊接管（special grade welded tube）。

（15）FD——模锻件（die forging）。

（16）FH——自由锻件（handforging）。

（17）PB——轧制汇流排（plate bus）。

（18）SB——挤压的普通级角棱汇流排（shape bus）。

（19）BY——焊条（wire）。

（20）WY——电极（rod），非熔化电极，惰性气体保护焊用。

加在四位数字牌号之后的"S"表示挤压型材，如A6061S。冠以四位数牌号之前的"B"（brazing sheet）表示钎焊板，如BA4343P，也可表示钎焊料（brazing filler metal），如BA4047。

如果是日本独特的合金，不能完全与"AA"系统合金相对应，则在表示合金系的数字系统第二位加"N"英文字母（Nippon的缩写），如1N90、5N01、7N01等。

此外，有些日本铝业公司开发的合金在数字牌号前加一些特殊的字母，如KS7475合金，是神户钢铁公司仿制的超塑性合金，其成分与美国铝业协会的7475合金相同。

4.3.5 德国（前联邦德国）的变形铝合金牌号及其状态表示方法

4.3.5.1 合金牌号

A 字母、元素符号与数字系统

系统中所有工业纯铝及变形铝合金的牌号前都冠以元素符号"Al"，表示基体金属。所含的主要合金元素分别用相应的元素符号表示。纯铝牌号中的数字表示其最低铝含量，在合金牌号中，合金元素符号后的数字表示该元素的大致平均含量，如AlMg4Mn合金中镁平均含量为4%，锰平均含量为小于1%。

在纯铝牌号中，大写字母"H"表示电解厂生产的普通纯度的原铝锭，如Al99.5H。大写字母"R"表示高纯度原铝锭，如Al99.99R。纯度为99.98%的半成品也用大写字母"R"表示，如Al99.98R，是纯度为99.98%的工业纯铝半成品，而不是原铝锭。

对于特殊用途的材料，在牌号前冠以用途的大写字母：E——电线；S——接用材；L——焊料；Sd——电焊条。

B 数字系统

根据德国标准DIN17007规定，第一位数字表示材料类别，如铝及铝合金用"3"表示，在第一位数字后加小数点符号；第二到第五位数字表示具体合金，即数字表示化学成分；第六到第七位数字表示材料状态。

根据上述原则，铝合金牌号为3.000～3.4999。具体数字含义如下：

（1）第一位数字"3"代表铝及铝合金。

（2）第二位数字"0~4"表示主要合金元素，其中：1——Cu；2——Si；3——Mg；4——Zn；0——其他合金元素或无合金元素。

（3）第三位数字表示次要的合金元素，其中：5——Mn、Ct；6——Pb、Cu、Bi、Cd、Sb、Sn；7——Ni、Co；8——Ti、B、Be、Zr；9——Fe；0——其他元素。

在铝合金数字牌号中，前三个数的含义见表4-16，×代表数字1~9中的任何一个数字。

表4-16　德国铝合金数字牌号前3个数字的含义

3.00	3.01	3.02	3.03	3.04	3.05	3.06	3.07	3.08	3.09
Al×	Al90~98	Al99	Al99.9	Al99.99	AlMn	AlPt	AlNi	AlTi	AlFe
3.10	3.11	3.12	3.13	3.14	3.15	3.16	3.17	3.18	3.19
AlCu×	AlCu	AlCuSi	AlCuMg	AlCuZn	AlCuMn	AlCuPb	AlCuNi	AlCuTi	AlCuFe
3.20	3.21	3.22	3.23	3.24	3.25	3.26	3.27	3.28	3.29
AlSi×	AlSiCu	AlSi	AlSiMg	AlSiZn	AlSiMn	AlSiPb	AlSiNi	AlSiTi	AlSiFe
3.30	3.31	3.32	3.33	3.34	3.35	3.36	3.37	3.38	3.39
AlMg×	AlMgCu	AlMgSi	AlMg	AlMgZn	AlMgMn	AlMgPb	AlMgNi	AlMgTi	AlMgFe
3.40	3.41	3.42	3.43	3.44	3.45	3.46	3.47	3.48	3.49
AlZn×	AlZnCu	AlZnSi	AlZnMg	AlZn	AlZnMn	AlZnPb	AlZnNi	AlZnTi	AlZnFe

（4）第四位数字表示主要合金元素含量的高低，其具体含义是：0~2——含量偏低；3~6——大致平均含量；7~9——含量接近上限。

（5）第五位数字表示合金类型：0~3——铸造合金；4——压铸铝合金；5~7——变形铝合金；8——用纯度为99.9%的原铝锭配制的变形铝合金；9——用99.99R的原铝锭配制的变形铝合金。

例如，3.3329合金，表示用99.99R原铝锭配制的约含2.0%镁的Al-Mg系合金；3.4365合金是锌含量为平均含量的Al-Zn-Mg-Cu系变形铝合金。

4.3.5.2　状态代号

在用元素符号、字母及数字表示的牌号中，材料状态代号用小写字母表示：

（1）w——软的，在再结晶温度以上退火的。
（2）p——未经最终热处理的管、棒、型材。
（3）wh——热轧或冷轧到成品尺寸的、未经最终热处理的板材。
（4）zh——拉制的管、棒、线材。
（5）g——淬火处理的铸件，如G-AlSi12g。

在铸造合金牌号前的大写字母的意义为：

（1）G——砂型铸件。
（2）GK——金属型铸件。
（3）GD——压铸件。
（4）V——中间合金。
（5）VR——高纯度中间合金。
（6）HO——均匀化退火处理的铸件。

（7）KA——自然时效的。

（8）WA——人工时效的。

（9）TA——部分人工时效的。

在元素、字母及数字表示的牌号后的大写字母"F"后的数字表示对材料的最低抗拉强度要求。如 AlCuMg1F360 合金，即自然时效状态的 AlCuMg1 合金，其抗拉强度不得低于 360MPa。

在纯数字牌号系统中，牌号中的第六位、第七位数字表示制品种类、处理方式及材料状态。在第六位前应加小数点，如 3.1325.51。第六位、第七位的数字由 0～99 分为 10 大类：

（1）第一大类。00～09，未经热处理强化，其中 00——铸锭；01——砂型铸件；02——金属铸件；05——压铸件；07——热轧的或冷轧的；08——挤压的或锻造的。

（2）第二大类。10～19，软的，即退火的，其中 10——软的，对晶粒大小无要求；11～18——对晶粒大小有要求的；19——按特殊要求供应的。

（3）第三大类。20～29，中等冷变形程度，其中 20——轧制或拉伸，对抗拉强度无要求；24——1/4 硬；26——半硬；28——3/4 硬。

（4）第四大类。30～39，冷加工的、硬的、超硬的，其中 30——硬的；31～39——超硬。

（5）第五大类。40～49，淬火与时效，其中 41——自然时效；42，45～49——淬火与时效；43——稳定化处理；44——淬火。

（6）第六大类。50～59，淬火 + 自然时效 + 冷加工，其中 50，52～59——淬火 + 自然时效 + 冷加工；51——自然时效与矫直。

（7）第七大类。60～69，人工时效，未经机械加工。

（8）第八大类。70～79，人工时效 + 冷加工，其中 71，72——人工时效与矫直；73～79——人工时效 + 冷加工。

（9）第九大类。80～89，回火且回火前未经冷加工。

（10）第十大类。90～99，特殊加工。

表 4-17 列出了德国字母系统、数字系统的牌号实例。

表 4-17　德国 AlMn 合金及 AlCuMg2 合金半成品

牌　号		状　态	材料品种	σ_b/MPa	$\sigma_{0.2}$/MPa
字母系统	数字系统				
AlMnwh	3.0515.20	轧制	板、带，厚不小于 0.2m	不要求	不要求
AlMnW	3.0515.10	软	板、带，厚 0.2～6mm	100	40
AlMnF160	3.0515.30	硬	板、带，厚 0.2～6m	160	130
AlMnzh	3.0515.20	拉伸	各种壁厚，管	不要求	不要求
AlCuMg2F420	3.1355.51	自然时效	管，壁厚小于 1mm	420	280
AlCuMg2F420	3.1355.15	自然时效	锻件	420	260
AlCuMg2F440	3.1355.15	自然时效	挤压型材，厚大于 2mm	440	320

4.3.6　俄罗斯（前苏联）的变形铝合金牌号及其状态表示方法

根据 ГОСТ 4784—74 规定，变形铝合金牌号有两种，一种是混合字母和字母-数字牌号，另一种是四位数字牌号，一般采用前者。

4.3.6.1　合金牌号

A　混合字母与字母-数字牌号

在这种系统中，字母的意义如下：

（1）A——铝或铝合金。

（2）Мг——镁（俄文 Магний 的缩写）。

（3）Мц——锰（俄文 Марганец 的缩写）。

（4）Д——硬铝（俄文 Дуралюмин 的缩写）。

（5）K——锻造（俄文 Ковка 的缩写）。

（6）П——线材（俄文 Провд 的缩写）。

（7）B9——含锌、镁或锌、镁、铜的合金。

（8）AMг——铝-镁合金，其后的数字表示镁的平均含量。

（9）AK——锻造铝合金，如 AK6、AK8 等，这类合金多用于锻件。

"Д"及"B"后的数字，如 Д1、Д16、B95 等中的数字往往带有偶然性，没有具体含义。

牌号前面的"Cв"表示焊条。

B　四位阿拉伯数字牌号

其中第一位数字"1"表示铝及铝合金，第二位数字表示合金系，最后两位数字表示合金编号。第二位数字具体含义如下：

（1）0——纯铝、烧结铝合金与泡沫铝。如 1010 等。

（2）1——Al-Cu-NS 系与 Al-Cu-Mg-Fe-Ni 系合金，如 1100（Д1）、1160（Д16）、1140（AK4）等。

（3）2——Al-Cu-Mn 系与 Al-Cu-Li-Mn-Cd 系合金，如 1200（Д20）等。

（4）3——M-Si 系、Al-Mg-Si 系与 Al-Mg-Si-Cu 系合金，如 1310（АД31）、1330（АД33）等。

（5）4——合金元素在铝中的溶解度很小的合金系，如 Al-Mn、Al-Cr、Al-Be 等系合金，牌号有 1400（Мц）等。

（6）5——Al-Mg 系合金，如 1510（AMг1）等。

（7）9——Al-Zn-Mg 系与 Al-Zn-Mg-Cu 系合金，如 1950（B95）等。

在第一位数字"1"的前面加"0"的表示试验合金。试验合金的试用期为 3 年、5 年。如果通过试用期，就去掉"0"，成为定型合金。试用证明不符合要求，便终止对该合金的研究。

4.3.6.2　状态代号

状态代号直接跟在牌号后，不用连字号，如 AMцM、AMц3/4H 等。状态代号如下：

（1）M——退火软状态。

（2）H——冷加工硬化状态。

（3）Π（或 1/2H）——半加工硬化状态。

（4）1/4H——1/4 加工硬化状态。

（5）3/4H——3/4 加工硬化状态。

（6）Γ/K——热加工状态。

（7）H1——强烈冷加工硬化状态（加工率达 20%）。

（8）T——固溶处理与自然时效状态。

（9）TH——固溶处理、自然时效与加工硬化状态。

（10）T1H——固溶处理、加工硬化与人工时效状态。

（11）T1H1——固溶处理、15% ~ 20% 加工硬化与人工时效状态。

有时在棒材等状态代号之前附加"ΠΠ"与"P"字母，前者表示材料的强度较高并具有有限粗晶环不大于 3mm，后者表示为再结晶组织，但无粗晶环，强度沿截面均匀且塑性较高的棒材。

4.4　变形铝合金的化学成分

本节列出了主要几个国家的变形铝合金的成分与牌号，并将各主要国家的牌号进行了对照。

变形铝合金的成分用质量分数表示，数量有范围的为相应合金元素的最小值和最大值，无范围的为杂质元素的最大含量。未标明铝含量的，铝的含量为其余。

4.4.1　中国变形铝合金的化学成分

按 GB/T 3190—1996 标准制订的中国变形铝合金的化学成分，见表 4-18。为适用于以压力加工方法生产的铝及铝合金加工产品（板、带、箔、管、棒、型、线和锻件）及其所用的铸锭和板坯，表中，含量有上下限者为合金元素；含量为单个数值者，铝为最低限，其他杂质元素为最高限。"其他"一栏是指未列出或未规定数值的金属元素。表头未列出的某些元素，当有极限含量要求时，其具体规定列于空白栏中。

4.4.2　美国标准（ANSI）和 ISO 的变形铝合金化学成分

美国铝业协会（简称 AA）采用美国标准。表 4-19 列出了 AA、ISO、UNS 编号系统的变形铝及铝合金的牌号及化学成分。

4.4.3　日本标准（JIS）变形铝及铝合金化学成分

表 4-20 为日本变形铝及铝合金化学成分及日本特有的变形铝合金。

4.4.4　俄罗斯（前苏联）变形铝及铝合金化学成分

表 4-21 为前苏联 ΓOCT 4784—74 的变形铝及铝合金化学成分。

4.4.5　德国（前联邦德国）变形铝及铝合金化学成分

表 4-22 为德国标准（DIN 1725—83）的铝及铝合金牌号与化学成分。标准中的铝及铝合金牌号用字母式及数字式表示。

表4-18 中国变形铝合金的化学成分

化学成分(质量分数)/%

序号	牌号	Si	Fe	Cu	Mn	Mg	Cr	Ni	Zn		Ti	Zr	其他单个	其他合计	Al	备注
1	1A99	0.003	0.003	0.005									0.002		99.99	LG5
2	1A97	0.015	0.015	0.005									0.005		99.97	LG4
3	1A95	0.030	0.030	0.010									0.005		99.95	
4	1A93	0.040	0.040	0.010									0.007		99.93	LG3
5	1A90	0.060	0.060	0.010									0.01		99.90	LG2
6	1A85	0.08	0.10	0.01									0.01		99.85	LG1
7	1A80	0.15	0.15	0.03	0.02	0.02			0.03	Ca0.03, V0.05	0.03		0.02		99.80	
8	1A80A	0.15	0.15	0.03	0.02	0.02			0.06	Ca0.03	0.02		0.02		99.80	
9	1070	0.20	0.25	0.04	0.03	0.03			0.04	V0.05	0.03		0.03		99.70	
10	1070A	0.20	0.25	0.03	0.03	0.03			0.07		0.03		0.03		99.70	
11	1370	0.10	0.25	0.02	0.01	0.02	0.01		0.04	Ca0.03, V+Ti0.02, B0.02			0.02	0.10	99.70	
12	1060	0.25	0.35	0.05	0.03	0.03			0.05	V0.05	0.03		0.03		99.60	
13	1050	0.25	0.40	0.05	0.05	0.05			0.05	V0.05	0.03		0.03		99.50	
14	1050A	0.25	0.40	0.05	0.05	0.05			0.07		0.05		0.03		99.50	
15	1A50	0.30	0.30	0.01	0.05	0.05			0.03	Fe+Si0.45			0.03		99.50	LB2
16	1350	0.10	0.40	0.05	0.01	0.05	0.01		0.05	Ca0.03, V+Ti0.02, B0.05	0.03		0.03	0.10	99.50	
17	1145	Si+Fe 0.55		0.05	0.05	0.05			0.05	V0.05	0.03		0.03		99.45	
18	1035	0.35	0.60	0.10	0.05	0.05			0.10	V0.05	0.03		0.03		99.35	
19	1A30	0.10~0.20	0.15~0.30	0.05	0.01	0.01		0.01	0.02		0.02		0.03		99.30	L4-1
20	1100	Si+Fe 0.95		0.05~0.20	0.05				0.10	①			0.05	0.15	99.00	
21	1200	Si+Fe 1.00		0.05	0.05				0.10		0.05		0.05	0.15	99.00	
22	1235	Si+Fe 0.65		0.05	0.05	0.05			0.10	V0.05	0.06		0.03		99.35	

续表 4-18

序号	牌号	化学成分(质量分数)/%											其他		Al	备注
		Si	Fe	Cu	Mn	Mg	Cr	Ni	Zn		Ti	Zr	单个	合计		
23	2A01	0.50	0.50	2.2~3.0	0.20	0.20~0.50			0.10		0.15		0.05	0.10	余量	LY1
24	2A02	0.30	0.30	2.6~3.2	0.45~0.70	2.0~2.4			0.10		0.15		0.05	0.10	余量	LY2
25	2A04	0.30	0.30	3.2~3.7	0.50~0.80	2.1~2.6			0.10	Be0.001~0.010	0.05~0.40		0.05	0.10	余量	LY4
26	2A06	0.50	0.50	3.8~4.3	0.50~1.0	1.7~2.3			0.10	Be0.001~0.005	0.03~0.15		0.05	0.10	余量	LY6
27	2A10	0.25	0.20	3.9~4.5	0.30~0.50	0.15~0.30			0.10		0.15		0.05	0.10	余量	LY10
28	2A11	0.70	0.70	3.8~4.8	0.40~0.8	0.40~0.80		0.10	0.30	Fe+Ni0.70	0.15		0.05	0.10	余量	LY11
29	2B11	0.50	0.50	3.8~4.5	0.40~0.8	0.40~0.80			0.10		0.15		0.05	0.10	余量	LY8
30	2A12	0.50	0.50	3.8~4.9	0.30~0.9	1.2~1.8		0.10	0.30	Fe+Ni0.50	0.15		0.05	0.10	余量	LY12
31	2B12	0.50	0.50	3.8~4.5	0.30~0.7	1.2~1.6			0.10		0.15		0.05	0.10	余量	LY9
32	2A13	0.7	0.60	4.0~5.0		0.30~0.50			0.6		0.15		0.05	0.10	余量	LY13
33	2A14	0.6~1.2	0.70	3.9~4.8	0.40~1.0	0.40~0.80		0.10	0.30		0.15		0.05	0.10	余量	LD10
34	2A16	0.30	0.30	6.0~7.0	0.40~0.8	0.05			0.10		0.10~0.20	0.20	0.05	0.10	余量	LY16
35	2B16	0.25	0.30	5.8~6.8	0.20~0.40	0.05				V0.05~0.15	0.08~0.20	0.10,0.25	0.05	0.10	余量	
36	2A17	0.30	0.30	6.0~7.0	0.40~0.8	0.25~0.45	0.01~0.20		0.10		0.10~0.20		0.05	0.10	余量	LY17
37	2A20	0.20	0.30	5.8~6.8		0.02			0.10	V0.05~0.15 B0.001~0.01	0.07~0.16	0.10~0.25	0.05	0.15	余量	LY20
38	2A21	0.20	0.20~0.60	3.0~4.0	0.05	0.8~1.2		1.8~2.3	0.20		0.05		0.05	0.15	余量	
39	2A25	0.06	0.06	3.6~4.2	0.50~0.7	1.0~1.5		0.06					0.05	0.10	余量	
40	2A49	0.25	0.8~1.2	3.2~3.8	0.30~0.6	1.8~2.2		0.8~1.2	0.30		0.08~0.12		0.05	0.15	余量	
41	2A50	0.7~1.2	0.7	1.8~2.6	0.40~0.8	0.40~0.8		0.10	0.10	Fe+Ni0.7	0.15		0.05	0.10	余量	LD5
42	2B50	0.7~1.2	0.7	1.8~2.6	0.40~0.8	0.40~0.8		0.10	0.30	Fe+Ni0.7	0.02~0.10		0.05	0.10	余量	LD6
43	2A70	0.35	0.9~1.5	1.9~2.5	0.20	1.4~1.8		0.9~1.5	0.30		0.02~0.10		0.05	0.10	余量	LD7

续表 4-18

序号	牌号	化学成分（质量分数）/% Si	Fe	Cu	Mn	Mg	Cr	Ni	Zn		Ti	Zr	其他 单个	其他 合计	Al	备注
44	2B70	0.25	0.9~1.4	1.8~2.7	0.20	1.2~1.8		0.8~1.4	0.15	Pb0.05,Sn0.05 Ti+Zr0.20	0.10		0.05	0.15	余量	
45	2A80	0.50~1.2	1.0~1.6	1.9~2.5	0.20	1.4~1.8		0.9~1.5	0.30		0.15		0.05	0.10	余量	LD8
46	2A90	0.50~1.0	0.50~1.0	3.5~4.5	0.20	0.40~0.8		1.8~2.3	0.30		0.15		0.05	0.10	余量	LD9
47	2004	0.20	0.20	5.5~6.5	0.10	0.50			0.10		0.05	0.30~0.50	0.05	0.15	余量	
48	2011	0.40	0.7	5.0~6.0					0.30	Bi0.20~0.6 Pb0.20~0.6			0.05	0.15	余量	
49	2014	0.50~1.2	0.7	3.9~5.0	0.40~1.2	0.20~0.8	0.10		0.25	②	0.15		0.05	0.15	余量	
50	2014A	0.50~0.9	0.50	3.9~5.0	0.40~1.2	0.20~0.8	0.10	0.10	0.25	Ti+Zr0.20	0.15		0.05	0.15	余量	
51	2214	0.50~1.2	0.30	3.9~5.0	0.40~1.2	0.20~0.8	0.10		0.25	②	0.15		0.05	0.15	余量	
52	2017	0.20~0.8	0.7	3.5~4.5	0.40~1.0	0.40~0.8	0.10		0.25	②	0.15		0.05	0.15	余量	
53	2017A	0.20~0.8	0.7	3.5~4.5	0.40~1.0	0.40~1.0	0.10		0.25	Ti+Zr0.25			0.05	0.15	余量	
54	2117	0.8	0.7	2.2~3.0	0.20	0.20~0.50	0.10		0.25				0.05	0.15	余量	
55	2218	0.9	1.0	3.5~4.5	0.20	1.2~1.8	0.10	1.7~2.3	0.25				0.05	0.15	余量	
56	2618	0.10~0.25	0.9~1.3	1.9~2.7		1.3~1.8		0.9~1.2	0.10	V0.05~0.15	0.04~0.10		0.05	0.15	余量	
57	2219	0.20	0.30	5.8~6.8	0.20~0.40	0.02			0.10		0.02~0.10	0.10~0.25	0.05	0.15	余量	LY19
58	2024	0.50	0.50	3.8~4.9	0.30~0.9	1.2~1.8	0.10		0.25	②	0.15		0.05	0.15	余量	
59	2124	0.20	0.30	3.8~4.9	0.30~0.9	1.2~1.8	0.10		0.25	②	0.15		0.05	0.15	余量	
60	3A21	0.6	0.7	0.2	1.0~1.6	0.05			0.10③		0.15		0.05	0.10	余量	LF21
61	3003	0.6	0.7	0.05~0.20	1.0~1.5				0.10				0.05	0.15	余量	
62	3103	0.50	0.7	0.10	0.9~1.5	0.30	0.10		0.20	Ti+Zr0.10			0.05	0.15	余量	
63	3004	0.30	0.7	0.25	1.0~1.5	0.8~1.3			0.25				0.05	0.15	余量	

续表 4-18

序号	牌号	Si	Fe	Cu	Mn	Mg	Cr	Ni	Zn	其他元素	Ti	Zr	其他 单个	其他 合计	Al	备注
64	3005	0.6	0.7	0.30	1.0~1.5	0.20~0.6	0.10		0.25		0.10		0.05	0.15	余量	
65	3105	0.6	0.7	0.30	0.30~0.8	0.20~0.8	0.20		0.40		0.10		0.05	0.15	余量	
66	4A01	4.5~6.0	0.6	0.20					Zn+Sn0.10		0.15		0.05	0.15	余量	LT1
67	4A11	11.5~13.5	1.0	0.50~1.3	0.20	0.8~1.3	0.10	0.50~1.3	0.25		0.15		0.05	0.15	余量	LD11
68	4A13	6.8~8.2	0.50	Cu+Zn0.15	0.50	0.05				Ca0.10	0.15		0.05	0.15	余量	LT13
69	4A17	11.0~12.5	0.50	Cu+Zn0.15	0.50	0.05				Ca0.10	0.15		0.05	0.15	余量	LT17
70	4004	9.0~10.5	0.8	0.25	0.10	1.0~2.0			0.20				0.05	0.15	余量	
71	4032	11.0~13.5	1.0	0.50~1.3		0.8~1.3	0.10	0.50~1.3	0.25				0.05	0.15	余量	
72	4043	4.5~6.0	0.8	0.30	0.05	0.05			0.10	①	0.20		0.05	0.15	余量	
73	4043A	4.5~6.0	0.6	0.30	0.15	0.20			0.10	①	0.15		0.05	0.15	余量	
74	4047	11.0~13.0	0.8	0.30	0.15	0.10			0.20	①			0.05	0.15	余量	
75	4047A	11.0~13.0	0.6	0.30	0.15	0.10			0.20	①	0.15		0.05	0.15	余量	
76	5A01	Si+Fe0.40		0.30~0.7	6.0~7.0	0.10~0.20		0.25		0.15	0.10~0.20		0.05	0.15	余量	LF15
77	5A02	0.40	0.40	0.10	或Cr 0.15~0.40	2.0~2.8				Si+Fe0.6	0.15		0.05	0.15	余量	LF2
78	5A03	0.50~0.80	0.50	0.10	0.30~0.6	3.2~3.8			0.20		0.15		0.05	0.10	余量	LF3
79	5A05	0.50	0.50	0.10	0.30~0.6	4.8~5.5			0.20				0.05	0.10	余量	LF5
80	5B05	0.40	0.40	0.20	0.20~0.6	4.7~5.7				Si+Fe0.6	0.15		0.05	0.10	余量	LF10
81	5A06	0.40	0.40	0.10	0.50~0.8	5.8~6.8			0.20	Be0.0001~0.005④	0.02~0.10		0.05	0.10	余量	LF6
82	5B06	0.40	0.40	0.10	0.50~0.8	5.8~6.8			0.20	Be0.0001~0.005④	0.10~0.30		0.05	0.10	余量	LF14
83	5A12	0.30	0.30	0.05	0.40~0.8	8.3~9.6		0.10	0.20	Be0.005 Sb0.004~0.05	0.05~0.15		0.05	0.10	余量	LF12

续表 4-18

化学成分(质量分数)/%

序号	牌号	Si	Fe	Cu	Mn	Mg	Cr	Ni	Zn		Ti	Zr	其他 单个	其他 合计	Al	备注
84	5A13	0.30	0.30	0.05	0.40~0.80	9.2~10.5		0.10	0.20	Be0.005 Sb0.004~0.05	0.05~0.15		0.05	0.10	余量	LF13
85	5A30	Si+Fe0.40		0.10	0.50~1.0	4.7~5.5			0.25	Cr0.05~0.20	0.03~0.15		0.05	0.10	余量	LF16
86	5A33	0.35	0.35	0.10	0.10	6.0~7.5			0.50~1.5	Be0.0005~0.005④	0.05~0.15	0.10~0.30	0.05	0.10	余量	LF33
87	5A41	0.40	0.40	0.10	0.30~0.6	6.0~7.0			0.20		0.02~0.10		0.05	0.10	余量	LT41
88	5A43	0.40	0.40	0.10	0.15~0.40	0.6~1.4					0.15		0.05	0.15	余量	LF43
89	5A66	0.005	0.01	0.005		1.5~2.0							0.005	0.01	余量	LT66
90	5005	0.30	0.7	0.20	0.20	0.50~1.1	0.10		0.25				0.05	0.15	余量	
91	5019	0.40	0.50	0.10	0.10~0.6	4.5~5.6	0.20		0.20	Mo+Cr0.1~0.6	0.20		0.05	0.15	余量	
92	5050	0.40	0.7	0.20	0.10	1.1~1.8	0.10		0.25				0.05	0.15	余量	
93	5251	0.40	0.50	0.15	0.10~0.50	1.7~2.4	0.15		0.15		0.15		0.05	0.15	余量	
94	5052	0.25	0.40	0.10	0.10	2.2~2.8	0.15~0.35		0.10				0.05	0.15	余量	
95	5154	0.25	0.40	0.10	0.10	3.1~3.9	0.15~0.35		0.20	①	0.20		0.05	0.15	余量	
96	5154A	0.50	0.50	0.10	0.50	3.1~3.9	0.25		0.20	①	0.20		0.05	0.15	余量	
97	5454	0.25	0.40	0.10	0.50~1.0	2.4~3.0	0.05~0.20		0.25	Mn+Cr0.10~0.50	0.20		0.05	0.15	余量	
98	5554	0.25	0.40	0.10	0.50~1.0	2.4~3.0	0.05~0.20		0.25	①	0.05~0.20		0.05	0.15	余量	
99	5754	0.40	0.40	0.10	0.50	2.6~3.6	0.30		0.20	Mn+Cr0.10~0.60	0.15		0.05	0.15	余量	
100	5056	0.30	0.40	0.10	0.05~0.20	4.5~5.5	0.05~0.20		0.10				0.05	0.15	余量	LF5-1
101	5356	0.25	0.40	0.10	0.05~0.20	4.5~5.5	0.05~0.20		0.10	①	0.06~0.20		0.05	0.15	余量	
102	5456	0.25	0.40	0.10	0.50~1.0	4.7~5.5	0.05~0.20		0.25		0.20		0.05	0.15	余量	
103	5082	0.20	0.35	0.15	0.15	4.0~5.0	0.15		0.25		0.10		0.05	0.15	余量	
104	5182	0.20	0.35	0.15	0.20~0.50	4.0~5.0	0.10		0.25		0.10		0.05	0.15	余量	

续表 4-18

序号	牌号	化学成分(质量分数)/% Si	Fe	Cu	Mn	Mg	Cr	Ni	Zn		Ti	Zr	其他 单个	其他 合计	Al	备注
105	5083	0.40	0.40	0.10	0.40~1.0	4.0~4.9	0.05~0.25		0.25		0.15		0.05	0.15	余量	LF4
106	5183	0.40	0.40	0.10	0.50~1.0	4.3~5.2	0.05~0.25		0.25		0.15		0.05	0.15	余量	
107	5086	0.40	0.50	0.10	0.20~0.7	3.5~4.5	0.05~0.25		0.25		0.15		0.05	0.15	余量	
108	6A02	0.50~1.2	0.50	0.20~0.6	或Cr 0.15~0.35	0.45~0.9			0.20	①	0.15		0.05	0.10	余量	LD2
109	6B02	0.7~1.1	0.40	0.10~0.40	0.10~0.30	0.40~0.8			0.15		0.01~0.04		0.05	0.10	余量	LD2-1
110	6A51	0.50~0.7	0.50	0.15~0.35		0.45~0.6			0.25	Sn0.15~0.35	0.01~0.04		0.05	0.15	余量	
111	6101	0.30~0.7	0.50	0.10	0.03	0.35~0.8	0.03		0.10	B0.06			0.03	0.10	余量	
112	6101A	0.30~0.7	0.40	0.05		0.40~0.9			0.10				0.03	0.10	余量	
113	6005	0.6~0.9	0.35	0.10	0.10	0.40~0.6	0.10		0.10		0.10		0.05	0.15	余量	
114	6005A	0.50~0.9	0.35	0.30	0.50	0.40~0.7	0.30		0.20	Mn+Cr0.12~0.50	0.10		0.05	0.15	余量	
115	6351	0.7~1.3	0.50	0.10	0.40~0.8	0.40~0.8			0.20		0.20		0.05	0.15	余量	
116	6060	0.30~0.6	0.10~0.3	0.10	0.10	0.35~0.6	0.05		0.15		0.10		0.05	0.15	余量	
117	6061	0.40~0.8	0.7	0.15~0.40	0.15	0.8~1.2	0.04~0.35		0.25		0.15		0.05	0.15	余量	LD30
118	6063	0.20~0.6	0.35	0.10	0.10	0.45~0.9	0.10		0.10		0.10		0.05	0.15	余量	LD31
119	6063A	0.30~0.6	0.15~0.35	0.10	0.15	0.6~0.9	0.05		0.15		0.10		0.05	0.15	余量	
120	6070	1.0~1.7	0.50	0.15~0.40	0.40~1.0	0.50~1.2	0.10		0.25		0.15		0.05	0.15	余量	LD2-2
121	6181	0.8~1.2	0.45	0.10	0.15	0.6~1.0	0.10		0.20		0.10		0.05	0.15	余量	
122	6082	0.7~1.3	0.50	0.10	0.40~1.0	0.6~1.2	0.25		0.20		0.10		0.05	0.15	余量	
123	7A01	0.30	0.30	0.01					0.9~1.3	Si+Fe0.45			0.03		余量	LB1
124	7A03	0.20	0.20	1.8~2.4	0.10	1.2~1.6	0.05		6.0~6.7		0.02~0.08		0.05	0.10	余量	LC3
125	7A04	0.50	0.50	1.4~2.0	0.20~0.6	1.8~2.8	0.10~0.25		5.0~7.0		0.10		0.05	0.10	余量	LC4

续表 4-18

序号	牌号	化学成分（质量分数）/%											其他		Al	备注
		Si	Fe	Cu	Mn	Mg	Cr	Ni	Zn		Ti	Zr	单个	合计		
126	7A05	0.25	0.25	0.20	0.15~0.40	1.1~1.7	0.05~0.15		4.4~5.0		0.02~0.06	0.10~0.25	0.05	0.15	余量	
127	7A09	0.50	0.50	1.2~2.0	0.15	2.0~3.0	0.16~0.30		5.1~6.1		0.10		0.05	0.10	余量	LC9
128	7A10	0.30	0.30	0.50~1.0	0.20~0.35	3.0~4.0	0.10~0.20		3.2~4.2		0.10		0.05	0.10	余量	LC10
129	7A15	0.50	0.50	0.50~1.0	0.10~0.40	2.4~3.0	0.10~0.30		4.4~5.4	Be0.005~0.01	0.05~0.15		0.05	0.15	余量	LC15
130	7A19	0.30	0.40	0.08~0.30	0.30~0.50	1.3~1.9	0.10~0.20		1.5~5.3	Be0.0001~0.004④		0.08~0.20	0.05	0.15	余量	LC19
131	7A31	0.30	0.6	0.10~0.40	0.20~0.40	2.5~3.3	0.10~0.20		3.6~4.5	Be0.0001~0.0010	0.02~0.10	0.08~0.25	0.05	0.15	余量	
132	7A33	0.25	0.30	0.25~0.55	0.05	2.2~2.7	0.10~0.20		4.6~5.4		0.05		0.05	0.10	余量	
133	7A52	0.25	0.30	0.05~0.20	0.20~0.50	2.0~2.8	0.15~0.25		4.0~4.8		0.05~0.18	0.05~0.15	0.05	0.15	余量	LC52
134	7003	0.30	0.35	0.20	0.30	0.50~1.0	0.20		5.0~6.5		0.20	0.05~0.25	0.05	0.15	余量	LC12
135	7005	0.35	0.40	0.10	0.20~0.7	1.0~1.8	0.06~0.20		4.0~5.0		0.01~0.06	0.08~0.20	0.05	0.15	余量	
136	7020	0.35	0.40	0.20	0.05~0.50	1.0~1.4	0.10~0.35		4.0~5.0	Zr+Ti0.08~0.25		0.08~0.20	0.05	0.15	余量	
137	7022	0.50	0.50	0.50~1.0	0.10~0.40	2.6~3.9	0.10~0.30		4.3~5.2	Zr+Ti0.20			0.05	0.15	余量	
138	7050	0.12	0.15	2.0~2.6	0.10	1.9~2.6	0.04		5.7~6.7		0.06	0.08~0.15	0.05	0.15	余量	
139	7075	0.40	0.50	1.2~2.0	0.30	2.1~2.9	0.18~0.28		5.1~6.1	⑤	0.20		0.05	0.15	余量	
140	7475	0.10	0.12	1.2~1.9	0.06	1.9~2.6	0.18~0.25		5.2~6.2		0.06		0.05	0.15	余量	
141	8A06	0.55	0.50	0.10	0.10	0.10			0.10	Fe+Si1.0			0.05	0.15	余量	
142	8011	0.50~0.9	0.6~1.16	0.10	0.20	0.05	0.05		0.10		0.08		0.05	0.15	余量	L6
143	8090	0.20	0.30	1.0~1.6	0.10	0.6~1.3	0.10		0.25	Li2.2~2.7	0.10	0.04~0.16	0.05	0.15	余量	

① 用于电焊条和焊带,焊丝时,铍含量不大于 0.0008%;

② 仅在供需双方商定时,对挤压和锻造产品规定 Ti+Zr 含量不大于 0.20%;

③ 作铆钉线材的 3A21 合金的锌含量应不大于 0.03%;

④ 铍含量均按规定量加入,可不做分析;

⑤ 仅在供需双方商定时,对挤压和锻造产品规定 Ti+Zr 含量不大于 0.25%。

表 4-19 美国 AA、ISO、UNS 系统变形铝及铝合金牌号与化学成分

化学成分(质量分数)/%

合金牌号 AA	UNS NO	ISO NO R209	Si	Fe	Cu	Mn	Mg	Cr	Ni	Zn	Ga	V	其他	Ti	杂质 单个	杂质 总和	Al 最小
1035			0.35	0.6	0.1	0.05	0.05			0.1		0.05		0	0.03		
1040	A91040		0.3	0.5	0.1	0.05	0.05			0.1		0.05		0	0.03		99.4
1045	A91045		0.3	0.45	0.1	0.05	0.05			0.05		0.05		0	0.03		99.45
1050	A91050	Al99.5	0.25	0.4	0.05	0.05	0.05			0.05		0.05		0	0.03		99.5
1060	A91060	Al99.6	0.25	0.35	0.05	0.03	0.03			0.05		0.05		0	0.03		99.6
1065	A91065		0.25	0.3	0.05	0.03	0.03			0.05		0.05		0	0.03		99.65
1070	A91070	Al99.7	0.2	0.25	0.04	0.03	0.03			0.04		0.05		0	0.03		99.7
1080	A91080	Al99.8	0.15	0.15	0.03	0.02	0.02			0.03	0.03	0.05		0	0.02		99.8
1085	A91085		0.1	0.12	0.03	0.02	0.02			0.03	0.03	0.05		0	0.01		99.85
1090	A91090		0.07	0.07	0.02	0.01	0.01			0.03	0.03	0.05		0	0.01		99.9
1098			0.01	0.006	0.003					0.15				0	0		99.98
1100	A91100	Al99.0Cu	0.95(Si+Fe)		0.05~0.2	0.05				0.1			(a)		0.05	0.15	99
1110			0.3	0.8	0.04	0.01	0.25	0.01					0.02B,0.03(V+Ti)		0.03		99.1
1200	A91200	Al99.0	1.00(Si+Fe)		0.05	0.05				0.1				0.1	0.05	0.15	99
1120			0.1	0.4	0.05~0.35	0.01	0.2	0.01		0.05	0.03	0.05	0.05B,0.02(V+Ti)		0.03	0.1	99.2
1230	A91230	Al99.3	0.70(Si+Fe)		0.1	0.05	0.05			0.1		0.05		0	0.03		99.3
1135	A91135		0.60(Si+Fe)		0.05~0.2	0.04	0.05			0.1		0.05		0	0.03		99.35
1235	A91235		0.65(Si+Fe)		0.05	0.05	0.05			0.1		0.05		0.1	0.03		99.35
1435	A91345		0.15	0.3~0.5	0.02	0.05	0.05			0.1		0.05		0	0.03		99.35
1145	A91145		0.55(Si+Fe)		0.05	0.05	0.05			0.05		0.05		0	0.03		99.45
1345	A91345		0.3	0.4	0.1	0.05	0.05			0.05		0.05		0	0.03		99.45
1445			0.50(Si+Fe)(b)		0.04(b)											0.05	99.45

续表 4-19

AA	UNS NO	ISO NO R209	Si	Fe	Cu	Mn	Mg	Cr	Ni	Zn	Ga	V	其他	Ti	单个	总和	Al 最小
1150			0.45(Si+Fe)		0.05~0.20	0.05	0.05			0.05				0	0.03		99.5
1350	A91350	E-Al99.5	0.1	0.4	0.05	0.01		0		0.05	0.03		0.05B,0.02(V+Ti)		0.03	0.1	99.5
1260	A91260	(c)	0.4(Si+Fe)		0.04	0.01	0.03			0.1		0.05	(a)	0.03	0.03		99.6
1170	A91170		0.3(Si+Fe)		0.03	0.03	0.02	0		0.1		0.05		0.03	0.03		99.7
1370		E-Al99.7	0.1	0.25	0.02	0.01	0.02	0		0	0.03		0.02B,0.02(V+Ti)		0.02	0.1	99.7
1175	A91175		0.15(Si+Fe)		0.1	0.02	0.02			0	0.03	0.05		0.02	0.02		99.75
1275			0.08	0.12	0.05~0.1	0.02	0.02			0	0.03	0.03		0.02	0.01		99.75
1180	A91180		0.09	0.09	0.01	0.02	0.02			0	0.03	0.05		0.02	0.02		99.8
1185	A91185		0.15(Si+Fe)		0.01	0.02	0.02			0	0.03	0.05		0.02	0.01		99.85
1285	A91285		0.08(d)	0.08(d)	0.02	0.01	0.01			0	0.03	0.05		0.02	0.01		99.85
1385			0.05	0.12	0.02	0.01	0.02	0	0	0	0.03	0.05	0.02(V+Ti)(e)		0.01		99.85
1188	A91188		0.06	0.06	0.005	0.01	0.01			0	0.03	0.05	(a)	0.01	0.01		99.88
1190			0.05	0.07	0.01	0.01	0.01	0		0	0.02	0.05	0.01(V+Ti)(f)		0.01		99.9
1193	A91193	(c)	0.04	0.04	0.006	0.01	0.01			0	0.03	0.05		0.01	0.01		99.93
1199	A91199		0.006	0.006	0.006	0.002	0.006			0	0.01	0.01		0.002	0.002		99.99
2001			0.2	0.2	5.2~6.0	0.15~0.5	0.20~0.45	0	0	0.1			0.05Zr(g)	0.2	0.05	0.15	余量
2002			0.35~0.8	0.3	1.5~2.5	0.2	0.50~1.0	0		0.2				0.2	0.05	0.15	余量
2003			0.3	0.3	4.0~5.0	0.30~0.8	0.02			0.1		0.05~0.2	0.1~0.25Zr(h)	0.15	0.05	0.15	余量
2004			0.2	0.2	5.5~6.5	0.1	0.5			0.1			0.30~0.50Zr	0.05	0.05	0.15	余量
2005			0.8	0.7	3.5~5.0	1	0.20~1.0	0	0	0.5			0.20Bi,1.0~2.0Pb	0.2	0.05	0.15	余量
2006			0.8~1.3	0.7	1.0~2.0	0.6~1.0	0.50~1.4	0	0	0.2				0.3	0.05	0.15	余量
2007			0.8	0.8	3.3~4.6	0.5~1.0	0.40~1.8		0	0.8			(i)	0.2	0.1	0.3	余量
2008			0.5~0.8	0.4	0.7~1.1	0.3	0.25~0.50	0		0.3		0.05		0.1	0.05	0.15	余量

续表 4-19

AA	UNS NO	ISO NO R209	Si	Fe	Cu	Mn	Mg	Cr	Ni	Zn	Ga	V	其他	Ti	杂质 单个	杂质 总和	Al 最小
2011	A92011	AlCu6BiPb	0.4	0.7	5.0~6.0					0.3			(j)		0.05	0.15	余量
2014	A92014	AlCu4SiMg	0.5~1.2	0.7	3.9~5.0	0.4~1.2	0.2~0.8	0		0.3			(k)	0.15	0.05	0.15	余量
2214	A92214	AlCu4SiMg	0.5~1.2	0.3	3.9~5.0	0.4~1.2	0.2~0.8	0		0.3			(k)	0.15	0.05	0.15	余量
2017	A92017	AlCu4MgSi	0.2~0.8	0.7	3.5~4.5	0.4~1.0	0.4~0.8	0		0.3			(k)	0.15	0.05	0.15	余量
2117	A92117	AlCu2.5Mg	0.2~0.8	0.7	3.5~4.5	0.4~1.0	0.4~1.0			0.3			0.25Zr+Ti		0.05	0.15	余量
		AlCu2Mg	0.8	0.7	2.2~3.0	0.2	0.2~0.5	0		0.3					0.05	0.15	余量
2018	A92018		0.9	1	3.5~4.5	0.2	0.45~0.9	0	1.7~2.3	0.3					0.05	0.15	余量
2218	A92218		0.9	1	3.5~4.5	0.2	1.2~1.8	0	1.7~2.3	0.3					0.05	0.15	余量
2618	A92618		0.1~0.25	0.9~1.3	1.9~2.7	0.2~0.4	1.3~1.8		0.9~1.2	0.1		0.05~0.15		0.04~0.10	0.05	0.15	余量
2219	A92219	AlCu6Mn	0.2	0.3	5.8~6.8	0.2~0.4	0.02			0.1		0.05~0.15	0.01~0.25Zr	0.02~0.10	0.05	0.15	余量
2319	A92319		0.2	0.3	5.8~6.8	0.2~0.4	0.02			0.1		0.05~0.15	0.10~0.25Zr(a)	0.10~0.20	0.05	0.15	余量
2419	A92419		0.15	0.18	5.8~6.8	0.1~0.5	0.02			0.1		0.05~0.15	0.10~0.25Zr(a)	0.02~0.10	0.05	0.15	余量
2519	A92519		0.25(1)	0.3(1)	5.3~6.4	0.2	0.05~0.4			0.1		0.05~0.15	0.10~0.25Zr(a)	0.02~0.10	0.05	0.15	余量
2021	A92021(c)		0.2	0.3	5.8~6.8	0.4	0.02			0.1		0.05~0.15	0.10~0.25Zr(m)	0.02~0.10	0.05	0.15	余量
2024	A92024	AlCu4Mg1	0.5	0.5	3.8~4.9	0.3~0.9	1.2~1.8	0		0.3			(k)	0.15	0.05	0.15	余量
2124	A92124		0.2	0.3	3.8~4.9	0.3~0.9	1.2~1.8	0		0.3			(k)	0.15	0.05	0.15	余量
2224	A92224		0.12	0.15	3.8~4.4	0.3~0.9	1.2~1.8	0		0.3				0.15	0.05	0.15	余量
2324	A92324		0.1	0.12	3.8~4.4	0.3~0.9	1.2~1.8	0		0.3				0.15	0.05	0.15	余量
2025	A92025		0.5~1.2	1	3.9~5.0	0.4~1.2	0.05	0		0.3				0.15	0.05	0.15	余量
2030		AlCu4PbMg	0.8	0.7	3.3~4.5	0.2~1.0	0.5~1.3	0		0.5			0.20Bi,0.8~1.5Pb	0.2	0.1	0.3	余量
2031			0.5~1.3	0.6~1.2	1.8~2.8	0.5	0.6~1.2		0.6~1.4	0.2				0.2	0.05	0.15	余量
2034			0.1	0.12	4.2~4.8	0.8~1.3	1.3~1.9	1		0.2			0.08~0.15Zr	0.15	0.05	0.15	余量

化学成分(质量分数)/%

续表 4-19

AA	UNS NO	ISO NO R209	Si	Fe	Cu	Mn	Mg	Cr	Ni	Zn	Ga	V	其他	Ti	杂质 单个	杂质 总和	Al 最小
2036	A92036		0.5	0.5	2.2~3.0	0.1~0.4	0.3~0.6	0		0.3				0.15	0.05	0.15	余量
2037	A92037		0.5	0.5	1.4~2.2	0.1~0.4	0.3~0.8	0		0.3		0.05		0.15	0.05	0.15	余量
2038	A92038		0.5~1.3	0.6	0.7~1.8	0.10~0.40	0.4~1.0	0		0.5	0.05	0.05		0.15	0.05	0.15	余量
2048	A92048		0.15	0.2	2.8~3.8	0.20~0.6	1.2~1.8			0.3				0.1	0.05	0.15	余量
2090	A92090		0.1	0.12	2.4~3.0	0.05	0.25	0		0.1			0.08~0.15Zr(n)	0.15	0.05	0.15	余量
2091			0.2	0.3	1.8~2.5	0.1	1.1~1.9	0		0.3			0.04~0.16Zr(o)	0.1	0.05	0.15	余量
3002	A93002		0.08	0.1	0.15	0.05~0.25	0.05~0.20			0.1		0.05		0.03	0.03	0.1	余量
3102	A93102		0.4	0.7	0.1	0.05~0.40				0.3				0.1	0.05	0.15	余量
3003	A93003	AlMn1Cu	0.6	0.7	0.05~0.2	1.0~1.5				0.1					0.05	0.15	余量
3103			0.5	0.7	0.1	0.9~1.5	0.3	0		0.2			0.10Zr+Ti		0.05	0.15	余量
3203			0.6	0.7	0.05	1.0~1.5				0.1			(a)		0.05	0.15	余量
3303	A93303	AlMn1	0.6	0.7	0.05~0.2	1.0~1.5				0.3					0.05	0.15	余量
3004	A93004	AlMn1Mg1	0.3	0.7	0.25	1.0~1.5	0.8~1.3			0.3					0.05	0.15	余量
3104	A93104		0.6	0.8	0.05~0.25	0.8~1.4	0.8~1.3			0.3	0.05	0.05		0.1	0.05	0.15	余量
3005	A93005	AlMn1Mg0.5	0.6	0.7	0.3	1.0~1.5	0.20~0.6	0		0.3				0.1	0.05	0.15	余量
3105	A93105	AlMn0.5Mg0.5	0.6	0.7	0.3	0.30~0.8	0.20~0.8	0		0.4				0.1	0.05	0.15	余量
3006	A93006		0.5	0.7	0.1~0.3	0.5~0.8	0.30~0.6	0		0.15~0.40				0.1	0.05	0.15	余量
3007	A93007		0.5	0.7	0.05~0.3	0.3~0.8	0.6	0		0.4				0.1	0.05	0.15	余量
3107	A93107		0.6	0.7	0.05~0.15	0.4~0.9				0.2				0.1	0.05	0.15	余量
3207			0.3	0.45	0.1	0.40~0.8	0.1			0.1					0.05	0.1	余量
3307			0.6	0.8	0.3	0.8~0.9	0.3			0.3				0.1	0.05	0.15	余量

化学成分(质量分数)/%

续表 4-19

| 合金牌号 | | | 化学成分(质量分数)/% | | | | | | | | | | | | 杂质 | | Al |
AA	UNS NO	ISO NO R209	Si	Fe	Cu	Mn	Mg	Cr	Ni	Zn	Ga	V	其他	Ti	单个	总和	最小
3008			0.4	0.7	0.1	1.2~1.8	0.01	0	0	0.1			0.10~0.5Zr	0.1	0.05	0.15	余量
3009	A93009		1.0~1.8	0.7	0.1	1.2~1.8	0.1	0	0	0.1			0.10Zr	0.1	0.05	0.15	余量
3010	A93010		0.1	0.2	0.03	0.2~0.98		0.05~0.40		0.1		0.05		0.05	0.03	0.1	余量
3011	A93011		0.4	0.7	0.05~0.20	0.8~1.2	0.1	0.10~0.40		0.1			0.10~0.30Zr	0.1	0.05	0.15	余量
3012			0.6	0.7	0.1	0.5~1.1	0.1	0		0.1				0.1	0.05	0.15	余量
3013			0.6	1	0.5	0.9~1.4	0.2~0.8				0.50~1.0				0.05	0.15	余量
3014			0.6	1	0.5	1.0~1.5	0.1				0.50~1.0			0.1	0.05	0.15	余量
3015			0.6	0.8	0.3	0.5~0.9	0.2~0.7			0.25				0.1	0.05	0.15	余量
3016			0.6	0.8	0.3	0.5~0.9	0.5~0.8			0.25				0.1	0.05	0.15	余量
4004	A94004		9.0~10.5	0.8	0.25	0.1	1.0~2.0			0.2					0.03	0.15	余量
4104	A94104		9.0~10.5	0.8	0.25	0.1	1.0~2.0			0.2			0.02~0.20Bi		0.05	0.15	余量
4006			0.8~1.2	0.50~0.8	0.05	0.3		0.2		0.05					0.05	0.15	余量
4007			1.0~1.7	0.4~1.0	0.2	0.8~1.5	0.01	0.05~0.25	0.15~0.7	0.1			0.05ω	0.1	0.05	0.15	余量
4008	A94008		6.5~7.5	0.09	0.05	0.05	0.2			0.05			(a)	0.04~0.15	0.05	0.15	余量
4009			4.5~5.5	0.2	1.0~1.5	0.1	0.3~0.45			0.1			(a)	0.2	0.05	0.15	余量
4010			6.5~7.5	0.2	0.2	0.1	0.45~0.6			0.1			(a)	0.2	0.05	0.15	余量
4011			6.5~7.5	0.2	0.2	0.1	0.3~0.45			0.1			0.04~0.07Be	0.04~0.2	0.05	0.15	余量
4013			3.5~4.5	0.35	0.05~0.20	0.03	0.45~0.7			0.05			(p)	0.02	0.05	0.15	余量
4032	A94032		11.0~13.5	1	0.50~1.3		0.8~1.3	0.1	0.50~1.30	0.25					0.05	0.15	余量
4043	A94043	AlSi5	4.5~6.0	0.8	0.3	0.05	0.05			0.1			(a)	0.02	0.05	0.15	余量
4343	A94343		6.8~8.2	0.8	0.25	0.1				0.2					0.05	0.15	余量
4543	A94543		5.0~7.0	0.5	0.1	0.05		0.05		0.1				0.1	0.05	0.15	余量

续表 4-19

| 合金牌号 | | | 化学成分(质量分数)/% | | | | | | | | | | | | 杂质 | | Al |
AA	UNS NO	ISO NO R209	Si	Fe	Cu	Mn	Mg	Cr	Ni	Zn	Ga	V	其他	Ti	单个	总和	最小
4643	A94643		3.6~4.6	0.8	0.1	0.05	0.10~0.40			0.1			(a)	0.15	0.05	0.15	余量
4044	A94044		7.8~9.2	0.8	0.25	0.1	0.10~0.30			0.2					0.05	0.15	余量
4045	A94045		9.0~11.0	0.8	0.3	0.05	0.05			0.1				0.2	0.05	0.15	余量
4145	A94145		9.3~10.7	0.8	3.3~4.7	0.15	0.15	0.15		0.2			(a)		0.05	0.15	余量
4047	A94047	AlSi12	11.0~13.0	0.8	0.3	0.15	0.1			0.2			(a)		0.05	0.15	余量
5005	A95005	AlMg1	0.3	0.7	0.2	0.2	0.50~1.1	0.1		0.25					0.05	0.15	余量
5205	A95205	AlMg1(B)	0.15	0.7	0.03~0.10	0.1	0.6~1.0	0.1		0.05					0.05	0.15	余量
5006	A95006		0.4	0.8	0.1	0.4~0.8	0.8~1.3	0.1		0.25				0.1	0.05	0.15	余量
5010	A95010		0.4	0.7	0.25	0.1~0.3	0.2~0.6	0.15		0.3				0.1	0.05	0.15	余量
5013	A95013		0.2	0.25	0.03	0.3~0.5	3.2~3.8	0.03		0.1			0.05Zr(g)	0.1	0.05	0.15	余量
5014	A95014		0.4	0.4	0.2	0.2~0.9	4.0~5.5	0.2	0.03	0.7~1.5				0.2	0.05	0.15	余量
5016	A95016		0.25	0.6	0.2	0.4~0.7	1.4~1.9	0.1		0.15				0.05	0.05	0.15	余量
5017	A95017		0.4	0.7	0.18~0.28	0.6~0.8	1.9~2.2		0.1~0.3	0.25				0.09	0.15	0.15	余量
5040	A95040		0.3	0.7	0.25	0.9~1.4	1.0~1.5	0.1		0.25				0.1	0.05	0.15	余量
5042	A95042		0.2	0.35	0.15	0.2~0.5	3.0~4.0	0.1		0.25		0.05		0.1	0.05	0.15	余量
5043	A95043		0.4	0.7	0.05~0.35	0.7~1.2	0.7~1.3	0.05		0.25	0.05			0.1	0.05	0.15	余量
5049	A95049		0.4	0.5	0.1	0.5~1.1	1.6~2.5	0.3		0.2		0.05		0.1	0.05	0.15	余量
5050	A95050	AlMg1.5 (c)AlMg1.5	0.4	0.7	0.2	0.1	1.1~1.8	0.1		0.25					0.05	0.15	余量
5150			0.08	0.1	0.1	0.03	1.3~1.7	0.1		0.1	0.03			0.06	0.03	0.1	余量
5250	A95250		0.08	0.1	0.1	0.05~0.15	1.3~1.8			0.05	0.03				0.03	0.1	余量
5051	A95051	AlMg2	0.4	0.7	0.25	0.2	1.7~2.2	0.1		0.25		0.05		0.1	0.05	0.15	余量

续表 4-19

| 合金牌号 | | | 化学成分(质量分数)/% | | | | | | | | | | | | | | |
AA	UNS NO	ISO NO R209	Si	Fe	Cu	Mn	Mg	Cr	Ni	Zn	Ga	V	其他	Ti	杂质 单个	杂质 总和	Al 最小
5151	A95151		0.2	0.35	0.15	0.1	1.5~2.1	0.1		0.15				0.1	0.05	0.15	余量
5251		AlMg2	0.4	0.5	0.15	0.1~0.5	1.7~2.4	0.15		0.15				0.15	0.05	0.15	余量
5351	A95351		0.08	0.1	0.1	0.1	1.6~2.2			0.05		0.05			0.03	0.1	余量
5451	A95451	AlMg3.5	0.25	0.4	0.1	0.1	1.8~2.4	0.15~0.35	0.05	0.1				0.05	0.05	0.15	余量
5052	A95052	AlMg2.5	0.25	0.4	0.1	0.1	2.2~2.8	0.15~0.35		0.1					0.05	0.15	余量
5252	A95252		0.08	0.1	0.1	0.1	2.2~2.8			0.05		0.05			0.03	0.1	余量
5352	A95352		0.45(Si+Fe)		0.1	0.1	2.2~2.8	0.1		0.1				0.1	0.05	0.15	余量
5552	A95552		0.04	0.05	0.1	0.1	2.2~2.8			0.05		0.05			0.03	0.15	余量
5652	A95652	AlMg3.5	0.4(Si+Fe)		0.04	0.01	2.2~2.8			0.1					0.05	0.15	余量
5154			0.25	0.4	0.1	0.1	3.1~3.9	0.15~0.35		0.2			(a)	0.2	0.05	0.15	余量
5254	A95254	AlMg3Mn	0.45(Si+Fe)		0.05	0.01	3.1~3.9	0.15~0.35		0.2				0.05	0.05	0.15	余量
5454	A95454	AlMg3Nb(a)	0.25	0.4	0.1	0.50~1.0	2.4~3.0	0.05~0.20		0.25				0.2	0.05	0.15	余量
5554	A95554		0.25	0.4	0.1	0.50~1.0	2.4~3.0	0.05~0.2		0.25			(a)	0.05~0.20	0.05	0.15	余量
5654	A95654		0.45(Si+Fe)		0.05	0.01	3.1~3.9	0.15~0.35		0.2			(a)	0.05~0.15	0.05	0.15	余量
5754	A95754	AlMg3	0.4	0.4	0.1	0.5	2.6~3.6	0.3		0.2			0.1~0.6(Mn+Cr)	0.15	0.05	0.15	余量
5854			0.45(Si+Fe)		0.1	0.1~0.5	3.1~3.9	0.15~0.35		0.2				0.2	0.05	0.15	余量
5056	A95056	AlMg5 / AlMg5Cr	0.3	0.4	0.1	0.05~0.2	4.6~5.6	0.05~0.20		0.1					0.05	0.15	余量
5356	A95356	AlMg5Cr(a)	0.25	0.4	0.1	0.05~0.2	4.5~5.5	0.05~0.20		0.1			(a)	0.06~0.2	0.05	0.15	余量
5456	A95456	AlMg5Mn1	0.25	0.4	0.1	0.5~1.0	4.7~5.5	0.05~0.20		0.25				0.2	0.05	0.15	余量
5556	A95556		0.25	0.4	0.1	0.5~1.0	4.7~5.5	0.05~0.20		0.25			(a)	0.05~0.2	0.05	0.15	余量

续表 4-19

AA	UNS NO	ISO NO R209	Si	Fe	Cu	Mn	Mg	Cr	Ni	Zn	Ga	V	其他	Ti	单个	总和	最小 (Al)
5357	A95357		0.12	0.17	0.2	0.15~0.45	0.8~1.2			0.05					0.05	0.15	余量
5457	A95457		0.08	0.1	0.2	0.15~0.45	0.8~1.2			0.05		0.05			0.03	0.1	余量
5557	A95557		0.1	0.12	0.15	0.10~0.40	0.4~0.8					0.05			0.03	0.1	余量
5657	A95657		0.08	0.1	0.1	0.03	0.6~1.0			0.05	0.03	0.05			0.02	0.05	余量
5280			0.35(Si+Fe)		0.1	0.2~0.7	3.5~4.5	0.05~0.25	0.05~0.25	1.5~2.8			(q)		0.05	0.15	余量
5082	A95082		0.2	0.35	0.15	0.15	4.0~5.0	0.15		0.25				0.1	0.05	0.15	余量
5182	A95182		0.2	0.35	0.15	0.2~0.5	4.0~5.0	0.1		0.25				0.1	0.05	0.15	余量
5083	A95083	AlMg4.5Mn	0.40~0.7	0.4	0.1	0.4~1.0	4.0~4.9	0.05~0.25		0.25				0.15	0.05	0.15	余量
5183	A95183	AlMg4.5Mn	0.40~0.7(a)	0.4	0.1	0.5~1.0	4.3~5.2	0.05~0.25	0.05~0.25	0.25			(a)	0.15	0.05	0.15	余量
5283			0.3	0.3	0.03	0.5~1.0	4.5~5.1	0.05	0.03	0.1			0.05Zr	0.03	0.05	0.15	余量
5086	A95086	AlMg4	0.4	0.5	0.1	0.2~0.7	3.5~4.5	0.05~0.25	0.05~0.25	0.25				0.15	0.05	0.15	余量
6101	A96101	E-AlMgSi	0.30~0.70	0.5	0.1	0.03	0.35~0.8	0.03		0.1			0.06B		0.03	0.1	余量
6201	A96201		0.50~0.9	0.5	0.1	0.03	0.6~0.9	0.03		0.1			0.06B		0.03	0.1	余量
6301	A96301		0.5~0.9	0.7	0.1	0.15	0.6~0.9	0.1		0.25				0.15	0.05	0.15	余量
6002			0.6~0.9	0.25	0.1~0.25	0.1~0.2	0.45~0.7	0.05					0.09~0.14Zr	0.08	0.05	0.15	余量
6003	A96803	AlMgSi	0.35~1.0	0.6	0.1	0.8	0.8~1.5	0.35		0.2				0.1	0.05	0.15	余量
6103			0.35~1.0	0.6	0.2~0.3	0.8	0.8~1.5	0.35		0.2				0.1	0.05	0.15	余量
6004	A96004		0.30~0.6	0.1~0.3	0.1	0.20~0.6	0.4~0.7			0.05					0.05	0.15	余量
6005	A96005	AlSiMg	0.6~0.9	0.35	0.1	0.1	0.4~0.6	0.1		0.1				0.1	0.05	0.15	余量
6105	A96105		0.6~1.0	0.35	0.1	0.1	0.45~0.8	0.1		0.1				0.1	0.05	0.15	余量
6205	A96205		0.6~0.9	0.7	0.2	0.05~0.15	0.4~0.6	0.05~0.15		0.25			0.05~0.15Zr	0.15	0.03	0.15	余量

化学成分(质量分数)/%

续表 4-19

化学成分(质量分数)/%

合金牌号			Si	Fe	Cu	Mn	Mg	Cr	Ni	Zn	Ga	V	其他	Ti	杂质 单个	杂质 总和	Al 最小
AA	UNS NO	ISO NO R209															
6006	A96006		0.2~0.6	0.35	0.15~0.3	0.15~0.20	0.45~0.9	0.1		0.1				0.1	0.05	0.15	余量
6106			0.3~0.6	0.35	0.25	0.05~0.20	0.4~0.8	0.2		0.1					0.05	0.15	余量
X6206			0.35~0.7	0.35	0.2~0.5	0.13~0.30	0.45~0.8	0.1		0.2				0.1	0.05	0.15	余量
6007	A96007		0.9~1.4	0.7	0.2	0.05~0.25	0.6~0.9	0.05~0.25	0.05~0.25	0.25			0.05~0.20Zr	0.15	0.05	0.15	余量
6008			0.5~0.9	0.35	0.3	0.3	0.4~0.7	0.3		0.2			0.05~0.20	0.1	0.05	0.15	余量
6009	A96009		0.6~1.0	0.5	0.15~0.6	0.20~0.8	0.4~0.8	0.1		0.25				0.1	0.05	0.15	余量
6010	A96010		0.8~1.2	0.5	0.15~0.6	0.20~0.8	0.6~1.0	0.1		0.25				0.1	0.05	0.15	余量
6110	A96110		0.7~1.5	0.8	0.2~0.7	0.20~0.7	0.5~1.1	0.04~0.25		0.3				0.15	0.05	0.15	余量
6011	A96011		0.6~1.2	1	0.4~0.9	0.8	0.6~1.2	0.3	0.2	1.5				0.2	0.05	0.15	余量
6111	A96111		0.7~1.1	0.4	0.5~0.9	0.15~0.45	0.5~1.0	0.1		0.15				0.1	0.05	0.15	余量
6012			0.6~1.4	0.5	0.1	0.4~1.0	0.6~1.2	0.3		0.3			0.7Bi,0.40~2.0Pb	0.2	0.05	0.15	余量
X6013			0.6~1.0	0.5	0.6~1.1	0.20~0.8	0.8~1.2	0.1		0.25				0.1	0.05	0.15	余量
6014			0.3~0.6	0.35	0.25	0.05~0.20	0.4~0.8	0.2		0.1			0.05~0.5	0.1	0.05	0.15	余量
6015			0.2~0.4	0.10~0.30	0.10~0.25	0.05~0.20	0.8~1.1	0.2		0.1				0.1	0.05	0.15	余量
6016			1.0~1.5	0.5	0.2	0.2	0.25~0.6	0.1		0.2				0.15	0.05	0.15	余量
6017	A96017		0.55~0.7	0.15~0.30	0.05~0.2	0.1	0.45~0.6	0.1		0.05				0.05	0.05	0.15	余量
6151	A96151		0.6~1.2	1	0.35	0.2	0.45~0.8	0.15~0.35		0.25				0.15	0.05	0.15	余量
6351	A96351	AlSi1Mg0.5Mn	0.7~1.3	0.5	0.1	0.4~0.8	0.4~0.8			0.2				0.2	0.05	0.15	余量
6951	A96951		0.2~0.5	0.8	0.15~0.40	0.1	0.4~0.8			0.2					0.05	0.15	余量
6053	A96053		(r)	0.35	0.1		1.1~1.4	0.15~0.35		0.1					0.05	0.15	余量
6253	A96253		(r)	0.5	0.1		1.0~1.5	0.04~0.35		1.6~2.4					0.05	0.15	余量

续表 4-19

合金牌号			化学成分(质量分数)/%												杂质		Al
AA	UNS NO	ISO NO R209	Si	Fe	Cu	Mn	Mg	Cr	Ni	Zn	Ga	V	其他	Ti	单个	总和	最小
6060	A96060	AlMgSi	0.3~0.6	0.1~0.3	0.1	0.1	0.35~0.6	0.05		0.15				0.1	0.05	0.15	余量
6061	A96061	AlMgSiCu	0.4~0.8	0.7	0.15~0.4	0.15	0.8~1.2	0.04~0.35		0.25				0.15	0.05	0.15	余量
6261	A96261		0.4~0.7	0.4	0.15~0.4	0.2~0.35	0.7~1.0	0.1		0.2				0.1	0.05	0.15	余量
6162	A96162		0.4~0.8	0.5	0.2	0.1	0.7~1.1	0.1		0.25				0.1	0.05	0.15	余量
6262	A96262	AlMg1SiPb	0.4~0.8	0.7	0.15~0.4	0.15	0.8~1.2	0.04~0.14		0.25			(s)	0.15	0.05	0.15	余量
6063	A96063	AlMg0.5Si	0.2~0.6	0.35	0.1	0.1	0.45~0.9	0.1		0.1				0.1	0.05	0.15	余量
6463	A96463	AlMg0.7Si	0.2~0.6	0.15	0.2	0.05	0.45~0.9			0.05					0.05	0.15	余量
6763	A96763		0.2~0.6	0.08	0.04~0.16	0.03	0.45~0.9			0.03		0.05				0.15	余量
6863			0.4~0.6	0.15	0.05~0.2	0.05	0.5~0.8	0.05		0.1				0.1	0.05	0.15	余量
6066	A96066		0.9~1.8	0.5	0.7~1.2	0.6~1.1	0.8~1.4	0.4		0.25				0.2	0.05	0.15	余量
6070	A96070		1.0~1.7	0.5	0.15~0.4	0.4~1.0	0.5~1.2	0.1		0.25				0.15	0.05	0.15	余量
6081			0.7~1.1	0.5	0.1	0.4~0.45	0.6~1.0	0.1		0.2				0.15	0.05	0.15	余量
6181		AlSiMg0.8	0.8~1.2	0.45	0.1	0.15	0.6~1.0	0.1		0.2				0.1	0.05	0.15	余量
6082			0.7~1.3	0.5	0.1	0.4~1.0	0.6~1.2	0.25		0.2				0.1	0.05	0.15	余量
7001	A97001		0.35	0.4	1.6~2.6	0.2	2.6~3.4	0.18~0.35		6.8~8.0			0.05~0.25Zr	0.2	0.05	0.15	余量
7003			0.3	0.35	0.2	0.3	0.5~1.0	0.2		5.0~6.5			0.10~0.20Zr	0.2	0.05	0.15	余量
7004	A97004		0.25	0.35	0.05	0.2~0.7	1.0~2.0	0.05		3.8~4.6			0.108~0.20Zr	0.05	0.05	0.15	余量
7005	A97005		0.35	0.4	0.1	0.2~0.7	1.0~1.8		0.06~0.20	4.0~5.0			0.12~0.25Zr	0.01~0.06	0.05	0.15	余量
7008	A97008		0.1	0.1	0.05	0.05	0.7~1.4		0.12~0.25	4.5~5.5				0.05	0.05	0.15	余量
7108	A97108		0.1	0.1	0.05	0.05	0.7~1.4			4.5~5.5			(t)	0.05	0.05	0.15	余量
7009			0.2	0.2	0.6~1.3	0.1	2.1~2.9	0.1~0.25		5.5~5.6			0.1~0.20Zr	0.2	0.05	0.15	余量
7109			0.1	0.15	0.8~1.3	0.1	2.2~2.7	0.04~0.08		5.8~6.5			(t)	0.1	0.05	0.15	余量

续表 4-19

| 合金牌号 | | | 化学成分(质量分数)/% | | | | | | | | | | | | 杂质 | | Al |
AA	UNS NO	ISO NO R209	Si	Fe	Cu	Mn	Mg	Cr	Ni	Zn	Ga	V	其他	Ti	单个	总和	最小
7010		AlZn6MgCu	0.12	0.15	1.5~2.0	0.1	2.1~2.6	0.05	0.05	5.7~6.7			0.1~0.16Zr	0.06	0.05	0.15	余量
7011	A97011	(c)	0.15	0.2	0.05	0.1~0.3	1.0~1.6	0.05~0.20		4.0~5.5				0.05	0.05	0.15	余量
7012	A97012		0.15	0.25	0.8~1.2	0.08~0.15	1.8~2.2	0.04		5.8~6.5			0.10~0.18Zr	0.02~0.08	0.05	0.15	余量
7013			0.6	0.7	0.1	1.0~1.5				1.5~2.0					0.05	0.15	余量
7014			0.5	0.5	0.3~0.7	0.3~0.7	2.2~3.2		0.1	5.2~6.2			0.20(Ti+Zr)		0.05	0.15	余量
7015			0.52	0.3	0.06~0.15	0.1	1.3~2.1	0.15		4.6~5.2			0.10~0.20Zr	0.1	0.05	0.15	余量
7016	A97016		0.1	0.12	0.45~1.0	0.03	0.8~1.4			4.0~5.0				0.03	0.03	0.1	余量
7116			0.15	0.3	0.5~1.1	0.05	0.8~1.4			4.2~5.2	0.03	0.05		0.05	0.05	0.15	余量
7017			0.35	0.45	0.2	0.05~0.5	2.0~3.0	0.35	0.1	4.0~5.2		0.05	0.10~0.25Zr(u)	0.15	0.05	0.15	余量
7018			0.35	0.45	0.2	0.15~0.5	0.7~1.5	0.2	0.1	4.5~5.5			0.10~0.25Zr	0.15	0.05	0.15	余量
7019		AlZn4.5Mg1	0.35	0.45	0.2	0.15~0.5	1.5~2.5	0.2	0.1	3.5~4.5			0.10~0.25Zr		0.05	0.15	余量
7020			0.35	0.4	0.2	0.05~0.5	1.0~1.4	0.10~0.35		4.0~5.0			(v)		0.05	0.15	余量
7021	A97021		0.25	0.4	0.25	0.1	1.2~1.8	0.05		5.0~6.0			0.08~0.18Zr	0.1	0.05	0.15	余量
7022			0.5	0.5	0.5~1.0	0.1~0.4	2.6~3.7	0.10~0.30	0.10~0.30	4.3~5.2			0.20(Ti+Zr)		0.05	0.15	余量
7023			0.5	0.5	0.5~1.0	0.1~0.6	2.0~3.0	0.05~0.35	0.05~0.35	4.0~6.0				0.1	0.05	0.15	余量
7024			0.3	0.4	0.1	0.1~0.6	0.50~1.0	0.05~0.35	0.05~0.35	3.0~5.0				0.1	0.05	0.15	余量
7025			0.3	0.4	0.1	0.1~0.6	0.8~1.5	0.05~0.35	0.05~0.35	3.0~5.0				0.1	0.05	0.15	余量
7026			0.08	0.12	0.6~0.9	0.05~0.2	0.9~1.5			4.6~5.2			0.09~0.14Zr	0.05	0.05	0.15	余量
7027			0.25	0.4	0.1~0.3	0.1~0.4	0.7~1.1			3.5~4.5			0.05~0.30Zr	0.1	0.05	0.15	余量
7028			0.35	0.5	0.1~0.3	0.15~0.6	1.5~2.3	0.2		4.5~5.2			0.08~0.25(Ti+Zr)	0.05	0.05	0.15	余量
7029	A97029		0.1	0.12	0.5~0.9	0.03	1.3~2.0			4.2~5.2		0.05		0.05	0.03	0.1	余量
7129	A97129		0.15	0.3	0.5~0.9	0.1	1.3~2.0	0.1		4.2~5.2	0.03	0.05		0.05	0.05	0.15	余量

续表 4-19

| 合金牌号 | | | 化学成分(质量分数)/% | | | | | | | | | | | | 杂质 | | Al |
AA	UNS NO	ISO NO R209	Si	Fe	Cu	Mn	Mg	Cr	Ni	Zn	Ga	V	其他	Ti	单个	总和	最小
7229			0.06	0.08	0.5~0.9	0.03	1.3~2.0			4.2~5.2		0.05		0.05	0.05	0.15	余量
7030			0.2	0.3	0.2~0.4	0.05	1.0~1.5	0.4		4.8~5.9	0.03		0.03Zr	0.03	0.03	0.1	余量
7039	A97039		0.3	0.4	0.1	0.1~0.4	2.3~3.3	0.15~0.25		3.5~4.5				0.1	0.05	0.15	余量
7046	A97046		0.2	0.4	0.25	0.3	1.0~1.6	0.2		6.6~7.6			0.10~0.18Zr	0.06	0.05	0.15	余量
7146	A97146		0.2	0.4			1.0~1.6			6.6~7.6			0.10~0.18Zr	0.06	0.05	0.15	余量
7049	A97049		0.25	0.35	1.2~1.9	0.2	2.0~2.9	0.1~0.22		7.2~8.2				0.1	0.05	0.15	余量
7149	A97149		0.15	0.2	1.2~1.9	0.2	2.0~2.9	0.1~0.22		7.2~8.2				0.1	0.05	0.1	余量
7050	A97050	AlZn6CuMgZr	0.12	0.15	2.0~2.6	0.1	1.9~2.6	0.04		5.7~6.7			0.08~0.15Zr	0.06	0.05	0.15	余量
7050			0.12	0.15	1.9~2.5	0.1	2.0~2.7	0.04		5.9~6.9			0.08~0.15Zr	0.06	0.05	0.15	余量
7051			0.35	0.45	0.15	0.1~0.45	1.7~2.5	0.05~0.25		3.0~4.0				0.15	0.05	0.15	余量
7060			0.15	0.2	1.8~2.6	0.2	1.3~2.1	0.15~0.25		6.1~7.5			0.003Pb(w)	0.1	0.05	0.15	余量
X7064	A97072		0.12	0.15	1.8~2.4		1.9~2.9	0.06~0.25		6.8~8.0			0.10~0.50Zr9(x)		0.05	0.15	余量
7072	A97072	AlZn1	0.7(Si+Fe)		0.1	0.1	0.1			0.8~1.3					0.05	0.15	余量
7472	A97472		0.25	0.6	0.05	0.05	0.9~1.5			1.3~1.9					0.05	0.15	余量
7075	A97075	AlZn5.5MgCu	0.4	0.5	1.2~2.0	0.3	2.1~2.9	0.18~0.28		5.1~6.1			(y)	0.2	0.05	0.15	余量
7175	A97175		0.15	0.2	1.2~2.0	0.1	2.1~2.9	0.18~0.28		5.1~6.1				0.1	0.05	0.15	余量
7475	A97475	AlZn5.5MgCu(a)	0.1	0.12	1.2~1.9	0.06	1.9~2.6	0.18~0.25		5.2~6.2				0.06	0.05	0.15	余量

续表 4-19

合金牌号 AA	UNS NO	ISO NO R209	化学成分(质量分数)/% Si	Fe	Cu	Mn	Mg	Cr	Ni	Zn	Ga	V	其他	Ti	杂质 单个	总和	Al 最小
7076	A97076		0.4	0.06	0.3~1.0	0.3~0.8	1.2~2.0			7.0~8.0				0.2	0.05	0.15	余量
7277	A97277		0.5	0.07	0.8~1.7		1.7~2.3	0.18~0.35		3.7~4.3				0.1	0.05	0.15	余量
7178	A97178		0.4	0.5	1.6~2.4	0.3	2.4~3.1	0.18~0.28		6.3~7.3				0.2	0.05	0.15	余量
7278			0.15	0.2	1.6~2.2	0.2	2.5~3.2	0.17~0.25		6.6~7.4	0.03	0.05		0.03	0.03	0.1	余量
7079	A97079		0.3	0.4	0.4~0.8	0.10~0.3	2.9~3.7	0.10~0.25		3.8~4.8				0.1	0.05	0.15	余量
7179	A97179		0.15	0.2	0.4~0.8	0.10~0.3	2.9~3.7	0.10~0.25		3.8~4.8				0.1	0.05	0.15	余量
7090	A97090		0.12	0.15	0.6~1.3		2.0~3.0			7.3~8.7			1.0~1.9Co(z)		0.05	0.1	余量
7091	A97091		0.12	0.15	1.1~1.8		2.0~3.0		0.9~1.3	5.8~7.1			0.20~0.6Co(z)		0.05	0.15	余量
8001	A98001		0.17	0.45~0.7	0.15					0.05					0.05	0.15	余量
8004			0.15	0.15	0.03	0.02	0.02			0.03			(aa)	0.3~0.7	0.02	0.15	余量
8005			0.20~0.50	0.4~0.8	0.05	0.02	0.05			0.05					0.05	0.15	余量
8006	A98006		0.4	1.2~2.0	0.3	0.30~1.0	0.1			0.1					0.05	0.15	余量
8007	A98007		0.4	1.2~2.0	0.1	0.3~1.0	0.1			0.8~1.8				0.1	0.05	0.15	余量
8008			0.6	0.9~1.6	0.2	0.5~1.0				0.1				0.1	0.05	0.15	余量
8010			0.4	0.35~0.7	0.1~0.3	0.1~0.8	0.1~0.5	0.2		0.4				0.08	0.05	0.15	余量
8011	A98011		0.5~0.9	0.6~1.0	0.1	0.2	0.05	0.05		0.1				0.08	0.05	0.15	余量
8111	A98111		0.3~1.1	0.4~1.0	0.1	0.1	0.05	0.05		0.1				0.2	0.05	0.15	余量
8112	A98112		1	1	0.4	0.6	0.7	0.2		1				0.1	0.05	0.15	余量
8014	A98014		0.3	1.2~1.6	0.2	0.20~0.6	0.1			0.1					0.05	0.15	余量
8017	A98017		0.1	0.55~0.8	0.1~0.2		0.01~0.05			0.05			0.04B,0.003Li		0.03	0.1	余量

续表 4-19

合金牌号 AA	UNS NO	ISO NO R209	化学成分(质量分数)/% Si	Fe	Cu~	Mn	Mg	Cr	Ni	Zn	Ga	V	其他	Ti	杂质 单个	杂质 总和	Al 最小
8020	A98020		0.1	0.1	0.005	0.005				0.005		0.05	(bb)		0.03	0.1	余量
8030	A98030		0.1	0.3~0.8	0.15~0.3		0.05			0.05			0.001~0.04B		0.03	0.1	余量
8130	A98130		0.15(cc)	0.44~1.0(cc)	0.05~0.15					0.1					0.03	0.1	余量
8040	A98040		1.0(Si+Fe)		0.2	0.05				0.2			0.03~0.10Zr		0.05	0.15	余量
8076	A98076		0.1	0.6~0.9	0.04		0.08~0.22			0.05			0.04B		0.03	0.1	余量
8176	A98176		0.03~0.15	0.4~1.0						0.1	0.03				0.05	0.15	余量
8276			0.25	0.5~0.8	0.035	0.01	0.02	0.01		0.05	0.03		0.03(V+Ti)(e)		0.03	0.1	余量
8077	A98077		0.1	0.1~0.4	0.05		0.10~0.30			0.05			0.05B(dd)		0.03	0.1	余量
8177	A98177		0.1	0.25~0.45	0.04		0.04~0.12			0.05			0.04B		0.03	0.1	余量
8079	A98079		0.05~0.3	0.7~1.3	0.05					0.1					0.05	0.15	余量
8280			1.0~2.0	0.7	0.7~1.3	0.1			0.2~0.7	0.05			5.5~7.0Sn	0.1	0.05	0.15	余量
8081			0.7	0.7	0.7~1.3	0.1				0.05			18.0~22.0Sn	0.1	0.05	0.15	余量
8090			0.2	0.3	1.0~1.6	0.1	0.6~1.3	0.1		0.05			0.04~0.16Zr(ee)	0.1	0.05	0.15	余量
8091			0.3	0.5	1.6~2.2	0.1	0.5~1.2	0.1		0.25			0.08~0.16Zr(ff)	0.1	0.05	0.15	余量
X8092			0.1	0.15	0.5~0.8	0.05	0.9~1.4	0.05		0.25			0.08~0.15Zr(gg)	0.15	0.05	0.15	余量
X8192			0.1	0.15	0.4~0.7	0.05	0.9~1.4	0.05		0.1			0.08~0.15Zr(hh)	0.15	0.05	0.15	余量

注：a—用于焊条和焊带、焊丝、铍丝，铍含量不大于0.0008%；b—(Si+Fe+Cu)0.50% max；c—已不用；d—(Si+Fe)0.14% max；e—B0.02% max；f—B0.01% max；g—Pb0.003% max；h—Cd0.02%~0.05% max；i—Bi0.20%，Pb0.20%；j—Bi0.20%，Sn0.20%；jj—Bi0.20%，Pb0.8%~1.5%，Sn0.03%~0.08%；k—经制造者与用户同意，使用挤压和锻造产品；l—(Si+Fe)0.4% max；m—Cd0.05%~0.2%，Sn0.03%~0.08%；n—Li1.9%~2.6%；o—Li1.7%~2.3%；p—Bi0.6%~1.45%，Cd0.05%~0.25%；r—Mg45%~65%，Bi0.40%~0.7%，Pb0.40%~0.7%；s—Bi0.40%~0.7%；t—Ag0.25%~0.40%；u—(Mn+Cr)0.15% min；v—Zn0.08%~0.20%(Zr0.08%~0.20%)；w—(Ti+Zr)0.20% max；x—Cd0.10%~0.40%，O0.05%~0.30%；y—用于挤压及锻造产品，(Zr+Ti)0.25% max；z—0.20%~0.50%；aa—B0.001% max，Cd0.003% max，Co0.001% max，Li0.008% max；bb—Bi0.10%~0.50%，Sn0.10%~0.25%；cc—(Si+Fe)1.0% max；dd—Zr0.02%~0.08%；ee—Li2.0%~2.7%；ff—Li2.1%~2.7%；hh—Li2.3%~2.9%。

表 4-20 日本变形铝及铝合金化学成分

合金牌号	化学成分(质量分数)/%												杂质(质量分数)/%		Al(质量分数)/%
	Si	Fe	Cu	Mn	Mg	Cr	Ni	Zn	Ga	V	其他	Ti	单个	总和	最小
A1199	0.006	0.006	0.006	0.002	0.006			0	0	0		0	0.002		99.99
A1095	0.03	0.04	0.01	0.01	0.01			0	0			0.01	0.005		99.95
A1090	0.07	0.07	0.02	0.01	0.01			0	0	0.1		0.01	0.01		99.9
A1080	0.15	0.15	0.03	0.02	0.02			0	0	0.1		0.03	0.02		99.98
A1070	0.2	0.25	0.04	0.03	0.03			0		0.1		0.03	0.02		99.97
A1050	0.25	0.4	0.05	0.05	0.05			0		0.1		0.03	0.03		99.95
A1350	0.1	0.4	0.06	0.01		0.01		0	0		B0.05 (V+Ti)0.02		0.03	0.1	99.95
A1030	0.35	0.6	0.1	0.05	0.05			0		0.1		0.03	0.03		99.93
A1200	(Si+Fe)1.0		0.05	0.05				0			①	0.05	0.05	0.15	99
A1100	(Si+Fe)0.95		0.05~0.2	0.05				0					0.05	0.15	99
A3003	0.6	0.7	0.2~0.5	1.0~1.6				0					0.05	0.15	余量
A3004	0.3	0.7	0.25	1.0~1.5	0.8~1.3			0					0.05	0.15	余量
A5005	0.3	0.7	0.2	0.2	0.5~1.1	0.1		0					0.05	0.15	余量
A5052	0.25	0.4	0.1	0.1	2.2~2.8	0.15~0.35		0					0.05	0.15	余量
A5056	0.3	0.4	0.1	0.05~0.2	4.5~5.6	0.05~0.2		0				0.2	0.05	0.15	余量
A5454	0.25	0.4	0.1	0.5~1.0	2.4~3.0	0.05~0.2		0					0.05	0.15	余量
A5083	0.4	0.4	0.1	0.4~1.0	4.0~4.9	0.05~0.25		0				0.15	0.05	0.15	余量
A6063	0.20~0.6	0.35	0.1	0.1	0.45~0.9	0.1		0				0.1	0.05	0.15	余量
A6061	0.4~0.8	0.7	0.15~0.4	0.15	0.8~1.2	0.04~0.35		0				0.15	0.05	0.15	余量

续表 4-20

合金牌号	化学成分(质量分数)/%												杂质(质量分数)/%		Al(质量分数)/%
	Si	Fe	Cu	Mn	Mg	Cr	Ni	Zn	Ga	V	其他	Ti	单个	总和	最小
A2117	0.8	0.7	2.2~3.0	0.2	0.2~0.5	0.1		0					0.05	0.15	余量
A2017	0.2~0.8	0.7	3.5~4.5	0.4~1.0	0.4~0.78	0.1		0			②	0.15	0.05	0.15	余量
A2024	0.5	0.5	3.8~4.9	0.3~0.9	1.2~1.8	0.1		0			②	0.15	0.05	0.15	余量
A2014	0.5~1.2	0.7	3.9~5.0	0.4~1.2	0.2~0.8	0.1		0			②	0.15	0.02	0.15	余量
A2618	0.15~0.25	0.9~1.4	1.8~2.7	0.25	1.2~1.8		0.8~1.4				(Zr+Ti)0.25	0.2	0.05	0.15	余量
A7075	0.4	0.5	1.2~2.0	0.3	2.1~2.9	0.18~0.28		5.1~6.1			①	0.2	0.05	0.15	余量
日本特有合金															
2N01③	0.5~1.3	0.6~1.5	1.5~2.5	0.2	1.2~1.8		0.6~1.4	0				0.2		0.15	余量
5N01④	0.15	0.25	0.2	0.2	0.2~0.6			0			Zr0.25		0.05	0.15	余量
7N01⑤	0.3	0.35	0.2	0.2~0.7	1.0~2.0	0.3		4.0~5.0		0.1	Ag0.6		0.05	0.15	余量
7N11⑥	0.25	0.3	0.1	0.2~0.7	3.0~4.6	0.3		1.0~3.0		0.6	B0.6	0.2	0.05	0.15	余量
AHS⑦	9.5~11.0	≤0.45	2.5~3.5	0.1~0.6	0.3~1.0	≤0.1		≤0.3			Sn0.07	0.2	0.05	0.15	余量
TF10B⑦	9.5~10.5	≤0.35	1.3~1.7	0.25~0.35	0.25~0.35	0.03~0.13		≤0.1			Sn0.07	0.15	0.05	0.15	余量

① 电极、焊条的最大铍含量为0.0008%;

② 如供需双方同意,该合金的挤压制品及锻件的(Zr+Ti)最大含量可达0.20%;

③ 近似于2618合金;

④ 还有5N02合金(AlMg3.5Mn0.65);

⑤ 近似于7005合金;

⑥ 可热处理的焊条与电极合金;

⑦ 日本企业标准,属高硅变形铝合金,用作汽车空调活塞材料。

表 4-21 俄罗斯（前苏联）变形铝及铝合金的化学成分

牌号 字母牌号	数字牌号	类别	化学成分（质量分数）/% Al	Cu	Mg	Mn	Zn	Fe	Si	Ni	Ti	Cr	Zr	Be	V	其他杂质 每种	总和
АЛОч		高纯铝	≥99.98	0.003			0.003	0.005	0		0					0.001	0.02
АЛч		高纯铝	≥99.95	0.015			0.005	0.03	0		0					0.005	0.05
АЛООО		高纯铝	≥99.80	0.02			0.05	0.15	0		0					0.02	0.2
АЛОО	1010	高纯铝	≥99.70	0.015	0.02		0.07	0.16	0		0.1					0.02	0.3
АЛООЕ		高纯铝	≥99.70	0.01			0.05	0.2	0		0.01					0.02	0.3
АЛО	1011	高纯铝	≥99.50	0.02	0.03	0.025	0.07	0.3	0		0.1					0.03	0.5
АЛОЕ		高纯铝	≥99.50	0.05			0.07	0.4	0		0.1					0.03	0.5
АЛ1	1013	高纯铝	≥99.30	0.05	0.05	0.025	0.1	0.3	0		0.2					0.05	0.7
АЛС		高纯铝	≥99.00	0.1			0.1	0.6	1		0.2					0.05	1
АЛ	1015	高纯铝	≥99.80	0.1	0.1	0.1	0.1	0.5	1		0.2					0.05	1.2
ММ	1403	合金	基体	0.2	0.2~0.5	1.0~1.4	0.1	0.6	0		0.1					0.05	0.2
АМц	1400	合金	基体	0.1	0.2	1.0~1.6	0.1	0.7	1		0.2					0.05	0.1
АМцС	1401	合金	基体	0.1	0.05	1.0~1.4	0.1	0.25~0.45	0.15~0.35		0.1					0.05	0.1
Д12	1521	合金	基体	0.1	0.8~1.3	1.0~1.5	0.1	0.7	1		0.1					0.05	0.1
АМг1	1510	合金	基体	0.1	0.7~1.6	0.2	0.1	0.1	0							0.05	0.1
АМг2	1520	合金	基体	0.1	1.8~2.6	0.2~0.6	0.2	0.4	0		0.1	0.05				0.05	0.1
АМг3С		合金	基体	0.1	2.7~3.6	0.2~0.6	0.2	0.5	1		0.2	0.25		0.000~0.005		0.05	0.15
АМг3	1530	合金	基体	0.1	3.2~3.8	0.3~0.6	0.2	0.5	0.5~0.8		0.1	0.05				0.05	0.1
АМг4	1540	合金	基体	0.1	3.8~4.5	0.5~0.87	0.2	0.4	0		0.02~0.1	0.05~0.25		0.0002~0.005		0.05	0.1
АМг4.5		合金	基体	0.1	4.0~4.9	0.4~1.0	0.2	0.4	0		0.2	0.05~0.25		0.000~0.005		0.05	0.15
АМг5	1550	合金	基体	0.1	4.8~5.8	0.3~0.8	0.2	0.5	1		0.02~0.1			0.0002~0.005		0.05	0.1

续表 4-21

牌号 字母牌号	数字牌号	化学成分(质量分数)/% Al	Cu	Mg	Mn	Zn	Fe	Si	Ni	Ti	Cr	Zr	Be	V	其他杂质 每种	总和
AMr6	1560	基体	0.1	5.8~6.8	0.5~0.8	0.2	0.4	0		0.02~0.1			0.0002~0.005		0.05	0.1
AД31	1310	基体	0.1	0.4~0.9	0.1	0.2	0.5	0.3~0.7		0.2					0.05	0.1
AД33	1330	基体	0.15~0.4	0.8~1.2	0.15	0.25	0.7	0.4~0.8		0.2	0.15~0.35				0.05	0.1
AД35	1350	基体	0.1	0.8~1.4	0.45~0.9	0.2	0.5	0.8~1.2		0.2					0.05	0.1
AB	1340	基体	0.1~0.45	0.45~0.90	0.15~0.35	0.2	0.45	0.5~1.2		0.2	0.25				0.05	0.1
Д1	1110	基体	3.8~4.8	0.4~0.8	0.4~0.8	0.3	0.7	1	0	0.1					0.05	0.1
Д16	1160	基体	3.8~4.9	1.2~1.8	0.3~0.9	0.3	0.5	1	0	0.1					0.05	0.1
B65	1165	基体	3.9~4.5	0.15~0.3	0.3~0.5	0.1	0.2	0		0.1					0.05	0.1
Д18	1180		2.2~3.0	0.2~0.5	0.2	0.1	0.5	1		0.1					0.05	0.1
AK6	1360	基体	1.8~2.6	0.4~0.8	0.4~0.8	0.3	0.7	0.7~1.2	0	0.1					0.05	0.1
AK8	1380	基体	3.9~4.8	0.4~0.8	0.4~1.0	0.3	0.7	0.6~1.2	0	0.1					0.05	0.1
AK4	1140	基体	1.9~2.5	1.4~1.8	0.2	0.3	0.8~1.3	0.5~1.2	0.8~1.3	0.1					0.05	0.1
AK4-1	1141	基体	1.9~2.7	1.2~1.8	0.2	0.3	0.8~1.4	0	0.8~1.4	0.02~0.1	0.1				0.05	0.1
	1915	基体	0.1	1.3~1.8	0.2~0.6	3.4~4.0	0.4	0		0.1	0.08~0.2	0.15~0.22			0.05	0.1
	1925C	基体	0.1	0.8~1.4	0.0~0.5	4.3~5.5	0.4	0		0.01~0.1	0.1~0.3	0.0~0.2			0.05	0.15
	1925	基体	0.8	1.3~1.8	0.2~0.7	3.4~4.0	0.7	0.2~0.7		0.1	0.2	0.1~0.2			0.05	0.1
Д20	1200	基体	6.7	0.05	0.4~0.8	0.1	0.3	1	0						0.05	0.1
B95	1950	基体	1.4~2.0	1.8~2.8	0.2~0.6	5.0~7.0	0.5	0	0	0.2	0.10~0.25				0.05	0.1
AЦПл		基体			0.025	0.9~1.3	0.3	1							0.05	0.1
Д1П	1111	基体	3.8~4.5	0.4~0.8	0.4~0.8	0.1	0.5	1		0.1					0.05	0.1
Д16П	1161	基体	3.8~4.5	1.2~1.6	0.3~0.7	0.1	0.5	0		0.1					0.05	0.1
AMr5П	1551	基体	0.2	4.7~5.7	0.2~0.6		0.4	0		0.1					0.05	0.1
B95П	1957	基体	1.4~2.0	2.0~2.6	0.3~0.5	5.5~6.5	0.3	0		0.1	0.1~0.25				0.05	0.1

表 4-22 德国(前联邦德国)变形铝及铝合金化学成分

化学成分(质量分数)/%

合金牌号 字母式	数字式	Si	Fe	Cu	Mn	Mg	Cr	Zn	Ti		其他杂质 每个	总计	Al
工业纯铝(DIN1712,Tei13)													
Al99.98R	3.0385	0.01	0.006	0.003				0	0		0	0.03	≥99.98
Al99.98R	3.0305	0.06	0.05	0.01	0.01	0.01		0	0	0.030Ga	0.01	0.1	≥99.9
Al99.8	3.0285	0.15	0.15	0.03	0.02	0.02		0	0	0.03Ga	0.02	0.2	≥99.8
Al99.7	3.0725	0.2	0.25	0.03	0.03	0.03		0	0		0.03	0.3	≥99.7
Al99.5	3.0255	0.25	0.4	0.05	0.05	0.05		0	0		0.03	0.5	≥99.5
E-Al	3.0257	0.25	0.4	0.02		0.05		0	0	0.03(Cr+Mn+Ti+V)	0.03	0.5	余量
Al99	3.0205	1.0(Fe+Si)		0.05	0.05	0.05		0	0		0.05	1	≥99
变形铝合金(DIN1725—83)													
AlRMg0.5	3.3309	0.01	0.008			0.35~0.6		0	0	(Fe+Ti)0.008	0	0.02	余量
AlRMg1	3.3319	0.01	0.008			0.8~1.1		0	0	(Fe+Ti)0.008	0	0.02	余量
Al99.9Mg0.5	3.3308	0.06	0.04		0.03	0.35~0.6		0	0		0	0.01	余量
Al99.9Mg1	3.3318	0.06	0.04		0.03	0.8~1.1		0	0		0	0.01	余量
Al99.85Mg0.5	3.3307	0.08	0.08		0.03	0.3~0.6		0	0		0.02	0.15	余量
Al99.85Mg1	3.3317	0.08	0.08		0.03	0.7~1.1		0	0		0.02	0.15	余量
Al99.9MgSi	3.3208	0.35~0.7	0.04	0.05~0.20	0.03	0.35~0.7		0	0		0.01	0.1	余量
Al99.85MgSi	3.2307	0.35~0.7	0.08	0.05~0.2	0.03	0.35~0.7		0	0		0.02	0.15	余量
Al99.8ZnMg	3.4337	0.1	0.1	0.2	0.05	0.7~1.2	0.1	3.8~4.6	0	Zr0.15, (Fe+Si+Ti+Mn)0.20	0.02		余量

续表 4-22

字母式	数字式	Si	Fe	Cu	Mn	Mg	Cr	Zn	Ti		每个	总计	Al
AlFeSi	3.0915	0.4~0.8	0.5~1.0	0.1	0.1			0	0		0.06	0.25	余量
AlMn1	3.0515	0.5	0.7	0.1	0.9~1.5	0.3	0.1	0	0		0.05	0.15	余量
AlMn0.6	3.0506	0.3	0.45	0.1	0.4~0.8	0.1		0			0.05	0.15	余量
AlMnCu	3.0517	0.6	0.7	0.05~0.2	1.0~1.5			0	0		0.05	0.15	余量
AlMn0.5Mg0.5	3.0505	0.6	0.7	0.3	0.3~0.8	0.2~0.8	0.2	0	0		0.05	0.15	余量
AlMn1Mg1	3.0525	0.6	0.7	0.3	1.0~1.5	0.2~0.6	0.1	0	0		0.05	0.15	余量
AlMg1	3.0526	0.3	0.7	0.25	1.0~1.5	0.8~1.3		0			0.05	0.15	余量
AlMg1.5	3.3315	0.3	0.45	0.05	0.15	0.7~1.1	0.1	0			0.05	0.15	余量
AlMg1.8	3.3316	0.4	0.45	0.05	0.15	1.1~1.7	0.1	0			0.05	0.15	余量
AlMg2.5	3.3326	0.3	0.45	0.05	0.25	1.4~2.1	0.3	0	0		0.05	0.15	余量
AlMg3	3.3523	0.25	0.4	0.1	0.1	2.2~2.8	0.15~0.35	0	0		0.05	0.15	余量
AlMg4.5	3.3535	0.4	0.4	0.1	0.5	2.6~3.6	0.3	0	0	(Mn+Cr)0.10~0.6	0.05	0.15	余量
AlMg5	3.3345	0.2	0.35	0.15	0.15	4.0~5.0	0.15	0	0		0.05	0.15	余量
AlMg2Mn0.3	3.3555	0.4	0.5	0.1	0.1~0.6	4.5~5.6	0.2	0	0	(Mn+Cr)0.10~0.6	0.05	0.15	余量
AlMg2Mn0.8	3.3525	0.4	0.5	0.15	0.10~0.50	1.7~2.4	0.15	0	0		0.05	0.15	余量
AlMg2.7Mn	3.3527	0.4	0.55	0.1	0.50~1.1	1.6~2.5	0.3	0	0		0.05	0.15	余量
AlMg4Mn	3.3537	0.25	0.4	0.1	0.5~1.0	2.4~3.0	0.05~0.20	0	0		0.05	0.15	余量
AlMg4.5Mn	3.3545	0.4	0.5	0.1	0.20~0.7	3.5~4.5	0.05~0.25	0	0		0.05	0.15	余量

续表4-22

| 合金牌号 | | 化学成分(质量分数)/% | | | | | | | | | 其他杂质 | | Al |
字母式	数字式	Si	Fe	Cu	Mn	Mg	Cr	Zn	Ti		每个	总计	
AlMg5Mn	3.3547	0.4	0.4	0.1	0.4~1.0	4.0~4.9	0.05~0.25	0	0		0.05	0.15	余量
	3.3549	0.2	0.35	0.15	0.2~0.5	4.0~5.0	0.1	0	0		0.05	0.15	余量
E-AlMgSi	3.2305	0.5~0.6	0.10~0.30	0.02		0.35~0.6		0		Cr+Mn+Ti+V0.03	0.03	0.1	余量
E-AlMgSi0.5	3.3207	0.3~0.6	0.10~0.30	0.05	0.05	0.35~0.6		0	0		0.03	0.1	余量
AlMgSi0.5	3.3206	0.3~0.6	0.10~0.30	0.1	0.1	0.35~0.6	0.05	0	0		0.05	0.15	余量
AlMgSi0.7	3.231	0.5~0.9	0.35	0.3	0.5	0.4~0.7	0.3	0	0	Mn+Cr0.12~0.5	0.05	0.15	余量
AlMgSi1	3.2315	0.7~1.3	0.5	0.1	0.4~1.0	0.6~1.2	0.25	0	0		0.05	0.15	余量
AlMgSiPb	3.0615	0.6~1.4	0.5	0.1	0.4~1.0	0.6~1.2	0.3	0	0	Bi+Cd+Pb+Sn1.0~2.5	0.05	0.15	余量
AlCuBiPb	3.1655	0.4	0.7	5.0~6.0				0	0	Bi0.20~0.6Pb0.20~0.6	0.05	0.15	余量
AlCuMgPb	3.1645	0.8	0.8	3.3~4.6	0.5~1.0	0.4~1.8		1	0	Bi+Cd+Pb+Sn1.0~2.5	0.1	0.3	余量
AlCu2.5Mg0.5	3.1305	0.8	0.7	2.2~3.0	0.2	0.2~0.5	0.1	0			0.05	0.15	余量
AlCuMg1	3.1325	0.2~0.8	0.7	3.5~4.5	0.4~1.0	0.4~1.0	0.1	0		Ti+Zr0.25	0.05	0.15	余量
AlCuMg2	3.1355	0.5	0.5	3.8~4.9	0.3~0.9	1.2~1.8	0.1	0	0	Ti+Zr0.2	0.05	0.15	余量
AlCuSiMn	3.1255	0.5~1.2	0.7	3.9~5.0	0.4~1.2	0.2~0.8	0.1	0	0		0.05	0.15	余量
AlZn1	3.4415	Si+Fe	0.7	0.1	0.1	0.1		0.8~1.3	0	Ti+Zr0.08~0.25	0.05	0.15	余量
AlZn4.5Mg1	3.4335	0.35	0.4	0.2	0.05~0.50	1.0~1.4	0.10~0.35	4.0~5.0		Zr0.08~0.2Ti+Zr0.2	0.05	0.15	余量
AlZnMgCu0.5	3.4345	0.5	0.5	0.5~1.0	0.10~0.40	2.6~3.7	0.10~0.30	4.3~5.2			0.05	0.15	余量
AlZnMgCu0.5	3.4365	0.4	0.5	1.2~2.0	0.3	2.1~2.9	0.18~0.28	5.1~6.1	0	Ti+Zr0.25	0.05	0.15	余量

注:AlZn1仅作铝板板包层用。

5　主要铝合金的相组成及相图选编

5.1　主要变形铝合金的相组成

变形铝合金及铝合金半连续铸造状态下的相组成见表 5-1。

表 5-1　变形铝合金及铝合金半连续铸造状态下的相组成

合　金			主要相组成(少量的或可能的)
类别	系	牌号	
1×××系合金	Al	1A85~1A99	$\alpha + FeAl_3$、$Al_{12}Fe_3Si$
		1070A~1A06	$\alpha + Al_{12}Fe_3Si$
2×××系合金	Al-Cu-Mg	2A01	$\theta(CuAl_2)$、Mg_2Si、$N(Al_7Cu_2Fe)$、$\alpha(Al_{12}Fe_3Si)$、[S]
		2A02	$S(Al_2CuMg)$、Mg_2Si、N、$(FeMn)_3SiAl_{12}$、[S]、$(FeMn)Al_6$
		2A04	$S(Al_2CuMg)$、Mg_2Si、N、$(FeMn)_3SiAl_{12}$、[S]、$(FeMn)Al_6$
		2A06	$S(Al_2CuMg)$、Mg_2Si、N、$(FeMn)_3SiAl_{12}$、[S]、$(FeMn)Al_6$
		2A10	$\theta(CuAl_2)$、Mg_2Si、$N(Al_7Cu_2Fe)$、$(FeMn)_3SiAl_{12}$、$S(Al_2CuMg)$、$(FeMn)Al_6$
		2A11	$\theta(CuAl_2)$、Mg_2Si、$N(Al_7Cu_2Fe)$、$(FeMn)_3SiAl_{12}$、[S]、$(FeMn)Al_6$
		2B11	$\theta(CuAl_2)$、Mg_2Si、$N(Al_7Cu_2Fe)$、$(FeMn)_3SiAl_{12}$、[S]、$(FeMn)Al_6$
		2A12	$S(Al_2CuMg)$、$\theta(CuAl_2)$、Mg_2Si、$N(Al_7Cu_2Fe)$、$(FeMn)_3SiAl_{12}$、[S]、$(FeMn)Al_6$
		2B12	$S(Al_2CuMg)$、$\theta(CuAl_2)$、Mg_2Si、$N(Al_7Cu_2Fe)$、$(FeMn)_3SiAl_{12}$、[S]、$(FeMn)Al_6$
		2A13	$\theta(CuAl_2)$、Mg_2Si、$N(Al_7Cu_2Fe)$、$\alpha(Al_{12}Fe_3Si)$、[S]
	Al-Cu-Mn	2A16	$\theta(CuAl_2)$、$N(Al_7Cu_2Fe)$、$(FeMn)_3SiAl_{12}$、[$(FeMn)Al_6$、$TiAl_3$、$ZrAl_3$]
		2A17	$\theta(CuAl_2)$、$N(Al_7Cu_2Fe)$、$(FeMn)_3SiAl_{12}$、Mg_2Si、[S]、$(FeMn)Al_6$
	Al-Cu-Mg-Si-Mn	2A50	Mg_2Si、W、$\theta(CuAl_2)$、$AlFeMnSi$、[S]
		2B50	Mg_2Si、W、$\theta(CuAl_2)$、$AlFeMnSi$、[S]
		2A14	Mg_2Si、W、$\theta(CuAl_2)$、$AlFeMnSi$
	Al-Cu-Mg-Fe-Ni-Si	2A70	$S(Al_2CuMg)$、$FeNiAl_9$、[Mg_2Si、$N(Al_7Cu_2Fe)$或Al_6Cu_3Ni]
		2A80	$S(Al_2CuMg)$、$FeNiAl_9$、[Mg_2Si、$N(Al_7Cu_2Fe)$或Al_6Cu_3Ni]
		2A90	$S(Al_2CuMg)$、$\theta(CuAl_2)$、$FeNiAl_9$、Mg_2Si、Al_6Cu_3Ni、[$\alpha(Al_{12}Fe_3Si)$]
3×××系合金	Al-Mn	3A21	$(FeMn)Al_6$、$(FeMn)_3SiAl_{12}$
4×××系合金	Al-Si	4A01	Si(共晶)、$\beta(Al_5FeSi)$
		4A13	Si(共晶)、$\beta(Al_5FeSi)$、$AlFeMnSi$
		4A17	Si(共晶)、$\beta(Al_5FeSi)$、$AlFeMnSi$
		4A11	Si(共晶)、$S(Al_2CuMg)$、$FeNiAl_9$、Mg_2Si、$\beta(Al_5FeSi)$、[初晶硅]
		4043	Si(共晶)、$\alpha(Fe_2SiAl_8)$、$\beta(Al_5FeSi)$、$FeAl_3$

合 金			主要相组成(少量的或可能的)
类别	系	牌号	
5×××系合金	Al-Mg	5A02	Mg_2Si、$(FeMn)Al_6$、$[\beta(Al_5FeSi)]$
		5A03	Mg_2Si、$(FeMn)Al_6$、$[\beta(Al_5FeSi)]$
		5082	Mg_2Si、$(FeMn)Al_6$、$[\beta(Al_5FeSi)]$
		5A43	Mg_2Si、$(FeMn)Al_6$、$[\beta(Al_5FeSi)]$
		5A05	$\beta(Mg_5Al_8)$、Mg_2Si、$(FeMn)Al_6$
		5A06	$\beta(Mg_5Al_8)$、$(FeMn)Al_6$
		5B06	$\beta(Mg_5Al_8)$、$(FeMn)Al_6$、$[TiAl_2]$
		5A33	$\beta(Mg_5Al_8)$、Mg_2Si、$[(FeMn)Al_6]$
		5A12	$\beta(大量)$、Mg_2Si
		5A13	$\beta(大量)$、Mg_2Si、$(FeMn)Al_6$
		5A41	$\beta(Mg_5Al_8)$、Mg_2Si、$(FeMn)Al_6$
		5A66	$[\beta]$
	Al-Mg-Si-Cu	5183	Mg_2Si、W、$(FeMn)_3Si_2Al_{15}$、$[(FeCr)_4Si_4Al_{13}]$
		5086	Mg_2Si、W、$(FeMn)_3Si_2Al_{15}$
6×××系合金	Al-Mg-Si 及 Al-Mg-Si-Cu	6061	Mg_2Si、$(FeMn)_3Si_2Al_{15}$
		6063	Mg_2Si、$(FeMn)_3Si_2Al_{15}$
		6070	Mg_2Si、$(FeMn)_3Si_2Al_{15}$
7×××系合金	Al-Zn-Mg	7003	η、$T(Al_2Mg_3Zn_3)$、Mg_2Si、$AlFeMnSi$、$[ZnAl_3 初晶]$
	Al-Zn-Mg-Cu	7A03	η、$T(Al_2Mg_3Zn_3)$、S、$[AlFeMnSi、Mg_2Si]$
		7A04	$T(AlZnMgCu)$、Mg_2Si、$AlFeMnSi$、$[\eta]$
		7A09	$T(AlZnMgCu)$、Mg_2Si、$AlFeMnSi$、$[CrAl_7]$
		7A10	$T(AlZnMgCu)$、Mg_2Si、$AlFeMnSi$
8×××系合金	Al-Mg-Zn	8A06	$FeAl_3$、$\alpha(AlFeSi)$、β
		8011	η、$T(Al_2Mg_3Zn_3)$、S、$[AlFeMnSi、Mg_2Si]$
		8090	$\alpha(Al)$、Al_3Li、Al_3Zr

5.2 主要铝合金的相图选编

铝合金相图很多,下面仅介绍常用的一些二元和三元相图。相图中使用的温标是国际温度委员会1968年10月决定采用的新温标(K)和国际实用摄氏温度(℃),它们之间的差值为273.15K。

5.2.1 铝合金二元相图选编

下面选编的二元相图有铝-铜、铝-硅、铝-锰、铝-镁、铝-镍、铝-锌、铝-锂、铝-铁、铝-铬、铝-钛、铝-锆、铝-钼、铝-硼、铝-钇、铝-铅、铝-镧、铝-铌、铝-钪二元相图,共18种相图,如图5-1~图5-18所示。

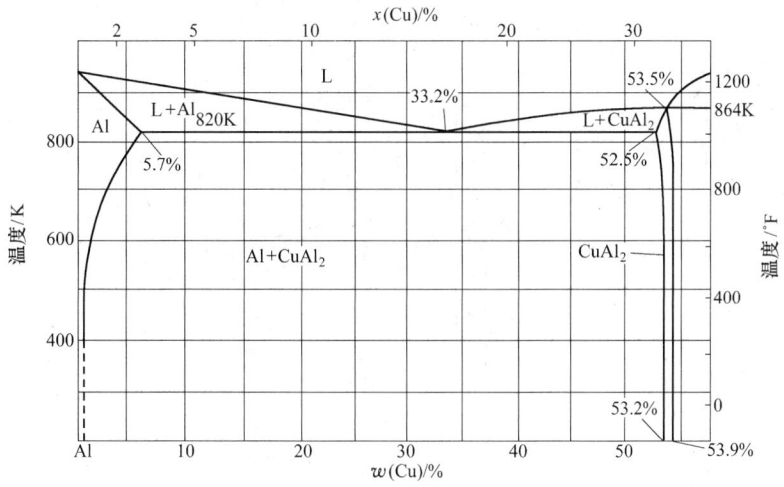

图 5-1　铝-铜二元相图

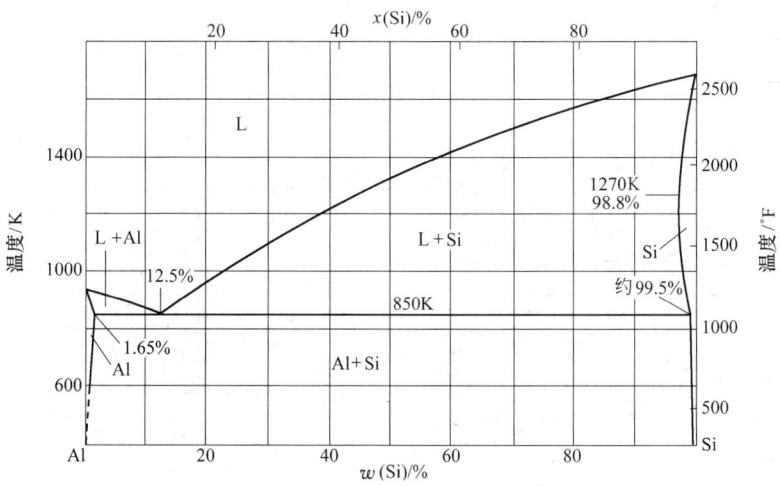

图 5-2　铝-硅二元相图

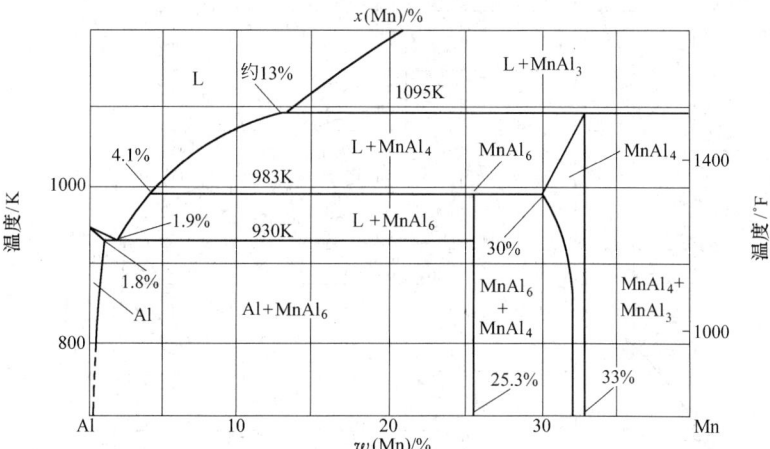

图 5-3　铝-锰二元相图

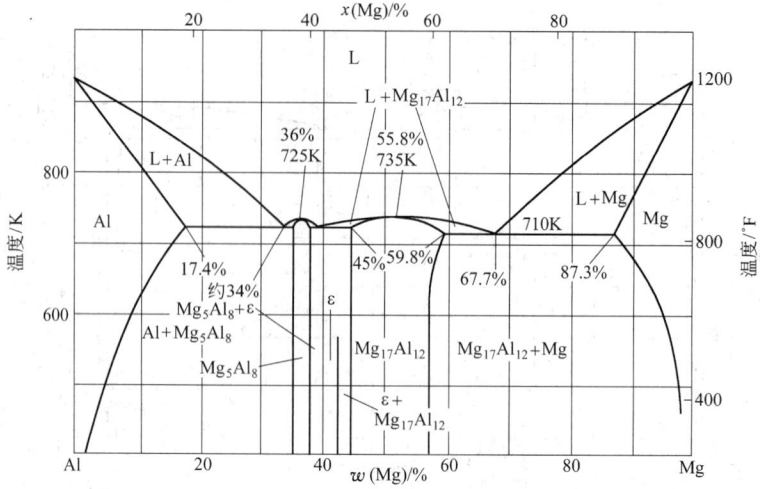

图 5-4　铝-镁二元相图

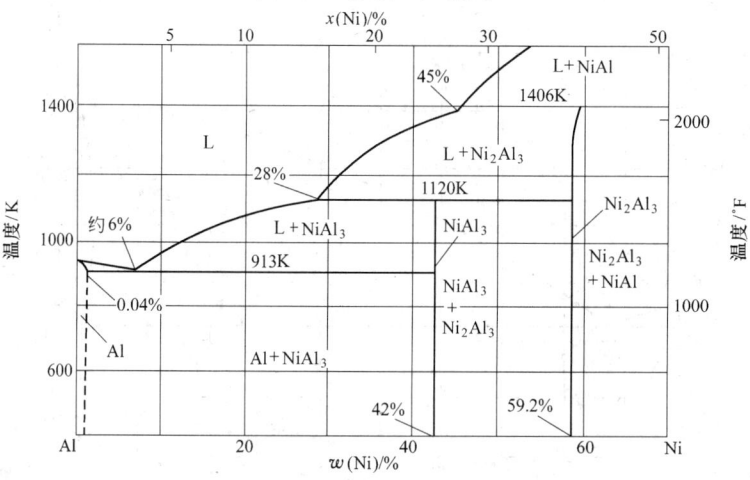

图 5-5　铝-镍二元相图

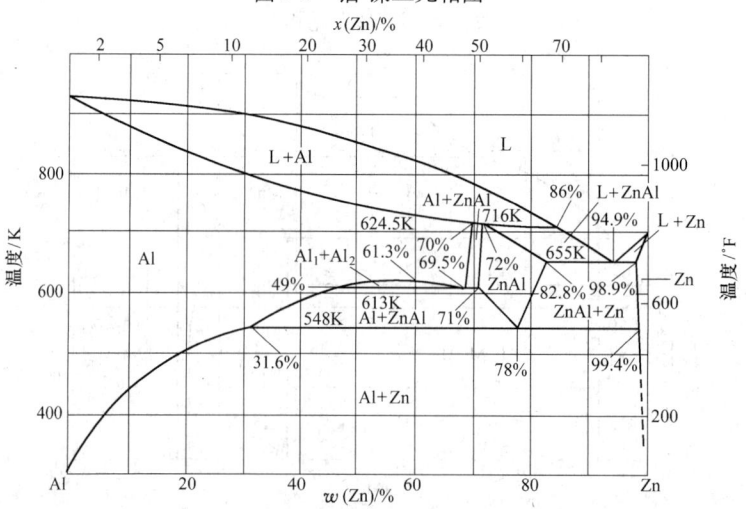

图 5-6　铝-锌二元相图

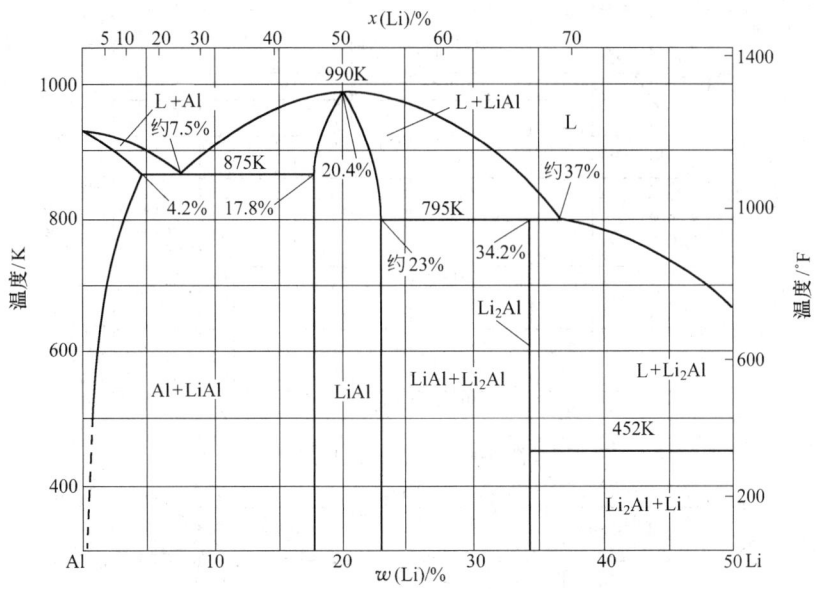

图 5-7　铝-锂二元相图

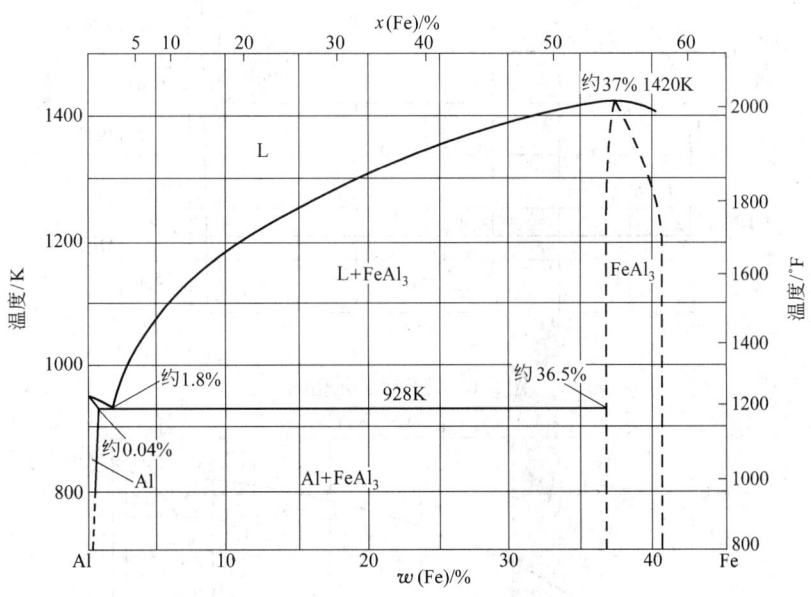

图 5-8　铝-铁二元相图

5.2.2　铝合金三元相图选编

下面选编的三元相图有铝-铜-铁、铝-铜-锌、铝-铜-硅、铝-铜-锂、铝-铜-镁、铝-铜-锰、铝-锰-锌、铝-铜-镍、铝-铜-锡、铝-铬-锰、铝-锰-硅、铝-镁-硅、铝-锂-镁、铝-镁-锌、铝-镁-锰、铝-锂-锰、铝-锂-锌、铝-铍-镁、铝-硼-钛、铝-铁-硅、铝-铁-锌、铝-铁-锰、铝-铬-铁、铝-铁-镍、铝-硅-锌、铝-镁-钪、铝-锌-钪三元相图，共27种相图，如图5-19～图5-45所示。

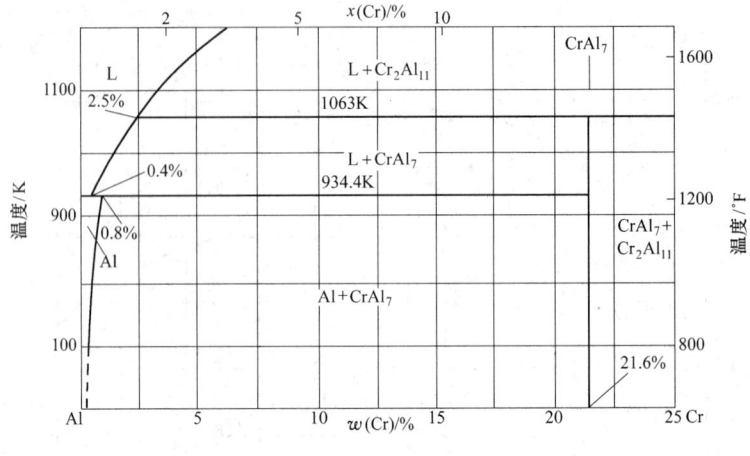

图 5-9 铝-铬二元相图

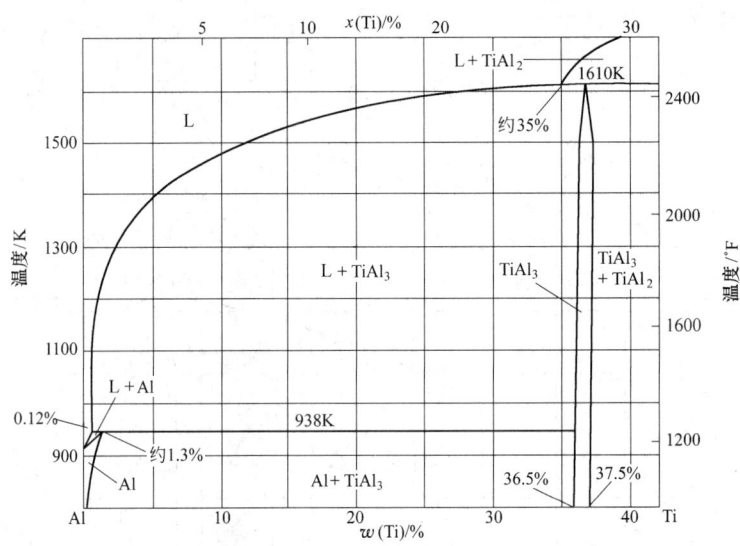

图 5-10 铝-钛二元相图

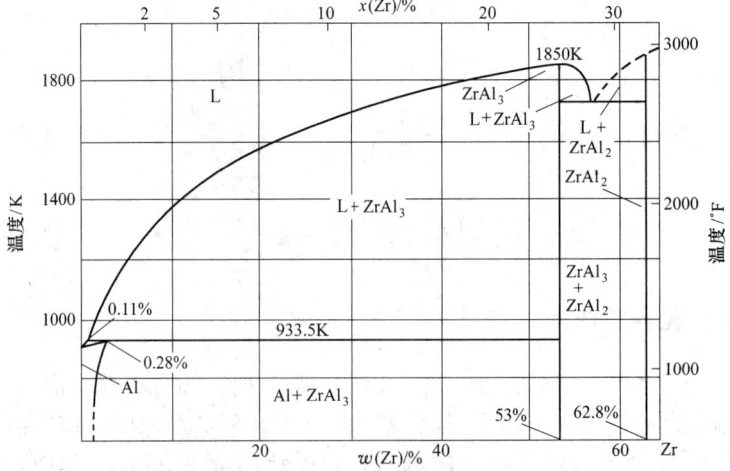

图 5-11 铝-锆二元相图

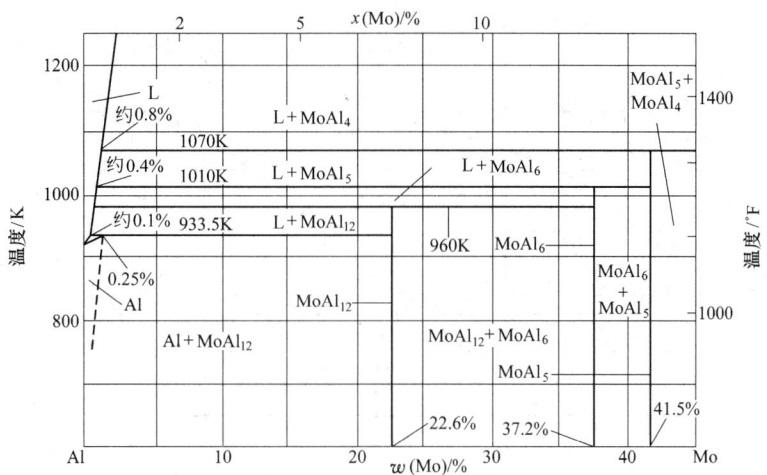

图 5-12　铝-钼二元相图

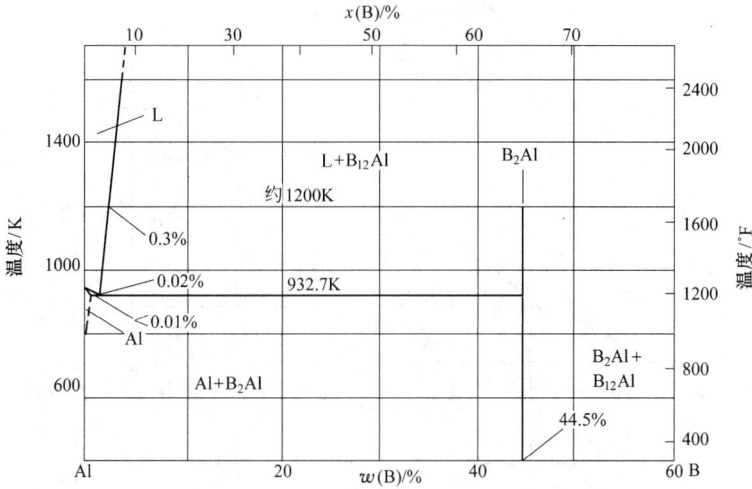

图 5-13　铝-硼二元相图

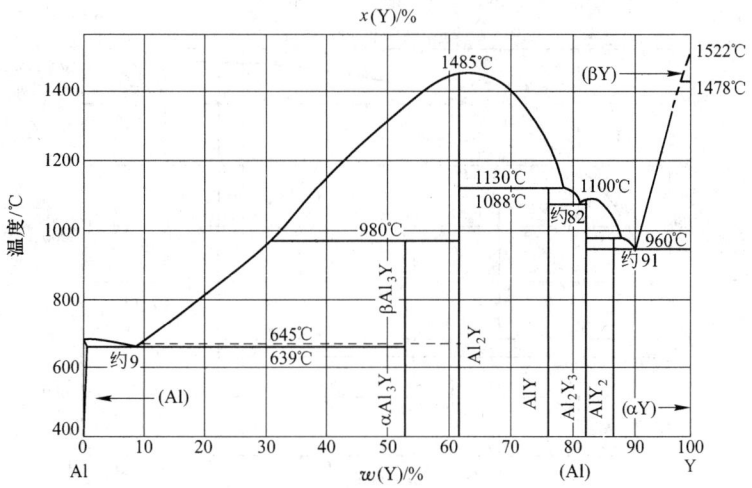

图 5-14　铝-钇二元相图

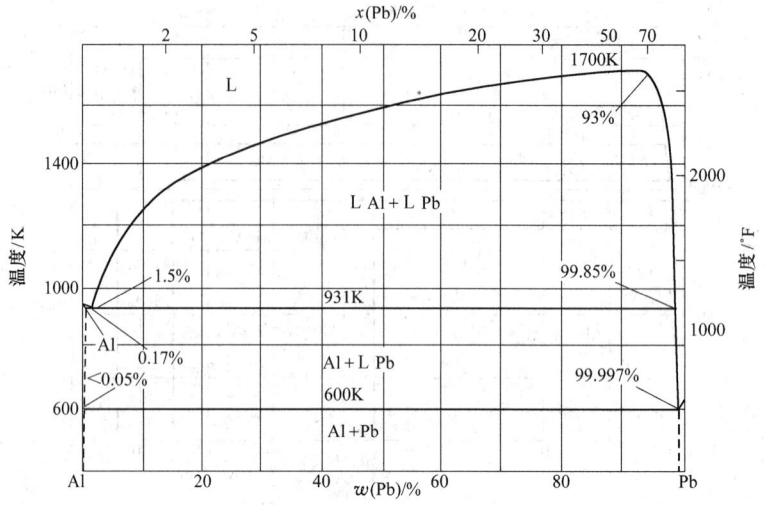

图 5-15 铝-铅二元相图

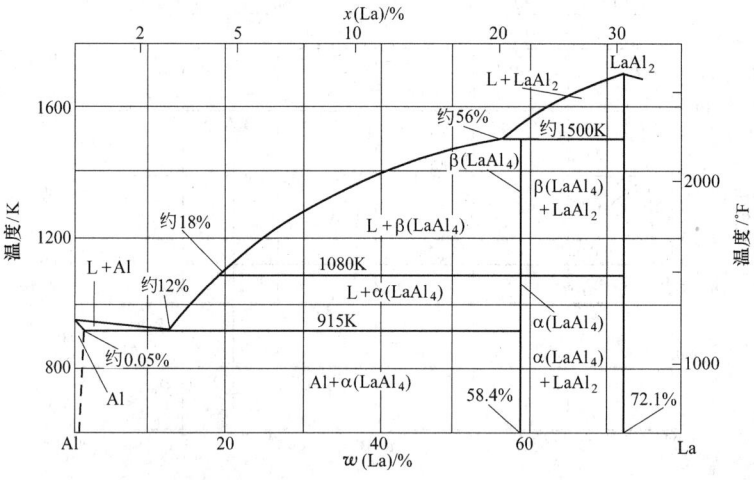

图 5-16 铝-镧二元相图

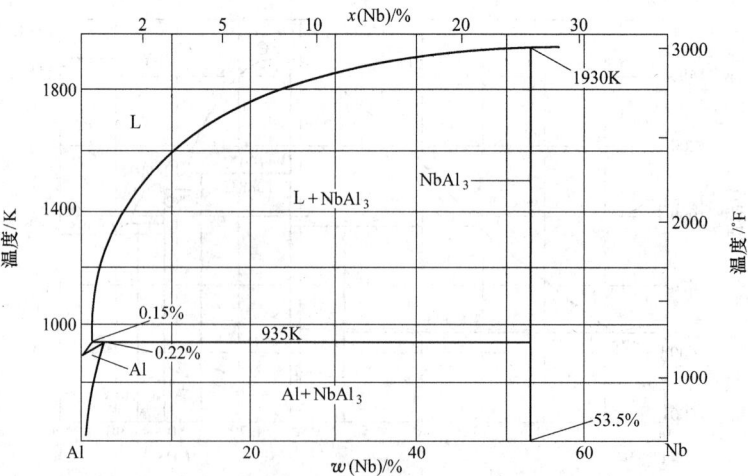

图 5-17 铝-铌二元相图

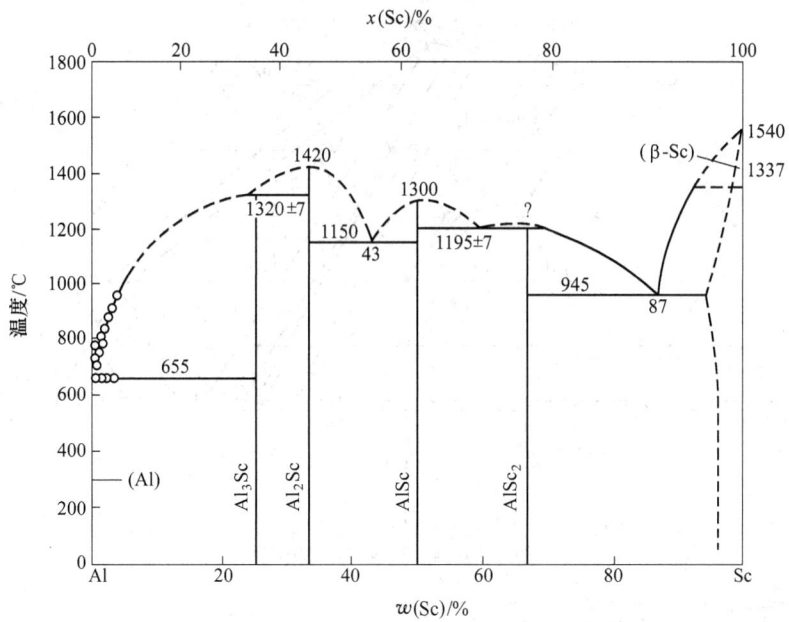

图 5-18　铝-钪二元相图

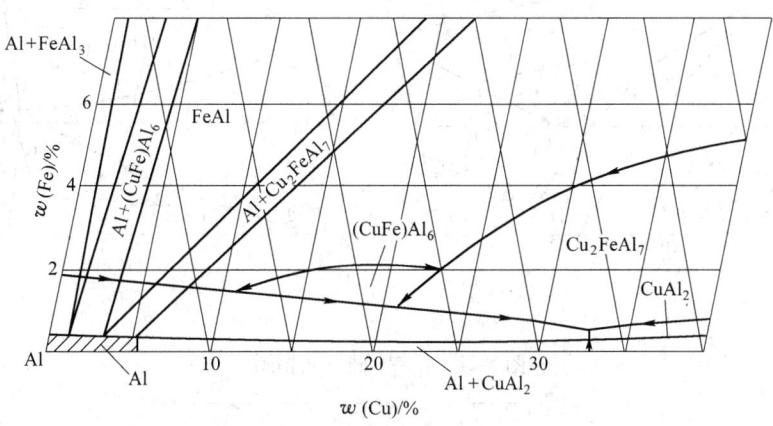

图 5-19　铝-铜-铁三元相图

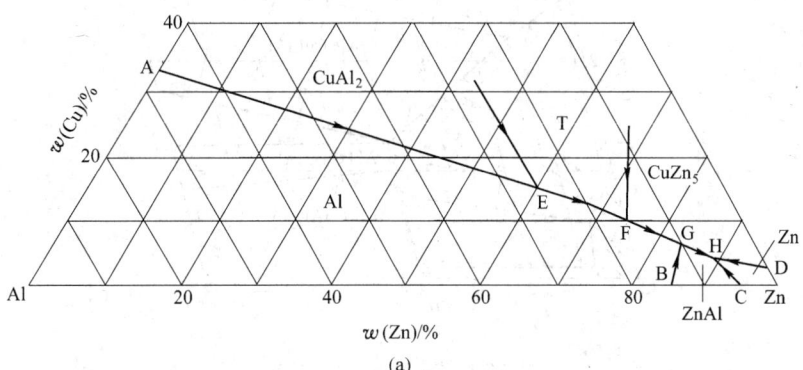

(a)

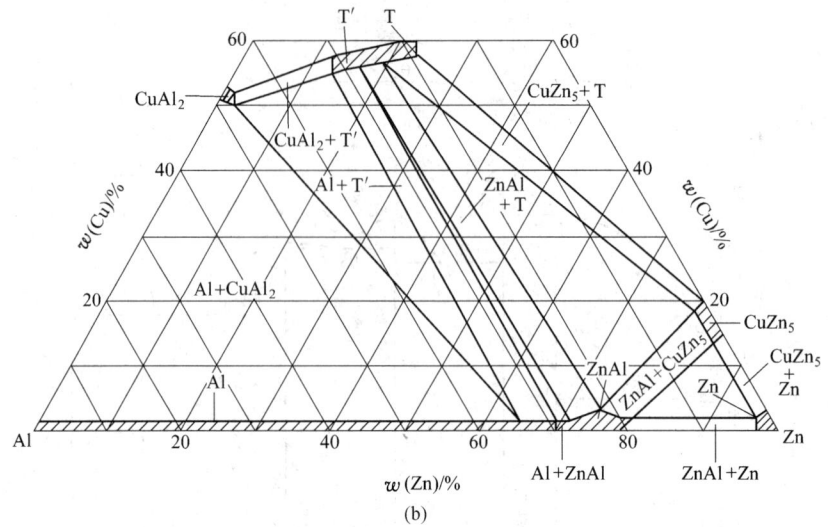

(b)

图 5-20　铝-铜-锌三元相图

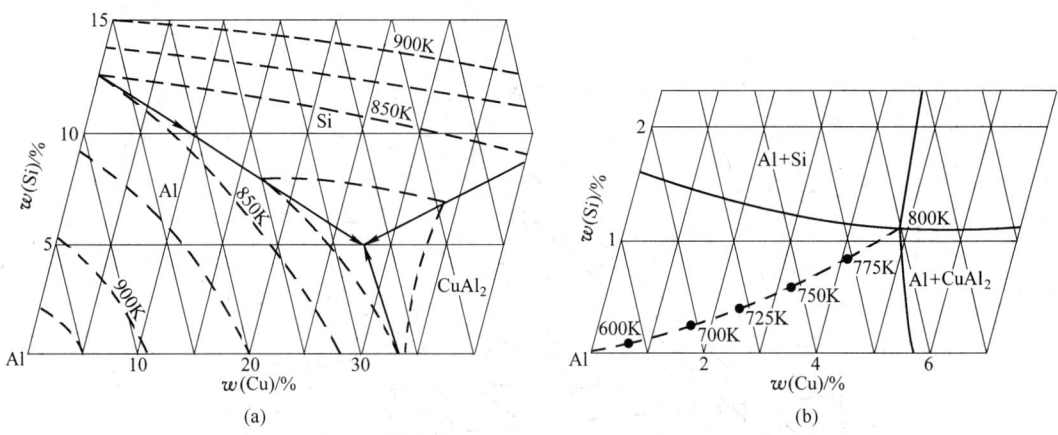

(a)　　　　　　　　　　　　　(b)

图 5-21　铝-铜-硅三元相图

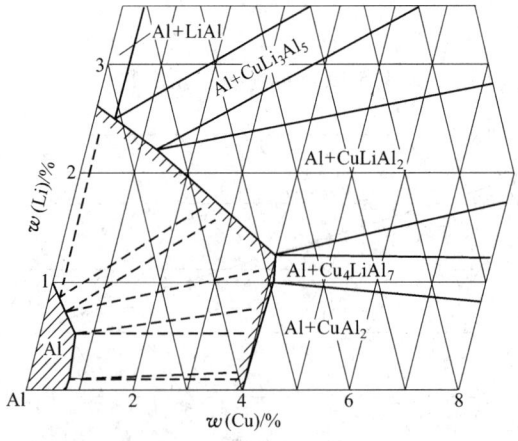

图 5-22　铝-铜-锂三元相图

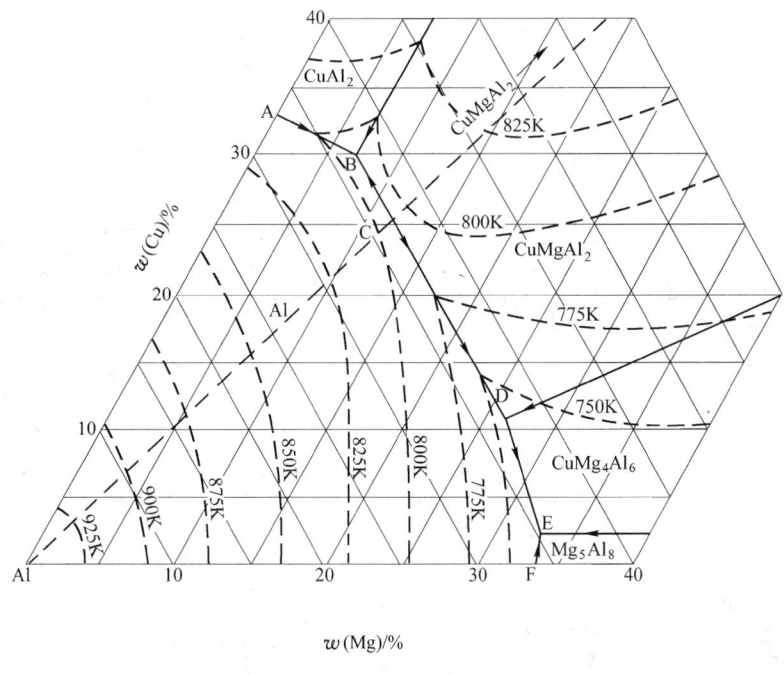

(a)

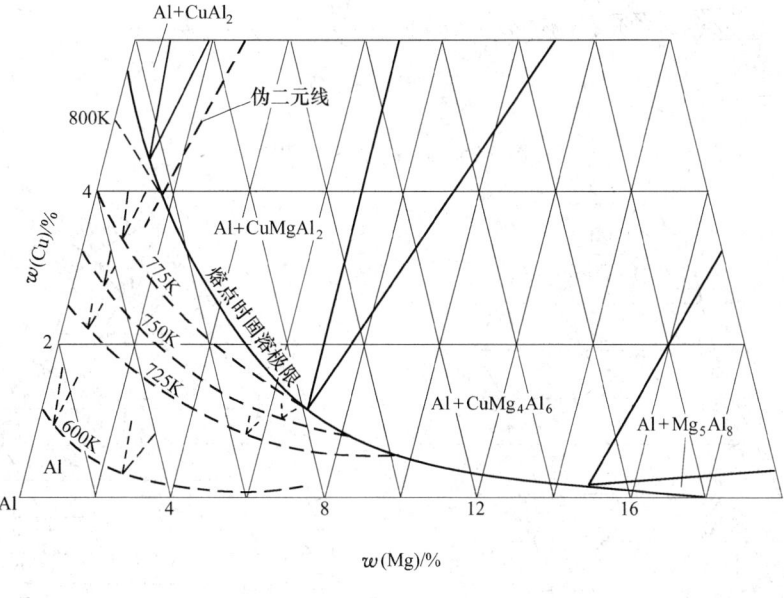

(b)

图 5-23　铝-铜-镁三元相图

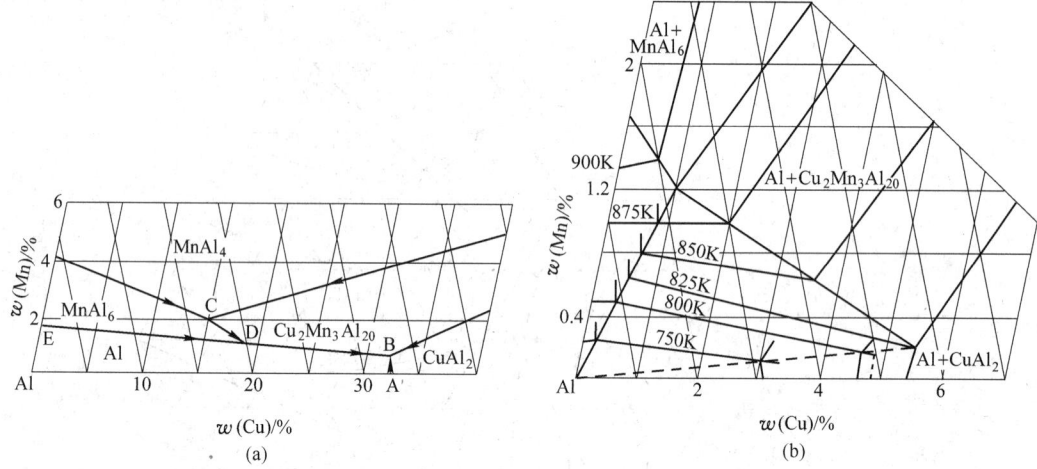

图 5-24 铝-铜-锰三元相图

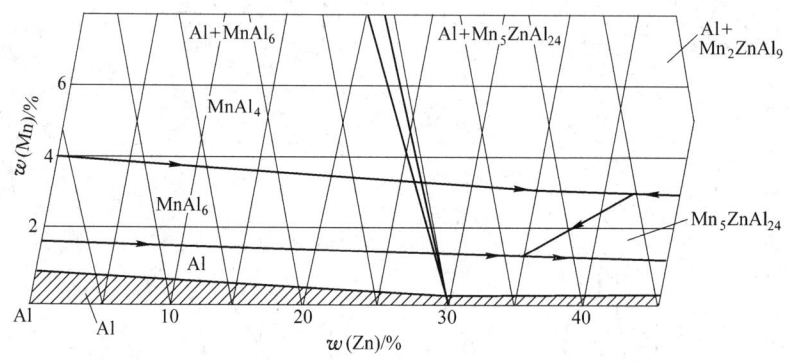

图 5-25 铝-锰-锌三元相图

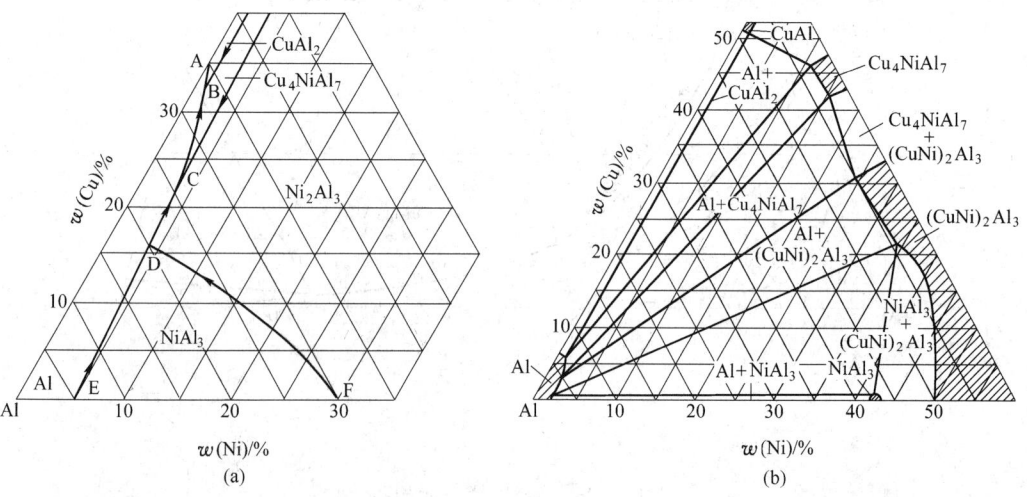

图 5-26 铝-铜-镍三元相图

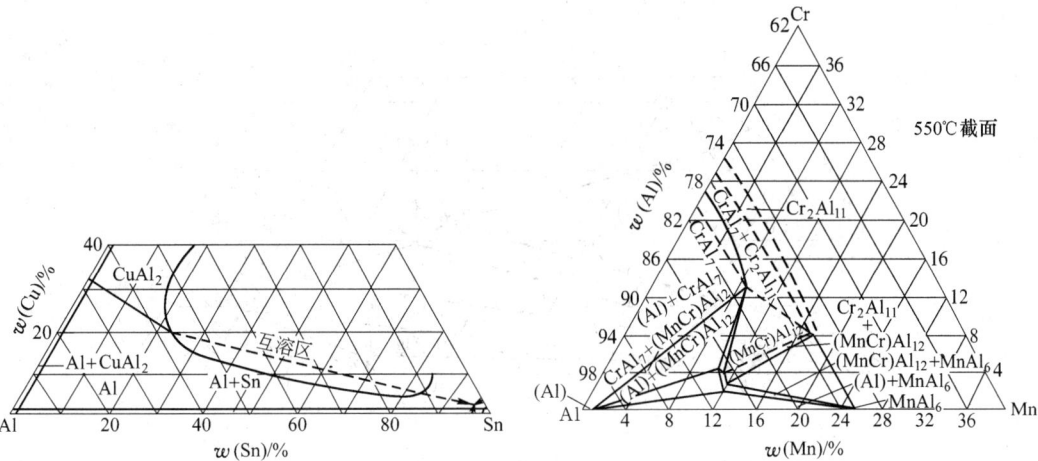

图 5-27 铝-铜-锡三元相图

图 5-28 铝-铬-锰三元相图

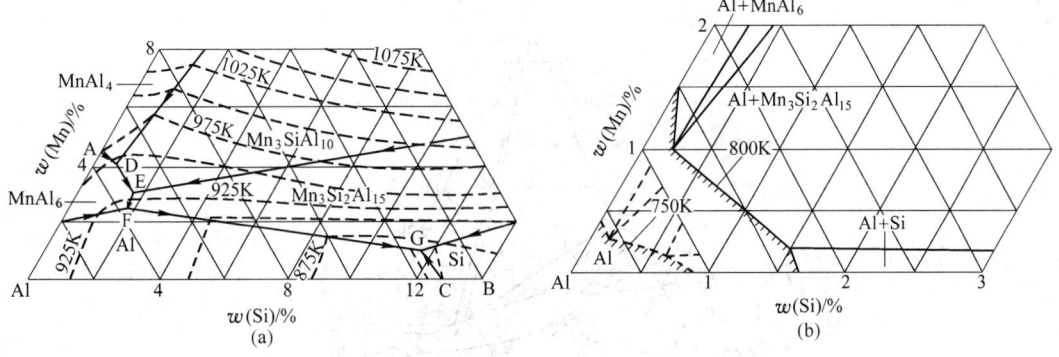

图 5-29 铝-锰-硅三元相图

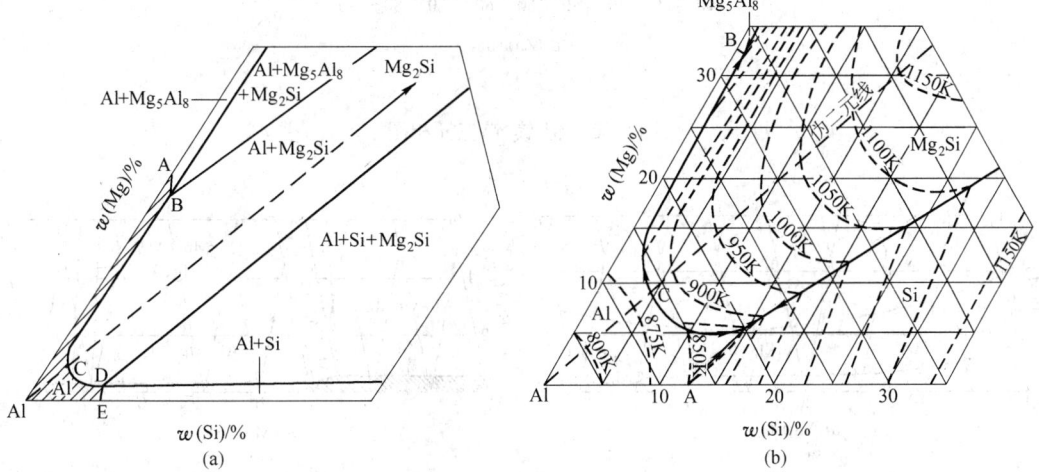

图 5-30 铝-镁-硅三元相图

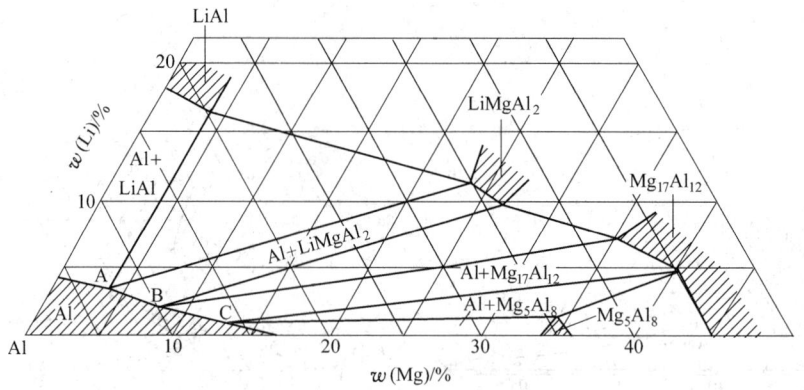

图 5-31 铝-锂-镁三元相图

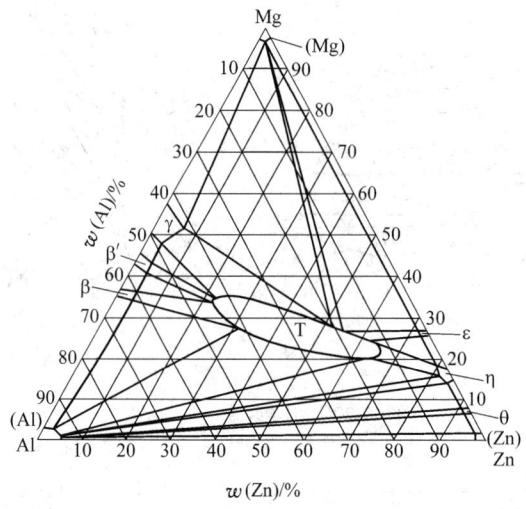

图 5-32 铝-镁-锌三元相图

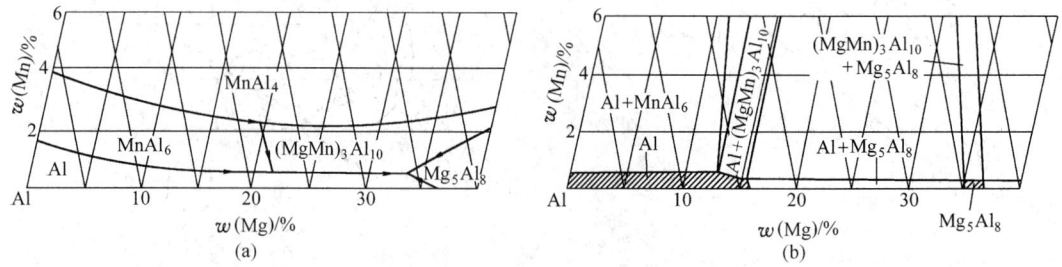

图 5-33 铝-镁-锰三元相图

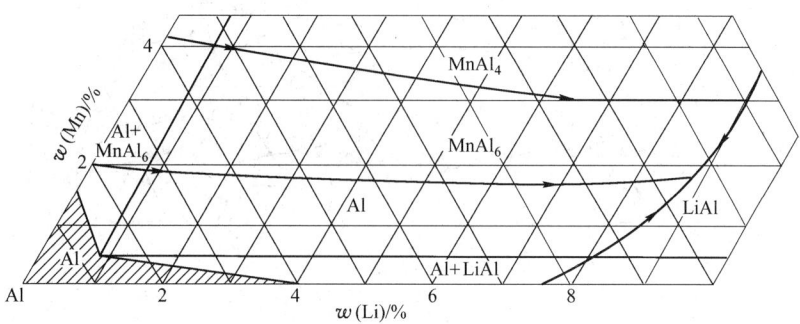

图 5-34 铝-锂-锰三元相图

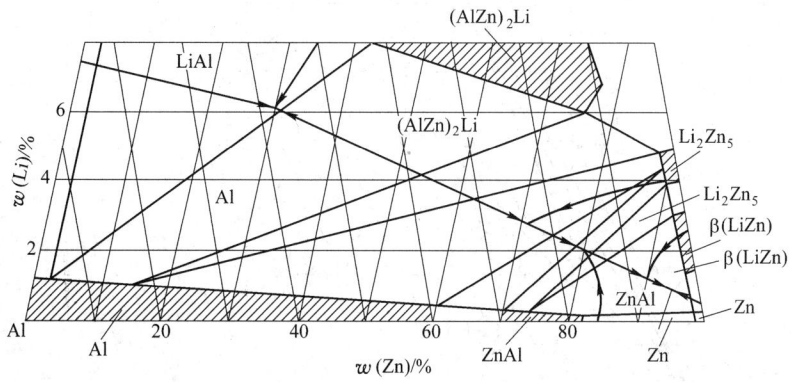

图 5-35 铝-锂-锌三元相图

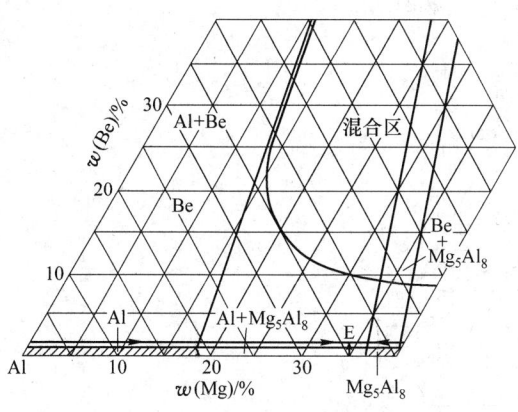

图 5-36 铝-铍-镁三元相图

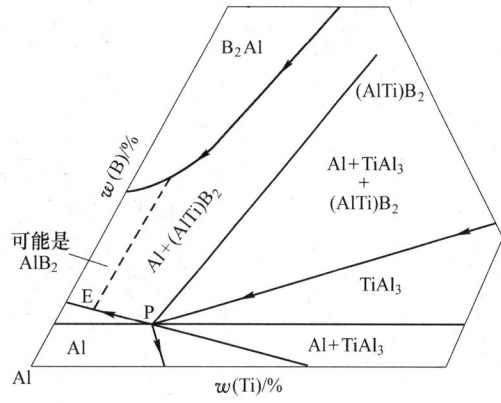

图 5-37 铝-硼-钛三元相图

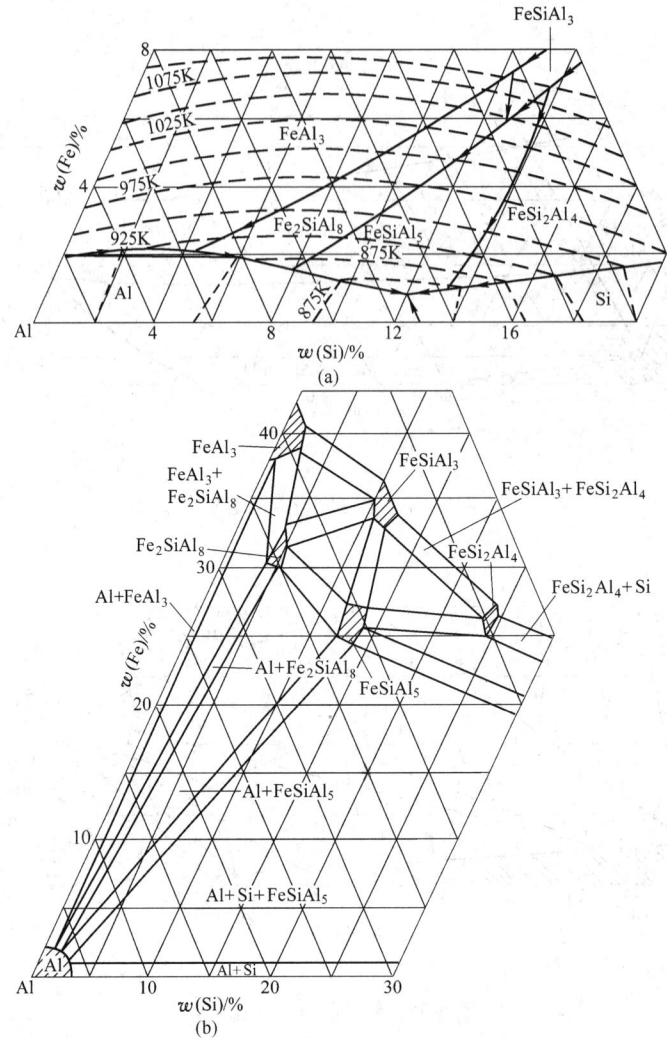

图 5-38 铝-铁-硅三元相图

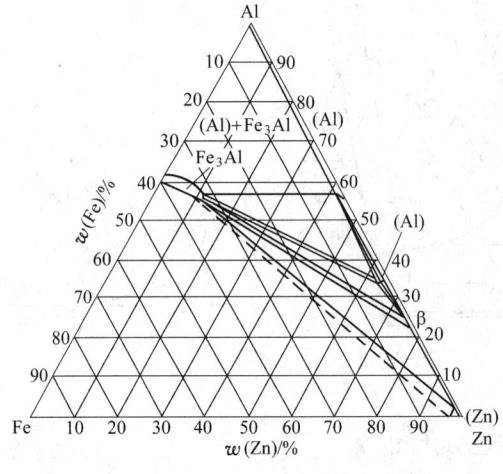

图 5-39 铝-铁-锌三元相图

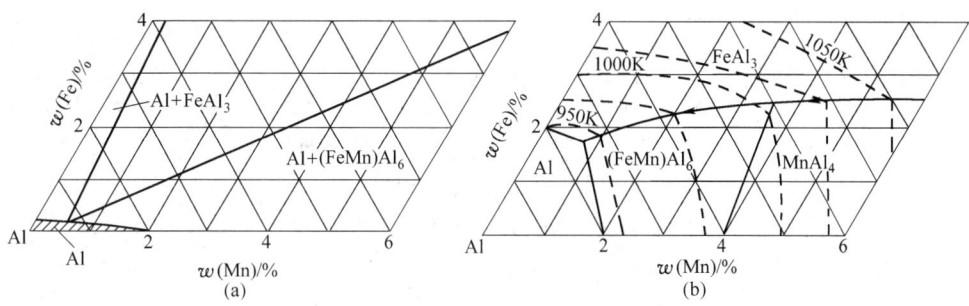

图 5-40 铝-铁-锰三元相图

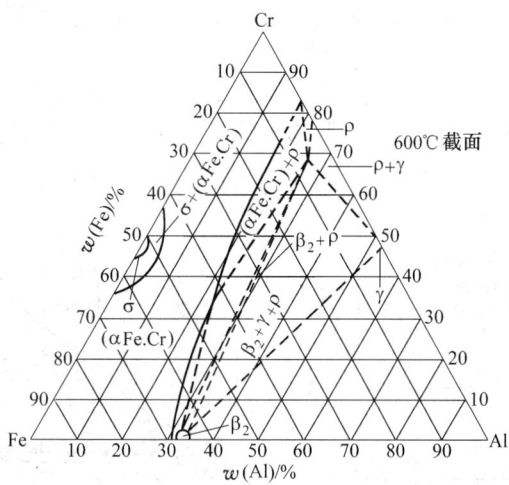

图 5-41 铝-铬-铁三元相图

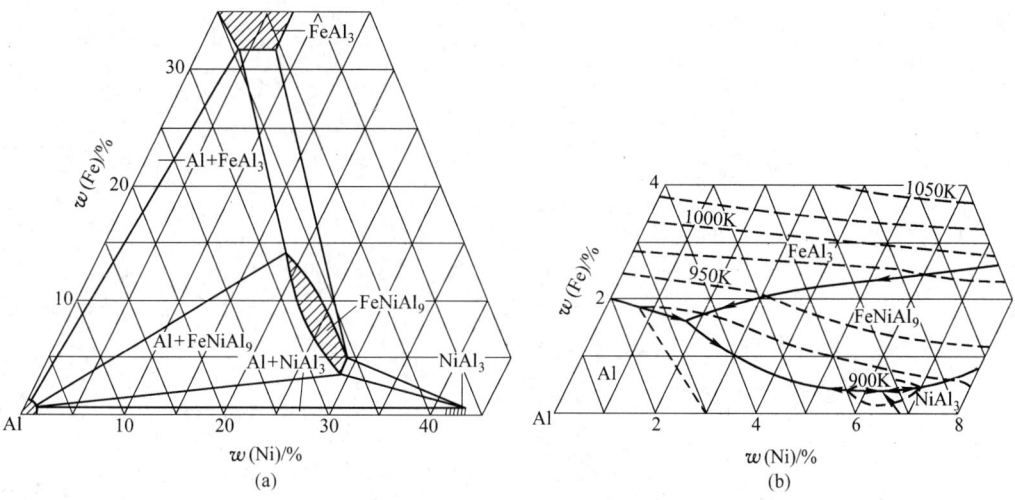

图 5-42 铝-铁-镍三元相图

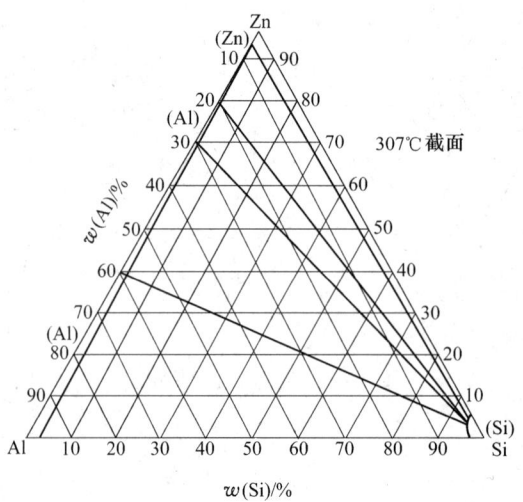

图 5-43 铝-硅-锌三元相图

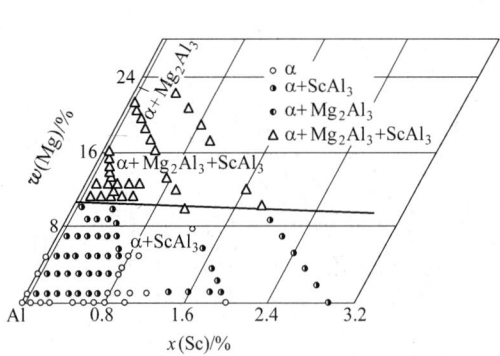

图 5-44 铝-镁-钪三元相图（富铝角）

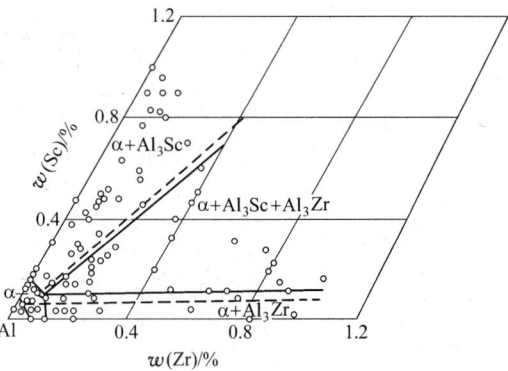

图 5-45 铝-锆-钪三元相图（富铝角）

⑥ 1×××系~8×××系变形铝合金材料的典型性能及用途

6.1　1×××系铝合金及其加工材料

1×××系铝合金属于工业纯铝，具有密度小、导电性好、导热性高、熔解潜热大、光反射系数大、热中子吸收界面积较小及外表色泽美观等特性。铝在空气中其表面能生成致密坚固的氧化膜，阻止氧的侵入，因而具有较好的抗蚀性。1×××系铝合金用热处理方法不能强化，只能采用冷作硬化方法来提高强度，因此强度较低。

6.1.1　微量元素在1×××系铝合金中的作用

1×××系铝合金中的主要杂质是铁和硅，其次是铜、镁、锌、锰、铬、钛、硼等，以及一些稀土元素，这些微量元素在部分1×××系铝合金中还起合金化的作用，并且对合金的组织和性能均有一定的影响。具体介绍如下：

（1）铁。铁与铝可以生成 $FeAl_3$，铁与硅和铝可以生成三元化合物 α（Al、Fe、Si）和 β（Al、Fe、Si），它们是1×××系铝合金中的主要相，硬而脆，对力学性能影响较大，一般是使强度略有提高，而塑性降低，并可以提高再结晶温度。

（2）硅。硅与铁是铝中的共存元素。当硅过剩时，以游离硅状态存在，硬而脆，使合金的强度略有提高，而塑性降低，并对高纯铝的二次再结晶晶粒度有明显影响。

（3）铜。铜在1×××系铝合金中主要以固溶状态存在，对合金的强度有些贡献，对再结晶温度也有影响。

（4）镁。镁在1×××系铝合金中可以是添加元素，并主要以固溶状态存在，其作用是提高强度，对再结晶温度的影响较小。

（5）锰和铬。锰、铬可以明显提高再结晶温度，但对细化晶粒的作用不大。

（6）钛和硼。钛、硼是1×××系铝合金的主要变质元素，既可以细化铸锭晶粒，又可以提高再结晶温度并细化晶粒。但钛对再结晶温度的影响与铁和硅的含量有关，当含有铁时，其影响非常显著；若含有少量的硅时，其作用减小；但当含 Si 0.48%（质量分数）时，钛又可以使再结晶温度显著提高。

添加元素和杂质对1×××系铝合金的电学性能影响较大，一般均使导电性能降低，其中镍、铜、铁、锌、硅降低较少，而钒、铬、锰、钛则降低较多。此外，杂质的存在会破坏铝表面形成氧化膜的连续性，使铝的抗蚀性降低。

6.1.2　1×××系铝合金材料的典型性能

1×××系铝合金材料的典型性能见表6-1~表6-9。

表 6-1　1×××系铝合金材料的热学性能

合金	液相线温度/℃	固相线温度/℃	线膨胀系数		体膨胀系数/m³·(m³·K)⁻¹	比热容/J·(kg·K)⁻¹	热导率/W·(m·K)⁻¹	
			温度/℃	平均值/μm·(m·K)⁻¹			O 状态	H18 状态
1050	657	646	−50~20 20~100 20~200 20~300	21.8 23.6 24.5 25.5	68.1×10⁻⁶ (20℃)	900 (20℃)	231 (20℃)	
1060	657	646	−50~20 20~100 20~200 20~300	21.8 23.6 24.5 25.5	68×10⁻⁶ (20℃)	900 (20℃)	234 (25℃)	
1100	657	643	−50~20 20~100 20~200 20~300	21.8 23.6 24.5 25.5	68×10⁻⁶ (20℃)	904 (20℃)	222 (20℃)	218 (20℃)
1145	657	646	−50~20 20~100 20~200 20~300	21.8 23.6 24.5 25.5	68×10⁻⁶ (20℃)	904 (20℃)	230 (20℃)	227 (20℃)
1199	660	660	−50~20 20~100 20~200 20~300	21.8 23.6 24.5 25.5	68×10⁻⁶ (20℃)	900 (25℃)	243 (20℃)	
1350	657	646	−50~20 20~100 20~200 20~300	21.8 23.6 24.5 25.5	68×10⁻⁶ (20℃)	900 (20℃)	234 (20℃)	(H19) 230

表 6-2　1×××系铝合金材料的电学性能

合金	20℃体积电导率/%IACS		20℃体积电阻率/nΩ·m		20℃体积电阻温度系数/nΩ·m·K⁻¹		电极电位[①]/V
	O	H18	O	H18	O	H18	
1050	61.3		28.1		0.1		
1060	62	61	27.8	28.3	0.1	0.1	−0.84
1100	59	57	29.2	30.2	0.1	0.1	−0.83
1145	61	60	28.3	28.7	0.1	0.1	
1199	64.5		26.7		0.1		
1350	61.8	61.0(H1X)	27.9	28.2(H1X)	0.1 (各种状态)		−0.84

① 测定条件：25℃，在 NaCl53g/L + H₂O₃3g/L 溶液中，以 0.1mol/L 甘汞电极作标准电极。

表6-3 1×××系铝合金材料的典型室温力学性能

合 金	状态	$\sigma_{0.2}$/MPa	σ_b/MPa	δ/%	硬度 HB[1]	抗剪强度/MPa	疲劳强度[2]/MPa
1050	O	28	76	39	—	62	—
	H14	103	110	10		69	
	H16	124	131	8		76	
	H18	145	159	7		83	
1060[3]	O	28	69	43	19	48	21
	H12	76	83	16	23	55	28
	H14	90	97	12	26	62	34
	H16	103	110	8	30	69	45
	H18	124	131	6	35	76	45
1100[3]	O	34	90	35	23	62	34
	H12	103	110	12	28	69	41
	H14	117	124	9	32	76	48
	H16	138	145	6	38	83	62
	H18	152	165	5	44	90	62
1145[4][5]	O	34	75	40	—	—	—
	H18	117	145	5			
1199	O	10	45	50	—	—	—
	10[5]	57	59	40			
	20	75	77	15			
	40	94	96	11			
	60	105	110	6			
	75	113	120	5			
1350	O	28	83	23	—	55	—
	H12	83	97	—		62	
	H14	97	110	—		69	
	H16	110	124	—		76	
	H19	165	186	1.5		103	

注：O 状态素箔的 σ_{bmax} =95MPa，H19 素箔的 σ_{bmin} =140MPa，箔材厚度为 0.02~0.15mm。

[1] 载荷 500kg，钢球直径 10mm；

[2] 5×10[8] 次循环，R. R. Moore 型试验；

[3] 1.6mm 厚的板；

[4] 0.02~0.15mm 的素箔；

[5] 指冷加工率（%）。

表 6-4　1×××系铝合金板材的标定力学性能（GB 3617、GB 3880）

合　金	状　态	厚度/mm	力 学 性 能	
			σ_b/MPa	δ_{10}/%
1070A 1060 1050 1035 1100 1200	O	0.3 ~ 0.5	≤100	≥20
		0.51 ~ 0.9		≥25
		0.91 ~ 6.0		≥28
	H14	0.3 ~ 0.4	≥100	≥3
		0.41 ~ 0.7		≥4
		0.71 ~ 1.0		≥5
		1.1 ~ 6.0		≥6
	H18	0.3 ~ 0.9	≥140	≥2
		0.91 ~ 4.0	≥140	≥3
		4.1 ~ 6.0	≥130	≥4

表 6-5　1×××系铝合金箔材的标定力学性能（GB 3198）

合　金	厚度/mm	σ_{bmin}/MPa		δ_{min}/%	
		O	T18	O	T18
1070A、1060、 1050A、1035、 1200	0.006	—	—	—	—
	0.007 ~ 0.010	30	100	0.5	—
	0.012 ~ 0.025	30	100	1.0	—
	0.026 ~ 0.040	30	100	2.0	0.5
	0.050 ~ 0.020	40	120	3.0	0.5

表 6-6　电解电容器铝箔的纵向室温力学性能（GB 3615）

合　金	状　态	厚度/mm	σ_{bmin}/MPa	δ_{min}/%
1A85、1A90、1A93 1A97、1A99	O	0.030 ~ 0.090	25	2
	H18	0.030 ~ 0.090	100	0.5
	O	0.100 ~ 0.200	30	3
	H18	0.100 ~ 0.200	100	0.5

表 6-7　电力和一般有机介质电容器铝箔纵向室温力学性能（GB 3616）

合　金	状　态	厚度/mm	抗拉强度 σ_b/MPa	伸长率 δ （L_0 = 100mm）/%
1070A、1060、1050、 1035、1145、1235	O、H18	0.006 ~ 0.007	—	—
	O	>0.007 ~ 0.01	30	0.5
	H18	>0.007 ~ 0.01	100	—
	O	>0.01 ~ 0.016	30	1.0
	H18	>0.01 ~ 0.016	110	0.5

表 6-8 1×××系铝合金热挤压管棒材的室温纵向力学性能（GB 4437、GB 3191）

合 金	材料	供应状态	试样状态	壁厚或直径/mm	σ_b/MPa	$\sigma_{0.2}$/MPa	δ/%
1070A、1060	管	O	O	所有	≥60~95	—	≥22
		H112	H112		≥60		≥22
1050A、1035		O	O		≥60~100		≥23
1100、1200		O	O		≥75~105		≥22
		H112	H112		≥75		≥22
1060	棒	O	O	≤150	≥60~95	≥15	≥22
		H112	H112		≥60	≥15	≥22
1070A		H112	H112		≥55	≥15	—
1050A		H112	H112		≥65	≥20	—
1200		H112	H112		≥75	≥20	—
1035		O	O	≤120	—		≥25
		H112	H112				

表 6-9 1A50 导线的室温力学性能（GB 3195）

直径/mm	H19		O	
	抗拉强度 σ_b/MPa	伸长率 δ/%	抗拉强度 σ_b/MPa	伸长率 δ/%
0.80~1.00	162	1.0	74	10
>1.00~1.50	157	1.2	74	12
>1.50~2.00	157	1.5	74	12
>2.00~3.00	157	1.5	74	15
>3.00~4.00	137	1.5	74	18
>4.00~4.50	137	2.0	74	18
>4.50~5.00	137	2.0	74	18

注：1035-H18 铆钉线材的抗剪强度不小于 60MPa（GB 3196）。

6.1.3 1×××系铝合金的工艺性能

1×××系铝合金的工艺性能见表 6-10，再结晶温度见表 6-11，过烧温度见表 6-12，材料的特性比较见表 6-13。

表 6-10 1×××系铝合金材料的工艺性能

熔炼温度/℃	铸造温度/℃	轧制温度/℃	挤压温度/℃	退火温度/℃
720~760	700~760	290~500	250~450	低温 210~260 完工 310~410

表6-11 1×××系铝合金的变形工艺参数和再结晶温度

牌号	品 种	规格或型号/mm	变形温度/℃	变形程度/%	加热方式	保温时间/min	再结晶温度/℃ 开始	再结晶温度/℃ 终止	备 注
1060	热轧板	10.5	300~350	96	空气炉	120		400~405	热轧状态已开始再结晶
	冷轧板	0.5 2.0	室温	92 75	空气炉	60	190~200 200	260~270 320	
	棒 材	φ10.5	350	98		120			挤压状态已完全再结晶
	冷轧管材	D38×2.0 D110×3.0	室温	63 45	空气炉	120	200	300 350	
1035	热轧板	8.0	300~350	97	盐浴炉	10		400~415	热轧状态已开始再结晶
	冷轧板	1.0	室温	87.5	盐浴炉 空气炉	10 20	230~235 200~205	305~310 285~290	
	棒 材	φ10	350	92					挤压状态已完全再结晶
	二次挤压管材	D50×41	350	96					挤压状态已完全再结晶
	带 材	60×6	350	96	盐浴炉	10		450~460	挤压状态已开始再结晶
	冷轧管材	D18×16	室温	59	盐浴炉	10	280~285	355~360	

表6-12 1×××系铝合金的过烧温度

序 号	牌 号	过烧温度/℃
1	1060	645
2	1100	640
3	1350	645

表6-13 1×××系铝合金材料的各种特性比较

合 金	状 态	腐蚀性能 一般[1]	腐蚀性能 应力腐蚀开裂[2]	可塑性[3] (冷加工)	机械加工性[3]	可钎焊性[4]	可焊性[4] 气焊	可焊性[4] 电弧焊	可焊性[4] 接触点焊和线焊
1060	O	A	A	A	E	A	A	A	B
	H12	A	A	A	E	A	A	A	A
	H14	A	A	A	D	A	A	A	A
	H16	A	A	B	D	A	A	A	A
	H18	A	A	B	D	A	A	A	A
1100	O	A	A	A	E	A	A	A	B
	H12	A	A	A	E	A	A	A	A
	H14	A	A	A	D	A	A	A	A
	H16	A	A	B	D	A	A	A	A
	H18	A	A	C	D	A	A	A	A

合金	状　态	腐蚀性能		可塑性③ （冷加工）	机械 加工性③	可钎焊性④	可焊性④		
		一般①	应力腐蚀 开裂②				气焊	电弧焊	接触点焊 和线焊
1350	O	A	A	A	E	A	A	A	B
	H12、H111	A	A	A	E	A	A	A	A
	H14、H24	A	A	A	D	A	A	A	A
	H16、H26	A	A	B	D	A	A	A	A
	H18	A	A	B	D	A	A	A	A

① 从A到E的等级是根据对试样断续喷洒氯化钠溶液，按性能逐渐降低的次序排列的。A级和B级合金可用在工业及海洋气氛中而不必保护。一般至少应对C、D、E级合金的接触面进行保护。

② 应力腐蚀开裂的等级是凭使用经验和把试样置于3.5%氯化钠溶液中，进行交替浸入试验结果确定的。A为在使用和实验室试验过程中无损坏例证；B为在使用中无损坏例证，短横向试样在实验室试验中损坏很有限；C为在相对于晶粒组织上的短横向上，因承受张应力的作用而在使用时发生损坏，长横向试样在实验室试验时损坏很有限；D为用于承受纵向或长横向应力，使用时发生的损坏很有限。

③ 从A到D的可塑性（冷加工）等级和从A到E的机械加工性等级，是按性能逐渐降低的次序排列的。

④ 从A到D的可钎焊性和可焊性等级，按下述次序排列：A为根据工业上的工艺规程和方法得到的一般可焊性；B为用特殊方法得到可焊性，或为了保证在改进焊接工艺规程和可焊性的初步试验，通过具体操作而得到的可焊性；C为由于裂纹的敏感性或耐蚀性和力学性能降低，可焊性受到限制；D为尚未研究出普遍采用的焊接方法。

　　1×××系铝合金的塑性高，可以进行各种形式的压力加工。1×××系铝合金的焊接性能和耐蚀性能良好，但切削性差。

6.1.4　1×××系铝合金的品种、状态和典型用途

　　1×××系铝合金的品种、状态和典型用途见表6-14。

表6-14　1×××系铝合金的品种、状态和典型用途

合金	主要品种	状　态	典型用途
1050	板、带、箔材	O、H12、H14、H16、H18	导电体，食品、化学和酿造工业用挤压盘管，各种软管，船舶配件，小五金件，烟花粉
	管、棒、线材	O、H14、H18	
	挤压管材	H112	
1060	板、带材	O、H12、H14、H16、H18	要求耐蚀性与成型性均高，但对强度要求不高的零部件，如化工设备、船舶设备、铁道油罐车、导电体材料、仪器仪表材料、焊条等
	箔材	O、H19	
	厚板	O、H12、H14、H112	
	拉伸管	O、H12、H14、H18、H113	
	挤压管、型、棒、线材	O、H112	
	冷加工棒材	H14	

合金	主要品种	状 态	典型用途
1100	板、带材	O、H12、H14、H16、H18	用于加工需要有良好的成型性和高的抗蚀性，但不要求有高强度的零部件，例如化工设备、食品工业装置与储存容器、炊具、压力罐、薄板加工件、深拉或旋压凹形器皿、焊接零部件、热交换器、印刷板、铭牌、反光器具、卫生设备零件和管道、建筑装饰材料、小五金件等
	箔材	O、H19	
	厚板	O、H12、H14、H112	
	拉伸管	O、H12、H14、H16、H18、H113	
	挤压管、型、棒、线材	O、H112	
	冷加工棒材	O、H12、H14、F	
	冷加工线材	O、H12、H14、H16、H18、H112	
	锻件和锻坯	H112、F	
	散热片坯料	O、H14、H18、H19、H25、H111、H113、H211	
1145	箔材	O、H19	包装及绝热铝箔、热交换器
	散热片坯料	O、H14、H19、H25、H111、H113、H211	
1350	板、带材	O、H12、H14、H16、H18	电线、导电绞线、汇流排、变压器带材
	厚板	O、H12、H14、H112	
	挤压管、型、棒、线材	H112	
	冷加工圆棒	O、H12、H14、H16、H22、H24、H26	
	冷加工异形棒	H12、H111	
	冷加工线材	O、H12、H14、H16、H19、H22、H24、H26	
1A90	箔材	O、H19	电解电容器箔、光学反光沉积膜、化工用管道
	挤压管	H112	

6.2 2×××系铝合金及其加工材料

2×××系铝合金是以铜为主要合金元素的铝合金，它包括了 Al-Cu-Mg 合金、Al-Cu-Mg-Fe-Ni 合金和 Al-Cu-Mn 合金等，这些合金均属热处理可强化铝合金。合金的特点是强度高，通常称为硬铝合金，其耐热性能和加工性能良好，但耐蚀性不好，在一定条件下会产生晶间腐蚀，因此，板材往往需要包覆一层纯铝，或一层对芯板有电化学保护的 6×××系铝合金，以大大提高其耐腐蚀性能。其中，Al-Cu-Mg-Fe-Ni 合金具有极为复杂的化学组成和相组成，它在高温下有高的强度，并具有良好的工艺性能，主要用于锻压在 150 ~ 250℃以下工作的耐热零件；Al-Cu-Mn 合金的室温强度虽然低于 Al-Cu-Mg 合金 2A12 和 2A14 的，但在 225 ~ 250℃或更高温度下强度却比二者的高，并且合金的工艺性能良好，易于焊接，主要应用于耐热可焊的结构件及锻件。该系合金广泛应用于航空和航天领域。

6.2.1 合金元素和杂质元素在 2×××系铝合金中的作用

6.2.1.1 Al-Cu-Mg 合金

Al-Cu-Mg 系合金的主要合金牌号有 2A01、2A02、2A06、2A10、2A11、2A12 等，主要添加元素有铜、镁和锰，它们对合金有如下作用。

当 $w(Mg)$ 为 1% ~ 2% 时，$w(Cu)$ 从 1% 增加到 4%，淬火状态的合金抗拉强度从

200MPa 提高到 380MPa；淬火自然时效状态下合金的抗拉强度从 300MPa 增加到 480MPa。$w(Cu)$ 在 1%～4% 内，$w(Mg)$ 从 0.5% 增加到 2.0% 时，合金的抗拉强度增加；继续增加 $w(Mg)$ 时，合金的强度降低。

$w(Cu)=4.0\%$ 和 $w(Mg)=2.0\%$ 的合金抗拉强度值最大，$w(Cu)=3\%～4\%$ 和 $w(Mg)=0.5\%～1.3\%$ 的合金，其淬火自然时效效果最好。试验指出，$w(Cu)=4\%～6\%$ 和 $w(Mg)=1\%～2\%$ 的 Al-Cu-Mg 三元合金，在淬火自然时效状态下，合金的抗拉强度可达 490～510MPa。

由 $w(Mn)=0.6\%$ 的 Al-Cu-Mg 合金在 200℃ 和 160MPa 应力下的持久强度试验值可知，含 $w(Cu)=3.5\%～6\%$ 和 $w(Mg)=1.2\%～2.0\%$ 的合金，持久强度最高。这时合金位于 Al-S(Al_2CuMg) 伪二元截面上或这一区域附近。远离伪二元截面的合金，即当 $w(Mg)<1.2\%$ 和 $w(Mg)>2.0\%$ 时，其持久强度降低。若 $w(Mg)$ 提高到 3.0% 或更多时，合金持久强度将迅速降低。

在 250℃ 和 100MPa 应力下试验，也得到了相似的规律。文献指出，在 300℃ 下持久强度最大的合金，位于镁含量较高的 Al-S 二元截面以右的 α+S 相区中。

$w(Cu)=3\%～5\%$ 的 Al-Cu 二元合金，在淬火自然时效状态下耐蚀性能很低。加入 0.5% Mg，降低 α 固溶体的电位，可部分改善合金的耐蚀性。$w(Mg)>1.0\%$ 时，合金的局部腐蚀增加，腐蚀后伸长率急剧降低。

$w(Cu)>4.0\%$，$w(Mg)>1.0\%$ 的合金，镁降低了铜在铝中的溶解度，合金在淬火状态下有不溶解的 $CuAl_2$ 和 S 相，这些相的存在加速了腐蚀。$w(Cu)=3\%～5\%$ 和 $w(Mg)=1\%～4\%$ 的合金，它们位于同一相区，在淬火自然时效状态耐蚀性相差不多。α-S 相区的合金比 α-$CuAl_2$-S 区域的耐蚀性能差。晶间腐蚀是 Al-Cu-Mg 系合金的主要腐蚀倾向。

Al-Cu-Mg 合金中加锰，主要是为了消除铁的有害影响和提高耐蚀性。锰能稍许提高合金的室温强度，但使塑性有所降低。锰还能延迟和减弱 Al-Cu-Mg 合金的人工时效过程，提高合金的耐热强度。锰也是使 Al-Cu-Mg 合金具有挤压效应的主要因素之一。$w(Mn)$ 一般低于 1%，含量过高能形成粗大的 $(FeMn)Al_6$ 脆性化合物，降低合金的塑性。

Al-Cu-Mg 合金中添加的少量微量元素有钛和锆，杂质主要是铁、硅和锌等，其影响如下：

（1）钛。合金中加钛能细化铸态晶粒，减少铸造时形成裂纹的倾向性。

（2）锆。少量的锆和钛有相似的作用，细化铸态晶粒，减少铸造和焊接裂纹的倾向性，提高铸锭和焊接接头的塑性。加锆不影响含锰合金冷变形制品的强度，对无锰合金强度稍有提高。

（3）硅。$w(Mg)$ 低于 1.0% 的 Al-Cu-Mg 合金，$w(Si)$ 超过 0.5%，能提高人工时效的速度和强度，而不影响自然时效能力。因为硅和镁形成了 Mg_2Si 相，有利于提高人工时效效果。但 $w(Mg)$ 提高到 1.5% 时，经淬火自然时效或人工时效处理后，合金的强度和耐热性能随 $w(Si)$ 的增加而下降。因而，$w(Si)$ 应尽可能地降低。除此以外，$w(Si)$ 增加将使 2A12、2A06 等合金铸造形成裂纹倾向增加，铆接时塑性下降。因此，合金中的 $w(Si)$ 一般限制在 0.5% 以下。要求塑性高的合金，$w(Si)$ 应更低些。

（4）铁。铁和铝形成 $FeAl_3$ 化合物，铁会溶入铜、锰、硅等元素所形成的化合物中，这些不溶入固溶体中的粗大化合物，会降低合金的塑性，使变形时合金易于开裂，并使强化效果明显降低。而少量的铁（低于 0.25%）对合金力学性能影响很小，可改善铸造、焊接时裂纹的形成倾向，但使自然时效速度降低。为获得高塑性的材料，合金中的铁和硅含量应尽量低些。

（5）锌。少量的锌（$w(Zn) = 0.1\% \sim 0.5\%$）对 Al-Cu-Mg 合金的室温力学性能影响很小，但使合金耐热性降低。合金中 $w(Zn)$ 应限制在 0.3% 以下。

6.2.1.2　Al-Cu-Mg-Fe-Ni 合金

Al-Cu-Mg-Fe-Ni 系合金的主要合金牌号有 2A70、2A80、2A90 等，各合金元素有如下作用：

（1）铜和镁。铜、镁含量对上述合金室温强度和耐热性能的影响与 Al-Cu-Mg 合金的相似。由于该系合金中铜、镁含量比 Al-Cu-Mg 合金低，使合金位于 $\alpha + S(Al_2CuMg)$ 两相区中，因而合金具有较高的室温强度和良好的耐热性；另外，铜含量较低时，低浓度的固溶体分解倾向小，这对合金的耐热性是有利的。

（2）镍。镍与合金中的铜可以形成不溶解的三元化合物，镍含量低时形成（AlCuNi），含镍高时形成 $Al_3(CuNi)_2$，因此镍的存在能降低固溶体中铜的浓度，对淬火状态晶格常数的测定结果也证明了合金固溶体中铜溶质原子的贫化。当铁含量很低时，镍含量增加能降低合金的硬度，减小合金的强化效果。

（3）铁。铁和镍一样，也能降低固溶体中铜的浓度。当镍含量很低时，合金的硬度随铁含量的增加开始时是明显降低，但当铁含量达到某一数值后，又开始提高。

在 AlCu2.2Mg1.65 合金中同时添加铁和镍时，淬火自然时效、淬火人工时效、淬火和退火状态下的硬度变化特点相似，均在镍、铁含量相近的部位出现一个最大值，相应在此处其淬火状态下的晶格常数出现一极小值。

当合金中铁含量大于镍含量时，会出现 Al_7Cu_2Fe 相。而当合金中镍含量大于铁含量时，则会出现 AlCuNi 相，上述含铜三元相的出现，降低了固溶体中铜的浓度，只有当铁、镍含量相等时全部生成 Al_9FeNi 相。在这种情况下，由于没有过剩的铁或镍去形成不溶解的含铜相，故合金中的铜除形成 S（Al_2CuMg）相外，同时也增加了铜在固溶体中的浓度，这有利于提高合金强度及其耐热性。

铁、镍含量可以影响合金耐热性。Al_9FeNi 相是硬脆的化合物，在 Al 中溶解度极小，经锻造和热处理后，当它们弥散分布于组织中时，能够显著地提高合金的耐热性。例如在 AlCu2.2Mg1.65 合金中 $w(Ni) = 1.0\%$，加入 $w(Fe) = 0.7\% \sim 0.9\%$ 的合金持久强度值最大。

（4）硅。在 2A80 合金中加入 $w(Si) = 0.5\% \sim 1.2\%$，可提高合金的室温强度，但使合金的耐热性降低。

（5）钛。2A70 合金中加入 $w(Ti) = 0.02\% \sim 0.1\%$，可细化铸态晶粒，提高锻造工艺性能，对耐热性有利，但对室温性能影响不大。

6.2.1.3　Al-Cu-Mn 合金

Al-Cu-Mn 系合金主要合金牌号有 2A16、2A17 等，其主要合金元素有如下作用：

（1）铜。在室温和高温下，随着铜含量提高合金强度增加。$w(Cu)$ 达到 5.0% 时，合金强度接近最大值。另外，铜能改善合金的焊接性能。

（2）锰。锰是提高耐热合金的主要元素，它可提高固溶体中原子的激活能，降低溶质原子的扩散系数和固溶体的分解速度。当固溶体分解时，析出 T 相（$Al_{20}Cu_2Mn_3$）的形成和长大过程也非常缓慢，所以合金在一定高温下长时间受热时性能也很稳定。添加适当的锰($w(\mathrm{Mn}) = 0.6\% \sim 0.8\%$),能提高合金淬火和自然时效状态的室温强度和持久强度。但锰含量过高,T相增多,会使界面增加,加速扩散作用,降低合金的耐热性。另外,锰也能降低合金焊接时的裂纹倾向。

Al-Cu-Mn合金中添加的微量元素有镁、钛和锆,而主要杂质元素有铁、硅、锌等,其影响如下:

(1)镁。在2A16合金中铜、锰含量不变的情况下,添加$w(\mathrm{Mg}) = 0.25\% \sim 0.45\%$而成为2A17合金。镁可以提高合金的室温强度,并改善150~225℃以下的耐热强度。然而,温度再升高时,合金的强度明显降低。但加入镁能使合金的焊接性能变坏,故在用于耐热可焊的2A16合金中,杂质$w(\mathrm{Mg}) \leqslant 0.05\%$。

(2)钛。钛能细化铸态晶粒,提高合金的再结晶温度,降低过饱和固溶体的分解倾向,使合金高温下的组织稳定。但$w(\mathrm{Ti}) > 0.3\%$时,生成粗大针状晶体$TiAl_3$化合物会使合金的耐热性有所降低。合金的$w(\mathrm{Ti})$规定为0.1%~0.2%。

(3)锆。在2219合金中加入$w(\mathrm{Zr}) = 0.1\% \sim 0.25\%$时,能细化晶粒,并提高合金的再结晶温度和固溶体的稳定性,从而提高合金的耐热性,改善合金的焊接性和焊缝的塑性。但$w(\mathrm{Zr})$高时,能生成较多的脆性化合物$ZrAl_3$。

(4)铁。合金中的$w(\mathrm{Fe}) > 0.45\%$时,形成不溶解相Al_7Cu_2Fe,能降低合金淬火时效状态的力学性能和300℃时的持久强度。所以限制$w(\mathrm{Fe}) < 0.3\%$。

(5)硅。少量硅($w(\mathrm{Si}) \leqslant 0.4\%$)对室温力学性能影响不明显,但降低300℃时的持久强度;$w(\mathrm{Si}) > 0.4\%$时还降低室温力学性能。因此限制$w(\mathrm{Si}) < 0.3\%$。

(6)锌。少量锌($w(\mathrm{Zn}) = 0.3\%$)对合金室温性能没有影响,但能加快铜在铝中的扩散速度,降低合金300℃时的持久强度,故限制$w(\mathrm{Zn}) < 0.1\%$。

6.2.2 2×××系铝合金材料的典型性能

2×××系铝合金材料的典型性能见表6-15~表6-18。

表6-15 2×××系铝合金材料的热学性能

合金	液相线温度/℃	固相线温度/℃	初熔温度/℃	线膨胀系数		体膨胀系数(20℃)/$m^3 \cdot (m^3 \cdot K)^{-1}$	比热容(20℃)/$J \cdot (kg \cdot K)^{-1}$	热导率(20℃)/$W \cdot (m \cdot K)^{-1}$
				温度/℃	平均值/$\mu m \cdot (m \cdot K)^{-1}$			
2011	638	541	535	$-50 \sim 20$ $20 \sim 100$ $20 \sim 200$ $20 \sim 300$	21.4 23.1 24.0 25.0	67×10^{-6}	864	T3、T4:152; T8:173
2014	638	507		$-50 \sim 20$ $20 \sim 100$ $20 \sim 200$ $20 \sim 300$	20.8 22.5 23.4 24.4	65.1×10^{-6}		O:192; T3、T4、T451:134; T6、T651、T652:155
2017	640	513		$20 \sim 100$	23.6			O:193; T4:134(25℃)

合金	液相线温度/℃	固相线温度/℃	初熔温度/℃	线膨胀系数		体膨胀系数(20℃)/m³·(m³·K)⁻¹	比热容(20℃)/J·(kg·K)⁻¹	热导率(20℃)/W·(m·K)⁻¹
				温度/℃	平均值/μm·(m·K)⁻¹			
2024	638	502	502	-50~20 20~100 20~200 20~300	21.1 22.9 23.8 24.7	66.0×10⁻⁶	875	O：190； T3、T36、T351、T361、T4：120； T6、T81、T851、T861：151
2036	650	554	510	-50~20 20~100 20~200 20~300	21.6 23.4 24.3 25.2	67.5×10⁻⁶	882	O：198； T4：195
2048				21~104	23.5		926(100℃)	T851：159
2124	638	502	502	-50~20 20~100 20~200 20~300	21.1 22.9 23.8 24.7	66.0×10⁻⁶	882	O：191； T851：152
2218	635	532	504	-50~20 20~100 20~200 20~300	20.7 22.4 23.3 24.2	6.5×10⁻⁵	871	T61：148； T72：155
2219	643		543	-50~20 20~100 20~200 20~300	20.8 22.5 23.4 24.4	6.5×10⁻⁵	864	O：170； T31、T37：116； T62、T81、T87：130
2319	643		543	-50~20 20~100 20~200 20~300	20.8 22.5 23.4 24.4	6.5×10⁻⁵	864	O：170
2618	638	549	502	-50~20 20~100 20~200 20~300	20.8 22.3 23.2 24.1	6.5×10⁻⁵	875	T61：146
2A01				-50~20 20~100 20~200 20~300	21.8 23.4 24.5 25.2		924	T4：122
2A02				-50~20 20~100 20~200 20~300	23.6 25.2 26.0		840（100℃）	T6：135
2A06							882（100℃）	T6：139（100℃）

合金	液相线温度/℃	固相线温度/℃	初熔温度/℃	线膨胀系数		体膨胀系数 (20℃) /m³·(m³·K)⁻¹	比热容 (20℃) /J·(kg·K)⁻¹	热导率 (20℃) /W·(m·K)⁻¹
				温度/℃	平均值 /μm·(m·K)⁻¹			
2A11	639	535		−50~20	21.8		924 (100℃)	T4：118 (25℃)
				20~100	22.9			
				20~200	24.0			
				20~300	25.0			
2A12	638	502		−50~20	21.4		924 (100℃)	T4：193 (25℃)
				20~100	22.7			
				20~200	23.8			
				20~300	24.7			
2A10							924 (100℃)	T6：147 (25℃)
2A14	638	510		−50~20	21.6		840 (100℃)	T6：160 (25℃)
				20~100	22.5			
				20~200	23.6			
				20~300	24.5			
2A16				20~100	22.6			T6：138 (25℃)
				20~200	24.7			143 (100℃)
				20~300	27.3			147 (200℃)
				20~400	30.2			156 (300℃)
2A17				20~100	19.0			T6：130 (25℃)
				20~200	23.8			139 (100℃)
				20~300	26.8		756 (50℃)	151 (200℃)
				20~400	33.7			168 (300℃)
2A50							840 (100℃)	T6：177 (25℃)
							840 (150℃)	181 (100℃)
							882 (200℃)	185 (200℃)
							924 (250℃)	185 (300℃)
							966 (300℃)	189 (400℃)
2A60				20~100	21.4		840 (100℃)	T6：164 (25℃)
				100~200	23.7		882 (150℃)	168 (100℃)
				200~300	26.2		924 (200℃)	172 (200℃)
				300~400	30.5		966 (250℃)	177 (300℃)
				400~500	35.6		1008 (300℃)	181 (400℃)
2A70				20~100	19.6		798 (100℃)	T6：143 (25℃)
				20~200	21.7		840 (150℃)	147 (100℃)
				20~300	23.2		840 (200℃)	151 (200℃)
				100~200	22.4		882 (250℃)	160 (300℃)
				200~300	23.9		924 (300℃)	164 (400℃)
				300~400	24.8		966 (400℃)	

合金	液相线温度/℃	固相线温度/℃	初熔温度/℃	线膨胀系数		体膨胀系数 (20℃)/$m^3 \cdot (m^3 \cdot K)^{-1}$	比热容 (20℃)/$J \cdot (kg \cdot K)^{-1}$	热导率 (20℃)/$W \cdot (m \cdot K)^{-1}$
				温度/℃	平均值/$\mu m \cdot (m \cdot K)^{-1}$			
2A80				20~100	21.8		840 (100℃)	T6: 147 (25℃)
				20~200	23.9		882 (150℃)	151 (100℃)
				20~300	24.9		924 (200℃)	160 (200℃)
				100~200	22.6		966 (250℃)	168 (300℃)
				200~300	24.3		966 (300℃)	172 (400℃)
				300~400	24.9		1008 (350℃)	
							1050 (400℃)	
2A90				-50~28	21.1		756 (100℃)	T6: 156 (25℃)
				20~100	22.3		798 (150℃)	160 (100℃)
				20~200	23.3		840 (200℃)	164 (200℃)
				20~300	24.2		924 (250℃)	172 (300℃)
							966 (300℃)	181 (400℃)
							1008 (350℃)	
							1008 (400℃)	

表 6-16 2×××系铝合金材料的电学性能

合金	20℃体积电导率/% IACS	20℃电阻率/$n\Omega \cdot m$	20℃电阻温度系数/$n\Omega \cdot m \cdot K^{-1}$	电极电位/V
2011	T3、T4: 39; T8: 45	T3、T4: 44; T8: 38	T3、T4、T8: 0.1	T3、T4: -0.39; T8: -0.83
2014	O: 50; T3、T4、T451: 34; T6、T651、T652: 40	O: 34; T3、T4、T451: 51; T6、T651、T652: 43	O、T3、T4、T451、T6、T651、T652: 0.1	T3、T4、T451: -0.68; T6、T651、T652: -0.78
2017	O: 50, 158% IACS (质量); T4: 34, 108% IACS (质量)	O: 0.035Ω · mm²/m; T4: 0.05Ω · mm²/m		
2024 包铝 2024	O: 50; T3、T36、T351、T361、T4: 30; T6、T81、T851、T861: 38	O: 34; T3、T36、T351、T361、T4: 57; T6、T81、T851、T861: 45	各种状态: 0.1	T3、T4、T361: -68; T6、T81、T861: -0.80; 包铝 2024: -0.83
2036	O: 50; T4: 41	O: 33; T4: 42	O、T4: 0.1	-0.75
2048	T851: 42	T851: 40		
2124	O: 50; T851: 39	O: 34.5	O、T851: 0.1	T851: -0.80
2218	T61: 38; T72: 40	T61: 45; T72: 43	T61、T72: 0.1	
2219 包铝 2219	O: 44; T31、T37、T351: 28; T62、T81、T87、T851: 30	O: 39; T31、T37、T351: 62; T62、T81、T87、T851: 57	各种状态: 0.1	T31、T37、T351: -0.64; T62、T81、T87、T851: -0.80
2319	O: 44	O: 39	2.94×10^{-3}	
2618	T61: 37	T61: 47	T61: 0.1	

合金	20℃体积电导率 /%IACS	20℃电阻率 /nΩ·m	20℃电阻温度系数 /nΩ·m·K^{-1}	电极电位/V
2A01	T4：40	T4：39		
2A02		T4：55		
2A06		T6：61		
2A10		T6：50.4		
2A11	O：45；T4：30	O、T4：54		
2A12	O：50；T4：30	O：44；T4：73		
2A14	T6：40	T6：43		
2A16	T6：61			
2A17	T6：54			
2A50		T4：41		
2A60		T4：43		
2A70		T6：55		
2A80		T6：50		
2A90		T6：47		

表6-17　2×××系铝合金材料的典型室温力学性能

合金	弹性模量 E/GPa	切变模量 G/GPa	屈服强度 $\sigma_{0.2}$/MPa	抗拉强度 σ_b/MPa	伸长率 δ_{10}/%	泊松比 μ	布氏硬度[1] HB	抗剪强度 σ_τ/MPa	疲劳强度 $\sigma_{-1}^{[2]}$/MPa
2011-T3	70	26	296[3]	379	15[3][4]	0.33	95	221	124
-T8	70	26	310	407	12[4]	0.33	100	241	124
2014-O	72.4	28	97	186	18[4]	0.33	45	125	90
-T4	72.4	28	290[5]	427	20[4]	0.33	105	260	140
-T6	72.4	28	414	483	13[4]	0.33	135	240	125
包铝2014-O	71.7	28	69	172	21[7]	0.33		125	
-T3[6]	71.7	28	276	434	20[7]	0.33		255	
-T4[6]	71.7	28	255	421	22[7]	0.33		255	
-T6[6]	71.7	28	414	469	10[7]	0.33		285	
2014-O	72.4	27.5	70	180	22[4]	0.33	45	125	90
-T4、T451	72.4	27.5	275	427	22[4]	0.33	105	262	125
2024-O	72.4	27.5	70	185	20[7]	0.33	47	125	90
-T3	72.4	27.5	345	485	18[7]	0.33	120	285	140
-T4	72.4	27.5	325	470	20[7]	0.33	120	285	140
-T351	72.4	27.5	395	495	13[7]	0.33	130	290	125
包铝2024-O	72.4	27.5	75	180	20	0.33		125	
-T3	72.4	27.5	310	450	10	0.33		275	
-T4、-T351	72.4	27.5	290	440	19	0.33		275	

合 金		弹性模量 E/GPa	切变模量 G/GPa	屈服强度 $\sigma_{0.2}$/MPa	抗拉强度 σ_b/MPa	伸长率 δ_{10}/%	泊松比 μ	布氏硬度[①] HB	抗剪强度 σ_τ/MPa	疲劳强度 $\sigma_{-1}^{[②]}$/MPa
-T361		72.4	27.5	365	460	11	0.33		285	
-T81、-T851		72.4	27.5	415	450	6	0.33		275	
-T861		72.4	27.5	455	485	6	0.33		290	
2036-T4[⑧]		70.3		195	340	24		80HR,15T		124[⑨]
2048-T851 厚板	纵　向	70		416	457	8				
	横　向	72		420	465	7				
	短横向	77		406	463	6				
2124-T851	35～50mm 厚板									
	纵　向	72		440	490	9	0.33			
	长横向	72		435	490	9	0.33			
	短横向	72		420	470	5	0.33			
	50.1～75mm 厚板									
	纵　向	72		440	480	9	0.33			
	长横向	72		435	470	8	0.33			
	短横向	72		420	465	4	0.33			
2218-T61		74.4	27.5	303	407	13	0.33	115		125[②]
-T71		74.4	27.5	276	345	11	0.33	105		
-T72		74.4	27.5	255	331	11	0.33	95	205	
2219-O		73.8		76	172	18	0.33			103[②]
-T42		73.8		186	359	20	0.33			
-T31、-T351		73.8		248	359	17	0.33			
-T37		73.8		317	393	11	0.33			
-T62		73.8		290	414	10	0.33			
-T81、-T851		73.8		352	455	10	0.33			
2218-T61		74.4	28.0	372	440	10	0.33	115	260	125
	模锻件[⑩]，厚不大于100mm 试样平行于晶粒流向	74.4	28.0	310	400	4[⑪⑫]				
	试样不平行于晶粒流向	74.4	28.0	290	380	4[⑪]				
	自由锻件[⑩⑬]，厚不大于50mm									
	纵　向	74.4	28.0	325	400	7				
	长横向	74.4	28.0	290	380	5				
	短横向	74.4	28.0	290	360	4				
	厚大于50～75mm									
	纵　向	74.4	28.0	315	395	7				

合　金		弹性模量 E/GPa	切变模量 G/GPa	屈服强度 $\sigma_{0.2}$/MPa	抗拉强度 σ_b/MPa	伸长率 δ_{10}/%	泊松比 μ	布氏硬度[1] HB	抗剪强度 σ_τ/MPa	疲劳强度 $\sigma_{-1}^{[2]}$/MPa
2218-T61	长横向	74.4	28.0	290	380	5				
	短横向	74.4	28.0	290	360	4				
	厚大于75~100mm									
	纵　向	74.4	28.0	310	385	7				
	长横向	74.4	28.0	275	365	5				
	短横向	74.4	28.0	270	350	4				
	轧制环，厚不大于64mm[13]									
	切　向	74.4	28.0	285	380	6				
	轴　向	74.4	28.0	285	380	5				
2A01-O		71	27	60	160	24	0.31	38		
-T4		71	27	170	300	24	0.31	70	260	85
2A02-淬火				300	440	20				
-H14				400	540	10				
2A06-T4		68		300	440	20				
-H14		68		440	540	10				
2A10-T4		71	27		400	20	0.31		260	
2A11-O					180	20				
-T4		71	27	250	410	15	0.31	115	270	125
2A12-O		72	27		180	21	0.31			
-T4		72	27	380	520	12	0.31			
-T6		72	27	430	470	6	0.31			
2A14-T6		72	27	38	48	10	0.33	135		125[15]
2A16-T6		69		300	400	10				
2A17-T6		70		350	430	9				
2A50[16]-T6		72	27	300	420	12	0.33			130
2A60[16]-T6		72	27	320	410		0.33			130
2A70[16]-T6	纵　向	72	27	330	440	20	0.33			
	长横向	72	27	330	430	16	0.33			
	短横向	72	27	320	430	16	0.33			

合　　金		弹性模量 E/GPa	切变模量 G/GPa	屈服强度 $\sigma_{0.2}$/MPa	抗拉强度 σ_b/MPa	伸长率 δ_{10}/%	泊松比 μ	布氏硬度[1] HB	抗剪强度 σ_τ/MPa	疲劳强度 $\sigma_{-1}^{[2]}$/MPa
2A80[17]-T6	纵　向	72	27	350	420	10.5	0.33			135
	长横向	72	27	360	425	6.5	0.33			130
	短横向	72	27	360	390	5	0.33			
2A90[18]-T6		72	27	280	440	9	0.33	105	270	119

① 载荷 500kg，钢球直径 10mm；

② R. R. Moore 试验，5×10^8 次循环；

③ 不适用于厚度或直径 <3.2mm 的线材；

④ 试样直径 13mm；

⑤ 模锻件的 $\sigma_{0.2}$ 约低 20%；

⑥ 薄板厚度小于 1mm 时强度稍低；

⑦ 板厚 1.6mm；

⑧ 板材；

⑨ 10^7 次循环；

⑩ 也适用于热处理前进行过切削加工的锻件，但加工厚度不得小于锻后厚度的一半；

⑪ 试样取自锻件；

⑫ 如试样单独取自锻造试棒，则 δ 稍高一些；

⑬ 最大截面积 930cm²，不适用于顶锻小块与轧制环；

⑭ 仅适用于外径/壁厚值大于 10mm 的环形件；

⑮ 2×10^6 次循环；

⑯ 锻件；

⑰ 挤压型材；

⑱ 挤压棒材。

表 6-18　2×××系合金不同温度下的力学性能

合金及状态	温度/℃	$\sigma_{0.2}$/MPa	σ_b/MPa	δ/%	合金及状态	温度/℃	$\sigma_{0.2}$/MPa	σ_b/MPa	δ/%
2011-T3[1]	24	296	379	15	2024 厚板 -T861	316	41	52	75
	100	234	324	16		371	28	34	100
	149	131	193	25		−196	586	634	5
	204	76	110	35		−80	531	558	5
	260	26	45	45		−28	510	538	5
	316	12	21	90		24	490	517	5
	371	10	16	125		100	462	483	6
2017-T4[1] -T451	−196	365	550	28		149	331	372	11
	−80	290	448	24		204	117	145	28
	−28	283	440	23		260	62	76	55
	24	275	427	22		316	41	52	75
	100	270	393	18		371	28	34	100
	149	207	275	15	2A06-T4 2mm 板	20	300	440	20
	204	90	110	35		100	280	420	16

合金及状态	温度/℃	$\sigma_{0.2}$/MPa	σ_b/MPa	δ/%	合金及状态	温度/℃	$\sigma_{0.2}$/MPa	σ_b/MPa	δ/%
2017 -T4[①]	260	52	62	45	2A06-T4	150	270	400	16
-T451	316	35	40	65	2mm 板	175	260	375	16
	371	24	30	70		200	245	360	16
2024-T3	-196	427	586	18		250	240	290	10
薄板[①]	-80	359	503	17		300	160	190	13
	-28	352	496	17	2A10-T6	100	250[②]	260	22
	24	345	483	17	线	150	220	305	22.5
	100	331	455	16		200	190	270	23
	149	310	379	11		250	130	240	23
	204	138	186	23		300	90	150	23
	260	62	76	55	2A10-T6	220	290	330	4
	316	41	52	75	锻件[②]	250	240	270	4
	371	28	34	100		270	225	260	5
-T4、T351	-196	421	579	19		300	185	230	8
厚板	-80	338	490	19		310	130	190	17
	-28	324	476	19		330	130	185	19.5
	24	324	469	19		350	100	184	19
	100	310	434	19		400	90	182	20
	149	248	310	17		450	110	225	17
	204	131	179	27		500	120	240	16
	260	62	76	55	2A16-T6	-70		410	12
	316	41	52	75		20	250	400	12
	371	28	34	100		150	220	345	11
-T6、T651	-196	469	579	11		200	210	300	12
	-80	407	496	10		250	160	240	11
	-28	400	483	10		270	150	220	10
	24	393	476	10		300	130	180	14
	100	372	448	10		350	90	120	19
	149	248	310	17		400	40	50	28
	204	131	179	27	2A80-T4	20	320	390	9.5
	260	62	76	55	挤压带材	100	310	380	9
	316	41	52	75		150	305	355	9.5
	371	28	34	100		200	290	325	8
-T81、T851	-196	538	586	8		250	250	280	8
	-80	476	510	7		300	145	165	10.5
	-28	469	503	7		350	50	75	3.5

合金及状态	温度/℃	$\sigma_{0.2}$/MPa	σ_b/MPa	δ/%	合金及状态	温度/℃	$\sigma_{0.2}$/MPa	σ_b/MPa	δ/%
-T81、T851	24	448	483	7	T6 挤压棒材 ϕ60mm	20		430	9
	100	427	455	8		-40		425	8.5
	149	338	379	11		-70		420	8.5
	204	138	186	23		-196		510	8.5
	260	62	76	55		200		140	
2014 -T6[①] -T651	-196	496	579	14		250		110	
	-80	448	510	13		300		60	
	-28	427	496	13	2A02-T4 挤压带材 60mm× 100mm	20		490	10
	24	414	483	13		-40		500	12
	100	393	439	15		-70		520	12
	149	241	276	20		100	390	456	15.6
	204	90	110	38		150	290	436	16.0
	260	52	66	52		200	280	380	16.0
	316	34	45	65		250	170	240	16.9
	371	24	30	72		300	110	170	21.5
2018-T61[①]	-195	360	495	15		350	60	110	27.6
	-80	310	420	14	2A11-T4	20	225	435	22
	-30	305	405	13		100	195	375	25
	25	305	405	13		150	180	330	27
	100	290	385	15		200		280	29
	150	240	285	17		250	110	140	33
	205	110	150	30	2A12-T4 板材 1.2~ 2.5mm	20	290	440	19
	260	40	70	70		100	275	410	16
	315	20	40	85		125	270	400	18
	370	17	30	100		150	265	380	19
2019-T62	-196	338	503	16		175	255	350	18
	-80	303	434	13		200	245	330	11
	-28	290	414	12		250	195	220	13
	24	276	400	12		300	115	150	13
	100	255	372	14	-T451	20	300	440	20
	149	227	310	17		100	280	420	16
	204	172	234	20		150	270	400	16
	260	133	186	21		175	260	375	16
	316	55	69	40		200	245	360	16
	371	26	30	75		250	240	290	10
-T81、T851	-196	421	572	15					

合金及状态	温度/℃	$\sigma_{0.2}$/MPa	σ_b/MPa	δ/%	合金及状态	温度/℃	$\sigma_{0.2}$/MPa	σ_b/MPa	δ/%
-T81、T851	-80	372	490	13	-T451	300	160	190	13
	-28	359	476	12	挤压棒材	20	390	530	10
	24	345	455	12	φ30mm	100	380	490	12
	100	324	414	15		150	340	440	13
	149	276	338	17		200	300	410	11
	204	200	248	20		250	220	260	10
	260	159	200	21		300	140	170	10
	316	41	48	55	2A70-T6	20	275	415	13
	371	26	30	75	棒材	100	270	390	13
2618-T61[①]	-196	421	538	12	φ80mm	150	270	365	12.5
	-80	379	462	11		200	240	315	11
	-28	372	441	10		250	175	280	6
	24	372	441	10		300	140	160	8
	100	372	427	10	2A70-T6	20	280	430	18
	149	303	345	14	2mm 板材	250		210	15
	204	179	221	24		300		130	20
	260	62	90	50	2A90	20	280	440	9
	316	31	52	80		150		360	10
	371	24	34	120		200		290	14
2A01-T4	100		180[②]			250		210	14
线材	150		170						

① 试验条件：在所指温度下无负载加热10000h，然后以35MPa/min的施载速度试验至 $\sigma_{0.2}$，再以 $8.3\times10^{-4}\,s^{-1}$ 的应变速率拉至断裂；

② 在每个温度加热60min后的室温力学性能。

6.2.3 2×××系铝合金的工艺性能

2×××系铝合金的工艺性能见表6-19~表6-23。

表6-19 2×××系铝合金材料的熔炼、铸造与压力加工温度范围

合 金	熔炼温度/℃	铸造温度/℃	轧制温度/℃	挤压温度/℃	锻造温度/℃
2A01	700~750	715~730		320~450	
2A02	700~750	715~730		440~460	380~470
2A06	700~750	715~730	390~430	440~460	
2A10	700~750	715~730		320~450	
2A11	700~750	690~710	390~430	320~450	380~470
2A12	700~750	690~710	390~430	400~450	380~470

合 金	熔炼温度/℃	铸造温度/℃	轧制温度/℃	挤压温度/℃	锻造温度/℃
2A14	700~750	715~730	390~430	400~450	380~480
2A16	700~750	710~730	390~430	440~460	400~460
2A17	700~750	715~730		440~460	
2A50	700~750	715~730	410~500	370~450	380~480
2A60	700~750	715~730		370~450	380~480
2A70	720~760	715~730		370~450	380~480
2A80	720~760	715~730		370~450	380~480
2A90	720~760	715~730		370~450	

表6-20 2×××系铝合金的热处理规范

合 金	退 火 规 范	固溶处理温度/℃	时 效 规 范
2011	413℃	524	T8：160℃，14h
2014	413℃	502	T6：锻件171℃，10h 其他材料160℃，18h
2017	冷加工材料的为340~350℃，对热处理后的材料为415℃	500~510	自然时效
2024	413℃	493	T8、T10：191℃，8~16h
2036	薄板：385℃，2~3h	500	自然时效
2124	413℃	493	T8、T10：191℃，8~16h
2218		510	T61：170℃，10h T72：240℃，6h
2219	415℃	535	165~190℃，18~36h
2319	413℃		
2618		530	T61：200℃，20h
2A01	330~450℃	495~505	自然时效
2A02		495~505	T6：165~170℃，15~17h
2A06	360~410℃，1~5h	503~507	自然时效 T6；125~135℃，12~14h
2A10	330~450℃	510~520	70~80℃，24h
2A11	390~410℃ 350~370℃	495~510 —	自然时效
2A12	390~450℃ 350~370℃	496~540 —	自然时效 T6：185~195℃，6~12h
2A14		499~505	T6：150~160℃，4~15h
2A16	370~410℃	528~540	T6：160~170℃，10~16h 200~220℃，8~12h
2A17		520~530	T6：180~195℃，12~16h

合　金	退火规范	固溶处理温度/℃	时效规范
2A50	350~400℃	510~515	T6：150~160℃，6~12h
2A60		505~515	T6：150~160℃，6~12h
2A70	380~430℃	525~535	T6：180~190℃，10~16h
2A80	380~430℃	525~530	T6：165~180℃，8~14h
2A90		515~520	T6：165~170℃，2~10h
2A14		499~505	T6：150~160℃，4~15h

表6-21　2×××系铝合金的变形工艺参数和再结晶温度

牌号	品种	规格或型号/mm	变形温度/℃	变形程度/%	加热方式	保温时间/min	再结晶温度/℃ 开始	再结晶温度/℃ 终止	备注
2A06	冷轧板	3.0	室温	40	空气炉	60	280	360	
2A11	热轧板	6.0	420	96	空气炉	20	310~315	355~360	
	冷轧板	1.0	室温	84	空气炉	20	250~255	275~280	
	棒　材	φ10	370~420	97	空气炉	20	360~365	535~540	
	冷轧管材	D18×15	室温	98	空气炉	20	270~275	315~320	
2A12	热轧板	6.0	420	96	空气炉	20	350~355	495~500	
	冷轧板	1.0	室温	83	空气炉	20	270~275	305~310	
	棒　材	φ90	370~420	90	空气炉	20	380~385	530~535	
	挤压管材	D83×27	370~420	90	空气炉	20	380~385	535~540	
	冷轧管材	D31×4.0	室温	75	空气炉	20	290	310	
2A14	冷轧板	2.0	室温	60	空气炉	60	260	350	
2A16	冷轧板	1.6	室温	53	空气炉	60	270	350	
2A17	棒材	φ30	370~420	90	空气炉		510	525	
2A50	棒材	φ150	350	87	盐浴炉	20	380~385	550~555	
2A80	冷轧板		室温		空气炉	60	200	300	

表6-22　2×××系铝合金的过烧温度

序　号	牌号	过烧温度/℃	备　注	序　号	牌号	过烧温度/℃	备　注
1	2A01	535		6	2011	540	
2	2A02	515 510~515	不同资料介绍	7	2A12	505 506~507	不同资料介绍
3	2A06	510 518	不同资料介绍	8	2A14	509 515	不同资料介绍
4	2A10	540		9	2014	505 510 513~515	不同资料介绍
5	2A11	514~517 512	不同资料介绍	10	2A16	547 545	不同资料介绍

序 号	牌号	过烧温度/℃	备 注	序 号	牌号	过烧温度/℃	备 注
11	2A17	535 540	不同资料介绍	18	2A50	545 >525	不同资料介绍
12	2017	510 513	不同资料介绍	19	2B50	550 >525	不同资料介绍
13	2117	510 550	不同资料介绍	20	2A70	545	
14	2018	505		21	2A90	>520	
15	2218	505		22	2024	500 501	不同资料介绍
16	2219	543 545	不同资料介绍	23	2025	520	
17	2618	550		24	2036	555	

表6-23 2×××系铝合金材料的特性比较

合金和状态	腐蚀性能		可塑性③ (冷加工)	机械 加工性③	可钎 焊性④	可焊性④		
	一般①	应力腐 蚀开裂②				气焊	电弧焊	接触点焊 和线焊
2011-T3	D⑤	D	C	A	D	D	D	D
T4，T451	D⑤	D	B	A	D	D	D	D
T8	D⑤	B	D	A	D	D	D	D
2014-O				D	D	D	D	B
T3，T4，T451	D⑤	C	C	B	D	D	B	B
T6，T651，T6510，T6511	D	C	D	B	D	D	B	B
2017-T4，T451	D⑤	C	C	B	D	D	B	B
2024-O				D	D	D	D	D
T4，T3，T351，T3510，T3511	D⑤	C	C	B	D	C	B	B
T361	D⑤	C	D	B	D	D	C	B
T6	D	B	C	B	D	D	C	B
T861，T81，T851，T8510，T8511	D	B	D	B	D	D	C	B
2117-T4	C	A	B	C	D	D	B	B
2218-T61	D	C						C
T72	D	C		B	D	D	C	B
2219-O				D	D	D	A	B
T31，T351，T3510，T3511	D⑤	C	C	B	D	A	A	A

续表 6-23

| 合金和状态 | 腐蚀性能 | | 可塑性③（冷加工） | 机械加工性③ | 可钎焊性④ | 可焊性④ | | |
	一般①	应力腐蚀开裂②				气焊	电弧焊	接触点焊和线焊
T37	D⑤	C	D	B	D	A	A	A
T81、T851、T8510、T8511	D	B	D	B	D	A	A	A
T87	D	B	D	B	D	A	A	A
2618-T61	D	C		B	D	D	C	B

①、②、③、④ 同表 6-13 表注；

⑤ 较厚的截面，其等级应力为 E 级。

6.2.4 2×××系铝合金的品种和典型用途

2×××系铝合金的品种和典型用途见表 6-24。

表 6-24 2×××系铝合金的品种、状态和典型用途

合 金	品 种	状 态	典型用途
2011	拉伸管	T3、T4511、T8	螺钉及要求有良好切削性能的机械加工产品
	冷加工棒材	T3、T4、T451、T8	
	冷加工线材	T3、T8	
2014 2A14	板材	T3、T4、T6	应用于要求高强度与硬度（包括高温）的场合。重型锻件、厚板和挤压材料用于飞机结构件，多级火箭第一级燃料槽和航天器零件，车轮、卡车构架与悬挂系统零件
	厚板	O、T451、T651	
	拉伸管	O、T4、T6	
	挤压管、棒、型、线材	O、T4、T4510、T4511、T6、T6510、T6511	
	冷加工棒材	O、T4、T451、T6、T651	
	冷加工线材	O、T4、T6	
	锻件	F、T4、T6、T652	
2017 2A11	板材	O、T4	是第一个获得工业应用的 2××× 系合金，目前的应用范围较窄，主要为铆钉，通用机械零件，飞机、船舶、交通、建筑结构件，运输工具结构件，螺旋桨与配件
	挤压型材	O、T4、T4510、T4511	
	冷加工棒材	O、H13、T4、T451	
	冷加工线材	O、H13、T4	
	铆钉线材	T4	
	锻件	F、T4	
2024 2A12	板材	O、T3、T361、T4、T72、T81、T861	飞机结构（蒙皮、骨架、肋梁、隔框等）、铆钉、导弹构件、卡车轮毂、螺旋桨元件及其他各种结构件
	厚板	O、T351、T361、T851、T861	
	拉伸管	O、T3	
	挤压管、型、棒、线材	O、T3、T3510、T3511、T81、T8510、T8511	
	冷加工棒材	O、T13、T351、T4、T6、T851	
	冷加工线材	O、H13、T36、T4、T6	
	铆钉线材	T4	

合 金	品 种	状 态	典 型 用 途
2036	汽车车身薄板	T4	汽车车身钣金件
2048	板材	T851	航空航天器结构件与兵器结构零件
2117	冷加工棒材和线材 铆钉线材	O、H13、H15 T4	用作工作温度不超过 100℃ 的结构件铆钉
2124	厚板	O、T851	航空航天器结构件
2218	锻件 箔材	F、T61、T71、T72 F、T61、T72	飞机发动机和柴油发动机活塞, 飞机发动机汽缸头, 喷气发动机叶轮和压缩机环
2219 2A16	板材 厚板 箔材 挤压管、型、棒、线材 冷加工棒材 锻件	O、T31、T37、T62、T81、T87 O、T351、T37、T62、T851、T87 F、T6、T852 O、T31、T3510、T3511、T62、T81、T8510 T8511、T851 T6、T852	航天火箭焊接氧化剂槽与燃料槽, 超音速飞机蒙皮与结构零件, 工作温度为 −270~300℃。焊接性好, 断裂韧性高, T8 状态有很高的抗应力腐蚀开裂能力
2319	线材	O、H13	焊接 2219 合金的焊条和填充焊料
2618 2A70	厚板 挤压棒材 锻件与锻坯	T651 O、T6 F、T61	厚板用作飞机蒙皮, 棒材、模锻件与自由锻件用于制造活塞, 航空发动机汽缸、汽缸盖、活塞、导风轮、轮盘等零件, 以及要求在 150~250℃ 工作的耐热部件
2A01	冷加工棒材和线材 铆钉线材	O、H13、H15 T4	用作工作温度不超过 100℃ 的结构件铆钉
2A02	棒材 锻件	O、H13、T6 T4、T6、T652	工作温度 200~300℃ 的涡轮喷气发动机的轴向压气机叶片、叶轮和盘等
2A04	铆钉线材	T4	用来制作工作温度为 120~250℃ 结构件的铆钉
2A06	板材 挤压型材 铆钉线材	O、T3、T351、T4 O、T4 T4	工作温度 150~250℃ 的飞机结构件及工作温度 125~250℃ 的航空器结构铆钉
2A10	铆钉线材	T4	强度比 2A01 合金的高, 用于制造工作温度不大于 100℃ 的航空器结构铆钉
2A10	铆钉线材	T4	用作工作温度不超过 100℃ 的结构件铆钉
2A17	锻件	T6、T852	工作温度 225~250℃ 的航空器零件, 很多用途被 2A16 合金所取代
2A50	锻件、棒材、板材	T6	形状复杂的中等强度零件

合　金	品　种	状　态	典型用途
2B50	锻　件	T6	航空器发动机压气机轮、导风轮、风扇、叶轮等
2A80	挤压棒材	O、T6	航空器发动机零部件及其他工作温度高的零件，该合金锻件几乎完全被2A70取代
	锻件与锻坯	F、T61	
2A90	挤压棒材	O、T6	航空器发动机零部件及其他工作温度高的零件，合金锻件逐渐被2A70取代
	锻件与锻坯	F、T61	

6.3　3×××系铝合金及其加工材料

3×××系铝合金是以锰为主要合金元素的铝合金，属于热处理不可强化铝合金。它的塑性高，焊接性能好，强度比1×××系铝合金高，而耐蚀性能与1×××系铝合金相近，是一种耐腐蚀性能良好的中等强度铝合金，它用途广，用量大。

6.3.1　合金元素和杂质元素在3×××铝合金中的作用

合金元素和杂质元素在3×××铝合金中的作用主要有：

（1）锰。锰是3×××系铝合金中唯一的主合金元素，其含量一般在1%～1.6%范围内，合金的强度、塑性和工艺性能良好，锰与铝可以生成$MnAl_6$相。合金的强度随锰含量的增加而提高，当$w(Mn) > 1.6\%$时，合金强度随之提高，但由于形成大量脆性化合物$MnAl_6$，合金变形时容易开裂。随着$w(Mn)$的增加，合金的再结晶温度相应地提高。该系合金由于具有很大的过冷能力，因此在快速冷却结晶时，产生很大的晶内偏析，锰的浓度在枝晶的中心部位低，而在边缘部位高，当冷加工产品存在明显的锰偏析时，在退火后易形成粗大晶粒。

（2）铁。铁能溶于$MnAl_6$中形成（FeMn）Al_6化合物，从而降低锰在铝中的溶解度。在合金中加入$w(Fe) = 0.4\%$～0.7%，但要保证$w(Fe + Mn) \leqslant 1.85\%$，可以有效地细化板材退火后的晶粒，否则，形成大量的粗大片状(FeMn)Al_6化合物，会显著降低合金的力学性能和工艺性能。

（3）硅。硅是有害杂质。硅与锰形成复杂三元相$T(Al_{12}Mn_3Si_2)$，该相也能溶解铁，形成（Al、Fe、Mn、Si）四元相。若合金中铁和硅同时存在，则先形成$\alpha(Al_{12}Fe_3Si_2)$或$\beta(Al_9Fe_2Si_2)$相，破坏铁的有利影响。故应控制合金中$w(Si) < 0.6\%$。硅也能降低锰在铝中的溶解度，而且比铁的影响大。铁和硅可以加速锰在热变形时从过饱和固溶体中的分解过程，也可以提高一些力学性能。

（4）镁。少量的镁($w(Mg) \approx 0.3\%$)能显著地细化该系合金退火后的晶粒，并稍许提高其抗拉强度。但同时也会损害退火材料的表面光泽。镁也可以是Al-Mg合金中的合金化元素，添加$w(Mg) = 0.3\%$～1.3%，合金强度提高，伸长率（退火状态）降低，因此发展出Al-Mg-Mn系合金。

（5）铜。合金中$w(Cu) = 0.05\%$～0.5%时可以显著提高其抗拉强度。但含有少量的铜($w(Cu) = 0.1\%$)会使合金的耐蚀性能降低，故应控制合金中$w(Cu) < 0.2\%$。

（6）锌。$w(Zn) < 0.5\%$时对合金的力学性能和耐蚀性能无明显影响，考虑到合金的

焊接性能，限制 $w(Zn) < 0.2\%$。

6.3.2 3×××系铝合金材料的典型性能

3×××系铝合金材料的典型性能见表 6-25 ~ 表 6-33。

表 6-25 3×××系铝合金材料的热学性能

合金	液相线温度/℃	固相线温度/℃	线膨胀系数		体膨胀系数/m³·(m³·K)⁻¹	比热容/J·(kg·K)⁻¹	热导率（20℃）/W·(m·K)⁻¹
			温度/℃	平均值/μm·(m·K)⁻¹			
3003	654	643	-50 ~ 20 20 ~ 100 20 ~ 200 20 ~ 300	21.5 23.2 24.1 25.1	67×10^{-6} （20℃）	893 （20℃）	O：193 H12：163 H14：159 H18：155
3004	654	629	-50 ~ 20 20 ~ 100 20 ~ 200 20 ~ 300	21.5 23.2 24.1 25.1	67×10^{-6} （20℃）	893 （20℃）	O：162
3105	657	638	-50 ~ 20 20 ~ 100 20 ~ 200 20 ~ 300	21.8 23.6 24.5 25.5	68×10^{-6} （20℃）	897 （20℃）	173
3A21	654	643	-50 ~ 20 20 ~ 100 20 ~ 200 20 ~ 300	21.6 23.2 24.3 25.0		1092（100℃） 1176（200℃） 1302（300℃） 1302（400℃）	25℃、H18：156 25℃、H14：164 25℃、O：181 100℃：181 200℃：181 300℃：185 400℃、H18：189

表 6-26 3×××系铝合金材料的电学性能

合金	电导率/%IACS		电阻率/nΩ·m		20℃时各种状态的电阻温度系数/nΩ·m·K⁻¹	电极电位[1]/V
	状态	20℃	状态	20℃		
3003	O H12 H14 H18	50 42 41 40	O H12 H14 H18	34 41 42 43	0.1	3003 合金及包铝合金芯层的：-0.83， 7072 合金包铝层的：-0.96
3004	O	42	O	41	0.1	未包铝的及包铝合金芯层的：-0.84 7072 合金包铝层的：-0.96
3105	O	45	O	38.3	0.1	-0.84
3A21	O H14 H18	50 41 40		34	0.1	-0.85

[1] 测定条件：25℃，在 NaCl 53g/L + H₂O₂ 3g/L 溶液中，以 0.1mol/L 甘汞电极作标准电极。

表 6-27 3003 及 3004 合金在不同温度时的典型力学性能

温度/℃	3003 合金				3004 合金			
	状 态	σ_b/MPa	$\sigma_{0.2}$/MPa	δ/%	状 态	σ_b/MPa	$\sigma_{0.2}$/MPa	δ/%
-200	O	230	60	46	O	290	90	38
-100	O	150	52	43	O	200	80	31
-30	O	115	45	41	O	180	69	26
25	O	110	41	40	O	180	69	25
100	O	90	38	43	O	180	69	25
200	O	60	30	60	O	96	65	55
300	O	29	17	70	O	50	34	80
400	O	18	12	75	O	30	9	90
-200	H14	250	170	30	H34	360	235	26
-100	H14	175	155	19	H34	270	212	17
-30	H14	150	145	16	H34	245	200	13
25	H14	150	145	16	H34	240	200	12
100	H14	145	130	16	H34	240	200	12
200	H14	96	62	20	H34	145	105	35
300	H14	29	17	70	H34	50	34	80
400	H14	18	12	75	H34	30	19	90
-200	H18	290	230	23	H18	400	295	20
-100	H18	230	210	12	H18	310	267	10
-30	H18	210	190	10	H18	290	245	7
25	H18	200	185	10	H18	280	245	6
100	H18	180	145	10	H18	275	245	7
200	H18	96	62	18	H18	150	105	30
300	H18	29	17	70	H18	50	34	80
400	H18	18	12	75	H18	30	19	90

注: 无负载在不同温度下保温 10000h, 然后以 35MPa/min 的加载速度向试样施加负载至屈服强度, 再以 5%/min 的变形速度施加负载, 直至试样断裂所测得的性能。

表 6-28 3003 合金的力学性能

状态与厚度	抗拉强度 σ_b/MPa	屈服强度 $\sigma_{0.2}$/MPa	伸长率 δ/%	硬度[①] HB	抗剪强度 σ_τ/MPa	疲劳强度[②] σ_{-1}/MPa
典型性能						
O	110	42	30~40	28	76	48
H12	130	125	10~20	35	83	55
H14	150	145	8~15	40	97	62
H16	175	175	5~14	47	105	69
H18	200	185	4~10	55	110	69

状态与厚度	抗拉强度 σ_b/MPa		屈服强度 $\sigma_{0.2}$/MPa	伸长率 δ/%	硬度[①] HB	抗剪强度 σ_τ/MPa	疲劳强度[②] σ_{-1}/MPa
性能范围	最小	最大	最小				
O(0.15~76mm)	97	130	≥34	14~25			
H12(0.40~50mm)	115	160	≥83	3~10			
H14(0.22~25mm)	140	180	≥115	1~10			
H16(0.15~4.0mm)	165	205	≥145	1~4			
H18(0.15~3.2mm)	185		≥165	1~4			
H112(6.0~12.0mm)	115		69	8			
H112(>12~50.0mm)	105		41	12			
H112(>50.0~75mm)	100		41	8			
O[③](0.15~12.5mm)	90	125	31	14~25			
O[③](12.6~70mm)	97	130	34	23			
H12(0.42~12.5mm)	110	150	77	4~9			
H12(12.6~50mm)	115	160	83	10			
H14(0.22~12.5mm)	130	170	110	1~8			
H14(12.6~50mm)	140	180	115	10			
H16(0.15~4mm)	160	200	140	1~4			
H18(0.15~3.2mm)	180			1~4			
H112(6~12.5mm)	110		62	8			
H112(12.6~50mm)	105		41	12			
H112(50.0~75mm)	100		41	18			

① 4.9kN 载荷，φ10mm 钢球，施载 30s；

② R. R. Moore 试验，5×10^8 次循环；

③ 包铝的 3003 合金的性能。实际上，包覆以 7072 合金的 3003 合金的力学性能除硬度和疲劳强度略有降低外，其余的均与没有包覆层的 3003 合金的相同。

表 6-29　3004 合金的力学性能

状态与厚度	抗拉强度 σ_b/MPa	屈服强度 $\sigma_{0.2}$/MPa	伸长率 δ/%	硬度[①] HB	抗剪强度 σ_τ/MPa	疲劳强度[②] σ_{-1}/MPa
典型性能						
O	180	69	20~25	45	110	97
H32	215	170	10~17	52	115	105
H34	240	200	9~12	63	125	105
H36	260	230	5~9	70	140	110
H38	285	250	4~6	77	145	110

状态与厚度	抗拉强度 σ_b/MPa		屈服强度 $\sigma_{0.2}$/MPa	伸长率 δ/%	硬度[1] HB	抗剪强度 σ_τ/MPa	疲劳强度[2] σ_{-1}/MPa
性能范围	最小	最大	最小	最小			
O(0.15~75mm)	150	200	≥59	10~18			
H32(0.43~50mm)	195	240	≥145	1~6			
H34(0.22~25mm)	220	260	≥170	1~5			
H36(0.15~4.0mm)	240	285	≥195	1~4			
H38(0.15~3.2mm)	260		≥215	1~4			
H112(6.3~75mm)	160		≥62	7			
O[3](0.15~12.5mm)	145	195	55	10~18			
O[3](12.6~75mm)	150	200	59	16			
H32(0.43~12.5mm)	185	235	140	1~6			
H32(12.6~50mm)	195	240	145	6			
H34(0.22~12.5mm)	215	255	165	1~5			
H34(12.6~25mm)	220	260	170	5			
H36(0.15~4mm)	235	275	185	1~4			
H38(0.15~3.2mm)	255			1~4			
H112(6.3~12.5mm)	150		59	7			
H112(12.6~75mm)	160		62	7			

① 4.9kN载荷，ϕ10mm钢球，施载30s；

② R. R. Moore试验，5×10^8次循环；

③ 包铝的3004合金的性能。实际上，包覆以7072合金的3004合金的力学性能除硬度和疲劳强度外，其余的均与没有包覆层的3004合金的相同。

表6-30 3105合金薄板的力学性能

状态与厚度	抗拉强度 σ_b/MPa		屈服强度 $\sigma_{0.2}$/MPa	伸长率 δ/%	抗剪强度 σ_τ/MPa
典型性能					
O	115		55	24	83
H12	150		130	7	97
H14	170		150	5	105
H16	195		170	4	110
H18	215		195	3	115
H25	180		160	8	105
性能范围	最小	最大	最小	最小	
O (0.33~2.0mm)	97	145	34	16~20	
H12 (0.43~2.0mm)	130	180	105	1~3	
H14 (0.33~2.0mm)	150	200	125	1~2	
H16 (0.33~2.0mm)	170	220	145	1~2	
H18 (0.33~2.0mm)	195		165	1~2	
H25 (0.33~2.0mm)	160		130	2~6	

表6-31 镁、铁、硅含量对 Al-Mn 合金力学性能的影响

元素含量(质量分数)/%				状 态	抗拉强度 σ_b/MPa	屈服强度 $\sigma_{0.2}$/MPa	伸长率 δ/%	布氏硬度 HB
Mg	Fe	Si	Mn					
	0.24	0.12	1.51	H18	224	203	3.6	51
				O	110	56	34.3	28
0.29	0.19	0.11	1.50	H18	270	250	3.1	63
				O	132	70	27.6	35
0.47	0.23	0.12	1.50	H18	289	268	4.1	73
				O	140	74	24.5	39
0.8~1.3	0.7	0.3	1.0~1.5	H18	288	252	5	77
				O	181	70	20	45

注：前3种合金的伸长率为 δ_{10}，是用圆形试样测得的，第四种合金为 δ_5，是用板材试样测得的。

表6-32 3A21 合金 2mm 板材的室温力学性能

状 态	弹性模量 E/MPa	剪切模量 G/MPa	屈服强度 $\sigma_{0.2}$/MPa	抗拉强度 σ_b/MPa	伸长率 δ_{10}/%	断面收缩率 ψ/%	抗剪强度 σ_τ/MPa	布氏硬度 HB	疲劳强度 $\sigma_{-1}^{①}$/MPa
O	71000	27000	50	130	23	70	8	300	50
H14	71000	27000	130	170	10	55	100	400	65
H18	71000	27000	180	220	5	50	110	550	70

① R. R. Moore 试验，5×10^8 次循环。

表6-33 3A21 合金在不同温度的力学性能

温度/℃	状态	抗拉强度 σ_b/MPa	屈服强度 $\sigma_{0.2}$/MPa	伸长率 δ_{10}/%
-78	H18	160	120	34
25	O	115	40	40
	H14	150	130	16
150	O	80	35	47
	H14	125	105	17
200	O	55	30	50
	H14	100	65	22
260	O	40	25	60
	H14	75	35	25
315	O	30	20	60
	H14	40	20	40
370	O	20	15	60
	H14	20	15	60

6.3.3 3×××系铝合金的工艺性能

3×××系铝合金的工艺性能见表6-34~表6-38。

表6-34 3×××系铝合金材料的工艺性能

熔炼温度/℃	铸造温度/℃	轧制温度/℃	挤压温度/℃	退火温度/℃
720~760	710~730	440~520	320~450	低温260~360，高温370~490

表6-35 3×××系铝合金的变形工艺参数和再结晶温度

牌号	品种	规格或型号/mm	变形温度/℃	变形程度/%	加热方式	保温时间/min	再结晶温度/℃ 开始	再结晶温度/℃ 终止
3A21	冷轧板	1.25	室温	84	盐浴炉	10	320~330	530~535
		1.25		84	空气炉	30	320~325	515~520
	棒材	φ110	380	90	盐浴炉	60	520~525	550~560
					空气炉			
	冷轧管材	D37×2.0	室温	85	空气炉	10	330~335	520~530
3004							290	300

表6-36 铸锭均匀化和冷变形对3A21合金板材晶粒度的影响（500℃，1h退火）

冷变形度/%	未均匀化	600℃均匀化
	晶粒数/个·cm^{-2}	
60	20~30	150~250
70	20~30	300~600
80	30~60	400~700
90	40~50	400~700
95	100~150	400~700

表6-37 3×××系铝合金的过烧温度

序号	牌号	过烧温度/℃
1	3003	640
2	3004	630
3	3105	635

表6-38 3×××系铝合金材料的特性比较

合金和状态	腐蚀性能 一般[1]	腐蚀性能 应力腐蚀开裂[2]	可塑性[3]（冷加工）	机械加工性[3]	可钎焊性[4]	可焊性[4] 气焊	可焊性[4] 电弧焊	可焊性[4] 接触点焊和线焊
3003-O	A	A	A	E	A	A	A	A
H12	A	A	A	E	A	A	A	A
H14	A	A	B	D	A	A	A	A
H16	A	A	C	D	A	A	A	A
H18	A	A	C	D	A	A	A	A
H25	A	A	B	D	A	A	A	A
3004-O	A	A	A	D	B	B	A	B
H32	A	A	B	D	B	B	A	A

合金和状态	腐蚀性能		可塑性③ （冷加工）	机械加工性③	可钎焊性④	可焊性④		
	一般①	应力腐蚀开裂②				气焊	电弧焊	接触点焊和线焊
H34	A	A	B	D	B	B	A	A
H36	A	A	C	D	B	B	A	A
H38	A	A	C	D	B	B	A	A
3105-O	A	A	A	E	B	B	A	B
H12	A	A	B	E	B	B	A	A
H14	A	A	B	D	B	B	A	A
H16	A	A	C	D	B	B	A	A
H18	A	A	C	D	B	B	A	A
H25	A	A	B	D	B	B	A	A

①、②、③、④同表 6-13 表注。

6.3.4 3×××系铝合金的品种、状态和典型用途

3×××系铝合金的品种和典型用途见表 6-39。

表 6-39 3×××系铝合金的品种和典型用途

合金	品 种	状 态	典 型 用 途
3003 3A21	板 材	O、H12、H14、H16、H18	用于加工需要有良好的成型性能、高的抗蚀性或可焊性好的零部件，或既要求有这些性能又需要有比 1×××系合金强度高的工件，如运输液体产品的槽和罐、压力罐、储存装置、热交换器、化工设备、飞机油箱、油路导管、反光板、厨房设备、洗衣机缸体、铆钉、焊丝
	厚 板	O、H12、H14、H112	
	拉伸管	O、H12、H14、H16、H18、H25、H113	
	挤压管、型、棒、线材	O、H112	
	冷加工棒材	O、H112、F、H14	
	冷加工线材	O、H112、H12、H14、H16、H18	
	铆钉线材	O、H14	
	锻 件	H112、F	
	箔 材	O、H19	
	散热片坯料	O、H14、H18、H19、H25、H111、H113、H211	
包铝的 3003 合金	板 材	O、H12、H14、H16、H18	房屋隔断、顶盖、管路等
	厚 板	O、H12、H14、H112	
	拉伸管	O、H12、H18、H25、H113	
	挤压管	O、H112	
3004	板 材	O、H32、H34、H36、H38	全铝易拉罐罐身，要求有比 3003 合金更高强度的零部件，化工产品生产与储存装置，薄板加工件，建筑挡板、电缆管道、下水管，各种灯具零部件等
	厚 板	O、H32、H34、H112	
	拉伸管	O、H32、H36、H38	
	挤压管	O	
包铝的 3004 合金	板 材	O、H131、H151、H241、H261、H341、H361、H32、H34、H36、H38	房屋隔断、挡板、下水管道、工业厂房屋顶盖
	厚 板	O、H32、H34、H112	

合金	品 种	状 态	典型用途
3105	板 材	O、H12、H14、H16、H18、H25	房间隔断、挡板、活动房板，檐槽和落水管，薄板成形加工件，瓶盖和罩帽等

6.4 4×××系铝合金及其加工材料

4×××系铝合金是以硅为主要合金元素的铝合金，其大多数合金属于热处理不可强化铝合金，只有含铜、镁和镍的合金，以及与热处理强化合金焊接后吸取了某些元素时，才可以通过热处理强化。该系合金由于含硅量高、熔点低、熔体流动性好、容易补缩，并且不会使最终产品产生脆性，因此主要用于制造铝合金焊接的添加材料，如钎焊板、焊条和焊丝等。另外，由于该系一些合金的耐磨性能和高温性能好，也被用来制造活塞及耐热零件。含 $w(Si) = 5\%$ 左右的合金，经阳极氧化上色后呈黑灰色，因此适宜作建筑材料以及制造装饰件。

6.4.1 合金元素和杂质元素在4×××系铝合金中的作用

合金元素和杂质元素在4×××系铝合金中的作用主要有：

（1）硅。硅是该系合金中的主要合金成分，含量 $w(Si) = 4.5\% \sim 13.5\%$。硅在合金中主要以 α + Si 共晶体和 β（$Al_5FeSi$）形式存在，硅含量增加，其共晶体增加，合金熔体的流动性增加，同时合金的强度和耐磨性也随之提高。

（2）镍和铁。镍与铁可以形成不溶于铝的金属间化合物，能提高合金的高温强度和硬度，而又不降低其线膨胀系数。

（3）铜和镁。铜和镁可以生成 Mg_2Si、$CuAl_2$ 和 S 相，提高合金的强度。

（4）铬和钛。铬和钛可以细化晶粒，改善合金的气密性。

6.4.2 4×××系铝合金材料的典型性能

4×××系铝合金材料的典型性能见表6-40~表6-45。

表6-40 4×××系铝合金材料的热学性能

合金	液相线温度/℃	固相线温度/℃	线膨胀系数		体膨胀系数/$m^3 \cdot (m^3 \cdot K)^{-1}$	比热容/$J \cdot (kg \cdot K)^{-1}$	热导率/$W \cdot (m \cdot K)^{-1}$	
			温度/℃	平均值/$\mu m \cdot (m \cdot K)^{-1}$			O状态	T6状态
4032[①]	571	532	20 -50~20 20~100 20~200 20~300	 18.0 19.5 20.2 21.0	56×10^{-6}	864	155	141
4043	630	575	20~100	22.0				

① 金的共晶温度为532℃。

表 6-41　4×××系铝合金材料的电学性能

合　金	20℃体积电导率 /%IACS		20℃体积电阻率 /nΩ·m		20℃体积电阻温度系数 /nΩ·m·K⁻¹		电极电位/V
	O	T6	O	T6	O	T6	
4032	40	36	43.1	47.9	0.1	0.1	
4043	42		41				

表 6-42　4032-T6 合金在不同温度时的典型力学性能

温度/℃	抗拉强度 σ_b/MPa	屈服强度 $\sigma_{0.2}$/MPa	伸长率 δ/%
-200	460	337	11
-100	415	325	10
-30	385	315	9
25	380	315	9
100	345	300	9
200	90	62	30
300	38	24	70
400	21	12	90

表 6-43　4032-T6 合金在不同温度时的疲劳强度

温度/℃	循环次数	疲劳强度/MPa	温度/℃	循环次数	疲劳强度/MPa
24	10^4	359	204		
	10^5	262		10^5	186
	10^6	207		10^6	138
	10^7	165		10^7	90
	10^8	124		10^8	55
	5×10^8	114		5×10^8	48
149	10^5	207	260	10^5	131
	10^6	165		10^6	83
	10^7	124		10^7	55
	10^8	90		10^8	34
	5×10^8	79		5×10^8	34

表 6-44　4032 合金的蠕变-断裂性能

温度/℃	施力时间/h	断裂应力/MPa	蠕变应力/MPa		
			1.0%	0.5%	0.2%
100	0.1	331	283	269	
	1	317	283	262	
	10	303	283	262	
	100	296	276	262	
	1000	296	276	255	

温度/℃	施力时间/h	断裂应力/MPa	蠕变应力/MPa		
			1.0%	0.5%	0.2%
149	0.1	290	276	248	
	1	276	269	241	
	10	269	255	234	
	100	248	241	221	
	1000	207	200	186	
204	0.1	234	228	221	138
	1	214	207	200	131
	10	186	179	165	103
	100	138	131	124	59
	1000	83	76	69	

表6-45 4043合金焊丝的典型力学性能

直径/mm	状态	抗拉强度 σ_b/MPa	屈服强度 $\sigma_{0.2}$/MPa	伸长率 δ/%
5.0	H16	205	180	1.7
3.2	H14	170	165	1.3
1.6	H18	185	270	0.5
1.2	H16	200	185	0.4
5.0	O	130	50	25
3.2	O	115	55	30
1.6	O	145	65	22
1.2	O	110	55	29

6.4.3 4×××系铝合金的工艺性能

4×××系铝合金的工艺性能见表6-46和表6-47。

表6-46 4×××系铝合金材料的工艺性能

合 金	熔炼温度/℃	铸造温度/℃	热加工温度/℃	退火温度/℃
4A13	700~720	680~700	430~480	
4032	700~750	700~730	320~480	415
4043	690~720	670~690	400~450	

表6-47 4×××系铝合金均匀化的过烧温度

序 号	1	2	3	4	5	6
牌 号	4A11	4032	4004	4043	4045	4343
过烧温度/℃	536	530	560	575	575	575

4032合金淬火制度为（504~516℃)/4min，人工时效制度为（168~174℃)/（8~12h)。

6.4.4 4×××系铝合金的品种、状态和典型用途

4×××系铝合金的品种、状态和典型用途见表6-48。

表6-48 4×××系铝合金的品种、状态和典型用途

合 金	品 种	状 态	典 型 用 途
4A11	锻件	F、T6	活塞及耐热零件
4A13	板材	O、F、H14	板状和带状的硬钎焊料，散热器钎焊板和箔的钎焊层
4A17	板材	O、F、H14	板状和带状的硬钎焊料，散热器钎焊板和箔的钎焊层
4032	锻件	F、T6	活塞及耐热零件
4043	线材和板材	O、F、H14、H16、H18	铝合金焊接填料，如焊带、焊条、焊丝
4004	板材	F	钎焊板、散热器钎焊板和箔的钎焊层

6.5 5×××系铝合金及其加工材料

5×××系铝合金是以镁为主要合金元素的铝合金，属于不可热处理强化铝合金。该系合金密度小，强度比1×××系和3×××系铝合金的高，属于中高强度铝合金，疲劳性能和焊接性能良好，耐海洋大气腐蚀性好。为了避免高镁合金产生应力腐蚀，对最终冷加工产品要进行稳定化处理，或控制最终冷加工量，并且限制使用温度（不超过65℃）。该系合金主要用于制作焊接结构件和应用在船舶领域。

6.5.1 合金元素和杂质元素在5×××系铝合金中的作用

5×××系铝合金的主要成分是镁，并添加少量的锰、铬、钛等元素，而杂质元素主要有铁、硅、铜、锌等。具体作用介绍如下：

（1）镁。镁主要以固溶状态和β（Mg_2Al_3 或 Mg_5Al_8）相存在，虽然镁在合金中的溶解度随温度降低而迅速减小，但由于析出形核困难，核心少，析出相粗大，因而合金的时效强化效果低，一般都是在退火或冷加工状态下使用。因此，该系合金也称为不可强化铝合金。该系合金的强度随镁含量的增加而提高，塑性则随之降低，其加工工艺性能也随之变差。镁含量对合金的再结晶温度影响较大，当$w(Mg)<5\%$时，再结晶温度随镁含量的增加而降低；当$w(Mg)>5\%$时，再结晶温度则随镁含量的增加而升高。镁含量对合金的焊接性能也有明显影响，当$w(Mg)<6\%$时，合金的焊接裂纹倾向随镁含量的增加而降低，当$w(Mg)>6\%$时，则相反；当$w(Mg)<9\%$时，焊缝的强度随镁含量的增加而显著提高，此时塑性和焊接系数虽逐渐略有降低，但变化不大，当镁含量大于9%时，其强度、塑性和焊接系数均明显降低。

（2）锰。5×××系铝合金中通常$w(Mn)<1.0\%$。合金中的锰部分固溶于基体，其余以$MnAl_6$相的形式存在于组织中。锰可以提高合金的再结晶温度，阻止晶粒粗化，并使合金强度略有提高，尤其对屈服强度更为明显。在高镁合金中，添加锰可以使镁在基体中的溶解度降低，减少焊缝裂纹倾向，提高焊缝和基体金属的强度。

（3）铬。铬和锰有相似的作用，可以提高基体金属和焊缝的强度，减少焊接热裂倾向，提高耐应力腐蚀性能，但使塑性略有降低。某些合金中可以用铬代替锰。就强化效果

来说,铬不如锰,若两元素同时加入,其效果比单一加入的大。

(4)铍。在高镁合金中加入微量的铍($w(\mathrm{Be}) = 0.0001\% \sim 0.005\%$),能降低铸锭的裂纹倾向和改善轧制板材的表面质量,同时减少熔炼时镁的烧损,并且还能减少在加热过程中材料表面形成的氧化物。

(5)钛。高镁合金中加入少量的钛,主要是细化晶粒。

(6)铁。铁与锰和铬能形成难溶的化合物,从而降低锰和铬在合金中的作用,当铸锭组织中形成较多硬脆化合物时,容易产生加工裂纹。此外,铁还会降低该系合金的耐腐蚀性能,因此一般应控制$w(\mathrm{Fe}) < 0.4\%$,对于焊丝材料最好限制$w(\mathrm{Fe}) < 0.2\%$。

(7)硅。硅是有害杂质(5A03合金除外),硅与镁形成$\mathrm{Mg_2Si}$相,由于镁含量过剩,降低了$\mathrm{Mg_2Si}$相在基体中的溶解度,所以不但强化作用不大,而且降低了合金的塑性。轧制时,硅比铁的负作用更大些,因此一般应限制$w(\mathrm{Si}) < 0.5\%$。5A03合金中$w(\mathrm{Si}) = 0.5\% \sim 0.8\%$,可以减低焊接裂纹倾向,改善合金的焊接性能。

(8)铜。微量的铜就能使合金的耐蚀性能变差,因此应限制$w(\mathrm{Cu}) < 0.2\%$,有的合金限制得更严格些。

(9)锌。$w(\mathrm{Zn}) < 0.2\%$时,对合金的力学性能和耐腐蚀性能没有明显影响。在高镁合金中添加少量的锌,抗拉强度可以提高$10 \sim 20\mathrm{MPa}$。应限制合金中的杂质$w(\mathrm{Zn}) < 0.2\%$。

(10)钠。微量杂质钠能强烈损害合金的热变形性能,出现"钠脆性",在高镁合金中更为突出。消除钠脆性的办法是使富集于晶界的游离钠变成化合物,可以采用氯化方法使之产生NaCl并随炉渣排出,也可以采用添加微量锑的方法。

6.5.2 5×××系铝合金材料的典型性能

5×××系铝合金材料的典型性能见表6-49~表6-70。

表6-49 5×××系铝合金材料的热学性能

合金	液相线温度/℃	固相线温度/℃	线膨胀系数		体膨胀系数 /m³·(m³·K)⁻¹	比热容 /J·(kg·K)⁻¹	热导率/W·(m·K)⁻¹	
			温度/℃	平均值 /μm·(m·K)⁻¹			O状态	H18状态
5005	652	632	-50~20	21.9	68×10^{-6} (20℃)	900 (20℃)	205 (20℃)	205 (20℃)
			20~100	23.7				
			20~200	24.6				
			20~300	25.6				
5050	652	627	-50~20	21.8		900 (20℃)	191 (20℃)	191 (20℃)
			20~100	23.8				
			20~200	24.7				
			20~300	25.6				
5052	649	607	-50~20	22.1	69×10^{-6} (20℃)			
			20~100	23.8				
			20~200	24.8				
			20~300	25.7				

合金	液相线温度/℃	固相线温度/℃	线膨胀系数		体膨胀系数/m³·(m³·K)⁻¹	比热容/J·(kg·K)⁻¹	热导率/W·(m·K)⁻¹	
			温度/℃	平均值/μm·(m·K)⁻¹			O 状态	H18 状态
5056	638	568	−50~20	22.5	70×10^{-6} (20℃)	904 (20℃)	120 (20℃)	112 (20℃)
			20~100	24.1				
			20~200	25.2				
			20~300	26.1				
5083	638	574	−50~20	22.3	70×10^{-6} (20℃)	900 (20℃)	120 (20℃)	
			20~100	24.2				
			20~200	25.0				
			20~300	26.0				
5086	640	585	−50~20	22.0	69×10^{-6} (20℃)	900 (20℃)	127 (20℃)	
			20~100	23.8				
			20~200	24.7				
			20~300	25.8				
5154	643	593	−50~20	22.1	69×10^{-6} (20℃)	900 (20℃)	127 (20℃)	
			20~100	23.9				
			20~200	24.9				
			20~300	25.9				
5182	638	577	−50~20	22.2	70×10^{-6} (20℃)	904 (20℃)	123 (20℃)	
			20~100	24.1				
			20~200	25.0				
			20~300	26				
5252	649	607	−50~20	23.0	69×10^{-6} (20℃)	900 (20℃)	138 (20℃)	
			20~100	23.8				
			20~200	24.7				
			20~300	25.8				
5254	643	593	−50~20	22.1	69×10^{-6} (20℃)	900 (20℃)	127 (20℃)	
			20~100	24.0				
			20~200	24.9				
			20~300	25.9				
5356	638	574	−50~20	22.3	70×10^{-6} (20℃)	904 (20℃)	116 (20℃)	
			20~100	24.2				
			20~200	25.1				
			20~300	26.1				
5454	646	602	−50~20	21.9	68×10^{-6} (20℃)	900 (20℃)	134 (20℃)	
			20~100	23.7				
			20~200	24.6				
			20~300	25.6				
5456	638	570	−50~20	22.1	69×10^{-6} (20℃)	900 (20℃)	116 (20℃)	
			20~100	23.9				
			20~200	24.8				
			20~300	25.6				

合金	液相线温度/℃	固相线温度/℃	线膨胀系数		体膨胀系数/m³·(m³·K)⁻¹	比热容/J·(kg·K)⁻¹	热导率/W·(m·K)⁻¹	
			温度/℃	平均值/μm·(m·K)⁻¹			O 状态	H18 状态
5457	654	629	−50~20	21.9	68×10⁻⁶ (20℃)	900 (20℃)	177 (20℃)	
			20~100	23.7				
			20~200	24.6				
			20~300	25.6				
5652	649	607	−50~20	22.0	69×10⁻⁶ (20℃)	900 (20℃)	137 (20℃)	
			20~100	23.8				
			20~200	24.7				
			20~300	25.8				
5657	657	638	−50~20	21.9	68×10⁻⁶ (20℃)	900 (20℃)		
			20~100	23.7				
			20~200	24.6				
			20~300	25.6				
5A02	650	620	−50~20	22.2		947 (20℃)	156 (20℃)	
			20~100	23.8				
			20~200	24.9				
			20~300	25.8				
5A03	640	610	20~100	23.5		882 (20℃)	147 (20℃)	
			20~200					
			20~300	25.2				
			20~400	23.1				
5A05	620	580				924 (20℃)	122(20℃)	
5A06			20~200	24.7		924 (20℃)	118 (20℃)	
			20~300	25.5				
			20~400	26.5				
5A12			20~200	23.3				
			20~300	24.2				
			20~400	26.4				

表6-50 5×××系铝合金材料的电学性能

合金	20℃体积电导率/% IACS		20℃体积电阻率/nΩ·m		20℃体积电阻温度系数/nΩ·m·K⁻¹		电极电位[1]/V
	O	H38	O	H38	O	H38	
5050	50	50	34	34	0.1	0.1	−0.83
5052	35	35	49.3	49.3	0.1	0.1	−0.85
5056[2]	29	27	59	64	0.1	0.1	−0.87
5083	29	29	59.5	59.5	0.1	0.1	−0.91
5086[2]	31	31	56	56	0.1	0.1	−0.86
5154	32	32	53.9	53.9	0.1	0.1	−0.86

合金	20℃体积电导率/% IACS		20℃体积电阻率 /nΩ·m		20℃体积电阻温度系数 /nΩ·m·K⁻¹		电极电位① /V
	O	H38	O	H38	O	H38	
5182	31	31	55.6	55.6	0.1	0.1	
5252	35	35	49	49	0.1	0.1	
5254	32	32	54	54	0.1	0.1	−0.86
5356	29		59.4		0.1	0.1	−0.87
5454	34	34	51	51	0.1	0.1	−0.86
5456	29	29	59.5	59.5	0.1	0.1	−0.87
5457	46	46	37.5	37.5	0.1	0.1	−0.84
5652	35	35	49	49	0.1	0.1	−0.85
5657	54	54	32	32	0.1	0.1	
5A02	40	40	47.6	47.6	0.1	0.1	
5A03	35	35	49.6	49.6	0.1	0.1	
5A05	64	64			0.1	0.1	
5A01	26	26	71	71	0.1	0.1	
5A12			77	77	0.1	0.1	

① 测定条件：25℃，在 NaCl 53g/L + H₂O₂ 3g/L 溶液中，以 0.1mol/L 甘汞电极作标准电极；
② 含有包覆层的合金。

表 6-51　5×××系铝合金材料的模量

合　金	弹性模量 E/GPa	剪切模量 G/GPa	压缩模量/GPa	泊松比 μ
5005	68.2	25.9	69.5	0.33
5050	68.9	25.9		0.33
5052	69.3	25.9	70.7	0.33
5056	71.7	25.9	73.1	0.33
5083	70.3	26.4	71.7	0.33
5086	71.0	26.4	72.4	0.33
5154	69.3	25.9	70.7	0.33
5182	69.6		70.9	0.33
5252	68.3		69.7	0.33
5254	70.3		70.9	0.33
5454	69.6		71.0	0.33
5456	70.3		71.7	0.33
5457	68.2	25.9	69.6	0.33

合 金	弹性模量 E/GPa	剪切模量 G/GPa	压缩模量/GPa	泊松比 μ
5652	68.2	25.9	69.6	0.33
5657	68.2	25.9	69.6	0.33
5A02	70	27		0.3
5A03	69.9	26.7		0.3
5A05	69	27		0.3
5A06	70			
5A12	72			

表6-52 5005合金的典型力学性能

状 态	抗拉强度 σ_b/MPa	屈服强度 $\sigma_{0.2}$/MPa	伸长率 $\delta^{①②}$/%	布氏硬度^{③}HB	抗剪强度 σ_τ/MPa
O	124	41	25	28	76
H12	138	131	10		97
H14	1559	152	6		97
H16	179	172	5		103
H18	200	193	4		110
H32	138	117	11	36	97
H34	159	138	8	41	97
H36	179	165	6	46	103
H38	200	186	5	51	110

① 低温强度及伸长率与室温时的相同或甚至有所提高;

② 厚1.6mm板材;

③ 试验条件:载荷4.9kN、ϕ10mm钢球、施载荷时间30s。5005合金的抗剪屈服强度约为抗拉屈服强度的55%,抗压屈服强度大致与抗拉屈服强度相当。

表6-53 5050合金的典型力学性能

状 态	抗拉强度 $\sigma_b^①$/MPa	屈服强度 $\sigma_{0.2}^①$/MPa	伸长率 $\delta^{①②}$/%	硬度^{③}HB	抗剪强度 σ_τ/MPa	疲劳强度 $\sigma_{-1}^④$/MPa
O	145	55	24	36	105	83
H32	170	145	9	46	115	90
H34	190	165	8	53	123	90
H36	205	180	7	58	130	97
H38	220	200	6	63	138	97

① 低温强度及伸长率与室温时的相等或更高一些;

② 厚1.6mm的薄板;

③ 载荷4.9kN、直径10mm钢球、施载荷时间30s;

④ 5×10^8 次循环,R. R. Moore试验。合金的抗剪屈服强度约为抗拉屈服强度的55%,抗压屈服强度约与抗拉屈服强度相当。

表 6-54　5052 合金的典型力学性能

状　态	抗拉强度 σ_b[①] /MPa	屈服强度 $\sigma_{0.2}$[①] /MPa	伸长率 δ[①]/%	硬度[②]HB	抗剪强度 σ_τ/MPa	疲劳强度 σ_{-1}[③]/MPa
O	195	90	25	46	125	110
H32	230	195	12	60	140	115
H34	260	215	10	68	145	125
H36	275	240	8	73	160	130
H38	290	255	7	77	165	140

① 低温抗拉强度与伸长率比室温时更高或与其相等;

② 试验条件:4.9kN 载荷、直径 10mm 钢球、施载时间 30s;

③ R. R. Moore 试验,5×10^8 次。合金的抗剪屈服强度约为拉伸屈服强度的 55%,而其抗压屈服强度大致与抗拉屈服强度相当。

表 6-55　5056 合金在不同温度时的典型拉伸性能

状　态	温度/℃	抗拉强度 σ_b[①]/MPa	屈服强度 $\sigma_{0.2}$[①]/MPa	伸长率 δ/%
O	24	290	150	35
O	149	214	117	55
O	204	152	90	65
O	260	110	69	80
O	316	76	48	100
O	371	41	28	130
H38	24	414	345	15
H38	149	262	214	30
H38	204	179	124	50
H38	260	110	69	80
H38	316	76	48	100
H38	371	41	28	130

① 在所示温度下无载荷保温 10000h 后测得的强度性能;以 35MPa/min 的应力增加速度试验至屈服强度,而后以 5%/min 的应变增加速度继续试验至拉断。

表 6-56　5083 合金的典型力学性能

状　态	抗拉强度 σ_b[①]/MPa	屈服强度 $\sigma_{0.2}$[①]/MPa	伸长率 δ[①②]/%	抗剪强度 σ_τ/MPa	疲劳强度 σ_{-1}[③]/MPa
O	290	145	22	172	
H112	303	193	16		
H116	317	228	16		160
H321	317	228	16		160
H323、H32	324	248	10		
H343、H34	345	283	9		

① 低温抗拉强度、伸长率与室温时的相当或稍高一些;

② 厚 1.6mm 板材;

③ R. R. Moore 试验,5×10^8 次。合金的抗剪屈服强度约为拉伸屈服强度的 55%,抗压屈服强度与抗拉屈服强度相当。

表 6-57 5086 合金的最低力学性能

状态及厚度		抗拉强度 σ_b/MPa		屈服强度 $\sigma_{0.2}$/MPa	伸长率 $\delta^{①}$/%
		min	max	min	min
典型性能	O	260		115	22
	H32、H116	290		205	12
	H34	325		255	10
	H112	270		130	14
性能范围	O(0.5~50mm)	240	305	95	15~18
	H32(0.5~50mm)	275	325	195	6~12
	H34(0.22~25mm)	305	350	235	4~10
	H36(0.15~4mm)	325	370	260	3~6
	H38(0.15~0.5mm)	345		285	3
	H112(4.7~12.5mm)	250		125	8
	H112(12.6~25mm)	240		110	10
	H112(25.1~75mm)	240		95	14
	H112(50~75mm)	235		95	14
	H116(1.6~50mm)	275		195	8~10

① 试样标距为50mm或5d，d为试样工作部分的直径。对列出有一定的范围伸长率来说，其值取决于材料厚度。5086-O合金的抗剪强度160MPa，H34状态的为185MPa；合金的剪切屈服强度约为抗拉屈服强度的55%。5086合金的压缩屈服强度约与其拉伸屈服强度相当。

表 6-58 5154 合金的最低力学性能

状态与厚度	抗拉强度 σ_b /MPa	屈服强度 $\sigma_{0.2}$ /MPa	伸长率 $\delta^{①}$ /%	硬度^{②}HB	抗剪强度 σ_τ /MPa	疲劳强度 $\sigma_{-1}^{③}$/MPa
典型性能 O	240	117	27	58	152	117
H32	270	207	15	67	152	124
H34	290	228	13	73	165	131
H36	310	248	12	78	179	138
H38	330	269	10	80	193	145
H112	240	117	25	63		117
性能范围	最小	最大	最小			
O(0.5~75mm)	205	285	75	12~18		
H32(0.5~50mm)	250	295	180	5~2		
H34(0.22~25mm)	270	315	200	4~10		
H36(0.15~4mm)	290	340	220	3~5		
H38(0.15~3.2mm)	310		240	3~5		
H112(6.3~12.5mm)	220		125	8		
H112(12.6~75mm)	205		75	11~15		

① 试样标距为50mm或4d，d为试样工作部分的直径；对一定范围的伸长率来说，其最小值取决于材料厚度；

② 4.9kN载、直径10mm钢球、施载时间30s；

③ R.R.Moore试验，5×10^8次循环。5154合金剪切屈服强度约为拉伸屈服强度的55%，合金的抗压屈服强度与抗拉屈服强度相当。

表 6-59　5182 合金的典型力学性能

状　态	抗拉强度 σ_b[1] /MPa	屈服强度 $\sigma_{0.2}$[1] /MPa	伸长率 δ[1][2] /%	硬度[3] HB	抗剪强度 σ_τ /MPa	疲劳强度 σ_{-1}[4] /MPa
O	276	138	25	58	152	138
H32	317	234	12			
H34	338	283	10			
H19[5]	421	393	4			

[1] 低温强度及伸长率与室温时的相等或更高些;

[2] 厚 1.6mm 板材;

[3] 载荷 4.9kN、直径 10mm 钢球、施载时间 30s;

[4] R. R. Moore 试验，5×10^8 次循环;

[5] 供制造全铝易拉罐拉环用。合金的抗剪屈服强度约为抗拉屈服强度的55%，其抗压屈服强度约与抗拉屈服强度相当。

表 6-60　5252 合金的拉伸力学性能

名　称	状　态	抗拉强度 σ_b/MPa		屈服强度 $\sigma_{0.2}$/MPa	伸长率 δ[1] /%	硬度[2]HB	抗剪强度 σ_τ /MPa	疲劳强度 σ_{-1}/MPa
典型性能	H25	235		170	11	68	145	
	H28、H38	283		240	5	75	160	
厚 0.75~2.3mm 板材的性能范围		最小	最大		最小			
	H24	205	260		10			
	H25	215	270		9			
	H28	260			3			

[1] 1.6mm 薄板;

[2] 载荷 4.9kN、直径 10mm 钢球、施载时间 30s。

表 6-61　5254 合金的最低力学性能

状　态		抗拉强度 σ_b /MPa		屈服强度 $\sigma_{0.2}$/MPa	伸长率 δ[1] /%	硬度[2]HB	抗剪强度 σ_τ/MPa	疲劳强度 σ_{-1}[3]/MPa
典型性能	O	240		115	27	58	150	115
	H32	270		205	15	67	150	125
	H34	290		230	13	73	165	130
	H36	310		250	12	78	180	140
	H38	330		270	10	80	195	145
	H112	240		115	25	63		115
性能范围		最小	最大	最小				
O		205	285	75	12~18			
H32		250	295	180	2~5			
H34		270	315	200	4~10			
H36		290	340	220	3~5			

状　态	抗拉强度 σ_b /MPa	屈服强度 $\sigma_{0.2}$/MPa	伸长率 δ[①] /%	硬度[②]HB	抗剪强度 σ_τ/MPa	疲劳强度 σ_{-1}[③]/MPa
H38	310	240	3~5			
H112 (6~12.5mm)	220	125	8			
H112 (13~75mm)	205	75	11~15			

① 试验条件：4.9kN载荷、直径10mm钢球、施载时间30s；

② R. R. Moore试验，5×10^8 次循环；

③ 标距为50mm或4d，d为试样工作部分的直径。材料的最低伸长率随其厚度变化而改变。合金的抗剪切屈服强度约为拉伸屈服强度的55%，合金的抗压屈服强度大致与抗拉屈服强度相当。

表6-62　5454合金在不同温度时的典型力学性能

状态	温度/℃	抗拉强度 σ_b[①]/MPa	屈服强度 $\sigma_{0.2}$[①]/MPa	伸长率 δ/%	状态	温度/℃	抗拉强度 σ_b[①]/MPa	屈服强度 $\sigma_{0.2}$[①]/MPa	伸长率 δ/%
O	-196	370	130	39	H32	149	220	180	37
O	-80	255	115	30	H32	204	170	130	45
O	-28	250	115	27	H32	260	115	75	80
O	24	250	115	25	H32	316	75	50	110
O	100	250	115	31	H32	371	41	29	130
O	149	200	110	50	H34	-196	435	285	30
O	204	150	105	60	H34	-80	315	250	21
O	260	115	75	80	H34	-28	305	240	18
O	316	75	50	110	H34	24	305	240	16
O	371	41	29	130	H34	100	295	235	18
H32	-196	405	250	32	H34	149	235	195	32
H32	-80	290	215	23	H34	204	180	130	45
H32	-28	285	205	20	H34	260	115	75	80
H32	24	275	205	18	H34	316	75	50	110
H32	100	270	200	20	H34	371	41	29	130

① 在所列温度下无负载保温10000h后测得的最低强度。以35MPa/min的速度施加应力，试验至屈服强度，而后以5%/min的应变速度进行试验，至拉断为止。

表6-63　5456合金的拉伸性能

状　态	厚　度	抗拉强度 σ_b/MPa		屈服强度 $\sigma_{0.2}$/MPa		伸长率 δ/%	
O	典型性能	310		159		24[①]	
H111	典型性能	324		228		18[①]	
H112	典型性能	310		165		22[①]	
H321[②]、H116[③]	典型性能	352		255		16[①]	
	性能范围	最小	最大	最小	最大	50mm 最小[④]	5d 最小
O	1.20~6.30mm	290	365	130	205	16	

状态	厚　　度	抗拉强度 σ_b/MPa		屈服强度 $\sigma_{0.2}$/MPa		伸长率 δ/%	
O	6.31 ~ 80.00mm	285	360	125	205	16	14
O	80.01 ~ 120.00mm	275		120			12
O	120.01 ~ 160.00mm	270		115			12
O	160.01 ~ 200.00mm	265		105			10
H112	6.30 ~ 40.00mm	290		130		12	10
H112	40.01 ~ 80.00mm	285		125			10
H116③⑤	1.60 ~ 30.00mm	315		230		10	10
H116③⑤	30.01 ~ 40.00mm	305		215			10
H116③⑤	40.01 ~ 80.00mm	287		200			10
H116③⑤	80.01 ~ 110.00mm	275		170			10
H321	4.00 ~ 12.50mm	315	405	230	315	12	
H321	12.51 ~ 40.00mm	305	385	215	305		10
H321	40.01 ~ 80.00mm	285	385	200	295		10
H323	1.20 ~ 6.30mm	330	400	250	315	6 ~ 8	
H343	1.20 ~ 6.30mm	365	435	285	350	6 ~ 8	

① ϕ12.5 试样；

② 不适宜于制造在海水中工作的零部件；

③ 也适用于过去的 H117 状态；

④ 50mm 的试样适用于厚度不大于 12.5mm 的材料，而 5d 的试样适用于厚度大于 12.5mm 的材料；

⑤ 此种材料应满足买方的剥落腐蚀试样。H321、H116 状态的抗剪强度为 207MPa，其硬度 HB 为 90。

表 6-64　5652 合金的力学性能

状　态	厚　度	抗拉强度 σ_b/MPa	屈服强度 $\sigma_{0.2}$/MPa	伸长率 δ①/%	硬度②HB	抗剪强度 σ_τ/MPa	疲劳强度 σ_{-1}③/MPa
O	典型性能	195	90	25	47	124	110
H32	典型性能	230	195	12	60	138	117
H34	典型性能	260	215	10	68	145	124
H36	典型性能	275	240	8	73	158	131
H38	典型性能	290	255	7	77	165	138
	性能范围	最小	最大	最小	最小		
O		170	215	65	14 ~ 18		
H32		215	260	160	4 ~ 12		
H34		235	285	180	3 ~ 10		
H36		255	305	200	2 ~ 4		
H38		270		220	2 ~ 4		
H112	(6.00 ~ 12.50mm)	195		110	16		
H112	(12.51 ~ 75.0mm)	170		65	12 ~ 16		

① 标距为 50mm 或 4d，d 为试样缩颈部分的直径；对有范围的伸长率其最低值随材料厚度而变化；

② 试验条件：载荷 4.9kN、直径 10mm 钢球、施载时间 30s；

③ R. R. Moore 试验，5×10^8 次循环。

表 6-65 5657 合金的力学性能

状　态	抗拉强度 σ_b /MPa		屈服强度 $\sigma_{0.2}$ /MPa	伸长率 δ[1] /%	抗剪强度 σ_τ /MPa	硬度[2]HB
典型性能[3]						
H25	160		140	12	95	40
H28、H38	195		165	7	105	50
性能范围	最小	最大		最小		
H241[4]	125	180		13		
H25	140	195		8		
H26	150	205		7		
H28	170			5		

① 标距为50mm或4d，d为试样缩颈部分的直径；对有范围的伸长率其最低值随材料厚度而变化；

② 试验条件：载荷4.9kN、直径10mm钢球、施载时间30s；

③ 低温强度与伸长率比室温时的增大或与其相等；

④ 这种状态材料发生了一定再结晶，因而对光的反射率有所下降。

表 6-66 5A02、5A03、5A05、5A06、5A12 合金的室温典型力学性能

合金	状态	抗拉强度 σ_b/MPa	屈服强度 $\sigma_{0.2}$/MPa	伸长率 δ/%	硬度[1] HB	冲击韧性 a_K/MPa	疲劳强度 σ_{-1}/MPa
5A02	O	190	80	23	45	88.2×10⁴	120
	H14	250	210	6	60		125
	H18	320		4			
	H112	180		21			
5A03	O	235	120	22	58		115
	H14	270	230	8	75		13[1]
	H112	230	145	14.5			
5A05	O	305	150	20	65		140[2]
	H112	315	170	18			
5A06	O	340	160	20	70		130[2]
	H14	350	345	13			
	H112	340	190	20			
5A12	O	40	220	25		30.4×10⁴	
	H14						
	H112	580	500	10			

注：疲劳强度是用 R. R. Moore 试验机测定的。

① 2×10⁷ 次循环；

② 5×10⁸ 次循环。

表 6-67 5A02、5A03、5A06、5A12 合金经不同温度退火后的室温力学性能

温度/℃	5A02			5A03			5A06			5A12		
	σ_b/MPa	$\sigma_{0.2}$/MPa	δ_{10}/%	σ_b/MPa	$\sigma_{0.2}$/MPa	δ_{10}/%	σ_b/MPa	$\sigma_{0.2}$/MPa	δ_{10}/%	σ_b/MPa	$\sigma_{0.2}$/MPa	δ_{10}/%
150	280		8.5	340	290	6	450	340	12	520	40	8
180				330	290	7	440	330	13	510	40	7
200	270		9	320	280	8	450	320	13	450	40	7
220	270		9				430	320	15			
240	260		10				420	310	16			
245				280	200	15				450	320	8
270				230	120	22						
280	230		15				400	270	18			
300	210		23	240	110	23	390	240	18			
320	200		23				360	160	22			
350	200		23	230	120	24	360	170	23	410	250	22
400	205		25	230	120	23	360	170	24			
450	190		25	230	120	22	360	170	24	400	220	23
500				230	110	24	360	170	25	400	200	23

表 6-68 5A02、5A03、5A05-O 合金的低温力学性能

温度/℃	5A02[1]			5A03[1]			5A05[2]		
	σ_b/MPa	$\sigma_{0.2}$/MPa	δ_{10}/%	σ_b/MPa	$\sigma_{0.2}$/MPa	δ_{10}/%	σ_b/MPa	$\sigma_{0.2}$/MPa	δ_{10}/%
-50				225	95	25	300	140	31
-70	190		40						
-74				230	95	29			
-80							300	150	27
-100							310	150	35
-196	310		50	330	100	43	420	170	41.5

[1] 棒材;

[2] 板材。

表 6-69 5A03、5A05、5A06-O 的高温弹性模量

温度/℃	5A03[1]		5A05[1]		5A06[2]	
	弹性模量 E/GPa	切变模量 G/GPa	弹性模量 E/GPa	切变模量 G/GPa	弹性模量 E/GPa	切变模量 G/GPa
20	69.9	26.7	70.0	27.2	68.0	
100		26.2	68.0	26.3	62.0	
150					58.0	
200	59.8	25.1	61.0	25.0	55.5	
250		24.0			52.0	
300	49.4				44.0	

[1] 棒材;

[2] 板材。

表 6-70 5A02、5A03、5A05、5A06、5A12-O 合金的高温力学性能

温度/℃	合金[1]	抗拉强度 σ_b/MPa	屈服强度 $\sigma_{0.2}$/MPa	伸长率 δ/%
20	5A02	200	70	29.0
	5A03	235	100	22.0
	5A05	315	150	27.5
	5A06	325	160	24.5
	5A12	420		22
100	5A02	195	75	30.0
	5A03	230	100	22.5
	5A05	295	135	42.5
	5A06	305	150	31.5
	5A12	350		37
150	5A02	180	80	37.5
	5A03	195	100	44.0
	5A05			
	5A06	250	135	37.0
	5A12			
200	5A02	145	80	54.0
	5A03	140	90	52.0
	5A05	165	120	62.5
	5A06	195	125	43.5
	5A12	210		37
250	5A02	115	75	55.0
	5A03	80	70	73.0
	5A05			
	5A06	160	105	45.0
	5A12	140		39
300	5A02	75	65	54.0
	5A03	65	60	89.0
	5A05	80	75	106.5
	5A06	130	80	48.0
	5A12	66		62
350	5A02	50	45	58.0
	5A03	40	35	102.0
	5A05			
	5A06			
	5A12			
400	5A05	250	200	99.0

① 除 5A02 合金为棒材外，其他合金均为板材。

6.5.3　5×××系铝合金的工艺性能

5×××铝合金的工艺性能见表 6-71 ~ 表 6-74。

表 6-71　5×××系铝合金的工艺性能

合　金	熔炼温度/℃	铸造温度/℃	热加工温度/℃	退火温度/℃
5005	700 ~ 750	715 ~ 730	260 ~ 510	345
5050	700 ~ 750	715 ~ 730	260 ~ 510	345
5052	700 ~ 750	715 ~ 730	260 ~ 510	345
5056	700 ~ 750	710 ~ 720	315 ~ 480	415
5083	700 ~ 750	710 ~ 720	315 ~ 480	415
5086	700 ~ 750	690 ~ 710	315 ~ 480	345
5154	700 ~ 750	710 ~ 720	260 ~ 510	345
5252	700 ~ 750	710 ~ 720	260 ~ 510	345
5254	700 ~ 750	710 ~ 720	260 ~ 510	345
5356	700 ~ 750	710 ~ 720	260 ~ 510	345
5454	700 ~ 750	710 ~ 720	260 ~ 510	345
5456	700 ~ 750	710 ~ 720	260 ~ 510	345
5457	700 ~ 750	710 ~ 720	260 ~ 510	345
5652	700 ~ 750	715 ~ 730	260 ~ 510	345
5657	700 ~ 750	710 ~ 720	260 ~ 510	345
5A02	700 ~ 750	715 ~ 730	320 ~ 470	340 ~ 410
5A03	700 ~ 750	710 ~ 720	320 ~ 470	290 ~ 390
5A05	700 ~ 750	700 ~ 720	320 ~ 470	300 ~ 410
5A06	700 ~ 750	690 ~ 715	320 ~ 470	300 ~ 410
5A12	700 ~ 750	690 ~ 710	320 ~ 470	390 ~ 450

表 6-72　5×××系铝合金的变形工艺参数和再结晶温度

牌　号	品种	规格或型号/mm	变形温度/℃	变形程度/%	加热方式	保温时间/min	再结晶温度/℃ 开始	再结晶温度/℃ 终了
5A02	冷轧板	2.0	室温	80	空气炉	60	240 ~ 250	300 ~ 305
	冷轧板	4.0	室温	35	空气炉	120	260	300
	冷拉管材	D90 × 2.0	室温	30	空气炉	120	210	300
	冷轧管材	D50 × 1.5	室温	69	空气炉	120	200	310
5A03	冷轧板	1.8	室温	60	空气炉	60	240	270
	冷轧板	0.9	室温	80	空气炉	60	230 ~ 235	260 ~ 265
	冷轧板	0.8	室温	90	盐浴槽	10	250	280
5A05	冷轧板	3.6	室温	60	空气炉	60	225 ~ 230	250 ~ 255
	冷轧板	1.8	室温	80	空气炉	60		

牌　号	品种	规格或型号/mm	变形温度/℃	变形程度/%	加热方式	保温时间/min	再结晶温度/℃	
							开始	终了
5A06	冷轧板	2.0	室温	40	空气炉	60	230	290
		3.6		60		60	240	280
		1.9		80		60	235~240	270~275
		0.8		87	盐浴槽	10	240	
5A12	冷轧板	4.4	室温	60	盐浴槽	60	270	310

表6-73 5×××系铝合金的过烧温度

序　号	牌　号	过烧温度/℃	序　号	牌　号	过烧温度/℃
1	5005	630	9	5254	590
2	5050	625	10	5356	575
3	5052	605	11	5454	600
4	5056	565	12	5456	570
5	5083	580	13	5457	630
6	5086	585	14	5652	605
7	5154	590	15	5657	635
8	5252	605			

表6-74 5×××系铝合金材料的特性比较

合金和状态	腐蚀性能		可塑性[3]（冷加工）	机械加工性[3]	可钎焊性[4]	可焊性[4]		
	一般[1]	应力腐蚀开裂[2]				气焊	电弧焊	接触点焊和线焊
5005-O	A	A	A	E	B	A	A	B
H12	A	A	A	E	B	A	A	A
H14	A	A	B	D	B	A	A	A
H16	A	A	C	D	B	A	A	A
H18	A	A	C	D	B	A	A	A
H32	A	A	A	E	B	A	A	A
H34	A	A	B	D	B	A	A	A
H36	A	A	C	D	B	A	A	A
H38	A	A	C	D	B	A	A	A
5050-O	A	A	A	E	B	A	A	B
H32	A	A	A	D	B	A	A	A
H34	A	A	B	D	B	A	A	A
H36	A	A	C	C	B	A	A	A
H38	A	A	C	C	B	A	A	A

合金和状态	腐蚀性能		可塑性③（冷加工）	机械加工性③	可钎焊性④	可焊性④		
	一般①	应力腐蚀开裂②				气焊	电弧焊	接触点焊和线焊
5052-O	A	A	A	D	C	A	A	B
H32	A	A	B	D	C	A	A	A
H34	A	A	B	C	C	A	A	A
H36	A	A	C	C	C	A	A	A
H38	A	A	C	C	C	A	A	A
5056-O	A⑤	B⑤	A	D	D	C	A	B
H111	A⑤	B⑤	A	D	D	C	A	A
H12、H32	A⑤	B⑤	B	D	D	C	A	A
H14、H34	A⑤	B⑤	B	C	D	C	A	A
H18、H38	A⑤	C⑤	C	C	D	C	A	A
H192	A⑤	D⑤	D	B	D	C	A	A
H392	A⑤	D⑤	D	B	D	C	A	A
5083-O	A⑤	B⑤	B	D	D	C	A	B
H321、H116	A⑤	B⑤	C	D	D	C	A	A
H111	A⑤	B⑤	C	D	D	C	A	A
5086-O	A⑤	A⑤	A	D	D	C	A	B
H32、H116	A⑤	A⑤	B	D	D	C	A	A
H34	A⑤	B⑤	B	C	D	C	A	A
H36	A⑤	B⑤	C	C	D	C	A	A
H38	A⑤	B⑤	C	C	D	C	A	A
H111	A⑤	A⑤	B	D	D	C	A	A
5154-O	A⑤	A⑤	A	D	D	C	A	B
H32	A⑤	A⑤	B	D	D	C	A	A
H34	A⑤	A⑤	B	C	D	C	A	A
H36	A⑤	A⑤	C	C	D	C	A	A
H38	A⑤	A⑤	C	C	D	C	A	A
5454-O	A	A	A	D	D	C	A	B
H32	A	A	B	D	D	C	A	A
H34	A	A	B	C	D	C	A	A
H111	A	A	B	D	D	C	A	A
5456-O	A⑤	B⑤	B	D	D	C	A	B
H32、H116	A⑤	B⑤	C	D	D	C	A	A

①、②、③、④同表6-13表注；

⑤高温长时间保温的材料，其等级可能不同。

6.5.4 5×××系铝合金的品种、状态和典型用途

5×××系铝合金的品种、状态和典型用途见表6-75。

表6-75 5×××系铝合金的品种、状态和典型用途

合 金	品 种	状 态	典型用途
5005	板 材	O、H12、H14、H16、H18、H32、H34、H36、H38	与3003合金相似,具有中等强度与良好的抗蚀性。用作导体、炊具、仪表板、壳与建筑装饰件。阳极氧化膜比3003合金上的氧化膜更加明亮,与6063合金的色调协调一致
	厚 板	O、H12、H14、H32、H34、H112	
	冷加工棒材	O、H12、H14、H16、H22、H24、H26、H32	
	冷加工线材	O、H19、H32	
	铆钉线材	O、H32	
5050	板 材	O、H32、H34、H36、H38	薄板可作为制冷机与冰箱的内衬板,汽车气管、油管,建筑小五金、盘管及农业灌溉管
	厚 板	O、H112	
	拉伸管	O、H32、H34、H36、H38	
	冷加工棒材	O、F	
	冷加工线材	O、H32、H34、H36、H38	
5052	板 材	O、H32、H34、H36、H38	此合金有良好的成型加工性能、抗蚀性、可焊性、疲劳强度与中等的静态强度,用于制造飞机油箱、油管,以及交通车辆、船舶的钣金件、仪表、街灯支架与铆钉线材等
	厚 板	O、H32、H34、H112	
	拉伸管	O、H32、H34、H36、H38	
	冷加工棒材	O、F、H32	
	冷加工线材	O、H32、H34、H36、H38	
	铆钉线材	O、H32	
	箔 材	O、H19	
5056	冷加工棒材	O、F、H32	镁合金与电缆护套、铆接镁的铆钉、拉链、筛网等;包铝的线材广泛用于加工农业捕虫器罩,以及需要有高抗蚀性的其他场合
	冷加工线材	O、H111、H12、H14、H18、H32、H34、H36、H38、H192、H392	
	铆钉线材	O、H32	
	箔 材	H19	
5083	板 材	O、H116、H321	用于需要有高的抗蚀性、良好的可焊性和中等强度的场合,如船舶、汽车和飞机板焊接件;需要严格防火的压力容器、制冷装置、电视塔、钻探设备、交通运输设备、导弹零件、装甲等
	厚 板	O、H112、H116、H321	
	挤压管、型、棒、线材	O、H111、H112	
	锻件	H111、H112、F	
5086	板 材	O、H112、H116、H32、H34、H36、H38	用于需要有高的抗蚀性、良好的可焊性和中等强度的场合,如舰艇、汽车、飞机、低温设备、电视塔、钻井设备、运输设备、导弹零部件与甲板等
	厚 板	O、H112、H116、H321	
	挤压管、型、棒、线材	O、H111、H112	

合 金	品 种	状 态	典 型 用 途
5154	板 材	O、H32、H34、H36、H38	焊接结构、储槽、压力容器、船舶结构与海上设施、运输槽罐
	厚 板	O、H32、H34、H112	
	拉伸管	O、H34、H38	
	挤压管、型、棒、线材	O、H112	
	冷加工棒材	O、H112、F	
	冷加工线材	O、H112、H32、H34、H36、H38	
5182	板 材	O、H32、H34、H19	薄板用于加工易拉罐盖,汽车车身板、操纵盘、加强件、托架等零部件
5252	板 材	H24、H25、H28	用于制造有较高强度的装饰件,如汽车、仪器等的装饰性零部件,在阳极氧化后具有光亮透明的氧化膜
5254	板 材	O、H32、H34、H36、H38	过氧化氢及其他化工产品容器
	厚 板	O、H32、H34、H112	
5356	线 材	O、H12、H14、H16、H18	焊接镁含量大于3%的铝-镁合金焊条及焊丝
5454	板 材	O、H32、H34	焊接结构,压力容器,船舶及海洋设施管道
	厚 板	O、H32、H34、H112	
	拉伸管	H32、H34	
	挤压管、型、棒、线材	O、H111、H112	
5456	板 材	O、H32、H34	装甲板、高强度焊接结构、储槽、压力容器、船舶材料
	厚 板	O、H32、H34、H112	
	锻 件	H112、F	
5457	板 材	O	经抛光与阳极氧化处理的汽车及其他设备的装饰件
5652	板 材	O、H32、H34、H36、H48	过氧化氢及其他化工产品储存容器
	厚 板	O、H32、H34、H112	
5657	板 材	H241、H25、H26、H28	经抛光与阳极氧化处理的汽车及其他装备的装饰件,但在任何情况下必须确保材料具有细的晶粒组织
5A02	板 材	O、H32、H34、H36、H38	飞机油箱与导管、焊丝、铆钉、船舶结构件
	厚 板	O、H32、H34、H112	
	拉伸管	O、H32、H34、H36、H38	
	冷加工棒材	O、F、H32	
	冷加工线材	O、H32、H34、H36、H38	
	铆钉线材	O、H32	
	箔 材	O、H19	

合 金	品 种	状 态	典 型 用 途
5A03	板 材	O、H32、H34、H36、H38	中等强度焊接结构件、冷冲压零件、焊接容器、焊丝、可用来代替 5A02 合金
	厚 板	O、H32、H34、H112	
5A05	板 材	O、H32、H34、H112	焊接结构件、飞机蒙皮骨架
	挤压型材	O、H111、H112	
	锻 件	H112、F	
5A06	板 材	O、H32、H34	焊接结构、冷模锻零件、焊接容器受力零件、飞机蒙皮骨架部件、铆钉
	厚 板	O、H32、H34、H112	
	挤压管、型、棒材	O、H111、H112	
	线 材	O、H111、H12、H14、H18、H32、H34、H36、H38	
	铆钉线材	O、H32	
	锻 件	H112、F	
5A12	板 材	O、H32、H34	焊接结构件、防弹甲板
	厚 板	O、H32、H34、H112	
	挤压型、棒材	O、H111、H112	

6.6 6×××系铝合金及其加工材料

　　6×××系铝合金是以镁和硅为主要合金元素并以 Mg_2Si 相为强化相的铝合金，属于热处理可强化铝合金。该系合金具有中等强度，耐蚀性高，无应力腐蚀破裂倾向，焊接性能良好，焊接区腐蚀性能不变，成型性和工艺性能良好等优点。当合金中含铜时，合金的强度可接近2×××系合金的，工艺性能优于2×××系铝合金，但耐蚀性变差，合金有良好的锻造性能。该系合金中用得最广的是6061和6063合金，它们具有最佳的综合性能和经济性，主要产品为挤压型材，是最佳挤压合金，该合金应用量最大的为建筑型材。

6.6.1 合金元素和杂质元素在6×××系铝合金中的作用

　　6×××系铝合金的主要合金元素有镁、硅、铜，其作用如下：
　　（1）镁和硅。镁、硅含量的变化对退火状态的 Al-Mg-Si 合金抗拉强度和伸长率的影响不明显。
　　随着镁、硅含量的增加，Al-Mg-Si 合金淬火自然时效状态的抗拉强度提高，伸长率降低。当镁、硅总含量一定时，镁、硅含量之比对性能也有很大影响。固定镁含量，合金的抗拉强度随着硅含量的增加而提高。固定 Mg_2Si 相的含量，增加硅含量，合金的强化效果提高，而伸长率稍有提高。固定硅含量，合金的抗拉强度随着镁含量的增加而提高。含硅量较小的合金，抗拉强度的最大值位于 $\alpha(Al)$-Mg_2Si-Mg_2Al_3 三相区内。Al-Mg-Si 合金三元合金抗拉强度的最大值位于 $\alpha(Al)$-Mg_2Si-Si 三相区内。
　　镁、硅对淬火人工时效状态合金的力学性能的影响规律，与淬火自然时效状态合金的基本相同，但抗拉强度有很大提高，最大值仍位于 α(Al)-Mg$_2$Si-Si 三相区内，同时伸长率相应降低。

合金中存在剩余 Si 和 Mg$_2$Si 时，随其数量的增加，耐蚀性能降低。但当合金位于 α(Al)-Mg$_2$Si 两相区以及 Mg$_2$Si 相全部固溶于基体的单相区内的合金，耐蚀性最好。所有合金均无应力腐蚀破裂倾向。

合金在焊接时，焊接裂纹倾向性较大，但在 α(Al)-Mg$_2$Si 两相区中，成分 w(Si) = 0.2% ~ 0.4%，w(Mg) = 1.2% ~ 1.4% 的合金和在 α(Al)-Mg$_2$Si-Si 三相区中，成分 w(Si) = 1.2% ~ 2.0%，w(Mg) = 0.8% ~ 2.0% 的合金，其焊接裂纹倾向较小。

（2）铜。Al-Mg-Si 合金中添加铜后，铜在组织中的存在形式不仅取决于铜含量，而且受镁、硅含量的影响。当铜含量很少，w(Mg)∶w(Si) 比为 1.73∶1 时，则形成 Mg$_2$Si 相，铜全部固溶于基体中；当铜含量较多，w(Mg)∶w(Si) 比小于 1.08 时，可能形成 W(Al$_4$CuMg$_5$Si$_4$)相，剩余的铜则形成 CuAl$_2$；当铜含量多，w(Mg)∶w(Si) 比大于 1.73 时，可能形成 S(Al$_2$CuMg) 和 CuAl$_2$ 相。W 相与 S 相、CuAl$_2$ 相和 Mg$_2$Si 相不同，固态下只部分溶解参与强化，其强化作用不如 Mg$_2$Si 相的大。

合金中加入铜，不仅显著改善了合金在热加工时的塑性，而且增加了热处理强化效果，还能抑制挤压效应，降低合金因加锰后所出现的各向异性。

6××× 系铝合金中的微量添加元素有锰、铬、钛，而杂质元素主要有铁、锌等，其作用如下：

（1）锰。合金中加锰可以提高强度，改善耐蚀性、冲击韧性和弯曲性能。在 AlMg0.7Si1.0 合金中添加铜、锰，当 w(Mn) < 0.2% 时，随着锰含量的增加合金的强度提高很高。锰含量继续增加，锰与硅形成 AlMnSi 相，损失了一部分形成 Mg$_2$Si 相所必须的硅，而 AlMnSi 相的强化作用比 Mg$_2$Si 相小。因而，合金强化效果下降。

锰和铜同时加入时，其强化效果不如单独加锰的好，但可使伸长率提高，并改善退火状态制品的晶粒度。

当合金中加入锰后，由于锰在 α 相中产生严重的晶内偏析，影响了合金的再结晶过程，会造成退火制品的晶粒粗化。为获得细晶粒材料，铸锭必须进行高温均匀化（550℃）以消除锰偏析。退火时以快速升温为好。

（2）铬。铬和锰有相似的作用。铬可抑制 Mg$_2$Si 相在晶界的析出，延缓自然时效过程，提高人工时效后的强度。铬可细化晶粒，使再结晶后的晶粒呈细长状，因而可提高合金的耐蚀性，适宜的 w(Cr) = 0.15% ~ 0.3%。

（3）钛。6××× 系铝合金中添加 w(Ti) = 0.02% ~ 0.1% 和 w(Cr) = 0.01% ~ 0.2%，可以减少铸锭的柱状晶组织，改善合金的锻造性能，并细化制品的晶粒。

（4）铁。含少量的铁(w(Fe) < 0.4% 时) 对力学性能没有坏影响，并可以细化晶粒。w(Fe) > 0.7% 时，生成不溶的 (AlMnFeSi) 相，会降低制品的强度、塑性和耐蚀性能。合金中含有铁时，能使制品表面阳极氧化处理后的色泽变坏。

（5）锌。少量杂质锌对合金的强度影响不大，其 w(Zn) ≤ 0.3%。

6.6.2 6××× 系铝合金材料的典型性能

6××× 铝合金材料的典型性能见表 6-76 ~ 表 6-92。

表 6-76 6×××系铝合金材料的热学性能

合金	液相线温度/℃	固相线温度/℃	线膨胀系数 温度/℃	线膨胀系数 平均值/μm·(m·K)⁻¹	体膨胀系数/m³·(m³·K)⁻¹	比热容/J·(kg·K)⁻¹	热导率/W·(m·K)⁻¹ O状态	T4	T6
6005	654	607	20~100	23.4			167(T5)		
6009	650		−50~20 20~100 20~200 20~300	21.6 23.4 24.3 25.2	69×10⁻⁶ (20℃)	897 (20℃)	205 (20℃)	172 (20℃)	180 (20℃)
6010	650	585	−50~20 20~100 20~200 20~300	21.5 23.2 24.1 25.1	67×10⁻⁶ (20℃)	897 (20℃)	202 (20℃)	151 (20℃)	180 (20℃)
6061	652	682	20~100	23.6		896 (20℃)	180 (20℃)	154 (20℃)	167 (20℃)
6063	655	615	−50~20 20~100 20~200 20~300	21.8 23.4 24.5 25.6		900 (20℃)	218 (20℃)	193(T1) 209(T5) (25℃)	201 (25℃)
6066	645	563	20~100	23.2		887 (20℃)			147 (20℃)
6070	649	566				891 (20℃)			172 (20℃)
6101	654	621	−50~20 20~100 20~200 20~300	21.7 23.5 24.4 25.4		895 (20℃)			218 (20℃)
6151	650	588	−50~20 20~100 20~200 20~300	21.8 23.0 24.1 25.0		895 (20℃)	205 (20℃)	163 (20℃)	175 (25℃)
6201	654	607	−50~20 20~100 20~200 20~300	21.6 23.4 24.3 25.2		895 (20℃)	205(T8) (25℃)		
5205	645	613	20~100	23.0			172(T1) (25℃)	188(T5) (25℃)	
6262	650	585	20~100	23.4			172(T9) (20℃)		
6351	650	555	20~80	23.4					176 (25℃)
6463	654	621	20~100	23.4			192(T1) (25℃)	209(T5) (25℃)	201 (25℃)

续表6-76

合金	液相线温度/℃	固相线温度/℃	线膨胀系数		体膨胀系数/m³·(m³·K)⁻¹	比热容/J·(kg·K)⁻¹	热导率/W·(m·K)⁻¹		
			温度/℃	平均值/μm·(m·K)⁻¹	/m³·(m³·K)⁻¹	/J·(kg·K)⁻¹	O状态	T4	T6
6A02			−50~20	21.8		798 (100℃)		155 (25℃)	
			20~100	23.5					
			20~200	24.3					
			20~300	25.4					

注：共晶温度577℃。

表6-77　6×××系铝合金材料的电学性能

合金	20℃体积电导率/%IACS			20℃体积电阻率/nΩ·m			20℃体积电阻温度系数/nΩ·m·K⁻¹			电极电位[①]/V
	O	T4	T6	O	T4	T6	O	T4	T6	
6005		49(T5)			35(T5)					
6009	54	44	47	31.9	39.2	36.7	0.1	0.1	0.1	
6010	53	39	44	32.5	44.2	39.2	0.1	0.1	0.1	
6061	47	40	40							
6063	58	50(T1) 55(T5)	43(T6、T83)	30	35(T1) 32(T5)	33(T6、T83)				
6066	40		37	43		47	0.1		0.1	
6070			44			39			0.1	
6101	59(T61) 58(T63)	60(T64) 58(T65)	57	29.2(T61) 29.7(T65)	28.7(T64) 29.7(T65)	30.2	0.1	0.1	0.1	
6151	54	42	45	32	41	38	0.1	0.1	0.1	−0.83
6201	45(T1)	49(T5)		37(T1)	35(T5)					
6262	44(T9)			39(T9)						
6351			46			38			0.1	
6463	50(T1)	55(T5)	53(T6)	34(T1)	31(T5)	33(T6)			0.1	
6A02	55	45								

① 测定条件：25℃，在 NaCl 53g/L + H₂O₂ 3g/L 溶液中，以 0.1mol/L 甘汞电极作标准电极。

表6-78　6009 及 6010 合金的典型抗拉性能

试样取向		6009 合金			6010 合金		
		抗拉强度 σ_b/MPa	屈服强度 $\sigma_{0.2}$/MPa	伸长率 δ/%	抗拉强度 σ_b/MPa	屈服强度 $\sigma_{0.2}$/MPa	伸长率 δ/%
T4	纵　向	234	131	24	296	186	23
	横向及45°方向	228	124	25	290	172	24
T6	纵　向	345	324	12	386	372	11
	横向及45°方向	338	298	13	379	352	12

表6-79 6061 合金的典型力学性能

状 态		抗拉强度 σ_b/MPa	屈服强度 $\sigma_{0.2}$/MPa	伸长率 δ/%		抗剪强度 σ_τ/MPa	疲劳强度 σ_{-1}[1]/MPa	硬度[2]HB
				ϕ1.6mm 试样	ϕ13mm 试样			
未包铝的 6061 合金	O	124	55	25	30	83	62	30
	T4、T451	241	145	22	25	165	97	65
	T6、T651	310	276	12	17	207	97	95
包铝的 6061 合金	O	117	48	25		76	62	30
	T4、T451	228	131	22		152	97	65
	T6、T651	290	255	12		186	97	95

[1] R. R. Moore 试验，5×10^8 次循环；

[2] 4.9kN 载荷，直径 10mm 钢球，施载时间 30s。

表6-80 6063 合金的典型力学性能

状 态	抗拉强度 σ_b[1]/MPa	屈服强度 $\sigma_{0.2}$[1]/MPa	伸长率 δ[1][2]/%	硬度[3]HB	抗剪强度 σ_τ/MPa	疲劳强度 σ_{-1}/MPa
O	90	48	25		69	55
T1[3]	152	90	20	42	97	62
T4	172	90	22			
T5	186	145	12	60	117	69
T6	241	214	12	73	152	69
T83	255	241	9	82	152	
T831	207	186	10	70	124	
T832	290	269	12	95	186	

[1] 试验条件：载荷 4.9kN、直径 10mm 钢球、施载时间 30s；

[2] R. R. Moore 试验，5×10^8 次循环；

[3] 过去为 T42 状态。

表6-81 6063 合金在不同温度下的抗拉性能

温度/℃	抗拉强度 σ_b[1]/MPa	屈服强度 $\sigma_{0.2}$/MPa	伸长率 δ/%	温度/℃	抗拉强度 σ_b[1]/MPa	屈服强度 $\sigma_{0.2}$/MPa	伸长率 δ/%
T1[2]				316	23	17	80
-196	234	110	44	371	16	14	105
-80	179	103	36	T5			
-28	165	97	34	-196	255	165	28
24	152	90	33	-80	200	152	24
100	152	97	18	-28	193	152	23
149	145	103	20	24	186	145	22
204	62	45	40	100	165	138	18
260	31	24	75	149	138	124	20

温度/℃	抗拉强度 σ_b[①]/MPa	屈服强度 $\sigma_{0.2}$/MPa	伸长率 δ/%	温度/℃	抗拉强度 σ_b[①]/MPa	屈服强度 $\sigma_{0.2}$/MPa	伸长率 δ/%
204	62	45	40	24	241	214	18
260	31	24	75	100	214	193	15
316	23	17	80	149	145	133	20
371	16	14	105	204	62	45	40
T6				260	31	24	75
-196	324	248	24	316	23	17	80
-80	262	228	20	371	16	14	105
-28	248	221	19				

① 在所列温度下无负载保温10000h，然后以35MPa/min的应力施加速度试验至屈服强度，而后以5%/min的应变速度试验至拉断；

② 以前为T42。

表6-82 6066合金的力学性能

状 态		抗拉强度 σ_b/MPa	屈服强度 $\sigma_{0.2}$/MPa	伸长率 δ[①] /%	硬度[②]HB	抗剪强度 σ_τ/MPa	疲劳强度 σ_{-1}[③]/MPa
典型性能	O	150	83	18	43	97	
	T4、T451	360	207	18	90	200	
	T6、T651	395	359	12	120	234	110
性能范围（挤压件）	O	20 最大	125 最大	16 最小			
	T4、T4510、T4511	275 最小	170 最小	14 最小			
	T42	275 最小	165 最小	14 最小			
	T6、T6510、T6511	345 最小	310 最小	8 最小			
	T62	345	290	8			
性能范围（模锻件）	T6	345	310				

① 标距为50mm或4d，d为试样工作部分的直径；

② 试验条件：载荷4.9kN、直径10mm钢球、施载时间30s；

③ R. R. Moore试验，5×10^8次循环。

表6-83 6070合金的典型力学性能

状 态	抗拉强度 σ_b/MPa	屈服强度 $\sigma_{0.2}$/MPa	伸长率 δ/%	硬度[①]HB	抗剪强度 σ_τ/MPa	疲劳强度 σ_{-1}[②]/MPa
O	145	69	20	35	97	62
T4	317	172	20	90	206	90
T6	379	352	10	120	234	97

① 试验条件：载荷4.9kN、直径10mm钢球、施载时间30s；

② R. R. Moore试验，5×10^8次循环。

表 6-84 6101-T6 合金在不同温度时的典型力学性能

温度/℃	抗拉强度 σ_b[1]/MPa	屈服强度 $\sigma_{0.2}$/MPa	伸长率 δ[2]/%	温度/℃	抗拉强度 σ_b[1]/MPa	屈服强度 $\sigma_{0.2}$/MPa	伸长率 δ[2]/%
−196	296	228	24	149	145	131	20
−80	248	207	20	204	69	48	40
−28	234	200	19	260	33	23	80
24	221	193	19	316	24	16	100
100	193	172	20	371	17	12	105

① 在所示温度下无载荷保温 10000h 后，然后以 35MPa/min 的应力施加速度试验至屈服强度，而后以 5%/min 的应变速度拉至断裂，T6 合金典型室温力学性能：抗拉强度 σ_b 为 221MPa，屈服强度 $\sigma_{0.2}$ 为 193MPa，伸长率 δ 为 15%，抗剪强度 σ_τ 为 138MPa，布氏硬度 HB 为 71（载荷 4.9kN、ϕ10mm，施加时间 30s）；
② 标距 50mm。

表 6-85 6101 合金挤压件的最低力学性能

状态	抗拉强度 σ_b/MPa	屈服强度 $\sigma_{0.2}$/MPa	伸长率 δ/%
H111	83	55	59
T6	200	172	55
T61(3.0~19.0mm)	138	103	57
T61(19.5~38.0mm)	124	76	57
T61(38.1~50.0mm)	103	55	57
T63	186	152	56
T64	103	55	59.5
T65	172~221	138~186	56.5

表 6-86 6151 合金的拉伸力学性能

状态		抗拉强度 σ_b/MPa	屈服强度 $\sigma_{0.2}$/MPa	伸长率 δ[1]/%
模锻件 T6	轴平行于晶粒流向	303	225	14(试件)、10(锻件)
	轴平行于晶粒流向	303	255	6(锻件)
轧制环 T6、T652	切 向	303	255	5
	轴 向	303	241	4
	径 向	290	241	2

① 距 50mm 或 4d，d 为试样工作部分的直径。

表 6-87 6201 合金线材典型的拉伸力学性能

状态	抗拉强度 σ_b/MPa	屈服强度 $\sigma_{0.2}$/MPa	伸长率 δ[1]/%
典型性能	最小		最小
T81	331	310	6
直径 1.6~3.2mm, T81	单根 315		3
	平均 330		3
直径 3.21~4.8mm, T81	单根 305		3
	平均 315		3

① 距 250mm。

表 6-88 6205 合金的典型力学性能

状 态	抗拉强度 σ_b/MPa	屈服强度 $\sigma_{0.2}$/MPa	伸长率 δ/%	硬度[1]HB	抗剪强度 σ_τ/MPa	疲劳强度[2] σ_{-1}/MPa
T1	262	138	19	65		
T5	310	290	11	95	207	103

① 试验条件：载荷 4.9kN、直径 10mm 钢球、施载时间 30s；

② R. R. Moore 试验，5×10^8 次循环。

表 6-89 6262 合金在不同温度时的典型拉伸性能

温度/℃		抗拉强度 σ_b/MPa	屈服强度 $\sigma_{0.2}$/MPa	伸长率 δ/%	温度/℃		抗拉强度 σ_b/MPa	屈服强度 $\sigma_{0.2}$/MPa	伸长率 δ/%
T651	-196	414	324	22	T9	-28	414	386	10
	-80	338	290	18		24	400	379	10
	-28	324	283	17		100	365	359	10
	24	310	276	17		149	262	255	14
	100	290	262	18		204	103	90	34
	149	234	214	20		260	59	41	48
T9	-196	510	462	14		316	32	19	85
	-80	427	400	10		371	24	10	95

注：在所示温度下无载荷保温 10000h 后测得的最低强度性能，以 35MPa/min 的应力施加速度试验至屈服强度，而后以 5%/min 的应变速度拉至断裂。T9 状态材料的其他典型室温力学性能：抗剪强度 σ_τ 为 400MPa；疲劳强度 σ_{-1} 为 90MPa（R. R. Moore 试验，5×10^8 次循环）；布氏硬度 HB 为 120（载荷 4.9kN、ϕ10mm 钢球、施加时间 30s）。

表 6-90 6351 合金的典型力学性能

状 态	抗拉强度 σ_b/MPa	屈服强度 $\sigma_{0.2}$/MPa	伸长率 δ/%	硬度[1]HB	抗剪强度 σ_τ/MPa	疲劳强度[2] σ_{-1}/MPa
T4	248	152	20			90
T6	310	283	14	95	200	90
T54	207	138	10			90

① 试验条件：载荷 4.9kN、直径 10mm 钢球、施载时间 30s；

② R. R. Moore 试验，5×10^8 次循环。

表 6-91 6463 合金的典型力学性能

状 态	抗拉强度 σ_b/MPa	屈服强度 $\sigma_{0.2}$/MPa	伸长率 δ/%	硬度[1]HB	抗剪强度 σ_τ/MPa	疲劳强度[2] σ_{-1}/MPa
T1	152	90	20	42	97	69
T5	186	145	117	60	117	69
T6	241	214	152	74	152	69

① 试验条件：载荷 4.9kN、直径 10mm 钢球、施载时间 30s；

② R. R. Moore 试验，5×10^8 次循环。

表 6-92　6A02 合金的典型力学性能

状　态	抗拉强度 σ_b/MPa	屈服强度 $\sigma_{0.2}$/MPa	伸长率 δ/%	硬度[①]HB	抗剪强度 σ_τ/MPa	疲劳强度 σ_{-1}[②]/MPa
O	120		30	30		63
T4	220	120	22	65		98
T6	330	280	16	95		98

① 试验条件：载荷 4.9kN、直径 10mm 钢球、施载时间 30s；

② R. R. Moore 试验，5×10^8 次循环。

6.6.3　6×××系铝合金的工艺性能

6×××系铝合金的工艺性能见表 6-93 ~ 表 6-97。

表 6-93　6×××系铝合金材料的熔炼、铸造与压力加工温度范围

合　金	熔炼温度/℃	铸造温度/℃	轧制温度/℃	挤压温度/℃	锻造温度/℃
6A02	700 ~ 750	700 ~ 740	410 ~ 500	370 ~ 450	400 ~ 500
6061	720 ~ 750	710 ~ 730		350 ~ 500	350 ~ 500
6063	720 ~ 760	710 ~ 730		480 ~ 500	350 ~ 500
6070	700 ~ 750	700 ~ 740	410 ~ 500	370 ~ 450	400 ~ 500

表 6-94　6×××系铝合金材料的热处理规范

合　金	退火温度及工艺	固溶温度及工艺	时效温度及工艺
6005	415℃	547℃	175℃
6009	415℃	555℃	175℃
6010	415℃	565℃	175℃
6061		530℃	轧制产品：160℃ ×18h 挤压或锻造产品：175℃ ×18h
6063	415℃ ×(2 ~3)h，以 28℃/h 的降温速度从 415℃冷至 260℃	520℃	T5：205℃ ×1h；或 182℃ ×1h；或 175℃ ×8h
6066	415℃、2 ~3h	530℃	175℃ ×8h
6070	415℃	545℃	160℃ ×18h
6101	415℃	510℃ ×1h	174℃ ×(6 ~8)h
6151	413℃ ×(2 ~3)h，以不大于 27℃/h 的速度炉冷至 260℃	(510 ~525)℃ ×4min、冷水淬火；锻件在 65 ~100℃热水中淬火	(165 ~175)℃ × (8 ~12)h
6201	415℃	510℃	150℃ ×4h
6205	415℃	525℃	175℃ ×6h
6262	415℃ ×(2 ~3)h	540℃ ×(8 ~12)h	170℃ ×(8 ~12)h
6351	350℃ ×4h	505℃	170℃ ×6h
6463	415℃	520℃	T6：175℃ ×8h；或 180℃ ×6h
6A02	370 ~410℃	510 ~525	T5：205℃ ×1h；或 180℃ ×3h (150 ~165)℃ ×(8 ~15)h

表 6-95　6 × × × 系铝合金的变形工艺参数和再结晶温度

牌　号	品　种	规格或型号/mm	变形温度/℃	变形程度/%	加热方式	保温时间/min	再结晶温度/℃	
							开始	终了
6A02	冷轧板	1.0	室　温	85	盐浴槽	20	250~255	285~290
		3.0		57	空气炉	60	260	350
	冷拉管材	4.0	350	50~55	空气炉	20	250~270	320~350
	棒　材	φ10		98.6	盐浴槽	20		445~450

注：挤压状态已开始再结晶。

表 6-96　6 × × × 系铝合金的过烧温度

序　号	牌　号	过烧温度/℃	备　注	序　号	牌　号	过烧温度/℃	备　注
1	6A02	565 595	不同资料介绍	9	6151	590	
2	6005	605		10	6201	610	
3	6053	575		11	6253	580	
4	6061	580 582	不同资料介绍	12	6262	580	
5	6063	615		13	6463	615	
6	6066	560 566	不同资料介绍	14	6951	615	
7	6070	565		15	6151	590	
8	6101	620					

表 6-97　6 × × × 系铝合金材料的特性比较

合金和状态	腐蚀性能		可塑性[3]（冷加工）	机械加工性[3]	可钎焊性[4]	可焊性[4]		
	一般[1]	应力腐蚀开裂[2]				气焊	电弧焊	接触点焊和线焊
6005-T1，T5					A	A	A	A
6061-O	B	A	A	D	A	A	A	B
T4、T451、T4510、T4511	B	B	B	C	A	A	A	A
T6、T651、T652、T6510、T6511	B	B	C	C	A	A	A	A
6063-T1	A	A	B	D	A	A	A	A
T4	A	A	B	D	A	A	A	A
T5、T52	A	A	B	C	A	A	A	A
T6	A	A	C	C	A	A	A	A
T83、T831、T832	A	A	C	C	A	A	A	A
6066-O	C	A	B	D	D	D	B	B
T4、T4510、T4511	C	B	C	C	D	D	B	B
T6、T6510、T6511	C	B	C	B	D	D	B	B

合金和状态	腐蚀性能		可塑性[3]（冷加工）	机械加工性[3]	可钎焊性[4]	可焊性[4]		
	一般[1]	应力腐蚀开裂[2]				气焊	电弧焊	接触点焊和线焊
6070-T4、T4511	B	B	B	C	B	A	A	A
T6	B	B	C	C	B	A	A	A
6101-T6、T63	A	A	C	C	A	A	A	A
T61、T64	A	A	B	D	A	A	A	A
6201-T81	A	A		C	A	A	A	A
6262-T6、T651、T6510、T6511	B	A	C	B	A	A	A	A
T9	B	A	D	B	A	A	A	A
6351-T1			C	C	C	B	A	B
T4	A		C	C	C	B	A	B
T5	A		C	C	C	B	A	B
T6	A		C	C	C	B	A	B
6463-T1	A	A	B	D	A	A	A	A
T5	A	A	B	C	A	A	A	A
T6	A	A	C	C	A	A	A	A

①、②、③、④同表 6-13 表注。

6.6.4 6×××系铝合金的品种、状态和典型用途

6×××系铝合金的品种、状态和典型用途见表 6-98。

表 6-98 6×××系铝合金的品种、状态和典型用途

合金	品 种	状 态	典 型 用 途
6005	挤压管、棒、型、线材	T1、T5	挤压型材与管材，用于要求强度大于 6063 合金的结构件，如梯子、电视天线等
6009	板 材	T4、T6	汽车车身板
6010	板 材	T4、T6	汽车车身板
6061	板 材	O、T4、T6	要求有一定强度、可焊性与抗蚀性高的各种工业结构件，如制造卡车、塔式建筑、船舶、电车、铁道车辆、家具等用的管、棒、型材
	厚 板	O、T451、T651	
	拉伸管	O、T4、T6	
	挤压管、棒、型、线材	O、T1、T4、T4510、T4511、T51、T6、T6510、T6511	
	导 管	T6	
	轧制或挤压结构型材	T6	
	冷加工棒材	O、H13、T4、T541、T6、T651	
	冷加工线材	O、H13、T4、T6、T89、T913、T94	
	铆钉线材	T6	
	锻 件	F、T6、T652	

合金	品 种	状 态	典型用途
6063	拉伸管 挤压管、棒、型、线材 导 管	O、T4、T6、T83、T831、T832 O、T1、T4、T5、T52、T6 T6	建筑型材,灌溉管材,供车辆、台架、家具、升降机、栏栅等用的挤压材料,以及飞机、船舶、轻工业部门、建筑物等用的不同颜色的装饰构件
6066	拉伸管 挤压管、棒、型、线材 锻 件	O、T4、T42、T6、T62 O、T4、T4510、T4511、T42、T6、T6510、T6511、T62 F、T6	焊接结构用锻件及挤压材料
6070	挤压管、棒、型、线材 锻 件	O、T4、T4511、T6、T6511、T62 F、T6	重载焊接结构与汽车工业用的挤压材料与管材,桥梁、电视塔、航海用元件、机器零件导管等
6101	挤压管、棒、型、线材 导 管 轧制或挤压结构型材	T6、T61、T63、T64、T65、H111 T6、T61、T63、T64、T65、H111 T6、T61、T63、T64、T65、H111	公共汽车用高强度棒材、高强度母线、导电体与散热装置等
6151	锻 件	F、T6、T652	用于模锻曲轴零件、机器零件与生产轧制环,水雷与机器部件,供既要求有良好的可锻性能、高的强度,又要有良好抗蚀性之用
6201	冷加工线材	T81	高强度导电棒材与线材
6205	板 材 挤压材料	T1、T5 T1、T5	厚板、踏板与高冲击的挤压件
6262	拉伸管 挤压管、棒、型、线材 冷加工棒材 冷加工线材	T2、T6、T62、T9 T6、T6510、T6511、T62 T6、T651、T62、T9 T6、T9	要求抗蚀性优于 2011 和 2017 合金的有螺纹的高应力机械零件(切削性能好)
6351	挤压管、棒、型、线材	T1、T4、T5、T51、T54、T6	车辆的挤压结构件,水、石油等的输送管道,控压型材
6463	挤压棒、型、线材	T1、T5、T6、T62	建筑与各种器械型材,以及经阳极氧化处理后有明亮表面的汽车装饰件
6A02	板 材 厚 板 管、棒、型材 锻 件	O、T4、T6 O、T4、T451、T6、T651 O、T4、T4511、T6、T6511 F、T6	飞机发动机零件,形状复杂的锻件与模锻件,要求有高塑性和高抗蚀性的机械零件

6.7 7×××系铝合金及其加工材料

7×××系铝合金是以锌为主要合金元素的铝合金,属于热处理可强化铝合金。合金中加镁，则为 Al-Zn-Mg 合金，合金具有良好的热变形性能，淬火范围很宽，在适当的热处理条件下能够得到较高的强度，焊接性能良好，一般耐蚀性较好，有一定的应力腐蚀倾向，是高强可焊的铝合金。Al-Zn-Mg-Cu 合金是在 Al-Zn-Mg 合金基础上通过添加铜发展起来的，其强度高于 2××× 系铝合金，一般称为超高强铝合金，合金的屈服强度接近于抗拉强度，屈强比高，比强度也很高，但塑性和高温强度较低，宜作常温、120℃ 以下使用的承力结构件，合金易于加工，有较好的耐腐蚀性能和较高的韧性。该系合金广泛应用于航空和航天领域，并成为这个领域中最重要的结构材料之一。

6.7.1　合金元素和杂质元素在 7××× 系铝合金中的作用

6.7.1.1　Al-Zn-Mg 合金

Al-Zn-Mg 合金中的锌、镁是主要合金元素，其质量分数一般不大于 7.5%。该合金随着锌、镁含量的增加，其抗拉强度和热处理效果一般也随之增加。合金的应力腐蚀倾向与锌、镁含量的总和有关，高镁低锌或高锌低镁的合金，只要锌、镁质量分数之和不大于 7%，合金就具有较好的耐应力腐蚀性能。合金的焊接裂纹倾向随镁含量的增加而降低。

Al-Zn-Mg 系合金中的微量添加元素有锰、铬、铜、锆和钛，杂质主要有铁和硅，具体作用如下：

（1）锰和铬。添加锰和铬能提高合金的耐应力腐蚀性能，$w(Mn) = 0.2\% \sim 0.4\%$ 时，效果显著。加铬的效果比加锰大，如果锰和铬同时加入，对减少应力腐蚀倾向的效果就更好，$w(Cr) = 0.1\% \sim 0.2\%$ 为宜。

（2）锆。锆能显著地提高 Al-Zn-Mg 系合金的可焊性。在 AlZn5Mg3Cu0.35Cr0.35 合金中加入 0.2% Zr 时，焊接裂纹显著降低。锆还能够提高合金的再结晶终了温度，在 AlZn4.5Mg1.8Mn0.6 合金中，$w(Zr) > 0.2\%$ 时，合金的再结晶终了温度在 500℃ 以上，因此，材料在淬火以后仍保留着变形组织。含锰的 Al-Zn-Mg 合金添加 $w(Zr) = 0.1\% \sim 0.2\%$，还可提高合金的耐应力腐蚀性能，但锆比铬的作用低些。

（3）钛。合金中添加钛能细化合金在铸态时的晶粒，并可改善合金的可焊性，但其效果比锆低。若钛和锆同时加入效果更好。在 $w(Ti) = 0.12\%$ 的 AlZn5Mg3Cr0.3Cu0.3 合金中，$w(Zr) > 0.15\%$ 时，合金即有较好的可焊性和伸长率，可获得与单独加入 $w(Zr) > 0.2\%$ 时相同的效果。钛也能提高合金的再结晶温度。

（4）铜。Al-Zn-Mg 系合金中加少量的铜，能提高耐应力腐蚀性能和抗拉强度，但合金的可焊性有所降低。

（5）铁。铁能降低合金的耐蚀性和力学性能，尤其对锰含量较高的合金更为明显。所以，铁含量应尽可能低，应限制 $w(Fe) < 0.3\%$。

（6）硅。硅能降低合金强度，并使弯曲性能稍降，焊接裂纹倾向增加，应限制 $w(Si) < 0.3\%$。

6.7.1.2　Al-Zn-Mg-Cu 合金

Al-Zn-Mg-Cu 合金为热处理可强化合金，起主要强化作用的元素为锌和镁，铜也有一定强化效果，但其主要作用是为了提高材料的抗腐蚀性能。

（1）锌和镁。锌、镁是主要强化元素，它们共同存在时会形成 $\eta(MgZn_2)$ 和

T($Al_2Mg_2Zn_3$)相。η 相和 T 相在铝中溶解度很大，且随温度升降剧烈变化，$MgZn_2$ 在共晶温度下的溶解度达 28%，在室温下降低到 4% ~5%，有很强的时效强化效果，锌和镁含量的提高可使强度、硬度大大提高，但会使塑性、抗应力腐蚀性能和断裂韧性降低。

（2）铜。当 $w(Zn)$：$w(Mg) > 2.2$，且铜含量大于镁含量时，铜与其他元素能产生强化相 S($CuMgAl_2$）而提高合金的强度，但在与之相反的情况下 S 相存在的可能性很小。铜能降低晶界与晶内电位差，还可以改变沉淀相结构和细化晶界沉淀相，但对 PFZ 的宽度影响较小；它可抑制沿晶开裂的趋势，因而改善合金的抗应力腐蚀性能。然而当 $w(Cu) > 3\%$ 时，合金的抗蚀性反而变坏。铜能提高合金过饱和程度，加速合金在 100 ~200℃人工时效过程，扩大 GP 区的稳定温度范围，提高抗拉强度、塑性和疲劳强度。此外，美国 F. S. Lin 等人研究了铜的含量对 7×××系铝合金疲劳强度的影响，发现铜含量在不太高的范围内随着铜含量的增加提高了周期应变疲劳抗力和断裂韧性，并在腐蚀介质中降低裂纹扩展速率，但铜的加入有产生晶间腐蚀和点腐蚀的倾向。另有资料介绍，铜对断裂韧性的影响与 $w(Zn)$：$w(Mg)$ 值有关，当比值较小时，铜含量越高韧性越差；当比值大时，即使铜含量较高，韧性仍然很好。

合金中还有少量的锰、铬、锆、钒、钛、硼等微量元素，铁和硅在合金中是有害杂质，其相互作用如下：

（1）锰和铬。添加少量的过渡族元素锰、铬等对合金的组织和性能有明显的影响。这些元素可在铸锭均匀化退火时产生弥散的质点，阻止位错及晶界的迁移，从而提高再结晶温度，有效地阻止晶粒的长大；可细化晶粒，并保证组织在热加工及热处理后保持未再结晶或部分再结晶状态，使强度提高的同时具有较好的抗应力腐蚀性能。在提高抗应力腐蚀性能方面，加铬比加锰效果好，加入 $w(Cr) = 0.45\%$ 的抗应力腐蚀开裂寿命比加同量锰的长几十至上百倍。

（2）锆。最近出现了用锆代替铬和锰的趋势，锆可大大提高合金的再结晶温度，无论是热变形还是冷变形，在热处理后均可得到未再结晶组织，锆还可提高合金的淬透性、可焊性、断裂韧性、抗应力腐蚀性能等，是 Al-Zn-Mg-Cu 系合金中很有发展前途的微量添加元素。

（3）钛和硼。钛、硼能细化合金在铸态时的晶粒，并提高合金的再结晶温度。

（4）铁和硅。铁和硅在 7×××系铝合金中是不可避免存在的有害杂质，其主要来自原材料以及熔炼、铸造中使用的工具和设备。这些杂质主要以硬而脆的 $FeAl_3$ 和游离的硅形式存在，这些杂质还与锰、铬形成（FeMn)Al_6、（FeMn)Si_2Al_5、Al(FeMnCr) 等粗大化合物，$FeAl_3$ 有细化晶粒的作用，但对抗蚀性影响较大，随着不溶相含量的增加，不溶相的体积分数也在增加，这些难溶的第二相在变形时会破碎并拉长，出现带状组织，粒子沿变形方向呈直线状排列，由短的互不相连的条状组成。由于杂质颗粒分布在晶粒内部或者晶界上，在塑性变形时，在部分颗粒-基体边界上发生孔隙，产生微细裂纹，成为宏观裂纹的发源地，同时它也会促使裂纹的过早发展。此外，它对疲劳裂纹的成长速度有较大的影响，在破坏时它具有一定的减少局部塑性的作用，这可能和由于杂质数量增加使颗粒之间距离缩短，从而减少裂纹尖端周围塑性变形的流动性有关。因为含铁、硅的相在室温下很难溶解，起到缺口作用，容易成为裂纹源而使材料发生断裂，对伸长率，特别对合金的断裂韧性有非常不利的影响。因此，新型合金在设计及生产时，对铁、硅的含量控制较严，除采用高纯金属原料外，在熔铸过程中也采取一些措施，避免这两种元素混入合金中。

6.7.2 7×××系铝合金材料的典型性能

7×××系铝合金材料的典型性能见表6-99~表6-129。

表6-99 7×××系铝合金材料的热学性能

合金	液相线温度/℃	固相线温度/℃	线膨胀系数		体膨胀系数/m³·(m³·K)⁻¹	比热容/J·(kg·K)⁻¹	热导率/W·(m·K)⁻¹		
			温度/℃	平均值/μm·(m·K)⁻¹			O	T53、T63、T5361、T6351	T6
7005	643	604	-50~20 20~100 20~200 20~300	21.4 23.1 24.0 25.0	67.0×10^{-6} (20℃)	875 (20℃)	166	148	137
7039	638	482	20~100	23.4			125~155		
7049	627	588	20~100	23.4		960(100℃)	154(25℃)		
7050[①]	635	524	-50~20 20~100 20~200 20~300	21.7 23.5 24.4 25.4	68.0×10^{-6}	860 (20℃)	180	154 (T76、T7651)	157 (T736、T73651)
7072	657	641	-50~20 20~100 20~200 20~300	21.8 23.6 24.5 25.5	68.0×10^{-6}		227		
7075[②]	635	477[③]			68.0×10^{-6}	960(100℃)	130(T6、T62、T651、T652)	150(T76、T7651)	155(T73、T7351、T7352)
7175[④]	635	477[③]	-50~20 20~100 20~200 20~300	21.6 23.4 24.3 25.2	68.0×10^{-6}	864 (20℃)	177	142	155(T736、T73652)
7178	629	477[③]	-50~20 20~100 20~200 20~300	21.7 23.5 24.4 25.4	68.0×10^{-6}	856 (20℃)	180	127(T6、T651)	152(T76、T7651)
7475[⑤]	635	477[③]	-50~20 20~100 20~200 20~300	21.6 23.4 24.3 25.2	68.0×10^{-6} (20℃)	865 (20℃)	177	155(T61、T651)142; 155(T761、T7651) 163(T7351)	
7A03			20~100 100~200 200~300 300~400	21.9 24.85 28.87 32.67		714(100℃) 924(200℃) 1050(300℃)	155(25℃) 160(100℃) 164(200℃) 168(300℃)		

合金	液相线温度/℃	固相线温度/℃	线膨胀系数		体膨胀系数/m³·(m³·K)⁻¹	比热容/J·(kg·K)⁻¹	热导率/W·(m·K)⁻¹		
			温度/℃	平均值/μm·(m·K)⁻¹			0	T53、T63、T5361、T6351	T6
7A04			20~100 20~200 20~300	23.1 24.1 24.1 26.2			155(25℃) 160(100℃) 164(200℃) 164(300℃) 160(400℃)		

① 经过固溶处理的加工产品的初熔温度为488℃;

② 铸态材料的共晶温度为477℃,经过固溶处理的加工产品的初熔温度为532℃;

③ 共晶温度;

④ 铸态材料的共晶温度为477℃,经过固溶处理的加工产品的初熔温度为532℃;

⑤ 经过固溶处理的加工产品的初熔温度为538℃,而共晶温度为477℃。

表6-100 7×××系铝合金材料的电学性能

合金	20℃体积电导率/% IACS			20℃体积电阻率/nΩ·m			20℃体积电阻温度系数/nΩ·m·K⁻¹
	O	T53、T5351、T63、T6351	T6	O	T53、T5351、T63、T6351	T6	
7005	43	38	35	40.1	45.4	49.3	0.1
7039	32~40	32~40	32~40				0.1
7049	40	40	40	43	43	43	0.1
7050	47	39.5(T76、T7651)	40.5(T736、T73651)	36.7	43.6(T76、T7651)	42.6(T736、T73651)	0.1
7072	60			28.7			0.1
7075	33(T6、T62、T651、T652)	38.5(T76、T7651)	40(T73、T7351、T7352)	52.2(T6、T62、T651、T652)	44.8(T76、T7651)	43.1(T73、T7351、T7352)	0.1
7175	46	36(T66)	40(T736、T73652)	37.5	47.9(T66)	43.1(T736、T73652)	0.1
7178	46	32(T6、T651)	39(T76、T7651)	37.5	53.9(T6、T651)	44.2(T76、T7651)	0.1
7475	46	36(T61、T651);42(T7351)	40(T761、T7651)	37.5	47.9(T61、T651);41.1(T7351)	43.1(T761、T7651)	0.1
7A03				44.0(T4)			0.1
7A04	30(T4)			42.0(T4)			

表6-101 7×××系铝合金的模量

合 金	弹性模量 E/GPa	剪切模量 G/GPa	压缩模量 G/GPa	泊松比 μ
7005	71	26.9	72.4	0.33
7039	69.6			0.33
7049	70.3	26.9	73.8	0.33
7050	70.3	26.9	73.8	0.33
7072	68		70	0.33
7075	71.0	26.9	72.4	0.33
7076	67			0.33
7175	72			0.33
7178	71.7	27.5	73.7	0.33
7475	70	27	73	0.33
7A03				0.31
7A04	67	27		0.31

表6-102 7005合金的典型力学性能

状 态	抗拉强度 σ_b/MPa	屈服强度 $\sigma_{0.2}$/MPa	伸长率 δ/%	抗剪强度 σ_τ/MPa	疲劳强度 σ_{-1}[1]/MPa	K_{IC}/MPa·m$^{1/2}$
O	193	83	20	117	[1]	T6351：L-T 51.3
T53	393	345	15	221		T-L 44
T6、T63、T6351	372	317	12	214		S-L 30.3

[1] 旋转梁试样，循环 10^8 次，T6351厚板。光滑试样115~130MPa；60°切口试样20~50MPa；T53挤压件：光滑试样130~150MPa，60°切口试样20~50MPa。轴向（R=0），循环 10^8 次，光滑试样：T6351厚板195MPa，T53挤压件231MPa。

表6-103 7005合金的最低力学性能

状 态	抗拉强度 σ_b/MPa	屈服强度 $\sigma_{0.2}$/MPa	伸长率 δ[1]/%	抗压屈服强度/MPa	抗剪强度 σ_τ/MPa	挤剪屈服强度/MPa	支承强度/MPa	支承屈服强度/MPa
挤压材料（T53）								
L向	345	303	10	296	193	172	655[2]	503[2]
L-T向	331	290		303			496[3]	407[3]
薄板及厚板								
T6[4]、T63[5]、T6351[5]	324	262		296	186	152	634[2] 483[3]	448[2] 356[3]

[1] 标距50mm，或4d，d为试样工作部分的直径；
[2] e/d=2.0，e为边距，d为杆柱直径；
[3] e/d=1.5；
[4] 厚度小于6.35mm；
[5] 厚度为6.35~75mm。

表 6-104　7039 合金在不同状态下的典型力学性能[1]

状态	抗拉强度 σ_b/MPa		屈服强度 $\sigma_{0.2}$/MPa		伸长率 δ/%		抗压屈服强度/MPa		抗剪强度 σ_τ/MPa		支承强度[2]/MPa		布氏硬度[3]HB
	纵向	横向	纵向	横向	纵向	横向	纵向	横向	纵向	横向	纵向	横向	
T64	450	450	380	380	13	13	400	415	270	255	910	910	133
T61	400	400	380	380	14	14	380	407		235		827	123
O	277	277	103	103	22	22							61

① 厚度为 6～75mm 板材；

② e/d=2.0，e 为边距，d 为杆柱直径；

③ 载荷 4.9kN、直径 10mm 钢球、施载时间 30s。

表 6-105　7039-T64 合金厚板的横向冲击韧性

板厚/mm	温度/℃	伸长率（标距 50mm）δ/%	无切口试样的冲击韧性/J	有切口试样的冲击韧性/J
45	24	12	66.2	7.6
	-195	12	87.5	6.5
38	24	11	75.3	7.5
	-195	11	96.7	8.3

表 6-106　7050 合金的最低力学性能

方向与尺寸/mm			抗拉强度 σ_b[1]/MPa	屈服强度 $\sigma_{0.2}$[2]/MPa	伸长率 δ[1][2]/%	抗压屈服强度/MPa	抗剪强度 σ_τ/MPa	支承强度[3]/MPa	支承屈服强度/MPa
模锻件（AMS4111），T73 状态	平行于晶粒流向	≤50	496	427	7	441	283	917	662
		>50～100	490	421	7	434	276	903	655
		>100～125	483	414	7	427	269	890	641
	垂直于晶粒流向	≤25	490	421	3	434	283	917	662
		>25～100	483	414	3～2	427	276	903	655
		>100～25	469	400	2	414	269	890	641
挤压件（AMS4157），T73511 状态	≤75—纵向		510	441	7	448	276	758	
	≤75—横向		483	414	5	420	276	993	
	>75～125—纵向		496	427	7	435	269	738	
	>75～125—长横向		469	400	5	407	269	965	
挤压件（AMS4157），T75511 状态	≤75—纵向		538	483	7	490	290		586
	≤75—长横向		524	469	5	475	290		724
	>75～125—纵向		524	469	7	475	283		572
	>75～125—长横向		510	455	5	462	283		696

① 只列有一个数值的为最小值；

② 标距 50mm，或 4d，d 为试样工作部分的直径，列有数值范围的，表示其最低伸长率随材料厚度而变化；

③ e/d=2.0，e 为边距，d 为杆柱直径。

表 6-107 7050-T73652 合金自由锻件的最低力学性能

性　能		厚度/mm						
		≤50	>50~75	>75~100	>100~125	>125~150	>150~175	>175~200
抗拉强度 σ_b/MPa	纵向	496	496	490	483	476	469	462
	L-T 向	490	483	483	476	469	462	455
	S-T 向		462	462	455	455	448	441
屈服强度 $\sigma_{0.2}$/MPa	纵向	434	427	421	414	407	400	393
	L-T 向	421	414	407	400	386	372	359
	S-T 向		379	379	372	365	352	345
抗压屈服强度/MPa	纵向	441	434	427	421	414	407	400
	L-T 向	448	441	434	427	414	400	386
	S-T 向		421	421	414	407	393	379
抗剪强度 σ_τ/MPa		290	283	283	283	276	269	269
支承强度/MPa	$e/d=1.5$	689	683	683	669	662	655	641
	$e/d=2.0$	903	896	896	883	869	855	841
支承屈服强度/MPa	$e/d=1.5$	593	586	572	565	545	524	503
	$e/d=2.0$	696	689	676	662	641	621	593
伸长率 δ/%	纵向	9	9	9	9	9	9	9
	L-T 向	5	5	5	4	4	4	4
	S-T 向		4	4	3	3	3	3

注：L-T 长横向，S-T 短横向。

表 6-108 7050-T74 合金模锻件的最低力学性能[1]

厚度/mm	抗拉强度 σ_b/MPa		屈服强度 $\sigma_{0.2}$/MPa		伸长率 δ/%		抗压屈服强度/MPa		抗剪强度 σ_τ/MPa	支承强度[2]/MPa		支承屈服强度/MPa	
	纵向	横向	纵向	横向	纵向	横向	纵向	横向		$e/d=1.5$	$e/d=2.0$	$e/d=1.5$	$e/d=2.0$
≤50	496	496	427	386	7	5	434	400	290	683	903	565	662
>50~100	490	462	421	379	7	4	473	393	283	676	889	558	655
>100~125	483	455	414	372	7	3	434	397	283	669	876	545	641
>125~150	483	455	405	372	7	3	427	372	283	669	876	538	634

[1] 厚度为 76~125mm 锻件的强度为 386MPa；

[2] 标距 20mm。

表 6-109 7050 合金在不同温度时的典型力学性能

温度/℃		在指定温度下保温时间/h	在指定温度下			保温后的室温下		
			抗拉强度 σ_b/MPa	屈服强度 $\sigma_{0.2}$/MPa	伸长率 $\delta^{[1]}$/%	抗拉强度 σ_b/MPa	屈服强度 $\sigma_{0.2}$/MPa	伸长率 $\delta^{[1]}$/%
T73651 厚板	24		510	455	11	510	455	11
	100	0.1~10	441	427	13	510	455	11
		100	448	434	13	510	462	12

温度/℃		在指定温度下保温时间/h	在指定温度下			保温后的室温下		
			抗拉强度 σ_b/MPa	屈服强度 $\sigma_{0.2}$/MPa	伸长率 $\delta^{①}$/%	抗拉强度 σ_b/MPa	屈服强度 $\sigma_{0.2}$/MPa	伸长率 $\delta^{①}$/%
T73651 厚板	100	1000	441	427	14	510	455	12
		10000	441	421	15	510	441	12
	149	0.1	393	386	16	510	455	11
		0.5	393	386	17	510	448	12
		10	393	386	18	503	441	12
		100	359	332	19	483	407	13
		1000	290	276	21	407	317	13
		10000	221	193	29	331	228	14
	177	0.1	359	345	19	510	448	12
		0.5	352	345	20	496	441	12
		10	324	310	22	469	400	13
		100	248	234	25	386	296	13
		1000	193	172	31	317	214	14
		10000	159	124	40	248	152	15
	204	0.1	303	290	22	490	434	12
		0.5	290	276	23	469	421	12
		10	221	207	27	386	283	13
		100	165	152	32	317	200	14
		1000	131	110	45	262	138	16
		10000	117	90	54	234	117	19
T73652 锻件	-196		662	572	13			
	-80		586	503	14			
	-28		552	476	15			
	24		524	455	15	524	455	15
	100	0.1~10	462	427	16	524	455	15
		100	469	434	16	524	462	15
		1000	462	427	17	524	524	16
		10000	462	241	17	517	517	16
	149	0.1	414	386	17	517	455	15
		0.5	414	386	17	510	448	15
		10	407	386	18	503	441	16
		100	365	352	20	483	407	17
		1000	290	276	23	407	317	17
		10000	221	193	29	331	228	15

温度/℃		在指定温度下保温时间/h	在指定温度下			保温后的室温下		
			抗拉强度 σ_b/MPa	屈服强度 $\sigma_{0.2}$/MPa	伸长率 δ[①]/%	抗拉强度 σ_b/MPa	屈服强度 $\sigma_{0.2}$/MPa	伸长率 δ[①]/%
T73652 锻件	177	0.1	379	345	19	510	448	15
		0.5	365	345	20	496	441	16
		10	324	310	22	469	400	16
		100	248	234	25	386	296	17
		1000	193	172	31	317	214	17
		10000	159	124	40	248	152	18
	204	0.1	324	290	22	503	434	15
		0.5	296	276	23	483	421	15
		10	221	207	27	386	283	16
		100	165	152	32	317	200	17
		1000	131	110	45	262	138	19
		10000	117	90	54	234	117	22

① 标距50mm。

表6-110　7050合金在 10^7 次循环时的典型轴向疲劳性能

产　品	状　态	应力比 R	疲劳强度（最大应力）/MPa	
			光滑试样	缺口试样[①]
厚板，25~150mm	T6	0.0	190~290	
	T73×××	0.0	170~300	50~90
挤压件，厚29.5mm	T76511	0.5	320~340	110~125
	T76511	0.0	180~210	70~80
	T76511	-1.0	130~150	35~50
模锻件，厚25~150mm	T736	0.0	210~275	75~115
自由锻件，144mm×559mm×2130mm	T73652，纵向	0.5	325	145
	T73652，纵向	0.0	225	90
	T73652，纵向	-1.0	145	50
	T73652，纵向	0.5	275	115
	T73652，长横向	0.0	170	90
	T73652，长横向	-1.0	125	50
	T73652，长横向	0.5	260	115
	T73652，短横向	0.0	170	60
	T73652，短横向	-1.0	115	50

① 缺口试样疲劳系数 K_1=3.0。

表 6-111 7050 合金的平面应变断裂韧性

状态及方向		最小值 /MPa·m$^{1/2}$	平均值 /MPa·m$^{1/2}$	状态及方向		最小值 /MPa·m$^{1/2}$	平均值 /MPa·m$^{1/2}$
厚板 (T73651)	L-T	26.4	35.2	模锻件 (T736)	L-T	27.5	36.3
	T-L	24.2	29.7		T-L, S-T	20.9	35.3
	S-L	22.0	28.6				
挤压件 (T7651X)	L-T		30.8	自由锻件 (T73652)	L-T	29.7	36.3
	T-L		26.4		T-L	18.7	23.1
	S-L		20.9		S-L	17.6	22.0
挤压件 (T7351X)	T-L		45.1				
	T-L		31.9				
	S-L		26.4				

表 6-112 7050-T3651 合金板材的断裂应力与蠕变强度

温度/℃	应力施加 时间/h	断裂应力 /MPa	蠕变强度/MPa			
			1.0%	0.5%	0.2%	0.1%
24	0.1	510	496	476	455	448
	1	503	483	462	448	441
	10	490	469	455	441	441
	100	476	455	448	441	434
	1000	469	448	441		
100	0.1	441	434	427	421	414
	1	427	414	407	400	386
	10	407	393	365	345	331
	100	379	372	365	345	331
	1000	359	352	345	317	
149	0.1	372	365	359	345	324
	1	345	338	324	303	290
	10	310	303	290	269	228
	100	262	255	271	193	152
	1000	179	179	165	145	124

表 6-113 7072 合金空调箔的力学性能范围

状 态	抗拉强度（最小） σ_b/MPa	抗拉强度（最大） σ_b/MPa	屈服强度（最小） $\sigma_{0.2}$/MPa	伸长率（最小） $\delta^{①}$/%
O	55	90	21	15～20
H14	97	131	83	1～3
H18	131			1～2
H19	145			1
H25	107	148	83	2～3
H111、H211	62	97	41	12

① 标距 50mm。本栏数据有一定范围的表示带箔的标定最低性能随材料厚度而变。

表 6-114　7075 合金在不同温度下的典型力学性能

温度/℃	抗拉强度 σ_b/MPa	屈服强度 $\sigma_{0.2}$[①]/MPa	伸长率 δ[②]/%	温度/℃	抗拉强度 σ_b/MPa	屈服强度 $\sigma_{0.2}$[①]/MPa	伸长率 δ[②]/%
T6、T651				T73、T7351			
-196	703	634	9	-196	634	496	14
-80	621	545	11	-80	545	462	14
-28	593	517	11	-28	524	448	13
24	572	503	11	24	503	434	13
100	483	448	14	100	434	400	15
149	214	186	30	149	214	186	30
204	110	87	55	204	110	90	55
260	76	62	65	260	76	62	65
316	55	45	70	316	55	45	70
371	41	32	70	371	41	32	70

① 在所示温度下无载荷保温 10000h 测得的最低力学性能，先以 35MPa/min 的应力施加速度试验至屈服强度，而后以 5%/min 的应变速度拉至断裂；

② 标距 50mm。

表 6-115　7075 合金的力学性能

状态及厚度			抗拉强度 σ_b/MPa	屈服强度 $\sigma_{0.2}$/MPa	伸长率 δ[①]/%
典型性能		0	228	103	17
		T6、T651	572	503	11
		T73	503	434	11
		Alclad 0	221	97	17
		T6、T651	524	462	11
最低性能	薄板与厚板	0	276(最大)	145(最大)	10
	薄板	T6、T62 0.2~0.28mm	510	434	5
		T6、T62 0.3~0.99mm	524	462	7
		T6、T62 0.3~3.1mm	538	459	8
		T6、T62 3.2~6.3mm	538	476	8
		T73	462	386	8
		T76	502	427	8
	厚板	T62、T651 6.3~12.6mm	538	462	9
		T62、T651 12.7~25.0mm	538	469	7
		T62、T651 25.1~50mm	531	462	6
		T62、T651 50.1~63.5mm	524	441	5
		T62、T651 64~76mm	496	421	5
		T62、T651 76.1~88mm	490	400	5
		T62、T651 88.1~100mm	462	372	3

状态及厚度			抗拉强度 σ_b/MPa	屈服强度 $\sigma_{0.2}$/MPa	伸长率 δ[①]/%
最低性能	厚板	T7351 6.35~50mm	476	393	6~7
		T7351 50.1~63.5mm	455	359	6
		T7351 64~76mm	441	338	6
		T7651 6.3~12.6mm	496	421	8
		T7651 12.7~25.0mm	490	414	6
	包铝薄板、厚板	0			
		0.2~1.5mm	248(最大)	138(最大)	9~10
		1.6~4.7mm	262(最大)	138(最大)	10
		4.8~12.6mm	269(最大)	145(最大)	10
		12.7~25mm	27(最大)		10
	包铝的薄板	T6 0.2~0.25mm	469	400	5
		T6 0.30~0.99mm	483	414	7
		T6 1.0~1.5mm	496	427	8
		T6 1.6~4.7mm	503	434	8
		T6 4.8~6.3mm	517	441	8
		T73 1.0~1.5mm	434	352	8
		T73 1.6~4.7mm	441	359	8
		T73 4.8~6.3mm	455	372	8
		T73 3~4.7mm	496	393	8
		T73 4.8~6.3mm	483	407	8

状态及厚度			抗拉强度 σ_b/MPa	屈服强度 $\sigma_{0.2}$/MPa	伸长率 δ[①]/%	状态及厚度		抗拉强度 σ_b/MPa	屈服强度 $\sigma_{0.2}$/MPa	伸长率 δ[①]/%
包铝的厚板	T62、T651	6.3 ~ 12.6mm	517	448	9	T62、T651	76 ~ 88mm	490[②]	400[②]	5
		12.7 ~ 25.0mm	538[②]	469[②]	7		89 ~ 100mm	462[②]	372	3
		26 ~ 50mm	531[②]	462[②]	6	T7351	6.3 ~ 12.6mm	455	372	8
		51 ~ 63mm	524[②]	441[②]	5		12.7 ~ 25.0mm	476	393	7
		64 ~ 75mm	496[②]	421[②]	5	T7651	6.3 ~ 12.6mm	476	400	8
							12.7 ~ 25.0mm	490[②]	414[②]	6

① 标距 50mm 或 $4d$，d 为试样缩颈部分直径，本栏数据如为范围值，则表示材料伸长率随其厚度而变化；

② 厚度不小于 13mm 的厚板，所列数值仅适用于未包铝的材料，如有包铝层则其性能略低些，而下降量则取决于包铝层厚度。

表 6-116　7075 合金的典型平面应变断裂韧性

方　向	产　品	状　态	最低值/MPa·m$^{1/2}$	平均/MPa·m$^{1/2}$	最大值/MPa·m$^{1/2}$
L-T 向	厚　板	T651	27.5	38.6	29.7
		T7351		33.0	
	挤压型材	T6510、T6511	38.6	30.8	35.2
		T73110、T73111	34.1	36.3	37.4
	锻件	T652	26.4	28.6	30.8
		T7352	29.7	34.1	38.5
T-L 向	厚　板	T651	22.0	24.2	25.3
		T7351	27.5	31.9	36.3
	挤压型材	T6510、T6511	20.9	24.2	28.6
		T73110、T73111	24.2	26.4	30.8
	锻件	T652		25.3	
		T7352	25.3	27.5	28.6
S-L 向	厚　板	T651	16.5	17.6	19.8
		T7351	20.9	22.0	23.1
	挤压型材	T6510、T6511	19.8	20.9	24.2
		T73110、T73111		22.0	
	锻件	T652		18.7	
		T7352	20.9	23.1	27.5

表 6-117　厚不大于 75mm 的 7175-T736 合金的典型力学性能

温度/℃	保温时间/h	在所示温度的性能			保温后在室温下的性能		
		抗拉强度 σ_b/MPa	屈服强度 $\sigma_{0.2}$/MPa	伸长率 δ[①]/%	抗拉强度 σ_b/MPa	屈服强度 $\sigma_{0.2}$/MPa	伸长率 δ[①]/%
−253		876	745	12			
−196		731	676	13			
−80		621	572	14			
−28		600	552	16			

温度/℃	保温时间/h	在所示温度的性能			保温后在室温下的性能		
		抗拉强度 σ_b/MPa	屈服强度 $\sigma_{0.2}$/MPa	伸长率 $\delta^{①}$/%	抗拉强度 σ_b/MPa	屈服强度 $\sigma_{0.2}$/MPa	伸长率 $\delta^{①}$/%
24		552	503	14	552	503	14
100	0.1	490	476	14	552	503	14
	0.5	490	462	15	552	503	14
	10	496	476	16	552	510	14
	100	503	483	16	558	510	14
	1000	503	483	17	565	517	14
	10000	496	476	17	558	503	14
149	0.1	427	414	20	552	503	15
	0.5	427	414				
	10	427	414	20	552	496	15
	100	393	372	25	524	462	16
	1000	310	296	30	441	359	17
	10000	241	214	30	352	248	18
176	0.1	365	345	20	538	490	14
	0.5	379	345	25	538	483	14
	10	338	324	25	496	427	16
	100	262	241	25	421	331	16
	1000	200	179	35	331	228	18
	10000	165	131	55	262	152	20
204	0.1	324	303	20	524	469	16
	0.5	310	283	30	503	427	14
	10	228	214	35	393	496	16
	100	165	221	35	317	207	18
	1000	124	103	45	255	138	20
	10000	124	90	65	234	110	25
232	0.1	262	241	20	510	441	16
	0.5	228	214	25	448	359	16
	10	159	145	35	338	228	17
	100	117	103	40	269	145	19
	1000	97	83	45	234	103	25
	10000	90	76	50	221	97	25

① 标距 50mm。

表 6-118 7175-T736 合金锻件的平面应变断裂韧性

状　态		最小值 /MPa·m$^{1/2}$	平均值 /MPa·m$^{1/2}$	状　态		最小值 /MPa·m$^{1/2}$	平均值 /MPa·m$^{1/2}$
模锻件(T736)	L-T	29.7	33.0	自由锻件 (T736)	L-T	33.0	27.4
	T-L	23.1	28.6		T-L	27.5	29.7
	S-L	23.1	28.6		S-L	23.1	26.4

表 6-119 7178 合金的典型抗拉性能

温度/℃	抗拉强度 σ_b[①]/MPa	屈服强度 $\sigma_{0.2}$[①]/MPa	伸长率 δ[②]/%	温度/℃	抗拉强度 σ_b[①]/MPa	屈服强度 $\sigma_{0.2}$[①]/MPa	伸长率 δ[②]/%
T6、T651				T76、T7651			
-196	730	650	5	-196	730	615	10
-80	650	580	8	-80	625	540	10
-28	625	560	9	-28	605	525	10
24	605	540	11	24	570	505	11
100	505	470	14	100	475	440	17
149	515	185	40	149	215	185	40
204	105	83	70	204	105	83	70
260	76	62	76	260	76	62	76
316	59	48	80	316	59	48	80
371	45	38	80	371	45	38	80

① 在所示温度下无载荷保温 10000h 测得的最低强度,保温后以 35MPa/min 的应力施加速度试验至屈服强度,再以 5%/min 的应变速度拉至断裂;

② 标距 50mm。

表 6-120 7178-T6 合金板材的蠕变断裂性能

温度/℃	应力作用时间 /h	断裂应力/MPa	蠕变强度/MPa			
			1.0%	0.5%	0.2%	0.1%
150	0.1	440	420	415	395	365
	1	415	395	380	360	315
	10	370	345	340	310	250
	100	285	270	255	235	185
	1000	180	180	170	150	130
205	0.1	275	260	255	235	205
	1	215	205	200	180	145
	10	150	145	145	130	97
	100	105	97	97	83	76
	1000	69	69	69	59	55

续表6-120

温度/℃	应力作用时间/h	断裂应力/MPa	蠕变强度/MPa			
			1.0%	0.5%	0.2%	0.1%
260	0.1	110	110	110	105	97
	1	97	97	90	83	66
	10	69	69	66	55	41
	100	55	52	45	34	
	1000	41	34	29		
315	0.1	62	52	48	45	38
	1	52	45	41	34	26
	10	41	38	34	26	
	100	34	30	26		
	1000	28	23			

表 6-121　7475 合金在不同温度时的典型拉伸性能

温度/℃	保温时间/h	在所示温度的性能			保温后在室温下的性能		
		抗拉强度 σ_b/MPa	屈服强度 $\sigma_{0.2}$/MPa	伸长率 $\delta^{[1]}$/%	抗拉强度 σ_b/MPa	屈服强度 $\sigma_{0.2}$/MPa	伸长率 $\delta^{[1]}$/%
T61 薄板，厚1~6.35mm	−196	683	600	10			
	−80	607	545	12			
	−28	579	517	12			
	24	552	496	12	552	496	12
	0.1~0.5	496	462	14	552	496	12
	10	496	462	14	558	496	12
100	100	503	469	13	558	503	12
	1000	503	476	13	565	510	12
	10000	483	448	14	552	490	13
	0.1~0.5	434	414	18	552	496	12
	10	434	414	17	545	490	12
149	100	379	372	19	510	434	12
	1000	262	255	23	400	310	13
	10000	207	179	28	310	207	14
	0.1	386	365	19	545	490	12
	0.5	379	365	19	538	483	12
177	10	324	310	21	490	414	12
	100	228	221	23	386	290	12
	1000	172	159	30	303	193	14
	10000	131	110	40	234	124	15

温度/℃	保温时间 /h	在所示温度的性能			保温后在室温下的性能		
		抗拉强度 σ_b/MPa	屈服强度 $\sigma_{0.2}$/MPa	伸长率 $\delta^{①}$/%	抗拉强度 σ_b/MPa	屈服强度 $\sigma_{0.2}$/MPa	伸长率 $\delta^{①}$/%
T61 薄板,厚 1～6.35mm	204						
	0.1	331	317	17	531	469	12
	0.5	296	283	19	496	427	12
	10	200	193	26	372	376	12
	100	145	138	35	296	186	13
	1000	110	97	45	234	117	15
	10000	97	76	55	207	97	18
	232						
	0.1	234	221	19	490	414	12
	0.5	200	186	21	421	331	12
	10	138	131	30	303	193	13
	100	97	90	45	241	124	14
	1000	83	76	60	214	97	18
	10000	83	62	65	193	76	22
	260						
	0.1	159	152	20	407	310	12
	0.5	131	124	25	338	221	12
	10	90	83	45	255	131	15
	100	76	69	65	228	97	19
	1000	69	59	70	207	83	21
	10000	66	48	70	186	69	22
	316						
	0.1	76	69	35	317	193	13
	0.5	69	62	45	269	131	15
	10	48	41	65	241	90	19
	100	45	38	75	221	83	20
	1000	45	38	80	207	76	21
	10000	45	38	80	186	69	
	371	0.1					
		0.1	41	34	70	276	117	17
		0.5	38	32	70			
		10～10000	34	27	85			
	427	0.1	24	20	85			
		0.5	23	19	85			
	482		18	15	50			
	538		11	9	3			
T7651 薄板, 厚1～ 6.35mm	-196		655	565	11			
	-80		579	503	12			
	-28		552	483	12			

温度/℃	保温时间/h	在所示温度的性能			保温后在室温下的性能		
		抗拉强度 σ_b/MPa	屈服强度 $\sigma_{0.2}$/MPa	伸长率 $\delta^{①}$/%	抗拉强度 σ_b/MPa	屈服强度 $\sigma_{0.2}$/MPa	伸长率 $\delta^{①}$/%
24		524	462	12	524	462	12
100	0.1~10	455	434	14	524	462	12
	100~1000	455	434	13	531	469	12
	10000	441	421	14	524	462	13
149	0.1~0.5	400	386	18	524	462	12
	10	393	379	17	524	455	12
	100	359	345	19	490	421	12
	1000	362	255	23	400	303	13
	10000	207	179	28	310	207	14
177	0.1	352	338	19	517	455	12
	0.5	352	331	19	517	455	12
	10	303	290	21	469	393	12
	100	228	221	23	379	283	12
	1000	172	159	30	303	193	14
	10000	131	110	40	234	124	15
204	0.1	290	269	17	503	434	12
	0.5	276	262	19	483	414	12
	10	200	193	26	372	276	12
	100	145	138	35	296	186	13
	1000	110	97	45	234	117	15
	10000	97	76	55	207	97	18
232	0.1	221	207	19	462	386	12
	0.5	193	179	21	414	324	12
	10	138	131	30	303	193	13
	100	97	90	45	241	124	14
	1000	83	76	60	214	97	18
	10000	83	62	65	193	76	22
260	0.1	159	152	20	386	283	12
	0.5	131	124	25	338	221	12
	10	90	83	45	255	131	15
	100	76	69	60	228	97	19
	1000	69	59	70	207	83	21
	10000	66	48	70	186	69	22

材料: T7651 薄板, 厚1~6.35mm

温度/℃		保温时间 /h	在所示温度的性能			保温后在室温下的性能		
			抗拉强度 σ_b/MPa	屈服强度 $\sigma_{0.2}$/MPa	伸长率 δ[1]/%	抗拉强度 σ_b/MPa	屈服强度 $\sigma_{0.2}$/MPa	伸长率 δ[1]/%
T7651 薄板，厚 1～6.35mm	316	0.1	76	69	35	310	186	13
		0.5	69	62	45	269	131	15
		10	48	41	65	241	90	19
		100	45	38	75	221	83	20
		1000	45	38	80	207	76	21
		10000	45	38	80	186	69	
	371	0.1	41	34	70	276	117	17
		0.5	38	32	70			
		10	34	27	80			
		100～10000	34	27	85			

① 标距 50mm。

表 6-122　7475 合金的典型断裂韧性

板　厚	状　态	温度/℃	L-T 向 /MPa·m$^{1/2}$	T-L 向 /MPa·m$^{1/2}$	S-L 向 /MPa·m$^{1/2}$
厚　板	T651	20	42.9	37.4	29.7
	T7651	20	47.3	38.5	30.8
	T7351	20	52.7	41.8	35.2
薄　板	1.2mm　T7651	20		143	
		-54		90	
	1.4mm　T7651	20		136	
		-54		87	
	1.6mm[1]　T7651	20		122	
		-54		102	
	1.6mm[2]　T7651	20		150	
		-54		111	
	1.6mm[3]　T7651	20		147	
		-54		109	
	1.8mm　T7651	20		149	
		-54		125	

①、②、③是三组实验结果；厚板的断裂韧性用标准紧凑拉伸试样测定；薄板断裂韧性用带防弯杆的中心开裂的 400mm×120mm 的平板试样测定。

表 6-123　厚 1~6.35mm 的 7475 合金薄板的蠕变断裂性能

温度/℃		应力施加时间/h	断裂应力/MPa	蠕变能力/MPa			
				1.0%	0.5%	0.2%	0.1%
T61	24	0.1	552	538	524	517	510
		1	545	531	517	510	503
		10	545	517	510	503	496
		100	538	510	503	496	
		1000	524	503	496		
	100	0.1	490	476	469	455	448
		1	476	455	448	414	393
		10	455	434	427	414	393
		100	427	414	400	386	365
		1000	386	379	365	352	
	149	0.1	414	400	393	379	365
		1	386	372	365	345	310
		10	352	338	317	283	241
		100	262	248	241	214	193
		1000	186	179	179	165	159
T7651	24	0.1	524	503	483	476	469
		1	517	490	476	469	462
		10	510	483	469	462	462
		100	496	476	469	462	462
		1000	490	462	462	455	448
	100	0.1	441	421	414	414	400
		1	421	107	400	393	379
		10	400	386	386	372	359
		100	379	372	365	352	324
		1000	359	352	345	324	
	149	0.1	372	365	365	352	324
		1	345	338	331	310	276
		10	310	303	290	255	234
		100	248	234	228	207	193
		1000	186	179	179	165	159

表 6-124　7A04 合金型材的低温力学性能

温度/℃	状态	截面/mm	抗拉强度 σ_b/MPa	伸长率 δ_5/%	截面收缩率 ψ/%	冲击韧性 a_K/J·m^{-2}
20	T6	65×6.7	630	10	15	$9.81×10^4$
-40			660	8	13	$9.81×10^4$
-70			660	8	14	$9.81×10^4$
-196			800	7	9	$9.81×10^4$

表 6-125　7A04-T6 合金的典型室温力学性能

取样部位		试样方向	抗拉强度 σ_b/MPa	屈服强度 $\sigma_{0.2}$/MPa	缺口试样的抗拉强度 σ_b[①]/MPa	伸长率 δ_5/%	截面收缩率 ψ/%
飞机大梁型材	薄缘板	纵　向	640	550		11	11
		横　向	550	480		8.0	7
		高　向	560	500		9.0	7
	厚缘板	纵　向	600	520		12	19
		横　向	570	510		7.0	6
		高　向	580	510		6.5	9
	厚缘板中心	纵　向	590	530		11	15
		横　向	500	460		3.5	
		高　向	510	470		2.6	
飞机挤压大头型材	型材部分	纵　向	595	545		8	15
		横　向					
		高　向					
	端头部分	纵　向	620	565	705	8.5	15
		横　向	560	515	570	5.5	3.5
		高　向	530			5.0	
1000mm × 300mm × 120mm 自由锻件	边　缘	纵　向	550	490	720	9.5	23
		横　向	530	480	610	8.5	18
		高　向	530	470	670	4	10
	中　心	纵　向	560	500	740	10.5	21.5
		横　向	540	490	680	5.5	12
		高　向	520	480	610	3	5
	模锻件	纵　向	610	550	730	10	16
		横　向	490	440	550	3.5	8.5
		高　向	470	440	550	3	8.5

① 试样带有 0.75mm 的圆形缺口。

表 6-126　7A04-T6 合金的高温力学性能

材　料	试验温度/℃	弹性模量 E/MPa	抗拉强度 σ_b/MPa	屈服强度 $\sigma_{0.2}$/MPa	伸长率 δ/%
厚度不大于 2.5mm 的板材	20	67000	520	440	14
	100	62000	480	410	14
	125	59000	470	400	14
	150	56000	410	350	15
	175	54000	370	320	16
	200	51000	280	240	11
	250	47000	150	120	16
	300		85	70	31

材　料	试验温度/℃	弹性模量 E/MPa	抗拉强度 σb/MPa	屈服强度 σ0.2/MPa	伸长率 δ/%
飞机梁型材	20	72000	600	550	6
	100	64500	530	500	8
	125	63500	520	490	5
	150	61500	430	400	7
	200	57500	330	310	4
	250	49000	160	150	16
	300	43500	100	80	23

表6-127　7A04-T6 大梁型材的高强抗扭、抗剪性能

温度/℃	剪切模量 G/MPa	抗扭强度/MPa	抗扭屈服强度 τ0.3/MPa	抗扭比例极限/MPa	抗剪强度 στ/MPa
20	27000	435	310	235	325
100	24000	405	290	225	320
150	22500	355	265	210	280
200	20000	275	220	165	220
250	15000	130	120	60	110
300	11500	70	55	40	70

表6-128　7A04-T6 合金拉制棒材的持久强度与蠕变强度　　　（MPa）

温度/℃	σ_1	σ_{10}	σ_{100}	σ_{1000}	$\sigma_{0.1/1}$	$\sigma_{0.1/10}$	$\sigma_{0.1/100}$	$\sigma_{0.1/1000}$	$\sigma_{0.2/1}$	$\sigma_{0.2/10}$
105	497	476	441	392						
150	399	343	259	161						
205		133	98	67	84	69			112	84
315			31	24	29				35	27

温度/℃	$\sigma_{0.2/100}$	$\sigma_{0.2/1000}$	$\sigma_{0.5/1}$	$\sigma_{0.5/10}$	$\sigma_{0.5/100}$	$\sigma_{0.5/1000}$	$\sigma_{1.0/1}$	$\sigma_{1.0/10}$	$\sigma_{1.0/100}$	$\sigma_{1.0/1000}$
105							441	413	492	364
150			266	245	189	140	350	308	245	154
205	66		126	112	84		133	119	91	65
315				31	23			34	26	19

表6-129　7××× 系合金典型力学性能或力学性能保证值

合金	品种	规格/mm	状态	试样方向	σb/MPa	σ0.2/MPa	δ/%	K_{IC}/MPa·m$^{1/2}$
7001	挤压件		T6		689	640	13	
7049	挤压件	≤76	T73511	L	510	441	7	
				LT	483	414	5	
			T76511	L	538	483	7	
				LT	524	469	5	

合金	品种	规格/mm	状态	试样方向	σ_b/MPa	$\sigma_{0.2}$/MPa	δ/%	K_{IC}/MPa·m$^{1/2}$
7075	厚板	25.4	T651		570	505	11	24
			T7351	L	515	434	10.7	28.3 (LT)
				TL	509	434	11.5	23.2 (TL)
7175	自由锻件	51~76	T74	L	503	434	9	33.0 (LT)
				TL	490	414	5	27.5 (TL)
				ST	476	414	4	23.1 (ST)
7475	厚板	25.4	T651	L	524	462	6	33.0 (LT)
				TL	531	462	6	31.0 (TL)
			T7651	L	476	407	6	36.3 (LT)
				TL	483	407	6	33.0 (TL)
			T7351	L	469	393	10	42.0 (LT)
				TL	469	393	9	35.0 (TL)
7150	厚板	25.4	T7651	L	606	565	12	26.4 (ST)
				LT	606	599	12	29.7 (LT)
			T7751	L	606	565	12	26.4 (ST)
				LT	606	599	11	29.7 (LT)
	挤压件	25.4	T76511	L	675	634	12	26.4 (ST)
				LT	606	606	11	29.7 (LT)
			T77511	L	648	634	12	24.2 (ST)
				LT	599	613	8	29.7 (LT)
7055	厚板	25.4	T7751	L	648	634	11	26.4 (ST)
				LT	648	620	10	28.6 (LT)
	挤压件		T77511	L	661	641	10	27.5 (ST)
				LT	620	606	10	33.0 (LT)
В93ПЧ		≤150	T1	L	470	432	6	26.7 (LT)
				ST	470	432	2	23.6 (ST)
			T3	L	412	334	8	37.8 (LT)
				ST	412	334	4	36.8 (ST)
В95	厚板	26~50	T1	LT	530	460	6	
В95ПЧ	厚板	40	T2	LT	490	410	7	
В95ОЧ		≤75	T2	L	470	421	7	43.5 (LT)
				ST	451	401	3	24.5 (ST)
			T3	L	451	383	7	45.6 (LT)
				ST	422	363	3	29.7 (ST)
В96Ц	挤压件	10~20	T1	L	650	620	7	

合金	品种	规格/mm	状态	试样方向	σ_b/MPa	$\sigma_{0.2}$/MPa	δ/%	K_{IC}/MPa·m$^{1/2}$
В96Ц1	挤压件	50	T1	L	720	680	6	
				LT	680	640	5	
			T2	L	640	590	8	
В96Ц3	模锻件		T1	L	640	610	8	
			T3	L	510	450	9	

6.7.3　7×××系铝合金的工艺性能

7×××系铝合金的工艺性能见表 6-130 ~ 表 6-134。

表 6-130　7×××系铝合金材料的熔炼、铸造与压力加工温度范围

合　金	熔炼温度/℃	铸造温度/℃	轧制温度/℃	挤压温度/℃	锻造温度/℃
7A03	700 ~ 750	700 ~ 730		300 ~ 450	
7A04	720 ~ 750	715 ~ 730	370 ~ 410	300 ~ 450	380 ~ 450
7A09	700 ~ 750	685 ~ 700 （方） 720 ~ 730 （圆）	370 ~ 410	300 ~ 450	380 ~ 450
7A10	700 ~ 750	690 ~ 700 （方） 720 ~ 730 （圆）		350 ~ 440	
7A52	720 ~ 760	690 ~ 705 （方） 720 ~ 750 （圆）	370 ~ 410	320 ~ 450	380 ~ 450
7175	700 ~ 750	685 ~ 700 （方） 720 ~ 730 （圆）		380 ~ 420	380 ~ 420
7475	700 ~ 750	700 ~ 720	380 ~ 410		
7B04	700 ~ 750	690 ~ 710 （方） 720 ~ 760 （圆）	380 ~ 420	380 ~ 420	380 ~ 400
7050	700 ~ 750	690 ~ 720 （方） 730 ~ 750 （圆）	380 ~ 410	380 ~ 410	380 ~ 420

表 6-131　7×××系铝合金材料的热处理规范

合金	退　火	固　溶	时效及其他
7005	O：345℃	400℃	T53：挤压机淬火后，室温自然时效 72h，而后进行阶段人工时效：（100 ~ 110）℃ ×8h，（145 ~ 155）℃ ×16h
7039	O：（415 ~ 455）℃ ×（2 ~ 3）h、空冷；再加热至230℃ ×4h、空冷或加热至（355 ~ 370）℃、空冷。消除应力退火（355 ~ 370）℃ × 2h，空冷	（460 ~ 500）℃ ×2h，冷水淬火；板材（490 ~ 500）℃，挤压材（460 ~ 470）℃	T6：120℃ ×（20 ~ 24）h，空冷
7050	415℃	475℃	120 ~ 175℃

合金	退　火	固　溶	时效及其他
7072	345℃		
7075	415℃	465~480℃	T6：120℃；T7：两级时效，在 107℃ 处理后，再在 163~177℃ 处理
7076	O：415~455℃、2h、空冷；再加热至 232℃×4h、空冷或加热至 355~370℃、2h，空冷至 232℃×4h、空冷		T4：493℃，水中淬火；T6：固溶处理后于 120℃ 时效 24h，空冷
7175	415℃	515℃；477~485℃ 保温，在较低温度淬火	120~175℃
7178	415℃	468℃	T6、T7：121℃×24h
7475	415℃	465~477℃ 保温后于 515℃ 淬火	120~175℃
7A04	390~430℃	465~475℃	125~135℃，12~24h[1]；(135~140)℃，16h[2]；两级时效(115~125)℃×3h，(155~165)℃×5h

① 包铝的板材；

② 未包铝的板材。

表 6-132　7×××系铝合金的变形工艺参数和再结晶温度

牌　号	品　种	规格或型号 /mm	变形温度 /℃	变形程度 /%	加热方式	保温时间 /min	再结晶温度/℃	
							开始	终了
7A04	冷轧板	2.0	室　温	60	空气炉	90	300	370
	挤压带材	2.0	370~420	98	空气炉	90	400	460
7A09	冷轧板	2.5	室　温	58	空气炉	60	300	370

表 6-133　7×××系铝合金的过烧温度

序　号	牌　号	过烧温度/℃	备　注	序　号	牌　号	过烧温度/℃	备　注
1	7001	475		4	7003	620	
2	7A04	490	第一过烧温度	5	7178	475	
		525	第二过烧温度			477	
		475	不同资料介绍	6	7079	482	
		477				480	
3	7075	535		7	7A31	580	
		525				590	

表6-134 7×××系铝合金材料的各种特性比较

合金和状态	腐蚀性能		可塑性③（冷加工）	机械加工性③	可钎焊性④	可焊性④		
	一般①	应力腐蚀开裂②				气焊	电弧焊	接触点焊和线焊
7005-T53					B	C	A	A
7049-T73，T7352	C	B	D	B	D	D	C	B
7050-T73510，T73511 T74，T7451 T74510，T74511 T7452，T7651 T76510，T76511	C	B	D	B	D		C	B
7475-O					D	D	D	B
T61，T651	C	C	D	B	D		D	B
T761，T7351	C	B	D	B	D		D	B
7075-O					D	D	D	C	B
T6，T651，T652 T6510，T6511	C⑤	C	D	B	D	D	C	B
T73，T7351	C	B	D	B	D		C	B
7175-T24，T7452，T7454	C	B	D	B	D	C	B	B
7178-O					D	D	C	B
T6，T651 T6510，T6511	C⑤	C	D	B	D	D	C	B

①、②、③、④同表6-13表注；
⑤较厚的截面，其等级应力为E级。

6.7.4 7×××系铝合金的品种、状态和典型用途

7×××系铝合金的品种、状态和典型用途见表6-135。

表6-135 7×××系铝合金的品种、状态和典型用途

合金	品 种	状 态	典 型 用 途
7005	挤压管、棒、型、线材	T53	挤压材料，用于制造既要有高的强度又要有高的断裂韧性的焊接结构与钎焊结构，如交通运输车辆的桁架、杆件、容器；大型热交换器以及焊接后不能进行固溶处理的部件；还可用于制造体育器材，如网球拍与垒球棒
	板材和厚板	T6、T63、T6351	
7039	板材和厚板	T6、T651	冷冻容器、低温机械与储存箱，消防压力器材、军用器材、装甲板、导弹装置

合金	品 种	状 态	典型用途
7049	锻件	F、T6、T652、T73、T7352	用于制造静态强度与 7079-T6 合金相同而又要求有高抗应力腐蚀开裂能力的零件，如飞机与导弹零件——起落架齿轮箱、液压缸和挤压件。零件的疲劳性能大致与 7075-T6 合金的相等，而韧性稍高
	挤压型材	T73511、T76511	
	薄板和厚板	T73	
7050	厚板	T7451、T7651	飞机结构件用中厚板、挤压件、自由锻件与模锻件。制造这类零件对合金的要求是：抗剥落腐蚀、应力腐蚀开裂能力、断裂韧性与疲劳性能都高。如飞机机身框架、机翼蒙皮、舱壁、桁条、加强筋、肋、托架、起落架支承部件、座椅导轨、铆钉
	挤压棒、型、线材	T73510、T73511、T74510、T74511、T76510、T76511	
	冷加工棒材、线材	H13	
	铆钉线材	T73	
	锻件	F、T74、T7452	
	包铝薄板	T76	
7072	散热器片坯料	O、H14、H18、H19、H23、H24、H241、H25、H111、H113、H211	空调器铝箔与特薄带材；2219、3003、3004、5050、5052、5154、6061、7075、7475、7178 合金板材与管材的包覆层
7075	板材	O、T6、T73、T76	用于制造飞机结构及其他要求强度高、抗蚀性能强的高应力结构件，如飞机上下翼面壁板、桁条、隔框等。固溶处理后塑性好，热处理强化效果特别好，在 150℃ 以下有高的强度，并且有特别好的低温强度，焊接性能差，有应力腐蚀开裂倾向，双级时效可提高抗 SCC 性能
	厚板	O、T651、T7351、T7651	
	拉伸管	O、T6、TT73	
	挤压管、棒、型、线材	O、T6、T6510、T6511、T73、T73510、T73511、T76、T76510、T76511	
	轧制或冷加工棒材	O、H13、T6、T651、T73、T7351	
	冷加工线材	O、H13、T6、T73	
	铆钉线材	T6、T73	
	锻件	F、T6、T652、T73、T7352	
7175	锻件	F、T74、T7452、T7454、T66	用于锻造航空器用的高强度结构件，如飞机翼外翼梁、主起落架梁、前起落架动作筒、垂尾接头、火箭喷管结构件。T74 材料有良好的综合性能，即强度、抗剥落腐蚀与抗应力腐蚀开裂性能、断裂韧性、疲劳强度都高
	挤压件	T74、T6511	
7178	板材	O、T6、T76	供制造航空航天器用的要求抗压屈服强度高的零部件
	厚板	O、T651、T7651	
	挤压管、棒、型、线材	O、T6、T6510、T6511、T76、T76510、T76511	
	冷加工棒材、线材	O、H13	
	铆钉线材	T6	

合金	品 种	状 态	典 型 用 途
7475	板 材	O、T61、T761	机身用的包铝的与未包铝的板材。其他既要有高的强度又要有高的断裂韧性的零部件,如飞机机身、机翼蒙皮,中央翼结构件,翼梁,桁条,舱壁,T-39 隔板,直升机舱板,起落架舱门,子弹壳
	厚 板	O、T651、T7351、T7651	
	轧制或冷加工棒材	O	
7A04	板 材	O、T6、T73、T76	飞机蒙皮、螺钉,以及受力构件,如大梁桁条、隔框、翼肋、起落架等
	厚 板	O、T651、T7351、T7651	
	拉伸管	O、T6、TT73	
	挤压管、棒、型、线材	O、T6、T6510、T6511、T73、T73510、T73511、T76、T76510、T76511	
	轧制或冷加工棒材	O、H13、T6、T651、T73、T7351	
	冷加工线材	O、H13、T6、T73	
	铆钉线材	T6、T73	
	锻件	F、T6、T652、T73、T7352	
7150	厚 板	T651、T7751	大型客机的上翼结构,机体板梁凸缘,上面外板主翼纵梁,机身加强件,龙骨梁,座椅导轨。强度高、抗腐蚀性(剥落腐蚀)良好,是7050 的改良型合金,在 T651 状态下比 7075 的高 10% ~ 15%,断裂韧性高 10%,抗疲劳性能好,两者的抗SCC 性能相似
	挤压件	T6511、T77511	
	锻件	T77	
7055	厚 板	T651、T7751	大型飞机的上翼蒙皮、长桁、水平尾翼、龙骨梁、座轨、货运滑轨。抗压和抗拉强度比 7150 的高 10%,断裂韧性、耐腐蚀性与 7150 的相似
	挤压件	T77511	
	锻件	T77	

6.8 8×××系铝合金及其加工材料

6.8.1 8×××系铝合金中的相

8×××系铝合金中的相见表 6-136。

表 6-136 8×××系铝合金中的相

合 金	相组成(少量的或可能的)
8A06	$FeAl_3$、$\alpha(AlFeSi)$、β
8011	η、$T(Al_2Mg_3Zn_3)$、S、$[AlFeMnSi、Mg_2Si]$
8090	$\alpha(Al)$、Al_3Li、Al_3Zr

6.8.2 8×××系铝合金材料的典型性能

8×××系铝合金材料的典型性能见表 6-137 ~ 表 6-150。

表 6-137 8076-H19 线材典型拉伸性能

温度/℃	保温时间/h	在指定温度下的性能		保温后在室温下的性能		
		抗拉强度/MPa	屈服强度/MPa	抗拉强度/MPa	屈服强度/MPa	伸长率(25mm)/%
25		220	195	220	195	2.5
100	0.1	195	165	220	195	2.5
	0.5	195	165	220	195	2.5
	10	195	165	220	195	2.5
	100	185	165	215	185	2.5
	1000	185	165	205	185	2.5
	10000	180	160	205	180	2.5
150	0.1	150	130	215	195	2.5
	0.5	150	130	215	185	2.5
	10	150	130	200	180	2.5
	100	145	130	195	170	2.5
	1000	140	125	180	160	2.5
	10000	125	110	165	150	2.5
177	0.1	125	105	205	185	2.5
	0.5	125	105	195	170	2.5
	10	125	105	180	165	2.5
	100	115	105	170	150	2.5
	1000	110	95	160	145	4
	10000	95	85	140	125	12
205	0.1	105	75	195	170	2.5
	0.5	105	75	180	160	2.5
	10	95	75	165	150	2.5
	100	90	62	145	140	8
	1000	70	52	130	95	18
	10000	59	45	115	59	25
230	0.1	75	52	180	160	2.5
	0.5	75	52	165	150	3
	10	70	48	140	125	9
	100	52	38	125	85	18
	1000	48	34	110	55	28
	10000	45	33	110	48	28
260	0.1	55	34	160	145	5
	0.5	55	34	145	125	8
	10	41	30	115	70	20
	100	38	29	110	52	27
	1000	38	29	110	45	28
	10000	38	29	110	45	28

温度/℃	保温时间/h	在指定温度下的性能		保温后在室温下的性能		
		抗拉强度/MPa	屈服强度/MPa	抗拉强度/MPa	屈服强度/MPa	伸长率(25mm)/%
315	0.1	28	21	125	75	20
	0.5	28	21	110	55	24
	10	27	21	110	48	27
	100	27	21	110	48	28
	1000	27	21	110	45	28
	10000	27	21	110	41	28
370	0.1	19	14	110	48	24
	0.5	19	14	110	45	26
	10	19	14	110	41	28
	100	19	14	110	38	30
	1000	19	14	110	38	30
	10000	19	14	110	38	30

表 6-138　8081-H112 典型拉伸性能

温度/℃	保温时间/h	抗拉强度/MPa	屈服强度/MPa	伸长率(50mm)/%
25		195	170	10
100	0.5	150	130	10
	10	150	130	11
	100	145	130	12
	1000	140	125	14
150	0.5	115	95	13
	10	115	95	15
	100	110	95	17
	1000	105	90	19
177	0.5	95	85	16
	10	95	85	19
	100	90	85	22
	1000	90	75	25
205	0.5	85	70	22
	10	85	66	25
	100	75	66	30
	1000	70	59	35

表 6-139 8081-H25 典型拉伸性能

温度/℃	保温时间/h	抗拉强度/MPa	屈服强度/MPa	伸长率(50mm)/%
25		165	150	13
100	0.5	130	115	15
	10	130	115	16
	100	130	115	18
	1000	130	115	20
150	0.5	105	90	16
	10	105	90	19
	100	105	90	22
	1000	105	90	25
177	0.5	90	75	18
	10	90	75	22
	100	90	75	25
	1000	90	75	28
205	0.5	85	66	22
	10	75	66	25
	100	75	66	30
	1000	70	59	35

表 6-140 8280-O 典型拉伸性能

温度/℃	保温时间/h	抗拉强度/MPa	屈服强度/MPa	伸长率(50mm)/%
25		115	48	28
100	0.5	110	48	40
	10	110	48	40
	100	110	48	40
	1000	110	48	40
150	0.5	90	41	50
	10	90	41	60
	100	90	41	65
	1000	85	41	65
177	0.5	70	34	70
	10	70	34	70
	100	70	34	80
	1000	59	34	65
205	0.5	52	30	90
	10	52	29	90
	100	48	28	100
	1000	41	24	85

表 6-141 8280-H14 典型拉伸性能

温度/℃	保温时间/h	抗拉强度/MPa	屈服强度/MPa	伸长率(50mm)/%
25		165	150	6
100	0.5	150	140	20
	10	150	140	20
	100	150	140	20
	1000	145	130	20
150	0.5	125	110	30
	10	115	105	30
	100	110	95	30
	1000	105	90	25
177	0.5	105	75	45
	10	95	75	40
	100	90	75	35
	1000	85	70	30
205	0.5	85	59	60
	10	75	59	50
	100	75	59	35
	1000	70	55	30

表 6-142 8090 合金不同温度下的比热容

温度/℃	-150	-100	-50	0	40	150	250
比热容/J·(kg·℃)$^{-1}$	542	814	886	922	957	1160	1290

表 6-143 8090 合金拉伸性能

品 种	试验状态	d 或 δ/mm	取样方向	σ_b/MPa	$\sigma_{0.2}$/MPa	δ_5/%
挤压型材、棒材	T8510	1~10	L	≥480	≥400	≥4
		>10~25	L	≥480	≥430	≥4
			LT	≥450	≥380	≥4

注：1. 名义直径或厚度大于 25mm 的挤压制品性能要求由供需双方商定；

2. 经重复热处理的性能检验：σ_b 和 $\sigma_{0.2}$ 允许降低 20MPa。

表 6-144 8090-T8510 状态的挤压制品的室温拉伸性能

状态	试样形状及厚度	取样方向	σ_b/MPa			$\sigma_{0.2}$/MPa			δ_5/%	n
			平均值(X)	最小	最大	平均值(X)	最小	最大		
T8510	带板 11mm×55mm	L	548	515	579	503	464	541	7.1	28
		LT	496	471	528	431	400	461	7.9	27
	XC111-48 δ3.5mm	L	515			441			5.7	4
	XC111-11 δ1.5mm	L	525			439			5.7	4

表 6-145 8090-T8510 状态的 δ11mm 挤压带板经不同稳定化处理后的室温拉伸性能

稳定化条件		σ_b /MPa	$\sigma_{0.2}$ /MPa	δ_5/%	稳定化条件		σ_b /MPa	$\sigma_{0.2}$ /MPa	δ_5/%
温度/℃	t/h				温度/℃	t/h			
室 温		515	441	5.7	175	50	526	459	7.0
100	50	542	471	4.6	200	50	406	321	8.4
125	50	540	471	4.6	250	50	275	151	11.1
150	50	562	488	5.8					

表 6-146 8090-T8510 状态的 δ11mm 挤压带板在各种温度下的拉伸性能

试验温度/℃	σ_b/MPa	$\sigma_{0.2}$/MPa	δ_5/%	试验温度/℃	σ_b/MPa	$\sigma_{0.2}$/MPa	δ_5/%
-269	815		10.4	125	474	363	13.2
-196	709		11.3	150	441	337	17.6
-73	582		8.8	175	396	301	20.0
-50	550		7.6	200	335	266	23.0
室温	515	441	5.7	250	195	153	28.0
100	504	375	9.8				

表 6-147 8090-T3 合金的低温力学性能

温度/K	方向	$\sigma_{0.2}$/MPa	σ_b/MPa	(38mm)δ/%	截面收缩率 ψ/%	断裂韧性 K_{IC}/MPa·m$^{1/2}$
295	纵向	217	326	12	18	
	横向	208	348	14	26	
76	纵向	248	458	22	27	88[1]
	横向	241	450	20	37	55[2]
20	纵向	272	609	28	28	
	横向	268	592	25	27	
4	纵向	280	605	26	28	67[1]
	横向	270	597	25	29	45[2]

① L-T 裂纹方向（裂纹平面及增长方向垂直于轧制方向）的韧性；

② T-L 裂纹方向（裂纹平面及增长方向平行于轧制方向）的韧性。

表 6-148 8090 合金的化学铣削性能（以 2024 合金的数据作对比）

合金	化铣速度 /mm·min^{-1}	基蚀比	缩进量	表面光洁度 RHR[1]	
				化铣前	化铣后
8090	0.084	1.3	0.3	140	55
2024	0.066	1.0	0.4	20	35

① RHR 粗糙度高度等级。

表 6-149 8090 合金的剥落腐蚀与 SCC 试验结果

状　态	产品	显微组织	剥落腐蚀等级[①]			SCC 阈值
			EXCO 试验[②]	MASTMA-ASIS 试验[③]	大气试验	
8090-T81（欠时效）	薄板	再结晶	EA	EA	P，EA	L-T 方向的为 60% $\sigma_{0.2}$
8090-T8（峰值时效）	薄板	再结晶	ED	EA	P	
8090-T8510、T8511（峰值时效）	挤压材	非再结晶				L-T 方向的为 75% $\sigma_{0.2}$
8090-T8771、T651（峰值时效）	厚板	非再结晶	表面 P		表面 P	短横向阈值 105～140MPa
8090-T851	厚板	非再结晶	EC[④]	EB[④]	P，EA	
8090-T8（峰值时效）	薄板	非再结晶	EC	EB		L-T 方向的为 75% $\sigma_{0.2}$
8090（峰值时效）	锻件	非再结晶				短横向阈值 140MPa

① 按 ASTM G34 进行试验；P 为点蚀；EA 为表面腐蚀，有细微孔、薄碎片、小片或粉末，仅有轻微成层现象；EB 为中等腐蚀，成层明显，并深入金属内部；ED 为严重腐蚀，深入金属内部，并有金属损失；
② 按 ASTM G34 进行试验；
③ MASTMAASIS：以醋酸改型的盐雾 ASTM 间歇试验；
④ 在 T/2 平面处，T 为厚板。

表 6-150 8090-T6 合金焊件的拉伸性能

合　金	焊　丝	热处理	$\sigma_{0.2}$/MPa	σ_{b}/MPa	(50mm)δ/%
未焊的			429	504	6
8090-T6	Al	焊接状态	137	165	5
8090-T6	Al-5Si	焊接状态	165	205	3
8090-T6	Al-5Mg	焊接状态	176	228	4
7017-T6	Al-5Mg	自然时效 30d	220	340	8
8090-T6	Al-5Mg-Zr	焊接状态	183	235	4
8090-T6	8090	焊接状态	285	310	2
8090-T6	8090	焊接状态 + T6 状态	315	367	4
2219-T851	2319	焊接状态	185	300	5

7　新型变形铝合金材料的典型性能及用途

7.1　超塑铝合金及其加工材料

超塑材料只需要用很小的应力就能产生很大的变形量。超塑变形对于零部件的制取和金属的压力加工都有很重要的实际意义，因为变形阻力小、可省力、节能，特别是对于成型形状复杂的大型整体部件尤为适用，可以免除焊接、铆接、螺接等工序，从而提高制品的强度和表面质量。超塑成型技术已广泛用于航空工业、建筑业、车辆和电气工业。

7.1.1　超塑铝合金的组织特征及晶粒细化

7.1.1.1　组织特征

超塑变形是在低应力下的稳定变形，流动应力对应变速率极为敏感。美国人巴科芬（W. A Backofen）提出了描述超塑宏观均匀变形的超塑性本构方程：

$$\sigma = K\dot{\varepsilon}^{m} \tag{7-1}$$

式中　　σ——流动应力；

　　　　K——常数；

　　　　$\dot{\varepsilon}$——应变速率，s^{-1}；

　　　　m——σ 对 $\dot{\varepsilon}$ 敏感性指数，它受许多因素影响，可以用实验方法确定。

一种金属的 m 值越大时，其塑性也越大，两个参数的变化是同步的。m 值与应变速率和变形温度有关，只有当金属的 m 值位于其关系曲线的极大点附近时，才出现超塑性。

一般认为，金属和合金材料在一定条件下，其流动应力的应变速率敏感性指数 $m \geqslant 0.3$，显示特大伸长率（200% ~3000%）的性能称为超塑性。所谓一定条件是指金属材料的组织结构等内部条件和变形温度、变形速率等外部条件。按照获得超塑性的组织结构条件，主要可以分为细晶粒超塑性和相变超塑性，铝合金基本上都属于细晶粒超塑性。细晶粒超塑性是材料具有细小等轴晶粒组织（晶粒度小于 $10\mu m$，长短轴比小于 1.4），在 $0.5T_m$ ~$0.9T_m$ 温度区间（T_m 为材料熔点）和 10^{-4} ~$10^{-1}s^{-1}$ 应变速率范围内呈现的超塑性。晶粒越细小，长短轴之比越接近于 1，则 m 值越大，超塑性也越好。如果材料的起始组织是细小等轴晶粒，但是在超塑变形温度下热稳定性差，晶粒容易粗化，那么仍然不能获得良好的超塑变形。细晶粒组织越稳定，在超塑变形过程中晶粒的长大速度越小，材料的超塑性就越好。因此，超塑铝合金须具备的组织特征是细晶组织，并且稳定性好。应该指出的是纯铝是一个特例，它与一般超塑铝合金不同，大晶粒纯铝材料的伸长率比小晶粒材料的更大；铝的纯度越高，其超塑性越好，99.5% 的工业纯铝在温度 350℃ 、应变速率 $1.3 \times 10^{-3}/s$ 的条件下超塑性变形时，伸长率为 164% ，m 值为 0.3。

7.1.1.2　晶粒细化的途径

晶粒细化的途径主要有：

（1）共晶型超塑铝合金的晶粒细化。共晶型超塑铝合金如 Al-Ca-Zn 和 Al-Cu 等，将成分控制在共晶点附近，采用急冷铸造，以获得均匀的共晶组织，然后经过热变形、冷变形、退火或不退火处理，可以得到两相等轴细晶粒组织。

（2）添加少量过渡族元素细化晶粒。工业铝合金的成分往往远离共晶成分，在这些合金中加入少量锆、钛、铬等过渡族元素或稀土元素，能细化铸锭晶粒组织；在铸锭加工处理过程中析出大量弥散粒子，能抑制晶粒长大，提高细晶组织的热稳定性。

（3）采用形变热处理细化晶粒。对 Al-Zn-Mg-Cu 系和 Al-Zn-Mg 系铝合金采用形变热处理，如图 7-1 所示，能获得适合超塑变形的等轴细晶粒。Al-Cu-Mg系铝合金通过适当的形变热处理也能获得细晶组织，使材料具有超塑性能。

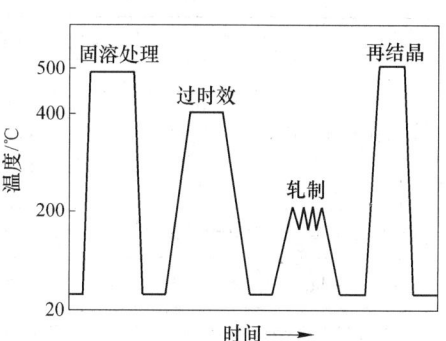

图 7-1　Al-Zn-Mg-Cu 系铝合金获得
等轴细晶粒的形变热处理工艺

（4）采用快速凝固和粉末冶金法细化晶粒。对铝合金熔体急冷铸造铸锭后进行热加工，可以获得原始细晶粒组织。将铝合金熔体喷雾成粉末实现快速凝固，再将粉末经过冷压—脱气—加热—热压成坯锭—热加工（挤压、轧制或锻造）成材，也可以获得原始细晶粒组织。

7.1.2　几种超塑铝合金的成分和性能

7.1.2.1　Al-Ca-Zn 系超塑合金

Al-Ca-Zn 系超塑合金的密度小、超塑性好、可焊接、耐腐蚀，可进行表面处理，是综合性能较好的合金。它们的化学成分（质量分数，下同）和超塑性能见表7-1。

表 7-1　Al-Ca-Zn 超塑合金的成分和性能

合　　金	超塑变形温度/℃	应变速率/s^{-1}	伸长率/%	m 值
Al-Ca5-Zn4. 5	500	1.6×10^{-2}	730	0.38
Al-Ca5-Zn4. 8	550	1.67×10^{-2}	900	0.38

7.1.2.2　Al-Cu-Zr 系超塑合金

英国加拿大铝业公司（British Alcan）开发的 Al-Cu-Zr 系 2004 铝合金又称为 Superal 100，有包铝层的叫 Superal 150，是已大批量生产的、应用较为广泛的中等强度超塑铝合金。其化学成分和超塑性能列于表7-2。

表 7-2　Al-Cu-Zr 超塑合金的成分和性能

合　　金	超塑变形温度/℃	应变速率/s^{-1}	伸长率/%	m 值
Al-Ca6-Zr0. 5（2004）	430	1.3×10^{-3}	1680	0.5
Al-Cu6-Mg0. 35-Zr0. 42-Ge0. 1（2004A）	430~450	1.67×10^{-3}	1320	0.5
Al-Cu6-Mg0. 35-Zr0. 4-Si0. 15	450		1350	

7.1.2.3 Al-Cu-Mg 系超塑合金

Al-Cu-Mg 系的常用工业硬铝合金 2A12，在热轧、冷轧、退火和自然时效各种状态下，在 430～480℃超塑成型时，都能实现 130%以上的伸长率，该合金的超塑性有重要的实用意义。其化学成分和超塑性能列于表 7-3。

表 7-3 Al-Cu-Mg 系超塑合金的成分和性能

合 金	超塑变形温度/℃	应变速率/s^{-1}	伸长率/%	m 值
Al-Cu4. 6-Mg1. 6-Mn0. 5(2A12)	480	4.17×10^{-4}	480	0.6
	440	5×10^{-4}	330	0.36
	400	2.5×10^{-4}	254	
PMAl-Cu4. 5-Mg1. 5(PM2024)	350～475		70	0.29
Al-Cu2. 4-Mg0. 8-Si0. 6(2A50)	555	1.67×10^{-3}	380	0.65
Al-Cu6-Mg0. 35-Zr0. 42-Ge0. 1	430～450	1.67×10^{-3}	1320	0.5
Al-Cu6-Mg0. 37-Zr0. 4-Si0. 15	450		1350	4

7.1.2.4 Al-Mg 系超塑合金

Al-Mg 系合金有优良的耐腐蚀性能，在各工业领域有广泛应用。在 Al-Mg(5%～6%)合金中分别或同时加入少量锰、铬、锆、钛和稀土元素，可得到伸长率大的多种超塑合金，它们已用于超塑成型飞行器零部件、建筑用部件和一些壳罩形部件。其化学成分和超塑性能列于表 7-4。

表 7-4 Al-Mg 系超塑合金的成分和性能

合 金	超塑变形温度/℃	应变速率/s^{-1}	伸长率/%	m 值
Al-Mg6-Mn0. 6-Ti0. 06(5A06)	470	3.3×10^{-4}	506	0.54
Al-Mg5. 82-Mn0. 44-Zr0. 12(接近 5A06)	500	3.33×10^{-4}	578	0.51
Al-Mg6-Mn0. 6-La0. 15(5A06-RE)	520	3.33×10^{-4}	800～1000	0.56
Al-Mg4. 8-Mn0. 75-Cr0. 13(5083)	490	1.1×10^{-3}	460	0.5
Al-Mg5. 8-Zr0. 37-Mn0. 16-Cr0. 07	520	3.33×10^{-4}	885	0.6
Al-Mg5-Zr0. 4-Cr0. 12	560	1.1×10^{-3}	700	0.52
Al-Mg6-Zr0. 4	460～520	5.2×10^{-2}	890	0.6

7.1.2.5 Al-Zn-Mg-Zr 系超塑合金

Al-Zn-Mg 系合金是高强铝合金，含 Zn(4%～10%)、Mg(0.8%～1.5%)和 Zr(0.2%～0.5%)的各种成分铝合金都有较好的超塑性，有很好的发展前景。锌含量高，可提高合金中第二相的体积分数，从而提高超塑性能；锆含量高，不仅能细化铸锭晶粒，而且通过 ZrAl$_3$ 弥散粒子的作用可提高合金的再结晶温度，在超塑变形温度下抑制晶粒长大，提高合金的超塑性。该系超塑合金已得到工业性应用。其化学成分和超塑性能列于表 7-5。

表 7-5 **Al-Zn-Mg-Zr 系超塑合金的成分和性能**

合　　金	超塑变形温度/℃	应变速率/s⁻¹	伸长率/%	m 值
Al-Zn(9~10)-Mg(0.9~1.0)-Zr(0.3~0.45)	550	$(0.5~1.1)\times10^{-2}$	620~1120	0.45~0.63
Al-Zn10.2-Mg0.9-Zr0.4	550	1.1×10^{-3}	1550	0.9
Al-Zn8-Mg1-Zr0.5	535	4×10^{-4}	1100	0.5
Al-Zn9-Mg1-Zr0.22	520	7×10^{-3}	550	0.65
Al-Zn6-Mg3	360	4×10^{-4}	220	0.3
Al-Zn5.7-Mg1.6-Zr0.14	520	2×10^{-4}	550	0.7
Al-Zn5.6-Mg1.56-Zr0.4	530	2.3×10^{-4}	500	0.7

7.1.2.6　Al-Zn-Mg-Cu 系超塑合金

Al-Zn-Mg-Cu 系的 7A04、7A09、7075 和 7475 等超强工业合金,广泛用于航空航天等各重要工业部门。用形变热处理方法得到细小等轴的再结晶晶粒组织,在超塑变形温度下晶粒长大缓慢,呈现很大的超塑性。该系合金力学性能好、强度高,用超塑成型技术制成航空航天器的零部件,有广泛的应用前景。其化学成分和超塑性能列于表 7-6。

表 7-6 **Al-Zn-Mg-Cu 系超塑合金的成分和性能**

合　　金	超塑变形温度/℃	应变速率/s⁻¹	伸长率/%	m 值
Al-Zn6.2-Mg2.7-Cu1.6(7A04)	500	8.3×10^{-4}	555	0.55
Al-Zn5.7-Mg2.4-Cu1.5(7475)	516	8.33×10^{-4}	1200	0.9
Al-Zn5.6-Mg2.5-Cu1.6(7A09)	500	8.3×10^{-4}	1300	
Al-Zn5.8-Mg2.16-Cu1.39-Mn0.25-Cr0.14	516	8.33×10^{-4}	2300	0.85
Al-Zn7.6-Mg2.75-Cu2.3-Zr0.15(俄 B96Ц)	456	1.1×10^{-3}	850	0.6
PM Al-Zn5.6-Mg2.5-Cu1.6(PM7075)	350~475	$(0.033~33)\times10^{-3}$	190	0.41

7.1.2.7　Al-Mg-Si 系、Al-Li 系和 Al-Sc 系超塑合金

Al-Mg-Si 系超塑合金是由 α(Al) 和 Mg_2Si 相组成的伪二元共晶 Al-Mg-Si 合金,有很好的超塑性能,它们的化学成分和超塑性能列于表 7-7。

表 7-7 **Al-Mg-Si、Al-Li 和 Al-Sc 系超塑合金的成分与性能**

合　　金	超塑变形温度/℃	应变速率/s⁻¹	伸长率/%	m 值
Al-Mg8.2-Si4.7	550	10^{-3}	650	0.36
Al-Mg6.5-Si7.2	500	10^{-3}	400	0.34
Al-Li3-Zr0.5	450	3.3×10^{-3}	1035	
Al-Cu3-Li2-Mg1-Zr0.15	500	1.2×10^{-3}	800	0.4
PMAl-Cu3-Li2-Mg1-Zr0.2	500	1.2×10^{-3}	700	0.4
Al-Cu1.2-Li2.7-Mg0.9-Zr0.14	503	2.44×10^{-3}	1000	0.45
Al-Cu4.6-Li2.1-Mg1.3-Zr0.16	500	10^{-4}	435	

合　　金	超塑变形温度/℃	应变速率/s^{-1}	伸长率/%	m 值
Al-Cu2-Li2-Mg1.5-Zr0.5	500	10^{-4}	300	
Al-Cu2-Li2-Mg1.5-Zr0.8	490	10^{-3}	400	
Al-Sc0.5	399	10^{-2}	92	
Al-Mg6-Sc0.5	538	2×10^{-3}	157	
	399	10^{-2}	341	
	538	2×10^{-3}	>1050	
Al-Mg5.18-Sc0.32	500	5×10^{-3}	1147	0.71
Al-Mg6.26-Sc0.22	538	1.67×10^{-3}	1200	0.88

7.2　Al-Li 合金

7.2.1　Al-Li 合金的特点及各元素的作用

7.2.1.1　Al-Li 合金的特点

锂是自然界中最轻的金属，其密度为 534kg/m³，是铝的 1/5。在铝合金中添加锂可有效地降低密度，提高强度和弹性模量。在 20 世纪 20 年代初德国研制成名叫斯克龙（Scleron）的 Al-Li 合金，成分为 Al-Zn12-Cu3-Mn0.6-Li0.1，其强度比硬铝的高。由于当时受熔炼铸造技术的限制，没有形成工业性的生产和应用。

20 世纪 50 年代，美国铝业公司（Alcoa）开发了 Al-Li 合金熔炼铸造新技术，开始研制新的 Al-Li 合金，1957 年推出命名为 2020 的合金，其成分为 Al-Li1.1-Cu4.5-Mn0.5-Cd0.2。

20 世纪 60 年代，苏联研制出 ВАД23 耐热 Al-Li 合金（成分与美国 2020 合金的相近）和 1420 低密度、高强可焊 Al-Li 合金，后者的成分为 Al-Li(1.9% ~ 2.3%)-Mg(4.5% ~ 6.0%)-Zr(0.08% ~ 0.15%)。

1973 年世界石油危机以后，为了减轻飞机质量、提高性能和节省燃料，各国寻求新型轻质高强度飞机结构材料，对 Al-Li 合金的发展重新给予极大的关注，此后其成为铝合金新材料领域的热门研究课题。现在处于成熟阶段的 Al-Li 合金，按其化学成分可以归纳为 Al-Li-Cu-Zr 系、Al-Li-Cu-Mg-Zr 系、Al-Li-Cu-Mg-Ag-Zr 系和 Al-Li-Mg-Zr 系。美国铝业公司、雷诺兹金属公司（Roynolds Metals）、英国加拿大铝业公司、法国普基铝业公司和俄罗斯乌拉尔冶金厂等都进行工业规模生产 Al-Li 合金材料，用于航空航天工业。

目前，我国西南铝业（集团）有限责任公司建立了 1t 容量的 Al-Li 合金熔炼铸造机组，并且从俄罗斯引进了 6t 容量的 Al-Li 合金熔炼铸造装备和技术，可以生产出大规格的圆铸锭和扁铸锭，加工成板材、型材及模锻。

7.2.1.2　Al-Li 合金中各元素的作用

Al-Li 合金中各元素的作用有：

（1）锂。铝中每添加 1%（质量分数）的 Li，可使密度约下降 3%，弹性模量约升高 5%。含少量锂的铝合金在时效过程中可沉淀出均匀分布的球形共格强化相 δ′（Al₃Li），提高合金的强度和弹性模量。

（2）铜。铜能有效地改善 Al-Li 合金的性能，提高强度而不降低塑性。

（3）镁。镁有固溶强化作用，能增加无析区的强度，减少它的危害性。镁能减少锂在铝中的固溶度，从而增加 δ′ 相的体积分数，使合金进一步强化。在含铜、镁的 Al-Li 合金中，镁能与铝、铜形成 S 相（Al_2CuMg），多相沉淀有助于抑制合金变形时的平面滑移，改善合金的韧性和塑性。

（4）锆。在 Al-Li 合金中添加锆的作用，一是细化铸态晶粒；二是在铸锭均匀化处理时形成均匀弥散的 Al_3Zr，抑制变形 Al-Li 合金的再结晶，控制晶粒大小和形状。Al_3Zr 弥散粒子有助于减弱 Al-Li 合金变形时平面滑移所引起的局部应变集中。

（5）银或钪。向合金中添加少量银或钪，以取代 δ′ 相中的一部分锂或铝，能显著改变 δ′ 相的晶格常数及 α(Al)-δ′ 之间的界面能，促进位错交叉滑移或绕过沉淀相，而不是切割沉淀相，从而减少平面滑移。在 Al-Li-Cu 合金中添加少量银有助于 T_1 相沉淀析出，提高强度。钪能形成 Al_3Sc 化合物，它的晶格在尺寸和结构上与铝的很相似，能细化合金的晶粒。

7.2.2　几种 Al-Li 合金的成分和性能

7.2.2.1　Al-Li-Cu-Zr 系合金

Al-Li-Cu-Zr 系包括 2090、2097、2197、2297、1450、1451 和 1460 合金，它们的化学成分列于表 7-8，力学性能列于表 7-9 中。

表 7-8　Al-Li-Cu-Zr 系合金的化学成分（质量分数）　（%）

合金	Li	Cu	Zr	Ti	Mn	Mg	Sc	Ce	Zn	Si	Fe	其他 单个	其他 合计	Al
2090	1.9~2.6	2.4~3.0	0.08~0.15	0.15	0.05	0.25			0.10	0.10	0.12	0.05	0.15	余量
2097	1.8~1.9	2.5~3.1	0.08~0.16	0.15	0.10~0.60	0.35			0.35	0.12	0.15	0.05	0.15	余量
2197	1.3~1.7	2.5~3.1	0.08~0.15	0.15	0.10~0.50	0.35			0.05	0.12	0.15	0.05	0.15	余量
2297	1.1~1.7	2.5~3.1	0.08~0.15	0.12	0.10~0.50	0.25			0.05	0.10	0.10	0.05	0.15	余量
1450	1.8~2.3	2.6~3.3	0.08~0.14	0.02~0.06		0.2		0.005~0.15	0.10	0.15	0.15	0.05	0.15	余量
1451	1.4~1.8	2.6~3.3	0.08~0.14	0.02~0.06					0.10	0.15	0.15	0.05	0.15	余量
1460	2.0~2.4	2.6~3.3	0.08~0.13	0.012~0.06			0.05	0.05~0.14	0.10	0.15	0.05	0.15	余量

表 7-9　Al-Li-Cu-Zr 系合金的力学性能

合金	产品与状态	方向	σ_b/MPa	$\sigma_{0.2}$/MPa	δ/%	K_{IC}/MPa·m$^{1/2}$
2090	0.8~3.2mm 板材 T83 状态	L	530	517	3	L-T44
		LT	505	503	5	
		45°	440	440		
	0.8~6.3mm 板材 T84 状态	L	495	455	3	L-T71
		LT	475	415	5	T-L49
		45°	427	345	7	
	≤3.2mm 厚挤压件 T86 状态	L	517	470	4	
	3.2~6.3mm 厚挤压件 T86 状态	L	545	510	4	
	6.4~12.7mm 厚挤压件 T86 状态	L	550	517	5	
		LT	525	483		

合金	产品与状态	方向	σ_b/MPa	$\sigma_{0.2}$/MPa	δ/%	K_{IC}/MPa·m$^{1/2}$
1450	型 材		>580	490	8.5	36
1451	板材,淬火—轧制(1%)—拉矫(2% ~ 4%)—时效 125℃, 3h + 150℃, 20h		490	443	8.4	

注：L—纵向；LT—长横向；K_{IC}—平面应力断裂韧性；L-T—裂纹平面与方向垂直于轧制或挤压方向；T-L—裂纹平面与方向平行于轧制或挤压方向。

7.2.2.2　Al-Li-Cu-Mg-Zr 系合金

Al-Li-Cu-Mg-Zr 系合金包括国外的 2091、8090、8091、8093、1430、1440、1441 合金，以及我国的 Al-Li-Cu-Mg-Zr 合金，它们的化学成分列于表 7-10，力学性能列于表 7-11 和表 7-12。

表 7-10　Al-Li-Cu-Mg-Zr 系合金的化学成分（质量分数）　　　　（%）

合金	Li	Cu	Mg	Zr	Mn	Cr	Zn	Ti	Si	Fe	Be	Sc	Y	其他杂质 单个	其他杂质 合计	Al
2091	1.7 ~ 2.3	1.8 ~ 2.5	1.1 ~ 1.9	0.04 ~ 0.16	0.10	0.10	0.25	0.10	0.20	0.30				0.05	0.15	余量
8090	2.2 ~ 2.7	1.0 ~ 1.6	0.6 ~ 1.3	0.04 ~ 0.16	0.10	0.10	0.25	0.10	0.20	0.30				0.05	0.15	余量
8091	2.4 ~ 2.8	1.6 ~ 2.2	0.5 ~ 1.2	0.08 ~ 0.16	0.10	0.10	0.25	0.10	0.30	0.05				0.06	0.15	余量
8093	1.6 ~ 2.6	1.0 ~ 1.6	0.9 ~ 1.6	0.04 ~ 0.14	0.10	0.10	0.25	0.10	0.10	0.10				0.05	0.15	余量
1430	1.5 ~ 1.9	1.4 ~ 1.8	2.3 ~ 3.0	0.08 ~ 0.14				0.02 ~ 0.1	0.10	0.15	0.02 ~ 0.2	0.02 ~ 0.3	0.07			余量
1440	2.1 ~ 2.8	1.2 ~ 1.9	0.6 ~ 1.1	0.10 ~ 0.20				0.02	0.10	0.15						余量
1441	1.7 ~ 2.0	1.6 ~ 2.0	0.7 ~ 1.1	0.04 ~ 0.16	0.01 ~ 0.4			0.01 ~ 0.07	0.08	0.12						余量
中国合金	1.9 ~ 2.4	2.0 ~ 2.4	1.0 ~ 1.5	0.06 ~ 0.13												余量

表 7-11　8090 合金的力学性能

产品与状态	方向	σ_b/MPa	$\sigma_{0.2}$/MPa	δ/%	K_{IC}/MPa·m$^{1/2}$
薄板 T81	L	345 ~ 440	295 ~ 350	8 ~ 10	L-T 94 ~ 145
	LT	385 ~ 450	290 ~ 325	10 ~ 12	≥85
	45°	380 ~ 435	265 ~ 340	14	
薄板 T8X	L	470 ~ 490	380 ~ 425	4 ~ 5	L-T 75
	LT	450 ~ 485	350 ~ 440	4 ~ 7	
	45°	380 ~ 415	305 ~ 345	4 ~ 11	
厚板 T8151	L	435 ~ 450	345 ~ 370	≤5	L-T 35 ~ 49
	LT	≤435	≤325	≤5	T-L 30 ~ 44
	45°	≤425	≤275	≤8	S-L 25
锻件 T852	L	425 ~ 495	340 ~ 415	4 ~ 8	L-T 30
	LT	405 ~ 475	325 ~ 395	3 ~ 6	T-L 20
	45°	405 ~ 450	305 ~ 395	2 ~ 6	S-L 15
挤压件 T8511、T6511	L	460 ~ 510	395 ~ 450	3 ~ 6	

注：L—纵向；LT—长横向；L-T—裂纹平面与方向垂直于纵向；T-L—裂纹平面与方向平行于纵向；S-L—裂纹平面垂直于短横向，而裂纹方向平行于纵向；K_{IC}—平面应力断裂韧性。

表 7-12 Al-Li-Cu-Mg-Zr 系一些合金的力学性能

合　金	状态，热处理制度	σ_b/MPa	$\sigma_{0.2}$/MPa	δ/%	K_{IC}/MPa·m$^{1/2}$
2091	T8X	460	370	15	40
8091	T851，固溶温度 530℃，时效 170℃ 32h	555	515	6	22
1430	淬火—轧制（1%）—拉矫（1% ~ 3%），时效 100℃ 3h + 140℃ 15min	445	360	14.8	
1440			420		
1441	淬火—轧制（1%）—拉矫（2% ~ 4%），时效 150℃ 24h	426	343	14.2	
中国合金	板材，预变形 + 时效	450 ~ 510	400 ~ 450	8 ~ 11	26 ~ 30
中国合金	锻件，双级或单级时效	462 ~ 483	348 ~ 372	7 ~ 9	26.2 ~ 31.8
中国合金	挤压管，双级时效	471 ~ 493	410 ~ 426	5 ~ 7	

注：K_{IC}—平面应变断裂韧性，短横向。

7.2.2.3 Al-Li-Cu-Mg-Ag-Zr 系合金

美国雷诺兹金属公司和马丁·马里特公司（Martin Marietta）在 20 世纪 80 年代对焊接性能好的 Weldalite 049 Al-Li 合金进行了工业化生产的开发工作。这类合金的铜含量高于锂含量，加入少量银、添加少量锆和钛细化晶粒。其密度为 2700kg/m^3 左右，性能特点是有很高的强度，可焊性能和断裂韧性好，集高强、可焊、低密度、耐腐蚀和抗疲劳性能于一体，还有很好的低温性能。2094、2095、2195 和 2096 合金属于这一类，它们相继于 20 世纪 90 年代初在铝业协会注册，并已投入批量生产。2195 合金被选定为宇宙飞船发射器的燃料容器壳体，取代以前使用的 2219 铝合金；美国还用 2195 合金取代 2219 铝合金制造航天飞机的外挂燃料箱，其箱体的质量大幅度减轻。这些合金的化学成分列于表 7-13，力学性能列于表 7-14。

表 7-13 Al-Li-Cu-Mg-Ag-Zr 系合金的化学成分（质量分数）　　　（%）

合金	Li	Cu	Mg	Ag	Zr	Mn	Zn	Ti	Si	Fe	其他 单个	其他 合计	Al
2094	0.7 ~ 1.4	4.4 ~ 5.2	0.52 ~ 0.80	0.25 ~ 0.60	0.04 ~ 0.18	0.25	0.25	0.10	0.12	0.15	0.05	0.15	余量
2095	0.7 ~ 1.5	3.9 ~ 4.6	0.25 ~ 0.80	0.25 ~ 0.60	0.04 ~ 0.18	0.25	0.25	0.10	0.12	0.15	0.05	0.15	余量
2195	0.8 ~ 1.2	3.7 ~ 4.6	0.25 ~ 0.80	0.25 ~ 0.60	0.08 ~ 0.16	0.25	0.25	0.10	0.12	0.15	0.05	0.15	余量
2096	1.3 ~ 1.9	2.3 ~ 3.0	0.25 ~ 0.80	0.25 ~ 0.60	0.04 ~ 0.18	0.25	0.25	0.10	0.12	0.15	0.05	0.15	余量

表 7-14 Weldalite 049 合金制品纵向力学性能

产品与状态		σ_b/MPa	$\sigma_{0.2}$/MPa	δ/%	产品与状态		σ_b/MPa	$\sigma_{0.2}$/MPa	δ/%
挤压件	T3	529	407	16.6	板材 （5mm 厚）	T6	660	625	5.2
	T4	591	438	15.7		T8	664	643	5.7
	T6	720	680	3.7	锻　件	T4	692	392	18.5
	T8	713	692	5.3		T6（170℃20h）	672	658	5.0

7.2.2.4 Al-Li-Mg-Zr 系合金

Al-Li-Mg-Zr 系合金有国外的 1420、1421、1423 合金和我国的 Al-Li-Mg-Ag-Zr 合金。这类合金具有密度小（2470~2500kg/m³）、比强度高、比刚度大、疲劳裂纹扩展速度慢和可焊接性能好等优点。它们的化学成分列于表 7-15，力学性能列于表 7-16。

表 7-15　Al-Li-Mg-Zr 系合金的化学成分（质量分数）　　　（%）

合　金	Li	Mg	Zr	Mn	Sc	Ag	Si	Fe	Al
1420	1.9~2.3	4.5~6.0	0.08~0.15				0.15	0.20	余量
1421	1.8~2.2	4.5~5.3	0.06~0.10	0.10~0.25	0.16~0.21		0.15	0.20	余量
1423	1.8~2.1	3.2~4.2	0.06~0.10		0.10~0.20		0.10	0.15	余量
中国合金	1.5	4.4	0.12			0.2			余量

表 7-16　Al-Li-Mg-Zr 系合金的力学性能

合　金	产品与状态	方向	σ_b/MPa	$\sigma_{0.2}$/MPa	δ/%
1420	薄板（2.4mm 厚）T6	L	492	314	
		LT	503	318	11
	厚板（12mm 厚）T3	L	432	274	
		LT	426	241	18
1421	薄板（2.4mm 厚）T6	L	480	362	
		LT	508	355	14
中国合金	板材 T6		364	310	18.6

注：L—纵向；LT—长横向。

7.3　Al-Sc 合金

7.3.1　Al-Sc 合金的特点

用微量钪（$w(\text{Sc})=0.07\%~0.35\%$）合金化的铝合金称为铝钪合金或含钪铝合金。与不含钪的同类合金相比，铝钪合金强度高、塑韧性好、耐蚀性能和焊接性能优异，是继铝锂合金之后新一代航天、航空、舰船用轻质结构材料。20 世纪 70 年代以后，俄罗斯科学院巴依科夫冶金研究院和全俄轻合金研究院相继对钪在铝合金中的存在形式和作用机制进行了系统的研究，开发了 Al-Mg-Sc、Al-Zn-Mg-Sc、Al-Zn-Mg-Cu-Sc、Al-Mg-Li-Sc 和 Al-Cu-Li-Sc 5 个系列 17 个牌号的铝钪合金，产品主要瞄准航天、航空、舰船的焊接荷重结构件以及碱性腐蚀介质环境用铝合金管材、铁路油罐、高速列车关键结构件等。

7.3.2　几种 Al-Sc 合金的成分和性能

7.3.2.1　Al-Mg-Sc 系合金

在俄罗斯，这个系的合金有以下 7 个牌号：01570、01571、01545、01545K、01535、01523 和 01515。这些合金除镁含量不同外，都是用钪和锆微合金化的铝镁系合金。此外，合金中还添加有微量的锰和钛等。表 7-17 列出了 Al-Mg-Sc 系合金热加工态或退火态的力学性能。

表 7-17 **Al-Mg 和 Al-Mg-Sc 合金成分和半成品力学性能**

合金系	合金牌号	合金元素质量分数/%	热加工或退火态力学性能		
			σ_b/MPa	$\sigma_{0.2}$/MPa	δ/%
Al-Mg	AlMg1	Al-1.15Mg	120	50	28
Al-Mg-Sc	01515	Al-1.15Mg-0.4(Sc+Zr)	250	160	16
Al-Mg	AlMg2	Al-2.2Mg-0.4Mn	190	90	23
Al-Mg	AlMg3	Al-3.5Mg-0.45Mn-0.65Si	235	120	22
Al-Mg-Sc	01523	Al-2.1Mg-0.45(Sc+Zr)	270	200	16
Al-Mg	AlMg4	Al-4.2Mg-0.65Mn-0.06Ti	270	140	23
Al-Mg-Sc	01535	Al-4.2Mg-0.4(Sc+Zr)	360	280	20
Al-Mg	AlMg5	Al-5.3Mg-0.55Mn-0.06Ti	300	170	20
Al-Mg-Sc	01545	Al-5.2Mg-0.4(Sc+Zr)	380	290	16
Al-Mg	AlMg6	Al-6.3Mg-0.65Mn-0.06Ti	340	180	20
Al-Mg-Sc	01570	Al-5.8Mg-0.55(Sc+Cr+Zr)	400	300	15

A　01570 合金

01570 合金的 $w(Mg)$ = 5.3% ~ 6.3%，$w(Mn)$ = 0.2% ~ 0.6%，$w(Sc)$ = 0.17% ~ 0.35%，$w(Zr)$ = 0.05% ~ 0.15%，$w(Ti)$ = 0.01% ~ 0.05%，$w(Cu)$ < 0.1%，$w(Zn)$ < 0.1%，$w(Fe)$ < 0.3%，$w(Si)$ < 0.2%，其他杂质的质量分数总和小于 0.1%。为了改善合金熔体的特性，还可以加入微量的铍。

表 7-18 和表 7-19 分别列举了 01570 合金在不同试验温度下的超塑性指标和焊接接头的力学性能。

表 7-18 **0.8mm 厚的 01570 合金板材在 $\varepsilon = 7.2 \times 10^{-3} s^{-1}$ 时的超塑性指标**

试验温度/℃	$\varepsilon = 7.2 \times 10^{-3} s^{-1}$ 时的超塑性指标			试验温度/℃	$\varepsilon = 7.2 \times 10^{-3} s^{-1}$ 时的超塑性指标		
	δ/%	σ_s/MPa	m		δ/%	σ_s/MPa	m
400	320	21	0.33	475	730	10	0.6
425	380	17.5	0.38	500	850	8	0.53
450	480	12.5	0.47	525	670	6	—

表 7-19 **不同试验温度下 01570 合金焊接接头的力学性能**

试验温度/℃	焊接接头的拉伸强度		焊接接头的强度系数		冷弯角 α/(°)	冲击韧性 a_K/kg·m·cm^{-2}	
	σ_{b1}/MPa	σ_{b2}/MPa	σ_{b1}/σ_b	σ_{b2}/σ_b		焊缝	半熔合区
-253	458	458	0.72	0.72		1.7	0.96
-196	492	479	0.95	0.93	66	2.2	1.4
20	402	334	1.0	0.83	180	3.4	2.2
150	319	271	1.0	0.85	180	2.8	2.0
250	146	144	1.0	0.99	180	2.2	1.6

注：σ_{b1}—带余高；σ_{b2}—不带余高。

01570合金的焊接性能非常好，可以用氩弧焊焊接，也可以用电子束进行熔焊。在用01571焊丝焊接01570薄板时，所得焊接接头在有余高时，试验温度为-196~250℃，焊接接头强度与基体金属相同；无余高时，焊接接头的强度由焊缝铸造金属的强度决定，约为基体金属强度的85%，在不需热处理强化的铝合金中焊接系数是最高的，航天工业中已用这种合金作焊接承力件。

B 01571合金

焊丝合金的成分为$w(Mg)=5.5\%~6.5\%$、$w(Sc)=0.30\%~0.40\%$、$w(Zr)=0.1\%~0.2\%$、$w(Ti)=0.02\%~0.05\%$，以及微量的稀土和硼。这种合金用于氩弧焊焊接Al-Mg-Sc和Al-Zn-Mg-Sc系合金，主要以丝材形式供应用户。由于合金中加入了钪、锆、钛等微量元素，它们显著细化了焊缝的铸态组织，减弱了焊缝的热裂纹形成倾向。同时，由于焊缝结晶速度很高，微量钪、锆最大程度地溶入了Al-Mg合金固溶体中，随后冷却过程中，钪和锆以纳米级的Al(Sc,Zr)粒子析出，显著地提高了Al-Mg-Sc和Al-Zn-Mg-Sc合金焊接接头的强度。

C 01545合金

01545合金中$w(Mg)=4.0\%~4.5\%$，还有微量钪和锆。由于镁含量较01570合金的低，加工成型性能比01570合金的好。在此基础上，俄罗斯又研制出了01545K合金，合金的$w(Mg)=4.2\%~4.8\%$。这种合金在液氢温度下（20K）有很高的强度和塑性，可用于液氢-液氧作燃料航天器储箱和相应介质条件下的焊接构件。

D 01535合金

01535合金中$w(Mg)=3.5\%~4.5\%$，还有微量的钪、锆。与01570和01545合金比，该合金的镁含量低，强度也低一些，但合金的塑性好，有利于半成品的后续加工，也减少了分层脱落腐蚀和应力腐蚀的倾向。拉伸力学性能为$\sigma_b\geqslant360MPa$，$\sigma_{0.2}\geqslant290MPa$，$\delta\geqslant16\%$。这种合金主要应用于低温条件下的焊接构件，如用于液化气罐等。

E 01523合金

01523合金中$w(Mg)=2\%$左右，还含少量的钪和锆。由于镁含量低，合金有很好的抗蚀性、成型性和抗中子辐照性。但强度要比不含钪的AlMg2合金高得多。表7-20列举了01523合金板材及焊接接头的力学性能。

表7-20 AlMg2和01523合金板材退火态和焊接接头力学性能

合金牌号	退火状态板材			焊接接头		
	σ_b/MPa	$\sigma_{0.2}/MPa$	$\delta/\%$	σ_b/MPa	$\sigma_{0.2}/MPa$	$\delta/\%$
AlMg2	190	80	23	180	120	0.94
01523	310	250	13	270	120	0.87

这种合金可用于高腐蚀介质中工作的焊接构件，包括运送H_2S含量高的原油的容器管道以及有中子辐照场合的焊接构件。

F 01515合金

01515合金中$w(Mg)=1\%$左右，还含少量Sc和Zr。合金有较高的热导率和较高的屈服强度，可用于航天和航空工业的热交换器。表7-21列出了这种合金退火态的力学性能。

表 7-21　01515 合金退火态力学性能

半成品	σ_b/MPa	$\sigma_{0.2}$/MPa	δ/%
板材（2mm 厚）	280	230	12
型　材	260	230	15

7.3.2.2　Al-Zn-Mg-Sc 系合金

在俄罗斯，这个系的合金有 01970 和 01975 两个牌号。其中 $w(\text{Zn}) = 4.5\% \sim 5.5\%$，$w(\text{Mg}) = 2\%$，$w(\text{Zn})/w(\text{Mg}) = 2.6$。此外，还有 $w(\text{Cu}) = 0.35\% \sim 1.0\%$ 的铜，以及 $w(\text{Sc} + \text{Zn})$ 为 $0.30\% \sim 0.35\%$ 的钪、锆等。

A　01970 合金

01970 合金有很高的抵抗再结晶的能力，即使冷变形量很大，合金的起始再结晶温度仍比淬火加热温度高。例如，冷变形量为 83% 的冷轧板，450℃ 固溶处理后水淬仍然保留了完整的非再结晶组织。01970 合金板材有很好的综合力学性能。表 7-22 列举了时效态 01970 合金板材的力学性能。表 7-23 给出了这种合金的超塑性测试结果。表 7-24 给出了板厚为 2.5mm 的 01970 合金焊接接头力学性能。表 7-25 和表 7-26 分别列出了这种合金的锻造性能和挤压件的性能。

表 7-22　01970、1911 和 1903 合金薄板淬火和人工时效态合金的拉伸力学性能

合　金	σ_b/MPa	$\sigma_{0.2}$/MPa	δ/%	K_{IC}/MPa·m$^{1/2}$
01970	520	490	12	97
1911	416	356	11	77
1903	475	430	11	89

表 7-23　01970 合金在 475℃和应变速率为 $6 \times 10^{-3} \text{s}^{-1}$ 条件下的超塑性

板厚/mm	样品取向	σ_b/MPa	δ/%
2	平行于轧向	13.9	635
2	垂直于轧向	14.7	576

表 7-24　01970 合金板材焊接接头力学性能

合　金	σ_b/MPa	冷弯角 α/(°)	K_{CT}/MPa·m$^{1/2}$	σ_{cr}^W/MPa
01970	440	150	30	200
1911	360	143	28	175
1903	420	93	26	100

注：K_{CT}—断裂韧性；σ_{cr}^W—腐蚀应力。

表 7-25　01970 合金模锻件淬火和人工时效后的力学性能

样品取向	σ_b/MPa	$\sigma_{0.2}$/MPa	δ/%	K_{IC}/MPa·m$^{1/2}$
径　向	490	440	14	51
纵　向	490	440	14	38
短纵向	480	430	10	—

表 7-26 01970 合金挤压材淬火和人工时效后的力学性能

半成品	样品取向	σ_b/MPa	$\sigma_{0.2}$/MPa	δ/%	K_{IC}/MPa·m$^{1/2}$
大型挤压材	纵向	480	440	11	70
	径向	450	420	12	39
型 材	纵向	500	450	10	

B 01975 合金

01975 合金与 01970 合金的化学组成很相近。唯一的区别在于合金中的含钪量较低，$w(Sc)$ 约为 0.07%。这种合金的可塑性好，挤压后空冷即可进行淬火处理。时效后的合金有高的强度、高的抗分层腐蚀能力和抗应力腐蚀能力以及优异的可焊性。表 7-27 ~ 表 7-29 分别列举了这种合金人工时效态的力学性能。

表 7-27 01975 合金薄板时效态的力学性能

板厚/mm	σ_b/MPa	$\sigma_{0.2}$/MPa	δ/%
3	505	455	11.0
2	515	455	11.8
1	535	500	11.7

表 7-28 01975 合金中厚板时效态的力学性能

样品取向	σ_b/MPa	$\sigma_{0.2}$/MPa	δ/%	ψ/%	K_{IC}/MPa·m$^{1/2}$
纵 向	440	395	17	52	67.5
横 向	450	390	15	44	51.5
短横向	460	395	11	28	—

表 7-29 01975 合金挤压型材时效态力学性能

厚度/mm	σ_b/MPa	$\sigma_{0.2}$/MPa	δ/%	K_{IC}/MPa·m$^{1/2}$
30	550	510	13	77
3	530	490	10	—

鉴于 01975 合金挤压制品有上述优异的综合性能，俄罗斯已建议将这种合金用于高速列车、地铁列车、桥梁等焊接负重结构。

C 01981 合金

01981 合金为俄罗斯研制的一种新的含铜的 Al-Zn-Mg-Sc 合金。这种合金有高的强度、高的弹性、低的各向异性和高的断裂抗力，具体数据还未公开。

7.3.2.3 Al-Mg-Li-Sc 系合金

在商用 01420 铝锂合金（Al-5.5Mg-2Li-0.15Zr）基础上加入微量钪形成了两种新的称为 01421、01423 的合金。与所有铝锂合金一样，含钪铝锂合金均在惰性气体保护下进行熔炼和铸造。铸锭均匀化后再进行热加工、冷加工和固溶-时效处理。这三种合金密度约为 2.5g/cm^3，可焊性也很好，已成功地应用于航天和航空部门。表 7-30 列出了钪（01421）和不含钪（01420）Al-Mg-Li-Zr 合金的力学性能。

表 7-30 01420 和 01421 合金时效态力学性能

合金牌号	半成品	σ_b/MPa	$\sigma_{0.2}$/MPa	δ/%
1420	棒 材	500	380	8
1421	棒 材	530	380	6

7.3.2.4 Al-Cu-Li-Sc 系合金

A 01460 合金

01460 合金的成分为 Al-3Cu-2Li-0.2~0.3(Sc,Zr)。时效态合金力学性能为 σ_b = 550MPa，$\sigma_{0.2}$ = 490MPa，δ = 7%，可以用氩弧焊方法进行焊接，焊接性能和低温性能好。测试温度从室温降到液氢温度。强度从 550MPa 增加至 680MPa。伸长率则由 7% 增至 10%，俄罗斯已将这种材料用于制作航天低温燃料贮箱。

B 01464 合金

近年来，俄罗斯在 01460 的基础上研制了称之为 01464 的合金，密度为 2.65g/cm³，弹性模量为 70~80GPa，经热机械处理后，合金同时具有高的强度、高的塑性、耐蚀性、可焊性、抗冲击性和抗裂性。这种合金有高的热稳定性，可用于 120℃下长期工作的航天航空构件。表 7-31 列出了这种合金的力学性能。

表 7-31 01464 合金时效态力学性能

半成品	取 向	σ_b/MPa	$\sigma_{0.2}$/MPa	δ/%	K_{IC}/MPa·m$^{1/2}$
厚 板	纵 向	560	520	9	18
	横 向	540	480	10	20
薄 板	纵 向	530	470	10	
	横 向	520	470	13	
异型材	纵 向	580	540	6	20

7.4 粉末冶金铝合金

7.4.1 概况

20 世纪 40 年代，瑞士 R. Irmanm 等人最早采用球磨制粉 + 粉末冶金工艺制备出粉末冶金铝材（SAP）。20 世纪 50 年代期间，苏联、美国、英国等国相继研制出多种牌号烧结铝。我国也于 60 年代中期研制出烧结铝（牌号为 LT71、LT72）。

20 世纪 60 年代初期，美国的 P. Duwez 采用喷枪法获得了非晶态 Al-Si 合金，从此，采用快速凝固技术研制新型粉末冶金铝合金引起了全世界范围内的关注。

20 世纪 70 年代以来，人们发现仅靠传统的材料制备技术（如调整合金的成分、热处理制度等）来研制新型高性能铝合金越来越受到限制，而将快速凝固技术与粉末冶金工艺相结合却能获得令人满意的效果。它是通过将铝合金熔体雾化，经过快速凝固后获得粉末，再将粉末压制、烧结、压力加工成铝合金材料或半成品。该新技术综合运用了细晶强化、弥散强化、固溶强化和时效强化等强韧化机制，因而可研制出具有高的强度、很好的抗应力腐蚀性能、较满意的断裂韧性和疲劳性能等综合性能好的新型高强高韧铝合金以及新型耐热铝合金。如美国铝业公司研制的高强铝合金 7090、7091、CW67 和耐热铝合金

CU78、CZ42；凯撒铝及化学公司研制的高强度铝合金 MR61 和 MR64；美国联合信号公司研制的耐热铝合金 FVS0812、FVS1212 和 FVS0611。美国镍业公司为制取氧化物粒子弥散强化镍基合金开发出了一种制备粉末冶金合金的新工艺，即机械合金化 + 粉末冶金工艺，并开发出高强度铝合金 IN9021 和 IN9052。

20 世纪 80 年代以来，我国一些高等院校和科研单位对快速凝固粉末冶金技术、喷射沉积技术、机械合金化粉末冶金技术都进行了卓有成效的研究，在研制耐热铝合金和高强度铝合金方面取得了一定的成果。现代粉末冶金技术已成为国内外发展新型铝合金的一个重要途径。

7.4.2　几种工业粉末冶金铝合金

粉末冶金铝合金按照性能可分为以下四类：粉末冶金高强度铝合金，粉末冶金低密度高弹性模量铝合金，粉末冶金耐热铝合金，粉末冶金耐磨铝合金和低膨胀系数铝合金。

7.4.2.1　粉末冶金高强度铝合金

粉末冶金高强度铝合金主要有 7090、7091、MR61、MR64、IN9021 和 IN9052 合金。

A　7090 和 7091 合金

7090 和 7091 合金的成分见表 7-32。

表 7-32　7090 和 7091 合金的化学成分（质量分数）　　（％）

合金牌号	Zn	Mg	Cu	Fe	Co	O	Si	其余
7090	7.3~8.7	2.0~3.0	0.6~1.3	<0.15	1.0~1.9	0.2~0.5	<0.12	Al
7091	5.8~7.1	2.0~3.0	1.1~1.8	<0.15	0.2~0.6	0.2~0.5	<0.12	Al

该 7×××系合金成分的特点是在 7×××系 IM 铝合金基础上添加少量 Co，使在快速凝固过程中生成大量细小、稳定的 Co_2Al_9、$(Co, Fe)Al_9$ 弥散强化粒子，明显改善合金的综合性能，特别是耐腐蚀性能。其力学性能见表 7-33 和表 7-34。

表 7-33　PM7090、7091 合金和 IM7075 高强度铝合金挤压件力学性能

合金		PM 合金在最终时效温度（163℃）时效时间[1]/h	取样方向	σ_b/MPa	$\sigma_{0.2}$/MPa	δ/%	NTS/TYS[2]	K_{IC}/MPa·m$^{1/2}$
PM	7090	3	纵向	669	641	11	1.14	31.8
			长横向	593	545	6	0.76	
	7090	6	纵向	621	593	10	1.20	41.7
			长横向	565	517	9	0.93	20.8
	7091	6	纵向	614	586	12	1.34	46.0[3]
			长横向	552	503	11	1.13	24.1[3]
	7091	14	纵向	565	524	16	1.39	41.7[3]
			长横向	517	462	12	1.28	
IM	7075-T6		纵向	683	600	10	1.31	38.4[3]
			长横向	552	496	8	1.05	24.1[3]
	7075-T73		纵向	552	503	12	1.35	
			长横向	496	441	8	1.15	

①PM 合金在最终时效温度之前，经 448~493℃固溶处理 2h，水淬，初级时效 121℃×24h；

②缺口抗拉强度/抗拉屈服强度；

③因试样太薄，不能满足 ASTM E399 的要求。

表 7-34　PM7090 合金和 IM7×××系合金厚板的短横向平面应变断裂韧性

合　金		$K_{IC}/MPa \cdot m^{1/2}$	$\sigma_{0.2}/MPa$
PM	7091-A[1]	Kq36.4	490
	7091-B[2]	28.6	503
IM	7475-T651	29.7	448
	7475-T7351	36.4	372
	7050-T73651	28.6	432
	7075-T651	19.8	448
	7075-T7351	22.0	372
	2124-T	24.2	420

① 热压实时保压 10min；

② 热压实时保压 1min。

B　MR61 和 MR64 合金

MR61 铝合金的名义成分（%）为：8.9Zn-2.5Mg-1.5Cu-0.6Co-0.2Zr，Si≤0.1，Fe≤0.2，杂质总量≤0.50。MR64 铝合金的名义成分（%）为 7.0Zn-2.3Mg-2.0Cu-0.2Co-0.2Zr-0.1Cr-0.30。合金成分的特点是在 7×××系 IM 铝合金基础上除含有少量 Co 外，还添加少量 Zr 或 Cr，作为晶粒细化剂和稳定剂。这两个合金性能与 7090 和 7091 合金近似。

C　IN9021 和 IN9052 合金

IN9021 模拟 IM2024 铝合金的成分，即 4.0Cu-1.5Mg-0.80-1.1C，Si≤0.1，Fe≤0.1。IN9052 模拟 IM5083 铝合金的成分，为 4.0Mg-0.80-1.1C，Si≤0.1，Fe≤0.1。IN9021 和 IN9052 合金具有令人满意的抗拉强度、抗腐蚀性、断裂韧性和疲劳性能。IN9021-T4 合金和 IN9052-F 合金既有 IM7075-T6 合金的力学性能，又有 IM7075-T73 合金的抗腐蚀性。

目前工业生产的粉末冶金坯锭尺寸达 $\phi432 \times 660mm$，质量达 150kg，并可加工成挤压件和锻件。粉末冶金高强度铝合金锻件典型性能见表 7-35。

表 7-35　PM 和 IM 高强度铝合金锻件的典型性能

合　金		取样方向	σ_b/MPa	$\sigma_{0.2}/MPa$	$\delta/\%$	E/GPa	$K_{IC}/MPa \cdot m^{1/2}$	应力腐蚀门槛值/MPa	$D/kg \cdot m^{-3}$
PM	7090-T7E71	纵　向	614	579	10	72.4	纵-长横向 36	<310	2.85×10^3
		长横向	579	545	4				
	7091-T7E69	纵　向	614	579	10	73.8	纵-长横向 32	约310	0.0082×10^3
		长横向	545	496	9				
	CW67-T7X2	纵　向	606	579	14		纵-长横向 44		
		长横向	606	572	15				
	MR64-TX7 -TX73	纵　向	600	552	6			约310	
		长横向	559	496	9			约310	
	IN9021-T4	纵　向	627	600	14	76.5	长横-纵向 37	约552	2.80×10^3
		长横向	600	586	11				
	IN9052	纵　向	593	559	6	74.5	长横-纵向 30	约552	2.66×10^3
		长横向	565	552	2.5				
IM	7075-T6	纵　向	641	572	12	71.4	纵-长横向 24	<69	2.80×10^3
		长横向	552	490	9				
	7075-T73	纵　向	503	434	13	71.7	纵-长横向 35	>310	2.80×10^3

7.4.2.2 粉末冶金低密度高弹性模量铝合金

粉末冶金低密度高弹性模量铝合金是指 Al-Li 合金，见 Al-Li 合金篇章（见 7.2 节）。

7.4.2.3 粉末冶金耐热铝合金

20 世纪 70 年代以来，采用快速凝固法和机械合金化法相继研制出新型耐热铝合金，如 CU78、CZ42、FVS0812、FVS1212、FVS0611、Al-5Cr-2Zr、Al-5Cr-2Zr-1Mn。这类合金的合金化特点是含有两种或两种以上的在通常情况下不固溶于铝的过渡族金属（例如 Fe、Ni、Ti、Zr、Cr、V、Mo 等），有的添加非金属如 Si。

机械合金化的耐热铝合金主要有 Al-Fe-Ni 系和 Al-Ti 系合金。

典型的快速凝固耐热铝合金主要包括以下几种：

（1）Al-Fe-Ce 合金。Alcoa 公司研制出 P/MAl-Fe-Ce 耐热铝合金，牌号为 CU78 和 CZ42，前者的名义成分为 Al-8.3Fe-4Ce，后者为 Al-7.1Fe-6.0Ce。

CU78 合金的性能与现有 IM 耐热铝合金 2219 相比，其模锻叶轮的室温屈服强度与 2219-T6 合金的相等，在 232℃ 和 228℃，其强度比 2219-T6 的高 53%；CU78 合金的断裂韧性基本合格；锻件室温高周期疲劳与 2219 合金的相当，在 232℃ 的疲劳强度至少保留 75%，见表 7-36。由于 CU78 的耐热性能好，可用它取代钛合金制造喷气发动机的涡轮，其成本可降低 65%，质量减轻 15%。

表 7-36 CU78 合金模锻叶轮的力学性能

试验方向	试验温度/℃	σ_b/MPa	$\sigma_{0.2}$/MPa	δ/%	K_{IC}/MPa·m$^{1/2}$
正切方向	24	455	358	12	13
径 向	24	455	345	11	16
正切方向	232	310	276	10	16
径 向	232	317	283	14	18
正切方向	288	241	214	14	
径 向	288	255	228	10	

CZ42 合金薄板在 150℃ 温度以下，其比强度比 2024-T8 的典型力学性能稍高，而在更高的温度下，CZ42 合金的强度明显优于 2024-T8 的；在 260℃ 热暴露 100h，CZ42 合金薄板的强度比 2024-T8 的高 50% 左右；在 316℃ 热暴露 100h 后，CZ42 合金薄板能保留 90% 以上的室温强度。

（2）Al-Fe-V-Si 合金。美国 Allied-Signal 公司研制出 Al-Fe-V-Si 耐热铝合金，牌号为 FVS0812（Al-8.5Fe-1.3V-1.7Si），FVS1212（Al-12.4Fe-1.2V-2.3Si），FVS0611（Al-5.5Fe-0.5V-1.1Si）。

Al-Fe-V-Si 系合金正因为其中存在着大量细小（粒径小于 40nm）、粗化率低、类球状的 $Al_{12}(FeV)_3Si$ 弥散耐热强化相（FVS0812 中体积分数为 27%，FVS1212 中为 36%），在高温下能阻碍晶粒长大和抑制再结晶，因此，这些合金有很高的耐热性能，其力学性能见表 7-37 和表 7-38。

表 7-37　一些 PS-P/M　Al-Fe-X 系合金在室温与 316℃高温下的力学性能（L-T 方向）

合　金	温度/℃	屈服强度/MPa	抗拉强度/MPa	伸长率/%	断裂韧性 K_{IC}/MPa·m$^{1/2}$
Al-8Fe-7Ce	25	418.9	484.9	7.0	8.5
	316	178.1	193.8	7.6	7.9
Al-8Fe-2Mo-1V	25	323.5	406.6	6.7	9.0
	316	170.0	187.5	7.2	8.1
Al-10.5Fe-2.5V	25	464.1	524.5	4.0	5.7
	316	206.3	240.0	6.9	8.1
Al-8Fe-1.4V-1.7Si	25	362.5	418.8	6.0	36.4
	316	184.4	193.8	8.0	14.9

表 7-38　PS-P/MAl-Fe-V-Si 合金力学性能

温度/℃	FVS0812			FVS1212			FVS0611		
	σ_b/MPa	$\sigma_{0.2}$/MPa	δ/%	σ_b/MPa	$\sigma_{0.2}$/MPa	δ/%	σ_b/MPa	$\sigma_{0.2}$/MPa	δ/%
24	462	413	12.9	559	531	7.2	352	310	16.7
150	379	345	7.2	469	455	4.2	262	240	10.9
230	338	310	8.2	407	393	6.0	248	234	14.4
315	276	255	11.9	303	297	6.8	193	172	17.3

　　FVS0812 合金有很好的室温、高温综合性能，室温强度和断裂韧性与常规的 2×××系合金的相当，弹性模量（88GPa）比普通航空铝合金的高 15%。FVS1212 合金具有很好的室温、高温强度，弹性模量（97GPa）比普通航空铝合金的高 30%。FVS0611 合金的特点是室温成型性能好。

7.4.2.4　粉末冶金耐磨铝合金和低膨胀系数铝合金

　　采用快速凝固法制备高 Si 铝合金时初晶 Si 十分细小，且分布均匀，可明显提高其力学性能。若在 Al-Si 合金中添加 Cu、Mg 元素，能进一步提高室温强度；添加 Fe、Ni、Mn、Mo、Sr 等元素，除了能提高室温强度之外，还能明显提高热稳定性。高 Si 铝合金已成为快速凝固铝合金的主要系列之一，在日本、美国、俄罗斯、荷兰、德国等已进入实际应用阶段。用它取代汽车上传统的钢铁活塞、连杆等材料，可在保证强度和运动速度的前提下，减轻 30%~60% 质量。典型的快速凝固高 Si 铝合金成分和性能见表 7-39。

表 7-39　几种快速凝固高 Si 铝合金的成分和性能

合　金	状态	凝固工艺	σ_b/MPa	$\sigma_{0.2}$/MPa	δ/%	α/K^{-1}
Al-12Si-1.1Ni	热挤	离心雾化	333	253	13	
Al-12Si-7.5Fe	热挤	气体雾化	325	260	8.5	
Al-20Si-7.5Fe	热挤	气体雾化	380	260	2	
Al-25Si-3.5Cu-0.5Mg	热挤	多级雾化	376			17.4×10^{-6}
Al-20Si-5Fe-1.9Ni	热挤	气体雾化	414		1.0	
Al-17Si-6Fe-4.5Cu-0.5Mg	热挤	喷射沉积	550	460	1.0	17.0×10^{-6}
Al-20Si-3Cu-1Mg-5Fe	热挤 + T6	气体雾化	535			
Al-25Si-2.5Cu-1Mg-0.5Mn	锻造	气体雾化	490		1.2	16.0×10^{-6}

7.5 铝基复合材料

7.5.1 铝基复合材料特性及主要组成

7.5.1.1 铝基复合材料的特性及用途

20 世纪 60 年代后，先后研制出碳纤维、硼纤维、碳化硅纤维和芳纶纤维等高性能纤维。用它们作增强体、用金属作基体制成复合材料是近代复合材料研究开发的重要课题，其中以铝（及铝合金）基复合材料研究得最多，尤其是 80 年代以来发展很快。铝基复合材料除了与树脂基复合材料一样，具有密度小、强度和模量高、热膨胀系数小等特点之外，它还耐较高的温度，有高的导热和导电性、不可燃性，适合用于航空航天工业、军事工业、汽车工业和其他民用工业。

铝基复合材料可划分为纤维增强型（包括短纤维）、颗粒和晶须增强型、层状型（交替叠层型）和定向凝固共晶型。

纤维增强型铝基复合材料有很好的综合性能。但是长纤维价格昂贵，制备工艺复杂，成本很高，因而发展和应用受到一定限制，目前主要用于航空航天工业、军事工业和少数民用工业。

颗粒增强型铝基复合材料的制备工艺比较容易，颗粒增强体的价格不高，因而成本较低，并且可以用铸造、热挤压、热锻压和热轧等常规热加工方法和设备制取。颗粒增强铝基复合材料的力学性能虽然没有纤维增强铝基复合材料的那样高，但与基体铝合金相比，其硬度、模量、耐磨性能、抗疲劳性能、高温屈服强度和热稳定性能都要好很多。因为增强体在铝基体内均匀弥散分布，所以复合材料是各向同性的。因而这类复合材料有很大的应用潜力。从 20 世纪 70 年代以来得到迅速发展，是现在国内外研究开发的热门课题，并且实际应用范围正在不断扩大。

7.5.1.2 铝基复合材料的主要组成

铝基复合材料主要由基体与增强体两部分组成。

铝基复合材料常用的基体合金有工业纯铝，2014、2024、2009、6061、6013、7075、7475、7090 和 8009 等变形铝合金，以及 A356、A357、359 和 339 等铸造铝合金。

铝基复合材料的增强体应具有强度高、模量大、耐热、耐磨、耐腐蚀、热膨胀系数小、导热和导电性能好，与铝（或铝合金）的润湿性、化学相容性好等特点。常用的增强体有硼纤维、碳（石墨）纤维、碳化硅纤维、氧化铝纤维、芳纶纤维、钨丝和钢丝等，以及它们的颗粒和晶须。一部分纤维的性能列于表 7-40。

表 7-40 增强体纤维的性能

纤维种类	组 成	直径/μm	密度/kg·m⁻³	σ_b/MPa	E/GPa
B(W)	W 芯,B	200	2570	3570	410
B(C)	C 芯,B	100	2290	3280	360
B(W)-B₄C	B₄C 涂层	145	2580	4000	370
BorSiC	SiC 涂层	100	2580	3000	409

纤维种类	组　成	直径/μm	密度/kg·m^{-3}	σ_b/MPa	E/GPa
T300(PAN 系,高强型)	C	6~7	1760	3500	230
M40(PAN 系,高模型)	C	6~7	1810	2700	390
T1000(PAN 系,超强型)	C	6~7	1720	7200	220
M60J(PAN 系,高强高模型)	C	6~7	1940	3800	590
P120(沥青系,超模型)	C	7	2180	2100	810
SCS-6	C 芯,SiC 涂层	142	3440	2400	365
Nicalon	SiC	10~15	2550	3000	200
β-SiC	SiC 晶须		3150	6900~34500	551~828
FP	Al_2O_3	20	3850	1370	382
钢丝		75	7200	4100	200
钨丝		25	19400	4000	407

7.5.2　几种铝基复合材料

7.5.2.1　纤维增强铝基复合材料

纤维增强铝基复合材料主要有以下几种:

(1) 硼/铝复合材料。它是发展得最早,也最为成熟的一种铝基复合材料,一般含硼纤维体积为 50%,比强度和比刚度约为高强度铝合金的 3 倍,适合作主承力结构件,可以在 350℃温度下使用,对表面缺陷敏感性小,热膨胀系数小,导电和导热性能好,可进行电阻焊、钎焊、扩散焊和机械连接,适合用于航空航天和军事工业。在使用过程中不老化、不放气。

(2) 碳/铝复合材料。它具有高的比强度和比模量,热膨胀系数接近于零,尺寸稳定性好,已成功地用于人造卫星支架、空间望远镜和照相机的镜筒、人造卫星抛物面天线等。除了作为宇航结构材料之外,还越来越多地用于体育器具,如网球拍、垒球棒、冰球棒、钓鱼竿、高尔夫球杆、自行车架、赛艇和滑雪板等。

碳/铝复合材料的制取,一般是将碳(石墨)纤维束通过反应器,用气相沉积一层TiB_2,再在铝合金熔体中浸渍制成预浸复合丝,用扩散结合法将复合丝制成复合材料;也可以用等离子喷涂法将铝合金沉积在碳纤维上做成预制复合带,将复合带叠放在一起经热压制成复合材料。

(3) 碳化硅/铝复合材料。这种复合材料有很高的强度和模量,适用于航空工业。用含钛的碳化硅纤维作增强体制成的铝基复合材料,抗拉强度高达 1.1GPa,并且有很好的抗疲劳性能和抗冲击性能。

碳化硅/铝复合材料一般采用扩散黏结法制取,将 6061 铝合金箔缠绕在辊筒上,再缠绕 SiC 纤维,用等离子喷涂法沉积铝制成复合片,将复合片叠放后热压制成复合材料。

纤维增强铝基复合材料的性能列于表 7-41。

表 7-41　纤维增强铝基复合材料室温性能

复合材料	纤　维	纤维直径/μm	纤维体积分数/%	复合材料制法	ρ/kg·m^{-3}	σ_b/MPa	E/GPa	最高使用温度/℃
B/Al	B	200	50	DH	2620	1480	221	350
B/Al	B,涂 B_4C	140	50	HM	2620	1517	221	350

续表 7-41

复合材料	纤 维	纤维直径/μm	纤维体积分数/%	复合材料制法	ρ/kg·m^{-3}	σ_b/MPa	E/GPa	最高使用温度/℃
C/Al	C	6	40	L + DB	2370	458	131	350
SiC/Al	SiC	140	50	DB，HM	2960	1724	214	350
Al$_2$O$_3$/Al	Al$_2$O$_3$	20	60	L	3450	586	262	350

注：DB—扩散黏结法；HM—热压成型法；L—铝熔体浸渍法；表内的复合材料纤维都是单向排列，其拉伸方向与
纤维轴向一致。

7.5.2.2 颗粒增强铝基复合材料

颗粒增强铝基复合材料主要有以下几种：

（1）SiC$_p$/A365（或 A357）复合材料。加拿大铝业公司在美国的分公司杜雷耳（Du-ral）铝基复合材料公司用 SiC 颗粒作增强体，用 A356 或 A357 铸造铝合金作基体，用搅拌铸造法制成复合材料。已用于制造人造卫星部件，飞机的液压管，直升机起落架和阀门，三叉戟导弹零部件，汽车制动盘、发动机活塞和齿轮箱等。

（2）F3S·××S 铝基复合材料。美国杜雷耳铝基复合材料公司开发的铸造型复合材料。用 SiC 颗粒作增强体，×× 代表 SiC$_p$ 的体积分数（10% ~ 20%），基体为近似 359 铸造铝合金的成分。在室温和高温下有好的强度、刚度、耐磨性能、抗蠕变性能和尺寸稳定性能，用于汽车零部件，如刹车部件、汽缸衬套、离合器压力板、动力传递部件等。

（3）F3K·××S 铝基复合材料。美国杜雷耳铝基复合材料公司开发的铸造型复合材料。用 SiC$_p$ 作增强体，×× 代表 SiC$_p$ 的体积分数（10% ~ 20%），基体近似 339 铸造铝合金的成分。它有好的高温强度、刚度、耐磨性能和抗蠕变性能。用于汽车的汽缸衬套、刹车零部件、离合器压力板和动力传递部件等。

（4）SiC$_p$（或 Al$_2$O$_3$）/6061（或 2014）复合材料。美国杜雷耳铝基复合材料公司用 SiC 或 Al$_2$O$_3$ 颗粒作增强体，用 6061 或 2014 变形铝合金作基体，用真空搅拌铸造法制成复合材料坯锭，再用热压力加工方法制成材料，适合作装甲防护材料，在相同试验条件下，它们的防护效果分别为均质装甲钢的 3.09 倍和 3.36 倍。SiC$_p$/6061 复合材料可取代 7075 铝合金制造飞机结构的导槽和角材。

杜雷耳铝基复合材料公司生产的颗粒增强铝基复合材料的性能列于表 7-42。

表 7-42 杜雷耳公司生产的颗粒增强铝基复合材料的室温性能

复合材料	颗粒体积分数/%	ρ/kg·m^{-3}	σ_b/MPa	$\sigma_{0.2}$/MPa	Δ/%	E/GPa	HRB	α(50 ~ 500℃)/℃$^{-1}$
SiC$_p$/A356	10		303	283		81		
SiC$_p$/A356	15	2760	331	324	0.3	90		
SiC$_p$/A356	20		352	331	0.4	97		
SiC$_p$/359-T6	10	2710	338	303	1.2	86	73	13.8 × 10^{-6}
SiC$_p$/359-T6	20	2770	359	338	0.4	99	77	11.9 × 10^{-6}
SiC$_p$/339-T6	10	2750	372	359	0.3	88	79	13.1 × 10^{-6}
SiC$_p$/339-T6	20	2810	372			101	86	11.5 × 10^{-6}

复合材料	颗粒体积分数/%	$\rho/kg \cdot m^{-3}$	σ_b/MPa	$\sigma_{0.2}/MPa$	$\Delta/\%$	E/GPa	HRB	$\alpha(50 \sim 500℃)/℃^{-1}$
$Al_2O_3/6061$	10		338	297	7.6	81		
$Al_2O_3/6061$	20		379	359	2.1	99		
$Al_2O_3/2014$	10		517	483	3.3	84		
$Al_2O_3/2014$	20		503	403	0.9	101		

（5）$SiC_p/2009$、$SiC_p/2024$、$SiC_p/6061$、$SiC_p/6013$、$SiC_p/7475$ 和 $SiC_p/7075$ 复合材料。美国先进复合材料公司（ACAM）用粉末冶金方法开发的这类复合材料简称为 SXA，有极好的强度、刚度、抗疲劳等综合性能。它们是用细小的 SiC 颗粒作增强体，用近似于热处理可强化变形铝合金 2009、2024、6061、6013、7475 和 7075 的成分作基体，用粉末冶金方法制成坯锭后，用常规设备和技术挤压、锻造和轧制成材，并且可以进一步加工成零部件，也可以进行黏结、铆接、阳极氧化处理和电镀处理。它们除了具有好的力学性能之外，还有很好的尺寸稳定性、耐磨性能和抗腐蚀性能，纵向和横向的性能相差很小。可广泛地用于要求强度和刚度高，要求轻量化的场合。用它们制造的零部件其重量可比常规铝合金制造的减轻30%左右。$SiC_p/2024$ 复合材料可取代传统铝合金和钛合金制造直升机的起落架、机翼前缘加强筋和大的通用正弦形梁等。国外在进行将颗粒增强铝基复合材料用于坦克和水陆两栖军用车履带板、火炮下架和炮管等兵器的试验。

这些铝基复合材料的性能列于表 7-43。

表 7-43　美国先进复合材料公司生产的颗粒增强铝基复合材料的性能

复合材料	颗粒体积分数/%	制　品	σ_b/MPa	$\sigma_{0.2}/MPa$	$\delta/\%$	E/GPa
$SiC_p/2009$-T6	20	锻件	552	421	5	112
		挤压件	655	462	4	112
$SiC_p/6061$-T6	40	锻件	517	414	2	141
$SiC_p/6013$-T6	20	挤压件	552	448	6	112

（6）我国开发的颗粒增强铝基复合材料。我国中国科学院金属研究所、北京有色金属研究总院、上海交通大学、哈尔滨工业大学和中南大学等单位对 SiC 和 Al_2O_3 颗粒、晶须增强的铝基复合材料进行了大量的研究工作，取得了一定成果，研制的复合材料性能列于表 7-44。

表 7-44　我国开发的颗粒（晶须）增强铝基复合材料的性能

复合材料	颗粒体积分数/%	σ_b/MPa	$\delta/\%$	E/GPa
$SiC_p/2A12$[1]	15	506		100
$SiC_p/2024$	30	558	2.8	
$SiC_p/6061$	35	386		120
$SiC_p/A356$	20	322	1.0	120
$SiCw/6061$[2]	20	600 ~ 650		110
$SiCw/7075$[2]	20	750 ~ 800		120
$SiCw/2A12$	20	660 ~ 700		113 ~ 138
$SiCw/6A02$	20	598 ~ 608		122

① 搅拌铸造法生产；

② 压铸法生产；

其他为粉末冶金法生产。

7.5.2.3　层片铝基复合材料

目前主要的层片铝基复合材料商品名为 ARALL(aramid aluminium laminate)。它于 20 世纪 70 年代由荷兰的福格尔桑（L. B. Vogelsang）等人开始研制，80 年代美国铝业公司将其加以改进发展成实用的新型复合材料，已开始用于飞机结构件。它是在一种特殊的航天用环氧树脂中嵌入 50% 的单向排列的芳酰胺纤维增强体，制成预浸纤维增强层片，将这种层片与经阳极氧化处理的铝合金薄板交替叠放到一定厚度，然后黏结和热压固结，再进行变形量为 0.4% 的拉伸而成。这种材料密度小（2300kg/m³ 左右），有好的强度、刚度、韧性、抗疲劳性能和易加工性，纵向抗拉强度可达 770MPa，纵向抗疲劳性能是高强铝合金的 100 ~ 1000 倍。适用于制造航空航天器的大载荷、耐疲劳和耐破损的结构件，如机翼下蒙皮和机身。

现有产品包括：ARALL-1 型，其中的铝基体为 7475-T61 或 7075-T6 合金薄板；ARALL-2 型，其中的铝基体为 2024-T8 合金薄板；ARALL-3 型，其中的铝基体为 7475-T76 合金薄板；ARALL-4 型，其中的铝基体为 2024-T8 合金薄板。

我国的 ARALL 层片复合材料尚处于试验室研制阶段。

第 3 篇

铝及铝合金加工技术

3

8 铝及铝合金的熔炼技术

8.1 熔炼的目的、特点及方法

8.1.1 熔炼的目的

熔炼的基本目的是：熔炼出化学成分符合要求，并且纯洁度高的铝合金熔体，为铸造成各种形状的铸锭创造有利条件。

（1）获得化学成分均匀并且符合要求的合金。合金材料的组织和性能，除了受工艺条件的影响外，首先要靠化学成分来保证。如果某一成分或杂质超出标准，就要按化学成分废品处理，造成很大的损失。同时，在合金成分范围内调整好一些元素的含量，可提高铸锭成型性，减少裂纹废品的产生。

（2）获得纯洁度高的合金熔体。不论是冶炼厂供应的金属或回炉的废料，往往含有杂质、气体、氧化物或其他夹杂物，必须通过熔炼过程，借助物理或化学的精炼作用，排除这些杂质、气体、氧化物等，以提高熔体金属的纯洁度。

（3）复化回收废料使其得到合理使用。回收的废料往往混杂不同合金，成分不清，或者被油等杂物污染，或者是碎屑不能直接用于成型和加工零件，必须借助熔炼过程以获得准确的化学成分，并铸成适用于再次入炉的铸锭。

8.1.2 熔炼的特点

铝及铝合金熔炼的特点主要有：

（1）铝非常活泼能与气体发生反应。如：

$$Al + O_2 \longrightarrow Al_2O_3 \tag{8-1}$$

$$Al + H_2O \longrightarrow Al_2O_3 + H_2 \tag{8-2}$$

而且这些反应都是不可逆的，一经反应金属就不能还原，这样就造成了金属的损失。生成物（氧化物、碳化物等）进入熔体还会污染金属，造成铸锭的内部组织缺陷。

因此在铝合金的熔炼过程中，对工艺设备（如炉型、加热方式等）有严格的选择，对工艺流程也应有严格的选择和控制，如缩短熔炼时间、控制适当的熔化速度、采用熔剂覆盖等。

（2）原材料必须以金属形式加入。原材料必须是以金属材料形式加入的，极个别的组元（如 Be、Zr 等）可以以化工原料形式加入。没有像其他有色金属或黑色金属制造合金时那样，以间接形式（如以矿石之类）加入的还原造渣过程。因为这样的过程会给铝镁合金带来金属损失，并污染金属。

（3）铝在熔炼过程中易与其他物质发生反应。由于铝的活性，在熔炼温度下，它与大气中的水分和一系列工艺过程中的水分、油、碳氢化合物等都会发生化学反应：一方面增加熔体中的含气量，造成疏松、气孔；另一方面其生成物会污染熔体。因此，在熔化过程中必须采取一切措施尽量减少水分，对工艺设备、工具和原材料等都要严格保持干燥和避免污染，并在不同季节采取不同形式的保护措施。

（4）任何组元加入均不能去除。熔化铝合金时，任何组元的加入，一旦进入一般都不能去除。所以对铝合金的加入组元必须格外注意。误加入非合金组元或者加入合金组元过多或过少，都有可能出现化学成分不符，同时也可能给铸造成型带来困难。

如误将高镁合金中加入钠含量较高的熔剂，则会引起"钠脆性"，造成铸造时的热裂性和压力加工时的热脆性。如向 7075 合金中多加入 Si，则会给铸锭成型带来一定的困难。

（5）熔化过程易产生冶金缺陷。冶金缺陷在以后加工中难以补救，而且冶金缺陷直接影响材料的使用性能。冶金缺陷的产生很大部分是在熔化过程中造成的，如含气量高、非金属夹渣、晶粒粗大、金属化合物的一次晶等。适当地控制化学成分和杂质含量以及加入变质剂（细化剂），可以改善铸造性能，同时对提高熔体质量十分重要。

8.1.3　熔炼方法

铝及铝合金的熔炼方法有：

（1）分批熔炼法。分批熔炼法是一个熔次一个熔次地熔炼，即一炉料装炉后，经过熔化、扒渣、调整化学成分，再经过精炼处理，温度合适后出炉，炉料一次出完，不允许剩有余料，然后再装下一炉料。

这种方法适用于铝合金的成品生产，它能保证合金化学成分的均匀性和准确性。

（2）半分批熔炼法。半分批熔炼法与分批熔炼法的区别，在于出炉时炉料不是全部出完，而留下 1/5 到 1/4 的液体料，随后装入下一熔次炉料进行熔化。

此法的优点是所加入的金属炉料浸在液体料中，从而加快了熔化速度，减少烧损；可以使沉于炉内的夹杂物留在炉内，不至于混入浇铸的熔体之中，从而减少铸锭的非金属夹杂；同时炉内温度波动不大，可延长炉子寿命，有利于提高炉龄；但是，此法的缺点是炉内总有余料，而且这些余料在炉内停留时间过长，易产生粗大晶粒而影响铸锭质量。半分批熔炼法适用于中间合金以及产品要求较低、裂纹倾向较小的纯铝生产。

（3）半连续熔炼法。半连续熔炼法与半分批熔炼法相仿。每次出炉量为 1/3 到 1/4 时，即可加入下一熔次炉料。与半分批熔炼法所不同的是，即留于炉内的液体料为大部分，每次出炉量不多，新加入的料可以全部搅入熔体之中，以致每次出炉和加料互相连续。

此法适用于双膛炉熔炼碎屑。由于加入炉料浸入液体中，不仅可以减少烧损，而且还使熔化速度加快。

（4）连续熔炼法。此法加料连续进行，间歇出炉，连续熔炼法灵活性小，仅适用于纯铝的熔炼。

对于铝合金熔炼，熔体在炉内停留时间要尽量缩短。因为延长熔体停留时间，尤其在较高的熔炼温度下，大量的非自发晶核复活，会引起铸锭晶粒粗大，而且增加金属吸气，使熔体非金属夹杂和含气量增加；再加上液体料中大量地加入固体料，严重污染金属，为铝合金熔炼所不可取。

因此，分批熔炼法是最适合于铝合金生产的熔炼方法。

8.2 熔炼过程中的物理化学行为

铝合金的熔炼，若在大气下的熔炼炉中进行，则随着温度的升高，金属表面与炉气或大气接触，会发生一系列的物理化学作用。由于温度、炉气和金属性质不同，金属表面可能产生气体的吸附和溶解，或产生氧化物、氢化物、氮化物和碳化物。

8.2.1 炉内气氛

炉内气氛指熔炼炉内的气体组成，包括空气、燃烧物及燃烧产物的气体。炉内气氛一般为氢（H_2）、氧（O_2）、水蒸气（H_2O）、二氧化碳（CO_2）、一氧化碳（CO）、氮（N_2）、二氧化硫（SO_2），各种碳氢化合物（主要是以 CH_4 为代表）等。熔炼炉炉型、结构以及所用燃料的燃烧或发热方式不同，炉内气氛的比例也不相同。大气熔炼条件下几种典型炉内气氛见表8-1。

表8-1 几种典型熔化炉炉气成分

炉 型	气体组成（质量分数）/%						
	O_2	CO_2	CO	H_2	C_mH_n	SO_2	H_2O
电阻炉	0~0.40	4.1~10.30	0.1~41.50	0~1.40	0~0.90		0.25~0.80
燃煤发射炉	0~22.40	0.30~13.50	0~7.00	0~2.20		0~1.70	0~12.60
燃油反射炉	0~5.80	8.70~12.80	0~7.20	0~0.20		0.30~1.40	7.50~16.40
外热式燃油坩埚炉	2.90~4.40	10.80~11.60				0.40~2.10	8.00~13.50
顶热式燃油坩埚炉	0.20~3.90	7.70~11.30	0.40~4.40			0.40~3.00	1.80~12.30

从表8-1可以看出，炉气组成中除氧及碳氧化合物外，还有大量的水蒸气。此外，火焰反射炉中的水蒸气比电阻炉中的水蒸气要多得多。

8.2.2 液态金属与气体的相互作用

8.2.2.1 氢的溶解

氢是铝及铝合金中最易溶解的气体之一。铝所溶解的气体，按其溶解能力，其顺序为 H_2、C_mH_n、CO_2、CO、N_2（见表8-2）。在所溶解的气体中，氢占90%左右。

表8-2 铝合金溶解的气体组成

气体体积分数/%						
H_2	CH_4	H_2O	N_2	O_2	CO_2	CO
92.2	2.9	1.4	3.1	0	0.4	
95.0	4.5	0.5				
68.0	5.0		10.0		1.7	15.0

A 氢的溶解机制

凡是与金属有一定结合力的气体，都能不同程度溶解于金属中，而与金属没有结合力的气体，一般只能进行吸附，不能溶解。气体与金属之间的结合能力不同，使得气体在金属中的溶解度也不相同。

金属的吸气由三个过程组成：吸附、扩散、溶解。

吸附有物理吸附和化学吸附两种。物理吸附是不稳定的，单靠物理吸附的气体是不会溶解的。然而当金属与气体有一定结合力时，气体不仅能吸附在金属之上，而且还会离解为原子，其吸附速度随温度升高而增大，达到一定温度后才变慢，这就是化学吸附。只有能离解为原子的化学吸附，才有可能进行扩散或溶解。

由于金属不断地吸附和离解气体，当气体表面某一气体的分压达到大于该气体在金属内部的分压时，气体在分压差及与金属结合力的作用下便开始向金属内部进行扩散，即溶解于金属中。其扩散速度与温度、压力有关，金属表面的物理、化学状态对扩散也有较大影响。

气体原子通过金属表面氧化膜（或熔剂膜）的扩散速度比在液态中慢得多。氧化膜和熔剂膜越致密、越厚，其扩散速度越小。气体在液态中扩散速度比固态中快得多。

在金属液体表面无氧化膜的情况下，气体向金属中的扩散速度与金属厚度成反比，与气体压力平方根成正比，并随温度升高而增大。其关系式如下：

$$V = \frac{n}{d} \sqrt{p_H} e^{-E/(2RT)} \tag{8-3}$$

式中　V——扩散速度；

n——常数；

d——金属厚度；

E——激活能；

p_H——气体分压；

R——气体常数；

T——铝液温度。

气体是通过吸附、扩散、溶解而进入金属中的，但溶解速度主要取决于扩散速度。

B　氢的溶解

由于氢是结构比较简单的单质气体，其原子或分子都很小，较易溶于金属中，在高温下也容易迅速扩散，因此氢是一种极易溶解于金属中的气体。

氢在熔融态铝中的溶解过程：

$$物理吸附 \rightarrow 化学吸附 \rightarrow 扩散(H_2) \rightarrow 2H \rightarrow 2[H]$$

氢与铝不起化学反应，而是以离子状态存在于晶体点阵的间隙内，形成间隙式固溶体。

因此，在达到气体的饱和溶解度之前，熔体温度越高氢分子离解速度越快，扩散速度也就越快，故熔体中含气量越高。在压力为0.1MPa下，不同温度时氢在铝中的溶解度见表8-3。

表8-3　不同温度下氢在铝中的溶解度表（0.1MPa）

温度/℃	850	658（液态）	658（固态）	300
氢在100g铝中的溶解度/mL	2.01	0.65	0.034	0.001

表8-3说明，在一定的压力下，温度越高，氢在铝中的溶解度就越大；温度越低，

氢在铝中的溶解度就越小。在固态时，氢几乎不溶于铝。表 8-3 也说明，在由液态到固态时，氢在铝中的溶解度发生急剧的变化。因此，在直接水冷铸造条件下，由于冷却速度快，氢原子从液态铝中析出成为分子氢，分子氢来不及排出熔体就以疏松、气孔的形式存在于铸锭中。因此，也说明了铝及铝合金最容易吸收氢而造成疏松、气孔等缺陷。

8.2.2.2　与氧的作用

在生产条件下，无论采用何种熔炼炉生产铝合金，熔体都会直接与空气接触，也就是与空气中的氧和氮接触。铝是一种比较活性的金属，它与氧接触后，必然产生强烈的氧化作用而生成氧化铝。其反应式为：

$$4Al + 3O_2 \rightleftharpoons 2Al_2O_3 \qquad (8\text{-}4)$$

铝一经氧化就变成了氧化渣，成为不可挽回的损失。氧化铝是十分稳定的固态物质，如混入熔体内，便成为氧化夹渣。

由于铝与氧的亲和力很大，所以氧与铝的反应很激烈。但是，表面铝与氧反应生成 Al_2O_3，Al_2O_3 的分子体积比铝的分子体积大，即

$$\alpha = \frac{V_{Al_2O_3}}{V_{Al}} > 1 \quad (\alpha = 1.23) \qquad (8\text{-}5)$$

所以表面的一层铝氧化生成的 Al_2O_3 膜是致密的，它能阻止氧原子透过氧化膜向内扩散，同时也能阻止铝离子向外扩散，因而阻止了铝的进一步氧化。此时金属的氧化将按抛物线的规律变化，其关系式如下：

$$W^2 = K\tau \qquad (8\text{-}6)$$

式中　W——氧化物质量；

　　　K——氧化反应速度常数；

　　　τ——时间。

金属在其氧化膜的保护下，氧化率随时间增长而减慢，铝、铍属于这类金属。某些金属固态时的 α 值见表 3-4。

表 8-4　某些金属固态时 α 的近似值

金 属	Mg	Al	Zn	Ni	Be	Cu	Si	Fe	Li	Ca	Pb	Ce
氧化物	MgO	Al_2O_3	ZnO	NiO	BeO	Cu_2O	SiO_2	Fe_2O_3	Li_2O	CaO	PbO	Ce_2O_3
α	0.78	1.23	1.57	1.60	1.68	1.74	1.88	3.16	0.60	0.64	1.27	2.03

若 $\alpha < 1$，则氧化膜容易破裂或呈疏松多孔状，氧原子和金属离子通过氧化膜的裂缝或空隙相接触，金属便会继续氧化，氧化率将随时间增长按直线规律变化，其关系式如下：

$$W = K\tau \qquad (8\text{-}7)$$

镁和锂即属于此类，即氧化膜不起保护作用，因而在高镁铝合金中加入铍，改善氧化膜的性质，可以降低合金的氧化性。

在温度不太高时，金属多按抛物线规律变化；高温时多按直线规律氧化。因为温度

高时原子扩散速度快，氧化膜与金属的线膨胀系数不同，强度降低，因而易于被破坏。例如铝的氧化膜强度较高，其线膨胀系数与铝相近，其熔点高，不溶于铝，在 400℃ 以下呈抛物线规律，保护性好；但在 500℃ 以上时，则按直线规律氧化，在 750℃ 时易于断裂。

炉气性质要由炉气与金属的相互作用性质决定。若金属与氧的结合力比碳、氢与氧的结合力大，则含 CO_2、CO、H_2O 的炉气会使金属氧化，这种炉气是氧化性的；否则，就是还原性的。

生产实践表明，炉料的表面状态是影响氧化的一个重要因素。在铝合金熔炉一定时，氧化烧损主要取决于炉料状态和操作方法。例如在相同的条件下熔炼铝合金时，大块料时烧损为 0.8% ~2.0%；打捆片料时烧损为 2% ~10%；碎屑料的烧损可高达 30%。另外熔池表面越大，熔炼时间越长，都会增加烧损。

降低氧化烧损主要应从熔炼工艺着手。一是在大气下的熔炉中熔炼易烧损的合金时尽量选用熔池表面积小的炉子，如低频感应电炉；二是采用合理的加料顺序，快速装料以及高温快速熔化，缩短熔炼时间，易氧化烧损的金属尽可能后加；三是采用覆盖剂覆盖，尽可能在熔剂覆盖下的熔池内熔化，对易氧化烧损的高镁铝合金，可加入 0.001% ~0.004% 的铍；四是正确地控制炉温及炉气性质。

8.2.2.3　与水的作用

A　铝与水的反应

熔炉的炉气中虽然含有不同程度的水蒸气，但以分子状态（H_2O）存在的水蒸气并不容易被金属所吸收，因为 H_2O 在金属中的溶解度很小，而且水在 2000℃ 以后才开始离解。水蒸气之所以是造成铸锭内部疏松、气孔的根源，是因为在金属熔融状态这样的高温下，分子 H_2O 要被具有比较活性的铝所分解，而生成原子状态的 $[H]$。

$$3H_2O + 2Al \longrightarrow Al_2O_3 + 6[H] \tag{8-8}$$

所分解出的 $[H]$ 原子，很容易地溶解于金属熔体内，而成为铸锭内疏松、气孔缺陷的根源。这种反应即使是在水蒸气分压力很低的情况下，也可以进行。

据资料介绍，在 $1m^3$ 的空气中若有 10g 水，则可折合成 1g 氢，而 1g 氢则足以使 1t 铝的体积增大 2% ~3%。

B　水的来源

水的来源主要有：

（1）空气中的水分。空气中有大量的水蒸气，尤其在潮湿季节，空气中水蒸气含量更大。空气中的水分含量受地域和季节因素影响。

我国北方较干燥，南方相对潮湿。尤其在夏季气温高的季节，空气绝对湿度更大。铝合金在这样条件下生产时如不采取措施，将会增加合金中气体的溶解量。根据西南某厂历年生产统计资料证明，每年 5 ~10 月是空气中湿度较大的季节，在净化条件差的情况下，在这个季节里生产的铸锭，易产生疏松、气孔，7 月、8 月、9 月尤为严重。

如某厂某年对 2017 合金熔体做过的测定，在一般熔炼温度下，气体含量和大气湿度的关系见表 8-5。

表 8-5 2017 合金熔体的气体含量与大气湿度的关系

月 份	1	2	3	4	5	6	7	8	9	10	11	12
湿度（平均）	30	32	34	38	38	40	52	60	46	40	32	30
100gAl 中含气量(平均)/mL	0.11	0.11	0.12	0.125	0.13	0.14	0.155	0.16	0.14	0.12	0.10	0.10

（2）原材料带来的水分。用于生产铝合金的原材料以及精炼用的熔剂或覆盖剂，如潮湿，熔炼时蒸发出来的大量水蒸气必定成为铸锭疏松、气孔的根源，因此生产中严禁使用潮湿的原材料。对于极易潮湿的氯盐熔剂，尤应注意其存放保管。有些容易受潮熔剂，入炉前应在一定温度下进行烘烤干燥。

（3）燃料中的水分及燃烧后生成的水分。当采用反射炉熔炼铝合金时，燃料中的水分以及燃烧时所产生的水分是气体的主要来源。燃料中的水分指的是燃料原来吸附的水分。燃烧产生的水分指的是燃料中所含的氢或碳氢化合物与氧燃烧后生成的水分。

（4）新修或大修的炉子后耐火材料上的水分。炉子新修或大修后，耐火材料及砌砖泥浆表面吸附有水分，在烘炉不彻底时，熔炼的前几熔次甚至几十熔次，熔体中气体含量将明显升高。

我国是一个幅员辽阔的国家，由于所在地点不同，一年四季温度和湿度都不一样，在铝加工厂环境湿度还未能控制的条件下，自然界的湿度是有明显影响的。因此，由原材料保管到工艺过程和工艺装备，都要进行严格选择和控制。

8.2.2.4 与氮的作用

氮是一种惰性气体元素，它在铝中的溶解度很小，几乎不溶于铝。但也有人认为，在较高的温度时，铝可能与氮结合成氮化铝：

$$2Al + N_2 \longrightarrow 2AlN \tag{8-9}$$

同时，氮还能和合金组元镁形成氮化镁：

$$3Mg + N_2 \longrightarrow Mg_3N_2 \tag{8-10}$$

在一些金属中氮化物的形成过程表现为：首先是激烈地溶解 N_2，但随着温度升高，N_2 的溶解度减小。氮还能溶解于铁、锰、铬、锌和钒、钛等金属中，形成氮化物。

氮溶于铝中，与铝及合金元素反应，生成氮化物，形成非金属夹渣，影响金属的纯洁度。

有些人还认为，氮不但影响金属的纯洁度，还能直接影响合金的抗腐蚀性和组织上的稳定性，这是由于氮化物不稳定，它遇到水后马上由固态分解产生气体：

$$Mg_3N_2 + 6H_2O \longrightarrow 3Mg(OH)_2 + 2NH_3 \uparrow \tag{8-11}$$

$$AlN + 3H_2 \longrightarrow Al(OH)_3 + NH_3 \uparrow \tag{8-12}$$

8.2.2.5 与碳氢化合物的作用

任何形式的碳氢化合物（C_mH_n）在较高的温度下都会分解为碳和氢，其中氢会溶解于铝熔体中，而碳则以元素形式或以碳化物形式进入液态铝，并以非金属夹杂物形式存在。其反应式如下：

$$4Al + 3C \longrightarrow Al_4C_3 \tag{8-13}$$

例如天然气中的 CH_4 燃烧，在熔炼温度下会发生下列反应：

$$CH_4 + 2O_2 \longrightarrow CO_2 + 2H_2O \tag{8-14}$$

$$3H_2O + 2Al \longrightarrow Al_2O_3 + 3H_2 \uparrow \tag{8-15}$$

$$3CO_2 + 2Al \longrightarrow 3CO + Al_2O_3 \tag{8-16}$$

$$3CO + 6Al \longrightarrow Al_4C_3 + Al_2O_3 \tag{8-17}$$

8.2.3 影响气体含量的因素

8.2.3.1 合金元素的影响

金属的吸气性是由金属与气体的结合能力决定的。金属与气体的结合力不同，气体在金属中的溶解度也不同。

蒸气压高的金属与合金，由于具有蒸发吸附作用，可降低含气量。与气体有较大的结合力的合金元素会使合金的溶解度增大；与气体结合力较小的元素则与此相反。增大合金凝固温度范围，特别降低固相线温度的元素易使铸锭产生气孔、疏松。

铜、硅、锰、锌均可降低铝合金中气体溶解度，而钛、锆、镁则与此相反。

8.2.3.2 温度的影响

熔融金属的温度越高，金属和气体分子的热运动越快，气体在金属内部的扩散速度也越快。因而，在一般情况下，气体在金属中的溶解度随温度升高而增加。图 8-1 所示为氢在铝中溶解度与温度关系的试验结果。

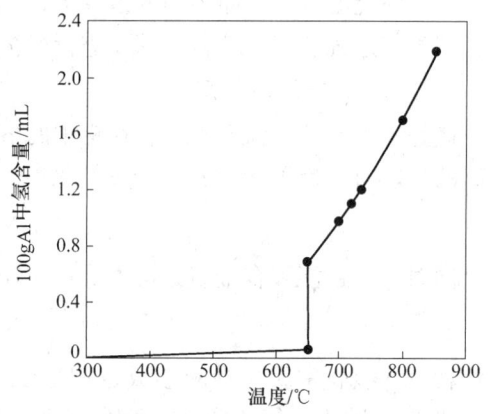

图 8-1 纯铝（99.99%）中氢的
溶解度与温度的关系

8.2.3.3 压力的影响

压力和温度是两个互相关联的外界条件。对于金属吸收气体的能力而言，压力因素也有很重要的影响。随着压力增大，气体溶解度也增大。其关系式如下：

$$S = K\sqrt{p} \tag{8-18}$$

式中 S——气体的溶解度（在温度和压力一定的条件下）；

K——平衡常数，表示标准状态时金属中气体的平衡溶解度，也可称为溶解常数；

p——气体的分压力。

式（8-18）表明，双原子气体在金属中的溶解度与其分压平方根成正比。真空处理熔体以降低其含气量，就是利用了这个规律。

8.2.3.4 其他因素

由于金属熔体表面有氧化膜存在，而且致密，阻碍气体向金属内部扩散，使溶解速度大大减慢。如果氧化膜遭到破坏，就必然加速金属吸收气体。所以在熔铸过程中，任何破坏熔体表面氧化膜的操作，都是不利的。

对任何化学反应，时间因素总是有利于一种反应的连续进行，最终达到气体溶解于金属的饱和状态。因此，在任何情况下暴露时间越长，吸气就越多。特别是熔体在高温下长时间暴露会增加吸气的机会，如图 8-2 所示。

因而，在熔炼过程中，总是力求缩短熔炼时间，以尽量降低熔体的含气量。

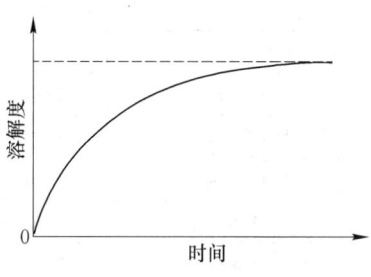

图 8-2　金属中含气量与时间的关系

在其他条件相同时，熔炉的类型对金属含氢量有一定的影响。在使用坩埚煤气炉熔炼铝合金时含气量可高达 100gAl 0.4mL 以上，有熔剂保护时为 100gAl 0.3mL 左右；电阻炉为 100gAl 0.25mL 左右。

8.2.4　气体溶解度

熔炼时，铝液和水气发生反应使氢溶于铝液中，氢在铝液中的溶解度 S 和熔体温度 T、炉气中的水分压 p_{H_2O} 服从下列关系（Sievert 方程）：

$$S = k_0 \sqrt{p_{H_2O}} \exp^{\frac{-\Delta H}{2RT}} \tag{8-19}$$

式中　S——氢在 100g 铝液中的溶解度，mL；

　　　ΔH——氢的摩尔溶解热，J/mol；

　　　k_0——常数；

　　　T——铝液绝对温度，K；

　　　R——气体常数；

　　　p_{H_2O}——铝液面上的水分压，Pa。

氢在铝液中的溶解度是吸热反应，ΔH 是正值，因此，水气分压 p_{H_2O} 越大，熔体温度 T 越高，则氢在铝液中溶解度 S 也越大。式（8-19）也可改写成对数形式：

$$\lg S = -\frac{A}{T} + B + \frac{1}{2}\lg p \tag{8-20}$$

对纯铝为：

$$\lg S = -\frac{2760}{T} + \frac{1}{2}\lg p + 1.356 \tag{8-21}$$

溶解度公式中常数 A，B 的数值见表 8-6，铝液中气体检测方法就是根据这一原理进行检测的。

表 8-6　铝及铝合金气体溶解度方程常数

合金成分/%	A	B	合金成分/%	A	B
Al99.9985（液态）	2760	1.356	Al + 3% Mg	2695	1.506
Al99.9985（固态）	2080	-0.625	Al + 3.5% Mg	2682	1.521
Al + 2% Si	2800	1.35	Al + 4% Mg	2670	1.535

合金成分/%	A	B	合金成分/%	A	B
Al + 4% Si	2950	1.47	Al + 5% Mg	2640	1.549
Al + 6% Si	3000	1.49	Al + 5.5% Mg	2632	1.563
Al + 8% Si	3050	1.51	Al + 6% Mg	2620	1.574
Al + 10% Si	3070	1.52	1×××、3003	2760	1.356
Al + 2% Cu	2950	1.46	2219、2214	2750	1.296
Al + 4% Cu	3050	1.50	6070、2017	2750	1.296
Al + 6% Cu	2720	1.50	2024、2618、2A80	2730	1.454
Al + 2% Mg	2720	1.469	5052、7075	2714	1.482
Al + 2.5% Mg	2710	1.491			

8.3　中间合金的制备技术

8.3.1　使用中间合金的目的和要求

8.3.1.1　使用中间合金的目的

熔制铝合金时，合金元素的添加方法一般有四种：一是以纯金属直接加入；二是以中间合金形式加入；三是以化工材料的形式加入；四是以添加剂形式加入。我国的铝合金熔制过程中，大多数合金化元素是以中间合金的形式加入。中间合金一般是由两种或三种元素熔制而成的合金。使用中间合金主要从以下方面考虑：

（1）有些合金元素的含量范围较窄，为使合金获得准确的化学成分，不适于加入纯金属，而需以中间合金形式加入。如 6A02 合金中的铜含量为 0.2% ~ 0.6%，采用 Al-Cu 中间合金较为合适。

（2）某些纯金属熔点较高，不能直接加入铝熔体中，而应先将此难熔金属预先制成中间合金以降低其熔点。如镍的熔点为 1445℃，制成含镍 20% 的中间合金时，其熔点降为780℃；锰的熔点为 1245℃，制成含锰 10% 的中间合金时，其熔点降为 780℃。

（3）某些纯金属密度大，在铝中溶解速度慢，这些合金元素若以纯金属形式加入易造成偏析，因此须预先制成中间合金，如铁、镍、锰等。

（4）某些纯金属表面不清洁，有的锈蚀严重，直接加入熔体易污染熔体，因此宜预先制成中间合金后使用，如铁片等。

（5）某些单质易蒸发或氧化，熔点高，在铝中溶解度低，如硅。单质硅以块状等形式存在时，因其几何尺寸偏大，所以需要在高温下长时间溶解，增加了氧化烧损，影响生产效率和冶金质量，且不利于准确控制成分，因此应预先制成中间合金。

因此，使用中间合金的目的是：防止熔体过热，缩短熔炼时间，降低金属烧损，便于加入高熔点、难熔和易氧化挥发的合金元素，从而获得成分均匀、准确的熔体。

但并不是所有的合金化元素都要以中间合金形式加入，下述情况可直接使用纯金属：

（1）熔点低、在铝中溶解度大的合金元素，当它在合金中含量高且范围较宽时，为方便可在炉料熔化一部分后以纯金属形式加入，如铜。

（2）熔点低、易氧化烧损且在铝中溶解度大的金属，制成中间合金反而多了烧损，因此宜以纯金属形式加入，如镁。

（3）熔点低、易蒸发且在铝中溶解度大的金属，也应直接以纯金属形式加入，如锌。

8.3.1.2　对中间合金的要求

对中间合金的要求如下：

（1）成分均匀，以保证合金得到准确的化学成分。

（2）杂质元素含量尽可能低，以免污染合金成分。

（3）熔点较低，最好是与铝的熔点接近，既可减少金属烧损，又可加快熔炼速度。

（4）中间合金中的元素含量尽可能高一些，这样既可减少中间合金的用量，又可减少中间合金的制造量。

（5）有足够的脆性，易于破碎，便于配料。

（6）不易蒸发和腐蚀，无毒，便于保管。

（7）在铝中有良好的溶解度，以加快熔炼速度。

（8）中间合金锭纯净度高，氧化夹杂物少，对成品合金的污染小。

（9）易于搬运。中间合金锭的形状和单块重量应满足使用方便的原则。

（10）中间合金锭应有明显的标识。

8.3.1.3　熔制中间合金的原辅材料要求

几种常用中间合金允许使用的原材料及对原材料的要求见表8-7。

表8-7　几种常用中间合金允许使用的原材料及对原材料的要求

中间合金	原材料的要求					
	合金化元素				铝锭	
	成分	表面质量	规格	存放	成分	表面
Al-Be	$w(Be)$ ≥98.0%	铍片表面应清洁、呈钢灰色鳞片状或块状		金属铍不允许在露天堆放，也不允许与酸、碱及化学活性物质储放在一起。铍应储存在库房中	$w(Al)$ ≥99.70%	无较严重飞边和气孔，允许有轻微的夹渣；表面应整洁，无油污、霜雪、雨水等外来物质
Al-Cr	$w(Cr)$ ≥98.0%	金属铬的表面应清洁呈现铬的本色，断面应致密无气孔	铬以块状存在，最大块度应能通过150mm×150mm筛孔，通过10mm×10mm筛孔的量不得超过批总重的10%，不得有3mm×3mm的筛下物	金属铬应储于库房中		
Al-Cu	$w(Cu+Ag)$ ≥99.95%	铜板表面应洁净，无污泥、油污等各种外来物	熔制前将电解铜板切成易于加工的形状和尺寸	铜板应储存在库房中		
Al-Fe	可用C、Mn、Si、Ni、Cu含量低的铁片或低碳钢片	表面应清洁、无泥土、油污及严重的铁锈	铁可使用厚度不大于10mm的铁片或低碳钢片			

续表8-7

中间合金	原材料的要求					
	合金化元素				铝锭	
	成 分	表面质量	规 格	存 放	成 分	表 面
Al-Mn	$w(Mn)$ ≥99.8%	电解金属锰应呈银白色或浅棕色，但不允许发黑，产品中不允许有外来夹杂物	一般电解锰以片状存在，小于3mm×3mm的数量应不超过总质量的15%	金属锰不准露天堆放，严禁与酸、碱等化学活性、腐蚀性物质混放。应储存在库房中	$w(Al)$ ≥99.70%	无较严重飞边和气孔，允许有轻微的夹渣；表面应整洁，无油污、霜雪、雨水等外来物质
Al-Ni	$w(Ni+Co)$ ≥99.2%，$w(Co)$ ≤0.50%	电解镍均应洗净表面及夹层内电解液，表面洁净，无污泥、油玷污等	电解镍板平均厚度应不小于3mm。熔制前将电解镍板切成易于加工的形状和尺寸	电解镍应存放于库房中		
Al-Si	$w(Si)$ ≥98.0%的工业硅	工业硅的表面及断面应清洁，不允许有夹渣、泥土、粉状硅黏结及其他非冶炼过程所带异物	块状，其粒度一般为6~200mm；小于6mm、大于200mm的颗粒总和应不超过10%	工业硅应储存于库房中		
Al-Ti	海绵钛时 $w(Ti)$ ≥99.1%	应为浅灰色海绵状金属，表面清洁，无目视可见的夹杂物	一般粒度要求为0.83~12.7mm	储存在库房中。包装容器不允许破漏，密封完好。不准露天堆放，严禁与酸碱等腐蚀性物质混放		
	TiO_2 时，$w(TiO_2)$ ≥99%，$w(H_2O)$ ≤0.6%		粉 状	储存于库房中		

8.3.1.4 常用中间合金成分和性质

常用中间合金成分和性质见表8-8。

表8-8 常用中间合金的成分和性质

中间合金	化学成分（质量分数）/%				性 质	
	合金化元素	Si	Fe	其他杂质	熔点/℃	脆 性
Al-Be	2~3Be	≤0.6	≤0.6	≤0.1	700~820	不 脆
Al-Cr	2~4Cr	≤0.6	≤0.6	≤0.1	780~840	不 脆
Al-Cu	33~50Cu	≤0.6	≤0.6	≤0.1	550~590	脆
Al-Fe	8~12Fe	≤0.6	≤0.6	≤0.1	860~920	稍 脆
Al-Mn	8~12Mn	≤0.6	≤0.6	≤0.1	770~820	不 脆

中间合金	化学成分（质量分数）/%				性　质	
	合金化元素	Si	Fe	其他杂质	熔点/℃	脆　性
Al-Ni	17～23Ni	≤0.6	≤0.6	≤0.1	770～820	不　脆
Al-Si	15～25Si	≤0.6	≤0.6	≤0.1	630～770	稍　脆
Al-Ti	2～5Ti	≤0.6	≤0.6	≤0.1	900～1100	不　脆
Al-V	2～4V	≤0.6	≤0.6	≤0.1	850～950	不　脆

8.3.2　中间合金的熔制技术

8.3.2.1　中间合金的熔制方法

目前，制备中间合金采用的两种方法如下：

（1）熔配法。将两种或两种以上的金属同时加热熔化，或者用先后加热熔化的办法使这些金属相互熔合，制取中间合金。如熔制 Al-Cr、Al-Cu、Al-Fe、Al-Mn、Al-Ni、Al-Si 等中间合金所用的方法。

目前，大多数中间合金都采取先将易熔金属铝熔化，并加热至一定温度后，再分批加入难熔的金属元素熔合而成。

（2）还原法。也称热还原法。利用在热的状态下使某些金属化合物被其他更活泼的金属元素还原成金属，并熔入基本金属中制成。如用铝还原二氧化钛制成的 Al-Ti 中间合金。

以铝为基的二元中间合金成分含量差别较大。一般来讲，二元中间合金中元素的含量都超过该二元合金的共晶成分，其铸块的组织为过共晶组织，由于各元素的物理化学性质不同，在熔制过程中各有其特点。

8.3.2.2　几种中间合金的制备

A　铝-钛中间合金

a　利用 TiO_2 熔制 Al-Ti 中间合金

钛的熔点很高，约为1700℃，在高温下能与其他元素及气体发生反应。所以用纯钛制作 Al-Ti 中间合金很难，一般采用在冰晶石的作用下，用熔融状态下的铝还原二氧化钛的方法制 Al-Ti 中间合金。其化学反应如下：

$$2TiO_2 + 2Na_3AlF_6 \longrightarrow 2Na_2TiF_6 + Na_2O + Al_2O_3 \qquad (8\text{-}22)$$

$$Na_2TiF_6 + 4Al \longrightarrow 2NaF + TiAl_4 + 2F_2 \qquad (8\text{-}23)$$

熔炼时留出一定量原铝锭作为冷却料，将其余的原铝锭装入炉内，升温熔化，待铝全部熔化后，扒除表面渣，将等量的二氧化钛和冰晶石粉末均匀混合后，加入金属液表面。继续升温至1100～1200℃，然后将二氧化钛压入铝液中，此时如冒出浓烈白烟，表明上述反应正常进行。待白烟停止，即可认为反应停止，清出炉内结渣，加入冷却料，除去表面白渣，经搅拌后即可进行铸造。

合格的 Al-Ti 中间合金铸块，断面具有明显的金属光泽，并有金黄色的均匀的钛斑点，呈细晶粒结构。Al-Ti 中间合金既可用中频感应炉制作，也可在火焰反射炉中制作。利用海绵钛与铝制作中间合金时，合金成分易于控制，较为准确，操作方便、省力；缺点是海绵钛价格昂贵，生产成本高。Al-Ti 中间合金的 $w(\mathrm{Ti})$ 一般为 2% ~ 4%，因为一般铝合金中含钛量很低，通常 $w(\mathrm{Ti})$ 不超过 0.2% ~ 0.4%，因此生产 $w(\mathrm{Ti})$ 为 3% 的中间合金就能满足要求。

b　利用海绵钛熔制 Al-Ti 中间合金

利用海绵钛熔制 Al-Ti 中间合金，熔炼时留出一定量原铝锭作为冷却料，将其余的原铝锭装入炉内，升温熔化，待铝全部熔化后，扒出表面渣。均匀撒入一层覆盖剂，待熔体温度升至 1100 ~ 1200℃ 时，将海绵钛分多次加入到熔体中，加入海绵钛后，及时用耙子将其推入熔体，减少海绵钛的烧损。待海绵钛充分溶解后加入冷却料，熔体成分均匀后即可铸造。铸造过程中需勤搅拌，防止成分偏析。

B　铝-镍中间合金

Al-Ni 中间合金是用纯度 99.2% 以上的电解镍板和原铝锭在感应电炉或反射炉中熔制的。由于镍的熔点很高，因此在中频感应炉中熔制质量较好。熔制时除留一部分冷料外，其余的铝和镍板同时装入炉内，提高导磁性加速熔化，镍在溶解时会放出大量的热，故不宜多搅拌，待全部熔化搅拌后即可铸造。

用反射炉熔制 Al-Ni 中间合金时，应先留出 4% 冷料及镍块，其余炉料尽可能一次装完，升温熔化，当炉料软化下塌时，撒上 8% ~ 10% 的覆盖剂，温度升至 950 ~ 1000℃，可分 2 ~ 3 次加镍块，每次都应彻底搅拌、扒渣、用熔剂覆盖。待镍全部熔化后加入冷料，温度降至 800 ~ 850℃ 时即可铸造，铸块宜铸成小块以便于使用。

C　铝-铬中间合金

Al-Cr 中间合金是用原铝锭和 $w(\mathrm{Cr})$ 为 98.0% 的金属铬熔制的，中间合金的铬含量按 4% 控制。

因铬的密度大（7.14g/cm³），远大于铝的，在熔制时容易产生重度偏析，因此铬应以小块加入，同时加强搅拌，防止铬沉底。此外，在熔炼温度下铬在熔融状态铝中溶解缓慢，为加速溶解，应加强搅拌。

在中频感应炉或反射炉熔制铝铬中间合金的方法是：先将铝锭装炉熔化，待铝全部或一半熔化后，扒去表面渣，将铬块加入铝液中，继续升温至 1000 ~ 1100℃。熔化过程中应经常搅拌，加速熔化，待铬全部熔化后，扒出表面渣，即可铸造。

D　铝-硅中间合金

Al-Si 中间合金是用原铝锭和硅纯度在 97.0% 以上的结晶硅在感应炉中熔制，也可以在反射炉或坩埚炉熔制。

硅的密度为 2.4g/cm³，与铝液的密度接近，硅极易与氧化合而生成难熔的 SiO_2，当把硅加入铝液中时，硅易浮在溶液表面，极不易溶解。此外硅的氧化烧损大，实收率低，为此加硅时有以下要求：

（1）加硅前把大小块结晶硅分开，小块用纯铝板包起来。

（2）加硅前扒净表面渣，防止氧化渣与硅块互混成团，影响硅的实收率。

（3）加硅时，熔体温度在 1000℃ 为宜，再按碎块、小块、大块的顺序依次加入，用耙子将硅块压入熔体内，不要过多搅拌，待全部熔化后再彻底搅拌。铸造温度可控制在750~800℃，不宜过高。

$w(\text{Si})$ 为 20% 的 Al-Si 中间合金铸块具有无光泽的灰色，熔点为700℃左右。

E　铝-铁中间合金

Al-Fe 中间合金是用原铝锭和厚度小于 5mm、锈蚀少、干燥、小块的低碳钢板熔制而成。用反射炉、感应炉或坩埚炉均可熔制。$w(\text{Fe})$ 一般控制在 8%~12% 的范围内。

铁片在向熔体加入前必须充分热烘烤，以免加入时引起金属熔体飞溅。铁的密度为 7.8g/cm³，熔点为1534℃，将铁加入熔融铝中极易沉底粘底，彻底熔化困难；而采取提高温度的方法易氧化烧损、造渣多，也不宜采纳；当 $w(\text{Fe})>6\%~8\%$ 时，溶解很慢。为此熔制时要将铁分批加入。Al-Fe 中间合金熔体流动性不好，铸造温度宜控制稍高一些，以上限为宜。

$w(\text{Fe})$ 为 10% 的 Al-Fe 中间合金熔点约为800℃，铸块表面有带有收缩小孔的突出物，断口呈粗晶组织。

F　铝-铜中间合金

Al-Cu 中间合金是用原铝锭和电解铜板熔制而成。

铜的密度为 8.9g/cm³，是铝的 3 倍多，将电解铜板加入铝熔体中极易沉底，即使长时间升温，加强搅拌，也很难将粘在炉底的铜板熔化。因此应将铜板剪成小块，当铝锭熔化到铝液能淹没铜板时即将铜板加入炉内，这样可以避免铜板粘底，也能缩短熔化时间。熔炼温度控制在 900℃ 以内即可。由于熔化温度不高，熔体流动性较好，因而铸造温度不宜过高，一般控制在 680~720℃。铸造开头时，铸造温度可控制在上限，过程中可控制在700℃或稍低一些，同时还可以采用多种方法加强冷却，以免因铸造温度高、冷却不好，脱模时摔碎铸块。

含铜量为 40% 的 Al-Cu 中间合金熔点约为570℃，铸块表面有灰白色的光泽，在大气中长期保存表面氧化成绿色的氧化铜。铸块很脆，易打碎。

G　铝-锰中间合金

Al-Mn 中间合金是用原铝锭和锰纯度大于 93% 的金属锰熔制而成。可在反射炉、中频感应炉熔制。

金属锰的密度为 7.43g/cm³，是铝的 2.8 倍，且锰在铝中的溶解较困难，故应将锰砸碎至不大于 20mm 的粒状，分批加入铝液中，加锰温度控制在 950~1000℃。

也可以使用电解锰熔制 Al-Mn 中间合金。电解锰纯度高，粒度小，呈细碎薄片状，加入铝熔体时易与氧化膜及熔渣包在一起浮在表面，造成烧损，降低实收率。因此可将加电解锰的温度控制在加难熔成分的上限，加锰前扒净表面渣，再将电解锰加入熔体内，如有团块浮于表面可压入熔体内，待全部熔化搅拌均匀后即可铸造。

$w(\text{Mn})$ 为 10% 的 Al-Mn 中间合金熔点约为780℃，铸块表面有较圆滑的突出物。

8.3.3　中间合金的熔铸工艺与设备

中间合金一般采用反射炉和中频炉熔制。反射炉是熔制中间合金常用的设备，因使用的燃料不同可分为若干类，操作工艺大同小异。与感应炉对比，反射炉熔制中间合金的优点是容量大、生产效率高，一般容量在 8 ~ 10t 左右，感应电炉的容量一般不超过 200kg；反射炉能耗少，可以节约能源。缺点是反射炉熔制的中间合金质量不如感应炉熔制的质量高；金属的烧损大；成分的准确性精度不高；劳动强度大，劳动条件不好；不适合小批量的生产。中频感应炉熔制中间合金，金属烧损少，一般不超过 1.0%，合金质量较好。对于含高熔点元素且用量不大的中间合金，宜在中频感应电炉中制取，如 Al-Ti、Al-Cr、Al-V 等。在大生产中，中频感应炉具有辅助熔炉的作用。

下面介绍反射炉和中频炉熔制中间合金的工艺。

8.3.3.1 反射炉

A 工艺流程

反射炉熔制中间合金工艺流程：装炉→升温熔化→扒渣→继续升温→加难熔成分→搅拌→保温→扒渣→导炉→加冷料→扒渣→搅拌→精炼→静置→出炉→取样→铸造。

B 炉子准备

新修、大修和中修后的炉子，以及长期停炉的炉子，生产前要认真检查炉底、炉墙及流口砖是否正常。炉子正常后进行烘炉。烘好后将温度升至正常熔炼温度进行清炉。清炉后洗炉。

合金转组要进行洗炉。洗炉前应认真大清炉，炉子清好后装入原铝锭洗炉，洗炉料用量不少于炉子容量的 40%，Al-Si 中间合金洗炉料应将温度升至 900℃以上，其他中间合金洗炉料温度应升至 1000℃以上，每隔 30min 彻底搅拌一次，待炉内结底彻底熔化后，方可降温铸造。

装炉前炉子一定要彻底清理干净。

连续生产同种合金 5 熔次要放干、大清炉。每生产一熔次中间合金后应进行小清炉。

C 装炉与熔炼

先将炉温升至 900℃以上，除留下的冷却料及难熔金属外，将其余的炉料一次装入炉内。炉料软化下塌时在熔体表面均匀撒入覆盖剂，炉料全部熔化后，温度达 720℃以上时，扒净表面渣，撒入适量的覆盖剂，继续升温至加难熔成分温度。当温度升至加难熔成分温度时，扒净熔体表面渣，然后将难熔成分分批分期均匀加入。除电解锰和结晶硅外，其余难熔成分加入后应加强搅拌，以加速溶解。电解锰和结晶硅加入后不宜过多搅拌，待其基本熔化后加强搅拌，使金属液体温度上下趋于一致。

此外，为减少金属损耗，缩短熔化时间，在加难熔成分过程中，应根据烧渣情况加入适量覆盖剂并适当扒渣。具体操作是，如烧渣过多，先将渣子扒出，然后加入覆盖剂和下一批的难熔成分，待难熔成分完全熔化后立即扒出表面渣，充分搅拌，然后向炉中加入冷却料并搅拌，保证合金成分均匀一致，即可出炉铸造。

表 8-9 列出了各种中间合金熔炼时加难熔成分的温度范围，在生产实践中，锰、铁、硅的温度宜控制在上限；电解铜板、电解镍板最好在能被熔体淹没时加入，使铝锭与铜板、镍板的熔化、溶解同时进行，有利于缩短熔炼时间，提高生产效率，也有利于获得均匀一致的合金成分。表 8-9 还给出了几种中间合金在反射炉中熔制的工艺制度。

表 8-9 反射炉熔制中间合金工艺制度

| 中间合金 | 加难熔成分要求 | | | 最高熔炼温度/℃ | 冷却料用量/% | 铸造温度/℃ | 原料 |
	加入温度/℃	加入批次	每批间隔时间/h				
Al-Cr	1000~1100	2	1.0~1.5	1100	0~2	950~1000	纯铬
Al-Cu	液体能淹没铜板时	1		1050	6~10	680~750	电解铜板
Al-Fe	900~1100	2	1.5~2.0	1100	0~2	950~1000	低碳钢薄片
Al-Mn	900~1000	2	1.5~2.0	1050	0~2	900~950	金属锰
Al-Mn	950~1050	1		1050	0~2	900~950	电解锰
Al-Ni	液体能淹没镍板时	1		1050	2~4	800~850	电解镍板
Al-Si	950~1000	1		1100	4~6	750~800	结晶硅
Al-Ti	1100~1200	1		1200		1000~1050	海绵钛

D 铸造与标识

用反射炉熔制中间合金时，出炉前应在流槽入口处撒入精炼剂块，并向后炉膛中加入冷却料，方可导炉。导炉完毕，在熔体表面撒入熔剂粉，进行彻底搅拌，扒除浮渣，并用气体或熔剂块精炼熔体。

铸造前，所用工具和铸模必须烘烤预热，去除水分和潮气。铸造温度按照表 8-9 进行。Al-Cu、Al-Si 的铸造温度应偏中下限，而 Al-Mn、Al-Fe 的铸造温度应控制在中上限。这是根据中间合金的铸造流动性情况确定的。

铸造过程中每隔一段时间搅拌一次熔体，防止合金成分偏析，铸造开始和铸造终了时要分别取试样进行化学成分分析。

铸块表面的浮渣要打渣，所有铸块都要有清晰的印记，包括合金牌号、炉号、熔次号及批次号。

E 中间合金的管理

中间合金铸块必须按合金、熔次、批次分开，分区保管，以防混料，方便使用。

8.3.3.2 中频感应炉

A 坩埚的准备

坩埚用石英砂按比例调和后捣制而成，坩埚及炉口材料成分见表 8-10。新坩埚须经烘烤和烧结，并用纯铝锭洗炉。洗炉后，对坩埚应仔细检查是否有裂纹和砂眼等，有缺陷不准使用，须重新捣制。

正常生产时出炉后应清炉，以保持炉膛的容量，延长坩埚的寿命。合金转组时必须洗炉。

表 8-10 坩埚及炉口材料成分

材料名称	坩埚材料成分/%	炉口材料成分/%
石英砂	直径 2~3mm 的占 42.25%，直径 0.25~0.5mm 的占 27%	直径 2~3mm 的占 40%
细石英粉	25	35
硼酸	2.5	
耐火黏土		25
水	3	适量

注：石英砂的密度 2.6~2.65g/cm³，成分为：$w(SiO_2)>96\%$，$w(Al_2O_3)<1.5\%$，$w(Fe_2O_3)<1\%$，$w(MgO)<1.0\%$，$w(CaO)<1.0\%$。

B   部分中间合金熔制工艺

中频感应电炉通常用于生产 Al-Ti、Al-Cr、Al-Ni 等中间合金，有时也生产其他中间合金。其流程为：炉料准备→装炉→熔化→扒渣→继续升温→加难熔成分→全部熔化后加入冷却料→搅拌扒渣→出炉铸造。各合金的工艺制度见表 8-11。

表 8-11   中频感应电炉制取中间合金的工艺制度

中间合金	配料成分含量/%	难熔成分加入方法	冷却料用量	熔炼温度/℃	铸造温度/℃	备 注
Al-Ti	4	炉料熔化后加入液面，扒出表面渣后，将 TiO_2 加入熔体表面，边压边搅拌（加入前应与冰晶石按 1∶1 混合）	炉料的 10%	1100 ~ 1300	1000 ~ 1100	用 TiO_2 配入
Al-Cr	4	炉料熔化，扒出表面渣后即可加入熔体		1000 ~ 1100	900 ~ 950	
Al-Ni	20	与铝锭同时装炉	炉料的 10% ~ 15%	950 ~ 1000	900 ~ 950	

配料时，Al-Ti 中间合金的含钛量按 4% 计算，钛若以 TiO_2 配入，TiO_2 中的含钛量按 60% 计算。其余中间合金的难熔成分按表 8-11 的规定配入。

Al-Cr 中间合金铬的粒度不宜过大，一般在 10mm 左右，否则不易熔化，增加金属烧损和吸气，影响合金质量。铬加入熔体后应加强搅拌，加速熔化。

Al-Ni 中间合金的镍板应切成适宜装炉的小块，与铝锭同时装炉。镍板未完全熔化时不需搅拌熔体，待镍板全部熔化后彻底搅拌，扒除浮渣，调整好铸造温度，即可出炉铸造。

每炉在铸造后期取样进行化学成分分析。

C   标识与管理

所有铸块都要有清晰的印记，包括合金牌号、炉号、熔次号及批次号。

中间合金铸块必须按合金、熔次、批次分开，分区保管，以防混料，方便使用。

8.4   熔炼工艺流程及操作工艺

8.4.1   熔炼前的准备

8.4.1.1   铝合金的一般熔炼工艺流程及基本要求

铝合金的一般熔炼工艺流程如下：

熔炼炉的准备→装炉熔化(加铜或锌)→扒渣与搅拌(加镁、铍)→调整成分→出炉→清炉

└─精炼─┘

熔炼工艺的基本要求是：尽量缩短熔炼时间，准确地控制化学成分，尽可能减少熔炼烧损，采用最好的精炼方法，以及正确地控制熔炼度，以获得化学成分符合要求且纯洁度高的熔体。

熔炼过程的正确与否与铸锭的质量及以后加工材的质量密切相关。

8.4.1.2   熔炼炉的准备

为保证金属和合金的铸锭质量，尽量延长熔炼炉的使用奉命，并且做到安全生产，事

先对熔炼炉必须做好各项准备工作。这些工作包括烘炉、洗炉及清炉。

A　烘炉

凡新修或中修过的炉子在进行生产前需要烘炉，以便清除炉中的湿气。不同炉型采取不同的烘炉制度。

B　洗炉

a　洗炉的目的

洗炉的目的就是将残留在熔池内各处的金属和炉渣清除出炉外，以免污染另一种合金，确保产品的化学成分。另外对新修的炉子可清出大量非金属夹杂物。

b　洗炉原则

新修、中修和大修后的炉子生产前应进行洗炉；长期停歇的炉子可以根据炉内清洁情况和要熔化的合金制品来决定是否需要洗炉；前一炉的合金元素为后一炉的杂质时，应该洗炉；由杂质高的合金转换熔炼纯度高的合金需要洗炉。表8-12列出了常用铝合金转换的洗炉制度。

表 8-12　常用铝合金转换的洗炉制度

上熔次生产之合金	下熔次生产下述合金前必须洗炉	根据具体情况选择是否洗炉
1×××系(1100 除外)	所有合金不洗炉	
1100	1A99、1A97、1A93、1A90、1A85、1A50、5A66、7A01	
2A02、2A04、2A06、2A10、2A11、2B11、2A12、2B12、2A17、2A25、2014、2214、2017、2024、2124	1×××系、2A13、2A16、2B16、2A20、2A21、2011、2618、2219、3×××系、4×××系、5×××系、6101、6101A、6005、6005A、6351、6060、6063、6063A、6181、6082、7A01、7A05、7A19、7A52、7003、7005、7020、8A06、8011、8079	2A01、2A70、2B70、2A80、2A90、2117、2118、6061、6070
2A13	1×××系、2A16、6005、2A20、2219、3×××系、4×××系、5×××系、6101、6101A、6005、6005A、6351、6060、6063、6181、6082、7A01、7A05、7A19、7A52、7003、7005、7020、8A06、8011、8079	2011
2A16、2B16、2219	1×××系、2A13、2A20、2A21、2011、2618、3×××系、4×××系、5×××系、6101、6101A、6005、6351、6060、6063、6181、7A01、7A05、7A19、7A33、7A52、7003、7005、7020、7475、8A06、8011、8079	2A70、2B70、2A80、2A90、6061、6070、7A09
2A70、2B70	除2A80、2A90、2618、4A11、4032 外的所有合金	
2A80、2A90	除2618、4A11、4032 外的所有合金	2A70
3A21、3003、3103	1×××系、2A13、2A20、2A21、2011、2618、4A01、4004、4032、4043、5A33、5A66、5052、6101、6101A、6005、6005A、6060、6063、7A01、7A33、7050、7475、8A06	2A70、2A80、2A90、5082、6061、6063A、7A09、8011
3004、3104	1×××系、2A13、2A16、2B16、2A20、2A21、2011、2618、3A21、3003、4A01、4A13、4A17、4004、4032、4043、5A33、5A66、5052、6101、6101A、6005、6005A、6060、6063、7A01、7A33、7050、7475、8A06、8011	2A70、2A80、2A90、3103、5082、6061、6063A、7A09
4A11、4032	其他所有合金	2A80、2A90

续表8-12

上熔次生产之合金	下熔次生产下述合金前必须洗炉	根据具体情况选择是否洗炉
4A01、4A13、4A17	除4A11、4004、4032、4043、4047外的所有合金	2A14、2A50、2B50、2A80、2A90、2014、2214、5A03、6A02、6B02、6101、6005、6060、6061、6063、6070、6082、8011
4004	除4A11、4032、4043A外的所有合金	2A14、2A50、2B50、2A80、2A90、2014、2214、4047、6A02、6B02、6351、6082
5×××系6063	1×××系、2A16、2B16、2A20、2011、2219、3A21、3003、4A01、4A13、4A17、4043、5A66、7A01、8A06、8011	
2A14、2A50、2B50、6A02、6B02、6061、6070	1×××系、2A02、2A04、2A10、2A13、2A16、2B16、2A17、2A20、2A21、2A25、2011、2219、2124、3A21、3003、4A01、4A13、4A17、4043、5A66、6101、6101A、7050、7075、7475、8A06、8011	2A12、2A70、2B70
7A01	除2A11、2A12、2A13、2A14、2A50、2B50、2A70、2A80、2A90、2011、5A33、7×××系外的所有合金	2014、2214、2017、2024、2124、3004、4A11、4032、5A01、5A30、5005、5082、5182、5083、5086、6061、6070
7×××系	7A01及其他所有合金	5A33

c 洗炉时用料原则

向高纯度和特殊合金转换时，必须用100%的原铝锭；新炉开炉、一般合金转换时，可采用原铝锭或纯铝的一级废料；中修或长期停炉后，如单纯为清洗炉内脏物，可用纯铝或铝合金的一级废料进行。洗炉时洗炉料用量一般不得少于炉子容量的40%，但也可根据实际酌情减少。

d 洗炉要求

装洗炉料前必须放干、大清炉；洗炉后必须彻底放干；洗炉时的熔体温度控制在800~850℃，在达到此温度时应彻底搅拌熔体，其次数不少于3次，每次搅拌间隔时间不少于0.5h。

C 清炉

清炉就是将炉内残存的结渣彻底清除出炉外。每当金属出炉后都要进行一次清炉。当合金转换，普通制品连续生产5~15炉，特殊制品每生产一炉，一般都要进行大清炉。大清炉时，应先均匀向炉内撒入一层粉状熔剂，并将炉膛温度升至800℃以上，然后用三角铲将炉内各处残存的结渣彻底清除。

D 煤气炉（或天燃气炉）烟道清扫

a 清扫目的

集结在烟道内的升华物含有大量的硫酸钾和硫酸钠盐，在温度高于1100℃时能和熔态铝发生复杂的化学反应，可能产生强烈爆炸，使炉体遭受破坏。

集结在烟道内的大量挥发性熔剂会降低烟道的抽力，从而影响炉子的正常工作，因此必须将这些脏物定期清除出去，从而防止爆炸。

b 爆炸原因

熔炼铝合金时需要用大量的 NaCl、KCl 等制作的熔剂，这些熔剂在高温时易于挥发，并与废气中的 SO_2 起反应，即

$$2NaCl + SO_2 + H_2O + \frac{1}{2}O_2 \longrightarrow Na_2SO_4 + 2HCl \tag{8-24}$$

$$2KCl + SO_2 + H_2O + \frac{1}{2}O_2 \longrightarrow K_2SO_4 + 2HCl \tag{8-25}$$

生成的硫酸盐随温度升高而增加，凝结在炉顶及炉墙上，并大量地随炉气带出集聚在烟道内。上述硫酸盐产物若与熔态铝作用，则其反应为：

$$3K_2SO_4 + 8Al \longrightarrow 3K_2S + 4Al_2O_3 \quad \Delta H = -3511.2kJ/mol \tag{8-26}$$

$$3Na_2SO_4 + 8Al \longrightarrow 3NaS + 4Al_2O_3 \quad \Delta H = -3247.9kJ/mol \tag{8-27}$$

以上反应为放热反应，反应时放出大量的热能，反应温度可达1100℃以上。因此，在一定的高温条件下，当硫酸盐浓度达到一定值时，遇到熔态铝就存在爆炸的危险。

c 清扫制度

在前一次烟道清扫及连续生产一季度时，应从烟道内取烟道灰分析硫酸根含量，以后每隔一个月分析一次；当竖烟道内硫酸根含量超过表8-13规定时，应停炉清扫烟道。

表 8-13 竖烟道硫酸根允许含量表

温度/℃	1000	1000 ~ 1200
硫酸根允许含量/%	≤45	≤38

此外，竖烟道温度不允许超过1200℃；要经常检查烟道是否有漏铝的现象，如果漏铝应立即停炉进行处理。

8.4.2 熔炼工艺流程

8.4.2.1 装炉

熔炼时，装入炉料的顺序和方法不仅关系到熔炼时间、金属的烧损、热能消耗，还会影响金属熔体的质量和炉子的使用寿命。装料的原则如下：

（1）装炉料顺序应合理。正确的装料要根据所加入炉料的性质与状态而定，而且还应考虑到最快的熔化速度，最少的烧损以及准确的化学成分控制。

装炉时，先装小块或薄块废料，铝锭和大块料装在中间，最后装中间合金。熔点低易氧化的中间合金装在下层，高熔点的中间合金装在最上层。所装入的炉料应当在熔池中均匀分布，防止偏重。

小块或薄板料装在熔池下层，这样可减少烧损，同时还可保护炉体免受大块料的直接冲击而损坏。中间合金有的熔点高，如 Al-Ni 和 Al-Mn 合金的熔点为 750 ~ 800℃，装在上层，由于炉内上部温度高容易熔化，也有充分的时间扩散，使中间合金分布均匀，有利于熔体的成分控制。

炉料装平，各处熔化速度相差不多，这样可以防止偏重时造成的局部金属过热。炉料应尽量一次入炉，二次或多次加料会增加非金属夹杂物及含气量。

（2）对于质量要求高的产品（包括锻件、模锻件、空心大梁和大梁型材等）的炉料除上述的装炉要求外，在装炉前必须向熔池内撒 20～30kg 粉状熔剂，在装炉过程中对炉料要分层撒粉状熔剂，这样可提高炉体的纯洁度，也可减少烧损。

（3）电炉装料时应注意炉料最高点距电阻丝的距离不得少于 100mm，否则容易引起短路。

8.4.2.2　熔化

炉料装完后即可升温熔化。熔化是从固态转变为液态的过程。这一过程的好坏，对产品质量有决定性的影响。

A　覆盖

熔化过程中随着炉料温度的升高，特别是当炉料开始熔化后，金属外层表面所覆盖的氧化膜很容易破裂，将逐渐失去保护作用，气体在这时候很容易侵入，造成内部金属的进一步氧化；并且已熔化的液滴或液流要向炉底流动，当液滴或液流进入底部汇集起来的液体中时，其表面的氧化膜就会混入熔体中。所以为了防止金属进一步氧化和减少进入熔体中的氧化膜，在炉料软化下塌时，应适当向金属表面撒上一层粉状熔剂覆盖，其用量见表 8-14，这样也可以减少熔化过程中的金属吸气。

表 8-14　覆盖剂种类及用量

炉型及制品		覆盖剂用量（占投料量）/%	覆盖剂种类
电炉熔炼	普通制品	0.4～0.5	粉状熔剂
	特殊制品	0.5～0.6	
煤气炉熔炼	普通制品	1～2	KCl：NaCl 按 1∶1 混合
	特殊制品	2～4	

注：对于高镁铝合金，应一律用 2 号粉状熔剂进行覆盖。

B　加铜、锌

当炉料熔化一部分后，即可向液体中均匀加入锌锭或铜板，以熔池中的熔体刚好能淹没住铜板和锌锭的量为宜。

这里应该强调指出的是，铜板的熔点为 1083℃，在铝合金熔炼温度范围内，铜溶解在铝合金熔体中。因此，铜板如果加得过早，熔体未能将其盖住，会增加铜板的烧损；反之如果加得过晚，铜板来不及溶解和扩散，将延长熔化时间，影响合金的化学成分控制。

电炉熔炼时应尽量避免更换电阻丝带，以防脏物落入熔体中，污染金属。

C　搅动熔体

熔化过程中应注意防止熔体过热，特别是天然气炉（或煤气炉）熔炼时炉膛温度高达 1200℃，在这样高的温度下容易产生局部过热。为此当炉料熔化之后，应适当搅动熔体，以使熔池里各处温度均匀一致，同时也利于加速熔化。

8.4.2.3　扒渣与搅拌

当炉料在熔池里已充分熔化，并且熔体温度达到熔炼温度时，即可扒除熔体表面漂浮的大量氧化渣。

A　扒渣

扒渣前应先向熔体上均匀撒入粉状熔剂，以使渣与金属分离，有利于扒渣，可以少带出金属。

扒渣要求平稳，防止渣卷入熔体内。扒渣要彻底，因浮渣的存在会增加熔体的含气量，并弄脏金属。

B 加镁加铍

扒渣后便可向熔体内加入镁锭，同时要用 2 号粉状熔剂进行覆盖，以防镁的烧损。

对于高镁铝合金，为防止镁的烧损，并且改变熔体及铸锭表面氧化膜的性质，在加镁后须向熔体内加入少量（0.001% ~ 0.004%）的铍。铍一般以 Al-Be 中间合金形式加入，为了提高铍的实收率，Na_2BeF_4 与 2 号粉状熔剂按 1:1 混合加入，加入后应进行充分搅拌。

$$Na_2BeF_4 + Al \longrightarrow 2NaF + AlF_2 + Be \qquad (8-28)$$

为防止铍中毒，在加铍操作时应戴好口罩。另外，加铍后扒出的渣滓应堆积在专门的堆放场地或做专门处理。

C 搅拌

在取样之前，调整化学成分之后，都应当及时进行搅拌。其目的在于使合金成分均匀分布和熔体内温度趋于一致。这看起来似乎是一种极简单的操作，但是在工艺过程中是很重要的工序。因为，一些密度较大的合金元素容易沉底，另外合金元素的加入不可能绝对均匀，这就造成了熔体上下层之间，炉内各区域之间合金元素的分布不均匀。如果搅拌不彻底（没有保证足够长的时间和消灭死角），容易造成熔体化学成分不均匀。一般加入密度大的纯金属（如铜、锌）后应贴近炉底最低处向上搅拌，以使成分均匀；密度小的纯金属（如镁）应向下搅拌。补料量小时应多搅拌数分钟，以保证使成分均匀。

搅拌应当平稳进行，不应激起太大的波浪，以防氧化膜卷入熔体中。

8.4.2.4 取样与调整成分

熔体经充分搅拌之后，在熔炼温度中限进行取样，对炉料进行化学成分快速分析，并根据炉前分析结果调整成分。

8.4.2.5 精炼

工业生产的铝合金绝大多数在熔炼炉不设气体精炼过程，而主要靠静置炉精炼和在线处理，但有的铝加工厂仍设有熔炼炉内精炼，其目的是为了提高熔体的纯洁度。这些精炼方法可分为两类：气体精炼法和熔剂精炼法。其精炼原理和操作工艺详见第 9 章。

8.4.2.6 出炉和清炉

当熔体经过精炼处理，并扒出表面浮渣，待温度合适时，即可将金属熔体转注到静置炉，以便准备铸造。出炉后进行清炉。

8.4.3 熔炼温度及火焰的控制

8.4.3.1 温度控制

熔炼过程必须有足够高的温度以保证金属及合金元素充分熔化及溶解。加热温度越高，熔化速度越快，同时也会使金属与炉气、炉衬等相互有害作用的时间缩短。生产实践表明，快速加热以加速炉料的熔化，缩短熔化时间，对提高生产率和质量都是有利的。

但是，过高的温度容易发生过热现象，特别是在使用火焰反射炉加热时，火焰直接接触炉料，以强热加于熔融或半熔融状态的金属，容易引起气体侵入熔体。同时，温度越高，金属与炉气、炉衬等互相作用的反应也进行得越快，因此会造成金属的损失及熔体质量的降低。过热不仅容易大量吸收气体，而且易使在凝固后铸锭的晶粒组织粗大，增加铸锭裂纹的倾向性，影响合金性能。因此，在熔炼操作时应控制好熔炼温度，严防熔体过热。图 8-3 所示为熔体过热温度与晶粒度、裂纹倾向之间的关系。

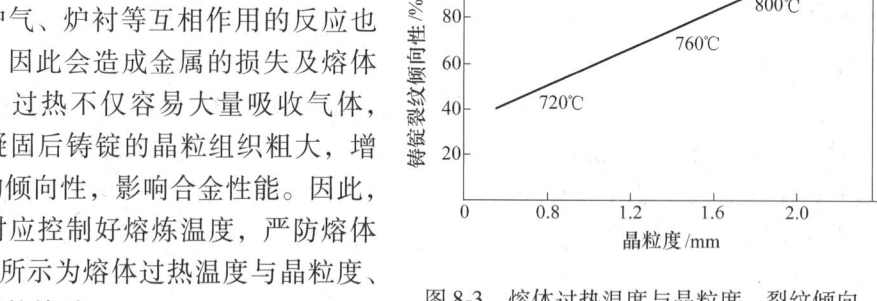

图 8-3 熔体过热温度与晶粒度、裂纹倾向之间的关系（Al-4Cu 合金）

但是过低的熔炼温度在生产实践中没有意义。因此，在实际生产中，既要防止熔体过热，又要加速熔化，缩短熔炼时间，熔炼温度的控制极为重要。目前，大多数工厂都是采用快速加料后高温快速熔化，使处于半固体、半液体状态时的金属较短时间暴露于强烈的炉气及火焰下，降低金属的氧化、烧损和减少熔体的吸气。当炉料熔化平后出现一层液体金属时，为了减少熔体的局部过热，应适当地降低熔炼温度，并在熔炼过程加强搅拌以利于熔体的热传导。特别要控制好炉料即将全部熔化完的熔炼温度。因金属或合金有熔化潜热，当炉料全部熔化完后温度就回升，此时如果熔炼温度控制过高就会造成整个熔池内的金属过热。在生产实践中发生的熔体过热大多数是在这种情况下因温度控制不好造成的。

实际熔化温度的选择，理论上应该根据各种不同合金的熔点温度来确定。各种不同合金具有不同的熔点，即不同成分的合金固体开始被熔化的温度（称为固相线温度）及全部熔化完毕的温度（称为液相线温度）也是不同的。在这两个温度之间的温度范围内，金属是处于半液半固状态。表 8-15 是几种铝合金的熔融温度。

表 8-15 几种铝合金的熔融温度

合　金	熔融温度/℃	
	开始熔化（固相线温度）	熔化完成（液相线温度）
1070	643	657
3003	643	654
5052	643	650
2017	515	645
2024	502	630
7075	475	638

在工业生产中要准确控制温度就必须对熔体温度进行测定，测定熔体温度最准确的方法仍然是借助于热电偶-仪表方法。但是，有实践经验的工人在操作过程中能够通过对许多物理化学现象的观察，来判断熔体的温度。例如从熔池表面的色泽、渣滓燃烧的程度以及操作工具在熔体中粘铝或者软化等现象，但是，这些都不是绝对可靠的，因为它受到光线和天气的影响常常会影响其准确性。

由表 8-15 可知，多数合金的熔化温度区间是相当大的，当金属是处于半固体、半液体状态时，如长时间暴露于强热的炉气或火焰下，最易吸气。因此在实际生产中多选择高于液相线温度 50~60℃的温度为熔炼温度，以迅速避开这半熔融状态的温度范围。常用铝合金的熔炼温度见表 8-16。

表 8-16　常用铝合金的熔炼温度

合　　金	熔炼温度范围/℃
3A21、3003、3104、3004、2618、2A70、2A80、2A90	720~770
其余铝合金	700~760

8.4.3.2　火焰控制

气体燃料火焰反射炉大部分使用煤气或天然气，要使这些可燃气体燃烧后达到适当的炉膛温度，需要相应的火焰控制，以实现合理的加热或熔化。

A　火焰

层流扩散火焰，由于燃料与空气的混合主要靠分子扩散，火焰可明显地分成 4 个区域：纯可燃气层、可燃气加燃烧产物层、空气加燃烧产物层、纯空气层。如图 8-4 所示，燃料浓度在火焰中心为最大，沿径向逐渐减小，直至燃烧前沿面上减为零。在工业上，常见的是紊流扩

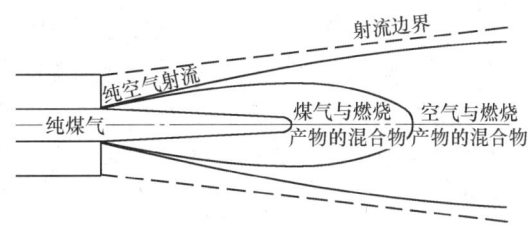

图 8-4　层流扩散火焰结构

散火焰，在层流的条件下，增加煤气和空气的流速，可使层流火焰过渡到紊流火焰。紊流火焰是紊乱而破碎的，其浓度分布比较复杂，各区域之间不存在明显的分接口。

B　火焰控制

火焰是可见的高温气流，火焰长度的调节与控制有重要的实际意义，影响火焰长度的因素很多，主要有：

（1）可燃气和空气的性质。发热量越高的可燃气在燃烧时，要求的空气量越多，混合不易完成，在其他条件相同的情形下，所得火焰越长。

（2）过剩空气量。通常以过剩空气系数表示，适当加大过剩空气系数可缩短火焰。

（3）喷出情形。改善喷出情形，增加混合能力，可以缩短火焰；有一种火焰长度可调式烧嘴，通过改变中心煤气与外围煤气，或中心空气与外围空气的比例来得到不同长度的火焰。

现代化的大生产，熔铝炉的燃烧组织实现全自动化的控制，燃气流量，空气、燃气配比，点火、探火以及炉温、炉压的操作均由计算机自动完成。针对当今普遍采用的圆形熔铝炉，在设计选用燃烧器方面可考虑适当的火焰长度，安装烧嘴和设计烧嘴砖时应设计合适的下倾角和侧倾角，在熔炼炉的熔化期高压全流量开启燃烧器，利用火焰长度实现强化对流冲击加热，并形成旋转气流，实现快速加热和熔化。在保温期，以及静置炉的保温，则小流量燃烧，依靠火焰和炉壁的辐射来均匀和维持炉温，以减少铝液烧损和防止过烧。

在生产实践中要防止回火的产生。所谓回火即可燃气混合物从烧嘴喷出的速度小于火焰的传播速度，此时燃烧火焰会向管内传播而引起爆炸。但是如果可燃气混合物从烧嘴喷出的速度过大，混合来不及加热到着火温度，火焰将脱离烧嘴喷出，最后甚至熄灭。为确保火焰的稳定性，目前的主要措施是采用火焰监视装置和保焰措施，以便及时发现火焰的熄灭和确保燃烧的稳定。

8.5　化学成分的调整

8.5.1　成分调整

在熔炼过程中，由于各种原因会使合金成分发生改变，这种改变可能使熔体的真实成分与配料计算值发生较大的偏差。因而须在炉料熔化后取样进行快速分析，以便根据分析结果确定是否需要调整成分。

8.5.1.1　取样

熔体经充分搅拌之后，即应取样进行炉前快速分析，分析化学成分是否符合标准要求。取样时的炉内熔体温度应不低于熔炼温度中限。

快速分析试样的取样部位要有代表性，天然气炉（或煤气炉）在两个炉门中心部位各取一组试样，电炉在 1/2 熔体的中心部位取两组试样。取样前试样勺要进行预热，对于高纯铝及铝合金，为了防止试样勺污染，取样应采用不锈钢试样勺并涂上涂料。

8.5.1.2　成分调整

当快速分析结果和合金要求成分不相符时，就应调整成分——冲淡或补料。

（1）补料。快速分析结果低于合金要求的化学成分时需要补料。为了使补料准确，应按下列原则进行计算：

1）先计算量少者后计算量多者；

2）先计算杂质后计算合金元素；

3）先计算低成分的中间合金，后计算高成分的中间合金；

4）最后计算新金属。

一般可按式（8-29）近似计算出所需补加的料量，然后予以核算：

$$X = \frac{(a-b)Q + (C_1 + C_2 + \cdots)a}{d-a} \tag{8-29}$$

式中　　　X——所需补加的料量，kg；

　　　　　Q——熔体总重（即投料量），kg；

　　　　　a——某成分的要求含量，%；

　　　　　b——该成分的分析量，%；

C_1，C_2，$\cdots$——分别为其他金属或中间合金的加入量，kg；

　　　　　d——补料用中间合金中该成分的含量（如果是加纯金属，则 $d=100$），%。

举例说明其计算方法。

例 8-1：如有 2024 合金装炉量为 24000kg，该合金的控制成分（%）为：

Cu	Mg	Mn	Fe	Si	Zn	Ti	Ni	Al
4.65	1.65	0.55	≤0.5	≤0.5	≤0.3	≤0.15	≤0.05	余量

但取样实际分析结果（%）为：

Cu	Mg	Mn	Fe	Si	Zn	Ti	Ni
4.40	1.50	0.50	0.25	0.24			≤0.05

计算其补料量：因 Al-Fe、Al-Mn 和 Al-Cu 所含杂质含量较少，在补料时虽然可能带入一些，但对于 2024 合金在装炉量为 24000kg 的情况下，所带入的杂质对该合金的成分影响不大，故为了计算简单起见，将这些中间合金所带入的杂质忽略不计。

铁对该合金属于杂质，其含量应越少越好。但根据熔铸车间长期生产实践统计，当铁大于硅 0.05% 以上时，可以使 2024 合金的裂纹倾向性大大降低，故应补入 $w(Fe) = 0.04\%$，以满足铁、硅之比的要求。即

Al-Fe：$\qquad 24000 \times (0.29 - 0.25)/(10 - 0.29) = 96(kg)$

Al-Mn：$\qquad 24000 \times (0.55 - 0.50)/(10 - 0.55) = 120(kg)$

因铜、镁为该合金的主要元素，故补料量还应考虑上述补入量的含量。即

Mg：$\qquad \dfrac{24000 \times (1.65 - 1.50) + 1.65 \times (96 + 120)}{100 - 1.65} = 40(kg)$

Al-Cu：$\dfrac{24000 \times (4.65 - 4.40) + 4.65 \times (96 + 120 + 38)}{40 - 4.65} = 200(kg)$

（2）冲淡。快速分析结果高于国家标准、交货标准等的化学成分上限时就需冲淡。

在冲淡时含量高于化学成分标准的合金元素要冲淡至低于标准要求的该合金元素含量上限。

我国的铝加工厂根据历年来的生产实践，对于铝合金都制定了厂内标准，以便使这些合金获得良好的铸造性能和力学性能。因此，在冲淡时一般都冲淡至接近或低于厂内标准上限所需的化学成分。

在冲淡时一般可按照式（8-30）计算出所需的冲淡量：

$$X = Q(b - a)/a \qquad (8\text{-}30)$$

式中　b——某成分的分析量，%；

　　　a——该成分的（厂内）标准上限的要求含量，%；

　　　Q——熔体总重，kg；

　　　X——所需的冲淡量，kg。

例 8-2：根据上炉料熔化后快速分析结果（%）如下：

Cu	Mg	Mn	Fe	Si	Zn	Ti	Ni
5.2	1.60	0.60	0.30	0.20			≤0.05

由分析结果看出铜含量比要求的高，厂内标准上限为 $w(Cu) = 4.8\%$，而快速分析 $w(Cu)$ 已高达 5.2%，于是冲淡量为：

$$\frac{(5.2-4.8)\% \times 24000}{4.8\%} = 2000(\text{kg})$$

8.5.1.3 调整成分时应注意的事项

调整成分时应注意的事项有:

(1) 试样有无代表性。试样无代表性是因为某些元素密度较大,溶解扩散速度慢,或易于偏析分层。故取样前应充分搅拌,以均匀其成分。由于反射炉熔池表面温度高,炉底温度低,没有对流传热作用,取样前要多次搅拌,每次搅拌时间不得少于5min。

(2) 取样部位和操作方法要合理。由于反射炉熔池大而深,尽管取样前进行多次搅拌,熔池内各部位的成分仍然有一定的偏差,因此试样应在熔池中部最深部位的1/2处取出。

取样前应将试样模充分加热干燥,取样时操作方法正确,使试样符合要求,否则试样有气孔、夹渣或不符合要求,都会给快速分析带来一定的误差。

(3) 取样时温度要适当。某些密度大的元素,它的溶解扩散速度随着温度的升高而加快。如果取样前熔体温度较低,虽然经过多次搅拌,但其溶解扩散速度仍然缓慢,此时取出的试样仍然无代表性,因此取样前应控制熔体温度适当高些。

(4) 补料和冲淡时一般都应用中间合金,并避免使用熔点较高和较难熔化的新金属料。

(5) 补料量或冲淡量在保证合金元素要求的前提下应越少越好;且冲淡时应考虑熔炼炉的容量和是否便于冲淡的有关操作。

(6) 在加入冲淡量较多的情况下,还应补入其他合金元素,使这些合金元素的含量不低于相应的标准值和要求。

8.5.2 各系铝合金的成分控制要点

8.5.2.1 1×××系铝合金的成分控制要点

1×××系铝合金的成分控制要点有:

(1) 控制铁、硅含量,降低裂纹倾向。1×××铝合金工业纯铝部分,当其品位较高时,应控制$w(\text{Fe})>w(\text{Si})$,以降低铸锭的热裂纹废品率。这是因为当纯铝中$w(\text{Fe})>w(\text{Si})$时,其有效结晶温度范围区间比$w(\text{Si})>w(\text{Fe})$的情况缩小34℃,合金的热脆性降低,因而合金的热裂纹倾向也降低。

生产1035品位以下纯铝时可不控制铁、硅含量,这是因为合金中的铁硅总量增加,不平衡共晶量增加,合金在脆性区的塑性提高,裂纹倾向低。

此外,在1070、1060合金$w(\text{Si})>w(\text{Fe})$,调整铁、硅比会造成纯铝品位降级的情况下,也可不调整铁、硅比,而应采用加晶粒细化剂的方法来弥补,以提高合金抵抗裂纹的能力。

(2) 控制合金中钛含量。钛能急剧降低纯铝的导电性,因此,用作导电制品的纯铝不加钛。

8.5.2.2 2×××系铝合金的成分控制要点

2×××系铝合金的成分控制要点有:

(1) Al-Cu-Mg系合金的熔炼。控制合金中铁、硅含量,降低裂纹倾向。2A11和2A12

是 2××× 系里比较有代表性的合金。下面以 2A11、2A12 合金为例，介绍铁、硅含量对裂纹倾向的影响及其含量控制。

2A12 合金处于热脆性曲线的上升部分，合金形成热裂纹的倾向随硅含量增加而增大。同时，合金中铁、硅杂质数量越多，铸态塑性越低，形成冷裂纹的倾向越大，因此，为了消除 2A12 合金热裂和冷裂倾向，应尽量降低硅含量，并控制 $w(Fe) > w(Si)$。一般大直径圆锭和扁锭控制 $w(Si) < 0.30\%$，$w(Fe)$ 比 $w(Si)$ 多 0.05% 以上。2A11 合金处于热脆性曲线的下降部分，具有较大的热裂纹倾向。为减少热裂纹，通常控制合金中 $w(Si) > w(Fe)$。

（2）Al-Cu-Mg-Fe-Ni 系合金的熔炼。2A70 成分控制上，尽量控制 $w(Fe)$ 及 $w(Ni)$ 小于 1.25%，并尽量控制 $w(Fe) : w(Ni)$ 约为 1 : 1。

8.5.2.3 3××× 系铝合金的成分控制要点

3××× 系铝合金的成分控制要点有：

（1）抑制粗大化合物一次晶缺陷。3××× 系部分合金（如 3003、3A21），在合金中锰含量过高时在退火板材中容易产生 $FeMnAl_6$ 金属化合物一次晶缺陷，恶化合金的组织和性能。为抑制 $FeMnAl_6$ 金属化合物的产生，生产中采取控制合金中锰含量的措施，一般控制合金中 $w(Mn) < 1.4\%$。此外，适量的铁可显著降低锰在铝中的溶解度，生产中一般控制 $w(Fe)$ 在 0.4% ~ 0.6%，同时使 $w(Fe + Mn) < 1.8\%$。

（2）减少裂纹倾向。为减少裂纹倾向，控制合金中 $w(Fe) > w(Si)$，并在熔体中添加晶粒细化剂细化晶粒。

8.5.2.4 4××× 系铝合金的成分控制要点

成分接近共晶成分时，控制 $w(Si) < 12.5\%$，避免初晶硅缺陷。

8.5.2.5 5××× 系铝合金的成分控制

控制合金中 $w(Na) < 10 \times 10^{-6}$，避免钠脆性。

8.5.2.6 6××× 系铝合金的成分控制要点

Mg_2Si 是该系合金的强化相，该系合金在成分控制上是 Si 剩余，因此一般将硅控制在中上限。

8.5.2.7 7××× 系铝合金的成分控制要点

7××× 系合金具有极大的裂纹倾向。以 7A04 合金为例，合金中的主成分及杂质几乎都对裂纹具有重要的影响。在成分控制上，应将铜、锰含量控制在下限，以提高固、液区的塑性；镁控制上限，使合金中的镁与硅形成 Mg_2Si，从而降低游离硅的数量；该合金处于热脆性曲线的上升部分，因此对扁锭或大直径圆锭，应控制 $w(Si) < 0.25\%$，并保证 $w(Fe)$ 比 $w(Si)$ 多 0.1% 以上。

8.6 主要铝合金的熔炼特点

8.6.1 1××× 系铝合金的熔炼特点

1××× 铝合金在熔炼时应保持其纯度。1××× 铝合金杂质含量低，因此在原材料的选择上对品位高的合金制品使用原铝锭。在熔炼时，为避免晶粒粗大，要求熔炼温度不超过 750℃，液体在熔炼炉（尤其火焰炉）停留不超过 2h。熔制高精铝时，要对与熔体接触的工具涂料，避免引起熔体铁含量增高。

8.6.2　2×××系铝合金的熔炼特点

8.6.2.1　Al-Cu-Mg 系合金的熔炼

Al-Cu-Mg 系合金的熔炼特点有：

（1）减少铜的烧损，避免成分偏析。2×××系合金中的 Al-Cu-Mg 合金的铜含量较高，熔炼时铜多以纯铜板形式直接加入。在熔炼时应注意以下问题：为减少铜的烧损，并保证其有充分的溶解时间，铜板应在炉料熔化下塌，且熔体能将铜板淹没时加入，保证铜板不露出液面。为保证成分均匀，同时防止铜产生重度偏析，铜板应均匀加入炉内，炉料完全熔化后在熔炼温度范围内搅拌，搅拌时先在炉底搅拌数分钟，然后彻底均匀搅拌熔体。

（2）加强覆盖、精炼操作，减少吸气倾向。2×××系合金一般含镁，尤其 2A12、2024 合金镁含量较高，合金液态时氧化膜的致密性差，同时因为结晶温度范围宽，因此产生疏松的倾向性较大。为防止疏松缺陷的产生，熔炼时应加强对熔体的覆盖，并采用适当的精炼除气措施。

8.6.2.2　Al-Cu-Mg-Fe-Ni 系合金的熔炼

2×××系合金中的 Al-Cu-Mg-Fe-Ni 合金中因铁、镍在铝中的溶解度小，不易溶解，因此熔炼温度一般控制在 720～760℃。

8.6.2.3　Al-Cu-Mg-Si 系合金的熔炼

2×××系合金中的 Al-Cu-Mg-Si 合金熔炼制度基本与 2A11 合金相同。

8.6.3　3×××系铝合金的熔炼特点

3×××系铝合金的主要成分是锰。锰在铝中的溶解度很低，在正常熔炼温度下 $w(\text{Mn})=10\%$ 的 Al-Mn 中间合金的溶解速度是很慢的，因此，装炉时 Al-Mn 中间合金应均匀分布于炉料的最上层。当熔体温度达到 720℃后应多次搅动熔体，以加速锰的溶解和扩散。应该注意的是一定要保证搅拌温度，否则如搅动温度过低，取样分析后的锰含量往往要比实际含量偏低，按此分析值补料可能会造成锰含量偏高。

8.6.4　4×××系铝合金的熔炼特点

4×××系铝合金硅含量较高，硅是以 Al-Si 中间合金形式加入的。为保证 Al-Si 中间合金中硅的充分溶解，一般将熔炼温度控制在 750～800℃，并充分搅拌熔体。

8.6.5　5×××系铝合金的熔炼特点

8.6.5.1　避免形成疏松的氧化膜

5×××系铝合金含镁较多，因 $V_{\text{MgO}}/V_{\text{Mg}}$ 为 0.78，因此该系合金表面的氧化膜是疏松的，氧化反应可继续向熔体内进行。合金中镁含量越高，熔体表面氧化膜的致密性越差，抗氧化能力越低。氧化膜致密度差会造成以下危害：氧化膜失去保护作用，合金烧损严重，镁更易烧损；氧化膜致密性差，使合金吸气性增加；易形成氧化夹杂，降低铸锭质量，在铸锭表面存在氧化夹杂易引起应力集中，导致铸锭裂纹倾向增加。

为此，采取的措施是：合金加镁后及炉料熔化下塌时应在熔体表面均匀撒一层 2 号熔剂进行覆盖；在熔体中加镁后要加入少量的铍，以改变氧化膜性质，提高抗氧化能力，铍含量因合金中镁含量不同而不同，一般控制在 $w(Be) = 0.001\% \sim 0.004\%$。但加铍后合金晶粒易粗大，因此在加铍后应加钛来消除铍的有害作用。

8.6.5.2　选择正确的加镁方法

镁的密度小，在高温下遇空气易燃，不易加入熔体。因此，加镁时应将镁锭放在特制的加料器内，迅速浸入铝液中，往复搅动，使镁锭逐渐熔化于铝液中，加镁后立即撒一层 2 号熔剂覆盖。

8.6.5.3　避免产生钠脆性

所谓钠脆性，是指合金中混入一定量的金属钠后，在铸造和加工过程中裂纹倾向大大提高的现象。高镁铝合金钠脆性产生的原因是合金中的镁和硅形成 Mg_2Si、析出游离钠的缘故：

$$NaAlSi + 2Mg \longrightarrow Mg_2Si + Na(游离) + Al$$

钠只有在合金中呈游离状态时才会出现钠脆性。钠的这种影响是因为钠的熔点低，在铝和镁中均不溶解，在合金凝固过程中被排斥在生长着的枝晶表面，凝固后分布在枝晶网络边界，削弱了晶间联系，使合金的高温和低温塑性都急剧降低；在晶界上形成低熔点的吸附层，降低晶界强度，影响铸造和加工性能，在铸造或加工时产生裂纹。

在不含镁的铝合金中，钠不以游离态存在，总是以化合态存在于高熔点化合物 NaAlSi 中，不使合金变脆。在含镁量少的合金中也没有或很少有钠脆性。因为虽然镁对硅的亲和力比钠的大，镁与硅能优先形成 Mg_2Si，但合金中的含镁量有限，而硅含量相对过剩，合金中的镁一部分要固溶到铝中（镁在铝中的最小溶解度在室温时约为 2.3%），另一部分又要以 1.73∶1 的比例与硅化合，因此，镁消耗殆尽，过剩的硅仍可与钠作用生成 NaAlSi 化合物，所以不使合金呈现钠脆性。但在高镁铝合金中，杂质硅被镁全部夺走，使钠只能以游离态存在，因而显现出很大的钠脆性。生产实践证明，当高镁铝合金中 $w(Na) > 10 \times 10^{-6}$ 时，铸锭在铸造和加工时裂纹倾向就急剧增大。

抑制钠脆性的措施就是在熔炼时严禁使用含钠离子的熔剂覆盖或精炼熔体，一般使用 $MgCl_2$、KCl 为主要成分的 2 号熔剂。为避免前一熔次炉子内残余钠的影响，生产高镁铝合金时，一般提前 1~2 熔次使用 2 号熔剂。控制 $w(Na)$ 在 10×10^{-6} 以下。

8.6.6　6×××系铝合金的熔炼特点

6×××系铝合金中的熔炼温度在 700~750℃。

8.6.7　7×××系铝合金的熔炼特点

7×××系铝合金的熔炼特点有：

（1）保证成分均匀。7×××系合金中的成分复杂，且合金元素含量总和较高，元素间密度相差大，为使成分均匀，在操作时应注意以下事项：为减少铜、锌的烧损和蒸发，并保证纯金属有充分的溶解时间，铜板、锌锭应在炉料熔化下塌且熔体能将其淹没时加入，加入时铜板、锌锭不能露出液面。为保证成分均匀，并防止铜、锌产生重度偏析，铜板、锌锭应均匀加入炉内，炉料完全熔化后在熔炼温度范围内搅拌，搅拌时先在炉底搅拌数分钟，然后再彻底均匀地搅拌熔体。

（2）加强覆盖精炼操作，减少吸气倾向。7×××系合金中的成分复杂，且合金中镁、锌含量较高，因此熔炼中吸气、氧化倾向很大。此外，结晶温度范围宽，产生疏松的倾向性也较大。因此，在操作时应加强对熔体的覆盖和精炼操作（$w(Mg) > 2.5\%$ 时，采用2号熔剂）；对镁含量高、熔炼时间长的合金制品可适当加铍；保证原材料清洁。

8.7 铝合金废料复化

废料复化的目的是将无法直接投炉使用的废料重新熔化，从而获得准确均匀的化学成分，消除废料表面油污等污染，获得纯洁度高的熔体，以减少熔制成品合金时的烧损，供配制成品合金使用。复化后的复化锭也便于管理和使用。

8.7.1 废料复化前的预处理

废料中一般含有油、乳液、水分等，易使金属强烈地吸气、氧化，甚至还有爆炸的危险。不宜直接装炉，因此复化前应对废料进行预处理。预处理工序如下：

（1）通过离心机进行净化，去掉油类。
（2）通过回转窑或其他干燥形式干燥器进行干燥，去掉水分等。
（3）通过打包机或制团机制成一定形状的料团，便于装炉和减少烧损。

8.7.2 废料的复化

废料复化多在火焰炉中进行，为减少烧损，一般采用半连续熔化方式。具体操作如下：

（1）第一炉先装入部分大块废料作为底料，底料用量约为炉子容量的35%~40%。
（2）第一炉加料前，应先将覆盖剂用量的20%撒在炉底进行熔化。覆盖剂用量见表8-17。

表8-17 覆盖剂用量

类 别	小碎片	碎 屑	渣 滓
用量（占投料量的百分比）/%	6~8	10~15	15~20

（3）炉料应分批加入，彻底搅拌，防止露出液面；前一批搅入熔体后再加下一批料。
（4）熔化过程中可根据炉内造渣情况适时扒渣，并覆盖。
（5）熔炼温度为 750~800℃。
炉料全部熔化，并经充分搅拌后即可铸造，铸造时取一个有代表性的分析试样。

8.7.3 复化锭的标识、保管和使用

复化锭可分为高锌、高硅、低硅、高镍、混合等组别。每块复化锭应有清晰的组别、炉号、熔次号等标识，并按组别、炉号、熔次号进行分组保管。复化锭按成分单进行使用。

⑨ 铝及铝合金的熔体净化

9.1 概述

铝合金在熔炼铸造过程中易于吸气和氧化,因此在熔体中不同程度地存在气体和各种非金属夹杂物,使铸锭产生疏松、气孔、夹杂等缺陷。上述冶金质量缺陷将会显著降低各种铝材的力学、加工、耐疲劳、抗腐蚀等性能,有时甚至会在产品的加工过程中直接造成废品。另外原辅材料带入熔体中的有害物质,如 Na、Ca 等碱及碱土金属都会对铝合金性能有不良影响,如钠在高镁铝合金中除因"钠脆性"影响加工性能外,也会因降低熔体流动性导致铸造性能差。因此,在熔铸过程中必须利用一定的物理化学原理和采取相应的工艺措施净化熔体,去除熔体中的气体、非金属夹杂物和其他有害物质。

铝合金对于熔体净化的要求,根据加工材料的用途不同而有所不同。一般说来,对于普通材料,其 100g 铝中氢含量宜控制在 0.15 ~ 0.2mL 以下,非金属夹杂物的单个颗粒应小于 10μm;而对于特殊要求的航空材料、罐体料、双零箔等,其 100g 铝中氢含量应控制在 0.10mL 以下,非金属夹杂物的单个颗粒应小于 5μm;上述各值按照规定的熔体位置取样点,按照规定的方法、标准,通过专门的测氢仪和测渣仪定量检测。

9.2 铝及铝合金熔体净化原理

9.2.1 脱气原理

9.2.1.1 分压差脱气原理

利用气体分压对熔体中气体溶解度影响的原理,控制气相中氢的分压,造成与熔体中溶解气体浓度平衡的氢分压和实际气体的氢分压间存在很大的分压差,这样就会产生较大的脱气驱动力,使氢很快排除。

如向熔体中通入纯净的惰性气体,或将熔体置于真空中,因为最初惰性气体和真空中的氢分压 $p_{H_2} \approx 0$,而熔体中溶解氢的平衡分压 $p_{H_2} \gg 0$,在熔体与惰性气体的气泡间及熔体与真空之间存在较大的分压差,这样熔体中的氢就会很快地向气泡或真空中扩散,进入气泡或真空中复合成分子状态排出。这一过程一直进行到气泡内氢分压与熔体中氢平衡分压相等,即处于新的平衡状态时为止,该方法是目前应用最广泛、最有效的方法。

然而上述关于吹入惰性气体脱氢的理论分析还不够完整,因为它仅涉及热力学理论而未涉及流体力学和除气反应的动力学研究。

9.2.1.2 预凝固脱气原理

影响金属熔体中气体溶解度的因素除气体分压力之外就是熔体温度。气体溶解度随着金属温度的降低而减小,特别在熔点温度变化最大。根据这一原理,让熔体缓慢冷却到凝固，就可使溶解在熔体中的大部分气体自行扩散析出；然后再快速重熔，即可获得气体含量较低的熔体。但此时要特别注意熔体的保护，以防止重新吸气。

9.2.1.3　振动脱气原理

金属液体在振动状态下凝固时，能使晶粒细化，这是由于振动能促使金属中产生分布很广的细晶核心。实验也表明振动能有效地达到除气的目的，而且振动频率越大效果越好。一般使用 5000~20000Hz 的频率，可使用声波、超声波、交变电流或磁场等作为振动源。

用振动法除气的基本原理是液体分子在极高频率的振动下发生移位运动。在运动时，一部分分子与另一部分分子之间的运动是不和谐的，所以在液体内部产生无数真空的显微空穴，金属中的气体很容易扩散到这些空穴中去结合成分子态，形成气泡而上升逸出。

9.2.2　除渣原理

9.2.2.1　澄清除渣原理

一般金属氧化物与金属本身之间密度总是有差异的。如果这种差异较大，再加上氧化物的颗粒也较大，在一定的过热条件下，金属的悬混氧化物渣可以和金属分离，这种分离作用也称为澄清作用，可以用斯托克斯（Stokes）定律来说明，杂质颗粒在熔体中上升或下降的速度为：

$$u = \frac{2r^2(\rho_2 - \rho_1)g}{9\eta} \tag{9-1}$$

式中　u——颗粒平均升降速度，cm/s；
　　　η——介质（熔融金属）的黏度（或内摩擦系数），g/(cm·s)；
　　　r——颗粒的半径，cm；
　　　ρ_1——颗粒的密度，g/cm³；
　　　ρ_2——介质的密度，g/cm³；
　　　g——重力加速度，cm/s²。

上升或沉降的时间为：

$$\tau = \frac{9\eta H}{2r^2(\rho_2 - \rho_1)g} \tag{9-2}$$

式中　τ——颗粒升降时间，s；
　　　H——颗粒升降的距离，cm。

根据斯托克斯定律可知，在一定的条件下，可以通过介质的黏度、密度以及悬浮颗粒之大小控制杂质颗粒的升降时间。通常温度高，介质的黏度减小，从而可缩短升降的时间。因此，在熔炼过程中采用稍稍过热的温度，增加金属的流动性，对于利用澄清法除渣是有利的。杂质颗粒直径的大小对升降所需时间有很大的影响。较大的颗粒，特别是半径大于 0.01cm 以上，而且密度差也较大的颗粒，其沉浮所需时间很短，极有利于采用澄清法除渣。但是实际上，在铝合金熔炼时氧化铝的状态十分复杂，它有几种不同的形态。固态时其密度为 3.53~4.15g/cm³。在熔融状态时为 2.3~2.4g/cm³。而且在氧化铝中必然会存在或大或小的空腔和气孔，此外，氧化物的形状也不都是球形的，通常多以片状或树枝状存在，薄片状和树枝状就难于采用斯托克斯公式计算。

澄清法除渣对许多金属，特别是轻合金不是主要有效的方法，还必须辅以其他方法。但是，根据物理学基本原理，它仍不失为一种基本方法。在铝合金精炼过程中，首先仍要用这一简单方法来将一部分固体杂质和金属分开。一般静置炉的应用就是为了这个目的，在静置炉内已熔炼好的金属起着静置澄清作用。当然，静置炉的作用不只是为澄清分渣，还有保温和控制铸造温度的作用，所以有时也称保温炉。

9.2.2.2 吸附除渣原理

吸附净化主要是利用精炼剂的表面作用，当气体精炼剂或熔剂精炼剂在熔体中与氧化物夹杂相遇时，杂质被精炼剂吸附在表面上，从而改变了杂质颗粒的物理性质，随精炼剂一起被除去。若夹杂物能自动吸附到精炼剂上，根据热力学第二定律，熔体、杂质和精炼剂三者之间应满足以下关系：

$$\sigma_{金\text{-}杂} + \sigma_{金\text{-}剂} > \sigma_{剂\text{-}杂} \tag{9-3}$$

式中　$\sigma_{金\text{-}杂}$——熔融金属与杂质之间的表面张力；

　　　$\sigma_{金\text{-}剂}$——熔融金属与精炼剂之间的表面张力；

　　　$\sigma_{剂\text{-}杂}$——精炼剂与杂质之间的表面张力。

因为铝液和氧化物夹杂 Al_2O_3 是相互不润湿的，即金属与杂质之间的接触角 $\theta \geq 120°$，如图9-1所示。其力的平衡应有如下关系：

$$\cos\theta = \frac{\sigma_{剂\text{-}杂} - \sigma_{金\text{-}杂}}{\sigma_{金\text{-}剂}} < 0 \tag{9-4}$$

因 $\sigma_{金\text{-}剂}$ 为正值，故符合热力学的表面能关系。所以，铝液中的夹杂物 Al_2O_3 能自动吸附在精炼剂的表面上而被除去。

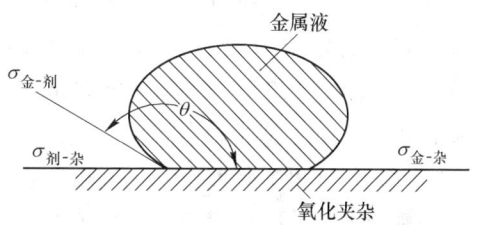

图 9-1　氧化夹渣、铝液、精炼剂三相间表面张力

9.2.2.3 过滤除渣原理

上述两类方法都不能将熔体中氧化物夹杂分离得足够干净，常给铝加工材的质量带来不良影响，所以近代采用了过滤除渣的方法，可获得良好的效果。

过滤装置种类很多，从过滤方式的除渣机理来看，大致可分机械除渣和物理化学除渣两种。机械除渣作用主要是靠过滤介质的阻挡作用、摩擦力或流体的压力使杂质沉降及堵滞，从而净化熔体；物理化学作用主要是介质表面的吸附和范德华力的作用。不论是哪种作用，熔体通过一定厚度的过滤介质时，由于流速的变化、冲击或者反流作用，杂质较容易被分离掉。通常，过滤介质的空隙越小，厚度越大，金属熔体流速越低，过滤效果越好。

9.3　熔体炉内净化处理

目前，还有不少铝加工厂采用传统的炉内熔体净化方法，即采用向炉内熔体吹入氯和氮的混合气体进行精炼，或加入氯盐和氟盐的混合物进行精炼，吹入混合气体或加入熔剂的目的是将熔体中的气体和杂质带出或造渣。它们可以分为吸附净化和非吸附净化。

9.3.1 吸附净化

9.3.1.1 浮游法

A 惰性气体吹洗

惰性气体指与熔融铝及溶解的氢不起化学反应,又不溶解于铝中的气体。通常使用氮气或氩气。根据吸附除渣原理,氮气被吹入铝液后会形成许多细小的气泡,气泡在从熔体中通过的过程中与熔体中的氧化物夹杂相遇,夹杂被吸附在气泡的表面并随气泡上浮到熔体表面。已被带至液面的氧化物不能自动脱离气相而重新溶入铝液中,停留于铝液表面就可聚集除去,如图9-2所示。

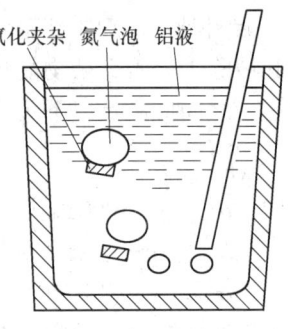

图9-2 浮游除渣原理

由于吸附是发生在气泡与熔体接触的界面上,只能接触有限的熔体,使除渣效果受到限制。为了提高净化效果应加大吹气量,吹入精炼气体产生的气泡量越多,气泡半径越小,分布越均匀,吹入的时间越长,效果越好。

氮气的除气是根据分压差脱气原理,如图9-3所示。由于氮气泡中最初 $p'_{H_2} \approx 0$,在气泡和铝液中的氢的平衡分压间存在差值,使溶于金属中的氢不断扩散进气泡中。这一过程直至气泡中氢的分压和铝液中的氢的平衡分压相等时才会停止。气泡浮出液面后,气泡中的 H_2 也逸出进入大气中。因此,气泡上升过程中既带出氧化夹杂,也带出氢气。通氮时的温度宜控制在 $710 \sim 720℃$,以避免氮和铝液反应形成氮化铝。

B 活性气体吹洗

对铝来说,实用的活性气体主要是氯气。氯气本身也不溶于铝液中,但氯和铝及溶于铝液中的氢都迅速发生化学反应:

$$Cl_2 + H_2 \longrightarrow 2HCl \uparrow \qquad 3Cl_2 + 2Al \longrightarrow 2AlCl_3 \uparrow$$

反应生成物 HCl 和 $AlCl_3$(沸点183℃)都是气态,不溶于铝液,它和未参加反应的氯一起都能起精炼作用,如图9-4所示。因此,净化效果比吹氮要好得多,同时除钠效果也显著。氯气虽然精炼效果好,但其对人体有害,污染环境,易腐蚀设备及加热元件,且

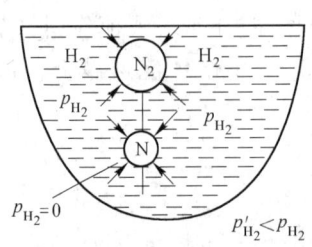

图9-3 氮气气泡除气原理

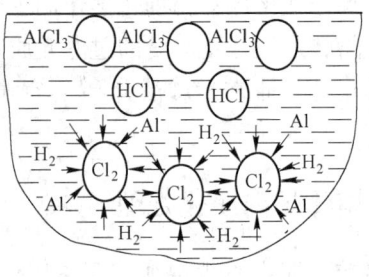

图9-4 吹 Cl_2 精炼示意图

易使合金铸锭结晶组织粗大，使用时应注意通风及防护。图9-5所示为1050、6063合金用氮气和氯气处理的效果。

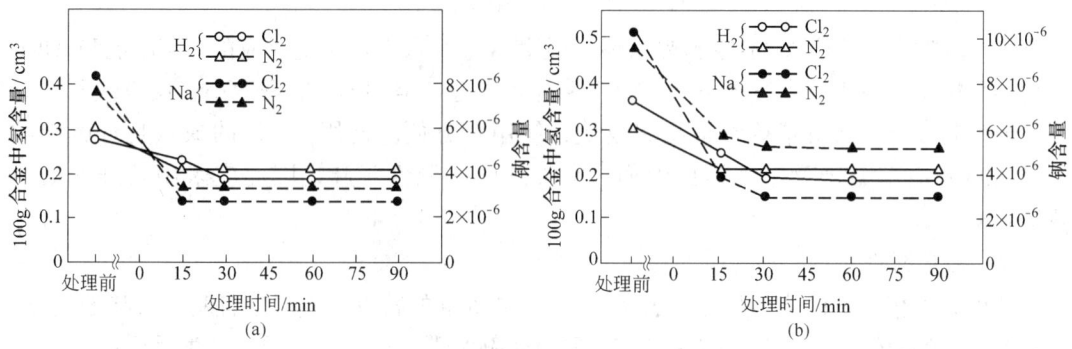

图9-5 氮和氯精炼前后熔体中氢和钠含量变化

(a) 1050；(b) 6063

C 混合气体吹洗

单纯用氮气等惰性气体精炼效果有限，而用氯气精炼虽效果好但又对环境及设备有害，所以将二者结合采用混合气体精炼，既可以提高精炼效果，又可以减少其有害作用。

混合气体有两气体混合，如 N_2-Cl_2；也有三气体混合，如 N_2-Cl_2-CO。N_2-Cl_2 的混合比采用9:1或8:2效果较好。N_2-Cl_2-CO 混合比为8:1:1。但现在为了减少环境污染，世界发达国家普遍采用2%~5% Cl_2 作为混合气体的组成部分，从使用效果来看几乎没有差异，这对于减少环境污染是极有利的。

D 氯盐净化

许多氯化物在高温下可以和铝发生反应，生成挥发性的 $AlCl_3$ 而起净化作用：

$$Al + 3MeCl \longrightarrow AlCl_3 + 3Me$$

式中，Me 表示金属。但不是所有的氯盐都能发生上述反应，需要看其分解压力而定。一般氯盐的分解压需大于氯化铝的分解压，或它的生成热小于氯化铝的生成热，这种氯盐在高温下才能与铝发生反应。常用氯盐有氯化锌（$ZnCl_2$）、氯化锰（$MnCl_2$）、六氯乙烷（C_2Cl_6）、四氯化碳（CCl_4）、四氯化钛（$TiCl_4$）等。在熔体中反应如下：

$$3ZnCl_2 + 2Al \longrightarrow 2AlCl_3 \uparrow + 3Zn$$

$$3MnCl_2 + 2Al \longrightarrow 2AlCl_3 \uparrow + 3Mn$$

$$3TiCl_4 + 4Al \longrightarrow 4AlCl_3 \uparrow + 3Ti$$

因氯盐都有吸潮特点，使用时应注意脱水和保持干燥；Zn 对部分铝合金含量有限制，使用时应注意用量。C_2Cl_6 为白色晶体，密度为 $2.091g/cm^3$，升华温度为 $185.5℃$，它不吸湿，不必脱水处理，使用、保管都很方便，为一般工厂所使用。C_2Cl_6 加入熔体后发生如下反应：

$$C_2Cl_6 \longrightarrow C_2Cl_4 + Cl_2 \uparrow$$

$$2Al + 3Cl_2 \longrightarrow 2AlCl_3 \uparrow$$

$$C_2Cl_4 \longrightarrow CCl_4 + C \uparrow$$

$$CCl_4 \longrightarrow 2Cl_2 \uparrow + C$$

$$H_2 + Cl_2 \longrightarrow 2HCl \uparrow$$

C_2Cl_4 沸点为 121℃，不溶于铝，熔炼温度下为气态，未完全反应的 C_2Cl_4 也和 $AlCl_3$ 一起参与精炼。由于产生气体量大，因此精炼效果好。但因 C_2Cl_6 密度小，反应快不好控制，近来制成一种自沉精炼剂，压制成块，使用较方便。使用 C_2Cl_6 的缺点是分解出的 C_2Cl_6 和 Cl_2 有部分未反应即逸出液面，有强烈的刺激性气味，因此应采用较好的通风装置。

E 无毒精炼剂

几种无毒精炼剂的典型配方见表 9-1。无毒精炼剂的特点是不产生有刺激气味的气体，并且有一定的精炼作用。它主要由硝酸盐等氧化剂和碳组成，在高温下产生反应：

$$4NaNO_3 + 5C \longrightarrow 2Na_2O + 2N_2 \uparrow + 5CO_2 \uparrow$$

表 9-1 几种无毒精炼剂的成分 （%）

序 号	$NaNO_3$	KNO_3	C	C_2Cl_6	Na_3AlF_6	NaCl	耐火砖屑	Na_2SiF_6
1	34	—	6	4	—	24	32	—
2	—	40	6	4	—	24	26	—
3	34	—	6	—	20	10	30	—
4	—	40	6	—	20	10	—	20
5	36	—	6	—	—	28	30	—

反应产生的 N_2 和 CO_2 起精炼作用，加入六氯乙烷、冰晶石、食盐及耐火砖粉是为了提高精炼效果和减慢反应速度。

9.3.1.2 熔剂法

铝合金净化所用的熔剂主要是碱金属的氯盐和氟盐的混合物。工业上常用的几种熔剂见表 9-2。

表 9-2 常用熔剂的成分和用途

熔剂种类	主要组元	主要成分/%	主要用途
覆盖剂	NaCl	39	Al-Cu 系、Al-Cu-Mg 系、Al-Cu-Si 系、Al-Cu-Mn-Zn 系合金
	KCl	50	
	Na_3AlF_6	6.6	
	CaF_6	4.4	
	KCl，$MgCl_2$	80	Al-Mg 系、Al-Mg-Si 系合金
	CaF_2	20	
精炼剂	KCl	47	除 Al-Mg 及 Al-Mg-Si 系以外的其他系合金
	NaCl	30	
	Na_3AlF_6	23	
	KCl，$MgCl_2$	60	Al-Mg 系、Al-Mg-Si 系合金
	CaF_2	40	

熔剂的精炼作用主要是靠其吸附和溶解氧化夹杂的能力。其吸附作用根据热力学应满

足如下条件：

$$\sigma_{金-杂} + \sigma_{金-熔} > \sigma_{熔-杂} \tag{9-5}$$

式中　$\sigma_{金-杂}$——熔融金属与杂质之间的表面张力；

　　　$\sigma_{金-熔}$——熔融金属与熔剂之间的表面张力；

　　　$\sigma_{熔-杂}$——熔剂与杂质之间的表面张力。

即要求 $\sigma_{金-杂}$、$\sigma_{金-熔}$ 越大，$\sigma_{熔-杂}$ 越小，熔剂的精炼效果就越好。但是单一的盐类很难满足上述要求，所以常常根据熔剂的不同用途和对其工艺性能的要求，用多种盐类配制成各种成分的熔剂。实践证明，氯化钾和氯化钠等氯盐的混合物对氧化铝有极强的润湿及吸附能力。氧化铝特别是悬混于铝液中的氧化膜碎屑，为富凝聚性及润湿性的熔剂吸附包围后便改变了氧化物的性质、密度及形态，从而通过上浮而更快地被排除。如 45% NaCl + 55% KCl 构成的熔剂，熔点只有650℃，且表面张力较小，是常用的覆盖剂。加入少量的氟（NaF、Na_3AlF_6、CaF_2 等）增加了 $\sigma_{金-熔}$，提高了熔剂的分离性，防止产生熔剂夹杂，是常用的铝合金精炼剂。

某些熔盐的性质见表9-3。图9-6、图9-7分别为 NaCl-KCl、Na_3AlF_6-Al_2O_3 的二元相图。

表9-3　某些熔盐的性质

物质名称	化学式	密度/g·cm⁻³	熔点/℃	沸点/℃	熔化潜热/kJ·mol⁻¹	$-\Delta H_{298}^{\ominus}$/kJ·mol⁻¹
氯化铝	$AlCl_3$	2.44	193	187 升华	35.4	707.1
氯化硼	BCl_3	1.43	-107	13	—	404.5
氯化钡	$BaCl_2$	4.83	962	1830	16.8	862.7
氯化铍	$BeCl_2$	1.89	415	532	8.7	498.1
木炭	C	2.25	3800	—	—	—
四氯化碳	CCl_4	1.58	-23.80	77	30.7	136.1
碳酸钙	$CaCO_3$	2.90	—	825 分解	—	1211.3
萤石	CaF_2	2.18	1418	2510	29.8	1226.4
氯化铜	$CuCl_2$	3.05	498	993	—	205.8
氯化铁	$FeCl_3$	2.80	304	332	43.3	405.5
氯化钾	KCl	2.00	771	1437	26.5	438.5
氟化钾	KF	2.48	857	1510	28.6	569.5
氯化锂	LiCl	2.07	610	1383	19.7	409.9
氟化锂	LiF	2.60	848	1093	27.3	615.3
氯化镁	$MgCl_2$	2.30	714	1418	43.3	643.9
光卤石	$MgCl_2$、KCl	2.20	487	—	—	—
氟化镁	MgF_2	2.47	1263	2332	58.8	1127.7
氯化锰	$MnCl_2$	2.93	650	1231	37.8	483.8

物质名称	化学式	密度/g·cm^{-3}	熔点/℃	沸点/℃	熔化潜热/kJ·mol^{-1}	$-\Delta H^{\ominus}_{298}$/kJ·mol^{-1}
氯化铵	NH_4Cl	1.53	520	—	—	315.8
冰晶石	Na_3AlF_6	2.90	1006	—	112.1	3318.0
脱水硼砂	$Na_2B_4O_7$	2.37	743	1575 分解	83.3	3100.4
氯化钠	$NaCl$	2.17	801	1465	28.2	412.9
脱水苏打	Na_2CO_3	2.50	850	960 分解	29.8	1135.3
氟化钠	NaF	2.77	996	1710	33.2	575.8
工业玻璃	$Na_2O·CaO·6SiO_2$	2.50	900 ~ 1200	—	—	—
氯化硅	$SiCl_4$	1.48	−70	58	8.0	589.6
石英砂	SiO_2	2.62	1713	2250	30.7	914.4
氯化锡	$SnCl_4$	2.23	−34	115	9.2	513.2
氯化钛	$TiCl_4$	1.73	−24	136	10.8	807.2
氯化锌	$ZnCl_2$	2.91	3.8	732	10.9	417.9

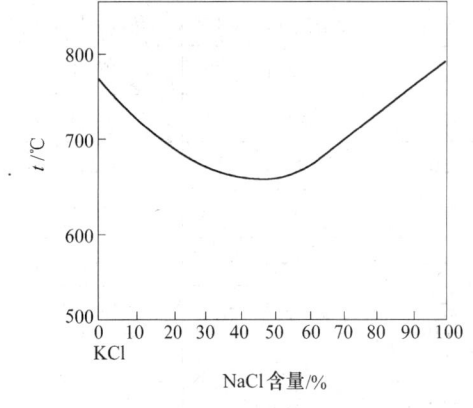

图 9-6   NaCl-KCl 二元相图

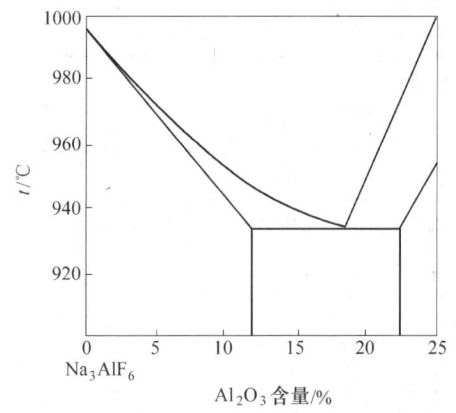

图 9-7 Na_3AlF_6-Al_2O_3 二元相图

一般氯盐对氧化铝的溶解能力并不大，通常为 1% ~ 2%，如在熔剂中加入冰晶石（Na_3AlF_6），可使熔剂对氧化物的溶解能力大大加强，冰晶石的化学分子结构和某些性质与氧化铝相似，所以它们在一定温度下可能互溶，在 930℃ 时形成共晶，冰晶石最大可溶解 18.5% Al_2O_3。值得注意的是溶解温度较高，尽管如此，熔剂中添加冰晶石会大大增加溶剂的精炼能力。

9.3.2   非吸附净化

根据熔体中氢的溶解度与熔体上方氢分压的平方根关系，在真空下铝液吸气的倾向趋于零，而溶解在铝液中的氢有强烈的析出倾向，生成的气泡在上浮过程中能将非金属夹杂吸附在表面，使铝液得到净化。非吸附净化（真空处理）有三种方法：

（1）静态真空处理。此法是将熔体置于 1333.3 ~ 3999.9Pa 的真空度下，保持一段时间。由于铝液表面有致密的 γ-Al_2O_3 膜存在，往往使真空除气达不到理想的效果，因此在真空除气之前，必须清除氧化膜的阻碍作用。如在熔体表面撒上一层熔剂，可使气体顺利通过氧化膜。

（2）静态真空处理加电磁搅拌。为了提高净化效果，在熔体静态真空处理的同时对熔体施加电磁搅拌，这样可提高熔体深处的除气速度。

（3）动态真空除气。动态真空除气是预先使真空处理达到一定的真空度（约 1333.3Pa），然后通过喷嘴向真空炉内喷射熔体。喷射速度约为 1 ~ 1.5t/min，熔体形成细小液滴。这样熔体与真空的接触面积增大，气体的扩散距离缩短，并且不受氧化膜的阻碍，所以气体得以迅速析出。与此同时，钠被蒸发烧掉，氧化夹杂聚集在液面。真空处理后熔体的气体含量低于100gAl 0.12mL，氧含量低于 6×10^{-6}，钠含量也可降低到 2×10^{-6}。真空处理炉有 20t、30t、50t 级三种，其装置如图 9-8 所示。

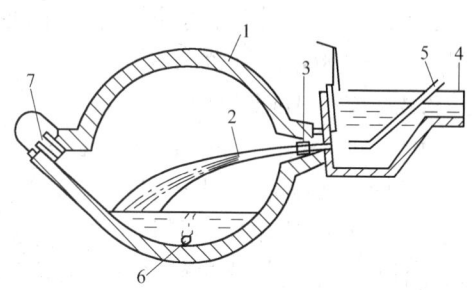

图 9-8 动态真空处理装置
1—真空炉；2—喷射铝液；3—喷嘴；4—流槽；
5—塞棒；6—气体入口；7—浇注口

动态真空处理不但脱气速度快、净化效果好，而且对环境没有任何污染，是一种很有前途的净化方法。但这些方法由于受一些条件限制应用较少。

9.4 熔体炉外在线净化处理

在 20 世纪 80 年代前，炉外熔体净化处理采用的透气塞过流除气可以说是最初级的、传统的方式。其除气原理类似炉内熔体净化处理吹入氯和氮的混合气体的吸附除渣，只不过混合气体是通过炉外装置底部的透气砖（塞）进入熔体的，其方法类似熔体搅拌的炉内气体上浮搅拌，显然熔体净化效果同样有限。近 20 年来，炉外熔体净化处理技术发展很快，出现了许多先进的、现代化的熔体处理技术，已经成为铝合金熔体处理的主流技术，得到了较广泛的应用。目前，炉外在线净化处理是十分有效去除铝合金熔体中的有害气体和非金属夹渣物的措施。

炉外在线净化处理根据处理方式和目的，又可分为以除气为主的在线除气，以除渣为主的在线熔体过滤处理，以及两者兼而有之的在线处理。根据产品质量要求不同，可采用不同的熔体在线处理方式，下面分别就实践中最常见的几种在线处理方式作简要介绍。

9.4.1 在线除气

在线除气是各大铝加工企业熔铸重点研究和发展的对象，种类繁多，典型的有采用透气塞的过流除气方式 Air-Liquide 法，采用固定喷嘴方式的 MINT 法，以及应用更广泛，除气稳定且有效可靠的旋转喷头除气法，如联合碳化公司最早研制的旋转喷头除气装置 SNIF，法国的 Alpur 除气装置，我国西南铝业（集团）有限责任公司自行开发的旋转喷头除气装置 DFU、DDF 等，这些除气方式都采用 N_2 或 Ar 作为精炼气体或 Ar（N_2）+ 少量的 Cl_2（CCl_4）等活性气体，不仅能有效除去铝熔体中的氢，而且还可以很好地除去碱金属或碱土金属，同时还可提高渣液分离效果。下面就几种常见的在线除气方式使用方式和效果加以简介。

9.4.1.1 Air-Liquide 法

Air-Liquide 法是炉外在线处理的一种初级形式，其装置如图 9-9 所示，装置的底部装有透气砖（塞），氮气（或氮氯混合气体）通过透气砖（塞）形成微小气泡在熔体中上升，气泡在和熔体接触及运动的过程吸附气体，同时吸附夹杂，带出表面，产生净化效果。此法也有除渣作用，但效果不是很理想，一般除气率达 15% ~ 30%，其最佳的处理量一般在 30 ~ 100kg/min 范围内。

9.4.1.2 MINT 法

MINT 法（melt in-line treatment system）是美国联合铝业公司（Conalco）于 1982 年发明的一种熔体炉外在线处理装置。如图 9-10 所示，铝熔体从反应器的入口以切线进入圆形反应室，使熔体在其中产生旋转；反应室的下部装有气体喷嘴，分散喷出细小气泡；靠旋转熔体使气泡均匀分散到整个反应器中，产生较好的净化效果；熔体从反应室进入陶瓷泡沫过滤器，可进一步除去非金属夹杂物。净化气体一般为 Ar 气，也可添加 1% ~ 3% 的 Cl_2 气。生产中使用的 MINT 装置有几种不同型号，目前国内使用过的 MINT 装置有 MINT Ⅱ 型和 MINT Ⅲ 型。MINT Ⅱ 型反应器的锥形底部有 6 个喷嘴，气体流量为 15m³/h，铝熔体处理量为 130 ~ 320kg/min，反应室静态容量为 200kg；MINT Ⅲ 型其反应器锥形底部有 12 个喷嘴，气体流量为 25m³/h，铝熔体处理量为 320 ~ 600kg/min，反应室静态容量为 350kg，MINT 法除气的缺点在于金属熔体在反应室旋转有限，除气率波动较大，且金属翻滚可能产生较多氧化夹渣物。

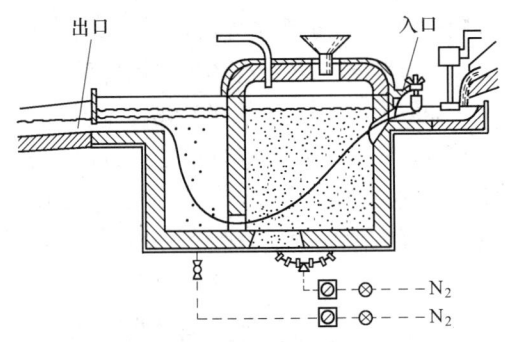

图 9-9 Air-Liquicle 法熔体处理装置

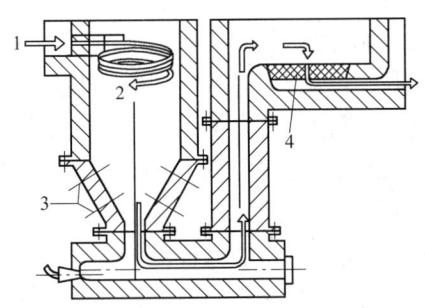

图 9-10 MINT 法熔体处理装置
1—熔体入口；2—反应器；3—嘴子中心线；
4—陶瓷泡沫过滤器

9.4.1.3 SAMRU 法

SAMRU 型除气装置是西南铝业（集团）有限责任公司吸收 MINT 装置的一些优点独立开发的装置，该装置采用矩形反应室，其梯形底部装有 12 ~ 18 个喷嘴，反应室静态容量为 1 ~ 1.5t，处理能力一般为 320 ~ 600kg/min，最好与泡沫陶瓷板联合使用。

9.4.1.4 SNIF 旋转喷头法

SNIF 法（spinning nozzle inert flotation）为旋转喷嘴惰性气体浮游法的简称，是美国联合碳化物公司（Union Carbide）研制的一种铝熔体炉外在线处理装置，如图 9-11、图 9-12 所示。此装置在两个反应室设有两个石墨气体旋转喷嘴，气体通过喷嘴转子形成分散细小的气泡，同时转子搅动熔体使气泡均匀地分散到整个熔体中去，产生除气、除渣的熔体净化效果。此法避免了单一方向吹入气体造成气泡聚集，上浮形成气体连续通道，使气体与熔体接触时间缩短，影响净化效果。吹入气体为 Ar 或 N_2（Ar 为最佳），为了提高净化效果可混入 2%～5% Cl_2，也可添加少量熔剂。

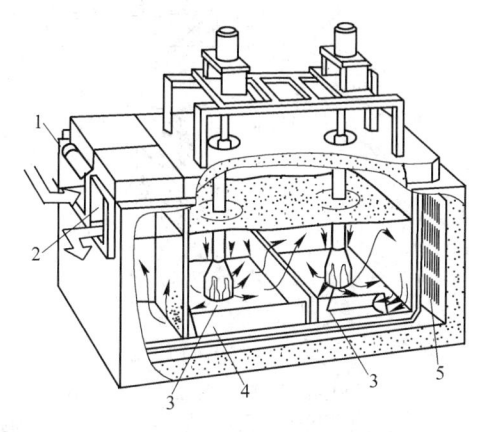

图 9-11　SNIF 法熔体处理装置

1—入口；2—出口；3—旋转喷嘴；4—石墨管；5—发热体

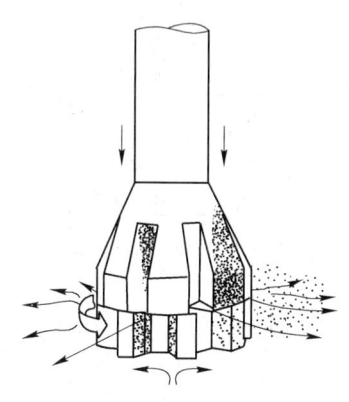

图 9-12　SNIF 法旋转喷嘴

SNIF 法装置的两种型号：一个旋转喷嘴的处理能力为 11t/h，两个旋转喷嘴的处理能力为 36t/h，如 SINF T-4 型主要技术参数为：

装置的静态容量	1450kg
净化处理速度	9～36t/h
炉子功率	100kW
转子转速	400～600r/min
Ar（N_2）气压力	0.333MPa
Ar（N_2）消耗量	22.4m³/h
Cl_2 气消耗量	0.84m³/h
石墨转子使用平均寿命	3 个月
炉衬使用寿命	6 个月

9.4.1.5 Alpur 旋转除气法

Alpur 法是法国彼西涅公司研制的在线熔体处理装置，如图 9-13 所示，也是利用旋转喷嘴，使精炼气体呈微细小气泡喷出，分散于熔体中，但与 SINF 的喷嘴不同（见图 9-14），它同时能搅动熔体进入喷嘴内与气泡接触，使净化效果提高。Alpur 500 型的主要技术参数为：

装置容量	500kg
处理方式	15kW 浸没式加热器
处理能力	1～5t/h

气体消耗　　　　　　　　　　Ar 压力为 0.2MPa，5m³/h；Cl₂ 压力为 0.2MPa，0.25m³/h

装置总量　　　　　　　　　　6t

如含气量处理前为 100gAl 0.32mL，处理后可达 0.14mL。

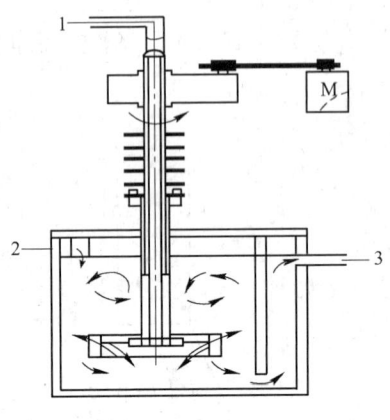

图 9-13　Alpur 法装置

1—气体入口；2—熔体入口；3—熔体出口

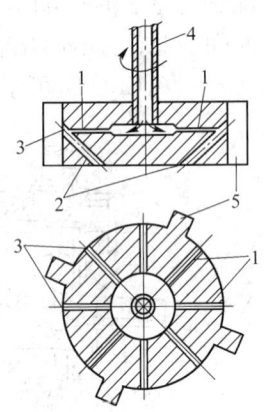

图 9-14　旋转喷头

1—气体排出孔；2—熔体通过孔；3—气体、
熔体接触处；4—回转轴；5—回转轮叶

9.4.1.6　DFU 旋转喷头除气法

DFU（degassing and filtration unit）是西南铝业（集团）有限责任公司开发应用的旋转喷头除气与泡沫陶瓷过滤相结合的铝熔体净化装置，如图 9-15 所示。它的除气原理和方法与 SINF 法和 Alpur 法相近，除气箱采用单旋转喷头法除气，内部由隔板分为除气和静置区，内置浸入式加热器，可在铸造或非铸造期间对金属熔体进行加热和保温，它采用的是 Ar 气（或 N₂ 气），加 1%~3% 的 Cl₂（或 CCl₄）气体，可提高熔体净化效果。主要技术参数见表 9-4。

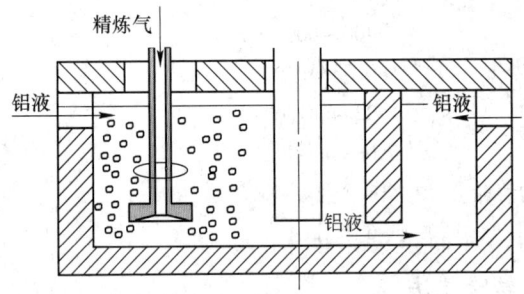

图 9-15　DFU 旋转喷头除气装置

表 9-4　DFU 的主要技术参数

序　号	名　　称	参　数	序　号	名　　称	参　数
1	除气箱外形尺寸/mm×mm×mm	1000×1550×1450	4	机架高度/mm	5100
2	过滤箱外形尺寸/mm×mm×mm	1000×1200×940	5	处理能力/kg·min⁻¹	30~150
3	机架行程/mm	1680	6	除气效率/%	50~70

9.4.1.7 DDF 旋转喷头除气法

DDF（double degassing and filtration unit），也是西南铝业（集团）有限责任公司开发应用的另一种旋转喷头除气和泡沫陶瓷相结合的铝熔体净化装置之一，如图9-16 所示，其原理和方法与 DFU 旋转除气法基本相同，不同之处是采用双旋转喷头，故其处理量增大，其主要参数见表9-5。

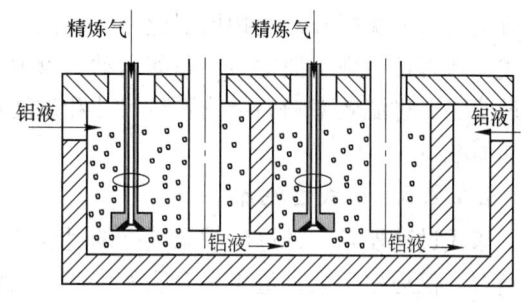

图 9-16 DDF 旋转喷头除气装置

表 9-5 DDF 的主要技术参数

序号	名 称	参 数	序号	名 称	参 数
1	除气箱外形尺寸/mm×mm×mm	1000×1550×1450	4	机架高度/mm	5100
2	过滤箱外形尺寸/mm×mm×mm	1000×1200×940	5	处理能力/kg·min⁻¹	250~350
3	机架行程/mm	1680	6	除气效率/%	50~70

9.4.2 熔体在线过滤

过滤是去除铝熔体中非金属夹杂物最有效和最可靠的手段，从原理上讲有饼状过滤和深过滤之分。过滤方式有多种多样，最简单的是玻璃丝布过滤，效果最好的是过滤管和泡沫陶瓷过滤板，下面就各种过滤方式及常见过滤装置（器）作简要介绍。

9.4.2.1 玻璃丝布过滤

用玻璃丝布过滤铝熔体在国内外已广泛应用，一般用于转注过程和结晶器内熔体过滤，国产玻璃丝布孔眼尺寸为 1.2mm×1.5mm，孔目数为 30 目/cm²，过流量约为 200kg/min，此法特点是适应性强，操作简便，成本低，但过滤效果不稳定，只能拦截除去尺寸较大的夹杂，对微小夹杂几乎无效，所以适用于要求不高的铸锭生产，且玻璃丝布只能使用一次，图9-17 所示为一种底注玻璃丝布过滤器。

9.4.2.2 深层过滤

深层过滤原理如图9-18 所示。过滤器是多孔介质，铝液按照设置的路线在这种介质

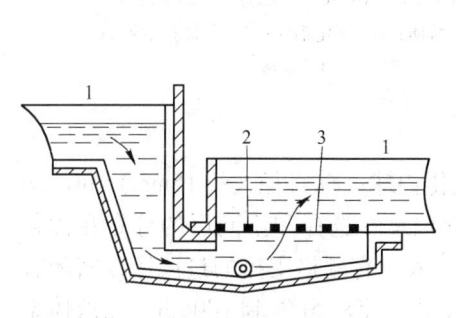

图 9-17 底注玻璃丝布过滤器

1—流槽；2—格子；3—玻璃丝布

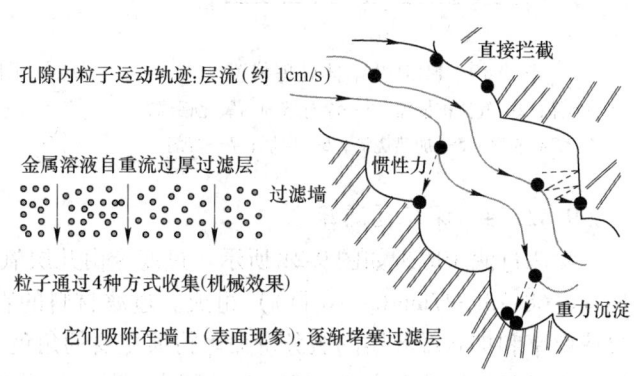

图 9-18 深层过滤原理

里流动。为避免撕开氧化物层引起二次污染，在空隙内的运动是层状轨迹。粒子通过4种方式，即直接拦截、惯性力、布朗运动、重力沉淀被阻拦。杂质逐渐被墙体吸收，渐渐阻塞过滤层。过滤效率随夹杂物颗粒尺寸和过滤器厚度的增加而增加，随孔径和金属流速的增加而减少。

9.4.2.3 床式过滤器

床式过滤器是一种过滤效果较好的过滤装置，它的体积庞大，安装和更换过滤介质费时费力，仅适用于大批量单一合金的生产，因而使用厂家较少。目前世界上应用的主要有两种：一种是 FILD 法，另一种是 Alcoa 法。

A FILD 法

FILD 法（fumeless in-line degassing）是英国铝业公司（BACO）研制成功的连续净化方法。其装置如图9-19所示，中间用隔板将装置分为两个室，熔体通过表层熔剂进入第一室，从气体扩散器吹入氮气对熔体进行吹洗，然后熔体通过第一室涂有熔剂的氧化铝球和第二室未涂熔剂的氧化铝球过滤，使熔体净化。这种装置的处理量有 230kg/min、340kg/min、600kg/min 三种标准型号。

B Alcoa 法

Alcoa 法是美国铝业公司（Alcoa）研究成功的熔体在线处理装置，如图9-20所示。在此装置中通过两次氧化铝球的过滤，在两次过滤装置的底部设有气体扩散器，熔体在过滤的同时吹入 N_2 或 Ar，也可加入少量（1%~10%）Cl_2 进行清洗。使用 Cl_2 的目的是除 Na，可使钠含量降低到 1×10^{-6}，此法处理量为 23t/h，过滤球使用寿命为处理 1000~3000t 铝，适用于大批量单一合金生产。

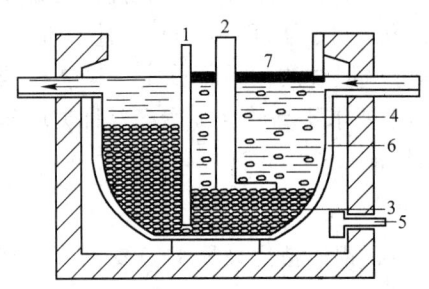

图9-19 FILD法熔体处理装置

1—熔体；2—气体扩散器；3—涂有熔剂的氧化铝球；
4—氧化铝球；5—加热烧嘴；6—坩埚；7—熔剂

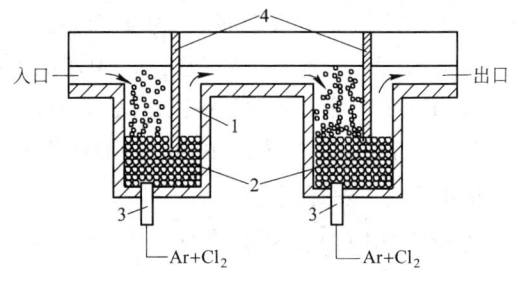

图9-20 Alcoa 469法熔体处理装置

1—熔体；2—氧化铝球；3—气体扩散器；
4—隔板

9.4.2.4 深床过滤床

深床过滤床原理如图9-21所示。过滤床由几层氧化铝球（球直径大约15mm）和砂砾层（6.68~3.327mm(3~6目)）组成。过滤材料的颗粒尺寸选择和不同层的分布在优化过滤效率和扩展过滤器的服务寿命里扮演主要的角色。入口有栅格支撑的过滤床，密闭容器的容量可根据需要在 5~100t/h 范围内调整，因此设计流速从 5t/h 到 100t/h。在液体金属填充之前，过滤床必须彻底达到一个温度，确保在床里不会有凝固。干燥空气或另一种惰性气体循环导向过滤器预热床。气体被送入盖子并通过辐射在盖子里的电阻丝把空气加热

到高温，然后向下传送到过滤床和经过管道
到出口。预热操作的温度由插在床的特殊位
置的热电偶监控。

当过滤床达到适合装料的温度后，初始
填充操作是使铝液通过入口管道送入过滤床
的氧化铝球层和氧化铝沙砾平面层，并在适
当的铝液流速条件下得到要求的层流，均匀
地分布在过滤床的底部，再缓慢地通过过滤
床到达表面。

当铸造开始后，保持铸造状态全过程中
对 PDBF 过滤床温度的控制是极为重要的。因

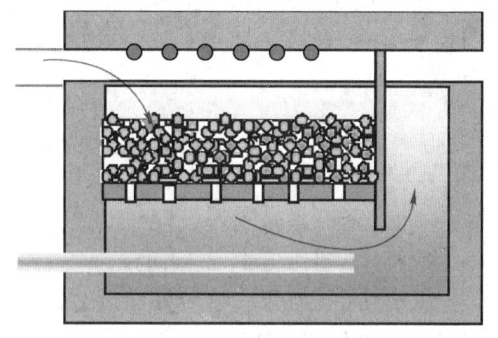

图 9-21　深床过滤床原理

为任何冷区引起金属凝固都会负面影响过滤效率。PDBF 加热使用两个不同的系统：除了
通过辐射在盖子里的电阻丝加热金属以外（盖上的圆点所示），还有一个小型电加热器水
平地浸在栅格下金属里（容器中的直线所示）。

PDBF 过滤床的孔径几乎是被过滤颗粒直径的 100 倍，过滤流速在 0.1 ~ 0.4cm/s，这
样可使前面提到的孔墙拦截和吸附的过滤效果达到最大化。正是由于压头损失非常小，
PDBF 过滤床的寿命长，在需要更换之前，可以连续铸造 7000t 金属。当然，也取决于金
属进料清洁度和相似合金的持续时间。即使在大量使用后，PDBF 仍然可以保持高效率过
滤。过滤器床的堵塞很缓慢，过滤效率与过滤铝合金量的关系如图 9-22 所示（铸造 3004
合金）。

9.4.2.5　刚玉管过滤

刚玉管过滤器过滤效率高，能有效去除熔体较小的非金属夹杂物，适合于加工锻件、
罐料和双零箔等产品；但刚玉管过滤使用价格昂贵，使用不方便。在日本使用较多，世界
上其他地方使用较少，20 世纪 80 年代西南铝业（集团）有限责任公司曾研究成功刚玉管
过滤器，如图 9-23 所示。

过滤器中装有外径 100mm、内径 60mm、长度 500 ~ 900mm 的刚玉管数根，熔体通过
陶瓷管的大小不等、曲折的微孔细孔道，使熔体中杂质被阻滞，沉降及介质表面对杂质产
生吸附和范德华力作用，将熔体中杂质颗粒滤除，20 目（0.833mm）陶瓷管能滤除 5μm

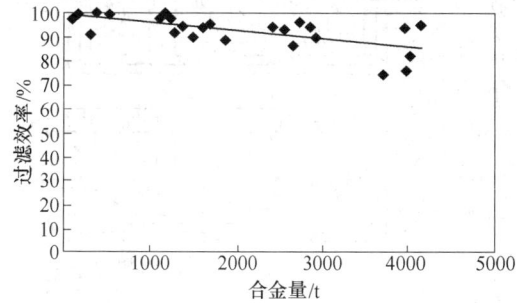

图 9-22　PDBF 的过滤效率描述

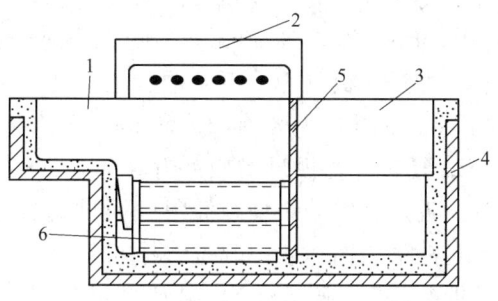

图 9-23　刚玉微孔过滤装置
1—流入口；2—加热器；3—流出口；
4—炉体；5—隔板；6—陶瓷过滤器

以上的夹杂颗粒，16 目（0.991mm）的可滤除 8 ~ 10μm 的夹杂颗粒，过滤开始的起始压头用式（9-6）计算：

$$p = \frac{2\sigma\cos\theta}{r} \tag{9-6}$$

式中　p——熔体压头，Pa；

　　　σ——熔体表面张力，Pa；

　　　r——毛细孔道半径，cm；

　　　θ——铝液与介质颗粒界面接触角。

过滤速度用式（9-7）计算：

$$Q = KS(\Delta H/\delta) \tag{9-7}$$

式中　Q——单位时间过滤量，cm^3/s；

　　　S——过滤介质有效面积，cm^2；

　　　ΔH——过滤前后的熔体压头差，Pa；

　　　δ——过滤介质厚度，cm；

　　　K——过滤系数，$cm^3 \cdot s/g$。

陶瓷管的使用寿命，一般通过量为 300 ~ 600t，适用单一合金批量生产，加工锻件与饮料罐薄板，双零箔等适用此法净化。

此法的最大缺点是刚玉管价格昂贵，装配质量要求高。

9.4.2.6　泡沫陶瓷板过滤

泡沫陶瓷过滤板因使用方便、过滤效果好、价格低，在全世界被广泛使用，在发达国家中 50% 以上铝合金熔体都采用泡沫陶瓷过滤板过滤，泡沫陶瓷过滤板一般是厚度为 50mm、长宽为 200 ~ 600mm 的过滤片，孔隙度高达 80% ~ 90%，其装置如图 9-24 所示。它在过滤时不需很高的压头，初期为 100 ~ 150mm，过滤后只需 2 ~ 10mm，过滤效果好且价格低。但是泡沫陶瓷过滤板较脆，易破损，一般情况只能使用一次，若要使用 2 次及以上，必须采用熔体保温措施，但使用一般不允许超过 7 次，48h 内必须更换新的过滤板。

陶瓷泡沫过滤板因尺寸较小、结构紧凑和易于使用获得普及。为了提高过滤精度，过滤板的孔径由 20 ~ 50ppi 发展到 60ppi、70ppi，并出现复合过滤板，即过滤板分为上下两层，上面孔径大，下面孔径小，品种规格有 30/50ppi、30/60ppi、30/70ppi，复合过滤板过滤效果好，通过的金属量大；另外，近期开发的新型高波浪表面过滤板也很有特点，过滤的表面积比传统过滤板大 30%。

9.4.2.7　深床过滤/陶瓷泡沫过滤 + 管式过滤配置新技术

日本三井金属开发的深床过滤/陶瓷泡沫过滤 + 管式过滤配置新技术，用于生产高附加值的铝加工

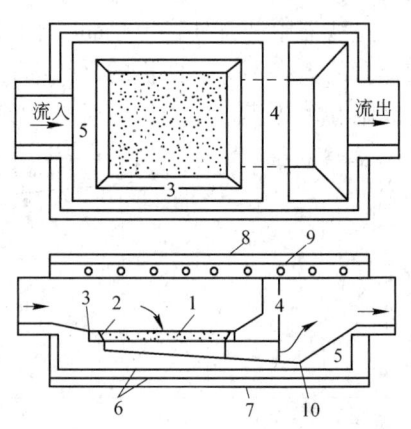

图 9-24　泡沫陶瓷过滤器示意图

1—过滤体；2—垫圈；3—框架；4—隔墙；
5—耐火材料；6—绝热材料；7—外壳；
8—盖；9—发热体；10—排放孔

产品，如计算机硬盘材料、彩色复印感光
鼓材料、飞机起落架（晶间高强度铝材）、
喷气式涡轮发动机风扇叶等；显然用于生
产罐料、PS 板基和双零箔坯料也是更好的
配置新技术。

　　管式过滤设备由过滤箱体、加热盖、
过滤管、热风循环、透气砖组成，其外观
如图 9-25 所示。

　　箱体中的过滤管外观如图 9-26 所示，
过滤管剖面如图 9-27 所示。过滤管的规格

图 9-25　管式过滤设备外观

依据不同等级的气孔率分为 RA、RB、RC、RD、RE、RF 型号，与之相对应的不同过滤精
度的产品有：RA——高档铝型材；RB——双零箔、罐料；RC——罐料、PS 板基、双零箔
坯料；RD——彩色复印感光鼓、高档特殊用铝管及型材；RE——高档特殊用铝管及型材；
RF——计算机硬盘。每组过滤管组成的根数由所需要的铝熔体流量和流速而定。

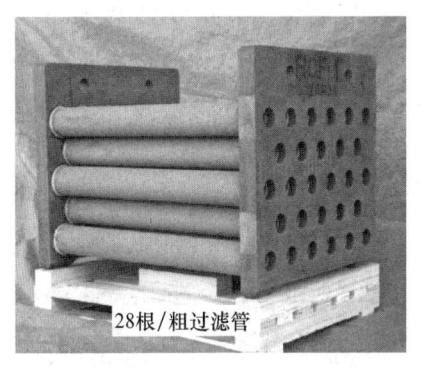

28根/粗过滤管

图 9-26　过滤管外观

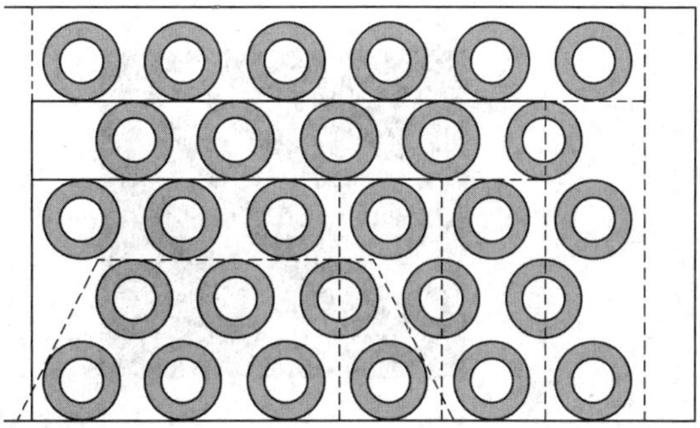

图 9-27　过滤管剖面

　　管式过滤设备的基本工作原理是经过箱体的铝熔体从过滤管的外部渗透到内部流出的
过程中，过滤管实现了表面过滤和内部吸附捕获杂质的双重功能。其示意图如图 9-28
所示。

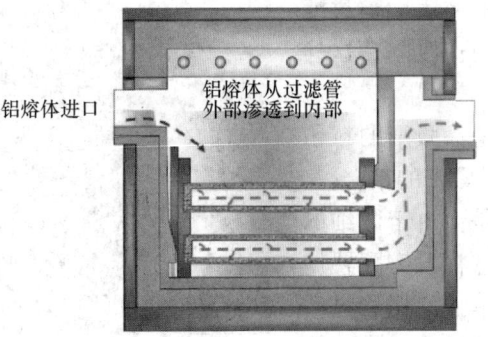

图 9-28　工作原理示意图

管式过滤设备具有更好的过滤效果，其主要因素是：

（1）过滤管自身细微的气孔率。不同等级的气孔率如图9-29所示。从图中可以明显地看到CFF陶瓷泡沫过滤板的气孔率在50ppi时是1000μm；RA型号过滤管的气孔率是750μm；RF型号过滤管的气孔率是250μm。

（2）铝熔体通过过滤管的速度非常慢。1根过滤管的过滤表面积大于2500cm²，相当于一般508mm（20in）的

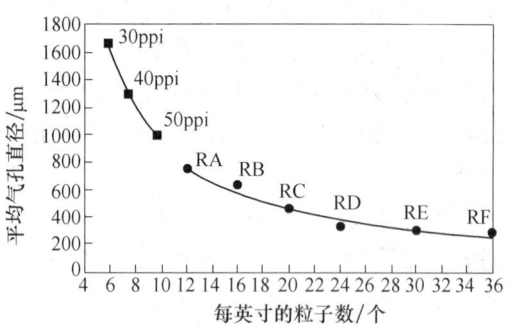

图9-29 过滤精度与粒子数

陶瓷泡沫过滤板，如图9-30所示。经计算，14根过滤管的过滤表面总面积是3.6m²；28根过滤管的过滤表面总面积是7.2m²。这种组合可在有限的过滤装置空间里实现超大面积的过滤。显然，CFF采用上下两块陶瓷泡沫过滤板的过滤表面积、总面积远远不能和过滤管相比。

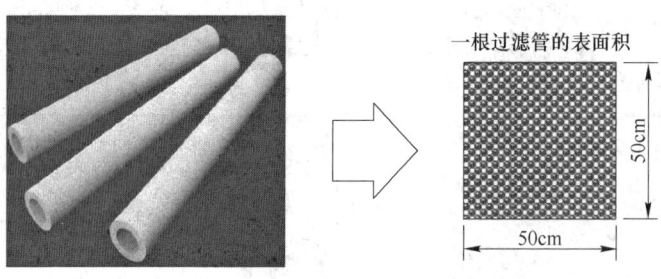

图9-30 过滤管的过滤表面积

（3）过滤管材粒子经过高温烧结紧密地结合在一起，不会发生松动。这种高温烧结的结构（见图9-31）远比深床过滤由几层氧化铝球和砂砾层组成的过滤床结构紧密。

（4）管材粒子不仅形成了非常细小的气孔径，而且形成了三维的复杂流路，保证了过滤管对杂质实现过滤和内部吸附的双重捕获，杂质几乎都在过滤管的外部表面被过滤掉，更细小的杂质在过滤管内被吸附，这样实现了高精度的过滤效果。

上述管过滤的独特优势是：微细的粒子粒径、超大面积的过滤、骨材紧密的结合。

上述管过滤的相对局限是：由于微细的粒子粒径和骨材紧密的结构，在没有配置熔体初过滤设备的条件下，若单独使用管过滤可能会因粗杂质的累积而导致堵塞，失掉优势。所以采用管过滤最好的配置是在管过滤

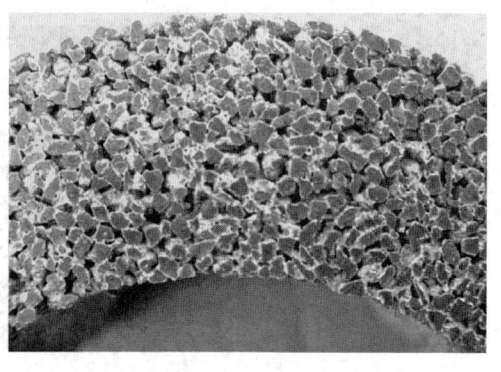

图9-31 高温烧结结构

前增加 PDBF 或 CEF 过滤设备，达到最完美的组合、最理想的过滤效果。

9.4.3 除气 + 过滤

任何熔体处理过滤和除气都是相辅相成的，渣和气不能截然分开，一般情况往往渣伴生气，夹渣物越多，必然熔体中气含量越高，反之亦然。同时在除气过程中必然同时会去除熔体中的夹杂物；在去除夹杂物的同时，熔体中的气含量必然要降低。因此，把除气和过滤结合起来使用对于提高熔体纯洁度是非常有益的。前面介绍的除气装置有许多都是除气与过滤相结合的熔体在线处理装置，这也是许多铝加工企业铝熔体在线处理所采用的方式。所以，就不再单独介绍除气与过滤在线处理相结合的方式，其需要根据产品的质量要求及生产状况选择应用。

几种炉外在线除气装置效果列于表 9-6。

表 9-6　几种常见炉外在线处理装置除气效果

处理方法	采用气体	吹入气体量 /dm³·h⁻¹	熔体流量 /kg·h⁻¹	每千克熔体用气量 /dm³·h⁻¹	处理前 100g 铝中氢含量/mL	处理后 100g 铝中氢含量/mL	除气率 /%
Alcoa469	Ar + 2% ~ 5% Cl₂	3115	7938	0.39	0.24	0.08	66.7
		5664	8165	0.69	0.45	0.15	
Alcoa622	Ar + 2% ~ 3% Cl₂	2830	9000	0.31	0.40 ~ 0.45	0.22	48.8
		8550	9000	0.96	0.40 ~ 0.45	0.15	65.1
Alpur	Ar + 2% ~ 3% Cl₂	3000	5000	0.60	—	—	60 ~ 65
		10000	12000	0.83	—	—	60 ~ 65
MINT	Ar + 1% ~ 3% Cl₂	15000	—	0.7 ~ 0.9	0.35 ~ 0.40	0.14 ~ 0.16	约60
		12000	—	0.7 ~ 0.9	0.30 ~ 0.35	0.15 ~ 0.16	约50
SI + NF	Ar(Cl₂)	8000	(12000)	(0.67)	0.28	0.09	68
					0.23	0.08	65
					0.22	0.11	56
DFU	Ar + 1% ~ 3% Cl₂ 或 Ar	—	—	—	0.25 ~ 0.30	0.10 ~ 0.15	50 ~ 70
DDF	Ar + 1% ~ 3% Cl₂ 或 Ar	—	—	—	0.30 ~ 0.40	0.12 ~ 0.20	50 ~ 70

注：表中数据仅供参考。

10 铝合金铸造技术与铸锭均匀化退火

10.1 铝合金铸造技术

铸造是将符合铸造要求的液体金属通过一系列转注工具浇入具有一定形状的铸模中，冷却后得到一定形状和尺寸的铸锭的过程。要求所铸出的铸锭化学成分和组织均匀、内外质量好、尺寸符合技术标准。

铸锭质量的好坏不仅取决于液体金属的质量，还与铸造方法和工艺有关。目前国内应用较多的是不连续铸造（锭模铸造）和连续及半连续铸造。

10.1.1 铝合金铸造的分类

10.1.1.1 锭模铸造

锭模铸造，按其冷却方式可分为铁模和水冷模。铁模是靠模壁和空气传导热量而使熔体凝固，水冷模模壁是中空的，靠循环水冷却，通过调节进水管的水压控制冷却速度。

锭模铸造按浇注方式可分为平模、垂直模和倾斜模三种。锭模的形状有对开模和整体模，目前国内应用较多的是垂直对开水冷模和倾斜模两种，如图 10-1、图 10-2 所示。

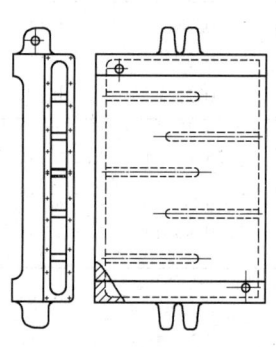

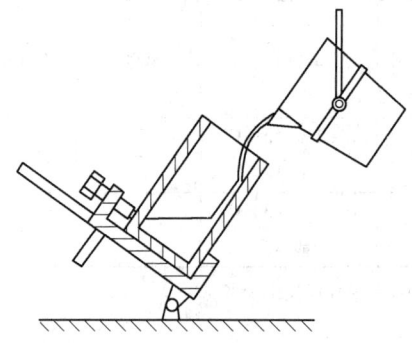

图 10-1　垂直对开水冷模　　　　　　　　　　　　图 10-2　倾斜模

对开水冷模一般由对开的两侧模组成。两侧模分别通冷却水，为使模壁冷却均匀，在两侧水套中设有挡水屏。为改善铸锭质量，使铸锭中气体析出，同时减缓铸模的激冷作用，常把铸模内表面加工成浅沟槽状。沟槽深约 2mm，宽约 1.2mm，沟槽间的齿宽约 1.2mm。

倾斜模铸造中，首先将锭模与垂直方向倾斜成 30°～40°角，金属液流沿锭模窄面模壁流入模底，浇注到模内液面至模壁高的 1/3 时，便一边浇注一边转动模子，使在快浇到预定高度时模子正好转到垂直位置。倾斜模浇注减少了液流冲击和翻滚，提高了铸锭质量。

锭模铸造是一种比较原始的铸造方法，铸锭晶粒粗大，结晶方向不一致、中心疏松程度重，不利于随后的加工变形，只适用于产品性能要求低的小规模制品的生产，但锭模铸造操作简单、投资少、成本低，因此在一些小加工厂仍广泛应用。

10.1.1.2　连续及半连续铸造

A　概述

连续铸造是以一定的速度将金属液浇入到结晶器内并连续不断地以一定的速度将铸锭拉出来的铸造方法。如只浇注一段时间把一定长度铸锭拉出来再进行第二次浇注称为半连续铸造。与锭模铸造相比，连续（半连续）铸造的铸锭质量好、晶内结构细小、组织致密，气孔、疏松、氧化膜废品少，铸锭的成品率高；缺点是硬合金大断面铸锭的裂纹倾向大，存在晶内偏析和组织不均。

B　连续（或半连续）铸造的分类

a　按作用原理分类

连续（或半连续）铸造按其作用原理可分为普通模铸造、隔热模铸造和热顶铸造。

普通模铸造是采用铜质、铝质或石墨材料做结晶器内壁，结晶槽高度有 100～200mm，也有小于 100mm 的。结晶器起成型作用，铸锭冷却主要靠结晶器出口处直接喷水冷却，适用于多种合金、规格的铸造。

隔热模和热顶铸造是在普通模基础上发展起来的，它们仍保持了普通模铸造的基本特征。隔热模铸造用结晶器是在普通模结晶器内壁上部衬一层保温耐火材料，从而使结晶器内上部熔体不与器壁发生热交换，缩短熔体到达二次水冷的距离，使凝壳水冷，减少冷隔、气隙和偏析瘤的形成倾向，结晶器下部为有效结晶区。与普通模铸造相比，同水平多模热顶铸造装置在转注方面采用横向供流，热顶内的金属熔体与流盘内液面处于同一水平，因而实现了同水平铸造；同时取消了漏斗，可铸更小规格的铸锭，简化了操作工艺。这两种方法铸造出的铸锭表面光滑、粗晶晶区小、枝晶细小且均匀，操作方便，可实现同水平多根铸造，生产效率高。但由于铸锭接触二次水冷的时间较早，这两种方法在铸造硬铝、超硬铝扁锭和大直径圆锭时，铸锭中心裂纹倾向大，故一般只适用于小直径圆锭和软合金扁锭的生产。

b　按铸锭拉出方向分类

连续及半连续铸造按铸锭拉出的方向不同可分为立式铸造和卧式铸造。

立式铸造的特征是铸锭以竖直方向拉出，可分为地坑式和高架式，通常采用地坑式。立式半连续铸造方法在国内有着广泛的应用，这种方法的优点是生产的自动化程度高，改善了劳动条件；缺点是设备初期投资大。卧式铸造又称水平铸造或横向铸造，铸锭沿水平方向拉出，如配以同步锯，可实现连续铸造。其优点是熔体二次污染小，设备简单，投资小，见效快，工艺控制方便，劳动强度低，配以同步锯时，可连铸连切，生产效率高；但由于铸锭凝固不均匀，液穴不对称，偏心裂纹倾向高，一般不适于大截面铸锭的铸造。

由于连续及半连续铸造的优越性及其在现代铝加工中不可替代的作用，本章主要介绍连续（半连续）铸造。

10.1.2　铸锭的组织特点

10.1.2.1　铸锭的典型组织

A　表面细等轴晶区

细等轴晶区是在结晶器壁的强烈冷却和液体金属的对流双重作用下产生的。当液体金属浇入低温的结晶器内时，与结晶器壁接触的液体受到强烈的冷却，并在结晶器壁附近的过冷液体中产生大量的晶核，为细等轴晶区的形成创造了热力学条件；同时由于浇注时，液流引起的动量对流及液体内外温差引起的温度起伏，使结晶器壁表面晶体脱落和重熔，增加了凝固区的晶核数目，因而形成了表面细等轴区。这些细等轴晶在形成过程中释放出的结晶潜热既能被模壁导出，也能向过冷液体中散失，因此枝晶的生长是无方向性的。

细等轴晶区的宽窄与浇注温度、结晶器壁温度及导热能力、合金成分等因素有关。浇注温度高、结晶器壁导热能力弱时，细等轴区窄；适当地提高冷却强度可使细等轴区变宽，但冷却强度过大时细等轴区将减小，甚至完全消失。

B　柱状晶区

随着液体对流作用的减弱，结晶器壁与凝固层上晶体脱落减少，加上结晶潜热的析出使界面前沿液体温度升高，细等轴晶区不能扩展。这时结晶器壁与铸锭间形成气隙，降低了导热速度，使结晶前沿过冷度减小，结晶只能靠细等轴晶的长大来进行。此时那些一次晶生成的方向与凝固方向一致的晶体，由于具有最好的散热条件而优先长大，其析出的潜热又使其他枝晶前沿的温度升高，从而抑制其他晶体的长大，使自己向内延伸成柱状晶。

在表面等轴晶区形成后，凡是能阻止在固液界面前沿形核的因素均有利于形成柱状晶。如合金浇注温度高、凝固温度范围窄、有效活性杂质少、结晶前沿的温度过冷小、液体流动受抑制从而导致单向导热等。

C　中心等轴晶区

中心等轴晶区的形成有三种形式。第一种是表面细等轴晶的游离，即凝固初期在结晶器壁附近形成的晶体，由于其密度与熔体密度的差异以及对流作用，浮游至中心成为等轴晶；第二种是枝晶的熔断和游离，柱状晶长大时，在枝晶末端形成溶质偏析层，抑制枝晶的生长，但此偏析层很薄，任何枝晶的长大都要穿过此层，因而形成缩颈，该缩颈在长大枝晶的结晶潜热作用下，或在液体对流作用下熔断，其碎块游离至铸锭中心，在温度低时可能形成等轴晶；第三种是液面的晶体组织，在浇注过程中，大量的晶体在对流作用下或发展成表面细等轴晶，或被卷至铸锭中部悬浮于液体中，随着温度下降，对流的减弱，沉积在铸锭下部的晶体越来越多，形成中部等轴晶区。

应该指出，在实际生产条件下，不一定三个晶区共存，可能只有一个或两个晶区。

除上述三种晶粒组织外，还可能出现一些异常的晶粒，如粗大晶粒、羽毛晶等。

10.1.2.2　铸锭组织特征

在直接水冷半连续铸造条件下生产的铝合金铸锭，由于强烈的冷却作用引起的浓度过冷和温度过冷，使凝固后的铸态组织偏离平衡状态，主要有以下特点：

（1）晶界和枝晶界存在不平衡结晶。以含 Cu4.2% 的 Al-Cu 二元合金为例（见图10-3），在平衡结晶时，合金到 b 点完全凝固，ad 上组织为均匀的 α 固溶体，温度降至 d 点以下时，α 固溶体分解，在 α 固溶体上析出 CuAl$_2$ 质点；在非平衡条件下（图中虚线部分），晶体的实际成分也不能按平衡固相线变化，而是按非平衡固相线变化，含 Cu4.2% 的合金必须冷却到 c 点才能完全凝固。这时合金受溶质再分配的影响，在晶界和枝晶上有一定数量的不平衡共晶组织。冷却速度越大，不平衡结晶程度越严重，在晶界和枝晶界上这种不平衡结晶组织的数量越多。

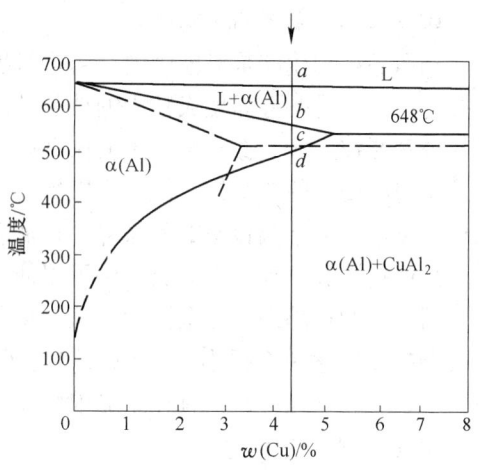

图 10-3 Al-Cu 二元共晶平衡与非平衡结晶示意图

（2）存在着枝晶偏析。枝晶偏析的形成和不平衡共晶的形成相似。由于溶质元素来不及析出，在晶粒内部造成成分不均匀现象，即枝晶偏析。枝晶内合金元素偏析的方向与合金的平衡图类型有关。在共晶型的合金中，枝晶中心的元素含量低，从中心至边缘逐渐增多。

（3）枝晶内存在着过饱和的难溶元素。合金元素在铝中的溶解度随温度的升高而增加。在液态下和固态下溶解度相差很大。在铸造过程中，当合金由液态向固态转变时，由于冷却速度很大，在熔体中处于溶解状态的难溶合金元素，如 Mn、Ti、Cr、Zr 等，由于来不及析出而形成该元素的过饱和固溶体。冷却速度越大，合金元素含量越高，固溶体过饱和程度越严重。

10.1.3 铸锭的晶粒细化技术

理想的铸锭组织是铸锭整个截面上具有均匀、细小的等轴晶。这是因为等轴晶各向异性小，加工时变形均匀、性能优异、塑性好，利于铸造及随后的塑性加工。要得到这种组织，通常需要对熔体进行细化处理。凡是能促进形核、抑制晶粒长大的处理，都能细化晶粒。铝工业生产中常用以下几种方法。

10.1.3.1 控制过冷度

形核率与长大速度都与过冷度有关，过冷度增加，形核率与长大速度都增加，但两者的增加速度不同，形核率的增长率大于长大速度的增长率，如图10-4 所示。在一般金属结晶时的过冷范围内，过冷度越大，晶粒越细小。

铝铸锭生产中增加过冷度的方法主要有降低铸造速度、提高液态金属的冷却速度、降低浇注温度等。

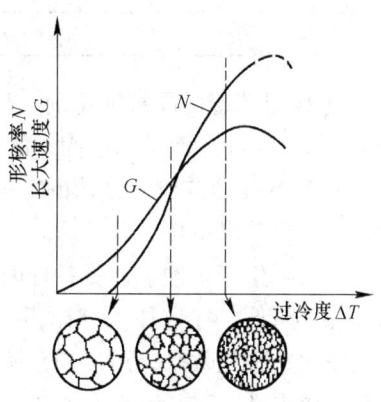

图 10-4 金属结晶时形核率、长大速度与过冷度的关系

10.1.3.2 动态晶粒细化

动态晶粒细化就是对凝固的金属进行振动和搅动，一方面依靠从外面输入能量促使晶核提前形成，另一方面使成长中的枝晶破碎，增加晶核数目。目前已采取的方法有机械搅拌、电磁搅拌、音频振动及超声波振动等。利用机械或电磁感应法搅动液穴中熔体，可增加熔体与冷凝壳的热交换，使液穴中熔体温度降低，过冷带增大、破碎了结晶前沿的骨架出现大量可作为结晶核心的晶枝碎块，从而使晶粒细化。

采用超声波振动或音频振动法可以使结晶前沿树枝晶晶枝折断，形成新的晶核。振动法使已生长的枝晶细网完全混向，从而得到组织细化的产品。晶粒细化程度主要取决于振幅（与振动频率关系很小）。当振幅大于 0.5mm，晶粒细化效果不再提高。熔体内部的自身振动不能细化晶粒，只有在结晶前沿振动时才能产生影响。

10.1.3.3 变质处理

变质处理是向金属液中添加少量活性物质，促进液体金属内部生核或改变晶体成长过程的一种方法，生产中常用的变质剂有形核变质剂和吸附变质剂。

A 形核变质剂

形核变质剂的作用机理是向铝熔体中加入一些能够产生非自发晶核的物质，使其在凝固过程中通过异质形核而达到细化晶粒的目的。

a 对形核变质剂的要求

要求所加入的变质剂或其与铝反应生成的化合物具有以下特点：晶格结构和晶格常数与被变质熔体相适应；稳定；熔点高；在铝熔体中分散度高，能均匀分布在熔体中；不污染铝合金熔体。

b 形核变质剂的种类

变形铝合金一般选含 Ti、Zr、B、C 等元素的化合物作晶粒细化剂，其化合物特征见表 10-1。

表 10-1 铝熔体中常用细化质点特征

化合物	密度/g·cm^{-3}	熔点/℃	化合物	密度/g·cm^{-3}	熔点/℃
$TiAl_3$	3.11	1337	TiC	3.4	3147
TiB_2	3.2	2920			

Al-Ti 是传统的晶粒细化剂，Ti 在 Al 中包晶反应生成 $TiAl_3$，$TiAl_3$ 与液态金属接触的（001）和（011）面是铝凝固时的有效形核基面，可增加形核率，从而使结晶组织细化。

Al-Ti-B 是目前国内公认的最有效的细化剂之一。若 Al-Ti-B 与 RE、Sr 等元素共同作用，其细化效果更佳。

在实际生产条件下，受各种因素影响，TiB_2 质点易聚集成块，尤其在加入时由于熔体局部温度降低，导致加入点附近变得黏稠，流动性差，使 TiB_2 质点更易聚集形成夹杂，影响净化、细化效果；TiB_2 质点除本身易偏析聚集外，还易与氧化膜或熔体中存在的盐类结合造成夹杂；7×××合金中的 Zr、Cr 元素还可以使 TiB_2 失去细化作用，造成粗晶组织。

由于 Al-Ti-B 存在以上不足，于是人们寻求更为有效的变质剂。近年来，不少厂家已成功地试验了 Al-Ti-C 细化剂，收到了比 Al-Ti-B 更好的细化效果。

c 变质剂的加入方式

变质剂的加入方式有：

（1）以化合物形式加入，如 K_2TiF_6、KBF_4、K_2ZrF_6、$TiCl_4$、BCl_3 等。经过化学反应，被置换出来的 Ti、Zr、B 等再重新化合而形成非自发晶核。

这些方法虽然简单，但效果不理想。反应中生成的浮渣影响熔体质量，同时再次生成的 $TiCl_3$、KB_2、$ZrAl_3$ 等质点易聚集，影响细化效果。

（2）以中间合金形式加入。目前工业用细化剂大多以中间合金形式加入，如 Al-Ti、Al-Ti-B、Al-Ti-C、Al-Ti-B-Sr、Al-Ti-B-RE 等。中间合金做成块状或线状。

d 影响细化效果的因素

影响细化效果的因素有：

（1）细化剂的种类。细化剂不同，细化效果也不同。实践证明，Al-Ti-B、Al-Ti-C 比 Al-Ti 更为有效。TiC 比 TiB_2 质点分散，所以 Al-Ti-C 比 Al-Ti-B 更为有效。

（2）细化剂的用量。一般来说，细化剂加入越多，细化效果越好。但细化剂加入过多易使熔体中金属间化合物增多并聚集，影响熔体质量。因此在满足晶粒度的前提下，杂质元素加入的越少越好。

从包晶反应的观点出发，为了细化晶粒，Ti 的添加量应大于 0.15%，但在实际变形铝合金中，其他组元（如 Fe）以及自然夹杂物（如 Al_2O_3）也参与了形成晶核的作用，一般只加入 0.01% ~ 0.06% 便足够了。

熔体中 B 含量与 Ti 含量有关。要求 B 与 Ti 形成 TiB_2 后熔体中有过剩 Ti 存在。B 含量与晶粒度关系如图 10-5 所示。

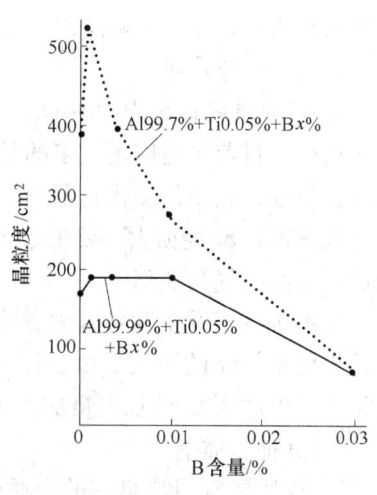

图 10-5 B 含量与晶粒度的关系

在使用 Al-Ti-B 作为晶粒细化剂时，500 个 TiB_2 粒子中有一个使 α-Al 成核，TiC 的形核率是 TiB_2 的 100 倍，因此一般将加入 TiC 质点数量分数定为 TiB_2 质点的 50% 以下，粒子越少，每个粒子的形核机会就越高，同时可防止粒子碰撞、聚集和沉淀。此外，TiC 的粒子分散度比 TiB_2 大得多，向熔体中加入 TiC 质量分数 0.001% ~ 0.01%，晶粒细化就相当有效。

（3）细化剂质量。细化质点的尺寸、形状和分布是影响细化效果的重要因素。质点尺寸小，比表面积小（以点状、球状最佳），在熔体中弥散分布，则细化效果好。以 $TiAl_3$ 为例，块状 $TiAl_3$ 比针状 $TiAl_3$ 细化效果好，这是因为块状 $TiAl_3$ 有三个面面向熔体，形核率高。

（4）细化剂添加时机。$TiAl_3$ 质点加入熔体 10min 时效果最好，40min 后细化效果衰退。TiB_2 质点的聚集倾向随时间的延长而加大。TiC 质点随时间延长易分解。因此，细化剂最好铸造前在线加入。

（5）细化剂加入时熔体温度。随着温度的提高，$TiAl_3$ 逐渐溶解，细化效果减小。

B 吸附变质剂

吸附变质剂的特点是熔点低，能显著降低合金的液相线温度，原子半径大，在合金中固溶量小，在晶体生长时富集在相界面上，阻碍晶体长大，又能形成较大的成分过冷，使晶体分枝形成细的缩颈而易于熔断，促进晶体的游离和晶核的增殖；其缺点是由于存在于枝晶和晶界间，常引起热脆。吸附性变质剂常有以下几种。

a　含 Na 的变质剂

Na 是变质共晶 Si 最有效的变质剂，生产中可以 Na 盐或纯金属（但以纯金属形式加入时可能分布不均，生产中很少采用）形式加入。Na 混合盐组成为 NaF、NaCl、Na_3AlF_6 等，变质过程中只有 NaF 起作用，见式（10-1）：

$$6NaF + Al \longrightarrow Na_3AlF_6 + 3Na \tag{10-1}$$

加入混合盐的目的，一方面是降低混合物的熔点（NaF 熔点 992℃），提高变质速度和效果；另一方面对熔体中 Na 进行熔剂化保护，防止 Na 的烧损。熔体中 Na 的质量分数一般控制在 0.01% ~ 0.014%，考虑到实际生产条件下不是所有的 NaF 都参与反应，因此计算时 Na 质量分数可适当提高，但一般不应超过 0.02%。

使用 Na 盐变质时，存在以下缺点：Na 含量不易控制，量少易出现变质不足，量多可能出现过变质（恶化合金性能，夹渣倾向大，严重时恶化铸锭组织）；Na 变质有效时间短，要加保护性措施（如合金化保护、熔剂保护等）；变质后炉内残余 Na 对随后生产合金的影响很大，造成熔体黏度大，增加合金的裂纹和拉裂倾向，尤其对高镁合金的钠脆影响更大；NaF 有毒，影响操作者健康。

b　含 Sr 变质剂

含 Sr 变质剂有 Sr 盐和中间合金两种。Sr 盐的变质效果受熔体温度和铸造时间影响大，应用很少。目前国内应用较多的是 Al-Sr 中间合金。与 Na 盐变质剂相比，Sr 变质剂无毒，具有长效性，它不仅细化初晶 Si，还有细化共晶 Si 团的作用，对炉子污染小。但使用含 Sr 变质剂时，Sr 烧损大，要加含 Sr 盐类熔剂保护，同时合金加入 Sr 后吸气倾向增加，易造成最终制品气孔缺陷。

Sr 的加入量受下面各因素影响很大：熔剂化保护程度好，Sr 烧损小，Sr 的加入量少；铸件规格小，Sr 的加入量少；铸造时间短，Sr 烧损小，加入量少；冷却速度大，Sr 的加入量少。生产中 Sr 的加入量应由试验确定。

c　其他变质剂

Ba 对共晶 Si 具有良好的变质作用，且变质工艺简单、成本低，但对厚壁件变质效果不好。

Sb 对 Al-Si 合金也有较好的变质效果，但对缓冷的厚壁铸件变质效果不明显。此外，对部分变形铝合金而言，Sb 是有害杂质，须严加控制。

变形铝合金常用变质剂见表 10-2。

表 10-2　变形铝合金常用变质剂

金　属	变质剂一般用量/%	加入方式	效果	附　　注
1××× 合金	（1）0.01 ~ 0.05Ti	（1）Al-Ti 合金	好	（1）晶核 $TiAl_3$ 或 Ti 的偏析吸附细化晶粒
	（2）0.01 ~ 0.03Ti + 0.003 ~ 0.01B	（2）Al-Ti-B 合金或 K_2TiF_6 + KBF_4	好	（2）晶核 $TiAl_3$ 或 TiB_2、$(Ti, Al)B_2$，质量比 B∶Ti = 1∶2 效果好

续表10-2

金属	变质剂一般用量/%	加入方式	效果	附　注
3×××合金	(1) 0.45~0.6Fe (2) 0.01~0.05Ti	(1) Al-Fe合金 (2) Al-Ti合金	较好 较好	(1) 晶核(FeMn)₄Al₆ (2) 晶核TiAl₃
含Fe、Ni、Cr的Al合金	(1) 0.2~0.5Mg (2) 0.01~0.05Na或Li	(1) 纯镁 (2) Na或NaF、LiF		细化金属化合物初晶
5×××合金	(1) 0.01~0.05Zr或Mn、Cr (2) 0.1~0.2Ti+0.02Be (3) 0.1~0.2Ti+0.15C	(1) Al-Zr合金或锆盐、Al-Mn、Cr合金 (2) Al-Ti-Be合金 (3) Al-Ti合金或炭粉	好 好 好	(1) 晶核ZrAl₃,用于高镁合金 (2) 晶核TiAl₃或TiAlₓ,用于高镁铝合金 (3) 晶核TiAl₃或TiAlₓ、TiC,用于各种Al-Mg系合金
需变质的4×××合金	(1) 0.005~0.01Na (2) 0.01~0.05P (3) 0.1~0.5Sr或Te、Sb	(1) 纯钠或钠盐 (2) 磷粉或P-Cu合金 (3) 锶盐或纯碲、锑	好 好 较好	(1) 主要是钠的偏析吸附细化共晶硅,并改变其形貌;常用67%NaF+33%NaCl变质,时间少于25min (2) 晶核Cu₂P,细化初晶硅 (3) Sr、Te、Sb阻碍晶体长大
6×××合金	(1) 0.15~0.2Ti (2) 0.1~0.2Ti+0.02B	(1) Al-Ti合金 (2) Al-Ti或Al-B合金,或Al-Ti-B合金	好 好	(1) 晶核TiAl₃或TiAlₓ (2) 晶核TiAl₃或TiB₂、(Al,Ti)B₂

最近研究发现,不只晶粒度影响铸锭的质量和力学性能,枝晶的细化程度及枝晶间的疏松、偏析、夹杂对铸锭质量也有很大影响。枝晶的细化程度主要取决于凝固前沿的过冷,这种过冷与铸造结晶速度有关,如图10-6所示。靠近结晶前沿区域的过冷度越大,结晶前沿越窄,晶粒内部结构就越小。在结晶速度相同的情况下,枝晶细化程度可采用吸附型变质剂加以改变,形核变质剂对晶粒内部结构没有直接影响。

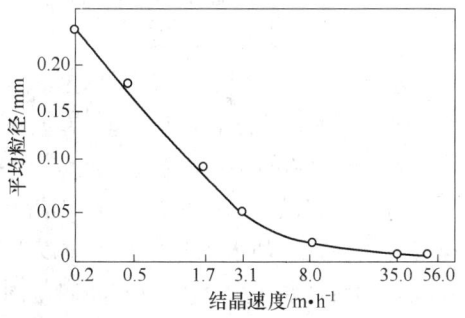

图10-6　结晶速度对枝晶细化程度的影响

10.1.4　铸造工艺参数对铸锭质量的影响

半连续及连续铸造中,影响铸锭质量的主要因素有冷却速度、铸造速度、铸造温度、结晶器高度等。现将各参数的影响介绍如下。

10.1.4.1　冷却速度对铸锭质量的影响

A　对铸锭质量的影响

冷却速度对铸锭质量的影响如下:

(1) 对组织结构的影响。在直接水冷半连续铸造中,随着冷却强度的增加,铸锭结晶速度提高,熔体中溶质元素来不及扩散,过冷度增加,晶核增多,因而所得晶粒细小;同时过渡带尺寸缩小,铸锭致密度提高,可减小疏松倾向。此外提高冷却速度,还可细化一次晶化合物尺寸，减小区域偏析的程度。

（2）对力学性能的影响。合金成分不同，冷却强度对铸锭力学性能的影响程度也不一样。对同一种合金来说，铸锭的力学性能随冷却强度的增大而提高。

（3）对裂纹倾向的影响。随着冷却强度的提高，铸锭内外层温差大，铸锭中的热应力相应提高，使铸锭的裂纹倾向增大。此外，冷却均匀程度对裂纹也有很大影响。水冷不均会造成铸锭各部分收缩不一致，冷却弱的部分将出现曲率半径很小的液穴区段，该区段局部温度高，最后收缩时受较大拉应力而导致裂纹。

（4）对表面质量的影响。在普通模铸造条件下，随着冷却强度的提高，在铸造速度慢时会使冷隔的倾向变大，但会使偏析浮出物和拉裂的倾向降低。

B 冷却水量的确定

连续铸造条件下，冷却水量可按式（10-2）估算：

$$W = \frac{c_1(t_3 - t_2) + L + c_2(t_2 - t_1)}{c(t_4 - t_5)} \qquad (10\text{-}2)$$

式中 W——单位质量金属的耗水量，m^3；

c_1——金属在（$t_3 - t_2$）温度区间的平均比热容，$J/(kg \cdot ℃)$；

c_2——金属在（$t_2 - t_1$）温度区间的平均比热容，$J/(kg \cdot ℃)$；

t_1——金属最终冷却温度，℃；

t_2——金属熔点，℃；

t_3——进入结晶器的液体金属温度，℃；

t_4——结晶器进水温度，℃；

t_5——二次冷却水最终温度，℃；

c——水的比热容，$J/(kg \cdot ℃)$；

L——金属的熔化潜热，J/kg。

在结晶器和供水系统结构一定的情况下，冷却水的流量和流速是通过改变冷却水压来实现的，在确定冷却水压时，应注意以下几点：

（1）扁锭的铸速高，单位时间内凝固的金属量大，故需冷却水多，水压应大些；圆锭和空心锭水压小些。

（2）铸锭规格相同时，冷却水压由大到小的顺序是软合金→锻铝→硬铝系合金→高镁合金→超硬铝合金；但硬铝扁铸锭小面水压大，可以消除侧面裂纹；超硬铝水压小，可以消除热裂纹。

（3）同一种合金，随着铸锭规格变大（圆铸锭直径增大，扁铸锭变厚），要降低水压，以降低裂纹倾向；但对软合金和裂纹倾向小的合金，也可随规格增大加大水压，以保证良好的铸态性能。

（4）采用隔热膜、热顶和模向铸造时其冷却速度基本与普通模铸造相应冷却强度相同。

C 对冷却水的要求

半连续铸造时对冷却用水的要求见表10-3。此外，为保证冷却均匀，要保证水温基本不波动、冷却水尽可能均匀、冷却水流量稳定，防止结晶器二次水冷喷水孔堵塞。

表10-3 半连续铸造用冷却水的要求

水温/℃		水压 /MPa	结垢物质量		pH	SO_4^{2-} /mg·L^{-1}	PO_4^{3-} /mg·L^{-1}	悬浮物量		
出水孔	入水孔		含量 /%	硬度 /mg·L^{-1}				总量 /mg	单个大小 /mm³	单个长度 /mm
<35	≤25	1.5~2.2	≤0.01	≤55	7~8	<400	≤2~3	≤100	≤1.4	<3

10.1.4.2 铸造速度对铸锭质量的影响

铸造速度是铸锭相对于结晶器的运动速度，单位是 mm/min。铸造过程中铸造速度应是不变的，但在铸造开头收尾时受液面波动的影响可能会有些变化。不同规格、不同合金铸造速度不同。铸造速度的快慢直接影响铸锭的结晶速度、液穴深度及过渡带宽窄，是决定铸锭质量的重要参数。

A 对铸锭质量的影响

铸造速度对铸锭质量的影响：

（1）对组织的影响。在一定范围内，随着铸造速度的提高，铸锭晶内的组织结构变得细小。但过高的铸造速度会使液穴变深（$h_{液穴} = kV_{铸}$），过渡带尺寸变宽，结晶组织粗化，结晶时的补缩条件恶化，增大中心疏松倾向，同时使铸锭的区域偏析加剧，使合金的组织和成分不均匀性增加。

（2）对力学性能的影响。随着铸造速度的提高，铸锭的平均力学性能沿图10-7的曲线变化，且其沿铸锭截面分布的不均匀程度增大。

（3）对裂纹倾向的影响。随着铸造速度的提高，铸锭形成冷裂纹的倾向降低，热裂纹的倾向升高。这是因为提高铸造速度时，铸锭中已凝固部分温度升高，塑性好，因此冷裂倾向低；但铸锭过渡带尺寸变大，脆性区几何尺寸变大，因而热裂倾向升高。

（4）对表面质量的影响。提高铸造速度，液穴深，结晶壁薄，铸锭产生金属瘤、漏铝和拉裂倾向变大；速度过低易造成冷隔，严重的可能成为低塑性大规格铸锭冷裂纹的起因。

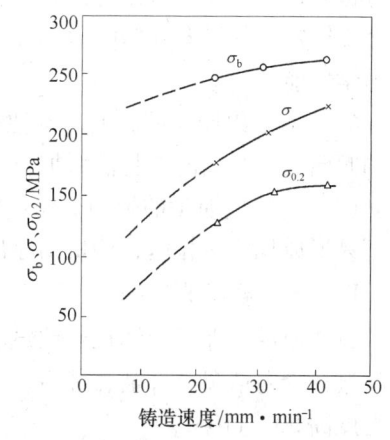

图10-7 5A06合金 ϕ405mm铸锭的
平均力学性能与铸造速度的关系

B 铸造速度的选择

选择铸造速度的原则是在满足技术标准的前提下，尽可能提高铸造速度，以提高生产率。

（1）扁铸锭铸造速度的选择以不形成裂纹为前提。对冷裂倾向大的合金，随铸锭宽厚比增大应提高铸造速度；对冷裂倾向小的软合金，随铸锭宽厚比的增大可适当降低铸造速度。在铸锭厚度和宽度比一定时，随合金热裂倾向的增加，铸造速度应适当降低。

（2）实心圆铸锭铸造速度选择一般遵循以下原则：对同种合金，随直径增大，铸造速度逐渐减小；对同规格不同合金，铸造速度应按照软合金→锻造铝合金→高镁合金→2A12→超硬铝合金的顺序逐步递减。

（3）空心锭铸造速度的选择。对同一种合金，外径或内径相同时，铸造速度随壁厚增加而降低。在其他条件相同时，软合金空心锭的铸造速度约比同外径的实心圆锭的高30%，硬合金高50%~100%。

（4）对同合金、同规程铸锭，采用隔热模、热顶、横向铸造时，其铸造速度一般比普通模高出20%~160%。

此外，铸造速度的选择还与合金的化学成分有关。对同一种合金，其他工艺参数不变时，调整化学成分使合金塑性提高，铸造速度也可以相应提高。

10.1.4.3　铸造温度对铸锭质量的影响

A　对铸锭质量的影响

铸造温度对铸锭质量的影响有：

（1）对组织的影响。提高铸造温度，会使铸锭晶粒粗化倾向增加。在一定范围内提高铸造温度，铸锭液穴变深，结晶前沿温度梯度变陡，结晶时冷却速度大，细化晶内结构，但同时形成柱状晶、羽毛晶组织的倾向增大。提高铸造温度还会使液穴中悬浮晶尺寸缩小，因而形成一次晶化合物倾向变低；排气补缩条件得到改善，致密度得到提高。降低铸造温度，会使熔体黏度增加，补缩条件变坏，疏松、氧化膜缺陷增多。

（2）对力学性能的影响。在一定范围内提高铸造温度，硬合金铸锭的铸态力学性能可相应提高，但软合金铸锭的铸态力学性能受晶粒度的影响有下降的趋势。无论硬合金还是软合金铸锭，其纵向和横向力学性能差别很大。降低铸造温度可能导致体积顺序结晶而降低力学性能。

（3）对裂纹倾向的影响。其他条件不变时，提高铸造温度，可使液穴变深，柱状晶形成的倾向大，合金的热脆性增加，裂纹倾向大。

（4）对表面质量的影响。随着铸造温度的提高，铸锭的凝壳壁变薄，在熔体静压力作用下易形成拉痕、拉裂、偏析物浮出等缺陷，但形成冷隔倾向降低。

B　铸造温度的选择

铸造温度应保证熔体在转注过程中有良好的流动性，选择铸造温度应根据转注距离、转注过程降温情况、合金、规格、流量等因素来确定。一般来说，铸造温度应比合金液相线温度高50~110℃。

扁铸锭热裂倾向高，铸造温度应相应低些，一般为680~735℃。

圆铸锭的裂纹倾向低，为保证合金有良好的排气补缩能力，创造顺序结晶条件，提高致密度，一般铸造温度偏高。直径在350mm以上的铸锭铸造温度一般在730~750℃；对形成金属化合物一次晶倾向大的合金可选择740~755℃；对小直径铸锭，因其过渡带尺寸小，力学性能好，一般以满足流动性和不形成光亮晶为准，在715~740℃。

空心铸锭铸造温度可参照同合金相同外径的实心圆铸锭下限选取。

隔热模、热顶、横向铸造时，其铸造温度基本与普通模铸造相应温度相同。

10.1.4.4　结晶器高度对铸锭质量的影响

A　对铸锭质量的影响

结晶器高度对铸锭质量的影响如下：

（1）对组织的影响。随着结晶器高度的降低，有效结晶区短，冷却速度快，溶质元素来不及扩散，活性质点多，晶内结构细，上部熔体温度高，流动性好有利于气体和非金属夹杂物的上浮，疏松倾向小。

（2）对力学性能的影响。随着有效结晶区的缩短，晶粒细小，有利于提高平均力学性能。

（3）对裂纹倾向的影响。采用矮结晶器对裂纹倾向的影响与提高铸造速度相似。

（4）对表面质量的影响。使用矮结晶器时，铸锭表面光滑，这是因为铸锭周边逆偏析程度和深度小，凝壳无二次重熔现象，抑制了偏析瘤的生成。

B　结晶器高度的选择

对软合金及塑性好的纵向压延扁锭、小规格圆锭和空心锭，因其裂纹倾向小，宜采用矮结晶器铸造，结晶器高度一般在 20～80mm；对塑性低的横向压延扁锭、大直径圆锭及空心锭采用高结晶器铸造，结晶器高度一般为 100～200mm。

10.1.5　铸造工具的设计与制造

10.1.5.1　立式半连续（连续）铸造工具

立式半连续（连续）铸造工具按作用可分为三类。一是铸锭成型工具，包括结晶器、芯子、水冷装置和底座；二是液流转注和控制工具，包括流槽、流盘、漏斗、控制阀等；三是操作工具，包括渣刀、铺底用纯铝桶、钎子等。

A　结晶器

结晶器是半连续（连续）铸造用的锭模，俗称冷凝槽，它是铸锭成型和决定铸锭质量的关键部件，要求结构简单、安装方便，有一定强度、刚度、耐热冲击，具有高的导热性和良好的耐磨性。普通模用结晶器高度一般为 100～200mm，有效结晶高度大于 50mm。

a　普通模铸造用结晶器

普通模铸造用结晶器主要有：

（1）实心圆锭用结晶器。实心圆锭用结晶器如图 10-8 所示。

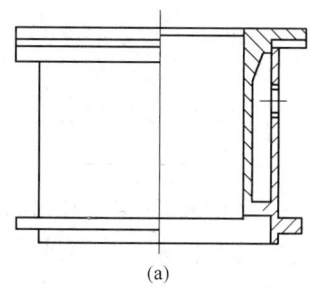
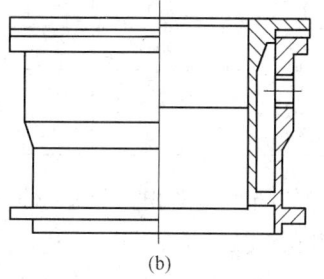

（a）　　　　　　　　　　　　　（b）

图 10-8　铸造实心圆锭用结晶器

（a）普通圆锭结晶器；（b）带锥度的圆锭结晶器

它是两端敞开，由内外套组合而成的滑动式结晶器，内外套构成水套。对于直径小于160mm 的圆铸锭，其内套内表面加工成筒形，直径在 160mm 以上的圆铸锭，在距离内表面上口 20～50mm 处加工成 1∶10 的锥度区，其作用是使铸锭与内表面优先生成气隙，以降低结晶器中铸锭的冷却强度，有利于减少或消除冷隔。内套外表面具有双螺纹筋，目的在于提高结晶器刚度，防止内套翘曲，同时作为冷却水的导向槽，提高冷却水的流速，保证水冷均匀。外套上部两端开有对称的两个进水孔，通过胶管与螺纹管头和循环冷却水系统连接。外套内缘下壁开有方形的沟槽，与内套外壁下缘的斜面组成方形水孔。冷却水由进水管经由内外套间的螺旋形水路从方形水孔喷向铸锭。

主要尺寸有：

1）结晶器的高度。结晶器的高度是连续铸造中的重要工艺参数，它是根据合金性质、铸锭直径及铸锭使用性能确定的。生产中一般采用 100 ~ 200mm。

2）内套下缘直径。内套下缘直径是得到指定铸锭直径的决定性参数，其计算公式如下：

$$D = (d + 2\delta) \cdot (1 + \varepsilon) \tag{10-3}$$

式中 D——内套下缘直径，mm；

d——铸锭名义直径，mm；

δ——铸锭车皮厚度，mm；

ε——铸锭线收缩率，%。

车皮厚度取决于铸锭表面质量及用途。合金规格不同，对车皮的要求也不同。铸锭的线收缩率与合金性质、铸造工艺参数和铸锭直径有关，通常在 1.6% ~ 3.1%，计算时多取 2.3% ~ 2.5%。表 10-4 为圆铸锭结晶器内套下缘直径。

表 10-4 圆铸锭结晶器内套下缘直径

铸锭规格直径/mm	结晶器内套下缘直径/mm			铸锭规格直径/mm	结晶器内套下缘直径/mm		
	不车皮的	少车皮的	多车皮的		不车皮的	少车皮的	多车皮的
60	62			350	358	371	
100	102			360	368	379	
120	123			405	414	430	435
162	165	175		482	490	512	519
192	195	206		550			590
270	276	290		630			670
290	296	310		775			825

结晶器下缘的喷水孔面积为 3mm × 3mm，水孔中心距 7mm。出水孔对铸锭中心线夹角 20° ~ 30°。进水孔直径一般为 20 ~ 50mm。原则上进水孔总面积应大于出水孔总面积，当进水孔面积不能满足这个条件时，在工艺上用水压调整。理想的冷却是冷却水沿铸锭壁流下，因此出水孔水流速度不宜过大，有些资料提出将出水孔设计成内小外大的喇叭形，以降低出水的流速。

铸造时，耗水量根据式（10-4）计算：

$$W = HF \sqrt{2gp} \tag{10-4}$$

式中 W——耗水量，m^3/s；

H——流量系数，由实验室确定，通常取 0.6；

F——出水孔总面积，m^2；

g——重力加速度，m/s^2；

p——结晶器入口处的水压，MPa。

（2）空心圆锭用结晶器。空心圆锭用的结晶器和芯子装置如图 10-9 所示。外圆成型用结晶器与实心圆铸锭结晶器相同，只是在上口开了一道止口，用来安放芯子架。芯子安放在芯子架中央，水由胶管从芯子顶部通入，而后沿芯子底部喷向铸锭。为防止铸造开始时因铸锭内孔收缩而抱芯子或悬挂，芯子和芯子支架用螺旋连接，通过手柄可以在铸造过程中转动芯子。为防止在铸造过程中烧芯子或因液面高而使铸锭拉裂，应使芯子内充满水，并提高冷却效果。采用的方法是在芯子底部拧进去一个塞子，俗称芯子堵（见图 10-10）。

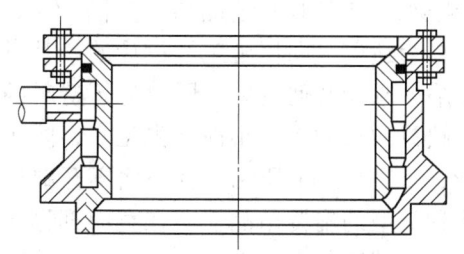

图 10-9　空心圆铸锭用结晶器结构

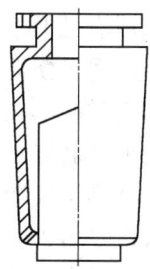

图 10-10　空心锭用芯子

芯子高度与结晶器相等或稍短一点。芯子水孔直径 3～4mm，水孔中心线间距 7～10mm，芯子出水孔与铸锭中心线呈 20°～30°。为防止铸造过程中由于铸锭热收缩而抱芯子，芯子应带有一定锥度。芯子锥度应根据合金性质和铸锭规格而定，一般在 1∶14～1∶17。锥度过小，铸锭不能顺利脱模，易使内孔产生放射状裂纹，严重时，铸锭因收缩而将芯子抱住，使铸造无法进行；锥度过大铸锭与芯子间会形成气隙，使其冷却强度降低，从而使内表面偏析物增多。

（3）扁锭用结晶器。铸造 300mm×1040mm 纵向压延扁锭结晶器如图 10-11 所示，铸造 255mm×1500mm 和 300mm×1200mm 的横向压延扁锭用结晶器如图 10-12 所示。其主要尺寸见表 10-5。

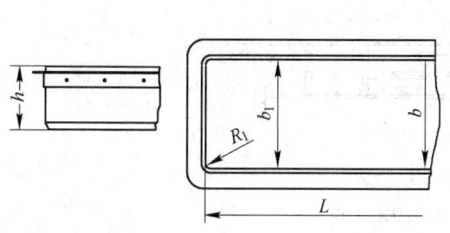

图 10-11　铸造 300mm×1040mm
纵向压延扁锭结晶器

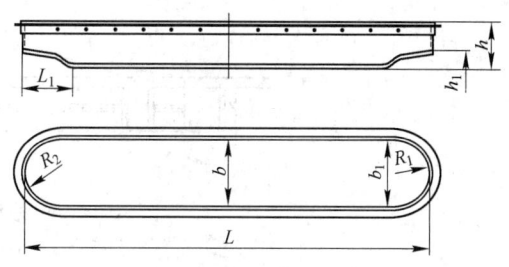

图 10-12　铸造 255mm×1500mm
横向压延扁锭用结晶器

表 10-5　扁锭用结晶器主要尺寸

铸锭规格 /mm×mm	结晶器长度/mm		结晶器宽度/mm		结晶器高度/mm		小面弧半径/mm	
	L_1	L_2	b	b_1	h	h_1	R_1	R_2
275×1040	1070	80	280	280	190	35	15	225
275×1240	1260	80	280	280	190	35	15	500
300×1040	1060	—	316	316	160	—	—	—
300×1240	1260	—	316	316	160	—	—	—
300×1200	1230	230	310	300	200	65	88	212
200×1400	1420	205	205	205	200	75	60	145
255×1500	1530	220	270	264	200	70	90	175
300×1500	1530	150	310	300	200	120	68	—

　　扁铸锭结晶器有两种类型，一种是小面呈椭圆形或楔形的结晶器，如图 10-12 所示，这种结晶器适用于横向压延扁锭的铸造。这是为适应横向压延工艺设计的，其目的是控制金属在轧制时的不均匀流动，防止张嘴缺陷，减少几何废料，同时对铸造时的应力分布有利。这种结晶器小面一般都带有缺口，缺口的目的是让小面优先见水，防止侧面裂纹。另一种结晶器横断面外形呈近似长方形，如图 10-11 所示，其小面不开缺口或缺口很小，开缺口是为了防止小面漏铝。无论哪种类型的扁锭结晶器，在宽面都呈向外凸出的弧形，这是考虑到铸锭宽面中部的收缩较大；铸锭截面上沿宽度方向上收缩率为 1.5%～2.0%，在横截面两端沿厚度方向上的收缩率为 2.8%～4.35%，宽面中心沿厚度方向为 6.4～8.1%。结晶器高度一般为 180～200mm。

　　几种常用的水冷装置如图 10-13～图 10-15 所示。

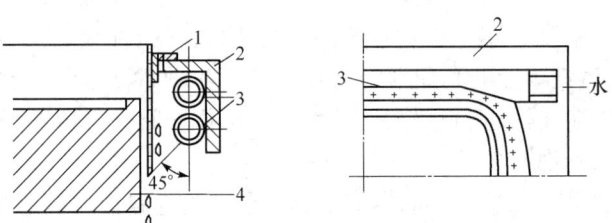

图 10-13　水管式冷却装置

1—结晶器；2—盖板；3—水管；4—底座

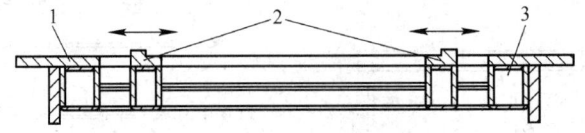

图 10-14　可移动水箱式冷却装置

1—盖板；2—活动水箱；3—固定水箱

　　水管式冷却装置适用于纵向压延扁锭的铸造。结晶器周边有两排直径为 38mm 的环行管道，上下排列，每条水管向结晶器方向各开一排水孔，孔径 3～5mm，孔中心距 6～

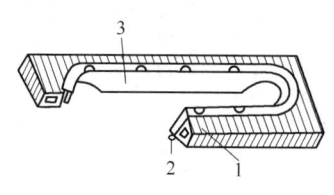 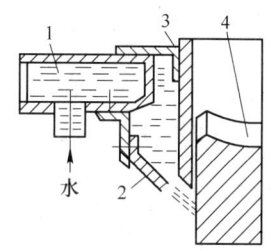

图 10-15 横向压延扁锭用水箱式冷却装置

1—水箱（兼盖板）；2—挡水板；3—结晶器；4—底座

10mm，与轴线呈 45°，为使大小面冷却均匀，下层水管两小面端不开孔。可移动水箱式冷却装置适用于纵向压延扁锭的铸造。该种装置的特点是铸锭厚度不变，宽度变化时，换工具不需要更换水冷装置，通过移动两侧小面的水箱即可。其优点是节省了工具制造费用，简化了换工具操作。横向压延扁锭用的水箱式冷却装置适用于横向压延扁锭的铸造。水箱内用隔板将大小面水分开，以便于大小面分开供水和控制。水箱下面装有挡水板，以确保水沿铸锭均匀流下。水箱内有 2~3 排水孔，孔径为 3~5mm，孔间距 6~14mm。喷水孔角度对冷却有很大影响，上排喷水孔用于一次冷却，喷在结晶器壁上。喷水位置，要保证液面不能在喷水线以上，防止出现冷隔，角度一般为 45°~90°。第二排水用于二次水冷，一般与铸锭轴线呈 30°~45°，二次冷却水的位置距结晶器的下端距离取决于不同的合金及其他工艺因素，为减少中心裂纹，二次冷却水下移，液穴平坦。

b 同水平多模热顶铸造用结晶器

同水平多模热顶铸造原理图如图 10-16 所示。该装置一般用于生产小规格圆锭及空心铸锭。

有效结晶区高度是隔热模铸造的重要工艺参数，有效结晶区过高，铸锭表面会出现偏析瘤，影响铸块表面质量和结晶组织，失去隔热模的意义；过小则易使结晶凝壳壁延伸进隔热模内造成铸锭拉裂，严重时会损坏保温材料。有效结晶区高度为：

$$h_{结} + h_{水} - UCD = 0~15 \tag{10-5}$$

式中 UCD——上流导热距离的英文缩写，它表示铸锭由见进水线开始，单纯依靠二次冷却水的冷却作用在铸锭表面上产生的向上的冷却距离。

单靠结晶器壁在铸锭表面上产生的向下冷却距离称为铸模单独冷却距离，简称 MAL，如图 10-17 所示。

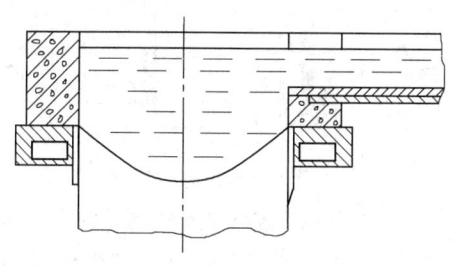

图 10-16 单体热顶原理

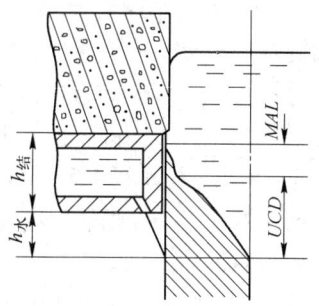

图 10-17 UCD 与 MAL 示意图

图10-17 在稳定的连续铸造中，UCD 的理论值可按式（10-6）确定：

$$UCD = -\frac{\alpha}{V}\ln\frac{c_p(t_0 - t_1) + Q}{c_p(t_0 - t_2) + Q} \tag{10-6}$$

式中　α——铸锭的导温系数，m^2/s；

　　　V——铸速，m/s；

　　　c_p——铸造合金的比热容，$J/(kg \cdot ℃)$；

　　　t_0——液穴中液态金属的温度，℃；

　　　t_1——铸造合金的液相线温度，℃；

　　　t_2——铸锭见水线温度，℃；

　　　Q——铸造合金的结晶潜热，J/kg。

同水平多模热顶铸造用结晶器可分为：

（1）实心圆锭结晶器。其组成为：

1）热帽。在水冷结晶器上方安装一个用绝热模材料做的保温帽。保温帽高 80 ~ 100mm，热帽过矮会出现紊流，不便控制液面；过高时金属静压力大，易出现金属瘤和漏铝，同时也有使偏析浮出物增大的趋势，不利于表面质量的提高。铸造中控制金属水平距热帽上沿 20mm 左右，热帽内径与硅酸铝隔热密封垫圈内径相同，比石墨环小 3 ~ 5mm。

2）隔热密封垫圈。采用硅酸铝纤维毡切制而成，其内侧突出结晶器距离应越短越好，一般控制小于 3 ~ 5mm。生产中为了减少凸台对铸锭表面影响可采用斜面，与水平倾角45°。

3）结晶器。结晶器内衬石墨圈，石墨圈下留有 8mm 高的铝台，以满足多模铸造底座上升的需要。铝台内径比石墨环内径大 1 ~ 1.5mm。结晶器总高度等于石墨环高度和铝台高度之和。结晶器高度即有效结晶区高度，其计算公式见式（10-5）、式（10-6）。生产中一般控制在 20 ~ 50mm。

4）石墨圈。石墨圈的高度是热顶铸造的一个重要参数。过小，结晶区上涨，深入密封隔热圈内，易造成铸锭表面的拉痕和拉裂；过高，铸造边部半凝固状态的金属与石墨圈接触面积大，铸锭表面不光滑。石墨圈内径起定径的作用。石墨圈厚度应越薄越好，但考虑到石墨本身强度和满足加工需要，厚度以 4mm 为宜。

5）水冷系统。热顶铸造的水冷系统一般有以下三种：第一种是水孔式，与普通模的水冷系统相同；第二种是双排水孔式，可增强冷却效果，水孔孔径及孔间距与普通模水冷系统相同；第三种是水帘式，即沿结晶器外套下缘开一圆缝，这种结构可保证冷却均匀，但易被冷却水中脏物堵塞，影响冷却效果。

（2）空心锭用结晶器。外圆成型用结晶器与实心圆锭基本相同。芯子直径对空心锭起定孔作用，其总高度约为30mm，中间有一锥度区，有效高度为(10 ± 2)mm，锥度为1:20 ~ 1:14，喷水孔径2.5 ~ 3mm，孔间距4.5 ~ 6mm。芯子水管和芯子上部无锥度区套以隔热保温套。

c　隔热模铸造用结晶器

隔热模铸造多用于纵向压延扁锭的铸造，其结晶器结构如图 10-18 所示。生产中一般有

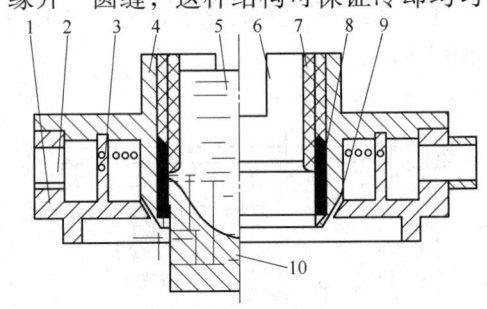

图 10-18　隔热模铸造用结晶器

1—结晶器外套；2—冷却水入口；3—水隔板；4—结晶器内套；5—铝合金熔体；6—切口；7—硅酸铝纤维毡；8—石墨套；9—冷却水出口；10—铸锭

效结晶区高度为 60~80mm。

B　润滑装置

为减少铸锭与结晶器间的摩擦阻力及机械阻力造成的拉裂，改善铸锭表面质量，延长结晶器的使用寿命，有必要对结晶器进行适当的润滑。润滑剂有油类、石墨粉等。

依靠结晶器内衬自身润滑主要是石墨润滑，即结晶器内壁衬一圈石墨套，石墨是很好的润滑材料。

油类润滑剂是普通模铸造常用的一种。油类润滑有人工润滑与自动润滑两种。自动润滑结晶器内衬套如图 10-19 所示。油剂依靠压力自小油孔道压入，从衬套小孔中输入到铸锭与衬套的间隙，自动润滑油可采用 HJ-50 机械油、HJ-30 机械油、菜籽油、蓖麻油等。人工润滑是在铸造前在结晶器内表面涂抹一层轧机用润滑脂或钙基润滑脂，铸造过程中，采用汽缸油润滑，给油量的多少，以使结晶器内壁始终维持一层油膜为准。

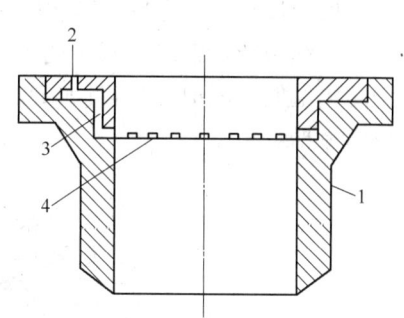

图 10-19　润滑剂输油的结晶器内衬套示意图
1—结晶器内套；2—进入液体润滑剂孔；
3—输油孔道；4—油孔

C　底座

底座在铸造开始时起成型和牵引作用，在铸造过程中起支承作用。底座形状如图 10-20~图 10-23 所示。为避免铸造时因热膨胀而将底座卡在结晶器内，底座所有横断面尺寸都应比结晶器下缘相应尺寸小 1%~2%。

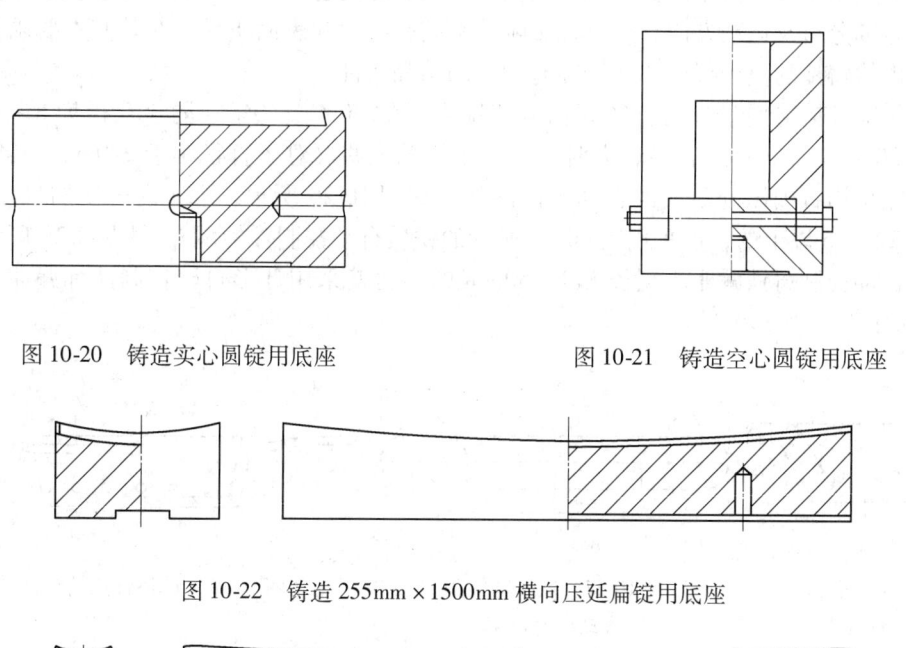

图 10-20　铸造实心圆锭用底座　　　　图 10-21　铸造空心圆锭用底座

图 10-22　铸造 255mm×1500mm 横向压延扁锭用底座

图 10-23　铸造 300mm×1040mm 纵向压延扁锭用底座

D 液流转注和控制装置

金属液从静置炉输送到结晶器中的全过程称为转注，合理的转注方法是要使液流在氧化膜覆盖下平稳地流动，转注的距离要尽可能合理，严禁有敞露的落差和液流冲击。

传统的转注方法如图 10-24 所示。该装置中由于流槽与流盘间、流盘与结晶器间存在落差，金属翻滚严重，容易使已被净化的熔体被二次污染。为避免熔体污染，要尽量减少转注频次，缩短转注距离，减少落差，在静置炉与流盘间实现水平供流，如图 10-25 所示。为防止漏铝，流槽与流盘间采用半圆形接头，或在静置炉与结晶器间只采用流盘连接，取消流槽。

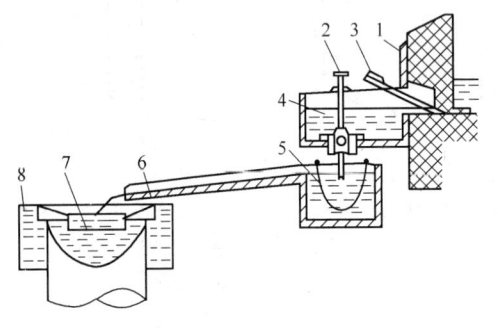 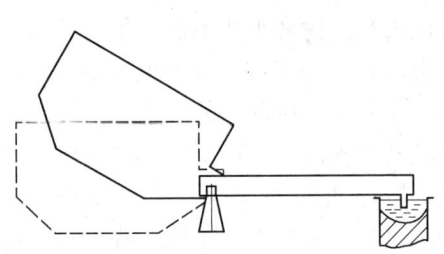

图 10-24 传统的金属转注装置   图 10-25 水平转注示意图
1—静置炉；2—液体控制阀；3—节流钎；4—流槽；
5—流盘；6—分配漏斗；7—结晶器；8—转注

漏斗是用于合理分布液流和调节流量的工具。通过它可以改变液穴的形状和深度，改变熔体温度分布及运动方向，它直接影响铸锭结晶组织和表面质量。对其基本要求是使熔体均匀供给铸锭的整个截面，使铸锭有均一的结晶条件。

一般圆锭铸造用漏斗的直径为相应铸锭直径的 30% ~ 40%，漏斗孔径为 8 ~ 12mm，孔间距 30 ~ 50mm，漏斗直径较大时，孔间距可稍大些。对于直径小于 220mm 的圆铸锭，可采用完全用石棉压制而成的自动控制漏斗，如图 10-26 所示，可实现简便的自动节流。直径在 220mm 以上的，可采用图 10-27 所示的铁质自动控制浮标漏斗。图 10-28 所示是圆铸锭非自动控制铸铁漏斗。直径大于 550mm 的圆铸锭采用环形自动控制浮标漏斗，如图 10-29 所示。

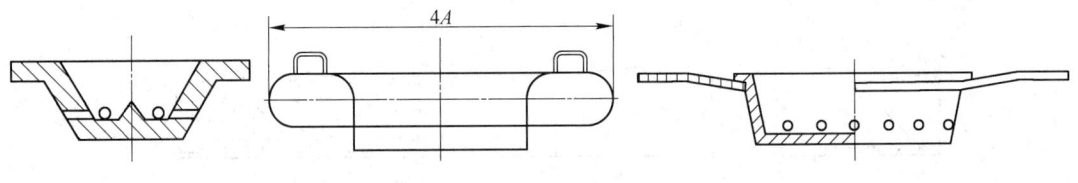

图 10-26 石棉浮标   图 10-27 铁质圆锭用   图 10-28 圆铸锭用铸铁漏斗
　　　漏斗　　　　　　　　　　自动控制浮标

空心铸锭采用弯月形叉式漏斗供流，液态金属在与直径对称的两点进入环形液穴，如图 10-30 所示。

横向压延扁锭用的自动控制漏斗一般为开口扁平式，如图 10-31 所示，其长度和扁平

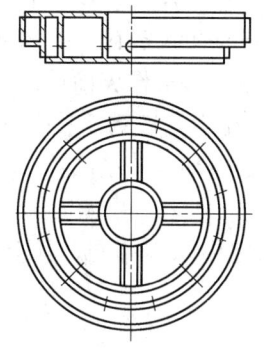

图 10-29　环形漏斗（φ720mm）

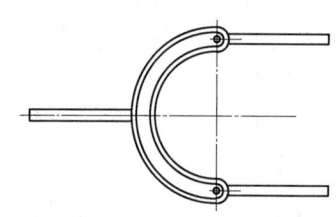

图 10-30　铸造空心锭用弯月形叉式漏斗

口的宽度以有利于形成宽面圆滑曲面形液穴底为原则，一般下缘长度为铸锭宽度的 8% ~ 15%，宽度为铸锭厚度的 20% ~ 40%。铸造纵向压延扁锭的液面自动装置如图 10-32 所示，其特点是漏斗和流盘连在一起，一般采用杠杆系统或远红外线监测器实现液面自动控流装置。

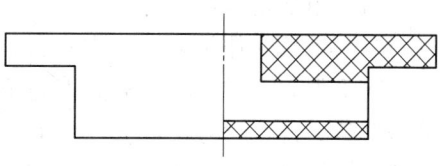

图 10-31　横向压延扁锭用自动控制浮标漏斗

10.1.5.2　横向连续铸造工具

横向连续铸造相当于水平的热顶铸造，其铸造系统如图 10-33 所示。由图可见，中间罐、导流板、结晶器和引锭杆是主要的铸造工具。

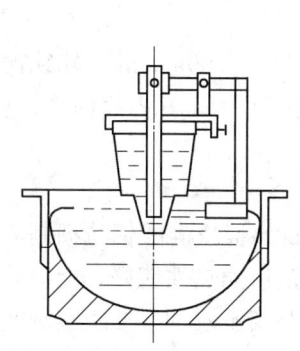

图 10-32　纵向压延扁锭液面自动控制装置

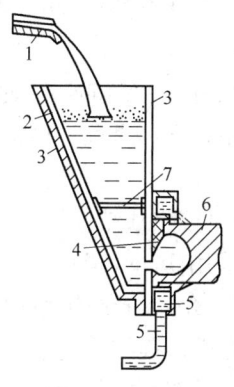

图 10-33　横向铸造系统示意图
1—静置炉流口；2—中间罐；3—石墨或镁砂衬里；
4—导流板；5—结晶器；6—铸锭；7—浇口

中间罐是储存、输送熔体和缓冲液流的装置，要求有良好的保温性能和一定的深度，其深度一般为 300mm 左右，罐底对水平轴线的倾角为 30° ~ 45°。

导流板是向结晶器分配液流的工具，通常采用石墨等导热性良好的材料制成，将其镶嵌在中间罐的出口处。为防止液穴偏移及其带来的不利影响，导流口常开在结晶器轴线的下方，使熔体沿结晶器壁以片流方式注入结晶器，导流孔的大小为铸锭截面的 8% ~ 10%。

横向铸造用结晶器高度小，一般为 40 ~ 50mm，有效结晶区长度更短，一般圆锭在 25 ~ 30mm，空心锭为 20 ~ 25mm，扁锭为 25 ~ 35mm。结晶器内表面大多衬有石墨内套，可起缓冷和一定的润滑作用。在采用石墨导流板的情况下，结晶器非工作表面还贴有硅酸铝纤维隔热层。横向铸造结晶器的喷水孔较小，直径约 2mm，孔距一般为 5 ~ 10mm，喷水线与水平线的夹角在 20° ~ 30°。生产扁锭时，由于小面受三面冷却，故结晶器小面的喷水孔间距应适当加大。

引锭杆是牵引铸锭装置，其作用及结构与立式铸造的底座基本相同。其上有销子孔，销子起定位作用。

10.1.5.3　铸造工具的制造

A　结晶器

a　普通模用结晶器

普通模用结晶器分为：

（1）实心圆锭用结晶器。内套材料要求具有高的导热性、良好的耐磨性和足够的强度，通常采用 2A50 或 2A11 合金锻造毛料，内套壁厚一般为 8 ~ 10mm。为减少铸造过程中的摩擦阻力，内套内表面光洁度 R_a 要求不小于 7。外套材料可选择具有足够强度和适当塑性的任何材料制造，建议用铝合金锻造毛料，不用铸铁。

内套材料的加工工序如下：铸造毛料→均火→锻造→一次淬火→粗车成型→二次淬火人工时效→精加工。均火的目的是减少或消除晶界及枝晶界上低熔点共晶。一次淬火为了提高毛料硬度，便于加工，但一次淬火往往淬不透，需要二次淬火。

外套材料经铸造、均火、锻造后机械加工而成。

（2）芯子。芯子采用 2A50 挤压毛料，加工工序如下：铸造毛料→均火→挤压→淬火人工时效→矫直。

（3）普通模扁锭用结晶器。通常采用厚 12mm，宽为 180 ~ 200mm 的冷轧纯铜板为原材料，加工工序如下：退火→机械加工→成型组焊→成型→抛光，其内表面光洁度 R_a 不小于 7。

b　同水平多模热顶结晶器

热帽外壳采用 3mm 厚铁板焊接，内衬用 4 ~ 5mm 的石棉板或硅酸铝毡糊制。密封隔热垫圈采用厚 5 ~ 8mm 硅酸铝毡切制，一方面，因为硅酸铝毡隔热性能好，能够防止结晶区上涨；另一方面，硅酸铝毡具有一定的弹性，且液体铝对其不浸润，便于实现密封。对石墨圈的要求是具有良好的导热性、润滑性，足够的光洁度和强度。生产中一般采用 G21 牌号的高纯细质石墨。

芯子隔热保温外套外糊一层 3mm 厚硅酸铝毡。

c　隔热模用结晶器

隔热模用结晶器是在普通模水冷结晶器上部贴一层厚 3mm 的硅酸铝纤维毡作保温隔热材料，硅酸铝纤维毡与结晶器内壁用卫生浆糊糊制，硅酸铝纤维毡内表面粉刷石墨以达到润滑的作用。

d　横向铸造用结晶器

横向铸造用结晶器采用高 40 ~ 50mm 的矮结晶器，内衬石墨内套。

B 底座（引锭杆）

立式圆锭及空心锭用底座采用 2A50 合金经铸造均火后机械加工而成。一般来讲，圆锭底座高度为 140~180mm，空心锭底座高度为 300~350mm。

立式扁锭用底座一般为铸铁经机械加工制成，其高度通常为 80~120mm。

引锭杆（横向用）常用 2A50（2A11）合金铸锭经机械加工制成。

C 液流转注及控制装置

a 流槽、流盘、中间罐

对流槽、流盘、中间罐的要求是保温性能好，对熔体不重新污染，易于清理，几何尺寸符合工艺要求，向结晶器供流的各流眼（流槽、流盘）底部平整，并保持在同一水平，质轻耐用。通常采用厚约 2mm 的 A3 钢板焊制，内衬隔热保温材料。流槽、流盘、中间罐必须充分干燥后使用。

b 漏斗

直径为 220mm 以下的自动控制漏斗使用石棉压制而成，直径为 220mm 的铁制浮标漏斗采用薄钢板制作，漏斗中的小垫用石棉压制而成。

手动控制的铸铁分配漏斗使用前需喷涂料。

用于大直径铸锭的环形漏斗用钢板制作，使用前需喷涂料。

空心锭弯月形叉式漏斗，使用前用石棉泥糊制，不准露出铁，糊制后表面光滑，且用滑石粉均匀涂刷。

用于横向压延扁锭的自动控制漏斗是用黏土和石棉烧制而成。

纵向压延扁锭用的漏斗与流盘连成一体用耐火材料制作，使用前必须涂滑石粉。

旧漏斗使用前必须清除脏物，消除盲孔，所有漏斗必须经充分干燥方可使用。

10.1.6 工艺流程和操作技术

先进的操作是采用倾翻式静置炉，通过液位传感器控制液流，采用挡板控制液体流向，结晶器与底座间隙小，无需塞底座，铸造过程采用计算机控制，一旦发生异常自动停止供流。但这种操作目前国内应用很少，本节就目前国内应用较多的连续及半连续铸造工艺流程及操作介绍如下。

10.1.6.1 工艺流程

铝及铝合金半连续（连续）铸造工艺流程如图 10-34 所示。

10.1.6.2 操作技术

A 铸造前的准备

铸造前的准备包括：

（1）静置炉的准备。检查静置炉加热元件是否处于完好状态，导炉前保持炉内清洁。

（2）熔体的准备：

1）导炉。将熔体从熔炼炉转入静置炉的过程称为导炉。导炉过程中应封闭各落差点，严禁翻滚造渣。

2）测温。导炉前测熔炼炉内熔体温度，要求熔体既要有良好的流动性，又要避免熔体过热，一般出炉温度不低于铸造温度的上限，也不能高于熔炼温度的上限。对某些铸造

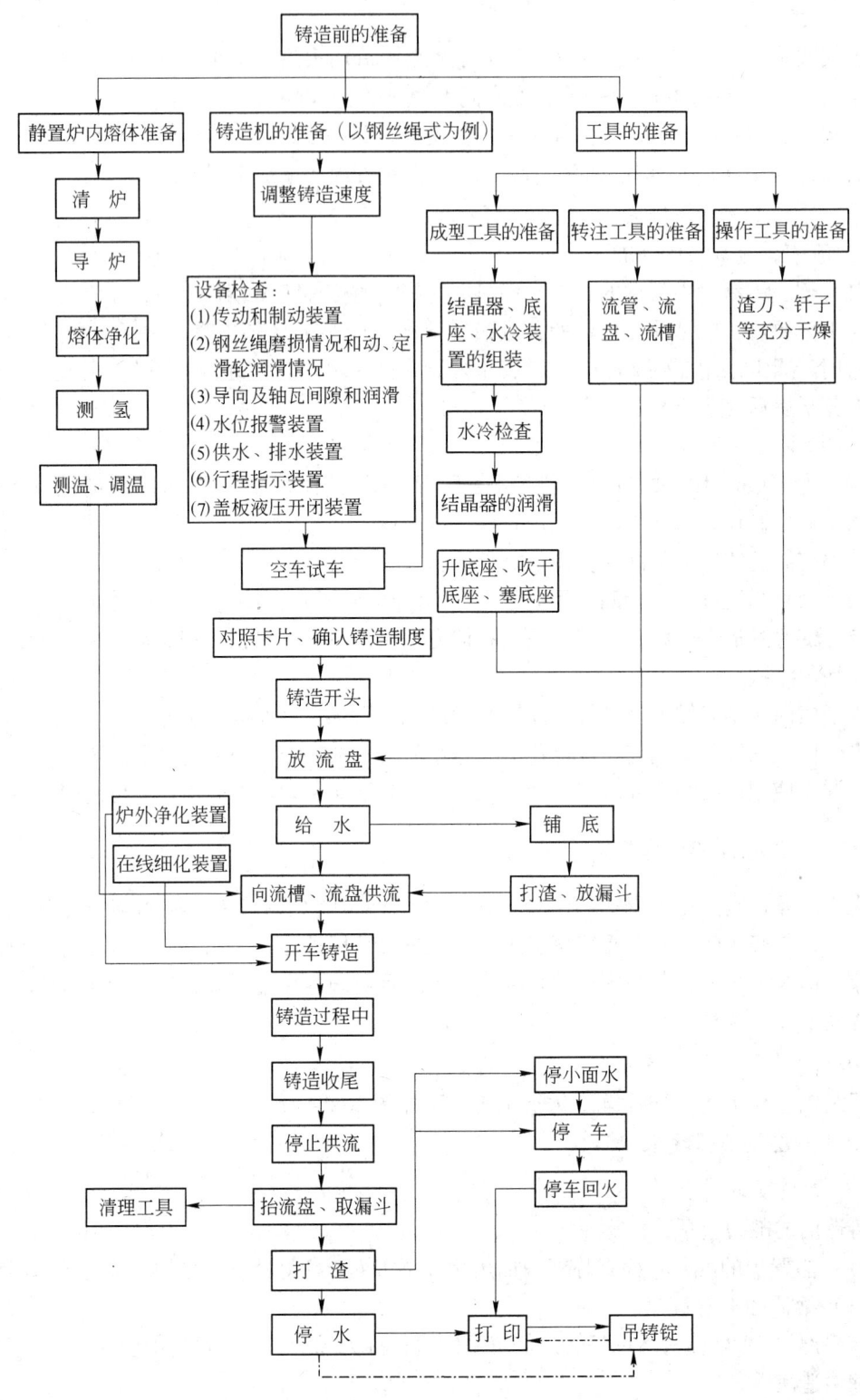

图10-34 铝及铝合金铸锭半连续（连续）铸造工艺流程

温度上限达 750~760℃ 的合金，其出炉瞬间温度允许比铸造温度高 10~15℃。导炉过程中及导炉后仍要测温并调整静置炉内熔体温度在铸造温度范围内。测温前检查仪表、热电偶是否正常，测温时将热电偶插入熔体 1/2 深度处。

3）熔体净化处理。熔体净化技术详见第 9 章。

（3）工具的准备：

1）转注及操作工具的准备。流管、流槽、流盘等使用前糊制、喷涂并干燥；渣刀、钎子等使用前干燥、预热。

2）成型工具的准备。结晶器和芯子工作表面应光滑，没有划痕和凹坑，并进行润滑处理；冷却水符合技术条件要求，见表 10-3，定期清理过滤网。保证水路清洁无水垢，水冷系统连接严密不漏水。为保证水冷均匀，应做到：出水孔角度符合要求并保持一致；给水前用压缩空气将水路系统中脏物吹净，保证水孔畅通，必要时定期将水冷系统拆开，彻底进行清理；出水孔无阻塞现象；扁锭结晶器外表面光滑平直，无卷边、刀痕、磕伤、变形、水垢、油污，防止水流分叉；扁锭结晶器与水冷系统间隙一致，保证二次水喷在结晶器下缘或稍低一点的水平线上。有挡水板时，使两侧挡水板角度一致，并保证流经挡水板的水喷在铸锭上；圆锭内外套严密配合，组合水孔不能有缝隙；空心锭结晶器与芯子的出水孔应保持在同一水平面上，芯子要对中。

（4）检查设备。检查传动和制动装置、钢丝绳磨损情况，滑轮润滑情况，导向轮轴瓦间隙及润滑，水位报警装置，供水、排水装置，行程指示装置，盖板液压开闭装置，电气控制装置等。

（5）确认铸造制度。根据所铸合金、规格，参照规程选用水冷系统、底座、芯子、结晶器及与之匹配的漏斗、漏斗架等工具，确认工艺参数，如铸造温度、铸造速度、冷却水压、铺底、回火等。

B 铸造的开头

铸造的开头主要有以下几步：

（1）铺底。铺底是在基体金属注入结晶器之前，在底座和结晶器内注入纯铝，在纯铝未完全凝固前浇入基本金属的操作。铺底的目的是为了防止底部裂纹，这是因为纯铝塑性好，线收缩系数大，能以有效变形来抵抗底部的拉应力。几乎所有的横向压延扁锭都需要铺底，直径 φ290mm 以上的硬合金和超硬合金圆锭也要求铺底。

铺底用的纯铝品位一般不低于 99.5%，其中 Fe>Si，温度一般在 700~740℃，扁锭铺底厚度不小于 30mm，圆锭不小于 50mm。铺底铝浇入结晶器中并打出氧化夹渣，待铺底铝周边凝固 20mm 左右时浇入基本金属。

对不需纯铝铺底而有一定裂纹倾向的合金可采用本合金做铺底材料，以增加铸锭抵抗底部拉应力的金属厚度，降低裂纹倾向，这种操作也称铺假底。它一般适用于顺向压延铸锭及小规格圆锭。其操作是在放入基本金属后，迅速用预热好的渣刀将液态金属在底座上扒平并打净氧化渣，待周边金属凝固 20~30mm 后放入漏斗，继续浇入基本金属。

（2）放入基本金属。放入基本金属后，要及时封闭各落差点，并用适量的粉状熔剂覆盖在流槽、流盘的液面上。

在放入基本金属前，通常应开车少许，让结晶器内液面水平稍稍下降，当基本金属注入结晶器中，铺满底座或铺满铝底时应及时打渣，渣刀不要过于搅动金属，动作要轻而快。打渣时先打掉边部的硬壳，后打中心的渣子。

在铸造开头时一般采用低水平、慢放流的操作法，其目的是降低底部裂纹的倾向性，防止底部漏铝、悬挂和抱芯子。但这种方法降温快，易造成底部夹渣，故操作过程中应及时打渣。

（3）铸造：

1）流盘及结晶器内液面控制平稳。当结晶器中金属液面偏低时，应使液面缓慢升高；当液面偏高时，也应缓慢降下去。铸造过程中液面控制不应过低，否则可能产生成层和漏铝现象，在使用普通模铸造时液面不要过高，否则二次加热现象严重，可导致表面裂纹。铸造过程中的液面水平应根据合金、规格、铸造方法及结晶器高度确定。

2）在铸造过程中尽可能不要用渣刀搅动金属表面的氧化膜，但是当液面存在渣子或者渣子卷入基本金属时要及时打出。

3）及时润滑。

4）取最终成分分析试样。

5）注意观察铸锭表面，发现异常及时采取措施。

6）铸造过程中控制好铸造温度。

C 铸造的收尾

铸造的收尾主要有以下几步：

（1）取漏斗。大直径实心圆锭待浇口部凝固至接近漏斗周边时取出，取漏斗时注意漏斗上的结渣不要掉入浇口部；对于扁锭和小直径圆锭，因其冷却强度大，收尾时应立即取出漏斗。

（2）回火：

1）对需回火的铸锭，在铸锭未脱离结晶器下缘之前停车停水，将铸锭浇口部依靠液穴内液态金属的余热加热到350℃以上，这种操作称为自身回火。回火是为了提高浇口部的塑性，防止浇口部冷裂纹。

进行回火操作时应注意以下问题：掌握好停水、停车时间。扁锭在停止供流后，当铸锭上表面下降到距小面下缘15~20mm时停小面水，距大面下缘还有15~20mm时停车；当浇口部未凝固金属尚有铸锭厚度的1/2~1/3时停大面水，严禁过早回火。回火过早会恶化浇口性能。对直径在405mm以下圆锭，当浇口未凝固金属有铸锭直径的1/2左右时停车停水；对直径在405mm以上圆锭，当浇口未凝固金属有铸锭直径的1/3左右时停水停车。回火操作时严禁水溅落到浇口部。

2）对不需回火的铸锭，在浇口下降到快见水的情况下停车，待浇口完全凝固并冷却到室温时停水，严禁在未充分冷却之前下降铸锭让浇口部直接见水。

（3）打印。铸造完毕后，在铸块上打上合金号、炉号、熔次号、顺序号等，以示区别。

10.1.7 扁锭的铸造

10.1.7.1 纵向压延扁锭的铸造

A 铸造与操作

纵向压延扁锭一般裂纹倾向相对较小，纵向压延扁锭常见的铸造缺陷有成层、漏铝、拉裂、弯曲、裂纹等，因此在铸造时应注意以下操作：

（1）铸造前的准备：

1）检查结晶器各部分尺寸是否符合要求，有无变形，工作表面是否光滑。

2）保证水冷均匀，二次水冷位置合适。

3）为防止弯曲，结晶器放正，必要时用水平尺校准。

（2）操作过程：

1）开始时慢放流，使金属水平缓慢升起，有裂纹倾向的采用本合金铺假底，必要时以纯铝铺底。

2）铸造开始打净底部渣，先打周边渣，后打中心渣；适当调整流盘高度，使液面高于漏斗口，金属不发生翻滚；液面水平控制在距结晶器上缘 70～80mm，采用隔热模时液面可适当提高。

3）铸造过程中控制好流槽、流盘、结晶器液面，防止波动，无明显夹渣不要搅动金属，封闭好落差点。

4）收尾时及时抬走流盘，打出表面渣，铸锭下降到结晶器下缘时停车。4×××、6×××系合金待浇口彻底冷却才能停水，其余合金待浇口金属完全凝固就可以停水。

B　软合金的铸造

1×××合金、3×××合金、5052、5082、5182、5A02、7A01、8011、8A06 等合金铸造性能好，但其晶粒度和热裂倾向对温度较敏感，故铸造温度不宜过高，一般在 690～730℃（转注温降大或有化合物倾向时，铸温中上限），最好采用在线细化晶粒措施。由于铸造温度低，熔体黏度大，铸造时拉痕、拉裂倾向大，故铸造速度不高。同时由于合金低温塑性好，故不需铺底、回火操作。软合金一般为箔材或薄板用料，对金属内部纯洁度要求高，故需较高的在线净化处理措施。

C　4×××合金的铸造工艺特点

4×××合金的铸造工艺特点有：

（1）4×××合金 Si 含量较高，这使得合金具有很好的流动性，所以在铸造过程中铸造温度应低些，一般在 670～710℃，以防止漏铝。

（2）当合金中 Si 含量大于 9% 时，合金的粗晶倾向严重，须进行变质处理。

（3）在铸造开头时可采用铺假底，保证不了时，可采用纯铝铺底。

（4）浇口不能回火，以防止浇口裂纹。

（5）铸造速度不宜过高，以防止大面裂纹。但铸造速度过低会使侧面裂纹倾向严重，生产中速度一般控制在 40～60mm/min。

D　6×××系合金的铸造工艺特点

6×××系合金流动性较好，铸温一般控制在 700～730℃，开头一般铺假底，浇口不回火，铸造速度在 40～60mm/min。

E　铸造工艺参数

纵向压延扁锭的工艺参数见表10-6。

10.1.7.2　横向压延扁锭的铸造

横向压延扁锭以硬合金居多，目前有 2×××、3×××、5×××、6×××、7×××

合金，横向压延扁锭铸造时的主要废品就是裂纹，因此铸造前的准备和铸造操作上应侧重于防止裂纹的产生。

表 10-6 工业常用纵向压延扁锭的工艺参数

合 金	规格/mm × mm	铸造速度/mm · min⁻¹	铸造温度/℃	冷却水压/MPa	铺底	回火
1A85 ~ 1A99	300 × (1000 ~ 1240)	50 ~ 55	690 ~ 710	0.08 ~ 0.15	–	–
	480 × (950 ~ 1350)	50 ~ 55	705 ~ 715	0.08 ~ 0.15	–	–
	480 × (950 ~ 1350)	42 ~ 48	705 ~ 715	0.08 ~ 0.15	–	–
纯铝、7A01	275 × (1000 ~ 1240)	55 ~ 60	690 ~ 725	0.08 ~ 0.15	–	–
	300 × (640 ~ 1290)	55 ~ 60	690 ~ 725	0.08 ~ 0.15	–	–
	340 × (1260 ~ 1540)	55 ~ 60	700 ~ 725	0.08 ~ 0.15	–	–
	440 × (980 ~ 1380)	50 ~ 55	700 ~ 725	0.08 ~ 0.15	–	–
	440 × (1560 ~ 1700)	42 ~ 48	700 ~ 725	0.08 ~ 0.15	–	–
3 × × ×系合金	275 × (1040 ~ 1240)	50 ~ 55	710 ~ 720	0.08 ~ 0.15	–	–
	300 × (640 ~ 1270)	50 ~ 55	710 ~ 720	0.08 ~ 0.15	–	–
	340 × (1260 ~ 1540)	50 ~ 55	710 ~ 720	0.08 ~ 0.15	–	–
	400 × (1120 ~ 1260)	45 ~ 55	710 ~ 720	0.08 ~ 0.15	–	–
	480 × (980 ~ 1260)	50 ~ 55	710 ~ 720	0.08 ~ 0.15	–	–
	480 × (1350 ~ 1380)	45 ~ 50	710 ~ 720	0.08 ~ 0.15	–	–
	480 × (1560 ~ 1700)	40 ~ 45	710 ~ 720	0.08 ~ 0.15	–	–
5A02、5052 5082、5182	300 × (1000 ~ 1300)	55 ~ 60	710 ~ 730	0.08 ~ 0.15	–	–
	400 × (1120 ~ 1620)	45 ~ 55	710 ~ 730	0.08 ~ 0.15	–	–
	480 × (980 ~ 1560)	40 ~ 50	710 ~ 730	0.08 ~ 0.15	–	–
4 × × ×系合金	300 × (1000 ~ 1300)	50 ~ 60	670 ~ 710	0.08 ~ 0.15	–	–
	300 × (1300 ~ 1500)	50 ~ 55	670 ~ 710	0.08 ~ 0.15	–	–
6 × × ×系合金	300 × (740 ~ 1300)	50 ~ 55	700 ~ 730	0.08 ~ 0.15	–	–
	320 × (1200 ~ 1320)	40 ~ 45	700 ~ 730	0.08 ~ 0.15	–	–
8011 8A06	300 × (640 ~ 1290)	55 ~ 60	710 ~ 740	0.08 ~ 0.15	–	–
	480 × (950 ~ 1360)	48 ~ 55	710 ~ 740	0.08 ~ 0.15	–	–
	480 × 1560	42 ~ 48	710 ~ 740	0.08 ~ 0.15	–	–

注：1. 采用隔热模或热顶铸造时，铸造速度可适当提高；

2. 铸造温度可根据转注过程中的温降自行调节。

A 铸造操作

铸造操作包括：

（1）铸造前的准备：

1）水冷的均匀程度对裂纹影响很大，因此在铸造前要认真检查水冷系统，保证水冷均匀。并使两侧挡水板的角度一致，挡水板下缘与结晶器下缘在同一水平面或稍低一点的位置。

2）结晶器工作表面光滑，铸造前用砂纸打磨并润滑。结晶器无变形、无砂眼等缺陷；结晶器锥度合适，对应角度一致。

3）结晶器与水套间隙一致，结晶器放正。

4）加强对静置炉内熔体覆盖。5×××、7×××合金用2号熔剂覆盖。

（2）操作过程。铸造开始前先铺底（不需铺底的铺假底），之后立即用加热好的大渣刀将金属表面渣打净，然后开车下降少许，当靠近结晶器四周熔体凝固20mm左右放入基本金属，并仔细打渣，打渣原则是先周边，后中心，由漏斗处向小面移动渣刀，不许逆流打渣。当熔体将铺底铝盖满后，开车下降，并落下流盘，铸造开头时为减少夹渣铸造温度一般采用中上限。

铸造过程中保持流槽、流盘、结晶器内液面平稳，避免液流冲击形成夹杂物滚入，形成夹渣裂纹。要封闭各落差点，并及时润滑。液面无渣时不得随意破坏氧化膜。

收尾时，在停止供流前用热渣刀将流盘内的渣打净。停止供流后流盘内的金属流净后立即抬起流盘取出漏斗，用热渣刀将漏斗附近的渣打净，防止浇口夹渣。对需回火处理的合金进行回火处理；不需回火的合金要使浇口部凉透才能停水，在浇口部不见水的情况下停车越晚越好，待铸锭凉透后吊出。

B　2×××合金的铸造工艺特点

2×××合金的铸造工艺特点有：

（1）2A12合金中Mg含量高，疏松倾向大，液态氧化膜致密性差，吸气性增加。

（2）2A12合金结晶温度范围宽，低温塑性差，易产生由热裂纹导致的冷裂纹，故2A12合金结晶器小面缺口高，其目的是使小面优先见水，防止侧裂；2A11合金低温塑性好，冷裂倾向小、热裂倾向高。

（3）为防止浇口裂纹，2A12合金需进行回火处理，而2A11合金不能回火，回火可导致浇口裂纹，这是因为2A11合金易生成Mg_2Si相，当温度降至400℃时，Mg_2Si相析出并聚集于晶界，当Si含量达到一定数量时，Mg_2Si在晶界上大量聚集而形成的相变应力易使浇口产生裂纹。

（4）2A12合金铸造速度高，一般在90~105mm/min，而2A11合金约60~70mm/min；2×××合金在铸造时，液面距结晶器上缘不宜过小，一般在60~80mm，以防止表面裂纹；为防止底部裂纹，2×××系合金在铸造时必须使用纯铝铺底，并注意打渣等操作，防止因夹渣而产生裂纹。

C　5×××合金的铸造工艺特点

工艺特点：

（1）有一定的热裂倾向。如合金中Na含量高，使其产生钠脆性。由于合金中Mg含量高，易使铸锭表面形成疏松的氧化膜（$V_{MgO}/V_{Mg}=58\%$），表面上的显微裂纹是应力集中的场所，在冷却不均的情况下极易开裂。

（2）表面有一定的拉痕、拉裂倾向。5×××合金易氧化，表面氧化膜强度低，易拉裂。

（3）合金熔体黏度大，流动性差，存在形成冷隔倾向。

（4）低温塑性好。但由于Mg含量高，缺口敏感度高，有形成冷裂的倾向。

铸造与操作：

（1）为防止表面裂纹，铸造速度通常控制在50~75mm/min。

（2）铸造温度通常在700~730℃。

（3）为防止底部裂纹，横向压延扁锭采用表面光滑凹面的底座，铸造开头时铺底；顺向压延扁锭可铺假底。

（4）为防止侧面裂纹，采用小面带缺口的结晶器和大小面分开供水的水箱式盖板。

（5）浇口部可自身回火，也可不自身回火，目前5×××合金除5A12外，其他合金一律不回火。

（6）严禁使用含Na熔剂覆盖和精炼，熔体中通常加0.001%～0.005%的Be。

（7）防止表面热裂和表面夹渣。

D　7×××合金的铸造工艺特点

7×××合金结晶范围很宽，高、低温塑性都很差，冷裂、热裂倾向极大，还易产生表面疏松等缺陷。为抑制以上缺陷，除在成分上进行适当的调整外，在铸造时应注意严格操作：

（1）铸造速度不宜过高，防止液穴过深而产生大面裂纹，但也不能过低，以防止侧裂，一般控制在40～60mm/min。

（2）有效结晶区高度不宜过高，防止铸锭被二次加热，遇二次水冷时形成表面裂纹，一般结晶器高200mm时液面距结晶器上缘高度60～70mm。

（3）为防止底部裂纹，铸造开头时必须铺底，并使用具有光滑凹面的底座。

（4）为防止侧面裂纹，使用小面带缺口的结晶器。大小面分开供水，小面水压稍小些。

（5）水压不宜过高，一般在0.03～0.10MPa。

（6）操作重点是防止夹渣、成层和表面热裂纹。

E　铸造工艺参数

工业常用的横向压延扁锭铸造工艺参数见表10-7。

表10-7　工业常用的横向压延扁锭铸造工艺参数

合金	规格/mm×mm	铸造速度/mm·min⁻¹	铸造温度/℃	冷却水压/MPa	铺底	回火
2A02	200×1400	100～115	690～725	0.08～0.15	+	+
2A12	255×1500	90～95	700～725	0.08～0.15	+	+
2024	300×1200	90～95	700～725	0.08～0.15	+	+
	300×1500	95～100	700～725	0.12～0.20	+	+
	300×1800	80～85	700～725	0.08～0.15	+	+
	340×1540	80～85	690～725	0.15～0.25	+	+
2A11	200×1400	70～75	690～720	0.08～0.15	+	−
2A16	255×1500	60～65	690～720	0.08～0.15	+	−
2219	300×1500	75～80	690～720	0.12～0.15	+	−
2017	340×1540	60～65	690～720	0.15～0.15	+	−
2A17	200×1400	90～95	690～720	0.08～0.15	+	−
	255×1500	60～65	690～720	0.08～0.15	+	−
	300×1200	55～60	690～720	0.08～0.15	+	−
2A70 2A80	200×1400	70～75	690～740	0.05～0.18	+	−
2014 2A14	255×1500	60～65	690～740	0.08～0.15	+	−
2A50 2B50	300×1500	75～80	690～740	0.12～0.20	+	−
	300×1200	55～60	690～740	0.08～0.15	+	−

合 金	规格/mm×mm	铸造速度/mm·min^{-1}	铸造温度/℃	冷却水压/MPa	铺 底	回 火
3×××	255×1500	55~60	710~730	0.08~0.15	-	-
5A03 5754	255×1500	60~65	695~730	0.08~0.15	+	-
5A02 5052	255×1500	55~60	700~730	0.08~0.15	-	-
	300×1800	50~55	700~730	0.08~0.15	-	-
5083 5A05 5A06 5B05 5B06 5456 5086 5056	255×1500	55~60	700~730	0.08~0.15	+	-
6061	255×1500	50~55	700~730	0.08~0.15	+	-
6082	255×1500	55~60	700~730	0.08~0.15	+	-
7A04 7A09 7A10 7075	300×1000	55~65	700~720	0.08~0.10	+	+
	300×1200	55~65	700~720	0.06~0.10	+	+
	340×1200	50~60	700~720	0.03~0.08	+	+

注: 1. 采用隔热模或热顶铸造时，铸造速度可适当提高；

2. 铸造温度可根据转注过程中的温降自行调节；

3. +为铺底、回火，-为不铺底、不回火。

10.1.8 圆锭的铸造

10.1.8.1 圆锭铸造的基本操作

A 铸造前的准备

铸造前的准备包括：

(1) 结晶器工作应表面光滑，用普通模铸造时内表面用砂纸打光。保证水冷均匀，当同时铸多根时应使底座高度一致，结晶器和底座安放平稳、牢固。

(2) 流槽、流盘充分干燥。

(3) 漏斗是分配液流、减慢液流冲击的重要工具，铸造前应根据铸锭规格选择合适的漏斗。漏斗过小会使液流供不到边部，而产生冷隔、成层等缺陷，严重时导致中心裂纹和侧面裂纹；漏斗过大会使漏斗底部温度低，从而产生光晶、金属间化合物缺陷。如果漏斗偏离中心，会因供流不均而造成偏心裂纹。

当使用不锈钢或铸铁漏斗时，外表面应打磨光滑，喷涂料前将其加热至 150~200℃，喷涂后不能急冷急热。所有漏斗在使用前都需充分预热，使用漏斗架的应事先把漏斗架调整好。

(4) 调整好熔体温度，控制在铸造温度的中上限。

B 铸造与操作

铸造开头：

(1) 一般圆锭采用铸造温度中上限开头，大直径圆锭铸造温度上限开头。

（2）对需铺底的合金规格应事先铺好纯铝底，铺底后立即用加热好的渣刀将表面渣打干净，周边凝固20mm后放入基本金属。对直径550mm以上铸锭应同时放入环形漏斗，使液面缓慢上升并彻底打渣。当液面上升到漏斗底部时把漏斗抬起，打出底部渣，打渣时渣刀不能过于搅动金属。对直径550mm以下铸锭，当液面升到锥度区时开车，同时放入自动控制漏斗。不铺底的合金及规格，准备好后直接放入基本金属。

（3）开车后调整液面高度，漏斗放在液面中心，保证能均匀分配液流。

铸造过程：

（1）铸造过程中控制好温度，一般在中限。

（2）封闭各落差点。

（3）控制好流槽、流盘、结晶器内液面水平，避免忽高忽低，尽量平稳。

（4）做好润滑工作。使用油类润滑时，润滑油应事先预热。

铸造的收尾：

（1）铸造收尾前温度不要太低，否则易产生浇口夹渣。

（2）收尾前不得清理流槽、流盘的表面浮渣，以免浮渣落入铸锭。

（3）停止供流后及时抬走流盘，并小心取出自动控制漏斗；对使用手动控制漏斗或环形漏斗的，当液面脱离漏斗后即可取出漏斗。浇口不打渣。

（4）要回火的合金，当液体还有直径的1/2~1/3时停冷却水，并开快车下降，当铸锭脱离结晶器10~15mm时停车，待浇口完全凝固后即可吊出。不需回火的合金在浇口不见水的情况下停车越晚越好，待浇口部冷却至室温时停水。小直径铸锭距结晶器下缘10~15mm时停车，防止铸锭倒入井中。

10.1.8.2 小直径圆锭的铸造工艺特点

直径在270mm以下的小直径圆锭形成冷裂倾向小。同时由于冷却强度大、过渡带尺寸小，形成疏松倾向小。因此在铸造时速度可高些，温度不宜太高，保持在715~740℃即可。使用带燕尾槽的底座，不铺底。操作时防止浇口和底部夹渣。

10.1.8.3 大直径圆锭的铸造工艺特点

大直径圆锭的铸造工艺特点有：

（1）为降低形成疏松倾向、减少冷隔，一般采用高温铸造。

（2）铸速偏低。

（3）软合金冷却水压比同合金小直径的大，因其没有冷裂倾向，故不需铺底回火；硬合金大直径铸锭冷却水压比同合金小直径的小，均需铺底，对铸态低温塑性差的合金浇口部需回火。

（4）可不使用带燕尾槽的底座。

（5）操作时注意防止成层、裂纹、羽毛晶、疏松、光晶、化合物偏析等缺陷。

10.1.8.4 锻件用铸锭的铸造工艺特点

锻件用铸锭在铸造时主要是防止氧化膜，除上述要求外，在操作中还应注意以下几点：

（1）铸造温度比同合金、同规格的普通铸锭高些，有利于气体、夹杂物的分离。

（2）炉外在线净化系统温度应与铸造温度相适应。

（3）铸造过程中保证温度在中上限。

10.1.8.5 铸造工艺参数

工业常用变形铝合金圆锭的铸造工艺参数见表10-8。

表10-8 工业常用变形铝合金圆锭的铸造工艺参数

合　金	规格/mm	铸造速度/mm·min^{-1}	铸造温度/℃	冷却水压/MPa	铺　底	回　火
1×××	81~145	130~180	720~740	0.05~0.10	–	–
	162	115~120	720~740	0.05~0.10	–	–
	192	105~110	720~740	0.05~0.10	–	–
	242	95~100	720~740	0.05~0.10	–	–
	280±10	80~85	720~740	0.08~0.15	–	–
	360±10	70~75	720~740	0.08~0.15	–	–
	405	60~65	720~740	0.08~0.15	–	–
	482	45~50	720~740	0.08~0.15	–	–
	550	40~45	720~740	0.04~0.08	–	–
	630	30~35	725~745	0.04~0.08	–	–
	775	25~30	725~745	0.04~0.08	–	–
3A21	81~145	110~130	720~740	0.05~0.10	–	–
	162	100~105	720~740	0.05~0.10	–	–
	192	90~95	720~740	0.05~0.10	–	–
	242	70~75	720~740	0.05~0.10	–	–
	280±10	70~75	720~740	0.08~0.15	–	–
	360±10	55~60	720~740	0.08~0.15	–	–
	405	45~50	720~740	0.08~0.15	–	–
	482	40~45	720~740	0.04~0.08	–	–
	550	35~40	725~745	0.04~0.08	–	–
	630	30~35	725~745	0.04~0.08	–	–
	775	25~30	725~745	0.04~0.08	–	–
2A01 2A10	91~145	110~130	705~735	0.05~0.08	–	–
	162	90~95	705~735	0.05~0.08	–	–
	192	80~85	705~735	0.05~0.08	–	–
	215	75~80	705~735	0.05~0.08	–	–
	242	70~75	705~735	0.05~0.08	–	–
	290	65~70	705~735	0.05~0.08	+	–
	360	50~55	720~740	0.05~0.08	+	–
5A02 5A03	81~145	110~130	715~735	0.05~0.10	–	–
	162	95~100	715~735	0.05~0.10	–	–
	192	90~95	715~735	0.05~0.10	–	–
	242	85~90	715~735	0.05~0.10	–	–
	280±10	70~75	715~735	0.08~0.15	–	–
	360±10	60~65	715~735	0.08~0.15	–	–
	405	50~55	715~735	0.08~0.15	–	–
	482	45~50	715~735	0.08~0.15	+	–
	550	35~40	720~740	0.04~0.08	+	–
	630	25~30	725~745	0.04~0.08	+	–
	775	20~25	725~745	0.04~0.08	+	–

续表 10-8

合 金	规格/mm	铸造速度/mm·min⁻¹	铸造温度/℃	冷却水压/MPa	铺 底	回 火
2A11	91 ~ 145	110 ~ 140	715 ~ 735	0.05 ~ 0.10	−	−
	162	95 ~ 100	715 ~ 735	0.05 ~ 0.10	−	−
	192	85 ~ 90	715 ~ 735	0.05 ~ 0.10	−	−
	242	60 ~ 65	715 ~ 735	0.05 ~ 0.10	−	−
	280 ± 10	60 ~ 65	715 ~ 735	0.08 ~ 0.12	+	−
	360 ± 10	50 ~ 55	720 ~ 740	0.08 ~ 0.12	+	−
	405	35 ~ 40	720 ~ 740	0.08 ~ 0.12	+	−
	482	25 ~ 30	720 ~ 740	0.04 ~ 0.08	+	−
	550	22 ~ 25	725 ~ 745	0.04 ~ 0.06	+	+
	630	19 ~ 21	725 ~ 745	0.04 ~ 0.06	+	−
	775	15 ~ 17	725 ~ 745	0.04 ~ 0.06	+	−
2A02 2A06 2A12 2A16 2A17	91 ~ 145	110 ~ 160	720 ~ 740	0.05 ~ 0.10	−	−
	162	90 ~ 95	720 ~ 740	0.05 ~ 0.10	−	−
	192	80 ~ 85	720 ~ 740	0.05 ~ 0.10	−	−
	242	60 ~ 65	720 ~ 740	0.05 ~ 0.10	−	−
	280 ± 10	50 ~ 55	720 ~ 740	0.05 ~ 0.10	+	+
	360 ± 10	30 ~ 35	725 ~ 745	0.05 ~ 0.10	+	+
	405	25 ~ 30	730 ~ 750	0.05 ~ 0.10	+	+
	482	22 ~ 25	730 ~ 750	0.04 ~ 0.06	+	+
	550	20 ~ 22	730 ~ 750	0.04 ~ 0.06	+	+
	630	18 ~ 20	730 ~ 750	0.04 ~ 0.06	+	+
	775	14 ~ 16	735 ~ 750	0.04 ~ 0.06	+	+
2A50 2A14	91 ~ 143	110 ~ 130	715 ~ 730	0.05 ~ 0.10	−	−
	162	95 ~ 100	715 ~ 730	0.05 ~ 0.10	−	−
	242	70 ~ 75	715 ~ 730	0.05 ~ 0.10	−	−
	360	50 ~ 55	725 ~ 740	0.05 ~ 0.10	+	−
	482	25 ~ 30	725 ~ 740	0.05 ~ 0.10	+	−
	630	20 ~ 25	725 ~ 740	0.04 ~ 0.06	+	−
	775	15 ~ 20	725 ~ 740	0.04 ~ 0.06	+	−
2A70 2A80	91 ~ 143	100 ~ 120	725 ~ 745	0.05 ~ 0.10	−	−
	162	80 ~ 85	725 ~ 745	0.05 ~ 0.10	−	−
	242	70 ~ 75	725 ~ 745	0.05 ~ 0.10	−	−
	360	40 ~ 45	740 ~ 755	0.05 ~ 0.10	+	−
	482	25 ~ 35	740 ~ 755	0.05 ~ 0.10	+	−
	630	20 ~ 25	740 ~ 755	0.04 ~ 0.06	+	−
	775	15 ~ 20	740 ~ 755	0.04 ~ 0.06	+	−
7A04 7A09 7075	91 ~ 143	90 ~ 95	715 ~ 730	0.04 ~ 0.08	−	−
	162	80 ~ 85	715 ~ 730	0.04 ~ 0.08	−	−
	242	55 ~ 60	715 ~ 730	0.04 ~ 0.08	+	−
	360	25 ~ 30	740 ~ 750	0.04 ~ 0.08	+	+
	482	18 ~ 20	740 ~ 750	0.04 ~ 0.08	+	+
	630	15 ~ 16.5	740 ~ 750	0.03 ~ 0.05	+	+
	775	13 ~ 15	740 ~ 750	0.03 ~ 0.05	+	+

注：1. 采用隔热模或热顶铸造时，铸造速度可适当提高；

2. 铸造温度可根据转注过程中的温降自行调节。

10.1.9　空心锭的铸造

10.1.9.1　工艺特点

空心锭与同外径的实心锭相比,有以下特点:

(1) 在铸造工具上,多了一个内表面成型用的锥形芯子。芯子通过一个固定在结晶器上口圆槽处的芯子支架而安放在结晶器的中心部位,且芯子可以转动和上下移动。

(2) 采用两点供流的弯月形漏斗或叉式漏斗,手动控制液面。

(3) 产生成层、冷隔倾向大,故铸造速度较高。

(4) 铸造温度较低,一般在 700~720℃。

(5) 冷却水压较高,一般在 0.03~0.12MPa;芯子水压平均在 0.02~0.03MPa。

(6) 操作重点在开头和收尾时防止凝芯子。

此外,应尽量减少夹渣,防止液面波动。

10.1.9.2　铸造与操作

A　铸造前的准备

铸造前的准备有:

(1) 外圆水冷系统的检查与实心圆锭的相同。芯子安放在芯子支架上,平稳、不晃动、不偏心。

(2) 根据合金、规格选择芯子锥度。保证芯子工作表面光滑,当使用普通膜铸造时,芯子壁用砂纸打磨光滑,无划痕和凹坑等。

(3) 芯子下缘与结晶器出水孔水平一致或稍高些,但要保证不上水。芯子出水孔过高会使铸造开头顺利,但易出现环形裂纹或放射状裂纹;太低易抱芯子形成内壁拉裂,严重时使铸造无法进行。

(4) 检查芯子接头处有无漏水,芯子出水孔有无堵塞,保证水冷均匀。连接芯子的胶管不要拉得太紧,以利于开头收尾时摇动芯子。

(5) 芯子水比外圆结晶器水压要小,能使芯子充满水即可。如芯子水压过大,会造成在铸造开头时抱芯子,而且易产生内壁裂纹;芯子水压过小,铸锭内壁冷却不好,容易粘芯子而产生拉裂,甚至烧坏芯子,同时也使内壁偏析浮出物增多。

B　铸造工艺特点

a　铸造的开头

铸造的开头应注意:

(1) 铸造开头时要慢放流,使液面均匀上升。

(2) 液体金属铺满底座即可打渣,待液面上升至距结晶器上缘 20~30mm 后开车,同时要轻轻转动芯子,同时润滑和打渣。这是因为开始时底部收缩快,如液流上升太快易抱芯子,使铸造无法进行。

(3) 一旦芯子被抱住,应立即降低芯子水压,减少铸锭内孔的收缩程度,从而使芯子与铸锭内壁凝固层间形成缝隙而脱离,但应注意防止烧坏芯子。

(4) 对易出现底部裂纹的合金应先铺底。对大直径空心锭,开车可适当早些,更要注意水平的上升。

b 铸造过程

铸造过程中关键是控制好液面水平，不能忽高忽低，并做好润滑。

c 铸造收尾

铸造收尾前，严禁清理流槽、流盘和漏斗里的表面浮渣，以防渣子掉入浇口部。停止供流后立即取出漏斗，浇口部不许打渣（外部掉入者除外）。收尾时轻轻摇动芯子，不回火的合金在浇口部不见水的情况下停车越晚越好。对于回火的合金应进行回火。

10.1.9.3 铸造工艺参数

工业常用的空心锭铸造工艺参数见表10-9。

表 10-9 工业常用的空心锭铸造工艺参数

合 金	规格(外径/内径)/mm	铸造速度/mm·min⁻¹	铸造温度/℃	冷却水压/MPa	铺 底	回 火
5A02 3A21	212/92	80~85	720~740	0.08~0.12	–	–
	270/106	95~100	720~740	0.08~0.12	–	–
	270/130	95~100	720~740	0.08~0.12	–	–
	360/106	70~75	720~740	0.08~0.12	–	–
	360/165	80~85	720~740	0.08~0.12	–	–
	405/155	70~75	720~740	0.06~0.10	–	–
	405/215	75~80	720~740	0.06~0.10	–	–
	482/215	70~75	720~740	0.06~0.10	–	–
	482/255	70~75	720~740	0.06~0.10	–	–
	482/308	75~80	720~740	0.06~0.10	–	–
	630/255	40~45	725~745	0.04~0.08	–	–
	630/308	45~50	725~745	0.04~0.08	–	–
	630/368	55~60	725~745	0.04~0.08	–	–
	775/440	30~35	730~750	0.04~0.08	–	–
	775/520	40~45	730~750	0.04~0.08	–	–
2A02 2A12	212/92	100~150	710~730	0.08~0.12	–	–
	242/100	80~85	710~730	0.08~0.12	–	–
	242/140	80~85	710~730	0.08~0.12	–	–
	360/106	60~65	710~730	0.08~0.12	+	+
	360/210	70~75	710~730	0.08~0.12	+	+
	405/155	65~70	725~740	0.04~0.08	+	+
	405/215	70~75	725~740	0.04~0.08	+	+
	482/215	50~55	725~740	0.03~0.06	+	+
	482/255	50~55	725~740	0.03~0.06	+	+
	482/308	55~60	725~740	0.03~0.06	+	+
	630/255	30~35	730~750	0.03~0.06	+	+
	630/308	30~35	730~750	0.03~0.06	+	+
	630/368	35~40	730~750	0.03~0.06	+	+
	775/440	35~40	735~750	0.03~0.05	+	+
	775/520	35~40	735~750	0.03~0.05	+	+

合　金	规格(外径/内径)/mm	铸造速度/mm·min⁻¹	铸造温度/℃	冷却水压/MPa	铺　底	回　火
2A50 2A14	270/106	90 ~ 95	710 ~ 730	0.08 ~ 0.12	–	–
	360/130	60 ~ 65	710 ~ 730	0.08 ~ 0.12	+	–
	480/210	60 ~ 65	710 ~ 730	0.08 ~ 0.12	+	–
	630/368	40 ~ 45	725 ~ 740	0.04 ~ 0.08	+	–
	775/520	35 ~ 40	725 ~ 740	0.04 ~ 0.08	+	–
2A70 2A80	270/106	90 ~ 95	720 ~ 740	0.08 ~ 0.12	–	–
	270/130	90 ~ 95	720 ~ 740	0.08 ~ 0.12	–	–
	360/210	80 ~ 85	720 ~ 740	0.08 ~ 0.12	–	–
7075	270/106	70 ~ 75	710 ~ 730	0.03 ~ 0.06	+	+
	270/130	70 ~ 75	710 ~ 730	0.03 ~ 0.06	+	+
	360/106	50 ~ 55	710 ~ 730	0.03 ~ 0.06	+	+
	360/210	60 ~ 65	710 ~ 730	0.03 ~ 0.06	+	+
	482/308	55 ~ 60	725 ~ 740	0.03 ~ 0.06	+	+
	630/368	35 ~ 40	725 ~ 740	0.03 ~ 0.06	+	+

注：1. 采用隔热模或热顶铸造时，铸造速度可适当提高；

2. 铸造温度可根据转注过程中的温降自行调节。

10.1.10 铸造技术的发展趋势

10.1.10.1 电磁铸造技术

A 电磁铸造的优缺点

电磁铸造是利用电磁力来代替普通半连续铸造法的结晶器支撑熔体，然后直接水冷形成铸锭。它的突出特点是：在外部直接水冷、内部电磁搅动熔体的条件下，冷却速度大，并且不用成型模，而是以电磁场的推力来限制铸锭外形和支持其上方液柱。

其优点是：改善了铸锭组织，使铸锭晶粒和晶内结构都变得更加微细，并提高了铸锭的致密度；使铸锭的化学成分均匀，偏析度减少，力学性能提高，尤其是铸锭表皮层的力学性能提高更为显著；而且熔体是在不与结晶器接触的情况下凝固，不存在凝壳和气隙的影响，所以不产生偏析瘤、表面黏结等缺陷，铸锭的表面光洁程度提高，不车皮即可进行压力加工，硬合金扁锭的铣面量和热轧裂边量也大为减少，提高了成品率并减少了重熔烧损。

主要缺点是：设备投资较大，电能消耗较多，变换规格时工具更换较复杂，操作较为困难。

B 电磁铸造原理及结构特点

电磁铸造用结晶器铸造系统的结构如图10-35所示。其工作原理是：当交变电流 I_1

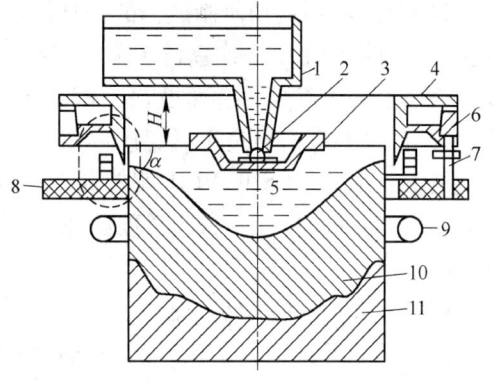

图10-35 电磁结晶器结构简图

1—流盘；2—节流盘；3—浮漂漏斗；4—屏蔽；5—液体合金；6—感应线圈；7—调节螺栓；8—盖板；9—二次水环；10—铸锭；11—底座

经过感应线圈 6 时，在铸锭液穴 5 中产生感应电流 I_2，这样在电流 I_1 与 I_2 的磁场间便产生了一个从液柱外周（不管电流怎样交变）始终向内的推力 F，这就是所谓"电磁压力"或"电磁推力"。液态金属便依靠这个推力成型。因此，只需设计不同形状和尺寸的感应圈便能铸成各种截面尺寸的铸锭。电磁推力的表达式为：

$$F = \left(\frac{IW}{L}\right)Q(\omega,\beta,\alpha) \tag{10-7}$$

式中　W——感应线圈匝数；

　　　I——电流；

　　　L——感应线圈高度；

　　　Q——自由变量 ω、β、α 的函数，它与电流频率、电磁结晶槽的结构和铸锭直径有关。

因为感应线圈中流过的电流相等，无法使电磁推力沿高度上适应静压力的变化，因此，在装置中还要附加上一个电磁屏蔽 4。电磁屏蔽用非磁性材料制成，是壁厚带有锥度的圆环。它的作用是：靠其带锥度的壁厚变化局部遮挡磁场，来调控电磁推力沿液穴高度上的变化，使其与液穴高度方向的熔体静压力的变化相平衡，以得到规定的铸锭尺寸。

10.1.10.2　脉冲水冷和加气铸造

在铸造开始阶段，采用脉冲水冷却，降低直接水冷强度，可减少铸锭底部翘曲和缩颈，该技术产生于 20 世纪 60 年代中期。当今的脉冲水采用自动化控制和最新旋转脉冲阀，具有快脉冲速度而无水锤现象。

加气铸造与脉冲水铸造具有同样的效果，即在铸造开头阶段，在冷却水中加入二氧化碳或空气、氮气，将这种加气冷却水喷到铸锭表面上，在铸锭表面上形成一层气体隔热膜，从而减缓冷却强度；之后再逐步减少气体量，不断增加冷却效率。这两项技术在国外应用普遍。

10.1.10.3　气滑铸造

20 世纪 80 年代初研制成功的热顶铸造，使铸锭表面质量和生产效率大为提高，为铸造技术的发展带来了一次新的革命。气滑铸造是在热顶铸造的基础上增加油气润滑系统而成，该技术的优点是铸造速度快、铸锭表面光滑，与电磁铸造铸锭接近，较为著名的是 Wagstaff 的圆锭气滑铸造工具，国内也有一些铝型材厂购买了这种铸造工具。此外，在扁锭铸造工具中，AIRSOL VEIL 扁锭铸造系统也采用了气滑铸造技术。一般认为扁锭热顶铸造效果不如圆锭，所以在扁锭铸造中使用热顶或气滑铸造技术的厂家不多，具有进一步的推广应用价值。

10.1.10.4　可调结晶器

可调结晶器的优点是用一套结晶器可生产多种宽度的扁锭，满足多品种少批量生产的要求，大幅度降低铸造工具制造费用，提高生产效率。可调结晶器有两种：直边可调结晶器和厚度变化的可调结晶器，前者最早应用于日本，设计目标是铸锭截面厚差小于 6mm，可调宽度 200mm；国内西南铝业（集团）有限责任公司在 20 世纪 90 年代后期设计制造了 480mm × (950 ~ 1380) mm、515mm × (900 ~ 1300) mm、450mm × (1760 ~

2060) mm 三种调节幅度为 50mm 的直边可调结晶器，使用结果证明：铸锭平直度明显提高，截面厚差小于 5mm，粗晶层减少至 8mm 以下，提高了生产效率和成材率。后者的设计制造难度比前者大很多，但对铸锭的厚差控制比前者更好，如 ALCAN 研制的 560mm × (1230～1580) mm 可调模，该结晶器不用工具直接用手工完成全部调整，宽度连续可调且不需测量，大面有对中机构，总能保证结晶器的中心在底座中心的正上方，生产的铸锭截面厚差小于 3mm。

10.1.10.5　低液位铸造技术（LHC）

低液位铸造技术是 Wagstaff 在 20 世纪 90 年代中期的研究成果，上市不久，使用的厂家不多，国内应用还不多。该技术是在传统 DC 结晶器内壁衬镶一层石墨板而成，石墨板采用连续渗透式润滑或在铸造前涂油脂均可，铸造过程要使用液面自动控制系统。使用该技术生产的铸锭表面光滑，粗晶层厚约 1mm，可减少铣面量 50% 以上，减少热轧切边量 17%，同时该技术可使铸造速度大大提高。

10.1.10.6　ASM 新式扁锭结晶器

ASM 新式扁锭结晶器采用最佳的结晶器有效高度，使一次冷却与二次冷却更加接近，提高冷却水冲击点；同时在结晶器上部设置保温环，使在一次水冷上部能保持一定的熔体高度，以解决低金属水平带来的铸造安全问题。润滑系统和润滑油分配板能提供连续润滑，将润滑油直接加到铸锭的弯液面上，减少润滑油的消耗。该结晶器生产出的铸锭表面光滑，粗晶层薄而均匀，可将铸锭的铣面深度减少到与电磁铸锭相当的水平，减少铸锭铣面量 50% 以上。

10.1.10.7　自动液位技术的应用

自动液位技术在发达国家被广泛应用于扁锭铸造，其不仅可使金属液位实现自动稳定控制，而且使扁锭铸造得以实现低液位铸造，提高板锭内部质量和表面质量，从而减少铣面量，提高成材率。

总之，随着铝加工技术的发展，铝合金铸造技术也在不断进步。广大熔铸工作者围绕提高铸锭质量和提高成材率进行了大量研究开发，并取得了许多新的突破。

10.2　铝合金铸锭的均匀化退火及机械加工

10.2.1　铝合金铸锭的均匀化退火

10.2.1.1　均匀化退火目的

均匀化退火的目的是使铸锭中的不平衡共晶组织在基体中的分布趋于均匀，过饱和固溶元素从固溶体中析出，以达到消除铸造应力、提高铸锭塑性、减小变形抗力、改善加工产品的组织和性能的目的。

10.2.1.2　均火对铸锭组织与性能的影响

产生非平衡结晶组织的原因是结晶时扩散过程受阻，这种组织在热力学上是亚稳定的，若将铸锭加热到一定温度，提高铸锭内能，可使金属原子的热运动增强，不平衡的亚稳定组织逐渐趋于稳定组织。

均匀化退火过程实际上就是相的溶解和原子的扩散过程。扩散是原子在金属或合金中依靠热振动而进行的迁移过程。扩散分为两种，一种是在同种原子间的扩散运动，称为自扩散；另一种是溶质原子在溶剂中的扩散运动。空位迁移是原子在金属和合金中的主要扩散方式。

均匀化退火时，原子的扩散主要是在晶内进行的，使晶内化学成分均匀。它只能消除晶内偏析，对区域偏析影响很小。由于均匀化退火是在不平衡固相线或共晶线以下温度中进行的，分布在铸锭各晶粒间的不溶物和非金属夹杂缺陷不能通过溶解和扩散过程消除，因此，均匀化退火不能使合金中基体晶粒的形状发生明显改变。在铸锭均匀化退火过程中，除原子的扩散外，还伴随着组织上的变化，即富集在晶粒和枝晶边界上可溶解的金属间化合物和强化相的溶解和扩散，以及过饱和固溶体的析出及扩散，从而使铸锭组织均匀，加工性能得到提高。

10.2.1.3 影响均匀化程度的因素

铸锭均匀化过程是通过合金元素的扩散来实现的。在金属温度保温时间两项工艺参数中，起主要作用的是金属温度。根据扩散定律，在浓度梯度 dc/dl 的作用下，在 dt 时间内通过垂直于原子扩散方向 ds 面所扩散物质的量 dm 为：

$$dm = dsdtD\frac{dc}{dl} \tag{10-8}$$

$$D = D_0 e^{-Q/(RT)} \tag{10-9}$$

式中 D——扩散系数；

$\quad\;$ Q——扩散物质的激活能；

$\quad\;$ T——绝对温度；

$\quad\;$ D_0——与扩散物质原子的固有振动频率有关的常数。

由式（10-8）可见，扩散是由于浓度梯度 dc/dl 的存在而发生的，随着扩散过程的进行，浓度梯度逐渐减小，扩散速率 dm/dt 也随之变小，说明在均匀化过程中扩散速率随时间延长而变小，如图 10-36 所示。过分延长均匀化退火时间，效果不大，白白增加能源消耗。

从式（10-9）可以看出，扩散系数 D 与温度 T 成指数关系。即随温度的增加，扩散系数以幂指数形式增加（见图 10-37）。工业生产中通常采用的均匀化退火温度为 $0.9T_{熔} < T_{均} < 0.95T_{熔}$，$T_{熔}$ 为实际开始熔化温度。有时在低于非平衡固相线温度进行均匀化退火难以达到组织均匀化的目的，即使能达到也需要很长时间。高温均匀化退火是将金属温度控制在非平衡固相线温度以上但在平衡固相线温度以下的退火工艺。生产中曾在 5A06 合金直径 482mm 铸锭上试验过，对比数据见表 10-10。5A06 合金非平衡固相线温度约 451℃，

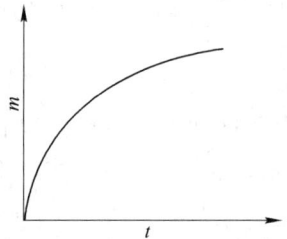

图 10-36 原子扩散数目 m 与时间 t 的变化曲线　　图 10-37 扩散系数 D 与温度 T 的变化曲线

平衡固相线温度约540℃。

表 10-10 不同均匀化制度对 5A06 合金组织和性能的影响

制　度	均火温度/℃	保温时间/h	第二相体积分数/%	SR	力学性能		
					$\sigma_{0.2}$/MPa	σ_b/MPa	δ/%
铸　态			6.2	2.336	163	268	16.9
原工艺	460~475	24	2.5	1.049	165	276	13.4
试验工艺	485~500	9	2.1	1.040	233	291	13.6

注：SR 表示枝晶内元素偏析程度，SR 大，偏析程度大；SR = 1，没偏析。

10.2.1.4 均匀化制度

表 10-11、表 10-12 列出了工业常用的铝合金铸锭均匀化退火制度。

表 10-11 工业常用铝合金扁锭退火制度

合金牌号	厚度/mm	制品种类	金属温度/℃	保温时间/h
2A11、2A12、2017、2024、2014、2A14	200~400	板材	485~495	15~25
2A06			480~490	15~25
2219、2A16			510~520	15~25
3003			600~615	5~15
4004			500~510	10~20
5A03、5754			455~465	15~25
5A05、5083			460~470	15~25
5A06			470~480	36~40
7A04、7075、7A09	300~450		450~460	35~50

表 10-12 工业常用铝合金圆铸锭均火制度

合金牌号	规格	铸锭种类	制品名称	金属温度/℃	保温时间/h
2A02		空心、实心	管、棒	470~485	12
2A04、2A06		所有	所有	475~490	24
2A11、2A12、2A14		空心	管	480~495	12
2017、2024、2014		实心	锻件变断面	480~495	10
2A11、2A12、2017	ϕ142~290	实心		480~495	8
2024	<ϕ142		要求均匀化	480~495	8
2A16、2219	所有	实心	型、棒、线、锻	515~530	24
2A10	所有	实心	线	500~515	20
3A21	所有		空心管、棒	600~620	4
4A11、4032、2A70、2A80、2A90、2218、2618	所有		棒、锻	485~500	16

续表 10-12

合金牌号	规 格	铸锭种类	制品名称	金属温度/℃	保温时间/h
2A50	所有	实心	棒、锻	515~530	12
5A02、5A03		实心	锻件	460~475	24
5A05、5A06、5B06、5083		实心、空心	所有	460~475	24
5A12、5A13		实心、空心	所有	445~460	24
6A02		实心、空心	锻件、商品棒	525~540	12
6A02、6063		空心		525~540	12
7A03	实心		线、锻	450~465	24
7A04			锻、变断面	450~465	24
7A04	实、空		管、型、棒	450~465	12
7A09、7075	所有		棒、锻、管	455~470	24
7A10	>φ400		棒、锻、管	455~470	24

10.2.2 成品铸锭的机械加工

铸锭的机械加工的目的是消除铸锭表面缺陷,使其成为符合尺寸和表面状态要求的铸坯,它包括锯切和表面加工。

10.2.2.1 锯切

通过熔铸生产出的方、圆铸锭在多数情况下是不能直接进行轧制、挤压、锻造等加工的,一方面是由于铸锭头尾组织存在很多硬质点和铸造缺陷,对产品质量和加工安全有一定影响;另一方面受加工设备和用户的需求制约,因此锯切是机械加工的首要环节。锯切的内容有切头、切尾、切毛料、取试样等,如图 10-38 所示。

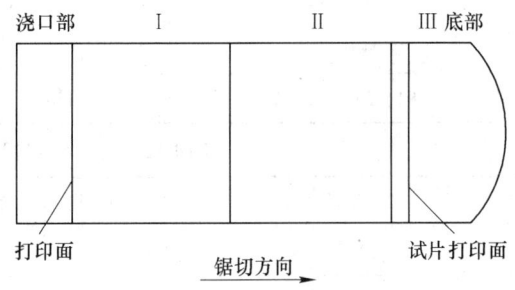

图 10-38 方锭锯切示意图

A 方锭锯切

根据热轧产品的质量要求的不同,对方锭的头尾有三种处理方法:

(1) 对表面质量要求不高的产品,可保留铸锭头尾原始形状,即热轧前不对铸锭头尾做任何处理,以最大限度地提高成材率,降低成本。

(2) 对表面质量要求较高的产品,如 5052、2A12 等普通制品以及横向轧制的坯料,应将铸锭底部圆头部分或铺底纯铝切掉,浇口部的锯切长度根据合金特性和产品质量要求而异,但至少要切掉浇口部的收缩部分。

(3) 表面要求极高的产品,如 PS 板基料、铝箔毛料、3104 制罐料、探伤制品等,应加大切头、切尾长度,一般浇口部应切掉 50~150mm,底部应切掉 150~300mm,确保最终产品的质量要求和卷材重量。

直接水冷的半连续铸造铝合金铸锭，在快速冷却的条件下铸锭中会产生不平衡结晶和冷却不均匀，使得铸锭显微组织中存在化学成分和组织偏析，产生应力分布不均匀，尤其是硬合金铸，直接锯切会破坏应力的静态平衡，锯切力和铸锭中应力会产生叠加，当叠加后的拉应力超过铸锭的强度极限时就产生锯切裂纹（见图10-39），并有爆炸的危险，可能伤及人员或设备，因此在锯切前应确认待加工铸锭是否必须先均热或加热，通常高镁及硬合金铸锭需要先通过均热或加热处理后才能锯切加工。

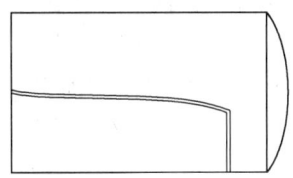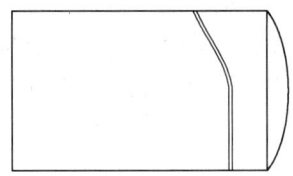

图 10-39　铸锭应力造成锯切裂纹示意图

如今大型铝加工熔铸设备都向铸锭的宽度和长度进行发展，以最大限度地提高铸造生产效率和成品率，减少头、尾锯切损失，因此一根铸锭就有可能组合了两个及两个以上的毛料，在切去头、尾的同时还需要根据轧制设备的工作参数以及用户的需求，对毛料进行锯切。毛料切取过程中应满足三个基本要素：

（1）切掉铸锭上不能修复的缺陷，如裂纹、拉裂、成层、夹渣、弯曲、偏析瘤等。

（2）按长度要求锯切，严格控制在公差范围内。

（3）切斜度符合要求。

表 10-13 列出了部分方锭锯切规定。

表 10-13　部分铝合金方锭锯切尺寸要求

合　　金	规格厚度/mm	切头/mm	切尾/mm	长度公差/mm	切斜度/mm	齿痕深度/mm
2A12、7A04 等普通制品	400	≥120	≥180	±5	10	≤2
7A52、2D70、7B04 等探伤制品	400	≥200	≥300	±5	10	≤2
软合金（横压）	所有	≥80	≥150	±5	10	≤2

大多数铝合金方锭，在锯切加工中不需要切取试片进行分析，但随着高质量产品的需要，同时也为了在轧制前及时发现不合格铸锭，减少损失，越来越多的制品，如 3104 制罐料、部分探伤制品，都在锯切工序进行试片切取，根据不同要求进行低倍、显微疏松、高倍晶粒度、氧化膜等检查。试片的切取部位一般选择在铸锭的底部端，如图 10-38 所示，试片的切取厚度通常按照以下要求进行：

（1）低倍试片厚度为（25±5）mm。

（2）氧化膜试片厚度为（55±5）mm。

（3）显微疏松、高倍晶粒度、固态测氢试片厚度约为 15mm。

一根铸锭中同时有多个试验要求，如低倍、显微疏松、高倍晶粒度、固态测氢等检测，可在一块试片中取样，不用重复切取。

试片切取后应及时打上印记，印记的编号应与其相连的毛料一致，便于区别，确保试验结果有效。如果试片检验不合格，可切除200mm后切复查试片，复查试片只能在原处，即毛料的取样端切取。

锯切是机械加工的首要环节，在满足要求进行作业时，还应对毛料的表面质量进行观察、判断，通过如实记录，便于对可修复的表面缺陷进行刨边、铣面处理。表面缺陷包括皮下裂纹、拉裂、成层、夹渣、弯曲、偏析瘤等。

B　圆锭锯切

与方铸锭一样，圆铸锭头尾组织也会存在很多铸造缺陷，因此需要经过锯切将头尾切掉。与方铸锭加工有一定差别的是，一根圆铸锭一般需要加工为多个毛坯，并且在试片的切取方面有更多的要求。圆铸锭锯切一般从浇口部开始顺序向底部进行，浇口部、底部的切除及试片切取量根据产品规格、制品用途以及用户要求而有所区别，锯切方法如图10-40所示。

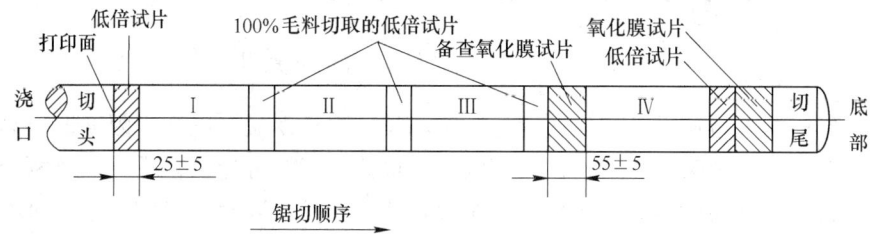

图 10-40　圆锭锯切示意图

（Ⅰ、Ⅱ、Ⅲ、Ⅳ为毛料顺序号）

为了防止加工中发生铸锭裂纹或炸裂，部分合金和规格的铸锭必须先均热或加热，消除内应力后才能锯切，参见表10-14。

表 10-14　需先均热或加热后才能锯切的部分合金和规格

合　　金	规格/mm
7×××系、LC88	所有空心锭
	≥φ260 实心锭
2A13、2A16、2B16、2A17、2A20	≥φ405 空、实心锭
2A02、2A06、2B06、2A70、2D70、2A80、2A90、2618、2618A、LF12、4A11、4032	≥φ482 空、实心锭
2A50、2B50、2A14、2014、2214、6070、6061、6A02、6B02	≥φ550 空、实心锭
2A11、2017、2A12、2024、2D12	≥φ405 空、实心锭
	所有空心锭

由于圆铸锭在铸造过程中液体流量小，铸造时间长，可能产生更多的冶金缺陷，因此对试片的切取有严格的要求，一般试片包括低倍试片、氧化膜试片、固态测氢试片等。

对低倍试片要求：

（1）所有不大于250mm的纯铝及部分6×××系小圆锭可按窝切取低倍试片。

（2）7A04、7A09、2A12 大梁型材用锭；6A02、2A14、2214 空心大梁型材用锭；2A70、2A02、2A17、7A04、7A09、7075、7050 合金直径不小于405mm的一类一级锻件用锭必须100%切取低倍试片。

（3）除此之外每根铸锭浇口部、底部切取低倍试片。

对氧化膜试片要求：

（1）用于锻件（纺织锻件除外）的所有合金锭，用于大梁型材的 7A04、7A09、7075、2A12 合金，以及挤压棒材的 2A02、2B50、2A70 合金的每根铸锭都必须按图 10-40 所示圆锭锯切示意图的规定部位和顺序切取氧化膜及备查氧化膜试片。

（2）备查氧化膜试片在底部毛料的另一端切取，但对于长度小于 300mm 的毛料应在底部第二个毛料的另一端切取。

（3）氧化膜试片厚度为（55±5）mm。

（4）氧化膜及备查氧化膜试片的印记应与其相连毛料印记相同。

固态测氢试片的锯切一般是根据制品要求或液态测氢值对照需要进行切取，参见表 10-15。

表 10-15 铝及铝合金圆锭的锯切尺寸要求 （mm）

序号	合 金	≤φ250		φ260～482		≥φ550	
		切浇口部	切底部	切浇口部	切底部	切浇口部	切底部
1	1×××、3A21、3003	100	120	120	120	120	150
2	2A01、2A04、2A06、2A16、2B16、2A17 及 6××× 系	100	120	120	120	120	150
3	5A02、5052、5A03、5083、5086、5082、5A05、5056、5A06、LF11、5A12、2A12、2024、2A13、2A17、7A19、7A04、7A09、7075、7A10、7A12、7A15、7A52、7A31、7A33、7003、7005、7020、7022、7475、7039、LC88	100	120	120	120	150	150
4	2A14、2014、2A50、2B50、2A70、2A80、2A90、2618、2214、2A02 大梁，以及 2A12、2024、6A02、7A04、7075、7050 要求一级疏松、一级氧化膜的锻件	250	250	200	250	170	250
5	探伤及型号工程制品	350	350	300	350	250	300

注：1. 上面表中的数值为最少锯切量；
 2. 序号"4"中的锯切长度系指这些合金中有锻件要求的铸锭；
 3. 其他一般制品（6A02、2A12、2D12 及 7A04、7B04 除外）的锯切长度可比表中规定的长度少 50mm。

圆锭通过低倍试验会检查出一些低倍组织缺陷，如夹渣、光晶、花边、疏松、气孔等，这些组织缺陷将直接影响产品性能，因此必须按规定切除一定长度后再取低倍复查试样。根据产品的不同要求可分为废毛料切低倍复查和保毛料切低倍复查，直至确认产品合格或报废。

10.2.2.2 表面加工

方、圆铸锭经过锯切后需进行表面加工处理，表面加工方法主要有方锭的刨边、铣边、铣面，圆锭的车皮、镗孔等。

A 方锭表面加工

方锭表面加工分为对大面的铣面和对小面的刨边、铣边：

（1）铣面。除表面质量要求不高的普通用途的纯铝板材，其铸锭可用蚀洗代替铣面外，其他所有的铝及铝合金铸锭均需铣面。铸锭表面铣削量应根据合金特性、熔铸技术水平、产品用途等原则来确定。其中，所采用的铸造技术是决定铣面量最主要的因素，铸锭表面铣削量的确定要同时兼顾生产效率和经济效益。一般来说，普通产品平面铣削厚度为每面6~15mm，3104罐体料和1235双零箔用锭的铣面量通常在12~15mm。

铣面后坯料表面质量要求如下：

1）铣刀痕控制，通过合理调整铣刀角度，使铣削后料坯表面的刀痕形状呈平滑过渡的波浪形，刀痕深度不大于0.15mm，避免出现锯齿形。

2）铣面后的坯料表面不允许有明显深度和锯齿状铣刀痕及粘刀引起的表面损伤，否则需重新调整和更换刀体；坯料表面允许有断面形状呈圆滑状之刀痕，如刀痕呈陡峭状，则必须用刮刀修磨成圆滑状，并重新检查和调整好刀的角度。

3）铣过第一层的坯料上发现有长度超过100mm的纵向裂纹时应继续铣面、再检查；若仍有超过100mm长裂纹时，继续铣至成品厚度。

4）铣面后的坯料其横向厚差不大于2mm，纵向厚差不大于3mm。

5）面后的坯料应及时消除表面乳液、油污、残留金属屑。

6）面后的坯料其厚度应符合表10-16的规定。

表10-16 铝及铝合金方锭铣面厚度尺寸要求

合 金	坯料厚度/mm	铣面后合格品厚度/mm
所有合金	300	≥280
	340	≥320
	400	≥380
软合金	480	≥460
PS板、阳极氧化板、制罐料等特殊用途用坯料	480	≥445

（2）刨边、铣边。镁含量大于3%的高镁合金铸锭、高锌合金方锭坯料，以及经顺压的2×××系合金方锭坯料小面表层在铸造冷却时，富集了Fe、Mg、Si等合金元素，会形成非常坚硬的质点以及氧化物、偏析物等，热轧时随铸锭的减薄或滚边而压入板坯边部，致使切边量加大，严重时极易破碎开裂，影响板材质量。因此，该类铸锭热轧前均需刨边或铣边。一般表层急冷区厚度约5mm，所以刨边或铣边深度一般控制在5~10mm范围。

刨边质量要求如下：

1）刨、铣边深度：软合金3~5mm，硬合金和高Mg合金5~10mm。

2）刀痕深度：轻合金不大于1.5mm，硬合金及高Mg合金不大于2.0mm。

3）加工后的边部应保持铸锭原始形状或热轧需要的形状。

4）加工后铸锭表面应无明显毛刺，刀痕应均匀。

B 圆锭（空心锭）表面加工

圆锭表面加工分为车皮和镗孔：

（1）车皮质量要求。车皮后的圆锭坯料表面应无气孔、缩孔、裂纹、成层、夹渣、腐蚀等缺陷，及无锯屑、油污、灰尘等脏物，车皮的刀痕深度应不大于0.5mm。为消除车皮后的残留缺陷，圆锭坯料表面允许有均匀过渡的铲槽，其数量不多于4处，其深度对于直径不大于405mm的铸锭不大于4mm，直径不小于482mm的铸锭不大于5mm。若通过上述修伤处理仍不能消除缺陷时，允许再车皮按成品交货。

（2）镗孔质量要求。所有空心锭都必须镗孔，当空心锭壁厚超差大于10mm时，外径不大于310mm 的小空心锭壁厚超差大于 5mm 时，镗孔应注意操作，防止壁厚不均匀超标，同时修正铸造偏心缺陷。镗孔后的空心锭内孔应无裂纹、成层、拉裂、夹渣、氧化皮等缺陷，以及无铝屑、乳液、油污等脏物，镗孔刀痕深度不大于0.5mm。镗孔至成品后，不能消除铸锭裂纹、成层、拉裂、夹渣、氧化皮等缺陷，可以通过切掉缺陷方法处理。

铝及铝合金圆锭（空心锭）的成品锭尺寸标准要求见表10-17。

表 10-17　铝及铝合金圆锭（空心锭）的成品锭尺寸标准要求

直径(外径/内径)/mm	直径(外径)公差/mm	内径/mm	长度公差/mm	切斜度/mm	壁厚不均度/mm
φ775	+2 ~ -10		±8	≤10	
φ800（模压）	±5		±8	≤10	
φ630	+2 ~ -10		±8	≤10	
φ550	+2 ~ -8		±8	≤10	
φ482	+2 ~ -6		±6	≤8	
φ310 ~ 405	±2		±6	≤8	
φ262 ~ 290	±2		±5	≤6	
φ≤250	±2		±5	≤5	
775/520、775/440	+2 ~ -10	±2	±8	≤10	≤3.0
630/370、630/310、630/260	+2 ~ -10	±2	±8	≤10	≤3.0
482/310、482/260、482/215	+2 ~ -6	±1.5	±6	≤8	≤2.0
405/215、405/115	+2 ~ -6	±1.5	±6	≤8	≤2.0
360/170、360/138、310/138、310/106	+2 ~ -6	±1.5	±6	≤8	≤2.0
262/138、262/106	±2	±1	±5	≤6	≤2.0
222/106、222/85、192/85	±2	±1	±5	≤5	≤2.0

11 铝合金铸锭的质量检验及主要缺陷分析

11.1 铸锭的质量检查方法

11.1.1 圆铸锭的质量检查

圆铸锭的检查一般包括如下内容：

（1）化学成分。

（2）尺寸偏差，包括直径、长度、切斜度，空心锭还要检查内孔直径和壁厚不均。

（3）表面质量，其中包括以下几项要求：

1）不车皮铸锭表面应清洁，无裂纹、油污、灰尘、腐蚀，成层、缩孔、偏析瘤等缺陷不得超过有关标准的规定；

2）车皮后的铸锭表面不得有气孔、缩孔、裂纹、成层、夹渣、腐蚀等缺陷，以及锯屑、油污、灰尘等脏物；

3）车皮镗孔后的铸锭表面刀痕深度要符合有关标准的规定；

4）直接锻造用铸锭应无顶针孔。

（4）高倍检查，均匀化退火后的铸锭应在其热端（高温端）切不少于两块高倍试样，检查是否过烧。

（5）低倍与断口组织缺陷（如裂纹、夹渣、气孔、白斑、疏松、羽毛状晶、化合物、大晶粒、光亮晶粒）不应超过有关标准的规定；氧化膜试样要经锻造后再进行检查，且应符合订货合同要求。低倍断口组织及氧化膜首次检查不合格时可切取复查试片进行复查。低倍试片的切取方法如图 11-1 所示，氧化膜试样的切取方法如图 11-2 所示。

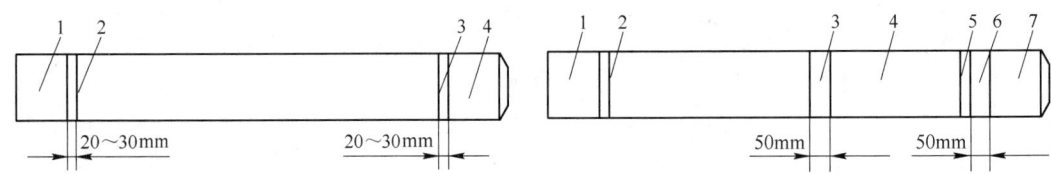

图 11-1 低倍试片的切取方法
1—切头；2，3—低倍试片；4—切尾

图 11-2 氧化膜试样的切取方法
1—切头；2，5—低倍试片；3—备查氧化膜试样；
4—底部毛料；6—氧化膜试样；7—切尾

（6）铸锭端面必须打上合金牌号、炉号、熔次号、根号、毛料号，验收后的铸锭必须打上检印。

11.1.2 扁铸锭的质量检查

扁铸锭的质量检查一般包括如下内容：

（1）化学成分。

（2）尺寸偏差，包括铸锭的厚度、宽度、长度，锯切铸锭还要检查锯口的切斜度。

（3）表面质量，其中包括以下几项要求：

1）不铣面铸锭表面不得有夹渣、冷隔、拉裂，其他缺陷（如弯曲、裂纹、成层、偏析瘤等）不得超过有关标准的规定；

2）铣面后的铸锭表面不允许有粘铝、起皮、气孔、夹渣、腐蚀、疏松、铝屑等，清除表面的油污及脏物，刀痕深度和机械碰伤要符合标准，铸锭两侧的毛刺必须刮净；

3）锯切铸锭的锯齿痕深度应符合标准规定，无锯屑和毛刺；

4）刨边后的铸锭无残留的偏析物。

（4）高倍检查，均匀化退火后的铸锭应在其热端切取高倍试样，检查是否过烧。

（5）对于重要用途的铸锭须切取试片进行低倍和断口检查。

（6）铸锭端面必须打上合金牌号、炉号、熔次号、根号、毛料号，验收后的铸锭必须打上检印。对于由于质量问题需改做他用的铸锭，还应做好相应的标志。

对于试制产品必须进行铸锭质量全面分析，包括组织、性能及定量金相检查等。

11.1.3　先进检测方法及检测技术

超声波检验铸锭的原理就是，声束在介质中传播遇到声阻抗不同的介质时，会有声能被介质反射或使透过的声能量减少，通过换能器的接收和转换将检测的波形在超声波仪器的荧光屏上进行显示。因此，可以根据波形特点、分布状况、传播时间、波高对缺陷进行定性、定位和定量的分析，以此来评价铸锭的质量。

在铸锭的检测过程中，根据铸锭的形状和缺陷的分布及性质，检测的方法一般采用如下原则：方铸锭主要采用脉冲反射式纵波直接接触法和液浸法；圆铸锭主要采用脉冲反射式液浸法或穿透法，根据缺陷的分布和性质采取横波法或纵波法。为了不影响检测的效果，使声能有效传入，铸锭的表面应清洁，必要时进行加工。

由于铸锭的内部组织较粗大，因此检测时其频率一般选择在 1.25～5.0MHz，以减少对声能的散射和衰减，有利于提高检测的灵敏度；换能器有效尺寸一般在 12～25mm；耦合剂主要采用钙基润滑脂或水；对比试块的材料应与检测的铸锭材质相近或相同；扫查方向应有利于缺陷的检出，扫查速度控制在 254mm/s 以内，扫查方式以不漏检为主。检测的灵敏度以信噪比不低于 6dB 为佳。

检查结束，在排除一切外来因素后，如果在始波和底波之间有异常信号，便可确认为缺陷波。根据缺陷的波高、分布状况、特点、传播时间进行定量、定性和定位，根据规程或标准评判铸锭质量，并将结果填在质量记录表中，存档备案；同时在铸锭上做出标识，以便检查员验收，判定是否合格。

超声波探伤可以检测铸锭中的各种宏观缺陷，如夹渣、气孔、裂纹和组织粗大。夹渣和气孔分布没有规律，一般夹渣的波形较平缓，而且多点，不同方向检测的波形有差异；气孔反射明显，不同方向检测的波形基本相同；裂纹一般在铸锭中心或表面，波形反射明显，而且方向性强；组织粗大波形杂乱，一般为林状回波或草状回波。为了更加准确地进行判断，有时应与低倍分析相结合，达到准确定性。

11.2　铝合金铸锭缺陷及分析

11.2.1　铸锭内部缺陷及分析

11.2.1.1　偏析与偏析瘤

铸锭中化学元素成分分布不均匀的现象称为偏析。在变形铝合金中，偏析主要有晶内偏析和逆偏析。

　　A　晶内偏析

显微组织中同一个晶粒内化学成分不均的现象称为晶内偏析。

　　a　晶内偏析的组织特征

晶内偏析只能从显微组织中看到，在铸锭试样浸蚀后其特征是晶内呈年轮状波纹（见图 11-3），如果用干涉显微镜观察，水波纹色彩更加清晰好看。合金成分由晶界或枝晶边界向晶粒中心下降，晶界或枝晶边界附近显微硬度比晶粒中心显微硬度高。水波纹的产生原因是，由于晶粒内不同部位合金元素含量不同，故受浸蚀剂浸蚀的程度不同。

　　b　晶内偏析形成机理

图 11-3　铸锭晶内偏析显微组织特征

在连续或半连续铸造时，由于存在过冷，熔体进行不平衡结晶。当合金结晶范围较宽，溶质原子在熔体中的扩散速度小于晶体生长速度时，先结晶晶体（即一次晶轴）含高熔点的成分多，后结晶晶体含低熔点的成分较多，结晶后形成从晶粒或枝晶边缘到晶内化学成分的不均匀。晶内偏析因合金而异，虽然不可避免但可以控制使其变轻。在变形铝合金中，3A21、3003 合金铸锭晶内偏析最严重。

　　c　晶内偏析预防措施

晶内偏析预防措施如下：

（1）细化晶粒。

（2）提高结晶过程中溶质原子在熔体中的扩散速度。

（3）降低和控制结晶速度。

　　d　晶内偏析对性能的影响

晶内偏析使铸锭组织不均匀，不但对铸锭性能有不良影响，也增加了铸造产生热裂纹的倾向，同时对后续热处理工艺和制品最终性能也有不同程度的影响。

例如对 3A21 合金铸锭，如果不进行均匀化处理直接轧制成板材，则板材退火后晶粒大。原因是晶内有严重的锰偏析，导致再结晶温度提高与再结晶温度区间加宽，最终产生大晶粒。为了获得细晶粒，必须提高铁含量（大于 0.4%）和加入少量钛，在 600~620℃ 将铸锭均匀化，采用高温压延（480~520℃）和板材退火快速加热等措施。

　　B　逆偏析

铸锭边部的溶质浓度高于铸锭中心溶质浓度的现象称逆偏析。

a 逆偏析的组织特征

其组织特征不能用金相显微镜观察，只能用化学分析方法确定。图 11-4 所示为 2A12 合金铸锭铜含量与位置的关系。

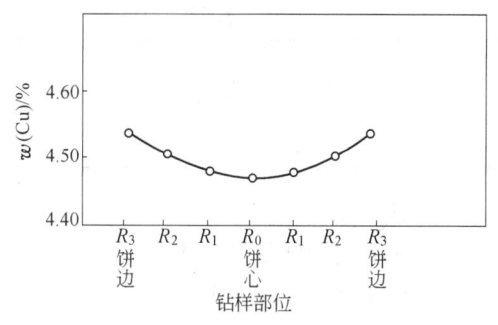

图 11-4 铸锭铜含量与位置的关系

b 逆偏析形成机理

传统解释认为，随着熔体凝固的进行，残余液体中溶质富集，由于凝固壳的收缩或残余液体中析出的气体压力，使溶质富集相穿过形成凝壳的树枝晶的枝干和分支间隙，向铸锭表面移动，使铸锭边部溶质高于铸锭中心。

除高铜铝合金外，高锌铝合金也有逆偏析现象，偏析数值比高铜铝合金高得多，偏析值介于 0.07% ~0.837% 之间，平均锌偏高 0.40%。

c 逆偏析防止措施

逆偏析防止措施如下：

（1）增大冷却强度，采用矮结晶槽及适当的铸造速度。

（2）适当提高铸造温度。

（3）采用合适的铸造漏斗，均匀导流。

（4）细化晶粒。

C 偏析瘤

半连续铸造过程中，在铸锭表面上产生的瘤状偏析漂出物称为偏析瘤。

偏析瘤的宏观组织特征是在铸锭表面呈不均匀的凸起，像大树干表面的凸起一样，只是比树皮上的凸起多，尺寸也小得多。对合金元素高的合金，特别是大截面的圆铸锭，如 2A12 和 7A04 合金等，偏析瘤的尺寸较大，尺寸大约为 10mm，凸起高度在 5mm 以下，对其他合金其尺寸小得多，分布也不如硬合金密集。

偏析瘤显微组织特征是第二相尺寸比基体的大几倍，分布也致密，第二相体积分数也大几倍。有时在偏析瘤处可发现一次晶，如羽毛状或块状的 Mg_2Si，或相中间有孔的 Al_6Mn 等。图 11-5 所示为 2A12 合金铸锭边部显微组织，基体组织细小而均匀，偏析瘤处第二相粗大而致密。

a 偏析瘤形成机理

铸造开始时，熔体在结晶槽内急骤受冷凝固使体积收缩，在铸锭表面与结晶槽工作表面之间会产生间隙，使铸锭表面发生二次加热而产生二次重熔，这时在金属静压力和低熔点组成物受热重熔熔体所产生的附加应力联合作用下，含有大量低熔点共晶的熔体沿着晶间及枝晶间的缝隙冲破原结晶时形成的氧化膜挤入空隙，凝结成偏析瘤。表 11-1 为 2A12 合金铸锭偏析瘤成分。

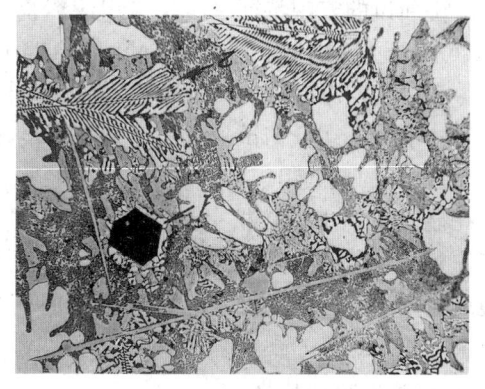

图 11-5 2A12 铸锭偏析瘤显微组织（混合酸浸蚀）

表 11-1 2A12 合金铸锭偏析瘤成分 （质量分数）   （%）

元　素	Cu	Mg	Mn	Fe	Si
基　体	4.37	1.33	0.52	0.25	0.24
偏析瘤	11.07	3.0	0.41	0.59	0.60

b　偏析瘤防止措施

偏析瘤防止措施如下：

（1）降低铸造温度和铸造速度。

（2）结晶器和芯子锥度不能过大。

（3）提高冷却强度，或结晶器内局部不能缺水。

（4）铸造漏斗要放正，保证液流分布均匀。

c　偏析瘤对性能的影响

偏析瘤是不正常组织，在铸锭坯料加工变形前，必须将其去掉。

如果生产过程中没有或没全部把偏析瘤去掉，残余的偏析瘤会被带入变形制品的表面或内部，对制品的性能会带来严重的危害。

另外，当偏析瘤未被全部去掉时，因其含有大量低熔点共晶，合金在热处理时很容易引起过烧和表面起泡，这对任何制品都是不允许的。

11.2.1.2　缩孔

液体金属凝固时，由于体积收缩而液体金属补缩不足，凝固后铸锭尾部中心形成的空腔称为缩孔。

缩孔破坏了金属的连续性，严重影响工艺性能，在截取铸锭坯料时必须去掉。控制铸锭散热条件，降低缩孔的深度，可显著提高铸锭的成品率。

11.2.1.3　疏松与气孔

A　疏松

一般将铸锭宏观组织中的黑色针孔称为疏松。

a　疏松的宏观组织特征

将铸锭试片车面或铣面经碱水溶液浸蚀，之后用肉眼即可观察到的试样表面上存在的黑色针孔状疏松。

疏松断口的宏观特征是，断口组织粗糙、不致密，疏松超过二级时呈白色絮状断口，图 11-6 所示为 7A04 合金 $\phi 405\text{mm}$ 圆铸锭断口上的疏松。

生产中按四级标准对铸锭疏松定级，疏松级别越高，疏松越严重，黑色针孔不但数量多，尺寸也大，在低倍试片上尺寸在几十至几百微米之间。

b　疏松的显微组织特点

在显微组织中，疏松呈有棱角形成的黑洞，铸锭变形后，有的变成裂纹，有的仍然保持原貌。不管试样浸蚀与否，疏松都能看见，不过还是浸蚀后容易观察。断口用扫描电镜或电子显微镜观察，疏松内壁表面有梯田花样（见图 11-7）为枝晶露头的结晶台阶。

c　疏松的形成机理

一般将疏松分收缩疏松和气体疏松两种，收缩疏松产生的机理是，金属铸造结晶

图 11-6　7A04 合金 ϕ405mm 圆铸锭断口上的疏松　　　　图 11-7　疏松电子图像
（上边断口无疏松，组织细密，
下边为四级疏松，断口粗糙有白亮点）

时，从液态凝固成固态，体积收缩，在树枝晶枝杈间因液体金属补缩不足而形成空腔，这种空腔即为收缩疏松。收缩疏松一般尺寸很小，从铸造技术上讲收缩疏松难以避免。

气体疏松产生的机理是，熔体中未除去的气体氢气含量较高，气体被隐蔽在树枝晶枝杈间隙内，随着结晶的进行，树枝晶枝杈互相搭接形成骨架，枝杈间的气体和凝固时析出的气体无法逸出而集聚，结晶后这些气体占据的位置成为空腔，这个空腔就是由气体形成的气体疏松。

铸锭疏松的分布规律是，一般在圆铸锭中心和尾部较多，扁铸锭多分布在距离宽面 0.5~30mm 的表皮层内。

d　疏松的防止措施

疏松的防止措施如下：

（1）缩小合金开始凝固温度与凝固终了温度差。

（2）减少熔体、工具、熔剂、氯气或氮气水分含量，精炼除气要彻底。

（3）熔体不能过热，停留时间不能过长，高镁合金要把表面覆盖好，防止熔体吸收大量气体。

（4）提高浇注温度，降低浇注速度。

（5）高温度湿季节，控制空气中湿度。

金属加工变形后，疏松有的能被焊合，有的不能被焊合，不能被焊合的疏松往往成为裂纹源。变形量较大时，几个邻近的疏松可能形成小裂纹，进而相连形成大裂纹，导致加工制品报废。如果疏松没形成大裂纹，也会不同程度降低制品的使用寿命。

疏松对铸锭性能有不良影响，疏松越严重，影响越大。如对 7A04 合金圆铸锭，随着疏松级别加大，强度、伸长率和密度都下降（见表 11-2）。4 级疏松铸锭比没有疏松铸锭的强度下降 25.7%，伸长率下降 55.4%，密度下降 2%，其中伸长率下降最大。

对 2A12 合金 ϕ405mm 圆铸锭，铸锭的强度和伸长率随疏松在铸锭中的体积分数增大而下降，疏松体积分数从 2.8% 增至 10.8%，强度下降 21%，伸长率下降 50%，显然疏松对塑性的影响更大。

表 11-2　7A04 合金不同级别疏松铸锭的性能

疏松级别	密度/g·cm^{-3}	σ_b/MPa	δ/%	疏松级别	密度/g·cm^{-3}	σ_b/MPa	δ/%
0	2.806	231.1	0.56	3	2.767	189.6	0.25
1	2.788	224.3	0.50	4	2.754	176.6	0.25
2	2.770	208.9	0.41				

疏松对加工制品的力学性能，特别是对横向性能有明显影响，如对 2A12 合金飞机用大梁型材，疏松严重降低型材横向的强度和伸长率，4 级疏松比没有疏松型材强度下降 12%，伸长率下降 44.9%，参见表 11-3。

表 11-3　2A12 合金各级疏松大梁型材性能

疏松级别	纵向			横向				高向			
	σ_b/MPa	$\sigma_{0.2}$/MPa	δ/%	σ_b/MPa	$\sigma_{0.2}$/MPa	δ/%	α_k/J·cm^{-2}	σ_b/MPa	$\sigma_{0.2}$/MPa	δ/%	α_k/J·cm^{-2}
0	537.1	354.2	16.9	481.2	317.2	16.7	1.23	421.4	245.2	6.3	0.79
1	546.3	364.3	14.6	480.3	327.5	15.7	1.14	444.2	304.8	8.8	0.72
2	544.6	347.3	16.1	466.5	316.9	12.6	0.98	428.0	299.1	7.0	0.69
3	545.2	361.2	16.3	460.1	320.2	10.2	1.10	404.2	300.5	5.8	0.79
4	542.0	347.2	15.5	423.5	308.6	9.2	1.16	414.2	29.5	6.8	0.68

B　气孔

铸锭试片中存在的圆形孔洞称为气孔。

a　气孔的组织特征

在铸锭试片上，气孔的宏观和微观特征都为圆孔状（见图 11-8），在变形制品的纵向上有的被拉长变形（见图 11-9）。圆孔内表面光滑明亮，光滑的原因是结晶凝固时气泡的压力很大；明亮的原因是气泡封闭在金属内，气泡内壁没被氧化。与其他缺陷不同，铸锭或制品试片不浸蚀气孔也清晰可见。

气孔尺寸一般都很大（约几毫米），个别合金尺寸较小，在低倍试片检查时很难发现，只在断口检查时才能发现。例如用作火车活塞用的 4A11 合金，由于熔体黏度过大，气体排出困难，在高温高湿的雨季，有时在打断口时可发现小而多的气泡（见图 11-10），气泡

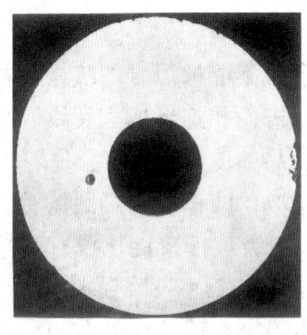

图 11-8　空心铸锭气孔

图 11-9　挤压棒材中的气孔
（气孔沿变形方向被拉长）

呈半球形闪亮发光，尺寸约 1mm，分布比较均匀。

气孔在铸锭中分布没有规律，常常与疏松伴生。

b　气孔形成机理及防止措施

气孔的形成机理同疏松一样，只是熔体中氢含量较大，其防止措施与疏松的防止措施相同。

11.2.1.4　夹杂与氧化膜

A　非金属夹杂

在宏观组织中，与基体界限不清的黑色凹坑称为非金属夹杂。

a　非金属夹杂组织特征

宏观组织特征为没有固定形状、黑色凹坑、与基体没有清晰界限（见图 11-11）。非金属夹杂的特征只有在铸锭低倍试片经碱水溶液浸蚀后才能清晰显现。

 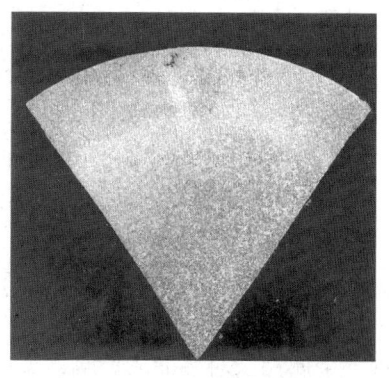

图 11-10　4A11φ405mm 圆铸锭低倍试片断口　　　　图 11-11　非金属夹杂的宏观组织
（断口上闪亮的圆孔为气泡）　　　　　　　　　（边部黑色物是非金属夹杂）

断口组织特征为黑色条状、块状或片状，基体色彩反差很大，很容易辨认。

显微组织特征多为絮状的黑色紊乱组织，紊乱组织由黑色线条组成，与白色基体色差明显。

b　非金属夹杂形成机理

在熔炼和铸造过程中，如果将来自熔剂、炉渣、炉衬、油污、泥土和灰尘中的氧化物、氮化物、碳化物、硫化物带入熔体并除渣不彻底，铸造后在铸锭中则产生夹杂。

c　非金属夹杂防止措施

非金属夹杂防止措施如下：

（1）将原、辅格料中的油污、泥土、灰尘和水分等清除干净。

（2）炉子、流槽、虹吸箱要处理干净。

（3）精炼要好，精炼温度不能太低，以防止渣液分离不好；炉渣要除净。

（4）提高铸造温度，以增加金属流动性，使渣子上浮。

d　非金属夹杂对金属性能的影响

非金属夹杂严重破坏了金属的连续性，对金属的性能特别是高向性能有严重影响；对薄壁零件更加有害，并破坏零件的气密度。当夹杂存在于轧制板材中则形成分层。不管夹杂存在于何种制品中，都是裂纹源，都是绝对不允许的。

以 5A03 合金圆铸锭和 3A21 空心锭为例，将有夹杂和没夹杂铸锭的性能相比较（见表 11-4），在 5A03 合金拉伸试样断口上，夹杂面积占 4.5% 时强度下降 12.4%，伸长率下降 50%。在 3A21 合金拉伸试样断口上，夹杂面积占 1.5% 时强度下降 7%，伸长率下降 18%。

表 11-4 5A03 合金圆铸锭及 3A21 合金空心锭非金属夹杂对力学性能的影响

合 金	拉伸试样断口情况	夹杂占断口面积/%	σ_b/MPa	$\sigma_{0.2}$/MPa	δ/%
5A03	无夹杂	0	205.0	115.8	8.8
	有夹杂	0.4	111.3	116.7	5.3
	有夹杂	4.5	179.5	116.7	4.3
3A21	无夹杂	0	131.3		28.7
	有夹杂	1.5	121.5		23.2

B 金属夹杂

在组织中存在的外来金属称为金属夹杂。

a 金属夹杂的组织特征

金属夹杂的宏观和微观组织特征都为有棱角的金属块，颜色与基体金属有明显的差别，并有清楚的分界线，多数为不规则的多边形界线，硬度与基体金属相差很大。

b 金属夹杂的形成原因

由于铸造操作不当，或由于外来金属掉入液态金属中，铸造后外来的没有被熔化的金属块保留在铸锭中。

c 金属夹杂对性能的影响

由于外来金属与基体有明显分界面，其塑性与基体又有很大的差别，铸锭变形时在金属夹杂与基体金属的界面上很容易产生裂纹，严重破坏制品的性能，铸锭和铝材含有这种缺陷则为绝对废品。虽然大生产中这种缺陷很少，但一旦有这种缺陷，常常会造成严重后果，例如可以将价值昂贵的轧辊损坏。

C 氧化膜

铸锭中存在的主要由氧化铝形成的非金属夹杂称为氧化膜。

a 氧化膜的宏观组织特征

由于氧化膜很薄，与基体金属结合非常紧密，在未变形的铸锭宏观组织中不能被发现，只有按特制的方法，将铸锭变形并淬火后做断口检查时才能被发现，其特征为褐色、灰色或浅灰色的片状平台（见图 11-12），断口两侧平台对称。各种颜色氧化平台光滑度不

图 11-12 氧化膜断口特征（图中对称的小平台为氧化膜）

同，褐色氧化膜放大倍数观察有起层现象。

b 氧化膜的显微组织特征

用显微镜观察，氧化膜特征为黑色线状包留物，黑色为氧化膜，白色为基体，包留物往往为窝纹状。

c 氧化膜的形成机理

氧化膜形成的机理主要有两个：其一，是在熔炼和铸造过程中，熔体表面始终与空气接触，不断进行高温氧化反应形成氧化膜并浮盖在熔体表面。当搅拌和熔铸操作不当时，浮在熔体表面的氧化皮被破碎并卷入熔体内，最后留在铸锭中。其二，铝合金熔炼时，除了使用原铝锭、中间合金和纯铝作为炉料外，还加入一定数量的废料，包括工厂本身的几何废料、工艺废料、碎屑以及外厂的废料。碎屑和外厂废料成分复杂，尺寸小、质量差、存在着大量的氧化膜夹杂物，在复化和熔炼过程中由于除渣不净，氧化夹杂物进入熔体，成为氧化膜的另一主要来源。

根据氧化膜形成的时间和合金的不同，氧化膜具有不同的颜色。通常，在熔炼时形成的氧化膜具有亮灰色；含镁量高的合金，氧化膜多呈黑褐色。

氧化膜在熔体和铸锭中的分布极不均匀，几乎没有规律可循。通常，在静置炉中熔体的下层，铸锭的底部以及第一铸次的铸锭中氧化膜分布较多。模锻件和锻件中氧化膜的显现程度与单一方向变形程度的大小有关，单向变形程度越大，显现得越明显。

d 氧化膜防止措施

氧化膜防止措施如下：

（1）将原辅材料的油、腐蚀产物、灰尘、泥沙和水分等清除干净。

（2）熔炼过程中尽量少反复补料和冲淡，搅拌方法要正确，防止表面氧化皮成为碎块掉入熔体内。

（3）空气湿度不能过大。

（4）熔体转注过程中熔体要满管流动，落差点要封闭。

（5）提高精炼温度，除渣除气时间不能太短，在静置炉静置时间要够。

（6）使用的各种工具要预热好。

（7）铸造温度不能偏低，要保证熔体的良好流动性。

e 氧化膜对产品性能的影响

氧化膜破坏了金属的连续性，使产品的性能降低，特别是严重降低高向和横向性能，氧化膜越严重影响越大。根据制品的用途，对所用铸锭和制品中的氧化膜要进行严格控制，特别是航空用的模锻件应分别用低倍和探伤的相关检查标准进行控制。

11.2.1.5 白亮点

在断口上存在的反光能力很强的白点称为白亮点。

A 白亮点的宏观组织特征

在铸锭低倍试片上很难显现，但在低倍试片断口上很容易显现。白亮点在断口上的特征为白色亮点（见图 11-13），对光线没有选择性，用 10 倍放大镜观察，白亮点呈絮状。

B 白亮点的显微组织特征

用普通光学显微镜观察为疏松，用扫描电镜观察为梯田花样。

图 11-13 白亮点的断口特征

C 白亮点的形成机理

根据现代分析手段证实，白亮点并非氧化膜，它的产生原因与疏松相同，都是由氢气含量过高造成的。

D 白亮点防止措施

白亮点防止措施如下：

（1）彻底精炼，充分干燥熔剂和使用工具。

（2）电炉、静置炉彻底干燥烘烤。

（3）熔体要覆盖好，停留时间不能过长。

（4）结晶器不能过高，冷却水温也不能过高。

（5）铸造速度不能太慢。

E 白亮点对制品性能的影响

白亮点破坏了金属的连续性，对铸锭和加工制品的性能都有不良影响。根据对几种硬合金的研究，白亮点明显降低强度、塑性和疲劳寿命。

11.2.1.6 白斑

在低倍试片上存在的白色块物称为白斑。

A 白斑的组织特征

在宏观试片上为形状不定的块状、与基体边界清晰、颜色发白，与灰色基体色差明显，这种组织特征在低倍试片浸蚀后很容易辨认（见图 11-14）。

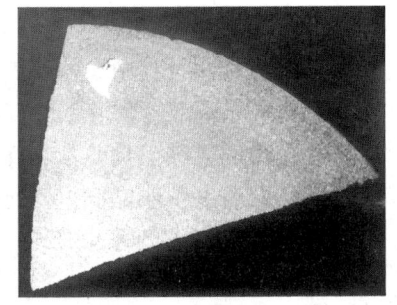

显微组织特征是纯铝组织，第二相非常稀少而不连续，第二相尺寸小，没有合金那种枝晶网络，与合金组织没有明显分界线，没有破坏组织的连续性，显微硬度很低。

图 11-14 白斑宏观组织特征

B 白斑形成机理

铸造合金时，当熔体流入结晶槽与底部接触时冷却速度特别大，经常在铸锭底部形成裂纹，严重时可使整个铸锭开裂。为了防止铸锭产生裂纹，大生产铸造合金前，在结晶槽内先用纯铝熔体铺底，将铸锭底部完全包住，然后再将合金熔体流入结晶槽，从而可有效防止铸锭产生裂纹。在这种操作过程中，如果操作不当，引入的合金熔体流速过快，将铺底铝溅起进入合金熔体中，结晶后在合金中便会形成白斑。

根据白斑产生的机理，白斑绝大多数出现在铸锭的底部。

C 白斑防止措施

防止白斑的措施如下：

（1）铸造时正确操作，不能将铺底铝溅起。

（2）提高漏斗温度。

（3）适当提高铺底铝的温度。

D 白斑对制品性能的影响

白斑虽然没有破坏金属的连续性，但它是一种冶金缺陷。如果将其遗传到制品中，对合金的性能有不利影响，不但使制品的强度大大降低，而且会因白斑附近软硬不均，引起应力集中，很容易引起裂纹，使制品的使用寿命明显降低。

11.2.1.7 光亮晶粒

在宏观组织中存在的色泽明亮的树枝状组织称为光亮晶粒（见图 11-15）。

A 光亮晶粒的宏观组织特征

铸锭试片经碱水溶液浸蚀后，光亮晶粒色泽光亮，对光线无选择性，在哪个方向观察色泽都不变，仔细观察或用 10 倍放大镜观察，光亮晶粒呈树枝状。在断口上该组织呈亮色絮状物，絮状物的面积比疏松断口絮状物大。

B 光亮晶粒的显微组织特征

与正常组织相比，枝晶网络大，如图 11-16 所示。图中网络大区域为光亮晶粒，网络小区域为正常组织。光亮晶粒的枝晶间距比基体间距大几倍，第二相体积分数小 1 倍以上（见表 11-5），第二相尺寸小，该组织发亮发白，是合金组元贫乏的固溶体，显微硬度低。

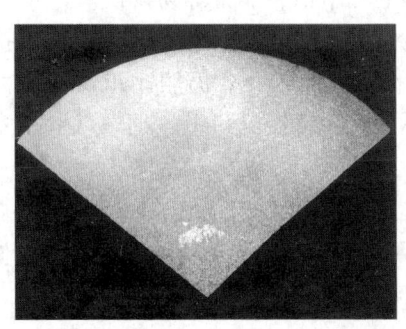

图 11-15 光亮晶粒宏观组织特征
（圆心附近发亮组织为光亮晶粒）

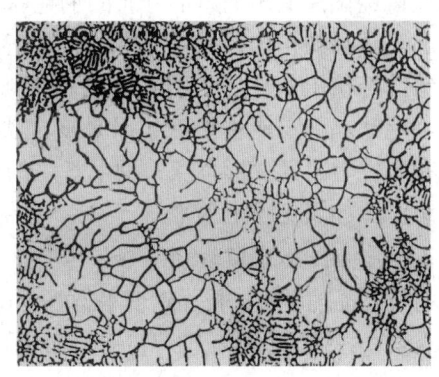

图 11-16 光亮晶粒显微组织

表 11-5 2A12 合金 ϕ360mm 铸锭光亮晶粒晶内尺寸

组织种类	枝晶间距/μm	第二相体积分数/%
基 体	49.7	11.2
光亮晶粒	117.0	6.0

C 光亮晶粒的形成机理

铸造时由于操作不当，有时在铸造漏斗底部生成合金元素低的树枝状晶体，这种树枝状晶体被新流入的熔体不断冲刷，液相成分在结晶过程中没有多大变化，不断按先结晶的成分长大，成为合金元素贫乏的固溶体，其化学成分偏离合金成分较大。

随着铸造的进行，漏斗下方的结晶体长大成底结物，底结物由于重量不断增加，或因铸造机振动落入液穴结晶前沿，与熔体一起凝固成铸锭，这种底结物就是光亮晶粒。

D 防止措施

防止光亮晶粒的措施如下：

(1) 铸造漏斗要充分预热，漏斗表面要光滑，漏斗孔距底部不能过高。

(2) 漏斗沉入液穴不能过深，防止铸锭液体部分的过冷带扩展到液穴的整个体积，造成体积顺序结晶。

(3) 提高铸造温度和铸造速度，防止漏斗底产生底结。

(4) 防止结晶器内金属水平波动，确保液流供应均匀。

E 光亮晶粒对制品性能的影响

光亮晶粒虽然没有破坏金属的连续性，但它的化学成分低于合金的成分，硬度低塑性高，使合金组织不均匀。如果将光亮晶粒遗传到加工制品中，对软合金的性能影响较小，对硬合金可使强度明显下降。例如2A12合金，光亮晶粒使强度下降19.6~49.1MPa。

11.2.1.8 羽毛状晶

在铸锭宏观组织上存在的类似羽毛状的金属组织称为羽毛状晶。

A 羽毛状晶组织特征

在铸锭试片上多呈扇形分布的羽毛状（见图11-17），又像美丽的大花瓣，又称花边组织。与正常晶粒相比，晶粒非常大，是正常晶粒大小的几十倍，非常容易辨认。

铸锭经挤压变形后，羽毛状晶不能被消除，多数呈开放式菊花状。棒材经二次挤压后，羽毛状晶仍不能被消除，只是变成类似木纹状的碎块，其尺寸仍然比正常组织大得多。在锻件上因其变形特点，羽毛状晶的形状变化不大。在铸锭断口上，羽毛状晶呈木片状，组织不如氧化膜平台平滑。

B 羽毛状晶显微组织特征

树枝晶晶轴平直，枝晶近似平行（见图11-18），一边成直线，另一边多为锯齿。在偏振光下观察，直线为孪晶晶轴。铸锭加工变形后仍保持羽毛状晶形态，只是由亚晶粒组成。

图11-17 羽毛状晶在铸锭上的宏观组织特征

图11-18 羽毛状晶显微组织特征

C　羽毛状晶形成机理及防止措施

当向结晶面附近导入高温熔体时，在半连续铸造时会生成孪晶，孪晶为片状的双晶，是柱状晶的变种，孪晶即为羽毛状晶。

羽毛状晶防止措施：

(1) 降低熔炼温度，缩短熔炼时间，防止熔体在炉内停留时间过长，引起非自发晶核减少。

(2) 铸造温度不能过高。

(3) 增加变质剂加入量。

D　羽毛状晶对制品性能的影响

羽毛状晶具有粗大平直的晶轴，力学性能有很强的各向异性，铸锭在轧制和锻造时常常沿双晶面产生裂纹。不但严重损害工艺性能，也极大地降低了力学性能。即使没产生裂纹的制品，在阳极氧化后常常在羽毛状晶和正常晶粒的边界上、在羽毛状晶自身的双晶界上呈现条状花纹，使制品表面质量受到损害。

羽毛状晶虽然没破坏金属的连续性，因其对性能有较大影响，生产中必须严加控制。

11.2.1.9　粗大晶粒

在宏观组织中出现的均匀或不均匀的大晶粒称为粗大晶粒。

A　粗大晶粒的宏观组织特征

粗大晶粒在铸锭试片浸蚀后很容易发现，为了保证产品质量，对均匀大晶粒按五级标准进行控制，每级晶粒相应的线性尺寸见表11-6，正常情况下铸锭的晶粒都在不大于二级以下。由于铸造工艺不当，偶尔出现超过二级的等轴晶粒，或在细小的等轴晶粒中出现局部大晶粒，大晶粒尺寸比正常晶粒大几倍或10倍（见图11-19）。

表11-6　铸锭晶粒级别相应的线性尺寸

晶粒级别	1	2	3	4	5
晶粒线性尺寸/μm	117	1590	2160	2780	3760

B　粗大晶粒的显微组织特征

在偏振光下，晶粒仍然像宏观看到的一样粗大，只是晶粒位向差更加明显，晶粒的色泽更加美丽好看。大晶粒断口组织比小晶粒断口粗糙、不致密。

C　粗大晶粒的形成机理

铸锭的晶粒尺寸受熔体中结晶核心多少或铸造工艺的影响，当结晶核心少、铸造冷却速度慢、过冷度小、成核数量少、晶粒长大速度快则产生均匀大晶粒；当熔体过热或铸锭规格大也会产生大晶粒。当导入熔体方式不当或导入过热熔体时，由于液穴内温度不均匀，在温度高的地方晶粒长大得快，在铸锭中出现局部大晶粒或大晶区。

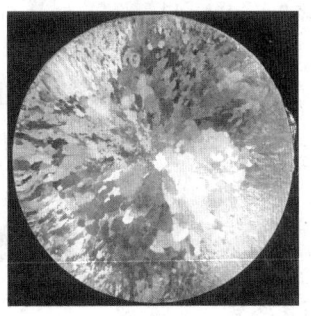

图11-19　粗大晶粒组织特征

当细化晶粒的化学元素含量低时能产生均匀大晶粒，也能产生局部大晶粒。局部大晶粒在铸锭中有时不能显现，而在加工制品的热处理后才显现。

D 粗大晶粒防止措施

具体措施有:

(1) 合金熔体全部或局部不能过热,防止非自发晶核熔解,防止结晶核心减少。

(2) 降低铸造温度。

(3) 增加冷却强度,提高结晶速度。

(4) 合金成分与杂质含量配置适当,增加晶粒细化剂含量。

E 粗大晶粒对性能的影响

当组织中晶粒大小不同时,其在空间的晶界面大小也不同。因为晶界面上杂质较多,原子排列又不规则,在外力作用下单位体积内晶界面大和晶界面小,其承受外力的能力必然不同,最终会导致性能的差异。晶粒大小对性能的影响因合金的不同而不同。

对软合金,如 5A03 合金,铸锭晶粒尺寸大,略使强度下降,伸长率显著提高 (见表11-7)。将具有不同晶粒的铸锭加工成棒材,棒材退火后晶粒比铸锭显著变小,铸锭晶粒越大,棒材晶粒变小越多,棒材比铸锭晶粒等级相应变小 0.5~2 级。总之,铸锭的晶粒尺寸对变形制品的晶粒尺寸有重要影响,铸锭的晶粒大变形制品的晶粒也大,但其晶粒等级相应下降。

表 11-7 5A03 合金 ϕ270mm 圆铸锭性能

晶粒级别	$\sigma_{0.2}$/MPa	σ_b/MPa	δ/%	晶粒级别	$\sigma_{0.2}$/MPa	σ_b/MPa	δ/%
1	111.7	178.4	7.3	3	108.8	174.4	8.8
2	115.6	181.3	8.3	4	103.9	166.6	8.9

11.2.1.10 晶层分裂

在铸锭边部断口上沿柱状晶轴产生的层状开裂称为晶层分裂。

A 晶层分裂的宏观组织特征

晶层分裂只在铸锭试片打断口时发生,位置在断口边部,即铸锭边部 (见图 11-20)。晶层分裂的裂纹方向与铸锭纵向呈 45°角,裂纹较长,一般为 10~20mm,裂纹较多并彼此平行。

图 11-20 晶层分裂断口特征

铸锭试片在打断口前,沿纵向剖开并用碱水溶液浸蚀,在边部可清楚看见粗大的柱状晶,柱状晶晶轴的方向与铸锭纵向呈 45°角,柱状晶的深度与断口上裂纹的长度相近。

B 晶层分裂的显微组织特征

晶层分裂的裂纹沿着由第二相组成的枝晶发展,裂纹边部有大量第二相。

C　晶层分裂形成机理及防止措施

铸造时如果熔体过热或促进形核的活性杂质太少，在特定的结晶条件下，则细晶区的晶体以枝晶单向成长，其成长方向与导热方向一致，距离冷却表面越远，向宽度方向成长程度越大。在柱状晶区的结晶前沿，残余熔体由于浓度过冷温度梯度下降，形成大量新的晶体，新晶体的生长阻碍柱状晶的继续生长，在柱状晶区前面形成了等轴晶区，这样结晶后在铸锭的边部形成了等轴晶区，在铸锭的边部形成了狭长的沿热流方向成长的柱状晶区。打断口时可发现晶层分裂。

防止措施：

(1) 严格防止熔体过热或局部过热，以免减少非自发晶核。

(2) 合金成分与杂质含量调整适当。

(3) 金属在炉内停留时间不能过长。

(4) 集中供流或供流要均匀。

D　晶层分裂对性能的影响

晶层分裂的本质是柱状区，因柱状晶是单向细长的晶粒，方向性很强，柱状晶区内的由第二相组成的枝晶也有方向性，这种有方向且晶内结构不均匀的组织，严重降低铸锭的加工性能和力学性能，见表11-8。

表11-8　铸锭晶层分裂区与等轴晶区的性能

合　金	取样部位	σ_b/MPa	$\sigma_{0.2}$/MPa	δ/%
2A70	晶层分裂区 等轴晶区	320.8 342.4	264.9 281.5	8.0 9.6
6A02	晶层分裂区 等轴晶区	204.0 234.5	158.9 197.2	8.4 10.0
2A10	晶层分裂区 等轴晶区	154.0 163.8	123.6 129.5	12.0 18.0

11.2.1.11　粗大金属化合物

在低倍试片上呈针状、块状的凸起物称为粗大金属化合物。

A　粗大金属化合物的宏观组织特征

在铸锭低倍试片上为分散或聚集的针状或块状凸起，边界清晰，有金属光泽，对光有选择性。凸起的原因是化合物较基体抗碱溶液浸蚀，基体被浸蚀快，化合物被浸蚀慢，最后化合物在试片上比基体高且凸起。

断口组织特征为针状或块状晶体，有闪亮的金属光泽。

B　粗大金属化合物的显微组织特征

尺寸粗大有棱角，形貌有相应每种化合物的特定形状和颜色，尺寸比二次晶大几倍以上（见图11-21）。比如 $MnAl_6$ 的二次晶尺寸约 $10\mu m$，而一次晶的粗大化合物尺寸在 $50\sim100\mu m$。粗大化合物又硬又脆，对化学试剂有特有的着色反应。铸锭加工变形后，粗大化合物多被破碎成小块，但小块尺寸仍比二次晶大得多。

C　粗大金属化合物形成机理

形成机理如下：

(1) 在 $2\times\times\times$、$3\times\times\times$、$5\times\times\times$、$6\times\times\times$和$7\times\times\times$系合金中，为抑制再结晶和

使晶粒细化、提高金属强度和防止应力腐蚀裂纹等目的，添加了铁、锰、铬和锆等元素，如果成分选择不当或铸造工艺不当，添加元素达到生成初晶化合物的成分范围，铸锭的凝固温度处于化合物的生成范围，并有充足的生长时间，都为形成粗大金属化合物提供了生成条件。

（2）在凝固过程中，由于熔质再分配使局部元素富集等导致熔体成分不均，也给形成初晶化合物创造了条件。

（3）由于铁、锰等第三元素的加入，操作不当时在铸造漏斗的底部容易形成化合物晶核并长大，在漏斗底部悬挂着较大的初晶化合物。

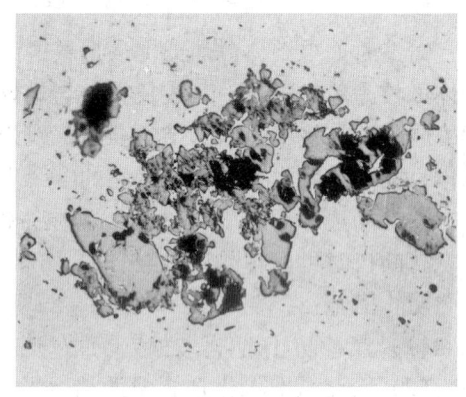

图 11-21 粗大金属化合物显微组织特征

（4）使用的中间合金中的粗大化合物初晶在熔炼时没有熔化或没有全部熔化，铸造后也被保留了下来。如 4A11 合金是高硅合金，硅含量高达 11% ~ 13%，当中间合金中的初晶硅在熔炼时没有充分熔化时，往往将粗大的初晶硅保留在铸锭中。

通常，对 3A21 合金，当锰含量为 1.6%、铁含量为 0.6% 时，会出现 $Al_6(MnFe)$ 一次晶。对 2A70 合金，当铁含量为 1.6%，镍含量为 1.5% 时，则出现条形的 Al_9FeNi 一次晶。对 7A04 合金，当锰铁及 3 倍铬含量的总和高于 1.2% 时，则形成带圆孔的 Al_7Cr 一次晶。对 5A06 合金，当铁含量高于 0.15% 时，则形成长针的 Al_3Ti 一次晶。

根据生成条件，粗大金属化合物的分布大多位于铸锭中心。

D 防止措施

防止粗大金属化合物的措施如下：

（1）生成初晶化合物的元素含量，不能超过生成初晶的界限。

（2）中间合金中的粗大化合物在熔炼时要充分熔解。

（3）提高铸造温度和铸造速度，适当延长熔炼时间。

（4）漏斗表面要光滑并导热要好，漏斗要充分预热，漏斗不能沉入太深。

E 粗大金属化合物对制品性能的影响

粗大金属化合物又硬又脆，虽然没有破坏金属的连续性，但严重破坏了组织的均匀性。因其多数是难溶相，铸锭均火后尺寸仍然很大。虽然加工变形后多数被破碎，但仍然尺寸较大，变形过程中在粗大化合物与基体的界面会产生很大的应力集中，制品受力时很容易产生裂纹，严重降低了制品性能。当制品表面有粗大金属化合物时，又使腐蚀寿命大大降低。

根据对 3A21、2A70 和 7A04 合金有无粗大化合物铸锭性能测量（见表 11-9），粗大化合物使力学性能下降，其中使塑性下降最多，特别是对 3A21 合金下降的更加严重。

表 11-9 有无粗大化合物铸锭的性能比较

合 金	化合物正常			化合物粗大		
	σ_b/MPa	$\sigma_{0.2}$/MPa	δ/%	σ_b/MPa	$\sigma_{0.2}$/MPa	δ/%
3A21	127.4	91.1		143.1	113.7	5.4
2A70	269.5	213.6	4.0	229.3	203.8	2.2
7A04	243.0		1.2	245.9		0.3

11.2.1.12 过烧

当加热温度高于低熔点共晶的熔点，使低熔点共晶和晶界复熔的现象称为过烧。

A 过烧的宏观组织特征

过烧严重时铸锭和加工制品表面色泽变暗、变黑，有时产生表面起泡。

B 过烧的显微组织典型特征

检查铸锭及加工制品是否过烧，只以显微组织特征为依据，其他方法只能作为旁证。对变形铝合金，根据国家标准，过烧的判定特征有 3 个，即复熔共晶球、晶界局部复熔加宽和 3 个晶粒交叉处形成复熔三角形（见图 11-22）。

用电子显微镜对复熔三角形处组织进行研究发现，与复熔产物相接触的基体有梯田花样。梯田花样是枝晶露头的结晶台阶，与疏松内壁表面上的枝晶露头一样，表明该处的组织已发生复熔。

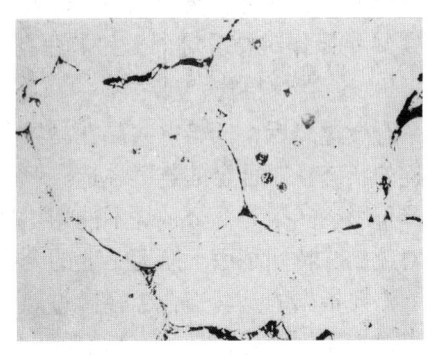

图 11-22 过烧显微组织特征

一般将过烧程度分为轻微过烧、过烧和严重过烧。轻微过烧指过烧特征轻微；过烧指过烧特征明显；严重过烧指过烧特征多，晶界严重复熔粗化和平直，低熔点共晶大量熔化和聚集。轻微过烧判断较难，要判断准确必须有丰富的经验。

C 过烧形成机理

变形铝合金中，除 α（Al）基体外一般都有几种共晶，根据合金的不同，含有共晶的种类和多少也不同。如果在一种合金里有几种共晶，每种共晶的熔化温度不尽相同，当把合金从低温升到高温时，熔点最低的共晶必然先熔化，这个共晶熔化的温度称为过烧温度，而这种共晶被称为低熔点共晶，即熔点最低的共晶。

如 2A12 合金主要有两种共晶：

$\quad$ α（Al）+ CuAl$_2$ $\qquad\qquad\qquad\qquad$ 熔点 548℃

$\quad$ α（Al）+ CuAl$_2$ + Al$_2$CuMg（S 相）$\qquad$ 熔点 507℃

三元共晶的熔点比二元共晶低得多，当合金在较高温度热处理时，三元共晶必然先熔化，其熔化温度（507℃）即为 2A12 合金的过烧温度。

对铸锭进行热差分析得出主要变形铝合金的过烧温度，见表 11-10。

表 11-10 主要变形铝合金的过烧温度

合　金	过烧温度/℃	合　金	过烧温度/℃
2A12	507	2A06	510
2A11	522	2A16	548
6A02	555	2011	552
2A50	548	6063	591
2A14	518	4A11	540
2A70	548	7A04	489

D 防止措施

防止措施有:

（1）严格控制热处理的温度和保温时间。

（2）高温仪表定期检定，不允许使用检定不合格或超期仪表。

（3）热处理炉内温度要均匀，炉料不能有油污，摆放要合理。

（4）操作时要看对合金和卡片。

E 过烧对性能的影响

合金过烧后，低熔点共晶在晶界上和基体内复熔又凝固，改变了过烧前该处组织紧密相连的状态，对合金的连续性造成普遍损害，对合金的力学性能、疲劳和腐蚀性能等都产生严重影响。因为合金过烧不能用热处理或加工变形消除，任何铸锭和制品发生过烧都为绝对废品。特别是用于航天工业的合金，更加不能允许。

需要指出的是，当合金轻微过烧时，由于第二相固溶更加充分，过烧复熔产物很小，晶界没有遭到普遍损坏，有些合金，如 2A12 合金，其力学性能不但没有降低反而升高，但应力腐蚀和疲劳性能明显下降。当过烧严重时，各项性能都明显下降。

以 7A04 和 6063 合金铸锭为例，随着均匀化温度的升高，铸锭的强度和塑性都逐渐升高，当铸锭过烧后（7A04 合金 489℃，6063 合金 591℃）性能开始下降，其中塑性下降最严重，见表 11-11、表 11-12。

表 11-11 7A04 合金不同均火温度铸锭的力学性能（保温 24h）

铸锭规格/mm	性能	均匀化温度/℃							
		400	420	440	460	470	475	480	500
φ172	$\sigma_{0.2}$/MPa	308.7	316.5	352.8	355.7	348.9	359.7	354.8	342.0
	σ_b/MPa	315.6	335.2	388.1	425.3	427.3	426.3	415.5	295.0
	δ/%	4.1	4.7	4.8	9.2	9.3	9.5	10.0	7.3
φ200	$\sigma_{0.2}$/MPa	304.8	322.4	341.0	352.8	356.7	357.7	357.7	352.3
	σ_b/MPa	304.4	323.4	342.0	372.4	378.3	375.3	373.4	364.6
	δ/%	0.7	0.8	1.3	2.0	2.5	3.3	3.5	3.3
φ300	$\sigma_{0.2}$/MPa	308.7	307.7	340.1	351.8	356.3	355.7	365.5	344.9
	σ_b/MPa	307.7	308.7	345.7	353.7	363.7	373.4	370.4	346.9
	δ/%	1.3	1.2	1.5	2.7	3.5	3.5	4.0	2.7
φ420	$\sigma_{0.2}$/MPa	225.4	266.6	294.9	294.8	340.9	343.0	338.9	320.5
	σ_b/MPa	225.9	267.6	296.0	303.8	342.9	343.0	340.2	323.5
	δ/%	2.3	2.2	2.7	2.7	3.7	3.8	4.0	3.3

表 11-12 6063 合金均火铸锭性能（保温 12h）

均火温度/℃	σ_b/MPa	$\sigma_{0.2}$/MPa	δ/%	均火温度/℃	σ_b/MPa	$\sigma_{0.2}$/MPa	δ/%
510	147.0	105.8	27.3	570	166.6	124.5	33.2
530	156.8	98.0	31.3	580	164.6	117.6	34.3
540	152.9	103.9	32.1	590	167.6	119.6	34.2
550	152.9	100.9	32.4	600	157.8	112.7	29.3
560	163.7	104.9	33.7	620	129.4	90.0	22.9

11.2.1.13 枞树组织

在铸锭纵向剖面上，经阳极氧化后出现的花纹状组织称为枞树组织。

这种缺陷只产生在 Al-Fe-Si 系和 Al-Mg-Fe-Si 系合金中。

A 枞树组织的宏观组织特征

板材和挤压制品经阳极氧化后，在制品表面上呈条痕花样。

B 枞树组织的显微组织特征

对于 Al-Fe-Si 系合金，铸锭边部外层为 $FeAl_3$ 相，相邻内层为 Al_6Fe 相。混合酸浸蚀后 $FeAl_3$ 相为细条状或草叶状，色泽发黑；$FeAl_6$ 相较粗大，呈灰色，不易受浸蚀。

对于 Al-Mg-Fe-Si 系合金，外部是 Al_mFe 相，而内部是 $Al_6Fe + Al_3Fe$ 相，两层组织相形状和尺寸有差别。

C 枞树组织的形成机理

Al-Fe 化合物的形成受冷却速度影响很大，冷却速度不同形成的相也不同。从铸锭表面向铸锭中心冷却速度递减，在铸锭边部冷却速度变化最大，相应在边部形成的相组也不同。因为铝铁化合物的电化学性质不同，所以在阳极氧化时各相的电化学反应也不同，其色调也不同，最后在两层组织处形成枞树花样。

D 枞树组织的防止措施

防止措施有：

(1) 控制好铸造速度。

(2) 适当调节化学成分。

11.2.2 铸锭表面及外形缺陷分析

11.2.2.1 裂纹

铸锭裂纹分冷裂纹和热裂纹两种，铸锭冷凝后产生的裂纹称为冷裂纹，铸锭冷凝时产生的裂纹称为热裂纹。

A 冷裂纹

a 冷裂纹的宏观组织特征

在铸锭低倍试片上呈平直的裂线，断口比较整齐，颜色新鲜呈亮灰色或浅灰色（见图 11-23），断品没有氧化。

b 冷裂纹显微组织特征

裂纹不沿枝晶发展，横穿基体和枝晶网络，裂纹平直清晰。

c 冷裂纹形成机理及防止措施

铸造时在凝固冷却过程中，铸锭内部由

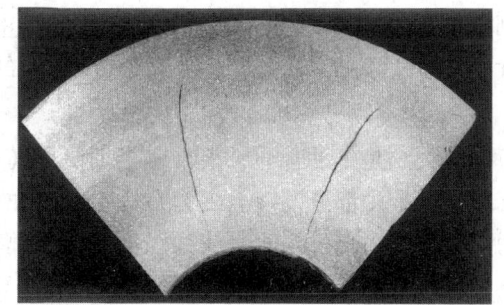

图 11-23 空心锭中的冷裂纹

于冷却不均产生极大不平衡应力。不平衡应力集中到铸锭的一些薄弱处产生应力集中，当应力超过了金属的强度或塑性极限时，在薄弱处产生裂纹。

冷裂纹多发生在高成分的大尺寸扁锭中，产生底裂、顶裂和侧裂，有时也发生在大直径圆锭中，开裂时常伴有巨大的响声，有时造成危险事故。当铸锭均匀化退火后，由于内部的应力已经消除，不会再产生裂纹。

由于热裂纹对冷裂纹有很大影响，生产中有时发现由热裂纹引起冷裂的情况，因此两种裂纹产生的原因常常难以分辨，其中产生裂纹的敏感合金元素及控制范围见表 11-13。

表 11-13　易引起铸锭裂纹敏感的合金元素及杂质控制范围

合金牌号	合金元素及杂质控制范围(质量分数)/%	细化剂添加量(质量分数)/%
1070A、1060、1050A	Fe > Si，Si < 0.3，Fe > 0.3 + 0.2 ~ 0.5	0.01 ~ 0.02Ti
3A21	Fe > Si，Si = 0.2 ~ 0.3，Fe + Mn ≤ 1.8 Fe = 0.2 ~ 0.4	0.03 ~ 0.06Ti
5A02，5A05，5A06，	Fe > Si，Na < 0.001	
2A11	Si > 0.6，Cu > 4.5，Zn < 0.2	0.01 ~ 0.04Ti
2A12	Fe > Si，Si < 0.35 Fe > 0.35 + 0.03 ~ 0.05，Zn < 0.2	0.01 ~ 0.04Ti
2A50，2B50，2A70，2A80，2A90	Fe = Ni，取成分下限 2A70，2A80 的 Mn < 0.15 Fe > Si，Si < 0.25，Fe = 0.3 ~ 0.45	0.02 ~ 0.1Ti
7A04	扁锭：Mg = 2.6 ~ 2.75，Cu、Mn 取下限	

B　热裂纹

铸锭在冷凝时产生的裂纹称为热裂纹。

a　热裂纹的宏观组织特征

在铸锭低倍试片上裂纹曲折而不平直，有时裂纹有分叉（见图 11-24）。断口处裂纹呈黄褐色和氧化色，颜色没有冷裂纹断口新鲜。一般在铸锭中心区出现。

b　热裂纹的显微组织特征

沿枝晶裂开并沿晶发展，在裂纹处经常有低熔点共晶填充物。热裂纹比冷裂纹细，没有冷裂纹好观察，特别是裂纹处有低熔点共晶填充物时，更要与正常低熔点共晶仔细区分，一般前者比后者尺寸小而分布致密。

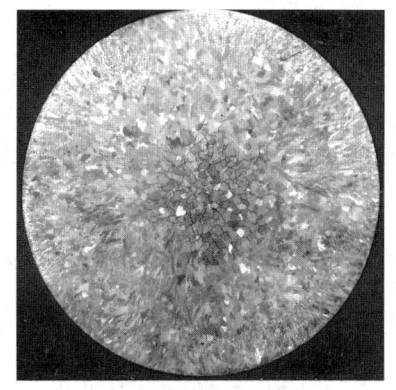

图 11-24　热裂纹宏观组织特征

c　热裂纹形成机理及防止措施

热裂纹是一种普通又很难完全消除的铸造缺陷，除 Al-Si 合金外，几乎在所有的工业变形铝合金中都能发现。因为在固-液区内的金属塑性低，熔体结晶时体积收缩产生拉应力，当拉应力超过当时金属的强度，或收缩率大于伸长率时则产生裂纹。在固液状态下，其伸长率低于 0.3% 时产生热裂纹。热裂纹种类主要有表面裂纹、中心裂纹、放射状裂纹和浇口裂纹等。

防止措施：因热裂纹与冷裂纹产生的原因和机理常常难以分清，因此，其防止措施只能根据具体情况来分析。

C　中心裂纹

中心裂纹可能是热裂纹，也可能是冷裂纹。它的产生原因是在铸锭凝固过程中，由于中心熔体结晶收缩受到外层完全凝固金属的阻碍，在铸锭中心产生抗应力，当抗应力超过当时金属的允许形变值时，便产生中心裂纹。在高成分合金铸锭中，这种裂纹大多数是一种混合型裂纹。

D 环状裂纹

环状裂纹是热裂纹，其特征为圆环状。在结晶过程中，当已形成铸锭外壳层硬壳，而中间层的冷却速度又很快时，在过渡带转折处收缩应力很大，收缩受到已凝固硬壳的阻碍，会在液穴结晶面的转折处形成裂纹。如果铸锭表面冷却比较均匀，可能形成环状裂纹；如果铸锭表面冷却不均，则形成半环裂纹。

E 放射状裂纹

裂纹由铸锭中心向外散射，像太阳光芒向外散射一样，散射裂纹线相距较远，由铸锭中心附近向外散，彼此相距越来越远。

放射状裂纹形成机理是由于中心结晶产生收缩拉应力，拉应力受外层阻碍，当拉应力很大时使已结晶的金属呈放射状裂开，使过大的拉应力得以释放。由于铸锭表面早已结晶，金属的强度超过应力数值，铸锭表面很难裂开。在形成放射状裂纹时，中心熔体还没有结晶，熔体立即将形成的裂纹间隙填充，在间隙处快冷结晶形成细小的枝晶。一般放射状裂纹不明显，往往没有破坏金属的连续性。

放射状裂纹多发生在空心铸锭中，在圆铸锭中也时有发生。空心锭产生该种裂纹的原因是铸锭内表面急剧冷却，芯子妨碍铸锭热收缩造成的。

放射状裂纹为热裂纹。

F 表面裂纹

裂纹产生在铸锭表面，表面裂纹通常是热裂纹。当液穴底部高于铸锭直接水冷带时形成，其原因是铸造速度过小和结晶槽过高所致。在铸锭从结晶槽拉出来的瞬间，铸锭外层急剧冷却，收缩受到已经凝固的铸锭中心层阻碍，使外层产生拉应力而开裂。表面裂纹特征是裂纹沿铸锭表面纵向发展。

G 横向裂纹

横向裂纹属于冷裂纹，多发生在2A12、7A04等硬合金大直径铸锭中。产生原因是铸锭直径大，铸造速度过小，轴向温度梯度大，沿铸锭的横截面开裂。

H 底部裂纹

裂纹位于铸锭底部，产生的原因是与底部接触的铸锭下部冷却速度很快，而上层冷却速度较慢，使下层受拉应力。如果铸锭两端发生翘曲，由热应力引起的铸锭变形大于铸锭所能承受的形变时，将在铸锭的底部引起裂纹。大生产中底部裂纹多是因底部铺底铝处理不当引起的，底部裂纹多发生在扁锭中。

I 浇口部裂纹

裂纹位于铸锭浇口部中心，沿铸锭纵向向下延伸。产生原因是在铸造末期铸锭顶部金属凝固收缩时在顶部产生拉应力，将刚结晶塑性很低的中心组织拉裂而产生裂纹。如果浇口区的金属在较高的温度已经形成了细小的热裂纹，在铸锭继续冷却过程中，应力以很大的冲击力使铸锭开裂。这种裂纹开裂有很大的危险性，不但容易使铸造工具破坏，还可能产生人身安全事故。大生产中，浇口有夹渣、掉入底结物、水冷不均和回火处理不当等原因，都可能产生浇口裂纹。

浇口裂纹多发生在扁锭中。

J 晶间裂纹

在铸造塑性高的软合金时，如果化学成分和熔铸工艺控制不当，熔体结晶时产生粗大等轴晶、柱状晶或羽毛状晶，由于收缩应力使塑性差的晶界裂开而产生晶间裂纹，这种裂纹的特征是都沿晶界开裂。

K 侧面裂纹

裂纹产生在扁铸锭的侧面，产生原因是铸锭侧面冷却速度过大，外表层急剧收缩，已凝固的内层对收缩有阻碍，产生很大拉应力使侧面金属产生裂纹。

为防止产生侧面裂纹，应适当提高铸造速度，提高小面水压，采用液面自动控制漏斗，严防产生冷隔，保证液流分布均匀，保证结晶槽工作面光洁度。

11.2.2.2 冷隔

铸锭外表皮上存在的较有规律的金属重叠或靠近表皮内部形成的隔层称为冷隔。

A 冷隔的宏观组织特征

在铸锭表皮上呈近似圆形、半圆形或圆弧形不合层，不合层处金属呈沟状凹下。在低倍试片上组织有明显分层，分层处凹下形成沿铸锭外表面的圆弧状黑色裂纹（见图 11-25）。

B 冷隔的显微组织特征

冷隔处为黑色裂纹，裂纹处有非金属夹杂，裂纹组织两边相近。

C 冷隔的形成机理

由于铸造工艺不当，在熔体与结晶器接触的弯月面上，由于液穴内的金属不能均匀到达铸锭边

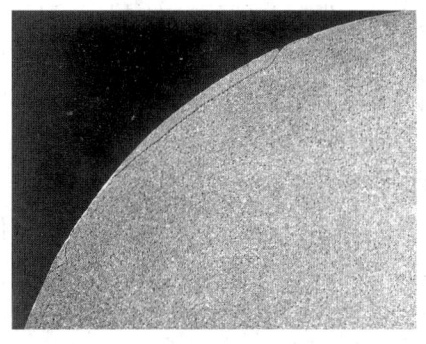

图 11-25 圆铸锭冷隔宏观组织

部，在金属流量小的地方熔体不能充分补充，该处的熔体温度很快下降结晶成硬壳，硬壳与结晶器间产生空隙。当结晶槽中金属液面提高到足以克服表面张力并冲破表面氧化膜时，熔体流向已产生的空隙中，后来的熔体结晶后与先结晶的已形成表面氧化膜的硬壳不能焊合。

扁铸锭因窄面冷却强度大，距离供应点远，会首先在窄面形成冷隔。

D 冷隔的防止措施

防止冷隔的措施如下：

（1）提高铸造速度，增加熔体供流量。

（2）提高铸造温度，增加熔体的流动性。

（3）合理安放漏斗，防止液流不均。

（4）防止漏斗堵塞。

（5）采用液面自动控制装置，防止金属水平波动。

E 冷隔对性能的影响

因为冷隔使铸锭形成隔层，破坏金属的连续性，故当该处应力很大时，常常引起扁

铸锭形成侧面裂纹，引起圆铸锭形成横向裂纹。如果冷隔没有导致铸锭产生裂纹，因其破坏了金属的连续性，加工铸锭时也导致产生裂纹。为了保证加工质量和制品质量，生产中必须将冷隔全部去掉，冷隔越深铸锭的铣面量和车皮量越大，使铸锭的成品率下降。

11.2.2.3　拉裂和拉痕

在铸锭表面纵向上存在的条痕称为拉痕。在铸锭表面横向上存在的小裂口称为拉裂。

A　组织特征

拉痕的组织特征为沿铸锭表面纵向分布的条痕，条痕凹下，深度很浅。显微组织与正常组织没有差别。

拉裂的组织特征为沿铸锭表面横向分布的小裂口，裂口断续，深度较拉痕深但有底，小裂口边界不整齐。

B　形成机理

拉痕与拉裂形成的机理相同，差别只是二者的程度不同。当熔体结晶后将铸锭从结晶槽向铸造井下拉时，由于在结晶槽内熔体刚结晶形成的金属凝壳强度较低，不足以抵抗铸锭和结晶槽工作面之间的摩擦力，铸锭表面会被拉出条痕，严重时可将铸锭表面横向拉出裂口，再严重时可能将局部硬壳拉破，在裂口处产生流挂。

C　防止措施

防止措施有：

(1) 保证结晶器光滑和进行润滑，不允许有毛刺、水垢和划痕。

(2) 结晶器要放正，防止铸锭下降时一边产生很大的摩擦力。

(3) 适当降低浇注速度和浇注温度。

(4) 均匀冷却，适当提高水压。

D　对性能的影响

拉痕和拉裂破坏了铸锭表层组织的连续性，当深度不超过铸锭表面加工余量时，用铣面或车面的办法将其去掉；当深度很深时，铸锭将报废。

11.2.2.4　弯曲

铸锭纵向轴线不成一条直线的现象称为弯曲。

A　弯曲的形成机理

弯曲的形成机理有：

(1) 结晶器安装不正或固定不牢，铸造时错动。

(2) 铸造机导轨不正或固定不牢，铸造时底座移动，盖板不平使结晶器歪斜。

(3) 结晶器变形，锥度不适或光洁度差。

(4) 开始铸造时由于底部跑溜子，使底部局部悬挂。

B　弯曲对性能的影响

弯曲主要是对工艺性能有不良影响，解决办法是：

(1) 当弯曲不大时，可用车皮、铣面或矫直办法消除。

(2) 当弯曲过大时，因无法进行加工变形，铸锭报废。

11.2.2.5 偏心

空心铸锭内外不同心的现象称为偏心。

A 偏心的形成机理

偏心的形成机理有：

(1) 芯子安装不正，铸造机下降时不平稳。

(2) 铸造工具不符合要求。

B 偏心对性能的影响

偏心使空心锭壁厚不均，对工艺性能有严重影响，如果偏心不大可用镗孔来校正，如果偏心过大铸锭只能报废。

11.2.2.6 尺寸不符

铸锭的实际尺寸不满足所要求的尺寸称为尺寸不符。

尺寸不符的形成机理及防止措施：

(1) 铸造时流口堵尺不当。

(2) 结晶器设计不符合要求，或结晶器变形及长期使用磨损过大。

(3) 铸造行程指示器不准、损坏或失灵，不能正确指示铸造长度。

(4) 对各种流盘、流槽容量和各种规格铸锭的流量控制不当。

(5) 电器、机械设备发生故障，无法继续铸造。

(6) 铸造温度太低，铸造中喇叭嘴、流眼凝死，不能继续铸造。

(7) 铸空心锭时芯子偏斜或结晶器固定不牢，造成偏心。

11.2.2.7 周期性波纹

铸锭横向表面存在的有规律的条带纹称为周期性波纹。

周期性波纹多产生在纯铝或3A21软合金铸锭表面。

形成机理及防止措施：

(1) 铸造温度低，金属水平波动。

(2) 铸造速度慢，表面张力阻碍了熔体流动。

(3) 铸造速度过快或结晶槽内金属液面过高时，铸锭呈周期性摆动，使铸锭大面产生周期渗出物。

(4) 将铸锭车皮或铣面。

11.2.2.8 表面气泡

铸锭均匀化热处理后，有时在表面形成的鼓包称为表面气泡。

A 宏观组织特征

表面气泡在铸锭表面上为分散的鼓包，鼓包内为空腔，放大数倍观察，空腔内壁有闪亮的金属光泽。

B 显微组织特征

气泡空腔附近有疏松和均火后残存的枝晶组织，气泡内壁对应位置的枝晶组织有对应性。用电子显微镜观察，气泡内壁有梯田花样，表明气泡以疏松为核心形成。

C 形成机理

铸锭表面气泡不是铸造后才存在，而是铸锭均匀化退火后才出现，好像不属于冶金缺陷，其实正是由于铸锭中氢含量过高所致。

熔炼过程中由于除气不彻底使熔体中残存了过多的气体，主要是氢气保留在铸锭内，氢含量过高时在铸锭内形成气泡，氢含量较高时形成疏松。

铸锭的表面气泡除与铸锭内的氢含量有关外，还与铸造时的冷却速度和均匀化温度有关，根据对 Al-Mg-Si 合金的研究，当铸锭中氢含量相同时，铸造冷却速度越快，均火温度越高，在铸锭表面越容易生成气泡。铸锭中氢含量越高，不管铸造冷却速度如何，生成表面气泡的均火温度越低（见表 11-14）。

表 11-14　铸锭氢含量、冷却速度、均火温度与表面气泡的关系

均火温度 /℃	铸锭冷却速度	100gAl 熔体中含氢量/mL			
		0.142	0.174	0.192	0.280
530	慢　冷				
	快　冷				
540	慢　冷				
	快　冷				气　泡
550	慢　冷				气　泡
	快　冷			气　泡	气　泡
560	慢　冷			气　泡	气　泡
	快　冷	气　泡	气　泡	气　泡	气　泡
570	慢　冷		气　泡	气　泡	气　泡
	快　冷	气　泡	气　泡	气　泡	气　泡
580	慢　冷	气　泡	气　泡	气　泡	气　泡
	快　冷	气　泡	气　泡	气　泡	气　泡

除铸锭外，加工制品，如板材和挤压制品等，在热处理时也能在其表面上生成气泡。其原因除铸锭生成气泡的原因外，还与热处理炉内湿度过大有关。因为水蒸气与铝表面反应生成原子氢，氢原子半径很小，会沿着晶界和晶格间隙扩散进入金属表层内。当炉内温度降低时，由于炉内氢浓度很低，氢又会从固溶体内析出，压力达到几个大气压，将表面金属鼓起形成气泡。这种气泡是由环境氢引起的，气泡尺寸较铸锭内部氢引起的气泡尺寸小，一般为 0.1~1mm，气泡大小均匀。

D　表面气泡防止措施

表面气泡防止措施有：

（1）加强除气精炼，尽量降低铸锭氢的含量。

（2）热处理时温度不能太高，时间也不能过长。

（3）热处理炉内湿度不能过高。

（4）铸造、制品和器具等要干燥。

E　表面气泡对性能的影响

表面气泡破坏了表皮组织的连续性，铸锭要车皮和铣面，板材和锻件不应超过公差余量之半。

12　铝合金熔炼铸造设备

12.1　铝合金熔炼炉的分类及对炉衬材料的基本要求

12.1.1　铝合金熔炼炉的分类

铝合金熔炼设备中常用的冶金炉型有熔化炉、静置保温炉、均匀化退火炉以及炉料预处理炉、铝液在线精炼装置等新炉型。

（1）按加热能源分类。有：

1）燃料（包括天然气、石油液化气、煤气、柴油、重油、焦炭等）加热式。以燃料燃烧时产生的反应热能加热炉料。

2）电加热式。由电阻元件通电发出热量或者让线圈通交流电产生交变磁场，以感应电流加热磁场中的炉料。

（2）按加热方式分类。有：

1）直接加热方式。燃料燃烧时产生的热量或电阻元件产生的热量直接传给炉料的加热方式，其优点是热效率高，炉子结构简单。但是燃烧产物中含有的有害杂质对炉料的质量会产生不利影响；炉料或覆盖剂挥发出的有害气体会腐蚀电阻元件，降低其使用寿命；由于以前燃料燃烧过程中燃料/空气比例控制精度低，燃烧产物中过剩空气（氧）含量高，造成加热过程金属烧损大，现在随着燃料/空气比例控制精度的提高，燃烧产物中过剩空气（氧）含量可以控制在很低的水平，减少了加热过程的金属烧损。

2）间接加热方式。间接加热方式有两类，第一类是燃烧产物或通电的电阻元件不直接加热炉料，而是先加热辐射管等传热中介物，然后热量再以辐射和对流的方式传给炉料；第二类是让线圈通交流电产生交变磁场，以感应电流加热磁场中的炉料，感应线圈等加热元件与炉料之间被炉衬材料隔开。间接加热方式的优点是燃烧产物或电加热元件与炉料之间被隔开，相互之间不产生有害的影响，有利于保持和提高炉料的质量，减少金属烧损。感应加热方式对金属熔体还具有搅拌作用，可以加速金属熔化过程，缩短熔化时间，减少金属烧损。但是由于热量不能直接传递给炉料，因此与直接加热式相比，热效率低，炉子结构复杂。

（3）按操作方式分类。有：

1）连续式炉。连续式炉的炉料从装料侧装入，在炉内按给定的温度曲线完成升温、保温等工序后，以一定速度连续地或按一定时间间隔从出料侧出来。连续式炉适合于生产少品种大批量的产品。

2）周期式炉。周期式炉的炉料按一定周期分批加入炉内，按给定的温度曲线完成升温、保温等工序后将炉料全部运出炉外。周期式炉适合于生产多品种多规格的产品。

（4）按炉内气氛分类。有：

1）无保护气体式。炉内气氛为空气或者是燃料自身燃烧气氛，多用于炉料表面在高温能生成致密的保护层，能防止高温时被剧烈氧化的产品。

2）保护气体式。如果炉料氧化程度不易控制，通常把炉膛抽为低真空，向炉内通入氮、氩等保护气体，可防止炉料在高温时剧烈氧化。随着产品内外质量要求不断提高，保护气体式炉的使用范围不断扩大。

12.1.2　铝合金熔炼对炉衬材料的基本要求

铝合金熔炼对炉衬材料的基本要求有：

（1）满足通用冶金炉对材料的基本要求。即应具有高的耐火度，足够的化学稳定性、机械强度和密度，耐腐蚀、低导热，以承受熔体的机械冲击和炉衬胀缩引起的热应力冲击，抵抗精炼熔剂的腐蚀和减少炉衬热量散失。

（2）炉衬材料应与铝合金熔体不发生或基本不发生不良反应，即对铝合金熔体造成污染。

12.2　反射式熔化炉和静置保温炉

12.2.1　火焰反射式熔化炉和静置保温炉

12.2.1.1　火焰反射炉的分类及主要特点

火焰反射式炉常用作熔化炉和静置保温炉。火焰反射式熔化炉和静置保温炉可分为固定式和倾动式。

固定式炉结构简单，价格便宜。但必须依靠液位差放出铝液，因此要求熔化炉和静置保温炉分别配置两个不同高度的操作平台，这样既不利于生产操作又增加了厂房高度；由于放流口靠近熔池底部，致使放流时沉底的熔渣易随铝液流出，造成铸锭的夹渣缺陷。倾动式炉靠倾动炉子放出铝液，因此增加了液压式或机械式倾动装置，炉子结构较复杂，造价高，但保证了铝液在熔池上部固定高度流出，减少了沉底熔渣造成的铸锭夹杂缺陷。熔化炉和静置保温炉的操作平台均在厂房地面上，不需要另设操作平台，是今后发展的方向。

从炉子形状及加料方式分类，火焰反射式熔化炉和静置保温炉可分为圆形炉顶加料炉和矩形炉侧加料炉。

火焰反射式熔化炉和静置保温炉可使用液体（柴油、重油）和气体（石油液化气、天然气、煤气等）燃料。燃烧器普遍采用烟气余热利用装置预热助燃空气，可以提高能源利用率，降低能耗。常用的有蓄热式、引射式和烟气/助燃空气对流预热式。

炉子吨位朝着大型化方向发展，目前国外炉子最大吨位达150t，国内炉子最大吨位为50t。

还有一种被称为竖式炉的连续式火焰熔化炉，炉料从炉膛上部连续地加入炉内，在下落过程中与炉膛下部烧嘴产生的上升燃气进行热交换，熔化成液体落入炉底的熔池中。竖式炉的特点是燃气对炉料有预热作用，可提高燃气热量利用率，竖式炉在铸造纯铝线杆的连铸连轧中有应用，但是不便于生产需要添加合金元素的铝合金产品，所以应用不广泛。

12.2.1.2 几种火焰反射式熔化炉和静置保温炉

图12-1～图12-6和表12-1～表12-7列出了几种火焰反射式熔化炉和静置保温炉的结构简图和主要技术参数。

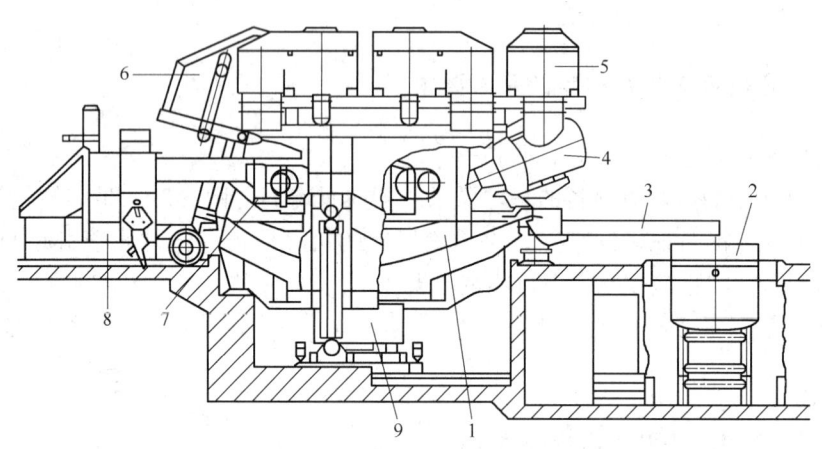

图 12-1 110t 熔铝炉结构简图

1—熔池；2—坩埚；3—流槽；4—烧嘴；5—蓄热体；6—排烟罩；7—加料斗；8—加料车；9—电磁搅拌器

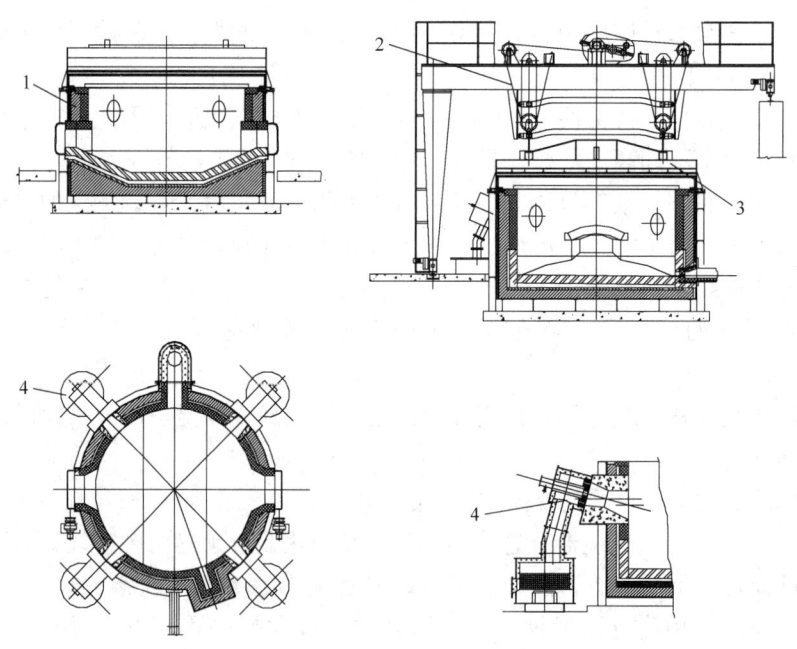

图 12-2 50t 圆形火焰熔铝炉（燃油蓄热式烧嘴）结构简图

1—炉体；2—开盖机；3—炉盖；4—蓄热烧嘴

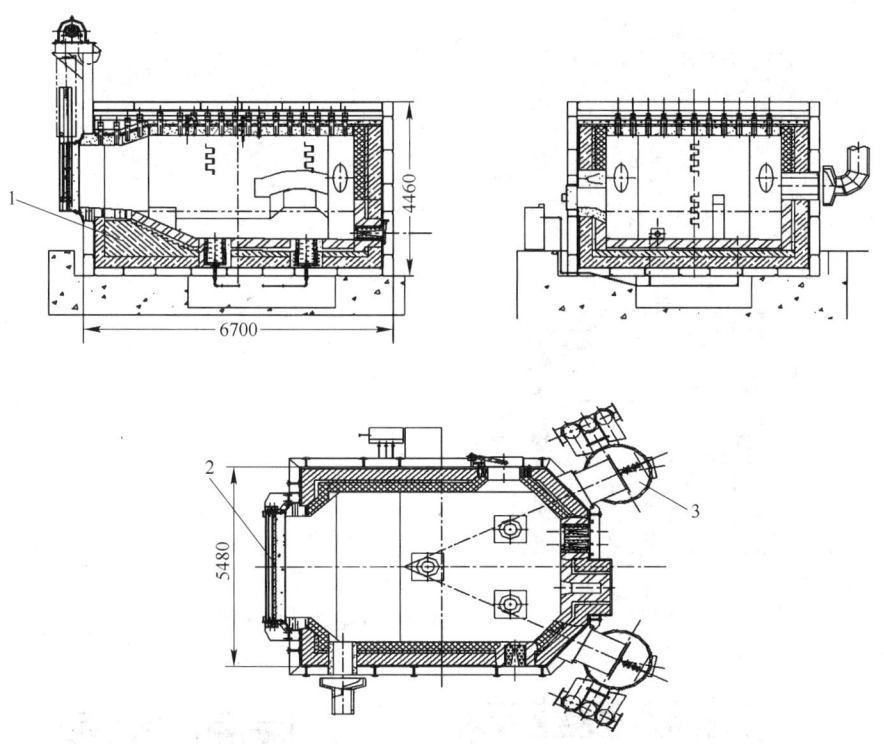

图 12-3　23t 矩形熔铝炉结构简图
1—炉体；2—加料炉门；3—蓄热式烧嘴

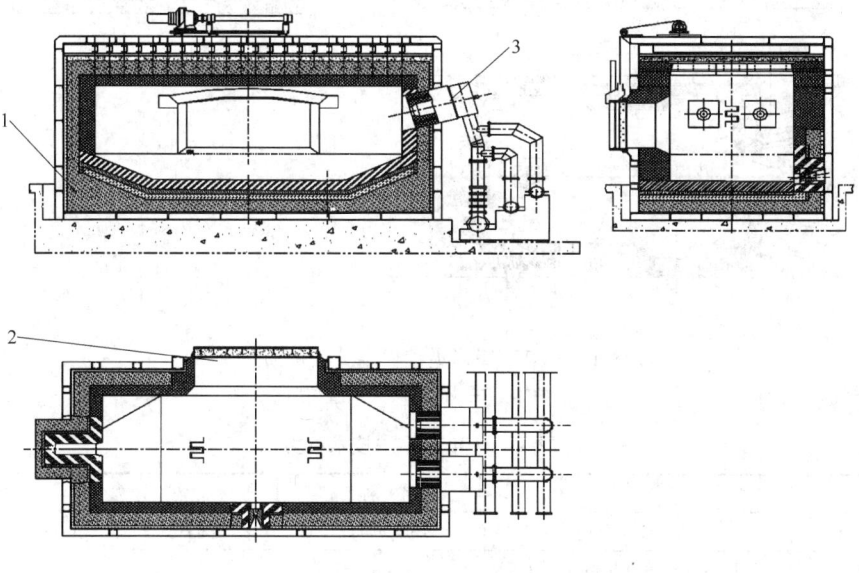

图 12-4　18t 矩形火焰熔铝炉结构简图
1—炉体；2—加料炉门；3—自身预热式烧嘴

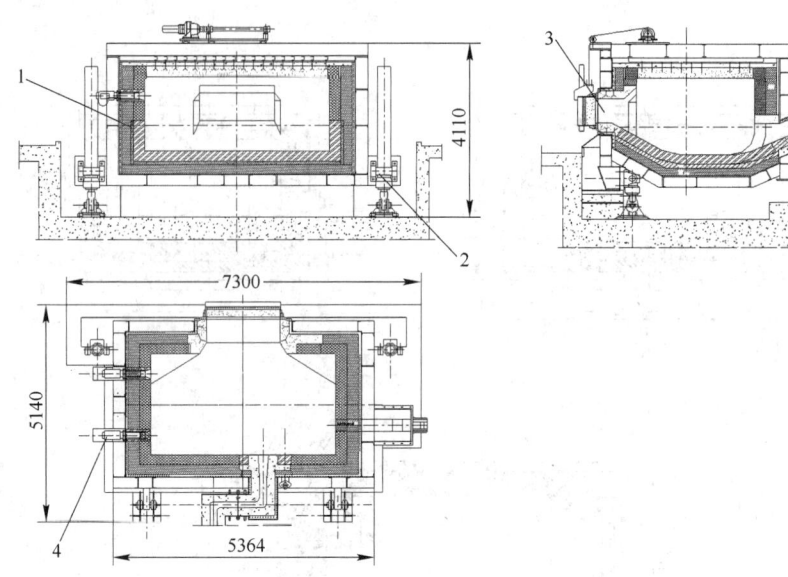

图 12-5 10t 倾动式矩形火焰保温炉结构简图

1—炉体；2—倾动油缸；3—扒渣炉门；4—烧嘴

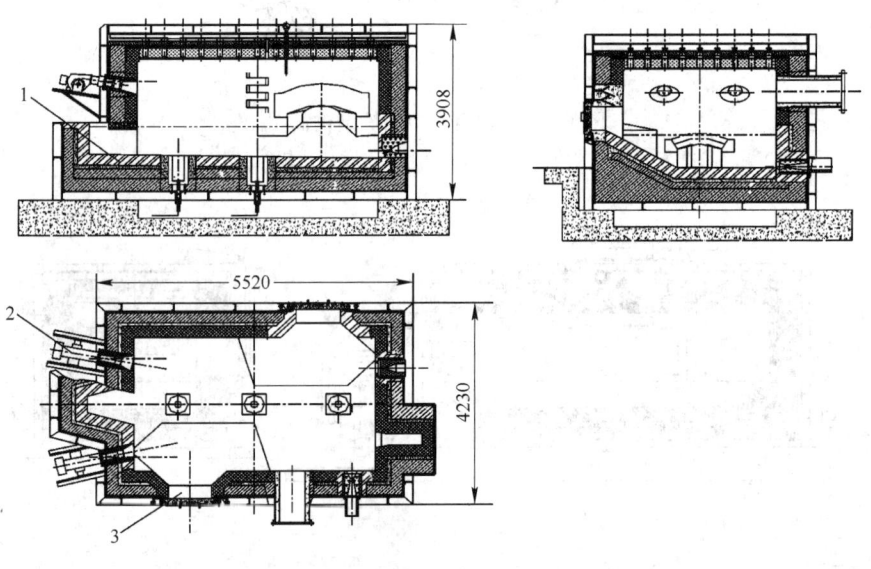

图 12-6 12t 矩形火焰保温炉结构简图

1—炉体；2—烧嘴；3—扒渣炉门

表 12-1 110t 熔铝炉技术参数

名　称	参　数	名　称	参　数
制造单位	德国 GKI 公司	烧嘴型号	低 NO_x 蓄热式（Bloom 公司）
使用单位	德国 VAW 公司 Rheinwerk 工厂	烧嘴数量/对	3
容量/t	110	烧嘴安装功率/MW	5.5×3
炉子形式	矩形侧加料	燃料	天然气
熔池面积/m^2	62	熔化率/$t \cdot h^{-1}$	28

名　称	参　数	名　称	参　数
熔池深度/m	1	加料方式	加料机
熔池搅拌	电磁搅拌器（ABB 公司）	料斗容量/t	10
炉门规格/m×m	8×2	熔体倒出方式	液压倾动炉体，熔体倒入10t坩埚内，然后送往保温炉

表12-2　70t 圆形熔铝炉技术参数

名　称	参　数	名　称	参　数
制造单位	英国戴维（Davy）公司	烧嘴安装功率/kg·h^{-1}	58600000
炉子形式	圆形顶加料	燃料	煤气
容量/t	70	熔化率/t·h^{-1}	23（最大）
熔池面积/m^2	50	烟气余热回收装置	辐射管式换热器
熔池深度/m	0.65	空气预热温度/℃	400（最高）
炉门规格/m×m	3×1	加料方式	加料斗炉顶加料
烧嘴数量/个	4	料斗容量/t	27

表12-3　15～50t 圆形火焰熔铝炉

名　称	参　数			
制造单位	苏州新长光工业炉有限公司			
吨位/t	15	30	40	50
用途	铝及铝合金熔炼			
炉子形式	固定式圆形顶开盖火焰炉			
容量/t	15+10%	30+5%	40+5%	50+5%
炉膛工作温度/℃	1150～1200			
铝液温度/℃	(720～760)±5			
熔化期熔化能力/t·h^{-1}	4～4.5	5.5～6	7～8	8～10
燃料种类	轻柴油或柴油			
燃料发热量/kJ·kg^{-1}	9600×4.18			
燃料最大消耗量/kg·h^{-1}	280	350	500	600
烧嘴前油压力/MPa	0.5			
助燃空气最大消耗量(标态)/m^3·h^{-1}	3326	4158	5940	7128
助燃空气压力/Pa	9600～10000			
烟气最大生成量(标态)/m^3·h^{-1}	3488	4361	6230	7476
烧嘴形式	蓄热式烧嘴			
烧嘴数量/个	2		4	
单位燃耗(熔化期)/kJ·t^{-1}	2.30×10^6～2.51×10^6		2.09×10^6～2.30×10^6	
压缩空气压力/MPa	0.5			
热工控制方式	PLC 自动控制			
开盖机提升能力/t	30	40	45	60
开盖机速度/m·min^{-1}	2.36			
开盖机行走速度/m·min^{-1}	10.5			

注：本炉也可以用燃气，但参数有所不同。

表 12-4 6~50t 矩形火焰熔铝炉技术参数

名 称	参 数					
制造单位	苏州新长光工业炉有限公司					
吨位/t	6	12	18	30	40	50
用 途	铝及铝合金熔炼					
炉子形式	固定式矩形火焰炉					
炉子容量/t	6 + 10%	12 + 10%	18 + 10%	30 + 5%	40 + 5%	50 + 5%
炉膛工作温度/℃	1100 ~ 1150			1150 ~ 1200		
铝液温度/℃	(720 ~ 760) ± 5					
熔化期熔化能力/t·h⁻¹	2.5 ~ 3	3.2 ~ 3.5	4 ~ 4.5	5.5 ~ 6	7 ~ 8	8 ~ 10
燃料种类	轻柴油或柴油					
燃料发热量/kJ·kg⁻¹	9600 × 4.18					
燃料最大耗量/kg·h⁻¹	150 ~ 200	280	350	500	600	
烧嘴前油压力/MPa	0.5					
助燃空气最大耗量(标态)/m³·h⁻¹	1782 ~ 2376	3326	4158	5940	7128	
助燃空气压力/Pa	9600 ~ 10000					
烟气最大生成量(标态)/m³·h⁻¹	1869 ~ 2492	3488	4361	6230	7476	
烧嘴形式	蓄热式烧嘴					
单位燃耗(熔化期)/kJ·t⁻¹	$2.5 \times 10^6 ~ 2.7 \times 10^6$		$2.3 \times 10^6 ~ 2.5 \times 10^6$		$2.1 \times 10^6 ~ 2.3 \times 10^6$	
烧嘴数量/个	2			4		
压缩空气压力/MPa	0.5					
热控方式	PLC 自动控制					

表 12-5 100t 倾动式矩形保温炉主要技术参数

名 称	参 数	名 称	参 数
制造单位	GKI 公司	烧嘴安装功率/kJ·h⁻¹	17280000
容量/t	100	燃料	煤气
熔池面积/m²	59	控制方式	PLC 自动控制
熔池深度/m	1	液压倾炉系统	
熔化率/t·h⁻¹	6（最大）	液压油箱容积/L	12000
铝液温度/℃	720 ~ 750	液压油泵压力/MPa	16
炉门规格/m×m	9.2 × 1.95	液压油泵电机功率/kW	30
加料门开启方式	液 压	液压油缸形式	柱塞式
烧嘴数量/个	4	液压油缸数量/个	2

表 12-6 70t 矩形保温炉主要技术参数

名 称	参 数	名 称	参 数
制造单位	英国戴维（Davy）公司	烧嘴数量	1 个
容量/t	70	烧嘴安装功率/kJ·h⁻¹	15700000
熔池面积/m²	39	燃料	煤气
熔池深度/m	0.8	控制方式	PLC 自动控制
铝液温度/℃	710 ~ 750	液压倾炉系统	
铝液温度控制精度/℃	± 5	液压油箱容积/L	800 × 2
炉门规格/m×m	6.6 × 1.89	液压油泵压力/MPa	13
加料门开启方式	液 压	液压油缸数量/个	2

表 12-7 6～50t 固定式矩形火焰保温炉主要技术参数

名　　称	参　　数			
制造单位	苏州新长光工业炉有限公司			
吨位/t	6	18	35	50
用途	铝及铝合金熔体保温			
炉子形式	固定式矩形火焰炉			
炉子容量/t	6 + 10%	18 + 10%	35 + 5%	50 + 5%
炉膛工作温度/℃	900～1000			
铝液温度/℃	(720～760) ±5			
熔体升温能力/℃·h^{-1}	30			
燃料种类	轻柴油或柴油			
燃料发热量/kJ·kg^{-1}	9600 × 4.18			
燃料最大耗量/kg·h^{-1}	68	80	130	160
烧嘴前油压力/MPa	0.1			
烟气最大生成量(标态)/m^3·h^{-1}	847.3	996.8	1620	1994
烧嘴形式	燃烧供风一体化烧嘴			
烧嘴数量/个	2		4	
压缩空气压力/MPa	0.5			
热工控制方式	PLC 或智能仪表自动控制			
液压倾动系统				
液压倾动速度/mm·min^{-1}	80～200			
液压缸个数/个	2 或 1		2	
液压缸压力/MPa	14～16			
液压泵站电机功率/kW	30			

12.2.2 电阻式反射熔化炉和静置保温炉

12.2.2.1 电阻式反射炉的特点及分类

电阻式反射炉利用炉膛顶部布置的电阻加热体通电产生的辐射热加热炉料，常作为熔化炉和静置保温炉。

电阻式熔化炉和静置保温炉可分为固定式和倾动式。两种形式的主要结构特点与火焰反射式熔化炉和静置保温炉相同。

电阻式反射炉电阻带加热体多置于炉膛顶部，其炉型及加料方式多为矩型炉侧加料。电阻加热体的加热形式可分为电阻带直接加热和保护套管辐射式加热。当炉子加热功率增加时电阻加热体要相应加长，炉膛面积也相应增加，从方便加料、扒渣、搅拌等工艺操作和提高能源利用率、降低能耗以及方便工艺操作的角度考虑，炉膛面积不能过大，因此，电阻式反射炉不适合用于大容量、大功率的炉型。国外已很少见到电阻式反射熔化炉和静置保温炉，国内在老厂还有使用电阻式反射熔化炉和静置保温炉的，新建厂一般也不用于熔化炉，只用于保温炉，吨位不超过30t。

12.2.2.2 几种电阻式反射熔化炉和静置保温炉

图 12-7～图 12-9 和表 12-8、表 12-9 列出了几种电阻式反射熔化炉和静置保温炉的结构简图和主要技术参数。

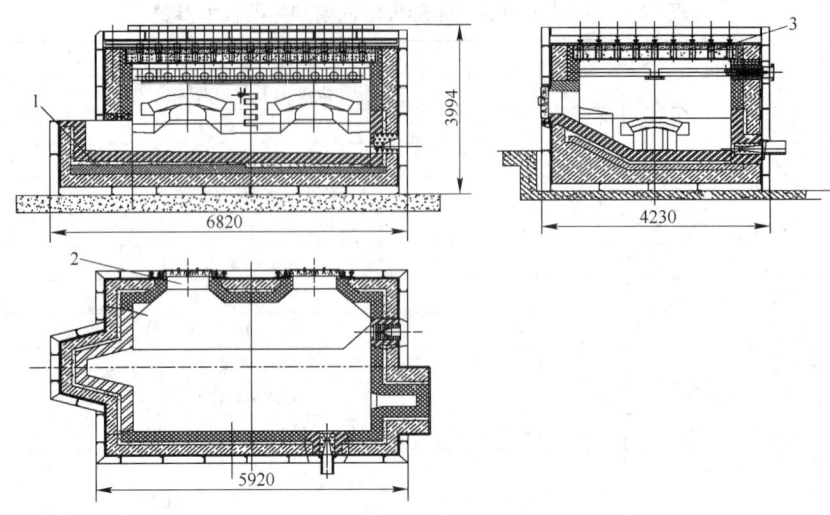

图 12-7　12t 电阻熔化炉结构简图

1—炉体；2—加料炉门；3—电阻加热带

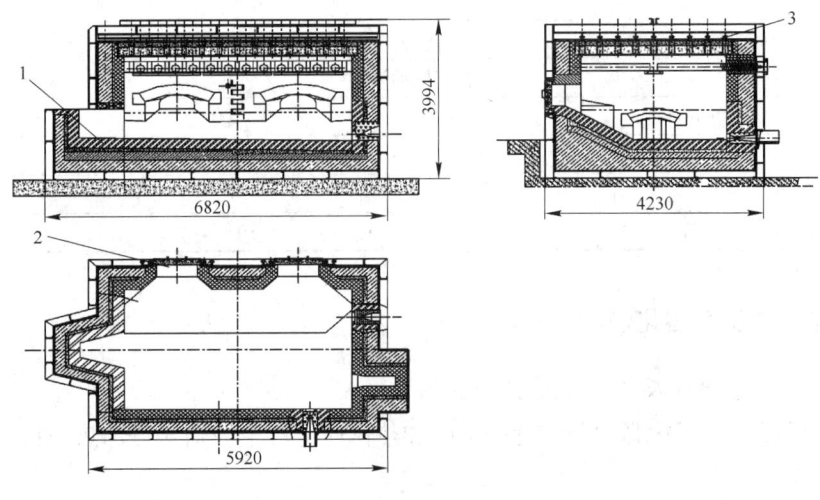

图 12-8　12t 电阻保温炉结构简图

1—炉体；2—扒渣炉门；3—电阻加热带

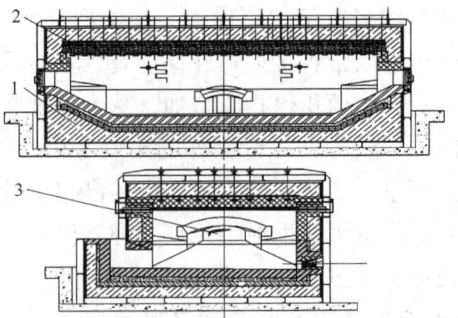

图 12-9　22t 电阻保温炉结构简图

1—炉体；2—电阻加热带；3—扒渣炉门

表12-8 4~12t矩形电阻熔化炉主要参数

名 称	参 数			
制造单位	苏州新长光工业炉有限公司			
吨位/t	4	6	10	12
用 途	铝及铝合金熔炼			
炉子形式	固定式矩形电阻炉			
炉子容量/t	4+10%	6+10%	10+10%	12+10%
炉膛工作温度/℃	1000~1100			
铝液温度/℃	(720~760)±3			
熔化期熔化能力/t·h^{-1}	0.4	0.6	0.8	1.0
加热器功率/kW	300	460	600	700
加热器材质	Cr20Ni80			
加热器表面负荷/W·cm^{-2}	1.0~1.2			
加热器形式	"之"字形电阻带			
加热区数/区	1	2		3
炉温控制方式	晶闸管调功器,自动控制			
电 源	380V,50Hz,3相			

注:本炉也可以采用硅碳棒做加热器。

表12-9 6~25t矩形电阻保温炉主要技术参数

名 称	参 数					
制造单位	苏州新长光工业炉有限公司					
吨位/t	6	12	15	18	20	25
用 途	铝及铝合金熔体保温					
炉子形式	固定式矩形电阻保温炉					
炉子容量/t	6+10%	12+10%	15+10%	18+10%	20+5%	25+5%
炉膛工作温度/℃	900~1000					
铝液温度/℃	(720~760)±3					
熔体升温能力/℃·h^{-1}	30					
加热器功率/kW	120	240	280	320	360	450
加热器材质	Cr20Ni80					
加热器表面负荷/W·cm^{-2}	1.0~1.2			1.2~1.4		
加热器形式	"之"字形电阻带					
加热器区数/区	1		2			
炉温控制方式	晶闸管调功器,自动控制					
电 源	380V,50Hz,3相					

注:1. 本电阻保温炉也可以做成倾动式,倾动部分的参数见火焰保温炉;

2. 本炉也可以采用电辐射管或硅碳棒作加热器。

12.2.3 用于反射式熔化炉和静置保温炉的几种新装置

12.2.3.1 蓄热室式预热装置与蓄热式烧嘴

火焰反射式熔化炉和静置保温炉燃烧器所产生的热能有相当部分以烟气形式消耗了，采用自动控制装置精确检测和控制空气/燃料比，在保证充分燃料燃烧的前提下可把过剩空气量减至最低限度，不但减少了废气排出时带走的热量，提高了炉子热效率，而且也减少了对环境的污染。在炉子的排烟系统内安装废热利用装置，充分利用排出废气中的热量加热燃烧用空气，废热利用装置的形式有蓄热室式预热装置、换热器式废热利用装置等。采用空气/燃料比例自动控制装置和废热利用装置，火焰反射式熔化炉和静置保温炉的热效率可从30%提高到50%以上。如蓄热室式预热装置，首先用1200℃左右的燃烧废气加热蓄热室中的球状蓄热体，从蓄热室出来的废气温度降至250℃排入大气中；然后，助燃空气通过蓄热室，吸收球状蓄热体中蓄积的热能，其温度从室温可升至300℃以上，再与燃料混合燃烧加热炉料。该装置的节能效果非常明显，可以使火焰反射式熔化炉和静置保温炉的热效率提高到50%以上。另外，由于单位产品能耗降低，相应降低了向大气排放的烟气量；烟气中的尘粒经过蓄热球的吸附，减少排到大气中的烟尘含量，因此蓄热室式预热装置也是有效的环保措施。图12-10所示为蓄热室式预热装置及烧嘴工作原理图。

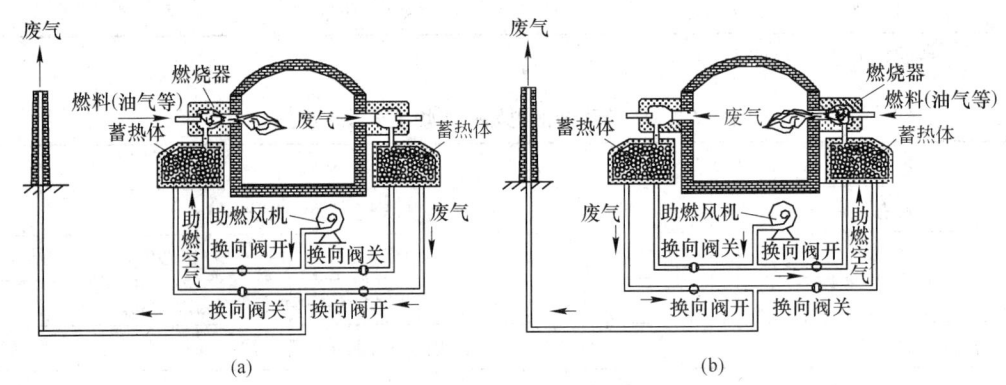

图 12-10 蓄热室式预热装置与蓄热式烧嘴工作原理图
(a) 上半周期；(b) 下半周期

12.2.3.2 炉底喷吹气体精炼装置

在反射式静置保温炉炉底均匀安装多个可更换的透气塞，通过透气塞向熔体中吹入精炼气体（N_2、Ar、Cl_2 气等）可有效地使精炼气体散布于熔体中，上浮的精炼气体微小气泡吸附聚集了熔体中有害气体和夹杂物（如 H_2、各种氧化物等），并随气泡被带出熔体，获得较好的除气精炼效果。与传统的人工操作精炼方式相比，由计算机控制精炼气流流量和时间，可以达到降低有害气体含量、去除夹杂和稳定净化熔体效果的目的，较好地解决了人工操作精炼效果波动较大的问题。

12.2.3.3 炉底电磁搅拌装置

安装于反射炉底部的电磁感应搅拌装置产生交变磁场，铝液在搅拌力作用下，其表面的热量快速向下部传导，减少了铝液表面过热，使其上下温差小，化学成分均匀。电磁感应搅拌铝液过程与炉子加热过程可同时进行，不需要打开炉门，提高了炉子的生产效率，避免了炉内热量的散失和开炉门时铝液表面与空气反应造成的金属损失。电磁搅拌装置可在熔化炉和保温炉下面行走，1个电磁搅拌器可以兼顾熔化炉和保温炉两台炉子。安装电磁搅拌装置时，炉体结构须在传统结构的基础上进行适当改变，以防止炉体钢结构产生感应电流，影响对铝液的搅拌效果。图 12-11 所示为 ABB 公司炉底电磁搅拌装置工作原理图。

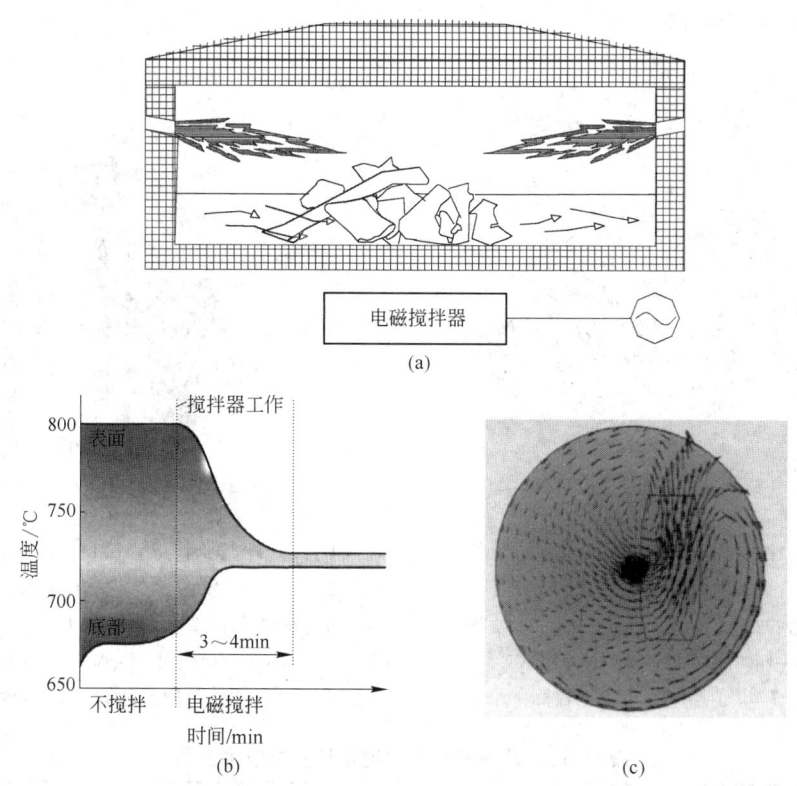

图 12-11 ABB 公司炉底电磁搅拌装置工作原理图

（a）电磁搅拌器布置图；（b）铝熔炼过程中电磁搅拌对熔体温度的影响；（c）使用电磁搅拌熔池表面流线谱

12.3 电感应炉

12.3.1 电感应炉的用途及主要类型

12.3.1.1 电感应炉的用途

在铝加工中电感应炉常用于废屑重熔，由于作用于炉料的电功率密度大以及电磁搅拌作用，电感应炉能够将切屑等废料快速熔化，减少了熔化过程中金属损耗。另外感应熔化炉可根据需要开启和关闭，所以特别适合于工作负荷不均衡、间歇作业的情况。

12.3.1.2 电感应炉的主要类型

感应熔化炉按频率分为工频、中频和高频，大中型炉一般选用工频、中频炉。

按炉体结构形式感应熔化炉分为有芯和无芯电感应炉。

有芯感应炉电效率较高，但存在熔沟容易堵塞、熔沟金属不能全部倒出、更换金属牌号受限制等缺点。

　　无芯感应炉一般为坩埚式，不存在有芯炉熔沟容易堵塞的缺点，具有可灵活更换金属品种牌号等优点，但其电效率不如有芯炉高。

12.3.2 几种无芯感应熔化炉

　　图 12-12、图 12-13 和表 12-10 分别列出了几种无芯感应熔化炉的结构和主要技术参数。

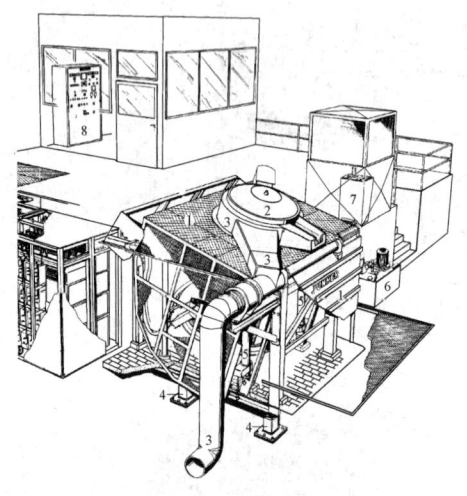

图 12-12 德国容克(Junker)公司无芯
感应熔化炉结构图

1—挡板；2—炉盖；3—排烟罩；4—炉支架；
5—倾炉液压油缸；6—液压泵站；
7—炉前操作台；8—电控柜

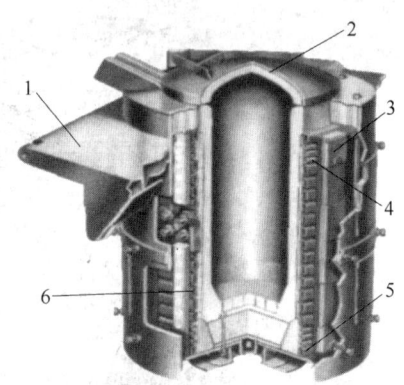

图 12-13 美国应达(Inductotherm)公司无芯
感应熔化炉体结构图

1—操作平台；2—炉盖；3—磁轭；4—布置密度
不同的感应线圈；5—感应线圈厚壁铜管；
6—延伸至炉底的感应线圈

表 12-10 几种无芯感应熔化炉主要技术参数

项　目	参　　数			
制造单位	西安电炉研究所			
型号	GWL0.5~200	GWL1.5~450	GWL3.5~1000	GWL7~1600
额定容量/t	0.5	1.5	3.5	7
额定功率/kW	200	450	1000	1600
额定电压/V	380	750/500	1000	1000
熔化率/t·h⁻¹	0.3	0.77	1.81	3
工作温度/℃	700	700	700	700
电耗/kW·h·t⁻¹	667	585	550	530
电源相数	3	3	3	3
变压器容量/kV·A	250	630	1250	2000
冷却水耗/m³·h⁻¹	5.2	7	13	20
炉体质量/t	7.8	14	20	35
外形尺寸(长×宽×高)/mm×mm×mm	2800×2600×3500	3520×3200×4000	3900×3600×4500	5000×4800×5400

12.4　均匀化退火炉组

12.4.1　均匀化退火炉组的用途及类型

12.4.1.1　均匀化退火炉组的用途

铸锭均匀化退火处理可消除铸锭内部组织偏析和铸造应力，细化晶粒，改善铸锭下一步压力加工状态和最终产品的性能。

12.4.1.2　均匀化退火炉组的类型

均匀化退火炉组由均匀化退火炉、冷却室组成，周期式炉组中还包括一台运输料车，连续式炉组则包括一套链式输送装置。

按加热能源均匀化退火炉组可分为电阻式和火焰式。加热方式有两种，一种是间接加热，火焰燃烧产物不直接加热铸锭，而是先加热辐射管等传热中介物，然后热量靠炉内循环气流传给铸锭；第二种是直接加热，电阻加热元件通电产生的热量靠炉内循环气流传给铸锭。

按操作方式均匀化退火炉组可分为周期式与连续式两类。常用的是周期式，铸锭由加料车送入均匀化退火炉。完成升温保温后，整炉铸锭被运到冷却室内按照设定的速度冷却至室温，即完成了一个均匀化退火处理周期。国外周期式均匀化退火炉组最大吨位达75t。连续式炉组的工艺过程为：铸锭被传送机构连续地送入均匀化退火炉，通过炉内不同区段完成升温、保温后，进入冷却室内，按照设定的速度冷却至室温，然后铸锭被传送机构连续地从冷却室运出。连续式炉组多用于产量较大和退火工艺稳定的中小直径圆棒。国外连续式均匀化退火炉组每年最大处理能力可达20万吨。

铝板锭的均匀化退火常与轧制前的加热工序合并在一起进行，铝板锭的均匀化退火加热炉将在热轧设备中介绍。

12.4.2　几种均匀化退火炉组

12.4.2.1　电阻加热周期式均匀化退火炉组

电阻加热周期式均匀化退火炉组的主要技术参数和结构分别见表12-11和图12-14。

表12-11　10~50t电阻加热周期式均匀化退火炉组主要技术参数

名　　称	参　　数		
制造单位	苏州新长光工业炉有限公司		
吨位/t	10	25	50
电阻加热周期式均匀化退火炉			
用　途	铝及铝合金铸锭均热		
炉子形式	电阻加热空气循环		
炉子装料量(随制品规格不同可以变化)/t	10	25	50
铸锭规格/mm	直径按工艺要求，长度5500~8000		
炉膛工作温度/℃	650（最高）		
铸锭加热温度/℃	550~620		
热　源	卡口式电加热器		
加热器安装功率/kW	480	960	1800

名　称	参　数		
加热器个数/个	12		
分区数/区	2		
加热及保温时间/h	4	4.5～5	6
均热时间	按工艺要求		
温控方式	智能仪表或 PLC 自动控制		
循环风机	高温轴流式		
铸锭冷却速度/℃·h⁻¹	200		
铸锭冷却时间/h	2～2.5		
铸锭冷却终了温度/℃	150		
冷却室风机	离心式风机		
运输料车			
装出料方式	复合式料车		
复合料车装料能力/t	25	35	55
工作行程/m	15～30		
行走速度/m·min⁻¹	5～15（变频调速）		
液压泵站工作压力/MPa	14～16		

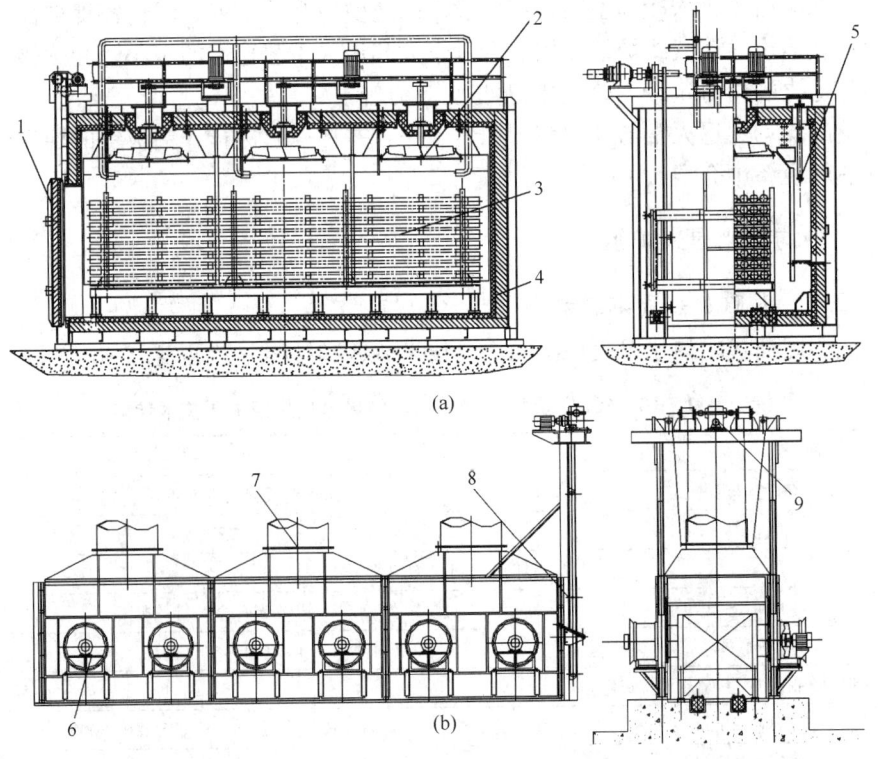

(a)

(b)

图 12-14　50t 电阻加热周期式均匀化退火炉组结构简图

（a）剖面图；（b）外形图

1—炉体；2—炉门；3—循环风机；4—电阻加热器；5—炉料；6—冷却风机；7—排风罩；8—进出料门；9—门提升机构

12.4.2.2 火焰加热周期式均匀化退火炉组

火焰加热周期式均匀化退火炉组的主要技术参数和结构分别见表12-12和图12-15。

表12-12 20～30t 火焰加热周期式均匀化退火炉组

名　称	参　数		
制造单位	苏州新长光工业炉有限公司		
吨位/t	20	25	30
用　途	铝及铝合金铸锭均热		
炉子形式	火焰加热空气循环		
每炉装料量(随制品规格不同可以变化)/t	20	25	30
炉膛工作温度/℃	650（最高）		
铸锭加热温度/℃	550～620		
热源	轻柴油		
燃料发热量/kJ·kg⁻¹	40128～41800		
热负荷/kg·h⁻¹	136	272	
烧嘴形式及个数/个	燃烧供风一体化烧嘴4个		
加热及保温时间/h	4	4～4.5	4.5～5
均热时间	按工艺要求		
分区数/区	2		
温控方式	智能仪表或 PLC 自动控制		
循环风机	高温可逆轴流式		
铸锭冷却速度/℃·h⁻¹	200		
铸锭冷却时间/h	2～2.5		
铸锭冷却终了温度/℃	150		
冷却室风机	离心式风机		
装出料方式	运输料车		
	复合式料车		
复合料车装料能力/t	25	30	35
工作行程/m	15～30		
行走速度/m·min⁻¹	5～15（变频调速）		
液压泵站工作压力/MPa	14～16		
供货单位	苏州新长光工业炉有限公司		

注：本炉也可以采用燃气为热源，采用马弗管式加热。

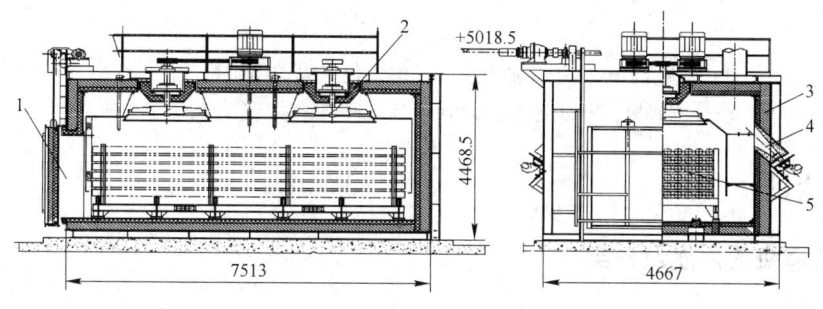

图 12-15 25t 火焰加热周期式均匀化退火炉结构简图
1—炉门；2—循环风机；3—炉体；4—烧嘴；5—炉料

12.4.2.3 火焰加热连续式均匀化退火炉组

火焰加热连续式均匀化退火炉组的主要技术参数和结构分别见表12-13和图12-16。

表12-13 火焰加热连续式均匀化退火炉组

名　称	参　数	名　称	参　数
制造单位	苏州新长光工业炉有限公司	加热室装出料方式	液压步进式
连续式铸锭火焰均热炉		分区数/区	3
炉子用途	铝及铝合金铸锭均热	温控方式	PLC自动控制
炉子形式	连续式火焰加热，空气循环	循环风机	高温轴流式3台
每炉装料量/t	13	液压泵站工作压力/MPa	14~16
铸锭规格/mm×mm	φ(178~203)×6200(可根据工艺要求确定)	冷却室	
炉膛工作温度/℃	650（最高）	冷却室装出料方式	链带式
铸锭加热温度/℃	550~620	铸锭冷却速度/℃·h⁻¹	200
热源	轻柴油	铸锭冷却时间/h	2~2.5
燃料发热量/kJ·kg⁻¹	40128~41800	铸锭冷却终了温度/℃	150
热负荷/kg·h⁻¹	130	冷却室风机/台	6（轴流式）
烧嘴形式及个数/个	燃烧供风一体化烧嘴6个	冷却室装料量/t	13
加热及保温时间/h	4~4.5	链带传动速度/m·min⁻¹	2~10（变频调速）
均热时间	按工艺要求		

注：本炉也可以采用燃气为热源，采用马弗管式加热。

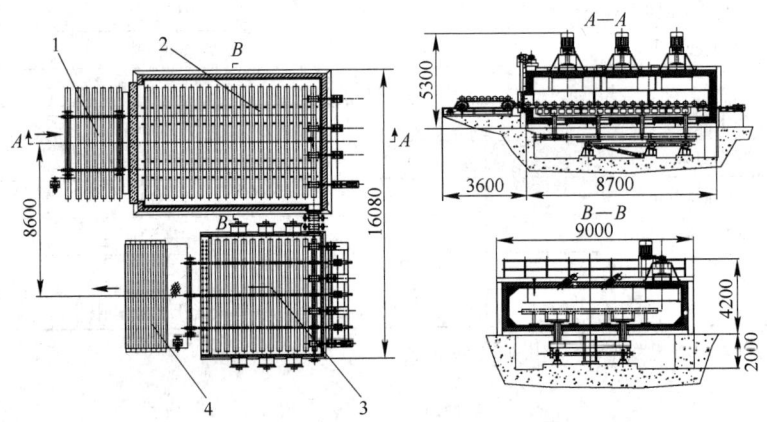

图12-16 火焰加热连续式均匀化退火炉组结构简图
1—上料机构；2—步进式连续均热炉体；3—连续冷却室；4—出料机构

12.5 铸造机

12.5.1 铸造机的用途及分类

12.5.1.1 铸造机的用途

铸造机的用途是把化学成分、温度合格的铝液铸造成规定截面形状、内部组织均匀、致密、具有规定晶粒组织结构、无缺陷的铸锭。

12.5.1.2 铸造机的分类

按照铸锭成型时冷却器的结构特点可分为固定不动的直接水冷（direct chill，DC）结晶器铸造机和铁模铸造机，冷却器随铸锭运动的有双辊式、双带式、轮带式铸造机。按照铸造周期可分为连续式和半连续式铸造机。按照铝液凝固成铸锭被拉出铸造机的方向可分为立式（垂直式）、倾斜式和水平式铸造机。

目前应用最多的是直接水冷（DC）立式半连续铸造机，它可以生产各种合金牌号和规格的板锭以及实心和空心圆铸锭。直接水冷水平式连续铸造机和轮带式铸造机一般用于生产小规格圆铸锭以及小规格方锭。

双辊连续式铸造机的铸造过程还伴随有轧制过程，对铸锭还具有一定的轧制变形能力，所以又称为铸轧机，用于生产纯铝、3000 系和低镁含量的 5000 系板带坯铸锭。双带式连续铸造机主要用于生产纯铝、3000 系和低镁含量的 5000 系板带坯铸锭。轮带式和双带式连续铸造机通常与热轧机组成连铸连轧机组。铁模式铸造机是最古老的铸造方式，现在已逐渐被淘汰，在此不做介绍。本章只介绍固定式直接水冷结晶器铸造机，双辊连续铸轧机、双带式和轮带式连铸连轧机将在第 30 章中介绍。

12.5.2 直接水冷（DC）式铸造机

在直接水冷（DC）式铸造中，与铝液接触的结晶器壁带走铝液表面少量热量并形成凝壳，结晶器底部喷射到铝液凝壳上的冷却水（被称为二次冷却水）带走了铝液结晶凝固产生的热量。

直接水冷（DC）式铸造以铸锭被拉出结晶器的方向分类，可分为立式和水平式。

按照铸造周期可分为连续式和半连续式铸造机。连续式铸造机能够在保持铸造过程连续的前提下，利用锯切机和铸锭输送装置把铸造出来的铸锭切成定尺长度，然后送到下道加工工序。半连续式铸造机则没有锯切机和铸锭输送装置，铸锭铸至最大长度后须终止铸造过程，把铸锭吊离铸造机后，重新开始下一铸造过程。

12.5.2.1 立式半连续铸造机

铸造过程中铝液重量基本压在引锭座上，对结晶器壁的侧压力较小，凝壳与结晶器壁之间的摩擦阻力较小，且比较均匀。牵引力稳定可保持铸造速度稳定，铸锭的冷却均匀度容易控制。

按铸锭从立式半连续铸造机结晶器中拉出的牵引动力可分为液压油缸、钢丝绳和丝杠式。液压铸造机牵引力稳定，可按照工艺要求设定各种不同的牵引速度模式，速度控制精度高，但要求液压系统和电控系统运行可靠性高、铸造井深度比其他形式的铸造机大，国外铝加工厂大多采用液压油缸式铸造机。目前许多大型铸造机采用了液压油缸内部导向技术，取消了铸造井壁安装的引锭平台导轨，避免了因导轨粘铝或者磨损而影响引锭平台的正常上下运动，提高了运动精度。据报道国外最大吨位的液压铸造机达 160t。钢丝绳式铸造机结构简单，但由于钢丝绳磨损快、需经常更换以及易被拉长变形而引起引锭平台牵引力和铸造速度稳定性较差，影响铸锭质量。丝杠式铸造机由于其悬臂传动和支撑结构特点，不适合于同时铸造多根铸锭。近来，丝杠式铸造机已很少用于铸造铝铸锭。

为了长期稳定地生产出高质量铸锭，并且保证铸造过程的安全，可编程序控制器

（PLC）已广泛应用于显示和控制铸造工艺参数，如铸锭长度、铸造速度、冷却水量、铝液温度、铝液流量、结晶器润滑油量和气滑式结晶器的供气量等。铸造机的 PLC 还可与炉子和其他设备的控制系统联锁，实现紧急情况时停炉、控制晶粒细化线喂入速度等功能。表 12-14 ~ 表 12-19 和图 12-17、图 12-18 分别列出了几种立式半连续铸造机的主要技术参数和结构简图。

表 12-14 120t 立式半连续液压铸造机主要技术参数

名　称	参　数	名　称	参　数
制造单位	法国普基（Pechiney）公司	同时铸造根数/根	5
使用单位	德国联合铝业（VAW）公司 Rheinwerk 工厂	铸造速度/mm·min^{-1}	20 ~ 200
吨位/t	120	快速升降速度/mm·min^{-1}	1500
铸锭最大长度/m	9.2	液压油缸类型	完全内导向、柱塞式
铸锭最大质量/t	120	控制方式	PLC 自动控制

表 12-15 100t 立式半连续液压铸造机主要技术参数

名　称	参　数	名　称	参　数
制造单位	德国德马克（DEMAG）公司	液压油缸类型	完全内导向、柱塞式
吨位/t	100	液压油缸工作压力/MPa	3.5
铸锭最大长度/m	6.5	液压电机功率/kW	75
铸锭最大质量/t	100	控制方式	PLC 自动控制
铸造平台规格/mm × mm × mm	2800 × 5100 × 900	冷却水耗量/t·h^{-1}	400（最大）
铸锭截面规格/mm × mm	630 × 1800、630 × 1570、630 × 1320	蒸汽排放风机	轴流式
同时铸造根数/根	Max. 7	蒸汽排汽能力（标态）/m^3·h^{-1}	40000
铸造速度/mm·min^{-1}	20 ~ 200	排放风机电机功率/kW	40
快速升降速度/mm·min^{-1}	1500		

表 12-16 60t 立式半连续液压铸造机主要技术参数

名　称	参　数	名　称	参　数
制造单位	俄罗斯	同时铸造根数/根	3
使用单位	西南铝业（集团）有限责任公司	铸造速度/mm·min^{-1}	8 ~ 210
吨位/t	60	快速升降速度/mm·min^{-1}	1400
铸锭最大长度/m	7.5	机组外形尺寸（长×宽×高）/m × m × m	2.8 × 2.8 × 20
铸锭最大质量/t	60	机组质量/t	15.3
铸锭断面尺寸/mm × mm	500 × 2150		

表 12-17 27t 立式半连续液压铸造机主要技术参数

名　称	参　数	名　称	参　数
制造单位	澳大利亚 O. D. T. 工程公司	铸锭最大质量/t	27
使用单位	贵州铝厂	铸锭断面尺寸/mm	φ178，φ203，φ229
吨位/t	27	同时铸造根数/根	32 ~ 40
铸锭最大长度/m	6.5	铸造速度/mm·min^{-1}	25 ~ 250
铸造平台最大行程/m	7	快速升降速度/mm·min^{-1}	1500
液压油缸形式	双动活塞，内导式	机组质量/t	22

表 12-18 16t 立式半连续液压铸造机主要技术参数

名 称	参 数	名 称	参 数
制造单位	中色科技股份有限公司	同时铸造根数/根	4（最大）
使用单位	东北轻合金加工有限责任公司	铸造速度/mm·min^{-1}	12~260
吨位/t	16	快速升降速度/mm·min^{-1}	2000
铸锭最大长度/m	6	电机功率/kW	15.5
铸锭最大质量/t	16	机组外形尺寸(长×宽×高)/m×m×m	10×12×18
铸锭断面尺寸/mm	$\phi500$ 或 320×1040	机组质量/t	44.2

表 12-19 钢丝绳式铸造机主要技术参数

名 称	参 数	参 数	参 数
供货单位	中色科技股份有限公司	中色科技股份有限公司	大连重型机械厂
使用单位	沈阳造币厂	宁波双圆有限公司铝材厂	西南铝业(集团)有限责任公司
吨位/t	6.5	12	23
铸锭最大长度/m	6.5	6.5	6.7
铸锭最大质量/t	6.5	12	23
铸锭断面尺寸/mm×mm	150×420	$\phi104~254$	300×2000 或 $\phi800$
同时铸造根数/根	6	12	2
铸造速度/mm·min^{-1}	35~200	30~285	8.3~167
快速升降速度/mm·min^{-1}	2200	2000	5200
电机功率/kW	1.1	4	1.75
机组外形尺寸(长×宽×高)/m×m×m	12.6×4.3×11.5	1.35×4.6×7.6	12×6.94×11
机组质量/t	16.9	22.6	76.8

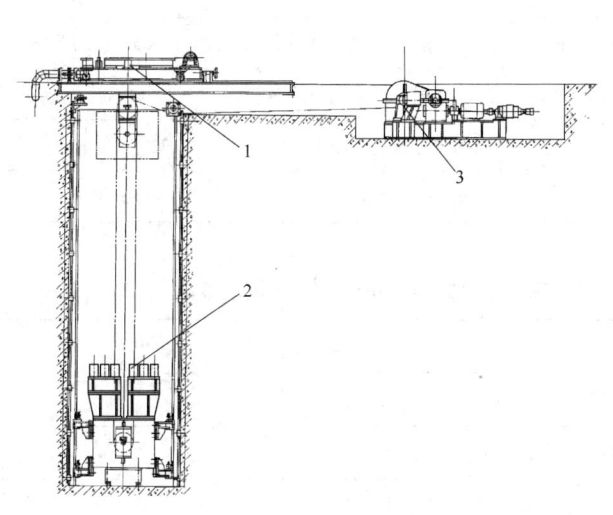

图 12-17 钢丝绳式铸造机结构简图
1—结晶器平台；2—引锭器平台；
3—钢丝绳卷扬机

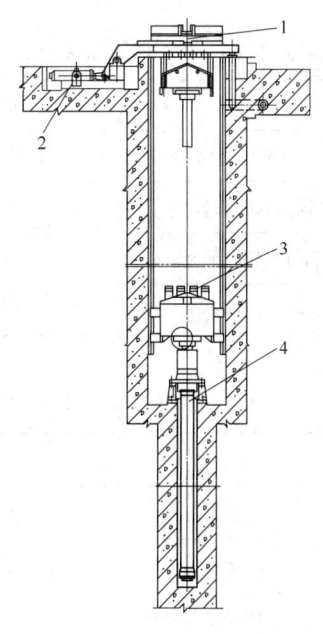

图 12-18 液压式铸造机结构简图
1—结晶器平台；2—倾翻机构；
3—引锭平台；4—液压油缸

12.5.2.2 水平式连续铸造机

与立式铸造相比较，水平式铸造具有以下优点：

（1）不需要深的铸造井和高大的厂房，可减少基建投资。

（2）生产小截面铸锭时容易操作控制。

（3）设备结构简单，安装维护方便。

（4）容易把铸锭铸造、锯切、检查、堆垛、打包和称重等工序连在一起，形成自动化连续作业线。

但是铝液在重力作用下，对结晶器壁下半部压力较大，凝壳与结晶器壁下半部之间的摩擦阻力较大，影响铸锭下半部表面质量。冷却过程中收缩的凝壳与结晶器壁的上半部产生间隙，造成上下表面冷却不均匀，影响铸锭内部组织均匀性。铸造大规格的合金锭容易产生化学成分比重偏析。因此水平式连续铸造机多用于生产纯铝小截面铸锭。国外也有厂家用此法铸造 530mm × 1750mm 的 3000 系和 5000 系大截面合金锭。

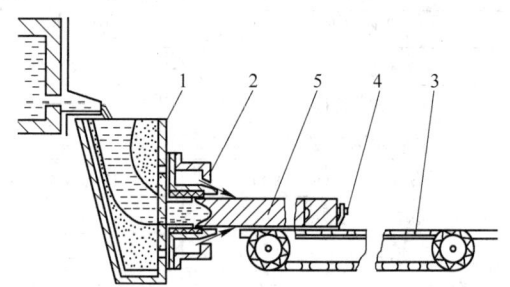

水平式连续铸造机包括铝液分配箱、结晶器、铸锭牵引机构、锯切机和自动控制装置，可以与检查装置、堆垛机、打包机、称重装置和铸锭输送辊道装置连在一起，形成自动化连续作业线。水平式连续铸造机结构如图 12-19 所示，主要技术参数见表 12-20 和表 12-21。

图 12-19 水平式连续铸造机结构图
1—中间包；2—结晶器；3—铸锭牵引机构；
4—引锭杆；5—铸锭

表 12-20 德国联合铝业（VAW）公司 Innwerk 工厂水平式连续铸造机主要技术参数

名　称	参　数	名　称	参　数
铸造合金牌号	AlSi7Mg + Sb；AlZn10Si8Mg 等	锯切机:可锯切铸锭定尺长度/mm	650 ~ 750
同时铸造根数/根	20	锯切 20 根铸锭周期时间/s	60
铸锭规格/mm × mm	75 × 54	锯切铸锭速度/mm · s^{-1}	80
铸造速度/mm · min^{-1}	400 ~ 600	生产能力/kg · h^{-1}	6000

表 12-21 阿联酋迪拜（Dubal）铝厂水平式连续铸造机主要技术参数

名　称	参　数
制造单位	奥地利 Hertwich 公司
铸锭种类	圆棒、导电排、T 形锭
同时铸造根数	圆棒/导电排：最多 30 根；T 形锭：3 流
机组组成	铝液分配箱、结晶器、铸锭牵引机构、锯切机、堆垛机、打包机、称重机构、自动控制装置和铸锭输送辊道

12.5.2.3 直接水冷（DC）结晶器

按照结晶器水冷内套的结构，直接水冷（DC）结晶器可分为传统式、热顶式和电磁式。按照结晶器二次冷却水流控制方式可分为传统式、脉冲式、加气及双重喷嘴等改进式。按照供给结晶器铝液的流量控制，可分为接触式浮标液位控制和非接触式（电感应、激光等）传感器加塞棒执行机构液位控制两种方式。图 12-20 ~ 图 12-26 所示为几种结晶器的结构简图。

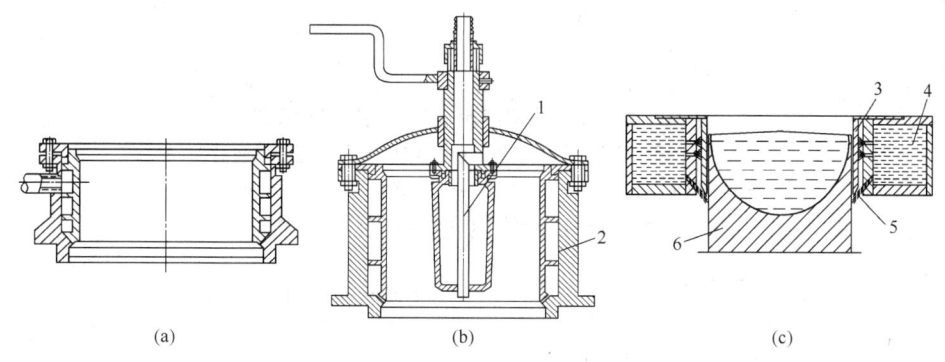

(a)　　　　　(b)　　　　　(c)

图 12-20　传统式结晶器结构简图
（a）铸造实心圆锭结晶器；（b）铸造空心圆锭结晶器；（c）扁锭用结晶器
1—芯子；2—结晶器本体；3—内套；4—水套；5—二次冷却水；6—铸锭

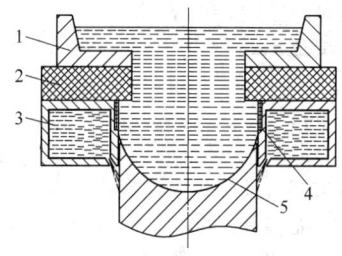

图 12-21　热顶结晶器示意图
1—流槽；2—热顶；3—结晶器；
4—石墨环；5—铸锭

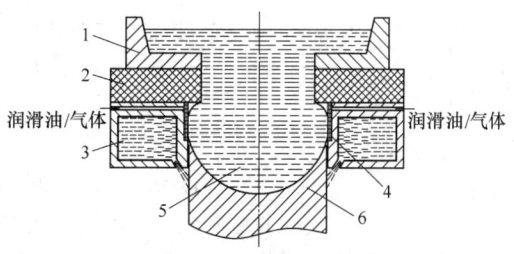

图 12-22　气滑热顶结晶器示意图
1—流槽；2—热顶；3—结晶器；4—石墨环；
5—铝熔体；6—铸锭

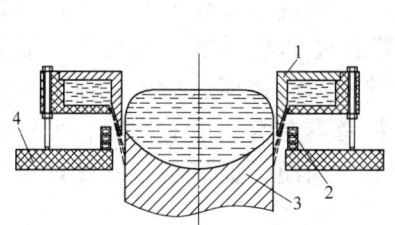

图 12-23　电磁式结晶器结构原理图
1—电磁屏蔽；2—感应线圈；
3—铸锭；4—盖板

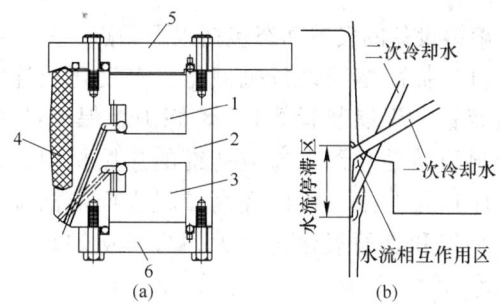

(a)　　　　　(b)

图 12-24　安装双重喷嘴的低液位结晶器(LHC)结构简图
（a）双重喷嘴结晶器；（b）冷却水流示意图
1—二次冷却水；2—结晶器；3—一次冷却水；
4—石墨衬板；5—上盖板；6—下盖板

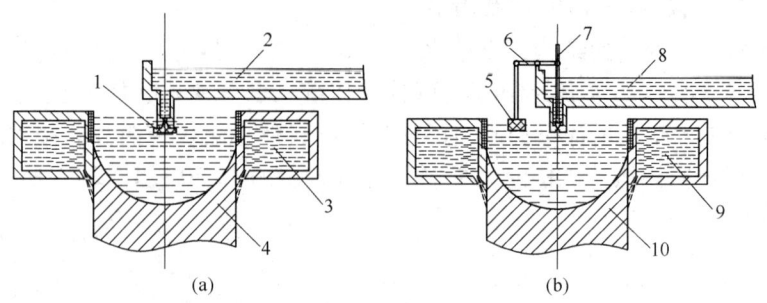

图 12-25 接触式铝液流量控制装置结构简图

（a）浮标流量直接控制装置；（b）浮标-杠杆流量控制装置

1—浮标漏斗；2—流槽；3—结晶器；4—铸锭；5—浮标；6—杠杆；

7—控流塞棒；8—流槽；9—结晶器；10—铸锭

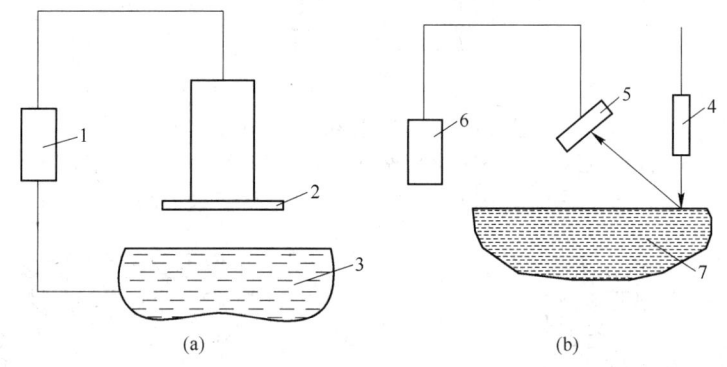

图 12-26 非接触式铝液流量控制的两种方式

（a）电感应非接触式传感器示意图；（b）激光非接触式传感器示意图

1—铝液流量控制机构；2—电感应非接触式传感器（电容器的一极）；3—铝液（电容器的另一极）；

4—激光发射器；5—非接触式液位传感器；6—铝液流量控制机构；7—铝液

12.6 熔铸设备的发展动态

熔铸设备的发展动态包括以下两点：

（1）提高熔铸设备机械化、自动化及连续化水平。把炉料预处理装置（包括磁选除铁装置、干燥装置等）、熔炼炉、保温炉和铸造机等通过 PLC 系统连接起来，形成从炉料重熔处理到铸造成铸锭的连续机组，甚至与铸锭锯切、铣面、检查、称重等后步工序连接起来，可以提高炉料表面清洁度，减少炉料暴露在空气中的时间，可减少炉料吸气和表面氧化，大大缩短了从炉料变为铸锭的生产周期，提高了产品质量和生产效率。

圆锭连续式均热炉组可使每一根铸锭经过加热室、保温室后马上由传送链送至冷却室，处理完的铸锭直接送至锯床，实现了均热和锯切工序的连续化和自动化。与批次式炉组相比，连续式炉组不但可以实现对铸锭的均匀加热和按照设定冷却速率均匀冷却，同时还能提高设备的利用率，使设备的布置紧凑，占用空间少，节约场地。随着生产能力的提高，选用圆锭连续式均热炉组将会增加。

（2）提高使用性能和降低能耗：

1）熔炼炉。熔炼炉容量朝大型化发展。加大炉容量相应要求高的熔化能力，目前普遍采用火焰反射式炉。由于圆形顶加料熔炼炉具有加料时间短的优点，目前获得了广泛应用。矩形侧加料炉的炉门为了方便加料，加大尺寸，有的甚至达到一侧炉墙面积。目前节能效果最好的蓄热式燃烧系统逐步推广使用，使熔化每吨铝能耗降低到小于50kg油，大大降低了生产成本。接触熔体的熔池炉衬采用优质高铝砖，避免了熔体从炉衬和炉衬渣中吸收杂质元素。炉墙和炉顶均由耐火砖及耐高温抗侵蚀耐火浇注料、抗渗铝耐火浇注料、保温砖等组成，具有足够的使用寿命和良好的隔热性能。由于熔炼炉采用倾动方式转注铝液具有比固定式炉明显的优势，随着液压系统和电控系统可靠性不断提高、价格不断降低，倾动式炉会得到广泛的应用。

2）保温炉。保温炉容量朝大型化发展。炉型趋向采用倾动式炉，炉温和炉子放出铝液量可进行精确地自动控制，并与铸造工艺参数同时输入PLC，进行自动控制。火焰反射式保温炉采用火焰出口速度高、调节比大（1∶20）、自动控制、自动点火的燃烧器，可保证铝液温度控制精度达±3℃，倾动式保温炉可控制出口流槽液位精度为±2mm。接触熔体的熔池炉衬采用优质高铝砖，避免了熔体从炉衬和炉衬渣中吸收杂质元素。炉墙和炉顶均由耐火砖及耐高温抗侵蚀耐火浇注料、抗渗铝耐火浇注料、保温砖等组成，具有足够的使用寿命和良好的隔热性能。通过设置于炉底的透气砖向熔体中吹入精炼气体，可取得较好的除气精炼效果，如果解决了透气砖材料问题，这种精炼方式具有良好的推广前景。电磁感应搅拌装置国外已经广泛应用，国内已生产出电磁感应搅拌装置，但使用厂家不多。这种对于提高熔体质量有明显效果的装置今后会在国内逐步获得推广。为了满足某些特殊合金的除气要求，保温炉膛应能处于真空状态，使熔体中有害气体扩散逸出，如果与电磁感应搅拌装置相结合，可以加速熔体中有害气体逸出，提高除气效果。

3）均热炉组。均热炉组采用批次式的处理方法。为了使铸锭升温曲线与设定工艺曲线一致（即铸锭升温曲线可调），除了自动调节加热器功率之外，采用交流变频调速风机，自动调节风机速度进行热气体循环加热，达到整个加热室内均热温度差在±3℃以内，保证了均热铸锭的高质量。受能源价格波动影响，电阻加热式和燃油/气加热式均热炉组都得到了发展，可以为用户提供最经济的选择方案。随着生产规模的扩大和采用高可靠、高精度自动控制技术，当生产产量较大和加热工艺稳定的中小直径圆棒铸锭时，连续式炉比现在广泛采用的批次式炉更合适。连续式炉组可以使每一根铸锭经过加热室、保温室、冷却室处理后，由传送链直接送至锯床锯切，实现了均热和锯切工序的连续化和自动化，取消了采用批次式均热炉组时均热和锯切工序之间必须的中间堆料场地，缩短了均热和锯切工序周期时间。

4）直接水冷（DC）立式半连续铸造机。直接水冷（DC）立式半连续铸造机经历了从钢丝绳传动到液压缸传动铸造井壁导向，直到目前的液压缸传动、液压缸内部导向的结构形式。控制系统普遍采用PLC，并与保温炉控制系统连锁，实现了铝液温度、流速和冷却水流量、温度以及铸模用气油量与铸速的最佳匹配。铸造机的辅助系统包括循环冷却水、压缩空气和润滑油供给系统都应具有高的可靠性，能够提供合格的循环冷却水、高纯度的压缩空气和润滑油，保证整个铸造过程工作稳定，铸造出高质量的铸锭。国内液压内部导向铸造机可铸造最大质量为 27t 的铸锭，铸造速度精度达 ±1%，引锭平台水平度达 ±1mm。国外结晶器已经普遍采用二次冷却水流脉冲、加气及双重喷嘴等方式，国内也会逐步推广这些先进技术。改造传统式结晶器，采用先进的热顶式结晶器和各种非接触式传感器加塞棒执行机构液位控制装置，也是国内熔铸设备努力发展的工作目标。

电磁式结晶器技术投资大，对整个铸造过程各项技术参数控制严格，国外仅有少数大铝加工企业使用，我国曾经研制过该技术并铸出了合格铸锭，但未投入批量生产。

13　铝合金板带箔材生产工艺及平辊轧制原理

13.1　铝合金板带箔材的生产工艺

13.1.1　主要生产方法

13.1.1.1　按铸坯的制备方法分类

板带箔材的生产主要是采用轧制（平轧）变形加工方法。从轧制坯料的供应方式上可以分为铸锭轧制法、连续铸轧法和连铸连轧法。

（1）铸锭轧制法。铸锭轧制是传统的生产板带材的方案，规模可大可小，既有年产量数百吨的小工厂，也有年产几十万吨的大型企业。生产的品种、规格易于调整，最终制品的组织、性能易于控制。

（2）连续铸轧法。连续铸轧生产方法是将连续铸造和热轧紧密地结合在一个工步，即在铝熔体凝固的同时进行轧制变形，这样省去了铸锭方法的热轧工序，从节约能源来看是有利的。但由于受到板坯连铸速度的限制，一般的一条双辊式连续铸轧生产线的年产量为1万吨左右，同时，目前连续铸轧能够应用于生产的铝合金很少，主要应用于纯铝和低合金含量的铝合金板带箔生产。

（3）连铸连轧法。连续铸轧生产方法也是将连续铸造和热轧紧密的结合在一个工序，但是分两个工步完成，即在铝熔体凝固后，以同一个步伐（同一个金属的流量），接着进行轧制变形。典型的生产线为双钢节（履带）式哈兹莱特连铸连轧生产线，生产线年产能可达到10万吨。该方法生产的合金品种比连续铸轧多一些。由于板坯连铸受到厚度的限制，产品的规格也受到一定限制，可调控最终制品组织、性能的工艺环节少，从物理冶金的角度来看，在控制产品组织状态方面存在一定的缺陷，产品品种受到限制。目前连铸连轧生产方案主要用于纯铝及防锈铝板带材的生产。

13.1.1.2　按铸坯的处理方式分类

从轧制过程对坯料的处理方式上可分为块式法和带式法两种方式。

块式法是经热轧或冷粗轧（冷通）后剪切成一定长度的板坯，再采用冷轧等工序，直到成品。这种方法设备及操作简单，投资少，上手快，生产的品种、规格灵活性较大，一般适用于小型工厂。但是，块式法是一种古老的生产方法，生产率和成品率低、劳动强度大、生产条件差、周期长，产品受限，尤其是生产薄板。

带式法即成卷轧制，最后才横剪成板或纵剪分卷。这种方法生产板材或带材，可采用大铸锭、高速度轧制，生产率和成品率高。而且容易实现生产过程的连续化、自动化和计算机控制，达到高质量、高效率及劳动强度小。但是，设备较复杂、投资大、建设周期较长，适用于产品大、技术力量较强、品种较单一的大中型工厂。

铝及合金板带材产品生产工序多、流程长。下面就两类轧制坯料供应生产方案中的主要工序进行简要介绍。

13. 1. 2　铸锭的设计

确定铸锭尺寸首先根据生产规模确定铸锭质量，还应考虑合金工艺性能、生产方法、产品规格、设备能力等条件。铸锭尺寸用厚度×宽度×长度，即 $H \times B \times L$ 表示。

合理选择铸锭厚度，与产品最终质量、生产率和成品率关系很大。对同一厚度的产品，铸锭越厚总变形量越大，再经多次冷轧，能保证产品性能要求。厚度较大的产品，宜选择厚度较大的铸锭，否则热轧或冷轧变形量不足，影响产品组织与性能。铸锭厚度大，便于生产过程的连续化，生产率和成品率高。铸锭厚度还受合金特性、设备条件限制。如果热轧机能力小，或热轧开坯合金的生产规模不大，其铸锭厚度小。但最小铸锭厚度主要受产品最低加工率的限制，并与铸造条件及铸锭宽度有关。我国目前一般中小厂铸锭厚度在 80mm 以下，大厂达 300mm 左右，特大型企业的铸锭最大厚度达 660mm 左右。

13. 1. 3　主要加工工艺

铝及铝合金板带箔的主要加工工艺有热轧开坯、冷轧及热处理三个主要环节。

13. 1. 3. 1　热轧

铝及铝合金板带材生产，采用铸锭供坯时，一般用热轧开坯，即将准备好的铸锭经加热后直接热轧。热轧可采用大铸锭，充分利用金属高温下良好塑性，加工率大，生产率和成品率高。此外，中小厂产品不多，铸锭较小，对加工性能良好的纯铝等，可利用铁模或水冷模铸造后的余热，控制一定温度直接热轧。这种方法，节省能耗，减少生产周期及加热设备，降低成本。

A　开轧温度

合金的状态图是确定热轧温度范围最基本的依据。理论上热轧开轧温度取合金熔点温度的 85% ~ 90% ，但应考虑低熔点相的影响。热轧温度过高，容易出现晶粒粗大，或晶间低熔点相的熔化，导致加热时铸锭过热或过烧，热轧时开裂。

塑性图在一定程度上反映了金属的高温塑性情况，它是确定热轧温度范围的主要依据。根据塑性图可选择塑性最高、强度最小的热轧温度范围。

B　终轧温度

塑性图不能反映热轧终了金属的组织与性能。当热轧产品组织性能有一定要求时，必须根据第二类再结晶图确定终轧温度。终轧温度要保证产品所要求的性能和晶粒度。温度过高晶粒粗大，不能满足性能要求，而且继续冷轧会产生轧件表面橘皮和麻点等缺陷，当冷轧加工率较小时，还难以消除。终轧温度过低引起金属加工硬化，能耗增加，再结晶不完全导致晶粒大小不均及性能差。终轧温度还取决于相变温度，在相变温度以下，将有第二相析出，其影响由第二相的性质决定。一般会造成组织不均，降低合金塑性，造成裂纹以致开裂。终轧温度一般取相变温度以上 20 ~ 30℃。无相变的合金，终轧温度可取合金的熔点温度的 65% ~ 70% 。为保证终轧温度，最好采用多机架连轧，这是非常有效的工艺手段。

13.1.3.2　冷轧

冷轧通常指金属在再结晶温度以下的轧制过程。冷轧产生加工硬化，金属的强度和变形抗力增加，伴随着塑性降低。冷轧和热轧相比，其主要特点是：

（1）产品的组织与性能均匀，有良好的力学性能和承受再加工的性能。

（2）产品尺寸精度高，表面质量与板形好。

（3）通过控制不同的加工率或配合成品热处理，可获得各种状态的产品。

（4）冷轧能生产热轧不能轧出的薄板带或箔材。

根据冷轧的不同目的，一般可将冷轧分为开坯、粗轧、中轧及精轧4种类型：

（1）开坯冷轧。不宜热轧的铸锭或铸坯，直接冷轧到一定厚度的板坯或卷坯，使铸造组织变为加工组织的过程。

（2）粗轧。将热轧后的板坯（卷坯）冷轧到一定厚度称粗轧。

（3）中轧。将粗轧后的板坯（卷坯）冷轧到成品前所要求的坯料厚度，即轧制成品前的冷轧称中轧。

（4）精轧（轧成品）。按成品总加工率轧至成品厚度，而达到产品要求的冷轧称精轧。

根据设备及工艺条件，既可在不同的轧机上进行，也可在同一台轧机上完成。冷轧应用很广泛，凡热轧后要求继续轧薄，而且性能、组织、表面质量及尺寸精度要求较高的产品都要进行冷轧。但是，冷轧加工硬化，变形能耗大。因此，大部分有色金属及合金，当加工率达到一定程度后要进行中间退火，以消除加工硬化实现继续冷轧。为了减少能耗，提高生产率，冷轧应与热轧相配合。在保证产品质量的前提下，充分利用热轧高效率的特点，尽量减少冷轧压下量。所以，冷轧一般很少单独采用。

13.1.3.3　热处理

热处理是板带材生产中的主要工序。根据不同的目的及合金强化特点，板带材坯料与成品热处理通常分为中间退火、成品退火、淬火与时效及形变热处理等。

（1）中间退火。包括热轧坯料退火和冷轧中间坯料退火，即软化退火。热轧坯料退火可以消除热轧后因不完全热变形产生的硬化，或某些合金的淬火效应，以得到平衡均匀的组织和最大塑性变形能力，继续冷轧。铝合金热轧板坯的终轧温度为280~330℃，在空气中快速冷却，加工硬化现象不能完全消除。特别是热处理强化铝合金（2A12、2A11、7A04等），自280~330℃在空气中冷却时，不仅再结晶过程不能充分进行，过饱和固液体也来不及彻底分解，仍保留一部分加工硬化和淬火效应，进行坯料退火，有利于继续冷轧和成品性能控制。

（2）成品退火。分完全退火与低温退火。其目的是控制产品最终性能，保证产品符合技术标准。完全退火用于生产软态产品；低温退火在于消除内应力，稳定材料尺寸、形状及性能，以获得半硬态或硬态产品。成品退火工艺制度比中间退火要求更严格。

（3）完全退火。一般铝及铝合金完全退火温度比再结晶温度高100~200℃。为了防止晶粒粗大或表面氧化、吸气，以及减轻再结晶织构等，应尽量降低退火上限温度或取下限温度。对同一合金，生产中应根据不同的退火设备、产品规格、冷变形量、技术要求及装炉量等，确定适当的退火温度。对于保温时间，一般装炉量越多，产品越厚或炉温分布越不均匀，保温时间越长。加热速度在保证质量的前提下，最好采用快速加热的方法。这样一方面可缩短加热时间、节约能量及提高生产率；另一方面可细化晶粒、提高产品质量。冷却速度与中间退火相同。

(4) 低温退火。低温退火的温度应控制在再结晶开始温度以下。主要是为控制半硬态产品的性能或消除加工残余应力，其退火的温度应在再结晶开始温度与终了温度之间，使退火后的显微组织产生一部分再结晶晶粒。退火温度应根据合金的退火温度与力学性能的关系曲线，确定退火温度范围。但要考虑杂质、合金化程度及冷加工率的影响。生产中常采用低温长时间的退火制度，以免局部过热和性能不均。低温退火需要缓慢而均匀的加热与冷却，以免引起新的热应力。

(5) 淬火与时效。为了改善产品性能，对热处理可强化的合金进行淬火与时效热处理。淬火是将合金中的可溶相溶解到固溶体之中，形成室温下不稳定的过饱和固溶体，又称固溶处理；时效是在淬火的基础上，促使过饱和固溶体进行分解（脱溶）而达到强化的目的。

制订淬火工艺时，主要参考影响固溶化的温度、时间及冷却速度。

确定淬火温度的原则，是使可溶相尽可能地溶解到固溶体之中。淬火温度越高，第二相溶解得越彻底，淬火与时效后合金的力学性能越高。但铝合金固溶温度范围较窄。淬火温度过低则时效后性能低，淬火温度过高易发生过热和过烧，使材料报废，故需严格控制，并要求炉温分布很均匀。

保温时间应由强化相的溶解速度、板材尺寸及加热条件确定。加热温度越高，冷加工率越大，溶解速度越快，则保温时间越短。加热时，可用感应加热、热浴槽内加热、强制空气循环电炉加热及静止空气炉加热，前者加温升温快，后者加热升温最慢，因此保温时间依次延长。对于包铝板材，为防止铜原子向包铝层扩散穿透而降低耐腐蚀性能，保温时间应严格控制，不可随意延长。

因水的冷却速度快，淬火一般采用水作冷却剂。尺寸较小、形状简单则水温可低些；相反，水温可高些，以减小冷却速度，防止产生扭曲变形和残余应力。为了防止水对板材的腐蚀作用，可在水中加入腐蚀抑制剂（硅酸盐、硝酸盐等），提高空气炉淬火产品的耐蚀性。采用加硝酸盐水冷却淬火后的板材，必须清洗冲干，以免硝盐腐蚀影响表面质量。

热处理强化的第二阶段是时效，时效方法有人工时效与自然时效。人工时效是控制一定温度下进行的时效方法；自然时效是在室温下放置，无其他处理工序。一般硬铝合金自然时效比人工时效的强度稍低，但耐蚀性能好，在常温下使用的材料可采用自然时效。但高温下使用时，自然时效的材料不稳定，则必须采用人工时效。超硬铝（7A04）自然时效时间太长，而且耐蚀性比人工时效差，因此采用人工时效是合理的。

13.1.4 生产工艺流程

13.1.4.1 制定工艺流程的原则

铸锭经过一系列工序处理，最后加工成板、带、箔材产品。生产工艺流程主要是根据合金特性、产品规格、用途及技术标准、生产方法、设备技术条件所决定的。确定工艺流程的原则是：在确保产品质量，满足技术要求的前提下，尽可能简化或缩短工艺流程；根据设备条件，保证各工序设备负荷均衡，安全运转，充分发挥设备潜力；应尽量采用新设备、新工艺、新技术；提高生产率和成品率，降低成本，提高经济效益和社会效益。

13.1.4.2 主要生产工艺流程

一个产品的工艺流程，完全反映了该产品的整个生产工艺过程。图13-1所示为铝及

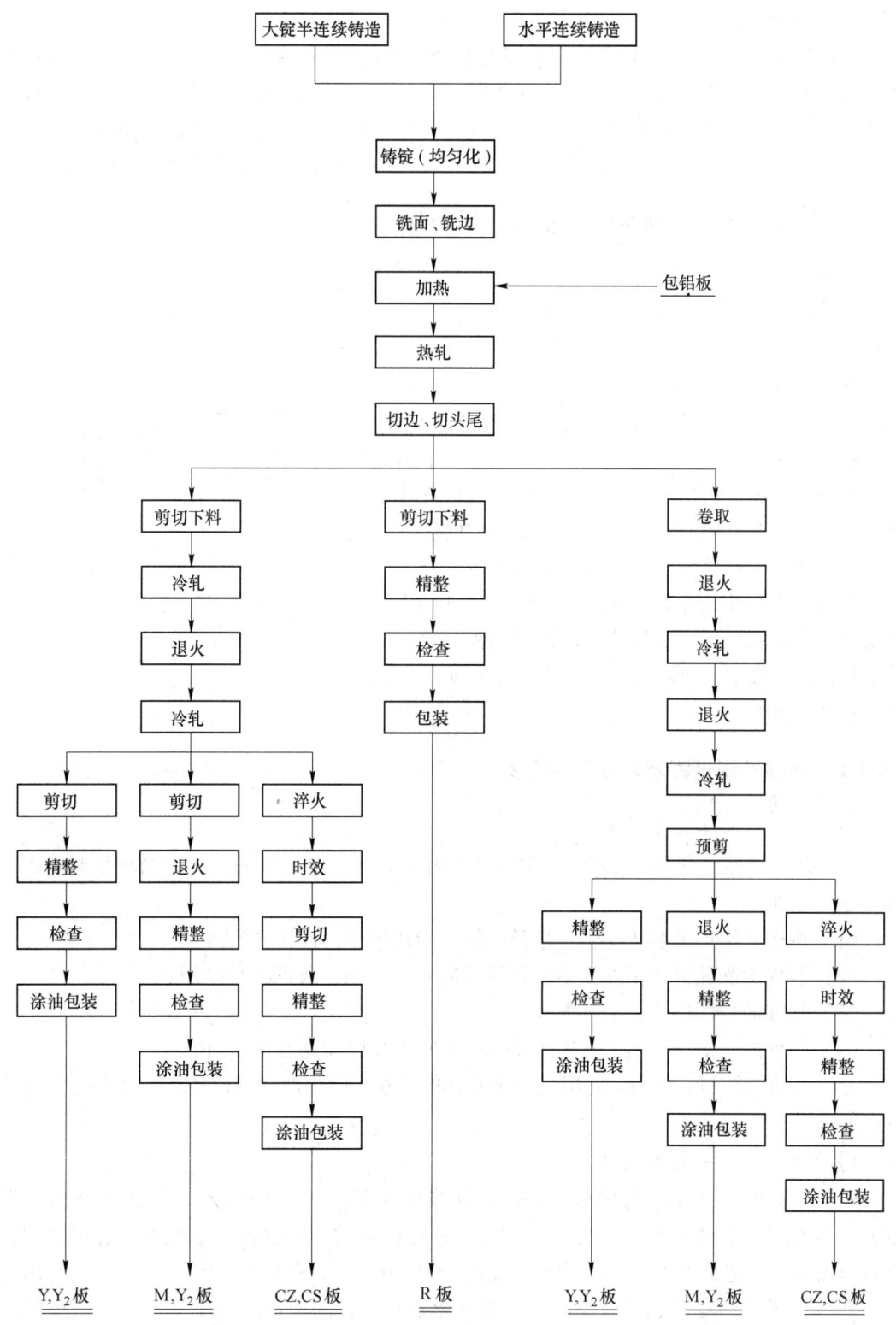

图 13-1　铝及铝合金铸锭方法生产板带材典型生产工艺流程

铝合金板带材产品典型工艺流程。

由典型工艺流程图 13-1 可知，不同的合金、产品规格、技术要求、生产方法及设备条件等，其生产工艺流程不会相同。即使同一产品，在不同的工厂，因设备、工艺、技术条件不同，工艺流程也有差异。但是，生产板带材产品的基本工序，一般包括铸锭的表面处理及热处理、热轧、冷轧、坯料或成品的热处理及表面处理、精整及成品包装等。

13.2 铝合金平辊轧制原理及变形力学条件

轧制过程是轧辊与轧件（金属）相互作用时，轧件被摩擦力拉入旋转的轧辊间，受到压缩发生塑性变形的过程。

如果轧辊辊身为均匀的圆柱体，这种轧辊称为平辊，用平辊进行的轧制，称为平辊轧制。平辊轧制是生产板、带、箔材最主要的压力加工方法。图 13-2 所示为轧制时轧件的受力情况，由图可见，轧制是借助旋转轧辊的摩擦力 T 将轧件拖入轧辊间，同时依靠轧辊施加的压力 N 使轧件在轧辊间发生压缩变形的一种材料加工的方法。轧件通过轧制后，不仅使轧件的厚度变薄，而且轧件的组织与性能也得到改善和提高。如热轧能使铸锭的粗晶破碎、组织致密化；冷轧能使金属的晶粒破碎变得更细小，强度提高，塑性降低等。

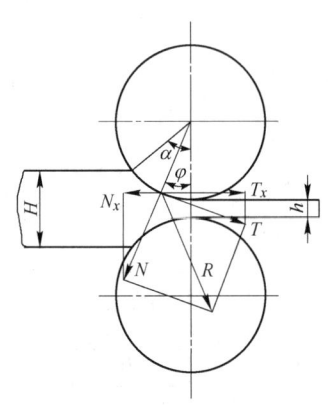

图 13-2 轧制时轧件的受力

13.2.1 平辊轧制过程及轧制变形参数

13.2.1.1 简单轧制过程

为了研究方便，常常把复杂的轧制过程简化成理想的简单轧制过程。简单轧制过程应具备下列条件：

（1）两个轧辊均为主传动辊，辊径相同，转速相等，且轧辊为刚性。

（2）轧件除受轧辊作用外，不受其他任何外力（张力或推力）作用。

（3）轧件的性能均匀。

（4）轧件的变形与金属质点的流动速度沿断面高度和宽度是均匀的。

总之，简单轧制过程两个轧辊是完全对称的，在实际生产中理想的简单轧制过程是不存在的。

13.2.1.2 轧制变形指数

当轧件高向受到轧辊压缩时，将使金属发生沿纵向和横向流动，即轧件高向（厚度）上受压缩，轧件长度和宽度尺寸增大。但是纵向的延伸变形总是大大超过横向的扩展量（宽展），这是因为辊面摩擦力对宽向流动的阻碍总是大于纵向许多，即相对纵向变形而言，横向的宽展总是较小的。轧制变形过程中，高向压缩是主导变形，是研究轧制问题的基础。通常把表示变形程度大小的指标称为变形指数。轧制时常用的变形指数见表 13-1。

表 13-1　轧制过程常用的变形指数

变形方向	变形指数 名　称	变形指数 符号	计算公式	意义及应用
高向变形	绝对压下量	Δh	$\Delta h = H - h$	表示轧制前后轧件厚度绝对的变化量，便于生产操作上，直接调整辊缝值
高向变形	加工率	ε	$\varepsilon = \Delta h/H(\%)$	近似变形程度，生产现场使用方便
高向变形	加工率	ε	$\varepsilon = \ln(H/h)$	真实变形程度，常用于理论分析与计算
宽向变形	绝对宽展	ΔB	$\Delta B = B_1 - B_0$	生产现场用于表示宽度的绝对增加值
宽向变形	相对宽展	ε_b	$\varepsilon_b = \Delta B/B_0$	常用于理论分析
纵向变形	伸长率	δ	$\delta = \left[(L_1 - L_0)/L_0 \right] \times 100\%$	主要用来表示材料拉伸实验的延伸性能
纵向变形	延伸系数	λ	$\lambda = L_1/L_0$	用于理论分析与实际计算

根据金属塑性变形的体积不变条件，轧件轧制前后各变形指数间的关系如下：

$$L_1/L_0 = (H/h) \times (B_0/B_1) \quad 或 \quad H/h = (B_1/B_0) \times (L_1/L_0) \tag{13-1}$$

如以 F_0 与 F_1 表示轧制前后轧件的横断面积，则 $\lambda = F_0/F_1$ 或 $\lambda = (B_0/B_1)/(1 - \varepsilon)$ 如忽略宽展，则

$$\lambda = h_0/h_1 = 1/(1 - \varepsilon) \tag{13-2}$$

总变形量与各道次变形量之间的关系为：

$$F_0/F_n = (F_0/F_1)(F_1/F_2)(F_2/F_3)\cdots(F_{n-1}/F_n)$$

或

$$\lambda_\Sigma = \lambda_1\lambda_2\lambda_3\cdots\lambda_n \tag{13-3}$$

以及

$$\ln\lambda_\Sigma = \ln\lambda_1 + \ln\lambda_2 + \ln\lambda_3 + \cdots + \ln\lambda_n \tag{13-4}$$

式中　n——轧制道次；

λ_Σ——总延伸系数。

13.2.1.3　轧制变形区的几何参数

轧制时轧件在轧辊间发生塑性变形的区域称为轧制变形区，它是由轧件与轧辊的接触弧 AB、$A'B'$，以及轧件入辊口垂直断面 AA' 和出辊口垂直断面 BB' 所围成的区域，称为几何变形区，或理想变形区，如图 13-3 所示。实际上，在几何变形区的入辊、出辊断面附近区域，轧件多多少少也有塑性变形存在，分别称为前、后非接触变形区。另外，厚轧件热轧时，往往变形不易深透，所以几何变形区内，也有部分金属几乎不发生塑性变形，构成所谓难变形区。

描述轧制几何变形区的基本参数有：接触角 α、变形区长度 l（接触弧 AB 的水平投影）、轧件的平均厚度 $h_{cp} =$

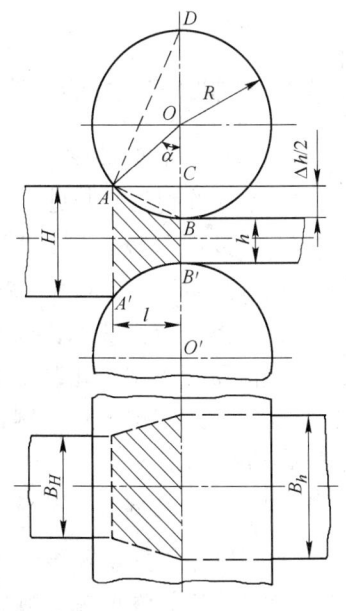

图 13-3　轧制的几何变形区

$(H + h)/2$ 以及变形区形状系数 $(l/h_{cp}$ 和 $B/h_{cp})$，H、h 分别为轧件轧制前、后的厚度，B 为轧件宽度。

A   接触角

变形区内接触弧对应的中心角称为接触角 α（也称为咬入角，以弧度表示）。根据几何关系，得到接触角的计算式为：

$$\cos\alpha = 1 - \Delta h/D \tag{13-5}$$

当接触角不大（小于 15°）时，式（13-5）可简化为：

$$\alpha = \sqrt{\Delta h/R} \tag{13-6}$$

B   变形区长度

接触弧（AB）的水平投影称为变形区长度 l。由几何关系可得变形区长度的计算公式为：

$$l = \sqrt{R\Delta h - \Delta h^2/4}$$

实际中常广泛使用简化计算公式（当 $\alpha \leqslant 20°$ 时，其误差不大于 1%）：

$$l = \sqrt{R\Delta h} \tag{13-7}$$

接触角 α 与变形区长度 l 的关系为：

$$l = R\sin\alpha$$

C   变形区几何形状系数

变形区的长度与轧件的平均厚度之比（l/h_{cp}）称为几何形状系数（也称为变形区的几何因子）。变形区几何系数对轧制时轧件内的应力状态有明显影响，对于研究轧制时金属的流动、变形及应力分布等有重要意义。由式（13-7）可得其表达式为：

$$l/h_{cp} = 2\sqrt{R\Delta h}/(H + h) \tag{13-8}$$

13.2.2   轧制过程建立的条件

13.2.2.1   轧制的过程

在一个道次里，轧制过程可分为开始咬入、曳入、稳定轧制和轧件抛出（轧制终了）四个阶段，如图 13-4 所示。开始咬入阶段虽在瞬间完成，但它是关系到整个轧制过程能否建立的先决条件。稳定轧制是轧制过程的主要阶段，稳定轧制阶段是研究轧件在变形区内流动、变形与应力状态，以及进行工艺控制、产品质量控制、轧制设备设计等的基本对象。曳入和抛出对轧制过程与轧件质量的影响不大。

13.2.2.2   轧制时轧件咬入条件

A   轧件与轧辊接触瞬间的咬入条件

轧制时，当轧件前端与旋转轧辊接触时，接触点 A 和 A' 处，轧件受到辊面正压

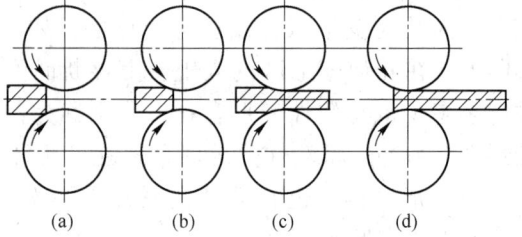

图 13-4   轧制过程的四个阶段

(a) 开始咬入；(b) 曳入；(c) 稳定轧制；(d) 轧件抛出

力 N 和切向摩擦力 T 的作用，如图 13-5 所示，如不考虑轧件咬入时的惯性力，要实现咬着轧件，就必须满足以下力学条件：

$$2T\cos\alpha > 2N\sin\alpha$$

由几何关系可知，α 可由式（13-9）确定：

$$\cos\alpha = 1 - \Delta h/(2R) \qquad (13\text{-}9)$$

按库仑摩擦定律，$T = \mu N$（μ 为咬入时的接触摩擦因数），代入式（13-9），经整理后得：

$$\tan\alpha < \mu$$

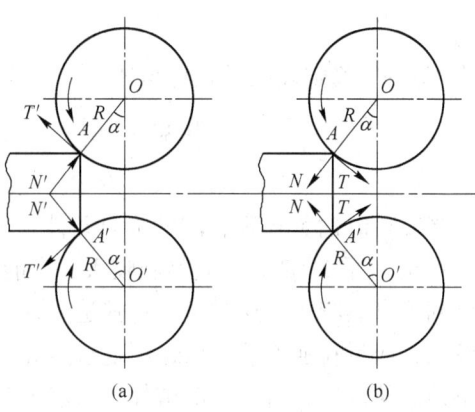

图 13-5 轧件与轧辊接触时的受力图
（a）轧辊受力图；（b）轧件受力图

如令 $\mu = \tan\beta$（β 为摩擦角），则式（13-9）可写为：

$$\tan\alpha < \tan\beta \quad \text{或} \quad \alpha < \beta \qquad (13\text{-}10)$$

式（13-10）说明，在无外力作用下，轧件进入轧辊的自然咬入条件为：咬入角 α 应不大于摩擦角 β，在此条件下轧制过程才能建立。$\alpha = \beta$ 为咬入临界条件，把此时的咬入角 α 定义为最大咬入角，用 $\alpha_{\max}$ 表示，它取决于轧辊和轧件的材质、表面状态、尺寸大小以及润滑条件和轧制速度等。

铝材轧制时，不同轧制情况下的最大咬入角见表 13-2。

表 13-2 铝材不同轧制条件下的最大咬入角

轧制条件	热 轧	冷轧（粗糙辊面）	冷轧（高度光洁辊面，并有良好润滑）
最大咬入角/(°)	18 ~ 20	5 ~ 8	3 ~ 4
$\Delta h/D$	1/30 ~ 1/15	1/250 ~ 1/100	1/700 ~ 1/400

注：表中 D 为轧辊直径。

B 稳定轧制的咬入条件

当轧辊咬入轧件后，随着轧辊的转动，金属不断地被拽入辊缝内。由于轧辊与轧件的接触表面，随轧件向辊间填充而逐渐增加，则轧辊对轧件的作用力位置也不断向出口方向移动。结果，开始咬入时力的平衡条件必然受到破坏，阻碍轧件进入辊缝的力 N_x 将相对减小，而拉入轧件进入辊缝的力 T_x 将相对增大。因此，使拽入过程较开始咬入时更为有利。

当轧件完全填充辊间后，如果单位压力沿接触弧内均匀分布，则合压力作用点在接触弧的中点，合压力与轧辊中心连线的夹角 φ 等于接触角 α 的一半。轧件填充辊间后，继续进行轧制的条件仍然应当是轧件的水平拉入力 T_x 大于水平推出力 N_x（$T_x > N_x$）。如图 13-6 所示，此时

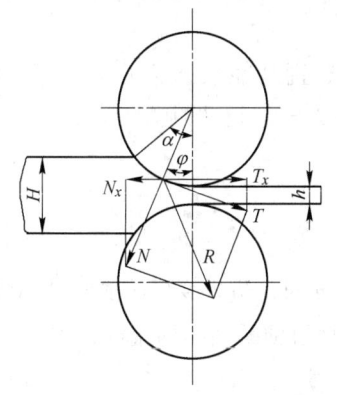

图 13-6 当轧件完全填充辊间后力的图示

$$T\cos\varphi > N\sin\varphi$$

$$T/N = \mu > \tan\varphi \tag{13-11}$$

式中 μ——稳定轧制时轧辊与轧件之间的摩擦因数，通常比咬入时的摩擦因数小。

$$\tan\beta > \tan\varphi \qquad \beta > \varphi \qquad (\varphi = \alpha/2)$$
$$\beta > \alpha/2 \qquad 或 \qquad 2\beta > \alpha \tag{13-12}$$

当 $\alpha = 2\beta$ 时为稳定轧制的临界条件，$\alpha < 2\beta$ 为稳定轧制条件。

可见，当 $\alpha < \beta$ 时，能顺利咬入，也能顺利轧制；当 $\beta < \alpha < 2\beta$ 时，能顺利轧制，但不能顺利地自然咬入。这时可实行强迫咬入，建立轧制过程；当 $\alpha \geq 2\beta$ 时，不但轧件不能自然咬入，而且在强迫咬入后也不能进行轧制，因为开始咬入时的咬入角等于稳定轧制时的接触角。从以上分析，金属被轧辊自然咬入时（$\alpha < \beta$）到稳定轧制时（$\alpha < 2\beta$）的条件变化，可得出如下结论：

（1）开始咬入时所需摩擦条件最高（摩擦系数大）。

（2）随轧件逐渐进入辊间，水平拉入力逐渐增大，水平推出力逐渐减小，因此轧件被拽入的过程比开始咬入容易。

（3）稳定轧制条件比咬入条件容易实现。

（4）咬入一经实现，当其他条件（润滑状况、压下量等）不变时，轧件就能自然向辊间填充，直至建立稳定的轧制过程。

C 改善轧件咬入困难的措施

根据式（13-12）和式（13-10），改善轧制咬入困难的主要措施有：

（1）当 Δh 一定时，轧辊直径 D 越大，咬入角越小，即越易咬入。

（2）当轧辊直径 D 一定时，压下量 Δh 越大，越难咬入。因此，生产上为改善大压下时的咬入困难情况，常将轧件前端做成楔形或圆弧形，以减小咬入角。

（3）辊面接触摩擦越大，越有利于咬入。因此，轧辊表面越粗糙，或辊面不润滑，或喷洒煤油等涩性油剂等增大辊面摩擦的措施，均有利于咬入。

（4）低速咬入也可增大咬入时的摩擦，改善咬入条件。一旦咬入后便采用高速轧制以提高生产效率。即生产上常使用的"低速咬入，高速轧制"操作方法。

（5）轧制方向上增加水平推力，有利于咬入。因此，当咬入困难，出现打滑现象时，常使用推锭机、辊道运送轧件的惯性力、夹持器、推力辊等对轧件施加水平推力，进行强迫咬入。

测试最大轧制咬入角 α 可用调辊法（逐渐抬高辊缝直到能咬入为止）和楔形件法（小头先喂入辊缝后，直到大头进不去出现打滑为止）等方法进行实测。

13.2.3 轧制金属变形的规律

13.2.3.1 轧制时的前滑与后滑

当轧件由轧前的原始厚度 H 经过轧制压缩至轧后厚度 h 时，进入变形区的轧件厚度逐渐减薄，根据塑性变形的体积不变条件，金属通过变形区内任意横断面的秒流量必相等，即

$$F_H v_H = F_x v_x = F_h v_h = 常数 \tag{13-13}$$

式中 F_H，F_h，F_x——分别为入口、出口及变形区内任意横断面的面积；

v_H，v_h，v_x——分别为入口、出口及变形区内任意横断面的轧件的水平运动速度。

金属轧制时轧件内金属质点运动除塑性流动外，还受到旋转轧辊的机械运动的影响，即轧制时金属质点的流动速度是上述两种运动速度的合成。这是轧制过程金属流动的明显特点之一。

平辊轧制时金属质点相对辊面的流动与平锤压缩，特别是楔形锤头间压缩时金属的流动十分相似，如图13-7所示。金属塑性流动相对辊面的滑动或滑动趋势是：金属向入口侧（厚侧 AB 边）方向流动容易，而向出口侧（薄侧 CD 边）流动较困难。金属质点向入口侧流动形成后滑区，而向出口侧流动形成前滑区。因而，轧制时的流动分界面（中性面或中性线）偏向出口侧。于是，按金属塑性流动相对辊面的运动情况，接触弧面上有后滑区、中性面和前滑区。而将前滑区所对应的接触角定义为中性角，通常用 γ 表示。

前滑区（轧制出口端）轧件产生相对辊面的向前滑动，即轧件的前进速度高于辊面线速；反之，后滑区轧件的速度低于辊面线速；只有在中性面上二者的速度才相等，如图13-8所示。因此，前滑（S_h）定义为：

$$S_h = \frac{v_h - v_0}{v_0} \times 100\% \qquad (13\text{-}14)$$

式中 v_h——轧件流动速度；

v_0——轧辊线速度。

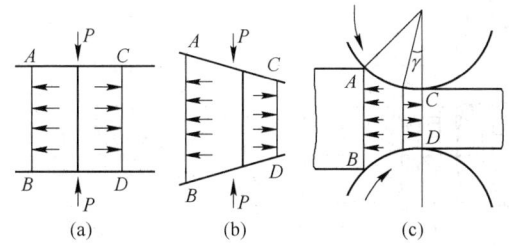

图13-7 轧制与压缩金属流动示意图

（a）平锤压缩矩形件；（b）斜锤间压缩楔形件；

（c）平辊轧制

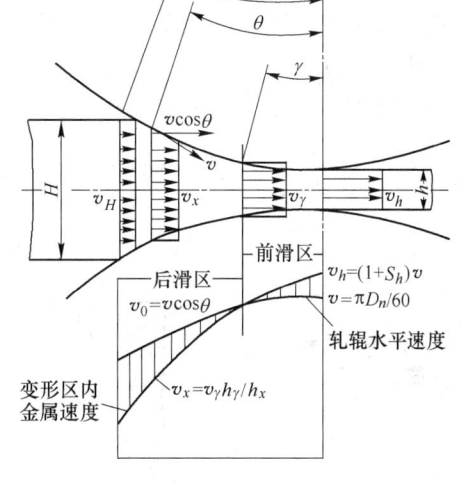

图13-8 轧制过程速度图示

根据理论分析可导出，简单轧制过程的前滑值的计算式为：

$$S_h = [h + D(1 - \cos\gamma)]\cos\gamma/h - 1$$

或

$$S_h = 2\sin^2 \frac{\gamma}{2}[(D/h)\cos\gamma - 1] \qquad (13\text{-}15)$$

当 γ 角很小时，可简化成

$$S_h = (R/h - 1/2)\gamma^2 \qquad (13\text{-}16)$$

式中 γ——中性角。

$$\gamma \approx (\alpha/2)[1 - (1/\mu)(\alpha/2)] \qquad (13\text{-}17)$$

式中 μ——轧件与轧辊间的摩擦因数。

实际上，轧制时的前滑值一般为 2%～10%。前滑对于带材、箔材轧制张力的调整、连轧时各机架之间速度的匹配和协调、热轧机的轧辊与辊道的速度匹配等均有重要的实际意义。

前滑值可以用打有两个小坑点的轧辊轧制后，通过测量轧件上压痕点的距离进行计算，如图 13-9 所示，且测量精度较高。其计算式为：

$$S_h = \frac{v_{ht} - v_{0t}}{v_{0t}} \times 100\% = \frac{L_h - L_0}{L_0} \times 100\%$$

$$(13-18)$$

式中 L_h——时间 t 内轧件上压痕点间的长度；

L_0——时间 t 内轧辊上小坑点间的弧线长。

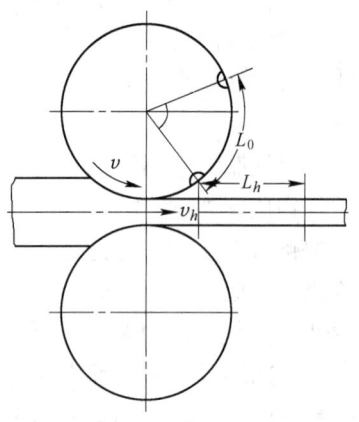

图 13-9 用压痕法测定前滑的原理图

13.2.3.2 沿轧件断面高向的流动和变形的不均匀性

大量的实验研究和理论分析表明，轧制变形区内金属的流动和变形是不均匀的。图 13-10 所示为轧件通过变形区各垂直横断面的金属质点水平流速沿高向的不均匀分布情形，据此，常将轧制变形区划分成 4 个小区域，如图 13-11 所示：Ⅰ区内几乎没有发生塑性变形，称为难变形区；Ⅱ区为主要变形区，易于发生高向的压缩和纵向（轧向）的延伸变形；Ⅲ区和Ⅳ区由于受到前、后刚端反作用力作用，产生了一定的纵向压缩和高向变厚变形。

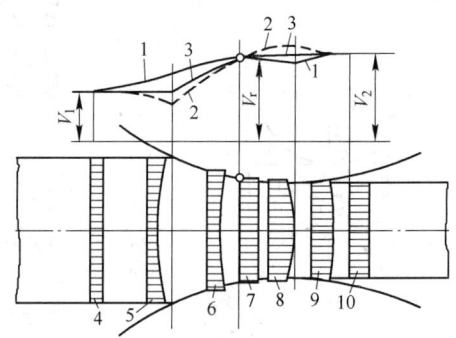

图 13-10 变形区内的水平（下）/断面高向（上）速度分布（$l/h_{cp} = 0.8$）

1—表面速度；2—中心速度；3—中心到表面的 $\frac{1}{2}$ 处的速度；4—后刚端区；

5—变形发生区；6—后滑区；7—贴合区；8—前滑区；9—变形消减区；10—前刚端区

研究发现，变形区的形状系数（l/h_{cp}）对轧制断面高向上变形不均匀分布的影响很大。如当 $l/h_{cp} > 1.0$，即轧件断面高度较小，变形容易深透到轧件芯部，出现中心层变形大于表层的现象；而当 $l/h_{cp} < 0.5$，即轧件相对较厚时，随着变形区形状系数的减小，外端对变形过程的影响变得突出，压缩变形难以深入到轧件芯部，只限于表层附近区域发生变形，出现表层的变形大于芯部的现象。

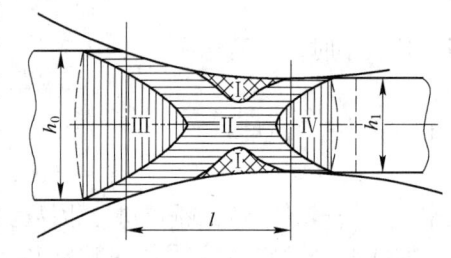

此外，接触摩擦系数增大，将使金属沿辊面

图 13-11 轧制变形区示意图（$l/h_{cp} > 0.8$）

流动的阻力增加，增大Ⅰ区的范围，甚至出现金属粘辊现象，使变形的不均匀性加剧。特别是厚件轧制时，如某些铝及铝合金的热轧，头几道的变形量较小，加之摩擦又大，常易于出现粘辊，因而导致轧件头部"开嘴"，严重时发生缠辊。

13.2.3.3 轧制时的横向变形——宽展

轧制时金属沿横向流动引起的横向变形，通常称为宽展。轧制时的宽展通常用 $\Delta B = b - B$ 表示（B、b 分别为轧制前后轧件宽度）。实验和理论分析表明，影响轧制宽展的主要因素有：随着接触摩擦的增加宽展增加；宽展随压下量增加而增加；轧辊直径越大，宽展越大，因为大直径轧辊的接触弧长，使纵向阻力增大；宽展也与轧件宽度与接触弧长的比值（B/L）有关。当比值（B/L）小于一定范围时，随着轧件宽度增加，宽展也增加；但当比值（B/L）超过某定值时，摩擦引起的横向阻力加大，宽展不再增加，宽展将维持一较小值，如图 13-12 所示。可见各因素对宽展的影响是比较复杂的，宽展的计算还停留在经验水平，铝材等有色金属常用的轧制宽展计算公式为：

$$\Delta B = C(\Delta h/H)\sqrt{R\Delta h} \tag{13-19}$$

式中 C——常数，对于铝及铝合金（当温度为400℃时），C 可取 0.45。

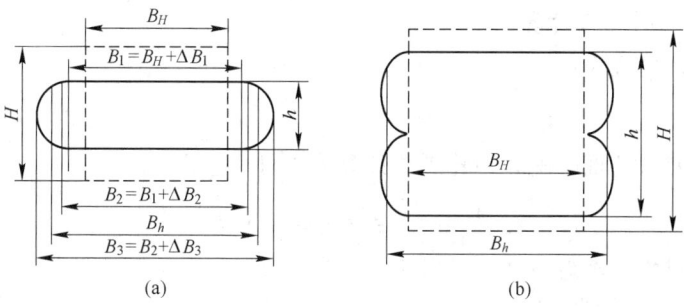

图 13-12 宽展与轧件宽度的关系

(a) $B/h \geqslant 1$；(b) $B/h < 0.5$

式（13-19）考虑了变形区长度和加工率等主要因素对宽的影响。实验结果表明，对于铝材热轧（400℃），可得到满意的结果。但它未考虑轧件宽度的影响，故不适于轧件宽度等于或小于轧件厚度的轧制条件下的宽展计算。

13.2.3.4 轧制时的轧件断面长度方向的变形——延伸

轧制过程中，轧件随着轧制过程的进行越来越薄，长度越来越长，一般以延伸系数 λ 来反映长度方向轧件的变形程度：

$$\lambda = l/L \tag{13-20}$$

13.2.4 轧制压力

13.2.4.1 轧制压力的作用及定义

轧制压力是轧制工艺和设备设计与控制的重要力学参数，在现代化轧机的设计中尤为重要。确定轧制压力的目的是：计算轧辊与轧机其他部件的强度和弹性变形；校核或确定电机的功率，制订压下规程；实现板厚和板形控制；
挖掘轧机潜力，提高轧机生产率。

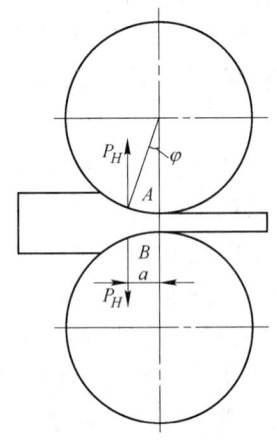

所谓轧制压力是指轧件对轧辊合力的垂直分量，
即轧机压下螺丝所承受的总压力。轧制时金属对轧辊
的作用力有两个：一个是与接触表面相切的单位摩擦
力 T；另一个是与接触表面垂直的单位压力的合力 N。
轧制压力就是这两个力在垂直轧制方向上的投影之和
P_H，如图 13-13 所示。

轧制压力的确定方法主要有以下两种：

（1）实测法。总压力是通过放置在压下螺丝下的
测压头（压力传感器）将轧制过程的压力信号转换成
电信号，再通过放大和纪录装置显示压力实测数据的
方法。轧制压力测试常用压力传感器有电阻应变式测

图 13-13　简单轧制条件下合力方向

压头和压磁式测压头。沿接触弧上的单位压力测定，则需将针式压力传感器埋设在辊面内
进行测定。

（2）理论计算法。它是根据轧制条件和塑性理论分析，推导出轧制压力计算公式的。

13.2.4.2　轧制压力计算

轧制压力的计算式为：

$$P = \bar{p}F \tag{13-21}$$

如不考虑宽展与轧辊压扁时的轧制力计算公式可表达为：

$$P = \bar{p}F = Kn_\sigma B \sqrt{R\Delta h} \tag{13-22}$$

式中　n_σ——相对应力系数；
　　　K——材料的变形抗力。

13.2.4.3　单位轧制压力的计算

常用的几种轧制压力计算公式有：

（1）采利柯夫公式。

$$n_\sigma = \frac{2(1-\varepsilon)}{\varepsilon + 1}\left(\frac{h_\gamma}{h}\right)\left[\left(\frac{h_\gamma}{h}\right)^\delta - 1\right] \tag{13-23}$$

式中　h_γ——中性面上轧件的厚度；
　　　ε——道次加工率，$\varepsilon = \Delta h/H$。

（2）斯通公式。

$$n_\sigma = (e^m - 1)/m \tag{13-24}$$

式中　e——自然对数的底（$e = 2.718$）；
　　　m——系数，$m = \mu l'/\bar{h}$；
　　　μ——摩擦因数；
　　　l'——轧辊弹性压扁时的变形区长度；
　　　$\bar{h}$——轧件平均厚度。

（3）西姆斯简化公式。

$$n_\sigma = 0.785 + 0.25l/h \tag{13-25}$$

（4）滑移线法公式。

$$n_\sigma = 1.25h/l + 0.785 + 0.25l/h \tag{13-26}$$

常用轧制压力计算公式的应用条件及特点见表 13-3。

表 13-3　轧制压力计算公式的类型及应用条件

类　型	I	II	III	IV
基本假设要点	楔形件均匀压缩；不计宽展	楔形件均匀压缩；不计宽展	楔形不均匀压缩；不计宽展	当 $l/h < 1.0$，用滑移线法解，平面应变压缩问题
接触条件	一般不考虑轧辊压扁；全滑动（库仑摩擦定律）；未考虑刚端影响	考虑轧辊压扁；全滑动（库仑摩擦定律）；未考虑刚端影响	未考虑轧辊压扁；全黏着（按常摩擦力定律）；未考虑刚端影响	考虑了外端的影响；摩擦系数较大
代表性公式	采列柯夫公式式（13-23）	斯通公式式（13-24）	西姆斯公式式（13-25）	滑移线法公式式（13-26）
适用情况	热轧、冷轧	冷轧薄板	热轧	热轧开坯

13.2.4.4　金属的变形抗力

变形抗力是计算轧制压力的重要材料参数。在轧制变形条件下，金属抵抗塑性变形发生的力称为变形抗力，对于平面应变条件下的变形抗力常用 K 表示，计算公式为：

$$K = 1.115\sigma_S = 1.115\sigma_{0.2} \tag{13-27}$$

对于大多数铝合金，由弹性变形进入塑性变形的过程是平滑的，屈服点现象很不明显，常用 $\sigma_{0.2}$ 代替 σ_S。变形条件（温度、变形程度和变形速度等）对纯铝及几种常用铝合金的变形抗力的影响曲线如图 13-14 和图 13-15 所示。可见影响铝材变形抗力的主要因素有：

（1）轧制铝合金的本性（如化学成分、微量元素、晶粒组织等）。

（2）轧制前的预变形程度（主要是冷轧前的加硬化程度）。

（3）轧制速度，即轧制时的变形速度（或称轧制变形速率），是指压下方向上的平均变形速度，其计算公式为：

$$\bar{u} = 2v\sqrt{\Delta h/R}/(H + h) \tag{13-28}$$

（4）轧制温度。铝及铝合金的变形抗力是随轧制温度的升高而降低的。

13.2.4.5　轧制过程的温度规律

轧制温度包括有开轧温度、终轧温度以及卷取温度。这些温度对于铝材轧制时的变形抗力、轧制力、成品的组织、晶粒度、力学性能以及板带材的表面状态等都有着直接影响。特别对于铝材热轧，它是一个极为重要的参数，例如 1% 的温度预测差异，可能导致 2% ~ 5% 的轧制力预报差异。为此，需了解轧制过程中轧件的热量损失情况以及温度变化

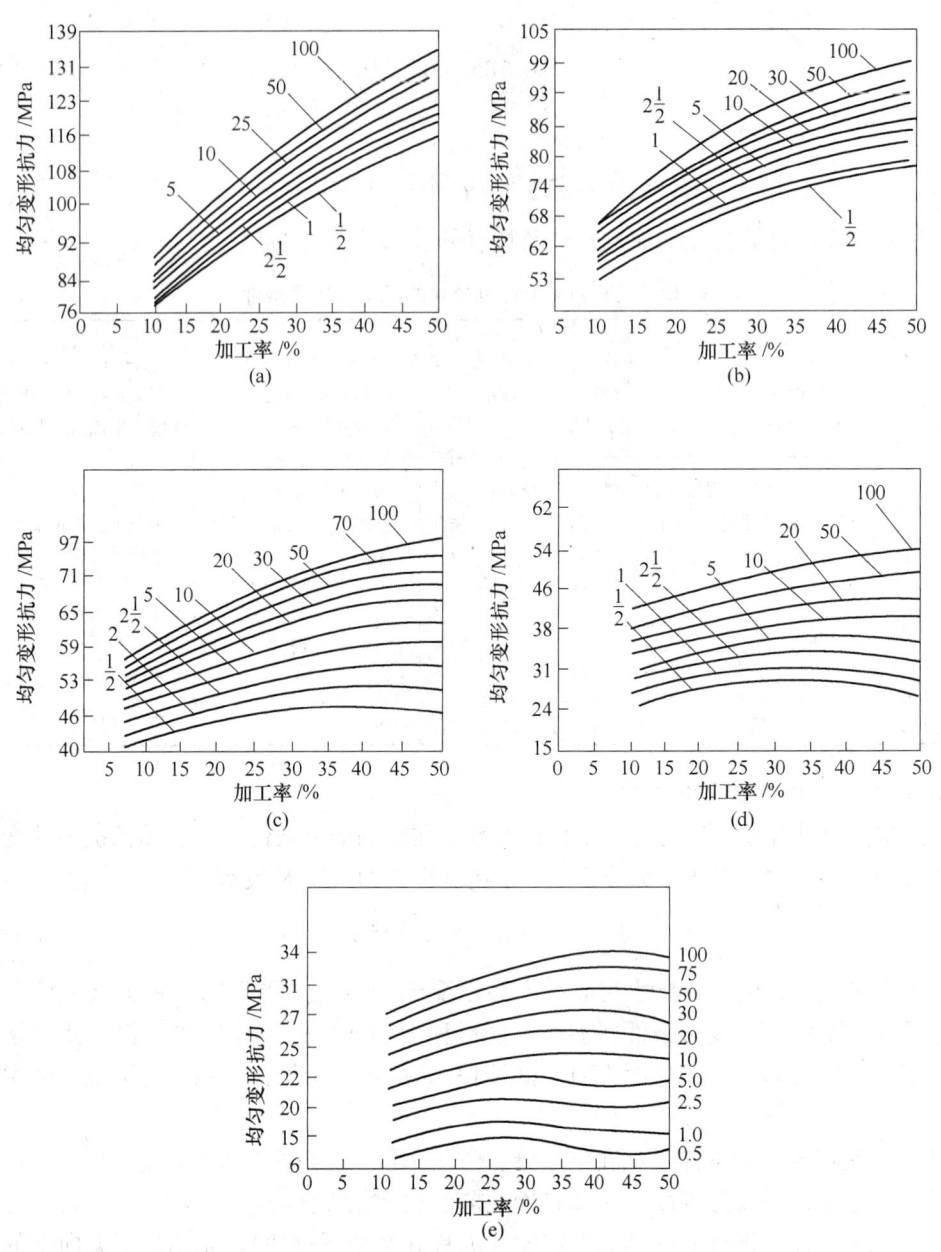

图 13-14　变形条件对纯铝变形抗力的影响

（各曲线上的数字为变形速度）

（a）150℃；（b）250℃；（c）350℃；（d）450℃；（e）550℃

规律，主要有以下几方面：

（1）辐射散热损失引起的温降。加热的板坯，因辐射散热损失引起的温降公式为：

$$dt_1 = \dfrac{-2\varepsilon\sigma[(t+273)/100]^4 d\tau}{c_p\rho h} \tag{13-29}$$

式中　ε——轧件的热辐射系数（或称为黑度），对于铝的热轧坯一般可取 0.55 左右；

σ——波茨曼系数；

 t——轧件表面的绝对温度，℃；

c_p——比热容，J/(kg·℃)；

 ρ——密度，kg/m³；

 h——轧件厚度，m；

 τ——时间，h。

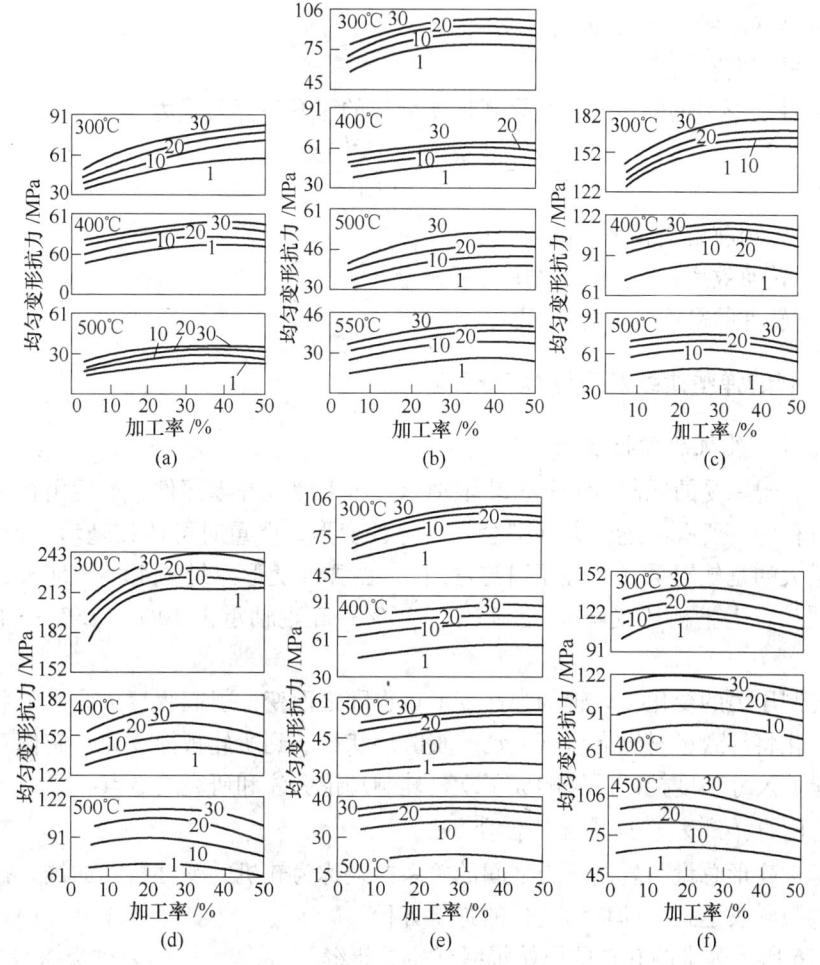

图 13-15　变形条件对常用铝合金变形抗力的影响

(a) 工业纯铝；(b) 3A21 合金；(c) 5A02 合金；(d) 5A05 合金；(e) 6A02 合金；(f) 2A14 合金

(各曲线上的数字为变形速度)

（2）对流传热的散热损失引起的温降。轧件对流温降公式为：

$$dt_2 = \frac{-2\alpha(t - t_0)d\tau}{c_p\rho h} \tag{13-30}$$

式中　α——对流的散热系数；

 t_0——冷却介质的温度（如冷却水或润滑液）；

 τ——热交换时间，h。

（3）轧制过程中与轧件与轧辊接触时的热传导损失引起的温降。

$$\Delta t_3 = \frac{-2\lambda l(t - t_0)}{c_p \rho h_{cp} v} \tag{13-31}$$

式中　λ——道次延伸系数；

$\qquad t$——轧件温度，℃；

$\qquad t_0$——轧辊温度，℃；

$\qquad l$——轧件宽度，mm；

$\qquad h_{cp}$——轧件平均厚度，mm；

$\qquad v$——轧制速度，m/s。

（4）塑性变形引起的温升。金属塑性变形热的温升计算公式为：

$$\Delta t_4 = \frac{A\eta\sigma_{cp}\ln(H/h) \times 10^4}{c_p \rho h_{cp}} \tag{13-32}$$

式中　A——轧制前后金属平均散热表面积，m^2；

$\qquad \eta$——转换效率，一般取 0.90～0.95；

$\qquad \dot{\sigma}_{cp}$——轧件的平均变形力，MPa。

13.2.5　轧制的弹塑曲线及板厚纵向控制

13.2.5.1　轧机的弹性变形

轧制时轧辊承受的轧制压力通过轧辊轴承、压下螺丝等零部件，最后由机架承受。所以在轧制过程中，所有上述受力件都会发生弹性变形，严重时可达数毫米。据测试表明：弹性变形最大的是轧辊系（弹性压扁与弯曲），占弹性变形总量的 40%～50%；其次是机架（立柱受拉，上下横梁受弯），占 12%～16%；轧辊轴承占 10%～15%；压下系统占 6%～8%。

随着轧制压力的变化，轧辊的弹性变形量也随之而变，引起辊缝大小和形状也变。辊缝大小的变化将导致板材纵向厚度波动，辊缝形状影响到所轧板形变化。它们对轧制板带材板形质量、尺寸精度控制的影响成了现代轧制理论关注和研究的重点。

A　轧机的弹跳方程与弹性特性曲线

轧机弹性变形总量与轧制压力之间的关系曲线称为轧机的弹性特性曲线，描述这一对参数关系的数学表达式，即称为轧机的弹跳方程。

图 13-16 所示为当两轧辊的原始辊缝（空载辊缝值）为 s_0 时，轧制时由于轧制压力的作用，使机架发生了变形 $\Delta s(\Delta s = P/k$，P 为轧制压力，$k = \mathrm{d}P/\mathrm{d}s$ 为轧机的刚度，表示轧机弹性变形 1mm 所需的力，N/mm）。因此实际辊缝将增大达到 s，辊缝增大的现象称为轧机弹跳或辊跳。于是所轧制出的板厚为：

$$h = s = s_0 + s_0' + \Delta s$$
$$= s_0 + s_0' + P/k \tag{13-33}$$

式中　s_0'——初始载荷下各部件间的间隙值。

如忽略 s_0'，式（13-33）变为：

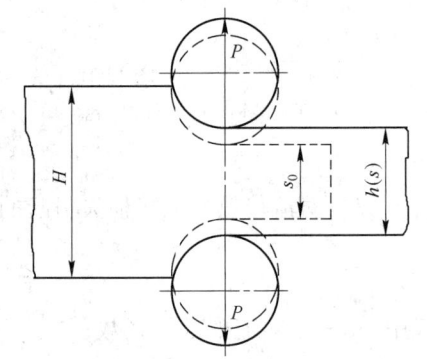

图 13-16　轧机弹跳现象

$$h = s = s_0 + P/k \tag{13-34}$$

式（13-33）称为轧机的弹跳方程（见图 13-17）。它忽略了轧件的弹性恢复量，说明轧出的轧件厚度为原始辊缝与轧机弹跳量之和。

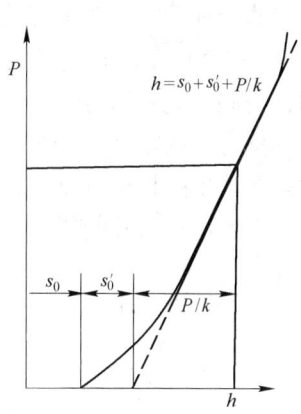

影响原始辊缝 s_0 变化，即影响轧机弹性特性曲线位置的因素有：轧辊的偏心、热膨胀、磨损和轧辊轴承油膜的变化等。

B 轧机的刚度

轧机的刚度为轧机抵抗轧制压力引起弹性变形的能力，又称轧机模量。它包括纵向刚度和横向刚度。轧机的纵向刚度是指轧机抵抗轧制压力引起辊跳的能力。由式（13-34）知，$P = (h - s_0)k$。因而，轧机的纵向刚度可表示为：

图 13-17 轧件尺寸在弹跳曲线上的表示

$$k = P/(h - s_0) \tag{13-35}$$

轧机刚度可用轧制法和压靠法等方法实际测定。

影响轧机刚度的因素主要有轧件宽度（见图 13-18）、轧制速度（影响到轴承油膜厚度）等。由图可知，轧制速度的影响是：低速时对轧机刚度的影响大，而高速时影响较小。当轧制宽度与辊身长度二者差异较大时，则相互之间的相差较为明显；如果二者尺寸相近，相互之间的差异就小。对于不同轧制宽度（见图 13-19），其修正公式为：

$$k_L = k_\beta - \beta(L - B) \tag{13-36}$$

式中　L——辊身长度；

　　　B——轧件宽度；

　　　β——刚度修正系数；

　　　k_β——压靠法测得的刚度；

　　　k_L——轧件宽度为 B 时的刚度。

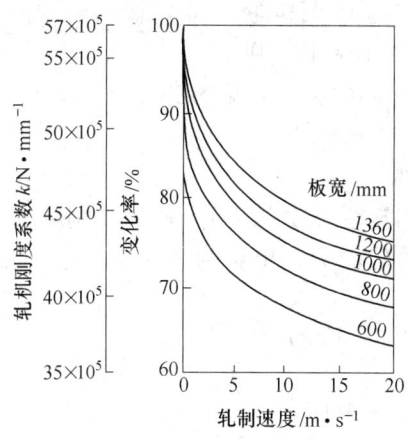

图 13-18　板宽与轧制速度对轧机刚度系数的影响

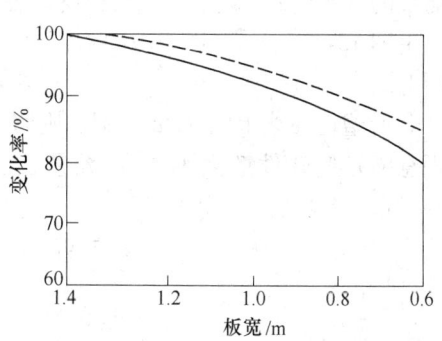

图 13-19　板宽与 k 值的变化曲线

13. 2. 5. 2 轧件的塑性特性曲线

轧件的塑性特性曲线是指某一预调辊缝 s_0 时，轧制压力与轧出板材厚度之间的关系曲线，如图 13-20 所示。它表示在同一轧制厚度的条件下，某一工艺参数的变化对轧制压力的影响；或同一轧制压力情况下，某一工艺因素变化轧出厚度的影响情形。如图 13-21 所示，变形抗力大的塑性曲线较陡，而变形抗力小的塑性曲线较平坦。若轧制压力保持不变，则前者轧出的板材较厚（$h_2 > h_1$）。若需保持轧出同一厚度的板材，那么对于变形抗力高的轧件就应加大轧制压力。

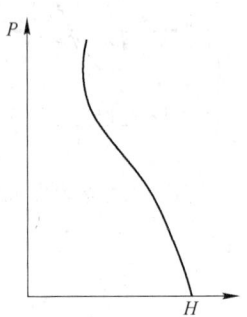

图 13-20 轧件塑性特性曲线

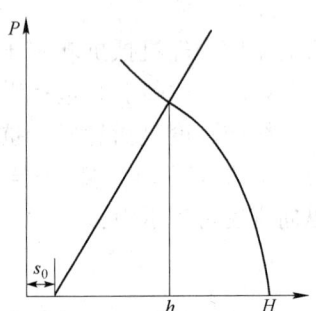

图 13-21 轧制弹塑性曲线

影响轧件塑性特性曲线变化的因素主要有沿轧件长向原始厚度不均、温度分布不均、组织性能不均、轧制速度与张力的变化等。这些因素影响到轧制压力的变化，也改变了 H-P 图上轧件的塑性特性曲线的形状和位置，因而导致轧出板厚随之发生变化。

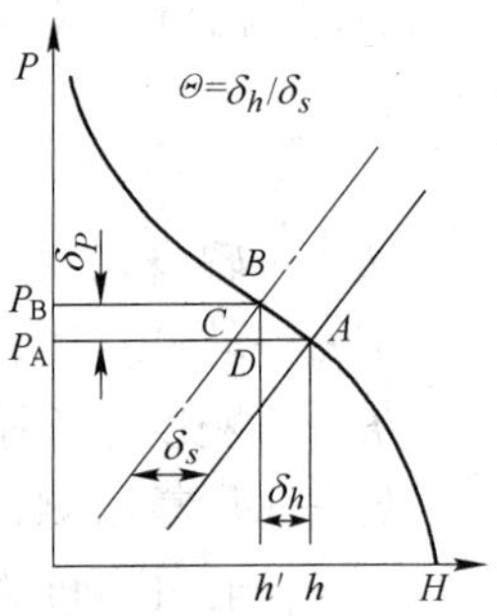

13. 2. 5. 3 轧制过程的弹塑曲线

轧制过程的轧件塑性曲线与轧机弹性曲线集成于同一坐标图上的曲线，称为轧制过程的弹塑曲线，也称轧制的 P-H 图，如图 13-22 所示。图中两曲线交点的横坐标为轧件厚度，纵坐标为对应的轧制压力。

现利用轧制过程的弹塑曲线来讨论一下初始辊缝 s_0 调整量变化为 δ_s 时，即轧机弹性曲线位置变化 δ_s 时（图中用两平行弹性曲线的水平间距），δ_s 与轧后板材厚度变化量 δ_h 之间的关系（见图 13-22）。

图 13-22 辊缝转换函数

由图 13-22 可知，$AC = AD + CD = \delta_s$，$AD = \delta_h$，$CD = \delta_P/k$，

因而
$$\delta_s = \delta_h + \delta_P/k \tag{13-37}$$

令沿塑性曲线上的 $\delta_P/\delta_h = M$，则 M 称为轧件的塑性系数，或称轧件的"刚度"，它的物理意义是使轧件产生 1mm 压缩塑性变形所需的轧制力，单位为 N/mm。将它代入式（13-37），经整理后，得

$$\delta_s = \delta_h + M\delta_h/k = \delta_h(1 + M/k)$$

或

$$\delta_s/\delta_h = 1 + M/k = (k + M)/k$$

如令

$$\Theta = \delta_h/\delta_s = k/(k + M) \tag{13-38}$$

式中 Θ——辊缝的转换函数，又称压下效率，它反映了轧机的弹性效应。

式（13-38）是进行压下调整，改变辊缝，实现板厚控制的基本方程。由式（13-38）可知，当轧机刚度一定时，轧制变形抗力高的金属，或接近终轧道次，因 M 很大，此时压下调整量必须相当大，才能减小或消除板厚差 δ_h；当 M 接近无穷大，即 $\Theta \to 0$ 时，无论调多大的压下，也不可能再轧薄（此时对应的辊缝称为轧机的最小可轧厚度）；金属变形抗力较小时，M 很小，$\Theta \approx 1$，则压下调整量等于或稍大于厚度波动量即可。各种因素对轧制厚度的影响见表13-4。

表 13-4 轧制工艺条件对轧制厚度的影响

变化原因	金属变形抗力变化，$\Delta\sigma_s$	板坯原始厚度变化，Δh_0	轧件与轧辊间摩擦系数变化，Δf	轧制时张力变化，Δq	轧辊原始辊缝变化，Δt_0
变化特性	$\sigma_s - \Delta\sigma_s$	$h_0 - \Delta h_0$	$f - \Delta f$	$q - \Delta q$	$t_0 - \Delta t_0$
轧出板厚变化	金属变形抗力 σ_s 减小时板厚变薄	板坯原始厚度 h_0 减小时板厚变薄	摩擦系数 f 减小时板厚变薄	张力 q 增加时厚度变薄	原始辊缝 t_0 减小时板厚变薄

13.2.5.4 板厚控制原理及方法

轧制过程中凡引起轧制压力波动的因素都将导致板厚纵向厚度尺寸的变化，一是对轧件塑性变形特性曲线形状与位置的影响；二是对轧机弹性特性曲线的影响。结果使两条曲线的交点发生变化，产生了纵向厚度偏差。

板厚控制原理为：根据 H-P 图，轧制厚度控制就是要求使所轧板材的厚度，始终保持在轧机的弹性特性曲线和轧件塑性特性曲线交点 h 的垂直线上。但是由于轧制时各种因素是经常变化波动的，两特性曲线不可能总是交在等厚轧制线上，因而使板厚出现偏差。若要消除这一厚度偏差，就必须使两特性曲线发生相应的变动，重新回到等厚轧制线上，基于这一思路，板厚控制的方法有调整辊缝、张力和轧制速度等三种。

A 调压下改变辊缝

调压下是板带材厚度控制的最主要的方法。这种板厚控制的原理是在不改变弹塑曲线斜率的情况下，通过调整压下来达到消除轧件或工艺因素影响轧制压力而造成的板厚偏差，如图13-23所示。如遇到来料退火不均，造成轧件性能不均（变硬）时，或润滑不良使摩擦系数增大，或张力变小、轧制速度减小等，由图13-24可知都将使塑性曲线斜率变大，塑性曲线由 B 变到 B'，其他条件不变时，同样轧出厚度产生偏差 δ_h，此时也可通过调整压下时减小辊缝来消除。

B 调整张力

调整压下的方法由于需调整压下螺丝，如塑性模量 M 很大，或轧机刚度 k 过低，则调

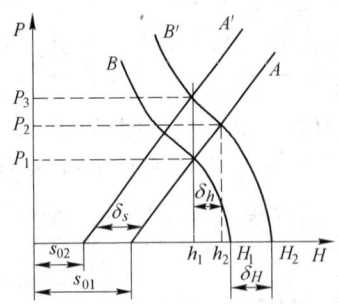

图 13-23 δ_H 变化时的调压下原理图

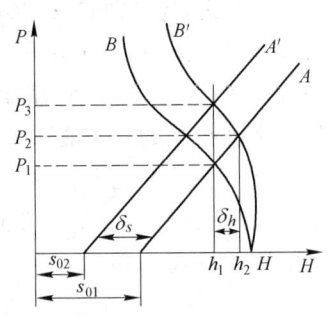

图 13-24 塑性曲线变陡时调压下原理图

整量过大，调整速度慢，效率低。因此对于冷精轧薄板带的调节不如调整张力快和好。特别是对于箔材轧制更是如此，因为这时轧辊实际已经压靠，所以板厚控制只得依靠调整张力、润滑与轧速来实现。

调整张力是通过调整前、后张力改变轧件塑性曲线的斜率，达到消除各种因素对轧出厚度影响来实现板厚控制的，如图 13-25 所示。当来料出现厚度偏差 $+\delta_H$ 时，原始辊缝和其他条件不变时，轧出板厚产生偏差 δ_h，为使轧出板厚 h_1 不变，可通过加大张力，使塑性曲线 B' 变到 B''（改变斜率），而与弹性曲线 A 交在等厚度轧制线上。实现无需改变辊缝大小而达到板厚不变的目的。张力调整方法的特点是反应快、精确效果好，在冷轧薄板带生产用得十分广泛。但它不适用于厚板轧制，特别是热轧板带，因为

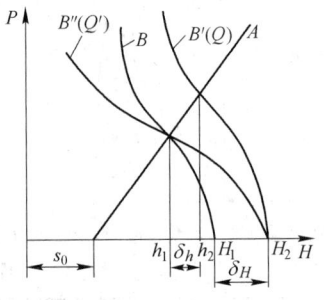

图 13-25 调张力原理图

热轧时，张力稍大易出现拉窄（出现负宽展）或拉薄，使控制受到限制。

C 调整轧速

轧制速度的变化将引起张力、摩擦系数、轧制温度及轴承油膜厚度等发生变化，因而也可改变轧制压力，使轧件塑性曲线斜率发生改变，其基本原理与调整张力相似。

14　铝合金热轧技术

14.1　热轧的特点、产品方案与工艺流程

14.1.1　热轧的特点

热轧一般指在金属再结晶温度以上进行的轧制。在热轧时，变形金属同时存在硬化和软化过程。因变形速度的影响，只要回复和再结晶过程来不及进行，金属随变形程度的增加会产生一定的加工硬化。但在热轧温度范围内，软化过程起主导作用。因而，在热轧终了时，金属的再结晶常常是不完全的，热轧后的铝合金板带材呈现为再结晶与变形组织共存的组织状态。

热轧具有以下特点：

（1）热轧能显著降低能耗、降低成本。热轧时金属塑性高、变形抗力低，大大减少了金属变形的能量消耗。

（2）热轧能改善金属及合金的加工工艺性能，即将铸造状态的粗大晶粒破碎，显微裂纹愈合，减少或消除铸造缺陷，将铸态组织转变为变形组织，提高金属的加工性能。

（3）热轧通常采用大铸锭、大压下量轧制，不仅提高了生产效率，而且为提高轧制速度、实现轧制过程的连续化和自动化创造了条件。

（4）热轧不能非常精确地控制产品所需的力学性能，热轧制品的组织和性能不够均匀。其强度指标低于冷作硬化制品，而高于完全退火制品；塑性指标高于冷作硬化制品，而低于完全退火制品。

（5）热轧产品厚度尺寸较难控制，控制精度相对较差；热轧制品的表面较冷轧制品粗糙，R_a 值一般在 $0.5 \sim 1.5 \mu m$。因此，热轧产品一般多作为供给冷轧加工的坯料。

14.1.2　产品方案与工艺流程

热轧产品一般分为两大类，一类是热轧厚板，另一类是热轧卷。

热轧厚板是指厚度不小于 7.0mm 的铝及铝合金板材，主要品种有热轧板（H112）、退火板（O）、淬火或淬火预拉伸板等，热轧厚板在热轧机上通常采用块片法生产，其典型工艺流程是：铸锭（均匀化）→铣面、铣边→加热→热轧→剪切中断→矫直。

厚度小于 7.0mm 的铝及铝合金板带材采用卷式法生产，主要任务是为冷轧提供坯料，其工艺流程是：铸锭（均匀化）→铣面、铣边→加热→热轧（开坯轧制）→热精轧（卷取轧制）→卸卷。

14.2　热轧前的准备

热轧所用铸锭是采用连续、半连续、铁模等铸造方法生产的扁锭。现代化的大生产多

采用半连续铸造方法生产扁锭，铸锭的质量可从几吨到几十吨。为了保证产品质量和满足加工工艺性能要求，对铸锭规格尺寸和形状的选择、表面及内部质量的控制均有严格的要求，在热轧前必须根据合金的工艺特性和最终产品的用途对铸锭进行表面处理和热处理。

14.2.1　铸锭形状和规格

铸锭的选择应充分考虑工厂固有的设备能力和工艺条件、生产的合金品种和质量要求、生产组织要求等因素，遵循高质量、高效率、低成本的原则。一般而言，铸锭越厚总变形量越大，有利于提高最终产品的性能；厚度较大的产品，宜选择厚度较大的铸锭，否则变形量不足，将影响产品组织与性能。铸锭的宽度主要由成品宽度确定，考虑不同的合金品种及加工特性，应留足切边量。铸锭长度主要取决于轧制速度、辊道长度及铸造设备等。

14.2.1.1　铸锭形状

A　断面形状

生产板带材的铸锭为长方形扁锭，断面呈圆弧形或梯形，如图 14-1 和图 14-2 所示。

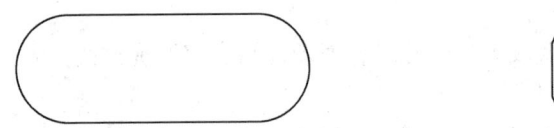
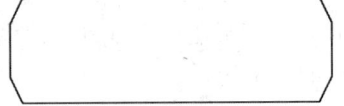

图 14-1　普通结晶器铸锭断面图　　　　　图 14-2　可调结晶器铸锭断面图

B　铸锭的头尾形状及处理

铸锭的头尾形状如图 14-3 所示，由于铸锭头尾组织存在很多硬质点和铸造缺陷，对产品质量和轧制安全有一定影响。因此，根据产品质量要求和合金特性，热轧前对铸锭头尾有以下 3 种处理方法：

（1）对表面质量要求不高的产品，保留铸锭头尾原始形状，即热轧前不对铸锭头尾做任何处理，以最大限度地提高成材率，降低成本。

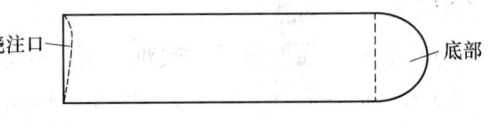

图 14-3　铸锭头尾形状图

（2）对表面质量要求较高的产品，如 3004（3104）制罐材料等应将铸锭底部圆头部分切掉，切头长度根据合金特性和产品质量要求而异，但至少要切掉非平行直线部分（即整个圆弧部分），一般切去量为 200～250mm。

（3）下列 5 种情况须将铸锭底部圆头和浇口部收缩部分都切掉：

1）表面要求极高的产品如 PS 板基料、铝箔毛料等。

2）热轧时易张嘴分层的合金，如 5000 系合金。

3）需包铝轧制的合金。

4）为保证宽度尺寸而横向轧制的板材。

5）根据工艺条件为保证成品卷材质量而调整铸锭长度。

切去部分的长度根据产品要求和合金特性而异，但至少应保证：

1）铸锭底部应切去非平行直线部分，一般为 200~250mm。

2）铸锭浇注口应切去从收缩口的最底部算起距铸锭心部不能少于 100mm，一般浇注口整体切去量为 200mm。

14.2.1.2　铸锭规格

铸锭规格应根据产品的合金、品种、规格和技术要求，以及工厂的设备能力和生产批量来确定。表 14-1 列出了国内某厂采用固定结晶器生产的部分铸锭尺寸。

表 14-1　固定结晶器生产的部分铸锭尺寸

合　金	厚度/mm	宽度/mm	长度/mm	预留切边量/mm
1000 系　3000 系	480	980、1060、1260、1560	2500、3500、4000、5000	60~80
3104（3004）	400、480	1120、1320	3500、4000、5000	100~120
5052、5083、5182、2024、7075、6061	340、400	1120、1320、1620	2500、3500、4000、5000	120~150

14.2.2　热轧前铸锭的表面处理

14.2.2.1　铣面

铸锭的铣面是在专用的机床上进行的，有单面铣、双面铣、双面铣带侧面铣等。国内目前大多数中小型企业采用的设备是单面铣，铣削过程需进行一次翻面，生产效率低，铣削面易产生机械损伤；国外大型铝加工厂大多采用双面铣或双面铣带侧面铣，生产效率高，表面质量好。根据铣面时采用的润滑冷却方式不同，可分为湿铣和干铣。湿铣采用乳液进行冷却和润滑，乳液浓度一般为 2%~20%，铣削完毕需用航空洗油清擦或用蚀洗的方法除掉表面残留的污物；干铣即铣面时不加冷却润滑剂，采用油雾润滑，其优点是表面清洁无污物，铣削完毕即可装炉加热。

一般而言，除表面质量要求不高的普通用途的纯铝板材，其铸锭可用蚀洗代替铣面外，其他所有的铝及铝合金铸锭均需铣面。铸锭表面铣削量应根据合金特性、熔铸技术水平、产品用途等原则来确定。其中所采用的铸造技术是决定铣面量最主要的因素，例如目前先进的电磁铸造技术、LHC（low head carbon）铸造技术等，其铸锭表面急冷区小于1mm，显然，其铸锭铣面量大大减少。铸锭表面铣削量的确定要同时兼顾生产效率和经济效益。一般情况，铸锭铣面量为 5~30mm，最大铣面量不超过 40mm，根据合金成分的不同，铸锭的最小铣面深度也不一样，表 14-2 列出了各种合金的单面最小铣削深度。

表 14-2　铝及铝合金铸锭的单面最小铣削量

合金牌号	每面铣削的最小量/mm
纯铝、6A02、3A21、5A02 等	≥3.0
2A11、2A12、2A16、5A05、5A06 等	≥6.0
7A09、7A01	≥7.0

铣面后的理想状态是大面平直，铸锭表面铣削均匀。大面弯曲度的控制指标为：每米弯曲度不大于 3mm，全长弯曲度不大于 5mm，铸锭横断面厚差不大于 5mm。铣面从铸锭厚端进刀，根据合金特性、铣削量要求、设备能力等设定进刀量，单面铣削量应从铸锭最薄处计算。

铣削后铸锭表面质量要求：

（1）铣刀痕控制，通过合理调整铣刀角度，使铣削后铸锭表面的刀痕形状呈平滑过渡的波浪形，刀痕深度不大于0.15mm，避免出现锯齿形。

（2）表面无因刀钝或粘刀所造成的粘铝或痕迹，目测检查光洁度良好，无裂纹、夹渣、疏松等铸造缺陷。

铣削后铸锭在搬运存放过程中避免磕碰伤，保持存放环境的清洁，避免灰尘、油污的污染，存放时间一般不要超过24h。

14.2.2.2 铸锭及包铝板的蚀洗

铸锭及包铝板蚀铣的目的是采用化学腐蚀的方法清除其表面的油污及脏物，使之清洁。未经铣面的纯铝铸锭、经湿铣后的合金铸锭以及所有的包铝板都需蚀洗。经干铣后的所有合金铸锭不需要进行蚀洗，但在装炉或包铝作业时应用航空洗油擦净表面灰尘。

蚀洗的工艺流程是：碱洗（NaOH浓度10%~20%，温度60~80℃，浸泡时间6~12min）→冷水洗→酸洗（HNO₃浓度20%~30%，室温，浸泡时间2~4min）→冷水洗→热水洗（温度不小于70℃）。

蚀洗的质量要求：经蚀洗后的铸锭应及时吊离蚀洗工作间，铸锭表面无残留的水痕、酸碱液痕迹。

14.2.2.3 铸锭的刨边

镁含量大于3%的铝镁合金铸锭，高锌合金铸锭，以及经顺压的2×××系合金铸锭小面表层在铸造冷却时，富集了Fe、Mg、Si等合金元素，形成非常坚硬的质点，热轧时极易破碎开裂，影响正常轧制。因此，该类铸锭热轧前均需刨边（侧面铣效果最佳）。一般表层急冷区厚度约5mm，所以刨边深度一般控制在5~10mm范围即可。刨边后应无明显毛刺，刀痕均匀，刀痕深度不大于3.0mm。

铸锭小面弯曲度过大，不利于热轧辊边轧制，严重时易造成轧制带材产生镰刀弯而无法纠正。因此，当铸锭小面弯曲度超过控制范围（3mm/m）时，也可采用刨边的方法进行纠正。

14.2.3 铸锭的包铝

铸锭的包铝分为两大类：一类是硬铝合金的包铝；另一类是复合型热传输材料的包铝。

硬铝合金的包铝分为防腐蚀包铝和工艺包铝；防腐蚀包铝又分为正常包铝和加厚包铝。为提高材料抗蚀性能而进行的包铝称为防腐蚀包铝；为改善材料的加工工艺性能而进行的包铝称为工艺包铝。硬铝合金板材包铝层厚度见表14-3。

表14-3 硬铝合金板材包铝层厚度

板材厚度/mm	每面包铝层厚度占板材厚度的比例/%		
	正常包铝	加厚包铝	工艺包铝
<2.5	≥2	≥8	1.0~1.5
≥2.5	≥4		

硬质铝合金主要指 2×××系、6×××系、7×××系以及镁含量较高的合金（如5A06）等。7×××系合金采用含 Zn 的 7A01 包铝板，其他合金采用 1A50 包铝板。

复合型热传输材料主要用于制作空调设备和汽车热交换器等，主要由基体材料、钎焊料、水侧保护材料三部分组成。基体金属所采用的合金有 3003（3A21）、6063、7825 等，钎焊包覆层合金有 4004、4104、4045、4343、4747 等高 Si 合金，水侧保护层所采用的合金有 3005、5005、7072 等。根据材料不同用途分单面包覆和双面包覆，双面包覆又分为相同合金包覆和不同合金包覆，每面包铝层厚度一般占板材总厚度的 10% 左右。

包铝板的制备规格为：长度是铸锭长度的 75%，宽度等于或略大于铸锭宽度，厚度按式（14-1）计算。

$$a = H_0\delta/(1 - 2\delta) \tag{14-1}$$

式中　a——包铝板厚度，mm；

　　　H_0——铸锭厚度，mm；

　　　δ——所要求的单面包铝层厚度占板片总厚度的百分比，%。

考虑到包铝板与基体金属延伸变形的差异、包铝板厚度等因素，包铝板的宽度应稍大于计算值。常用的硬铝合金铸锭包铝板厚度见表 14-4。

表 14-4　硬材质合金铸锭常用包铝板厚度

铸锭厚度/mm	铸锭铣面后厚度/mm	成品板材厚度/mm	单面包铝板厚度/mm
200	185	0.5~2.4	10.7~11.2
		2.5~10.0	5.0~5.2
		工艺包铝	2.2~2.5
		加厚包铝	32.0~34.0
300	270	0.5~2.4	16.0~16.5
		2.5~10.0	7.6~8.0
		工艺包铝	3.0~3.2
		加厚包铝	38.0~40.0
340	300	0.5~2.4	20.0~20.5
		2.5~10.0	7.6~8.0
		工艺包铝	3.0~4.0
		加厚包铝	42.0~44.0
400	385	0.5~2.4	
		2.5~10.0	
		工艺包铝	
		加厚包铝	

注：生产变断面板片时，包铝板厚度按成品薄端计算。

14.2.4　铸锭的加热

铝及铝合金铸锭加热，通常是在辐射式电阻加热炉、带有强制空气循环的电阻加热炉或天然气加热炉内进行。天然气加热炉加热速度快，温度均匀，有利于现代化连续性的大生产。

铸锭加热制度包括加热温度、加热及保温时间、炉内气氛。

加热温度必须满足热轧温度的要求，保证合金的塑性高，变形抗力低。热轧温度的选择是根据合金的平衡相图、塑性图、变形抗力图、第二类再结晶图确定的，其计算方法为：

$$T = (0.65 \sim 0.95) T_{固} \tag{14-2}$$

式中　T——热轧温度，℃；

　　　$T_{固}$——合金的固相线温度，℃。

实际生产过程中，为补偿出炉到热轧开坯前的温降损失，保证热轧温度，金属在炉内温度应适当高于热轧温度。

加热及保温时间的确定应充分考虑合金的导热特性、铸锭规格、加热设备的传热方式以及装料方式等因素，在确保铸锭达到加热温度且温度均匀的前提下，应尽量缩短加热时间，以利于减少铸锭表面氧化，降低能耗，防止铸锭过热、过烧，提高生产效率。铸锭厚度越大所需的加热时间越长，铸锭的加热时间可按式（14-3）的经验公式计算：

$$t = 20 \sqrt{H} \tag{14-3}$$

式中　t——铸锭加热时间，min；

　　　H——铸锭厚度，mm。

表 14-5 和表 14-6 列出了不同规格的铝及铝合金铸锭在推进式加热炉和辐射式双膛链式加热炉的加热制度。

表 14-5　铝及铝合金铸锭在推进式加热炉内的加热制度

合金状态		铸锭厚度/mm	铸锭加热温度/℃		加热时间/h	最大停留时间/h
			温度范围	最佳温度		
纯铝	毛料、瓶盖料、M、F、H112、O 状态	480	470～520	500	7～15	48
	其　他	480	420～480	450	7～15	48
3003、3A21		480	480～520	500	7～15	48
5A02H112、F		480	450～480	460	7～15	48
5A02 其他、5A66		480	480～520	500	7～15	48
5182、5082		480	480～520	500	7～15	48
3004、3104		480	490～530	510	7～15	48

表 14-6　铝及铝合金铸锭在辐射式双膛链式加热炉内的加热制度

合金状态		铸锭厚度/mm	加热制度			铸锭出炉温度/℃	
			定温/℃	加热时间/h	最大停留时间/h	温度范围	最佳温度
纯铝	出口铝、H18、H×4F、H112 > 8.0mm	1060 340×1260 1540	600～620	4.0～8.0	48	420～480	450
	深冲铝、F、O、F、H112 ≤ 8.0mm			4.0～8.0		480～520	500
	出口铝、H18、H×4F、H112 > 8.0mm	400	600～620	6.0～10.0	48	420～480	450
	深冲铝、O、F、H112 ≤ 8.0mm			6.0～10.0		480～520	500

续表 14-6

合 金 状 态		铸锭厚度 /mm	加 热 制 度			铸锭出炉温度/℃	
			定温/℃	加热时间 /h	最大停留 时间/h	温度范围	最佳温度
7A01、1A50		340×1260	600~620	4.0~8.0	48	420~480	450
		400		6.0~10.0			
2A06、2A11、2A12、2A16、2A19、2A14		340×1540	600~620	4.0~8.0	12	420~400	430
		400		5.0~9.0	15	420~440	
5052、5A02O、H18、H×4 及 5A66、5A43 全部		1060 340×1260 1540	600~620	4.0~8.0	24	480~500	490
		400		6.0~10.0			
5A02F、5A02H112 及 5A03 全部		340×1540	600~620	4.0~8.0	24	450~470	460
		400		5.0~9.0			
5A04、5A05、5A11、5083		340×1540	600~620	4.0~8.0	24	450~470	460
		400		5.0~9.0			
5A06、5A01		340×1540	600~620	4.0~8.0	15	450~460	460
		400		5.0~9.0			
5A12		340×1540	600~620	4.0~8.0	15	430~450	450
		400		5.0~9.0			
3A21	3A21H×4	1060 340×1260 1540	600~620	5.0~8.0	24	450~500	480
	3A21 其他及 3003			5.0~10.0		480~520	500
	3A21H×4	400	600~620	8.0~10.0	24	440~500	480
	3A21 其他及 3003			8.0~10.0		480~520	500
4A17、4A13、LQ2、LQ1		1060 340×1260 1540	540	5.0-10.0	24	400-450	440
5182、5082		400	600~620	8.0~10.0	24	480~500	490
3004						490~510	500
7A04、7A09、7A10、7A19、LC52		300×1200	600	4.0~7.0	10	380~410	390
		400		6.0~9.0	15		
6A02	T3、T4、T6、F、H112	1060 340×1260 1540	600~620	4.0~8.0	24	410~500	450
	O		585	7			
			520	6			
			400	3			
	T3、T4、T6、F、H112	400	600~620	8.0~10.0	24	410~500	450
	O		585	8			
			520	7			
			400	4			

14.3 热轧制度的确定与工艺参数的优化

14.3.1 热轧制度的确定

热轧的工艺制度主要包括热轧温度、热轧速度、热轧压下制度等，根据设备能力和控制水平合理制定热轧轧制制度有利于提高产品质量、生产效率和设备利用率，保证设备安全运行。

14.3.1.1 热轧温度

热轧温度包括开轧温度和终轧温度。合金的平衡相图、塑性图、变形抗力图、第二类再结晶图是确定热轧开轧温度范围的依据，热轧的终轧温度是根据合金的第二类再结晶图确定的，铝及铝合金在热轧开坯轧制时的终轧温度一般都控制在再结晶温度以上。表14-7列出了铝及铝合金板带材在热粗轧—热精轧上轧制时开轧温度和终轧温度的控制范围。

表14-7 部分铝及铝合金热轧开轧温度和终轧温度

合 金	热粗轧轧制温度/℃		热精轧轧制温度/℃	
	开轧温度	终轧温度	开轧温度	终轧温度
1000 系	420 ~ 500	350 ~ 380	350 ~ 380	230 ~ 280
3003	450 ~ 500	350 ~ 400	350 ~ 380	250 ~ 300
5052	450 ~ 510	350 ~ 420	350 ~ 400	250 ~ 300
5A03	410 ~ 510	350 ~ 420	350 ~ 400	250 ~ 300
5A05	450 ~ 480	350 ~ 420	350 ~ 400	250 ~ 300
5A06	430 ~ 470	350 ~ 420	350 ~ 400	250 ~ 300
2024	420 ~ 440	350 ~ 430	350 ~ 400	250 ~ 300
6061	410 ~ 500	350 ~ 420	350 ~ 400	250 ~ 300
7075	380 ~ 410	350 ~ 400	350 ~ 380	250 ~ 300

14.3.1.2 热轧速度

为提高生产效率，保证合理的终轧温度，在设备允许范围内尽量采用高速轧制。在实际生产过程中，应根据不同的轧制阶段，确定不同的轧制速度。

（1）开始轧制阶段。铸锭厚而短，绝对压下量较大，咬入困难，为了便于咬入，一般采用较低的轧制速度。

（2）中间轧制阶段。为了控制终轧温度和提高生产效率，只要条件允许，采用高速轧制。

（3）最后轧制阶段。因带材变得薄而长，轧制过程温降损失大，带材与轧辊接触时间较长，为获得优良的表面质量和良好的板形，应根据实际情况，选用合适的轧制速度。

在变速可逆式轧机轧制过程中，轧制速度分三个阶段合理控制：

（1）开始轧制时为有利于咬入，轧制速度控制较低。

（2）咬入后升速至稳定轧制，轧制速度较高。

（3）抛出时降低轧制速度，实现低速抛出。这样，有利于减少对轧机的冲击，保护设备安全，减少带材的温降损失，提高生产效率。

14.3.1.3 热轧压下制度

A 总加工率的确定原则

铝及铝合金板带材的热轧总加工率可达到90%以上。总加工率越大，材料的组织越均匀，性能越好。当铸锭厚度和设备条件已确定时，热轧总加工率的确定原则是：

（1）合金材料的性质。纯铝及软铝合金，其高温塑性范围较宽，热脆性小、变形抗力低，因而其总加工率大；硬铝合金，热轧温度范围窄，热脆性倾向大，其总加工率通常比软铝合金小。

（2）满足最终产品表面质量和性能的要求。供给冷轧的坯料，热轧总加工率应留足冷变形量，以利于控制产品性能和获得良好的冷轧表面质量。对热轧制品，热轧总加工率的下限应使铸造组织变为加工组织，以便控制产品性能，铝及铝合金热轧制品的总加工率应大于80%。

（3）轧机能力及设备条件。轧机最大工作开口度和最小轧制厚度差越大，铸锭越厚，热轧总加工率越大，但铸锭厚度受轧机开口度和辊道长度的限制。

（4）铸锭尺寸及质量。铸锭厚且质量好，加热均匀，热轧总加工率相应增加。

B 道次加工率的确定原则

制订道次加工率应考虑合金的高温性能、咬入条件、产品质量要求及设备能力。不同轧制阶段道次加工率确定原则是：

（1）开始轧制阶段。道次加工率比较小，一般为2%～10%，因为前几道次主要是变铸造组织为加工组织，满足咬入条件。对包铝铸锭，为了使包铝板与其基体金属之间牢固焊合，头一道次的加工率应小于5%，采用较低的道次加工率干压3～5道次。

（2）中间轧制阶段。随金属加工性能的改善，如果设备条件允许，应尽量加大道次变形量，对硬铝合金道次加工率可达45%以上，软铝合金可达50%，大压下量的轧制将产生大的变形热补充带材在轧制过程中的热损失，有利于维持正常轧制。

（3）最后轧制阶段。一般道次加工率减小。为防止热轧制品产生粗大晶粒，热轧最后道次的加工率应大于临界变形量（15%～20%），热轧最后两道次温度较低，变形抗力较大，其压下量分配应保持带材良好的板形，厚度偏差及表面质量。

14.3.2 热轧机轧制规程的制定及轧制生产

热粗轧 + 热精轧，简称 1 + 1 热轧，是将相距一定距离的 1 台热粗轧机和 1 台热精轧机经输送辊道串联起来构成双机架热轧，形成了热连轧的雏形，它是将单机架热轧道次和时间合理分配到两台轧机上，其产能是单架热轧的 1.5～1.7 倍，与单机架相比，双机架热轧在轧制工艺上具有以下特点：

（1）轧制的带材厚度较薄（$\delta_{\min} = 2.5mm$），带材的长度增加，铸锭质量增大至 10t 以上。

（2）在铸锭质量相同的条件下，轧机的辊道长度可以缩短。

（3）带材在热精轧机上卷取轧制时，因带材不与辊道接触可以避免机械损伤。

（4）卷材在精轧时带张力轧制，可使轧出的带材平整，产品质量得到有效提高。

基于双机架热轧机的显著特点，本节重点讨论 2800mm 双机架热轧机的轧制规程制定和轧制生产。

14. 3. 2. 1　热粗轧—热精轧机设备配置

2800mm 热粗轧—热精轧机设备配置如图 14-4 所示，其主要设备参数见表 14-8。

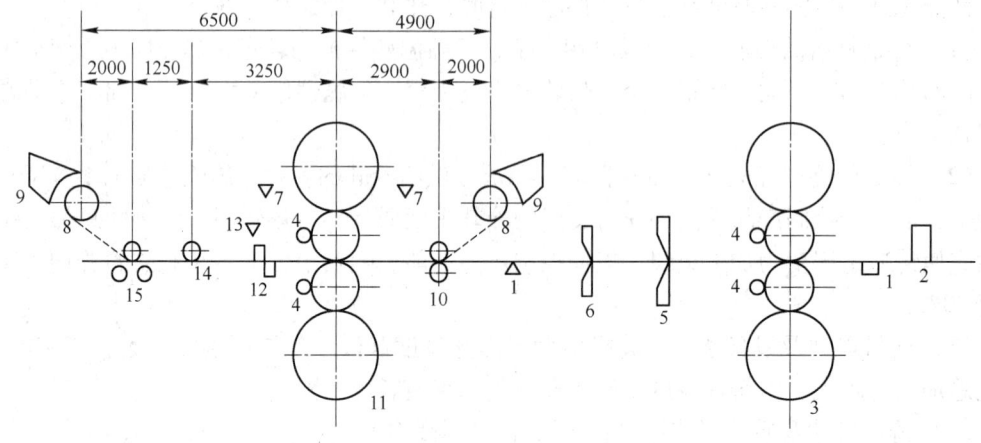

图 14-4　2800mm 热粗轧—热精轧机设备配置图

1—接触热电偶测温计；2—立辊轧机；3—热粗轧机；4—清刷辊；5—中间剪断机（100mm）；
6—20mm 剪刀机；7—高温辐射测温计；8—卷取机；9—助卷器；10—夹送辊；
11—热精轧机；12—试样剪；13—X 射线测厚仪；14—圆盘剪；15—偏导辊

表 14-8　2800mm 热粗轧和热精轧主要设备参数表

技术参数名称	2800mm 四重可逆式热粗轧机	2800mm 四重可逆式热精轧机
轧辊尺寸/mm × mm	750/1400 × 2800	650/1400 × 2800
轧制速度/m · min^{-1}	0 ~ 117. 8/188. 5	0 ~ 142. 9/245
轧制力矩/N · m	1. 529 × 10^6	
最大轧制力/t	3000	2900
轧辊最大开口度/mm	500	
轧辊压下速度/mm · s^{-1}	0 ~ 1. 17/10. 55/17. 5	0 ~ 2. 0/6. 6/13. 2
立　辊		
立辊尺寸/mm	829/810 × 550	
立辊轧制速度/m · s^{-1}	1. 5	
立辊移动速度/mm · s^{-1}	0 ~ 2 × 50	
立辊开口度/mm	900 ~ 2800	
立辊最大压下量/mm	20/30	
导　尺		
开口度/mm	900/2800	
最大推力/kN	130/每侧	
回转升降台		
提升铸块质量/t	7	
提升铸块并旋转 90°时间/s	6. 05	

技术参数名称	2800mm 四重可逆式热粗轧机	2800mm 四重可逆式热精轧机
电 机		
主传动电机功率/kW	2 × 3200	1 × 4600
转速/r·min⁻¹	50/100	0 ~ 70/120
压下电机功率/kW	2 ~ 100/155	2 × 72
转速/r·min⁻¹	0 ~ 475-732/1214	0 ~ 520
转速/r·min⁻¹	450	
导尺电机功率/kW	16	
转速/r·min⁻¹	700	
回转升降台电机功率/kW	22	
转速/r·min⁻¹	723	
卷取机电机功率/kW		入口侧（出口侧）2 × 850

14.3.2.2 热粗轧—热精轧轧制规程的制定

A 轧制表的制定原则

轧制表制定的总原则是充分考虑热粗轧和热精轧机在生产时间上的平衡，以追求最大的生产效率为目标。在轧制表中设定压下值时，对于 1×××系、3×××系等软铝合金以咬入条件为边界条件，追求高效稳定的生产；对 2×××系、5×××系、7×××系等硬铝合金以轧机的最大载荷为边界条件，同样以追求高效稳定生产为目标。

B 热精轧坯料厚度的确定

热粗轧供热精轧坯料厚度的确定应综合考虑以下几个因素：

（1）根据材料特性确定坯料厚度。合金品种、带材宽度、热精轧终轧成品厚度不同，坯料厚度也不一致。合金强度越高，带材宽度越宽，成品厚度越薄，坯料厚度设计越薄；反之，坯料厚度设计越厚。

（2）适宜于轧制过程温度的管理，若坯料厚度设计太薄，热粗轧机轧制时间过长，带材温降损失大，不利于后续正常轧制。

（3）充分考虑设备的能力，如热精轧机的载荷能力、运输辊道的长度等。

（4）以最大限度地提高生产效率为目标，考虑热精轧与热粗轧在时间上的平衡。

（5）坯料厚度的设计要适应热精轧与热粗轧板形及表面质量的控制。

C 热精轧机压下量的分配

热精轧机压下量的设计按等压下率原则分配各道次压下量，等压下率按式（14-4）和式（14-5）计算：

$$T_0 = T_N \times (1 - R)^N \tag{14-4}$$

即

$$R = 1 - \sqrt[N]{T_0/T_N} \tag{14-5}$$

式中 T_0——精轧机终轧成品厚度；

T_N——精轧坯料厚度；

　N——压延道次；

　R——压下率。

已知坯料厚度、终轧成品厚度、压延道次数，按式（14-5）即可计算出压下率，利用式（14-4）可计算出各道次压下量分配。

D　立辊轧边工艺

a　轧边道次和轧边量的控制

立辊轧边的目的是控制带材宽度精度，减少带材的裂边。轧边道次多，轧边量大，带材边裂小。但是铸锭边部铸造产生的偏析（俗称黑皮）在轧边时易压入带材表面，特别是上表面尤其明显，随着轧边道次的增多，轧边量大，偏析压入表面的宽度增加，因而严格控制轧边道次和轧边量是必要的。事实上，对于软铝合金如 1 × × × 系、3003 等，完全可以不进行辊边轧制，这不仅有利于减少黑皮宽度，而且有利于提高生产效率。

减少带材黑皮宽度，还有两个措施：

（1）采取措施改善铸锭边部质量，如用电磁铸造、边部铣面等方法，减少铸锭边部偏析。

（2）将立辊辊身磨削成一定坡度(15°)的锥面。

表 14-9 列出了不同合金的轧边道次和轧边量。

表 14-9　不同合金的轧边道次和轧边量

合　金	轧边道次	轧边量/mm	轧边时坯料厚度/mm
软合金	2	20 ~ 25	200 ~ 300
硬合金	3	20 ~ 25	第一道次：铸锭厚度
			第二道次：200 ~ 300
			第三道次：100 ~ 150

b　轧边速度和方式

由于立辊轧机与热粗轧机轧辊中心线距离的限制，在轧边时必须考虑坯料的长度，以保证设备安全。当轧边时坯料长度小于立辊轧机与热粗轧机中心线距离时，其轧边速度可在立辊轧机额定速度内任意设定，并进行可逆式轧制；当坯料长度大于或等于立辊轧机与热粗轧机中心线距离时，如需要轧边，应在进行该道次的水平轧制前将立辊打开到大于坯料宽度的一定开口度，让板坯顺利通过立辊后，将立辊调到立辊所要求的开口度，再将坯料咬入立辊轧机进行轧边，此时，轧边速度应与即将进行水平轧制的热粗轧设定速度相同，实现立轧—水平轧制的同速轧制。

E　中间剪切机切头尾

中间剪切机切头尾的目的是消除坯料头尾在轧制过程中形成的张嘴分层缺陷，避免该缺陷在后续轧制过程中进一步延伸；消除因铸造缺陷所引起的头尾撕裂、大裂口等缺陷，保证轧制的正常进行。切头尾是在热粗轧奇道次 60 ~ 100mm 厚时进行，软合金取上限，硬合金取下限。为保证切头、切尾的顺利进行，须合理分配该道次的压下量，防止板坯端头翘曲，以利于端头顺利通过剪切。由于铸锭底部（圆头部分）偏析大，其硬度大于浇注口，所以，对未经切除底部和浇注口部分的铸锭进行轧制时，铸锭浇注口应朝轧机入口轧制方向，这样，可减少铸锭底部冲击轧辊而在轧辊表面形成的舌头状印痕缺陷，同时由于浇注口在轧制时易张嘴，切头量大，可减少切头时推进料头的操作程序，减少切头的辅助生产时间。

确定剪切量的总原则是既要切除头尾不良部分，又要最大限度地减少几何损失。因此，剪切头尾的长度应根据合金材料的特性、最终产品的要求来确定，例如，对于成卷交货的热精轧成品卷，由于在热精轧要进行头尾处理，因此在中间剪切时应尽量少切；5××系合金由于在轧制过程中易张嘴分层，因此在中间剪切时应尽量多切。通常，浇注口部分的剪切长度为：从端头最低点算起切去 200~300mm。底部的剪切长度为：切掉非平行直线（圆头）部分。

F 热精轧张力控制

铝带材在可逆式热精轧上采用张力轧制。张力是指前后卷筒给带材的拉力，分前张力和后张力。张力是靠卷筒与出辊或入辊带材之间的速度差来建立的，当卷筒外缘线速度和带材出辊速度差大于零时，前张力建立，张力达到稳定值后速度差为零；当后卷筒外缘线速度小于带材入辊速度时，后张力建立，张力达到稳定值后速度差为零。

合理设定和调整张力对保证稳定轧制，获得良好的板型和表面质量至关重要。张力的大小应根据合金特性、轧制条件、带材规格和产品质量要求来确定，一般随合金变形抗力及轧制厚度与宽度的增加，张力增大，最大张应力不应超过合金的屈服极限；最小张应力以保证稳定轧制、保证带材被卷紧卷齐为原则，一般不低于被卷带材退火状态下屈服强度的 7%~10%。热精轧轧制铝带材时其轧制温度一般在 300℃ 左右，因而，其张力的设定以及张力的稳定控制显得尤其重要。

张力过小，不能消除带材经偏导辊所产生的弯曲变形，而且还会使带材弯曲变形加剧，不利于冷轧机的开卷；不利于改善板形，当板形不良带材经卷取后，会因为卷材层间局部接触处的接触应力大于此时带材的屈服强度而造成表面粘伤；不利于获得理想的卷取形状。

张力过大，卷得过紧，由于卷取温度高易造成卷材表面层间粘伤。

轧制过程中张力控制不稳定，会产生活套现象、带材跑偏、卷材变形等现象，严重时会造成铝材的堆积、缠辊、断带等事故，影响设备安全。

G 清刷辊使用工艺

现代热粗轧机和热精轧机都配有清刷辊装置，使用清刷辊的目的主要是有效控制轧辊表面粘铝层厚度及其均匀性，使辊面粘铝处于一个理想的稳定状态，因而正确使用清刷辊，有利于获得良好的带材表面质量。

a 清刷辊的配置

清刷辊一般配置于热粗轧机和热精轧机的上、下工作辊的出口侧，如图 14-5 所示。清刷辊的旋转方向一般与轧制方向无关，但为控制刷辊发热，防止钢丝折断，通常使用"正转"方向，即冷却液旋进方向。清刷辊的旋转方向一般情况下是固定不变的，在特殊情况下，也可根据实际情况采用反方向旋转。

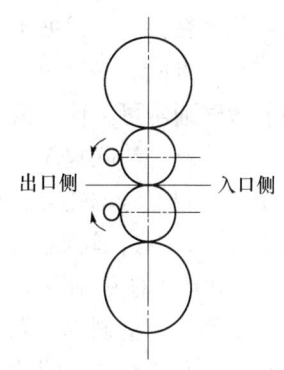

出口侧 ← → 入口侧

图 14-5 清刷辊配置及旋转方向

　　b　清刷辊材质的选择

　　清刷辊的材质不同，清除工作辊辊面粘铝的效果不尽相同，目前采用的清刷辊有钢丝刷辊和尼龙刷辊两类。钢丝刷辊清刷能力比较强，但钢丝刷辊存在以下缺点：

　　（1）使用寿命短，一般在3000h左右，长期使用过程中，易断钢丝，掉下的钢丝易压入带材表面，产生致命的金属压入缺陷，掉下的钢丝损伤轧辊表面，在带材表面形成轧辊印痕。

　　（2）使用钢丝刷辊，对轧辊的磨损大，降低轧辊的使用寿命。

　　（3）钢丝刷辊与轧辊摩擦产生大量铁粉，混入乳化液中污染乳化液，特别对无皂技术乳化液品质的稳定性冲击更大。

　　尼龙刷辊在带材宽度方向上清刷的均匀性较好，更易获得均匀的表面质量，克服了钢丝刷辊缺点，且"老化"时间容易掌握。目前，越来越多的轧机都使用尼龙刷辊。

　　c　清刷辊在轧制过程中的使用

　　清刷辊去除辊面粘铝效果的好坏，与清刷辊对轧辊表面的研磨宽度有直接的关系，研磨宽度是指清刷辊由液压缸压靠于轧辊表面，与辊面接触弧长的投影长度。理想的研磨宽度是以控制轧辊表面粘铝适应性强、范围能力大、质量稳定为原则。影响研磨宽度的主要因素有：清刷辊的零位调整、压靠清刷辊的液压力、轧辊的原始辊型、轧辊的热膨胀。通常热粗轧机上的研磨宽度比热精轧机上的研磨宽度小。

　　清刷辊研磨宽度的测定应根据轧机的规格、轧制的合金品种、轧制所用冷却-润滑剂的性能等来确定，其测定方法是将清刷辊压靠在轧辊上，在轧辊不转的情况下，给定清刷辊一个恒定的推力并旋转10s，这时其接触弧长的投影即为研磨宽度的测定宽度。确定清刷辊研磨宽度，对指导正确使用清刷辊，获得良好的表面质量是极为重要的。

　　清刷辊的零位调整是在轧辊的装配过程中进行的，清刷辊的调零须根据使用经验，考察使用效果，充分考虑轧辊的原始辊型及热膨胀等因素，采用零位调整器来调节清刷辊与轧辊之间的间距，热粗轧机一般控制在3~5mm，热精轧机一般控制在5~8mm。

　　在轧制过程中清刷辊压靠力的设定是至关重要的，因为工作辊辊面粘铝层过厚、过薄都是有害的，严重时极易导致设备安全事故，恶化产品质量，影响生产效率，因而如何稳定控制辊面粘铝层，根据不同的合金品种、产品规格、质量要求等选择合理的清刷辊压靠力是非常关键的。一般而言，热粗轧机使用清刷辊压靠力比热精轧机小，在热粗轧机上生产热轧板时通常可不使用清刷辊，也可以在某些道次使用或出现咬入痕时在轧机空负荷状态下投入清刷辊清除辊面不均匀粘铝。在生产热轧卷材时，热粗轧机和热精轧机各道次均应使用清刷辊，考虑轧辊热膨胀的影响，刚换上的轧辊可适当增大清刷辊压靠力，当正常轧制10块料左右，轧辊热辊型趋于稳定，操作人员应适时将清刷辊压靠力调低至规定值。表14-10列出了使用钢丝清刷辊在热粗轧机和热精轧机上轧制不同合金清刷辊压靠力参考值。一般而言，清刷辊压靠力随合金强度的增加是递增的，在生产表面质量要求高且宽度大的板材须采用高的压靠力，但为保护轧辊表面，清刷辊高压力状态下旋转不宜长时间使用。

表 14-10　热粗轧机和热精轧机生产不同合金的清刷辊压靠力

合　　金	压靠力/MPa	
	热粗轧机	热精轧机
1×××系	3~4	4~5
3×××系	4~5	5~6
5×××系、2×××系	>6	7~8

清刷辊在工作时应对清刷辊喷射一定量的乳液，主要目的是冷却和清洗清刷辊钢丝，乳液流量为乳液总流量的 3%~5%，喷射压力为 0.15~0.3MPa。

H　轧辊质量及辊型的控制

轧辊的原始辊型的设计、硬度、粗糙度以及表面磨削质量的控制等对板材表面质量的影响很大，因而必须对轧辊质量进行严格控制。

a　轧辊的初始凸度

轧辊初始凸度的合理选择是控制板形和板材中凸度的重要手段之一，特别是在生产合金品种多、规格跨度大、仅有乳液分段冷却和液压弯辊等板形控制手段的情况下，轧辊初始凸度的确定显得非常重要。事实证明原始辊型的优化能明显改善板形，原始辊型的分组主要由轧件的宽度和变形抗力决定，每组原始辊形应具有以下特征：

（1）对规定宽度范围内的产品有良好的板形。

（2）辊缝对轧制力的变化具有稳定性。

（3）辊缝对弯辊力的变化具有高的灵敏度。

（4）轧辊具有均匀的磨损性。

因为支撑辊辊凸度的变化对辊缝变化的灵敏度小于工作辊辊凸度变化的影响，同时考虑到产品规格的多样性，所以，一般情况下，热粗轧机和热精轧机支撑辊均选用平辊，而工作辊设计为凹度辊，热粗轧机工作辊凹度 0~−0.20mm，热精轧机工作辊凹度 −0.10~−0.30mm。

b　轧辊的粗糙度

轧辊辊面粗糙度值的选择和均匀性的控制直接影响到产品的表面质量。对于热轧而言，辊面粗糙度的选择既要有利于咬入，防止轧制过程中打滑，也要防止因辊面粗糙而影响产品表面质量。因此，热粗轧机工作辊粗糙度 R_a 为 1.25~1.75μm，热精轧机工作辊粗糙度 R_a 为 0.8~1.2μm，支撑辊粗糙度 R_a 为 1.5~2.0μm。为了避免因辊面粗糙度不均匀造成带材表面色差，工作辊辊面粗糙度分布的均匀性应控制在 ±0.2μm 内。

c　轧辊的硬度

热轧辊多数采用锻钢轧辊。轧辊硬度直接影响到产品的表面质量和轧辊的使用寿命。辊面硬度低，轧制时易产生压坑，导致带材表面出现轧辊印痕，而且降低轧辊的耐磨性与使用寿命；辊面硬度过高，轧辊韧性下降而变脆，热轧过程易龟裂或剥落。因此，选择适宜的轧辊硬度是有益的。对于 4 辊轧机为保护和提高工作辊的使用寿命，支撑辊的硬度比工作辊低：

热粗轧机轧辊辊面硬度（HS）：支撑辊　　50±5　　工作辊　　70±5

热精轧机轧辊辊面硬度（HS）：支撑辊　　65±2　　工作辊　　80±2

d　轧辊的保护

热轧过程中轧辊承受高温、高压、急冷、急热，辊内出现交变的拉压内应力，致使辊面产生裂纹，随着裂纹的进一步扩展致使辊面龟裂甚至剥落。热轧过程中还易出现辊面损伤、粘铝缺陷，致使换辊频次增加，研磨量增大，轧辊使用寿命缩短。实际生产中如何保护轧辊，延长轧辊使用寿命，主要应采取下列措施：

（1）新换轧辊在开始轧制前须进行预热，防止因轧辊内外温差过大产生热裂纹。预热的方式有两种：一种是蒸汽预热，即换辊前向轧辊中孔通入蒸汽预热 8h 以上，辊面温度达 40~80℃，此方式预热效果最佳；另一种是乳液预热，特殊情况下的换辊，未进行蒸汽预热，换辊后低速旋转轧辊，喷射乳液预热 20~30min。

（2）定期更换轧辊。建立合理的轧辊周期更换制度，防止轧辊的过度疲劳和热裂纹的进一步扩展。热粗轧、热精轧轧辊的周期更换制度如下：

热粗轧机：　　支撑辊　　2 次/年　　　　　工作辊　　1 次/周

热精轧机：　　支撑辊　　2~4 次/年　　　工作辊　　2 次/周

（3）轧辊定期热处理，消除或减少内应力。

（4）合理选择和使用冷却润滑剂，减少轧辊磨损，调整冷却润滑剂喷射角度，避免因辊温过高引起粘辊或缠辊事故。

（5）合理安排轧制顺序，新换轧辊应先生产软合金，再生产硬合金，防止对轧辊的剧烈冲击。

（6）更换下的轧辊研磨时，一定要磨掉辊面缺陷和疲劳层，防止缺陷的进一步扩大。

I　冷却润滑液的喷射

热粗轧和热精轧采用分段区域控制和辊身长度方向上对称喷嘴单独控制的方式来控制冷却润滑液的喷射。它是有效控制板形、保护轧辊、提高产品质量的重要手段之一。

a　喷嘴的配置

热粗轧和热精轧机乳液喷嘴的配置如图 14-6 所示。

b　冷却润滑液的喷射方式

热粗轧和热精轧机乳液的喷射方式有三种：

（1）进口侧辊缝、出口侧支撑辊和出口侧工作辊喷射。

（2）出口侧辊缝、进口侧支撑辊和进口侧工作辊喷射。

（3）双侧全喷射。

c　冷却润滑液的喷射原则

热粗轧和热精轧机乳液的喷射方式的选择应

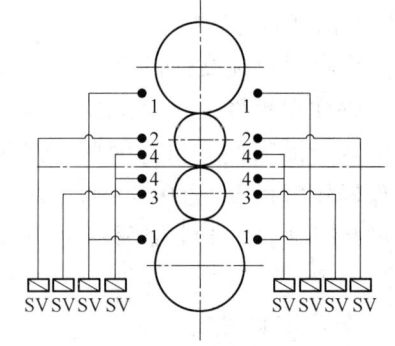

图 14-6　热粗轧和热精轧机乳液喷嘴配置图

1—支撑辊喷嘴；2—上工作辊入口侧、
出口侧喷嘴；3—下工作辊入口侧、
出口侧喷嘴；4—入口侧、
出口侧上下辊缝喷嘴

根据所生产的合金特性、板材宽度、轧辊辊型的变化情况等因素综合考虑。一般情况下，热粗轧机选择咬入侧单侧喷射方式，支撑辊辊身全长喷射，工作辊喷射宽度为轧件宽度；热精轧机除成品道次选择单侧喷射外，其他各道次采用两侧喷射，成品道次为消除乳液对侧厚仪精度的影响，采用入口侧单侧喷射模式，支撑辊辊身全长喷射，工作辊喷射宽度为轧件宽度。在轧制过程中还应合理调节乳液流量。

J 硬合金、高镁合金、高锌合金的包铝轧制

a 包铝板的放置

包铝板的放置如图 14-7 所示。

b 包铝板的焊合轧制

包铝板的焊合轧制是在热粗轧机上完成的，包铝铸锭从加热炉出炉后将钢带去掉，通过运输辊道进入热粗轧机。为防止包铝板的错动，采用"静压"轧制方法焊合包铝板。为了保证设备安全，在静压下时必须采用低速压下方式。例如，在轧制铸锭规格为 430mm（基体 + 包铝板）×1320mm×4000mm 的 2024 合金时，其包铝板焊合轧制如图 14-8 所示，首先将辊缝设置为 450mm 左右，然后将铸锭沿长度方向的中心位置摆放于辊缝，静压 8 ~ 10mm，在该压下量恒定不变的情况下，可逆轧制 2 ~ 3 道次，即可实现包铝板与基体合金的良好焊合，然后再进行正常的咬入—抛出轧制。

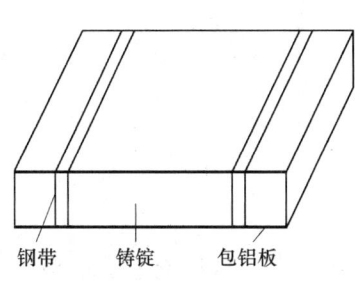

图 14-7 包铝板的放置图

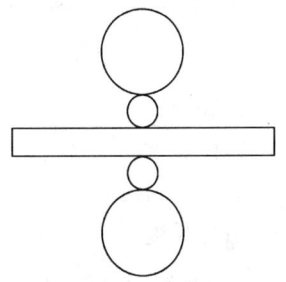

图 14-8 静压法焊合包铝板轧制示意图

K 热粗轧宽展轧制

a 横轧宽展

将铸锭在回转升降台转动 90°，沿宽度方向进入轧机轧制，宽展至所需宽度后，再将铸锭转向 90°，进行纵向轧制。根据体积不变原理，宽展压下量的设定按式（14-6）计算。

$$h = B \times H/b \tag{14-6}$$

式中 B——铸锭原始宽度；

H——铸锭原始厚度；

b——宽展轧制目标宽度；

h——宽展轧制后厚度。

b 斜轧宽展

斜轧是将铸锭中心线与轧制中心线形成一定角度 α（$0° < \alpha < 90°$）而进行的轧制，如图 14-9 所示。按金属在轧制变形区内的流动规律，绝大部分金属沿轧制方向流动，而极少部分沿横向流动。沿轧制方向流动的金属沿铸锭长度方向和宽度方向分解，斜轧产生沿

宽度方向的流动分量而达到宽展的目的。如图 14-10 所示,在斜轧变形区内任一单元体的金属都将沿轧制方向产生一位移 a,此位移沿铸锭长度方向和宽度方向分解为 a_1 和 a_2,$a = a_1 + a_2$,a_2 位移产生铸锭的横向宽展。

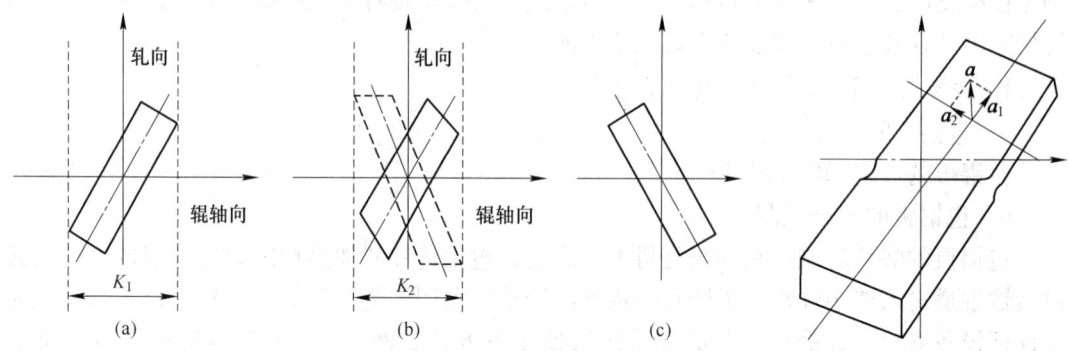

图 14-9　斜轧基本过程示意图
（a）轧前；（b）轧后及换向；（c）终了

图 14-10　斜轧变形区
金属流动示意图

铸锭中心线与轧制中心线的夹角称为斜轧角,斜轧角的大小按式（14-7）计算。显然,斜轧角的大小可以通过调整导尺开口度的大小来控制。

$$\alpha = 90° - \arcsin(B/\sqrt{B^2 + L^2}) - \arccos(K/\sqrt{B^2 + L^2}) \qquad (14\text{-}7)$$

式中　α——斜轧角;

　　　B——铸锭宽度;

　　　K——导尺开口度;

　　　L——铸锭长度。

由图 14-9 可知,斜轧的基本过程由两个道次的斜压组成,从理论上要求斜轧两道次间金属流动具有对称性,即换向前后两道次斜轧角相等。斜轧的宽展量由两部分组成:一是金属沿轧向流动所产生的宽展量;二是金属克服轧辊约束沿轧辊轴向流动所产生的宽展量,此宽展量与前者相比太小,为便于计算,将此宽展量忽略不计。因此,斜轧的宽展量可按以下方式计算:

$$\Delta B_1 + \Delta B_2 = B_2 - B; \quad \Delta h_1 + \Delta h_2 = H - h_2; \quad B_1 = B + \Delta B_1$$
$$(\Delta B_1/B)/(\Delta L_1/L) = \tan\alpha; \quad (\Delta B_2/B_1)/(\Delta L_2/L_1) = \tan\alpha$$
$$\Delta h_1/(H - \Delta h_1) = \Delta B_1/B + L_1/L + \Delta B_1 \times \Delta L_1/(B \times L)$$
$$\Delta h_2/(H_1 - \Delta h_2) = \Delta B_2/B_1 + L_2/L_1 + \Delta B_2 \times \Delta L_2/(B_1 \times L_1)$$

式中　ΔB_1,ΔB_2——第一、第二道次宽展量;

　　　Δh_1,Δh_2——第一、第二道次压下量;

　　　ΔL_1,ΔL_2——第一、第二道次铸锭长度增量;

　　　H_1,B_1,L_1——第一道次斜轧完后铸锭的厚度、宽度、长度;

　　　B_2,L_2——第二道次斜轧完后铸锭的宽度、长度。

斜轧过程中铸锭的边界条件为:斜轧过程中铸锭对角线的轴向投影长度不能大于导尺开口度。即

$$\sqrt{B_x{}^2 + L_2{}^2}\sin(\arctan(B/L) + \alpha) \leq K \qquad (14\text{-}8)$$

根据式（14-8），可以计算出斜轧过程的工艺参数。

L 热轧轧制规程举例

a 1100 合金热轧轧制规程

1100 合金铸锭的尺寸、轧制目标及开轧温度见表 14-11。

表 14-11 1100 合金铸锭的尺寸、轧制目标及开轧温度

基 本 参 数		热 粗 轧 目 标	
铸锭规格/mm×mm×mm	480×1260×5000	热粗轧终轧目标厚度/mm	23.0
热粗轧开轧温度/℃	465±15	热精轧终轧目标厚度/mm	5.0
热粗轧终轧温度/℃	370±10	热精轧终轧目标温度/℃	250±15

1100 合金热轧轧制规程见表 14-12。

表 14-12 1100 合金热轧轧制压下规程

轧制道次		厚度/mm	压下量/mm	变形率/%	备 注
热粗轧	1	465	15		
	2	450	15		
	3	425	25		
	4	400	25		
	5	365	35		
	6	330	35		
	7	295	35		
	8	260	35		辊边两道次
	9	225	35		
	10	190	35		
	11	155	35		
	12	120	35		
	13	100	20		中间切头尾
	14	75	25	25.0	
	15	55	20	26.7	
	16	35	20	36.4	
	17	23	12	34.3	
热精轧	1	13.8	9.2	40.0	
	2	8.3	5.5	39.8	
	3	5.0	3.3	39.8	切 边

b 3104 合金热轧轧制规程

3104 合金铸锭的尺寸、轧制目标及开轧温度见表 14-13。

表 14-13 3104 合金铸锭的尺寸、轧制目标及开轧温度

基 本 参 数		热 粗 轧 目 标	
铸锭规格/mm×mm×mm	465×1320×5000	热粗轧终轧目标厚度/mm	16.0
热粗轧开轧温度/℃	500±15	热粗轧终轧目标厚度/mm	2.5
热粗轧终轧温度/℃	390±10	热精轧终轧目标温度/℃	270±15

3104 合金热轧轧制压下规程见表 14-14。

表 14-14 3104 合金热轧轧制压下规程

轧制道次		厚度/mm	压下量/mm	变形率/%	备 注
热初轧	1	450	15		
	2	435	15		
	3	410	25		
	4	385	25		
	5	355	30		
	6	325	30		辊边两道次
	7	290	35		
	8	255	35		辊边两道次
	9	220	35		
	10	185	35		
	11	150	35		
	12	115	35		
	13	90	25		中间切头尾
	14	70	20	24.4	
	15	48	22	31.4	
	16	26	20	41.6	
	17	16	10	38.5	
热精轧	1	8.62	7.38	46.2	
	2	4.64	3.98	46.2	
	3	2.5	2.14	46.1	切 边

c 5083/5182 合金热轧轧制规程。

5083/5182 合金铸锭的尺寸、轧制目标及开轧温度见表 14-15。

表 14-15 5083/5182 合金铸锭的尺寸、轧制目标及开轧温度

基 本 参 数		热 粗 轧 目 标	
铸锭规格/mm×mm×mm	465×1320×5000	热粗轧终轧目标厚度/mm	15.0
热粗轧开轧温度/℃	470±10	热精轧终轧目标厚度/mm	3.0
热粗轧终轧温度/℃	370±15	热精轧终轧目标温度/℃	265±15

5083/5182 合金热轧轧制压下规程见表 14-16。

表14-16 5083/5182合金热轧轧制压下规程

轧制道次		厚度/mm	压下量/mm	变形率/%	备 注
热粗轧	1	450	15		
	2	435	15		
	3	415	20		
	4	395	20		辊边两道次
	5	370	25		
	6	345	25		
	7	317	28		
	8	289	28		辊边两道次
	9	261	28		
	10	231	30		
	11	200	31		
	12	170	30		
	13	140	30		
	14	110	30		
	15	80	30		中间切头尾
	16	55	25	37.5	
	17	35	20	36.3	
	18	23	12	34.3	
	19	15	8	34.8	
热精轧	1	8.77	6.23	41.5	
	2	5.13	3.64	41.5	
	3	3.0	2.13	41.5	切 边

d 2024合金热轧轧制规程

2024合金铸锭的尺寸、轧制目标及开轧温度见表14-17。

表14-17 2024合金铸锭的尺寸、轧制目标及开轧温度

基 本 参 数		热 粗 轧 目 标	
铸锭规格/mm×mm×mm	400×1320×4000	热粗轧终轧目标厚度/mm	15.0
热粗轧开轧温度/℃	400±15	热精轧终轧目标厚度/mm	4.0
热粗轧终轧温度/℃	≥370	热精轧终轧目标温度/℃	≥250
铣面包铝后铸锭厚度 /mm×mm×mm	430×1320×4000		
焊合包铝板轧制	两道次，每道次压下量10mm		

2024合金热轧轧制压下规程见表14-18。

表 14-18 2024 合金热轧轧制压下规程

轧制道次		厚度/mm	压下量/mm	变形率/%	备 注
热粗轧	1	395	15		
	2	379	16		
	3	359	20		
	4	339	20		辊边两道次
	5	311	28		
	6	288	28		
	7	251	32		
	8	219	32		辊边两道次
	9	187	32		
	10	155	32		
	11	125	30		
	12	100	25		
	13	80	20		中间切头尾
	14	55	25	31.3	
	15	35	20	36.4	
	16	23	12	34.3	
	17	15	8	34.7	
热精轧	1	9.65	5.35	35.6	
	2	6.22	3.43	35.5	
	3	4.0	2.22	35.7	切 边

14.3.3 热轧机的配置及特点

铝及铝合金热轧机的主要机型有：四辊单机架单卷取热轧机、四辊单机架双卷取热轧机、四辊热粗轧 + 热精轧（即 1 + 1）、热粗轧 + 多机架热精轧，如图 14-11 所示。此外，

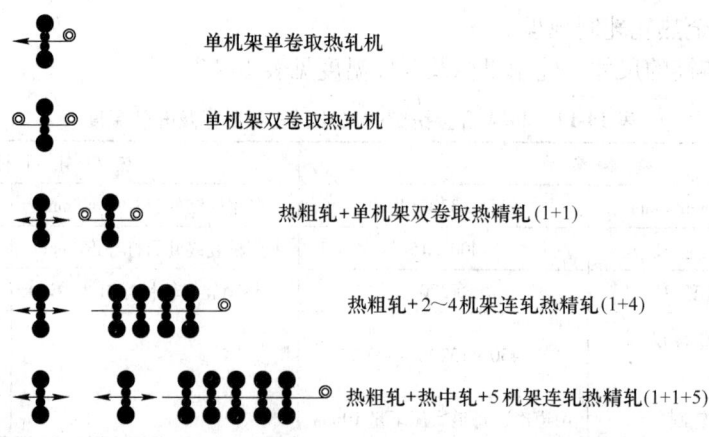

单机架单卷取热轧机

单机架双卷取热轧机

热粗轧 + 单机架双卷取热精轧(1+1)

热粗轧 + 2～4 机架连轧热精轧(1+4)

热粗轧 + 热中轧 + 5 机架连轧热精轧(1+1+5)

图 14-11 四辊热轧机机型配置

还有二辊、六辊和八辊轧机机型。

14.3.3.1 单机架单卷取热轧机

在一台可逆热轧机上，铸锭经过往复轧制，最后一道次实现卷取，最小厚度为7mm，年产能可达150kt。其特点是热粗轧、热精轧共用一台设备。由于带材卷取轧制前坯料厚度较薄（10mm左右），轧制温度较低，带材的板型难于控制，同时，轧制带材的长度受辊道长度限制。因而，其铸锭质量不能过大，一般在1~3t。此类热轧机有两种形式：一种是二辊可逆式热轧机；另一种是四辊可逆式热轧机。二辊可逆式热轧机一般都用于生产民用1×××系、3×××系、8×××系及个别5×××系软合金板、带材。四辊可逆式单机架热轧机的产品有两种：一种专业化程度较高，产品专一，用于几种软合金产品的轧制；另一种是万能式的，用于轧制所有变形铝合金板带材产品。

表14-19列出了在ϕ720mm×1500mm二辊可逆式单卷取热轧机上（最大轧制力6000kN，主电机功率1500kW）轧制1000系合金的轧制工艺（轧制道次分配）。表14-20列出了在ϕ700mm/1250mm×2000mm四辊可逆式单卷取热轧机上（最大轧制力19600kN，主电机功率3600kW）轧制3000系合金的轧制工艺（轧制道次分配）。

表14-19　ϕ720mm×1500mm二辊可逆式单卷取热轧机1×××系合金轧制工艺

轧制道次	开始厚度 H/mm	终了厚度 h/mm	加工率 ε/%	压下量/mm
1	250	230	8.00	20
2	230	200	13.04	30
3	200	170	15.00	30
4	170	140	17.65	30
5	140	110	27.27	30
6	110	85	22.73	25
7	85	60	29.41	25
8	60	43	28.33	17
9	43	28	34.88	15
10	28	18	35.71	10
11	18	12	33.33	6
12	12	9.5	20.83	2.5
13	9.5	7	26.32	2.5
总加工率/%			97.20	

注：锭坯尺寸为250mm×1250mm×2400mm。

表14-20　ϕ700mm/1250mm×2000mm四辊可逆式单卷取热轧机3×××系合金轧制工艺

轧制道次	开始厚度 H/mm	终了厚度 h/mm	加工率 ε/%	压下量/mm
1	290	275	8.00	15
2	275	255	13.04	20
3	255	230	15.00	25
4	230	200	17.65	30

轧制道次	开始厚度 H/mm	终了厚度 h/mm	加工率 ε/%	压下量/mm
5	200	170	27.27	30
6	170	140	22.73	30
7	140	115	29.41	25
8	115	90	28.33	25
9	90	65	34.88	25
10	65	40	35.71	25
11	40	25	33.33	15
12	25	14	20.83	11
13	14	7	26.32	7
总加工率/%			97.20	

注：锭坯尺寸为 290mm×1250mm×2500mm。

14.3.3.2 单机架双卷取热轧机

单机架双卷取热轧，即在轧机入口和出口各带一台卷取机的可逆式热轧机，既作为热粗轧机，又作为热精轧使用。经加热的铸锭在辊道上通过多道次可逆轧制，轧至 18～25mm 厚度，然后进行双卷取可逆式精轧，经过 3～5 道次轧制，最小厚度可达到 2.5mm。年生产能力可达 150kt。这种配置的热轧机除生产罐料技术尚不成熟外，能生产其他各种合金板带材。

表 14-21～表 14-25 列出了 ϕ930mm/1500mm×2250mm 四辊可逆式单机架双卷取热轧机的基本参数以及几种合金的轧制规程。

表 14-21　ϕ930mm/1500mm×2250mm 四辊可逆式单机架双卷取热轧机的基本参数

参　数	数　值
工作辊直径/mm	930(870 报废)
工作辊辊面宽度/mm	2250
支撑辊直径/mm	1500
支撑辊辊面宽度/mm	2500
轧制速度(最大直径时)/m·min⁻¹	0/100/200
主电机功率/kW	2×7000
最大轧制力/kN	40000
乳液最大流量/L·min⁻¹	约10900
立式滚边机(立辊)	
直径/mm	965
辊面宽度/mm	760
立轧速度(最大直径时)/m·min⁻¹	0/90/230
电机功率/kW	2×1400

参　　数	数　　值
总轧制力/kN	7500
乳液最大流量/L·min⁻¹	500
卷　取　机	
形　式	全宽度 4 扇形块膨胀轴式
最大卷取速度/m·min⁻¹	225
张力/kN	250/25
电机功率/kW	2×150

表 14-22　1145 合金厚板制品轧制规程

轧制道次	厚度/mm	压下量/mm	变形率/%
1	560	40	6.7
2	510	40	8.9
3	460	50	9.8
4	410	50	10.9
5	360	50	12.2
6	310	50	13.9
7	260	50	16.1
8	210	50	19.2
9	160	50	23.8
10	110	50	31.3
11	66	44	40.0
12	34	32	48.5
13	18	16	47.1
14	12.5	5.5	33.3
15	9.0	3.5	25.0

注：铸锭规格为 600mm×2040mm×5000mm，产品规格为 9.0mm×2000mm×4000mm。

表 14-23　3003 合金 3.0mm 厚卷材轧制规程

轧制道次	厚度/mm	压下量/mm	变形率/%	备　注
1	560	40	5.8	
2	520	40	8.0	
3	475	45	8.7	
4	430	45	9.5	
5	385	45	10.5	
6	340	45	11.7	
7	295	45	13.2	
8	250	45	15.3	
9	205	45	18.0	

轧制道次	厚度/mm	压下量/mm	变形率/%	备　注
10	160	45	22.0	
11	125	35	21.9	
12	95	30	24.0	
13	73	22	23.2	
14	54	19	26.0	
15	38	16	29.6	
16	25	13	34.2	
17	13.5	11.5	46.0	卷取轧制
18	6.5	6.5	51.9	卷取轧制
19	3.0	2.5	59.8	卷取轧制

注：铸锭规格为 600mm × 2060mm × 5000mm，产品规格为 3.0mm × 2000mm × 卷。

表 14-24　5128 合金 3.0mm 厚卷材轧制规程

轧制道次	厚度/mm	压下量/mm	变形率/%	备　注
1	580	20	3.3	
2	555	25	4.3	
3	525	30	5.4	
4	495	30	5..7	
5	464	31	6.3	
6	432	32	6.9	
7	399	33	7.6	
8	365	24	8.5	
9	329	36	9.9	
10	291	38	11.6	
11	251	40	13.7	
12	210	41	16.3	
13	175	45	16.7	
14	140	35	20.0	
15	105	35	25.0	
16	80	25	23.8	
17	58	22	27.5	
18	42	26	27.6	
19	28	14	33.3	
20	18	10	35.7	
21	11	7	38.9	卷取轧制
22	5.75	5.25	47.7	卷取轧制
23	3.00	2.75	47.8	卷取轧制

注：铸锭规格为 600mm × 1800mm × 5000mm，产品规格为 3.0mm × 1700mm × 卷。

表 14-25　5083 合金厚板制品轧制规程

轧制道次	厚度/mm	压下量/mm	变形率/%
1	585	15	2.5
2	564	21	3.6
3	542	22	3.9
4	520	22	4.1
5	498	22	4.2
6	476	22	4.4
7	454	22	4.6
8	431	22	5.1
9	407	24	5.6
10	382	25	6.1
11	356	26	6.8
12	329	27	7.6
13	301	28	8.5
14	272	29	9.6
15	242	30	11.0
16	211	31	12.8
17	180	31	14.7
18	149	31	17.2
19	118	31	20.8
20	95	23	19.5
21	75	20	21.1

注：铸锭规格为 600mm×1800mm×5000mm，产品规格为 75mm×1700mm×6000mm。

14.3.3.3　多机架热连轧机

由 1~2 台可逆式热粗轧机和 3~6 台不可逆热精轧机串联起来构成多机架热连轧生产线具有生产工艺稳定、工序少、产量大、生产效率高、生产成本低等特点；同时，所生产的热轧带材具有厚度公差小，厚度精度高、凸度精度控制高、板型优良等优点。特别适用于大规模生产市场需求量很大的制罐料、PS 板基、铝箔毛料等高精尖产品。能生产从 1××× 系至 8××× 系的所有铝及铝合金板带材。

多机架热连轧机一般都配有清刷辊，以改善带材表面质量；配有液压弯辊和液压 AGC，以改善板型和提高带材厚度控制精度；在轧机前后和连轧机之间配有乳化液冷却喷淋装置，控制带材温度；在精轧机上还配有 CVC、DSR、TP 等辊型控制方式，单点或多点扫描板凸度仪以及非接触式温度检测仪，同时还配有收集、监测、显示各种参数的自动管理系统。热粗轧机开口度不小于 600mm，供热精轧板坯厚度为 30~50mm；热精轧可轧最小厚度 2.0mm，厚度公差 ±1%；板凸度 0.2%~0.8%；终轧温度 250~360℃，温差 ±10℃。

表 14-26 列出了 ϕ1050mm/1530mm×2500mm(1+4) 热连轧机的基本配置。

表 14-26 ϕ1050mm/1530mm × 2500mm（1 + 4）热连轧机的基本配置

粗轧机列的简明技术参数	
工作辊直径/mm	1050
工作辊辊面宽度/mm	2500
支撑辊直径/mm	1524
支撑辊辊面宽度/mm	2400
主传动电机功率/kW	2 × 5000
最大轧制力/MN	50
锭坯质量/t	4.8 ~ 30
锭 坯 尺 寸	
厚/mm	540 ~ 610
宽/mm	950 ~ 2200
长/mm	3500 ~ 8650
产品厚度/mm	10 ~ 100
热精轧机列的简明技术参数	
工作辊直径/mm	780
工作辊辊面宽度/mm	2700
支撑辊直径/mm	1450
支撑辊辊面宽度/mm	2400
传动电机功率/kW	各 5000
最大轧制速度/m·min^{-1}	一般 480，特殊情况 522
最大轧制力/MN	各 45
带材厚度/mm	2 ~ 6
带材宽度/mm	未切边 950 ~ 2300，切边后 760 ~ 2200
带卷外径/mm	1500 ~ 2700
带卷质量/t	最大 29.9
年生产能力/kt	800
厚度偏差/%	< ±1
最终轧制温度/℃	(250 ~ 360) ±10
带卷密度/kg·mm^{-1}	>12

14.4 铝合金中厚板材热轧生产控制工艺要点及几种工艺简介

14.4.1 铝合金中厚板热轧生产工艺控制要点

铝合金中厚板热轧生产工艺控制要点如下：

（1）工作前要认真检查设备运转情况，检查辊面（包括工作辊、支撑辊、立辊）、导尺、辊道、剪刀等是否正常，轧辊和辊道上如有粘铝等脏物要清除。

（2）校正压下、导尺、立辊的指示盘指示数与实际之差，检查操纵台上手把和仪表指示是否灵敏，检查乳液喷嘴是否齐全、堵塞、松动，角度是否合适。

（3）当工作辊、支撑辊符合轧辊验收规程的要求时，方可投入生产。

（4）不经预热的工作辊，禁止进行热轧作业。

（5）上、下工作辊辊线应有良好的水平度，在辊身中央距离内的辊间隙差不超过0.03mm。

（6）卫板间隙为1~3mm，但轧制花纹板时应不超过1.5mm。

（7）检查乳液的浓度和温度以及外观质量，有无异味和变质现象，出现问题要及时处理。

（8）包履合金的初轧道次要保证包履板与基体合金铸块全面焊合，防止基体裸露。第一道次包覆板焊合压下量应根据铸块温度、辊型等因素来确定。压下量不能过大，防止包履层过薄和产生压折。

（9）轧制高镁合金铸块前，应详细检查乳液管路，调整辊型，铸块咬入要慢，严防碰坏卫板。

（10）轧制带有包覆板铸块时，前四道次要紧闭乳液，严防乳液落在包覆板上面，之后要正常给乳液。

（11）各种宽度铸块在热轧过程中，均需在不超过立辊能力的前提下，加强滚边控制宽度，防止裂边，对包铝合金，特别是淬火板材，滚边量不宜过大，以不裂边为准，防止出现黄边废品。

（12）滚边时铸块应平稳，对中后送向立辊。第一道次滚边量应以铸块宽度并参照导尺夹紧后指示开度来选择，不应过大，但往返滚边时应夹紧焊牢，以后滚边量依次减小。

（13）滚边后，压2~4道次再进行下次滚边时，由于宽展，立辊开度应比前一次滚边开度扩大10mm左右。

（14）夹边焊合时要放正，位置适当，要焊好、焊牢。

（15）辊道运送铸块要及时、平稳，咬入时无冲击，送料要正，横展料头不出辊。要注意观察咬入后张嘴，防止撞坏卫板和进入支撑辊之间。

（16）清辊时，操纵手不准离开操纵台，使工作辊反转，辊道停止转动。清理后要用乳液冲洗2~5min。

（17）粘铝或啃辊严重，影响厚板或带板质量时，应立即换辊。

（18）用乳液准确地控制辊型，根据轧制带板的平直度，分段控制乳液量，乳液的温度应为55~65℃。

14.4.2 几种铝合金中厚板材的生产工艺

14.4.2.1 1100H112铝合金厚板材生产工艺

1100铝合金属于1×××系纯铝合金，具有密度小、导电性好、导热性好、抗腐性能较好的特点，是不可热处理强化铝合金，铁、硅是其主要杂质元素，应加以控制，加工硬化是其唯一的强化方式。该合金主要应用于化工产品、食品工业装置与储存容器、深拉或旋压凹形器皿、焊接零部件、热交换器、印刷板等，1100H112铝合金厚板生产工艺流程见表14-27。

表 14-27 10mm×1200mm×5000mm 1100H112 铝合金厚板生产工艺流程

序 号	工序名称	设备名称	工艺条件及工艺参数
1	熔 炼	煤气炉	熔炼温度：700~750℃
2	铸 造	半连续铸造机	铸造温度：685~710℃；铸造速度：60~65mm/min；水压：0.08~0.15MPa；铸锭尺寸：300mm×1260mm×2500mm
3	铣 面	双面铣床	每面铣 10mm
4	轻擦表面	料 架	用航空汽油擦净表面
5	加 热	推进式加热炉	定温 520℃，加热 10~12h，金属温度为 480~520℃
6	热 轧	φ700mm/1250mm×2000mm 4辊可逆式热轧机	轧制 13 道次，板材厚度为 15.0mm，开轧温度为 480~510℃，终轧温度为 380℃，乳液润滑
7	剪 切	40mm 液压剪	剪切长度为 5120mm
8	矫 直	11 辊矫直机	料冷却到室温后矫直
9	锯 切	锯 床	锯切成品尺寸，并切取力学试样
10	检 验	检验台	按相应标准检验表面、尺寸等
11	包 装	人 工	垫纸、木箱包装

14.4.2.2 2A12T451 铝合金预拉伸板材生产工艺

2A12 是 Al-Cu-Mg 硬铝合金，主要合金成分为：Cu 3.8%~4.0%；Mg 1.2%~1.8%；Mn 0.3%~0.9%。它是可热处理强化铝合金，经固溶处理、自然时效后具有较高的强度，但其耐腐性能和焊接性能较差。该合金具有良好的加工性能，2A12T451 铝合金拉伸板材生产工艺流程见表 14-28。

表 14-28 20.0mm×1200mm×3000mm 2A12T451 铝合金板材生产工艺流程

序 号	工序名称	设备名称	工艺条件及工艺参数
1	熔 炼	煤气炉	熔炼温度：700~750℃
2	铸 造	半连续铸造机	铸造温度：690~710℃；铸造速度：60~65mm/min；水压：0.08~0.15MPa
3	均匀化	电阻炉	495℃/19h
4	锯 切	圆盘锯	锯切成 255mm×1260mm×1500mm 铸块
5	铣 面	铣床	每面铣 15mm
6	蚀 洗	蚀洗槽	碱洗→冷水洗→酸洗→冷水洗→热水洗→擦干
7	包 铝	人 工	1A50 包铝板尺寸：(2.6~3.0)mm×1170mm×1400mm
8	加 热	双膛式链式加热炉	加热温度为 400~430℃，时间为 6~8h
9	热 轧	φ700mm/1250mm×2000mm 4辊可逆式热轧机	轧制 19 道次，板材厚度为 20.80mm，开轧温度为 400~420℃，终轧温度为 350℃，乳液润滑
10	剪 切	40mm 液压剪	剪切长度为 3800mm
11	淬 火	盐浴炉	盐浴制度：(498±2)℃/70min，水淬
12	矫 直	11 辊矫直机	淬火后 6h 内矫直完
13	预拉伸	45MN 预拉伸机	拉伸量 1.5%~2.5%

序 号	工序名称	设备名称	工艺条件及工艺参数
14	锯 切	锯 床	锯切成品尺寸，并切取力学、高倍试样
15	检 验	检验台	按相应检验表面、尺寸等
16	包 装	人 工	垫纸、木箱包装

14.4.2.3 3003H14 铝合金厚板生产工艺

3003 合金系 Al-Mn 防锈铝合金，该合金锰是主要元素，Mn 含量为 1.0% ~ 1.5%，由于其易产生晶内偏析，由能显著提高合金的再结晶温度，铸锭要进行均匀化处理，以减少晶内偏析。铁、硅属于杂质，控制（Fe + Si）含量小于 1.85%。铜能提高抗拉强度，锌能提高合金的焊接性能。该合金具有良好的抗蚀性、强度较低、塑性高、成型性能优良，焊接性能良好。该合金主要用于压力罐、储存箱、化工设备、飞机油箱、热交换器等，3003H14 铝合金厚板生产工艺流程见表 14-29。

表 14-29　8mm × 1200mm × 4000mm H14 状态 3003 铝合金厚板生产工艺流程

序 号	工序名称	设备名称	工艺条件及工艺参数
1	熔 炼	煤气炉	熔炼温度：720 ~ 760℃
2	铸 造	半连续铸造机	铸造温度：710 ~ 720℃；铸造速度：55 ~ 60mm/min；水压：0.08 ~ 0.15MPa；铸锭尺寸：300mm × 1280mm × 2500mm
3	均匀化	电阻炉	495℃/19h
4	铣 面	铣床	每面铣 5mm
5	表面清洗	清洗架	用航空汽油擦净表面
6	加 热	推进式加热炉	加热温度为 480 ~ 520℃，时间为 10 ~ 12h
7	热 轧	ϕ700mm/1250mm × 2000mm 4 辊可逆式热轧机	轧制 13 道次，板材厚度 11.0mm，开轧温度 480 ~ 510℃，终轧温度 380℃，乳液润滑
8	中 断	尾部下切刀	剪切长度为 3000mm
9	中间退火	箱式退火炉	400 ~ 450℃，加热时间为 6 ~ 8h
10	冷 轧	ϕ700mm × 1700mm 2 辊不可逆式冷轧机	轧制 4 道次，板材厚度为 8.0mm，轧制油润滑
11	矫 直	11 辊矫直机	检查矫直板材表面状况，发现问题及时处理
12	锯 切	锯 床	锯切成品尺寸，并切取力学试样
13	检 验	检验台	按相应标准检验表面、尺寸等
14	包 装	人 工	垫纸、木箱包装

14.4.2.4 4004F 铝合金真空钎焊包铝板材生产工艺

4004 合金属于 Al-Si 系铝合金，合金主要成分为：Si 9.0% ~ 10.5%，Mg 1.0% ~ 2.0%，是不可热处理强化铝合金，硅对合金的润湿性、流动性和熔蚀性有影响，镁是金属活化剂、吸气剂。该合金熔点低，熔体流动性好，容易补缩，主要用于铝合金的钎焊板材料，4004F 铝合金真空钎焊包覆层厚板生产工艺流程见表 14-30。

表 14-30　40mm × 1320mm × 3800mm 4004F 铝合金真空钎焊包铝板材生产工艺流程

序　号	工序名称	设备名称	工艺条件及工艺参数
1	熔　炼	煤气炉	熔炼温度：740 ~ 770℃
2	铸　造	半连续铸造机	铸造温度：670 ~ 680℃；铸造速度：50 ~ 55mm/min；水压：0.08 ~ 0.15MPa；铸锭尺寸 300mm × 1380mm × 3800mm
3	均匀化	电阻炉	500 ~ 515℃/12h
4	铣　面	铣床	每面铣 10mm
5	加　热	推进式加热炉	加热温度 430 ~ 480℃，加热时间 12 ~ 20h
6	热　轧	φ700mm/1250mm × 2000mm 4 辊可逆式热轧机	轧制 15 道次，板材厚度为 40.0mm，开轧温度为 430 ~ 460℃，终轧温度为 340℃，乳液润滑
7	剪　切	40mm 液压剪	剪切长度为 3800mm
8	矫　直	11 辊矫直机	检查矫直板材表面状况，发现问题及时处理
9	锯　切	锯床	锯切成品尺寸，并切取力学、高倍试样
10	检　验	人　工	按相应标准检验表面、尺寸等
11	交　货	人　工	存放到指定区域

14.4.2.5　5083H321 铝合金厚板生产工艺

5083 合金属于 Al-Mg 系合金，主要合金成分为：Mg 4.0% ~ 4.9%；Mn 0.40% ~ 1.0%；Cr 0.05% ~ 0.25%。它是不可热处理强化铝合金，该合金板材强度高、塑性好，具有较强的抗蚀能力，且易于加工，综合性能优良。该合金厚板主要用来生产模具、船板、轻轨列车外壳、钻井平台、压力容器等，5083H321 铝合金厚板生产工艺过程见表 14-31。

表 14-31　8mm × 1200mm × 4000mm H321 状态 5083 铝合金厚板生产工艺过程

序　号	工序名称	设备名称	工艺条件及工艺参数
1	熔　炼	煤气炉	熔炼温度：700 ~ 750℃
2	铸　造	半连续铸造机	铸造温度：690 ~ 710℃；铸造速度：55 ~ 60mm/min；水压：0.08 ~ 0.15MPa
3	均匀化	电阻炉	(460 ~ 470)℃/26h
4	锯　切	圆盘锯	锯切成 255mm × 1280mm × 1500mm 铸块
5	铣　面	铣床	每面铣 6mm
6	表面清洗	清洗架	用航空汽油擦净表面
7	加　热	双膛式链式加热炉	加热温度为 450 ~ 480℃，时间为 5 ~ 8h
8	热　轧	φ700mm/1250mm × 2000mm 4 辊可逆式热轧机	轧制 25 道次，板材厚度为 10.0mm，开轧温度为 450 ~ 470℃，终轧温度为 340℃，乳液润滑
9	中　断	40mm 液压剪	剪切长度为 3800mm
10	中间退火	箱式炉	金属温度为 300 ~ 350℃，加热时间为 6 ~ 8h
11	冷　轧	φ700mm × 1700mm 2 辊不可逆式冷轧机	轧制 6 道次，板材厚度为 8.1mm，轧制油润滑

序 号	工序名称	设备名称	工艺条件及工艺参数
12	稳定化	箱式炉	金属温度为 120~140℃,保温时间为 1.5~2.5h
13	矫 直	11 辊矫直机	检查矫直板材表面状况,发现问题及时处理
14	拉伸矫直	45MN 预拉伸机	拉伸量≤1.5%
15	锯 切	锯床	锯切成品尺寸,并切取力学试样
16	检 验	检验台	按相应标准检验表面、尺寸等
17	包 装	人 工	垫纸、木箱包装

14.4.2.6 6061T6 铝合金厚板生产工艺流程

6061 合金属于 Al-Mg-Si 系合金,主要成分为:Mg 0.8%~1.2%;Si 0.4%~0.8%。它是可热处理强化铝合金,具有中等强度、耐蚀性高、无应力腐蚀破裂倾向、焊接性能良好、成型性和工艺性能良好等优点。由于具有良好的综合性能,该系合金广泛用于制造中等强度,而塑性和抗蚀性要求高的飞机零件、大型结构件等。6061T6 铝合金厚板生产工艺流程见表 14-32。

表 14-32 15.0mm×1200mm×4000mm 6061T6 铝合金厚板生产工艺流程

序 号	工序名称	设备名称	工艺条件及工艺参数
1	熔 炼	煤气炉	熔炼温度:700~750℃
2	铸 造	半连续铸造机	铸造温度:700~710℃;铸造速度:50~55mm/min;水压:0.08~0.15MPa;铸锭尺寸:300mm×1260mm×1500mm
3	铣 面	铣床	每面铣 10mm
4	蚀 洗	蚀洗槽	碱洗→冷水洗→酸洗→冷水洗→热水洗→擦干
5	加 热	双膛式链式加热炉	加热温度为 400~440℃,时间为 5~8h
6	热 轧	ϕ700mm/1250mm×2000mm 4 辊可逆式热轧机	轧制 17 道次,板材厚度为 20.50mm,开轧温度为 400~420℃,终轧温度为 350℃,乳液润滑
7	剪 切	40mm 液压剪	剪切长度为 4120mm
8	淬 火	盐浴炉	盐浴淬火制度:(525±2)℃/60minn,水淬
9	矫 直	11 辊矫直机	淬火后 6h 内矫直完
10	时 效	箱式时效炉	时效温度为 165~175℃,保温时间为 10.0h
11	锯 切	锯床	锯切成品尺寸,并切取力学、高倍试样
12	检 验	检验台	按相应标准检验表面、尺寸等
13	包 装	人 工	垫纸、木箱包装

14.4.2.7 7075T7651 铝合金预拉伸板材生产工艺流程

7075 属于 Al-Zn-Mg-Cu 系铝合金,主要合金成分为:Zn 5.1%~6.1%;Mg 2.1%~2.9%;Cu 1.2%~2.0%。它是可热处理强化铝合金,经固溶、T76 双级时效处理后,具有良好的加工性能,良好的断裂韧性和抗应力腐蚀性能,主要应用于飞机的框架、整体壁板、起落架、蒙皮等。7075T7651 铝合金厚板生产工艺流程见表 14-33。

表 14-33   20.0mm × 1200mm × 3000mm 7075T7651 铝合金预拉伸厚板生产工艺流程

序 号	工序名称	设备名称	工艺条件及工艺参数
1	熔 炼	煤气炉	熔炼温度: 700 ~ 750℃
2	铸 造	半连续铸造机	铸造温度: 705 ~ 715℃; 铸造速度: 55 ~ 60mm/min; 水压: 0.08 ~ 0.15MPa
3	均匀化	电阻炉	(450 ~ 460)℃/41h
4	锯 切	圆盘锯	锯切成 300mm × 1280mm × 1200mm 铸块
5	铣 面	铣床	每面铣 15mm
6	表面清洗	清洗架	用航空汽油擦净表面
7	加 热	双腔式链式加热炉	加热温度为 370 ~ 410℃, 时间为 4 ~ 8h
8	热 轧	φ700mm/1250mm × 2000mm 4 辊可逆式热轧机	轧制 29 道次, 板材厚度为 20.50mm, 开轧温度为 400 ~ 420℃, 终轧温度为 350℃, 乳液润滑
9	剪 切	40mm 液压剪	剪切长度为 3800mm
10	淬 火	盐浴炉	盐浴淬火制度: (498 ± 2)℃/70minn, 水淬
11	矫 直	11 辊矫直机	淬火后 4h 内矫直完
12	预拉伸	45MN 预拉伸机	拉伸量为 1.5% ~ 2.5%
13	人工时效	箱式时效炉	双级人工时效制度: 一级时效温度 115 ~ 125℃, 保温时间 5.0h; 二级时效温度 160 ~ 170℃, 保温时间 18.0h
14	锯 切	锯床	锯切成品尺寸, 并切取力学试样
15	检 验	检验台	按相应标准检验表面、尺寸等
16	包 装	人 工	垫纸、木箱包装

14.5 热轧中厚板易出现的缺陷及消除方法

热轧生产中, 往往出现非正常生产状态或异常情况, 下面就经常出现的各种异常情况产生的原因及消除方法介绍如下。

14.5.1 热轧开裂和裂边产生的原因及消除方法

14.5.1.1 软合金开裂和裂边

软合金铸块开裂和裂边的特点为:

(1) 软合金铸块开裂多出现在铸块的缩颈处, 这种开裂多数是由于铸造质量不好, 铸造时发生断流、冷隔, 从外表看一般无明显标志, 但经轧制时在断流、冷隔处断开。

(2) 某些高纯铝也常出现铸锭的纵向开裂, 并且裂纹较深, 其原因主要是合金纯度较高, 铸造困难而易出现结晶裂纹。

(3) 软合金在轧制时, 还可产生前后张嘴, 张嘴也是开裂的一种, 这类合金主要有 5A66、5A02 等, 张嘴对设备危害极大。张嘴分层的带板一般温度较低, 在轧辊转动力的作用下, 常可以撞坏轧机的导卫装置, 严重的张嘴分层还可以进入工作辊与支撑辊之间, 扭断轧辊。它是由铸造质量不好、热轧工艺与实际操作配合不当而造成的。

(4) 软合金裂边也较为常见, 其产生原因主要是铸锭加热温度较低、塑性较差。产生这种裂边，超过板材名义宽度为废品，不超过名义宽度也将给继续加工带来困难。

软合金铸块开裂的早期发现有：

（1）由于冷隔、断流等开裂通常可在铸锭轧到 200mm 以上时发现，这时在开裂处的空气受到压缩而产生一种强大的气流，有时将乳液吹的很高，同时发出"吃、吃"的声音。

（2）高纯铝合金的纵向结晶裂纹一般在 200mm 以下的板材发现，从轧制力、电流上均无明显变化，但可以用肉眼看到板带上的前后两端或纵向通常出现白色的条痕。因为断裂的金属经轧制出现变形不均，使条痕处粘铝印在轧辊上，轧辊又将印痕返印在板材上。

（3）软合金不仅有 5A66、5A02 等合金张嘴，纯铝合金偶尔也出现张嘴。带板轧到厚度 10mm 左右时，较大的张嘴有时可达 2~3m 长，这类张嘴预先发现的途径有：

1）铸锭加热温度较低，可能性较大。

2）在加工过程中，压入困难，可能性较大。

3）加工率过小，可能性较大。

4）冷却量过大，也有可能。

（4）裂边的产生往往和张嘴同时存在，一般在 50mm 以上时很难发现，但仔细观察却可发现。此时边部出现断续铝刺、边部不光滑，当轧制到 20mm 左右时，开始发现边部有被拉裂的痕迹，这就是早期的发现。

软合金铸块开裂、张嘴防治措施及预防处理方法为：

（1）凡是因冷隔、断流，在热轧时开裂者无法防止，但在热轧时应早期发现，并且应采取适当的措施，如：只在单方向轧制或轧其一部分。

（2）纵向裂纹，如轧锭轧制厚度 200mm 左右时，发现开裂深度只有 100mm 以下时，即裂纹深度小于铸锭尺寸厚度一半者，继续轧制厚度 8.0~10.0mm 时，一般可以重新压合，此时板带外表只能看到一条较细的白色印痕，这样的产品根据用户使用情况可作为条件品处理。

（3）张嘴的防治措施为：一是减少带板头尾冷却；二是提高头尾的温度，加大压下量，减少不均匀变形和带板两端的燕尾。如带板在 60mm 左右出现较大张嘴，继续轧制困难时，可用剪刀切掉张嘴部分以后继续轧制。在操作时应慢速咬入并细心观察确无张嘴的可能倾向，方可升速轧制。

（4）裂边产生原因和张嘴几乎同时存在，所以在发现张嘴时，就应对裂边采取措施，增加板材滚边量和滚边次数，以便减少裂边程度。

14.5.1.2 硬合金铸块的开裂原因与消除措施

高锌、高镁合金开裂的主要原因包括：

（1）7075、7A09、7A04、5A12、5A06 等合金热轧时塑性低，轧制时易产生铸块开裂。

（2）具有较好塑性的加热温度范围窄，控制不当易超出范围，使塑性急剧下降。

（3）轧制时带板弯曲趋势很大，发生翘曲时，延长轧制时间易出现裂边和张嘴。

（4）道次压下量过大和轧制速度过快易造成铸块开裂。

（5）高镁合金的钠含量大于 0.0016%，使带板产生如锯齿状的严重裂纹。

2A11、2A12、2A14、2A06、2A16 等合金开裂和裂边的主要原因包括：

（1）由于这类合金塑性较好，开裂较少，但超出规定的温度范围，也有开裂的趋势。

（2）氧化较严重时，易使边部包铝与基体脱离形成小裂边（暗裂）。

（3）铸锭浇注口未切掉时，会使板材靠近浇注口一侧出现裂边，裂边形状呈圆弧形，小的如指甲，大的如手掌形状。

（4）道次压下量过大和轧制速度过快都会使铸块开裂。

开裂的早期发现有：

（1）5083、5A05 等合金，在铸块出炉，发现表面呈红或暗红时，应认真检查仪表及炉温曲线，经证实确实铸锭温度过高，即使经冷却降温，如果继续轧制，铸块开裂、轧碎可能性也很大。

（2）高锌合金、铸块出炉时，表面呈红色或黑色，通常是温度过高的一种标志，温度超过较少，可采取措施继续轧制，如超过较多，则不能轧制，严重时甚至铸块在辊道上移动也会开裂。

（3）7A04、7A09、7075、5A06 等硬合金带板的早期开裂一般在 200mm 左右，这类裂纹在带板的侧面，呈弧形，其中上部和下部有时还有未裂的金属连接，这时带板的中部已形成通长横向裂纹。

（4）在开裂较大时，可以从操纵台的负荷表上看到轧制力突然有较大波动。

（5）裂纹初期，用肉眼可见带板改变均匀运动为断续运动状态。

（6）当带板厚度轧到 150mm 以下时，不会再出现横向通常断裂，板轧制厚度在 75mm 左右时，则达到易张嘴区域，有时张嘴还伴有"嘎巴"的一声响音。

（7）铸锭温度过低，当带板轧到 30 ~ 70mm，有时在铸锭两端有一定距离的上、下表面，出现类似"起皮"，像刀削一样的裂纹。起皮后呈楔形向板材的中部深入。出现这种情况应停止轧制，将板材吊离辊道。

开裂的消除与处理方法有：

（1）控制好铸锭的加热温度，否则将会使金属塑性降低，但由于受各种条件影响和限制，热轧前的加热温度仍有超过标准规定范围。按生产经验，有一些合金品种，虽然超出规定温度范围 ±20℃，采取相应的措施细心轧制，多数尚可轧为合格板材。

（2）除带包铝板的合金外，超过规定温度 20℃ 以内，应在出炉后放在辊道上反复移动 10 ~ 20min 降温，待温度降到规定温度时，方可进行轧制。

（3）带板厚度在 200mm 以上，道次压下量不应超过 3 ~ 5mm，轧到 200mm 厚度以下可逐渐加大压下量。

（4）控制轧制速度。轧制温度过高的铸锭时，应严格控制轧制速度：

1）降低咬入速度。由于咬入速度过快，把铸锭圆弧咬掉，使张嘴趋势加大。

2）改变前几道次轧辊一转一停的操作方法，否则易使铸锭开裂。应采用较慢匀速爬行，待轧到 150mm 后可采用正常轧制速度。

（5）乳液的供给。轧制超出规定温度范围的铸锭，在带板厚度为 150 ~ 200mm 以上时，一般不喷乳液。

（6）避免冲击负荷。轧制超出规定温度范围铸锭，用辊道向轧辊送料时应采用较低速度，避免冲击负荷。

张嘴的消除与处理方法有：

（1）带板轧到 40mm 以上出现一端张嘴时，可在张嘴相反方句进行单方向轧制，待轧到 40mm 后用剪刀切掉张嘴部分再继续双向轧制。

（2）如两端张嘴且仍需轧制时，在轧制咬入时，应提前关闭乳液，并用慢速转动轧辊以便提高张嘴处的温度，使张嘴不再继续扩大，同时还需要特别小心操作，防止张嘴部分损坏设备。

裂边的消除与处理方法有：

（1）在板带厚度轧到 60~80mm，发现浇铸口未切净而裂边时，应吊下料把裂边锯切掉，改变生产规格，再重新加热，再轧制。

（2）带板轧到 20mm 以上发现裂边时，暂停轧制，待查到最相近的规格合同后，再按新规格轧制。

（3）如在带板中间出现开裂或孔洞时，尽早发现作为废料处理。

（4）2A12 等合金，加热温度过高时易出现裂边，轧制时应特别注意包铝板与侧边包铝的焊合轧制，并在不影响质量的前提下，增加滚边道次及滚边量。

（5）高镁合金的钠含量高，可以使带板裂边，在轧制同一熔次的铸锭时发现裂边，则应改变轧制厚度或出炉，同时查验钠的含量。

14.5.2 高塑性软合金热轧时轧辊粘铝和缠辊

高塑性铝合金因其塑性比其他合金塑性好，在轧制时金属的加工率较大，轧制道次少，可以提高生产效率，但也带来一定的问题，如热轧时会产生缠辊。

缠辊是指板材在轧制时，板材局部和轧辊粘在一起，使轧制被迫停止，如继续强行驱动轧辊，则危害更大。轧辊每旋转一圈，粘铝面积就会更大，粘铝同时被轧进工作辊、支持辊，轧制力则成倍增加。

由于轧制力突然增大，使轧机扭转力矩增大，可以使轧辊扭断，也可以使万向接轴、联接轴以及轧辊平衡装置等造成不同程度的损坏。

缠辊的形态与特点为：

（1）缠辊多发生在轧制热上卷带板。

（2）出现缠辊的前几道次，板材表面不光亮，多呈白色。

（3）缠辊道次的压下量一般在 10mm 左右。

（4）缠辊的趋势随着板材宽度的减少而增加，较窄的板材最易缠辊。

（5）缠辊开始时并不是整个板材宽度而是在缠辊的部位前 10m 有条状粘铝由小到大，由薄到厚，逐渐形成有一定宽度和厚度的缠辊。

（6）轧辊上缠的铝和轧辊粘着牢固，一般不容易清除。清除缠辊的铝板后，在该处轧辊圆周上常可看到断续纵向深度为 2~5mm 的裂纹，严重时呈橘皮状。

（7）缠辊多发生在下辊，并多发生在乳液使用期达 1~2 个月。

（8）缠辊粘铝过多时，往往会使轧辊卫板变弯。

轧辊粘铝和缠辊的产生原因主要有以下几点：

（1）根据缠辊后轧辊的表面裂纹分析，轧辊产生表面裂纹，并在轧制过程中裂纹不断扩大，轧制时铝不断的填充裂坟，裂纹越大粘铝越多，当达到一定极限后，就会撕裂板材，形成缠辊。

（2）乳液的润滑性能不能完全适应板材轧制工艺。润滑性不够，正常情况乳液浓度不应超过 2%，实际上有时乳液浓度达 10% 左右也未发生"打滑"现象。轧制热上卷 4400mm 的长铸锭时，轧辊温度更高，在高温条件乳液润滑性较差，这是形成粘铝和发生缠辊的原因之一。

（3）最后一道加工率过大。由于工艺或设备条件限制要求，最后一道加工率达 55% 左右。据资料介绍加工率 60% 以上时，铝的粘着可能性最大。这时由于氧化物相对基体金属越硬脆，塑性变形过程越易使之破碎，新生金属表面袒露的可能性加大，越有利于金属间的黏着。

预防缠辊的措施有：

（1）不使用有裂纹的轧辊，轧辊表面裂纹较小时，磨辊时往往不易发现，但在使用中热膨胀后，裂纹处粘铝轧在板材上便可发现，轧制时发现轧辊裂纹就应立即换辊，并应定期对轧辊进行探伤。

（2）提高乳液的润滑性。在生产中使用一段时间的乳液可能混入一些机械油及其他杂质，以及在高温下长时间工作都可造成乳液的老化，使乳液润滑性能降低，尤其是高温下的润滑性更差，即防粘降摩能力降低。为此应进一步提高乳液润滑性，同时要加强乳液过滤和避免混入机械油等。

（3）加大乳液喷射量。它不仅可以润滑、冷却、洗涤，还可能使新生的带板表面迅速形成较厚的氧化膜，使粘铝缠辊的可能性减少。为此应经常检查乳液阀、乳液管路、乳液喷嘴等乳液循环系统是否畅通及良好。

（4）连续轧制高塑性板材时，应注意带板表面发白或条状发白时，应适当加入乳剂，提高乳液浓度，同时使用下轧辊卫板的乳液喷嘴向带板下面及轧辊喷射乳液，这样可使乳液量和润滑性增加，减少缠辊的可能性。

（5）经常检查调整卫板间隙，避免轧制过程中个别道次压下量过大，造成卫板变形，勒伤轧辊，并使轧辊和轧件的乳液供给量减少。

（6）控制好道次加工率使最后道次的轧制率适当减少。

（7）为了避免由于无乳液轧制板材造成缠辊，采用道次轧制时乳液自动控制。

14.5.3　高锌铝合金厚板轧制时的翘曲

7075、7A04、7A09 合金铸块，在轧制到板材厚度 180mm 左右时，板材的端头部位易产生向上方向的翘曲。

翘曲产生的主要原因为：

（1）轧制时上、下工作辊直径差过大或温度差过大。

（2）轧辊轴承箱与工作辊上、下移动滑道间隙过大。

（3）联接轴节脖叉与万向接轴联结处滑道间隙过大。

（4）加热和热轧时操作不当。

产生翘曲应采取的措施有：

（1）应保证铸块有足够的加热时间和温度，在铸锭达到最佳塑性温度后，需保温 1 ~ 2h，使铸锭上、下表面和内部温度均匀。

（2）铸锭轧制厚度在 180 ~ 210mm 时，为易翘曲厚度，当翘曲高度超过 300mm 以上时，应用升降台横转轧件，用轧辊轧平后再掉转回到原来方向继续轧制。

（3）当厚度在 150～180mm 时，翘曲仍然继续扩大，轧制时应使轧辊慢速转动，并使带板尾端不离开轧辊，以便继续轧制时的咬入。

（4）一般情况下，100mm 以下翘曲较少，应大量供给乳液，使轧辊充分冷却，避免继续轧制再产生翘曲。

14.5.4　热轧时铸块啃辊

热轧生产中的啃辊，使板材失去了光滑的表面。啃辊较重时，需要换新工作辊。

啃辊是热轧机换辊的主要原因之一，占用工时和磨削轧辊都使经济效益损失很大，所以应对热轧出现的啃辊进行分析和研究。

啃辊的形状为：

（1）啃辊的大小，一般在指甲大范围以内，有时只有一点，有时则并排几点，整齐的排列。

（2）从远处看，类似板材横向白色粘铝条，从近处看指甲状啃辊每一点均呈蝌蚪状，即头大、圆、重，尾部则尖、小、轻。

（3）从深度看，轻者在工作辊表面上有轻微粘铝，重者则使工作辊表面有一定的深度，一般在 0.01～0.20mm。

啃辊产生的原因主要有以下两点：

（1）轧机传动是以工作辊为主动辊，支撑辊为被动辊。靠平衡油缸顶起的工作辊，应紧紧的在支撑辊的表面上。在正常轧制时，通过工作辊的旋转来带动支撑辊的同步转动。但在实际生产中，有时工作辊带动支撑辊转动时，出现了瞬间不同步动作，即"轧辊打滑"，造成了轧辊表面的损伤。

（2）铸锭不能顺利地被轧辊咬入辊缝，在铸锭与轧辊表面接触线上，造成滑动，产生点状啃辊。铸锭不能正常咬入的原因为：

1）在焊合轧制时，包铝板没有将铸锭表面全部包履。

2）某些刨边铸块，因刨边改变了铸块的铸造圆弧，降低了铸锭被轧辊咬入时的接触面积。

3）轧制压下量过大。

4）轧辊速度由快减慢时，咬入铸锭或板材也易造成啃辊。

5）乳液浓度过高，咬入时摩擦力不够，也是啃辊的原因之一。

针对啃辊现象应采取的措施有：

（1）确保支撑辊具有与工作辊相适当的弧度、粗糙度。

（2）尽量减少支撑辊的油缸漏油。

（3）轧制时使用的乳液应保持一定温度和较好的洗涤能力，使支撑辊与工作辊之间的油层不能过厚。

（4）主操纵工在抬压下，上升轧辊时，应停止轧辊转动，待抬起 2min 后再转动轧辊。

（5）合理安排道次加工率，使摩擦角大于咬入角，提高咬入的成功率。

（6）必要时，每一道次咬入前，轧辊应停止转动，当轧件接触轧辊的瞬间，施加压下量，在停止调节压下量的同时转动轧辊进行咬入。

（7）应使轧辊等与板材接触的设备部件保持一定温度。

14.6　热轧时的冷却与润滑

14.6.1　热轧乳化液的基本功能及组成

14.6.1.1　热轧冷却润滑的目的

热轧冷却润滑的目的有：

（1）使用有效的润滑剂，可大大降低轧辊与变形金属间的摩擦力，以及由于摩擦阻力而引起的金属附加变形抗力，从而减少轧制过程中的能量消耗。

（2）采用有效的防粘降摩润滑剂，有利于提高轧制产品的表面质量。

（3）减少轧辊磨损，延长轧辊使用寿命。

（4）利用乳化液的冷却性能，并通过控制乳化液的温度、流量、喷射压力，能有效控制轧辊温度和辊型。

14.6.1.2　热轧乳化液的基本功能

热轧乳化液的基本功能有：

（1）减少轧制时铝及铝合金板材与轧辊间的摩擦。

（2）避免轧辊和铝合金板带的直接接触，防止轧辊与铝材黏结。

（3）控制轧辊的温度和辊型。

简单而言，乳化液的基本功能就是满足铝在热轧过程的冷却与润滑，其中水起冷却作用，油起润滑作用。

14.6.1.3　热轧乳化液的润滑机制

热轧乳化液润滑轧制过程如图 14-12 所示，根据摩擦和润滑理论，在变形区入口处，轧辊与轧件表面形成楔形缝隙，当向轧辊与轧件喷入充足而均匀的乳化液时，由流体动力学基本原理可知，旋转的轧辊和轧件表面将使润滑剂增压进入楔形"前区"，越接近楔顶，润滑楔内产生的压力越大。轧辊与轧件间的摩擦也逐渐从干摩擦、边界摩擦过渡到液体摩擦。在工作辊的入口处喷射的乳化液在高温高压作用下，轧辊的表面上乳化被破坏，逐渐热分离为油相和水相（这种现象称热分离），分离出来的

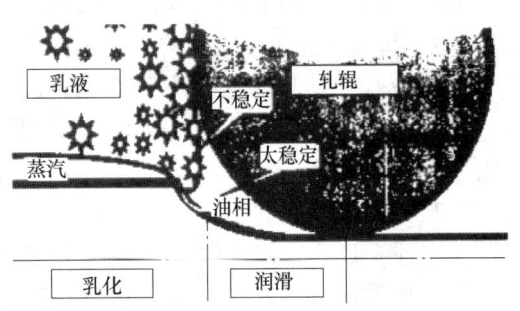

图 14-12　铝合金热轧润滑示意图

油相吸附在金属表面上，油相和添加剂与金属表面和金属屑反应，形成一层细密的辊面涂层。涂层虽不太厚，但足以避免轧辊与轧件之间的直接接触，并附着在轧辊表面上，进入轧辊和轧板相接触的弧内，减小摩擦，形成润滑油层，起防粘减磨作用，而水则起冷却作用。乳化液正是通过这种热分离来达到润滑-冷却的目的。

14.6.1.4　热轧乳化液的基本组成

两种互不相溶的液相中，一种液相以细小液滴的形式均匀分布于另一种液相中形成的两相平衡体系称为乳化液。其中，含量少的称为分散相，含量多的称为连续相。若分散相是

油，连续相是水，则形成 O/W（水包油）型乳化液；反之则形成 W/O（油包水）型乳化液。

热轧用乳化液主要由基础油、乳化剂、添加剂和水组成。除了乳化剂外，其他各组分的性能、含量也会对乳化液的润滑性能、使用效果及使用寿命产生重要影响。

基础油可以是矿物油或动植物油，通常铝合金多用矿物油。另外，基础油的黏度也是影响乳化液润滑性能的关键因素之一，同时还要考虑基础油的黏度要与乳化剂和添加剂的黏度相近，否则可能会对乳化油的稳定性产生影响。

添加剂就是能够改善油品某种性能的有极性的化合物或聚合物，它是提高矿物油润滑性能的最经济、最有效的途径之一。为了保证轧制润滑剂的各种功能，添加剂也是必不可少的。乳化液中的添加剂主要有乳化剂、抗氧剂、油性剂、极压剂、黏度调节剂、防锈剂、防腐杀菌剂、消泡剂等。其中油性剂和极压剂主要用于提高乳化液的润滑性能，尤其是极压剂。由于乳化液中 80% ~90% 是水，油相只占 10% ~20%，故基础油中必须加入极压剂。

水对乳化液的稳定性和使用效果有较大影响，尤其主要是水的硬度。由于水中的钙、镁离子会对离子型的乳化剂作用效果产生影响，进而影响乳化液的稳定性。另外，水中氯化物、硫酸盐和其他无机物虽然对乳化液的稳定性影响不大，但是能导致腐蚀的产生和促进细菌生长变质作用。因此制备乳化液时最好使用软化水，水的硬度控制在 0.01% 以下。可以通过化学吸附、离子交换或蒸馏等方式降低水的硬度。

国内目前大多采用前苏联早期研制开发 59ц 乳化液，其基本组成为表 14-34 中编号 1 所示。目前，国内各铝加工厂自己调配的热轧乳化液只能生产普通的对表面质量要求不高的板带材，不能生产如 PS 版基材、双零铝箔毛料、制罐料等高表面、高性能要求的产品。生产这些类产品所用热轧乳化液全部依赖进口，斯图尔特、好富顿、德润宝、奎克均是生产铝及铝合金热轧用乳化液的专业厂家。

表 14-34 几种热轧铝及铝合金乳化液的成分与性能

编号	乳化液类型	乳剂成分（质量分数）/%		主要使用性能
1	水包油	矿物油（$\nu_{20℃} = 30 \times 10^{-6} m^2/s$）	85	润滑性能较差，冷却性能、洗涤性能较好，生物稳定性较好，能乳化外来杂油
		油 酸	10	
		三乙醇胺	5	
2	水包油	矿物油（$\nu_{20℃} = 25 \times 10^{-6} m^2/s$）	80	具有较好的润滑性能、冷却性能、稳定性能和洗涤性能，不能乳化外来油
		不饱和醚（脂）	10	
		聚氧乙苯产品	10	
		聚氧烯烃化合物	2 ~20	
		碱金属或碱土金属脂肪、油酸钠	0.05 ~1	
		水		
3	水包油	甲醚（脂）混合物	3	有较好的冷却润滑性能
		山梨（糖）醇单油酸酯	0.8	
		聚氧乙基山梨（糖）醇单油酸酯	0.8	
		硬脂酸铝	0.3	
		矿物油（$\nu_{20℃} = 5 \times 10^{-6} m^2/s$）	35.1	
		水	60	

编号	乳化液类型	乳剂成分（质量分数）/%		主要使用性能
4	水包油	矿物油（脱芳香的柴油馏分）	1.5	冷却性能、润滑性能、稳定性与洗涤性均较好，起泡少，不腐蚀金属
		烷基酯类①	4.5	
		木聚醣-0	1.28	
		合成酰胺-5	0.31	
		硬脂酸铝	0.11	
5	水包油	司班（Span）-60	4.0 ~ 4.5	性能稳定，使用周期长，洗涤性好
		洗涤剂	15 ~ 17	
		机 油	余 量	

① C_{17} ~ C_{20} 级合成脂肪酸和 C_7 ~ C_{12} 级合成脂肪醇为基的酯类。

14.6.2 影响热轧乳化液润滑性能的因素

影响热轧乳化液润滑性能的因素有：

（1）乳化液的热分离性。热分离是指乳化液和温度较高的轧辊接触时所分离出的纯油量。当乳化液喷射到工模具或变形金属表面上时，由于受热，乳化液的稳定状态被破坏，分离出来的油吸附在金属表面上，形成润滑油膜，起防粘减摩作用。而水则起冷却作用。乳化液正是通过这种热分离性来达到润滑冷却的目的。热分离是乳化液非常重要的性能指标，它决定着乳化液的润滑性能。乳化液的热分离性取决于乳化剂，与乳粒的大小有关。乳化液的热分离随着乳粒平均尺寸的增大而增大。乳化液的热分离性除了乳化液本身性质外，基础油的黏度、添加剂、乳化液中油滴的尺寸及分布，乳化液的使用温度和时间等都会影响乳化液的热分离性，进而影响乳化液的使用效果。

（2）边界润滑性。边界润滑剂由乳化剂和自由脂肪酸构成。边界润滑性是影响轧制性能和轧件表面质量的重要因素。由于脂肪酸或油酸有化学活性，很容易吸附在金属的表面。轧制过程中，悬浮在乳化液中的大量铝粉，是脂肪酸或油酸的最大消耗剂。另外，脂肪酸或油酸与金属离子反应生成金属皂，也使其不断消耗。自由脂肪酸的含量大幅度减少，使边界润滑剂的作用降低，导致乳化液的润滑性能变差，致使轧件表面质量变坏。因此，对自由脂肪酸的含量必须进行控制，定期检测。

（3）乳化液的黏度。乳化液动力润滑靠黏度，黏度高的流动性不好，但物理吸附性能好，能提高润滑膜的强度，轧辊的凸处与板片的凸处接触易出现磨损、粘铝。乳化液在使用过程中，难免有各种机械润滑油漏入。这些杂油的进入，必然会改变乳化液的黏度，从而影响到乳化液的润滑性能。所以，实际生产中要采用撇油装置，将杂油含量降至最低。

（4）乳粒尺寸。铝热轧实践表明，乳粒尺寸偏大时，轧制性能较好，而乳化液的稳定性却较差；乳粒尺寸偏小时，乳化液的稳定性较好，而轧制性能却较差。因此，针对不同的轧机和不同的乳化液，要在生产实际中找出乳粒大小与轧制性能和乳化液稳定性之间的最佳结合点。乳粒大小的控制如下：

1）乳化液箱中的乳粒大小取决于乳化剂的作用。当乳化液的化学成分一定时，对于配制好的乳化液而言，乳粒大小是由乳化剂来决定的。调整乳化剂的含量，可以改变乳粒的大小。

2）喷射到轧机上的乳粒大小几乎完全取决于喷嘴的压力和喷嘴的孔径尺寸。乳化液在使用过程中，泵和喷嘴的机械剪切力的分离作用大大超过任何乳化剂的作用。所以，泵和喷嘴的压力导致乳粒尺寸变小。

3）乳化液中的金属离子（钙、镁、铁、铝等）导致乳粒增大。由于多价的金属阳离子降低了乳化剂的作用效果，相当于在同等条件下减少了乳化剂的数量，因而使乳粒尺寸增大。

4）在乳化液中加入碱或胺类物质会使乳粒变小。碱性物质与游离的脂肪酸结合，会生成更多的皂类物质，相当于在同等条件下增加了乳化剂的数量，因而使乳粒尺寸变小。

5）在乳化液中添加矿物油或漏进乳化液中的矿物油都会使乳粒增大。不论是人为加入的矿物油还是在使用中漏进的矿物油，这些多余的油都会冲淡乳化剂，导致乳粒尺寸变大。

14.6.3　热轧乳化液的用水及添加剂的作用

14.6.3.1　配制热轧乳化液用水

铝合金热轧过程用乳化液，通常情况下水的质量分数在95%以上，油只占2%~5%。配制乳化液用水一般有三种类型：硬水、软水、去离子水（纯水）。硬水（硬度大于1）及软水（硬度小于1）的pH值为7.5~8.2，电导率为300~400μS(25℃)。去离子水pH值为6.5~7.5，电导率为0~20μS(25℃)。硬水富含Ca^{2+}、Mg^{2+}，经软化处理后软水中Ca^{2+}、Mg^{2+}等离子较少，但Na^+却急剧增加，而去离子水中Ca^{2+}、Mg^{2+}、Na^+等金属离子含量均很低。配制乳化液选用何种类型的水，应根据生产厂所选用乳化油、设备配置状况等具体条件来决定。由于生产硬水、软水水源的水质状况受污染，季节变化等因素的影响，波动较大，水质难于控制。硬水或软水中富含的金属阳离子也易与乳化油中的润滑剂、乳化剂等成分发生反应，改变乳化油的有机成分。而随着乳化液中因补充水带入金属离子浓度的逐步提高，乳化液内在的物理化学平衡将很容易被打破，最终导致乳化液润滑性能、稳定性降低，使用寿命缩短，成本增加。所以，为了获得良好稳定的热轧乳化液，配制乳化液用水的最佳选择是使用去离子水。

14.6.3.2　热轧乳化液中添加剂的作用

乳化液中的添加剂种类有乳化剂、油性剂、极压剂、黏度调节剂、防锈剂、防腐杀菌剂、抗氧化剂、消泡剂等，乳化液中的添加剂的主要作用如下：

（1）乳化剂。由于两种互不相溶的液相，如油和水混合时不能形成稳定的平衡体系，故需加入表面活性剂，即乳化剂。乳化剂具有独特的分子结构，其分子一端有一个较长的烃链组成，能溶于油中，称为亲油基（疏/憎水基），而分子的另一端是较短的极性基团，它能溶于水中，称为亲水基（憎油基）。乳化剂集结在油水两相的分界面上，使油的微粒牢固地处于细小的分散状态，使制成的乳化液成为稳定油水平衡体系。乳化剂是由脂肪酸或油酸和三乙醇胺之类的胺皂物组成。乳化剂控制乳粒尺寸的大小，从而影响乳化液热分离性和乳化液本身的自净化功能，同时增加边界润滑。

乳化剂的性质取决于亲水基和亲油基的相对强度。如亲水基强则乳化剂易溶于水，难溶于油；相反亲油基强则易溶于油，难溶于水。为了定量表示乳化剂分子这种相对强度，目前广泛采用了亲水亲油平衡值 *HLB* 的观点，即乳化剂的 *HLB* 值越大，则表示亲水性越强；而 *HLB* 值越小，则表示亲油性越强。一般 *HLB* 值在 1~40。

（2）油性剂。乳化液的油性是指在流体润滑或混合润滑状态下，与金属表面形成吸附的能力以及吸附膜的强度。在混合润滑和缓和的边界润滑条件下油性剂起主要作用。

油性剂分子的极性基团依靠油性剂分子与金属表面的吸附（以物理吸附为主，有时还发生化学吸附），而烃链则指向润滑油内部。吸附在金属表面的油性剂分子垂直于金属表面，相互平行密集排列，相邻分子互相吸引，促使分子密集排列。油性剂分子的定向排列特性，使它能够形成层叠分子吸附膜，其厚度决定于定向基团的强度。这样的多分子层能够承受较大的压力。但又很容易滑移，起到抗磨、防止黏附和减少摩擦的作用。

（3）极压剂。极压剂的作用主要是在边界润滑状态下减少磨损，防止轧件表面大面积擦伤和乳化液在轧件表面烧结。极压剂通过摩擦化学反应生成反应膜来保护轧辊与轧件的接触表面。

油性剂分子在金属表面吸附所形成的吸附膜对温度很敏感，受热会引起解析、消向或膜熔化，因此油性剂的作用仅局限于工作温度低和产生摩擦热较少的润滑状态，也仅局限于轻负荷和相对滑动速度低的工作条件。与此相反，极压剂在高温条件下与金属表面化合并在凸处生成化合膜，然后化合膜扩展至凹处，并在金属表面形成一层极压膜，该膜具有较低的剪断强度，适用于边界润滑条件。因此，为了使乳化液既能用于在高、中、低温下轧制铝材，又能用于在高、中、低负荷下轧制铝材，乳化液中必须同时添加油性剂和极压剂。

（4）黏度调节剂。矿物油的黏度对温度很敏感，其黏-温性能随原油中烃的类型而定，一般由溶剂精制的润滑油而定。其黏度指数最多为 90~100，如要得到黏度指数比这更高的油品，则须在油中掺入黏度调节剂。黏度调节剂在不同温度下在油中呈不同的形态。低温时，长链高分子呈收缩状态，线团卷曲较紧，对油的内摩擦影响不大，但在较高温度时，高分子线团因溶胀而逐步伸展，体积和表面积不断增大，对油的流动形成阻力，使内摩擦力增大，从而对矿物油由于温度升高而造成的黏度下降进行一定的补偿。

（5）防锈剂。防止乳化液和轧件表面反应，影响表面质量。防蚀剂能有效地抑制轧件表面发生的化学反应，其特征为分子具有亲油基团的油溶性表面活性剂。防蚀剂的作用机理基本上同油性剂，作用是在金属表面形成一层吸附膜，把金属与水及空气隔开。另外，防蚀剂在油中溶解时常形成胶束，使引起生锈的水、酸、无机盐等物质被增溶在其中，从而间接防锈。

（6）防腐杀菌剂。杀死乳化液中的细菌，提高乳化液使用性能和使用寿命。由于乳化液都为循环使用，而且乳化液具有一定的温度，这样很容易滋生细菌，引起乳化液变质失效，导致使用周期缩短。为此乳化液中要加入防腐剂或杀菌剂，如有机酚、醛、水杨酸和硼酸盐等。然而，防腐剂或杀菌剂往往具有毒性，对皮肤有刺激性，使用寿命短，需要经常补充。

（7）抗氧化剂。防止乳化剂老化，延长乳化液使用寿命。氧化是使油品质量变坏和消耗增大的原因之一，同时产生的酸性物质、水及油泥等会对金属带来严重的腐蚀。另外，轧制过程常处于高温、高压条件下，这客观上加速了油品的氧化过程。凡是能提高油品在存储和使用条件下的抗氧化稳定性的添加剂称为抗氧剂。

（8）消泡剂。消除乳化液中的泡沫，稳定乳化液质量。

（9）其他添加剂。应根据使用要求选择，发挥其应有的作用，选择添加剂时，首先要弄清楚乳化液的物化性能和使用性能，其次要掌握好添加剂的使用方法和使用量。

14.6.4　热轧乳化液的配制、使用维护与管理

14.6.4.1　热轧乳化液的配制

A　59μ乳化液的配制

乳化液的制备通常是先将乳化剂、基础油、添加剂等配制乳化油，使用时再按比例兑水制成乳化液。制备的基本工艺流程如下：

基础油→加乳化剂→加添加剂→加热、搅拌→加乳化油→兑水→乳化液。

具体为将80%～85%的机油或变压器油加入制乳罐，加热至50～60℃，然后加入10%～15%的动物油酸（植物油酸可与基础油在室温下同时加入），加热并不停搅拌至60～70℃，再加3%～5%的三乙醇胺，继续搅拌30min，当温度降至40～50℃，按比例加入50～60℃水（软化水或去离子水），制备成50%的乳膏备用。

在清洗干净的轧机乳化液箱中加水（液位能满足轧机循环即可）。加热至30～40℃，然后将制备好的乳膏排放于乳化液箱中，轧机应不停地循环直到生产。

B　进口油的调配

由于进口油生产厂商已经将各类添加剂调配入基础油中，因此使用厂家可以直接向轧机油箱添加。首先对轧机乳化液循环系统进行清洁，必要时可加入清洗剂和杀菌剂进行清理，清洗完毕向油箱内加水（保持够循环液位即可），并加热至30～40℃备用，向轧机循环系统添加乳化油，添加乳化油的方式有两种：

（1）采用预混合的方式。即先在预混合箱中将乳化油和水经高速搅拌配制成高浓度的乳化液，然后用泵排放至轧机循环系统中。

（2）采用将乳化油通过乳化液系统主泵或过滤泵经高速剪切后进入乳化液系统中的方式。

14.6.4.2　热轧乳化液的使用参数

乳化液的使用参数主要包括浓度、温度、pH值、黏度、电导率、灰分等，不同的乳化液具有不同的使用参数。表14-35列出了59μ乳化液的使用参数。

表14-35　59μ乳化液热轧使用参数

参　数	热粗轧机	热精轧机
浓度/%	3～6	5～8
温度/℃	40～60	50～60
pH值	7.5～8.5	7.5～8.5
黏度(40℃)/mm^2·s^{-1}	10～15	10～15
电导率(25℃)/μS	150～400	200～600
灰分/%	<6×10^{-4}	<10×10^{-4}
每毫升细菌含量/个	<10^6	<10^6

14.6.4.3 热轧乳化液轧制时出现的问题及解决对策

轧制生产过程是一个复杂的系统，它不仅有轧辊的运动如机械传动、液压压下和相关辅助设备运转等，而且还包括轧件的变形。轧件的变形除了受轧制工艺影响外，还与自身特性如成分、组织密切相关。在轧辊与轧件之间还有工艺润滑剂等。上述各因素出现问题都会造成轧制生产故障。因此，一旦轧制过程出现故障就必须仔细分析产生事故的原因，包括设备、轧制工艺、轧件、工艺以制定出合理的措施加以解决。一般在轧制过程中轧制乳化液本身性能变化对润滑效果的影响规律见表14-36。

表14-36 轧制乳化液本身性能变化与润滑效果的影响规律

轧制液参数	润滑不足的原因	润滑过度的原因
轧制液浓度	太 低	太 高
pH 值	太高，大于6.5时	偏低，小于4.8时
轧制液温度	太低，小于60℃时	太高，大于70℃时
轧制液使用程度	新鲜液	旧 液
制备轧制液用水的性质	软水/偏碱性	硬 水
轧制液污染程度	液压油、分散剂、清洗剂、水、皂、轴承润滑剂及轴承材料等污染	轴承润滑剂及轴承材料，齿轮油，酸洗线带过来酸、盐类等污染

乳化液效果的优劣直接影响到轧制过程力能参数、工艺条件、轧件尺寸及轧后表面质量等。通过观察上述轧制工艺性能变化，能够推断此时润滑剂润滑性能是否合适，或者进一步做出调整。轧制生产中一些与乳化液润滑效果密切相关的工艺参数变化与润滑条件的关系见表14-37。

表14-37 影响轧制工艺参数的润滑条件识别

轧制工艺参数	润滑不足的表现	润滑过度的表现
乳化液浓度	低	高
添加剂含量	低	高
轧制力	高	低
轧制道次	多	少
轧制厚度	厚	薄
板 形	中 浪	边 浪
轧后表面	光 亮	暗 淡
退火表面	光 亮	油 斑
表面缺陷部位	板带底面	板带顶面
表面缺陷形式	黏着（啄印）	打滑（犁削）
卷 温	高	低
油 耗	低	高
轧机清洁度	干 净	脏

轧制表面缺陷实际上是与轧制有关的众多参数的综合反映，乳化液只是其中众多因素之一，热轧乳化液出现问题的原因及解决对策见表14-38。

表 14-38 热轧乳化液出现问题的原因及解决对策

问 题	产 生 原 因	解 决 对 策
粘 铝	乳化液润滑能力不足;金属与金属接触;乳化液酸含量太低	提高润滑能力;提高浓度;提高酸含量;提高黏度
轧板表面铝粉较多	润滑能力不足;酸值太低;铝粉太多	增加润滑能力;提高浓度;提高酸值含量;提高润滑脂含量;提高黏度;使乳化液油相颗粒尺寸变大
打 滑	乳化液润滑过剩;黏度太高;乳化液油相颗粒尺寸过大;外来杂油	降低润滑能力;降低浓度;使乳化液油相颗粒变紧;增加轧辊粗糙度;降低黏度;撇除杂油
金属之间黏结	轧辊温度太高;润滑不足;冷却能力不足;乳化液油相颗粒尺寸太小	增加润滑能力或冷却能力;增加浓度;降低乳化液稳定性;增加有机皂含量;增加润滑脂的含量
条 纹	不均匀的润滑层;润湿能力不足;酸值太高;乳化液油相颗粒尺寸太小	改善润湿能力;降低酸值含量;使乳化液油相颗粒尺寸变大;增加有机皂含量
轧制力高	乳化液润滑不足	增加润滑能力;增加浓度;增加润滑脂含量;降低乳化液稳定性;增加黏度
咬入困难	黏度太高;乳化液油相颗粒尺寸太大;咬入速度太低;金属温度低;轧辊粗糙度太低	降低润滑能力;降低浓度;使乳化液油相颗粒尺寸变小;降低黏度;增加轧辊粗糙度
蛋壳或橘斑	乳化液润滑能力不足;润滑膜不均匀	增加润滑能力;增加浓度;增加润滑脂含量;增加黏度;使乳化液油相颗粒尺寸变大
白色斑渍	轧板温度太低;乳化液吹扫系统不能有效工作;冷却能力太强	提高咬入温度;提高乳化液温度;降低乳化液流量;使乳化液油相颗粒尺寸变小;增加乳化液黏度
白色条纹	泡沫严重;冷却不足	添加消泡剂;检查供液泵

14.6.4.4 热轧乳化液的日常维护与管理

A 化学管理

a 浓度

浓度是乳化液最基本的指标之一,浓度太小,说明乳化剂含量太少,热分离出来的润滑油量必然不足,形成干摩擦状态,对轧辊寿命和轧件表面造成恶劣影响;浓度太大,说明乳化剂含量过高,乳化液的冷却和流动性变差,轧制的稳定性变差,容易造成轧辊过热,轧件咬入困难和表面不均。

生产中确定一种乳化液的最佳使用浓度的具体做法是:在使用新乳化液时,应以高于产品说明书中建议的使用浓度几个百分点为初始浓度进行轧制实验,待生产正常后观察其使用效果,再决定增减浓度。若此时生产正常,可按 0.5 个百分点逐步降低其使用浓度,即在满足正常轧制生产条件,保证产品质量的前提下,采用最低的使用浓度。

根据不同的轧制产品和轧制工艺,乳化液的使用浓度有所不同,一般为 2% ~10%。在轧制纯铝时,乳化液使用浓度可略高一些,而轧制较硬的铝合金时,乳化液的使用浓度相对较低一些。

检测乳化液中的含油量,每隔 4~6h 应检测一次,做到及时准确地添加新油和水。

b　黏度

疏水黏度代表了乳化液热分离后油相的黏度。乳化液是通过黏度和润滑添加剂来完成轧制润滑任务的。对于一定的轧制过程、轧机状态（如轧机的表面粗糙度）来说，润滑剂的黏度应该是一定的。但由于外来泄油如液压油、齿轮油、润滑脂等的干扰，润滑剂的黏度会发生较大的改变，影响轧制的稳定进行。因此，应通过日常检测及早发现黏度的改变，提前采取措施，以避免事故的发生。

主要检测疏水物黏度，每周至少测试一次，观察变化趋势，及时采取措施调整。

c　颗粒度的大小及其分布

乳粒大小和热分离之间的关系为：随着金属离子含量增加，乳粒尺寸增大；随着乳粒尺寸增大，热分离率增大。采用颗粒度分析仪，分析油粒平均尺寸及其分布，有条件的企业应每天检查一次。

d　红外光谱分析

采用红外光谱仪（FT-IR）分析计算油相中主要成分的百分比（脂、酸、皂、乳化剂），并观察变化趋势，适时添加。

e　灰分

灰分值增大，电阻率下降，说明乳化液中所含的金属离子含量增加。金属离子会削弱乳化剂的作用效果，使乳化液油相颗粒变大，使非离子表面活性剂的溶解度变小。它还会大量消耗有机酸，使在较低温度、压力下的轧制条件恶化。

检测乳化液中金属皂及金属微粒，每周检测一次，结合每天一次的电导率检测。

f　pH 值

采用酸度计能准确检测乳化液的 pH 值，每天至少一次。

g　生物活性

利用细菌培养基片检测乳化液中细菌含量，正常状况，每周一次，异常状况下应加大频次。一般细菌含量小于 10^6 个/mL 属于正常，不用采取措施，当细菌含量不大于 10^6 个/mL 时，应积极采取措施加以控制，如加杀菌剂或提高乳化液温度。

B　物理管理

a　乳化液的温度

乳化液箱内乳化液温度一般应控制在 60℃ ±5℃，在该温度下有很好的物理杀菌效果。另外，降低乳化液温度，会增加乳化液稳定性；提高乳化液温度，会增加乳化液的润滑性。根据乳化液使用温度实现可调，将有利于不同产品对冷却及润滑的不同要求。

b　过滤

过滤精度决定乳化液中杂质颗粒的大小及含量的多少。为去除乳化液中的金属及非金属残渣物，减少金属皂及机械油对乳化液使用品质的影响，乳化液必须经过过滤器过滤。目前过滤效果比较好的霍夫曼过滤器，可实现 24h 不间断自动过滤。所使用的无纺滤布过滤精度一般要求 2 ~6μm。

c　撇油

用撇油装置可将乳化液中漏入的杂油以及自身的析油撇掉，采用的方式有转筒、绳刷、带状布、刮油机等，一般要求这些装置长期不间断的运转，以保持乳化液清洁度。

d 设备的清刷、乳化液置换与乳化液使用周期

定期对轧机本体以及乳化液沉淀池等进行清刷，同时用新油对乳化液进行部分置换，保持乳化液稳定的清洁度，维持乳化液组分的平衡。

乳化液使用周期的长短是反映乳化液维护与管理水平高低的综合指标，延长其使用寿命也是加强乳化液维护与管理的主要目的。乳化液腐败变质到什么程度才要更换，目前还没有一个统一的标准，但是，如果乳化液发生腐败变质常伴随下列现象发生：乳化液析油、析皂严重；表面有一层发黑的霉变物质，并散发着腐烂的气味；乳化液 pH 值急剧降低，对金属的腐蚀增强；轧后表面质量下降等。如果有上述现象的发生就可以认为此时乳化液已腐败变质，必须更换。

15 铝合金连续铸轧技术

15.1 连续铸轧法的特点和分类

15.1.1 双辊连续铸轧法的特点

目前，铝合金连续铸轧的主要结构形式是双辊连续铸轧，双辊连续铸轧过程就是在两个相对旋转被水冷却的轧辊的辊缝间不断输入液态金属，通过冷却、铸造，连续轧出板卷坯料。其特点是：

（1）将铸和轧生产结合在一个工序完成，并实现生产过程的连续化，从而省去了铸锭及热轧工序，降低了成本。

（2）设备简单、占地小、投资少、建设速度快。

（3）工艺简单、维护方便。

15.1.2 双辊连续铸轧法的分类

按金属浇铸流向可分为：

（1）倾斜式。金属浇铸流向与地面水平线成一定角度，一般为15°，或两辊中心连线与地面垂直线成一定角度，如图15-1所示（以亨特轧机为代表）。

（2）水平式。金属浇铸流向与地面水平线平行，或两辊中心连线与地面垂直（以3C法轧机为代表）。

按轧辊辊缝控制系统可分为：

（1）预应力式。上、下辊轴承箱间放置垫块，预设辊缝，压上缸给定一个压力，使轴承箱与垫块完全压靠，该力大于最大轧制力，机座处于预应力状态。需在线调整辊缝时，要使系统瞬时降压，调整垫块。

（2）非预应力式。在有载或无载的情况下电动增压器控制压下缸的压下位置，压力大小由轧制力建立，每侧可单独控制。

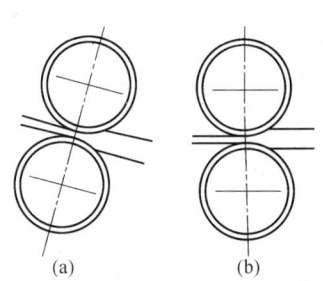

图 15-1 金属浇注流向
（a）倾斜式；（b）水平式

按轧辊驱动方式可分为：

（1）集中驱动。用一台电机驱动两个铸轧辊，上、下辊的辊径差要求小于1mm，两辊线速度有差异，结晶凝固前沿中心线不对称。

（2）单独驱动。即上、下轧辊分别由两台电机驱动，上、下轧辊的结晶速度和表面质量有差异。

按辊径大小可分为：

（1）标准型。常用铸轧辊的辊径有 $\phi650mm$、$\phi680mm$ 等。

（2）超型。常用铸轧辊的辊径有 $\phi960mm$、$\phi980mm$、$\phi1000mm$、$\phi1050mm$ 等。

按板坯厚度可分为：

（1）常规板铸轧。板坯厚度 6~10mm，铸轧速度一般小于 1.5m/min。

（2）薄板快速铸轧。板坯厚度 1~3mm，一般铸轧速度为 10~12m/min，其铸轧速度最大可达 30m/min 以上。

15.2 连续铸轧的生产工艺流程

15.2.1 连续铸轧的生产工艺流程简介

铝带坯连续铸轧工艺生产主要流程是合金的配置、熔炼、扒渣、搅拌、成分分析、保温、熔体经在线除气、过滤、浇注（由供料嘴输送至铸轧机两辊缝间）、铸轧、引带、卷取等，具体如下：

（1）合金的配置及熔炼。首先根据合金成分进行配、备料，在熔炼炉中将备好的铝锭、中间合金或金属添加剂，熔炼炉熔化后的铝熔体通过扒渣、搅拌，分析成分合格后，将温度控制在 735~755℃导入静置炉，液体在静置炉中进行静置、精炼后，控制静置炉熔体温度 730~745℃。

（2）浇注及铸轧。精炼后的铝熔体温度控制在 730~745℃，流口进入流槽，在流槽的铝熔体中加入 Al-Ti-B 丝晶粒细化剂，再将铝熔体导入净化处理装置。铝熔体从净化处理装置流出后，进入可以控制液面高度的前箱内。通过前箱底侧的横浇道流入由保温材料制成的供料嘴中，液体金属靠静压力由供料嘴直接进入一对相反方向旋转的铸轧辊中间。与两辊表面接触的铝熔体，其热量通过辊套传送给辊内冷却水导出。这时，铸轧辊使液体金属快速结晶。随着铸轧辊的转动，铝熔体的热量不断通过凝固壳被铸轧辊带走，结晶前沿温度持续下降。结晶面不断向熔体内部推进，当上下两个结晶层增厚并相遇时，即完成了铸造过程而进入了轧制区，受轧制变形成为铸轧带坯。连续铸轧过程主要在铸轧区，铸轧区是指两辊中心连线，又称轧辊中心线到铸嘴前沿之间的区域。

（3）铸轧带坯引出及卷取。铸轧带坯离开轧辊，经牵引机送进机列，切掉头部，至卷取机，卷成所需直径的大卷。当板带坯达到给定尺寸时，切断卸卷，再重新开始下一个卷。

由此可见，从铸轧辊的一方不断供应液体金属，从铸轧辊的另一方不断铸轧出板带坯，使进、出铸轧区的金属量始终保持平衡，这样就达到了连续铸轧的稳定过程。

15.2.2 几种连续铸轧机的工艺流程示意图

尽管连铸轧机有许多种规格型号，但它们的工艺过程都基本相同。典型的双辊垂直式铸轧机工艺流程如图 15-2 所示，双辊倾斜侧式铸轧机工艺流程如图 15-3 所示，双辊水平式铸轧机工艺流程如图 15-4 所示。

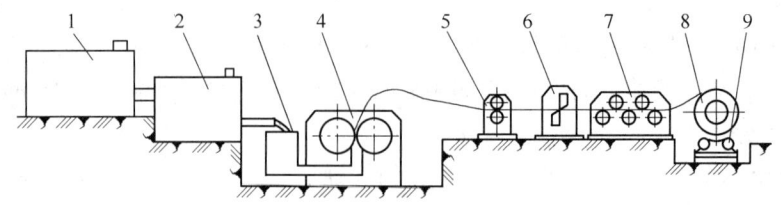

图 15-2 双辊垂直式铸轧机工艺流程图
1—熔炼炉；2—静置炉；3—前箱；4—铸轧机；5—牵引机；
6—剪切机；7—矫直机；8—卷取机；9—运卷小车

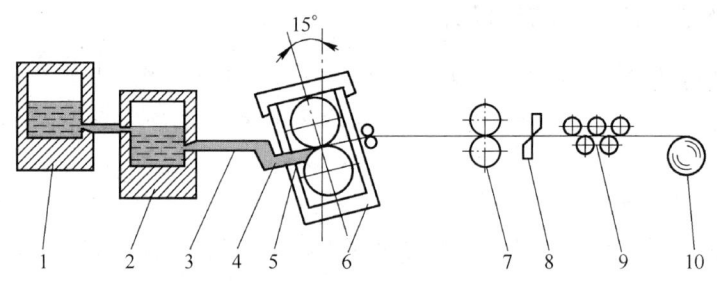

图 15-3 双辊倾斜式铸轧机工艺流程示意图
1—熔炼炉；2—静止炉；3—流槽；4—前箱；5—铸嘴；6—铸轧机；
7—牵引机；8—剪切机；9—矫直机；10—卷取机

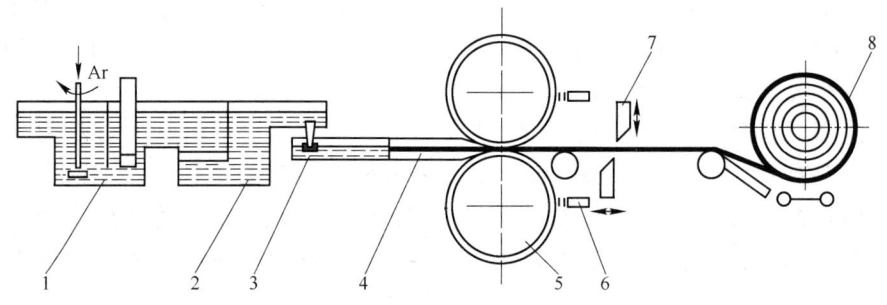

图 15-4 双辊水平式铸轧机工艺流程示意图
1—除气系统；2—过滤系统；3—液面控制；4—铸嘴；5—铸轧机；6—喷涂系统；7—剪切机；8—卷取机

15.3 连续铸轧的主要工艺参数

由熔体到铸轧成带坯的过程是在供料嘴前端到两轧辊中心连线之间的数十毫米的范围内完成的。为了稳定进行连续铸轧，工艺参数必须合理配合好。

连续铸轧过程中主要工艺参数有铸轧区长度、铸轧速度、铸轧温度、前箱液面高度、嘴辊间隙、冷却水强度及用量、铸轧力、铸轧角等。它们之间存在着密切的内在联系。在辊径一定、带坯厚度一定的正常铸轧条件下，这些主要工艺参数中任何一个参数有所变化，其他的参数也要随着改变，才能确保铸轧的稳定性。

15.3.1 铸轧区长度

铸嘴出口端到两轧辊中心联线的距离被称为铸轧区。铸轧区是两辊之间一个近似梯形的区间，铝液在这几十毫米的区间经 2~3s 的时间完成凝固和轧制，即在此区间要瞬时完成铸和轧两个过程，而且铸轧带坯的组织就是在这个区间形成的，因此必须严格控制铸轧区长度。图 15-5(a)为水平式铸轧机铸轧区示意图，图 15-5(b)为倾斜式铸轧机铸轧区示意图。

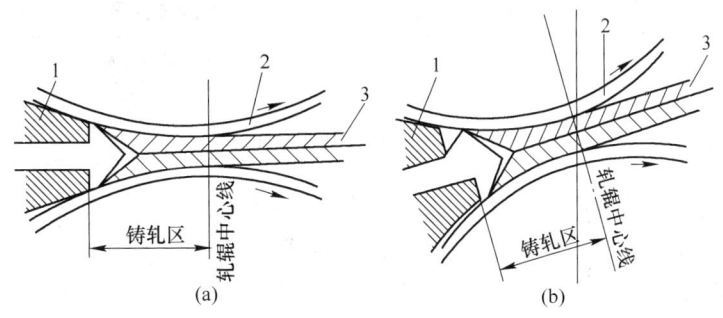

图 15-5 连续铸轧的铸轧区示意图

(a) 水平连续铸轧的铸轧区；(b) 倾斜式铸轧的铸轧区

1—供料嘴；2—铸轧辊辊套；3—带坯

15.3.1.1 铸轧区的分类

A 按铸轧区中金属的状态分类

按铸轧区中金属的状态可将铸轧区分为液相区、固液区、固相区。

铸轧时，带坯的结晶是从铸轧辊表面向铸轧坯中心扩展。因铸轧区呈楔形，随着铸轧辊的不断旋转，同时热量又垂直于铸轧辊表面不断由冷却水带出，与液相线温度相一致的等温面便逐渐的向熔体深处推移，对于具有一定结晶温度范围的合金，这个等温面相当于结晶开始面。而等同于不平衡固相线温度的等温面，则为结晶结束面。包含在结晶开始面和结晶结束面之间的区域，由固相和液相两相组成，称为固液两相区。所以铸轧区可分为三个区，即液相区、固液区、固相区，如图 15-6 所示。在固液两相区范围内固相的体积分数由液相线向固相线方面逐渐增

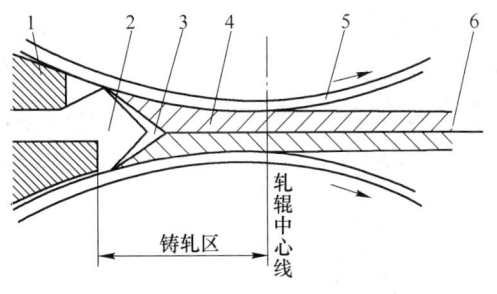

图 15-6 双辊倾斜式铸轧的铸轧区分区示意图

1—供料嘴；2—液相区；3—固液区；
4—固相区；5—铸轧辊辊套；6—带坯

加，凝固层因此逐渐增厚。因液体金属与两个铸轧辊同时接触，同时结晶，且结晶条件相同，形成凝固壳速度和厚度也都相等。在形成凝固壳的同时，由铸轧辊带动向前运动，黏合，变形，形成铸轧带坯。

a 液相区

液相区又称液穴区，该区域的金属全是液态。

为了保证连续铸轧过程的顺利进行，必须将铸轧区的三个区（液相区、液固两相区和固相区）形状与深度控制在一定范围内，如果液穴长度太小，则液体金属尚未与铸轧辊表面接触就凝固，使铸轧生产中断。反之，如果液穴长度太长，则铸轧机的加工率小，轧制作用不明显，如果液穴的顶端超过 C-C 面（即轧辊中心线），则板坯中心尚未凝固就脱离了铸轧辊，会产生热带缺陷，对生产不利。因此，生产中一般要控制液穴的深度。

在表 15-1 所列条件下，实测了液穴形状，其形状如图 15-7 所示。

表 15-1 实测的连续铸轧液穴形状及尺寸时的工艺参数

前箱熔体温度/℃	铸轧速度/mm·min⁻¹	铸轧区长度/mm	带坯厚度/mm	铸轧辊辊套厚度/mm	铸轧辊外径/mm	铸轧辊辊套材料	进水温度/℃	出水温度/℃
685	970	57	7.8	49.1	619	炮钢	17.5	18.5

双辊式连续铸轧机铸轧时，铸轧辊金属界面传热、凝固的情况比较复杂，铸轧区铝液穴深度随着铸轧工艺参数的变化而变化，其变化规律如图 15-8 所示。图 15-8 是以 $\phi650$mm 铸轧辊为例（辊面入口温度为 40℃，铸轧区长度为 45mm，铸轧带坯厚度为 8mm），说明液穴深度与各参数之间的关系。

由图 15-8 可知，在相同工艺条件下：液穴深度随着铸轧辊面线速度、铸轧带坯厚度、铸轧区长度的增加而增加；随着液体金属温度的升高而增加。

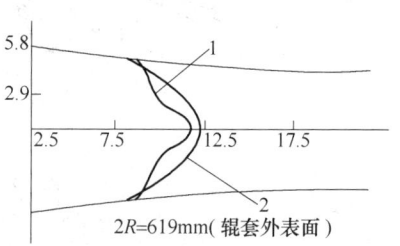

图 15-7 铸轧区内的液穴形状
1—理论形状；2—实测形状

通过计算可知，液穴深度为铸轧区的 1/4 左右是产品质量稳定、生产控制较为理想的工艺参数范围。文献指出，正常生产时测得的液穴深度应为铸轧区的 15%～30%。当液穴深度小于铸轧区的 15% 时，虽然铸轧带坯的塑性较好，但铸轧过程不稳定，一是极易因凝固太快而损坏供料嘴；二是轧制力增大。当液穴深度超过铸轧区的 30% 时，在铸轧带坯的横断面上容易发生金属在铸造区没有完全凝固就进入轧制区，从而形成"热带"废品。所以，在生产现场较为理想的液穴深度应控制在铸轧区的 20%～25%。

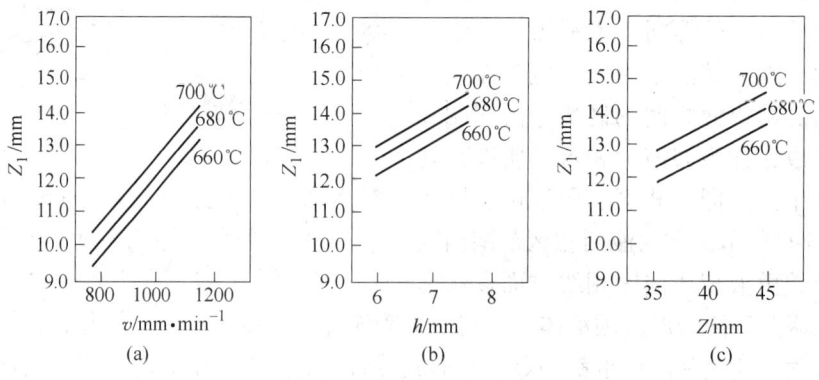

图 15-8 液穴深度与各参数之间的关系
（图中温度为供料嘴出口处铝熔体温度）
（a）与铸轧速度的关系；（b）与铸轧带坯厚的关系；（c）与铸轧区长度的关系

b 固液区

固液区又称糊状区或铸造区，在此区域的金属正处在凝固之中，其长短与合金的结晶区间有关。结晶区间大的合金，其区域稍长，纯铝较短。铸轧时，冷却速度较快，该区域也较短。

c 固相区

固相区又称变形区或热加工区，此区域的金属已完全凝固。固相区的特点是：固相区随着铸轧速度的增加而减小，随铸轧区的增加而相应增加；在铸轧区和铸轧速度相同的条件下，板厚减薄，固相区增加；在轧制的同时，轧辊对金属不断地进行冷却，铸轧带坯出辊时的温度要比该材料的固相线温度低得多；在相同的板厚条件下，铸轧区越大，铸轧速度越慢，辊套厚度越薄，铸轧带坯出辊温度越低，热加工率也越高。

B 按照铸轧区内金属的变形特征分类

按铸轧区内金属的变形特征可将铸轧区分为冷却区、铸造区、变形区。

由图15-9可见，铸轧区可分为 Z_1、Z_2、Z_3 3个区。Z_1 是冷却区，铝熔体在此区域冷却到结晶温度，Z_2 是铸造区，铝熔体在此区域完成铸造过程，Z_3 是轧制区，即两辊对铸坯进行轧制的变形区。根据铸轧工艺条件的不同，各区长度存在一定的比例关系。

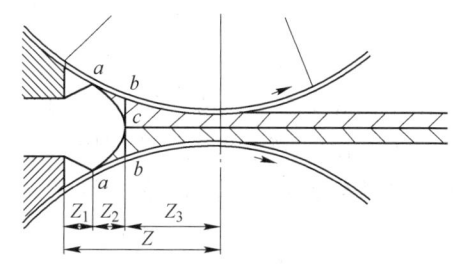

图15-9 双辊水平式铸轧的铸轧区示意图
Z—铸轧区；Z_1—冷却区；Z_2—铸造区；Z_3—轧制区

双辊式连续铸轧的铸轧区与铸轧辊的冷却强度、铸轧辊的线速度、带坯厚度等有直接的关系。在工装条件相同的情况下，其变化范围较小。在相同的铸轧条件下，铸轧区增加，可以提高铸轧速度。当铸轧区超过一定值时，铸轧速度的变化不大。对每一种合金，都有获得最大速度的铸轧区。

15.3.1.2 铸轧区的计算

A 铸轧区长度的计算公式 I

按照铸轧区内金属的变形特征分类方法，采用欧美等国计算方法，主要考虑金属氧化膜的表面张力、金属熔体的密度、前箱液面与供料嘴的高度差、出坯速度、铸轧坯的凝固速度和铸轧辊半径等因素，推出了铸轧区长度的计算公式。

a 冷却区长度 Z_1 的确定

在计算 Z_1 长度时，假设供料嘴出口端与铸轧辊之间铝熔体因表面张力作用而形成一圆柱氧化膜，可近似地把该氧化膜的曲率半径认为是 Z_1 长度。而氧化膜的存在是熔体表面张力的附加压强，与前箱内熔体静压强相平衡的体现。因此，氧化膜表面张力施加给熔体的压强为：

$$p_{膜} = \frac{\sigma_{bz}}{R_{膜}} \tag{15-1}$$

式中 $p_{膜}$——氧化膜表面张力给熔体的压强，Pa；

σ_{bz}——表面张力系数，N/cm；

$R_{膜}$——熔体氧化膜的曲率半径，cm。

铸轧区内铝熔体因受到前箱中同水平的熔体的静压强作用，对熔体氧化膜的压强为：

$$p_{静} = H\rho g \tag{15-2}$$

式中　$p_{静}$——前箱熔体静压力造成的压强，Pa；

　　　H——前箱熔体水平面与氧化膜之间的高度差，cm；

　　　ρ——熔体密度，kg/cm^3；

　　　g——重力加速度，m/s^2。

在这两种压强作用下，氧化膜处于平衡状态，即 $p_{膜} = p_{静}$，则

$$\frac{\sigma_{bz}}{R_{膜}} = H\rho g \tag{15-3}$$

若取 $R_{膜} \approx Z_1$，则

$$Z_1 = \frac{\sigma_{bz}}{H\rho g} \tag{15-4}$$

b　铸造区长度 Z_2 的确定

由于铸轧辊直径比铸轧区内的带坯厚度大得多，因此，可视铸轧区的铸轧辊面为两平行的平面。由图 15-9 可见，当铝熔体于辊面 a 点处开始凝固，经过 t 秒后，铸轧辊转到 b 点时，两侧凝固层在 c 点相遇。此时，b 点至 c 点的距离 s 为：

$$s = \frac{h + \Delta h}{2} \tag{15-5}$$

式中　h——带坯出口厚度，mm；

　　　Δh——绝对压下量，mm。

设平均凝固速度为 v_{ng}，则

$$v_{ng} = \frac{s}{\tau} = \frac{1}{2}(h + \Delta h)/\tau \tag{15-6}$$

式中　v_{ng}——平均凝固速度，mm/min；

　　　τ——铸轧坯凝固时间。

铸轧辊从 a 点转到 b 点的距离为 Z_2，如果忽略铸轧辊和带坯之间的相对滑动，其表面线速度即为铸轧速度：

$$v_Z = \frac{Z_2}{\tau} \tag{15-7}$$

式中　v_Z——铸轧速度，mm/min。

因为铸轧辊从 a 点转到 b 点的时间和铸轧区液态金属与辊面接触开始结晶到两侧凝固层在 c 点相遇的时间相同，所以有

$$\frac{h + \Delta h}{2v_{ng}} = \frac{Z_2}{v_Z} \tag{15-8}$$

即

$$Z_2 = \frac{v_Z(h + \Delta h)}{2v_{ng}} \tag{15-9}$$

c 变形区长度 Z_3 的确定

轧制变形区长度 Z_3 可用轧制弧度表达：

$$Z_3 = \sqrt{R \cdot \Delta h} \tag{15-10}$$

Z_1、Z_2、Z_3 之和为铸轧区长度 Z，即 $Z = Z_1 + Z_2 + Z_3$。也就是说铸轧区长度 Z 为：

$$Z = \frac{\sigma_{bz}}{H \rho g} + \frac{v_Z(h + \Delta h)}{2 v_{ng}} + \sqrt{R \cdot \Delta h} \tag{15-11}$$

B 铸轧区长度的计算公式 II

根据文献，利用铸轧区的几何特性，建立其计算公式，即

$$L = \frac{E - \Delta x}{2} \tag{15-12}$$

$$E = \sqrt{\frac{D^2 B_1^2}{\Delta x^2 + B_1^2} - B_1^2} \tag{15-13}$$

$$B_1 = a - D - h \tag{15-14}$$

式中 D——铸轧辊直径，mm；

Δx——上铸嘴相对下铸嘴缩回的绝对值，mm；

a——下铸嘴前沿垂线与上铸轧辊交点的纵坐标和上铸嘴前沿垂线与上铸轧辊交点的纵坐标之和，mm；

h——铸轧带坯厚，mm。

式（15-12）就是铸轧区长度计算式，它与辊径及供料嘴下嘴的前伸量有关。

通过在双辊水平式实验铸轧机和工业生产条件下的双辊水平式铸轧机上进行实验，测取了相关参数，并将实测数据与式（15-12）计算值（理论值）进行比较，比较结果见表15-2。

表 15-2 铸轧区总长度理论值与实测值的比较

序 号	原 始 数 据				式（15-12）计算值 L_1/mm	实测值 L/mm	误差/%
	a/mm	D/mm	h/mm	Δx/mm			
1	3.9	130	4.23	2.5	15.95	17	6.0
2	3.4	130	4.18	2.5	15.13	16	5.4
3	13.5	640	7.41	5	41.47	42	1.3
4	13.6	640	7.40	5	41.31	43	4.1

比较结果表明，理论值与实测值非常接近，说明理论计算式是可信的，因此可以用于工程计算与控制。

合理选择铸轧区长度是非常重要的，它对带坯质量起着决定性的作用。铸轧区长度偏小时，势必减慢铸轧速度，并使带坯加工率减小，各工艺参数调整范围也小。增大铸轧区长度，既可提高铸轧速度，又可增大加工率，使带坯组织致密些，性能也有所提高，工艺参数控制范围也大一些。通常，在其他条件允许时，铸轧区长度尽量大，但却受设备能力

等其他条件的严格制约。铸轧区的长度又
受轧制力和轧辊直径的限制。

在铸轧辊径一定时，铸轧区不能太
长，只是在一定范围内波动。铸轧带坯中
心处的温度变化与铸轧区长度的关系如图
15-10 所示。该图结果是测定的工业纯铝，
带坯厚度为 7.0mm，辊套厚度为 37.7mm，
铸轧速度为 835mm/min，前箱熔体温度为
685℃。由图可见，铸轧区长度的变化对

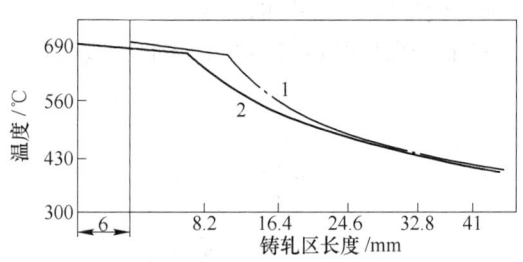

图 15-10　带坯中心温度与铸轧区长度的关系
1—初始数据；2—增加 6mm 后的数据

轧制区长度有影响，而对铸造区长度几乎没有影响。铸轧区长度增加约 6mm，铸轧速度可
提高 2.1mm/min。

15.3.1.3　决定铸轧区长度的因素

铸轧区的长度受铸轧辊直径和铸轧机的类型、冷却条件、加工变形率等的影响。

A　铸轧辊直径对铸轧区的影响

在供料嘴出口端宽度一定时，铸轧辊直径越大，铸轧区长度也越大。铸轧区长度的表
达式为：

$$Z = R\sin\beta \tag{15-15}$$

式中　β——铸轧角；

　　　R——铸轧辊半径。

式（15-15）只适用于倾斜式和水平式铸轧机。

B　铸轧机类型对铸轧区的影响

对于垂直上注式铸轧机，熔体从下往上进入铸轧区内，在立板时，依靠轧辊转动将熔
体带出辊缝。如果铸轧区太长，相应地前箱熔体水平偏低、静压强偏小，在开始流入铸轧
区内的熔体，由于其本身重力的作用，将会凝固在供料嘴内，无法正常出板。所以，垂直
上注式的铸轧区不能太长。同时受铸轧区长度限制，轧辊直径也不能太大。

对于倾斜式和水平式铸轧，熔体开始进入铸轧区内时，是从下面或水平方向注入，不
受熔体重力影响，通过两辊的转动都可将熔体带出辊缝，辊径大小不受限制，铸轧区也就
随辊径的变化而变化。一般而言，ϕ650mm 铸轧机的铸轧区最大长度为 50mm，ϕ980mm
铸轧机的最大长度为 70mm。

C　冷却条件对铸轧区的影响

铸轧区长度不仅取决于轧辊直径大小，还和冷却条件有关。由于辊内的冷却水流量只
能达到一定值，影响辊套的热交换量。通常，铸轧区越长，传递的热量也越多。因铸轧区
长度受到冷却条件的限制，铸轧区长度不能太短。

D　加工变形率对铸轧区的影响

加工率对铸轧区长度也有一定的影响。因为铸轧区越长，咬入弧就越大，加工变形率
也越大。铸轧法属于无锭轧制，当加工变形率大到一定值时，被轧制的固态金属表面开始
与轧辊贴合，不产生相对运动，而中心部分却受到向后的挤压力。由于这种挤压力作用，
使在两侧辊面开始凝固的硬壳，还未相遇时，就受到挤压力的作用而发生变形。当这种挤

压力的作用很大时，就可产生相对滑动，使液穴变小。这种滑动发生在凝固的硬壳内部时，将造成铸轧带坯分层缺陷，而发生在硬壳表面时，将使铸轧带坯出现裂纹。因此，加工变形率受到限制，也限制了辊径一定时的铸轧区长度。

15.3.2　铸轧速度

铸轧带坯在变形区内的速度与热轧轧件的相似，因此，在中性面上，带坯的速度与铸轧辊的速度相同，在中性面的前后区段内，铸轧辊与带坯之间存在着相对滑动。对于铸轧过程而言，由于带坯在冷却区和铸造区内为液态，因而不存在轧制外区对轧制区的影响。铸轧速度是指轧辊外径的圆周线速度。在实际生产中，为了方便起见，一般测定铸轧带坯速度来了解铸轧辊线速度的大小。带坯的速度与铸轧辊表面线速度相比大一前滑量，铸轧时带坯前滑量为 5% ~8% 。

在铸轧过程中，改变某一个工艺参数时，其他工艺参数必须随之改变，才能保持连续铸轧的稳定性。其中以铸轧速度与各工艺参数之间的关系最为密切，而且在实际生产操作中，铸轧速度的调整最为方便，也最直接。因此，铸轧速度尤显重要。

铸轧速度与液穴有密切关系，当铸轧速度增加到某一临界值时，结晶前沿朝着铸轧辊出口平面移动，液穴加深，直至金属来不及凝固，液态金属从辊缝流出，影响正常轧制。因此，铸轧速度存在一个极限速度，即在临界液穴稳定轧制的最大速度。

为了保证铸轧过程的连续性，铸轧速度应与铝熔体在铸轧区内的凝固速度成一定的比例关系。铸轧速度远大于铝熔体凝固速度时，易使铸轧带坯冷却不足，甚至在板坯中心尚未完全凝固的条件下就离开了铸轧辊，破坏了铸轧过程。若铸轧速度低于熔体的凝固速度，使铝熔体在铸轧区内停留时间过长，造成过度冷却，以至于铝液在供料嘴内凝固。因此，铸轧速度必须与液体金属的凝固速度相配合。每一种合金规格，都有其获得最大速度的铸轧区。在生产中通常采用较低的铸轧温度，能获得较高的铸轧速度。

15.3.3　铸轧温度

在稳定条件下，铸轧温度一定时，前箱温度也就一定了。由于前箱内的熔体温度容易测量，在正常铸轧时前箱熔体温度与流入铸轧区液穴中的熔体温度相差很小，因此铸轧生产前箱内熔体的温度也称为铸轧温度。在铸轧过程中，经常用热电偶监测前箱熔体温度来监控铸轧温度，以使铸轧区熔体温度保持稳定和使铸轧过程中凝固速度恒定。生产中铸轧温度应保持稳定。

铸轧温度的选定，必须充分考虑熔体从静置炉流出经流槽和净化装置进入前箱，再经横浇道（分配器）和供料嘴到达铸轧区整个流程中的热量损失。尤其是在设计新的铸轧生产线时，要考虑静置炉出口到前箱的长度及温降，并保证金属在流入前箱过程中温度散失较小。另外，还要考虑到流槽系统的保温性能、气候、车间的环境温度等。

众所周知，当炉内熔体温度过高或局部过热，不仅增大能源消耗，而且会使晶粒粗大。实践证明，一旦炉内熔体温度过高或局部过热，即使将其温度降到正常温度，也不能消除温度过高对粗大晶粒的影响。因此，控制熔炼炉和静置炉内的熔体温度也就是控制了前箱温度，它对稳定铸轧工艺和提高铸轧带坯质量是极为重要的。熔炼炉、静置炉的熔体温度控制见表 15-3。

表 15-3   熔炼炉、静置炉的熔体温度

合　　金	熔炼炉熔体温度/℃	静置炉熔体温度/℃
1××	700 ~ 750	735 ~ 750
8××	700 ~ 750	740 ~ 750
3××	720 ~ 760	745 ~ 755

铸轧温度过高也是增大含气量和裂纹的主要原因，铸轧温度过高，使带坯不好成型或使带坯质量下降；铸轧温度过低，熔体将在铸嘴腔内凝固。实践证明，在满足铸轧工艺要求的前提下，铸轧温度稍低些好，通常以 685 ~ 710℃ 为宜。铸轧温度低，不仅可使铸轧带坯晶粒细化，而且还能获得较高的铸轧速度，从而提高生产率。

15.3.4   前箱液面高度

从铸轧原理可知，整个浇注系统是一个 U 形连通器，前箱内液面金属的高度，就决定着供料嘴出口处金属压力的大小，液面高度控制不好，铸轧过程就不能正常进行。铸轧区中，凝固瞬间的熔体供给和保持所需的压力，都是通过前箱熔体液面高度的静压强来控制的。原则上，在保证熔体表面氧化膜不被破坏的条件下，前箱液面高度越高越好。因为此时液穴中的熔体对结晶面的压强大，不仅能保证熔体凝固的连续性，而且能获得致密的组织。

如果前箱液面高度较低，静压强较小，则表现为熔体在结晶前沿供给不足，在带坯横截面中心处易出现孔洞或带坯表面上出现裂纹或热带。若前箱液面很低，熔体就不会涌入铸轧区，而停留在供料嘴腔内，时间稍长，可能发生凝固，使铸轧带坯连续性被破坏，出现板面孔洞。若液面过高，则熔体静压强过大，易使铸轧带坯表面起棱，或带坯表面上压有被冲破的氧化膜，造成氧化膜折叠缺陷，降低带坯表面的质量。如前箱熔体液面太高而供料嘴间隙又过大，则易冲破氧化膜，熔体进入嘴辊间隙，使铸轧无法进行。前箱液面高度的调整，主要是调整前箱静压力和液膜表面张力的关系，在维持 $p_膜 = p_静$ 的平衡条件下进行调整。

15.3.4.1   前箱液面高度的控制

图 15-11 所示为前箱液面高度示意图，在双辊下注式连续铸轧中，前箱液面高度 H 受两个因素控制：前箱高度不应低于 $y + h_1$，否则液体金属不能供应到液穴顶端；前箱内液柱的静液压强（h_2 段液所产生的静压强）应小于氧化膜表面张力对被包拢铝液体的附加压强。由上述可知前箱液面高度应在 $y + h_1$ 到 $y + h$ 的范围内选定。

15.3.4.2   前箱液面高度的计算

A   前箱液面高度的计算公式 I

铸轧时，氧化膜表面张力附加压强 $p_膜$ 和金属熔体静压强 $p_静$ 之间可能有 3 种情况：

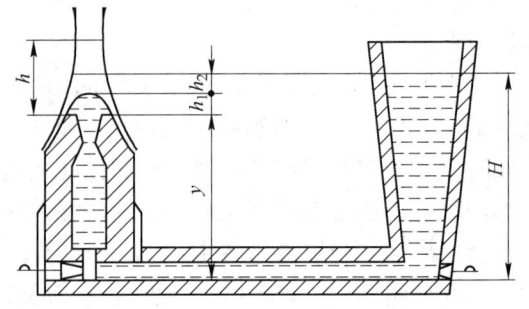

图 15-11   前箱液面高度示意图

H—前箱高度；y—供料嘴到横浇道高度；h_1—液穴高度；h—铸轧区长度；$h_1 + h_2$—前箱液面高出铸嘴的高度

（1）$p_{膜}=p_{静}$。当正常铸轧时，前箱液面高度的压强 $p_{压}$ 与氧化膜附加压强 $p_{静}$ 之间处于平衡状态时，由式（15-3）可以得出：

$$H = \frac{\sigma_{bz}}{R_{膜}\rho g} \tag{15-16}$$

此时，氧化膜表面张力附加压强与金属静压强相平衡，氧化膜不会破裂，铸轧可连续进行，铸轧带坯表面正常。

（2）$p_{膜}>p_{静}$。当 $p_{膜}>p_{静}$ 时，表明熔体液面水平低，氧化膜受到的静压强较小，不易破坏，带坯表面质量保持良好。但当前箱液面高度低于某一限度时，则由于熔体供应不足，带坯内易产生空洞、热带缺陷。

（3）$p_{膜}<p_{静}$。当 $p_{膜}<p_{静}$ 时，金属静压强大于氧化膜表面张力附加压强时，熔体液面偏高，金属静压强增加，氧化膜极易破坏。轻则带坯表面出现氧化物折叠，严重时铸轧无法继续。

B 前箱高度的计算公式 Ⅱ

设前箱液面高度对下侧嘴辊间隙处的铝熔体产生的压力为 Δp，如图 15-12 所示，则

$$\Delta p = \rho g (H'' + H') \tag{15-17}$$

$$H' = Z\sin15° + (R - \sqrt{R^2 - Z^2} + \delta/2)\cos15° \tag{15-18}$$

式中 ρ——铝熔体密度；

H''——前箱液面至辊缝中心的高度；

H'——铸轧机倾斜 15°产生的附加高度；

R——铸轧辊半径；

Z——铸轧区长度；

δ——铸轧带坯厚度。

间隙处铝熔体表面膜的表面张力所产生的最大附加压力 $\Delta p'$ 为：

$$\Delta p' = 2\sigma/d_c \tag{15-19}$$

式中 σ——铝熔体表面膜张力；

d_c——嘴辊间隙。

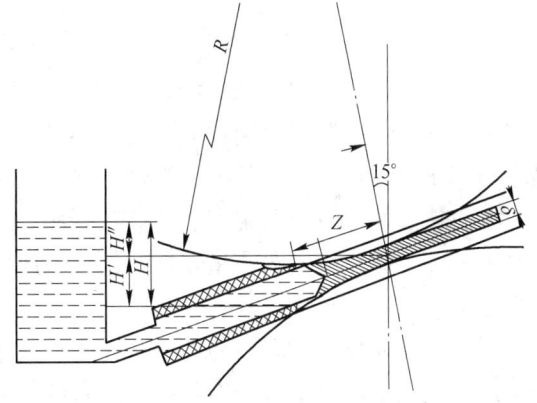

图 15-12 倾斜式铸轧前箱液面高度示意图

要保证铝液不从嘴辊间隙泄漏，应有：$\Delta p' \geqslant \Delta p$，即

$$H'' \leqslant \frac{2\sigma}{d_c \rho g} - H' \tag{15-20}$$

在 $\phi640\text{mm} \times 1600\text{mm}$ 铸轧机上，$R = 320\text{mm}$，$\delta = 75\text{mm}$，$\rho = 2300\text{kg/m}^3$，$\sigma = 0.86$ N/m。其计算结果列于表 15-4。

表 15-4 前箱液面高度计算值 （mm）

参数	数 值									
d_c	1.2	1.0	0.8	0.6	0.4	1.2	1.0	0.8	0.6	0.4
Z	45					50				
H'	18.34					20.35				
H''	13.41	19.79	29.32	45.21	76.99	11.41	17.77	27.30	43.19	74.96

根据前箱高度的计算公式，可以初步判断，在一定的铸轧区和辊缝间隙下，前箱高度是否合适。例如：生产中嘴辊间隙调整一般为 0.4mm，铸轧纯铝时，辊缝比调整时张大0.5mm 左右，即轧制时嘴辊间隙约为 0.65mm，为可靠起见取 0.8mm。由式（15-17）、式（15-18）和式（15-20）可算得，当 $Z = 45mm$ 时，铸轧区允许最大前箱液面高度达 76mm，现将前箱液面高度控制在 11~12mm，远小于 76mm，不会漏铝。但当铸轧区增大至 57mm时，由于轧制力增加，辊缝由 7.4mm 增大到 10.08mm，增加的 2.68mm 主要是由液压缸下降形成的，这使下侧嘴辊间隙增大 2.68mm，按理论计算其最大允许前箱液面高度为5.13mm，小于生产采用的 11mm，故必然漏铝。

当然前箱液面高度要随着分配器和铸嘴内氧化物的数量，通道的增减而调整，但调整只能在一定范围内进行，并随着铸轧区的增加，辊缝张大，调整范围减小。

C 前箱液面高度 H 的测定

在实际生产中，前箱液面高度 H 很难测得，一般在铸轧机上找一基准线，再通过基准线与氧化膜之间距离来确定 H 的值。如对双辊水平式铸轧机，以两辊中心水平连线为基准，前箱液面高度比此线高多少为 $+H$，低于此线的数用 $-H$ 表示。在双辊水平或倾斜式铸轧机中，通常以两辊缝中心水平线作为基准，液面到此线的距离为前箱液面高度。因此，在实际生产中，所说的前箱液面高度都是相对两辊间铸轧中心线而言的。对于两辊倾斜式铸轧机，前箱液面控制在比铸轧中心线高 10~20mm。

15.3.4.3 前箱液面高度对氧化膜半径的影响

由式（15-16）可知，静压头高度 H 与熔体氧化膜曲率半径 $R_{膜}$ 成反比，当前箱液面处于平衡状态时，前箱内液柱的静压压强与氧化膜对铝液体的附加压强相当，前箱高度与嘴辊间氧化膜半径配合最佳，铸轧过程保持一种动态平衡，铸轧可以继续进行。

当前箱液面低时，嘴辊间氧化膜半径增大，氧化膜被拉长，氧化膜本身受压力较小，不易被破坏，此时，板面质量较佳。但铝液面低到一定程度，则板面由于供金属不足而易产生空洞缺陷。

当前箱液面高时，熔体的静压头高，静压强越大，熔体氧化膜半径小且氧化膜较薄，当熔体氧化膜半径小于某一值时，氧化膜被破坏。轻者板面出现氧化折叠，严重时造成铸轧中断。

15.3.5 供料嘴与铸轧辊间隙

板带连续铸轧过程中，液态金属借助前箱液面高度的静压力，通过供料嘴源源不断地将液态金属输送到辊缝中去，当金属熔体从供料嘴涌出与铸轧辊表面接触时，开始结晶。供料嘴与铸轧辊之间有一定的间隙，被称为嘴辊间隙。

铝熔体在嘴辊间隙处形成很薄的氧化膜，氧化膜呈弧形，由于液面呈弯曲形状，液面的表面张力给液穴的液体金属以一定的分力，保证金属不会从嘴辊间隙中泄漏。同样，液穴中的金属熔体给氧化膜一个反作用力，这个力是前箱液面的静压力通过液体传递而作用于液面的。在氧化膜的表面张力和前箱液体金属之间静压力相互作用下，铸轧过程达到平衡。

生产过程中，当前箱液体金属的静压力一定时，由于铸轧辊的不断转动会改变氧化膜的曲率半径，因而会使整个铸轧过程处于动态平衡状态，当氧化膜的表面张力对熔体的附加压强与前箱静压力产生的压强处于平衡状态时，氧化膜的曲率半径最小。随着铸轧辊的转动，氧化膜被拉长，嘴辊间隙间的曲率半径逐渐增大，根据式（15-1）可知，随着氧化膜曲率半径的增大，氧化膜给熔体的压强变小。当前箱铝液静压力的压强超过表面张力的附加压强时，氧化膜被破坏，重新恢复到氧化膜曲率半径为最小的状态。这时，新的铝液体与被冷却的铸轧辊接触，开始生成新的晶核，随着铸轧辊结晶器的连续转动，液面氧化膜曲率半径不断循环，由最小状态又逐渐增大到破坏过程，表面张力的附加压强和静压力的压强之间平衡与不平衡连续周期性地变化，新的液体金属持续不断地与铸轧辊接触生成新的晶核，这就是液体金属连续结晶的过程。

从生产实践可知，氧化膜曲率半径最小也不能小于铸轧嘴辊间隙。如果比嘴辊间隙小，则静压头压强的增加比氧化膜表面张力附加压强增加得快，失去平衡后，氧化膜被破坏，熔体流入铸轧辊与铸轧嘴之间的间隙内，破坏了铸轧的连续性。所以，氧化膜的曲率半径 $R_{膜}$ 要比铸轧辊与铸轧嘴之间的间隙大。

生产中，嘴辊间隙过大，对于前箱液面高度会有一定的限制作用。图 15-13 所示是嘴辊间隙大小对氧化膜曲率半径的影响示意图，可见嘴辊间隙增大，氧化膜的曲率半径变大。由于，氧化膜的曲率半径变大，嘴辊间隙处的氧化膜对熔体的附加压强越小，所以前箱液面高度就要降低。故在铸轧生产中组装铸轧嘴时，就要充分考虑到嘴辊间隙，要保证液态金属不从嘴辊缝隙渗漏。

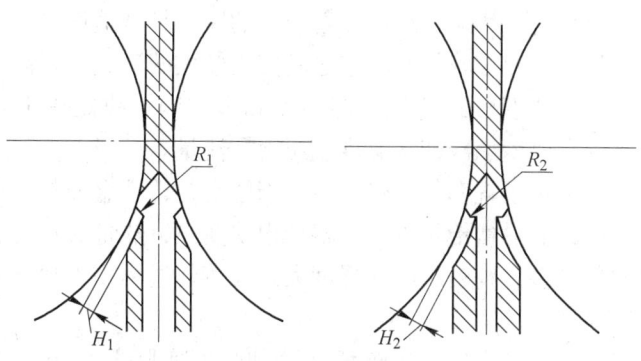

图 15-13 嘴辊间隙大小对氧化膜曲率半径的影响
R_1，R_2—氧化膜半径；H_1，H_2—嘴辊间隙

嘴辊间隙的大小对于铸轧带坯的产品质量的影响是非常大的，在调整嘴辊间隙的过程中，要考虑到铸嘴本身的热膨胀、充满铝液时的膨胀、氧化膜曲率半径及熔体表面张力等因素，即 $H_{熔} = p_{膜} R_{膜}$，这样可根据板厚、板宽、合金种类来确定辊缝和嘴辊间隙。当嘴辊间隙过小时，铸轧辊和嘴子距离过近，易于在嘴子上结渣，使铝渣处在轧辊表面沿圆周方向上形成细小的、凹凸不平的粘铝带，使带坯表面产生一条相对应、沿长度方向凹凸不平线，这就是纵向条纹；嘴子间隙过大时，使得氧化膜破裂，残余氧化物粘着在轧辊上带入嘴辊间隙，这样氧化膜夹到嘴辊间隙之间，使此处铸嘴产生局部微压缩，引起熔体分配不均匀及粘渣，这样就使带坯表面的凝固速度周期变化，枝晶间距也产生了周期变化，纵向条纹伴随而生。所以合理调整铸嘴间隙对产品质量起着至关重要的作用。

从生产实践中得知，铸轧辊与铸轧嘴之间的间隙一般为 0.1 ~ 0.8mm，但由于振动等原因，最大可能达 1mm。嘴辊间隙、曲率半径 R 与静压头 H 的对应值见表 15-5。

表 15-5　嘴辊间隙、氧化膜曲率半径 R 与静压头 H 的关系

参　数	数　　　值							
嘴辊间隙/mm	0.3	0.4	0.5	0.6	0.7	0.8	0.9	1.0
R/mm	0.4	0.5	0.6	0.7	0.8	0.9	1.0	1.1
H/mm	49	39	32	28	24	21	19	17

15.3.6　冷却条件

15.3.6.1　冷却强度

液态金属在两个转向相反的铸轧辊辊缝之间凝固，其热量主要靠铸轧辊内的冷却水将其带走。单位时间内，铸轧辊套单位面积上所导出的热量被称为冷却强度。铸轧辊的冷却强度主要是轧辊在铸轧区内液、固铝与轧辊表面的热交换来实现的。当接触表面上铝与轧辊表面温度差越大，接触表面上的热阻越小，通过接触表面热流量越大，冷却强度也就越大。热阻与接触表面的状况（氧化物、石墨喷涂层厚度等）及轧辊表面对铝施加的压力等因素有关。

提高冷却强度，可以提高铸轧速度，但冷却强度的提高要受到其他条件的制约。例如：首先要看辊套材料的耐热强度和导热性能；其次，要看辊芯循环冷却水槽结构的合理性，能否使辊套表面冷却更加均匀；最后要看辊套的厚度是否适度。在满足上述 3 个条件的情况下，提高冷却强度，即在辊套和辊芯之间使用较大的流量，提高铝与轧辊表面的温度差来提高冷却强度。因此双辊式铸轧冷却强度和影响因素决定于辊套的材质和导热性能、铸轧辊芯结构、辊套厚度、冷却水温度、压力和流量。

辊套的材料和厚度决定了辊套的导热能力。当辊套与铸轧金属接触时，被铸轧的铝合金含热量及凝固时所释放的热量传给辊套，辊套很快变热，热量又被轧辊内循环冷却水吸收而带出。其带出的热量多，则表示冷却强度大。在铸轧过程中，冷却强度增大，有利于凝固结晶和铸轧速度提高。

但是，在冷却强度达到一定值后，再增加冷却强度实际上已经起不到增大冷却的效果。冷却强度也不能太低，因为铸轧液态区的带坯温度梯度和辊套的温度梯度都比较大，冷却不足会强化铸轧带坯组织的方向性，增加产品内部的偏析，加剧辊套的热应力，缩短辊套的使用寿命。

15.3.6.2　铸轧辊冷却水用量

在金属结晶过程中，液态金属和铸轧辊之间始终进行着强烈的换热过程。冷却水将大量的热量带走，可以采用循环方式，也可以使用新水。在使用循环水时，可用冷却系统的专用水泵将水打入铸轧辊，保持水压不变，以确保铸轧过程顺利进行，铸轧辊的用水量可以通过以下公式加以确定。

单位时间冷却水从铸轧辊中所带走的热量为：

$$\Phi = \left[c_y (T_y - T_r) + c_g (T_r - T_p) + el \right] \eta \times 10^6 \times 10^{-3} \tag{15-21}$$

式中　η——铸轧机生产能力，t/h；

T_y——供料嘴中流出铝液的温度，℃；

T_r——铝的熔点，℃；

T_p——固态铝带坯的温度，℃；

c_y——铝液的比热容，kJ/(kg·℃)；

c_g——固态铝的比热容，kJ/(kg·℃)；

el——铝的熔化潜热，kJ/kg。

下面以生产能力为 1.2t/h 铸轧坯为例，计算双辊铸轧机在铸轧期间需带走的热量：

$$\Phi = [c_y(T_y - T_r) + c_g(T_r - T_p) + el]\eta \times 10^6 \times 10^{-3}$$

$$= [1.29 \times (700 - 658) + 1.01 \times (658 - 450) + 389.4] \times 1.2 \times 10^6 \times 10^{-3}$$

$$= 784392 \text{kJ/h}$$

每小时排出热量 Φ 所需的冷却水总用量为：

$$Q_{xs} = \frac{\Phi}{(T_{sc} - T_{sr})c_s} \tag{15-22}$$

式中 T_{sr}——冷却水进入铸轧辊时的温度，℃；

T_{sc}——冷却水由铸轧辊排出时的温度，℃；

c_s——冷却水比热容，kJ/(kg·℃)。

把上面具体的数据带入式（15-22）中，有

$$Q_{xs} = \frac{\Phi}{(T_{sc} - T_{sr})c_s} = \frac{784392}{(28 - 15) \times 4.1868} = 14411.45(\text{L/h})$$

冷却水的实际消耗量比计算值略大些，这是因为冷却系统有一定的泄漏，易造成水压的波动，为了保证系统有足够的冷却能力，实际的冷却水消耗量比计算值要大。

15.3.6.3 冷却水温度

冷却系统除要注意减少泄漏外，还应控制合适的进出口的水温。实际应用中进出口水温差太大会使铸轧辊冷却条件变坏，造成铸轧带坯带横向温度不均匀，易形成局部晶粒粗大，直接影响铸轧带坯的产品质量，严重时还会造成废品。同时也不希望入口水温太高或太低，入口水温太高，会使铸轧辊辊套热交换能力降低；入口冷却水温度低，又会使铸轧辊辊套表面太冷，易出现结露，导致铸轧带坯吸收气体，铸轧带坯表面产生气孔缺陷，造成废品。

目前，国内厂家的水冷系统，水温一般在 5～25℃，水压力为 0.4～0.5MPa，冷却水流量约为110t/h，进出口温差在 3～5℃。

15.3.7 轧制力

15.3.7.1 铸轧过程轧制力的计算公式

关于连续铸轧成型过程，变形区内的金属变形规律和应力分布，铸轧力和铸轧力矩的计算一直是研究重点。俄罗斯学者库兹涅夫认为，在考虑宽展存在时，铸轧区变形金属的单位压力可以采用下列公式计算，即铸坯对轧辊的总压力为：

$$P = pF = pBL \tag{15-23}$$

式中 B——铸坯宽度，mm；

    L——接触弧长度，$L = \sqrt{R\Delta h}$，mm；

    R——铸轧辊半径，mm；

    p——单位张力，N/mm^2。

其中

$$p = Kn_\sigma n_b n_s \tag{15-24}$$

式中 n_σ——应力状态系数，考虑外摩擦和张力对单位压力影响；

    n_b——宽展影响系数，考虑铸轧坯宽展时对单位压力的影响，一般取 $1 \sim 1.15$；

    n_s——外端影响系数，轧制区外端对单位压力的影响，当 $L/h_1 > 1$ 时，$n_s = 1$；

    K——铸坯的真实变形抗力。

其中

$$K = n_v n_h \sigma_b \tag{15-25}$$

式中 n_v——变形速度影响系数，考虑铸轧坯在不同的变形速度下对真实应力的影响；

    n_h——加工硬化影响系数，考虑金属因变形而产生的加工硬化对真正应力的影响；

    σ_b——铸轧坯的屈服强度。

$$n_\sigma = 1 + \frac{\delta}{\varepsilon}(1 - \sqrt{1 - \varepsilon})^2 \tag{15-26}$$

$$\varepsilon = \frac{\Delta h}{h}$$

$$\Delta h = h_0 - h_1$$

$$\delta = \frac{2\mu}{\phi}$$

式中 h_0，h_1——带坯轧前、轧后的厚度；

    μ——铸坯与轧辊间的摩擦系数；

    ϕ——咬入角。

$$n_h = \frac{\sigma_{s0} + \sigma_{s1}}{2\sigma_{s0}} \tag{15-27}$$

式中 σ_{s0}——铸坯进入轧制区的温度下，材料的屈服强度；

    σ_{s1}——铸坯离开轧制区时的温度下，材料的屈服强度。

    按上述理论，根据某单位提供的资料对生产 1235 合金 7.50mm × 1280mm 铸轧坯轧制力进行计算，计算前，其实验参数为：轧辊直径为 640mm，铸轧速度为 900mm/min，铸轧区长度为 45mm，进水温度为 19℃，出水温度为 20 ~ 21℃，电接点压力表指示压力为 20.28MPa，带板刚离辊的温度为 330℃ 左右。又据资料介绍，要实现稳定铸轧，轧制区 $Z_3 = (0.7 \sim 0.85)Z$，根据该单位的实际情况，设 $Z_3 = 0.8Z$，进入铸轧区板坯断面平均温度为 550℃。

    铸轧与一般的热轧有着不同的特性，铸轧是在金属很热、辊面粗糙、冷却强度很大、温降非常剧烈（达 110℃/s 以上）、有些铸轧机在没有采取润滑措施的条件下进行变形的。这就意味着进入轧制区的金属的屈服强度很小，但硬化系数很大。基于这种情况，参考国外有关资料，选择了以下工艺参数：$\mu = 0.47$，$\sigma_{s0} = 7.0$MPa，330℃ 时的 $\sigma_{s1} = 23.0$MPa，σ_s 取 15MPa。接触弧长度 $L \approx Z_3 = 45 \times 0.8 = 36$mm。

式（15-23）实质上是一个经验公式，每个系数都建立在大量的实验数据的基础上。必须指出，铸轧时变形区内刚刚结晶凝固的金属即被轧制时，由于铸轧坯在冷凝区和结晶区内的金属处于液态和半凝固状态，因而不存在轧制外端对变形区的影响的问题。其次从铸轧带坯的塑性来看，进入轧制变形区的铸轧坯表面与中心的温度梯度很大。根据有关文献报道，开始进入铸轧变形区的铸轧坯，其表里温差为220℃，在出口处表里温差为23℃，可见直接把温差如此大的黏塑体设定为刚塑性体是欠合理的。其公式只能作为一种理论计算。

15.3.7.2 铸轧过程铸轧力矩的计算

目前所采用的铸轧力矩计算方法仍沿用有关热轧板的计算公式，即

$$M_z = 2\overline{P}b\Psi l_3 \tag{15-28}$$

式中 $\overline{P}$——平均单位压力；

b——铸轧带坯宽度；

Ψ——力臂系数；

l_3——铸轧变形区长度。

15.3.8 铸轧角

15.3.8.1 铸轧角简介

铸轧角是两轧辊中心连线和供料嘴顶端到铸轧辊中心连线所形成的角，常用 β 表示，铸轧角所对应的辊的圆弧即为铸轧区，铸轧角和铸轧区示意图如图15-14所示，倾斜式和水平式铸轧机的铸轧区长度表达式为：

$$Z = R\sin\beta \tag{15-29}$$

式中 β——铸轧角；

R——铸轧辊半径。

铸轧角的最小限度应保证材料有一定的压下率。一般取 β 为7°~10°。如已知铸轧辊半径为325mm，带坯厚度为7.5mm，带坯的压下率 ε 为30%，可求出刚完全凝固的铸坯厚度 H。

$$\varepsilon = \frac{H - 7.5}{H}$$

当 $\varepsilon = 30\%$ 时，$H = 10.7$mm。

在实际中，液穴深度通常取铸轧区长度的 1/3~1/4，如图15-15所示，按比例画出铸

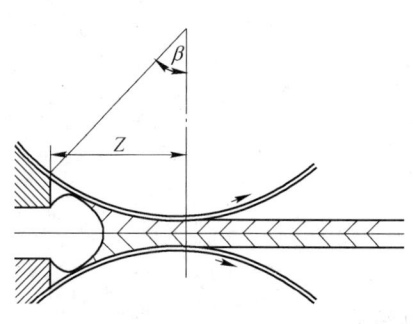

图15-14 铸轧角和铸轧区示意图

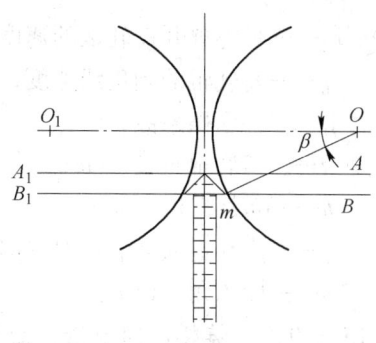

图15-15 求铸轧角示意图

轧辊圆弧，并使两铸轧辊间隙为 7.5mm。按比例向下量出厚度为 10.7mm 处。做一水平线 AA_1，即为完全凝固终了线。取轧制区长度的 1/3 为长度，向下求出一点，通过此点作一平行于 AA_1 的直线 BB_1。BB_1 线与圆弧交于 m 点，连 Om 线。O 为铸轧辊中心，Om 与 OO_1 线的交角即为 β 角，也就是所求的铸轧角为 $6° \sim 9°$。

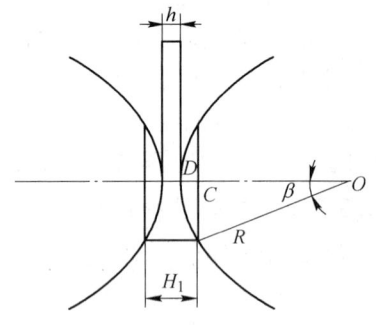

图 15-16 辊径、铸轧角、变形量关系示意图

15.3.8.2 影响铸轧角的因素

在设定的铸轧角条件下，辊径越大，可加长铸轧区，对热交换和铸轧卷的质量有利。由图 15-16 可见，辊径、铸轧角与变形量之间存在如下的关系：

$$\frac{\Delta h}{2} = CD = OD - OC$$

即

$$\frac{\Delta h}{2} = R - R\cos\beta$$

$$D = 2R = \frac{\Delta h}{1 - \cos\beta} \tag{15-30}$$

由式（15-30）可知，Δh 一定时，铸轧辊直径越大，则铸轧角越小；当 D 一定时，Δh 越大，则铸轧角越大；若铸轧角一定，D 越大，则 Δh 越大。

15.3.9 带坯速度

15.3.9.1 带坯离开铸轧区的速度

在双辊式连续铸轧机上生产带坯时，带坯速度变化对铸轧区内金属的变形是有影响的。考虑到带坯在受到轧制力作用的条件下，带坯离开铸轧区的速度 v_Z 为：

$$v_Z = v_b\cos\gamma\left[\frac{1 + \sqrt{1 + (\Delta^2 - 1)(h_0/h)^\Delta}}{\Delta + 1}\right]^{\frac{1}{\Delta}} \tag{15-31}$$

其中

$$\Delta = \mu\sqrt{\frac{2D}{h_0 - h}}$$

式中　v_Z——带坯离开铸轧区的速度，cm/s；

　　　v_b——铸轧辊的圆角线速度，cm/s；

　　　μ——外摩擦系数；

　　　D——铸轧辊直径，cm；

　　　h——带坯厚度，cm；

　　　h_0——带坯进入轧制区时的厚度，cm；

　　　γ——咬入角，（°）。

15.3.9.2 铸轧区间前滑、后滑和黏着区的确定

用双辊式连铸机生产带坯时，在铸轧区中是否存在前滑、后滑和黏着区，可用判别准

则 A 来确定。A 的表达式为：

$$A = \frac{\delta}{\sqrt{\dfrac{\delta^2 - 1}{(1-\varepsilon)^\delta} + 1}} \qquad (15\text{-}32)$$

其中

$$\varepsilon = h_0 - h/h_0$$

$$\delta = 2\mu/\gamma$$

式中　μ——带坯与铸轧辊之间的摩擦系数；

　　　γ——咬入角；

　　h_0，h——带坯轧制前与轧制后的厚度，cm。

当 $\mu \leqslant A$ 时，铸轧区内存在前滑区或后滑区；当 $\mu > A$ 时，铸轧区内同时存在前滑、后滑和黏着区；当 $\mu = 1/2$ 时，铸轧区内只有黏着区。

现以上面的数据为例，来判断一下铸轧区的状态。

设带坯在铸轧区内的平均温度为 500℃，此时工业纯铝的摩擦系数为 0.23，则

$$\delta = 2\mu/\gamma = 2 \times 0.23/0.14 = 3.3$$

$$A = \frac{\delta}{\sqrt{\dfrac{\delta^2 - 1}{(1-\varepsilon)^\delta} + 1}} = \frac{3.3}{\sqrt{\dfrac{3.3^2 - 1}{(1 - 0.5)^{3.3}} + 1}} = 0.183$$

这时 $A < \mu$，可知铸轧区内存在着后滑区、黏着区和前滑区。

在带坯即将离开铸轧区出口端附近时，其表面温度降至 360℃，此时的摩擦系数 $\mu = 0.1$，则

$$\delta = 2\mu/\gamma = 2 \times 0.1/0.14 = 1.4$$

$$A = \frac{\delta}{\sqrt{\dfrac{\delta^2 - 1}{(1-\varepsilon)^\delta} + 1}} = \frac{1.4}{\sqrt{\dfrac{1.4^2 - 1}{(1 - 0.5)^{1.4}} + 1}} = 0.14$$

此时的 $A > \mu$，可知在靠近出口端时，只存在前滑区。

在 $\phi650\text{mm} \times 1600\text{mm}$ 铸轧机上铸轧工业纯铝带坯时，铸轧区出口部分的带坯有一定的前滑量。测得的前滑量见表 15-6。

表 15-6　铸轧带坯前滑量

铸轧区长度/mm	铸轧速度/mm·min⁻¹	辊径/mm	带坯厚/mm	绝对压下量/mm	前滑量/%	中性角/(°)
43	1027	644.22	7.74	2.40	6.58	2.48
41	970	644.22	7.74	2.23	6.23	2.41

15.3.10　主要工艺参数之间的关系

在铸轧生产过程中，某一工艺参数变动，必须改变其他工艺参数，才能保证连续铸轧的稳定性。但它们遵循一个基本规律，即调整各工艺参数之间的关系时，应使凝固区与变

形区的高度有一定比例关系，以保持绝对压下量 Δh 恒定。下面将对连续铸轧的主要工艺参数之间的关系进行分析。

15.3.10.1 工艺参数与铸轧速度的关系

铸轧速度最直观、易测、易调，与各工艺参数之间的关系最为密切。影响铸轧速度的因素有很多，如合金成分、前箱熔体温度、辊套表面及冷却强度、辊套厚度与带坯厚度、铸轧区长度等。

A 合金成分对铸轧速度的影响

随着合金结晶区间垂直高度的增加，铸轧速度相应减少。由于纯铝与其他合金的凝固区间不同，纯铝的共晶量极少，可认为它们是在恒温下（659℃）凝固，因此纯铝的铸轧速度比较快。对铝合金来说，凝固区间越大，完全凝固所需的时间就长些，因此，铸轧速度相应得小些，铝锰合金接近纯铝的铸轧速度，铝镁合金的铸轧速度随着含镁量的增加而减少。当镁含量大于3%时，凝固区间在40℃以上，铸轧速度将继续下降。

对于辊径 $\phi650mm$ 的铸轧机来说，铸轧含镁量高的合金就不太稳定。如果要扩大可铸轧的合金范围，则只有加大铸轧辊直径，创造更快的冷却条件。合金铸轧速度与其凝固区间的实验数据列于表15-7。

表 15-7 结晶温度间隔对铸轧速度的影响

合金牌号	板厚/mm	液固两相温度间隔/℃	铸轧速度/mm·min⁻¹
纯铝、3A21	8.2		875
5052	8.1	20	650~700
5A03	8.42	35	620
2A12	7.75	133	600

B 前箱熔体温度与铸轧速度的关系

前箱熔体温度与铸轧速度的关系较为明显，前箱熔体温度高时，铸轧速度应低些，以保证铝液充分凝固。反之，前箱熔体温度较低时，应以较高的铸轧速度相配合，以防止铝液过度冷却。满足稳定铸轧条件时，前箱熔体温度每提高10℃，铸轧速度相应的降低约0.12m/min。

由于较低的铸轧温度有利于晶粒细化，较高的铸轧速度有利于提高产量，因此，合理制度应该是低温高速轧制。图15-17所示为前箱温度和铸轧速度的关系，从图中可以看出凡在两条斜线范围内所取的铸轧温度和对应的铸轧速度进行生产是可行的。

C 冷却强度与铸轧速度的关系

铸轧过程中的"结晶器"就是被水冷却的旋转着的轧辊。因此，冷却强度大小直接影响辊套表面温度，也直接影响铸轧辊旋转速度，即铸轧速度。冷却强度越大，铸轧速度也越大。

在满足连续铸轧的条件下，冷却强度是影响铸轧速度的重要因素，表15-8表示了浇铸温度为

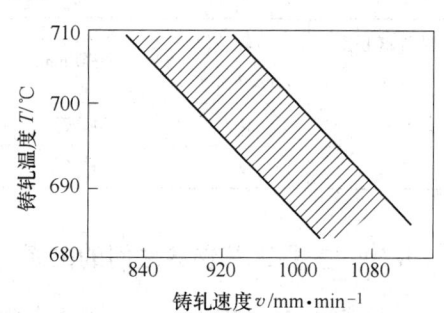

图 15-17 前箱温度和铸轧速度的关系

690℃时，改变冷却强度对铸轧速度的影响。计算结果表明，只要冷却水温差提高1℃，冷却强度可增大一倍，铸轧速度可以明显提高。可见，设法提高铸轧辊与冷却水的换热效率，是提高铸轧机生产能力的重要措施。

表 15-8　冷却强度与铸轧速度的关系

浇铸温度/℃	冷却强度/kg·h^{-1}	铸轧速度/mm·s^{-1}
690	5.9×10^5	16.6
	$2 \times 5.9 \times 10^5$	33
	$3 \times 5.9 \times 10^5$	65

D　辊套厚度与铸轧速度的关系

在生产过程中，铸轧辊使用一段时间后，辊套表面会布满细小裂纹，称为"龟裂"，需要对辊套进行车削，每次约车掉5mm。因此，辊套厚度随着使用时间的延长而变薄。当辊套厚度变薄时，铸轧速度可以相应地提高。因为在铸轧辊即将进入铸轧区时，薄辊套的表面温度比厚辊套的低一些，热交换大一些，可以使铸轧速度提高。辊套不能过薄，否则在铸轧过程中会发生变形，使带坯板形不好，造成废品；辊套过厚时，会使铸轧速度降低，影响生产效率。

E　液穴与铸轧速度的关系

铸轧速度对液穴的形状是有影响的，在实验条件为工业纯铝，带坯厚度为7.0mm，前箱熔体温度为685℃，铸轧区长度为41mm，铸轧辊辊套厚度为31.7mm时，铸轧速度对液穴的形状的影响如图15-18所示。

随着铸轧速度的增加，液穴的深度增加。提高铸轧速度，对开始凝固点几乎没有影响，但对中心结晶前沿（固-液界面）有很大影响。在铸轧速度较小时，铸轧速度的改变对液穴形状的影响要比铸轧速度大的影响小。

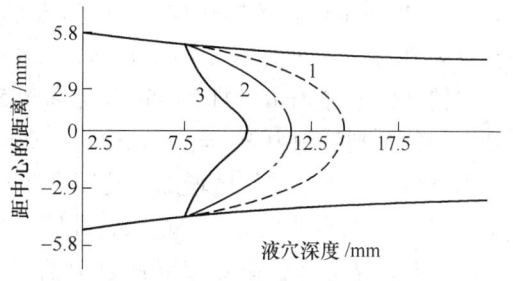

图 15-18　不同铸轧速度下液穴的形状
1—铸轧速度 1200m/min；2—铸轧速度
840m/min；3—铸轧速度 600m/min

由图15-18可见，当铸轧速度过低时，液穴长度过短，这时变形抗力增加，加大了铸轧机的负荷，而且铝熔体也容易在供料嘴外凝固，使铸轧过程中断。若铸轧速度过高，凝固点偏向出口侧，铝熔体凝固不充分，将造成热带、分层、内裂，甚至轧漏。

F　铸轧区长度与铸轧速度的关系

在相同铸轧条件下，当铸轧区长度增加时，凝固区也增加，铸轧速度加快，但当铸轧区超过一定值时，铸轧速度变化不大；反之，铸轧区减少，铸轧速度也相应地减慢。

铸轧速度相同时，铸轧区增加，其加工率、轧制力和轧制力矩增大。

G　板坯厚度与铸轧速度的关系

在特定的装备和工艺条件下，铸轧速度与板坯厚度的乘积为一常数，即

$$K = vh_1$$

(15-33)

式中　v——铸轧速度，mm/min；

　　　h_1——板厚，mm；

　　　K——生产率常数。

在一定的辊套厚度范围内，用同样的辊套材料及一定的冷却强度进行连续铸轧，铸轧速度和板厚的乘积值在一定的范围内，辊套材料的导热系数越大，其值越大。即带坯越薄，铸轧速度可大些，铸轧厚的带坯时，速度可相应地低些。双辊倾斜式铸轧机的最佳铸轧条件就是带坯厚度 7~8mm，相应的铸轧速度为 850~1200mm/min。

15.3.10.2　其他各工艺参数之间的关系

A　辊套表面温度与前箱温度的关系

在辊套厚度、冷却强度、带坯厚度一定的条件下，辊套表面温度与前箱温度成正比。例如，在辊套壁厚为 28~32mm，冷却水消耗量为 1080L/min，带坯的厚度为 8.5mm，铸轧区长度为 47mm 时，前箱熔体温度由 685℃提高 710℃时，辊套转到与熔体接触之前的表面温度也从 85℃上升到 110℃。在制定工艺时，应使铸轧温度低些来控制铸轧辊辊套表面温度不要过高。辊套表面温度过高，会造成粘辊，使生产过程中断。但是前箱温度与辊套表面温度之差应随着辊套材质、厚度及冷却强度而变。

B　铸轧区对轧制力的影响

据某单位资料介绍，在铸轧辊直径 $\phi640$mm，液压缸直径 $\phi400$mm，铸轧速度为 900mm/min，铸轧区长度为 45mm，进水温度为 19℃，出水温度为 20~21℃时，生产 7.5mm×1280mm 纯铝的铸轧带坯，电接点压力表指示压力为 20.28MPa，若按电接点表压力计算轧制力：$P_{轧} = p_{接} \times \pi \times r_{缸}^2 \times 2 = 20.28 \times 3.14 \times 200^2 \times 2 = 5.09$MN。

将铸轧区增加 8mm，即由 45mm 提高到 53mm。调整后的条件下，最大电接点表压力达到 26MPa，则轧制力 $P_{轧} = p_{接} \times \pi \times r_{缸}^2 \times 2 = 26 \times 3.14 \times 200^2 \times 2 = 6.53$MN。

由此可见，随着铸轧区增加，轧制力明显增加。铸轧区增加了 9.4%，则轧制力增加了 12.4%。即由实践也证明，增大铸轧区，欲保持板坯厚度不变，轧制力明显增加。

C　铸轧温度和铸轧速度对轧制力的影响

铸轧温度对轧制力的影响应从两个方面进行讨论：一是稳定铸轧系数和其他相关条件不变，温度降低，材料的屈服应力相对增高，其结果是使轧制力增加，但式（15-27）中的加工硬化影响系数 n_h 减少，综合作用的结果，使轧制力的变化很小；二是温度降低后，液穴深度减少，轧制区伸长，接触面积增加，从而使轧制力明显增加。可见温度的变化主要是引起轧制区变化，从而影响轧制力变化。所以铸轧温度降低，轧制力明显增加。

铸轧速度对轧制力的影响，归根结底也是影响板坯温度和轧辊温度变化，从而影响液穴深度，即轧制区长度的改变使轧制力发生变化。即当铸轧速度快时，液穴变长，轧制区变短，接触面积减少，使轧制力减少。

速度快、温度高、液穴深、轧制区短，轧制力降低；反之，轧制力增加。

D　轧辊直径和铸轧辊磨削凸度的关系

随着轧辊的使用，要对轧辊进行磨削。铸轧辊辊径的不同，铸轧辊的挠曲程度也不同。因此，根据辊径的不同，制定了不同的轧辊凸度。相应的铸轧辊凸度可以抵消轧辊弯曲、压扁变形，是调整板坯横向厚差的主要因素。一般轧辊凸度的制定原则是，随着轧辊直径的减少，轧辊的挠曲程度增大，所以轧辊的凸度应该是增大的。

E 铸轧区对板坯厚度的影响

铸轧中，当铸轧区增大，一方面可导致轧制区面积增大，另一方面使轧制区的平均单位压力增加，二者均使铸轧力增大，轧制力增加后，铸轧带坯的厚度会减薄。

15.4 连续铸轧生产与操作技术

15.4.1 连续铸轧生产前的准备

15.4.1.1 辅助设备的检查

在铸轧生产前必须开动下列设备进行检查，查看是否处于正常状态：

(1) 轧机电气系统。

(2) 轧机液压系统。

(3) 循环冷却系统。

(4) 润滑系统。

(5) 防粘系统。如石墨喷涂系统、热喷涂系统等。

15.4.1.2 铸轧辊的准备

新辊及重磨后辊面的处理：

(1) 辊面清理。用棉纱浸汽油、四氯化碳等除油产品揩擦辊面，以除去辊面防护油和磨削油。

(2) 辊面预处理。辊面预处理主要为预防立板时发生粘辊。方法为：在立板前给辊面均匀地涂上一层石墨层；或转动轧辊，以热喷涂方式对辊面进行烘烤 2~4h，这样既可以消除车磨应力，又在辊面上均匀形成 Fe_2O_3 和碳层，减轻粘辊。

正常轧辊辊面的处理：在铸轧生产过程中，若是正常停车，除去停车后附在辊面上的铝屑即可；但对于非正常停车，如突然停电、漏铝、粘辊、嘴子或耳子被轧出等，其可能粘附、接触辊面的东西较多，必须小心全部清除掉，同时在操作过程中避免划伤辊面。

15.4.1.3 预设辊缝

开动液压系统，用塞尺调整轧辊两侧辊缝尺寸，辊缝的预设尺寸可参考合金、板宽、轧制力等设定。

15.4.1.4 供料嘴的安装调整

供料嘴的定位：

(1) 将预先加工好的嘴扇、垫片等从保温炉内取出。

(2) 把组装好的供料嘴置于嘴子支撑小车上，检查嘴子的对中性，同时检测嘴子上、下嘴扇是否齐平，凸出金属支撑尺寸是否一致，保证嘴子端部与轧辊中心线平行。

(3) 在上嘴扇上方插入固定板，此时注意不要碰动嘴扇，然后开始拧紧压紧螺丝，注意不要拧得过紧。

供料嘴的磨削：

(1) 先使嘴子支撑小车以快速向轧机推进，将嘴子推入两辊间，当与辊面尚存

150mm 左右距离时，要慢速推进。

（2）在嘴子慢速推进时，要在侧面观察嘴端与轧辊是否对中良好，通常上下嘴厚要同时接触上、下辊面。否则，重新调整对中位置。

（3）在轧辊出口侧测量嘴子端部至轧辊中心线距离，看是否一致。

（4）后退支撑小车，固定好螺丝。

（5）开动轧机，使轧辊以较高速度倒转。

（6）将支撑小车推入两辊间，使嘴子与辊面接触后，再向前推进 2～5mm，磨削嘴子。

（7）将嘴子退出，检查上、下嘴唇是否对称，沿整个宽度方向上是否均匀一致。

（8）重新将支撑小车推入，重复上述操作，直至获得要求的铸轧区为止，然后停止磨削。

（9）检测铸轧区，当达到要求值时，后退小车，并做好标记，用风把嘴腔和辊面吹扫干净。

（10）把嘴子重新推入原位置，退后 2～3mm 固定。

固定边部耳子：

（1）使轧辊低速倒转。

（2）在嘴子两侧插入耳子，硬推到与辊磨上为止。

（3）拧紧边部紧固螺丝。

（4）停止倒转，使轧辊向前慢慢转动，检查是否正常，若一切正常，则停机待生产。

15.4.1.5　工具的准备

（1）清理并架接好前箱、流槽，并进行预热。

（2）放好接料箱，准备好浮漂、小铲、撬杠、接料扳手等工具，所用工具必须进行预热。

15.4.2　铸轧生产操作技术

15.4.2.1　立板操作

立板是指从静置炉放流开始至铸轧出板的过程。常用的立板方式有两种：

（1）倾斜式轧机的立板。具体操作为：

1）操作人员按分工进入岗位，启动铸轧机，使轧辊高速转动。

2）打开流眼，放流烫流槽前箱，并检测前箱内熔体温度，当温度高于正常温度 10～30℃ 时，开始向嘴子供流跑渣，跑渣时要调整好前箱液面高度，不宜过高，以防漏铝。

3）在跑渣时，出口侧的人员要及时用小铲清理掉辊面凝铝，同时注意观察嘴腔是否堵塞，当黏附下辊的凝铝均匀，且嘴腔无堵塞时，开始降速出板，并随时调整前箱液面高度，出板后给轧辊通入冷却水，并进行喷涂。

4）剪切板头，进行卷取，卷取时注意张力的调整。

5）出板后要及时检测板型，调整速度，直至正常。

（2）水平式轧机的立板。具体操作为：

1）放流前，轧机出口侧人员放上引出板，在两耳尖前端放一小块纤维毡密封好，并准备好3~5块干燥的纤维毡,以防立板过程中轻微漏铝时堵塞用。

2)打开流眼,入口侧人员注意流管、浮漂的液流控制,并检测前箱流槽的熔体温度,当温度达到要求时,开始向前箱供流。

3)当铝水漫过前箱出口上沿开始进入嘴腔时,主操手启动轧机,使轧辊以低速度转动,并注意主机电流的变化,此时入口侧人员要控制好前箱的金属熔体水平高度。

4)从轧机启动到铸轧见板约30~40s,由于铸轧板将引出板顶出,出口侧人员要及时拿走引出板。

5)主操手操作主机缓慢提速,当铸轧出板达1m以上时,进行喷涂,出板一周后开始缓慢通入冷却水。

6)调整板厚,剪切板头,将板引向卷取机进行卷取。

7)检查板型、板厚,并调整铸轧速度,直至正常。

15.4.2.2 正常铸轧过程

正常铸轧过程为:

(1)确保前箱液面高度及温度的稳定,前箱温度控制为(690 ± 10)℃。

(2)观察主机电流、电压、水温、水压、铸轧速度等参数的变化,维持各主要参数的稳定。

(3)铸轧过程中,发现质量问题时要及时处理。

(4)及时进行取样分析。

15.4.2.3 铸轧停机

铸轧停机分为:

(1)正常停机。正常停机是因生产需要而进行的有准备停机,由于时间充足,可得到良好的操作条件。停机过程如下:

1)封闭流眼,停止供流。

2)卷取小车提升至压辊顶着铸轧卷。

3)轧机降速。

4)流槽铝水将干时,停止喷涂,放干流槽,清理前箱、流槽、竖管,拿走浮漂,放铝液时,停止铸轧。

5)稍提升上辊,让卷取张力将板带走,同时后退支撑小车,拆卸供料嘴。

6)停止卷取,关闭冷却水。

7)切取板尾,卷取板带。

8)清理辊面、喷涂系统等。

(2)意外事故停机。铸轧过程中由于漏铝、边部耳子被轧出、嘴腔堵塞、粘辊、跳闸或停电等导致意外停机。停机过程为:

1)停止铸轧,关闭循环水,停止喷涂,抬起上辊。

2)封闭流眼,及时放干和清理流槽、前箱残铝,拿走浮漂。

3)后退支撑小车,拆卸供料嘴。

4)卷取机小车压辊顶住铸轧卷,剪切板带。

5)清理辊面及其他设备。

15.4.3　铸轧板的冶金组织及质量控制

15.4.3.1　铸轧板的冶金组织

铸轧板的冶金组织有：

（1）晶粒。铸轧板纵向截面是纤维状晶粒组织，这些纤维组织在铸轧区大、铸轧速度低时，相对于铸轧方向发生更大的倾斜。铸轧板的晶粒组织取决于铸轧条件，如铸轧速度、铸轧区、板厚等，但影响最大的是合金成分和晶粒细化剂，采用细化剂可获得更细的晶粒。

（2）再结晶。无论铸轧条件和合金成分如何，铸轧板的晶粒组织不变，不会发生再结晶。

（3）各向异性。铸轧板的结晶具有方向性，性能具有各向异性，45°的深冲制耳率为3% ~4%，铸轧条件对各向异性影响较小。

（4）偏析。在铸轧过程中，由于凝固速度很快，加之较大的热加工，金属间、枝晶间化合物是非常细小的，几乎是均匀分布。但在铸轧板中心均存在程度不同的宏观偏析，在中心处，这些偏析由或多或少的金属间化合物堆积而形成的，当合金元素和杂质较多时，更明显。

15.4.3.2　铸轧板的质量控制

铸轧板的质量控制主要有：

（1）化学成分。符合国家标准或有关技术标准。成分要均匀，化学成分分析试样要具有代表性，每熔次应从流槽或成品中进行取样分析。

（2）外观质量：

1）铸轧板表面应平整、洁净、板形良好，不允许有裂纹、热带、夹渣、气道、孔洞及影响使用的表面偏析、条纹等缺陷。

2）铸轧板端面应平整、洁净，不允许有影响使用的边部缺陷。

（3）低倍组织：

1）铸轧板组织细小、致密、均匀，符合有关技术标准，每卷应切取低倍检验试样。

2）铸轧板组织不能有夹渣、孔洞、分层、粗大晶粒等缺陷。

（4）尺寸公差：

1）铸轧板的板差，凸度要求控制在板厚的0 ~1%，一周厚度板差要求小于3%。

2）铸轧板宽度偏差为 −5 ~ +20mm。

3）每卷应进行板差、凸度、宽度等形状尺寸的检测，更换轧辊、合金、规格时应进行一周板形的检测。

15.5　铝合金连续铸轧机的主要组成

连续铸轧生产线机包括熔炼系统、浇铸系统、铸轧系统、牵引卷取系统、液压系统和循环水系统六大部分。

15.5.1　熔炼系统

目前，国内外熔炼设备的发展一直趋向于大型、节能、高效和自动化。大型开式炉和倾动式静置炉在国外得到了广泛应用。采用的先进技术有：熔炼炉装料完全实现机械化；熔炼炉燃烧系统采用中、高速烧嘴，加快炉内燃气和炉料的对流传热；将燃烧尾气通过热交换器将助燃空气加热到一定温度，提高熔炼炉的热效率。目前，燃烧系统开始使用快速切换蓄热式燃烧技术，即"第二代再生燃烧技术"，它采用力学性能可靠、切换迅速的四通换向阀和压力损失小、比表面积大、易维护的蜂窝型蓄热体。以上先进技术在国内铝加工业也得到了推陈出新，在确保材料化学质量稳定和合金成分均匀化方面所推广的新技术主要有：电磁搅拌技术、炉底透气砖精炼技术、炉外精炼系统等。在提高铸轧组织的纯净性方面，主要强化了对铸轧过程中的排气工艺研究，最大程度地减少了气孔、夹渣；在改进铸轧内部组织状况方面，主要采取对结晶中铝的结晶过程实行外场干预，包括磁场、超声波场等。

15.5.1.1　熔炼炉和静置炉的分类及选择

按铝及铝合金熔炼炉所用燃料种类不同，可分为燃料加热式和电阻加热式两种。燃料加热式可以采用煤气、油气（重油或柴油）、天然气、焦炭等。电阻加热式可由电阻组件通电发出热量或让线圈通交流电产生交变磁场，以感应电流加热磁场中的金属炉料。应用较为广泛的熔炼炉有燃油反射炉、燃气反射炉、电阻反射炉及感应炉等。关于熔炼炉的特点和选择详见第 12 章。

15.5.1.2　熔炼炉和静置炉的布置方式

传统的连续铸轧法采用电阻反射炉进行熔炼，将熔体导入静置炉后进行精炼和静置，由于考虑到熔化效率的问题，一般将熔炼炉的吨位选的小于静置炉，采用两台熔炼炉供一台静置炉。目前由于蓄热式熔铝炉的热效率较高，采用蓄热式熔铝炉吨位和静置炉吨位相近的原则，一台熔铝炉供一台静置炉，要求熔炼炉的熔化能力大于静置炉，以保证液体的充分供给。

熔炼炉和静置炉可以顺序布置，也可以分开布置。当采用分开布置时，熔炼炉通常是煤气或感应加热炉，而静置炉采用电阻炉；当顺序布置时，熔炼炉和静置炉几乎建成一个整体，可以有效地防止铝液体氧化，熔炼炉多采用煤气或汽化炉，静置炉多采用电阻炉。当熔炼炉和静置炉采用分开布置时，金属既可以在熔炼炉中精炼，也可以在静置炉中精炼，但是，这时静置炉最好采用煤气或重油保温。如果静置炉采用电加热方式，就不能用熔剂来精炼，因为分解出来的氧化物对镍铬电阻丝会产生不良作用。

在铸轧机列中，每一条铸轧生产线最好单独配置一台静置炉。因为如果两条铸轧机列同时使用一台静置炉，在修理静置炉时，两条铸轧生产线都要停工。另外，这样会使生产品种的灵活性大为降低。由于静置太长，也很难保证两个出料口附近铝液温度相同，同时炉渣和熔池的清理也较困难，在生产箔材时，建议熔炼炉和静置炉分开设置，每一条铸轧生产线最好单独配置一台静置炉，这样可以保证良好的熔体质量和较准确的熔体温度。

15.5.2　浇铸系统

15.5.2.1　几种铸轧机使用的浇铸系统结构

板带铸轧生产线中的浇铸系统的主要作用是将液态铝液从静置炉输送到供料嘴，清除铝液中的氧化物和气体，使供料嘴中的金属压力保持不变，保证铝液能顺利的由静置炉持续供给铸轧系统。

　　浇注系统由流槽、前箱和液面控制装置、供料嘴、铝钛硼丝送进装置、炉外精炼除气装置等部分组成。由于供料嘴装配位置的好坏直接影响其使用寿命和铸轧卷坯的质量，为了保证供料嘴和铸轧辊之间的公差，必须设有供料嘴调整装置。

　　图 15-19 所示为下注式铸轧机使用的浇铸系统结构示意图。前箱装在小车上，前箱上方有浮漂，用于控制熔体水平高度。这种浇注系统结构复杂，制造、装配、调整和操作都相当的困难。

　　图 15-20 所示为倾斜式铸轧机使用的浇铸系统结构示意图，将前箱 1、横浇道 2 和供料嘴 6 安装在底板 7 上，合并成为一个整体，便于使用浇铸系统调整机构 3 对供料嘴进行精确定位。

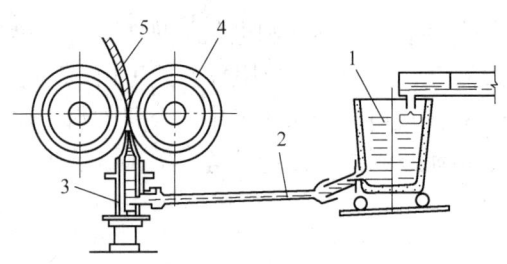

图 15-19　下注式铸轧机的浇注系统

1—前箱；2—横浇道；3—供料嘴；4—轧辊；5—铸坯

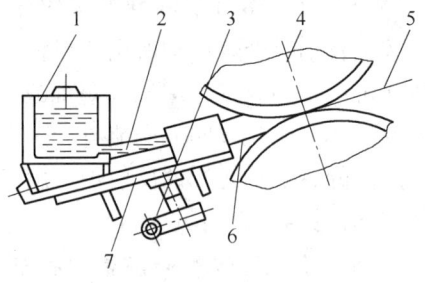

图 15-20　倾斜式板带铸轧机使用的浇铸系统

1—前箱；2—横浇道；3—浇铸系统调整机构；
4—铸轧辊；5—铸坯；6—供料嘴；7—底板

　　图 15-21 所示为水平式铸轧机浇铸系统结构示意图。它主要由流槽、浮漂、垂直管、前箱和供料嘴组成，流槽外部由钢板焊接而成，内衬由硅酸铝黏土制作，铝液由此通过由硅酸铝黏土制作的可以更换的垂直管流入前箱，垂直管的下端有一块硅酸铝黏土制作的浮漂，它浮在铝液面上，用以控制前箱金属液面的高度。另外，为了向铝液体中吹入氮气，在流槽的底部装有两个可以多孔透气的陶瓷塞子，氮气可以经过这两个陶瓷塞子吹入铝液。在吹炼时，要根据氮气消耗量的不同，选取不同结构的陶瓷塞子，并相应采用不同的安装方法。

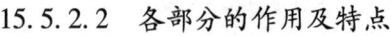

图 15-21　水平式板带铸轧机使用的浇铸系统

1—流槽；2—陶瓷塞子；3—浮漂；
4—垂直管；5—前箱；6—供料嘴

15.5.2.2　各部分的作用及特点

A　流槽

　　流槽是铝液由静置炉到前箱的流经通道。为了避免铝液热量的散发，要求流槽应具有良好的保温性。在保证工艺使用长度时，流槽长度应尽可能短，同时最好是密闭的，一则可避免熔体温度下降过多，二则可避免熔体二次污染。为了便于维修，流槽通常做成活动式，外壳用钢板焊接，内衬用硅酸铝黏土加石棉绒做成。为了保持铝液的温度，在流槽上面采用保温耐火材料加盖，或流槽上面装设电阻丝或是硅碳棒加热装置。有些工厂还用煤气火焰喷头加热以保证流槽温度。

根据流槽与前箱的相对位置不同，铝液的供流方式也是不同，图 15-22 所示为两种典型的铝液供流方式。

垂直式铝液供流方式如图 15-22(a) 所示，这种铝液供料方式由上而下，流槽和前箱处于不同的水平面。这种方式易于控制前箱液面，且液面控制装置较为简单，但由于铝液从流槽流入前箱的过程中存在落差，由流槽到前箱液面下降，易造成铝液二次吸气造渣。

侧注式铝液供流方式如图 15-22(b) 所示，流槽和前箱处于相同的水平面。这种供料方式避免了铝液的落差，由于流槽中心线与前箱中心线一样高，而静置炉炉口中心线低于轧机中心线，在铝液表面形成的氧化膜起到了保护层的作用，铝液在氧化膜覆盖下以潜流的方式供流，大大减少了铝液在流动过程中的吸气造渣及落差造渣现象。但这种方式液面控制装置较为复杂。

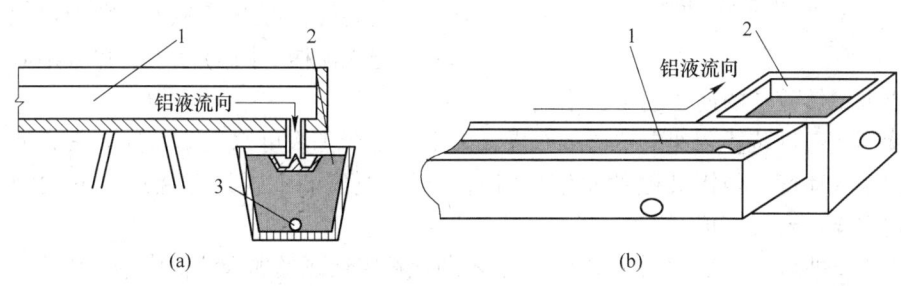

图 15-22　铝液供流方式示意图
(a) 垂直式；(b) 侧注式
1—流槽；2—前箱；3—放流口

B　前箱和金属液面控制装置

前箱实际上就是中间包，它由两个连通的容器组成，外壳用钢板焊接而成，内衬采用硅酸铝黏土或石棉绒等耐火材料。在铸轧过程中，储存液体并保持一定的液面高度，以不断向铸轧区内供给铝熔体。其基本作用是控制由供料嘴流入铸轧辊辊缝的铝熔体压强，即前箱中的熔体要保持一相对稳定的高度。随着金属品种不同、带坯厚度的不同以及浇注温度和铸轧速度的不同，前箱液面控制应在不同高度。

目前，前箱液面控制多采用两级控制，即铝液面由流口液面控制装置和前箱液面控制装置控制，从而有效地保证了前箱液面高度控制精度为 ±1mm。一个垂直导向的浮标采用手动调至精确位置，浮标的高度位置以脉冲形式检测，检测结果送到流口液位控制系统，控制流口的钎子运动可由电动执行器来完成，以达到控制流口液位的目的。前箱上设有前箱液位控制装置及液面报警装置。可实现前箱自动液面控制及实际液位自动显示和过液位报警。

C　供料嘴

供料嘴是连续铸轧生产的关键部分，其形式不尽相同，但都是在液体金属入口处放椭

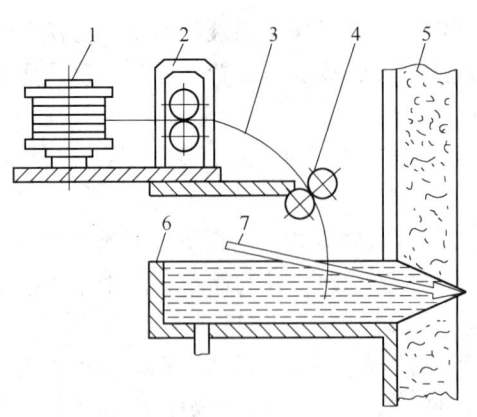

图 15-23 铝钛硼丝进给装置示意图
1—放丝架；2—钛丝进给器；3—铝钛硼丝；
4—中间导向辊；5—静置炉；
6—流槽；7—堵头

圆形、三角形或其他形状的挡板，使液体金属分向两侧流入，基本原则是使液体金属均匀流出嘴口，以保证金属温度和流速的一致性。

D　铝钛硼丝送进装置

为了提高铸轧带坯的质量，需要获得细小的晶粒。目前常用的工艺是在流槽中添加铝钛硼丝细化剂。铝钛硼丝进给装置工作示意图如图 15-23 所示。由铝钛硼丝送进器和放丝架两部分组成。

铝钛硼丝细化剂通过采用挤压成 $\phi 8 \sim 12mm$ 的线材，然后盘成线卷使用。铝钛硼丝送进装置由交流变频电机驱动，通过摆线式行星减速机传动带有刻槽的递送辊，递送辊的上方有压紧装置，可以有效地咬紧细化丝，顺利地将其送入流槽。因为合金的牌号不同、板宽不同，要求铝钛硼丝的递送速度也不同。

铝钛硼丝送进装置调速电位器装在操作台上，生产工人可以根据需要非常方便地调整细化剂的送入速度。当铝钛硼丝发生打滑时，可通过安装在送进器通道上的检测开关检测，并在主操作台报警提示。

铝钛硼丝进给装置以一定的速度，连续不断地将铝钛硼丝加入流槽内的铝液中，使之在铝液流动中把晶核均匀散布在其中。这种方法不但可以节约细化剂的用量，而且可使铸轧带坯有效地获得细化晶粒，具有优良的深冲性能。而传统的细化工艺是在熔炼炉内进行的。

15.5.3　铸轧系统

铸轧系统主要：轧机本体、铸轧机列传动装置、料嘴调整机构、辊缝调整装置、润滑装置、导出辊、换辊装置、夹送辊装置等部分组成。

15.5.3.1　轧机本体

轧机本体是铸轧机列中的核心设备，它由铸轧机牌坊、压上或压下装置、铸轧辊及旋转接头、轴承座、轴承、升降导板等装置组成。

A　铸轧机牌坊

铸轧机牌坊也称工作机架，是铸轧机座的骨架，它承受着经轴承座传来的全部铸轧力和预置应力，因此要求它具备足够的强度和刚度。从结构上看，还要求工作机架能便于装卸铸轧机座上的各种零件，以及实现快速换辊的可能性。

工作机架可以分为闭式机架和开式机架两种，如图 15-24 所示。

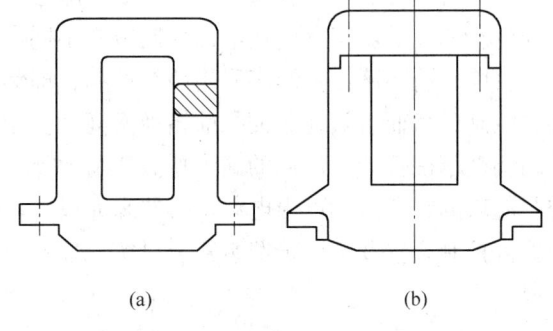

(a)　　　　　　　　(b)

图 15-24　工作机架的形式
(a) 闭式机架；(b) 开式机架

　　闭式机架是一个将上下横梁与立柱联成一体的封闭式整体机架，它又可以分为铸钢机架和焊接机架。铸钢机架通常用 ZG310～570 或 ZG340～640 材料，焊接机架用 45 号优质碳素钢焊接。它们的共同特点是受力情况好，强度和刚度大，但换辊不方便。铸钢机架强度和刚度优于焊接机架，而焊接机架的加工成本和加工周期优于铸钢机架。

　　开式机架由 U 形机架本体和上盖两部分组成。其强度和刚度不及闭式机架，但它换辊方便的优点被广泛地应用于倾斜式铸轧机上，开式机架种类较多，但用在铸轧机上的主要是螺栓连接这一种，螺栓的下部用扁楔或圆柱销固定在立柱上，其上部穿过机架上盖，用螺母紧固。机架上盖和 U 形机架本体用带有一个配合的止口来定位。

　　B　压上或压下装置

　　目前，双辊式板带铸轧机采用预应力机架。由于应力的预置，铸轧前工作机架就处于受力状态，所以要保证铸轧时工作机架弹性变形小、刚度大。预紧力施加的方法常用的有两种：一种是在工作机架上横梁和上轴承座之间加设压下油缸，以施加预紧力；另一种是在工作机架下横梁和下轴承座之间加设压上油缸施加预紧力。压上缸用于确保产生超过轧制力的夹紧力，以保持恒定辊缝，并提供机架预应力。这时的实际轧制力为安装在两侧压上油缸管路上的压力传感器的压力和安装在楔块式辊缝调节系统上的两侧压磁式传感器压力的差值。

　　C　铸轧辊的旋转接头

　　为了给旋转的铸轧辊供排水，需要一个专门的特殊装置来满足这个功能。旋转接头（见图 15-25）可以为旋转的铸轧辊供排水，其基本原理是：冷却水通过进水管 1、进水接头 4 进入到铸轧辊 9 的中心孔，并通过许多的径向孔送至辊芯和辊套之间，完成冷却任务后，经过与进水径向孔相错一定角度的回水径向孔返回到辊芯的距中心孔有一定距离的回水轴向孔 10，然后流入集水罩 5 内，经出水管到冷却池。密封圈 3 和 6 可以有效地保证铸轧辊在转动中供排水而不泄漏。为了更好地提高密封圈的使用寿命，进水接头

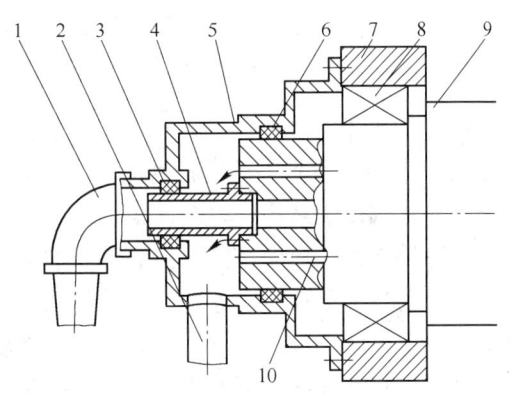

图 15-25　旋转接头结构

1—进水管；2—出水管；3，6—密封圈；
4—进水接头；5—集水罩；7—轴承座；
8—轴承；9—铸轧辊；10—回水轴向孔

4 和铸轧辊 9 辊头与密封圈接触的外圆，要保证较高的加工精度。

15.5.3.2　铸轧机列传动装置

　　板带铸轧机列传动装置主要包括万向接轴、接轴平衡机构、接轴支持架、齿轮分配箱、减速机、电动机或油马达等部件。目前，铸轧机采用联合驱动和单独驱动两种方式。

　　A　联合驱动方式

　　图 15-26(a)所示为联合驱动方式的一种形式直串布置。其传动系统由直流电动机 7 通过行星减速箱 6 将转速降至比较低的速度，再经过减速分配箱 5 一级减速，并将放大后的力矩分配给两个铸轧辊。这种传动方式的主要特点是：电流电压双闭环，两个铸轧辊联合

传动，同步性好，安装调试方便，速比大；不足之处在于当上下铸轧辊辊径发生偏差时，无法单独进行调整，占地面积较大。图 15-26(b)所示为联合传动方式的另一种形式，即往复布置，其传动系统由直流电机 7 通过三级减速箱 10，再经过减速分配箱 5 一级减速，并将力矩分配给两个铸轧辊。这种传动方式的特点是：两个铸轧辊联合传动，同步性好，速比较直串布置小，排列较紧凑，占地面积较直串布置小；不足之处在于当上、下铸轧辊辊径发生偏差时，无法单独调整。

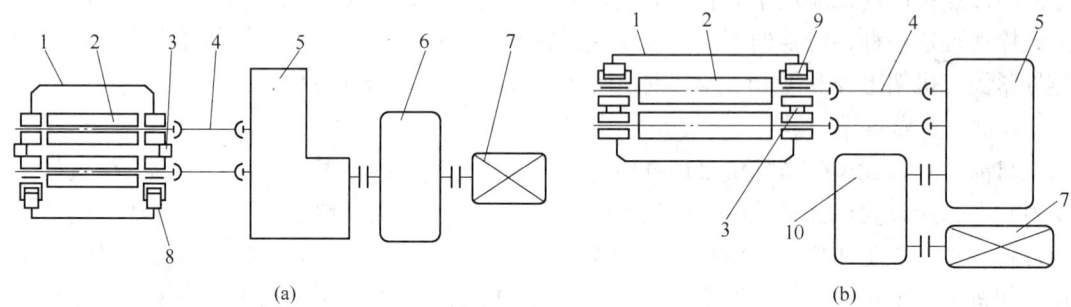

图 15-26　板带铸轧机列的联合驱动简图

(a) 直串布置；(b) 往复布置

1—工作机架；2—铸轧辊；3—调整斜块；4—万向接轴；5—减速分配箱；
6—行星减速箱；7—电动机；8—压上油缸；9—压下油缸；10—减速器

B　单独驱动方式

图 15-27(a)所示为铸轧机列的一种单独驱动方式。与联合驱动驱式相比省去了减速分配箱，简化了传动结构，占地面积有所减少，尤其是可以在铸轧辊辊径不同的情况下，保持上、下铸轧辊线速度相同，但需要增加上、下铸轧辊间的同步控制。图 15-27(b)所示为铸轧机的另一种单独传动方式。这种传动方式用电动机 7 带动行星减速箱 6，并直接分别驱动上、下铸轧辊，上、下传动系统既可单动，又可联动。每个油马达既可以输出最大力矩，又可以相互间按比例输出力矩。总轴向尺寸大约仅是联合传动长度的 2/3，有效地减少了占地面积。由于取消了带齿形接轴和万向接轴等复杂的机-电系统，传动结构大为简化。由于铸轧辊传动系统可以一同上下调整，所以，有效地减少了换辊时间。其不足之处

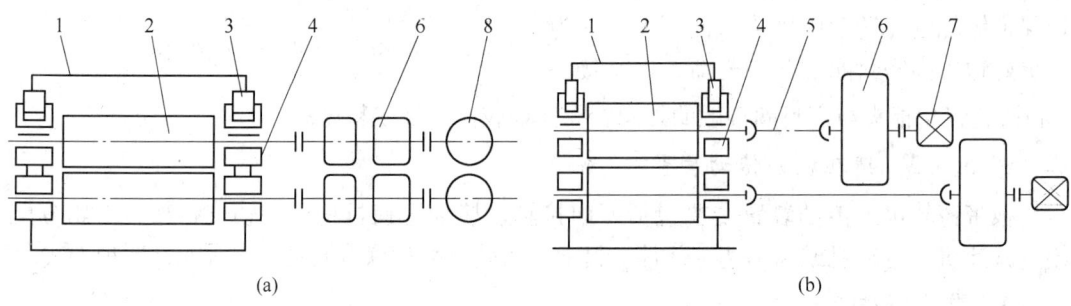

图 15-27　板带铸轧机列的单独驱动简图

1—工作机架；2—铸轧辊；3—压下油缸；4—调整斜块；5—万向接轴；
6—行星减速箱；7—电动机；8—油马达

也是增加了上、下辊间的同步控制系统。

C 万向接轴

由于铸轧带坯的产品厚度需要在一定范围内调整，铸轧辊中心距需要变化。另外，铸轧辊在使用过程中由于辊面产生的裂纹需要修磨，辊径也会发生变化引起铸轧辊中心距的改变。因此，在铸轧传动系统中，从减速分配箱或减速箱传递的扭矩连接到铸轧辊时要用万向接轴才能满足铸轧辊中心到减速分配箱中心之间有一定的倾角的要求。

万向接轴有滑块式、带滚轴承十字交叉式、球笼同步式、弧形齿式和梅花套筒式。在铸轧机组中目前常用的接轴种类为带滚轴承十字交叉式的万向接轴。这种接轴形式传动精度高、径向尺寸小，已经标准化、系列化，造价比较低。

15.5.3.3 料嘴调整机构

典型的料嘴调整机构的工作方法为：料嘴平台由液压缸驱动进出，其水平和垂直可通过手轮转动两个螺旋千斤顶进行单独调整。铸嘴平台设有一快速夹紧装置，用于把铸嘴组件固定在铸嘴平台上。第一步伸出油缸，调整左右两侧的升降机手轮，使料嘴前边的铁耳中心线大致对准牌坊上的轧制中心线，将两个升降机调整好水平，固定好作为指针的副尺，水平度调整好后定位垂直方向。第二步使控制水平方向距离的两个升降机都在伸出位置，油缸退回并与伸缩平台左右两个挡板接触，注意调整油缸的油压能保证平台伸缩并能保证升降机与挡板间良好接触，保证料嘴前端的两个铁耳与轧辊间的相对位置一致；平台到达工作位置后，首先定好作为指针的副尺，使副尺的零位对准主尺的中间刻度，以后就以它为基准，两边同时调整，读数一样就能保证左右同时进出。

15.5.3.4 辊缝调整装置

辊缝调整装置是一手动调节的楔铁系统。该系统用于建立轧辊轴承座之间的间隙，从而控制辊缝。在轧制过程中，如果同板差超过目标值时，可手动调节楔铁系统，改变单侧轧辊轴承座之间的间隙，达到在线调节同板差的目的，若差值很小时通过在操作台上调节相应侧压上缸压力，也可达到在线调节同板差的目的。

15.5.3.5 润滑装置

以烟碳喷涂为例，喷嘴安装在滚珠丝杠外壳上，通过交流变频电机驱动。丝杠副使喷嘴做往复运动。火焰的大小可通过调节燃气的进气量及压缩空气的进气量来调节。在压缩空气管道上还装有调压阀用于调节压缩空气的进气压力。为方便立板操作，烟碳喷涂机构可打开并旋转到机架驱动侧。

15.5.3.6 导出辊

导出辊为钢制的水冷辊，带有冷却水旋转接头，安装在装置的出口末端，另一端连一高精度的脉冲编码器，用于带材速度的精确计算。铸轧带坯经导出辊后，在夹送辊牵引力、卷取张力作用下，由倾斜变为水平。为方便立板操作，导出辊可打开并旋转到机架驱动侧。在偏导辊处还有一带材导向板，用于把带材导入卷筒预定位置的钳口槽上，该导向板由液压缸伸出和缩进。

15.5.3.7 换辊装置

换辊装置将轧辊拉出机架到换辊轨道上。轧辊的下轴承座装有轮子。换辊机构由交流电动机通过行星减速箱来驱动。

15.5.3.8 夹送辊装置

夹送辊用于在开轧及换卷期间带材的穿带及保持张力。上辊由液压缸驱动做升降运动，下辊由液压马达通过减速机驱动下辊转动。

15.5.4 牵引卷取系统

在板带铸轧生产系统中，牵引卷取机列是后续机组部分，主要由两辊牵引机、剪切机、矫直机（有的铸轧生产系统不设）、张力卷取机和运动小车组成。它们的任务是将铸轧出来的带坯顺利引送后续剪切机剪切头尾，矫直带坯，并送到卷取机对带坯进行卷取。当卷取机的钳口咬住带坯后，牵引机即可松开牵引辊，由矫直机承担带坯的牵引功能。在矫直机和卷取机之间依靠矫直机所产生的阻力建立一定的张力，确保卷取机所卷取的带坯有一定的紧密度。剪切机还有一个功能就是换卷时切卷和发生事故时使用。当然，这样的机组配置也不是一成不变的。而且剪切的形式也不完全一致。图15-28所示是我国自行设计生产的牵引卷取系统示意图。

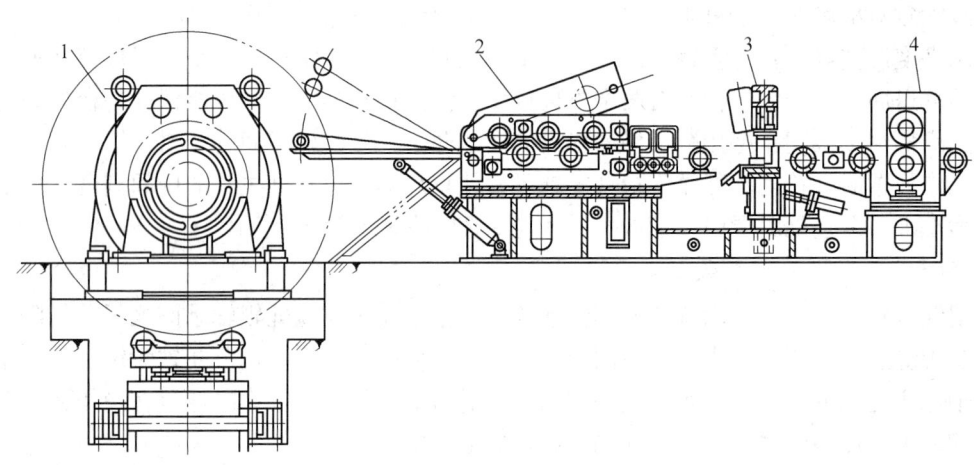

图 15-28　牵引卷取系统示意图
1—卷取机；2—矫直机；3—液压剪；4—两辊牵引机

15.5.4.1 牵引机

牵引机主要由两个开式框形机架和两个中空可以通冷却水的牵引辊组成。牵引辊装在机架中，用装在牵引辊两侧的轴承座上的气缸或液压缸实现牵引辊对带坯的压下或压上，利用产生的压力来达到牵引带坯的目的。

牵引机的上辊为从动辊、下辊为主动辊，可以由电动机经过减速机和连接轴驱动，也可以由液压马达经过减速机驱动。前者是国内一些厂家采用的方案，后者是国外近些年来发展起来的一种新型驱动方案。对于传动系统要求有一定的变速性能，在引料时，要求牵引速度略小于铸轧速度，当卷取机钳口咬入带坯后，牵引速度又要和铸轧速度保持一致，因此在减速箱内装有超越离合器，当带坯速度大于牵引速度时，减速箱中的超越离合器与牵引辊脱开，使牵引速度与铸轧速度保持同步。压紧油缸采用柱塞式压上缸，在牵引过程中为了避免发生轧制现象，影响带坯的质量，在两辊轴承座之间装有辊缝调整装置，用以调整压紧力。

在牵引机入口侧两边往往装有一对立辊，以便使带坯始终沿铸轧中心线运动。国内还有一种牵引机形式，即采用摇臂和底座代替两个框形机架，上辊装在摇臂上，可以上下摆动，用以调整上下辊的开口度，其结构简单，便于维护和处理事故。下辊为主动辊，上辊通过操作摇臂的液压缸可以将带坯紧紧地压在下辊表面上，由它们之间产生的摩擦力来实现带坯的牵引目的。

15.5.4.2 剪切机

在卷取牵引系统中，目前各国所使用的剪切机种类很多，有液压摆式飞剪、平行移动上切式液压剪，有采用铡刀剪或用悬挂圆锯代替铡刀剪，同时还有考虑了去除带坯裂边而使用的圆盘剪和滚筒式碎边机装置。

平行移动上切式液压剪的基本剪切原理如图 15-29 所示，当需要剪切时，由压紧装置将带坯压紧，剪切机随着带坯在导轨滑道 1 中移动，由液压缸 4 推动上刀刃 3 向下运动，实现对带坯的剪切。在剪切过程中，液压缸的供油管路和有关电缆都附属在拖链 2 上，保证油路的畅通和有关电信号的不间断。

液压摆式飞剪的工作原理如图 15-30 所示，当需要剪切时，由压紧装置将带坯压紧，这时剪切机在带坯的带动下克服摆动油缸 7 的阻力开始摆动，使和剪切液压缸缸体 3 连成一体的下剪刃 2 在液压油的作用下向上运动，实现剪切。然后由摆动油缸 7 将剪切机复位。

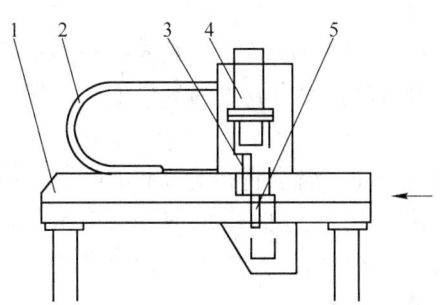

图 15-29 平行移动上切式液压剪
1—导轨滑道；2—拖链；3—上刀刃；
4—液压缸；5—下刀刃

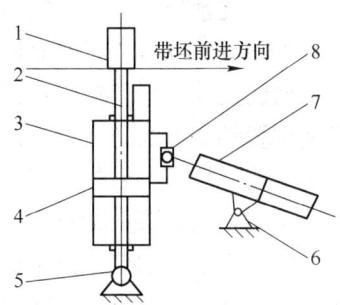

图 15-30 液压摆式飞剪机机构原理图
1—上剪刃；2—下剪刃；3—缸体；4—活塞；
5，6—铰支座；7—摆动油缸；8—滑块

15.5.4.3 多辊矫直机

多辊矫直机安装在摆式液压飞剪之后，卷取机之前。它有 3 个作用：第一用于冷却带坯；第二是卷取机与多辊矫直机之间建立一定的张力，确保带坯能顺利卷成带卷；第三是对带坯有一定的矫平作用。

以图 15-28 中的多辊矫直机为例，该设备是一台五辊矫直机，采用从动方式。上机架安装有 3 个矫直辊，在上机架带坯出口侧设有铰链结构，带坯入口侧装有压紧油缸，在固定不动的下机架中装有另外两个矫直辊。当带坯要穿越五辊矫直机时，上机架以铰链为圆心，由压紧油缸将上机架掀起，穿越带材，当卷取机钳口咬住带坯后，上机架由压紧油缸摆至工作位置。这时，五辊矫直机和卷取机之间建立起需要的张力，张力的大小可以用专门的调整机构进行调整，以保证实际生产的正常进行。

15.5.4.4　卷取机

卷取机的种类有很多种，有斜楔式、连杆式和棱锥式等。卷取方式分为下卷式或是上卷式。我国铸轧生产线多采用四棱锥式卷取机，它主要由卷筒、减速机、涨缩缸，齿形接手、卷取机座和直流电动机等组成。

卷取机采用直流电动机驱动，可控硅整流供电，可以使卷取速度能和铸轧速度自动保持同步运转。当带坯卷到要求直径后，剪切机切断带坯，卷筒可以自动升速到 3 ~ 4 倍的铸轧速度，快速将尾料卷完，腾出空余时间，便于从容地进行下一卷的卷取准备工作。

卷筒采取悬臂结构，支撑在卷取机座上。悬壁卷轴的断面为正方形，在其中钻孔后安装活塞拉杆，卷取机座侧有活塞缸，活塞杆在卷筒悬臂端与正方形对角线布置的 4 块可移动锯齿条相连接，锯齿条的内侧可以沿方轴中的滑槽轴向移动。在锯齿条的外表面有 10 个斜齿，并与涨缩扇形板内的锯齿面相配合，当活塞缸中接通压力油时，活塞杆拉动下锯齿条移动，在斜面的作用下，使扇形板涨开，当液压站换向阀换向后，活塞缸接通缩径压力油，活塞杆带动锯齿条反向移动，在扇形板纵向布置的 4 根弹簧的作用下，迫使扇形板沿径向缩回。

在卷筒上设有活动钳口，卷筒张开时，钳口自动夹紧；卷筒缩小时，钳口自动打开。为完成这一动作，扇形板中的一块被制作成与中心方轴固定在一起，使其带有虎口钳式样。一个是固定钳口，一个是活动钳口，活动钳口由沿轴向排列的 5 个柱塞油缸带动使其涨合。为了便于夹紧带坯，活动钳口常加工成鱼鳞斑纹。

卷筒的涨缩液压缸安装在卷取机座的传动侧，并随着卷筒旋转，一般采用在固定套上开环形供油槽的设计方案，在固定套与转轴之间使用油封装置为放置油缸供油，以保证油孔转至任何位置都能得到压力油的供给。

卷取机的典型技术参数是：张开最大直径为 $\phi600mm$，缩小直径为 $\phi500mm$，卷筒长度为 1600mm，扇形板涨缩油缸内径为 $\phi280mm$，工作压力油的油压为 6MPa，锯齿条斜面角为 15°，上锯齿条与扇形板接触角为 45°，钳口涨缩油缸直径为 50mm，卷取带坯最大外径为 $\phi1800mm$，最大卷重为 8t，直流电动机驱动功率为 15kW。

15.5.5　液压系统和循环冷却水系统

15.5.5.1　液压系统

液压系统包括两台高压泵，一台辅助油泵，一台保压泵和一台循环过滤泵。

液压系统一般采用自循环过滤冷却方式，可以有效提高系统纯净度，降低液压油的油温，辅助油泵采用间歇工作制，即当系统油压降至一定压力后，压力继电器发生信号，辅助泵起动，工作 1min 后自动停止。辊缝操作控制系统配有备用泵，在其中一台有故障时启动另一台，为连续生产提供可靠的保障。

15.5.5.2　循环冷却水系统

A　循环冷却水系统的分类

循环水冷却系统同时为轧辊和辅助系统（包括导出辊、偏导辊和液压系统）提供冷却水，吸收热量后的冷却水经管道送至冷却塔上喷淋后流入冷水池，再由水泵输送到各系统供循环冷却使用。循环冷却水系统分为开环系统和闭环系统，以前的铸轧机配套用的循环冷却水系统均为开环系统，所谓的开环系统就是指冷却水要与空气直接接触，进行热交换。而闭环系统指在系统中水是密闭循环的，冷却水不与空气接触。开环系统有占地面积大、受外界影响大、温差变化大、挥发严重的问题。

B 循环冷却水系统的组成

闭式循环水系统主要由以下几部分组成：

(1) 循环水供给泵，提供连续的循环水。

(2) 气动薄膜三通阀，此元件是控制温度恒定的核心部分，根据 PLC 输出的控制信号自动调节三通阀的开口度，调整冷热水的混合比例，控制水温的恒定。

(3) 冷却塔，此元件是降低循环冷却水温度的核心部分，将被加热后的循环水冷却至某温度范围内，满足生产工艺要求。

C 循环冷却水的运行方式

闭式循环冷却水的运行方式为：循环水经离心泵进入管道分成两路，进入轧辊和轧辊进行热交换，然后重新汇合经过过滤器，到达气动薄膜三通阀。气动三通阀根据 PLC 输出的信号，自动调整三通阀的开口度，从而准确地控制两支流的流量，其中一支流重新回到泵入口，与冷却后的循环水混合进行下一个循环；另一支流进入冷却装置，通过二次水进行冷却后回到泵入口。控制气动薄膜三通阀的 PLC 信号是由安装在轧辊附近的冷却水入口支路上的温度传感器提供的。

在闭环系统中，最重要的部分为温度控制回路，实现温度自动控制。它主要由热电阻、带阀门定位器的气动三通薄膜阀、冷却塔组成。

D 循环冷却水的质量要求

在铸轧生产中循环水最好能用软化水，但由于其成本较高，一般都是采用自然水，使用自然水时，其性能必须严格控制，见表 15-9。铸轧机轧辊冷却循环系统（自循环水）中需添加水质稳定剂、阻垢剂、除垢剂、杀菌剂。

表 15-9 铸轧辊冷却水水质指标

项 目	水的硬度 /mg·L^{-1}	铁含量/%	镁含量/%	氯化物含量 /%	硫酸盐含量 /%	清澈度 (悬浮物)/%
指 标	<5	<0.15×10^{-4}	<0.15×10^{-4}	<150×10^{-4}	<150×10^{-4}	<3×10^{-4}

E 循环冷却水的水质处理

循环系统中有两台泵，一台加药泵用于定期向循环水中加入不同的药剂，进行除菌、除藻、除锈、防腐的处理。一台加水泵用于向水箱内补充净水。水泵的操作可进行两地操作。生产中，要在循环水系统泵站内巡视检查水位及泵体运行情况。每周应检查循环水的水质，并按规定加入药剂。循环水的检测可用仪器检测电导率及酸值，以达到水质的要求。

(1) 水垢的处理。自然水中含有钙、镁盐，除影响水的硬度外，碳酸钙和碳酸氢钙会形成水垢。水垢是不良的导热体，同时水垢沉积也减小管道甚至堵塞管道，降低了热交换率和热交换量。水垢的控制方法是向循环水中投入阻垢剂如木质素、聚磷酸钙、有机磷酸钙、聚丙烯酸等。

（2）微生物的处理。自然水中含有大量的藻类和细菌等微生物，它的出现和生长会引起管路的堵塞或材料的腐蚀。可用生物杀灭剂消灭微生物的生长，盐酸是广泛应用的控制生物生长的生物杀灭剂。也可采用 GSP-111 杀菌灭藻剂。

（3）腐蚀的处理。金属表面的气孔、疏松、裂纹等均可发生腐蚀。在两种不同金属材料之间、不同结晶组织之间及金属与其氧化物之间都会发生腐蚀，当冷却水通过已腐蚀的管路则水中便带有了腐蚀的产物。腐蚀的存在将影响轧辊材质的均匀性。延缓腐蚀一般是通过添加缓蚀剂，常用缓蚀剂有亚硝酸盐、硼酸盐、磷酸盐及有机锌盐等。

（4）预防处理。在铸轧生产中要保证水质都符合指标是很困难的，轧辊在使用一段时间后难免会有结垢和其他沉积物，要保持冷却沟槽的良好状态以获得均匀的热交换，轧辊必须定期进行清洗。所使用的清洗剂要求具有润湿、扩散、净化等特性，有利于清除水垢或其他难溶的有机化合物沉积。

15.5.6　几种连续铸轧机的主要技术参数

几种连续铸轧机的特性及主要技术参数见表 15-10。

表 15-10　几种连续铸轧机的特征及主要技术参数

设备名称	铸轧机名称	铸轧辊直径/mm	铸轧带宽度/mm	铸轧带厚度/mm	铸轧带速度/m·min^{-1}	铸轧机功率/kW	备 注
垂直上注式	贝西默						在有色金属铸轧中未获成功，但在黑色金属中获得了成功应用
垂直下注式	老亨特式	400	1000	6.35~8.13	1.07		在有色金属铸轧过程首获成功，但因供料嘴安装不方便和引料影响产品质量而淘汰
	中国下注式	400	700	6~8	1	5.5	
倾斜式	亨特式	650	1676.4	6.35~12.5	1.52	18.4	针对下注式的一种改进，得到了比较广泛的应用
	超级亨特式	900	1676.4	6.35~12.5	1.91	29.4	
	中国中型	650	1400	6.5~12	1.2	22.4	
	中国超型	980	1400	6.5~12	1.5	22.4	
	中国新型	680	1400	6.5~12	1.5	22.4	
	克鲁普	650	1730	6~8	2.0	液压马达	
	戴维	675	1780	5~8	1.5	液压马达	

表 15-10 列出了几种双辊式铸轧机的特点和主要参数。自从双辊下注式铸轧机获得成功之后，发展了倾斜式铸轧机和水平铸轧机。这些铸轧机各有特点，据有关资料介绍，水平式或倾斜式铸轧机生产铸轧卷时，由于地心引力对铝熔体中杂质元素的作用以及轧辊运动方向和运动速度的影响等，使铸轧卷坯中心组织与两个表面之间（上下两个板面之间）的杂质分布、晶粒度和晶体结晶方向等都会有微小的不对称。当板坯由 6mm 轧制到 0.005mm 时，这种不均匀导致坯料两个表面的回复再结晶、硬度和塑性等产生细微的不同，进而演变成难以在后期的加工过程予以矫正的，影响最终产品能否顺利轧制的内部质量遗传性缺陷。而采用垂直式铸轧机生产铸轧卷，轧出的铸轧卷两个表面之间不存在受外

力影响所造成的成分偏差和组织的不对称，能获得水平式和倾斜式铸轧机无法生产出的具有优质组织、性能固有、上下表面晶粒度一致的铸轧坯料。垂直式铸轧机比倾斜式和水平式铸轧机的组织更为细小均匀，更利于轧制厚度不大于0.006mm的铝箔。

但经过多年的对比实验，倾斜式连续铸轧机比下注式铸轧机有以下优点：将液态金属导入轧辊的装置结构比较简单；带板的引出方向与地平面呈15°角，避免了弯90°再引出的困难；立板操作比较方便；铸轧区高度由30~35mm增至40~45mm，使平均加工率由15%增加到30%，提高了板带的质量；铸轧速度由最初的700~900mm/min提高到900~1100mm/min，小时产量提高了32%。同时，超级倾斜式铸轧机进一步增大了冷却速度，提高了结晶速度，增强了轧辊的抗弯性能。因而，可增大铸轧区，增大板宽，提高了热加工率，这些都有利于提高生产效率和产品质量。因此，倾斜式铸轧机在国内已得到广泛的应用，垂直式铸轧机在国内逐渐被淘汰。随着铸轧机的发展，水平式连续铸轧机由于立板方便等优点，逐渐代替倾斜式铸轧机，而成为铸轧的主要生产方式。目前，绝大多数新建铝加工厂选用水平连续铸轧机，次之为倾斜连续铸轧机，垂直式铸轧机已基本被淘汰。

15.6　铝合金连续铸轧生产的主要工装

连续铸轧的主要工装设备有液面控制系统、铸轧辊、铸轧供料嘴、润滑系统和冷却系统等。

15.6.1　液面控制系统

液面控制系统的作用是保证前箱中的铝液有一相对稳定的高度，即控制由供料嘴流入铸轧辊的铝液相对恒定的静压力，保证铸轧过程中，铝液供给充足、平稳、连续。目前，生产中使用的主要有3种结构，即杠杆式、浮漂式、非接触式液位控制器。

15.6.1.1　杠杆式控流器

杠杆式控流器如图15-31所示，是利用杠杆的工作原理制成的，连杆5的一侧是浮漂4，由铝液的浮力，托着浮漂可以上下移动，另一侧是用石墨或轻质耐火材料制作的塞头3，塞头端部为圆锥形，正好对着套管管口，当铝液面下降时，浮漂下降，通过杠杆塞头上升或前后移动，更多的铝液从管口流入前箱。当前箱的液面上升，托起浮漂，使塞头逐

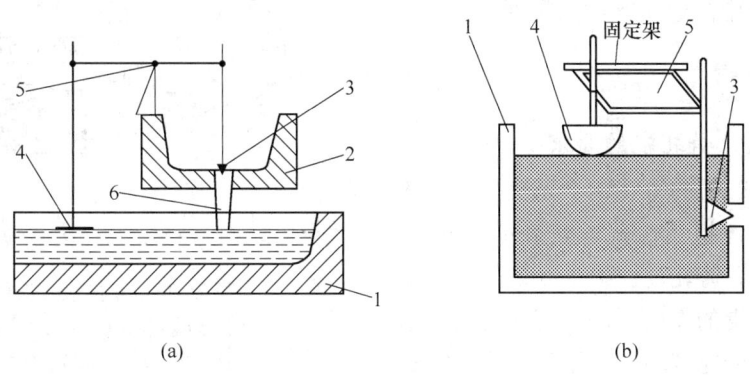

(a)　　　　　　　　　　　　　　(b)

图15-31　杠杆式控流器示意图

1—前箱；2—供流流槽；3—塞头；4—浮漂；5—连杆；6—流管

渐下降，流经管口的金属流量逐渐减少，促使前箱的高度恢复正常。

图 15-31(a)所示为流槽与前箱不在同一水平面上的前箱液面控制方式，适用于供流流槽和前箱流槽有落差的供流方式。图 15-31(b)所示为流槽和前箱在同一水平面上的前箱液面控制方式。其原理都是通过前箱流槽液面的升降，带动浮漂的升降，再通过连杆作用于钎塞实现铝液的平稳供应。

15.6.1.2 浮漂控流器

浮漂控流器如图 15-32 所示，根据液态浮力的原理，当前箱流槽内铝液面过高时，浮漂 3 上升，使流管和浮漂之间的间隙减少，由流槽进入前箱的铝液减少，这时前箱内铝液液面高度就会下降，浮漂控流器始终处于动态平衡过程中。制作浮漂的材料最好采用密度较低的耐火材料，以提高其灵敏度。

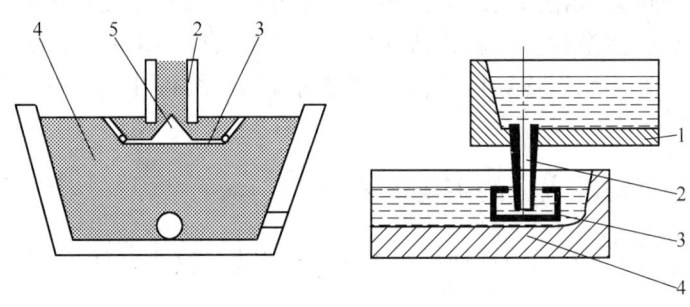

图 15-32　两种浮漂控流示意图
1—流槽；2—流管；3—浮漂；4—前箱；5—堵头

15.6.1.3 非接触式液位控制器

非接触式液位控制器如图 15-33 所示，在前箱流槽的熔体上方安装一非接触式的电容熔体水平测量传感器，传感器探头不与铝液接触，参照系是铝熔体的上表面。通过传感器时刻发出与熔体水平成比例的电信号，信号传到控制计算机后，与设定值进行比较，一旦出现偏差，就通过挂靠机构使塞棒上下移动，控制熔体水平，使其迅速恢复到设定值。该控制器可使熔体水平控制精度约小于 0.5mm。这是当前该类控制装置中能达到的最高精度。

15.6.2 铸轧辊

15.6.2.1 铸轧辊的要求

双辊式铸轧机的铸轧辊不完全等同于热轧机上的轧辊，它不仅担当像普通热轧机轧辊的变形作用，而且还起着铸轧过程中水冷结晶器的作用，液态金属在铸轧辊的作用下，要完成冷却、结晶、变形，直至成为铸轧带坯。工作时，铸轧辊的辊套外表面与炙热的铝液接触，辊套内部又有强力冷却水的冲刷，以便迅速带走大量的热，它们之间进行着

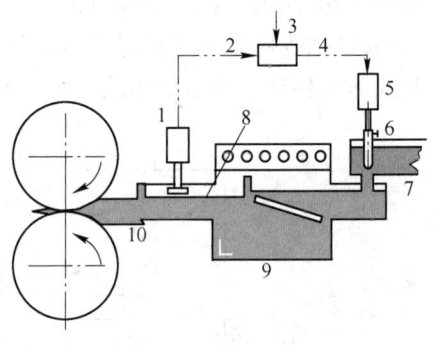

图 15-33　非接触式液位控制器
1—电容非接触式传感器；2—测量值输入；
3—计算机；4—信号输出；5—执行机构；
6—塞棒；7—下注口；8—熔体水平；
9—过滤系统；10—铸嘴

强烈的热交换。铸轧辊既承受对凝固的带坯施加一定的压下时所引起的金属变形抗力的影响，又承受熔体凝固造成的辊面温度变化应力的影响，因而对铸轧辊的辊套材料和铸轧辊结构提出了特殊的要求。铸轧辊典型的工艺性能指标为：铸轧辊硬度（HB）为380～230，室温抗拉强度 σ_b 为950～1400MPa，600℃抗拉强度 σ_b 为550～750MPa。

15.6.2.2 铸轧辊的组成

铸轧辊在铝液浇入后，既要承受金属凝固而产生于辊面的温度变化应力，又要承受对凝固坯热加工所引起的金属变形抗力。为了使轧辊与铝液接触后热交换的热量迅速散走，辊内需要通冷却水，因而铸轧辊由辊套、通水槽的辊芯组成，如图15-34所示。在设计和装配铸轧辊时，辊套和辊芯应配合良好，无论纵向和圆周方向都不能活动。

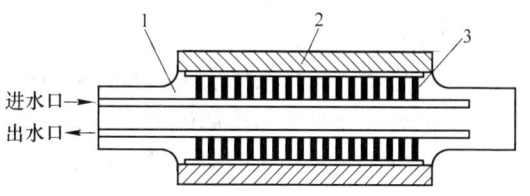

图 15-34 铸轧辊组成示意图
1—辊芯；2—辊套；3—冷却水通道

A 铸轧辊辊套

辊套由于受到弯曲应力、扭应力、表面摩擦力及周期性热冲击力等影响，要求具有良好的导热性，线膨胀系数和弹性模量要小，有较高的强度和硬度、较好的耐高温、抗热疲劳和抗热变形性能等。除上述性能要求外，还要考虑到其综合成本。

工业上曾采用多种材料制造辊套，紫铜虽有良好的导热性，但是承受不了巨大轧制力的作用，辊面在铸轧时发生严重的变形，45号钢容易产生轴向裂纹，因而经受不了热变形应力的影响，使用寿命很短。生产实践表明，50Cr、50CrMnMo、Cr17、15CrMn等材料使用效果都不理想。

俄罗斯辊套采用20Cr3MoWV和35CrMnMo材料，实际生产证明，这种材料每生产400～500h，辊面就产生严重裂纹，需要进行辊面重车修整。每次车削量为3～4mm。

表15-11所列为国内外辊套钢的合金系列。

表 15-11 国内外辊套钢的合金系列

国别	生产厂家	铸轧辊径/mm	材质	热处理状态	σ_b/N·mm^{-2}	σ_s/N·mm^{-2}	热导率/W·(m·℃)$^{-1}$	线膨胀系数/mm·℃$^{-1}$
中国	涿神	650	45CrNiMo	HB320	1260	1050		
中国	涿神	650	PCrNi3Mo	HB400	720	550	40.2	13.3×10^{-6}
法国	3C	960	CrMnV	HB300	550(630℃)	400(630℃)	37.1	12×10^{-6}
法国	3C	960	Bloc	HB430	400(630℃)	300(630℃)	34.1	12×10^{-6}
法国	3C	960	Mo22	HB430	600(630℃)	480(630℃)	31.0	12×10^{-6}
美国	亨特	960	4051	HB350	1200	1000	27.3	13×10^{-6}

注：合金成分 CrMnV：Cr 1.0%，Mn 0.70%，V 0.20%，C 0.15%，Mo 1.0%；Mo 22：Cr 3.0%，Mn 0.50%，V 0.20%，C 0.32%，Mo 1.0%，Ni 0.30%；4051：C 0.57%，Mn 0.40%，Si 0.13%，Ni 0.47%，Cr 2.03%，Mo 1.0%，V 0.33%，Al 0.008%。

从表15-11可见，铸轧辊的合金系列不同，热处理状态也不同，各钢种的性能数据差异也比较大。尤其是导热性普遍较差，线膨胀系数较高，屈服极限有高有低。这说明其寿命差异较为明显。国内目前普遍使用的材料为 PCrNi3MoV 钢，其寿命可达 3000h，产量寿命达 4800t/对。法国 3C 辊套的寿命为 2500～3000h，产量寿命达 10000t/对。法国 3C 辊套注重热状态下的强度指标、热导率和线膨胀系数。从表中所列的数据可见，调质硬度大体可归纳为三个范围，即 HB290～330、HB330～400 和 HB400～430。硬度偏低者主要考虑保证高温韧性，硬度高者主要考虑提高辊套的耐疲劳屈服强度，延缓龟裂的产生，合理的选择应两者兼顾。

国内某公司铸轧机采用表15-12的两种材料，这两种钢经实践证明，淬火后可得到细化的碳化物均匀分布的马氏体组织，其裂纹敏感性低，可满足对塑性的各种要求，同时有良好的抗热应力性能和低的裂纹扩展速率。

表 15-12　国内某公司两种铸轧辊的成分（质量分数）　　（%）

钢 种	C	Si	Mn	S	P	Ni	Cr	Cu	V	Mo
P34CrNi3MoV	0.33	0.2	0.41	0.008	0.005	3.14	1.38	0.04	0.22	0.41
32Cr3Mo1V	0.34	0.3	0.4	0.01	0.013	0.15	2.8	0.08	0.2	0.85

铸轧辊辊套的壁厚，既要考虑有利于能量的带走，又要考虑能使用相对较长的一段时间，需综合两个方面的因素来确定铸轧辊套的厚度，通常要求辊套从新辊到报废能修整 3～4 次。一般当辊芯直径大于 700mm 时，辊套厚度控制在 70～80mm 为宜，辊芯直径小于 700mm 时，辊套厚度控制在 50～60mm。当然在选择时应考虑辊芯上水槽及循环水冷却系统设计的合理性。

B　铸轧辊辊芯

辊芯为铸轧辊的核心部分，通过其支撑辊套和辊芯之间的流道实现循环水冷却。铸轧辊辊芯也是承受铸轧力的主要部件，辊芯中的冷却水孔和辊芯表面的循环强制冷却水槽沟的存在，削弱了辊芯抵抗各种应力的能力。因此，辊芯的材质、热处理、循环强制冷却水的供水方式就显得特别重要。

国内外常用辊芯材料为：35CD4、34CrMo4、SCM432、23CD4、23CrMo、SCM440 钢等。广泛应用的为 23CrMo、35CrMo、42CrMo、50CrMo4。硬度（HB）为 280～400。

a　铸轧辊辊芯表面的冷却水槽形式

铸轧辊辊芯外表面冷却水槽的形式直接影响铸轧辊冷却强度和冷却均匀度。

冷却水槽的槽形有矩形沟槽、圆弧形沟槽、波浪形沟槽。图 15-35(a)所示为矩形沟槽，由于加工方便，应用较广泛，但尖角易使应力集中，同时对于不洁净的冷却水易堵塞；图 15-35(b)所示为圆弧形沟槽，图 15-35(c)所示为波浪形沟槽，这两种形式水的流速加快，导热性能增加。冷却水沟槽由于长期通过冷却水，易结垢、锈蚀或破损。一般在更换辊套时需重新补焊、车磨。

b　铸轧辊辊芯表面的冷却水槽结构

冷却水沟槽的结构有纵向、螺旋形、环形和井字形等多种形式，如图 15-36 所示。不管采用

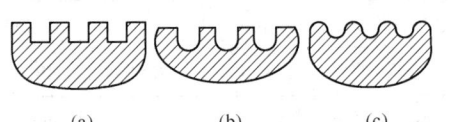

(a)　　　　(b)　　　　(c)

图 15-35　铸轧辊表面冷却水槽的槽形
(a) 矩形沟槽；(b) 圆弧形沟槽；(c) 波浪形沟槽

哪种形式，其冷却强度应保证铸轧辊辊身长度上的温度差不大于5℃。

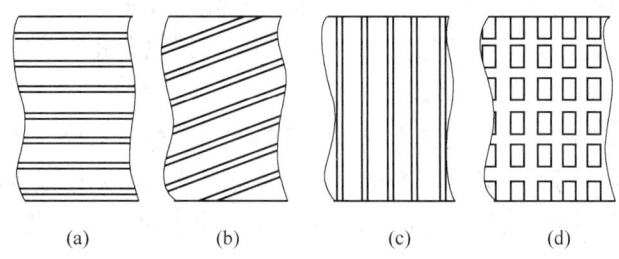

图 15-36 冷却水沟槽的结构形式
（a）纵向的；（b）螺旋形；（c）环形；（d）井字形

国内厂家对辊芯表面沟槽的结构进行过比较实验，进行实验的有螺旋形沟槽、环状沟槽、纵向横向交叉的井字沟槽的结构。结果表明：尽管井字沟槽加工复杂，但其冷却效果好。

15.6.2.3 铸轧辊的装配

铸轧辊的装配要保证辊套与辊芯紧密配合，使辊套能可靠地传递扭矩。由于辊套和辊芯的材质不同，受热条件不一样，在强大的轧制力的作用下，二者的膨胀量也不一样，因此必须选择适当的过盈配合量。虽然在轧制过程中，允许辊套与辊芯之间有相对运动，但根据经验每8h最大不应超过25mm。铸轧辊辊套和辊芯通常采用过盈热装，但过盈量小，在轧制时辊套和辊芯之间会产生较大的相对运动，影响轧制过程的稳定，对控制板形极为不利。同时。过盈量过大，会产生过大的内应力，增加辊套炸裂的可能。过盈量的选择是根据辊套的材质、传递扭矩、辊套使用的最小厚度而计算选择的，见式（15-34）和式（15-35），不同的过盈对辊套产生不同的预紧力，预紧力可由式（15-36）计算。表15-13为不同过盈量所对应的预紧单位压力的值。

过盈配合量的经验公式为：

辊芯尺寸为 $\phi 500 \sim 700\text{mm}$ 时　　　　　过盈量 = 辊芯尺寸 × 1/650　　　　（15-34）

辊芯尺寸为 $\phi 700 \sim 850\text{mm}$ 时　　　　　过盈量 = 辊芯尺寸 × 1/700　　　　（15-35）

预紧单位压力 p 为：

$$p = \frac{Ef(D^2 - d^2)}{2dD} \tag{15-36}$$

式中　E——弹性模量，GPa；

　　　f——烘装过盈量，mm；

　　　D——辊芯外径，mm；

　　　d——辊套内径，mm。

表 15-13　过盈量与预紧单位压力对应表

烘装过盈量 f/mm	0.40	0.50	0.60	0.70	0.80
预紧单位压力 p 值/N·cm^{-2}	9.85	15.60	23.60	31.10	40.10

从表15-13可见，过盈量过大将增大热装应力，会产生加速辊套损坏的后果，甚至有可能造成辊套断裂。

俄罗斯的有关资料介绍，所采用的过盈量为0.3~0.4mm。装配时将辊芯冷冻，使其直径减少0.6~0.8mm，同时，将辊套在井式电炉内加热到540~560℃，然后把辊芯插入辊套内，可以获得上述过盈量。冷却后，在端面用电焊把辊套和辊芯焊在一起。

15.6.2.4　铸轧辊的水冷却方式

各种铸轧辊结构上的主要区别在于冷却系统的不同。冷却系统要保证辊面沿轴向和圆周方向都能得到迅速均匀的冷却。基本特点在于冷却水的供水方式以及冷却水从铸轧辊中排出的方法。冷却水可以从铸轧辊的一端流入或流出，也可以从铸轧辊的两端流入或流出。

铸轧辊常用冷却方式有以下几种，如图15-37所示。

(1) 一端进一端出的冷却方式。图15-37(a)所示为铸轧辊冷却水从两端进入辊芯，由一端排水，称为两进一出的铸轧辊冷却方式。图15-37(b)所示为铸轧辊从一端供水，从另一端两处排水，称为一进两出的铸轧辊冷却方式。图15-37(c)所示为冷却水供水方式是从一端进入，从另一端排出，称为两端一进一出的铸轧辊冷却方式。

(2) 同端一进一出铸轧辊冷却方式。图15-37(d)所示为冷却水从铸轧辊芯的一端进入，利用特殊的分配套管将冷却水送入和排出铸轧辊。进入铸轧辊的冷却水沿辊芯径向方向散开，流到辊芯和辊套之间，然后分成两个相反的水路，经过半个铸轧辊圆周，相当于180°，再沿辊芯径向流入辊芯的轴向孔。从那里流经集水装置，排入循环水系统，最后进

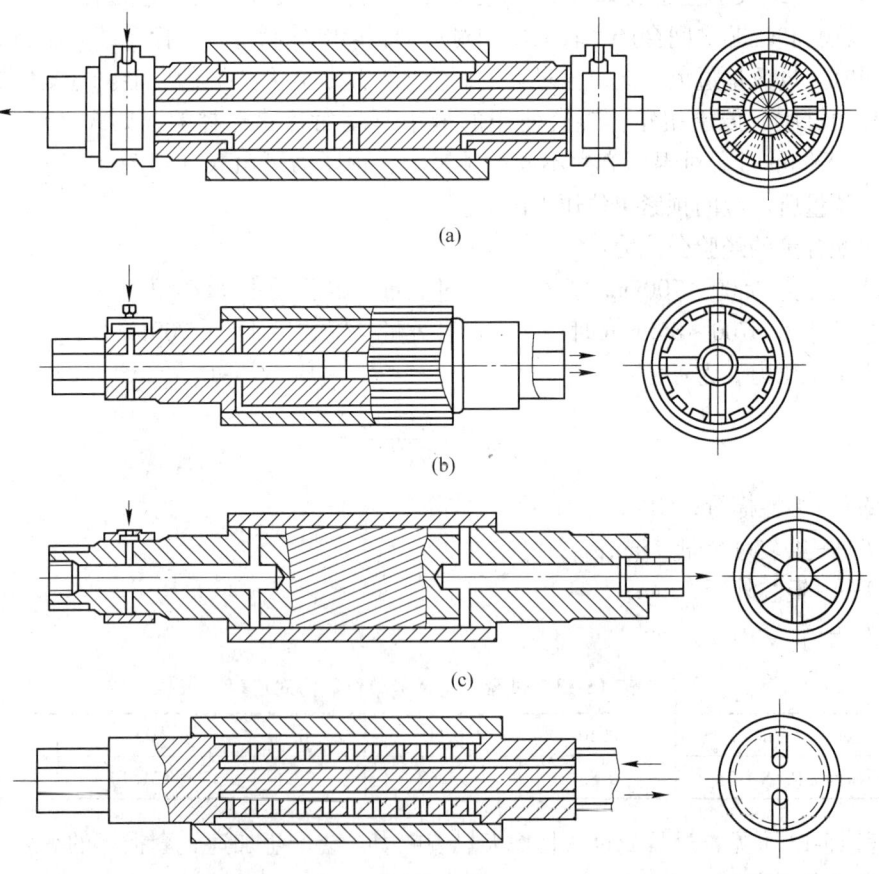

(a)

(b)

(c)

(d)

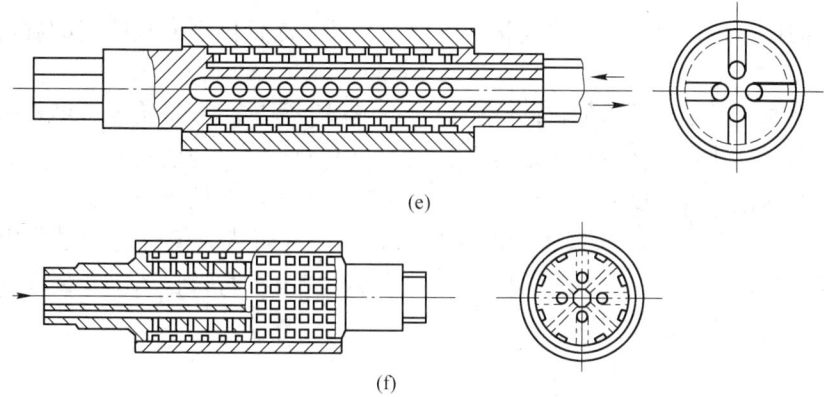

图 15-37　几种铸轧辊的冷却方式

(a) 二进一出的铸轧辊冷却方式；(b) 一进二出的铸轧辊冷却方式；
(c) 两端一进一出的铸轧辊冷却方式；(d) 同端一进一出的铸轧辊冷却方式；
(e) 二进二出的铸轧辊冷却方式；(f) 一进四出的铸轧辊冷却方式

入冷却水池。这样的冷却系统可得到较均匀的铸轧辊表面温度，冷却效果比较好，辊套和辊芯有很好配合，称为同端一进一出铸轧辊冷却方式。这种结构复杂，制造起来较为困难。

(3) 二进二出的铸轧辊冷却方式。图 15-37(e) 所示为铸轧辊冷却水方式供应是通过辊芯端部的两个轴向孔同时为铸轧辊供水，然后又通过两个轴向孔排出。由铸轧辊辊芯端部两个孔进入的冷却水，流入辊芯和辊套间，再流经铸轧辊辊芯的四分之一周即 90°后排出，即冷却水通过两个进水孔进入辊芯进行循环后再经两回水孔排出，称为二进二出的铸轧辊冷却方式。

(4) 一进四出的冷却方式。图 15-37(f) 所示的铸轧辊冷却方式称为一进四出的冷却水供排方式。是通过辊芯端部一个中心入水孔输入，沿中心孔钻有许多排径向小孔，每排 4 个径向小孔，直接通向辊套和辊芯之间的沟槽，由围绕中心入水孔和进水孔相差 45°的 4 个径向排水孔出水。辊芯表面开有横向和纵向交叉的井字格沟槽，可以使辊套内表面与循环冷却水充分接触，达到温度分布均匀的目的。这种供水方式所用的旋转水套比较简单。

另外，还有三进三出的铸轧辊冷却方式和一进三出的冷却方式。

三进三出的冷却方式如图 15-38 所示，在辊芯一端轴线中部的某圆上，均匀分布同样

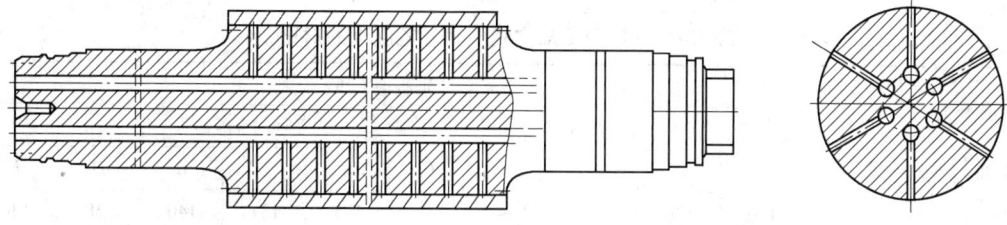

图 15-38　三进三出铸轧辊芯冷却示意图

大小的 6 个孔，有 3 个进水孔，3 个出水孔相间分布。通过几组相间 60°的径向孔与辊芯表面的 6 个沟槽相连，经过环形槽连接使进出水循环。这种供水方式所用的旋转水套比较复杂。

国内某企业针对不同结构的铸轧辊表面进行了温度测试，一是铸轧辊结构采用一进二出的冷却方式，其轧辊端面进出水示意图如图 15-39（a）所示，这种冷却方式，铸轧辊纵向及圆周向辊面均存在着温度差。在纵向，由于一端进出水而频繁进行热交换，进出口水端比另一端的温度略低，会造成铸轧带的同板差超标，从而造成箔材轧制过程中的单边波浪；在圆周方向，由于进出水相差 90°，水在流动过程中不断吸收热量，会在周向存在着温度差，使铸轧带的纵向差过大。

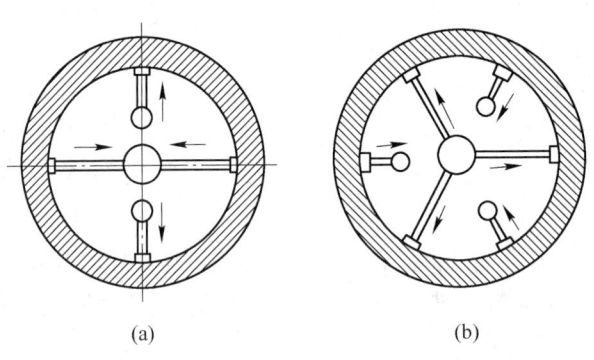

图 15-39　铸轧辊冷却方式示意图
（a）一进二出式；（b）一进三出式

另一种方式铸轧辊的结构采用一进三出的冷却方式，其轧辊端面进出水示意图如图 15-39（b）所示，是通过辊芯端部一个中心入水孔输入，沿中心孔钻有许多排径向小孔，每排 6 个径向小孔，直接通向辊套和辊芯之间的沟槽，由围绕中心入水孔和进水孔相差 60°的 3 个径向排水孔出水。辊芯表面开有横向和纵向交叉的井字格沟槽，即冷却水通过一个进水孔进入辊芯内进行循环，然后经三个回水孔排出。即冷却水由辊芯内部的进水通道至辊套与辊芯之间环形水槽内，并沿圆周方向流动，经 60°的弧长后流回辊芯内部的回水通道，要求相邻水槽内的冷却水流向为相向流动。这样，铸轧辊面周向温度差由于流程短了 1/3，温度分布更加合理，保证了铸轧带的纵向差。由于铸轧辊上相邻水槽的冷却水流向不同，增加了热交换能力，从而使铸轧辊轴向温度趋于平衡，更好地保证了铸轧辊辊身长度上的温度差不高于 5℃ 的要求，最终显著改善了铸轧带横截面上的板形。表 15-14 为不同冷却方式下实测铸轧辊温度的对比。

表 15-14　不同冷却方式下铸轧辊温度的对比

冷却水循环方式	铸轧辊辊面温度/℃									
	一进二出					一进三出				
铸轧辊·周所测点	A	B	C	D	E	A	B	C	D	E
1	130	130	136	142	141	135	137	140	138	136
2	133	134	142	151	140	129	135	139	136	138

冷却水循环方式	铸轧辊辊面温度/℃									
	一进二出					一进三出				
铸轧辊一周所测点	A	B	C	D	E	A	B	C	D	E
3	127	131	138	140	144	134	130	135	135	137
4	132	120	139	148	150	135	132	132	134	139
5	135	133	145	144	133	136	135	138	136	137
6	136	134	143	149	143	132	134	139	134	131
7	134	136	138	140	142	133	133	137	132	136
8	130	132	135	138	142	136	131	136	130	137
圆周方向最大辊温差/℃	9	10	10	13	17	7	7	8	8	8

注：A为进出水侧，在铸轧辊（不包括铸轧区）上均匀取5个点，轧辊辊径为650mm，纵向每隔250mm测量一次。

从表15-14可见，一进三出的轧辊冷却水循环方式比一进二出的轧辊冷却水循环方式能较好地控制辊温的均匀性。因此，铸轧辊的冷却方式对于铸轧卷的质量好坏有着至关重要的作用。

15.6.2.5 铸轧辊长度和直径的确定

通过轧辊弯曲强度及其允许挠度来选择确定铸轧辊直径和辊身长度。不过，应考虑辊芯上的冷却水槽沟和通水孔的设置所造成的强度的削弱。辊身长度决定于铸轧带坯的最大宽度。

$$L = B + 2b \tag{15-37}$$

式中 L——辊身长度，mm；

B——生产带坯的最大宽度，mm；

b——轧辊表面非工作部分长度，mm。

铸轧辊辊颈的直径，可根据辊身直径来确定。使用滑动轴承时，辊颈直径可按式（15-38）计算：

$$d = (0.7 \sim 0.75)D \tag{15-38}$$

式中 d——辊颈直径，mm；

D——辊身直径，mm。

一般辊颈长度与直径相等，而传动端梅花接头的直径可比辊的直径小10~15mm。

如果采用滚动轴承，则应根据轴承的形状、尺寸来确定铸轧辊辊颈直径，一般取铸轧辊直径的1/2左右。

15.6.2.6 铸轧辊的表面温度

铸轧辊表面直接接触铝熔体，在铸轧区内承受着高温热应力，转过铸轧区后，又受外面冷空气的冷却，内表面要承受冷却水的冲刷，使其处于冷热应力交变状态。铸轧辊的表面温度分布影响着铸轧辊的使用寿命。

俄罗斯B. B. 库兹涅佐夫建议用以下方式来计算铸轧辊表面温度 T_{gb}：

$$T_{\mathrm{gb}} = \frac{\rho_{\mathrm{g}} h_1}{2 t_z (k_{\mathrm{gt}} + k_{\mathrm{tk}})} \left[\left(e_{\mathrm{jj}} + c_p \frac{T_{\mathrm{jj}} - T_{\mathrm{pb}}}{2} \right) + \frac{c_p}{2} \left(\frac{T_{\mathrm{jj}} - n_p T_{\mathrm{pb}}}{n_p + 1} - T_{\mathrm{pl}} \right) + t_z (k_{\mathrm{gt}} T_{\mathrm{s}} + k_{\mathrm{tk}} T_{\mathrm{f}}) \right]$$

$$(15\text{-}39)$$

式中　ρ_{g}——铸轧辊辊套材料的密度，kg/m^3；

$\quad\quad h_1$——铸轧带坯出口厚度，mm；

$\quad\quad t_z$——铸轧辊转一圈所需要的时间，s；

$\quad\quad k_{\mathrm{gt}}$——铸轧辊辊套材料的传热系数，$kJ/(cm^2 \cdot h \cdot ℃)$；

$\quad\quad k_{\mathrm{tk}}$——铸轧辊辊套与空气的热交换系数，$kJ/(cm^2 \cdot h \cdot ℃)$；

$\quad\quad e_{\mathrm{jj}}$——金属结晶的潜热系数，kJ/kg；

$\quad\quad c_p$——铸轧带坯的比热容，$kJ/(kg \cdot ℃)$；

$\quad\quad T_{\mathrm{jj}}$——铸轧带坯中温度分布的指数；

$\quad\quad T_{\mathrm{pb}}$——铸轧带坯表面温度；

$\quad\quad n_p$——铸轧带坯中的温度分布指数；

$\quad\quad T_{\mathrm{pl}}$——铸轧带坯离开铸轧区时的温度，℃；

$\quad\quad T_{\mathrm{s}}$——冷却水的温度，℃；

$\quad\quad T_{\mathrm{f}}$——冷风的温度，℃。

由以上分析可见，铸轧辊横截面沿圆周的表面温度变化范围很大。铸轧生产时，通过对辊面实际测量，获得辊面圆周方向的温度分布曲线，如图 15-40 所示。在铝液与铸轧辊开始接触的 a 点，铸轧辊套的表面温度达到最大值（当铸轧带坯厚度为 7.5mm 时，辊套表面温度达 500℃；当铸轧带坯厚度为 9.0mm 时，辊套表面温度达 450℃）。随着铸轧辊的不断旋转，顺序依次为 a—b—c—d—e，铸轧辊表面温度逐渐降低，最低温度达到 85℃。

图 15-40 中外圈的曲线 2 是铸轧带坯厚度为 7.5mm 时辊套表面温度分布情况，曲线 1 是铸轧带坯厚度为 9.0mm 时辊套表面温度分布情况。由此可见，从铝液与铸轧辊开始接触到下一次进入金属接触开始之前的一个循环，温度差达 380℃ 和 365℃，这对于辊套材料的抗温变性能提出了更高的要求。

15.6.2.7　铸轧辊的凸度

由于金属热变形时产生强大的变形抗力，使轧辊产生挠曲，因此改变了辊缝的形状和尺寸。为保证板形，就要相应考虑轧辊具有一定凸度来抵消轧制过程中因轧辊弯曲、压扁、热膨胀等因素造成的变形，因此辊套应具有一定的凸度。

辊套处于外层和液体金属相接触，受反复的冷热交变作用，最终会导致表面热

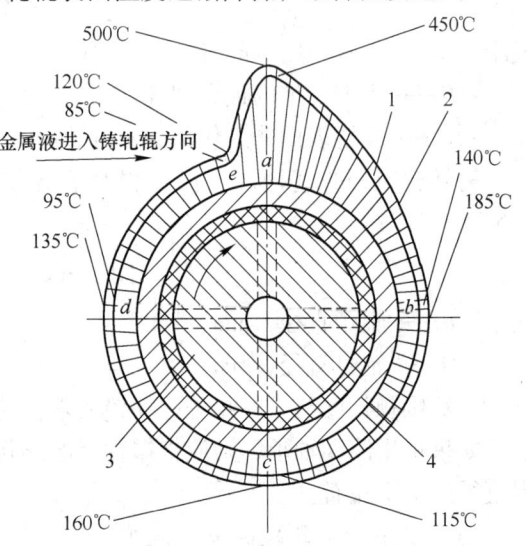

图 15-40　铸轧辊辊套表面温度分布

1—铸轧区长 $L = 70mm$，带坯厚 $h_1 = 9.0mm$；

2—铸轧区长 $L = 50mm$，带坯厚 $h_1 = 7.5mm$；

3—铸轧辊辊芯；4—铸轧辊辊套

疲劳裂纹等缺陷。因此，每使用一段时间后，需要重新车磨，随着铸轧辊的辊径不同，应改变其相应的凸度。

A 铸轧辊凸度的定义

辊身中间的直径和辊身两端的直径平均值的差称为辊凸度 ΔD：

$$\Delta D = D - d \tag{15-40}$$

式中 D——辊身中间直径；
d——辊身两端直径的平均值。

在生产中，铸轧辊上、下辊由于所受的力不同，上、下辊的凸度不同。上辊的挠曲变形较大，因此上辊的凸度要大于下辊的凸度，随着辊套厚度的减薄，轧辊的挠曲会更大，所以，随着辊套厚度的减薄，其凸度适当增加。

B 铸轧辊凸度的确定

在轧制过程中，轧辊受到弯曲和剪切的作用，在计算轧辊挠度时，总挠度应是这两种力的总和，按卡氏定理计算得：

(1) 轧辊辊身中间总弯曲挠度为：

$$f_1 = \frac{P}{18.8ED^4}\left\{8a^3 - 4ab^2 + b^3 + 64c^3\left[\left(\frac{D}{d}\right)^4 - 1\right]\right\} + \frac{P}{\pi GD^2}\left\{a - \frac{b}{2} + 2c\left[\left(\frac{D}{d}\right)^2 - 1\right]\right\} \tag{15-41}$$

(2) 辊身中间和板边部挠度差为：

$$f_2 = \frac{P}{18.8ED^4}(12ab^2 - 7b^3) + \frac{Pb}{2\pi GD^2} \tag{15-42}$$

(3) 辊身中间和辊身边缘挠度差为：

$$f_3 = \frac{P}{18.8ED^4}(12aL^2 - 4L^3 - 4b^2L + b^3) + \frac{P}{\pi GD^2}\left(L - \frac{b}{2}\right) \tag{15-43}$$

式中 P——轧制力，N；
b——板宽，mm；
E——弹性模量，GPa；
a——轴承两支点距离，mm；
D——辊身直径，mm；
c——轴承支点距辊身边缘距离，mm；
d——辊颈直径，mm；
L——辊身长，mm；
G——剪切模量，GPa。

确定辊形凸度时按式 (15-40)，但板形除受辊形影响，还受到铸轧速度、板厚、合金及辊面的热膨胀和磨损的影响，在实际生产中还需结合实际对辊形予以修正。

C 轧辊凸度的修正

如铸轧出的毛料板形和相关技术参数要求的不一致时，则轧辊的凸度值必须进行修正，所要修改的凸度值正好等于所记录到的板形和所要求的板形差。在实际生产中，对新使用的轧辊都必须检测其板形状况，以利于下一次磨削中修正。

表15-15列出了常用的铸轧辊凸度取值范围。

表15-15 铸轧辊原始凸度范围

轧机类型	轧辊直径/mm	辊套凸度/mm
倾斜式（中国）	650	0.10~0.12
	820	0.08~0.10
	980	0.04~0.06
法国标型3C	620	0.3~0.5

15.6.2.8 铸轧辊的使用方法

分析研究表明，铸轧辊破坏的原因由以下几种因素集合而成：

（1）装配应力。铸轧辊辊套和辊芯通常采用过盈热装，因此在铸轧辊辊套和辊芯之间形成装配应力。装配应力的大小取决于过盈量的大小。

（2）铸轧应力。在铸轧过程中，铸轧辊不仅是结晶器，而且又起着变形工具的双重作用，因此铸轧力对铸轧辊整个辊身将产生铸轧应力，可以分为轴向应力、纵向应力、切向应力。

（3）热应力。铸轧辊在铸轧过程中沿周向温度的差别很大，如图15-40所示，从铝液与铸轧辊开始接触到下一次铝液接触开始之前的一个循环，温差达到365~380℃。这必然会产生很大的热效应。

根据国内外相关资料提供的数据，铸轧辊辊套在铸轧区内表面温度不低于400℃，辊套的表面温度为40℃左右，这时引起的热应力为1500MPa。该值已超过辊套的屈服强度，很容易产生裂纹，甚至发生塑性变形，因此，提出以下措施增加轧辊的寿命：

（1）减少装配应力。通过辊芯和辊套的大过盈量来传递扭矩会造成两个不利结果：一是热装比较困难，过盈量不合适易撑裂辊套；二是在辊套上产生较大的装配应力。一种较为合适的做法是用小过盈量，既要保证在铸轧过程中不会发生由于辊芯和辊套配合面上存在的温度差，热膨胀量不同而产生的缝隙，造成水槽间窜水现象，又使辊芯和辊套能传递力矩。

（2）加强维护与保养。具体为：

1）新辊或刚磨削的铸轧辊开始使用时，在去掉保护纸后，应用棉纱沾汽油或四氯化碳等溶剂擦去表面的油脂。

2）铸轧辊使用前，应转动轧辊，用喷枪均匀加热轧辊辊面2~4h，消除车磨应力，减轻急冷急热对辊套的冲击，同时可以减轻立板时粘辊。

3）温辊立板是指辊面温度在50~60℃的情况下立板，主要是为了减少急冷急热对辊套的冲击，延缓辊套寿命，避免辊套爆裂。

4）出板达辊面一周长后缓慢供给冷却水。

5）在铸轧停止或重新立板前，要认真检查辊面，把粘辊异物清理干净，辊面粘辊较严重的地方，用刮刀小心清理，必要时用细砂纸周向打磨。

6）采用石墨喷涂或是烟碳喷涂润滑辊面时，在原铸轧宽度之外的辊面会有较厚的石墨层或炭焦，若要清理变宽的铸轧卷时，其变宽部位要彻底清除，清除时用刷子刷，必要时用砂纸打磨。

7）为提高工作效率，避免不必要的辊面清理，生产安排时应按先宽料后窄料的原则。

8）短期停机，因换规格、合金等需停机重新立板时，停机前关闭冷却水。

9）长期停机，因停机时间较长需重新立板时，需用火焰烘烤辊面 1 ~ 2h 后立板。

10）轧辊搬运过程中要小心轻放，避免撞伤或划伤辊面。

11）应该掌握好铸轧辊的磨辊时间、重磨量和重磨后的表面粗糙度。铸轧辊重磨时间一般应在辊套表面裂纹发展第二阶段之前，这时裂纹深度不要超过 4mm 为宜。但为了将裂纹修磨干净，重磨量比实际裂纹深度增加 0.5mm。如果修磨不干净，留下 0.1mm 深的裂纹，经过 3000 个热循环后，测得的裂纹深度增加了 4 倍。如果等到辊套表面裂纹发展到第三阶段才进行重磨，将会加大重磨量。采用合适的磨辊时间和磨辊量，可以有效地提高 20% ~ 40% 的辊套寿命。

（3）选择合适的材料。辊套失效的主要原因是热疲劳裂纹，因此在正常情况下，辊套的抗热疲劳性能是对辊套材料的主要选择因素。热疲劳与材料的高温强度有关，还与材料的导热系数和线膨胀系数有关。

（4）控制合适的工艺参数。具体为：

1）适当减少铸轧区长度，绝对压下量随着铸轧区长度的减少而减少，且变形率随之下降，轧制过程中所需要的轧制力随之降低，辊套磨损情况减轻。

2）适当降低预应力，在给定的预应力范围取中下限值调整，可减轻辊套“辗皮效应”的磨损程度，提高其使用寿命。

3）增大循环水冷却流量，在铸嘴出口的液相区，辊面温度接近铝液温度，尽快使之降温是减少辊套热疲劳性的有效办法，因此，加大循环冷却水流量，缩小进出口温差，可以迅速带走热量，降低辊面温度。

4）改进立板方式，需跑渣的立板方式中，轧辊转速由高降低，对辊面有一定的损伤，而无需跑渣的一次出板方式，铝液温度由 715℃ 左右降至正常，轧辊转带由低升高，立板稳态过程瞬间建立起来，对辊面有一定的保护作用。

5）铝液温度适当降低，可使辊面受到的热冲击应力适当降低，有利于保护辊面。

6）辊面两端微火烘烤，在某一宽度的铸轧板生产过程，边界区辊面两侧温差大，极易造成辊面热应力损伤。为减少两侧温差，可在板坯宽度以外设置一排煤气微火烘烤辊面，使辊面各处温度一致，有利于辊面各处受热均匀并保护辊面。

7）禁止使用粗砂纸和刮刀擦刮伤辊面，以免使辊面产生微小划伤，成为应力集中源。

15.6.2.9　铸轧辊常见的主要缺陷

铸轧辊常见的主要缺陷有：

（1）热龟裂。铸轧过程中，铸轧辊套受铝液短暂的热冲击和温度循环变化产生的热应力和铝液的腐蚀及传递扭矩、弯曲、循环载荷的联合作用，使辊套表面出现裂纹并扩展成网状。热龟裂主要表现为有规则的网状细裂纹，沿轧辊圆周方向扩大，若经仔细抛光和进行一定的热处理，可以减轻。

（2）长裂纹。长裂纹的表现为无方向性，一般与圆周方向相倾斜，有时是分区成组出现。主要是轧辊在搬运、生产过程中不小心划伤引起，在各种应力的作用下，该裂纹扩展较快。

（3）断裂。由于辊套在加工、热处理过程中产生的应力未消除，辊套与辊芯配合的过盈量偏大，辊套内部有缺陷，立板时辊面温度过低等，造成铸轧辊在使用过程中辊套沿纵向或成一定角度出现破裂。

（4）辊身端部漏水。辊身端部漏水在铸轧生产中易造成熔体与水接触产生爆炸，主要原因是端部的 O 形圈损坏。

（5）板厚不均。由于轴承箱垫片尺寸不符、轧辊的塑性变形、辊芯水槽局部堵塞、辊套磨削偏心、系统压力不稳等原因，都会在生产中产生板厚不均。

15.6.2.10 铸轧辊套的车磨

铸轧辊套车磨的目的就是把辊套上已经存在的裂纹彻底去掉，若没彻底去掉，其残存裂纹会扩展得更快，从而影响辊套的使用寿命。因此检查裂纹是否全部车磨干净是关键。首先以辊身中心为基点，以 100mm 为间隔，分别从 0°、90°方向检测轧辊凸度曲线是否符合要求，保证同轴度小于 0.02mm；圆柱度小于 0.03mm；两辊直径差小于 0.8mm；粗糙度 $R_a < 0.8\mu m$。

15.6.3 铸轧供料嘴

供料嘴的作用是将铝熔体送入铸轧辊辊缝之间，因此，供料嘴是连接铸轧过程中直接分布和输送铝熔体到辊缝的关键部件，也是浇铸系统的咽喉，其结构合理与否直接影响到产品质量和产量。供料嘴是由嘴扇、垫片、边部耳子组成。

对供料嘴装置的要求有：

（1）结构应牢固可靠，能保证连续性生产。

（2）结构应简单，便于操作与更换。

（3）供料嘴的耐热性能要好，并有良好的保温性。

15.6.3.1 供料嘴的材质选择

供料嘴材料为硅酸铝毡和氮化硼压制而成。它具有保温性能好、抗高温性能好、线膨胀系数小、不和液体金属起化学反应、不产生气泡和氧化渣等特点。经过加热焙烧处理，内衬要有良好的保温性，有足够的强度和刚度，便于机械加工；化学稳定性好，不污染金属；抗温变性能好，不因温度急剧变化而破裂；线膨胀系数小，不会引起变形和开裂。

日前，国外大多数国家使用美国生产的 MARINITE（马尔耐特）、法国 STYRITE（斯德瑞特）及国内研发的中耐 1 号、中耐 2 号等。美国 MARINITE（马尔耐特）能够满足铸轧生产的要求，但吸湿能力较强，使用前必须进行加热处理。一般的热处理工艺为在 250～300℃的炉温中进行 4h 以上的预热，如果预热时间不充分，直接影响铸轧带坯的质量和成材率。

现在使用一种新型的 STYRITE 及与其性能相近的材料，它是一种用陶瓷纤维、硅酸铝纤维通过真空压制的耐火板，是一种轻质的耐火产品，这种材料具有耐高温、耐腐蚀、不易断裂、易加工、吸潮性小、寿命长、使用前不需要预热等特点。

15.6.3.2 供料嘴结构

对供料嘴结构的要求是：铝液通过供料嘴时流线要合理无死角，铝液应均匀分布于辊缝，保证供料嘴出口沿横截面温度均匀一致，保证供料嘴出口处金属的流速一致。

供料嘴由上下两块嘴片组合而成，嘴片间设有一定形状的分流块，以保证由入口处进入的铝熔体能均匀分布到整个供料嘴内腔间，一般供料嘴内熔体的流动受分流块的相对位置、结构尺寸、分流块数目及大小的影响。可结合各自的工艺装备状况进行选择。分流块的形状尺寸可随板宽的变化而变化，在供料嘴上组装分流片时，以保证流道通畅，温度均布为原则。组装时，可用大头针把分流块固定在嘴扇上。

从理想条件来讲，在整个供料嘴长度上出口处所流出的金属温度都一致为最好。这样，当金属熔体和铸轧辊表面接触以后，能均匀凝固。为了避免由于整个横截面上凝固不均匀，采用阻流措施，使中间金属流动减缓，温度适当降低，距出口较远的两端的金属流动加大，温度提高，从而使整个横截面金属温度均匀，金属能够同时从嘴腔内流出。

供料嘴的结构按照铝熔体的分配级别可分为一级分配、二级分配、三级分配，如图15-41所示。

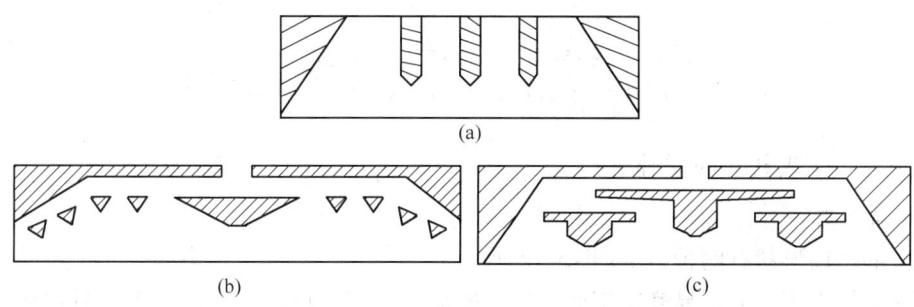

图 15-41 三种分配供料嘴示意图
(a) 一级分配供料嘴；(b) 二级分配供料嘴；(c) 三级分配供料嘴

供料嘴使用小尺寸的分流块来确保铝液在供料嘴内部获得较均匀的流动和温度分布。当供料嘴为一级分配时（见图15-41(a)），铸嘴内部为直通分流道，流体阻力小，不易出现阻滞现象，前箱高度可以控制较低，但由于分流块数目较少，铝液中间流速大于边部，使边部的铝液的温度易低于中间，当前箱熔体温度稍低时，边部就容易产生硬块。

在使用二级分配供料嘴时（见图15-41(b)），金属的流动从入口处流入，受第一层阻流坝的阻碍，一部分金属逐渐向两侧流动，另一部分金属绕过阻流坝从中间流出，到下一层阻流坝后分开，汇合到供料嘴前沿流出。从实际生产中观察到金属从供料嘴出口处流出的时间是不相同的，总是从中间流出的速度较两侧流出的速度快些，这样就使整个嘴腔内的金属温度分配产生不均匀，中间的金属流动快而且温度高，越向两侧温度越低。金属从供料嘴流出的方式是一种从中间向两侧扩展式的流动。当跑渣时，前箱熔体温度稍低时，边部就容易产生硬块。

在使用三级分配供料嘴时（见图15-41(c)），金属的流动从入口处流入时，受第一级阻流坝的阻碍向两侧流动，流向二级通道，经二级阻流坝的阻碍又向两侧流动，进入三级通道之后，在三级阻流坝的作用下，铝液从三级通道流出。由于是受同一静压力的作用，金属的流动速度几乎一致。整个嘴腔内的金属温度分配也较为均匀，嘴腔中间铝液温度与两侧铝液温度相差明显减小。在实际生产中观察到，只要前箱液面高度达到一定值，金属从供料嘴流出的时间（即流动速度）大致相同，并且金属的流动较二级分配的供料嘴流动要平稳、整齐。但该供料嘴需要较大的前箱压力，由于分流块过多、过散，对其在嘴腔内进行排列不易控制，内部分流道间隙小，流体阻力大，熔体黏度随环境温度的变化影响到熔体流过这些间隙的均衡性。

供料嘴的结构按照入口方式不同，可分为单入口和双入口供料嘴，如图 15-42 所示。对于较宽的供料嘴（宽度在 1m 以上的）多采用两个入口的供料嘴，这样可以改善温度不均匀的情况。对于比较窄的供料嘴，一般采用单入口的供料嘴。各企业可以根据自己的设备情况及实践经验采用不同结构的供料嘴。

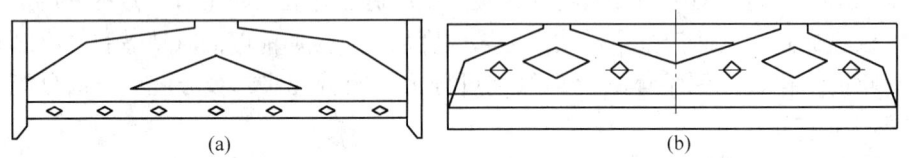

图 15-42 供料嘴结构示意图

（a）单入口供料嘴结构；（b）双入口供料嘴结构

15.6.3.3 供料嘴的制作

A 嘴扇的制作

常用的嘴扇形状有两种，如图 15-43 所示。

嘴唇不能太厚，太厚易摩擦辊面，擦伤辊面和板面；也不能太薄，太薄易损坏。要考虑到其与流道的关系，保证金属流道足够宽，确保液流的通畅。确定嘴唇尺寸要与铸轧区、合金、板厚、流道尺寸有机结合，如图 15-44 所示。

$$H = h + 2B \tag{15-44}$$

$$H = 2R + h_0 - 2\sqrt{R^2 - L^2} \tag{15-45}$$

式中　H——供料嘴出口总厚度，mm；

　　　h_0——板厚，mm；

　　　B——嘴唇厚度，mm；

　　　h——金属流道厚度，mm。

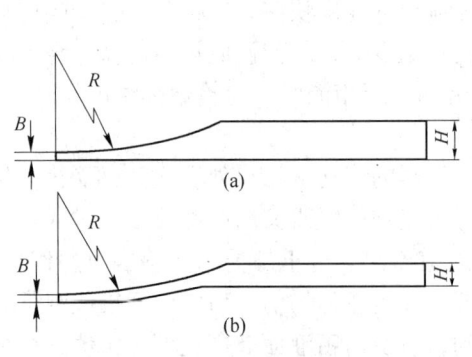

图 15-43 两种嘴扇的形状

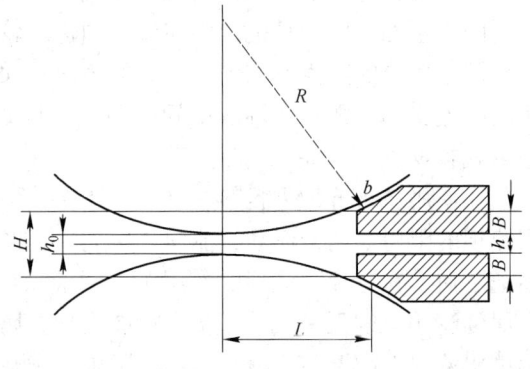

图 15-44 嘴唇尺寸示意图

根据生产经验,嘴唇及其相关尺寸的选择为:纯铝及软合金为 $B = 4.5 \sim 7.5mm$, $h = h_0$;硬合金为 $B = 3.5 \sim 5.0mm$, $h = h_0 - 1$。

嘴扇的宽度因凝固后的金属经轧制后会有一定的宽展,根据边部耳子的材质及合金成分的不同,加工后的嘴扇总长度要比要求板宽小 $5 \sim 20mm$。

嘴扇切割可用锯条及圆锯来进行。切割好的嘴扇要求:嘴扇的各边部都完全正交;嘴扇的各边都不能有划伤、缺损;嘴扇间的配合要严密。

B　边部耳子的制作

边部耳子是嘴子的边部工件,其作用是挡住熔融金属不从两侧流出。每副嘴子需要两个边部耳子。常用的耳子有两种,图 15-45 所示为耳子及其组装图。图 15-45(a)所示边部耳子由硅酸铝纤维薄板和黏结剂经黏合压制而成,常用于倾斜式铸轧机作为边部耳子,使用前耳尖部位用石墨水溶液浸泡 $3 \sim 5min$ 后进行烘干。图 15-45(b)所示边部耳子由三部分组成,即铝板、绝热板和石墨耳尖,常用于水平式铸轧机作为边部耳子。

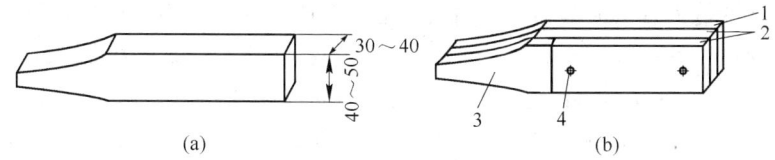

图 15-45　边部耳子
1—铝板;2—耐火绝热板;3—耳尖;4—螺丝

铝板是边部耳子的加强板,加工制作时要考虑到铸轧辊的弧度和铸轧带坯的厚度。它不能用非铝合金材料制作,因为若耳子被从辊缝带出时,用铝合金材料不会损坏辊面,而非铝金属会使辊面损坏,图 15-46 所示为 $\phi960mm \times 1550mm$ 水平铸轧机铝板尺寸图。耐火绝热板的制作与铝板形状一样,该板是用硬质耐火材料制作,具有一定的弹性,也可用硅酸铝纤维薄板经加工压制而成。

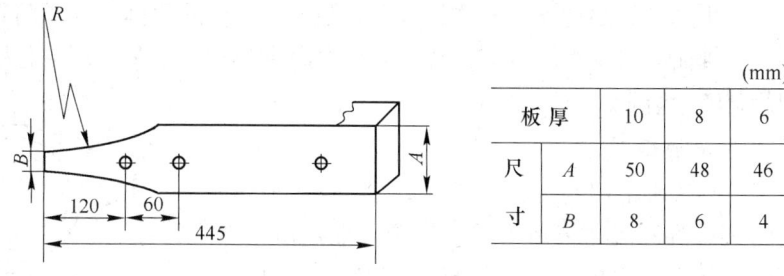

			(mm)
板厚	10	8	6
尺寸 A	50	48	46
B	8	6	4

图 15-46　铝板尺寸图

耳尖由 $1 \sim 3mm$ 厚的韧性石墨板加工而成,要求耳子的圆弧光滑整齐,最好使用模板制作。耳尖在组装好后应与轧辊紧密配合,可根据板厚、辊径的不同进行相应的制作。图 15-47 所示为 $\phi960mm \times 1550mm$ 铸轧机在不同的板厚、不同的辊径下的耳尖制作。

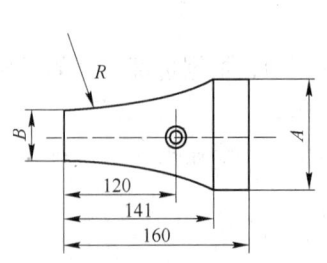

			(mm)
板厚	6	8	10
A	50	48	46
B	9.5	7.5	5.5

			(mm)
辊径	460~480	445~460	235~445
R	480	460	445

图 15-47　耳尖的制作

15.6.3.4　新型供料嘴特点

目前新开发的系列供料嘴具有 4 种系统，均为模块式。新型供料嘴能合理、有效地向铸轧机提供铝熔体。第一套系统为优化熔体供料嘴（optiflow tip nozzle），其尺寸稳定性与抗高温铝熔体热冲击的能力有很大提高，因而其使用期限比常规供料嘴长得多。第二套系统为供料嘴宽度可调系统（tip width adjustment system），该供料嘴的宽度在铸轧过程中可根据生产需要任意调节，因而可不停止铸轧，产量可得到大幅度的提高，同时，节约了供料嘴消耗成本。第三套系统为熔体流分配系统（flow distribution system），该系统是完全按新的基本原理设计，熔体流在铸嘴中分配处于最优化状态，与常规铸嘴系统相比，生产率有了较大提高，容易调节，可显著地缩短调试时间，使生产很快达到最优化状态。第四套系统为可变最佳供料系统（optiflow variable nozzle system），该系统在铸轧期间可控制与改变供料嘴的供流情况，因而改善和提高了铸轧机的适应能力，如嘴子划伤问题可得以避免。

15.6.4　辊面润滑装置

在一般情况下，轧辊和铸轧带材都被一层氧化膜和其他的吸附膜覆盖着。当负荷较低时，摩擦系数较小，摩擦基本上在氧化膜之间进行，摩擦轨道是较平滑的沟槽，几乎和润滑条件下的外观相似。随着负荷的增大，摩擦轨道显现出越来越多的撕伤和刨削。氧化膜逐渐被穿透，并发生越来越多的黏着。这就是在轧制产生粘板的原因。为了防止铸轧辊与板面粘连，要采用辊面润滑装置。目前，常用的辊面润滑装置有三种，即毛毡清辊器、水基润滑喷涂和烟碳喷涂装置。

15.6.4.1　毛毡清辊器

辊面防粘是旧铸轧机常用的一种方式，如图 15-48 所示。它置于铸轧机的入口侧，清洁辊面由毛毡实现。毛毡清辊器虽能起防止粘辊的作用，但更换次数频繁，噪声大，毛毡长期拍打辊面，加速辊面裂纹、微裂纹的扩展，影响轧辊的寿命，毛毡在转动、擦拭过程中，其所掉下的毛纤维会随轧辊的转动聚集于嘴辊缝隙处，在高温下烧结，一方面可能被铸轧带坯带出，在铸轧带坯面形成黑色的非金属压入物；另一方面，挂在铸嘴前沿，会形成铸轧的通条、纵向条纹及造成铸轧带坯表面偏析。

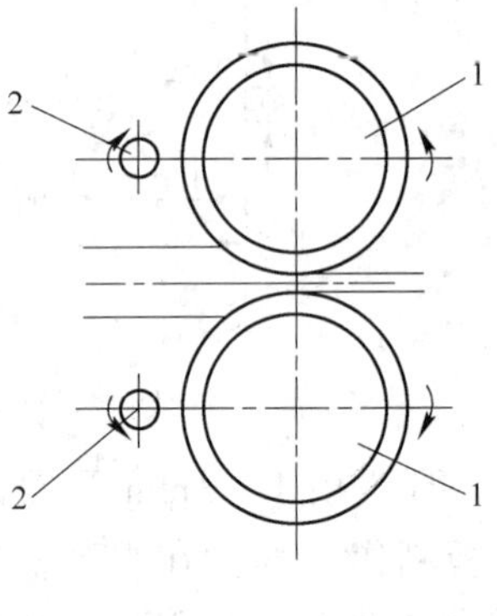

图 15-48　毛毡清辊器示意图
1—轧辊；2—毛毡清辊器

15.6.4.2 水基润滑喷涂

水基润滑喷涂系统安装在轧辊的出口侧，如图15-49所示，由电动机驱动喷枪在轧辊轴向移动，将按一定比例混合的水基石墨均匀喷涂在轧辊表面，利用辊面的余热使水分挥发，其喷涂的石墨把铝板与辊面隔离，起润滑、防止粘辊的作用。采用水基润滑剂喷涂法易于调节喷涂浓度和喷涂量，更适用于较高铸轧速度条件下。因此水基润滑剂喷涂方式依然是超型铸轧机防止铝板坯与轧辊黏结的较佳选择。

15.6.4.3 烟碳喷涂装置

烟碳喷涂装置置于轧辊的出口侧，如图15-50所示。由电动机驱动喷枪在轧辊轴向做往返移动，喷枪火焰的大小可通过调整燃烧介质，如石油液化气或乙炔等与空气的比例进行控制，火焰喷涂在辊面上，使辊面更易形成 Fe_2O_3 膜和均匀的碳层，起润滑和防粘作用。烟碳喷涂装置的特点是设备简单，成本低，喷涂量易于控制，操作简便，辊面易于清理，延长轧辊的使用寿命，润滑、防粘效果好。但烟碳喷涂也存在一些缺点，如喷涂量、燃烧比不易控制等；喷涂产生的石墨对铝液有污染作用，使铝带坯的力学性能变坏；石墨润滑使系统的导热热阻增大，铝液的凝固速度降低，从而铸轧速度降低。在铸轧速度达到1.3m/min 以上时，其防止粘辊的能力尚有待进一步提高，尤其在薄规格带材高速度铸轧时难以满足提高生产率的需要，因此火焰热喷涂适用于较低铸轧速度条件下。

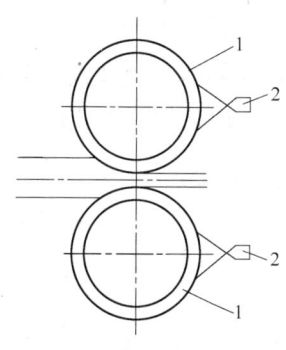

图15-49 水基润滑喷涂示意图
1—轧辊；2—喷枪

图15-50 烟碳喷涂照片

16 铝合金连铸连轧技术

16.1 概述

连铸连轧即通过连续铸造机将铝熔体铸造成一定厚度（一般约20mm）或一定截面积（一般约2000mm²）的锭坯，再进入后续的单机架或多机架热（温）板带轧机或线材孔型轧机，从而直接轧制成供冷轧用的板、带坯或供拉伸用的线坯及其他成品。虽然铸造与轧制是两个独立的工序，但由于其集中在同一条生产线上连续地进行，因此连铸连轧是一个连续的生产过程。

16.1.1 连铸连轧的特点

连铸连轧的主要优点可以从板带坯连铸连轧和线坯连铸连轧两个方面展开。

板带坯连铸连轧的主要优点为：

（1）由于连铸连轧板带坯厚度较薄，且可直接带余热轧制，节省了大功率的热轧机和铸锭加热装备、铣面装备。

（2）生产线简单、集中，从熔炼到轧制出板带，产品可在一条生产线连续地进行，简化了铸锭锯切、铣面、加热、热轧、运输等许多中间工序，简化生产工艺流程，缩短了生产周期。

（3）几何废料少，成品率高。

（4）机械化、自动化程度高。

（5）设备投资少、生产成本低。

线坯连铸连轧的主要优点为：

（1）省去了铸锭、修锭及锭的运输。

（2）省去了加热工序及加热设备。

（3）机械化、自动化程度提高，大大改善了劳动条件。

（4）轧件直线通过机列，温降少，减少了轧件扭转及与设备发生粘、刮、碰等现象，表面质量高。

（5）成卷线坯质量不受限制，线坯卷重可达1t以上，大大减少了焊头次数，提高了生产效率。

（6）设备小、质量轻、占地少，维修方便。

连铸连轧的主要缺点有：

（1）可生产的合金少，特别是结晶温度范围大的合金不能生产。

（2）产品品种、规格不易经常改变。

（3）由于不能对铸锭表面进行铣面、修整，对某些需化学处理的及高表面要求的产品会产生不利的影响。

（4）由于性能限制，不能生产某些特殊制品，如易拉罐料。

（5）产量受到限制，如要扩大生产规模，只有增加生产线的数量。

16.1.2　连铸连轧生产方法分类

16.1.2.1　按连铸连轧坯料的用途分类

连铸连轧按坯料的用途可分为两类：一类是板带坯连铸连轧；另一类是线坯连铸连轧。

16.1.2.2　板带连铸连轧生产分类

板带连铸连轧生产可分为：

（1）双带式连铸连轧生产板带。金属液通过两条平等的无端带间组成连续的结晶腔而凝固成坯的装置称为双带式连铸机。带坯离开铸造机后，通过夹送（牵引）辊送入单机架温轧机或多机架连轧机列。夹送辊不对带坯施加轧制力，但有一定量的牵引力。双带式铸造法熔体的冷却速度可高达 $50 \sim 70℃/s$，比半连续铸造法（DC）（$1 \sim 5℃/s$）高得多，因而带坯的晶体组织致密细小、枝晶间距小、合金元素固溶度大，使产品性能得到一定程度的提高。转换合金时如果铸嘴的使用期限尚未到期，可不必更换，继续使用。但以产生一定量的废料为代价，双带式连铸机又分两类：

1）双钢带式。是两条钢带构成的连铸机，典型代表是哈兹莱特法（Hazelett）及凯撒微型（Kaiser）法。

2）双履带式。是冷却块联接而成类似坦克履带构成的，其典型代表为双履带式劳纳法（CasterⅡ）连铸机、瑞士的阿卢苏斯Ⅱ型（Alusuisse）和美国亨特道格拉斯（Hunter-Douglas）连铸机。

（2）轮带式连铸连轧生产板带。由铸轮凹槽和旋转外包的钢带形成移动式的铸模，把液态金属注入铸轮凹槽和旋转的钢带之间，通过铸轮内通冷却水带走热量，铸成薄的板带坯，继而进一步轧制可获得较好的带材。轮带式连铸连轧生产法主要有：美国波特菲尔德-库尔斯法（Porterfield Coors）、意大利的利加蒙泰法（Rigamonti）、美国的 RSC 法和英国的曼式法（Mann）等。

16.1.2.3　线坯连铸连轧分类

线坯连铸连轧主要有普罗佩兹法（Properzi）、塞西姆法（Secim）、南方线材公司法（SCR）法、斯皮特姆法（Spidem）等，均是轮带式连铸机。

16.2　板带坯连铸连轧生产方法

16.2.1　哈兹莱特（Hazelett）双钢带式连铸连轧法

美国哈兹莱特带坯铸造公司（Hazelett Strip-Casting Corporation）于 1947 年开始研究开发双带式铸造机，1963 年第一台 660mm 铸造机在加拿大铝业公司（Alcan）的加拿大安大略省托威市阿尔古兹公司（Algoods Inc.）投产。哈兹莱特连续铸造是在两条可移动的钢带之间进行连续铸造的方法，热轧机与之同步再进行连续热轧，最后卷取成卷。

哈兹莱特连铸连轧机生产铝带坯生产线由熔炼静置炉组、在线铝熔体净化处理装置、晶粒细化剂进给装置、哈兹莱特双带式连续铸造机、夹送（牵引）辊、单机架或多机架热

（温）连轧机列、切边机、剪床、卷取机组成。可生产的带坯宽度为 300～2300mm，据称正在设计可生产带坯宽度达 2500mm 的铸造机。这种生产线可生产的铝及铝合金以及其用途见表 16-1。哈兹莱特连铸连轧生产线示意图如图 16-1 所示。

表 16-1 连铸连轧合金牌号及用途

合 金	最 终 用 途
1050	空调翅片、冲制件、炊具
1100	铭牌、厚箔、冰箱铰连、热交换器、PS 版基、筹码、电脑壳
1200	电容器、炊具、食品及药物包装
1350	导电行业
3003	建筑行业、炊具、厚箔
3004	家具、光亮板、菱形板、轻型夹具
3104	电缆软管
3105	雨槽、窗框、软管、铭牌、屋顶、光亮板、菱型板、瓶盖
3204	灌溉用管
5052	多用板材、卡车围板、上车架、焊接箱体、公路标牌、电扇叶片、控制面板
5754	多种汽车部件
6061	多种深冲用料
6063	多种深冲用料
7072	翅片料
8011	建筑用板、炊具及餐具、厚箔盘、家用箔、翅片料、瓶盖

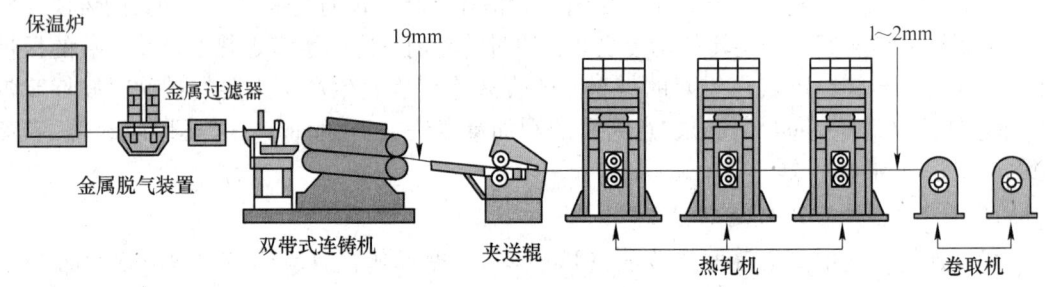

图 16-1 哈兹莱特连铸连轧生产线示意图

16.2.1.1 哈兹莱特连铸机的构成和工作原理

A 哈兹莱特连铸机的主要构成

图 16-2 所示为哈兹莱特连铸机结构示意图，其主要部件为供流系统（熔体槽与密闭熔体供流器）、同步运行的两条无端钢带（上带与下带）、传动系统（张力辊与挡辊、直接传动结构）、水冷与传热系统（喷水嘴、水槽与散热片等）、框架等。铸造是在同步运行的两条钢带之间进行的。钢带套在上下两框架上，每个框架有 2～4 个导轮支承钢带。框架间的距离可调整，从而可得到不同厚度的铸坯。下框架带有不锈钢窄带连接起来的金属挡块，钢带与边部挡块构成带坯铸模（结晶器）。它靠钢带的摩擦力与运动的钢带同步

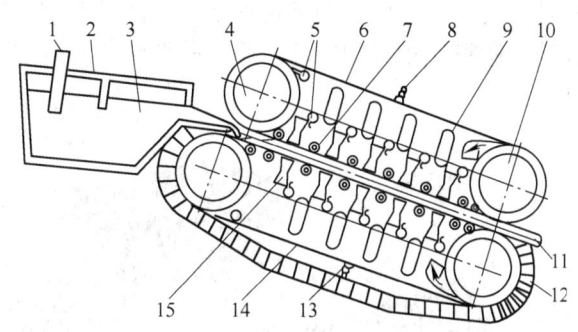

图 16-2 双带式连铸机示意图

1—浸入式水口；2—中间罐；3—金属熔体；4—压辊；5—高速冷却水喷嘴；
6—上钢带；7—支撑辊；8—双层喷嘴；9—集水器；10—张紧辊；
11—带坯；12—活块；13—涂层喷嘴；14—下钢带；15—回水挡板

移动。调整边块的距离可得到不同宽度的铸坯，框架内有诸多磁性支撑辊，从钢带内侧对应地对其顶紧，张紧度可以调控，以保证钢带保持所要求的平直度偏差。哈兹莱特连铸机型号和铸坯宽度见表 16-2。

表 16-2 哈兹莱特连铸机型号和铸坯宽度

型　　号	14 型和 15 型	21 型	23 型	24 型
铸坯宽度/mm	1600	280	915~1972	1254~2540

哈兹莱特连铸机的主要消耗材料与备件为钢带、Matrix™喷涂粉和 Stream™陶瓷铸嘴。钢带为由哈兹莱特公司专制的 1.1~1.4mm 厚、专为连铸机生产的冷轧低碳特种合金钢带。采用钨极惰气保护电焊的钢带，钢带的使用寿命约为 8h 到 14 天。铸造前须用 Al_2O_3 微粒对钢带打毛，打毛深度决定于所铸带坯合金种类，而后以等离子或火焰法喷涂一层 Matrix™涂层。

哈兹莱特连铸机有强大的水冷系统，如图 16-3 所示，对水质有严格要求，其 pH 值为 6~8，应洁净，不得有油及其他可见的悬浮物，水的消耗量约 15t/(m·min)。从喷嘴高速射出的冷却水沿弧形挡

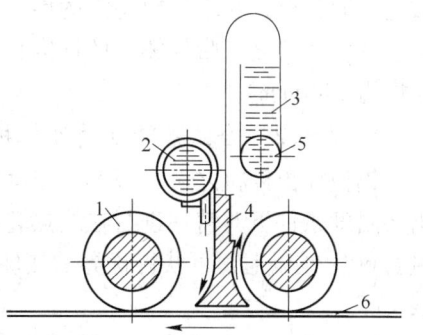

图 16-3 哈兹莱特连铸机冷却系统示意图
1—钢带支撑辊；2—进水管；3—集水器；
4—弧形挡块；5—出水管；6—钢带

块切向喷射到钢带上，均匀而快速地冷却钢带，使铝熔体高速（50~70℃/s）冷却。冷却水经过钢带支撑辊上的环形槽沿弧形挡块流入集水器，通过排水管返回冷却水槽，如此循环冷却。

在铸造过程中，钢带不对凝固着的带坯施加压力，铸造前需将钢带预热到 130℃ 左右，铸造时向钢带与熔体之间吹送保护气体氩，它有高的热导率（氩气不贵，是制氧企业的副产物）。

B 哈兹莱特连铸机的工作原理

哈兹莱特铸造机的工作原理如图 16-4 所示，铸机采用完全运动的铸模，用一副完全

紧张的低碳特种合金钢带作为上下表面。两条矩形金属块链随着钢带的运动，根据可需铸造宽度相隔开以构成模腔的边壁，钢带的冷却采用一种特殊的高效快速水膜进行，这是哈兹莱特的特有技术。

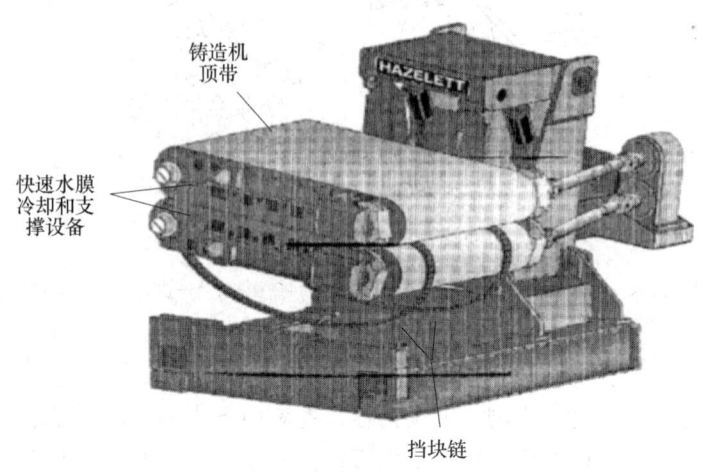

图 16-4　哈兹莱特铸造机原理

铸造的横截面是矩形的，目前典型的铸造宽度为1930mm。根据最终产品的需要，带坯的厚度范围为14~25mm，铸铝坯典型厚度为18~19mm。

前箱被准确地安放在铸模的进口处，铝液通过前箱进入铸造机。在钢带的铸造表面上敷上不同涂层以获取铸模特定的界面特性。设定特定铸模时，所取的铸模长度取决于所铸合金及生产速度。带坯铸模的标准长度（铸坯宽度）为1900mm，近年来，高速坯铸模的长度为2300mm。

16.2.1.2　哈兹莱特连铸连轧机组的主要技术参数

铝板坯出铸机之后，板坯的温度仍在450℃以上，符合铝合金的热轧温度范围，即在出坯温度条件下对铸坯进行在线热轧。铸坯将以每分钟近10m的速度进入轧机。道次压下量在60%或以上，可获得优异的热轧组织结构，哈兹莱特连铸连轧机组典型的技术参数见表16-3。

16.2.1.3　哈兹莱特连铸连轧的生产过程及典型工艺

A　生产过程

熔体通过流槽进入前箱，再通过供料嘴进入铸造腔与上下钢带接触，钢带通过冷却系统高速喷水冷却带走铝熔体热量，从而凝固成铸坯。在出口端，钢带与铸坯分离，并在空气中自然冷却。钢带重新转动到入口端进行铸造，循环往复，从而实现连续铸造。带坯离开铸造机后，通过牵引机进入单机架或多机架热轧机，轧制成冷轧带坯，完成连铸连轧过程。为保证铸造过程中钢带不形成热水汽层而影响传热效率，应保证冷却水流量及流速。

开始铸造前，根据生产要求调整好厚度及宽度，不同厚度的带坯可以通过调整连铸机上下框架的距离控制，宽度通过调整两侧边部侧挡块的距离控制，钢带表面必须保证清洁，必要时可用钢刷等工具清理表面的氧化皮、疤、瘤等异物，然后把引锭头推进钢带与边部侧挡块形成封闭的结晶腔。开头时应及时调整、控制钢带的移动速度，使之与熔体流量达到平衡，使熔体液面高度正好处于结晶腔开口处。供料嘴与钢带间隙约 0.25mm，引锭头与嘴子前沿距离为 70~150mm。

表 16-3 哈兹莱特连铸连轧机组典型的技术参数

项目	参数	项目	参数
使用单位	加拿大铝业公司 Saguenay 工厂	轧制电动机输出转速/r·min⁻¹	0/300/900
		轧制速度/m·min⁻¹	0/36.6/109.8
双带式铸造机 1 台	美国 Hazelett 公司制造	轧制力矩/kN·m	650/217
铸造带坯厚度/mm	12.7~38.1	圆盘切边剪 1 台	德国 MDS 公司制造
铸造带坯宽度/mm	760~1600（2030）	刀盘直径/mm	φ500
铸造速度/mm·min⁻¹	1.2~18.3	切边宽度/mm	最大 100
铸造能力/kg·(h·mm)⁻¹	35.4	碎边长度/mm	390
二辊热轧机 1 台	德国 MDS 公司制造	刀盘传动电动机功率/kW	56
辊径/mm	φ825×2220	刀盘传动电动机转速/r·min⁻¹	0/550/1000
轧制力/kN	最大 9000	切边剪 1 台	德国 MDS 公司制造
轧制电动机输出功率/kW	150	刀盘直径/mm	φ600
轧制电动机输出转速/r·min⁻¹	0/300/900	刀盘传动电动机功率/kW	56
轧制速度/m·min⁻¹	0/6.63/19.9	刀盘传动电动机转速/r·min⁻¹	0/550/1000
轧制力矩/kN·m	457/152	横切飞剪 1 台	德国 MDS 公司制造
切头飞剪 1 台	德国 MDS 公司制造	剪刀行程/mm	140
剪切力/kN	最大 1000	剪刀传动电动机功率/kW	165
移动速度	与铸造速度同步	剪刀传动电动机转速/r·min⁻¹	0/1000/1200
每分钟剪切次数/次	最多 20	移动速度/m·min⁻¹	最大 120
切头废料长度/mm	最长 915	每分钟剪切次数/次	最多 40
1 号四辊轧机 1 台	德国 MDS 公司制造	剪切废料长度/mm	最长 3000
轧辊规格/mm×mm	φ610/1270×2300/2150	卷取机 2 台	德国 MDS 公司制造地下卷取机
轧制力/kN	最大 18000		
轧制电动机输出功率/kW	750	卷筒形式	液压涨缩四楔块套筒式
轧制电动机输出转速/r·min⁻¹	0/300/900	卷筒直径/mm	φ510
轧制速度/m·min⁻¹	0/14.56/43.98	带卷直径/mm	最大 φ2030
轧制力矩/kN·m	811.7/270	带卷质量/kg	最大 16600
2 号四辊轧机 1 台	德国 MDS 公司制造	带材张力/N	18000~180000
轧辊规格/mm×mm	φ610/1270×2300/2150	卷取机传动电动机功率/kW	375
轧制力/kN	最大 18000	卷取机传动电动机转速/r·min⁻¹	0/300/1200
轧制电动机输出功率/kW	1500	额定卷取周期时间/min	14

生产过程中，宽度调整较为简单，只需按前面要求改变侧挡块位置即可，厚度调整比较繁琐，要更换侧挡块、冷却集水器、嘴子等，还要按前面要求调整框架距离。生产过程中，应保证带坯表面平整、厚度均匀，可以通过调整钢带张紧程度，从而保证钢带平直度偏差来控制，一般厚差不大于 0.1mm，铸造速度一般为 3~8m/s。

B   典型生产工艺

哈兹莱特的铝箔生产基地是西班牙的 CVA 公司。其生产线生产过程如下：原料为原生铝锭，铸坯净宽为 1320mm，连铸机后面接三机架四辊热轧机（由奥钢联用旧轧钢机改造而成。生产线配置了两台炉子，每只容量为 70t，既作熔化炉又作保温炉）。铸造合金为 AA1000 系和 8000 系，厚度为 19mm，每小时产量为 33t。

采用由 Norsk Hydro 提供的 Alpur 除气技术，除气后铝液的氢含量低于 0.1mL/100g Al。采用铝钛硼丝晶粒细化剂，铸态晶粒尺寸为 90μm（表面层）和 250μm（中心层）。采用适合于铸造铝箔毛料的钢带外貌，在线消耗性静电沉积层采用纳米级二氧化硅，采用无间隔片状铸嘴。铸嘴用氧化铝和氧化硅耐高温纤维制作，黏结剂为氮化硼。具有足够的孔隙度，保证不粘铝。

向模内导入混合的惰性气体，其中必须含有 4% 的氦气，以增强导热性能。在铸坯的横向上，气流分区可调，以调节冷却强度。采用水膜冷却，横向分区可调，有助于控制板形。在模区前段采用磁性支撑辊，在后段借助水压构成柔性模，严格控制铸坯板形，使在纵向和横向的厚差均优于 0.2mm。在铸坯出口设高温图像仪，以便监视厚差，需要时调节铸造条件。三连轧采用适当的乳液。铸坯横向分区控制流量，以控制板形。三台轧机轧辊弧度均为负值，使热轧带具有正弧度：中间较厚，两边较薄，二者相差以 0.6% 为佳。热轧机具有厚调和液压弯辊系统。热轧后的带厚为 1.4mm，无需裁边，即进行冷轧。

C   生产线的典型配置

在双带式哈兹莱特铸造机之后可布置 1 台或多台温（热）轧机，可以是二辊的，也可以是四辊的或混合型的，组成连铸连轧生产线。在目前运转的 14 条连铸轧生产线中，后置单机架四辊轧机的有两条，后置双机架四辊轧机的有 5 条，其余的 6 条各有 3 台四辊轧机，但加拿大铝业公司萨古赖（Saguenay）轧制厂的为混合型的，第一台为二辊的，第二、第三台为四辊的。自 20 世纪 90 年代以来建设的都是三机架的。

2300 哈兹莱特连铸连轧机生产线主要机组的技术参数见表 16-4。

表 16-4   2300 哈兹莱特连铸连轧机生产线主要机组的技术参数

参　数	数　值	参　数	数　值
双带式连续铸造机		轧制力/kN	最大 55000
带坯厚度/mm	14~22	轧制速度/m·min^{-1}	170
带坯宽度/mm	1100~2300	主电机功率/kW	各 3000
铸造速度/m·min^{-1}	6~9	带材宽度/mm	最大 2300
生产率/t·(m·h)$^{-1}$	27	来料厚度/mm	19
热连轧机列		出口厚度/mm	1
机架数	2~3	带卷质量/t	最大 8
轧机规格/mm×mm	φ730/1600×2500		

现在，哈兹莱特铸造机正在向着自动化、工艺参数调控计算化的方向发展，需进一步减薄带坯厚度，提高产品质量，降低生产成本，使操作更简易、生产更稳定。

16.2.1.4   带坯质量

哈兹莱特由于连铸机铸造时，冷却速度比直接水冷半连续铸造（DC 法）大得多，因而连铸带坯结晶组织细小，合金元素固溶程度较高，提高了产品性能。不同合金带坯枝晶间距与其厚度关系如图16-5所示。

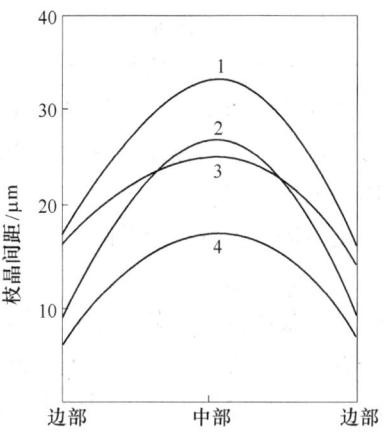

16.2.1.5　哈兹莱特生产线的新技术应用

哈兹莱特连铸机进行了大量的技术创新和新技术应用，主要新技术应用如图16-6所示。

A　钢带的感应预加热技术

为了防止钢带在进入模腔时发生的"冷箍"及弯曲和热变形，哈兹莱特公司和阿贾克斯公司共同研制了一种非常强大的感应加热系统，能把进入模腔的钢带的温度瞬时提高到150℃。在此温度下，钢带平稳过渡到热金属区，不会出现弯曲和变形。

图16-5　不同合金连铸带坯枝晶
间距与其厚度关系
1—1100合金；2—5082合金；
3—3105合金；4—5182合金

该系统的另一个功效是控制钢带表面的水汽。模腔表面若有水将立即造成热传输局部中断，生成微细的难以觉察的表面液化区。早先采用的石墨涂层，尽管也具备易引起吸湿功能，但不能用于高温环境。采用感应预热系统，就可赶掉夹在钢带永久性涂层中的水汽。钢带加热到150℃，任何水汽均可被方便地赶掉。

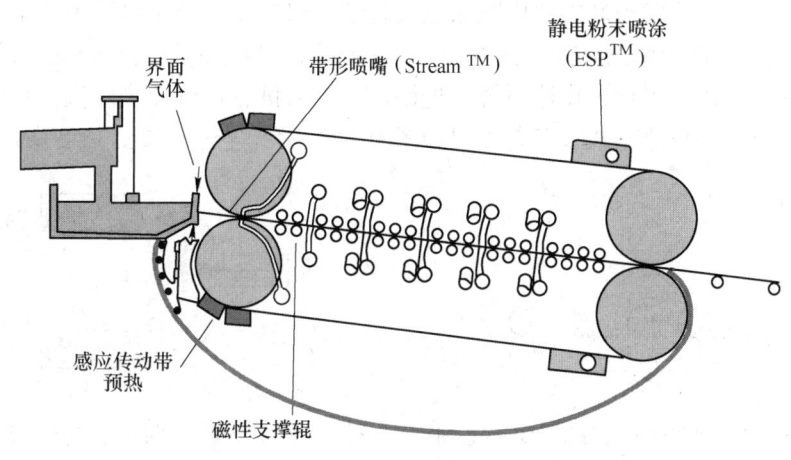

图16-6　连铸机新技术应用示意图

B　磁性支撑辊

尽管钢带预热可防止其进入模腔时的热变形，但当其与铝水大面积接触后还会产生另一种重要的热变形。这时钢带呈球面状变形并瞬时扩展，直至在钢带厚度方向上达到热平衡为止。钢带变形的量与其厚度方向上瞬时热差有直接关系。过去用石墨作为涂层来控制这种变形。其结果是冷却速率的适用范围比较有限。后来，在钢带背面的支撑辊中装入永磁体，这种磁体具有"伸出"性吸力，即这种磁体不必与被吸物体紧密贴合，只要将两块这样的小磁体放在手掌的正反面，就会发现它们不易分开。这一技术的效果是巨大的，使透过钢带厚度的热传输大大加快，满足了铸造高镁合金的需要，而且钢带不会变形。

C　惰性气体保护

在铸模界面充填惰性气体是一项重大技术突破。它可以用于控制氧化，而且更重要的是控制热传输速度。在陶瓷铸嘴或铸嘴支座里钻些小孔，通过这些小孔将气体注到铝水上。气体注入压力较低，可使其均匀分布。该系统的一个重要优势是能方便而快捷地改变气体的配方或用量，在钢带的宽度方向上。根据 Agema 扫描系统的显示结果，有选择地对冷却速度进行区域性调节。

D　ESP™涂层

哈兹莱特铸铝工艺采用永久性 Matrix 型涂层。该涂层基本采用陶瓷物质，用火焰或等离子喷涂在钢带表面。钢带先经过喷丸打毛，然后用氧化物涂覆。氧化物与打毛钢带表面相结合。用该涂层根据不同合金固化条件的需要来控制热传输。通过改变涂层厚度、粗糙度、多孔性及化学组分可获得所需的公称固化速率。这对获取合金带坯最佳表面质量至关重要。涂层的使用寿命与钢带本身相同。

E　先进的监测和控制技术

配有计算机及先进软件的探测器可以监测铸模钢带温度、铸带偏移度、铸造机和引出端夹送辊的驱动力及炉内熔体金属温度和中间罐温度以及从铸造机引带的凝固带的温度。

16.2.2　凯撒微型双钢带连铸连轧方法

凯撒微型双钢带连铸连轧方法由凯撒铝及化学公司开发，最初拟采用此工艺专门轧制易拉罐料，装备简单。生产规模较小（每年 3.5 万吨），以低的投资来降低制罐成本。

其生产线由熔炼静置炉、供流系统、连铸机、牵引机、双机架热轧机、热处理炉、冷却系统、冷轧机、卷取机组成，工艺配置如图 16-7 所示，连铸机如图 16-8 所示。

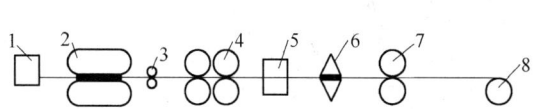

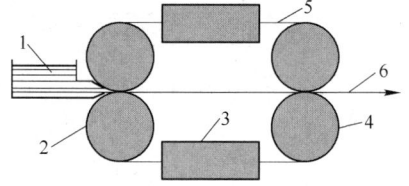

图 16-7　凯撒微型连铸连轧生产线示意图

1—供流系统；2—连铸机；3—牵引机；4—热轧机；
5—热处理装置；6—冷却装置；7—冷轧机；8—卷取机

图 16-8　凯撒微型连铸机示意图

1—供流装置；2—水冷却辊；3—快冷装置；
4—牵引（支撑辊）；5—带坯；6—钢带

该连铸机同样有两条无端钢带，钢带厚度为 3~6mm，结晶腔入口两个辊内部通水冷却。此外，上下钢带还配置有快冷装置，出口辊起牵引及支撑作用。

当熔体通过时，立即凝固成薄坯，厚度一般较小，约为 3.5mm，这与哈兹莱特法不同，后者由于较厚（20mm 以上），铝熔体刚接触钢带时，仅上下表面形成一层凝固壳，液穴较深，大部分在钢带之间凝固，如图 16-9 所示。因此，这种连铸坯料比其他方法带坯质量好。

凯撒微型连铸连轧产品宽度为 270~400mm，虽然具有产品冶金质量高、投资少、生产能力适宜、成本较低、生产周期短等优点，但仍因罐料质量的稳定性、均匀性等问题同

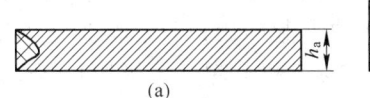 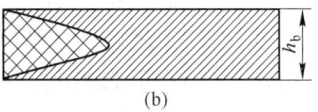

图 16-9　不同方法连铸铸坯结晶液穴示意图

（a）凯撒微型双钢带连铸（h_a 一般为 3.5mm）；（b）哈兹莱特双钢带连铸（h_b 一般不小于 20mm）

样不能与现代化的热轧开坯法相竞争，其应用也受到了限制。同热开坯相比，连铸连轧方法生产易拉罐料的相关指标见表 16-5。

表 16-5　不同生产方法生产易拉罐料比较

项　目	热轧开坯法	Hazelett 法	凯撒微型法
建厂投资/美元	$(3 \sim 10) \times 10^8$	18×10^7	3×10^7
年产量/kt	136 ~ 454	90	35
产量成本/美元·t^{-1}	2200	2000	860
制造成本（平均成本为 1）	0.67 ~ 1.25	0.67 ~ 0.83	0.45 ~ 0.5
生产周期/d	55	37	17

16.2.3　双履带式劳纳法

以劳纳法（Casrter Ⅱ）为例，其生产线如图 16-10 所示，是将熔体注入两条可动的水冷式履带之间凝固成型的方法。可铸出厚度为 25.4mm 左右的薄板坯，再直接进行连续热轧。据介绍，该方法适用于铸造品种少批量大的板坯和可以循环作业的单一合金饮料罐材用的板坯。采用劳纳法为保证罐用板材的性能，可通过激冷板块的选择，将冷却速度控制成与 DC 法相同。

该连铸机的工作原理与哈兹莱特法基本相同，主要的区别在于构成结晶腔的上、下两个面不是薄钢带，而是两组做同一方向运动的激冷块，如图 16-11 所示。

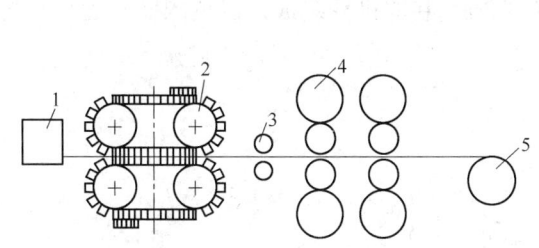

图 16-10　劳纳法（Casrter Ⅱ）连铸连轧生产线示意图
1—供流系统；2—连铸机；3—牵引机；4—热轧机；5—卷取机

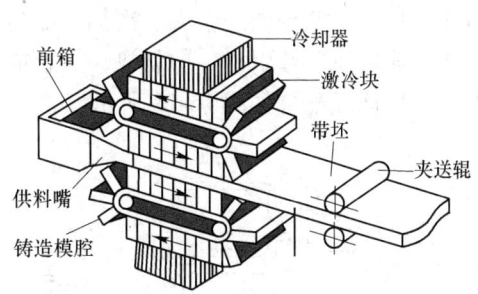

图 16-11　劳纳法（Casrter Ⅱ）连铸机示意图

激冷块一个个安装于传动链上，在传动链与激冷块之间有隔热垫，以保证其受热后不产生较大的膨胀变形，由于激冷块在工作过程中不承受机械应力，不存在较大的变形，可以采用铸铁、钢、铜等材料制作。

当铝熔体通过供料嘴进入结晶腔入口时，与上下急冷块接触，热量被急冷块吸收而使铝熔体凝固，并随着安装于传动链上的激冷块一起向出口移动，当达到出口并完全凝固后，急冷块与带坯分离。铸坯通过牵引辊进入热轧机（单、多机架）接受进一步轧制，加工成板带坯。激冷块则随着传动链传动返回，返回过程中，急冷块受到冷却系统的冷却，温度降低，达到重新组成结晶腔的需要，从而使连铸过程持续进行。

劳纳法连铸机可生产合金1×××系、3×××系、5×××系，铸造速度决定于合金成分、带坯厚度及连铸机长度，一般为2~5m/min，生产效率为8~20kg/(h·mm)，可铸带坯厚度一般为15~40mm，宽度一般为600~1700mm。

该铸造法主要用于一般铝箔带坯，在铸造易拉罐带坯上，同样由于质量及综合效益等因素，无法同热轧开坯生产方式竞争。全球仅3~4条此生产线，主要生产线见表16-6。

表16-6 劳纳法（Casrter II）连铸连轧主要生产线情况

拥有企业	生产线数量	生产配置	产品宽度/mm
美国戈登铝业公司	1	Casrter II 连铸机 + 2 机架热轧	813
	1	Casrter II 连铸机 + 2 机架热轧	1750
德国埃森铝厂	1	Casrter II 连铸机 + 2 机架热轧	1750

另一种双履带式连铸机是阿卢苏斯 II 型，它由两组做同一方向移动的冷却块组成结晶腔，金属液经供料嘴进入结晶腔。冷却块接触熔体后吸收其热量使之凝固，并随之一起移动。等金属充分冷却凝固后开始离开铸坯，在返回的行程中，冷却系统将冷却块吸收的热量带走，然后冷却块按要求温度返回到金属液进口的位置，重新组成结晶腔，使连续铸造不间断地进行下去。连铸机的出坯速度取决于合金成分，一般为2~5m/min，铸坯厚度为15~40mm，带坯宽度为600~1700mm，生产能力为8~20kg/(mm·h)。

16.2.4 英国曼式连铸机

轮带式连铸机主要是由一旋转的铸轮与该铸轮相互包络的钢带组成。由于钢带与铸轮的包络方式不同组成了种类众多的各种连铸机。它们往往与连轧机或其他形式轧机组成连铸连轧机列，实现液态金属一次加工成材的工艺过程。轮带式连铸连轧生产线主要由供流系统、连铸机、牵引机、剪切机、一台或多台轧机、卷取机等组成，以英国曼式连铸机为例，其生产线配置如图16-12所示。

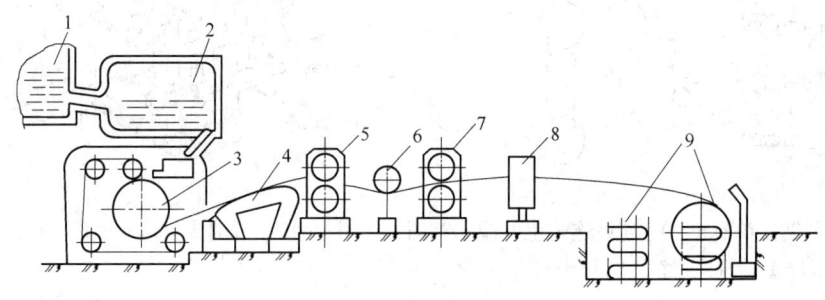

图16-12 曼式连铸连轧生产线示意图

1—熔炼炉；2—静置炉；3—连铸机；4，6—同步装置；5—粗轧机；

7—精轧机；8—液压剪；9—卷取装置

其工作原理是：铝熔体通过中间包进入供料嘴，再进入由钢带及装配于结晶轮上的结晶槽环构成的结晶腔入口，通过钢带及结晶槽环把热量带走，从而凝固，并随着结晶轮的旋转，从出口导出，进入粗轧机或精轧机，实现连铸连轧过程。也可直接铸造薄带坯（0.5mm）而不经轧制。

由于工艺及装备条件的限制，轮带式带坯连铸机一般用于生产宽度不大于 500mm 的带坯，厚度为 20mm 左右。经过热（温）连轧机组，可轧制生产 2.5mm 左右的冷轧卷坯。

16.3 线坯连铸连轧生产方法

线材连铸连轧机组由连续式铸造机铸出梯形截面线材坯料，通过不同形式的多机架热连轧机轧出 $\phi 8 \sim$ 12mm 线材。典型结构形式有塞西姆法、SCR 法、意大利普罗佩斯公司的普罗佩斯法和美国南方线材公司生产的轮带式铸造机。意大利普罗佩斯（properzi）公司生产连铸连轧机的连铸机及机组如图 16-13 和图 16-14 所示，美国南方线材公司连铸连轧机组的连铸机及机组如图 16-15 和图 16-16 所示。

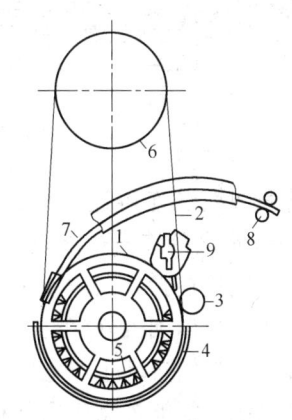

图 16-13 意大利普罗佩斯公司连铸机
1—结晶环；2—钢带；3—压紧轮；
4—外冷却；5—内冷却；6—张紧轮；
7—锭坯；8—牵引机；9—浇铸装置

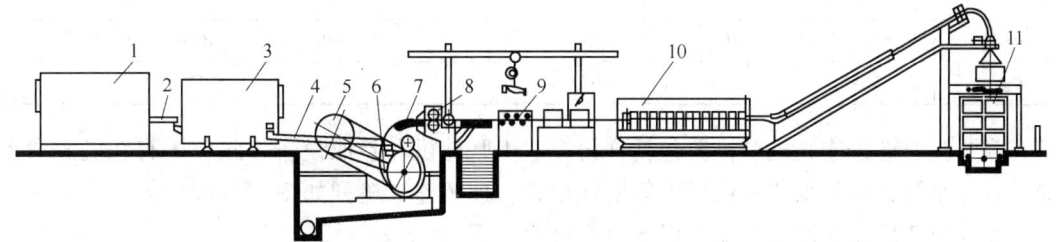

图 16-14 意大利普罗佩斯公司生产连铸连轧机组
1—熔化炉；2—流槽；3—静置保温炉；4—浇铸装置1；5—连铸机；6—浇铸装置2；
7—传输装置；8—剪切机；9—修整装置；10—连轧机组；11—绕线机

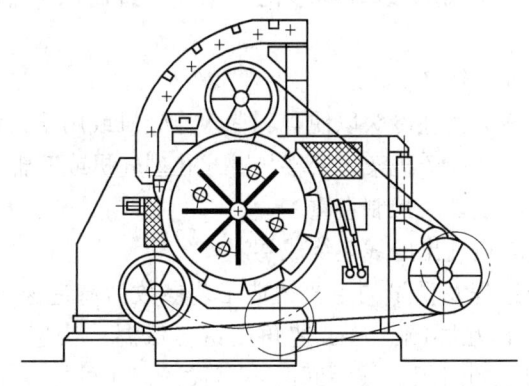

图 16-15 美国南方线材公司连铸机

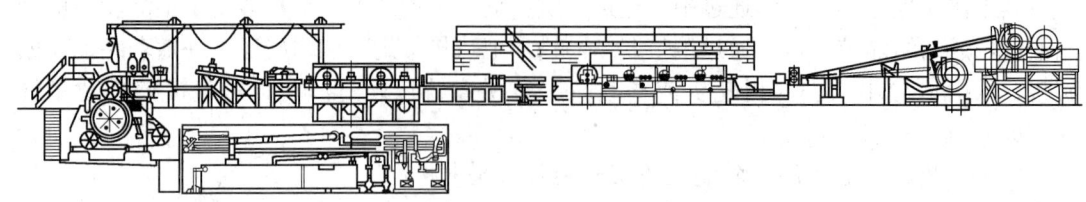

图 16-16　美国南方线材公司连铸连轧机组

普罗佩斯法连铸连轧机最初是由意大利的 S. P. A. Continuns 公司设计和制造的，以 I. Properzi 命名的连铸机配以连轧机组成。帕氏最初提出用于生产铅线，后来用它在轧机的型辊上制造过弹丸。1949 年普罗佩斯连续铸棒法在工业生产中正式投产，很快发展到铝线的生产。目前国内外广泛采用该方法生产铝线材，特别是电气用铝盘卷毛料的生产。用普罗佩斯法连铸连轧生产输电线材时，与 DC 铸造法的线锭相比，普罗佩斯法可使溶质元素大量固溶，能够抑制溶质的析出，再经过热轧，析出物就可呈现细小弥散分布状态，因此可获得耐热性能优良的线材。

这种线坯生产方法同横列活套式生产方法相比有较明显的优势，见表 16-7。

表 16-7　不同线坯生产方法比较

项　目	生产能力 /t · h^{-1}	占地面积 /m^2	每班定员/人	轧机质量/t	轧机主电机 功率/kW	单卷重/kg	成品率/%
连铸连轧	3.2	810	11	35	250	1000	99
老工艺	3.0	2262	59	150	940	33	80

普罗佩斯连铸连轧机列主要包括连铸机、串联轧机和卷取设备，此外还有轧机润滑系统、电控系统、冷却系统和液压剪等附加设备。连铸连轧机列如图 16-14 所示。

普罗佩斯法连铸连轧主要组成的生产过程如下：

（1）熔化炉。通常采用竖式炉，带有连续加料机构，完成铝的熔化，燃油或燃气。

（2）静置保温炉。熔化后的铝液转入静置炉，采用电阻带或硅碳棒加热、保温，进一步调整铝熔液温度。

（3）净化及供流系统。完成铝熔体净化（除气、过滤）及输送，控制铝液流量及分布。

（4）连铸机。实现连续铸坯。

（5）液压剪切机。剪去铸坯冷头以便顺利喂入连轧机或用于其他情况下的快速切断。

（6）连轧机。一般为 8 ~ 17 机架，二辊悬臂式孔型轧机或三辊 Y 形轧机。

（7）飞剪。用于切断线坯，控制卷重。

（8）绕线机。将连轧机轧出的线坯绕成卷。

影响连铸连轧工艺过程及质量的主要铸造工艺参数为铸造速度、浇铸温度、冷却强度等。它们互相制约，相互影响。从工艺角度讲，低温、快速、强冷既对铸坯质量有益，可得到较细小、均匀的组织，枝晶间距小、致密，还可提高生产效率。但为了保证合适的进轧温度及与连轧机轧制速度相匹配，实现稳定的连铸连轧过程，必须选择适宜的工艺参数。如果铸造速度太大，若冷却强度不够，会使进轧温度太高，轧制过程容易出现脆裂、粘铝等，同时也会导致较高的轧制速度、较大的热效应，影响生产过程的稳定性；如果铸造速度太小，则需要的冷却强度较小，既影响到铸坯组织与性能和生产效率，也会对钢带、结晶轮寿命等产生不利影响。实际生产过程中，典型的工艺控制范围如下：

出炉温度	700 ~ 730℃
浇铸温度	690 ~ 720℃
冷却强度	水压 0.35 ~ 0.5MPa
水　量	80 ~ 100t/h
冷却水温	低于 35℃
铸造速度	6 ~ 15m/min
出坯温度	470 ~ 540℃
进轧温度	450 ~ 520℃

同轮带式带坯连铸机一样，线坯连铸机也主要是由旋转的结晶轮、包络钢带、张紧轮、冷却系统、压紧轮等构成，并且同样由于钢带与结晶轮不同的包络方式，形成了各种形式。

典型连铸机如图 16-14 所示。它由一根钢带和两个大直径转轮组成，上轮为导轮，下轮为铸造用轮，铸造轮与钢带包络部分组成结晶腔。金属液进入结晶腔内，随轮和钢带同步运行，在钢带和铸轮分离处，金属凝结成坯并以与铸轮周边相同的线速度铸出坯来。上方的导轮，起导向和张紧作用，调整上轮可得到所需要的钢带张紧力。铸机后配上连轧机组，可使面积较大的铸坯，不经再次加热直接轧制成直径为 8 ~ 12mm 的线坯。其结晶槽环形状不同，典型结晶轮为一紫铜环。铜环的外端做成 U 形槽，环状钢带盖紧在槽口，如图 16-17 所示，组成线坯铸模。

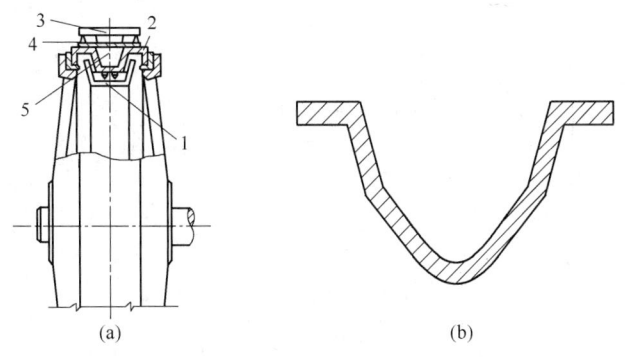

图 16-17　线坯结晶轮及结晶槽环断面示意图

（a）结晶轮；（b）结晶槽环

1—内冷却；2—结晶槽环；3—外冷却；4—钢带；5—线坯

与普罗佩斯法相配的连轧机有三辊和二辊两种形式。

（1）三辊连轧机。三辊连轧机根据产品规格和设备产能大小而串联 7、9、11、13、15 或 17 个机座。每个机座上有 3 个轧辊，互成 120°，形状似 Y 形，所以又称为 Y 形三辊轧机。辊轴安装在滚柱轴承上。每个机座有 1 个工作辊是垂直的，而其他两个工作辊可以在彼此垂直方向上调整。从第一辊到最后一个机座的辊速是渐次增加的，这种增加与杆材的有效面积压缩率成比率。第一机座的压缩率约为 12%，第二机座的压缩率为 20% ~ 27%，第十一机座中心的精确压缩率决定于杆材的几何形状，而不能成比例的增加。孔型设计一般采用三角形-圆形孔型系统，其主要特点是：轧件在孔型中的宽展余量较小；道次延伸较小；轧制时的稳定性好；可以从中间奇数机座取得产品。三辊连轧机的最大优点是结构紧凑，设备占地面积小。

（2）二辊连轧机。二辊悬臂无扭曲连轧机，每一个机座有两个轧辊。轧辊有平立布置和 45°交叉布置，某厂设备如下：轧辊为平立交错布置，8 个机座的连轧机，上传动轴传动单号水平辊机座，下传动轴传动双号立式辊机座。孔型设计采用箱形和椭圆-假圆系统。椭圆-假圆系统的特点是：椭圆轧件进入假圆孔型轧制时，其宽展较椭圆轧件进入方或圆孔型轧制时都要小，在假圆孔型的刻槽椭圆孔型中轧制，与方轧件进入椭圆孔型轧制的宽展基本相同，这是因为方形轧件的绝对压下量大于假圆的绝对压下量而轧件总宽不变；椭圆-假圆系统都以长轴互相平等轧制，重心低，咬入非常稳定；假圆孔型的刻槽深度比按对角线计算刻槽深度的方孔型浅 5%；椭圆-假圆孔型系统中，金属虽只受两个方向的压缩，但变形均匀，特别是假圆轧件头部非常平直，对自动进入下一道轧制有好处。二辊连轧机由于其道次延伸率较大，因而机座数量少。目前国内二辊连轧机多为 8 个机座。

线坯连铸连轧技术广泛应用于电工用铝杆的生产，极大提高了生产效率和质量。与带坯连铸连轧一样，其生产工艺及配置的关键在于难以保证稳定的连轧条件，因为在实际生产过程中，由于轧件（铸坯）、成分、尺寸、温度、组织、孔型配合与磨损等因素的变化或者波动，理论上的稳定条件很难实现，但随着连铸连轧技术的不断发展、完善，自动化控制与检测水平的提高，使之得到了充分的保证。

17 铝合金冷轧技术

17.1 冷轧的特点及其分类

17.1.1 冷轧的特点

冷轧是指在再结晶温度以下的轧制生产方式。由于轧制温度低，在轧制过程中不会出现动态再结晶，在冷轧过程中产品温度只有可能上升到回复温度，因此加工硬化率大。

冷轧的优点是：板带材尺寸精度高而且表面质量好，板带材的组织与性能更均匀，配合热处理可获得不同状态的产品，能轧制热轧不可能轧出的薄板带。冷轧的缺点是变形能耗大，而道次加工率小。

17.1.2 冷轧的分类

冷轧机分为块片轧机和卷材轧机，卷材轧机根据机架数分为单机架冷轧机、双机架或多机架冷连轧机。卷材轧机根据轧辊数分为二辊、三辊、四辊、六辊及多辊冷轧机。

17.1.2.1 二辊轧机

二辊轧机主要用于轧制窄规格的板带材。该轧机在一些小型铝加工企业和实验室使用。其设备结构简单，一般没有采用自动控制技术。

17.1.2.2 四辊轧机

四辊轧机轧制时，轧制压力通过工作辊的辊身传递给支撑辊，再由支撑辊的辊颈传递给压下螺丝（系统）。主要是支撑辊承担载荷，产生挠度。一般支撑辊直径比工作辊大2~4倍，因此挠度大为减少。为了进一步减少轧制工作辊的挠曲变形，在四辊轧机上安装了弯辊控制系统。四辊轧机是冷轧加工中应用最广泛的轧机，在国内外都有大量应用。普通四辊轧机的设备组成如图17-1所示。包括开卷机、入口偏导辊、五辊张紧辊、工作辊、支撑辊、出口导向辊或板形辊、卷取机及其相关配套设备。

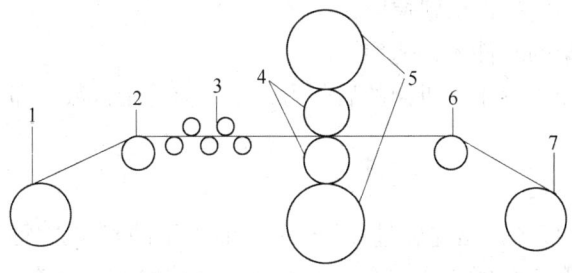

图 17-1 四辊轧机的设备组成简图

1—开卷机；2—入口偏导辊；3—五辊张紧辊；4—工作辊；

5—支撑辊；6—出口导向辊或板形辊；7—卷取机

17.1.2.3 六辊轧机

为了在四辊轧机的基础上轧出更薄、精度要求更高的产品，有必要进一步增加轧机的刚度，并使工作辊更细，因而开发了六辊冷轧机。六辊轧机是当今的发展趋势，如CVC1850mm 冷轧机。

17.1.2.4 多辊冷连轧机

多辊冷连轧时，轧件同时在几个机架中产生塑性变形，各个机架的工艺参数同时通过轧件相互联系又相互影响。因此，一个机架的平衡状态遭到破坏，必然影响和波及到前后机架。在达到新的平衡之前，整个机组都会产生波动。保证连轧过程处于平衡状态，应具备以下特点。

连轧时，保证正常的轧制条件使轧件在轧制线上的每一机架的金属秒体积不变，如式（17-1）所示。

$$B_1 h_1 v_1 = B_2 h_2 v_2 = \cdots = B_n h_n v_n = 常数 \tag{17-1}$$

式中 B——轧件宽度；

h——轧件厚度；

v——轧件水平速度。

考虑轧制时的前滑，轧辊的线速度为 v_{on}，则轧件的出口水平速度 v_{hn} 可按式（17-2）计算：

$$v_{hn} = v_{on}(1 + S_{hn})$$

于是式（17-1）可写为：

$$B_n h_n v_{on}(1 + S_{hn}) = 常数 \tag{17-2}$$

式中 v_{on}——轧辊的线速度；

S_{hn}——前滑值。

如果某工艺因素，如坯料厚度、轧件变形抗力、轧辊转速、轧制温度、摩擦系数等产生变化而使轧制过程不协调，即破坏了秒体积恒定的条件，这将导致轧制过程不稳定，机架间产生活套堆积或出现过拉甚至断带，从而破坏了变形的平衡状态，引起质量或设备事故。

从轧制运动学来看，前一机架的轧件出辊速度必须等于后一机架的入辊速度。即

$$v_{hi} = v_{hi+1} \tag{17-3}$$

式中 v_{hi}——前一机架的轧件出辊速度；

v_{hi+1}——后一机架的轧件入辊速度。

由于前机架的前张力等于后机架的后张力，张力应等于常数。即

$$q = 常数 \tag{17-4}$$

式中 q——机架间张力。

式（17-2）~式（17-4）是连轧过程处于平衡状态下的基本方程式。

最早建成多机架冷连轧生产线的有：俄罗斯萨马拉冶金厂建有五机架冷连轧生产线、美国铝业公司田纳西轧制厂建有全连续三机架冷轧生产线、加拿大铝业公司肯塔基州洛根卢塞尔维尔轧制厂建有三机架 CVC 冷连轧机、阿尔诺夫铝加工厂建有双机架四辊 CVC 冷连轧机生产线。近些年来，国内外出现了不少多机架冷连轧生产线，我国就有西南铝业

（集团）有限责任公司和南山铝业建成了现代化的冷连轧生产线。

17.2 冷轧坯料种类及质量要求

17.2.1 冷轧坯料种类

受冷轧机开口度的限制，冷轧用铝及铝合金坯料的厚度一般在 2.0～7.0mm。坯料根据生产工艺不同，主要分为连续铸轧坯料、连铸连轧坯料和热轧坯料。

（1）连续铸轧坯料。连续铸轧坯料是指采用连续铸轧工艺生产的冷轧坯料，即经连续轧制成板带的连续铸轧坯料，剪切后由卷取机卷成卷材。

连续铸轧坯料的生产成本较低，有利于降低冷轧产品的生产成本。但由于铸轧坯料生产过程中可调控最终制品组织、性能、板形、尺寸精度和表面质量的工艺环节较少，在控制产品组织状态和尺寸精度方面存在一定的不足，产品品种受到限制，目前铸轧坯料主要用于 1××× 系和 3××× 系产品的生产。

（2）连铸连轧坯料。连铸连轧坯料是指采用连铸连轧工艺生产的冷轧坯料，与连续铸轧坯料相同，主要用于 1××× 系和 3××× 系产品的生产。

（3）热轧坯料。热轧坯料是指采用热轧工艺生产的冷轧坯料，其工艺流程是：铸锭（均匀化）→铣面、铣边→加热→热轧（开坯轧制）→热精轧（卷取轧制）→卸卷。

由于热轧是在金属再结晶温度以上进行的轧制，因此变形金属同时存在硬化和软化过程，因变形速度的影响，只要回复和再结晶过程来不及进行，金属随变形程度的增加会产生一定的加工硬化。但在热轧温度范围内，软化过程起主导作用，因而，在热轧终了时，金属的再结晶通常不完全，热轧后的铝合金板带材呈现为再结晶与变形组织共存的组织状态。与连续铸轧和连铸连轧坯料相比，热轧坯料在板形质量、组织和性能稳定性方面具有明显的优势。

17.2.2 坯料质量要求

坯料的质量要求主要包括化学成分、尺寸精度、板形质量、外观质量和组织要求等几个方面，表 17-1 为典型企业西南铝业（集团）有限责任公司冷轧产品的坯料质量要求。

表 17-1　西南铝业（集团）有限责任公司冷轧产品的坯料质量要求

种类	尺寸偏差			中凸度/%	化学成分	低倍组织	外观质量
	厚度	宽度					
		切边	不切边				
连铸连轧坯料	厚度不大于 1.0mm 时偏差小于 ±4%；厚度大于 1.0mm 时偏差小于 ±3%	±2.0	+10/-0	0.2～1.0	符合相关合金要求	上下表面晶粒度均匀对称，不超过 2 级	（1）表面平整、洁净，不允许有影响后期使用及轧制质量的缺陷；（2）边部应整齐，不切边带材工艺裂边及缩边深度不超过 7mm，不允许有飞边和影响使用的非均匀性裂边，切边带材边部不允许有裂边、毛刺；（3）错层不大于 3mm（内三圈外两圈除外），塔形不大于 10mm；（4）带材不允许有接头，厚度大于 2.0mm 时内圈两侧应焊接

| 种类 | 尺 寸 偏 差 | | | 中凸度/% | 化学成分 | 低倍组织 | 外 观 质 量 |
| | 厚度 | 宽度 | | | | | |
		切边	不切边				
热轧坯料	厚度不大于 3.0mm 时偏差小于 ±0.10mm；厚度大于 3.0mm 时偏差小于 ±0.15mm；整卷厚度变化不应大于 3%	±5.0		0.1 ~ 1.0	符合相关合金要求	符合相关合金要求	（1）表面为轧制表面，加工良好，质地均匀，不允许有影响后期使用及轧制质量的缺陷； （2）带材应卷紧、卷齐，端面应无裂边、毛刺、碰伤、划伤，内圈只允许有半圈松层； （3）错层小于 4mm，塔形小于 25mm； （4）带材内、外圈两侧应焊接

17.3　冷轧铝及铝合金产品的生产流程

冷轧产品的毛料一般来源于热轧毛料或铸轧毛料，冷轧过程中，通过不同的热处理制度与冷轧工艺的搭配对其性能进行调控，由于产品质量要求的提高，冷轧后的产品一般需经过精整工序对表面质量、外观质量、尺寸规格进行处理之后才能交付使用。

对于毛料来源为热轧的冷轧产品其工艺流程一般为：熔铸→铣面→均热→加热→热轧→冷轧→退火→矫直→分切→包装。

对毛料来源为铸轧的冷轧产品其工艺流程一般为：铸轧→均热→冷轧→退火→矫直→分切→包装。

上述工艺流程中加了下划线的工序表示为选择性工序。其中均热工序根据产品要求进行选择，有的单位均热与加热同时进行；根据产品要求选择是否进行退火，退火程度及退火时机。

17.4　铝及铝合金冷轧的主要工艺参数

17.4.1　冷轧压下制度

冷轧,压下制度主要包括总加工率的确定和道次加工率的分配。一般把两次退火之间的总加工率，称中间冷轧总加工率，而为控制产品最终性能及表面质量，所选定的总加工率称为成品冷轧总加工率。

17.4.1.1　中间冷轧总加工率

在合金塑性和设备能力允许的条件下，铝合金的中间冷轧总加工率一般尽可能取大一些，以最大限度地提高生产率。确定总加工率的原则是：

（1）充分发挥铝合金塑性，尽可能采用大的总加工率，减少中间退火或其他工序，缩短工艺流程，提高生产率和降低成本。

（2）保证产品质量，防止因总加工率过大导致裂边、断带和表面质量恶化等，而且总加工率不能位于临界变形程度范围，以免退火后出现大晶粒及晶粒大小不均。

（3）充分发挥设备能力，保证设备安全运转，防止损坏设备部件或烧坏电动机等事故出现。

实际生产中，中间冷轧总加工率的大小与设备结构、装机水平、生产方法及工艺要求有关。同一种铝合金，通常在多辊轧机及自动化装备水平高的轧机上，冷轧总加工率要大一些。

17.4.1.2 成品冷轧总加工率

成品冷轧总加工率的确定，主要取决于技术标准对产品性能的要求。因此，应根据产品不同状态或性能要求，确定成品冷轧总加工率。

（1）硬或特硬状态产品。其最终性能主要取决于成品冷轧总加工率。根据技术标准对产品性能的要求，按金属力学性能与冷轧加工率的关系曲线，确定成品冷轧总加工率的范围。然后，经试生产，通过性能检测，确定冷轧总加工率的大小。

（2）半硬状态产品。冷轧总加工率可以根据对其性能的要求，按材料的力学性能与冷轧加工率的关系曲线确定，也可以冷轧至全硬状态后，再经低温退火控制性能。

半硬状态产品，采用加工率控制性能，操作较方便，性能控制较准确且稳定。一般热处理设备较落后，或轧机能力较小及合金退火工艺要求极严的情况下，大多采用加工率控制性能。采用低温退火控制性能，在设备条件允许的情况下，可增大成品冷轧总加工率，减少工序，缩短生产周期，同时有利于板形及尺寸精度控制。但是，低温退火必须采用严格的退火工艺制度，先进的热处理设备，才能保证产品性能均匀稳定。一般现代化水平较高的工厂，大多采用低温退火控制性能。

（3）软状态产品的性能主要取决于成品退火工艺，但退火前的成品冷轧总加工率，对成品退火工艺及最终力学性能也有很大影响。总加工率越大，再结晶退火温度可相应降低，退火时间缩短，且伸长率较高。

软态产品多数用来做深冲或冲压制品。因此除保证强度和伸长率要求之外，还要控制深冲值和一定的晶粒度。深冲值与晶粒度大小有关，所以软态产品应根据第一类再结晶图（加工率、退火温度和晶粒度的关系图）确定成品冷轧总加工率。

（4）对表面光亮度要求较高的产品，常用抛光轧辊进行抛光轧制。因为不给一定冷轧加工率得不到光洁的表面，而加工率太大也起不到抛光表面的作用。所以，成品冷轧总加工率应预留一定的抛光轧制加工率（一般为 3% ~5%）。

17.4.1.3 道次加工率的分配

冷轧总加工率确定之后，应合理分配各道次的加工率。分配道次加工率的基本要求是：在保证产品质量、设备安全的前提下，尽量减少道次，采用大加工率轧制，提高生产效率。

具体分配道次加工率的一般原则是：

（1）通常第一道次加工率较大，以充分利用金属塑性，往后随加工硬化程度增加，道次加工率逐渐减小。

（2）保证顺利咬入，不出现打滑现象，特别在轧制厚板带时需更注意。

（3）分配道次加工，应尽量使各道次轧制压力相接近，对稳定工艺、调整辊型有利，尤其对精轧道次更重要。

（4）保证设备安全运转，防止超负荷损坏轧机部件与主电动机。生产中，根据设备、工艺条件及产品要求，可适当调整道次加工率。

冷轧的道次分配方法是一般先按等压下率分配，计算公式如下：

$$\varepsilon \approx \left[1 - \left(\frac{h}{H} \right)^{\frac{1}{n}} \right] \times 100\% \tag{17-5}$$

式中　ε——压下率,%；

　　　H——坯料厚度，mm；

　　　h——成品厚度，mm；

　　　n——所需要轧制的道次。

　　轧制道次数的多少要结合材料塑性、设备条件、润滑条件、厚差控制、板形控制、表面控制的要求和平时工作经验进行安排。

　　例如：坯料厚度4.5mm，最终成品厚度0.24mm，需五道次轧到成品，按式（17-5）计算出每道次平均压下率为 $\left[1 - \left(\frac{0.24}{4.5} \right)^{\frac{1}{5}} \right] \times 100\% = 44\%$，则各道次压下分配如下：$4.5\,\text{mm} \rightarrow 2.52\,\text{mm}(4.5 \times 56\%) \rightarrow 1.41\,\text{mm}(2.52 \times 56\%) \rightarrow 0.79\,\text{mm}(1.41 \times 56\%) \rightarrow 0.44\,\text{mm}(0.79 \times 56\%) \rightarrow 0.24\,\text{mm}$。

　　在做完等压下分配后，结合上述条件的具体要求对道次变形量进行调整。某1850mm不可逆冷轧机部分常见产品压下量分配见表17-2。

表 17-2　某 1850mm 不可逆冷轧机部分产品压下量分配表

合　金	成品厚度/mm	轧制道次	厚度/mm		压下量		累计压下量		备　注
			入口厚度	出口厚度	绝对压下量/mm	相对变形率/%	绝对压下量/mm	相对变形率/%	
1100	0.45	1	4.5	2.3	2.2	48.9	2.2	48.9	
		2	2.3	1.3	1.0	43.5	3.2	71	
		3	1.3	0.7	0.6	46	3.8	84.4	
		4	0.7	0.45	0.25	35.7	4.05	90	
3003	0.5	1	4.5	2.4	2.1	46.7	2.1	46.7	
		2	2.4	1.3	1.1	45.8	3.2	71.1	
		3	1.3	0.8	0.5	38.5	3.7	82.2	
		4	0.8	0.5	0.3	37.5	4.0	88.9	
5042	0.5	1	4.0	3.0	1.0	25	1.0	25	轧后退火
		2	3.0	2.0	1.0	33.3	2.0	50	
		3	2.0	1.2	0.8	40	2.8	70	
		4	1.2	0.8	0.4	33.3	3.2	80	
		5	0.8	0.5	0.3	37.5	3.5	87.5	
铸轧毛料1100	0.3	1	6.0	3.0	3.0	50	3.0	50	
		2	3.0	1.6	1.4	46.7	4.4	73.3	轧后退火
		3	1.6	0.8	0.8	50	0.8	50	
		4	0.8	0.45	0.35	43.8	1.15	71.9	
		5	0.45	0.3	0.15	33.3	1.3	81.2	

17.4.2 冷轧张力

17.4.2.1 张力的作用

张力通常是指前后卷筒给带材的拉力，或者机架之间相互作用使带材承受的拉力。通常带材轧制时必须使用张力，张力的主要作用为：

（1）降低单位压力，调整主电动机负荷。张力的作用使变形区的应力状态发生了变化，减小了纵向的压应力，从而使轧制时金属的变形抗力减小、轧制压力降低、能耗下降。前张力使轧制力矩减少，而后张力使轧制力矩增加。当前张力大于后张力时，能减轻主电动机负荷。

（2）调节张力可控制带材厚度。改变张力大小可改变轧制压力，从弹跳方程可知，轧出厚度也将随之发生变化。增大张力能使带材轧得更薄，因为张力降低轧制压力，则轧辊弹性压扁，轧机弹跳减小，在不调压下的情况下，可将轧件进一步压薄。

（3）调整张力可以控制板形。张力能改变轧制压力，影响轧辊的弹性弯曲从而改变辊缝形状。因此，可通过调整张力大小控制辊型，实现板形控制。此外，张力能促使金属沿横向延伸均匀，以获得良好板形。

（4）防止带材跑偏，保证轧制稳定。轧制中带材跑偏的原因在于带材在宽度方向上出现了不均匀延伸，防止带材跑偏（带材偏离轧制中心线）是实现稳定轧制的重要措施。张力纠偏的原理在于：当轧件出现不均匀延伸时，沿宽度方向张力分布将发生相应的变化，延伸大的部分张力减小，而延伸小的部分张力增大，从而起自动纠偏作用。张力纠偏同步性好、无控制滞后。张力纠偏的缺点是张力分布的改变不能超过一定限度，否则会造成裂边、压折甚至断带。

17.4.2.2 张力的大小

轧制过程只有合理选择张力大小，才能充分发挥张力轧制的作用，从而很好地控制产品质量和稳定轧制过程。

张力大小的确定要视不同的金属和轧制条件而定，但至少要遵循三个原则：一是最大张应力值不能大于或等于金属的屈服强度，否则会造成带材在变形区外产生塑性变形，甚至断带破坏轧制过程，使产品质量变坏；二是最小张力值必须保证带材卷紧卷齐；三是开卷张力要小于上道次的卷取张力，否则会出现层间错动，形成损伤。

实际生产中张应力的范围按式（17-6）选择：

$$q = (0.2 \sim 0.24)\sigma_{0.2} \qquad (17\text{-}6)$$

式中　q——张应力，MPa；

$\sigma_{0.2}$——金属在塑性变形为 0.2% 时的屈服强度，MPa。

一般来说，后张力大于前张力，带材不易拉断，保证带材不跑偏，即较平稳地进入辊缝，降低轧制压力后张力比前张力更显著，但过大的后张力会增加主电动机负荷。如来料卷较松会造成擦伤等。相反后张力小于前张力时，可以降低主电机负荷，在工作辊相对支撑辊的偏移很小的四辊可逆式带材轧机上，后张力小于前张力有利于轧制时工作辊的稳定性，能使变形均匀，对控制板形效果显著，但是过大的前张力会使带材卷得太紧，退火时易产生黏结，轧制时易断带。

17.5 铝及铝合金冷轧板带材的质量控制

17.5.1 厚度控制

高质量的冷轧板带材不仅要求具有很小的"同板差"，而且要求在大批量生产中每卷的实际厚度都能保持高度一致。

轧制过程中对板带纵向厚度精度控制的影响因素很多，总的来说有两种情况，即对轧件塑性特性曲线形状与位置的影响以及对轧机弹性特性曲线的影响。结果使两线的交点位置发生变化，产生了纵向厚度差。

板厚控制就是随着带材坯料厚度、性能、张力、轧制速度以及润滑条件等因素的变化，随时调整辊缝、张力或轧制速度的方法。

不同的冷轧机由于装机水平的差异，厚控系统的配置不一样，下面着重介绍现代高速冷轧机的厚度控制系统及其在生产过程中的厚差控制技术。

17.5.1.1 厚度控制系统组成

现代高速冷轧机的板厚控制通过液压压下实现，而液压压下则由压下位置闭环或轧制压力闭环系统控制。厚控系统的组成如图17-2所示，主要由压下位置闭环、轧制压力闭环、厚度前馈控制、速度前馈控制、厚度反馈控制（测原仪监控）等基部分组成。其中压下位置闭环和轧制压力闭环是整个厚控系统的基础，厚控的最终操作通过这两个闭环中的一个实现。后面三个控制环节为更高级的控制环，它们给前两个闭环的给定值提供修正量。

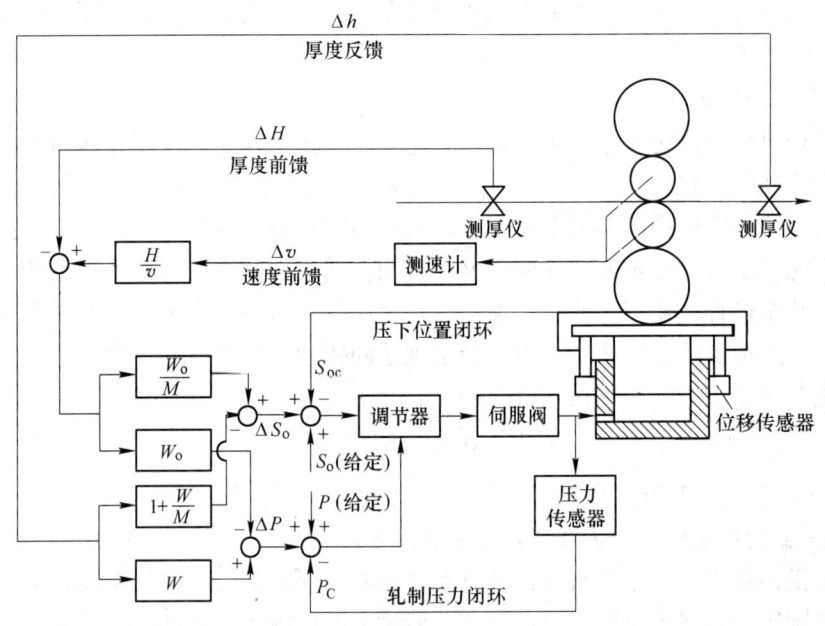

图 17-2　厚度控制系统的组成

W_o—轧制压力对入口厚度的偏导数 $\partial P/\partial H$；M—轧机纵向刚度模数；W—轧件塑性刚度系数；ΔH—来料厚度偏差；

Δh—出口厚度偏差；v—轧制速度；Δv—轧制速度增量；S_o—给定空载辊缝；ΔS_o—空载辊缝修正量；

P—给定轧制力；ΔP—轧制压力修正量；S_{oc}—实测空载辊缝；P_C—实测轧制压力

当辊缝中没有轧件（辊缝设定）和穿带时，压下位置闭环工作。正常轧制时，轧制压力闭环工作（位置闭环断开，不参与控制）。当轧制压力低于某一最小值时，由压力闭环自动地转换到位置闭环控制。

图 17-2 中 M 和 W 的计算公式为：

$$M = M_o + Kb \tag{17-7}$$

$$W = \partial P / \partial h \tag{17-8}$$

式中　M_o——轧机基本纵向刚度；

K——宽度修正系数；

b——板宽。

17.5.1.2　功能及工艺数学模型

A　压下位置闭环

压下位置闭环的作用是：通过控制液压缸塞的位移，达到设定和控制空载辊缝的目的。它根据空载辊缝实测值与给定值（包括修正值）的差值，推动伺服阀和油缸动作，调整空载辊缝的大小，直到实测值与给定值相等为止。

正常的轧制过程建立之前，由压下位置闭环设定辊缝，保证带头部的厚度满足要求。

B　轧制压力闭环

轧制压力闭环通过控制轧制压力达到控制厚度的目的。它根据轧制压力的实测值与给定值（包括修正值）的差值，推动伺服阀和油缸动作，调整轧制压力（同时也调整了辊缝），直到其差值为零为止。轧制压力的给定值，根据目标厚度确定。

位置闭环中，位移传感器的分辨率一般为 $1\mu m$，因此位置闭环的定位精度及厚控精度不高。轧制压力闭环的压力控制精度和厚控精度比位置闭环的高，所以正常轧制时，由位置闭环自动转换到压力闭环控制板厚，即由控制位置转换到控制压力。

C　厚度前馈控制

厚度前馈控制可以消除来料厚度偏差对出口板厚的影响。由入口测厚仪测出来料厚度偏差 ΔH，将其转换为空载辊缝调整量 ΔS_o 或轧制压力调整量 ΔP，然后迭加到位置闭环的给定空载辊缝 S_o 上或压力闭环的给定轧制力 P 上，去调整辊缝或轧制压力，以消除 ΔH 的影响。

厚度前馈控制的数学模型是：

$$\Delta S_o / \Delta H = - W_o / M$$

$$\Delta P / \Delta H = W_o = \partial P / \partial H \tag{17-9}$$

式中　ΔS_o——为消除 ΔH 影响所需的辊缝调整量；

ΔP——为消除 ΔH 影响所需的轧制压力调整量。

D　速度前馈控制

速度前馈控制可以消除加、减速度对出口厚度的影响。加速时，摩擦系数减小，出口厚度变薄；减速时，摩擦系数增大，出口厚度变厚。速度对厚度的影响通过调整压下消除。

由测速计测出轧制速度变化量 Δv，将其转换成空载辊缝调整量 ΔS_o 或轧制压力调整

量 ΔP，然后迭加到位置闭环的给定空载辊 S_o 上或压力闭环的给定轧制压力 P 上，去调整辊缝或轧制压力，以消除 Δv 的影响。

速度前馈控制的数学模型为：

$$\Delta S_o / \Delta v = (H/v) W_o / M$$

$$\Delta P / \Delta v = - W_o (H/v) \qquad (17\text{-}10)$$

式中　ΔS_o——为消除 Δv 影响所需要的辊缝调整量；

　　　ΔP——为消除 Δv 影响所需要的轧制压力调整量。

E　厚度反馈控制

厚度反馈控制用以消除轧辊磨损、热膨胀及位移与压力测量误差等原因对出口厚度的影响。由测厚仪测出出口厚度偏差 Δh，将其转换为空载辊缝调整量 ΔS_o 或轧制压力调整量 ΔP，然后迭加到位置闭环的给定空载辊缝 S_o 或压力闭环的给定轧制压力 P 上，去调整辊缝或压力，以消除 Δh。

厚度反馈控制的数学模型为：

$$\frac{\Delta S_o}{\Delta h} = - \left(1 + \frac{W}{M} \right), \frac{\Delta P}{\Delta h} = W \qquad (17\text{-}11)$$

式中　ΔS_o——为消除成品厚差 Δh 所需要的辊缝调整量；

　　　ΔP——为消除成品厚差 Δh 所需要的轧制压力调整量。

17.5.1.3　厚度测量

从图 17-2 及上述功能及工艺数学模型可知，厚度测量在整个厚度控制系统中起着非常重要的监控作用，测厚系统本身的测量精度对整个厚度控制的精度具有决定性的作用。

现代高速冷轧机的厚度在线检测，一般采用同位素测厚仪和 X 射线测厚仪。在线测厚要求具有测量快速、连续、无接触和非破坏性的特性。同位素测厚仪的放射源具有半衰期长、放射剂量稳定、不受温度影响等优点，因此同位素测厚仪在高速冷轧机上得到广泛使用，本节重点介绍同位素测厚仪。

A　同位素测厚仪

a　测量原理

同位素测厚仪的测量原理是基于放射源的射线穿过被测材料时，射线剂量的减少与材料的厚度成一定的函数关系的现象来实现对被测板材的厚度测量，其原理图如图 17-3 所示。

同位素放射源的放射线在穿过物质时，将与物质发生相互作用，由于存在这些作用，射线的强度将减弱，根据吸收定律当射线穿过被测板材后，射线强度 I_d 由式（17-12）确定。

$$I_d = I_0 \times e^{-ud} \qquad (17\text{-}12)$$

式中　I_0——没有板材时射线的强度；

　　　u——被测板材对射线特有的吸收系数；

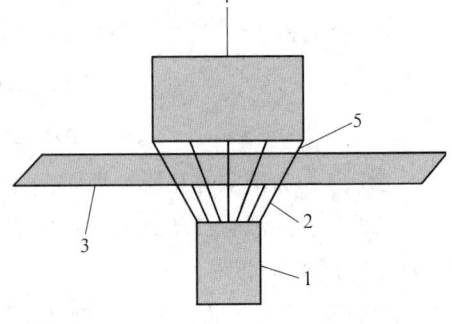

图 17-3　同位素测厚仪测量原理图

1—放射源；2—入射线强度 I_0；3—板带材；

4—电离室；5—穿透射线强度 I_d

d——被测板材的厚度。

式（17-12）经对数变换后为：

$$\ln I_d = \ln I_0 - ud$$

该式经整理后为：

$$d = (\ln I_0 - \ln I_d)/u \qquad (17-13)$$

由式（17-13）可见，只要 I_0、I_d、u 被确定，被测板材的厚度就被确定了。式（17-13）表示的是被测量板材厚度与放射源放射强度间的关系，是一个非电参数，而射线探测器（电离室）输出的是一个电流信号，最终控制计算机输入的测量信号是 0～10V 的电压信号。因此，计算机在进行数据处理时，要将式（17-13）转化为测量电压与板厚的函数关系。在实际应用中并不是用式（17-13）来确定厚度的，而是采用刻度线（或查表的方法）来确定的。建立刻度曲线是通过系统定标来实现的。这样射线探测器（电离室）根据射线被材料吸收的量，测出电流变化量，查刻度曲线得出被测板材的厚度。这就是同位素测厚系统测量厚度的基本原理。

b　测厚系统的定标

测厚系统的定标也就是确定被测板材的刻度曲线，并将建立的曲线存入计算机内。在线测量时采用查表法确定板材的测量厚度。此项工作多由制造厂商在实验室完成。

用于显示的厚度测量值 d_x 与非电参数 I_d 之间存在着函数关系，在实际应用中，d_x 还与射线的种类、能量、强度、屏蔽物、电离室、前置放大器等许多因素有关。

定标的方法基本上有两种：一是先测出某一种合金板材不同厚度的刻度曲线，固化在计算机的 EPROM 内，当现场测量时采用查表的方式计算测量值。刻度曲线是由制造厂家在出厂前建立的，它只有一条刻度曲线，并且不可更改。由于不同合金和材质的被测材料的刻度曲线基本上是平行的，因此在测量其他合金时，需要另加上一个补偿值。补偿值的取值要用标准板实际测量来决定，并不断加以修正。另一种在现场定标，用不同合金不同厚度的标准板系列测出各种被测合金板材的刻度曲线存入计算机内。当测厚仪工作一段时间后，重新在现场进行定标。第一种定标方法所需标准板少，现场操作简单，但它有一个致命弱点，即被定标的曲线不可改变。因测厚仪的工作环境很差，所测的精度有很大差别，随着使用时间的加长，这种差别越来越大，最终使测厚仪的误差很大。第二种定标方法的优点是具有定标精度高，不受测厚仪状态的影响；它根据实际的使用情况随时在现场进行定标，随时消除因测厚仪本身状态变化造成的测量误差。目前国外一些先进的测厚仪制造厂家都采用这种方法，通过专门设计的定标程序，简化现场操作，只需要很短时间就能完成。而且操作简单，生产工人就能做，为了做到精确定标，必须制作一套精密标准板，与第一种相比标准板制作量大。

c　同位素测厚仪系统的组成

高精度同位素测厚仪主要由两部分组成：测量机架和操作控制部分。测量机架包括放射源、电离室及高压电源、前置放大、A/D 转换及 C 型测量机架；操作控制部分包括微型工业控制机数据处理系统、操作部分、测量数据显示器部分、数据打印机和净化电源。测量机架将板材的厚度信号转化为电信号，经计算机按前述计算公式处理后在 CRT 显示器或 LED 显示器上显示。测量头的工作稳定性和测量精度决定了整个系统的精度。

d　测厚仪的使用与维护

测厚仪的使用与维护包括：

（1）基本技术指标。同位素测厚仪的技术指标是根据被测板材的厚度精度要求来定的。用于高性能特薄铝板轧制和检测的测厚仪，其技术指标都比较高。技术指标主要包括以下几个方面：

分辨率	$1\mu m$
偏差范围	被测板材厚度为 0.1～0.5mm 时为 ±0.001mm； 被测板材厚度为 0.5～1.0mm 时为 ±0.002mm
采样时间性	10～50ms
LED 刷新时间	500ms
响应时间	≤0.5s
重复性	< ±0.5μm
稳定性	< ±0.5μm
厚度线性	< ±1μm

这些基本测量技术指标是测厚仪在实验室条件下必须达到的最重要的指标。同位素放射源、电离室、前置放大器等都是根据这些技术指标来设计和选型的。在测量偏差范围指标中，±0.001mm 和 ±0.002mm 是测厚仪的基本误差。

（2）测厚仪的校准。测厚仪在实际应用中常常需要进行校准，即用标准板对测厚仪的测量值进行现场校对，以确保测厚仪的测量精度及可靠性。

首先要保证用于校准的标准板的精度。要求标准板具有良好的平直度；表面没有严重的划伤；板材的化学成分符合标准；同一板上不同点的厚度差不大于 0.001mm。

校准测厚仪必须按照数理统计的方法进行，应进行多次测量取平均值的方法来确定。

测厚仪在校准时必须找准中心线，否则会产生误差。为了准确起见，可以设计一个安置标准板的校准架，使得标准板始终处于中心线上。

实际轧制中，如果轧机出口侧轧制油吹扫系统工作状况不好，轧制带材表面带有大量的轧制油，对厚度测量及厚度控制会产生不良的影响，必须引起注意。

（3）保持测量头内部的清洁。由于电离室的输出电流极其微弱，前置放大器的增益很大，因此只要存在很小的漏电流或干扰，就将会给测量带来很大的误差，造成测厚仪工作不稳定。

工作在恶劣环境下的测厚仪，如轧机的测厚仪，其测量头的密封必须保证。最容易被污染的有两部分：一是前置放大电路部分；另一个是电离室的绝缘子。在打开测量头进行维修后，必须将这两部分的脏物清洗干净，再涂上一层绝缘漆，一种特殊的、高阻抗的、可在常温下固化的绝缘漆。

（4）C 型测量机架线性度测试。测厚仪测量头如经过多次拆卸，或遭受猛烈打击后机架变形，都有可能使得 C 型测量机架的中心线偏离原设计的非线性曲线平直段。

制作一个可垂直上下移动的定标架，用同一块板测试线性度。要求在中心线上下至少

5mm 以内移动，测量误差不大于 0.001mm。

当测厚仪在中线附近的线性度不好，误差大于 0.001mm 以上时，就要做线性度调整。首先要测出整个 C 型机架窗口的曲线，找到线性段位置，然后调整放射源或电离室的位置，使 C 型机架窗口中线重新处于线性段的中间。线性度调整工作应当由经过专业训练的专业技术人员来做。

（5）电离室密封性测试。电流电离室内的惰性气体压力高，电离室的测量电流就大，但压力越高，电离室的密封就越困难。

测厚仪在生产现场的恶劣条件下使用一段时间，受到强烈的震动或撞击后，电离室可能会出现十分微弱缓慢的气体泄漏。这种气体慢泄漏在短时间内不容易被发现，因其产生的直观测量误差（零位误差）被每次的校零所消除，但在使用中常常会发现测量电压隔一段时间就要下降一点，最后直至测量电压太低不能进行正常测量。在每次的校零中虽然将直观的测量误差消除了，但因测量电压降低，与原定标产生的刻度曲线出现了误差，因此常常就要人为地对厚度设定值进行修正，或重新进行系统定标。

测试电离室是否存在慢泄漏是比较困难的。为了排除其他因素，一般应在实验室对电离室单独进行测试，这需要专门的微电流测量仪，所测电流范围为 $10^{-14} \sim 10^{-8}$ A。实验条件下，对电离室作 24~48h 的静态测量稳定性测试，当 30 天内测量电流减小量小于 0.01%，认为电离室无慢泄漏。

如果电离室的气体泄漏严重，就不能投入正常使用，否则将会对厚度控制或产品检验产生不良后果，这样的电离室必须进行修复处理。

B X 射线测厚仪

X 射线测厚仪的测量原理与同位素测厚仪的测量原理基本相同，都是基于射线穿过被测材料时，射线强度因板材的吸收而减少，其射线剂量的减少又与材料的厚度成一定的函数关系的这一现象来实现对被测板材的厚度测量。X 射线测厚仪与同位素测厚仪的差异主要是在结构方面的差异和影响测量精度的主要因素不同。

a 基本结构

X 射线测厚仪由以下几部分组成：

（1）放射源基本结构。放射源主要由 X 射线管、阴极丝变压器、高压倍压电路组成。X 射线管是真空密封的，其阴极是钨丝，阳极是钨制成的目标靶。当阴极通电时，阴极钨丝由于变热而产生热电子，热电子在高压作用下产生动能，并以很高的加速度射向阳极目标靶，形成管电流。当热电子撞到阳极靶时，其动能就转换成热和 X 射线，穿透射线路以光子的形式发射出去。

（2）检测器。X 射线检测器主要由光电倍增管和前置放大器组成。光电倍增管的阴极加有高压（通常几百伏）。当 X 射线光子射到光电倍增管的阴极时产生电子，在阴极电压的作用下，倍增极把阴极的每个电子（假设每极放大 n 个电子）增加到 d（d 为倍增极数）个电子，即放大管电流，最终到达阳极，然后通过前置放大器把管电流放大并转换成电压形式。

（3）标准块盒。标准块盒的主要作用是对测厚仪进行较准，由校准的结果得到一组校准曲线。标准块盒的位置在 X 射线管的上面，由 7 个纯铝标准块组成。每个标准块由一个电控电磁线圈驱动放入 X 射线束，通过计算机控制可组成不同的厚度。该测厚仪总的校准

范围为 $10 \sim 500\mu m$。

b 影响测量精度的主要因素

影响测量精度的主要因素有：

（1）放射源 X 射线不稳定，使检测器接收到的射线强度不稳，造成测量不准。X 射线的稳定性主要取决于 X 射线管电流和加在 X 射线管两端的高压。

（2）由于检测器的光电倍增管送出的管电流非常小，需经过高倍前置放大器放大，而光电倍增管和放大器对温度和电磁波干扰都很敏感，因此也会给厚度测量造成大的影响。

（3）加在光电倍增管上的高电压的稳定性也是一个重要的因素。

（4）环境温度、粉尘、油雾也会使测量精度下降。

17.5.1.4 厚差不合格现象及原因分析

A 厚差不合格现象

厚差不合格现象有：

（1）厚度中心点漂移。整体偏厚与偏薄。

（2）厚度波动。有规律的周期性波动与无规律的上下波动。

B 原因分析

a 产生厚度中心点漂移的原因

由图 17-2 及厚控工作原理可知厚度中心点漂移是由于厚度反馈控制中的出口测厚仪测量数据不真实和操作人员对厚度中心点设定不恰当所致。

影响出口测厚仪测量准确性的因素有：用于校核测厚仪的标准板厚度不准确引起厚度中心点设定不正确以及测厚仪厚度补偿系数不准确；放射源发出的射线被其他物件所挡；测厚仪厚度补偿系数不准确；测厚仪自动清零功能不稳定。

b 产生厚度波动的原因

有规律的周期性波动主要是由于轧辊磨削精度不高所致。轧辊在径向上的尺寸精度在厚控上表现出很强的遗传性。

无规则上下波动原因为：一是由于来料厚度波动大引起的遗传以及材质不均匀；二是由于生产过程中频繁加减速和其他工艺参数的变化；三是厚控调节机构中产生振荡；四是测厚仪相关部位产生了松动或电离室漏气等。

17.5.1.5 解决途径与办法

解决途径与办法有：

（1）定期对轧机测厚仪进行标定、修正和维护，提高测厚仪的精度和准确性。

（2）提高磨削操作技能，规范工作辊和支撑辊的管理（因轧辊在径向上的尺寸精度在厚控上表现出强的遗传性）。

（3）优化冷轧生产工艺，减小卷材遗传性厚差影响。由厚度控制原理可知工艺参数的合理设定与控制对厚差影响很大，如生产道次的安排、张力和速度的稳定、润滑条件的控制等。由于热轧毛料或铸轧毛料的厚度偏差一般都比较大，为确保厚差可适当增加道次，使成品轧制时，入口厚差波动小。轧制过程中尽量采用一次升减速以减少厚差波动。

（4）定期对推上或压下缸的伺服阀系统、对轧辊轴承间隙等进行检查，确保处于良好状态。

17.5.2　板形控制

板形是指板带材的外貌形状，板形不良是指板面不平直，出现板形不良的直接原因是轧件宽向上延伸不均。出现板形不良的根本原因是轧件在轧制过程中，轧辊产生了有害变形，致使辊缝形状不平直，导致轧件宽向上延伸不均，从而产生波浪。因此板形控制的实质就是如何减少和克服这种有害变形。要减少和克服这种有害变形，需要从两方面解决：一是从设备配置方面，包括板形控制手段和增加轧机刚度；二是从工艺措施方面。

从板形控制手段方面现在已普遍采用的有弯辊控制技术、倾辊控制技术和分段冷却控制技术，其他已开发成熟的板形控制手段还有抽辊技术（HC 系列轧机）、涨辊技术（VC 和 IC 系列轧机）、交叉辊技术（PC 轧机）、曲面辊技术（CVC、UPC 轧机）和 NIPCO 技术等。增加轧机刚度如轧机由二辊向四辊向六辊等发展。从工艺措施方面包括轧辊原始凸度的给定，变形量与道次分配等。

不同形式的冷轧机，其板形控制系统的配置差别很大，本节着重介绍现代高速冷轧板形控制系统的一般配置。板形控制在其他章节中有专门介绍。

17.5.3　表面质量控制

表面质量的控制根据缺陷产生的部位主要分为两部分：一是辊缝内轧件表面质量控制；二是辊缝外轧件表面质量控制。

辊缝内轧件表面质量控制是构成现代高速冷轧机辊缝轧件变形的三个基本组元，即轧件、轧辊和润滑。在辊缝内这三个基本组元相互作用相互影响，共同影响与制约产品质量。缺陷的产生原因为：辊缝内轧件表面缺陷与润滑、轧辊自身缺陷和机械装配不当产生的损伤有关；影响辊缝外轧件表面质量的主要因素主要与带材接触的导路辊与带材间运行的同步性、开卷和卷取张力给定及操作方法有关。

17.5.3.1　辊缝内轧件表面质量控制

A　轧制过程的润滑

a　铝材润滑轧制的摩擦学系统分析

在铝及铝合金板带的轧制过程中，实施有效的工艺润滑，不仅是改善产品表面质量的需要，而且是实现稳定、高效和高速轧制生产的需要。

轧制是靠摩擦力将坯料咬入一对旋转的轧辊而使轧件厚度变薄的塑性变形过程。轧件与轧辊之间的摩擦不仅对轧制压力、能耗和轧件变形均匀性有显著影响，而且对产品表面质量的好坏至关重要。铝材轧制时，为了控制或减少轧辊之间的摩擦与黏着，必须进行工艺润滑。工艺润滑的好坏不仅对轧件表面质量有重要影响，而且制约着轧辊与轧件的磨损。如：在无润滑剂的轧制过程中，轧件与轧辊直接接触，铝轧件与钢轧辊产生极强的黏着性，摩擦增大并产生严重的黏着磨损。若施加工艺润滑剂，在轧件与轧辊之间形成连续的润滑油膜隔开两者而实现工艺润滑，可以有效防止轧辊粘铝，降低摩擦与磨损，进而改善产品质量（尤其是表面质量）。

b　铝材在润滑状态下冷轧的摩擦

铝材在润滑状态下冷轧时存在的摩擦形式有液体摩擦、边界摩擦、混合摩擦等。铝材冷轧的润滑模型如图 17-4 所示。

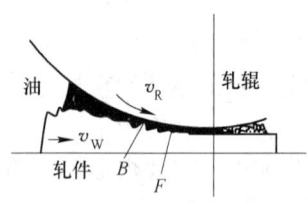

图 17-4   冷轧铝板时的润滑模型

（1）液体摩擦。当采用工艺润滑时，在适当条件下，轧辊与轧件表面间可由一定厚度（一般在 $1.5 \sim 2\mu m$ 以上）的润滑油膜隔开，依靠润滑油的压力来平衡外载荷。在润滑油膜中的分子大部分不受金属表面力场的作用，而可以自由地移动，这种状态称为流体润滑。在流体润滑时呈现的摩擦现象称为流体摩擦，一般也称为液体摩擦。此时，由于两摩擦表面不直接接触，所产生的摩擦是在液体分子之间发生的，所以它是液体的内摩擦。在此种情况下，摩擦系数很小，通常为 $0.001 \sim 0.008$。

流体润滑可分为流体动压润滑和流体静压润滑两大类。流体动压润滑系由摩擦表面间形成收敛油楔和相对运动，而由黏性流体产生油膜压力以平衡外载。流体静压润滑系由外部供油系统供给一定压力的润滑油，借助油的静压力平衡外载荷。

形成流体动压润滑的基本条件在于油楔必须收敛，即沿运动方向上油膜厚度应逐渐减小。此时，如运动副之间具有一定的相对运动速度以及润滑油具有一定的黏度，就会产生压力油膜，从而具有平衡外载荷的能力。

轧制时动压润滑油膜的形成为：在变形区入口，轧辊和轧件表面形成楔形缝隙，润滑剂充填其间，结果建立具有一定承载能力的油楔。由流体动力学基本原理知道，当固体表面运动时，由于液体分子与固体表面之间的附着力作用，与其连接的液体层将被带动以相同速度运动，即固体和液体接触层之间不产生滑动。因此旋转的轧辊表面和轧制带材表面应使润滑剂增压进入楔形的前区（接近变形区的入口）缝隙。越接近楔顶（越接近变形区的入口平面），润滑楔内产生的压力也越大，此压力平衡外载荷。假如在润滑楔顶的压力达到塑性变形压力（金属屈服极限），则一定厚度的润滑层将进入变形区。此外，在咬入时带材和轧辊表面的粗糙度也有利于润滑剂进入变形区。

摩擦力数值在很大程度上决定于润滑油膜的厚度。随着润滑层厚度的增大，摩擦系数减小。

（2）边界摩擦。边界摩擦又称边界润滑，它是相对运动两表面被极薄的润滑剂吸附层隔开，而此吸附层不服从流体动力学定律，而且两表面之间的摩擦不是取决于润滑剂的黏度，而是主要取决于两表面的性质和润滑剂的化学特性。在边界润滑状态下，摩擦面间存在着一种厚度在 $0.1\mu m$ 以下的吸附膜，能够起到降低摩擦和减少磨损的作用。

各种边界润滑膜都只能在一定的温度范围内使用，超过此范围边界膜将发生失向、散乱、解吸附或熔化，使其润滑作用失效，这一温度通常称为边界膜的临界温度。图 17-5 所示为温度及不同添加剂对不同边界膜摩擦系数的影响，它反映了在不同温度下各类添加剂的效果。

（3）混合摩擦。由于轧辊和金属表面具有一定的显微起伏，因此接触表面的润滑层的厚度很不均匀，既有大量润滑剂富集区，也有表

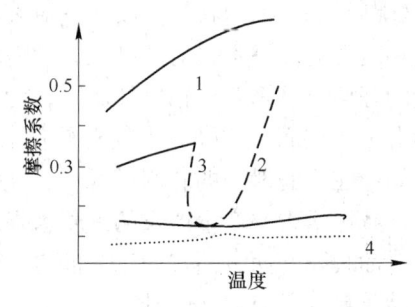

图 17-5   温度和不同添加剂对摩擦系数的影响
1—矿物油；2—脂肪酸添加剂；3—极压添加剂；
4—脂肪酸添加剂＋极压添加剂

面最接近的区域。如果润滑剂中有能形成牢固边界膜的活性物质，则在表面最近各点仍能保持极薄的隔离润滑层。在此种情况下，整个接触区将由交替的边界摩擦区和液体摩擦区组成。如果压力很大，当表面滑动时边界层可能局部破裂，结果产生金属表面直接接触。在此种情况下，混合摩擦包括液体摩擦、边界摩擦和干摩擦三部分。在混合摩擦条件下，润滑剂的化学成分对决定极薄层的结构和强度具有重要意义。

润滑油膜的厚度决定摩擦的形态。变形区内存在着出现液体摩擦的润滑层厚度临界值，在此时润滑油中表面活性添加剂的作用实际趋于零。冷轧时当润滑油膜的厚度近似等于摩擦表面粗糙度的高度值时就能进入到液体摩擦。

c　润滑油的控制

润滑油的控制包括以下几个方面：

（1）工艺润滑剂的要求：

1）对工具与变形金属表面有较强的黏附能力和耐压性能，在高压下，润滑膜仍能吸附于接触表面上，保持润滑效果。

2）要有适当的黏度，既能保证润滑层有一定的厚度，有较小的流动剪切应力，又能获得较光滑的制品表面。

3）对工具及变形金属要有一定的化学稳定性。燃烧后的残物少，以免腐蚀工具和产品的表面，并保证产品不出现各种斑痕、脏化表面。

4）有适当的闪点及着火点，避免在塑性加工中过快地挥发或烧掉，丧失润滑效果，同时也是为了保证安全生产。

5）要有良好的冷却性能，以利于对工具起冷却、调节与控制（如辊型）作用。

6）润滑剂本身及其产物（如气体），不应对人体有害（无毒性、没有难闻气味），其环境污染最小和废水净化处理简单。

7）应保证使用与清理方便，如对于轧制过程，润滑剂应便于连续喷涂到轧辊或金属表面上。

8）成本低廉，资源丰富。

以上是对润滑剂的一些基本要求，不存在能完全满足上述要求，并适合于各种塑性加工过程或条件的润滑剂。对于不同类型和不同用途的塑性加工过程，应采用不同的润滑剂，其化学成分与物理状态可能很不相同。

（2）润滑剂的种类和选择。铝材冷轧用润滑剂包括两大类，即润滑油和乳化液。润滑油主要包括矿物润滑油、动植物润滑油和合成润滑油三大类，但在实际应用中后两种已很少采用，主要采用矿物润滑油。

冷轧乳化液一般为水包油型，只在个别老式冷轧机上使用，在现代装配的轧机上已不使用乳液润滑。在铝材冷轧上使用的乳化液成分一般相同，即机油或变压器油80%～85%、油酸10%～15%、三水乙醇胺5%左右。把它们配成乳剂之后，再与90%～97%的水搅拌成乳化液供生产使用。显然，其中水主要起冷却作用，机油或变压器油为润滑油，油酸既为油性剂，增强矿物油的润滑性能，又能与三水乙醇胺通过反应形成胺皂，起着乳化剂作用，以获得稳定的乳化液。

矿物润滑油由基础油和添加剂组成，基础油是经过炼制的天然矿物油。

作为铝材冷轧润滑剂很少用纯的矿物油，一般是由纯的矿物油（基础油）加添加剂构成。添加剂根据其作用可分为：抗氧化剂、腐蚀抑制剂、金属钝化剂、导电改进剂、摩擦改进剂、抗磨/极压添加剂等。常用的添加剂有油性添加剂、极压添加剂、防腐剂、抗氧化添加剂、增黏剂、降凝剂、抗泡剂等。

（3）轧制油的评价。润滑油的评价主要包括两方面：一是润滑油的品质评价；二是工艺润滑效果评价。润滑油的品质主要是指反映润滑油性能的理化指标及其组成与结构，它对轧制工艺润滑效果具有决定性作用。工艺润滑效果主要是评价在工艺润滑投入后轧制时的力能参数、变形参数以及产品表面质量的实际情况。

在铝材冷轧润滑条件下，对加工条件-变形区油膜-润滑效果三维关系的研究，可以帮助确定取得最佳润滑效果时的最佳加工条件（包括润滑剂选择）。

润滑油性质主要包括理化性能及组成与结构，如黏度、闪点、馏程、油膜强度、凝固点、表面张力、酸值、密度、硫含量、芳烃含量及机械杂质等。

润滑效果则是反映润滑轧制条件下的力能参数（摩擦系数、轧制压力）、变形参数（最小可轧厚度）和表面质量（表面粗糙度、表面光亮度、表面显微形貌）等特征。

（4）轧制油的控制。轧制油经过使用后其性能和组成要发生一些变化，如要继续重复使用，就必须对其进行监测和处理。

轧制油使用中的污染不可避免，主要包括磨损掉下的金属颗粒、过滤助剂的进入、杂油泄漏、金属皂、氧化产物等。轧制油使用后添加剂浓度也会发生变化。

经常要监测的指标和项目有：外观、灰分、抗氧化剂含量、醇含量、酯含量、闪点、胶质、中和值、黏度、馏程、电导率等。

常规的处理方法为过滤、添加与更换。过滤方法常用桶式过滤和板式过滤两种，其中板式过滤在铝材冷轧机上使用最多最广泛。板形过滤系统组成如图17-6所示，滤板箱如图17-7所示。

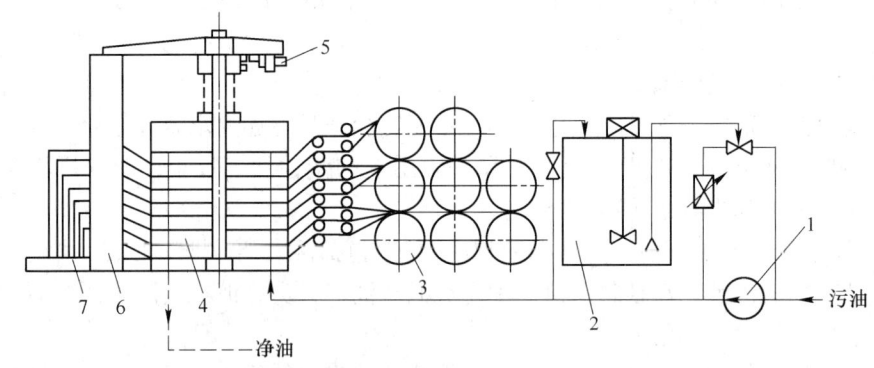

图17-6　板形过滤系统组成图

1—过滤泵组；2—混合搅拌箱；3—过滤介质；4—滤板箱；5—压紧机构；6—走纸机构；7—集污箱

过滤过程分为三个阶段：硅藻土助滤剂预涂阶段、正常过滤阶段和吹扫更换滤纸阶段。上述三个阶段为一个过滤周期。

滤纸为无纺织布，其上的助滤剂是硅藻土和活性白土的混合物，细小的硅藻土颗粒有极微小的孔隙；活性白土为一种极性物质，本身无空隙，粒度为 $5 \sim 15 \mu m$，能够吸附微小

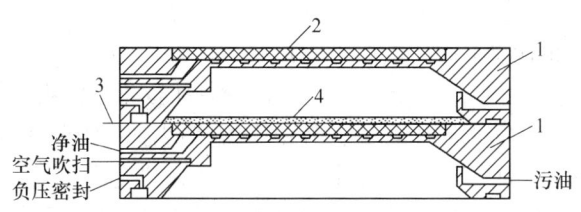

图 17-7 滤板箱示意图

1—滤板箱体；2—过滤网；3—过滤介质；4—过滤助剂

的其他极性物质。因此硅藻土起着机械过滤作用，把 $1\mu m$ 以上的固体粒子过滤掉，轧制油中小于 $1\mu m$ 的极性粒子（如铝粉）被活性白土吸附，并由硅藻土滤掉。

（1）预涂阶段。将硅藻土和活性白土按一定比例加入搅拌桶，然后与污油箱中抽出的污油混合搅拌。搅拌后的混合液通过喷射阀加入到滤板箱的 1 腔（见图 17-7）内，并在滤纸上形成滤层，当滤层达到一定厚度后，预涂阶段结束。此阶段从板式过滤器出来的油进入到污油箱。

（2）正常过滤阶段。此阶段从板式过滤器出来的油进入到净油箱。为了保证该阶段过滤出的轧制油始终符合过滤精度要求，在一定时间间隔内要向滤层涂上一定剂量的助滤剂，防止其过滤能力降低。随着过滤时间的增加，过滤层不断加厚，污物不断堵塞滤层孔隙，要求入口污油压力不断增高，当污油压力达到设定的极限值时，或到了过滤周期设定的时间后，正常过滤阶段结束。

（3）吹扫更换滤纸阶段。此阶段从板式过滤器出来的油进入到污油箱。干燥的压缩空气进入滤箱的 1 腔内，将滤层吹干。压紧机构 5（见图 17-6）反向移动，打开滤板箱 4，走纸机构将滤纸和滤层一起拉出，铺上新的滤纸，合上滤板箱，吹扫更换滤纸阶段结束。进行下一个过滤周期。

根据板式过滤的原理可知，影响板式过滤效果的主要因素有硅藻土、活性白土、过滤纸的质量、硅藻土和活性白土两者之间加入的比例以及预涂工艺，喷射阀的状态。

B 影响辊缝内轧件表面质量的因素

从润滑轧制的角度，铝材表面质量可以从轧件表面粗糙度、表面光亮度和表面显微形貌三个方面来反映。影响辊缝内轧件表面质量的因素很多，如轧辊表面粗糙度、轧件原始表面粗糙度、润滑剂黏度、添加剂及含量、润滑方式、润滑剂的油含量、轧制压下率、轧制速度、开卷张力、喂料高度等。

a 辊面粗糙度

轧辊表面通常通过磨削加工而获得很小的表面粗糙度。一般认为，低粗糙度的轧辊表面将会轧出低表面粗糙度、高表面光亮度的轧件。然而，在润滑轧制条件下，辊面粗糙度对铝材表面质量的影响程度，会受到轧件与轧辊之间油膜厚度与状态的制约。当轧制平均表面粗糙度与轧辊平均表面粗糙度的比值大小不同时，轧后轧件表面粗糙度会呈现几种情况。一般情况下，该比值大于1，即能有效阻止辊面与轧件表面的直接接触，又能发挥光亮辊面对轧件表面的压平与抛光作用，因而轧件表面粗糙度和表面光亮度得到有效改善，即获得光滑、光亮的轧件表面。而当油膜厚时（尤其在高速轧制条件），即使辊面粗糙度很小，也难以让轧件"传递"高光洁表面。

　　b　轧件原始表面粗糙度

润滑轧制时，轧件表面粗糙度使变形区内润滑油具有滞留作用。横向粗糙度（显微不平度方向与轧制方向垂直）较纵向粗糙度有利于润滑油进入变形区内，形成较厚的油膜，轧件表面微凸度之间的"沟穴"被润滑油充填，使得微凸变形受到抑制，故轧后轧件表面粗糙度值较大。研究表明，随着轧件原始表面粗糙度增大，轧后轧件表面粗糙度呈线性增加。

　　c　润滑剂

在铝材轧制摩擦学系统中，润滑剂在轧件与轧辊之间起中介作用，轧辊表面和其他加工条件对轧件表面的影响都是通过变形区内的润滑油膜来实现的。润滑剂必须有利于变形区内形成一层连续、牢固、质薄的油膜，才能获得所谓表面质量优良的轧件。润滑剂黏度、添加剂种类及含量、润滑剂用量、润滑方式均应根据这一目标来选择。

为了避免轧制时形成较厚的油膜，通常选择低黏度的基础油，适当的用量，这同样可避免轧后形成严重的退火油斑。

在基础油中加入油性添加剂（酸、醇、酯）可以改善轧件表面光亮度，且在某一个添加剂含量范围获得最佳效果。

　　d　轧制压下率与轧制速度

轧制压下率是控制轧件厚度的重要参数，它对轧件表面质量的影响是通过油膜来起作用的。研究表明，轧件轧后表面粗糙度与轧制压下率之间呈凹抛物曲线规律，即存在一个最佳压下率。在达到最佳压下率之前，随着压下率增加，油膜厚度逐渐变薄，有利于辊面对轧件表面微凸体的压烫作用，轧件表面粗糙度降低；而当压下率增大至超过最佳值后，减薄的油膜难以承受高压或表面微凸体的作用力而产生局部破坏，轧辊与轧件间产生黏着，导致轧件表面粗糙度又增大。在一般情况下，随着压下率增大，轧件表面光亮度呈上升趋势。

随着轧制速度增加，变形区内油膜变厚，尤其在低速范围内更加明显。当油膜厚度增加到超过某一极限值时，形成塑性流体润滑状态，轧件表面不但不能受轧辊表面的压烫作用，反而因表面塑性粗糙化变得粗糙。另一方面，在高速轧制中，产生变形热使润滑油黏度降低，油膜厚度减小。因此，铝材轧制时润滑油黏度和喷射量应与所要求达到的轧制速度相适应，一方面要防止油膜过厚而影响轧件表面粗糙度；另一方面又要防止润滑油黏度随轧辊温度上升而下降过多，影响油膜的承压能力，使轧件表面出现热压条纹。

　　e　轧辊温度和辊面粘铝

轧辊温度对轧件表面质量的影响，主要是通过改变润滑油的黏度引起变形区油膜厚度变化而起作用的。

轧制温度增高，轧制压下率增大，轧辊表面粗糙，在轧制软铝以及采用润骨性能较差的润滑剂时，都将使粘铝程度加重。轧辊粘铝导致的轧件表面缺陷主要有黏附沟、压入黏附和压痕三种。轧辊表面粘铝时，将严重影响轧件的表面粗糙度和表面光亮度。

　　f　开卷张力与喂料高度

各道轧制工序的开卷张力必须小于上道工序来料的卷取张力，以免发生错动，使轧件表面产生擦伤麻点。这种缺陷在轧制中间退火的软铝时尤其易产生。一方面由于软铝强度低，另一方面由于铝材退火后表面油膜被烧干，如果来料铝卷内松外紧，往往在轧制开始的瞬间会使整卷铝材从里至外全部布满擦伤麻点。

轧件进入辊缝的喂料高度不同时，上、下轧件表面与工作辊辊面之间夹角就不同。根据流体动力学原理，导入的润滑油量不同，润滑状态不同（油膜厚度不同），因而轧出的产品上下表面粗糙度与表面光亮度也不同。现代铝带冷轧机的进料侧装有一个可上下移动的"光泽辊"，其目的在于调节轧件表面与辊面的夹角，使轧出产品上下表面质量相同。

C 铝材轧制时表面质量的控制方案

为了获得良好的轧件表面质量，即具有低表面粗糙度和高表面光亮度，可从以下几方面来实现对轧件表面质量的控制。

（1）力求在轧制变形区内形成连续、牢固、薄质的润滑油膜。根据轧后轧件表面粗糙度及表面光亮度与变形区内油膜厚度的关系原理图（见图17-8）和修正的striberk三维图（见图17-9），可知当变形区内能形成较薄的混合润滑膜时，能有效防止粘铝，又能实现光滑辊面对轧件表面微凸体的压烫作用，从而获得光滑、光亮的轧件表面。为实现这一目标采取的控制方案为：

1）采用表面粗糙度低的轧辊轧制。

2）采用低黏度的基础油和最佳含量的添加剂，同时润滑剂黏度与轧制速度匹配。

3）采用最佳压下率轧制。

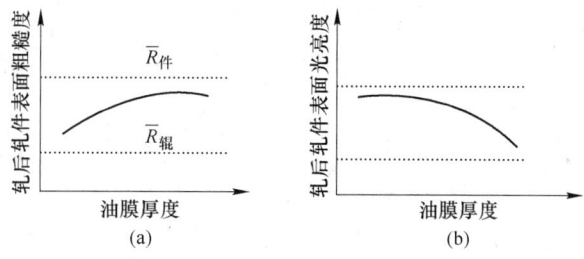

图 17-8 轧后轧件表面粗糙度（a）及表面光亮度（b）与变形区内油膜厚度的关系

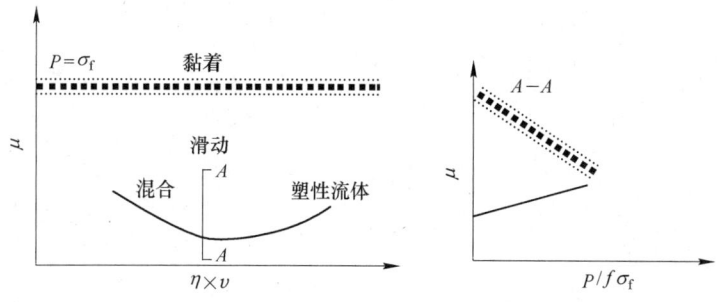

图 17-9 修正的 striberk 三维图

（2）采用毛毡清辊器，以清除附于轧辊表面的粉屑。润滑油在轧制过程中所积累的铝粉和杂质在循环系统中过滤干净。

（3）采用低粗糙度和清洁干净的铝坯料板带。

（4）采用可升降的光泽辊调整喂料高度以使铝材上下表面质量一致。

17.5.3.2　辊缝外轧件表面质量控制

辊缝外轧件表面质量控制关键在于如何确保轧件在进入辊缝之前和离开辊缝之后轧件表面不产生本道次缺陷。

影响辊缝外轧件表面质量的主要因素有：导路辊与带材间运行的同步性；导路表面状况；开卷和卷取的张力给定及杂物进入。

影响导路辊与带材间运行的同步性的主要因素为：机械卡阻以及电气动态补偿不够或速度给定信号不对。

对于机械卡阻需采取的措施为：一是减少导路辊的惯量；二是增加轴承的灵活性。

对于电气动态补偿不够或速度给定信号不对需采取的措施为：一是调整动态补偿；二是修改速度给定信号；三是采用激光测速，准确测定带材速度，从而给定导路辊准确的速度信号。

导路表面状况有：导路表面的损伤及变形情况以及导路表面黏附异物的情况。

开卷和卷取的张力给定为：本道次开卷张力必须小于上道次的卷取张力，否则容易产生层间擦伤。开卷张力必须保证带材尽可能与入口偏导辊的辊面有效贴合。

18 铝箔生产技术

18.1 铝箔的特点、品种规格与性能

18.1.1 铝箔的特点与发展

18.1.1.1 铝箔的特点

厚度很薄的金属片通称为箔，世界各国对箔厚度的定义也各不相同。在我国铝箔是指厚度不大于 0.2mm 的铝带材。各国对铝箔厚度的规定见表 18-1。

表 18-1 各国对铝箔厚度的规定

国　　家	中国	美国	俄罗斯	英国	法国	德国	意大利	瑞典	日本
最大厚度/mm	0.2	0.15	0.2	0.15	0.2	0.02	0.05	0.04	0.15

铝箔按其加工方式不同可分为轧制箔、蒸着箔和喷镀箔，本章主要讨论轧制箔。

18.1.1.2 铝箔生产技术的发展

最初铝箔工业化生产采用的是二辊不可逆式轧机，轧制速度低、铝箔宽度窄，板形与厚度的控制精度差、成品率低，随着科学技术的发展，铝箔轧机的轧制速度越来越快、宽度越来越大、可轧最小厚度越来越薄、板形与厚度控制手段更为先进，铝箔的成品率稳步提高。铝箔生产技术的发展趋势主要体现在以下几个方面：

（1）轧制速度更快。轧制速度已由最初的不足 100m/min，提高到目前一般 600～1500m/min 的轧制速度，而世界上最先进的轧机设计速度已达 45m/s，实现运行速度 40m/s，精轧机由于受铝箔表面光亮度、表面带油及卷取质量的限制，双合轧制速度一般为 400～800m/min，发展趋势将是在 1000m/min 以上。

（2）轧制宽度更宽。工作辊辊身长度已由最初的不足 600mm，提高到目前一般 1400～1850mm 的工作辊辊身长度。而世界上最宽的铝箔轧机，工作辊的辊身长度在 2200mm 以上，可轧铝箔宽度为 2150mm。目前，我国的铝箔轧机多达 90 台以上，大于 2000mm 的超宽幅铝箔轧机 33 台；工作辊辊身长度最大的铝箔轧机是 2200mm 以上，可轧铝箔宽度 2150mm，为世界之冠。

（3）轧制厚度更薄。铝箔可轧制的最小厚度是衡量铝箔生产技术和质量水平的重要标志之一，铝箔越薄可使用面积越大，为满足这一要求，铝箔的厚度越来越薄，目前大量使用的双张箔铝箔厚度是 6.0μm 左右，而最薄的铝箔已达到 4μm。

（4）轧制精度更高。GB 3198—1996 中规定 7μm 铝箔的厚度公差为不大于 ±8%，而目前许多铝箔厂都是按 ±4% 的公差控制与验收，最先进的厚度控制系统已可将厚度公差控制在 ±2% 的范围内。随着铝箔精加工设备速度的不断提高，对铝箔的平整度精度要求越来越严，最先进的板形控制系统可控制双张铝箔的在线平整度为 ±15I，粗轧机在线平

整度可控制在 ±9I 的范围内。

（5）成品率更高。由于厚度和板形自动控制的应用与铝箔坯料质量的提高，双张成品率已由原来的不足 70%，提高到 85% 以上。

（6）自动化控制程度更高。最初，铝箔的轧制大都是凭经验和直觉，随着铝箔轧制向宽幅、高速、高压下轧制方向的发展及对板形和厚度控制精度要求的提高，经验和直觉已无法满足要求，现代铝箔轧机已普遍使用厚度自动控制 AGC（automatic gage control）和板形自动控制 AFC（automatic flatness control）系统，为进一步改善板形，配合板形仪的自动调节，国际上的一些铝箔轧机还采用了多种板形控制手段如 VC（variable crown roll）、CVC（continously variable crown）、DSR（dynamic shape roll）。DSR 技术相对于 VC 和 CVC 技术上的优势，使之呈现较强的发展势头，而 HES（hot edge sparays）将补偿带材边部的温度降落，提供新的板形控制方式。

（7）合金化成分扩大。生产铝箔的合金成分范围已由 1060、1145 合金发展到 8011、8079、8014 等牌号，铝箔合金成分的优化，可以提高铝箔的力学性能和表面质量，减少铝箔的针孔数目，每平方米针孔数目可以控制在 30～50 个。

（8）超薄铸轧板用于铝箔生产。目前用于生产铝箔的铸轧板厚度一般在 6～8mm 的范围，Al-Ti-B 作晶粒细化剂。发展趋势是 2～4mm 厚的铸轧板用于铝箔生产，同时为了获得良好的晶粒细化效果，电磁铸轧晶粒细化技术和 Al-Ti-C 晶粒细化技术的应用与研究已取得重大进展。

18.1.2 铝箔产品的品种规格

铝箔产品有以下几种分类：

（1）按形状分。铝箔按形状分可分为卷状铝箔和片状铝箔。铝箔产品绝大多数为卷状，只有极少数手工业包装用户使用片状铝箔。

（2）按厚度分。铝箔按厚度分一般分为双张箔和单张箔。一般厂家将不大于 0.012mm 厚度的铝箔称双张箔，大于 0.012mm 厚度的铝箔称单张箔。

（3）按状态分。铝箔按状态分为全硬箔、软状态箔、半硬状态箔、四分之三硬箔和四分之一硬箔。

1）全硬箔。指轧制（完全退火材料并经 75% 以上冷轧变形）后未经退火处理的铝箔。由于未经退火处理，铝箔表面有残油。应用领域有加工铝箔器皿、装饰箔、药用箔等。

2）软状态箔。指轧制后经充分退火而变软的铝箔。由于经充分退火，铝箔的抗拉强度降低，伸长率增加，材质柔软，表面无残油。应用领域有食品、香烟等复合包装材料、电器工业等。

3）半硬箔。指铝箔的抗拉强度介于全硬箔和软状态箔之间的铝箔。应用领域有空调箔、瓶盖料等。

4）四分之三硬箔。指铝箔的抗拉强度介于全硬箔和半硬箔之间的铝箔。应用领域有空调箔、铝塑管用箔等。

5）四分之一硬箔。指铝箔的抗拉强度介于软状态箔和半硬箔之间的铝箔。应用领域有空调箔等。

（4）按表面状态分。铝箔按表面状态分又分为单面光箔和双面光箔。铝箔轧制分单张轧制和双合轧制。单张轧制时铝箔上下面都和轧辊接触，双面都具有明亮的金属光泽，这种箔称双面光箔。双合轧制时每张箔只有一面和轧辊接触，和轧辊接触的一面和铝箔相互接触的一面表面光亮度不同，和轧辊接触的面光亮，铝箔之间相互接触的面发暗，这种铝箔称单面光箔。双面光铝箔的最小厚度主要取决于工作辊直径的大小，一般不小于0.01mm，单面光铝箔的厚度一般不大于0.03mm。

（5）按用途分。铝箔按用途分主要分为包装用箔、日用品箔、电气设备用箔和建筑用箔。铝箔的主要用途见表18-2。

表18-2 铝箔主要用途一览表

行 业	类 别	典型厚度/mm	加工方式	用 途
包 装	食 品	0.006~0.009	复合纸、塑料薄膜、压花上色、印刷等	糖果、奶及奶制品、粉末食品、饮料、茶、面包及各种小食品等
	烟 草	0.006~0.007	复合纸、上色、印刷等	各种香烟内、外包装
	医 药	0.006~0.02	复合、涂层、印刷等	片剂、颗粒剂
	化妆品	0.006~0.009	复合、印刷等	用于化妆品包装等
	瓶 罐	0.011~0.2	印刷、冲制等	瓶盖、啤酒瓶、果汁瓶外封、各种商标等
日 用	家 庭	0.01~0.02	小 卷	家庭食品包装等
	器 皿	0.011~0.1	成型加工	食品器皿、煤气罩、烟灰盒及各种容器等
电器工业	电解电容器	0.015~0.11	在特定介质中浸蚀	电解电容器
	电力电容器	0.006~0.016	衬油浸纸	电容器
	散热器	0.09~0.2	冲制翅片	各种空调散热器
	电 缆	0.15~0.2	铝塑复合	电缆包覆
建筑业	绝热材料	0.006~0.03	复合材料	住宅、管道等绝热保温材料等
	装饰板	0.03~0.2	涂漆、复合材料	建筑装饰板
	铝塑管	0.2	复合聚乙烯塑料	各种管道

18.1.3 铝箔的物理和力学性能

18.1.3.1 物理性能

铝箔的物理性能有：

（1）具有银白色光泽，薄且轻。铝箔具有闪耀的银白色美丽光泽，无毒、无味，对人体无害，经过着色、压花和印刷加工后，可以得到任意多彩的花色图案和花纹并不失去其美丽的光泽。目前轧制箔的最小厚度已可达到4μm，同时铝箔又轻，如厚度为6μm的铝箔，每平方米的质量仅为16g。

（2）导电、导热性能。铝箔的导电、导热性能仅次于银、金和铜，约相当于铜的60%，随着铝中杂质元素的增加其导电、导热性能有所降低，99.990%纯铝20℃电阻率为 $2.6547\times10^{-8}\Omega\cdot m$，铝的等体积电导率为57%~64.94%IACS。由于铝箔的厚度很薄，当铝箔缠绕使用时，铝箔的等体积电导率可达60%~80%IACS。GB 3616—1999标定的1145、1235合金不同厚度铝箔的电流电阻参考数值见表18-3。

表18-3 不同厚度1145、1235合金铝箔的电流电阻

标定厚度/mm	0.0060	0.0065 ~ 0.0070	0.0080	0.0090	0.010	0.11	0.16
电流电阻(最大,宽度10mm)/$\Omega \cdot m^{-1}$	0.55	0.51	0.43	0.36	0.32	0.28	0.25

（3）防潮性能。铝箔与其他包装材料相比，透湿性低，具有良好的防潮性能，同时具有安全、方便及保存期长的优点，虽然随着铝箔厚度的减薄（0.02mm以下）不可避免地出现针孔且随着铝箔厚度的减薄而增加，但其防潮性能比没有针孔的塑料薄膜及其他包装材料仍有优势，如果铝箔表面涂树脂或与纸、塑料薄膜复合其防潮性能更好。不同厚度铝箔与其他包装材料的透湿度对比见表18-4。

表18-4 不同包装材料透湿度对比

材料名称	透湿度(24h)/g·m^{-2}	材料名称	透湿度(24h)/g·m^{-2}
0.009mm 铝箔	1.08 ~ 10.70	0.09mm 聚氯乙烯膜	7
0.013mm 铝箔	0.60 ~ 4.80	0.1mm 聚氯乙烯膜	4.8
0.018mm 铝箔	0 ~ 1.24	0.02mm 聚氯乙烯膜	157
0.025mm 铝箔	0 ~ 0.46	0.065mm 聚氯乙烯膜	28.4
0.03 ~ 0.15mm 铝箔	0	0.095mm 聚氯乙烯膜	41.2
玻璃纸	1670	0.008 ~ 0.009mm 聚酯膜	26
防潮玻璃纸	50 ~ 70	乙烯涂层纸	60 ~ 95
焦油纸	20 ~ 50		

（4）铝箔的隔热和对光的反射性能。铝箔对热辐射能的发射率特别小，因此具有良好的隔热性能。铝箔的发射率与厚度关系不大，主要取决于其表面的平整度，其发射率一般为5% ~ 20%，因此铝箔对辐射能的吸收非常小，能使80% ~ 95%的辐射热反射回去。铝箔是良好的隔热保温材料。

铝箔对光的反射能力特别强，其对光的反射率与铝箔的纯度、平整度、表面粗糙度、热射线波长等因素有关。随着铝箔纯度的增加与热射线波长的增大，铝箔对光的反射率增大，随着平整度的降低与表面粗糙度的增大铝箔对光的反射率降低。

在可见光波长0.38 ~ 0.76μm范围内，反射率可达70% ~ 80%。在红外线波长0.76 ~ 50μm范围内反射率可达75% ~ 100%。

18.1.3.2 力学性能

铝箔的力学性能因化学成分、生产工艺、厚度、状态的不同而不同。生产铝箔的坯料，包括铸轧坯料（CC材）和热轧坯料（DC材），本节的力学性能数值除特别注明外，均指铸轧坯料生产的铝箔力学性能。表18-5 ~ 表18-14列出了某些典型用途铝箔的力学性能值。

表18-5 食品、香烟包装用铝箔的力学性能

厚度/mm	状 态	抗拉强度 σ_b/MPa	伸长率 δ_{50}/%
0.006 ~ 0.0065	O	60 ~ 100	0.5 ~ 1.5
0.007 ~ 0.009	O	65 ~ 100	1.0 ~ 1.5

表 18-6 啤酒标与家用铝箔的力学性能

厚度/mm	状态	抗拉强度 σ_b/MPa	伸长率 δ_{50}/%	破裂强度/kPa
0.010 ~ 0.011	O	78 ~ 100	2.0 ~ 4.5	50 ~ 80
0.011 ~ 0.012	O	78 ~ 105	2.0 ~ 5.0	55 ~ 80
0.012 ~ 0.014	O	80 ~ 110	2.5 ~ 5.0	60 ~ 90
0.014 ~ 0.018	O	80 ~ 110	3.5 ~ 6.0	75 ~ 95
0.018 ~ 0.022	O	85 ~ 110	4.0 ~ 7.0	85 ~ 115
0.022 ~ 0.024	O	85 ~ 110	4.5 ~ 7.5	110 ~ 140

表 18-7 药用箔的力学性能

厚度/mm	状态	抗拉强度 σ_b/MPa	伸长率 δ_{50}/%	破裂强度/kPa	每15m热封强度/N	表面湿润张力/N·m^{-1}
0.018 ~ 0.025	H18	160 ~ 210	1.0	≥150	≥8	≥0.032

表 18-8 器皿用铝箔的力学性能

厚度/mm	状态	抗拉强度 σ_b/MPa	伸长率 δ_{50}/%	杯突值 IE/mm
0.01 ~ 0.012	H18	160 ~ 190	0.5 ~ 1.0	
0.06 ~ 0.12	H24	115 ~ 140	≥10	≥4.0

表 18-9 电缆箔的力学性能

厚度/mm	状态	抗拉强度 σ_b/MPa	伸长率 δ_{50}/%	备注
0.10 ~ 0.15	O	70 ~ 100	15 ~ 25	
0.2	O	70 ~ 100	18 ~ 28	
0.15 ~ 0.2	O	85 ~ 100	25 ~ 34	高性能电缆箔

表 18-10 铝塑管用铝箔的力学性能

厚度/mm	状态	抗拉强度 σ_b/MPa	伸长率 δ_{50}/%
0.15 ~ 0.30	O	70 ~ 100	≥22
	H22	110 ~ 135	≥22

表 18-11 空调器用铝箔的力学性能

厚度/mm	状态	抗拉强度 σ_b/MPa	屈服强度 $\sigma_{0.2}$/MPa	伸长率 δ_{50}/%	杯突值 IE/mm
0.08 ~ 0.2	O	80 ~ 105	50 ~ 70	≥20	≥7.0
0.10 ~ 0.15	H22	110 ~ 130	70 ~ 105	≥18	≥6.0
0.10 ~ 0.15	H24	125 ~ 150	95 ~ 130	≥15	≥5.0
0.09 ~ 0.115	H26	135 ~ 165	115 ~ 140	≥8	≥4.5

表 18-12 装饰板用铝箔（带）的力学性能

厚度/mm	状态	抗拉强度 σ_b/MPa	伸长率 δ_{50}/%
0.026 ~ 0.050	H18	>130	≥0.5
0.060 ~ 0.450	H18	>140	≥1.0

表 18-13 电子铝箔力学性能

种 类	厚度/mm	状态	铝纯度/%	抗拉强度 σ_b/MPa	(100)〈001〉 织构/%	AA 牌号
特种高压阳极箔	0.100 ~ 0.110	O	>99.99	20 ~ 40	>95	1199
通用阳极箔	0.070 ~ 0.100	O	>99.96	20 ~ 40	>85	1199、1098
低压阳极箔	0.040 ~ 0.100	O/H19	99.99	30 ~ 70/130 ~ 170	>75	1199
	0.040 ~ 0.100	O/H19	99.98	50 ~ 90/140 ~ 180	>75	1198
	0.040 ~ 0.100	O/H19	99.97	50 ~ 100/150 ~ 190	>75	1197
阴极箔	0.030 ~ 0.060/0.015 ~ 0.060	O/H19	>99.50	4 ~ 8/16 ~ 25		
	0.030 ~ 0.060/0.015 ~ 0.060	O/H19	>99.85	4 ~ 5/16 ~ 23		1185
	0.030 ~ 0.060/0.015 ~ 0.060	O/H19	>99.70	5 ~ 9/18 ~ 26		1170
	0.030 ~ 0.060/0.015 ~ 0.060	O/H19	>99.00	6 ~ 9/18 ~ 26		
	0.025 ~ 0.050	H19	>98.00	25 ~ 30		3003
	0.025 ~ 0.050	H19	>99.00	18 ~ 23		2301

表 18-14 合金铝箔的力学性能

牌 号	状 态	厚度/mm	抗拉强度 σ_b/MPa	伸长率 $\delta(L_0 = 100\text{mm})$/%
2A11	O	0.03 ~ 0.04	≤195	≥1.5
		0.05 ~ 0.20	≤195	≥3.0
	H18	0.03 ~ 0.04	≥205	
		0.05 ~ 0.20	≥215	
2A12	O	0.03 ~ 0.04	≤195	≥1.5
		0.05 ~ 0.20	≤205	≥3.0
	H18	0.03 ~ 0.04	≥225	
		0.05 ~ 0.20	≥245	
2A21	O	0.03 ~ 0.20	85 ~ 138	≥8
	H14/24	0.05 ~ 0.20	130 ~ 180	≥1
	H16/26	0.10 ~ 0.20	≥180	
3003	O	0.03 ~ 0.10	100 ~ 140	≥10
		0.10 ~ 0.20	100 ~ 140	≥15
	H14/24	0.05 ~ 0.20	140 ~ 190	≥6
	H16/26	0.10 ~ 0.20	≥180	
5A02	O	0.03 ~ 0.05	≤195	
		0.05 ~ 0.20		≥4
	H16/26	0.10 ~ 0.20	≥255	
5052	O	0.03 ~ 0.20	175 ~ 225	≥15
	H14/24	0.05 ~ 0.20	250 ~ 300	≥3
	H16/26	0.10 ~ 0.20	≥320	
4A13	O、H18	0.03 ~ 0.20		
5082、5083	H18、H38	0.10 ~ 0.20		

注：4A13、5082、5083 力学性能由供需双方协商决定，并在合同中注明。

18.2 铝箔生产的主要工艺流程

铝箔生产的工艺流程主要有以下两种方式，如图 18-1 和图 18-2 所示。图 18-1 是老式设备生产工艺流程。由于老式设备规格小，需要的铝箔坯料窄，要经过剪切分成小卷退火后再进行轧制，轧制时老式设备采用的是高黏度轧制油。需经过一次清洗处理，双合轧制前还要经过一次中间低温恢复退火。图 18-2 是现代铝箔生产工艺流程。由于轧制油黏度的下降与轧制速度的提高，就不需要清洗和中间恢复退火工序。现代铝箔生产工艺流程短，缩短了生产周期，减少了中间生产环节，从而减少了缺陷的产生，降低了成本，提高了铝箔的产品质量和成品率。

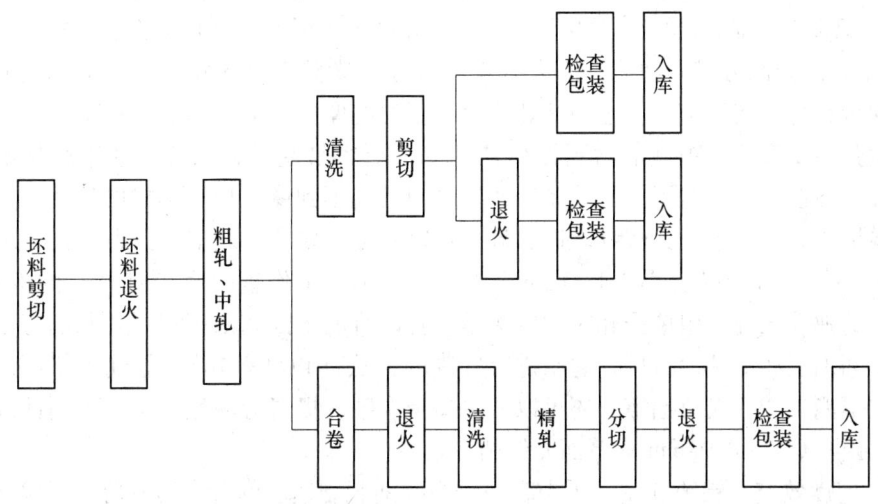

图 18-1　老式铝箔生产工艺流程

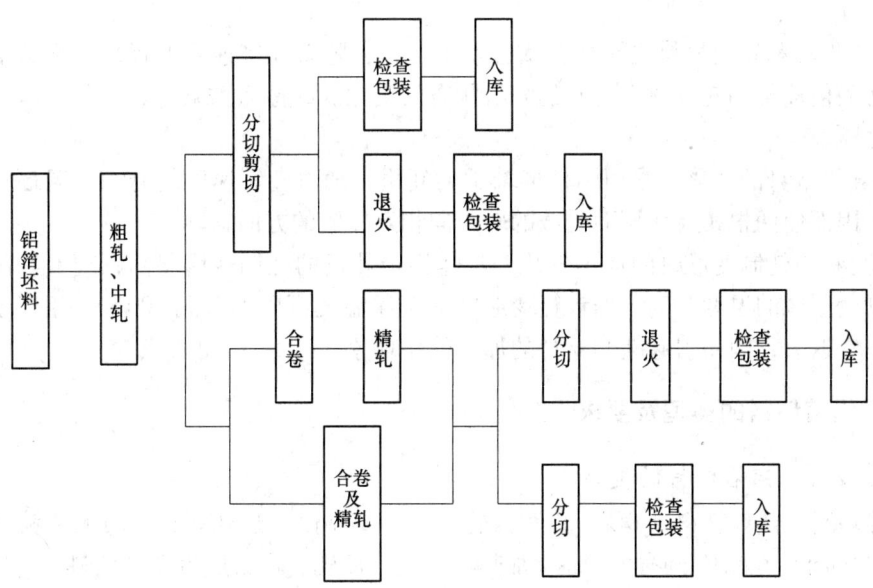

图 18-2　现代铝箔生产工艺流程

18.3 铝箔轧制的特点与坯料的要求

18.3.1 铝箔轧制的特点

在双张箔的生产中,铝箔的轧制分粗轧、中轧、精轧三个过程,从工艺的角度看,可以大体从轧制出口厚度上进行划分,一般的分法是出口厚度大于或等于 0.05mm 为粗轧,出口厚度为 0.013 ~ 0.05mm 为中轧,出口厚度小于 0.013mm 的单张成品和双合轧制的成品为精轧。粗轧与铝板带的轧制特点相似,厚度的控制主要依靠轧制力和后张力,粗轧加工率大,可达50% ~ 65%,而中轧和精轧,由于其出口厚度很小,其轧制特点已完全不同于铝板带材的轧制,具有铝箔轧制的特殊性,其特点主要有以下几个方面:

(1) 铝板带轧制,要使铝板变薄主要依靠轧制力,因此板厚自动控制方式是以恒辊缝为 AGC 主体的控制方式,即使轧制力变化,随时调整辊缝使辊缝保持一定值也能获得厚度一致的板带材。而铝箔轧制至中精轧,由于铝箔的厚度极薄,轧制时,增大轧制力,使轧辊产生弹性变形比使被轧制材料产生塑性变形更容易些,轧辊的弹性压扁是不能忽视的,轧辊的弹性压扁决定了铝箔轧制中,轧制力已起不到像轧板材那样的作用,铝箔轧制一般是在恒压力条件下的无辊缝轧制,调整铝箔厚度主要依靠调整后张力和轧制速度。

(2) 叠轧。对于厚度小于 0.012mm(厚度大小与工作辊的直径有关)的极薄铝箔,由于轧辊的弹性压扁,用单张轧制的方法是非常困难的,因此采用双合轧制的方法即把两张铝箔中间加上润滑油,然后合起来进行轧制的方法(也称叠轧)。叠轧不仅可以轧制出单张轧制不能生产的极薄铝箔,还可以减少断带次数,提高劳动生产率,采用此种工艺能批量生产出 0.006 ~ 0.03mm 的单面光铝箔。

(3) 速度效应。铝箔轧制过程中,箔材厚度随轧制速度的升高而变薄的现象称为速度效应。对于速度效应机理的解释尚有待于深入的研究,产生速度效应的原因一般认为有以下三个方面:

1) 工作辊和轧制材料之间摩擦状态发生变化,随着轧制速度的提高,润滑油的带入量增加从而使轧辊和轧制材料之间的润滑状态的变化。摩擦系数减小,油膜变厚,铝箔的厚度随之减薄。

2) 轧机本身的变化。采用圆柱形轴承的轧机,随着轧制速度的升高,辊颈会在轴承中浮起,因而使两根相互作用而受载的轧辊向相互靠紧的方向移动。

3) 材料被轧制变形时的加工软化。高速铝箔轧机的轧制速度很高,随着轧制速度的提高轧制变形区的温度升高,据计算变形区的金属温度可以上升到200℃,相当于进行一次中间恢复退火,因而引起轧制材料的加工软化现象。

18.3.2 铝箔坯料的类型及要求

18.3.2.1 铝箔坯料的类型

铝箔坯料分热轧坯料(DC 材)和铸轧坯料(CC 材)。热轧坯料是由大铸锭(最厚的扁锭达600mm)经锯切、铣面、坯锭加热、热轧、冷轧、退火后生产的坯料。铸轧坯料是由连续铸轧带坯(一般6 ~ 8mm 厚)经冷轧、退火后生产的坯料。不管是 DC 材还是 CC 材生产的铝箔坯料,是在坯料厚度(一般0.3 ~ 0.7mm)退火,还是在冷轧某个道次退火或冷轧不退火，主要取决于将要生产铝箔的品种和性能要求。

用铸轧法和热轧法生产的铝箔坯料，铝箔轧制过程中的力学性能变化不同，CC 材强度高，轧制加工硬化速度快，铝箔的最终退火性能也不同。在相同温度、时间退火后，CC 材生产的铝箔强度高，DC 材生产的铝箔强度低。所以用不同的坯料生产铝箔，应分别采用不同的轧制、分切、退火工艺。7μm 铝箔 DC 材退火温度比 CC 材退火温度低 10 ~ 30℃。

铸轧法和热轧法各有优、缺点。铸轧法工艺流程短、成本低，但它不适于生产多品种铝合金板带箔材。目前，世界用铸轧料和热轧料生产的铝箔产量相当，前者的产量略高于后者。

18.3.2.2 铝箔坯料的技术要求

铝箔坯料的技术要求有：

（1）冶金质量。熔体必须经过充分的除渣、除气、过滤和晶粒细化，铸（锭）轧板的内部组织不允许有气道、浃渣、偏析和晶粒粗大等缺陷。要求熔体的氢含量控制在每 100g 0.12mL 以下，非金属夹渣不超过 0.001%，铸轧板的晶粒度一级。

（2）表面质量。表面应洁净、平整，不允许有松树枝状、压过划痕、擦划伤、孔洞、腐蚀、翘边、油斑、金属或非金属加入等，这些缺陷的存在会直接影响铝箔的表面质量。

（3）端面质量。端面切边应平整，不允许有毛刺、裂边、串层、碰伤等，毛刺、裂边、碰伤会造成轧制过程中频繁断带及断带甩卷，串层会影响板形控制及再轧制的切边质量。

（4）坯料厚度和宽度偏差。为保证铝箔厚度公差，铝箔坯料的纵向厚度偏差应不大于名义厚度的 ±5%（高精度轧机可控制在 ±2%）。宽度偏差为正公差，一般要求不大于名义宽度 3mm，如果铝箔坯料厚度波动大，势必造成铝箔厚度波动大，严重时会造成压折缺陷。

（5）板形。坯料横向截面呈抛物面对称，凸面率不大于 0.5% ~ 1%，楔形厚差断面形状不大于 0.2%，对装有自动板形控制系统的冷轧机，坯料的在线板形不大于 ±10I。

（6）力学性能。铝箔坯料的力学性能的选择，主要根据所生产铝箔产品的品种和性能要求。几种典型的铝箔坯料力学性能指标参见表 18-15。

表 18-15 铝箔坯料典型的力学性能

合金牌号	状 态	抗拉强度 σ_b/MPa	伸长率 δ/%
1070 ~ 1060	O	60 ~ 90	≥20
	H14	80 ~ 140	≥3
	H18	≥120	≥1
1145 1235	O	80 ~ 120	≥30
	H14	130 ~ 150	≥3
	H18	≥150	≥1
3003	O	100 ~ 150	≥20
	H14	140 ~ 180	≥2
	H18	≥190	≥1

18.4　铝箔轧制工艺参数的优化

18.4.1　影响铝箔轧制质量的因素

影响铝箔轧制质量的因素很多，主要包括的内容如图18-3所示。

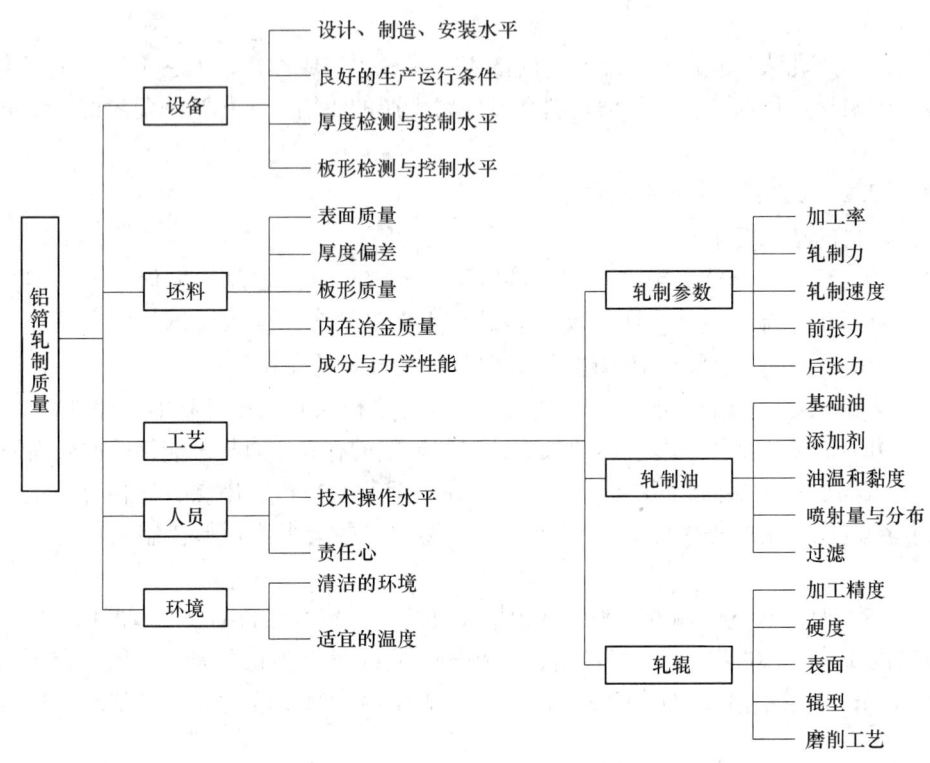

图 18-3　影响铝箔轧制质量的因素

18.4.2　轧制工艺参数的优化

18.4.2.1　铝箔坯料厚度、宽度、状态的选择

A　厚度

铝箔坯料的厚度范围一般为$0.3 \sim 0.7mm$，选择厚度主要取决于粗轧机的设备能力和生产工艺的安排。

B　宽度

铝箔坯料宽度的选择应考虑所生产铝箔的合金状态、成品规格、轧制与分切的切边、分切抽条量的大小、设备能力、操作水平及生产技术工艺管理等因素。轧制铝箔时，铝箔坯料的最大宽度一般不超过工作辊辊身长度的$80\% \sim 85\%$，如有良好的板形控制系统也可达90%。

C　状态

铝箔坯料的状态分软状态、半硬状态和全硬状态3种。对于一般力学性能要求的软状态或硬状态铝箔，如双张箔、普通单张箔，可以选择软状态或半硬状态坯料。对于有特殊性能要求的铝箔，如电缆箔、酒标料、空调箔等，可以选择半硬状态或全硬状态坯料。选择半硬状态坯料时，应充分考虑中间热处理工艺、化学成分及最终热处理工艺对成品铝箔力学性能的影响；选择全硬状态坯料时应充分考虑化学成分，最终热处理工艺对成品铝箔力学性能的影响。

18.4.2.2 铝箔加工率的选择

由于成品厚度的不同，箔材轧制一般为 2~6 个道次，轧制道次要根据发挥轧机效率、成品箔材的规格和组织性能的要求、前后工序生产能力的平衡来确定。纯铝箔材的总加工率一般可达 99%，铝合金箔材的总加工率一般不大于 90%。道次加工率的选择原则如下：

（1）在设备能力允许，轧制油润滑和冷却性能良好，并能获得良好表面质量和板形质量的前提下，应充分发挥轧制金属的塑性，尽量采用大的道次加工率，提高轧机的生产效率。

（2）道次加工率要充分考虑轧机性能、工艺润滑、张力、原始辊型、轧制速度、表面质量、板形质量、厚度波动等因素。软状态或半硬状态铝箔坯料的轧制道次加工率一般为40%~65%，硬状态铝箔坯料的轧制道次加工率一般为 20%~40%。

（3）对于厚度偏差、表面质量、板形质量要求高的产品，宜选用较小的道次加工率。

（4）对有厚度自动控制系统和板形自动控制系统的轧机，可适当采用较大的道次加工率。

（5）道次加工率的选择，应从实际出发，在现场实践中依据设备、质量、生产效率等情况不断摸索总结后，最终确定下来。典型的道次分配见表 18-16 和表 18-17。

表 18-16 典型的道次分配表（硬状态坯料）

项目 道次	工艺 I				工艺 II			
	入口厚度 /mm	出口厚度 /mm	压下量 /mm	加工率 /%	入口厚度 /mm	出口厚度 /mm	压下量 /mm	加工率 /%
1	0.40	0.31	0.09	22.5	0.30	0.21	0.09	30.0
2	0.31	0.22	0.09	29.0	0.21	0.15	0.06	28.6
3	0.22	0.15	0.07	31.8	0.15	0.11	0.04	26.6
4	0.15	0.11	0.04	26.6				

表 18-17 典型道次分配表（软状态或半硬状态坯料）

项目 道次	工艺 I				工艺 II			
	入口厚度 /mm	出口厚度 /mm	压下量 /mm	加工率 /%	入口厚度 /mm	出口厚度 /mm	压下量 /mm	加工率 /%
1	0.70	0.35	0.35	50.0	0.40	0.20	0.20	50.0
2	0.35	0.15	0.20	57.1	0.20	0.10	0.10	50.0
3	0.15	0.065	0.085	56.7	0.10	0.05	0.05	50.0
4	0.065	0.029	0.036	55.4	0.05	0.028	0.022	44.0
5	0.029	0.014	0.015	51.7	0.028	0.014	0.014	50.0

项目 道次	工艺 I				工艺 II			
	入口厚度 /mm	出口厚度 /mm	压下量 /mm	加工率 /%	入口厚度 /mm	出口厚度 /mm	压下量 /mm	加工率 /%
6	0.014×2	0.007×2	0.014	50.0	0.014×2	0.007×2	0.014	50.0
	0.014×2	0.0065×2	0.015	53.6				
	0.014×2	0.006×2	0.016	57.1				

18.4.2.3 铝箔轧制力的计算

铝箔粗轧时，上下工作辊没有完全压靠，轧制力的大小对铝箔厚度的变化仍起到主要作用。当铝箔厚度小于 0.05mm 后，上下工作辊已经紧密压靠，轧辊在接触区产生弹性压扁，在这种条件下，增大轧制力对铝箔的减薄已起不到明显作用，但可以改变铝箔产品的平整度。轧制力本身与许多因素有关，它随着下列因素的变化而增大：轧制材料屈服强度提高、道次压下量和轧辊直径的增大、轧制材料厚度和宽度的增加、摩擦系数的增大、张力的减少和轧辊压扁程度的增大。在实际生产中要准确测定出材料的屈服强度和摩擦系数、变形区长度是极其困难的，因此，虽然现有的轧制力计算公式很多，但都存在着一定的局限性和误差，在此仅列采列柯夫、科洛廖夫和尼古拉耶夫斯基公式。

考虑轧辊压扁和有张力时的平均单位压力 $\overline{P}'$ 为：

$$\overline{P}' = \frac{9500}{D} \times \frac{L'^2 - L^2}{L'} \tag{18-1}$$

式中　D——轧辊直径，mm；

　　　L'——考虑轧辊弹性压扁的变形区长度，mm；

　　　L——不考虑轧辊弹性压扁的变形区长度，mm。

考虑轧辊压扁的变形区长度为：

$$L' = L\sqrt{a + bA}$$

式中　A——系数，$A = \left(\dfrac{1}{1-\varepsilon}\right)^{\frac{\mu}{\Delta h}}$；

　　　b——系数，$b = \dfrac{(2-\varepsilon)K_c}{9500\mu\varepsilon}$；

　　　μ——摩擦系数；

　　　ε——加工率，%；

　　　a——系数，$a = 1 - b$；

　　　K_c——强制流动应力，$K_c = 1.155\sigma_{0.2} - \overline{\sigma}$；

　　　$\sigma_{0.2}$——咬入弧上金属的平均屈服强度，MPa；

　　　$\overline{\sigma}$——前后张力的平均值，MPa。

摩擦系数的影响因素很多，如轧辊粗糙度、轧制油温度和黏度、轧制力、轧制速度、铝箔表面粗糙度等，在轧制时很难准确测定其数值的大小，在高速铝箔轧机上，摩擦系数一般取 0.03~0.07。粗轧时取上限，精轧时取下限，中轧时取中间值。

18.4.2.4 铝箔轧制速度的选择

A 影响铝箔轧制速度的因素

影响铝箔轧制速度的因素有:

(1) 箔材轧机的性能。

(2) 坯料的质量。坯料如果厚度波动较大,板形或端面不良,为最大限度地改善轧制后铝箔质量应采用低速轧制。

(3) 轧制油。在其他条件相同的情况下,轧制速度随轧制油中添加剂含量的增加和轧制油黏度的增大而降低,随着轧制油温度的升高而提高。

(4) 轧辊粗糙度。在其他条件相同的情况下,轧制速度随着工件辊粗糙度的增大而提高,随着粗糙度的减小而降低。粗糙度对轧制速度的影响如图18-4所示。

(5) 铝箔板形。在铝箔轧制过程中,由于变形热、摩擦热的作用使轧制变形区的温度变化很快,从而使轧辊辊型发生变化。轧制出的铝箔板形也会随着辊型的变化而发生

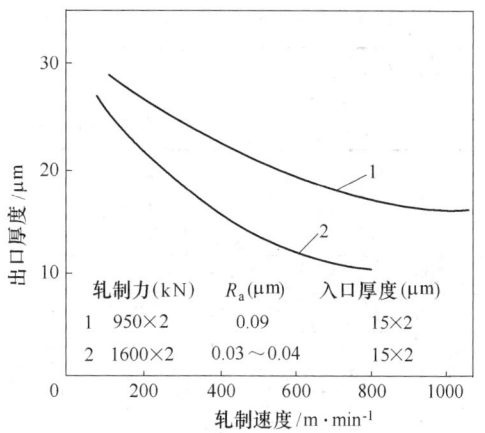

图 18-4 粗糙度对轧制速度的影响

改变,对于手动控制板形的铝箔轧机,铝箔板形的变化完全依靠操纵手的观察,然后再手动分别控制弯辊或轧制力及各油嘴的喷射量,如果轧制速度太快,操纵手的响应能力跟不上,板形控制就很困难。即使一名最优秀的操作手,所能控制的轧制速度一般也不会超过800m/min,在线最好板形水平在±80I以上。当轧制速度超过800m/min,为了获得良好的板形质量,就必须采用板形自动控制系统,由于板形自动控制系统采用了自动喷淋、自动弯辊、自动倾斜,更为先进的轧机还采用了 VC、DRS 等板形控制技术,使铝箔的轧制速度和板形控制水平大幅度提高,铝箔的在线板形可以控制在 ± (9I ~ 20I) 以下的水平。

(6) 表面质量。在其他工艺条件相同的情况下,轧制速度低、轧辊间油膜薄、铝箔表面更接近轧辊表面,轧出的铝箔光亮度好。轧制速度高,轧辊间的油膜厚,轧出铝箔的光亮度差,因此,在非成品道次,为提高生产效率应尽量采用高速轧制,但在生产成品道次,要求铝箔表面的光亮度好,应降低轧制速度,适当增加后张力,对 0.006 ~ 0.007mm 厚度的铝箔双合道次的轧制速度一般不超过600m/min。

B 铝箔轧制速度效应

当轧制力和前后张力不变时,铝箔的出口厚度随着轧制速度的升高而减薄,这种现象称为铝箔轧制的速度效应。以在 $\phi260/700 \times 1600$ 四重不可逆轧机上所做的速度效应实验为例来说明。

a 试验条件

轧制速度的增减由操纵手手动控制,铝箔出口厚度是根据 Measurex-1050 计算机数字显示记录下来的,轧制油黏度为粗轧 $1.9mm^2/s$、中精轧 $1.7mm^2/s$,轧制油温度为粗轧 40℃、中精轧 50℃。坯料厚度波动不大于 ±5%,经粗轧一道次后,厚度波动为 ±3%。

　　b　实验结果

实验结果列于表 18-18 和表 18-19。

表 18-18　不同出口厚度的速度效应敏感区和 K 值

出口厚度/μm	200	100	50	30	15
速度效应敏感区/m·min^{-1}	v_1 约1200	v_1 约700	v_1 约600	v_1 约500	v_1 约400
$K=\dfrac{dt}{dv}$/μm·min·m^{-1}	$(8\sim16)\times10^{-2}$	$(7\sim10)\times10^{-2}$	$(5\sim8)\times10^{-2}$	约 5×10^{-2}	约 3×10^{-2}

注：v_1 为咬入速度。

表 18-19　不同速度区域的平均 K 值

出口厚度/μm	速度区域/m·min^{-1}										
	100~200	200~300	300~400	400~500	500~600	600~700	700~800	800~900	900~1000	1000~1100	1100~1200
200	8~16	8~16	8~16	8~16	8~16	8~16	8~16	8~16	8~16	8~16	8~16
100	7~10	7~10	7~10	7~10	7~10	7~10	5~6	约4	约4	约3	约2
50	5~8	5~8	5~8	5~8	5~8	约4	约4	约2	约2	约2	
30	约5	约5	约5	约5	约5	约5	约1	约1			
15	约3	约3	约3	约3	约2.5	约1.5	约1	约0.5	约0.5		

　　c　结果分析

　　（1）速度效应可以用 $t=f(v)$ 表示，其中 t 表示箔材出口厚度，v 表示轧制速度，设 $K=d_t/d_v$，K 值较大区域为速度效应敏感区，K 为速度效应系数。

　　（2）出口厚度在 $150\sim200\mu m$，轧制速度到 1200m/min，随着轧制速度的不断增加，箔材厚度不断减薄。出口厚度不同，速度效应也不同。

　　（3）出口厚度大于 $150\mu m$ 时，K 为常数，$t=f(v)$ 近似一条直线。直线斜率与轧制力有关，轧制力大，斜率大，轧辊表面粗糙度影响直线截距，粗糙度大截距也大。

　　（4）出口厚度小于 $50\mu m$ 时，轧制力和轧辊表面粗糙度对速度效应仍有明显影响，$t=f(v)$ 的直线性下降。

　　（5）出口厚度在 $15\sim30\mu m$ 时，轧制力对速度效应的影响几乎消失。但轧辊表面的粗糙度对速度效应仍有明显影响，在其他条件相同时，轧辊表面粗糙度大则出口厚度较厚。

18.4.2.5　轧制后张力的选择

　　后张力主要是通过影响变形区状态以改变塑性变形抗力来起作用，后张力在铝箔轧制中调节厚度的作用十分明显而且重要，与速度调节厚度相比，具有快速、灵敏的特点。值得提出的是，用后张力调节铝箔的厚度要充分考虑入口带材的板形，材质以及对轧制速度的影响。

　　（1）后张力与入口板形。入口带材板形如有中间或两肋波浪，应适当减小后张力，入口带材如有两边波浪，应适当增大后张力，来增加入口带材的平整度，减少入口打折现象，同时后张力的设定范围不宜过大。

　　（2）后张力与入口带材性质。后张力的设定与入口带材的性质有关，带材由于合金、状态的不同，其屈服强度也不同，屈服强度越高，则后张力越大，在生产中选取的后张力值应为所轧带材屈服强度值的 25%～35% 为宜。如果后张力过大，会增加铝箔的断带次数，如果后张力过小，会造成入口带材拉不平，入口出现打折现象。

（3）后张力与轧制速度。后张力对轧制速度的影响程度随着铝箔厚度的减薄而呈增加的趋势，如果要通过调节轧制速度来提高轧机的生产能力，应适当降低后张力值。

18.4.2.6 前张力的选择

前张力的主要作用是拉平出口铝箔，使铝箔卷展平、卷紧、卷齐。前张力对厚度的影响比后张力要小得多，但前张力对出口铝箔的平直度却有很大影响。一名优秀的操作手给定的前张力总是尽可能的小，前张力小，可以明显地观察到铝箔板面的板形质量，反映出真实的铝箔出口板形，但过小，容易造成松卷、串层，甚至"起棱"，反之前张力过大，不仅掩盖了真实的板形，使离线板形变差，而且容易造成断带。对于纯铝，单位前张力范围一般为 25～60MPa，0.006～0.007mm 道次的前张力范围取 25～40MPa 为宜。

18.4.2.7 轧辊的选择

轧辊是铝箔轧制的重要工具，在铝箔轧制过程中，工作辊辊身和铝箔直接接触，其尺寸、精度、表面硬度、辊型及表面质量对铝箔表面、板形质量与轧制工艺参数的控制起到非常重要的作用。轧辊又分为工作辊和支撑辊。轧辊使用一定时间后，为磨去轧辊表面疲劳层并获得一定的凸度和粗糙度，必须进行磨削。

A 工作辊尺寸

工作辊的直径和辊身长度代表铝箔轧机的公称规格。工作辊的直径对单张箔轧制的最小出口厚度影响很大，单张轧制铝箔的最小厚度可用式（18-2）计算：

$$h_{\min} = \frac{3.58D(K - \bar{\sigma})}{E} \tag{18-2}$$

式中 $h_{\min}$——轧出铝箔的最小厚度，mm；

D——工作辊直径，mm；

K——金属强制流动应力，$K = 1.115 \bar{\sigma}_{0.2}$，MPa；

$\bar{\sigma}_{0.2}$——入口金属的平均屈服强度，MPa；

$\bar{\sigma}$——轧件平均单位张力，$\bar{\sigma} = \frac{1}{2}(\sigma_0 + \sigma_1)$，MPa；

σ_0——前张力，MPa；

σ_1——后张力，MPa；

E——钢轧辊的弹性模量，$E = 2.2 \times 10^5$MPa。

工作辊辊身长度决定铝箔轧制宽度，通常最大可轧制的铝箔宽度是辊身长度的 80%～85%；当采用板形控制系统时，最高可达 90%；铝箔宽度大于辊身长度的 90%，板形控制将非常困难。

B 轧辊的几何精度

工作辊辊身和辊颈的椭圆度不大于 0.005mm；辊身两边缘直径差不大于 0.005mm；辊身和辊径的同心度不大于 0.005mm；当轧制为双辊驱动时，一对工作辊的直径偏差不超过 0.02mm；支撑辊的辊身和辊颈的椭圆度不大于 0.03mm；辊身的圆锥度不大于 0.005mm。

C 轧辊的表面硬度

轧辊在生产运行过程中要承受相当大的压力，一般都采用经过特殊处理的锻造合金钢来制造，轧辊表面硬度要求严格，同时还要有一定深度的淬火层。工作辊的表面硬度 HSD 一般为 95 ~ 102，淬火层深度不小于 10mm；支撑辊表面的硬度 HSD 一般为 75 ~ 80，淬火层深度不小于 20mm；辊颈的硬度 HSD 一般为 45 ~ 50。

D　轧辊的辊型

为了获得厚度均匀、板形平整的铝箔产品，合理的选择轧辊辊型是非常重要的。辊型是指辊身中间和两端的直径差和这个差值的分布规律，通常分布是对称的，呈抛物线（另一种说法呈正弦曲线），而把直径差称为凸度。如果凸度偏大，轧出的铝箔会中间松两边紧，凸度偏小，轧出的铝箔会中间紧，两边松。凸度的选择，通过理论计算很困难，大多是根据实际经验来选定。工作辊的凸度一般为 0.04 ~ 0.08mm，支撑辊的凸度一般为 0 ~ 0.02mm，辊型的误差应在标准值的 ±10% 以内。

E　轧辊表面磨削质量

轧辊表面磨削后不允许有螺旋印、振痕、横纹、划痕及其他影响铝箔表面质量的缺陷，同时具有满足不同要求的粗糙度值。

轧辊表面的粗糙度与轧出铝箔的粗糙度、光亮度、轧制过程中的轧制速度、摩擦系数、轧制力的大小等有直接的关系，根据轧制工艺的不同，轧辊表面的粗糙度不同。粗轧时，压下量较大，工作辊的粗糙度应当能使轧制油充分吸附。此外，轧辊表面应尽可能适应高速轧制。中轧辊的粗糙度要比粗轧精细，精轧为使铝箔获得光亮表面，精轧辊表面粗糙度应更精细些。但值得注意的是，如果轧辊粗糙度太小，轧制后的铝箔表面容易产生人字纹、横波纹缺陷，同时降低了轧制速度。表 18-20 列举了常用工作辊磨削砂轮号与粗糙度数值。支撑辊的粗糙度 R_a 一般为 0.3 ~ 0.4μm。

表 18-20　常用工作辊磨削砂轮号与粗糙度值

工作辊磨削砂轮号	80 号	120 号	180 号	220 号	280 号	320 号	500 号
粗糙度 R_a/μm	0.3 ~ 0.4	0.2 ~ 0.5	0.1 ~ 0.15	0.06 ~ 0.09	0.05 ~ 0.06	0.04 ~ 0.05	0.03 ~ 0.04

F　轧辊的磨削工艺

轧辊的磨削工艺包括砂轮的修整，冷却润滑剂及砂轮转速、轧辊转速，走刀量和进刀量。

（1）砂轮修整。砂轮在磨削过程中会有一部分铁屑残留在砂轮表面的气孔中，随着沉积量的增加将影响轧辊的磨削质量，另外砂粒在磨削过程中逐渐变钝，降低了砂轮的磨削加工性能，所以通过砂轮修整来恢复砂轮的磨削性能。砂轮修整采用的是金刚石刀刃（顶角 70° ~ 80°），修整质量与砂轮转速、刀架进给速度、横向进磨量、修整时间有关。

（2）冷却润滑剂。轧辊磨削液的作用一方面是冷却磨削过程中产生的热量，润滑轧辊与砂轮，另一方面是冲洗磨削产生的铁屑等。为了提高轧辊的磨削质量，还要在线过滤和定期更换，经常取样分析，要求 pH 值不大于 7.5，杂质颗粒最大不大于 2μm，杂质含量不大于 0.3%。冷却润滑剂（磨削液）是由防锈乳化油按 2% 浓度与水混合而成的乳液，应具有良好的防锈润滑和冷却性能。

（3）磨削制度，包括砂轮转速、轧辊转速、走刀量和进刀量，参数值应根据不同的磨床性能、砂轮型号与磨辊要求来选定。表 18-21 为典型的砂轮参数，表 18-22 为 KT640 磨床 220 号辊精磨工艺参数。

表 18-21　典型的砂轮参数

参　数 ＼ 种　类	80 号	220 号	500 号
规格/mm × mm × mm	650 × 305 × 65	650 × 305 × 65	650 × 305 × 65
材　质	WA	WA	GC
粒　度	80	220	500
硬　度	H	J	K
结合剂	V	B	NB
平衡度	<7W2/3	≤7W2/3	<7W2/3

表 18-22　KT640 磨床 220 号辊精磨工艺参数

走刀次数	轧辊转速/r·min⁻¹	砂轮转速/r·min⁻¹	走刀速度/mm·min⁻¹	进刀电流(进刀后)/A
1	40	450 ~ 500	1000	4 ~ 5
2	40	450 ~ 500	800 ~ 1000	5
3	40	450 ~ 500	500 ~ 800	3.5 ~ 4
4	40	450 ~ 500	350 ~ 500	2.5 ~ 3
5	40	450 ~ 500	350	1.5 ~ 2
6	40	450 ~ 500	300 ~ 350	1
7	40	450 ~ 500	300	0.5

18.5　铝箔轧制时的厚度测量与控制

18.5.1　铝箔轧制时的厚度测量

铝箔轧制时的厚度测量包括：

(1) 涡流测厚。结构简单，价格便宜，维修方便。适用于厚度偏差要求不严（±8% 以上），轧制速度低（500m/min 以下）的铝箔轧机。

(2) 同位素射线测厚。测量精度高，价格适中。厚度的测量范围取决于同位素种类，同位素需要定期更换，保管不方便，可适用于高速铝箔轧机。该种测厚方式应用较少。

(3) X 射线测厚。测量精度高，反应速度快，不受电场、磁场的影响，在使用和保管上较同位素 β 射线、γ 射线方便，价格较贵，广泛应用于高速铝箔轧机。厚度测量范围取决于发射管的电压，只要调整 X 射线管的阳极电压便可检测各种厚度，高速铝箔轧机 X 射线厚度测量发射管电压一般为 10kV，检测厚度可达 9 ~ 2700μm。

18.5.2　铝箔轧制时的厚度控制

轧制工艺参数的改变对出口带材厚度的影响是不同的，图 18-5 所示为轧制力、轧制速度和开卷张力对出口带材厚度影响的相对关系。出口带材厚度大时，冷轧（粗轧）轧制力的影响大，随着厚度的减薄，轧制力的影响减弱，开卷张力、轧制速度的影响逐渐增加。现代高速铝箔轧机厚度 AGC 的控制方法主要有压力、开卷张力、压力/张力、张力/压力、张力/速度、速度/张力以及速度最佳化、厚度自适应、自动减速控制等。

（1）压力控制。以轧制力作为可控制变量，利用出口侧测定的厚度与设定目标值厚度相比较，产生厚度偏差信号，通过调整轧制力，使出口厚度偏差趋近于零。可用于铝箔粗轧机。

（2）张力控制。以开卷张力作为可控制的变量，利用出口侧测定的厚度与设定目标厚度相比较，产生厚度偏差，偏差信号通过张力控制器，调整开卷张力值，使出口厚度

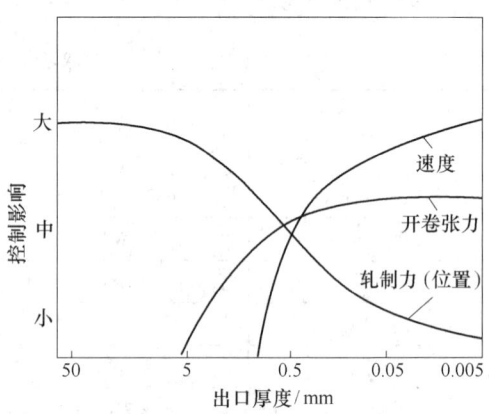

图 18-5　轧制力、轧制速度、开卷张力对出口带材厚度影响的相对关系

偏差趋近于零。对于因采用单电动机或双电动机驱动引起的开卷张力变化，可自动进行补偿，对于不同的合金和厚度范围所允许的开卷张力范围可调，因此可在最小断箔几率的条件下，尽可能获得大的开卷张力调节范围。适于粗、中、精轧机的控制。

（3）速度控制。以轧制速度作为可控制变量，利用出口侧测定的厚度与设定目标厚度相比较，产生厚度偏差信号，偏差信号通过轧制速度控制器，调整轧制速度，使出口厚度偏差趋近于零。常用于精轧。

（4）张力/速度与速度/张力控制。开卷张力与轧制速度组合厚度控制方式，依靠 AGC 计算机软件中的第一级控制器和第二级控制器来实现。铝箔轧制时，出口箔材厚度与目标值出现偏差，第一级控制器的输出就会变化，使厚度回到目标值范围内，当第一级控制器的输出已超过溢出限，而厚度仍未回到目标范围内，此时第二级控制器将会起动将出口厚度调整到目标值范围内，并使第一级控制器的输出回到正常范围，常用于中、精轧机。以速度/张力 AGC 方式为例，其厚度调节程序如下：

1）在铝箔轧制过程中，AGC 计算机会不停地将测厚仪测量的出口箔材厚度与目标设定值相比较，当出口箔材的厚度大于目标值时，AGC 计算机就会增加输出速度基准信号，升高轧制速度，以使箔材的出口厚度回到目标值范围内，如果速度基准输出达到溢出限，箔材的出口厚度仍未回到目标值范围内，此时张力控制器起动，增加开卷张力，使箔材的厚度变薄回到目标值范围内，且使速度回到正常范围内。

2）当测厚仪测量的出口箔材厚度小于目标值时，AGC 计算机就会减小输出速度基准信号，降低轧制速度。使出口箔材厚度增大，当速度小到低于速度溢出下限时而箔材的出口厚度仍未回到目标值范围内，开卷张力控制器起动，减小开卷张力，使箔材的厚度增厚并回到目标值范围内，且使速度回到正常范围内。

另外还有压力/张力和张力/压力控制，适用于粗轧。

（5）速度最佳化控制。利用张力和速度的不同组合，采用尽量小的张力而获得最大轧制速度即低张力、高速度进行铝箔轧制的方法，该系统主要特点如下：

1）在不影响铝箔厚度的情况下，将轧机升速到一初始值。不同合金及不同轧制道次其初始值不同。

2）通过减小开卷机电流使张力 AGC 范围接近下限，以达到最佳轧制速度，由此在最大轧制速度下将厚度控制在目标值。

3）控制轧制速度不超过设定的上、下限，对于不同合金和厚度范围，该上、下限是可调的。

4）可通过速度的升降修正出口厚度偏差，并使开卷张力尽量小。

5）张力值的选择必须在能够控制厚度的范围内并且张力只能下降到不起皱、不打折。

6）张力的选择值应根据不同合金、规格状态等，依据实践总结确定下来。

（6）目标值自适应（TAD）控制。TAD 控制系统具有参照测量处的出口箔材厚度，自动在线修正设定的厚度目标值功能，使箔材厚度尽量接近设定的目标厚度下限值，即当入口带材厚度偏差变化很小时，控制系统可以把出口厚度目标值的绝对值减小，自动采用负偏差控制，以增加单位质量的面积。当入口带材厚度偏差较大时，控制系统可以把目标厚度增大而把超差的废品限制在最小范围。

（7）自动减速功能。高速铝箔轧机自动减速功能可以使开卷尾部，尽可能采用高速轧制，以减少轧制时间和减少尾部不均匀超差废料，同时还可以避免减速不及时造成的尾部跑头现象，其特点就是系统通过不断地计算开卷直径，当开卷直径达到套筒临界时，系统控制轧机轧制速度按最大减速比减到最终速度，开卷套筒仅留预定的料尾。

19　铝及铝合金板带箔材的分剪、精整与热处理技术

19.1　板带材的纵切与横切

19.1.1　纵切

19.1.1.1　纵切机列的作用与组成

纵切机列的作用是：提供一种连续转动的剪切方式，将卷材切成宽度精确、毛边少的带条。带材通过机列一个道次，即可在转动剪切的作用下单剪边或剪成若干条。并将带条卷成紧而整齐的卷，无边部和表面损伤。纵切机列一般由开卷机、纵剪机、张力装置和卷取机组成。

图 19-1～图 19-3 是纵切生产线三种主要生产方式简图，在实际生产中根据需要进行多种组合与调整。如活套有双活套生产方式的，张力装置有靠辊面摩擦建张力的，有利用张力垫建张力的，有利用真空吸附建张力的，还有"分条延伸器"的张力装置及与其他生产形式组合在一起的装置。

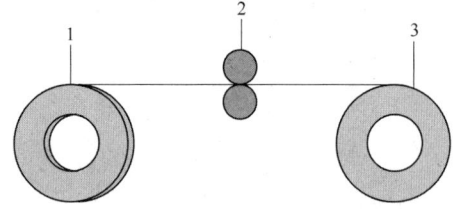

图 19-1　张紧型纵切生产线
1—开卷机；2—纵剪机；3—卷取机

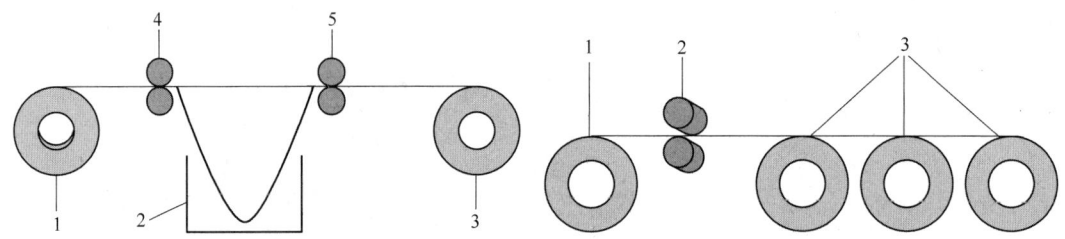

图 19-2　带活套的生产方式
1—开卷机；2—活套坑；3—卷取机；
4—纵剪机；5—张力装置

图 19-3　有多个卷取机的生产方式
1—开卷机；2—纵剪机；3—多个卷取机

19.1.1.2　张力装置

张力垫装置是利用两块表面固定有毛毡的平直木板将铝带夹紧，有毛毡的一面接触铝材表面。生产时靠气缸控制木板间的开口度及压力大小。该种张力方式比较适合于分剪条数较多时的情况，易于保持各条张力的稳定。但是该方式不利于产品表面质量的控制，容易产生划痕及表面发黑。

张力辊是利用辊面摩擦力建立张力，辊子的选材、粗糙度、圆度和锥度等都将影响张力的大小和稳定。该张力方式有利于表面质量的控制，但不利于剖多条产品的生产。

真空张力装置对每卷带材提供相等的后张力。这种装置使用一个钢制的箱，顶部有一块穿孔的薄板，用布覆盖着。一台交流齿轮电机把干净的布料送到带材表面。一台无级变速直流电动机驱动一台风机产生真空。改变风机的旋转速度可以向所有厚度和宽度范围内的带材提供恰当的真空量，以供给最佳张力。

美国宾夕法尼亚州卡勒里的赫尔·沃斯（Herr Voss）公司开发了"分条延伸器"（strand extensioner）张力装置。这种卷材纵剪张力方法比其他的方法拉伸的条更多，并且都以同样的速度重绕。该装置克服了在主卷纵切时，主要由卷中凸度引起的"明显的各条长度差异"而造成的外卷不稳定和松散现象。

在原理上，"分条延伸器"里使用了一个辊式矫直机，在补偿细长辊的上下工作面之间上下交替地加工带材。足够的夹紧压力作用在补偿辊之间的带材上，因此带材不会在辊子表面打滑，这些细长的工作辊相当灵活。精确的行程、严格的定位和牢固地固定支撑辊，可以很精确地控制这些工作辊一侧到另一侧的排布。借助于精密的调整机构和非常严格的设备设计参数，操作人员可以调整这些支撑辊，以使工作辊的上下工作面之间的配合在横跨带材宽度的一些点处，比其他一些点处的更大一些。如果这些辊子都是很精确的圆形，并且运转速度一致；如果配套且通过机器的轨迹在某些点上比另一些要多；并且如果上下工作面之间的夹紧压力足以使带材不在辊面上打滑，那么在辊面配合最大处的带材部分，相对于在辊面配合最小处带材的部分进行了拉伸。

"分条延伸器"从理论上讲，与精密辊式矫直机相似，具有把带材的某一部分相对于另一部分拉长的能力。

19.1.1.3 纵切机列的质量保证

A 剪切质量

剪切质量包括宽度精度、毛刺、裙边、刀印等质量要求。影响剪切质量的主要因素有工具质量、配刀工艺、设备状况及来料质量。

工具质量主要是指刀片、隔离套与垫片的尺寸精度、表面状况（表面光洁平整和表面硬度）、边部状况以及规格配套等。尺寸精度不高和规格不配套都会造成配刀间隙无法控制，从而影响产品宽度精度，产生毛刺、裙边、刀印、划伤等质量缺陷。刀片边部状况不好，有损伤有毛刺，将使产品边部出现毛刺和边部不平整等质量缺陷。

配刀工工艺主要是指对工具的选择与配合，从而达到对水平间隙、垂直间隙以及产品宽度精度的控制。图19-4和图19-5分别为刀片间隙图和配刀示意图。

水平间隙适宜，切出的产品边部截面状况是光滑平直的剪切面，与无光撕裂平面界线平直，并且剪切面和无光撕裂平面的外边界线平直与材料表面平齐。水平间隙太小，切出的产品边部截面状况是光滑平直的剪切面与无光撕裂平面界线弯曲，并且剪切面和无光撕裂平面的外边界线平直与材料表面平齐。剪切时设备负荷大，容易损伤刀片。水平间隙太大，切出的产品边部截面状况是光滑平直的剪切面与无光撕裂平面界线弯曲，并且剪切面和无光撕裂平面的外边界线弯曲，无光撕裂平面边界产生毛刺。水平间隙一般应为带材厚度的5%~10%，对于特薄板（厚度小于0.5mm）水平间隙应为0.02mm。

垂直间隙小容易产生刀印，加大设备负荷，加剧刀片磨损。垂直间隙太大不能正常剪

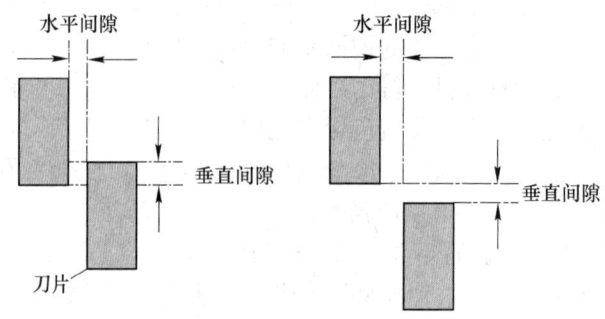

图 19-4 刀片间隙图

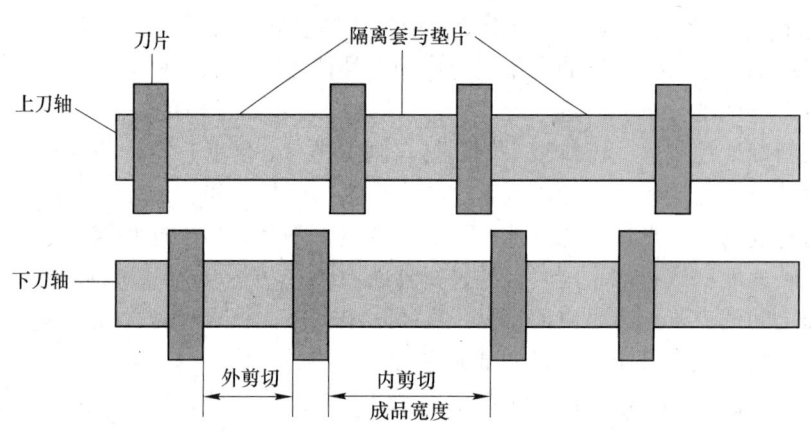

图 19-5 配刀示意图

切。垂直间隙的选择一般为带材厚度的 7%~10%；厚度不大于 0.3mm，垂直间隙选择为带材厚度的 7%；厚度在 0.3~0.5mm 之间，垂直间隙选择为带材厚度的 8%~9%；厚度大于或等于 0.5mm，垂直间隙选择为带材厚度的 10%。

根据产品质量的要求及来料质量状况选择不同形式的刀片，不同斜度和不同宽度。

外剪切时隔离环外径与刀片外径间的搭配关系为：隔离环外径应该大于或等于刀片外径。当产品厚度小于 0.3mm 时，隔离环外径等于刀片外径加 0.49mm，当产品厚度大于 0.3mm 时，隔离环外径等于刀片外径。

内剪切时，隔离环外径与刀片外径间的搭配关系为：隔离环外径小于刀片外径。具体要求见表 19-1。

表 19-1 内剪切时隔离环外径与刀片外径 D 间的搭配

带材厚度/mm	0.15~0.35	0.36~0.85	0.86~1.2	1.21~1.7	1.7~2.0
隔离环外径/mm	$D-0$	$D-0.49$	$D-0.98$	$D-1.5$	$D-2.2$

B 卷取质量

卷取质量主要是指带材经缠绕后的端面质量，包括塔形、错层和燕窝。影响卷取质量的主要因素有卷取张力、分离盘的配置、纸芯强度、对中机构和来料状况。

C　表面质量

表面质量一是指由于辊面上的凹陷和凸起，辊面上黏附有异物，从而在产品表面产生印痕擦划伤及油污；二是指由于张力垫选材不当及生产工艺不当在铝材表面产生划伤及油污和铝粉的堆积；三是指由于开卷机与卷取机张力不当在铝材层间产生的擦伤。

19.1.2　横切

19.1.2.1　横切机列的作用及组成

横切机列的作用为：将卷材切成长度、宽度和对角线尺寸精确、毛边少的板片，并将板片堆垛整齐，无边部和表面损伤。横切机列要达到其作用必须配置开卷机、切边剪、矫直机、对中装置、飞剪、废边缠绕装置、运输皮带以及垛板台等设备。图 19-6 中机列配置为一般配置，不同的生产厂根据生产的需要增减设置，如增加清洗装置、衬纸机以及涂油机等，矫直机从 3 辊到 17 辊辊数不一，辊径差异较大。垛片分为气垫式和吸盘式。

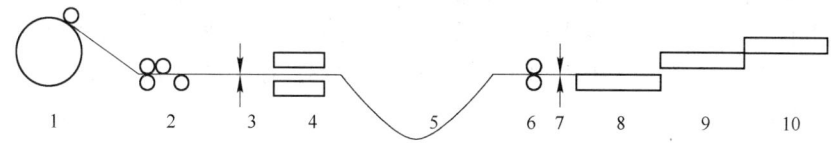

图 19-6　横切机列配置简图

1—开卷机；2—夹送辊与张紧辊；3—圆盘剪；4—矫直机；5—活套坑；6—测速辊和夹送辊；
7—飞剪或剪刀；8—检查平台；9，10—运输皮带和垛板台

19.1.2.2　质量保证

A　剪切质量

剪切质量包括剪切后的边部质量和尺寸精度剪切边部质量。尺寸精度剪切边部质量的控制包括两部分：一是切边圆盘剪控制长度方向的边部质量；二是飞剪控制的宽度方向边部质量。其质量的保证为：刀具间隙的控制；刀具质量的控制（包括刃口状况、硬度、圆度和平直度）以及确保进入剪切的带材平直（来料板形要好，张力要合适、矫直机要合理调节）。

尺寸精度包括宽度精度、长度精度和对角线精度。宽度精度的保证通过圆盘剪控制，包括设备的制造精度和认真按工艺操作。长度精度的保证为：测速辊的测量精度和飞剪的控制。对角线精度的保证为：圆盘剪切边后带材应为矩形；保证进入飞剪的带材与飞剪剪刃侧向垂直。表 19-2 列出了剪刀间隙参考值。

表 19-2　剪刀间隙参考值

材料厚度/mm	≤0.3	0.3~0.5	>0.5
剪刀间隙/%	5	6	7

B　垛板质量

垛板质量主要是指板片垛在一起后在板垛的长宽方向上的整齐度（层错和塔形）和边部损伤情况。层错和塔形的控制主要靠左右及后挡板的位置控制。边部损伤：一是由于生

产工艺不合理引起板片在尾挡板的碰伤（根据来料状况——厚度与强度，合理选择生产速度和风机风量）；二是由于带材跑偏产生的侧边碰伤。

C 表面质量

在横切工序可能产生的表面缺陷有擦划伤、印痕、油污及矫直机黏伤、振纹。

（1）擦划伤。一是开卷张力不当造成的层间擦伤；二是垛片时由于风压不够造成的层间擦伤；三是导路粘铝产生的擦划伤。

（2）印痕。由于辊面有凹凸引起板面产生凹凸印痕。

（3）油污。由于机列不干净所致。

（4）矫直机粘伤。是由矫直辊润滑不当等原因造成的。

（5）振纹。是由机械装配时间隙控制不当造成的。

19.2 板带材的精整矫直

铝板、带材热轧过程中，因温度、压下、辊形变化、工艺冷却控制不当所产生的纵向不均匀延伸和内应力，造成不良板形。控制手段完善的冷轧过程只能部分地改善板形，同时在冷轧生产过程中也可能产生板形不良，最终消除不良板形缺陷必须通过精整矫直工序实现。

板带材的精整矫直，根据设备配置情况及应用范围共分为4种矫直方式：辊式矫直、钳式拉伸矫直、连续拉伸矫直（纯张力矫直）和连续拉伸弯曲矫直。其中连续拉伸矫直（纯张力矫直）和连续拉伸弯曲矫直统称为张力矫直。辊式矫直和钳式拉伸矫直主要用于片材（板材）的矫直，连续拉伸弯曲矫直和连续拉伸矫直用于卷材的矫直。

19.2.1 辊式矫直

传统的辊式矫直法是使带材通过驱动的多辊矫直机，在无张力条件下使材料承受交变并递减的拉-压弯曲应力，从而产生塑性延伸，达到矫直的目的。板材经过矫直辊时最外层纤维的受力情况如图19-7所示。矫直机工作辊数由5辊到29辊不等，辊径范围也很宽，一般来说，较薄的板、带材用较细辊径和较多辊数的矫直机矫直。这类矫直机通常是4重的，即由上下工作辊组和上下支撑辊组构成。对于表面敏感性材料，如铝和不锈钢，则采用6重矫直机，即在通常的上下工作辊组与盘式短支撑辊组之间各增加一组通长的上下中间辊组。无论4重或6重辊式矫直机都可用横向不同位置的盘式支撑辊组来弯曲工作辊，使材料短纤维区段产生较大的压下和延伸，从而达到矫直的目的。新型辊式矫直机还配有位移传感器和光标，可将辊形调节直观地显示出来。

尽管辊式矫直机能适应很宽的带材厚度范围，但其缺点也很明显，主要是单张块片矫直，速度低，生产效率低下。

要获得理想的矫直效果，需有经验丰富的优秀操作工人，特别要防止产生板材头尾的辊痕。受驱动万向接轴径向尺寸所限，工作辊不可能太细，故矫直厚度0.5mm以下的薄板带尚无能为力。一台成型的辊式矫直机适用厚度范围小，因工作辊的辊径和中心距已固定，材料厚度太大矫直板带所需压力不够。材料厚度太小，矫直板带所需弯曲应力不够。即一种规格的辊式矫直机对材料的最大最小厚度、屈服强度均有限度要求。

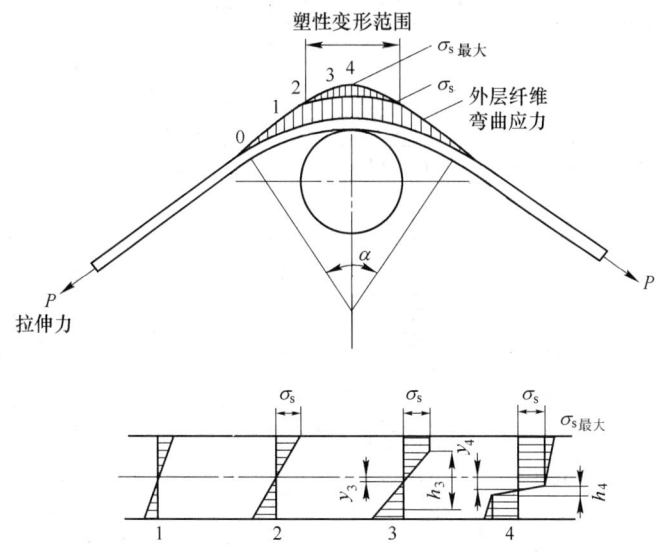

图 19-7　在一根辊上板材最外层纤维的弯曲应力分布

19.2.1.1　辊式矫直机矫直板形的调节手段

A　斜度调整

上工作辊装入一个可竖直调整的机架中，入口侧和出口侧工作辊在竖直方向上可独立调整，这种改变上下工作辊间的相对位置（下工作辊固定）的调整方式称为"斜度调整"。斜度调整后沿着带材纵向材料的弯曲半径由小到大。斜度调整可以纵向矫直带材，如下垂、上翘缺陷。斜度调整如图 19-8 所示。

B　支撑调节

支撑调节是对支撑辊单组或多组进行位置垂直调节，使工作辊弯曲半径沿轴向发生改变，使带材横向弯曲半径不一致，变形不一致，弯曲半径小则变形程度大。支撑调节可矫直边部波浪、中间波浪等多种板形缺陷。支撑调节要使工作辊以一均衡并成比例的弯曲率支撑，相邻两组支撑间的垂直位置不能相差太大，否则容易导致工作辊断裂。支撑调节如图 19-9 所示。

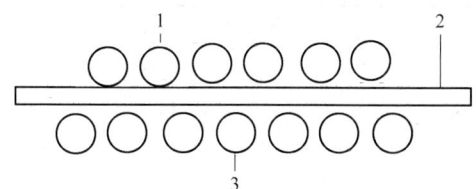

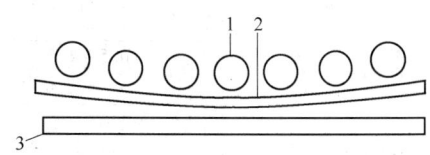

图 19-8　斜度调整示意图　　　　　　　　　图 19-9　支撑调节示意图
1—上工作辊；2—带材；3—下工作辊　　　　1—支撑辊；2—上工作辊；3—下工作辊

19.2.1.2　辊式矫直机的主要参数

部分辊式矫直机的主要参数参见表 19-3。

表 19-3　部分辊式矫直机的主要参数

项　目	不同辊数矫直机主要参数					
	13 辊	17 辊		23 辊	29 辊	
矫直带材厚度/mm	4 ~ 10.5	1 ~ 4	1 ~ 4	0.8 ~ 2	0.5 ~ 2	0.5 ~ 1.5
矫直带材宽度/mm	1200 ~ 2500	1000 ~ 1500	1200 ~ 1500	1200 ~ 2000	1000 ~ 1500	1200 ~ 1500
工作辊直径/mm	180	75	90	60	38	38
工作辊长度/mm	2800	1700	2800	2200	1700	1700
支撑辊个数	60	57	90	60	186	186
支撑辊直径/mm	210	75	76	125	38	38
支撑辊长度/mm	210	350	400	200	150	150
传动电动机功率/kW	40	65	65	55	65	
传动电动机转数/r·min^{-1}		620 ~ 1200	650 ~ 1180	650 ~ 1180	636 ~ 1180	650 ~ 1180
压下电动机个数		4	4	4		
压下电动机功率/kW		2.8	2.8	2.8		
压下电动机转数/r·min^{-1}		1420	1430	1430		

19.2.1.3　辊式矫直工艺操作要点

辊式矫直工艺操作要点有:

(1) 工作前要检查设备及运输、润滑、清洁等情况,矫直辊上不准有金属屑和其他脏物。如发现板片粘铝及其他脏物时,必须用清辊器将辊子清理干净。如矫直辊有问题时,应及时修理。

(2) 将矫直机的上辊调整一定角度,使进口的上下辊间隙小于出口的上下辊间隙,而出口的间隙应等于板片的实际厚度或大于板片实际厚度 0.5 ~ 1.0mm。

(3) 矫直机的压下量应根据板片厚度调整,一般参考表 19-4 的规定调整压下量,23 辊矫直机工作辊及支撑辊总的压下量极限不得超过 -8.5mm(包括板片厚度),其中矫直机两边两组支撑辊最大压下量不得超过 -2.0mm,其他各组支撑辊不得超过 -3.0mm。29 辊矫直机工作辊及支撑辊总的压下量不得超过 -4.5mm,其中矫直机两边两组支撑辊最大压下量不得超过 -2.0mm,其他各组支撑辊不得超过 -3.0mm。在某些特殊情况时,矫直机的进口与出口压下量变化很大,要根据来料的波浪和合金的屈服强度来确定。

表 19-4　压下量调整参考表

设备名称	板片厚度/mm	压下量/mm	
		入　口	出　口
17 辊粗平机	0.5 ~ 2.5	-4.0 ~ 6.0	
	2.6 ~ 4.5	-2.0 ~ 4.0	
17 辊精平机	1.0 ~ 1.5	0.5 ~ -7.0	等于板片厚度或大于板片厚度 0.5 ~ 1.0mm
	1.6 ~ 2.5	-4.0 ~ -6.0	
	2.6 ~ 4.5	-3.0 ~ -5.0	
23 辊精平机	0.8 ~ 1.2	-5.0 ~ -7.0	
	1.5 ~ 1.8	-4.0 ~ -5.0	
	2.0 ~ 2.2	-3.0 ~ -4.0	
29 辊精平机	0.5 ~ 1.0	-2.0 ~ -3.0	
	1.1 ~ 1.5	-1.5 ~ -2.5	

（4）板片进入矫直机时，要求板片不得有折角、折边，否则必须用木锤打平；板片上不允许有金属屑、硝石粉或其他脏物；在精平前板片表面不允许有明显的油迹；板片在进入矫直机时，一定要对准中心线，不许歪斜。

（5）在矫直过程中，如发现板片有波浪时，板片中部出现波浪时，可调整中间的支撑辊使之上升，上升的大小可由波浪大小来决定，波浪越大上升越多。如板片两侧出现波浪时，可将中间支撑辊压下，或将两侧支撑辊上升，调整多少可根据板面波浪大小来决定。如板片一边出现波浪时，可将有波浪一边支撑辊抬起或将没有波浪一边支撑辊压下。如果上下辊间隙在板片宽度方向不同时，可单独调整压下螺丝。

（6）板片不允许互相重叠通过矫直机，不许同时矫直两张板片。

（7）当发现板片有粘铝或印痕时，必须立即进行清辊。

（8）如果发生板片缠辊或卡在工作辊与支撑辊之间时，不许强行通过，应立即停车，将辊抬起后，再向后退回板片，或找钳工处理。

（9）当板片从矫直机退回时，必须将矫直机抬起后方可进行。

（10）停止生产时，支撑辊一定要抬起，不允许给工作辊加压。

19.2.2　钳式拉伸矫直

当板材波浪和残余应力太大时，用辊式矫直机无法矫平，只有用拉伸矫直机进行矫直。拉伸矫直时，对板片的两端给予一定的拉力，使板片产生一定的塑性变形，达到消除或减小板片残余应力的目的，使板片平整。拉伸变形量控制在2%左右，太小不易消除波浪和残余应力，太大易产生滑移线，并产生新的内应力分布不均，过大时还可能出现断片。

拉伸时拉力 P 的大小可用式（19-1）近似计算：

$$P = \sigma_{0.2} BH \tag{19-1}$$

式中　$\sigma_{0.2}$——与拉伸量相对应的板材的屈服强度，MPa；

　　　B——板材宽度，mm；

　　　H——板材厚度，mm。

$BH \leqslant 10000 mm^2$ 时，除冷作硬化板外，都可以进行拉伸矫直。

为防止拉断，拉伸前板材不允许有裂边、裂纹、边部毛刺等缺陷，部分板材拉伸机的主要技术参数见表19-5。

表 19-5　部分板材拉伸机的主要技术参数

项　目	不同拉伸机列主要技术参数			
	2.5MN	4MN	10MN	60MN
拉伸板材厚度/mm	0.3～4	0.5～7	4～12	5～150
拉伸板材宽度/mm	500～1500	1000～2500	1200～2500	1000～2500
拉伸板材长度/mm	2180～41800	4160～10300		5000～20000
最大拉伸速度/mm·s⁻¹	5.6	5～25	12	5
最大拉伸行程/mm		320		1200

项　目	不同拉伸机列主要技术参数			
	2.5MN	4MN	10MN	60MN
传动油泵压力/MPa	20	20	86	20
传动油泵能力/L·min⁻¹	50			
油泵电动机功率/kW	20	16		
油泵电动机转数/r·min⁻¹	970	685		

拉伸矫直工艺操作要点包括：

（1）通过张力矫直机的板片钳口夹持余量为200～500mm。

（2）淬火后的板片有裂边时，不允许在张力矫直机上矫直，但退火后的板片如有裂边时，允许在张力矫直机上矫直。

（3）板片在拉伸矫直前两端要平行，其4个角要成90°。

（4）张力矫直机夹持板片时，要对准中心线，不允许歪斜。

（5）板片在拉伸时，板片下面的皮带不准开动。如产生纵向波浪时必须找钳工调整张力矫直机的夹持器，或清除钳口的铝屑等脏物。

（6）板片在张力矫直前，可在大能力的辊式矫直机上预矫直，也可在轧机或压光机给以小压下量轻微压光，使板片较为平整，特别是消除板材横向瓢曲现象。

19.2.3　连续张力矫直

19.2.3.1　张力矫直的特点及工作原理

钳式纯拉伸矫直机生产效率低，且必须切除钳口印痕部分材料，很不经济。目前钳式拉伸矫直主要用于其他方法难以矫平的厚板。连续拉伸矫直能克服上述缺点，特别适用于矫平铝及铝合金薄带材。

乔·亨特于1958年研制出了工业上第一台矫直宽幅914mm卷材的连续拉伸矫直生产线。1968年，他又把这种方法与张力辊矫直相结合，这样就开发出了第一台连续张力矫直生产线。

目前，张力矫直在铝加工工业区中是最重要的板带材精整工序之一，纯拉伸矫直和较通用的张力矫直设备常与板带材的加工线（卷材的酸碱洗生产线、涂层生产线、气垫退火生产线）并为一体。

连续拉伸矫直工作原理是利用两组S辊之间的拉力使带材产生一定的塑性变形，达到消除或减小板片残余应力的目的，使带材平整。

连续拉伸矫直机的特点是不设小直径的钢矫直辊，带材在5号张力辊出口处开始至7号张力辊出口间进行拉伸，带材张力由1～5号制动张力辊升至屈服强度极限，由7～11号将张力降下来。图19-10为连续拉伸矫直示意图。

从连续拉伸矫直的工作原理可以看出该生产方式也存在着一些缺点难以克服：

（1）材料塑性延伸发生在入口张力辊的最后一根辊子上，对于厚度为1.5mm以上的带材所需张力相当大（拉应力超过σ_s），使张力辊挂胶层迅速磨损。张力辊更换与磨削频繁。

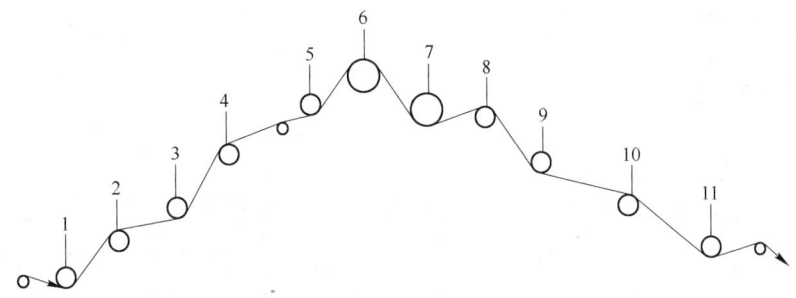

图 19-10　连续拉伸矫直示意图

（2）拉伸矫平前必须先切掉裂边，否则拉伸时容易发生断带。

（3）某些硬合金带材，尤其是屈服极限 σ_s 与强度极限 σ_b 较接近的材料，很难矫平。

19.2.3.2　张力矫直的质量控制

张力矫直机质量控制关键在于 S 辊和矫直机的应用技术。S 辊的表面质量、辊型要求和材质是控制的重要方面。表面质量要求包括辊面粗糙度及表面损伤状况。一般情况下辊面粗糙度用粒度为 20～50 砂轮在一定的工况条件下磨削来保证，辊面不允许有凹凸不平的缺陷。辊型要求主要是指辊身凸度、锥度与径向跳动。一般情况下要求凸度为 0～+0.30mm，锥度不大于 0.05mm，径向跳动不大于 0.05mm。材质要求主要是指材料的硬度和辊身材质的均匀性。S 辊的质量好坏直接影响辊系的稳定性、板形的控制效果及表面质量。矫直机的装配质量与润滑也是影响产品质量的一个重要方面。

19.2.4　连续拉伸弯曲矫直

为克服连续拉伸矫直的缺点，必须设法降低所需拉伸力。起初将传统的辊式矫平机布置在入、出口张力辊组之间，这样虽大大降低了拉伸力，却出现了工作辊水平变形较大以及轴承磨损严重的问题。最后开发了现代连续拉伸弯曲矫平机列，克服了纯拉伸矫平机列的缺点，如西南铝业集团从德国 UNGERER 公司引进的 1560mm 拉-弯矫平机列线，设备构成如图 19-11 所示。

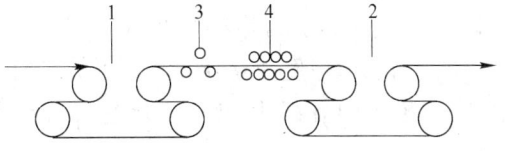

图 19-11　连续拉伸弯曲矫直设备构成示意图
1—制动 S 辊组；2—张力 S 辊组；
3—三辊矫直辊组；4—九辊矫直机

连续拉伸弯曲矫直工作原理为：带材在拉应力和弯曲应力的迭加作用下，产生永久性的塑性变形得到延伸变长，塑性延伸是由板材交替弯曲时的塑性压缩与塑性延伸的迭加而得。和纯拉伸相比较，拉伸弯曲矫直时增加了弯曲应力，改变了应力状态，因而应力状态较软，容易发生塑性变形。

拉伸与弯曲相结合的矫平方案的优点是：连续矫平，生产率高；功率消耗小；适用材料范围宽；矫平质量高等。其最大矫平厚度达 3mm。目前流行的拉弯矫直机列唯一不足之处是设备造价和运行费用较高。

19.3　铝箔的合卷、分卷与清洗

19.3.1　铝箔的合卷

19.3.1.1　铝箔合卷的方式

目前双合轧制的生产工艺有两种：一种是单独设置合卷机，将双合轧制的铝箔在合卷机上进行合卷、切边，然后在精轧机上进行双合轧制；另一种是在精轧机上装有两个开卷装置，直接进行开卷、合卷、切边与双合轧制。两种合卷方式的特点见表19-6。

表19-6　两种合卷方式的特点

双合轧制方式	装有两个开卷装置的双合轧制方式	单独设置合卷机的双合轧制方式
轧制特点	直接开卷、合卷和双合轧制	先合卷再进行双合轧制
	节省一套设备，减少一道工序	增加一套设备，多一道生产工序
	开卷、合卷双合轧制时张力大，路线长	合卷时张力小，轧制时路线短
	轧制时需两次切边	合卷时一次切边
	轧制时断带较多	轧制时断带较少

合卷机设计的厚度范围一般在 $2 \times 0.01 \sim 2 \times 0.04$ mm，由于厚度较大，容易实现高速生产，双合最大速度可高达1000m/min。

由于现代铝箔轧制技术的进步，生产出来的铝箔厚度偏差小，一般在±4%以下，而且表面平整，轧制过程中断带次数少，因此现代铝箔的双合轧制，趋向于在精轧机上直接进行双合切边轧制。但从操作效率和投资来看，精轧机超过3台时，单独设置合卷机是适宜的。

19.3.1.2　铝箔合卷的目的

铝箔合卷的目的是：

（1）可以实现最小厚度的轧制，目前现代铝箔精轧机出口厚度可以到 0.01 ～ 0.012mm，即可以获得最小厚度为 0.005 ～ 0.006mm 成品铝箔。

（2）可获取厚度为 0.04mm 以下的单面光铝箔，为了满足用户的使用需求，有些铝箔企业在铝箔粗中轧机上配有双开卷装置，可以实现最大厚度为 0.07mm 的单面光成品铝箔。

（3）双合轧制比单张轧制能承受更大的张力，可以减少断带次数，可提高生产效率。

19.3.1.3　铝箔合卷质量要求

铝箔合卷质量要求是：

（1）两张合卷的铝箔厚度应均匀，厚度偏差不大于±3%。

（2）合卷前双合面均匀地喷上双合油，合卷后每侧切边 10 ～ 15mm。如双合油喷不均，轧制后暗面将产生色差。合卷切边是为了切去边部裂口，同时保证两张双合轧制的铝箔宽度一致。

（3）合卷时不能有起皱、打折现象，对单独合卷的铝箔，两张铝箔的张力尽量一致，张力一般为 10 ～ 20N/mm²，避免一张松，一张紧。这些缺陷的存在，容易引起轧制断带。

（4）切边应无裂口、毛刺、夹边。

（5）对单独合卷的铝箔要求端面整齐、无串层，卷取张力控制要合理，避免出现松卷或"起棱"。

（6）两个要合卷的铝箔其原始状态力求相近。如果要进行中间恢复退火，则应在双合后再进行退火，否则双合轧制时，由于原始状态不同，轧制变形不均匀，容易引起断带。

19.3.2 铝箔的分卷

分卷（分切、剪切）是指将双合轧制后的双层铝箔分切成两卷或多卷单层箔，将单张轧制的铝箔分切成一卷或多卷铝箔。

19.3.2.1 铝箔分切的目的

铝箔分切的目的是：

（1）将分切后的铝箔卷到适合用户要求的管芯上，管芯有钢管芯、铝管芯、纸管芯，管芯直径有 $\phi75mm$、$\phi150mm$ 等。

（2）分切成用户要求的宽度、长度（直径）。分切对轧机来料宽度的要求，除考虑成品宽度外，还应考虑每边切边 5 ~ 10mm，中间抽条 2 ~ 6mm。

（3）按用户要求把铝箔光面或暗面卷在外表面，将断头用超声波或其他方式焊接牢固整齐，并在端面处做出明显标记。一般厚度为 0.04mm 以上的铝箔不允许有接头。

（4）对轧机来料的质量进行检查，如表面质量、厚度、板形、针孔数量等，对轧机来料存在的缺陷应根据其对产品质量的影响程度，分别采取改切、降级或扒料的办法。

19.3.2.2 铝箔分切的方式

分切方式一般有两种形式：一种是由剪切机和分卷机组成，先按要求宽度将双张铝箔剪切后卷到单轴上，再将双张铝箔分别卷在两个卷轴上；另一种是将剪切和分卷同时完成。为了提高生产效率和成品率，目前，现代分卷机均具备分卷和剪切同时完成的功能。

（1）按铝箔厚度进行分切。用一台分切机来分切 0.006 ~ 0.2mm 厚度的铝箔，设备性能、精度难以保证最终产品的质量。实践证明，开卷、卷取装置的最大、最小张力比超过 10 就无法满足生产要求。因此，在 0.006 ~ 0.2mm 铝箔范围内，最好将分切机分为 3 个层次，即薄箔 0.006 ~ 0.03mm，中厚箔 0.02 ~ 0.07mm 和厚箔 0.05 ~ 0.2mm。在分切条数较少时，可选用薄箔分切机和中、厚箔剪切机两种。

（2）按单轴和双轴分切。单轴剪切机是把若干条切开的铝箔全缠在一根轴上，待切完后再把它们分开。精度较差的单轴剪切机剪切多条铝箔时，切完后的铝箔卷不易分开，有时甚至分不开而报废。目前采用单卷取轴时，一般都在剪切后卷取前安设弯曲辊，使窄条铝箔错开一定距离后再卷取，以解决端面相互咬死的问题。双轴剪切机是把切开的铝箔按 1，3，5，…和 2，4，6，…顺序分别缠在两根轴上，在双轴剪切机剪切后的铝箔卷，就不需要另行分开了。目前，分切机普遍采用的是双轴卷取。

（3）薄刃组合圆盘刀剪切方式。这种剪切方式采用不同结构形式的上下刀轴进行剪切，如图 19-12 所示。上刀为薄刃圆盘刀，下刀为刀环，可以根据铝箔宽度，调

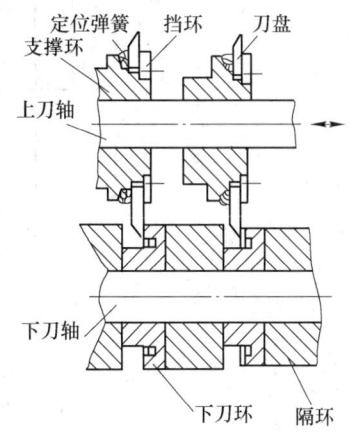

图 19-12 薄刃组合圆盘刀剪切

整固定上刀和下刀的位置,上、下刀的重叠量可以微调,刀盘侧隙可调至无侧隙状态进行剪切,且调整方便。目前这种剪切方式广泛应用于厚箔和中厚箔的剪切。采用薄刃组合圆盘刀进行剪切,安装时相对下刀要有一定的预压紧力。压紧力和剪切材料的厚度及材质有关。当剪切硬状态铝箔时,上、下刀刃重叠量为 0.5~1.0mm,当剪切软状态铝箔时,上、下刀刃重叠量为 0.2~0.3mm。

(4) 剃须刀片分切方式。这种剪切方式上刀是剃须刀片,下刀是带槽的导辊,其结构形式如图 19-13 所示,每组上刀由两片剃须刀片组成,间隙距离为 4mm、6mm、8mm,并设有重叠的调节机构,剪切下的铝箔条由吸边风机吸走,这种分切方式广泛用于硬状态薄箔的分切。

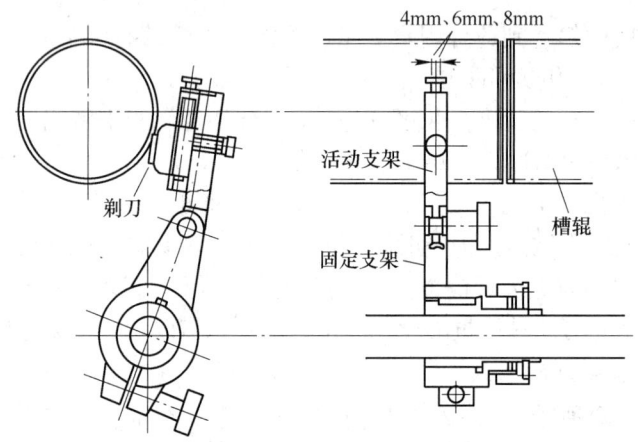

图 19-13 剃须刀片剪切

(5) 圆片刀分切。适合于厚箔及特薄板的分切。刀片间要用垫片调整间隙。圆片刀的调整如图 19-14 所示。

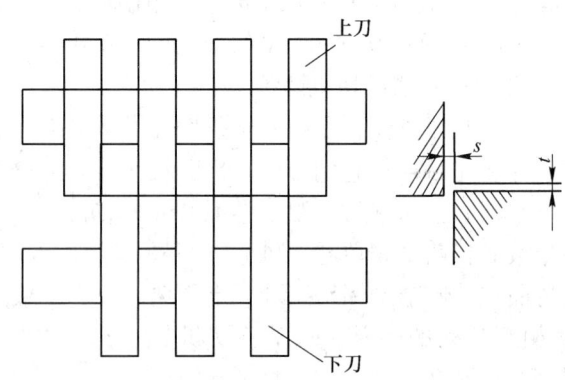

图 19-14 圆片刀的调整

(纵向间隙 $s = (5\% ~ 8\%) \times \delta$,$\delta$ 为箔材厚度,mm,当 $\delta \leqslant 0.12$mm 时,
重叠量 $t = 50\% \delta$;当 $\delta > 0.12$mm 时,t 越小越好(接近 0))

(6) 分切机形式又分为立式和卧式两种,随着铝箔成品卷直径的增大及分切速度的提

高，立式分切机的应用越来越普遍。两种形式对比见表19-7。

表 19-7　立式和卧式薄箔分切机的比较

类　型	最大卷取直径/mm	最高分切速度/m·min⁻¹	压　平　辊	卷取轴	焊　接
立　式	1000	1400	上下两个压平辊，卷径大时卷取轴变形小	在一侧	焊轮水平方向滚动
卧　式	500	600	内侧一个压平辊，卷径大时卷取轴变形大	在两侧	焊轮垂直方向滚动

19.3.2.3　分切条数的确定

A　分切条数

一般分切机对分切的条数都有所限制，分切条数过多将影响成品率和生产效率。当分切前箔材宽度在1200mm时可分切成4条，当分切前箔材宽度在1800mm时可分切成5条，即一般分切机最佳剪切成品宽度应不小于200mm。

多条分切时要选用专用的分切机。

在分切机上剪切多条成品铝箔卷，为了克服单轴卷取的缺点，经常采用双刀抽条剪切方式，抽条作为废边屑处理。抽条的宽度一般为6mm左右，抽条剪切虽然会增大几何废料，但可以从生产效率的提高和减少单独剪切工序所得到的效益加以补偿。

B　分切条数和铝箔厚度及平整度的关系

分切条数不仅和分切机的性能有关，和箔材平整度的关系更为密切。平整度越差，分切条数越多，越容易断带，分切质量和效率越低。为保证剪切质量和效率，应按表19-8的经验数据确定分切条数。

表 19-8　分切条数和铝箔厚度及平整度的关系

平整度 (I)	分切比 (B/b)	K 值	备　注
±10	≤K40	$t≤0.025$ 时，$K=0.8$；	B 为分切前宽度，mm；
±20	≤K30	$t=0.025\sim0.05$ 时，$K=1.2$；	b 为分切后宽度，mm；
±40	≤K20	$t=0.05\sim0.20$ 时，$K=1.5$	t 为铝箔厚度，mm

19.3.2.4　铝箔分切的质量控制

铝箔分切的质量控制包括以下几点：

（1）开卷张力。分切张力应根据铝箔的厚度、宽度与轧机来料的板形来控制。张力过大，铝箔卷的空隙率小，对铝箔的退火除油性能与伸展性能不利。张力过小，容易造成铝箔卷松卷缺陷。张力控制先松后紧造成铝箔卷端面"箭头"（表面起棱）。轧机来料如果中间松时，张力要小些，中间紧、两边松时张力要大些。实际分切时应平衡控制张力，并使之随着铝箔卷径的增大保持一定的递减梯度。

（2）张力梯度。张力梯度是指在张力设定值不变的情况下，张力在运行过程中，随着卷取直径的增大，按一定的梯度递减。运用张力梯度可以使分切后的产品保持随着卷径的增大而呈里紧外松的特性，提高铝箔卷的卷取质量。张力梯度的调节范围为0～60%，张力梯度曲线如图19-15所示。

（3）空隙率。空隙率的大小，表示铝箔卷卷取的松紧程度，空隙率太小，影响退火除油效果，空隙率太大，易产生松卷，空隙率的计算公式为：

$$空隙率 = \frac{理论质量 - 实际质量}{理论质量} \times 100\%$$

$$理论质量 = \frac{\pi}{4}(D^2 - d^2) \times l \times 2.71$$

式中　D——铝箔卷外径，mm；

　　　d——铝箔卷内径，mm；

　　　l——铝箔卷宽度，mm。

铝箔产品分切后空隙率（参考值）见表19-9。

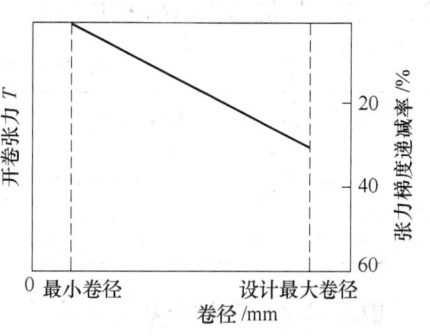

图 19-15　张力梯度曲线

表 19-9　分切后铝箔卷空隙率

厚度×宽度/mm×mm	(0.006~0.01)×(200~300)	(0.006~0.01)×(300~500)	(0.006~0.01)×(500~800)	(0.006~0.01)×800 以上
空隙率/%	7~9	9~12	10~13	11~14

（4）边部。分切时上下刀的安装必须牢固合理，吃刀量（上、下刀重叠量）和上、下刀之间的间隙大小调整不合理或刀刃不快，会产生边部毛刺、毛边，甚至边部裂口、小波浪、翘边等缺陷。

（5）表面及平整度控制。轧机来料表面、板形良好，如果分切时压平辊辊型不好、某部位与铝箔卷接触不实或导辊之间不平行、卷取轴跳动、压平辊导辊倾斜两侧压力不均匀，都容易造成铝箔卷一边松一边紧，表面出现褶皱，打底过厚等缺陷。

（6）断头焊接。在旧式设备上，分卷机不设焊接装置，在剪切机上设有手动滚花轮钢垫板，铝箔断头时可用滚花轮在钢垫板上来回滚动，使两张铝箔机械咬合，达到接头的目的，但连结牢固性不好。现代分切机都毫不例外地安装了超声波焊接装置。而在厚箔剪切机上一般不设焊接头装置。超声波焊接装置可以将两张铝箔搭接焊合。它用焊接压力、电流、频率、速度等参数来控制，使铝箔焊接牢固。超声波焊接铝箔是属于两张铝箔表面凹凸不平处的嵌镶而不是熔焊。焊接铝箔厚度一般为 $2 \times 0.005 \sim 2 \times 0.035$mm。

（7）剪切过的铝箔卷缠在管芯上，其管芯长度应正好符合剪切后的箔材宽度，内径应符合卷取轴的直径。剪切出厂的箔材，常使用钢、铝和纸管芯。

钢和铝管芯的壁厚为 2~3mm。在选择管芯时，采用铝管最为经济，因为铝管较钢管几乎轻 2/3，如剪切后箔材须进行退火，铝管的厚度不应小于 3mm，以避免变形，钢管应是壁厚 2mm 以上的无缝管。

纸管芯只适用于在剪切后不再进行退火的箔材，纸管芯壁厚为 4~5mm。

19.3.3　铝箔的清洗

高速铝箔轧机工艺润滑油采用的是低黏度、窄馏分的基础油，轧制时都不采用清洗工艺。低速铝箔轧机采用的是高黏度工艺润滑油，在成品道次前需要清洗（双张箔有的不清洗），采用一边轧制，一边清洗的工艺。清洗的目的是去除铝箔表面的高黏度轧制油和脏物，防止成品退火出现油斑、粘连，降低铝箔针孔数量。常用清洗剂为汽油和煤油的混合液。

19.4 铝合金厚板的淬火与拉伸矫直技术

铝合金厚板的轧制工艺为热状态下轧制，变形率为 60% ~ 80%，内部组织为热变形组织；而薄板为冷变形组织，变形率在 98% 以上，两者有很大的差异。如图 19-16 所示，厚板淬火—拉伸的工艺流程可概括为：由热轧机提供满足拉伸工艺要求的拉伸板坯料，板材经盐浴炉或空气炉固溶处理后，在冷水中进行淬火处理；淬火后的板材，在室温下和规定的时间内，沿纵向在拉伸机上进行 1.5% ~ 3.0% 的拉伸永久性塑性变形，以消除淬火后板材内部的残余应力；对于淬火变形较大的板材，应预先进行辊式矫直处理，以改善拉伸板材的平直度；拉伸后的板材即可进行时效强化处理。

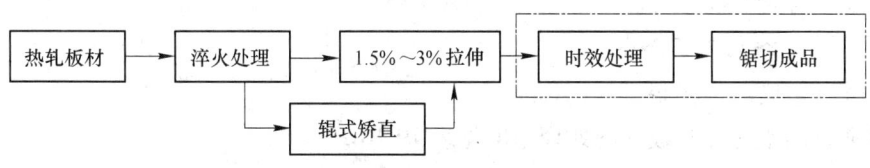

图 19-16　铝合金厚板淬火与拉伸工艺

19.4.1　铝合金厚板的淬火

19.4.1.1　铝合金厚板的淬火工艺及主要参数

A　盐浴炉加热方式淬火的特点

盐浴炉淬火流程如图 19-17 所示。

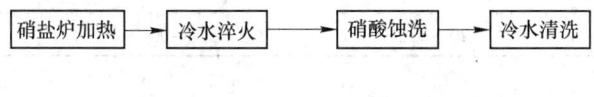

图 19-17　盐浴炉淬火流程

盐浴炉的特点是：设备结构简单，制造及生产成本低，易于温度控制，但安全性差，耗电量大，不易清理，常年处于高温状态，调温周期长。使用盐浴炉热处理具有加热速度快、温差小、温度准确等优点，充分满足了工艺对加热速度和温度精度的要求，对板材的力学性能提供了保证。缺点是：转移时间很难由人工准确地控制在理想范围内，有不确定的因素；在水中淬火时，完全靠板片与冷却水之间的热交换而自然冷却，形成了不均匀的冷却过程，使得淬火后的板材内部应力分布很不均匀；板材变形较大，在随后的精整过程中易造成表面擦、划伤等缺陷，并且不利于板材的矫平；盐浴加热时，板面与熔盐直接接触，板面形成较厚的氧化膜，在淬火后的蚀洗过程中很容易形成氧化色（俗称花脸），影响表面的均一性。

B　空气炉加热方式淬火的特点

空气炉淬火流程如图 19-18 所示。

图 19-18　辊底式空气炉淬火流程

空气炉特点为：设备结构复杂，制造成本高，但安全性好，耗电量少，生产灵活，可随时根据生产需求调整温度。与盐浴炉相比，空气炉热处理同样具有温度准确、均匀性好、温差小等优点，同时转移时间也能规范地控制，由于采用了高压喷水冷却，不仅改善了不均匀的淬火冷却状态和应力分布方式，而且使板材的平直度水平和表面质量均大幅度提高，简化了工艺，易于实现过程自动化控制，降低劳动强度和手工控制的不便。缺点是相对盐浴炉而言加热过程升温时间相对较长，生产效率有所降低。

空气炉的加热方式分为辊底式空气炉和吊挂式空气炉两种。目前国际上，最为先进的淬火加热炉型为辊底式空气淬火加热炉。用这种热处理炉生产铝合金淬火板，工艺过程简单、板材单片加热及单片冷却，可被均匀快速加热，冷却强度大、均匀性好，使得淬火板材具有优良的综合性能。

19.4.1.2 淬火工艺参数

A 固溶处理的加热温度

几种典型的铝合金厚板固溶处理温度见表19-10。

表 19-10 典型铝合金厚板固溶处理的温度

铝合金牌号	加热温度/℃	铝合金牌号	加热温度/℃
2024，2A12	498 ±2	7075	465 ~475
2017	498 ~505	7475	475 ~485
2014，2A14	498 ~505	7050	475 ~485
2618	525 ~535	7022	460 ~480
2219	530 ~540	7020	460 ~500
2124	498 ±2	7A04	470 ±2
6061，6082	520 ~530	7A09	470 ±2

B 固溶处理的保温时间

盐浴炉淬火和空气炉淬火的推荐固溶处理保温时间见表19-11和表19-12。

表 19-11 典型铝合金厚板（盐浴炉加热）固溶处理保温时间

板材厚度/mm	6.1 ~ 10.0	10.1 ~ 20.0	20.1 ~ 40.0	40.1 ~ 50.0	50.1 ~ 60.0	60.1 ~ 70.0	70.1 ~ 80.0	80.1 ~ 90.0	90.1 ~ 105.0	106 ~ 120
保温时间/min	50 ~60	60 ~70	70 ~80	80 ~90	90 ~ 100	100 ~ 110	110 ~ 120	130 ~ 150	170 ~ 180	190 ~ 210

表 19-12 典型铝合金厚板（空气炉加热）固溶处理保温时间

板材厚度/mm	6.1 ~ 12.7	12.8 ~ 25.4	25.5 ~ 38.1	38.2 ~ 50.8	50.9 ~ 63.5	63.6 ~ 76.2	76.3 ~ 88.9	89.0 ~ 101.6
保温时间/min	60 ~70	90 ~ 100	120 ~ 130	150 ~ 160	180 ~ 190	210 ~ 220	240 ~ 250	270 ~ 280

注：表中数据是参照美国军用热处理规范，MIL-H-6088G(1991年版)。

C 淬火冷却速度

冷却速度对可热处理强化铝合金材料的力学性能和抗腐蚀性能有显著的影响，而淬火介质的温度及其流动性等又直接影响着冷却速度。通常用得最多、最有效和最经济的介质是水。水的沸点比板材的加热温度低很多，在淬火时很容易使板材周围的液体汽化形成一层蒸汽膜覆盖板材表面，使板材与冷水隔开，降低了冷却速度，为此，应加强水的流动和搅拌，或采用高压喷水冷却，以改善冷却条件。通常控制水温在40℃以下。为了防止淬火过程中水温升高幅度过大，影响冷却速度，应保证足量的淬火用水，尤其是对厚度较大的板材，还应注意淬火后可能会出现再被加热而导致其性能损失的问题。另外，对于某些特殊材料，也可以通过适当地提高水温的方法，降低冷却速度，以减少材料淬火裂纹的倾向。

D 淬火转移时间

板材从热处理炉转移到淬火介质中的时间与淬火效果有直接的关系，转移时间的影响与降低平均冷却速度的影响相似，对材料的腐蚀性能和断裂韧性影响最大，尤其对淬火敏感性强的合金，更应严格控制淬火转移时间，厚板一般控制在25s以内，转移时间越短，材料的综合性能越好。

19.4.2 铝合金厚板的拉伸矫直

在淬火过程中，由于板材表面层和中心层存在温度梯度，产生了较大的内部残余应力，在进行机械加工时，会引起加工变形。铝合金板材进行拉伸处理的目的就是：通过纵向永久塑性变形，建立新的内部应力平衡系统，最大限度地消除板材淬火的残余应力，增加尺寸稳定性，改善加工性能。其方法是在淬火后、时效处理前的规定时间内，对板材纵向进行规范的拉伸处理，永久变形量约为1.5%~3.0%，经此过程生产的板材称之为铝合金拉伸板（stretched aluminium alloy plate）。

19.4.2.1 板材拉伸的工作过程

在拉伸机上，将淬火后板材的两端放入钳口咬合区（理论上称之为"刚端"或称"不变形区"）；牢固夹持后加载将挠度拉直，随后即进入板材的拉伸塑性变形阶段；达到设定的拉伸量后即可卸载结束拉伸过程。根据应力-应变曲线可知，塑性变形包含着一定的弹性变形，因此必须考虑到拉伸过程中的弹性变形（拉伸回弹量），对不同合金、不同规格的板材，预先给定的拉伸量都有所不同，在自动化程度低的拉伸机上主要依靠经验操作来设定。此外，拉伸速度是保证板材各个部位得以均匀变形的重要因素之一。板材两端各个钳口咬合夹持的均匀程度也直接影响均匀变形和最终应力消除的效果。

19.4.2.2 铝合金拉伸板的应力分析

A 厚板在热轧和淬火状态下的应力分布规律

剖析轧制过程中轧件表面层和内层金属的变形可以发现，当轧件进入轧辊附近时，由于与轧辊相接触的表面层金属在外摩擦力作用下，流动速度比内层速度快些，而由于刚端的作用，在表层金属产生拉应力，内层金属产生压应力。在离出轧辊的断面附近，由于金属的平均速度大于轧辊圆周速度的水平投影，因而在接触弧这一段上，轧辊对金属流动起着阻碍作用，这样必定造成金属表面层速度落后内层流动速度。同样由于刚端的作用，仍将使表层金属产生拉应力，内层金属产生压应力，理论和实践证明，经过轧制以后的板材，沿厚度在轧制方向上，表层金属残余有拉应力，内层金属残余有压应力。

剖析淬火全过程的应力情况，板材被加热发生再结晶，轧制过程中所形成的残余内应力得以消除。将加热后的板材快速放入冷水槽中，此时由于板材表面金属冷却得比内层金属快，淬火初期表层金属剧冷、急剧收缩，基于板材的整体性，表层金属产生拉应力，内层金属产生压应力，随着板材的进一步冷却，最终使内层金属剧冷、急剧收缩，使应力重新分配，最后导致表层金属残余有压应力，内层金属残余有拉应力，与其轧制过程残余的内应力分布规律正好相反。

B 均匀变形时拉伸的应力分析

拉伸均匀变形的条件为：钳口咬入部分为均匀咬合，夹持状态完全一致，且牢固，形成理想刚端。计算结果表明，在钳口咬合的刚端附近区域和距宽度两侧边附近区域内，存在着不均匀变形区，其他区域为均匀变形区（应力消除区），如图 19-19 所示。如在生产过程中，将此不均匀变形区域作为成品提交给用户时，则在随后的机械加工中将可能发生变形，影响最终使用，因此在成品锯切时，必须将此区域作为几何废料切掉。

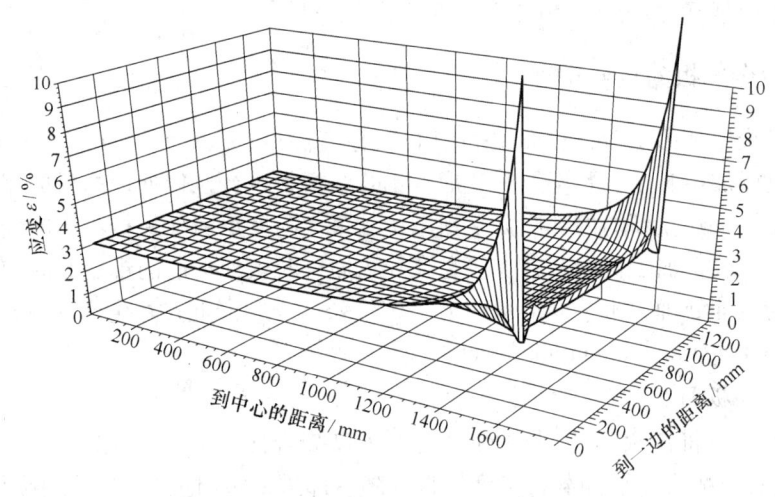

图 19-19 7075 铝合金淬火板均匀拉伸时长度方向上的应变

C 非均匀变形时拉伸的应力分析

拉伸非均匀变形的假定条件为：假设钳口中的一组钳口松开，其他各组为均匀牢固夹持。计算结果表明，其不均匀变形的区域可能延伸至距刚端 1m 的范围内，应力值也明显增大。因此，钳口咬合夹持的质量对于板材拉伸后残余应力的分布有很重要的影响，生产中必须严格控制，如图 19-20 所示。

19.4.2.3 拉伸板坯料尺寸的确定

拉伸板坯料尺寸的确定原则为：坯料尺寸 = 成品尺寸 + 几何废料。几何废料包括板材两端钳口咬合区、咬合区附近和两侧边的不均匀变形区域。根据生产实践、理论分析与实际测试结果，一般将板材长度两端各预留 400mm，即钳口夹持区域为 200 ~ 250mm，不均匀变形区约为 150 ~ 200mm 作为几何废料，宽度两边各预留 30 ~ 50mm 作为几何废料。

19.4.2.4 生产中拉伸板的质量控制

A 拉伸板的间隔时间

淬火至拉伸的间隔时间是拉伸板材生产工艺的参数之一。对自然时效倾向大的铝合金

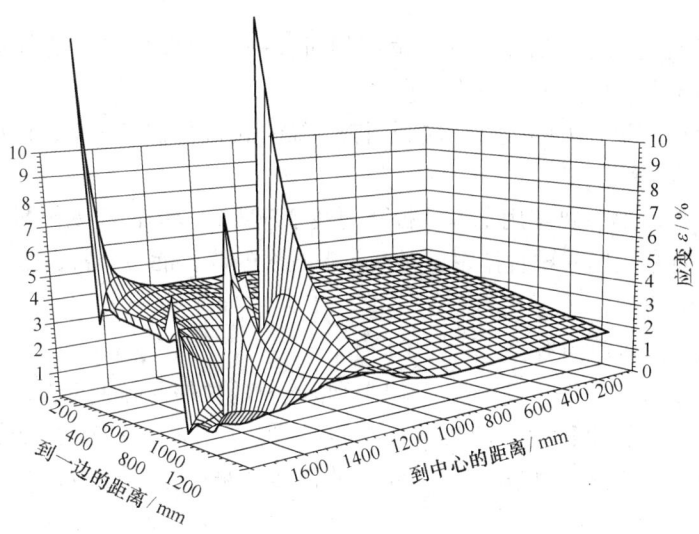

图 19-20 7075 铝合金板非均匀拉伸时长度方向的应变

板材，淬火后时效强化的速度很快，其结果会大大增加拉伸作业的难度，经验证明，它同时对残余应力的消除也有一定的影响。实际生产中，一般控制在 2~4h 以内。对自然时效倾向不敏感的时间控制可适当延长。

B 拉伸板的平直度质量标准

拉伸板平直度的规定见表 19-13。

表 19-13 拉伸板平直度的国际标准规定

标准名称	厚度/mm	长度方向平直度/mm	宽度方向平直度/mm
美国 ASTMB209—1995	6.3~80.0	5/2000 长度之内	4/(1000~1500)宽度之内
	80.0~160.0	3.5/2000 长度之内	3/(1000~1500)宽度之内
欧共体 EN485-3—1994	6.0~50.0	≤成品长度×0.2%	≤成品宽度×0.4%
	50.0~100.0	≤成品长度×0.2%	≤成品宽度×0.2%
中国 Q/Q141—1996	6.5~25.0	2/1000 长度之内	4/1000 宽度之内

C 拉伸板平直度的影响因素

拉伸板平直度的影响因素有：

（1）钳口夹持质量对拉伸质量起着决定性的作用，钳口的均匀夹持，使板材纵向每一个单元都被拉伸到等量的长度，从而实现了均匀拉伸，也起到了对板材的矫直作用。

（2）板材拉伸机的机架刚度与预变形补偿的影响：由于板材拉伸机的两个拉力缸等量安置在两侧，对于横截面越大的板材，在拉伸过程中机架产生的变形将越大。因此，拉伸机机架应保持较大的刚度，设计与制造中应考虑机架预变形补偿，以克服和补偿拉伸过程中机架产生的变形。

（3）有效控制拉伸前板材尺寸的不规则性和应力分布的不均匀性，拉伸过程中有效地控制平稳的速度，使各个变形单元得以充分均匀的变形，是满足均匀拉伸的重要条件之一。

（4）实践证明，长度相对小一些，宽度相对大一些的板材，其横向展平效果要好得多。生产中应选择宽、长比大一些的工艺方案。

（5）对淬火后变形较大的板材，应利用辊式矫直机进行初步矫平，而后再在拉伸机上进行最终的拉伸精矫平。

（6）由于拉伸机的主要作用是消除板材的残余应力，以纵向小变形量的塑性变形过程为主，因而对纵向有较好的矫直作用，对横向平直度的改善能力非常有限。

D　拉伸板缺陷及产生原因

拉伸板缺陷及产生原因有：

（1）拉伸量超标。根据不同合金、不同规格板材的拉伸回弹量特性，设定合适的预拉伸量。对强度高、合金化程度高的板材，拉伸后（4 天左右）约有千分之一的自然回弹量，生产中必须加以考虑。根据我国 4500 拉伸机多年来的生产经验，总结出拉伸设定量的经验计算公式为：

$$拉伸设定量 = KC\left(\frac{拉伸坯料实际长度 - 钳口长度}{1000} + \frac{厚度 \times 宽度}{25 \times 1000}\right)\% \qquad (19\text{-}2)$$

式中　K——材料的弹性系数，$K = 0.6 \sim 1.0$；

C——淬火-拉伸间隔时间系数，$C = 1.0 \sim 1.5$。

采用式（19-2）得出的拉伸设定量，基本可以满足拉伸工艺要求的 1.5% ~ 3.0% 的永久变形量。

（2）应力消除不当。通常是由于各个钳口夹持不均匀；拉伸前板料局部波浪过大，有限的拉伸量不足以消除该区域的残余应力；拉伸速度不平稳，产生新的不均匀应力分布；锯切工序对拉伸板的两端头和两侧边切除的尺寸过小。因此，保持良好的热轧板形、规范的拉伸过程和正确选择锯切尺寸是取得良好拉伸结果的重要条件。

（3）拉伸过程中断片。通常是熔体质量不好，内部夹渣、疏松严重等导致拉伸断片；热轧道次加工率分配不合理，使其厚板的表面层和心部的变形不均匀，导致心部残留严重的铸态过渡夹层，从而可引起拉伸断片；尤其是热轧板边部缺陷（开裂、裂纹和夹渣等）引起拉伸断片。

（4）拉伸滑移线。是由于拉伸量过大；拉伸前的整平工序的压光量过大（指压光矫直的加工方式）；淬火—拉伸—淬火—拉伸的多次重复生产导致的。

19.5　铝合金板带材的退火及人工时效

19.5.1　退火的特点及要求

19.5.1.1　退火的作用及特点

热处理在板带材的生产中占有非常重要的地位，没有各种热处理，板带材的生产几乎不能进行。合理利用各种热处理有利于产品质量的提高和生产的正常进行。但若使用不当也会带来严重的损失，甚至成炉成批报废。

对热处理产品的质量要求有：一是表面质量，不允许有退火油斑等缺陷；二是性能与组织要均匀，要求同一卷的头、中、尾性能与组织均匀，同一炉产品性能与组织均匀。

要充分发挥热处理的作用，控制好产品质量，保证料温的均匀性尤为重要。需要有良好的设备基础，确保各参数监测、显示的准确性，控制与调节的可靠性与及时性；需要有合理的工艺。

热处理的实质在于如何利用好"热"。热源的选择、供热方式、热量的大小和热流的分配等。

根据热处理退火炉的供热方式不同分燃料炉、电阻炉、感应炉等，根据传热介质的不同分为空气退火炉、真空退火炉和保护性气体退火炉等。其中电阻退火炉是应用最普遍的，尤其是以对流传热为主的电阻炉应用更加普遍。

19.5.1.2 物料加热温度的均匀性

A 单卷（垛）料温均匀性（气流循环式电阻炉）

热处理过程中物料的加热与温度均匀包括两方面：一是卷材（板材）表面与热空气的对流传热；二是卷材（板材）内部自身的传导传热。

a 表面的加热

在气流循环式电阻炉内，卷材在炉内的加热是以热空气与工件表面的对流换热实现的。对流换热是热空气在做宏观运动时，在接触和混合过程中，实现热能的交换。对流换热的结果是热量由高温物体传递到低温物体。

热空气流过卷材表面时，由于气体的黏度及卷材表面的粗糙度在紧贴卷材表面有一层过渡层（边界层），该层气流呈层流状态，过渡层外面是气体的主流部分，呈紊流状态，如图19-21所示。

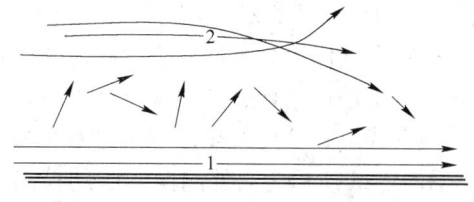

图 19-21　气体流过卷材表面的状态
1—边界层（层流）；2—主流（紊流）

热空气与卷材表面的对流换热过程包括两个步骤：一是主流对边界层，该过程是依靠主流对边界层的宏观流动所引起的，即对流传热；二是边界层到卷材表面的导热，该过程通过传导传热进行，由于气体传导传热能力低，因此边界层是对流换热的主要热阻，边界层越厚，热阻越大。

强化炉内对流换热，有利于提高生产效率，缩短加热时间；有利于提高热效率，节约能源；有利于表面均匀受热，提高加热质量。强化炉内对流换热的途径有：

（1）增大换热温差，实现差温加热，但此方法应有工艺限制，以免工件受热不均，因过热而损坏。

（2）提高气体速度，有利减薄层流，提高对流换热系数，有利于气体混合均匀，确保炉温均匀，确保卷材整个表面受热均匀，提高气体流速是强化对流换热的主要途径。

（3）增大换热面积，对于卷材强化端面传热，有利于提高升温速度（因端面传热比轧制表面传热对流换热系数大）。

（4）通过对流换热，使表面受热，温度升高，从而与卷材内部建立起温差，引起热量在卷材内部的热传递。

b 卷材内部热传递

由于卷材表面与内部之间的温差而引起的热传递属于传导传热，热量由温度较高的表面传递到温度较低的卷材内部。

卷材表面加热也包括端面的加热，并且端面对流换热系数较大，因此在传导传热时有两种情形，如图 19-22 和图 19-23 所示。

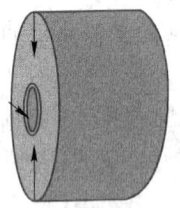

图 19-22　径向传热或层间传热
（图中 → 表示传热方向）

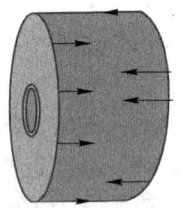

图 19-23　轴向传热或均匀固体内传热
（图中 → 表示传热方向）

图 19-22 表示由端面（或边部）向中心传热，相当于在均匀固体中的导热，它遵循傅里叶定律：通过传导传热的传热量与传热面积 F 成正比，与传热方向温差 $\mathrm{d}T/\mathrm{d}x$ 成正比，与传热时间 t 成正比，与固体材质有关（导热基本微分方程）

$$Q = \lambda F \Delta T t \qquad (\Delta T = \mathrm{d}T/\mathrm{d}x > 0) \tag{19-3}$$

式中　λ——导热系数，$\mathrm{J}/(\mathrm{m}^2 \cdot \text{℃} \cdot \mathrm{s})$。

一般，固体导热系数大于液体，液体导热系数大于气体。金属导热系数最大，有色金属导热大于钢铁，合金导热系数低于纯金属，金属导热系数随温度升高而减小。

根据式（19-3）可知，增大温差有利于传导传热。

图 19-23 所示为由外圈向内圈的传热，由于外圈向内圈的传热是层与层之间的传热，比均匀固体的导热要慢一些，层与层之间间隙越大，传热越慢。

c　温度的均匀性

卷材表面与热空气对流换热，使表面温度升高，因表面温度升高使卷材表面与内部因温差而引起热传导，使卷材内部温度升高，要均匀提高产品质量就应使卷材各个部分达到工艺要求的温度与保温时间。

图 19-24 所示为典型的退火曲线，从图中可以看出卷材表面在加热的初期阶段升温速度明显大于内部升温速度，随着炉气温度的不断提高卷材表面升温速度越来越快，与内部的温差越来越大，表面通过对流换热吸热量远大于传导传热放出的热量。炉气温度达到最高 T_1 保温段，在保温段的前半程时间内，表面温升继续加快，表面与内部温差继续加大，并达到最大温差，同时卷材表面与炉气间的温差逐渐减小。在此以前炉气传热以对流换热为主。在 T_1 保温段的后半程时间内，由于卷材表面温度不断上升与炉气间温差越来越小，通过对流换热所吸收的热量比前期少。在 T_1 保温段的前半程内，表面与内部温

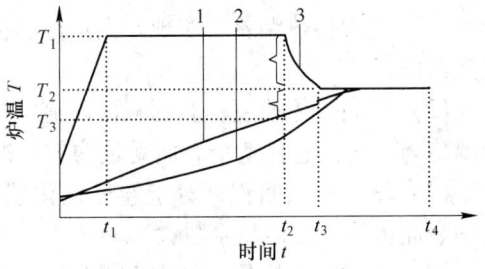

图 19-24　典型的退火曲线
1—卷材表面料温温升曲线；2—卷材内部
料温温升曲线；3—炉温曲线

差达到了最大，表面向内部大量传热，使内部温度温升速度大于表面。因此，表面与内部温差不断缩小。

在 T_1 保温结束后，开始转定温。炉气与表面温差越来越小，表面升温越来越慢，内部与表面进入均匀化阶段。

从以上分析不难看出，要使产品温度均匀，其中的一个重要影响因素是工艺制度，如果料温转定温度时间早了（T_3 偏低），料温上不去，并且也不一定均匀。料温转定温度时间晚了（T_3 偏高），最后料温要超温，并且温差大。

从生产中还发现，不同合金在同一制度下，升温时最大温差不一样。所需的均匀化时间也不一样。

影响料温均匀的另一个因素就是表面受热的均匀性，在加热时卷材表面各部分应均匀受热。要求炉气应有较大流速。布料时避免遮挡，消除死角。

B　整炉料料温均匀性

多个工件装炉（一炉装多个卷或多垛料），要保证每个卷（垛）温度的均匀性，就应保证每个卷（垛）周围炉温的均匀。

要保证每个卷（垛）周围炉温的均匀。一要保证有效工作区炉温均匀；二是采用分区控制；三要保证热流分布。

要控制工作区内炉温均匀，首先应做好炉子的保温性能。如果炉体某一处漏气，或保温性能差。就会使该区域温度偏低，其次加热室内电阻丝应均匀分布，另外还应注意导流板（隔热板）的气密性，以防气流短路。

在炉内总会有一些因素使炉温升温时速度不同步，有快有慢，温度有高有低，因而要采用分区控制，对加热器的输出功率做及时调整。在炉温保温时，也会因各区吸热物体吸热量不一样，而使炉温高高低低，因而要采用分区控制。

多个工件装炉，对每个工件热流的均匀分布是影响各个工件料温均匀的关键。

热空气流的均匀分布，一靠导流系统的合理导流；二靠循环风机增大热空气流速；三靠合理摆放工件，使各个工件周围对气流的阻挠与流通情况趋向一致。

多个工件装炉，影响料温均匀性的另一方面就是合金状态规格，即使每个工件周围热流分布均匀，不同合金状态其温度也不一样。因为不同合金比热容不一样，导热系数也有差异，导热系数不一样，影响单卷温度均匀性，导热系数大，整卷均匀性化快。导热系数大，从表面往内部传导的热量也大，因而表面温升慢。合金比热容大，升温所需热量就大。

19.5.2　退火工艺及人工时效制度

要实现料温均匀，首先应有好的设备：第一炉子保温性能要好；第二炉子结构合理；第三加热器功率要够；第四循环风机应有保证足够的风量、风压，使炉内热空气达到一定的风速；第五炉子控制系统应准确可靠。

针对生产中各种情况对料温均匀性的不同要求，为提高生产效率，确保产品质量，采用不同的工艺。

对于半硬产品，温度均匀性要求高，制定工艺制度时，炉气最高温度 T_1 与物料最终温度 T_2 不宜相差太大，最好在 100℃ 以内，物料温度 T_3 与最终温度 T_2 相差在 20℃ 左右时，转定温。温差比例控制段宜采用慢速，尤其是导热系数小的合金。

对于全退火产品，料温均匀性要求较松，在设备允许条件下，炉气最高温度 T_1 与最终料温 T_2 之间温差可大于100℃以上，转定温时物料温度 T_3 与最终料温 T_2 之间差值可选 10~15℃，温差比例段宜采用快速降温，对于导温系数小的产品 T_2 与 T_3 应在转定温时加大差值，温差比例段降温不易太快。

为确保料温均匀性，布料时，卷与卷之间卷径不宜相差太大，卷材在炉内均匀放置，不同合金配炉时尽可能选用导热系数相差不大的产品配炉，装炉各卷工况应基本一致。

部分铝合金的典型退火制度和人工时效制度见表19-14。

表 19-14 部分铝合金的典型退火制度和人工时效制度

合金状态	金属温度 /℃	保温时间 /h	备注	合金状态	金属温度 /℃	保温时间 /h	备注
2A14T6	150~165	12	人工时效	5A06O	330~350	1	退火
7A904T6、7A09T6	120~135	16		5A06H34	150~180	1	
6A02T6	150~170	6		1060O、1100O	345	1~3	
2A16T6	150~165	14		2014O、2024O	415	2~3	
6061T6	172~180	8		3003O、3005O	415	1~3	
7075T6	125~130	16		3004O	345	1~3	
3003H24	285~300	1.5	退火	5050O、5005、5052O	345	1~3	
1060 H24、1100 H24	230~240	1.5		6005O、6061O、6063O	415	2~3	
5A04O、5083M	345~365	0.5		7075O、71750	415	2~3	
5A66O	295~315	1					

19.6 铝箔的退火工艺

铝及铝合金箔材的退火工艺制度，应根据压力加工过程的需要及使用单位对成品力学性能（即合金状态）和表面质量等要求来合理确定。现对常用的退火工艺分别讨论如下。

19.6.1 铝箔坯料退火

箔材坯料在轧制之前，一般都需要进行坯料退火。坯料退火的目的是消除冷变形过程中产生的冷作硬化，即加热使材料获得完全再结晶组织，提高材料塑性，以利于进一步箔材轧制。

退火温度的选择主要根据合金成分和变形程度来确定。合金的纯度越高，其再结晶过程进行得越快，再结晶温度越低。铝箔坯料常用合金的退火制度见表19-15。

表 19-15 铝箔坯料常用合金的退火制度（参考）

合金牌号	金属温度/℃	保温时间/h	冷却方式
1145、1235、1100	360~440	8~12	出炉空气中冷却
8011、8079	350~450	10~15	出炉空气中冷却

注：装炉前，卷材应充分控油。

生产成品厚度在 0.08mm 以上的纯铝箔材时，也可以不进行坯料退火，直接轧制出成品。生产 8011、8079 箔材时，坯料退火厚度前移，成为板带材中间退火的一部分。

19.6.2 毛料中间退火工艺的选择

19.6.2.1 中间退火工艺的选择

从影响铝箔毛料轧制性能的因素可知，尽可能降低基体中杂质元素 Fe、Si 的固溶度，避免过多粗大化合物的形成，控制化合物形状为圆粒状或球状等对称形状，可以提高铝箔毛料的轧制性能，有利于材料的塑性变形加工。

在 380℃ 中间退火过程中存在着最佳固溶贫化点现象，这一现象是由两个对基体中 Fe、Si 元素固溶度起相反作用的相变过程引起的。最佳固溶贫化点现象是工业纯铝合金热处理过程中的一个重要规律，它为不同材质、不同规格要求的铝箔产品的组织控制和工艺优化提供了重要的理论依据。当中间退火时间较短时（6h），基体中 Fe、Si 元素固溶度可以达到最低，当中间退火时间适当延长时（<20h），可以使块状或片状 β_p（AlFeSi）相较充分地"分解"为小尺寸的、理想的圆粒状 α_c（AlFeSi）相，减少块状或片状 β_p（AlFeSi）相对基体塑性变形的不利影响，但却使基体中 Fe、Si 元素固溶度增加，这两个方面是相互矛盾的。进一步延长保温时间（>35h），虽然可以使基体中 Fe、Si 元素固溶度又降低至较低水平，但增加了工时。因此，应根据最终铝箔产品的要求来制定经济合理的中间退火工艺。若轧制 0.007mm 以上相对较厚的铝箔产品，对铝箔毛料要求相对较低，可以采用380℃、6h 的中间退火工艺，保证 Fe、Si 固溶度为较低水平，而使块状或片状 β_p（AlFeSi）相保留在铝箔毛料及最终铝箔产品中，因其尺寸一般小于 3μm，所以对较厚的铝箔产品不会有明显的不利影响。或者可以适当延长 380℃ 退火的时间为 6~8h，兼顾较低固溶度与 β_p（AlFeSi）相的部分"分解"转化。生产实践表明，只进行 380℃、6~8h 的中间退火处理，完全可以满足轧制 0.007m 以上铝箔产品的要求，这也是经济、省时的一种处理工艺。

对轧制 6~7μm 以及更薄的铝箔产品，应采取较长的中间退火时间，使 β_p（AlFeSi）相发生较充分转变甚至完全转变，从而在后续的冷轧工艺中轧离，成为离散分布的圆粒状 α_c（AlFeSi）相。由于 380℃ 保温 10h 以后该相变已较慢，所以从经济效益的角度考虑，可采用 8~15h 的保温时间。此时，需在中间退火之后补充析出退火工艺，使基体中 Fe、Si 元素固溶度尽可能降低。

19.6.2.2 铝箔毛料热处理和加工变形过程中 β_p（AlFeSi）相的形成、遗传和转变

β_p（AlFeSi）相是一种非平衡三元 Al-Fe-Si 相，它容易出现在快速冷却的铸锭中，在铸锭均匀化过程中，β_p（AlFeSi）相将逐渐溶解，并生成平衡 β_b（AlFeSi）相。610℃ 保温 13h 均匀化后，铸锭中有 β_b（AlFeSi）峰出现，说明 β_p（AlFeSi）相发生了较大程度的溶解和转变；560℃ 以下均匀化处理后，样品中探测不到 β_b（AlFeSi）峰，β_p（AlFeSi）相的尺寸也没有什么变化，说明 β_p（AlFeSi）相的变化程度很小；610℃ 保温 6h 随后进行第二级均匀化的分级均匀化工艺，样品中也没有 β_b（AlFeSi）峰出现。

均匀化以后铸锭中的 β_p（AlFeSi）相在热轧和冷轧变形加工过程中将不再发生变化，一直保留到冷轧态的铝箔毛料中。对冷轧态铝箔毛料进行 380℃ 的中间退火处理，β_p（AlFeSi）相将发生向 α_c（AlFeSi）相转变的相变反应，这一相变在 380℃ 保温 4~6h 的样品中出

现，约20h后相变较完全。

由以上分析可以看出，若采用适当的铸锭均匀化工艺，如中低温（<560℃）均匀化退火或高温（>600℃）短时均匀化退火，使高温区 β_p(AlFeSi)相向平衡相的转变被抑制而被保留下来，存在于冷轧态的铝箔毛料中，那么，对铝箔毛料进行适当的中间退火处理（380℃），就可以使 β_p(AlFeSi)相发生有利的相变反应生成 α_c(AlFeSi)相。

β_p(AlFeSi)相在热处理和加工变形过程中的上述转变规律及工艺控制可以用图19-25表示。

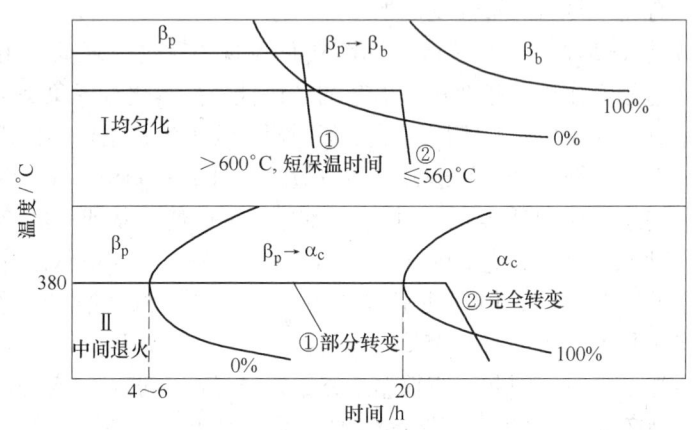

图 19-25 β_p(AlFeSi)相转变规律曲线示意图

19.6.3 铝箔成品退火及工艺参数的优化

19.6.3.1 铝箔成品退火

铝箔轧制到成品厚度后，以软状态交货时必须进行成品退火，其目的是控制箔材的力学性能和表面质量，使之满足技术标准和用户的使用要求。

铝箔是卷状生产的，层与层之间紧贴，而轧制用的工艺油成分又比较复杂，成品退火后既要求力学性能达到标准要求，又要求铝箔卷中的轧制油挥发干净或完全燃烧，所以退火时间较长。有时由于铝箔卷中的轧制油燃烧不完全或没有挥发干净，造成铝箔表面污染而报废。

铝箔退火的目的为：

（1）力学性能满足所需状态要求。铝箔轧制到成品厚度后，以退火状态（O、H22、H24、H26）交货时必须进行成品退火，其目的是控制箔材的力学性能和表面质量，使之满足技术标准和用户的使用要求。铝箔退火一般包括两方面，一是完全消除油类缺陷，达到彻底除油的目的；二是改变铝箔的力学性能。对于退火状态的铝箔，退火过程中这两个方面是互相渗透和同时发生的，只是在不同阶段侧重点不一样。符合表面不同用途的铝箔对产品质量的要求有所不同。一些特殊用途的铝箔如电缆包覆用铝箔、食品包装用铝箔、烟箔、电力电容器箔、复合用箔等，用户除了要求合适的力学性能、平整光亮的表面外，还要求铝箔表面除油干净，以保证最终产品的正常使用。

（2）提高表面质量。对于有些表面要求较高的硬状态铝箔，用户要求在保证力学性能满足使用的同时，要求铝箔表面除油干净，铝箔表面润湿张力值不小于 $34 \times 10^{-3} \mathrm{N/m}$，此类铝箔在特殊情况下还需进行低温除油退火。

铝箔成品退火的种类包括以下三种：

（1）低温除油退火。铝箔轧制后，铝箔表面会残留部分轧制油，为了减少表面残油，又能保证其硬状态的力学性能，可采用低温除油退火工艺。退火温度为 150～200℃，退火时间为 10～20h。表面除油效果良好，铝箔的抗拉强度微降5%～15%。

（2）不完全再结晶退火。部分软化退火，退火后的组织除存在加工变形组织外，还可能存在着一定量的再结晶组织，不完全再结晶退火主要是为了获得满足不同性能要求的H22、H24、H26状态的铝箔成品。

（3）完全再结晶退火。退火温度在再结晶温度以上，保温时间充分长，退火后的铝箔为软状态。软状态退火不仅是为了使铝箔再结晶，而且要完全除掉铝箔表面的残油，使铝箔表面光亮平整并能自由伸展开。根据不同的合金，退火温度控制在 180～270℃，退火时间根据铝箔卷的宽度确定，一般在 20h 以上。

19.6.3.2 铝箔成品退火工艺参数的优化

A 加热速度

加热速度是指单位时间所升高的温度。快速加热可以节能，还能使退火后的晶粒细化。但是对于薄箔，快速加热时，轧制油急速膨胀，极易产生起鼓，在用户使用过程中起皱。确定加热速度应考虑下列因素：

（1）铝箔卷的宽度、直径越大，箔卷的热均匀性越差，若加热速度太快，容易造成箔卷表面与心部温度差别太大，由于热胀冷缩的原因，箔卷表面和心部的体积变化会有较大差别而产生很大的热应力，使箔卷表面起鼓、起棱。对 0.02mm 以上的铝箔加热速度的影响不明显，而对 0.02mm 以下的薄箔加热速度应适当降低，低速加热还有利于防止铝箔的粘连。

（2）快速加热易于得到细小均匀的组织，改善其性能，如 3003 合金铝箔，为防止退火过程中极易出现的局部晶粒粗大、晶粒不均匀现象，通常采用快速加热的方法。

（3）在实际生产中，在保证质量的前提下应尽量提高加热速度。

（4）有轴流式循环风机的退火炉，由于气流循环快、温度均匀，可适当提高加热速度。目前铝箔退火炉绝大多数是气流循环式电阻炉，装炉量为 10～30t，带有温度自动控制、超温报警等功能，炉气温度的均匀性在 ±5℃ 以下。

B 加热温度

加热温度是指成品退火的保温温度。退火温度的高低，主要由材料的性质和退火的目的来决定。纯铝可以根据性能要求后再结晶温度的高低来确定。多相合金，特别是有溶解度变化的环境，除了考虑再结晶温度外，还要考虑第二相的溶解度和析出过程对退火产品质量的要求。加热温度对退火质量影响很大，选择合理不仅可以获得良好的产品质量，而且可以提高生产率，降低电力消耗，选择加热温度应考虑下列因素：

（1）对软状态铝箔，要求铝箔表面光亮，无残油和油斑。从去除铝箔表面残油的角度来看，加热温度越高、去油性能越好，但加热温度太高，会使铝箔内部晶粒组织粗大，力学性能下降。对软状态铝箔、薄箔的加热温度可选择 200～300℃。铸轧坯料生产的铝箔较热轧坯料生产的铝箔加热温度高 10~30℃。对软状态厚箔的加热温度可选择 300~400℃。加热温度对 0.0065mm×1000mm×φ340mm、空隙率为 9%~12% 的铝箔卷除油效果的影响见表 19-16。

表 19-16 加热温度对除油效果的影响

加热温度/℃	340	300	280	240	220
保温时间/h	20~30	30~40	50~60	70~80	90~110

（2）加热温度越高，铝箔的自由伸展性越差。图 19-26 所示为加热温度和保温时间对 6μm 铝箔伸展性的影响。

（3）加热温度的高低对铝箔的组织和性能影响最大，尤其对中间状态铝箔，正确选择加热温度是保证中间状态铝箔组织和力学性能的关键。为保证铝箔的组织和力学性能，一般先采用实验室实验，根据实验室结果制定退火工艺，然后再在工业生产中进行生产实验。值得注意的是，按实验室结果选定的最佳退火工艺，在工业生产中往往并不理想，考虑工业生产保温时间要长，一般将实验室选定的温度修正 10~30℃ 用于工业生产较为理想。

C 保温时间

保温时间指加热温度的保持时间。保温时间和加热温度在一定条件下可相互影响，加热温度高，保温时间就短。金属升温到退火温度后保温时间的长短，主要根据装炉量、箔卷直径、宽度大小和退火炉温度的控制精度等来决定。保温的目的是使每一个铝箔卷表里均能达到退火温度均匀，以保证得到力学性能均匀的制品和除净轧制油。当加热温度一定时，保温时间要保证铝箔表面和内部温度均匀一致，保温时间的选择要考虑下列因素：

（1）铝箔卷的宽度和直径。对软状态铝箔卷当退火温度一定时，为达到除油效果，应随着铝箔卷宽度和直径的增大，延长保温时间，对宽幅、卷径大的铝箔卷保温时间可达 100~120h。不同宽度铝箔卷的保温时间如图 19-27 所示。

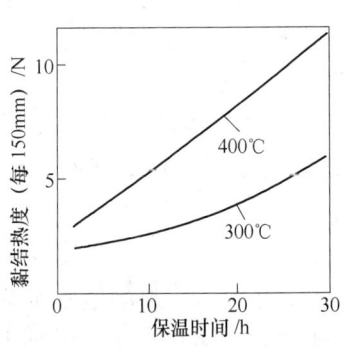

图 19-26 加热温度和保温时间
对铝箔伸展性的影响

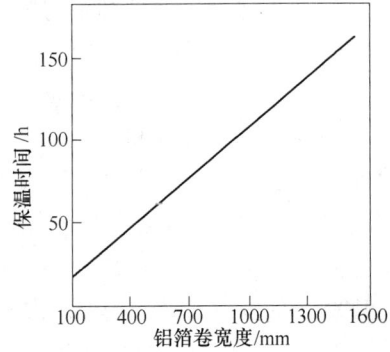

图 19-27 铝箔卷宽度与保温时间的关系

（2）空隙率对除油效果影响较大，空隙率大，保温时间可缩短，在其他条件相同时，空隙率为 14% 的 0.007mm 铝箔卷与空隙率 10% 的 0.007mm 铝箔卷相比，前者可缩短保温时间的 10%~20%。

（3）对有性能要求的铝箔，保温时间要足以使铝箔卷表面、内部组织和性能均匀一致。

（4）考虑到生产效率，在能够保证铝箔退火质量的前提下，应尽量提高加热温度缩短保温时间。

D 冷却速度

对于纯铝和热处理不可强化铝合金，可以出炉冷却。但制定宽幅铝箔退火制度时，要考虑出炉温度和在炉中的冷却速度，出炉温度过高或在炉中冷却速度过快时，极易产生起棱（冷却纹）缺陷。冷却速度的选择要考虑下列因素：

（1）铝箔卷的厚度、宽度和直径。铝箔厚度越薄、宽度和直径越大，则冷却速度应越慢，冷却速度太快，会引起铝箔卷表面和内部的温度差别太大，产生较大的热变形，使铝箔卷表面起鼓、起棱。冷却速度对 0.02mm 以上较厚的铝箔卷影响较小，但对 0.02mm 以下较薄的铝箔卷应控制其冷却速度和出炉温度，冷却速度应小于 15℃/h，出炉温度应小于 60℃。

（2）组织和性能。对热处理不可强化合金箔材，冷却速度对组织和性能的影响很小，但对热处理可强化的合金箔材，如果冷却速度太快，第二相质点得不到充分长大，就有可能形成细小的弥散质点，造成部分淬火效应，使强度升高，塑性降低，所以对此类合金箔材的冷却速度应加以控制。

（3）生产效率。在保证质量的前提下，可适当加快冷却速度，缩短退火周期。

19.6.4 铝箔退火的方式

铝箔退火的方式有以下几种：

（1）普通空气电阻炉。对一般工业用铝箔，普遍采用的是普通空气电阻炉，炉内有轴流式循环风机，为保证炉腔内正压力，清洗风机向炉内吹进外界空气，采用该退火方式，只要退火工艺选择合理，完全能够消除铝箔表面残油，保证铝箔表面质量和性能良好。

（2）保护性气体退火。保护性气体通常为氮气，可采用液化气燃烧分解的方法或直接将氮气通入退火炉内，氮气含量可达80%以上。此种方式因为没有氧气，轧制油只蒸发而没有氧化燃烧，所以，即使是高黏度轧制油，也不易出现油斑和油粘连。

（3）负压退火。负压退火采用的不是向炉内吹空气保持炉内正压向外排油烟的方法，而是向炉外抽气保持炉内负压的方法，该种方式，轧制油挥发较快，可以缩短退火除油的时间。

（4）真空炉退火。铝箔真空炉退火除油效果表面质量好，但时间长、成本高。目前只有一些必须高温退火并严格要求防止表面氧化的电子铝箔采用真空炉退火。

19.6.5 消除退火铝箔表面污染的方法

消除退火铝箔表面污染的方法有：

（1）选择合适的轧制工艺油。这是产生表面污染的根本原因。

（2）采用合适的轧制工艺。选择合理的原始辊型，控制好轧制辊型，使轧制出的箔材平整；严格控制表面带油量，缠卷要缠紧。

（3）采用合适的热处理工艺。退火温度低，保温时间不足，易挥发的组分挥发，而难挥发的组分留在卷中，形成一薄层黏度较大的油膜，则有可能因黏附性实验、表面润湿张力实验、刷水实验而报废。退火温度高，保温时间过长，易使箔材发生聚集再结晶，力学性能降低。因而箔材退火应根据合金、再结晶温度、轧制油的组分及箔材的厚度、宽度、卷径、装炉量等来确定加热温度和保温时间。概括地说，对厚箔采用退火温度稍高，保温时间稍短；对薄箔则采用退火温度稍低，保温时间稍长为宜。

19.7　铝合金板带箔材的检查、涂油与包装

19.7.1　检查

19.7.1.1　常检查的项目

常检查的项目有板带材的厚度、宽度、不平度、侧向弯曲率、表面工艺油残留量、表面粗糙度力学性能、晶粒组织等，根据用户使用情况及产品生产时所采用的技术标准不同而各有侧重点。

19.7.1.2　检查工具

检查工具包括：

（1）离线检测工具。螺旋千分尺（精确到 0.001mm）、卷尺（精确到 1mm）、用于测量波高的直尺（精确到 1mm）、检测平台、游标卡尺、拉伸机、电镜等。

（2）在线检测工具。包括：

1）板型辊。接触式张力测量辊，如 ABB 公司的板形测量辊、戴维国际开发的 VIDIMON 板形辊、Hess Engineering 公司的 Sundwig/BFI 带材平直度测量辊等，具体选用时应根据需要检测的带材厚范围和设备工作环境确定。非触式板形仪，主要用于无张力或微张力热轧或冷轧的板型检测，一种是用得较多的激光板形仪，另一种是用得较少的涡流板形仪。

2）测厚仪。测厚仪主要有涡流测厚、X 射线测厚、放射线测厚、激光测厚等。具体选用时应根据需要检测的带材厚度确定。

3）表面检测工具。板带材表面检测工具主要用来检测板带材表面的擦划伤、印痕、压过划痕及粘伤等轧制缺陷，早期表面检测系统是采用激光扫描器对二维表面缺陷逐点扫描进行检测；第二代表面检测系统是建立在 CCD 线列阵摄像仪的基础上，逐条线进行扫描进行检测；目前采用的系统采用了特别的算法，配有 CCD 面列阵摄影机和专门的显示系统。如德国 Mavis Machine Vision 公司开发的测量系统和 Cognex 公司开发的 IS-1500 表面检测设备等。

19.7.1.3　检查方法

板带材的厚度可用测厚仪进行在线检测及用螺旋千分尺进行离线测量；宽度用卷尺或游标卡尺进行测量；不平度（I）采用板形测量仪进行在线检测或将板材或带材自由放在检测平台上用直尺和卷尺分别测量波高（h）和波长（l），按公式：$I = \left[h/(2\pi l) \right]^2 \times 10^5$ 进行计算得出；侧向弯曲率是将长度为 1m 的直尺靠在带材的边部，然后用另一直尺测量出带材边部到 1m 长直尺的最大距离；表面缺陷可采用目测或使用专用表面检测工具进行检测；表面工艺油残留量、表面粗糙度、力学性能、晶粒组织等指标则需用专用设备按相应的技术标准进行检测。

19.7.2　涂油

手工涂油法为：用软质材料（如毛刷、泡沫等）将油直接涂刷在板片上，此方法的涂油量较多，且不均匀，刷涂用油极易污染，一般只刷涂片材的单面。

卷材的连续涂油法为:

(1) 辊涂法。辊涂法设备简单,但涂油量不均匀,且大小不易控制,特别是要求涂油量较少时更难以满足要求,如图 19-28 所示。

(2) 静电涂油法。静电涂油装置较辊涂法复杂,特别是涂油头的加工要求很高,但涂油均匀,且由于其计量泵转速可自动随设备运行速度的变化而变化可实现自动控制,如图 19-29 所示。

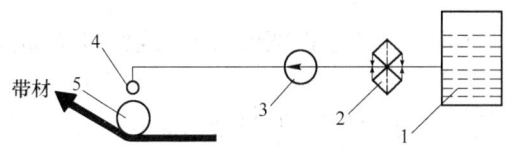

图 19-28　辊涂法示意图
1—带有加热器的油箱;2—过滤器;3—油泵;
4—加工有间距约 1.5 mm、孔径为 1.5 ~ 2.0 mm
小孔的钢管;5—加工有螺纹的聚氨酯辊

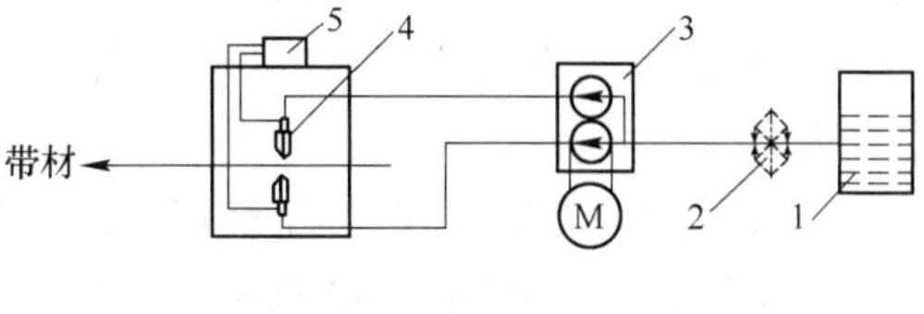

图 19-29　静电涂油法示意图
1—带有恒温加热器的油箱;2—过滤器;
3—计量油泵;4—涂油头;5—高压电源

19.7.3　常用包装材料

包装材料的种类繁多,包装方法不同,所采用的包装材料也不同,总的来说有以下几大类:木材、纸、化工材料、竹制品、钢材等。用它们直接用来包装铝加工材的包装材料有以下几种。

19.7.3.1　防潮材料

防潮材料包括:

(1) 聚乙烯薄膜。根据制造方法及性质分为高压法聚乙烯薄膜及中低压法聚乙烯薄膜,一般为筒状或薄膜状。薄膜的颜色原则上是自然色,必须材质均匀,膜面无气泡、不匀、折痕、针孔,不允许有 0.6mm 以上的黑点和杂质以及 2mm 以上的晶点和僵块,膜面之间无黏结。存放和使用应在 50℃ 以下。其物理力学性能应符合表 19-17 的规定。

表 19-17　聚乙烯薄膜的物理力学性能

指 标 名 称	指 标 要 求	
	厚度小于 0.05mm	厚度不小于 0.05mm
拉伸强度(纵、横向)/MPa	≥0.1	≥0.1
断裂伸长率(纵、横向)/%	≥0.14	≥0.25
直角撕裂强度(纵、横向)/MPa	≥0.04	≥0.04

(2) 聚乙烯加工纸。聚乙烯加工纸是将聚乙烯薄膜(一般多为 0.01 ~ 0.07mm)复合在各种纸上而成,具有优异的防水、防潮、耐化学、热封口性能。

(3) 沥青防水纸。在各种克重(30 ~ 75g/m²)的两层牛皮纸间黏附沥青层(40 ~ 80g/m²)而成。其价格便宜,是具有防水、防潮、气密性、耐化学性的柔软包装材料。

(4) 自黏膜。包装用自黏膜是由 C_6 或 C_8 材料按一定比例制成的一种延伸可达 370% 以上的材料,其外表面有一层黏性物质,主要用于自动包装机列上,包在卷的内层起防水和防潮作用。为保持其密封性,在使用时要求其延伸达到 150% ~ 250% 以上仍具有弹性。

具体技术指标为：拉伸强度≥20MPa，直角撕裂强度≥12MPa，自黏性≥1.5×10^{-2}MPa。

19.7.3.2 包装箱

包装箱主要用于板材或质量小于 1.5t 的小卷的包装，制作包装箱需要的材料有：原木材、胶合板、竹席板、钢钉、金属材料等。

（1）木材。作为包装用的木材，一般常用的主要是松、冷杉、铁杉等针叶树，其含水率原则上要求控制在 20% 以下，但对于成箱后还会继续干燥的外部用材其含水率可控制在 24% 以下。木材不能有下列缺陷：

1）板材和扁方材的木节或群生节在板宽方向的直径超过板宽的 1/3，或钉钉子部位及两端有节者。

2）方材的木节或群生节在材宽方向的直径超过材宽的 1/3，且贯通两面者。

3）用作应力构件的木材的钝棱用带有树皮的大小，超过厚度的 1/2，以及在材宽方向上超过 2cm 者。

4）板材上有 1.2cm 以上的木节孔、虫眼、死节、漏节等缺陷者，但已修补的除外。

5）有裂纹、腐朽、变形等缺陷者，但已修补者除外。

（2）胶合板。根据使用部位的受力情况可选用 3 层、5 层或更多层数的胶合板。

（3）铁钉。根据需要确定长度。

（4）护棱（连接铁皮）。护棱的材质与钢带相同，根据需要可用经防锈处理的护棱。

（5）钢带。钢带分为 16mm、19mm、32mm 三种，并根据需要可做防锈处理。

（6）竹席板。竹席板主要用来制作国内包装箱的侧壁和顶板，它是由竹席和乳胶经热压而成，具有防水、防潮性能，并具有一定的强度。

包装箱的具体结构如图 19-30 所示。

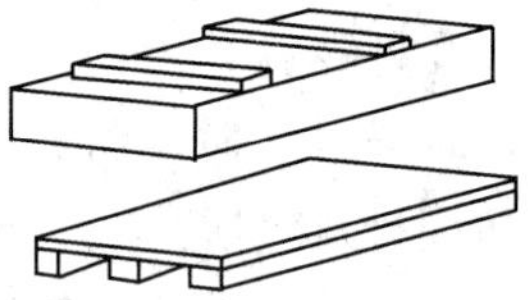

图 19-30 片材包装箱示意图

19.7.3.3 木托盘

木托盘（含圆形顶盖或方形框架）主要用于卷材的立式包装，托盘的底方用冷云、落叶松等强度较高的木材制作，木方、木板无腐朽和霉烂。底方上不允许有影响强度的死节，也不允许有大于 20mm 的贯穿活节，允许有不影响强度的活节，活节的尺寸不得超过材宽的 40%，每米材长上的活节数不得超过 5 个。底方上允许有宽度不超过 1mm 的裂纹（钢木托盘允许有宽度不超过 2mm 裂纹），且裂纹长度不得超过材长的 1/4。

托盘用木方及木板均用整根，不允许对接，所用木方及木板厚度应一致，不能高低不平，厚度不均，宽度及厚度公差控制在 ±2mm 内。底板不铺满，板与板之间留 30~80mm 的间隙，底板与底方之间用两颗 76.2mm 的铁钉呈迈步形进行连接。为了节约木材，当卷重大于 3t 时，可采用厚度为 3mm 的冷轧钢折弯成槽形包在底方外面来加强底方的强度。

用来制作圆形顶盖的竹席板或胶合板不允许有起层、气泡、潮湿、霉烂、穿洞等影响强度和防水性的缺陷，且尽可能地用整块制作。但当直径较大时，允许有一条接缝，但接缝间隙不大于 2mm，拼接时用 100mm 宽的同种材料压头，并用胶粘接牢后用铁钉钉牢，钉尖要盘倒。木托盘的结构如图 19-31 所示。

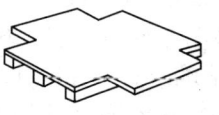

图 19-31 卷材包装用木托盘

19.7.3.4 井字架

井字架主要用于卷材的卧式包装。从节约成本的角度出发，当卷材质量超过 3t 时可采用钢木结构的底座（用 3mm 厚的冷轧钢板折弯成 U 形包在木方外面，从而减小木方的尺寸），例如：用于包装质量为 5 ~ 7t 的卷材的井字架的底方尺寸为 120mm × 120mm，斜方尺寸为 150mm × 120mm，如改用钢木结构的底座，则可采用底方尺寸为 100mm × 100mm、斜方尺寸为 100mm × 100mm 的井字架。小卷可采用全木底座也可采用全钢底座（全用槽钢焊接制作而成，但其斜方上固定有起缓冲作用的橡胶皮）。井字架的结构如图 19-32 所示。

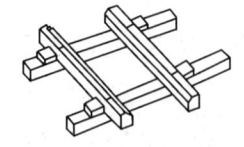

图 19-32　井字架示意图

井字架的底方、斜方必须用整根木材，且不允许有影响强度的死结，在起吊位置和中间部位不允许有超过材宽 40% 的活节，其余部位不允许有超过材宽 50% 的活节，每米材长的活节数不得超过 5 个（活节尺寸不足 10mm 的不计）。允许有宽度不超过 2mm 的裂纹，但单根裂纹长度（深度）不得超过材长（材厚）的 1/4。连结底方、斜方的螺栓、螺帽不允许有严重变形及裂纹，且装配好后螺栓、螺帽应低于支承铝卷的木方表面 15 ~ 20mm。如使用冷弯槽钢，则冷弯槽钢、起吊铁皮及其他连接件应折弯成直角，钢材质量应符合 GB 708—88 的要求。

19.7.3.5 纸制品

包装时所用原纸主要有牛皮纸或新闻纸（作为防止片间表面损伤的衬纸用）两种，其主要技术指标见表 19-18 和表 19-19。

表 19-18　牛皮纸主要技术指标

指标名称		规　定		允许误差
		1 号	2 号	
质量/g·m⁻²		60	60	±5%
		70	70	
		80	80	
		90	90	
耐破度/MPa	60g/m²	≥0.19(1.9)	≥0.15(1.5)	
	70g/m²	≥0.23(2.3)	≥0.19(1.9)	
	80g/m²	≥0.26(2.6)	≥0.23(2.3)	
	90g/m²	≥0.30(3.1)	≥0.25(2.6)	
纵向撕裂度/MN	60g/m²	≥52	≥37	
	70g/m²	≥64	≥50	
	80g/m²	≥75	≥60	
	90g/m²	≥84	≥70	
水分/%		7	7	+3
pH 值		≤7		

注：纸面应平整，不允许有褶子、皱纹、残缺、斑点、裂口、孔眼等纸病。

表 19-19 新闻纸主要技术指标

指标名称	规定			
	A	B	C	D
质量/g·m⁻²	45 ± 1.5　49 ± 2.0　51 ± 2			
横幅（1562mm）定量变异系数/%	≤2.5	≤3.0		
卷筒纸纵向裂断长/m			2700	2500
平板纸纵横平均裂断长/m	≥3200	≥2900	≥1900	≥1700
横向撕裂度/mN	≥230	≥200		
每平方米尘埃度（0.5 ~ 4.0mm)/个	≤72	≤100	≤140	≤200
每平方米尘埃度（1.5 ~ 4.0mm)/个	≤4	≤8	≤12	≤20
尘埃度（大于4.0mm)	不许有	不许有	不许有	不许有
交货水分/%	6.0 ~ 10.0			
pH 值	≤7			

注：纸面不允许有褶子、洞眼、疙瘩、汽斑、裂口等外观纸病。

A 纸筒

纸筒用作厚度不大于 0.8mm 的卷材的内衬，对其具体要求是：湿度不大于 15%；径向溃压力根据内径不同要求范围在 1300 ~ 1800N；锥度不大于 1mm；尺寸有：内径 φ75mm、φ200mm、φ300mm、φ405mm、φ505mm、φ605mm 等多种规格；长度由带材宽度决定；壁厚由卷材质量决定，常采用壁厚为 20mm 的纸芯。

B 纸板

纸板由牛皮纸、乳胶经黏合干燥而成，其表面刷有一层防潮油，要求：厚度为 3 ~ 5mm；湿度不大于 15%；表面无孔洞、起层、霉斑、翘曲；气泡直径不大于 10mm；戳穿强度不小于 980N/cm²；耐磨不小于 196N/cm²，如图 19-33 所示。

C 纸角

纸角的制作方法与纸板相同，其宽度一般为 100mm × 100mm × (4 ~ 6)mm，侧面按一定间距（间距由卷径大小粗略确定）开有三角形的缺口，如图 19-34 所示。

D 端头纸板

制作方法与纸板相同，厚度为 4 ~ 5mm，外径为卷径 - (50 ~ 0)mm，质量要求与纸板相同，如图 19-35 所示。

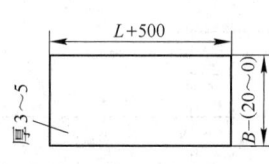

图 19-33 外纸板示意图

L—卷周长；B—卷宽

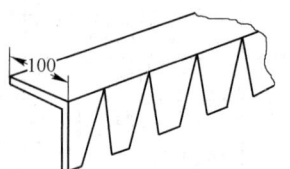

图 19-34 纸角示意图

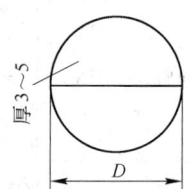

图 19-35 端头纸板示意图

D—卷径

19.7.4　包装标志

19.7.4.1　收发货标志

产品标志的内容为：产品的产地、到货地、收货单位、包装编号、质量（国内产品注明净重，出口产品还须注明毛重）、生产日期及其他注意标志等。

标志的色彩为：收发货标志原则上全部是黑色，且所用的墨水必耐摩擦，并为不产生渗润、褐色、剥落等缺点的材料（一般多用油性材料）。

标志的位置有：

（1）国内包装。片材包装箱的两对称侧面靠上顶边位置。

（2）卷材的包装。卷材的上 1/4 位置。

注意事项包括：

（1）除了收发货标志、注意标志之外，其他一切标志都不得记入。

（2）旧标志必须完全清除。

（3）广告标志不得影响必要的标志的醒目。

19.7.4.2　指示标志

指示标志有：

（1）色彩。指示标志原则上是黑色，也可使用红色，如与包装的底色相同也可采用反色。

（2）方法。指示标志可用刷涂、印模、描绘、印刷、标签等方法进行标示。但要使用在运输过程中不产生渗润、磨损、磨破、褐色、剥落等现象的材料。

（3）位置。指示标志要标示在包装表面易见的位置。

1）方向标志原则上标示在包装侧面或端面近于上方的角落处，并要标示两处以上。

2）位置标志通常相对地标示在起吊位置处。

19.7.4.3　装箱单

装箱单是由卖方发运到买方的包装货物的明细表。它除了向买方通知内装货物的详情的目的外，同时还是进出口报关、银行贷款批准及其他贸易业务处理上的文件，其主要内容有：生产日期、发货单编号、合同或订货单编号、合金及状态、规格、技术标准、质量等。

19.7.5　包装方法

铝加工材的包装方法很多，产品规格、运输方式及运输距离不同，所选择的包装方式也不同，下面仅对卷材和板材这两类产品的包装方法做简要说明。

19.7.5.1　卷材的包装

卷材包装分三种：立式包装、卧式包装和装箱。大卷（宽度不小于650mm，质量不小于1.5t）一般采用立式包装（卷材轴心线向上）或卧式包装（卷材轴心线呈水平）；小卷一般采用卧式包装或装箱，较少采用立式包装。它们包装后的最终示意图分别如图19-36～图19-39所示。

需要特别说明的是由于分条卷宽度窄、质量轻，因此包装时多采用多卷合包方式。为

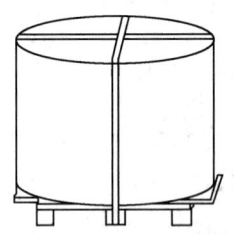

图 19-36　立式包装示意图

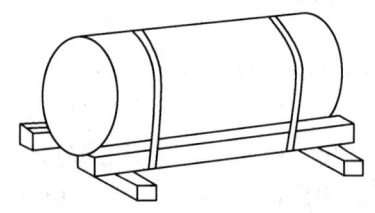

图 19-37　卧式包装示意图

了避免卷材端面损伤，在卷与卷之间通常加有与卷材外径相近、厚度为 1 ~ 3mm 的同心纸圆（如果卷材卷取特别整齐，可加不同心圆），然后用两根 16mm 的钢带对称地沿径向将分条卷打捆在一起，其余包装方法与单条小卷的包装方法相同。其所用的同心圆的参数如图 19-40 所示。

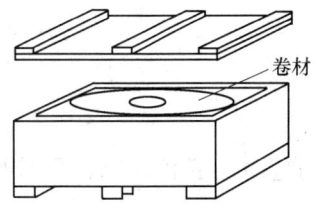

图 19-38　小卷立式
装箱包装示意图

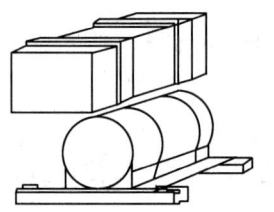

图 19-39　小卷卧式
装箱包装示意图

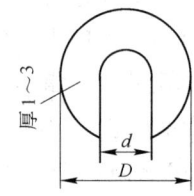

图 19-40　同心圆示意图
D—卷材外径；d—卷材内径

19.7.5.2　板材的包装

根据 GB/T 3199 规定，对厚度不小于 30mm 的普通板材采用裸件，对厚度在 5mm 以下的板材不允采用裸件，即要进行包装。板材的包装方法有两种：装箱包装和下扣式包装（可用于横切机列实现在线包装）。它们包装后的最终示意图分别如图 19-41 和图 19-42 所示。

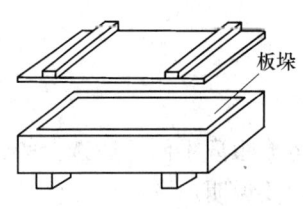

图 19-41　板材下扣式包装的示意图

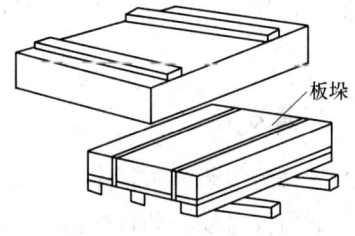

图 19-42　装箱包装的示意图

在板带材的包装中，为了防止板片间擦伤表面，绝大多数厂商采用板片间衬纸方式，衬纸方式有两种：手工衬纸和静电衬纸。衬纸大多采用新闻纸，其原理和设备都比较简单。

20　铝及铝合金板带箔材板形与辊型控制技术

20.1　板形分类及其表示方法

20.1.1　板形的分类

板形直观来说是指板带的翘曲度，其实质是板带内部残余应力的分布。

只要板带中存在残余应力，就称为板形不良。如果这个残余应力虽然存在，但不足以引起板带翘曲，则称为"潜在"的板形不良；如果这个应力足够大，足以引起板带失稳而产生翘曲，则称为"表观"的板形不良。

波浪是由轧制时板材的各部位纵向延伸不一致所引起的。根据其产生的部位可分为中浪、边浪、四分之一浪等。边浪又分为单边浪和双边浪。根据其所对应的数学形式可分为一次板形、二次板形、三次板形和高次板形等，如图 20-1 所示。

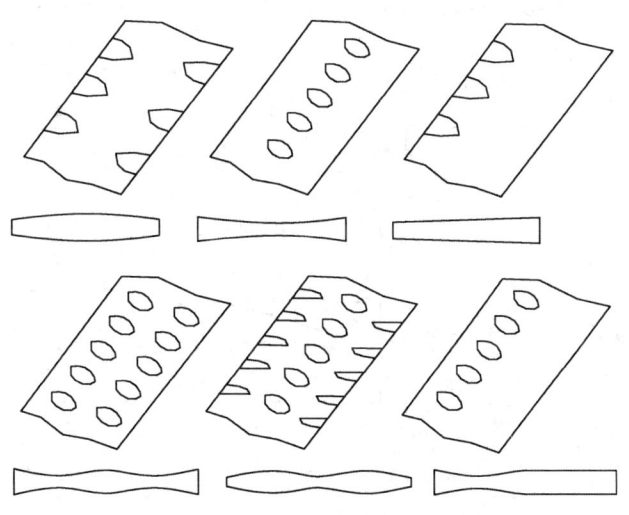

图 20-1　板形缺陷的分类

板形的好坏取决于轧制时板带材宽度方向上沿纵向的延伸是否相等，轧前坯料横截面厚度的均一性，轧辊辊型以及轧制时轧辊的弯曲变形所构成的实际辊缝形状等。可见板形与横向厚度精度二者是密切相关的。

20.1.2　板形的定量表示法

20.1.2.1　相对长度差表示法

相对长度差表示法是一种比较简单的表示板形的方法，就是取横向上不同点的相对长

度差 $\dfrac{\Delta L}{L}$ 来表示板形，其中 L 是所取基准点的轧后长度，ΔL 是其他点相对基准点的轧后长

度差。相对长度差也称为板形指数 ρ，$\rho = \dfrac{\Delta L}{L}$。

英国的相对长度差的单位是蒙（mon），1mon 相当于相对长度差为 10^{-4}。美国是用带材宽度上最长和最短纵条上的相对长度差表示，单位是%。加拿大铝公司也是取横向上最长和最短纵条上的相对长度差作为板形单位，称为 I 单位，一个 I 单位相当于相对长度差为 10^{-5}。

20.1.2.2　波形表示法

在翘曲的板带上测量相对长度来求出相对长度差很不方便，所以人们采用了更为直观的方法，即以翘曲波形来表示板形，称之为翘曲度。图 20-2 所示为板带翘曲的两种典型情况。将带材切取一段置于平台之上，如果将其最短纵条视为一直线，最长纵条视为一正弦波，则如图 20-3 所示，可将板带的翘曲度 λ 表示为：

$$\lambda = \frac{R_v}{L_v} \times 100\% \tag{20-1}$$

式中　R_v——波幅；

　　　L_v——波长。

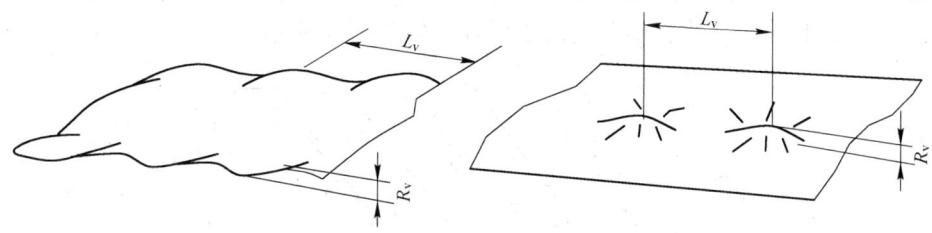

图 20-2　带钢翘曲的两种典型情况

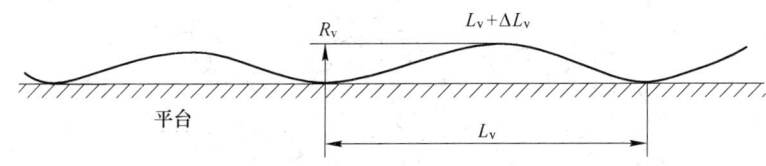

图 20-3　正弦波的波形曲线

这种方法直观、易于测量，常被采用。

当采用这种方法表示板形时，其曲线部分与直线部分的相对长度差为：

$$\frac{\Delta L_v}{L_v} = \frac{\pi^2}{4}\lambda^2 \tag{20-2}$$

式（20-2）表示翘曲度 λ 和最长、最短纵条相对长度差之间的关系，它表明带材波形可以作为相对长度差的代替量。只要测出带材波形，就可以求出相对长度差。

20.1.2.3　张力差表示法

带材在张力作用下，表观板形消失，而变为潜在板形。此时在板宽方向上出现张力不

均匀分布。换句话说，带材上张力分布与平直度成比例。如果施加到标准长度部分上的单位张力为 σ_0，则板宽上某一点的单位张力 $\sigma(x)$ 可表示为：

$$\sigma(x) = \sigma_0 - \Delta\sigma(x) \tag{20-3}$$

式（20-3）说明，在张力作用下板宽方向出现张力偏差 $\Delta\sigma(x)$，它与相对长度差成比例，即

$$\Delta\sigma(x) = E\varepsilon(x) \tag{20-4}$$

式中　E——带材的弹性模量，MPa。

如果将式（20-4）改写为：

$$\varepsilon(x) = \Delta\sigma(x) \times \frac{1}{E} \tag{20-5}$$

说明相对长度差的分布以及由它引起的形状凸凹不平可以由 $\Delta\sigma(x)$ 来估量。

20.1.2.4 厚度相对变化量差表示法

厚度相对变化量差表示法是一种比较简单的方法，它以边部和中心两点厚度相对变化量差来表示板形的变化，它主要在模拟计算中用来描述某些外扰对板形的影响，板形参数 Sh 表示为：

$$Sh = \frac{\delta_c}{h_c} - \frac{\delta_e}{h_e} \tag{20-6}$$

式中　δ_c, δ_e——某外扰引起的带材中心和边部厚度的绝对变化量；

　　　h_c, h_e——带材中心和边部的厚度。

当 $Sh = 0$ 时，说明带材板形没有变化；当 $Sh > 0$ 时，说明带材板形向边波方向变化；当 $Sh < 0$ 时，说明带材板形向中波方向变化。

20.1.3 板凸度

与板形这一概念密切相关的另一个重要的概念是所谓的板凸度。热轧及冷轧板带材往往具有共同的特点，除板带边部外，90% 的中间带材断面大致具有二次曲线的特征，而在接近边部处，厚度突然迅速减小，这种现象称为边部减薄，如图 20-4 所示。

一般所指的板凸度，严格来说，是针对除去边部减薄区以外的部分。边部厚度是以接近边部但又在边部减薄区以外的一点的厚度来代表，板凸度即为板中心处的厚度与边部代表点处的厚度之差。有时为强调它没有将边部减薄考虑进去，又称它为中心板凸度 C_h，其表达式为：

$$C_h = h_e - h_{e1} \tag{20-7}$$

边部减薄也是一个重要的断面质量指标，边部减薄量直接影响到切损的大小，与成材率有密切的关系。边部减薄量越小，边部切损量也越小，成材率越高。边部减薄度 C_e 表示为：

$$C_e = h_{e1} - h_{e2} \tag{20-8}$$

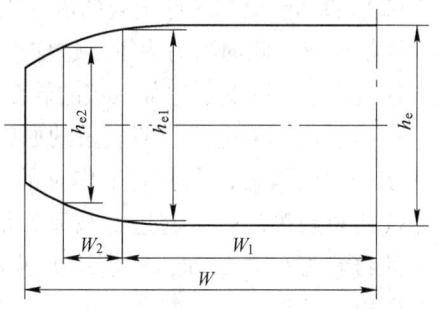

图 20-4　中心板凸度和边部减薄

板带的厚度和板形、板凸度都有密切的关系，为了将这个因素考虑进去，引入了比例凸度的概念。比例凸度 C_p 表示为板凸度 C_h 与板带平均厚度 $\bar{h}$ 之比，即

$$C_p = \frac{C_h}{\bar{h}} \tag{20-9}$$

这样一来，在板带材轧制过程中，获得良好板形的条件可以写为：

$$C_p = 常数 \tag{20-10}$$

20.1.4　边部减薄

边部减薄是发生在轧件边部的特殊的物理现象，发生边部减薄的主要原因有两个：

(1) 轧制压力引起轧辊压扁变形的分布特征。如图 20-5 所示，轧件和轧辊接触压扁区长为 B（即轧件宽），压扁区宽为 l_d（即接触弧长），若忽略远处作用力的影响，对接触区内任何一点可确定一个所谓的有效作用区。例如 a 点，可以确定一个以 a 为对称中心的区域 $b_0 \times l_d$，认为在此区域内的分布力对 a 点接触压扁有影响，而区域之外作用力的影响可以忽略。同样点 b 也可以确定一个有效作用区 $b_0 \times l_d$，但 c 点的有效作用区仅为 $(b_0 \times l_d)/2$，因而它的压扁变形比内部各点 a、b 等要小得多。所以在接触区内部各点压扁变形相差不大（例如 a 点和 b 点），但在轧件边部，压扁量明显减小，相应地轧件要发生明显减薄。

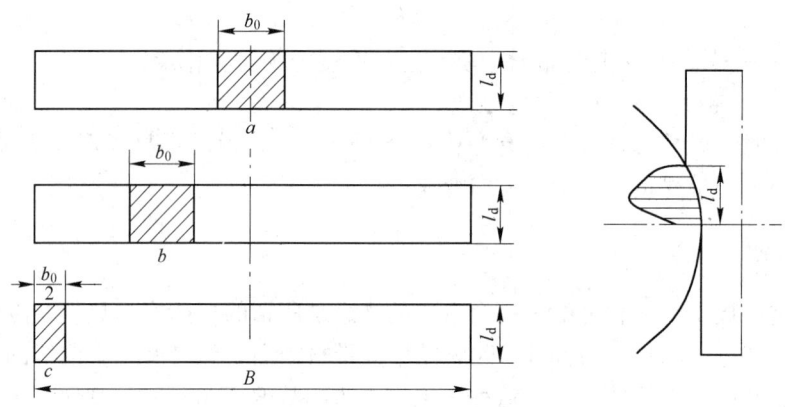

图 20-5　边部点与内部点的有效作用区

(2) 边部金属和内部金属的流动规律显著不同。边部金属所受侧向阻力比内部要小得多，在最外点，侧向阻力为零。这样一来，金属除了纵向流动以外，还发生明显的横向流动，这就进一步降低了边部区域的轧制压力以及轧辊压扁量，使金属发生边部减薄。

根据上述产生边部减薄现象的原因，可以定性地分析影响边部减薄的因素。凡是影响轧制压力的因素，也影响工作辊的压扁分布，必然影响边部减薄。例如增大压下量、轧制硬质材料等均会引起边部减薄量增大。采用较大的工作辊直径，一方面会使轧件与轧辊的接触弧长 l_d 增加，从而增大纵向阻力，助长横向流动；另一方面又会加大接触压扁，所以必然引起边部减薄增大。由此可以得出结论：工作辊直径越小，则边部减薄也越小。

20.2　影响板形的主要因素

金属本身的物理性能（例如硬化特性、变形抗力）直接影响轧制力的大小，因而与板形密切相关。金属的几何特性，特别是板材的宽厚比、原料板凸度是影响板形的另一个重要因素。

轧制条件的影响更为复杂，它包括更广泛的内容。凡是能影响轧制压力及轧辊凸度的因素（例如摩擦条件、轧辊直径、张力、轧制速度、弯辊力、磨损等）和能改变轧辊间接触压力分布的因素（例如轧辊外形、初始轧辊凸度）都可以影响板形。

20.2.1　轧制力变化对板形的影响

轧制力受许多因素的影响，例如变形抗力、来料厚度、摩擦系数、板带的张力等。所谓轧制力变化并不涉及轧辊热凸度的变化。完好板形线为图 20-6 所示的直线 F，实际的轧辊凸度在轧制力波动时并不发生变化，所以是一条水平线 T。当轧制力为 P_A 时，即对应于曲线 F 和 T 的交点时，可以获得完好板形。轧制力低于 P_A 时，实际凸度大于完好板形所要求的凸度，发生中浪；轧制力高于 P_A 时，情况相反，发生边浪。

如果轧制力发生了稳定的长时间的变化，如图 20-7 所示，完好板形线为 F，热凸度-轧制力关系曲线为 T，它们相切于点 K。当以与 K 点对应的轧制力 P_A 工作时，板形完好。当轧制力降低到 P_{A1} 时，开始阶段热凸度还来不及变化，它对板形的影响与上述偶然波动时的相似，当工作点移到 K_1 时，发生中浪。但在随后一段时间内，由于轧制力降低，热凸度随之减小，热凸度值沿垂直线由 K_1 变化到 K_2。如果 K_2 在完好板形线上，就可以获得良好板形，否则就会发生缺陷。缺陷种类视 K_2 相对于良好板形线的位置而定。例如图 20-7 所示情况，K_2 在 F 曲线以上，仍产生中浪，但比在 K_1 点有所缓和。当轧制力增大时，可以进行相似的讨论。

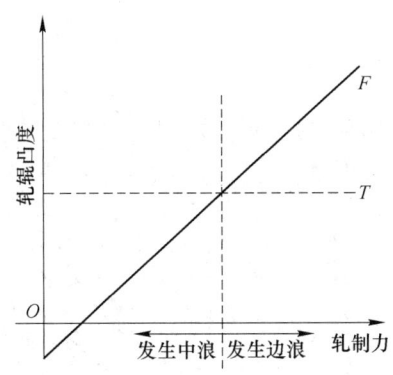

图 20-6　轧制力偶然波动对板形的影响

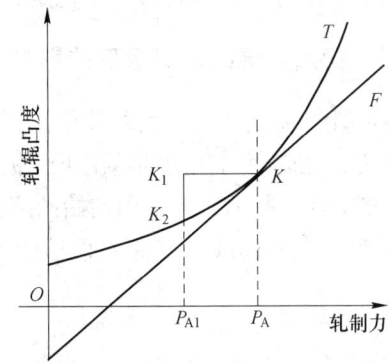

图 20-7　轧制力稳定变化对板形的影响

20.2.2　来料板凸度对板形的影响

在实际产生中，当来料凸度变化时，已定的轧制状态就会改变，因而使板形发生变化。如图 20-8 所示，热凸度-轧制力关系曲线为 T，正常的良好板形线为 F，工作在最佳状

态点 K。若来料凸度有变化，例如来料凸度减小，这时热凸度虽然也会发生变化，但变化甚微，可以忽略，可以认为热凸度-轧制力曲线基本不变。但来料板凸度减小的结果使良好板形线上升为 F_1，它要求轧辊有与 K_1 点相对应的凸度，而实际凸度仍保持原来 K 点所对应的数值，所以板带会发生边浪。如果来料板凸度增大，与上述情况相反，会发生中浪。

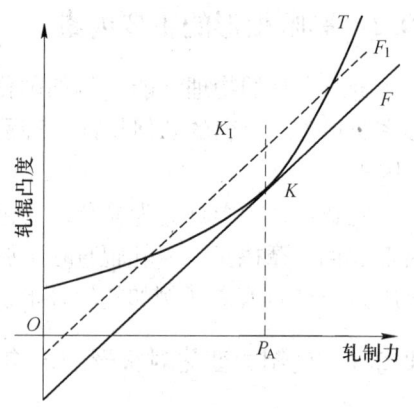

图 20-8　来料板凸度变化对板形的影响

20.2.3　热凸度变化对板形的影响

轧制过程中，金属对轧辊滑动产生的热量和金属板形所释放的热量有一部分传入轧辊，使轧辊温度升高，这是轧制过程中轧辊的热输入。同时冷却水和空气又从轧辊中带走热量，使其温度降低，这是轧辊的热输出。在开轧后的一段时间内，轧辊的热输入大于热输出，轧辊温度逐渐升高，热凸度也随之不断增大。在以某一特定规程轧制若干带卷后，轧辊热输入和热输出相等，处于平衡状态，轧辊热凸度也保持一个稳定值。轧制过程中热凸度随时间的变化情况如图 20-9 所示。一般来说，在特定的轧制规程下，板形工艺参数是依据稳定的热凸度设计的。但是，由于下述 3 个方面的原因，实际凸度往往偏离上述的稳定热凸度值。

（1）当轧机停轧一段时间又重新开动时，在极端情况下轧辊没有热凸度，实际产生中虽然通常通过烫辊等措施使轧辊有一定的热凸度，但仍较稳定值小得多。只有轧制数卷后，才形成热凸度。

（2）如果某机架工作辊损坏，必须更换新辊，在极端情况下也没有热凸度。

（3）不同产品常常要求由一种轧制规程变到另一种轧制规程，随之而来得是热凸度需要由一个稳定状态过渡到另一个稳定状态。

20.2.4　初始轧辊凸度对板形的影响

对所轧产品宽度变化大的轧机来说，应根据产品宽度的不同而采用相应凸度的轧辊，一般来说，在轧制力相同的情况下，板宽越大，所需凸度越小。

如图 20-10 所示，当采用初始凸度 a 时，热凸度-轧制力关系曲线 T 与完好板形线 F 的切点

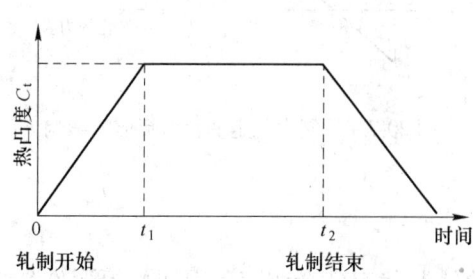

图 20-9　轧制过程中热凸度的变化

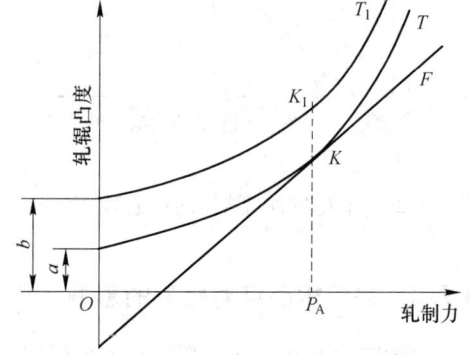

图 20-10　初始轧辊凸度对板形的影响

恰好对应于工作轧制力 P_A，这时可以获得良好板形。但如果初始凸度选择不合理，例如 $b > a$，则实际的热凸度-轧制力关系曲线上升为 T_1，实际凸度 K_1 在良好板形线之上，会造成中浪。

20.2.5 板宽变化对板形的影响

通常所说的轧机刚度是指轧机的纵刚度，但在研究板形问题时，更关心的是轧机的横刚度。所谓横刚度是指造成板中心和板边部单位厚度差所需要的轧制力，单位是 kN/mm。

轧机的横刚度是相对一定板宽而言的，当板宽变化时，轧机的横刚度发生变化，因而在承受同样轧制力的情况下，轧辊的变形以及为弥补轧辊变形所必需的轧辊凸度均发生变化，当然良好板形线也发生变化。如图 20-11 所示，对应某板宽的完好板形线为 F_1，当板宽变窄时，轧制力仍保持原来的 P_A，当它们集中作用到较窄的辊身中间的区域，必然增大了轧辊的弹性变形。为抵消这种变形以获得良好板形，当然需要更大的轧辊工作凸度。这样一来，良好板形线变化到 F_2。当板宽增大时，变化的趋势相反。

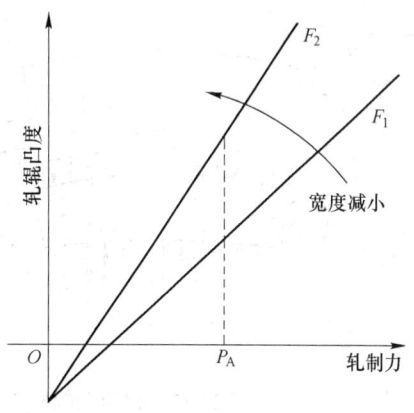

图 20-11　板宽变化对板形的影响

20.2.6 张力对板形的影响

张力对板形的影响体现在以下几个方面：

（1）张力改变对轧辊热凸度发生影响，特别是后张力影响更大，因而调整张力是控制板形的手段之一。

（2）张力对轧制压力发生影响，根据轧制理论，由于张力变化，特别是后张力变化，对轧制压力有很大影响，而轧制压力变化必然导致轧辊弹性变形发生变化，因此必然对板形产生影响。

（3）张力分布对金属横向流动发生影响。这个问题近年来已引起人们的广泛注意。研究表明，当张力沿横向分布不均时，会使金属发生明显的横向流动，即使对于板材轧制这种宏观看来近于平面变形的情况也是如此。横向流动的结果必然改变横向的延伸分布，因而必然改变板带的板形。

20.2.7 轧辊接触状态对板形的影响

工作辊和支撑辊的接触状态对板形的影响是近年来人们注意探索的一个问题。通过对这个问题的研究，人们找到了一些新的改善板形的方法，例如采用双锥度支撑辊、双阶梯支撑辊、HC 轧机、UC 轧机、CVC 轧机、PC 轧机、大凸度支撑辊等。

如图 20-12 所示，普通四辊轧机工作辊和支撑辊是沿整个辊身接触的，在轧制过程中，在轧制力的作用下，工作辊与支撑辊之间形成接触压力 q^*，在板宽以外的区域 A，辊间压力形成一个有害弯矩，它使轧辊发生多余的弯曲。为抵消这个有害弯矩引起的轧辊变形，可以改变轧辊的产生凸度，也可以使用液压弯辊。当单位宽轧制力 p^* 改变时，有害弯矩也随之变化，使板形改变。为了获得满意的板形，必须随着轧制力的变化不断地调整液压弯辊力。也可以设法改变轧辊之间的接触状态，例如采用双阶梯支撑辊，使中间接触段长度缩短，从而减小有害弯矩，由有害弯矩引起的轧辊弯曲也随之减小。当中间接触段长度缩短到一定程度时，有害弯矩可以完全消除。这时即使轧制力改变，工作辊挠度曲线也可以基本保持不变，轧机具有无限大的横刚度。由此可见，轧辊之间的接触状态对板形有重大影响，能有效地调整和控制板形。

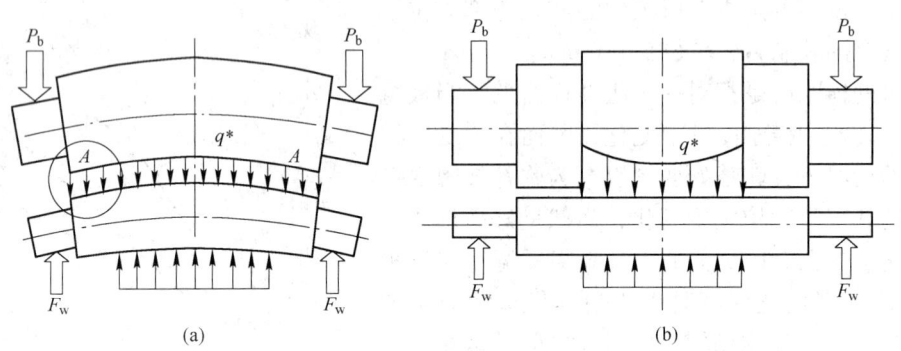

(a)   (b)

图 20-12　普通四辊轧机和双阶梯支撑辊的四辊轧机的轧辊接触状态
(a) 普通四辊轧机；(b) 双阶梯支撑辊四辊轧机

20.3　板形检测技术与装置

20.3.1　板形检测装置及其分类

板形检测是实现板形自动控制的重要前提之一。对板形检测装置的主要要求是：

（1）高精度。即它能够如实地精确地反映板带的板形状况，为操作者或控制系统提供可靠的在线信息。

（2）良好的适应性。即它可以用于测量不同材质、不同规格的产品，在轧制线的恶劣环境中可以长时间地工作而不发生故障或降低精度。

（3）安装方便、结构简单、易于维护。

（4）对带材不造成任何损伤。

因此，板形检测确实是一个比较困难的问题。板形本身受到许多因素的影响，板形缺陷又有各种复杂的表现形式，这就给精确检测带来了困难。特别在实行张力轧制时，又往往会将板形缺陷掩盖起来。在生产中轧机的操作环境十分恶劣，剧烈的振动，水、油、灰尘等介质的侵入，往往会降低检测精度甚至损坏板形检测装置。

板形检测仪器主要有接触式和非接触式两大类。非接触式检测又分为电磁法、变位法、振动法、光学法、音波法和放射线法等。

20.3.2　板带板形检测仪

20.3.2.1　热轧板带板形检测仪

热轧板带的板形在轧制过程中是可以观察到的，所以一般是通过直接检测板带表面的曲线形状来达到的。

A 棒状光源法

棒状光源法测量板形的基本原理如图 20-13 所示。在板带的一侧竖立一个辉度达
2200K 的棒状荧光灯，它发出一束强光直射在板带的表面上，经板带反射后由安装在板带
另一侧的摄像机摄取。当板带的板形不同时，在摄像机中会形成不同的像。如果板带是平
直的，则其反射后形成的虚像为一水平线；如果板带上出现波浪，则板带反射后的虚像在
与波浪对应的位置上将形成向上或向下的弯曲曲线。板带的波浪越严重，虚像的弯曲部分
偏离直线的位置就越大。其偏移量和板带的板形缺陷成正比。

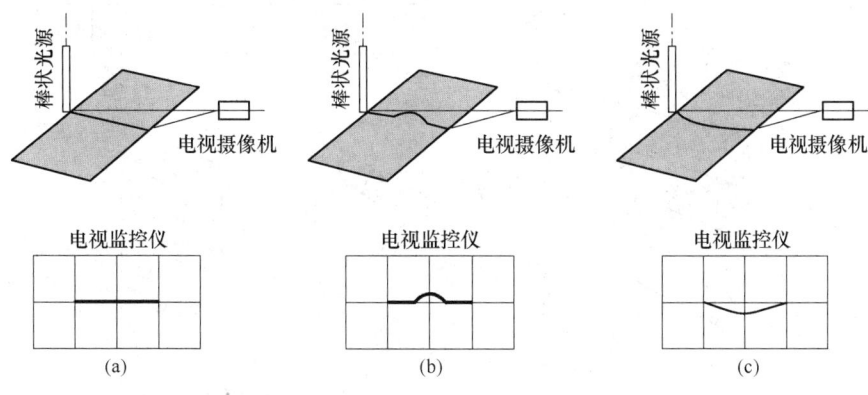

图 20-13　光学式板形检测装置原理

检测到的图像信号由扫描电路转变为点信号，再经整形放大、限幅、输出到屏幕显
示。利用这种板形检测装置，配以适当的控制系统，可将翘曲度控制在 0.45% 以内。

B 激光三角测量法

激光三角测量法是比利时冶金研究所研制成功的，其原理如图 20-14 所示。

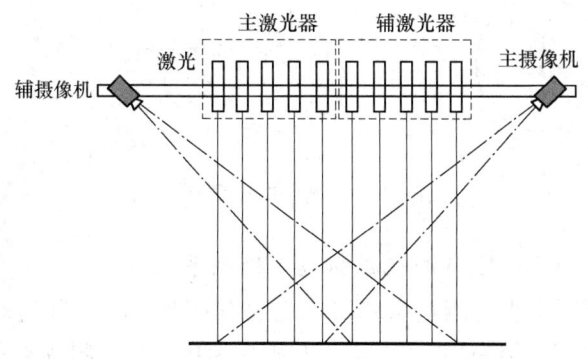

图 20-14　激光热轧板形检测装置原理图

该装置以悬挂在板带上部的氦氖激光器为激光光源，光束直射在板带上，并用其侧后
方的摄像器件摄取板带上光点的像，利用三角测量的原理测量板带表面的实际高度。该高
度与板带出现的波浪的大小直接相关。

在板带宽度方向上等距离排放两组共 10 个激光源，分别由两个摄像器件摄取它们的光点。将这 10 个光点的高度经过处理后可得到板形的形状。

激光穿透能力强，很适合在笼罩着大量蒸汽的热带轧机上使用。

20.3.2.2 冷轧板带板形检测仪

检测冷轧板带板形缺陷的方法很多，绝大多数是根据张力分布来检测板形缺陷的，图 20-15 所示为多段接触辊式板形检测仪的基本结构。该板形仪是由瑞典的 ASEA 公司与加拿大的 ALCAN 公司协作研究成功的，1967 年首次装在 ALCAN 公司的 2058mm 的单机架不可逆四辊冷轧机上。测量装置是由测量辊、滑环、敏感元件、电子线路和显示单元等组成。

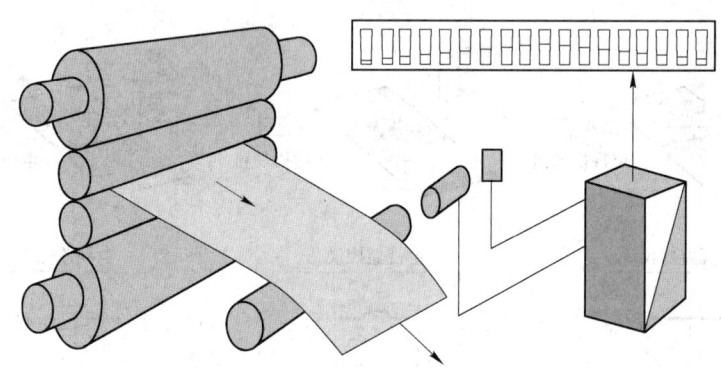

图 20-15 组合辊式板形检测装置的基本结构

测量辊由 25～40 个辊环装配而成，将测量辊沿长度方向分成 25～40 个测量区。每个辊环可测量出作用于其上的径向压力。从各个辊环上所测得的径向压力值，可以确定板带宽度方向张应力分布不均匀的状况，图 20-16 所示为测量辊环受力图。

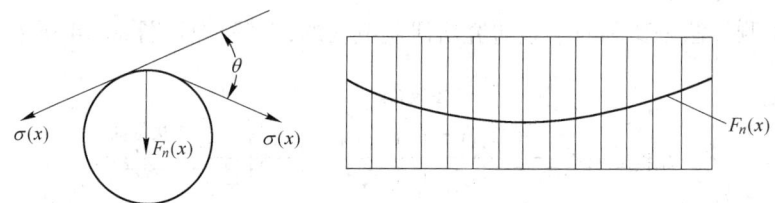

图 20-16 测量辊环受力图

20.3.2.3 ASEA QUSM200 冷轧板材板形检测系统

QUSM200 冷轧板形平直度测量系统组成主要有：平直度测量辊、信号处理装置、板形平直度显示装置、板形控制计算机及若干基础自动化系统。测量辊安装在轧机出口和张力卷取机之间，属于接触式测量。板带对测量辊有一定的包角，当板带在测量辊上面通过时，测量辊内部的传感器便向信号处理装置发送信息，同时信号处理装置接收自板形控制计算机输入的轧制参数，如带宽、带厚、张力等。经运算处理再将运算数据传送给主计算机。计算机发出控制指令，控制轧机的相应执行机构，对板形进行矫正。

通过测定板带宽度方向应力分布就可以知道各带条间延伸率差，从而评价板带板形的相对波峰值,即板带的平直度。鉴于这种原理,测量辊被用于检测板带宽度方向各带条的应力变化 $\Delta\sigma_i$。

20.4 板形控制的主要方法及技术

20.4.1 弯辊

20.4.1.1 弯辊系统的分类

弯辊系统通常可分为工作辊弯辊系统和支撑辊弯辊系统两大类。

(1) 根据弯辊力作用面的不同,弯辊系统分为:垂直面(VP)弯辊系统和水平面(HP)弯辊系统。

(2) 根据弯辊力作用方向的不同,垂直面弯辊系统和水平面弯辊系统又可以进一步细分为:

1) 垂直面弯辊系统通常分为:正弯辊系统,弯辊力使辊凸度增大;负弯辊系统,弯辊力使辊凸度减小。

2) 水平弯辊系统通常也有两类:单向式,弯辊力作用在与轧制方向相平行的一个方向上;双向式,弯辊力作用在两个相反的方向上。

(3) 按弯辊力作用位置不同,弯辊系统可分为3类:

1) 单轴承座弯辊系统。弯辊力分别通过一个轧辊轴承座作用在轧辊的两端。

2) 多轴承座弯辊系统。弯辊力通过两个或两个以上的轧辊轴承座作用于轧辊的每一端。

3) 无轴承座弯辊系统。弯辊力通过中间滚子或液压块直接作用于辊身。

20.4.1.2 垂直面(VP)工作辊弯辊系统

A 单轴承座工作辊弯辊系统

单轴承座工作辊弯辊系统中,既可以使用作用于上、下工作辊轴承座之间的正弯辊液压缸(见图20-17(a)),也可以使用作用于支撑辊和工作辊之间的负弯辊液压缸(见图20-17(b)),或是联合使用(见图20-17(c))。

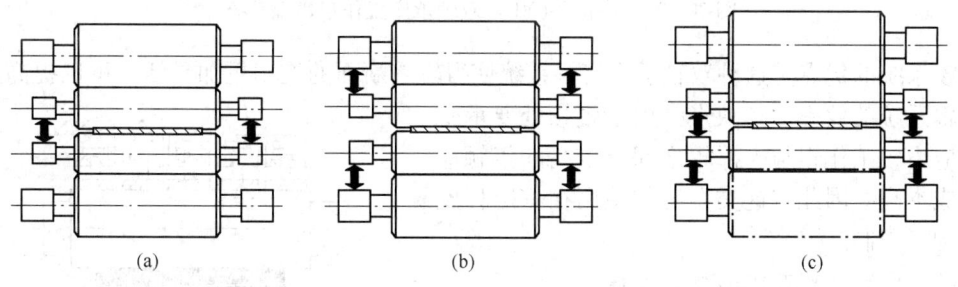

(a)   (b)   (c)

图20-17　垂直面(VP)单轴承座工作辊弯辊系统之一

图20-18(a)所示的方案是通过安置在支撑辊轴承座上的双向液压缸对工作辊施加正负两种弯辊力。在图20-18(b)方案中,正向弯辊力、负向弯辊力或共同作用产生的弯矩是通过两组平行设置的液压缸作用于工作辊轴承座上的。图20-18(c)所示的方案中,正向弯辊力和工作辊平衡力分别是由安装在工作辊轴承座上的各自不同的液压缸提供。

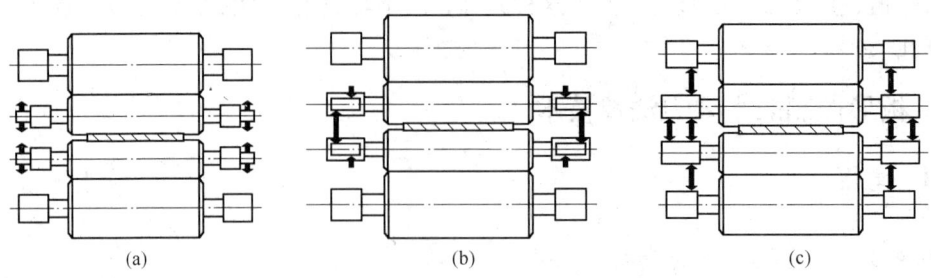

(a)   (b)   (c)

图 20-18 垂直面（VP）单轴承座工作辊弯辊系统之二

垂直面工作辊弯辊系统的优点是能够在轧制过程中，连续地对带钢横向厚差进行控制，而且经济有效。其缺点是在一些实际的使用中，弯辊提供的凸度控制范围受到工作辊轴承所能承受的最大载荷的限制。

B 双轴承座工作辊弯辊系统

在图 20-19(a) 所示系统中，正向弯辊力作用在工作辊外轴承座上，而在工作辊内轴承座起到一个支点的作用。图 20-19(b) 中，正向弯辊力作用于工作辊外轴承座，负弯辊力作用于上工作辊的内轴承座，而在另一种设计方案（见图 20-19(c)）中，正弯辊力和负弯辊力既作用在工作辊的外轴承座上也作用在内轴承座上。

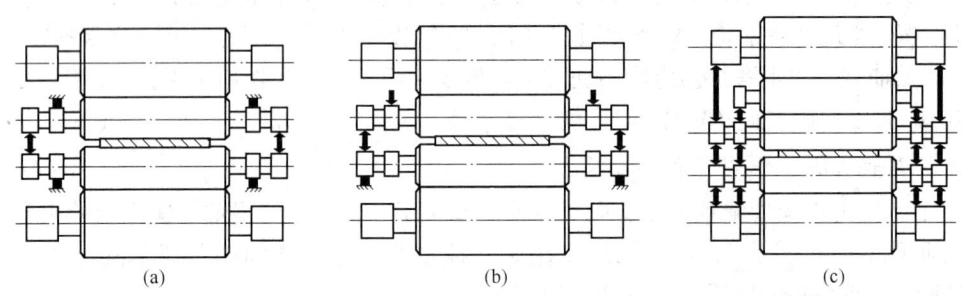

(a)   (b)   (c)

图 20-19 垂直面（VP）双轴承座工作辊弯辊系统

该系统的优点是这种双轴承座弯辊系统使得辊缝断面的控制更加灵活，可以提高工作辊弯辊系统的效率。其缺点是由于辊颈处要承受较高应力，工作辊与支撑辊之间有较高的接触应力且成本高。因此，这类系统的使用在一定程度上受到了限制。

C 无轴承座工作辊弯辊系统

为了缓解辊颈处应力过大的问题，开发了无轴承座工作辊弯辊系统。在这一系统的一种改进型中（见图 20-20），通过对作用在轧辊支撑垫上的液压缸设置不同的压力来控制辊身的弯曲程度。还有其他两种方案：一种是通过在轧辊支撑垫内设定不同的压力来改变辊身的挠曲；另一种是使

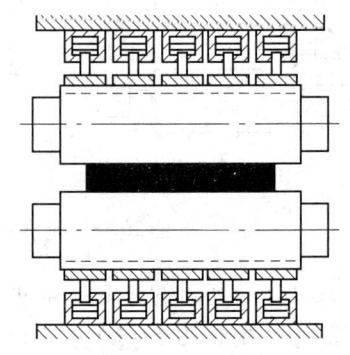

图 20-20 垂直面（VP）无轴承座
工作辊弯辊系统

用带固定心轴的衬套式工辊，通过改变支撑外套衬垫内的压力来控制套筒的弯曲程度。

20.4.1.3   水平面（HP）工作辊弯辊系统

水平面工作辊弯辊系统有两类：单向式弯辊和双向式弯辊。

A   单向式弯辊

图 20-21（a）所示的单向式水平弯辊系统，含有一个轴承座由机座立柱支撑的轧辊，通过分段辊作用于其辊身上的力使其弯曲。在相似布置的图 20-21（b）中，弯辊力则通过一个中间辊来作用到工作辊上。而图 20-21（c）所示的弯辊系统中，由牌坊立柱支撑的轧辊通过柔性的分段辊和一个中间辊发生挠曲。

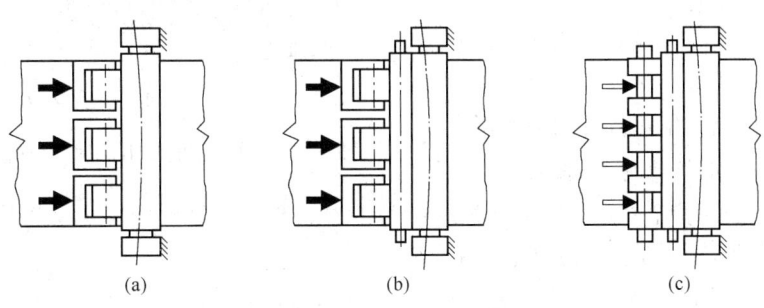

(a)   (b)   (c)

图 20-21   水平面（HP）单向工作辊弯辊系统

B   双向式弯辊

在双向式弯辊系统中，弯辊力既可以直接作用于辊身（见图 20-22（a）），也可以仅仅作用于轴承座上（见图 20-22（b）），或是在轧辊的端部和辊身的中部共同作用（见图 20-22（c））。

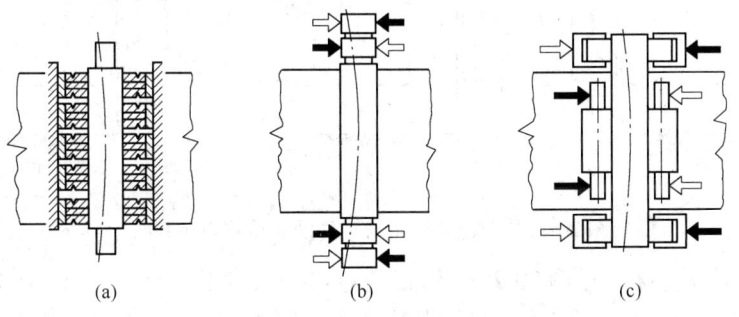

(a)   (b)   (c)

图 20-22   水平面（HP）双向工作辊弯辊系统

20.4.1.4   四辊轧机和六辊轧机的水平面工作辊弯辊系统

图 20-23 所示的是由德国施罗曼-西马克公司（SMS Schloemann-Siemag）设计的四辊轧机水平面工作辊弯辊系统，该轧机被称为 MKW 轧机。

在轧机牌坊 5 的窗口中有轴承座 3 和 4，两个直径很大的支撑辊 1 和 2 分别装在轴承座中。装在牌坊 5 上的重载液压缸垂直地支撑着支撑辊轴承座 3 和 4 结合，并且设定了支撑辊 1 和 2 之间的垂直间隙。

在机架的入口侧有一根安装在牌坊 5 上的横梁 10。导杆 11 和 12 通过销 13 以轴连接的方式与横梁 10 相连。与此相似，在机架的出口侧有两根横梁 14 和 15，上面分别装有液压缸 16 和 17。导杆 18 和 19 安装在有垂直空间的轴 20 和 21 上。导杆11、12、18 和 19 的另一端分别装在各自的中心轴 22 和 23 上。

在导杆 18 上的上推辊 24 和 25 能在水平面内自由移动，同样装在导杆 19 上的下推辊 26 和 27 也有此功能。水平弯辊力作用于工作辊 28 和 29 的辊身上。分别隔开上游侧导杆 11 和 12 与下游侧导杆 18 和 19 的液压缸 30 和 31 用以产生垂直方向的弯辊力。

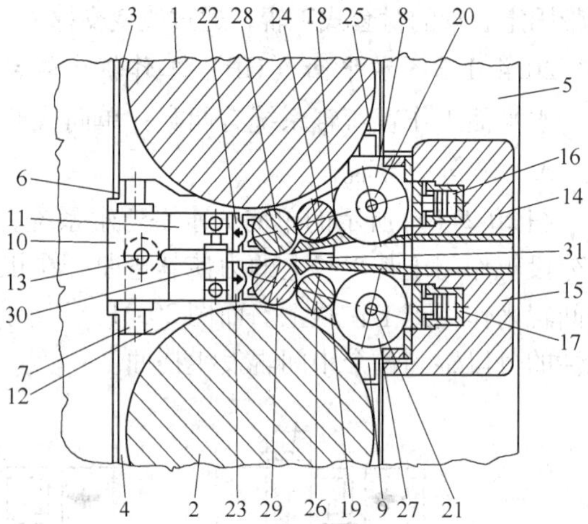

图 20-23　四辊轧机的 HP 工作辊弯辊系统设计

20.4.1.5　支撑辊弯辊系统

在支撑辊弯辊系统中，有以下几种施加弯辊力的方式：直接作用于支撑辊辊身，作用于支撑辊外轴承座，作用于支撑辊主轴承座。

在直接施加弯辊力的情况下，弯辊力既可以通过一个单一的辊子（见图 20-24（a）），也可以通过一组接触在支撑辊辊身的辊子产生作用。在图 20-24（b）所示的装置中，通过调节支撑在支撑辊上的分段支撑垫块来施加弯辊力。图 20-24（c）所示的装置则通过一个支撑在支撑辊上的柔性垫块来产生弯辊力。

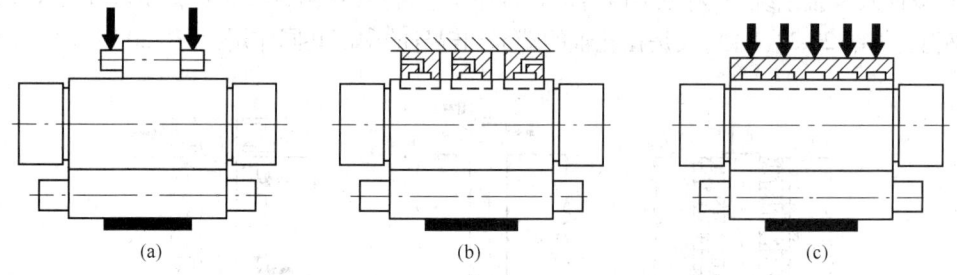

（a）　　　　　　　　　　（b）　　　　　　　　　　（c）

图 20-24　弯辊力作用与辊身的支撑辊弯辊系统

弯辊力还可以直接（见图 20-25（a））或通过可调长度的杠杆（见图 20-25（b））来作用于支撑辊外周轴承座上。在三轴承座的设计中（见图 20-25（c）），通过对轧辊端部的外侧两个轴承座施加反方向力，来实现弯辊。

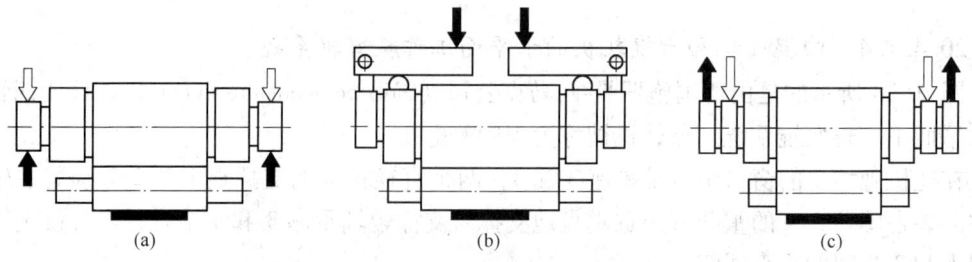

（a）　　　　　　　　　　（b）　　　　　　　　　　（c）

图 20-25　弯辊力作用于外轴承座的支撑辊弯辊系统

通过使用安装在轴承座内侧（见图20-26(a)）或外侧（见图20-26(b)）的液压缸可以实现对主轴承座施加弯辊力。图20-26(c)所示的装置中，弯辊力矩作用于支撑套芯轴的轴承座上。

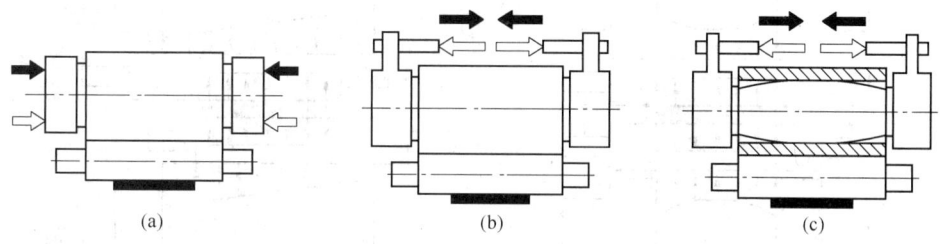

(a)　　　　　　　　　(b)　　　　　　　　　(c)

图20-26　弯辊力作用于主轴承座的支撑辊弯辊系统

20.4.2　轧辊横移

20.4.2.1　轧辊横移系统的目的和分类

轧辊横移系统通常在冷轧和热轧中都应用，其主要目的是扩大板带凸度的控制范围、减少板带横断面上的边部减薄和重新分布板带边缘附近的轧辊磨损。

轧辊横移系统可分为轴向移动圆柱形轧辊、轴向移动非圆柱形轧辊和轴向移动带套的轧辊3类。

20.4.2.2　轴向移动圆柱形轧辊——HC轧机和UC轧机

HC轧机和UC轧机属于轴向移动圆柱形轧辊类轧机，是由日本日立公司开发和设计的，它将轧辊横移和弯辊相结合，在自由程序轧制中用于改善板凸度和平直度的控制。

普通四辊轧机轧辊挠曲的分析表明，工作辊与支撑辊之间的超出板宽区域的有害接触导致了轧辊的过度挠曲。这种挠曲的大小不仅取决于轧制力，还取决于所轧的带宽。另外，当在工作辊上施加弯辊力时，所产生的挠曲会在超出带宽的部分上受到支撑辊的约束。

在给定带宽的情况下，解决这一问题的理想方法是采用阶梯形支撑辊（见图20-27(a)），这种支撑辊与工作辊的接触长度与带宽相等。然而，在轧制不同宽度的产品时，这种方法并不实用。而HC轧机采用适应任意带宽的双向轧辊横移技术（见图20-27(b)），可以解决这一问题。

A　HC、UC轧机及其分类

HC轧机是20世纪70年代日本日立公司和新日铁公司联合研制的新式六辊轧机，这种轧机具有优异的板形和板凸度控制能力，故称high crown（大凸度）轧机，简称HC轧机。1979年，在HC轧机的基础上，增加了一项中间辊弯辊板形控制机构，同时采用了小辊径化的工作辊，开发出了具有更强的板形控制能力的UC(universal crown control mill)轧机。HC轧机和UC轧机大致分为如下几种类型：

(1) HCW轧机。适用于四辊轧机的一种HC轧机改进型（见图20-28(a)），HCW轧机中有双向工作辊横移和正弯辊系统。另外还有一种由日立和川崎制铁公司联合设计的

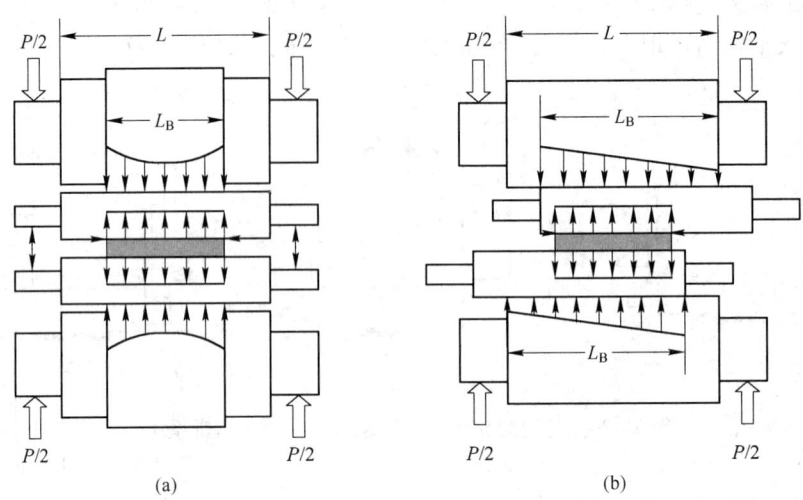

图 20-27 四辊轧机的应力分布

（a）阶梯形支撑辊；（b）双向移动工作辊

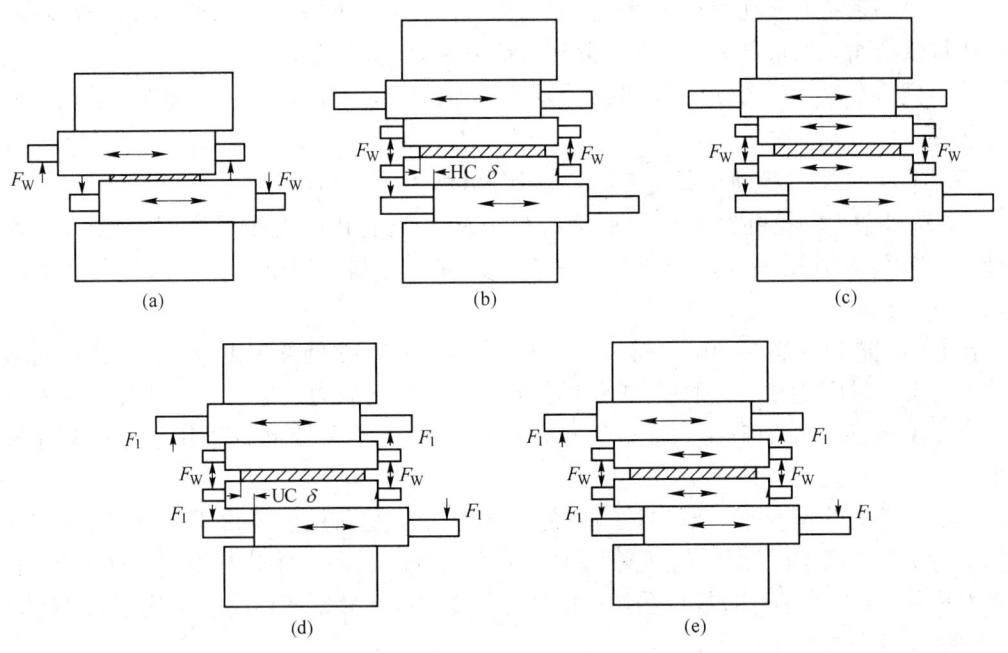

图 20-28 HC 轧机类型

（a）HCW 轧机；（b）HCM 轧机；（c）HCMW 轧机；（d）UCM 轧机；（e）UCMW 轧机

HCW 轧机改进型，称作 K-WRS 轧机。

（2）HCM 轧机。适用于六辊轧机（见图 20-28（b）），通过采用中间辊的双向横移和正弯辊来实现板形和板平直度的控制功能。

（3）HCMW 轧机。因为同时采用中间辊双向横移和工作辊双向横移，所以 HCMW 轧机兼备了 HCW 轧机和 HCM 轧机的主要特点，另外，它还采用了工作辊正弯辊系统（见

图20-28(c))。

(4) UCM轧机。在HCM轧机的基础上，引入中间辊弯辊系统，以进一步提高板凸度和板平直度的控制能力（见图20-28(d)）。

(5) UCMW轧机。除了具有HCMW轧机的功能外，又引进了中间辊弯辊系统（见图20-28(e)）。

(6) MB轧机。MB轧机有用五辊轧机和六辊轧机的两种改进型，分别称作5MB轧机和6MB轧机，MB轧机的一个根本特点是使用了无横移的锥形支撑辊，5MB轧机中，只有一个支撑辊为锥形，而在6MB轧机中，两个支撑辊都是锥形。这两种轧机都采用了中间辊和工作辊弯辊系统。

(7) UC2-UC4轧机。UC2-UC4轧机是不同型号的万能凸度控制轧机（UC轧机），用于轧制更薄、更宽、更硬的带材，UC2、UC3和UC4轧机是装配小直径工作辊后的HCM轧机的改进型。工作辊相对中间辊有一些偏移，并由一组侧辊支承。这些轧机也配有中间辊横移系统和工作辊、中间辊弯辊系统。

B HC轧机的平直度控制能力

在HC轧机中，平直度控制能力很大程度上受到轧辊相对板带边部横移位置的影响。当辊端到轧机中线距离小于板带边缘到中线的距离时（$C<0$），平直度控制能力增强；相反，如果轧辊端部比板带边部更远离轧机中心线时，即当$C>0$时，平直度控制能力减弱。

为了在HC轧机上生产平直的带材，轧制力与所需的最佳弯辊力之间的关系如图20-29所示。由图可见，直线的斜率随中间辊位置C的不同而不同。当$C=-24$mm时，斜率为负值，这意味着随轧制载荷的增加弯辊力反而要减小，这一点与传统四辊轧机不同。另外，当$C=-18$mm时，弯辊力并不随轧制载荷的变化而变化。在这种情况下，板带的平直度不会因所轧宽度的变化而变化，轧机也达到了所谓的横刚度无限大的状态。

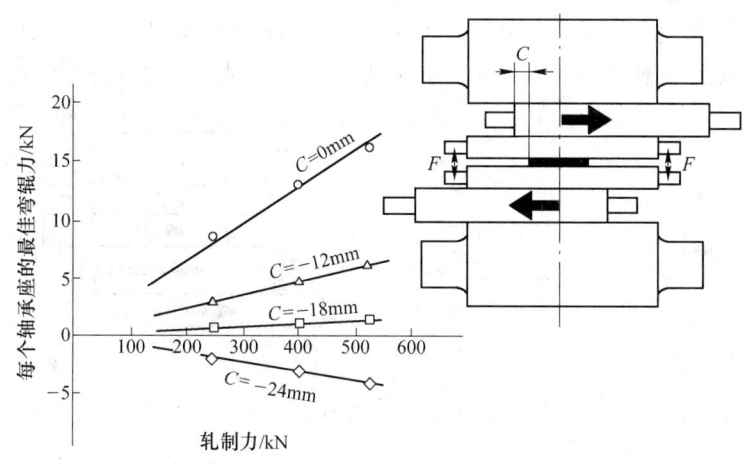

图20-29 计算得到的轧制力与最佳弯辊力之间的关系

C 板凸度控制（HC）方法

如图20-30所示，在这种板凸度控制方法（HC）中，通过消除工作辊和支撑辊之间有害的接触区可以降低板凸度，扩大板凸度的控制范围。

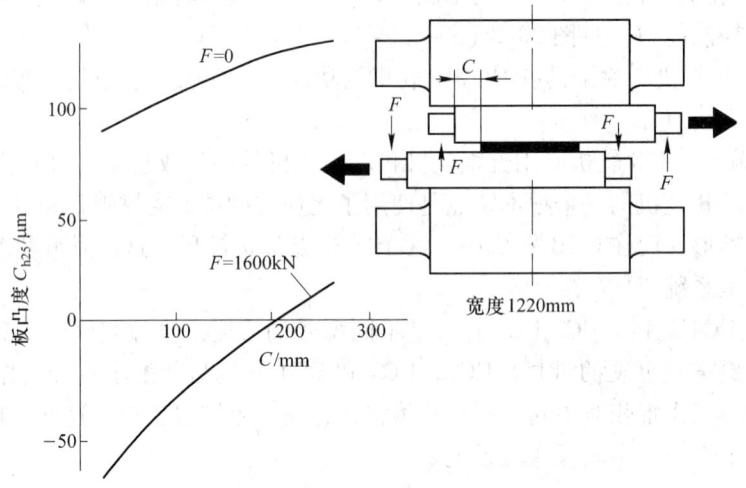

图 20-30　HCW 轧机的板凸度控制能力

D　HCM 轧机的降低边部减薄

边部减薄主要原因为工作辊的弯曲和压扁。在 HCM 轧机中，通过轴向移动中间辊，使工作辊的弯曲和压扁都有所减缓，从而减小了边部的减薄。

边部减薄率 α 可表示为：

$$\alpha = \frac{h_a}{h_b} \times 100\% \tag{20-11}$$

式中　h_a——距离边缘 a 的厚度；

h_b——距离边缘 b 的厚度。

在对 HCM 冷轧机的一项研究中，a 和 b 的值分别取 15mm 和 80mm。其研究结果如图 20-31 所示。可见，当轧辊与轧件相对位置 e 为负值时，对减小边部减薄的作用更为明显。

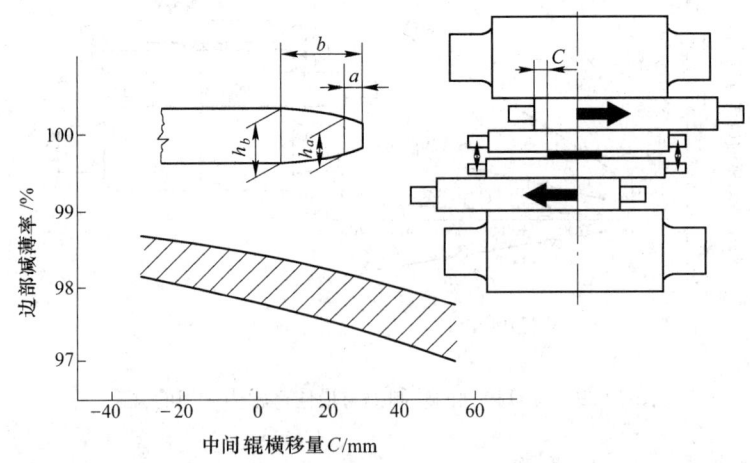

图 20-31　中间辊横移量 C 与边部减薄率 α 的关系

E　HCW 轧机的降低边部减薄

冷轧机采用双向轴向移动工作辊的一个最根本目的就是为了降低边部减薄，防止热轧产生的边部减薄冷轧后进一步增大。

冷轧过程中的边部减薄是板带边缘附近金属横向流动的结果，金属横向流动的面积取决于轧制道次数及总压下率的多少。

图 20-32 说明了金属横向移动引起边部减薄的形成过程。1~6 为板带边缘附近的等距离断面，代表没有变形的板带。1′~6′代表当轧制开始后，这些断面将向板带边部流动。越靠近边缘的断面的流动量越大，因此边部便变薄。

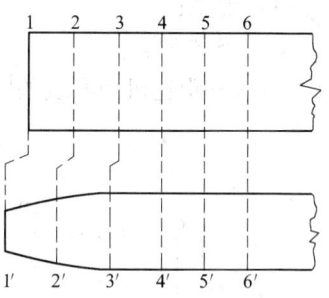

图 20-32　金属横向流动引起边部减薄的形成

为了解决这个问题，带有特殊锥形断面的工作辊的端部移到接近板带边部的位置，应当合理选择轧辊一端的断面形状，以便能恢复带钢边部发生的减薄。

根据从同一架实验用冷轧机上得到的数据来看，最初几个道次轧制的轧辊凸度复现率较大，如图 20-33 所示。因此，在冷连轧机组连轧的上游机架进行边部减薄的校正比较容易。日本钢管公司在前三个机架上采用了长行程工作辊横移系统以克服过度的边部减薄。

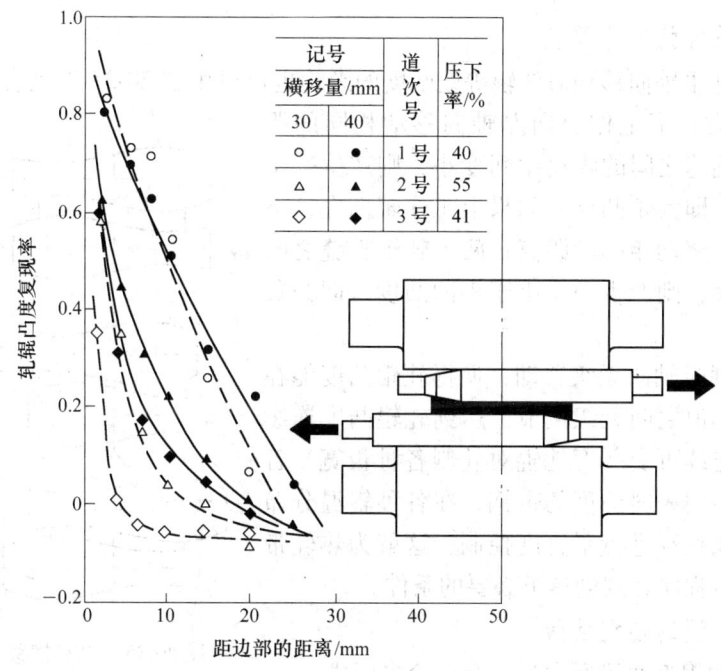

图 20-33　轧辊凸度复现率

20.4.2.3　非圆柱形轧辊轴向移动——连续可变凸度（CVC）技术

轴向移动非圆柱形轧辊的轧机主要有 CVC 轧机、UPC 轧机和 K-WRS 轧机。这些轧机的辊型均用多项式来表示，如图 20-34 所示。

CVC 辊型：
$$Y = 0.0001634x^3 - 0.3021x$$

UPC 辊型： $\qquad Y = -0.00002374x^3 + 0.00259x^2 + 0.0564x$

K-WRS 辊型： $\qquad Y = 0.00000081x^4 - 0.000034x^3 - 0.000295x^2 + 0.015x$

式中 x——距轧机中心线的距离。

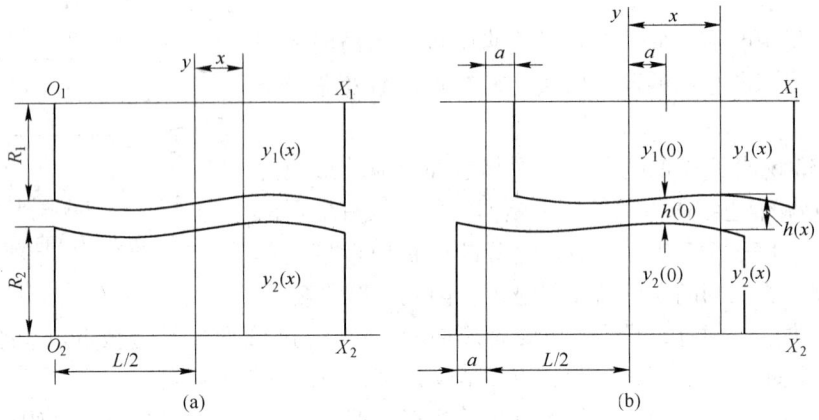

图 20-34 CVC 辊型图

（a）轴移前；（b）轴移后

A CVC 系统的工作原理

CVC 轧机轧辊轴向移动对轧辊等效凸度的影响也可以由图 20-35 得到直观的反映。如
果上工作辊向右，下工作辊向左轴向移动相同的距
离，两个轧辊辊缝之间的距离中间变小，则产生一个
大于零的凸度，即为正凸度。如果上工作辊向左，下
工作辊向右轴向移动相同的距离，两个轧辊辊缝之间
的距离中间变大，则产生一个小于零的凸度，即为负
凸度。

CVC 轧辊通过轴向无级移动，使得轧辊凸度能在
一个最大和最小值之间无级调节，达到轧辊凸度连续
变化的效果。连续可变凸度轧辊对轧制各种板宽、各
种板厚和各种不同来料凸度的带钢，在各种辊温分布
的情况下，都能顺利进行平直度控制，这就为热轧带
钢轧机实现自由程序轧制创造了必要的条件。

B CVC 轧辊的辊型曲线

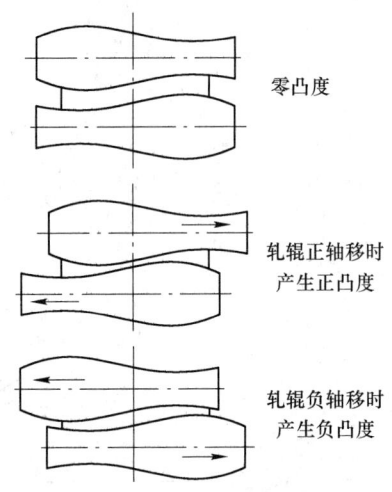

图 20-35 CVC 横移对轧辊等效
凸度影响示意图

CVC 轧辊的辊型曲线通常为一个三阶多项式：

$$D(x) = A_0 + A_1x + A_2x^2 + A_3x^3 + \cdots \qquad (20\text{-}12)$$

式中，A_0 为 CVC 轧辊的中间辊径；A_1 值与 CVC 工艺要求有关，这涉及到尽可能减小
轧辊的辊径差，以及限制作用在轧辊上的轴向力大小等；A_2 值决定了 CVC 轧辊处于中间
位置时（横移量为零）所产生的辊缝凸度值；A_3 值取决于辊缝凸度控制范围或有效的移
动范围；x 对应于轧辊的辊身长度。图 20-36 所示为一具体的 CVC 辊型曲线。

　　为了确定 CVC 辊型函数式（20-12）中的 A_0、A_1、A_2 和 A_3，需要视轧机的具体结构、工艺条件及使用情况而定。前面已经定性地说明了 A_0、A_1、A_2、A_3 由哪些条件决定，具体地说就是需要先给出轧辊的名义直径及所需的凸度变化范围（C_1，C_2），其中 C_1 为最大凸度，C_2 为最小凸度。当轧辊处于之间位置时（CVC 轧辊横移量为零）的凸度值 C_m、允许的轧辊横

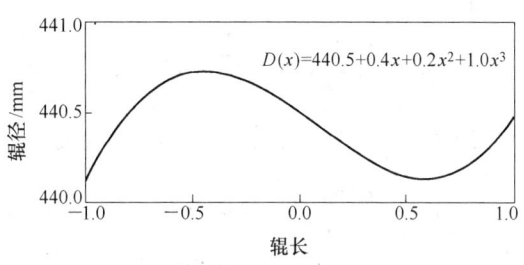

图 20-36　三阶多项式的 CVC 辊型形状

移量 V 以及轧辊辊身长度 L 等参数确定后，就能具体得出辊型函数 $D(x)$ 中的各常数 A_0、A_1、A_2、A_3。对于 CVC 辊来说，存在一定的辊径差 ΔD 是必要的，但 ΔD 又不能太大，否则就会对轧机设备结构造成影响，破坏正常的工艺条件，引起生产过程的非正常。因此，选取适当的 ΔD 必须在确定辊型函数之前先决定。

C　凸度变化量

　　当一条 CVC 辊型曲线设定后，由它所决定的凸度变化范围也确定下来。对于一条三阶的 CVC 辊型曲线，其凸度与轧辊横移量成线性关系

$$C_w = ax + b \tag{20-13}$$

式中　C_w——有效凸度；

　　　　x——横移量；

　　　a，b——常数，其中 a 决定了单位横移量下凸度变化的强弱，b 为轧辊处于中心位置时的凸度。

　　图 20-37 所示为薄带生产中实际所使用的三条 CVC 曲线所确定的凸度变化量。三条曲

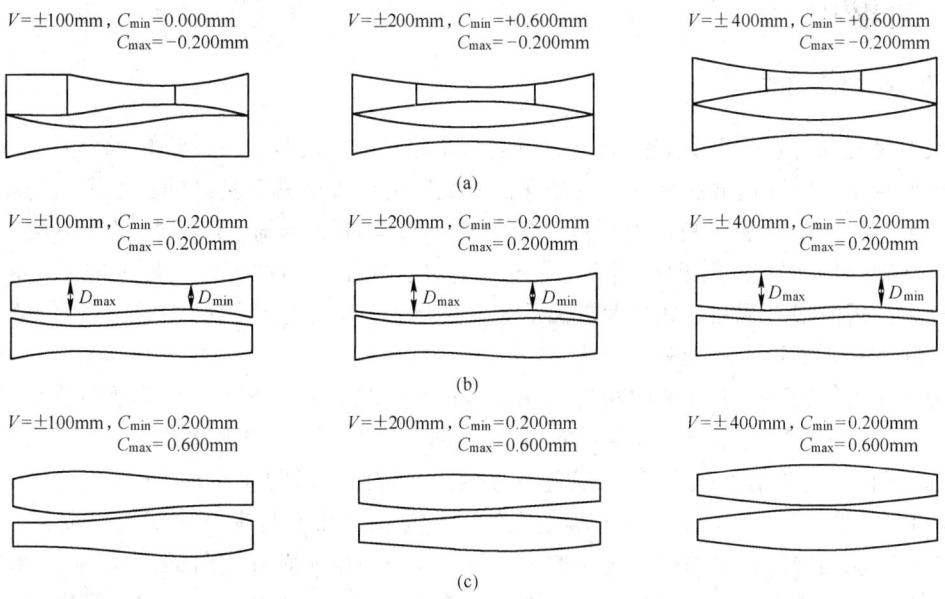

图 20-37　CVC 辊凸度变化量

（a）正凸度变化范围；（b）正负凸度变化范围；（c）负凸度变化范围

线分别为：

(1) $C_w = \dfrac{0.25}{100}x + 0.25$。其中 $C_w \in (0.5, 0)$，$x \in (100, -100)$。

(2) $C_w = \dfrac{0.2}{100}x + 0.1$。其中 $C_w \in (0.3, -0.1)$，$x \in (100, -100)$。

(3) $C_w = \dfrac{0.25}{100}x + 0.05$。其中 $C_w \in (0.3, -0.2)$，$x \in (100, -100)$。

比较三条曲线的凸度变化范围，可以看出，正凸度在减少，负凸度在增加，其主要原因在于：一是所轧的薄带的宽度；二是负弯辊不投入，造成了负凸度的需要量只能靠 CVC 辊的轴向移动来提供。

20.4.3 轧辊交叉

轧辊交叉的主要目的是改变辊缝形状，使得距轧辊中心越远的地方辊缝越大。这种设计的板凸度控制功能与采用带凸度的工作辊相同。轧辊交叉系统有：

(1) 只有支撑辊交叉的支撑辊交叉系统，如图 20-38(a)所示。

(2) 只有工作辊交叉的工作辊交叉系统，如图 20-38(b)所示。

(3) 每组工作辊与支撑辊的轴线平行，而上下辊系交叉的对辊交叉系统，如图 20-38(c)所示。

以上系统尚在研究阶段。

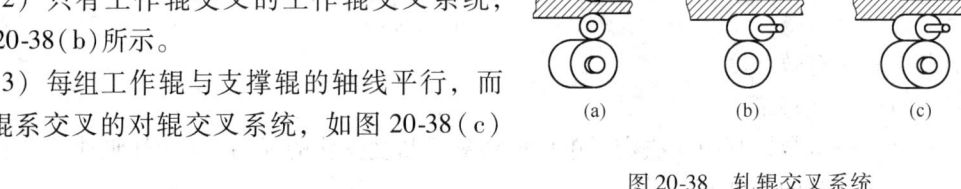

图 20-38　轧辊交叉系统

20.5 轧辊辊型设计

20.5.1 板形与辊型

板形是轧制材料平直度的保证，辊型是保证轧制产品板形的最重要的因素。

板形与横向厚度精度控制的目的是保证所轧制的板带材具有良好的板形和横向厚度精度。在轧制过程中由于轧制压力引起了轧辊的弹性弯曲和压扁，以及轧辊的不均匀热膨胀，实际辊缝形状发生了变化，使之沿板材宽向上的压缩不均匀，于是纵向延伸也不均匀，导致出现波浪、翘曲、侧弯及瓢曲等各种板形不良的现象。因此板形与横向厚度精度控制实际上是辊缝形状的控制。

辊型是指轧辊辊身表面的轮廓形状，原始辊型指刚磨削的辊型。轧辊辊型通常以辊型凸度 c 表示，它是轧辊辊身中部半径 R_c 与边缘的半径 R_b 之差，即 $c = R_c - R_b$。当 c 为正值时为凸辊型；c 为负值为凹辊型；c 为零为平辊型，即圆柱形辊面形状。

轧制时辊型称为工作辊型或称承载辊型，它是指轧辊在轧制压力和受热状态下的辊型。因此，原始辊型很难保持为理想的平辊型状态，所以实际轧制时的工作辊型有时为凸辊型、有时为凹辊型。辊缝形状为：如果上下工作辊型同时为凸辊型，对应的辊缝形状便是凹形，轧后板材横断面为凹形；反之，上下工作辊型同时为凹辊型，对应的辊缝形状便是凸形，轧后板材横断面为凸形；若上下工作辊型同时理想的平辊型，对应的辊缝形状便是平直的，轧后板材横断面呈矩形。

除了板坯横断面形状之外，横向厚差及板形主要取决于工作辊缝的形状、轧辊的弹性弯曲、热膨胀、弹性压扁和磨损等因素。因此轧辊的原始凸度、来料凸度、板宽和张力等也有一定的影响。

为了使轧制产品有良好的板形，在磨削轧辊的过程中，要按照设计的要求将轧辊磨削成具有一定凸度的轧辊，将轧辊沿辊身各点的直径所绘成的曲线称为辊型曲线。一般来讲，对于铝箔轧辊，有两种曲线，一种是正弦曲线；另一种是抛物线。当凸度和辊身相比相当小时，抛物线与正弦曲线之间的差别很小，可以忽略不计。

在轧制过程中，轧辊产生弹性变形和热变形。弹性变形包括三部分，即支撑辊挠曲、工作辊挠曲及工作辊弹性压扁，由于变形条件比较复杂，要用简单的公式来计算轧制过程中轧辊的辊型曲线是很难的。表 20-1 给出了某台轧辊磨床磨出来的凸度为 65‰ 的工作辊的原始辊型。

表 20-1　65‰凸度工作辊原始辊型　　　　　　　　　　（μm）

检测点	7	6	5	4	3	2	1	0	1	2	3	4	5	6	7
原始辊型	65	48.5	33.5	21.5	12	5	1	0	1	5	12	21	32.5	46.5	64.5
抛物线	65	47.9	33.2	21.3	12	5.3	1.3	0	1.3	5.3	12	21.3	33.2	47.9	65
绝对误差	0	0.6	0.3	0.2	0	0.3	0.3	0	0.3	0.3	0	0.3	0.7	1.4	0.5
相对误差	0	0.012	0.009	0.009	0	0.056	0.23	0	0.23	0.056	0	0.014	0.021	0.029	0.0076

由表 20-1 可见，原始辊型和抛物线的误差，除第 1、2 点之外，都小于 3%，第 1、2 点因绝对值较小，受测量精度影响，相对误差较大。因此可以说，这台磨床磨出的轧辊的原始辊型其辊型曲线是一条抛物线。

为了获得厚度均匀、板面平直的板带材，必须合理设计和计算轧辊的辊型，并在轧制过程中通过冷却液或采用液压弯辊等方法及时对辊型加以调整才行。

20.5.2　二辊板带轧机轧辊辊型挠度的计算

轧辊在轧制力的作用下某一截面的挠度值为 f。由于轧辊属于短粗梁，因此，此挠度值由两部分组成，即

$$f = f_1 + f_2 \tag{20-14}$$

式中　f_1——由弯矩引起的挠度值，mm；

　　　f_2——由剪力引起的挠度值，mm。

按莫尔积分：

$$f_1 = \frac{1}{EI} \int M_x M_x^0 \mathrm{d}x \tag{20-15}$$

$$f_2 = \frac{K}{GF} \int \theta_x \theta_x^0 \mathrm{d}x \tag{20-16}$$

式中　M_x——在外力作用下任意截面的弯矩，N·mm；

θ_x——在外力作用下任意截面的剪力，kN；

M_x^0——所求挠度处作用的单位力引起的弯矩，N·mm；

　I——某一截面的惯性矩，mm^4；

θ_x^0——所求挠度处作用的单位力引起的剪力，kN；

　F——某一截面的面积，mm^2；

　E——轧辊材料的弹性模量，kN/mm^2；

　G——轧辊材料的剪切模量，kN/mm^2；

　K——剪应力分布影响系数，对于圆截

面 $K = \dfrac{10}{9}$，对于矩形截面 $K = \dfrac{4}{5}$。

设轧件位于轧辊中部，且轧制压力沿轧件宽度均匀分布，总轧制力为 P。此时，轧辊辊颈处的支反力左右相等，各为 $P/2$。

由于轧辊结构和载荷的对称性，轧辊的变形也是对称的，且辊身中央截面转角为零。为此，可取轧辊的一半，将转角为零的中央截面固定，把轧辊简化为悬臂梁，其受力和变形如图 20-39 所示。这样，悬臂梁的挠度 A_1A_1' 恰等于辊身中央的总挠度。悬臂梁挠度 B_1B_1' 等于轧辊中央与轧辊辊身端部的实际挠度差，悬臂梁挠度 C_1C_1' 等于轧辊中央与板边缘的实际挠度差。

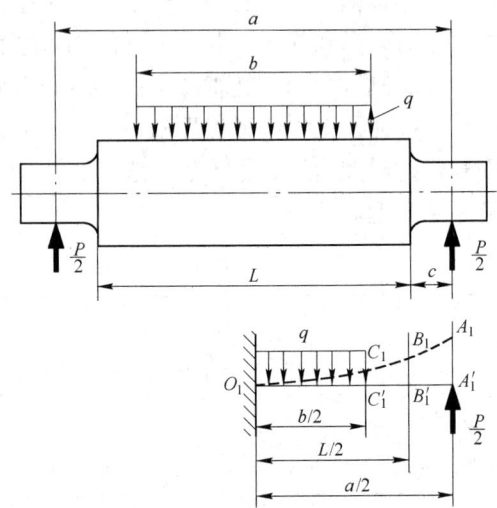

图 20-39　轧辊挠度计算简图

20.5.2.1　辊身中央截面的总挠度计算

辊身中央截面的总挠度等于悬臂梁自由端的挠度。取 A_1' 为坐标原点，分别列出轧辊各段的弯矩和剪力方程，可求得弯矩引起的挠度和剪力引起的挠度。

弯矩引起的挠度为：

$$f_1 = \frac{1}{EI_2}\int_0^c \frac{P}{2}x^2 \mathrm{d}x + \frac{1}{EI_1}\int_c^{\frac{a-b}{2}} \frac{P}{2}x^2 \mathrm{d}x + \frac{1}{EI_1}\int_{\frac{a-b}{2}}^{\frac{a}{2}}\left[\frac{P}{2}x - \frac{q}{2}\left(x - \frac{a-b}{2}\right)^2\right]x\mathrm{d}x$$

$$= \frac{P}{384EI_1}\left[8a^3 - 2ab^2 + b^3 + 64c^3\left(\frac{I_1}{I_2} - 1\right)\right]$$

$$= \frac{P}{18.8ED^4}\left\{8a^3 - 2ab^2 + b^3 + 64c^3\left[\left(\frac{D}{d}\right)^4 - 1\right]\right\} \tag{20-17}$$

式中　D——轧辊辊身直径，mm；

　　　d——轧辊辊颈直径，mm；

　　　I_1——轧辊辊身的惯性矩，mm^4；

　　　I_2——轧辊辊颈的惯性矩，mm^4。

剪力引起的挠度为：

$$f_2 = K\left\{\frac{1}{GF_2}\int_0^c \frac{P}{2}\mathrm{d}x + \frac{1}{GF_1}\int_c^{\frac{a-b}{2}} \frac{P}{2}\mathrm{d}x + \frac{1}{GF_1}\int_{\frac{a-b}{2}}^{\frac{a}{2}}\left[\frac{P}{2} - q\left(x - \frac{a-b}{2}\right)\right]\mathrm{d}x\right\}$$

$$= \frac{KP}{4GF_1}\left[a - \frac{b}{2} + 2c\left(\frac{F_1}{F_2} - 1\right)\right] \tag{20-18}$$

将 $F_1 = \frac{\pi D^2}{4}$，$F_2 = \frac{\pi d^2}{4}$，$K = \frac{10}{9}$ 代入式（20-18），得

$$f_2 = \frac{P}{2.83GD^2}\left[a - \frac{b}{2} + 2c\left(\frac{D^2}{d^2} - 1\right)\right] \tag{20-19}$$

20.5.2.2 辊身中央与板边缘挠度差计算

欲求悬臂梁 C_1' 点的挠度，应在板边缘 C_1' 施加单位力。取 C_1' 点为坐标原点，分别列出外力和单位力作用下产生的弯矩和剪力方程，代入莫尔积分式，求出弯矩引起的挠度和剪力引起的挠度。

弯矩引起的挠度为：

$$f_1' = \frac{1}{EI_1}\int_0^{\frac{b}{2}}\left[\frac{P}{2}\left(x + \frac{a+b}{2}\right) - \frac{1}{2}qx^2\right]x\mathrm{d}x$$

$$= \frac{P}{384EI_1}(12ab^2 - 7b^3) = \frac{P}{18.8ED^4}(12ab^2 - 7b^3) \tag{20-20}$$

剪力引起的挠度为：

$$f_2' = \frac{K}{GF_1}\int_0^{\frac{b}{2}}\left(\frac{P}{2} - qx\right)\mathrm{d}x = \frac{KPb}{8GF_1} \tag{20-21}$$

将 $F_1 = \frac{\pi D^2}{4}$，$K = \frac{10}{9}$ 代入式（20-21），得

$$f_2' = \frac{Pb}{5.65GD^2} \tag{20-22}$$

因此，辊身中央与板边缘挠度差为：

$$f' = f_1' + f_2' = \frac{P}{18.8ED^4}(12ab^2 - 7b^3) + \frac{Pb}{5.65GD^2} \tag{20-23}$$

20.5.2.3 辊身中央与辊身边缘挠度差计算

辊身中央与辊身边缘的挠度差相当于悬臂梁在 B_1' 点的挠度值。计算方法与前述相同，其总挠度等于弯矩引起的挠度和剪力引起的挠度之和。

弯矩引起的挠度值：

$$f_1'' = \frac{P}{18.8ED^4}(12aL^2 - 4L^4 - 4b^2L + b^3) \tag{20-24}$$

剪力引起的挠度值：

$$f_2'' = \frac{P}{2.83ED^2}\left(L - \frac{b}{2}\right) \tag{20-25}$$

因此，辊身中央与辊身边缘的挠度差为：

$$f^{\#} = f''_1 + f''_2 = \frac{P}{18.8ED^4}(12aL^2 - 4L^4 - 4b^2L + b^3) + \frac{P}{2.83ED^2}\left(L - \frac{b}{2}\right) \quad (20\text{-}26)$$

20.5.3 四辊板带轧机轧辊辊型挠度的计算

实践证明，四辊轧机工作辊的实际挠度比支撑辊的挠度大得多。这不仅是因为位于板宽之外的工作辊部分受到支撑辊的悬臂弯曲作用，还因为工作辊与支撑辊之间弹性压扁的不均匀性大大地增加了工作辊的挠度。因此，对于四辊轧机而言，轧辊的挠度计算比二辊轧机的要复杂得多。

假设工作辊与支撑辊之间的接触压力沿辊身长度按二次曲线分布，如图 20-40 所示。即

$$q_x = q_0 - \Delta q\left(\frac{2x}{L}\right)^2 \quad (20\text{-}27)$$

工作辊和支撑辊的辊间接触压力的总和应等于轧制力 P，即

$$P = 2\int_0^{\frac{L}{2}} q_x \mathrm{d}x \quad (20\text{-}28)$$

将式（20-27）代入式（20-28），积分后可得：

$$q_0 = \bar{q} + \frac{1}{3}\Delta q \quad (20\text{-}29)$$

式中　q_0——轧辊中部单位长度上的辊间接触压力，kN/mm^2；

　　　Δq——辊身中部与边部接触压力的差值，kN/mm^2；

　　　$\bar{q}$——辊间接触压力的平均值，kN/mm^2。

20.5.3.1 支撑辊的挠曲变形

如图 20-41 所示，在载荷 q_x 和轴撑支撑力 $\dfrac{P}{2}$ 的作用下，支撑辊的辊身中心点相对于

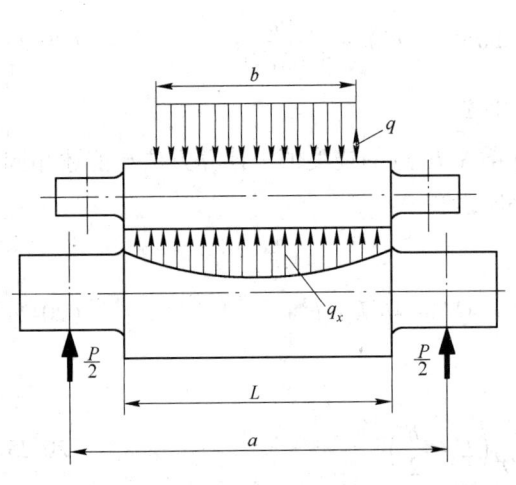

图 20-40　四辊轧机轧辊受力简图

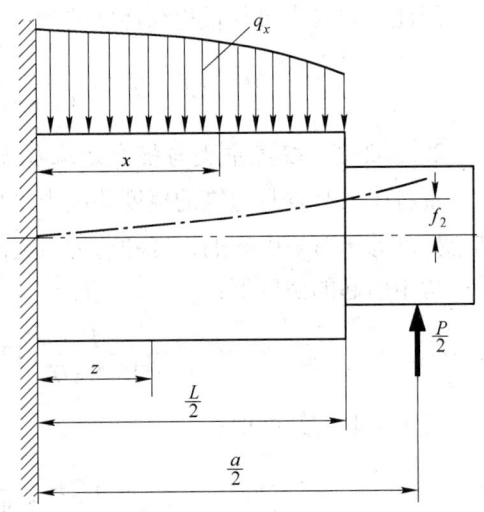

图 20-41　确定支撑辊挠曲变形的计算简图

辊身边缘的挠度 f_2 可按式（20-30）计算：

$$f_2 = \frac{1}{E_2 I_2}\int_0^{\frac{L}{2}} MM^0 \mathrm{d}z + \frac{K}{G_2 F_2}\int_0^{\frac{L}{2}} QQ^0 \mathrm{d}z \tag{20-30}$$

式中 E_2——支撑辊的弹性模量，kN/mm^2；

G_2——支撑辊的剪切模量，kN/mm^2；

I_2——支撑辊辊身截面惯性矩，$I_2 = \dfrac{\pi D_2^4}{64}$，$mm^4$；

D_2——支撑辊的直径，mm；

F_2——支撑辊辊身截面面积，$F_2 = \dfrac{\pi D_2^2}{4}$，$mm^2$；

K——剪切力分布系数。

取悬臂梁的固定端为坐标原点，分别列出外力作用下和单位力作用下的弯矩和剪力方程。

外力作用下的弯矩方程为：

$$M = \frac{P}{2}\left(\frac{a}{2} - z\right) - \int_z^{\frac{L}{2}} q_x (x - z)\mathrm{d}x \tag{20-31}$$

将式（20-27）代入式（20-31），积分后得：

$$M = \frac{P}{2}\left(\frac{a}{2} - z\right) - \frac{q_0}{2}\left(\frac{L}{2} - z\right)^2 + \frac{\Delta q}{L^2}\left[\frac{L^3}{2}\left(\frac{L}{8} - \frac{z}{3}\right) + \frac{z^4}{3}\right] \tag{20-32}$$

外力作用下的剪力方程为：

$$Q = \frac{\mathrm{d}M}{\mathrm{d}z} = -\frac{P}{2} + q_0\left(\frac{L}{2} - z\right) - \frac{\Delta q}{L^2}\left(\frac{L^3}{6} - \frac{4z^3}{3}\right) \tag{20-33}$$

单位力引起的弯矩和剪力方程分别为：

$$M^0 = \frac{L}{2} - z \tag{20-34}$$

$$Q^0 = \frac{\mathrm{d}M^0}{\mathrm{d}z} = -1 \tag{20-35}$$

将式（20-32）~式（20-35）代入式（20-30），积分并整理后可得：

$$f_2 = \frac{2}{\pi E_2}\left(\frac{L}{D_2}\right)^4\left[\bar{q}\left(\frac{a}{L} - \frac{7}{12}\right) + \frac{11}{180}\Delta q\right] + \frac{K}{2\pi G_2}\left(\frac{L}{D_2}\right)^2\left(\bar{q} + \frac{\Delta q}{6}\right) \tag{20-36}$$

20.5.3.2 工作辊的挠曲变形

如果忽略轧制力沿宽度方向的不均匀分布，在均布载荷 $p = \dfrac{P}{b}$ 和支撑辊对工作辊的接触压力 q_x 的作用下（见图20-42），工作辊中央相对于辊身边缘的挠度 f_1 可按式（20-37）计算：

$$f_1 = \frac{1}{E_1 I_1}\int_0^{\frac{L}{2}} M'M^0 \mathrm{d}z - \frac{1}{E_1 I_1}\int_0^{\frac{b}{2}} M''M^0 \mathrm{d}z + \frac{K}{G_1 F_1}\int_0^{\frac{L}{2}} Q'Q^0 \mathrm{d}z - \frac{K}{G_1 F_1}\int_0^{\frac{b}{2}} Q''Q^0 \mathrm{d}z \tag{20-37}$$

式中 E_1——工作辊的弹性模量，kN/mm^2；

I_1——工作辊辊身的截面惯性矩，$I_1 = \dfrac{\pi D_1^4}{64}$，$mm^4$；

F_1——工作辊辊身的截面面积，mm^2；

D_1——工作辊辊身直径，mm。

取悬臂梁的固定端为坐标原点，分别列出外力作用下和单位力作用下所产生的弯矩和剪力方程。

由辊间接触压力 q_x 所产生的弯矩为：

$$M' = \frac{q_0}{2}\left(\frac{L}{2} - z\right)^2 - \frac{\Delta q}{L^2}\left[\frac{L^3}{2}\left(\frac{L}{8} - \frac{z}{3}\right) + \frac{z^4}{3}\right]$$

$$(20\text{-}38)$$

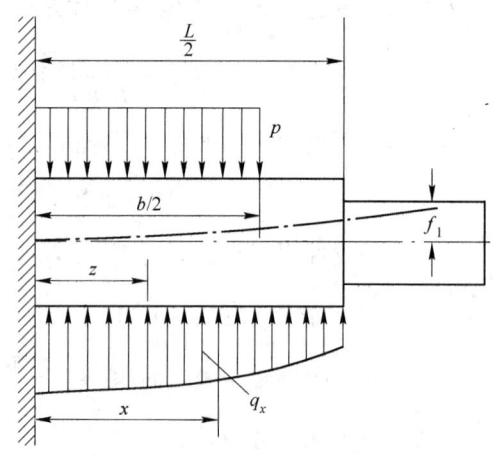

图 20-42　确定工作辊挠曲变形的计算简图

由辊间接触压力 q_x 所产生的剪力为：

$$Q' = -q_0\left(\frac{L}{2} - z\right) + \frac{\Delta q}{3L^2}\left(\frac{L^3}{2} - 4z^3\right)$$

$$(20\text{-}39)$$

由平均轧制压力 p 所产生的弯矩为：

$$M'' = \frac{p}{2}\left(\frac{b}{2} - z\right)^2$$

$$(20\text{-}40)$$

由平均轧制压力 p 所产生的剪力为：

$$Q'' = -p\left(\frac{b}{2} - z\right)$$

$$(20\text{-}41)$$

单位力引起的弯矩和剪力方程分别为：

$$M^0 = \frac{L}{2} - z$$

$$(20\text{-}42)$$

$$Q^0 = \frac{dM^0}{dz} = -1$$

$$(20\text{-}43)$$

将式（20-38）~ 式(20-43）代入式（20-37），积分并整理后可得：

$$f_1 = \frac{2}{\pi E_1}\left(\frac{L}{D_1}\right)^4\left[\bar{q}\left(\frac{1}{4} - \frac{b^2}{3L^2} + \frac{b^3}{12L^3}\right) - \frac{11}{180}\Delta q\right] + \frac{K}{2\pi G_1}\left(\frac{L}{D_1}\right)^2\left[\bar{q}\left(1 - \frac{b}{L}\right) - \frac{\Delta q}{6}\right]$$

$$(20\text{-}44)$$

同理可求出工作辊中央与板边缘处的相对挠度 f_{1b} 为：

$$f_{1b} = \frac{L^4}{\pi E_1 D_1^4}\left[\left(\frac{b^2}{L^2} - \frac{7b^3}{6L^3} + \frac{b^4}{6L^4}\right)\bar{q} + \left(\frac{b^2}{6L^2} + \frac{b^4}{18L^4} - \frac{b^6}{90L^6}\right)\Delta q\right]$$

$$(20\text{-}45)$$

20.5.4　轧辊热凸度计算

在轧制过程中，特别是热轧，设计轧辊辊型时必须考虑温度的影响，即由于被加热金属的温度、轧制时金属的变形、金属与轧辊之间的摩擦和轧辊轴承摩擦等方面所产生的热量，使轧辊的温度升高，致使轧辊产生热膨胀，从而使原有的辊型发生变化。

轧辊的热凸度是指由于在轧制时轧辊受高温作用而产生的凸度。这是一个复杂的热传导问题，应考虑如下因素：轧制前带材的热含量、在接触弧处变形功和摩擦产生的热量、通过接触弧传导给轧辊的热量、由于冷却导致在轧辊表面的热量散失和传导给轧辊轴承的热量。

20.5.4.1 工作辊直径的膨胀值

工作辊直径的膨胀值计算如下：

$$\Delta D = \alpha D_0 (T - T_{\rm w}) \tag{20-46}$$

式中　D_0——工作辊的原始直径，mm；

　　ΔD——工作辊的热膨胀，mm；

　　α——热膨胀系数，mm/(mm·℃)；

　　T——轧辊的实际温度，℃；

　　$T_{\rm w}$——冷却水的温度，℃；

20.5.4.2 轧辊的热胀和冷缩

轧辊的热胀和冷缩随时间呈指数规律变化。对轧辊的热胀和冷缩进行计算时，对相应的各个轧辊径向断面，一般采用轧辊热胀和冷缩率的平均值。因为轧辊内部的热传递是通过传导进行的，轧辊表面与周围空气主要是通过对流进行的，所以可以认为轧辊温度变化应遵循牛顿冷却定律。即在给定的条件下，一个冷却物体的冷却速率与该物体同周围环境的温度差成正比。对于轧辊的热凸度，其热胀变化率将与给定的时间成正比：

$$\frac{{\rm d}E}{{\rm d}t} = kE \tag{20-47}$$

即

$$ {\rm d}E = kE{\rm d}t \tag{20-48}$$

式中　E——在 t 时刻的轧辊膨胀，mm；

　　k——常量，$k = 0.01 {\rm min}^{-1}$；

　　t——冷却时间，min。

积分限为 E_0 到 E，对式（20-48）两边同时积分，可得到：

$$E = E_0 \exp(-kt) \tag{20-49}$$

式中　E_0——轧辊在 $t = 0$ 时刻的热胀。

如果测得轧制过程结束后 t 时间内的轧辊温度 T，那么，轧辊的初始温度即 $t = 0$ 时的 T_0 可由式（20-50）确定：

$$T_0 = T_{\rm a} + (T - T_{\rm a}) \exp(kt) \tag{20-50}$$

式中　$T_{\rm a}$——环境的温度，℃。

在实际的板凸度和平直度控制中，应考虑间歇时间内和纯轧时间内轧辊中部温度的变化。

20.5.4.3 纯轧时间内轧辊的热膨胀

假设条件为：

（1）认为温度是时间和到轧辊中部距离 x 的函数，如图 20-43 所示。

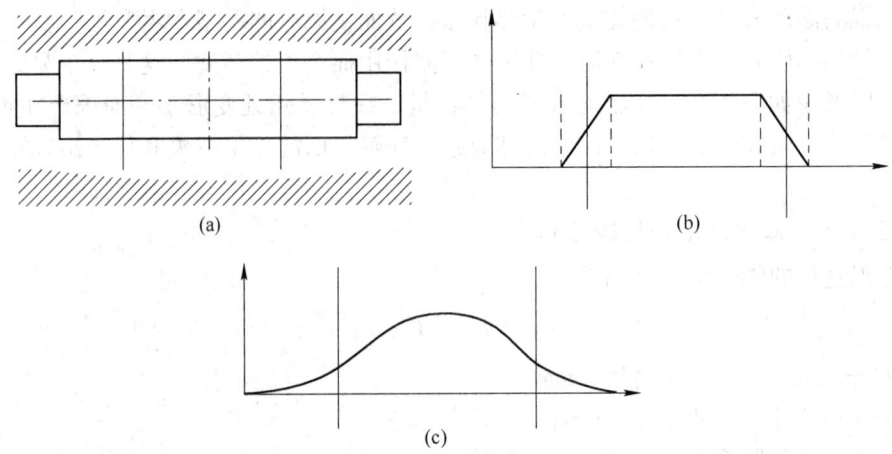

图 20-43　轧辊温度场计算示意图

(2) 在轧辊表面热量通过对流散热，同时轧辊与轧件接触也带走热量。

控制方程用如下的二维形式（见图 20-43(a)）表示。

在带材宽度范围内 $\left(0 \leqslant x \leqslant \dfrac{W}{2}\right)$：

$$\frac{\mathrm{d}(T - T_a)}{\mathrm{d}t} = a\frac{d^2(T - T_a)}{dx^2} - v(T - T_a) + \frac{q}{c\rho} \tag{20-51}$$

在带材宽度范围外 $\left(x > \dfrac{W}{2}\right)$：

$$\frac{\mathrm{d}(T - T_a)}{\mathrm{d}t} = a\frac{d^2(T - T_a)}{dx^2} - v(T - T_a) \tag{20-52}$$

式中　x——距轧辊中部的距离，mm；

　　　T——在 x 处的轧辊温度，℃；

　　　T_a——在 x 处的空气温度，℃；

　　　q——单位时间内单位体积工作辊产生的热量，J；

　　　c——工作辊的比热容，$kJ/(K \cdot kg)$；

　　　ρ——工作辊的密度，kg/cm^3；

　　　t——加热或冷却时间，min；

　　　a——工作辊的热扩散率，$J/(mm^2 \cdot s \cdot ℃)$。

式（20-51）和式（20-52）初始条件和边界条件为：

当 $x = 0$ 时，　　　　　　　　$\mathrm{d}(T - T_a) = 0$ 　　　　　　　(20-53)

当 $t = 0$ 时，　　　　　　　　$T = T_a$ 　　　　　　　　　(20-54)

20.5.4.4　在轧制时间内轧辊的温升

当温度升高时，在轧辊长度的不同范围内，轧辊半径的热膨胀量 ΔR 可由如下的方程给出（见图 20-43(b) 和(c)）：

当 $0 \leqslant |x| \leqslant \dfrac{W}{2} - y$ 时有

$$\Delta R = \alpha \cdot R \cdot T \tag{20-55}$$

当 $\dfrac{W}{2} - y \leqslant |x| \leqslant \dfrac{W}{2}$ 时有

$$\Delta R = \alpha RT \left[1 - \frac{\left(y - \dfrac{W}{2} + |x| \right)^3}{2y^3} \right] \tag{20-56}$$

当 $\dfrac{W}{2} \leqslant |x| \leqslant \dfrac{W}{2} + y$ 时有

$$\Delta R = \alpha RT \frac{\left(y + \dfrac{W}{2} - |x| \right)^3}{2y^3} \tag{20-57}$$

当 $|x| > \dfrac{W}{2} + y$ 时有

$$\Delta R = 0 \tag{20-58}$$

式中　T——当温度升高时在距离 x 处的轧辊平均温度，℃；

　　　y——轧辊温度过渡带的一半，mm；

　　　α——体膨胀系数，$1/\text{mm}^3$；

　　　W——带材宽度，mm。

T 和 y 的值为：

$$T = \frac{q}{c\rho v} (1 - e^{vt}) \tag{20-59}$$

$$y = \sqrt{\frac{24k}{(e^{2vt} - 1)^2} \left[\frac{e^{vt} - 1}{2v} - \frac{2(e^{vt} - 1)}{v} + t \right]} \tag{20-60}$$

v 和 k 的值由如下方程式确定：

$$v = \frac{2h}{c\rho R} \tag{20-61}$$

$$k = \frac{K}{cv} \tag{20-62}$$

式中　h——热传递系数；

　　　R——工作辊的半径，mm；

　　　K——热导率。

如果 $y > \dfrac{W}{2}$，则需加上如下的补充方程：

当 $0 \leqslant |x| \leqslant y - \dfrac{W}{2}$ 时有

$$\Delta R' = - \alpha RT \frac{\left(y - \dfrac{W}{2} - |x| \right)^3}{2y^3} \tag{20-63}$$

当 $|x| > y - \dfrac{W}{2}$ 时有

$$\Delta R' = 0 \tag{20-64}$$

20.6　热轧、热连轧铝板带材板形与凸度控制

铝板带材板形和凸度是热轧控制的重要指标，由于它们具有遗传性，将直接影响后部工序冷轧的板形和凸度，优良的板形和凸度是冷轧产出高档成品的重要保证。然而，获得优良的板形和凸度是依靠精确检测和多重高效控制手段实现的。

随着智能化的板形和凸度检测技术以及工艺模型等应用技术在铝热连轧技术方面的快速发展和广泛应用，通过过程控制计算机快速准确地实施带卷板形和凸度控制已经取得了巨大进步。在铝带板形检测方面，除了普通板形仪的检测精度提高外，高分辨率的光学板形检测仪也开始用于铝热连轧，并实现了闭环反馈控制。在凸度检测方面，扫描式凸度仪正逐渐被固定式多通道凸度仪所取代，这使得带卷横断面轮廓检测更真实，更有利于快速准确地实施包括预控和在线调控在内的前馈和反馈控制。在工艺模型方面，利用神经元网络或遗传表格建立起了适应性很强的各种物理、数学模型，如轧制力模型、轧辊热凸度模型、辊系弹性变形模型等，它们是组建板形和凸度控制模型的基础。

目前，对热轧带卷的板形和凸度控制不仅实现了本块料的反馈闭环控制，而且借助其特有的自学习自适应功能，还能实现对下一块料的前馈控制，包括对下一块料的轧制工艺和相应控制模式的优选和预设定等。因此，能更好地保证目标板形和目标凸度的实现。

一般热粗轧板坯较厚，没有配置板形和凸度检测设备。其控制主要根据操作手目测进行调整，通常有以下几种手段：调整倾斜、调整弯辊力以及乳液流量；其板形和凸度不是在极端条件下，不会有明显体现，主要有楔形、中浪和边浪。热精轧机产出热轧卷成品，其厚度较薄，板形和凸度缺陷也极容易体现，下面主要介绍热精轧机板形和凸度控制系统。

20.6.1　板形板凸度调控手段和方法

要调控带材板形和凸度，就是要调控有载辊缝实际形状，使得辊缝实际形状与目标厚度和目标凸度一致。若忽略铝带轧出后的弹性恢复，铝带出口断面形状就是轧辊辊系在板宽范围内的有载辊缝形状，它取决于辊系刚度、轧制力、弯辊力、工作辊辊型（包括轧辊原始辊型、轧辊热辊型、轧辊的磨损辊型等）以及诸如 CVC 串辊等可控辊型等。若用 C_r 表示与带卷目标凸度一致的辊缝凸度，则

$$C_r = f(P, F, C_h, C_w, C_0, C_c) \tag{20-65}$$

式中　P——轧制力；
　　　F——弯辊力；
　　　C_h——轧辊热凸度；
　　　C_w——轧辊磨损凸度；
　　　C_0——轧辊原始凸度；
　　　C_c——诸如 CVC 串辊等可控辊型。

因此，用于调控板形板凸度的主要手段和方法介绍如下。

20.6.1.1　通过工作辊的横移或支撑辊的形变改变两工作辊间的辊缝形状

这种方法主要包括：CVC 工作辊横移、TP 支撑辊变形、DSR 支撑辊变形、VC 支撑辊变形。其中：TP 辊、DSR 辊、VC 辊都是通过自身的形变来导致工作辊及辊缝形变的。

A　CVC(cotinuously variable crown)工作辊横移

CVC 或 CVC$^+$ 工作辊是通过轧辊磨床按照特定磨削曲线（∽形曲线）$r = a_0 + a_1x + a_2x^2 + a_3x^3$ 或 $r = a_0 + a_1x + a_2x^2 + a_3x^3 + a_4x^4$ 磨削，并通过工作辊横移机构调整上下工作辊水平位置，从而改变轧辊辊缝形状，实现板形和凸度调节。CVC 或 CVC$^+$ 工作辊的横移量通常设计为 ±150mm（或者 ±100mm）。随着上下工作辊的轴向横移，辊缝形状发生相应变化，通常变化范围可从 +0.200mm 到 -0.600mm。当然其凸度变化范围还可以根据需要通过在磨削控制系统中输入不同系数而加以改变。图 20-44 所示为上下工作辊的横移位置与相应工作辊凸度变化的关系。

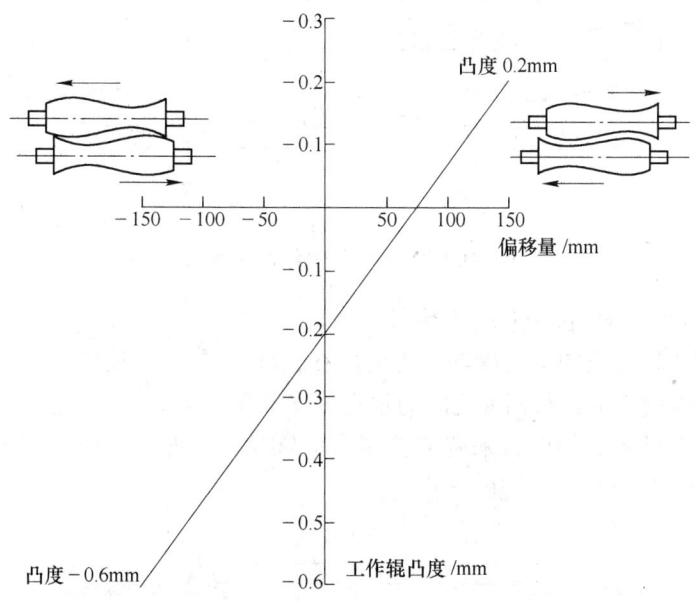

图 20-44　上下工作辊的横移位置与相应工作辊凸度变化的关系

在轧制过程中 CVC 或 CVC$^+$ 工作辊一般不横移，只在轧制前预先摆置好辊缝。

B　TP(taper piston)辊形变

TP 辊通常用于连轧机的上支撑辊（用于一个机架或多个机架），也可用于下支撑辊，它利用支撑辊的变形来影响或改变工作辊的形状及辊缝形状。TP 辊的结构如图 20-45 所示。

TP 辊主要由三部分组成，即外套、心轴、柱塞。外套和心轴共同热装在辊身中央，外套两侧的锥筒内分别插有一个内柱塞和一个外柱塞，当柱塞沿辊子轴向移动时，外套直径沿径向变化。通过控制内外柱塞的移动位置，即可获得需要的辊型。

图 20-46 展示了内外柱塞的移动与 TP 辊凸度变化的关系，图 20-46(a) 为轧辊凸度随柱塞的移动由平辊向凹辊转变，图 20-46(b) 为轧辊凸度随柱塞的移动由平辊向凸辊转变。

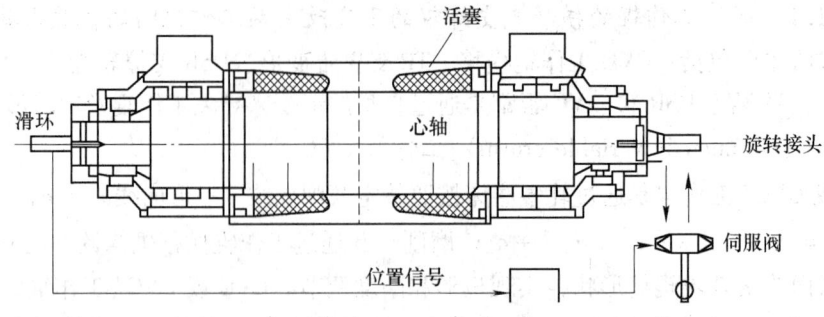

图 20-45　TP 辊的结构

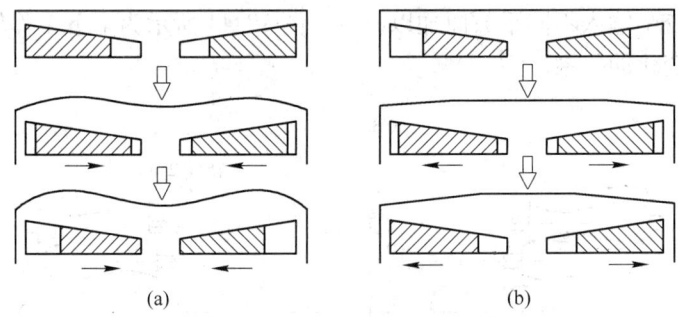

图 20-46　柱塞的移动与 TP 辊凸度变化的关系

C　DSR(dynamic shape roll) 支撑辊形变

DSR 主要用于连轧机的上支撑辊,既可用在连轧机的最后机架,也可用于其他机架。它是通过测量和控制固定轴与钢套之间的垂直位移来改变辊型和调节辊缝的;并通过测量和控制施加在每个衬垫上的压力来调节轧制力沿辊身的分布,从而实现板形和凸度的调节。图 20-47 所示为 DSR 支撑辊的结构图。

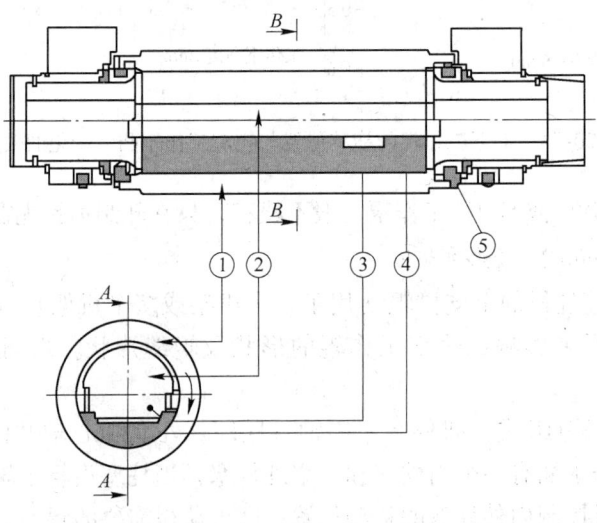

图 20-47　DSR 支撑辊结构图

1—钢套;2—固定轴;3—液压缸;4—衬垫;5—滚柱轴承

D VC(varible crown) 辊

VC辊是一种套筒型轧辊，用作支撑辊，它由套筒和心轴组成。套筒热装在心轴上，在套筒和心轴之间有一油槽，轧辊凸度的变化量或者辊缝形状的变化量取决于油槽中液压的高低，如图20-48所示。

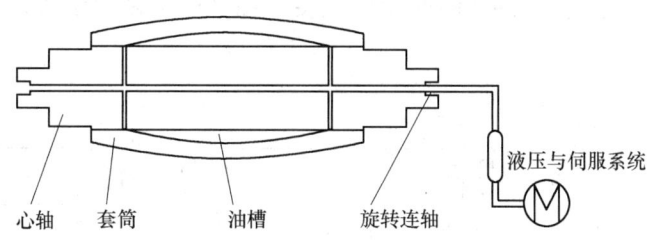

图20-48 VC辊的基本结构示意图

E CVC、TP、DSR、VC辊的应用与特点

表20-2简要列举了CVC、TP、DSR、VC辊的典型应用与特点，与普通辊相比，它们都有更灵活的调节辊型的能力，但相对而言CVC辊的使用效果和普及率最好。

表20-2 CVC、TP、DSR、VC辊的典型应用与特点

类 型	典 型 应 用	特 点
CVC辊	德国AluNorf 2号热连轧生产线（1+4轧机），用于热连轧4个机架	辊型调节能力大，结构简单，灵活性强，价格适中，装卸方便
TP辊	日本古河电工（1+4轧机）	辊型调节能力大，结构复杂，价格高，维修不便
DSR辊	法国Pechiney（1+3轧机），用于热连轧最后一机架的上支撑辊	辊型调节能力适中，灵活性强，结构复杂，价格高，维修不便
VC辊	日本住友轻金属（1+4轧机）	辊型调节能力适中，结构复杂，维修不便

20.6.1.2 轧制力分配或压下分配调节

对于装备普通轧辊的热连轧机而言，由于缺少CVC、TP、DSR、VC辊来预设或调控可控辊型，利用轧制力分配或压下分配来调控辊缝形状就显得尤为重要，通过调节轧制力分配或压下分配来调控轧辊的弹性变形程度，从而达到调控辊缝形状和板凸度的目的。现代铝热连轧机无论是否装有CVC、TP、DSR、VC辊，都把轧制力分配或压下分配作为板形板凸度工艺控制模型的重要组成部分。

20.6.1.3 通过液压弯辊改变工作辊及辊缝形状

由于液压弯辊能及时有效地调节工作辊弯曲变形，改变轧辊辊缝形状，因此可快速调整带卷板形和凸度。目前几乎所有的铝热精轧机都配备有液压弯辊系统，特别是正弯系统。在轧制过程中，为确保带材板形和凸度的有效控制，在整个带材长度范围内弯辊力大小可随过程控制计算机系统指令的改变而改变。图 20-49 显示了液压弯辊的三种应用方式。

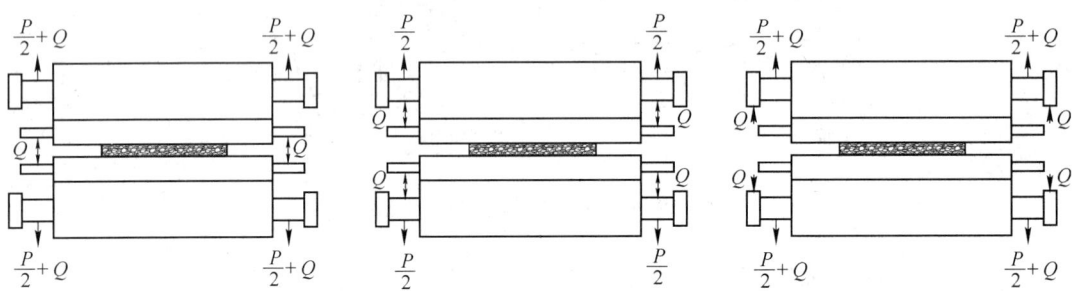

图 20-49 液压弯辊的三种应用方式

20.6.1.4 轧辊热辊型的优控

轧辊的热辊型主要是通过生产节奏和轧辊冷却喷射来实现的。生产节奏越快，热辊型越大。轧辊的冷却喷射是调控板形和凸度的重要手段，然而由于品种规格的多样性，为适应不同的品种规格，需确保所有轧制带卷的板形和凸度都良好受控。

20.6.1.5 原始辊型选择

对于普通轧辊而言，由于缺少 CVC、TP、DSR、VC 辊来预设或调控可控辊型，而轧辊的弹性变形和弯曲变形又受轧制工艺和弯辊力大小的制约，且由于轧制品种和规格的多样性，为了减少调控范围和频次，保持轧制过程的稳定性，优选工作辊原始辊型就显得十分重要，通常热连轧原始辊型为负 0.01~0.20mm 之间某一数值。

20.6.1.6 其他调控手段

虽然像轧制温度、轧制速度、机架间张力，以及轧辊磨损等变化都对板形板凸度有一定影响，但对现代铝热连轧机而言，由于都采用了工艺模型自动化控制技术，加之其自学习自适应功能，这些变量通常只看作一般扰量。例如德国 Alunorf 2 号线这样现代化的"1+4"铝热连轧机，其轧制工艺的调节很少需要人工干预，而主要是通过动态监控系统和过程控制系统来自动完成的。包括机架间张力、轧制速度、压下分配调节等，但其调节的范围往往不大，这是因为带有自学习自适应功能的铝热连轧机能够保障某一品种规格的相应轧制工艺基本稳定。

20.6.2 典型的板形和凸度控制系统及发展方向

20.6.2.1 一种典型的板形和凸度控制系统

不同的轧机配置往往有不同的控制系统和不同的工艺模型与之相匹配，除轧辊类型（CVC 辊、TP 辊、DSR 辊、VC 辊和普通辊）、乳液冷却模式（采用分段或分级控制）等明显的配置差异，在板形和凸度的检测方面也各存差异。例如，有的选用板形辊或者非接触式光学检测仪来检测带材平直度，有的选用扫描式凸度仪来检测带材凸度，而有的选用多通道凸度仪来检测整个断面的带材凸度和厚度。

图 20-50 所示是一种典型的针对 TP 支撑辊的板形和凸度控制系统结构图，其中应用了光学式板形检测仪和扫描式凸度仪，并通过板形和凸度控制计算机系统实施自动化控制。从图中可以看出，其主要调节方式包括调整 4 个机架的冷却喷射模式、调整 TP 辊辊型凸度及调整弯辊力大小。

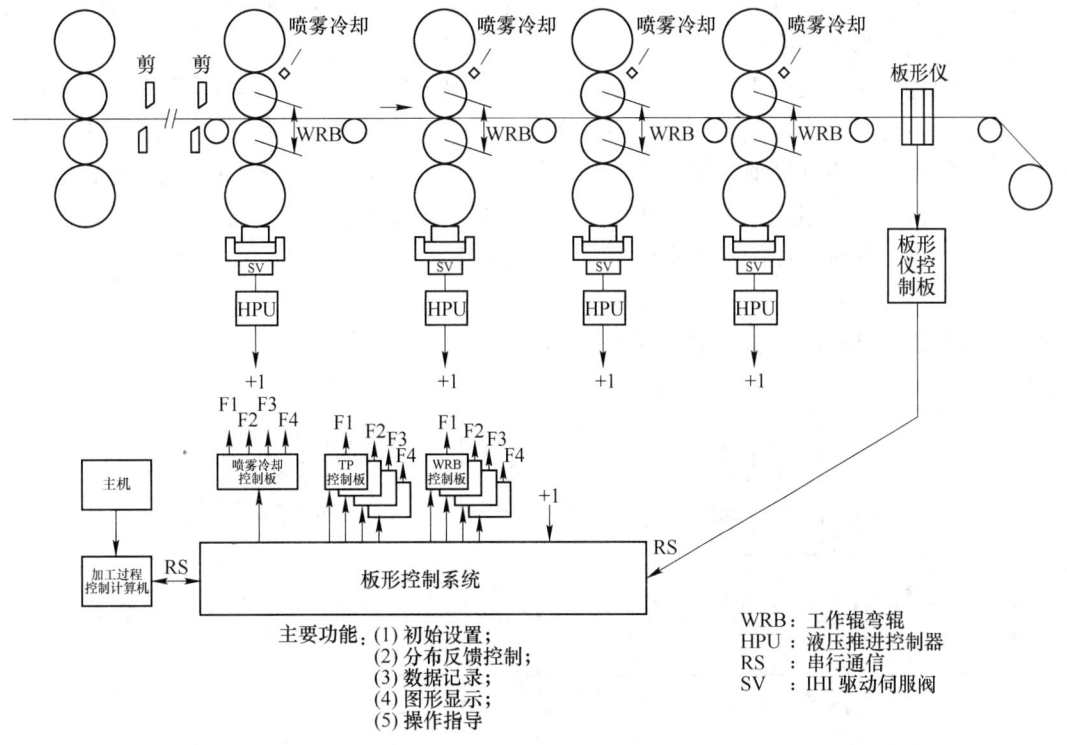

图 20-50 板形控制系统

在板形和凸度自动化控制系统中，计算和控制好每一机架的辊缝形状是控制好带卷板形和凸度的基础。因此，板形和凸度工艺模型是该系统不可缺少的重要组成部分。虽然不同的轧机配置要求不同的工艺模型与之相匹配，但在编制板形和凸度工艺模型软件时都必须协调考虑以下 4 个方面：

（1）辊系的弹性变形（包括弹性弯曲和弹性压扁）。

（2）工作辊的热凸度。

（3）轧制力沿带宽方向的分布。

（4）在整个带宽范围内金属的横向流动与应力分布。

无论哪种工艺模型，或是其中的任何一个子模型，都必须经过不断地自学习和自适应才能日趋完美。

下面以某 1 + 4 热连轧线为例，介绍铝热连轧生产线的板形和凸度工艺模型及控制模式。

　　该系统没有配置光学式板形检测仪和扫描式凸度仪，而是配置多通道凸度仪来对整个断面的带材凸度和厚度进行检测。在带宽方向每隔 20mm 就有一个厚度检测点。与扫描式凸度仪相比，它能很真实地反映带材横断面形状及横向厚差分布，非常有利于板形和凸度的调节与控制。因为无论是优良板形还是不良板形（包括边浪、中间浪、二肋浪）的形成都与其前后道次或前后机架间板带断面形状或者横向厚差分布的改变存在密不可分的对应关系。把这种对应关系和金属横向流动规律应用于板形和凸度工艺模型，并通过 CVC 工作辊横移、弯辊力大小调节、改变轧辊冷却喷射模式或者适当调整轧制工艺参数等手段，就能实现带卷板形和凸度都良好受控。

　　该铝热连轧生产线的板形和凸度工艺模型的主要任务是计算热精轧各机架工作辊的弯辊力和乳液喷射的预设定值，以及确定一级控制系统的控制参数。它接受来自二级计算机的初始数据和轧制表计算值，包括带卷的目标凸度和各机架的预冷却模式。此模型由多个物理模型和数学模型组成，如轧辊热凸度模型、金属变形模型、轧辊弹性变形模型等。但所有模型都基于轧制过程的物理学原理，并借助其特有的自学习、自适应系统不断优化和完善各类模型，不断提高预设定的准确率，使动态监控系统和过程控制系统能更快更准确地实施目标凸度和目标平直度的调控。图 20-51 所示为该铝热连轧生产线的板形和凸度控制模式结构图。

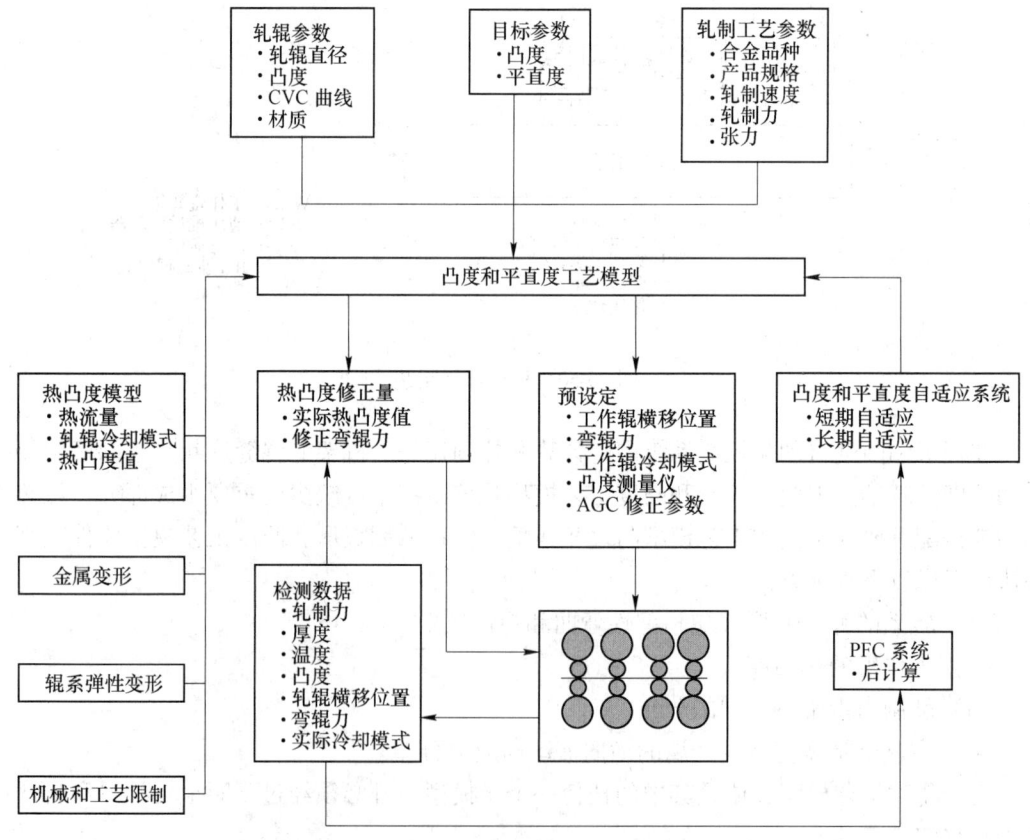

图 20-51　板形和凸度控制模式结构图

20.6.2.2 板形和凸度控制技术的发展方向

虽然铝热连轧带卷板形和凸度控制技术已日趋完善,但在目标凸度和目标平直度的控制精度,工艺模型的完整性和准确性,以及在换辊或者更换品种规格等特殊工况下的短期自适应能力不强等方面都有待进一步发展和提高。因此,今后板形和凸度控制技术的发展需进一步完善带卷板形和凸度的检测及控制手段,完善板形和凸度工艺模型,提高预设定的准确率;提高短期和长期自学习自适应能力,特别是提高在换辊后,更换品种规格,升减速阶段等特殊工况下的自学习自适应能力;进一步在全长范围内稳定带卷凸度和缩小与目标凸度的偏差值。

现代化的热精轧机较多采用多通道测厚仪,它既可以检测厚度,又可以实现板形和凸度在线检测,具有高精度、良好的适应性、不损伤带材和设备单一等特点。

20.7 冷轧板带材的板形与辊型控制

20.7.1 冷轧板形控制系统组成及板形测量

20.7.1.1 冷轧板形控制系统组成

不同形式的冷轧机的板形控制系统的配置差别很大,本节着重介绍现代高速冷轧板形控制系统的一般配置。现代高速冷轧板形控制系统的组成如图 20-52 所示,板形控制功能如图 20-53 所示。

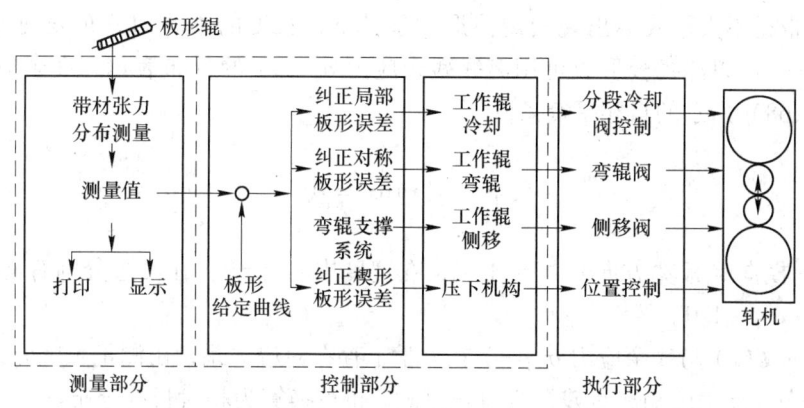

图 20-52 板形控制系统组成图

20.7.1.2 板形测量

A 离线板形测量

离线板形用相对长度差 $\Delta L/\bar{L}$ 来表示,其中 $\bar{L}$ 表示平均长度,ΔL 表示最大长度与平均长度间的差值。与此种定义相对应的测量方法是把轧后的带材纵切成许多纵向小条,分别测出每条的长度,然后按式(20-66)、式(20-67)算出 $\bar{L}$ 和 ΔL。

$$\bar{L} = \frac{1}{N}\sum_{i=1}^{N} L_i \tag{20-66}$$

$$\Delta L = L_{\max} - \bar{L} \tag{20-67}$$

式中 L_i——第 i 条长度；

$\quad\quad N$——切条总数；

$\quad\quad \bar{L}$——平均长度；

$\quad\quad L_{\max}$——最大长度；

$\quad\quad \Delta L$——长度差。

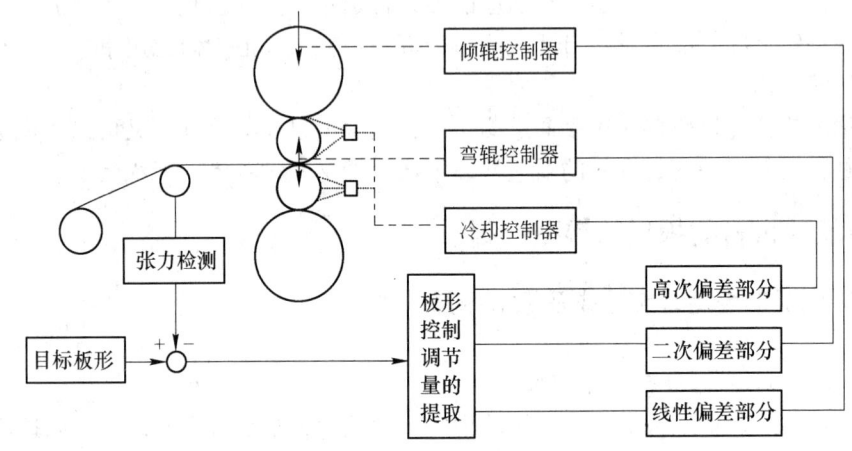

图 20-53 板形控制功能框图

在轧后带材不失稳或不出现宏观浪形的条件下，长度的不均匀分布表现为残余应力 $\sigma(x)$ 的分布。所以离线板形也可用离线残余应力 $\sigma_{\mathrm{off}}(x)$ 的分布表示。残余应力 $\sigma_{\mathrm{off}}(x)$ 满足式（20-68）所示的自相平衡条件：

$$\int_{-1}^{1} \sigma_{\mathrm{off}}(x)\,\mathrm{d}x = 0 \tag{20-68}$$

式中 x——横向（板宽方向）相对坐标，在宽度中心 $x = 0$，在两边分别有 $x = +1.0$ 和 $x = -1.0$。

长度分布 $L(x)$ 与残余应力 $\sigma_{\mathrm{off}}(x)$ 在力学上存在对应关系，由测量长度分布可换算为残余应力分布。反之已知离线残余应力 $\sigma_{\mathrm{off}}(x)$，也可换算为相对长度分布。

B 在线板形测量

在冷轧条件下，由于采用较大张力轧制，板形不良表现为前张力（应力）$\sigma_1(x)$ 的分布不均，因此在线用前张力分布的不均匀表示在线残余应力 $\sigma_{\mathrm{on}}(x)$。

冷轧机的在线板形测量方法是外应力法，外应力法的基本原理是：由于轧件内部因延伸不均而产生纵向内应力，这就使外加张力（T）在轧件的宽向上产生了差异（ΔT），它与轧件的伸长成正比，即 $I = \Delta L/L = \Delta T/E$（其中 E 为轧件的弹性模量，ΔT 为轧件宽度上的外加应力差，I 表示板材的平度，L 代表平均长度，ΔL 代表长度差），于是测轧件长度就转换成测轧件宽度上的张力差。张应力差通过测压头以压电压磁或应变等方式测得，用的工具通常是片状组合的板形辊，并用它来感受不同宽度区间上的张力。传感器或装在辊内或装在辊外。

用这种原理的板形仪有瑞典的 ASEA 磁-弹性传感器的板形仪（stress meter），英国 Davy McKee 公司气压传感器的板形仪（Vidimon），美国 VOLLMER 板形仪，法国 CLECIM 的感应位置传感器的板形仪和德国 Hoesch 的活套板形仪等。其中瑞典的 ASEA 磁-弹性传感器的板形仪是使用最广泛板形仪。

a　ASEA 板形辊

ASEA 板形辊是一种测量张力沿板宽分布的工具，安置在轧机与卷取机之间，并代替导向辊使用，其测力传感器装在辊内部，这种板形辊使用在冷轧机上。

ASEA 板形辊有一实心的芯轴，芯轴的圆周上有 4 个槽，槽内放置测压头，另外还有一系列宽度为 25.4~50.8mm，壁厚为 10.16mm 的钢环，轴向叠合起来，组成辊套，组装在芯轴上，每个钢环为一测量区段，各自与 4 个测压头相接触，用来感应该区段的径向压力。整个组装好的辊子，磨平外圆，喷镀硬质合金，使其有很高的耐磨性能，辊子直径与其受的载荷有关。

工作板形辊由轧件拖动，做同步旋转，本身不需动力，但仍在其一端装有驱动电动机，其目的是帮助板形辊克服在轧机启动和制动时的惯性，以免轧件将辊面擦伤。

板形辊芯轴槽内装有测压头，它是一种压磁头（magnetoelstic force transducer pressductor），主绕组输入 150~2000Hz 的交变电流，次级绕组输出的是调幅信号，在板形辊的另一端，有 46 个通道的滑环将信号引出。这种板形辊的测力范围较宽，每区段可测 1.2~11500N，既可用于铝箔轧机，也可用于张力达 600~700kN 的带钢轧机。虽然轧件对辊子的径向压力随卷材直径的增大而变化，但板形只涉及板宽方向上的应力差值，故径向压力逐渐变化不影响测量结果。板形辊可以设置在卷取机和轧机之间，代替导向辊使用。

此外，这种板形辊是整体结构，极为牢固，故在轧件头尾通过时不必移开。辊子上的所有零件，都具有相同的速度。钢环之间无磨损，辊面磨损也小，极少重磨。辊子需维护保养的只是信号引出用的滑环。

测得的信号经计算机处理后，一方面送执行机构，进行轧件平度的调节；另一方面送显示和记录装置。但计算机调控中还要做若干修正与补偿。例如，轧件边部区段的补偿、轧件装置的修正、板宽方向的温度不均补偿、板凸度补偿和板形辊挠度补偿等，以提高测控精度。

板形检测的基本原理如图 20-54 所示，板材经过板形辊时折转一个角度 θ，在张应力

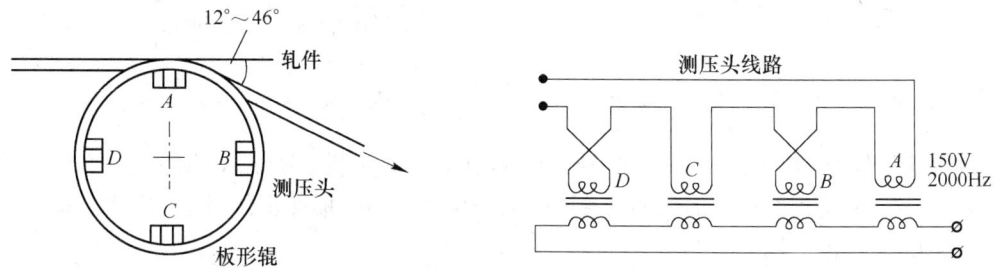

图 20-54　ASEA 板形辊基本原理图

作用下，板材对辊子产生分布的径向压力 $F_n(x)$ 为：

$$F_n(x) = \sigma(x) \times 2\sin\frac{\theta}{2} \qquad (20\text{-}69)$$

式中　$F_n(x)$ ——板材对板形辊的径向压力；

　　　$\sigma(x)$ ——张应力；

　　　θ ——折转角。

每个辊片可以独立地测出各部分板材对板形辊的正压力。

经过计算和推导可以得出板形辊径向正压力和板材张应力之间的关系：

$$\sigma(x) = \frac{\overline{\sigma}}{F_m} \cdot F_n(x) \qquad (20\text{-}70)$$

式中　$F_n(x)$ ——板材对板形辊的径向压力；

　　　$\sigma(x)$ ——张应力；

　　　F_m ——板材对板形辊的平均正压力；

　　　$\overline{\sigma}$ ——平均张应力。

b　Vidimon 板形辊

Vidimon 板形辊是英国 Davy McKee 公司开发的一种板形测量工具，放置在辊内部的压力探头，测量外加张力沿板宽的分布。这种板形辊用于冷轧机，其结构如图 20-55 所示。在轴向上有若干独立的区段组成，它由不转动的芯轴和与轧件同步传动的轴套所组成，各区段间有迷宫使其既连接又隔开，芯轴中有气体管道向芯轴与轴套间供应气体，使其成为"空气轴承"，辊套受载荷后，气隙发生变化，两对面发生差异，通过气压传感器，测出其差异，再综合各区段的数据，转换成板形信号。

为防止超载、冲击和气体供应不足等损伤"空气轴承"，设置了板形辊的退出机构，能使板形辊快速地退入保护区。

为使载荷不因包角的改变而改变，故板形辊的前后设置了导向辊，以保持包角恒定，如图 20-56 所示。

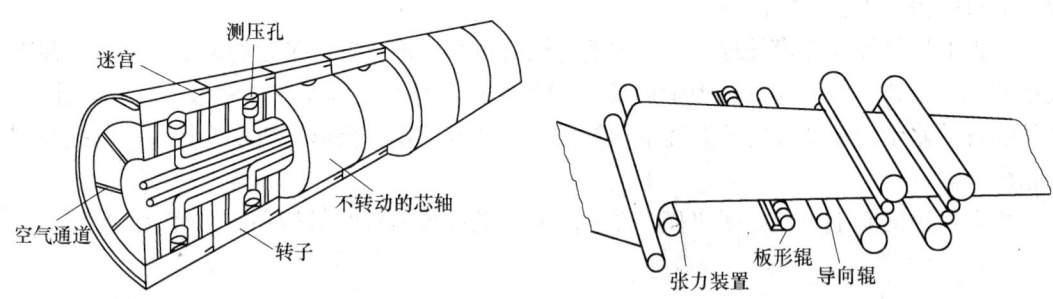

图 20-55　Vidimon 板形辊示意图　　　　　图 20-56　Vidimon 板形辊的放置

这种板形辊可用于铝箔铝带的轧制，也可用于带钢轧制，Davy McKee 公司的 Vidiplan 系统和 Measurex 公司的 Metalsmaster 系统中都采用 Vidimon 板形辊作板形的测量工具。

c　CLECIM 板形辊

CLECIM 板形辊是法国 CLECIM 公司开发的一种板形辊，使用装在辊子内部的传感器，测量外力沿板宽的差异，用于冷轧。

CLECIM 板形辊由芯轴、轴套、传感器和滑环组组成，如图 20-57 所示。芯轴上的有径向的孔洞内装位置传感器，每测量区袋子区段设置两个，其中一个备用，两测量区段的轴向间隔为 60mm，圆周方向相差 45°，轴套为一钢管，组装在芯轴上，并与位置传感器相接触，受载荷时发生变形，使位置传感器发出信号，信号经滑环输出，钢套的厚薄与其所受载荷（即径向压力）有关，最薄只有 2mm，是硬化处理成 1300MPa 的钢做成的，表面喷镀碳化钨，硬度（HV）在 1000 以上。

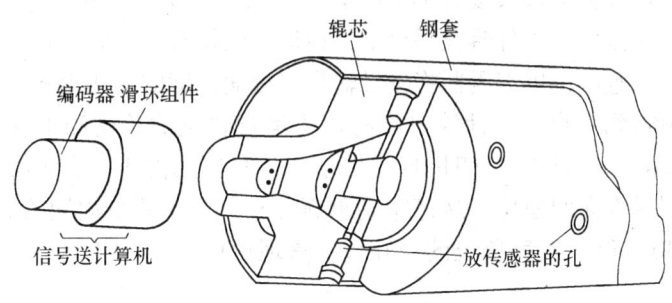

图 20-57　CLECIM 板形辊示意图

d　Vollmer 板形测量仪

Vollmer 板形测量仪是美国 Vollmer 公司开发的一种板形仪，在冷轧机上使用，采用位移传感器，推算轧件板宽不同部位的纵向长度差，如图 20-58 所示，两个直径为 76.2mm(3in)、101.6mm(4in) 或 127mm(5in) 的辊子，在它们中间 76.2mm(3in) 的间隙中，放置着一列位移传感器，其端头稍高过辊面，而与轧件底面相接触。随轧件的运行，这一系列位移传感器，可测得相应宽度部位的高向位移，基准高度的高度差。然后通过换算可计算出平直度。

传感器与传感器的间距一般为 50.8mm(2in)，但也可为 25.4mm(1in)，传感器直接与轧件相接触，相互摩擦，可能造成发热、粘铝、刮伤和划印等缺陷，并且传感器暴露在外，易受损伤，需经常标定。

为了避免与轧件接触，采用气隙传感器。如图 20-59 所示，测得的值换算成平度单位。

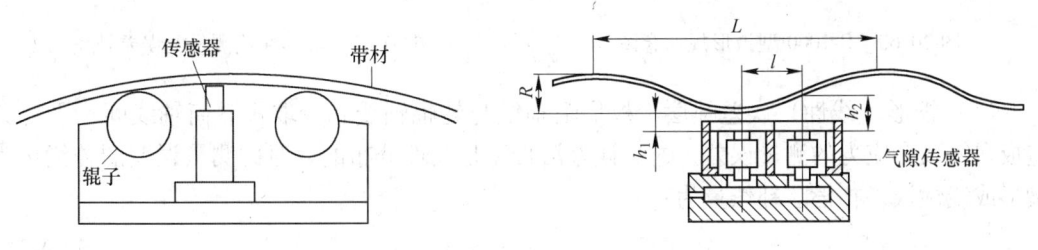

图 20-58　Vollmer 板形测量仪　　　　　图 20-59　气隙传感器板形仪

e　板形规（shape master）

一种被称为 R-1000 型板形规是 USS Mon Valley Ievin 工厂制作的，采用几何形状法测轧件的平度，装在剪切作业线或复绕作业线上，测量成品的平直度，或用他标定或校准轧机上在线闭环使用的板形仪。

该厂原来测量成品平度时，先把整个作业线停车，再松弛张力，让带材落在平台上，然后用直尺和塞尺测量波浪的长度和高度（L 和 H），然后换算成 $I = \left(\dfrac{\pi}{2} \times \dfrac{H}{L}\right)^2 \times 10^5$。每次要测量5个部位，即板宽的中间，两边和两个 1/4 处，这样不但费时间，而且精度也不高。

现在把 R-1000 板形规装在作业线的测量平台上方，其结构如图 20-60 所示，一个跨越作业线的桥，它可以在工件长度方向上沿轨道滑行，有7个位移传感器装在探头架上。测量时，先停车，松张力，工件落在平台上，板形仪的探头架下降，位移传感器与工件接触，桥架滑行进行位置由位置编码器将信号输出，板面高度的变化由每个位移传感器将信号输出。当桥架滑行到终点时，计算机已将探头运行轨迹的长度和工件的平直度计算出来，结果显示在 CRT 上，并被打印机打印出来。此时桥架停止，探头架复位，作业线重新开动，桥架也同时推向回原位。从停车到重新开车，整个测量周期约 30s。其重现性良好，对一般具有 30~50 个平度单位的冷轧板，重现性可达 ±1.2I 单位，对经平整的板材可达 ±1.0I 单位。

探头在板宽方向上的位置可由调节器调节。探头架的升降由电动机拖动，桥重约 136kg，行程 1.5m，下装滚动轴承（Thompson），在轨道上滑行由手工推动。

对于运行速度不快的作业线，本方法不失为一个花费不大，又能精确测量的好工具。

C 板形补偿

用板形辊测量出的在线残余应力分布 σ_{on}^* 称为未补偿测量板形。它不能反映真实的在线板形状态。因此需要对其进行修正或补偿。此种补偿包括3个方面，如图 20-61 所示。

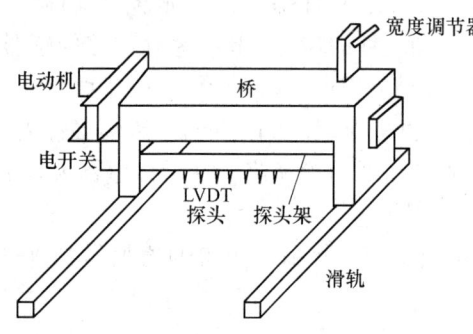

图 20-60 R-1000 型板形规示意图

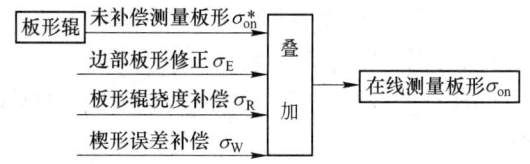

图 20-61 板形在线测量及误差补偿

（1）楔形（线性）误差补偿。板形辊轴线与轧辊轴线和卷取机卷筒轴线间不平行会造成在线残余应力的测量误差，这一误差沿带宽是线性分布的。对此测量误差的补偿称为楔形或线性误差补偿。补偿量为：

$$\sigma_W(x) = K_w x \tag{20-71}$$

式中 σ_W——楔形补偿应力误差；

K_w——系数。

（2）板形辊挠度补偿。板形辊在径向分布压力的作用下产生挠曲变形，造成板形测量误差 $\sigma_R(x)$。对此误差的补偿称为板形辊挠度补偿。

（3）边部板形修正。在带材两边存在板形辊相应检测段（片）没有全部被带材覆盖的情况，即只有部分段宽上有带材。未补偿测量板形对边部的测量段是按整个段宽上均有带材计算的，这会造成边部板形测量误差 $\sigma_E(x)$，因此需要进行补偿。

对未补偿测量板形进行上述3方面的补偿后，就得到在线测量板形 $\sigma_{on}(x)$。它表示在线残余应力的分布。

20.7.2　冷轧板形控制技术

20.7.2.1　板形目标曲线

板形控制应在线进行，最终达到离线板形的要求。离线板形（离线板形残余应力 $\sigma_{off}(x)$ 分布）与在线板形（在线残余应力 $\sigma_{on}(x)$ 分布）有着密切的关系。板形控制的实质是通过在线控制 σ_{on} 达到控制 σ_{off} 的目的。目标曲线也有离线板形目标曲线与在线板形目标曲线之分，即离线板形目标曲线——离线板形残余应力 $\sigma_{off}^T(x)$；在线板形目标曲线——在线残余应力 $\sigma_{on}^T(x)$。

在进行板形控制时，首先需要确定离线板形目标曲线，然后对其进行补偿。变换为在线板形目标曲线，作为在线板形控制的目标。

离线板形目标曲线的一般形式为：

$$\sigma_{off}^T(x) = a_0 + a_2 x^2 + a_4 x^4 + a_8 x^8 \tag{20-72}$$

式中　a_0，a_2，a_4，a_8——系数。

根据实际情况可取式（20-72）中适当的项数。

对离线板形目标曲线进行如下补偿（修正），得到在线板形目标曲线，如图 20-62 所示。

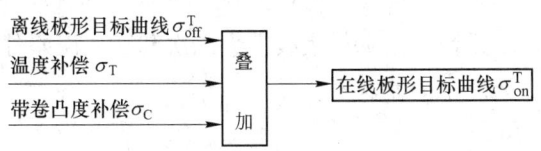

图 20-62　板形在线测量及误差补偿

（1）温度补偿。在线的板材温度横向分布不均，造成温度应力。由离线板形目标曲线变换为在线板形目标曲线，需要进行温度应力补偿。补偿的温度应力 σ_T 为：

$$\sigma_T(x) = K_{T0} + K_{T1}x + K_{T2}x^2 \tag{20-73}$$

式中　K_{T0}，K_{T1}，K_{T2}——系数。

（2）带卷凸度补偿。轧后的带材具有凸度，形成带卷凸度，横向各部位带卷层间接触状态不同，导致带材中残余应力发生变化。随着带卷凸度的变化，残余应力发生变化的程度也不同。将离线板形目标曲线变换为在线板形目标曲线，需要对此种变化进行补偿。带卷凸度引起的应力变化 σ_c 为：

$$\sigma_c(x) = K_{c0} + K_{c2}x^2 \tag{20-74}$$

式中　K_{c0}，K_{c2}——系数。

上述的温度补偿和带卷凸度补偿是动态的，随时间而变化。这是因为随着时间的变化，温度横向分布和带卷凸度是变化。

20.7.2.2 板形误差模式识别及误差控制手段

A 板形误差的模式识别及误差分解

在线测量板形与在线板形目标曲线的差值称为板形误差 $\Delta\sigma(x)$。板形控制的目的就是消除此板形误差，即把在线板形控制到目标曲线上。

用最小二乘法对板形误差 $\Delta\sigma(x)$ 进行模式识别，将其分解为几个部分，如图 20-63 所示。

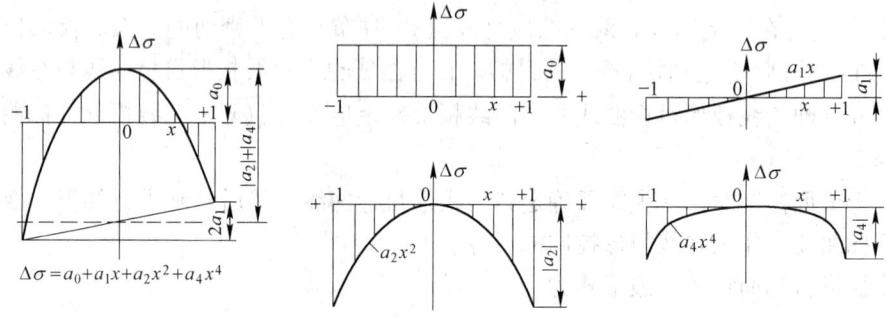

图 20-63 板形误差的分解

板形误差函数一般表达式为式（20-75）或式（20-76）。

$$\Delta\sigma(x) = a_0 + a_1 x + a_2 x^2 + f(x) \tag{20-75}$$

$$\Delta\sigma(x) = a_0 + a_1 x + a_2 x^2 + a_4 x^4 + f(x) \tag{20-76}$$

式中 a_0，a_1，a_2，a_4——系数，分别代表线性、二次和四次误差分量；
$\quad\quad\quad f(x)$——高次部分误差。

B 误差控制手段

误差控制手段有：

（1）线性部分误差用倾辊方法控制，倾辊压下位移调整量 Δx_p 为：

$$\Delta x_p = K_1 a_1 \tag{20-77}$$

式中 K_1——线性误差与倾辊量之间的传递系数。

（2）二次（抛物线）误差部分用工作辊弯辊控制，工作辊弯辊力调整量 ΔF_w 为：

$$\Delta F_w = K_2 a_2 \tag{20-78}$$

式中 K_2——二次误差与弯辊力调整量之间的传递系数。

（3）高次误差部分用分段冷却工作辊的方法控制。根据各处高次误差的大小，转换为各段上冷却液的喷射量。

$$\Delta Q_i = K_f f_i \tag{20-79}$$

式中 ΔQ_i——第 i 冷却段（喷嘴）冷却液流量调整量；
$\quad\quad K_f$——高次误差与冷却液流量调整量之间的传递系数；
$\quad\quad f_i$——第 i 冷却段（喷嘴）的高次板形误差，$f_i = f(x_i)$。

20.7.2.3 板形控制的工艺方法

A 轧辊的原始凸度

轧辊的原始凸度决定了开轧前的辊缝形状，影响轧制初期的板形和弯辊的给定量。凸度太大容易产生中间波浪，凸度太小或负凸度容易产生边部波浪，甚至压靠，不能正常轧制。因而应合理选择轧辊的原始凸度，原始凸度的选择应结合不同的合金、不同的加工道次以及轧机板形控制的手段。轧制力大的合金和道次，原始凸度应选择比较大一些。一般情况下轧辊原始凸度应为 $0 \sim +0.060\mu m$。

B 目标板形曲线的选择

目标板形曲线是轧机在线控制的目标，在轧制过程中运用各种手段使实际板形曲线与目标板形曲线趋于一致。因此目标板形曲线的选择应充分考虑，影响在线板形曲线与离线板形曲线间的差异的因素，并进行补偿与修正。

C 道次变形量的分配

道次变形量大，轧制时轧辊产生的变形大，热膨胀大，板形调节相对困难。因此在轧制成品及前面一、二个道次应适当降低变形量，以便于板形的控制。

D 来料截面形状

来料截面形状的好坏，不仅影响轧机的板形控制，而且影响精整矫直后的最终板形的好坏，有时即使通过矫平工艺将来料板形矫平了，但是卷取后又产生了波浪。

来料截面形状有平直、中凸、中凹、楔形、二肋位置双凸和双凹等形状。根据塑性失稳条件可知，轧件边部比中部更容易失稳和产生波浪，因而一般控制轧件中部比边部稍厚，即保持正凸度。凸度的大小根据产品的最终形态（是板材还是带材，是大卷还是小卷，是厚料还是薄料）和精整工艺而定。板材、小卷、厚料允许凸度稍大一些。带材、大卷、薄料允许凸度稍小一些。不允许中凹、楔形、二肋位置双凸和双凹等形状。一般情况下建议中凸度为 $0 \sim 1\%$，能控制在 $0.5\% \sim 0.8\%$ 更好。

E 轧件宽度的选择

在实际运行中由于板材偏移和宽度的原因，板形测量辊最外侧的两个测量环可能没有完全被板材压住，出现测量误差，造成控制失效。此时显示的板形曲线呈倾斜状，板形控制系统不能自动进行调节，采用手动调整后，又自动恢复到倾斜状态。要避免这种现象除了保证自动对中控制系统的精度以外，还要合理选择被加工板材的宽度，使带材宽度尽可能为板形辊测量环宽度的偶数整数倍数。

20.8 铝箔轧制时的辊型及板形控制技术

20.8.1 轧制前的准备

20.8.1.1 轧辊磨削及预热

一般说来，铝箔轧制支撑辊的凸度为 $0 \sim 20‰$，工作辊凸度为 $40‰ \sim 80‰$，轧辊的凸度及辊型曲线是通过轧辊磨床的成型机构来实现的，在凸度值确定以后，轧辊的辊型精度取决于轧辊磨床的精度。因此，保证轧辊磨床运行正常对铝箔板形的控制来讲是十分关键的。

另外，轧辊表面粗糙度的均匀性对产品的板形质量也会产生影响。如果轧辊表面的粗糙度不均匀，就会导致材料的不均匀变形，从而产生板形缺陷。因此，在轧辊磨削的过程中，一定要保证轧辊表面粗糙度的均匀性。

在磨削轧辊时，还应注意，刚刚从轧机卸下的工作辊，不能立即进行磨削，因为这时的轧辊辊身温度很高，轧辊的辊型与常温下差别很大，如果这时进行磨削，会影响辊型的控制精度。正确的方法应该是将辊身温度冷却至室温后，再进行磨削。

对于铝箔生产来讲，轧辊的预热也是很重要的一环。当新工作辊送入轧机后，在未使用之前，为了使轧辊温度升高，以利于轧制生产过程，一般都要用轧制油对轧辊进行一定时间的预热。表20-3给出了常用的轧辊预热时间表。

表 20-3 轧辊预热时间表

项 目	换工作辊后预热	换支撑辊后预热	连休 24h 以上后预热	连休 48h 以上后预热
时间/min	10	30	10	20

对于粗轧，轧辊预热的油温为 30～40℃。对于中、精轧，轧辊的预热的油温为 50～55℃。预热时，应注意轧辊的运转速度不应超过穿带速度。

在实际生产过程中，尤其是精轧过程中，虽然轧辊经过了预热，但通常轧制油的温度为 30～60℃，而正常轧制时变形区内的温度在 100℃以上，这时，由于温度差，在轧制过程中产生的变形热与轧辊之间会发生频繁的热量交换，使轧辊的温度发生变化，从而导致辊型的变化十分复杂。因此，在换完新辊刚刚开始轧制的时候，产品的板形往往难以控制。但是，经过了一段时间的轧制后，轧辊的温度与变形区内的温度趋于一致，轧辊的热凸度趋于稳定，这时，产品的板形质量才会得到较好的控制。

为了避免由于换辊之后，板形难于控制而产生较多的废品，换辊之后，刚刚开始轧制的阶段，应该想办法让轧辊的辊身温度尽快升高，缩短轧辊温升的时间。为了达到这个目的，常用的办法是加大轧制力、提高轧制速度等。但采取这些办法，要尽量保证轧制过程中不产生断带。具体的操作，还需要操作人员在生产过程中，根据现场的具体情况及自身的操作经验灵活掌握。

20.8.1.2 目标板形曲线的选择

现代化的铝箔轧机，大多配备了先进了板形自动控制系统（AFC），为了使产品的出口板形良好，在使用板形仪时，要给出产品的目标板形，以使轧制产品的出口板形在板形仪的控制下，尽量接近目标板形。

理想的板形应是一条与 x 轴重合的水平线，即一条直线。但用一条直线来作为目标板形，往往不能得到好的控制效果，其原因是：

（1）在轧制过程中，轧制产品的中部温度高于边部，如果按照理想的目标板形生产出的产品，其冷却后，因为中部与边部的温度差，往往会产生内应力，为了对这种差值进行补偿，目标板形应设为凹形，即中间松，两边紧的形状，如图 20-64(a)所示。

（2）对于厚度较薄的产品来讲，尤其是对于铝箔产品，如果按理想的目标板形进行生产，则很容易产生断带，为了减少轧制过程中的断带，则应采用略凸的目标板形，即中间紧，两边松的形状，如图 20-64(b)所示。

在铝箔轧制过程中，由于产品的厚度很薄，为了避免断带，造成浪费，一般采用图

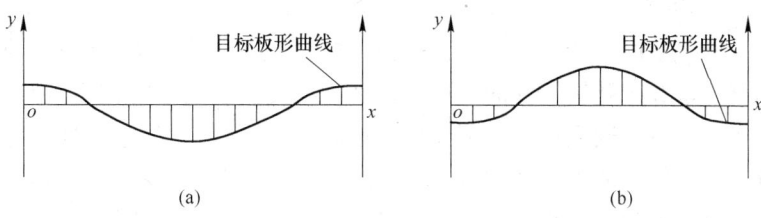

图 20-64 板形目标曲线
（a）考虑热应力时的目标板形曲线；（b）考虑断带效应时的目标板形曲线

26-64(b)所示的板形目标曲线。具体的曲线形状，应根据毛料的原始板形、产品的品种、轧辊的辊型等多方面的因素进行综合考虑，不同的道次、不同的合金品种、不同的宽度，应有不同的目标板形曲线。一般来讲，随着压下道次的增加，板形目标曲线的弯曲度应增大，这样，才能有效地防止轧制过程中的断带。表 20-4 给出了几种典型规格的板形目标曲线弯曲度设定值范围。

表 20-4 不同道次板形目标曲线的设定值

道 次	入口厚度/mm	出口厚度/mm	弯曲度（BOW 值）	
			宽度 1220mm	宽度 975mm
1	0.36	0.2	-20 ~ -26	-16 ~ -20
2	0.2	0.1	-24 ~ -30	-18 ~ -26
3	0.1	0.05	-28 ~ -40	-26 ~ -36

为了保证板形曲线的对称性，在正常情况下，倾斜、边缘均设定为零，只有在设备不正常，或是坯料板形缺陷十分严重的时候，才考虑更改这两个参数的设定。

20.8.2 铝箔轧制的板形控制技术

20.8.2.1 弯辊控制

现代化的铝箔轧机，都配备有液压弯辊系统。当轧制产品出现对称板形缺陷时，采用弯辊来控制会收到良好的效果。当材料的出口板形与目标板形相比，呈现中间紧，两边松时，采用负弯辊控制来进行调整，当材料的出口板形与目标板形相比，呈现中间松，两边紧时，采用正弯辊控制来进行调整，当误差较大时，可适当加大弯辊力。

由于铝箔轧制希望的板形是中间紧，两边松。因此，在实际生产过程中，经常采用负弯辊控制，一般的控制范围为 -50% ~ -80%。装有板形仪的轧机，还可以实现弯辊自动控制。

表 20-5 给出了 0.36mm ×975mm，1235H14 铝箔坯料在铝箔工序前三道轧制的弯辊力。

表 20-5 不同轧制道次弯辊力对比

道 次	宽度/mm	合金状态	入口厚度/mm	出口厚度/mm	弯辊比例/%	弯辊力/kN
1	975	1235H14	0.36	0.2	-60	33
2	975	1235H14	0.2	0.1	-65	36
3	975	1235H14	0.1	0.05	-70	39

20.8.2.2 喷淋控制

喷淋控制是铝箔生产中最为常用的一种板形控制方法。其控制原理就是通过对局部冷却液流量的调整，来改变轧辊局部的热凸度，从而起到控制板形的作用。例如，如果轧机操作人员在生产过程中，发现产品局部偏松，这时，就可以相应加大偏松部位所对应轧制油喷嘴的流量，由于轧制油的温度远低于变形区内轧辊的温度，加大轧制油流量后，其相应部位的轧辊的热凸度必须减小，这样，就可以相应的减小偏松部分的变形量，从而达到改善板形的目的。

由于喷淋控制的调整比较灵活，适用的范围广，调整的效果也较好，因此，在铝箔轧制过程中，喷淋控制是控制板形最常用的一种手段。从理论上讲，喷淋调节可以对任何板形缺陷进行控制，但它受到两个条件的限制，一是当采用 AFC 后，其响应速度较慢，一般为 8～12s，而倾斜、弯辊控制的响应时间仅为 1s 以内；二是轧制油的流量及油温受工艺润滑及冷却的控制，流量不能过大，也不能过小。油温既不能过高，也不能过低。

20.8.2.3 调整轧制工艺参数

A 压下量

改变道次压下量，可以改变轧制过程中由于变形而产生的变形热量，从而使轧辊的热凸度发生变化。道次压下量增加，变形热增加，轧辊热凸度增大；反之，道次压下量减小，变形热减少，轧辊热凸度变小。因此，当轧制成品出现边部波浪时，可以考虑适当增加压下量，加大轧辊热凸度，使边部波浪得到修正；当轧制成品出现中间波浪时，可以适当降低压下量，减小轧辊热凸度，使中部波浪得到修正。但压下率的改变，必须在保证产品质量的前提下才能进行。一般来讲，铝箔轧制的道次压下率的范围是 40%～60%。过高或过低，都会影响产品质量。

B 张力

调整轧制过程中的张力，可以改变材料在变形区内的受力情况，尤其是后张力的作用更为明显。后张力增加，会促使轧制材料的变形率增大，从而会使轧辊的热凸度增加。因此，当出现边部波浪时，可以适当增加张力，通过轧辊热凸度的增加，来调整边部波浪。当出现中部波浪时，可以适当减小张力。

采用张力调整时还应注意，箔材在张力的作用下，尤其是张力较大的情况下，看到的板形也许是良好的，但是当将张力撤掉或减小时，箔材就会出现板形缺陷，这就是常说的"假板形"。因此，在实际生产过程中，在保证产品质量的前提下，应该尽量采用小张力轧制。因为只有这样，才能在轧制过程中最大程度地反映产品的真实板形，从而可以采取相应的调整措施，提高板形控制水平。

C 轧制速度

在铝箔轧制过程中，轧制速度的增加，会使轧制变形区的温度变化加快，从而轧辊辊型发生变化。轧制出的铝箔板形也会随着辊型的变化而发生改变，对于手动控制板形的铝箔轧机，铝箔板形的变化完全依靠操纵手的观察，然后再手动分别控制弯辊或轧制力及各油嘴的喷射量，如果轧制速度太快，操纵手的响应能力跟不上，板形控制就很困难。操作手所能控制的轧制速度一般不会超过 700～800m/min，在线最好板形水平在 ±80I 以上。当轧制速度在 800mm/min 以下时，对于手工操作而言，我们可以合理地利用速度来灵活的进行板形调整，在保证板形质量的前提下，实现高速轧制。根据热力学原理，轧制速度增加，轧制过程中产生的变形热就增加，这时，轧辊的热凸度变大，这时生产中的产品，会产生中间波浪。在产生中间波浪时，不能提高轧制速度。因此，在实际生产过程中，我们可以尝试有意识的让产品产生轻微的边部波浪，然后，提高轧制速度，通过提高速度来提高轧辊的热凸度，以此来实现高速轧制条件下的板形控制，这种方法尤其对于精轧来讲，是十分有效的。但在实际运用中，一定要根据现场设备、工艺的具体情况，灵活掌握。

当轧制速度超过 800m/min 时，为了获得良好的板形质量，就必须采用板形自动控制系统。由于板形自动控制系统采用了自动喷淋、自动弯辊、自动倾斜，更为先进的轧机采用了 VC、DRS 等板形控制技术，使铝箔的轧制速度和板形控制水平大幅度提高，铝箔的在线板形可以控制在 ±9I～20I 以下的水平。表 20-6 列出了轧制过程中板形缺陷的一般调整方法。

表 20-6　轧制过程中板形缺陷的一般调整方法

调整内容	边部波浪	中间波浪
压下量	适当增加压下量	适当减小压下量
张　力	适当增加张力	适当减小张力
速　度	适当提高轧制速度	适当减小轧制速度
喷淋量	增大边部喷淋量	增大中部喷淋量

20.8.3　铝箔轧制板形调节过程举例

在实际生产过程中，由于影响板形的各种因素，如轧辊、轧制油、设备、工艺参数等都处于动态的变化之中，因此，产品出口板形的变化过程是十分复杂的，要精确地描述产品的板形状况十分困难。在调节板形的过程中，经常综合运用各种调节手段，这时，对于操作人员来讲，一方面要掌握板形控制的基本原理，同时，还必须具有丰富的实际操作经验。以下以铝箔粗轧机板形控制过程为例，说明板形的调整过程。

假设在轧制过程中，材料的出口板形如图 20-65(a)中虚线所示，实线为目标板形。此时，板形仪的设定值为：弯曲度(BOW)：-26；倾斜值(tilt)：0；边缘(edge)：0。

由图可以看到，实际板形与目标板形相差较大，并且无明显的对称关系，也无规律可循。这时，如果单单只用一种手段是很难进行调整的。针对板形两边倾斜较严重的特点，首先改变倾斜值，将板形调成图 20-65(b)所示的形状，这时，板形仪设定值为：弯曲度(BOW)：-26；倾斜值(tilt)：-2；边缘(edge)：0。

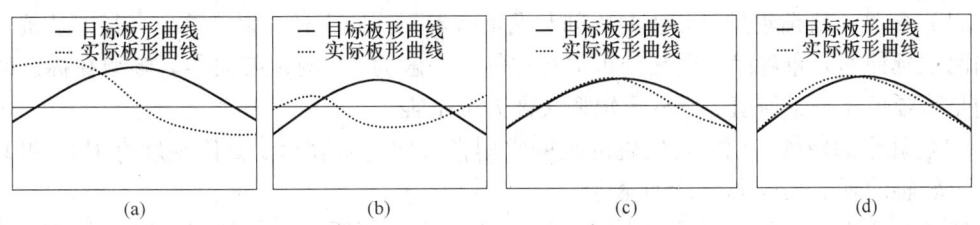

图 20-65　板形调整过程示意图

这时实际板形已经有了一定的对称性。第二步，采用改变目标曲线的弯曲度（BOW），并加大负弯辊力的方法，将板形进一步调整成图 20-65（c）的形状。此时，板形仪设定值为：弯曲度（BOW）：-36；倾斜值（tilt）：-3；边缘（edge）：0。负弯辊力由 27kN 增加至 33kN。

需要说明的是：在进行调整的过程中，轧制油冷却调整也要同时采用，以消除在调整过程中出现的局部板形缺陷。此时，板形曲线已接近于目标曲线，但仍存在着一部分不理想的地方，此时，就可以通过采用调整轧制油流量的办法，调整局部的板形缺陷，使板形曲线趋近于目标板形。最后的调整结果如图 20-65（d）所示。这样就完成了一个板形调整过程。

在实际生产过程中，操作人员还可根据自身的经验，通过对工艺参数，如张力、轧制速度等的合理控制，实现在高速轧制过程中的板形控制。

现代化的铝箔生产，对板形质量要求越来越严。而对于高速轧制而言，由于变形区内轧辊热凸度的变化十分迅速，用手动的方法是很难有效控制板形。为了实现在高速度轧制条件下的良好的板形控制精度，提高产品板形质量，都安装了板形自动控制系统（AFC）。这套系统的特点是通过板形检测辊，将轧制过程中轧制材料给板形检测辊上的压力分布检测出来，并将检测信号传送到控制中心，控制中心通过计算后，得出相应的调整及补偿信号，并将信号及时反馈给控制系统。信号通过反馈系统后，便自动进行相应的调整及补偿，通过倾斜、弯辊、喷淋等方式来实现对板形的控制。国际上的一些铝箔轧机还采用了多种板形控制手段如 VC（variable crown roll），CVC（continously variable crown），DSR（dynamic shape roll）。DSR 辊控制技术相对于 VC 和 CVC 技术上的优势，使之呈现较强的发展势头，而 HES（hot edge sparays）的特点，是补偿带材边部的温度降落，提供了新的板形控制方式。

20.9　轧辊的磨削

轧辊是轧机上承受轧制力，并把轧制材料厚度均匀减小的圆柱形的板型大型工具。轧辊在使用过程中，出现辊面被压花、粘伤或改料等情况，一般都要进行更换，按要求重新磨削后方能再次投入使用。显而易见，轧辊磨削的加工质量直接影响到轧制材料的表面质量和板形。

20.9.1　轧辊

20.9.1.1　常用术语

常用术语有：

（1）辊型。所谓辊型是指辊身中间和两端有着不同的直径，以及这个直径差从辊身中间向两端延伸的分布规律。通常分布是对称的，一般为 72°的正弦曲线。辊型在标注时要注明是直径值还是半径值。圆柱形辊型又称为"平辊"。

（2）轧辊的硬度。铝轧机轧辊的硬度常用肖氏硬度来表示，肖氏硬度有 HSC 和 HSD 之分，轧辊的硬度大多采用 HSD 表示。

HSC 是 2.4g（1/12oz）的重锤从 254mm（10in）高下落所打出的数值。HSD 是 36g 的重锤从 19.05（3/4in）高下落所打出的数值。

（3）表面粗糙度。表面粗糙度按国家标准（GB 1031—83）规定评定，即轮廓算术平均偏差 R_a；微观不平度十点高度 R_z；轮廓最大高度 R_y。通常采用轮廓算术平均偏差 R_a。

（4）径向跳动。径向跳动是对轧机和磨床都更有实际意义的测量数值。

20.9.1.2 轧辊的基本结构

轧辊通常包括四个组成部分：辊身、辊颈、接头和顶尖孔，如图 20-66 所示。

（1）辊身。辊身是轧辊的主要部分，直接与轧制材料接触，一般所谓的轧辊磨削就是指对辊身的磨削。为弥补轧制过程中的变形，辊身通常都磨成凸形或凹形，CVC 轧机是将工作辊磨成 S 形（或称花瓶形），上下辊反向180°配置。

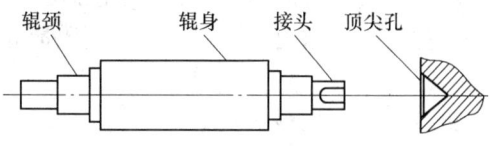

图 20-66 轧辊的结构

铝轧机对工作辊辊身硬度要求比较高，一般为 HSD 95 ~ 102，当表面硬度低于 90 个单位时，轧制较薄的铝板材将变得困难；对辊身硬度的均匀性也有严格的要求，否则压延时在软点处容易引起局部变形不均而起鼓，严重的还会造成断带。

支撑辊通常为平辊，为避免或减少辊身边缘处的剥落和改善弯辊效果，在辊身边缘部分要磨成倒角。支撑辊硬度比工作辊软，一般为 HSD 75 左右。

（2）辊颈。辊颈用来安装轴承并通常作为轧辊磨削的支撑面，因此，其正圆度和同心度有严格的要求，一般要求不大于 0.003mm。

由于轴承经常拆装以及支撑磨削时的摩擦，辊颈的轴承部位容易被损伤。在允许的范围内，可以对损伤处进行适度修磨。辊颈的硬度一般为 HSD 45 ~ 50。

（3）接头。接头用来和主传动接手相连接，一般也是磨削时安装夹具的地方。若轧辊端部有螺孔，也可以使用比较简单轻便的板式夹具，将其固定在辊端即可。

（4）顶尖孔。顶尖孔是找正的基准，应保证其正圆和准确的锥角，对于采用顶尖孔直接磨削的轻型轧辊尤为重要。根据轧辊的轻重不同，顶尖孔有 60°、75° 和 90° 等不同角度。轧辊一般较重，大多采用托架支撑方式，顶尖孔只起初步定位作用，因此要求不高。

20.9.1.3 轧辊的加工精度

A 轧辊加工的尺寸精度

对铝加工企业的轧辊磨床来说，轧辊磨削的尺寸精度要求为：

（1）辊身的径向跳动一般不大于 0.003mm。

（2）辊身两端直径差（俗称"锥度"）一般不大于 0.015mm（非 CVC 轧辊）。

（3）辊型的准确度包括两方面：一是辊型误差，一般不大于给定值的 10% ~ 20%；二是辊型位置轴向偏移量不大于 5mm。

（4）配对辊径差。根据轧机精度和轧制材料加工精度不同而异，小的要小于 0.02mm，大的可不做要求。

B 表面状况

表面状况包括：

（1）表面粗糙度。轧辊的表面粗糙度与一般加工件表面粗糙度含义不太一样，它包含一种用特定的磨削工艺所磨削出来的表面状态。如同样磨削一个 R_a 0.25 的工件，用 80 号的砂轮和用 150 号的砂轮磨出的效果就大不相同，其他如不同的磨削液、不同的磨削工艺加工出来的效果也会不一样。

轧辊的表面粗糙度根据轧机生产工艺要求而定，轧辊磨床主要关心的是表面粗糙度的均匀性。一般粗糙度的数值越低，其允许的误差也越小。

（2）表面感官质量。轧辊磨削后表面不允许有螺旋纹（或称之为"砂轮印"、"刀花"）、振纹、小划道等影响板材表面质量的缺陷。在满足粗糙度要求的前提下，表面不要发亮，越"发白、发雾"越好。

20.9.1.4　轧辊的检查

轧辊的检查包括：

（1）外形尺寸的检查。轧辊表面的感官质量主要是通过人的眼睛，在充足的光线照射下，从一定的角度、合适的距离去观察。

外径千分尺可以用来检测直径值、锥度、配对辊径差和大致的辊型资料。轧辊磨床应配备量程齐全的千分尺。为避免划伤辊面（只有一点轻微的印痕，一般也是不允许的），影响板材质量，磨后的轧辊在使用宽度内不允许测量。

千分表（要求不高的也可以用百分表）主要用于检测轧辊的径向跳动。

现在比较先进的 CNC 轧辊磨床上都安装了精密的轧辊检测装置，可以检测轧辊的圆度、辊型等资料，还可以打印记录。

（2）粗糙度的检查。粗糙度的检查方法有描刻法、气隙法和光学法，目前普遍应用的是描刻法。

（3）硬度的检测。一般能自动换算成各种硬度值（有微小偏差），可以从任何方向测量，用轻巧的里氏硬度计检测硬度。

（4）轧辊裂纹等缺陷的检查。主要是使用涡流探伤议，该探伤仪通过高频涡流探头和轧辊表面之间的电磁感立变化，探测出轧辊表面裂纹所在的部位及深度，该探伤仪还能探测出轧辊表面的磁性点。其使用可以减少轧辊的磨削量，延长轧辊的使用寿命，提高轧辊的质量。

20.9.1.5　轧辊的管理

轧辊的管理包括：

（1）新辊进场后应对其各部尺寸、硬度、圆跳动等进行检查，同时建立起管理卡片。

（2）轧辊应存放在干燥、温度高于 10℃ 的环境中，以免锈蚀。

（3）新辊第一次使用时，应在低速、低压下运行。

（4）使用中要保证轧制时润滑冷却到位，修磨时应彻底清除（磨掉）其表面的疲劳层。

（5）选择适当的砂轮，粒度与硬度要匹配，对刀时要小心精力集中，进刀量不大于 0.025mm，严防磨削烧伤（烧伤层要彻底清除后方可使用）。

（6）使用时要确保辊身、辊颈的冷却，润滑均匀而到位，这样既可保证轧件的平稳进给，又可减少轧辊产生剥落和断颈事故的发生。

（7）轧制环境要干净，避免异物压入，断带处理及时，防止出现叠轧。

（8）轧辊的一般使用原则是：新辊轧宽带、薄带，用于精轧；旧辊轧窄带、厚板，用于初轧。

（9）磨烧伤（严重者磨时即会起皮）、粘伤、过度疲劳等都容易引发晶界裂纹，而这些裂纹是导致辊身网纹状剥落的起源，会使轧辊过早报废，应努力避免。

20.9.2 轧辊磨床

用于对轧辊进行成型磨削的磨床即是轧辊磨床。轧辊磨床是外圆磨床的一个分支，是一种专用磨床。

20.9.2.1 轧辊磨床和外圆磨床的几点区别

轧辊磨床和外圆磨床的区别在于：

（1）成型机构。轧辊磨床和外圆磨床最根本的区别在于轧辊磨床具有一套专门的成型机构，使轧辊在磨削过程中具备工艺所要求的特定的形状。

（2）支撑方式。普通外圆磨床的工件通常是支撑在两个顶尖之间。而轧辊磨削由于时间较长，质量大，磨削时是把辊颈支撑在托架上，顶尖只起定位的作用。

（3）工件的驱动。外圆磨床上，工件由顶尖支撑，拨盘单点驱动；而在轧辊磨床上，为使轧辊转动平稳，采用对称调节的两个拨销进行双点驱动，为克服轧辊的对中误差，减少头架转动时的影响，拨盘一般设计为"万向节"形式。

20.9.2.2 轧辊磨床的基本结构

根据轧辊质量的不同，轧辊磨床可分为两大类：一类是轧辊移动式；另一类是砂轮架移动式。其基本结构大致相同，主要由床身、头架、尾座、托架、砂轮架、冷却液系统和电控设备等组成。

（1）床身。床身是保证磨削精度的基础。轧辊移动式轧辊磨床，床身用来支撑轧辊，砂轮架是固定的。砂轮架移动式轧辊磨床，为便于加工、安装、运输、避免彼此影响保持高精度，床身一般分为独立的两部分：工件床身用来支撑轧辊，是固定不动的；操作台床身用来支撑砂轮架。

（2）头架。用来驱动轧辊，为保证驱动的平稳性和减振，一般采用多级皮带传动。在重型轧辊磨床上大都安装有辅助启动电动机，以克服重轧辊启动时较大的惯性。为使轧辊转动平稳，床头拨盘上应有两个拨销且要均匀受力。

（3）尾座。尾座由上下两部分组成，下部延床身移动，上部可横向移动，以使两顶尖联机与砂轮轴线平行，顶尖可伸缩。金刚石砂轮修正装置一般设在尾座。

（4）托架。托架用来支撑住轧辊，一般有上（侧）、下两个支撑点——托瓦，托瓦上部与轧辊接触处为较柔软的"巴氏合金"。一般下托瓦的调节采用的是斜铁，调节的范围为 $20 \sim 50mm$，因此，若希望磨削不同规格的轧辊，就应配齐相适应的不同的托瓦。

（5）砂轮架。砂轮架是轧辊磨床的核心，通常由架体、主轴、砂轮动平衡装置、横向进给机构、微进给机构等组成。砂轮架有两层式和三层式之分。

（6）主轴。主轴是轧辊磨床核心的核心，其关键在于主轴支撑。大多数主轴为动压式，动压润滑条件直接受主轴转数影响；动静压联合主轴承，在动压没有形成之前靠静压支撑主轴；纯静压轴承则完全靠单独的油压系统来支撑主轴。

（7）冷却液系统。轧辊磨床对冷却液的要求很高，磨削时冷却液中含有磨屑和砂粒是造成辊面"零星划痕"的主要原因，因此轧辊磨床一般采用过滤效果较好的磁力和纸带联合过滤器。另外，冷却液中混入杂油过多（尤其是抗磨液压油），会影响砂轮的切削能力和效果，使磨削表面发亮，易出现振纹，因此，如何解决冷却液中的杂油也是应该认真对待的问题。

20.9.3 轧辊磨削工艺

轧辊磨削工艺，与普通外圆磨床磨削一般工件的磨削工艺相比较，虽有其特殊的地方，但大致是相通的。轧辊磨床加工的工件种类比较少，磨削要求的变化也不大，容易实现规范化操作。

20.9.3.1 磨削的准备

A 磨工劳保用品穿戴确认

工作前，磨工必须穿戴好以下劳保用品：工作服、工作裤、工作鞋、手套（进行屏幕及按钮、按键操作时不允许戴）。

B 开机设备条件的确认

开机前应确认：

（1）有足够的照明和通风，尤其是检查轧辊表面质量的光线应充足。

（2）环境温度的变化在 1h 之内不能超过 2℃，一天之内不能超过 6℃。

（3）各电动机运转正常，无振动和异常声响，温度适当。

（4）砂轮安装牢靠，无损伤，转动平稳，防护罩确认锁紧。

（5）各个功能键和手柄操作灵活，动作准确。

（6）各油箱（孔、池）的油，清洁量足，油泵工作正常，油路畅通。

（7）磨削液充足，清洁，且浓度和 pH 值符合要求。

（8）各导轨面清洁有油无损伤。

20.9.3.2 砂轮的准备

A 砂轮的选择

砂轮的特性主要包括磨料、粒度、硬度、结合剂、组织、形状和尺寸等。轧辊磨床所用砂轮都是平形，特定磨床的砂轮尺寸基本不变，因此选择砂轮，主要是根据轧辊的材质、硬度及表面粗糙度的要求对砂轮的磨料、粒度、硬度、结合剂及组织进行选择。

选择砂轮的原则是：粗磨时切削性能好，金属切除率高；精磨时砂轮的等高性、微刃性好，磨削发热小。

a 磨料的选择

磨料是砂轮的主要成分，是其能起磨削作用的最根本因素。磨料分为普通磨料和超硬磨料两大类，普通磨料又主要有刚玉系（主要成分是氧化铝）、碳化物系等种类。对于钢质轧辊宜选用刚玉磨钢；碳化硅磨料磨钢时，会产生强烈的化学磨损，因此不适宜磨钢材，而适宜磨削冷硬铸铁辊、胶辊等。

b 粒度的选择

粒度对工件表面的粗糙度和磨削效率有很大影响，是表示磨粒尺寸大小的参数，根据磨料标准，粒度共有 41 个粒度号，见表 20-7。

表 20-7 常用砂轮粒度与加工表面粗糙度（R_a）的一般关系

粒 度	46	60	80	120	150	180	220	280
R_a	1.5 ~ 2	0.8	0.5	0.4	0.25 ~ 0.3	0.2	0.1	0.05

c 硬度的选择

砂轮硬度是指其表上的磨粒在外力作用下从结合剂中脱落的难易程度。与金属的硬度概念不同。砂轮的硬度分为七大级，分别用不同的字母表示。轧辊磨削常用的是 J（软 3）和 K（中软 1）两种。

d 结合剂的选择

结合剂是将磨粒黏成各种砂轮的材料，应用最多的是陶瓷结合剂（V）、树脂结合剂（B）和橡胶结合剂（R）。陶瓷结合剂（V）砂轮耐腐蚀，存储时间长，保持砂轮的外形轮廓好，应优先选用；树脂结合剂（B）砂轮不耐碱，存放期一年，自锐性好，适于大切削量的粗磨；橡胶结合剂（R）砂轮不耐油，存放期两年，一般用于抛光砂轮。

e 组织的选择

组织是表示砂轮内部结构松紧程度的参数，一般以磨粒占砂轮体积的百分比，即磨粒率来划分，共分为 15 个组织号，数字越大越疏松。轧辊磨床除磨胶辊等软材料要用大气孔砂轮外，一般都采用中等组织的砂轮，即 5 ~ 8 号。表 20-8 为轧辊磨削砂轮选择的参考数据。

表 20-8 轧辊磨削砂轮选择的参考数据

轧辊材质	磨削要求 （表面粗糙度）	砂轮的选择				
		磨 料	粒 度	硬 度	结合剂	组 织
钢质轧辊	粗磨 R_a1.0 以上	A、WA	36 ~ 60	H、J	V	8、9
	精磨 R_a0.8 ~ 0.4	WA、SA	60 ~ 80	H、J	V	7、8
	精密 R_a0.3 ~ 0.1	WA、SA	150	J、K	V	7
	超精密 R_a0.05 ~ 0.02	WA、SA	W63 ~ W40	K	B	6、7
	镜面 R_a0.01	WA、C	W28 ~ W14	F	B、R	6、7
冷硬铸铁轧辊	粗磨 R_a1.0 以上	C	24 ~ 36	J、K	V	7
	精磨 R_a0.8 ~ 0.4	C	60 ~ 80	H、J	V	7
	精密 R_a0.2	C	120	H、J	V	7
	超精密 R_a0.05	C	W63 ~ W40	F、G	V	7
	镜面 R_a0.01	C	W20 ~ W14	E、G	B、R	7
胶辊	粗 磨	C	24 ~ 36	H、K	V	9、10
	精 磨	C	60 ~ 80	J、K	V	9、10

B 砂轮的安装

a 装新砂轮

仔细检查砂轮外观有无破损，轻敲时应发出清脆的金属般的响声，边部有缺口及敲击时音哑的严禁使用。砂轮与法兰盘间应垫 0.5 ~ 1mm 厚的纸板（或其他软质物），拧紧固螺丝时采用对称紧固法且用力要均匀。

b 轮的平衡

引起砂轮不平衡的主要原因有两方面：一是由于砂轮制造误差造成，如组织不均、外形尺寸误差等；二是安装在法兰盘上产生的。砂轮不平衡会使砂轮产生振动，是磨削表面出现振纹的主要原因之一，甚至会损坏主轴及轴承，引起砂轮爆裂，因此必须将其平衡好。砂轮的平衡方法主要有静平衡和动平衡。

（1）砂轮的静平衡。将装好法兰盘的砂轮小心安装在静平衡架上，待砂轮自由转动停止后，再反复调整法兰盘上的平衡块，若砂轮旋转任意角度而稳住不动，则说明已平衡好。

（2）砂轮的动平衡。现代轧辊磨床上通常都安装了自动动平衡装置，该装置的形式和结构有多种。正确的使用自动动平衡装置，可使砂轮在磨削过程中所产生的振幅小于0.001mm，从而不影响磨削的质量。但自动动平衡装置的平衡能力有限，砂轮必须经过静平衡才能使用。

c 砂轮的修整

新砂轮或砂轮表面出现磨粒钝化、表面堵塞、外形失真等现象时（其直接结果便是轧辊磨削表面出现振纹），必须及时修整。用砂轮修整工具将砂轮工作面已磨钝的表层修去，以恢复砂轮的切削性能和正确几何形状的方法，称为砂轮的修整。轧辊磨床常用的是金刚石砂轮刀车削法，如图 20-67 和图 20-68 所示。

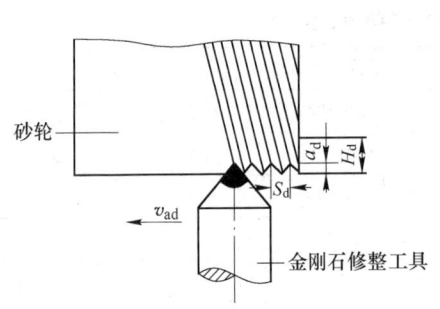

图 20-67 车削法修整砂轮示意图

图 20-68 金刚石的顶角

（1）金刚石砂轮刀金刚石颗粒大小的选择为：砂轮直径在 $\phi400mm$ 左右，选 1ct 的；砂轮直径在 $\phi600mm$ 左右，选 1.5ct 的；砂轮直径在 $\phi750mm$ 以上，选 2ct 的。

（2）修整用量的选择见表 20-9。

表 20-9 金刚石砂轮修整用量的选择值

修整用量	磨削工序				
	粗 磨	半精磨	精密磨	超精磨	镜面磨
修整导程 $S_d/mm \cdot r^{-1}$	与砂轮磨粒平均粒径相近	0.03~0.08	0.02~0.04	0.01~0.02	0.006~0.01
单程修整吃刀深度 t/mm	0.05~0.1	0.02~0.05	0.01~0.02	0.005~0.01	0.002~0.005
修整层厚度 H_d/mm	0.3~0.5	0.15~0.2	0.1~0.15	0.05~0.1	0.05
光修次数	0	1	1~2	1~2	1~2

（3）砂轮修整的注意事项为：安装金刚石砂轮刀时，刀杆不应伸出太长，安装要牢固。

修整前砂轮要进行动平衡一次，要检查金刚石砂轮刀是否有尖角。若无尖角，则应将紧固砂轮刀的螺丝松开，转动砂轮刀至有尖角对着砂轮，然后拧紧螺丝固定；若砂轮刀已找不出尖角，则应更换新的。修整时，砂轮趋近并接触金刚石后，要先开冷却液再开始走刀。修整过程中冷却液要充足，以免金刚石碎裂；修整后要用废砂轮块和油石将砂轮两边精心倒圆，其倒圆弧的半径约 3~5mm。

20.9.3.3　冷却液的选择

磨削过程中，砂轮和工件表面接触处温度可达 1000℃ 左右。为降低磨削温度，减少磨削力，提高砂轮的耐用度和改善工件表面质量，一般都要使用冷却液。

冷却液的作用包括以下几点：

（1）冷却作用。冷却液的热传导作用，能有效地改善散热条件，带走绝大部分磨削热，降低磨削温度。

（2）润滑作用。冷却液能渗入磨粒与工件的接触表面之间，黏附在金属表面上，形成润滑膜，减少磨粒和工件间的摩擦，从而提高砂轮的耐用度，减小工件表面粗糙度。

（3）冲洗作用。冷却液可以将磨屑和脱落的磨粒冲洗掉，防止工件表面划伤。

（4）防锈作用。要求冷却液有防锈作用，以免工件和磨床发生锈蚀。

冷却液的选用原则为：

（1）冷却液有油形、水形和乳化液形。

（2）油形冷却液润滑好而散热性差，易堵塞砂轮，一般不适用于轧辊磨床。

（3）乳液形冷却液，冷却和散热性较好，但清洗性能差，易变质，使用寿命短。

（4）水形冷却液散热性能和清洗性能好，不易变质，透明，磨削中便于观察，轧辊磨削大都使用这类磨削液。

20.9.3.4　轧辊的磨削

A　粗磨

粗磨的目的一般是去掉轧辊表面的疲劳层、去掉"砂眼、啃伤"等缺陷以及轧辊配对。粗磨是轧辊磨削的初加工，它要求以最少的时间切除大部分的磨削量，一般选较粗的（即粒度大的）砂轮，且做粗修整，并采用较大的磨削用量。粗磨时，砂轮的损耗较大，在数控轧辊磨床上，为保证恒压力磨削，弥补砂轮的损耗，采用设定每分钟进给若干微米的方式进行，一般为 3~10μm/min。

磨削时，砂轮和轧辊速度的匹配要合适，当砂轮速度/轧辊速度=30 时，磨除量最大。

粗磨时，进给量不可过大，以免轧辊发生"磨烧伤"，甚至损伤砂轮主轴及轴承。砂轮钝了要及时修整，否则，即使磨削电流（压力）很大，磨削效率也很差。

B　精磨和抛光（超精磨）

精磨主要用来去掉粗磨的痕迹，磨好辊型和要求的尺寸。抛光（超精磨）主要是磨出要求的粗糙度和表面，磨削量很小。在数控轧辊磨床上，精磨的方式是砂轮（拖板）换向时每次自动进给若干微米，一般为 2~5μm。抛光的方式是无自动进给量的磨削，主要靠手轮来手动控制。

轧辊磨削的关键在于控制表面粗糙度。粗糙度要均匀，而且表面不能有振纹、螺旋纹、划痕等缺陷。为此，必须从粗磨到抛光的全过程都要平衡有效地控制吃刀深度和走刀量，合理地选择砂轮和轧辊的速度。

C 轧辊磨削参数

轧辊磨削参数主要有：砂轮速度、轧辊速度、轴向进给速度（量）和径向进给速度（量）。

（1）砂轮速度。砂轮速度有两种表达方式：一是转速（r/min）；二是圆周速度（线速度，m/s），即砂轮外圆表面上任意一点在单位时间内所经过的路程。二者的关系为：

$$v_{砂} = \frac{\pi D_{砂} n}{1000 \times 60} \tag{20-80}$$

式中 $v_{砂}$——砂轮圆周速度，m/s；

$\quad\quad D_{砂}$——砂轮直径，mm；

$\quad\quad n$——砂轮转速，r/min。

（2）轧辊速度。轧辊速度一般用转速（r/min）表示。

（3）轴向进给速度（量）。轴向进给速度（量）又称纵向进给速度（量）、走刀速度（量），是指轧辊每转一转相对砂轮在纵向移动的距离。一般用"（0.1~0.6）砂轮宽度/轧辊每转"来表示。

（4）径向进给速度（量）。径向进给速度（量）又称横向进给量、磨削深度。

D 磨削厚度和长度的计算公式

磨削厚度和长度的计算公式按逗点形的磨削来计算，从中可了解确定磨削参数的基本途径。

磨削厚度的计算公式为：

$$h = \frac{2v_w}{1000v_s} \times \frac{1}{e}\sqrt{a}\sqrt{\frac{D_s + d_w}{d_w D_s}} \tag{20-81}$$

磨削长度的计算公式为：

$$L = \sqrt{\frac{D_s d_w a}{D_s + d_w}} \tag{20-82}$$

式中 h——磨削厚度；

$\quad\quad v_w$——轧辊转速；

$\quad\quad v_s$——砂轮转速；

$\quad\quad a$——径向进给量；

$\quad\quad D_s$——砂轮直径；

$\quad\quad d_w$——轧辊直径；

$\quad\quad e$——砂轮表面单位长度上的磨粒数；

$\quad\quad L$——磨削长度。

从磨削厚度和长度的计算公式中可以看出：粗磨时，需增加磨削的厚度和长度，则要提高轧辊的转速，降低砂轮速度，选用粒度号大（粗）的砂轮，增加径向进给量；精磨时，需减小磨削的厚度和长度，则要降低轧辊的转速，提高砂轮速度，选用粒度号小（细）的砂轮，减小径向进给量。

E　磨削参数的选择

砂轮速度的选择见表 20-10。

表 20-10　砂轮速度高、低效果对比

速　度	慢速（15～20m/s）	高速（25～30m/s）
效　果	降低金属可除速率	提高金属可除速率
	提高砂轮磨耗	降低砂轮磨耗
	较低的电流强度	较高的电流强度
	较小的振动	较大的振动
	砂轮显得较软	砂轮显得较硬

轧辊磨削砂轮速度参考值为：粗、精磨钢质轧辊为 25m/s；抛光（超精磨）为 16～20m/s。

轧辊速度的选择见表 20-11。

表 20-11　轧辊速度高、低效果时对比

速　度	低速（约 20m/min）	高速（50m/min）
效　果	磨削比较高	磨削比较低
	砂轮磨耗降低	砂轮磨耗增加
	提高金属可除速率	降低金属可除速率
	振动小	振动较大
	光洁度较差	提高光洁度

轧辊磨削砂轮速度参考值为：粗磨为 20～30m/min；精磨为 30～40m/min；抛光为 40～50m/min。

轴向进给速度（量）的选择见表 20-12。

表 20-12　轴向进给速度（量）高、低效果对比

速　度	低速（100～200mm/min）	高速（1000～1500mm/min）
效　果	磨削比较高	磨削比较高
	砂轮磨耗降低	砂轮磨耗降低
	提高金属可除速率	提高金属可除速率
	光洁度较差	光洁度较差

轴向进给速度（量）参考值为：粗磨为 1000～1200mm/min，或取轧辊每转轴向进给量约为砂轮宽度的 2/3～3/4；精磨为 400～600mm/min，或取轧辊每转轴向进给量约为砂轮宽度的 1/3～1/4；抛光为 100～300mm/min，或取轧辊每转轴向进给量约为砂轮宽度的 1/8～1/10。

径向进给速度（量）的选择见表 20-13。

表 20-13　径向进给速度（量）高、低效果对比

速　度	低速（0.001 ~ 0.002mm/行程）	高速（0.02 ~ 0.03mm/行程）
效　果	磨削比较高	磨削比较低
	降低了砂轮磨耗	提高了砂轮磨耗
	降低了金属可除速率	提高了金属可除速率
	提高了光洁度	光洁度较差

　　径向进给速度（量）参考值为：粗磨应根据轧辊的材质和硬度而定，一般每行程（道次）为 0.01 ~ 0.03mm；精磨一般每行程（道次）为 0.003 ~ 0.005mm；抛光一般每行程（道次）为 0.001 ~ 0.002mm。

　　F　常见轧辊磨削缺陷产生的原因及对策措施

　　常见轧辊磨削缺陷产生的原因及对策措施见表 20-14。

表 20-14　常见轧辊磨削缺陷产生的原因及对策措施

项　目	产　生　原　因	对　策　措　施
振　纹	砂轮钝化，不平衡	及时修整砂轮，金刚石有尖角；进行动、静平衡
	外界振动	消除或隔离振源，重点检查砂轮及头架电动机
	砂轮主轴间隙过大	根据设备要求调整好主轴间隙
	磨削液浓度大，混杂油多	调整浓度，及时除油或更换磨削液
	磨削参数不当	砂轮和头架转速不可过快，进给量不宜过大
	辊颈润滑不良	油的黏度要合适，量要够
	卡具头架拨盘接触不好	调整其接触，使用"柔性拨盘"
辊面划伤	砂轮质量不好，夹有杂质，组织不均	更换好的砂轮
	砂轮选得太软，自锐过快	重新选硬点的砂轮
	冷却液过滤系统状况不好	磁性分离器运行要好，及时走纸，宽度够
	冷却液脏、磨削时液量不足	及时更换，磨削时流量开大一些
	冷却液泵进水口距池底太近	冷却液泵进水口距池底 500mm 以上
螺旋纹	砂轮选择过硬过细，修得过细	选择合适的砂轮，正确修整
	砂轮修整后未倒两边角	砂轮修整后两边角倒成半径约 5mm 的圆角
	轧辊未校正（轴心线与砂轮轴线不平行），砂轮单面接触轧辊	精心校正轧辊
	轧辊一侧被支撑（轴承位）部位发热，或两侧发热不均	选好润滑油的黏度，量要足，使之不发热
	砂轮床身纵向导轨在水平平面内直线度误差较大	调整床身精度
	磨削参数不当	适当减少纵向进给量和径向进给量，每道次径向、纵向进给量递减的幅度不宜过大
辊型不准	热辊磨削	待辊温降至与环境温度相近时再磨
	辊型参数设定有误	认真核实参数，注意是指半径值还是直径值
	粗、精磨时手动干预过多	粗、精磨时尽量不手动干预
	成型机构磨损（一般发生在老旧磨床）	设参数时考虑补偿量，或调整、修理该机构
	起磨点或成型机构调整有误	精心调整

项 目	产 生 原 因	对 策 措 施
圆度差	磨削时支撑轴颈不圆	在允许范围内进行修磨
	轧辊未校正，轧辊轴心线与头尾两顶尖联机不重合，偏差大	认真校正（包括上母线和侧母线、顶尖与顶尖孔的接触情况）
	砂轮主轴轴承间隙过大	调整好间隙
	卡具与头架拨盘的拨销接触不好	调整，使两拨销与卡具接触受力相当
锥度大	轧辊未校正（轴心线与砂轮轴线不平行）	精心校正轧辊
	轧辊一侧被支撑（轴承位）部位发热，或两侧发热不均	选好润滑油的黏度，量要足，使之不发热
	砂轮床身纵向导轨在水平平面内直线度误差较大	调整床身精度使之符合要求
	拖板导轨润滑浮力过大，运行中产生摆动	调整导轨润滑油压力
粗糙度不均不准	砂轮选择不适当	根据要求合理选择砂轮要素
	砂轮修整不当	正确修整，粗、细适当
	金刚石无尖角，安装在修整器中不牢固，修出砂轮等高性差	金刚石要经常变换角度以保持尖角，确无尖角应及时更换，安装要牢固
	冷却液选不适当，润滑性太好或太差，冷却液浓度不当，冷却液混入杂油过多（尤其是抗磨液压油）	选择合适的磨削液，调整浓度，及时处理杂油，或更换
	磨削参数不当	摸索适应特定磨床及其当时的状况、特定轧辊、特定要求、特定砂轮和冷却液的磨削工艺参数

G 轧辊磨削后的几项工作

轧辊磨削后的工作有：

（1）轧辊涂防锈油。防锈油的种类很多，宜选黏度小的，以免污染轧制油，涂油时注意尽量少滴落，以免混入冷却液。

（2）裹纸（防尘）。一般用新闻纸，最好是浸过油的，若轧辊使用频繁，更换周期短，也可不浸油。

（3）填写轧辊磨削质量检测记录。记录要准确，为使轧机对辊方便，一般还需贴一份在轧辊上。

（4）吊轧辊下磨床。由于轧辊较重，吊下轧辊时要仔细，不要碰坏设备和伤人。

（5）当班工作结束后，要正确停机。先停止冷却液，使砂轮空转 5~10min，以甩干其中的冷却液；停止机床所有的运动后再按总开关，但要保持微机电源供电。

（6）最后是清洁磨床各部及周围地面，收拾好工量具，清理杂物。

21 铝及铝合金板带箔的主要缺陷分析与质量控制

21.1 铝及铝合金铸轧板的主要缺陷分析

21.1.1 铸轧板内部缺陷

21.1.1.1 夹杂

产生原因包括以下几点：

（1）原料造成。原材料中的铝锭、中间合金、废料等含有油污、水分等杂质易形成氧化物及难熔物等夹杂。添加剂中的覆盖剂、打渣剂、精炼剂、细化剂等，易形成钾、钠、氯、Al_3Ti、TiB_2 等夹杂。石墨转子、石墨乳及热喷涂使用的燃烧介质、精炼气体、熔炼及流槽加热用的燃烧介质，如重油、液化气等，易形成碳、氮化铝、氯、硫等夹杂。

（2）炉子、供流系统、工具等不洁净，铸嘴细屑、铸嘴掉皮、挂渣等，易形成钙、硅、氧化铝等夹杂。

（3）工艺及操作不当造成。如熔体扒渣不净、搅拌不当、熔炼温度过高、熔炼温度过长等易形成氧化夹杂。

（4）脱气、过滤效果不好。

消除方法有：

（1）确保原辅材料的洁净，所用的铝锭、中间合金、废料等无油污、水分，选用优质的添加剂、石墨乳液及燃烧介质等。

（2）炉子要定期清炉，确保炉子、供流系统、工具等干燥洁净。

（3）采用热喷涂、石墨喷涂时，要调整好配比及喷涂量，确保喷涂均匀。

（4）加强精炼脱气及熔体的过滤净化，提高过滤精度。

（5）尽量缩短熔炼时间，适当降低熔体温度，在生产操作时避免氧化皮混入熔体。

（6）立板前要把嘴腔和辊面铝屑吹扫干净，尽量减少挂渣，若铸嘴损坏时要及时停机更换。

21.1.1.2 热带

在铸轧时液态金属因未完成结晶，呈熔融状态被轧辊带出来的板面缺陷称之为热带。因未受轧制作用，其外形是较为粗糙的铸态组织，沿板面纵向延长。多出现于板面中部，有时在边部出现，习惯上称边部热带为凝边。

产生原因包括以下几点：

（1）前箱温度偏高。在铸轧区内由于温度分布不均，温度偏高时，易导致局部液穴变深，熔融金属来不及凝固即被轧辊带出，形成热带。

（2）前箱液穴偏低。温度偏低时，由于静压力不足和金属流动性差，使局部金属供流不足，或提前凝固堵塞，板面出现金属缺省。

（3）铸轧速度过快。由于结晶前沿宽度方向上的温度分布不均匀，液穴深度不一致，当铸轧速度超过极限速度时，液穴较深部分来不及结晶即被轧辊带出而形成。

（4）供料嘴嘴腔内部堵塞、铸嘴挂渣、掉嘴皮、边部耳子损坏等，会引起轧制条件的改变而形成热带。

消除方法有：

（1）合理安排铸嘴垫片，尽量使金属液流通畅和温度均匀。

（2）适当调整工艺参数，出现热带时，首先检查工艺参数是否合适，前箱温度偏高时要采取降温措施，偏低时要加热升温，液面低时要适当提高液面，同时适当降低铸轧速度。

（3）若是嘴腔堵塞、挂渣等，可采用断板措施，断板时及时清理堵塞金属或挂渣，否则应停机重新立板。

（4）若是铸嘴及边部耳子破损，则应停机重新立板。

21.1.1.3　气道

铸轧板在凝固时析出的氢气在轧辊的压力下挤向液穴，聚集在铸嘴前沿，经较长时间后，气体逐渐聚积，形成气泡，在铸轧过程中，拉长的气泡沿板坯纵向延伸，在板面上呈现连续不断的白道，称之为气道。该缺陷一般出现在板坯上半部，较严重时，由于气泡阻碍液态金属的流动，影响液体供流，在板面会出现孔洞，对于轻微的气道，肉眼不易看出，但在后工序加工时会表现出来。气道的存在，会导致后工序加工时断带和产品出现针孔、孔洞等缺陷。

产生原因包括以下几点：

（1）熔体质量的影响。熔体夹杂较多时，易导致供料嘴挂渣或堵塞，阻碍液体金属供给，在两侧液流交汇处气体易聚集形成气泡，熔体氢含量越高，聚积越容易。

（2）工艺参数的影响。熔体温度偏高、熔化时间过长，熔体氢含量增多，铸轧速度偏快，熔体中的氢来不及析出等均可形成气道。

（3）辊套裂纹的影响。铸轧过程为冷热交变过程，若辊套存在较深的裂纹，其在热交换时储存的水和气体在铸轧过程中溢出进入熔体形成微小气泡。

（4）防粘系统的影响。若采用毛毡清辊器防粘时，毛毡拍打辊面所掉在辊面上的羊毛随轧辊转动会堆积于铸嘴前沿，在高温烧结时产生气体，会进入熔体中形成气泡，采用石墨喷涂，石墨水溶液喷涂在辊面上，若没有完全挥发，会在铸轧区内析出气体形成气泡。

（5）供流系统的影响。流槽、供料嘴干燥不好或吸潮大，在生产中才会析出气体，增加氢含量而形成气泡。

消除方法有：

（1）加强精炼除气，提高过滤精度，确保熔体的洁净。

（2）尽量缩短熔化时间，避免熔体过热。

（3）改进轧辊防粘系统，如采用热喷涂，减少气体的来源。

（4）及时更换轧辊。轧辊出现裂纹时，要及时更换车磨。

（5）确保供流系统，如流槽、供流嘴等干燥，加强预热和保温措施。

（6）断板。一方面可以去掉聚积气泡的气体；另一方面可以清除挂渣，保证嘴腔内熔体的通畅。

21.1.1.4 中心线偏析

偏析是铸轧板常见的缺陷，主要有中心线偏析、表面偏析和分散型偏析等。偏析的存在会降低铝箔的强度、延伸率及表面质量，严重的偏析在冷轧机加工时会出现裂纹。

中心线偏析是在铸轧板中心面或附近，沿铸轧方向延伸，富含粗大共晶组织和粗大的金属化合物、杂质元素等形成的偏析。

产生原因包括以下几点：

(1) 铸轧速度偏高和熔体过热，液穴深度加深，中心线偏析增加。

(2) 冷却强度低，板坯与辊面热交换率低，导致凝固时间长，中心线偏析增加。

(3) 合金结晶范围宽，板厚增加，中心线偏析增加。

(4) 嘴腔前沿开口偏小，易产生中心线偏析。

防止方法有：

(1) 防止熔体过热，适当降低铸轧速度。

(2) 提高冷却强度，增加水量和水压，定期清理辊芯，确保水道通畅。

(3) 选择合适的嘴腔前沿开口，根据板厚选择工艺条件，每一铸轧板厚度都存在一个不产生偏析的极限速度，不出现偏析的板厚随铸轧速度的提高而减薄。

(4) 加入晶粒细化剂，改善化学成分的均匀性，避免中心线偏析。

21.1.1.5 表面偏析

表面偏析是在铸轧过程中，受工艺参数及工装条件的影响，在铸轧板表面富集了大量的溶质和杂质元素造成的偏析。外观看有点状偏析和条状偏析。

产生原因包括以下几点：

(1) 铸轧速度过高，熔体过热，导致铸轧区内液穴加深，凝壳变薄，易发生重熔析出，形成表面偏析。

(2) 铸轧供料嘴在安装时，嘴辊间隙过小或对中不好，造成嘴辊的摩擦，嘴唇前厚度发生变化，影响传热的均匀性，板面易形成点状偏析。若供料嘴使用过程中，局部损坏，嘴腔局部堵塞，铸轧条件遭破坏易形成带状偏析。

(3) 供料嘴唇前沿开口过大，易出现表面偏析。

(4) 轧辊材质不均或辊芯局部堵塞，必然使局部发生较薄凝壳，液穴区拉长，易出现重熔，共晶熔体从板中心部位向表面枝晶间渗透。

(5) 对于结晶区间较大的合金，其表面偏析较重。

消除方法有：

(1) 避免熔体过热，适当降低铸轧速度。

(2) 适当调整铸轧区及板厚，使变形区增大，板辊接触更紧密，减少重熔析出。

(3) 安装供料嘴时，要保证嘴辊间隙适度，嘴唇前沿的对中性好，铸嘴磨削后要保证辊面的清洁和嘴腔的通畅，合理的嘴腔厚度和垫片分布，确保结晶前沿的温度均布。

(4) 及时清洗轧辊沟槽，保持冷却水的通畅和足够的冷却强度。

21.1.1.6 分散型偏析

分散型偏析是表面偏析和中心线偏析之间的一个过渡形式的偏析，是由于板带中心带的树枝状晶间的液体移动所致,其偏析条与中心线成一定角度向中心线周围地区分散排列。随着铸轧速度的提高,铸轧板会出现从粗大中心线偏析到分散型偏析和表面偏析的变化。

21.1.1.7 粗大晶粒

铸轧板的晶粒度是衡量铸轧板质量的重要指标。晶粒度越细越好,在后工序加工时可获得良好的性能和表面质量。但由于工艺条件所限,粗大晶粒也时有出现,较为严重的是羽状组织。

产生原因包括以下几点:

(1)熔体温度过高,或熔体局部过热。

(2)熔体在炉内静置时间过长。

(3)冷却强度低,如冷却水温度偏高和流量偏低。

(4)局部铸轧条件发生变化,造成铸轧板局部晶粒大。

消除方法有:

(1)采用晶粒细化剂。

(2)避免熔体过热,尽量缩短熔化和静置时间。

(3)提高冷却强度。

(4)对于因铸嘴局部破损、堵塞等铸轧条件变化引起的局部晶粒粗大,要根据现场情况进行调整。

21.1.2 铸轧板表面和外形缺陷

铸轧板理想的板形应当是横向板型呈抛物线分布,厚差斜度不大于 0.01mm/100mm,纵向厚差斜度不大于 0.03mm/100mm。但要实现理想板形是很困难的,实际为各生产厂家接受的板形标准为:板两边的厚差要求小于实际板厚的 1%;板凸度为 0~1%;一周纵向板差小于 3%。在生产中由于工艺、工装条件的影响,铸轧板会出现一些异常缺陷如:凹板、凸度过大、两边厚差过大、局部板厚突变等。

21.1.2.1 凹板

凹板表现为两边厚,中间薄;在后工序加工时会出现两边波浪。

产生原因包括以下几点:

(1)辊型磨削凸度偏大。

(2)冷却强度不够。铸轧过程中,由于温度的分布从边部向中部递增,轧辊辊套的膨胀变形也由边部向中部逐渐增大,由于膨胀变形的影响,造成铸轧板中间凹陷。

(3)铸轧区过小。铸轧区小,轧制力和热加工变形小。

(4)铸轧速度过高。铸轧速度过高,铸轧区液穴拉深,轧制力和热加工变形小。

消除方法有:

(1)减少轧辊磨削凸度,必要时可使磨削凸度为负值。

(2)增加冷却水的流量和压力。

(3)加大铸轧区。通过后退铸嘴支撑小车进行调整。

(4)降低铸轧速度和前箱温度。

21.1.2.2 凸度过大

铸轧板凸度过大，在后工序加工时易引起中间波浪。

产生原因包括以下几点：

(1) 合金成分的影响。随合金元素铁、硅、锰等增加，铸轧板凸度有所增加。

(2) 板宽的影响。随铸轧板宽度的增加，铸轧板凸度有所增加。

(3) 轧辊磨削的影响。轧辊磨削凸度过小，易造成铸轧板凸度过大。

(4) 铸轧区的影响。铸轧区增大，轧制力和热加工变形增大，铸轧板凸度变大。

(5) 轧制速度小和前箱温度低，铸轧区液穴变浅，轧制力和热加工率增大，铸轧板凸度增大。

(6) 轧辊硬度变化影响。铸轧辊在使用一段时间后，硬度变低，引起凸度增大。

消除方法有：

(1) 增大轧辊的磨削凸度。

(2) 合理安排生产作业。

(3) 缩短铸轧区，适当推进铸嘴支撑小车，调整铸轧区长度。

(4) 适当提高铸轧速度和前箱温度。

21.1.2.3 两边厚差大

两边厚差过大，在下工序轧制时引起单边波浪。

产生原因包括以下几点：

(1) 原始辊缝调整不合适。

(2) 轧辊磨削圆锥度偏大。

(3) 轧辊轴承间隙过大。

(4) 冷却水进、出水温温差大。

(5) 液压系统不稳或有泄漏。

(6) 两端铸轧区大小不一致，可根据板卷的错层状况进行判析。

消除方法有：

(1) 生产前要调整好原始辊缝。

(2) 轧辊磨削园锥度、同轴度要符合要求。

(3) 减小轧辊轴承间隙。

(4) 冷却水水温要恒定，可增大冷却水量和水压。

(5) 检查液压系统是否泄漏，确保其稳定。

(6) 观察板卷错层状况，对铸轧区进行调整。

21.1.2.4 局部板厚度突变

局部板厚度突变可引起下工序加工时局部波浪。

产生原因包括以下几点：

(1) 轧辊材质的影响。由于材质的不均，从而导致硬度和热交换的不均，引起突变。

(2) 辊芯水槽堵塞，结垢严重，导致辊套受热不均引起铸轧板厚度局部突变。

(3) 防粘系统如石墨喷涂、热喷涂等喷涂不均，导致辊套热交换不均引起铸轧板厚度局部突变。

（4）铸轧板局部粘辊可引起板厚的突变。

（5）铸嘴垫片分布不合理，肋部垫片过长或过短，会造成肋部厚度变化。

消除方法有：

（1）合理的循环水道结构，确保水流的连续性，对堵塞、结垢等及时清洗。

（2）防粘系统的喷涂要均匀。

（3）若是辊套材质不均引起厚度突变，则要重新换辊。

（4）合理加工和分布嘴腔垫片。

板形的缺陷很多，其影响因素也较多，需要在生产中多观察，根据不同的缺陷对症下药，一般来说纵向板形找设备，横向板形找工艺。

21.1.2.5　裂纹

常见的铸轧板裂纹分布在板面上呈月牙形，也称为马蹄裂，其分布不规则，裂纹与裂纹之间单独存在。裂纹在下工序加工时会出现孔洞、断带等缺陷。

产生原因包括以下几点：

（1）结晶过程的影响。在铸轧区液态金属与辊套进行热交换，沿辊套周向发生凝固，由于凝固壳较薄，一方面凝壳在结晶潜热的作用下发生重熔，形成结晶裂纹；另一方面在凝固收缩过程中产生应力裂纹，若裂纹得不到补缩和焊合，则在铸轧板表面上表现出来。产生裂纹的倾向和合金的收缩系数及结晶区间有关。收缩系数越大，结晶区间越宽，裂纹倾向越大。

（2）轧制变形和剪切应力的作用。在铸轧区结晶前沿，由于嘴腔垫片分布、辊面状况等，其温度是不均匀的，有些地方可能出现较深的液穴，在铸轧过程中，一方面受轧制力作用发生变形；另一方面由于轧辊向前转动，内层液态金属相对于表面凝壳有较大的后滑运动，产生剪切作用；两者作用会使晶界撕裂，形成裂纹。

消除方法有：

（1）合理布置供料嘴垫片，保持良好的辊面状态，使结晶前沿的温度分布均匀。

（2）适当减小铸轧区，降低铸轧速度和铸轧温度，使铸轧区内凝固壳增厚，在轧制变形时不易撕裂。

（3）尽量缩短熔炼时间，避免熔体过热；采用细化剂，增加形核能力，细化晶粒，提高塑性，减小裂纹倾向。

（4）加强精炼除气，提高过滤精度，减少夹渣，防止局部出现应力集中。

21.1.2.6　粘辊

粘辊产生原因包括以下几点：

（1）对于新磨削的轧辊，辊面为新生面，当轧入液态金属时，轧辊新生面与其紧密接触，此时热传递系数最大，液态金属与辊面的黏结力最强，易出现粘辊。

（2）在正常生产时，若熔体过热，铸轧速度过快，液穴加深，黏着区弧长加长，铝与辊面的摩擦系数增大，易出现粘辊。若辊芯局部堵塞，辊面温度升高，使局部铸轧条件被破坏，粘辊倾向性增大。

（3）防粘系统，如石墨喷涂等涂层不当，影响热交换及铝与轧辊之间的摩擦系数，易使铸轧板粘辊。

防止方法有：

（1）避免熔体过热，适当降低铸轧速度。

（2）提高冷却强度，确保冷却水的畅通。

（3）对新磨削的轧辊，使用前进行烘烤，使辊面形成氧化保护膜和碳层，改善热交换条件和减少铝与轧辊的摩擦系数。

（4）生产中出现粘辊时，要及时调整防粘系统，确保热交换与摩擦润滑的平衡。

（5）增加卷取机的张力，有利于减轻粘辊。

21.1.2.7 表面纵向条纹

沿铸轧板纵向出现的表面条纹，一般贯穿整个纵向板面。

产生原因包括以下几点：

（1）嘴辊间隙过小，嘴唇前沿摩擦辊面形成摩擦印痕。

（2）铸嘴局部破损，铸轧时结晶条件遭破坏形成纵向条纹。

（3）铸嘴嘴唇前沿挂渣，或嘴腔局部堵塞，铸轧条件改变形成纵向条纹。

（4）嘴扇之间的接缝间隙过大，易在接缝处出现纵向条纹。

（5）轧辊辊面磨削不好，易出现周期性纵向条纹。

（6）轧辊辊面，牵引辊辊面有划痕，会出现表面条纹。

防止方法有：

（1）要保证良好的嘴辊间隙，尽量避免嘴辊接触产生摩擦，生产时若出现条纹，可后退铸嘴予以解决。

（2）要确保辊面处于良好状态。

（3）铸嘴局部损坏时，要停机重新立板。

（4）对于铸嘴前沿挂渣，嘴腔局部堵塞可采用"断板"措施清除挂渣和堵塞物，最好是在嘴扇使用前，在嘴扇前沿涂刷一层氮化硼涂料，减少挂渣。

21.1.2.8 表面水平波纹

铸轧板存在水平波纹时，在其波纹线条皮下是较粗大的树枝晶组织和较粗大的化合物颗粒，除影响外观质量外，严重时会造成拉伸弯曲加工出现裂纹。

产生原因为：水平波纹产生同弯液面和铝凝壳有关。弯液面较稳定时，没有波纹线产生，若弯液面变化较大，一会在辊面上，一会又移至铝凝壳上，则从铸嘴进入的熔体，就要在不同的凝固条件下结晶，这就导致了水平波纹的产生。铸轧速度过大，嘴辊间隙过大，前箱液面高度不稳定，均增加弯液面的不稳定性，易出现水平波纹。若弯液面与凝固区发生局部作用，会产生虎皮纹。

防止方法有：

（1）适当降低铸轧速度。

（2）保持前箱高度的稳定。

（3）适当减小嘴辊间隙。

21.2 铝及铝合金板带材的主要缺陷分析

21.2.1 铝及铝合金板带材缺陷的分类

根据缺陷对产品质量的影响和标准的规定可把缺陷分为以下3类：

（1）不允许有的缺陷。这类缺陷的产生就意味着产品绝对报废，它包括使组织不致密、破坏晶粒间结合力的贯穿气孔、夹杂物、过烧等废品；破坏产品抗蚀性能的腐蚀、扩散、白斑、包铝层错动、硝石痕、滑移线废品；破坏产品整体结构的撕裂、裂边、裂纹、收缩孔等废品和超过使用要求或标准要求的力学性能不符、尺寸精度不符等废品。

（2）允许有的缺陷。这类缺陷在标准上做了具体规定或可以归类到某种已做规定的缺陷里，它们虽然降低了产品的综合性能，但只要符合标准要求仍可使用。如在面积和深度做了规定的缺陷：表面气泡、波浪、擦划伤、乳液痕、凹陷、压过划痕、印痕、粘伤、横波、起皮等缺陷；允许轻微存在的缺陷：压折、非金属压入、金属压入、松枝花纹等缺陷；符合标样的缺陷：小黑点、折伤等缺陷。

（3）其他缺陷。标准中没有明确规定和虽有规定但很不具体的缺陷，把它们归入这一类，如：侧弯、油痕、水痕、表面不亮、花纹、漆膜等缺陷。

21.2.2　铝及铝合金板带材的尺寸精度和形状缺陷

铝板带材的尺寸精度和形状缺陷见表 21-1。

表 21-1　铝板带材的尺寸精度和形状缺陷

缺陷名称	定义和特征	起因和防止措施
过薄	产品厚度超过标准规定的允许负偏差，直接影响使用	压下量调整不合理；压下指示器公差掌握不好；测微器调整不当；辊型控制不正确
过厚	产品厚度超过标准规定的允许正偏差，直接影响使用	压下量调整不合理；压下指示器公差掌握不好；测微器调整不当；辊型控制不正确
过窄	产品宽度超过公称尺寸下偏差，影响使用	圆盘剪间距调整过窄；热压圆盘剪调节时没有很好考虑冷收量与预先剪切时的剪切余量
过短	产品长度超过标准规定的最小尺寸，影响使用	预剪机列自动剪切控制不正常，精整机列双列剪间距调整过小，横切机列失控，厚板机列定尺剪切时没能很好考虑冷收缩量
包铝层厚度不符	包铝层厚度超过标准要直接影响耐蚀性和焊接性能	热轧焊合压延时压下量过大，包铝板用错
不平度（波浪翘曲）	产品不平直、成凹凸状态的总称，或指产品凹凸的程度，一般为压延方向，由波高、波间距和波数决定，直接影响使用	轧制时板横方向伸展不均匀；卷取冷轧带时，在卷成鼓形情况下，在横向出现卷曲应力分布不均，引起伸展不均匀；后续工序若出现板带横向温度分布不均匀，产生歪曲现象，也会影响不平度
边部波浪	产品边部凹凸不平的总称，板带边部反复起波浪，影响使用	轧制时边部比中心部伸展大；板带边部变厚时，铝卷成鼓形，卷曲时横边部伸展；改变轧辊初期凸度，增强冷却，增大轧辊挠度，可改善边部波浪
中间波浪	产品中心部凹凸不平状态的总称或程度，板带中心部反复起波浪，影响使用	轧制时中间部的伸展比边部大，塔形材在卷曲张力大时，以鼓状出现；改变轧辊新凸度，加强冷却，减小轧辊挠度，可以改变中间波浪
1/4 处波浪（二肋波浪）	板横向 1/4 处凹凸不平的总称及程度或稍微接近边部的凹凸程度，从横向边部至靠近中间部分反复起波浪，影响使用	由轧制引起的轧辊变形和不恰当的轧辊热凸度的组合，从横边部到中间部的伸展扩大而引起的；有效组合轧辊初凸度，控制轧辊不同区域的冷却程度可改善

缺陷名称	定义和特征	起因和防止措施
复合波浪 （复合波）	边部和中间同时起波浪，板横边部和中间部同时反复起波浪，影响使用	轧辊初凸度过大，热凸度增大，中间迅速起波浪，若以减少轧辊弯曲来修改时，便易出现边部波浪；可采取加强轧辊中间部冷却，改变轧辊弯曲力等防止措施
局部凹陷或单边波浪 （圈闭凹陷）	产品横向特定位置上出现的凹凸状，在横向特定位置反复出现，波间距较小，影响使用	喷油管局部堵塞，轧辊局部受热凸起，发展成局部凹陷调整喷油系统按要求供油
镰刀弯 （侧向弯）	轧制时变形不均，出现一边长一边短的现象，板片在水平面上向一边弯曲，影响使用	轧辊辊型不正确；轧制时板带不对中；乳液喷嘴堵塞，轧辊冷却不均；来料板片两边厚度不同；轧制或压光时两边变形不均匀
短周期瓢曲 （局部波浪）	轧制时板带上出现的短周期凹凸。在板带材的任意位置、任意方向上在 600mm 之间的短周期的波峰和波后之差，超标不能使用	润滑和冷却不均匀；轧辊辊型控制不当
纵向弯曲	将板放在平台上，其前后边部向上翘起状态的总称，或指这时的翘曲程度，超标不能使用	板卷筒内径小，卷曲张力大；矫直条件和工艺不宜；板厚变形分布不对称，内应力分布不均衡、不平行
横向弯曲	将板放在平台上，其横向边部翘曲状态的总称，或指这时的翘曲程度，超标不能使用	板卷卷曲形状过分"桶形"；带张力辊式矫直机矫直时，轧辊间张力控制不合适；板横向厚度变形不均，不对称，内应力不平行
扭　曲	产品扭曲不平状态的总称或扭曲程度	产生原因与不平度相同
中　拱	板材横向厚度不均状态的总称及不均匀程度，通常用板中部和边部厚度差或厚差百分率表示，超标不能使用	轧制时的延展和厚度分布不均；轧辊初凸度、热凸度、压下率、张力、轧辊拱度等控制不当，轧制力引起轧辊歪曲和扁平变形，轧制时轧辊间隙沿着板横向发行变化用多道次小压下量轧制，减少轧制负荷，可减少中拱
端面变薄	板材横边部厚度急剧变薄的状态总称或变薄程度超标不能使用	轧制时板材横向边部呈平面应力状态；轧辊面压变低，以及轧辊扁平变形等原因引起
楔形边	板材两边部厚薄不均，或厚薄不均匀程度，超标不能使用	轧机左右两边压下不一；板材横向温差过大
钟形边	有毛刺的板卷成卷时，或横边部厚的板被卷成卷状时，铝卷两端鼓起的状态	板边部毛刺过多；板中间部分较薄
伸缩形	铝卷各层横向交错，铝卷侧面不平坦倾斜	卷取时张力过低；板表面轧制油过剩；轧机左右压下失去平衡；板中心定位不准

21.2.3　铝及铝合金板带材的表面缺陷

铝及铝合金板带材表面缺陷见表 21-2。

表 21-2　铝及铝合金板带材表面缺陷

缺陷名称	定义和特征	起因和防止措施
表面气泡	板材表面不规则的条状或圆形凸包，边缘圆滑，上下不对称，对材料力学性能和抗腐蚀性能有影响	铸锭含气量高，组织疏松，应加强熔体净化处理；铸块表面不平或有脏物，装炉前末清洗；铸块与包铝板有蚀洗残留物；铸块加热温度过高或时间过长引起表面氧化；焊合轧制时，乳液流到包铝板下面应注意环境控制，精炼净化处理和铸锭铣面厚度

缺陷名称	定义和特征	起因和防止措施
贯穿气孔	贯穿板材厚度的气泡,上下对称,呈圆形或条形凸包,破坏组织致密和降低力学性能,属绝对废品	铸锭内的集中气泡,轧制后残留在板片上应加强铝液搅拌、精炼、除气、净化处理;改善熔铸工艺
铸块开裂	热轧时铸块端头或边部开裂,彻底清除后才能使用	铸块本身有纵向型或横向裂纹,未清除掉;热轧时压下量过大;铸块加热温度过高或过低
撕裂	生产过程中,板材因拉应力过大,在边部裂纹或缺陷处生产应力集中,使板片裂开甚至断片	压下量过大,轧制速度过快;卷筒张力不当;轧制润滑不良;拉伸矫直夹具夹持不均不正
裂边	板材边部破裂,呈锯齿状,破坏了板材的整体结构	开轧温度过低,热轧裂边未切尽,冷轧后扩展;压下率控制不当;热轧辊边量太小;铸锭浇口未尽;切边时两边切得不均匀,一边切得太小,可能裂边;退火质量不好,金属塑性不良;包铝板放得不正,不均,使一边包铝不全
非金属夹杂物	铸块内部的非金属夹杂物出现在板带材表面以及由夹杂物引起的表面裂痕	铝液中混入耐火材料、氧化镁、氧化铝熔剂等;晶粒细化剂 TiB_2 等的粗大金属间化合物粒子的未溶解物的聚集;防止铝液过滤后有夹杂物混入到铸块中;要求彻底的除气处理;选定晶粒细化剂的组成及加入量
黑皮	铸块侧面部分表层组织残留在板材表面里面的杂质,在板横向两边以数十毫米的宽度沿轧向平行出现,影响外观	热轧时,要选定与横方向变形一致的铸块侧面断面形状;进行铸块侧面的铣(刨)面;压延材料的边部切边要充分
线状缺陷	以针状的细线形态沿轧向平行出现的痕迹	同"非金属夹杂物"缺陷
组织条纹	由铸块组织不均匀或粗大晶粒引起的与轧向平行的筋状(带状)条纹,经阳极氧化处理后或酸洗之后变得明显,酸洗深度增加可能发生宽度变化或消失	力求凝固、冷却等铸造条件的合理化和适当的晶粒细化,以防止铸块的晶粒组织不均匀;进行合理的铸块铣面
夹杂物压入	压在铝板、铝卷的表面的夹杂物或在压延过程中由于异物飞进而引起夹杂物混入,随后的轧制会变成重皮状	为防止杂物混入,加强吹风管理,净化工艺用油
重皮(起皮)	铝板带表面的一部分沿轧向平行以细长状脱离,形成铝的层皮状态或铝皮脱落出来的部分	发生原因是压延工序中,铝片等杂物飞进或铸块中存在杂物 通过熔体过滤进行铸块净化;力求彻底的除气处理
脏污	黏附在铝板、铝卷表面的脏污工艺油之类的杂物或被压入的其他杂物,呈黑色或灰色,沿着压延方向细长出现,有时用布可以抹净,但通常埋在表面层,通过阳极氧化处理变得明显,用酸洗或磨光可以除去,卷取时混入脏脏的工艺油时,污物在卷表面和里面以同一形式出现	机械油等里面混入杂物,工艺油中的杂质金属微粒在压延中黏附在铝板、铝卷表面 进行压延油的合理管理、净化
层间气泡	复合材两层材料之间接合不良引起的气泡,复合材热轧时,会形成直径为数毫米到数十毫米的圆形或椭圆形的气泡,铸块中的气体引起的气泡经常是细细地连续出现,铝板变薄时气泡会变重皮	防止热轧时的接合不良原因引起的中间部分材料与外层材料间的油污,防止表面氧化以消除残余未压着部分;铝阳极氧化膜封孔处理(以封孔为目的热轧)时,不要喷射压延油;中间部分与皮层材料在加热时,使用抗氧化剂

缺陷名称	定义和特征	起因和防止措施
分层	在铝板、铝卷的前端部、后端部或横边部的断面，与压延平行方面出现的破裂，前后端部出现时称为夹层、裂层、在 Al-Mg 铝合金出现较多，横边部出现时称为分层。在横向轧制时常见	铸块形状要合适；铸块浇口的切除要多些（防止夹层）；在高 Mg 合金中，减少铸块中的 Na 量（防止夹层）；压延材料的边部的切除要多些（防止分层）；进行适当的齐边压延（防止分层）
压折	压光机压过折皱处，使板片的该部分呈亮道花纹，它破坏了板材的致密性，压折部位不易焊合紧密，对材料综合性能有影响	辊型不正确，如压光机轴承发热，使轧辊两端胀大，结果压出的板片中间厚两边薄；压光前板片波浪太大，或压光量过大，使压光时易产生压折；薄片压光时送入不正，容易产生压折；板片两边厚度差大，易产生压折
非金属压入	板材表面的脏物，压入表面，呈点状或条状，颜色黑黄，它破坏了氧化膜的连续性，降低板材抗蚀性能	热轧机的轧辊、辊道、剪刀机等清洁，加工过程中脏物掉在板带上，经过压延而形成；冷轧机的轧辊、导板、三辊矫直机、卷取机等接触带板的部分不清洁，加工过程中将脏物压入；火油喷嘴堵塞或火油压力低，带板表面上黏附的非金属脏物冲洗不掉；乳液更换不及时，铝粉冲洗不净及乳液槽子洗刷得不干净
金属压入	压入板材表面的金属屑或碎片，呈压入物脱落后的不规则凹陷，对材料的抗蚀性有影响	加工过程中金属屑落到带板或板片上，压延后造成；热轧时辊道次少，裂边的金属掉在带板上；圆盘剪切边质量不好，带板边缘有毛刺；压缩空气没有吹净带板表面的金属屑；轧辊粘铝后，将粘铝块压在带板上；导尺夹得过紧，刮下来的碎屑掉在带板上
划伤	因尖锐物与板面接触，有相对滑动时造成的呈单条状分布的伤痕，造成氧化膜连续性破坏，包铝层破坏，降低抗蚀性和力学性能	热轧机辊道、导板粘铝，使热压带板划伤；冷轧机导板、承平辊等有突出尖角或粘铝；预剪及精整机列加工中之划伤；成品包装过程中，金属碎屑被带到涂油辊内或涂油辊毡绒被磨损，铁片露出以及板片抬放不当，都可能造成划伤
擦伤	棱状物与板面或板面与板面接触，在相对运动或错移时所造成的呈束状分布的伤痕，破坏了氧化膜和包铝层，降低抗腐蚀性能	卷筒运输、上卷送歪、有塔形的卷筒退火使卷筒层与层产生相对错动；轧制张力不当使轧制时或开卷时产生层与层之间错动；润滑油含纱锭油太多；压延后卷筒上残留油不一样，开卷时层与层发生的微小滑动；精整验收和包装不当
包铝层错动	沿板材边部有较整齐的暗带经热处理后呈暗黄色条状痕迹，严重影响抗蚀性能	包铝板放得不正，热压时铸块送得不正，焊合压延时压下量太小，没有焊合上，侧边包铝的铸块辊边量太大，预剪等圆盘剪切边时不均使一边切得太少
碰伤（凹陷）	板材受到机械碰撞后的不光滑的单个或多个凹坑，它对表面的破坏性很大	板材或卷筒在搬运及停放过程中被碰撞；冷压或退火时卡子打得不好，以及退火料架不干净，有金属屑或突出物；卷卷时卷入硬的金属渣或其他硬东西
粘伤	在板面上出现的较大面积向同方向的点、条或块状痕迹，有一定深度，破坏板面氧化膜或包铝层，降低抗蚀性能	卷筒通过预剪机列时，送入五辊矫直机时送歪，卷筒发生松层；张力调整不正确；退火时板片之间某点上相互黏结
折伤	表面形成的局部不规则的凸起皱纹或马蹄印迹	由于板片过薄，在搬运或翻转时不注意造成的
揉擦伤	重叠的板与板之间互相擦动留下的痕迹，以细短线状、点状或圆弧状出现，可降低抗蚀性能	淬火后板片弯曲度太大；淬火装料量太多；卸板时板片相互错移；包装的板材参差不齐　搬运和使用时要避免相互摩擦；板片间垫纸；板表面抹油；包装的板片长度应大于被包装的板材长度

缺陷名称	定义和特征	起因和防止措施
压过划痕	前一道工序产生的擦划伤，经下一道次轧制后仍呈擦划伤条纹，但表面较光滑，有隐蔽性，会降低综合性能	热轧冷轧机列产生的划痕、粘伤，卷筒在退火、开卷、搬运过程中的擦伤又经轧制而造成
搬运划伤	搬运铝板、铝卷时，由于与其他物体接触而引起的划伤，形状多样，一般不连续，影响使用	搬运工序未按规范要求进行
压伤	铝材局部受压引起的凹状伤痕，在软合金板带中易产生，超标影响使用	扫除重叠铝板之间的异物及托架上的异物
折痕	铝材局部受力变形呈腰折状或留下折印	在矫直工序取样或包装检查局部受力时易产生
运送伤痕	在搬运过程中，由于铝板表面互相接触，并因振动而长时间互相摩擦而引起的伤痕，呈黑色	包装应按规范要求进行；运送时防止捆点松散，防止板片错动
腐蚀	铝材表面与外界介质产生化学或电化学作用，引起表面组织破坏，腐蚀呈丝状或点状，白色，严重时有粉末产生，使表面失去光泽，如不能清除会降低抗蚀性和综合性能	在生产过程中板材表面残留有酸、碱或水迹，板材接触的火油、乳液、MK3色漆、包装材料等辅助材料含有水分或呈碱性；包装不好；运输保管不当等
扩散	热处理时，铜原子扩散到包铝层形成的黄褐色斑点，对抗腐蚀性有害	热处理次数过多，没有正确执行热处理制度，不合理的延长加热时间或提高保温温度，包铝层太薄
白斑点	淬火时，硝盐蒸气在板片上冷凝，洗涤不尽，呈白色点状留在板片上，会降低抗蚀性	淬火后洗涤不净，板片表面留有硝盐痕引起腐蚀；压光前没有擦干净板材表面，使板材表面产生腐蚀白点
乳液痕	乳液残留在板片上，呈乳白色点状、条状或片状，或呈暗黑色，影响光洁度，降低抗蚀性	冷轧时乳液没有吹净使乳液卷进卷筒；乳液的温度太高，浓度过大轧制时乳液黏结在板带上
硝痕	淬火时，硝盐残留板面，呈不规则白色斑块，严重降低抗蚀性	淬火后洗涤不净，压光前擦得不干净，板片表面留有硝石痕
油痕	冷轧后残留在板面的火油，经高温退火烧结在板面，呈褐黄色或红色斑迹，影响美观	冷轧以后残存在板上的火油，经退火后，造成板材表面有烧结痕迹
水痕	淬火残留在板面上的水痕，经压光压在板面上，呈现淡白色或污白色痕迹，影响美观	淬火后水未擦干净
表面不亮	板面发暗，不美观	轧辊、压光辊、矫直辊光洁度不够，润滑液性能不好，太脏，板带材质不一样
小黑点	板材表面的不规则的尖状黑点，降低抗蚀性，不美观	在热轧板过程中，由于高温乳液分解，分解产物与在轧制过程中因润滑不好使轧辊与铝板摩擦而产生的铝粉在高温下相作用，产生"小黑点"混合于乳液中，经过压延又压到铝板表面上，形成"小黑点"；乳液稳定性不好，不清洁，润滑性不好，用硬水配制，乳液喷射到轧辊上不均匀，及轧辊不清洁，辊道、地沟、油管、油箱不清洁也易产生"小黑点"
热处理污痕	铝板卷在加热时的表面氧化，表面光泽及颜色消退，影响美观	适当控制退火温度；适当控制加热炉气氛
热处理接触痕	退火时出现的白色斑点痕	板铝、铝卷互相接触部分之间夹有异物、托架上有异物的接触部分承受本身重量或受外面压力而产生的

缺陷名称	定义和特征	起因和防止措施
暗 道	由窄板改轧宽板时，在宽板或卷上出现的平行轧向的光泽度偏差，在铝板卷的两面连续出现，影响美观	由接触压延材料边部的工作辊上的黏附物转印到铝板上引起的 从宽幅到窄幅，改变压延顺序；更换轧辊
端 痕	热轧时，板前、尾端部的痕迹残留在轧辊上，并以附在轧辊上的花纹印在铝板卷的表面而形成的痕迹，影响美观	铸块的前后端切除干净；在热轧过程中热轧板的前后端也要进行适当的切除；减少轧制道次的压下量；适当处理轧制油
走刀痕	磨辊时砂轮磨痕转印在铝板、卷表面上的痕迹，影响美观	适当控制砂轮速度、进给量及轧辊磨削加工条件，以防止砂轮的走刀痕残留在轧辊上；砂轮修整时，进行砂轮的削边
人字纹	与轧向成一定角度出现薄棱状的光泽不良，在板横向易出现，在 Al-Mg 合金中常见	适当安排轧制道次压下率；适当控制前、后张力；防止工艺油的润滑不良
光泽不均 （黏附杂质）	铝板、卷的整面或板横向大幅出现的光泽不均匀，从微观上可分为"黏附杂质"和"表面微裂纹"两类，"粘铝"和"表面微裂纹"密度增大，光泽不均的密度也增大，且呈白色	由于压延速度过大，铝板、铝卷表面浸入压延油而形成黏附杂质；由于润滑不当，轧辊表面的黏附物变厚，并附到铝板、铝卷表面
轧辊划痕	磨削轧辊时残留的很深的齿印附在铝板、铝卷的表面，这是轧辊印痕的一种	由于磨削轧辊的沙粒脱落不均匀，而引起局部出现深陷下去的轧辊齿印 按砂粒、结合剂的要求合理选择砂轮；适当安排轧辊磨削条件
轧辊印痕	轧辊上带有伤痕、痕迹、色块而附到铝板、铝卷的表面	检查轧辊、板面，以求尽早发现；防止杂物粘在轧辊上
振 痕	与轧向成直角，有细微间距出现的直线状的光泽斑纹，由轧辊引起的称压延振痕，由矫直辊引起的称校直振痕，纵剪时在铝板、铝卷的横边部附近出现的微小的皱纹称剪切振痕，有手感，硬合金常见	合理安排道次程序，以防压下量过大；适当控制轧制速度；防止轧制油润滑不当；减少轧机的振动
起 棱	由铝卷卷取引起的与压延方向成直角状的线状棱角，由铝卷卷取时板翘曲引起的起棱称皱纹起棱	因为铝卷头部的厚度过厚时容易出现，所以铝卷端部要斜向咬入卷筒；往卷取机卷板时，尽可能一边卷一边加上轻微的张力
羽状条纹	轧辊黏附物不均匀印附在铝板或铝卷的表面，与轧向平行的带状光泽不良，称为黏附花纹，无规则出现的称筋状光泽不良，统称为羽状条纹	与"黏附杂质"缺陷相同
停轧痕	与铝板、铝卷成直角的线状的一条压痕	防止突然停止轧机运转
校直条纹	污油之类、杂物黏附在校直辊上，并以带状或线状形式印在铝板卷表面上的条纹称校直条纹，黏附在校直辊上的异物（铝粉、铝片等）印在铝板、卷表面的条纹叫压印	清洁校直辊，校直前清洁铝卷；设置一条辅助轧辊，在辊上加工除污迹用的螺丝状沟

缺陷名称	定义和特征	起因和防止措施
拉伸印痕	拉伸矫直时，在板的表面出现的印痕	由于拉伸时的局部滑移变形，而引起拉伸印痕 尽量减少矫直前的压延材的歪斜，减少矫直时的拉伸量；晶粒越细越容易发生，所以要调整退火温度，适当控制晶粒度
滑移线	经拉伸后的板材，在与轧制方向成45°的方向上有暗色线条痕迹，影响板材美观，严重影响综合性能	拉伸量过大
松树枝状条纹	产品在轧制过程中变形不均，产生滑移，使板材表面产生有规律的松树枝状花纹，严重时板材表面凸凹不平，圆滑、颜色黑暗，它主要影响表面美观，严重时也影响产品的综合性能	压下量过大，乳液供给不均，乳液量过小使之造成金属同轧辊的摩擦力增大或金属变形不均，冷压时的张力不合理，特别是后张力较小
花纹缺陷	由于花纹板的花纹不全，花纹受损，筋高不够造成的缺陷，它不但影响使用也影响美观	轧制花纹板的轧辊，花纹受到损伤，轧辊上的花纹被铝屑或其他脏物填充；毛料厚度不够使轧制填充不充分；设备机械损伤花纹板或铸块本身质量造成花纹损伤
漆膜缺陷	喷漆时，因喷漆不均匀，未喷上或漆本身问题而造成的缺陷，它主要影响美观，也影响板材的抗腐蚀性	板材表面有影响漆附着的缺陷；漆本身的性能不好；喷漆设备工作不正常或工作人员操作有误所致

21.2.4　铝合金板带材的组织与性能缺陷

铝板带材主要组织与性能缺陷见表21-3。

表21-3　铝板带材主要组织与性能缺陷

缺陷名称	定义和特征	起　因
力学性能不合格	产品常温力学性能超标造成的废品	未正确执行热处理制度；热处理设备不正常；实验室热处理制度或实验方法不正确；试样规格和表面不符合要求等
过烧	铸块或板材在加热或热处理时，温度过高达到了熔点，使晶界局部加粗，晶内低熔点共晶物形成液相球，晶界交叉处呈现三角形等，破坏了晶粒间结合度，降低综合性能，属绝对废品	炉子各区温度不均；热处理设备或仪表失灵；加热或热处理制度不合理，或执行不严
铸造夹杂物	板片中央有块状金属或非金属物质，贯穿整个厚度，破坏板材整体结构	铸造时混入了金属或非金属物质，轧制后形成了这种组织缺陷

21.3　铝及铝合金板带材的质量控制

21.3.1　铝及铝合金热轧制品的质量控制

热轧质量控制是热轧产品生产的重点，热轧过程中首先要确保过程的正常进行，防止因裂边、表面裂纹等引起的断带；其次要确保生产出的产品满足后部工序的需要，后部工序要求包括：尺寸符合要求（厚度、宽度、长度或卷径），板形符合要求（中凸度、楔形率、波浪），表面质量符合要求，性能符合要求（纵向、横向和高向）等。为了能正常连续稳定的生产出合格的产品，热轧机配置有一些专用的控制系统，主要包括厚度控制系统、板形与板凸度控制系统、温度控制系统、乳液控制系统等。

21.3.1.1　厚度控制

铝板带材厚度精度是铝热轧过程控制的重要指标之一。带材的厚度及偏差控制主要通过自动厚度控制系统（AGC）来实现，自动厚度控制系统利用的基本方程是弹跳方程和辊缝方程。由于影响轧机弹跳和辊缝形状改变的因素很多，特别是工艺参数、轧机参数、化学成分的变化等，现代化铝热轧机通过输入实际成分值来实现成分以及不同温度合金收缩率自动补偿，而工艺参数和轧机参数的变化引起的厚差则通过 MMC、GM-AGC、ABS-AGC、M-AGC、RE-AGC 以及前后张力补偿、弯辊力补偿、加速度补偿、尾部补偿等手段来调控。因此，带材厚度及偏差的控制手段与技术，特别是与其设备配置相适应的工艺模型的准确率非常重要，它将影响预设定和调控的准确率，从而影响带卷全长范围内的厚度稳定性及均匀性。

21.3.1.2　板形与凸度控制

铝板带材板形和凸度是热轧控制的重要指标，由于它们具有遗传性，将直接影响后部工序冷轧的板形和凸度，优良的板形和凸度是冷轧产出高档成品的重要保证。然而，获得优良的板形和凸度是依靠精确检测和多重高效控制手段实现。

随着智能化的板形和凸度检测技术和工艺模型等应用技术在铝热连轧技术方面的快速发展和广泛应用，通过过程控制计算机快速准确地实施带卷板形和凸度控制已经取得了巨大进步。在铝带板形检测方面，除了普通板形仪的检测精度提高外，高分辨率的光学板形检测仪也开始用于铝热连轧，并实现了闭环反馈控制。在凸度检测方面，扫描式凸度仪正逐渐被固定式多通道凸度仪所取代，这使得带卷横断面轮廓检测更真实，更有利于快速准确地实施包括预控和在线调控在内的前馈和反馈控制。在工艺模型方面，利用神经元网络或遗传表格建立起了适应性很强的各种物理、数学模型，如轧制力模型、轧辊热凸度模型、辊系弹性变形模型等，它们是组建板形和凸度控制模型的基础。

目前，对热轧带卷的板形和凸度控制不仅实现了本块料的反馈闭环控制，而且借助其特有的自学习自适应功能，还能实现对下一块料的前馈控制，包括对下一块料的轧制工艺和相应控制模式的优选和预设定等。因此，能更好地保证目标板形和目标凸度的实现。

一般热粗轧板坯较厚，没有配置板形和凸度检测设备。其控制主要根据操作手目测进行调整，通常有以下几种手段：调整倾斜、调整弯辊力以及乳液流量，其板形和凸度不是在极端条件下，不会有明显体现，主要有楔形、中浪和边浪。热精轧机产出热轧卷成品，其厚度较薄，板形和凸度缺陷也极容易体现。

21.3.1.3　温度控制

轧制温度是铝带热轧过程中的重要参数，它不仅影响金属的变形抗力、塑性和变形力能参数的大小，而且还通过金属的组织结构影响轧后产品的组织性能。热轧温度控制主要控制开轧温度、过程温度和终轧温度，而终轧温度是热轧温度控制的重点。

传统热轧采用手持式热电偶对铸锭、中间板坯和热轧卷进行温度测量，对卷材温度的测量方式落后，为事后测量，用作温度检查，对控制不起作用。随着非接触式高温计的发展，在线高精度温度实时检测系统的应用，由以前的事后检查变为温度反馈控制，使得在整个热轧卷在长度方向上的温度都处于受控状态，实现了热轧卷温度在线控制，其控制精度小于8℃，为获得稳定的带材性能提供了保证。

以某现代化热连轧机为例，介绍生产线上各测温点的布置和功能。五处测温点分别为：炉前测温、厚剪前测温、薄剪前测温、连轧机出口测温和卷材测温，如图21-1所示。

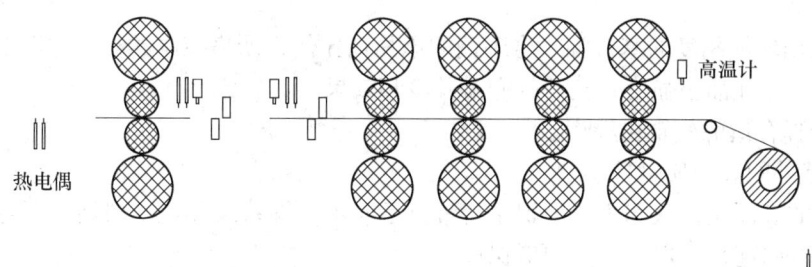

图 21-1 某现代化热连轧机热电偶配置示意图

21.3.2 铝及铝合金冷轧制品的质量控制

21.3.2.1 冷轧产品表面质量控制

冷轧加工特点决定其表面质量远远高于热轧表面质量。冷轧表面质量控制一方面需要控制产品表面光洁度；另一方面也需要对产品表面缺陷进行控制，其中表面缺陷控制又可分为表观缺陷控制和隐性缺陷控制两方面。

A 表面光洁度控制

产品表面光洁程度直接影响产品外观的美观性，通常情况下产品表面光洁度指的是产品表面粗糙度。表面粗糙度是指加工表面具有的微小间距和峰谷不平度；其两波峰或两波谷之间的距离（波距）很小（在$1\mu m$以下），用肉眼是难以区别的，因此它属于微观几何形状误差。表面粗糙度越小，则表面越光滑。目前主要采用轮廓算术平均偏差（R_a）和微观不平度十点高度（R_z）两个指标来衡量，而R_a是最主要的评定参数。

产品表面粗糙度受轧辊表面粗糙的影响，控制产品表面粗糙度实质上是控制轧辊磨削粗糙度。同一对轧辊随着通过量的增加，辊面粗糙度逐渐减小，当通过量达到一定值时，辊面粗糙度不再减小，稳定在一定的范围内。根据用户的使用特点，一般将热精轧粗糙度控制在$1.0\mu m$内，将冷轧粗糙度控制在$0.5\mu m$内，既能获得良好的表面光洁度，又能保证较高的轧制效率。

B 冷轧表观缺陷控制

冷轧铝合金系产品表面硬度相对较低，在轧制、拉矫、分切及包装时，表面均可能被损伤，在一定程度上会影响用户的使用，严重时导致产品直接报废。受铝合金带材加工特点的制约，目前还不能生产出绝对的零缺陷产品，只能是在满足用户使用需求的范围内，不断提高产品表面质量。

表观缺陷控制主要根据产生位置分为两类：一是辊缝内的表面质量控制；二是辊缝外的表面质量控制。

a 辊缝内的表面质量控制

轧辊、轧件及润滑介质构成轧制三要素，在轧制过程中相互影响，共同制约产品表面质量。所以在轧制时重点注意以下内容：

（1）合理设置轧制工艺参数及合理分配道次压下率，保证各道次轧制压下均衡，防止带材表面粘铝，通常情况下各道次压下率不应超过60%，随着变形抗力的增加，道次压下率应逐渐减小。

（2）采用较低黏度的基础油，合理调配添加剂比例，严格控制卷材开卷温度、轧制油温度及流量，保证油膜强度、良好的润滑及冷却效果。

（3）选择合适的轧辊粗糙度。

b 辊缝外的表面质量控制

辊缝外的表面质量缺陷主要因辊系与带材不同步，辊系及环境不清洁，开卷、卷取张力设置不当等引起，所以在生产中应保证：

（1）辊系运转灵活、无卡阻、无变形，防止擦、划伤缺陷产生。

（2）保证各开卷、卷取张力的匹配性，防止层间损伤。

（3）做到清洁生产，杜绝印痕缺陷的产生。

C 隐性缺陷控制

具有隐性缺陷的冷轧基材经用户碱蚀洗或阳极氧化后，褪去了表面的氧化层，暴露出基体内在的缺陷，主要有表面条纹、黑条及小黑点等。由于此类缺陷具有隐蔽性，会给用户使用造成更大负面影响。隐性缺陷缺乏表观缺陷的直观性，生产控制难度大，这就要求铝加工企业生产要素高度稳定、生产工艺非常完善。

相对冷轧而言，隐性缺陷在熔铸工序及热轧工序产生的可能性更大，所以必须从铸锭开始控制。

（1）铸造过程中严格控制铸锭的晶粒度，最大程度减薄铸锭表面粗晶层，减少光晶等粗大晶粒的产生。

（2）铣面时应铣尽表面粗晶层，同时需要注意铣刀对铸锭表面的二次损伤。

（3）热轧时保证合理的加热温度，合理的压下分配，减少轧辊粘铝性损伤；合理控制乳液的理化指标，保证良好的吹扫效果，减少乳液在板面的残留及烧结。

21.3.2.2 厚度控制

冷轧带材不仅要求厚度精度高、同板差小，且不同批次的厚度也要非常稳定。要控制好冷轧厚度，必须要控制好以下几个要素：

（1）厚控系统精度足够高，并做好日常维护，确保其工作正常。

（2）要有足够高精度的厚度标准块，定期对测量仪进行标定，对厚度补偿曲线进行修正。

（3）保证足够的辊系尺寸精度，并有严格的管理规范。

（4）控制好来料厚差，并要通过足够的轧制道次修正来料厚差。

（5）要有正确的操作规范，特别是严格控制升减速长度以及轧制过程中轧制参数的稳定性。

21.3.2.3 板形质量控制

板形质量控制可分为冷轧板形控制和精整板形控制。随着用户要求的提高，经轧制后的绝大部分带材需经精整板形矫正后才能满足用户需求。

A 冷轧产品板形控制

根据轧制原理，板形控制的实质在于控制辊缝的形状。控制辊缝形状的目的在于：一是尽可能使辊缝形状与坯料横截面形状一致；二是尽可能减少或克服轧制过程中轧辊的有害变形；三是确保轧出板形与目标板形一致。

出现板形不良的根本原因是轧件（坯料截面平直）在轧制过程中使轧辊产生了有害变形，致使辊缝形状不平直，导致轧件纵向上延伸不均，从而产生波浪。因此板形控制的实质就是如何减少和克服这种有害变形。要减少和克服这种有害变形需要从两方面解决：一是从设备配置方面包括板形控制手段和增加轧机刚度；二是从工艺措施方面。板形控制手段方面，现在已普遍采用的有弯辊控制技术、倾辊控制技术和分段冷却控制技术；其他已开发成熟的板形控制手段还有抽辊技术（HC 系列轧机）、涨辊技术（VC 和 IC 系列轧机）、交叉辊技术（PC 轧机）、曲面辊技术（CVC、UPC 轧机）和 NIPCO 技术等；另外增加轧机刚度也可使板形得到有效控制，如由二辊轧机发展为四辊或六辊轧机等。工艺措施方面包括轧辊原始凸度的给定，变形量与道次合理分配等。

B 精整板形质量控制

板带材成品剪切前后，通常都需要矫平，其目的是消除板形不良，提高平直度，改善产品性能或便于后续加工。

拉伸弯曲矫直是使用得最多的一种矫直方式，是在辊式矫直及拉伸矫直的基础上发展起来的一种先进的矫方直法。拉伸弯曲矫直原理是被矫带材通过连续拉伸弯曲矫直机时，受张力辊形成的拉力和弯曲辊形成的弯曲应力所叠加的合成应力作用，使带材产生一定塑性变形，消除残余内应力，改变不均匀变形状态从而达到矫平板形的目的。此方法需根据矫直前后的板形质量状况给定合理的延伸率及矫直机构压下量。

21.3.2.4 产品力学性能控制

材料的力学性能是指材料在不同环境（温度、介质）下，承受不同外加载荷（拉伸、压缩、弯曲、扭转、冲击、交变应力等）时所表现出的力学特征。冷轧产品可以根据用户要求调整其常温力学性能，这是冷轧产品的一大优势。产品力学性能主要从 4 方面进行控制：

（1）控制热轧产品性能及组织。
（2）设计不同的冷变形量。
（3）制定合适的热处理工艺。
（4）具备稳定的热处理设备。

其中通过控制热轧终了组织及性能，简化冷轧工艺，提高冷轧产品性能是今后工艺研究的重要内容之一。

21.3.2.5 铝及铝合金冷轧产品的质量检查

质量检查是保证产品质量的重要手段，按检查方式主要分为在线检查及离线检查两类；按工序主要分为轧制检查及精整检查；按产品质量要求主要分为表面质量检查、板形质量检查、厚度精度检查及性能检查 4 类。

表面质量检查除在线自动检查外，多数的国内铝加工企业目前仍采用专职检查人员用肉眼判定产品表面质量是否符合标准，此方法通常对产品头、尾的表面质量判定较为准确，其余部位的质量只能靠冷轧工艺来保障。板形质量检查，在线使用板形测量仪，离线多为人工检测，其方法通常是质检人员取 2m 左右的带材放置在检测平台上，用钢片尺及卷尺测量波高、波长及波浪数。厚度精度检查，在线时使用测厚仪检测，通常检测带材中心线位置的厚度，且此时只对厚度做测量并不能参与厚度的控制；离线多使用千分尺测量，一方面需取样测量带材头、尾宽度方向的厚度分布；另一方面还需抽取废边条测量带材边部厚度。性能检查根据产品的使用特点，分为逐卷检查和分批次两种检查方式。

21.4　铝及铝合金箔材的主要缺陷分析及质量控制

21.4.1　铝及铝合金箔材的主要缺陷分析

铝箔轧制缺陷种类尽管很多，但最终主要表现在：以孔洞为特征的针孔、辊眼、开缝、气道；以表面状况为特征的油污、光泽不均、振痕、张力线、水斑、亮点亮斑；以影响后工序加工的板形、起皱、打折、卷取不良和以尺寸为特征的厚差等。

实质上，铝箔特有的缺陷只有针孔一类，其他几种缺陷板材也同样有，只不过表现的严重程度不同或要求不同而已，下面分别进行阐述。

(1) 针孔。针孔是箔材的主要缺陷。原料中、轧辊上、轧制油中，甚至空气中的尘埃达到 $6\mu m$ 左右尺寸进入辊缝均会引起针孔，所以 $6\mu m$ 铝箔没有针孔是不可能的，只能用多少和大小评价它。由于铝箔轧制条件的改善，特别是防尘与轧制油有效的过滤和方便的换辊系统的设置，铝箔针孔数目越来越依赖于原料的冶金质量和加工缺陷。由于针孔往往是原料缺陷的脱落，很难找到与原缺陷的对应关系。一般认为，针孔主要与含气量、夹杂、化合物及成分偏析相关。采取有效的铝液净化、过滤、晶粒细化均有助于减少针孔。当然采用合金化等手段改善材料的硬化特性也有助于减少针孔。优质的热轧材轧制的 $6\mu m$ 铝箔针孔可在 100 个/m^2 以下。铸轧材当净化较好时，$6\mu m$ 铝箔针孔在 200 个/m^2 以下。在铝箔轧制过程中，其他造成针孔的因素也很多，甚至是灾难性的，每平方米数以千计的针孔并不稀奇。轧制油有效过滤，轧辊短期更换及防尘措施均是减少铝箔针孔所必备的条件，而采用大轧制力，小张力轧制也会对减少针孔有所帮助。

(2) 辊印、辊眼、光泽不均。主要是由于轧辊引起的铝箔缺陷，分为点、线、面 3 种，最显著的特点是周期出现。造成这种缺陷的主要原因为：不正确的磨削，外来物损伤轧辊，来料缺陷印伤轧辊，轧辊疲劳，辊间撞击、打滑等。所有可以造成轧辊表面损伤的因素，均可对铝箔轧制形成危害。因为铝箔轧制辊面光洁度很高，轻微的光泽不均匀也会影响其表面状态。定期的清理轧机，保持轧机的清洁，保证清辊器的正常工作，定期换辊，合理磨削，均是保证铝箔轧后表面均匀一致的基本条件。

(3) 起皱。由于板形严重不良，在铝箔卷取或展开时会形成皱折，其本质为张力不足以使箔面拉平。对于张力为 20MPa 的装置，箔面的板形不得大于 30I，当大于 30I 时，必然起皱。由于轧制时铝箔往往承受比后序加工更大的张力，一些在轧制时仅仅表现为板形不良的铝箔在分切或退火后的使用时却表现为起皱。起皱产生的主要原因是板形控制不良，包括轧制磨削不正确，辊型不对，来料板形不良及调整板形不正确等。

(4) 亮点、亮痕、亮斑。双合面由于双合油使用不当引起的亮点、亮痕、亮斑，主要原因为双合油油膜强度不足，或轧辊面不均引起轧制不均变形，外观呈麻皮或异物压入状。选用合理的双合油，保持来料清洁表面和轧辊的辊面均匀是解决这类缺陷的有效措施。当然改变压下量和选择优良的铝板也是必要的。

（5）厚差。厚差难控制是铝箔轧制的一个特点，3% 的厚差在板材生产时也许不难，而在铝箔生产时却非常困难。原因在于厚度薄，其他微量条件均可造成影响，如温度、油膜、油气浓度等。铝箔轧制一卷可达几十万米，轧制时间长达 10h 左右，随时间延长测厚的误差很易形成。而对厚度调整的手段仅有张力-速度。这些因素均造成了铝箔轧制的厚控困难。所以，真正控制在厚差 3% 以内，是需要用许多条件来保证的，难度很大。

（6）油污。油污是指轧制后铝箔表面带上了多余的油，即除轧制油膜以外的油。这些油可以由辊颈处或轧机出口上、下方甩、溅、滴在箔面上，且往往较脏，成分复杂。铝箔表面带油污比其他轧制材带油危害更大：一是由于铝箔成品多数作为装饰或包装材料，必须有一个净洁的表面；二是其厚度薄，在后道退火时易形成泡状，而且由于油量较多在该处形成过多的残留物而影响使用。油污缺陷多少是评价铝箔质量的一项很重要指标。

（7）水斑。水斑是指在轧制前有水滴在箔面上，轧制后形成的白色斑迹，较轻微时会影响铝箔表面状况，而严重时会引起断带。水斑是由于油中有水珠或轧机内有水珠掉在箔面上后形成的，控制油内水分，防止任何水源是避免水斑的唯一措施。

（8）振痕。振痕是指铝箔表面周期性的横波，产生振痕原因有两种：一种是由于轧辊磨削时形成的，周期为 10～20mm；另一种是轧制时由于油膜不连续形成振动，产生时常伴有不连续润滑不良，产生在一个速度区间，周期为 5～10mm。根本原因是油膜强度不足。通常可以采用改善润滑状态来消除。

（9）张力线。当厚度达到 0.015mm 以下时，在铝箔的纵向形成平行条纹，俗称张力线。张力线间距为 5～20mm，张力越小越宽，条纹越明显，当张力达到一定值时，张力线很轻微甚至消失。厚度越小产生张力线的可能性越大，双合轧制产生的可能性较单张为大。增大张力和轧辊粗糙度是减轻、消除张力线的有效措施。而大的张力必须以良好的板形为基础。

（10）开缝。开缝是箔材轧制特有的缺陷，在轧制时沿纵向平直地裂开，常伴有金属丝线。开缝的根本原因是入口侧打折，常发生在中间，主要由于来料中间松或轧辊不良。严重的开缝无法轧制，而轻微的开缝在以后的分切时裂开，这往往造成大量废品。

（11）气道。在轧制时间断出现条状压碎，边缘呈液滴状曲线，有一定宽度，轻度的气道未压碎，呈白色条状并有密集针孔。在压碎铝箔的前后端存在密集针孔是判断气道与其他缺陷的主要标志。气道来源于原料，选择含气量低的材料作为铝毛坯是非常重要的。

（12）卷取缺陷。卷取缺陷主要指松卷或内松外紧。由于铝箔承受的张力有限，卷取硬卷就很困难。取得里紧外松的卷是最理想的，而足够的张力是形成一定张力梯度的条件。所以，卷取质量最终依赖于板形好坏，内松外紧的卷会形成横棱，而松卷则会形成椭圆。这均会影响以后加工。

21.4.2　铝及铝合金箔材的质量控制

在带坯轧制成各种铝箔半成品和成品的过程中，以及在箔材精整、退火、转运、包装等工序的生产过程中，难免会出现一些缺陷。这些缺陷的产生，一部分是铸锭、热轧、冷轧坯或铸轧带坯本身的缺陷，有时在铸锭、热轧、冷轧或铸轧工序发现，有时不能发现，而在后续的进一步加工过程中才能发现；另一部分是在带箔材轧制、精整、退火、转运、包装等工序生产过程中产生的。这些缺陷的产生大部分是由于设备故障、违反操作规程、工艺参数调整不当、操作人员技术不够熟练等其他原因造成的。在铝箔的生产过程中，造成的铝箔质量缺陷有许多种，主要是大量的针孔、厚度超差、平整度差、断带等，减少这些缺陷，对提高箔材质量是很有意义的。加强各工序的质量控制，可大大减少缺陷的产生。

　　铝箔是在很薄状态下轧制的，对材料的厚度均匀性、轧制速度、张力、轧制油等都很敏感，在各种缺陷中，最关键的是解决断带和针孔，尤其对高速轧机更为重要。断带和针孔的产生与铝箔坯料的质量极为密切。铸轧、热轧坯料中的夹杂、气道，轧制过程中的金属和非金属压入，擦、划伤以及厚度不均等都能给铝箔轧制造成很大困难，引起断带、针孔、厚度超差等。这些缺陷又互相影响，铝箔越薄，针孔越多；针孔越多，则越容易断带；断带多，轧制升速中头尾必定有一部分箔材厚度超差。

22 铝合金板带箔材加工设备

铝合金板带箔材加工的设备主要有铸轧机、热轧机、冷轧机、铝箔轧机、铸锭铣面、加热装置及各种辅机。我国的轧制设备水平参差不齐，部分设备具有世界先进水平，但多数设备还比较落后。

22.1 铸锭铣面及加热装置

22.1.1 铸锭铣面装置

铸锭铣面机分为铸锭单面铣床和铸锭双面铣床。

先进的铸锭单面铣床包括上锭机构、铸锭翻转机构、带有 1 个水平面主铣刀和 2~3 个边部铣刀的铣床、出料辊道等。表 22-1 为典型铸锭单面铣床的主要技术参数。

表 22-1 铸锭单面铣床的主要技术参数

项　目	参　数
使用单位	南非 Hulett
制造单位	SMS DEMAG
型　号	EWK 2400×6500 2k960
单面铣特点	带有 1 个水平面主铣刀和两个边部铣刀
铸锭规格	(900~2200)mm×(480~700)mm×(2700~6500)mm(最大质量 25t)
生产能力	6 块/h
铣后表面质量	5μm(RT)
碎削处理量	最大 30t/h
碎削风机风量	最大 115000m
特殊功能	碎削用辊子压紧

先进的铸锭双面铣床包括上锭机构，带有 1 个水平面主铣刀和 2~3 个边部铣刀的铣床，铸锭翻转机构，另有一套也带有 1 个水平面主铣刀和 2~3 个边部铣刀的铣床，出料辊道等。这种铣面机价格较高，只在一些先进的铝加工厂才能见到。

22.1.2 铸锭加热装置

常见的铸锭加热炉有地坑式铸锭加热炉、链式双膛铸锭加热炉和推进式铸锭加热炉。地坑式铸锭加热炉具有很好的均热功能。推进式铸锭加热炉也具有均热功能，但一般只有均热时间短的合金才在推进式加热炉内均热。均热时间长的合金要在专用的均热炉内均热后，再进入推进式铸锭加热炉加热铸锭。典型的铸锭加热炉装置的技术参数见表 22-2 和表 22-3。

表 22-2 地坑式铸锭加热炉和链式双膛铸锭加热炉的主要技术参数

项 目		地坑式铸锭加热炉	链式双膛铸锭加热炉
使用单位		东北轻合金加工有限责任公司	东北轻合金加工有限责任公司
设备制造		前苏联	
加热方式/kW		电加热 720	电加热 2×850
铸锭规格/mm×mm×mm		300×1550×5680	300×1050×2300
炉膛尺寸		长 3250mm×宽 2400mm×高 7600mm	每个膛 400mm×2040mm×22745mm
装炉量		6 块（共 30t）	2×16 块
工作温度/℃		480~500	480~500
典型加热周期	1000 系	加热 10h，保温 19h	加热 5~8h
	2000 系	加热 10h，保温 19h	加热 4.5~6h
	3000 系	加热 10h，保温 19h	加热 6~8h
	5000 系	加热 6h，保温 41h	加热 5~8h
	6000 系	加热 8h，保温 41h	加热 5~8h
	7000 系	加热 6h	加热 6~8h

表 22-3 推进式铸锭加热炉

使用单位		西南铝业（集团）有限责任公司
设备制造		美国 Seco/Warwick
铸锭规格	1000 系、3000 系和 5000 系软合金	(340~480)mm×(950~1700)mm×(2500~5000)mm，最大锭重 11.0t
	2000 系、7000 系	(40~380)mm×(1000~1700)mm×(3000~5000)mm
	硬合金包铝	包括每面 25mm 包铝，铸锭厚度可为 430mm，最大锭重 10.5t
	典型规格	340mm×1260mm×5000mm，重 5.93t 用 635℃的循环热空气 7.50h 加热到 500℃，用气量约 7506m³
		480mm×1700mm×5000mm，重 11.0t 用 635℃的循环热空气 10.70h 加热到 550℃
炉子参数	炉体空间(宽×长×高)/m×m×m	5×21.8×1.7
	最大装炉量	480mm×1700mm×5000mm，38 块，最大装炉量 418t
	工作温度/℃	300~650
	工作方式	连续或批量半连续（当不同的规格或合金时）
	能耗	7.4×10⁷ kJ/h，使用天然气的发热值 3.5×10⁴ kJ/m³，最大用气量 2100m³/h
辅助设施	天然气	要求最小压力 21kPa，最大流量 2100m³/h
	电	380V±10%，50±2.5Hz，3 相，总容量 1.8×10⁶ kJ （其中 7 台循环风机 9.4×10⁵ kJ）
	压缩空气	2850cm³/s，4~5kg/cm²
	冷却水	284L/min，1.5kg/cm²，最高温度 33℃

22.2 热轧机

22.2.1 几种系列的热轧机组

热轧机是板带材加工的关键设备之一，热轧机的分类见表22-4。

表22-4 热轧机分类

二辊热轧机	四辊热轧机
"二人转"轧机	四辊单机架单卷取热轧机组
二辊单机架单卷取热轧机	四辊单机架双卷取热轧机组
二辊单机架双卷取热轧机	热粗轧 + 热精轧机组（又称为1 + 1）
	热粗轧 + 热连轧机组（又称为1 + 3、1 + 4或1 + 5等）

22.2.1.1 单机架双卷取热轧机

单机架双卷取热轧机组的组成如图22-1所示，主要技术参数见表22-5。

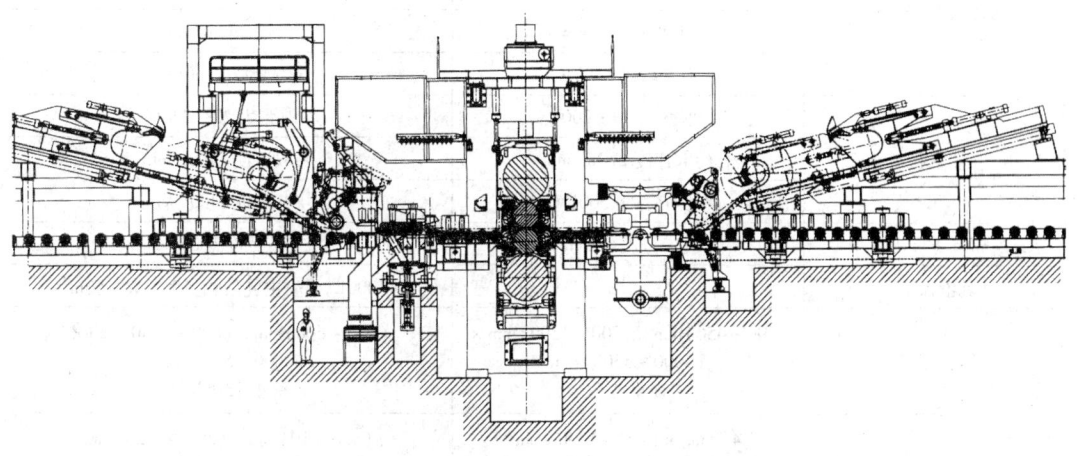

图22-1 单机架双卷取热轧机组示意图

表22-5 单机架双卷取热轧机组主要技术参数

项　目	参　数	
制造单位	中色科技股份有限公司	中色科技股份有限公司
使用单位	常熟铝箔厂	
工作辊/mm × mm	$\phi(700 \sim 660) \times 1700$	$\phi(860 \sim 810) \times 2000$
支撑辊	$\phi(1250 \sim 1180) \times 1650$	$\phi(1500 \sim 1400) \times 2000$
主传动电动机功率/kW	2 × 1500(DC)	2 × 3500(DC)
轧制力/kN	16000	35000
二辊总轧制力矩/kN·m	1200	1500
轧制速度/m·min^{-1}	245	0 ~ 120 ~ 260
辊缝调节	电动压下,开口度500mm	电动压下,开口度500mm

项　目	参　数	
前后辊道	108m + 75m	165m + 105m
立辊轧机		ϕ965mm × 760mm 最大轧制力 7000kN 额定轧制力矩 410kN·m 传动电动机 1400kW
重型剪	液压浮动剪	液压浮动剪
	最大规格 100mm × 1600mm	最大规格 120mm × 1780mm
	最大剪切力 2500kN	最大剪切力 8000kN
轻型剪	液压浮动双刃剪	液压浮动剪
	最大规格 32mm × 1500mm	最大规格 45mm × 1780mm
	最大剪切力 800kN	最大剪切力 600kN
切边机及碎边机	切边厚度 3.5 ~ 8mm	切边厚度 3.0 ~ 10mm
	星型圆盘刀	星型圆盘刀
	速度 150m/min	速度 295m/min
	主电动机 110kW	主电动机 160kW
卷取机	卷取张力 20 ~ 200kN	卷取张力 22 ~ 220kN
	卷取速度 270m/min	卷取速度 290m/min
	电动机 2 × 500kW	电动机 1400kW
带式助卷器	皮带宽度 800mm	皮带宽度 1000mm
乳液流量		14000L/min;主乳液箱,150 + 污 150m³
铸锭规格	(300 ~ 450)mm × (700 ~ 1300)mm × (4000 ~ 5500)mm 锭重 8.7t	(400 ~ 600)mm × (800 ~ 1740)mm × (4000 ~ 5500)mm 锭重 13t(20t)
热轧卷规格	4.0mm × (700 ~ 1300)mm 内外径 ϕ510/1850mm 卷重 8.5t(6.5kg/mm)	(3.0 ~ 10)mm × (800 ~ 1720)mm 内外径 ϕ610/2100mm 卷重 13t(7.4kg/mm)

22.2.1.2　热粗轧 + 热精轧机

热粗轧 + 热精轧机组的典型实例见表 22-6 和表 22-7。

表 22-6　西南铝业(集团)有限责任公司的热粗轧 + 热精轧机组主要技术参数

项　目	2800mm 四重可逆式热粗轧机	2800mm 四重可逆式热精轧机
制造单位	一重制造,IHI 改造	一重制造,IHI 改造
工作辊	(750 ~ 700)mm/1400mm × 2800mm	(650 ~ 610)mm/1400mm × 2800mm
支撑辊	(1400 ~ 1300)mm × 2800mm	(1400 ~ 1300)mm × 2800mm
主传动电动机	2 × 3200kW	1 × 4600kW
轧制力	$3 × 10^7$N(3000t)	$2.9 × 10^7$N(2900t)
轧制速度/m·min^{-1}	240	240
轧制力矩/N·m	$156 × 9.8 × 10^3$	

项　目	2800mm 四重可逆式热粗轧机	2800mm 四重可逆式热精轧机
辊缝调节	开口度500mm,电动压下初调,液压缸精调	电动压下初调,液压缸精调
工作辊清刷辊	两个钢丝 ϕ305mm×2650mm	两个钢丝 ϕ305mm×2800mm
辊形控制形式		正负弯辊
乳液流量/L·min^{-1}	8300	8000,主乳液箱120m^3
立辊尺寸/mm×mm	829/810×550	
立辊轧制速度/m·s^{-1}	1.5	
立辊移动速度/mm·s^{-1}	(0~2)×50	
立辊开口度/mm	900~2800	
立辊最大压下量/mm	20/30	
导尺每例最大推力/N	13×9.8×10^3	
提升铸块质量/t	7	
提升铸块并旋转90°时间/s	6.05	
辅助设备(1)	重型剪 剪切厚度80/100mm,剪切力7500kN 电动机630kW	切边机 切边厚度2.0~9.6mm,星型圆盘刀 速度270m/min
辅助设备(2)	轻型剪 剪切厚度40mm,剪切力2500kN 电动机200kW	卷取机 卷取张力4×10^{5}N(40t), 卷取速度30~252m/min 电动机2×850kW
带式助卷器		出入口各1个,两根皮带
铸锭规格	软合金,(340~480)mm×(950~1700)mm×(2500~5000)mm,最大锭重11.1t	
	硬合金,(340~430)mm×(1040~2040)mm×(2000~5000)mm,最大锭重11.91t	
热粗轧后	(6~80)mm×(950~2620)mm×(4000~235000)mm	
热轧卷规格	软合金:热轧卷厚度2.5~7.0mm,热轧卷宽度950~2560mm,热轧卷外径900~1920mm,热轧卷内径610mm,热轧卷卷重11.0t	
	硬合金:热轧卷厚度2.5~7.0mm,热轧卷宽度950~2560mm,热轧卷外径900~1600mm,热轧卷内径610mm,热轧卷卷重7.0t	

表22-7　南非 Hulett 热粗轧 + 热精轧机组主要技术参数

项　目	热粗轧机	热精轧机
制造单位	SMS	SMS
工作辊/mm×mm	(870~930)×2450	(660~710)×3000
支撑辊/mm×mm	(1400~1500)×2350	(1400~1500)×2350
主传动电动机功率/kW	2×3700(AC)	1×6000(AC)
轧制力/kN	45000	40000
轧制速度/m·min^{-1}	0~90/180	0~120/330
辊缝调节	电动压下初调 液压缸精调	电动压下初调 液压缸精调

项　目	热粗轧机	热精轧机
重型剪和切边机	重型剪 剪切厚度 135mm 剪切力 7500kN 电动机 630kW	切边机 切边厚度 2.0~9.6mm 星型圆盘刀 速度 400m/min
轻型剪和卷取机	轻型剪 剪切厚度 40mm 剪切力 2500kN 电动机 200kW	卷取机 卷取速度 400m/min 电动机 1×1550kW
铸锭规格	(450~600)mm×(900~2200)mm×(2700~5700)mm 最大锭重 20.4t	
热轧板规格	(4.5~135)mm×(900~2250)mm×(4000~15000)mm	
热轧卷规格	热轧卷厚度 2~18mm 热轧卷宽度 850~2200mm 热轧卷外径 2150mm 热轧卷卷重 20.2t	
质量自动化	APFC 凸度和板型自动控制 AGC 厚度自动控制 AFC 温度自动控制	

22.2.1.3　热连轧机组

典型的热连轧机组的组成和主要技术参数如图 22-2 和表 22-8 所示。

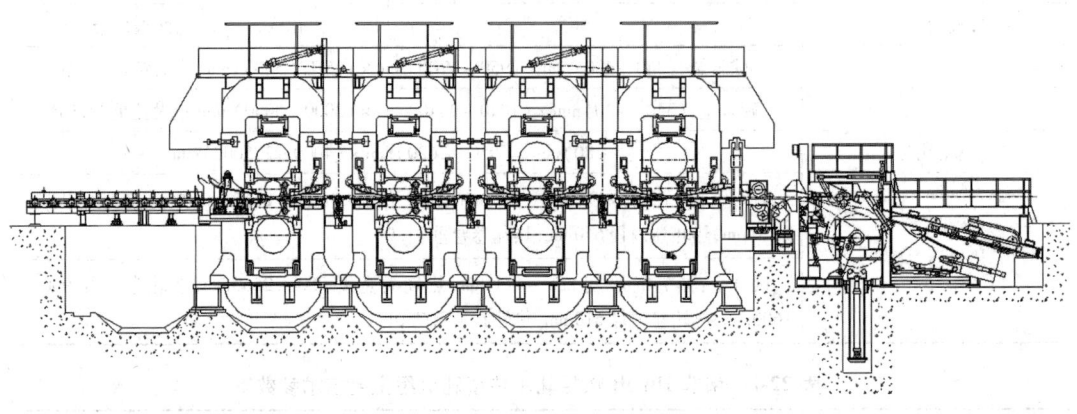

图 22-2　热连轧机组的组成示意图

表 22-8　典型的热粗轧 + 热连轧机组的主要技术参数

项　目	热 粗 轧 机	热 连 轧 机
工作辊/mm×mm	(950~900)×2400	(710~780)×2400
支撑辊/mm×mm	(1600~1500)×2400	(1600~1500)×2400
开口度/mm	700	80
主传动电动机功率/kW	2×4000(AC)	每个机架 1×5000(AC)

项 目	热粗轧机	热连轧机
轧制力/kN	45000	40000
轧制速度/m·min⁻¹	240	F4～600
辊缝调节	电动压下初调 液压缸精调	电动压下初调 液压缸精调
重型剪和切边机	重型剪 剪切厚度150mm 剪切力7500kN	切边机 切边厚度1.8～8mm 星型圆盘刀,速度700m/min
立辊	立辊直径φ1000mm 辊身长度750mm 轧制力8000kN 轧制速度240m/min	
轻型剪和卷取机	轻型剪 剪切厚度60mm 剪切力3000kN	卷取机 卷取速度680m/min
铸锭规格	(450～630)mm×(900～2000)mm×(2700～8800)mm,最大锭重30t	
热轧板规格/mm×mm×mm	(18～150)×(900～2100)×(4000～15000)	
热轧卷规格	热轧卷厚度1.8～18mm 热轧卷宽度850～2100mm 热轧卷外径2800mm 热轧卷卷重30t	
质量自动化	APFC～凸度和板型自动控制 AGC～厚度自动控制 AFC～温度自动控制	

注:表中参数为综合整理值。

22.2.2 现代化热轧机组的技术特点及应用

22.2.2.1 热粗轧机的主要结构

热粗轧机的主要结构包括:入口侧轻型辊道、上锭辊道、入口侧工作辊道、入口侧导尺、立辊、入口侧机架辊道、乳液吹扫铸锭装置、轧机机架、工作辊装置、支撑辊装置、轧辊平衡、液压弯辊缸、机械压下(辊缝粗调)、液压负载缸、工作辊清辊器、轧辊冷却和辊缝润滑、乳液吹扫装置、主传动装置、管道网、平台、排烟罩、卷帘门、换辊装置、工作辊换辊、支撑辊换辊、出口侧机架辊道、出口侧导尺、出口侧工作辊道、出口侧运输辊道、重型剪导尺、重型剪、重型剪废料收集装置、厚板吊运、重型剪辊道、出口侧轻型辊道、轻型剪导尺、轻型剪、轻型剪废料收集装置、热精轧机入口辊道、冷却喷淋装置、液压系统、循环油系统、热粗轧机轴承油-气润滑系统、热粗轧机润滑脂润滑系统、热粗轧机轧辊冷却系统、排烟系统、自动防火系统。

22.2.2.2 热精轧机的主要结构

热精轧机的主要结构包括:入口侧卷取机、入口侧带式助卷器、入口侧偏转辊/夹送辊、入口侧测厚仪支架、入口剪切机、入口侧卷材运输车、入口侧卷材座（离线装置）、入口侧板带冷却喷射装置、轧机机架、工作辊装置、支撑辊装置、轧制线调整机构、轧制液压缸、工作辊清辊器、工作辊平衡和工作辊弯辊、主传动装置、入口侧和出口侧工作辊卫板、入口侧和出口侧卫板平台和内部导向装置、轧辊冷却液分配装置、工作辊换辊、支撑辊换辊、管道网、平台、排烟罩、卷帘门、出口侧测厚仪支架、出口剪切机、出口侧偏转辊/夹送辊、出口侧板带冷却喷射装置、剪边机、碎边机、碎边运输机、出口侧卷取机、出口侧带式助卷器、出口侧卷材运输车、自动捆带机、出口侧卷材存放运输装置（离线装置）、自动卷材喷涂标记机、试样剪切机组、液压系统、热精轧机轴承油气润滑系统、热精轧机气动系统、热粗轧机轧辊冷却系统、排烟系统、自动防火系统。在热连轧机组中还要有机架间的张力辊。

22.2.2.3　现代热轧机组的特点

A　热轧机组的发展向大型化

轧辊辊面宽，直径大，辊道长，机列总长可达几百米。铣面后铸锭质量可达30t。轧机开口度大于700mm，便于生产特厚的热轧板。

B　最大程度减少粘铝

采取辊道辊全部是锥形辊，辊道辊有喷乳液装置，安装辊道清洁器、工作辊清刷辊、偏导辊带清刷辊、切头剪喷乳液等装置。

热轧机工作辊辊式清辊器由辊刷、驱动装置、加压装置、振动装置、冷却润滑装置等组成。清辊器的辊刷旋转清理工作辊。清辊器沿轴向振动，振动行程一般为30~50mm，振动频率为每分钟30次。由于清理掉的铝粉聚集在辊刷内的辊套金属丝上，必须随时用冷却液冲洗，冷却液可采用冷却轧辊的乳液，冷却液冲洗还能起到减少清辊器的摩擦热的作用。

清辊器的设置有4个的，每个工作辊的入口和出口各1个；也有两个的，只在出口的上下工作辊各设1个。辊刷内的辊套金属丝可以是尼龙丝和特种钢丝。一般使用3000h后需要更换金属丝。冲洗用的冷却液流量约为100~200L/min。

C　厚度自动控制系统

热粗轧机厚度自动控制系统包括：手动设定、位置控制、轧制力控制、辊缝校正（轧机调零）、弹性曲线的测量、存储和补偿、辊缝设定。

热精轧机厚度自动控制系统包括：出口侧同位素厚度和凸度测量仪反馈控制、出口侧X射线测厚仪反馈控制、位置传感器反馈控制、压力传感器反馈控制。

现代化的厚度自动控制系统还包括：轧辊偏心补偿（先对轧辊进行偏心测试，数据输入计算机，靠调整压下给予补偿）、弯辊影响补偿、辊缝校正（轧机调零）、弹性曲线的测量、存储和补偿、辊缝设定装置及轧制速度效应（轧制速度高，改变轴承润滑）调节系统等。

D　断面凸度控制系统

a　轧辊凸度可调节装置

近年来轧辊凸度可变技术已经广泛用于铝的热轧机上，主要是用在热精轧和热连轧上，也可用于热粗轧的支撑辊上。

TP 辊也是一只支撑辊，其辊面是一个套筒，套筒内有多个锥形活塞环，改变液压压力，移动锥形活塞环，可改变支撑辊的形状。适合于在已有轧机上改造加装，能方便将已有的实心辊拆掉，装上 TP 辊。TP 辊有多个锥形活塞环，有较高的制造难度。

CVC 辊可以是工作辊，也可以是 6 辊轧机的中间辊。CVC 辊被磨出复杂的曲线形状，CVC 辊可以轴向窜动，能够根据需要组合成不同的辊形，配合其他板形控制机构，可以得到很好的板形。由于在线轧制时轴向窜动难度大，一般只做离线调节。

DSR 辊也是一只支撑辊，由轧辊内液压缸的作用改变轧辊形状的，它能够较大程度地改变辊形，所以可以起到明显的调节作用，而且适合于在线调节。它又特别适合在已有轧机上加装，能方便将已有的实心辊拆掉，装上 DSR 辊，因而具有更大的灵活性。

b　出口测厚度和凸度测量仪

厚度测量仪和凸度测量仪可以是单独的，也可以合并在一起，只用一台测量仪。一般只设在热精轧机或热连轧机上，热粗轧机上很少设置。

如果是两个 X 射线（或同位素）厚度测量仪，则其中 1 个固定（作为厚度测量），1 个横向移动即可形成扫描式凸度测量仪。

多点式凸度测量仪沿测量宽度方向在上方有几个发射头，下方有几十个接受通道（如上方 7 个发射头，下方 82 个通道），可连续记录凸度数据。

c　断面凸度控制手段

研磨好合适的原始辊型，合理地安排轧制程序表。

把位置传感器、凸度反馈信号输入计算机进行计算，自动地调整轧辊的正负弯辊和乳液喷射。但在线纠偏不是凸度控制的主要手段，根据检测的凸度值，对预设定重新调整是最主要的。

有的厂家提出断面凸度控制主要在于热精轧，热粗轧可以不设置正负弯辊。

E　温度检测及温度自动控制系统

在热粗轧机上可以安装多个接触式测温仪和非接触式测温仪：1 个用于检测上锭辊道上的铸锭温度，将此数据送入计算机，系统根据目标温度计算出每个道次的温降，修正各道次的轧制参数；两个用于检测热粗轧机入口和出口的温度。每测一次温需要 10s，不是每道次都测温，在整个热粗轧过程中只测几次，开环控制，测得的温度数据输入计算机，在控制室显示；1 个接触式测温仪用于厚剪处，在热精轧机上安装多个接触式测温仪和非接触式测温仪；4 个接触式测温仪（1 个用于热精轧机入口辊道上检测入口温度，两个用于检测轧机入口和出口的温度，1 个位于出口卷取机上的气缸推动测温仪）；3 个非接触式测温仪用于检测前后卷取时的温度（比色双波红外线测温计）。1 个在热粗轧的轻型剪前，用于控制出热粗轧进热精轧前的热精轧机入口辊道上方的冷却喷淋装置，两个位于卷取机上方（测量点在卷材宽度中心部位）。

温度控制手段为：精轧时，用闭环控制轧制速度的升高或降低。闭环控制调节热精轧机的入口侧和出口侧板带冷却喷射装置。在线对温度纠正不是主要的，通过自学习对预设定重新调整是最主要的。

F　自学习功能模块

所有的模型都要自学习，包括道次与道次自学习、卷与卷自学习、批与批自学习系统。

G　系统诊断和远程诊断装置

系统诊断和远程诊断装置包括基础自动化的监视、记录和诊断；大功率传动装置的监视、记录和诊断；用调制解调器通过电话线实现全厂的计算机相连，设计人员在办公室就可进行远程诊断。

H　立辊

生产裂边较严重的硬合金必需有立辊轧机，而对于生产 1××× 、 3××× 合金来说，则有不同的看法，热轧时厚度在 100~150mm 以上时才使用立辊。立辊有靠近轧机式的和远离轧机式的。远离轧机式的适合于较小的铸锭。铸锭较大的热轧机组应该选择立辊靠近轧机，让立辊与轧机形成连轧以适应各种厚度下的铸锭。

I　切边机和碎边机

切边机是必须具备的，但切边机又是设计、制造非常困难的设备，要在热状态下剪切有黏性的铝材，保证切齐和碎边不是很容易的事。

整体式切边和碎边机适合于速度高的精轧机，有利于增加穿带速度。要调整好刀盘间隙和重叠量，碎边机要有足够的刚度和较大的乳液冷却量，碎边效果才能好。

22.2.2.4　热轧机采用的新技术和新装置

A　集成化的测量系统

一套现代化的测量系统要使用多个高精度、连续检测、高速和低噪声的 X 射线源，对沿整个带材宽度上的每一个测量点都要用两对相互独立的射线源检测器来进行检测。而且射线源的入射角互不相同。从而可以同时测量中央厚度、横向厚度分布、显性板形和轧件宽度。这种测量系统参与闭环控制系统，完成厚度自动控制、横向厚度分布自动控制和板形自动控制。

a　板形测量系统

同时采用隐性板形测量系统和显性板形测量系统，形成更完善的板形测量。

显性板形测量是指扫描式的测厚装置，如光学型的"显性板形仪"，这种板型仪可以同时对板形、带边位置和带材宽度进行非接触式测量。其测量精度为：高度方向 ±0.2mm ，带部位置 ±0.5mm ，带材宽度 ±1mm 。

隐性板形测量是指安装在热精轧或热连轧机上的板形辊。板形辊安装在出口侧原偏导辊的位置上，其直径约 500mm ，带有驱动装置和冷却装置，允许的带材温度为 400℃ 。在有些铝热连轧机上也已经安装使用了这种隐性板形测量装置，并取得了令人满意的效果。

b　更精确的温度自动控制系统

温度自动控制系统不但在铝热连轧机上，而且在单机架双卷取热轧机上都得到了应用，如埃及铝公司。温度自动控制系统可以将最终出口温度控制在 ±8℃ 以内，在中间有些道次轧件的温度可控制在 1~3℃ 。

由于铝及铝合金的热辐射低，因而给非接触式温度测量带来了很大困难。近来采用两台或两台以上色差高温计的测量技术方面取得了进展，从而使其测量性能指标方面达到了可以接受的水平。

B　表面质量检查

表面质量非常重要，但表面质量的检查研究工作基本上还处于初期阶段，目前带有缺陷分析软件的高性能"视觉"检查系统已经取得了成果,即将进入实用阶段。

C 液压轧边机

液压轧边机不同于立辊轧机,是一种全液压重型轧边机,或称为"液压自动宽度控制系统"。它的主要优点在于:可利用单一铸造宽度的坯料生产出各种不同宽度的产品;精确控制宽度;消除头尾的鱼尾状缺陷;减少边部裂纹;降低切边量,提高成品率。

D 热连轧的液压活套挑

最新的热连轧液压活套挑用在了很多钢铁热连轧机上,活套辊上带有十分灵敏的测力装置能对活套挑中的作用力进行精确控制。通过对活套压力的有效控制,消除机架间的张力变化,显著地改善尺寸控制能力,减小带材宽度上与纵向上的厚度变化。

E 可调式带材冷却系统

目前的带材冷却有层流喷嘴、水帘和 U 形管等,而 Bertin 公司的 ADCO(可调式带材冷却系统)使用空气和水组成的一种混合式冷却介质,可以在很大程度上改变冷却速率。迄今为止,这种冷却系统仅用于钢铁行业,但其在铝轧制加工中的应用潜力很大。

F 集成控制系统

利用现代化的手段将各种子系统相互连接起来,将热轧生产线的整个工艺过程综合性地加以考虑,对工艺参数之间复杂的交互作用、中间目标值、最终热轧成品的目标值做出统筹安排。

a 在线控制模型的综合应用

已有的各种物理模型和数学模型可以对负载、功率、温度、横向厚度分布和板形做出计算和预测,提供轧机参数的设定和控制环的增益。采用自适应、专家系统和更先进的解决方案可以做到在线控制模型的综合应用。

b 冶金模型的应用

随着显微组织模型化技术的不断发展以及运算功能更强大的系统出现,有可能对显微组织演化过程进行直接控制。实际上在钢铁行业已经有了简单的显微组织模型,并且得到了成功地运用,但就铝合金而言还必须进行开发和研究。

c 集成化的横向厚度分布和板形控制系统

为能在热轧生产线上有效地控制带材横向厚度分布和板形,需要一个集成化的解决方案通盘考虑板形和横向厚度分布的演变。将各种模型包容在一个动态模拟离线系统中可以开发出一系列的轧制程序表。在线系统的自适应设定功能可提供良好的带材头尾性能和闭环控制效果。离线和在线系统相配合将会使系统达到一个更高的水平。

22.3 板带连铸连轧及连续铸轧机组

22.3.1 板带连铸连轧机组

连铸连轧机组由双带(履带)式铸造机和多机架热连轧机组成,可生产的合金品种为 1000 系、3000 系、5000 系。双带(履带)式铸造机铸造出的板坯厚度为 15~25mm,宽度为 300~1800mm,再经多机架热连轧机热轧后,生产出厚 1.4~4mm 带卷坯料,冷却至室温后供冷轧机进一步加工成各种厚度的板带箔材。

典型的双带（履带）式铸造机有美国哈兹列特（Hazelett）公司生产的双带式铸造机和瑞士劳纳工程（Lauener Engineering）公司生产的 Caster II 型以及美国亨特-道格拉斯（Hunter-Douglas）的双履带式铸造机。热连轧机多选用两个或 3 个机架，配备相应的切头、卷取装置。表 22-9 和图 22-3、图 22-4 所示为典型的连铸连轧机组的主要技术参数和设备组成示意图。

表 22-9 板带连铸连轧机技术参数

项 目	参 数	项 目	参 数
使用单位	加拿大铝业公司 Saguenay 工厂	轧制电动机输出转速/r·min⁻¹	0/300/900
双带式铸造机 1 台	美国 Hazelett 公司制造	轧制速度/m·min⁻¹	0/36.6/109.8
铸造带坯厚度/mm	12.7~38.1	轧制力矩/kN·m	650/217
铸造带坯宽度/mm	760~1600（2030）	圆盘切边剪 1 台	德国 MDS 公司制造
铸造速度/mm·min⁻¹	1.2~18.3	刀盘直径/mm	φ500
每毫米带宽铸造能力/kg·h⁻¹	35.4	切边宽度/mm	最大 100
二辊热轧机 1 台	德国 MDS 公司制造	碎边长度/mm	390
辊径/mm×mm	φ825×2220	刀盘传动电动机功率/kW	56
轧制力/kN	最大 9000	刀盘传动电动机转速/r·min⁻¹	0/550/1000
轧制电动机输出功率/kW	150	切边剪 1 台	德国 MDS 公司制造
轧制电动机转速/r·min⁻¹	0/300/900	刀盘直径/mm	φ600
轧制速度/m·min⁻¹	0/6.63/19.9	刀盘传动电动机功率/kW	56
轧制力矩/kN·m	457/152	刀盘传动电动机转速/r·min⁻¹	0/550/1000
切头飞剪 1 台	德国 MDS 公司制造	横切飞剪 1 台	德国 MDS 公司制造
剪切力/kN	最大 1000	剪刀行程/mm	140
移动速度	与铸造速度同步	剪刀传动电动机功率/kW	165
每分钟剪切次数/次	最多 20	剪刀传动电动机转速/r·min⁻¹	0/1000/1200
切头废料长度/mm	最大 915	移动速度 m·min⁻¹	最大 120
1 号四辊轧机 1 台	德国 MDS 公司制造	每分钟剪切次数/次	最多 40
轧辊规格/mm×mm	φ610/1270×2300/2150	剪切废料长度/mm	最大 3000
轧制力/kN	最大 18000	卷取机两台	德国 MDS 公司制造地下卷取机
轧制电动机输出功率/kW	750	卷筒形式	液压涨缩四楔块套筒式
轧制电动机转速/r·min⁻¹	0/300/900	卷筒直径/mm	φ510
轧制速度/m·min⁻¹	0/14.65/43.98	带卷直径/mm	最大 φ2030
轧制力矩/kN·m	811.7/270	带卷质量/kg	最大 16600
2 号四辊轧机 1 台	德国 MDS 公司制造	带材张力/N	18000~180000
轧辊规格/mm×mm	φ610/1270×2300/2150	卷取机传动电动机功率/kW	375
轧制力/kN	最大 18000	卷取机传动电动机转速/r·min⁻¹	0/300/1200
轧制电动机输出功率/kW	1500	额定卷取周期时间/min	14

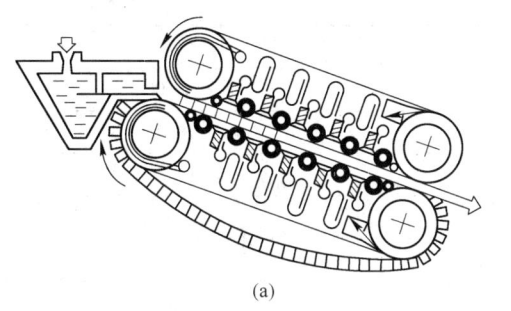
(a)

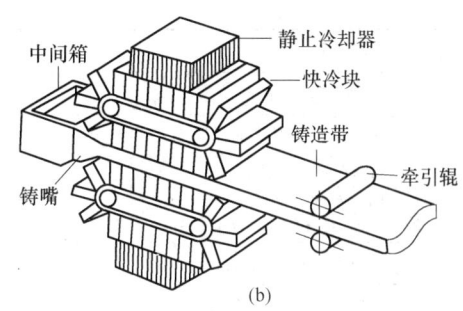
(b)

图 22-3 带式连续铸造机示意图

（a）哈兹列特（Hazelett）双带式铸造机；（b）瑞士劳纳工程（Lauener Engineering）的 Caster II 双履带式铸造机

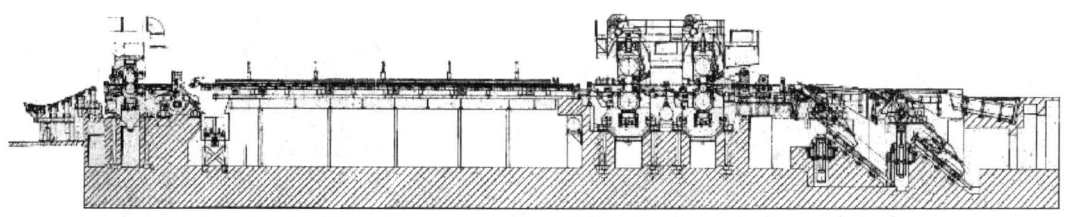

图 22-4 加拿大铝业公司 Saguenay 工厂多机架板带热连轧机组

22.3.2 板带连续铸轧机组

连续铸轧机依靠两个内部通水冷却的铸轧辊使进入辊缝之间的铝液冷却凝固，并且对于凝固后的铝带坯施加轧制力，使其产生 15% 以上的变形。

第一代铸轧机称为标准型铸轧机，辊径在 $\phi600mm$ 左右，生产能力为 $1t/(h \cdot m)$ 左右；第二代铸轧机称为超型铸轧机，辊径 $\phi900mm$ 左右，辊径的增加相应增加了铸轧辊的刚度和凝固区长度，可生产的产品宽度增加，生产能力有所提高；第三代铸轧机称为超薄快速型铸轧机，产品已经研制出来正处于推广阶段。辊径加大到 $\phi1100mm$ 左右。目前除了传统的双辊式之外还出现了四辊式铸轧机，生产能力可以得到进一步提高。

按照铝液进入铸轧辊的方向铸轧机可分为水平式、倾斜式、下铸式，目前广泛使用的是水平式和倾斜式。标准型和超型铸轧机主要生产 6～10mm 厚带材坯料，供给冷轧机进一步加工成各种厚度的板带箔材。超薄快速型铸轧机可生产最薄 1mm 厚带材坯料，减少了冷轧机进一步加工成各种厚度板带箔材时的轧制道次。

22.3.2.1 标准铸轧机

表 22-10 和图 22-5 所示为典型标准型铸轧机的主要技术参数和设备组成示意图。

表 22-10 标准型铸轧机主要技术参数

项　目	参　数	
使用单位	华北铝业公司	太原铝材厂
制造单位	涿神公司（中国）	法国普基（Pechiney）公司
铸轧方式	倾斜式（后倾 15°）	水平式
生产合金牌号	1000 系、3000 系	1000 系、3000 系、5000 系

项　目	参　数	
铸轧辊径/mm	$\phi650$	$\phi620$
铸轧辊面宽度/mm	1600	1810
最大轧制力/mm	480	1250
最大轧制速度/mm·min^{-1}	2500	1600
可生产带坯厚度/mm	6.5~10	6~10
可生产带坯最大宽度/mm	1400	1670
最大卷重/t	6	10

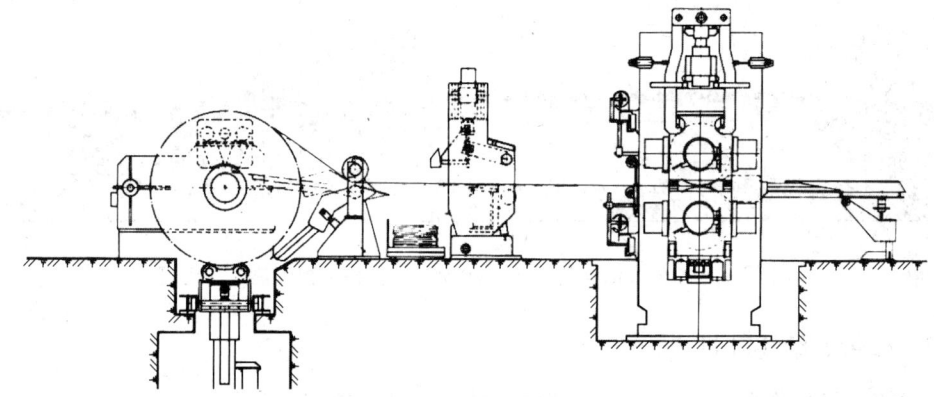

图 22-5　法国普基（Pechiney）公司标准型铸轧机组成示意图

22.3.2.2　超型铸轧机

表 22-11 和图 22-6 所示为典型超型铸轧机的主要技术参数和设备组成示意图。

表 22-11　超型铸轧机主要技术参数

项　目	参　数	
使用单位	兰州铝业公司	成都铝箔厂
制造单位	中色科技公司（中国）	意大利法塔·亨特（Fata Hunter）公司
铸轧方式	水平式	倾斜式（后倾15°）
生产合金牌号	1000 系、3000 系、5000 系	1000 系、3000 系、5000 系
铸轧辊径/mm	$\phi960$	$\phi1003$
铸轧辊宽度/mm	1800	1828
铸轧辊传动电动机功率/kW	37.5×2	43×2
铸轧辊传动电动机转速/r·min^{-1}		0~500
最大轧制速度/mm·min^{-1}	3000	2268
可生产带坯厚度/mm	5~12	6~10
可生产带坯最大宽度/mm	1600	1676
最大卷重/t	12	10

项　目	参　数	
最大预应力/kN	20000	20040
传动电动机功率/kW	6.5×2	
每个铸轧辊：最大轧制扭矩/额定轧制扭矩/kN·m	400	520/373
最大卷取张力/kN	160	165
卷取传动电动机功率/kW	10	7.5
最大卷内径/mm	500	510
最大卷外径/mm	2000	1900
电动机总安装功率/kW	178	140

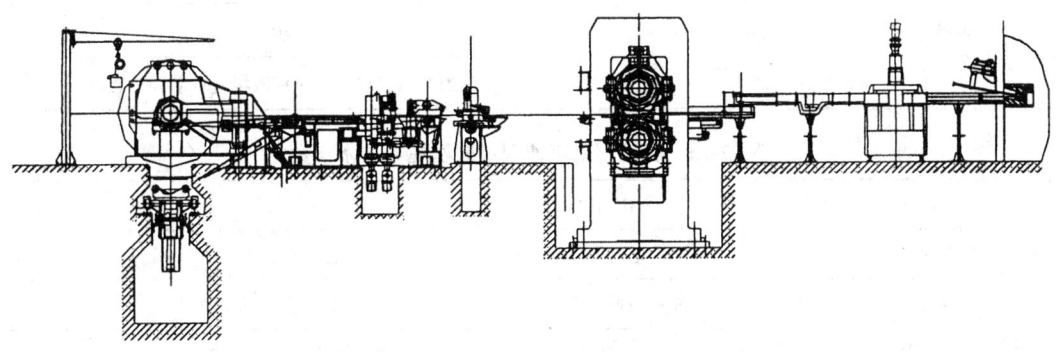

图22-6　中色科技股份有限公司超型铸轧机组成示意图

22.3.2.3　超薄高速型铸轧机

表22-12、表22-13和图22-7所示为超薄高速型铸轧机的主要技术参数和设备组成示意图。

表22-12　超薄高速型铸轧机主要技术参数

项　目	参　数
使用单位	美国田那西州 Norandal 工厂
制造单位	意大利 Fata Hunter 公司
铸轧机型号	Speedcaster TM
铸轧方式	倾斜式
生产合金牌号	1000系、3000系、5000系
铸轧辊径/mm	ϕ1118
最大轧制力/MN	29.4
可生产带坯厚度/mm	1（最小0.635）
铸轧带坯最大宽度/mm	2184
切边后带坯最大宽度/mm	2134
最大卷重/t	19

续表 22-12

项 目	参 数
每米宽度生产能力/t·h^{-1}	最大 3
最大轧制速度/mm·min^{-1}	38
铸轧辊驱动方式	300kW×2 直流电动机～行星减速器
1 号夹送辊驱动方式	恒扭矩液压驱动
2 号夹送辊驱动方式	60kW 直流电动机
2 号夹送辊辊径/mm	305
高速飞剪最大剪切厚度/mm	6.3
高速飞剪每分钟最高剪切频率/次	70
带坯厚度控制	X 射线测厚仪，液压伺服辊缝自动调节装置

表 22-13 我国超薄高速型铸轧机主要技术参数

项 目	参 数	项 目	参 数
使用单位	华北铝业公司	最大卷重/t	10
制造单位	涿神公司（中国）	年生产能力/kt	28
铸轧方式	倾斜式	最大轧制速度/mm·min^{-1}	12
生产合金牌号	1000 系、3000 系、5000 系、8000 系	铸轧辊转速控制精度/%	5
铸轧辊宽度/mm	1600	张力控制精度/%	3
可生产带坯厚度/mm	最小 2	液位控制精度/mm	0.5
可生产带坯最大宽度/mm	1400	铸轧带坯厚度公差/%	<5
最大卷内径/mm	500	铸轧带坯凸度/%	1～1.5
最大卷外径/mm	2000	铸轧带坯板形	<20l

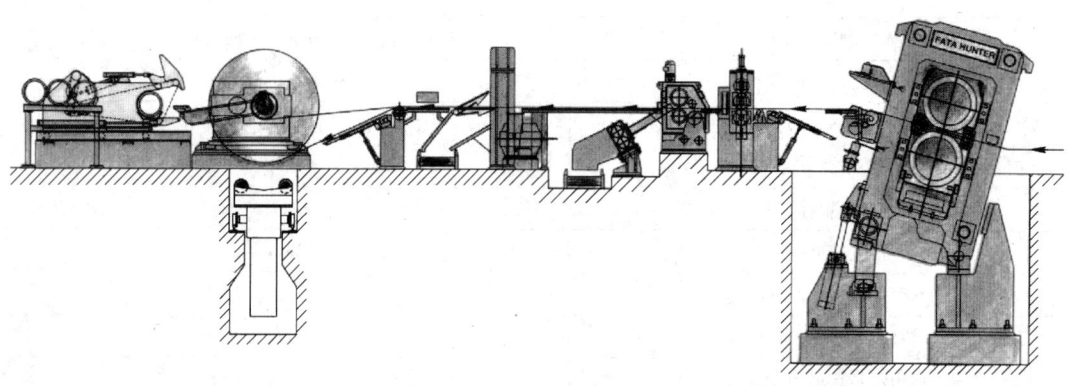

图 22-7 意大利法塔·亨特（Fata Hunter）公司超薄高速型铸轧机组成示意图

22.3.2.4 无机架二辊铸轧机

我国岳阳大学洪伟教授发明了一种已获得国家专利的无机架二辊铸轧机。这种铸轧机结构的特点是轴承座承担了机架的功能，承受了轧制力；采用滑动轴承而不是传统的滚动轴承；轴承外套偏心环可保持磨辊后轧制线高度不变；磨削铸轧辊时利用一副专用的液压支架把轴承座和铸轧辊支起来后拆卸铸轧辊，如图 22-8 所示。典型的技术性能参数为铸轧辊规格 $\phi450mm \times 600mm$，铸轧速度为 $1m/min$，带坯厚度为 $3.5 \sim 10mm$，最大卷重为 $100kg$。

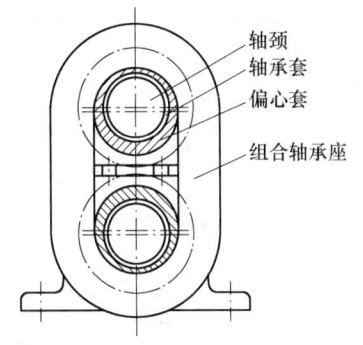

图 22-8 无机架二辊铸轧机结构原理图

22.4 冷轧机

现代化冷轧机目前以单机架和多机架四辊轧机为主，也有采用六辊等辊系形式的冷轧机。其主要结构形式如图 22-9 所示。

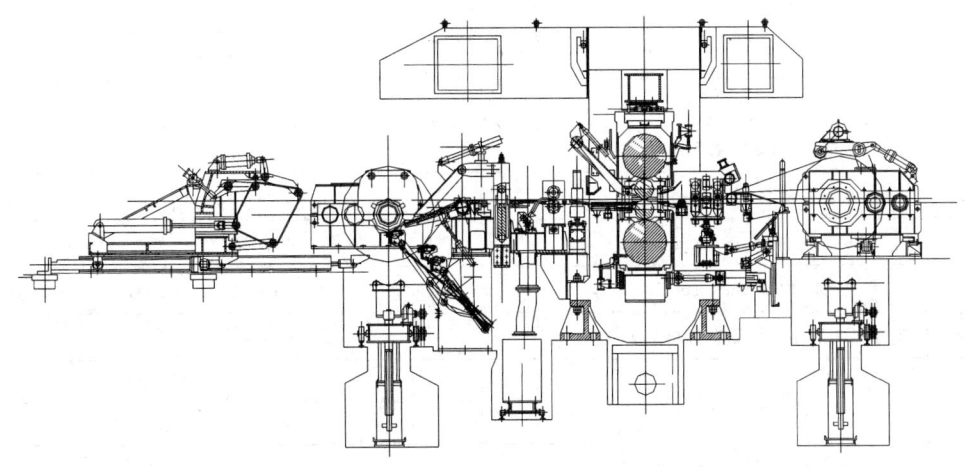

图 22-9 四辊冷轧机结构示意图

22.4.1 几种典型的冷轧机技术性能

表 22-14 ~ 表 22-16 分别列出了典型冷轧机的主要技术参数。

表 22-14 2300mm 冷轧机主要技术参数

项　目	参　数
制造单位	英国 DAVY
轧机形式	四辊不可逆式冷轧机
轧机规格/mm × mm	$\phi510/1350 \times 2350/2300$
轧制的材料	1×××系、3×××系、5×××系
来料厚度范围/mm	2 ~ 8

续表 22-14

项　目	参　数
来料宽度范围/mm	1060 ~ 2060
来料卷材内外径/mm	$\phi 610/\phi 2500$
来料最大卷重/kg	22000
成品最小厚度/mm	0. 2
成品宽度范围/mm	1060 ~ 2060
成品卷最大外径/mm	$\phi 2500$
成品卷最小外径/mm	$\phi 1200$
成品最大卷重/kg	22000
成品卷单位宽度卷重/kg·mm^{-1}	10. 68
套筒规格/mm × mm	$\phi 605/\phi 670 \times 2250$
轧制速度（基速/最大速）/m·min^{-1}	0 ~ 240/600
	0 ~ 600/1500
轧制力/kN	20000
道次压下率/%	15 ~ 60
主传动电动机功率/kW	4 × 1500
主传动电动机转速/r·min^{-1}	0 ~ 374/935
工作辊/mm × mm	$\phi 510/\phi 475 \times 2350$
支撑辊/mm × mm	$\phi 1350/\phi 1270 \times 2300$
轧制方向（站在操作侧看带材前进方向）	从右至左
开卷机张力范围/kN	低速 15000 ~ 150000
	高速 6000 ~ 60000
开卷机电动机功率/kW	2 × 665
开卷机电动机转速/r·min^{-1}	0 ~ 275/1100
最高开卷速度/m·min^{-1}	低速 540
	高速 1350
卷轴直径/mm	$\phi 560 ~ 615$
卷取机张力范围/kN	低速 24400 ~ 195000(两台电动机)
	高速 9750 ~ 78000(两台电动机)
	高速 4880 ~ 39000(单台电动机)
卷取机电动机功率/kW	2 × 1000
卷取机电动机转速/r·min^{-1}	0 ~ 275/1100
最高卷取速度/m·min^{-1}	低速 660
	高速 1650
工艺润滑油喷射量/L·min^{-1}	8000

表 22-15 1850mm 六辊 CVC 冷轧机主要技术参数

项 目	参 数
制造单位	SMS
轧机形式	六辊不可逆式 CVC
轧机规格/mm×mm	$\phi440/\phi520/\phi1250×1850/2050/1800$
轧制的材料	1×××系、3×××系、5×××系
来料厚度/mm	最大 8
来料宽度范围/mm	850~1700
来料卷材内外径/mm	$\phi610/\phi1920$
来料最大卷重/kg	11000
成品最小厚度/mm	0.15
成品宽度范围/mm	850~1700
成品卷最大外径/mm	$\phi1920$
成品卷最小外径/mm	$\phi1000$
成品最大卷重/kg	11000
成品卷单位宽度卷重/kg·mm^{-1}	6.45
套筒规格/mm×mm	$\phi605/\phi665×1850$
轧制速度（基速/最大速）/m·min^{-1}	0~290/630（低速）
	0~550/1200（高速）
轧制力/kN	16000
主传动电动机功率/kW	1×4000
主传动电动机转速/r·min^{-1}	0~200/433/480
工作辊/mm×mm	$\phi440/\phi400×1850$
中间辊/mm×mm	$\phi520/\phi490×2050$
支撑辊/mm×mm	$\phi1250/\phi1150×1800$
轧制方向（站在操作侧看带材前进方向）	从右至左
开卷机张力范围/kN	4.8~112
开卷机电动机功率/kW	1×880
开卷机电动机转速/r·min^{-1}	0~260/820
开卷速度/m·min^{-1}	0~470/900
卷轴直径/mm	$\phi545~615$
卷取机张力范围/kN	3.33~150
卷取机电动机功率/kW	2×880
卷取机电动机转速/r·min^{-1}	0~260/820
卷取速度/m·min^{-1}	0~700/1320
工艺润滑油喷射量/L·min^{-1}	6000

表 22-16 1450mm 冷轧机主要技术参数

项 目	参 数
制造单位	中色科技股份有限公司
轧机形式	四辊不可逆式铝带箔轧机
轧机规格/mm × mm	$\phi380/\phi960 \times 1450$
轧制材料（合金牌号）	1000 系、3000 系、5000 系、8000 系
来料厚度范围/mm	4 ~ 8
来料宽度范围/mm	700 ~ 1300
来料卷外径范围/mm	$\phi750 ~ 1700$
来料最大卷重/kg	7000
成品厚度范围/mm	0.05 ~ 3.5
成品宽度范围/mm	0 ~ 1300
成品卷最大外径/mm	$\phi1700$
成品卷最小外径/mm	$\phi750$
成品最大卷重/kg	7000
成品卷单位宽度卷重/kg·mm^{-1}	5.38
套筒规格/mm × mm	$\phi505/\phi565 \times 1500$
轧制速度（基速/最大速）/m·min^{-1}	5.0/11.0
轧制力/kN	10000
主传动电动机功率/kW	2 × 730
厚度公差（保证值）/mm	0.05 ± 0.002
	0.1 ± 0.005
	0.5 ± 0.015
	2.0 ± 0.02
板形	≤40I
工作辊/mm × mm	$\phi380/\phi360 \times 1500$
支撑辊/mm × mm	$\phi960/\phi920 \times 1450$
主传动电动机功率/kW	2 × 730
主传动电动机转速/r·min^{-1}	1050
轧制速度/m·min^{-1}	660
速度精度/%	±0.5/ ±0.1（动态/稳态）
压下方式	液压压上
轧制方向（站在操作侧看带材前进方向）	从右至左
牌坊断面/mm^2	4 × 225000
开卷机张力范围/kN	低速 5.0 ~ 100
	高速 2.0 ~ 40
开卷机电动机功率/kW	2 × 179
开卷机电动机转速/r·min^{-1}	1450

项　目	参　数
卷筒直径/mm	$\phi470 \sim 520$
卷取机张力范围/kN	低速 3.0 ~ 100
卷取机张力范围/kN	高速 1.3 ~ 39
卷取机电动机功率/kW	3 × 179
卷取机电动机转速/r·min^{-1}	1450
切边厚度/mm	0.2 ~ 2.0
工艺润滑油量/L·min^{-1}	4000
工艺润滑油油箱体积（净油 + 污油）/m^3	80
机列外形（长×宽×高）/m×m×m	32 × 21 × 4.65

22.4.2　现代化冷轧机的结构及技术特点

22.4.2.1　现代化冷轧机的组成

现代化冷轧机的主要设备组成有：上卷小车，开卷机，开卷直头装置，轧机入口侧装置，轧机主机座，轧机出口侧装置，板厚检测装置，板形检测装置，液压剪，卷取机，卸卷小车，上、卸套筒装置及套筒返回装置，轧辊润滑、冷却系统，轧制油过滤系统，快速换辊系统，轧机排烟系统，油雾过滤净化系统，CO_2 自动灭火系统，卷材储运系统，稀油润滑系统，高压液压系统，中压液压系统，低压（辅助）液压系统，直流或交流变频传动及其控制系统，板厚自动控制系统（AGC），板形自动控制系统（AFC），生产管理系统以及卷材预处理站。有些现代化冷轧机旁还建有高架仓库，从而形成一个完善的生产体系。

现代化冷轧机围绕完善控制系统和控制工作辊凸度等方面做了大量研究开发工作，多种类型的可变凸度轧辊已在生产中广泛采用。现代化冷轧机正朝着大卷重、高速度、机械化、自动化的方向发展。发达国家有的冷轧机轧制带材宽度达 3500mm，最小出口厚度达 0.05mm，轧制速度达 40m/s，最大卷重近 30t，带材厚度公差不大于 1% ~ 1.5%，平直度不大于 10l。

22.4.2.2　减少辅助时间的措施

为了减少轧制时的辅助时间现代化铝带冷轧机一般都设置了卷材准备站，在进入开卷机前就打散了钢带、切头和直头工作。开卷机卸套筒和卷取机上套筒有专门的机构或机械手。

在辅助时间中，开卷所占的时间较多，为此有的冷轧机设置了双开卷机或双头回转式开卷机。Alcoa公司田纳西工厂的三连轧机有两台开卷机，有焊接机和高大的储料塔，卷取机是双头回转式。换卷时不停机不减速，上下卷可以不用辅助时间。

22.4.2.3　主传动电动机和大功率卷取机采用变频电动机

与直流传动相比，变频电动机的优点在于结构紧凑、占用空间少、维护量小、电动机损耗低（因而节省电能）、过载能力高、动态控制特性优良，当输出功率大于 3000kW 时，这种传动系统比直流传动系统价格便宜。

变频电动机的冷却用装在顶部的冷却机组（或中央通风回路），不像直流电动机需要设置循环空气过滤系统。变频电动机电流加在定子上，不像直流电动机加在转子上，所以有高的过载能力，可以进行有效的冷却。变频电动机不需要换向器，减少了维护工作量。

变频电动机用于无齿传动，具有极佳的动态控制特性。对于大功率的卷取机，纠正由于卷取机突然移动和来料厚度变化所引起的带材张力波动非常有效。

22.4.2.4 电气控制现代化

不管是自动控制部分还是传动部分现代化冷轧机一般都采用四级控制系统。它装配了多个 CPU 中央处理单元，系统的开放性很强，用户可以自己开发和自己修改，其集散性强，可以与其他系统联网，便于工厂的管理，运行中软件修改方便，维修也方便。它可增加产量，提高质量，操作经济，节约能源。

22.4.2.5 厚度自动控制系统

厚度自动控制系统包括：

(1) 辊缝控制。来料厚度偏差或材料性能变化引起轧制力变化时，将使轧机发生弹跳，通过计算可对辊缝进行补偿。对轧制力的偏差可以立即补偿，但辊子偏心引起的轧制力变化不能校正。

(2) 前馈控制。入口厚度偏差而引起的出口厚度偏差可利用前馈控制进行补偿。

(3) 反馈控制。反馈控制是对长期的厚差进行补偿的手段。有些轧机在出口侧既有 X 射线测厚仪又有 β 射线测厚仪。X 射线测厚仪动态性能好，β 射线测厚仪静态性能好。

(4) 质量流控制。在轧机的进出口处各用一台激光测速仪测量带材的进出口速度，根据入口侧测厚仪检测的来料厚度可计算出带材的轧出厚度，将其与设定的轧出厚度比较，根据差值调节轧机的辊缝消除厚度偏差。计算出的带材轧出厚度不存在滞后，因此动态响应速度大大高于传统的厚控方法。在加减速等动态阶段对带材厚度精度的改进特别明显。从实际使用的情况看，轧件的头、尾厚度超差部分大幅度减少，成品带材为整个带材长度的99%。激光测速测量快、精度高、无磨损、长期可靠。

(5) 弯辊力补偿。弯辊力的变化将引起轧机弹跳的变化，弯辊力补偿就是给位置控制一个设定值，以抵消这一影响。

(6) 轧辊偏心补偿。对支撑辊进行偏心补偿。

22.4.2.6 板形自动控制系统

板形自动控制系统包括：

(1) 在传统的采用板形辊的基础上，板形控制又增加了 CVC、DSR 和 TP 辊等各种手段，控制性能更好。

(2) 基准曲线/目标板形随机有几十条板形曲线。

(3) 板形偏差的补偿。温度补偿，对带材横断面上的温度分布进行补偿；楔形补偿，对因机械原因引起的检测误差进行补偿；卷取凸形补偿，卷取后卷径增加，引起抛物线凸度，对其补偿；对边部区域补偿，对边部区域测量值进行补偿。

(4) 检测值分析系统。板形辊检测的带材张力分布与板形曲线比较后，将所得的残余应力进行数学分析，偏差进行归类。

(5) 动态凸度控制。轧制力波动时，将对工作辊弯辊和中间辊弯辊有影响。动态凸度控制为前馈控制方式，弯辊系统的设定值为轧制力变化的函数。动态凸度控制只在辊缝控制使用时才起作用。

22.5　铝箔轧机

22.5.1　铝箔轧机分类

现代化的铝箔轧机一般为四重不可逆式轧机。铝箔轧机按使用功能不同分为铝箔粗中轧机、铝箔中精轧机、铝箔精轧机和万能铝箔轧机4种类型。

通常铝箔中精轧机、铝箔精轧机或万能铝箔轧机配有双开卷机。单张轧制铝箔厚度最小0.01~0.012mm。厚度0.01mm以下铝箔要采用合卷叠轧。铝箔合卷有两种方式，可以在机外单独的合卷机上合卷，也可以在配有双开卷机的铝箔中精轧机或铝箔精轧机上合卷同时叠轧。高速铝箔中精轧机或铝箔精轧机通常都采用机外合卷。典型的铝箔轧机的结构如图22-10和图22-11所示。

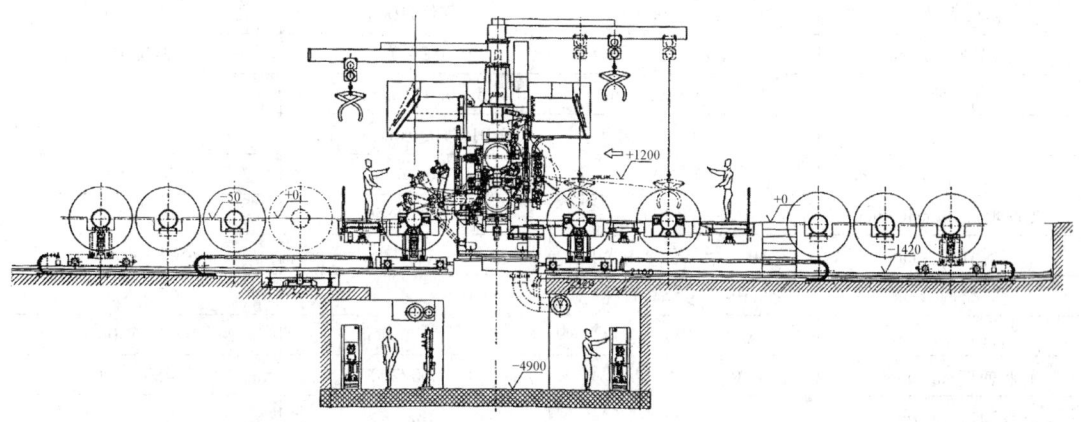

图22-10　带双开卷机的四重不可逆式铝箔轧机

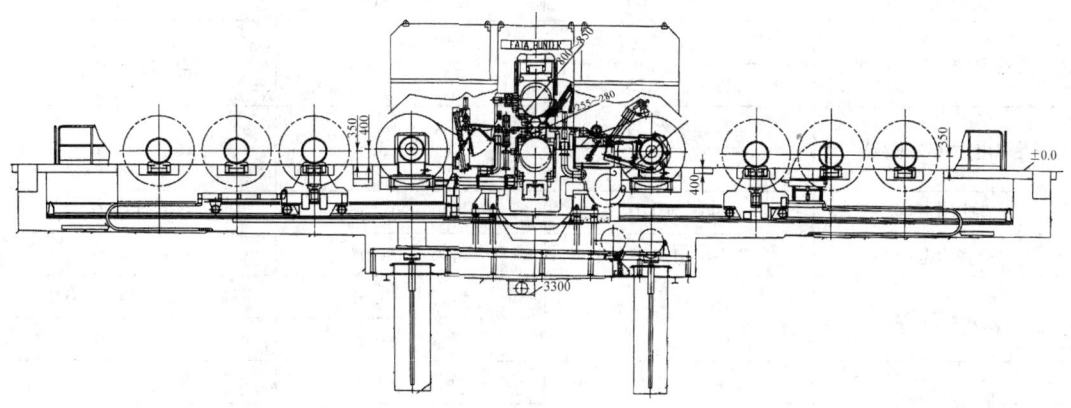

图22-11　不带双开卷机的四重不可逆式铝箔轧机

22.5.2　几种典型的铝箔轧机技术性能

表22-17~表22-20分别列出了典型铝箔轧机的技术参数。

表 22-17 四重不可逆式铝箔粗中轧机的主要技术参数

项 目	参 数		
轧机规格/mm×mm	$\phi280/850\times2050/2000$	$\phi280/850\times1950/1850$	$\phi230/560\times1500/1420$
使用单位	厦顺铝箔有限公司	广东潮州皇峰铝箔制品有限公司	江苏大亚集团丹阳铝业分公司
制造单位	德国 Achenbach	意大利 FataHunter(报价)	英国 Davy
轧制材料	1×××系、3×××系、8×××系	1×××系、3×××系、8×××系	1×××系、3×××系
进口厚度/mm	最大 0.6	最大 0.6	最大 0.6
进口宽度/mm	1430~1850	1000~1650	600~1200
卷材内径/mm	$\phi560$		$\phi565$、$\phi655$
卷材外径/mm	$\phi1853$	$\phi1900$	$\phi1510$、$\phi545$
卷材质量/kg	最大 12000	最大 11000	最大 5000
成品厚度/mm	最小 0.012	0.012~0.42	最小 0.014
厚度公差	0.014mm±0.6μm	(0.015~0.04)mm±0.8μm	
板形公差	0.014 9I	(0.015~0.04)mm 12I	
工作辊尺寸/mm×mm	$\phi280\times2050$	$\phi280\times1950$	$\phi230\times1500$
支撑辊尺寸/mm×mm	$\phi850\times2000$	$\phi850\times1850$	$\phi560\times1420$
套筒内径/mm	$\phi500$(纸芯套筒内径)	$\phi500$	$\phi505$、$\phi565$
套筒外径/mm	$\phi560$(纸芯套筒外径)		$\phi565$、$\phi655$
套筒长度/mm	2100		1600、1400
轧制速度/m·min⁻¹	0~667/2000	0~800/2000	0~480/1200
开卷速度/m·min⁻¹	1500	1820	
卷取速度/m·min⁻¹	2600	2600	
主电动机功率/kW	2(台)×800	2(台)×800	2(台)×375
开卷电动机功率/kW	2(台)×250	2(台)×300	2(台)×70
	1(台)×275		
卷取电动机功率/kW	2(台)×325	2(台)×375	2(台)×100
	1 台×275		
开卷张力范围/N	690~20410	500~20160	350~14320
卷取张力范围/N	510~15133	440~17640	310~13060
速度精度/%		静态:±0.01	静态:最大值的±0.1
		动态:±0.2	
张力精度/%	静态:1.0	静态:±1.0	静态:±1.5
	动态:—	动态:±2.0	动态:±3.0
牌坊横截面积/cm²	4×2240	4×2100	4×1020
轧制力/kN	最大 6000	最大 6500	最大 4000
轧制油流量/L·min⁻¹	2800	3000	1800
排烟量/m³·h⁻¹	50000	63000	

表 22-18 四重不可逆式铝箔中精轧机的主要技术参数

项 目	参 数		
轧机规格/mm×mm	$\phi280/850\times2000$	$\phi260/850\times1800$	$\phi230/560\times1500/1420$
使用单位	厦顺铝箔有限公司	广东潮州皇峰铝箔制品有限公司	江苏大亚集团丹阳铝业分公司
制造单位	德国 Achenbach	法国 Vai Clecim（报价）	英国 Davy
轧制材料	1×××系、3×××系、8×××系	1×××系、8×××系	1×××系、3×××系
进口厚度/mm	最大 0.35	最大 0.35	最大 0.6
进口宽度/mm	1430～1850	1000～1700	600～1200
卷材内径/mm	$\phi560$		$\phi565$、$\phi655$
卷材外径/mm	$\phi1853$	$\phi1850$	$\phi1510$、$\phi1545$
卷材质量/kg	最大 12000	最大 11000	最大 5000
成品厚度/mm	最小 2×0.006	最小 2×0.006	最小 0.014
厚度公差	2×0.006mm±0.5μm	2×0.00635mm±0.3μm	
	0.014mm±0.5μm	0.014mm±0.7μm	
板形公差	2×0.006mm 10I	0.1mm 6.5I	
	0.014mm 9I	0.015mm 9.5I	
工作辊尺寸/mm×mm	$\phi280\times2050$	$\phi260\times1850$	$\phi230\times1500$
支撑辊尺寸/mm×mm	$\phi850\times2000$	$\phi850\times1800$	$\phi560\times1420$
套筒内径/mm	$\phi500$（含纸芯套筒内径）	$\phi500$	$\phi505$、$\phi565$
套筒外径/mm	$\phi560$（含纸芯套筒外径）		$\phi565$、$\phi655$
套筒长度/mm	2100（纸芯套筒为带宽）		1600、1400
轧制速度/m·min⁻¹	0～667/2000	0～680/1700	0～480/1200
开卷速度/m·min⁻¹	1500	1200	
卷取速度/m·min⁻¹	2500	2200	
主电动机功率/kW	2(台)×600	2(台)×800	2(台)×375
开卷电动机功率/kW	1(台)×325	2(台)×110	2(台)×70
卷取电动机功率/kW	1(台)×275	2(台)×375	2(台)×100
开卷张力范围/N	890～13266	600～17500	350～14320
卷取张力范围/N	510～7567	400～10500	310～13060
速度精度/%		动态：±0.1	动态：最大值的±0.1
		静态：±0.5%	
张力精度/%		动态：±4.0	动态：±1.5
	静态：1.0（量大）	静态：±2.0	静态：±3.0
轧机牌坊横截面积/cm²	4×2240	4×2016	4×1020
轧制力/kN	最大 6000	最大 6500	最大 4000
轧制油流量/L·min⁻¹	2000	3000	1800
排烟量/m³·h⁻¹	50000	70000	

表 22-19　四重不可逆式铝箔精轧机的主要技术参数

项　目	参　数		
轧机规格/mm × mm	$\phi280/850 \times 2000$	$\phi280/850 \times 1950$	$\phi230/550 \times 1350$
使用单位	厦顺铝箔有限公司	广东潮州皇峰铝箔制品有限公司	东北轻合金加工有限责任公司
制造单位	德国 Achenbach	意大利 Fata Hunter（报价）	德国 Achenbach
轧制材料	1×××系、3×××系	1×××系、8×××系	1×××系、3×××系
进口厚度/mm	最大 0.12	最大 0.15	最大 2×0.08 或 2×0.05
进口宽度/mm	1400 ~ 1850	1000 ~ 1650	600 ~ 1100
卷材内径/mm	$\phi560$		$\phi350$
卷材外径/mm	$\phi1853$	$\phi1900$	$\phi1400$
卷材质量/kg	最大 12000	最大 11000	最大 4000
成品厚度/mm	最小 0.012（2×0.006）	最小 0.01（2×0.005）	2×0.005
厚度公差	2×0.006mm ± 0.5μm	2×0.006mm ± 0.21μm	（0.005 ~ 0.009）mm ± 2.0%
	0.014mm ± 0.5μm	2×0.007mm ± 0.245μm	
板形公差	2×0.006mm　10I	>0.04mm　12I	
	0.014mm　9I	（0.015 ~ 0.04）mm　12I	
工作辊尺寸/mm × mm	$\phi280 \times 2050$	$\phi280 \times 1950$	$\phi230 \times 1350$
支撑辊尺寸/mm × mm	$\phi850 \times 2000$	$\phi850 \times 1850$	$\phi550 \times 1350$
套筒内径/mm	$\phi500$（含纸芯套筒内径）		$\phi350$
套筒外径/mm	$\phi560$（含纸芯套筒外径）		
套筒长度/mm	2100（纸芯套筒为带宽）		1250
轧制速度/m·min^{-1}	0 ~ 400/1200	0 ~ 500/1200	0 ~ 580/1200
开卷速度/m·min^{-1}	900	1092	
卷取速度/m·min^{-1}	1560	1560	
主电动机功率/kW	1（台）×600	1（台）×800	1（台）×400
开卷电动机功率/kW	1（台）×100	2（台）×300	2（台）×38
双开卷电动机功率/kW			1（台）×38
卷取电动机功率/kW	1（台）×100	2（台）×120	2（台）×38
开卷张力范围/N	890 ~ 6803	280 ~ 11200	180 ~ 5000
卷取张力范围/N	510 ~ 3880	240 ~ 9410	150 ~ 3000
速度精度/%		动态：±0.01	
		静态：±0.2	
张力精度/%		动态：±2.0	
	静态：1.0	静态：±1.0	
牌坊横截面积/cm^2	4×2240	4×2100	
轧制力/kN	最大 6000	最大 6500	最大 4000
轧制油流量/L·min^{-1}	1250	1500	1250
排烟量/m^3·h^{-1}	50000	63000	

表 22-20　四重不可逆式万能铝箔轧机的主要技术参数

项　目	参　数		
轧机规格/mm×mm	$\phi254/660\times1613$	$\phi260/750\times1881/1700$	$\phi230/550\times1350$
使用单位	兰州铝业股份有限公司西北铝分公司	广西南南铝箔有限责任公司	云南新美铝铝箔有限公司
制造单位	意大利 Fata Hunter	德国 Achenbach(报价)	德国 Achenbach
轧制材料	1×××系、3×××系	1×××系、3×××系、5×××系、8×××系	1×××系、3×××系
进口厚度/mm	最大 0.6	最大 0.5	最大 0.6(软状态)
进口宽度/mm	635~1400	1000~1550	600~1180
卷材内径/mm	$\phi535$	$\phi560$	$\phi560$
卷材外径/mm	$\phi1900$	$\phi1853$	$\phi1785$
卷材质量/kg	最大 8300	最大 10000	最大 7000
成品厚度/mm	2×0.006	0.012(2×0.006)	2×0.006
厚度公差	$2\times0.007\text{mm}\pm0.3\mu\text{m}$	$0.006\text{mm}\pm3.5\%$	$(0.006\sim0.1)\text{mm}\pm(1\sim2)\%$
板形公差		0.006mm　11I，0.012mm　10I	20I
工作辊尺寸/mm×mm	$\phi254\times1625$	$\phi260\times1880$	$\phi230\times1350$
支撑辊尺寸/mm×mm	$\phi660\times1613$	$\phi750\times1700$	$\phi550\times1350$
套筒内径/mm	$\phi485$	$\phi505$	$\phi500$
套筒外径/mm	$\phi535$	$\phi565$	$\phi560$
套筒长度/mm	1600	1850	1400
轧制速度/m·min^{-1}	0~320/960	0~528/1500	0~470/1200
开卷速度	400/1400r/min（开卷电动机转速）	1050m/min	900m/min
卷取速度	400/1400r/min（卷取电动机转速）	1875m/min	
主电动机功率/kW	2(台)×402(540 马力)	1(台)×700	1(台)×450
开卷电动机功率/kW	2(台)×37(50 马力)	2(台)×85	2(台)×70
双开卷电动机功率/kW	1(台)×37(50 马力)	1(台)×85	1(台)×70
卷取电动机功率/kW	2(台)×37(50 马力)	2(台)×170	2(台)×85
开卷张力范围/N	267~13970	360~14870	350~10000
卷取张力范围/N	375~9780	360~10554	300~6500
速度精度/%	±0.2		
加减速时张力精度/%	±5		
恒速时张力精度/%	±2		±5
轧机牌坊横截面积/cm^2		4×2000	4×1260
轧制力/kN	最大 4000	最大 6000	最大 4000
轧制油流量/L·min^{-1}	1325	1400	1250
排烟量/m^3·h^{-1}		50000	4200

22.5.3 现代化铝箔轧机的结构及技术特点

22.5.3.1 主要设备组成

现代化铝箔轧机的主要设备组成为：上卷小车，开卷机，入口装置（包括偏转辊、进给辊、断箔刀、切边机、张紧辊、气垫进给系统等），轧机主机座，出口装置（包括板形辊、张紧辊、熨平辊和安装测厚仪的"C"形框架、卷取机、助卷器、卸卷小车、套筒自动运输装置等），高压液压系统，中压液压系统，低压液压系统，轧辊润滑、冷却系统，轧制油过滤系统，快速换辊系统，排烟系统，油雾过滤净化系统，CO_2 自动灭火系统，稀油润滑系统，传动及控制系统，厚度自动控制系统（AGC），板形自动控制系统（AFC），轧机过程控制系统等。

铝箔生产技术总的发展趋势是大卷重、宽幅、特薄铝箔轧制，在轧制过程中实现高速化、精密化、自动化、轧制过程最优化。此外在轧辊磨削、工艺润滑、冷却等方面也有很大的技术进步。

铝箔产品质量追求的目标主要是：铝箔厚度 $7\mu m \pm (2 \sim 3)\%$；板形 $(9 \sim 10)I$；每大卷铝箔断带次数 $0 \sim 1$ 次；铝箔针孔数 $30 \sim 50$ 个/m^2。

采用大卷重、宽幅高速轧制是提高铝箔轧机生产效率、产量以及成品率的有效途径。近年来随着轧机整体结构、轧辊轴承润滑、工艺润滑冷却、数字传动控制、铝箔厚度和板形自动控制等方面的技术进步，使得铝箔轧机的轧制速度可达到 2500m/min，卷重可达 25t。

随着轧制技术的进步和电气传动以及自动化控制水平的提高，铝箔生产厚度向着更薄的方向发展。铝箔单张轧制厚度可达 0.01mm，双零铝箔厚度可达 0.005mm，采用不等厚的双合轧制可生产 0.004mm 的特薄铝箔。

22.5.3.2 主要技术特点

主要技术特点包括：

（1）厚度自动控制系统。厚度自动控制系统（AGC）目前发展的趋势是采用各种响应速度快、稳定性好的厚度检测装置，以及带有各种高精度数学模型的控制系统，并与板形自动控制系统协调工作，以解决在线调整厚度或板形时出现的相互干扰。铝箔轧机的厚度自动控制系统包括压力 AGC、张力 AGC/速度 AGC，铝箔粗轧机还装备有位置 AGC。

（2）板形自动控制系统。现代化的铝箔轧机一般在铝箔粗中轧机上都装备有板形自动控制系统，有些铝箔中精轧机也装备了板形自动控制系统。板形自动控制系统的应用对提高铝箔产品的质量、轧制速度、生产效率、成品率都起到了重要作用。

板形自动控制是一个集在线板形信号检测多变量解析、各种板形控制执行机构同步进行调节的高精度、响应速度快的复杂系统，是由板形检测装置、控制系统和板形调节装置 3 部分组成的闭环系统。板形自动控制系统包括轧辊正负弯辊、轧辊倾斜、轧辊分段冷却控制。近年来国外不少先进的轧机还采用了 VC、CVC、DSR 辊等最新的板形调整控制技术，极大地提高了板形控制范围和板形调整速度。

VC 辊是可膨胀的支撑辊，配合工作辊弯辊可以增大轧辊凸度能力，从而扩大控制范围，但不能做局部补偿。

CVC 辊可以是四重轧机的工作辊也可以是六重轧机的中间辊，通过 CVC 辊侧移可进行大范围的辊形控制。

DSR 辊主要由一个绕固定横梁自由旋转的轴套和在轴套与梁之间的几个液压垫组成，液压垫由独立的伺服系统组成，可在径向将负载施加到所需区域。DSR 辊可替代传统的实心支撑辊，它在带材宽度上的作用范围比一般的板形控制执行机构范围大，凸度调整范围广，还可以单独对带材的二肋波和中间波的局部缺陷进行调整，把轧制中的带材板形缺陷消除到最小。DSR 是全动态型的板形控制执行机构。

目前，在线板形检测装置普遍采用空气轴承板形辊和压电式实芯板形辊。

空气轴承板形辊由内部一根静止轴和套在其外面的一排可转动的辊环组成。在芯轴和辊环之间的间隙内通以高压空气，并在芯轴内装有压力检测元件。当带材因张力变化对辊环的压力改变时，轴承内空气层的压力也变化。压力检测元件测出这种压力变化的信号把它引出并经过数据处理，可以得到张应力沿带材宽度方向的分布。

压电式实芯板形辊是在辊体上组装了一些预应力压电式力传感器。压电式力传感器交错排列在辊体表面，它们分组连接并反馈给电荷放大器，在那里电荷转换成比例电压。经由一个光传感器电压信号传到板形控制计算机的 CPU 数据搜索装置。"计量值的捕获"程序将信号分配给各个区域，计算出带材张应力或长度偏差，并将结果传送给后续程序——板形显示及自动控制程序。实芯板形辊设计坚固、稳定、辊身表面坚硬，具有灵敏度高、测量精度高、抗干扰性强、维修容易等特点。

（3）轧制过程最优化控制。现代化的铝箔轧机均装有轧制过程最优化系统，包括有张力/速度最优化、表面积/质量最优化以及目标自适应、带尾自动减速停车、生产数据统计、打印等功能。轧制过程最优化系统的应用对控制产品精度、提高轧制速度和生产效率都有着十分重要的作用。

（4）轧机过程控制系统。轧机过程控制担负着操作人员和轧机间的通信任务。现代化的铝箔轧机均配备有功能强大的过程控制系统，在过程控制中通过人机对话可以启动轧机所有的动力、控制和相关系统，能根据轧制计划采取合适的轧制程序，并对轧制中实测的各种工艺和设备参数进行从一元线性关系回归到多变量解析的复杂计算，可通过自学习功能进一步优化各种模型和工艺参数。轧机的人机通讯设施具备远程识别诊断功能，此外还可最大限度满足现代化管理和监控的要求。

（5）采用 CNC 数控轧辊磨床。铝箔轧机轧辊的磨削质量直接影响铝箔的质量、成品率和生产效率。因此精确磨削的轧辊是轧制高质量铝箔的必要条件。为保证磨削精度和生产效率出现了先进的 CNC 数控磨床，它可磨削各种复杂的辊型曲线，并能自动计算和生成所需的辊型曲线。现代化的轧辊磨床多数配备了先进的在线检测装置，包括独立式的测量卡规、涡流探伤仪和粗糙度仪等，可在线检测轧辊尺寸精度、辊型精度、表面粗糙度以及轧辊表面质量，并根据检测结果优化磨削程序，磨削精度可保证在 ±1μm 以内。

（6）采用黏度低、闪点高、馏程窄、低芳烃的轧制油。在高速铝箔轧制过程中轧制油的稳定性直接影响轧制力、轧制速度、张力及道次加工率，轧制油的品质是保障高速轧制高精度铝箔的重要条件之一。要求轧制油具有低硫、低芳烃、低气味、低灰分、润滑性能好、冷却能力强等特点，同时对液压油和添加剂具有良好的溶解能力。由于铝箔轧制速度高，铝箔成品退火后表面不能有油斑，因此要求轧制油具有黏度低、稳定性、流动性和导热性好、馏程窄等特点，此外为了减少轧制中火灾的发生，要求轧制油的闪点尽可能高。

（7）采用高精度轧制油过滤系统。轧制薄规格铝箔，特别是轧制双零铝箔时，如果轧制油过滤效果不好，会使得轧制过程中轧辊和铝箔之间摩擦产生的铝粉粒子和其他一些固体小颗粒再次喷射到轧制区，容易造成铝箔针孔缺陷或划伤轧辊，严重影响铝箔质量、成品率和生产效率。为此现代化的铝箔轧机要配备精密板式过滤器，全流量过滤，以提高过滤效率，减少铝粉附着，轧制油的过滤精度要达到 $0.5 \sim 1.0 \mu m$。

22.6 板带箔材热处理设备

22.6.1 板带箔材热处理设备的分类及特点

板带箔材热处理设备依用途不同有均匀化炉、加热炉、淬火炉、退火炉、时效炉等；依设备结构形式的不同有坑（井）式炉、箱式炉、台车式炉、链式炉、罩式炉、真空炉等；依加热方式的不同有电加热炉、燃油加热炉、燃气加热炉等；依炉内气氛的不同有带保护性气氛和不带保护性气氛热处理炉两大类；根据对冷却速度是否有要求还有带旁路冷却系统和不带旁路冷却系统两种配置。

现代铝板带箔材热处理设备一般由装出料机构、炉体、电控系统、液压系统等组成，有的热处理设备还有保护性气体发生装置、抽真空装置等。

22.6.2 典型的板带箔材热处理设备

22.6.2.1 均匀化热处理炉的主要技术性能

现代化的均匀化炉主要有坑（井）式炉、箱式炉等炉型，通常为空气炉，不带旁路冷却系统，可采用电加热、燃油加热、燃气加热等。表22-21为典型均匀化炉的技术参数。

表22-21 西南铝业（集团）有限责任公司的箱式均匀化炉技术参数

项 目	参 数
制造单位	航空工业规划设计院
炉子形式	箱式炉
用 途	铝合金扁锭组织均匀化
加热方式	电加热
铸锭规格/mm × mm × mm	$(360 \sim 480) \times (950 \sim 2150) \times (4000 \sim 6000)$
炉膛有效空间（长×宽×高）/mm × mm × mm	$6000 \times 3120 \times 2150$
最大装炉量/t	53
炉子最高工作温度/℃	610
炉子最高温度/℃	630
炉子工作区内温差/℃	≤ ±5
炉子总安装功率/kW	1740（其中加热器1512kW，风机 4×55/40kW）
循环风机风量/m³·h⁻¹	4×168000
控温方式	PLC 自动控制

22.6.2.2 辊底式淬火炉的主要技术性能

辊底式淬火炉主要用于铝合金板材的淬火，特别适用于铝合金中厚板的淬火，以达到使合金中起强化作用的溶质最大限度地溶入铝固溶体中提高铝合金的强度。辊底式淬火炉一般为空气炉，可采用电加热、燃油加热或燃气加热。辊底式淬火炉对板材加热、保温，通过辊道将板材运送到淬火区进行淬火，辊底式淬火炉淬火的板材具有金属温度均匀一致

（金属内部温差仅为±1.5℃）、转移时间短等特点。表22-22和图22-12所示为辊底式淬火炉的主要技术参数及结构组成。

表22-22　东北轻合金有限责任公司辊底式淬火炉主要技术参数

项　目	参　数	项　目	参　数
制造单位	奥地利Ebner公司	板材规格/mm×mm×mm	(2~100)×(1000~1760)×(2000~8000)
炉子形式	辊底式炉	炉子最高温度/℃	600
用　途	铝合金板材的淬火	控温精度/℃	≤±1.5
加热方式	电加热	控温方式	计算机自动控制

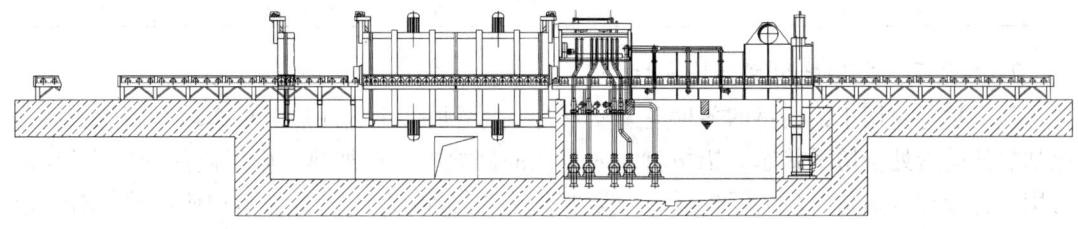

图22-12　辊底式淬火炉

22.6.2.3　时效炉的主要技术性能

铝板材时效炉的炉型一般为箱式炉或台车式炉，不采用保护性气氛，采用电加热、燃气或燃油加热。典型时效炉的技术参数见表22-23。

表22-23　东北轻合金有限责任公司铝板材时效炉主要技术参数

项　目	参　数	项　目	参　数
制造单位	航空工业规划设计院	炉子工作温度/℃	80~250
炉子形式	箱式炉	炉子工作区内温差/℃	≤±3
用　途	铝合金板材人工时效	加热器功率/kW	720
加热方式	电加热	循环风机风量/m³·h⁻¹	131363
炉膛有效空间(长×宽×高)/mm×mm×mm	8000×4000×2600	控温方式	PLC自动控制
最大装炉量/t	40		

22.6.2.4　箱式铝板带材退火炉的主要技术性能

箱式铝板带材退火炉是目前使用最为广泛的一种退火炉，具有结构简单、使用可靠、配置灵活、投资少等特点。现代化台车式铝板带材退火炉一般为焊接结构，在内外炉壳之间填充绝热材料，在炉顶或侧面安装一定数量的循环风机强制炉内热风循环，从而提高炉气温度的均匀性；炉门多采用气缸（油缸）或弹簧压紧，水冷耐热橡胶压条密封；配置有台车供装出料用，在多台炉子配置时往往采用复合料车装出料，同时配置一定数量的料台便于生产。根据所处理金属及其产品用途的不同，有的炉子还装备有保护性气体系统和（或）旁路冷却系统。

目前国内铝加工厂所选用的箱式铝板带材退火炉主要是国产设备，其技术性能、控制水平、热效率指标均已达到相当水平，见表22-24。

表 22-24　山东富海集团公司台车式铝板带材退火炉主要技术参数

项　目	参　数	项　目	参　数
制造单位	中色科技股份有限公司 苏州新长光公司	退火金属温度/℃	150 ~ 550
炉子形式	箱式炉	炉子最高温度/℃	600
用　途	铝及铝合金板带材的退火	炉子工作区内温差/℃	≤ ±3
加热方式	电加热	加热器功率/kW	1080
炉膛有效空间（长×宽×高）/mm×mm×mm	7550 × 1850 × 1900	控温方式	PLC + 智能仪表
炉子区数	3	旁路冷却器冷却能力/kJ·h⁻¹	1.5×10^6
最大装炉量/t	40	冷却水耗量/t·h⁻¹	32t/h

22.6.2.5　盐浴炉的主要技术性能

盐浴炉主要用于铝板材的各种退火及淬火。盐浴炉采用电加热，炉内填充硝盐，通过电加热使硝盐处于熔融状态，铝板材放入熔融的硝盐中进行加热，由于硝盐的热容量大，特别适合处理含锰量较高的铝板材，可防止出现粗大晶粒。但是，盐浴炉所用硝盐对铝板材具有一定的腐蚀性，生产中需进行酸碱洗及水洗，同时，硝盐在生产中具有一定的危险性，应用较少。表 22-25 为典型盐浴炉主要技术参数。

表 22-25　西南铝业（集团）有限责任公司盐浴炉主要技术参数

项　目	参　数	项　目	参　数
制造单位	中色科技股份有限公司苏州新长光公司	盐浴槽最高工作温度/℃	535
炉子形式	盐浴炉	炉子工作区内温差/℃	≤ ±5
用　途	铝合金板材淬火或退火	炉子总安装功率/kW	1620
加热方式	电加热	硝盐总重/t	170
盐浴槽尺寸（长×宽×高）/mm×mm×mm	11960 × 1760 × 3500	控温方式	晶闸管调功器自动控制
控温区数	6		

22.6.2.6　台车式铝箔退火炉的主要技术性能

目前，铝箔退火一般均采用箱式退火炉，多台配置的方式，近几年来铝箔退火炉趋向于采用带旁路冷却系统的炉型。典型铝箔退火炉的主要技术参数见表 22-26。

表 22-26　厦顺铝箔有限公司箱式铝箔退火炉主要技术参数

项　目	参　数	项　目	参　数
制造单位	中色科技股份有限公司 苏州新长光公司	炉子最高工作温度/℃	580
炉子形式	箱式炉	金属退火温度/℃	100 ~ 500
用　途	铝箔卷材退火	炉子工作区内温差/℃	≤ ±3
加热方式	电加热	炉子总安装功率/kW	642（其中加热器 540kW、风机 2 × 37kW）
炉膛有效空间（长×宽×高）/mm×mm×mm	5800 × 1850 × 2250	循环风机风量/m³·h⁻¹	2 × 143000
最大装炉量/t	20	控温方式	PLC + 智能仪表

22.6.2.7 铝箔真空退火炉的主要技术性能

铝箔真空退火炉主要针对有特殊要求的产品而采用的一种炉型，以满足产品的特殊性能要求。为了提高生产效率，铝箔真空退火炉往往配置保护性气体系统。铝箔真空退火炉的生产能力较小，生产效率较低，用途特殊，设备造价又较高，所以采用的较少。

22.6.2.8 气垫式热处理炉的主要技术性能

气垫式热处理炉是一种连续热处理设备，既能进行各种制度的退火热处理，又能进行淬火热处理，有的气垫式热处理炉还集成了拉弯矫直系统。气垫式热处理炉技术先进、功能完善，热处理时加热速度快，控温准确，但是气垫式热处理炉机组设备庞大，占地多，造价高，应用受到限制。

22.7 板带箔材分剪及精整矫直设备

精整矫直设备主要包括纵切机组、横切机组、纵横联合剪切机组、拉弯矫直机组、辊式矫直机、拉伸矫直、涂层机组、铝箔剪切机、铝箔分卷机等设备。

22.7.1 板带分剪设备

22.7.1.1 纵切机组

纵切机组根据剪切带材厚度范围的不同，可分为纵切机组和薄带剪切机两种。纵切机组的组成如图 22-13 所示。

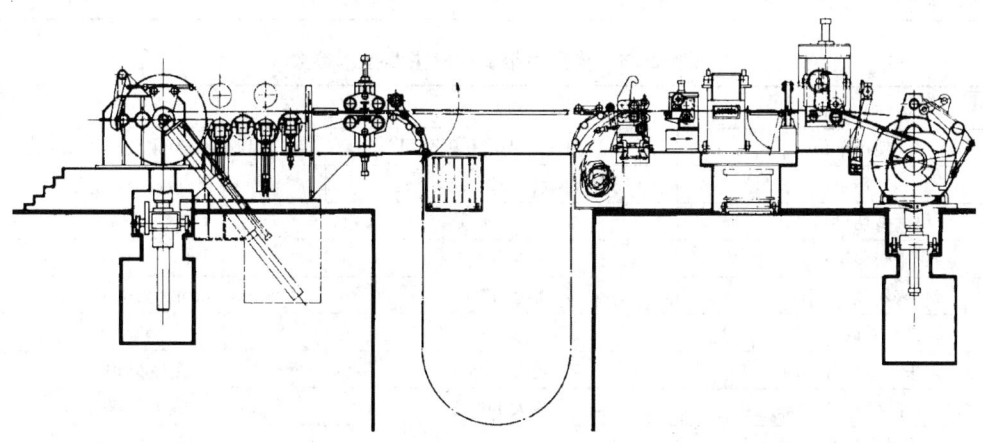

图 22-13　纵切机组结构示意图

纵切机组主要设备组成为：入口侧卷材存放架、入口上卷小车、套筒和废料卷运输装置、开卷机、自动带材边缘对中装置、压紧辊、刮板和导向装置、入口液压剪、纵切机、废边缠绕装置、张紧装置、出口液压剪、卷取机、分离装置、出口卸卷小车、出口侧卸卷装置、出口侧卷材转运和运输装置、出口侧卷材回转台和运出装置、纵剪刀架更换系统、穿带装置、气动系统、液压系统、电气传动及控制系统等。几种典型的纵切机组及薄带剪切机技术性能见表 22-27 和表 22-28。

表 22-27 典型纵切机组主要技术参数

项 目	参 数		
使用单位	渤海铝业有限公司	西南铝业（集团）有限责任公司	瑞闽铝板带有限公司
制造单位	美国 Stamco	美国 Stamco	德国弗洛林
剪切材料	1×××系、3×××系、5×××系	1×××系、3×××系、5×××系	1×××系、3×××系、5×××系
来料带材厚度/mm	0.2~2.0	0.15~2.0	0.1~2.0
来料带材宽度/mm	1000~2060	950~1700	640~1660
来料卷内径/mm	ϕ610	ϕ610	ϕ610
来料卷外径/mm	ϕ1000~2500	ϕ1000~1920	最大 ϕ1920
来料卷材质量/kg	21600	最大 11000	最大 11000
成品卷材内径/mm	ϕ200、ϕ300、ϕ406、ϕ510、ϕ610	ϕ200、ϕ300、ϕ350、ϕ510	ϕ200、ϕ300、ϕ400、ϕ500、ϕ610
成品卷材外径/mm	ϕ300~2350	最大 ϕ1920	最大 ϕ1920
成品宽度/mm	最小 25	最小 25	50~1600
宽度公差/mm		±0.05	
错层公差/mm		最大 0.1	
塔形公差/mm		最大 1.0	
分切条数/条	最多 40	最多 40	25
机组速度/m·min^{-1}	最大 400	最大 200 和 400	250/500

表 22-28 典型薄带剪切机主要技术参数

项 目	参 数	
使用单位	广西南南铝箔有限公司	兰州铝业股份有限公司西北铝分公司
制造单位	辽宁机械设计研究院（报价）	辽宁机械设计研究所
剪切材料	1×××系、3×××系、5×××系	1×××系、3×××系、5×××系
来料厚度/mm	0.04~0.4	0.03~0.5
来料宽度/mm	最大 1700	最大 1300
来料卷内径/mm	ϕ610	ϕ535
来料卷外径/mm	最大 ϕ1900	最大 ϕ1300
来料卷材质量/kg	最大 11000	最大 9000
成品卷内径/mm		ϕ200、ϕ500
成品卷外径/mm	最大 ϕ1300	最大 ϕ1900
成品宽度/mm	最小 50	25~1260
分切条数/条	最多 40	30
机组速度/m·min^{-1}	600	200

22.7.1.2 横切机组

横切机组主要设备组成为：入口侧卷材存放架、入口上卷小车、套筒和废料卷运输装置、开卷机、自动带材边缘对中装置、压紧辊、刮板和导向装置、入口侧夹送辊/张紧装置、入口液压切头剪、圆盘切边剪、废边卷取机、矫直机、活套坑、长度测量和喂料辊、静电涂油装置、纸卷开卷机和静电装置、飞剪、检查运输装置、垛板机和运输装置、垛板台升降和运输装置、气动系统、液压系统、电气传动及控制系统等。横切机组的主要设备组成如图 22-14 所示，几种典型的横切机组技术性能见表 22-29。

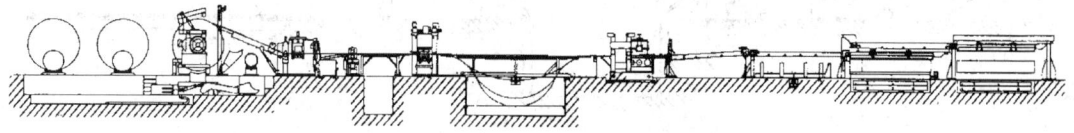

图 22-14　横切机组结构示意图

表 22-29　横切机组主要技术参数

项　目	参　数		
使用单位	东轻合金加工有限责任公司	西南铝业（集团）有限责任公司	瑞闽铝板带有限公司
制造单位	美国 Delta Brands	美国 Stamco	德国 弗洛林
剪切材料	1×××系、3×××系、5×××系	1×××系、3×××系、5×××系	1×××系、3×××系、5×××系
来料带材厚度/mm	0.2 ~ 2.5	0.15 ~ 2.0	0.2 ~ 2.0
来料带材宽度/mm	450 ~ 1560	950 ~ 1700	540 ~ 1660
来料卷内径/mm	$\phi600$	$\phi610$	$\phi610$
来料卷外径/mm	$\phi711 ~ 1550$	$\phi1000 ~ 1920$	最大 $\phi1920$
来料卷材质量/kg	最大 7000	最大 11000	最大 11000
成品板材宽度/mm	400 ~ 1500	910 ~ 1660	500 ~ 1600
成品板材长度/mm	1000 ~ 5000	1000 ~ 4000	500 ~ 3000
板垛高度/mm	最大 450	最大 450	最大 450
板垛质量/kg	约 9000	300 ~ 5000	300 ~ 3750
板垛层间公差/mm	板垛长度 ±2	±1	
板垛顶层和底层公差/mm	板垛宽度 ±1.5	±3	
机组速度/m·min⁻¹	最大 200	最大 130	最大 150

22.7.1.3　纵横联合剪切机组

纵横联合剪切方式是集纵切和横切于一体的机组。有的纵横联合剪还配置有拉伸弯曲矫直机。

纵横联合剪切机组主要设备组成为：上卷小车、开卷机、自动带材边缘对中装置、入口夹送辊装置、上切式液压切头剪、刮板和导向装置、入口液压剪、纵切机/切边机、备用的纵切机/切边机和实验台、机外调整的更换剪刀、废边缠绕装置、矫直机、穿带台、卷取张紧装置、出口切头剪、卷取机、带材分离装置、卸卷小车、过料台、喂料装置、切头剪、气垫式自动垛板台、板垛升降台和侧卸运输机、液压系统、气动系统、电气传动及控制系统等，如图 22-15 所示。几种典型的纵横切机组技术性能见表 22-30。

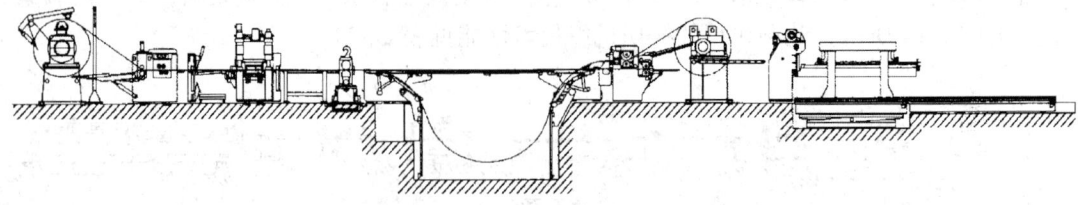

图 22-15 纵横联合剪切机组结构示意图

表 22-30 典型纵横联合剪切机组主要技术参数

项 目	参 数	
使用单位	太原铝材厂	江苏铝厂
制造单位	美国 Stamco	中色科技股份有限公司
剪切材料	1×××系、3×××系、5×××系	1×××系、3×××系、5×××系
来料带材厚度/mm	0.15~2.0	0..2~2.0
来料带材宽度/mm	800~1676	660~1260
来料卷内径/mm	ϕ510	ϕ510
来料卷外径/mm	ϕ1000~1800	最大 ϕ1650
来料卷材质量/kg	10500	最大 6500
成品卷内径/mm	ϕ200、ϕ300、ϕ350、ϕ510	ϕ350、ϕ510
成品卷外径/mm	ϕ1000~1800	最大 ϕ1650
成品宽度/mm	最小 20	最小 50
带材宽度公差/mm	±(0.03~0.05)	
塔形公差/mm	1(ϕ800 卷径以下)	
	2(ϕ800 卷径以上)	
错层公差/mm	±(0.3~0.5)	
剪切条数/条	最多 40	最多 24
纵切机组速度/m·min⁻¹	最大 250	最大 120
成品板材宽度/mm	760~1600	600~1200
成品板材长度/mm	1000~4000	1000~4000
板垛高度/mm	最大 400	最大 500
板材对角线公差/mm	±0.6	
板垛长度公差/mm	±2.0	
板垛宽度公差/mm	±1.5	
板材宽度公差/mm	±0.3	±0.1
板材长度公差/mm	±0.5	±1
板材对角线公差/mm	±0.6	±5
板垛质量/kg	最大 4500	4000
矫直机形式	六重 17 辊(两套辊系)	六重 19 辊
横切机组速度/m·min⁻¹	最大 100	最大 90

22.7.1.4　铝箔剪切机

根据剪切铝箔厚度的不同，铝箔剪切机分为厚规格铝箔剪切机和薄规格铝箔剪切机。

铝箔剪切机主要设备组成为：开卷机、入口导向辊、分切装置、圆盘剪切机、吸边系统、出口导向辊、气动轴式双卷取机液压系统、气动系统、电气传动及控制系统等。几种典型的铝箔剪切机技术性能见表 22-31 和表 22-32。

表 22-31　典型厚规格铝箔剪切机主要技术参数

项　目	参　数		
使用单位	渤海铝业有限公司	成都铝箔厂	上海新美铝有限公司
制造单位	德国 Kampf	瑞士 Midi	荷兰 Schmutz
剪切材料	1×××系、3×××系	1×××系、3×××系	1×××系、3×××系
铝箔厚度/mm	0.03 ~ 0.2	0.04 ~ 0.2	0.04 ~ 0.2
铝箔宽度/mm	1000 ~ 1880	800 ~ 1550	最大 1500
来料卷内径/mm	ϕ670	ϕ570	ϕ560/150
来料卷外径/mm	ϕ2140	ϕ2140	ϕ1800/800
成品卷套筒内径/mm	ϕ75、ϕ120、ϕ150	ϕ76、ϕ150	ϕ76、ϕ150
成品卷外径/mm	最大 ϕ800	ϕ450 ~ 600	最大 ϕ500
成品宽度/mm	最小 25	最小 60	最小 50
分切条数/条	最多 40	最多 20	最多 20
机组速度/m·min^{-1}	最大 600	最大 500	最大 600

表 22-32　典型薄规格铝箔剪切机主要技术参数

项　目	参　数		
使用单位	渤海铝业有限公司	上海新美铝有限公司	厦顺铝箔有限公司
制造单位	德国 Kampf	荷兰 Schmutz	瑞士 Midi
剪切材料	1×××系、3×××系	1×××系、3×××系	1×××系、3×××系
铝箔厚度/mm	0.006 ~ 0.04	0.006 ~ 0.04	0.006 ~ 0.04
铝箔宽度/mm	800 ~ 1850	最大 1450	750 ~ 1520
来料卷套筒内径/mm	150	150	150
来料卷外径/mm	最大 760	最大 760	800
成品套筒内径/mm	75、120、150	76、150	76、100
成品卷外径/mm	最大 600	500	500
成品宽度/mm	最小 20	25	25
分切条数/条	最多 40	20	25
机组速度/m·min^{-1}	600	600	600

22.7.2　拉伸弯曲矫直机组

铝板带材矫直设备主要有辊式矫直机、张力矫直机组、拉伸弯曲矫直机组、纯拉伸矫直机等几种机型。

22.7.2.1 辊式矫直机

辊式矫直机按其上下工作辊数之合可分为 17 辊、19 辊、21 辊和 23 辊，按其工作辊和支撑辊的配置可分为四重式和六重式。辊式矫直机主要配置在剪切机组、拉弯矫直机组以及涂层机组等生产线中使用。

22.7.2.2 张力（拉伸）矫直机

张力（拉伸）矫直机专用于厚板材的夹钳式张力矫直。

张力（拉伸）矫直机组和拉伸弯曲矫直机组主要用于薄带材的矫直。拉伸弯曲矫直机组是在最初的拉伸矫直机基础上在张力辊（"S"辊）之间增加了弯曲矫直辊，使带材通过拉伸、弯曲矫直，形成的多重作用产生一定的塑性延伸，消除残余应力，达到矫直目的。现代化铝板带材广泛采用拉伸弯曲矫直机组进行矫直。

拉伸弯曲矫直机组大多数都带有清洗装置，可以采用清洗或不清洗两种工艺。也有将拉伸弯曲矫直机组与气垫式退火炉组合，或与涂层机组合，也可与纵横联合剪切机组成为一条专用生产线。

拉伸弯曲矫直机组主要设备组成为：入口侧卷材存放架、入口上卷小车、开卷机、自动带材边缘对中装置、卸套筒装置、伸缩台、夹送辊、入口液压剪及废料收集装置、带材自动对中装置、喂料和弯曲装置、圆盘切边剪、带材自动对中装置、带打孔机的带材缝合机、清洗装置、入口 4 辊 S 形制动张紧装置、张紧装置换辊装置、弯曲辊装置、换辊装置、出口 4 辊 S 形制动张紧装置、自动板形测量系统、出口液压剪及废料收集装置、静电涂油系统、偏导辊及伸缩导板、带材自动对中装置、卷取机、带卷称重装置的卸卷小车、皮带助卷器、出口侧卷材存放架、测厚装置、半自动带卷打捆机、气动系统、液压系统、电气传动及控制系统等，如图 22-16 所示。典型的拉伸弯曲矫直机组主要技术参数见表 22-33。

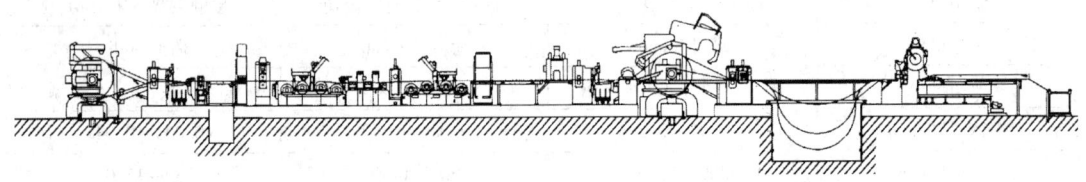

图 22-16 拉伸弯曲矫直机组结构示意图

表 22-33 几种典型的拉伸弯曲矫直机组主要技术参数

项 目	参 数		
使用单位	西南铝业（集团）有限责任公司	西南铝业（集团）有限责任公司	瑞闽铝板带有限公司
制造单位	美国 A、D、S	德国 Ungerer	美国 Stamco
剪切材料	1×××系、3×××系、5×××系	1×××系、3×××系、5×××系	1×××系、3×××系、5×××系
来料带材厚度/mm	0.15 ~ 2.0	0.15 ~ 1.0(0.1 ~ 2.0)	0.1 ~ 2.0
来料带材宽度/mm	620 ~ 1700	920 ~ 1600	840 ~ 1660

项　目	参　　数		
来料卷内径/mm	$\phi510$、$\phi610$	$\phi405$、$\phi505$、$\phi605$（套筒内径）	$\phi610$、$\phi665$（带套筒）
来料卷外径/mm	$\phi1900$	$\phi1000\sim1920$	$\phi1920$
来料卷材质量/kg	10500	最大11000	最大11000
成品宽度/mm	$580\sim1660$	$880\sim1560$	$800\sim1600$
成品卷材内径/mm	$\phi510$	$\phi200$、$\phi3000$、$\phi350$、$\phi510$	$\phi610$
延伸率/%	$0\sim3$	$0\sim3$	$0\sim3$
延伸率控制精度/%	±0.1	±0.01	±0.05
张力控制精度	最大张力的0.1%	$\pm20N$	最大张力的$\pm3\%$
速度控制精度			最大速度的0.01%
成品卷材外径/mm	最大1900	最大1920	最大1920
平直度公差	$3I$	$2I$以下	$1I$（$1\times\times\times$系、$3\times\times\times$系）
			$3I$（$5\times\times\times$系）
宽度公差/mm			±0.1
卷取错层公差/mm		5层以上小于±0.25	±0.5
卷取塔形公差/mm		$\leqslant\pm1.0$	±2.0
机组速度/m·min^{-1}	最大180	最大300（不清洗）	最大300
		最大200（清洗）	

22.7.3　涂层机组

有专用于铝带材涂层的涂层机组，也有为钢、铝带材涂层兼用的涂层机组。由于涂层带材对平直度要求较高，因此有的涂层机组将拉伸弯曲矫直机与涂层机组合成为一条专用连续处理生产线。

涂层机组主要设备组成为：入口侧卷材存放架、卸套筒斜台、上卷小车、开卷机、自动对中装置、刮板台和喂料装置、液压剪切机、黏合机或带材缝合机、缝头压平机、脱脂区的酸和碱槽组、清洗槽组和挤干设备、空气吹扫装置、入口活套塔、带材偏导装置、化学涂层机、初涂机、张紧辊装置、精涂机、化学干燥炉、初涂固化炉、空气急冷装置、水急冷装置、空气吹扫装置、出口活套塔、液压剪切机、导向辊和喂料台、卷取机、卷材边缘对中装置、皮带助卷器、卸卷小车、炉气焚烧和热回收系统、软化水装置、废水处理系统、涂料供给系统、液压系统、气动系统、电气传动及控制系统等，如图22-17所示。典型涂层机组的性能见表22-34。

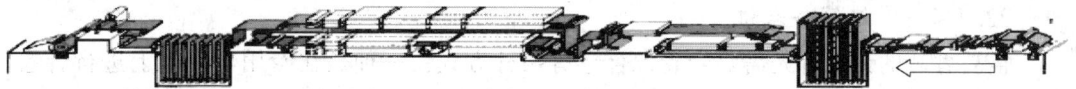

图22-17　涂层机组结构示意图

表 22-34 典型的涂层机组主要技术参数

项 目	参 数	
使用单位	西南铝业（集团）有限责任公司	太原铝材厂
制造单位	美国 Bronx	意大利 Techint(报价)
涂层材料	1×××系、3×××系、5×××系	1×××系、3×××系、5×××系
来料带材厚度/mm	0.2~1.6	0.1~0.8
来料带材宽度/mm	910~1600	1000~1600
来料卷内径/mm	ϕ605（带套筒） ϕ610（不带套筒）	ϕ560（套筒内径）
来料卷外径/mm	ϕ800~1920	ϕ1000~1850
来料卷材质量/kg	10000	最大 10500
成品宽度/mm	910~1600	1000~1600
成品卷材内径/mm	ϕ605（带套筒） ϕ610（不带套筒）	ϕ560
成品卷材外径/mm	ϕ800~1920	ϕ1000~1850
套筒规格/mm	605/665×1850	510/560×1900
初涂机	一个初涂机（双面辊涂）	一个涂层机（双面辊涂）
精涂机	精涂机 "A" 和精涂机 "B"（双面辊涂）	
溶剂量/L·h^{-1}	初涂固化炉：最大 185	最大 150
	精涂固化炉：最大 265	
金属最高温度/℃	260	工作温度 250~350
张力控制精度	稳态：最大张力的 ±1%	
	动速：最大张力的 ±2%	
速度控制精度	稳态：最大速度的 ±0.1%	
膜厚精度	干膜厚度的 ±10%，10μm 以上时	
	当低于 10μm 时，为 ±1μm	
带材温度的均匀性	宽度方向不超过 ±3℃	
错层公差	层与层间最大偏差 1mm	
	整卷径向偏差 2mm	
设备综合利用率/%	90	
机组速度/m·min^{-1}	最大 60	20~50
穿带速度/m·min^{-1}	20	15(可调)
入/出口段机械速度/m·min^{-1}	75	
电控系统	直流传动，全数字化控制	直流传动，全数字化控制
	自动化及监控系统	自动化及监控系统

22.7.4 铝箔合卷和分卷机

22.7.4.1 铝箔合卷机

需要叠轧的铝箔首先需要合卷，合卷有两种方式：一种是在专用合卷机上进行合卷、切边，然后送入精轧机上叠轧；另一种是直接在精轧机上进行合卷、切边和叠轧。

铝箔合卷机主要设备组成为：双开卷机、入口导向辊、轧制油喷射系统、圆盘剪切机装置、吸边系统、出口导向辊、穿带装置、卷取机、气动系统、电气传动及控制系统等。几种典型的铝箔合卷机技术性能见表22-35。

表 22-35　典型铝箔合卷机主要技术参数

项　目	参　数	
使用单位	渤海铝业有限公司	厦顺铝箔有限公司
制造单位	德国 Kampf	德国 Kampf
剪切材料	1×××系、3×××系	1×××系、3×××系
铝箔厚度/mm	2×0.012～2×0.06	2×0.01～2×0.04
铝箔宽度/mm	1000～1880	1000～1570
来料卷材内径/mm	ϕ670	ϕ560
来料卷材外径/mm	最大 ϕ2140	最大 ϕ1850
来料卷材质量/kg	最大 12000	
成品卷内径/mm	ϕ670	ϕ560
成品卷外径/mm	最大 ϕ2140	最大 ϕ1900
机组速度/m·min^{-1}	600	60～1200

22.7.4.2　铝箔分卷机

根据分切铝箔厚度不同，铝箔分卷机有厚规格铝箔分卷机和薄规格铝箔分卷机之分。铝箔分卷机的卷取机配置方式有立式和卧式两种。图22-18所示为立式铝箔分卷机结构示意图。

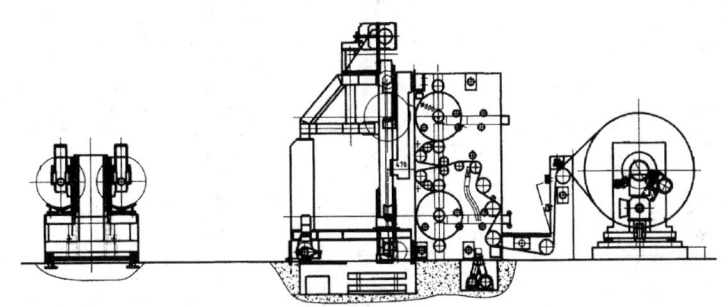

图 22-18　立式铝箔分卷机结构示意图

铝箔分卷机主要设备组成有双锥头开卷机、入口导向辊、分切装置、圆盘剪切机、吸边系统、出口导向辊、气动轴式双卷取机、气动系统、电气传动及控制系统等。几种典型的铝箔分卷机技术性能见表22-36和表22-37。

表 22-36　典型厚规格铝箔分卷机主要技术参数

项　目	参　数		
使用单位	渤海铝业有限公司	西南铝业（集团）有限责任公司	云南新美铝箔有限公司
制造单位	德国 Kampf	瑞士 Midi	荷兰西姆兹
剪切材料	1×××系、3×××系	1×××系、3×××系	1×××系、3×××系
铝箔厚度/mm	2×0.006～2×0.03	2×0.006～2×0.05	2×0.006～2×0.04

项　目	参　数		
来料铝箔宽度/mm	1000 ~ 1880	900 ~ 1520	最大 1250
来料卷材内径/mm	ϕ670	ϕ570	ϕ560
来料卷材外径/mm	最大 ϕ2140	最大 ϕ1870	最大 ϕ1820
来料卷材质量/kg	最大 12000	最大 11000	7000
成品卷套筒内径/mm	ϕ75、ϕ12、ϕ150	ϕ76、ϕ100、ϕ150	ϕ76
成品卷外径/mm	最大 ϕ760	最大 ϕ800	最大 ϕ600
分切宽度/mm	最小 200	最小 200	最小 200
中间抽条数/条	最多 5	最多 5	最多 4
机组速度/m·min^{-1}	最大 1200	最大 1200	最大 800

表 22-37　典型薄规格铝箔分卷机主要技术参数

项　目	参　数		
使用单位	渤海铝业有限公司	西南铝业（集团）有限责任公司	江苏大亚集团丹阳铝业分公司
制造单位	德国 Kampf	德国 Kampf	英国 Davy
剪切材料	1×××系、3×××系	1×××系、3×××系	1×××系、3×××系
铝箔厚度/mm	2 ×0.006 ~ 2 ×0.018	2 ×0.005 ~ 2 ×0.018	最小 2 ×0.006
铝箔宽度/mm	1000 ~ 1880	950 ~ 1500	600 ~ 1200
来料卷材内径/mm	最大 ϕ670	ϕ570	ϕ655
来料卷材外径/mm	ϕ2140	最大 ϕ1870	ϕ1570
来料卷材质量/kg	最大 12000	最大 11000	最大 5000
成品卷套筒内径/mm	ϕ75、ϕ12、ϕ150	ϕ78、ϕ150	ϕ75
成品卷外径/mm	最大 ϕ760	最大 ϕ600	最大 ϕ600
分切宽度/mm	最小 200	最小 200	最小 200
中间抽条数/条	最多 5	最多 5	最多 4
机组速度/m·min^{-1}	1200	800	1000

22.7.5　板材预拉伸机

高强度、高韧性的铝合金预拉伸板材在军工和民用领域都有广泛的应用。特别是在现代航空工业中，高性能的铝合金预拉伸宽厚板材在飞机的机身、机翼等结构件的制造中占有相当大的比重。要获得高性能的航空铝合金板材，必须消除板材在轧制、淬火等工序中产生的残余应力。采用拉伸机对板材进行拉伸处理，是降低铝合金板材残余应力最方便有效的方法。因此，大型张力拉伸机是航空铝合金预拉伸厚板生产的关键设备。目前，全世界只有美国、德国、法国、俄罗斯、中国、英国、意大利、南非 8 个国家的 12 个工厂装备了大吨位的拉伸机，具备航空级可热处理强化的铝合金厚板的生产能力。其中，美国是全球最大和最先进的铝合金厚板生产者，美国某公司下属的某厂装备了当前世界上最大的厚板生产设备,包括拉伸力达 136MN 的拉伸机,可生产厚达 250mm 的铝合金板材。欧洲的某轧制厂装备了一台拉伸力 80MN 的大型拉伸机,也能够生产高性能航空铝合金厚板。

国内能够生产铝合金厚板的企业只有东北某公司和西南铝业(集团)有限责任公司等为数不多的几家企业。2011 年以前,分别装备的是 45MN 和 60MN 的拉伸机,拉伸能力不足世界最大拉伸机的一半,只能生产少量、部分规格的铝合金预拉伸板材,生产能力和产品规格都落后于欧美发达国家(目前,西南铝业已经装备一套 120MN 级拉伸机,东北轻合金正在建设一套大吨位拉伸机)。120MN 级铝合金板材张力拉伸机是目前国内吨位最大、技术先进的铝合金厚板拉伸设备,该设备是由中国重型机械研究院股份公司(简称中重院)为西南铝业(集团)有限责任公司设计制造的 120MN 级全浮动张力拉伸机(见图 22-19),是中重院自行开发研制并拥有完全自主知识产权的第一套最大吨位铝合金宽厚板拉伸机,设备性能满足设计技术要求,部分参数和性能达到国际领先水平。

图 22-19 120MN 拉伸机

此拉伸机总成配置由机械系统、液压系统、电气系统、检测系统和润滑与气动系统组成。其中机械设备包含有活动机头、固定机头、压梁、主拉伸缸、辅助设备等,其工作流程如图 22-20 所示,主要技术参数见表 22-38。

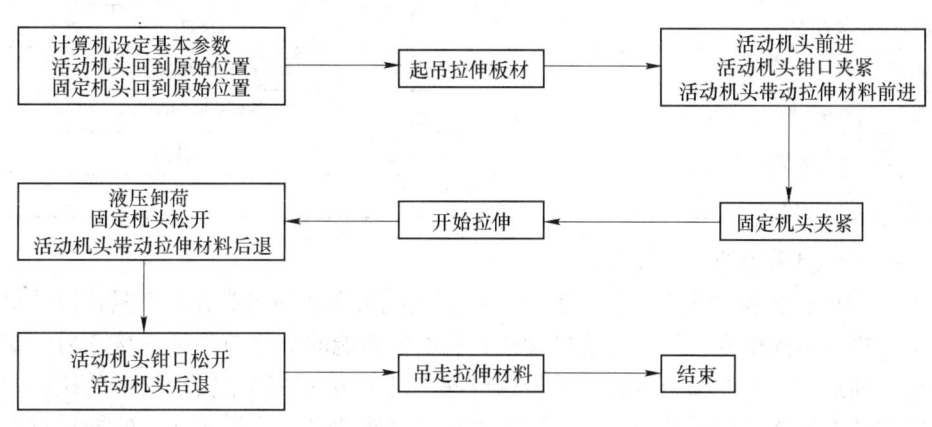

图 22-20 拉伸机工作流程

表 22-38 **120MN 拉伸机设备及技术参数**

项 目	参 数
拉伸板材规格与性能参数	
拉伸材质	淬火、退火、加工硬化状态下的2×××系、5×××系、6×××系、7×××系材料
最大板材厚度/mm	300
最小板材厚度/mm	10
最大板材宽度/mm	4500
最小板材宽度/mm	1300
最大板材长度/mm	30000
最小板材长度/mm	6500
板材最大抗拉强度极限/MPa	≤270
拉伸机速度与控制精度参数	
最大拉伸速度/mm·s^{-1}	30
板材延伸率/%	≤3
延伸量控制精度/%	≤0.3
操作缸快进速度/mm·s^{-1}	≥65
操作缸回程速度/mm·s^{-1}	≥65
最大拉伸力/MN	120
两夹头钳口承受的单位宽度内极限载荷/kN·mm^{-1}	650
拉伸机设备结构参数	
两钳口最短距离/mm	4000
两钳口最长距离/mm	32000
钳口最大开口度/mm	400
钳口钳块厚度/mm	20~250
拉伸机机组参数	
机械设备外形（长×宽×高)/mm×mm×mm	60000×12000×10000
最大工作压力/MPa	≤31.5
设计年产能/t	≥50000
机组总用电量/kW	≤1500
机组循环水耗量/m³·h^{-1}	≤100
压缩空气最大用量/m³·min^{-1}	≤7

该套拉伸机组采用的关键技术有：

（1）传统的张力拉伸机在拉伸过程中采用固定机头和活动机头分别夹紧待拉伸材料的一侧，固定机头由插销或者挂钩通过横梁或具有类似功能的部件与基础连接，另一端的活动机头通过油缸或者其他动力装置移动，相对固定机头实现位移来实现材料的拉伸。这种拉伸机的拉伸力最终作用到基础上，当拉伸外载荷突然消失时，瞬间释放的能量对设备产生的冲击力也会对设备的基础产生破坏。所以对设备的基础要求很高，这种设计仅适合于小型拉伸机，对于拉伸力超大的拉伸机这种结构很不适用。

120MN 张力拉伸机组的机架梁本体采用了全浮动的设计结构，具体结构如图 22-21 所示。压梁 3 没有直接与基础作用，而是其一端和主拉伸缸 5 连接，另一端支撑在复位装置 1 的底座上。活动机头 2 和固定机头 6 通过其下方设置的行走装置作用在基础上，当发生断带冲击时复位装置 1 对设备起一定的缓冲保护作用，并及时使浮动的机架体复位，大大地减少了对基础的冲击，这种设计不仅结构简单、成本不高，而且设计巧妙、合理、实用。

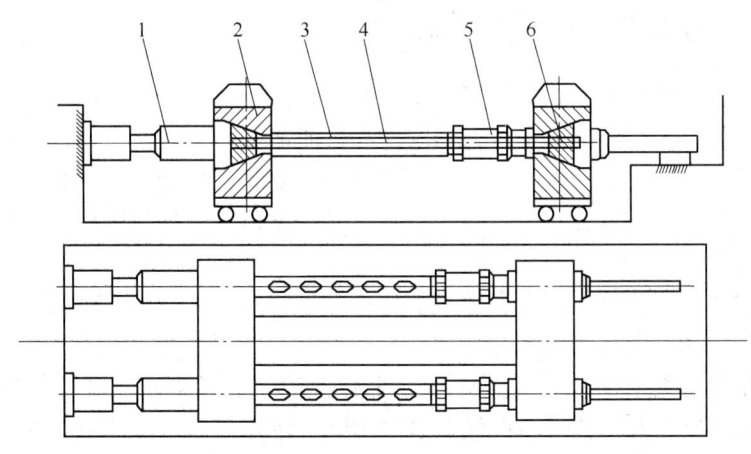

图 22-21　全浮动拉伸机的组成

1—复位装置；2—活动机头；3—压梁；4—拉伸材料；5—主拉伸缸；6—固定机头

（2）活动机头与固定机头采用水平梁式组合结构，夹头钳口斜块有同步预夹紧功能，拉伸时宽度方向上各组钳口夹持力应均匀，满足拉伸高强度铝合金板材的生产工艺要求。

（3）主拉伸油缸装置采用大型套缸式结构，主缸选用柱塞缸，内嵌一快速移动缸。结构设计合理，且在拉伸工作中运动自如，具有很好的密封性。

（4）为了保证整个机组断带的安全，分别在两夹头钳口装置、机架梁装置和移动夹头上设有断带被动缓冲保护装置。

23 铝合金管棒型线材的品种规格及典型生产工艺

23.1 铝及铝合金管棒型线材的品种与规格

铝及铝合金管、棒、型、线材是铝加工工业中，产销量最大的材料之一，仅次于铝及铝合金板、带、条、箔材而居第二位。据统计，目前工业发达国家中，铝板带箔材与管棒型线材之比大约为 60∶40。而中国恰好相反，因铝合金建筑门窗型材数量多，而包装用的薄板和箔材相对较少，所以，铝管、棒、型、线材（不包括电缆类铝材）占整个铝材产消量的 60% 左右。

目前，世界各国已研制、开发和生产了各种合金品种、规格、不同功能、性能和用途的铝及铝合金管、棒、型、线材数万种。

生产铝及铝合金管、棒、型、线材的方法有铸造、型辊轧制、多辊斜轧、锻压、冲压、冷弯、焊接、挤压及拉拔等，但绝大多数的管、棒、型、线材（90% 以上）是用挤压或挤压、轧制、拉拔、旋压法生产的，因此，本章只介绍用挤压法或挤压、轧制、拉拔、旋压法生产铝及铝合金管、棒、型、线材的技术。

23.1.1 铝合金型材的品种与规格

23.1.1.1 铝合金型材的分类

据不完全统计，目前全世界铝合金型材的年用量大约在 15000 万吨以上，规格品种达 50000 种以上。对铝合金型材进行科学合理的分类，有利于科学合理地选择生产工艺和设备，正确地设计与制造工模具以及迅速地处理挤压车间的专业技术问题和生产管理问题。

（1）按照用途或使用特性，铝合金型材可分为通用型材和专用型材。专用型材按用途可分为：航天航空用型材，车辆用型材，舰船、兵器用型材，电子电气、家用电器、邮电通信以及空调散热器用型材，石油、煤炭、电力等能源工业以及机械制造工业用型材，交通运输、集装箱、冷藏箱以及公路桥梁用型材，民用建筑及农业机械用型材，其他用途型材。

（2）按形状与尺寸变化特征，型材可分为恒断面型材和变断面型材。恒断面型材可分为通用实心型材、空心型材、壁板型材和建筑门窗型材等，如图 23-1 所示。

23.1.1.2 铝合金型材的规格范围

铝合金挤压制品的断面尺寸主要是根据用户的要求而定。常规挤压条件下，6063 铝合金型材与分流模管材的挤压生产范围如图 23-2 所示，图中各曲线表示其最小可挤压壁厚尺寸。这里所说的最小可挤压壁厚，是指在一般情况下，综合考虑合金的可挤压性、挤压生产效率、模具寿命以及生产成本等诸多因素而言的。不同的合金其最小可挤压壁厚不

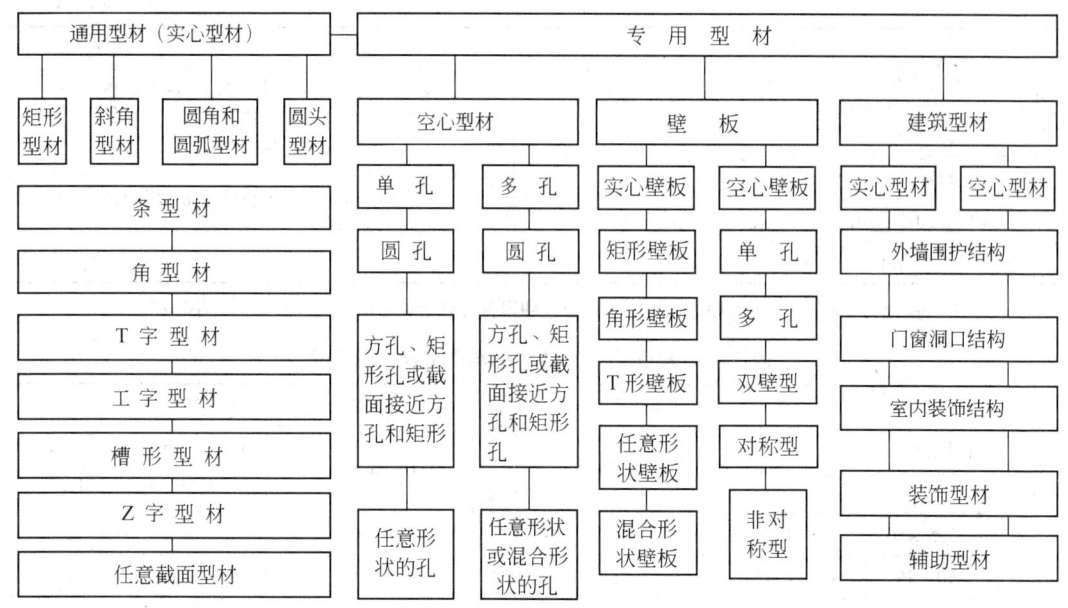

图 23-1 铝合金恒断面型材分类图

同，表 23-1 为各种合金的最小壁厚系数。将表 23-1 中的最小壁厚系数乘以 6063 的最小壁厚即为各种合金的最小可挤压壁厚。最小可挤压壁厚还与制品的断面形状、对表面质量（粗糙度等）的要求有关。所以，由图 23-2 及表 23-1 所确定的最小可挤压壁厚只不过是常规挤压条件下的一个大概值。实际上，采用一些新的挤压技术，或者为了一些特殊的需要，可以生产壁厚尺寸更小的制品。例如，采用硬质合金模具，一些特殊的薄壁精密型材的成型也是可能的。表 23-2 列出了美国铝挤压件的标准制造尺寸极限。

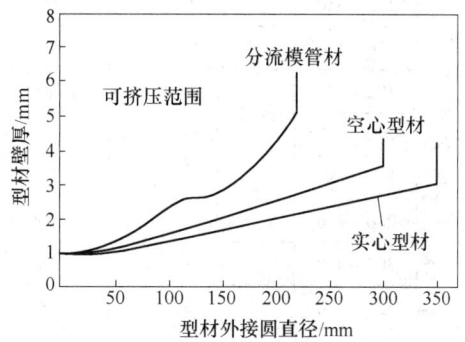

图 23-2 6063 铝合金型材与
分流模管材的挤压生产范围
（各曲线表示其最小壁厚）

表 23-1 铝合金型材与分流模管材的最小壁厚系数

合　金	系　数		
	实心型材	空心型材	分流模管材
10××、11××、12××	0.9	0.9	0.9
6063、6101	1.0	1.0	1.0
6N01	1.0	1.0	1.2
3003、3203	1.2	1.2	0.9
6061	1.4	1.4	1.4

合　金	系　数		
	实心型材	空心型材	分流模管材
5052、5454	1.6		
5086、7N01	1.8	空心型材或分流模管材成型困难	
2014、2017、2024	2.0		
5083、7075	2.0		

注：由图 23-2 求得 6063 的最小壁厚后乘以上述系数，即得各种合金型材或分流模管材的最小壁厚。

表 23-2　美国铝挤压件的标准制造尺寸极限值

外接圆直径/mm		不同合金的最小壁厚/mm				
		1060、1100、3003	6063	6061	2014、5086、5454	2024、2219、5083、7001、7075、7079、7178
实心与半空心型材、棒材（包括圆棒）	12.5~50	1.00	1.00	1.00	1.00	1.00
	50~76	1.15	1.15	1.15	1.25	1.25
	76~100	1.25	1.25	1.25	1.25	1.60
	100~125	1.60	1.60	1.60	1.60	2.00
	125~150	1.60	1.60	1.60	2.00	2.40
	150~180	2.00	2.00	2.00	2.40	2.77
	180~200	2.40	2.40	2.40	2.77	3.17
	200~250	2.77	2.77	2.77	3.17	3.96
	250~280	3.17	3.17	3.17	3.17	3.96
	280~300	3.96	3.96	3.96	3.96	3.96
	300~430	4.78	4.78	4.78	4.78	4.78
	430~500	4.78	4.78	4.78	4.78	6.35
	500~610	4.78	4.78	4.78	6.35	12.74
第 1 级空心型材[①]	32~76	A60	1.25	1.60		
	76~100	2.40	1.25	1.60		
	100~125	2.77	1.60	1.60	3.96	6.35
	125~150	3.17	1.60	2.00	4.78	7.14
	150~180	3.96	2.00	2.40	5.56	7.92
	180~200	4.78	2.40	3.17	6.35	9.52
	200~230	5.56	3.17	3.17	7.14	11.12
	230~250	6.35	3.96	4.78	7.92	12.74
	250~325	7.92	4.78	5.50	9.52	12.74
	325~355	9.52	5.56	6.35	11.12	12.74
	355~405	11.12	6.35	9.52	11.12	12.74
	405~515	12.74	9.52	11.12	12.74	158.75

外接圆直径/mm		不同合金的最小壁厚/mm				
		1060、1100、3003	6063	6061	2014、5086、5454	2024、2219、5083、7001、7075、7079、7178
第2与第3级空心型材②	12.5~25	1.60	1.25	1.62		
	25~50	1.60	1.40	1.60		
	50~76	2.00	1.60	2.00		
	76~100	2.40	2.00	2.40		
	100~125	2.77	2.40	2.77		
	125~150	3.17	2.77	3.17		
	150~180	3.96	3.17	3.90		
	180~200	4.78	3.90	4.78		
	200~250	6.35	4.78	6.35		

① 最小内径是外接圆直径的一半,但对前三栏的合金而言,不小于 25.0mm,或对最后两栏而言,不小于 50mm;

② 所有合金的最小孔的尺寸:面积为 71mm², 或直径为 9.52mm。

　　型材的最大可成型断面外形尺寸主要取决于挤压设备的能力。一般情况下,硬铝合金实心型材的外接圆直径的上限为 300mm,其余合金与 6063 大致相同。采用超大型设备,可以生产外接圆直径在 350~2500mm 以上的大断面型材。

23.1.1.3 挤压型材常用铝合金及挤压性能

　　我国常用挤压用铝及铝合金有 1100、1200、2014、2017、2024、3003、3203、5052、5454、5083、6061、6N01、6063、7003、7N01、7075 铝合金,表 23-3 所示为常用挤压用铝合金的挤压性能。图 23-3 所示为铝型材挤压难易程度排列及示例。

表 23-3　常用挤压用铝合金的挤压性能

合金	挤压性指数(6063 为100)	可否挤压空心型材	典型状态	合金	挤压性指数(6063 为100)	可否挤压空心型材	典型状态
1100	150	可	H112	5454	40	不可	H112
1200	140	可	H112	5083	20	不可	H112
2014	20	不可	T_4	6061	65	可	T_6
2017	20	不可	T_4	6N01	75	可	T_5
2024	15	不可	T_4	6063	100	可	T_5
3003	110	可	H112	7003	50	可	T_5
3203	110	可	H112	7N01	40	可	T_5
5052	60	不可	H112	7075	10	不可	T6511

型材类型	型材形状类型	示例
1	简单断面棒材	
2	异型断面棒材	
3	标准型材	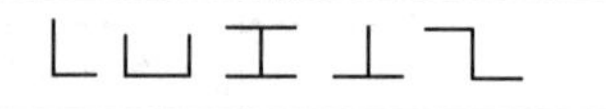
4	简单实心型材	
5	半空心型材	
6	薄壁型材	
7	舌比大的型材	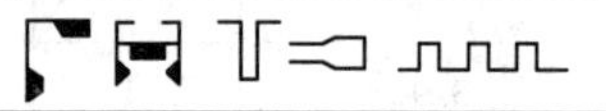
8	管材	
9	简单空心型材	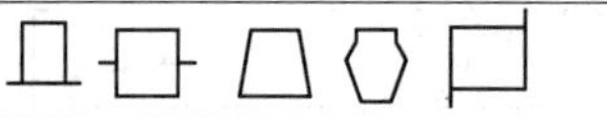
10	多孔空心型材	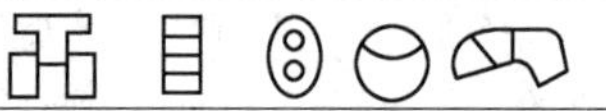
11	外翅片空心型材	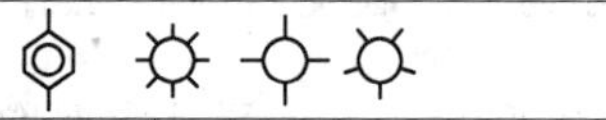
12	内翅片空心型材	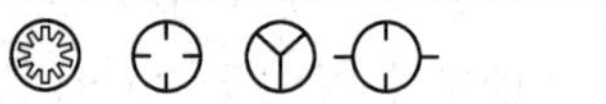
13	大腔空心型材	

图 23-3　铝型材挤压难易程度排列及示例

23.1.2　铝合金管材的品种与规格

23.1.2.1　铝合金管材的品种和用途

铝及铝合金管材可用热挤压、冷挤压、冷轧制、冷拉拔（包括盘管拉伸）、冷弯、焊接（冷弯成型 + 高频焊接）、旋压、连续挤压等方法生产。目前铝合金管材品种已达上千种。

按管材的壁厚可分为薄壁管和厚壁管。厚壁管主要用热挤法生产，壁厚一般为 5 ~ 35mm，大型挤压机生产的最大壁厚可达 65mm 以上。薄壁管可用热挤压、冷挤压、冷轧制、冷拉伸及其他冷变形法制造，壁厚一般为 0.5 ~ 5mm，随着冷轧管机的不断改进，旋压法和焊管法的出现，铝合金的最小壁厚可为 0.1mm。

铝合金管材按规格可分为：大径厚壁管、大径薄壁管和小径薄壁管等。按断面形状可分为圆形管、椭圆形管、滴形管、扁圆管、方形管、矩形管、六角管、八角管、五角形管、梯形管、带筋管及其他异型管，如图 23-4 所示。沿长度方向上断面变化情况可分为恒断面管和变断面管材。

铝合金管材按生产方法可分为：热挤压管、冷挤压管、Conform 挤压管、热轧管、冷轧管、冷拉管、旋压管、冷弯管、焊接管、螺旋管、盘管拉伸管、双金属管、粘接管等。

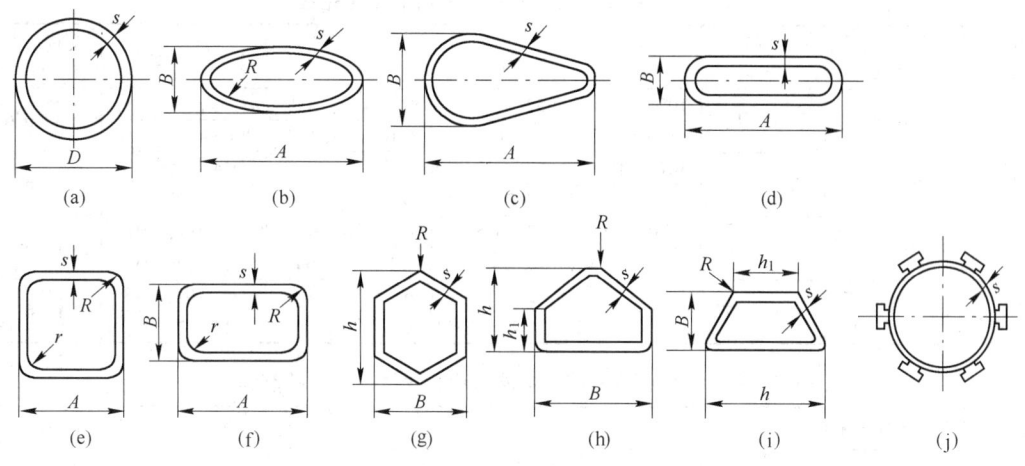

图 23-4　管材横断面形状举例

(a) 圆形；(b) 椭圆形；(c) 水滴形；(d) 扁椭圆形；(e) 方形；
(f) 矩形；(g) 六角形；(h) 五角形；(i) 梯形；(j) 带筋管

铝合金管材按用途可分为：军用和民用导管、壳体管、容器管、钻探管、套管、波导管、散热管、冷凝管、蒸发器管、喷嘴管、农业灌溉管、旗杆、电线杆、集电弓杆以及其他各种结构件管和装饰管、生活用品等管。

23.1.2.2　铝合金管材的规格范围

管材的可挤压尺寸范围随挤压方法的不同而异。常规的穿孔针挤压法挤压管材的最大外径小于600mm，最小内径5~15mm，最小壁厚2~5mm。由于穿孔针的强度与刚性上的原因，挤压管材的最小内径与壁厚受到较大的限制。其中，软铝合金管材的最小内径与最小壁厚可取上述范围的下限，硬铝合金则取其上限。此外，当管材的外径较大时，管材的最小壁厚通常以不小于管材外径的5%为宜。外径300mm以上的管材多采用反挤压法成型。

采用分流模挤压，可以成型与穿孔针挤压法相比壁厚薄而均匀、偏心小的管材。但考虑到焊缝质量问题，在同一挤压设备上所能成型的最大管材外径或用同一挤压筒所能挤压的管材外径比穿孔针挤压法挤压时要小。6063铝合金管材采用分流模挤压的尺寸与最小壁厚关系如图23-2所示。

采用连续挤压技术，可生产外径10mm、壁厚0.5mm以下的管材。

随着冷轧管和拉拔管技术的不断改进，铝合金管的最小壁厚可达0.1~0.2mm或更薄。

目前，在343MN大型立式挤压机上（反挤压）生产挤压管的最大直径可达1500mm；在196MN卧式挤压机上可达1000mm。挤压管的最小直径可达6mm。冷轧薄壁管最大直径可达120mm以上，最小直径在15mm以下。冷拉薄壁管的直径为3~500mm，用旋压法则可轧出直径达3000mm的薄壁管。

用连续自动化的生产线或盘管拉伸方法，可生产长度达1000m以上的铝合金管材。

表23-4是常用铝及铝合金管材的品种和规格范围，表23-5为常用铝及铝合金管材技术标准名称、代号、合金状态和尺寸。

表 23-4 铝及铝合金管材的品种和规格范围

项目 品种	外径或内径 /mm	壁厚 /mm	合 金	状 态	交货长度 /m
厚壁 圆管	250~610	5.0~110	1070、1100、5052、5154、5056、5456、3003	F、O	0.3~0.6
			2017、2024、6351、7075、6061、7A09	T4、T6、F、O	
薄壁 圆管	6~120	0.5~5.0	1070~1100、5052、5154、5056、5456、3003	H14、H18、O	1~6
			2017、2024、6151、6061	T4、T6、O	
矩形管	10~70	1.0~5.0	1070~1100、5052、5154、5056、5456、3003	O、H14、H18	1~6
			2A11、2024、5A02、6A02、2017、6351、6061	T4、T6、O	
滴形管	2.7×11.5 ~115×45	1.0~2.5	1070~1100、5052、5154、5056、5454、3003	O、H14、H18	1~6
			2017、2024、6351、6061	T4、T6、O	

表 23-5 铝及铝合金管材技术标准名称、代号、合金状态和尺寸

技术标准代号和技术标准名称	合 金	状态	规格范围	用 途
GBn221—84 铝及铝合金冷拉管	1070~1100、5A02、5A03、5A05、5A06、5083、3A21、6A02、2A11、2A12、6061	O	见标准	飞机、导弹、火箭、雷达等军工产品
	6A02、2A11、2A12	T4		
	6A02、6061	T6		
	5A02、5A03、5083、5A05	H14		
	1070~1100、5A02、3A21	H18		
GB/T4437.1—2000 铝及铝合金热挤压管， 第一部分：无缝管材	1070~1100、5A02、5A03、5A05、5A06、5083、3A21、2A11、2A12、6A02、7A04、7A09	F	见标准	管坯、石化输导管、管母线、高压容器等
	2A11、2A12、6A02、5A06	O		
	2A11、2A12、6A02	T4		
	6A02、7A04、7A09	T6		
GB/T 6893—2000 工业用铝及铝合金 拉（轧）制管	1070~1100、5A02、5A03、5A05、5A06、5083、3A21、2A11、2A12、6A02	O	见标准	一般工业用
	2A11、2A12、6A02	T4		
	6A02	T6		
	1070~1100、5A02、3A21	H18		
	5A02、5A03、5A05、5A06、5083	H14		
	2A11、2A12（型管）	T6		

23.1.3 铝合金棒材和线材的品种规格

棒材是实心产品。在美国，当横截面是圆的或接近圆而且直径超过 10mm 时，就称为圆棒。当横截面是正方形、矩形或正多边形时，以及当两个平行面之间的垂直距离（厚度）至少有一个超过 10mm 时，可称为非圆形棒。

线材是指这样一种产品，不管它具有什么形状的横截面，它的直径或两个平行面之间的最大垂直距离均应小于 10mm。

棒材（包括圆棒和非圆棒）可由热轧或热挤压方法生产，并且经过或不经过随后的冷加工制成最终尺寸。线材通常经过一个或多个模子拔制生产。只有某些合金用以生产包铝的圆棒或线材，以增加抗腐蚀性，很多铝合金直接加工成棒材及线材。在这些合金中，2011 与 6262 是专门设计供制作螺钉机的产品，而 2117 与 6053 则用于制铆接件与零配件。

2024-T4 合金是螺栓与螺丝的标准材料。1350、6101 与 6201 合金广泛用作电线。5056 合金用作拉链，而 5056 包铝合金，可制作防虫纱窗丝。5083、4043、5056、6061、7005 等合金可制成焊丝。

表 23-6 为常用铝及铝合金棒材（包括线材坯料）的技术标准和合金状态；表 23-7 为常用铝及铝合金棒材（包括线材坯料）的品种、合金状态和规格范围。

表 23-6　铝及铝合金棒材技术标准、合金状态

合　　金	状　态	执行标准
1070、1060、1050A、1035、1100、1200、5A02、5A03、5A05、5A06、5083、5056、3A21	F、O	GB/T 3191—1998
6A02、2A50、2A07、2A08、2A09、2A14、2A02、2A16、4032	F	
2A11、2A12、2A13	F、T4	
7A04、7A09	F、T6	
7A04、7A09、2A11、2A12、2A50、2A14、6A02、2A05、2A14	F	GB/T 3191—1998
2A11、2A12	T4	
7A04、7A09、6A02、2A50、2A14	T6	

表 23-7　常用铝及铝合金棒材品种和规格范围

品　　种	外径或壁厚/mm	合　　金	状　态	交货长度/m
圆　棒	9.0 ~ 610	1070 ~ 1100、5052、5154、5056、5454、3003	F、O	0.5 ~ 6
方　棒	10 ~ 300	6351、2618、2014	O、F、T4、T6	0.5 ~ 6
六角棒	5 ~ 300	2024、2014、6061、7075	F、T6	0.5 ~ 6

23.2　铝合金管、棒、型、线材的生产方式与典型工艺流程

23.2.1　铝合金棒、型、线材的生产方式与工艺流程

23.2.1.1　生产方式

铝及铝合金棒、型、线材的生产方法可分为挤压和轧制两大类。由于品种规格繁多，断面形状复杂，尺寸和表面要求严格，因此，绝大多数采用挤压方法。仅在生产批量较大，尺寸和表面要求较低的中、小规格的棒材和断面形状简单的型材时，才采用轧制方法。铝及铝合金线材主要用挤压法生产的线坯，再进行多模（配模）拉伸（拉丝），也有部分用轧制线坯进行多模拉伸。各种挤压方法在生产铝及铝合金管、棒、型、线材中的应用见表 23-8。

表 23-8　各种挤压方法在管、棒、型、线材生产中的应用情况

挤压方法	制品种类	所需设备特点	对挤压工具要求
正挤压法	棒材、线毛料	普通型、棒挤压机	普通挤压工具
	普通型材	普通型、棒挤压机	普通挤压工具
	管材、空心型材	普通型、棒挤压机	舌形模组合模或随动针
		带有穿孔系统的管、棒挤压机	固定针
	阶段变断面型材	普通型、棒挤压机	专用工具
	逐渐变断面型材	普通型、棒挤压机	专用工具
	壁板型材	普通型、棒挤压机	专用工具
		带有穿孔系统的管、棒挤压机	专用工具

挤压方法	制品种类	所需设备特点	对挤压工具要求
反挤压法	管　材 棒　材 普通型材 壁板型材	带有长行程挤压筒的型、棒挤压机	专用工具
		带有长行程挤压筒，有穿孔系统的管、棒挤压机	专用工具
		专用反挤压机	专用工具
正反向联合挤压法	管　材	带有穿孔系统的管、棒挤压机	专用工具
Confrom 连续挤压	小型型材和管材	Confrom 挤压机	专用工具
冷　挤　压	高精度管材	冷挤压机	专用工具

23.2.1.2　工艺流程

　　铝合金型、棒材的生产工艺流程，常因材料的品种、规格、供应状态、质量要求、工艺方法及设备条件等因素而不同，应按具体条件来合理选择与制定。常用的工艺流程举例如图 23-5 ~ 图 23-7 所示。

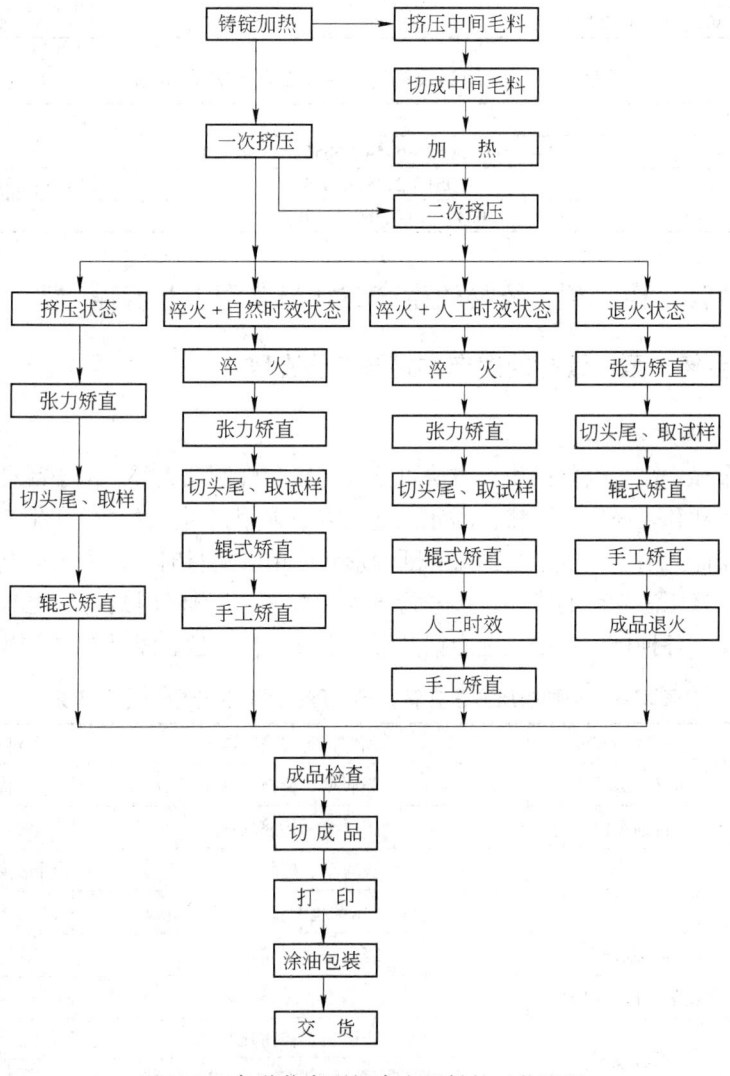

图 23-5　各种状态下铝合金型材的工艺流程

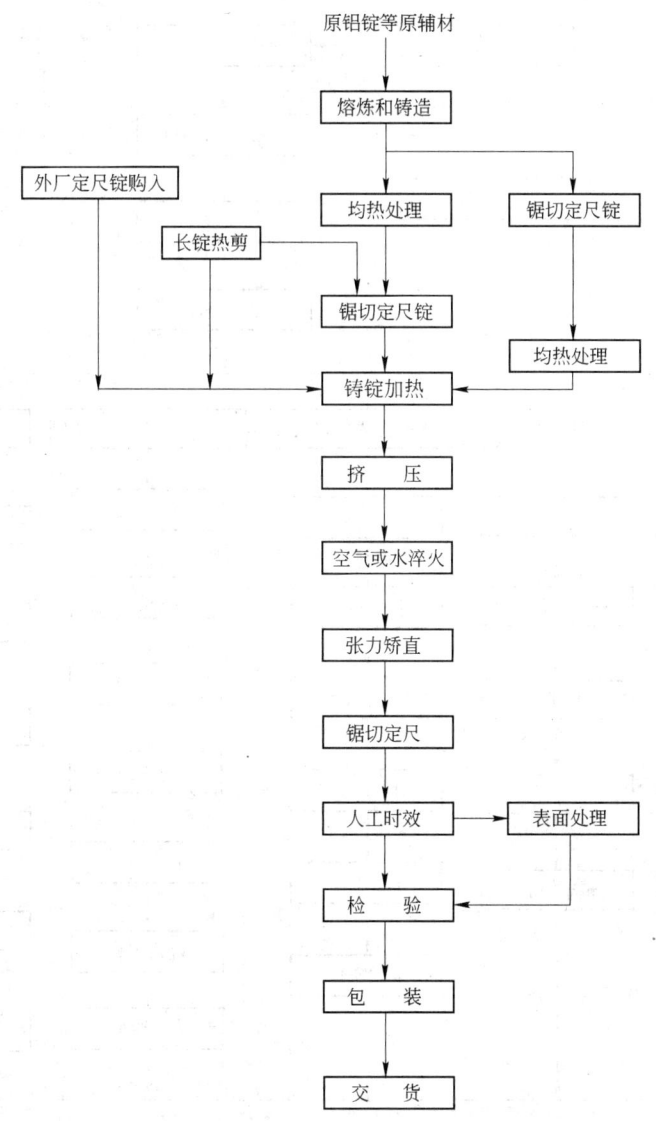

图 23-6　铝合金民用建筑型材工艺流程

23.2.2　铝合金管材的生产方式与工艺流程

23.2.2.1　铝合金管材的生产方法

目前，生产铝及铝合金管材的方法很多，但应用最广泛的仍是挤压，并配合其他冷加工的方法。这是因为用挤压法生产铝合金管及管毛料具有很多优点，有利于提高产品质量、生产效率和降低成本。近年来，连续挤压法和焊接法生产铝合金管材获得了一定的发展。表 23-9 列出了铝及铝合金管材的主要生产方法。

23.2.2.2　铝合金管材生产的工艺特点

铝合金管材生产的工艺特点有：

（1）用于生产管材的铝合金种类很多，按其强度特性和加工性能的不同，一般可分为

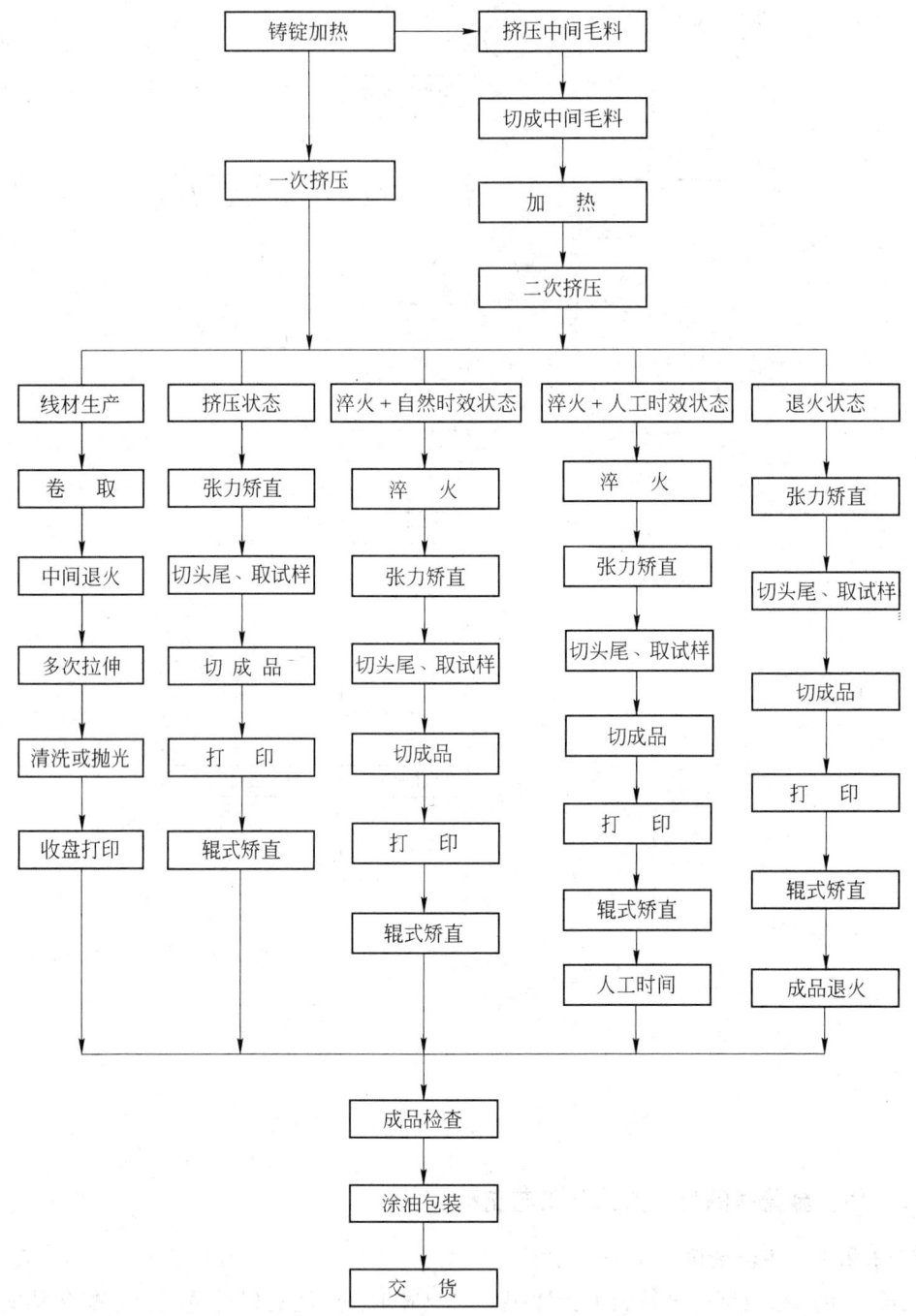

图 23-7　铝及铝合金棒（线坯）材生产工艺流程

纯铝、软铝合金和硬铝合金三大类。纯铝和软合金管材加工容易，道次加工量大，而且表面质量也较好。硬铝合金管材加工则较困难，每道次的冷、热加工量都不宜过大，需要较大的设备能力，表面易出现各种缺陷。因此，操作技术要求较高、工序繁多、生产周期较长、成品率较低、工模具损耗较大、成本较高。

表 23-9 铝及铝合金管材的主要生产方法

主要加工方法	适用范围	主要优缺点
热挤压法（包括热穿孔-热挤压法）	厚壁管、复杂断面管、异型管、变断面管、钻探管	（1）生产周期短、效率高、成品率高、所需设备少、成本较低； （2）品种、规格范围广，可生产复杂断面的异型管和变断面管； （3）管材的尺寸精度和内外表面品质都比较差； （4）可生产各种合金的阶段变断面和逐渐变断面管材
热挤压-拉伸法	直径较大且壁厚较厚的薄壁管	（1）与冷轧法相比，设备投资少、成品率高、成本低； （2）可生产所有规格薄壁管； （3）生产壁厚较厚的软合金管时生产效率比冷轧法的高； （4）生产硬合金和小直径薄壁管时，效率低、生产周期长； （5）机械化程度差、劳动强度大，适用于小工厂
热挤压-冷轧-减径拉伸法，热挤压-冷轧-盘管拉伸法	中、小直径薄壁管和长管	（1）能生产所有规格的薄壁管； （2）冷变形量大、生产周期短； （3）机械化程度高，与热挤压法配合，适于大、中型工厂； （4）设备多且复杂、投资大； （5）盘管拉伸法可生产中小直径任意长度薄壁管，生产效率高
横向热轧-拉伸法，三辊斜轧-拉伸法	软合金大径厚壁管	（1）设备简单、投资少； （2）适于生产大规格软合金管； （3）生产硬合金管困难，生产小规格管时效率低、周期长； （4）机械化程度低、劳动强度大，适于小工厂
热挤压 空心锭 } 横向旋压法或旋压-拉伸法	特大直径薄壁管、中小型异型管及变断面管如旗杆管等	（1）设备简单； （2）能生产特大直径薄壁管； （3）生产效率低、产品品质不稳定，不适于大批生产普通管； （4）旋拉法适于生产软合金大、中、小异型管和逐渐变断面管； （5）专用设备生产效率高
连续挤压法（Conform 和 Castex 连续挤压法）	小直径薄壁长管、软合金异型管	（1）设备简单、投资少； （2）工艺简单、周期短、效率高、成品率高、成本低； （3）无残料挤压、不需加热设备、能耗低； （4）可生产无限长的小直径薄壁管； （5）自动化程度高，可实现全自动连续生产； （6）不能生产大规格异形管和硬合金管
冷挤压法	中小直径薄壁管	（1）设备少、效率高； （2）生产周期短，成品率高； （3）生产硬合金有困难，需要大冷挤压机； （4）工模具寿命短、损耗大、设计与制造困难； （5）产品精度和表面品质高，但品种规格有限

主要加工方法	适 用 范 围	主 要 优 缺 点
焊接-减径拉伸法	大、中直径薄壁管	(1) 效率高、成本低； (2) 适于大、中规格的产品； (3) 有焊缝，只宜作民用制品； (4) 内表面品质较低
冷弯-高频焊接法	各种规格和形状的薄壁管	(1) 效率高、成本低； (2) 可生产各种规格管材（软合金为主）； (3) 可实现全自动化生产； (4) 生产硬铝合金有困难； (5) 有焊缝，主要生产民用产品

（2）各种用途的铝合金管材，对内、外表面品质都有较高的要求。由于铝合金本身的硬度不高，在生产过程中极易磕、碰、擦伤和划道，因此，在各道工序均应轻拿轻放，保护表面。

（3）铝及铝合金管材在冷、热加工中发黏，易黏附在工具上形成各种表面缺陷，在加工中应进行良好的工艺润滑。工模具的表面光洁度和表面硬度都要求较高。

（4）除纯铝可不控制挤压速度外，其他合金都有各自合适的挤压速度范围。因此应选择速度可调的挤压机，同时要严控挤压过程的温度、速度规范，以免产生裂纹。

（5）纯铝和许多铝合金在高温、高压、高真空条件下都易焊合在一起，因而给生产管材创造了有利的条件。平面组合模和舌型模挤压就是利用该特性来生产管材的。这不仅扩大了管材的品种和用途，而且可利用普通型棒材挤压机和实心铸锭来挤压断面十分复杂的管材和多孔管材。

（6）在穿孔和挤压过程中，挤压筒和穿孔针表面都有一层完整的金属，形成均匀的铝套。操作过程中应使这层铝套保持干净和完整，否则会恶化管材的内外表面品质。

（7）为保证管材的尺寸精度，减少偏心，防止断针和损坏其他工具，应尽量保证设备和工具的对中性。

（8）适当的工艺条件下，可采用穿孔挤压、无润滑挤压等方法，来生产高内表面质量的管材。

23.2.2.3 铝合金管材生产的工艺流程

铝及铝合金管材因品种多，产品要求不一样，生产的方式也不同，其工艺流程相差较大。对于厚壁管材，可通过热挤压控制尺寸精度就可满足成品要求，其工艺较简单；而对于薄壁管材，因需要经过挤压后的冷加工方式才可生产出符合要求的管材，故生产工艺及操作技能要求较高。通过热挤压及后续的冷加工方式生产的典型工艺流程见表23-10。

表 23-10　铝合金管材生产的典型工艺流程

工序名称	热挤压厚壁管				挤压-拉伸薄壁管			挤压-冷轧-拉伸薄壁管		
品种状态	F	T4	T6	O	HX3	T4	O	HX3	T4	O
坯料加热	●	●	●	●	●	●	●	●	●	●
热挤压	○	●	●	●	●	●	●	●	●	●
锯切	●	●	●							
车皮、镗孔	●	●	●							
毛料加热	●	●	●							
二次挤压	●	●	●							
张力矫或辊式矫					●	●	●			
切夹头					●	●	●			
中间检查					●	●	●	●	●	●
退火					●	●		●	●	●
腐蚀								●	●	●
刮皮修理								●	●	●
冷轧制								●	●	●
退火								●	●	●
打头					●	●	●	●	●	●
拉伸					●	●	●	●	●	●
淬火		●	●			●			●	
整径										
精整矫直	●	●	●	●	●	●	●	●	●	●
切成品取试样	●	●	●	●	●	●	●	●	●	●
人工时效			●							
成品退火				●			●			●
检查、验收	●	●	●	●	●	●	●	●	●	●
涂油、包装	●	●	●	●	●	●	●	●	●	●
交货	●	●	●	●	●	●	●	●	●	●

24 铝及铝合金挤压生产技术

24.1 挤压成型的特点及分类

24.1.1 挤压成型的特点

挤压成型是对盛在容器（挤压筒）内的金属锭坯施加外力，使之从特定的模孔中流出，从而获得所需断面形状和尺寸的一种塑性加工方法，如图 24-1 所示。

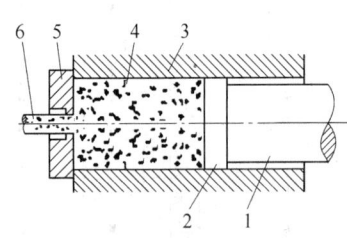

图 24-1 金属挤压的基本原理
1—挤压轴；2—挤压垫片；3—挤压筒；
4—坯料；5—挤压模；6—挤压制品

大约在 1797 年，英国人布拉曼（S. Braman）设计了世界上第一台用于铝挤压的机械挤压机。1879 年，法国人 Borel 和德国人 Wesslau 先后开发成功铅包覆电缆生产工艺，成为世界上采用挤压法制备复合材料的开端。1903 年和 1906 年，美国人 G. W. Lee 申请并公布了铝、铜冷挤压专利。1910 年，出现了专用的铝材挤压机，铝及铝合金材料的挤压工业和挤压技术获得了飞速的发展。

挤压成型法的优点：

（1）提高金属的变形能力。金属在挤压变形区中处于强烈的三向压应力状态，可以充分发挥其塑性，获得大变形量。例如，纯铝的挤压比可以达到 500。

（2）制品综合质量高。挤压变形可以改善金属材料的组织，提高其力学性能，特别是对于一些具有挤压效应的铝合金，其挤压制品在淬火时效后，纵向（挤压方向）力学性能远高于其他加工方法生产的同类产品。

（3）产品范围广。挤压加工不但可以生产断面形状简单的管、棒、线材，而且还可以生产断面形状非常复杂的实心和空心型材、制品断面沿长度方向分阶段变化的和逐渐变化的变断面型材。

（4）生产灵活性大。挤压加工具有很大的灵活性，只需更换模具就可以在同一台设备上生产形状、尺寸规格和品种不同的产品。且更换工模具的操作简单方便、费时小、效率高。适合于多品种、多规格、小批量材料的生产。

（5）工艺流程简单、设备投资少。相对于穿孔轧制、孔型轧制等管材与型材生产工艺，挤压生产具有工艺流程短、设备数量与投资少等优点。

挤压成型法的缺点：

（1）制品组织性能不均匀。由于挤压时金属的流动不均匀（在无润滑正向挤压时尤为严重），致使挤压制品存在表层与中心、头部与尾部的组织性能不均匀现象。特别是 6A02、2A50、2A70 等合金的挤压制品，在热处理后表层晶粒显著粗化，形成一定厚度的粗晶环。

（2）挤压工模具的工作条件恶劣、工模具耗损大。

（3）生产效率较低。除近年来发展的连续挤压法外，常规的各种挤压方法均不能实现连续生产。

（4）几何废料损失较大。每次挤压后都要留下挤压残料（或压余）和切除制品的头、尾等，几何废料量有时可达铸锭质量的 10% ~ 15% 。

24.1.2 挤压方法的分类

根据各种挤压方法的特点，可以将挤压方法分为复合坯料挤压、润滑挤压、Conform 连续挤压、等温挤压、水封挤压、冷却模挤压、高速挤压、高效反向挤压、粉末挤压、半固态挤压、多坯料挤压、扁挤压筒挤压、组合模挤压、变断面挤压、固定垫片挤压等多种挤压方法和挤压技术。现代化挤压成型技术在铝及铝合金材料的研制生产中得到了极其广泛的应用。图 24-2 所示为在铝工业上广泛应用的几种主要挤压方法：正挤压法、反挤压法、管材挤压法、连续挤压法的示意图。

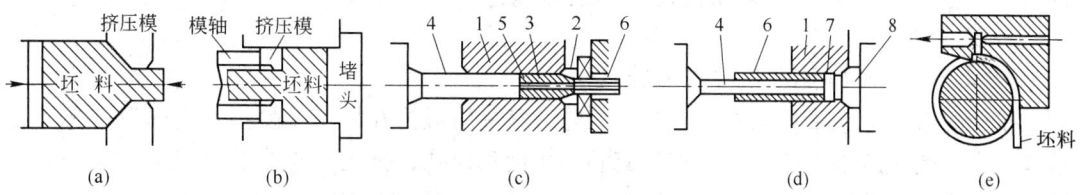

图 24-2　铝加工中常用的挤压方法

（a）正挤压法；（b）型棒反向挤压法；（c）管材正挤压法；（d）管材反挤压法；（e）Conform 连续挤压法
1—挤压筒；2—模子；3—穿孔针；4—挤压轴；5—锭坯；6—管材；7—垫片；8—堵头

根据挤压筒内金属的应力-应变状态、金属流动方向、润滑状态、挤压温度、挤压速度和设备的结构形式、工模具的种类或结构以及坯料的形状或数目、制品的形状或数目等的不同，挤压成型方法可分为如表 24-1 所示的多种方法。

表 24-1　挤压方法的分类

依　据	分　类	依　据	分　类
按挤压方向分	正向挤压（正挤压）	按变形特征分	平面变形挤压
	反向挤压（反挤压）		轴对称变形挤压
	侧向挤压		一般三维变形挤压
按润滑状态分	无润滑挤压（黏着摩擦挤压）	按坯料形状或数目分	圆坯料挤压（圆挤压筒挤压）
	润滑挤压（常规润滑挤压）		扁坯料挤压（扁挤压筒挤压）
	玻璃润滑挤压		多坯料挤压
	理想润滑挤压（静液挤压）		复合坯料挤压
按挤压温度分	冷挤压	按挤压速度分	低速挤压（普通挤压）
	温挤压		高速挤压
	热挤压		冲击挤压（超高速挤压）

续表 24-1

依 据	分 类	依 据	分 类
按模具种类或模具结构分	立式挤压	按制品形状或数目分	棒材挤压
	卧式挤压		管材挤压
	Conform 连续挤压		实心型材挤压
按设备形式分	平模挤压		空心型材挤压
	锥模挤压		变断面型材挤压
	分流模挤压		单制品挤压（单孔模挤压）
	带穿孔针挤压（又可分为固定针挤压和随动针挤压）		多制品挤压（多孔模挤压）

24.2 铝合金挤压的变形特性及受力状态

24.2.1 挤压时金属的流动特性及应力应变状态

24.2.1.1 挤压时金属的流动特性

挤压时金属的流动情况一般可分为三阶。第一阶段为开始挤压阶段，又称为填充挤压阶段。金属受挤压轴的压力后，首先充满挤压筒和模孔，挤压力直线上升直至最大。第二阶段为基本挤压阶段，也称平流挤压阶段。当挤压力达到突破压力（高峰压力），金属开始从模孔流出瞬间即进入此一阶段。一般来说，在此阶段中金属的流动相当于无数同心薄壁圆管的流动，即铸锭的内外层金属基本上不发生交错或反向的紊乱流动。靠近挤压垫片和模子角落处的金属不参与流动而形成难变形的阻滞区或死区，在此阶段中挤压力随着锭坯的长度减少而下降。第三阶段为终了挤压阶段，或称紊流挤压阶段。在此阶段中，随着挤压垫片（已进入变形区内）与模子间距离的缩小，迫使变形区内的金属向着挤压轴线方向由周围向中心发生剧烈的横向流动，同时，两个死区中的金属也向模孔流动，形成挤压加工所特有的"挤压缩尾"等缺陷。在此阶段中，挤压力有重新回升的现象。此时应结束挤压操作过程。

24.2.1.2 铝合金挤压时的应力应变状态

A 挤压时金属的应力应变状态

挤压时，金属的应力和变形是十分复杂的，并随着挤压方法和工艺条件而变化。简单的挤压过程，即单孔平模正挤压圆棒材时的外力、应力和变形状态如图 24-3 所示。

挤压金属所受外力有：挤压轴的正压力 p；挤压筒壁和模孔壁的作用力 p'；在金属与垫片、挤压筒及模孔接触面上的摩擦力 T，其作用方向与金属的流动方向相反。这些外

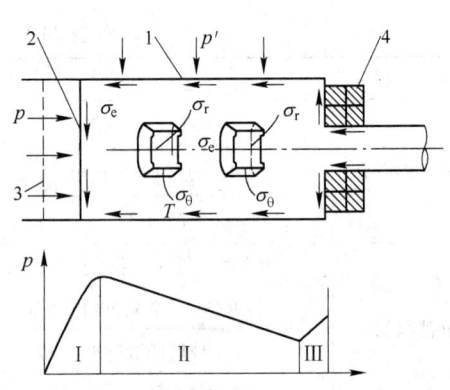

图 24-3 挤压时的外力、应力和变形状态图
1—挤压筒；2—挤压垫片；3—填充挤压前垫片的原始位置；4—模子；
p—挤压力；Ⅰ—填充挤压阶段；
Ⅱ—平流阶段；Ⅲ—紊流阶段

力的作用就决定了挤压时的基本应力状态是三向压应力状态。这种应力状态对利用和发挥金属的塑性是极其有利的。其中轴向压应力为 σ_e、径向压应力为 σ_r、周向或环形压应力为 σ_θ。

挤压时的变形状态为：一维延伸变形，即轴向变形 ε_e；二维压缩变形，即径向变形 ε_r 及周向变形 ε_θ。

B　变形不均匀性与残余应力

由于变形状态的不均匀性，在挤压结束后，制品中会产生残余应力。同时，由于塑性变形区各部分的温度不均，在挤压制品中也会产生残余应力。但是，温度不均匀性产生残余应力比较小。因此，可以认为，挤压制品中的残余应力主要由不均匀变形引起的。

在大多数挤压过程中，周边层的主拉伸变形要比中心层大。因此，从模孔中流出来的挤压制品内，中心层产生了纵向压缩应力，而其周边层则产生残余拉伸应力。在挤压（未进行随后加工）的圆棒中，纵向残余应力的分布特征如图 24-4 所示。

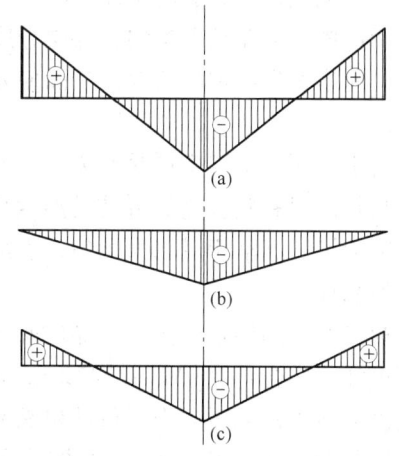

图 24-4　挤压棒材中残余应力的分布示意图
(a) 纵向；(b) 径向；(c) 切向

热挤压时，由于挤压制品的随后冷却，往往会改变上述的应力状态，这种改变有时是十分明显的。例如，当缓慢的冷却时，常可导致类似于进行低温退火时的结果，即可能使残余应力几乎完全消除。在比表面积不大的型材中，由于热惯性大，出现这种缓慢冷却形式的可能性就较大。

在挤压大直径棒材和厚壁型材时，除了因组织转变所引起的应力状态的改变外，由于周边层和中心层冷却的不均，也可能产生新的残余应力。

不对称型残余应力的直接结果是使挤压制品产生翘曲。

24.2.2　铝合金挤压制品的组织与力学性能

24.2.2.1　铝合金挤压制品的组织

A　挤压制品组织不均匀性

就实际生产中广泛采用的普通热挤压而言，挤压制品的组织与其他加工方法（例如轧制、锻造）相比，其特点是在制品的断面与长度方向上都不均匀，一般是头部晶粒很大，尾部晶粒细小；中心晶粒粗大，外层晶粒细小（热处理后产生粗晶环的制品除外）。但是，在挤压铝和软铝合金一类低熔点合金时，由于后述的原因，也可能制品中后段的晶粒度比前端大。挤压制品组织不均匀性的另一个特点是部分铝合金挤压制品表面出现粗大晶粒组织。铝合金挤压制品的前端中心部分，由于变形不足，特别是在挤压比很小（$\lambda < 5$）时，常保留一定程度的铸造组织。因此，生产中按照型材壁厚或棒材直径的不同，规定在前端切去 $100 \sim 300 \mathrm{mm}$ 的几何废料。

在挤压制品的中段主要部分上，当变形程度较大时（$\lambda \geqslant 10$），其组织和性能基本上是均匀的。变形程度较小时（$\lambda \leqslant 6$），其中心和周边上的组织特征仍然是不均匀的，而且变形程度越小，这种不均匀性越大。

B　粗晶环组织

如上所述，挤压制品组织的不均匀性还表现在某些铝合金在挤压或随后的热处理过程中，在其外层出现粗大晶粒组织，通常称之为粗晶环。

根据粗晶环出现的时间，可将其分为两类。第一类是在挤压过程中即已形成的粗晶环，例如纯铝挤压制品的粗晶环等。这类粗晶环的形成原因是由于模子形状约束与外摩擦的作用造成金属流动不均匀，外层金属所承受的变形程度比内层大，晶粒受到剧烈的剪切变形，晶格发生严重的畸变，从而使外层金属再结晶温度低，发生再结晶并长大，形成粗晶组织。

由于挤压不均匀变形是绝对的，因此任何一种挤压制品均有出现第一类粗晶环的倾向，只是由于有些合金的再结晶温度比较高，在挤压温度下不易产生再结晶和晶粒长大，或者因为挤压流动相对较为均匀，不足以使外周层金属的再结晶温度明显降低，而不容易出现粗晶环。

第二类粗晶环是在挤压制品的热处理过程中形成的，例如含 Mn、Cr、Zr 等元素的热处理可强化铝合金（2A11、2A12、2A02、6A02、2A50、2A14、7A04 等）。这些铝合金制品在淬火后，常可出现为严重的粗晶环组织。这类粗晶环的形成原因除与不均匀变形有关外，还与合金中含 Mn、Cr 等抗再结晶元素有关。

C　层状组织

所谓层状组织，也称片层状组织，其特征是制品被折断后，呈现出与木质相似的断口，分层的断口表面凹凸不平，分层方向与挤压制品轴向平行，继续塑性加工或热处理均无法消除这种层状组织。层状组织对制品纵向（挤压方向）力学性能影响不大，而使制品横向力学性能降低。例如，用带有层状组织的材料做成的衬套所能承受的内压要比无层状组织的材料低 30% 左右。

24.2.2.2　铝合金挤压制品的力学性能

A　力学性能的不均匀性

挤压制品的变形和组织不均匀性必然相应地引起力学性能不均匀性。一般来说，实心制品（未经热处理）的心部和前端的强度（σ_b、σ_s）低，伸长率高，而外层和后端的强度高，伸长率低。

但对于挤压纯铝、软铝合金（3A21 等）来说，由于挤压温度较低，挤压速度较快，挤压过程中可能产生温升，同时挤压过程中所产生的位错和亚结构较少，因而挤压制品力学性能不均匀性特点有可能与上述情况相反。

挤压制品力学性能的不均匀性也表现在制品的纵向和横向性能差异上。

B　挤压效应

挤压效应是指某些铝合金挤压制品与其他加工制品（如轧制、拉伸和锻造等）经相同的热处理后，前者的强度比后者高，而塑性比后者低。这一效应是挤压制品所独有的特征，表 24-2 所示为几种铝合金经不同加工方法经相同淬火时效后的抗拉强度值。

表 24-2　几种铝合金经不同加工方式再经相同淬火时效后的抗拉强度值

制　品	6A02	2A14	2A11	2A12	7A04
轧制板材/MPa	312	540	433	463	497
锻件/MPa	367	612	509		470
挤压棒材/MPa	452	664	536	574	519

挤压效应可以在硬铝合金（2A11、2A12）、锻铝合金（6A02、2A50、2A14）和 Al-Cu-Mg-Zn 高强度铝合金（7A04、7A06）中观察到。应该指出的是，这些合金挤压效应只是用铸造坯料挤压时才十分明显。再经过二次挤压（即用挤压坯料进行挤压）后，这些合金的挤压效应将减少，并在一定条件下几乎完全消除。

24.2.3　挤压力的计算方法

24.2.3.1　挤压力-挤压轴行程曲线

挤压力是挤压过程最重要的参数之一。为了选择合适的设备，拟订合理的工艺，设计先进而合理的模具和工具等，都必须精确地计算挤压力的大小。

在挤压过程中，挤压力是随着变形金属的体积、金属与挤压筒之间的接触表面状态、接触摩擦应力、挤压的温度、速度规范以及其他条件变化而不断发生变化的。这种变化可用挤压力-挤压轴行程图来表示，这种图形通常称为"示功图"。如图 24-5 所示，图中 1 和 2 分别表示正挤压时和反挤压时的力与功的消耗曲线。比较两条曲线的变化情况，明显地反映了挤压过程中摩擦力的变化规律。反挤压时，由于摩擦力减少，因此其最大挤压力比正挤压力小。同时，根据这种实测曲线，可以说明挤压力是由克服金属变形所需的力和克服各种摩擦所需的力两大部分组成的。

24.2.3.2　挤压力的组成

铝合金在稳流阶段（基本挤压阶段）的受力状态如图 24-6 所示，包括挤压筒壁、模子锥面和定径带表面作用在金属上的正压力和摩擦力，以及挤压轴通过挤压垫片作用在金属上的挤压力。

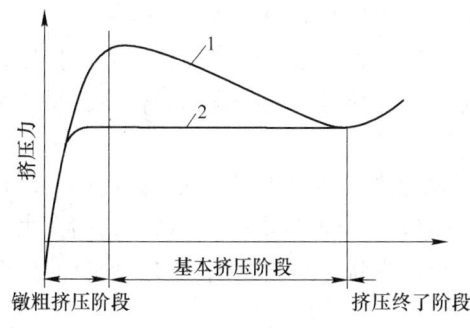

图 24-5　全挤压力变化图（示功图）

1—正挤压；2—反挤压

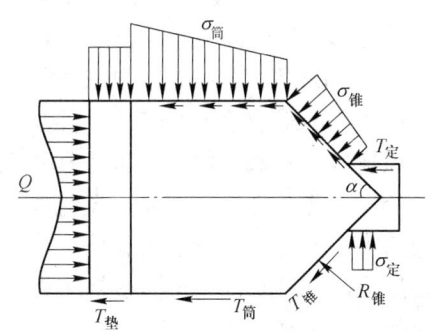

图 24-6　正挤压时基本阶段金属受力情况

在一般情况下，全挤压力 P 主要由以下各分力组成：

$$P = R_{锥} + T_{锥} + T_{筒} + T_{定} + T_{垫} + Q + I \tag{24-1}$$

式中 $R_{锥}$——用以平衡阻碍金属基本变形的内摩擦力，即基本变形力；

$T_{锥}$——用以平衡变形区压缩锥侧表面上所产生的摩擦力；

$T_{筒}$——当存在摩擦力的情况下，用以平衡挤压筒和穿孔针侧表面所产生的摩擦力；

$T_{定}$——用以平衡挤压模具的工作带表面上所产生的摩擦力；

$T_{垫}$——用以平衡金属与挤压垫片接触表面上所产生的摩擦力；

Q——用以平衡反压力或拉力的一种分力；

I——在高速冲击挤压过程中，用以平衡惯性力。

在一般的挤压过程中，$T_{垫}$、Q、I 这 3 个分力可以忽略不计，因此，式(24-1)可简化为：

$$P = R_{锥} + T_{锥} + T_{筒} + T_{定} \tag{24-2}$$

24.2.3.3 影响挤压力的主要因素

影响挤压力的主要因素有：

(1) 合金的本性和变形抗力。一般来说，挤压力与挤压时合金的变形抗力成正比关系。但由于合金性质的不均匀性，往往不能保持严格的线性关系。

(2) 坯料的状态。坯料内部组织性能均匀时，所需的挤压力较小；经充分均匀化退火的铸锭比不进行均匀化退火的挤压力较低；经一次挤压后的材料作为二次挤压的坯料时，在相同工艺条件下，二次挤压时所需的单位挤压力比一次挤压的大。

(3) 坯料的形状与规格。坯料的形状与规格对挤压力的影响实际上是通过挤压筒内坯料与筒壁之间的摩擦阻力而产生作用的。坯料的表面积越大，与筒壁的摩擦阻力就越大，因而挤压力也就越大。在不同挤压条件下，坯料与筒壁之间的摩擦状态不同，坯料的形状与规格对挤压力的影响规律也不同。正向无润滑热挤压时，坯料与筒壁之间处于常摩擦应力状态，随坯料长度的减小，挤压力线性减小。但当挤压过程中坯料长度上有温度变化时，一般为非线性曲线。

带润滑正挤压、冷挤压、温挤压时，由于接触表面正压力沿轴向非均匀分布，故摩擦应力也非均匀分布，挤压力与坯料长度之间一般为非线性关系。

(4) 工艺参数的影响：

1) 变形程度。通常挤压力与变形程度的对数成正比的关系。

2) 变形温度。变形温度对挤压力的影响是通过变形抗力的大小反映出来的。一般来说，随变形温度升高，变形抗力下降，所需挤压力减少，但一般为非线性关系。

3) 变形速度。变形速度也是通过变形抗力的变化影响挤压力的。冷挤压时，挤压速度对挤压力的影响较小。热挤压时，挤压过程无温度、外摩擦等的变化的条件下，挤压力与挤压速度（对数比例）之间呈线性关系。

(5) 外摩擦条件的影响。随外摩擦的增加，金属流动不均匀程度增加，因而所需的挤压力增加。同时，由于金属和挤压筒、挤压模、挤压垫片之间的摩擦阻力增加，而大大增加挤压力。一般来说，正向热挤压铝合金时因坯料与挤压筒之间的摩擦阻力而比反向热挤压时的挤压力高 25% ~ 35%。

(6) 模子形状与尺寸的影响：

1) 模角的影响。模角对挤压力的影响，主要表现在变形区及变形区锥表面，而克服金属与筒壁间的摩擦力及定径带上的摩擦力所需的挤压力与模角无关。在一定的变形条件下，如图24-7所示，随着模角 α 的增大，变形区内变形所需的挤压力分量 R_M 增加，这是由于金属流入和流出模孔时的附加弯曲变形增加的原因，但用于克服模子锥面上摩擦阻力的分量 T_M 由于摩擦面积的减小而下降。以上两个方面因素综合作用的结果，使 $R_M + T_M$ 在某一模角 α_{opt} 下为最小，从而总的挤压力也在 α_{opt} 为最小，α_{opt} 称为最佳模角。过去一般认为，挤压最佳模角一般在 $45° \sim 60°$ 的范围内。理论分析表明，最佳模角与挤压变形程度（$\varepsilon_e = \ln\lambda$）之间具有如下关系：

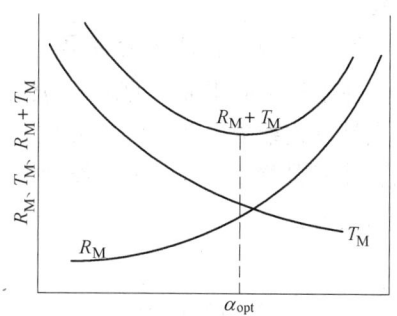

图 24-7 挤压力分量与圆锥模
模角的关系

$$\alpha_{opt} = \arccos \frac{1}{1 + \varepsilon_e} = \arccos \frac{1}{1 + \ln\lambda} \tag{24-3}$$

2）模面形状。关于模面形状对金属流动均匀性和挤压力的影响的研究表明，采用合适的模面形状能大大改善金属流动的均匀性，降低挤压力。对于铝及铝合金，由于大多数情况下为无润滑挤压，一般采用平面模或大角度锥模挤压；而对于各种材料零部件的冷挤压、温挤压成型，采用合适形状的曲面模挤压，以改善金属的挤压性，降低挤压生产能耗，有其重要意义。

3）定径带长的影响。随着定径带长度的增加，克服定径带摩擦阻力所需的挤压力增加。消耗在定径带上的挤压力分量为总挤压力的 $5\% \sim 10\%$。

4）其他因素的影响。挤压模的结构、模孔排列位置等对挤压力也有较大的影响。当挤压条件相同时，采用桥式模挤压空心材比采用分流模挤压的挤压力下降30%。采用多孔模挤压时，模孔的排列位置对挤压力也有一定影响。

（7）制品断面形状的影响。在挤压变形条件一定的情况下，制品断面形状越复杂，所需的挤压力越大。制品断面的复杂程度可用系数 f_1、f_2 来表示。

$$f_1 = \frac{型材断面周长}{等断面圆周长} \tag{24-4}$$

$$f_2 = \frac{型材的外切圆面积}{型材断面积} \tag{24-5}$$

f_1、f_2 称为型材断面形状复杂系数。只有当 $f_1 > 1.5$ 时，制品断面形状对挤压力才有明显的影响。此外，如以 $f_1 f_2$ 的大小来衡量，则当 $f_1 f_2 \leqslant 2.0$ 时，断面形状对挤压力的影响很小。例如，挤压正方形棒（$f_1 f_2 = 1.77$）和六角棒（$f_1 f_2 = 1.27$）所需的挤压力，与挤压等断面圆棒的挤压力几乎相等。

（8）挤压方法。不同的挤压方法所需的挤压力不同。反挤压比同等条件下正挤压所需的挤压力低 $30\% \sim 40\%$ 以上；侧向挤压比正挤压所需的挤压力大。此外，采用有效摩擦挤压、静液挤压、连续挤压比正挤压所需的挤压力要低得多。

（9）挤压操作。除了上述影响挤压力的因素外，实际挤压生产中，还会因为工艺操作和生产技术等方面的原因而给挤压力的大小带来很大的影响。例如，由于加热温度不均匀，挤压速度太慢或挤压筒加热温度太低等因素，可导致挤压力在挤压过程中产生异常的变化。

24.2.3.4 挤压力的计算

在生产中应用最多的是经验公式。经验算式是根据大量实验结果建立起来的，其最大优点是算式结构简单，应用方便；其缺点是不能准确反映各挤压工艺参数对挤压力的影响，计算误差较大。在工艺设计中，经验算式可用来对挤压力进行初步估计。最典型的经验算式为：

$$p = a + b\ln\lambda \tag{24-6}$$

式中　p——单位挤压力；

　　　a，b——与挤压条件有关的实验常数；

　　　λ——挤压系数。

由于式（24-6）中 a、b 的正确选定往往比较困难，推荐采用如下半经验算式进行估算：

$$p = abk_f\sigma_s\left(\ln\lambda + \mu\frac{4L_t}{D_t - d_z}\right) \tag{24-7}$$

式中　σ_s——变形温度下静态拉伸时的屈服应力；

　　　μ——摩擦系数，无润滑热挤压可取 $\mu = 0.5$，带润滑热挤压可取 $\mu = 0.2 \sim 0.25$，冷挤压可取 $\mu = 0.1 \sim 0.15$；

　　　D_t——挤压筒直径；

　　　d_z——穿孔针的直径，棒材或实心型材挤压时 $d_z = 0$；

　　　L_t——坯料填充后的长度，作为近似估算，可用坯料的原始长度 L_0 计算；

　　　λ——挤压系数；

　　　a——合金材质修正系数，可取 $a = 1.3 \sim 1.5$，其中硬合金取下限，软合金取上限；

　　　b——制品断面形状修正系数，简单断面棒材或圆管挤压时，取 $b = 1.0$；

　　　k_f——修正系数，对于断面形状较为复杂的异型材挤压，按式（24-4）计算型材断面复杂程度系数 f_1 的大小，参考表24-3，查取修正系数 k_f，取 $b = 1.1 \sim 1.6$。

表 24-3　型材挤压力计算时的修正系数 k_f

型材断面复杂程度系数 f_1	≤1.1	1.2	1.5	1.6	1.7	1.8	1.9	2.0	2.25	2.5	2.75	≥4.0
修正系数 k_f	1.0	1.05	1.1	1.17	1.27	1.35	1.4	1.45	1.5	1.53	1.55	1.6

24.2.3.5 穿孔力的计算

采用实心锭穿孔挤压管材时，通常是在填充挤压后再开始穿孔。在穿孔开始阶段，因为此时向后流动的阻力较小，所以金属向后流动。因此，为了减小穿孔负荷，延长穿孔针的寿命，填充挤压后，应使挤压轴稍向后移动，以减少金属向后流动的阻力。随着穿孔深度的增加，穿孔所需的力迅速增大，如图24-8所示。这是因为随着穿孔深度的增加，金属向后流的阻力增大，同时穿孔针侧表面所受的摩擦阻力也增大。当穿孔深度 l_z 达到一定值（l_a）时，作用在针前端面上的力足以使针前面的一个金属圆柱体与坯料之间产生完全剪断而做刚体运动。这个圆柱体即穿孔料头，此时的穿孔力达到最大。

当穿孔力达到最大时的穿孔深度 l_a 确定后，即可用如下方法确定最大穿孔力 P_z。通

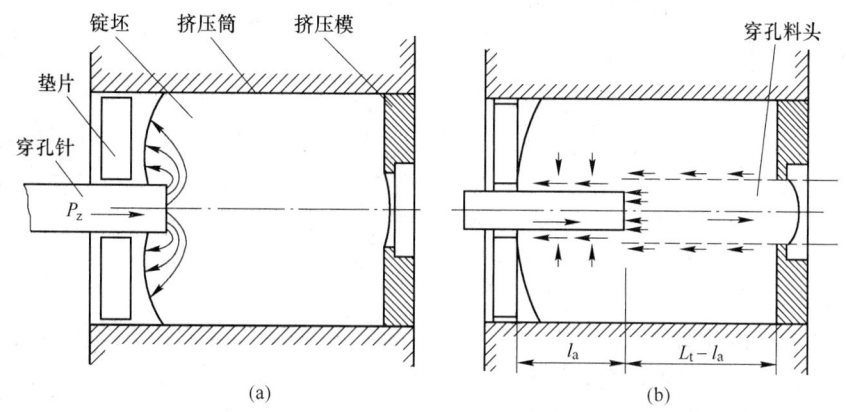

图 24-8　穿孔过程中金属流动和穿孔针受力情况

（a）穿孔开始阶段金属流动；（b）穿孔力达到最大时金属流动与穿孔针受力情况

常按以下方式计算：

$$P_z = Z \frac{\pi d_2}{2} \sigma_s \left[(L_t - l_a) \frac{d}{d_z} + l_a \right] \tag{24-8}$$

$$\sigma_z = Z \frac{2}{d_z} \sigma_s \left[(L_t - l_a) \frac{d}{d_z} + l_a \right] \tag{24-9}$$

而

$$Z = 1 + \frac{39.12 \times 10^{-7} \lambda' \Delta T t}{D_t \left(1 - \dfrac{d_z}{D_t}\right)} \tag{24-10}$$

式中　ΔT——针与锭的温差，℃；

　　　t——由填充开始到穿孔终了时间，s；

　　　λ'——金属的热导率。

24.3　铝及铝合金挤压工艺与生产技术

24.3.1　铝及铝合金挤压生产工艺

24.3.1.1　挤压的变形指数与主要工艺参数

A　挤压的主要变形指数

a　挤压系数 λ

挤压成型过程中，金属变形量的大小通常用挤压系数（挤压比）λ 或变形程度 ε 来表示。

$$\lambda = \frac{F_筒}{F_制} \tag{24-11}$$

$$\varepsilon = \frac{F_筒 - F_制}{F_筒} \times 100\% \tag{24-12}$$

式中　$F_筒$，$F_制$——挤压筒和挤压制品的截面面积。

λ 与 ε 之间的关系为：

$$\varepsilon = \frac{F_筒 - F_制}{F_筒} = 1 - \frac{F_制}{F_筒} = 1 - \frac{1}{\lambda} \qquad (24\text{-}13)$$

即
$$\lambda = \frac{1}{1 - \varepsilon} \qquad (24\text{-}14)$$

b　填充系数

在选择铸锭直径时，应考虑其直径偏差和加热后的热膨胀。铸锭的外径必须小于挤压筒的直径，而空心铸锭的内径应大于挤压针的外径，才能保证铸锭加热后，顺利装入挤压筒和挤压针中进行挤压。铸锭与挤压筒和挤压针之间的间隙量与铸锭的合金种类、热膨胀量、装料方式、挤压机类型等有关，一般取 2～30mm，小挤压机取下限，大挤压机取上限，空心锭挤压时取下限，实心锭挤压时取上限。

在生产中，把挤压筒断面积 $F_筒$ 与铸锭断面积 $F_锭$ 之比 K 称为填充系数或镦粗系数，即

$$K = \frac{F_筒}{F_锭} \qquad (24\text{-}15)$$

在铝材挤压生产中，一般取 $K = 1.02～1.12$，K 值过小，加热后的铸锭与挤压筒（或挤压针）之间间隙量较小，送锭就较困难。K 值过大，有可能增加制品低倍组织和表面上的缺陷，尤其是挤压管材时，铸锭的对中性差，且影响挤压针上的润滑效果，将严重降低管材的内表面质量和增大管材的壁厚差。在挤压大断面型材和大径棒材时，为了提高挤压制品的力学性能，特别是横向性能，需要增大预变形量，此时 K 值可高达 1.5～1.6。

c　分流比 K_1

通常把各分流孔的断面积与型材断面积之比称为分流比 K_1，即

$$K_1 = \frac{\sum F_分}{\sum F_型} \qquad (24\text{-}16)$$

式中　$\sum F_分$——各分流孔的总断面积，mm^2；

　　　$\sum F_型$——型材的总断面积，mm^2。

有时为了反映分流组合模挤压二次变形的本质，先求出分流孔断面积 $\sum F_分$ 与焊合腔断面积 $\sum F_焊$ 的比值 K_2，$K_2 = \dfrac{\sum F_分}{\sum F_焊}$，然后求出焊合腔断面 $\sum F_焊$ 与型材断面积 $\sum F_型$ 之比 K_3，即

$$K_3 = \frac{\sum F_焊}{\sum F_型}$$

则
$$K_1 = K_2 \times K_3 \qquad (24\text{-}17)$$

K_1 值越大，越有利于金属流动与焊合，也可减小挤压力。因此，在模具强度允许的范围内，应尽可能选取较大的 K_1 值。在一般情况下，对于生产空心型材时，取 $K_1 = 10～30$，对于生产管材时，取 $K_1 = 8～15$。

B 挤压生产的主要工艺参数

挤压生产的主要工艺参数有：挤压系数、挤压温度、挤压速度、挤压力（比压）、工艺润滑、模具孔数、挤压筒和铸锭尺寸以及工模具加热温度、压余（残料）长度等。

主要工艺参数将在后文分别进行讨论。

C 铝及铝合金的可挤压性指数

影响金属可挤压性的因素有挤压坯料、挤压工艺、模具质量等，如图 24-9 所示。

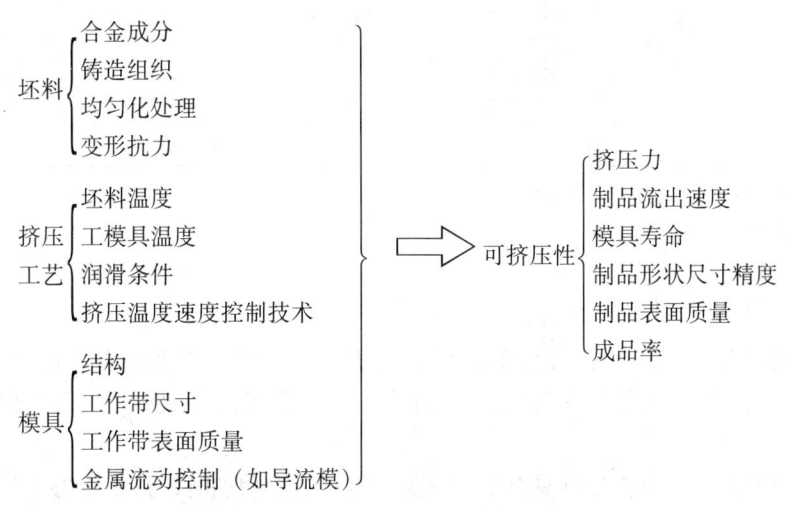

图 24-9 影响金属可挤压性的因素

表 24-4 为各种铝合金的可挤压性指数（也称为可挤压性指标）与挤压条件范围。可挤压性指数是以 6063 的指数为 100 时的相对经验数值，不同的生产厂家，尤其是不同的挤压条件（包括型材的断面形状与尺寸、挤压模的设计等）下，可挤压性指数的大小存在一定程度的差异。

表 24-4 铝及铝合金的可挤压性与可挤压条件

合　金	可挤压性指数[①]	挤压温度/℃	挤压系数 λ	制品流出速度/m·min^{-1}	可否分流模挤压
1100	150	400~500	~500	25~100	可
1200	125	400~500	~500	25~100	可
2011	30	370~480	6~30	1.5~6	不可
2014、2017	20				
2024	15				
3003、3004	100	400~480	6~30[②]	1.5~30	可
3203	100	400~480	6~30	1.5~30	可
5052	60	400~500		1.5~30	不可
5056、5083	25	420~480		1.5~10	
5086	30	420~480	6~30	1.5~10	
5454	50	420~480		1.5~30	
5456	20	420~480		1.5~10	

合　金	可挤压性指数[①]	挤压温度/℃	挤压系数 λ	制品流出速度/m·min⁻¹	可否分流模挤压
6061、6151	70			1.5~30	
6N01	90	430~520	30~80[③]	15~80	可
6063、6101	100			15~80[③]	
7001、7178	7	430~500	6~30	1.5~5.5	不可
7003	80	430~500	6~30	1.5~30	可[④]
7075	10	360~440		1.5~5.5	不可
7079	10	430~500	6~30	1.5~5.5	不可
7N01	60	430~500		1.5~30	可[④]

① 6063 的可挤压指数为 100 时的相对值;

② 3003 可达 100;

③ 6063 可达 150;

④ 大断面型材的挤压较困难。

挤压系数主要视挤压压力(俗称比压)的大小、生产率以及设备的能力(吨位)而定。最大可能的挤压力除受设备能力限制外,大多数场合往往受工具的强度、寿命的限制。

挤压速度与合金的可挤压性具有密切关系。挤压速度增加时,挤压压力上升。软铝合金挤压速度一般可达 20m/min 以上,部分型材的挤压速度高达 80m/min 以上。中高强度铝合金挤压速度过高时,制品的表面质量显著恶化,故其挤压速度通常设定在 20m/min 以下。

为了确保制品的表面质量,铝及铝合金通常采用无润滑挤压。无润滑与平模相结合,可以在挤压模与挤压筒交叉的角落处形成较大的流动死区,阻止坯料表皮流入制品表面。对表面质量要求特别高的场合,可将加热好了的坯料在挤压前进行剥皮,以消除氧化表皮及油污流入制品的可能性。

24.3.1.2　铝及铝合金挤压生产工艺编制

A　铝及铝合金编制挤压工艺的原则

制定工艺的主要原则是在保证产品质量的前提下,尽量做到成品率高,生产效率高,材料和能量消耗低,并有利于合理分配设备负荷量。

B　铝及铝合金挤压生产工艺编制的程序

a　棒材和普通型材生产工艺的编制程序

(1) 根据产品合同、图纸和技术要求,选择合理的生产方法和方式,确定能满足工艺要求的挤压机(能力)和配套设备,选择合理的挤压筒。

(2) 根据制品的外形和有关技术要求,确定采用多孔模挤压的可能性,并预选模孔数。对棒材以及形状简单的型材尽量采用多孔模挤压,以降低挤压系数,增大铸锭长度,提高几何成品率;对形状复杂、质量要求较高的型材,宁可牺牲一些几何成品率,也要采用单孔大挤压系数挤压,以减少大量的技术废料和缩短挤压时的调整时间。

(3) 根据预选的模孔数和制品断面积,在表 24-5 挤压工艺参数选择系统里预选和初算挤压系数,看是否合理。

表 24-5 棒材和普通型材挤压工艺参数选择系统

挤压机		挤压筒		铸锭尺寸		镦粗系数 λ	残料长度 /mm	建议采用	
能力 /MN	介质压力 /MPa	直径 /mm	长度 /mm	直径 /mm	长度 /mm			挤压制品断面积 /cm²	合理挤压系数范围
20	32	150	815	142	500	1.12	35	5.0~9.8	18~30
		170	815	162	600	1.10	40	6.5~12.5	18~30
		200	815	192	600	1.09	40	9.0~17.5	18~30
35	32	220	1000	212	700	1.08	40	9.5~25.3	15~40
		280	1000	270	700	1.06	50	16.4~38.1	15~35
		370	1000	360	700	1.06	50	40.7~67.5	15~25

对外形尺寸较大、断面很小的制品，应该在较大的挤压筒用较大的挤压系数生产。对挤压时外形易于扩口的型材应采用大挤压系数生产；而对挤压时外形易于并口的型材采用小挤压系数生产。

（4）按表 24-6 校验多模孔排列的可能性。

表 24-6 模孔距模边缘和各模孔之间的最小距离

挤压机 /MN	挤压筒直径 /mm	模直径 /mm	压型嘴出口径 /mm	孔-筒边最小距离 /mm	孔-孔最小距离 /mm	总计 /mm
50	500	360	400	50	50	150
	420	360、265	400	50	50	150
	360	300、265	400	50	50	150
	300	300、265	400	50	50	150
20	200	200	155	25	24	74
	170	200	155	25	24	74
12	130	148	110	15	20	50
	115	148	110	15	20	50
7.5	95	148	110	15	20	50
	85	148	110	15	20	50

注：变断面型材原则上与上述规定相同。

（5）最终确定挤压筒、模孔数，并准确计算出挤压系数。

对于某一产品，选择哪一个工艺最为合理，不是一目了然的事情，在许多情况下，应该选出几个方案，通过分析对比，综合平衡，并通过生产实际考验，才能确定下来。另外，所谓工艺的合理性，完全是相对的、可变的。

b 铝及铝合金管材生产工艺编制的程序

（1）选择合理的生产方法。用户需要的某种管材，往往可以用几种方法生产。应根据管材的合金状态、用途、形状尺寸和技术要求以及设备能力和工艺水平等条件选用一种最经济合理的生产方式。

（2）拟定冷加工工艺，并确定管毛料尺寸。对于用挤压—冷轧制—减径拉伸法生产的管材，由于冷轧管工艺比较固定，可从有关图表中很容易查出冷加工工艺和所需的管毛料外径和壁厚。而用挤压—拉伸法生产的管材，则需要根据不同合金的规格，先拟好拉伸配模工艺，从而确定管毛料的外径和壁厚。管毛料的长度可根据各工序的延伸系数来计算。

（3）拟定热加工工艺并确定铸锭尺寸。冷轧管毛料大多需经二次挤压，热挤压工艺参数主要是挤压机能力、挤压筒直径和长度、挤压系数和温度-速度规范。计算铸锭的尺寸，对于挤压—拉伸管毛料的铸锭尺寸，首先应根据管毛料的断面尺寸和挤压能力，确定采用一次挤压或二次挤压，然后按有关规定和公式计算铸锭的尺寸。

24.3.1.3 铸锭准备与成品率计算

铸锭尺寸及铸锭质量是决定挤压制品质量的主要工艺因素之一，对挤压生产的经济指标影响极大。对给定的产品，挤压工艺方案制定之后，铸锭的直径实际上就已经被决定了。下面主要讨论如何分析和确定铸锭的长度和对铸锭的质量要求及成品率的计算。

A 铸锭长度的确定

在铝及铝合金管、棒、型、线材生产中，交货长度按订货方要求的固定长度或成倍的长度交货的产品称为定尺产品；产品的交货长度订货方无特殊要求，由生产厂自行决定交货长度的称为不定尺或乱尺产品。

a 定尺制品的压出长度

为了保证成品交货长度，挤压长度应比成品长度长出一部分，称为定尺余量。如果计算的定尺余量过大，浪费工时并增加了几何废料，降低了生产效率和成品率。若定尺余量留得太小，由于压出的制品不足定尺，将可能造成更大的浪费。

定尺制品压出长度包括以下几个方面：定尺或倍尺制品的本身长度；切头、切尾长度；试样长度；多孔挤压时的流速差；必要的工艺余量。即生产中制品尺寸很难达到标准或图纸要求的那一部分，如弯头、扩口等，应予切除。

定尺制品压出长度按式（24-18）进行计算。

$$L_出 = L_定 + L_头 + L_试 + L_速 + L_余 \qquad (24\text{-}18)$$

式中 $L_出$——制品的压出长度，mm；

$L_定$——制品的定尺长度，mm；

$L_头$——切头切尾长度，mm；

$L_试$——试样长度，mm；

$L_速$——多孔挤压时的流速差，mm；

$L_余$——必要的工艺余量，mm。

（1）切头切尾长度 $L_头$。制品的切头、切尾长度与制品规格和合金种类有关。铝合金挤压型材的切头、切尾长度见表24-7。

表 24-7 铝合金棒材、型材切头切尾长度 (mm)

制品种类	型材壁厚或棒材直径	前端切去的最小长度	尾端切去的最小长度	
			硬合金	软合金
型 材	≤4.0	100	500	500
	4.1~10.0	100	600	600
	>10.0	300	800	800

制品种类	型材壁厚或棒材直径	前端切去的最小长度	尾端切去的最小长度	
			硬合金	软合金
棒 材	≤26	100	900	1000
	27~38	100	800	900
	40~105	150	700	800
	110~125	220	600	700
	130~150	220	500	600
	160~220	220	400	500
	230~300	300	300	400

注：硬合金指 7A04、2A11、2A12、2A14、2A80、2A50、5A05、5A06 等；软合金指 2A02、3A21、5A02、1100 合金等。

在实际生产中，为了节约挤压工时和挤压机的能量，有时采用增大残料而减少切尾长度的办法，只挤出 300mm 的尾部，供拉伸夹头用，多余部分就留在残料中。

（2）试样长度 $L_{试}$。假定定尺制品 100% 检查力学性能和低倍组织。其力学性能试样长度按标准留取，低倍组织和高倍组织的试样长均为 30mm。

（3）材料流速差 $L_{速}$。多孔挤压时，型材流速差变化幅度较大，尤其是薄壁型材。虽然通过修模和润滑可以调整流速差，但仍不易消除。在大批生产中，根据实际情况，一般对双孔模挤压的型材流速差按 300mm 计算，4 孔模的按 500mm 计算，6 孔模的按 1000~1500mm 计算。

（4）工艺余量 $L_{余}$ 是指某些型材在挤压时容易出现刀形弯曲、扩口或并口、弯头、波浪等不合格情况，往往造成短尺。因此，在计算压出长度时必须多留出一定的长度，一般多留 500~800mm。这类型材有：高精度型材、壁厚差很大的型材、外形大的薄壁型材、空心型材、易扩口或并口的型材等。

在实际生产中，为了计算方便，都归纳出标准的定尺余量，如单孔挤压的型材定尺余量为 1.0~1.4m，双孔的为 1.3~1.7m；4 孔的为 1.6~2.0m；6 孔的为 2.0~2.5m 等。

b 定尺长度和定尺个数

挤压时，为了获得高的成品率和高的生产效率，应尽可能压出最长的尺寸，但也要考虑后部工序的能力和操作方便。通常尽可能挤出较多的定尺个数。

c 铸锭长度计算

根据给定型材、棒材的压出长度，结合工艺系统，按式（24-19）计算铸锭长度。

$$L_0 = \left(\frac{L_{出}}{\lambda} \cdot K_m + H_1 \right) K \qquad (24\text{-}19)$$

式中 K_m——面积系数，考虑制品正偏差对 λ 影响的修正系数；

H_1——增大残料长度；

K——镦粗系数。

压出长度 $L_{出}$ 由式（24-18）算出，λ、K、H_1 可由工艺参数表 24-8 中查出。K_m 是考虑挤压制品正偏差对挤压系数 λ 的修正值。挤压系数 λ 的计算是以型材名义尺寸为基础的，但在实际生产中，压出的型材正好在名义尺寸的情况是很难的，而负偏差也是不希望的，所以一般均在正偏差范围内。这种偏差所带来的挤压系数的减少，造成压出制品的短尺是不能忽视的。因此壁厚偏差影响挤出长度的问题必须对铸锭长度做适当的修整。根据对有关技术标准的分析和长期生产实践考核，可按简化式（24-20）算出 K_m 值并列于表 24-9 中。

表24-8 型、棒、带材生产工艺参数表

挤压机/MN	挤压筒直径/大针直径/mm	挤压筒面积/cm²	挤压筒长度/mm	比压/MPa	压型嘴出口径/mm	镦粗系数/面积公差系数 K_m	残料长(基本/纯铝带板)/mm	工作台长/m	合理压出长/m	合理毛料长/m	型材一般毛料长/mm	型材系数λ	棒材合理系数λ	型材面积/cm²	型材最大外接圆直径/mm	型材孔间最小距离/mm	毛料长度(最长/最短)/mm
7.5	85	56.7	560	1382	110 轿(舌80)	1.1/1.1	20/15	13.5	8	350	200~350	30~45	26.8	1.25~1.9	55	20	500/100
	95	70.9		1105		(1.2)								1.6~2.3	65		
12	115	104	715	1130	110	1.1/1.1	26/20	13.0		400	220~450	25~40	23.6	26~42	85		650/150
	130	132.7		886.2						450			20.8	33~53	100		
16	170/65	227/193.7	740	703.5/825	155	1.1/1.06	40/25	13.0	9	600	250~600	18~35	17.8	6.5~12.5	120	24	650/230
	200/90	314/250		508/638										9.0~17.5	150		
20	170	227	815	863	155(深180)	1.07/1.03	65/55	13.2	10	900	700~900	11~30	12.9	6.5~12.5	120	50	700/230
	200	314		624								11~25		9.0~17.5	150		
50	300	707	1200	693	400		85/65	16.5	<10	1000		11~20	13.2	24~64	200		1100/350、410、430
	360	1018		481										41~93	260		
	420	1385		353										68~126	320		
	500	1964		249.5								≤10	<11.8	>196	400		
35	280/100	537	1000	638	335	1.2/1.03	50	17.8	10	650	350~650	11~35		15.3~48.7	180		750/300
	280/130	483		710										13.8~43.9			
	370/100	997		344								10~20		49.8~99.6	270		
	370/130	942		364										47.1~94.2			
	370/160	874		392										43.7~87.4			
	370/200	761		450										38~76.1			

$$K_{\mathrm{m}} = \frac{F + \Delta F}{F} = 1 + \frac{\Delta F}{F} \approx 1 + \frac{\Delta S}{S} \tag{24-20}$$

式中　F——按名义尺寸计算的型材截面积，cm^2；

　　　S——按名义尺寸计算的型材壁厚，mm；

　　　ΔF——壁厚正偏差所引起面积的增量，cm^2；

　　　ΔS——壁厚允许最大正偏差，mm。

表 24-9　型材挤压系数的修正值

S/mm	$\Delta S/mm$	K_{m}	S/mm	$\Delta S/mm$	K_{m}
1.0	0.20	1.20	5.0	0.30	1.06
1.5	0.20	1.13	6.0	0.30	1.05
2.0	0.20	1.10	7.0	0.35	1.05
2.5	0.20	1.08	8.0	0.35	1.04
3.0	0.25	1.08	9.0	0.35	1.04
3.5	0.25	1.07	10.0	0.35	1.03
4.0	0.30	1.07			

在实际生产中，因为在计算铸锭长度时，留出的定尺余量很大，K_{m} 往往可不考虑，即取 $K_{\mathrm{m}}=1$。但是对定尺较长、挤压系数较小、生产量很大，又需要准确计算成品率的制品，则必须考虑 K_{m} 对铸锭长度的影响。

管材铸锭长度可按式（24-21）计算。

$$L_0 = \frac{nL_{\text{定}} + 800}{\lambda} + H_{\text{余}} \tag{24-21}$$

式中　L_0——铸锭长度，mm；

　　　$L_{\text{定}}$——管材定尺长度，mm；

　　　n——每根挤出管材切成管毛料的定尺数；

　　　800——常数，切头尾、取试样的长度总和，mm；

　　　$H_{\text{余}}$——挤压残料长度，mm。

对厚壁管材来说，外径为正偏差，内径为负偏，而且公差范围很大，见表 24-10。为了充分估计管材因实际壁厚比名义壁厚大很多时对压出长度的影响，在按式（24-11）计算挤压系数 λ 时，分母中括号外面的壁厚 S_1 不应按名义壁厚计算，而应将名义壁厚再加上正偏差的 60% 左右。但在实践生产中，为了计算方便，都取名义值，所计算出的压出长度与实际也基本相符。

表 24-10　厚壁管材挤压系数的修正量

管材外径 D_1/mm	外、内径偏差/mm	S_1 的修正量/mm	修正量与偏差比
25~45	±1.5	+1.00	0.67
48~85	±2.0	+1.25	0.63
90~115	±2.5	+1.50	0.60
120~160	±3.0	+1.75	0.58
165~185	±4.0	+2.00	0.50
>185	±4.0	+2.50	0.63

B 对铸锭质量的要求

a 合金成分

挤压用铸锭的化学成分,不仅要完全符合有关技术标准的规定,而且还要符合工厂内部标准的有关规定。

b 内部组织

铸锭内部组织的好坏对挤压产品的质量影响很大。为了检查铸锭的内部组织,需要检查其低倍组织和断口,有时还采用超声波探伤方法来检查铸锭内部不允许的缺陷。

裂纹、粗大的夹渣和气孔等,经过挤压变形也不能消除,一般属于绝对废品。而疏松、氧化膜、晶粒粗大等缺陷,经过挤压变形后,其缺陷可能被消除或其存在形态发生改变,对产品最终性能一般影响是不大的。根据变形情况产品的用途不同,在一定条件下,这些缺陷在一定程度上允许存在。

c 表面质量

铸锭表面质量影响挤压制品的表面质量和挤压缩尾的分布长度。空心铸锭的内表面如果镗孔不光,将使挤压管材内表面出现"鱼鳞状擦伤"。挤压变形系数越小时,这种擦伤表现得越严重。铸锭的外表面不好,脏物可以流到制品内部,加大了缩尾长度。

因此对某些铝合金铸锭和质量要求严格的挤压产品的铸锭,都要进行车皮,空心铸锭要进行镗孔,以确保挤压成品的质量。对反挤压用铸锭,有时可用脱皮挤压来保证其表面质量。

d 尺寸及偏差

铸锭尺寸应满足挤压工艺的要求,铝合金圆铸锭的尺寸及其偏差举例列于表24-11中。

表24-11 铝合金圆铸锭尺寸偏差举例

挤压筒直径/mm	铸锭直径及偏差/mm	长度偏差/mm	切斜度	壁厚不均度/mm
200	192±2	+10	≤5	
280(大穿孔针100mm)	270±2/106±1	+10	≤7	1.5
空心铸锭	±2.0/±1.0	8~10	7~10	1.0~1.5
中间毛料	-1.5/±0.5	+4	1.5~2.0	0.75

e 铸锭的均匀化处理

铝合金铸锭均匀化的目的有以下几点:

(1)提高金属的塑性。硬铝铸锭经充分均匀化后,挤压速度可以提高20%~30%。

(2)提高制品的横向力学性能,如对挤压效应较强的制品,当铸锭充分均匀化后,可以大大减少其各向异性,使制品的横向性能大大提高。

(3)消除金属内部存在的应力。

C 挤压产品的成品率

型材的挤压模孔数和型材的定尺长度对型材的几何成品率影响较大。

型材的技术废品率与型材种类和生产量有关。生产量大,相对废品就少。一般来说,挤压工序的技术废品率为3%~5%,精整部分的为1%~3%。

大量生产统计数字表明,铝合金型材总成品率平均为60%~80%,其中挤压部分为80%~85%,精整部分为80%左右。

24.3.1.4　设备与工模具的准备

A　挤压设备的准备

为了挤压工艺过程的顺利实施，首先要选择先进而合理的设备系统，包括铸锭的加热等机前设备、挤压机和机后设备及其他辅助设备，并对各设备进行全面检查，检测各设备的本体、机械部分、液压系统、电控制系统、润滑系统的几何参数、力学参数、温度参数等是否符合标准要求，运行是否平稳，位置是否对中等。然后进行试运行若干次，一切正常后才能开始投入生产。

B　工模具的准备

a　合理设计与制造挤压工模具

为了保证挤压工艺的顺利实施和提高生产效率、产品质量，首先应按合同、图纸和技术要求设计和制造合格的工模具，并经严格的检查后入库保存待用，不合格的工模具要进行修理或报废。

b　挤压工具的加热和在挤压机上的装配

挤压时，为了防止铸锭降温，引起闷车和损坏工具，以及改善铝材的组织性能与表面质量，与铸锭直接接触的工模具都需要充分预热。

挤压筒的加热温度见表24-12。挤压筒温度应比铸锭温度低20~30℃为好，但不应低于允许的挤压温度。在特殊情况下可采用高温挤压筒进行挤压。

表24-12　各种铝合金挤压时的铸锭加热温度和挤压筒加热温度

合金牌号	挤压制品挤压方法	铸锭加热温度/℃	挤压筒加热温度/℃	备注
纯铝	铝母线	250~350	200~320	要求 $\sigma_b \geqslant 70$MPa
	铝母线	250~450	320~450	不控制性能
纯铝、3A21、5A02	棒、型材	420~480	400~450	
	管、线毛料	320~450	320~450	
5A03~5A06	棒、型材、线毛料	350~450	350~450	
6A01	线毛料	320~450	320~450	
6A02	棒材	320~370	400~450	控制粗晶环
	型材	370~450	320~450	
	厚壁管材	460~500	400~450	保证 $\sigma_b \geqslant 310$MPa
2A50、2B50、2A14	棒、型材	350~450	350~450	
2A70、2A80、2A90	棒材	370~450	320~450	
2A11	所有	320~450	320~450	
2A12	管、棒、普通型材	320~450	320~450	
	高精度型材	370~450	370~450	
7A04	所有	320~450	320~450	
1070~1200、3A21、6A02、6063	组合模、舌形模	480~520	400~450	保证焊接质量
2A11	舌形模	420~470	400~450	

挤压模和挤压针一起加热，其预热温度为 350 ~ 450℃，复杂型材的挤压模和组合模应采用上限预热温度，以免堵模、闷车或损坏工具。挤压针也按上限温度预热，因为变形时，挤压针处在铸锭中心位置，如果针的温度低，将引起铸锭温度下降。一旦闷车，很容易将挤压针拉断。挤压垫的预热，一般情况下不严格控制。

加热好的工具，在往挤压机上装配时，要按装配要求进行，要特别注意中心的调正和公差配合。确认一切正常之后，才可以挤压试模。

挤压时，为了防止制品扭曲，还应安装合适的导路。

型材模的安装方法应遵循下列原则：

（1）保证挤出的型材在出料台上能平稳的向前流动，不发生堵模和擦伤，不发生由于自重的原因而产生扭曲。

（2）分流组合模的上下模要严格对中、锁紧，防止松动和产生壁厚偏差。

（3）要求严格的装饰型材的装饰表面向上，不与出料台接触。

（4）多孔挤压制品不互相叠压和擦伤。

c　挤压工具的调试

挤压工具加热与装配好后，要进行空试和负荷试车，发现挤压筒、挤压轴、挤压针、模子、模座、模架等中心偏移或运行受阻时，要及时调整，直至正常为止。

d　试模、修模与氮化

挤压工具安装好之后要进行试模。试模料的合金和尺寸应和挤压料相同。首料挤压温度应取上限，以免闷车和损坏工具。充填速度要慢，挤出一段之后，再转入正常速度挤压，以免堵模，影响生产和损坏工具。

对试模挤出的制品，彻底冷却之后，头尾尺寸都要认真全面地测量检查，对于复杂的型材，还要标注在草图上，以准确判断挤出制品的质量是否良好。

如果制品的尺寸不符合图纸和挤压公差规定时，应按具体情况进行模孔的修理和调整。修模时要注意相关尺寸，不能修好了这个尺寸而影响了另一个尺寸超差或者引起制品扭曲。旧模子经过一定的挤压次数后出现磨损或变形，也必须进行修模。一般来说，经过修正的模子都必须经过氮化处理后才能投入使用。因此，试模 + 修模 + 氮化成了现代修模技术中的一个重要环节，也是提高模具使用寿命的一条重要途径。

24.3.2　棒材和普通型材的挤压工艺与生产技术

24.3.2.1　挤压工艺参数的选择

A　挤压系数的选择

挤压系数的大小对产品的组织、性能和生产效率有很大的影响。当挤压系数过大时，则铸锭长度必须缩短（压出长度一定时），几何废料也随之增加。同时，由于挤压系数的增加会引起挤压力的增加。如果挤压系数选择过小，产品力学性能满足不了技术要求。生产实践经验表明，一般要求 $\lambda \geq 8$。型材的 λ 为 10 ~ 45，棒、带材的 λ 为 10 ~ 25（见表 24-8）。在特殊情况下，对 $\phi 200mm$ 及以下的铸锭，可以采用 $\lambda \geq 4$；对于 $\phi 200mm$ 以上的铸锭可以采用 $\lambda \geq 6.5$。挤压小截面型材时，根据挤压的合金不同，可以采用较大的 λ，如纯铝和 6063 合金小型材，可以采用 $\lambda \geq 80$。此外，还必须考虑到挤压机的能力。

B 模孔个数

模孔个数主要由型材外形复杂程度、产品质量和生产管理情况来确定。主要考虑以下因素：

（1）对于形状、尺寸复杂的空心和高精度型材，最好采用单孔。

（2）对于尺寸、形状简单的型材和棒材可以采用多孔挤压。简单型材1~4孔，最多6孔；复杂型材1~2孔；棒材和带材1~4孔，最多12孔，在特殊情况下可达24孔以上。

（3）考虑模具强度以及模面布置是否合理。

（4）模型选择。一般的实心型材和棒材可选用平面模；空心型材或悬臂太大的半空心型材；硬合金采用桥式模，软合金采用平面分流模；对于形状简单的特宽软铝合金型材也可以选用宽展模。

C 模孔试排表——挤压筒直径的选择

对于大型挤压工厂，一般均配有挤压能力由大到小的多台挤压机和一系列不同直径的挤压筒。选择时应保证模孔至模外缘以及模孔之间必须留有一定的距离，否则会造成不应有的废品（成层、波浪、弯曲、扭拧）与长度不齐等缺陷。根据经验，模孔距模筒边缘和各模孔之间的最小距离可参见表24-6。为排孔时简单与直观起见，可绘制成1：1的排孔图。

D 最佳经济效果

为取得最佳经济效果，制订工艺，除了在技术上合理以外，同时还必须使得其经济效益尽可能地提高，即尽可能少的几何废料，提高成品率。

E 工艺制订过程

拟订工艺需要的工作有：

（1）要仔细地研究型材（棒材）图纸和技术要求，分析认定生产的难易程度，根据经验确定模孔数。

（2）工艺试排。确定了模孔数，把型材外形（按1：1），放置在模子排孔图上，分析和选择合理的排孔方案。

（3）验算挤压系数。对各个可能排下的挤压筒均计算一下挤压系数，哪一个筒的挤压系数接近于$\lambda_{合理}$，符合表24-8的规定，则该挤压筒可以认为是合适的。

（4）计算残料长度。根据所确定的参数，增大残料厚度，即所有型、棒材切尾一律按300mm切除。

（5）按式（24-19）计算铸锭长度并确定铸锭尺寸。

F 对铸锭的质量要求

挤压用的铸锭一般应进行车皮。但对于质量要求不十分严格的制品，也可以采用不车皮铸锭，见表24-13。

表24-13 不车皮铸锭应用范围

制品名称	铸锭类型	铸锭规格/mm	合金
型、棒、线材	实心铸锭	≤φ200	5A02、5A03、2B11、2B12、2A04、2A06、2A10、5A02、
		≤φ290	5A03、2A50、2A11、2A12、2A13、6063、6A02

注：对大梁型材，变断面型材及其他要求较高的制品不包括在内。

对于不符合上述标准的铸锭，可按照一定的要求进行车皮0.5mm，车皮后仍有不符合上述要求的缺陷，可以按规定铲除。

圆铸锭和二次挤压毛料尺寸偏差见表24-14。铸锭直径的大小主要考虑热膨胀，使铸锭加热后仍能顺利地送入挤压筒内。有的合金铸锭必须进行均匀化退火。

表 24-14　圆铸锭和二次挤压毛料的尺寸偏差　　　　　　　　　（mm）

挤压筒直径	直径允许偏差	长度允许偏差	切斜度	挤压筒直径	直径允许偏差	长度允许差
80	77 ± 1	+5	≤4	200	192 ± 2	+8
85	82 ± 1	+5	≤4	250	241 ± 2	+8
90	87 ± 1	+5	≤4	300	290 ± 2	+10
115	112 ± 1	+5	≤4	360	350 ± 2	+10
130	124 ± 1	+5	≤4	420	405 ± 2	+10
140	134 ± 1	+5	≤4	500	482 ± 2	+10
150	142 ± 1	+5	≤4	650	630 ± 2	+10
170	162 ± 1	+5	≤4	800	775 ± 2	+10

G　挤压温度规程的确定

（1）铸锭加热温度上限应稍低于合金低熔共晶熔化温度。铸锭允许加热温度见表24-15。

表 24-15　常用铝合金过烧温度及挤压温度上限

合金牌号	状　态	过烧温度/℃	铸锭最高允许加热温度/℃	最高挤压温度/℃
纯铝、6A02、4A01、6061、6063、6005	铸态或均匀化	659	550	480
5A02	铸锭均匀化	560 ~ 575	500	480
5A02	二次毛料	565 ~ 585	500	480
3A21	铸锭均匀化	635 ~ 645	550	480
3A21	二次毛料	645 ~ 655	550	480
2A11 （2A12）	铸锭均匀化	500 ~ 510 （500 ~ 502）	500 （490）	450 （450）
2A11 （2A12）	二次毛料	505 ~ 515 （500 ~ 510）	500 （490）	450 （450）
2A50	铸锭均匀化	530 ~ 545	520	450
2A50	二次毛料	530 ~ 560	520	450
2A14	铸锭均匀化	500 ~ 510	490	450
2A14	二次毛料	505 ~ 515	490	450
2A80	铸锭均匀化	535 ~ 550	520	450
2A80	二次毛料	540 ~ 560	520	450
7A04、7A09	铸锭均匀化	490 ~ 500	455	450
7A04、7A09	二次毛料	505 ~ 515	455	450

（2）对制品无组织和性能要求而且挤压机能力又允许的情况下，尽量降低挤压温度，一般下限温度为320℃（不包括纯铝带材）。

（3）为保证2A11、2A12、7A04等合金型、棒材具有良好的挤压效应，应采用高的挤压筒温度（400~450℃），铸锭加热温度为420~450℃，不得低于380℃。

（4）为控制粗晶环深度和晶粒大小，挤压筒温度为400~450℃，铸锭加热温度随合金不同而不同，2A11、2A12、7A04的为440℃左右，6A02的为320~370℃。

（5）为保证耐热合金的高温性能，铸锭温度为440~450℃。

（6）挤压2A11合金厚壁型材时，挤压温度应保持在中、上限。当低温挤压时（320~340℃），易产生完全再结晶的粗晶粒组织。

（7）2A50合金铸锭挤压时，如发现制品表面有气泡，可将铸锭出炉降温到380~420℃再挤压。

（8）挤压空心型材时，为保证焊合良好，挤压温度应采用上限，2A12合金为420~480℃，6A02合金为460~530℃。

（9）挤压6061、6063合金型材时，为保证挤压热处理效果，应采用高温（480~520℃）挤压。

（10）为保证纯铝带材具有高的力学性能，应采用低温挤压（250~300℃）。

（11）为保证O、F状态交货的1050~1100、3A21、5A02、8A06合金型、棒材具有高的伸长率和低的强度，应采用高温挤压（420~480℃）。表24-16列出了常用铝合金型、棒、带材铸锭加热温度。

表 24-16　常用铝合金型、棒、带材铸锭加热温度

合　金	制品种类	交货状态	铸锭加热温度/℃	挤压筒加热温度/℃
所　有	线材和毛料		320~450	320~450
2A11、2A12、7A04、7A09	型、棒、带	T4、T6、F	320~450	320~450
1A07~8A06、5A02、3A21	型、棒	O、F	420~480	400~500
5A03、5A05、5A06、5A12	型、棒	O、F	330~450	400~500
2A50、2B50、2A70、2A80、2A90	型、棒、带	所有	370~450	400~450
6A02	型、棒	所有	320~370	400~450
1A70~8A06	型、棒、带	F	250~320	250~400
1A70~8A06	带（性能附结果）	F	250~420	250~450
6A02、1A70~8A06、3A21	空心型材	F、T4、T6	460~530	420~450
2A11、2A12	空心型材	T4、F	420~480	400~450
2A14	型、棒	O、T4	370~450	400~450
2A02、2A16	型、棒、带	所有	440~460	400~450
2A02、2A16	型、棒、带（不要求高温性能）	所有	400~440	400~450
2A12	大梁型材	T4、T42	420~450	420~450
2A12	大梁型材	F	400~440	400~450
6061、6063	型、棒、带	T5	480~520	400~450

H 挤压速度的选择

挤压速度受合金、状态、毛料尺寸、挤压方法、挤压力、工模具、挤压系数、制品复杂程度、挤压温度、模孔数量、润滑条件、制品尺寸等因素的影响。部分挤压合金的挤压速度可按下面顺序渐增:5A06→7A04→2A12→2A14→5A05→2A11→2A50→5A03→6A02→6061→5A02→6063→3A21→1070A→8A06。但其临界挤压速度受毛坯质量和挤压规范的限制;减少挤压时金属流动的边界摩擦和不均匀性,如润滑、反向挤压等,正确的模具设计可以提高金属的挤压速度;制品外形尺寸、挤压筒尺寸、挤压系数的增加均会降低挤压速度;挤压制品外形越复杂、尺寸偏差要求越严,挤压速度越低。多孔挤压速度比单孔挤压速度低;挤压空心型材时,为保证焊缝品质必须降低挤压速度;铸锭均匀化退火后其挤压速度比不均匀化退火挤压速度高。挤压温度越高,挤压速度越低。几种铝合金的高温挤压和低温挤压速度见表24-17。各种合金平均挤压速度见表24-18。

表 24-17 铸锭加热温度-挤压速度关系

合 金	高温挤压		低温挤压	
	铸锭加热温度/℃	金属流出速度/m·mim⁻¹	铸锭加热温度/℃	金属流出速度/m·mim⁻¹
6A02	480~500	5.0~8.0	260~300	12~30
2A50	380~450	3.0~5.0	280~300	8~12
2A11	380~450	1.5~2.5	280~300	7~9
2A12	380~450	1.0~1.7	330~350	4.5~5
7A04	370~420	1.0~1.5	300~320	3.5~4

注:采用水冷模挤压单孔棒材可提高挤压速度一倍左右,采用液氮冷却也能提高挤压速度。

表 24-18 各种合金挤压制品的挤压温度-平均速度规范

合 金	制 品	加热温度/℃		金属平均流出速度 /m·mim⁻¹
		铸锭	挤压筒	
2A14	圆棒、方棒和六角棒	380~440	360~440	1~2.5
2A12		380~440	360~440	1~3.5
2A05		380~440	360~440	3~6
2A80、2A70、5A02		320~430	350~400	3~15
7A04		350~430	330~400	1~2
1A70~8A06		390~440	360~430	40~250
3A21		390~440	360~430	25~120
5A05、5A06		400~450	380~440	1~2
6A02、6061、6063	一般型材	430~510	400~480	8~25,6063 为 15~120
2A12、2A06	一般型材	380~460	360~440	1.2~2.5
	高强度和空心型材	430~460	400~440	0.8~2
	壁板和变断面型材	420~470	400~450	0.5~1.2
2A11	一般型材	330~460	360~440	1~3

合 金	制 品	加热温度/℃		金属平均流出速度
		铸锭	挤压筒	/m·mim⁻¹
7A04	固定断面和变断面型材	370~450	360~430	0.8~2
	壁板	390~440	390~440	0.5~1
5A02、5A03、5A05、5A06、3A21	实心、空心和壁板型材	420~480	400~460	0.6~2
6061	装饰型材	320~500	300~450	12~60
6061、6A02、6063	空心建筑型材	400~510	380~460	8~60, 6063 为 20~120
6A02	重要型材	490~510	460~480	3~15

24.3.2.2 棒材挤压工艺举例

圆棒、方棒、六角棒挤压工艺的典型例子列于表 24-19 ~ 表 24-21 中，棒材正挤压和反挤压工艺比较列于表 24-22 中。

表 24-19 铝合金圆棒挤压工艺举例

棒材直径 /mm	模孔数 n	挤压筒直径 /mm	挤压系数 λ	填充系数 K	残料高度, H_1/mm	压出长度 $L_出$/mm	铸锭尺寸 $D_0 \times L_0$/mm × mm
6	10	115	36.74	1.06	41	7500	112×260
25	4	200	16.00	1.09	78	7559	192×600
30	2	170	16.06	1.10	71	7620	162×600
40	1	170	18.06	1.10	62	8731	162×600
60	3	360	12.00	1.06	98	9013	350×900
100	1	360	12.96	1.06	96	9760	350×900
150	1	420	7.84	1.08	111	5663	405×900
200	1	500	6.25	1.08	101	5156	482×1000
250	1	650	6.76	1.08	120	8576	625×1500
300	1	800	7.11	1.08	150	8808	770×1500

表 24-20 铝合金方棒挤压工艺举例

方棒规格 /mm × mm	单孔断面积 /cm²	模孔数 n	挤压筒直径 /mm	挤压系数 λ	填充系数 K	残料高度 H_1/mm	压出长度, $L_出$/mm	铸锭尺寸 $D_0 \times L_0$/mm × mm
6×6	0.36	6	95	32.8	1.07	38	7337	92×280
35×35	12.25	1	170	18.5	1.10	67	8011	162×550
40×40	16.00	1	200	19.6	1.09	60	8714	192×550
50×50	25.00	2	300	14.1	1.07	93	9231	290×900
60×60	36.00	2	300	9.8	1.07	106	7204	290×900
100×100	100.00	1	360	10.2	1.07	104	7600	350×900

表 24-21 铝合金六角棒挤压工艺举例

六角棒规格/mm	单孔断面积/cm²	模孔数 n	挤压筒直径/mm	挤压系数 λ	填充系数 K	残料高度 H_1/mm	压出长度 $L_出$/mm	铸锭尺寸 $D_0 \times L_0$/mm × mm
挤六角 6	0.312	6	95	37.9	1.07	36	7491	90 × 250
挤六角 30	7.794	2	200	20.1	1.09	65	8836	192 × 550
挤六角 50	21.650	1	200	14.5	1.09	68	7000	192 × 600
挤六角 60	31.176	2	300	11.3	1.07	100	8375	290 × 900
挤六角 80	55.424	1	300	12.8	1.07	96	9538	290 × 900

表 24-22 2A12 合金棒材正挤压和反挤压工艺比较表

棒材直径/mm	反挤压工艺					正挤压工艺			
	挤压系数 λ/孔数 n	铸锭尺寸 $D_0 \times L_0$/mm × mm	残料高度 H_1/mm	压出长度 $L_出$/mm	成品率/%	挤压系数 λ/孔数 n	铸锭尺寸 $D_0 \times L_0$/mm × mm	残料高度，H_1/mm	成品率/%
150	7.8/1	405 × 1000	30	6950	85.0	7.8/1	405 × 900	114	75.2
120	12.3/1	405 × 900	30	9800	88.0	9.0/1	350 × 900	99	78.4
110	14.6/1	405 × 900	30	11700	89.2	10.7/1	350 × 900	92	80.6
85	12.2/2	405 × 900	30	9600	88.5	9.0/2	350 × 900	110	75.5
65	10.5/4	405 × 900	30	8250	82.5	10.2/3	350 × 900	104	76.6

24.3.2.3 普通型材挤压工艺举例

普通型材的挤压工艺按合金性能不同，其挤压方法也不同，一般可分为硬铝合金挤压和软铝合金挤压，前者需要单独进行热处理，后者可在挤压机上进行在线淬火。表 24-23 为软、硬合金挤压工艺比较表，而表 24-24 为普通型材典型挤压工艺举例。

表 24-23 软硬铝合金挤压工艺比较

项 目	软铝合金	硬铝合金
制品的表面及尺寸精度	较 高	一 般
制品的组织及性能	一 般	较 高
挤压筒单位压力/MPa	≥250	≥350
挤压速度/m·min⁻¹	5 ~ 120	≤12
制品挤压长度/m	≤100（线坯可达 1000 以上）	≤30
成品率/%	75 ~ 88	60 ~ 75
生产方式	自动化连续生产线	间断式生产
对设备要求	快速的，自动化程度高的油压机及配套设备	慢速，一般的水压机或油压机
铸锭加热方式	电、油、气炉均可	一般电炉
20MN 挤压生产线年生产效率/t	4000 ~ 8000	800 ~ 1000

表 24-24 普通型材典型挤压工艺举例

型材形状及尺寸 /mm×mm×mm	型材截面积 /cm²	型材壁厚 /mm	模孔数 n	挤压筒直径 /mm	挤压系数 λ	残料高度 H_1/mm	铸锭尺寸 /mm×mm	压出长度 /mm
角型 12×12×11	0.234	1.0	6	9.5	50.4	24	92×200	7800
角型 50×50×3	2.920	3.0	4	200	26.9	47	192×380	800
角型 27×22×4	1.802	4.0	2	115	28.8	32	112×340	7900
角型 40×2.5×25×9	3.025	9.0	2	170	37.4	48	162×300	8400
丁型 19×30×2	1.378	2.0	2	115	37.8	31	112×200	7700
丁型 40×45×4	3.214	4.0	2	170	34.7	46	162×300	7900
丁 型	3.670	10.0	1	170	23.4	53	162×400	7300
Z 型 40×80×4	6.080	4.0	2	200	25.8	48	192×380	7500
工 型	11.600	6.0	1	170	19.5	54	162×500	7800

24.3.3 管材挤压工艺与生产技术

24.3.3.1 管材的挤压方法与技术特点

热挤压管材可用空心锭-挤压针法、实心锭-穿孔针法，也可用实心锭-组合模法进行挤压。管材主要用正向挤压法生产。近年来，由于挤压机结构的改进和新型工具的出现，反挤压法获得一定的发展。挤压管材时，可润滑挤压筒，也可不润滑挤压筒。图 24-10 为空心锭挤压管材的主要工艺方案。

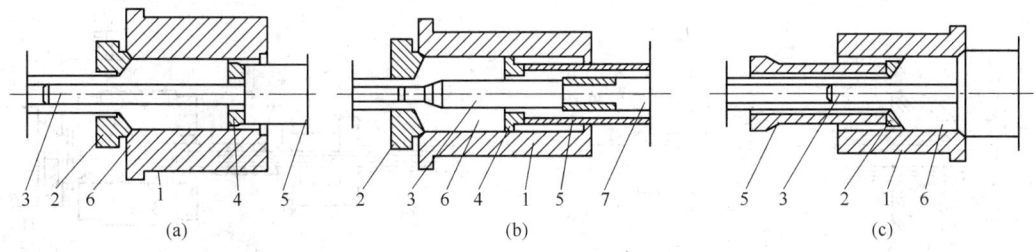

图 24-10 管材热挤压工艺方案
(a) 随动针挤压；(b) 用固定的圆锥-阶梯针挤压；(c) 反向挤压
1—挤压筒内套；2—模子；3—挤压针；4—挤压垫片；5—挤压轴；6—铸锭；7—针支撑

A 空心锭正向挤压管材

空心锭正向挤压管材的特点是所用的铸锭或坯料是中空的。由于被挤压金属与挤压针之间存在摩擦力，因而减少了内层金属的超前流动。所以，其金属流动比挤压棒材时的均匀。此外，铸锭中心被针占据，因此不会产生缩孔。

B 穿孔挤压

穿孔挤压分全穿孔挤压和半穿孔挤压，其主要特点是所用的铸锭是实心的或半空心的。在穿孔（半穿孔）时，穿孔针一般不润滑或只涂一层较干的润滑剂，如 40%～60%粉状石墨混合物。在穿孔挤压时，应合理控制穿孔与挤压过程，防止断针，减少残料长度，消除真空度，减少偏心和提高表面品质。在正常挤压过程中，由于后面金属不断补充，金属的组织状态、温度、压力和穿孔针表面接触条件等趋于均匀，而且穿孔针在穿孔时粘有一层与挤压筒内表面基本相同的均匀铝套，铸锭内外表面的摩擦条件基本相似，所以流动比较均匀，即使到挤压最后阶段，管材中间层仍然不会卷入油污、脏物，因此不容易产生点状擦伤、气泡、缩尾等缺陷。

穿孔挤压的优点主要是：采用实心铸锭，简化工艺，减少工序，缩短周期，减少几何废料，从而降低成本；金属流动均匀，可减少粗晶环和缩尾等缺陷，提高组织、性能的均匀性，成品率较高；管材内外表面质量好；采用无润滑挤压工艺，穿孔针不用涂油润滑，也不用经常打磨修理，可减轻劳动，节省材料，提高效率；与组合模挤压相比，穿孔挤压所用的工具和模具的设计、制造较简单，使用寿命较长，而且产品无焊缝，适于制作重要受力部件。但是，在管材生产中穿孔挤压仍存在很大的局限性。目前，主要用于挤压纯铝和软合金异型管和管坯毛料，而且多适于采用短锭、高温、慢速的挤压工艺。在带随动针的小挤压机上和对于硬合金长管以及大直径管材和异型薄壁管，采用穿孔挤压是比较困难的。

C 反挤压管材

图 24-11 为反向挤压管材过程示意图。反向挤压管材的主要优点是：可降低挤压力，采用长锭和大锭，增大一次变形量；提高挤出速度，节约设备能力，减少能耗和提高生产效率，金属流动较均匀，制品尺寸组织与性能较均匀，可减少废料，提高成品率；用实心锭穿孔反挤压时，可获得大直径管材。但由于反挤压工具的设计与制造比较复杂，挤压机的结构不完善，产品质量不稳定等原因。目前，在生产中的应用广度远不如正挤法的。随着 TAC 专用反挤压机的出现和工模具结构的改进，反挤压法有重新被广泛应用的趋势。

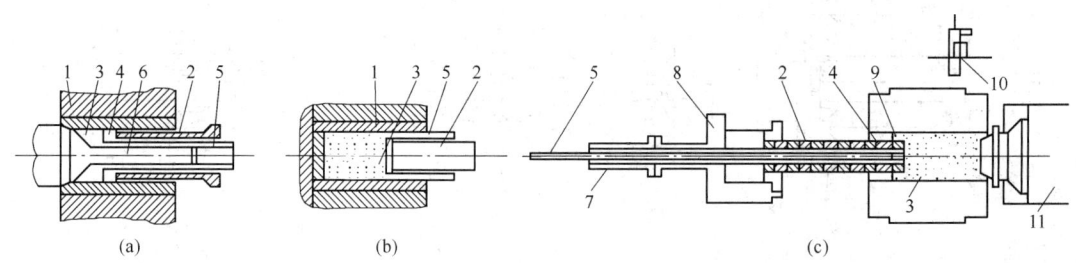

图 24-11   反向挤压管材原理示意图
（a）空心锭反向挤压；（b）实心锭穿孔反向挤压；（c）TAC 反向挤压
1—挤压筒；2—反向挤压轴；3—铸锭；4—挤压模；5—管材；6—挤压针；7—导路；
8—压型嘴；9—模支撑；10—残料分离冲头；11—主柱塞

D 管材的焊合挤压（分流组合模挤压）法

焊合挤压又称组合模挤压，是利用挤压轴把作用力传递给金属，流动的金属通过模子的前端部分被分劈成两股或多股金属流，然后在模子焊合室内重新组合，并在高温高压高真空条件下焊合成管材。用这种方法可在各种形式的挤压机上采用实心铸锭获得任何形状的空心制品，所以，在软合金挤压时得到特别广泛的应用。由于组合模的芯头非常短，并能稳定地固定在模子中间，所以，可以生产内孔尺寸小、壁薄、精度高、内表质量好、形状复杂的空心制品。图 24-12 为不同结构的组合模挤压示意图。平面组合模主要用于挤压纯铝及软合金管材。舌型模挤压的挤压力可较平面分流组合模的低15% ~20% ，因而有时也用来挤压小直径硬合金管材。

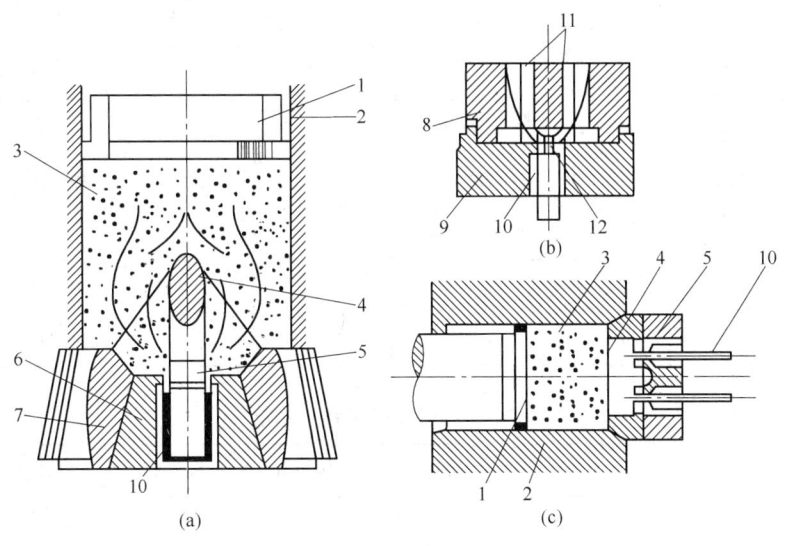

图 24-12　不同结构的组合模挤压示意图

（a）舌型模挤压管材；（b）平面分流组合模挤压管材；（c）星型分流组合模挤压管材

1—挤压垫片；2—挤压筒；3—坯料；4—模桥；5—芯头（针）；6—模内套；7—模外套；

8—上模；9—下模；10—管子；11—分流孔；12—芯子（舌头）

24.3.3.2　管材挤压典型工艺举例

A　坯料种类的选择

铝及铝合金管材可用空心坯料也可用实心坯料挤压。空心坯料可用铸造方法制造（空心铸锭），也可以用实心铸锭穿孔或空心铸锭半穿孔的方法来获得。穿孔可在专用挤压机上进行，也可以在管材挤压机上与挤压过程同时进行。对于某些薄壁管材，可采用挤压管毛料。

B　挤压系数的选择

用挤压针法挤压管材时，只能进行单孔挤压，不能用孔数调整挤压系数，所以管材允许的挤压系数范围很宽。各种热挤压管材的挤压系数范围可参考表24-25。中间毛料的挤压系数一般为10左右。厚壁管材的挤压系数不应小于8，但也不宜过大。管毛料的合理挤压系数范围为：当挤压壁厚较薄的硬合金管材时，挤压系数应取下限；挤压软合金管材时，挤压系数可超出表中的最大值，但应保证表面品质。

用组合模挤压管材时，因多数情况下为纯铝和软合金，所以，挤压系数可达到100以上。在某些情况下，为防止挤压系数过大，可同时挤压多根管材，用以调节挤压系数的范围。但是，为了保证管材的焊缝品质，挤压系数应大于25。

C　铸锭断面尺寸的确定

铸锭断面尺寸与被挤压合金、产品规格、挤压机能力、挤压筒大小以及所需的挤压力有关。在生产实际中，一般是根据经验，以挤压系数作为重要依据，先确定挤压筒直径后，再按表24-26数据确定铸锭断面尺寸。

表 24-25 热挤压管材用的合理挤压系数范围

挤压机能力 /MN	挤压筒直径 /mm	合适的挤压系数范围		挤压机能力 /MN	挤压筒直径 /mm	合适的挤压系数范围	
		硬合金	软合金			硬合金	软合金
6.3	95	12 ~ 30	12 ~ 40	16.3	140	30 ~ 45	30 ~ 60
	115	12 ~ 25	12 ~ 30		170	20 ~ 40	20 ~ 50
	130	10 ~ 20	10 ~ 25		200	15 ~ 30	20 ~ 40
12	115	20 ~ 40	30 ~ 50	35	230	30 ~ 50	35 ~ 60
	130	20 ~ 35	30 ~ 40		280	30 ~ 45	30 ~ 55
	150	15 ~ 30	20 ~ 35		370	20 ~ 30	20 ~ 40

表 24-26 管断面尺寸的确定

挤压机类型	挤压筒 D_H – 坯料外径 D_B/mm	坯料内径 d_B – 挤压针直径 d_2/mm
卧式	4 ~ 20	4 ~ 15
立式	2 ~ 5	3 ~ 5

D 铸锭长度的确定

在挤压系数已确定的情况下,根据挤压管材长度,按式(24-21)计算铸锭长度,挤压残料长度 $H_余$ 按表 24-27 选取。

表 24-27 铝及铝合金管材热挤压残料长度

挤压筒直径/mm	挤压管材种类	挤压残料长度/mm	挤压筒直径/mm	挤压管材种类	挤压残料长度/mm
420 ~ 800	所有品种	60 ~ 80	280 ~ 370	中间毛料	50
150 ~ 230	所有品种	20 ~ 30		厚壁管	40
80 ~ 130	所有品种	10 ~ 15		管毛料	30
所有挤压筒	舌型模挤压管	15 ~ 20 倍桥高			

E 对坯料的品质要求

(1)表面品质。坯料的内外表面最好经过车皮、搪孔,加工后表面 R_a 应小于 6.3 μm,不应有气孔、裂纹、起皮、气泡、成层、外来压入物、油污、端头毛刺和严重碰伤等;车削刀痕深度不大于 0.5 mm,可用锉刀修理局部表面,但锉刀痕要均匀过渡,且深度不大于 4 mm。

(2)尺寸偏差。为了保证铸锭与设备、工具间的同心度,减少管材的偏心,空心铸锭和中间毛料尺寸偏差,参见表 24-11 的要求选取。

(3)内部组织。低倍试片不允许有夹渣、裂纹、气孔、疏松、光亮晶粒、金属间化合物、缩尾、分层等缺陷。

(4)2A11、2A12、7A04、5A05、5A06、3A21、6A02 等合金铸锭应进行均匀化退火

处理。

F 挤压温度-挤压速度规范

表 24-28 列出了无润滑正向挤压时某些合金坯料的典型加热温度、挤压系数和金属流速。为防止闷车、提高焊缝品质，一般应采用高温、慢速挤压工艺。

表 24-28 某些合金管材热挤压系数和温度-速度范围

合金牌号	挤压温度/℃		挤压系数 λ	金属流动速度 /m·min⁻¹
	坯料	挤压筒		
1×××系、6A02、6063	300~400	300~380	15~150	≥50
2A50、3A21	350~430	300~380	10~100	10~20
5A02	350~420	300~350	10~100	6~10
5A06、5A05	430~470	370~400	10~50	2~2.5
2A11、2A12	330~400	300~350	10~60	2~3

5A05、5A06、2A12、7A04 等合金管材通常在较窄的温度范围内用较低的金属流动速度挤压，如要提高其挤压速度，一般可采用随动针挤压、等温挤压、润滑挤压筒挤压及降低塑性区金属温度等方法进行挤压。表 24-29 列出了采用随动针挤压时的金属流动速度，表 24-30 列出了在冷却或不冷却工具挤压时的金属流动速度。

表 24-29 用随动针和固定针挤压时的金属流动速度

合金牌号	尺寸		坯料加热温度/℃		金属流动速度/m·min⁻¹	
	坯料尺寸 /mm×mm×mm	管材尺寸 /mm×mm	固定针挤压	随动针挤压	固定针挤压	随动针挤压
2A12	150×64×340	29×22	400	380	2.7	3.3
5A06	256×64×260	44×38	470	440	2.45	3.2
2A11	225×94×430	76×66	330	300	4.4	6.0

表 24-30 用随动针挤压时在冷却或不冷却工具条件下挤压速度

合金牌号	尺寸		挤压条件	挤压温度/℃		金属流动速度 /m·min⁻¹
	坯料尺寸 /mm×mm×mm	管材尺寸 /mm×mm		坯料	挤压模	
2A12	156×64×290	29×23	不冷却/冷却	400/420	350/380	3.2/4.25
6A05	156×64×360	50×40	不冷却/冷却	400/430	350/360	4.1/5.1
6A06	156×64×230	45×37	不冷却/冷却	430/400	340/400	3.2/4.5

G 润滑

为了获得内表面品质良好的管材，必须采用有效的工艺润滑以保证挤压针和金属间保存有一层良好的润滑膜。表 24-31 为目前热挤压管常用的润滑剂。涂抹方法仍以手工操作为主，但某些挤压机上已出现了机械涂抹方式。用组合模挤压管材时，为了保证焊缝品质，禁止润滑或弄脏模子、挤压筒和铸锭。

表 24-31 管材热挤压常用的润滑剂

编号	润滑剂名称	质量分数/%	编号	润滑剂名称	质量分数/%
1	72 号或 71 号汽缸油	60～80	4	鳞片状石墨	10～25
	山东鳞片状石墨（38μm 以上）	40～20		汽缸油	80～55
2	750 号苯甲基硅油	40～60		铅丹	10～20
	山东鳞片状石墨（38μm 以上）	60～70			
3	汽缸油	65	5	氢松香脂乙醇（40%） 四氢松香脂乙醇（45%） 松香脂乙醇（15%）	6
	硬脂酸铅	15		2,6-2 代丁基-4-甲基粉	0.1
	石墨	10		无机矿物油	余量
	滑石粉	10			

H 工艺操作要点

（1）挤压之前应把挤压针、挤压模、垫片等工具预先在专用加热炉中加热。挤压工具的加热温度不应低于 300℃，难挤压产品利用组合模挤压时，不应低于 450℃，挤压筒定温一般为 450～480℃。

（2）挤压针的润滑应均匀，并应防止淌滴到挤压筒中。润滑挤压时应使用合适的润滑剂，并均匀涂抹。在用组合模挤压时应严禁使用润滑剂润滑铸锭、模子和其他工具。

（3）挤压前用较干的润滑剂薄薄地涂抹模子工作带及附近模面，但挤压垫片上不应润滑。

（4）模子工作带和挤压针上粘有金属屑时，可用刮刀和砂布清理，但不要破坏均匀的铝套。

（5）坯料可用工频感应电炉、电阻炉、燃油或燃气炉加热，加热时应严格测温和控温。

（6）挤压铝合金管材时，特别是挤压硬合金管材和用组合模挤压管材时，应采用高温、慢速挤压工艺。

（7）为保证管材直线度，可采用与管子外形一致的导路装置。导路的相应尺寸每边应比管材大 1～3mm。在现代化挤压机上，可借助牵引装置减少管材的弯曲度。

（8）纯铝、6×××系和 7×××系合金管材，可在现代化的由 PLC（程序逻辑控制）装置控制的全自动连续挤压生产线上进行。

（9）在立式挤压机上进行润滑挤压时，挤压残料借助于冲头来分离。冲头直径较模孔小 0.5～1mm。

I 成品率和生产率

挤压过程的生产率取决于挤压机的结构、挤压方法、合金牌号和管材断面尺寸等。成品率主要取决于挤压方法、合金牌号、产品规格与形状、铸锭规格和工艺方案等因素。表 24-32 和表 24-33 分别列出了在 15MN 挤压机 φ150mm 挤压筒上采用随动针无润滑挤压管材坯料时的生产率和成品率（一年统计数据的平均值）。

表 24-32　几种典型管材的生产率举例

合金牌号	2A12			2A11			5A02		
管材壁厚/mm	3	5	7	3	5	7	3	5	7
生产率/kg·h⁻¹	150	195	240	280	325	370	290	340	385

表 24-33　按合金统计的管材成品率举例

合金牌号	7A04、5A05、5A06、2A12、2A14	2A11、5A02、5A03 等	1×××系、6A02、5A12、6061
成品率/%	69~72	72~75	75~80

J　工艺卡片的编制与举例

表 24-34 为热挤压工艺举例，表 24-35 为 $\phi40mm \times 30mm \times 5.0mm$，2A11-T4 管材挤压工艺卡片举例。

表 24-34　热挤压管材工艺举例

合金牌号	管材品种	管材规格/mm×mm×mm	挤压筒直径/mm	挤压系数	残料长度/mm	铸锭规格/mm	压出长度/m	备注
2A11	厚壁管	25×15×5.0	100	19.3	10	98.5×20×250	4.5	6.17MN 挤压机
2A11	厚壁管	40×30×5.0	135	19.6	10	133×33×250	4.6	6.17MN 挤压机
2A11	厚壁管	80×60×10.0	280	19.5	40	270×106×500	8.7	3.43MN 挤压机
3A21	拉伸毛料	107×96×5.5	370	58.0	30	360×300	10.0	穿孔挤压
2A12	拉伸毛料	129×117×6.0	280	19.0	30	270×130×450	7.5	穿孔挤压
5A02	冷轧毛料	31×23×4.0	100	20.9	10	98.5×26×240	4.7	穿孔挤压

表 24-35　热挤压厚壁管工艺卡片举例

工序名称	主要设备	主要工艺参数	每道工序制品尺寸/mm 外径	内径	长度	每块质量/kg	几何废料/kg	工艺废料/kg
空心锭加热	电阻加热炉	温度 400~460℃	133	33	250	8.8		
热挤压	6.17MN 立式挤压机，φ135mm 挤压筒	挤压温度 400~450℃，挤压速度 2~3m/min，λ=19.6，工艺润滑	40	30	4600	6.8	1.0	1.0
淬火	立式淬火炉	淬火温度 (498±3)℃，保温时间 40min，水温 30~40℃，最大装炉量 600kg	40	30	4600	6.7		0.1
切头尾取样	圆盘锯床	切头 200mm(取样 180mm)，切尾 300mm(取样 50mm)	40	30	4100	6.08	0.6	0.02
矫直	辊式矫直机	矫直速度 30m/min，调整角度 30°	40	30	4106	6.0		0.08
切成品	圆筋锯床	中断	40	30	2000+50	2.9×2		0.02

工序名称	主要设备	主要工艺参数	每道工序制品尺寸/mm			每块质量 /kg	几何废料 /kg	工艺废料 /kg
			外径	内径	长度			
检查验收	实验室检查平台	检查化学成分、性能、尺寸、精度、表面质量、内部组织等	40	30	2000 + 50	2.9 × 2		
涂油、包装	油槽，包装车间	FA101 防锈油，60 ~ 80℃	40	30	2000 + 50	2.9 × 2		
交　货	成品库	合格证，交货单	40	30	2000 + 50	2.9 × 2		

注：1. 制品：热挤压壁厚 ϕ40mm×30mm×5.0mm，GB/T 4437—2000；

　　2. 合金状态 2A11-T4，GB/T 3190—1998，GB/T 4437—2000；

　　3. 坯料：空心铸锭 ϕ133mm×33mm×ϕ250mm；

　　4. 成品率：每吨成品的坯料消耗定额为1520kg，管材成品率为65.8%。

24.3.4　空心型材的挤压工艺与生产技术

24.3.4.1　空心型材的挤压方法

A　管式挤压及其工艺特点

管式挤压方法与挤压圆管的方法相似，在带有单动针或随动针的挤压机上进行，可以用空心铸锭也可以用实心铸锭经穿孔后挤压。这种方法对挤压内孔为圆形的单孔的大型或中型空心型材特别适合，如挤压带筋条或带翅的圆管等。孔的内径一般应大于15mm，以保证挤压针不被拉断或产生弯曲变形。此方法也可以用特殊工艺挤压内腔和外形形状都较为复杂的空心型材。

管式法挤压空心型材利用现有设备带穿孔针的特点，只要做出型材挤压模和专用挤压针就可以进行生产。工具容易加工、修模方便、几何废料少、成本较低、制品无缝是这种方法的主要优点。其缺点是制品的同心度或同轴度较差，另外内腔的尺寸受到一定限制，内表面质量也难于保证。

近年来研制开发成功的用穿孔法挤压无缝异型空心型材技术是一项难度很大的高新技术，其生产工艺和产品质量受许多因素的制约，往往会出现诸如偏心、断针、"袋形管"的真空度、内腔尺寸和形位公差难于保证、内表面质量易波动、穿孔挤压过程中不易控制等一系列问题，需要针对这些问题采取一系列的对策和措施。

B　组合模挤压法及其工艺特点

a　组合模挤压法（焊合挤压法）

组合模挤压法是在普通的型棒挤压机上用实心铸锭挤压各种异型空心型材。用组合模挤压空心型材，可以得到壁厚不均度最小，尺寸精度高而表面光洁和形状复杂的单孔或多孔空心型材，这种方法对产品质量要求的适应性很强，可以得到内孔非常小的空心型材，也可挤压获得非常复杂的大型空心型材，如铰链型材、直升机的空心旋翼型材、精度很高的异型波导管。这种方法的缺点是挤压模制造比较复杂，保证焊缝质量较为困难。

根据结构不同，组合模又分为三类：桥式组合模、平面分流组合模和叉架式组合模，习惯上把桥式组合模称为舌形模，平面分流组合模简称为组合模。与组合模相比，舌形模需要的挤压力较低，尤其适合于挤压难变形合金和挤压内孔较小的空心型材。组合模适合于挤压易变形合金和内腔尺寸较大而且形状复杂的大、中型空心型材。星形模适合于挤压单孔和多孔的管材和型材。图 24-13 为用组合模挤压法（焊合挤压法）挤压异型空心型材（直升机旋翼大梁）示意图。

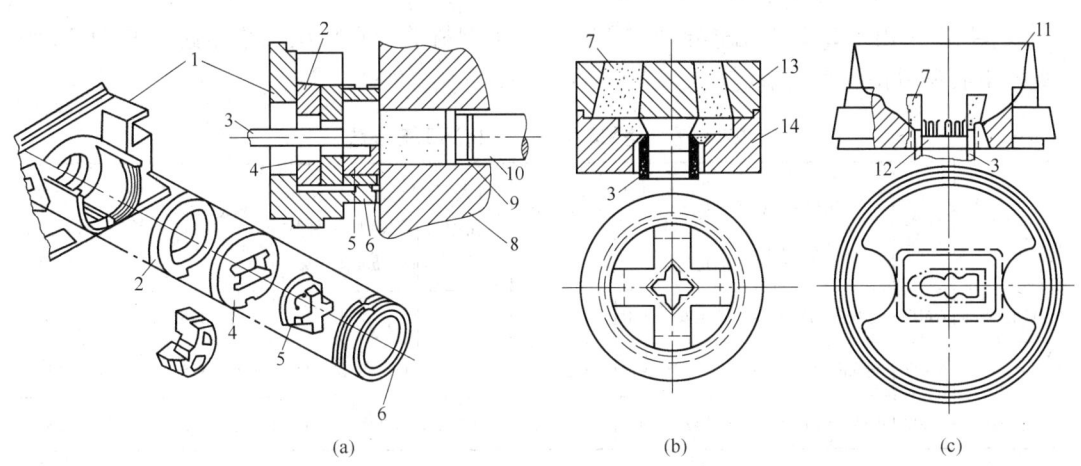

图 24-13 用焊合挤压法挤压异型空心型材示意图
（a）大型空心型材挤压工模具组装图；（b）平面组合模；（c）桥式舌形模
1—滑动模架；2—模座；3—空心型材；4—支撑垫；5—组合模；6—模架；7—坯料；
8—挤压筒；9—挤压垫；10—挤压轴；11—模桥；12—模芯；13—上模；14—下模

b 组合模挤压工艺特点

用组合模挤压时，金属被分成两股或多股金属流，在模子焊合室汇合，并在高温、高压、高真空作用下被重新焊合，再流出模孔而形成所需要的空心型材。焊缝是组合模挤压空心型材最主要的特点，提高焊缝质量是组合模挤压的关键问题。

组合模制造技术复杂，挤压时修模调整困难，在编制空心型材挤压工艺时，宁可增大挤压系数，也应尽量采用单孔挤压。随着技术的进步，用组合模同时挤压多根空心制品的工艺也获得了发展。

焊合挤压时，在模腔内必须建立一个超过变形金属屈服强度 10～15 倍的高压力，焊合室要有足够大的体积以外，分流比、挤压比和挤压筒的比压都要增大。当挤压壁厚不等的空心型材时，为了使金属流速均匀，需要增大焊合室的体积，同时也要增加模芯和模子工作带的有效长度。

为了获得优质焊缝，在每个料挤压完之后，必须把模腔内的金属全部清除干净，以保证下一个料的焊合质量；在操作中，严禁在模孔附近抹油，铸锭和工作现场也应尽量保持清洁；为了增大模腔内的压力应采用高挤压系数，如用舌形模挤压 2A12 合金小型空心型材时，挤压系数可达 80 以上；应尽量采用较高温的慢速挤压等措施，保证金属流焊合良好。用组合模挤压空心型材时的温度-速度规范见表 24-36。

表 24-36　挤压空心型材的温度-速度规范

合金牌号	铸锭加热温度/℃	挤压筒温度/℃	金属流出速度/m·min⁻¹
纯铝、3A21、6063、6A02	480～530	450～480	1.0～80
5A02、5A06	420～500	420～450	0.7～2.0
2A14、2A11、2A12	400～460	420～450	0.5～2.0

24.3.4.2　空心型材挤压工艺举例

表 24-37 列出了 Z8X-3 无缝异型空心旋翼大梁型材的穿孔挤压工艺参数，表 24-38 为典型的空心型材挤压工艺举例。

表 24-37　Z8X-3 型材穿孔挤压工艺参数

生产方法	合金	铸锭规格 /mm×mm	铸锭加热温度 /℃	穿孔速度 /m·min⁻¹	最大穿孔力 /MN	前残料长度 /mm	挤压系数 λ	挤压速度 /m·min⁻¹	挤出长度 /m	最大挤压力 /MN
空心铸锭挤压	6A02	(φ653/φ310)×850	470～500				24	1.0～3.5	13～14	1100
半穿孔挤压	6A02	(φ630/φ260)×850	470～500	0.8～2	180	700～800	24	1.0～3.5	13～14	1150
空孔挤压	6A02	φ630×(700～800)	470～500	0.8～2	200	700	26.3	1.0～3.5	18～20	1080

表 24-38　空心型材典型挤压工艺举例

型材规格	合金	截面积 /cm²	挤压方法	挤压筒直径/mm	模孔数	挤压系数 λ	残料长度 /mm	铸锭规格 /mm	压出长度 /mm
XC01-2	2A12	0.46	舌　模	85	1	12.5	60	82×150	8000
XC049	2A12	16.2	管式法	280	1	29.9	50	270×106×300	7500
XC050-1	2A14	55.6	管式法	370	1	15.3	50	360×170×580	8000
XC051	6A02	107.5	舌　模	500	1	18.2	250	487×1050	13000
XC053	6A02	5.7	舌　模	200	1	55.1	100	192×280	8500
XC054	2A14	7.6	舌　模	170	1	29.8	100	162×450	9000
AT366	6A02、6063、3A21	30.14	分流模	280	1	20.5	40	270×450	7500
AT620	2A12	1.63	舌　模	115	1	63.7	75	112×220	7800

24.3.5　民用建筑型材的挤压工艺及生产技术

24.3.5.1　铝合金民用建筑型材的特点

（1）铝合金民用建筑型材绝大多数采用 6063、6061、6082、6351、6005T5/T6 合金生产，其中 6063 是典型的挤压合金，占民用建筑型材用量的 90% 以上。因为这些合金具有良好的塑性，工艺成型性能好，在高温下变形抗力低，且具有良好的表面处理性能，所以，可以用它们生产出薄壁轻巧、形状复杂、美观耐用的高精度优质型材。

（2）为了适应不同地域、不同用途、不同系列的门窗结构和其他建筑结构的需要，铝合金民用建筑型材的品种繁多，规格范围十分宽广，据不完全统计，世界上已研制开发出上万种建筑型材。其截面积范围为 0.1 ~ 100cm²，外接圆直径范围为 $\phi 8 \sim 300$mm，腹板厚度范围为 0.6 ~ 15mm。

（3）型材壁厚薄（绝大多数为 0.6 ~ 2mm），形状十分复杂，且断面厚度变化剧烈，相关尺寸多且尺寸精度要求高，技术难度大，大多数为高精度薄壁型材。

（4）建筑型材的空心制品比例大（空心型材与实心型材之比大约为 1∶1），而且内腔多为异型孔，有的常为多孔异型薄壁型材。

（5）一组建筑型材需要组装成不同的门窗系列或其他的建筑结构，因此，配合面多，装配尺寸多，装饰面多。为了减少型材品种，要求型材具有通用性和互换性，这就提高了型材的精度要求和表面质量要求。

24.3.5.2 民用建筑型材生产工艺特点

A 铸锭均匀化退火

6063 和 6061 合金铸锭必须进行高温均匀化退火。其一般规范为：(560 ± 20)℃，保温 4 ~ 6h，出炉后快速冷却至室温。用缓冷后的铸锭挤压型材。其维氏硬度 HV 为 60 ~ 70，经阳极氧化后表面发暗无光泽。而用快速冷却的铸锭挤压的型材，维氏硬度 HV 为 80 ~ 90，经阳极氧化后表面光亮。

B 铸锭加热及准备

铸锭可以采用感应炉、煤气炉或电阻炉加热。电阻炉只能对铸锭均匀加热，而感应炉和采取特殊措施的煤气炉可以实现梯温加热。此时，铸锭前端根据需要可比其后端的高出 100℃ 左右。

挤压用的铸锭有两种：一种是由熔铸车间提供的短铸锭，另一种是长度为 3 ~ 6m 的长铸锭。目前认为，挤压前最先进的铸锭准备方案是：在感应炉或煤气炉中加热不车皮的长铸锭，有条件时，用煤气炉加热更为经济；一端在炉内加热后由炉中推出，按订货需要热切成定尺和热剥皮后送挤压机挤压，余下的铸锭再退回炉内继续加热。由于铸锭在炉内长时间加热，对充分地均匀化和改善其可挤压性非常有利。

挤压前对长铸锭的热剪切与常规的短铸锭锯切相比，可以提高劳动生产率，减少切斜度和减少金属损耗。此外，还节省了短铸锭的堆放场地。对 $\phi 175 \sim 300$mm 的圆锭一般配备有 1.00 ~ 1.75MN 的压力剪切机。

C 挤压

挤压建筑型材一般用 8 ~ 25MN 挤压机，挤压筒内孔直径为 100 ~ 260mm。一台 16.3MN 挤压机年生产建筑铝型材能力为 5000t 左右，成品率在国外可达 90%，目前国内一般可达 82% 左右。

6××× 系的铝合金铸锭加热温度一般为 480 ~ 530℃，挤压筒加热温度为 450 ~ 480℃。6063 合金挤压速度可达 10 ~ 150m/min，其实心型材的为 20 ~ 150m/min，空心型材的为 10 ~ 80m/min。挤压 6061 合金时，为避免产生表面裂纹，挤压速度较低，一般不大于 8 ~ 15m/min。挤压 01915 合金型材最适宜的流出速度为 15 ~ 25m/min，而 01925 合金型材的为 10 ~ 20m/min。

D 在线淬火

淬火冷却速度常和强化相含量成正比，含 Mg_2Si 0.8% 的 6063 合金，从 454℃ 冷却到 204℃ 的临界冷却温度范围内，最小冷却速度为 38℃/min，而含 Mg_2Si 1.4% 的 6061 合金在上述临界冷却温度范围的冷却速度不应小于 65℃/min，因此 6063 合金可用风冷淬火，而 6061 合金必须用水雾冷淬火。

01915、01925 铝-锌-镁系合金有很宽的淬火温度范围，为 350~500℃，对淬火冷却速度敏感性小，具有自淬火性，即有空气淬火的能力。所以这个系的合金可以在出模后进行风冷淬火。

风冷淬火是在挤压机出料台上方悬挂 6~8 台风机，并以 45°角顺着制品运动方向向制品吹风。空气消耗量大致为：8~15MN 挤压机的冷却风机风量为 1.2~1.8m³/min；20~35MN 挤压机的为 2~2.5m³/min。为了对型材进行补充冷却。还可在出料横条运输机或冷却台下面设置 20~30 台风扇进行补充风冷。有的吹风装置同时兼喷雾，在风机的罩内有喷嘴喷水。通过改变风机和风扇的转数可以改变冷却强度，使制品在张力矫直前的温度降至 60℃ 以下。

水冷淬火有水槽浸湿法、水环喷射法、水封喷射法。当水冷淬火时，将位于挤压机前机架和出料台（横条运输机）之间的起始台搬走换成水冷淬火装置。近年来研发的精密水、雾、气在线淬火装置，对淬火敏感性大的合金（如 6005A）型材和壁厚变化剧烈的型材是十分必要的。

最近国外有的工厂用氮气（液氮效果更好）来冷却模子和挤压制品获得了良好的效益。模子使用寿命延长、制品尺寸精度提高、挤压速度增大、制品表面光洁度改善，并且由于氮气的保护作用，制品表面防止了氧化。

E 挤出型材的牵引

通常，型材出模孔后，皆用牵引机牵引。牵引机多为直线马达式。工作时在给予挤压制品一定张力的同时与其流出速度同步移动。使用牵引机的目的在于减轻多线挤压时制品长短不齐的擦伤，同时也可减少型材出模孔后扭拧、弯曲等。

F 张力矫直

张力矫直除了可以使制品消除纵向上的形状不整外，还可以减小其残余应力，提高强度特性并能保持其良好的表面（与辊式矫直相比）。

张力矫直时所需的拉力 P 可用 $P = K\sigma_{0.2}F$ 计算，其中，F 为制品横断面积；$\sigma_{0.2}$ 为材料在给定变形率下的屈服强度；K 为考虑材料力学性能不均匀性的安全系数，$K = 1.1 \sim 1.2$。一般 15MN 的挤压机配备 150kN 的张力矫直机；18~25MN 的挤压机配备 200~250kN 的张力矫直机；35MN 的挤压机配备 400kN 的张力矫直机。

张力矫直时变形率一般为 1%~3%，实践表明，这对矫正纵向几何形状和消除残余应力已足够。过分的变形会引起材料的塑性指标下降、型材局部变薄、型材尺寸超出公差范围。适当量的张力矫直变形还可以大大提高型材的强度特性。6063 合金的拉矫率可取 0.5%~1%；2A12 合金的拉矫率为 3%~4%；7A04 合金拉矫率为 2%~3%；管材最合适的变形量为 2.0% 以下，超过此值，管材，特别是薄壁管材会产生椭圆度。对断面复杂或大型的型材，用张力矫直并不总是能成功的，这就需要用辊式矫直或张力矫直后，进行手工矫直。

G　锯切

锯床一般皆采用高速圆盘锯，锯片直径为 350~450mm，厚度为 3mm，转速为 2900~3500r/min，电动机用油压缸移动，液压进给速度为 1000~6000mm/min，行程约 600mm。建筑门窗型材的定尺一般为 6m 左右。

H　人工时效

人工时效炉的形式有开盖式、活底台车式、步进式等，热源有电热的和火焰的（油或煤气），为保证时效温度需安装循环风机。时效处理时要求炉膛内温度均匀，温差不超过 ±3~5℃。对 6063 合金，人工时效温度一般为 200℃ 左右，时效时间为 1~2h。有时为了提高其强度性能，也可采用 175~180℃、3~4h 的工艺。

25 铝及铝合金管材轧制技术

管材轧制是生产无缝管材的主要方法之一。管材轧制中，根据管坯的变形温度不同，可分为热轧和冷轧两大类。目前，在铝管生产中，热轧已很少使用，大多数情况下被热挤压的方法取代。管材冷轧是将通过热挤压获得的管材毛坯在常温下进行轧制，从而获得成品管材的加工方法。

通过冷轧后获得的管材表面光洁，组织和性能均匀，壁厚尺寸精确。与拉伸法相比，冷轧法还具有道次加工率大、生产效率高等优点。但是，经冷轧后的管材，外径偏差较大，须经拉伸减径或整径才能获得成品尺寸管材。此外，通过轧制法还可以生产各种异型管材、变断面管材和锥形管等。

冷轧管机的种类很多，目前我国有色金属加工中常用的有周期式二辊冷轧管机和周期式三辊冷轧管机。除此之外，还有行星冷轧管机、连续冷轧管机、多线冷轧管机、横向多辊旋压机等。这些新型冷轧管机具有生产效率高、加工率大等优点，其中行星冷轧管技术和连续轧制生产管材技术在我国获得了重要的突破，并被广泛应用在有色金属管材的生产中。

25.1　管材轧制方法

25.1.1　周期式二辊冷轧管法

周期式二辊冷轧管机在 1930～1932 年最初出现于美国，目前其机构已经改善得很完善，产品规格范围可以达到外径 $\phi12～457mm$，壁厚 0.2～15mm。常见的冷轧管机有前苏联的 XΠT 冷轧管机和我国制造的 LG 冷轧管机。

25.1.1.1　轧制原理

二辊式冷轧管机是一种周期式轧机，其工作原理如图 25-1 所示。主传动齿轮 1 通过曲

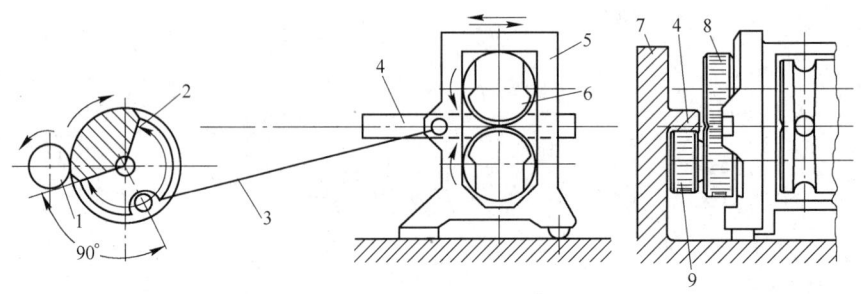

图 25-1　冷轧管机工作示意图

1—主传动齿轮；2—曲柄；3—连杆；4—齿条；5—工作机架；
6—轧辊；7—固定机座；8—被动齿轮；9—主动齿轮

柄2和连杆机构3的机构带动机架5做往复运动，轧机机架上装有一对轧辊6，轧辊通过固定在机座上的齿条4、主动齿轮9和被动齿轮8，将机架的往复运动同时转变为轧辊的周期性转动。

冷轧管机的主要工具由一个带有一定锥度的芯头和一对带有逐渐变化孔槽的孔型构成。工作机架往复运动的同时，轧辊同时转动。轧制管坯在芯头和孔型的间隙内反复轧制，实现了管坯外径的减小和壁厚的减薄，工作机架在前极限位置时，管坯和芯头要翻转60°~120°转角，以便在反行程时管坯继续轧制，保证管材的质量，如图25-2所示。

25.1.1.2　轧制过程

管材轧制可分为四个过程。

A　送料过程

当工作机架在后极限位置时（见图25-3(a)）两个轧辊处在进料段，孔型与管坯没有接触。通过送料机构将管坯向前送入一定的长度 m（称为送料量），即管坯 Ⅰ—Ⅰ 截面移动到 $Ⅰ_1$—$Ⅰ_1$ 截面位置。截面 Ⅱ—Ⅱ 也同时移动到 $Ⅱ_1$—$Ⅱ_1$ 位置。管坯的所有断面都向前移动 m。此时，管坯锥体与芯头间产生一定的间隙 Δt。

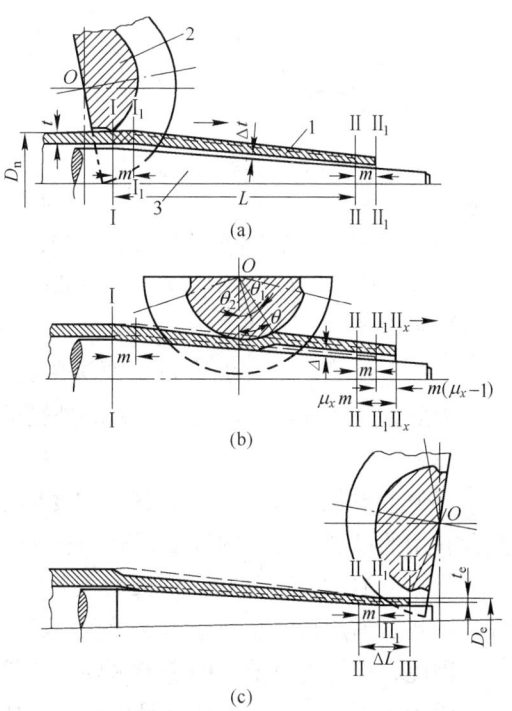

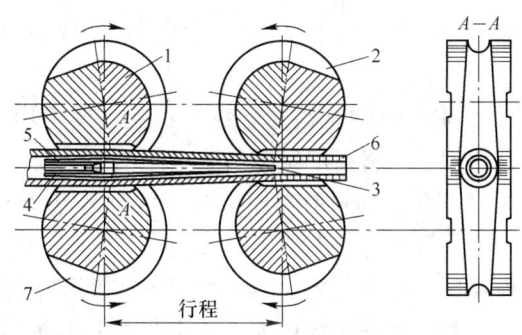

图25-2　管材轧制示意图

图25-3　二辊式冷轧管机轧制过程示意图
(a) 送料过程；(b) 轧制过程；(c) 翻转过程

B　前轧过程

当工作机架向前移动时，轧辊和孔型同时旋转，孔型滚动压缩管坯，使管坯在由孔型和芯头组成的断面逐渐减小的环行间隙内进行减径和减壁。管材轧制时，管坯首先与芯头表面接触，而后进行轧制。未被轧制的管坯与芯头表面的间隙 Δt 则要增大，如图25-3(b) 所示。轧制过程的变形区（又称瞬时变形区）由三部分组成（见图25-4）：θ 为咬入角区，θ_1 为减径角区，θ_2 为压下角区。在减径角区使管坯直径减小至内表面与芯头接触。压下角区管坯的直径和壁厚同时被压缩，实现管坯直径的减小和壁厚的减薄。在轧制过程中，咬入角 θ，减径角 θ_1 和压下角 θ_2 是变化的。咬入角 $\theta = \theta_1 + \theta_2$。压下角对应的水平投影为 $ABCD$ 可近似看做梯形，减径角对应的水平投影为 $CDGFE$。

在整个前轧过程中，管坯的变形过程可分为四段，即减径段、压下段、精整段和定径段，如图 25-5 所示。

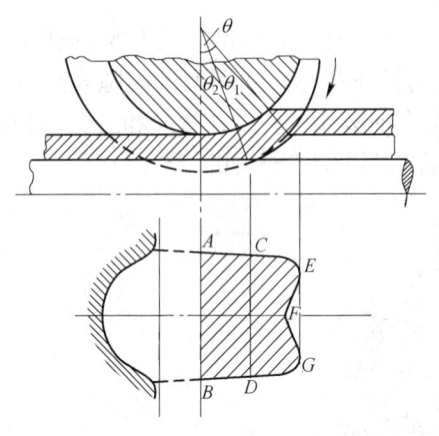

图 25-4 前轧时变形区的水平投影

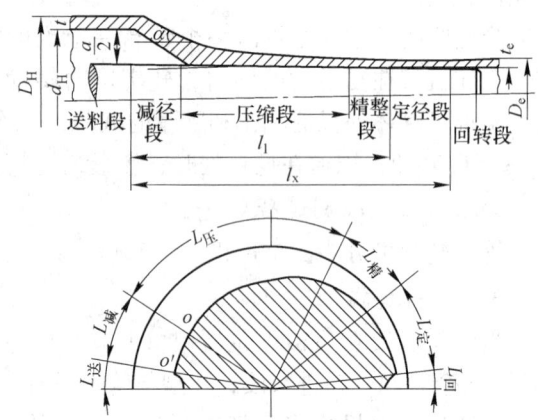

图 25-5 管材轧制过程的分段

（1）减径段。管坯在减径段，只有减径变形，由于管坯和芯头表面没有接触，壁厚将略有增加，管坯壁厚增加的规律与拉伸减径变形时壁厚增加的规律相同，与合金和尺寸规格等因素有关。

（2）压缩段。管坯的变形主要集中在这一阶段。由于孔型在这一阶段的平均锥度较大，因此，管坯在此阶段发生很大的外径减小和壁厚减薄，轧制管材的壁厚已接近成品管材壁厚。

（3）精整段。在精整段，管坯的变形量很小，主要目的是消除轧制管材的壁厚不均。此段孔型的锥度与芯头的锥度相等，管坯的壁厚达到成品管材的壁厚和要求的偏差范围。

（4）定径段。管坯在这一段的主要变形是外径变化，而没有壁厚减薄。目的是使管材外径一致，消除竹节状缺陷。此段孔型的锥度为零。管坯已与芯头不再接触。

因此，冷轧管材金属的变形主要在前轧过程实现，而在前轧过程，变形又主要集中在减径段和压下段。其变形特点是由减径、压扁、逐渐转到壁厚被压缩，并在孔型和芯头间发生强制宽展。

C 回转过程

当轧辊处在轧制行程前极限位置时，如图 25-3（c）所示轧辊孔槽处在回转段，孔型与管坯锥体不接触，管坯由回转机构通过芯杆、芯头和卡盘带动翻转 60° ~ 120°。

D 回轧过程

管坯回转后，随着工作机架的返回运动，对管坯进行回轧，消除前轧时造成的椭圆度，壁厚不均度和管材表面楞子等，以利于下一个周期的轧制。完成一个周期的轧制过程后，一个送料量的管坯被轧制，所得到的一段管材就是轧制成品管材。

25.1.1.3 冷轧管的应力状态

A 轧辊及芯头对管坯的压力

管坯在轧制过程，受芯头和孔型的共同压力，在这个压力的作用下，管坯发生了塑性变形。管坯的受力状态如图 25-6 所示。在变形区内，P_0 为管坯压下角区的压力，P_p 为减径角区的压力。P_0 和 P_p 都是垂直于管坯轧制锥体的接触表面，并可分解为 P_0'、P_0'' 和 $P_p'P_p''$。其中 P_0' 和 P_p' 为垂直于轧制中心线的径向分量，P_0'' 和 P_p'' 为平行于轧制中心线的轴向分量。

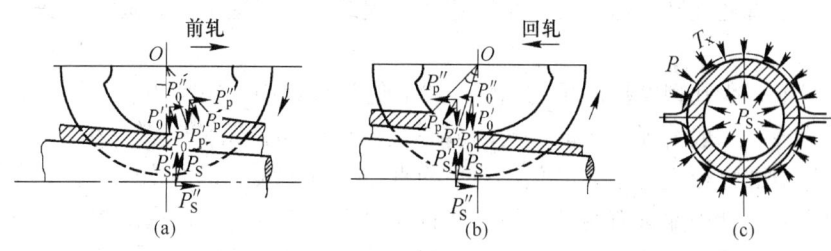

图 25-6　孔型和芯头对管坯的压力

芯头在压下角区对管坯的作用力 P_S 同样可分解为 P_S' 和 P_S''。由于 P_S 是 P_0 的反作用力，因此 P_S'' 与 P_p'' 大小相等，方向相反。同时，减径区的轴向分力 P_p'' 又通过管坯与芯头间的摩擦作用到芯头上。因此，无论在前轧，还是在回轧过程，芯头都将受到轴向力的作用。轴向力的大小取决管坯材质的变形抗力、轧制送料量和孔型尺寸等条件。材质的变形抗力越大，需要的轧制力也越大。送料量的大小和孔型尺寸的设计，又直接决定了咬入角的大小。当芯头所受轴向力很大时，有可能造成连接芯头的芯杆的弯曲和断裂。

B　外摩擦力

管材轧制时，孔型在转动过程，由于孔槽上各点的半径不同，轧制过程的线速度也不同，因此对于管坯的摩擦也不同。为了减少孔型对管坯的相对滑动，冷轧管机在设计时，主动齿轮的节圆直径要小于被动齿轮的节圆直径。被动齿轮的节圆直径与轧辊直径相等。图 25-7 所示为孔槽对金属的相对速度分布，由图可见，孔槽上与主动齿轮直径相等的各点上相对速度为零。而直径大于主动齿轮节圆直径的各点的相对速度为负值，直径小于主动齿轮节圆直径的各点的相对速度为正值。

由于在管材轧制时，金属还存在向前流动的速度，因此，管坯锥体上各部位与孔型孔槽上各部位的相对速度实际上是两个速度的合速度。如图 25-8 所示，v_1 为假设管坯静止、

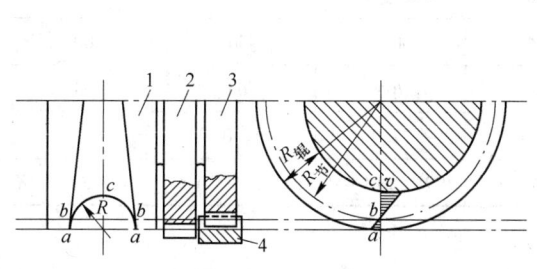

图 25-7　孔槽对金属的相对速度分布

1—孔型；2—从动齿轮；3—主动齿轮；4—齿条

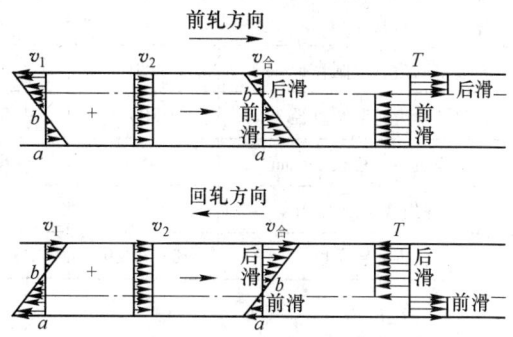

图 25-8　冷轧管时的运动学特性

v_1—假设金属静止，没有流动的相对速度；

v_2—轧制金属流动速度；$v_合$—实际相对速度；T—摩擦力

金属没有流动的相对速度，v_2 为金属向前流动的速度。v_2 在锥体上各点都是相等的，而且无论是前轧还是回轧，速度的方向都相同。v_1 和 v_2 的合速度即为考虑金属流动的条件下的实际相对速度。$v_合$ 的方向不同，在轧制区分别形成了前滑区和后滑区。

由图 25-8 可知，前滑区和后滑区对管坯的摩擦力方向相反，两个摩擦力的合力作用于管坯上。由于管坯轧制锥体与芯头是紧抱在一起的，最终这个力将通过芯头作用到连接芯头的芯杆上。

为了尽可能减少孔型摩擦的不均匀性，冷轧管机设计中，主动齿轮节圆直径小于被动齿轮的节圆直径，一般情况，主动齿轮的节圆直径比被动齿轮节圆直径小 5% 左右。最合理的主动齿轮节圆直径应等于孔型孔槽的平均直径。对于大规格的冷轧管机，由于轧机轧制规格范围大，设计中配备有两种规格节圆直径的主动齿轮。生产中应根据不同的孔型规格选择合理的主动齿轮。这样，才能有效地减小孔型孔槽对管坯的滑动摩擦，减少孔槽的不均匀磨损，有利于提高轧制管材的表面质量和孔型的使用寿命。但是，冷轧管机轧辊的更换十分困难，而且装配精度要求很高，在铝加工中，管材是多规格、多品种、小批量生产。企业根据主要的品种规格选定其中一种主动齿轮，便能基本适用生产要求。表 25-1 为常见二辊式冷轧管机的主要工艺性能。

表 25-1 冷轧管机的主要工艺性能

名 称	LG30	LG55	LG80	XIIT75	XIIT32
管坯外径范围/mm	22~46	38~67	57~102	57~102	22~46
管坯壁厚范围/mm	1.35~6	1.75~12	2.5~20	2.5~20	1.35~6
成品管外径范围/mm	16~32	25~55	40~80	40~80	16~32
成品管壁厚范围/mm	0.4~5	0.75~10	0.75~18	0.75~18	0.4~5
断面最大减缩率/%	88	88	88	88	88
外径最大减小量/mm	24	33	33	32	24
壁厚最大减缩率/%	70	70	70	70	70
管坯长度范围/mm	1.5~5	1.5~5	1.5~5	1.5~5	1.5~5
送料量范围/mm	2~14	2~14	2~20	2~30	2~14
轧辊直径/mm	300	364	434	434	300
轧辊主动齿轮节圆直径/mm	280	336	406 或 378	406 或 378	280
轧辊被动齿轮节圆直径/mm	300	364	434	434	300
工作机架行程长度/mm	453	624	705	705	453
允许最大轧制力/MN	6.5	11.0	17.0	17.0	6.5
轧辊回转角度	185°39'20″	212°59'20″	199°、213°43'	199°、213°43'	185°39'3″

C 应力应变状态

冷轧管时应力状态主要是三向压缩应力状态。应变状态为两向压缩，一向拉伸状态，这种应变状态能够充分地发挥金属的塑性。因此，冷轧管机适用于塑性偏低的合金和壁厚较薄，需要很大的加工率才能使管材尺寸成型的管材生产。这些产品采用轧制方法生产，可以减少中间退火，提高一次加工率，缩短生产周期，提高生产效率和管材的表面质量。

25.1.1.4 二辊式冷轧管的优缺点

二辊式冷轧管方法具有如下的优点：

（1）道次加工率大，最大加工率可达到 80% 以上。特别适用于硬合金和冷加工性能低的合金（如 5A05、5A06 合金等）管材的加工。

（2）可以生产长度大的管材，最长可达 30m。

（3）省略或减少部分合金的退火和中间退火，生产效率高，周期短。

（4）设备的自动化程度高，可减轻劳动强度。

（5）孔型更换简便，尺寸调整方便快捷。

（6）可以生产异型管材和变断面管材。

二辊式冷轧管方法的主要缺点有：

（1）冷轧管机结构复杂，设备精度要求高，投资和维修费用较大。

（2）工具设计、制造比较复杂。

（3）软合金管材和壁厚较大的管材，不如拉伸法生产效率高。

（4）轧制的管材具有较大的椭圆度、波纹、楞子等，管材外径偏差不易控制。因此，经轧制后的管材必须经拉伸减径、整径才能达到成品管材的要求。

25.1.2 多辊式冷轧管法

3 个及 3 个以上轧辊组成的冷轧管机称为多辊冷轧管机。多辊轧机分为三辊、四辊和五辊 3 种。一般直径为 $\phi8 \sim 60mm$ 管材的用三辊冷轧管机轧制，直径 $\phi60 \sim 120mm$ 管材的用四辊、五辊冷轧管机轧制。

25.1.2.1 多辊冷轧管机的工作原理

图 25-9 所示为三辊冷轧管机的轧制过程示意图，这种冷轧管机与二辊冷轧管机一样，具有往复周期轧制的特点。主要的工具为 1 个圆柱形的芯头 5 和 3 个轧辊 3，3 个∏形滑道 2。轧辊上有断面不变的孔槽，3 个轧辊的孔槽组成一个圆形的孔型，与中间的芯头共同构成一个环形的间隙。轧辊在 3 个具有特殊曲线斜面的滑道上往复滚动。滑道的曲线与二辊式冷轧管机孔型展开曲线类似，当孔型在滑道的左端时，滑道曲线的高度最小，3 个轧辊离开的距离最大，孔型组成的圆的外径最大，与圆柱形芯头组成的环形的断面也最大。当轧辊由左向右运动时，由于滑道高度的逐渐增加，3 个孔型组成的圆的外径也逐渐减小。管

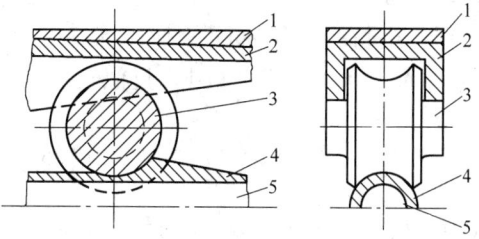

图 25-9 三辊冷轧管机轧制示意图

坯在孔型和芯头的压力下发生塑性变形，达到外径的缩小和壁厚的减薄。轧辊前进到最前端后，开始反方向运动，进入到回轧过程。轧辊返回到左端极限位置后，管坯通过回转机构和送料机构，对管坯进行翻转和一定的送料量，开始下一个轧制周期。管坯在周期的反复轧制下，获得成品管材的尺寸要求。

25.1.2.2 多辊式冷轧管法的优缺点

多辊冷轧管法具有如下优点：

（1）由于多辊冷轧时金属变形均匀，管坯轧制时外径收缩率小，有利于金属的壁厚减薄，因此，多辊轧制适用壁厚特别薄的管材生产。轧制的管材外径与壁厚之比可达100～250。更适于某些冷加工性能差的合金管材生产。

（2）孔型孔槽与管坯在轧制过程中没有或很少有相对滑动摩擦，金属变形均匀。因此，轧制管材的壁厚精度和表面光洁度较高。

（3）通过合理的工具配套，可直接生产成品管材。

（4）多辊冷轧机轧辊数量多，轧辊直径小，因此，总的轧制压力较小，轧制功率消耗也较少。

（5）与二辊式冷轧管法相比，工具设计和制造相对简单，质量容易保证。

多辊冷轧管法的主要缺点有：

（1）由于孔型的孔槽为圆柱形，而不是变断面尺寸，轧制送料量较小，因此生产效率偏低。

（2）管坯轧制时减径量小。

为提高生产效率，可在多辊轧机机架内装配多套轧辊，实现多线轧制法，其工作原理如图25-10所示。

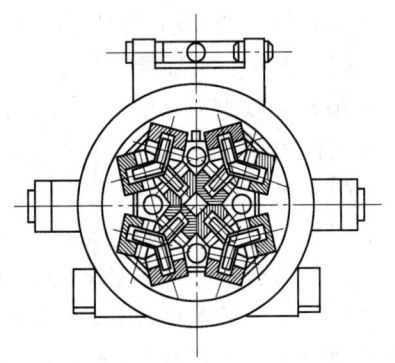

图25-10 四线三辊冷轧管机示意图

25.2 管材冷轧的轧制力计算

25.2.1 二辊冷轧的轧制力计算

25.2.1.1 影响轧制力的主要因素

A 送料量

轧制力大小与送料量成正比。送料量越大，轧制过程的压下角越大，压下区水平投影也越大，轧制力也就越大。一般情况下，送料量增加一倍，轧制力增加30%～50%，如图25-11所示。

送料量在2～10mm范围内，轧制力与送料量的关系可用式（25-1）近似表示：

$$P_2 = P_1 \sqrt{\frac{m_2}{m_1}} \qquad (25-1)$$

式中 P_1——送料量为 m_1 时的轧制力；
P_2——送料量为 m_2 时的轧制力。

B 总延伸系数

轧制力与总延伸系数成正比例关系。在管坯尺寸相同的条件下，轧制力与成品管材的壁厚成反比例关系，如图25-12、图25-13所示。一般情况下，管坯壁厚增

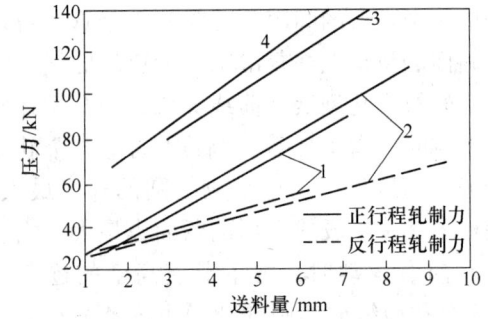

图25-11 轧制力与送料量的关系
1—5A02合金，毛料 ϕ34mm×4mm，成品 ϕ22.7mm×0.95mm；
2—5A02合金，毛料 ϕ34mm×3mm，成品 ϕ18mm×1.27mm；
3—2A11合金，毛料 ϕ42mm×4mm，成品 ϕ30mm×0.79mm；
4—2A11合金，毛料 ϕ34mm×3mm，成品 ϕ36mm×0.95mm

加1倍，轧制过程在正行程时，轧制力增加20%，反行程时增加30%。反行程时轧制力增加多的原因，主要是材料在正行程时经过了一次轧制，由于加工硬化，材料的变形抗力有所提高。

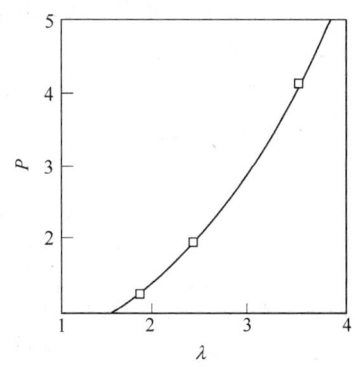 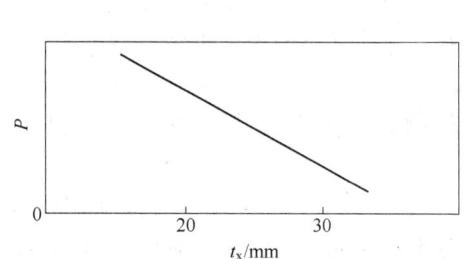

图 25-12 轧制力与延伸系数关系   图 25-13 轧制力与成品管壁厚关系

当延伸系数在 2~8 范围内，延伸系数与轧制力的关系可近似地用式（25-2）表示：

$$P_2 = CP_1 \sqrt{\frac{\lambda_2}{\lambda_1}} \tag{25-2}$$

式中 P_1——延伸系数为 λ_1 时的轧制力；
P_2——延伸系数为 λ_2 时的轧制力；
C——系数。

C   材料强度

轧制力与金属材料的强度 σ_b 成正比。在同一工艺条件下，轧制力与材料强度的关系可以用式（25-3）表示：

$$P_2 = P_1 \frac{\sigma'_b}{\sigma_b} \tag{25-3}$$

式中 P_1——材料强度为 σ_b 相对应的轧制力；
P_2——材料强度为 σ'_b 相对应的轧制力。

D   被轧管材直径

轧制不同规格的管材，要选用相应的孔型规格，孔型规格不同，轧制过程压下角的水平投影面积也不同。在相同工艺条件下，轧制力与轧制管材的直径成正比例关系，轧制力随轧制管材的直径的增加而增大。轧制力与管材直径的关系可用式（25-4）表示：

$$P_2 = CP_1 \frac{d_2}{d_1} \tag{25-4}$$

式中 P_1——轧制管材直径为 d_1 时的相应轧制力；
P_2——轧制管材直径为 d_2 时的相应轧制力。

E   润滑条件

采用不同的润滑剂和润滑条件，具有不同的润滑效果，如果润滑效果好，轧制过程的压力就小，轧制力也小。

F　工具和设备的技术参数

设备的技术参数、轧辊直径、变形区长度等技术参数的不同决定了工具设计的技术参数，在工具与孔型设计中，芯头锥度、孔型孔槽的平均锥度、孔型开口度等都影响到管材轧制时变形程度和不均匀变形量，其结果必然影响到轧制力的大小。

25.2.1.2　管材冷轧过程轧制力的分布

在管材冷轧过程中，机架行程的不同位置上，轧制力的大小是不同的。在一个轧制行程上，轧制力在孔型长短上的分布变化如图25-14所示。

由图25-14可见，管材轧制过程中轧制力最大发生在压缩段，在这一阶段材料的瞬时加工率最大，金属的变形程度最大，使得压下区水平投影面积最大。在减径段和定径段轧制力较小。

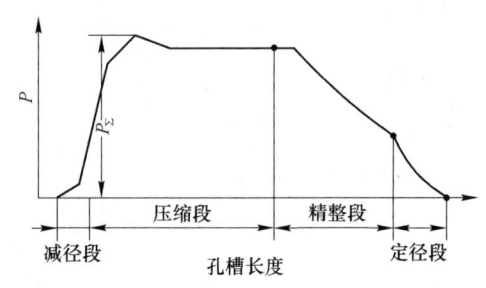

图25-14　轧制力在孔型长度方向上变化示意图

25.2.1.3　轧制力计算

在轧制过程中，金属对轧辊的全压力 P_Σ 为：

$$P_\Sigma = \bar{p} F_\Sigma \tag{25-5}$$

式中　$\bar{p}$——金属对轧辊的平均单位压力；

F_Σ——金属与轧辊接触面的水平投影面积。

由式（25-5）可知，只要计算出管材轧制时，金属对轧辊的平均单位压力和金属与孔型接触面积，就可以计算出轧制过程的全压力。

A　计算平均单位压力

平均单位压力可采用 Ю. Ф. 谢瓦金公式和 Д. И. 比辽捷夫公式进行计算。

a　Ю. Ф. 谢瓦金公式

工作机架正行程时的平均单位压力 $\bar{P}_\text{正}$ 为：

$$\bar{P}_\text{正} = \sigma_\text{b}\left[n + f\left(\frac{t_0}{t_\text{x}} - 1\right)\frac{R_0}{R_\text{x}}\frac{\sqrt{2R_\text{x}\Delta t_\text{z}}}{t_\text{x}}\right] \tag{25-6}$$

工作机架反行程时的平均单位压力 $\bar{P}_\text{反}$ 为：

$$\bar{P}_\text{反} = 1.15\sigma_\text{b} + (2 \sim 2.5)f\left(\frac{t_0}{t_\text{x}} - 1\right)\frac{R_0}{R_\text{x}}\frac{\sqrt{2R_\text{x}\Delta t_\text{f}}}{t_\text{x}}\sigma_\text{b} \tag{25-7}$$

式中　σ_b——在该变形程度下被轧金属的抗张强度；

n——考虑平均主应力影响系数，一般取 1.02 ~ 1.08；

f——摩擦系数，对铝合金取 0.08 ~ 0.10；

t_0——管坯壁厚；

t_x——计算断面的管材壁厚；

R_0——轧辊主动齿轮半径；

R_x——计算断面孔槽顶部的轧辊半径；

Δt_z——计算断面正行程时的壁厚压下量；

Δt_f——计算断面反行程时的壁厚压下量。

Δt_z 和 Δt_f 可分别由式（25-8）和式（25-9）确定：

$$\Delta t_z = 0.7\lambda_\Sigma m(\tan\alpha - \tan\beta) \tag{25-8}$$

$$\Delta t_f = 0.3\lambda_\Sigma m(\tan\alpha - \tan\beta) \tag{25-9}$$

式中 λ_Σ——计算断面的压延系数；

m——送料量；

α——该段孔型母线倾斜角；

β——芯头母线倾斜角。

b 按 Д.И. 比辽捷夫公式

$$\overline{P} = \sigma_b\left(1 + \frac{f\sqrt{2R_0}}{7.9}\frac{t_0}{t_x}\right) \tag{25-10}$$

式中 σ_b——在某种硬化程度下金属的强度极限；

f——摩擦系数。

利用 Ю.Ф. 谢瓦金计算公式，可以精确地计算出平均单位压力，但计算过程复杂。而利用 Д.И. 比辽捷夫计算公式相应比较简单。

B 计算金属与轧辊接触面水平投影面积

轧制过程轧辊与管坯接触面水平投影面积 F_Σ 可由式（25-11）计算：

$$F_\Sigma = 1.41\eta B_x\sqrt{R_x\Delta t} \tag{25-11}$$

式中 η——系数，一般取 $1.26\sim1.30$；

B_x——计算断面的轧槽宽度；

Δt——计算断面的壁厚压下量，工作机架正行程时取 Δt_z，反行程时取 Δt_f。

在轧制高强度铝合金时，孔型的孔槽在轧制力的作用下，将发生弹性变形。由于孔槽的弹性变形会使孔槽压扁，轧辊与管坯接触面面积将有一定的增加量。考虑这种因素，轧辊与管坯接触面水平投影面积由式（25-12）计算：

$$F_\Sigma = 1.41\eta B_x\sqrt{R_x\Delta t} + 3.9\times10^{-4}\sigma_b R_x\left(\frac{\pi}{4}R_0 - \frac{2}{3}R_x\right) \tag{25-12}$$

式中 σ_b——在该变形程度下金属的强度极限；

R_x——所求断面工作锥半径；

R_0——轧辊半径。

应用式（25-3）、式（25-7）、式（25-12）可以精确地计算冷轧管时的合压力。为了计算简便，可采用下列经验公式：

$$P_\Sigma = \sigma_b\left[1 + \frac{f\sqrt{D_z}}{7.9}\left(\frac{t_0}{t_x}\right)\right](\eta D_x\sqrt{2R_x\Delta t}) \tag{25-13}$$

式中 D_z——轧辊直径；

D_x——计算断面孔槽直径。

25. 2. 2　二辊冷轧的轴向轧制力计算

在冷轧管过程中，工作锥除受轧辊给予的轧制压力外，还在其轴向受到轧辊的作用力，通常称这个力为轴向力。

25. 2. 2. 1　轴向力产生的原因

轴向力产生的主要原因是由于冷轧管时轴辊对工作锥的轧制力在水平方向上的投影不为零和轧辊与工作锥之间存在摩擦力。

与一般的轧制不同，冷轧管是一种"强制性"的轧制过程，表现为管材由孔型中出来的速度不决定于轧辊的"自然轧制半径"，而是决定于工作机架的运动速度，也就是轧辊主动齿轮的节圆圆周线速度。

所谓"轧制半径"，就是圆周速度与金属由轧辊中出来的速度相等的轧辊半径。在平辊轧制时，如果不考虑前滑，轧制半径等于轧辊的半径。而在带有孔槽的轧辊上轧制时，孔槽上各点与轧件接触处的半径不相同，靠近孔槽顶部的轧辊半径小，线速度也小，而靠近孔槽开口部的轧辊半径大，线速度也大。这种情况下，轧制半径 $R_{轧}$ 为：

$$R_{轧} = R_0 - \frac{1}{2} R_{制} \tag{25-14}$$

式中　R_0——轧辊半径；

　　　$R_{制}$——圆制品断面半径，或制品外接圆半径。

在冷轧管时，由于孔型中孔槽的断面是变化的，那么轧制半径也是一个变值，如图 25-15 所示。管材轧制过程中，在轧制开始阶段，轧制半径 $R_{轧}$ 小于主动齿轮节圆半径 $R_{齿}$，而轧制终了阶段轧制半径大于主动齿轮节圆半径 $R_{齿}$。同时，冷轧管机架正行程时，管子的尾端是出料端，而头端则为进料端。在工作机架反行程时，尾端则成了进料端而头端成为出料端。因此，工作机架正行程时，轧制的开始阶段，管坯尾部向前移动；轧制的终了阶段，管坯尾部向后移动。冷轧管时，管坯尾端是靠在送料小车的卡盘上。因此管坯向前移动时受拉力，这个拉力通过芯杆最终作用于芯杆小车。而管坯向后移动时受压力，这个压力最终作用于送料小车的卡盘。工作机架反行程时，管坯的前端是自由的出料端，管坯的尾端为固定的进料端，此时，轧制的开始阶段管坯受拉力，而终了阶段管坯受压力。

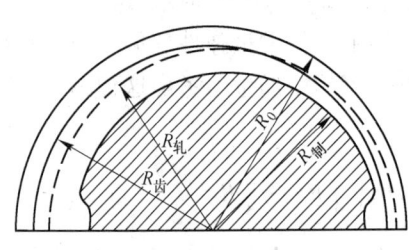

图 25-15　冷轧管机孔槽的轧制半径

25. 2. 2. 2　轴向力的计算

二辊式冷轧管机，轧辊对于管坯的轴向力可由以下方式计算：

（1）工作机架正行程时。

当 $\omega_x < \theta_t$ 时，有

$$Q_{正} = 2\eta P_{均} R_x \sqrt{2R_{顶} \Delta t_{正}} (\pi - 2k_\varphi \varphi_{开}) \left(f - \sqrt{\frac{\Delta t_{正}}{4.94R_{顶}}} \right) - 4.32\pi p_{均} f (R_{齿} - R_{顶}) \sqrt{\frac{R_x t_x R_{顶}}{R_{齿}}}$$

$$\tag{25-15}$$

当 $\omega_x \gg \theta_t$ 时，有

$$Q_{正} = P_{\Sigma正}\left[(\pi - 2k_\varphi\varphi_{开})\left(f - \sqrt{\frac{\Delta t_{正}}{4.94R_{顶}}}\right) - 3.53f\sqrt{\frac{R_{齿} - R_{顶}}{R_x}}\right] \quad (25\text{-}16)$$

平均轴向力为：

$$\overline{Q}_{正} = P_{\Sigma均}\left[(\pi - 2k_\varphi\varphi_{开})\left(f - \sqrt{\frac{\Delta t_{正}}{4.94R_{顶}}}\right) - 3.81f(R_{齿} - R_{顶})\sqrt{\frac{t_x}{R_x R_{齿}\Delta t_{正}}}\right]$$
$$(25\text{-}17)$$

（2）工作机架反行程时。

$$Q_{反} = 2\eta P_{均反}R_x\sqrt{2R_{顶}\Delta t_{反}}(\pi - 2k_\varphi\varphi_{开})\left(f + \sqrt{\frac{\Delta t_{反}}{4.94R_{顶}}}\right) - 14P_{均反} +$$

$$(R_0 - R_x\sin\varphi_{开})\sqrt{\frac{2\Delta t_{反}}{R_{顶}}}\left[R_0 - R_{齿} - R_x\sin(k_\varphi\varphi)\right] \quad (25\text{-}18)$$

平均轴向力为：

$$\overline{Q}_{反} = P_{\Sigma反}\left\{(\pi - 2k_\varphi\varphi_{开})\left(f + \sqrt{\frac{\Delta t_{反}}{4.94R_{顶}}}\right) - 5.56f\frac{R_0 - R_x\sin\varphi_{开}}{R_{顶}}\left[\frac{R_0 - R_{齿}}{R_x} - \sin(k_\varphi\varphi_{开})\right]\right\}$$
$$(25\text{-}19)$$

式中　$\varphi_{开}$——孔槽开口角度；

$\quad\quad f$——摩擦系数；

$\quad\quad k_\varphi$——孔槽开口处的金属参与变形的程度，其值见表25-2；

$\quad\quad \theta_t$——压下角；

$\quad\quad \omega_x$——中性角；

$P_{\Sigma正}$，$P_{\Sigma反}$——工作机架正、反行程时的平均全压力；

$\quad\quad P_{均}$——平均单位压力。

θ_t 可由式（25-20）计算：

$$\theta_t = \sqrt{\frac{2\Delta t}{R_{顶}}} \quad (25\text{-}20)$$

式中　Δt——轧制时的瞬时壁厚压下量；

$\quad\quad R_{顶}$——孔槽顶部轧辊半径。

ω_x 可由式（25-21）计算：

$$\omega_x = 1.53\sqrt{\frac{(R_{齿} - R_x)t_x}{R_{齿}R_{顶}}} \quad (25\text{-}21)$$

式中　$R_{齿}$——主动齿轮节圆半径；

$\quad\quad R_x$——计算断面的孔槽半径；

$\quad\quad t_x$——计算断面处工作锥壁厚。

表 25-2　系数 k_φ 值

送进、回转制度	工作机架正行程			工作机架反行程		
	轧槽始端	轧槽中部	轧槽末端	轧槽始端	轧槽中部	轧槽末端
送进、回转分别完成	0.5	0.25	0	1.0	0.85	0.75
一轧制周期二次回转	0.75	0.50	0.75	0.75	0.60	0.50

25.2.3　多辊冷轧的轧制力计算

多辊冷轧管机的特点是芯头为没有锥度的圆柱形，孔型孔槽的半径不变。在轧制过程的开始阶段，孔型间隙较大，孔槽表面不接触管坯表面。随着工作机架的向前移动，孔型在滑块曲线上运动，孔型间隙逐渐变小，孔型孔槽组成的直径逐渐变小，孔槽表面接触管坯并对管坯进行碾轧。多辊轧机的孔型上没有动力转动，靠工作机架带动并通过孔型孔槽与管坯的摩擦力实现转动。因此，孔槽与管坯的单位压力升高将对管坯形成较大的拉应力。其结果使金属的塑性相应降低。这是多辊冷轧管机的不利因素之一。

多辊冷轧管机的全压力计算公式如下：

$$P_\Sigma = K\overline{\sigma}_b(D_0+D_1)\sqrt{m\lambda_\Sigma(t_0-t_1)\frac{R_{辊}}{L_{1d}}} \tag{25-22}$$

式中　$\overline{\sigma}_b$——被轧金属的平均抗张强度，$\overline{\sigma}_b \approx \frac{1}{2}(\sigma_{b0}+\sigma_{b1})$；

σ_{b0}，σ_{b1}——管坯和轧制后的抗张强度；

D_0——管坯外径；

D_1——轧制管材外径；

$R_{辊}$——轧辊轧制半径，$R_{辊} \approx R_{颈}\frac{L_1}{L-L_1}$；

$R_{颈}$——轧辊外径；

L——摇杆长度；

L_1——摇杆与辊架连杆连接点到摇杆轴的距离；

L_{1d}——压缩段长度，$L_{1d}=L_{压}\frac{L_1}{L-L_1}$；

$L_{压}$——滑道压缩段长度；

K——系数，取为 1.6~2.2；

m——送料量；

λ_Σ——总压延系数。

25.3　管材轧制工艺

25.3.1　管坯的准备与质量要求

轧制管坯一般采用热挤压方法生产，也可采用旋压方法生产，由于旋压管材的表面和尺寸都比较差，必须经过拉伸后，才能满足冷轧管坯的基本要求。

25.3.1.1 轧制管坯规格的确定

A 管坯外径的确定

管材轧制坯料的外径等于冷轧管机孔型的大头尺寸。在对冷轧管机进行工艺设计时,孔型大头的尺寸按以下方法设计。

a 确定芯头锥度

二辊式冷轧管机的芯头锥度 $2\tan\alpha$ 可根据典型的合金和尺寸规格确定,一般选择范围在 $0.005 \sim 0.03$。锥度过大,轧制时具有较大的轴向力,易造成芯杆的弯曲和拉断。同时,变形不均匀,孔型开口度加大,轧出的管材出现竹节状压痕,使得必须减小送料量。锥度过小,送料时轧制锥体脱离芯头的力也将增加易造成管坯的插头,同时,减小了轧制管材壁厚的调整范围。

b 确定芯头大头圆柱部分直径

芯头大头圆柱部分直径 D 按式(25-23)确定:

$$D = d + L2\tan\alpha \tag{25-23}$$

式中 d——芯头定径段端头直径;
L——轧管机孔型工作段长度;
$2\tan\alpha$——芯头锥度。

$$d = d_1 + 2\Delta P_1 \tag{25-24}$$

式中 d_1——轧制管材内径;
ΔP_1——轧制管材与芯头间间隙,取 0.025mm。

c 确定管坯的内径尺寸

$$d_0 = D + 2\Delta P_0 \tag{25-25}$$

式中 d_0——管坯内径;
D——芯头大头圆柱部分直径;
ΔP_0——芯头大头圆柱部分与管坯间的间隙,一般取 $3 \sim 5\text{mm}$。

d 设定管坯的壁厚

根据工厂生产的典型合金和规格,选择合理的压延系数,计算管坯的壁厚。在铝合金轧管时,压延系数一般取 $2 \sim 5$,对软合金,压延系数可适当加大。为了使管坯毛料挤压生产方便,管坯的壁厚可只取到整数部分。

e 设定管坯的外径

$$D_0 = d_0 + 2t_0 \tag{25-26}$$

式中 D_0——管坯外径;
d_0——管坯内径;
t_0——管坯壁厚。

根据设定的管坯外径和轧制管材外径,即可进行孔型设计,孔型的大头尺寸为管坯外径,小头尺寸为轧制管材外径。由于冷轧后的管材,必须经过拉伸减径或整径后,才能成为成品管材,因此,冷轧管机的孔型规格可取一定的间隔配备一对孔型。间隔过大则增加拉伸减径量,间隔过小,则生产中更换孔型频繁,一般情况下,每间隔 5mm 配备一对孔型。冷轧管机常用孔型规格见表 25-3。

表 25-3　冷轧管机常用孔型规格

LG80		LG55		LG30	
成品外径/mm	孔型规格/mm×mm	成品外径/mm	孔型规格/mm×mm	成品外径/mm	孔型规格/mm×mm
≤55	73×56	≤30	43×31、45×31	≤15	26×16、31×18
56~60	78×61	31~35	48×36、50×36	≤17	31×18
61~65	83×66	36~40	53×41、55×41	18~20	33×21
66~70	88×71	41~45	58×46、60×46	21~25	38×26
71~75	93×76	46~50	63×51、65×51	26~30	43×31
76~80	98×81	51~55	68×56、70×56		

B　管坯壁厚的确定

对于同一种规格的管材，不同的合金应选择不同的压延系数。对于同一种合金的管材不同的规格和不同的冷轧管机，由于不均匀变形程度不同，合适的压延系数也要有所区别。一般情况下，大规格管材和采用大型号孔型，轧制过程不均匀变形程度大，压延系数要选择小一些。而对于小规格管材和采用小型号孔型时，可以选择较大的压延系数。不同机台和合金的合适压延系数范围可参照表 25-4。

表 25-4　不同合金和机台的压延系数参考值

机　台	1×××系、3A21、6A02、6061、6063	2A12、2A11、5A02、5A03	5A06、5A05、7A04、7A09
LG30	2~8	2~5.5	2~4
LG55	2~6	2~5	2~3.5
LG80	2~5	1.5~4	1.5~3

应当注意，在选择管坯壁厚时，要兼顾管坯挤压工艺的合理性和成品管材的定尺长度，以及冷轧管机的工艺性能。

25.3.1.2　管坯的质量要求

A　表面要求

管坯的内外表面应光滑，不得有裂纹、擦伤、起皮、石墨压入等缺陷存在。

B　组织要求

管坯的显微组织不得过烧。低倍组织不得有成层、缩尾、气泡、气孔等。

C　尺寸要求

管坯的外径偏差要控制在 ±0.5mm 内，不圆度不超过直径的 ±3%，端头切斜控制在 2mm 内。弯曲度不大于 1mm/m，全长不大于 4mm。

管坯平均壁厚偏差为 ±0.25mm，管坯的壁厚允许偏差根据压延工艺和成品管材的壁厚精度确定。具体可按式 (25-27) 计算：

$$S_0 = \frac{t_0}{t_1} S_1 \tag{25-27}$$

式中　S_0——管坯允许偏差；

　　　S_1——成品管材允许偏差；

t_0——管坯壁厚；

t_1——成品管材壁厚。

根据 GB 4436 和 GB/T 4436 要求，高精级和普通级管材管坯壁厚允许偏差见表 25-5 ~ 表 25-8。

表 25-5　GB 4436、GBn 221、GJB 2379 高精级管材管坯壁厚允许偏差　　　（mm）

成品壁厚		0.5	0.75	1.0	1.5	2.0	2.5	3.0	3.5	4.0	4.5	5.0
允许偏差		±0.05	±0.08	±0.10	±0.14	±0.18	±0.20	±0.25	±0.25	±0.28	±0.36	±0.40
管坯壁厚	1.5	0.30	0.32	0.30								
	2.0	0.40	0.43	0.40	0.37							
	2.5	0.50	0.53	0.50	0.47	0.45						
	3.0	0.60	0.64	0.60	0.56	0.54	0.48					
	3.5	0.70	0.75	0.70	0.65	0.63	0.56	0.58				
	4.0	0.80	0.85	0.80	0.75	0.72	0.64	0.67	0.57			
	4.5	0.90	0.96	0.90	0.84	0.81	0.72	0.75	0.64	0.63		
	5.0	1.00	1.07	1.00	0.93	0.90	0.80	0.83	0.71	0.70	0.80	
	5.5							0.92	0.79	0.77	0.88	0.88
	6.0							1.00	0.86	0.84	0.96	0.96
	6.5								0.93	0.91	1.04	1.04
	7.0								1.00	0.98	1.12	1.12
	7.5								1.07	1.05	1.20	1.20
	8.0								1.14	1.12	1.28	1.28
	8.5									1.06	1.36	1.36
	9.0									1.18	1.44	1.44
	9.5										1.52	1.52
	10.0										1.60	1.60

表 25-6　GB 4436 普通级管材管坯壁厚允许偏差　　　（mm）

成品壁厚		0.5	0.75	1.0	1.5	2.0	2.5	3.0	3.5	4.0	4.5	5.0
允许偏差		±0.08	±0.10	±0.12	±0.18	±0.22	±0.25	±0.30	±0.35	±0.40	±0.45	±0.50
管坯壁厚	1.5	0.48	0.40	0.36								
	2.0	0.64	0.53	0.48	0.48							
	2.5	0.80	0.67	0.60	0.60	0.55						
	3.0	0.96	0.80	0.72	0.72	0.66	0.60					
	3.5	1.12	0.93	0.84	0.84	0.77	0.70	0.70				
	4.0	1.28	1.07	0.96	0.96	0.88	0.80	0.80	0.80			
	4.5	1.44	1.20	1.08	1.08	0.99	0.90	0.90	0.90	0.90		
	5.0	1.60	1.33	1.20	1.20	1.10	1.00	1.00	1.00	1.00	1.00	

续表 25-6

成品壁厚	0.5	0.75	1.0	1.5	2.0	2.5	3.0	3.5	4.0	4.5	5.0
允许偏差	±0.08	±0.10	±0.12	±0.18	±0.22	±0.25	±0.30	±0.35	±0.40	±0.45	±0.50
管坯壁厚 5.5						1.10	1.10	1.10	1.10	1.10	1.10
6.0						1.20	1.20	1.20	1.20	1.20	1.20
6.5							1.30	1.30	1.30	1.30	1.30
7.0							1.40	1.40	1.40	1.40	1.40
7.5								1.50	1.50	1.50	1.50
8.0									1.60	1.60	1.60
8.5										1.70	1.70
9.0										1.80	1.80
9.5											1.90
10.0											2.00

表 25-7 GB/T 4436 高精级管材管坯壁厚允许偏差 （mm）

成品壁厚	0.5	0.75	1.0	1.5	2.0	2.5	3.0	3.5	4.0	4.5	5.0
允许偏差	±0.05	±0.05	±0.08	±0.10	±0.10	±0.15	±0.15	±0.20	±0.20	±0.20	±0.20
管坯壁厚 1.5	0.30	0.20	0.24								
2.0	0.40	0.27	0.32	0.27							
2.5	0.50	0.33	0.40	0.33	0.25						
3.0	0.60	0.40	0.48	0.40	0.30	0.36					
3.5	0.70	0.47	0.56	0.47	0.35	0.42	0.35				
4.0	0.80	0.53	0.64	0.53	0.40	0.48	0.40	0.46			
4.5	0.90	0.60	0.72	0.60	0.45	0.54	0.45	0.51	0.45		
5.0	1.00	0.67	0.80	0.67	0.50	0.60	0.50	0.57	0.50	0.44	
5.5						0.66	0.55	0.63	0.55	0.49	0.44
6.0						0.72	0.60	0.69	0.60	0.53	0.48
6.5								0.74	0.65	0.58	0.52
7.0								0.80	0.70	0.62	0.56
7.5									0.75	0.67	0.60
8.0									0.80	0.71	0.64
8.5										0.85	0.76	0.68
9.0										0.80	0.72
9.5										0.84	0.76
10.0										0.89	0.80

表 25-8　GB/T 4436 普通级管材管坯壁厚允许偏差　　　　　　　　　　（mm）

成品壁厚		0.5	0.75	1.0	1.5	2.0	2.5	3.0	3.5	4.0	4.5	5.0
允许偏差		±0.12	±0.12	±0.15	±0.20	±0.20	±0.30	±0.30	±0.40	±0.40	±0.50	±0.50
管坯壁厚	1.5	0.72	0.48	0.45								
	2.0	0.96	0.64	0.60	0.53							
	2.5	1.20	0.80	0.75	0.67	0.50						
	3.0	1.44	0.96	0.90	0.80	0.60	0.72					
	3.5	1.68	1.12	1.05	0.93	0.70	0.84	0.70				
	4.0	1.92	1.28	1.20	1.07	0.80	0.96	0.80	0.91			
	4.5	2.16	1.44	1.35	1.20	0.90	1.08	0.90	1.03	0.90		
	5.0	2.40	1.60	1.50	1.33	1.00	1.20	1.00	1.14	1.00	1.11	
	5.5						1.32	1.10	1.26	1.10	1.22	1.10
	6.0						1.20	1.37	1.20	1.33	1.20	
	6.5							1.49	1.30	1.44	1.30	
	7.0							1.60	1.40	1.55	1.40	
	7.5								1.50	1.66	1.50	
	8.0								1.60	1.77	1.60	
	8.5									1.88	1.70	
	9.0									1.99	1.80	
	9.5										1.90	
	10.0										2.00	

25.3.1.3　管坯的退火

除 1×××系、3A03、5A02、6A02 等软合金外，其他合金管坯均应进行压延前的毛料退火。5A02 合金管坯，对 LG55、LG80 冷轧管机的孔型规格，要根据加工率的大小决定是否退火。当压延系数大于 4 时，管坯必须进行退火，以便提高金属的塑性。

A　管坯的退火制度

常见管坯的退火制度见表 25-9，表中保温开始时间从两只热电偶都达到金属要求最低温度时开始计算，冷却出炉时必须两只热电偶都达到规定温度以下。

表 25-9　常见合金管坯退火制度

管坯分类	合　金	定温/℃	金属温度/℃	保温时间/h	冷却方式
挤压生产管坯	2A11、2A12、2A14	420～470	430～460	3	炉内以不大于 30℃/h，冷却到 270℃以下出炉
	7A04、7A09	400～440	400～430	3	炉内以不大于 30℃/h，冷却到 150℃以下出炉
	5A02、5A03、5056、5A05	370～420	370～400	2.5	空　冷
	5A06	310～340	315～335	1	空　冷

管坯分类	合 金	定温/℃	金属温度/℃	保温时间/h	冷却方式
二次压延管坯	2A12、2A11、7A04、7A09	340 ~ 390	350 ~ 370	2.5	炉内以不大于30℃/h，冷却到340℃以下出炉
	5A03、5A02、5083	370 ~ 410	370 ~ 390	1.5	空 冷
	5056 5A05	370 ~ 420	370 ~ 400	2.5	空 冷
	5A06	310 ~ 340	315 ~ 335	1	空 冷

B 退火要求

为检查金属温度和保证退火质量，制品在炉内至少要用两只热电偶测金属温度，热电偶的位置应距制品两端 500 ~ 800mm 处。退火炉要定期进行测温，一般每半年要测一次，炉内温差不应大于 25℃。

25.3.1.4 管坯的刮皮和蚀洗

为了消除管坯表面的轻微缺陷，对管坯要进行刮皮和蚀洗处理。刮皮是采用专门的刮皮刀沿管坯纵向刮削。刮皮后的管坯要求刀痕光滑，无跳刀等缺陷。

同时压延管坯还必须进行蚀洗处理。目的是要消除管坯内外表面的轻微缺陷和清除管坯表面油污。管坯的蚀洗顺序为：碱洗—热水洗—冷水洗—酸洗—冷水洗—热水洗。

铝制品在碱性物质中，首先破坏表面的氧化膜，铝在碱中与碱反应生成偏铝酸钠。具体的反应方程式为：

$$Al_2O_3 + 2NaOH \xrightarrow{\quad\quad} 2NaAlO_2 + H_2O$$

$$2Al + 2NaOH + 2H_2O \xrightarrow{\quad\quad} 2NaAlO_2 + 3H_2$$

蚀洗的工艺参数为：

（1）碱洗采用氢氧化钠溶液，浓度为 10% ~ 20%，碱洗时间为 10 ~ 30min。

（2）酸液采用硝酸溶液，浓度为 15% ~ 35%，酸洗时间为 2 ~ 3min。

（3）热水洗的水温为 50℃ 以上，洗涤时间为 1min 以上。

（4）冷水洗的水温为室温，洗涤时间为 1min 以上。

碱洗的时间长短，要根据碱溶液的浓度大小、温度的高低和管坯表面蚀洗质量而定。但一定要防止过腐蚀。

25.3.1.5 管坯的内表面润滑

压延前要对管坯内表面进行吹风，保证内孔干净。必要时，还要用棉布袋进行清理，同时用纱锭油进行充分地润滑。

25.3.2 管材冷轧工艺

25.3.2.1 冷轧管机的孔型选择

冷轧管机的孔型制造工艺复杂，材料昂贵，同时更换也比较困难。因此，不可能对每一种规格配置一对孔型。只能对一定的间隙范围采用一对孔型。而对管材外径则靠拉伸工艺控制。冷轧管机的孔型选择见表 25-3。

25.3.2.2 芯头的选择

冷轧管机的芯头一般标有大头和工作段头端两个尺寸，可参照式（25-23）和式

（25-24）进行选择。为了便于轧制管材壁厚的调整，芯头一般每隔0.25mm配置一种芯头规格。根据孔型的磨损程度和孔型间隙的调整，有时要选择相邻规格芯头。

25.3.2.3　轧制壁厚的确定

由于冷轧管机生产的半成品管材必须经拉伸减径，而管材拉伸减径时壁厚要有相应的变化。因此，管材的轧制壁厚必须考虑到后道拉伸工序时壁厚的变化。管材拉伸时壁厚的变化与管材的合金、外径与壁厚之比、拉伸减径量、拉伸道次、拉伸模模角、倍模等因素有关。因此，不同的工厂选择的压延壁厚也略有不同。一般要在计算和实测的基础上确定最佳的压延壁厚。

由于管材坯料挤压时存在尺寸的不均匀性，压延管材的平均壁厚要控制在 $^{+0.02}_{-0.01}$mm 范围内。同时，实测壁厚与轧制公称壁厚的偏差，按表25-10控制。

表 25-10　轧制管材实测壁厚与公称壁厚的允许控制范围偏差　　　（mm）

成品壁厚	0.5	0.75 ~ 1.0	1.5	2.0 ~ 2.5	3.0 ~ 3.5
GJB 2379—1995	± 0.04	± 0.07	± 0.12	± 0.15	± 0.20
GBn 221—84	± 0.04	± 0.07	± 0.12	± 0.15	± 0.20
GB 6893—86	± 0.06	± 0.09	± 0.15	± 0.20	± 0.25

25.3.2.4　冷轧管机送料量

冷轧管机的送料由轧机的分配机构完成。通过凸轮驱动摇杆和棘轮，使送料小车前进。送料量的大小，将直接影响到轧机的生产效率、轧制管材的质量和设备与工具的安全和使用寿命。当送料量过大时，轧制管材将出现飞边、棱子、壁厚不均甚至裂纹等严重缺陷。同时，过大的送料量又直接导致轧制力和轴向力的增加，加大了孔型、芯头和设备的过快磨损和破坏。当送料过小时，轧机的生产效率也将明显下降。因此，在保证产品质量和设备、工具安全的前提下，选用尽可能大的送料量，将是轧管机的十分重要的现实问题。

确定冷轧管机的送料量，要考虑轧制管材的合金性质、压延系数、孔型精整段的设计长度等。一般情况下，要保证被轧制管材在精整段经过1.5~2.5个轧制周期。具体通过式（25-28）计算：

$$m = \frac{L_{精}}{k\lambda} \tag{25-28}$$

式中　m——允许的最大送料量；

　　　λ——压延系数；

　　　k——系数，取1.5~2.5；

　　　$L_{精}$——孔型精整段长度。

计算的最大允许送料量，并非在任何情况下都能采用，要根据轧制管材的质量和能否使轧机正常运行而定。有时，在轧制时由于轴向力过大造成管材坯料端头相互切入（插头）使轧制过程不能正常进行。最佳的送料量要根据现场的实际情况合理确定和调整。表25-11为二辊式冷轧管机允许最大送料量。

表 25-11 二辊式冷轧管机允许最大送料量

轧制壁厚 /mm	允许最大送料量/mm					
	2A12、2A11、5A03、5A05、5A06、5056、7A04、5083、7A09			1×××系、6A02、3A21		
	LG30	LG55	LG80	LG30	LG55	LG80
0.35~0.70	3.0			3.0		
0.71~0.870	3.5	4.0		4.5	5.0	
0.81~0.90	4.5	4.5	4.0	5.0	6.0	6.0
0.91~1.0	5.0	5.5	5.0	5.5	7.0	7.5
1.01~1.35	5.5	7.0	6.5	7.0	8.0	8.5
1.36~1.50	7.0	8.5	8.5	8.0	11.0	11.5
1.51~2.0	8.0	9.5	10.0	9.0	13.0	13.5
2.01~2.50	10.0	12.5	13.0	11.0	15.0	16.0
>2.50	12.0	14.0	15.0	13.0	16.0	17.0

25.3.2.5 冷轧管的工艺润滑

为有利于金属的塑性变形和对工作锥和工具进行冷却，提高轧制管材表面质量。管材轧制时要进行工艺润滑。对润滑剂要求具备良好的润滑效果，对铝不产生腐蚀，对人身无害等条件。目前多采用纱锭油做工艺润滑剂。

冷轧管机都配置有专门的工艺润滑专门机构。对润滑油要进行循环过滤。润滑油要求清洁，不得有砂粒和铝屑等脏物，并定期进行分析。润滑油的杂质含量要少于3%。

25.3.2.6 管材轧制工艺

制定管材轧制工艺时，主要考虑合金和拉伸减径工艺。因为合金和减径工艺对管材的壁厚变化影响较大。在减径工艺相同的情况下，各种合金和规格的管材轧制工艺是有差别的，详见表 25-12~表 25-25。

表 25-12 壁厚 0.5~0.75mm 管材轧制工艺

成品尺寸 /mm×mm	坯料尺寸 /mm×mm	1×××系			3A21、2A11、2A12			5A02、6A02		
		轧制尺寸 /mm×mm	减径系数	压延系数	轧制尺寸 /mm×mm	减径系数	压延系数	轧制尺寸 /mm×mm	减径系数	压延系数
6×0.5	26×2.0	16×0.40	2.27	7.69	16×0.35	1.92	8.76	16×0.35	1.92	8.76
8×0.5	26×2.0	16×0.42	1.75	7.33	16×0.37	1.54	8.29	16×0.37	1.54	8.29
10×0.5	26×2.0	16×0.44	1.44	7.01	16×0.40	1.31	7.69	16×0.40	1.31	7.69
11×0.5	26×2.0	16×0.45	1.33	6.86	16×0.42	1.25	7.31	16×0.42	1.25	7.31
12×0.5	26×2.0	16×0.46	1.24	6.71	16×0.43	1.16	7.18	16×0.43	1.16	7.18
13×0.5	26×2.0	16×0.47	1.16	6.57	16×0.45	1.12	6.87	16×0.45	1.12	6.87
14×0.5	26×2.0	16×0.48	1.10	6.44	16×0.47	1.07	6.57	16×0.47	1.07	6.57
15×0.5	26×2.0	16×0.49	1.05	6.33	16×0.49	1.05	6.33	16×0.49	1.05	6.33
6×0.75	26×2.0	16×0.63	2.46	4.95	16×0.55	2.16	5.65	16×0.55	2.23	5.45
8×0.75	26×2.0	16×0.65	1.84	4.80	16×0.59	1.67	5.28	16×0.59	1.72	5.11

成品尺寸 /mm×mm	坯料尺寸 /mm×mm	1×××系			3A21、2A11、2A12			5A02、6A02		
		轧制尺寸 /mm×mm	减径系数	压延系数	轧制尺寸 /mm×mm	减径系数	压延系数	轧制尺寸 /mm×mm	减径系数	压延系数
10×0.75	26×2.0	16×0.67	1.48	4.68	16×0.63	1.39	4.96	16×0.63	1.42	4.88
11×0.75	26×2.0	16×0.69	1.38	4.53	16×0.65	1.30	4.80	16×0.65	1.32	4.73
12×0.75	26×2.0	16×0.70	1.26	4.47	16×0.67	1.19	4.67	16×0.67	1.24	4.60
14×0.75	26×2.0	16×0.73	1.13	4.31	16×0.71	1.09	4.42	16×0.71	1.10	4.36
15×0.75	26×2.0	16×0.74	1.05	4.25	16×0.73	1.04	4.30	16×0.7	1.04	4.31

表25-13　1×××合金 ϕ6~16mm管材轧制工艺

成品尺寸 /mm×mm	坯料尺寸 /mm×mm	轧制尺寸 /mm×mm	减径系数	压延系数	成品尺寸 /mm×mm	坯料尺寸 /mm×mm	轧制尺寸 /mm×mm	减径系数	压延系数
6×1.0	31×4.0	18×0.95	3.25	6.66	14×1.5	31×4.0	18×1.50	1.32	4.36
6×1.5	31×4.0	18×1.46	3.58	4.46	14×2.0	31×4.0	18×2.03	1.35	3.33
8×1.0	31×4.0	18×0.97	2.35	6.53	14×2.5	31×4.0	18×2.60	1.39	2.70
8×1.5	31×4.0	18×1.46	2.48	3.46	15×1.0	31×4.0	18×0.99	1.20	6.40
8×2.0	31×4.0	18×1.96	2.62	3.43	15×1.5	31×4.0	18×1.50	1.22	4.36
10×1.0	31×4.0	18×0.99	1.87	6.40	15×2.0	31×4.0	18×2.03	1.24	3.33
10×1.5	31×4.0	18×1.46	1.90	4.46	15×2.5	31×4.0	18×2.55	1.26	2.74
10×2.0	31×4.0	18×1.98	1.98	3.40	15×3.0	31×4.0	18×3.05	1.28	2.36
12×1.0	31×4.0	18×0.99	1.52	6.40	16×1.0	31×4.0	18×0.99	1.12	6.40
12×1.5	31×4.0	18×1.48	1.55	4.41	16×1.5	31×4.0	18×1.50	1.13	4.36
12×2.0	31×4.0	18×2.00	1.60	3.37	16×2.0	31×4.0	18×2.03	1.15	3.33
12×2.5	31×4.0	18×2.60	1.69	2.70	16×2.5	31×4.0	18×2.48	1.14	2.80
14×1.0	31×4.0	18×0.99	1.29	6.40	16×3.0	31×4.0	18×3.00	1.15	2.40

表25-14　3A21合金 ϕ6~16mm管材轧制工艺

成品尺寸 /mm×mm	坯料尺寸 /mm×mm	轧制尺寸 /mm×mm	减径系数	压延系数	成品尺寸 /mm×mm	坯料尺寸 /mm×mm	轧制尺寸 /mm×mm	减径系数	压延系数
6×1.0	31×4.0	18×0.88	3.03	7.15	12×1.5	31×4.0	18×1.44	1.50	4.53
6×1.5	31×4.0	18×1.40	3.40	4.64	14×1.0	31×4.0	18×0.95	1.24	6.66
8×1.0	31×4.0	18×0.90	2.22	7.00	14×1.5	31×4.0	18×1.45	1.28	4.50
8×1.5	31×4.0	18×1.42	2.40	4.58	15×1.0	31×4.0	18×0.96	1.17	6.60
10×1.0	31×4.0	18×0.90	1.71	7.00	15×1.5	31×4.0	18×1.46	1.19	4.46
10×1.5	31×4.0	18×1.42	1.84	4.58	16×1.0	31×4.0	18×0.97	1.10	6.54
12×1.0	31×4.0	18×0.94	1.45	6.73	16×1.5	31×4.0	18×1.47	1.11	4.44

表 25-15 5A02、6A02 合金 $\phi 6 \sim 16mm$ 管材轧制工艺

成品尺寸 /mm×mm	坯料尺寸 /mm×mm	轧制尺寸 /mm×mm	减径系数	压延系数	成品尺寸 /mm×mm	坯料尺寸 /mm×mm	轧制尺寸 /mm×mm	减径系数	压延系数
6×1.0	31×4.0	18×0.90	3.08	7.01	12×2.0	31×4.0	18×1.96	1.57	3.43
6×1.0①	31×4.0	18×1.03	3.18	6.18	12×2.5	31×4.0	18×2.48	1.62	2.81
6×1.5	31×4.0	18×1.42	3.48	4.59	14×1.0	31×4.0	18×0.97	1.27	6.54
8×1.0	31×4.0	18×0.93	2.27	6.80	14×1.5	31×4.0	18×1.48	1.30	4.42
8×1.0①	31×4.0	18×1.06	2.32	6.01	14×2.0	31×4.0	18×2.00	1.33	3.37
8×1.5	31×4.0	18×1.44	2.44	4.53	14×2.5	31×4.0	18×2.48	1.34	2.81
8×2.0	31×4.0	18×1.94	2.59	3.47	15×1.0	31×4.0	18×0.97	1.18	6.54
10×1.0	31×4.0	18×0.95	1.80	6.66	15×1.5	31×4.0	18×1.48	1.21	4.42
10×1.0①	31×4.0	18×1.08	1.83	5.91	15×2.0	31×4.0	18×2.00	1.23	3.37
10×1.5	31×4.0	18×1.46	1.89	4.47	15×2.5	31×4.0	18×2.50	1.24	2.79
10×1.5①	31×4.0	18×1.51	1.90	4.34	15×3.0	31×4.0	18×3.05	1.27	2.37
10×2.0	31×4.0	18×1.96	1.96	3.43	16×1.0	31×4.0	18×0.97	1.10	6.54
12×1.0	31×4.0	18×0.95	1.47	6.66	16×1.5	31×4.0	18×1.47	1.12	4.44
12×1.0①	31×4.0	18×1.08	1.49	5.91	16×2.0	31×4.0	18×2.00	1.14	3.37
12×1.5	31×4.0	18×1.46	1.53	4.47	16×2.5	31×4.0	18×2.50	1.15	2.79
12×1.5①	31×4.0	18×1.61	1.54	4.09	16×3.0	31×4.0	18×3.00	1.15	2.40

① 为高压导管轧制工艺。

表 25-16 5A03 合金 $\phi 6 \sim 16mm$ 管材轧制工艺

成品尺寸 /mm×mm	坯料尺寸 /mm×mm	轧制尺寸 /mm×mm	减径系数	压延系数	成品尺寸 /mm×mm	坯料尺寸 /mm×mm	轧制尺寸 /mm×mm	减径系数	压延系数
6×1.0	31×3.0	18×0.86	2.95	5.70	14×1.5	31×3.0	18×1.44	1.27	3.52
6×1.5	31×3.0	18×1.38	3.40	3.86	14×2.0	31×3.0	18×1.95	1.30	2.68
8×1.0	31×3.0	18×0.88	2.15	5.57	14×2.5	31×4.0	18×2.48	1.34	2.81
8×1.5	31×3.0	18×1.39	2.37	3.64	15×1.0	31×3.0	18×0.96	1.15	5.18
8×2.0	31×3.0	18×1.92	1.54	2.72	15×1.5	31×3.0	18×1.45	1.19	3.50
10×1.0	31×3.0	18×0.89	1.69	5.51	15×2.0	31×3.0	18×1.95	1.20	2.68
10×1.5	31×3.0	18×1.40	1.82	3.62	15×2.5	31×4.0	18×2.50	1.24	2.79
10×2.0	31×3.0	18×1.93	1.94	2.71	15×3.0	31×4.0	18×3.05	1.27	2.37
12×1.0	31×3.0	18×0.89	1.38	5.51	16×1.0	31×3.0	18×0.96	1.08	5.18
12×1.5	31×3.0	18×1.40	1.48	3.61	16×1.5	31×3.0	18×1.45	1.10	3.50
12×2.0	31×3.0	18×1.92	1.54	2.72	16×2.0	31×3.0	18×1.95	1.12	2.63
12×2.5	31×4.0	18×2.48	1.62	2.81	16×2.5	31×4.0	18×2.46	1.13	2.83
14×1.0	31×3.0	18×0.94	1.23	5.25	16×3.0	31×4.0	18×3.00	1.15	2.40

表 25-17 2A11、2A12 合金 φ6～16mm 管材轧制工艺

成品尺寸 /mm×mm	坯料尺寸 /mm×mm	轧制尺寸 /mm×mm	减径系数	压延系数	成品尺寸 /mm×mm	坯料尺寸 /mm×mm	轧制尺寸 /mm×mm	减径系数	压延系数
6×1.0	31×3.0	18×0.82	2.82	5.96	14×1.5	31×3.0	18×1.44	1.26	3.53
6×1.5	31×3.0	18×1.35	2.33	3.74	14×2.0	31×3.0	18×1.95	1.30	2.68
8×1.0	31×3.0	18×0.85	2.08	5.76	14×2.5	31×4.0	18×2.48	1.34	2.81
8×1.5	31×3.0	18×1.36	2.32	3.70	15×1.0	31×3.0	18×0.95	1.15	5.18
8×2.0	31×3.0	18×1.90	2.55	2.75	15×1.5	31×3.0	18×1.45	1.18	3.50
10×1.0	31×3.0	18×0.89	1.69	5.50	15×2.0	31×3.0	18×1.95	1.20	2.68
10×1.5	31×3.0	18×1.38	1.80	3.65	15×2.5	31×4.0	18×2.50	1.24	2.79
10×2.0	31×3.0	18×1.92	1.93	2.72	15×3.0	31×4.0	18×3.05	1.27	2.37
12×1.0	31×3.0	18×0.89	1.33	5.50	16×1.0	31×3.0	18×0.96	1.08	5.13
12×1.5	31×3.0	18×1.38	1.46	3.65	16×1.5	31×3.0	18×1.45	1.10	3.50
12×2.0	31×3.0	18×1.92	1.54	2.72	16×2.0	31×3.0	18×1.95	1.12	2.68
12×2.5	31×4.0	18×2.48	1.62	2.81	16×2.5	31×4.0	18×2.46	1.13	2.83
14×1.0	31×3.0	18×0.94	1.23	5.25	16×3.0	31×4.0	18×3.00	1.15	2.40

表 25-18 1×××系、5A02、3A21、6A02 合金 φ18～30mm 管材轧制工艺

成品尺寸 /mm×mm	坯料尺寸 /mm×mm	轧制尺寸 /mm×mm	减径系数	压延系数	成品尺寸 /mm×mm	坯料尺寸 /mm×mm	轧制尺寸 /mm×mm	减径系数	压延系数
18×1.0	33×4.0	21×0.96	1.13	6.03	25×1.0	38×4.0	26×1.00	1.04	5.44
18×1.5	33×4.0	21×1.46	1.15	4.07	25×1.5	38×4.0	26×1.50	1.04	3.70
18×2.0	33×4.0	21×1.96	1.16	3.11	25×2.0	38×4.0	26×2.00	1.04	2.83
18×2.5	33×4.0	21×2.46	1.17	2.54	25×2.5	38×5.0	26×2.50	1.04	2.81
18×3.0	33×5.0	21×2.96	1.18	2.62	25×3.0	38×5.0	26×3.00	1.04	2.39
20×1.0	33×4.0	21×0.99	1.04	5.85	26×1.0	43×4.0	31×0.95	1.14	5.46
20×1.5	33×4.0	21×1.49	1.04	3.98	26×1.5	43×4.0	31×1.45	1.16	3.64
20×2.0	33×4.0	21×1.99	1.05	3.06	26×2.0	43×4.0	31×1.95	1.18	2.75
20×2.5	33×4.0	21×2.49	1.05	2.51	26×2.5	43×5.0	31×2.45	1.19	2.72
20×3.0	33×5.0	21×2.99	1.05	2.60	26×3.0	43×5.0	31×2.95	1.20	2.30
22×1.0	38×4.0	26×0.96	1.14	5.66	28×1.0	43×4.0	31×0.97	1.08	5.40
22×1.5	38×4.0	26×1.46	1.16	3.80	28×1.5	43×4.0	31×1.47	1.09	5.35
22×2.0	38×4.0	26×1.96	1.17	2.88	28×2.0	43×4.0	31×1.97	1.10	3.59
22×2.5	38×5.0	26×2.46	1.18	2.85	28×2.5	43×5.0	31×2.47	1.10	2.70
22×3.0	38×5.0	26×2.96	1.20	2.42	28×3.0	43×5.0	31×2.97	1.11	2.28
24×1.0	38×4.0	26×0.98	1.06	5.55	30×1.0	43×4.0	31×1.00	1.03	5.19
24×1.5	38×4.0	26×1.48	1.07	3.75	30×1.5	43×4.0	31×1.50	1.03	3.52
24×2.0	38×4.0	26×1.98	1.08	2.86	30×2.0	43×4.0	31×2.00	1.03	2.68
24×2.5	38×5.0	26×2.48	1.08	2.83	30×2.5	43×5.0	31×2.50	1.03	2.67
24×3.0	38×5.0	26×2.98	1.09	2.41	30×3.0	43×5.0	31×3.00	1.03	2.26

表 25-19　2A11、2A12、5A03、5A05、5A06 合金 $\phi 8 \sim 30$mm 管材轧制工艺

成品尺寸 /mm × mm	坯料尺寸 /mm × mm	轧制尺寸 /mm × mm	减径系数	压延系数	成品尺寸 /mm × mm	坯料尺寸 /mm × mm	轧制尺寸 /mm × mm	减径系数	压延系数
		2A11、2A12、5A03					5A05、5A06		
18 × 1.0	33 × 3.0	21 × 0.95	1.12	4.73	18 × 1.0	33 × 3.0	21 × 0.93	1.10	4.82
18 × 1.5	33 × 4.0	21 × 1.45	1.14	4.08	18 × 1.5	33 × 3.0	21 × 1.43	1.13	3.00
18 × 2.0	33 × 4.0	21 × 1.95	1.16	3.13	18 × 2.0	33 × 3.0	21 × 1.93	1.14	2.29
18 × 2.5	33 × 4.0	21 × 2.45	1.17	2.55	18 × 2.5	33 × 4.0	21 × 2.43	1.16	2.58
18 × 3.0	33 × 5.0	21 × 2.95	1.18	2.63	18 × 3.0	33 × 4.0	21 × 2.93	1.17	2.20
20 × 1.0	33 × 3.0	21 × 0.98	1.03	4.59	20 × 1.0	33 × 3.0	21 × 0.98	1.03	4.27
20 × 1.5	33 × 4.0	21 × 1.48	1.04	4.02	20 × 1.5	33 × 3.0	21 × 1.48	1.04	2.90
20 × 2.0	33 × 4.0	21 × 1.98	1.04	3.07	20 × 2.0	33 × 3.0	21 × 1.98	1.04	2.23
20 × 2.5	33 × 4.0	21 × 2.48	1.05	2.52	20 × 2.5	33 × 4.0	21 × 2.48	1.05	2.52
20 × 3.0	33 × 5.0	21 × 2.98	1.05	2.61	20 × 3.0	33 × 4.0	21 × 2.98	1.05	2.16
22 × 1.0	38 × 3.0	26 × 0.94	1.12	4.46	22 × 1.0	38 × 3.0	26 × 0.92	1.09	4.56
22 × 1.5	38 × 4.0	26 × 1.43	1.14	3.87	22 × 1.5	38 × 3.0	26 × 1.41	1.12	3.04
22 × 2.0	38 × 4.0	26 × 1.93	1.16	2.93	22 × 2.0	38 × 3.0	26 × 1.91	1.14	2.29
22 × 2.5	38 × 4.0	26 × 2.43	1.17	2.38	22 × 2.5	38 × 4.0	26 × 2.41	1.16	2.40
22 × 3.0	38 × 5.0	26 × 2.93	1.18	2.44	22 × 3.0	38 × 4.0	26 × 2.91	1.17	2.03
24 × 1.0	38 × 3.0	26 × 0.98	1.07	4.28	24 × 1.0	38 × 3.0	26 × 0.96	1.04	4.37
24 × 1.5	38 × 4.0	26 × 1.47	1.07	3.78	24 × 1.5	38 × 3.0	26 × 1.45	1.05	2.95
24 × 2.0	38 × 4.0	26 × 1.97	1.08	2.87	24 × 2.0	38 × 3.0	26 × 1.95	1.06	2.24
24 × 2.5	38 × 4.0	26 × 2.47	1.08	2.34	24 × 2.5	38 × 4.0	26 × 2.45	1.07	2.36
24 × 3.0	38 × 5.0	26 × 2.97	1.08	2.41	24 × 3.0	38 × 4.0	26 × 2.95	1.08	2.00
25 × 1.0	38 × 3.0	26 × 1.00	1.04	4.20	25 × 1.0	38 × 3.0	26 × 0.98	1.02	4.28
25 × 1.5	38 × 4.0	26 × 1.48	1.03	3.74	25 × 1.5	38 × 3.0	26 × 1.48	1.03	2.90
25 × 2.0	38 × 4.0	26 × 1.98	1.03	2.85	25 × 2.0	38 × 3.0	26 × 1.98	1.03	2.20
25 × 2.5	38 × 4.0	26 × 2.48	1.03	2.33	25 × 2.5	38 × 4.0	26 × 2.48	1.03	2.33
25 × 3.0	38 × 5.0	26 × 2.98	1.04	2.40	25 × 3.0	38 × 4.0	26 × 2.98	1.04	1.98
26 × 1.0	43 × 3.0	31 × 0.92	1.11	4.34	26 × 1.0	43 × 3.0	31 × 0.90	1.08	4.44
26 × 1.5	43 × 4.0	31 × 1.42	1.14	3.72	26 × 1.5	43 × 3.0	31 × 1.40	1.12	2.90
26 × 2.0	43 × 4.0	31 × 1.92	1.16	2.79	26 × 2.0	43 × 3.0	31 × 1.90	1.15	2.18
26 × 2.5	43 × 4.0	31 × 2.42	1.17	2.25	26 × 2.5	43 × 4.0	31 × 2.40	1.17	2.28
26 × 3.0	43 × 4.0	31 × 2.92	1.19	2.32	26 × 3.0	43 × 4.0	31 × 2.90	1.18	1.92
28 × 1.0	43 × 3.0	31 × 0.95	1.06	4.20	28 × 1.0	43 × 3.0	31 × 0.94	1.04	4.26
28 × 1.5	43 × 4.0	31 × 1.45	1.08	3.64	28 × 1.5	43 × 3.0	31 × 1.44	1.07	2.82
28 × 2.0	43 × 4.0	31 × 1.95	1.09	2.75	28 × 2.0	43 × 3.0	31 × 1.93	1.07	2.14
28 × 2.5	43 × 4.0	31 × 2.45	1.10	2.23	28 × 2.5	43 × 4.0	31 × 2.43	1.08	2.25
28 × 3.0	43 × 5.0	31 × 2.95	1.10	2.30	28 × 3.0	43 × 4.0	31 × 2.93	1.09	1.90
30 × 1.0	43 × 3.0	31 × 1.00	1.03	4.00	30 × 1.0	43 × 3.0	31 × 1.00	1.03	4.00
30 × 1.5	43 × 4.0	31 × 1.50	1.03	3.53	30 × 1.5	43 × 3.0	31 × 1.48	1.02	2.75
30 × 2.0	43 × 4.0	31 × 2.00	1.03	2.68	30 × 2.0	43 × 3.0	31 × 1.98	1.02	2.09
30 × 2.5	43 × 4.0	31 × 2.50	1.03	2.19	30 × 2.5	43 × 4.0	31 × 2.48	1.03	2.23
30 × 3.0	43 × 5.0	31 × 3.00	1.03	2.26	30 × 3.0	43 × 4.0	31 × 2.98	1.03	1.87

表 25-20 1×××系、3A21、6A02 合金 $\phi26 \sim 55$mm 管材轧制工艺

成品尺寸 /mm × mm	坯料尺寸 /mm × mm	轧制尺寸 /mm × mm	减径系数	压延系数	成品尺寸 /mm × mm	坯料尺寸 /mm × mm	轧制尺寸 /mm × mm	减径系数	压延系数
26 × 1.0	45 × 4.0	31 × 0.95	1.14	5.74	38 × 1.0	55 × 4.0	41 × 0.98	1.06	5.20
26 × 1.5	45 × 4.0	31 × 1.45	1.16	3.83	38 × 1.5	55 × 4.0	41 × 1.47	1.06	3.51
26 × 2.0	45 × 4.0	31 × 1.95	1.18	2.90	38 × 2.0	55 × 5.0	41 × 1.97	1.07	3.25
26 × 2.5	45 × 5.0	31 × 2.45	1.19	2.88	38 × 2.5	55 × 5.0	41 × 2.46	1.07	2.64
26 × 3.0	45 × 5.0	31 × 2.95	1.20	2.42	38 × 3.0	55 × 5.0	41 × 2.96	1.07	2.22
28 × 1.0	45 × 4.0	31 × 0.97	1.08	5.62	40 × 1.0	55 × 4.0	41 × 1.00	1.02	5.10
28 × 1.5	45 × 4.0	31 × 1.47	1.09	3.78	40 × 1.5	55 × 4.0	41 × 1.50	1.02	3.44
28 × 2.0	45 × 4.0	31 × 1.97	1.10	2.87	40 × 2.0	55 × 5.0	41 × 1.97	1.02	3.20
28 × 2.5	45 × 5.0	31 × 2.47	1.10	2.84	40 × 2.5	55 × 5.0	41 × 2.50	1.02	2.59
28 × 3.0	45 × 5.0	31 × 2.97	1.11	2.40	40 × 3.0	55 × 5.0	41 × 3.00	1.02	2.19
30 × 1.0	45 × 4.0	31 × 1.00	1.03	5.46	42 × 1.0	60 × 4.0	46 × 0.97	1.06	5.13
30 × 1.5	45 × 4.0	31 × 1.50	1.03	5.70	42 × 1.5	60 × 4.0	46 × 1.46	1.07	3.44
30 × 2.0	45 × 4.0	31 × 2.00	1.03	2.82	42 × 2.0	60 × 5.0	46 × 1.96	1.08	3.18
30 × 2.5	45 × 5.0	31 × 2.50	1.03	2.80	42 × 2.5	60 × 5.0	46 × 2.45	1.08	2.58
30 × 3.0	45 × 5.0	31 × 3.00	1.03	2.38	42 × 3.0	60 × 5.0	46 × 2.95	1.08	2.16
32 × 1.0	50 × 4.0	36 × 0.96	1.08	5.46	44 × 1.0	60 × 4.0	46 × 0.98	1.03	5.08
32 × 1.5	50 × 4.0	36 × 1.46	1.10	3.65	44 × 1.5	60 × 4.0	46 × 1.48	1.03	3.40
32 × 2.0	50 × 4.0	36 × 1.96	1.11	2.76	44 × 2.0	60 × 5.0	46 × 1.98	1.04	3.16
32 × 2.5	50 × 5.0	36 × 2.45	1.11	2.74	44 × 2.5	60 × 5.0	46 × 2.48	1.04	2.55
32 × 3.0	50 × 5.0	36 × 2.95	1.12	2.30	44 × 3.0	60 × 5.0	46 × 2.98	1.04	2.15
34 × 1.0	50 × 4.0	36 × 0.98	1.04	5.36	45 × 1.0	60 × 4.0	46 × 1.00	1.02	4.98
34 × 1.5	50 × 4.0	36 × 1.48	1.04	3.60	45 × 1.5	60 × 4.0	46 × 1.50	1.02	3.35
34 × 2.0	50 × 4.0	36 × 1.98	1.05	2.73	45 × 2.0	60 × 5.0	46 × 2.00	1.02	3.12
34 × 2.5	50 × 5.0	36 × 2.47	1.05	2.71	45 × 2.5	60 × 5.0	46 × 2.50	1.02	2.52
34 × 3.0	50 × 5.0	36 × 2.97	1.05	2.29	45 × 3.0	60 × 5.0	46 × 3.00	1.02	2.13
35 × 1.0	50 × 4.0	36 × 1.00	1.03	5.25	46 × 1.0	65 × 4.0	51 × 0.96	1.07	5.08
35 × 1.5	50 × 4.0	36 × 1.50	1.03	3.55	46 × 1.5	65 × 4.0	51 × 1.46	1.08	3.37
35 × 2.0	50 × 4.0	36 × 2.00	1.03	2.70	46 × 2.0	65 × 5.0	51 × 1.96	1.09	3.12
35 × 2.5	50 × 5.0	36 × 2.50	1.03	2.68	46 × 2.5	65 × 5.0	51 × 2.45	1.09	2.52
35 × 3.0	50 × 5.0	36 × 3.00	1.03	2.27	46 × 3.0	65 × 5.0	51 × 2.95	1.10	2.12
36 × 1.0	55 × 4.0	41 × 0.96	1.10	5.30	48 × 1.0	65 × 4.0	51 × 0.98	1.04	4.98
36 × 1.5	55 × 4.0	41 × 1.46	1.11	3.53	48 × 1.5	65 × 4.0	51 × 1.47	1.04	3.35
36 × 2.0	55 × 4.0	41 × 1.96	1.12	3.26	48 × 2.0	65 × 5.0	51 × 1.97	1.05	3.10
36 × 2.5	55 × 5.0	41 × 2.45	1.12	2.65	48 × 2.5	65 × 5.0	51 × 2.46	1.05	2.51
36 × 3.0	55 × 5.0	41 × 2.95	1.13	2.22	48 × 3.0	65 × 5.0	51 × 2.96	1.05	2.11

成品尺寸 /mm × mm	坯料尺寸 /mm × mm	轧制尺寸 /mm × mm	减径系数	压延系数	成品尺寸 /mm × mm	坯料尺寸 /mm × mm	轧制尺寸 /mm × mm	减径系数	压延系数
50 × 1.0	65 × 4.0	51 × 1.00	1.02	4.88	54 × 1.0	70 × 4.0	56 × 0.98	1.02	4.89
50 × 1.5	65 × 4.0	51 × 1.50	1.02	3.29	54 × 1.5	70 × 4.0	56 × 1.48	1.02	3.27
50 × 2.0	65 × 5.0	51 × 2.00	1.02	3.06	54 × 2.0	70 × 5.0	56 × 1.98	1.03	3.04
50 × 2.5	65 × 5.0	51 × 2.50	1.02	2.47	54 × 2.5	70 × 5.0	56 × 2.47	1.03	2.46
50 × 3.0	65 × 5.0	51 × 3.00	1.02	2.08	54 × 3.0	70 × 5.0	56 × 2.97	1.03	2.06
52 × 1.0	70 × 4.0	56 × 0.97	1.04	4.95	55 × 1.0	70 × 4.0	56 × 1.00	1.02	4.80
52 × 1.5	70 × 4.0	56 × 1.46	1.05	3.31	55 × 1.5	70 × 4.0	56 × 1.50	1.02	3.22
52 × 2.0	70 × 5.0	56 × 1.96	1.06	3.07	55 × 2.0	70 × 5.0	56 × 2.00	1.02	3.01
52 × 2.5	70 × 5.0	56 × 2.45	1.06	2.48	55 × 2.5	70 × 5.0	56 × 2.50	1.02	2.43
52 × 3.0	70 × 5.0	56 × 2.95	1.06	2.07	55 × 3.0	70 × 5.0	56 × 3.00	1.02	2.04

表 25-21 2A12、2A11、5A02、5A03 合金 $\phi26 \sim 55mm$ 管材轧制工艺

成品尺寸 /mm × mm	坯料尺寸 /mm × mm	轧制尺寸 /mm × mm	减径系数	压延系数	成品尺寸 /mm × mm	坯料尺寸 /mm × mm	轧制尺寸 /mm × mm	减径系数	压延系数
26 × 1.0	45 × 3.0	31 × 0.92	1.11	4.56	34 × 1.5	50 × 4.0	36 × 1.47	1.04	3.62
26 × 1.5	45 × 4.0	31 × 1.42	1.14	3.91	34 × 2.0	50 × 4.0	36 × 1.97	1.05	2.74
26 × 2.0	45 × 4.0	31 × 1.92	1.16	2.94	34 × 2.5	50 × 5.0	36 × 2.46	1.05	2.73
26 × 2.5	45 × 5.0	31 × 2.42	1.17	2.89	34 × 3.0	50 × 5.0	36 × 2.96	1.05	2.30
26 × 3.0	45 × 5.0	31 × 2.92	1.18	2.44	35 × 1.0	50 × 3.0	36 × 1.00	1.03	4.03
28 × 1.0	45 × 3.0	31 × 0.95	1.06	4.42	35 × 1.5	50 × 4.0	36 × 1.50	1.03	3.55
28 × 1.5	45 × 4.0	31 × 1.45	1.08	3.83	35 × 2.0	50 × 4.0	36 × 2.00	1.03	2.70
28 × 2.0	45 × 4.0	31 × 1.95	1.09	2.89	35 × 2.5	50 × 5.0	36 × 2.50	1.03	2.68
28 × 2.5	45 × 5.0	31 × 2.45	1.10	2.86	35 × 3.0	50 × 5.0	36 × 3.00	1.03	2.27
28 × 3.0	45 × 5.0	31 × 2.95	1.10	2.42	36 × 1.0	55 × 3.0	41 × 0.92	1.05	4.23
30 × 1.0	45 × 3.0	31 × 1.00	1.03	4.20	36 × 1.5	55 × 4.0	41 × 1.42	1.09	3.63
30 × 1.5	45 × 4.0	31 × 1.50	1.03	3.70	36 × 2.0	55 × 4.0	41 × 1.92	1.10	2.72
30 × 2.0	45 × 4.0	31 × 2.00	1.03	2.82	36 × 2.5	55 × 5.0	41 × 2.41	1.11	2.69
30 × 2.5	45 × 5.0	31 × 2.50	1.03	2.80	36 × 3.0	55 × 5.0	41 × 2.91	1.12	2.25
30 × 3.0	45 × 5.0	31 × 3.00	1.03	2.38	38 × 1.0	55 × 3.0	41 × 0.95	1.03	4.10
32 × 1.0	50 × 3.0	36 × 0.94	1.06	4.28	38 × 1.5	55 × 4.0	41 × 1.45	1.05	3.56
32 × 1.5	50 × 4.0	36 × 1.43	1.08	3.72	38 × 2.0	55 × 4.0	41 × 1.95	1.06	2.68
32 × 2.0	50 × 4.0	36 × 1.93	1.10	2.80	38 × 2.5	55 × 5.0	41 × 2.44	1.06	2.66
32 × 2.5	50 × 5.0	36 × 2.42	1.10	2.77	38 × 3.0	55 × 5.0	41 × 2.94	1.06	2.23
32 × 3.0	50 × 5.0	36 × 2.92	1.11	2.33	40 × 1.0	55 × 3.0	41 × 1.00	1.02	3.90
34 × 1.0	50 × 3.0	36 × 0.98	1.04	4.11	40 × 1.5	55 × 4.0	41 × 1.50	1.02	3.44

成品尺寸 /mm×mm	坯料尺寸 /mm×mm	轧制尺寸 /mm×mm	减径系数	压延系数	成品尺寸 /mm×mm	坯料尺寸 /mm×mm	轧制尺寸 /mm×mm	减径系数	压延系数
40×2.0	55×4.0	41×2.00	1.02	2.61	48×1.5	65×4.0	51×1.45	1.03	3.40
40×2.5	55×5.0	41×2.50	1.02	2.59	48×2.0	65×4.0	51×1.95	1.04	2.55
40×3.0	55×5.0	41×3.00	1.02	2.19	48×2.5	65×5.0	51×2.44	1.04	2.53
42×1.0	60×3.0	46×0.94	1.03	4.04	48×3.0	65×5.0	51×2.94	1.05	2.12
42×1.5	60×4.0	46×1.44	1.05	3.49	50×1.0	65×3.0	51×1.00	1.02	3.72
42×2.0	60×4.0	46×1.94	1.07	2.62	50×1.5	65×4.0	51×1.50	1.02	3.28
42×2.5	60×5.0	46×2.43	1.07	2.60	50×2.0	65×4.0	51×2.00	1.02	2.49
42×3.0	60×5.0	46×2.93	1.08	2.18	50×2.5	65×5.0	51×2.50	1.02	2.47
44×1.0	60×3.0	46×0.97	1.02	3.91	50×3.0	65×5.0	51×3.00	1.02	2.08
44×1.5	60×4.0	46×1.47	1.03	3.42	52×1.0	70×3.0	56×0.94	1.01	3.89
44×2.0	60×4.0	46×1.97	1.03	2.58	52×1.5	70×4.0	56×1.44	1.03	3.36
44×2.5	60×5.0	46×2.46	1.03	2.57	52×2.0	70×4.0	56×1.94	1.04	2.52
44×3.0	60×5.0	46×2.96	1.04	2.16	52×2.5	70×5.0	56×2.43	1.05	2.49
45×1.0	60×3.0	46×1.00	1.02	3.80	52×3.0	70×5.0	56×1.93	1.06	2.09
45×1.5	60×4.0	46×1.50	1.02	3.35	54×1.0	70×3.0	56×0.97	1.01	3.77
45×2.0	60×4.0	46×2.00	1.02	2.55	54×1.5	70×4.0	56×1.47	1.02	3.29
45×2.5	60×5.0	46×2.50	1.02	2.52	54×2.0	70×4.0	56×1.97	1.02	2.48
45×3.0	60×5.0	46×3.00	1.03	2.13	54×2.5	70×5.0	56×2.46	1.02	2.47
46×1.0	65×30	51×0.93	1.03	4.00	54×3.0	70×5.0	56×2.96	1.03	2.08
46×1.5	65×4.0	51×1.43	1.06	3.45	55×1.0	70×3.0	56×1.00	1.02	3.66
46×2.0	65×4.0	51×1.93	1.08	2.58	55×1.5	70×4.0	56×1.50	1.02	3.22
46×2.5	65×50	51×2.43	1.09	2.54	55×2.0	70×4.0	56×2.00	1.02	2.45
46×3.0	65×5.0	51×2.92	1.09	2.14	55×2.5	70×5.0	56×2.50	1.02	2.43
48×1.0	65×3.0	51×0.95	1.01	3.91	55×3.0	70×5.0	56×3.00	1.02	2.04

表 25-22　5A05、5A06 合金 ϕ26~55mm 管材轧制工艺

成品尺寸 /mm×mm	坯料尺寸 /mm×mm	轧制尺寸 /mm×mm	减径系数	压延系数	成品尺寸 /mm×mm	坯料尺寸 /mm×mm	轧制尺寸 /mm×mm	减径系数	压延系数
26×1.0	45×3.0	31×0.90	1.08	4.67	28×2.5	45×4.0	31×2.43	1.08	2.37
26×1.5	45×3.0	31×1.40	1.12	3.05	28×3.0	45×4.0	31×2.93	1.09	2.00
26×2.0	45×3.0	31×1.90	1.15	2.29	30×1.0	45×3.0	31×1.00	1.03	4.20
26×2.5	45×4.0	31×2.40	1.17	2.40	30×1.5	45×3.0	31×1.48	1.02	2.88
26×3.0	45×4.0	31×2.90	1.18	2.02	30×2.0	45×3.0	31×1.98	1.02	2.19
28×1.0	45×3.0	31×0.94	1.04	4.46	30×2.5	45×4.0	31×2.48	1.03	2.32
28×1.5	45×3.0	31×1.44	1.07	2.96	30×3.0	45×4.0	31×2.98	1.03	1.96
28×2.0	45×3.0	31×1.93	1.07	2.25	32×1.0	50×3.0	36×0.92	1.04	4.38

成品尺寸 /mm × mm	坯料尺寸 /mm × mm	轧制尺寸 /mm × mm	减径系数	压延系数	成品尺寸 /mm × mm	坯料尺寸 /mm × mm	轧制尺寸 /mm × mm	减径系数	压延系数
32 × 1.5	50 × 3.0	36 × 1.42	1.07	2.88	44 × 2.5	60 × 4.0	46 × 2.45	1.03	2.05
32 × 2.0	50 × 3.0	36 × 1.91	1.08	2.17	44 × 3.0	60 × 4.0	46 × 2.95	1.03	1.76
32 × 2.5	50 × 4.0	36 × 2.40	1.09	2.29	45 × 1.0	60 × 3.0	46 × 1.00	1.02	3.80
32 × 3.0	50 × 4.0	36 × 2.90	1.10	1.92	45 × 1.5	60 × 3.0	46 × 1.48	1.01	2.60
34 × 1.0	50 × 3.0	36 × 0.96	1.02	4.20	45 × 2.0	60 × 3.0	46 × 1.98	1.01	1.96
34 × 1.5	50 × 3.0	36 × 1.46	1.03	2.80	45 × 2.5	60 × 4.0	46 × 2.48	1.01	2.08
34 × 2.0	50 × 3.0	36 × 1.96	1.04	2.12	45 × 3.0	60 × 4.0	46 × 2.98	1.02	1.75
34 × 2.5	50 × 4.0	36 × 2.45	1.04	2.24	46 × 1.0	65 × 3.0	51 × 0.91	1.02	4.08
34 × 3.0	50 × 4.0	36 × 2.95	1.05	1.89	46 × 1.5	65 × 3.0	51 × 1.40	1.04	2.68
35 × 1.0	50 × 3.0	36 × 1.00	1.03	4.03	46 × 2.0	65 × 3.0	51 × 1.90	1.06	1.99
35 × 1.5	50 × 3.0	36 × 1.48	1.02	2.76	46 × 2.5	65 × 4.0	51 × 2.39	1.07	2.10
35 × 2.0	50 × 3.0	36 × 1.98	1.02	2.09	46 × 3.0	65 × 4.0	51 × 2.89	1.08	1.75
35 × 2.5	50 × 4.0	36 × 2.48	1.02	2.21	48 × 1.0	65 × 3.0	51 × 0.95	1.01	3.91
35 × 3.0	50 × 4.0	36 × 2.98	1.02	1.87	48 × 1.5	65 × 3.0	51 × 1.44	1.02	2.61
36 × 1.0	55 × 3.0	41 × 0.90	1.03	4.34	48 × 2.0	65 × 3.0	51 × 1.93	1.03	1.97
36 × 1.5	55 × 3.0	41 × 1.40	1.07	2.82	48 × 2.5	65 × 4.0	51 × 2.42	1.03	2.08
36 × 2.0	55 × 3.0	41 × 1.89	1.08	2.12	48 × 3.0	65 × 4.0	51 × 2.92	1.04	1.74
36 × 2.5	55 × 4.0	41 × 2.39	1.10	2.22	50 × 1.0	65 × 3.0	51 × 1.00	1.02	3.72
36 × 3.0	55 × 4.0	41 × 2.89	1.11	1.86	50 × 1.5	65 × 3.0	51 × 1.48	1.01	2.54
38 × 1.0	55 × 3.0	41 × 0.94	1.02	4.15	50 × 2.0	65 × 3.0	51 × 1.98	1.01	1.97
38 × 1.5	55 × 3.0	41 × 1.44	1.04	2.74	50 × 2.5	65 × 4.0	51 × 2.48	1.01	2.03
38 × 2.0	55 × 3.0	41 × 1.93	1.04	2.07	50 × 3.0	65 × 4.0	51 × 2.98	1.01	1.70
38 × 2.5	55 × 4.0	41 × 2.43	1.05	2.18	52 × 1.0	70 × 3.0	56 × 0.94	1.01	3.89
38 × 3.0	55 × 4.0	41 × 2.93	1.06	1.83	52 × 1.5	70 × 3.0	56 × 1.43	1.03	2.58
40 × 1.0	55 × 3.0	41 × 1.00	1.02	3.90	52 × 2.0	70 × 3.0	56 × 1.91	1.03	1.95
40 × 1.5	55 × 3.0	41 × 1.48	1.01	2.67	52 × 2.5	70 × 4.0	56 × 2.40	1.04	2.05
40 × 2.0	55 × 3.0	41 × 1.98	1.01	2.02	52 × 3.0	70 × 4.0	56 × 2.90	1.05	1.72
40 × 2.5	55 × 4.0	41 × 2.48	1.02	2.14	54 × 1.0	70 × 3.0	56 × 0.97	1.01	3.77
40 × 3.0	55 × 4.0	41 × 2.98	1.02	1.80	54 × 1.5	70 × 3.0	56 × 1.46	1.01	2.52
42 × 1.0	60 × 3.0	46 × 0.92	1.01	4.14	54 × 2.0	70 × 3.0	56 × 1.96	1.02	1.90
42 × 1.5	60 × 3.0	46 × 1.42	1.04	2.70	54 × 2.5	70 × 4.0	56 × 2.45	1.02	2.01
42 × 2.0	60 × 3.0	46 × 191	1.05	2.04	54 × 3.0	70 × 4.0	56 × 2.95	1.02	1.69
42 × 2.5	60 × 4.0	46 × 2.40	1.06	2.15	55 × 1.0	70 × 3.0	56 × 1.00	1.02	3.66
42 × 3.0	60 × 4.0	46 × 2.90	1.07	1.80	55 × 1.5	70 × 3.0	56 × 1.50	1.02	2.46
44 × 1.0	60 × 3.0	46 × 0.96	1.01	3.95	55 × 2.0	70 × 3.0	56 × 1.98	1.01	1.88
44 × 1.5	60 × 3.0	46 × 1.46	1.02	2.63	55 × 2.5	70 × 4.0	56 × 2.48	1.01	1.99
44 × 2.0	60 × 3.0	46 × 1.96	1.03	1.98	55 × 3.0	70 × 4.0	56 × 2.98	1.01	1.67

表 25-23　1×××系、3A21、6A02 合金 ϕ52~80mm 管材轧制工艺

成品尺寸 /mm×mm	坯料尺寸 /mm×mm	轧制尺寸 /mm×mm	减径系数	压延系数	成品尺寸 /mm×mm	坯料尺寸 /mm×mm	轧制尺寸 /mm×mm	减径系数	压延系数
52×1.0	73×4.0	56×0.97	1.04	5.17	68×1.0	88×4.0	71×0.98	1.02	4.89
52×1.5	73×5.0	56×1.46	1.05	4.26	68×1.5	88×4.0	71×1.48	1.03	3.27
52×2.0	73×5.0	56×1.96	1.06	3.21	68×2.0	88×5.0	71×1.98	1.03	3.04
52×2.5	73×5.0	56×2.45	1.06	2.59	68×2.5	88×5.0	71×2.47	1.03	2.45
52×3.0	73×5.0	56×2.95	1.06	2.17	68×3.0	88×5.0	71×2.97	1.03	2.05
55×1.0	73×4.0	56×1.00	1.02	5.02	70×1.0	88×4.0	71×1.00	1.01	4.80
55×1.5	73×5.0	56×1.50	1.02	4.16	70×1.5	88×4.0	71×1.50	1.01	3.22
55×2.0	73×5.0	56×2.00	1.02	3.15	70×2.0	88×5.0	71×2.00	1.01	3.00
55×2.5	73×5.0	56×2.50	1.02	2.54	70×2.5	88×5.0	71×2.50	1.01	2.42
55×3.0	73×5.0	56×3.00	1.02	2.14	70×3.0	88×5.0	71×3.00	1.01	2.03
58×1.0	78×4.0	61×0.98	1.03	5.03	72×1.0	93×4.0	76×0.98	1.03	4.84
58×1.5	78×5.0	61×1.48	1.04	4.14	72×1.5	93×4.0	76×1.48	1.04	3.23
58×2.0	78×5.0	61×1.98	1.04	3.12	72×2.0	93×5.0	76×1.98	1.04	3.00
58×2.5	78×5.0	61×2.47	1.04	2.52	72×2.5	93×5.0	76×2.47	1.04	2.42
58×3.0	78×5.0	61×2.97	1.04	2.12	72×3.0	93×5.0	76×2.97	1.04	2.03
60×1.0	78×4.0	61×1.00	1.01	4.93	75×1.0	93×4.0	76×1.00	1.01	4.75
60×1.5	78×5.0	61×1.5	1.01	4.10	75×1.5	93×4.0	76×1.5	1.01	3.18
60×2.0	78×5.0	61×2.00	1.01	3.09	75×2.0	93×5.0	76×2.00	1.01	2.97
60×2.5	78×5.0	61×2.50	1.01	2.49	75×2.5	93×5.0	76×2.50	1.01	2.39
60×3.0	78×5.0	61×3.00	1.01	2.10	75×3.0	93×5.0	76×3.00	1.01	2.01
62×1.0	83×4.0	66×0.98	1.04	4.95	78×1.0	98×4.0	81×0.98	1.02	4.79
62×1.5	83×4.0	66×1.47	1.04	3.33	78×1.5	98×4.0	81×1.48	1.02	3.19
62×2.0	83×5.0	66×1.97	1.05	3.09	78×2.0	98×5.0	81×1.98	1.03	2.97
62×2.5	83×5.0	66×2.46	1.05	2.49	78×2.5	98×5.0	81×2.47	1.03	2.40
62×3.0	83×5.0	66×2.96	1.05	2.09	78×3.0	98×5.0	81×2.97	1.03	2.01
65×1.0	83×4.0	66×1.00	1.01	4.86	80×1.0	98×4.0	81×1.00	1.01	4.70
65×1.5	83×4.0	66×1.50	1.01	3.26	80×1.5	98×4.0	81×1.50	1.01	3.15
65×2.0	83×5.0	66×2.00	1.01	3.05	80×2.0	98×5.0	81×2.00	1.01	2.94
65×2.5	83×5.0	66×2.50	1.01	2.45	80×2.5	98×5.0	81×2.50	1.01	2.37
65×3.0	83×5.0	66×3.00	1.01	2.06	80×3.0	98×5.0	81×3.00	1.01	1.99

表 25-24　2A12、2A11、5A02、5A03 合金 φ52～80mm 管材轧制工艺

成品尺寸 /mm×mm	坯料尺寸 /mm×mm	轧制尺寸 /mm×mm	减径系数	压延系数	成品尺寸 /mm×mm	坯料尺寸 /mm×mm	轧制尺寸 /mm×mm	减径系数	压延系数
52×1.0	73×3.0	56×0.94	1.01	4.06	68×1.0	88×3.0	71×0.97	1.01	3.75
52×1.5	73×4.0	56×1.44	1.04	3.51	①	88×4.0	71×0.97	1.01	4.94
①	73×5.0	56×1.44	1.04	4.33	68×1.5	88×5.0	71×1.47	1.02	3.29
52×2.0	73×5.0	56×1.94	1.04	3.24	68×2.0	88×5.0	71×1.97	1.03	3.03
52×2.5	73×5.0	56×2.43	1.05	2.61	68×2.5	88×5.0	71×2.46	1.03	2.46
52×3.0	73×5.0	56×2.93	1.06	2.19	68×3.0	88×5.0	71×2.96	1.03	2.06
55×1.0	73×3.0	56×1.00	1.02	3.82	70×1.0	88×3.0	71×1.00	1.01	3.64
55×1.5	73×4.0	56×1.50	1.02	3.37	①	88×4.0	71×1.00	1.01	4.80
①	73×5.0	56×1.50	1.02	4.16	70×1.5	88×4.0	71×1.50	1.01	3.22
55×2.0	73×5.0	56×2.00	1.02	3.15	70×2.0	88×5.0	71×2.00	1.01	3.00
55×2.5	73×5.0	56×2.50	1.02	2.54	70×2.5	88×5.0	71×2.50	1.01	2.42
55×3.0	73×5.0	56×3.00	1.02	2.14	70×3.0	88×5.0	71×3.00	1.01	2.03
58×1.0	78×3.0	61×0.96	1.01	3.90	72×1.0	93×3.0	76×0.96	1.01	3.74
58×1.5	78×4.0	61×1.46	1.02	3.40	①	93×4.0	76×0.96	1.01	4.94
①	78×5.0	61×1.46	1.02	4.20	72×1.5	93×4.0	76×1.46	1.03	3.27
58×2.0	78×5.0	61×1.96	1.03	3.15	72×2.0	93×4.0	76×1.96	1.03	2.45
58×2.5	78×5.0	61×2.45	1.03	2.54	72×2.5	93×5.0	76×2.45	1.03	2.44
58×3.0	78×5.0	61×2.95	1.04	2.13	72×3.0	93×5.0	76×2.95	1.04	2.04
60×1.0	78×3.0	61×1.00	1.01	3.75	75×1.0	93×3.0	76×1.00	1.01	3.60
60×1.5	78×4.0	61×1.50	1.01	3.31	①	93×4.0	76×1.00	1.01	4.75
①	78×5.0	61×1.50	1.01	4.08	75×1.5	93×4.0	76×1.50	1.01	3.18
60×2.0	78×5.0	61×2.00	1.01	3.09	75×2.0	93×4.0	76×2.00	1.01	2.40
60×2.5	78×5.0	61×2.50	1.01	2.49	75×2.5	93×5.0	76×2.50	1.01	2.39
60×3.0	78×5.0	61×3.00	1.01	2.10	75×3.0	93×5.0	76×3.00	1.01	2.01
62×1.0	83×3.0	66×0.95	1.01	3.88	78×1.0	98×3.0	81×0.98	1.02	3.63
62×1.5	83×4.0	66×1.45	1.03	3.37	①	98×4.0	81×0.98	1.02	4.79
①	83×5.0	66×1.45	1.03	4.17	78×1.5	98×4.0	81×1.48	1.02	3.19
62×2.0	83×5.0	66×1.95	1.04	3.12	78×2.0	98×4.0	81×1.98	1.03	2.40
62×2.5	83×5.0	66×2.44	1.04	2.51	78×2.5	98×5.0	81×2.47	1.03	2.40
62×3.0	83×5.0	66×2.94	1.05	2.10	78×3.0	98×5.0	81×2.97	1.03	2.01
65×1.0	83×3.0	66×1.00	1.01	3.69	80×1.0	98×3.0	81×1.00	1.01	3.56
65×1.5	83×4.0	66×1.50	1.01	3.26	①	98×4.0	81×1.00	1.01	4.70
①	83×5.0	66×1.50	1.01	4.02	80×1.5	98×4.0	81×1.50	1.01	3.15
65×2.0	83×5.0	66×2.00	1.01	3.05	80×2.0	98×4.0	81×2.00	1.01	2.38
65×2.5	83×5.0	66×2.50	1.01	2.45	80×2.5	98×5.0	81×2.50	1.01	2.37
65×3.0	83×5.0	66×3.00	1.01	2.06	80×3.0	98×5.0	81×3.00	1.01	1.99

①表示适用于 5A02 合金，管坯需退火。

表 25-25 5A05、5A06 合金 $\phi 52 \sim 80$ mm 管材轧制工艺

成品尺寸 /mm×mm	坯料尺寸 /mm×mm	轧制尺寸 /mm×mm	减径系数	压延系数	成品尺寸 /mm×mm	坯料尺寸 /mm×mm	轧制尺寸 /mm×mm	减径系数	压延系数
52×1.0	71×2.5①	56×0.94	1.01	3.34	65×1.0	81×2.5①	66×1.00	1.01	3.02
52×1.5	73×3.0	56×1.43	1.03	2.69	65×1.5	83×3.0	66×1.50	1.01	2.48
52×2.0	73×3.0	56×1.91	1.03	2.03	65×2.0	83×3.0	66×2.00	1.01	1.87
52×2.5	73×4.0	56×2.40	1.04	2.15	65×2.5	83×4.0	66×2.50	1.01	1.99
52×3.0	73×4.0	56×2.90	1.05	1.79	65×3.0	83×4.0	66×3.00	1.01	1.67
55×1.0	71×2.5①	56×1.00	1.02	3.11	68×2.0	88×3.0	71×1.95	1.01	1.90
55×1.5	73×3.0	56×1.50	1.02	2.57	68×2.5	88×4.0	71×2.44	1.02	2.01
55×2.0	73×3.0	56×1.98	1.01	1.96	68×3.0	88×4.0	71×2.94	1.02	1.68
55×2.5	73×4.0	56×2.48	1.01	2.08	70×2.0	88×4.0	71×2.00	1.01	1.85
55×3.0	73×4.0	56×2.98	1.02	1.75	70×2.5	88×4.0	71×2.50	1.01	1.96
58×1.0	76×2.5①	61×0.96	1.01	3.19	70×3.0	88×4.0	71×3.00	1.01	1.65
58×1.5	78×3.0	61×1.45	1.01	2.61	72×2.0	93×3.0	76×1.94	1.02	1.88
58×2.0	78×3.0	61×1.94	1.02	1.96	72×2.5	93×4.0	76×2.43	1.03	1.99
58×2.5	78×4.0	61×2.43	1.02	2.08	72×3.0	93×4.0	76×2.93	1.01	1.66
58×3.0	78×4.0	61×2.93	1.03	1.74	75×2.0	93×3.0	76×2.00	1.01	1.82
60×1.0	76×2.5①	61×1.00	1.01	3.06	75×2.5	93×4.0	76×2.50	1.01	1.94
60×1.5	78×3.0	61×1.50	1.01	2.52	75×3.0	93×4.0	76×3.00	1.01	1.62
60×2.0	78×3.0	61×2.00	1.01	1.90	78×2.0	98×3.0	81×1.96	1.03	1.84
60×2.5	78×4.0	61×2.50	1.01	2.02	78×2.5	98×4.0	81×2.45	1.02	1.95
60×3.0	78×4.0	61×3.00	1.01	1.70	78×3.0	98×4.0	81×2.95	1.01	1.63
62×1.0	81×2.5①	66×0.94	1.01	3.21	80×2.0	98×3.0	81×2.00	1.01	1.80
62×1.5	83×3.0	66×1.43	1.02	2.43	80×2.5	98×4.0	81×2.50	1.01	1.91
62×2.0	83×3.0	66×1.93	1.03	1.94	80×3.0	98×4.0	81×3.00	1.01	1.61
62×2.5	83×4.0	66×2.42	1.03	2.06					
62×3.0	83×4.0	66×2.92	1.04	1.72					

①表示采用二次压延工艺。

25.3.2.7 异型管材生产

二辊式冷轧管机除生产圆管和与拉伸成型工艺结合生产等壁厚的型管外，还可以生产异型无缝管材（见图25-16(a)）、变断面及锥形无缝管材（见图25-16(b)~(f)）。

A 普通等壁型管生产

普通等壁厚型管是由冷轧管机轧制出等壁厚的圆管通过拉伸成型而获得。一旦型管尺寸确定以后，轧制圆管的尺寸按如下方法确定。

如图25-16(c)所示，成型前圆管的周长为：

$$S_0 = K[2(A+B-8t)+4\pi t] \tag{25-29}$$

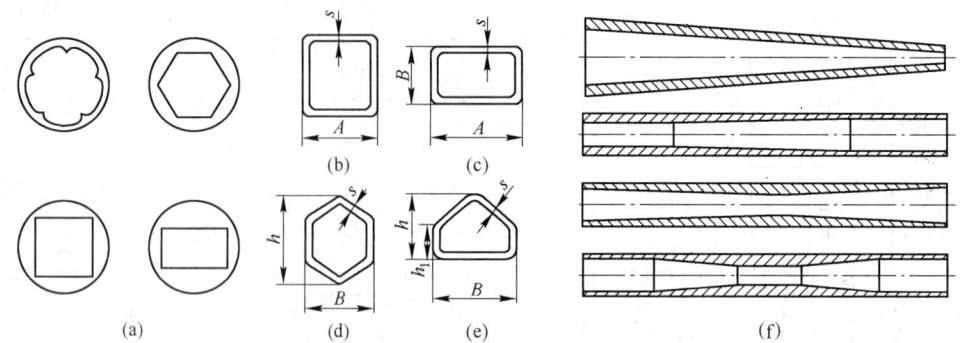

图 25-16　异型无缝管材、变断面及锥形无缝铝管材

因此，成型前圆管外径为：

$$D_0 = \frac{S_0}{\pi}$$

式中　K——系数，一般取 $1.02 \sim 1.04$。

当 K 的值过小时，成型中型管的角部将严重充不满。而当 K 值过大时，成型的管材表面凹下严重。系数的大小还与合金性质和成品规格有关。一般情况下，壁厚薄而规格大的型管，K 取下限，而对壁厚大，规格小的管材，则可取上限。

型管拉伸成型时，要将轧制管材拉伸减径到型管成型前所要求的外径。因此，确定轧制壁厚时，必须考虑到拉伸减径时管材壁厚变化。根据拉伸率大小、合金等因素准确确定管材的轧制壁厚。

当型管的 $A/B < 2$ 时，生产中可直接一次过渡成型。而当 $A/B \geqslant 2$ 时，为了保证型管表面平整，要经过一次拉伸过渡，再将过渡后的椭圆管成型为要求的型管。

B　不等壁厚异型管

图 25-16(a) 所示为不等壁厚的无缝异型管材，可在冷轧管材上直接生产。生产时，需要专门的相似几何形状的芯头。对于壁厚差别不大的异型管，可以直接用等壁厚的圆管管坯轧制，而对壁厚差很大的异型管材，则要求几何形状相似的专用管坯生产。

C　锥形管和变断面管

二辊式冷轧管机轧制管材时，工作锥是外径、内径和壁厚都在逐渐变化的。根据这一特征，在二辊式冷轧管机上还可以生产锥形管和变断面管，如图 25-16(f) 所示。目前，在铝合金管材产品中还很少有这样的管材。这种管材生产时，将管材的长度分成若干小段。对每一小段要设计一套专用的孔型和芯头。在冷轧管机上采用专用的孔型、芯头轧制成一段一段的工作锥，从而获得要求的管材。这样的管材轧制时，每轧制完一个工作锥，就要将管坯取出，再选用另一套工具轧制下一个工作锥。这样，就要求每次轧制时，要准确地确定轧制位置。在工艺设计时，工具设计，现场操作等方面都要做到准确无误。

25.3.3　多辊冷轧的轧制工艺

多辊冷轧管机的轧辊是由多个小轧辊组成，因此，轧制力不能很大。同时，多辊轧机孔型孔槽不是变断面的，芯头是圆柱形的。在轧制过程的开始阶段，孔型间隙比较大。孔型间隙大对管坯的减径十分不利，因此，要求管坯内径与芯头间的间隙要尽可能的小。一般以能使芯头顺利通过为原则。这样就可以有效缩短轧制过程减径段的长度。

多辊轧管机采用非变断面的孔型孔槽，不仅可以有效地控制轧制管材的外径尺寸。而且外径的尺寸均匀。在多辊冷轧管机上可以直接生产成品管材。而不像二辊冷轧管机那样轧制的管材必须经过拉伸整径才能成为成品管材。对中、小型多辊冷轧管机可按以下原则确定轧制工艺。

（1）管坯内径的确定。对 LD15 三辊轧机，管坯内径比芯头直径大 0.5 ~ 1.0mm，对 LD30 三辊轧机，管坯内径比芯头直径大 1.0 ~ 1.5mm。

（2）轧制壁厚的确定。管材的轧制壁厚对要经过拉伸整径的管材，可参照表 25-12 ~ 表 25-18 确定。不经过拉伸整径的管材则按成品管材要求确定。

（3）压延系数，多辊轧机的压延系数，一般取 2 ~ 3.5。

（4）多辊轧机的送料量不宜过大。

25.4　冷轧管机的操作与参数调整

25.4.1　冷轧管机的操作

二辊式冷轧管机操作中，可对轧制壁厚、管坯转角、送料量、孔型间隙和孔型错位等进行调整。为了保证轧制管材的产品质量，每班都要用油石对孔型和芯头表面进行打磨，同时，操作人员还要经常检查工作锥。工作锥要圆滑，无明显的缺陷。一般来说，当有下列情况之一时，必须检查工作锥：

（1）更换孔型和芯头时。

（2）增加送料量时。

（3）调整孔型间隙和孔型错位时。

（4）管材表面出现周期性缺陷时。

（5）每班接班后。

冷轧管机工艺调整的基本原则是保证轧制管材的质量要满足相关标准的要求，同时又尽可能提高生产效率，保证设备和工具的安全。

25.4.2　冷轧管机的参数调整

25.4.2.1　轧制壁厚的调整

冷轧管机的轧制壁厚可在一定范围内任意调整。通过调整芯杆尾部的固定螺母，改变芯头的位置，从而改变轧制壁厚。二辊式冷轧管机的壁厚调整范围与芯头的锥度有关。芯头规格的配备间隔范围与调整范围相同时，就可以在冷轧管机上轧制任一尺寸的壁厚。

调整壁厚时，壁厚变化量为：

$$\Delta S = 1/2KM^2\tan\alpha \qquad (25\text{-}30)$$

式中　K——调整螺母的周数；

　　　M——螺母的螺距，mm；

　　　α——芯头锥度。

25.4.2.2　转角的调整

管坯的转角一般为 60°～120°，但管坯转动一周回转的次数不要为整数，因为这样的结果会造成管材表面的通条楞子。

25.4.2.3　孔型间隙的调整

合适的孔型间隙，不仅有助于产品质量的保证，而且对增加送料量十分重要，有利于提高生产效率。孔型间隙过小，易造成裂纹、壁厚不均、端头破裂等废品，同时还会使轴向力增加，造成管坯的前后窜动，致使管坯端头相互切入、孔型间隙过大，造成管材表面飞边压入、壁厚不均和表面楞子等。因为在一个轧制周期内，不同的位置上轧制力不同，轧辊的弹性变形不同，孔型间隙也不同。图 25-17 中，如果 A、B、C 分别是 I、II、III 位置的孔型间隙，正常的情况应该是 $A > B > C$。

调整孔型间隙，要通过调整工作机架上支撑楔的位置使上轧辊升降，如图 25-18 所示。

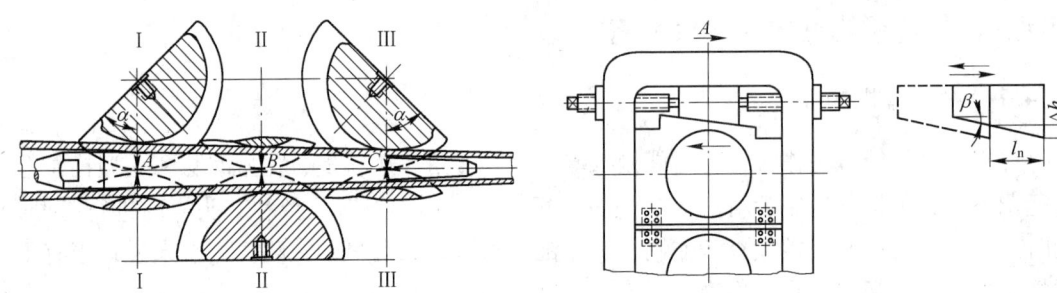

图 25-17　工作机架行程位置示意图　　　图 25-18　调整冷轧管机时上轧辊升降示意图

支撑楔调整移动量与轧辊升降量的关系为：

$$\Delta h = nS\tan\beta \tag{25-31}$$

式中　n——压下螺丝转动周数；

　　　S——压下螺丝螺距；

　　　β——支撑楔斜度。

工厂中孔型间隙的测量一般是在有负荷的条件下用塞尺测量的，确定图 25-17 中 I、II、III 的位置可选择 $\alpha = 45°$。表 25-26 推荐不同机台的各位置的孔型间隙，可供参考。

表 25-26　不同型号冷轧管机孔型间隙

冷轧管机型号	轧制壁厚/mm	孔型间隙/mm		
		III	II	I
LG30	0.40～0.95	0.05～0.25	0.20～0.40	0.25～0.50
	1.0～1.5	0.15～0.30	0.25～0.5	0.3～0.6
	>1.50	0.25～0.4	0.35～0.6	0.4～0.7
LG55	0.75～1.35	0.15～0.30	0.25～0.5	0.3～0.6
	1.5～2.0	0.25～0.45	0.3～0.6	0.4～0.7
	>2.0	0.4～0.6	0.5～0.8	0.6～1.0

冷轧管机型号	轧制壁厚/mm	孔型间隙/mm		
		Ⅲ	Ⅱ	Ⅰ
LG80	1.0 ~ 1.5	0.25 ~ 0.4	0.3 ~ 0.6	0.4 ~ 0.7
	1.6 ~ 2.5	0.4 ~ 0.6	0.5 ~ 0.8	0.6 ~ 1.0
	>2.5	0.5 ~ 0.8	0.6 ~ 1.0	0.8 ~ 1.2

25.4.2.4 调整孔型错位

冷轧管机孔型的孔槽要求完全对中,否则就会造成孔型错位。孔型错位将严重影响轧制管材的表面质量。孔型错位的检查以观察工作锥轧槽压痕和用手感直接判断。调整孔型错位通过调整上轧辊的水平位置实现。在工作机架上轧辊的两侧分别有两个挡板固定。调整时,通过调整挡板螺母,使上轧辊水平移动。

26 铝及铝合金拉拔(伸)生产技术

26.1 拉拔(伸)的分类及特点

将金属坯料从模孔中拉拔出来,以减小其横截面,使其产生加工硬化的过程称为拉拔,拉拔也称为拉伸。拉拔是棒材、线材及管材的主要生产方法。拉拔过程如图 26-1 所示。

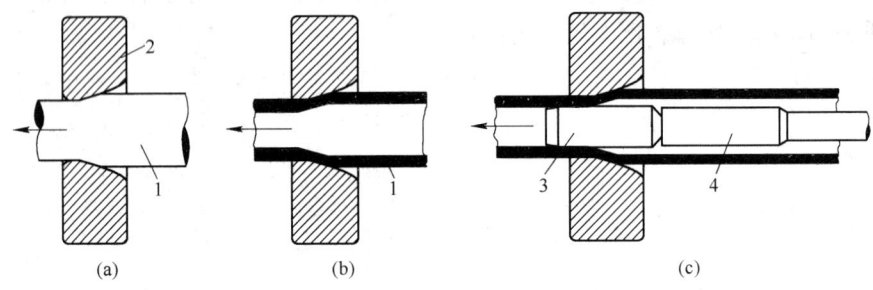

图 26-1 拉拔过程示意图

(a) 拉拔棒材;(b) 空拉管材;(c) 衬拉管材;

1—坯料;2—模子;3—芯头;4—芯杆

26.1.1 拉拔的分类

按制品截面形状,拉拔可分为实心材拉拔和空心材拉拔。

26.1.1.1 实心材拉拔

实心材拉拔主要包括棒材及线材的拉拔,如图 26-2 所示,图 26-2(a)为整体模拉拔;图 26-2(b)为二辊模拉拔;图 26-2(c)为四辊模拉拔。

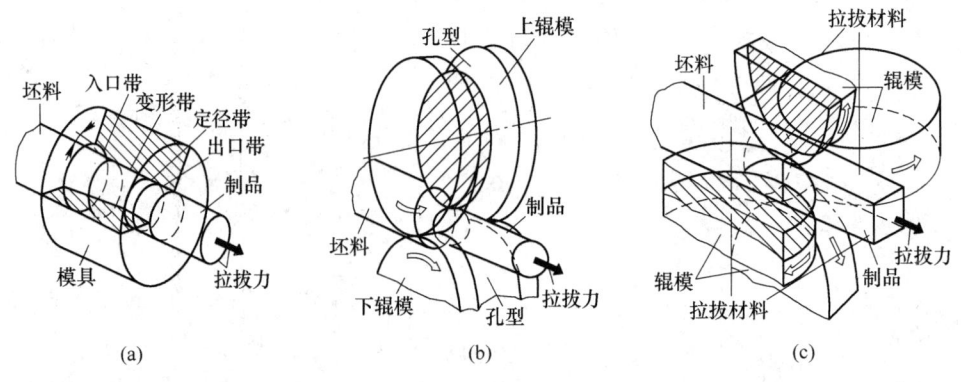

图 26-2 棒材、型材及线材的拉拔示意图

26.1.1.2 空心材拉拔

空心材拉拔主要包括圆管及异型管材的拉拔，对于空心材拉拔有如图 26-3 所示的几种基本方法。

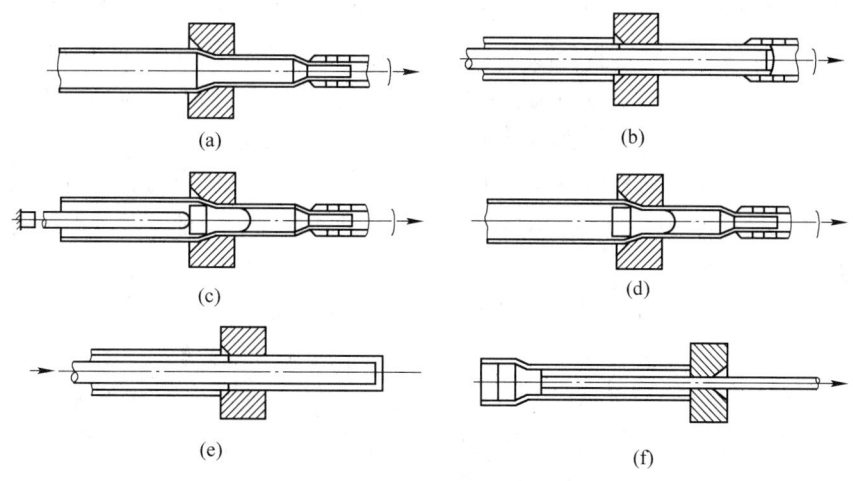

图 26-3　管材拉拔

(a) 空拉；(b) 长芯杆拉拔；(c) 固定芯头拉拔；
(d) 游动芯头拉拔；(e) 顶管法；(f) 扩径拉拔

A　空拉

拉拔时，管坯内部不放芯头，即无芯头拉拔，主要以减小管坯的外径为目的，包括减径、整径和异型管成型拉伸，如图 26-3(a) 所示。

减径的目的就是把与成品壁厚相近而直径大于成品的管材，用空拉的方法减缩其直径达到接近成品的要求。

整径则是拉伸工序的最后一道次拉伸，通过整径，使管材外径尺寸完全符合技术标准要求。

异型管成型拉伸是指用圆形的管材料，通过过渡模和成型模，使其形成所需的三角形、矩形、椭圆形等异型管。

拉拔后的管材壁厚一般会略有变化，壁厚增加或者减小，根据外径与壁厚的比值来确定其增厚还是减薄。经多次空拉的管材，内表面粗糙，严重时会产生裂纹，如拉伸壁厚较薄的管材，内表面容易产生皱折。空拉法适用于小直径管材、异型管材、盘管拉拔以及减径量很小的减径与整形拉拔。

B　长芯杆拉拔

将管坯自由地套在表面抛光的芯杆上，使芯杆与管坯一起拉过模孔，以实现减径和减壁，此法称为长芯杆拉拔。芯杆的长度应略大于拉拔后管材的长度。拉拔一道次之后，需要用脱管法或滚轧法取出芯杆。长芯杆拉拔如图 26-3(b) 所示。

长芯杆拉拔的特点是道次加工率较大，可达 63%；可拉伸壁厚很薄的管材（如 $\phi(30 \sim 50)\,mm \times (0.2 \sim 0.3)\,mm$）；当采用带锥度的芯棒，可拉伸变壁厚的管材。但由于需要准备许多不同直径的长芯杆和增加脱管工序，增加了工具费用及劳动强度，通常在生产中很少采用，它适用于薄壁管材以及塑性较差的金属管材的生产。

C 固定芯头拉拔

固定芯头也称短芯头拉伸，拉拔时将芯杆尾端固定，将芯头固定在芯杆上，管坯通过模孔实现减径和减壁，如图 26-3(c) 所示。固定芯头拉拔过程是一种复合拉伸变形，开始变形时，属于空拉阶段，管材直径减小，壁厚变化不大。当管材内表面与芯头接触时，变为减径和减壁阶段，这时的主应力图和主变形图都是两向压缩、一向拉伸或伸长，也就是金属仅沿轴向流动，因此，管材直径减小、壁厚变薄、长度增长。

固定芯头拉拔时，只需更换拉伸芯头，工具费用较少，更换容易，其管材内表面质量比空拉的要好，此法管材生产中应用最广泛，但拉拔细管比较困难，而且不能生产长管。

D 游动芯头拉拔

游动芯头拉拔是在拉伸过程中芯头不予固定，而是处于自由平衡状态，通过芯头与模孔之间形成的环形来达到减壁减径的目的，如图 26-3(d) 所示。游动芯头拉拔是管材拉拔较为先进的一种方法，非常适用于小规格长管和盘管生产，其拉伸速度快，生产效率高，最大速度可达 720m/min，对于提高拉拔生产率、成品率和管材内表面质量极为有利。与固定芯头拉拔相比，能降低 3% ~25% 的拉伸力。游动芯头拉拔适合于软合金、小规格管材，对工艺条件和技术要求较高，装芯头和碾头较慢，故不可能完全取代固定芯头拉拔。

E 顶管法

顶管法又称艾尔哈特法。将芯杆套入带底的管坯中，操作时管坯连同芯杆一同由模孔中顶出，从而对管坯进行加工，如图 26-3(e) 所示。在生产中适合于生产 $\phi300 \sim 400mm$ 以上的大直径管材。

F 扩径拉拔

管坯通过压入扩径后，直径增大，壁厚和长度减小，扩径拉拔法适用于直径大、壁厚较厚和长度与直径的比值小于 10 的管材，以免在扩径时产生失稳。这种方法主要是受设备能力限制，不适合于生产大直径的管材时采用，如图 26-3(f) 所示。

26.1.2 拉拔的特点

拉拔的特点有：

(1) 拉拔制品尺寸精确，表面光洁。

(2) 拉拔法适于连续高速生产断面小的长制品，可生产数千米长的制品。

(3) 拉拔法使用的设备和工具简单、投资少、占地面积小、生产紧凑、维护方便、有利于生产多种规格的制品。

(4) 冷拉拔时，由于冷作硬化，可以大大提高制品的强度，但影响拉伸道次的加工量。

(5) 拉拔法时常速度快，但道次变形量和两次退火间的总变形量小，生产中需要多次拉拔和退火，尤其是生产硬铝合金和小规格制品时，效率低、周期长、容易产生表面划伤。

(6) 拉拔时金属受到较大的拉力和摩擦力的作用，能量消耗较大。

26.2　拉拔变形的基本条件及受力分析

26.2.1　拉拔变形的基本条件

26.2.1.1　主要变形参数

拉拔时坯料发生变形，原始形状和尺寸将改变。一般情况下，金属塑性加工过程中变形体的体积实际上是不变的。以 F_Q、L_Q 表示拉拔前金属坯料的断面积及长度，F_H、L_H 表示拉拔后金属制品的断面积及长度。根据体积不变条件，可以得到主要变形指数和它们之间的关系式。

（1）延伸系数 λ。制品拉伸后的长度与拉伸前的长度之比，或拉制前断面积与拉伸后断面积之比为延伸系数。

$$\lambda = L_H/L_Q = F_Q/F_H \tag{26-1}$$

（2）加工率（断面减缩率）ε。制品拉伸前、后截面积之差与拉伸前截面积之比的百分率为加工率。

$$\varepsilon = (F_Q - F_H)/F_Q \tag{26-2}$$

（3）相对伸长率 μ。相对伸长率是制品拉伸后与拉伸前的长度之差与拉伸前长度之比的百分率，或拉伸前后截面积之差与拉伸后截面积之比的百分率。

$$\mu = (L_H - L_Q)/L_Q \tag{26-3}$$

（4）断面收缩率 ψ。断面收缩率为制品拉伸后的截面积与拉伸前的截面积之比。

$$\psi = F_H/F_Q \tag{26-4}$$

各变形指数之间的关系见表 26-1。

表 26-1　变形指数之间的关系

变形指数	指标符号	变形指数						
		用直径 D_Q、D_H 表示	用截面积 F_Q、F_H 表示	用长度 L_Q、L_H 表示	用伸长系数 λ	用加工率 ε 表示	用伸长率 μ 表示	用断面减缩系数 ψ 表示
延伸系数	λ	D_Q^2/D_H^2	F_Q/F_H	L_H/L_Q	λ	$1/(1-\varepsilon)$	$1+\mu$	$1/\psi$
加工率	ε	$(D_Q^2-D_H^2)/D_Q^2$	$(F_Q-F_H)/F_Q$	$(L_H-L_Q)/L_H$	$(\lambda-1)/\lambda$	ε	$\mu(1+\mu)$	$1-\psi$
相对伸长率	μ	$(D_Q^2-D_H^2)/D_H^2$	$(F_Q-F_H)/F_H$	$(L_H-L_Q)/L_Q$	$\lambda-1$	$\varepsilon/(1-\varepsilon)$	μ	$(1-\psi)/\psi$
断面收缩率	ψ	D_H^2/D_Q^2	F_H/F_Q	L_Q/L_H	$1/\lambda$	$1-\varepsilon$	$1/(1+\mu)$	ψ

26.2.1.2　实现拉拔变形的基本条件

与挤压、轧制、锻造等加工过程不同，拉拔过程是借助于在被加工的金属前端施以拉力实现的，此拉力为拉拔力。拉拔力与被拉金属出模口处的横断面积之比称为单位拉拔力，即拉拔应力，实际上拉拔应力就是变形末端的纵向应力。

拉拔应力应小于金属出模口的屈服强度。如果拉拔应力过大，超过金属出模口的屈服

强度，则可引起制品出现细颈，甚至拉断。因此，拉拔时一定要遵守下列条件

$$\sigma_1 = \frac{P_1}{F_1} < \sigma_s \tag{26-5}$$

式中 σ_1——作用在被拉金属出模口横断面上的拉拔应力，MPa；

P_1——拉拔力，MN；

σ_s——金属出模口后的变形抗力，MPa。

对于铝合金来说，由于变形抗力 σ_s 不明显，确定困难，加之在加工硬化后与其抗拉强度 σ_b 相近，因此也可表示为 $\sigma_1 < \sigma_b$。

被拉金属出模口的抗拉强度 σ_b 与拉拔应力 σ_1 之比称为安全系数 K，即

$$K = \frac{\sigma_b}{\sigma_1} \tag{26-6}$$

因此，实现拉拔过程的基本条件是 $K > 1$，安全系数与被拉金属的直径、状态（退火或硬化）以及变形条件（温度、速度、反拉应力等）有关。一般 K 在 1.4 ~ 2.0 之间，如果 $K < 1.4$，则由于加工率过大，可能出现断头、拉断；当 $K > 2.0$ 时，则表示此加工率不够大，未能充分利用金属的塑性。制品直径越小，壁厚越薄，K 值应越大些。这是因为随着制品直径的减小，壁厚的变薄，被拉金属对表面微裂纹和其他缺陷以及设备的振动，还有速度的突变等因素的敏感性增加，因而 K 值应相应增加。

安全系数 K 与制品品种、直径的关系见表26-2。

表 26-2 拉拔时的安全系数

安全系数	厚壁（管材、棒材）	薄壁管材	不同直径的线材/mm				
			>1.0	1.0 ~ 0.4	0.4 ~ 0.1	0.10 ~ 0.05	0.050 ~ 0.015
K	1.35 ~ 1.4	1.0	≥1.4	≥1.5	≥1.6	≥1.8	≥2.0

游动芯头成盘拉拔与直线拉拔有重要区别：管材在卷筒上弯曲过程，承受负荷的不仅是横断面，还有纵断面。每道次拉拔的最大加工率受管材横断面和纵断面允许应力值的限制。与此同时，在卷筒反作用力的作用下，管材横断面形状可能产生畸变，由圆形变成近似椭圆。

从管材与卷筒接触处开始，在管材横断面上产生拉拔应力与弯曲应力的叠加，即使弯曲管材的不同断面及同一断面的不同处，应力均不同。在管材与卷筒开始接触处，断面外层边缘的拉应力达到极大值。此时实现拉拔过程的基本条件发生变化，即

$$K = \frac{\sigma_b}{\sigma_1 + \sigma_w} \tag{26-7}$$

式中 σ_w——最大弯曲应力，MPa。

因此，盘管拉拔的道次加工率必须小于直线拉拔的道次加工率，弯曲应力 σ_w 随卷筒直径的减小而增大。

用经验公式可计算卷筒的最小直径：

$$D \geq 100\frac{d}{s} \tag{26-8}$$

式中 d——拉拔后管材外径，mm；

      s——拉拔后壁厚，mm。

26.2.2 拉拔变形的受力分析

26.2.2.1 圆棒拉拔时的应力与变形

A 应力与变形状态

拉拔时，变形区中的金属所受的外力有：拉拔力 P、模壁给予的正压力 N 和摩擦力 T，如图 26-4 所示。

拉拔力 P 作用在被拉棒材的前端，它在变形区引起主拉应力 σ_1。

正压力与摩擦力作用在棒材表面上，它们是由于棒材在拉拔力作用下，通过模孔时，模壁阻碍金属运动形成的。正压力的方向垂直于模壁，摩擦力的方向平行于模壁，且与金属的运动方向相反。摩擦力的数值可由库仑摩擦定律求出。

金属在拉拔力、正压力和摩擦力的作用下，变形区的金属基本上处于两向压应力

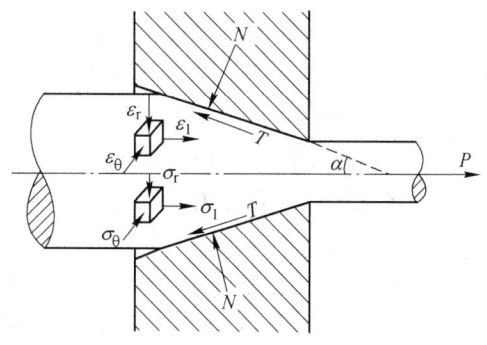

图 26-4 拉拔时的受力与变形状态

（σ_r、σ_θ）和一向拉应力（σ_1）的应力状态。由于被拉金属是实心圆形棒材，应力呈轴对称应力状态，即 $\sigma_r = \sigma_\theta$。变形区中金属所处的变形状态为两向压缩（ε_r、ε_θ）和一向拉伸（ε_1）。

B 金属在变形区内的流动特点

为了研究金属在锥形模孔内的变形与流动规律，通常采用网格法。图 26-5 所示为采用网格法获得的在锥形模孔内的圆断面实心棒材子午面上的坐标网格变化情况示意图。通过对坐标网格在拉拔前后的变化情况分析，得出如下规律。

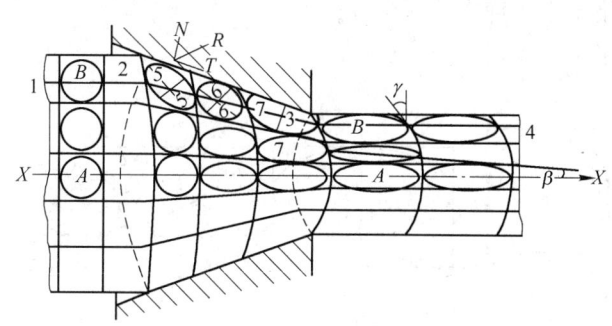

图 26-5 拉拔圆棒时断面坐标网格的变化

a 纵向上的网格变化

拉拔前在轴线上的正方形格子 A，经拉拔后变成矩形，内切圆变成椭圆，其长轴和拉拔方向一致。由此可得出，金属轴线上的变形是沿轴向延伸，在径向和周向上被压缩。

拉拔前在周边层的正方形格子 B，经拉拔后变成平行四边形，在纵向上被拉长，径向上被压缩，方格的直角变成锐角和钝角。其内切圆变成斜椭圆，其长轴线与拉拔轴线相交成 β 角，这个角度由入口端向出口端逐渐减少。由图可见，在周边上的格子除了受到轴向拉长、径向和周向压缩外，还发生了剪切变形 γ。产生剪切变形的原因是由于金属在变形区中受到正压力 N 与摩擦力 T 的作用，而在其合力 R 方向上产生剪切变形，沿轴向被拉长，椭圆形的长轴（5-5、6-6、7-7 等）不与 1-2 线重合，而是与模孔中心线（X-X）构成不同的角度，这些角度由入口到出口端逐渐减小。

b 横向上的网格变化

在拉拔前，网格横线是直线，自进入变形区开始变成凸向拉拔方向的弧形线，表明平的横断面变成凸向拉拔方向的球形面。由图 26-5 可见，这些弧形的曲率由入口到出口端逐渐增大，到出口端后保持不再变化。这说明在拉拔过程中周边层的金属流动速度小于中心层的，并且随模角、摩擦系数增大，这种不均匀流动更加明显。拉拔往往在棒材后端面所出现的凹坑，就是由于周边层与中心层金属流动速度差造成的结果。

由网格还可以看出，在同一横断面上椭圆长轴与拉拔轴线相交成 β 角，并由中心层向周边层逐渐增大，这说明在同一横断面上剪切变形不同，周边层的变形大于中心层。

综上所述，圆形实心材拉拔时，周边层的实际变形要大于中心层。这是因为在周边层除了延伸变形之外，还包括弯曲变形和剪切变形。

观察网格的变形可证明上述结论，如图 26-5 和图 26-6 所示。对正方形 A 格子来说，由于它位于轴线上，不发生剪切变形，因此延伸变形是它的最大主变形，即

$$\varepsilon_L = \ln \frac{a}{r_0} \tag{26-9}$$

压缩变形为：

$$\varepsilon_Y = \ln \frac{b}{r_0} \tag{26-10}$$

式中　a——变形后格子中正椭圆的长半轴；
　　　b——变形后格子中正椭圆的短半轴；
　　　r_0——变形前格子的内切圆的半径。

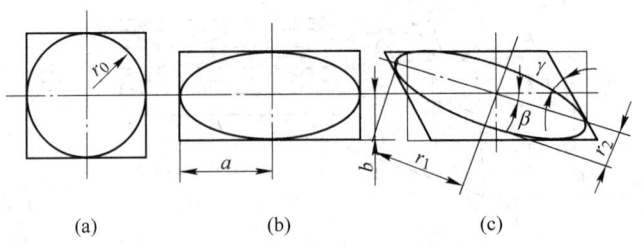

(a)　　　　　(b)　　　　　(c)

图 26-6 拉拔时方网格的变化

对于正方形 B 格子来说，有剪切变形，其延伸变形为：

$$\varepsilon_{LB} = \ln \frac{r_{1B}}{r_0} \tag{26-11}$$

压缩变形为：

$$\varepsilon_{YB} = \ln \frac{r_{2B}}{r_0} \tag{26-12}$$

式中　r_{1B}——变形后 B 格子中斜椭圆的长半轴；

　　　　r_{2B}——变形后 B 格子中斜椭圆的短半轴。

同样，对于相应断面上的 n 格子（介于 A、B 格子中间）来说，延伸变形为：

$$\varepsilon_{Ln} = \ln \frac{r_{1n}}{r_0} \tag{26-13}$$

压缩变形为：

$$\varepsilon_{Yn} = \ln \frac{r_{2n}}{r_0} \tag{26-14}$$

式中　r_{1n}——变形后 n 格子中斜椭圆的长半轴；

　　　　r_{2n}——变形后 n 格子中斜椭圆的短半轴。

由实测得出，各层中椭圆的长、短轴变化情况是：

$$r_{LB} > r_{Ln} > a$$

$$r_{YB} < r_{Yn} < b$$

对上述关系都取主变形，则有

$$\ln \frac{r_{LB}}{r_0} > \ln \frac{r_{Ln}}{r_0} > \ln \frac{a}{r_0} \tag{26-15}$$

这说明拉拔后边部格子延伸变形最大，中心线上的格子延伸变形最小，其他各层相应格子的延伸变形介于二者之间，而且由周边向中心依次递减。

C　变形区的形状

根据棒材拉拔时的滑移线理论可知，假定模子是刚体，通常按速度场把棒材变分为三个区：Ⅰ区和Ⅲ区为非塑性变形区或称弹性变形区；Ⅱ区为塑性变形区，如图 26-7 所示。Ⅰ区与Ⅱ区的分界面为球面 F_1，而Ⅱ区与Ⅲ区分界面为球面 F_2。一般情况下，F_1 与 F_2 为两个同心球面，其半径分别为 r_1 和 r_2，原点为模子锥角顶点 O。因此，塑性变形区的形状为：模子锥面（锥角为 2α）和两个球面 F_1、F_2 所围成的部分。

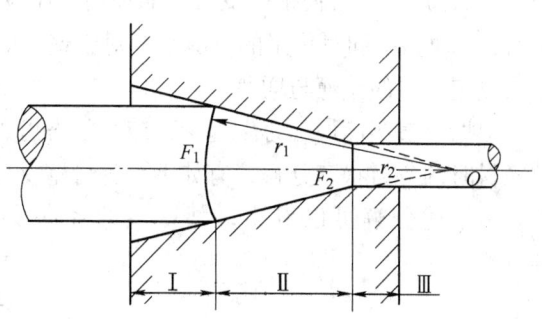

图 26-7　棒材拉拔时变形区的形状

26.2.2.2　管材拉拔时的应力与变形

拉拔管材与拉拔棒材最主要的区别是前者失去轴对称变形的条件，这就决定了其应力与变形状态同拉拔实心圆棒时的不同，其变形不均匀性、附加剪切变形和应力也都有所增加。

A　空拉

空拉时，管内虽然未放置芯头，但其壁厚在变形区内实际上常常是变化的，由于不同因素的影响，管子的壁厚最终可以变薄、变厚或保持不变。掌握空拉时的管子壁厚变化规律和计算，是正确制订拉拔工艺规程以及选择管坯尺寸所必需的。

　　a　空拉时的应力分布

　　空拉时的变形力学图如图 26-8 所示，主应力图仍为两向压、一向拉的应力状态，主变形图则根据壁厚增加或减小，可以是两向压缩、一向延伸或一向压缩、两向延伸的变形状态。

　　空拉时，主应力 σ_1、σ_r 与 σ_θ 在变形区轴向上的分布规律与圆棒拉拔时的相似，但在径向上的分布规律则有较大差别，其不同点是径向应力 σ_r 的分布规律是由外表面向中心逐渐减小，达管子内表面时为零。这是因为管子内壁无任何支撑物以建立起反作用力，管子内壁上为两向应力状

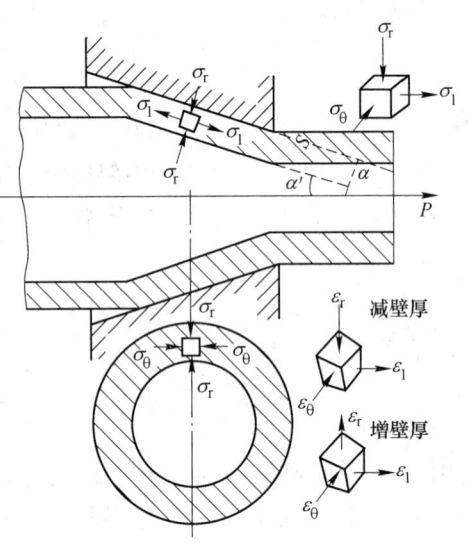

图 26-8　空拉管材时的应力与变形

态。周向应力 σ_θ 的分布规律则是由管子外表面向内表面逐渐增大，即 $|\sigma_{\theta w}| < |\sigma_{\theta n}|$。因此，空拉管时，最大主应力是 σ_1，最小主应力是 σ_θ，σ_r 居中（指应力的代数值）。

　　b　空拉时变形区内的变形特点

　　空拉时变形区的变形状态是三维变形，即轴向延伸、周向压缩、径向延伸或压缩。由此可见，空拉时变形特点就在于分析径向变形规律，即在拉拔过程中壁厚的变化规律。

　　在塑性变形区内引起管壁厚变化的应力是 σ_1 与 σ_θ，二者作用正好相反，在轴向拉应力 σ_1 的作用下，可使壁厚变薄，而在周向压应力 σ_θ 的作用下，可使壁厚增厚。那么在拉拔时，σ_1 与 σ_θ 同时作用的情况下，对于壁厚的变化就要看 σ_1 与 σ_θ 哪一个应力起主导作用来决定壁厚的减薄与增厚。

　　根据金属塑性加工力学理论，应力状态可以分解为球应力分量和偏差应力分量，将空拉管材时的应力状态分解，有如下三种管壁变化情况，如图 26-9 所示。

　　由上述分解可以看出，某一点的径向变形是延伸还是压缩或为零，主要取决于

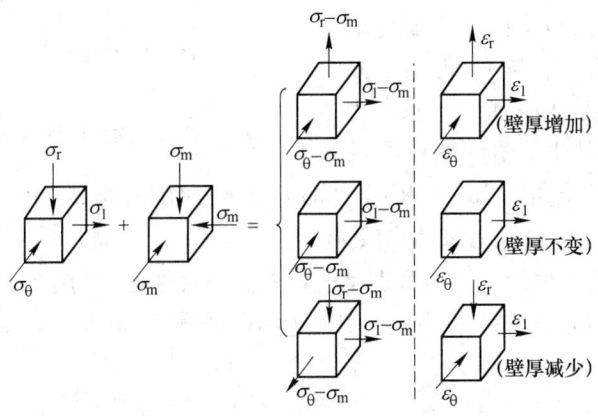

图 26-9　空拉管材时的应力状态分解

$\sigma_r - \sigma_m \left(\sigma_m = \dfrac{\sigma_1 + \sigma_r + \sigma_\theta}{3} \right)$ 的代数值如何。

当 $\sigma_r - \sigma_m > 0$，即 $\sigma_r > \dfrac{1}{2} \left(\sigma_1 + \sigma_\theta \right)$ 时，则 ε_r 为正，管壁增厚。

当 $\sigma_r - \sigma_m = 0$，即 $\sigma_r = \dfrac{1}{2} \left(\sigma_1 + \sigma_\theta \right)$ 时，则 ε_r 为零，管壁厚不变。

当 $\sigma_r - \sigma_m < 0$，即 $\sigma_r < \dfrac{1}{2} \left(\sigma_1 + \sigma_\theta \right)$ 时，则 ε_r 为负，管壁变薄。

空拉时，管壁厚沿变形区长度上也有不同的变化，由于轴向应力 σ_1 由模子入口向出口逐渐增大，而周向应力 σ_θ 逐渐减小，则 σ_θ / σ_1 比值也是由入口向出口不断减小，因此管壁厚度在变形区内的变化由模子入口处壁厚开始增加，达最大值后开始减薄，到模子出口处减薄最大，如图26-10所示。管子最终壁厚，取决于增壁与减壁幅度的大小。

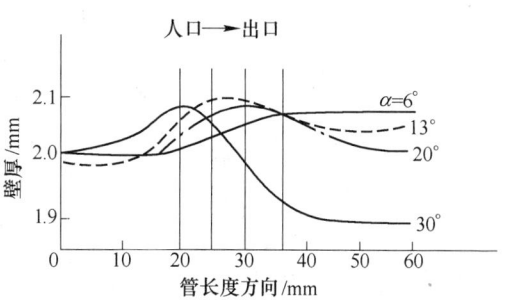

图 26-10 空拉 6A02 铝合金管材时变形区的壁厚变化情况
（实验条件：管坯外径 $\phi20.0\text{mm}$；壁厚 2.0mm；拉后外径 $\phi15.0\text{mm}$）

c 影响空拉时壁厚变化的因素

影响空拉时的壁厚变化因素很多，其中首要的因素是管坯的相对壁厚 S_0/D_0（S_0 为壁厚；D_0 为外径）及相对拉拔应力 $\sigma_1 / \beta \bar{\delta}_s$（$\sigma_1$ 为拉拔应力；$\beta = 1.155$；$\bar{\sigma}_s$ 为平均变形抗力），前者为几何参数，后者为物理参数，凡是影响拉拔应力变化的因素，包括道次变形量、材质、拉拔道次、拉拔速度、润滑以及模子参数等工艺条件都是通过后者而起作用的。

（1）相对壁厚的影响。对外径相同的管坯，增加壁厚将使金属向中心流动的阻力增大，从而使管壁增厚量减小。对壁厚相同的管坯，增加外径值，由于减小了"曲拱"效应而使金属向中心流动的阻力减小，从而使管坯经空拉后壁厚增加的趋势加强。当"曲拱"效应很大，即 S_0/D_0 值很大时，在变形区入口处壁厚也不增加，在同样情况下，沿变形区全长壁厚减薄。S_0/D_0 值大小对壁厚的影响尚不能准确地确定，它与变形条件和金属性质有关，因此 S_0/D_0 对壁厚的影响需要通过实践确定。

（2）材质与状态的影响。这一因素影响变形抗力、摩擦系数以及金属变形时的硬化速率等。

（3）道次加工率与加工道次的影响。道次加工率增大时，相对拉应力值增加，这使增壁空拉过程的增壁幅度减小，减壁空拉过程的减壁幅度增大。通常，对于增壁空拉过程，多道次空拉时的增壁量大于单道次的增壁量；对于减壁空拉过程，多道次空拉时的减壁量较单道次空拉时的减壁量要小。

（4）润滑条件、模子几何参数及拉拔速度的影响。润滑条件的恶化、模角、定径带长度以及拉速增大均使相对拉拔应力增加。因此，导致增壁空拉过程的增壁量减小，而使减壁过程的减壁程度加大。

d　空拉对纠正管子偏心的作用

在实际生产中，由挤压或斜轧穿孔法生产的管坯壁厚总会是不均匀的，严重的偏心将导致最终成品管壁厚超差而报废。在对不均匀壁厚管坯拉拔时，空拉能起自动纠正管坯偏心的作用，且空拉道次越多，效果就越显著。表 26-3 可以看出衬拉与空拉时纠正管子偏心的效果。

表 26-3　某种铝合金管衬拉与空拉时的管壁厚变化

| 道次 | 外径/mm | 衬拉 | | | 空拉 | | |
| | | 壁厚/mm | 偏心 | | 壁厚/mm | 偏心 | |
			偏心值/mm	与标准壁厚偏差/%		偏心值/mm	与标准壁厚偏差/%
坯料	13.89	0.24 ~ 0.37	0.13	42.7	0.24 ~ 0.37	0.13	42.7
1	12.76	0.19 ~ 0.24	0.05	23.2	0.31 ~ 0.37	0.06	17.6
2	11.84	0.18 ~ 0.23	0.05	24.4	0.33 ~ 0.38	0.05	14.1
3	10.06	0.17 ~ 0.22	0.05	25.6	0.35 ~ 0.37	0.02	5.6
4	9.02	0.15 ~ 0.19	0.04	23.5	0.37 ~ 0.38	0.01	2.7
5	8	0.14 ~ 0.175	0.035	22.3	0.395 ~ 0.4	0.005	1.2

空拉能纠正管子偏心的原因可以做如下的解释：偏心管坯空拉时，假定在同一圆周上径向压应力 σ_1 均匀分布，则在不同的壁厚处产生的周向压应力 σ_θ 将会不同，厚壁处的 σ_θ 小于薄壁处的 σ_θ。因此，薄壁处要先发生塑性变形，即周向压缩，径向延伸，使壁增厚，轴向延伸；而厚壁处还处于弹性变形状态，那么在薄壁处，将有轴向附加压应力的作用，厚壁处受附加应力作用，促使厚壁处进入塑性变形状态，增大轴向延伸，显然在薄壁处减少了轴向延伸，增加了径向延伸，即增加了壁厚。因此，σ_θ 值越大，壁厚增加的也越大，薄壁处在 σ_θ 作用下逐渐增厚，使整个断面上的管壁趋于均匀一致。

应指出的是，拉拔偏心严重的管坯时，不但不能纠正偏心，而且由于在壁薄处周向压应力 σ_θ 作用过大，会使管壁失稳而向内凹陷或出现皱折。特别是当管坯 $S_0/D_0 \leqslant 0.04$ 时，更要特别注意凹陷的发生。由图 26-11 可知，出现皱折不仅与 S_0/D_0 比值有关，而且与变形程度也有密切关系，该图中 I 区就是出现皱折的危险区，称为不稳定区。

此外，衬拉纠正偏心的效果与人们一般所想象的相反，没有空拉时的效果显著。因为在衬拉时径向压力 N 使 σ_r 值变大，妨碍了壁厚的调整，而衬拉之所以也能在一定程度上纠正偏心，主要是靠衬拉时的空拉段的作用。

B　衬拉

对各种衬拉方法的应力与变形做如下分析。

a　固定短芯头拉拔

固定芯头拉伸也称短芯头拉伸，其目的是减薄壁厚和减小外径，提高管材的力学性能和表面质量。拉拔时，芯头穿

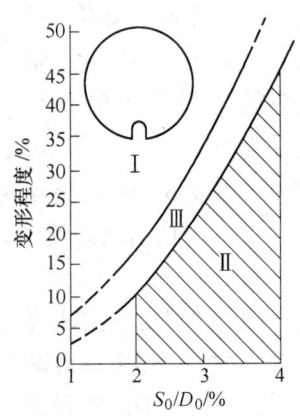

图 26-11　管坯 S_0/D_0 与临界
变形量间的关系
I—不稳定区；II—稳定区；
III—过渡区

进管材内孔，与拉伸模内孔形成一个封闭环形，金属通过环形间隙，从而获得与此环形间隙尺寸大小相同的成品管材。在拉拔过程中，由于管子内部的芯头固定不动，接触摩擦面积比空拉和拉棒材时的都大，故道次加工率较小。此外，此法难以拉制较长的管子。这主要是由于长的芯杆在自重作用下易产生弯曲，芯杆在模孔中难以固定在正确的位置上。同时，长的芯杆在拉拔时弹性伸长量较大，易引起"跳车"而在管子上出现"竹节"的缺陷。

固定短芯头拉拔时，管子的应力与变形如图 26-12 所示，图中 I 区为空拉段，II 区为减壁段。在 I 区内管子应力和变形特点与管子空拉时一样。而在 II 区内，管子内径不变，壁厚与外径减小，管子的应力和变形状态同实心棒材拉拔应力与变形状态一样。在定径段，管子一般只发生弹性变形。固定短芯头拉拔管子所具有的特点如下：

（1）芯头表面与管子内表面产生摩擦，其摩擦力的方向与拉拔方向相反，因而使轴向应力 σ_1 增加，拉拔力增大。

（2）管子内部有芯头支撑，因而其内壁上的径向应力 σ_1 不等于零。由于管子内层与外层的径向应力差值小，所以变形比较均匀。

b 长芯杆拉拔

长芯杆拉拔是把管材套在长芯杆上，使其与管材一起拉过模孔。芯杆的直径等于制品的内径，芯杆的长度一定要大于成品管材的长度。长芯杆拉拔管子时的应力和变形状态与固定短芯头拉拔时的基本相同，如图 26-13 所示，变形区也分为三个部分，即空拉段 I、减壁段 II 及定径段 III。但是长芯杆拉拔也有其本身的特点。

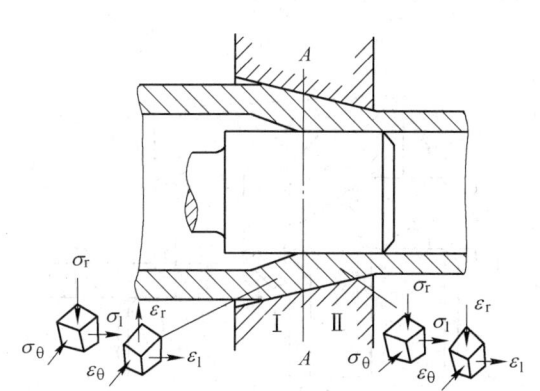

图 26-12 固定短芯头拉拔时的应力与变形

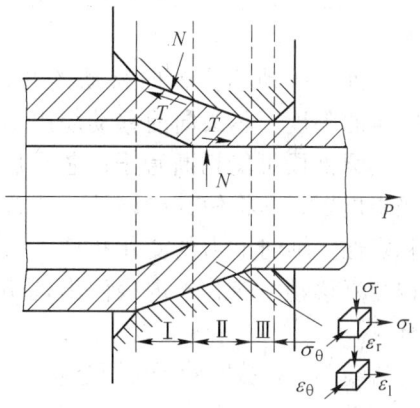

图 26-13 长芯杆拉拔时的应力与变形

管子变形时沿芯杆表面向后延伸滑动，故芯杆作用于管内表面上的摩擦力方向与拉拔方向一致。在此情况下，摩擦力不但不阻碍拉拔过程，反而有助于减小拉拔应力，继而在其他条件相同的情况下，拉拔力下降。与固定短芯头拉拔相比，变形区内的拉应力减少30%～35%，拉拔力相应地减少15%～20%。所以长芯杆拉拔时允许采用较大的延伸系数，并且随着管内壁与芯杆间摩擦系数增加而增大。通常道次延伸系数为 2.2，最大可达 2.95。

c 游动芯头拉拔

在拉拔时，芯头不固定，依靠其自身的形状和芯头与管子接触面间力平衡使之保持在变形区中。在链式拉拔机上有时也用芯杆与游动芯头连接，但芯头不与芯杆刚性连接，使用芯杆的目的在于向管内导入芯头、润滑与便于操作。

芯头在变形区内的稳定条件：

游动芯头在变形区内的稳定位置取决于芯头上作用力的轴向平衡。当芯头处于稳定位置时，作用在芯头上的力如图 26-12 所示。其力的平衡方程式为：

$$\Sigma N_1 \sin\alpha_1 - \Sigma T_1 \cos\alpha_1 - \Sigma T_2 = 0 \qquad (26\text{-}16)$$

$$\Sigma N_1 (\sin\alpha_1 - f\cos\alpha_1) = \Sigma T_2 \qquad (26\text{-}17)$$

由于 $\Sigma N_1 > 0$, $\Sigma T_2 > 0$, 故

$$\sin\alpha_1 - f\cos\alpha_1 > 0$$

$$\tan\alpha_1 > \tan\beta$$

$$\alpha_1 > \beta \qquad (26\text{-}18)$$

式中 α_1——芯头轴线与锥面间的夹角，也称为芯头的锥角，(°)；

f——芯头与管坯间的摩擦系数；

β——芯头与管坯间的摩擦角。

式（26-18）的 $\alpha_1 > \beta$，即游动芯头锥面与轴线之间的夹角必须大于芯头与管坯间的摩擦角，它是芯头稳定在变形区内的条件之一。若不符合此条件，芯头将被深深地拉入模孔，造成断管或被拉出模孔。

为了实现游动芯头拉拔，还应满足 $\alpha_1 \leqslant \alpha$，即游动芯头的锥角 α_1 小于或等于拉伸模的模角 α。它是芯头稳定在变形区内的条件之二，若不符合此条件，在拉拔开始时，芯头上尚未建立起与 ΣT_2 方向相反的推力之前，会使芯头向模子出口方向移动挤压管子造成拉断。

此外，游动芯头轴向移动的几何范围，有一定的限度。芯头向前移动超出前极限位置，其圆锥段可能切断管子；芯头后退超出后极限位置，则将使其游动芯头拉拔过程失去稳定性。轴向上力的变化将使芯头在变形区内往复移动，使管子内表面出现明暗交替的环纹。

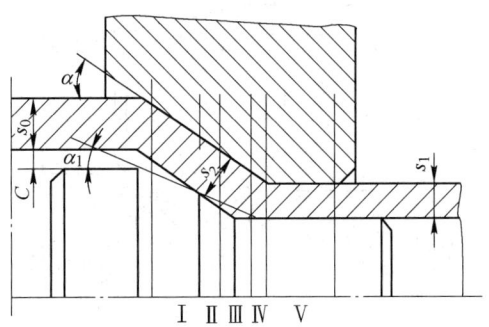

图 26-14　游动芯头拉拔时的变形区

游动芯头拉拔时管子变形过程：

游动芯头拉拔管子在变形区的变形过程与一般衬拉不同，变形区可分 5 部分，如图 26-14 所示。

（1）空拉区（Ⅰ）。在此区管子内表面不与芯头接触。在管子与芯头的间隙 C 以及其他条件相同情况下，游动芯头拉拔时的空拉区长度比固定短芯头的要长，故管坯增厚量也较大。空拉区的长度可以近似用式（26-19）确定：

$$L_1 = \frac{C}{\tan\alpha - \tan\alpha_1} \qquad (26\text{-}19)$$

此区的受力情况及变形特点与空拉管的相同。

（2）减径区（Ⅱ）。管坯在该区进行较大的减径，同时也有减壁，减壁量大致等于空拉区的壁厚变化量。因此可以近似地认为该区终了，断面处管子壁厚与拉拔前的管子

壁厚相同。

（3）第二次空拉区（Ⅲ）。管子由于拉应力方向的改变而稍微离开芯头表面。

（4）减壁区（Ⅳ）。主要实现壁厚减薄变形。

（5）定径区（Ⅴ）。管子变形很小，主要是产生弹性变形。

在拉拔过程中，由于外界条件变化，芯头的位置以及变形区各部分的长度和位置也将改变，甚至有的区可能消失。例如，芯头在后极限位置时，Ⅴ区增长，Ⅲ、Ⅳ区消失。芯头在前极限位置时，Ⅲ区增长，Ⅴ区消失。芯头向前移动超出前极限位置，其圆锥段可能切断管材；芯头后退超出后极限位置不可能实现游动芯头拉拔。

芯头轴向移动几何范围的确定：

芯头在前、后极限位置之间的移动量，称为芯头轴向移动几何范围，以 I_j 表示，如图 26-15 所示。

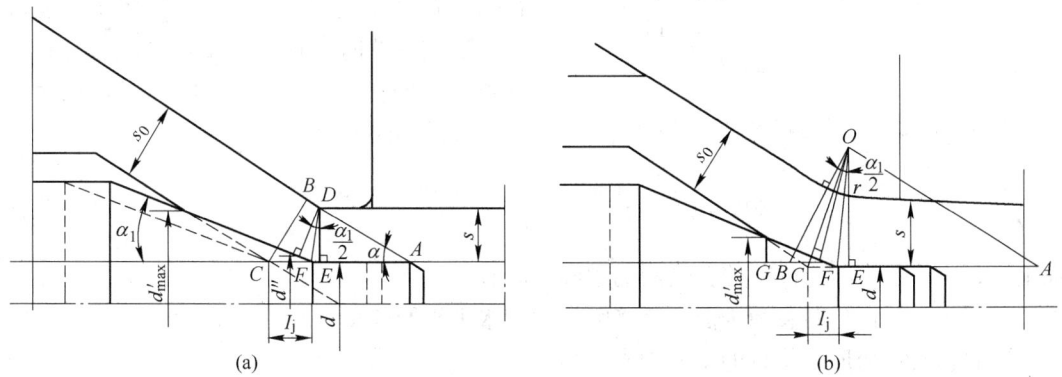

图 26-15 芯头轴向移动几何范围
（a）拉模无过渡圆弧；（b）拉模有过渡圆弧

芯头在前极限位置时，$DE = s$；芯头在后极限位置时，$BC = s_0$，如图 26-15(a) 所示。

$$I_j = \frac{s_0}{\sin\alpha} - \left(\frac{s}{\tan\alpha} + s\tan\frac{\alpha_1}{2} \right) = s\frac{\frac{s_0}{s} - \cos\alpha}{\sin\alpha} - s\tan\frac{\alpha_1}{2} \tag{26-20}$$

或

$$I_j = \frac{s_0\cos\frac{\alpha_1}{2} - s\cos\left(\alpha - \frac{\alpha_1}{2} \right)}{\sin\alpha\cos\frac{\alpha_1}{2}} \tag{26-21}$$

如果拉拔压缩带与工作带交接处有一过渡圆弧 r，如图 26-15(b) 所示，则

$$I_j = \frac{(s_0 + r)\cos\frac{\alpha_1}{2} - (s + r)\cos\left(\alpha - \frac{\alpha_1}{2} \right)}{\sin\alpha\cos\frac{\alpha_1}{2}} \tag{26-22}$$

芯头在前极限位置时，管材与芯头圆锥段开始接触的芯头直径为：

$$d'_{max} = 2\left[(s+r)\tan\frac{\alpha_1}{2} + \frac{s-s_0}{\tan(\alpha-\alpha_1)}\right]\sin\alpha_1 + d$$

管材与芯头圆锥面最终接触处的芯头直径为：

$$d'' = 2(s+r)\tan\frac{\alpha_1}{2}\sin\alpha_1 + d \qquad (26\text{-}23)$$

芯头轴向移动几何范围，是表示游动芯头拉管过程稳定性的基本指数，也就是指芯头在前、后极限位置之间轴向移动的正常拉管范围。该范围越大，则越容易实现稳定的拉管过程。

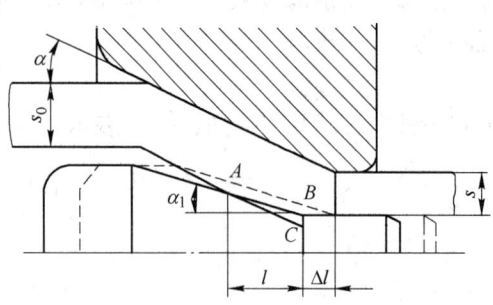

图 26-16 芯头在变形区内实际位置的确定

芯头在变形区内实际位置的确定

在稳定的拉拔过程中，芯头将在前、后极限位置之间往返移动，当芯头在变形区内处于稳定位置时，它与前极限位置之间的距离可以根据管材与芯头锥面实际接触长度确定，如图 26-16 所示。

$$\Delta l = \frac{(s_0 - s\cos\alpha)\cos\alpha_1 - l\sin(\alpha-\alpha_1)}{\sin\alpha\cos\alpha_1} \qquad (26\text{-}24)$$

式中 Δl——芯头与前极限位置之间的距离，mm；

l——管材与芯头圆锥面实际接触长度的水平投影长度，mm。

影响芯头在变形区位置的主要因素

芯头在变形区内的实际位置，取决于芯头上作用力的平衡条件，则

$$N_2 f\pi dl = N_1 \pi\left(\frac{d'+d}{2}\right)\left(\frac{d'-d}{2\sin\alpha_1}\right)\cos\alpha\sin\alpha_1 - N_1 f\pi\left(\frac{d'+d}{2}\right)\left(\frac{d'-d}{2\sin\alpha_1}\right)\cos\alpha_1$$

$$d' = \sqrt{d\left(d + \frac{N_2}{N_1}l\frac{4f\tan\alpha_1}{\tan\alpha_1-f}\right)} \qquad (26\text{-}25)$$

式中 l——芯头前端定径圆柱段长度，mm；

$\dfrac{N_2}{N_1}$——芯头在变形区内的正压力之比，取 $\dfrac{N_2}{N_1}\approx 23$；

d'——管坯内表面开始与芯头接触处的芯头直径，mm。

根据式（26-25）分析影响芯头在变形区位置的因素：

（1）拉拔时，随着摩擦系数减小及芯头锥角增大（必须符合 $\alpha_1 < \alpha$），芯头越接近于后极限位置，拉拔力减小。

（2）极限情况下，$f = 0$，$d' = d$，但是实际上 $f \neq 0$，因此，$d' \neq d$。若 $\tan\alpha_1 = f$，拉拔无法进行。

d 扩径

扩径是一种用小直径的管坯生产大直径管材的方法，扩径有两种方法，即压入扩径与拉拔扩径，如图 26-17 所示。

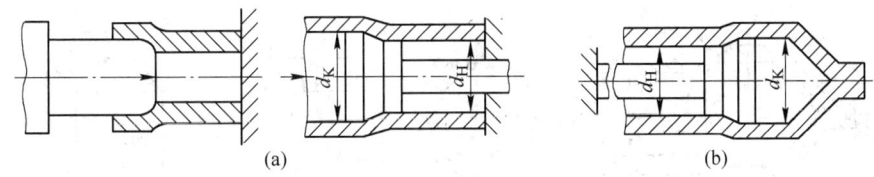

图 26-17　扩径制管材的方法

（a）压入扩径；（b）拉拔扩径

压入扩径法适合于大而短的厚壁管坯，若管坯过长，在扩径时容易产生失稳。通常管坯长度与直径之比不大于 10。为了在扩径后容易由管坯中取出芯杆，它应有不大的锥度，在 3000mm 长度上斜度为 1.5~2mm。

压入扩径有两种方法，一种是从固定芯头的芯杆后部施加压力，进行扩径成型；另一种方法是采用带有芯头的芯杆固定到拉拔机小车的钳口中，把它拉过装在托架上的管子内部，进行扩径成型，如图 26-18（a）所示。

一般情况下，压入扩径是在液压拉拔机上进行。压入扩径时，变形区金属的应力状态是纵向、径向两个压应力（σ_1、σ_r）和一个周向拉应力（σ_θ），如图 26-18 所示。这时，径向应力在管材内表面上具有最大值，在管材外表面上减小到零。

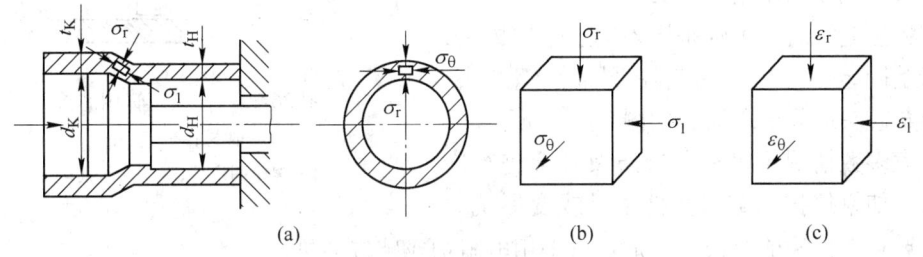

图 26-18　压入扩径法制管时的应力与变形

（a）变形区；（b）应力图；（c）变形图

用压入法扩径时，管材直径增大，同时管壁减薄，管长减短。因此，在这一过程中发生一个伸长变形（ε_θ）和两个缩短变形（ε_r、ε_1）。

拉拔扩径法适合于小断面的薄壁长管扩径生产。可在普通链式拉伸机上进行。扩径时首先将管端支撑数个楔形切口，把得到的楔形端向四周掰开形成漏斗，以便把芯头插入。然后把掰开的管端压成束，形成夹头，将此夹头夹入拉拔小车的夹钳中进行拉拔。此法不受管子直径和长度的限制。拉拔扩径时金属应力状态为两个拉应力（σ_θ、σ_1）和一个压应力（σ_r），如图 26-19 所示。σ_r 在管材内表面上具有最大值，而从内表面到外表面慢慢减小，在外表面上为零。这一过程中管壁厚度和管材长度，与压入扩径法一样也减小。因此，应力状态虽然变了，变形状态却不变，其特征仍是一个伸长变形（ε_θ）和两个缩短变形（ε_r、ε_1）。不过拉拔扩径时管壁减薄比压入扩径时大，而长度减短却没有压入扩径时显著。如果拉拔扩径时管材直径增大量不超过 10%，芯头圆锥部分母线倾角为 6°~9°，管材长度减小量很小。

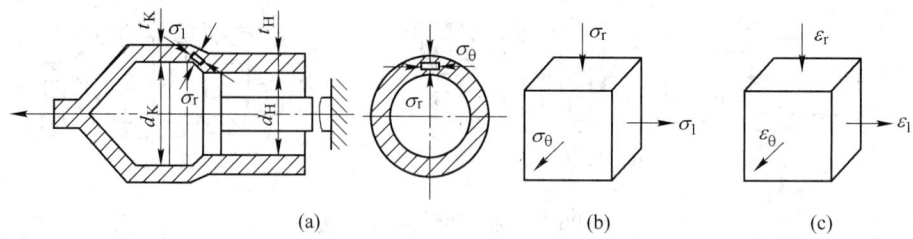

图 26-19 拉拔扩径法制管时的应力与变形

（a）变形区；（b）应力图；（c）变形图

扩径后的管壁厚度可按式（26-26）计算：

$$t_K = \sqrt{\frac{d_K^2 + 4(d_H + t_H)t_H}{2}} - d_K \qquad (26\text{-}26)$$

式中 d_H，d_K——扩径前后的管材内径，mm；

t_H，t_K——扩径前后的管材壁厚，mm。

两种扩径方法轴向变形的大小与管子直径的增量、变形区长度、摩擦系数以及芯头锥部母线对管子轴线的倾角等有关。

扩径法制管时，不管是压入法还是拉拔法，工具都是固定在芯杆上的圆柱-圆锥性钢芯头、硬质合金芯头或复合芯头，如图 26-20 所示。

在大多数情况下，有色金属及合金进行冷拉即可。如果拉拔的金属塑性不足或变形抗力大，则坯料在拉拔前要预热，加热可采用电阻炉或感应加热。

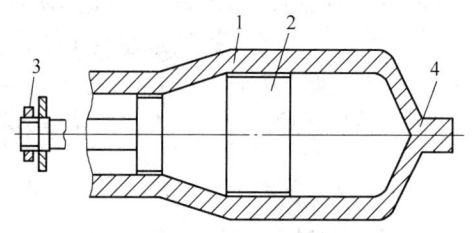

图 26-20 扩径制管用芯头

1—管材；2—芯头；

3—螺栓固定件；4—管子前端

26.3 拉拔工艺

26.3.1 线材拉拔工艺

26.3.1.1 线毛料的准备

A 尺寸偏差

挤压线毛料的尺寸偏差及长度要求见表 26-4。

表 26-4 线毛料尺寸偏差及长度要求

线毛料直径/mm	允许偏差/mm	单根毛料长度/m
10.5	+0.2	≥15
	-0.5	
12.0	+0.2	≥12
	-0.5	

注：每批毛料中允许有 30% 的短尺，但其长度不小于 10m。

中间毛料的尺寸偏差见表 26-5。

表 26-5 中间毛料尺寸偏差

直 径/mm	0.8 ~ 5.0	5.1 ~ 7.5	>7.5
允许偏差/mm	±0.05	±0.08	±0.10

B 焊接

当挤压线毛料的长度有限时，如要将几根毛料焊接在一起进行拉伸。一般应采用氩弧焊焊接铝合金线材，才能保证质量。

C 碾头

为了实现线材的拉伸变形，需将线毛料的一端制成小于模孔直径的夹头，以便顺利穿模，进行拉伸。制作夹头的方法有：压力加工法，如碾压；机械加工法，如车削、铣制以及化学腐蚀法等。对于铝及铝合金圆形线材而言，常用碾压法。

碾头时，按照碾头机轧槽大小逐渐碾压。每碾一次，线坯要旋转 60°~90°。制成的夹头为圆滑的锥形，不应有飞边、折叠、压扁等缺陷。碾头长度为 100~150mm。

D 退火

退火包括：

(1) 线毛料退火。在挤压过程中，由于热挤压时金属流动不均匀，在金属内部产生残余应力降低了金属的塑性，影响冷拉伸。尤其是可热处理强化合金，易于产生淬火效应。所以，硬合金线毛料在拉伸前应进行退火，以消除残余应力和淬火效应，提高塑性。

(2) 中间毛料退火。铝合金线材冷变形到一定程度，冷作硬化增加，塑性下降，无法进行下一道次拉伸，这时需要进行退火。这种退火称为中间退火。

线材毛料退火及中间退火工艺制度见表 26-6。

表 26-6 线材毛料退火及中间退火工艺制度

热处理种类	合 金	加热温度/℃	保温时间/min	冷却方式
毛料退火、中间毛料退火	L1 ~ L5、1070A、1060、1050A、1035、1200、8A06、3A21、4A01、5A02、5052	370 ~ 410	90	出炉冷却
	5A03、5A05、5B05、5A06、5356、5083、5183、5A33	390 ~ 430	120	
	2A04、2B11、2A12、2B12、2A16、2B16、2A10(直径不小于 8.0mm)	370 ~ 390	90	保温后，以每小时不大于 30℃冷却，冷至 270℃以下出炉
	2A01、2A10(直径小于 8.0mm)	370 ~ 410	120	出炉冷却
	7A03、7A04、7A19	350 ~ 380	120	保温后，以每小时不大于 50℃冷却，冷至 170℃以下出炉

26.3.1.2 拉伸配模

A 配模原则

配模原则为：

(1) 在保证线材尺寸偏差、表面质量及力学性能符合技术规范的前提下，尽量减少拉伸道次。

（2）在不发生拉断和拉细的前提下，充分利用金属塑性，提高道次加工率。

（3）尽量减少模子的磨损和动力消耗。

（4）确保设备正常运行。

B 加工率的确定

在设备能力和金属塑性允许且符合配模原则的情况下，应尽量采用较大的加工率。加工率太小，可能发生线材局部性能不合格和在淬火后的粗大晶粒。加工率过大，将出现断线次数增加以及产生拉伸跳环、挤线和擦伤等缺陷。道次加工率与两次退火间的加工率按表 26-7 执行。

表 26-7　每道次及两次退火间的加工率

合　　金	道次加工率/%	两次退火间加工率/%
纯铝、3A21、5052、5A02、5A03、4A01	15 ~ 50	不限
2A01、2B11、2B12、2A10、2A12、5183、5A05、5A06、5B05、5356、5A33	10 ~ 40	<80
2A04、2A16、6061、6063、7A03、7A04、7A19、7075	10 ~ 35	<75

除焊条线之外，凡要求产品力学性能的线材，成品最终变形量按表 26-8 控制。

表 26-8　线材最终变形量

线材种类及合金	最终冷变形量/%	线材种类及合金	最终冷变形量/%
2A10 合金铆钉线材	≥50	其他合金铆钉线材	≥40
2A04 合金铆钉线材	≥60	1050A 导线	85 ~ 95
7×××系合金铆钉线材	55 ~ 75	所有焊条线	不　限

注：成品线材直径为 8.0mm 及以上者例外。

26.3.1.3　拉伸配模计算

铝合金线材的拉伸大多数是一次拉伸和多次积蓄式无滑动拉伸。一次拉伸配模比较简单，主要考虑安全系数和退火间道次加工率的合理分配。多次积蓄式无滑动拉伸的过程也如一次拉伸机一样，线材通过每个模子之后缠绕在卷筒上，并且不产生线卷与卷筒的相对滑动，但要保证卷筒上有一定的圈数，以防止因延伸系数和卷筒转数而发生各卷筒之间秒流量不适应。因此，多次拉伸的配模也比较简单。

当各道次的延伸系数相当时，即 $\lambda_{n-1} = \lambda_n = \lambda_{n+1} = \lambda_c$ 条件下，所需拉伸道次按式（26-27）确定。

$$K = \frac{\lg\lambda_{\Sigma_0^K}}{\lg\lambda_c} \qquad (26\text{-}27)$$

式中　$\lambda_{\Sigma_0^K}$——由 D_0 到 D_K 时总延伸系数；

　　　λ_c——平均延伸系数；

　　　K——所需拉伸道次。

确定拉伸道次或平均延伸系数可以查图 26-21，图中 $\lambda_{\Sigma_0^K} = 20.7$，$K = 9$ 时，$\lambda_c = 1.4$。

当 $\lambda_{n-1} = \lambda_n = \lambda_{n+1}$ 时，各道次拉伸配模直径可由图 26-22 确定。图中实线为 7.2mm 毛料，经过 13 个道次拉到 1.0mm 时各道次模子直径：$d_1 = 6.19$mm，$d_2 = 5.31$mm，$d_3 =$

$4.57mm$, $d_4 = 3.92mm$, $d_5 = 3.37mm$, $d_6 = 2.90mm$, $d_7 = 2.49mm$, $d_8 = 2.13mm$, $d_9 = 1.83mm$, $d_{10} = 1.57mm$, $d_{11} = 1.95mm$, $d_{12} = 1.16mm$, $d_{13} = 1.00mm$。

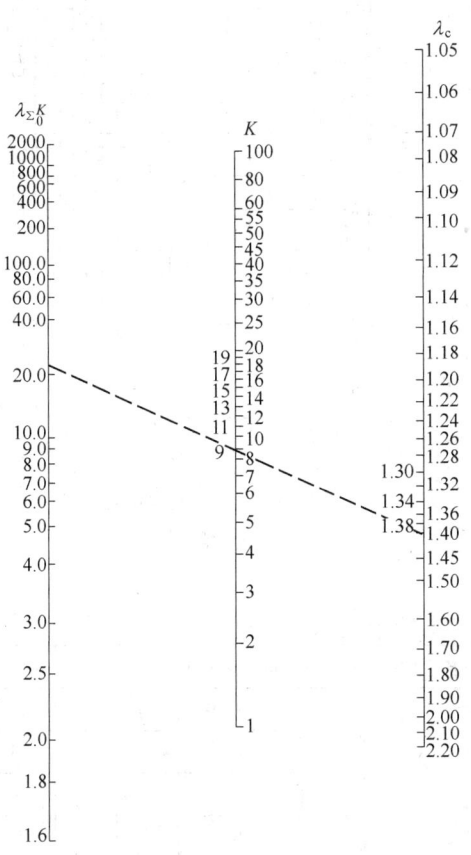

图 26-21 确定拉伸道次或平均
延伸系数计算图

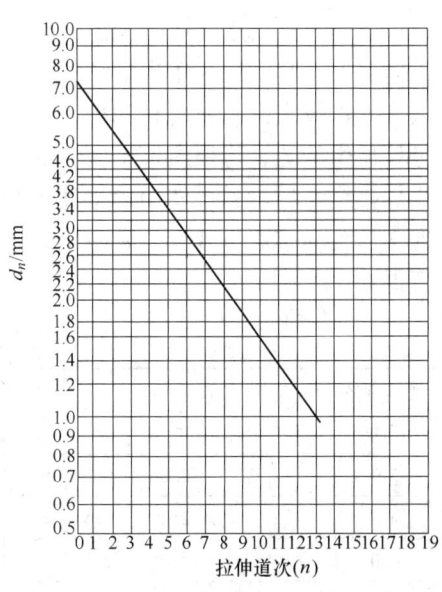

图 26-22 延伸系数相当时
各道次的配模直径

道次延伸系数递减时，即 $\lambda_{n-1} > \lambda_n > \lambda_{n+1}$ 时，拉伸配模按式（26-28）计算。

$$K = \frac{\lambda_{\Sigma_0^K}}{C' - a'\lg\lambda_{\Sigma_0^K}}$$（26-28）

式中 K——所需拉伸道次；

$\lambda_{\Sigma_0^K}$——总延伸系数；

C', a'——相关系数，见表26-9。

表 26-9 道次延伸系数递减时 C', a' 值

拉线级别	拉线种类	被拉线材直径/mm	a'	C'
1	特粗	16.00 ~ 4.50	0.03	0.18
2	粗	4.49 ~ 1.00	0.03	0.16
3	中	0.99 ~ 0.40	0.02	0.12
4	特细	0.39 ~ 0.20	0.01	0.11
5	细	0.19 ~ 0.10	0.01	0.10

各道次延伸系数递减时，其配模直径可由图 26-23 查出。如图中已知，$d_0 = 1.00$mm，$d_k = 1.00$mm，经过 13 道次拉伸，查得 $d_0 = 7.20$mm，$d_1 = 5.87$mm，$d_2 = 4.84$mm，$d_3 = 4.03$mm，$d_4 = 3.99$mm，$d_5 = 2.88$mm，$d_6 = 2.46$mm，$d_7 = 2.12$mm，$d_8 = 1.85$mm，$d_9 = 1.61$mm，$d_{10} = 1.42$mm，$d_{11} = 1.26$mm，$d_{12} = 1.12$mm，$d_{13} = 1.00$mm。

26.3.1.4 拉伸配模工艺实例

表 26-10 ~ 表 26-17 是铝及铝合金线材的拉伸工艺实例。它适用于单次拉线机或两次拉线机，道次变形量较大，对线毛料和模子的要求较高。毛料是挤压生产的，每根质量不大，除纯铝以外均不采用焊接线毛料。如果使用焊接线毛料，第一、第二道次加工率应适当减少，表中带 * 号的表示必须进行退火。

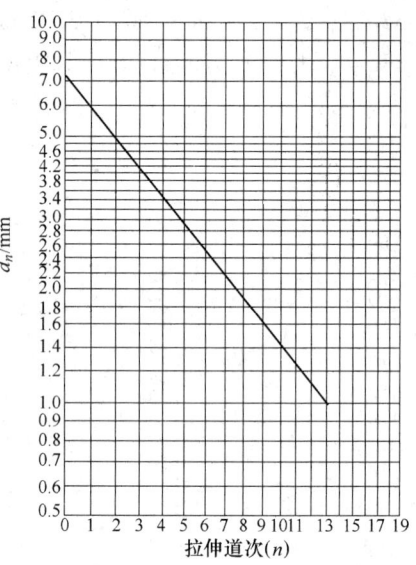

图 26-23　延伸系数递减时
各道次的配模直径

表 26-10　1050 导线的拉伸配模

成品直径/mm	成品总加工率/%	毛料直径/mm	各道次的模子直径/mm											
			1	2	3	4	5	6	7	8	9	10	11	12
5.0	77	12.0	9.5	6.5	5.0									
4.5	82	12.0	9.5	7.0	5.0	4.5								
4.0	85.5	12.0	9.5	7.0	5.0	4.5	4.0							
3.5	88.8	10.5	8.0	6.0	4.8	4.0	3.5							
3.0	91.8	10.5	8.0	6.0	4.7	3.6	3.0							
2.5	94.3	10.5	8.0	6.0	4.7	3.7	3.0	2.5						
2.0	96.7	10.5	8.0	6.0	4.7	3.7	3.0	2.4	2.0					
1.5	98.5	10.5	8.0	6.0	4.7	3.7	3.0	2.4	2.0	1.7	1.5			
1.0	99.9	10.5	8.0	6.0	4.8	3.8	3.0	2.4	2.0	1.4	1.2	1.0		
0.8	99.4	10.5	8.0	6.0	4.7	3.7	3.0	2.4	2.0	1.4	1.2	1.0	0.9	0.8

表 26-11　各种工业纯铝线的拉伸配模

成品直径/mm	成品总加工率/%	毛料直径/mm	各道次的模子直径/mm											
			1	2	3	4	5	6	7	8	9	10	11	12
9.0	44	12.0	10.0	9.0										
8.0	56	12.0	10.0	8.0										
7.5	49	10.5	8.0	7.5										
7.0	55	10.5	8.0	7.4	7.0									
6.5	62	10.5	8.0	7.4	6.5									

成品直径 /mm	成品总加工率/%	毛料直径 /mm	各道次的模子直径/mm											
			1	2	3	4	5	6	7	8	9	10	11	12
6.0	68	10.5	8.0	6.5	6.0									
5.5	73	10.5	8.0	6.0	5.5									
5.0	77	10.5	8.0	6.0	5.0									
4.5	82	10.5	8.0	6.0	4.5									
4.0	85.5	10.5	8.0	6.0	4.7	4.0								
3.5	88.8	10.5	8.0	6.0	4.8	4.0	3.5							
3.0	91.8	10.5	8.0	6.0	4.7	3.6	3.0							
2.5	94.3	10.5	8.0	6.0	4.7	3.7	3.0	2.5						
2.0	96.7	10.5	8.0	6.0	4.7	3.7	3.0	2.4	2.0					
1.5	98.5	10.5	8.0	6.0	4.7	3.7	3.0	2.4	2.0	1.7	1.5			
1.0	98.9	10.5	8.0	6.0	4.8	3.8	3.0	2.4	2.0	1.4	1.2	1.0		
0.8	99.4	10.5	8.0	6.0	4.7	3.7	3.0	2.4	2.0	1.4	1.2	1.0	0.9	0.8

表 26-12 5A03 合金焊条线材拉伸配模

成品直径 /mm	毛料直径 /mm	各道次的模子直径/mm								
		1	2	3	4	5	6	7	8	9
10.0	12.0	10.0								
9.0	12.0*	10.4*	9.5	9.0						
8.5	12.0*	10.5*	8.3	8.0						
8.0	10.5	8.5	8.0							
7.5	10.5*	9.3	7.5							
7.0	10.5*	9.2*	7.0							
6.5	10.5*	8.5*	7.0	6.5						
6.0	10.5*	8.0*	6.5	6.0						
5.5	10.5*	8.0*	6.0	5.5						
5.0	10.5*	8.0*	5.7	5.0						
4.5	10.5*	8.1*	5.8	4.5						
4.0	10.5*	8.0*	5.7*	4.0						
3.5	10.5*	8.1*	5.8*	4.2	3.5					
3.0	10.5*	8.1*	5.8*	4.0*	3.0					
2.5	10.5*	8.0*	5.8*	4.0*	3.0	2.5				
2.0	10.5*	8.0*	5.7*	4.0*	2.8*	2.0				
1.5	10.5*	8.0*	5.7*	4.0*	2.8*	2.0*	1.5			
1.0	10.5*	8.0*	5.7*	4.0*	3.0*	2.4*	1.9*	1.4*	1.0*	
0.8	10.5*	8.0*	5.7*	4.0*	2.8*	2.0*	1.6*	1.2*	1.0*	0.8

表 26-13 5A05、5B05、5A06 合金线材的拉伸配模

成品直径/mm	成品总加工率/%	毛料直径/mm	道次的模子直径/mm								
			1	2	3	4	5	6	7	8	9
10.0	31	12.0*	10.0								
9.0	44	12.0*	10.5	9.0							
8.0	42	10.5*	8.0								
7.5	49	10.5*	9.7	7.5							
7.0	56	10.5*	8.0	7.0							
6.5	40	10.5*	8.4*	6.5							
6.0	43	10.5*	8.0*	6.0							
5.5	44	10.5*	8.0*	6.5	5.5						
5.0	40	10.5*	8.0*	6.4	5.0						
4.5	41	10.5*	8.0*	5.8*	4.5						
4.0	51	10.5*	8.0*	5.7*	4.0						
3.5	40	10.5*	8.0*	5.7*	4.5*	3.5					
3.0	44	10.5*	8.0*	5.7*	4.0*	3.0					
2.5	46	10.5*	8.0*	5.7*	4.0*	3.4*	2.5				
2.0	49	10.5*	8.0*	5.7*	4.0*	2.8*	2.2	2.0			
1.6	47	10.5*	8.0*	5.7*	4.0*	2.8*	2.2*	1.8	1.6		
0.8	55	10.5*	8.0*	5.7*	4.0*	2.8*	2.2*	1.8*	1.6	1.2*	0.8

表 26-14 4A01 合金焊条线材拉伸配模

成品直径/mm	毛料直径/mm	道次的模子直径/mm							
		1	2	3	4	5	6	7	8
10.0	12.0	10.0							
9.0	10.5	9.0							
8.0	10.5	8.0							
7.5	10.5	8.2*	7.5						
7.0	10.5	8.0*	7.0						
6.5	10.5	8.2*	6.5						
6.0	10.5	8.0*	6.0						
5.5	10.5	8.0*	6.2	5.5					
5.0	10.5	8.0*	6.0	5.0					
4.5	10.5	8.1*	5.8*	4.5					
4.0	10.5	8.0*	5.7*	4.0					
3.5	10.5	8.0*	5.8*	4.2	3.5				
3.0	10.5	8.0*	5.7*	4.0*	3.0				
2.5	10.5	8.0*	5.7*	4.0*	3.0	2.5			
2.0	10.5	8.0*	5.7*	4.0*	3.0*	2.4	2.0		
1.5	10.5	8.0*	5.7*	4.0*	3.0*	2.4*	2.0	1.5	
0.8	10.5	8.0*	5.7*	4.0*	3.0*	2.4*	1.9	1.4*	0.8

表 26-15　3A21 合金线材的拉伸配模

成品直径 /mm	毛料直径 /mm	道次的模子直径/mm											
		1	2	3	4	5	6	7	8	9	10	11	12
10.0	12.0	10.0											
9.0	12.0	10.5	9.0										
8.0	10.5	8.5	8.0										
7.5	10.5	8.5	7.5										
7.0	10.5	8.0	7.0										
6.5	10.5	8.0	7.0	6.5									
6.0	10.5	8.0	6.0										
5.5	10.5	8.0	6.0	5.5									
5.0	10.5	8.0	6.0	5.0									
4.5	10.5	8.0	6.0	4.5									
4.0	10.5	8.0	6.0	4.7	4.0								
3.5	10.5	8.0	6.0	4.8	4.0	3.5							
3.0	10.5	8.0	6.0	4.7	3.5	3.0							
2.5	10.5	8.0	6.0	4.7	3.7	3.0	2.5						
2.0	10.5	8.0	6.0	4.7	3.7	3.0	2.4	2.0					
1.6	10.5	8.0	6.0	4.7	3.7	3.0	2.4	1.9	1.6				
0.8	10.5	8.0	6.0*	4.8	3.8	3.0	2.4	1.7	1.4	1.2	1.0	0.9	0.8

表 26-16　2A01、2A10 合金铆钉线材拉伸配模

成品直径 /mm	成品加工率 /%	毛料直径 /mm	道次的模子直径/mm							
			1	2	3	4	5	6	7	8
10.0		12.0	10.0							
9.0	44	12.0*	9.5	9.0						
8.0	42	10.5*	8.6	8.0						
7.5	49	10.5*	8.0	7.5						
7.0	56	10.5*	8.0	7.4	7.0					
6.5	50	10.5*	9.2*	7.1	6.5					
6.0	51	10.5*	8.6*	6.4	6.0					
5.5	53	10.5*	8.0*	6.0	5.5					
5.0	61	10.5*	8.0*	5.7	5.0					
4.5	51	10.5*	8.2*	6.4*	4.5					
4.0	51	10.5*	8.1*	5.7*	4.0					
3.5	62	10.5*	8.1*	5.7*	4.0	3.5				
3.0	51	10.5*	8.0*	5.7*	4.3	3.0				
2.5	61	10.5*	8.0*	5.7*	4.0*	3.0	2.5			
2.0	56	10.5*	8.0*	5.7*	4.0*	3.0*	2.5	2.0		
1.6	71	10.5*	8.0*	5.7*	4.0*	3.0*	2.5	2.0	1.8	1.6

表 26-17 2B11、2B12 合金铆钉线材拉伸配模

成品直径 /mm	成品加工率 /%	毛料直径 /mm	道次的模子直径/mm						
			1	2	3	4	5	6	7
10.0		12.0	10.0						
9.0	44	12.0*	9.5	9.0					
8.0	42	10.5*	8.4	8.0					
7.5	49	10.5*	9.1	7.5					
7.0	56	10.5*	8.0	7.4	7.0				
6.5	42	10.5*	8.5*	7.0	6.5				
6.0	46	10.5*	8.2*	6.4	6.0				
5.5	55	10.5*	8.2*	6.0	5.5				
5.0	61	10.5*	8.0*	5.7	5.0				
4.5	42	10.5*	8.1*	5.9*	4.5				
4.0	51	10.5*	8.0*	5.7*	4.0				
3.5	62	10.5*	8.0*	5.7*	4.0	3.5			
3.0	44	10.5*	8.0*	5.7*	4.0*	3.0			
2.5	61	10.5*	8.0*	5.7*	4.0*	3.0	2.5		
2.0	41	10.5*	8.0*	5.7*	4.0*	3.0	2.6*	2.0	
1.6	59	10.5*	8.0*	5.7*	4.0*	3.0	2.5*	1.8	1.6

26.3.1.5 拉伸中的注意事项

拉伸中的注意事项有:

(1) 拉伸前要根据加工工艺要求,选择尺寸合适的模子,并仔细检查模子工作表面情况,拉伸一捆后,应停车检查表面质量和尺寸,符合相应技术标准要求后方可生产。

(2) 要经常检查各类设备因素对线材表面质量的影响。

(3) 线毛料进入拉伸前,要充分润滑。

(4) 要保证模盒纵向中心线与卷筒圆周相切。

(5) 要经常检查线材表面质量及尺寸偏差。

(6) 如发现毛料表面缺陷影响线材表面质量时,要认真及时进行清理。

(7) 退火后的毛料,应及时将料分开,防止拉伸时料与料相互粘连而划伤表面。

26.3.2 管材拉拔工艺

26.3.2.1 管坯的准备

铝及铝合金拉伸用的管坯,一般由热挤压或冷轧方法获得。管坯质量应符合有关规定。拉伸之前应进行以下准备工作:

(1) 切断及定尺。根据工艺要求切断成规定长度。用于带芯头拉伸的管坯,必须保证有一端无椭圆,以便顺利装入芯头。对于工艺中需重新打头的应切掉夹头。

(2) 退火。带芯头拉伸的管坯,除纯铝之外,所有铝合金都必须进行坯料退火。对于空拉减径或整径的管坯,凡能承受空拉塑性变形的软合金和变形量不大的硬合金,可不进行退火。只当 $\lambda > 1.5$ 时,硬合金坯料需进行退火。其中 2A11、2A12 和 5A03 合金采用低温退火,5A05 和 5A06 等高镁合金管坯在减径前进行退火。当 $\lambda \leqslant 1.5$ 时,应根据拉伸

后的表面质量，选择是否对管坯退火。铝合金管材退火制度见表 26-18。

表 26-18 铝合金管材退火制度

拉伸方式	合　　金	金属温度/℃	保温时间/h	冷却方式
带芯头拉伸	2A11、2A12、2A14、2017、2024	430~460	3.0	冷却速度不大于 30℃/h，冷却到 270℃以下出炉
	5A02、5052、3A21	470~500	1.5	空冷
	5A03、5A05、5A06、5056、5083	450~470	1.5	
	1070A、1060、1050A、1035、1200、8A06、6A02、6061、6063、6082	410~440	2.5	
减径	2A11、2A12、2A14、2017、2024	430~450	1.5	冷却速度不大于 30℃/h，冷却到 270℃以下出炉
	5A02、5A03、5A05、5A06、5052、5056、5083			空冷
型管成型	2A11、2A12、2A14、2017、2024、5052、5A05、5056、5083	430~450	2.5	硬合金冷却速度不大于 30℃/h，冷却到 270℃以下出炉；其他合金空炉冷却

（3）制作夹头。为了使管坯能够顺利穿入模孔以实现拉伸，管坯可通过锻打或辗制的方法制作夹头。对于软合金的管坯及经过热处理后的硬合金管坯可以在冷状态下进行打头。对于未经热处理的硬合金管坯，在打头之前必须在端头加热炉内加热后趁热打头。打头加热制度见表 26-19，管坯打头长度列于表 26-20。

表 26-19 管材打头加热制度

合　　金	加热温度/℃	管坯壁厚及加热时间/min		
		<3mm	3~5mm	>5mm
2A11、2A12	220~400	20	30	40
5A03、5A05、5A06、5083	250~420			

表 26-20 管坯打头长度 （mm）

管坯种类	管坯外径	打头长度	管坯种类	管坯外径	打头长度
空拉管坯	$D<60$	150~200	衬拉管坯	$D<100$	200~250
	$60 \leqslant D < 140$	200~250		$100 \leqslant D < 160$	250~350
	$D \geqslant 140$	250~350		$D \geqslant 160$	350~400

淬火后需打头的管材，必须在淬火出炉后 2h 之内于冷状态下完成。

对于小直径管材（φ18mm 以下）最好在旋锻碾头机上碾头。直径较大的管材在空气锤上打头或在液压锻头机上打头。液压锻头机工作时无噪声、无冲击，是较先进的环保型打头设备。

打过头的管材，如果在以后的加工中还需进行中间退火或其他热处理时，在打头的同时要在夹头的根部钻一个孔，以便在热处理时，保证热空气的流通。

旋压碾头机和液压锻头机上制成的夹头形如瓶口状，有利于拉伸变形的稳定性。要求夹头各部位光滑过渡，特别是肩头处的金属不应高出直径，以防止产生擦划伤。空气锤上锻打的夹头断面如图 26-24 所示。

图 26-24　锤砧及夹头断面

（4）刮皮。带芯头拉伸的管材在第一次和最后一次拉伸之前，应对管坯外表面上存在的划道、毛刺、起皮、磕碰伤等局部缺陷进行刮皮修伤，以便消除表面缺陷，保证拉制管材的外观质量。刮皮一般在打头之后进行。空拉的管材正常情况下无需刮皮，但对表面较严重的划伤、磕碰伤等缺陷应及时刮皮修理，避免因变形量较小而无法消除。

（5）内外表面润滑。带芯头拉伸的管坯，在拉伸前必须充分润滑内表面。铝合金拉伸润滑剂多采用 38 号或 72 号汽缸油。通过油泵将润滑油经给油嘴喷涂到管材内表面上。为了改善油的流动性，允许加入少量机油或把油加热到 100℃ 左右，但拉伸时一定要等到润滑油冷却至室温后进行。

所有的拉伸方法都必须润滑管材外表面和拉伸模。润滑油应纯净，无水分、机械杂质或金属屑。润滑油在循环使用中应进行过滤并定期更换。

26.3.2.2　配模

A　无芯头拉伸（空拉）配模

空拉圆管的配模，应注意以下 3 个原则。

a　拉伸的稳定性

对于壁厚较薄的管材，即 $t/D \leq 0.04$ 时，必须使道次减径量不大于临界变形量 $\varepsilon_{d临}$，否则会出现拉伸失稳现象，管材表面出现纵向凹下。

b　合理的延伸系数

空拉时的延伸系数应根据管材的工艺及状态来确定。对于纯铝、5052、6063、6061、3A21、5A02 等软合金，可以在轧制后不经过退火而进行空拉减径，总延伸系数不应大于 1.5，超过 1.5 时需要退火。冷轧后经退火的 2A11、2A12 等硬合金，总延伸系数可达 2.5~3.0。对于 5A05、5A06 等高镁合金管材，退火延伸系数不大于 1.5。对于通过冷作硬化提高强度的合金，应加大冷变形量，如纯铝的冷变形量应控制在 50% 以上，3A21 合金的冷变形量应控制在 25% 以上。

为了提高最终成品管材的尺寸精度，减小弯曲度，最后一道次空拉选用整径模空拉方式。其延伸系数较小，一般整径量为 0.5~1mm，小直径管材选下限，大直径管材选上限。当直径大于 φ120mm 时，由于整径量太小，容易产生空拉或脱钩，所以整径量可适当增大，根据管材直径大小，一般为 2~4mm。

c　合理的壁厚变化

空拉时管材壁厚的变化趋势在前面已经定性分析过，它既与合金特点有关，也与空拉时的工艺有关。因此，尽管成品壁厚相同的管材，所要求的管坯轧制壁厚也不相同。以下是三种常用的配模方法，供设计工艺时和生产中参考。

（1）公式计算法配模。不同的变形程度和壁厚变化的配模计算公式（适用于小直径管材）。

当模角 $\alpha = 12°$，道次变形量 $\varepsilon_d = 10\%$ 时，管毛料壁厚计算公式为：

$$t_0 = \frac{t_1}{1 + 0.191\frac{D_0 - D_1}{D_0 + D_1}\left[4.5 - 11.5\left(\frac{t_1}{D_0} - \frac{t_1}{D_1}\right)\right]} \tag{26-29}$$

当模角 $\alpha = 12°$，道次变形量 $\varepsilon_d = 20\%$ 时，管毛料壁厚计算公式为：

$$t_0 = \frac{t_1}{1 + 0.09\frac{D_0 - D_1}{D_0 + D_1}\left[8.0 - 22.8\left(\frac{t_1}{D_0} - \frac{t_1}{D_1}\right)\right]} \tag{26-30}$$

当模角 $\alpha = 12°$，道次变形量 $\varepsilon_d = 30\%$ 时，管毛料壁厚计算公式为：

$$t_0 = \frac{t_1}{1 + 0.056\frac{D_0 - D_1}{D_0 + D_1}\left[12.2 - 37\left(\frac{t_1}{D_0} - \frac{t_1}{D_1}\right)\right]} \tag{26-31}$$

式中 t_0——管坯壁厚，mm；
t_1——成品管壁厚，mm；
D_0——管坯直径，mm；
D_1——成品管直径，mm。

（2）图算法配模。图 26-25 所示为空拉时壁厚与管径变形量的关系。由图可以很快找到不同变形量时壁厚增减的情况。

以上两种方法最大的缺点是没有把合金与状态这些因素考虑进去，所以得出的结果不精确，只能作为参考。一般情况下，各生产工厂根据本单位多年生产经验，摸索出一套行之有效的配模工艺。

（3）经验配模法。表 26-21 列出了不同合金、状态空拉减径 1mm，$t/D < 0.20$ 时，管材壁厚增加值。表 26-22 是空拉时

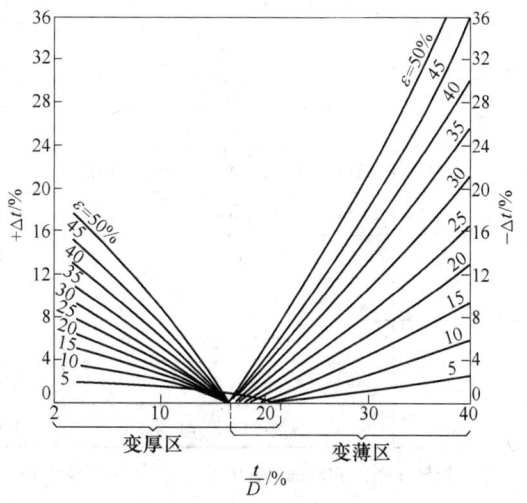

图 26-25　空拉时管壁厚变化与变形量的关系图（模角 $\alpha = 12°$）

管材毛坯的壁厚与成品壁厚的关系值。表 26-23 是成品直径为 $\phi12mm$ 以下的管材空拉工艺。表 26-24 是壁厚 0.5 ~ 0.75mm 小直径管材空拉减径工艺。

表 26-21　空拉减径 1mm 时管材壁厚增加值　　　　　（mm）

合　金	毛坯不退火	毛坯退火	合　金	毛坯不退火	毛坯退火
6063、6A02	0.0222	0.0222	纯　铝	0.0132	0.0131
5052、5A02	0.0163	0.0195	2024、2A12、2A11	0.0203	0.0205
3004、3A21	0.02 ~ 0.03				

表 26-22 空拉时管材毛坯的壁厚与成品壁厚的关系值 （mm）

成品管外径 φ	不同合金的毛坯尺寸				
	1070A	3A21	6A02	5A03	2A12
6×0.5	16×0.40	16×0.35	16×0.35		16×0.35
6×1.0	18×0.95	18×0.88	18×0.88	18×0.86	18×0.82
10×0.5	16×0.44	16×0.40	16×0.40		16×0.40
10×1.5	18×1.47	18×1.42	18×1.42	18×1.39	18×1.40
12×2.5	18×2.6	18×2.48	18×2.48	18×2.48	18×2.48

表 26-23 壁厚 1.0~2.5mm 小直径管材空拉减径工艺 （mm）

成品管外径 φ	合 金	成品管壁厚	道次配模直径			
			1	2	3	4
6	2A11、2A12、5A02、5A03	1.0~1.5	17/12.5	9.5	7.2	6.0
	纯铝、3A21、6063		15.5/11.5	8.0	6.0	
8	2A11、2A12、5A02、5A03、3A21	2.0	17/14	11.5	9.5	8.0
	纯铝	2.0	17/12.5	9.5	8.0	
	2A11、2A12、5A02、5A03	1.0~1.5				
	3A21	1.5				
	纯铝	1.0~1.5	15.5/11.5	8.0		
	3A21	1.0				
10	2A11、2A12、5A02、5A03、3003	2.0	17/14	11.5	10.0	
	2A11、2A12、5A02、5A03、3003	1.0~1.5	17/12.5	10.0		
	纯铝	1.0~1.5				
	纯铝	1.0	15.5/10.0			
12	2A11、2A12、5A02、5A03	1.0~2.5	17/14.0	12.0		
	纯铝、3A21	2.0~2.5				
	纯铝、3A21	1.0~1.5	15.5/12.0			

注：管坯外径为 φ18mm；表中带"/"者为倍模拉伸。

表 26-24 壁厚 0.5~0.75mm 小直径管材空拉工艺 （mm）

成品管直径 φ	道次配模直径				
	1	2	3	4	5
6	15.5/15.0	12.5/11.5	10.5/9.5	7.5	6.0
8	15.5/15.0	12.5/11.5	10.5/9.5	8.0	
10	15.5/15.0	12.5/11.5	10.0		
12	15.5/15.0	13.0/12.0			
14	15.5/14.0				
15	15.5/15.0				

注：管坯直径为 φ16mm；表中带"/"者为倍模拉伸。

B 短芯头拉伸配模

铝合金管材短芯头拉伸配模计算，主要是确定壁厚减薄量和外径收缩量，并最后确定总变形量及管坯规格，其基本原则如下。

a 适当安排壁厚减薄量

短芯头拉伸铝合金管材时，由于合金的塑性不同，其变形量的大小也不尽相同。塑性较好的纯铝、3A21、6063、6A02 等合金，在满足实现拉伸过程的条件下，应给予较大的变形量以提高生产效率。对于变形较困难的高镁合金，则应适当控制变形量，除满足实现拉伸过程，还要保证制品的表面质量。当拉伸变形量增大时，因金属变形热和摩擦热会迅速提高金属与工具的温度，导致润滑效果的恶化，造成芯头粘金属，划伤管材表面。

根据实际经验，按拉伸由难到易程度的顺序为：5A06、5A05、5083、7001、2A12、5A03、2A11、5A02、3A21、6A02、6061、6063、纯铝。

表 26-25 是各种合金短芯头拉伸时，两次退火间的最大道次壁厚减缩比（t_0/t_1）。按每道次壁厚的绝对减少量来分配拉伸道次时，可以参照表 26-26 中的经验值。

表 26-25 短芯头拉伸时，两次退火间各道次的 t_0/t_1 值

合 金	两次退火间各道次的 t_0/t_1 最大值			
	1	2	3	4
纯铝、3A21、6063、6A02	1.3	1.3	1.2	空拉
	1.4	1.4	空拉	
2A11、2A12、5A02、5052	1.3	1.1	空拉	
5A03	1.3	空拉		
5A05、5A06	1.15	空拉		

注：1. 高镁合金最好用锥形芯头，每道次减壁量不大于 0.22mm；
2. 空拉整径量为 0.5~1.0mm；
3. 2A11、2A12、5A02 等合金管材，在两次退火间只安排一次短芯头拉伸，如果需进行第二次短芯头拉伸时，壁厚减缩比一般不大于 1.1。

表 26-26 铝合金管材短芯头拉伸道次壁厚减薄量经验值 （mm）

合 金	成品壁厚	毛坯壁厚	道次减壁量			
			1	2	3	4
1035、1050、1060、8A06、3A21、6A02、6063	1.0	2.0	0.4	0.3	0.3	①
	1.5	2.5	0.6	0.4	①	
	2.0	3.5	1.0	0.5	①	
	2.5	4.0	0.8	0.7	①	
	3.0	4.0	1.0	①		
	3.5	5.0	1.0	0.5	①	
	4.0	5.5	1.5	①		
	4.5	6.0	1.5	①		
	5.0	6.0	1.5	①		

合　金	成品壁厚	毛坯壁厚	道次减壁量			
			1	2	3	4
5A02、2A11	1.0	2.0	0.4[2]	0.3[2]	0.3	[1]
	1.5	2.5	0.5[2]	0.5[2]	[1]	
	2.0	3.0	0.6[2]	0.4	[1]	
	2.5	3.5	0.6[2]	0.4	[1]	
	3.0	4.0	1.0[2]	[1]		
	3.5	4.5	1.0[2]	[1]		
	4.0	5.0	1.0[2]	[1]		
	4.5	5.0	1.0[2]	[1]		
	5.0	6.0	1.0[2]	[1]		
5A03、2A12	1.0	2.0	0.4[2]	0.3[2]	0.3	[1]
	1.5	2.0	0.3[2]	0.2	[1]	
	2.0	3.0	0.6[2]	0.4[2]	[1]	
	2.5	3.5	0.6[2]	0.4[2]	[1]	
	3.0	4.0	0.7[2]	0.3	[1]	
	3.5	4.5	0.7[2]	0.3	[1]	
	4.0	5.0	0.7[2]	0.3	[1]	
	4.5	5.5	0.7[2]	0.3	[1]	
	5.0	6.0	0.7[2]	0.3	[1]	
5A05、5A06	3.0	3.0	0.2[2]	0.15[2]	0.15	[1]
	3.5	4.0	0.2[2]	0.15[2]	0.15	[1]
	4.0	4.5	0.2[2]	0.15[2]	0.15	[1]
	4.5	5.0	0.2[2]	0.15[2]	0.15	[1]
	5.0	5.0	0.2[2]	0.15[2]	0.15	[1]

注：1. 3A21、6A02 合金毛坯，在第一道次拉伸之前必须进行退火；

　　2. 直径管材壁厚减壁量尽量要小，大直径管材壁厚减壁量可适当大些。

① 表示该道次是整径拉伸，整径量为 0.5~1.0mm，大直径管材的整径量可达到 2~4mm；

② 表示在该道次拉伸之前，必须进行毛坯退火。

b　毛料壁厚的确定

短芯头拉伸管毛料壁厚的确定，首先要满足工艺流程是最合理的，其次是保证成品管材符合技术标准的要求。

由于拉伸管毛料多为热挤压制品，表面质量较差，因此在拉伸前须刮皮修理。为了在拉伸过程中能消除刮刀痕迹和较浅的缺陷，从毛料到成品的壁厚减薄量不得小于 0.5~1mm。因各种合金的冷变形程度不同，其减壁量一般为：高镁合金减壁 0.5mm；硬合金减壁 1.0mm；软合金减壁 1.5mm。

对于软状态、半软状态以及淬火制品，其最终性能由热处理方法来控制，而冷作硬化管材必须用控制拉伸变形量来保证其性能指标。现行国家标准中，冷作硬化的拉伸管有

1060、1050、1A30、8A06、5A02、3A21 等几种合金。组织生产时，各种合金的最终冷作量（最末一次退火后的总变形量）应符合表 26-27 的规定。

表 26-27　冷作硬化状态管材冷变形量

合金牌号	冷作变形量		合金牌号	冷作变形量	
	t_0/t_1	$\delta/\%$		t_0/t_1	$\delta/\%$
1060、1050	≥1.35	≥25	5A02	≥1.25	≥25
1A30、8A06	≥2.0	≥55	3A21	≥1.35	≥25

c　减径量的控制

为了在管毛料内能顺利地装入芯头，在管毛料内径与芯头之间应留有一定间隙。由于拉伸后的管材内径即为芯头的直径，因此保留的间隙应是拉伸时内径的减径量。带芯头拉伸时，每道次的内径减径量为 3~4mm。当管材的内径大于 100mm 或弯曲度较大时，第一道拉伸的减径量可选取 4mm。对于内径小于 25mm，且壁厚大于 3mm 的管材，为了避免减径量过大而增加内表面的粗糙度，减径量可适当减小。短芯头拉伸时减径量可参照表26-28。

表 26-28　短芯头拉伸时的减径量　　　　　　　　　（mm）

管材内径	>150	100~150	30~100	<30
退火后第一道拉伸，内径减径量	5	4	3	2
后续各道次拉伸，内径减径量	4	3	2~3	1~2

根据拉伸道次和道次减径量，可以求得成品管材所用管毛料的内径，公式如下：

$$d_0 = d_1 + n\Delta + \Delta_{整} \tag{26-32}$$

式中　d_0——管毛料内径，mm；

　　　d_1——成品管内径，mm；

　　　n——短芯头拉伸道次；

　　　Δ——道次减径量，mm；

　　　$\Delta_{整}$——成品整径量，mm。

d　拉伸力计算及校对各道次安全系数

对于新的管材规格或新的合金材料，制定短芯头拉伸工艺时，必须进行拉伸力计算即校对各道次安全系数，以便确定在哪一台拉伸机上拉伸。

e　管毛料长度的确定

管材的长度对拉伸管的质量有直接关系，一般最终拉伸长度不超过 6m。当拉伸长度超过 6m 时，因芯头温度升高而使管材内表面质量下降，尤其是 Al-Mg 系合金管材内表面质量更难保证；在装料时容易形成封闭内腔，空气排不出来而使装料困难；此外对拉伸设备要求长度要长，设备费用上升。当毛坯长度较短时，拉伸头尾料较多，几何废料上升，生产效率较低。计算管毛料长度 L_0 公式为：

$$L_0 = \frac{L_1 + L_{余}}{\lambda} + L_{夹} \tag{26-33}$$

式中　L_1——成品管长度，mm；

$L_余$——因管毛料和成品管壁厚偏差影响而需留出的余量，对于不定尺管材可取零，对于定尺管材取 500~700mm；

λ——延伸系数；

$L_夹$——拉伸夹头长度，mm。管材直径小于 50mm 时，$L_夹$ 为 200mm；管材直径为 50~100mm 时，$L_余$ 取 250mm；管材直径为 100~160mm 时，$L_余$ 取 350mm；管材直径大于 160mm 时，$L_夹$ 取 400mm。

C　短芯头拉伸配模举例

计算 2A12 合金，$\phi80mm \times 3.0mm$，定尺长度 4000mm 的管材配模工艺，计算步骤为：

（1）确定管毛料壁厚和减壁程序。根据表 26-26 确定毛料壁厚为 4mm，分三道次拉伸，其中两次是短芯头拉伸，一次是空拉整径。拉伸程序为：退火毛料第一次拉伸后壁厚为 3.3mm；第二次拉伸壁厚为 3.0mm；第三次整径空拉壁厚仍为 3.0mm。

（2）确定毛料尺寸。按照式（26-32）计算毛料内径，取 $\Delta = 3mm$，$\Delta_整 = 1mm$，可得：

$$d_0 = d_1 + n\Delta + \Delta_整 = 74 + 2 \times 3 + 1 = 81mm$$

故求得管毛料规格为 $\phi89mm \times 4mm$（外径×壁厚）。

（3）总拉伸系数计算：

$$\lambda = \frac{(D_0 - t_0)t_0}{(D_1 - t_1)t_1} = \frac{(89 - 4) \times 4}{(80 - 3) \times 3} = 1.47$$

（4）计算毛料长度。按式（26-33）计算管毛料长度：

$$L_0 = \frac{L_1 + L_余}{\lambda} + L_夹 = \frac{4000 + 700}{1.47} + 250 = 3450mm$$

（5）制定拉伸工艺。表 26-29 为 2A12T4，$\phi80mm \times 3.0mm$ 管材拉伸工艺。

表 26-29　2A12T4，$\phi80mm \times 3.0mm$ 管材拉伸工艺

工序名称	各道次管规格/mm×mm×mm	工序名称	各道次管规格/mm×mm×mm
毛料退火	89×81×4.0	拉　伸	81×75×3.0
打头、打眼	89×81×4.0	淬　火	81×75×3.0
刮　皮	89×81×4.0	整　径	80×74×3.0
拉　伸	83.6×77×3.3		

D　铝合金管材短芯头拉伸典型配模工艺

表 26-30~表 26-34 是短芯头拉伸各种铝合金管材的典型配模工艺。

表 26-30　合金管材拉伸配模工艺　　　　　　（mm×mm×mm）

成品尺寸	毛料尺寸	第一道拉伸	第二道拉伸	第三道拉伸	第四道拉伸	总延伸系数 λ_Σ
30×24×3.0	37×29×4.0	31×25×3.0	30×24×3.0[①]			1.58
30×23×3.5	37×28×4.6	31×24×3.5	30×23×3.5[①]			1.52
30×22×4.0	36×26×5.0	31×23×4.0	30×22×4.0[①]			1.44

成品尺寸	毛料尺寸	第一道拉伸	第二道拉伸	第三道拉伸	第四道拉伸	总延伸系数 λ_Σ
$30 \times 20 \times 5.0$	$36 \times 24 \times 6.0$	$31 \times 21 \times 5.0$	$30 \times 20 \times 5.0^{①}$			1.39
$35 \times 29 \times 3.0$	$42 \times 34 \times 4.0$	$26 \times 30 \times 3.0$	$35 \times 29 \times 3.0^{①}$			1.54
$35 \times 28 \times 3.5$	$42 \times 33 \times 4.5$	$36 \times 29 \times 3.5$	$35 \times 28 \times 3.5^{①}$			1.53
$35 \times 27 \times 4.0$	$41 \times 31 \times 5.0$	$36 \times 28 \times 4.0$	$35 \times 27 \times 4.0^{①}$			1.45
$35 \times 25 \times 5.0$	$41 \times 29 \times 6.0$	$36 \times 26 \times 5.0$	$35 \times 25 \times 5.0^{①}$	$40 \times 35 \times 2.5^{①}$		1.36
$40 \times 35 \times 2.5$	$50 \times 42 \times 4.0$	$45.4 \times 39 \times 3.2$	$41 \times 36 \times 2.5$			1.92
$40 \times 34 \times 3.0$	$46 \times 38 \times 4.0$	$41 \times 35 \times 3.0$	$40 \times 34 \times 3.0^{①}$			1.65
$40 \times 33 \times 3.5$	$46 \times 37 \times 4.5$	$41 \times 34 \times 3.5$	$40 \times 33 \times 3.5^{①}$			1.46
$40 \times 32 \times 4.0$	$46 \times 36 \times 5.0$	$41 \times 33 \times 4.0$	$40 \times 32 \times 4.0^{①}$			1.38
$40 \times 30 \times 5.0$	$46 \times 34 \times 6.0$	$41 \times 31 \times 5.0$	$40 \times 30 \times 5.0^{①}$	$45 \times 40 \times 2.5^{①}$		1.37
$45 \times 40 \times 2.5$	$55 \times 47 \times 4.0$	$50.4 \times 44 \times 3.2$	$46 \times 41 \times 2.5$			1.92
$45 \times 39 \times 3.0$	$51 \times 43 \times 4.0$	$46 \times 40 \times 3.0$	$45 \times 39 \times 3.0^{①}$			1.49
$45 \times 38 \times 3.5$	$51 \times 42 \times 4.5$	$46 \times 39 \times 3.5$	$45 \times 38 \times 3.5^{①}$			1.45
$45 \times 37 \times 4.0$	$51 \times 41 \times 5.0$	$46 \times 38 \times 4.0$	$45 \times 37 \times 4.0^{①}$			1.40
$45 \times 35 \times 5.0$	$51 \times 39 \times 6.0$	$46 \times 36 \times 5.0$	$45 \times 35 \times 5.0^{①}$			1.35
$50 \times 45 \times 2.5$	$61 \times 52 \times 4.5$	$55.6 \times 49 \times 3.3$	$51 \times 46 \times 2.5$	$50 \times 45 \times 2.5^{①}$		2.10
$50 \times 44 \times 3.0$	$62 \times 51 \times 5.5$	$56 \times 48 \times 4.0$	$51 \times 45 \times 3.0$	$50 \times 44 \times 3.0^{①}$		2.16
$50 \times 43 \times 3.5$	$58 \times 48 \times 5.0$	$51 \times 44 \times 3.5$	$50 \times 43 \times 3.5^{①}$			1.59
$50 \times 42 \times 4.0$	$58 \times 47 \times 5.5$	$51 \times 43 \times 4.0$	$50 \times 42 \times 4.0^{①}$			1.54
$50 \times 40 \times 5.0$	$59 \times 44 \times 7.0$	$51 \times 41 \times 5.0$	$50 \times 40 \times 5.0^{①}$			1.58
$55 \times 50 \times 2.5$	$66 \times 57 \times 4.5$	$60.6 \times 54 \times 3.3$	$56 \times 51 \times 2.5$	$55 \times 50 \times 2.5^{①}$		2.07
$55 \times 49 \times 3.0$	$67 \times 56 \times 5.5$	$61 \times 53 \times 4.0$	$56 \times 50 \times 3.0$	$55 \times 49 \times 3.0^{①}$		2.13
$55 \times 48 \times 3.5$	$63 \times 53 \times 5.0$	$56 \times 49 \times 3.5$	$55 \times 48 \times 3.5^{①}$			1.57
$55 \times 47 \times 4.0$	$63 \times 52 \times 5.5$	$56 \times 48 \times 4.0$	$55 \times 47 \times 4.0^{①}$			1.52
$55 \times 45 \times 5.0$	$64 \times 50 \times 7.0$	$56 \times 46 \times 5.0$	$55 \times 45 \times 5.0^{①}$	$61 \times 59 \times 1.0$	$60 \times 58 \times 1.0^{①}$	1.57
$60 \times 58 \times 1.0$	$70 \times 66 \times 2.0$	$66.2 \times 63 \times 1.6$	$63.6 \times 61 \times 1.3$	$60 \times 57 \times 1.5^{①}$		2.30
$60 \times 57 \times 1.5$	$69 \times 64 \times 2.5$	$64.8 \times 61 \times 1.9$	$61 \times 58 \times 1.5$	$60 \times 56 \times 2.0^{①}$		1.87
$60 \times 56 \times 2.0$	$71 \times 63 \times 4.0$	$65.6 \times 60 \times 2.8$	$61 \times 57 \times 2.0$	$60 \times 55 \times 2.5^{①}$		2.27
$60 \times 55 \times 2.5$	$71 \times 62 \times 4.5$	$65.6 \times 59 \times 3.3$	$61 \times 56 \times 2.5$	$60 \times 54 \times 3.0^{①}$		2.04
$60 \times 54 \times 3.0$	$72 \times 61 \times 5.5$	$66 \times 58 \times 4.0$	$61 \times 55 \times 3.0$			2.10
$60 \times 53 \times 3.5$	$68 \times 58 \times 5.0$	$61 \times 54 \times 3.5$	$60 \times 53 \times 3.5^{①}$			1.56
$60 \times 52 \times 4.0$	$68 \times 57 \times 5.5$	$61 \times 53 \times 4.0$	$60 \times 52 \times 4.0^{①}$			1.51
$60 \times 50 \times 5.0$	$69 \times 55 \times 7.0$	$61 \times 51 \times 5.0$	$60 \times 50 \times 5.0^{①}$			1.55
$70 \times 67 \times 1.5$	$79 \times 74 \times 2.5$	$74.8 \times 71 \times 1.9$	$71 \times 68 \times 1.5$	$70 \times 67 \times 1.5^{①}$		1.84
$70 \times 66 \times 2.0$	$81 \times 73 \times 4.0$	$75.6 \times 70 \times 2.8$	$71 \times 67 \times 2.0$	$70 \times 66 \times 2.0^{①}$		2.23
$70 \times 65 \times 2.5$	$81 \times 72 \times 4.5$	$75.6 \times 69 \times 3.3$	$71 \times 66 \times 2.5$	$70 \times 65 \times 2.5^{①}$		2.01

成品尺寸	毛料尺寸	第一道拉伸	第二道拉伸	第三道拉伸	第四道拉伸	总延伸系数 λ_Σ
$70 \times 64 \times 3.0$	$77 \times 69 \times 4.0$	$71 \times 65 \times 3.0$	$70 \times 64 \times 3.0^{①}$			1.43
$70 \times 63 \times 3.5$	$78 \times 68 \times 5.0$	$71 \times 64 \times 3.5$	$70 \times 63 \times 3.5^{①}$			1.54
$70 \times 62 \times 4.0$	$78 \times 67 \times 5.5$	$71 \times 63 \times 4.0$	$70 \times 62 \times 4.0^{①}$			1.49
$70 \times 60 \times 5.0$	$78 \times 65 \times 6.0$	$71 \times 61 \times 5.0$	$70 \times 60 \times 5.0^{①}$	$76 \times 73 \times 1.5$	$75 \times 72 \times 1.5^{①}$	1.41
$75 \times 72 \times 1.5$	$90 \times 82 \times 4.0$	$84.6 \times 79 \times 2.8$	$80 \times 76 \times 2.0^{②}$	$75 \times 71 \times 2.0^{①}$		3.08
$75 \times 71 \times 2.0$	$86 \times 78 \times 4.0$	$80.6 \times 75 \times 2.8$	$76 \times 72 \times 2.0$	$75 \times 70 \times 2.5^{①}$		2.21
$75 \times 70 \times 2.5$	$85 \times 77 \times 4.0$	$80.4 \times 74 \times 3.2$	$76 \times 71 \times 2.5$			1.76
$75 \times 69 \times 3.0$	$82 \times 76 \times 4.0$	$76 \times 70 \times 3.0$	$75 \times 69 \times 3.0^{①}$			1.42
$80 \times 76 \times 2.0$	$91 \times 83 \times 4.0$	$85.6 \times 80 \times 2.8$	$81 \times 77 \times 2.0$	$80 \times 70 \times 2.0^{①}$		2.20
$80 \times 75 \times 2.5$	$90 \times 82 \times 4.0$	$84.4 \times 79 \times 3.2$	$81 \times 76 \times 2.5$	$80 \times 75 \times 2.5^{①}$		1.75
$80 \times 74 \times 3.0$	$87 \times 79 \times 4.0$	$81 \times 75 \times 3.0$	$80 \times 74 \times 3.0^{①}$			1.42
$80 \times 73 \times 3.5$	$88 \times 78 \times 5.0$	$81 \times 74 \times 3.5$	$80 \times 73 \times 3.5^{①}$			1.53
$80 \times 72 \times 4.0$	$88 \times 77 \times 5.5$	$81 \times 73 \times 4.0$	$80 \times 72 \times 4.0^{①}$			1.45
$80 \times 70 \times 5.0$	$89 \times 75 \times 7.0$	$81 \times 71 \times 5.0$	$80 \times 70 \times 5.0^{①}$			1.51
$85 \times 81 \times 2.0$	$96 \times 88 \times 4.0$	$90.6 \times 85 \times 2.8$	$86 \times 82 \times 2.0$	$85 \times 81 \times 2.0^{①}$		2.19
$85 \times 80 \times 2.5$	$95 \times 87 \times 4.0$	$90.4 \times 84 \times 3.2$	$86 \times 81 \times 2.5$	$85 \times 80 \times 2.5^{①}$		1.74
$85 \times 79 \times 3.0$	$92 \times 84 \times 4.0$	$86 \times 80 \times 3.0$	$85 \times 79 \times 3.0^{①}$			1.41
$90 \times 86 \times 2.0$	$101 \times 93 \times 4.0$	$95.6 \times 90 \times 2.8$	$91 \times 87 \times 2.0$	$90 \times 86 \times 2.0^{①}$		2.18
$90 \times 85 \times 2.5$	$100 \times 92 \times 4.0$	$95.6 \times 89 \times 3.2$	$91 \times 86 \times 2.5$	$90 \times 85 \times 2.5^{①}$		1.73
$90 \times 84 \times 3.0$	$97 \times 89 \times 4.0$	$91 \times 85 \times 3.0$	$90 \times 84 \times 3.0^{①}$			1.41
$90 \times 83 \times 3.5$	$98 \times 88 \times 5.0$	$91 \times 84 \times 3.5$	$90 \times 83 \times 3.5^{①}$			1.54
$90 \times 82 \times 4.0$	$98 \times 87 \times 5.5$	$91 \times 87 \times 4.0$	$90 \times 82 \times 4.0^{①}$			1.48
$90 \times 80 \times 5.0$	$98 \times 85 \times 6.5$	$91 \times 81 \times 5.0$	$90 \times 80 \times 5.0^{①}$			1.40
$95 \times 91 \times 2.0$	$106 \times 98 \times 4.0$	$100.6 \times 95 \times 2.8$	$96 \times 92 \times 2.0$	$95 \times 91 \times 2.0^{①}$		2.17
$95 \times 90 \times 2.5$	$105 \times 97 \times 4.0$	$100.4 \times 94 \times 3.2$	$96 \times 91 \times 2.5$	$95 \times 90 \times 2.5^{①}$		1.73
$95 \times 89 \times 3.0$	$102 \times 94 \times 4.0$	$96 \times 90 \times 3.0$	$95 \times 89 \times 3.0^{①}$			2.00
$95 \times 88 \times 3.5$	$107 \times 95 \times 6.0$	$101 \times 92 \times 4.5$	$96 \times 89 \times 3.5$	$95 \times 88 \times 3.5^{①}$		1.87
$95 \times 87 \times 4.0$	$107 \times 94 \times 6.5$	$101 \times 91 \times 5.0$	$96 \times 88 \times 4.0$	$95 \times 87 \times 4.0^{①}$		1.77
$95 \times 85 \times 5.0$	$104 \times 90 \times 7.0$	$96 \times 86 \times 5.0$	$95 \times 85 \times 5.0^{①}$			1.49
$100 \times 95 \times 2.5$	$110 \times 102 \times 4.0$	$105.4 \times 99 \times 3.2$	$101 \times 96 \times 2.5$	$100 \times 95 \times 2.5^{①}$		1.72
$100 \times 94 \times 3.0$	$112 \times 101 \times 5.5$	$106 \times 98 \times 4.0$	$101 \times 95 \times 3.0$	$100 \times 94 \times 3.0^{①}$		1.99
$100 \times 93 \times 3.5$	$112 \times 100 \times 6.0$	$106 \times 97 \times 4.5$	$101 \times 94 \times 3.5$	$100 \times 93 \times 3.5^{①}$		1.86
$100 \times 92 \times 4.0$	$108 \times 97 \times 5.5$	$101 \times 93 \times 4.0$	$100 \times 92 \times 4.0^{①}$			1.45
$100 \times 91 \times 4.5$	$108 \times 96 \times 6.0$	$101 \times 92 \times 4.5$	$100 \times 91 \times 4.5^{①}$	$110 \times 105 \times 2.0^{①}$		1.41
$100 \times 90 \times 5.0$	$108 \times 95 \times 6.5$	$101 \times 91 \times 5.0$	$100 \times 90 \times 4.0^{①}$			1.37
$110 \times 105 \times 2.0$	$122 \times 112 \times 5.0$	$116 \times 109 \times 3.5$	$111 \times 106 \times 2.5$			2.15

成品尺寸	毛料尺寸	第一道拉伸	第二道拉伸	第三道拉伸	第四道拉伸	总延伸系数 λ_Σ
$110 \times 103 \times 3.5$	$118 \times 108 \times 5.0$	$111 \times 104 \times 3.5$	$110 \times 103 \times 3.5$[①]			1.50
$110 \times 102 \times 4.0$	$108 \times 107 \times 5.5$	$111 \times 103 \times 4.0$	$110 \times 102 \times 4.0$[①]			1.44
$110 \times 101 \times 4.5$	$118 \times 106 \times 6.0$	$111 \times 102 \times 4.5$	$110 \times 101 \times 4.5$[①]			1.40
$110 \times 100 \times 5.0$	$118 \times 105 \times 6.5$	$111 \times 101 \times 5.0$	$110 \times 100 \times 5.0$[①]	$120 \times 114 \times 3.0$[①]		1.37
$120 \times 114 \times 3.0$	$132 \times 121 \times 5.5$	$126 \times 118 \times 4.0$	$121 \times 115 \times 3.0$			1.96
$120 \times 113 \times 3.5$	$128 \times 118 \times 5.0$	$121 \times 114 \times 3.5$	$120 \times 113 \times 3.5$[①]			1.49
$120 \times 112 \times 4.0$	$128 \times 117 \times 5.5$	$121 \times 113 \times 4.0$	$120 \times 112 \times 4.0$[①]			1.44
$120 \times 111 \times 4.0$	$128 \times 116 \times 6.0$	$121 \times 112 \times 4.5$	$120 \times 111 \times 4.5$[①]			1.40
$120 \times 110 \times 5.0$	$128 \times 115 \times 6.5$	$121 \times 111 \times 5.0$	$120 \times 110 \times 5.0$[①]			1.36

注：3A21、6A02 合金在第一道次拉伸之前必须将管毛料退火。

① 表示该道次为空拉整径；

② 表示该道次拉伸之前必须进行退火。

表 26-31 纯铝冷作硬化状态管材典型拉伸配模工艺 （mm×mm×mm）

成品尺寸	毛料尺寸	第一道拉伸	第二道拉伸	第三道拉伸	总延伸系数 λ_Σ
$35 \times 31 \times 2.0$	$46 \times 38 \times 4.0$	$40.6 \times 35 \times 2.8$	$36 \times 32 \times 2.0$	$35 \times 31 \times 2.0$[①]	2.48
$35 \times 29 \times 3.0$	$48 \times 36 \times 6.0$	$41.4 \times 33 \times 4.2$	$36 \times 30 \times 3.0$	$35 \times 29 \times 3.0$[①]	2.56
$35 \times 27 \times 4.0$	$49 \times 34 \times 7.5$	$41.8 \times 31 \times 5.4$	$36 \times 28 \times 4.0$	$35 \times 27 \times 4.0$[①]	2.44
$40 \times 36 \times 2.0$	$51 \times 43 \times 4.0$	$45.6 \times 40 \times 2.8$	$41 \times 37 \times 2.0$	$40 \times 36 \times 2.0$[①]	2.42
$40 \times 34 \times 3.0$	$53 \times 41 \times 6.0$	$46.4 \times 38 \times 4.2$	$41 \times 35 \times 3.0$	$40 \times 34 \times 3.0$[①]	2.48
$40 \times 30 \times 5.0$	$56 \times 37 \times 9.5$	$47.6 \times 34 \times 6.8$	$41 \times 31 \times 5.0$	$40 \times 30 \times 5.0$[①]	2.46
$50 \times 45 \times 2.5$	$62 \times 52 \times 5.0$	$56 \times 49 \times 3.5$	$51 \times 46 \times 2.5$	$50 \times 45 \times 2.5$[①]	2.35
$50 \times 43 \times 3.5$	$64 \times 50 \times 7.0$	$56.8 \times 47 \times 4.9$	$51 \times 44 \times 3.5$	$50 \times 43 \times 3.5$[①]	2.40
$50 \times 40 \times 5.0$	$67 \times 47 \times 10.0$	$58 \times 44 \times 7.0$	$51 \times 41 \times 5.0$	$50 \times 40 \times 5.0$[①]	2.48
$60 \times 58 \times 1.0$	$69 \times 65 \times 2.0$	$64.8 \times 62 \times 1.4$	$61 \times 59 \times 1.0$	$60 \times 58 \times 1.0$[①]	2.23
$60 \times 56 \times 2.0$	$71 \times 63 \times 4.0$	$65.6 \times 60 \times 2.8$	$61 \times 57 \times 2.0$	$60 \times 56 \times 2.0$[①]	2.27
$60 \times 54 \times 3.0$	$74 \times 62 \times 6.0$	$66.4 \times 58 \times 4.2$	$61 \times 55 \times 3.0$	$60 \times 54 \times 3.0$[①]	2.35
$60 \times 52 \times 4.0$	$76 \times 60 \times 8.0$	$67.2 \times 56 \times 5.6$	$61 \times 53 \times 4.0$	$60 \times 52 \times 4.0$[①]	2.39
$60 \times 50 \times 5.0$	$78 \times 58 \times 10.0$	$68 \times 54 \times 7.0$	$61 \times 51 \times 5.0$	$60 \times 50 \times 5.0$[①]	2.43
$70 \times 67 \times 1.5$	$80 \times 74 \times 3.0$	$75.2 \times 71 \times 2.1$	$71 \times 68 \times 1.5$	$70 \times 67 \times 1.5$[①]	2.21
$70 \times 65 \times 2.5$	$83 \times 73 \times 5.0$	$76 \times 69 \times 3.5$	$71 \times 66 \times 2.5$	$70 \times 65 \times 2.5$[①]	2.28
$70 \times 63 \times 3.5$	$85 \times 71 \times 7.0$	$76.8 \times 67 \times 4.9$	$71 \times 64 \times 3.5$	$70 \times 63 \times 3.5$[①]	2.31
$70 \times 60 \times 5.0$	$88 \times 68 \times 10.0$	$78 \times 64 \times 7.0$	$71 \times 61 \times 5.0$	$70 \times 60 \times 5.0$[①]	2.36
$80 \times 76 \times 2.0$	$91 \times 83 \times 4.0$	$85.6 \times 80 \times 2.8$	$81 \times 77 \times 2.0$	$80 \times 76 \times 2.0$[①]	2.20
$80 \times 74 \times 3.0$	$94 \times 82 \times 6.0$	$86.4 \times 78 \times 4.2$	$81 \times 75 \times 3.0$	$80 \times 74 \times 3.0$[①]	2.26
$80 \times 72 \times 4.0$	$96 \times 80 \times 8.0$	$87.2 \times 76 \times 5.6$	$81 \times 73 \times 4.0$	$80 \times 72 \times 4.0$[①]	2.29
$80 \times 70 \times 5.0$	$98 \times 78 \times 10.0$	$88 \times 74 \times 7.0$	$81 \times 71 \times 5.0$	$80 \times 70 \times 5.0$[①]	2.32

成品尺寸	毛料尺寸	第一道拉伸	第二道拉伸	第三道拉伸	总延伸系数 λ_Σ
90 × 86 × 2.0	101 × 93 × 4.0	95.6 × 90 × 2.8	91 × 87 × 2.0	90 × 86 × 2.0[①]	2.18
90 × 84 × 3.0	104 × 92 × 6.0	96.4 × 88 × 4.2	91 × 85 × 3.0	90 × 84 × 3.0[①]	2.22
90 × 82 × 4.0	106 × 90 × 8.0	97.2 × 86 × 5.6	91 × 83 × 4.0	90 × 82 × 4.0[①]	2.25
90 × 80 × 5.0	108 × 88 × 10.0	98 × 84 × 7.0	91 × 81 × 5.0	90 × 80 × 5.0[①]	2.28
100 × 95 × 2.5	114 × 104 × 5.0	107 × 100 × 3.5	101 × 96 × 2.5	100 × 95 × 2.5[①]	2.21
100 × 93 × 3.5	116 × 102 × 7.0	107.8 × 98 × 4.9	101 × 94 × 3.5	100 × 93 × 3.5[①]	2.24
100 × 90 × 5.0	119 × 99 × 10.0	109 × 95 × 7.0	101 × 91 × 5.0	100 × 90 × 5.0[①]	2.27
110 × 105 × 2.5	124 × 114 × 5.0	117 × 110 × 3.5	111 × 106 × 2.5	100 × 105 × 2.5[①]	2.19
110 × 102 × 4.0	127 × 111 × 8.0	118.2 × 107 × 5.6	111 × 103 × 4.0	110 × 102 × 4.0[①]	2.22
110 × 100 × 5.0	129 × 109 × 10.0	119 × 105 × 7.0	111 × 101 × 5.0	110 × 100 × 5.0[①]	2.24
120 × 115 × 2.5	133 × 123 × 5.0	127 × 120 × 3.5	121 × 116 × 2.5	120 × 115 × 2.5[①]	2.16
120 × 114 × 3.0	135 × 123 × 6.0	127.4 × 119 × 4.2	121 × 115 × 3.0	120 × 114 × 3.0[①]	2.18
120 × 112 × 4.0	137 × 121 × 8.0	128.2 × 117 × 5.6	121 × 113 × 4.0	120 × 112 × 4.0[①]	2.20
120 × 110 × 5.0	139 × 119 × 10.0	129 × 115 × 7.0	121 × 111 × 5.0	120 × 110 × 5.0[①]	2.22
150 × 144 × 3.0	166 × 154 × 6.0	157.4 × 149 × 4.2	151 × 145 × 3.0	150 × 144 × 3.0	2.18
200 × 194 × 3.0	216 × 204 × 6.0	205.4 × 199 × 3.2	201 × 195 × 3.0	200 × 194 × 3.0	2.13

① 表示该道次为空拉整径。

表 26-32 2A11、5A02 合金管材拉伸配模工艺　　　　　(mm × mm × mm)

成品尺寸	毛料尺寸	第一道拉伸	第二道拉伸	第三道拉伸	第四道拉伸	总延伸系数 λ_Σ
30 × 24 × 3.0	38 × 30 × 4.0	33.6 × 27 × 3.3[②]	30.5 × 24.5 × 3.0	30 × 24 × 3.0[①]		1.68
30 × 23 × 3.5	38 × 29 × 4.5	33.6 × 26 × 3.8[②]	30.5 × 23.5 × 3.5	30 × 23 × 3.5[①]		1.62
30 × 22 × 4.0	38 × 28 × 5.0	33.6 × 25 × 4.3[②]	30.5 × 22.5 × 4.0	30 × 22 × 4.0[①]		1.58
30 × 20 × 5.0	38 × 26 × 6.0	33.6 × 23 × 5.3[②]	30.5 × 20.5 × 5.0	30 × 20 × 5.0[①]		1.53
36 × 30 × 3.0	44 × 36 × 4.0	39.6 × 33 × 3.3[②]	36.5 × 30.5 × 3.0	36 × 30 × 3.0[①]		1.61
36 × 28 × 4.0	44 × 34 × 5.0	39.6 × 31 × 4.3[②]	36.5 × 28.5 × 4.0	36 × 28 × 4.0[①]		1.52
36 × 26 × 5.0	44 × 32 × 6.0	39.6 × 29 × 5.3[②]	36.5 × 26.5 × 5.0	36 × 26 × 5.0[①]		1.47
40 × 34 × 3.0	46 × 38 × 4.0	40.5 × 34.5 × 3.0[②]	40 × 34 × 3.0[①]			1.51
40 × 32 × 4.0	46 × 36 × 5.0	40.5 × 32.5 × 4.0[②]	40 × 32 × 4.0[①]			1.42
40 × 30 × 5.0	48 × 36 × 6.0	43.6 × 33 × 5.3[②]	40.5 × 30.5 × 5.0	40 × 30 × 5.0[①]		1.44
50 × 44 × 3.0	56 × 48 × 4.0	51 × 45 × 3.0[②]	50 × 44 × 3.0[①]			1.47
50 × 43 × 3.5	56 × 47 × 4.5	51 × 44 × 3.5[②]	50 × 43 × 3.5[①]			1.42
50 × 42 × 4.0	56 × 46 × 5.0	51 × 43 × 4.0[②]	50 × 42 × 4.0[①]			1.39
50 × 40 × 5.0	56 × 44 × 6.0	51 × 41 × 5.0[②]	50 × 40 × 5.0[①]			1.34
60 × 58 × 1.0	72 × 68 × 2.0	68.2 × 65 × 1.6[②]	64.6 × 62 × 1.3[②]	61 × 59 × 1.0[②]	60 × 58 × 1.0[①]	2.37
60 × 57 × 1.5	69 × 64 × 2.5	65 × 61 × 2.0[②]	61 × 58 × 1.5[②]	60 × 57 × 1.5[①]		1.89
60 × 56 × 2.0	65 × 60 × 2.5	61 × 57 × 2.0[②]	60 × 56 × 2.0[①]			1.34

成品尺寸	毛料尺寸	第一道拉伸	第二道拉伸	第三道拉伸	第四道拉伸	总延伸系数 λ_Σ
$60 \times 55 \times 2.5$	$69 \times 62 \times 3.5$	$64.4 \times 59 \times 2.7^{②}$	$61 \times 56 \times 2.5$	$60 \times 55 \times 2.5^{①}$		1.59
$60 \times 54 \times 3.0$	$66 \times 58 \times 4.0$	$61 \times 55 \times 3.0^{②}$	$60 \times 54 \times 3.0^{①}$			1.45
$60 \times 53 \times 3.5$	$69 \times 59 \times 5.0$	$63.6 \times 56 \times 3.8^{②}$	$61 \times 54 \times 3.5$	$60 \times 53 \times 3.5^{①}$		1.61
$60 \times 52 \times 4.0$	$67 \times 56 \times 5.5$	$61 \times 53 \times 4.0^{②}$	$60 \times 52 \times 4.0^{①}$			1.51
$60 \times 50 \times 5.0$	$66 \times 54 \times 6.0$	$61 \times 51 \times 5.0^{②}$	$60 \times 50 \times 5.0^{①}$			1.31
$65 \times 62 \times 1.5$	$74 \times 69 \times 2.5$	$70 \times 66 \times 2.0^{②}$	$66 \times 63 \times 1.5^{②}$	$65 \times 62 \times 1.5^{①}$		1.88
$65 \times 61 \times 2.0$	$70 \times 65 \times 2.5$	$66 \times 62 \times 2.0^{②}$	$65 \times 61 \times 2.0^{①}$			1.34
$65 \times 60 \times 2.5$	$74 \times 67 \times 3.5$	$69.4 \times 64 \times 2.7^{②}$	$66 \times 61 \times 2.5$	$65 \times 60 \times 2.5^{①}$		1.58
$65 \times 58 \times 3.5$	$74 \times 64 \times 5.0$	$68.6 \times 61 \times 3.8^{②}$	$66 \times 59 \times 3.5$	$65 \times 58 \times 3.5^{①}$		1.60
$65 \times 55 \times 5.0$	$71 \times 59 \times 6.0$	$66 \times 56 \times 5.0^{②}$	$65 \times 55 \times 5.0^{①}$			1.30
$70 \times 67 \times 1.5$	$78 \times 73 \times 2.5$	$74 \times 70 \times 2.0^{②}$	$71 \times 68 \times 1.5^{②}$	$70 \times 67 \times 1.5^{①}$		1.58
$70 \times 66 \times 2.0$	$75 \times 70 \times 2.5$	$71 \times 67 \times 2.0^{②}$	$70 \times 66 \times 2.0^{①}$			1.33
$70 \times 65 \times 2.5$	$75 \times 69 \times 3.0$	$71 \times 66 \times 2.5^{②}$	$70 \times 65 \times 2.5^{①}$			1.28
$70 \times 64 \times 3.0$	$80 \times 71 \times 4.5$	$75.4 \times 68 \times 3.7^{②}$	$71 \times 65 \times 3.0^{②}$	$70 \times 64 \times 3.0^{①}$		1.68
$70 \times 63 \times 3.5$	$76 \times 67 \times 4.5$	$71 \times 64 \times 3.5^{②}$	$70 \times 63 \times 3.5^{①}$			1.38
$70 \times 62 \times 4.0$	$76 \times 66 \times 5.0$	$71 \times 63 \times 4.0^{②}$	$70 \times 62 \times 4.0^{①}$			1.34
$70 \times 60 \times 5.0$	$76 \times 64 \times 6.0$	$71 \times 61 \times 5.0^{②}$	$70 \times 60 \times 5.0^{①}$			1.29
$80 \times 76 \times 2.0$	$94 \times 86 \times 4.0$	$89.4 \times 83 \times 3.2^{②}$	$85 \times 80 \times 2.5^{②}$	$81 \times 77 \times 2.0^{②}$	$80 \times 76 \times 2.0^{①}$	2.30
$80 \times 75 \times 2.5$	$90 \times 82 \times 4.0$	$85.4 \times 79 \times 3.2^{②}$	$81 \times 76 \times 2.5^{②}$	$80 \times 75 \times 2.5^{①}$		1.77
$80 \times 74 \times 3.0$	$86 \times 78 \times 4.0$	$81 \times 75 \times 3.0^{②}$	$80 \times 74 \times 3.0^{①}$			1.41
$80 \times 73 \times 3.5$	$86 \times 77 \times 4.5$	$81 \times 74 \times 3.5^{②}$	$80 \times 73 \times 3.5^{①}$			1.37
$80 \times 72 \times 4.0$	$86 \times 76 \times 5.0$	$81 \times 73 \times 4.0^{②}$	$80 \times 72 \times 4.0^{①}$			1.33
$80 \times 70 \times 5.0$	$86 \times 74 \times 6.0$	$81 \times 71 \times 5.0^{②}$	$80 \times 70 \times 5.0^{①}$			1.27
$85 \times 81 \times 2.0$	$95 \times 88 \times 3.5$	$90.4 \times 85 \times 2.7^{②}$	$86 \times 82 \times 2.0^{②}$	$85 \times 81 \times 2.0^{①}$		1.93
$85 \times 80 \times 2.5$	$94 \times 87 \times 3.5$	$89.4 \times 84 \times 2.7^{②}$	$86 \times 81 \times 2.5$			1.54
$85 \times 79 \times 3.0$	$91 \times 83 \times 4.0$	$86 \times 80 \times 3.0^{②}$	$85 \times 79 \times 3.0^{①}$	$85 \times 80 \times 2.5^{①}$		1.41
$85 \times 77 \times 4.0$	$91 \times 81 \times 5.0$	$86 \times 78 \times 4.0^{②}$	$85 \times 77 \times 4.0^{①}$			1.32
$85 \times 75 \times 5.0$	$91 \times 79 \times 6.0$	$86 \times 76 \times 5.0^{②}$	$85 \times 75 \times 5.0^{①}$			1.27
$90 \times 86 \times 2.0$	$100 \times 93 \times 3.5$	$95.4 \times 90 \times 2.7^{②}$	$91 \times 87 \times 2.0^{②}$			1.92
$90 \times 85 \times 2.5$	$99 \times 92 \times 3.5$	$94.4 \times 89 \times 2.7^{②}$	$91 \times 86 \times 2.5^{②}$	$90 \times 86 \times 2.0^{①}$		1.53
$90 \times 84 \times 3.0$	$96 \times 88 \times 4.0$	$91 \times 85 \times 3.0^{②}$	$90 \times 84 \times 3.0^{①}$	$90 \times 85 \times 2.5^{①}$		1.41
$90 \times 83 \times 3.5$	$96 \times 87 \times 4.5$	$91 \times 84 \times 3.5^{②}$	$90 \times 83 \times 3.5^{①}$			1.35
$90 \times 82 \times 4.0$	$96 \times 86 \times 5.0$	$91 \times 83 \times 4.0^{②}$	$90 \times 82 \times 4.0^{①}$			1.32
$90 \times 80 \times 5.0$	$96 \times 84 \times 6.0$	$91 \times 81 \times 5.0^{②}$	$90 \times 80 \times 5.0^{①}$			1.27
$100 \times 95 \times 2.5$	$109 \times 102 \times 3.5$	$105 \times 99 \times 3.0^{②}$	$101 \times 96 \times 2.5^{②}$			1.52
$100 \times 94 \times 3.0$	$106 \times 98 \times 4.0$	$101 \times 95 \times 3.0^{②}$	$100 \times 94 \times 3.0^{①}$	$100 \times 95 \times 2.5^{①}$		1.40

成品尺寸	毛料尺寸	第一道拉伸	第二道拉伸	第三道拉伸	第四道拉伸	总延伸系数 λ_Σ
$100 \times 93 \times 3.5$	$106 \times 97 \times 4.5$	$101 \times 94 \times 3.5^{②}$	$100 \times 93 \times 3.5^{①}$			1.35
$100 \times 92 \times 4.0$	$106 \times 96 \times 5.0$	$101 \times 93 \times 4.0^{②}$	$100 \times 92 \times 4.0^{①}$			1.36
$100 \times 90 \times 5.0$	$106 \times 94 \times 6.0$	$101 \times 91 \times 5.0^{②}$	$100 \times 90 \times 5.0^{①}$			1.26
$110 \times 105 \times 2.5$	$119 \times 112 \times 3.5$	$115 \times 109 \times 3.0^{②}$	$111 \times 106 \times 2.5^{②}$	$110 \times 105 \times 2.5^{①}$		1.50
$110 \times 104 \times 3.0$	$116 \times 108 \times 4.0$	$111 \times 105 \times 3.0^{②}$	$110 \times 104 \times 3.0^{①}$			1.39
$110 \times 103 \times 3.5$	$116 \times 107 \times 4.5$	$111 \times 104 \times 3.5^{②}$	$110 \times 103 \times 3.5^{②}$			1.34
$110 \times 102 \times 4.0$	$116 \times 106 \times 5.0$	$111 \times 103 \times 4.0^{②}$	$110 \times 102 \times 4.0^{①}$			1.30
$110 \times 100 \times 5.0$	$116 \times 104 \times 6.0$	$111 \times 101 \times 5.0^{②}$	$110 \times 100 \times 5.0^{①}$			1.25
$120 \times 114 \times 3.0$	$126 \times 118 \times 4.0$	$121 \times 115 \times 3.0^{②}$	$120 \times 114 \times 3.0^{①}$			1.39
$120 \times 113 \times 3.5$	$126 \times 117 \times 4.5$	$121 \times 114 \times 3.5^{②}$	$120 \times 113 \times 3.5^{①}$			1.34
$120 \times 112 \times 4.0$	$126 \times 116 \times 5.0$	$121 \times 113 \times 4.0^{②}$	$120 \times 112 \times 4.0^{①}$			1.30
$120 \times 110 \times 5.0$	$126 \times 114 \times 6.0$	$121 \times 111 \times 5.0^{②}$	$120 \times 110 \times 5.0^{①}$			1.25
$150 \times 144 \times 3.0$	$159.4 \times 151 \times 4.2$	$152 \times 146 \times 3.0$	$150 \times 144 \times 3.0$			1.41

① 表示该道次为空拉整径;

② 表示在该道次拉伸之前必须进行退火。

表26-33 2A12、5A03、7001合金管材拉伸配模工艺 （mm×mm×mm）

成品尺寸	毛料尺寸	第一道拉伸	第二道拉伸	第三道拉伸	第四道拉伸	总延伸系数 λ_Σ
$30 \times 23 \times 3.5$	$38 \times 29 \times 4.5$	$33.4 \times 26 \times 3.7^{②}$	$30.5 \times 23.5 \times 3.5$	$30 \times 23 \times 3.5^{①}$		1.62
$30 \times 22 \times 4.0$	$38 \times 28 \times 5.0$	$33.6 \times 25 \times 4.3^{②}$	$30.5 \times 22.5 \times 4.0$	$30 \times 22 \times 4.0^{①}$		1.58
$30 \times 20 \times 5.0$	$38 \times 26 \times 6.0$	$33.6 \times 23 \times 5.3^{②}$	$30.5 \times 20.5 \times 5.0$	$30 \times 20 \times 5.0^{①}$		1.53
$40 \times 34 \times 3.0$	$48 \times 40 \times 4.0$	$43.4 \times 37 \times 3.2^{②}$	$40.5 \times 34.5 \times 3.0$	$40 \times 34 \times 3.0^{①}$		1.58
$40 \times 33 \times 3.5$	$48 \times 39 \times 4.5$	$43.4 \times 36 \times 3.7^{②}$	$40.5 \times 33.5 \times 3.5$	$40 \times 33 \times 3.5^{①}$		1.53
$40 \times 32 \times 4.0$	$48 \times 38 \times 5.0$	$43.6 \times 35 \times 4.3^{②}$	$40.5 \times 32.5 \times 4.0$	$40 \times 32 \times 4.0^{①}$		1.49
$40 \times 30 \times 5.0$	$48 \times 36 \times 6.0$	$43.6 \times 33 \times 5.3^{②}$	$40.5 \times 30.5 \times 5.0$	$40 \times 30 \times 5.0^{①}$		1.44
$50 \times 44 \times 3.0$	$59 \times 51 \times 4.0$	$54.4 \times 48 \times 3.2^{②}$	$51 \times 45 \times 3.0$	$50 \times 44 \times 3.0^{①}$		1.56
$50 \times 43 \times 3.5$	$59 \times 50 \times 4.5$	$54.4 \times 47 \times 3.7^{②}$	$51 \times 44 \times 3.5$	$50 \times 43 \times 3.5^{①}$		1.50
$50 \times 42 \times 4.0$	$59 \times 49 \times 5.0$	$54.6 \times 46 \times 4.3^{②}$	$51 \times 43 \times 4.0$	$50 \times 42 \times 4.0^{①}$		1.47
$50 \times 40 \times 5.0$	$60 \times 47 \times 6.5$	$54.4 \times 44 \times 5.7^{②}$	$51 \times 41 \times 5.0^{②}$	$50 \times 40 \times 5.0^{①}$		1.54
$55 \times 49 \times 3.0$	$64 \times 56 \times 4.0$	$59.4 \times 53 \times 3.2^{②}$	$56 \times 50 \times 3.0$	$55 \times 49 \times 3.0^{①}$		1.53
$55 \times 48 \times 3.5$	$64 \times 55 \times 4.5$	$59.4 \times 52 \times 3.7^{②}$	$56 \times 49 \times 3.5$	$55 \times 48 \times 3.5^{①}$		1.47
$55 \times 47 \times 4.0$	$65 \times 54 \times 5.5$	$60.4 \times 51 \times 4.7^{②}$	$56 \times 48 \times 4.0^{②}$	$55 \times 47 \times 4.0^{①}$		1.60
$55 \times 45 \times 5.0$	$64 \times 52 \times 6.0$	$59.6 \times 49 \times 5.3^{②}$	$56 \times 46 \times 5.0$	$55 \times 45 \times 5.0^{①}$		1.39
$60 \times 58 \times 1.0$	$72 \times 68 \times 2.0$	$68.2 \times 65 \times 1.6^{②}$	$64.6 \times 62 \times 1.3^{②}$	$61 \times 59 \times 1.0^{②}$	$60 \times 58 \times 1.0^{①}$	2.37
$60 \times 57 \times 1.5$	$68 \times 64 \times 2.0$	$64.5 \times 61 \times 1.75^{②}$	$61 \times 58 \times 1.5^{②}$	$60 \times 57 \times 1.5^{①}$		1.50
$60 \times 56 \times 2.0$	$69 \times 63 \times 3.0$	$65 \times 60 \times 2.5^{②}$	$61 \times 57 \times 2.0^{②}$	$60 \times 56 \times 2.0^{①}$		1.70
$60 \times 55 \times 2.5$	$69 \times 62 \times 3.5$	$65 \times 59 \times 3.0^{②}$	$61 \times 56 \times 2.5^{②}$	$60 \times 55 \times 2.5^{①}$		1.69

成品尺寸	毛料尺寸	第一道拉伸	第二道拉伸	第三道拉伸	第四道拉伸	总延伸系数 λ_Σ
$60 \times 54 \times 3.0$	$69 \times 61 \times 4.0$	$64.4 \times 58 \times 3.2^{②}$	$61 \times 55 \times 3.0$	$60 \times 54 \times 3.0^{①}$		1.52
$60 \times 53 \times 3.5$	$69 \times 60 \times 4.5$	$64.4 \times 57 \times 3.7^{②}$	$61 \times 54 \times 3.5$	$60 \times 53 \times 3.5^{①}$		1.47
$60 \times 52 \times 4.0$	$69 \times 59 \times 5.0$	$64.6 \times 56 \times 4.3^{②}$	$61 \times 53 \times 4.0$	$60 \times 52 \times 4.0^{①}$		1.42
$60 \times 50 \times 5.0$	$69 \times 57 \times 6.0$	$64.6 \times 54 \times 5.3^{②}$	$61 \times 51 \times 5.0$	$60 \times 50 \times 5.0^{①}$		1.37
$65 \times 62 \times 1.5$	$73 \times 69 \times 2.0$	$69.5 \times 66 \times 1.75^{②}$	$66 \times 63 \times 1.5^{②}$	$65 \times 62 \times 1.5^{①}$		1.49
$65 \times 61 \times 2.0$	$74 \times 68 \times 3.0$	$70 \times 65 \times 2.5^{②}$	$66 \times 62 \times 2.0^{②}$	$65 \times 61 \times 2.0^{①}$		1.58
$65 \times 59 \times 3.0$	$75 \times 66 \times 4.5$	$70.4 \times 63 \times 3.7^{②}$	$66 \times 60 \times 3.0^{②}$	$65 \times 59 \times 3.0^{①}$		1.70
$65 \times 58 \times 3.5$	$75 \times 65 \times 5.0$	$70.4 \times 62 \times 4.2^{②}$	$66 \times 59 \times 3.5^{②}$	$65 \times 58 \times 3.5^{①}$		1.62
$65 \times 57 \times 4.0$	$74 \times 64 \times 5.0$	$69.6 \times 61 \times 4.3^{②}$	$66 \times 58 \times 4.0$	$65 \times 57 \times 4.0^{①}$		1.41
$65 \times 55 \times 5.0$	$74 \times 62 \times 6.0$	$69.6 \times 59 \times 5.3^{②}$	$66 \times 56 \times 5.0$	$65 \times 55 \times 5.0^{①}$		1.36
$70 \times 67 \times 1.5$	$78 \times 74 \times 2.0$	$74.5 \times 71 \times 1.75^{②}$	$71 \times 68 \times 1.5^{②}$	$70 \times 67 \times 1.5^{①}$		1.47
$70 \times 66 \times 2.0$	$75 \times 70 \times 2.5$	$71 \times 67 \times 2.0^{②}$	$70 \times 66 \times 2.0^{①}$			1.33
$70 \times 65 \times 2.5$	$79 \times 72 \times 3.5$	$75 \times 69 \times 3.0^{②}$	$71 \times 66 \times 2.5^{②}$	$70 \times 65 \times 2.5^{①}$		1.57
$70 \times 64 \times 3.0$	$80 \times 71 \times 4.5$	$75.4 \times 68 \times 3.7^{②}$	$71 \times 65 \times 3.0^{②}$	$70 \times 64 \times 3.0^{①}$		1.69
$70 \times 63 \times 3.5$	$79 \times 70 \times 4.5$	$74.4 \times 67 \times 3.7^{②}$	$71 \times 64 \times 3.5$	$70 \times 63 \times 3.5^{①}$		1.44
$70 \times 62 \times 4.0$	$79 \times 69 \times 5.0$	$74.6 \times 66 \times 4.3^{②}$	$71 \times 63 \times 4.0$	$70 \times 62 \times 4.0^{①}$		1.40
$70 \times 60 \times 5.0$	$79 \times 67 \times 6.0$	$74.6 \times 64 \times 5.3^{②}$	$71 \times 61 \times 5.0$	$70 \times 60 \times 5.0^{①}$		1.34
$80 \times 76 \times 2.0$	$94 \times 86 \times 4.0$	$89.4 \times 83 \times 3.2^{②}$	$85 \times 80 \times 2.5^{②}$	$81 \times 77 \times 2.0^{②}$	$80 \times 76 \times 2.0^{①}$	1.23
$80 \times 75 \times 2.5$	$93 \times 85 \times 4.0$	$89 \times 82 \times 3.5^{②}$	$85 \times 79 \times 3.0^{②}$	$81 \times 76 \times 2.5^{②}$	$80 \times 75 \times 2.5^{①}$	1.84
$80 \times 74 \times 3.0$	$89 \times 81 \times 4.0$	$84.4 \times 78 \times 3.2^{②}$	$81 \times 75 \times 3.0$	$80 \times 74 \times 3.0^{①}$		1.47
$80 \times 73 \times 3.5$	$89 \times 80 \times 4.5$	$84.4 \times 77 \times 3.7^{②}$	$81 \times 74 \times 3.5$	$80 \times 73 \times 3.5^{①}$		1.42
$80 \times 72 \times 4.0$	$89 \times 79 \times 5.0$	$84.6 \times 76 \times 4.3^{②}$	$81 \times 73 \times 4.0$	$80 \times 72 \times 4.0^{①}$		1.38
$80 \times 70 \times 5.0$	$89 \times 77 \times 6.0$	$84.6 \times 74 \times 5.3^{②}$	$81 \times 71 \times 5.0$	$80 \times 70 \times 5.0^{①}$		1.32
$85 \times 81 \times 2.0$	$98 \times 91 \times 3.5$	$94 \times 88 \times 3.0^{②}$	$90 \times 85 \times 2.5^{②}$	$86 \times 82 \times 2.0^{②}$	$85 \times 81 \times 2.0^{①}$	1.99
$85 \times 80 \times 2.5$	$98 \times 90 \times 4.0$	$94 \times 87 \times 3.5^{②}$	$90 \times 84 \times 3.0^{②}$	$86 \times 81 \times 2.5^{②}$	$85 \times 80 \times 2.5^{①}$	1.82
$90 \times 86 \times 2.0$	$103 \times 96 \times 3.5$	$99 \times 93 \times 3.0^{②}$	$95 \times 90 \times 2.5^{②}$	$91 \times 87 \times 2.0^{②}$	$90 \times 86 \times 2.0^{①}$	1.98
$90 \times 85 \times 2.5$	$99 \times 92 \times 3.5$	$95 \times 89 \times 3.0^{②}$	$91 \times 86 \times 2.5^{②}$	$90 \times 85 \times 2.5^{①}$		1.53
$90 \times 84 \times 3.0$	$99 \times 91 \times 4.0$	$94.4 \times 88 \times 3.2^{②}$	$91 \times 85 \times 3.0$	$90 \times 84 \times 3.0^{①}$		1.45
$90 \times 83 \times 3.5$	$99 \times 90 \times 4.5$	$94.4 \times 87 \times 3.7^{②}$	$91 \times 84 \times 3.5$	$90 \times 83 \times 3.5^{①}$		1.40
$90 \times 82 \times 4.0$	$99 \times 89 \times 5.0$	$94.6 \times 86 \times 4.3^{②}$	$91 \times 83 \times 4.0$	$90 \times 82 \times 4.0^{①}$		1.36
$90 \times 80 \times 5.0$	$99 \times 87 \times 6.0$	$94.6 \times 84 \times 5.3^{②}$	$91 \times 81 \times 5.0$	$90 \times 80 \times 5.0^{①}$		1.31
$95 \times 91 \times 2.0$	$105 \times 99 \times 3.0$	$100 \times 95 \times 2.5^{②}$	$96 \times 92 \times 2.0^{②}$	$95 \times 91 \times 2.0^{①}$		1.64
$95 \times 90 \times 2.5$	$104 \times 97 \times 3.5$	$100 \times 94 \times 3.0^{②}$	$96 \times 91 \times 2.5^{②}$	$95 \times 90 \times 2.5^{①}$		1.52
$100 \times 95 \times 2.5$	$109 \times 102 \times 3.5$	$105 \times 99 \times 3.0^{②}$	$101 \times 96 \times 2.5^{②}$	$100 \times 95 \times 2.5^{①}$		1.51
$100 \times 94 \times 3.0$	$109 \times 101 \times 4.0$	$104.4 \times 98 \times 3.2^{②}$	$101 \times 95 \times 3.0$	$100 \times 94 \times 3.0^{①}$		1.44
$100 \times 93 \times 3.5$	$109 \times 100 \times 4.5$	$104.4 \times 97 \times 3.7^{②}$	$101 \times 94 \times 3.5$	$100 \times 93 \times 3.5^{①}$		1.40

成品尺寸	毛料尺寸	第一道拉伸	第二道拉伸	第三道拉伸	第四道拉伸	总延伸系数 λ_Σ
100×92×4.0	109×99×5.0	104.6×96×4.3[2]	101×93×4.0	100×92×4.0[1]		1.35
100×90×5.0	109×97×6.0	104.6×94×5.3[2]	101×91×5.0	100×90×5.0[1]		1.30
110×105×2.5	119×112×3.5	115×109×3.0[2]	111×106×2.5[1]	110×105×2.5[1]		1.50
110×104×3.0	119×111×4.0	114.4×108×3.2[2]	111×105×3.0	110×104×3.0[1]		1.43
110×103×3.5	119×110×4.5	114.4×107×3.7[2]	111×104×3.5	110×103×3.5[1]		1.37
110×102×4.0	119×109×5.0	114.6×106×4.3[2]	111×103×4.0	110×102×4.0[1]		1.34
110×100×5.0	119×107×6.0	114.6×104×5.3[2]	111×101×5.0	110×100×5.0[1]		1.29
120×114×3.0	129×121×4.0	124.4×118×3.2[2]	121×115×3.0	120×114×3.0[1]		1.42
120×113×3.5	129×120×4.5	124.4×117×3.7[2]	121×114×3.5	120×113×3.5[1]		1.37
120×112×4.0	129×119×5.0	124.6×116×4.3[2]	121×113×4.0	120×112×4.0[1]		1.33
120×110×5.0	129×117×6.0	124.6×114×5.3[2]	121×111×5.0	120×110×5.0[1]		1.28

① 表示该道次为空拉整径;

② 表示在该道次拉伸之前必须进行退火。

表26-34 5A05、5A06合金典型拉伸工艺 （mm×mm×mm）

成品尺寸	毛料规格	第一道次拉伸	第二道次拉伸	第三道次拉伸	第四道次整径	总延伸系数 λ_Σ
30×22×4.0	41×32×4.5	37.6×29×4.3	34.3×26×4.15	31×23×4.0	30×22×4.0	1.58
50×42×4.0	62×53×4.5	57.6×49×4.3	54.3×46×4.15	51×43×4.0	50×42×4.0	1.41
70×62×4.0	82×73×4.5	77.6×69×4.3	74.3×66×4.15	71×63×4.0	70×62×4.0	1.32

E 游动芯头拉伸配模

游动芯头适用于小规格盘圆管材拉伸生产，拉伸变形程度相对较低，拉伸成立条件受到模角与芯头的角度配合及变形程度等条件的限制。

(1) 游动芯头锥角和模角的不同对拉伸稳定性影响较大，一般采用芯头锥度 $\beta = 7° \sim 10°$，模角 $\alpha = 11° \sim 12°$ 进行不同的搭配。当 $\alpha - \beta = 1° \sim 6°$ 时均可进行拉伸。当其他条件都相同时，选择 $\beta = 9°$ 与 $\alpha = 12°$、$11°$ 相配合，其所需的拉伸力前者比后者小8.8%，说明前者拉伸较后者稳定。由此可得，$\alpha - \beta = 3°$ 时，拉伸过程比较稳定。

(2) 变形程度控制应合理。当采用较大的变形程度时，拉伸应力相应增大，拉制出的管材表面光亮，但拉伸倾向不稳定。而采用较小的变形程度时，虽然拉伸过程稳定，但生产效率较低，表面质量也不好。主要原因是变形程度大，拉伸后的晶粒细小，组织均匀，故表面质量好。但变形程度过大时，拉伸应力接近材料的抗拉强度，拉伸时管材易断。因此，在保证拉伸稳定的前提下，尽量采用大的变形程度，以便提高生产效率。

(3) 拉伸开始时，应采用较慢的拉伸速度，当稳定的拉伸过程建立起来后，就可采用较高拉伸速度，以达到提高生产效率和管材表面质量的目的。这是因为开始拉伸时，芯头进入工作区后，需有一个稳定过程，当拉伸速度过快，芯头容易前冲，而与模孔之间形成较小空间，壁厚减薄，造成断头现象。所以开始时应采用较慢的拉伸速度。拉伸过程中，在变形区内芯头与管材内壁间形成锥形缝隙。由于管内壁的润滑剂吸入锥形缝隙而产生流体动压力（润滑楔效应），可以使拉伸时管材与芯头的接触表面完全被润滑层分开，实现最好的液体润滑条件，从而降低了摩擦系数。而流体动压力的大小随润滑剂黏度和拉伸速度的增大而增大。因此，采用黏度较大的润滑剂和提高拉伸速度可以充分发挥润滑楔效应的优势，改善内表面润滑条件，降低拉伸力，并减轻芯头表面黏结金属和磨损，从而提高拉伸过程的稳定性和管材的内表面质量。与此同时，金属外表面的润滑（边界润滑）也随这两因素而改善。当拉伸快要结束时，应采用减速拉伸，以防止芯头被甩出。

（4）拉伸开始时，芯头随管材一同向前运动而进入模孔，当芯头刚进入模孔时，由于管材减径，容易将芯头顶到后面而无法进入模孔工作位置，造成空拉。所以应在芯头后面一定位置打一小坑，以阻碍芯头从模孔中退出来，实现减壁拉伸。坑的深浅要适当，这样可以防止空拉和断头。

F　异型管材拉伸配模

异型管材是采用圆管毛料拉伸到成品管材的外形尺寸，通过过渡模及异型管模子拉伸获得。在异型管材拉伸时，对过渡模的形状、尺寸要求较高。异型管材拉伸配模应注意以下几点要求：

（1）防止在过渡模拉伸时出现管壁内凹。因为过渡拉伸时多为空拉，周向压应力较大，很容易产生管壁内凹现象，尤其在异型管长短边长相差两倍以上时更加突出。

（2）保证成型拉伸时能很好成型，特别是保证有圆角处应很好充满。因为拉伸时金属变形是不均匀的，内层金属比外层金属变形量大，同时变形不均匀性随着管材壁厚与直径的比值 t/D 增大而增加。因此外层金属受到附加拉应力，导致金属不能良好地充满模角。所以，对于带有圆角的异型管材，所选用的过渡圆周长应是成品管材周长的 1.02 ~ 1.05 倍，其中壁厚较薄的取下限，壁厚较厚的取上限。同时 t/D 比值越大，过渡圆周长增加越大。

（3）对于内表面光洁度及内腔尺寸精度要求很高的异型管材，例如矩形波导管，过渡圆周长和壁厚也必须比成品规格大一些，以便在成型拉伸时使金属获得一定量的变形，同时最后一道次拉伸一定要采用带芯头拉伸，以保证内表面的质量。

（4）要保证成型拉伸时能顺利地将芯头装入管毛料内，应在芯头与管毛料内径之间留有适当的间隙。波导管的过渡矩形与拉制成品时所装芯头之间的间隙值，一般每边的间隙选用 0.2 ~ 1mm，波导管规格小，间隙取下限，同时还要视拉伸时金属流动时的具体条件而定。对于大规格波导管，短轴的间隙比长轴的大；对于中小规格，短轴与长轴的间隙则相近或相等。一般过渡圆的内周长应为成品管材内周长的 1.05 ~ 1.15 倍，其中大规格管材取下限，小规格或长宽比大的取上限。同种规格时管壁较厚的取上限，否则过渡形的圆角不易充满，成品拉伸时装芯头困难。

（5）加工率的确定。对于拉伸异型管来说，为了获得尺寸精确的成品，加工率一般不宜过大。若加工率过大，则拉伸力增大，金属不易充满模孔，同时也使残余应力增大，甚至在拉出模孔后制品还会变形。

G　管毛料质量控制

管毛料质量控制包括：

（1）表面质量。管毛料的内外表面质量应光滑，不得有裂纹、擦伤、起皮、气泡、石墨压入等缺陷存在。

（2）低倍组织。管毛料的低倍组织不得有成层、缩尾、气孔等缺陷。

（3）管材直径尺寸要求。考虑拉伸芯头是否能顺利装入管材毛坯中，应控制管材毛料的内径尺寸公差，一般选择毛料内径为 $\phi_{-1.5}^{+1.0}$mm。对管材毛料外径一般不控制。

（4）管材平均壁厚及实际壁厚的偏差。平均壁厚偏差可按式（26-34）计算：

$$平均壁厚偏差 = 壁厚的名义尺寸 - \frac{最大壁厚 - 最小壁厚}{2} \tag{26-34}$$

平均壁厚偏差一般控制在 $t_{-0.35}^{+0.15}$mm 之内。

壁厚偏差允许值与直径无关，由拉伸工艺和成品管材的壁厚精度确定。其偏差值可用式（26-35）计算：

$$壁厚偏差允许值 \leqslant \frac{t_0}{t_1} \times 成品管材壁厚偏差 \tag{26-35}$$

式中　t_0——管材毛料名义壁厚；

　　　t_1——成品管材名义壁厚。

（5）毛料的椭圆度不应超过内径偏差。

（6）管材毛料可不矫直，但其弯曲度应尽量小，以不影响装入芯头为原则。

（7）由挤压或轧制所得的管材毛料，须根据工艺要求切断成规定长度，切断后的毛料必须有一端没有椭圆，便于顺利装入芯头。

（8）润滑剂应干净，不应含有水分、杂质、金属屑等。黏度应适中，一般夏天选黏度较大的，如 72 号汽缸油；冬天选黏度较小的，如 38 号汽缸油。

（9）拉伸模和拉伸芯头表面光滑，不应有磕碰伤，不能粘有金属。

27　铝及铝合金旋压加工技术

27.1　旋压的分类及特点

旋压是应用于成型薄壁空心回转体工件的一种金属压力加工方法。它是借助旋轮等工具做进给运动，加压于随芯模沿同一轴线旋转的金属毛坯，使其产生连续的局部塑性变形，而成为所需的空心回转体零件。旋压主要分为普通旋压和强力旋压两大类。

27.1.1　普通旋压的特点及分类

普通旋压的变形特点是金属板坯在变形中主要产生直径上的收缩或扩张，由此带来的壁厚变化是从属的。由于直径上的变化容易引起失稳或局部减薄，故普通旋压过程一般是分多道次进给来逐步完成的。在现代化的旋压机上，针对不同规格工件的不同技术特点，普通旋压又可分为：拉旋、缩旋、扩旋三种基本形式。图 27-1 所示为拉深旋压成型图示。

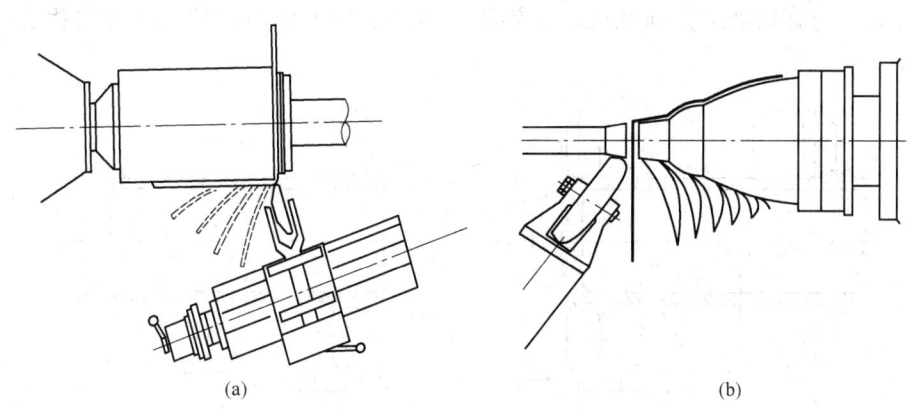

(a)　　　　　　　　　　　　　　　　(b)

图 27-1　拉深旋压成型图示
(a) 筒形拉深成型；(b) 异型拉深成型

普通旋压的优点主要有：

(1) 模具制造周期较短，费用低于成套冲压模 50%～80%。

(2) 普通旋压为点变形，旋压力可比冲压力低 80%～90%。

(3) 可在一次装夹中完成成型、切边、制梗咬接等工序。

(4) 热旋成型时，旋压工件的加热，比其他加工方法方便。

27.1.2　强力旋压的特点及分类

强力旋压又称变薄旋压，它是在普通旋压的基础上发展起来的，其成型过程为：芯模带动坯料旋转，旋轮做进给运动，使毛坯连续地逐点变薄，并贴靠芯模而成为所需的工件。旋轮的运动轨迹是靠模板或导轨确定的。

强力旋压按变形特点可分为流动旋压和剪切旋压。流动旋压成型筒形件,剪切旋压成型异型件,如图 27-2 所示。

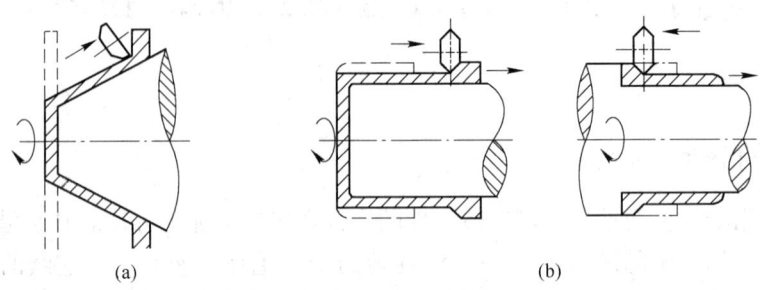

图 27-2　剪切旋压和流动旋压
（a）剪切旋压；（b）流动旋压

强力旋压按工件外形不同可分为锥形件、筒形件及复合旋压件。复合旋压件由锥形段和筒形段两部分组成。锥形件强力旋压采用板坯或较浅的预制空心毛坯。筒形件强力旋压采用短而厚、内径基本不变的筒形毛坯。

强力旋压按旋轮进给方向与坯材料流动方向的异同,又可分为正旋与反旋。正旋指坯料的延伸方向与旋轮进给方向相同,反旋指坯料的延伸方向与旋轮进给方向相反,如图 27-3 所示。

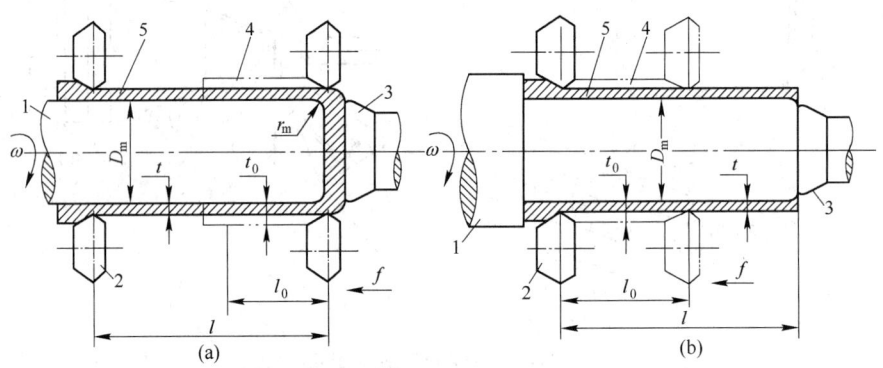

图 27-3　典型强力旋压过程
（a）正旋；（b）反旋
1—芯模；2—旋轮；3—尾顶；4—坯料；5—旋压件

按旋压时加温与否,强力旋压可分为冷旋和热旋,常见铝及合金的热旋温度见表 27-1。

表 27-1　常见铝及铝合金的热旋温度

坯料材质	旋压温度/℃	工件类型	坯料来源
1A90	250～300	筒形件	离心铸坯
5A06	300～400	筒形件、锥形件	挤压管材
6A02	350～400	封口与收嘴	旋压管材
5A02	300～380	筒形件	离心铸坯

按旋轮及芯模与毛坯的相对位置，强力旋压可分为外旋和内旋，内旋如图 27-4 所示。按旋压工具不同又可分为旋轮旋压和滚珠旋压，滚珠旋压如图 27-5 所示。按旋轮数量不同，可分单轮和多轮旋压。

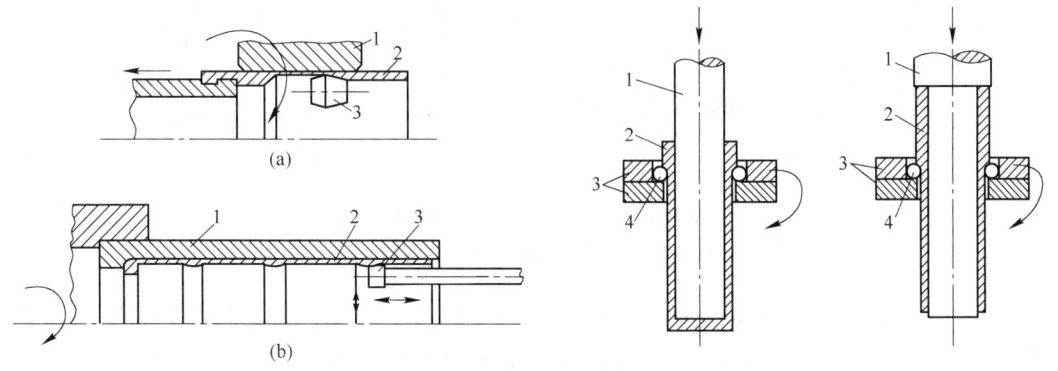

图 27-4　内旋示意图　　　　　　图 27-5　滚珠旋压示意图
1—模具；2—工件；3—旋轮

强力旋压很适合成型大直径薄壁铝合金筒形件，其特点如下：

（1）材料利用率高。与机加工相比，材料利用率可提高约 10 倍，加工工时降低 40%。

（2）产品质量高。强力旋压后工件组织致密、纤维连续、晶粒细化、产品强度高、尺寸精度高且表面质量光洁。

（3）由于工件是在旋轮逐点连续接触挤压变形，使金属具有更高、更好的工艺塑性，成型性好。同时，对设备吨位要求较小，生产成本低，适用于有小批量的生产。

（4）模具磨损小、寿命长、费用低，节省模具费用。与拉深成型同类制件相比，旋压的模具费仅是拉深模具费用的 1/10。

强力旋压的变形过程可分为起旋、稳定旋压和终旋三个阶段：起旋阶段是从旋轮接触毛坯旋至达到所要求的壁厚减薄率，该阶段壁厚减薄率逐渐增大，旋压力相应递增，直至达到极大值。旋轮旋压毛坯达到所要求的壁厚减薄率后，旋压变形进入稳定阶段，该阶段的旋压力和变形区的应力状态基本保持不变。终旋阶段是从距毛坯末端五倍毛坯厚度处开始至旋压终了，该阶段毛坯刚性显著下降，旋压件内径扩大，旋压力逐渐下降。筒形件三个阶段的旋压状态和旋压力变化曲线如图 27-6 所示。

强力旋压的主体运动是芯模带动工件的旋转运动，工件的成型主要是依靠旋轮逐点连续挤压旋转运动的工件变形来完成的。工件在旋转时，受到旋轮的阻碍，而产生变形。同时，借助于摩擦力使旋轮旋转。因此，旋轮的旋转运动是被动的，其转速大小决定于工件的转速和工件与旋轮的直径比。在锥形件旋压时，由于随着旋压的进行，工件变形的直径不断变化（增大或减小），而旋轮的直径是不变的，因而旋轮的转速随之不断的同步变化。由于旋轮与工件的接触面上各点的半径比是不同的，因此旋轮与工件间不仅有滚动摩擦，而且有滑动摩擦，这将产生一定热量，使旋轮的温度升高。为此，需要对旋轮进行充分的冷却与润滑。

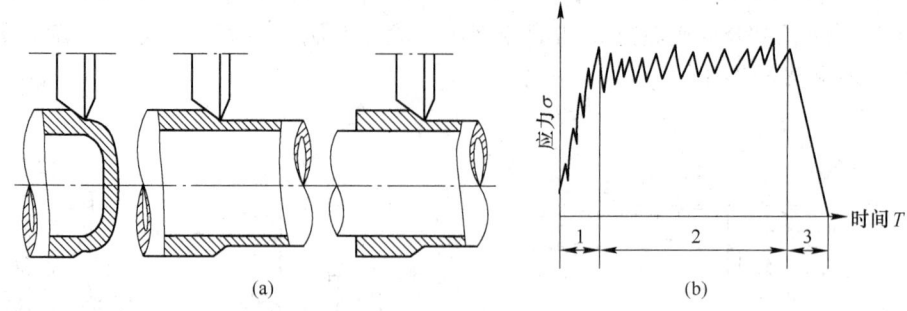

图 27-6　旋压三个阶段与旋压力变化曲线

（a）旋压三个阶段；（b）旋压力变化曲线

旋压变形是沿螺旋线逐步推进，完成整个工件的成型过程。强力旋压的壁厚变形如图 27-7 所示。图中，t_0 为坯厚，z_0 为分流距，t_0' 为含堆积量的厚坯。

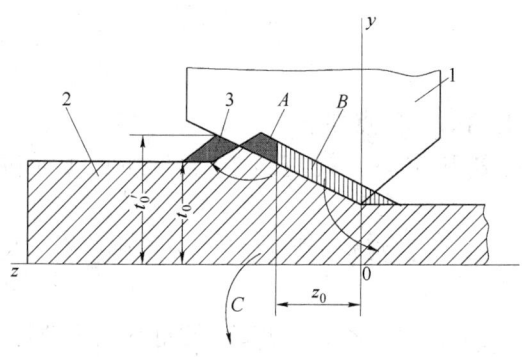

图 27-7　变薄变形示意图

1—旋轮；2—坯料；3—堆积

旋轮和工件都是旋转体，两者互相接触加压时，作为刚体的旋轮将压入工件，其接触面为旋轮工作表面的一部分，接触面的轮廓是旋轮形体与工件形体的相贯线。

从图 27-7 纵剖面分流图可看出，在工件被旋轮碾压一圈的体积中，以距 y 轴为 z_0 的分流线为界，面积 B 的金属向后流向旋压件的壁部，面积 A 的金属向前流动形成隆起 3。箭头 C 表示有少量金属沿周向流动。金属隆起导致 t_0 增至 t_0'，增大变形量与变形力。当隆起量不变时，旋压变形基本稳定。

在筒形件强力旋压塑性变形过程中，旋轮与工件的接触面存在着强烈的滑动摩擦，如图 27-8 所示。正旋时，变形区流速为 v_S，相对旋轮的流速 v_{x1} 与相对芯模的流速 v_{x2} 方向不

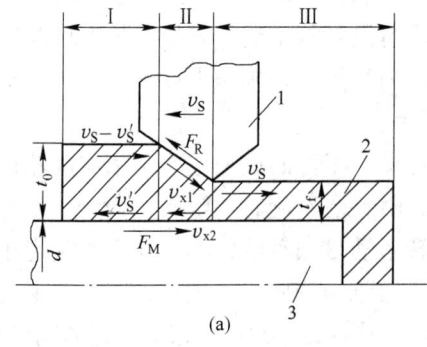
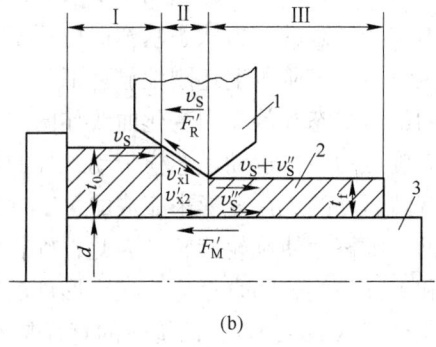

图 27-8　旋轮与工件接触区及摩擦

（a）正旋；（b）反旋

1—旋轮，2—工件，3—芯模

同。未变形区流速为 $v_S - v_S'$，已变形区流速为 v_S，与变形区流速相同。反旋时，变形区流速 v_S 与未变形区流速相同，相对旋轮的流速 v_{x1}' 与相对芯模的流速 v_{x2}' 方向不同。已变形区流速为 $v_S + v_S''$。

在变形区，金属塑性流动的摩擦阻力 F_R 与 F_R'，就旋轮而言，均向着床头方向。就芯模而言，金属塑性流动的摩擦阻力 F_M 与 F_M' 在正旋与反旋不同过程中方向相反。

强力旋压时，材料的变形分别有压缩、拉伸和剪切，是一个综合的变形。金属畸变量，随变形量增大而递增，靠近旋轮处变形量较大，靠近芯模处变形量较小。

27.2 旋压常用的铝及铝合金

用于旋压成型的铝及其合金有纯铝、耐热铝、防锈铝、硬铝、超硬铝及锻铝等十余种，其产品约 30 种规格。纯铝强度低，塑性变形性能好，加工硬化是其唯一的强化途径。大直径无缝高纯铝筒是采用离心铸坯，热开坯旋压及冷旋压成型，用于化工行业耐蚀效果良好。

5A06 是高镁合金，通常采用加热旋压成型，对于铸坯组织，其加热温度和道次变薄率必须严格控制。应在 350℃ 的温度下，采用小压下量、多道次的变薄加工，逐渐将铸态组织变为热加工组织后，才能在室温旋压成型。5A06 合金挤压坯室温旋压前，充分退火是必要的，其变薄旋压的极限变薄率应小于 60%。5A06 合金热开坯温旋，累计变薄率大于 70%。

5A02 室温旋压性能优于 5A06，该合金采用卷焊坯进行变薄旋压时，焊缝的累计变薄率大于 65%；基体的累计变薄率为 70% 时，成型效果很好；合金旋压极限变薄率约为 73%。

3A21 是 Al-Mn 系铝合金，该合金的旋压性能优于 5A02 和 5A06。其卷焊筒坯退火后，当变薄旋压累计变薄率为 65% 时，可成型大直径薄壁筒体，合金旋压极限变薄率近 80%。

2A12 为 Al-Cu-Mg 系热处理强化合金，是典型的硬铝合金，综合性能较好。该合金加工硬化较严重，适应于较小道次变薄率，多道次的旋压过程。退火间的累计变薄率应不大于 40%。旋压时道次变薄率约为 25%，工件尺寸精度较好。温旋时极限变薄率约 70%。

7A04 属于 Al-Zn-Mg-Cu 系热处理强化超硬铝合金，高温时合金生成 $MgZn_2$ 相，有极高的强化效应。当选择固溶或高温处理后旋压时，因自然时效的影响，合金硬化快、塑性低而不易成型。采用预热 300℃，出炉后立即旋压，成型效果较好。温旋时极限变薄率约 70%。

6A02 是 Al-Mg-Si-Cu 系锻铝合金，具有中等强度及良好的塑性，在室温和热态都易于成型。其室温旋压总变薄率达 75% 可旋压管材，高精度管材采用该合金变薄旋压是合适的。几种铝合金变薄旋压的极限减薄率见表 27-2。

表 27-2 几种铝合金变薄旋压的极限减薄率 ψ_{max}

合金	2014	2A12-0	2024	3A21-0	5A02-0	5A04-0	5256	5086	6061	7A04-0	7075
ψ_{max}/%	70	70（温旋）	70	80	73	64	75	60	75	70（温旋）	75

27.3 旋压工艺

27.3.1 旋压坯料的质量要求及准备

27.3.1.1 坯料的质量要求

一种金属材料变薄旋压性能的高低，主要表现于其可旋性、变形抗力、弹性模量、旋压过程中的稳定性及表面黏结等特性。

可旋性可用极限减薄率 ψ_{max} 表示：

$$\psi_{max} = (t_0 - t_{min})/t_0 \tag{27-1}$$

式中 t_0——坯料壁厚；

t_{min}——工件最小壁厚。

几种铝合金不同状态与不同温度的旋压性能见表 27-3。

表 27-3 几种铝合金不同状态与不同温度的旋压性能

材 料	坯料状态	累计减薄率/%	工 件	材 料	坯料状态	累计减薄率/%	工 件
5A06	挤压管坯	60	冷旋管材	3A21	挤压管坯	80	冷旋管材
5A06	环轧坯	75	热开坯温旋	2A12	挤压管坯	40	冷旋管材
5A02	挤压管坯	70	冷旋管材	6A02	挤压管坯	80	冷旋管材
5A02	离心铸坯	85	热开坯温旋	7A04	挤压管坯	60	温旋管材

A 坯料几何尺寸

筒形件旋压坯料要有较高的尺寸精度，坯料内径与芯模配合，其尺寸精度应以变形金属的塑性流动稳定为目的。如坯料与芯模直径的间隙小，则有利于对中。为了便于装模，中小件的直径间隙为 0.10~0.20mm，大件则达 0.30~0.60mm 以上。坯料壁厚差应不大于 0.1~0.2mm，垂直度误差应不大于 0.05~0.10mm。粗糙度（R_a）一般为 3.2~6.4μm 为宜。

变薄旋压坯料尺寸计算原则依据体积不变规律。变薄旋压时，坯料内径与工件内径大致相同，坯料与工件应符合如下关系：

$$(D_m + t_0/2)t_0l_0 = (D_m + t/2)tl \tag{27-2}$$

式中 D_m——芯模直径；

t_0，l_0——分别为坯料的壁厚和长度；

t，l——分别为工件的壁厚和长度。

对于壁厚变化的筒形件，应逐段求出工件的体积后，进行叠加，即纵向截面积叠加，求出坯料尺寸。筒形件变薄旋压的坯料一般为厚壁筒，t_0 大则坯料短，机械加工方便。要以旋压力不过大，中间热处理道次不多为宜。

B 管坯的质量要求

管坯的质量要求有：

(1) 表面要求。管坯的内外表面应光滑，不得有裂纹、擦伤、起皮等缺陷存在。

(2) 组织要求。管坯的显微组织不得过烧。低倍组织不得有成层、缩尾、气泡、气孔等。

(3) 形状要求。厚壁坯料起旋处形状应与旋轮工作部分形状相吻合。坯料带厚底时，起旋处宜越过底部，如图 27-9 所示。

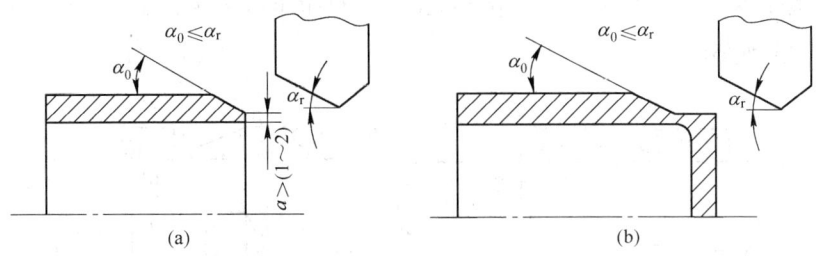

图 27-9 起旋示意图

(a) 反旋；(b) 正旋

27.3.1.2 旋压前的准备

在旋压成型之前，要备齐旋压工艺文件，包括设计旋压件坯料图，旋压工艺用模具及其他辅助工装图纸，要拟订好旋压工艺流程，确定机床的选择等。在编制旋压件工艺规程时，要考虑备料制坯、旋前热处理、机加工、旋压成型、中间热处理、成品处理及精整等工序。还应配以必要的检验工序、性能检测及相应记录等。在设计旋压工序的过程中，根据选用的材料及其状态设计总变形量、道次变薄率和热处理工艺，应保证旋压件性能及精度要求，力求简便经济。

通常，凡是能够用挤压、锻压、拉深、轧制等压力加工方法成型的金属材料都可以进行旋压加工。普通旋压时可以采用工件和毛坯表面积近似法，以及经验公式计算坯料尺寸。筒形件流动旋压坯料尺寸按体积不变原理计算。依据产品精度，确定毛坯精度，坯料精度高则有利于提高产品精度。

在旋压过程中，要考虑的主要工艺参数有壁厚减薄率 $\psi_t(\%)$，芯模转速 n，旋轮进给比 f，芯模与旋轮的间隙 δ，还有旋压温度、旋压道次、旋轮运动轨迹、旋轮结构参数等。工件壁厚减薄率要小于被旋材料的极限减薄率。当工件累计减薄率超过材料的极限减薄率时，要考虑中间退火或采用热旋工艺。

27.3.2 变薄旋压主要工艺参数的确定

27.3.2.1 起始和终旋点位置

在首道次旋压时，终旋点位置应距坯料尾端 $(1.5 \sim 6)t_0$ 以上，随后道次则宜距前一道次终点 $1 \sim 3mm$ 以上。带厚法兰时，在法兰与旋压段之间要设卸荷段，运动段不小于 $3 \sim 8mm$，非运动段不小于 $2 \sim 3mm$，如图 27-10 所示。

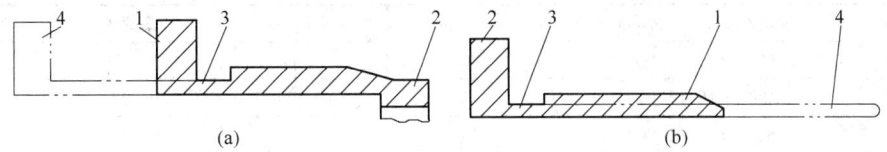

图 27-10 终旋卸荷段

(a) 正旋；(b) 反旋

1—运动端；2—非运动端；3—卸荷槽；4—工件

正旋压适用范围较宽，旋压力较小，直径精度优于反旋压。反旋压的芯模及行程较短，其应用限于不带底的工件。对于不带底的筒形件也可以采用正旋压，但需增加适当工装，如图27-11所示。

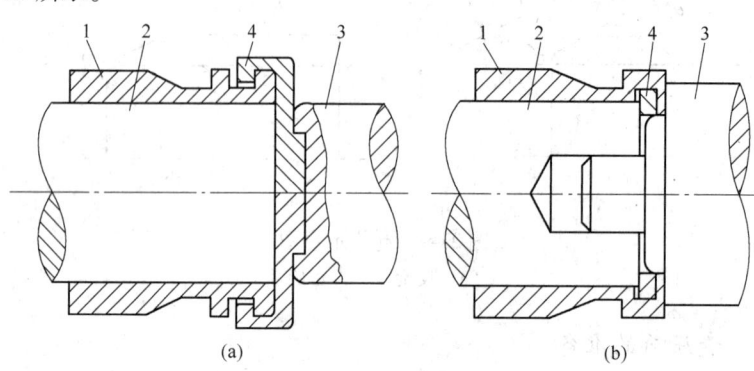

图 27-11 不带底正旋压

（a）外定位；（b）内定位

1—坯料；2—芯模；3—尾顶；4—定位环

27.3.2.2 减薄率与道次

减薄率反映工件的变形程度，道次减薄率 ψ_{tn} 为：

$$\psi_{tn} = (t_n - t_{n+1})/t_n \times 100\% \tag{27-3}$$

式中 t_n——第 n 道次变形前的壁厚；

t_{n+1}——第 n 道次变形后的壁厚。

变薄旋压道次减薄率对工件内径的胀缩量及精度有影响。在总减薄率确定后，根据工艺条件和工件尺寸精度要求，分成若干道次来进行变薄旋压。道次减薄率过大会造成工件塑流失稳堆积，表面易出现起皮。道次减薄过小会引起工件厚度变形不均，工件内表面变形不充分而出现裂纹。旋压道次减薄率以工件壁厚变形均匀为参考，还应考虑减薄量与旋轮压下台阶的关系，即减薄量不大于旋轮压下台阶 H。

在总减薄率较大时需多道次旋压成型。坯料为铸态组织，而旋压总减薄率很大时，工件需要中间退火。选择两次退火间的旋压减薄率与旋压道次减薄率时应考虑工件的组织和性能状态。当坯料为铸坯，开坯旋压消除铸态组织的累计减薄率不宜过大，应以逐渐细化晶粒，多次退火改善组织性能为宜。在多道次旋压的中间热处理过程中，旋压减薄率和旋压道次要根据工件的性能要求来确定。铝合金筒形件热旋减薄率与道次可参考表27-4选取。

表 27-4 铝合金筒形件热旋减薄率与道次

合 金	规格/mm × mm × mm	坯厚/mm	压下量/mm	变薄率/%	道 次
5A06	$\phi534 \times 20 \times 2000$	80	8 ~ 12	15 ~ 30	6
1A85	$\phi806 \times 16 \times 3000$	76	10 ~ 17	20 ~ 35	5
6063	$\phi237 \times 10 \times 1100$	38	5	15 ~ 30	6
5A02	$\phi406 \times 8 \times 3000$	58	3 ~ 18	20 ~ 35	6

27.3.2.3 进给率与转速

进给率又称进给比，是芯模每转旋轮沿工件母线的进给量。

变薄旋压时，进给率对工件直径的胀缩和工件质量均有影响。适量大进给率有助于缩径；小进给率易扩径，表面质量较好。过大的进给率易造成旋轮前材料的堆积，出现起皮。

筒形件变薄旋压的进给率在 0.5~4.0mm/r 的范围选取，常用取 0.5~2.0mm/r。在多道次变薄旋压厚管坯时，开始旋压受设备能力限制，进给率不能很大。由此造成工件有一定的扩径量，随后的道次进给率加快可以缩径旋压，改善扩径的不良影响。

在有中间热处理的旋压过程中，热处理后的进给率是控制工件直径，获取高精度旋压件的关键参数。成品旋压前的道次，采用大的进给率，使工件贴模。在成品旋压时，道次进给率较小，使工件略为扩径，有助于脱模和提高表面质量。

转速与进给率相关，转速高则进给率下降，转速低则进给率上升。转速过高易引起机床振动，变形热量增加，需加强冷却。转速过低，为保持一定的进给率需用低进给速度配合，有时旋压轴向速度易出现爬行现象。

转速与周向旋压线速度相关，通常周向线速度取 50~100m/min，较硬的材料取较小值，较软的材料取较大值。铝合金筒体旋压进给比与转速关系见表 27-5。

表 27-5　铝合金筒体旋压进给比与转速

合　金	旋轮结构参数	转速/r·min⁻¹	进给比/mm·r⁻¹	线速度/m·min⁻¹
1A85（热旋）	$\alpha = 20°$，$R = 10mm$	18~22	5~7	57
5A02（热旋）	$\alpha = 25°$，$R = 50mm$	30	1~2	40
3A21（冷旋）	$\alpha = 20°$，$R = 6mm$	800	0.5	100

27.3.3　旋压工艺举例

27.3.3.1　漂白塔和高压釜筒体旋压工艺

A　产品规格

漂白塔和高压釜是直硝法生产硝酸的化工设备。漂白塔和高压釜用材为 1A90。所需筒体规格为 ϕ840mm × 16mm × 2770mm 和 ϕ990mm × 25mm × 3000mm。采用离心浇铸空心锭，加热变薄旋压。离心铸坯经热开坯旋压，能充分细化晶粒，消除铸态组织；再经冷旋强化组织与性能，筒体为加工态组织、流线连续、组织致密，因此提高了大直径薄壁筒体的使用性能。

B　工艺流程及参数

a　漂白塔用筒体的旋压工艺

漂白塔用大直径无缝铝筒旋压工艺流程见表 27-6，变薄旋压成型圆筒尺寸见表 27-7。

表 27-6　漂白塔用大直径无缝铝筒旋压工艺流程

序　号	工序名称	主　要　参　数
1	离心铸坯	$\phi_{外}$ 970mm/$\phi_{内}$ 780mm × 800mm
2	旋压坯料	铸坯经机加工后，为 $\phi_{外}$ 966mm/$\phi_{内}$ 806mm × 80mm × 790mm
3	加热旋压	加热温度 350~400℃，减壁（从 80mm 到 34mm），变薄率 57.5%

序 号	工序名称	主 要 参 数
4	切上下口	定尺规格 $\phi_内$ 806mm × 34mm × 1550mm
5	室温旋压	减壁（从 34mm 到 17mm），变薄率 50%，$\phi_内$ 806mm × 17mm × 3000mm
6	产品定尺	定尺规格 $\phi_内$ 806mm × 17mm × 2700mm
7	成品退火	250 ~ 300℃，1h 空冷

表 27-7 旋压无缝铝筒尺寸公差 （mm）

项 目	内 径	壁 厚	长 度	不直度
技术指标	$\phi 808^{+2}_{-3}$	16^{+3}_{-2}	2700^{+10}_{-00}	≤2
实际尺寸	805 ~ 810	14 ~ 18	2700 ~ 2715	≤2
平均数值	807.5	16	2707.5	≤2

b 高压釜用筒体的旋压工艺

高压釜用大直径无缝铝筒旋压工艺流程见表 27-8，旋压工艺参数见表 27-9。

表 27-8 高压釜用大直径无缝铝筒旋压工艺流程

序 号	工序名称	主 要 参 数
1	离心铸坯	$\phi_外$ 1190mm/$\phi_内$ 940mm × 990mm
2	旋压坯料	铸坯机加工后为 $\phi_外$ 1170mm/$\phi_内$ 990mm × 90mm × 970mm
3	加热旋压	加热 350 ~ 400℃，减壁（从 90mm 到 45mm），变薄率 50%
4	切上下口	定尺规格 $\phi_内$ 990mm × 45mm × 1550mm
5	室温旋压	减壁（从 45mm 到 25mm），变薄率 45%，$\phi_内$ 990mm × 25mm × 3020mm
6	产品定尺	定尺规格 $\phi_内$ 990mm × 25mm × 3000mm
7	成品退火	250 ~ 300℃，1h 空冷

表 27-9 高压釜用大直径无缝铝筒旋压工艺参数

道 次	压下量/mm	变薄率/%	转速/r·min^{-1}	进给比/mm·r^{-1}	温度/℃	备 注
1	4	5	18	5	400	减壁
2	10	11	16	3	390	减壁
3	整形		20	7	380	收径
4	10	13	16	3	360	减壁
5	整形		20	7	340	收径
6	10	15	18	2 ~ 3	340	减壁
7	整形		20	5 ~ 7	320	收径
8	10	18	18	2 ~ 3	320	减壁
9	5	12	20	1	室温	减壁
10	15	30	20	1	室温	减壁
11	整形		22	1	室温	收径

27.3.3.2 5A06 防锈铝合金管材旋压工艺

通常，大直径管材均采用旋压成型。选择热旋变形抗力低，利于利用材料的塑性进行变形。5A06 薄壁管 $\phi_内$ 524mm×8mm×15000mm、厚壁管 $\phi_内$ 493mm×20mm×2000mm 和 $\phi_内$ 349mm×15mm×1500mm 的热旋参数见表 27-10。

表 27-10　5A06 热旋参数

项　　目	薄壁工件	厚壁工件	
产品尺寸/mm×mm×mm	$\phi_内$(524±0.2)×8×1500	$\phi_内$494×20×2000	$\phi_内$349×15×1500
坯料尺寸/mm×mm×mm	$\phi_内$(523±0.2)×27×600	$\phi_内$493×80×650	$\phi_内$349×30×1000
芯模尺寸/mm×mm	ϕ(522±0.2)×200	ϕ494×1700	ϕ349×3000
旋轮工作角 α/(°)	20	20	20
旋轮圆角半径 R/mm	10	55	15
旋轮压下量 H/mm	6	28	7
旋压温度/℃	350	350~400	350~400

$\phi_内$(524±0.2)mm×8mm×1500mm 薄壁筒体热旋的总减薄厚度为 19mm，分四道次成型，道次变薄率约为 25%，进给量控制在 1.0~3.0mm/r 之间，主要工艺参数见表 27-11。$\phi_内$494mm×20mm×2000mm 厚壁筒体热旋过程稳定性不及薄壁筒体，厚壁工件的旋压减薄量见表 27-12。

表 27-11　主要工艺参数

道　次	减薄率/%	间隙/mm	转速/r·min^{-1}	进给比/mm·r^{-1}	旋轮参数	温度/℃
1	26	20	45	1.3	$\alpha=20°~25°$, $R=5~7$mm, $H=5~7$mm	300~350
2	28	14	45	1.5	$\alpha=20°~25°$, $R=5~7$mm, $H=5~7$mm	320~300
3	28	10	45	3.0	$\alpha=20°~25°$, $R=5~7$mm, $H=5~7$mm	250~200
4	25	8	45	2.5	$\alpha=20°~25°$, $R=5~7$mm, $H=5~7$mm	约150

表 27-12　厚壁坯料热旋稳定变形的减薄量

道　次	1	2	3	4	5	6	7	8
减薄量/mm	5	6	7	7	8	8	9	10
间隙/mm	75	69	62	55	47	39	30	20
变薄率/%	6.2	8.0	10	11.3	14.5	17	23	33

27.3.3.3 5A02 防锈铝合金管材旋压工艺

5A02 室温旋压性能优于 5A06，采用离心浇铸管坯进行旋压加工，管坯尺寸为 $\phi_内$ 230mm×138mm×970mm。5A02 铝合金筒体离心铸坯变薄旋压成型工艺过程为：离心铸坯 $\phi_内$230mm×80mm×970mm 机加旋压坯料 $\phi_内$290mm×58mm×960mm，经两道次热旋开坯后再四道次温旋至成品。变薄旋压温度在 300~350℃ 之间。开坯旋压改善了铸坯组织，成品温旋细化了晶粒，变薄旋压工艺参数见表 27-13。

表 27-13　5A02 合金变薄旋压工艺参数

道 次	变薄率/%	间隙/mm	温度/℃	进给比/mm·r⁻¹	备 注
1	22	45	350	1.0	开坯旋压
2	33	30	300	1.0	开坯旋压
3	26	22	250	1.0	温 旋
4	27	16	200	1.0	温 旋
5	31	11	150	1.0	温 旋
6	27	8	100	1.0	温 旋

27.4　旋压工装及设备

27.4.1　旋压工装

变薄旋压时，采用的工艺装备主要包括芯模、旋轮、尾顶及靠模等。筒形件变薄旋压工艺装备如图 27-12 所示。与挤压、拉深相比，强力旋压工艺装备结构简单、容易制造、成本低廉、调整方便。

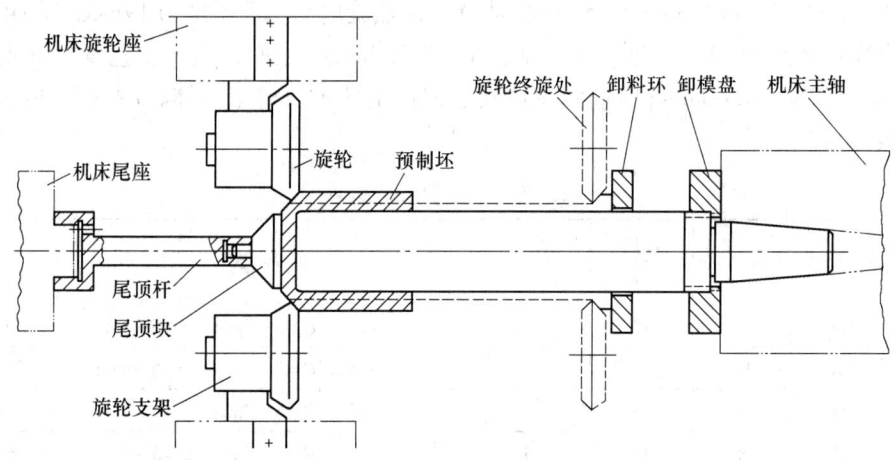

图 27-12　变薄旋压用工艺装备

27.4.1.1　旋压芯模

旋压芯模工作段应含名义段、装卸段、筒形模的增长段。筒形模的增长段应考虑坯料壁厚误差，以及调整偏差可能造成的工件伸长。

通常，旋压模顶端圆角半径取 $(0.5 \sim 1.0)t_0$。旋压芯模空载径向跳动应在 0.01 ~ 0.1mm。筒形变薄旋压芯模工作表面宜精磨光整，以减少摩擦。

工件成型时，芯模与坯料内表面接触产生滑动摩擦。芯模要承受旋压力、尾顶力以及弯矩和扭矩。因此，芯模应具有足够的强度、刚度和硬度。

芯模外形与工件内形基本相同，考虑工件的回弹和胀缩，芯模直径可取工件内径公差的中下限为参考。变薄旋压时，工件内径小于 φ1000mm，芯模直径可比工件内径小 0.2 ~ 0.5mm；工件内径大于 φ1000mm，芯模直径比工件内径小 0.5 ~ 0.8mm。具体数值要视旋压材料强度而定，如材料强度高则选上限，充分考虑工件的回弹量，反之选下限。

芯模表面粗糙度决定工件内表质量，一般为 $R_a = 0.4 \sim 0.8\mu m$，芯模表面硬度对高强钢工件旋压成型很重要，其硬度 HRC 应在 $58 \sim 62$ 范围，尤其是大直径薄壁筒形件旋压，芯模表面硬度 HRC 不小于 60，淬硬层应大于 $5.0mm$ 才能满足工艺要求。

大直径筒体变薄旋压时，芯模设计为空心，壁厚在 $80 \sim 150mm$ 之间。旋压强度低的铝合金材料，芯模铸造成型较经济。旋压成型高强度金属材料，芯模需锻造成型，保证芯模的综合性能，表面硬度 HRC 不小于 55，可保证铝合金筒体的内表面质量。

27.4.1.2 旋轮外形与参数

管材旋压时旋轮与坯料间单位接触压力可高达 $1000 \sim 3500MPa$，旋轮需整体淬硬。常用材料为工具钢、高速钢、硬质合金，淬硬到 HRC 为 $60 \sim 63$。

根据机床不同，旋轮外径的范围 $D = 120 \sim 380mm$。旋轮外径大，有助于限制坯料横向流动及扩径，可选用较大的旋轮轴承，提高其寿命。旋轮空载径向跳动应在 $0.01 \sim 0.02mm$ 之间。

A 旋轮数量

单轮旋压时，相当于点变形区在工件圆柱面上沿螺旋线纵向推进，不平衡的径向力影响工件精度。因此，单旋轮工作适宜薄壁、粗短件。双旋轮旋压细长件易出现芯模振动。

三旋轮受力最合理，三旋轮均布优于三轮非均布。多轮旋压增加坯料夹紧可靠性，减少模具偏心，增加塑性区及有益应力分布。旋轮不同安排如图 27-13 所示。三旋轮旋压时，不但径向力可互相平衡，而且变形区由点接触变为近似环形。即在旋压成型时，环形变形区在工件圆柱面上沿螺旋线纵向前进，变形条件得以改善，工件的尺寸、形状及表面精度大为提高。

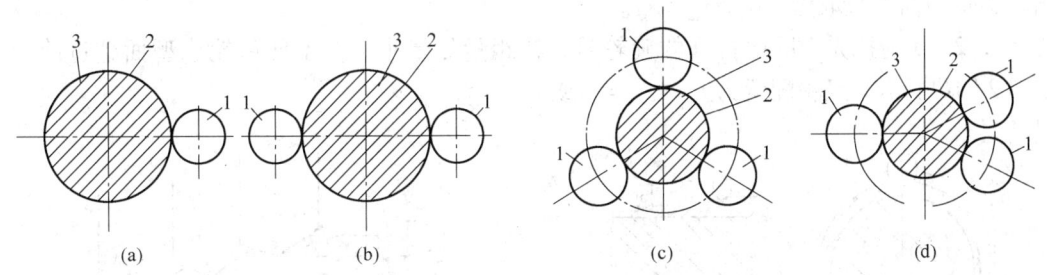

图 27-13 旋轮分布示意图
1—旋轮；2—工件；3—芯模

B 旋轮形状

旋轮工作部分外形如图 27-14 所示。R 型旋轮用于旋压软材料，以及筒形的复合件。α 型和 h-α 型能避免旋轮前形成的隆起与堆积。成形角 α 过小易扩径，过大易隆起，常用选择范围是 $15° \sim 30°$。圆角半径 $r_\rho \approx (0.5 \sim 1.5)t_0$，硬材料取小值。

C 旋轮配置

错距旋压是在均布三旋轮旋压的基础上，其中两个以上旋轮相互间沿径向和/或轴向错开一定距离而旋压成型零件的一种方法。因此，错距旋压可以在一道次中完成通常几道次完成的工作，使工效成倍提高，并可提高工件直径精度。但总旋压力和主轴功率则相应增大。

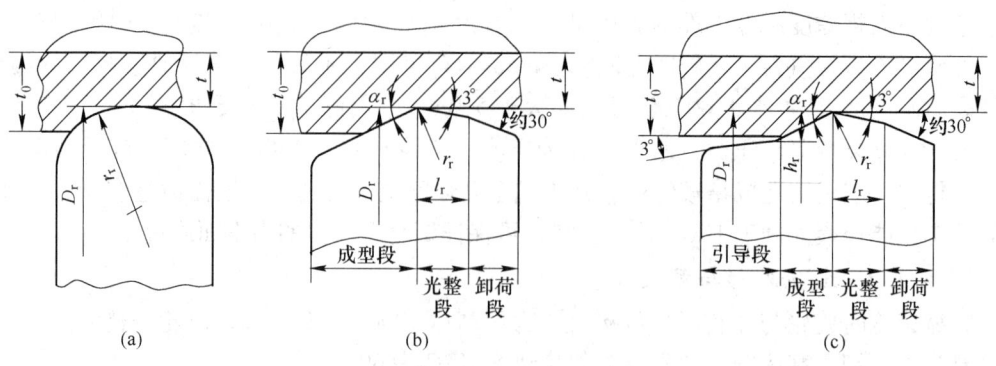

图 27-14　旋轮工作部分外形

（a）R 型旋轮；（b）α 型旋轮；（c）h-α 型旋轮

错距旋压有两种形式，一是径向错距，二是轴向错距，如图 27-15 所示。多数错距旋压两种形式均有。120°均匀分布的三个旋轮错距旋压时；Z，Y，X 三个旋轮径向错开一定距离，轴向也错开一定距离，三个旋轮错距后相当于把一道工序的压下量分配给三个旋轮。三个旋轮错距旋压不但保持径向力平衡，而且可利用三个旋轮错距量的互相搭配创造一个良好的变形区，从而提高了变形量和工件的精度。

采用错距旋压道次变形率大、工序少、效率高、工艺流程短。错距旋压工件的尺寸、形状、表面质量明显提高。

错距旋压过程在均布三旋轮旋压机上已获得广泛应用，在双旋轮旋压机上也可采用。坯料起旋处应预制与多旋轮工作相应的台阶。径向压下量的分配要使各旋轮受力大体相当。旋轮型面参数取为：$r_{r1} \geqslant r_{r2} \geqslant r_{r3}$。

1、2、3 为按先后顺序排列的旋轮号，错距量尽量小，但不使后轮成型面越过前轮，如图 27-16 所示。经验配置为 $r_{r1} > r_{r2} = r_{r3}$ 或 $r_{r1} > r_{r2}$，$r_{r3} > r_{r2}$。

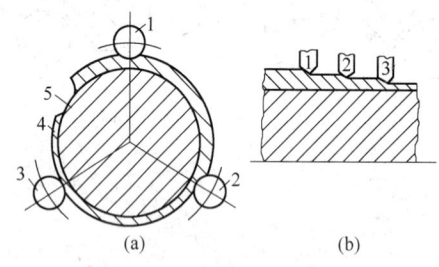

图 27-15　错距旋压示意图

（a）轴向；（b）径向

1~3—旋轮；4—工件；5—芯模

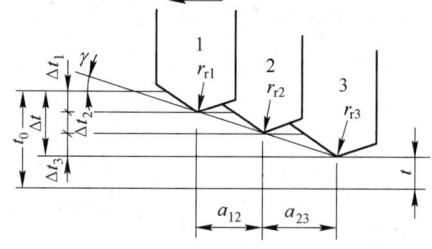

图 27-16　错距旋压变形分配示意图

27.4.2　旋压设备

旋压设备与旋压工艺密不可分，旋压机主要有普通旋压机和强力旋压机，并有立式、卧式之分。按旋轮数量又有单、双、三旋轮旋压机。按产品形状又分为筒形件旋压机和异型件旋压机。选择旋压设备首先要求具有足够的旋轮座径向和轴向拖动力，还要考虑主轴的传动功率、主要受力部件的刚度、尾座的压紧力等。操作系统动作要协调，并满足一定的精度要求。普通旋压机能够进行多道次单向进给，最好是双向往复进给，要设置防止失稳的反推装置，并具有高转速、大进给的平稳性。对于异型件剪切旋压设备，最好具备恒线速度和恒定进给率。在旋制曲母线工件时，旋轮安装角最好能随工件型面曲线的变化而自动调整，以保证变形的稳定性。

旋压机基本组成有机械、液压、电控、加热和冷却几大系统。机械系统包括床身、主轴箱、尾座、旋轮架四个基本部分。液压系统包括液压马达、液压仿形、进给机构调整及尾座的调压及泄压保险等。

近年运用先进的设计方法，采用先进的数控模块和液压伺服模块取代了液压仿形控制系统，选用优质元器件，实现了旋压机的升级换代。

国产旋压机有 PX 型普通旋压机和 SY 型卧式强力旋压机。根据旋压件尺寸规格的不同，对旋压机还相应具有特殊功能的要求。例如 PD 和 VPS 系列皮带轮专用旋压机、WTϕ ×t 型封头旋压机以及旋压收口机。筒形件旋压机如图 27-17 所示。国产典型旋压机的技术参数见表 27-14。

图 27-17 筒形件旋压机（青海重型机床厂制造）

表 27-14 国产典型旋压机技术参数

型 号	结 构	控制方式	中心高/mm	吨位/kN	转速/r·min^{-1}	质量/t
PX-1	单轮卧式	液压仿形	350	20	200~1120	
SY-2	单轮卧式	液压仿形	600	40	16~630	8
SY-2A	单轮卧式	液压仿形	600	40	16~630	11
SY-3	双轮卧式	液压仿形	630	200	16~630	35
SY-4	双轮卧式	液压仿形	400	200	63~400	30
SY-5	三轮卧式	液压仿形		150	100~300	28
SY-6	双轮卧式	液压仿形	750	400	16~400	125
SY-7	单轮卧式	液压仿形	250	30	100~300	5
SY-8	单轮卧式	CNC	600	150	0~800	10
SY-10	双轮卧式	CNC	600	500	10~500	130
SY-11	三轮卧式	CNC	700	600	20~200	140
SY-12	三轮卧式	CNC	1030	300	80~300	50
SY-14	三轮卧式	CNC	500	160	80~700	36
PDZ-2	双轮卧式	PLC		250	140	4

注：表中数据为航空工程研究所系列旋压机数据。

27.5　旋压件的质量控制

27.5.1　旋压件组织

变薄旋压之后晶粒细化，并沿着变形轴向拉长，形成明显方向的加工流线。当减薄率较大，毛坯厚度较薄时，沿厚度方向的变形就比较均匀。反之，沿厚度方向的变形不均匀，外层的组织细化超过内层，流线分布密度出现外层向内层递减。当旋压减薄率大于 40% 时，壁厚变形组织的均匀性基本一致。随着减薄率的增加，工件晶粒细化加强，同时，材料中的夹杂物形态被破碎或被拉长，减轻了对材料强度的影响。

加热变薄旋压时，当温度接近再结晶温度时，由于在变形过程中不断发生再结晶现象，使材料趋向于恢复原组织状态，材料旋后的金相组织变化不显著。

铝及合金管材旋压变形对工件组织的影响如图 27-18 所示。

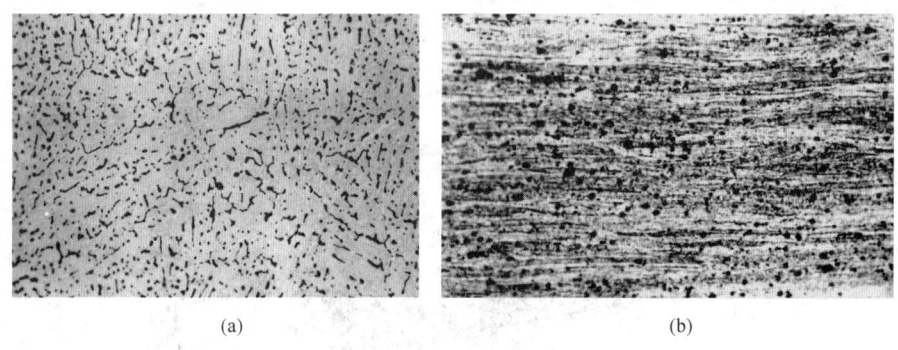

(a)　　　　　　　　　　　　　　　(b)

图 27-18　铝合金（5A02）金相组织的变化（×100）

（a）铸造；（b）旋压

铝合金铸态组织是枝状晶粒，旋压加工为细长晶粒。如采用板材卷焊管坯，旋压加工后的组织细化更为明显，当减薄率为 60% 时，变薄旋压组织显著致密，加工流线清晰。

27.5.2　旋压件的力学性能

旋压件金相组织的变化带来力学性能的变化。金属材料变薄旋压后，强度指标提高，塑性指标降低。此外，材料的电阻增大，热导率和磁导率降低，内应力使材料抗腐蚀性降低。

铝合金旋后强化及疲劳性能变化见表 27-15 与表 27-16。

表 27-15　3A21 旋压前后的性能变化

项　目	σ_b/MPa	δ/%	HV
旋　前	125	22.5	439
旋　后	190	14.3	578
旋后退火	169	16.8	489

表 27-16 2A12 旋压前后疲劳性能变化

纤维方向	试件状态	循环次数 n	循环时间/min	应力值 σ/MPa
纵 向	旋 前	1826 ~ 2469	1.75 ~ 2.67	233
	旋 后	23863 ~ 79890	20.42 ~ 94.4	271
横 向	旋 前	305 ~ 13579	0.37 ~ 12.75	200
	旋 后	7550 ~ 56908	7.17 ~ 61.17	256

27.5.3 旋压件的尺寸精度

管材旋压的尺寸精度包括直径精度、壁厚精度及长度等。旋压件的直径精度有内径与外径之分，壁厚精度有壁厚偏差和壁厚差之别，壁厚偏差是壁厚的实际尺寸相对于名义尺寸的差别，壁厚差是实际尺寸之间的相对差值，它与壁厚的名义尺寸无关。表 27-17 为铝管变薄旋压尺寸公差范围。

表 27-17 铝合金旋压工件尺寸精度

工件直径/mm	内径椭圆/mm	外径椭圆/mm	母线不直度/mm·m^{-1}	工件材料
80	0.02 ~ 0.5	0.2 ~ 0.8	0.10 ~ 0.20	2A85（冷旋）
260	0.5 ~ 1.0	0.5 ~ 1.0	0.30	2A85（冷旋）
406	0.5 ~ 1.0	0.5 ~ 1.5	0.50	5A02（温旋）
520	0.04 ~ 0.20	0.05 ~ 0.50	0.20 ~ 0.50	5A06（热旋）

27.5.3.1 内径精度

筒形件旋压内径尺寸决定于芯模的直径、毛坯的内径以及旋压过程中扩径和收径的控制。内径尺寸精度取决于工件适当的收径和良好的贴模。扩径是材料周向流动比例增大的结果，扩径不仅使工件内径尺寸增大，而且造成椭圆。

常见筒形件变薄旋压的尺寸公差见表 27-18。

表 27-18 筒形件变薄旋压的尺寸允许公差 （mm）

内 径	壁 厚	内径公差	椭圆度	1m 长弯曲度	每批壁厚差	每件壁厚差
<150	≤1.0	±0.10	≤0.05	≤0.20	±0.02	±0.02
	1.0 ~ 2.0	±0.10	≤0.05	≤0.15	±0.03	±0.02
	>2.0	±0.15	≤0.10	≤0.15	±0.03	±0.02
<250	≤1.0	±0.10	≤0.10	≤0.35	±0.03	±0.02
	1.0 ~ 2.0	±0.10	≤0.12	≤0.25	±0.03	±0.02
	>2.0	±0.15	≤0.15	≤0.25	±0.04	±0.03
<400	≤1.0	±0.20	≤0.20	≤0.45	±0.03	±0.02
	1.0 ~ 2.0	±0.25	≤0.25	≤0.45	±0.03	±0.03
	>2.0	±0.25	≤0.30	≤0.45	±0.04	±0.04
<600	≤1.0	±0.25	≤0.35	≤0.45	±0.03	±0.03
	1.0 ~ 2.0	±0.30	≤0.40	≤0.50	±0.04	±0.03
	>2.0	±0.35	≤0.50	≤0.50	±0.05	±0.04

27.5.3.2 外径精度

常见筒形件直径精度见表27-19。经验数据表明，工件直径每增大10mm，直径误差约增大0.01mm。

表 27-19 常见筒形件直径精度 （mm）

产品直径	一般要求	特殊要求
约610	±（0.4~0.8）	±（0.025~0.127）
611~914	±（0.8~1.2）	±（0.127~0.254）
915~1219	±（1.2~1.6）	±（0.254~0.381）
1220~1829	±（1.6~2.4）	±（0.381~0.508）
1830~2439	±（2.4~3.2）	±（0.508~0.635）
2440~3049	±（3.2~4.0）	±（0.635~0.762）
3050~5334	±（4.0~4.8）	±（0.762~1.016）
5335~6604	±（4.8~7.9）	±（1.016~1.270）
6605~7925	±（7.9~12.7）	±（1.270~1.524）

27.5.3.3 壁厚精度

旋压件的壁厚偏差与壁厚差是互相关联的。壁厚偏差允许范围用正负偏差的形式表示；壁厚差允许的大小用最大差值的形式表示，在一定条件下，壁厚差总是小于壁厚公差值。

强力旋压件的壁厚精度可控制在±0.03~±0.05mm，严格控制设备和工艺条件可达到0.01mm以内。

旋轮与芯模之间的间隙决定旋压件的壁厚，要考虑设备系统退让，坯料的回弹，只有设备系统稳定条件下，才能有效控制壁厚偏差。研究表明，壁厚小于3mm时，$\phi800$mm筒体壁厚公差约为0.15mm，壁厚大于3mm时，$\phi800$mm筒体壁厚公差约为0.20mm。

27.5.4 旋压件的缺陷及消除措施

筒形件变薄旋压工件的主要缺陷有起皮、波纹、黏结、鼓包、龟裂、断裂等。其产生原因及消除方法见表27-20。

表 27-20 旋压工件常见缺陷及其消除方法

缺陷种类	产 生 原 因	消 除 方 法
起皮	减薄率过大，进给比过大，旋轮工作角偏大，无趋进角；旋轮不光及润滑不充分	适量降低 ψ、f、α，使用带趋进角旋轮；出现起皮及时修除，抛光旋轮表面，充分润滑冷却，防止黏结
波纹	芯模偏摆较大，不圆及转速过高；系统油路含气；设备刚性差	适量降低转速，排放油路气体，减小变形量，或加热旋压
鼓包	进给比过小，工件扩径大	适量增加进给比，控制工件收径，降低椭圆度
裂纹	减薄率、进给比、旋轮工作角同时较大；减薄量大于旋轮趋进带压下量	适量选择减薄率、进给比、旋轮工作角，以变形不失稳为原则

28　铝合金管、棒、型、线材的热处理与精整矫直技术

28.1　管、棒、型、线材的热处理技术

28.1.1　管、棒、型、线材退火

铝合金管、棒、型、线材生产过程中的退火按其所要达到的目的不同主要分为再结晶软化退火、半冷作硬化退火和稳定化退火。其中，为了生产退火状态（O 状态）产品和为了消除加工硬化、恢复继续变形的能力而进行的再结晶软化退火，是应用最为普遍、应用次数最多的一种退火生产工艺。

28.1.1.1　再结晶形核与晶核长大

再结晶过程的第一步是在变形基体中形成一些晶核，这些晶核由大角度界面包围且具有高度结构完整性。然后，这些晶核就以"吞食"周围变形基体的方式而长大，直至整个基体为新晶粒占满为止。再结晶晶核的必备条件是它们能以界面移动方式吞并周围基体，进而形成一定尺寸的新生晶粒。故只有与周围变形基体有大角度界面的亚晶才能成为潜在的再结晶晶核。再结晶形核主要有两种机制：

（1）应变诱发晶界迁移机制。在原始晶粒大角度界面中的一小段（尺寸约几微米）突然向一侧弓出，弓出的部分即作为再结晶晶核，它吞并周围基体而长大，故又称为晶界弓出形核机制。

（2）亚晶长大形核机制。亚晶长大时，原分属各亚晶界的同号位错都集中在长大后的亚晶界上，使其与周围基体位向差角增大，逐渐演变成大角度界面。此时，界面迁移速率突增，开始真正的再结晶过程。亚晶长大的可能方式有两种，即亚晶的成组合并以及个别亚晶选择性生长。

变形铝合金加热会发生回复与再结晶过程，其驱动力是变形储能。在退火温度低、退火时间短时，发生的主要过程为回复，其本质是点缺陷运动和位错运动及其重新组合，在精细结构上表现为多边化过程，形成亚晶组织。退火温度升高或退火时间延长，亚晶尺寸逐渐增大，位错缠结逐渐消除，呈现鲜明的亚晶晶界。在一定条件下，亚晶可以长大到很大尺寸（约 $10\mu m$），发生原位再结晶。

28.1.1.2　再结晶温度

发生再结晶的温度称为再结晶温度。再结晶温度不是一个物理常数，在合金成分一定的情况下，它与变形程度及退火时间有关。若使变形程度及退火时间恒定，则再结晶既有其开始发生的温度，也有其完成的温度，即有一个温度区间。再结晶终了温度总比再结晶开始温度高，但影响它们的因素是相同的。

（1）冷变形程度对再结晶温度的影响。冷变形程度是影响再结晶温度的重要因素。当

退火时间一定（一般取1h）时，冷变形程度与再结晶开始温度的关系如图28-1所示。变形程度增加，再结晶开始温度降低。当变形程度达到一定值后，再结晶开始温度趋于一定值（$T_{再}$）。通常将变形程度在60%~70%以上，退火1~2h的最低再结晶开始温度$T_{再}$视为金属的一种特性，可用来表示金属的再结晶温度。

（2）退火时间对再结晶温度的影响。退火时间是影响再结晶温度的另一个重要因素。延长退火时间，再结晶温度降低。二者关系的一般形式如图28-2所示。

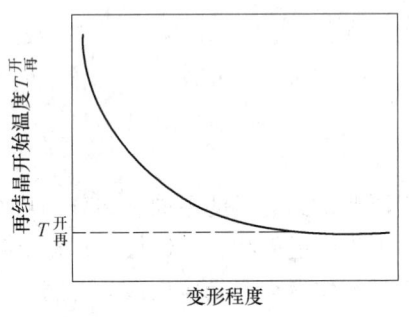 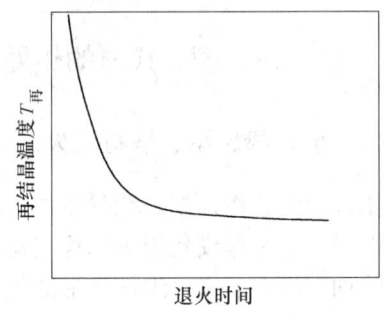

图28-1　变形程度对再结晶开始温度的影响　　　　图28-2　退火时间与再结晶温度的关系

（3）合金成分对再结晶温度的影响。合金成分对再结晶温度的影响如图28-3所示。在固溶体范围内，加入少量元素通常能急剧提高再结晶温度。金属越纯，少量元素的作用越明显。元素浓度继续增加，再结晶温度的增量逐渐减小，并在达到一定浓度后基本上不再改变，有时甚至开始降低，在固溶线附近可能达到再结晶温度的极小值。

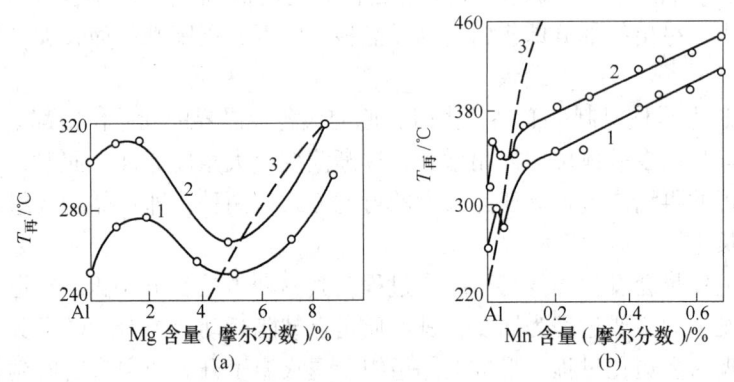

图28-3　再结晶开始温度及终了温度与合金成分的关系
(a) 铝-镁合金；(b) 铝-锰合金
1—再结晶开始温度；2—再结晶终了温度；3—固溶线

（4）冷、热变形对再结晶温度的影响。冷、热变形对再结晶温度的影响差别很大。对于同一合金，在退火制度相同的条件下，热变形可以使再结晶温度明显提高。因此，热挤压制品的再结晶温度高，冷变形制品的再结晶温度低。

铝合金各种加工产品的再结晶参数见表28-1。

表 28-1　铝合金各种加工产品的再结晶参数

合金	品　种	规格/mm	工　艺　条　件				再结晶温度/℃		备　注
			挤压或冷轧管		退火方式				
			温度/℃	变形率/%	盐浴炉或空气炉	保温时间/min	开始温度	终了温度	
1060	棒　材	φ10.5	350	98					挤压状态已完全再结晶
1035	棒　材	φ10	350	92					
1035	二次挤压管材	φ50×4.5	350	96					
1035	排　材	60×6	350	96	盐浴炉	10		455~460	挤压状态已开始再结晶
1035	冷轧管	φ18×1	室温	59	盐浴炉	10	280~285	355~360	
3A21	棒　材	φ110	380	90	空气炉	60	520~525	555~560	不完全
3A21	棒　材	φ110	380	90	盐浴炉	60	520~525	555~560	不完全
3A21	冷轧管	φ37×1	室温	85	盐浴炉	10	330~335	525~530	
2A11	棒　材	φ10	370~420	97	空气炉	20	360~365	535~540	
2A11	冷轧管	φ18×1.5	室温	98	空气炉	20	270~275	315~320	
2A12	棒　材	φ90	370	94	空气炉	20	380~385	530~535	
2A12	挤压管	φ83×28	370~420	89	空气炉	20	380~385	535~540	
6A02	棒　材	φ10	350	98.6	盐浴炉	20		445~450	挤压状态已开始再结晶
2A50	棒　材	φ150	350	87	盐浴炉	20	380~385	550~555	
7A04	型　材	壁厚2.0	320~450	97.8	空气炉	90	400	460	

28.1.1.3　再结晶晶粒长大及二次再结晶

再结晶晶粒形成后，若继续延长保温时间或提高加热温度，再结晶晶粒将粗化。再结晶晶粒粗化可能有两种形式：

（1）晶粒均匀长大。晶粒均匀长大又称为正常的晶粒长大或聚集再结晶。在这个过程中，一部分晶粒的晶界向另一部分晶粒内迁移，结果一部分晶粒长大而另一部分晶粒消失，最后得到相对均匀的较为粗大的晶粒组织。

（2）晶粒选择性长大——二次再结晶。在具备了一定条件时，在晶粒较为均匀的再结晶基体中，某些个别晶粒可能急剧长大，这种现象称为二次再结晶。

铝合金的二次再结晶首先与合金元素有关。铝合金中含有铁、锰、铬等元素时，由于生成 $FeAl_3$、$MnAl_6$、$CrAl_3$ 等弥散相，可阻碍再结晶晶粒均匀长大。但加热至高温时，有少数晶粒晶界上的弥散相因溶解而首先消失，这些晶粒就会率先急剧长大，形成少数极大的晶粒。可知，锰、铬等元素，在一定的条件下可细化晶粒组织，但在另一种条件下，则可能促进二次再结晶，从而得到粗大的或不均匀粗大的组织。

除合金元素的影响外，发达的退火织构也可促进二次再结晶的产生。

28.1.1.4 影响再结晶晶粒大小的主要因素

A 合金成分的影响

一般来说，随合金元素及杂质含量的增加，晶粒尺寸减小。因为不论合金元素溶入固溶体中，还是生成弥散相，均阻碍晶界迁移，有利于得到细晶粒组织。但某些合金，若固溶体成分不均匀，则反而可能出现粗大晶粒组织。例如 3A21 合金加工材的局部粗大晶粒现象。

B 原始晶粒尺寸的影响

在合金成分一定时，变形前的原始晶粒对再结晶后晶粒尺寸也有影响。一般情况下，原始晶粒越细，由于原有大角度界面越多，因而增加了形核率，使再结晶后晶粒尺寸小一些。但变形程度增加，原始晶粒的影响减弱。

C 变形程度的影响

变形程度与晶粒尺寸的关系如图 28-4 所示。

由某一变形程度开始发生再结晶并且得到极粗大晶粒，这一变形程度称为临界变形程度或临界应变，用 ε_C 表示。在一般条件下，ε_C 为 1% ~15%。

实验证实，当变形程度小于 ε_C，退火时只发生多边化过程，原始晶界只需

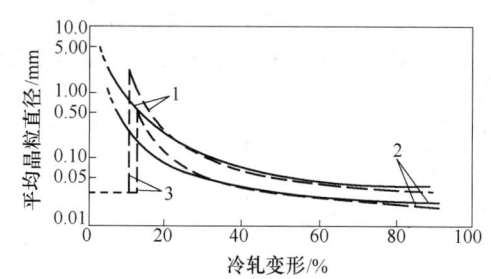

图 28-4 1100 板材在 360℃（----）或 480℃
（——）退火后的晶粒尺寸
1—慢速加热；2—快速加热；3—临界变形程度

做短距离迁移（约晶粒尺寸的数百万分之一至数十分之一）就足以消除应变的不均匀性。当变形程度达到 ε_C 时，个别部位变形不均匀性很大，其驱动力足以引起晶界大规模移动而发生再结晶。但由于此时形核率 N 小，形核率与晶核长大速率 G 之比值（N/G）也小，因而得到粗大晶粒。此后，在变形程度增大时，N/G 值不断增高，再结晶晶粒不断细化。

变形温度升高，变形后退火时所呈现的临界变形程度也增加，如图 28-5 所示。这是因为高温变形的同时会发生动态回复，使变形储能降低。这一现象说明，为得到较细晶粒，高温变形可能需要更大的变形量。

金属越纯，临界变形程度越小，如图 28-6 所示。但加入不同元素影响程度不同。例

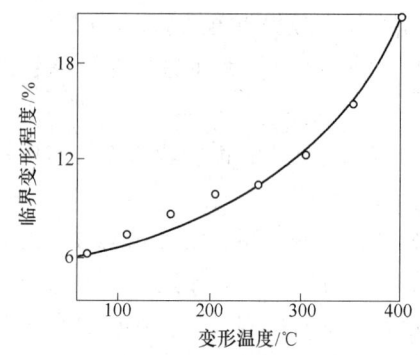

图 28-5 铝的临界变形程度与变形
温度的关系
（50℃退火 30min）

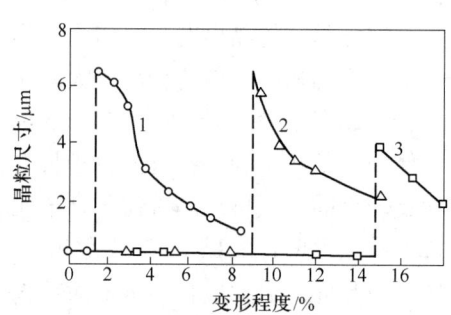

图 28-6 不同含锰量的变形程度
对再结晶晶粒尺寸的影响
1—99.7% Al；2—Al + 0.3% Mn；3—Al + 0.6% Mn

如，铝中加入少量锰可显著提高铝的 ε_C，但加入锌和铜时，加入量即使较大，影响也较微弱。这与锰能生成阻碍晶界迁移的弥散质点 $MnAl_6$ 有关。

ε_C 有重要的实际意义。为使退火得到细小晶粒，应防止变形程度处在 ε_C 附近。但有时为得到粗晶、两晶粒晶体或单晶，可应用临界变形得到粗晶粒这一特性。

D 退火温度的影响

退火温度升高，形核率 N 及晶核长大速率 G 增加。若两个参数以相同规律随温度而变化，则再结晶完成瞬间的晶粒尺寸应与退火温度无关；若 N 随温度升高而增大的趋势较 G 增长的趋势为强，则退火温度越高，再结晶完成瞬间的晶粒越小。

但是，多数情况下晶粒都会随退火温度升高而粗化（见图 28-7）。这是因为实际退火时都已发展到晶粒长大阶段，这种粗化实质上是晶粒长大的结果。温度越高，再结晶完成时间越短，在相同保温时间下，晶粒长大时间更长，高温下晶粒长大速率也越大，从而最终得到粗大的晶粒。

E 保温时间的影响

在一定温度下，退火时间延长，晶粒逐渐长大，但达到一定尺寸后基本终止。这是因为晶粒尺寸与退火时间呈抛物线形关系，所以在一定温度下晶粒尺寸均会有一极限值。若晶粒尺寸达到极限值后，再提高退火温度，晶粒还会继续长大，一直达到后一温度下的极限值。这是因为：原子扩散能力增高了，打破了晶界迁移力与阻力的平衡关系；温度升高可使晶界附近杂质偏聚区破坏，并促进弥散相部分溶解，使晶界迁移更易进行。

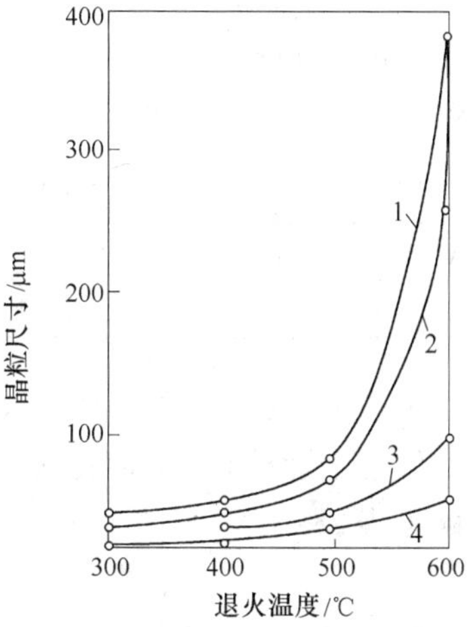

F 加热速度的影响

加热速度高，再结晶后晶粒细小。这是因为：快速加热时，回复过程来不及进行或进行得很不充分，所以不会使冷变形储能大幅度降低。快速加热提高了实际再结晶开始温度，使形核率加大。此外，快速加热能减少阻碍晶粒长大的第二相及其他杂质质点的溶解，使晶粒长大趋势减弱。

图 28-7 铝合金退火后晶粒尺寸与退火温度关系（保温 1h）

1—99.7% Al；2—Al + 1.2% Zn；
3—Al + 0.6% Mn；4—Al + 0.55% Fe

28.1.1.5 铝合金管、棒、型、线材退火制度

A 管、棒、型、线材退火工艺要求

管、棒、型、线材退火工艺要求有：

（1）型、棒材在退火之前必须进行预拉伸矫直，管材成品退火前必须进行精整矫直。

（2）为了保证退火过程中制品加热的均匀性，对于尺寸较大的方棒、排材，装筐时制品之间应留有一定的间隙，每层制品之间也应隔开。带夹头退火的管材，必须在紧靠夹头处打眼，便于热空气循环流动。

（3）装筐时，长制品放在下面，短制品放在上面；相同壁厚直径小的管材放在下面，直径大的放在上面；直径相接近的管材，壁厚大的放在下面，壁厚小的放在上面。如果

管、棒、型材同一炉退火,一般型、棒材放在下面,管材放在上面,防止退火中管材被压变形。

(4) 外径不大于21mm的薄壁管材退火时,装筐前必须用玻璃丝带打捆,每捆直径不大于200mm。防止因退火后管材变软出料困难或造成管材弯曲。

(5) 当5A03、5A05与1070A、1060、1050A、1035、1200、8A06、5A02合金管材装入同一炉退火时,应将5A03、5A05合金装入冷端,以防止屈服强度不合格。

(6) 管材成品退火和低温退火时,其表面上的润滑油必须清除干净,拉伸中间毛料退火时必须控油,防止退火后在管材表面形成油斑或造成过烧。

(7) 管材低温退火时,不得冷炉装炉。

(8) 2A12T42状态型材退火时应采用高温装炉,以利于快速升温。

(9) 2A01、2A10合金铆钉线材拉成品前的最后一次退火应采用缓冷,在保温后以每小时不大于30℃的速度随炉冷却至270℃以下出炉。

(10) 对于要求晶粒度的3A21合金退火状态成品管材,应采用中频退火。在退火前应对管材进行预矫直,其均匀弯曲度不应大于1mm/m,全长不大于4mm。外径在50mm以下的管材,允许用玻璃丝带打成小捆后退火,每捆根数见表28-2。退火温度可定为420~530℃。

表28-2 3A21合金管材中频感应退火每捆根数

管材外径/mm	6~8	10~12	14~18	20~24	25~28	30~34	35~38	≥50
每捆根数	60~72	20~36	10~15	6~8	5	4	3	1

B 铝合金管、棒、型、线材退火制度

铝合金管材退火制度见表28-3。铝合金型、棒材退火制度见表28-4。铝合金线材退火制度见表28-5。

表28-3 铝合金管材退火制度

制 品	合 金	定温/℃	金属温度/℃	保温时间/h	冷 却 方 式
压延毛料、拉伸毛料、拉伸中间毛料、厚壁管成品	2A11、2A12、2A14	420~470	430~460	3.0	冷却速度不大于30℃/h,冷却到270℃以下出炉
压延毛料	5A03、5A05	370~420	370~400	2.5	空冷
	5A06	310~340	315~335	1.0	
拉伸毛料、拉伸中间毛料	5A02、3A21	460~520	470~500	1.5	空冷
	5A03、5A05、5A06	440~490	450~470		
	1070A、1060、1050A、1035、1200、8A06、6A02	410~460	410~440	2.5	
薄壁管成品、二次压延毛料	2A11、2A12、2A14	340~390	350~370	2.5	冷却速度不大于30℃/h,冷却到340℃以下出炉
成品管材	5A02、5A03、5A05、1070A、1060、1050A、1035、1200、8A06、6A02、3A21	370~410	370~390	1.5	空冷
	5A06	310~340	315~335	1.0	

制　品	合　金	定温/℃	金属温度/℃	保温时间/h	冷　却　方　式
半冷作硬化管材	5A03	230~260	230~250	0.5~1.0	空　冷
	5A05、5A06	270~300	270~290	1.5~2.5	
减径前低温退火	2A11、5A03	270~300	270~290	1.0~1.5	空　冷
	2A12、5B05			1.5~2.5	
	5A05、5A06	310~340	315~335	1.0	
	5056	430~470	440~460	1.5	
稳定化退火	5056	110~140	115~135	1.0~2.0	空　冷

表28-4　铝合金型、棒材退火制度

合　金	炉子定温/℃	金属温度/℃	保温时间/h	冷　却　方　式
1060、1035、8A06、5A02、3A21	500~510	495±10	1.5	不　限
5A03、5A05、5A06	370~410	370~390	1.5	不　限
2A14、2A11、2A12	400~460	400~450	3.0	冷却速度不大于30℃/h， 冷却到270℃以下出炉
7A04、7A09	400~440	400~430	3.0	冷却速度不大于30℃/h， 冷却到150℃以下出炉

表28-5　铝合金线材退火制度

合　金	加热温度/℃	保温时间/h	冷　却　方　式
1070A、1060、1050A、1035、1200、8A06	370~410	1.5	出炉冷却
1050A（退火状态导线）	270~300	1.5	出炉冷却
2A04、2B11、2B12、2A10、2A16（直径不小于8mm）	370~390	1.5	冷却速度不大于30℃/h， 冷却到270℃以下出炉
2A01、2A10（直径大于8mm）	370~410	2.0	出炉冷却
7A03、7A04	320~350	2.0	冷却速度不大于30℃/h，冷却到250℃以下出炉

28.1.2　管、棒、型、线材淬火及时效

28.1.2.1　淬火

A　淬火工艺制定原则

a　淬火加热温度

在淬火加热过程中，要求合金中起强化作用的溶质，如铜、镁、硅、锌等能够最大限度地溶入铝固溶体中。因此，在不发生局部熔化（过烧）及过热的条件下，应尽可能提高淬火加热温度，以便时效时达到最佳强化效果。

淬火加热温度的上限是合金的开始熔化温度。有些合金含有少量共晶（如2A12），溶质具有最大溶解度的温度相当于共晶温度，为防止过烧，固溶处理温度必须低于共晶

温度，即必须低于最大固溶度的温度。有些合金按其平衡状态不存在共晶组织（如7A04 等），在选择加热温度上限时，虽然有相当大的余地，但也应考虑非平衡熔化的问题。图 28-8 所示为两个合金的差热分析（DTA）曲线。从图中可以看出，7A04 合金未经均匀化的试样在 490℃ 出现吸热尖峰，这是在 S（Al$_2$CuMg）相局部集中区域产生非平衡熔化所致。试样经均匀化后则不存在这种现象。与 7A04 合金不同，均匀化不能使 2A12 合金熔化温度改变，但可减少液相的数量。非平衡熔化同样可能出现过烧特征，因此应予以注意。

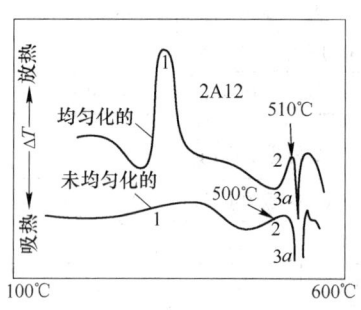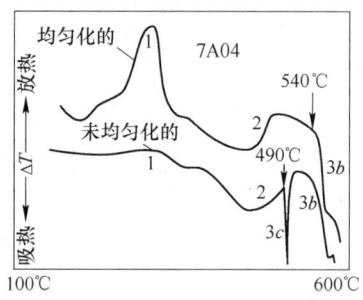

图 28-8　以 20℃/min 速度加热的 DTA 曲线（垂直箭头表示熔化开始）

1—过饱和固溶体脱溶；2—脱溶相重溶；3—熔化

3a—2A12 平衡共晶熔化；3b—7A04 平衡固相线熔化；3c—7A04 非平衡共晶熔化

晶粒尺寸是淬火处理时需要考虑的另一重要组织特征。对于变形铝合金来说，淬火前一般为冷加工（如薄壁管材、线材等）或热加工（如挤压制品）状态，在加热过程中，除了发生强化相溶解外，也会发生再结晶或晶粒长大过程。热处理可强化铝合金的力学性能，对晶粒尺寸相对不敏感，但过大的晶粒对性能仍是不利的。因此对高温下晶粒长大倾向性大的合金（如 6A02 等），应限制最高淬火加热温度。

通常，很多铝合金挤压制品都有挤压效应。在需要保持较强的挤压效应时，淬火加热温度以取下限为宜。

b　淬火加热速度

淬火加热速度也影响晶粒尺寸。因为第二相有利于再结晶形核，高的加热速度可以保证再结晶过程在第二相溶解前发生，从而有利于提高形核率，获得细小的再结晶晶粒。但应该注意，当淬火工件较厚、装炉量较多时，如果加热速度过快，可能会出现加热不透或不均匀的现象。

c　淬火加热保温时间

保温的目的在于使相变过程能够充分进行（强化相应充分溶解），使组织充分转变到淬火需要的状态。保温时间长短主要取决于合金成分、原始组织及加热温度。加热温度越高，相变速率越大，所需保温时间越短。

材料的预先处理和原始组织（包括强化相尺寸、分布状态等）对保温时间也有很大影响。通常，铸态合金中的第二相较粗大，溶解速率较小，所需的保温时间远比加工材的长。就同一合金来说，变形程度大的要比变形程度小的所需时间短。在已退火的合金中，强化相尺寸较已淬火-时效的粗大，故退火状态合金淬火加热保温时间较重新淬火的保温时间长得多。

保温时间还与装炉量、工件厚度、加热方式等因素有关。装炉量越多、工件越厚，保温时间越长。盐浴炉加热比气体介质加热速度快，时间短。

d　淬火冷却速度

淬火的目的是使合金快速冷却至某一较低温度（通常为室温），使在固溶处理时形成的固溶体固定成室温下溶质和空位均呈过饱和状态的固溶体。一般来说，采用最快的淬火冷却速度可得到最高的强度以及强度和韧性的最佳组合，提高制品的腐蚀及应力腐蚀抗力。图 28-9 表示几种合金抗拉强度与平均冷却速度间的关系。但冷却速度增加，制件的翘曲、扭曲的程度以及制件中残余应力的大小也会增大，给随后进行的精整矫直带来了困难。如果制品中存在着较大的残余应力，会降低其拉伸性能；在腐蚀性环境中使用时，会降低其抗应力腐蚀能力；在放置过程中易发生变形；在进行机械加工过程中易发生变形甚至崩裂。如果降低冷却速度，虽然可减小制件的变形并减小残余应力，但在冷却过程中易发生局部脱溶，会使晶间腐蚀倾向性增大。同时降低冷却速度也必然影响材料的力学性能。

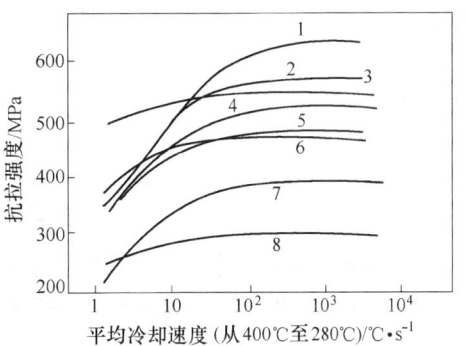

图 28-9　不同合金抗拉强度与淬火时的平均冷却速度的关系

1—7178T6；2—7075T6；3—7050T73；4—7075T73；5—2014T6；6—2024T4；7—6070T6；8—6061T6

影响淬火冷却速度的因素是多方面的。当制品厚度（或直径）增加时，淬火时的冷却速度必然会降低，从而可能达不到所需的最佳冷却速度，影响材料性能。淬火介质不同对淬火冷却速度也有一定的影响，水是最广泛且最有效的淬火介质，在水中加入不同物质也可使冷却速度改变，例如加入盐及碱可使冷却速度提高；加入某些有机物（如聚二醇）可使冷却变得缓和。淬火介质温度不同时，淬火冷却速度也不一样，温度越高，冷却速度越慢。制件从淬火炉转移至淬火介质中的时间越长，冷却速度也越慢。可见，淬火条件及淬火制品的尺寸和形状均会影响到淬火冷却速度，从而给制品的最终性能带来影响。

合理的淬火冷却速度应使制品淬火后的强度高，晶间腐蚀敏感性小且变形最小。

铝合金制品淬火后在冷却过程中会发生脱溶，根据脱溶的等温动力学曲线——C 曲线，就可以知道在一定温度下脱溶出一定溶质（平衡相），造成强度下降一定数值（如强度降为最高值的 99.5%）所需要的时间，或使腐蚀行为从点腐蚀改变成晶间腐蚀所需要的时间。图 28-10 和图 28-11 分别表示 2A12 合金自然时效后腐蚀行为及 7A04 合金人工时效后用屈服强度表示的 C 曲线。在曲线鼻部附近是具有最快脱溶速率的温度范围，通常称这一温度范围为临界温度范围。

由于临界温度范围是合金自高温冷却时，固溶体最容易发生分解的温度区间。所以通过临界温度范围时的冷却速度对合金的性能有很大影响。只要在临界温度范围时的冷却速度足够大，就能够有效地减缓固溶体的分解，获得较高的强度和较满意的抗腐蚀性能。当温度降到临界温度范围以下时，降低冷却速度，可以使制品的变形减小。

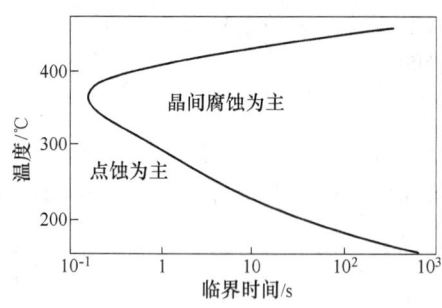

图 28-10 2A12 合金自然时效后的 C 曲线

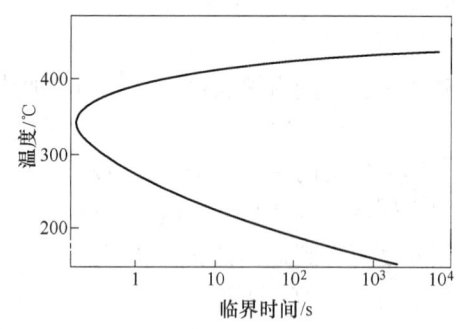

图 28-11 7A04 合金人工时效后的 C 曲线

B 管、棒、型、线材淬火工艺要求

管、棒、型、线材淬火工艺要求有：

（1）淬火前整径的管材，在淬火前应切去夹头；带夹头淬火（淬火后整径）的管材，应在淬火前擦去夹头处的润滑油，端头必须打上通风眼；厚壁管淬火前必须把不通风的尾部切除。

（2）对有严重弯曲和扭拧的制品，淬火前应进行预矫直处理。变断面型材在淬火前必须进行严格的预矫正。

（3）在立式热空气循环淬火炉淬火时，应使制品挤压前端朝上。对于直径不大于 12mm 的棒材、厚度不大于 3mm 的型材和所有二次挤压制品应尾端朝上。变断面型材应大头朝上。

（4）淬火制品进炉前必须用铝线打捆，但不能捆得太紧。大规格棒材、排材、变断面型材大头部分不能互相贴紧，以免影响热空气流通，造成加热不均。

（5）相邻规格制品可以合炉淬火，但保温时间应按大规格计算。

（6）装炉前的炉温应该接近热处理加热温度，不允许在炉温高于规定的温度下装炉。

（7）为了保证加热均匀，应控制淬火加热时的升温时间。2A11、2A12 合金一次挤压棒材、二次挤压厚壁管材，2A12 和 7A04 合金变断面型材，淬火加热时的升温时间为 30~35min。

（8）制品淬火前的水温一般为 10~35℃。对于厚度等于或大于 60mm 的制品，以及形状复杂、壁厚差别大的型材，变断面型材，淬火水温可适当提高，一般为 30~50℃。线材淬火前的水温不应高于 30℃。

（9）淬火冷却时，制品应以最快速度全部浸入水中，并应上下摆动 3 次以上。

C 管、棒、型、线材淬火制度

铝合金管、棒、型、线材淬火加热温度见表 28-6。

表 28-6 铝合金管、棒、型、线材淬火加热温度

合 金	工作室温度/℃			加热室温度/℃	备 注
	合适温度	允许温度	开始保温		
2A02、2A13、2A14	501~504	500~505	500	503±5	
2A04	503~508	502~508	502	505±5	
2A06	495~504	495~505	495	500±5	

合　金	工作室温度/℃			加热室温度/℃	备　注
	合适温度	允许温度	开始保温		
2B11	496~499	495~500	495	497±5	
2B12	495~499	490~500	490	495±5	
2A10	511~519	510~520	510	515±5	
2A11	501~504	500~505	500	503±5	适用于型材、管材、二次挤压棒材
2A12	498~501	497~502	497	500±5	
2A11	496~498	495~499	495	497±5	适用于一次挤压棒材
2A12	494~496	493~497	493	495±5	
2A16	530~539	530~540	530	535±5	
2A17	521~529	520~530	520	525±5	
7A03	464~474	465~475	465	470±5	
7A04、7A09、7A15	473~476	472~477	472	474±5	
6A02、2A90	517~520	516~521	516	518±5	
2A50、2B50	510~514	510~515	510	512±5	
2A70、2A80	527~530	526~531	526	528±5	
4A11	525~534	525~535	525	530±5	
6061、6063	521~530	520~530	520	525±5	

铝合金管、棒、型、线材淬火加热保温时间见表28-7。铝合金淬火转移时间见表28-8。

表28-7　铝合金管、棒、型、线材淬火加热保温时间

材料厚度/mm	保温时间/min			
	挤压件		铆钉线	
	盐槽	空气炉	盐槽	空气炉
≤1.0	7~25	10~35		
1.1~3.0	10~40	15~50		
3.1~5.0	15~45	25~60	25~40	50~80
5.1~10.0	20~55	30~70	30~50	60~80
10.1~20.0	25~70	35~100		
20.1~30.0	30~90	45~120		
30.1~50.0	40~120	60~180		
50.1~75.0	50~180	100~220		
75.1~100.0	70~180	120~260		
>100	80~200	150~300		

表28-8 铝合金淬火转移时间

材料厚度/mm	≤0.4	0.41~0.8	0.81~2.3	2.31~6.5	>6.5
最长淬火转移时间/s	5	7	10	15	20

注：在保证制品符合相应技术标准和协议要求的前提下，淬火转移时间可适当延长。对于用井式炉加热淬火的线材，淬火转移时间不允许超过30s。

28.1.2.2 时效

时效时过饱和固溶体的分解过程一般为：

$$过饱和固溶体 \rightarrow GP区 \rightarrow 过渡相 \rightarrow 平衡相$$

过饱和固溶体在分解过程中，不直接沉淀出平衡相的原因是由于平衡相一般与基体形成新的非共格界面，界面能大，而亚稳定的过渡相往往与基体完全或部分共格，界面能小。相变初期新相比表面大，因而界面能起决定性作用，界面能小的相，形核功小，容易形成。

GP区是合金中预脱溶的原子偏聚区。GP的晶体结构与基体的结构相同，它们与基体完全共格，界面能很小，形成功也小，故在空位帮助下在很低的温度中即能迅速形成。

过渡相与基体可能有相同的晶格结构，也可能结构不同，往往与基体共格或部分共格，并有一定的晶体学位向关系。由于结构上过渡相与基体差别较GP区与基体差别更大一些，故过渡相形核功较GP区的大得多。为降低应变能和界面能，过渡相往往在位错、小角界面、堆垛层错和空位团处不均匀形核。由于过渡相的形核功大，则需要在较高的温度下才能形成。在更高温度或更长的保温时间下，过饱和固溶体会析出平衡相。平衡相是退火产物，一般与基体相无共格结合，但也有一定的晶体学位向关系。平衡相形核是不均匀的，由于界面能非常高，因此往往在晶界或其他较明显的晶格缺陷处形核以减小形核功。

铝合金的时效硬化能力与固溶体的浓度和时效温度有关。在理论上，固溶体的浓度越高，时效效果也越高，以接近极限溶解度的合金强化效果最大，反之越低。时效温度对时效效果的影响可用不同温度下的等温时效曲线（见图28-12）来说明。从这些曲线可观察到以下特点：

（1）降低时效温度，可以阻碍或抑制时效硬化效应（如在-18℃时）。

（2）时效温度增高，则时效硬化速度增大，但硬化峰值后的软化速度也增大。

（3）在具有强度峰值的温度范围内，强度最高值随时效温度增高而降低。

（4）在人工时效时，强度才会出现峰值。当制品的强度达到最高值时，如果继续延长时效时间，强度不仅不会升高，反而开始下降，发生"过时效"。而自然时效时则不会出现过时效

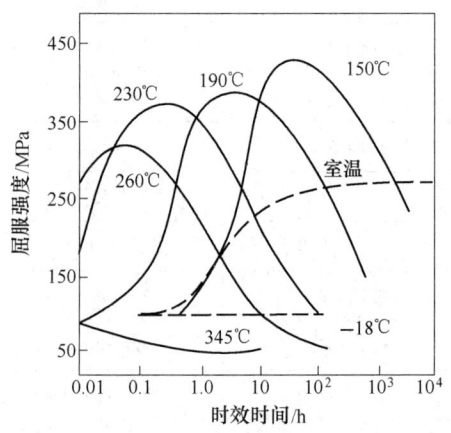

图28-12 Al-4.5Cu-0.5Mg-0.8Mn
合金等温时效曲线

现象。

仔细分析时效硬化曲线可以发现，在时效初期强度升高很慢或不升高（特别是时效温度低时较明显），这段时间称为"孕育期"。在孕育期时间内合金的塑性很高，可以进行铆接、弯曲成型或矫直操作，对生产加工非常有利。

铝合金经时效后会发生时效硬化。若将经过自然时效的合金，放在比较高的温度（但低于淬火加热温度）下短时间加热，然后再迅速冷却到室温，这时它的硬度将立即下降到和刚淬火时的差不多，即又回复到新淬火状态，其他性质的变化也常常相似，这种现象称为回归。回归后的合金还能再发生自然时效，可以重复多次。把这种可逆效应称为"回归效应"。但应指出，回归操作每重复一次，都会发生一部分不可逆的分解，使再时效的能力减弱。硬铝合金自然时效后在 $200 \sim 250℃$ 短时间加热后迅速冷却，其性能变化如图28-13 所示。

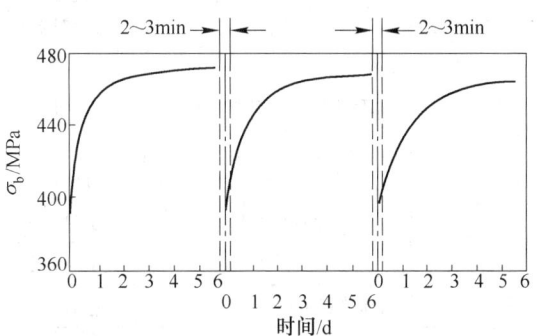

图 28-13　硬铝的回归现象（处理温度214℃）

自然时效后合金一般只生成 GP 区，但 GP 区是热力学不稳定的沉淀相，如在较高温度中短时间加热，即会迅速向固溶体中回溶而消失，冷却后又变成过饱和固溶体而回复了再时效的能力，这就是回归效应产生的原因。

回归效应在工业生产中很有实用价值。例如零件的整形与修复，自然时效后的铆钉因塑性降低铆接困难等，都可以利用回归处理来恢复塑性。但应注意：

（1）回归处理的温度必须高于原先的时效温度，两者差别越大，回归越快、越彻底。相反，如果两者差别很小，回归很难发生，甚至不发生。

（2）回归处理的加热时间一般很短，只要低温脱溶相完全溶解即可。如果时间过长，会使硬度重新升高或过时效，达不到回归效果。

（3）在回归过程中，仅预脱溶期的 GP 区重新溶解，脱溶期产物往往难以溶解。由于低温时效时不可避免地总有少量脱溶期产物在晶界等处析出。因此，即使在最有利的情况下合金也不可能完全回归到新淬火状态，总有少量性质的变化是不可逆的。这样，既会造成力学性能一定损失，也易使合金产生晶间腐蚀，因而有必要控制回归处理的次数。

对于某些铝合金制品来说，淬火和人工时效之间的间隔时间对其时效效果有一定影响。如 Al-Mg-Si 系合金，在淬火后必须立即人工时效，才能得到高的强度；淬火后如果在室温停放一段时间再时效，对强度有不利影响。$w(Mg_2Si) > 1\%$ 的合金在室温停放24h 后再时效，强度比淬火后立即时效的低约10%。这种现象称为"停放效应"或"时效滞后现象"。因此，对于有"停放效应"的合金制品来说，应尽可能缩短淬火与人工时效的间隔时间。

各种铝合金制品，时效工艺制度见表28-9。铝合金零件淬火至人工时效的间隔时间见表28-10。

表 28-9 各种铝合金制品时效工艺制度

合 金	制 品 种 类	时效种类	时效规范		时效后状态
			温度/℃	时间/h	
2A02	各种制品	人工时效 I	165～175	16	T6
		人工时效 II	185～195	24	T6
2A06	各种制品	自然时效	室温	120～240	T4
2A11、2A12	各种制品	自然时效	室温	96	T4
2A12	挤压型材壁厚≤5mm	人工时效	185～195	12	T62
				6～12	T6
2A16	各种制品	自然时效	室温	96	T4
		人工时效 I	160～170	10～16	T6
		人工时效 II	205～215	12	T6
	挤压型材壁厚1.0～1.5mm	过时效	185～195	18	MCGS
2A17	各种制品	人工时效	180～190	16	T6
2219	各种制品	人工时效	160～170	18	T6
6A02	各种制品	自然时效	室温	96	T4
		人工时效	155～165	8～15	T6
2A50	各种制品	自然时效	室温	96	T4
		人工时效	150～160	6～15	T6
2B50	各种制品	人工时效	150～160	6～15	T6
2A70	各种制品	人工时效	185～195	8～12	T6
2A80	各种制品	人工时效	165～175	10～16	T6
2A90	挤压棒材	人工时效	155～165	4～15	T6
2A14	各种制品	自然时效	室温	96	T4
		人工时效	155～165	4～15	T6
4A11	各种制品	人工时效	165～175	8～12	T6
6061	各种制品	人工时效	160～170	8～12	T6
6063	各种制品	人工时效	195～205	8～12	T6
7A04	挤压件	人工时效	135～145	16	T6
	各种制品	分级时效	115～125	3	
			155～165	3	
7A09	挤压件	人工时效	135～145	16	T6
7A19	各种制品	人工时效	115～125	2	T6

合 金	制品种类	时效种类	时效规范		时效后状态
			温度/℃	时间/h	
2A01、2B12	铆钉线材和铆钉	自然时效	室 温	96	T4
2A04			室 温	240	T4
2B12			室 温	96	T4
2A10			室 温	240	T4
			70 ~ 80	24	
			85 ~ 95	7	
7A03		分级时效	95 ~ 105	3	T6
			163 ~ 173	3	

表 28-10 铝合金零件淬火至人工时效之间的间隔时间

合金	淬火后保持塑性时间/h	淬火至人工时效的间隔时间/h	合金	淬火后保持塑性时间/h	淬火至人工时效的间隔时间/h
2A02	2 ~ 3	<3 或 15 ~ 100	2A80	2 ~ 3	不限
2A11	2 ~ 3		2A14	2 ~ 3	不限
2A12	1.5	不限	7A04	6	<3 或 >48
2A17	2 ~ 3		7A09	6	<4 或 2 ~ 10 昼夜
6A02	2 ~ 3	不限	7A19	10	不限
2A50	2 ~ 3	<6	7A33	4 ~ 5	3、5 或昼夜后
2B50	2 ~ 3	<6	6063		<1
2A70	2 ~ 3	<6			

28.2 管、棒、型材的精整与矫直

28.2.1 反弯矫直

反向弯曲矫直称为反弯矫直。矫直时，在两支点上放好条材，使其凸起处向上，然后用压力压击凸起部位使其向反向弯曲。反弯矫直可以用手工操作，也可以在压力机上进行。

手工矫直和一般压力机矫直都需要逐渐减小压下量和多次反复压弯才能达到矫直目的，不适应大规模生产的要求。连续式多辊递减压下的矫直方法，即辊式矫直机，它在铝合金型材精整矫直生产中占有极其重要的地位。

28.2.1.1 简单反弯矫直

使用的压力矫直也称为简单反弯矫直。这种矫直方法在铝合金型、棒材（特别是大规

格棒材）生产中经常被采用。

材料的弯曲既有随机性也有规律性。随机性是指弯曲部位和弯曲程度在每一根材料上都互不相同；规律性是指弯曲部位较多地集中在某处或某几处，弯曲程度最大不超过某种限度，而且其变化是连续的。如挤压材通常是头部弯曲较大；冷拔制品往往是均匀弯曲。一般情况下，断面模数大的材料，其曲率变化的梯度小；长度较短的材料，其曲率变化的梯度也小。

制品在反弯矫直时，当支点距离确定合适后，还需选用一个正确的压下量，才能在卸载后弹复变直。压下量的调节也是决定矫直质量的重要因素。

28.2.1.2 递减反弯矫直

A 矫直原理

为了克服普通压力矫直机效率低、矫直质量不高的缺点，适应大量连续生产的需要，开发了高速连续工作的矫直机。金属材料在明显的塑性弯曲条件下，弹复能力几乎是相同的。因此，不管其各处的原始曲率如何不一样，在较大的弯曲之后，几乎可以得到各处均一的曲率。金属刚性越大，压弯后的残余曲率的均一性越差。而这种差值将随着反弯次数的增加而减小。矫直的目的不仅是使材料各处的残余曲率趋向一致，而且还要求各处的残余曲率都能趋近于零。这就要求材料不仅应该受到多次反弯，而且反弯量还要逐渐减小，一直到等于纯弹性反弯为止。交错配置的多辊矫直机正好是可以满足上述要求，而被不断完善的矫直设备，其工作原理如图28-14所示，材料经过多次反弯并逐渐减小压下量，最后达到平直。

B 压下方案及辊数

假定某一根型材具有三种弯曲形态：凸弯、平直及凹弯，在辊矫直机上进行矫直。如图28-15所示，图中1表示各辊压下曲率的递减变化情况。如果这种压下曲率是按矫直曲率方程式算出的结果设定的，称为小变形矫直方案。这时各辊处残留曲率情况如图中2所示，它们是缓慢减小的。如果图中1的压下曲率按尽量减小第三辊处残留曲率差的方案设定时，则称为大变形或小残差矫直方案。这个方案将使各辊处残留曲率差迅速减小，因此也允许第四辊以后的各辊压下曲率迅速减小，使残留曲率迅速减小到零，如图中3所示。显然可以得出结论：小变形矫直方案所需的矫直力较小，但辊数较多；大变形或小残差矫直方案，前面3~4个辊子的矫直力较大，辊数可以少些。各种方案的矫直效果都以最后的残留曲率大小来评价。

根据矫直原理可知，型材矫直质量与压下量的递减方案和辊子数量有直接关系。合理

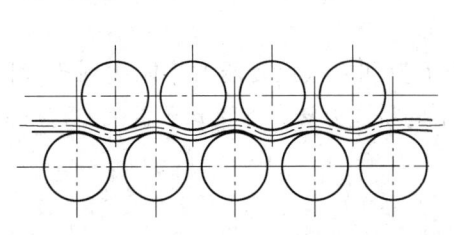

图28-14 多辊矫直机辊系

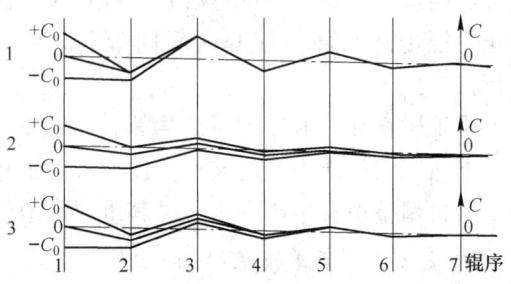

图28-15 多辊矫直的压下方案与残留曲率

的压下方案可以充分发挥各辊子的矫直作用,使辊数最少,矫直质量最高,机器的能耗较少。压下方案按变形程度有大小之分,大变形矫直适用于脆性小、断面高度小、最大塑弯比 M_{max} 值大的材料,各种断面型材的塑弯比 M_{max} 值参见表28-11,小变形矫直则相反。按压下递减方式分三种:第一种是最小压弯递减方式,这种方式的压弯量由矫直曲率方程式计算出来,属于小变形矫直方案。第二种是最小残差递减方式,其压弯量应首先使材料的弯曲方向一致,且使第三辊以后各辊的残留曲率差达到最小,属于大变形矫直方案。第三种是线性递减方式,从第二辊到最后第二辊的压弯量按线性递减。最后第二辊的压弯曲率一般为弹性极限曲率,前面第二辊的压弯曲率则不受严格限制。

表 28-11   各种断面型材的最大塑弯比

断面	矩形平放	矩形对角放	六角形平放	∧形	工、匚形	H形	⊔、⊥、凵形	圆形	管形 (a = 内径/外径)			
									$a = 0.4 \sim 0.59$	$a = 0.6 \sim 0.74$	$a = 0.75 \sim 0.89$	$a \geqslant 0.9$
M_{max}	1.5	2	1.6	1.5	1.15~1.2	1.8	1.5	1.7	1.6	1.5	1.4	1.3

最后的残留曲率大小是衡量矫直质量的标准,而最后残留曲率与压下方案有直接关系,所以矫直辊的辊数要根据不同的压下方案来确定。目前,在铝合金型材矫直生产中,常用的辊式矫直机有十辊矫直机、十二辊矫直机等。这种矫直机不仅可以矫正型材的弯曲,还可以对某些型材的断面形状进行矫正,如槽形型材底部的平面间隙、角度以及开口尺寸等。

28.2.2   旋转矫直

旋转矫直法主要用于圆棒材和管材的矫直。主要方法有多斜辊矫直、二斜辊矫直、转毂矫直等。

28.2.2.1   多斜辊矫直

A   矫直原理

多斜辊矫直是旋转矫直中最常见、应用最广的矫直方法。由于圆管棒材弯曲方向的随机不定,采用前面所述的平面性多辊矫直法对其进行矫直,很难得到满意的矫直效果。采用旋转矫直方法,能够一面旋转,一面进行反弯矫直,正好可以得到全圆周性的矫直效果。圆管棒材轴向纤维经受较大的弹塑性变形之后,弹复能力逐渐趋于一致,各条纤维都经过一次以上的由小到大,再由大到小的拉压变形。即便是由于原始弯曲状态不同,受到的变形量互有差异,只要变形都是较大的,则弹复能力就必将是接近的。这种变形反复次数越多,弹复能力越接近一致,矫直质量越好。

图 28-16 所示为圆材在旋转矫直过程中所受的弯矩及变形情况。图 28-16 (a) 表示圆材一面弯曲

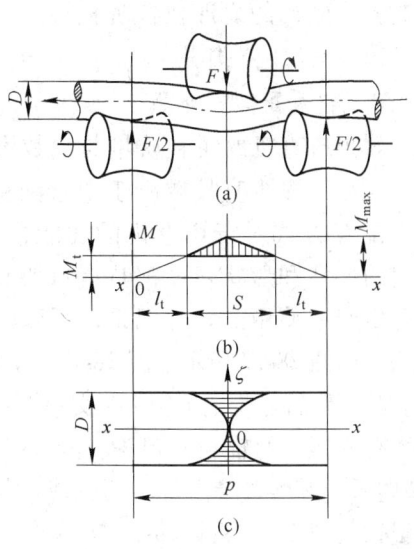

图 28-16   旋转矫直的弯矩与塑性变形区

一面旋转前进的情况；图中 28-16(b) 表示在弯曲平面内的弯矩曲线（弯矩图）。其 M-x 关系为：

$$M = xF/2$$

在 $x = l_t$ 处，$M = M_t = Fl_t/2$；在 $x = l_t \sim p/2$ 区间内，M 为弹塑性变形区内的弯矩，这个区间用 S 表示，则 S 代表弹塑性变形区长度。S 以外部分称为弹性变形区。这个区间的长度用 l_t 表示，而且两端是对称的。

图中 28-16(c) 为弹性区边界曲线（ζ-x 曲线）。影线以外部分为弹性变形区，影线部分为弹塑性变形区。可以看出，在塑性区内随 x 的减小，ζ 值迅速减小，即塑性变形迅速深入，直到圆材心部。圆材通过矫直辊的过程恰好是塑性区由小到大，再由大到小的变化过程。因此每条轴向纤维的变形将是不一致的。但是随着前进中旋转次数的增加，这种不一致性将明显减少。

斜辊矫直具有以下特点：

(1) 斜辊矫直不是依靠压下量的递减，而是依靠圆材在旋转前进中所受塑性弯曲的由小到大，再由大到小的连续变化使圆材变直。

(2) 斜辊矫直主要依靠足够的接触区长度及在接触区内一定的高频弯曲次数，而不单靠辊数的增加。不过增加辊数对提高矫直速度较为重要。

(3) 斜辊矫直的压下量不需追求大变形方案。在最大原始弯曲部分被矫直的同时，最小原始弯曲部分也被矫直，不存在直的部分又被压弯现象，也不受原始弯曲方向的影响。有时加大压下量反而有害，因为圆材走出接触区后，在 ζ-x 曲线区内，高频弯曲次数又较小时，可能造成外圆周塑性变形的差别重新加大，重新造成弯曲现象。所以在多斜辊矫直机上，后面矫直辊的压下量也应比前面的小些。

(4) 增设压紧辊和正确设计辊型对斜辊矫直有重要意义。

(5) 斜辊矫直中辊子的倾斜角度不仅对接触条件及高频弯曲次数有直接影响，也对保证圆材各个断面的变形在各矫直辊下不发生同步性的重复有决定性作用。

B 辊系配置与辊数

斜辊矫直机的矫直质量与辊数没有直接关系，辊数的多少直接取决于辊系配置方式，而辊系配置方式对于矫直机的功能、矫直质量、圆材的尺寸和形状精度都具有重要意义。根据实际生产中使用的各种辊系，可以归纳为四种类型，如图 28-17 所示。图 28-17(a) 称为 1-1 辊系，其配置特点是上下辊 1-1 交错。这种辊系的辊数有五辊、七辊和九辊等。图 28-17(b) 称为 2-2 辊系，其配置特点是上下辊成对排列，常见的辊数为 6 辊。图中 28-17(c) 称为复合辊系，其复合方式多种多样，有 2-1-2 式、2-1-2-1 式、

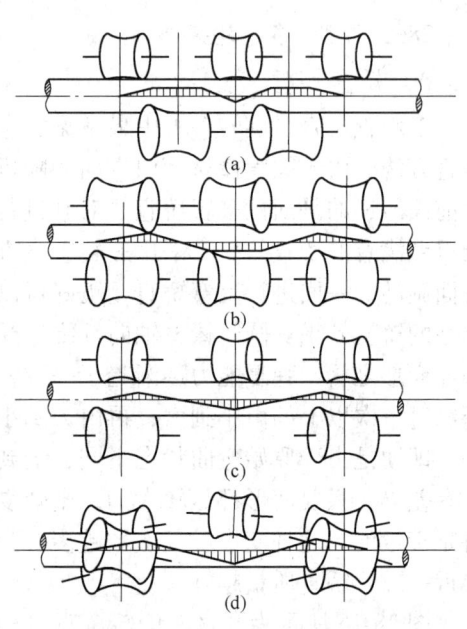

图 28-17 辊系配置方式与弯矩分配情况

1-2-1-2-1 式等。图 28-17(d) 称为 3-1-3 辊系，这种辊系都是 7 个辊子。

辊系配置不同，其用途也各不相同。1-1 辊系适用于一般棒材及厚壁管材的矫直；2-2 辊系适用于管材，尤其是薄壁管材的矫直；3-1-3 辊系适用于管材矫直；复合辊系适应性很宽，棒材、管材都可用，高速、低速的都有。

辊系配置不同，对制品的矫直质量、矫直机生产效率的影响不同。1-1 辊系一般都是下辊驱动，上辊随动；下辊做成长辊，上辊做成短辊，长辊 2 个，短辊 3 个；圆材受 3 次低频弯曲，形成 3 个塑性弯曲区，中间的短，两头的长；长的塑性区中包括接触区。因此可以得到较好的矫直效果。但这种辊系因第一个辊子不驱动，其咬入条件较差；圆材头尾在小于或等于半个辊距的长度内得不到矫直，有时会造成大量的切头损失；矫直速度的提高要靠增加辊数。

2-2 辊系一般上下辊都是驱动辊，因此其咬入条件好，且不易产生表面擦伤，能保护冷拔管材的表面质量。成对配置的两个辊子之间可以产生很大的压力，不仅可以对管材椭圆度有圆整作用，而且可以借助辊子对管材的弹性压扁，使鹅头弯得到矫直或减轻。由于管材的弯曲常伴有横断面的椭圆变形，且其弯曲方向必将与椭圆的短轴方向一致。当弯曲的头部进入两个压紧辊之间时，椭圆的长轴必将被压扁，而短轴方向的管壁被压弯向两侧外凸，并同时变直。管壁越薄，这种压扁矫直效果越好。

各种复合辊系常兼备上述两种辊系的优点。如 2-1-2 辊系，既可以矫直管材，改善咬入条件，提高质量，又可以方便调节，解决了 2-2 辊系的中辊的上下辊需要同时调节的困难。中间上辊的调节与 1-1 辊系一样可以单独进行，而且辊子驱动也简单了。其不足之处是接触区有所减小。又如 2-2-2-1 辊系只比 2-2 辊系增加一个上辊，传动轴并不增加，却明显地增大了接触区，增加了最后一辊调节的灵活性，对保证矫直质量很有好处。

3-1-3 辊系是一种较新的辊系，其特点是咬入条件好、工作稳定、圆整性好、矫直鹅头弯的效果好。这种辊系矫直鹅头弯主要依靠前后两组三辊的固端作用，前鹅头弯将在后三辊处矫直；后鹅头弯将在前三辊处矫直；驱动辊只有两个，使传动得到简化；所有的调节辊都不驱动，使调节方便。

C 圆材直径与辊子倾斜角

斜辊矫直机的工艺调整除压下量之外，还有辊子倾斜角度及矫直速度这两者之间的相互关系。在辊子转速确定之后，矫直速度 v_x 与辊子斜角 α 的关系为 $v_x = v_g \sin\alpha$（v_g 为辊子线速度）。一般矫直机的最小倾斜角 $\alpha_{min} = 20°$，最大倾斜角 $\alpha_{max} = 49°$。当辊子倾斜角在限定的范围内进行调节时，要与圆材直径成反比。如果辊型是按最粗圆材设计的，当然设计时所用斜角 α 也是最小对应值，因此在矫直细圆材时，α 角允许调大。于是矫直速度也将增大，也正好能弥补矫直细圆材时产量低的缺点。不过调大 α 角的同时要加大压下量，否则接触区将变小，且达不到矫直所需的弯曲曲率。

但在生产中还会遇到辊子倾斜角调节方法与上述相反的情况，即圆材越粗，辊子斜角越调得大些。其原因是从圆材与双曲线辊型接触后保持直线状态来考虑的。这种调节方法只能使较大的原始弯曲得到减轻，而不能真正矫直。要矫直，仍须进行适当的压弯，而压弯后接触状态也要改变。对于细圆材来说，即使改变了接触状态，其弯曲曲率也很难达到矫直要求。对于粗圆材来说，弯曲曲率可能很大，接触线可能很短，表面容易出现压痕。另外，粗圆材因斜角大，使矫直速度变快，而细圆材则相反，造成机器效能的浪费。

在生产实践中也会遇到一些矫直机的辊子斜角很少调节，甚至不调节的情况。这样，只要既定的斜角能矫直粗圆材，细圆材在加大压下量的条件下，也可得到矫直，不过矫直速度都一样，机器效率不能发挥。如果采用换辊制度，即细圆材的矫直辊要大于粗圆材的矫直辊，既有利于保持生产效率，也有利于保证矫直质量。

28.2.2.2 二斜辊矫直

二斜辊矫直简称为二辊矫直。其矫直过程与矫直原理与多斜辊有很大不同；其矫直质量既不取决于辊数，也不取决于辊子配置，而是取决于辊型。辊型必须保证圆材在两辊之间获得矫直所需要的反弯曲率，因此不宜采用直圆材全接触的双曲线辊型。圆材的反弯全靠它与辊子接触后所形成的接触曲率，而且这个曲率应该由小到大，保持一段等曲率，再由大到小逐渐变化。要达到矫直目的，还需保证圆材在接触区内获得一定转数。这种矫直机的矫直效果是全程性的，因此对鹅头弯的矫直比其他矫直方法都好。二辊矫直过程及曲率的变化如图 28-18 所示。

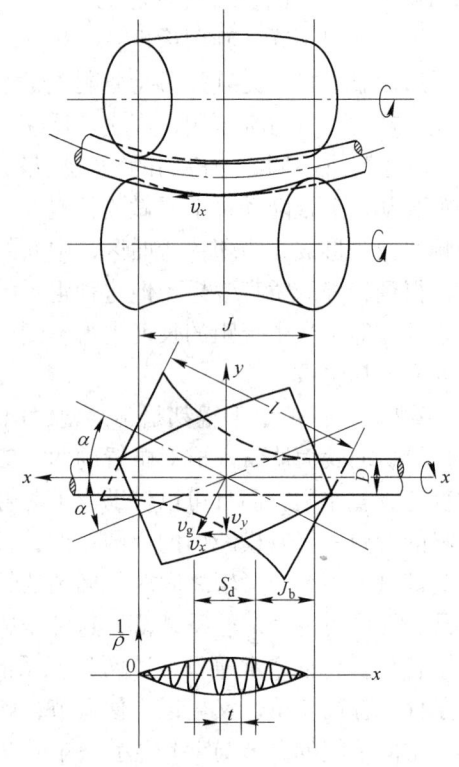

图 28-18　二辊矫直过程与曲率变化

从图中可以看出，二辊矫直时，圆材的弯曲形态与多斜辊矫直不同，多斜辊矫直时，圆材在接触区以外已经开始弯曲，而二辊矫直时，圆材进入接触区以后才开始弯曲，塑性弯曲发生在辊子中央附近。从矫直需要出发，希望在塑性弯曲区内有较长的等曲率塑性区。用 S_d 代表等曲率塑性区的长度，当辊子斜角为 α，圆材直径为 D 时，螺旋前进的导程为 $t = k\pi D\tan\alpha$。则要求：

$$S_d = k\pi D\tan\alpha \qquad k = 1 \sim 3$$

由此所确定的辊子倾斜角为：

$$\alpha = \arctan\left[S_d/(k\pi D)\right]$$

由此所限定的矫直速度为：

$$v_x = v_g\sin\alpha = (\pi D_g n_g/60)\sin\alpha$$

式中　v_g——辊子线速度；

　　　D_g——辊子平均直径；

　　　n_g——辊子转数。

可见，扩大等曲率塑性区是保证矫直质量，提高矫直速度的关键。扩大等曲率塑性区的方法主要是靠正确设计辊型，其次是靠增加辊子长度，同时减小辊子斜角。辊子斜角越小，矫直速度越慢。故二辊矫直机的矫直速度都较慢。

由于在二辊矫直时圆材只有一次低频弯曲，当压下量较小时，在接触区内很难保证等曲率的弯曲条件；如果增大压下量，在矫直管材时易产生塑性压扁。因此二辊矫直不适合矫直管材（特别是薄壁管材）。

28.2.2.3　转毂矫直

转毂式矫直机属于小型矫直机，主要用于中小规格棒材和管材的矫直。其主要形式有孔模式转毂矫直机、斜辊式转毂矫直机、二辊式转毂矫直机以及滚动模式转毂矫直机等。

A　孔模式转毂矫直原理

孔模式转毂矫直如图 28-19 所示。其特点是用转毂的旋转代替圆材的旋转，达到同样的矫直目的。它适合于盘条的矫直，常用于盘条的矫直下料机组中。采用拉线的方式生产小直径高精度铝合金棒材时，在精整矫直时也可用这种矫直方法，但只适合于硬合金。孔模的交错布置使条材在前进中要经受多次的反弯。孔模数越多，反弯次数越多，这个弯曲次数属于低频弯曲次数。由于孔模随转毂旋转，因此条材的弯曲变成全圆周性的旋转弯曲，它属于高频弯曲。由于孔模没有送料作用，故在转毂前后要装有送料和拉料辊子，一方面送料，另一方面能夹紧圆材防其随转。一般转毂矫直机所用的孔模数为 5~7 个，按等间距配置在转毂内，其交错的偏心量可调。孔模形状可做成圆孔形和开口形，如图 28-19 中Ⅰ、Ⅱ所示。两端孔模起定位作用，中间孔模起反弯作用。

孔模式转毂矫直机的主要结构参数是模子数量和模子间距。提高矫直速度的途径是增加孔模数和提高转速。但转速的提高也要受转毂振动的限制。

孔模式转毂矫直的主要缺点是：摩擦损失大；孔模的消耗大；圆材表面容易损伤；头部送料困难；因转动摩擦力很大，盘条尾部常随转毂转动，得不到矫直；送料受阻时，孔模将把条材磨细，甚至磨断。

B　斜辊式转毂矫直原理

采用斜辊代替孔模，能显著克服孔模式转毂矫直的上述缺点。同时矫直辊还有送料作用，使拉料辊很少消耗功率，只起导向作用和夹紧作用。

斜辊式转毂矫直机的结构如图 28-20 所示。这种矫直机在原理上同斜辊矫直机是一样的，辊数一般为 5~7 个。

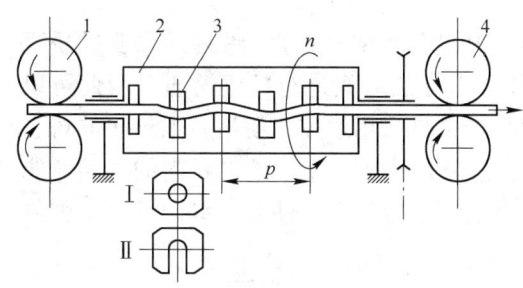

图 28-19　孔模式转毂矫直机简图
1—送料辊；2—转毂；3—孔模；4—拉料辊

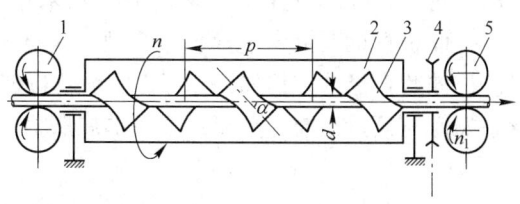

图 28-20　斜辊式转毂矫直机简图
1—送料辊；2—转毂；3—斜辊；4—传动轮；5—拉料辊

采用斜辊式转毂矫直时，由于转毂本身有较高的送料速度，送料辊要起限速作用，从而在条材内产生拉应力，这对于提高矫直质量和减少胀径都有好处。由于斜辊式转毂矫直时辊子与圆材的相对滑动小，可适用于盘卷拉拔棒材和管材的精整矫直。

C　二辊式转毂矫直原理

二辊式转毂矫直法与二辊式矫直原理相同，它能消除圆材的甩尾和由此引起的噪声，同时有利于条材两端的矫直。由于辊子少，转毂短，机器紧凑，可用于矫直较短的圆材，从而显示出它在传动上比斜辊矫直机更为简单的优点。二辊式转毂矫直机结构如图 28-21 所示，辊子斜角可调，若不调斜角，采用换辊制度也很方便，适用范围较宽。二辊式转毂矫直法可用于棒材矫直。

D　滚动模式转毂矫直原理

虽然斜辊式转毂矫直比孔模式优越性多，但也带来一个缺点，就是转毂直径加大了，动载荷增大较多，转速难以提高，矫直速度较低。滚动模式转毂矫直法（见图 28-22）则较好地克服了这一缺点。这种矫直机的孔模装在滚动轴承内，它与圆材之间只有滚动，而不产生周向滑动。如果把滚动模以它与圆材接触点为中心倾斜一个角度后，则滚动模在滚动的同时，将沿螺旋线与圆材之间发生相对运动。这样，模子与圆材之间完全没有滑动，不仅节约动力，而且不会产生擦伤，甚至比斜辊式矫直机还要理想。

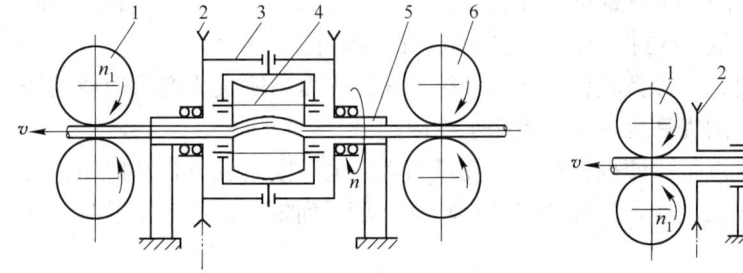 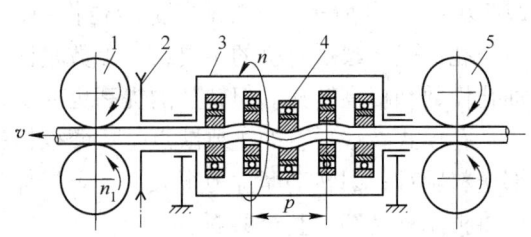

图 28-21　二辊式转毂矫直机简图
1—拉料辊；2—传动轮；3—转毂；
4—矫直辊；5—支撑套；6—送料辊

图 28-22　滚动模式转毂矫直机简图
1—拉料辊；2—传动轮；3—转毂；
4—滚动模；5—送料辊

28.2.3　拉伸矫直

拉伸矫直也称张力矫直，它是铝合金挤压材（特别是铝型材）生产中不可缺少的矫直方法。对于各种冷拔异型管材，也必须采用拉伸矫直方法对其进行精整矫直。因此可以说，拉伸矫直机在铝合金管、棒、型、线材矫直生产中是应用最广、使用台数最多的矫直机。拉伸矫直机的结构如图 28-23 所示。拉伸矫直的原理比较简单，不管材料的原始弯曲形态如何，只要拉伸变形超过金属的屈服极限，并达到一定程度，使各条纵向纤维的弹复

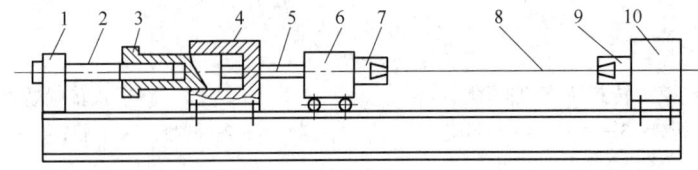

图 28-23　拉伸矫直机简图
1—尾架；2—回程柱塞；3—单回程油缸柱塞；4—带工作油缸的固定架；5—双拉杆；
6—活动机架；7—活动夹头；8—被矫直材料；9—固定夹头；10—固定架

能力趋于一致，在弹复后，各处的残余弯曲量不超过允许值。

材料的拉伸变形曲线如图 28-24 所示，当条材因原始弯曲造成纵向纤维单位长度的差为 Oa，经较大的拉伸变形后，使原来短的纤维拉长为 Ob，原来长的纤维拉长为 ab。卸载后，各自的弹复量为 bd 及 bc。这时残留的长度差变为 cd，cd 明显小于 Oa，使材料的平直度得到很大改善。如果材料的强化特性越弱，这种残留的长度差越小，

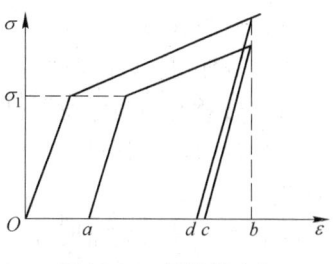

图 28-24　原始长度与
拉伸变形的关系

即矫直质量越高。当材料的强化性能较大时，一次拉伸后有可能达不到矫直目的，即 cd 大于允许值，则应该进行二次拉伸。如果在第二次拉伸之前对材料进行时效处理，则矫直效果会更显著。另外，由于材料的实际强化特性并不是完全线性的，越接近强度极限，应力与应变之间的线性关系越减弱，因此在接近强度极限的变形条件下，可以得到很好的矫直效果。但这样的做法是比较危险的，不仅易出现表面粗糙，而且容易拉断。

采用拉伸矫直，既能矫正制品的弯曲，消除波浪，也能矫正制品的扭拧，起到整形的作用，这对于断面形状非常复杂的铝型材生产来说，是一种最为有效的矫直生产方法。

28.2.4　管、棒、型材精整矫直

28.2.4.1　矫直方法选择

矫直方法有许多种，不同方法都有其各自的特点及适用范围。而对于不同的制品来说，其弯曲变形的形态也是各种各样的，有些是纯弯曲变形，有些是弯扭组合变形，对于某些壁厚差较大的型材，在其壁薄的部位还易出现波浪等。矫直方法则应根据不同制品弯曲变形的特点和要求，在保证矫直质量的前提下，尽可能根据提高生产效率，减少金属损失，提高成品率的原则进行选择。对于有些制品的弯曲变形，选择一种矫直方法就可以得到较好的矫正；而对于另外一些制品，则可能需要多种方法进行配合才能矫正。对于圆形断面的管材和棒材，宜采用旋转矫直法；对于长度较短棒材的弯曲和大规格棒材的头部弯曲，宜在压力机上采用反弯矫直法进行矫正；对于非圆断面管材和棒材、各种断面的型材，宜采用拉伸矫直法；对于型材中存在的角度、开口度及平面间隙不合格等，通过拉伸矫直消除了弯曲和扭拧后，则还需要在多辊矫直机上，通过合理配辊，利用递减反弯矫直方法进行矫正。

28.2.4.2　管材精整矫直

铝合金管材按断面形状主要分为圆形、正方形、矩形及其他异型管。对于不同断面的管材，应采用不同的矫直方法。圆形管材一般采用旋转矫直（通常称为辊矫）。当管材直径超出矫直机的能力范围时，也采用拉伸矫直；用于轧制的管材坯料，往往也采用拉伸矫直。其他断面形状管材一般采用拉伸矫直。对于正方形、矩形管材，当管材的尺寸偏差接近下限值时，通常也在多辊矫直机上利用递减反弯矫直法进行矫正。当某些正方形、矩形管材的平面间隙超出规定值较小时，在多辊矫直机上通过合理配辊，采用递减反弯矫直法，也可以得到一定程度的矫正，从而满足标准要求。

A　管材精整矫直工艺要求

管材精整矫直工艺要求有：

（1）管材在辊矫之前表面应当清洁，不得粘有金属屑和灰尘；矫直机辊面也应光滑，无金属屑等脏物。以防矫直后划伤管材表面或造成管材表面的金属及非金属压入。

（2）辊矫时，为了使管材易于咬入，可在辊子上适当加一些润滑油。

（3）淬火后的管材，应尽可能在其塑性最好的时间内矫直完毕，以防时效硬化影响矫直效果。

（4）对于淬火后需要进行人工时效的管材，应在淬火与人工时效的时间间隔内矫直完毕。人工时效后一般不进行矫直。7A04、7A09 合金厚壁管材在人工时效后不允许进行矫直。

（5）退火管材应在退火前进行矫直，退火后只能进行手工矫直。

（6）淬火后不对弯曲度较大的管材矫直，应在淬火前进行预矫直。

（7）辊矫时，应注意辊子压下量的调节，避免在矫直后的管材表面出现明显的、具有一定深度的矫直螺旋线。

（8）管材经辊矫后其尺寸会发生一定的变化，长度变短，直径增大。对于尺寸精度要求高的产品，应注意直径变化对其精度可能带来的影响。对于定尺管材则应在矫直后切定尺。

（9）管材进行拉伸矫直时，在夹头部位的管材内孔中应塞入与之相配套的矫直芯子，以减小管材头部压扁变形的长度。

（10）管材拉伸矫直前应仔细测量断面尺寸。当尺寸接近负偏差极限时，应注意变形量的控制，防止拉后尺寸超负偏差。对于正方形、矩形断面管材，可在多辊矫直机上利用递减反弯矫直法进行矫正。当尺寸为正偏差时，可适当增大变形量。但变形量一般不要超过 3%，以防造成表面粗糙或拉断。

B　管材精整矫直质量

精整矫直后的管材表面应光滑，无明显的滑移线痕迹。对于厚壁管材，矫直所产生的螺旋痕，其深度不得超过 0.5mm。对于薄壁管材，只允许有不影响壁厚的轻微矫直螺旋线。

挤压圆管矫直后的弯曲度应符合表 28-12 的规定。冷拉、轧圆管矫直后的弯曲度应符合表 28-13 的规定。冷拉正方形管、矩形管矫直后的弯曲度应符合表 28-14 的规定。冷拉正方形管、矩形管精整矫直后的扭拧度应符合表 28-15 的规定。冷拉正方形管、矩形管精整矫直后的平面间隙应符合表 28-16 的规定。冷拉椭圆管矫直后的弯曲度应符合表 28-17 的规定。

表 28-12　挤压圆管的弯曲度　　　　　　　　　　（mm）

公称外径	弯 曲 度					
	普 通 级		高 精 级		超 高 精 级	
	每米长度上	全长（L m）上	每米长度上	全长（L m）上	每米长度上	全长（L m）上
25 ~ 150	≤3.0	≤3.0 × L	≤2.0	≤2.0 × L	≤1.0	≤1.0 × L
>150 ~ 250	≤4.0	≤4.0 × L	≤3.0	≤3.0 × L	≤2.0	≤2.0 × L

注：此弯曲度要求不适用于退火状态和外径大于 250mm 的管材，有要求时应在合同中注明。

表 28-13 冷拉、轧圆管的弯曲度 (mm)

公称外径	普通级		高精级	
	每米长度上	全长(L m)上	每米长度上	全长(L m)上
≤10	≤60	≤60×L	≤42	≤42×L
>10~120	≤2	≤2×L	≤1	≤1×L

注：此弯曲度要求不适用于退火状态管材，有要求时应在合同中注明。

表 28-14 冷拉正方形管、矩形管的弯曲度 (mm)

公称外径	普通级		高精级	
	每米长度上	全长(L m)上	每米长度上	全长(L m)上
≤10	≤60	≤60×L	≤42	≤42×L
>10~70	≤2	≤2×L	≤1	≤1×L

注：此弯曲度要求不适用于退火状态管材，有要求时应在合同中注明。

表 28-15 冷拉正方形管、矩形管的扭拧度

公称密度/mm	普通级		高精级	
	每米长度上	全长(L m)上	每米长度上	全长(L m)上
≤40	≤3°	≤3°×L	≤2°	≤2°×L，最大7°
>40~70	≤1.5°	≤1.5°×L	≤1°	≤1°×L，最大5°

注：此弯曲度要求不适用于退火状态管材，有要求时应在合同中注明。

表 28-16 冷拉正方形管、矩形管的平面间隙 (mm)

管材的宽度或高度	平面间隙	
	普通级	高精级
≤12.5	≤0.5	≤0.08
>12.5~25	≤0.5	≤0.10
>25~50	≤0.5	≤0.13
>50~70	≤0.75	≤0.15

表 28-17 冷拉椭圆管的弯曲度 (mm)

长轴公称尺寸	普通级		高精级	
	每米长度上	全长(L m)上	每米长度上	全长(L m)上
≤10	≤60	≤60×L	≤42	≤42×L
>10~115	≤2	≤2×L	≤1	≤1×L

注：此弯曲度要求不适用于退火状态管材，有要求时应在合同中注明。

28.2.4.3 棒材精整矫直

铝合金棒材按断面形状分为圆棒、方棒和六角棒。对于中、小规格的圆棒材，既可以采用拉伸矫直，也可以采用旋转矫直；当棒材直径较粗时，通常采用拉伸矫直；对于直径粗而短的大规格棒材（如直径大于200mm），当弯曲度较大时，可利用压力机进行反弯矫直；当棒材弯头比较严重时，为便于拉伸矫直，通常也在压力机上进行预矫。对于方棒和

六角棒，一般采用拉伸矫直。

　　A　棒材精整矫直工艺要求

棒材精整矫直工艺要求可参考管材精整矫直工艺要求，同时还应注意以下要求：

　　（1）棒材拉伸矫直时的变形量要根据制品的实际尺寸、弯曲扭拧程度和其表面质量来决定，所有棒材的拉伸率一般为 0.5% ~ 3%。当制品的实际尺寸接近负偏差极限值时，要严格控制拉伸变形量或采用辊矫。在采用大拉伸变形量时，应认真注意制品表面的变化情况，防止表面粗糙或拉断。

　　（2）当对 ϕ10mm 以下棒材进行拉伸矫直时，不允许将长短不一的几根制品同时进行拉伸，以保证棒材力学性能的均匀性和减少夹头损失。

　　B　棒材精整矫直质量

精整矫直后的棒材表面应光滑，存在的压坑、矫直螺旋线的最大深度不允许超出直径允许偏差，保证棒材最小直径。

精整矫直后的棒材的弯曲度，对于直径不大于 10mm 的棒材，允许有用手轻压即可消除的弯曲，其他规格棒材应符合表 28-18 的规定。方棒、六角棒的扭拧度应符合表 28-19 的规定。

表 28-18　棒材弯曲度　　　　　　　　　（mm）

棒材直径	弯　曲　度			
	普　通　级		高　精　级	
	每米长度上	全长(L m)上	每米长度上	全长(L m)上
>10 ~ 100	≤3.0	≤3.0×L，但最大为 15	≤2.0	≤2.0×L，但最大为 10
>100 ~ 120	≤6.0	≤6.0×L，但最大为 25	≤5.0	≤5.0×L，但最大为 20
>120 ~ 130	≤10.0	≤10.0×L，但最大为 40	≤7.0	≤7.0×L，但最大为 30
>130 ~ 200	≤14.0	≤14.0×L，但最大为 50	≤10.0	≤10.0×L，但最大为 40

　　注：1. 表中弯曲度数值是将棒材置于平台上，靠自重平衡后仍存在的弯曲；
　　　　2. 不足1m的棒材按1m计算弯曲度。

表 28-19　方棒、六角棒的扭拧度

方棒、六角棒内切圆直径/mm	扭　拧　度			
	普　通　级		高　精　级	
	每米长度上	全长(L m)上	每米长度上	全长(L m)上
≤14	60°	60°×L	40°	40°×L
>14 ~ 30	45°	45°×L	30°	30°×L
>30 ~ 50	30°	30°×L	20°	20°×L
>50 ~ 120	25°	25°×L		

　　注：不足1m的棒材，扭拧度按1m计算。

28.2.4.4　型材精整矫直

不同于管材和棒材，由于绝大多数铝合金型材的断面形状都是非常复杂的，挤压过程中金属的流动不均匀性远大于管材和棒材，故其弯曲变形的形态、程度比管材和棒材的更复杂、更严重。具体到每一根型材来说，不同程度都存在着弯曲，而型材的弯曲很少是纯弯曲变形，往往都是弯曲和扭拧共存；在某些型材的某些部位（如壁厚差较大型材的壁薄部位）有时会出现波浪；正方形和矩形等管状型材有时还会出现平面凹下或凸起；带有角度的一些型材（如角材、槽形型材等）有时还会出现角度的增大或减小；槽形型材在角度发生变化的同时又伴随着扩口和底边平面间隙的增大等。多数型材的外形往往又是不规则的。这些，都造成了型材精整矫直的复杂性和困难性。铝合金型材的精整矫直一般都采用拉伸矫直法。对于某些存在有角度、平面间隙、开口尺寸不合格的型材，还需要在多辊矫直机上，通过合理配辊，采用递减反弯矫直法进行矫正。

A 型材精整矫直工艺要求

型材精整矫直工艺要求可参考管材精整矫直工艺要求，同时还应注意以下要求：

（1）变断面型材、大梁型材、高精度型材、挤压后变形很大的复杂型材，要根据制品的实际情况，在淬火前应进行预拉伸和预精整，并在尺寸上留有足够的变形余量。变断面型材的预拉伸率一般控制在 1.0% 以下，并要严格测量靠近过渡区型材尺寸变化。

（2）变断面型材局部的轻微波浪和间隙，允许用手锤通过衬垫（铝合金或夹布胶木）矫正，手工矫正与修正用的硬铝锤和钢锤（使用衬垫）质量应在 3kg 以下。

（3）型材矫直时的拉伸率一般为 0.5%～3%；建筑铝型材的拉伸率一般不得超过1.5%。具体型材的拉伸率要根据其实际尺寸、弯曲扭拧和表面不产生橘皮现象等情况来决定。

（4）当型材的角度、平面间隙、开口尺寸等形位尺寸不合格时，可以进行手工和在多辊矫直机上采用递减反弯矫直法进行矫正。对于建筑铝型材要特别注意防止辊子擦伤制品表面或在其表面上产生较明显的压痕。

B 型材精整矫直质量

a 横截面角度偏差

精整矫直后的型材的横截面角度偏差应符合表 28-20 的规定。其中 6061、6063、6063A 合金建筑铝型材的角度偏差应按 C 类控制，精度等级应在合同中注明，未注明时6061 合金按普通级控制，6063、6063A 合金按高精级控制。

表 28-20 铝合金型材角度允许偏差 （°）

型材类别	普通级	高精级	超高精级
A、B、D	±3	±2	±1
C	±2	±1	±0.5

注：当需要角度偏差全为正或全为负时，其偏差取表中数值的两倍；对于建筑铝型材其偏差由供需双方协商确定。

b 型材的弯曲度

型材的弯曲度是指将型材放在平台上，借自重使弯曲达到稳定时，沿型材长度方向测得的型材底面与平台最大间隙（h_t），或用 300mm 长直尺沿型材长度方向靠在型材表面上，测得的间隙最大值。楔形型材和带圆头型材，还应检查侧向弯曲（刀弯），其弯曲度在每米长度上不超过 4mm，在全长 L m 上不超过 4×L mm，最大不超过 30mm。

精整矫直后的铝型材的弯曲度应符合表 28-21 的规定。精整矫直后的建筑铝型材的弯曲度应符合表 28-22 的规定。弯曲度的精度等级要在合同中注明。未注明时 6063T5、

6063AT5 型材按高精级执行，其余按普精级执行。

表 28-21　铝合金型材的弯曲度　　　　　　　　　　（mm）

外接圆直径	型材最小公称壁厚	普通级		高精级		超高精级（只适用 C 类型材）	
		任意 300mm 长度上的最大值 h_s	全长 L m 上的最大值 h_t	任意 300mm 长度上的最大值 h_s	全长 L m 上的最大值 h_t	任意 300mm 长度上的最大值 h_s	全长 L m 上的最大值 h_t
≤38	≤2.4	用手轻压，弯曲消除		1.3	$4 \times L$	1.0	$3 \times L$
	>2.4	0.5	$2 \times L$	0.3	$1 \times L$	0.3	$0.7 \times L$
>38 ~ 250	所有	0.5	$2 \times L$	0.3	$1 \times L$	0.3	$0.7 \times L$
>250	所有	0.8	$2.5 \times L$	0.5	$1.5 \times L$		

表 28-22　铝合金建筑型材的弯曲度　　　　　　　　　　（mm）

外接圆直径	最小壁厚	弯　　曲　　度					
		普精级		高精级		超高精级	
		任意 300mm 长度上 h_s	全长 L m 上 h_t	任意 300mm 长度上 h_s	全长 L m 上 h_t	任意 300mm 长度上 h_s	全长 L m 上 h_t
		不　大　于					
≤38	≤2.4	1.5	$4 \times L$	1.3	$3 \times L$	1.0	$2 \times L$
	>2.4	0.5	$2 \times L$	0.3	$1 \times L$	0.3	$0.7 \times L$
>38		0.5	$1.5 \times L$	0.3	$0.8 \times L$	0.3	$0.5 \times L$

c　型材的波浪度

精整矫直后的型材的波浪度应符合表 28-23 的规定。

表 28-23　铝合金型材的波浪度

波浪高度/mm	普通级	高精级	超高精级
≤0.25	允　许	允　许	允　许
>0.25 ~ 0.5	允　许	允　许	每两米最多一处
>0.5 ~ 1	允　许	每米最多一处	不允许
>1 ~ 2	每米最多一处	不允许	不允许
>2	不允许	不允许	不允许

d　平面间隙

型材的平面间隙是把直尺横放在型材平面上，测得的型材平面与直尺之间的最大间隙值，或将型材放在平台上，沿宽度方向测得的型材平面与平台之间的最大间隙值（不包括开口部分的型材表面），平面间隙应符合表 28-24 所示。建筑型材的平面间隙应符合表 28-25的规定。合同中未注明精度等级时，6061 合金按普通级执行，6063、6063A 合金按高精级执行。

表 28-24 铝合金型材平面间隙   （mm）

型材类别	型材宽度 B	平面间隙				
		普通级	高精级		超高精级	
		空、实心型材	实心型材	空心型材	最小公称壁厚不大于4.7mm的空心型材	其他空心型材和实心型材
C	任意25mm 宽度上	≤0.20	≤0.10	≤0.15	<0.10	<0.10
	≤25	≤0.20	≤0.10	≤0.15	<0.10	<0.10
	>25~250	≤0.8%×B	≤0.4%×B	≤0.6%×B	<0.4%×B	<0.4%×B
A、B、D	任意25mm 宽度上	≤0.50	≤0.20	≤0.20	≤0.15	≤0.10
	≤25	≤0.50	≤0.20	≤0.20	≤0.15	≤0.10
	>25~120	≤2%×B	≤0.8%×B	≤0.8%×B	≤0.6%×B	≤0.4%×B
	>120~600	≤1.5%×B	≤0.7%×B	≤0.7%×B	≤0.5%×B	≤0.35%×B

表 28-25 建筑铝合金型材平面间隙   （mm）

型材宽度 B	平面间隙		
	普通级	高精级	超高精级
≤25	≤0.20	≤0.15	≤0.10
>25	≤0.8%×B	≤0.6%×B	≤0.4%×B
任意25mm 宽度上	≤0.20	≤0.15	≤0.10

注：对于包括开口部分的型材平面不适用；如果要求将开口两边合起来作为一个完整的平面，应在图样中注明。

e 曲面间隙

型材的曲面间隙是将标准样板紧贴在型材的曲面上，测得的型材曲面与样板之间的最大间隙值。型材的曲面间隙为每25mm 的弦长上允许的最大值不超过0.13mm，不足25mm 的部分按25mm 计算。当圆弧部分的圆心角大于90°时，则应按90°圆心角的弦长加上其余数圆心角的弦长来确定。要求检查曲面间隙的型材，应在图纸或合同中注明，检查用标准样板由需方提供。

f 扭拧度

扭拧度的测量方法为：将型材放在平台上，借自重使之达到稳定时，型材因弯曲和扭曲而使端部翘起，测量翘起部位与平台之间的最大间隙值 N。从 N 值中减去型材翘起部位的弯曲值，余下部分即为扭拧度值。

型材的扭拧度按其外接圆直径分挡，以型材每毫米宽度上允许扭拧的毫米数表示。精整矫直后的型材扭拧度应符合表28-26 的规定（退火状态的型材除外）。建筑铝型材的扭拧度应符合表28-27 的规定。扭拧度精度等级要在合同中注明，未注明时，6063T5、6063AT5 型材按高精级执行，其余按普精级执行。

表 28-26 铝合金型材的扭拧度

精度级别	外接圆直径 /mm	每毫米宽扭拧度/mm					
		C 类型材		D 类型材		A、B 类型材	
		每米长度上	全长上	每米长度上	全长上	每米长度上	全长上
普通级	≤40	≤0.087	≤0.176	≤0.087	≤0.185	≤0.087	≤0.185
	>40~80	≤0.052	≤0.123	≤0.052	≤0.132	≤0.052	≤0.132
	>80~250	≤0.026	0.079	≤0.030	≤0.079	≤0.035	≤0.079
	>250~600			≤0.028	≤0.070	≤0.030	≤0.070
高精级	≤40	≤0.052	≤0.123	≤0.052	≤0.123	≤0.070	≤0.141
	>40~80	≤0.026	≤0.087	≤0.026	≤0.087	≤0.035	≤0.105
	>80~250	≤0.017	≤0.052	≤0.017	≤0.052	≤0.026	≤0.070
	>250~600			≤0.014	≤0.040	≤0.017	≤0.058
超高精级	≤40	≤0.026	≤0.052			≤0.052	≤0.123
	>40~80	≤0.017	≤0.035			≤0.026	≤0.087
	>80~250	≤0.009	≤0.026			≤0.017	≤0.052
	>250~600					≤0.014	≤0.044

表 28-27 铝合金建筑型材的扭拧度

外接圆直径 /mm	每毫米宽扭拧度/mm					
	普精级		高精级		超高精级	
	每米长度上	总长度上	每米长度上	总长度上	每米长度上	总长度上
>12.5~40	≤0.052	≤0.156	≤0.035	≤0.105	≤0.026	≤0.078
>40~80	≤0.035	≤0.105	≤0.026	≤0.078	≤0.017	≤0.052
>80~250	≤0.026	≤0.078	≤0.017	≤0.052	≤0.009	≤0.026

29 铝合金挤压工模具设计与制造技术

29.1 铝合金挤压工模具材料

29.1.1 挤压工模具的工作环境及对模具材料的要求

一般来说，在挤压铝合金制品时，模具要承受长时间的高温高压、激冷激热、反复循环应力的作用，承受偏心载荷和冲击载荷作用，承受高温高压下的摩擦作用等恶劣因素，工作条件是十分严峻的。

(1) 高的强度和硬度值。挤压工模具一般在高比压条件下工作，在挤压铝合金时，要求模具材料在常温下 σ_b 大于 1500MPa。

(2) 高的耐热性。即在高温（挤压铝合金的工作温度为 500℃ 左右）下，有抵抗机械负荷的能力（保持形状的屈服强度以及避免破断的强度和韧性），而不过早地（一般为 550℃ 以下）产生退火和回火现象。在工作温度下，挤压工具材料的 σ_b 不应低于 850MPa，模具材料的 σ_b 不应低于 1200MPa。

(3) 在常温和高温下具有高的冲击韧性和断裂韧性值，以防止模具在应力条件下或在冲击载荷作用下产生脆断。

(4) 高的稳定性。即在高温下有高抗氧化稳定性，不易产生氧化皮。

(5) 高的耐磨性。即在长时间的高温高压和润滑不良的情况下，表面有抵抗磨损的能力，特别是在挤压铝合金时，有抵抗金属的"黏结"和磨损模具表面的能力。

(6) 具有良好的淬透性。以确保工具的整个断面（特别是大型工模具的横断面）有高的且均匀的力学性能。

(7) 具有激冷、激热的适应能力。抗高热应力和防止工具在连续、反复、长时间使用中产生热疲劳裂纹。

(8) 高导热性。能迅速地从工具工作表面散发热量，防止被挤压工件和工模具本身产生局部过烧或过多地损失其机械强度。

(9) 抗反复循环应力性能强。即要求高的持久强度，防止过早疲劳破坏。

(10) 具有一定的抗腐蚀性和良好的可氮化特性。

(11) 具有小的膨胀系数和良好的抗蠕变性能。

(12) 具有良好的工艺性能。即材料易熔炼、锻造、加工和热处理。

(13) 容易获取，并尽可能符合最佳经济原则，即价廉物美。

29.1.2 常用工模具钢材的化学成分与性能

目前，在挤压铝合金时，最常使用的热加工工模具钢有钼钢和钨钢两大类，其中以 H 系列的 H13 钢应用最广泛。钼钢具有较好的导热性，对热裂纹不太敏感，韧性较好，其典型代表有 Cr5MoSiV1、4Cr5MoSiV、5CrNiNo 钢；钨钢具有较好的耐高温性能，但韧性较低，其典型钢种为 3Cr2W8V。表 29-1 和表 29-2 列出了国外发展的与 3Cr2W8V 相应钢种及 H 系列钢的化学成分。表 29-3 为各国常挤压模具钢的化学成分与力学性能。表 29-4 为某些工模具钢的线膨胀系数。表 29-5 和表 29-6 列出了 H 系列钢的热处理工艺及硬度。

表 29-1　国外发展的与 3Cr2W8V 钢相应钢种的成分　　　　　（%）

国别	牌号	化学成分（质量分数）							
		C	Mn	Si	Cr	V	W	Mo	其他
美国	H12	0.2 ~ 0.35	0.10 ~ 0.40	0.10 ~ 0.40	3.00 ~ 3.20	0.25 ~ 0.60	9.00 ~ 10.0		
瑞典	2730	0.25 ~ 0.35	0.20 ~ 0.40	0.20 ~ 0.40	2.7 ~ 3.3	0.25 ~ 0.35	8.50 ~ 10.00	0.20 ~ 0.60	Ni(1.5 ~ 2.0)
英国	BH21	0.25 ~ 0.35	0.25 ~ 0.35	0.25 ~ 0.30	2.5 ~ 3.5	0.20 ~ 0.30	9.00 ~ 10.00	0.40 ~ 0.60	Ni(2.0 ~ 0.25)
法国	2534	0.30 ~ 0.40			2.2 ~ 3.3	0.15 ~ 0.50	8.00 ~ 10.00		
德国	63WMo348	0.63 ~ 0.68	约 0.25	约 0.25	3.5 ~ 4.0	0.60 ~ 0.80	8.00 ~ 9.00	0.80 ~ 0.90	Co(1.80 ~ 2.30)
	30WCrV3411	0.25 ~ 0.35	0.2 ~ 0.40	0.15 ~ 0.30	2.5 ~ 2.80	0.30 ~ 0.40	8.00 ~ 9.00		
日本	SKD5	0.25 ~ 0.35	0.60 以下	<0.40	2.00 ~ 3.00	0.30 ~ 0.50	9.00 ~ 10.0		
俄罗斯	3X2B8φ	0.30 ~ 0.40	0.15 ~ 0.40	0.15 ~ 0.40	2.20 ~ 2.70	0.20 ~ 0.50	7.50 ~ 9.00		

表 29-2　H 型热作模具钢的化学成分（质量分数）　　　　（%）

AISI 钢号		C	Mn	Si	W	Mo	Cr	V	其他
铬系	H10	0.40	0.40 ~ 0.70	1.00		2.50	3.25	0.40	
	H11	0.35	<0.40	1.00		1.50	5.00	0.40	
	H12	0.35	<0.40	1.00	1.50	1.50	5.00	0.40	
	H13	0.35	<0.50	1.00		1.50	5.00	1.00	
	H14	0.40	<0.40	1.00	5.00		5.00		
	H16	0.55			7.00		7.00		
	H19	0.40	<0.40	<0.40	4.25		4.25	2.00	Co 4.25
钨系	H21	0.35	<0.40	<0.40	9.00		3.50		
	H22	0.35	<0.40	<0.40	11.00		2.00		
	H23	0.30	<0.40	0.50	12.00		12.00		
	H24	0.45	<0.40	<0.40	15.00		3.00		
	H25	0.25	<0.40	<0.40	15.00		4.00		
	H26	0.50	<0.40	<0.40	18.00		4.00	1.00	
钼系	H41	0.65	<0.40	<0.40	1.50	8.00	4.00	1.00	
	H42	0.60	<0.40	<0.40	6.00	5.00	4.00	2.00	
	H43	0.55	<0.40	<0.40		8.00	4.00	2.00	

表 29-3   各国常用的几种挤压模具钢的化学成分与力学性能

钢材牌号	化学成分(质量分数)/%							力学性能				
	C	Mn	Si	Cr	Mo	W	V	σ_b/MPa	$\sigma_{0.2}$/MPa	δ/%	φ/%	$\dfrac{\alpha_k}{j}$/cm²
5CrNiMo	0.55	1.40	0.40	0.65	0.23			1380	1180	9.50	42	183.5
H11(SKD6)	0.40	0.30	1.00	5.00	1.30		0.50	1512	1407	12	43.5	210
H12(SKD61)	0.35	0.30	1.00	5.00	1.60	1.30	0.30	1505	1400	12	42.5	150
H13(SKD62)	0.40	0.40	1.00	5.00	1.20		1.00	1526	1428	12	42.5	210
3Cr2W8V	0.40	0.40	0.40	2.0		8.5	0.50	1900	1750	7.0	25.0	40
3X2B8φ	0.40	0.40	0.60	1.5	0.50	8.5	0.80	1950	1800	6.5	15.0	20
4X4HMBφ	0.40	0.40	0.40	5.90	0.80	2.0	0.80	1960	1840	8.9	37.5	40(含Ni1.0)
4X4BφM	0.40	0.40	0.80	3.90	0.80	2.0	0.8	1860	1740	10.90	42.3	43
4Cr5MoV1Si	0.36	0.35	1.00	4.85	1.40		1.00	1752	1560	6.8	46.3	34.6
5CrMnMo	0.55	0.65	0.40	0.65	0.23	1.6		1460	1380	9.5	42.5	186

表 29-4   某些工模具钢的线膨胀系数   （K⁻¹）

钢材牌号	在不同温度下膨胀系数			
	373~523K	523~623K	623~873K	873~973K
5CrNiMo	12.55×10^{-6}	14.10×10^{-6}	14.2×10^{-6}	15.0×10^{-6}
5CrNiSiW	12.56×10^{-6}	14.11×10^{-6}	14.6×10^{-6}	16.5×10^{-6}
4Cr5MoSiV	8.9×10^{-6}	11.2×10^{-6}	12.0×10^{-6}	12.2×10^{-6}
5CrNiTi	12.17×10^{-6}	13.52×10^{-6}	15.56×10^{-6}	17.06×10^{-6}
3Cr2W8V	10.28×10^{-6}	13.05×10^{-6}	13.20×10^{-6}	13.30×10^{-6}
4Cr5MoSiV1	9.7×10^{-6}	10.5×10^{-6}	12.0×10^{-6}	12.2×10^{-6}
4Cr8W2	9.85×10^{-6}	12.35×10^{-6}	12.9×10^{-6}	13.3×10^{-6}
5CrW2Si	13.15×10^{-6}	13.6×10^{-6}	13.8×10^{-6}	14.2×10^{-6}
7Cr3	10.0×10^{-6}	14.01×10^{-6}	15.24×10^{-6}	15.2×10^{-6}

表 29-5   H 系列热作钢热处理工艺及硬度

钢号	退火				淬火					回火
	温度/℃	冷速/℃·h⁻¹	退火硬度HB	预热温度/℃	奥氏体化温度/℃	保温时间/min	淬火介质	淬火硬度HRC		温度/℃
H10	845~900		192~229	815	1010~1040	15~40	空气	56~59		540~650
H11	845~900	22	192~229	815	995~1025	15~40	空气	53~55		540~650
H12	845~900	22	192~229	815	995~1025	15~40	空气	52~55		540~650
H13	845~900	22	192~229	815	995~1040	15~40	空气	59~53		540~650
H14	870~900	22	207~235	815	1010~1065	15~40	空气	55~56		540~650
H16	870~900	22	212~241	815	1120~1175	2~5	空气、油	55~58		
H19	870~900	22	207~241	815	1095~1205	2~5	空气、油	52~55		540~705
H21	870~900	22	207~235	815	1095~1205	2~5	空气、油	43~52		595~675
H22	870~900	22	207~235	815	1095~1205	2~5	空气、油	48~57		595~675

续表29-5

钢号	退火				淬火				回火
	温度/℃	冷速/℃·h⁻¹	退火硬度HB	预热温度℃	奥氏体化温度/℃	保温时间/mim	淬火介质	淬火硬度HRC	温度/℃
H23	870~900	22	212~255	815	1205~1260	2~5	油	33~35①	650~815
H24	870~900	22	217~241	815	1095~1230	2~5	空气、油	44~55	560~650
H25	870~900	22	207~235	815	1150~1260	2~5	空气、油	46~53	565~675
H26	870~900	22	217~241	870	1175~1260	2~5	空、油、盐浴	63~64	565~675
H41	815~870	22②	207~235	730~845	1095~1190	2~5	空、油、盐浴	64~66	565~650
H42	845~900	22	207~235	730~841	1120~1220	2~5	空、油、盐浴	54~62	565~650
H43	815~870	22③	207~235	730~845	1095~1190	2~5	空、油、盐浴	54~58	565~650
6G	790~815	22④	197~229	不需要	845~855		油⑤	63	595 左右
6F2	780~795	22⑤	223~235	不需要	845~870		油⑤	63	595 左右
6F3	760~775	22⑥	235~248	不需要	900~925		空气⑧	63	595 左右
6F4	705	⑦	262~285	815	1010~1020		油、空气	33~41①	
6F5	845	⑨	262~285	不需要	870		油、空气	58~59	
6F6	845	⑩	196	650~750⑪	925~955		油⑫	⑬	
6F7	670	22	260~300	730	915		空气	54~55	
6H1	845	22⑭	202~235	760~790	900~940		空气	43~49	
6H2	815~845	22	202~235	705~760	980~1065		油、空气	52~55	

① 可回火进行弥散硬化;

② 冷至540℃;

③ 冷至480℃;

④ 冷至370℃;

⑤ 油冷至175~205℃,然后空冷;

⑥ 进行等温退火,炉冷至670℃,保温4h,再炉冷至425℃,然后空冷;

⑦ 从退火温度保温后,即取出空冷;

⑧ 鼓风冷至175~205℃,然后在静止空气中冷却;

⑨ 以每小时20℃炉冷至425℃,再加热到595℃,然后炉冷至425℃,取出空冷;

⑩ 以每小时17℃炉冷至540℃,再加热到790℃,然后以每小时10℃炉冷至540℃,取出空冷;

⑪ 装箱或在控制气氛中加热;

⑫ 油冷至50℃;

⑬ 装箱加热的淬火硬度HRC59~60,空气中加热的淬火硬度HRC54~55;

⑭ 进行等温退火,于845℃保温2h,炉冷至745℃,保温4~6h,然后空冷。

表29-6 典型的 H 系列热挤压模具材料及硬度

用 途	热挤压铝和镁		热挤压铜和黄铜		热挤压钢件	
	模具材料	硬度 HRC	模具材料	硬度 HRC	模具材料	硬度 HRC
型材和管材模	H11、H12、H13	47~51	H11、H12、H13	42~44	H13	44~48
			H14、H19、H21	34~36		
挤压垫、模套、模垫	H11、H12、H13	46~50	H12、H12、H13、	40~44	H11、H12、H13	40~44
			H14、H19	40~42	H19、H211	40~42

用　途	热挤压铝和镁		热挤压铜和黄铜		热挤压钢件	
	模具材料	硬度 HRC	模具材料	硬度 HRC	模具材料	硬度 HRC
芯　棒	H11、H13	46~50	H11、H13	46~50	H11、H13	46~50
挤压筒内衬	H11、H12、H13	42~47	A-286，V-57		H11、H12、H13	42~47
挤压筒	H11、H12、H13	40~44	H11、H12、H13	40~44	H11、H12、H13	40~44

29.1.3　挤压工模具材料的合理选择

为了提高工模具的使用寿命，降低生产成本，提高产品质量，应根据产品品种，批量大小，工模具的结构、形状和大小，工作条件以及钢材本身的熔铸、锻造、加工和热处理工艺性能，钢材的价格和货源等方面的情况，综合权衡利弊，选择经济而合理的工模具材料。目前，我国主要采用 4Cr5MoSiV1 和 3Cr2W8V 钢作为挤压铝合金的模子材料。选择 3Cr2W8V、4Cr5MoSiV1、5CrNiW 等作为基本工具的材料。表 29-7 和表 29-8 列出了我国和主要工业发达国家常选用的挤压模具钢材。

表 29-7　我国的部分挤压工模具材料选用表

挤压工具名称	材　料		要求硬度 HRC
	选用的	代用的	
125MN 挤压机圆挤压筒内、中、外套	5CrNiMo	5CrNiW、5CrMnMo	42~48
125MN 挤压机扁挤压筒内套	3Cr2W8V	4Cr5MoSiV1、502NiMoVSi	45~50
125MN 挤压机扁挤压筒中、外套	5CrNiMo	5CrNiW、5CrMnMo	42~48
35~50MN 挤压机挤压筒	5CrNiW、5CrNi2SiWV	5CrMnMo	43~49
7.5~25MN 挤压机挤压筒内套	3Cr2W8V	5CrNiW	45~50
7.5~25MN 挤压机挤压筒内套	5CrNiMo	5CrNiW	42~48
所有扁挤压筒内套	3Cr2W8V	4Cr5MoSiV1	45~50
5~25MN 挤压机挤压轴	3Cr2W8V	5CrNiW	45~50
35~125MN 挤压机挤压轴	5CrNiMo	5CrNiW	42~48
小挤压轴轴头	3Cr2W8V	4Cr5MoSiV1	48~52
大挤压轴轴头	5CrNiW	30CrMnSiAl	40~46
挤压轴支撑器	5CrNiMo	5CrNiW	42~48
φ130mm 以下压挤垫片	3Cr2W8V	7Cr3	48~52
φ130mm 以上压挤垫片	5CrNiMo	5CrNiW	45~50
各种棋子	3Cr2W8V、4CrMoSiV1	ЭИ160（俄）	49~52
舌型模、平面组合模内套	3Cr2W8V、4CrMoSiV1	ЭИ160（俄）	48~52
舌型模、平面组合模外套	3Cr2W8V、4CrMoSiV1	ЭИ160（俄）	48~52
模子垫	5CrNiW	5CrNi2SWV	44~50
模支撑	5CrNiW、5CrNiMo	6CrNi3Mo、40CrNiMoAl	42~48

表 29-8 我国和主要工业发达国家的部分挤压工模具材料选用表

挤压工模具名称		要求硬度范围 HRC	材料选用	选用国家	备注
挤压筒	外衬	44～47	5CrNiMo	中国	所有挤压机
		35～44	5CrNiW	中国	大规格
		32～39	SKT4、KTV、KD3、KD	日本	
	中衬	44～47	5CrNiMo、5CrMnMo	中国	
		35～44	5CrNiW	中国	
		48～50	4X5B2φC（ЭИ958）	俄罗斯	
		37～45	SKD61、H10	日本、美国	
	内衬	48～52	3Cr2W8V	中国	小规格
		44～47	5CrNiMo	中国	大规格
		40～45	5XB2C	俄罗斯	
		46～50	4X5B2φ（ЭИ958）	俄罗斯	
		42～49	SKD、H19、KDA、KDB、KD4	日本、美国	
		40～45	H11、KDH1	日本、美国	
		42～47	H12	日本、美国	
		40～42	H21	日本、美国	
挤压轴		48～52	3Cr2W8V、4Cr5MoSiV1	中国	小规格
		44～47	5CrNiMo、4Cr5MoSiV	中国	大规格
		40～45	4XB2C、5XB2C	俄罗斯	
		42～45	35X5BMC	俄罗斯	
		45～50	SKD62、SKD61、H12、H13	日本、美国	
		47～51	H12、H13	日本、美国	
挤压垫		45～50	3Cr2W8V、4Cr5MoSiV1	中国	小规格
		40～45	4XB2C、5CrNiMo	中国、俄罗斯	大规格
		44～48	45X3B3M4φC	俄罗斯	
		41～49	SKD62、H10、H12	日本、美国	
		44～44	H14、H21、H12	日本、美国	
穿孔针	实心	48～52	3Cr2W8V、4Cr5MoSiV1	中国、俄罗斯	小规格
		42～48	5CrNiMo、4Cr5MoSiV	中国、俄罗斯	大规格
	无水内冷	40～45	H21、H26、H11、H19、H13、H12	日本、美国	
		45～54	SKD62、H13	日本、美国	
		40～45	3X2B8φ、4X2B5φM	中国、俄罗斯	
	空心内冷	43～47	4X2B2φC、35X5BMC、4X4M2BφC	中国、俄罗斯	
			H12、H13、KDA、KDB、KD4	日本、美国	

挤压工模具名称		要求硬度范围 HRC	材 料 选 用	选用国家	备 注
模具	平面模	45~52	3Cr2W8V、4Cr5MoSiV1	中国	
		42~48	5CrNiMo、4Cr5MoSiV	中国	简单模
		43~48	45ХВ3МDC	俄罗斯	大规格
		48~52	3Х2В8φ	俄罗斯	
	组合模芯	43~47	H11、H13、H21、KDA、KDB、KDH	日本、美国	43~47
		42~47	H12、H23、H24、H26、KDA、KDB	日本、美国	42~47
		45~50	SKD5、H19、H21、KDA、KDB	日本、美国	45~50
		38~43	ЭИ867А	俄罗斯	38~43
		≤40	X50NiCrWV1313	德国	≤40
		40~45	Stejite	英国、美国	40~45
		42~47	A286、into718、Nimunic90	英国、美国、德国	42~47
	模套	40~45	3Х2В8φ、5ХВ2С	中国、俄罗斯	
		43~47	H11、H13、KDB、KDA	日本、美国	
	模支撑	35~40	5CrNiMo、SKD61、KDA	日本、俄罗斯	
		40~45	3Cr2W8V、4Cr5MoSiV1、5CrNiMo	中国、俄罗斯	
		39~43	SKD61、SKD62、H12、H13	日本、英国	
	模垫	42~18	5CrNiMo、5CrMnMo	中国、俄罗斯	
		39~43	SKT4、SKD61	日本、美国	
	支撑环	42~48	5CrNiMo、5CrMnMo	中国、俄罗斯	
		45~52	SKT4	日本、美国	

29.2 挤压工具的设计

29.2.1 铝挤压工具的分类及组装形式

29.2.1.1 挤压工具的分类

挤压工具可分为以下几类：

（1）基本挤压工具。这类工具的特点是尺寸较大，质量也较大，通用性强，使用寿命也较长，在挤压过程中承受中等以上的负荷。每台挤压机上根据产品的工艺要求，一般配备3~5套不同规格的基本工具。挤压筒、挤压轴、轴座、轴套、挤压垫片、模支撑、支撑环、模架、压型嘴、针支撑、针座、堵头等都属于这类工具。其中挤压筒是尺寸规格最大、质量最大、受力最严重、工作条件最恶劣、结构设计最复杂、加工最困难、价格最昂贵的大型基本工具。

（2）模具。模具包括模子、模垫、针尖等直接参与金属塑性成型的工具。其特点是品种规格多、结构形式多，需要经常更换，工作条件极为恶劣，消耗量很大，因此，应千方百计提高模具使用寿命，减少消耗，降低成本。

（3）辅助工具。为了实现挤压工艺过程所必须的配套工具，其中较为常用的有：导路、牵引爪子、辊道、吊钳、修模工具等，这些工具对提高生产效率和产品质量都有一定的作用。

29.2.1.2　挤压工具的组装形式

铝合金液压挤压机上工具装配形式一般可按设备类型、挤压方法和挤压产品的不同分为若干种基本形式，图29-1～图29-6所示为应用最广泛的几种组装形式举例。

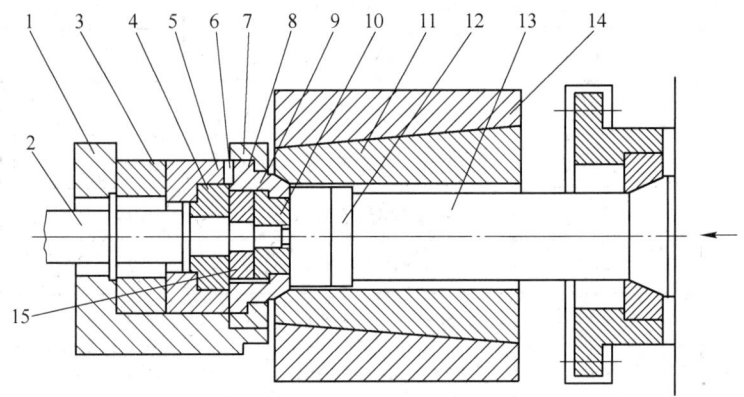

图29-1　卧式挤压机正挤压型、棒材工具装配形式
（带压型嘴结构）

1—压型嘴；2—导路；3—后环；4—前环；5—中环；6，15—键；7—压紧环；8—模支撑；
9—模垫；10—模子；11—挤压筒内套；12—挤压垫片；13—挤压轴；14—挤压筒外套

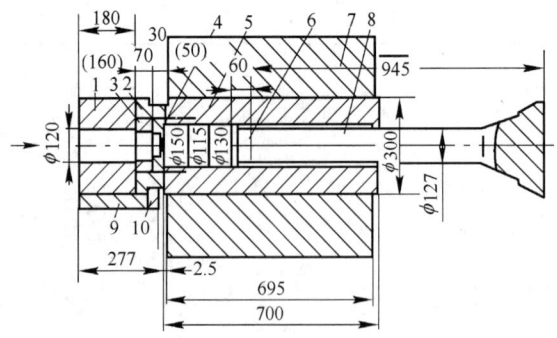

图29-2　卧式挤压机正挤压型、棒材工具形式
（不带压型嘴结构）

1—后环；2—模支撑；3—模垫；4—模子；5—内衬套；
6—挤压垫；7—外套；8—挤压轴；9—模架；10—挡环

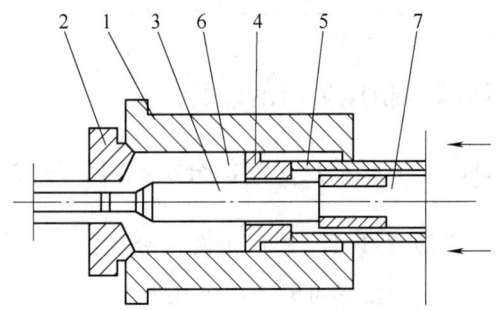

图29-3　用固定的圆锥-阶梯针正
挤压管材工具装配图

1—挤压筒内套；2—模子；3—挤压针；4—挤压垫片；
5—挤压轴；6—铸锭；7—针支撑

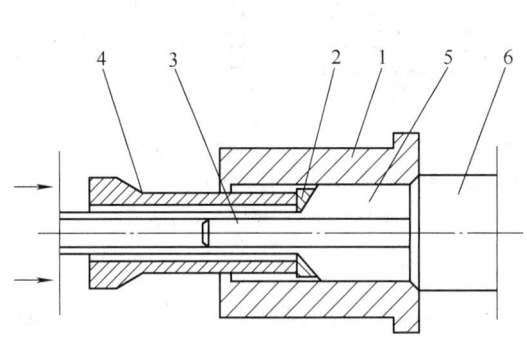

图 29-4　带堵头反向挤压管材工具装配图
（挤压轴运动，挤压筒与堵头固定）
1—挤压筒内套；2—模子；3—挤压针；
4—挤压轴；5—铸锭；6—堵头

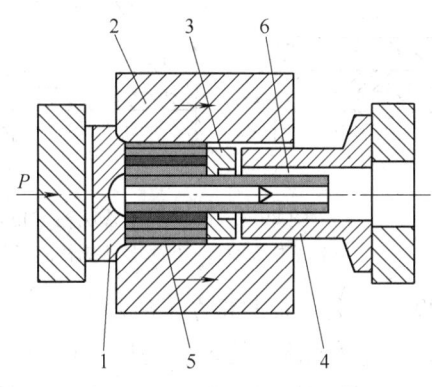

图 29-5　带堵头反挤压管材工具装配图
（堵头与挤压筒同步运动，挤压轴与挤压模固定）
1—堵头；2—挤压筒；3—挤压模；
4—挤压轴；5—锭坯；6—挤压制品

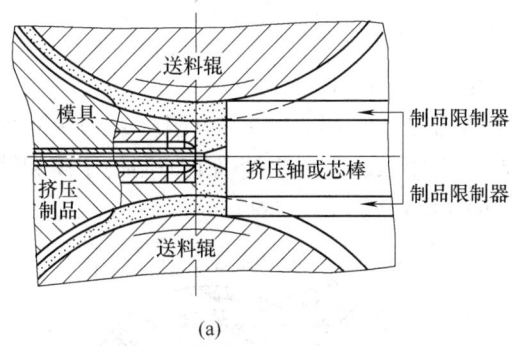

(a)

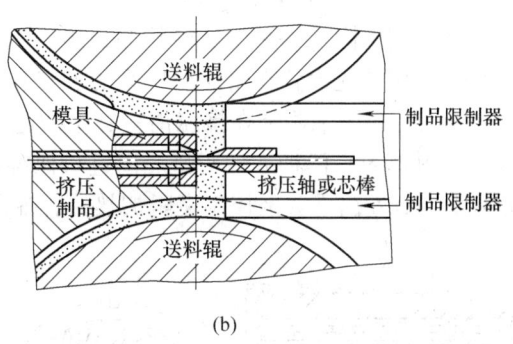

(b)

图 29-6　Conform 挤压法的工具装配图
（a）挤压包覆型材装配图；（b）挤压管材装配图

29.2.2　挤压筒的设计

29.2.2.1　挤压筒的结构形式

为了改善受力条件，使挤压筒中的应力分布均匀，增加承载能力，提高其使用寿命，同时，在磨损或变形后只要更换内衬套，减少筒的材料消耗、加工费用与周期，绝大多数挤压筒是将两层以上的衬套，以过盈配合，用热装组合在一起构成的。即先按设计好的过盈量分别加工和处理好各层衬套，将第二层套（外面的）加热到一定温度使内孔膨胀，然后将内衬套（里面的）"红"装入第二层衬套中，冷却后第二层套就对第一层套产生了足够大的预紧压应力，把第一层紧紧箍住，使之成为一个"整体"。以此类推，就可组成多层套的挤压筒，如图 29-7 所示。

挤压筒衬套的层数应根据其工作内套的最大压力来确定。在工作温度条件下，当最大应力不超过挤压筒材料的屈服强度的 40% ~ 50% 时，挤压筒一般由两层套组成；当应力超过材料屈服强度的 70% 时，应由 3 层套或 4 层套组成。随着层数的增加各层的厚度变薄。由于各层套间的预紧压应力的作用，使应力的分布趋于均匀。

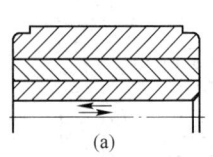 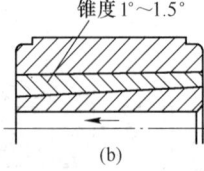 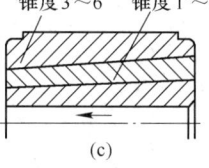 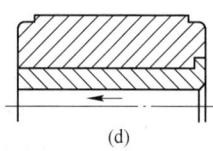

（a）　　　　　　　（b）　　　　　　　（c）　　　　　　　（d）

图 29-7　挤压筒中各层衬套的配合结构示意图（箭头表示挤压方向）

（a）圆柱面配合；（b）圆锥圆柱面配合；（c）圆锥面配合；（d）带台阶的圆柱面配合

29.2.2.2　挤压筒的加热方式

为了使金属流动均匀和挤压筒免受过于剧烈的热冲击，挤压筒在工作前应进行预加热，在工作时应保温。预加热与保温的温度应基本接近被挤压金属的温度，挤压铝合金为 450～500℃，加热的方法有：

（1）开始挤压前，把加热好的铸锭放入挤压筒内，或用煤气，或用特制的加热器从筒内加热。

（2）在挤压筒加热炉内加热。

（3）用电阻元件从挤压筒外部加热。

（4）用预先设置在挤压筒中间的加热孔进行电阻加热或感应加热。

目前，一般采用装在挤压筒衬套中的电感应器加热（见图 29-8），电阻丝外加热器加热（见图 29-9）两种方式对挤压筒进行保温加热。近年来，为了更精确地控制挤压筒和铸锭温度，研发出了分区控制电阻加热法，如图 29-10 所示。

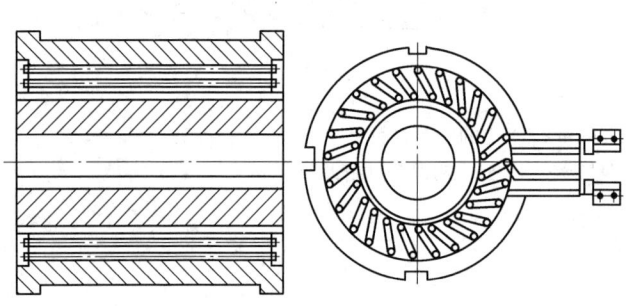 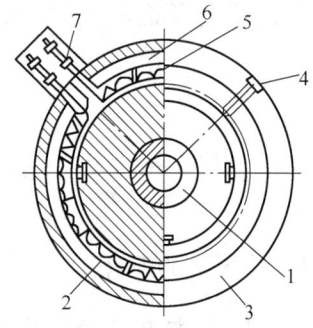

图 29-8　装在挤压筒衬套中的电感应加热器示意图　　图 29-9　挤压筒的外电阻加热器布置图

1—内衬套；2—外衬套；3—外壳；

4—热电偶；5—电阻丝；

6—加热导管；7—接线柱

29.2.2.3　挤压筒工作内套的结构

挤压筒工作内套的结构可按 3 个基本特征进行分类：

（1）按外表面结构可分为圆柱形、圆锥形和台肩圆柱形，如图 29-11 所示。

（2）按整体性可分为整体内套和组合内套，在组合内套中又分为圆柱形组合、锥形组合、分瓣组合 3 种，如图 29-12 所示。

（3）按内腔形状分为圆形、扁形和其他形状，如图 29-13 所示。

在中小型挤压机上主要采用圆柱形内套，20MN 以上的挤压机采用圆锥形内套。最近几年来，大型挤压机上也普遍采用圆柱形内套。圆柱形内套易于加工和测量尺寸；更换衬

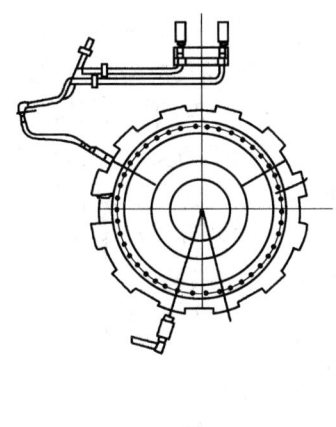 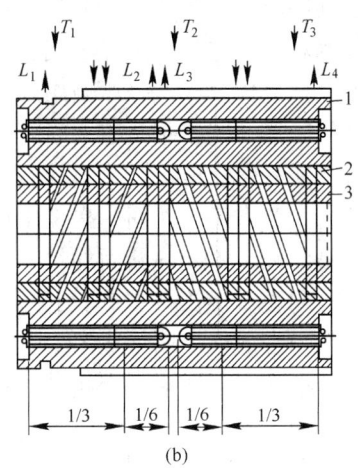

(a)　　　　　　　　　　　(b)

图 29-10　挤压筒分区控制电阻加热法简图

（a）接线图；（b）电阻丝分区布置图

1—外套；2—中套；3—内套

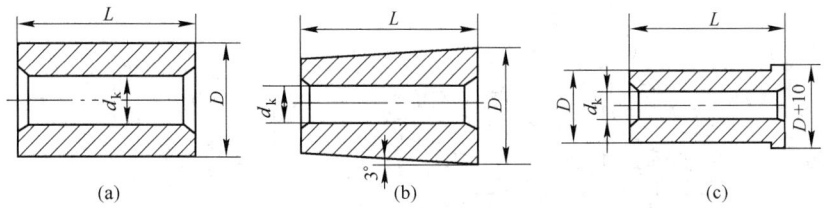

图 29-11　工作内套的外表面形状图

（a）圆柱形；（b）圆锥形；（c）台肩圆柱形

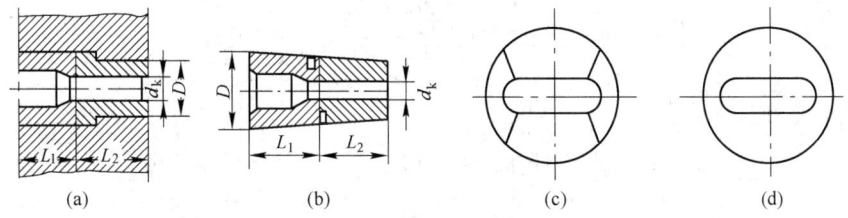

图 29-12　工作内套按整体性分类示意图

（a）圆锥形组合式；（b）锥形组合式；（c）分瓣组合式；（d）整体式

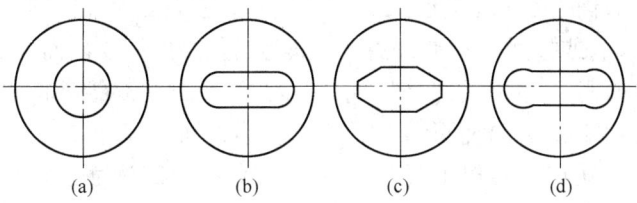

图 29-13　挤压筒的内孔形状图

（a）圆形；（b）扁形；（c）多边形；（d）哑铃形

套时尺寸配合问题较少；工作部分磨损后可以调头使用，有利于提高使用寿命。但更换或损坏时退套较困难，当过盈量选择不当，配合面磨损以及挤压筒加热温度过高或内外温差大等情况下，在推出压余或从挤压筒中推出挤压不动的铸锭以及模座靠近挤压筒时，可能将内衬套顶出挤压筒。圆锥形内套（锥度一般为 3°～5°）便于更换，损坏时易于从挤压筒中退出，甚至在有的挤压机上可直接装上或卸下内套，而不需要将外套从挤压筒支架内取出，这可以大大节省停工时间，提高生产效率，但锥面不易加工，对较长的内衬套外锥面的平直度不易保证，锥面各断面的尺寸也不易检测。为了使锥形内套能很好地与中套或外套配合，可将内套做得长一些，待组装好后，再将多余的长度加工掉。在多层挤压筒中，一般将工作内套的外表面做成 30′ 到 1° 的角度，以保证工作部分获得更大的过盈。向肩圆柱形内套基本上与圆柱形内套相同，只是在热装时可不必先找准热装位置，依靠台肩自动找正比较方便，同时，台肩可防止内套从挤压筒中脱出。

29.2.2.4 挤压筒与模具平面的配合方式

挤压筒的工作内套与模具间的配合方式应根据被挤合金种类、产品品种与形状、挤压方法、工模具结构和挤压筒与横向压紧力大小等因素来设计。在立式挤压机上，一般把模子的一部分或整个模子套入挤压筒内。在卧式挤压机上，一般采用两种配合方式，如图 29-14 所示。

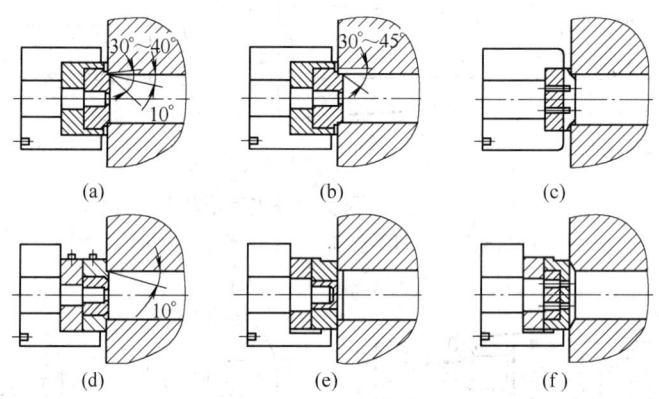

图 29-14 卧式挤压机上挤压筒与模具之间的配合结构图

(a) 双锥面配合；(b) 单锥面配合；(c) 锥模密封；(d) 锥面密封；
(e) 挤管材时的平面密封；(f) 挤棒材时的平面密封

（1）平封方式。即挤压筒与模子端面间以平面接触方式密封。其优点是加工容易，操作简单，模具和内衬端面所受的单位压力都比较小，不易压碎和变形。缺点是密封性较差，如果靠紧力不够，或接触面不平，变形金属容易从接触面溢出而形成"大帽"。

（2）锥面配合密封。即模子与挤压筒之间依靠锥面或双锥面配合密封。其主要优点是密封性强，金属不易溢出而形成"大帽"，易对准中心，有自动调心作用，可保证管材的壁厚均匀；缺点是接触面较小，工作内套常因高的面压或应力集中产生局部压塌。

带斜面锁键的挤压机，一般采用双锥方式；带平锁键的挤压机，一般采用锥封。管材挤压机上一般采用锥封；而型、棒挤压机上一般采用平封。用锥形模、舌形模挤压管材和空心型材时，一般采用锥封；而用平面模、平面组合模挤压棒、型材和壁板时，一股采用平封。采用平封时，应保证挤压筒与模座接触面上的单位压紧力比作用在挤压垫片上的单位压力大 10% 左右。

29.2.2.5 挤压筒结构尺寸的设计与强度校核

A 圆挤压筒内孔直径 $D_筒$ 的确定

挤压筒工作内套的内孔直径 $D_筒$ 主要根据挤压机的能力及其前梁结构，挤压制品的允许挤压系数 λ 的范围，以及被挤压合金变形所需要的单位压力 $P_比$ 等确定。$D_筒$ 的最大值应保证作用在挤压垫片上的单位挤压力 $P_比$ 不低于被挤压材料的变形抗力。对一定能力的挤压机来说，$D_筒$ 越大，则 $P_比$ 就越小，因而挤压系数大、形状复杂的高强耐热合金制品就越困难。

在挤压铝合金时，一般要求 $P_比$ 不低于 250 ~ 450MPa，而挤压复杂的薄壁型材、薄壁管材和宽厚比大于 50 的壁板型材时，要求 $P_比$ 大于 450 ~ 750MPa，用舌型模或平面组合模挤压形状极复杂的空心型材时，则要求 $P_比$ 高达 500 ~ 1000MPa。另外挤压筒的最大内孔直径还受到挤压机前梁空间的限制，如果前梁开口空间较小，则挤压筒的外径就不能过大，因而 $D_筒$ 就会受到限制，否则会影响挤压筒本身的强度。挤压筒的最小直径应保证工具的强度，特别是挤压轴的强度。此外，$D_筒$ 过小，$P_比$ 过大，对挤压筒内套本身和挤压垫片、模子等工具的使用寿命等也有影响。$D_筒$ 的最小值还与挤压机的能力有关，对于小型挤压机来说，由于挤压筒的工作内套和挤压轴等工具的尺寸太小，可选用 3Cr2W8V 等高级材料，故允许承受较高的 $P_比$。

在考虑上述情况下，再根据生产的新产品品种、规格等来确定挤压筒工作内套的内孔直径。一台挤压机上一般配备 2 ~ 3 种规格的圆挤压筒，万能性较强的大型卧式挤压机上可配置 4 ~ 5 种规格的圆挤压筒，而专业性强的中小型建筑型材用卧式挤压机上有时只配备 1 ~ 2 种规格的圆挤压筒。表 29-9 列出了常用圆挤压筒的规格。

表 29-9 各种挤压机上配备的圆挤压筒的规格

挤压机能力/MN	挤压筒内孔直径/mm	挤压筒内孔长度/mm	比压/MPa	挤压机能力/MN	挤压筒内孔直径/mm	挤压筒内孔长度/mm	比压/MPa
3.5	64 ~ 100	340	1088 ~ 446	25	200 ~ 260	650	796 ~ 471
4	85 ~ 100	340	1199 ~ 509	31.5	220 ~ 350	1000	829 ~ 328
5	90 ~ 125	500	786 ~ 407.7	35	250 ~ 380	1000	713 ~ 309
6	95 ~ 135	500	846 ~ 419	50	300 ~ 420	1250	708 ~ 361
6.3	95 ~ 135	450	889 ~ 440	60	300 ~ 500	1500	849 ~ 306
7.5	105 ~ 145	560	866 ~ 454	72	330 ~ 520	1500	842 ~ 339
8	105 ~ 160	700	924 ~ 398	80	360 ~ 580	1600	786 ~ 303
12	125 ~ 185	750	978 ~ 477	90	400 ~ 600	1700	717 ~ 318
12.5	125 ~ 200	800	1019 ~ 398	96	420 ~ 630	1800	693 ~ 308
15	150 ~ 210	815	849 ~ 433	120	500 ~ 700	2000	611 ~ 312
16	155 ~ 220	815	848 ~ 421	125	420 ~ 800	2000	903 ~ 249
16.3	150 ~ 230	750	923 ~ 392	200	650 ~ 1200	2100	603 ~ 176
20	170 ~ 230	815	882 ~ 482				

B   扁挤压筒内孔尺寸的确定

扁挤压筒的工作内套具有小边为圆弧面的矩形内腔。以 $A_扁$ 表示扁挤压筒的长轴尺寸，$B_扁$ 表示其短轴尺寸，则 $A_扁/B_扁$ 一般可在 2.5~3.5 的范围内变化。扁挤压筒内孔尺寸与产品宽度、挤压系数、被挤压合金的性能、挤压机前梁出口尺寸等因素有关。内孔的长轴尺寸与挤压筒外径之比最好在 0.4~0.45 范围，当超过此比值时，扁挤压筒的强度就很难保证。另外，$A_扁$ 增大，相应地要求增大前梁出口尺寸，在特殊的情况下，可设计制造宽前梁开口的挤压机。扁筒内孔短轴尺寸决定于挤压强度最高、宽度最宽、宽厚比大的薄壁壁板型材所需的单位挤压力 $P_比$。当 $\lambda=15~50$ 时，扁挤压垫片上的单位挤压力 $P_比$ 不应小于 450~600MPa，在某些情况下，要求 600~1200MPa。但是，$B_扁$ 也不能太小，否则，扁挤压轴的强度和稳定性得不到保证，扁挤压筒本身的强度也会受到影响。一般情况下，扁筒的单位挤压力 $P_比$ 设计在 450~800MPa 之间。目前，大多数重型挤压机上都配置有 1~2 种规格的扁挤压筒，见表 29-10。

表 29-10   各种挤压机扁挤压筒的规格

挤压机能力/MN	扁挤压筒规格/mm × mm	扁挤压筒长度/mm	比压/MPa
20	230 × 90	820	1150
20	355 × 100	760	603
50	575 × 200	1250	525
50	570 × 170	1250	619
	150		551
	190		531
50	550 × 155	1250	574
72	675 × 230	1200	738
80	900 × 240	1300	559
			533
80	815 × 200	1300	500
80	815 × 200	1300	500
80	900 × 240	1300	450
93	850 × 240	1500	485
96	760 × 240	1500	589
120	815 × 350	2000	450
	850 × 320		450
125	850 × 320	2000	630
			500
120	1200 × 230	2000	450

挤压机能力/MN	扁挤压筒规格/mm×mm	扁挤压筒长度/mm	比压/MPa
200	1200×450	2100	403
	1100×300		630
	2000×250		450
120	900×240	2000	590
	850×240		626

C 挤压筒长度 $L_筒$ 的确定

挤压筒长度 $L_筒$ 与 $D_筒$ 大小、被挤压合金的性能、挤压力的大小、挤压机的结构、挤压轴的强度等因素有关，挤压筒越长，可以采用较长的铸锭，因而提高生产率和成品率，但同时也增大了挤压力，而且由于挤压轴的细长比增大，削弱了挤压工具的强度。特别是对于高比压的小挤压筒和扁挤压筒来说，如果 $L_筒$ 过大，会降低挤压轴的稳定性，即使在正常挤压情况下，挤压轴也容易变弯。

在一般情况下，$L_筒$ 可用式（29-1）确定：

$$L_筒 = (L_{max} + l) + t + s \qquad (29-1)$$

式中 L_{max}——铸锭的最大长度，对型棒材（实心铸锭）为 $(3\sim4)D_筒$，对管材（空心锭）取 $(2\sim3)D_筒$，对于扁挤压筒，L_{max} 一般为 $(3\sim5)B_扁$（$B_扁$ 为扁筒的短轴尺寸）；

l——铸锭穿孔时金属向后倒流所增加的长度；

t——模子进入挤压筒的深度；

s——挤压垫片的厚度，一般取 $(0.4\sim0.6)D_筒$，小挤压机取上限，大挤压机取下限，在实际生产中，挤压筒长度与直径之比 $L_筒/D_筒$ 一般不超过 $3\sim4$，表 29-9、表 29-10 分别列出了部分圆、扁挤压筒的长度。

D 挤压筒各层衬套厚度的确定

挤压筒衬套的层数越多，各层厚度比值越合理，则应力就越小。

挤压筒外径应为内径的 $3\sim5$ 倍，每层壁厚根据内部受压的空心圆筒各层内衬套直径比值相等时的强度最大原则来确定。如取挤压筒外径和内径的比值为 4 时，则对两层挤压筒为 $\dfrac{D_2}{D_1} = \dfrac{D_1}{D_0} = 2$，对 3 层挤压筒为 $\dfrac{D_1}{D_0} = \dfrac{D_2}{D_1} = 1.58$。

但在生产实践中，考虑外层套里有加热孔以及键槽等而引起的强度降低，各层直径比应保持为 $\dfrac{D_1}{D_0} < \dfrac{D_2}{D_1} < \dfrac{D_3}{D_2}$ 的关系（见图 29-15）。

多层挤压筒的各层厚度之间存在一个"经济比"或者称"直径最佳比"，以 K 表示，则

$$K = \frac{D_{bi}}{D_{Hi}} \qquad (29-2)$$

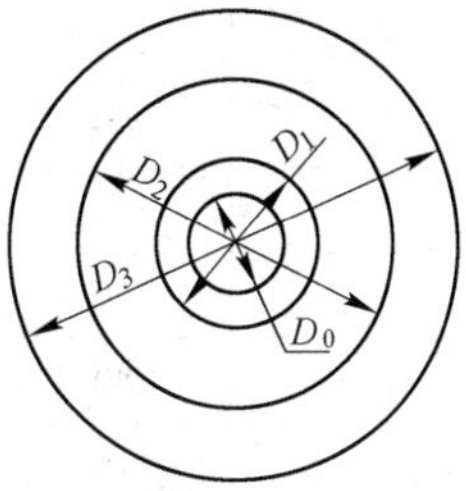

图 29-15 挤压筒衬套尺寸示意图

式中　D_{bi}——第 i 层内径，mm；

　　　D_{Hi}——第 i 层外径，mm。

"直径最佳比"表示各层厚度的合理性。

K 值不仅与层数有关，还与各层所受的拉应力和材料的许用应力有关。

在一般情况下，K 值可取 0.2 ~ 0.5，在确定各层衬套厚度后进行强度校核修正。表 29-11 列出了两层和多层挤压筒的合理直径比值。表 29-12 列出了两层结构挤压筒尺寸。表 29-13 列出了多层套结构挤压筒尺寸。

表 29-11　挤压筒各层套之间合理直径比值

挤压筒结构	挤压筒简图	各层套间的直径比
两　层		$\dfrac{d_3}{d_1} = 2.5 \sim 4$ $\dfrac{d_2}{d_1} = 0.2\,\dfrac{d_3}{d_1} + 1 = 1.4 \sim 1.8$
三　层		$\dfrac{d_4}{d_1} = 4 \sim 5$ $\dfrac{d_2}{d_1} = 0.07\,\dfrac{d_4}{d_1} + 1.15$ $\dfrac{d_3}{d_2} = 0.1\,\dfrac{d_4}{d_1} + 1.2$
四　层		$\dfrac{d_2}{d_1} = 1.38$ $\dfrac{d_3}{d_2} = 1.34$ $\dfrac{d_4}{d_3} = 1.34 \sim 1.38$ $\dfrac{d_5}{d_4} = 1.74 \sim 1.36$

表 29-12　两层结构挤压筒尺寸

挤压机能力 /MN	各衬套尺寸/mm			各层直径比		比压/MPa	筒长/mm	备　注
	d_1	d_2	d_3	d_2/d_1	d_3/d_2			
50	360	550	1350	1.53	2.45	491	1200	水　压
35	280	635	1250	2.7	1.97	568	1000	水　压
20	200	380	920	1.9	2.42	636	815	水　压
20	170	400	810	2.35	2.03	882	810	油　压
16.3	170	200	710	1.70	2.45	769	735	油　压
12.5	130	300	710	2.31	2.37	942	680	油　压
12	115	300	750	2.61	2.50	1155	715	水　压
7.5	85	300	750	3.53	2.50	1325	555	水　压
6	100	215	545	2.15	2.53	760	400	水　压

表29-13 多层套结构挤压筒尺寸

挤压机能力/MN	挤压筒内孔尺寸/mm	各层衬套的尺寸/mm					各层套直径之比						备 注
		d_1	d_2	d_3	d_4	d_5	d_2/d_1	d_3/d_2	d_4/d_3	d_5/d_4	d_4/d_1	d_5/d_1	
20	□230×90	230×90	324	540	920		1.43	1.66	1.71		4.0		三层套扁筒
125	φ420	420	800	1500	1810	2100	1.90	1.88	1.21	1.16	4.31	5.0	四层套圆筒
125	φ650	650	1130	1810	2100		1.74	1.60	1.16		3.23		三层套圆筒
125	φ800	800	1130	1810	2100		1.41	1.60	1.16		2.63		三层套圆筒
125	□850×320	850×320	1130	1500	1810	2100	1.33	1.33	1.21	1.16	2.13	2.47	四层套扁筒

E 挤压筒各衬套间配合过盈的确定

在设计挤压筒时，为了改善筒的受力状况，一般都采用多层的，并以热装形式组合，多层之间都应选一定的过盈值。过盈值选择合适，可使挤压筒的使用寿命提高3~4倍。应该力求使每层衬套中的等效应力σ最大值尽可能接近，且不超过材料的许用应力值。这可通过合理选择挤压筒各层套间的尺寸和装配公盈来达到。过盈量越大，则产生的预紧压应力也越大，有时甚至除完全抵消径向拉应力外，还出现合成压应力，使挤压筒在非工作状态下产生压缩变形，也会给更换挤压筒内套带来困难。

合理的过盈值与挤压筒的比压、各层厚度和层次等因素有关。挤压筒的比压越大，过盈值也应选大些。多层套挤压筒越靠近内套的层次，其过盈值应选大些。装配时的尺寸越大，衬套的壁厚越大，则过盈值应选得大些。一般由过盈值引起的热装应力以不超过挤压工作时最大单位挤压力的70%为宜。过盈值过小不能有效降低等效应力值，对圆柱形筒有时产生掉套。挤压筒配合面的最小过盈量，应根据最小径向压力P_{min}确定。公式为：

$$\delta_{min} = \frac{2P_{min}d}{E} \frac{d(d^2 d_{2i} - d_{1i}^2)}{(d_{2i}^2 - d_{1i}^2)(d_{2a}^2 - d_{2i}^2)} \tag{29-3}$$

式中 δ_{min}——最小过盈量；

P_{min}——最小装配压力，$P_{min} \geq \dfrac{P}{\pi d_{配} lf}$；

d——配合面直径；

d_{2a}——中衬外径；

d_{1i}——内衬内径；

d_{2i}——中衬内径；

E——弹性模量；

l——铸锭长度；

f——金属与挤压筒内衬内表面摩擦系数；

P——挤压机名义压力。

不同尺寸的制装配过盈可按装配处直径的1/500~1/800来选取。最佳过盈量的选择见表29-14。

表 29-14　几种挤压筒的最佳过盈量

挤压筒结构	双层套			三层套		四层套		
配合直径/mm	200 ~ 300	310 ~ 500	510 ~ 700	800 ~ 1130	1600 ~ 1810	1130	1500	1810
过盈值/mm	0.45 ~ 0.55	0.55 ~ 0.65	0.70 ~ 1.0	1.4 ~ 2.35	1.05 ~ 1.35	1.65 ~ 2.2	2.05 ~ 2.3	2.5 ~ 3.0

在挤压筒装配前，外套内径略小于内套外径，其差值就是过盈量。装配时将外套加热，装入内套，冷却后则两套之间紧密配合，并产生热装应力 P_k，它使内套受到外压力，其引起的切向应力为 $\sigma_{t压}$，同时对外套产生内压力，引起的切向应力为拉应力 $\sigma_{t拉}$，热装产生的应力就是预应力。

当挤压时，内套又受到工作单位压力 P_i，它使内套产生切向拉应力 $\sigma_{t拉}$。与装配时的切向压应力 $\sigma_{t压}$ 相抵消一部分，使实际的切向拉应力 $\sigma_{t拉}$ 减小；外套由于工作压力 P_i 引起的切向拉应力 $\sigma_{t拉}$，与热装时产生的 $\sigma_{t拉}$ 相加，而使总拉应力增加，这样就可使内、外层切向应力趋于均匀分布，增大挤压筒的承载能力。

F　挤压筒的强度校核

a　圆挤压筒的强度校核

多层挤压筒的强度校核可按承受内外压力的厚壁筒各层同时屈服的条件来进行计算，如果假设：沿挤压筒长度方向的单位压力等于挤压垫片上的比压 $P_比$；轴向压应力可忽略不计；挤压筒内外各层的温度均匀；把挤压筒的应力状态看成平面问题。那么，根据良米公式：

$$\sigma_t = P_比 \frac{r^2}{R^2 - r^2}\left(1 + \frac{R^2}{\rho^2}\right) \tag{29-4}$$

$$\sigma_r = P_比 \frac{r^2}{R^2 - r^2}\left(1 - \frac{R^2}{\rho^2}\right) \tag{29-5}$$

式中　σ_t, σ_r——挤压筒壁上的切向和径向应力；

r, R——挤压筒的内、外半径；

ρ——从挤压筒轴线到所求应力点距离；

$P_比$——挤压筒的比压。

按第三强度理论，等效应力 $\sigma_{等效}$ 为：

$$\sigma_{等效} = \sigma_t - \sigma_r = \frac{P_比 \cdot 2r^2 R^2}{(R^2 - r^2)\rho^2} \tag{29-6}$$

由式（29-4）~式（29-6）可看出，在挤压筒内表面上（$\rho = r$）出现最大应力值：

$$\sigma_t^内 = P_比 \frac{R^2 + r^2}{R^2 - r^2} \tag{29-7}$$

$$\sigma_t^内 = - P_比 \tag{29-8}$$

$$\sigma_{等效}^内 = P_比 \frac{2R^2}{R^2 - r^2} \tag{29-9}$$

用 $K = \dfrac{r}{R}$ 表示挤压筒的壁厚系数,那么式(29-7)~式(29-9)可改写为如下形式:

$$\sigma_{t}^{\text{内}} = P_{\text{比}}\frac{1 + K^2}{1 - K^2} \tag{29-10}$$

$$\sigma_{r}^{\text{内}} = - P_{\text{比}} \tag{29-11}$$

$$\sigma_{\text{等效}}^{\text{内}} = P_{\text{比}}\frac{2}{1 - K^2} \approx [\sigma] \tag{29-12}$$

那么,整个挤压筒上的最大允许压力 $P_{\max}$ 为:

$$P_{\max} = \frac{1 - K^2}{2}[\sigma] \tag{29-13}$$

由式(29-13)可得出以下结论:

(1)挤压筒最大允许压力 $P_{\max} < 0.5[\sigma]$。

(2)挤压筒壁厚系数 K 取 0.35~0.50 为宜,多层挤压筒各层最佳厚度比 K 可取 0.45~0.60。

(3)单层挤压筒受力状态极不合理。当最大应力不超过材料屈服强度的 50% 或 $P_{\text{比}} <$ 700MPa 时,可用两层套结构。当最大应力大于材料屈服极限的 70% 或 $P_{\text{比}} > 700$MPa 时,应由 3 层或 4 层套组装而成。

b 扁挤压筒的强度校核

通常用弹性力学原理来分析扁挤压筒的应力状态。将挤压筒内腔某一对称图形 K 外形保角映像为单位圆外形,如图 29-16 所示。

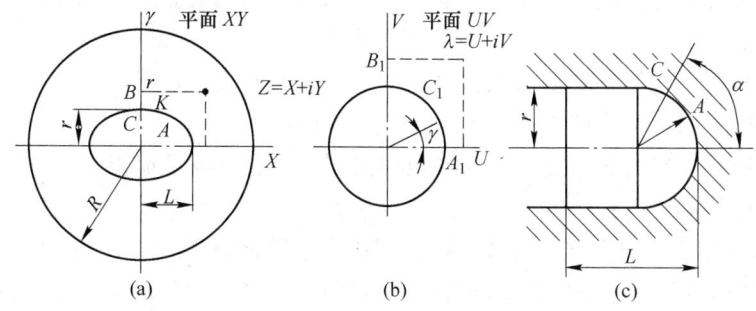

图 29-16 计算扁挤压筒应力状态原理分析图

(a)扁挤压筒的横截面;(b)在单位圆外形上扁挤压筒内腔轮廓的映像;(c)典型的扁挤压筒内腔轮廓

Z 点在 XY 平面的坐标为 (X, Y),$Z = X + iY$,在 UV 平面时与 Z 对应的点 λ 用 (U, V) 表示,$\lambda = U + iV$,则:

$$Z = H(\lambda) = a\left(\lambda + \frac{b}{\lambda} + \frac{c}{\lambda^3}\right) \tag{29-14}$$

式中 a,b,c——待定系数。

挤压筒外壳任意点的应力由方程组来确定:

$$\begin{cases} \sigma_X + \sigma_Y = 4R_e\Phi(Z) \\ -\sigma_X + \sigma_Y + 2i\,\tau_{XY} = 2[\overline{Z}\Phi'(Z) + F(Z)] \end{cases} \tag{29-15}$$

其中

$$\Phi(Z) = \left[\frac{\varphi(\lambda)}{H'(\lambda)} + \frac{\beta_1}{R} + 3\beta_3\frac{Z^2}{R^3}\right] \tag{29-16}$$

$$F(Z) = -\left(\frac{\alpha_1}{R} + 3\alpha_3\frac{Z^2}{R^3} - 6\frac{\beta_3}{R}\right) + \frac{\Psi'(\lambda)}{H'(\lambda)} \tag{29-17}$$

$$\begin{cases} \varphi(\lambda) = \dfrac{\alpha_1}{\lambda} + \dfrac{\alpha_3}{\lambda^3} \\ \Psi(\lambda) = \dfrac{b_1}{\lambda} + \dfrac{b_3}{\lambda^3} \end{cases} \tag{29-18}$$

式中　　σ_X, σ_Y——$\perp XOY$ 平面的正应力；

α_j, β_j——待定系数；

τ_{XY}——上述平面上的切应力；

R_e——函数的实数部分；

R——挤压筒外半径；

$\overline{Z}$——Z 共轭点，$\overline{Z} = X - iY$。

将扁挤压筒的特定边界条件代入式（29-15），即可确定由过盈产生的应力和有内压力作用时挤压筒中的应力。

近年来，采用有限元法研究分析扁挤压筒的受力和强度计算，进行扁挤压筒的寿命计算和内腔形状优化设计。该法可非常精确地计算出扁挤压筒各点的应力-应变场和温度场，请参考相关文献。

用扁挤压筒挤压大型宽幅薄壁型材是一种最有效的办法。但是，由于红装过盈及内套孔腔四周出现很大温差，致使挤压筒产生不均匀变形，有时沿短轴方向变形量达 2mm 以上。另外，扁挤压筒应力状态复杂，局部拉应力很大，容易在危险断面产生裂纹。最新研究的扁挤压筒优化模式为：

（1）挤压筒外套与内套均为整体结构，但内套沿轴向可分为 2~3 段。

（2）压筒内衬套方孔短边设计成两次圆弧过渡，可使危险区的应力集中降至最小。

（3）扁挤压筒红装过盈量应较圆挤压筒的高 2~3 倍。

（4）挤压筒外套与内套选用 4Cr5MoSiV1 或 3Cr2W8V 电渣重熔钢锻造坯料，不允许出现白点等缺陷，在粗加工之后必须进行调质处理，最终热处理是淬火，2~3 次回火，外套 HRC 为 37~40，内套 HRC 为 45~48。

（5）整个挤压筒结构不允许出现尖角，挤压垫形状随挤压筒内套形状变化而改变。

（6）内套外露部分必须过盈红装压应力圈，严防裸露。

（7）扁挤压筒必须由多层套组装而成，当 $P_{比} < 600\text{MPa}$，$B : H \leqslant 2.0 : 1$ 时，可考虑用两层套。当 $P_{比} \geqslant 600\text{MPa}$，$B : H > 2.0 : 1$ 或 $P_{比} < 650\text{MPa}$，$B : H \geqslant 2.5 : 1$ 时必须采用 3 层或多层套结构，如图 29-17 所示。

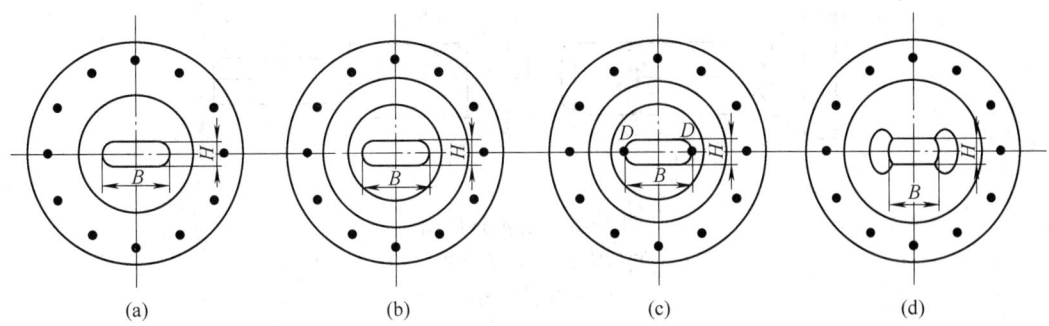

图 29-17 扁挤压筒的层数与 $P_比$ 和 $B:H$ 的关系图

（a） $P_比 < 600\text{MPa}$，$B:H > 2.0:1$；（b） $P_比 \geqslant 600\text{MPa}$，$B:H \leqslant 2.0:1$ 或 $P_比 < 650\text{MPa}$，$B:H < 2.5:1$；

（c） $P_比 \geqslant 600\text{MPa}$ 或 $P_比 < 650\text{MPa}$，$B:H \geqslant 2.5:1$；（d） $P_比 \geqslant 600\text{MPa}$ 或 $P_比 < 650\text{MPa}$，$B:H \geqslant 2.5:1$

29.2.3 挤压轴的设计

29.2.3.1 挤压轴的结构形式

挤压轴的结构形式与挤压机主体设备的结构、挤压筒的形状和规格、挤压方法、挤压产品种类以及挤压过程的力学状态等诸因素有关，一般可分为以下几类：

（1）按挤压机的结构类型可分为无独立穿孔系统挤压机用实心挤压轴（见图29-18）和带独立穿孔系统挤压机用空心挤压轴（见图29-19）。

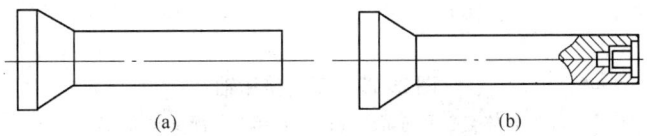

图 29-18 卧式型棒挤压机实心挤压轴
（a）挤压实心产品用；（b）挤压空心产品用

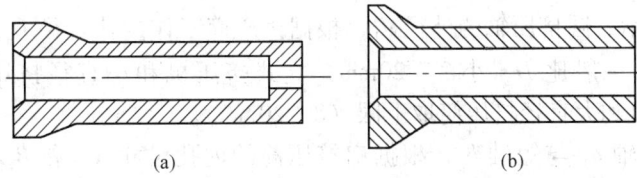

图 29-19 卧式管型挤压机用空心挤压轴
（a）台肩式；（b）通孔式

（2）按挤压筒内孔形状可分为圆挤压轴、扁挤压轴、异型挤压轴和阶梯形挤压轴，如图 29-20 所示。

（3）按挤压轴的组装结构可分为整体挤压轴、装配式圆柱形挤压轴、扁挤压轴、阶梯形挤压轴，如图 29-21 所示。

（4）按挤压方法可分为正挤压轴和反挤压轴，两种反挤压轴的结构形式如图 29-22 所示。

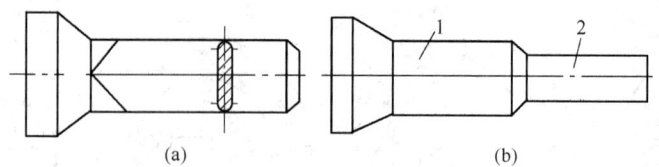

图 29-20　异型挤压轴

（a）扁挤压轴；（b）阶梯形挤压轴

1—轴座；2—轴干

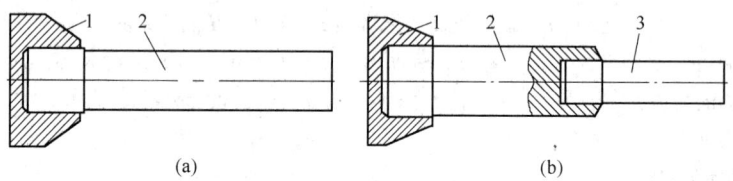

图 29-21　装配式挤压轴

（a）圆柱形挤压轴；（b）阶梯形挤压轴

1—轴座；2—轴干；3—中间轴

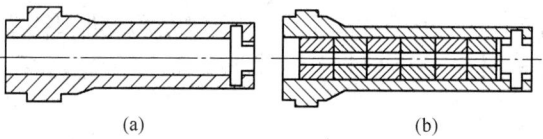

图 29-22　反向挤压轴

（a）整体空心反向挤压轴；（b）组合装配反向挤压轴

29.2.3.2　挤压轴尺寸的确定

A　实心挤压轴断面尺寸的确定

如图 29-23 所示，圆挤压轴的外径 d_1，根据挤压筒工作内孔直径 $D_筒$ 来确定。为了便于出入挤压筒，d_1 一般比 $D_筒$ 小 2 ~ 20mm，立式挤压机和小直径挤压筒取下限（2 ~ 8mm），卧式挤压机和大直径挤压筒取上限（8 ~ 20mm）。

扁挤压轴的长轴 a_1 与短轴 b_1，根据扁挤压筒的内孔尺寸 $A_筒$ 和 $B_筒$ 来确定，一般来

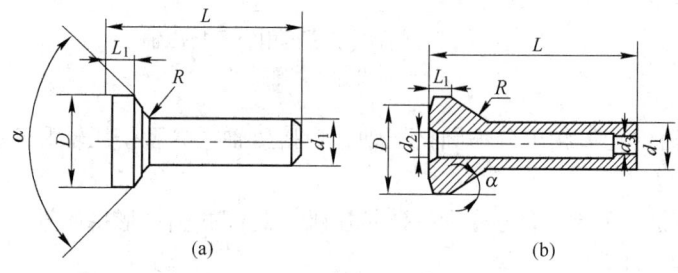

图 29-23　挤压轴尺寸设计图

（a）实心轴；（b）空心轴

说，a_1 比 $A_筒$ 小 5～15mm，b_1 比 $B_筒$ 小 3～10mm。

B 空心挤压轴内孔直径 d_2 的确定

d_2 的最大值应根据空心轴的环形面上所承受的压应力不超过材料的许用应力范围来确定，即

$$d_{2\max} = \sqrt{D_筒^2 - \frac{4p_比}{\pi[\sigma_s]}} \qquad (29\text{-}19)$$

可见，挤压筒的比压 $p_比$ 越小，材料的 $[\sigma_s]$ 越大，则挤压轴的内孔就可以设计的越大。空心轴内径 d_2 的最小值由针后端的尺寸来确定，一般来说，d_2 应比针后端的外径大5mm以上，以便于穿孔针在挤压轴中自由移动。

C 挤压轴长度的确定

挤压轴的总长度 $L = L_1 + L_2$，式中 L_1 为轴座的长度，根据轴支撑相应部分的长度来确定，L_2 为轴干的长度。为了保证可靠地把压余和挤压垫片从挤压筒内推出，L_2 应比挤压筒的长度大15～20mm。

为了防止挤压轴端面压推后，挤压轴不便出入挤压筒，针后端便于出入挤压轴，在挤压轴端部的外径应比轴干部的直径略小一点，而内径要比轴干部的内径稍大一点。

为了避免应力集中，轴干与轴座之间的过渡部分做成锥体，且应用 $R \geq 100mm$ 的大圆弧进行过渡。

此外，挤压轴的端面对轴中心线的不垂直度不得大于0.1mm，轴干与轴座的不同心度不得大于0.1mm，工作部分的表面粗糙度 R_a 应达到 3.2～1.6μm，表29-15 和表29-16 列出了部分挤压轴的设计尺寸。

表 29-15 常用实心挤压轴的主要尺寸

挤压机能力 /MN	挤压筒直径 /mm	挤压轴尺寸				
		D/mm	d_1/mm	L/mm	L_1/mm	α/(°)
125	φ420	800	410	2760	40	30
125	φ500	800	490	2760	40	30
125	φ650	1000	640	2760	80	30
125	φ800	1000	790	2760	80	30
125	□850×250	1000	□840×240	2760	80	连接斜度
50	φ300	685	290	1600	40	60
50	φ360	685	350	1600	40	60
50	φ420	685	410	1600	40	60
50	φ500	685	590	1600	40	60
50	□570×170	685	560×162	1600	40	60
20	φ200	300	195	1020	50	90
20	φ170	300	165	1020	50	90
20	φ150	300	145	1020	50	90
20	□230×90	328	223×85	1020	50	90

挤压机能力 /MN	挤压筒直径 /mm	挤压轴尺寸				
		D/mm	d_1/mm	L/mm	L_1/mm	α/(°)
12.5	ϕ130	295	126	875	10	45
12.5	ϕ115	295	110	875	10	45
8	ϕ95	295	93	780	25	30
7.5	ϕ95	230	93	715	10	45
6.3	ϕ85	129.5	83	522	40	30
6.3	ϕ100	129.5	96	522	40	30
6.3	ϕ120	203	116	500	5	25

表 29-16　常用空心挤压轴的主要尺寸

挤压机能力/MN	挤压轴直径 /mm	挤压轴尺寸							
		D/mm	d_1/mm	d_2/mm	d_3/mm	L/mm	L_1/mm	L_2/mm	α/(°)
125	ϕ420	800	410	230	230	2760	40		30
	ϕ500	800	490	310	310	2760	40		30
	ϕ650	1000	640	385	335	2760	80		30
	ϕ800	1000	790	530	530	2760	80		30
35	ϕ280	660	274	165	102.0	1615	185	150	30
	ϕ320	660	314	185	132.0	1615	166	150	30
	ϕ370	660	364	205	162.0	1615	166	150	30
25	ϕ200	440	194	100	82.5	1260	35.0	150	25
	ϕ230	440	224	120	102.5	1260	35.0	150	25
	ϕ280	440	224	150	132.5	1260	35.0	150	25
	ϕ180	440	174	100	82.5	1260	35.0	150	25

29.2.3.3　挤压轴强度校核

挤压轴强度校核主要是校核挤压轴工作端面的面压、挤压轴的纵向弯曲应力和稳定性，具体的计算方法可参考相关资料。

29.2.4　穿孔系统的设计

29.2.4.1　穿孔系统的结构与穿孔针的分类

卧式挤压机的典型穿孔系统如图 29-24 所示。由图可知，穿孔系统主要包括针前端、针后端、针支撑、支撑座、穿孔压杆、压杆套以及套筒、背帽等。立式挤压机上可配备独立的穿孔系统，也可以把穿孔针固定在挤压轴上。

穿孔系统一般采用螺纹连接，这种连接的缺点是装卸不方便，劳动强度大，但可将很长的穿孔系统分为若干段，能减少其总的弯曲度，节省高级合金钢材。如 12500t 卧式挤压机的穿孔系统可分为针尖、针后端、针支撑、穿孔压杆和压杆套。它们之间分别用螺纹首尾连接，最后将穿孔压杆用螺纹连接到穿孔缸上，组成一个总长度达 16900mm 的独立穿孔装置，而仅前端长度约为 500mm 的针尖用 3Cr2W8V 或 4Cr5MoSiV1 钢制造，其他部分可用 5CrNiMo 钢材。

穿孔针是穿孔系统中最重要的部分，其结构取决于挤压机的结构、挤压方法和产品的

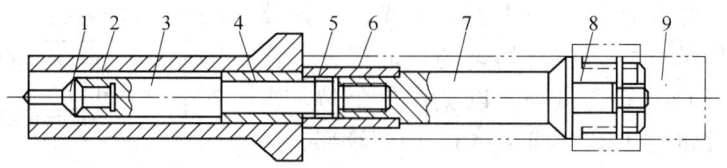

图 29-24　典型穿孔系统构成图

1—针前端；2—挤压轴；3—针后端；4—套筒；5—背帽；6—道筒；
7—针支撑；8—压杆背帽；9—穿孔系统（接穿孔柱塞）

种类。铝合金挤压用穿孔针一般可分为以下几种类型，如图 29-25 所示。挤压外径大，厚壁而长度短的筒形铝合金产品时，往往用挤压轴做穿孔针进行反挤压（见图 29-26）。

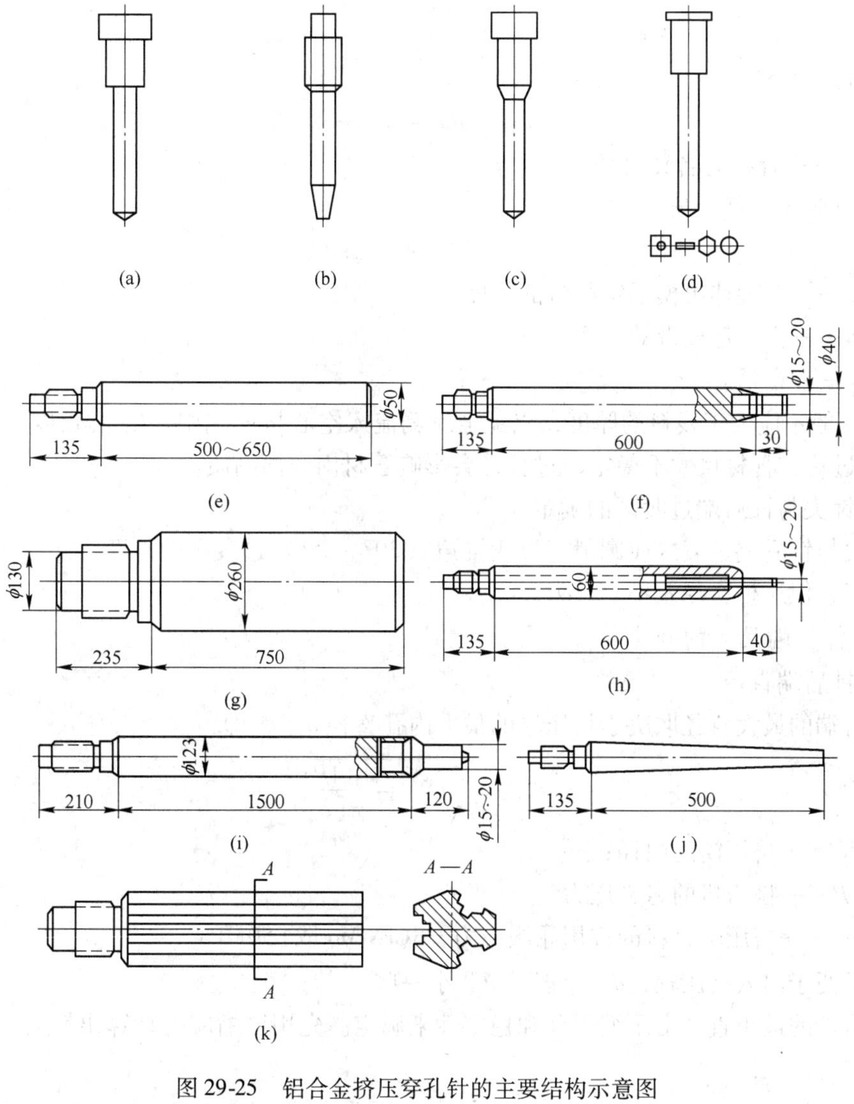

(a)　　　　　(b)　　　　　(c)　　　　　(d)

(e)

(f)

(g)

(h)

(i)

(j)

(k)

图 29-25　铝合金挤压穿孔针的主要结构示意图

（a）固定在挤压轴上的圆柱形针；（b）浮动针（不固定在挤压轴上）；（c），（e）固定在独立穿孔装置上的
圆柱形针；（d）异型针；（f），（j）瓶状针（整体的或组合式的）；（g）大径单一针；
（h）小浮动针（空心）；（i）锥形针（变断面）；（k）表面带型孔的特殊针

除此之外，穿孔针的工作表面必须光滑，螺纹连接部分与工作部分之间应有均匀的过渡区，工作表面的硬度应适应，不宜过高，以免产生龟裂。当采用 3Cr2W8V 钢时，HRC 为 42 ~ 46，而螺纹部分一般不进行淬火处理。穿孔各部分直径的不同心度不应大于 0.1mm，总长度上的弯曲度不得大于 0.1 ~ 0.2mm，在 550 ~ 600mm 工作长度上应做 0.5 ~

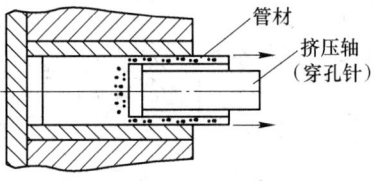

图 29-26　用挤压轴代替穿孔针反挤压管材图

0.6mm 圆锥度，过小会增大摩擦，进而增大穿孔针表面的拉应力，圆锥度过大会影响挤压制品的尺寸。

29.2.4.2　穿孔尺寸的确定

A　穿孔针尖尺寸的确定

a　针尖直径

$$d_{针} = d_{内} - 0.7\% d_{内} \tag{29-20}$$

式中　$d_{内}$——管材的名义内径。

b　针尖工作部分长度

$$L_{内} = h_{定} + l_{出} + l_{余} \tag{29-21}$$

式中　$l_{出}$——针尖伸出模子定径带的长度；

$h_{定}$——模子定径带的长度；

$l_{余}$——余量。

$l_{余}$ 一般不应大于残料的厚度，以免金属倒流入空心挤压轴中。$l_{出}$ 的长度一般取 10 ~ 20mm，过短，管材尺寸不稳定，过长，会影响管材内表面品质。

c　针尖与针后端过渡区的确定

针尖与针后端过渡区应圆滑，过渡锥角取 30° ~ 45°。过渡区的长度视针与针后端直径之差而定，但这种直径差不宜过大。

B　针后端尺寸的确定

a　针后端直径

针后端的最大直径取决于挤压轴的最大内孔直径 $d_{内}^{max}$，即

$$d_{内}^{max} = \sqrt{D_{筒}^2 - \frac{4P}{\pi [\sigma_s]}} \tag{29-22}$$

式中　$D_{筒}$——挤压筒的内径；

P——挤压机的名义压力；

σ_s——挤压轴材料的许用屈服应力，5CrNiMo 取 650MPa。

为了便于出入挤压轴，$d_{后}$ 一般较 $d_{内}^{max}$ 小一些。

针后端的最小直径由压缩强度和稳定性来确定。先用压缩应力计算出针后端的最小直径，即

$$d_{后}^{min} = \sqrt{\frac{4P}{\pi [\sigma_s]}} \tag{29-23}$$

然后，用稳定性来进行校核。最后，根据挤压机工具的系列化，将针后端的直径进行

规整，一般，每种挤压筒规格上配备 2~3 种规格的针后端。

b　穿孔针后端长度的确定

针后端长度 L 主要是由稳定性来校核确定。此外，与装配方式、穿孔系统的分段设计等也有一定关系。

C　其他穿孔系统工具尺寸的确定

其他工具主要包括针支撑、压杆套和压杆，以及导筒、背帽等。这些工具主要根据挤压机的结构、装卸方式、稳定性校核来设计，一般来说，每种挤压筒应选配一种规格的工具。

29.2.4.3　穿孔系统的强度校核

穿孔时针的稳定性的计算、抗弯强度校核和抗拉强度校核可参考材料力学有关公式进行强度校核。

29.2.5　挤压垫片的设计

29.2.5.1　挤压垫片的结构设计

在挤压铝合金时，为了减少挤压垫片与金属之间的黏结摩擦，一般采用带凸缘（工作带）的垫片，图 29-27 示出了一般挤压机上常用的实心垫片和空心垫片结构图。图 29-28 则示出了某些特殊挤压方法用的挤压垫片结构图。近年来，为了简化工艺，提高生产效率和减少残料，提高成品率，研制成功了一种先进的固定垫挤压方法，如图 29-29 所示。目前，90% 以上的单动挤压机均采用固定挤压垫片挤压。

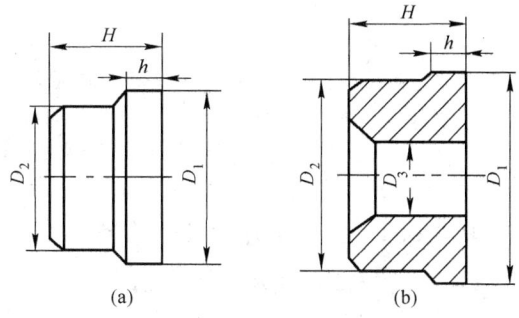

图 29-27　挤压垫片结构图
（a）实心垫片；（b）空心垫片

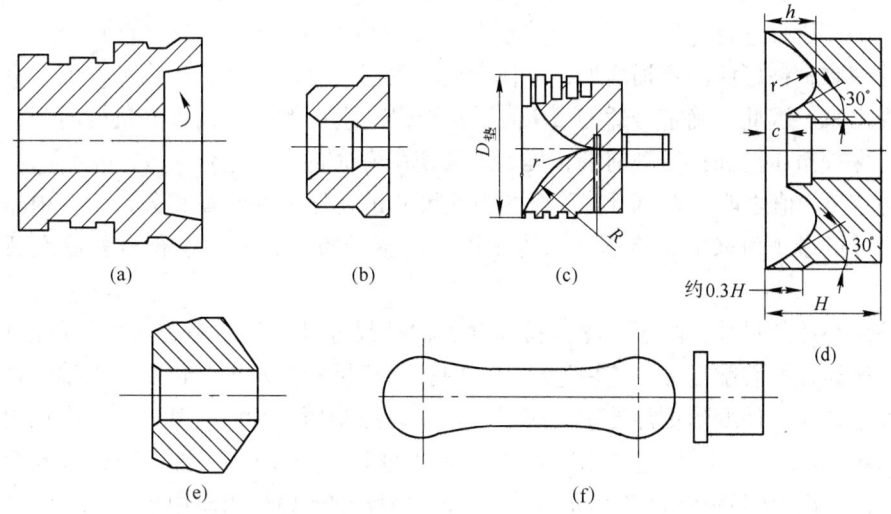

图 29-28　特殊挤压方法用挤压垫片图
（a）反向挤压用；（b）穿孔挤压用；（c）无残料连续挤压实心产品用；
（d）无残料连续挤压空心产品；（e）立式挤压管材用；（f）扁挤压用

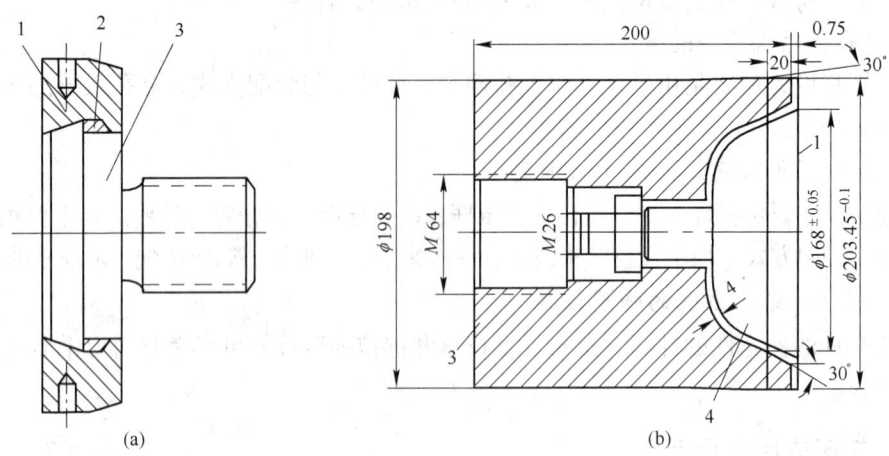

图 29-29 固定式挤压垫片结构示意图

(a) 弹簧式；(b) 锥塞式

1—垫片外环；2—弹簧圈；3—垫片主体；4—锥塞

29.2.5.2 挤压垫片的尺寸确定

A 空心挤压垫片外圆直径 $D_{外}$

$D_{外}$ 主要取决于挤压筒直径，挤压筒与挤压垫外径的差值 ΔD 与挤压机的技术特性、能力和筒径均有关系。在卧式挤压机上，ΔD 值一般取 $0.15 \sim 1.15\text{mm}$，在立式挤压机上，ΔD 值一般取 $0.15 \sim 0.4\text{mm}$。大直径挤压筒的取上限，小直径挤压筒的取下限。

ΔD 必须选取合适，才能使挤压生产顺利进行。ΔD 过大会引起金属倒流，有时把垫片和挤压轴包住，造成分离残料（压余）困难，挤压轴粘有金属还影响制品的表面质量。用粘铝较多的挤压轴进行生产，铝型材成层和起皮等废品会明显增加。ΔD 过小时，往挤压筒送垫片困难，挤压筒的磨损增加，操作者稍有失误就可能啃伤挤压内壁，或卡在挤压筒中很难弄出来。因此，确定合适的 ΔD 值，对于提高生产效率，减少停机的时间，减轻劳动强度，保护挤压筒和挤压轴前端，提高工具使用寿命都十分重要。

在确定 ΔD 值之前，必须对挤压筒的内孔尺寸进行仔细的测量和分析，应根据挤压筒的内孔尺寸的最小值来配置挤压垫。当挤压筒磨损严重时，必须进行修复后重新配挤压垫片。

扁挤压垫片的尺寸，除了要考虑挤压筒的内孔尺寸外，尚需考虑挤压筒的断面位置。由于扁挤压筒在热装配后加热使用过程中，内孔形状尺寸会发生变化，当长轴和短轴方向存在很大温差时，使变形更加严重。所以，在设计扁挤压垫片时，其 ΔD 值应从两侧半径部分的 $0.5 \sim 0.6\text{mm}$，逐渐过渡到垫片中间部分的 $1.0 \sim 1.5\text{mm}$。图 29-30 示出了 125MN 和 50MN 挤压机上□850mm × 250mm 和□570mm × 170mm 扁挤压筒用垫片的设计尺寸。

有时为了提高挤压机效率，节省垫片的传递时间，在挤压时，要用两个以上挤压垫倒换使用，这里必须保证同时使用的几个垫片的外径大体一致。对使用的两个以上垫片的直径差做了明确的规定，表 29-17 给出了挤压垫片的外径最大差值。

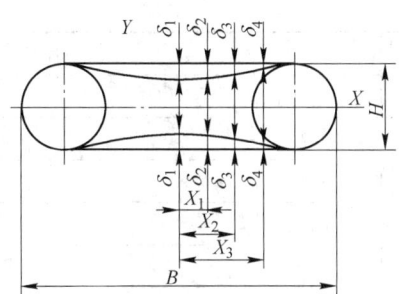

扁筒规格 /mm×mm	B	H	X_1	X_2	X_3	δ_1	δ_2	δ_3	δ_4
□ 850×250	848.5	249.2	100	200	300	1.8	1.2	0.8	0.4
□ 570×170	569.2	169.4	70	140	210	1.2	0.9	0.6	0.2

图 29-30　扁挤压筒用垫片尺寸的设计图

表 29-17　挤压垫片的外径最大差值

挤压机/MN	5.88	7.35	11.78	19.6	34.1	49
垫片径差/mm	0.05	0.08	0.1	0.1	0.1	0.15

　　脱皮挤压时，ΔD 值取 2~3mm，其值大一些可以保证脱皮充分。有时铸锭表面品质不好，有夹杂物，偏析等缺陷，脱皮挤压可将 ΔD 值取大一些。

　　B　空心挤压垫片内腔直径 $D_内$

　　$D_内$ 主要取决于后端直径 $D_针后$，若 $D_后^垫 - D_后^针 = \Delta D$，则 ΔD 的数值与挤压机能力有关。对卧式挤压机，ΔD 一般取 0.3~1.2mm，对立式挤压机一般取 0.15~0.5mm。

　　ΔD 过大，不仅起不到调节挤压针中心的作用，同时可能会引起金属回流，严重时会把针包住，使挤压不能顺利进行。ΔD 过小，针后端进出困难，操作不便，有时可能卡伤挤压针，所以必须慎重选取值 ΔD。

　　C　挤压垫厚度 $H_垫$

　　$H_垫$ 主要根据挤压筒直径和比压来确定，一般情况下，$H_垫 \approx (0.2~0.4)D_外^垫$。

　　$H_垫$ 过厚，较笨重，浪费钢材。$H_垫$ 过小容易变形和损坏。

　　D　挤压垫工作带厚度 $h_垫$ 的确定

　　一般情况下，取 $h_垫 \approx \left(\dfrac{1}{3} ~ \dfrac{1}{4} \right) H_垫$。$H_垫$ 过小，容易磨损压塌；过大时，磨损阻力增大，容易粘金属。表 29-18 和表 29-19 列出了圆形挤压筒实心垫片和空心垫片的外形尺寸。

表 29-18　圆形实心挤压垫片的外形尺寸

挤压机能力 /MN	挤压筒直径 $D_筒$ /mm	垫片尺寸/mm				
		D_1	D_3	D_2	h	H
6.3	85	84.7	$D_后^针 + 0.2mm$	82	20	50
	95	94.7	$D_后^针 + 0.2mm$	92	20	50

挤压机能力 /MN	挤压筒直径 $D_筒$ /mm	垫片尺寸/mm					
		D_1	D_3	D_2	h	H
7.5	90	89.7		85	20	50
	100	99.7		95	20	50
12.5	130	129.6		125	30	70
20	170	169.6		165	30	70
	200	199.5		195	30	70
30	280	279.50	130.5	275	30	90
35	320	310.50	130.5	315	40	100
50	300	299.5		290	40	120
	360	359.6		350	40	120
125	420	419.4	211、151	412	50	150
	500	499.2	301、251、211	490	50	150
	650	649	361.2、301、251	640	50	150
	800	798.8	511.2、431.2	790	50	150

表 29-19 圆形空心挤压垫片的外形尺寸

挤压机/MN	挤压筒直径/mm	d_1/mm	d_2/mm	d_3/mm	H_1/mm	H_2/mm
6.17	85	84.4	81	30.4	20	50
24.5	280	279.5	275	130.5	30	90
34.3	320	319.5	315	130.5	40	100
122.5	800	798.8	790	511.2	50	150

29.2.5.3 挤压垫片的强度的校核

挤压垫片的变形与损坏的程度与挤压力的大小、挤压温度和连续挤压时间等有关。当挤压垫片承受的压力超过材料允许应力时，其工作就会产生压溃变形。因此，必须进行压缩强度校核。

$$\sigma_压 = \frac{P_{max}}{F_垫} \leqslant [\sigma_压] \tag{29-24}$$

式中 P_{max}——最大挤压力；

$F_垫$——垫片工作部分的断面积；

$[\sigma_压]$——材料的许用抗压强度，$[\sigma_压] \approx (0.9 \sim 0.95)\sigma_s$；

σ_s——材料的屈服强度。

对于内孔直径大的空心垫片，还应按薄板计算公式校核弯曲应力。

大型挤压工具还包括模支撑、模座、压型嘴、活动模架、剪刀、冲头、分离器、切割模、夹料装置、堵头以及导路等，其设计应根据挤压机的结构、装配特点、用途、产品类别和规格的不同、挤压条件的差异等予以综合权衡考虑。

29.3 挤压模具的设计

29.3.1 挤压模具的类型及组装方式

29.3.1.1 挤压模具的分类

挤压模具可分为：

（1）按模孔压缩区断面形状可分为平模、锥形模、平锥模、流线形模和双锥模等，如图 29-31 所示。

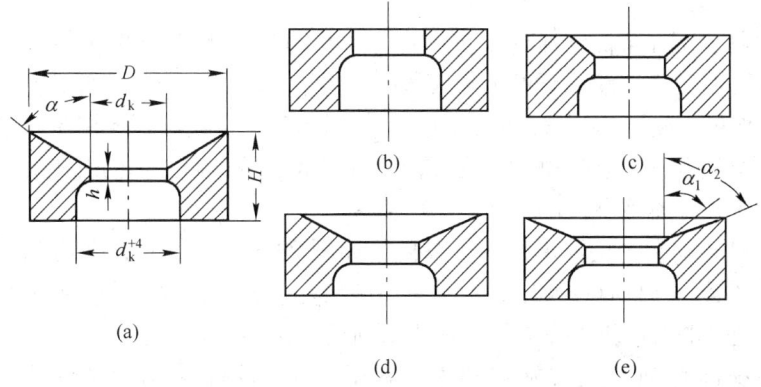

图 29-31 挤压模的模孔压缩区断面形状

（a）锥形模；（b）平面模；（c）平锥模；（d）流线形模；（e）双锥模

（2）按被挤压的产品品种可分为棒材模、普通实心模、壁板模、变断面型材和管材模、空心型材模等。

（3）按模孔数目可分为单孔模和多孔模。

（4）按挤压方法和工艺特点可分为热挤压模、冷挤压模、静液挤压模、反挤压模、连续挤压模、水冷模、宽展模、卧式挤压机用模和立式挤压机用模等。

（5）按模具结构可分为整体模、分瓣模、可卸模、活动模、舌型组合模、平面分流组合模、镶嵌模、叉架模、前置模和保护模等。

（6）按模具外形结构可分为带倒锥体的锥模、带凸台的圆柱模、带正锥体的锥模、带倒锥体的锥形-中间锥体压环模具、带倒锥的圆柱-锥形模和加强式模具等，如图 29-32 所示。

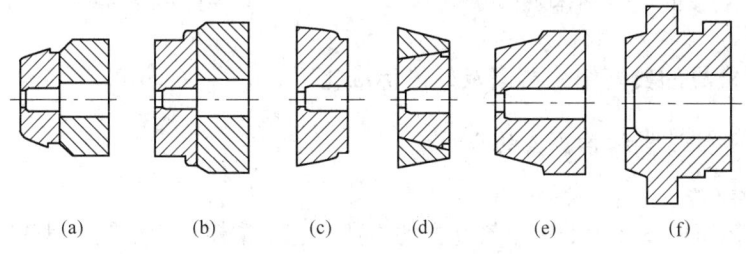

图 29-32 挤压模的外形结构

（a）带倒锥体的锥形模；（b）带凸台的圆柱形模；（c）带正锥体的锥形模；
（d）带倒锥的锥形-中间压环锥形模；（e）带倒锥体的圆柱-锥形模；（f）外形加强模

上述分类方法是相对的，往往是一种模具同时具有上述分类中的几种特点。此外，一种模具形式又可根据具体的工艺特点，产品形状等因素分成几个小类，如棒模又可分为圆棒模、方棒模、六角棒模和异型棒模等。

29.3.1.2 挤压模具的组装方式

模具组件一般包括模子、模垫以及固定它们的模支撑或模架（在挤压空心制品时，模具组件还包括针尖、针后端、芯头等）。根据挤压机的机构和模座形式（纵动式、横动式和滚动式等）的不同，模具的组装方式也不一样。

在带压型嘴的挤压机上，在模具支撑内或直接在压型嘴内固定模具，主要有 3 种方式：

（1）将模具装配在带倒锥体的模支撑内，锥体母线的倾斜角为 3°～10°，如图 29-33（a）所示。这种固定方法能保证模子与模垫的牢固结合，增大模具端部的支撑面，可简化模具装卸的工作量。模子和模垫用销子固定，并用制动销将模具固定在模支撑上。

（2）将模具装配在带环形槽的模支撑内。直径大于挤压筒工作内套内孔直径的模具宜用这种方法固定，如图 29-33(b)所示。

（3）将模具装配在带正锥体的模支撑内，如图 29-33(c)所示，采用此种方法固定需制造专用工具。因此，只有在挤压大批量断面形状复杂的型材时，才使用这种组装方式。

在不带压型嘴的挤压机上安装矩形或方形断面的压环，将模子和模垫装入压环内，再将压环安装在横向移动模架或旋转架内，利用 T 形锁键连接压环与模架，如图 29-34 所示。

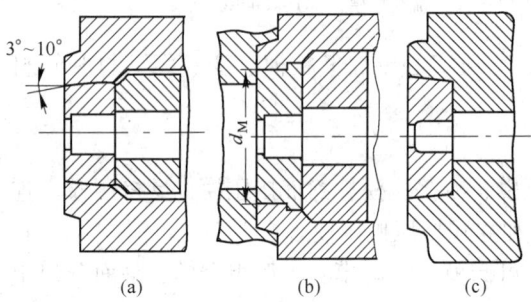

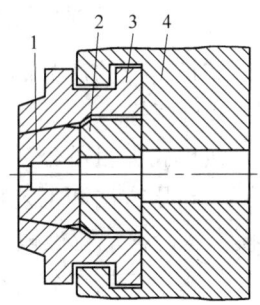

图 29-33 挤压模具组装图
（a）装配在倒锥体的模支撑内；（b）装配在圆柱形的
模支撑内；（c）装配在带正锥体的模支撑内

图 29-34 不带压型嘴挤压机上的
模具组装方式
1—模子；2—模垫；3—压环；4—模支撑

29.3.2 挤压模具的典型结构要素及外形标准化

29.3.2.1 挤压模结构要素的设计

A 模角 α

模角 α 是挤压模设计中的一个最基本的参数，它是指模子的轴线与其工作端面之间所构成的夹角，如图 29-35 所示。

模角 α 在挤压过程中起着十分重要的作用，其大小对挤压制品的表面品质与挤压力都有很大影响。平模的模角 α 等于 90°，其特点是在挤压时形成较大的死区，可阻止铸锭表面的杂质、缺陷、氧化皮等流到制品的表面上，以获得良好制品表面。采用平模挤压时，消耗的挤压力较大，模具容易产生变形，使模孔变小或者将模具压坏。从减少挤压力，提高模具使用寿命的角度来看，应使用锥形模。根据模角 α 与挤压力的关系，当 $\alpha = 45° \sim 60°$ 时，挤压力出现最小值，但当 $\alpha < 45°$ 时，由于死区变小，铸锭表面的杂质和脏物可能被挤出模孔而恶化制品的表面品质。因此，挤压铝合金用锥形模的模角可取 $45° \sim 65°$。

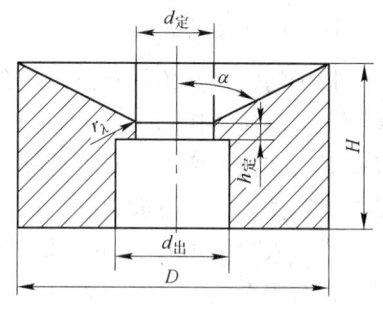

图 29-35　挤压模的结构
要素设计图

为了兼顾平面模和锥形模的优点，出现平锥模和双锥模，如图 29-31(e) 所示，双锥模的模角为：$\alpha_1 = 60° \sim 65°$，$\alpha_2 = 10° \sim 45°$。在挤压铝合金管材时，为提高挤压速度，最好取 $\alpha_2 = 10° \sim 13°$。

挤压铝合金型材多采用平面模，因其加工比较简单，锥模主要用来挤压铝合金管材。

B　定径带长度 $h_{定}$ 和直径 $d_{定}$

定径带又称工作带，是模子中垂直模子工作端面并用以保证挤压制品的形状、尺寸和表面质量的区段。

定径带直径 $d_{定}$ 是模子设计中的一个重要基本参数。设计 $d_{定}$ 大小的基本原则是：在保证挤压出的制品冷却状态下不超出图纸规定的制品公差范围的条件下，尽量延长模具的使用寿命。影响制品尺寸的因素很多，如温度、模具材料和被挤压金属的材料、制品的形状和尺寸、拉伸矫直量以及模具变形情况等，在确定模具定径带直径时一般应根据具体情况着重考虑其中的一个或几个影响因素。

定径带长度 $h_{定}$ 也是模具设计中的重要基本参数之一，定径带长度 $h_{定}$ 过短，制品尺寸难于稳定，易产生波纹、椭圆度、压痕、压伤等废品。同时，模子易磨损，会大大降低模具的使用寿命。定径带长度 $h_{定}$ 过长时，会增大与金属的摩擦作用，增大挤压力，易于黏结金属，使制品的表面出现划伤、毛刺、麻面、搓衣板形波浪等缺陷。

定径带长度 $h_{定}$ 应根据挤压机的结构形式（立式或卧式）、被挤压的金属材料、产品的形状和尺寸等因素来确定。

C　出口直径 $d_{出}$ 或出口喇叭锥

模子的出口部分是保证制品能顺利通过模子并保证高表面品质的重要参数。若模子出口直径 $d_{出}$ 过小，则易划伤制品表面，甚至会引起堵模，但出口直径 $d_{出}$ 过大，则会大大削弱定径带的强度，引起定径带过早地变形、压塌，明显降低模具的使用寿命。因此，在一般情况下，出口带尺寸应比定径带尺寸大 $3 \sim 6mm$，对于薄壁管或变外径管材的模子此值可适当增大。为了增大模子的强度和延长模具的使用寿命，出口带可做成喇叭锥。出口喇叭锥角（从挤压型材离开定径带开始时）可取 $1°30' \sim 10°$（此值受锥形端铣刀角度的限制）。特别是对于壁厚小于 $2mm$ 而外形十分复杂的型材模子，为了保证模具的强度必须做成喇叭出口。有时为了便于加工，也可设计成阶梯形的多级喇叭锥。

为了增大定径带的抗剪强度，定径带与出口带之间可以 $20° \sim 45°$ 的斜面或以圆角半径为 $1.5 \sim 3mm$ 的圆弧连接。

D　入口圆角 r_λ

模子的入口圆角是指被挤压金属进入定径带的部分，即模子工作端面与定径带形成的端面角。制作入口圆角 r_λ 可防止低塑性合金在挤压时产生表面裂纹和减少金属在流入定径带时的非接触变形，同时也减少在高温下挤压时模子棱角的压塌变形。但是，圆角增大了接触摩擦面积，可能引起挤压力增高。

模子入口圆角 r_λ 值的选取与金属的强度、挤压温度和制品尺寸、模子结构等有关。挤压铝及铝合金时，端面入口角应取锐角，但近来也有些厂家，在平面模入口处做成 r_λ = 0.2 ~ 0.75mm 的入口角，在平面分流组合模的入口处做成 r_λ = 0.5 ~ 5mm 的入口角。

E　其他结构要素

除了上述几个最基本的结构要素以外，铝合金挤压模具设计结构要素还包括有：阻碍角，止推角（或促流角），阶段变断面型材模中的"料兜"，过渡区，组合模的凸脊结构，分流孔和焊合室的形状、结构和尺寸以及穿孔针的锥度和过渡形式，模子的外廓形状和尺寸等。

29.3.2.2　模角的外形尺寸及其标准化

此处主要论述常用棒材模、管材模以及实心断面型材模的外形结构、尺寸及其标准化。空心型材用模具和其他特殊用途的模具将在有关章节中专门讨论。

A　外形结构

根据挤压机的结构形式、吨位、模架结构、制品的种类和形状不同，目前广泛采用的有以下几种不同外形结构的挤压模：

（1）带倒锥体的锥模。它与模垫一起安装在模支撑内（见图 29-32（a））。广泛应用在 7.5 ~ 20MN 卧式挤压机上挤压各种断面形状的型材，其优点是具有足够的强度，可节省模具的材料。

（2）带凸台圆柱形模具。它直接安装在压型嘴内而不需使用模垫（见图 29-32（b））。主要用于挤压横断面形状不太复杂的型材。虽然在制造时消耗的钢材略有增加，但使用寿命可大大延长。

（3）带正锥体的锥模。它直接安装在压型嘴内而不需要使用模垫（见图 29-32（c））。主要用于挤压横断面上带有凸出部分的型材。为了增大支撑面，需要制造专用的异型压型嘴。其主要缺点是模具在压型嘴内装配时，需要带有自锁锥体（约 4° 的锥度），这会使得模孔的修理和挤压后由压型嘴内取出模子的操作变得复杂化。

（4）带倒锥体的锥形-中间锥体压环模（见图 29-32（d））。主要用于挤压横断面积相当大的简单型材。因为不带模垫，模具直接安装在普通的非异型压型嘴内，增大了模子的弯曲和压缩应力，可能导致模子的损坏。这种结构的模具应用范围较窄。

（5）带倒锥的圆柱-锥形模。模子与模垫做成一个整体（见图 29-32（e）），主要用来挤压断面带有悬臂部分（悬臂的高宽比由 3∶1 到 6∶1）的型材。由于悬臂较长，型材断面的外接圆应超过挤压筒直径的 0.6 倍，在 7.5 ~ 20MN 吨卧式挤压机上，这种结构的模子与专用的异型压型嘴配套使用。

（6）按模支承的外形尺寸制造的加强式整体模具（见图 29-32（f））。主要用来挤压带有长悬臂部分的型材，它与异型压型嘴或专用垫、环配合使用。因为加工复杂，成本较高，只有在特殊情况下才使用。

B 外形尺寸的确定原则

模具的外形尺寸是指模子的外接圆直径 $D_模$ 和 $H_模$ 以及外形锥角。模具外形尺寸主要由模具的强度确定。同时，还应考虑系列化和标准化，以便管理和使用。具体来说，应根据挤压机的结构形式和吨位，挤压筒的直径，型材在模子工作平面上的布置，模孔外接圆的直径，型材断面上是否有影响模具和整套工具强度的因素等来选择模具外形尺寸。

为了保证模具所必须的强度，推荐用式（29-25）来确定模具的外接圆直径：

$$D_模 \approx (0.8 \sim 1.5)D_筒 \tag{29-25}$$

模具的 $H_模$ 取决于制品的形状、尺寸和挤压吨位，挤压筒的直径以及模具和模架的结构等。在保证模具组件（模子 + 模垫 + 垫环）有足够的强度的条件下，模具的厚度应尽量薄，规格应尽量少，以便于管理和使用。一般情况下，对中、小型挤压机 $H_模$ 可取 25 ~ 80mm，对于 80MN 以上的大型挤压机，$H_模$ 可取 80 ~ 150mm。

模子的外形锥度有正锥的和倒锥的两种，带正锥的模子在装模时顺着挤压方向放入模支撑里，为便于装卸，锥度不能太小，但锥度过大，则模架靠紧挤压筒时，模子容易从模支撑中掉出来，因此一般取为 1°30′ ~ 4°，带倒锥体模子在操作时，逆着挤压方向装到模支撑中，其外圆锥度为 3° ~ 15°，一般情况下可取 6° ~ 10°，为了便于加工，在锥体的尾部一般加工出 10mm 左右的止口部分。

C 外形尺寸的标准化和系列化

实际生产中，在每台挤压机上归整为几种规格的模具，即挤压模具实现了标准化和系列化。

标准化、系列化的必要性包括以下几点：

（1）减少模具设计与制造的工作量，降低产品成本，缩短生产周期，提高生产效率。

（2）通用性大，互换性强，只需配备几种规格的模支撑或模架，可节省模具钢，容易备料，便于维修和管理。

（3）标准化有利于提高产品的尺寸精度。

确定模具系列的基本原则为：

（1）便于装卸，大批量生产，能满足大生产的要求。

（2）能满足该挤压机上允许生产的所有规格产品品种模具的强度要求。

（3）能满足制造工艺的要求。

一般情况下，每台挤压机均采用 2 ~ 4 种规格的外圆直径 $D_模$ 和厚度 $H_模$ 的标准模子，见表 29-20。

表 29-20 模具外形标准尺寸（参考用）

挤压机能力/MN	挤压筒直径/mm	外径 $D_模$/mm	厚度 $H_模$/mm	外锥度 α/(°)
7.5	φ105、φ115、φ130	φ135、φ150、φ180	20、35、50	3
12 ~ 15	φ115、φ130、φ150	φ150、φ180、φ210、φ250	35、50、70	3
20 ~ 25	φ170、φ200、φ230	φ210、φ250、φ360、φ420	50、70、90	3
30 ~ 36	φ270、φ320、φ370	φ250、φ360、φ420、φ560	50、70、90	3

挤压机能力/MN	挤压筒直径/mm	外径 $D_模$/mm	厚度 $H_模$/mm	外锥度 α/(°)
50 ~ 60	$\phi300$、$\phi320$、$\phi420$、$\phi500$	$\phi360$、$\phi420$、$\phi560$、$\phi670$	60、80、90	6
80 ~ 95	$\phi420$、$\phi500$、$\phi580$	$\phi500$、$\phi600$、$\phi700$、$\phi900$、$\phi1100$	70、120、150	10
120 ~ 125	$\phi500$、$\phi600$、$\phi800$	$\phi570$、$\phi670$、$\phi900$、$\phi1300$	80、120、150、180	10
200	$\phi650$、$\phi800$、$\phi1100$	$\phi570$、$\phi670$、$\phi900$、$\phi1300$、$\phi1500$	120、150、200、260	10、15

29.3.3　模具设计原则及步骤

29.3.3.1　挤压模具设计时应考虑的因素

挤压模具设计是介于机械加工与压力加工之间的一种工艺设计，除了应参考机械设计所需遵循的原则以外，还需考虑热挤压条件下的各种工艺因素。

（1）由模子设计者确定的因素。挤压机的结构，压型嘴或模架的选择或设计，模子的结构和外形尺寸，模子材料，模孔数和挤压系数，制品的形状、尺寸及允许的公差，模孔的形状、方位和尺寸，模孔的收缩量、变形挠度、定径带与阻碍系统的确定，以及挤压时的应力、应变状态等。

（2）由模子制造者确定的因素。模子尺寸和形状的精度，定径带和阻碍系统的加工精度，表面光洁度，热处理硬度，表面渗碳、脱碳及表面硬度变化情况，端面平行度等。

（3）由挤压生产者确定的因素。模具的装配及支撑情况，铸锭、模具和挤压筒的加热温度，挤压速度，工艺润滑情况，产品品种及批量，合金及铸锭品质，牵引情况，拉矫力及拉伸量，被挤压合金铸锭规格，产品出模口的冷却情况，工模具的对中性，挤压机的控制与调整，导路的设置，输出工作台及矫直机的长度，挤压机的能力和挤压筒的比压，挤压残料长度等。

在设计前，拟制定合理的工艺流程和选择最佳的工艺参数，综合分析影响模具效果的各种因素，是合理设计挤压模具的必要和充分条件。

29.3.3.2　模具设计的基本原则与步骤

在充分考虑了影响设计的各种因素之后，应根据产品的类型、工艺方法、设备与模具结构来设计模腔形状和尺寸，但是，在任何情况下，模腔的设计均应遵守如下的原则与步骤。

A　确定设计模腔参数

设计正确的挤压型材图，拟订合理的挤压工艺，选择适当的挤压筒尺寸、挤压系数和挤压机的挤压力，决定模孔数。这一步是设计挤压模具的先决条件，可由挤压工艺人员和设计人员根据生产现场的设备条件、工艺规程和大型基本工具的配备情况共同研究决定。

B　模孔在模子平面上的合理布置

所谓合理的布置就是将单个或多个模孔，合理地分布在模子平面上，使之在保证模子强度的前提下获得最佳金属流动均匀性。单孔的棒材、管材和对称良好的型材模，均应将模孔的理论重心置于模子中心上，各部分壁厚相差悬殊和对称性很差的产品，应尽量保证

模子平面 x 轴和 y 轴的上下左右的金属量大致相等，但也应考虑金属在挤压筒中流动特点，使薄壁部分或难成型部分尽可能接近中心，多孔模的布置主要应考虑模孔数目、模子强度（孔间距及模孔与模子边缘的距离等）、制品的表面品质、金属流动的均匀性等问题。一般来说，多孔模应尽量布置在同心圆周上，尽量增大布置的对称性（相对于挤压筒的 x 轴和 y 轴），在保证模子强度的条件（孔间距应大于 20～50mm，模孔距模子边缘应大于 20～50mm）下，模孔间应尽量紧凑和尽量靠近挤压筒中心（离挤压筒边缘大于 10～40mm）。

C　模孔尺寸的计算

计算模孔尺寸时，主要考虑被挤压合金的化学成分，产品的形状和公称尺寸及其允许公差，挤压温度及在此温度下模具材料与被挤压合金的热膨胀系数，产品断面上的几何形状的特点及其在挤压和拉伸矫直时的变化，挤压力的大小及模具的弹塑性变形情况等因素。对于型材来说，一般用以下方式进行计算：

$$A = A_0 + M + (K_Y + K_P + K_T)A_0 \tag{29-26}$$

式中　A_0——型材的公称尺寸；

　　　M——型材公称尺寸的允许偏差；

　　　K_Y——对于边缘较长的丁字形、槽形等型材来说考虑由于拉力作用而使型材部分尺寸减少的系数；

　　　K_P——考虑到拉伸矫直时尺寸缩减的系数；

　　　K_T——管材的热收缩量。

$$K_T = t\alpha - t_1\alpha_1 \tag{29-27}$$

式中　t，t_1——坯料和模具的加热温度；

　　　α，α_1——坯料和模具的线膨胀系数。

对于壁厚差很大的型材，其难于成型的薄壁部分及边缘尖角区应适当加大尺寸。对于宽厚比大的扁宽薄壁型材及壁板型材的模孔、桁条部分的尺寸可按一般型材设计，而腹板厚度的尺寸，除考虑式（29-26）所列的因素外，还需考虑模具的弹性变形与塑性变形及整体弯曲，距离挤压筒中心远近等因素。此外，挤压速度、有无牵引装置等对模孔尺寸也有一定的影响。

D　合理调整金属的流动速度

所谓合理调整就是在理想状态下，保证制品断面上每一个质点应以相同的速度流出模孔。尽量采用多孔对称排列，根据型材的形状，各部分壁厚的差异和比周长的不同及距离挤压筒中心的远近，设计长度不等的定径带。一般来说，型材某处的壁厚越薄，比周长越大，形状越复杂，离挤压筒中心越远，则此处的定径带应越短。当用定径带仍难于控制流速时，对于形状特别复杂，壁厚很薄，离中心很远的部分可采用促流角或导料锥来加速金属流动。相反，对于那些壁厚大得多的部分或离挤压筒中心很近的地方，就应采用阻碍角进行补充阻碍，以减缓此处的流速。此外，还可以采用工艺平衡孔，工艺余量或者采用前室模、导流模、改变分流孔的数目、大小、形状和位置来调节金属的流速。

E　保证足够的模具强度

由于挤压时模具的工作条件十分恶劣，因此模具强度是模具设计中的一个非常重要的问题。除了合理布置模孔的位置，选择合适的模具材料，设计合理的模具结构和外形之外，精确地计算挤压力和校核各危险断面的许用强度也是十分重要的。目前计算挤压力的公式很多，但经过修正的别尔林公式仍有工程价值。挤压力的上限解法，也有较好的适用价值，用经验系数法计算挤压力比较简便。至于模具强度的校核，应根据产品的类型、模具结构等分别进行。一般平面模具只需要校核剪切强度和抗弯强度。舌型模和平面分流模则需要校核抗剪、抗弯、抗压强度，舌头和针尖部分还需要考虑抗拉强度等。强度校核时的一个重要的基础问题是选择合适的强度理论公式和比较精确的许用应力，对于特别复杂的模具可用有限元法来分析其受力情况与校核强度。此外，由于计算技术的发展，CAD/CAM/CAE 系统的日趋成熟，模拟设计技术的高速发展以及实用软件的成功开发和大型数据库、专家库的建立使铝合金挤压工模具的模拟设计与零试模技术等有了突破，挤压工模具技术进入了一个新的发展时期。

29.3.3.3　模具设计的技术条件及基本要求

模具的结构、形状和尺寸设计计算完毕之后，要对模具的加工品质、使用条件提出基本要求。这些要求主要是：

（1）有适中而均匀的硬度，模具经淬火、回火处理后，其硬度值 HRC 为 45~51（根据模具的尺寸而定，尺寸越大，要求的硬度越低）。

（2）有足够高的制造精度，模具的形位公差和尺寸公差符合图纸的要求（一般按负公差制造），配合尺寸具有良好的互换性。

（3）有足够低的表面粗糙度，配合表面应达到 R_a 为 3.2~1.6μm，工作带表面 R_a 达到 1.6~0.4μm，表面应进行氮化处理、磷化处理或其他表面热处理，如多元素共渗处理及化学热处理。

（4）有良好的对中性、平行度、直线度和垂直度，配合面的接触率应大于80%。

（5）模具无内部缺陷，一般应经过超声波探伤和表面品质检查后才能使用。

（6）工作带变化处及模腔分流孔过渡区，焊合腔中的拐接处应圆滑均匀过渡，不得出现棱角。

29.3.4　棒材模的设计

棒材（圆棒、方棒、方角棒）模具是一种简单的挤压模具。铝合金棒材均用平面模进行挤压，棒模的入口角为直角。

29.3.4.1　模孔数目的选择

多孔棒模模孔数目可按以下原则选择：

（1）合理的挤压系数 λ。挤压系数 λ 根据挤压机的吨位及挤压机受料台和冷却台的长度、挤压筒规格、对制品的力学性能与组织的要求、被挤压合金的变形抗力大小等因素来确定。对于铝合金棒材来说，λ 可取 8~40，其中软合金取上限，硬合金取下限。

（2）足够的模子强度。为提高模具使用寿命，模孔离模子外圆的距离和模孔间的距离都应保持一定的数值。对于 50MN 以下的挤压机，一般取 15~50mm，小吨位挤压机取下限，大吨位挤压机取上限。对于 80MN 以上的大型挤压机应加大到 30~80mm。

（3）良好的制品表面质量。为了防止铸锭表面上的脏物流入挤压制品中，应使模孔与挤压筒的边缘保持一个最小的距离，一般取挤压筒直径的 10%~30%（大挤压机取下限，小挤压机取上限)。此外,为了防止制品表面擦伤和扭伤,减少工人的劳动强度和废品量,模孔的数目也不能过多。

(4)金属流动尽可能均匀。目前有的棒模最多开有 32 个模孔,但一般在 10~12 个以下,2、3、4、6、8 孔棒模最常用。

29.3.4.2 模孔在模子平面上的布置

采用单孔棒模时,应将模孔的重心置于模子中心上。采用多孔模挤压时,应将多孔模模孔的理论重心均匀分布距模子中心和挤压筒边缘有合适距离的同心圆周上,同心圆直径与挤压筒直径 D 之间的关系由经验公式(29-28)来确定。

$$D_{同} = \frac{D_{筒}}{a - 0.1(n - 2)} \tag{29-28}$$

式中 $D_{同}$——多孔模模孔理论重心的同心圆直径;

       $D_{筒}$——挤压筒直径;

       n——模孔数($n \geqslant 2$);

       a——经验系数,铝合金挤压时取 2.5~2.8, n 值大时取下限, $D_{筒}$ 值大时取上限,一般取 2.6。

$D_{同}$ 求出之后,还必须综合考虑模具钢材的节约和工模具规格的系列化和互换性(如模支撑、模垫、导路等的通用性等)以及提高生产效率和制品质量等因素,然后对 $D_{同}$ 进行必要的调整。

29.3.4.3 模孔尺寸的确定

棒材模孔尺寸可由式(29-29)求出:

$$A = A_0 + KA_0 \tag{29-29}$$

式中 A_0——棒材的公称尺寸,圆棒为直径,方棒为边长,六方棒为内切圆直径;

       K——经验系数,它是考虑了上述各种影响模孔尺寸因素后的一个综合系数,对于铝及铝合金来说,一般取 0.007~0.01,其中纯铝,Al-Mg,Al-Mn,Al-Mg-Si 系合金取上限,而硬铝合金如 2A11,2A12,7A04,2A14 等取下限,在挤压高精度(9 级以上)棒材时,应取上限;

      KA_0——尺寸增量,即模孔设计尺寸与棒材公称尺寸之差。

常见的铝合金圆棒与六角棒挤压模的模孔尺寸见表 29-21 和表 29-22。

表 29-21 铝合金圆棒模孔尺寸

棒材直径 d_0/mm	挤压筒直径 $D_{筒}$/mm	挤压孔数 n/个	挤压系数 λ	同心圆直径/mm		尺寸增量 KA_0/mm	模外圆直径 $D_{外}$/mm	工作带长度 $h_{定}$/mm
				计算值	采用值			
3.5~4	85	12	37~49	57	70	0.05	148	2
4.5~5.5	95	10	30~44	56	80	0.05	148	3
6.5~7.0	115	10	37~31	68	80	0.05	148	3
6~9	130	8	26~31	69	80	0.05~0.07	148	3
9.5~11.5	130	6	21~31	63	68	0.08	148	3
10~13	170	10	17~31	100	110	0.06~0.08	200	3

棒材直径 d_0/mm	挤压筒直径 $D_筒$/mm	挤压孔数 n/个	挤压系数 λ	同心圆直径/mm 计算值	同心圆直径/mm 采用值	尺寸增量 KA_0/mm	模外圆直径 $D_外$/mm	工作带长度 $h_定$/mm
14	170	8	18.5	90	100	0.10	200	3
15~17	170	6	16~21	81	80	0.15	200	3
18	170	5	18	78	80	0.15	200	3
19~25	170	4	16~20	74	70	0.20	200	3
26~28	200	3	17~19	83	65	0.30	200	3
29~37	200	2	14~20	68	60	0.25~0.30	200	3
39~43	170	1	15~20			0.30	200	4
44~60	200	1	14~20			0.3~0.4	200	4
50~68	300	2	10~12	120	130	0.50	265	5
70~81	360	2	9.8~13	130	130	0.60	265	5
82~95	300	1	10~13			0.80	265	5
100~125	360	1	8~13			0.90~1.20	265	5
130~160	420	1	7~13			1.30~1.60	265	6
170~280	500	1	3~8.5			1.70~2.80	265	6~8
250~300	500	1	4~2.75			1.75~2.10	300	6~8
300~350	650	1	4.69~3.45			2.10~2.45	420	6~8
350~400	800	1	5.22~5.22			2.45~2.80	640	8~10
400~500	800	1	4.00~2.56			2.80~3.50	800	8~10
500~600	940	1	3.53~2.45			3.50~4.20	900	8~10
600~670	1100	1	3.36~2.70			4.20~4.69	1000	10~12

表29-22 铝合金六角棒挤压模模孔尺寸

六角棒内切圆直径 d/mm	挤压筒直径 $D_筒$/mm	模孔个数 n/个	挤压系数 λ	同心圆直径/mm 计算值	同心圆直径/mm 采用值	尺寸增量 KA_0/mm	模子外圆直径 $D_外$/mm	工作带长度 $h_定$/mm
5~6	95	6	38~54	45	80	0.05	148	3
15~17	170	6	15~17	81	80	0.2	200	3
18~24	170~200	4	14~20	74~87	70	0.2	200	3
35~55	170~200	1	11~20			0.3~0.4	200	4
75~80	360	2	9~10	130	130	0.75~0.8	265	6
80~90	420	1	8~12			0.9~1.5	360	8
90~140	500	1	12~30			1.5~1.9	420	8
150~180	650	1	13~20			1.7~1.9	640	8
180~200	800	1	16~24			1.9~2.0	800	10
>200	800~1100	1	15~30			2.0~2.2	880	12

29.3.4.4 工作带长度的确定

在实际生产中，主要根据棒材的断面尺寸和合金性质及挤压机的吨位等来确定工作带的长度。挤压铝合金棒材时，工作带长度一般取 2~8mm，最大不超过 10mm，常见的铝合金棒模模孔尺寸见表 29-21 和表 29-22。

29.3.4.5 棒模的强度校核

棒材模是一种较简单的挤压模，相对来说，其工作条件与受力状态要比其他挤压模好。因此，其强度问题基本上已在模具外形标准化、系列化时做了安全的考虑。但是，对于多孔模，特别是异型的多孔棒模来说，仍然需要对模孔间和模边缘间的强度进行校核。配有专用模垫和垫环时只需要校核抗压强度，而在使用通用的大径模垫和垫环时，还需要计算抗剪和抗弯强度。

29.3.5 无缝圆管挤压模具的设计

无缝圆管材挤压模具主要是指借助于穿孔针和模具，采用空心铸锭或实心铸锭挤压。

在挤压管材时，由于穿孔针必须置于挤压机的中心线上，所以只能进行单孔模挤压。此时，模孔的理论重心也应置于挤压机的中心线上。

29.3.5.1 管材模的尺寸设计

如前所述，铝合金管材主要采用模角 $\alpha = 60° \sim 70°$ 的锥形模进行挤压，圆管模子的结构比较简单，而且多已标准系列化了的。图 29-36 所示为卧式和立式挤压机上用管材模简图。

管材挤压模子定径带直径的设计比棒材模的要复杂一些，因为管模孔尺寸不仅与管材的精度等级、尺寸偏差、冷却时的收缩量、模具的热膨胀、拉伸矫直时的断面缩减量等有关，而且还要考虑管材的偏心度和壁厚差，管材的壁厚越大，则管材壁厚的收缩量越大，从而管材的直径收缩

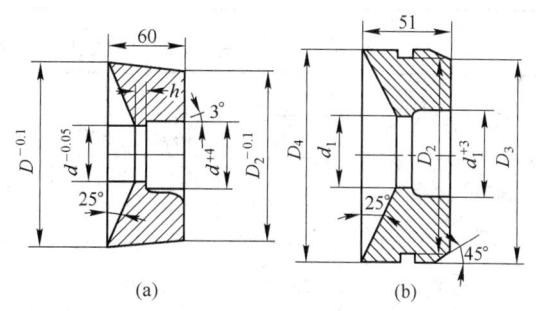

图 29-36 管材模具简图

（a）卧式挤压机上用；（b）立式挤压机上用

率也越大，以致趋近于棒材的收缩率，例如，按有关标准规定，管材直径的允许偏差约为公称直径的 ±1%，壁厚允许偏差约为其公称壁厚的 ±10%。当管材模孔的直径和壁厚均按正偏差考虑时，挤出的管材的直径虽然合格，但壁厚可能超出正偏差。而且，当管材出现偏心时，其直径的正偏差越大，则穿孔针允许的偏移量就越小。由此可见，在确定管材直径的偏差时，必须同时考虑壁厚尺寸和它的偏心。管材公称直径和公称厚度的比值越大，直径的正偏差就越要加以控制，以防壁厚超出正偏差。根据我国某些工厂的生产经验，提出式（29-30）确定管材挤压模定径带直径：

$$d_{定} = Kd_0 + 4\% t_0 \tag{29-30}$$

式中 $d_{定}$——管材挤压模定径带直径；

d_0，t_0——管材的公称直径和公称厚度；

K——考虑了各种因素对模孔直径影响的综合经验系数，对纯铝、防锈铝，取 0.01~0.012，对超硬铝、锻铝合金，取 0.007~0.01。

对于某些对壁厚和偏心要求不严的铝合金管材，其模孔的定径带直径也可以用式（29-31）来确定。

$$d_{定} = d_0 + 正偏差 + Kd_0 \qquad (29\text{-}31)$$

式中，K 的取值范围与式（29-30）相同。

管材模子定径带长度对管材的尺寸精度、表面质量等均有重要的影响，应根据挤压机的吨位、产品的规格、被挤压合金的性质来确定合理的定径带长度。一般来说，圆管模的工作带长度应短于同外径的棒材模，但为了不致使管材产生椭圆度，保持尺寸稳定和保证模子有足够的寿命，工作带也不能取得过短。对中、小规格的管材，一般取 $2 \sim 6$；对于大规格的管材，一般取 $5 \sim 10$。表 29-23、表 29-24 分别列出了卧式挤压机和立式挤压机上常用管材模的设计尺寸。

表 29-23　卧式挤压机用锥形模的结构尺寸

挤压机吨位/MN	挤压筒直径 $D_{筒}$/mm	模孔尺寸 d/mm	D_1/mm	D_2/mm	$h_{定}$/mm
35	220	$30 \sim 90$	160	158	3
	280	$41 \sim 145$	230	228	4
	370	$143 \sim 250$	330	328	$5 \sim 6$
25	$200 \sim 260$	$30 \sim 150$	250	248	$3 \sim 4$
16.3	$140 \sim 200$	$15 \sim 100$	150	148	$2 \sim 3$

表 29-24　立式挤压机用锥形模的结构尺寸　　（mm）

挤压筒直径 $D_{筒}$	模子尺寸				$h_{定}$
	d_1	$D_2 \geqslant D_{筒} - 10$	$D_3 \geqslant D_{筒} - 4$	D_4	
85	$29 \sim 46$	75	81	$84.6 \sim 84.75$ （$D_{筒} - (0.25 \sim 0.4)$）	2
100	$23 \sim 54$	90	96	$99.6 \sim 99.75$ （$D_{筒} - (0.25 \sim 0.4)$）	2
120	$28 \sim 78$	110	116	$119.4 \sim 119.75$ （$D_{筒} - (0.25 \sim 0.6)$）	3
135	$30 \sim 83$	124	131	$134.4 \sim 134.75$ （$D_{筒} - (0.25 \sim 0.6)$）	3

29.3.5.2　挤压针的设计

挤压针是在高温高压下对铸锭进行穿孔和确定制品内孔尺寸的重要工具，它对保证管材内表面质量和尺寸精度起着重要的作用，其结构形式不断发展，应用范围不断扩大，用穿孔针法不仅可生产无缝圆管、无缝异型管，而且还可以生产变断面管材。

挤压铝合金合金管材用挤压针主要有两种基本类型，即固定针和随动针。固定针在生产过程中，针的位置相对模子工作带是固定不变的，更换产品规格时，只需要更换针尖就行了，而随动针随挤压行程而前后移动。因此，针与模子工作带的相对位置是不断变化的，当变换管材规格时必须更换整根挤压针和铸锭的内孔尺寸。

　　为了减少因金属流动产生的摩擦力而使穿孔针受到的拉应力和提高其使用寿命，沿针的长度上应设计成一定的锥度。在卧式挤压机上，采用随动针时，其锥度应以管材壁厚的负公差为限。当采用固定针时，在针前端 20～60mm 或整个工作长度上的直径差为 0.5～1.5mm，而立式挤压机上的挤压针锥度一般取 0.2～0.5mm。

　　在挤压内孔直径小于 20～30mm 的厚壁管，特别是用空心铸锭挤压铝合金管材时，最好采用组合式瓶状针。瓶状针可提高针的强度，延长其使用寿命，减少料头，提高成品率。

　　瓶状针由定径部分（针前端）和针后端组合而成。针前端的直径较小，而工作时与模孔工作带配合决定管材的内孔尺寸。针后端的直径较粗，以增加抗弯曲的能力。针前端和针后端用螺纹连接装配，过渡区的锥度为 30°～45°，也可以做成圆滑过渡。

　　挤压针针前端的直径决定于管材的内径及其精度要求、被挤压合金的性质等，挤压铝合金管材时，一般可用式（29-32）确定：

$$d_针 = d_0 - 0.7\% d_0 \qquad (29-32)$$

式中　$d_针$——挤压针针前端工作带长度上的直径；
　　　　d_0——管材的公称尺寸。

　　挤压针针前端的工作长度可用式（29-33）计算：

$$L_尖 = h_定 + L_出 + L_余 \qquad (29-33)$$

式中　$L_尖$——挤压针针前端工作部分长度；
　　　　$h_定$——管模工作带长度；
　　　　$L_出$——针前端伸出工作带的长度，一般取 10mm；
　　　　$L_余$——余量，此余量不能大于挤压残料的长度，以免金属倒流入空心挤压轴中，一般为 20～30mm。

　　中小型挤压机的挤压针连接部分一般采用细牙螺纹，而大型挤压机上采用梯形螺纹连接，连接部分和工作部分之间应有均匀的过渡区。

　　挤压针的工作表面必须光滑（R_a 为 0.8～1.6μm）和具有足够的硬度，否则易产生划伤、起皮等废品，但挤压针工作表面的硬度不宜过高，以免发生龟裂而降低使用寿命。一般用 3Cr2W8V 或 4Cr5MoSiV1 钢制造挤压针，其工作部分在热处理后的硬度 HRC 为 46～50（螺纹部分的硬废 HRC 为 35～42）。针的直径不同心度不大于 0.1mm。图 29-37 和表 29-25 分别列出了 35MN 卧式挤压机用组合针的结构和尺寸。

表 29-25　35MN 卧式挤压机组合针后端的部分尺寸 （mm）

挤压筒直径	D_1	D_2	D_3	D_4	D_5	D_6	D_7	D_8	M_1	M_2	L_1	L_2	L_3
220	85	57	35.9	36.5	30.25	57.6	48	46	螺纹 1⅜″	M56×5.5	95.5	38.1	25.4
280	100	57	35.9	36.5	30.25	101.6	91	89.6	螺纹 1⅜″	M100×6	95.5	38.1	25.4
	100	80	53.15	53.15	45.15	101.6	91	89.6	M52×3	M100×6	154	95	25.4
	125	120	78	78	70	101.6	91	89.6	M72×3	M100×6	154	95	25.4
370	160	155	102	102	92.5	135	121	120	M100×4	M130×6	174	120	20
	230	225	135.2	135	120.2	135	121	120	M130×6	M130×6	230	170	32

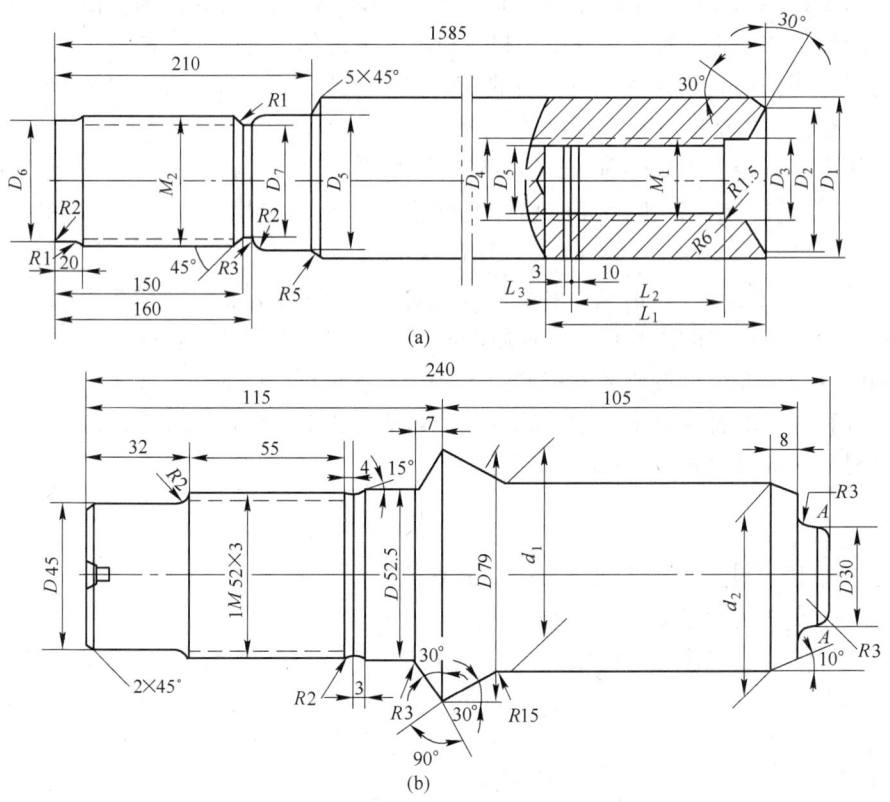

图 29-37 35MN 卧式挤压机组合针结构

（材料：3Cr2W8V；热处理：淬火回火；硬度：HRC48～52；

d_1＝挤出管材内径名义尺寸－1mm；d_2＝(d_1－0.5)mm）

（a）针后端；（b）针前端

29.3.6 普通型材模具的设计

普通型材主要采用单孔或多孔的平面模来进行挤压。在挤压断面比较复杂，不对称性很强或型材各处的壁厚尺寸差别很大的型材时，往往由于金属流出模孔时的速度不均匀而造成型材的扭拧、波浪、弯曲及裂纹等废品。因此，为了提高挤压制品的品质，在设计型材模具时，除了要选择有足够强度的模具结构以外，还需要考虑模孔的配置，模孔制造尺寸的确定和选择保证型材断面各个部位的流动速度均匀的方法。

29.3.6.1 模孔在模子平面上的合理配置

A 单孔挤压型材时的模孔配置

型材的横断面形状和尺寸是合理配置模孔的重要因素之一。根据对于坐标轴的对称程度可将型材分成3类，即横断面对称于两个坐标轴的型材，此种型材对称性最好；断面对称于一个坐标轴的型材，此种型材的对称性次之；横断面不对称的型材，此种型材对称性差。

在设计单孔模时，对于横断面和两个坐标轴相对称（或近似对称）的型材，其合理的模孔配置是应使型材断面的重心和模子的中心相重合。

在挤压横断面尺寸对于一个坐标轴相对称的型材时，如果其缘板的厚度相等或彼此相差不大时，那么模孔的配置应使型材的对称轴通过模子的一个坐标轴，而使型材断面的重心位于另一个坐标轴上，如图 29-38 所示。

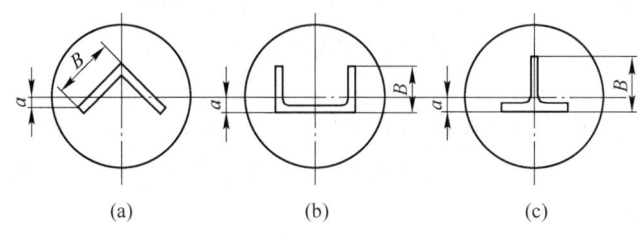

图 29-38 对称于一个坐标轴而缘板的厚度比不大的型材模孔的位置图

（a） $a = (0.1 \sim 0.2)B$；（b） $a = (0.2 \sim 0.5)B$；（c） $a = (0.2 \sim 0.5)B$

对于各部分壁厚不等的型材和不对称型材，必须将型材的重心相对于模子的中心做一定距离的移动，应尽可能地使难于流动的壁厚较薄的部位靠近模子中心，尽量使金属在变形时单位静压力相等，如图 29-39 所示。

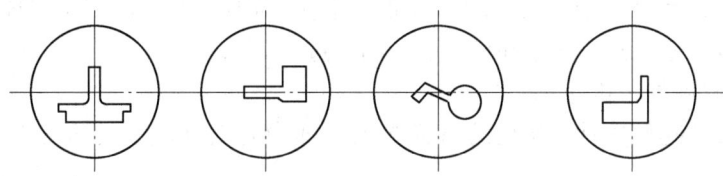

图 29-39 不对称和缘板的厚度比大的型材模孔的配置图

对于缘板厚度比虽然不大，但截面形状十分复杂的型材应将型材外接圆的中心布置在模子中心线上（见图 29-40(a)）。对于挤压系数很大，挤压有困难或流动很不均匀的某些型材可采用平衡模孔，在适当位置增加一个辅助模孔的方法（见图 29-40(b)），或增加工艺余料的方法（见图 29-40(c)），或采用合理调整金属流速的其他措施（下面将要讨论）来改善挤压条件，保证薄壁缘板部分的拉力最小，改善金属流动的均匀性，以减少型材横向和纵向几何形状产生弯曲、扭曲、波浪及撕裂等现象。为了防止型材由于自重而产生扭拧和弯曲，应将型材大面朝下，增加型材的稳定性（见图 29-40(d)）。

总之，单孔型材模孔的布置，应尽量保证型材各部分金属流动均匀，在 x 轴上下方和

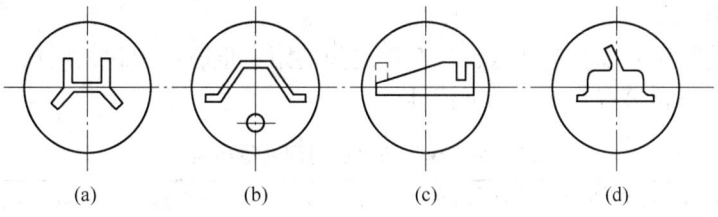

图 29-40 复杂不对称单孔型材模孔的配置图

（a）对称型材；（b）增加工艺孔；（c）增加工艺余料；（d）增加型材稳定性

y 轴左右方的金属供给量应尽可能相近，以改善挤压条件，提高产品的品质。同时，也应考虑模具的强度和寿命，尽可能使用通用模具。

B　多孔挤压型材时的模孔配置

采用多孔模挤压实心型材的目的，是为了提高挤压机的生产率和成品率，降低挤压系数和减少挤压力，减短挤出长度以适应挤压机工作台的结构等，在生产非对称的复杂型材时，为了均衡金属的流速，有时也采用多孔模挤压。

a　模孔数目的选择原则

多孔型材模模孔数目的选择原则与多孔棒模的选择基本相同，主要应考虑挤压系数，保证模子强度，金属流动的均匀性和制品的表面品质，与多孔棒模相比，在选择多孔型材模模孔数目时应注意：

（1）应保证有足够大的挤压系数。为了保证制品的力学性能，挤压型材时挤压系数应大于 12。

（2）型材的形状比棒材复杂得多，而且壁厚较薄且不均匀，所以金属流动的均匀性比棒材差得多，很容易产生挤出长度不齐、波浪、扭曲等缺陷，所以模孔数目不宜过多，一般取 2、3、4、6 个模孔。在特殊情况下，或采取了特殊的工艺措施之后也可多至 12 个孔。

（3）型材的形状较复杂，模孔的尖角部分容易引起应力集中，因此在选择模孔数目时要注意模子强度，避免模孔间距和模孔边缘间距过小。

b　多孔型材模的布置

挤压两孔或多孔型材时，模孔的布置必须遵守中心对称原则，而可以不遵守轴对称原则。

在配置模孔时，应考虑到模孔离挤压筒中心的距离不同，金属流动速度有差异的现象，因此型材断面上薄壁部分应向着模子的中心，而壁厚部分应向着模子的边缘，这种布置还提高模孔连接部分的强度。

对于对称性较好，且断面上各自的壁厚相差不大的型材，可将型材模孔的重心均匀布在以模子中心为中心的圆周上。

为了保证模子的强度，多孔型材模孔之间应保持一定的距离，在实际生产中对于 80MN 以上的大型挤压机取 60mm 以上。50MN 挤压机取 35~55。而对于 20MN 以下的挤压机可取 20~30mm。

为了保证制品的品质，配置多孔模模孔时还必须考虑模孔边缘与挤压筒壁之间的距离，当这个距离太小时，制品边缘会出现成层等缺陷，表 29-26 列出了模孔与挤压筒壁间的最小允许距离。

通常，模孔间距和模孔边缘与挤压筒壁之间的距离也应系列化，以利于模垫、前环等大型基本工具及导路等有互换性和通用性。

表 29-26　模孔与挤压筒间的最小距离　　　　　　　　　　（mm）

挤压筒直径 φ/mm	85~95	115~130	150~200	200~280	300~500	>500
模孔边缘与挤压筒壁间最小距离	10~15	15~20	20~25	30~40	40~50	50~60

29.3.6.2 普通型材模孔形状与加工尺寸的设计

如前所述，型材模孔尺寸主要与被挤压合金型材的形状、尺寸及其横断面尺寸公差等因素有关，此外还必须考虑型材断面的各个部位几何形状的特点及其在挤压和拉伸矫直过程中的变化。在生产中一般按式（29-26）计算。

对于铝及其合金来说，式（29-26）中的系数可按表 29-27 选取。

表 29-27　式（29-26）中的系数 K_Y，K_P 值

型材断面尺寸/mm	K_Y	K_P	型材断面尺寸/mm	K_Y	K_P
1 ~ 3	0.04 ~ 0.03	0.03 ~ 0.02	61 ~ 80	0.004 ~ 0.005	0.006 ~ 0.007
4 ~ 20	0.02 ~ 0.01	0.02 ~ 0.01	81 ~ 120	0.003 ~ 0.004	0.005 ~ 0.006
21 ~ 40	0.006 ~ 0.007	0.007 ~ 0.008	121 ~ 200	0.002 ~ 0.003	0.0035 ~ 0.0045
41 ~ 60	0.005 ~ 0.006	0.0065 ~ 0.0075	>200	0.001 ~ 0.0015	0.002 ~ 0.003

式（29-26）中的其他参数如公差、线膨胀系数等可在有关的手册中查取。

在设计铝合金普通型材的模孔尺寸时，有时分别计算型材模孔的外形尺寸（指型材的宽和高）和壁厚尺寸。

对型材模孔的外形尺寸有：

$$A = A_0 + (1 + K)A_0 \qquad (29-34)$$

式中　A——型材外形模孔尺寸；

A_0——型材外形的公称尺寸；

K——综合经验系数，铝合金取 0.007 ~ 0.01。

对型材壁厚的模孔尺寸有：

$$\delta = \delta_0 + M_1 \qquad (29-35)$$

式中　δ——型材壁厚的模孔尺寸；

δ_0——型材壁厚的公称尺寸；

M_1——型材壁厚的正偏差。

为了获得负偏差型材，可将公式（29-26）改写为：

$$A = A_0 + (K_Y + K_P + K_T)A_0 \qquad (29-36)$$

由于目前还缺乏生产负偏差范围内型材的生产经验，所以挤压生产中应对模孔的加工尺寸进行修改，直至合格为止。

29.3.6.3 控制型材各部分流速均匀性的方法

A　通过改变模孔工作带的几何形状与尺寸

对于外形尺寸较小、对称性较好、各部分壁厚相等或近似相等的简单型材来说，模孔各部分的工作带可取相等或基本相等的长度。依金属种类、型材品种和形状不同，一般可取 2 ~ 8mm。对于断面形状复杂、壁厚差大、外形轮廓大的型材，在设计模孔时，要借助于不同的工作带长度来调节金属的流速。

计算型材模孔工作带长度的方法有多种，根据补充应力法可得出式（29-37）。

$$h_{F2} = \frac{h_{F1} f_{F2} \cdot n_{F1}}{n_{F2} \cdot f_{F1}} \qquad (29\text{-}37)$$

或

$$\frac{h_{F1}}{h_{F2}} = \frac{f_{F1}}{f_{F2}} \cdot \frac{n_{F2}}{n_{F1}} \qquad (29\text{-}38)$$

式中 h_{F1}，h_{F2}——型材某断面 $F1$ 和 $F2$ 处的模孔工作带长度，mm；

$\quad\quad f_{F1}$，f_{F2}——型材某断面 $F1$ 和 $F2$ 处的型材断面积，mm^2；

$\quad\quad n_{F1}$，n_{F2}——型材某断面 $F1$ 和 $F2$ 处模孔工作带周长，mm。

当型材的宽厚比小于 30 时，或者当型材的最大宽度小于挤压筒直径的 1/3 时，使用式（29-37）和式（29-38）可获得比较理想的结果。当宽厚比大于 30 或型材最大宽度大于挤压筒直径的 1/3 时，计算模孔工作带长度时除考虑上述因素之外，尚需考虑型材区段距挤压筒中心的距离，即模孔中心区的工作带应加长以增大阻碍。

用上述方法计算型材各区段的模孔工作带长度时，应先给定一个区段上工作带长度值作为计算的参考值（一般给定型材壁厚最小处工作带长度）。可根据型材的规格和挤压机能力来确定工作带最小长度（见表 29-28）。工作带最大长度按挤压时金属与模孔工作带之间的最大有效接触长度来确定，一般来说，型材模子工作带的长度为 3 ~ 15mm，最大不超过 25mm。

表 29-28　模孔工作带最小长度值

挤压机能力/MN	125	50	35	16 ~ 20	6 ~ 12
模孔工作带最小长度/mm	5 ~ 10	4 ~ 8	36	2.5 ~ 5	1.5 ~ 3
模孔空刀尺寸/mm	3	2.5	2	1.5 ~ 2	0.5 ~ 1.5

B　阻碍角的补充阻碍作用

模孔的入口锥角与挤压力的大小有关，如图 29-41 所示。

根据这一规律，在平面模模孔处制作小于 15°的入口锥角就能起到阻碍金属流动的作用。这个入口锥角就称为阻碍角。

根据补充应力法，可用式（29-39）确定阻碍角。

$$\tan\alpha = \frac{3\sqrt{3}\sigma_{m补} - 2\mu_B \sigma_{st}}{\sigma_{st}} \qquad (29\text{-}39)$$

式中 α——阻碍角，（°）；

$\quad\quad \sigma_{m补}$——补充应力，MPa；

$\quad\quad \mu_B$——金属与模孔工作带之间的摩擦系数；

$\quad\quad \sigma_{st}$——在挤压温度下金属质点流经模孔工作带时的真实变形抗力，MPa。

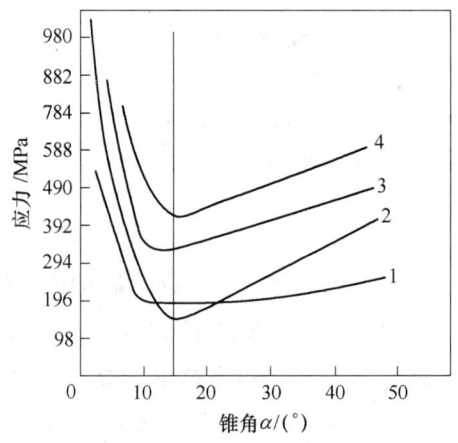

图 29-41　模孔入口锥角与单位挤压力之间的关系曲线

1—纯铝；2—镁合金，$\lambda = 2$；
3—2A11，$\lambda = 2$；4—5A05，$\lambda = 2$

用平面模挤压实心型材时，阻碍角一般不大于15°，而3°～10°最为有效。

C 采用促流角（助力锥或供料锥）来均衡金属流速

在挤压各部分壁厚差异很大的难挤压型材时，为减少金属流速的不均匀性，可在阻力大、难成型的薄壁部分做一能有助于金属流动的所谓促流角，则可使金属向薄壁部分流动。

D 采用平衡孔或工艺余量均衡金属流速

在挤压形状特别复杂、对称性很差或各部分壁厚差很大而在模面上只能布置一个模孔型材时，为了均衡流速，保证制品尺寸、形状的准确性或为了减少挤压系数，可以在模子平面的适当位置附加一个或多个平衡孔，或者以工艺余量的形式在型材的适当位置附加筋条或增大壁厚，待制品挤压出来后用机加法或化铣法除去，以恢复型材的成品形状和尺寸。

E 采用多孔对称布置模孔法均衡金属流速

此法是解决形状极其复杂，对称性极差的型材流速不均问题最有效的可靠办法之一。

29.3.7 分流组合模的设计

29.3.7.1 分流组合模的结构特点与分类

分流组合模是挤压机上生产各种管材和空心型材的主要模具形式，其特点是将针（模芯）放在模孔中，与模孔组合成一个整体，针在模子中犹如舌头一样，图29-42所示为桥式舌形模，由支撑（柱）1、模桥（分流器）2、组合针（舌头）3、模子内套4、模子外套5组成。为保证模子强度，在实际生产中还需配做一个模子垫，以支持模子不被退出模子套外。

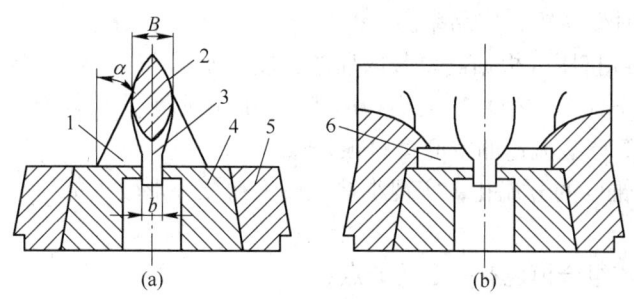

图 29-42 桥式舌形模结构图

(a) 正视图；(b) 侧视图

1—支撑（柱）；2—模桥（分流器）；3—组合针（舌头）；4—模子内套；5—模子外套；6—焊合室

按桥的结构不同，分流组合模主要可以分为如图29-43所示的各种类型。

带突出桥的模子（桥式舌形模）如图29-43（a）所示，加工比较简单，所需挤压力较小，型材各部分的金属流动速度较均匀，可以采用较高的挤压速度，主要用来挤压硬铝合金异型空心型材。用这种形式的模子可挤压一根型材，也可以同时挤压几根型材。带突出桥的模子，其主要缺点是挤压残料较长，模桥和支撑（柱）的强度不如其他结构的模子，需要仔细调整工具部件与挤压筒的中心。

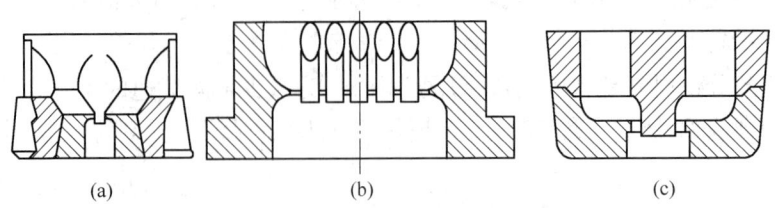

图 29-43   分流组合模的结构形式示意图
(a) 桥式；(b) 叉架式；(c) 平面式

带叉架式的模子（见图 29-43(b)），可以分开加工，损坏时只需更换损坏的部分。可同时加工多根型材。但装卸比较困难，因此限制了其使用范围。

平面分流组合模（见图 29-43(c)）是在桥式舌形模基础上发展起来的，实质是桥式舌形模的一个变种，即把突桥改成为平面桥，所以又称为平刀式舌形模。平面分流组合模在近年来获得了迅速的发展，并广泛地用于在不带独立穿孔系统的挤压机上生产各种规格和形状的管材和空心型材，特别是 6063 合金民用建筑型材及纯铝和软铝合金型材和管材。

平面分流组合模的主要优点是：

（1）可以挤压双孔或多孔的内腔十分复杂的空心型材或（和）管材，也可以同时生产多根空心制品，所以生产效率高，这一点是桥式舌形模很难实现甚至无法实现的。

（2）可以挤压悬臂梁很大，用平面模很难生产的半空心型材。

（3）可拆换、易加工、成本较低。

（4）易于分离残料，操作简单，辅助时间短，可在普通的型棒挤压机上用普通的工具完成挤压周期，同时残料短，成品率高。

（5）可实现连续挤压，根据需要截取任意长度的制品。

（6）可以改变分流孔的数目、大小和形状，使断面形状比较复杂，壁厚差较大，难以用工作带、阻碍角等调节流速的空心型材很好成型。

（7）可以用带锥度的分流孔，实现小挤压机上挤压外形较大的空心制品，而且能保证有足够的变形量。

但是，平面分流组合模也有一定的缺点：

（1）焊缝较多，可能会影响制品的组织和力学性能。

（2）要求模子的加工精度较高，特别是对于多孔空心型材，上下模要求严格对中。

（3）与平面模和桥式舌形模相比，变形阻力较大，所以挤压力一般比平面模高30% ~ 40%，比桥式舌形模高 15% ~20%。因此，目前只限于生产一些纯铝、铝锰系、铝-镁-硅系等软合金。为了用平面分流组合模挤压强度较高的铝合金，可在阳模上加一个保护模，以减少模桥的承压力。

（4）残料分离不干净，有时会影响产品质量，而且不便于修模。

总的来说，平面分流组合模的应用范围，要比舌形模广得多。舌形模主要用来生产组织和性能要求较高的军工产品和挤压力较高的硬铝合金产品。由于平面分流模和舌形模的工作原理相同，结构基本相似，所以下面主要讨论平面分流组合模的设计技术。

29.3.7.2 平面分流组合模的结构设计

平面分流组合模一般是由阳模（上模）、阴模（下模）、定位销、联结螺钉四部分组，如图 29-44 所示。上下模组装后装入模支撑中。为了保证模具的强度，减少或消除模子变形，有时还要配备专用的模垫和环。

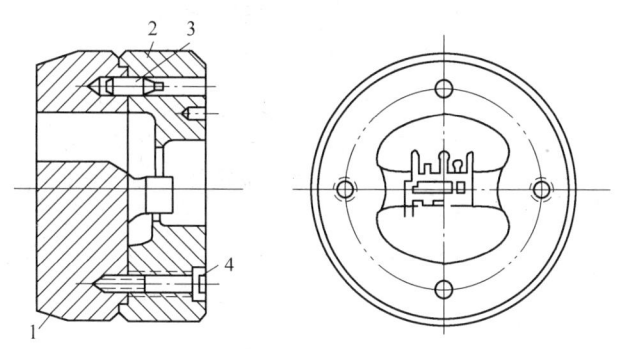

图 29-44 平面分流模的结构示意图
1—上模；2—下模；3—定位销；4—联结螺钉

在上模上有分流孔、分流桥和模芯。分流孔是金属通往型孔的通道，分流桥是支撑模芯（针）的支架，而模芯（针）用来形成型材内腔的形状和尺寸。

下模上有焊合室、模孔型腔、工作带和空刀。焊合室是把分流孔流出来的金属汇集在一起重新焊合起来形成以模芯为中心的整体坯料，由于金属不断聚集，静压力不断增大，直至挤出模孔。模孔型腔的工作带部分确定型材的外部尺寸和形状以及调节金属的流速，而空刀部分是为了减少摩擦，使制品能顺利通过，免遭划伤，以保证产品表面品质。

定位销用来进行上下模的装配定位，而联结螺钉是把上下模牢固地联结在一起，使平面分流组合模形成一个整体，便于操作，并可增大强度。

此外，按分流桥的结构不同，平面分流组合模又可分为固定式和可拆式两种。带可拆式分流桥的模具又称为叉架式分流模，用这种形式的模子，可同时挤压多根空心制品。

29.3.7.3 平面组合模的结构要素设计

A 分流比 K 的选择

分流比 K 的大小直接影响到挤压阻力的大小、制品成型和焊合品质。K 值越大，越有利于金属流动与焊合，也可减少挤压力。因此，在模具强度允许的范围内，应尽可能选取较大的 K 值。在一般情况下，对于生产空心型材时，取 $K = 10 \sim 30$，对于管材，取 $K = 5 \sim 15$。

B 分流孔形状、断面尺寸、数目及分布

分流孔断面形状有圆形、腰子形、扇形和异型等。分流孔数目、大小、排列如图 29-45 所示。为了减少压力，提高焊缝品质或者当制品的外形尺寸较大，扩大分流比受到模子强度限制时，分流孔可做成内斜度为 $1° \sim 3°$，外锥度为 $3° \sim 6°$ 的斜形孔。

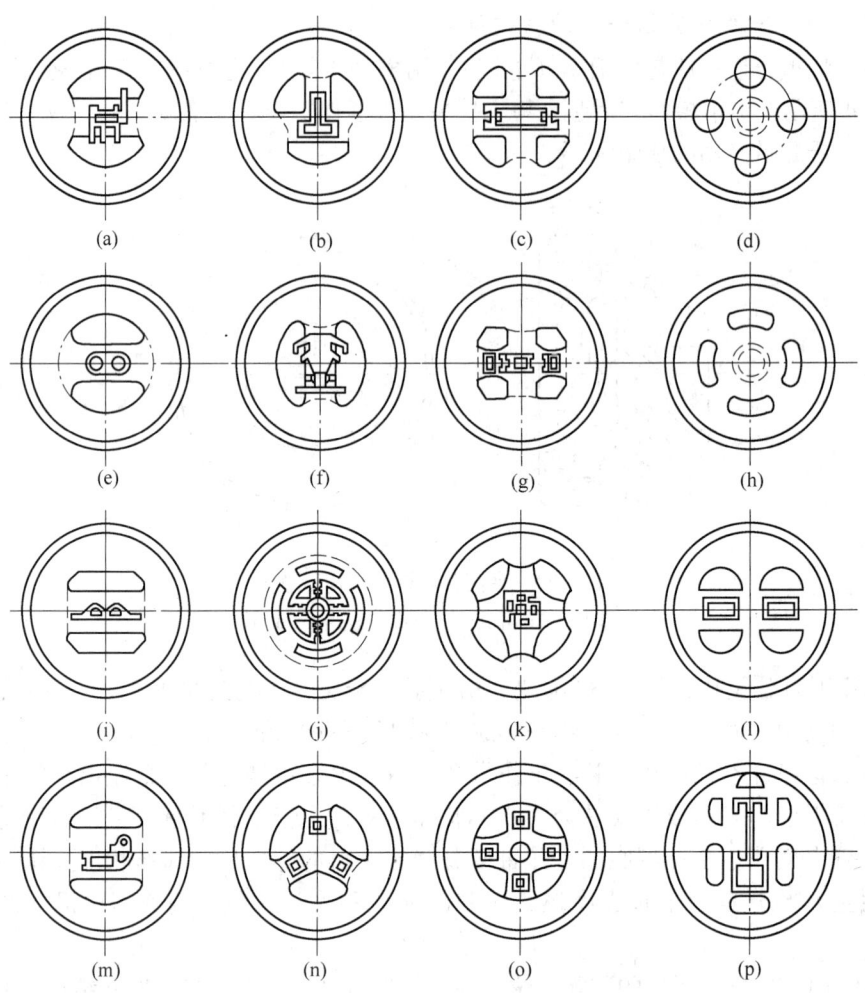

图 29-45 分流孔的数目、大小、形状与分布方案举例

（1 孔、2 孔……表示模孔数；1 分、2 分……表示分流孔数；1 芯、2 芯……表示模芯数）

(a) 1 孔 2 分 1 芯；(b) 1 孔 3 分 1 芯；(c) 1 孔 4 分 1 芯；(d) 1 孔 2 分 1 芯；

(e) 1 孔 2 分 2 芯；(f) 1 孔 2 分 2 芯；(g) 1 孔 4 分 2 芯；(h) 1 孔 4 分 1 芯；

(i) 1 孔 2 分 2 芯；(j) 1 孔 4 分 5 芯；(k) 1 孔 4 分 6 芯；(l) 1 孔 4 分 2 芯；

(m) 1 孔 2 分 3 芯；(n) 3 孔 3 分 3 芯；(o) 4 孔 5 分 4 芯；(p) 1 孔 6 分 1 芯

C 分流桥

按结构可分为固定式分流桥和可拆式（叉架式）分流桥两种。分流桥宽 B 一般取为：

$$B = b + (3 \sim 20) \tag{29-40}$$

式中 b——模芯宽度；

3 ~ 20——经验系数，制品外形及内腔尺寸大的取下限，反之取上限。

分流桥截面形状主要有矩形、矩形倒角和水滴形 3 种（见图 29-46），后两种广为采用。分流桥斜度（焊合角）一般取 45°，对难挤压的型材取 $\theta = 30°$，桥底圆角 $R = 2 \sim 5$ mm。

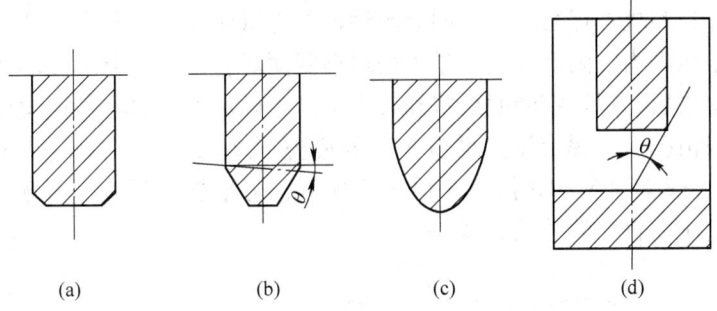

图 29-46 分流桥截面形状示意图

(a) 矩形；(b) 矩形倒角；(c) 水滴形；(d) 焊合角 θ 示意图

在焊室高度 $h_{焊} = \left(\dfrac{1}{2} \sim \dfrac{2}{3}\right)B$ 的条件下，θ 均小于 45°，θ 可按式 (29-41) 计算：

$$\tan\theta = \frac{0.5B}{h_{焊}} \tag{29-41}$$

式中 $h_{焊}$——焊合室高度，mm；

B——分流桥宽度，mm。

为了增加模桥强度，通常在桥的两端添置桥墩。蝶形桥墩不仅增加了桥的强度，而且改善了金属流动，避免死区产生。

D 模芯（舌头）

模芯相当于穿孔针，其定径区决定制品的内腔形状和尺寸，其结构直接影响模具强度、金属焊合品质和模具加工方式。最常见的是圆柱形模芯（多用于挤压圆管）、双锥体模芯（多用于挤压方管和空心型材）。模芯的定径带有凸台式、锥台式和锥式 3 种，如图 29-47 所示。模芯宜短，对于小挤压机可伸出模子定径带 1~3mm，对大挤压机可伸 10~12mm。

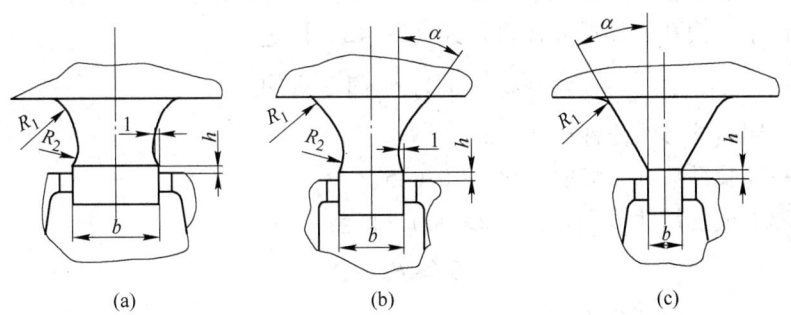

图 29-47 模芯结构形式

(a) 凸台式；(b) 锥台式；(c) 锥式

E 焊合室形状与尺寸

焊合室形状有圆形和蝶形两种，当采用圆形焊合室（见图 29-48(a)）时，在两分流孔之间会产生一个十分明显的死区，不仅增大了挤压阻力，还会影响焊缝质量。蝶形焊合室如图 29-48（b）所示，有利于消除这种死区，提高焊缝品质。为消除焊合室边缘与模孔平面间接合处的死区，可采用大圆弧过渡（$R = 5 \sim 20\mathrm{mm}$），或将焊合室入口处做成15°左右角度。同时，在与蝶形焊合室对应的分流桥根部也做成相应的凸台，这样就改善了金属流动，减少了挤压阻力。因此，应尽量采用蝶形截面焊合室。当分流孔形状、大小、数目及分布状态确定之后，焊合室断面形状和大小也基本确定了。因此合理设计焊合室高度有重大意义。一般情况下，焊合室高度应大于分流桥宽度之半。对中小型挤压机可取 $10 \sim 20\mathrm{mm}$，或等于管壁厚的 $6 \sim 10$ 倍。在很多情况下，可根据挤压筒直径确定焊合室高度。焊合室高度与挤压筒直径的关系见表29-29。

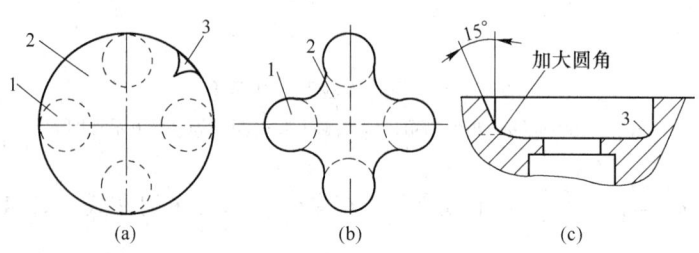

图 29-48　平面分流组合模焊合室形状图
（a）圆形焊合室；（b）蝶形焊合室；（c）焊合室剖面
1—分流孔；2—焊合室；3—死区

表 29-29　焊合室高度与挤压筒直径的关系　　　　　　（mm）

挤压筒直径	95 ~ 130	150 ~ 200	200 ~ 280	300 ~ 500	≥500
焊合室高度	10 ~ 15	20 ~ 25	30 ~ 35	40 ~ 50	40 ~ 80

F　模孔尺寸

用平面分流组合模生产的产品，绝大多数为民用空心型材和管材，这些材料形状复杂，外廓尺寸大，壁很薄并要求在保证强度的条件下尽量减轻质量，减少用材和降低成本。一般情况下，模孔外形尺寸 A 可按式（29-42）确定：

$$A = A_0 + KA_0 = (1 + K)A_0 \tag{29-42}$$

式中　A_0——制品外形的公称尺寸，mm；

　　　K——经验系数，一般取 $0.007 \sim 0.015$。

制品壁厚的模孔尺寸 B 可由式（29-43）确定：

$$B = B_0 + \Delta \tag{29-43}$$

式中　B_0——制品壁厚的公称尺寸，mm；

　　　Δ——壁厚模孔尺寸增量，mm，当 $B_0 \leqslant 3\mathrm{mm}$ 时，取 $\Delta = 0.1\mathrm{mm}$；当 $B_0 > 3\mathrm{mm}$ 时，取 $\Delta = 0.2\mathrm{mm}$。

G　模孔工作带长度

确定平面分流组合模的模腔工作带长度要比平面模的复杂得多，因为对它不仅要考虑型材壁厚差与距挤压筒中心的远近，而且必须考虑模孔被分流桥遮的情况以及分流孔的大小和分布。在某些情况下，从分流孔中流入的金属量的分布甚至对调节金属流动起主导作用。处于分流桥底下的模孔由于金属流出困难，工作带必须减薄。一般较平面模长些，这对金属的焊合有好处。

H　模孔空刀结构设计

平面分流组合模的空刀结构如图 29-49 所示。对于壁厚较厚的制品，多采用直角空刀形式，此种空刀容易加工。对于壁厚较薄或带有悬臂的模孔处，多采用斜空刀形式，能提高模具强度。目前国外不少工厂都采用斜空刀或阶梯式的喇叭形空刀。

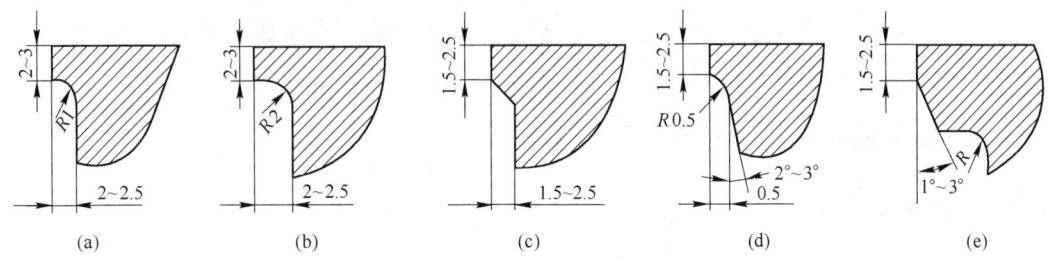

图 29-49　分流模模孔工作带出口处空刀的结构

(a) 直线切口；(b) 圆弧切口；(c) 斜度切口；

(d) 圆弧与斜度相组合切口；(e) 工作带有斜度的圆弧切口

29.3.7.4　平面分流组合模的强度校核

平面分流模工作时，其最不利的承载情况发生在分流孔和焊合室还未进入金属以及金属充满焊合室而刚要流出模孔之时。要针对模子的分流桥进行强度校核，主要校核由于挤压力引起的分流桥弯曲应力和剪切应力。对于双孔或四孔分流模，可将一个或两个分流桥视为受均布载荷的简支梁，并对其进行危险断面的抗弯和抗剪强度校核，如图 29-50 所示。

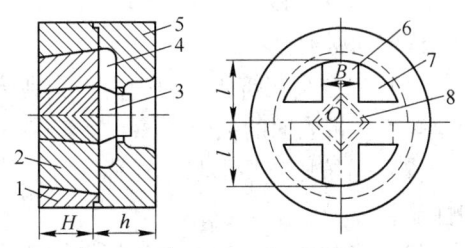

图 29-50　分流模强度计算简图

1—模外套；2—分流桥；3—模芯；
4—焊合室；5—模子；6—固定式
分流桥；7—分流孔；8—挤压制品

A　抗弯强度校核

从抗弯强度校核公式可推导出计算模子分流桥最小高度的公式：

$$H_{\min} = L \sqrt{\dfrac{p}{2[\sigma_{弯}]}} \qquad (29\text{-}44)$$

式中　$H_{\min}$——模子危险断面处的计算厚度，即分流桥的计算高度，mm；

　　　　L——分流桥两桥墩之间的距离，mm；

　　　　p——挤压筒最大比压，MPa；

　　　$[\sigma_{弯}]$——模具材料在工作温度下的许用弯曲应力，MPa。

对 3Cr2W8V 钢或 4Cr5MoSiV1 钢，在 450~500℃时，取 $[\sigma_{弯}]$ = 800~900MPa。实际设计时，所采用的分流桥高度不得低于由式（29-44）计算得出的桥高值。

B　抗剪强度校核

抗剪强度校核公式如下：

$$\tau = \frac{P}{nF} \leqslant [\tau] \qquad (29\text{-}45)$$

式中 τ ——剪应力，MPa；

$\quad\quad P$ ——分流桥端面上所受的总压力，可近似为挤压机的公称压力，N；

$\quad\quad [\tau]$ ——模具材料在工作温度下的许用抗剪强度，MPa，一般情况，可取 $[\tau] = (0.5 \sim 0.6)[\sigma_b]$，对 3Cr2W8V 钢或 4Cr5MoSiV1 钢，在 $450 \sim 500 \, ℃$ 时，取 $[\sigma_{弯}] = 1000 \sim 1100$ MPa；

$\quad\quad F$ ——以分流孔间最短距离为长度，以模子厚度为高度所组成的断面积，mm^2；

$\quad\quad n$ ——分流孔的个数。

29.4 挤压工模具制造、维护与科学管理

29.4.1 挤压工模具制造

挤压工模具制造技术详见《铝合金挤压工模具手册》(作者刘静安，冶金工业出版社，2012)。

29.4.2 挤压模具的修正

29.4.2.1 修模的必要性

修模的必要性有：

(1) 铝合金在挤压过程中由于受到挤压筒壁、模具端面、分流孔、焊合腔、舌头表面和模孔工作带表面的强烈摩擦，其流速是极不均匀的。

(2) 当挤压产品形状不对称，部分尺寸、形状或壁厚相差大时，各部分金属流速不均匀性显著。

(3) 模具的设计和制作还不能做到非常完美无缺。

由于以上的原因，用新模具和经过多次挤压磨损的老模具进行铝合金挤压时，制品会不可避免地产生各种缺陷或废品。为了消除缺陷，使产品的尺寸精确稳定，不产生扭拧、弯曲、波浪、擦伤、裂纹、焊合不良、不成型或堵模等缺陷，使各个模孔流出的产品长度一致，轮廓基本平直，应力求使产品横断面上各个质点或模孔的流速一致。因此，必须在生产过程中不断修正模具。可以说，修模的本质就在于合理调整金属的流速，使之能均衡地流出模孔。

29.4.2.2 影响金属流出模孔速度的主要因素

影响金属流出模孔速度的主要因素有：

(1) 供给产品断面各部分的金属分配是否合理，即产品各部分断面积之比与各相应部分金属供应量之比是否相等，其中包括分流孔的大小、形状、数量与分布，多孔模模孔的布置、型材在模子平面上的布置，型材各部分离挤压筒中心和挤压筒边缘的远近以及各模孔间的距离等。

(2) 金属流动时所受摩擦阻力的大小，其中包括分流孔的形状、大小、数目和深度，焊合腔的形状和深度，舌头和模孔工作带的长度以及模孔与金属直接接触部分的表面状态和润滑情况等。

（3）金属供给量的分配比例。当型材某一部分可供给金属量越多，所受的摩擦阻力越小，则这部分型材流出模孔的速度就越快，反之就越慢。金属供给量的分配比例主要是由模孔设计者确定的，当模具制造完后，金属的分配比例就固定下来了（对于平面分流模、舌形模和带有导流模的平面模，其金属供给量可通过改变分流孔、焊合室、导流孔的形状和大小来调剂）。因此，设计时由于模孔布置不合理造成的各部分流速不均，会给修模带来很大的困难。通常，调整挤压金属供给量分配比例的方法如下：

1）对于平面分流组合模、舌形模的金属分配供给量通过改变分流孔、焊合腔的形状、位置和大小来调整。

2）带有导流模（或导流坑）的平面模的金属分配供给量通过导流模孔的宽窄、深度来调整。

3）调整模具表面状态、模孔尺寸精度、模具硬度。

4）调整流动金属与模具之间的摩擦阻力。流动金属与模具之间的摩擦力的组成为：一是金属与模具端面间的摩擦；二是金属与模孔工作带表面间的摩擦。

①流变金属与模具端面间的摩擦力的大小：

$$f_1 = \mu p F \tag{29-46}$$

式中　f_1——金属与模子端面间的摩擦力，N；

　　　μ——摩擦系数；

　　　F——金属与模具端面的接触面积，mm^2；

　　　p——单位面积上的正压力，MPa。

当模子与产品一定时，正压力 p 和 F 是一个定值，所以，改变摩擦系数，即改变流动金属与模具端面的摩擦条件，就能起到调整金属的流动速度的作用。

②流变金属与模孔工作带之间的摩擦力：

$$f_2 = \mu p \Sigma F = \mu p \sum_{i=1}^{n} l_i h_i \tag{29-47}$$

式中　f_2——金属与模孔工作带之间的摩擦力，N；

　　　μ——摩擦系数；

　　　l_i——型材各部分与模孔工作带接触部分的周长，mm；

　　　h_i——模孔工作带的长度，mm。

当模子与产品一定时，单位正压力 p 和型材各部分的周长 l_i 是一个定值，而当各部分的表面状态和润滑条件相同时，摩擦系数 μ 也可以认为是不变的。因此，只要调整工作带的长度就可以调整金属流出模孔的速度。

所以，挤压模具的修理就是通过调整模孔工作带的长度、金属分配比例、模具的表面状态以及金属与模孔的摩擦润滑条件等，以达到调整金属流出模孔的速度，来提高挤压产品质量的一种现场处理过程。

29.4.2.3　修模方法

修模方法主要有阻碍、加快、扩大或缩小模孔尺寸，研磨与抛光、氮化等。

A　阻碍法

阻碍法是减缓金属流出模孔速度的修模方法，阻碍法主要有做阻碍角，打麻点，补焊工作带，堆焊，修分流桥、分流孔、焊合室、导流孔，如图 29-51 所示。

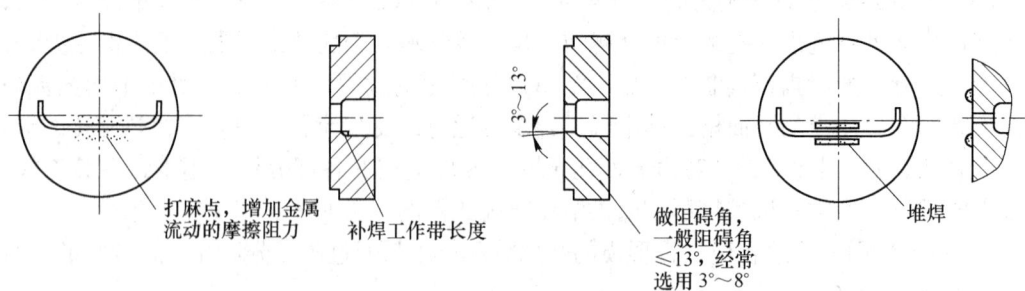

图 29-51 阻碍修模法

B 加快法

使金属流出模孔速度提高的修模方法主要有：前加快、后加快、加快角、舌形模和平面分流组合模的加快，如图 29-52 所示。

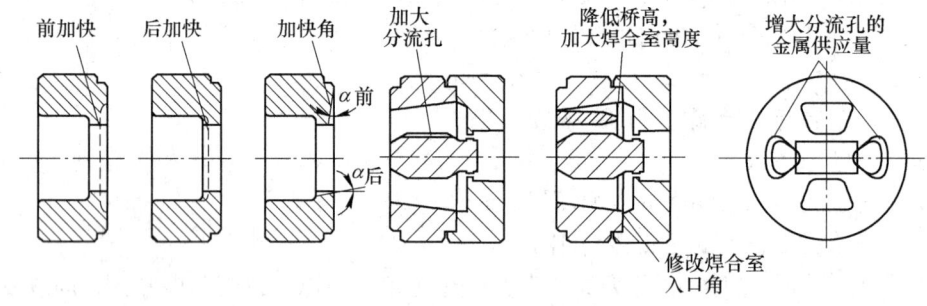

图 29-52 加快修模法

C 扩大模孔尺寸法

当挤压出的制品，其壁厚或外形尺寸小于图纸或技术条件所要求的尺寸公差精度时，应扩大模孔尺寸。扩大模孔尺寸，不管是采用手工锉修还是采用机床切割之前，都应仔细测量模孔工作带的尺寸，检查是否有内斜、外斜或 R 状等情况，如有类似一种情况，要求先纠正，然后测量、试模，再扩大模孔。

D 缩小模孔尺寸法

缩小模孔尺寸要比扩大模孔尺寸困难得多，缩孔的方法主要有打击法、补焊法、镀铬法等，如图 29-53 所示。

（1）打击法。用打模锤敲击需要缩孔处的工作端面，锤头的打击方向必须与工作带平行，距离模孔 3 ~ 5mm。其顺序是：先将工作带打堆，然后用锉刀锉平，达到所需尺寸。

（2）补焊法。在需要缩孔处，用亚弧焊将工作带焊上一层与模具材料相当的金属，然后将其锉平，达到所需尺寸。

这种做法多用于阶段变断面型材模具的修理和壁厚尺寸较大的模具的修理。具体做法是：焊前将模子加热到450℃左右，进行补焊，再进

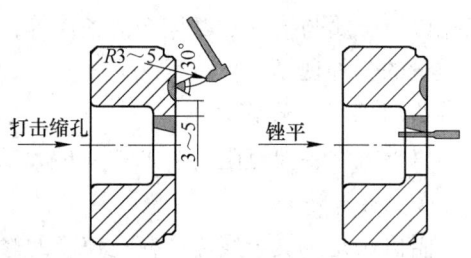

图 29-53 打击压缩（小模孔尺寸）

行去应力热处理。

（3）镀铬法。将模孔需要缩孔处打磨光滑，将不需要缩孔的地方保护起来，然后放到镀铬槽镀上一层适当厚度的铬层，达到缩孔的目的。镀铬层的硬度很高，可达 HRC 63 ~ 65，表面粗糙度 R_a 达 0.4 μm。厚度可达 1mm 左右。此方法适应于全部或局部修正。

（4）光模法。光模是挤压现场经常使用的方法。当挤压制品表面粗糙、擦划伤、麻面等缺陷时，模子重新上机加热前，模子氮化前等情况，都应进行光模。要求光模后的模孔工作带表面粗糙度 R_a 达 0.8 ~ 0.4 μm；分流孔、焊合腔、导流孔的表面粗糙度 R_a 达 1.6 ~ 0.8 μm；模子出口带无异物，确保制品通道畅通，无划伤现象。

29.4.2.4 实心型材模的修正

A 扭拧

型材在挤压的过程中，受到与挤压方向垂直的力矩作用时，型材断面沿型材长度方向上绕某一轴心旋转称为扭拧，如图 29-54 所示。

麻花状扭拧的形成原因为：型材模孔一个壁的两侧工作带长度不一致，壁厚两侧的金属流速不均，当这种流速慢不均的面沿同一方向排列时，就会使型材横断面上产生力矩，导致产生麻花状扭拧。其判断方法为：型材端头各处流速差不明显，有一纵向对称轴线，型材扭拧好似绕此轴进行旋转，导致型材平面间隙大，流速快的一侧有凸起。修正方法为：在模孔流速快的一侧，即型材平面凸起一侧的工作带做阻碍，或在另一侧的工作带加快，使之产生一个相反力矩，以消除扭拧。

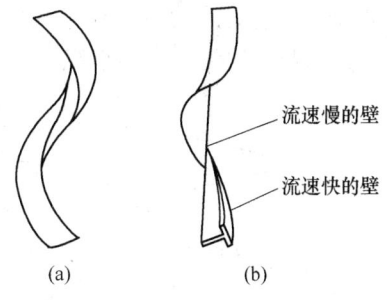

图 29-54 扭拧缺陷
（a）麻花状扭拧；（b）螺旋状扭拧

螺旋形扭拧的形成原因为：当型材一个壁的流速大于其他壁的流速时，流速快的壁越来越比其他壁长，致使此流速快的壁绕流速慢的壁旋转，从而产生螺旋状扭拧。其判断方法为：型材端头不齐，流速快的壁较流速慢的壁先流出模孔（见图 29-55），从型材纵向可以看出一壁绕另一壁旋转。修模方法为：判断准确之后，在型材流速快的部位加阻碍。

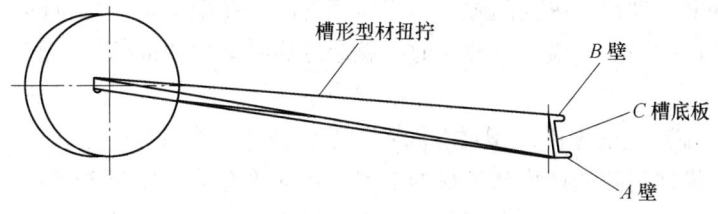

图 29-55 螺旋形扭拧示意图

B 波浪

从型材总体上看是平直的，而在个别壁上出现或大或小的波纹状不平现象，称为波浪。

波浪的产生原因为：当型材某壁流速较快且刚性较小，形不成扭拧缺陷时，此壁受到压应力的作用，而沿纵向产生周期性的波纹。

其修模方法为：对流速快的壁两侧的工作带加阻碍，如图 29-56 和图 29-57 所示，当波浪小且波距较大时，可在流速慢的部位涂少许润滑油消除波浪。

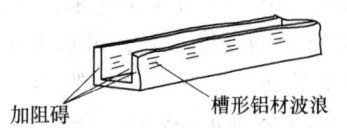
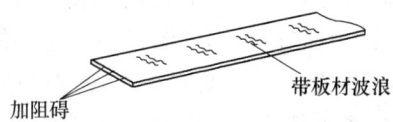

图 29-56　槽形型材波浪修正　　　　　　　图 29-57　带板波浪修正

C　侧弯（又称马刀弯或镰刀弯）

扁宽形或带板等挤压制品，在挤出模孔时左右因两侧的流速不一致而造成产品的头部或沿整个长度向左或向右边的硬弯称为侧弯。因常呈镰刀形或马刀形，故也称为镰刀弯或马刀弯，是最常见的缺陷之一。

侧弯的产生原因为：模孔左右两侧的工作带设计不当，铸锭加热温度不均或模孔布置不合理等，造成产品左右流速不均，又不能形成扭拧与波浪时，就会出现侧向弯曲。

其判断方法为：产品沿纵向向左或向右形成均匀的马刀弯曲，如图 29-58 所示。

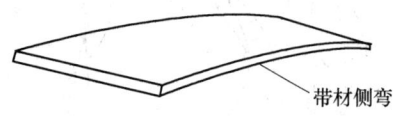
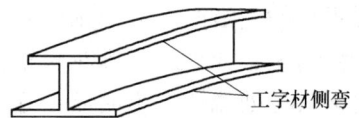

图 29-58　侧弯弯曲

其修理方法为：判定为侧弯之后，将流速快的模孔部位的工作带加以阻碍或将流速慢的部位加快；也可以采用润滑的办法来消除侧弯。与此同时，应使铸锭加热均匀，改善模孔的分布状态等。

D　平面间隙

沿型材横向或纵向产生的不平度称为平面间隙，可分为纵向间隙和横向间隙。平面间隙产生的原因为：

（1）纵向间隙产生的原因。当挤压带板或带筋壁板时，若上下两侧金属流速不一致，就会产生上下翘曲，即产生纵向间隙。当挤压型材时，在型材某一部位的金属流速略有差异，就会产生纵向间隙。当流速差较大时，就会形成纵向弯曲或弯头，甚至可能堵模，如图 29-59（a）所示。

（2）横向间隙产生的原因。型材有间隙的壁的两侧工作带流速不一致，凸面快，凹面慢。具体来说，横向间隙的产生与型材的形状、尺寸等有关，如图 29-59（b）所示。

（3）挤压悬臂较长的型材，挤压时模子悬臂不稳定，会产生弹性变形，引起底面产生

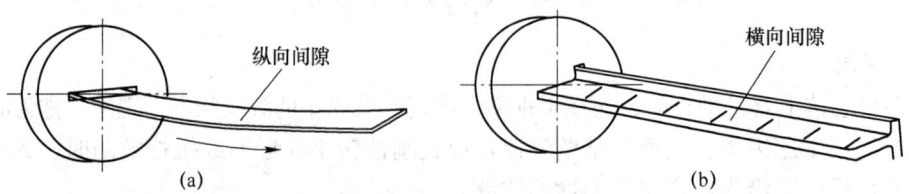

图 29-59　间隙的形成

横向间隙。

（4）挤压 T 形型材，其刚度较好，但是立壁两侧金属流速不均，就可能产生横向间隙。

平面间隙判断方法为：将直尺或直角尺沿型材平面的纵向和横向平放，然后用塞尺检测其间隙的大小，当间隙超出标准所允许的间隙时，则需修模。

平面间隙的修理方法为：

（1）两种间隙都是由于模孔工作带设计不合理或制作的差异引起的流速不均所致，所以，修模时在流速快的一侧（凸面）加阻碍。

（2）如果是由于模子弹性变形引起的尺寸变小和平面间隙不合格，则可将悬臂部分的工作带做一斜角来解决，如图 29-60 所示。

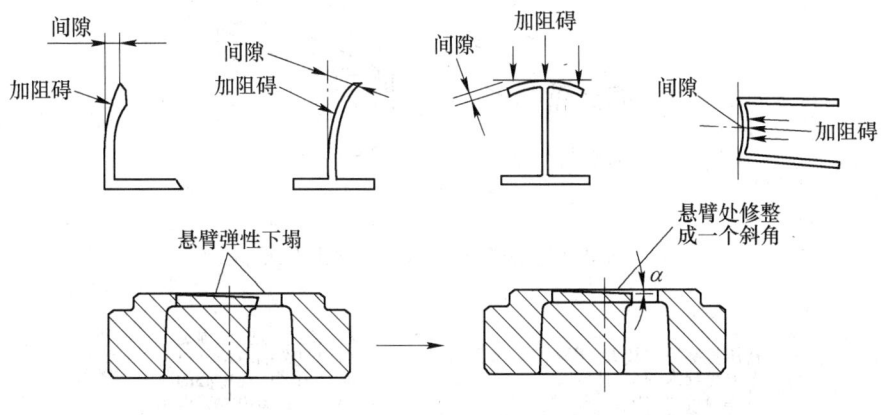

图 29-60　平面间隙修正方法

E　并口和扩口

并口和扩口的产生原因为：在挤压槽形型材或类似槽形型材时，由于两个"腿"两侧工作带流速不一致，使之向外凸起或向内凸起，当向外凸起时成并口；反之形成扩口。与此同时，平面间隙也会超差。

其判断方法为：主要检测各个面的平面间隙情况来判定哪一个面流速快。一般凸面工作带总是较凹下面工作带处流速快。

其修理方法为：一般对流速快的一侧工作带加阻碍，对轻微的扩口和并口，或在型材长度方向上其缺陷不是连续出现时，不必修模，可通过辊矫来校正。并口和扩口修理方法如图 29-61 所示。

F　尺寸过大或过小

（1）金属充填不满引起尺寸超负差，如图 29-62（a）所示。

（2）金属流速不均引起尺寸负偏差，如图 29-62（a）、（b）、（c）所示。

（3）模孔弹性变形引起尺寸负偏差，如图 29-62（d）所示。

（4）模孔强度（硬度）不够引起模孔下塌，尺寸超负偏差，如图 29-63（a）所示。

（5）模具弹、塑性变形和整体弯曲引起尺寸变小，如图 29-63（b）所示。

（6）金属供给不足引起的中部尺寸超负差，如图 29-63（b）所示。

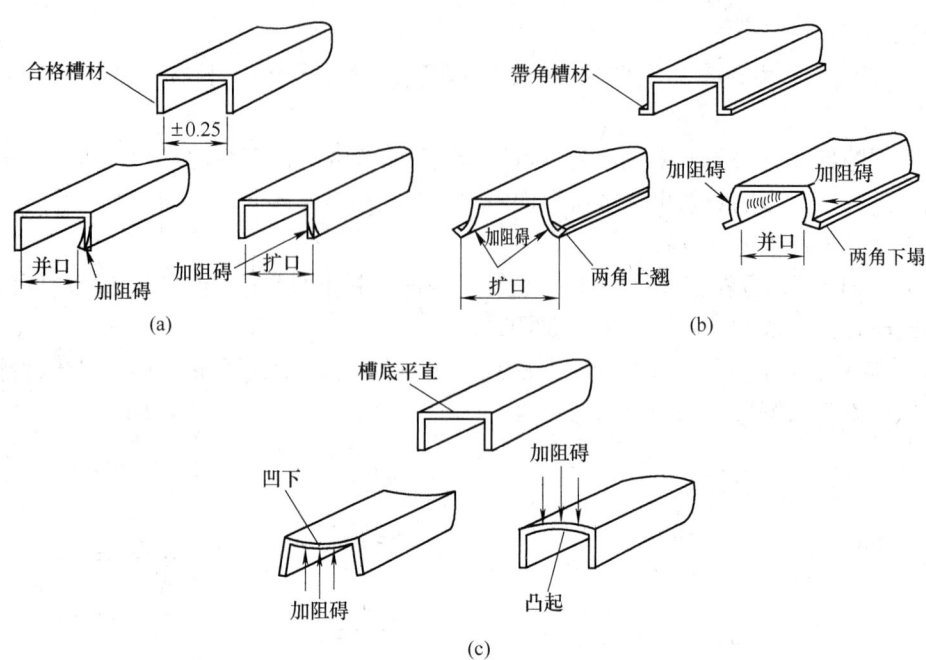

图 29-61 并口和扩口及其修正方法

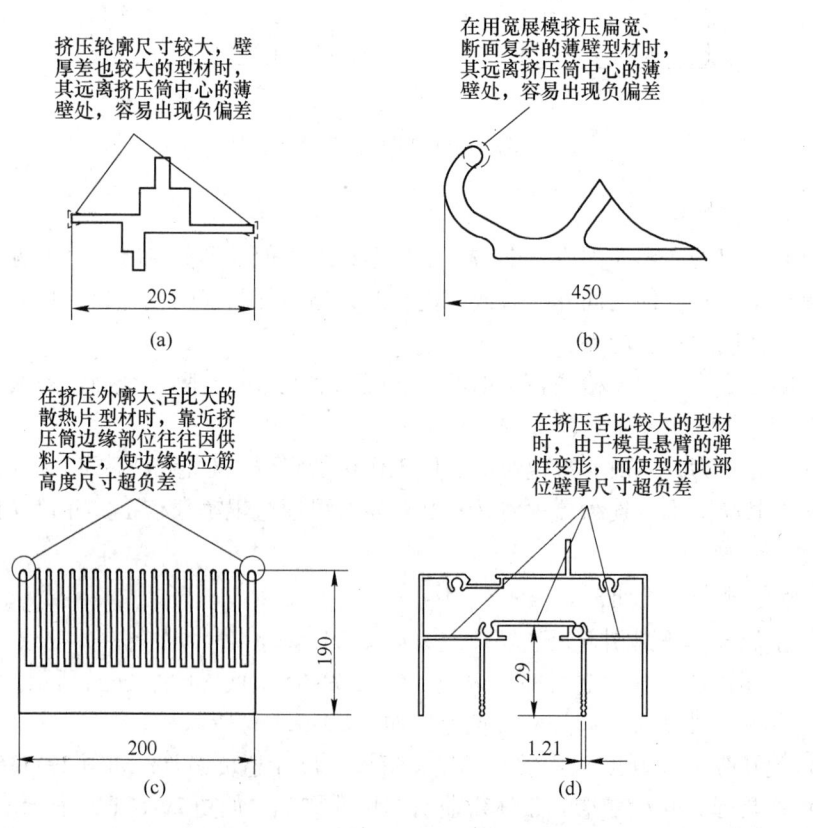

图 29-62 产品尺寸不合格产生的原因（一）

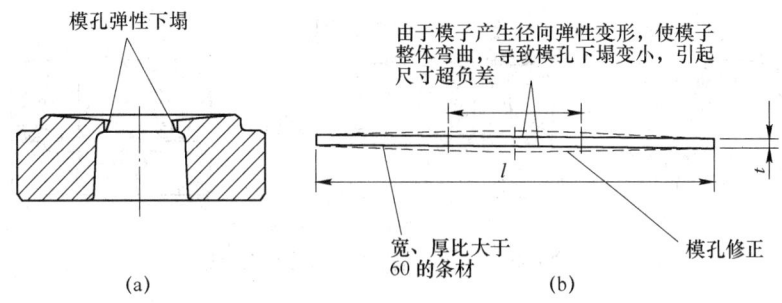

图29-63　产品尺寸不合格产生的原因（二）

（7）多孔挤压时，由于各模孔金属流速不均，引起各模孔制品长度不一致，当长度相差300～500mm时，就需要修模。

（8）由于设计不当，或模孔经长期磨损，引起制品尺寸超正差，需要修模。用缩小模孔法进行修理。

G　竹节

竹节的产生原因为：在挤压软合金带板或扁宽型材时，由于模孔工作带过长，或铸锭温度过低，在挤压时，制品表面可能周期性出现波浪缺陷，通称为"竹节"或"搓衣板"。

其修模方法为：减薄工作带长度或提高铸锭温度。

H　裂角

在型材两壁相交的角部可能产生裂纹。有内角裂纹也有外角裂纹，如图29-64所示。

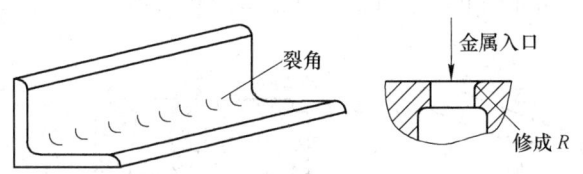

图29-64　裂角及其修理方法

其产生原因为：工作带棱角处摩擦阻力大或挤压速度过快。

其修理方法为：将工作带的入口处修一小圆角，或在易出现裂角处涂润滑油。

I　阳极化后色泽不一致

阳极化后色泽不一致产生原因为：模子棱角部位受到阻力大，金属的物理变形量也较大，组织差异悬殊。模具工作带硬度低或粗糙，在挤压时，工作带粘有金属颗粒，造成型材表面划伤或严重的挤压纹路等缺陷，这些缺陷在阳极化上色后暴露得更为明显，致使型材表面颜色不一致。

其修理方法为：将型材棱角部位工作带修成均匀过渡的圆弧或斜角，同时在修模后要仔细抛光工作带表面，合理氮化，在提高模孔工作带硬度的同时也降低了表面粗糙度。

29.4.2.5　空心型材模的修正

A　四壁凹下

四壁凹下如图29-65所示。

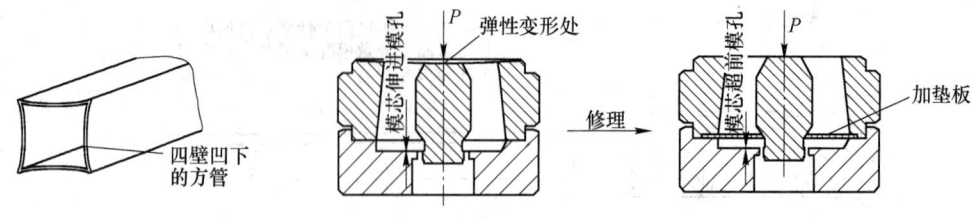

图 29-65　方管四壁内凹及其修理方法

其产生原因为：

（1）模子刚性不够，挤压时模子发生弹性变形，使模芯的实际工作带缩短，流速增加而引起四壁凹下。

（2）如果仅一壁或两壁、三壁产生凹下，是模芯与模孔配合不良引起的。

其修模方法为：

（1）在上下模分模面之间加一适当厚度的垫片，然后在模子总厚度上去掉与垫片相同的厚度，以保持模子总厚度不变。

（2）如果是个别壁凹下，则将该处的模芯工作带加阻碍，或在相应处减薄模孔工作带。

B　四壁外凸

四壁外凸的产生原因为：

（1）经多次挤压或其他原因，模芯工作带磨出凹坑，阻碍金属沿模芯表面流动造成型材外侧流速较内侧快，从而引起四壁外凸，如图 29-66 所示。

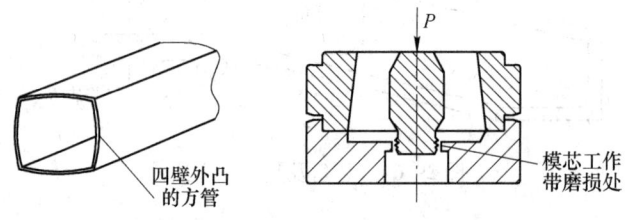

图 29-66　方管四壁外凸及其修理方法

（2）如果仅一壁或两壁、三壁产生外凸，是模芯与模孔配合不当，即模芯工作带伸出模孔工作带过长引起的。

（3）由于模芯局部磨损引起的。

其修模方法为：准确判断属于哪一侧的问题，采用阻碍或加速的方法修正。

C　扭拧与侧弯

扭拧与侧弯如图 29-67 所示。

其产生原因为：

（1）主要是由分流孔供给金属不平衡引起的流速不均造成的。

（2）铸锭加热温度不均，引起金属流速不均。

（3）工作带长度设计不合理，模孔排列不当引起金属流速不均。

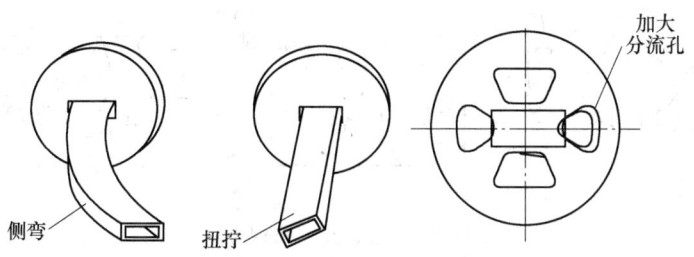

图 29-67 扭拧与侧弯及其修理方法

其修理方法为：

（1）主要是调整分流孔的面积及其分布，如图 29-67 所示方管，即将分流孔加大到左右相等、上下相称，使供料均衡，金属流速均匀。

（2）如果弯曲或扭拧是由于模孔工作带长短不一致引起的，则可修理工作带以加速或阻碍金属流速。

（3）多孔模挤压时为了减少扭拧，模孔排列应选择水平式，最好不要选择放射形排列。

D 角变形

角变形产生原因为：在挤压方管、矩形管或类似产品时，由于工作带或其他原因造成金属流速不均，一边受拉，一边受压，致使角度变形，甚至出现外凸内凹和间隙不合格等缺陷，如图 29-68 所示。

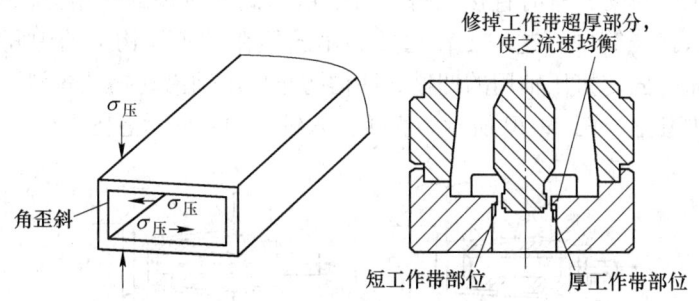

图 29-68 角变形及其修理方法

其修模方法为：准确判断属于哪一侧的问题，采用阻碍或加速的方法修正。

E 角裂

角裂产生原因为：

（1）模子焊合室的面积和高度或焊合室的体积与制品断面积之比太小，金属供给不足或所形成的静水压力过小等，都会引起制品角部焊合不良或撕裂，如图 29-69 所示。

（2）铸锭表面不干净，有油污，铸锭加热温度过低。

（3）挤压速度过快或温度过低。

其修理方法为：首先调整挤压工艺条件，如还不能消除角裂，应扩大焊合室的面积和高度，并修理焊合角使之有利于金属流动与焊合。

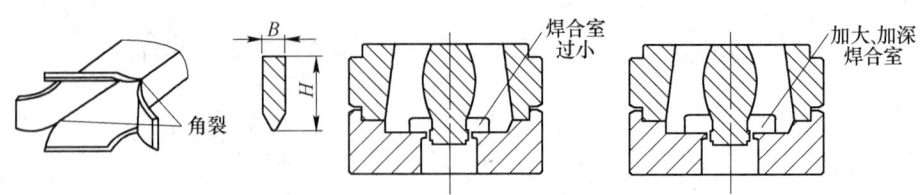

图 29-69 角裂及其修理方法

29.4.3 铝合金挤压工模具的使用、维护、修理及科学管理

29.4.3.1 挤压工模具的合理使用

A 挤压筒的使用规范

a 挤压筒的安全运输与翻转

往往挤压机上安装和从挤压机上取下挤压筒时，或检修感应加热器（或电阻加热器）和检查挤压筒各机械部件的磨损与装配情况时，需要搬运挤压筒。在水平位置进行搬运时，大功率挤压机的挤压筒通常直接用双支撑横梁式吊车的挂钩进行运输。在垂直位置用起重装置运输挤压筒时，应设计专用的夹具。

在任何情况下，不允许使用临时的"装置"（如钢棒、螺柱等）进行挤压筒的吊装与运输。将挤压筒从水平位置翻转到垂直位置时，对于大吨位挤压机，最好采用专用的翻转装置。

b 挤压机上直接压入和压出锥形内套

为了缩短非工作时间，有时直接在挤压机上依靠低压活塞的作用力，使挤压轴移动，将锥圆形内套压入挤压筒中。这一工作通常利用悬挂在吊车挂钩上的中间转换装置来完成。转换装置上做一固定挤压轴用的凹槽，凹槽防止挤压轴沿转换装置滑下，将转换装置紧靠在挤压筒的内套上。图 29-70 所示为直接压入锥形内套的示意图。

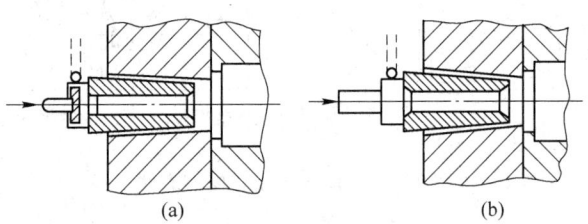

图 29-70 在挤压机上直接压入挤压筒锥形内套示意图
（a）挤压轴固定在转换装置中；（b）挤压轴不固定在转换装置中

在挤压机上直接压出锥形挤压筒内套时，必须采用安装在模支撑 2（见图 29-71（a））上的支撑塞 1，而不允许使用安装在挤压筒 5 和活动横梁 3 的支撑之间的非专用圆柱形坯料 4（见图 29-71（b））。当必须利用主柱塞的压力时，则需在挤压筒和活动横梁之间安放悬挂在吊车钩上中间垫环来替代坯料（见图 29-71（c））。

挤压筒前端平面与模支撑配合处磨损严重时，应重新加工打磨，以保证其与模支撑配合处的密封，防止出现"大帽"。

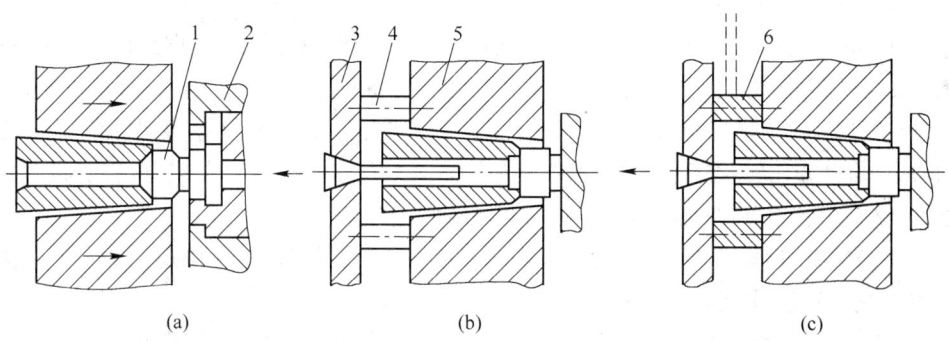

图 29-71 在挤压机上直接压出挤压筒锥形内套示意图
(a) 利用支撑塞；(b) 利用圆柱形坯料；(c) 利用中间垫环
1—支撑塞；2—模支撑；3—活动梁；4—中间坯料；5—挤压筒；6—中间垫环

　　挤压筒与挤压轴、挤压模座之间无论在冷态还是在热态下均应严格对正中心，以防擦伤内套或引起堵模，必要时可采用 X 导向装置。

　　挤压筒要加强维护、检修，定期检查观察表面状态和硬度，以保证产品质量，延长使用寿命。

　　挤压时要尽量保持工作内套工作表面的完整性，润滑挤压时，润滑应均匀，无润滑挤压和组合模挤压时，禁止在工作表面抹油或污染工作表面。

　　B　挤压轴的使用规范

　　(1) 挤压轴的两个端面必须平行，不平行度不大于 0.05mm，两端面必须与轴线垂直，不垂直度不大于 0.05mm。两端平面的表面光洁，特别是尾端平面要求磨光，R_a 达到 1.6μm 以上。

　　(2) 挤压轴的侧表面和端头平面不应有任何缺陷。

　　(3) 没有轴向弯曲，在挤压时没有轴向以外的外力作用。

　　(4) 严格地将挤压轴对准挤压筒的中心，保证水平度、同轴度，二者应保持均匀的间隙，严防在挤压过程中发生碰磕。

　　(5) 挤压轴严禁粘金属，如发现粘金属应及时清除，为了便于清除，可在轴身上稍抹一点润滑油。

　　(6) 挤压轴不宜长时间放置在加热了的挤压筒中，以防轴身温升增高，降低其使用强度。

　　(7) 空心挤压轴和固定垫片用挤压轴要保证内孔的粗糙度和与挤压针、导向杆的同心度，保证挤压针与导杆在轴孔中能运动自如。

　　(8) 发现挤压轴工作端面（内、外表面）有压塌变形的现象时，应及时修理。

　　(9) 挤压轴根部的压套紧固装置应灵活可调，经久耐用，定期检查和调整，以保证挤压轴的同心性和水平度。

　　(10) 挤压轴的装卸和更换必须使用专用工具，以防碰伤和引起安全事故。

　　(11) 必须对挤压轴定期检测，如打硬度，测量尺寸与水平度，调准中心性等，发现问题应及时处理。

C 穿孔系统的使用规范

(1) 由多节组装成的穿孔系统,各节之间的连接方式应先进、合理且简便、可靠,连接应精密、牢固,各节之间的不同心度不得超过 0.05mm。

(2) 整个穿孔系统应与挤压筒、挤压轴、模子严格同心,通过导筒的调节,能在挤压轴内孔中运动自如,针尖能在模孔中前后调整位置。发现偏心,应立即停机测量和调心。

(3) 整个穿孔系统的表面应光洁,无任何缺陷。

(4) 针尖和针后端部分应加热到足够高的温度 (最好与铸锭的温度相当,一般应控制在 450℃ 左右) 后才能开始穿孔或挤压。

(5) 针尖和针后端的表面要充分的润滑,润滑剂的成分和润滑方式应先进合理,创造一个良好的润滑环境,特别是对于易粘针的软铝和难挤压的硬铝合金。

(6) 穿孔系统上不能承受任何非轴向力的作用,在穿孔或挤压过程中也不能受卡或磕碰,以防折弯或折断。

(7) 穿孔系统上不允许粘金属,如粘有金属应立即清除。

(8) 对于穿孔系统要经常测量硬度和尺寸,检查螺纹连接情况和表面状态,及时处理发现的问题。

29.4.3.2 挤压工具的维护及修理

A 挤压筒的维修

a 加热器的维修与更换

挤压筒的加热器最常用的有感应铜棒和电阻丝。使用中常见的毛病有绝缘失效、短接或局部断裂和变形。当出现上述毛病时,挤压筒应停止加热并从挤压机上取下,进行维修。感应铜棒、接板和接头等损坏时,应进行铜焊。铜焊时,应选用合理的焊条和焊接工艺,焊缝应均匀牢固,焊后要打磨并保证绝缘。电阻丝短接或局部烧损时,应选用合适的电阻丝进行补接,补接要牢固。补接后要对电参数进行测定,合格后才能使用。

如果电阻丝损坏严重,或感应器加热孔变形,或感应铜棒严重破损时,应更换新的电阻加热器和感应加热器。

b 工作内套的清洗和磨光

挤压筒工作内套在经长期使用后,将产生严重的变形,或者金属套的完整性遭到破坏,无法保证产品的质量,需要更换被挤压金属的品种以及需要更换挤压筒规格时,必须洗清内套。清洗的方法是在挤压筒工作内套中装入氢氧化钠溶液进行腐蚀,腐蚀时间为 16 ~ 24h,碱液可用电阻丝或蒸汽加热,腐蚀温度为 60 ~ 70℃。蚀洗过程中,应避免碱溶液或水滴溅到外套或中套的加热器上。待挤压筒工作内套中的残铝完全腐蚀后,应用清水冲洗干净。

清洗好的工作内套,应仔细测量尺寸和检查表面状态,发现尺寸超差或表面磨损时,可用砂轮、磨头或砂纸进行抛光处理,也可在车床或镗床上磨削加工,直至达到所要求的尺寸和表面粗糙度 R_a 为 $1.6\mu m$ 为止。

经蚀洗和磨光的工作内套,应根据最终尺寸另配新的挤压垫片才能使用。

c 挤压筒内套损坏的主要方式

挤压筒内套损坏的方式基本可分为 3 种:

（1）挤压筒内套前端磨损严重，出现局部挤掉、缺口、裂纹和孔变大。

（2）内套前端由于挤堆、粘铝、铲伤等造成端面不平。

（3）由于挤压筒内、外套配合不好，受力不均，疲劳受损等原因，产生内套裂纹。

d 挤压筒内套主要修复方法及措施

挤压筒内套主要修复方法及措施有补焊法和镶套法两种。

（1）补焊法。补焊法就是用焊条焊平挤压筒内套的损坏部位。具体为：

1）将挤压筒内套损坏部位适当车平，但车削量不宜太深、过大，以利补焊。

2）将挤压筒及要用的焊条放入炉内，350~400℃保温4h，然后补焊和填平，留一定的加工余量，最后放回炉内加热均热、缓慢冷却、出炉。

3）机加工挤压筒内套的补焊部位，恢复原样后即可使用。

采用补焊法时，应注意：

1）补焊法的关键是选用适于内套成分的焊条。对材质为4CrMoSiV1的内套，可选用堆397或热317焊条，先用不锈钢焊条铺底，形成过渡层，再用耐热焊条堆焊，补悍过程中筒体温度不得低于250℃，同时采用合理的焊接方式，以防止裂纹。

2）加工后对焊接层进行热处理，即焊后处理，效果能更好些。

3）补焊次数不能太多，焊层不能太厚。

补焊法有一定的局限性，可用于挤压筒内套的前期修理。

（2）镶套法。镶套法是将加工并热处理过的模环镶入挤压筒内套的出口处，这是一种有效的修复办法，通常采用如下修复方法为：

1）将损坏的挤压筒内套出口处加工出一个环槽，便于镶入模环，设计、加工一个模环，热处理后的硬度应与模具的相当，其尺寸与槽相配合。

2）将挤压筒加热后热装镶上模环，采用紧配合方法装入，装入后，再用不锈钢焊条焊死模环，不留缝隙，再进行热处理后即可使用。

采用镶套法时，应注意：

1）镶套法的关键是装配尺寸要精确，它决定了内外套间的预应力大小。

2）实现顺利热装镶上模套，挤压筒在350℃保温4h后进行为宜。

3）模环要加工内倒角，以利装配和焊接。

4）模环镶入后，要加热一段时间，然后在炉内缓冷，出炉冷至室温，以配合紧密和组织均匀。

B 挤压轴的修理

挤压轴的修理有以下几种方法：

（1）矫直。当挤压轴产生弯曲时，可在压力机上进行弯矫。矫直时要使用专用夹具和垫块，选择合适的加压点和弯矫压力，一次矫直量不宜过大，以免过矫直。

（2）内外端面修正。当挤压轴的工作端面局部压塌（内孔缩小或外径扩大）时，可在车床上进行局部修正，使之恢复到原来的尺寸和表面状态。

（3）补焊。挤压轴局部压塌、压裂、掉渣或大头部分产生局部裂纹时，可采用补焊的方法修正，补焊前应处理伤口或裂纹部分（钻孔、打坡口和磨平等），同时应在热态下焊接，以免裂纹继续扩展或补焊不牢固。

（4）补接。当挤压轴工作端部受损或开裂时，可将受损部分切除，再根据切除部分的形状和尺寸补接（螺纹连接、压接或焊接）一段新的端头，使挤压轴恢复到原来的形状和尺寸及表面状态。补接件的材料和热处理后的硬度应与原件相当。

C 穿孔系统的维修

穿孔系统的维修有以下几种方法：

（1）矫弯。穿孔系统产生弯曲变形时，可在压力矫直机上进行矫直修正。

（2）螺纹补修。当穿孔系统的螺纹连接部分局部损伤、脱扣时，可在车床上重新挑扣或补焊后根据配合部分重新加工螺纹，螺纹补修时应保证螺纹的类型、尺寸公差和表面状态，同时应保证与配合件同心。

（3）补接。穿孔系统的某一段受损，可根据该段的形状、尺寸和表面状态补配一段，使之恢复原状。补配件的材料和热处理硬度应与原件相配。

（4）表面抛光。穿孔系统的表面粘有金属或工作段磨损严重时，应先清除掉表面的金属套，然后用砂布或砂轮抛光表面。

29.4.3.3 挤压工模具的科学管理

A 建立挤压模具的科学管理系统和制度

采用先进的科学技术和在生产中实行科学的管理，是提高工模具使用寿命的两个重要方面，二者相辅相成，缺一不可。用全面质量管理（TQC）的方法来管理挤压工模具，虽不能取代专门技术，但它能帮助我们找出生产上的主要矛盾和问题，把先进技术准确地用在刀刃上，同时还能密切协调工序间的关系，推进生产技术的发展。

从全面质量管理的观点来看，就是要对工模具的设计、制造加工、使用的全过程进行控制和管理，要有相应的方法和制度特别是对影响品质的关键工序和影响效率的关键问题必须进入受控状态。目前，对挤压工模具进行科学管理的主要方法和制度有：

（1）建立各种严格的管理制度，如计划管理、生产程序管理、周期管理、价格管理、制造过程管理、行业组织管理、车间生产体制管理等制度。

（2）关键工序，如设计工序、制造工艺、热处理和表面处理工序、使用维护工序等建立品质控制、工艺监督点。

（3）建立质量责任制。

（4）开展业务 TQC 活动，从设计、制造、使用到报废的全过程实行 PDCA 循环管理。

（5）设计、制造、修正、使用和管理过程的规范化、标准化生产管理。

图 29-72 所示为一种铝合金工模具现代化管理模式。

B 挤压模具的管理

（1）检查验收合格的模具进行登记，进仓上架，使用时领出抛光模孔工作带，并将导流模、型材模、模垫进行组装、检查，确认无误时发到机台加热。

（2）模具上机前加热温度规定：平模 450～470℃，分流模 460～480℃。保温时间按模具厚度计算，按每 1.5～2min/mm 计算。

（3）模具在炉内加热时间不允许超出 10h，时间过长，模孔工作带容易产生点腐蚀。

（4）在挤压开始阶段需缓慢加压力，因为冲击力很可能引起堵模。如果发生堵模，需立即停机，以防压碎模孔工作带。

（5）模子卸机后，待冷却至 180℃以下时再放入碱槽煮。高温模子碱煮，容易被热浪

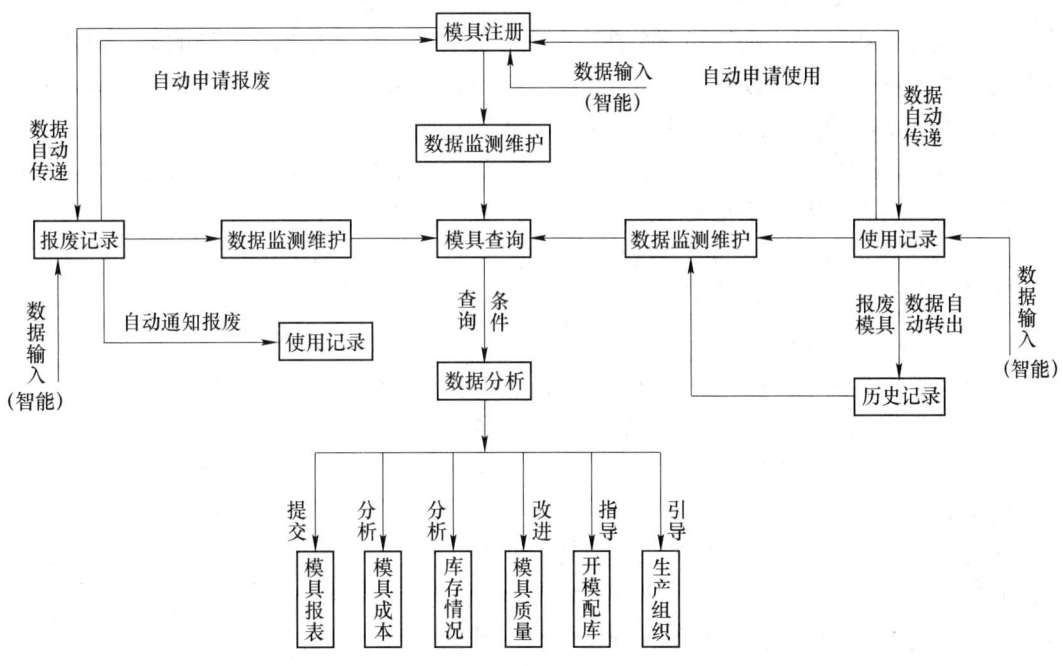

图 29-72　一种铝合金挤压模具现代化管理模式

冲击开裂。

（6）修模工在对分流模装配时，应用铜棒轻轻敲打，不允许用大铁锤猛击，避免用力过大，震碎模具。

（7）模具氮化前需对工作带进行抛光至 R_a 为 $0.4 \sim 0.8 \mu m$。

（8）模子氮化前要求清洗干净，不允许有油污模装入炉内，氮化工艺要合理（以设备特性与模具材料而定），氮化后表面硬度 HV 为 $900 \sim 1200$，氮化层厚度为 $0.18 \sim 0.2 mm$，应防氮化层过厚、过硬，引起氮化层剥落，每套模子一般氮化 $3 \sim 5$ 次。

（9）对老产品的新模子、棒模、圆管模可不经试模直接进行氮化处理。

（10）新模试模合格后，最多挤压 10 个铸锭就应卸机进行氮化，避免将工作带拉出沟槽，两次氮化之间不可过量生产，一般为 $60 \sim 100$ 块锭为宜，过多会将氮化层拉穿。

（11）使用后的模具应抛光后，涂油进仓。

29.5　冷轧管工模具的设计与制造

29.5.1　二辊冷轧管机孔型设计

29.5.1.1　冷轧管机孔型设计的内容及原则

冷轧管机的主要工具是孔型和芯头。设计的主要内容有确定孔型和芯头的形状和尺寸，确定孔型各变形区段的长度，确定孔型及芯头的各相应截面的尺寸。

孔型设计要使孔型在轧管中生产效率高，产品质量好，孔型使用寿命长。实际设计中要考虑到以下几个方面：

（1）要使轧制过程中，孔型所受压力沿孔型长度上均匀分布，工具的受力条件较均匀、合理，减少孔型局部的过快磨损，延长孔型的使用寿命。

（2）要考虑被轧制的金属和合金在冷变形时的加工硬化，尽量使孔型的形状与各变形区段内金属变形符合随着金属变形加工硬化程度的增加，而相对变形程度逐渐减小的规律，减小由于变形沿孔型长度上分布的不合理而使制品产生裂纹的倾向。

（3）要合理设计孔型的开口度和芯头锥度，以减少铝合金沿行程长度上的不均匀变形和出现卡伤、压折、破裂等现象。

（4）要考虑设备的技术性能与特点。

29.5.1.2 多段孔型的设计

A 孔型轧槽工作段和非工作段长度的计算

轧机的工作机架在单行程中，要依次完成送料、轧制和转料 3 个过程，因此沿孔型轧槽长度上也相应地分为送料段 L'_s，工作段（或轧制段）L'_g 和回转段 L'_h，图 29-73 所示为沿孔型顶部剖开的轧槽断面。

一般应尽量缩短送进段和回转段的长度，增加工作段的长度。但空转段（送料段和回转段）过短，在送进回转机构中会引起较大的冲击，导致部件过快的磨损。对于同一型号的轧管机，在该轧管机技术性能范围内设计某种孔型时，孔型的工作部分和空转部分的长度分别由式（29-48）~式（29-50）计算。

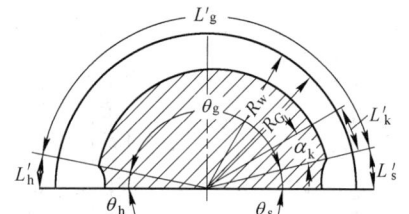

图 29-73 沿孔型顶部剖开的轧槽断面

$$L_s = \pi \theta_s D_节 /360 \tag{29-48}$$
$$L_h = \pi \theta_h D_节 /360 \tag{29-49}$$
$$L_g = \pi \theta_g D_节 /360 \tag{29-50}$$

式中 θ_s，θ_h，θ_g——送料角、回转角、工作角；

$D_节$——轧辊主动齿轮的节圆直径。

θ_s、θ_h、θ_g、$D_节$ 是轧管机的技术参数。表 29-30 给出了常用冷轧管机的主要技术性能。

表 29-30 常用冷轧管机的主要技术性能

设备型号	坯料		成品		主要工艺参数			设备性能主要参数				
	外径/mm	壁厚/mm	外径/mm	壁厚/mm	最大断面收缩率/%	每分钟双行程数/次	送料量/mm	主动齿轮节圆直径/mm	轧辊直径/mm	轧辊回转角/(°)	送料角 θ_s/(°)	转料角 θ_h/(°)
LG30	22~46	1.35~6	16~32	0.4~5	88	80~120	2~14	280	300	185	10.5	10.5
LG55	38~67	1.75~12	25~55	0.75~10	88	68~90	3~14	336	364	205	3	2
LG80	57~102	2.5~20	40~80	0.75~18	88	60~70	2~14	406	434	199	9°24′	1°32′

L_s、L_h、L_g 分别为按轧辊主动齿轮直径计算出的送料段、回转段和工作段的长度，他们的和应等于轧辊主动齿轮的半周长，即

$$L_s + L_h + L_g = \pi D_{节}/2 = L_z \tag{29-51}$$

与轧辊 θ_s、θ_h、θ_g 对应的轧槽长度 L_s'、L_h'、L_g' 可由以下方式计算：

$$L_s' = L_s D_w/D_{节} \tag{29-52}$$

$$L_h' = L_h D_w/D_{节} \tag{29-53}$$

$$L_g' = L_g D_w/D_{节} \tag{29-54}$$

式中　D_w——轧槽块直径，mm。

同理，这几部分长度的总和应等于轧槽块的半周长，即：

$$L_s' + L_h' + L_g' = \pi D_w/2 = L_z' \tag{29-55}$$

生产中常用孔型的各段轧槽长度见表 29-31。

表 29-31　典型冷轧管机各段轧槽周长的分配　　　　　　（mm）

轧管机型号	按主动齿轮节圆计算的各段长度			按轧槽块圆周计算的各段长度		
	送料段 L_s	工作段 L_g	回转段 L_h	送料段 L_s'	工作段 L_g'	回转段 L_h'
LG30	20.9	389	29.8	22.4	417	31.9
LG55	6.2	537.4	6.2	6.45	558.8	6.45
LG80	21.2	609	7.5	22.5	650.8	8.1

B　轧槽底部和芯头几何尺寸的计算

轧槽工作部分分为 4 段，即减径段、压下段、预精整段和精整段。孔型轧槽工作段分段图和展开图如图 29-74 和图 29-75 所示。

a　减径段 L_1

管毛料在此段进行减径变形。因管坯内表面与芯头尚未接触，因此管壁略有增加。确定减径段长度示意图如图 29-76 所示。

由图 29-76 可以得到：

$$d_x = d - 2L_1\tan\alpha \tag{29-56}$$

式中　d_x——所求截面上芯头的直径，mm；
　　　d——芯头圆柱部分直径，mm。

若管坯在减径段内壁厚不变，则还可以得到：

$$d_x = d + 2\Delta L - 2L_1\tan\gamma_1 \tag{29-57}$$

将式（29-56）和式（29-57）联立，可求出减径段长度 L_1。

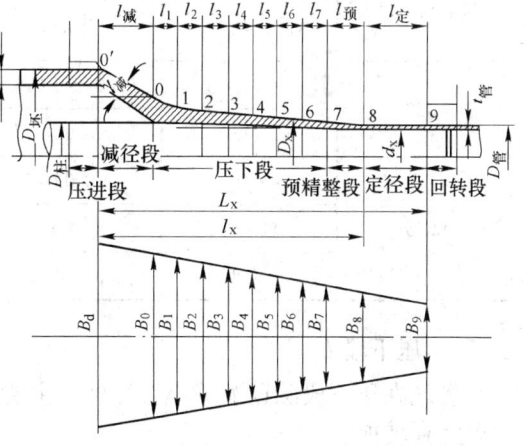

图 29-74　孔型工作段分段图

$$L_1 = \Delta L/(\tan\gamma_1 - \tan\alpha) \tag{29-58}$$

式中　L_1——减径段的长度，mm；
　　　ΔL——管坯与芯头圆柱部分间的间隙，mm；
　　　α——芯头圆锥母线与轴线之间的夹角，(°)；
　　　γ_1——变形锥外表面母线与芯头轴线间的夹角，(°)。

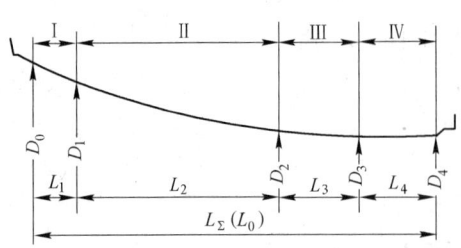

图 29-75　孔型轧槽展开图　　　　　图 29-76　确定减径段长度示意图
Ⅰ—减径段；Ⅱ—压下段；
Ⅲ—预精整段；Ⅳ—精整段

孔型轧槽底部减径段的最合理锥度 $\tan\gamma = 0.12 \sim 0.20$；在轧制薄壁管时，$\Delta L$ 值一般不超过 $1.0 \sim 1.5$mm。

b　芯头锥度

芯头锥度取决于管材的径厚比(D/S) 或管坯与成品管直径之差$(D_0 - D_1)$。当 $D/S \leqslant 30 \sim 40$ 时，$2\tan\alpha$ 可取 $0.007 \sim 0.014$；当 $D/S > 40$ 时，可取 $\tan\alpha = 0.0025 \sim 0.0035$。表 29-32 列出了各种轧机芯头锥度随 $(D_0 - D_1)$ 的变化范围。

表 **29-32**　各种轧机芯头锥度取值范围

轧管机型号	管坯与成品管直径差$(D_0 - D_1)$/mm	芯头锥度$(2\tan\alpha)$	轧管机型号	管坯与成品管直径差$(D_0 - D_1)$/mm	芯头锥度$(2\tan\alpha)$
LG30	<13	0.007 ~ 0.015	LG80	12 ~ 16	0.01
	>13	0.02		17 ~ 22	0.02
LG55	<14	0.01		23 ~ 28	0.03
	14 ~ 18	0.015		>28	0.04
	>18	0.02 ~ 0.03			

c　压下段 L_2

管坯在压下段除逐渐减小直径外，主要是壁厚减薄。压下段长度 L_2 可按表 29-31 和式 (29-51) 选取。

设计压下段形状的公式很多，目前轧制铝合金管材常用的公式如下。

以相对变形量沿孔型长度变化原理作为孔型设计的基础而推导出的公式如下：

$$S_x = \frac{S_0}{\dfrac{\lambda_{\Sigma S} - 1}{1 + n_1}\left(1 + n_1 \dfrac{x}{L_2}\right) + 1} \tag{29-59}$$

$$S_x = \frac{S_0}{\dfrac{\lambda_{\Sigma S} - 1}{1 - e^{-n_2}}\left(1 + e^{-n_2 \frac{x}{L_2}}\right) + 1} \tag{29-60}$$

式中 S_x——所求截面上的管材壁厚，mm；

S_0——考虑经过减径段之后，管壁已增厚的管坯壁厚，mm；

$\lambda_{\Sigma S}$——管坯壁厚总延伸系数，$\lambda_{\Sigma S} = S/S_{成}$；

x——从压下段起点到计算断面的距离，mm；

x/L_2——以压下段为起点的变动坐标位置（在 0~1 之间）；

n_1，n_2——系数，分别为 0.1 和 0.64。

用式（29-59）和式（29-60）计算时，一般将压下段分成 7 段进行计算。式（29-59）能满足相对变形按线性关系逐渐减小的规律，而式（29-60）则能满足相对变形按对数关系逐渐减小的规律。

以金属对轧辊压力保持不变的原理为基础而推导出的公式如下：

$$\lambda_x = \lambda_{\Sigma S} \frac{\dfrac{c}{L_2} + \dfrac{x}{L_2}}{\dfrac{c}{L_2}\left[\lambda_{\Sigma S} - (\lambda_{\Sigma x} - 1)\dfrac{x}{L_2}\right] + \dfrac{x}{L_2}} \qquad (29\text{-}61)$$

其中

$$\frac{c}{L_2} = \frac{0.95 - 0.5a + \sqrt{0.9a\lambda_{\Sigma s}}}{a\lambda_{\Sigma S}^{-1}} \qquad (29\text{-}62)$$

$$a = \frac{\Delta t_{压始}}{\Delta t_{压末}} = 1.168\left(\frac{p_{压末}}{p_{压始}} \cdot \frac{D_1}{D_0} \cdot \frac{1}{n}\right)^2 \qquad (29\text{-}63)$$

式中 $\Delta t_{压始}/\Delta t_{压末}$——压缩段始端和末端壁厚减薄量的比；

$p_{压末}/p_{压始}$——孔型压缩段末端和始端的平均单位压力比，根据变形程度由图 29-77 查得；

D_0，D_1——管毛料和成品管的外径，mm；

n——金属对轧辊全压力分布的系数，当 $n = 1$ 时，表示金属对轧辊压力沿孔型长度上不变，一般孔型设计时建议取 0.8。

采用式（29-61）时，一般把压下段分成 10 段进行计算。

d 预精整段 L_3

在此段中，管壁不再变薄，但直径仍有所减小。预精整段的长度不应短于每次工作行程中管材的纵向伸长量。

$$L_3 \geq NM\lambda_{\Sigma S} \qquad (29\text{-}64)$$

式中 N——精轧系数，$N = 1.0 \sim 1.4$，壁厚要求高精度的采用上限；

M——送料量，mm；

$\lambda_{\Sigma S}$——预精整段开始处管材的总延伸系数。

在孔型设计中常取 $\lambda_{\Sigma 3} = (0.95 \sim 0.98)\lambda_{\Sigma}$，故 $L_3 = (0.95 \sim 0.98)L_4$。

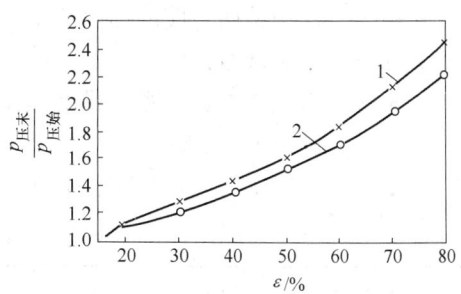

图 29-77 $p_{压末}/p_{压始}$ 与变形量的关系

1—钢和重有色金属；2—铝合金

预精整段的孔型顶部锥度与芯头锥度相同。

e 定径段 L_4

这一段的特点是孔槽直径不变，管材在此段进行管径的精整。定径段长度 L_4 一般与预精整段管材直径、椭圆度、成品管的直径和预精整系数 K 有关，按式（29-65）确定。

$$L_4 = KM\lambda_\Sigma \qquad (29\text{-}65)$$

式中 K——精整系数，当 $2\tan\alpha < 0.01$ 时 K 取 1.5，$2\tan\alpha = 0.01 \sim 0.04$ 时，K 取 $2.0 \sim 2.5$；

M——送料量，mm；

λ_Σ——总延伸系数。

精整段的孔型顶部锥度为零。

f 孔型孔槽

孔型的开口大小对轧制的管材质量和轧机的生产效率有很大影响。孔型孔槽开口不够时，金属在变形时会部分的流入两个孔型块之间的缝隙中，在工作锥处出现耳子（飞边），回转后被压入使管材表面出现压痕等缺陷，只有减小送料量才能消除，使生产率下降。孔槽开口度过大时，将使管材壁厚不均，甚至出现纵向或横向裂纹，也会增加孔型和芯棒的局部磨损。

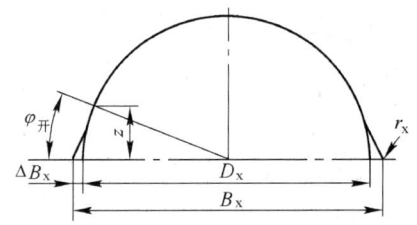

图 29-78 孔型的开口

孔型开口如图 29-78 所示，孔型的宽度 B_x 与孔型的高度 D_x 不相等，存在着 $B_x = D_x + 2\Delta B_x$ 的关系，ΔB_x 即为孔型的开口值。

为了避免轧槽边啃伤管材，除了按一定值增加开口度之外，轧槽边部还做成圆角，其数值一般为（参考值）：当成品管壁厚不小于 0.8mm 时，圆角范围为 $1.2 \sim 1.5$mm；当成品管壁厚不大于 0.6mm 时，圆角范围为 $0.5 \sim 0.8$mm。

轧槽宽度按式（29-66）计算。

$$B_x = D_x + 2[K_t m\lambda_{xs}(\tan\alpha_x - \tan\beta) + K_d m\lambda_{xs}\tan\beta] \qquad (29\text{-}66)$$

式中 D_x——计算截面上的孔型直径，mm；

m——送料量，mm；

λ_{xs}——该截面上管壁的延伸系数；

α_x——同该截面对应的那段孔型的圆锥角；

β——芯头锥角；

K_t——考虑强迫宽展和工具磨损系数，对各种规格的冷轧管机，都可参考表 29-33 选取 K_t 的值；

K_d——考虑水平压扁系数，取 0.7。

表 29-33 宽展和磨损系数 K_t 的值

计算截面序号	1	2	3	4	5	6	7
K_t	1.75	1.70	1.70	1.60	1.40	1.20	1.05

g　芯头

芯头尺寸设计示意图如图 29-79 所示。

芯头锥度可用式（29-67）计算：

$$2\tan\beta = (d_{柱} - d_{内})/L_1 \qquad (29-67)$$

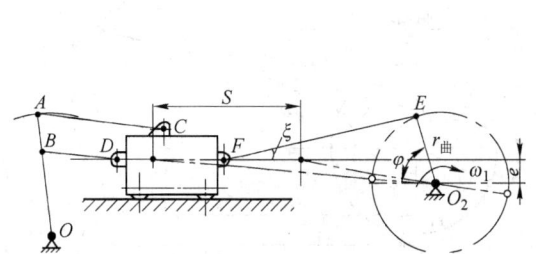

式中　β——芯头圆锥母线的倾角；

$d_{柱}$——芯头圆锥部分的直径，mm；

$d_{内}$——成品管内径，即对应孔型与预精整段的芯头直径，mm；

L_1——芯头工作部分的长度，为孔型的减径，压下和预精整段之和，$L_1 = L_{减} + L_{压} + L_{预}$，mm。

图 29-79　芯头尺寸设计示意图

h　靠模设计

靠模是用来在专用机床上镗、磨孔型块孔型时的样板。靠模的设计包括确定其各段长度 L_{kx} 及高度 h_x 的值，参见相关的机床说明书。

29.5.2　多辊式冷轧管机孔型设计

29.5.2.1　滑道板工作面形状设计

A　多辊冷轧管机传动方式

多辊冷轧管机机架传动方式有两种：曲柄连杆传动，如 LD30、LD60、LD120；曲柄摆杆传动，如 LD15、LD80。

曲柄连杆传动轧管机的传动如图 29-80 所示，其杆系运动图如图 29-81 所示。

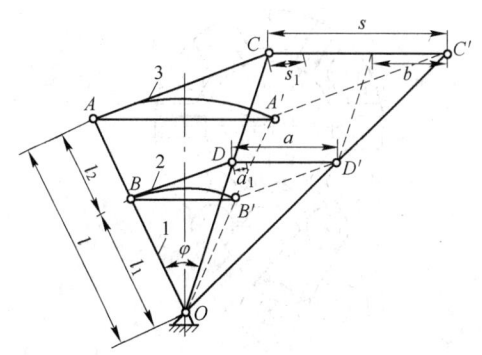

图 29-80　曲柄连杆传动轧管机传动图　　　　图 29-81　冷轧管机杆系运动图

轧机机架由曲柄连杆 EF 带动做往复式运动，摇杆 OA 由调整连杆 AC 和小连杆 BD 分别与机架（即滑道）和辊架（即轧辊）相连接。B 点在摇杆 OA 上的位置可调，OA 和 OB 的长度不同，所以机架和辊架的运动速度和行程不一样。

当摇杆 OA 绕 O 点转动一个角度到达 OA′ 时，机架运动 s 距离，辊架运动 a 距离。当机架由后极限位置 C 走到前极限位置 C′ 时，辊子也由后极限位置 D 走到前极限位置 D′，两者运动距离分别为 s 和 a，滑道相对于轧辊的移动距离 b 也就是滑道的长度。

B　滑道板长度

滑道板的最大长度为：

$$L_{\max} = S\left(1 - \frac{l_{1\min}}{l}\right) \qquad (29\text{-}68)$$

滑道板的最小长度为:

$$L_{\min} = S\left(1 + \frac{l_{1\max}}{l}\right) \qquad (29\text{-}69)$$

式中 S——小车行程长度, mm;

l——摇杆长度, mm;

$L_{\min}$, $L_{\max}$——摇杆轴与辊架拉杆固定点的最小和最大距离, mm。

C 送进回转段尺寸

滑板工作面分为 4 段, 即送进回转段 (L_{I})、减径段 (L_{II})、压下段 (L_{III})、定径段 (L_{IV}), 其形状如图 29-82 所示。

对于多辊冷轧管机, 为了减少小车返回行程时的轴向力, 把进料和转料的动作都设在机架位于原始极端位置同时完成。进料回转段的长度 L_{I} 与轧机的曲柄-连杆及用于进料回转工作的马尔泰回转机构 (见图 29-83) 的运动学系数

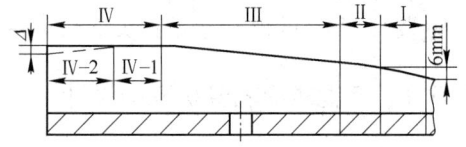

图 29-82 滑道板工作面分段

有关。由图 29-84 可以导出滑道上的非工作段, 即进料回转段的长度 L_{I} 为:

$$L_{I} = S_1 - a_1 = S_1 - a_{\min}\frac{S_1}{S} = S_1\left(1 - \frac{a_{\min}}{S}\right) \qquad (29\text{-}70)$$

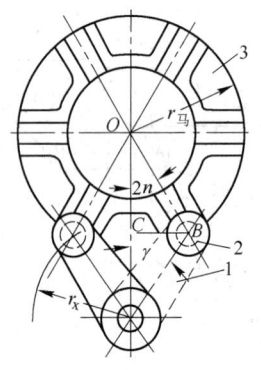

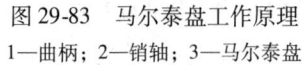

图 29-83 马尔泰盘工作原理
1—曲柄; 2—销轴; 3—马尔泰盘

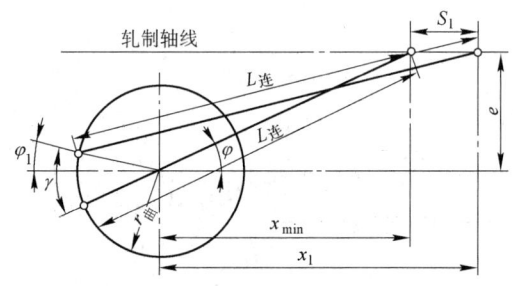

图 29-84 LD 冷轧管机工作机架在送进回转时的运动图

由 LD 型冷轧管机工作机架在送料回转时的运动图 (见图 29-84) 可导出:

$$S_1 = \sqrt{L^2 - (e - r_{曲}\sin\varphi_1)^2} - r_{曲}\cos\varphi_1 - \sqrt{(L - r_{曲})^2 - e^2} \qquad (29\text{-}71)$$

将式 (29-71) 代入式 (29-70) 得到:

$$L_{I} = \left[\sqrt{L^2 - (e - r_{曲}\sin\varphi_1)^2} - r_{曲}\cos\varphi_1 - \sqrt{(L - r_{曲})^2 - e^2}\right]\left(1 - \frac{a_{\min}}{S}\right) \qquad (29\text{-}72)$$

式中 L_{I}——送料回转段长度, mm;

L——主传动连杆长度，mm；

φ_1——曲柄回转角；

$r_{曲}$——主传动曲柄半径，mm；

e——曲柄中心与轧制轴线间的垂直距离，mm。

$$\varphi_1 = \arcsin\left(\frac{r_{马}}{r_{曲}}\sin\frac{360°}{2n} - \arcsin\frac{e}{L - r_{曲}}\right) \tag{29-73}$$

式中 $r_{马}$——马尔泰盘的半径，mm；

n——马尔泰盘的槽数，目前都取 6 个槽。

D 减径段 L_{II} 的确定

这种轧机在轧制中减径量非常小，这是因为轧辊凹下弧度与成品管外径弧度相同，如果管坯直径比成品管大得多，将很容易发生辊子刻入管坯，致使金属流入辊子之间的缝隙而损坏管子，管坯内表面与芯头之间的间隙通常不大于 $1.0 \sim 1.5$ mm，故减径段不需很长，一般减径段长度取 $10 \sim 12$ mm。

E 定径段 L_{III} 的确定

定径段长度取决于轧制总延伸系数、管材的精整系数和送料量，可按式（29-74）计算：

$$L_{III} = \lambda_\Sigma m k_1 \frac{D_{颈}}{D_{轧}} \tag{29-74}$$

式中 L_{III}——定径段长度，mm；

λ_Σ——总延伸系数；

m——送料量，mm；

k_1——精整系数，取 $4 \sim 5$；

$D_{颈}$, $D_{轧}$——轧辊辊颈直径和轧辊直径，mm。

$$D_{轧} = D_{辊} + 0.2D_{成} \quad （三辊轧机） \tag{29-75}$$

$$D_{轧} = D_{辊} + 0.1D_{成} \quad （四辊轧机） \tag{29-76}$$

式中 $D_{辊}$——轧辊的最大直径，mm；

$D_{成}$——成品管直径，mm。

滑道的定径段通常与轧制周线平行，为了减少成品管上的"波浪"和定径段上的压力并增加 $m\lambda_\Sigma$ 值，定径段终端一段工作面是斜面为好，其长度约占定径段全长的40%，斜度 $\tan\gamma = 0.004$，定径段终端断面下降高度 K 值可按表 29-34 选择。

表 29-34 定径段终端断面下降高度 K 值

轧管机型号	LD15	LD30	LD60	LD120
K/mm	$0.15 \sim 0.20$	$0.20 \sim 0.30$	$0.25 \sim 0.35$	$0.35 \sim 0.45$

有的滑道工作面把定径段分成定径段 L_{IV-1} 和回程段 L_{IV-2} 两段，此时定径段按 $L_{IV-1} = (1.5 \sim 2)m\lambda_\Sigma$ 计算。而回程段 $L_{IV-2} = 50 \sim 70$ mm，回程段做成反斜度（见图 29-82）。一般取 $\Delta = 1 \sim 1.5$ mm。

F　压下段长度的确定

压下段长度等于滑道板总长减去回转段、减径段和定径段各段的长度，即

$$L_{\text{III}} = L - L_1 - L_{\text{II}} - L_{\text{IV}} \qquad (29\text{-}77)$$

压下段在轧制过程中承担管壁减薄的任务，它的形状可按二辊式冷轧管机孔型设计中压下段分段计算法进行计算。一般可分为 3～7 段。对于铝合金管材轧制不用分段计算，用直线连接即可。

29.5.2.2　轧辊形状设计

多辊冷轧管机轧辊形状如图 29-85 所示，其各部分的尺寸确定方法如下。

A　轧槽顶部轧辊直径 $D_{\text{辊max}}$ 的确定

$$D_{\text{辊max}} = 2t_{\min} \times 10^4 / 1.87 f\sigma_s \qquad (29\text{-}78)$$

式中　$t_{\min}$——成品管的最小壁厚，mm；

f——摩擦系数，取 0.1；

σ_s——被轧制金属的屈服极限，MPa。

B　辊环宽度 a 的确定

$$a = 0.7R_1\left(1 - \cos\frac{180°}{n}\right) \qquad (29\text{-}79)$$

式中　R_1——成品管半径，mm；

n——轧辊数。

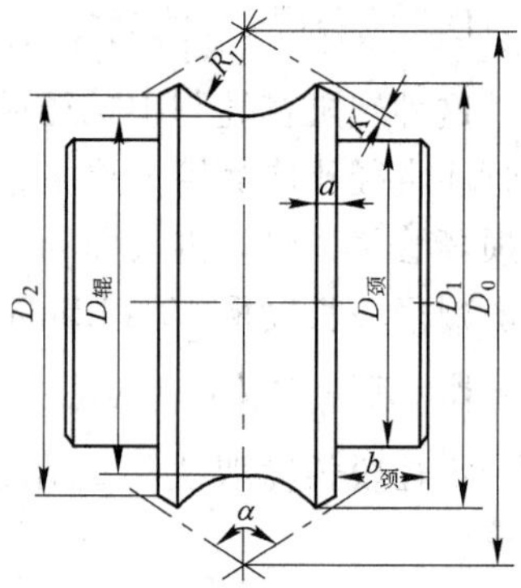

C　轧辊辊径 $D_{\text{颈}}$ 及宽度 b 的确定

图 29-85　多辊冷轧管机轧辊

对一种规格的滑道所配备的不同规格的轧辊，其辊颈直径相同。计算公式为：

$$D_{\text{颈}} = (0.71 \sim 0.76)D_{\text{辊}} \quad （三辊轧机） \qquad (29\text{-}80)$$

$$D_{\text{颈}} = (0.60 \sim 0.65)D_{\text{辊}} \quad （四辊轧机） \qquad (29\text{-}81)$$

辊颈宽度按辊颈宽度与直径的比值来选定，见表 29-35。

表 29-35　多辊轧管机颈宽度与辊颈直径的比值

轧管机型号	LD15	LD30	LD60	LD120
$b/D_{\text{颈}}$	0.37	0.39～0.41	0.46	0.29～0.30

D　轧槽开口的确定

轧槽开口角 β 由式（29-82）计算。

$$\beta \approx \arccos\frac{2}{\left(1 + \dfrac{R_{\text{坯}}}{R_{\text{管}}}\right)} \qquad (29\text{-}82)$$

式中　$R_{\text{坯}}$——管坯料的半径，mm；

$R_{\text{管}}$——成品管的半径，mm。

E　轧辊其他尺寸的确定

按照图 29-81 和图 29-85，各部分尺寸关系如下：

$$D_0 = D_{\text{辊}} + D_{\text{成}} \qquad (29\text{-}83)$$

$$D_1 = D_0 - D_{\text{成}}\cos\frac{\alpha}{2} - 2K\sin\frac{\alpha}{2} \qquad (29\text{-}84)$$

$$D_2 = D_0 - a\cos\frac{\alpha}{2} - 2K\sin\frac{\alpha}{2} \tag{29-85}$$

式中 $D_成$——成品管直径，mm；

α——包角，对三辊轧机 $\alpha = 120°$；

K——在定径段上两个辊子之间的间隙之半，对 LD15 轧机 $K = 0.5\text{mm}$，LD30 轧机 $K = 0.5 \sim 0.75\text{mm}$，LD60 轧机 $K = 0.8 \sim 1.0\text{mm}$。

辊子边缘倒角半径为：

$$R = 0.6(R_0 - R_1) \tag{29-86}$$

式中 R_0，R_1——管毛料和成品管的半径，mm。

F 芯棒尺寸的确定

多辊冷轧管机所使用的芯棒是圆柱形的（见图 29-86）。为了消除管子内表面出现环形压痕和减小送进时所需的力，芯棒前端稍带锥度，由前端向后端每隔 $m = 20 \sim 50\text{mm}$ 长度上直径差值约为 0.2mm。

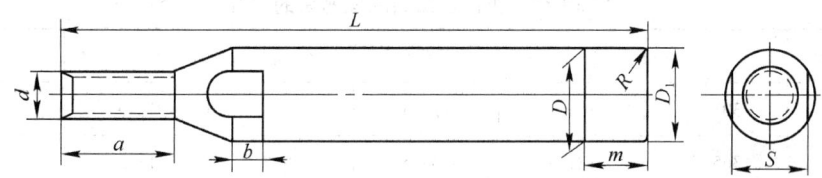

图 29-86 多辊轧机芯棒

29.5.3 冷轧管工具的设计与制造

29.5.3.1 二辊冷轧管机孔型加工

A 孔型和仿形样板的加工工艺流程

孔型加工典型工艺流程为：锻坯（材料为 GCr15）→粗车→划分开线→锯开→刨分开面→划线→镗孔槽→热处理→平磨→刃磨→外圆磨→孔磨→抛光→检验交货。

仿形样板加工典型工艺流程为：锻坯（材料为 T8）→刨→划线→铣→热处理→磨→划线→线切割→抛光→配靠模板座→检查→使用。

B 主要工序

a 毛坯制备

轧槽块和芯头的毛坯都需经过锻造，轧槽块和芯头的锻坯尺寸见表 29-36。毛坯在机械加工之前需进行退火。

表 29-36 轧槽块和芯头的锻坯尺寸 （mm）

轧机型号	轧槽块锻坯				芯头锻坯		
	锻前毛坯	锻后毛坯			锻前毛坯	锻后毛坯	
		圆弧直径 D	高度 H	厚度 B		直径 D	长度 L
LG30	140×140 或 $\phi150$	330	165	125	$\phi90$	$32 \sim 45$	540
LG55	160×160 或 $\phi170$	390	200	155	$\phi90$	$45 \sim 60$	700
LG80	200×200 或 $\phi193$	470	240	205	$\phi105$	$60 \sim 95$	775

b 毛坯的机械加工

先刨底面，然后成对的车削圆周和侧面，并在圆周中央开一个直径比孔型精整区直径小 2 ~ 2.5mm 的槽，在刨床上刨两侧面键槽（凹槽）和底面斜面，在轧槽块底面钻孔并套扣。机械加工后轧槽块的毛坯形状如图 29-87 所示，尺寸见表 29-37。

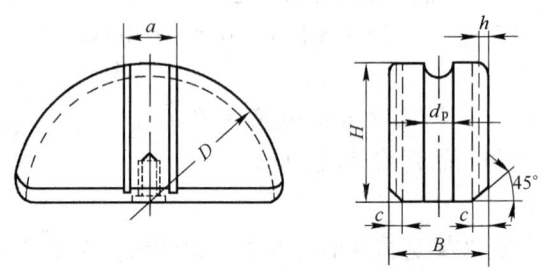

图 29-87 机械加工后的轧槽

表 29-37 机械加工后的轧槽块的尺寸 （mm）

轧型型号	$D^{+0.4}$	$H^{+0.2}$	$B^{\pm0.2}$	$a^{+0.2}_{-0.1}$	$h^{+0.25}$	c
LG30	301.4	150.7	110.5	68.8	12.5	13.0
LG55	365.6	182.8	140.5	78.8	13.5	16.0
LG80	435.6	217.8	190.5	88.5	16.5	18.0

C 孔型孔槽的切削

孔槽切削在专用机床上进行，如图 29-88 所示。

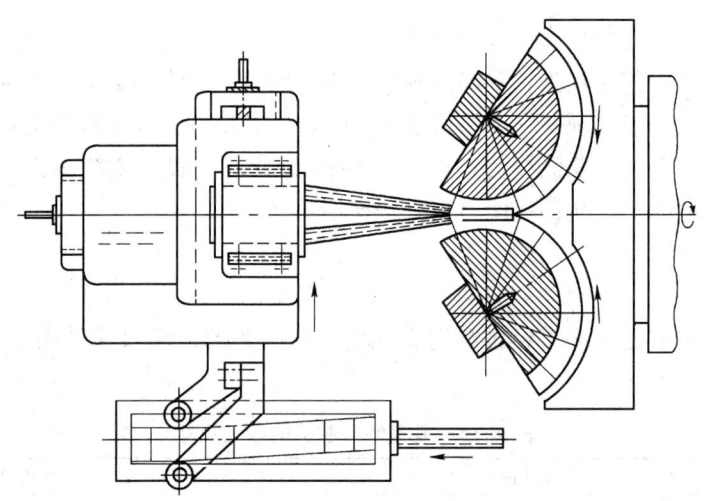

图 29-88 专用机床切削孔槽示意图

D 热处理

孔槽块经淬火、回火后基体硬度 HRC 应达到 53 ~ 54，孔槽表面硬度 HRC 达到 60 ~

63，孔槽附近表面硬度 HRC 达到 53~57，其余表面硬度 HRC 应达到 50~55，孔槽淬火层深度不小于 6mm。为了达到上述要求，淬火时应用 15~25℃的流动水喷射孔槽，可使孔槽表面硬度比其他部分高，这种喷射水流淬火装置如图 29-89 所示，喷水器 3 做成与孔槽形状相似的弧形管，由管道 2 供给流动水，喷射时间 LG30 轧槽块为 25min，LG55 轧槽块为 35min，LG80 轧槽块为 45min。

　　E　研磨和抛光

　　孔槽研磨须在专用磨床上进行。将一对划好孔型阶段线的模板，用专用胎具装在专用磨床上，使用样板（靠模板）和专用砂轮磨削孔槽。研磨孔型侧面的开口度，一般从精整段开始，依次研磨预精整段、压下段和减径段。研磨后应用手提砂轮机修磨孔型和开口之间的过渡部分，使其平滑过渡。最后用沾有粒度为 80~120 号的金刚砂的毡轮抛光孔槽，使表面粗糙度 R_a 值达到 0.4~0.2μm。加工完毕后孔型图形如图 29-90 所示，尺寸见表 29-38。

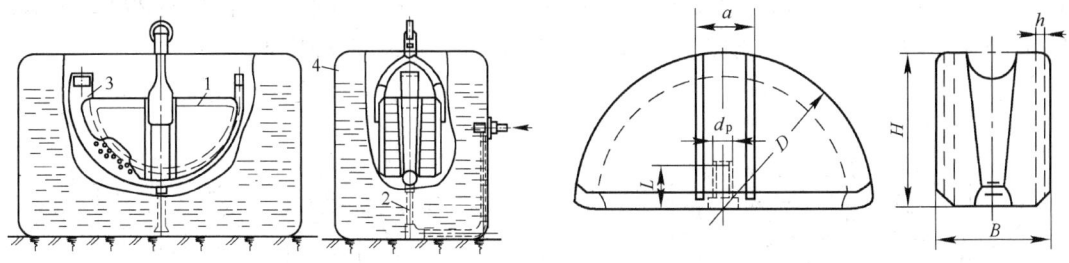

图 29-89　孔槽块淬火用装置示意图　　　　　图 29-90　孔槽块精确尺寸图形
1—孔槽块；2—管道；3—喷射水管；4—小槽

表 29-38　二辊式冷轧管机轧槽块精确尺寸和公差　　　　　　　（mm）

轧机型号	$D^{+0.15}_{-0.05}$	$H^{+0.075}_{-0.025}$	$B^{-0.30}_{-0.15}$	$a^{-0.075}_{-0.03}$	$h^{+0.25}$	d_p	$L^{\pm1.25~1.5}$	螺距
LG30	300	150	110	70	12.5	25.4	38	2.54
LG55	364	180	140	80	13.5	30.0	50	2.54
LG80	434	217	190	90	16.5	35.5	65	2.54

　　F　芯头加工

　　芯头用 GCr15 轴承钢制造。机械加工工艺与普通的穿孔针等细长杆件相似。芯头在淬火、回火后，工作表面硬度 HRC 为 54~60，而尾部及圆柱部分和尾部之间的过渡区可采取不完全淬火，尾部硬度 HRC 要求为 25~35。芯头在淬火、回火后进行研磨和抛光，研磨后尾部套丝扣。研磨后的芯头还需用毡轮沾上粒度为 120~160 号金刚砂纸抛光，粗糙度 R_a 值不大于 0.2μm。芯头加工后图形如图 29-91 所示，精确尺寸见表 29-39。

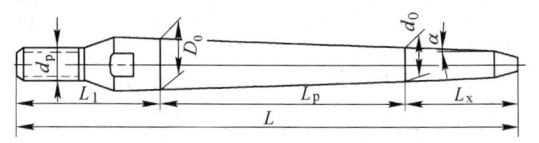

图 29-91　加工后的芯头

表 29-39　二辊冷轧管机芯头尺寸和公差　　　　　　　　　（mm）

轧机型号	$D_0^{\pm 0.05}$	$d_0^{\pm 0.05}$	d_p	L_1	$L^{\pm 1.0 \sim 1.5}$	L_p	L_x
LG30	22.5 ~ 35.5	11 ~ 28	15.9 ~ 20.6	110 ~ 140	530	290	130
LG55	34 ~ 36	17 ~ 42	20.6 ~ 31.8	140 ~ 120	690	410	150
LG80	45 ~ 89	30 ~ 82	31.8 ~ 44.5	130 ~ 120	760	477	153

29.5.3.2　多辊冷轧管机的工具设计与制造

A　辊子

辊子毛坯用经锻造和退火的 GCr15 钢制造，在普通车床上进行切削加工，辊颈和辊子上的孔型直径方向所留的研磨余量为 0.5 ~ 1.0mm。经淬火和回火，辊颈和孔型部分的表面硬度 HRC 应为 60 ~ 62。辊颈用万能磨床研磨，粗糙度 R_a 值不大于 0.8μm。孔型在专用机床上研磨，粗糙度 R_a 值应在 0.8μm 以下。最后应用带有粒度为 150 ~ 180 号研磨剂的亚麻布抛光，抛光后表面粗糙度 R_a 不小于 0.2μm。LD15 轧管机辊子形状如图 29-92 所示，尺寸见表 29-40。LD30 轧管机辊子形状如图 29-93 所示，尺寸见表 29-41。

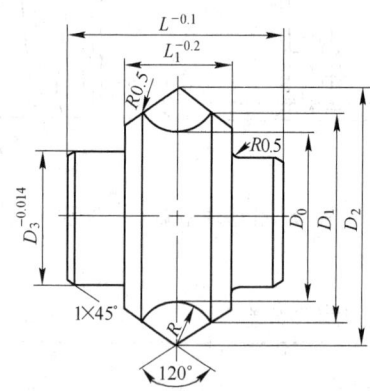

图 29-92　LD15 轧管机辊子

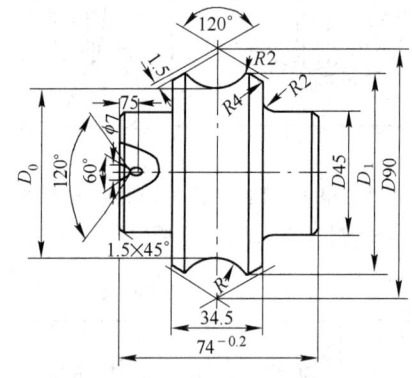

图 29-93　LD30 轧管机辊子

表 29-40　LD15 辊子尺寸及公差　　　　　　　　　（mm）

$R^{\pm 0.03}$	$D_0^{\pm 0.03}$	D_1	D_2	$D_3^{-0.014}$	$L^{-0.1}$	$L_1^{-0.2}$
4	30	32.263	38	20	30	14
4.5	29	31.768	38	20	30	14
5	28	31.268	38	20	30	14
5.5	27	30.768	38	20	30	14
6	30	34.268	42	22	37	19
6.5	29	33.768	42	22	37	19
7	28	33.268	42	22	37	19
7.5	27	32.768	42	22	37	19

注：1. D_3 的椭圆度、圆锥度不大于公差之半，不同心度不大于 0.01mm；

　　2. D_1 为制作倒角 R0.5 及开口之前的尺寸。

表 29-41　LD30 轧管机辊子尺寸及公差　　　　　　　（mm）

序　号	$R^{\pm 0.02}$	$D_0^{\pm 0.03}$	D_1	序　号	$R^{\pm 0.02}$	$D_0^{\pm 0.03}$	D_1
1	7.5	75	79.9	9	11.5	67	75.9
2	8	74	79.4	10	12	66	75.4
3	8.5	73	78.9	11	12.5	65	74.9
4	9	72	78.4	12	13	64	74.4
5	9.5	71	77.9	13	13.5	63	73.9
6	10	70	77.4	14	14	62	73.4
7	10.5	69	76.9	15	14.5	61	72.9
8	11	68	76.4	16	15	60	72.4

B　滑道

滑道材料为 GCr15，毛坯也需锻造和回火。机械加工可以刨削，也可以铣削，加工后每边留 1mm 的研磨余量。经淬火、回火后表面硬度 HRC 应达到 54～60。平面磨床上依次研磨侧面、底面和工作面。滑道的形状如图 29-94 所示，尺寸见表 29-42。

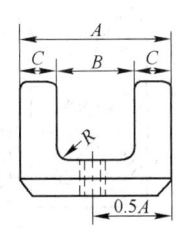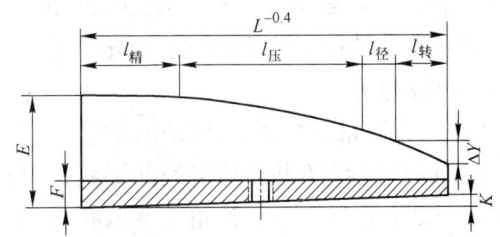

图 29-94　多辊轧管机的滑道

表 29-42　多辊轧管机滑道尺寸及公差　　　　　　　（mm）

轧机型号	A	B	C	E	F	K	R	$l_{压}$
LD15	$40^{-0.2}_{-0.3}$	$19^{\pm 0.2}$	10.5	$22^{-0.05}$	9	1.87	2	70
LD30	$80^{-0.2}_{-0.3}$	$40^{\pm 0.2}$ / $30^{\pm 0.2}$	20 / 25	42.15 / 47.15	20 / 25	3.0	3	80
LD60	$135^{-0.2}_{-0.3}$	$76^{+0.3}$ / $56^{+0.3}$	29.5 / 39.5	66.9 / 72.9	31.7 / 37.5	5.4	5～6	120

C　芯头

一般也用 GCr15 轴承钢，制造工艺及要求与二辊轧管机的芯头基本相同。为消除内表面环状凹陷和减少管毛料的送进力，芯头可做成极小的锥度。芯头的结构如图 29-95 所示，尺寸见表 29-43。

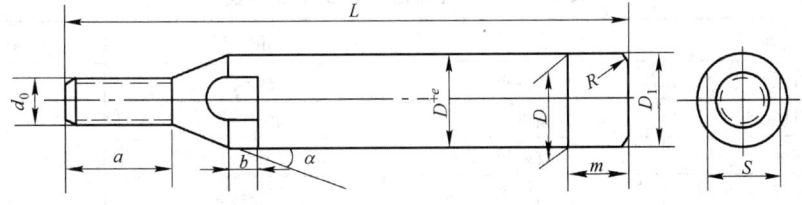

图 29-95　多辊轧管机的芯头

表 29-43 多辊轧管机芯头尺寸和公差 （mm）

轧机型号	L	e	m	a	b	R	D	$\alpha/(°)$
LD15	400	±0.02	20	10~20	10	2	$D^{-0.02}$	15
LD30	480	±0.03	20	30		2	$D^{-0.02}$	15
LD60	520	±0.05	40	40	20	4	$D^{-0.3}$	15

注：D 为芯头直径。

29.6 拉伸工具的设计与制造

29.6.1 线材拉伸模（拉线模）

29.6.1.1 拉线模模孔分区及形状

拉线模孔一般分 5 个区段，如图 29-96 所示，也有分 4 个区的（将入口区和润滑区合并）。

（1）入口区。有助于润滑剂充分进入润滑区，形状为锥形，通常采用 60° 锥角。

（2）润滑区。该区也成锥型，一般采用 40° 锥角，长度不少于工作区的长度。其作用是使润滑剂能充分地进入模孔各区，减少拉伸摩擦力。

（3）工作区。工作区最适宜的形状是放射形，直径小于 1mm 的模子用振动针磨光很容易得到此形状，直径大于 1mm 的模子一般采用 14°~16° 锥角的截锥状震动针磨光。工作锥也称为变形区。工作区长度约等于定径区直径。软合金拉线摸工作区长度比硬合金的要短一些。

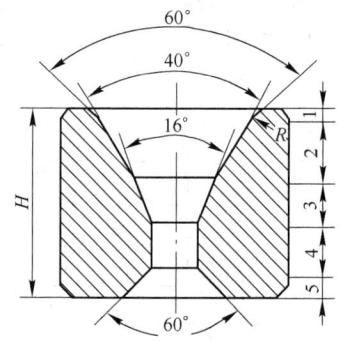

图 29-96 拉线模孔分区示意图
1—入口区；2—润滑区；3—工作区；
4—定径区；5—出口区

（4）定径区。定径区使线材获得符合要求的尺寸，最适宜的形状是圆柱形，但小规格模子制造时，多采用带 1°~2° 锥角的磨针来研磨，故实际上带有很小的锥度。在实际配模时考虑制品偏差，模子使用寿命和拉伸制品具有弹性恢复等因素，一般都按公称尺寸制作模孔。定径区不应过长，否则将增加磨损并增加拉伸力。软合金拉线模定径区的长度相对于硬合金的要短一些。

（5）出口区。出口区的作用是保护定径区不被破坏，同时也防止线材脱离模孔时被刮伤，所以其形状为倒锥形，长度一般为定径区长度的 20%~50%。

拉线模模孔各区形状及锥度偏差见表 29-44，各区长度见表 29-45，各区交界应圆滑过渡，不允许有明显的过渡棱子。

表 29-44 模孔各区形状及角度偏差

区段名称	形 状	角 度	备 注
入口区	圆锥形	$60°^{±1°}$	
润滑区	圆锥形	$40°^{±0.50°}$	
工作区	放射形	$14°^{+0.5°}~16°^{-0.5°}$	大于 1mm 仍为锥形
定径区	圆柱形	$1°~0.5°$	
出口区	圆锥形	$60°^{±1°}$	

表 29-45 模孔各区长度

定径区直径/mm	定径区长度/mm	工作区长度	润滑区长度	出口区长度
0.8 ~ 2.5	0.5 ~ 1.0	近似定径区直径	不小于工作区长度	定径区长度的 20% ~ 50%
2.51 ~ 4.0	1.0 ~ 1.5			
4.01 以上	1.5 ~ 2.0			

29.6.1.2 拉线模材质和结构

A 拉线模材质

拉线模制作材料有钻石、硬质合金、生铁、刚玉、陶瓷、特殊钢等，目前铝及铝合金拉线模多采用以碳化钨为基，以钴为黏结剂烧结而成的硬质合金模，牌号为 YG3X、YG3、YG6、YG8。它们的物理力学性能见表 29-46。与其他材质相比，硬质合金模硬度仅次于钻石模，且具有很高的耐磨性，比钢模寿命高几十倍至几百倍，摩擦系数很小，与钢模相比能耗约降低 30%，其抗蚀性和导热性好，制造方便，价格适宜，使硬质合金拉线模在线材生产中得以广泛应用。

表 29-46 部分硬质合金拉线模的物理力学性能

牌 号	主要成分/%		密度 /g·cm^{-3}	硬度 HRA	弯曲强度 /MPa	导热系数 /W·(m·℃)$^{-1}$
	钨	钴				
YG3	97	3	14.9 ~ 15.3	91	1029	87.78
YG3X	97	3	15.0 ~ 15.3	91.5	1100	
YG6	94	6	14.6 ~ 15.0	89.5	1450	79.42
YG8	92	8	14.5 ~ 14.9	89	1509	

B 模套

硬质合金模坯应镶在钢质模套中，确保在外力作用下和受热膨胀时不产生松动，以减少或抵消线材拉伸时硬质合金模坯所受的应力。模套材料应具有较好的导热性、弹性，抗蚀性和屈服强度。较合适的有 45 号和 50 号钢，T8A、T10A、T12A 炭素工具钢，当拉伸应力很大时，应采用 9CrSi、5CrMnMo、40Cr 等合金结构钢。模套结构如图 29-97 所示，实用模套尺寸见表 29-47。

模套直径和高度按式（29-87）和式（29-88）确定。

$$D_0 = \frac{d}{k} \tag{29-87}$$

$$H_0 \geqslant 2h \tag{29-88}$$

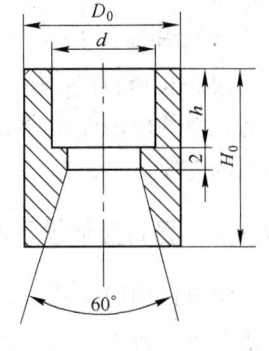

图 29-97 模套的结构

式中 D_0，H_0——模套的外径和高度，mm；

d，h——模坯的外径和高度，mm；

k——与材料强度、内压力有关的系数，通常为 0.4 ~ 0.75。

表 29-47   实用模套尺寸   （mm）

硬质合金模坯尺寸		模套尺寸	
d	h	D_0	H_0
6	4	25	10
8	6	30	16
13	8 ~ 10	30	20
16	14	40	25
20 ~ 26	12 ~ 18	50	30

C   模子镶套方法

模子镶套方法有：

（1）焊接法。将铜或黄铜焊料放在模坯和模套的间隙内，加热使焊料熔化。由于焊合强度较低，只适用于拉伸应力不大的拉线生产。

（2）冷压法。模坯与模套留有过盈余量，在压力机上低速压入，然后将露出模坯的模套边缘滚压。当模坯直径为 16 ~ 20mm 时，过盈量 $\Delta C = (0.0026 \sim 0.0028)d$，当模坯直径为 20 ~ 26mm 时，过盈量 $\Delta C = (0.0028 \sim 0.0032)d$。

（3）热压法。这是目前广泛采用的方法，模套内孔加工时留有过盈量（其参考值见表 29-48），然后将模套和模坯分别加热到 900 ~ 1050℃和 400 ~ 500℃，在压力机上压装。

表 29-48   热压法的模坯过盈量   （mm）

模坯外径	过盈量	模坯外径	过盈量
11 ~ 14	0.03 ~ 0.04	20.5 ~ 24.0	0.06 ~ 0.07
14 ~ 17.5	0.04 ~ 0.05	24.0 ~ 28.5	0.07 ~ 0.08
17.5 ~ 20.5	0.05 ~ 0.06	28.5 ~ 35	0.08 ~ 0.11

（4）热镶法。将留有过盈量的模套加热，借助热膨胀将模套放入，模套在冷却中将模坯镶住。

（5）等温淬火法。模套加热后放入模坯，并在淬火温度下保温后等温淬火。

镶好模套的拉伸模，要在各种专用磨床上对模子各区进行粗磨、精磨和抛光，使模孔具有光滑的内表面，合格的尺寸和端面形状，各区过渡处棱角圆滑，满足不同要求的线材生产的需要。

29.6.2   管材拉伸模及芯头

管材拉制的主要工具是模子和芯头。模子分拉伸模和整径模，确定管材的外径；芯头分短芯头、游动芯头、长芯头和扩径芯头等，确定管材内径。

29.6.2.1   拉伸模和整径模

拉伸模在管材拉制时，决定管材的外径和表面质量，承受金属变形，其形状和拉线模形状相同。模子材料采用 T8A 或 T10A，热处理后硬度 HRC 应达到 60 ~ 64，模孔应镀铬，镀铬层厚度为 0.04 ~ 0.05mm，在生产管材规格较全的工厂中，模孔直径可以从 3mm 到 160mm，每隔 0.1mm 配一个模子。拉伸模的结构如图 29-98 所示，尺寸见表 29-49。

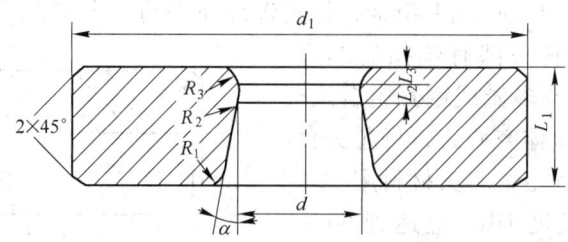

图 29-98　管材拉伸模结构示意图

表 29-49　管材拉伸模尺寸　　　　　　　　　　　　　　　（mm）

拉伸机/kN	$d^{-0.05}$	d_1	L_1	L_2	L_3	$\alpha/(°)$	R_1	R_2	R_3
15、30	3 ~ 18	$45^{-0.1}$	25	3	3	11.5	5	均匀过渡	3
30、50	18.1 ~ 30.0	$74.1^{-0.1}$	30	5	4	11	10	4	4
80	30.1 ~ 60	$124.1^{-0.1}$	30	5	4	11	11	4	4
300	60.1 ~ 80	$165^{-0.060}_{-0.165}$	40	5	5	11	15	15	5
	80.1 ~ 120	$225^{-0.075}_{-0.195}$	40	5	5	11	15	15	5
	120.1 ~ 160	$299^{-0.1}$	60	5	5	11	15	15	5

整径模与拉伸模的区别是没有明显的锥形压缩带，定径带的宽度增加到 15 ~ 40mm，因此经过整径模整径后，管材的外径尺寸较精确而稳定，外形比较直。整径模的材料，热处理后的硬度，模孔镀铬要求与拉伸模相同。其结构如图 29-99 所示，尺寸见表 29-50。整径模一般每隔 1mm 一个规格，30mm 以上每种规格按 - 0.10mm、- 0.15mm、- 0.20mm 配 3 个模子。30mm 以下每种规格按 - 0.05mm、- 0.10mm、- 0.15mm 配 3 个模子。

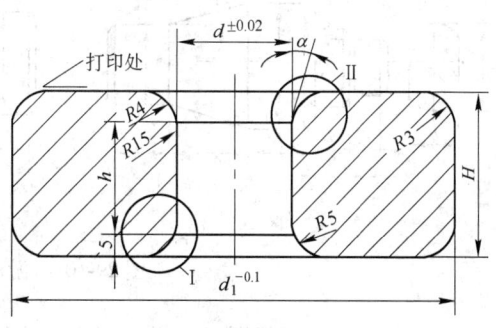

图 29-99　整径模的结构示意图

表 29-50　整径模的尺寸

d	d_1/mm	H/mm	h/mm	$\alpha/(°)$
15 ~ 18	45	30	15	11
19 ~ 30	74	30	15	11
31 ~ 59	124	30	17	11
60 ~ 79	165	40	25	11
80 ~ 120	225	60	40	11

29.6.2.2 芯头

A 短芯头

短芯头直径一般从10mm到160mm，每隔0.5mm备有一个芯头。小于36mm的芯头内孔带有螺纹，直接拧在头部有丝扣的芯杆上；大于120mm的芯头多做成镶套组合式；36~120mm的芯头为单体空心式，将芯头套在芯杆的一端用螺母固定。芯头材料用T8A和T10A，热处理后硬度HRC应达到60~64，外表面镀铬，厚度为0.03~0.04mm。短芯头结构如图29-100所示，尺寸见表29-51。

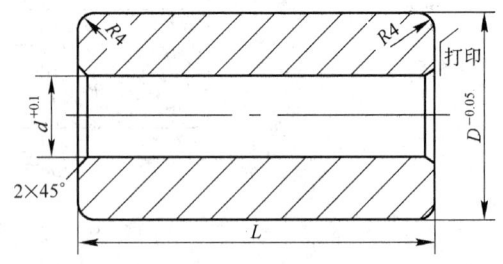

图29-100 短芯头结构示意图

表29-51 短芯头的尺寸 （mm）

D	d	L	D	d	L
10~13.5	6	40	50.0~80.5	24	60
14~23.0	10	40	81.0~120.0	24	90
23.5~35.5	11	50	121.0~160.0	90	100
36.0~49.5	20	60			

B 游动芯头

游动芯头有3种主要形式，其结构形状如图29-101所示。

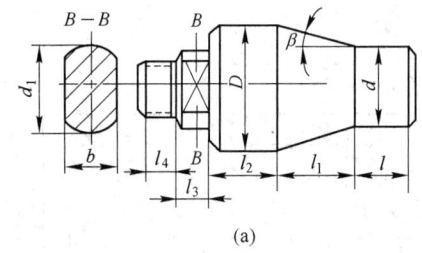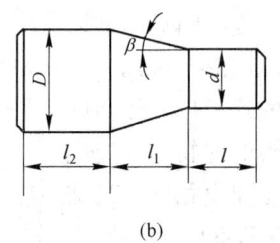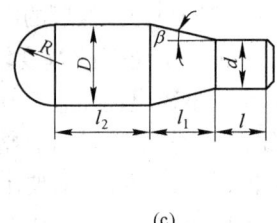

(a)　　　　　　　　(b)　　　　　　　　(c)

图29-101 游动芯头的主要形状

图29-101(a)后部螺丝与芯杆连接，用于链式拉伸机；图29-101(b)不带芯杆，用于链式拉伸机拉制中小规格管材；图29-101(c)用于卷筒式拉管机拉制小直径盘管。

游动芯头由后圆柱段、锥形段和前圆柱段组成。各段的形状和尺寸可参考如下原则确定：

（1）芯头与模孔锥角β。芯头锥角β与模孔锥角α必须符合$\alpha \geq \beta$的条件。当模孔锥角$\alpha = 11° \sim 15°$时，相应的芯头锥角$\beta = 9° \sim 13°$。此时，所需的拉伸力最小。铝合金管材拉伸用的游动芯头锥角取9°，模孔锥角取11°~12°，最为合适。

（2）芯头后圆柱段直径D。为了便于芯头装入管坯并避免芯头随管子被拉出模孔，D值应满足下述两个条件：

$$D = d_0 - \Delta_1 \tag{29-89}$$

$$D = d_1 + \Delta_2 \tag{29-90}$$

式中　d_0——管毛料内径，mm；

　　　D——成品管外径，mm；

　　　Δ_1——管毛料内径与芯头后圆柱段直径之间的间隙，选取原则与短芯头拉伸时芯头
　　　　　与管毛料内径间的间隙相同，可取 $\Delta_1 = 1 \sim 4$mm；

　　　Δ_2——芯头后圆柱段直径大于模孔直径的值，一般情况下 $\Delta_2 = 0.5 \sim 1.5$mm，小直
　　　　　径管选下限，卷筒式拉制盘管时，Δ_2 取 $0.1 \sim 0.2$mm。

当拉制小直径且壁厚较厚的管材时，不能按式（29-89）和式（29-90）确定芯头后圆柱段的直径，因为这时在保证 $D > D_1$ 时，管毛料的直径将比成品管直径大许多，导致道次变形量增大并超过允许变形量。这种情况下 D 值应符合下面关系：

$$d_1 > D \geqslant D_1 \tag{29-91}$$

这时防止芯头被拉过模孔的办法只能是采用图 29-101（a）所示种类芯头。

（3）芯头锥形段长度 L_1。芯头锥形段长度 L_1 按式（29-92）确定。

$$L_1 = \frac{D - d}{2\tan\beta} \tag{29-92}$$

式中　d——成品管内径，即芯头圆柱段直径，mm。

（4）芯头圆柱段长度 L。芯头圆柱段长度 L 按式（29-93）确定。

$$L = \frac{D + d}{2d}\left(\frac{D - d}{2f} - L_1\right) + (4 \sim 6) \tag{29-93}$$

式中　f——摩擦系数。

根据实际生产经验，L 值一般可采用比模子定径带长度长 $6 \sim 10$mm。

中小规格游动芯头的尺寸及公差见表 29-52。

表 29-52　游动芯头尺寸及公差　　　　　　　　　　　　　（mm）

名　称	d	D	L_1	L	L_2	L_3	L_4	d_1	b	$\beta/(°)$	螺纹
公称尺寸	$2 \sim 40$	$D + 2S_1 + 0.5$	$\dfrac{D - d}{2\tan\beta}$	$\leqslant L_1$	$= L_1$	10	16	$d - 1$	$3 \sim 22$	$9 \sim 22$	$3 \sim \dfrac{3''}{4}$
公差	±0.01	±0.01	±0.02	±0.1	±0.1	±0.5	±0.5	±0.5	−0.5	±0.01	

游动芯头材料可采用 30CrMnSiA、GCr15、50CrVA、T8、T10 等钢材，加工后应镀铬并研磨抛光，工作部分的表面粗糙度 R_a 不得大于 0.4μm。

管材拉伸工具、拉伸模、整径模和芯头都可以采用硬质合金制造，尤其在小规格和常用的中等规格使用的硬质合金工具在逐渐增加，但应该注意的是使用硬质合金拉伸模和整径模应镶套。

30 铝合金管、棒、型、线材的主要缺陷分析与质量控制

30.1 管、棒、型、线材的主要缺陷分析

30.1.1 挤压材的主要缺陷分析

挤压是在一个高温、高压、高摩擦近似密闭的容器内的变形过程，加之品种繁多、规格范围广、形状复杂、工序多、技术要求高。因此，在生产过程中，不可避免地会出现缺陷，甚至废品。据生产统计，铝合金管、棒、型、线材在挤压过程中常出现的缺陷（废品）共有 30 多种。这些缺陷，按使用要求可分为致命的、严重的、一般的、次要的，其中可修复的缺陷，不影响使用，而不可修复的缺陷就是绝对废品。按生产过程可分为：在熔铸过程、挤压过程、热处理精整过程、表面处理过程及储运包装过程产生的缺陷。按技术要求可分为：化学成分、冶金质量与内部组织、力学性能、尺寸与形状精度、内外表面等方面的缺陷。按产生的原因可分为：原辅材料不合格、铸锭缺陷遗留、工艺装备不良、工模具设计制作不佳、生产工艺不合理、运输包装不好和生产管理不严等造成的缺陷。对建筑装饰材，人们往往看重其表面质量和尺寸与形位精度；对于工业材，特别是军工材，则除了表面和尺寸形状外还着重要求产品的化学成分、内部组织和力学性能。铝材在挤压变形过程（包括填充挤压阶段、稳定挤压阶段和终了挤压阶段）所出现的主要缺陷有气泡、起皮、裂纹、黏结、模纹、显微条纹、扭拧、弯曲、波浪、尺寸偏差、性能不均以及挤压缩尾和粗晶环等。下面仅就实际生产中常遇到的主要缺陷、产生原因和消除方法进行分析和讨论，见表 30-1 ~ 表 30-4。

30.1.2 轧制管材的主要缺陷分析

轧制管材的常见缺陷和废品主要有飞边压入（又称折叠），轧制裂纹，孔型啃伤，内外表面波浪（又称竹节），内外表面压坑，壁厚不均等。正确的分析和判断其产生原因，有的放矢地对冷轧管机进行工艺调整和工具改进，是保证产品质量，提高生产效率的重要问题。

30.1.2.1 飞边压入

定义与特征：沿管材纵向出现的耳子，经加工后折叠压入管材表面的缺陷。飞边一般呈对称性，与管子成纵向平行。飞边压入破坏了金属的连续性，属于具有严重危害性的恶性缺陷。

产生原因：造成飞边的主要原因，除送料量过大和送料不稳外，工具的设计和配合也是主要原因之一。孔型开口值小，宽展金属没有充填空间，就会流入孔型间隙。孔型和芯头不相配合，轧制过程某一段金属变形剧烈，金属局部集中压下，以及孔型间隙过大等，都有可能造成飞边产生。

表 30-1　铝合金型、棒（线）、带材挤压生产的主要缺陷分析

缺陷种类与特征	产 生 原 因	消 除 方 法
气泡或起皮：在制品表面出现凸形的泡，常见于头、尾部，完整的称气泡，已破裂的称起皮	（1）挤压筒、挤压垫磨损超差，挤压筒和挤压垫尺寸配合不当，同时使用的两个垫片的直径差超过允许值； （2）挤压筒和挤压垫太脏，粘有油污、水分、石墨等； （3）润滑油中含有水； （4）铸锭表面铲槽太多、过深，或铸锭表面有气孔、砂眼、组织疏松、有油污等； （5）更换合金时筒内未清理干净； （6）挤压筒温度和挤压铸锭温度过高； （7）铸锭温度尺寸超过允许负偏差； （8）铸锭过长、填充太快、铸锭温度不均，引起非鼓形填充，因而筒内排气不完全，或操作不当，未执行排气工序； （9）模孔设计不合理，或切残料不当，分流孔和导流孔中的残料被部分带出，挤压时空隙中的气体进入表面	（1）合理设计挤压筒和挤压垫片的配合尺寸，经常检查工具尺寸，保证符合要求，挤压筒出现大肚要及时修理，挤压垫不能差差； （2）工具、铸锭表面保持清洁、光滑和干燥； （3）更换合金时彻底清筒； （4）经常检查设备和仪器，防止温度过高、速度过快； （5）严格执行工艺规程和各项制度； （6）合理设计、制造工模具，导流孔和分流孔设计成 1°～3°内斜度； （7）严格操作，正确剪切残料和完全排气
成层：在金属流动较均匀时，铸锭表面沿模具和前端弹性区界面流入制品而形成的一种表皮分层缺陷	（1）模孔排列不合理，距挤压筒太近； （2）挤压筒、挤压垫磨损过大，超过规定值； （3）铸锭或毛料表面有毛刺、油污、金属屑、灰尘等，挤压筒内表面或挤压垫片表面不清洁、有油污、灰屑； （4）铸锭表面质量差，有较大的偏析瘤； （5）切残料时，在模面上留有斜头； （6）铸锭本身有分层或气泡	（1）合理设计模具，及时检查和更换不合格工具； （2）不合格的铸锭不装炉； （3）剪切残料后，应清理干净，不得粘润滑油； （4）保持挤压筒内衬完好，或用垫片及时清理内衬
挤压裂纹：挤压材棱角或厚度差较大的台阶附近产生锯齿（周期性）开裂或撕裂	（1）挤压毛料温度过高； （2）挤压速度太快； （3）节流阀失控； （4）加热炉仪表失灵； （5）多孔挤压时，模孔排列太靠中心，使中心金属供给量不足，以致中心与边部流速差很大； （6）模具设计，制造不佳； （7）铸锭均匀化退火不好	（1）严格执行各项加热和挤压规范； （2）经常巡回检测仪表和设备，以保证正常运行； （3）修改模具设计，精心加工，特别是模桥、焊合室和棱角半径等处的设计要合理； （4）在高 Mg 合金中尽量减少 Na 含量； （5）铸锭进行均匀化，提高塑性和均匀性
缩尾：在挤压末期，铸锭表皮和死区金属沿挤压垫表面和后端弹性区界面流入制品内部形成环形或漏斗状金属不连续缺陷	（1）残料留得太短； （2）挤压末期速度太快或突然增大； （3）铸锭表面不清洁，有油污，未车去偏析瘤和折叠等缺陷； （4）挤压筒温度过高； （5）挤压筒和挤压轴不对中； （6）挤压筒内套不光洁或变形，未及时用清理垫清理内衬； （7）挤压垫片尺寸配合不好，垫片未冷却，表面有油污或垫片抹油	（1）按规定留残料和切尾； （2）保持工模具清洁干净； （3）提高铸锭的表面质量； （4）合理控制挤压温度和速度，要平稳挤压； （5）除特殊情况外，严禁在工、模具表面抹油； （6）垫片适当冷却

缺陷种类与特征	产 生 原 因	消 除 方 法
粗晶环：有些铝合金制品在淬火处理后经低倍检查，在端面上晶粒大小不一，周边晶粒特别粗大，形成环状组织的缺陷，越近尾端粗晶环深度越大	(1) 挤压变形不均匀，金属受到挤压筒壁的摩擦，物理变形程度大，晶粒严重破碎，热处理加热时表面层晶粒显著长大变粗； (2) 淬火温度过高或保温时间过长； (3) 与合金成分有关及铸锭组织有关	(1) 挤压筒内壁光洁，形成完整的铝套，减少挤压时的摩擦力； (2) 变形尽可能均匀（控制温度、速度等）； (3) 避免淬火温度过高； (4) 用多孔模挤压； (5) 用反挤压法和静挤压法挤压； (6) 用淬火-拉拔-时效法生产； (7) 调整合金成分，增加再结晶抑制元素； (8) 采用较高的温度挤压； (9) 某些合金不均匀化处理，在挤压时粗晶环较浅
金属毛刺（麻点或麻面）：在制品表面出现的一种不规则的蝌蚪状、点状划伤缺陷	(1) 模具工作带硬度不够或软硬不均； (2) 挤压筒和金属温度太高，挤压速度太快或不均匀； (3) 模子工作带太长，光洁度不够； (4) 模子工作带粘有金属，不光滑； (5) 挤压毛料太长	(1) 提高模子工作带硬度和硬度均匀度； (2) 按规程加热挤压筒和铸锭，采用适当的挤压速度； (3) 合理设计模具，提高工作带表面光洁度，加强表面检查、修理和抛光； (4) 采用合理铸锭长度
划道、擦伤、模痕和条痕：制品从模孔流出过程中，表面与模子工作带、出口带或其他工具的不良接触，而产生可用手触及的可见的擦伤、划伤和连续条纹	(1) 模子工作带有棱或碰伤裂痕，粗糙不平，易粘铝； (2) 模子出口带有尖棱，不光滑模垫和垫环有尖棱； (3) 导路不光滑或装配不当； (4) 工作面有冷点，不光滑； (5) 工作带软硬不均，粘有铝屑； (6) 搬运中产生机械擦、划伤	(1) 及时检查和抛光模子工作带，硬度应均匀； (2) 清理模子空刀和其他工具，应光洁、无阻塞； (3) 检查制品流出通道，应光滑，可适当润滑导路； (4) 搬运中防止机械擦碰和划伤
尺寸不合格：制品的断面尺寸和长度超正负偏差	(1) 模子设计或制造错误； (2) 图纸尺寸错误； (3) 修模不准确； (4) 尺寸检查错误或漏检； (5) 挤压时温度升得太高，挤压速度变化太快； (6) 对于定尺产品，因铸锭长度计算错误或毛料切得太短，或因制品尺寸正偏差而引起不够定尺长度，或锯切尺寸不精确	(1) 精心设计和制造、管理模具； (2) 加强模具尺寸和制品尺寸检查； (3) 严格控制挤压速度； (4) 认真进行定尺型材铸锭长度计算，并且要考虑制品正偏差系数； (5) 精确锯切
弯曲、扭扭、波浪：制品在长度方向上出现的不符合图纸和技术条件的形位缺陷	(1) 模孔设计不合理； (2) 导路不合适或未安导路； (3) 模具润滑不适当； (4) 挤压速度不合适； (5) 淬火温度过低	(1) 提高模具设计制造水平； (2) 安装合适的导路，牵引挤压； (3) 用局部润滑、修模加导流或改变分流孔设计等来调节金属的流速； (4) 合理调剂挤压温度和速度使变形均匀； (5) 适当提高淬火温度
硬弯：在制品长度方向出现的不均匀的死弯缺陷	(1) 挤压速度突变或中间停车； (2) 挤压过程中操作人员用手突然搬动型材； (3) 挤压机工作台面不平	(1) 不要随便停车或突然改变挤压速度； (2) 不要用手突然搬动型材

缺陷种类与特征	产 生 原 因	消 除 方 法
污迹（水迹、油迹、石墨迹）：制品表面出现的腐蚀斑痕	（1）工作台漏水、漏油； （2）淬火剂被污染或未清理干净； （3）表面粘石墨未及时清除	（1）及时修理漏水漏油位置，制品上有水和油要及时擦干净或干燥； （2）制品上粘石墨要及时清除
焊缝不合格（焊合线）：用分流孔挤压时，沿挤压方向在金属流的焊合位置出现的条状或线状缺陷或未完全焊合的废品	（1）模具设计不合理； （2）挤压系数太小； （3）挤压温度太低； （4）挤压速度太快； （5）挤压垫片有油； （6）残料太短，以至产生缩尾； （7）铸锭表面太脏； （8）合金不合适	（1）合理设计、制造模具； （2）适当增大挤压系数； （3）适当提高挤压温度； （4）适当降低挤压速度； （5）挤压筒、挤压垫片不涂油保持干净； （6）适当增加残料长度； （7）采用表面清洁的铸锭挤压； （8）选用适当的合金； （9）增大焊合室的直径和深度
条纹：挤压制品在氧化着色后出现的缺陷，可分为组织条纹、加工条纹、挤压条纹（模痕）	（1）铸锭中有气孔、疏松、夹杂、氧化膜； （2）成分不均，存有过剩与游离 Zn、Fe、Si 和 Mg 等金属夹杂和灰粉； （3）成分中有非金属夹杂； （4）模子工作带过渡不圆滑，模角设计不合理； （5）工作带硬度不均匀、不光洁、不平滑、易粘铝； （6）模具材料不良，热处理不当； （7）挤压温度不均匀，局部太高，晶粒粗大或不均； （8）模垫和导路不光滑，粘铝； （9）出模孔后冷却不均造成组织不均； （10）表面粘有油污、石墨	（1）提高铸锭质量； （2）控制化学成分使之均匀并进行均匀化处理； （3）合理设计模子工作带； （4）工作带修平整、抛光、氮化处理到高的表面硬度且均匀； （5）挤压温度均匀不要过高，挤压速度要均匀； （6）模孔出口带和导路表面光洁； （7）型材出模口后要平直，不要与石墨、油污接触，冷却均匀
表面缺陷：主要指小黑点、黑斑、小亮条、白带、小白点、雪花斑、小针孔、麻点等表面缺陷	（1）熔铸过程中产生的原因：化学成分不均，有金属夹杂，气孔、疏松、非金属夹杂、氧化膜等非金属夹杂，晶粒不均匀（组织不均匀）； （2）挤压方面的原因：挤压速度过快，温度不均匀，变形不均匀，冷却不均匀，与石墨、油污接触处产生组织不均匀； （3）工模具方面的原因：模具设计不合理，模子尖角过渡不平滑，空刀过小，擦伤金属，工模具加工不良，有毛刺，不光洁，工作带不光洁、不平滑，表面硬度不均匀，氮化处理不好； （4）表面处理原因：槽液浓度、温度、电流密度等不合格，处理工艺不合格，酸腐蚀、碱腐蚀	（1）控制化学成分、优化熔铸工艺、加强净化、细化处理； （2）均匀化处理要快速冷却； （3）控制挤压温度、速度，使变形均匀； （4）合理设计制造工模具，工作带要光洁，硬度均匀合格，不粘铝； （5）优化表面处理工艺； （6）防止碱腐蚀和酸腐蚀等二次污染
停止痕（咬痕）：制品上产生的横向停止痕	（1）速度不均匀； （2）压力不均； （3）有外力作用（垂直挤压方向）； （4）工模具弹性变形大，配合不良，硬度低或不均匀	（1）高温慢速均匀挤压； （2）防止垂直挤压方向的外力作用于制品上； （3）合理设计工模具和模具的材料、尺寸配合以及强度与硬度
力学性能不合格：制品的 σ_b、$\sigma_{0.2}$、δ 不符合技术条件要求或很不均匀	（1）化学成分超标； （2）挤压工艺不合理或热处理工艺不合格； （3）在线淬火未达到淬火温度和冷却速度； （4）人工时效不当	（1）严格按标准控制化学成分； （2）调整挤压工艺； （3）严格执行淬火工艺制度； （4）严格执行人工时效，严格控温和测温

表 30-2　挤压管材外表面常见的缺陷、废品及产生原因

名　称	产　生　原　因	名　称	产　生　原　因
外表面擦伤、划伤	（1）模子工作带有划痕或尖棱； （2）工作带粘有金属； （3）挤压筒落入过多的润滑油； （4）导路不光滑或在搬运中擦划伤	金属毛刺 （麻点或麻面）	（1）挤压温度过高； （2）模子工作带上或出口带上粘有金属； （3）挤压速度过快或不均匀； （4）铸锭过长； （5）模子工作带过长或光洁度不够，硬度不均，易粘铝
外表面起皮、起泡	（1）挤压筒磨损超过标准规定（出现大肚）； （2）挤压筒和挤压垫片太脏，粘有油、石墨、水等； （3）同时使用的两个挤压垫片之间直径差太大； （4）挤压筒温度及挤压温度过高； （5）铸锭本身有砂眼、气泡和表面不干净，有油污； （6）铸锭直径超过负偏差	磕碰伤和划伤	（1）各工序操作及运输时不注意，产生人为的磕、碰、划伤； （2）料架、料筐、出料台等与管子接触的地方没有软质材料包覆
		外表面裂纹	（1）铸锭加热温度过高； （2）挤压速度过快，不均匀

表 30-3　挤压管材内表面常见缺陷、废品及产生原因

名　称	产　生　原　因	名　称	产　生　原　因
擦伤	（1）润滑剂不良或配比不对； （2）挤压针温度低； （3）挤压针粘有金属没有清除掉； （4）挤压针表面质量不好，不光洁或硬度不均，易粘铝； （5）挤压针速度不均或过快； （6）润滑剂中含有水分、金属屑、砂粒等； （7）挤压针涂油不均； （8）挤压针涂油后与挤压时间间隔太久，润滑油被挥发干； （9）硬合金的挤压温度过高	石墨压入、压坑	（1）润滑剂中固体润滑剂过多； （2）挤压针上聚集的石墨块没有及时清理掉； （3）铸锭内表面加工光洁度差； （4）石墨质量不好，灰杂质多，粒度大
		划伤、气泡	（1）挤压针被磕碰伤或有尖棱； （2）润滑剂中有水分或砂粒
		水痕状擦伤	铸锭内表面机械加工的沟痕太深，不干净，有水分和油污

表 30-4　挤压管材其他缺陷及产生原因

名　称	产　生　原　因	名　称	产　生　原　因
厚度不均	（1）挤压筒、挤压轴、挤压针、模子等中心不一致； （2）铸锭壁厚不均及斜度太大； （3）挤压轴、挤压针弯曲； （4）挤压筒磨损过大，工作部分与非工作部分直径相差大； （5）挤压筒、模子、挤压垫之间的间隙过大； （6）设备失调、螺丝不紧，上下中心扭动	焊缝质量不合格	（1）铸锭表面有油污； （2）挤压温度太低，挤压系数过小； （3）挤压残料留的太短或残料清除不干净，模腔和模桥有脏物，焊合室尺寸过小； （4）模子设计不合理，静水压力不够或不均衡，分流孔设计不合理； （5）挤压速度过快或不均匀
缩尾及分层	（1）挤压残料留的太短； （2）挤压筒和挤压垫片不干净，有水分、油污等； （3）挤压垫片、挤压筒配合不好，挤压垫片之间的尺寸相差过大； （4）铸锭本身带来的分层、气泡、疏松		

消除方法：消除飞边压入方法应经常检查孔型开口值，正确选用芯头调整送料量，调整孔型间隙，孔型错位和管坯转角等。

30.1.2.2 轧制裂纹

定义与特征：轧制管材表面产生的小破裂。其特征多为沿轧制方向成45°角或三角口形状。

产生原因：轧制裂纹主要是金属的不均匀变形造成的，轧制时，变形区中前滑区和后滑区的分界面受方向相反的拉力，当孔型开口值过大时，金属的不均匀变形大，拉力也越大，同时，前滑区和后滑区金属受到方向相反的摩擦力，这个摩擦力也同时作用于前后滑区的界面。当界面所受的拉力大于金属的抗张强度时，就会在界面上出现裂纹，轧制裂纹多出现在硬合金和塑性低的高镁合金，当孔型间隙过小，孔型开口度过大时，金属的不均匀变形就大，产生轧制裂纹的倾向性也大，除此之外，管坯挤压温度过低，毛料退火不好，送料量过大，压延系数过大，管坯表面有较深的划伤等也都可能造成裂纹。

消除方法：提高管坯质量和优化孔型设计质量，适当增加孔型间隙，减少送料量可以有效地消除轧制裂纹。

对于高镁合金，由于塑性低，轧制时除产生裂纹缺陷外，在轧制端头的开始阶段，还经常发生破头现象，造成轧制成型困难和内外表面压坑废品。对于这类合金管材轧制时，除综合考虑管坯挤压工艺，选择较低的压延系数外，还可采用中温轧制的方法。在没有中温加热装置的冷轧管机上，有时采用少给工艺润滑油，通过变形热提高轧制温度，或在轧制端头时，将芯头向后调整以增加轧制壁厚，等端头顺利轧出后再将芯头调整到规定的位置，以消除破头现象。应当注意的是，采用调整芯头位置的方法，一定要在后部工序切去必要的长度，以保证成品管材的质量。

30.1.2.3 波浪

定义与特征：在管材表面上沿纵向出现的环状波纹。波浪可表现为：内表面波浪、外表面波浪和内外表面波浪。单一的内表面波浪和外表面波浪同时还伴有纵向壁厚不均。

产生原因：产生这种缺陷的主要原因除送料量过大外，还可能是孔型与芯头的精整段锥度不配合，精整段长度太小等，管材的壁厚沿纵向出现同期性波动。管材外表面波浪在轧制管材沿纵向没有壁厚的波动，主要是孔型定径段过小或孔型定径段存在锥度造成的缺陷。

消除方法：要根据孔型的磨损情况，经常地修磨孔型。

30.1.2.4 孔型啃伤

定义与特征：轧制管材沿纵向在表面出现的条状凸凹缺陷。

产生原因：孔型啃伤又称为表面棱子，是管材轧制过程孔型边部对工作锥表面造成的压痕，而这个压痕在轧制预精整段和精整段为不能有效的消除。当孔型错位和孔型开口度过小时，都有可能造成这种缺陷。送料量过大，孔型间隙过大也都可能造成这种缺陷。

消除方法：合理设计和加工孔型；正确调整孔型位置和开口度；控制送进量。

30.1.2.5 壁厚不均

定义与特征：在管材截面上壁厚有薄、有厚，超过标准规定的偏差范围时称之为壁厚不均。其表现特征为可以在同一横断面上的壁厚不均，也可以沿纵向表现的壁厚不均。

产生原因：轧制管材壁厚不均，除管坯壁厚不均直接导致轧制管材壁厚不均外，孔型两侧间隙不一致，送料量过大，孔型间隙过大，孔型设计不合理，芯头弯曲等都可以造成轧制管材的壁厚不均缺陷。当孔型间隙不一致时，金属在轧制时两侧的宽展不一致，孔型间隙大的一侧壁厚就比较大，而间隙小的一侧壁厚较小，造成轧制管材的横向壁厚不均。当孔型预精整段长度过小，预精整段锥度与芯头锥度不配合，孔型磨损严重以及送料量过大的情况下，轧制管材还会出现纵向壁厚不均。轧制管材的纵向壁厚不均有时可能并没有超过相关标准规定的偏差范围。但由其表现出的环状波浪（或环状棱），将导致严重的表面缺陷。

消除方法：选用合格的管坯；合理调整孔型间隙；送进量不要过大；合理调整芯头锥度；及时修理孔型、芯头尺寸和表面。

30.1.2.6 划伤

划伤分为：

（1）内表面划伤。主要原因：芯杆、导向杆有毛刺和棱角；芯头位置过于靠前，超过了正常的工作段范围；管坯内表面有划伤。

（2）表面划伤。主要原因：卡盘、托架不光滑；芯杆跳动严重而划伤管坯表面；出料台划伤；拭擦胶皮内表面粘有金属。

30.1.2.7 金属或非金属压入

主要原因：管坯内表面有金属屑和其他脏物；工艺润滑油不干净，有金属屑杂质等；芯头粘金属；管坯端头有毛刺，端头切斜度大，压延时造成插头和破头现象；孔型表面粘金属。

30.1.3 拉伸材的主要缺陷分析

30.1.3.1 线材主要缺陷分析

线材拉伸中的主要缺陷和废品有表面损伤、跳环、尺寸不符、三角口、表面拉道等。产生原因和消除办法见表30-5。

表30-5 线材拉伸的主要缺陷及预防措施

缺陷、废品名称	产 生 原 因	预 防 措 施
表面机械损伤	（1）各工序操作和运输过程中造成线材表面产生磕碰伤，擦伤和划伤； （2）料筐、料架、线落子表面不光滑，磕伤、划伤制品	（1）精心操作，轻拿轻放； （2）打磨掉工装、模具的尖棱处，用软质材料包覆或采用垫木
跳 环	（1）卷筒工作锥度太大，产生很大的垂直分力； （2）卷筒工作区过于光滑，线材发生跳动； （3）加工率过大，线材硬化程度大，发生跳动	（1）修磨工作锥角度； （2）粗砂布打磨或用洗油增加表面摩擦力； （3）减少加工率

缺陷、废品名称	产 生 原 因	预 防 措 施
波 纹	(1) 加工率在 20% ~30% 时，模孔定径区过短； (2) 卷筒工作锥角度大	(1) 调整道次加工率； (2) 选择合适模具； (3) 调整卷筒工作锥角度
尺寸不符	(1) 模子尺寸测量错误； (2) 道次加工率过大，尺寸偏小； (3) 量具不准或错检	(1) 选择合格模具； (2) 调整加工率； (3) 提高工作责任心
椭 圆	(1) 模子没有放正； (2) 模子本身椭圆	(1) 调整好模子； (2) 选择合适的模子
三角口金属压入	(1) 线毛料擦伤； (2) 拉伸机导辊划伤，卷筒哨伤； (3) 模孔表面粘金属	(1) 拉伸前，修线或剪除有金属屑的毛料； (2) 更换或修理导辊和卷筒； (3) 更换合格模子
纵向沟纹	(1) 润滑油中有水、煤油或砂土； (2) 模子工作区有金属碎屑； (3) 退火后线材表面有润滑油残痕	(1) 更换润滑油； (2) 更换合适模子； (3) 消除中间毛料上的油痕； (4) 拉制中间毛料时，擦净线头上的拉伸油
挤 线	(1) 卷筒工作锥角度太小； (2) 卷筒工作锥根部磨损出现深沟，不上线； (3) 未使用拨料杆	(1) 工作锥角度不小于 3°； (2) 更换或打磨工作辊，保持光滑； (3) 使用拨料杆
力学性能不合格	(1) 毛料化学成分不符或组织有缺陷； (2) 最终冷作量不够； (3) 加热炉温差大，温度不正常； (4) 加工工艺不合适	(1) 杜绝混料，毛料不允许有缩尾； (2) 严格执行工艺规程； (3) 检查炉子和仪表； (4) 通过实验寻找最佳工艺
单根质量不够	(1) 线毛料的质量不够； (2) 缺陷太多； (3) 拉伸中断线	(1) 增加毛料质量或挑除短尺料； (2) 修线、减少缺陷； (3) 认真操作，防止断线

30.1.3.2 拉伸管材缺陷分析

拉伸管材时经常产生的主要缺陷和废品有表面划伤、裂纹、断头、跳环、尺寸不符、壁厚不均、金属压入及端头裂纹等。产生的原因和消除方法见表 30-6。

表 30-6 管材拉伸的主要缺陷及预防措施

缺陷或废品名称	产 生 原 因	预 防 措 施
外表面磕伤、碰伤、划伤	工序操作和运输过程中造成管材表面磕伤、碰伤、擦伤、划伤；	精心操作、轻拿轻放
	拉伸机料台、料架不光滑	打磨掉尖棱，用垫木和软质材料包覆料筐，料架
内、外表面划伤	夹头制作不圆滑	夹头制作圆滑
	毛料内外表面退火油痕严重	提高退火温度，或选用易于挥发掉的润滑剂
	模子、芯头、芯杆粘金属或损伤	选用合适工具，及时更换掉不合适的工具
	润滑油不干净，有水、汽油或杂质	加强润滑油过滤，经常检查或更换废油
	管材光面有水、汽油或砂土、金属屑	保持毛料表面洁净

缺陷或废品名称	产　生　原　因	预　防　措　施
端头裂纹	端头加热不够，或不均匀	遵守端头加热、保温制度
	碾头或打头过长	精心制作夹头
断头	夹头制作不好	精心制作夹头
	加工率太大	合理控制加工率
皱纹	道次加工率过大	调整道次加工率
	毛料晶粒粗大	控制毛料晶粒度
	刮皮质量不好	保证刮皮质量
跳环	空拉时减径量过大	调整减径量
	道次加工率过大	合理选择加工率
	芯杆太弯、太细	芯杆不能太弯，采用倍模
	拉伸的管子太长	倍模拉伸，适当减少制品长度
	润滑油太稀	选择合适润滑油
	整径模定径带短	加大定径区
壁厚不均	毛料壁厚不均	控制毛料壁厚不均
	工具不合格	选择合格工具
	工具装配不合适、模环不正	模子装正
尺寸不合格、短尺	拉伸工具选择不当	按技术要求，选择合适工具
	量具不准	使用校对后的量具
	测量时看错尺寸	提高责任心
	定尺料的毛料计算错误	精心计算毛料长度
金属及非金属压入	管内外表面有金属屑	吹洗净管毛料内处表面
	模子、芯头粘金属	使用合格的工具
	管毛料内外表面擦伤、划伤	控制毛料内外表面质量
	润滑油里有杂质	过滤和使用合格润滑油
空拉段过长	芯头位置过后	调整拉伸工具
	芯头固定不好	精心操作

30.2　铝合金管、棒、型、线材的检测与质量控制

　　铝合金管、棒、型、线材的检验与质量控制可分原辅材料进厂检验、过程检验、成品检验。检验与质量控制的项目主要有：化学成分、边部组织、力学性能、表面质量、形状及尺寸。进厂检验及成品检验一般由专职检查人员进行，过程检验可采用操作工人自检、互检和专职检查人员检验相结合的方式进行。化学成分、内部组织、力学性能目前基本上是随机取样进行理化检验，随着检测技术的发展，特殊情况下也可采用无损检测技术百分之百检查内部缺陷。表面质量、形状及尺寸要按工艺质量控制要求进行首料检查、中间抽检、尾料检查。成品检查时，则要按技术标准要求进行全数检查。

30.2.1 管、棒、型、线材的组织与性能检测

30.2.1.1 显微组织（高倍组织）

取样部位：在挤压前端（淬火上端）切取。

高倍试样数量：按技术标准规定，如一炉多批，则按批计算，如一批多炉，则按炉计算，试样长度一般为 20～30mm。

审查处理：高倍组织检验报告单上，如发现过烧，则整炉热处理制品全部报废，未过烧时则视为合格，可交货。

30.2.1.2 低倍组织

取样部位：一般在挤压制品尾端切取。需检查其焊缝质量的制品，低倍试样在挤压前端切取。

取样数量：按技术标准规定，试样长度为 25～30mm。

审查与处理：

（1）如果低倍检查报告为合格，则判制品为合格交货。

（2）如在低倍发现有裂纹、夹渣、气孔、疏松、金属间化合物及其他破坏金属连续性的缺陷时，则判该制品报废，从其余制品中另取双倍数量试样进行二次复验。双倍合格则认为该批合格，如双倍不合格，则全批报废或 100% 取样检验，不合格根报废，合格根交货。

（3）如低倍发现缩尾时，应从制品尾端向前切取低倍试片检验，切下部分报废，无缩尾部分交货。

（4）棒材、厚壁管材允许有深度不超直径偏差余量之半的成层存在；型材不允许有成层存在，但对经机械加工的型材，允许有深度不超过加工余量之半的成层存在；排材允许有深度不超出偏差余量的成层存在，但对经机械加工的排材，允许有深度不超过加工余量的成层存在。如超过应继续从尾部开始切取，切至合格为止。

（5）对控制粗晶环的制品，如果超过技术标准或合同规定时，则应从制品尾部开始切至合格为止。

（6）当在低倍试片上发现有表面挤压裂纹时，按表面裂纹处理。

30.2.1.3 力学性能

取样部位：力学性能试样一般在挤压前端切取，纯铝排材在挤压尾端切取，冷加工薄壁管材取样部位不限制。

取样数量及长度：取样数量应符合技术标准或合同规定，试样长度应满足检验标准规定。

审查与处理：

（1）力学性能实验结果制品的是否合格，应根据技术标准、合同要求来判别，出现不合格试样时，允许进行如下处理：从该批（炉）制品中另取双倍数量的试样进行复验。双倍合格，认为全批合格。如仍不合格，则该批报废或 100% 取样检验，合格后交货。对不合格的本根制品，允许本根双倍复验，本根双倍合格，则该根制品可以交货。

（2）对力学性能不合格的制品可进行重复热处理，重复热处理后的取样数量仍按原标

准规定。

（3）力学性能试样上发现有成层、夹渣裂纹等缺陷时，按试样有缺陷处理，该根制品报废，另取同等数量的试样进行检验。

（4）力学性能试样断头、断标点时，如性能合格可以不重取，如不合格时，应重取试样检验，合格者交货。

30.2.1.4 物理工艺性能

按技术标准、合同要求进行取样、检验、审查与处理可与力学性能处理相同。

30.2.2 挤压材的检测与质量控制

30.2.2.1 二次挤压毛料的检测与质量控制

二次挤压的管、棒、型、线、排材中间毛料应进行低倍、表面质量、尺寸检验与质量控制。

低倍检验在大根毛料尾端切去 300mm 后取试样，其长度为 25～30mm，对大根毛料应进行 100% 检查低倍。在低倍试片上不允许有裂纹、金属间化合物（分散的每点小于 0.3mm 者不计）、疏松、破坏金属连续性的缺陷。

二次挤压毛料表面不允许有裂纹、气泡、外来压入物，表面应光洁干净，管毛料内表面不允许存在明显深度的螺旋纹、擦伤、起皮、气泡、划沟等缺陷。允许有深度不超出直径负偏差的成层和各种表面缺陷。

管材二次挤压毛料以及允许偏差按下列要求控制：外径允许偏差为 −2.0mm，内径允许偏差为 ±1.0mm，壁厚不均偏差不超过 2.0mm。

棒、型、排材二次挤压毛料尺寸按下列要求控制：外径偏差为 −2.0mm，长度偏差为 +5.0mm，允许弯曲度 1.5mm，允许切斜度 3～4mm。

30.2.2.2 轧制和拉伸管毛料的检验与质量控制

挤压的管毛料可分为两种，即轧制管毛料和拉伸管毛料。管毛料在切成规定长度后，必须放在检查台上逐根进行内外表面及尺寸检查。

A 表面质量控制与检查

管毛料表面质量控制要求，应根据成品管材验收的技术标准要求制定控制标准。一般外表面应光洁平滑，不允许有裂纹、严重的起皮、气泡、碰伤、划伤存在。允许有少量能修理掉的不深的起皮、气泡、擦伤、划伤和轻微的划沟等缺陷。管毛料内表面应干净，光洁，无裂纹、起皮、成层、深沟、擦伤、气泡，允许有轻微的压坑、擦伤、划道、石墨压入。

B 尺寸控制与检查

（1）轧制毛料应控制外径偏差，一般为 ±0.5mm，外径 73mm 及以上的轧制毛料应控制不圆度不超过其外径的 ±3% 。

（2）拉伸毛料应控制内径偏差，一般为 ±2.0mm。

（3）平均壁厚偏差按式（30-1）计算。

$$平均壁厚偏差 = 壁厚名义尺寸 - \frac{最大壁厚 + 最小壁厚}{2} \tag{30-1}$$

一般轧制毛料平均壁厚偏差可按 ±0.25mm 控制，拉伸毛料平均壁厚偏差可按 $^{+0.15}_{-0.35}$mm 控制。

（4）管毛料壁厚偏差按式（30-2）计算：

$$管毛料壁厚允许偏差 \leq \frac{管毛料名义壁厚}{成品管名义壁厚} \times 成品管壁厚公差 \tag{30-2}$$

管毛料壁厚偏差 = 管毛料最大壁厚 - 管毛料最小壁厚，管毛料壁厚允许偏差可根据成品管材壁厚偏差事先计算好，列成表格作为控制标准。有特殊要求的制品，管毛料壁厚允许偏差可由工艺技术人员另定。

C 弯曲度

（1）轧制管毛料均匀弯曲度每米不应大于1mm，全长不大于4mm。

（2）拉伸管毛料弯曲度应尽量小，以不影响装入芯头及拉伸转筒为原则。

D 管端质量和切斜度

管毛料切断成规定长度后，端头应无毛刺、飞边，但拉伸毛料打头端内径允许不打毛刺。其切斜度要求分别如下：

（1）压延毛料端头应切正直。外径73mm 以下者切斜度不得大于2mm，外径大于或等于73mm 及以上者切斜度不大于3mm。

（2）拉伸毛料端头应尽量切齐，外径60mm 以下者切斜度不得大于10mm，外径大于或等于60mm 者切斜度不得大于15mm。

30.2.2.3 线毛料的检验与质量控制

挤压线毛料尺寸偏差及长度可参照表30-7 执行。

表30-7 挤压线毛料尺寸偏差

毛料直径/mm	允许偏差/mm	每根线毛料长的要求/m	毛料直径/mm	允许偏差/mm	每根线毛料长的要求/m
10.5	+0.20 -0.50	≥15	12.5	+0.20 -0.50	≥12

线毛料表面不允许有裂纹、气泡、起皮、金属豆、腐蚀及较严重的擦伤、划伤、碰伤等缺陷存在。允许有局部的轻微擦伤、划伤和碰伤等缺陷存在，其深度规定如下：软合金不大于0.3mm，硬合金不大于0.15mm，但其面积和不应超过总面积的5%。

30.2.2.4 挤压厚壁管材的检验与质量控制

在挤压过程中，应经常检查管材的表面质量和尺寸，及时发现问题并处理。

挤压厚壁管材的表面质量应符合成品相应技术标准的规定。对外观质量一般应满足：

（1）管材表面为热挤压表面，表面应光滑，不允许有裂纹、腐蚀和外来夹杂物。

（2）管材表面允许有局部的轻微起皮、气泡、擦伤、碰伤、压坑等，其深度不得超过管材内外径允许偏差的范围，并保证管材允许的最小尺寸。

（3）材料的表面允许有由模具造成的挤压流纹、氧化色和不粗糙的黑白斑点。允许有不影响外径尺寸的矫直螺旋纹，其深度不超过0.5mm。

挤压厚壁管材壁厚偏差应符合成品相应技术标准的规定。其直径偏差一般比相应的技术标准允许偏差的绝对值小0.1mm，但与公称尺寸相比，余量不小于0.2mm，一般直径偏差应符合 GB 4436—84 的规定。

挤压厚壁管材还应按相应的技术标准检验，任意壁厚与平均壁厚的偏差及平均壁厚与公称壁厚的允许偏差，按如下方式计算：

$$平均壁厚 = \frac{最大壁厚 + 最小壁厚}{2}$$

任意壁厚与平均壁厚的允许偏差为：

（1）一般普通级为平均壁厚的 ±15%，最大值不超过 ±2.3mm，即 $\frac{最大壁厚}{最小壁厚} \le 1.35$ 为合格。

（2）一般高精级为平均壁厚的 ±10%，最大值不超过 ±1.5mm，即 $\frac{最大壁厚}{最小壁厚} \le 1.22$ 为合格。

30.2.2.5 棒、型、排材挤压工序检验与质量控制

棒、型、排材挤压工序检验与质量控制主要有：

（1）表面质量：

1）棒材表面不允许有起皮、裂纹、气泡、粗擦伤、严重表面粗糙及腐蚀斑点存在，允许有深度不超过直径负偏差的个别小碰伤、压坑及擦伤等存在。

2）型材表面不允许有裂纹、粗擦伤、严重表面粗糙及腐蚀斑点存在，允许有不超过尺寸负偏差之半的划伤、表面粗糙及个别擦伤。对按 GBn 222—84 交货的型材，在 1m 长度内所允许缺陷的总面积不得超过表面积的 4%，对于装饰型材，其装饰面按相应的技术标准严格控制。对于进行机械加工的型材，其加工部位的表面缺陷允许深度按专业技术条件规定，无规定者一般不超过尺寸允许负偏差之半。

3）排材表面不允许有裂纹和腐蚀斑点存在，允许有不超过尺寸负偏差的划伤、压伤、起皮、气泡等缺陷存在。

（2）挤压尺寸偏差。非标准规格制品按相邻小的标准规格偏差检查，超出标准规格最大范围的制品，根据技术标准和技术协议的要求进行控制。

1）对不进行拉伸矫直的棒、型、排材，其挤压尺寸偏差应符合成品尺寸偏差要求。

2）对需拉伸矫直的棒、型、排材，其挤压尺寸偏差一般控制原则是：上限偏差只考虑最小拉伸余量；下限偏差应考虑工艺余量（如流速差、模孔弹性变形、拉伸率和不超过负偏差和负偏差之半的各种可能缺陷等）。

棒材、型材、排材允许的偏差见表 30-8 ~ 表 30-11。

表 30-8 棒材挤压偏差允许值　　　　　　　　　　（mm）

直　径	成品偏差	挤压偏差	成品偏差	挤压偏差	成品偏差	挤压偏差	成品偏差	挤压偏差
	A 级		B 级		C 级		D 级	
5.0 ~ 6.0	- 0.30	+ 0.02 - 0.10	- 0.48	+ 0.02 - 0.20				
6.5 ~ 10.0	- 0.36	+ 0.04 - 0.12	- 0.58	- 0.04 - 0.25				

直　径	成品偏差	挤压偏差	成品偏差	挤压偏差	成品偏差	挤压偏差	成品偏差	挤压偏差
	A 级		B 级		C 级		D 级	
10.5~18.0	-0.43	+0.05 -0.15	-0.70	+0.05 -0.30	-1.10	+0.05 -0.45	-1.30	+0.05 -0.55
19.0~28.0	-0.52	+0.06 -0.18	-0.84	+0.06 -0.35	-1.30	+0.06 -0.55	-1.50	+0.06 -0.65
30.0~5.0	-0.62	+0.08 -0.20	-1.00	+0.08 -0.40	-1.60	+0.08 -0.65	-2.00	+0.08 -0.80
52.0~80.0	-0.72	+0.10 -0.25	-1.20	+0.10 -0.50	-1.90	+0.10 -0.80	-2.50	+0.10 -0.90
85.0~110.0			-1.40	+0.10 -0.60	-2.20	+0.10 -0.90	-3.20	+0.10 -1.20
115.0~120.0			-1.40	+0.00 -0.60	-2.20	+0.00 -0.90	-3.20	+0.00 -1.20
125.0~180.0					-2.50	+0.00 -1.00	-3.80	+0.00 -1.60
190.0~260.0					-2.90	+0.00 -1.30	-4.50	+0.00 -2.10
265.0~300.0					-3.30	+0.00 -1.60	-5.50	+0.00 -2.50

注：表中的尺寸偏差是按制品规格范围中的平均尺寸来计算给定的。

表 30-9　型材挤压偏差允许值 （mm）

型材公称尺寸	标准规定偏差	厚度尺寸			外形尺寸		
		挤压偏差	拉伸余量	工艺余量	挤压偏差	拉伸余量	工艺余量
≤1.49	+0.20 -0.10	+0.21 -0.00	0.01	0.10			
1.50~2.90	±0.20	+0.22 -0.05	0.02	0.15			
3.00~3.50	±0.25	+0.28 -0.06	0.03	0.19			
3.60~6.00	±0.30	+0.34 -0.08	0.04	0.22			
6.10~12.00	±0.35	+0.40 -0.10	0.05	0.25	+0.45 +0.05	0.10	0.40
12.10~25.00	±0.45	+0.50 -0.10	0.05	0.35	+0.57 +0.10	0.12	0.55

型材公称尺寸	标准规定偏差	厚度尺寸			外形尺寸		
		挤压偏差	拉伸余量	工艺余量	挤压偏差	拉伸余量	工艺余量
25. 10 ~ 50. 00	±0. 60	+0. 65 -0. 15	0. 05	0. 45	+0. 75 +0. 20	0. 15	0. 80
50. 10 ~ 75. 00	±0. 70	+0. 75 -0. 20	0. 05	0. 50	+1. 00 +0. 30	0. 30	1. 00
75. 10 ~ 100. 00	±0. 85	+0. 90 -0. 30	0. 05	0. 55	+1. 20 +0. 40	0. 35	1. 25
100. 10 ~ 125. 00	±1. 00	+1. 00 -0. 45	0. 00	0. 55	+1. 40 +0. 50	0. 40	1. 50
125. 10 ~ 150. 00	±1. 10	+1. 10 -0. 50	0. 00	0. 60	+1. 70 +0. 55	0. 60	1. 65
150. 10 ~ 175. 00	±1. 20				+1. 90 +0. 60	0. 70	1. 80
175. 10 ~ 200. 00	±1. 30				+2. 00 +0. 65	0. 70	1. 95
200. 10 ~ 225. 00	±1. 50				+2. 30 +0. 75	0. 80	2. 25
225. 10 ~ 250. 00	±1. 60				+2. 50 +0. 90	0. 90	2. 50
250. 10 ~ 275. 00	±1. 70				+2. 80 +1. 00	1. 10	2. 70
275. 10 ~ 300. 00	±1. 90				+3. 10 +1. 00	1. 10	2. 90
300. 10 ~ 325. 00	±2. 00				+3. 10 +1. 00	1. 10	3. 00

表 30-10 纯铝排材挤压偏差允许值 （mm）

厚 度					宽 度				
制品规格	成品偏差	挤压偏差	拉伸余量	工艺余量	制品规格	Q/XL 602—97成品偏差	挤压偏差	拉伸余量	工艺余量
≤3. 00	±0. 35	+0. 38 -0. 10	0. 03	0. 25	≤10. 00	±0. 40	+0. 45 -0. 00	0. 05	0. 40
4. 00 ~ 6. 00	±0. 40	+0. 44 -0. 10	0. 04	0. 30	12. 00 ~ 15. 00	±0. 50	+0. 58 +0. 05	0. 08	0. 55
8. 00 ~ 10. 00	±0. 50	+0. 55 -0. 15	0. 05	0. 35	20. 00 ~ 35. 00	±0. 60	+0. 70 +0. 10	0. 10	0. 70

厚 度					宽 度				
制品规格	成品偏差	挤压偏差	拉伸余量	工艺余量	制品规格	Q/XL 602—97 成品偏差	挤压偏差	拉伸余量	工艺余量
12.00~18.00	±0.60	+0.65 -0.15	0.05	0.45	40.00~80.00	±1.00	+1.20 +0.10	0.20	1.10
20.00	±0.70	+0.75 -0.20	0.05	0.50	100.00~120.00	±1.20	+1.40 +0.30	0.20	1.50
22.00~30.00	±0.80	+0.85 -0.25	0.05	0.55	125.00~150.00	±1.50	+1.80 +0.40	0.30	1.90
32.00~50.00	±0.90	+0.95 -0.30	0.05	0.60	160.00~180.00	±1.80	+2.10 +0.50	0.30	2.30
60.00~80.00	±1.00	+1.05 -0.30	0.05	0.70	190.00~220.00	±2.00	+2.30 +0.50	0.30	2.50
					230.00~250.00	±2.20	+2.50 +0.60	0.30	2.80
					260.00~300.00	±3.00	+3.30 +0.60	0.30	3.60

表 30-11　铝合金排材挤压偏差允许值　　　　　　　　（mm）

厚 度					宽 度				
制品规格	成品偏差	挤压偏差	拉伸余量	工艺余量	制品规格	Q/XL 611—97 成品偏差	挤压偏差	拉伸余量	工艺余量
3.0~6.0	±0.40	+0.44 -0.15	0.04	0.25	≤12.0	±0.50	+0.60 -0.10	0.10	0.40
7.0~15.0	±0.50	+0.55 -0.20	0.05	0.30	13.0~35.0	±0.60	+0.62 -0.05	0.12	0.55
16.0~30.0	±0.80	+0.85 -0.40	0.05	0.40	36.0~80.0	±1.00	+1.30 -0.20	0.30	0.80
31.0~50.0	±1.00	+1.05 -0.50	0.05	0.50	81.0~150.0	±1.50	+1.90 -0.00	0.40	1.50
51.0~100.0	±1.20	+1.25 -0.60	0.05	0.60	151.0~250.0	±2.00	+2.70 -0.00	0.70	2.00
					251.0~300.0	±3.00	+4.00 -0.10	1.00	2.90

（3）棒材的不圆度应不超过直径的允许挤压偏差。

（4）方棒、六角棒材的挤压允许扭拧度见表30-12。

表30-12　方棒、六角棒材的挤压允许扭拧度

方棒、六角棒内切圆直径/mm	≤14	>14~30	>30
每米允许扭拧度/(°)	90	60	45

（5）挤压型材的圆角半径的允许偏差应符合图纸规定，如图纸上未注偏差时，则参见表30-13。

表30-13　挤压型材的圆角半径的允许偏差　　　　　（mm）

圆角半径	≤1.0	1.1~3.0	3.1~10.0	10.1~25.0
允许偏差	不检查	±0.5	±1.0	±1.5

（6）异型棒、排材的工艺圆角半径的允许偏差应符合标准协议的规定，如没有协议时参考表30-14。

表30-14　异型棒、排材的工艺圆角半径的允许偏差　　　　　（mm）

六角棒、方棒内切圆直径，扁棒、排材厚度 t	工艺圆角半径最大允许值	六角棒、方棒内切圆直径，扁棒、排材厚度 t	工艺圆角半径最大允许值
≤10	≤0.5	>50~100	≤2.0
>10~30	≤1.0	>100	≤3.0
>30~50	≤1.5		

30.2.2.6　挤压材成品检查与质量控制

挤压材成品检查主要包括制品的化学成分、组织、性能、尺寸和形状、表面及标识等项目，按批进行检查验收，检查程序如下：

（1）对提交检查验收制品的批号、合金、状态、规格与加工生产卡片对照是否相符。然后按合同订货规定的技术标准进行逐项检查。

（2）审查组织、性能等各项理化检查报告是否齐全、清楚，逐项审查合格后方可进行尺寸、表面检查，对不合格项要进行处理。

（3）进行尺寸外形及表面质量检查，检查质量标准要严格执行成品技术标准、图纸的相应规定。检查应在专门的检查平台、检查架上，用量具或专用样板进行，其量具精度应达到规定精度，尺寸外形检查按相应技术标准来检查直径、内径、厚度、壁厚不均、外形尺寸、空心部分尺寸、平面间隙、扭拧度、波浪、弯曲度及定尺长度等。

表面质量检查，目前绝大部制品仍靠目视进行100%检查，其检查项目主要是挤压裂纹、起皮、碰伤、擦划伤、气泡、金属及非金属压入、腐蚀斑点等，对薄壁小直径管材内外表面质量检查可用涡流穿过式自动探伤来进行，特殊要求的棒材、型材在成品检验时，还应进行100%超声波探伤检验。

31　铝合金管、棒、型、线材的主要生产设备

国内外生产铝及铝合金型、棒材的主要设备有单动挤压机、Conform 挤压机、棒材拉伸机、张力矫直机和辊式矫直或矫正机等精整设备、热处理炉等；生产铝及铝合金管材的主要设备有双动挤压机列、Conform 挤压机组或 Castex 铸挤机组、轧管机、管材拉伸机、辊式矫直机、热处理炉等；生产铝及铝合金线材的主要设备有挤压机、线材拉伸机、热处理炉等。管、棒、型、线生产设备国内均能制造，其设备制造水平及精度、装机水平已经接近或达到国外的先进水平。

本章主要介绍常用的油压挤压机、轧管、拉制设备（包括生产合金线材拉制设备）、热处理和精整设备。

31.1　挤压设备

31.1.1　挤压生产线的主要组成及分类

31.1.1.1　挤压设备的发展

从 1910 年制成第一台铝挤压机开始，至今已有 90 多年的历史。挤压机的吨位从几百吨发展到上万吨，传动方式由水泵蓄势器传动发展到油泵直接驱动，操作方式也由手动发展到全自动操作。

我国 20 世纪 80 年代以前从苏联引进和自行设计制造的挤压机绝大多数为水压机，双动挤压机的穿孔系统为外置式，挤压模座为纵向移动式（俗称压型嘴），设备采用接触式限位开关控制和手动控制操作。挤压生产线的挤压、热处理、精整采用非连续生产方式，主要用于硬铝合金的生产。

20 世纪 80 年代中期以后，建设的挤压生产线以中国台湾的设备和大陆自行设计制造的挤压机为主，只有为数不多的厂家从国外引进了先进的挤压机。我国制造和引进的挤压机均为油压机，双动挤压机为内置式穿孔系统，挤压模座为横向移动式，挤压机采用非接触式限位开关控制和 PLC 程序控制操作，生产管理、挤压、热处理、精整采用流水作业生产方式，挤压机后配有包括淬火用风机或水雾淬火装置、中断锯、牵引机、张力矫直机、成品锯、定尺台及制品运输装置和人工时效的机后辅机，整个挤压机列配置如图 31-1 所示，主要生产建筑等民用型材。

31.1.1.2　挤压生产线的基本组成

挤压生产线的基本组成包括：

（1）挤压系统（液压机）。通常，挤压机采用油压传动，预应力框架式（张力柱）结构，挤压筒座"X"形导向，型棒材挤压采用固定式挤压垫结构，设有工模具快速更换装置，穿孔系统为内置式。

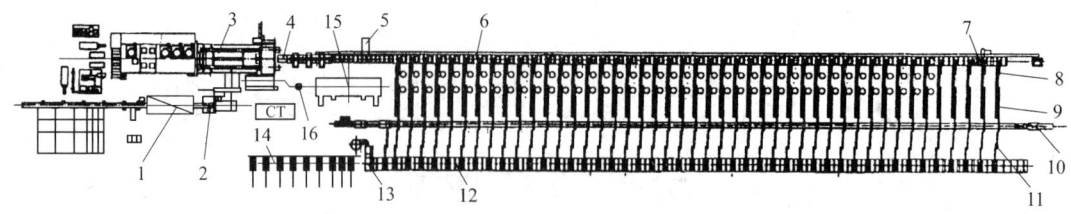

图 31-1 卧式挤压机列布置图

1—铸锭加热炉；2—热剪；3—挤压机；4—固定出料台（或水淬装置）；5—中断锯；6—出料运输机；
7—牵引机；8—提升移料机；9—冷床；10—张力矫直机；11—贮料台；12—锯床辊道；
13—成品锯；14—定尺台；15—模具加热炉；16—电动葫芦

（2）液压系统。液压系统采用液压集成块，主缸及其他大部分油缸采用逻辑锥阀控制，挤压速度控制采用容积式调速，主泵均为大容量轴向柱塞变量泵。对于单纯生产建筑型材和软合金制品的挤压机，采用价格低廉的电液比例阀调节主泵排油量，开环控制挤压速度。对于需生产硬合金的挤压机，则采用电液比例伺服阀，通过测速仪测出的实际挤压速度或者由主泵变量机构的位置传感器测出的位置值与其对应的设定值进行比较，其偏差信号反馈给电液比例伺服阀控制主泵排油量，从而实现挤压速度的闭环控制。

（3）电控系统。挤压生产线除采用 PLC（可编程逻辑控制器）控制整条生产线的操作外，还配有与 PLC 通信的上位机——计算机和专用软件来监视、控制和记录挤压全过程，并与全厂的计算机系统联网，在此计算机上通过多画面屏幕菜单输入工作参数、显示工作状态图及主要工作参数、液压传动图、液压系统图和辅助设备动作图、故障报警并显示、记录和存储工艺和操作参数，对模具进行编号管理，存储每日、班、时的产品数据和成品量，根据需要可随时调出和打印上述参数，实现整机、整条生产线和整个车间的自动化管理。

（4）对中检测系统。为确保对中挤压，在挤压筒座上设有无触点的距离传感器，检测其静态和动态对中情况，并在操作盘上显示检测结果，以便操作人员及时调整。

（5）穿孔针过载自动保护。通过检测穿孔柱塞的压力或在穿孔针内设应变检测装置，来检测穿孔针受力状况，超载自动保护，以防穿孔针变形、损坏。

（6）工模具冷却系统。为适应高速挤压，提高模具寿命和产品质量，设有模具液氮冷却系统。为使模具均匀冷却，在挤压机前梁处设液氮或气氮管路的孔洞，氮气通过管路和模具内的通路冷却模具。在 25MN 以上的挤压机上设有挤压筒空气冷却系统。

（7）挤压工艺优化软件。近年来，挤压生产线基本上都配有挤压工艺参数优化和模具设计软件系统，如 SMS 公司的 CADEX（computer aided direct extrusion）软件等，存储有挤压机的资料、多种铝合金的性能、加工范围和加工特性等资料，当给出挤压材料、断面形状和规格、产品要求时，通过此软件能确定最佳工艺参数（挤压速度、挤压温度、铸锭尺寸和铸锭梯度加热温度），实现等温挤压。采用此软件，并配套采用先进的模具设计软件，其挤压工艺过程能达到最佳状态，生产率、成品率大大提高。部分挤压生产线配有先进的模具设计软件，可根据工艺参数分析、计算、采用三维有限元加工模型动态模拟挤压过程中材料流动、变形率分配、温度分布和压力分布、优化设计出模具，由此设计的模具，挤压时金属流动均匀，产品精度高，大大减少了试模、修模次数。

（8）在线检测装置。为检测制品在线淬火温度和实现等温挤压，通常在挤压机出口配置有在线温度测量装置，采用精度相对较高（精度为 ±1%，响应时间为 0.05 ~ 1s）的测温仪，测量并显示挤压材温度，同时超温报警。为在线控制复杂断面型材的尺寸精度，设有在线激光测量或层析 X 射线摄像检测型材的几何尺寸装置，通过与电脑存储的数据进行比较，超出设定值报警。

（9）长锭加热和铸锭梯温加热。我国不少中小型挤压生产线都采用长锭加热、热坯剪切，生产中可根据定尺长度随时调整铸锭剪切长度。热剪切铸锭直径可达 457mm。

（10）铸锭梯温加热。为模拟或实现等温挤压，铸锭采用梯温加热，根据挤压过程中挤压材前后温差确定铸锭的加热温度梯度。感应加热炉通常是将加热线圈分成 3 个区，通过变压器控制各区的电压，使各区的加热功率不同，从而实现梯温加热。对于长锭加热，可在热剪后将短锭进行梯温加热或冷却。

（11）后辅机。挤压机后辅机配有精密水-雾-气在线淬火装置、带飞锯的双牵引装置、一人操作或无人操作的张力矫直机、型材自动堆垛机等，装筐型材通过辊道输送至时效炉区，由专用起重机吊运进行时效，从铸锭加热到时效，整个生产线自动操作。

31.1.1.3 挤压机分类

挤压机按结构形式、挤压方法、传动方式和用途分为多种类型，见表 31-1。

表 31-1 挤压机的分类及应用

分类方式	类　型	能力范围/MN	挤压主要品种
按结构形式	立式	6.0 ~ 10.0	管　材
	卧式	5.0 ~ 200.0	管、棒、型
按挤压方法	正向	5.0 ~ 200.0	管、棒、型
	反向	5.0 ~ 100.0	优质管、棒、型
	正、反向	15.0 ~ 140.0	管、棒、型
按传动方式	油压（油泵直接传动）	5.0 ~ 130.0	管、棒、型
	水压（水泵-蓄力器集中传动）	5.0 ~ 200.0	管、棒、型
	机械传动	小型	短小冲挤及挤压件
按用途	单动（不带穿孔系统）	5.0 ~ 100.0	型、棒
	双动（带穿孔系统）	5.0 ~ 200.0	管、棒、型

在较老的挤压厂，立式挤压机多用于生产小直径、同心度要求较高的管材，由于立式挤压机在布置上难于实现连续化生产，随着卧式挤压机的结构改进和检测技术的应用，已能生产出较高精度的管材，目前卧式挤压机已基本取代了立式挤压机。

国内外绝大多数挤压机为正向挤压，反向挤压机结构较复杂、设备投资较大。选择正向或反向挤压机应根据所生产的产品确定。对于普通民用材和工业材通常采用正向挤压机。反向挤压机一般用于要求尺寸精度高、组织性能均匀、无粗晶环（或浅粗晶环）的制品和挤压温度范围狭窄的硬铝合金管、棒、型、线材的挤压生产。静液挤压机适用于脆性材料的挤压，较少用于铝及铝合金的挤压。

水压传动在一些较老的有多台挤压机的挤压生产厂使用，水压传动由于有蓄势器的储备和平衡作用，特别适合挤压速度高、工作时间短、配有多台挤压机的情况下使用，其总功率显著降低。但水压传动因工作液体的压力波动，挤压速度不易控制，直接影响产品的质量，且密封件使用寿命较低，维护工作量大，现已很少应用。现代铝挤压机普遍采用油压直接传动方式。本书主要介绍油压挤压机。

31.1.2 正向挤压机

31.1.2.1 正向挤压机的主要结构

A 立式挤压机

立式挤压机可以生产壁厚均匀的薄壁管材，其运动部件和出料方向与地面垂直，占地面积小，但要求建筑较高的厂房和很深的地坑，只适用于小型挤压机。立式挤压机按穿孔装置分为无独立穿孔装置和带独立穿孔装置的立式挤压机，带独立穿孔装置的立式挤压机由于结构和操作较复杂，调整困难，而应用不广。无独立穿孔装置的立式挤压机挤压管材时采用随动针挤压方式，其结构如图31-2所示。

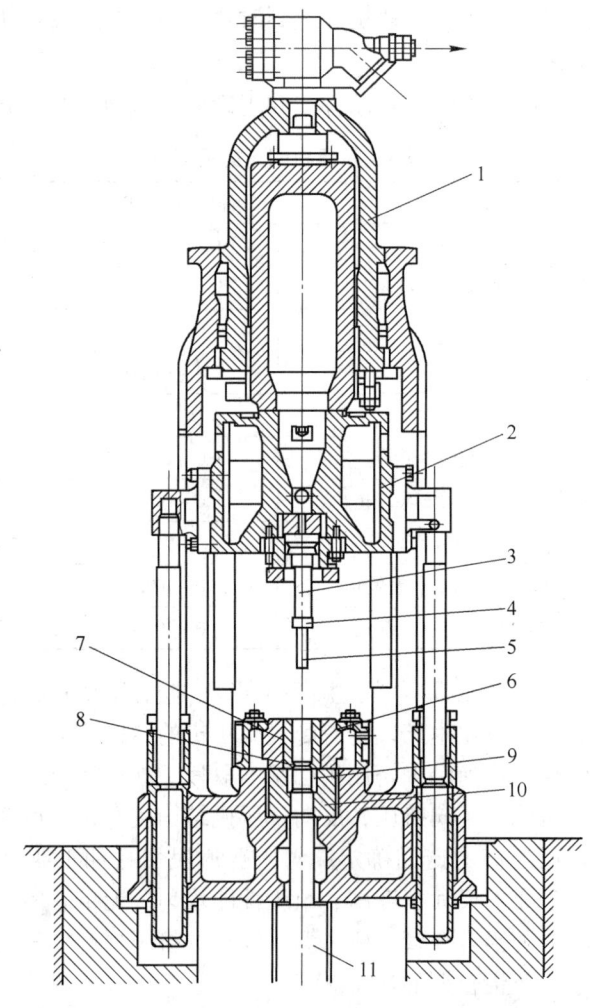

图 31-2 无独立穿孔装置的立式挤压机结构

1—主缸；2—活动梁；3—挤压轴；4—挤压轴头；5—穿孔针；6—挤压筒外套；7—挤压筒内衬；
8—挤压模；9—模套；10—模座；11—挤压制品护筒

B 卧式挤压机

目前管、棒、型材挤压普遍采用卧式油压挤压机。挤压机按其用途分为单动挤压机和双动挤压机，其结构分别如图31-3和图31-4所示。单动卧式挤压机是国内外使用最普遍的挤压机。

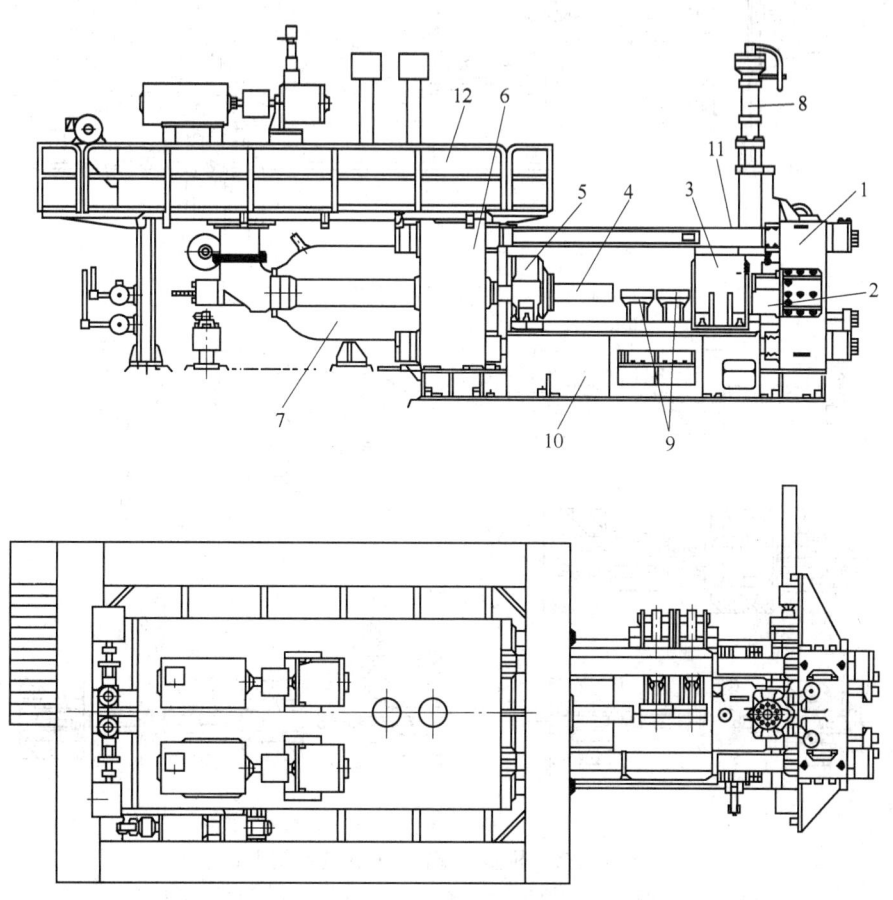

图 31-3 卧式单动挤压机

1—前梁；2—滑动模架；3—挤压筒；4—挤压轴；5—活动横梁；6—后梁；7—主缸；
8—压余分离剪；9—供锭机构；10—机座；11—张力柱；12—油箱

短行程挤压机是近些年发展和广泛应用的一类挤压机，其挤压轴行程短，缩短了空运行的时间，提高了生产率，同时也缩短整机长度。普通挤压机（长行程）和短行程挤压机的区别是装锭方式不同，如图31-5所示。短行程挤压机主要有两种形式：一种是将铸锭供在挤压筒和模具之间；另一种供锭位置与普通挤压机相同，挤压杆位于供锭位置处，供锭时，挤压轴移开。这类挤压机挤压杆行程短，整机长度也短。短行程单动挤压机结构如图31-6所示。

挤压机主要由机架（包括前、后梁和张力柱）、滑动模座、压余分离剪、挤压筒座、活动横梁、穿孔活动梁、底座、供锭装置、液压系统和电控系统等组成。

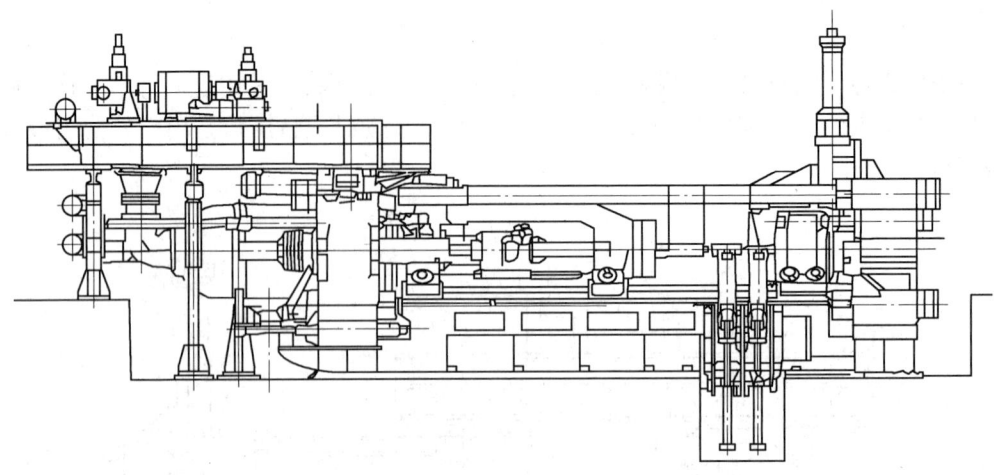

图 31-4 卧式双动挤压机示意图

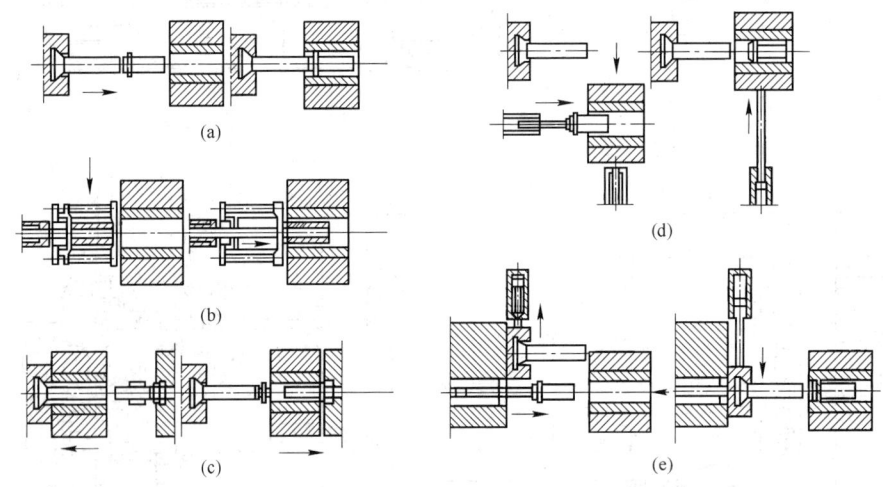

图 31-5 挤压机主柱塞行程长短与装锭方式

（a），（b）铸锭在挤压轴与挤压筒之间装入，为普通（长行程）挤压机；

（c）～（e）挤压筒或挤压轴移位后装锭，为短行程挤压机

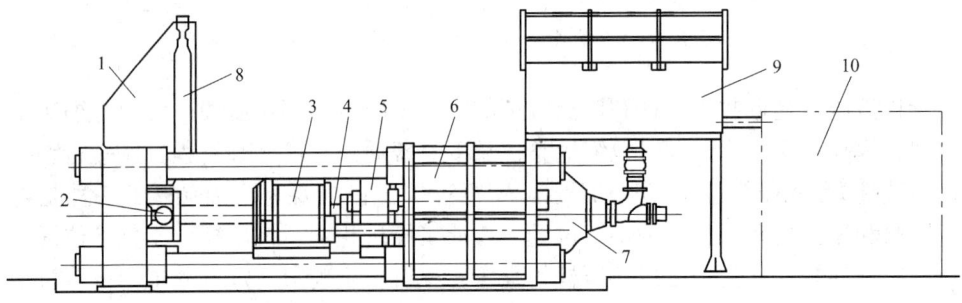

图 31-6 短行程单动挤压机结构示意图

1—前梁；2—滑动模架；3—挤压筒；4—挤压轴；5—活动横梁；

6—后梁；7—主缸；8—分离剪；9—油箱；10—泵站

31.1.2.2 挤压机性能参数

挤压机按额定挤压力（吨位）的大小分为多个标准系列。挤压机的吨位一般根据所生产的合金、规格，按经验或通过挤压力计算选取。通常根据挤压制品外接圆直径和断面积选择合适的挤压筒。根据经验，正向挤压时，纯铝挤压成型所需最小单位挤压力为 100～150MPa，铝合金普通型、棒材为 200～400MPa，铝合金壁板和空心型材为 450～1000MPa。反向挤压机的挤压力比正向挤压机减小 30%～40%。作用于挤压垫上的单位压力称为比压，比压值应大于挤压成型所需的单位压力，由此确定挤压机吨位。

我国目前挤压机设计制造公司主要有太原重型机械有限公司、西安重型机械研究所、广州重型机械厂、广州文冲船厂、沈阳重型机械厂等，我国台湾地区主要有梅瑞实业股份有限公司、建华机械股份有限公司等，国外挤压机制造厂主要有德国西马克·德马克公司（SMS Demag Aktiengesellschaft）、意大利达涅利公司（Danieli）、日本宇部兴产（UBE）、神户制钢所（Kobel Steel Ltd.）、法国克莱西姆（Clecim）、波兰扎梅特重机厂（Zamet）等。部分制造厂挤压机系列和主要性能见表 31-2～表 31-8。几种大型挤压机主要技术性能见表 31-9。

表 31-2　太原重型机械有限公司挤压机主要性能

挤压机规格	8MN	8MN 双动	12.5MN	16MN	16MN 双动	25MN	36MN
额定挤压力/MN	8	8	12.5	16	16	25	36
工作压力/MPa	25	21	25	25	20	25	21
主柱塞压力/MN	7	6.95	11	14.5	14.45	22.9	32
侧缸挤压力/MN	1	0.65	1.5	1.9	1.8	2.2	4
穿孔力/回程力/MN		3/1.3			2.5/1.25		
挤压筒锁紧/打开力/MN	0.88/0.56	0.95/1.1	1.27/0.88	1.57/1.0	1.2/1.5	2.07/1.4	3.0/2.16
主剪切力/MN	0.38	0.35	0.44	0.5	0.5	0.78	1.69
主柱塞行程/mm	1240	1250	1540	1850	1730	2000	2600
穿孔行程/mm		600			800		
挤压筒行程/mm	350	330	375	400	375	450	600
挤压速度/mm·s⁻¹	0.1～20	1～20	0.1～20	0.1～20	1～25	0.1～20	0.2～18
空程前进速度/mm·s⁻¹	200	200	200	200	300	200	173
回程速度/mm·s⁻¹	300	250	300	300	250	300	250
穿孔速度/mm·s⁻¹		75			60～180		
挤压筒尺寸/mm×mm	$\phi(100～150)$×560	$\phi(100～150)$×560	$\phi(130～170)$×700	$\phi(152～200)$×750	$\phi(160～210)$×750	$\phi(210～250)$×900	$\phi320$×1200
穿孔针直径/mm		30、50、70					
主泵功率/kW							132×4
铸锭尺寸/mm×mm			$\phi152×600$			$\phi229×800$	
安装功率/kW						530	780
设备质量/t	约51	约85		约145	约163	约207	约360

表 31-3 西安重型机械研究所挤压机主要性能

挤压机规格	8MN	10MN	12.5MN	16.3MN	25MN
额定挤压力/MN	8	10	12.5	16.3	25
工作压力/MPa	22.5	25	25	23	25
侧缸挤压力/MN	0.6		1.13		3.08
挤压筒锁紧/打开力/MN	0.68/0.9	0.81/1.13	1.02/1.41	1.4/2.05	2.53/2.54
主剪切力/MN	0.27	0.33	0.41	0.5	0.66
主剪返回力/MN	0.13	0.2	0.22	0.26	
移动模架推力/MN	0.17/0.12	0.23	0.21	0.35/0.2	0.35
主柱塞行程/mm	1250	1250	1500	1700	1980
挤压筒行程/mm			300		450
移动模架行程/mm	670	670	700	950	
主剪行程/mm	650	600	630	780	
挤压速度/mm·s^{-1}	0.5~20	0.5~20	0.2~18.5	0.5~20	0.2~22
快速进/回程速度/mm·s^{-1}	300/295	300/250	250/227	250/135	300/300
挤压筒松开速度/mm·s^{-1}	110	100	91	83	
挤压筒锁紧速度/mm·s^{-1}	80	80	73	66	
主剪切速度/mm·s^{-1}	300	200	190	200	
主剪回速/mm·s^{-1}	350	300	280	250	
非挤压时间/s			14		16
挤压筒内径×长度/mm×mm			158×650		235×950
模组尺寸/mm×mm			φ335×355		φ475×500
主泵功率/kW	90×2	90×2	110×3	90×4	200×3
安装功率/kW			400		700

表 31-4 法国克莱西姆 (Clecim) 短行程挤压机主要性能

挤压机规格	16MN	25MN	33MN	40MN	55MN
铸锭直径/mm	152~203	178~229	203~279	254~330	305~381
铸锭长度/mm	800	950~1200	1200	1350	1500
前梁开口 (φ×W) /mm×mm	190×230	260×320	300×360	340×400	480×700
挤压速度/mm·s^{-1}	20	27	26	27	20
安装功率/kW	500	750	950	1270	1300
挤压机本体长度[1]/mm	6738	7500	9000	10900	12800
地面以上高度[2]/mm	3100	3900	4500	5000	5500

①不包括油箱和泵站;

②油箱处高度。

表 31-5 波兰扎梅特重机厂（Zamet）挤压机系列

挤压机型号	单动挤压机				双动挤压机			
	PH-LP 1250	PH-LP 1600	PH-LP 2500	PH-LP 3200	PH-LR 1250	PH-LR 2500	PH-LR 3600	PHP-LR 6300Al
挤压力/MN	12.5	16.0	25.0	32.0	12.5	25.0	36.0	63.0
穿孔力/MN					2	4	6	11.5
工作压力/MPa	31.5	31.5	31.5	31.5	31.5	31.5	31.5	31.5
挤压筒直径/mm	135、155、185	155、205	185、225、255	255、305	135、155、185	185、225、255	225、280、330	300、350、450、600
最大铸锭长/mm	600	700	800	1100	600	800	1200	1000
挤压速度/mm·s⁻¹	0~22	0~22	0~22	0~22	0~22	0~22	0~22	0~12
挤压机质量/t	120	160	250	340	160	290	500	956

表 31-6 德国西马克（SMS）公司挤压机主要技术性能

挤压力 (250MPa)/MN	12.5	16	20	22	25	28	31.5	35.5	40
突破力 (270MPa)/MN	13.5	17.4	21.8	23.9	27.1	30.4	34.9	38.5	44.1
标准铸锭/mm×mm	$\phi157×670$	$\phi178×750$	$\phi203×850$	$\phi203×900$	$\phi229×950$	$\phi229×1000$	$\phi254×1060$	$\phi279×1120$	$\phi279×1180$
型材最大外接圆/mm	$\phi160$	$\phi180$	$\phi200$	$\phi212$	$\phi225$	$\phi235$	$\phi250$	$\phi265$	$\phi280$
型材最大宽度/mm	220	250	280	300	315	335	355	375	400
模组尺寸/mm×mm	$\phi335×355$	$\phi375×400$	$\phi425×450$	$\phi425×450$	$\phi475×500$	$\phi475×500$	$\phi530×560$	$\phi530×560$	$\phi600×630$
非挤压时间/s	10.5	11.5	12	12.5	13	13.5	14	14	15
挤压速度/mm·s⁻¹	25	24	23.5	23	23.5	24	24.5	24	24
主泵功率/kW	160×2	200×2	160×3	160×3	200×3	160×4	200×4	160×5	200×5

表 31-7 日本宇部兴产（UBE）挤压机主要性能

型号		挤压力/MN	穿孔力/MN	标准铸锭/mm×mm	挤压筒直径/mm	比压/MPa	挤压速度/mm·s⁻¹	主泵台数(500mL/r)
单动挤压机	NPC1800	16.3		$\phi178×750$	185	610	20	2
	NPC2000	18.2		$\phi178×800$	185	660	21	2
	NPC2500	22.7		$\phi203×865$	210	650	22	3
	NPC2750	25.0		$\phi229×915$	236	570	23	3
	NPC3000	27.5		$\phi229×915$	236	620	20	3
	NPC3600	32.8		$\phi254×1016$	262	610	20	4

型 号		挤压力/MN	穿孔力/MN	标准铸锭/mm×mm	挤压筒直径/mm	比压/MPa	挤压速度/mm·s⁻¹	主泵台数(500mL/r)
单动挤压机	NPC4000	36.2		$\phi 279 \times 1118$	287	560	19.9	4
	NPC5000	45.4		$\phi 305 \times 1270$	313	590	20.8	5
	NFC2500	22.7		$\phi 203 \times 865$	210	650	14.5	2
	NFC2750	25.0		$\phi 229 \times 915$	236	570	13.2	2
双动挤压机	UAD88	8.0	1.07	$\phi(127 \sim 152) \times 500$		580~398	20	1
	UAD135	12.5	1.77	$\phi(152 \sim 178) \times 560$		630~465	25	2
	UAD180	16.3	2.97	$\phi(178 \sim 203) \times 750$		610~473	24/25	2
	UAD235	21.4	3.40	$\phi(203 \sim 228) \times 800$		610~489	26	3
	UAD250	22.7	3.60	$\phi(203 \sim 228) \times 800$		650~519	26	3
	UAD275	25.0	4.12	$\phi(228 \sim 254) \times 900$		570~460	23/25	3
	UAD360	32.8	6.60	$\phi(254 \sim 279) \times 1000$		610~503	24/25	4
	UAD400	36.2	8.30	$\phi(254 \sim 305) \times 1000$		666~465	21/23	4
	UAD480	43.5	9.90	$\phi(279 \sim 355) \times 1100$		663~416	22/24	5
	UAD520	47.5	11.90	$\phi(305 \sim 406) \times 1200$		609~350	25	6

表 31-8 意大利达涅利公司（Danieli）挤压机系列

挤压力/MN	标准铸锭/mm×mm	比压/MPa	挤压力/MN	标准铸锭/mm×mm	比压/MPa
11	$\phi 140 \times 600$	648	30	$\phi 254 \times 1150$	557
13.5	$\phi 152 \times 750$	680	32.5	$\phi 254 \times 1250$	603
16	$\phi 178 \times 800$	596	40	$\phi 305 \times 1400$	520
18	$\phi 178 \times 850$	670	44	$\phi 330 \times 1400$	491
22	$\phi 203 \times 1000$	635	50	$\phi 356 \times 1500$	481
25	$\phi 229 \times 1050$	567	55	$\phi 356 \times 1500$	526
27	$\phi 229 \times 1250$	612	60	$\phi 381 \times 1550$	494
30	$\phi 229 \times 1250$	680	75	$\phi 432 \times 1600$	491

31.1.3 反向挤压机

反向挤压机挤压力多为25~100MN。目前，世界上最大吨位的反向挤压机是美国铝业公司的140MN反向挤压机。

近年来，我国引进的反向挤压机也不少，如从德国引进一台45MN双动反向挤压机。

反向挤压机列主要包括铸锭加热炉、铸锭热剥皮机、反向挤压机和机后辅机。铸锭加热炉和机后辅机与正向挤压机配备的相同。反向挤压机列和正向挤压机列的平面配置大同小异。

表 31-9　几种大型挤压机主要技术性能

挤压机吨位/MN	50	55	65	65/70	75	75	80/95	95	90/100	90/100	125	120/130	200
形　式	单动水压	紧凑式单动	短行程单动	单动油压	单动油压	单动油压	双动油压	双动油压	双动油压	双动油压	双动水压	正反双动	双动水压
额定挤压力/MN	50			64.69/69.86	75/81	75.8	80/95	95	90/100	90/100	125		70/140/200
回程力/MN				3.93	4.87/5.26	4			8	6	8		14
穿孔力/MN							15	15		30	31.5		70
工作压力/MPa	32		25	25/27	250/270	25.5	31.5	31.5	3.0	30	32		32
挤压筒锁紧/打开力/MN	3.70/2.17			8.04/	9.82/7.36	9.8/6.6		9.5/		9.4/8	6.4/10		12.8/7.4
主剪切力/MN	1.85		2.11	2.014	3.14	3.2		4		3.2	5.0		6.0
主柱塞行程/mm	1520			3725	3350	3500		3255		4200	2500		2550
穿孔行程/mm								1400		1850	1650/4150		4750
挤压筒行程/mm	1520			1950	2050	2500				1000	2500		2550
挤压速度/mm·s⁻¹	1~60	0.25~27	0~17	约25	约20	0.2~20	0.1~19.8	0~21.2		0.2~20	0~30		0~30
穿孔速度/mm·s⁻¹										70	100		0~30
非挤压时间/s		19.8	23	20.5									
铸锭尺寸/mm×mm	φ(290、350、405、485)×1000	(325~400)×1500	φ457×(500~1500)	筒φ(315~450)□665×240×1300	筒φ(310~500)□665×240×1620	φ450□650×250×1550	筒φ(420、500、580)□670×270×1600	筒φ(430、500、600)□700×280×1600			筒φ(500、650、800)□850×200×2000		筒φ(650、800、1100)□300×1100×2100

续表31-9

项目													
模组尺寸（外径×长度）/mm×mm			889×914	750×800	900×960	900×960		1000×					46.2×26.3
前梁开口（φ×W）/mm×mm		460×700		450×800									
主泵功率/整机功率/kW		/1600	/1488（泵）	160×8/	250×6+110×2/	160×8/1912		200×8/		250×8/泵2464			
外形尺寸 长×宽/mm×mm	35×12.4		20×9				24×		约45×16				46.2×26.3
外形尺寸 地面上高度/mm	5.7		7.1	6.0			6.3		7.03				6.1
设备质量/t			610						2950				4270
制造厂		Davy Clecim	意大利 Danieli	德国 SMS	德国 SMS	大原重型机械公司	波兰 Zamet 改造	德国 SMS，日石川岛播磨		西安重型机械研究所	沈阳重型机械厂		俄罗斯乌拉尔重机厂
使用厂	东北轻合金加工厂	荷兰 Nedal Aluminium	美国 Delair	挪威 Raufoss Automotive	瑞士	辽源麦达斯铝业公司	西南铝加工厂	日本 KOK 公司		山东丛林集团	西南铝加工厂		
投产年代/年	1956	1988	1990	1996	1980	2002	2001	1970	1999	2003	1970	2001	1950

31.1.3.1 反向挤压机结构

反向挤压机按挤压方法分为正、反两用和专用反向两种形式，每种又可分为单动（不带独立穿孔装置）和双动（带独立穿孔装置）两种。反向挤压机按其本体结构大致可分为三大类：挤压筒剪切式、中间框架式和后拉式。

现代反向挤压机采用预应力张力柱结构，普遍采用快速更换挤压轴和模具装置，挤压筒座"X"形导向，模轴移动滑架快速锁紧装置，设有挤压筒清理装置，内置式穿孔针，还设有穿孔针清理装置以及模环清理装置。

A 挤压筒剪切式

如图 31-7 和图 31-8 所示，挤压筒剪切式的特点是前梁和后梁固定，通过 4 根张力柱连成一个整体。在挤压筒移动梁（也称挤压筒座）上，安设有压余剪切装置。这种结构仅应用于反向挤压机。

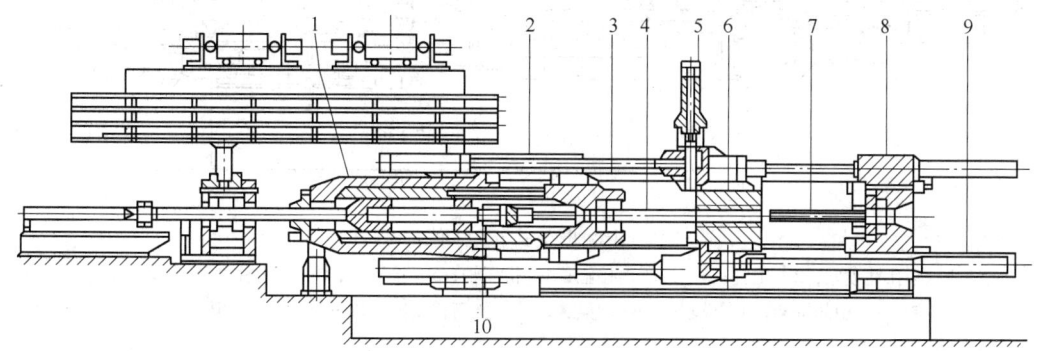

图 31-7 挤压筒剪切式双动反向挤压机
1—主缸；2—液压连接缸；3—张力柱；4—挤压轴；5—压余分离剪；6—挤压筒；
7—模轴；8—前梁；9—挤压筒移动缸；10—穿孔大针

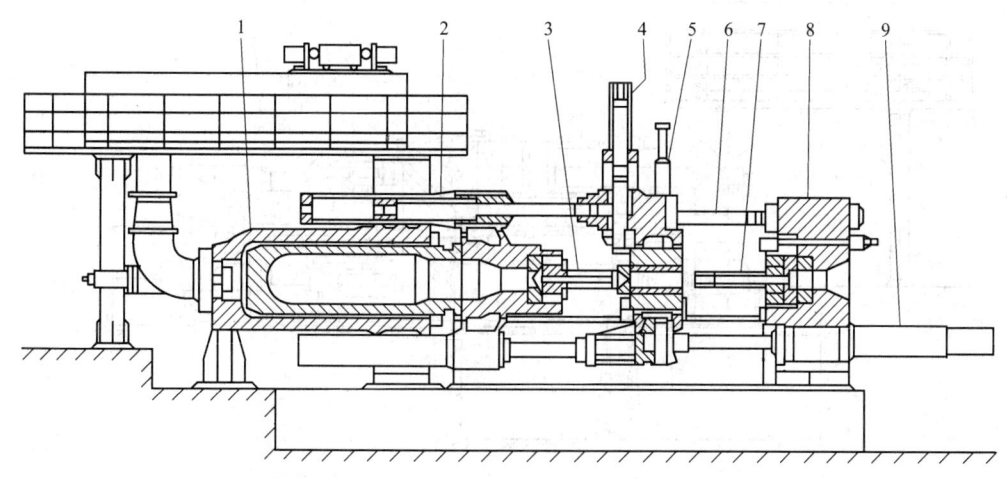

图 31-8 挤压筒剪切式单动反向挤压机
1—主缸；2—液压连接缸；3—张力柱；4—挤压轴；5—压余分离剪；
6—挤压筒；7—模轴；8—前梁；9—挤压筒移动缸

B 中间框架式

如图31-9所示，中间框架式用于正反两用挤压机。其特点是前梁和后梁固定，通过4根张力柱连接成一个整体。在前梁和挤压筒移动梁之间安设有压余剪切用的活动框架，剪刀就设置在活动框架上。图31-9为反向挤压机剪切压余后的状况。当进行正向挤压时，卸下模轴，把挤压筒移到紧靠前梁位置，可同一般正向挤压机一样进行正向挤压。

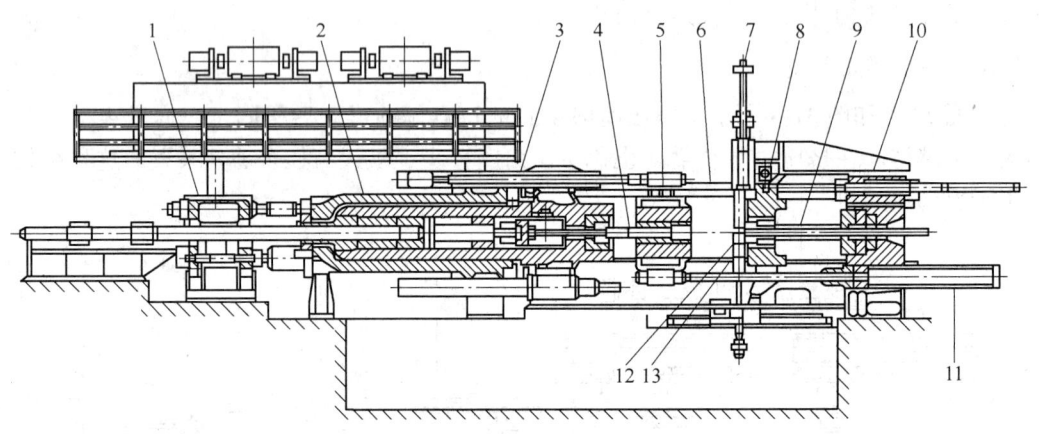

图31-9 中间框架式正反两用挤压机

1—穿孔针锁紧；2—主缸；3—液压连接缸；4—挤压轴；5—挤压筒；6—张力柱；7—压余剪；
8—中间框架；9—模轴；10—前梁；11—挤压筒移动缸；12—垫片；13—压余

C 后拉式

如图31-10所示，后拉式的结构特点是：中间梁固定，前后梁是通过4根张力柱连成一个整体的活动梁框架。图31-10所示位置为该反向挤压机正在挤压时的状况。挤压时，

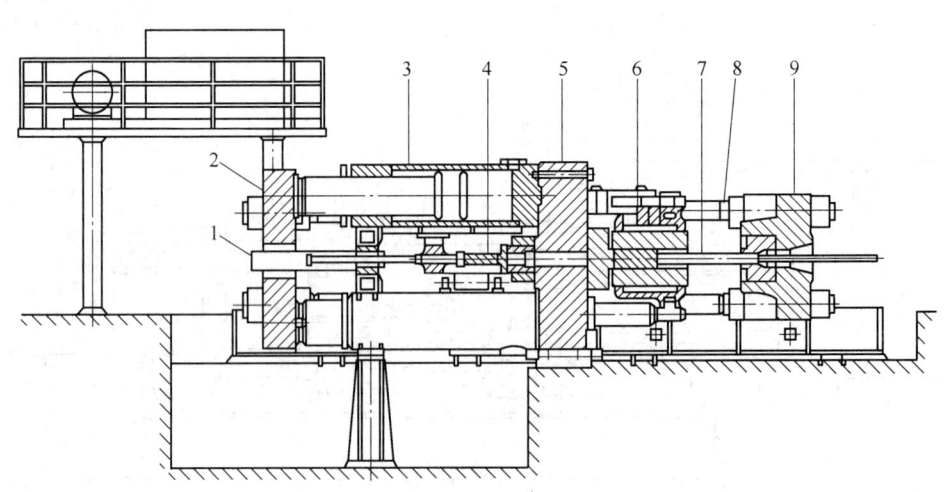

图31-10 后拉式反向挤压机

1—剥皮缸；2—后移动梁；3—主缸；4—铸锭；5—固定梁；
6—挤压筒；7—模轴；8—张力柱；9—前移动梁

挤压筒靠紧中间固定梁，在主缸压力作用下，主柱塞向后拉，带动前、后梁向后移动。固定在前梁上的模轴也随前梁一起向后移动，逐渐进入挤压筒内进行反挤压。在固定梁和后梁之间设有热铸锭剥皮装置。挤压前的热铸锭在此进行剥皮，之后直接送入挤压筒内。这种剥皮方式可以最大限度地保持铸锭表面清洁和铸锭的温度，提高生产效率。该结构形式仅适用于单动式的型、棒材反向挤压机。

31.1.3.2 反向挤压机性能参数

反向挤压机性能参数见表31-10。

表 31-10 反向挤压机主要性能参数

挤压机规格	25MN		45MN	
额定挤压力/MN	27.5(主缸+挤压筒缸)		45.5	
工作压力/MPa	21		28.5	
主柱塞压力/MN	22		40.8	
侧缸前进/回程力/MN			4.06/2.4	
穿孔力/回程力/MN	5.93/		15.8/15	
挤压筒前进/回拉力/MN			4.32/2.04	
主剪切力/MN	0.82		2.65	
主柱塞行程/mm	1600		2150	
穿孔行程/mm	1160		1350	
挤压筒行程/mm	1250		3990	
挤压速度/mm·s^{-1}	0~23		0.2~24	
挤压筒尺寸/mm	$\phi240×1150$	$\phi260×1150$	320	420
穿孔针直径/mm	$\phi60$、$\phi75$	$\phi60$、$\phi75$、$\phi100$	$\phi95$、$\phi130$、$\phi160$	$\phi95$、$\phi130$、$\phi160$、$\phi200$、$\phi250$
主泵功率/kW	160×3+90×1		250×7	
铸锭尺寸/mm×mm	实心锭 $\phi(234、254)×(350~1000)$		实心锭 $\phi(314、412)×(500~1500)$	
	空心锭外径 $\phi(234、254)×(350~700)$		空心锭外径 $\phi(314、412)×(500~1000)$	
安装功率/kW			约2170	
制造商	日本 UBE		德国 SMS	
使用厂	西北铝加工厂			

31.1.4 冷挤压机

冷挤压常用的典型压力机有机械压力机和液压机两种类型。

机械压力机包括曲轴压力机、肘杆压力机、顶锻压力机等，液压机有水压机和油压机。

铝合金冷挤压采用立式液压机比较合适。一般用于热挤压的水压或油压挤压机也可以用于冷挤压，但其满足不了冷挤压的各种特殊要求，如挤压速度慢、辅助时间长、刚度和精度不够、抗高压液频繁冲击性差等。因此应采用专门的冷挤压液压机较合适。

立式液压冷挤压机结构如图 31-11 所示。

专门用于冷挤压的压力机（包括液压机）的吨位已达 35MN 以上，挤压速度多在 100～250mm/s。

沈阳重型机器厂的液压冷挤压机的主要技术性能见表 31-11。

表 31-11　沈重液压冷挤压机主要技术性能

型号规格	形式	公称压力/MN	液体压力/MPa	顶出力/MPa	挤压速度/mm·s⁻¹	工作行程/mm	设备质量/t	设备外形尺寸/m×m×m
YJL1000	立式油压	10	20	1	120	1000	73	11.5×5.6×7.8
YJL1250	立式水压	12.5	32		250	1000	126	2.7×2.5×6.6

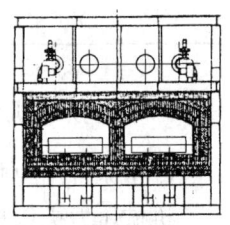

图 31-11　立式液压冷挤压机结构图

31.1.5　挤压机的配套设备

31.1.5.1　铸锭加热炉

挤压铸锭的加热炉按其加热方式分为电炉和燃料炉两大类，电炉又分为电阻炉和感应炉。铸锭加热炉按其加热铸锭的长度也分为普通铸锭加热炉和长锭加热炉。铸锭加热炉的加热能力应与挤压机的生产能力相配套。

A　燃料加热炉

燃料加热炉的主要优点是加热效率高、生产成本低，缺点是炉温不易调整控制，生产环境较差。这类加热炉多用于中、小型挤压机的铸锭加热。

燃料加热炉多按各厂的具体情况进行设计，其炉型和结构与电阻加热炉相似，炉子为通过式，带强制热风循环，铸锭输送有链条传动式、导轨推进或辊道推动式，其结构如图31-12 所示。表 31-12 列出了部分铸锭燃料加热炉的主要技术参数。

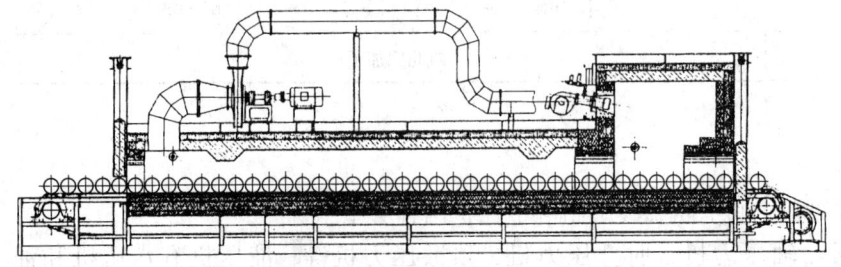

图 31-12　21.3MN 挤压机用铸锭燃气加热炉结构示意图

表 31-12　几种铸锭燃料加热炉的主要技术参数

参数名称	挤压机吨位/MN					
	5.0	8.0	12.5	8.0	21.3	55.0
燃料名称	天然气	天然气	天然气	0 号柴油	天然气	天然气
加热能力/t·h⁻¹				0.55	1.85	7.0
燃料最大用量/m³·h⁻¹	15	21	33	35	85	325（31393.9kJ/m³）
铸锭尺寸/mm×mm	φ76×356	φ114×508	φ152×660	φ125×550	φ222×800	φ（325、356）×1500
额定工作温度/℃	600	600	600	600	600	550
炉膛尺寸(L×W×H) /mm×mm×mm	8000×600×400	9000×700×400	9000×1500×460	7500×550×220		预热区长 8385mm，加热区长 7615mm
铸锭排放方式	单排	单排	双排	单排	双排	

B　电阻加热炉

电阻加热炉是铝合金型、棒材挤压生产中经常采用的一种加热炉，它与燃料炉相比，主要优点是炉温易于调整控制，加热质量好，劳动条件较好等；而其主要缺点是生产成本高，加热速度不如燃料炉快等。

电阻炉大多采用带强制循环空气的炉型。加热元件通常置于炉膛顶部，炉子一侧或炉顶装置循环风机，其结构如图 31-13 所示。几种电阻炉的主要技术性能见表 31-13。

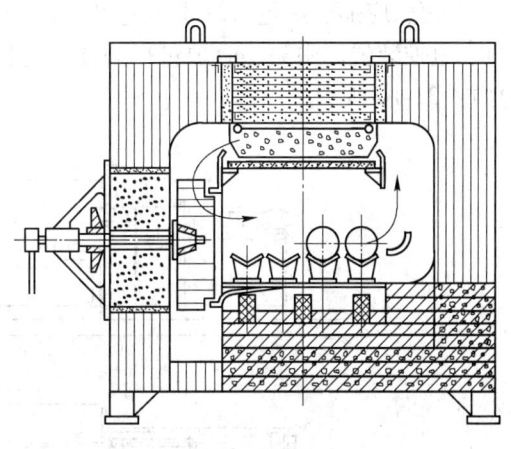

图 31-13　铸锭电阻加热炉（剖面）结构示意图

表 31-13　几种铸锭电阻加热炉的主要技术参数

参数名称	挤压机吨位/MN			
	5.0	8.0	12.5	50.0
加热功率/kW	120	165	360	1050
铸锭直径/mm	105	125	152	φ290~485
铸锭长度/mm	300~400	400~500	300~600	500~1050
额定工作温度/℃	600	600	600	550
加热能力/t·h⁻¹	0.3	0.55	1	3.5
炉膛尺寸 (L×W×H) /mm×mm×mm	6240×400×300	7500×500×300		19300×1600×700
外形尺寸 (L×W×H) /m×m×m	9.20×1.77×2.21	10.9×1.77×2.26		29.28×4.99×2.58
铸锭排放方式	单排	单排	双排	
制造厂	中色科技股份公司新长光工业炉公司			

C 感应加热炉

感应加热炉是现代化挤压车间日益广泛采用的一种加热设备，其主要特点是加热速度快，体积小，生产灵活性好，便于实现机械化自动控制。感应加热炉可分成几个加热区，通过改变各区的电压，调节各区的加热功率，实现梯度加热，温度梯度通常在 $(0 \sim 15)$ ℃/100mm。

感应加热时，通过铸锭的电流密度分布不均匀，通常锭坯外层先热，而中心层主要是靠热传导加热，当加热速度快时，铸锭径向温差较大。

感应加热炉电源频率通常在 $50 \sim 500$Hz 之间，频率越高，最大电流密度越靠近铸锭表层，频率的选择与铸锭直径、加热速度有关。国内目前对于直径大于 130mm 的铸锭通常采用工频（50Hz）感应加热炉，对于直径小于 130mm 的铸锭采用中频感应加热炉。

感应加热炉有三相电源和单相电源，采用单相电源，则设有三相平衡装置。感应线圈有单层结构和多层结构，多层感应线圈较单层线圈耗能少。

工频感应加热炉包括炉体、进出料机构、功率因数补偿装置、三相平衡装置（单相时）、电控装置。中频感应炉包括炉体、进出料机构、变频柜、电控装置。感应加热炉结构如图 31-14 所示。

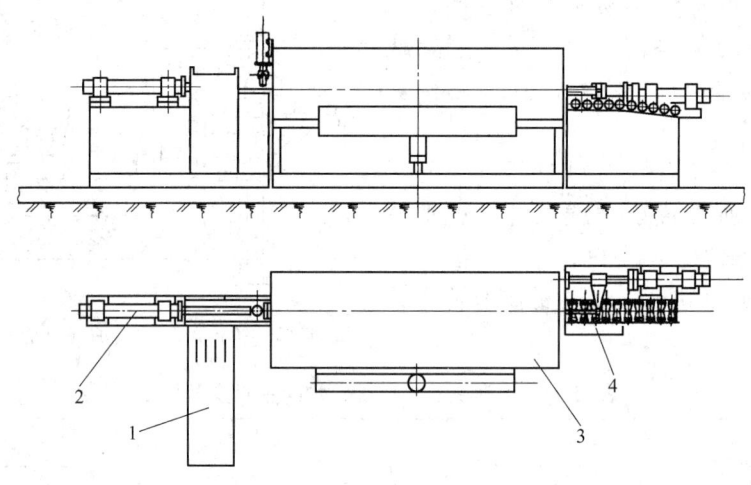

图 31-14 感应加热炉平面布置图
1—铸锭贮台；2—推锭机构；3—炉体；4—出料辊道

几种铸锭感应加热炉的主要技术参数见表 31-14。

表 31-14 几种铸锭感应加热炉的主要技术参数

参 数	挤压机吨位/MN													
	5	8	12.5	12.5	16.3	20.0	25.0	>25.0	55.0	75.0	22.0	16.2	25（反向）	80.0
加热频率	中 频			工 频										
加热功率/kW	105	160	240	370	500	600	800	900	900×2	1200×2	850	550	675	1400

参　数	挤压机吨位/MN													
	5	8	12.5	12.5	16.3	20.0	25.0	>25.0	55.0	75.0	22.0	16.2	25（反向）	80.0
加热频率	中　频			工　频										
铸锭直径/mm	80~85	120~127	150~175	φ145	φ178	φ203		□155×550	φ380	φ450 650×250	φ203	φ178	φ244、φ264	φ485、φ560 □655×255
铸锭长度/mm	250~300	400~500	450~650					300~1000	1200	1550	800	750	1000	
工作温度/℃	420~550	420~500	420~500	500	500	520	450	500			465~520	450~550	450	
加热能力/t·h^{-1}	约0.2	约0.48	约0.75	0.73	1.5	2.0	2.8	3		5.0	2.8	18.1	2.27	
温度梯度/℃·mm^{-1}													100	
使用厂									麦达斯	华加日铝业公司			西北铝	
制造厂	洛阳有色院试验工厂			西安重型电炉厂					西安电炉研究所		日本 UBE			波兰 Zamet

D　长锭加热炉

长锭加热炉也有燃料炉、电阻炉和感应加热炉。几种长锭加热炉主要性能见表31-15。

表 31-15　几种长锭加热炉性能参数

参　数	挤压机吨位/MN			
	22.7	16.0	27.0	16.0
加热形式	天然气加热	电感应加热	电感应加热	0 号柴油
加热功率/kW	40m³/h	550+75	900+150	125kg/h
铸锭直径/mm	203	185	212	178
铸锭长度/mm	6000	6000	6000	6000
额定工作温度/℃		520	520	
加热能力/t·h^{-1}		2	4	

31.1.5.2　热剪机

热剪机用于将加热后的长锭按要求剪切成定尺短锭。几种长锭热剪机的主要性能见表31-16。

表 31-16 长锭热剪机主要性能

参 数	挤压机吨位/MN			
	22.7	8.0 ~ 16.0	16.0	27.0
锭坯直径/mm	203	127 ~ 203	203	254
锭坯长度/mm		350 ~ 760	350 ~ 800	300 ~ 1200
剪切力/MN	0.7	1.02	0.9	1.74
剪切行程/mm		368		
剪切速度/m·min^{-1}		2.286		
铸锭推出力/MN	0.44	0.1		
长锭返回力/MN	0.44	0.1		

31.1.5.3 热剥皮机

热剥皮机用于反向挤压前，将已加热好的铸锭表皮剥去，剥皮厚度 4 ~ 10mm。采用热剥皮较机械车皮相比，碎屑重熔费用低，回收率高，铝锭表面能保持最佳状态。该机通常用于实心锭的剥皮。空心铸锭剥皮机应有精确的铸锭对中装置，否则剥皮后的铸锭偏心很严重，难以满足生产要求。一般空心铸锭剥皮后的壁厚偏差应不大于 1.0mm，对要求高的管材应不大于 0.5mm。空心锭常采用车皮方式除去表皮。几种铸锭剥皮机技术参数见表31-17。

表 31-17 铸锭剥皮机主要技术参数

配套挤压机规格/MN		25	58.8	49	22.54	35.28
剥皮力/MN		1.5	7.35	4.41	1.95	1.176
剥皮最大速度/mm·s^{-1}		76	55	58	50	50
剥皮厚度/mm		6				
铸锭外径/mm	剥皮前	264、244	400.5 ~ 469.9		248	289
	剥皮后	254、234	381 ~ 450.8		242	284
铸锭长度/mm		1000	635 ~ 2286	500 ~ 1500	400 ~ 1100	500 ~ 1200
主泵功率/kW		55				
制造商		日本 UBE	日本神户制钢			

31.1.5.4 挤压机机后辅机

挤压机机后辅机包括淬火装置、中断锯、牵引机、固定出料台、出料运输机、提升移料机、冷床、张力矫直机、张力矫直输送装置、储料台、锯床输送辊道、成品锯、定尺台、检查台等。设备布置如图 31-1 所示。

几种挤压机机后辅机主要性能见表 31-18 和表 31-19。

表 31-18 国外几种挤压机机后辅机主要性能参数

挤压机规格		16.2MN	22MN	16MN	27MN	36MN	65MN
输送型材长度/m		46	51.5	45	54	55	61.2
挤压-矫直中心距/m		6.34	6.45	4.5	5.5	5.7	
矫直-锯切中心距/m		4.01	3.60	3.2	3.3	2.5	
型材断面尺寸（$W \times H$）/mm × mm		180 × 150	× 180		× 220	440 × 200	635 × 381
中断锯	形 式	皮带输送式		皮带输送式			
	形 式		移动式	固定式	固定式	在牵引机上	移动式
	锯片直径/mm			600	600	720	1150
冷却装置	水淬火长度/m	6	2	9	10	5	7.5
	风机台数/台	50	50		80		
牵引机	牵引力/N	200 ~ 1200	1800	3000	500 ~ 4000	双牵引 250 ~ 3000	双牵引 250 ~ 6800
	牵引速度/m·min⁻¹	10 ~ 100	最大 100	0 ~ 120	0 ~ 120	0.5 ~ 60	1.8 ~ 60
出料运输机输送速度/m·min⁻¹		10 ~ 100	10 ~ 100	0 ~ 90	0 ~ 90		
冷床形式		皮带式	步进梁式	皮带式	步进梁式	皮带式	步进梁式
张力矫直机	拉伸力/kN	200	300	350	500	1000	2500
	拉伸行程/mm	1500	1500	1500	1600	2500	
储料台形式		尼龙带式	皮带式	皮带式	皮带式	皮带式	皮带式
锯床辊道形式		辊道式	辊道式	辊道式	辊道式	辊道式	
成品锯	锯片直径/mm	610		600	650/700	720	1150
	锯切规格/mm × mm	160 × 800	180 × 800	200 × 1000	220 × 1000	200 × 1200	(100 ~ 381) × (787 ~ 1270)
定尺台定尺范围/m		1.5 ~ 7.5		2.0 ~ 8.5	2.0 ~ 9.0	2.0 ~ 14.0	2.0 ~ 24
制造厂		日本 UBE		意大利 Danieli		德国 SMS	意大利 OMAV
使用厂		华加日铝业公司		南平铝厂			美国 Delair

31.1.5.5 模具加热炉

挤压机模具加热通常用电加热炉，按加热方式分为电阻加热炉和感应加热炉，装炉方式有上开盖式和台车式两种形式，几种模具加热炉性能见表 31-20。

表31-19 国产挤压机机后辅机主要性能参数

项目	6.3MN	8MN	12.5MN	16MN	25.0MN	12.5MN	25MN	36MN	75MN	80/95MN	100MN
挤压机机规格	6.3MN	8MN	12.5MN	16MN	25.0MN	12.5MN	25MN	36MN	75MN	80/95MN	100MN
输送型材长度/m	26	26	39	38	45	39	45	30	54	36	60
设备宽/m	5.5	6	6	7	45	6.85	8		14.7	16	
型材断面尺寸($W \times H$)/mm×mm	80×70		130×120		200×170			480×200	700×400		820×300
固定出料台 形式	四级毛毡带	四级毛毡带	四级毛毡带	四级毛毡带	四级毛毡带	四级毛毡带	四级毛毡带	步进式			
固定出料台 尺寸($L \times W$)/mm×mm	7000×500	7000×500	7000×500	7000×500	7000×500	7000×500	7000×500				
固定出料台 辊面材质	石墨滚筒	石墨滚筒	石墨滚筒	石墨滚筒	石墨滚筒	耐550℃毡	耐550℃毡				
中断锯 形式	移动手动锯	移动手动锯	移动手动锯	移动手动锯	移动手动锯	移动手动锯			随动锯		移动锯
中断锯 锯片直径/mm	355	405	405	500		405	510	630			
风冷装置 冷却方式							风、水淬火	水淬火	水淬火	水雾淬火	水淬火
风冷装置 风量×台数/m³·min⁻¹×台	126×6、80×3	126×6、80×4	126×8、80×4	126×10、80×6	126×8、80×6	122×4		4000	8000	8000	8000
风冷装置 牵引力/N	0~800		0~1200	0~1200	0~1800	0~1200	0~1800				
风冷装置 牵引速度/m·min⁻¹	0~60	0~60	0~60	0~60	0~60	0~100	0~100	约40	0~50	6~240	0.9~90
风冷装置 输送速度/m·min⁻¹	0~60	0~60	0~60	0~60	0~60	0~100	0~100		0~50		
出料运输机 辊料装置皮带材质	耐450℃毡	耐450℃毡	耐450℃毡	耐450℃毡	耐450℃毡	耐450℃毡	耐450℃毡	耐热毛毡			
出料运输机 移料装置皮带材质	耐450℃毡	耐450℃毡	耐450℃毡	耐450℃毡	耐450℃毡	耐450℃毡	耐450℃毡				
出料运输机 冷床皮带材质	耐450℃毡	耐450℃毡	耐450℃毡	耐450℃毡	耐450℃毡	耐450℃毡	耐450℃毡		皮带式		
牵引机	耐250℃毡	耐250℃毡	耐250℃毡	耐250℃毡	耐250℃毡	耐250℃毡	耐250℃毡				
张力矫直机 拉伸力/kN	100	200	200	500	400	200	500	1200	3500	3600	3600
张力矫直机 拉伸行程/mm	1050	1250	1250	1650		1600	1600		2500		
储料台输送带材质	PVC	PVC	PVC	PVC	PVC	橡胶辊	橡胶辊				
锯床辊道辊子材质	耐250℃毡	耐250℃毡	耐250℃毡	耐250℃毡	耐250℃毡	橡胶辊	橡胶辊	630			
成品锯 锯片直径/mm	355	406	405	500	457	405	510				
成品锯 锯切规格/mm×mm	125×450		125×500	200×550				200×480	380×700		
定尺台定尺范围/m	1~7	1~7	1~7	1~7	1~7	1~7	1~7	1~12	6~26		6~28
制造厂	金达机械厂					洛阳有色金属加工设计院		太原重型机器厂	西安天力	陕西压延厂	西安重机研究所
使用厂								宜兴天力	辽源麦达斯	西南铝	山东丛林

表 31-20 模具加热炉主要技术性能

规 格		配挤压机吨位			
		6.3MN	12.5MN	25MN	35MN
加热方式		电阻加热、热风循环	电阻加热、热风循环	电阻加热、热风循环	电阻加热、热风循环
形 式		1 炉 2 室，每室 2 套	1 炉 2 室，每室 2 套	1 炉 2 室，每室 2 套	1 炉 3 室，每室 3 套
加热器功率/kW		25.2	25.2 × 2	30 × 2	36 × 3
模具尺寸/mm × mm		$\phi 200 \times 100$	$\phi 280 \times 150$	$\phi 457 \times 250$	$\phi 530 \times (200 \sim 300)$
工作温度/℃		450 ~ 550	450 ~ 550	450 ~ 550	450 ~ 550
模具温差/℃		450 ± 5	450 ± 5	450 ± 5	450 ± 5
加热时间/h		4	4	4	4
炉膛有效尺寸 （1 个膛尺寸） /mm	长	600	600	800	1500
	宽	600	700	800	1200
	高	700	700	800	900

31.2 铝合金轧管设备

31.2.1 横向三辊热轧轧管机

横向三辊热轧轧管机用来生产热轧管坯，轧制过程没有减径量或减径量较小，轧制变形量也较小，轧制硬铝合金管较困难。热轧管材的尺寸公差较大，内外表面的质量较差，但横向三辊热轧轧管机设备和工具都简单，制造容易，生产率高，生产大规格、壁厚较厚的管材较方便，其变换规格范围较大，调整也方便。因此，横向三辊热轧轧管机适合一些中小企业用来生产一些纯铝或软合金的大直径厚壁管材或拉制管坯。

横向三辊热轧轧管机由轧机机头、主传动系统、进管装置、芯头和管子夹持机构组成。图 31-15 所示为横向三辊热轧轧管机结构示意图，图 31-16 所示为轧管机的机头总图。表 31-21 为一般形式的横向三辊热轧轧管机的技术性能。

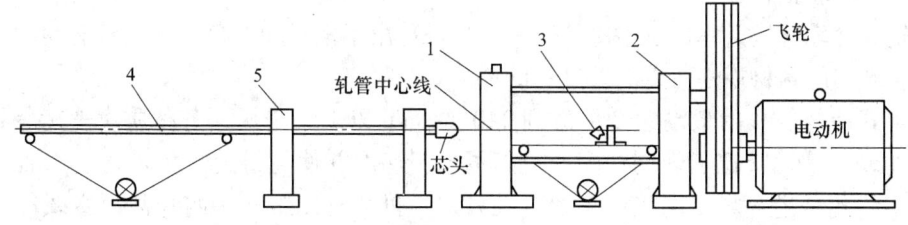

图 31-15 横向三辊热轧轧管机结构示意图
1—轧机机头；2—主传动系统；3—进管装置；4—芯头传动装置；5—芯杆和管子夹

表 31-21 三辊热轧轧管机技术性能

项 目	参 数	项 目	参 数
管坯长度/m	0.8 ~ 1.3	轧出管子最薄壁厚/mm	5.5
轧出管子最大长度/m	4.5	轧辊调整角度范围/(°)	0 ~ 15
管子轧出速度/m·min⁻¹	2 ~ 8	主电极容量/kW	215
轧辊转速/r·min⁻¹	183	进管顶头电动机容量/kW	2.8
轧制管子最大直径/mm	280	轧机平均班产量/t	1 ~ 1.5

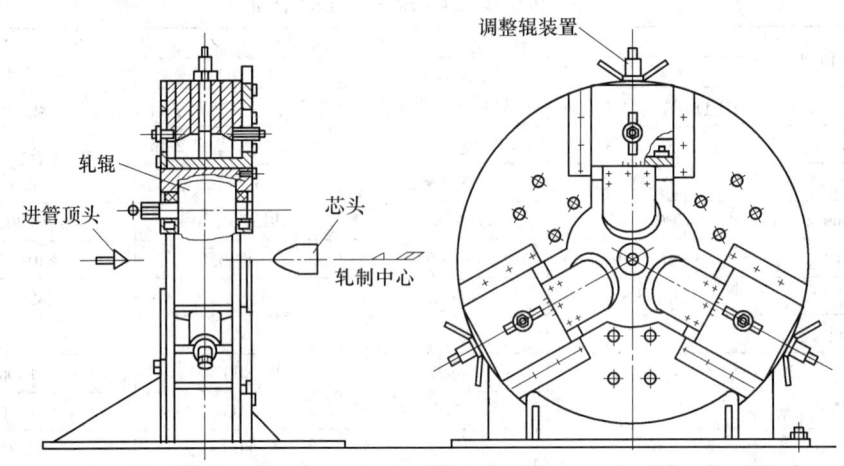

图 31-16　横向三辊热轧轧管机机头总图

31.2.2　二辊式冷轧管机

二辊式冷轧管机利用变断面孔型和锥形芯头在冷状态下轧制管材。二辊式冷轧管机道次加工率大，延伸系数可达 8 ~ 10，减壁和减径量都较大，可轧制难变形的硬铝合金，可一次轧制至接近成品尺寸，轧出管材的内外表面质量都较好，成品长度可达 30m 以上。

辊式冷轧管机机械化和自动化水平都较高，生产率高、操作人员少、劳动强度低。但二辊式冷轧管机设备结构复杂、制造困难，投资和维修费用也高，轧管工具的设计制作和生产中的更换也比较困难，不适合频繁变更轧制规格的生产，对纯铝管和壁厚较厚管材的生产率也不如拉伸方法高。因此二辊式冷轧管机适合于用来大规模生产难变形的硬铝合金或壁厚较薄的软铝合金管材。

二辊式冷轧管机又称皮尔格冷轧管机，是一种用于钢材和有色金属无缝管材生产的通用设备，轧出的管材规格可以为 ϕ84 ~ 450mm。

二辊式冷轧管机的最高速度可达到 240 次/min 以上，采用了各种质量平衡装置来减轻轧机的动负荷，降低了轧制功率，提高了轧制速度并使轧机的工作平稳。二辊式冷轧管机的多线化是进一步提高生产率的有效方法。目前有二、三、四线甚至六线的冷轧管机。使用环形孔型代替旧式轧管机的半圆孔型，增加了工作行程长度，增大了变形量和送料量，提高了轧机的生产效率。增加管坯长度可以减少装料的停车时间，提高轧机的效率，也可以轧出单根长度更长的管材。新型轧管机采用的坯料长度可达 8 ~ 12m 以上。除此之外，二辊式冷轧管机在自动送料和连续操作上也做了很大的改进，可以实现不停机装料的连续作业。采用开式机架或底座侧面板可以打开的结构，方便换辊，减少换辊时的停机时间。

LG 型二辊式冷轧管机的 L 和 G 分别为"冷"和"管"汉语拼音的第一个大写字母。经过几十年的发展和改进，国产二辊式冷轧管机的水平有了很大的提高，总体已接近德国第三代同类产品的水平，生产管材规格为 ϕ15 ~ 200mm。目前，德国的二辊式冷轧管机已开发出第四代产品，在世界上处于领先地位，轧制管材规格为 $\phi18 \sim 250mm$。俄罗斯已开发出第三代产品，规格型号从 25 到 ХПТ-450 近 20 种。美国是最早使用二辊式冷轧管机的国家，拥有轧管机数量也最多，最大规格到 450mm。

我国主要研制和制造二辊式冷轧管机的厂家有西安重型机械研究所、洛阳矿山机器厂、太原重型机器厂、宁波机床厂、温州永得利设备制造有限公司。

二辊式冷轧管机由机座和工作机架、主传动系统、送进和回转机构、装料机构、卸料机构、液压和润滑系统等组成，如图 31-17 所示。

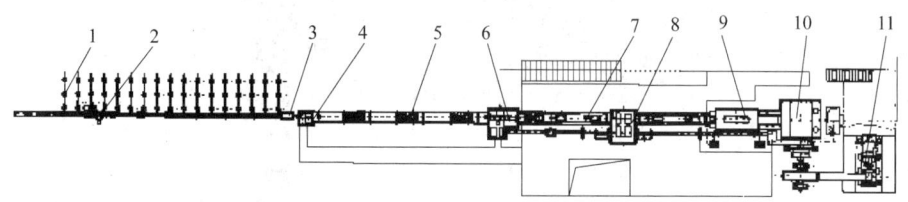

图 31-17　LG90-GH 二辊式冷轧管机总体布置图

1—上料台；2—推料装置；3—芯棒润滑装置；4—回转装置；5—中间床身；6—回转和凸轮装置；
7—床身；8—送进装置；9—工作机架；10—曲轴及平衡装置；11—主传动装置

机座由底座、支架、滑轨、齿条等组成，工作机架由牌坊、轧辊、轴承、齿轮、轧辊调整装置等组成，如图 31-18 所示。现代的轧机为方便换辊，把工作机架的牌坊做成开式结构和机座侧面板可打开结构，工作轧辊可很方便的从上部吊出或从侧面移出，大大缩短换辊时间。工作机架在曲轴连杆机构带动下在底座的滑轨上往复滑动，与此同时，装在机架内的轧辊通过辊端上的齿轮与机座侧架上的齿条啮合，把机架的水平往复运动转变为轧辊的往复回转运动，以实现周期式的轧制过程。二辊式冷轧管机环形孔型轧制如图 31-19 所示。

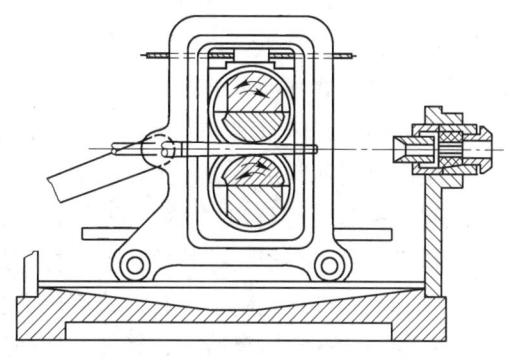

图 31-18　轧管机的工作机架图

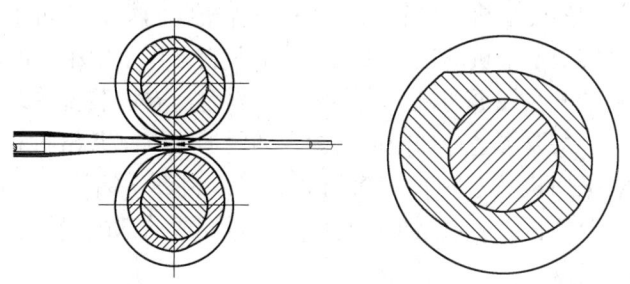

图 31-19　二辊式冷轧管机环形孔型轧制示意图

主传动系统由主电动机、皮带传动装置、曲轴连杆机构、质量平衡装置等组成。主电动机通过皮带传动装置、曲轴连杆机构把动力传给工作机架并使其做往复运动。主电动机一般使用直流电动机，美国在大型轧机上使用液压驱动代替电动机-曲轴机构传动。为实现高速轧制，现代轧管机都采用了质量力平衡技术，其形式有水平质量平衡、双质量平衡、垂直质量平衡、气动平衡和液压平衡等，用得较多的是垂直质量平衡，其结构如图31-20所示。

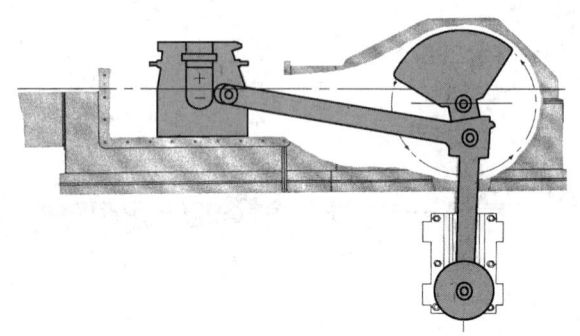

图 31-20　垂直质量平衡装置结构

　　在轧制过程中，管坯需间歇送进和回转，管坯卡盘返回，芯杆的回转、送进、返回等动作由送进和回转机构来完成，常用的送进和回转机构形式有凸轮式、超越离合器减速机式、差动齿轮减速机式、直流电动机-液压传动式等。送进和回转机构由传动系统、前卡盘、管坯卡盘、芯杆卡盘等组成。当工作机架返回至后极限位置时，通过机构把管坯送进预定长度并回转一定角度，工作机架至前极限位置时，使管坯回转一定角度（使用环形孔型时，采用每周期两次送进，工作机架在前极限位置也送进一次，即轧辊在返回行程时也进行轧制），当管坯回转时，芯杆也同样回转相同的角度。

　　装料机构由装料架、拨料臂、推料杆等组成，把轧制管坯从装料架上一根根装至轧机的轧制中心线上进行轧制。装料形式有侧面装料和后端装料两种。侧面装料是在轧机停止后，芯头随同芯杆退回至后端，管坯从侧面送入至中间的空当中，管坯装入后，芯杆穿进新装入的管坯中直至轧制位置，然后开机轧制。后端装料是轧机停止后，管坯从后端的空当装入，套到芯杆上并推到紧接前一根管坯，然后再开机轧制。侧面装料时芯杆需退回至后端位置，装料时停机时间长，侧面装料结构的轧管机长度相对较短，一般用于较大型的轧管机，后端装料结构的轧管机长度较长，装料时停机时间短，并可采用两套管坯卡盘和芯杆卡盘交替工作来实现不停机的连续装料，后端装料多用于中小型的轧管机。

　　卸料机构由出料槽、在线锯切机、拨料装置、料台、卷取装置等组成。卸料机构是用来承接轧出的成品管并按要求进行切断或卷曲。卸料形式有直条出料和卷盘出料，在直条出料中，有配置在线锯切机按短定尺直条切断后装入料筐，铝管材轧制大多采用这种形式，可大大缩短出料台的长度。卷盘出料是在出料台侧或前部配置有卷取机，在线卷取或轧出长直条后再卷取成盘。

　　液压和润滑系统由各自的油箱、液压泵、管道和阀门组成。液压系统给轧机的执行机构提供动力，润滑系统分别提供设备的润滑和轧制时的工艺润滑及冷却。

　　二辊式冷轧管机主要性能参数见表31-22～表31-25。

表 31-22 洛阳矿山机器厂二辊式冷轧管机主要技术性能

型 号	管坯直径/mm	管坯壁厚/mm	管坯长度/m	成品管直径/mm	成品管壁厚/mm	管坯送进量/mm	同时轧制根数	工作辊直径/mm	孔型长度/mm	机架行程/mm	机架行程次数/次·min⁻¹	主传动电动机功率/kW	外形尺寸/m×m	轧机质量/t
LG-30 Ⅳ	22~46	1.35~6	1.5~5	16~32	0.4~5	2~30	1	300		388	80~120	75	43.65×4.4	52.4
LG-30GH	23~51	2.0~12	5~12	15~30	0.8~8	3~15	1	300	670	862	70~160	200	45×7.0	80
LG-55 Ⅱ	38~73	1.75~12	1.5~5	25~55	0.6~10	2~30	1	364		534	68~90	112	44.39×4.5	64.4
LG-55G	54~76	<12	<10	25~60	>1.0	4~16	1	364		623	70~130	200		107
LG-60H	30~80	2.5~13	5~12	25~60	1.0~10	4~20	1	370	730	903	60~80	144	58×6.0	
LG-60GH	38~80	2.5~16	5~12	25~60	1.0~12	4~24	1	370	800	1023	60~130	400	50×7.5	139
LG-80 Ⅱ	57~102	2.5~20	1.5~5	40~80	0.75~18	2~30	1	434		605	60~70	130	44.57×4.6	77
LG-90GH	57~108	3.0~21	5~16	40~90	1.4~15	4~24	1	450	950	1184	50~110	510	66×8.0	195

注：G 表示高速；H 表示环形孔型、长行程。

表 31-23 宁波机床厂二辊式冷轧管机主要技术性能

型 号	管坯直径/mm	管坯壁厚/mm	管坯长度/m	成品管直径/mm	成品管壁厚/mm	管坯送进量/mm	同时轧制根数	工作辊直径/mm	机架行程/mm	机架行程次数/次·min⁻¹	主传动电动机功率/kW	外形尺寸/m×m
LG-15-H	15~25	1.5~2.5	0.8~3.8	8~16	0.8~2.0		1			40~100		
LG-30-H	25~45	1.5~6	1.5~6	15~32	1.0~5		1			50~120		
LG-30×2-H	25~40	1.5~3.5	1.5~6	15~30			2			50~120		
LG-60-H	≤79	≤8	≤5	25~60	1.0~6		1			60~100		
LG-60×2-H	≤79	≤8	≤5	25~60	1.0~6		2			60~100		
LGG-60-H	≤79	≤8	≤5	25~60	1.0~6		1			60~120		
LGK-60	≤70	≤7	≤5	25~60	1.0~6	1~15	1	320	644	60~100	100/67	35.0×4.6
LG-90-H	60~108	2.5~20	2.5~5	50~90	2.0~18		1			60~90		
LG-150H	108~170	≤28	≤7	90~150	3.0~18		1			20~40		

注：G 表示高速；H 表示环形孔型，长行程；K 表示开坯。

表 31-24 俄罗斯二辊式冷轧管机主要技术性能

型 号	管坯直径/mm	管坯壁厚/mm	管坯长度/m	成品管直径/mm	成品管壁厚/mm	管坯送进量/mm	同时轧制根数	工作辊直径/mm	孔型长度/mm	机架行程/mm	机架行程次数/次·min⁻¹	主传动电动机功率/kW	轧机质量/t
ХПТ15-25	25~36	1.5~6	2~5	15~25	0.4~4	5~15	3				80~120	125	
ХПТ32-3	22~46	1.35~6	(1.5~5)/8	16~32	0.4~5	2~30	1			452	80~150	70	73
ХПТ2-40	25~60		5	15~40		3~40	2				150	250	
ХПТ55-3	38~73	1.75~12	(1.5~5)/8	25~55	0.5~10	2~30	1			625	68~130	110	83
ХПТ2-55	30~70	3.0~10	(1.5~5)/8	20~55	0.5~8	0~30	2			800	50~120	185	

型　号	管坯直径/mm	管坯壁厚/mm	管坯长度/m	成品管直径/mm	成品管壁厚/mm	管坯送进量/mm	同时轧制根数	工作辊直径/mm	孔型长度/mm	机架行程/mm	机架行程次数/次·min⁻¹	主传动电动机功率/kW	轧机质量/t
ХПТБ2-75	50~100	3.0~15	3.0~12	30~75	1.5~12	4~30	2	420	900	1080	40~100	250	288
ХПТ2-75	50~100	3.0~15	3.0~12	30~75	1.5~12	4~30	2			1080	40~100	≤250	
ХПТ90-3	57~102	2.5~20	(1.5~5)/8	40~90	0.75~18	2~30	1			705	60~100	150	100
ХПТ90Ⅱ	60~102	2.0~12	2.5~11	50~92	1.4~10	2~25	1			705		160	
ХПТ2-90	50~125	2.0~20	5	32~90	0.75~18	4~45	2			1105	70~100	600	
ХПТБ2-110	50~100	3.0~15	3.0~15	30~90	1.5~12	1~30	2	440	900	1080	40~100	350	
ХПТ2-110	50~125	3.0~15	3.0~15	30~90	1.5~12	4~30	2			1080	40~100	350	
ХПТ120Ⅱ	89~140	4.0~24	2.5~8.5	80~120	1.5~20	2~25	1			755	60	125×2	
ХПТ160	100~200	3.0~25		90~160	1.0~20		1			1004	80		450

注：Б 表示第二代产品。

表 31-25　德国曼内斯曼-梅尔公司二辊式冷轧管机主要技术性能

型　号	管坯最大直径/mm	管坯长度/m	成品管最小直径/mm	管坯送进量/mm	同时轧制根数	工作辊直径/mm	孔型长度/mm	机架行程/mm	机架行程次数/次·min⁻¹	主传动电动机功率/kW
KPW18HMR(K)	21		4		1	130	270	380	350	30
KPW25VMR	28		8~20		1	185	360		100~260	37
KPW25VMR	32		10~23		1	205	365		100~260	45
KPW25HMR(K)	33		8		1	205	370	490	320	90
KPW50VM	51		14~38		1	280	370		75~190	90
KPW50VMR	51		14~38		1	300	600		75~190	165
KPW50DMR(K)	51		14		1	300	680	860	250	250
KPW75VM	76		20~60		1	336	455		60~160	180
KPW75VMR	76(80①)		20~60		1	370	740		60~160	300
KPW75DMR(K)	76(85)		20		1	370(375)	800	1020	190	400
KPW100VM	102		30~80		1	403	545		55~140	240
KPW100VMR	102(115①)		30~80		1	450	890		55~140	400
KPW100VMR(K)	102(115)		30		1	450	980	1203	140	500
KPW125VM	133		48~113		1	480	630		50~125	350
KPW125VMR	133		48~113		1	520	1000		50~125	550
KPW125VMR(K)	133		48		1	520	1050	1323	110	600
KPW150VMR	160		50		1	580	1100	1400	100	1000
KPW175VM	175		76~150		1	640	840		37.5~90	650
KPW225VM	230		114~205		1	760	950		37.5~75	1200
KPW250VM	260		140~230		1	800	950		20~45	1000

型号	管坯最大直径 /mm	管坯长度 /m	成品管最小直径 /mm	管坯送进量 /mm	同时轧制根数	工作辊直径 /mm	孔型长度 /mm	机架行程 /mm	机架行程次数 /次·min^{-1}	主传动电动机功率/kW
SKW50VMR	51		14 ~ 38		1	300	680		70 ~ 180	200
SKW2 × 50VMR	51		14		2	400	640		165	
SKM3 × 50VMR	51		14		3	400	640		165	
SKW75VMR	76(80①)	13	20 ~ 60	4 ~ 24	1	370	820	1023	60 ~ 150	350
SKW2 × 75VMR	76		20		2	490	800		150	
SKM3 × 75VMR	76		20		3	495	800		150	
SKW100VMR	102(115①)		30 ~ 80	4 ~ 24	1	450	950		50 ~ 130	500
SKW2 × 100VMR	102		35		2	575	960		135	
SKM3 × 100VMR	105		35		3	580	960		135	
SKM125VMR	133		48 ~ 113		1	520	1050		50 ~ 115	700
SKM150VMR	160		50 ~ 120		1	580	1100		40 ~ 100	960

注：VM 表示垂直质量平衡；HM 表示水平质量平衡；DM 表示双质量平衡；R 表示环形孔型；S 表示超长行程；K 表示连续上料。

① 表示用于铜管轧制。

31.2.3 多辊式冷轧管机

多辊式冷轧管机是用于钢材和有色金属无缝管材生产的通用设备，尤其适合于脆性较大的金属薄壁管材的生产。其形式有三辊、四辊和五辊，同时轧制根数 1 ~ 4 根。目前世界上只有俄罗斯和我国发展多辊式冷轧管机。我国铝管材生产使用的多辊式冷轧管机并不多，只用来生产二辊式冷轧管机难以生产的中小规格特薄壁管材。

多辊式冷轧管机使用等断面的孔型和圆柱形的芯头来进行轧制。轧制过程中金属变形比较均匀，可轧制壁厚特别薄的管材，轧制的管材壁厚与直径之比可达 1/100 ~ 1/250，也适合轧制难变形的金属。多辊式冷轧管机轧出的管材尺寸比较精确，内外表面质量好，光洁度高，可直接轧出成品。多辊式冷轧管机由于使用等断面的孔型和圆柱形的芯头来进行轧制，因此轧制时的减径量较小，道次变形量和送进量也较小，生产效率较低。多辊式冷轧管机结构相对简单，质量轻，轧制功率小。

多辊式冷轧管机的工作原理如图 31-21 所示。其主要工具是 3 个或 3 个以上在滑道上滚动的辊子和圆柱形芯头。3 个工作辊被置于辊架中，并且靠在具有一定形状的滑道上，滑道装在厚壁套筒中，厚壁套筒本身就是冷轧管机的工作机架，它安装在轻便的小车上。

在轧制过程中，小车、机架及辊架在摇杆的带动下做往复运动，辊架是通过下连杆和摇杆相连接，小车是通过上连杆和摇杆相连接，因此辊架（辊子）的线速度和沿轧制线的移动量要比小车的小一半左右。

由于辊架和机架（小车）的线速度差，所以辊子必然沿着辊架做滚动。滑道的工作面是倾斜的，当辊子运动到滑道的左端时，3 个辊子互相离开得很大，这时可以实现管坯的

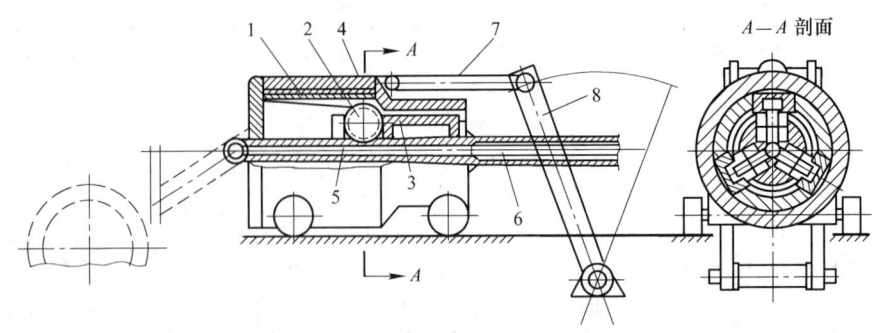

图 31-21　多辊式冷轧管机工作原理图

1—滑道；2—轧辊；3—辊架；4—工作机架；5—芯头；6—芯杆；7—连杆；8—摇杆

送进和回转。当小车和辊架开始向右移动时，辊子受到滑道的约束，3 个辊子间距逐渐缩小，这样便压缩套在芯头上的管坯，一直到小车行至最右端为止，然后小车和辊子又一起向左运动，重新精整一次所压过的管子，一直运动到最左端，此时管坯向前送进预定长度并和芯杆一起回转一定角度，下一周期的轧制又重新进行。

　　一般形式的多辊式冷轧管机设备如图 31-22 所示，多辊式冷轧管机的设备组成基本与二辊式冷轧管机相同。除工作机架外，其他部分的结构与二辊式冷轧管机相似。多辊式冷轧管机的工作机架是一厚壁套筒，内装有滑道和辊架，轧辊沿径向成等角度配置。多辊式冷轧管机广泛使用丝杠-马尔泰盘式送进回转机构，新型轧机有采用无丝杠送进回转机构的。

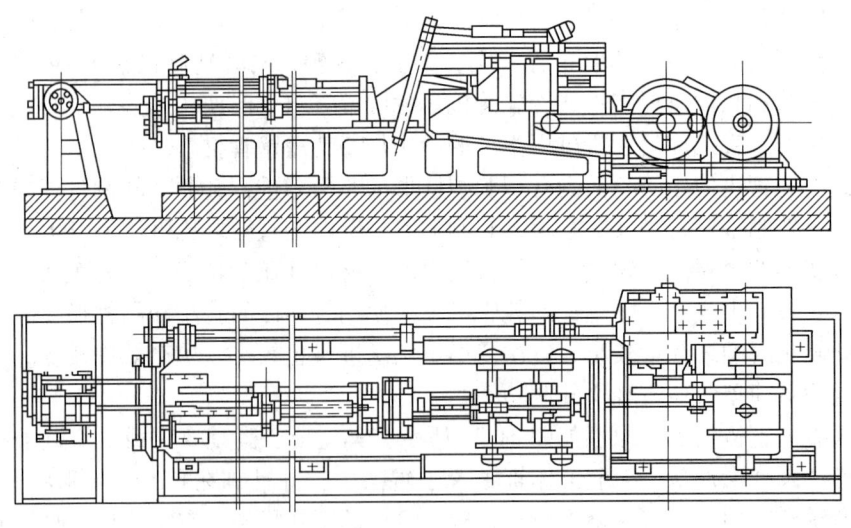

图 31-22　多辊式冷轧管机简图

　　新型的多辊式冷轧管机也采用了一些新的结构以改善轧机的性能，如采用长行程、两套轧辊架和两套滑道结构，增大了轧制规格范围和道次变形量；采用垂直质量平衡装置以提高轧制速度；采用无丝杠送进回转机构和两套芯杆卡盘，实现装料时不停机的连续作业，送进量可无级调整。表31-26～表31-28列出了我国厂家和俄罗斯的多辊式冷轧管机的主要技术性能。

表31-26 宁波机床厂多辊式冷轧管机主要技术性能

型 号	管坯直径/mm	管坯壁厚/mm	管坯长度/m	成品管直径/mm	成品管壁厚/mm	同时轧制根数	工作辊数	机架行程次数/次·min^{-1}
LD-8	3.5～9	0.3～1.3	1.2～3.0	3～8	0.1～1.0	1	3	60～140
LD-12×4	6.5～14	0.4～1.2	1.0～3.0	6～12	0.2～1.0	4	3	60～140
LD-15×2	6.5～17	0.4～1.8	0.8～3.8	6～15	0.2～1.0	2	3	60～140
LD-30	17～34	0.5～2.5	2.0～5.0	15～30	0.3～2.0	1	3	30～120
LD-60	32～64	≤4.0	2.0～5.0	30～60	0.3～3.0	1	3	50～100
LD-90	≤98	≤10	≤5.0	50～90	≤8.0	1	5	50～80
LD-150	96～160	≤8	2.5～5.0	80～150	≤7.0	1	4	50～80
LD-180	110～190	≤13	3.0～7.0	110～180	2.0～7.0	1	5	30～60
LD-180A	110～210	≤13	3.0～7.0	110～200	2.0～7.0	1	5	20～45

表31-27 西安重型机械研究所多辊式冷轧管机主要技术性能

型 号	管坯直径/mm	管坯壁厚/mm	管坯长度/m	成品管直径/mm	成品管壁厚/mm	同时轧制根数	工作辊数	机架行程/mm	机架行程次数/次·min^{-1}	主传动电动机功率/kW	外形尺寸/m×m	轧机质量/t
LD-8	3.5～12	0.2～1.2	1.2～3.5	3～10	0.1～1.0	1	3	450	≤110	7.5	12.63×1.996	5.0
LD-15	9～17	0.2～1.8	≤4	8～15	0.1～1.0	1	3	450	70～140	10	16.30×2.14	4.7
LD-15（新）	4～17	0.2～2.0	≤4	3～15	0.1～1.0	1	3	450	≤100	7.5		6
LD-30	17～34	0.5～2.5	≤5	15～30	0.2～2.0	1	3	475	60～130	25		14
LD-30-WS	15～35	0.5～4.0	3～6(9)	13～32	0.2～3.0	1	3	605	60～100	30	15.34×3.10	17
LD-60	32～64	0.5～4.0	≤5	30～60	0.2～3.0	1	3	603	50～100	55		27
LD-60-WS	32～74	0.5～6.0	3～6(9)	30～70	0.3～5.0	1	4	721	50～90	55	18.59×4.610	30
LD-120	64～127	2.0～8.0	3～6	60～120	0.5～7.0	1	5	904	50～80	160	39.33×5.78	85

注：WS表示无丝杠、连续上料、长行程、长管坯。

表31-28 俄罗斯多辊式冷轧管机主要技术性能

型 号	管坯直径/mm	管坯长度/m	成品管直径/mm	成品管壁厚/mm	管坯送进量/mm	工作辊直径/mm	工作辊数	机架行程次数/次·min^{-1}	主传动电动机功率/kW	外形尺寸/m×m	轧机质量/t
ХПТР-4-8	4.5～9.5	1.0～1.5	4～8	0.04～1.0	1～8		3	50～98	4.5		5.0
ХПТР-8-15	9～16	1.0～4.0	8～15	0.1～1.5	1～9	36	3	70～140	8	7.04×1.14	6.0
ХПТР-15-30	16～33	2.5～5.0	15～30	0.15～2.5	2～12	62	3	65～130	28	14.4×1.50	14.0
ХПТР-30-60	31～68	2.5～5.0	30～60	0.3～0.4	3～15	83	3	60～120	40	16.76×2.825	20
ХПТР-60-120	65～130	2.5～5.0	60～120	0.5～0.6	2～15.6	180	4	60～96	100	17.72×3.895	30.6

31.3　铝合金拉伸设备

铝管、棒、型拉伸设备按拉出制品形式分为直线拉伸机和圆盘拉伸机两大类。直线拉伸机有链式、钢丝绳式和液压式 3 种传动方式，其中链式拉伸机是应用最广泛的一种拉伸设备，钢丝绳式和液压式拉伸机在我国较少用于铝管、棒的拉制。圆盘拉伸机因能充分发挥游动芯头拉伸工艺的优越性，适合长管材生产，目前我国主要应用在铜管的生产中，铝管材生产中基本上没有使用圆盘拉伸机。

拉伸线材的拉线机种类很多，但基本可分为单模拉线机和多模连续拉线机。目前，用于铝合金生产的拉线机主要是单模拉线机和多模积蓄式无滑动连续拉线机。

31.3.1　链式拉伸机

链式拉伸机按用途可分为管材拉伸机和棒材拉伸机。它们的不同点是管材拉伸机有一套上芯杆装置。一般链式拉伸机按传动链数量可分为单链拉伸机和双链拉伸机。按同时拉伸工件的根数可分为单线拉伸机和多线拉伸机。

31.3.1.1　单链拉伸机

单链拉伸机的拉伸小车是由一根链条带动，其结构如图 31-23 所示，用于拉伸管材时，送料架上固定有芯杆。单链拉伸机的结构较简单，但其卸料不方便，卸料方式有人工卸料和拨料杆拨料两种。人工装卸料用于小型拉伸机，在制品拉拔完毕、拉拔小车脱钩、钳口自动张开的一瞬间，由人工将制品放入料架中，工人劳动强度较大。拨料杆拨料的过程是：拨料杆的位置平时与拉伸机轴线平行，拉伸时逐一地在小车后面转动 90° 与制品垂直处于接料状态，拉伸完毕，制品落入拨料杆上并被拨入拉伸机旁的料架中。

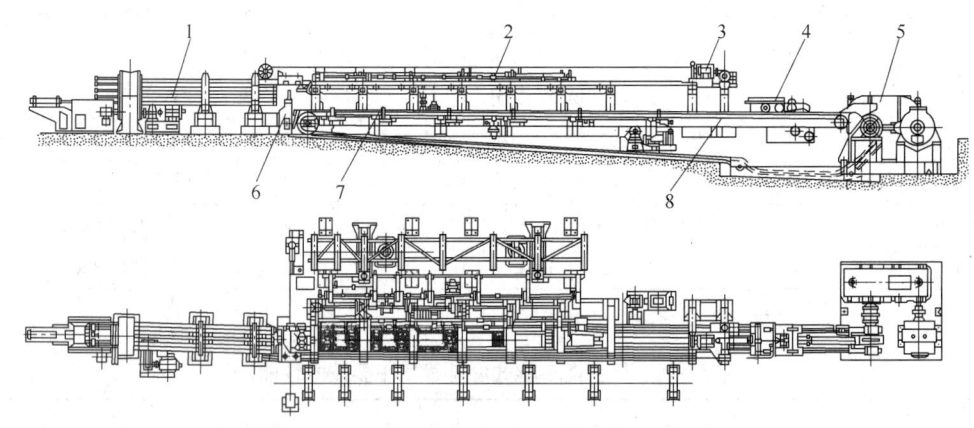

图 31-23　单链拉伸机外形图

1—送料架；2—坯料架；3—推料（穿芯杆）机构；4—拉伸小车；5—传动装置；6—模架；7—拨料杆；8—床身

31.3.1.2　双链拉伸机

双链拉伸机与单链拉伸机相比具有以下优点：

（1）拉伸后的制品可以直接由两根链条之间自由下落到料框中，无需专用的拨料机构，卸料也很方便，这对拉伸大而长的制品显示出更大的优越性。

（2）使用范围广，在一台设备上可拉伸大小规格的制品，消除了单链拉伸机的拉伸小车在拉伸力大时挂钩、脱钩困难的缺点。

（3）由于是两根链条受力，链条的规格大大减小，使中、小吨位的拉伸机可采用标准化链条。

（4）小车拉伸中心线与拉伸机中心线一致，克服了单链拉伸机拉伸中心线高于拉伸机中心线的弊病。因此拉伸平稳，拉出的制品尺寸精度、表面质量和平直度高。

双链拉伸机的工作机架采用 C 形机架，机架内装有两条水平横梁，其底面支撑拉链和小车，侧面装有小车导轨。两条链条从两侧连在小车上，在 C 形机架之间的下部装滑料架，链条由导轮导向。双链拉伸机的结构如图 31-24 和图 31-25 所示。

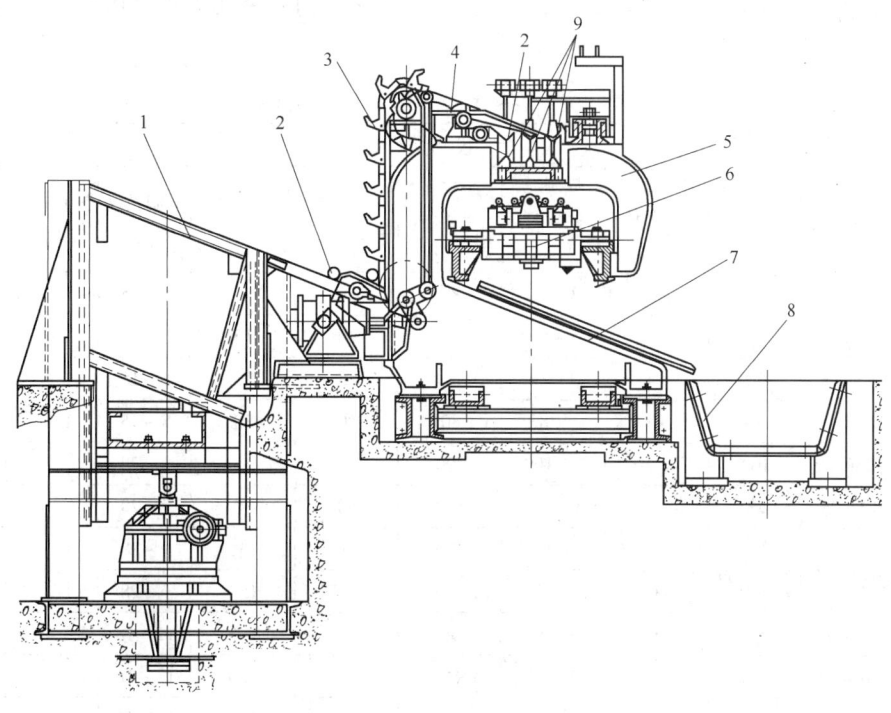

图 31-24　双链管材拉伸机装卸架和 C 形机架结构图

1—可动料架；2—管坯；3—链式管坯提升装置；4—斜梁；5—C 形机架；6—拉伸小车；7—滑料架；8—制品料架；9—滚轮

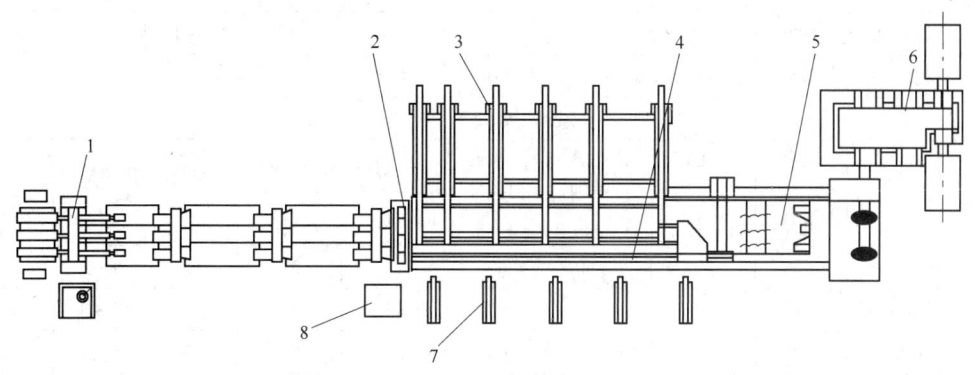

图 31-25　多线回转式双链拉伸机平面图

1—回转盘；2—模架；3—上料架；4—床身；5—拉伸小车；6—传动装置；7—制品料架；8—操作台

　　现代化链式拉伸机有各种先进的辅助装置，包括：供坯机构、管坯套芯杆机构、拉伸小车自动咬料、挂钩、脱钩、小车返回重新咬料等机构和从小车上将制品推向料架的装置等。拉伸速度由低到高，平稳的增加，拉伸速度在各段工作中是可变的。

　　为了提高拉伸机的生产能力，近代拉伸机正朝着多线、高速、自动化方向发展。多线拉伸一般同时拉伸 3 根，最多可达 9 根，拉伸速度可达 150m/min。拉伸机在机械化、自动化程度方面日趋完善，先进的拉伸机设备已达到装、卸料等工序全部实现自动化控制。

　　目前，我国双链式冷拉伸机已经形成系列，管材双链拉伸机从 5kN 到 6000kN 共 15 个规格，棒材双链拉伸机从 50kN 到 500kN 共 5 个规格，详见表 31-29 双链式冷拔机。表 31-30 ~ 表 31-33 为洛阳中信重机公司、苏州新长光公司和波兰扎梅特公司生产的三线链式拉伸机的主要技术性能。

表 31-29　双链式冷拔机主要技术性能

冷　拔　管　机

序号	产品型号	额定拔制力/kN	额定拔制速度/m·min⁻¹	拔制速度范围/m·min⁻¹	小车返回速度/m·min⁻¹	最大拔制直径/mm 黑色	最大拔制直径/mm 有色	拔制长度/m	拔制根数/根	主电动机功率/kW
1	LBG-0.5	5	40	3 ~ 80	80	5	8	8 ~ 15	1 ~ 3	4.5
2	LBG-1	10	40	3 ~ 80	80	10	15	8 ~ 15	1 ~ 3	9
3	LBG-3	30	40	3 ~ 80	80	15	20	8 ~ 15	1 ~ 3	30
4	LBG-5	50	40	3 ~ 80	80	20	30	8 ~ 15	1 ~ 3	55
5	LBG-10	100	60	3 ~ 100	100	40	55	9 ~ 28	1 ~ 3	126
6	LBG-20	200	60	3 ~ 100	100	60	80	9 ~ 28	1 ~ 3	250
7	LBG-30	300	60	3 ~ 100	100	89	130	9 ~ 28	1 ~ 3	360
8	LBG-50	500	60	3 ~ 100	100	127	150	9 ~ 28	1 ~ 3	630
9	LBG-75	750	40	3 ~ 60	60	146	175	12 ~ 18	1	630
10	LBG-100	1000	30	3 ~ 60	60	168	200	12 ~ 18	1	630
11	LBG-150	1500	30	3 ~ 60	50	180	300	12 ~ 18	1	2 × 470
12	LBG-200	2000	20	3 ~ 40	40	219	400	12 ~ 18	1	2 × 420
13	LBG-300	3000	20	3 ~ 40	40	273	500	12 ~ 18	1	2 × 630
14	LBG-450	4500	12	3 ~ 20	20	351	550	12 ~ 18	1	2 × 560
15	LBG-600	6000	12	3 ~ 20	20	450	600	12 ~ 18	1	2 × 750

冷　拔　棒　机

序号	产品型号	额定拔制力/kN	额定拔制速度/m·min⁻¹	拔制速度范围/m·min⁻¹	小车返回速度/m·min⁻¹	最大拔制直径/mm 黑色	最大拔制直径/mm 有色	拔制长度/m	拔制根数/根	主电动机功率/kW
1	LBB-5	50	30	3 ~ 60	60	16	25	13	1 ~ 3	31
2	LBB-10	100	30	3 ~ 60	60	25	35	13	1 ~ 3	63
3	LBB-20	200	30	3 ~ 60	60	50	65	13	1 ~ 3	126
4	LBB-30	300	25	3 ~ 50	50	65	80	13	1 ~ 3	160
5	LBB-50	500	25	3 ~ 50	50	90	110	13	1 ~ 3	263

表 31-30 洛阳中信重机公司生产的链式拉伸机的主要技术性能

型号	额定拉制力/t	拉制速度/m·min⁻¹	夹料起动速度/m·min⁻¹	小车返回速度/m·min⁻¹	拉制根数/根	坯料长度/m	坯料直径/mm	成品长度/m	成品直径/mm	传动形式	主电动机功率/kW	外形尺寸 $L \times B \times H$/m×m×m	设备质量/t
LB-1	1	6~45	6	60	1~2	2~7	6~10	8	4~9	双链	8.85	17.8×2.3×1.2	5.78
LB-1 Ⅱ	1	12~68	6	85	2	2~8	6~18	9	4~15	单链	12	20.9×3.4×1.2	5.95
LB-1 Ⅲ	1	3~25	3	85	2	2~8	6~18	9	4~15	单链	6.5	20.9×3.4×1.2	5.70
LB-3	3	6~24	6	85	1~3	2~8	6~23	9	5~20	单链	21	22.7×4.4×1.7	13.40
LB-3 Ⅱ	3	12~60	6	85	1~3	2~8	6~23	9	5~20	单链	40	22.7×4.6×1.2	14.23
LB-3 Ⅲ	3	6~24	6	85	1	6~16	45	18	43	单链	21	33.6×4.3×1.2	10.44
LB-3 Ⅳ	3	3~75	3	85	1~3	2~8	6~23	9	5~20	单链	21	22.7×4.4×1.7	14.00
LB-5	5	3~35		50	1~3	8	15/25	9		双链	30	24×3.5×1.3	13.32
LB-5	5	3~50	3	80	1~3	2~8.5	20/30	9		双链	55	27.9×5.1×2.8	24.52
LB-8	8	7~28		85	1~3	2~8.5	12~40	12	10~38	单链	40	27.6×4.9×1.7	17.20
LB-8 Ⅱ	8	3~15	3	85	1~3	2~8.5	12~40	12（空拉18）	10~38	单链	30	42×4.8×2.1	23.7
LB-8 Ⅲ	8	3~28	3	60	1~3	2~8.5	12~40	12	10~38	双链	40	28.1×4.7×1.3	14.50
LB-8	8	12~60	3	80	1（芯拉）4（空拉）	8	约45	9	约40	双链	55	22.5×4.6×1.7	12.66
LB10	10	6~48	3~6	60	1	8.5	40	10	12~33	双链	100	25.5×5.7×1.7	20.89
LB-10 Ⅰ	10	6~48	3~6	60	1		40	15	12~33	双链	125	21.5×1.9×1.7	15.72
LB-10	10	3~35	3	50	1~3	2~8		9		双链	55	24×3.6×1.5	14.92
LB-15	15	8~32	3	100		2~8.5	18~57	12	15~51	单链	100	30×6.2×1.8	40
LB-15 Ⅱ	15	8~32	3	100	1~3	2~8.5	18~55	12	16~50	单链	75	24×6×1.8	23.8
LB-15 Ⅲ	15	8~32	3	100	1~3	2~8.5	18~57	12	15~51	单链		28×4×2.4	26.5
LB-15 Ⅳ	15	8~32	3	100	1~3	2~7.5	12~51	9	10~30	单链	75	24×6×1.5	23.16
LB-15	15	12~60		80	1~2		80	24		双链	100	55.3×4.8×2	59.85
LB-15	15	12~60	3	80	1（芯拉）4（空拉）	约7.5	约80	9		双链	100	24.6×4.1×2.2	24.82

表 31-31 洛阳中信重机公司生产的链式拉伸机的主要技术性能

型号	额定拉制力/t	拉制速度/m·min⁻¹	夹料起动速度/m·min⁻¹	小车返回速度/m·min⁻¹	拉制根数/根	坯料长度/m	坯料直径/mm	成品长度/m	成品直径/mm	传动形式	主电动机功率/kW	外形尺寸 $L \times B \times H$/m×m×m	设备质量/t
LB-20	20	10~30	6	50	1~2	2~6	10~60	9		双链	75	22.5×4×1.6	27.1
LB-20	20	6~48	3~6	60	1	8.5	73	10	20~58	双链	160	26×5.8×1.6	32.10
LB-20 棒	20	3~15	1	50	1	2~6	10~60	9		双链	100	24.5×4.5×1.6	33.3

型　号	额定拉制力/t	拉制速度/m·min⁻¹	夹料起动速度/m·min⁻¹	小车返回速度/m·min⁻¹	拉制根数/根	坯料长度/m	坯料直径/mm	成品长度/m	成品直径/mm	传动形式	主电动机功率/kW	外形尺寸 L×B×H/m×m×m	设备质量/t
LB-20 棒	20	3 ~ 15	3	50	1 ~ 3	2 ~ 8	10 ~ 50	9		双链	100	25.6 × 4 × 1.6	35.0
LB30	30	12 ~ 48	3	100	1	2.5 ~ 9	40 ~ 102	13	30 ~ 89	单链	2 × 125	32.9 × 6.3 × 1.85	44
LB-30II	30	3 ~ 24	3	100	1	2.5 ~ 9	40 ~ 102	13	30 ~ 89	单链	2 × 75	23.9 × 6.4 × 1.8	45
LB-30III	30	3 ~ 24	3	100	1	2.5 ~ 9	40 ~ 102	13	30 ~ 89	单链	2 × 75	32 × 7 × 1.9	41
LB-30IV	30	12 ~ 48	3	100	1	2.5 ~ 9	40 ~ 102	13	30 ~ 89	单链	2 × 125	30.8 × 5.8 × 2.4	34.8
LB-30V	30	3 ~ 24	3	100	1	2.5 ~ 9	40 ~ 102	13	30 ~ 89	单链	2 × 75	30.8 × 5.8 × 2.4	34.8
LB-30	30	6 ~ 48	3 ~ 6	60	1	11	102	13	89	双链	250	31 × 6.2 × 1.8	42.6
LB-30	30	3 ~ 72	1 ~ 3	72	1 ~ 3	2 ~ 11	23 ~ 65	4 ~ 15		双链	250	39.6 × 5.5 × 2.6	60
LB50	50	3 ~ 40	3	60	1 ~ 3	8.5	150	约 10		双链	2 × 160	29.8 × 8.7 × 2.8	109
LB-50II	50	3 ~ 40	3	60	1	6 ~ 7.5	70 ~ 100	8	50 ~ 80	双链	2 × 160	27.4 × 7.7 × 1.8	约 90
LB-75	75	3 ~ 30	6	60	1	8.5	175	10		双链	2 × 200	42.3 × 9.7 × 2.3	102
LB-75	75	3 ~ 30	3	60	1	9.5	83 ~ 120	13		双链	2 × 200	39.2 × 9.8 × 2.7	148
LB-100	100	5 ~ 35	5	20 ~ 60	1	3 ~ 9	230	13	220	单链	2 × 200	43.8 × 10.7 × 1.3	175

表 31-32　苏州新长光公司生产的链式拉伸机主要技术性能

型　号	额定拉伸力/kN	额定拉伸速度/m·min⁻¹	传动形式	管坯外径/mm	管坯长度/m	拉伸最大管材直径/mm	拉伸管材长度/m	拉伸根数/根	返回速度/m·min⁻¹	总功率/kW
RSL3	30	30	单链	φ30	6	φ25	9	1	57	22.325
RSL5	50	30	单链	φ40	6	φ30	9	1	57	33.525
RSL6	60	30	单链	φ46	12	φ40	16	1	57	40.825
RSL10	100	29	单链	φ60	11	φ25	15	1	57	58.825
RSL15	150	27	单链	φ55	11	φ50	15	1	62	81.725
RSL15D	150	0 ~ 72	双链	φ45	18	φ40	25	1 ~ 3	90	114.525
RSL30	300	0 ~ 72	单链	φ80	18	φ75	25	1 ~ 3	112	232.625

表 31-33　波兰扎梅特公司三线链式拉伸机主要技术性能

型　号	CR20/3	CR25/3	CR35/3	CR40/3	CR45/3
最大拉伸力/kN	200	250	350	400	450
最大拉伸长度/m	12	24	16	12	36
恒功率时的拉伸速度/m·min⁻¹	37 ~ 66	45 ~ 80	37 ~ 127	46 ~ 143	46 ~ 143
拉伸的管材最大直径/mm	70	75	80	80	80
拉伸的管材最小直径/mm	15	15	20	20	20
同时拉伸的管材数量/根	3	3	3	3	3
电动机装机功率/kW	215	200	260	350	350

31.3.2　液压拉伸机

液压拉伸机具有传动平稳，拉速调整容易，停点控制准确的优点，最适于拉伸难变形合金和高精度、高表面质量的异型管和型材。图 31-26 所示为液压拉伸机结构示意图。表 31-34 为常用的液压拉伸机的技术性能。

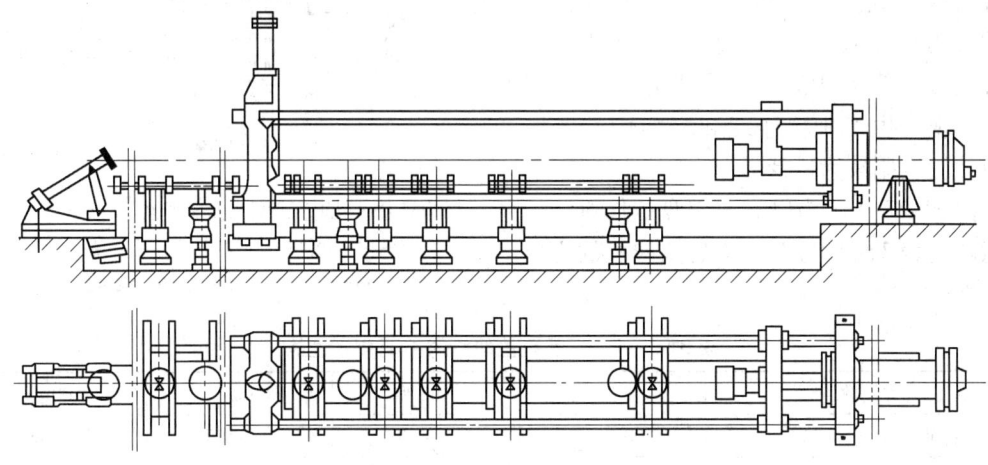

图 31-26　液压拉伸机结构示意图

表 31-34　液压拉伸机技术性能

额定拉伸力/t	30	50	50	75
拉伸速度范围/m·min⁻¹	2 ~ 28	4 ~ 24	1 ~ 24	16 ~ 23
额定拉伸速度/m·min⁻¹	28	12	20	16
小车返回速度/m·min⁻¹	40	40	40	40
每次同时拉伸根数/根		1 ~ 3	1	1
坯料长度/mm	2000 ~ 7500	3500 ~ 6000	3500 ~ 6000	2500 ~ 8500
坯料直径/mm	40 ~ 130	35 ~ 100	75 ~ 120	110 ~ 200
成品长度/mm	9000	8000	8000	2800 ~ 9000
成品直径/mm	35 ~ 120	30 ~ 98	60 ~ 110	100 ~ 180
主电动机型号	JS-125-6	JO-92-6	JS-126-6	JS-125-6
功率/kW	2 × 130	2 × 75	2 × 155	2 × 130

31.3.3　圆盘拉伸机

圆盘拉伸机是生产长管棒材不可缺少的设备，因能充分发挥游动芯头拉伸工艺的优越性，多应用于管材生产。这种拉伸机的优点是设备占地面积小，可拉长管，减少辅助工序、金属损耗和往复运输造成的机械损伤，并适合高速拉伸。

圆盘拉伸机一般是用圆盘（卷筒）的直径来表示其能力的大小，并且多与一些辅助工序如开卷、矫直、制夹头、盘卷存放和运输等所用设备组合成一个完整机列。圆盘拉伸机的结构形式较多，根据圆盘轴线与地面的关系分立式和卧式两大类，其中主传动装置配置在卷筒上部的立式圆盘拉伸机称为倒立式，主传动装置配置在卷筒下部的称为正立式。倒立式圆盘拉伸机按卸料方式可分为连续卸料式和非连续卸料式两种。现代生产中，连续卸料的倒立式圆盘拉伸机应用较为广泛。

图 31-27 所示为倒立式圆盘拉伸机结构示意图。表 31-35 为立式圆盘拉伸机的主要技术性能。

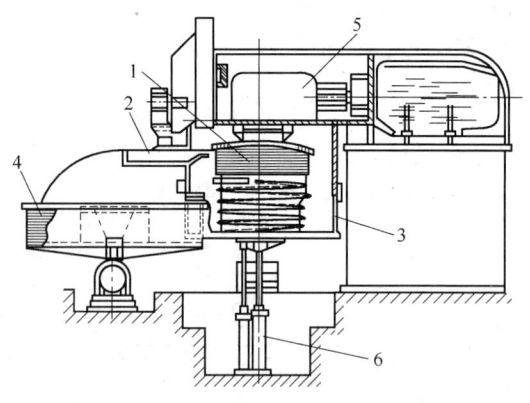

图 31-27　倒立式圆盘拉伸机结构示意图

1—拉伸卷筒；2—横座；3—受料盘；
4—放料架；5—驱动装置；6—液压缸

表 31-35　立式圆盘拉伸机的主要技术性能

参　数	750 型	1000 型	1500 型	2800 型
拉伸速度/m·min^{-1}	100 ~ 540	85 ~ 540	40 ~ 575	40 ~ 400
在 100（80）m/min 时拉伸力/t	1.5	2.5	8.0	(15)
卷筒直径/mm	750	1000	1500	2800
卷筒工作长度/mm	1200	1500	1500	
管材直径/mm	8 ~ 12	5 ~ 15	8 ~ 45	25 ~ 70
管材长度/m	350 ~ 2300	280 ~ 800	130 ~ 600	100 ~ 500
主电动机功率/kW	32	42	70	250
设备质量/t	22.15	30.98	40.6	

31.3.4　线材拉伸机

线材拉伸机简称拉线机，拉线机的种类很多，从类型上分，有单模拉线机和多模连续拉线机；从同时拉制的根数可分单线拉线机和多线拉线机；从绞盘放置方向分卧式拉线机和立式拉线机等。

目前，用于铝合金生产的拉线机主要是单模拉线机和多模积蓄式无滑动连续拉线机。一般情况下，单模拉线机用于生产成品直径较大、强度较高、塑性较差，而且线坯不焊接的线材，而多模积蓄式无滑动连续拉线机则常用于生产较小规格或中等强度的铝合金线材及纯铝线。

31.3.4.1　单模拉线机

单模拉线机只配置一个模座和一个绞盘，只能拉一根线的某一道次。单模拉线机的特点如下：

（1）结构简单，制造容易。

（2）拉伸速度较慢。

（3）劳动强度较大，自动化程度低。

（4）生产效率不高，辅助时间多。

（5）适于拉制短的、强度高、塑性低，并且中间退火工序多的线材。

图 31-28 所示为四川德阳东方电工机械厂的 LDL-700/1 型单模拉线机外形图。这类拉线机的技术性能见表 31-36。

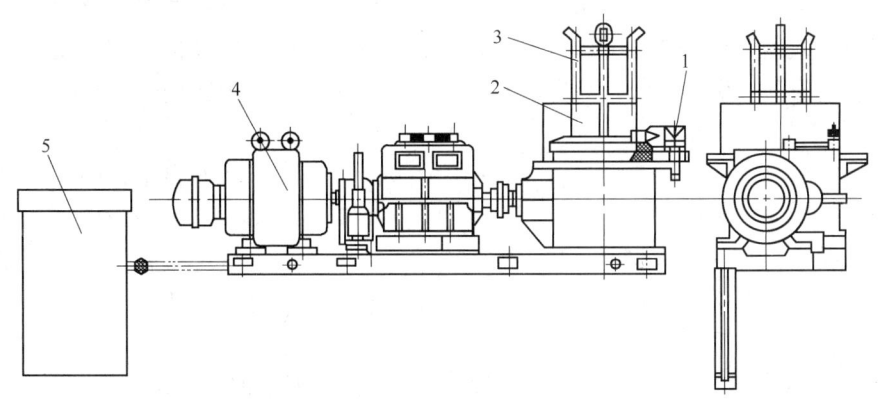

图 31-28　LDL-700/1 型单模拉线机外形图
1—模座；2—绞盘；3—下线架；4—电动机；5—油箱

表 31-36　单模拉线机的技术性能

型　号	绞盘 /mm	最长进线 mm	最短出线 /mm	拉速/m·min^{-1}	拉力 /kN	主电动机 功率/kW	总质量 /t	生产厂家
600/1	550/600	8	3.5	81、115、164、226		115	10.8	东方电工机械厂
700/1	700	12	5	64.5、89、126、173.7		80	10.65	东方电工机械厂
450/1	450	3.4	1.6	69、80、120	7、9、12		2.2	西安拉拔设备厂
560/1	560	8	2	67.7		18.5	1.87	西安拉拔设备厂
610/1	610	12	5	83.4		75	6.8	西安拉拔设备厂
750/1	750	12	6	58.8		80	7.06	西安拉拔设备厂
800/1	800	14	6	61		80	7.06	西安拉拔设备厂
850/1	850	14	6	61		80	7.2	西安拉拔设备厂
900/1	900	20	6	48		95	7.4	西安拉拔设备厂
200/1	200	1.6	0.4	30~270	0.3			
250/1	250	2	0.6	30~270	0.6			
350/1	350	3	1	30~270	2.5			
450/1	450	6	2	60~180	5.0			
550/1	550	8	3	30~180	10			
650/1	650	16	6	30~180	20			
750/1	750	20	8	30~90	40			
1000/1	1000	25	10	30~90	80			

31.3.4.2　积蓄式无滑动连续拉线机

多模连续拉线机的工作特点是：线材在拉制时，连续同时通过多个模子，而在每两个模子之间有绞盘,工件以一定的圈数缠绕于其上,借以建立起拉伸力。根据绞盘上工件收线速度、放线速度、绞盘的速度三者相对关系的不同,多模连续拉线机可分为积蓄式无滑动拉线机、非积蓄式无滑动式拉线机和滑动式拉线机。其中用于铝合金生产的主要是积蓄式无滑动拉线机。

积蓄式无滑动连续拉线机是由若干台(2~13台)立式单模拉线机组合而成。一般每个绞盘都由独立的电动机拖动,既可以单独停止和开动,也可集体停止和开动。线材从上一绞盘的引线滑环中引出,经上导向轮和下导向轮,进入下一道次模子和绞盘,进行下一道次的拉制。

滑环压在绞盘的上端面上,二者具有相同的转动中心,但相对自由,即滑环可在绞盘摩擦力的带动下随绞盘转动,也可在引出工件的拖动下,克服绞盘摩擦力做反方向转动。由于滑环的存在,向绞盘缠绕工件和由绞盘引出的工件,二者速度可相等也可不相等。一般安排成缠绕稍多于引出,于是绞盘上的工件就逐渐增多,正因为此,称之为“积蓄式”拉线机。这种拉线机有如下特点:

(1)拉伸中,常产生张力和活套,所以不适于拉伸细线和特细线。

(2)因有扭转,不适于拉伸异型线材。

(3)由于工件与绞盘之间无滑动,所以适于拉伸抗拉强度不大和抗磨性差的金属线材。

(4)为实现连续不停的拉线,必须配合线坯的焊接,因此不适合拉制焊接性差的合金。

图31-29所示为LFD450/8型积蓄式多模拉线机外形图,表31-37列出了四川德阳东方电工机械厂生产的铝线积蓄式多模连续拉线的技术特性。

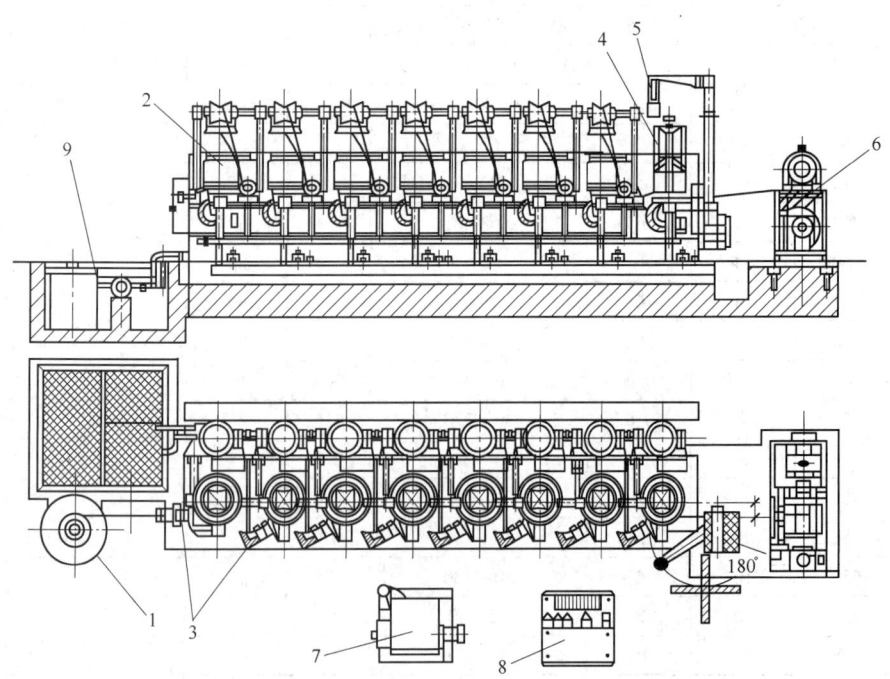

图 31-29 LFD450/8 型积蓄式多模拉线机外形图

1—放线架;2—绞盘;3—模座;4—下线吊钩;5—下线吊车;6—收线机;7—碾头机;8—操作台;9—润滑油箱

表 31-37 德阳东方电工机械厂铝线积蓄式多模连续拉线技术特性

型　号	LFD450/8	LFD450/10	LHD400/13
进线直径/mm	9.0	9.0	9.0 ~ 9.5
出线直径/mm	1.7 ~ 4.0	1.7 ~ 2.25	1.8 ~ 4.5
模子数	8	10	13
绞盘直径/mm	450	450	400
出线速度/m·s^{-1}	6.08/8.05/12.24	6.08/8.05/12.24	14.7/23.6/30.0
电动机功率/kW	7.5/10/11	7.5/10/11	DC220
电动机转速/r·min^{-1}	730/960/1460	730/960/1460	
外形 ($L \times B \times H$)/mm×mm×mm	10500×3850×2750	12700×3800×2700	22800×4500×3820
总质量/t	17	18.5	36.5
收线盘尺寸/mm	ϕ400×160×250	ϕ400×160×250	PND500、PND560、PND630

31.3.5 拉伸辅助设备

31.3.5.1 管棒材拉伸辅助设备

通常在拉制管棒材之前，先将制品一端的断面减小，以顺利穿模孔，该工序便称为制头。常用的制头设备有以下几种。

（1）碾头机。碾头机是采用上下辊形成变断面孔型并将送入的管棒材碾成尖形的一种机械。该碾头机可碾多种规格的制品，设备性能见表 31-38。

表 31-38 碾头机主要技术性能

辊子直径/mm	辊子工作部分长度/mm	碾头机孔型数目/个	碾头机规格范围/mm	转速/r·min^{-1}	电动机功率/kW
200	500	11	15 ~ 50		14
200	500	15	8 ~ 48		20
200	500	19	8 ~ 38		10
200	500	18	7 ~ 25		10
100	210	12	5 ~ 13		2.8
100	210	12	3 ~ 12		4.5
125	220	15	4 ~ 12	80	3.0
125	220	9	8 ~ 24	80	4.0

（2）空气锤。空气锤的设备性能见表 31-39。

表 31-39 空气锤主要性能

名　称	型　号	气锤质量/kg	锤头行程/mm	锤头次数/次·min^{-1}	最大锤件尺寸/mm	电动机功率/kW	外形尺寸（长×宽×高）/m×m×m	质量/t
65kg空气锤	C41-65	65	310	200	ϕ85	7.5	1.4×0.8×1.8	3.8
75kg空气锤	C41-75	75	350	210	ϕ85	7.5	1.5×1.5×1.9	2.33
150kg空气锤	C41-150	150	350	180	ϕ145	14	1.9×1.2×2	5.44
250kg空气锤	C41-250	250	385	140	ϕ175	22	2.6×1.2×2.5	8
400kg空气锤	C41-400	400	700	120	ϕ220	40	3.2×1.4×2.8	15
560kg空气锤	C41-560	560	600	115	ϕ280	40	1.5×3.4×2.8	20
750kg空气锤	C41-750	750	840	105	ϕ300	55	4×1.3×3.2	26

（3）旋转打头机。旋转打头机实质是由一对旋转锻模组成的模锻设备。表31-40 为 ϕ30mm 旋转打头机的主要技术性能。

表31-40 ϕ30mm 旋转打头机的主要技术性能

序 号	技术规格	参 数	序 号	技术规格	参 数
1	最大管料直径/mm	30	7	主轴转速/r·min^{-1}	270
2	最小管料直径/mm	6	8	坯料给进速度/mm·s^{-1}	24
3	滚柱数目/个	6	9	电动机功率/kW	10
4	滚柱直径/mm	50	10	外形尺寸/mm×mm×mm	1360×1560×1230
5	滑块数目/个	2	11	设备质量/kg	1478.5
6	最大压下量/mm	1			

（4）液压压头机。液压压头机具有结构紧凑、承载能力大、效率高、噪声低等特点。表31-41 为某公司生产的液压压头机的主要技术性能。

表31-41 液压压头机的主要技术性能

型 号	管坯直径/mm	最大壁厚/mm	压头长度/mm	最大压力/t	电动机功率/kW	生产率/件·h^{-1}	外形尺寸/mm×mm×mm	质量/t
YDA30	6~32	2	约150	80	7.5	700	1100×650×1140	1.3
YDA50	8~56	3	约170	80	7.5	550	1100×650×1250	1.4
YDA60	15~60	4.8	约200	96	18.5	500	1320×950×1470	2.7
YDA80	20~85	6.2	约240	120	18.5	350	1400×1000×1500	3.3
YDA120	20~125	8	约250	120	18.5	300	1500×1100×1600	3.5

31.3.5.2 线材拉伸辅助设备

A 焊接机

为提高生产率，常对挤压的铝合金线坯进行焊接，以增加线坯的长度。主要采用的焊接设备为电阻式对焊机。表31-42 列出了部分对焊机的主要技术性能。

表31-42 对焊机的主要技术性能

型 号	UN-10	UN-25	UN-50
额定容量/kV·A	10	25	50
电源电压/V	220/380	220/380	380
额定负载持续率/%	20	20	20~30
次极电压调节级数	8	7	7~8
最大顶锻力/N	350	950~1000	15000
最大夹紧力/N	900	1000~1900	1000
夹具最大展开度/mm	30	20~50	50~80
最大焊接截面面积/mm^2	50	120	200

B　碾头机

制作线材夹头的碾头机一般采用辊轧机。表 31-43 为线材辊轧式碾头机的主要技术性能。

表 31-43　线材辊轧式碾头机主要技术性能

名　称	8~24 型	4~10 型	1~5 型	1.6~12.0 型
最大轧制力/N	19600	6860	6076	14700
电动机功率/kW	14	2.5	2.8	2.8
电动机转速/r·min^{-1}	1460	1460	1430	1420
传动速比	22.5	24	23	23.6
轧辊转速/r·min^{-1}	65	60	62	60
线材速度/m·s^{-1}	0.68	0.36	0.24	0.47
轧辊尺寸/mm	$\phi200 \times 475$	$\phi120 \times 450$	$\phi76 \times 150$	$\phi150 \times 170$
碾头直径/mm	8~24	4~10	1~5	1.6~12.0

31.4　铝合金挤压材热处理与精整设备

31.4.1　热处理设备

铝及铝合金挤压材的热处理设备根据热处理工艺不同可分为退火炉、淬火炉和时效炉。挤压材热处理所使用的为周期式作业的强制空气循环的炉子，常用的结构形式有箱式、台车式、井式、立式等，加热方式有电阻加热、燃油或燃气加热。铝材的热处理炉多为非标准设备，制造厂可根据用户的不同要求来设计制造。目前，我国制造铝材热处理炉的企业很多，制造水平已经达到或接近国际先进水平，基本能满足使用需求。

31.4.1.1　退火炉

A　箱式退火炉

箱式退火炉是强制空气循环、固定炉底的电阻加热炉，如图 31-30 所示，箱式退火炉的炉体为长方体箱形结构，由钢焊接结构外壳、耐火砖、隔热材料、耐热钢板制成的内壳组成，顶面为可移动的炉盖，电热元件配置在炉壁两侧或炉顶，炉子一端装有离心式鼓风

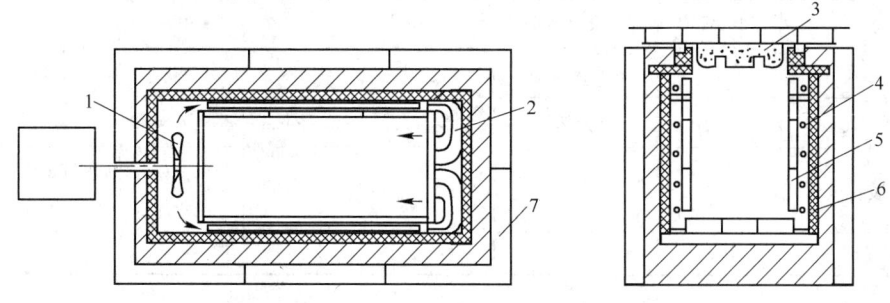

图 31-30　铝材箱式退火炉结构示意图
1—风机；2—导风装置；3—炉盖；4—加热元件；5—内衬；6—炉墙；7—外构架

机。退火制品装入料筐后用起重机吊入炉内进行退火。这是一种早期使用的老式结构，其结构简单，制作容易，价格低，但这种结构的炉子装料和出料的操作不方便，装料量一般都比较小。

B 台车式退火炉

台车式退火炉也是一种箱形结构的炉子，只是炉门设在一端或两端、炉底上设有轨道，活动的台车由牵引装置驱动沿轨道进入或移出炉膛。如图 31-31 所示，台车式退火炉由炉体、炉门及提升机构、循环鼓风机、加热器、台车及其牵引装置等组成。新型结构的炉子不采用耐火砖结构，炉壁由轻型结构的壁板拼装而成，壁板内外层为钢板，中间充填满具有良好隔热和保温性能的轻质材料。空气循环的鼓风机设在炉膛一端或炉子顶部（两端开门的通过式结构），空气循环的风道设在炉膛上方，加热器设在风道中；炉门由电动提升机构升起，台车由电动牵引装置驱动进出炉内。退火制品的装卸料都在炉外的台车上进行，操作起来比较方便。台车式退火炉既可利用电阻加热，也可采用燃油或燃气的加热形式。台车式退火炉还可以设计成两端开门的双台车结构，两台台车交替装出料，炉子的利用率高，操作更加方便。台车式退火炉与箱式炉相比，炉子结构相对较复杂，价格也更高，但其装出料操作比较方便，炉温的均匀性和炉子的热效率都较高，而且便于根据需要设计出一次装料量较大的炉子。

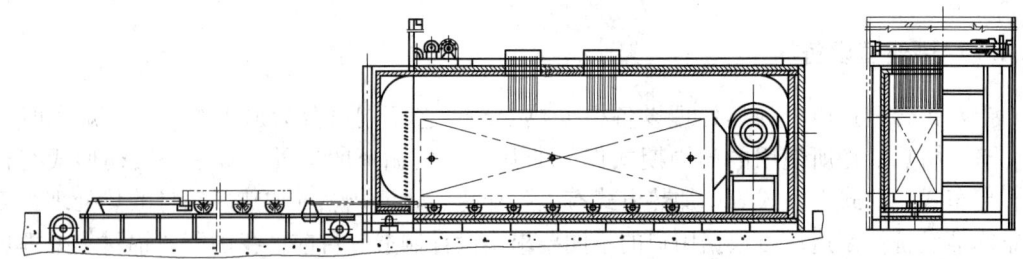

图 31-31 铝材台车式退火炉结构示意图

箱式和台车式退火炉既可用于铝及铝合金管、棒、型材的退火处理，也可用于铝合金管、棒、型材的时效处理，既可做退火炉，也可做时效炉使用。表 31-44 是两种结构退火炉的主要技术性能。

表 31-44 箱式、台车式退火炉主要技术性能

炉子名称	退火炉	退火时效炉	炉子最高温度/℃	500	
炉子形式	箱 式	单门台车式	加热总功率/kW	240	
加热方式	电 阻	燃天然气	炉膛有效尺寸/mm×mm	$\phi980 \times 8680$	
每炉最大装料量/kg	2000		制造单位	哈尔滨松江电炉厂	苏州新长光工业炉有限公司
制品最大长度/mm	8500				

C 井式退火炉

井式退火炉是用于线材退火的一种强制空气循环电阻加热炉，如图 31-32 所示。炉子

由炉体、炉盖、循环鼓风机、加热器等组成。炉体为圆筒形钢和耐火材料复合结构，可移动的炉盖设在顶部，循环鼓风机装在炉底或炉盖上，加热器装在炉壁四周。铝线材用的井式退火炉一般容量都很小，采用电阻加热方式，表31-45是几种用于铝线材退火的井式电阻炉的主要技术性能。井式电阻炉既可用于线材的退火处理，也可用于线材的淬火加热和人工时效处理。

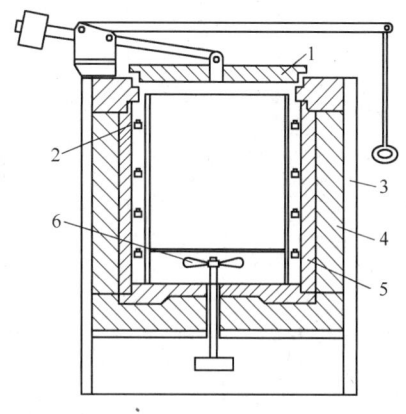

图31-32　铝线材井式退火炉结构示意图
1—炉盖；2—加热元件；3—炉子外壳；
4—炉子外墙；5—炉子内墙；6—风机

D　中频感应退火炉

中频感应退火炉是 3A21 合金管材快速退火的专用设备，使用的电源频率在 2500Hz 左右。炉子由感应加热线圈、送料辊道、出料辊道、喷水装置及电源等组成。管材单根或成小捆由送料辊道送入感应线圈内进行快速加热，出感应线圈后即喷水冷却。

表 31-45　井式电阻炉主要技术性能

型　号	加热功率/kW	电压/V	相　数	最高工作温度/℃	炉膛尺寸/mm×mm
RJJ-36-6	36	380	3	650	$\phi500 \times 650$
RJJ-55-6	55	380	3	650	$\phi700 \times 950$
RJJ-75-6	75	380	3	650	$\phi950 \times 1200$

31.4.1.2　淬火炉

淬火炉用于硬合金管、棒、型和线材的淬火处理，炉子结构形式有立式、卧式和井式，加热方式主要为电阻加热，也可燃油或燃气加热。立式和卧式淬火炉用于管、棒、型材淬火处理，井式淬火炉用于线材淬火处理。

A　立式淬火炉

立式淬火炉是管、棒、型材淬火处理的主要炉型，被处理的制品垂直悬吊在炉膛内进行加热。如图31-33 所示，炉子由圆筒形结构的炉体、活动的炉底、空气循环鼓风机、加热元件、卷扬吊料机构、淬火水槽和摇臂式挂料架等组成。淬火炉的炉体支撑在水槽上方的平台上，炉顶上的卷扬吊挂机构把制品由水槽吊入炉内进行加热，加热好的制品由吊料机构放下落入水槽中淬火；摇臂式挂料架把制品移至炉子中心的下方或移出至炉外起重机的起吊位置；炉子的空气循环风机一般设置在炉外侧下方，热风由炉膛下方送入，小型的炉子也可把循环风机设在炉顶上；加热器分段设置在炉膛四周。加热方式一般采用电阻加热，也可采用燃油、燃气等其他加热形式。立式淬火炉一般都较高，需要有较高的厂房和较深的地下水槽，设备价格和厂房建设费用都较高。但立式淬火炉占地面积小、效率高、加热温度均匀，制品加热后转移至水槽淬火的时间短，而且很方便，制品在水槽中的冷却也比较均匀、变形小，因此，立式空气淬火炉仍然是管、棒、型材淬火的首选设备。表31-46 列出了几种立式淬火炉的主要技术性能。

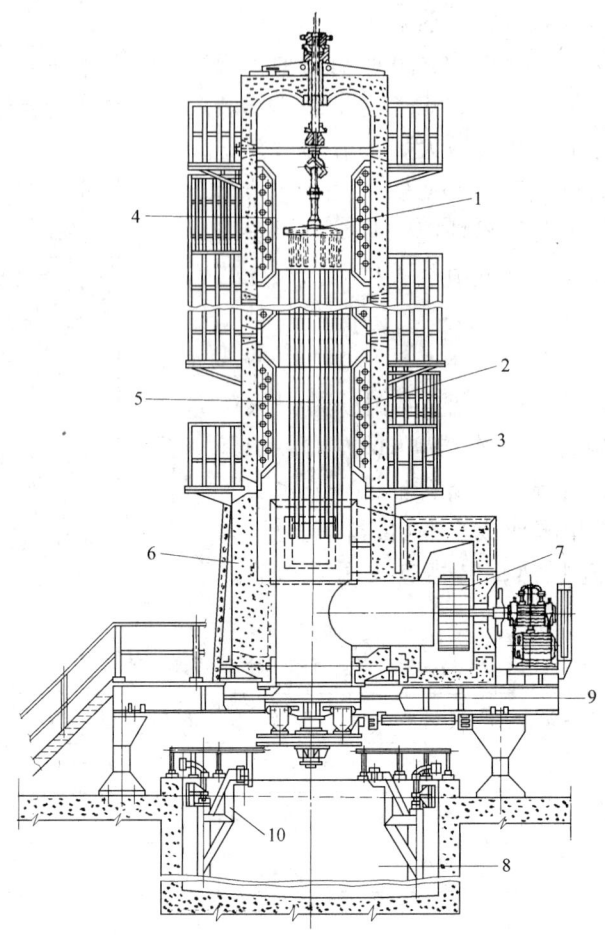

图 31-33 立式空气淬火炉结构图

1—吊料装置；2—加热元件；3—炉子走梯；4—隔热板；5—被加热制品；
6—炉墙；7—风机；8—淬火水槽；9—活动炉底；10—摇臂式挂料架

表 31-46 立式淬火炉主要技术性能

炉子名称	7m 立式淬火炉	9m 立式淬火炉	22m 立式淬火炉	24m 立式淬火炉
加热方式	电阻	电阻	电阻	电阻
每炉最大装料量/kg	1000	2000	1200	1500
制品最大长度/mm	7000	10000		
制品加热温度/℃	500±4	500	530	530
炉子最高温度/℃	600	600		
加热总功率/kW	300	525	750	850
循环风机功率/kW	42/30	42/30	115	115
循环风机风量/m³·h⁻¹	10000	10000		
炉膛有效尺寸/mm×mm	$\phi1600\times$	$\phi1600\times11000$	$\phi1250\times12000$	$\phi1250\times14000$
外形尺寸/mm	14680(H)	7007×4660×17680(H)	24000(H)	26300(H)
水槽尺寸/mm×mm	$\phi4000\times11325$	$\phi4000\times14325$		
制造单位	苏州新长光	苏州新长光	西电公司	西电公司

B 卧式淬火炉

卧式淬火炉也是一种箱形结构的炉子，用于管、棒、型材的淬火处理，如图31-34所示，炉子由送料和出料传动装置、炉体和淬火装置三部分组成，空气循环风机安装在炉子进口端顶部。淬火处理的操作过程是：先把需淬火的制品放在进料传送链上，传送链把制品送入炉内进行加热。需淬火时，淬火水槽的水位上升，靠水封喷头将水封住，达到设定水位后，多余的水经回水漏斗流回循环水池，打开出口炉门，传送链即可把制品送入水槽中淬火。卧式淬火炉也可做退火和时效处理，只要把水槽中的水位降至传送链以下即可。

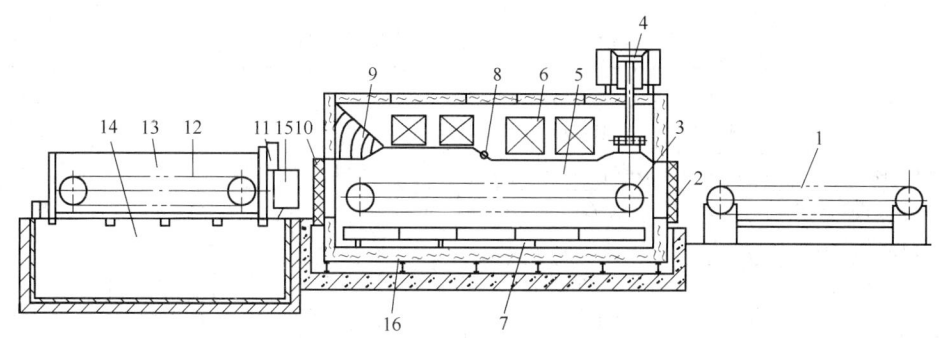

图31-34 卧式淬火炉结构示意图

1—进出料传动装置；2—进料炉门；3—炉内传动链；4—风机；5—炉膛；6—加热器；
7—炉下室；8—调节风阀；9—导风装置；10—出料炉门；11—水封喷头；12—出料传动链；
13—淬火水槽；14—循环水池；15—回水漏斗；16—下部隔墙

卧式淬火炉不需要高厂房和深水槽，但其占地面积相对较大，最大的缺点是由于制品淬火时沿横断面的冷却不均匀造成变形很厉害，因此卧式淬火炉在挤压材中很少被采用。

C 井式淬火炉

井式淬火炉用于线材淬火的加热，与井式退火炉相同，可单独使用，也可一炉多用。需淬火的线卷置于料架上吊入炉内进行加热，加热好的线卷吊出至水槽中进行淬火。

31.4.1.3 时效炉

时效炉用于铝合金管、棒、型材和线材淬火后做人工时效处理。时效炉和退火炉的结构相同，只是时效炉要求的控制温度较低，工作温度在100～200℃，一般的退火炉都可做时效炉使用。时效炉同样有箱式、台车式、井式结构，箱式、台车式用于管、棒、型材的人工时效处理，井式用于线材的人工时效处理。由于建筑铝型材和工业铝型材的发展，促使了时效炉的专业化，设计制造了大量专用的时效炉。为了满足一些如车辆型材等的特殊需要，设计制造了可满足处理30m特长型材，一次装料量超过20t的特大型时效炉。新结构的时效炉都为台车式，有单端开门的，也有双端开门的通过式；加热形式有电阻加热，也有燃油或燃气加热。图31-35所示为双门台车式时效炉结构图。表31-47列出了几种时效炉的主要技术性能。

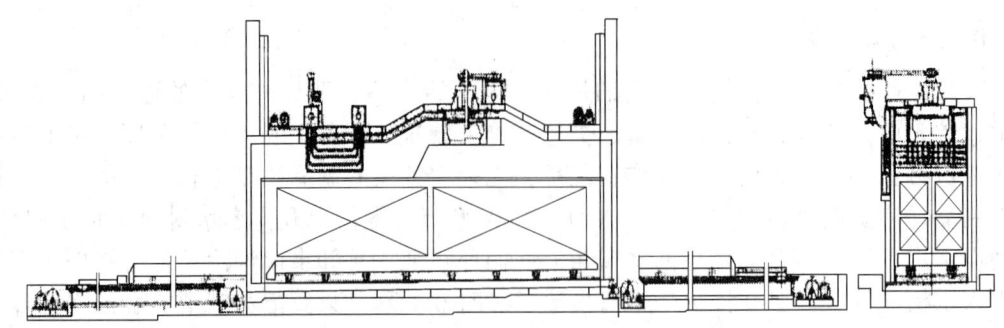

图 31-35 双门台车式时效炉结构图

表 31-47 铝型材时效炉的主要技术性能

炉子名称	3t 时效炉	4t 时效炉	4.8t 时效炉	6t 时效炉	8t 时效炉	12t 时效炉
炉子形式	单门、台车式	单门、台车式	双门、台车式	单门、台车式	双门、台车式	双门、台车式
加热方式	电 阻	燃石油气	电 阻	电 阻	燃 油	电 阻
每炉最大装料量/t	3	4	4.8	6	8	12
型材最大长度/mm	7000	6200	7000	7000	6200	26000
型材加热温度/℃	(170~200) ±3	(180~220) ±3	200±3	(170~200) ±3	(180~220) ±3	(180~200) ±3
炉子最高温度/℃	250	250	250	250	250	250
加热升温时间/h	1~2	1~2	1.5	1~2	1~2	1~2
加热总功率/kW	240		480	420		1020
烧嘴能力/kJ·h^{-1}		18×4.18 ×21000			68×4.18 ×9600	
循环风机功率/kW	37	37	90	55	90	75×2
循环风机风量/m³·h^{-1}	72000	72000	174000	90000	145600	100000×2
台车牵引机构功率/kW	5.5	5.5	3.7	7.5	5.5	11
炉膛有效尺寸 ($L×W×H$) /mm×mm×mm	7100×1700 ×2000	6500×2400 ×1796	7500×2300 ×2600	7100×2100 ×2600	12680×3300 ×2490	2800×2200 ×1600
制造单位	苏州新长光	苏州新长光	日本白石电机	苏州新长光	苏州新长光	中航安中机械厂

31.4.2 精整设备

31.4.2.1 矫直设备

矫直设备用于矫正管、棒、型材的弯曲和扭拧等尺寸缺陷。常用的矫直设备有张力矫直机、辊式管棒矫直机、型材辊式矫直机、压力矫直机等。

A 张力矫直机

张力矫直机是通过拉伸和扭转消除制品的弯曲和扭拧。矫直张力取决于制品的断面积及其屈服强度,矫直变形程度一般为 1%~3%。矫直机的吨位一般为 0.1~30MN。

张力矫直机多配置在挤压机列中,而在生产一些硬铝合金制品时,制品一般在淬火炉中淬火,随后进行矫直,在这种情况下,张力矫直机需单独配置。

目前，大多数张力矫直机机头带扭拧装置，对于不带扭拧装置的张力矫直机，制品进行张力矫直前，应先在专门的扭拧机上进行扭拧，然后进行矫直。张力矫直机多为床身式结构，由拉伸扭拧头架、移动头架（尾座）、机身、液压站等部分组成，移动头架通过电动机驱动或手动移到所需的位置，以适应不同的料长。床身式结构的张力矫直机的结构如图 31-36 所示。

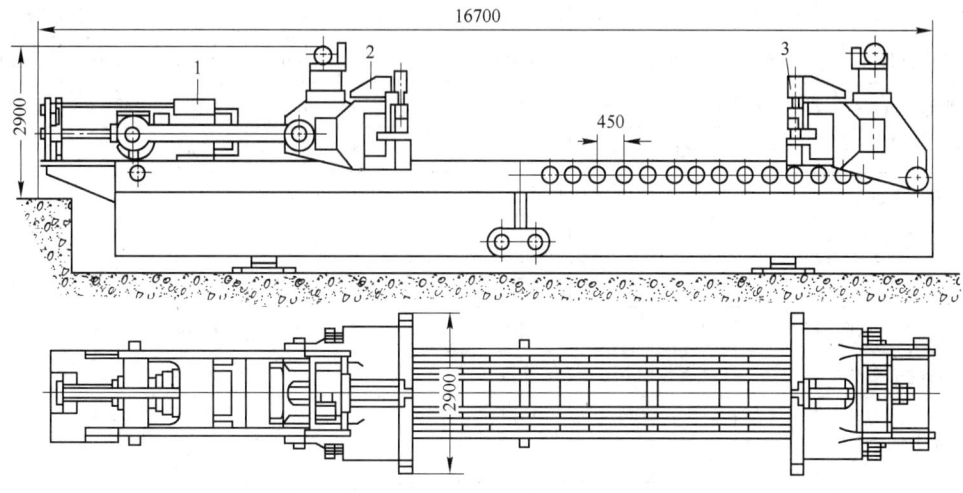

图 31-36　1MN 液压张力矫直机
1—液压缸；2—拉伸扭拧头；3—固定架

大型张力矫直机也有采用柱子式结构的，包括机架、拉伸头、扭拧头、液压站等，如图 31-37 所示。几种张力矫直机主要性能参数见表 31-48。

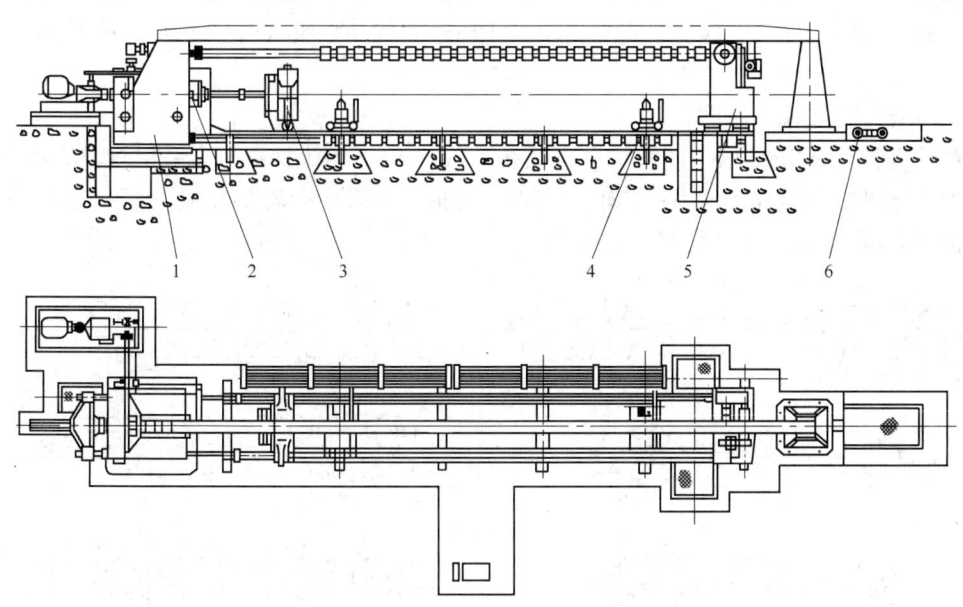

图 31-37　柱子式结构的张力矫直机结构图
1—机架；2—工作缸；3—拉伸头；4—升降小车；5—扭拧头；6—扭拧头移动机构

表31-48 几种张力矫直机主要性能参数

项 目		参 数								
矫直张力/kN	150	250	300	1000	2500	4000	15000	300	1600
液体压力/MPa	13.5	9.75	20	20	20	20	20	4.5	13
钳口开度/mm		0～150	160	170～240	160～200	310～360	1000～1120		170～240
制品长度/m	4～31	4.6～44	15～41	4.5～13.48	2.6～15.2	6～12	3.5～36	3～15	2～15
最大拉伸行程/mm	1250	1600	1200	1500	1500	1500	3000	1500	1200
拉伸速度/mm·s^{-1}	0～56	0～55	18	15	25	15	8.5	30～35	20
最大扭矩/kN·m		2.33	6	7.5	5	15	350		10
扭拧转速/r·min^{-1}		6.2	3	6	0.4	5.2	1～1.4		4
扭拧角度/(°)						360	360		360
回程力/kN				75	510	1050	1500		200
主电动机功率/kW	11	18.5		20	17	75	75×2	13	
扭拧电动机功率/kW		1.5	2.2	7.5	4.5	22	30×4		
外形尺寸 /m	L	34.36	51.17	49.69	24.88	32.38	27.42	68.00	23.89	30.44
	W	0.56	1.35	1.22	1.76	6.15	7.75	11.75		2.00
	H	1.17	2.42	1.57	2.06	2.95	3.05	5.80		2.76
设备总质量/t	5.92	11.89	17	36.8	133.8	128.7	1085	12.28	107.67
制造厂商	中色科技股份公司			沈阳重型机械厂				陕西压延设备厂	

B 辊式管棒矫直机

辊式管棒矫直机是使管、棒材通过不同辊型的工作辊之间产生反复弯曲,从而达到校正的目的。常用的辊式管棒矫直机有斜辊式管棒矫直机、型辊式管棒矫直机和正弦矫直机3种。

a 斜辊式管棒矫直机

对于直径在300mm以下的管材和直径在100mm以下的棒材一般多采用斜辊式矫直机。斜辊式矫直机按辊子数目分为:二辊、三辊、五辊、六辊、七辊、九辊、十一辊,一般多用六辊和七辊,其辊子排列如图31-38所示。

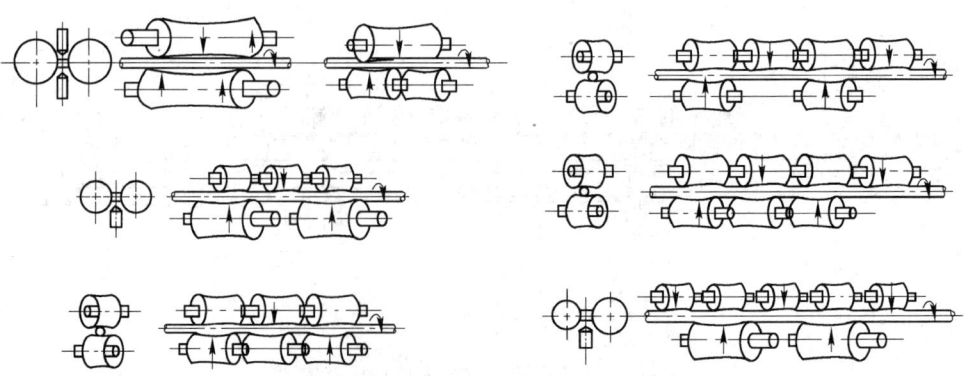

图31-38 斜辊矫直机辊子排列示意图

斜辊矫直机的特点是两排工作辊交叉斜着排列，工作辊具有双曲线或某种空间曲线形状。当工作辊旋转时，制品前进并旋转，在辊子间反复弯曲，这样就完成了轴线对称的矫直。此类矫直机结构和调整简单，矫直时，由于制品旋转摆尾大，易碰伤制品，且噪声大。

辊式矫直机有立式和卧式之分，立式辊式矫直机的辊子水平交叉斜放，辊间距上下垂直调整，其上、下辊多为主传动，传动力大，适合矫直高强度厚壁管材。卧式矫直机的辊子垂直交叉斜放，辊间距前后水平调整。

几种斜辊式管棒矫直机性能参数见表 31-49。

表 31-49　几种斜辊式矫直机主要性能参数

设备名称	矫直范围					矫直速度/m·min⁻¹	制品弯曲度/mm·m⁻¹		主电动机功率/kW	外形尺寸/m			设备质量/t	制造厂商
	屈服强度/MPa	管材外径/mm	棒材外径/mm	管材最大壁厚/mm	最小长度/m		矫直前	矫直后		长	宽	高		
卧式七辊矫直机	≤340	10~40	10~30	5	2.5	30~60	≤30	≤1	7.5	1.6	1.2	1.2	2.4	
卧式七辊矫直机	≤280	25~75	25~50	7.5	2.5	14.6/29.6	≤30	≤1	20	2.3	2.7	1.1	6.44	
卧式七辊矫直机	≤280	60~160	60~100	7	2	14.7~33.4	≤30	≤1	40	3.5	2.3	1.5	12.32	
立式六辊矫直机	≤500	3~12				27			0.8×2	1.3	0.75	0.91	0.46	太原矿山机器厂
立式管材矫直机	≤400	5~20	5~16	6		32	<30	≤1	1.5×2	1.68	0.81	1.32	1.06	
立式七辊管材矫直机	≤350	15~60		4.5		35/70			22×2	3.23	2.22	1.56	5.88	
立式六辊矫直机	≤400	20~80		12.5		60/90/120/180			40×2	5.96	3.34	2.86	15.67	
卧式七辊管材矫直机	≤340	6~40		5		30~60			7.5				2.4	洛阳矿山机器厂
立式六辊管材矫直机	≤490	30~70		15		约60			22×2	7.2	2.7	2.9	16.2	
立式六辊管材矫直机	≤300	20~159		25		30~72			55×2	2.4	1.5	2.8	33	
高精度管材矫直机		18~76		最小0.7	3.5	25/60		≤0.2					7.6	西安重型机械研究所
高精度管材矫直机		40~160		最小1	3.5	25/40		≤0.35					9	
高精度管材矫直机		60~250		最小1.5	3.5	25/40		≤0.5					10	

b 正弦矫直机

对于直径为 15mm 以下的成卷棒材和外径为 20mm 以下的成卷管材宜用正弦矫直机。

正弦矫直机结构如图 31-39 所示。它有一个转动框架，框架内装有 5 个导管，通过调整螺丝使中间 3 个导管偏离框架的轴线而呈类似正弦曲线的形状。正弦矫直机通常也称回转式矫直机。其工作时，制品由导辊驱动，经预矫辊辊压后进入框架，框架转动，带动其内的导管绕框架的轴线做圆周运动，穿过导管的制品在框架内经不同方向的反复弯曲而被矫直。回转式矫直机矫直时制品不旋转，不会磕碰伤制品，生产时噪声小。几种回转式矫直机的性能见表 31-50。

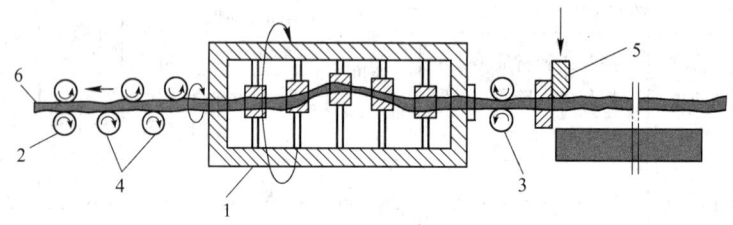

图 31-39 正弦矫直机结构示意图

1—带旋转套筒机架；2，3—导辊；4—预矫辊；5—剪刀；6—制品

表 31-50 几种回转式管材矫直机技术性能

矫直范围					矫直速度 /m·min⁻¹	制品弯曲度 /mm·m⁻¹		矫直辊			转筒转速 /r·min⁻¹	主电动机功率 /kW	外形尺寸/m			设备质量 /t	制造厂
屈服强度 /MPa	管材外径 /mm	棒材外径 /mm	管材壁厚 /mm	最小长度 /m		矫直前	矫直后	辊径 /mm	辊长 /mm	辊数			长	宽	高		
≤500	3~10	3~10		1.4	1.5~12	3~5	0.5~0.75	100	150		500~1000	3.5	1.81	1.1	0.93	2.54	太原矿山机器厂
≤500	5~20	5~15		1.4	5.75~23	≤30	≤0.5	100	150		500~1000	5.5	1.81	1.1	0.93	2.61	
≤400	10~40		1~8	1.8	3.32~27.5	≤30	≤0.5	140			600	11				5.01	
≤450	20~55		1.25~8	2.5	13~50	4~6	≤0.5	190			600	30				14.81	
	8~30		0.35~3	3	5~30	≤30	1	80	249	8		15	3.5	1.8	1.2	3.6	长光集团冶金公司
	20~60		0.5~5	3	5~20	≤30	1	100	250	8		22					
	40~100		0.8~10	3	5~15	≤30	1	130	300	8		30	5	2.6	1.5	约12	
	2~12		0.1~0.8		12~30			25	35	7		2.8					西安重型机械研究所
	2~20		0.1~1.0		22.2~82.8			25	35	8		2.8					
	20~60		0.25~1		10.6~74.7			50	125	10		4.5					

c 型辊式管棒矫直机

型辊式矫直机通常用来矫直直径 30mm 以下的管、棒材和对称断面的异型管。

型辊式管棒矫直机如图 31-40 所示，其工作辊通常做成带有半圆形和半六角形及半个方形的沟槽。电动机带动辊子旋转，通过摩擦带动管材直线前进，管材通过辊子时，发生不同方向的反复弯曲，实现矫直的目的。矫直时，由于管材不旋转，矫直一次若达不到要求，便重新转一个角度再进行矫直一次。当矫直管材规格变换时必须重新换辊。

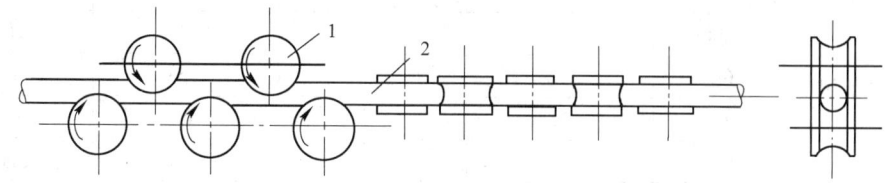

图 31-40　型辊式管材矫直示意图

1—矫直型辊；2—管子

C 型材辊式矫直机

型材辊式矫直机用于消除张力矫直后尚未消除的不合要求的角度、扩口等缺陷。矫直机多为悬臂式，有多对装配式矫直辊，矫直辊由辊轴和可拆卸的带有孔槽的辊圈组成，型材在矫直辊孔槽并与其断面相应的孔型中进行矫直。几种型材辊式矫直机性能见表 31-51。

表 31-51　型材辊式矫直机主要技术性能

设备名称	被矫型材				矫正速度 /m·min⁻¹	矫正辊							主电动机功率 /kW	设备外形尺寸/m			设备质量 /t
	屈服强度 /MPa	宽 /mm	高 /mm	壁厚 /mm		辊径 /mm	辊中心距 /mm	辊调整量 /mm		辊工作长度 /mm	辊轴直径 /mm			长	宽	高	
								上	下								
12 辊	≤400	800	150		7/14	300~360	350	150	50				28	6.81	3.73	2.37	
12 辊	≤400	600	200		4/8	500~600	700	200	100				45	9.08	6.55	3.94	
10 辊	≤450	100	100		6.8/13.6/27.2	200	350	100	50	200	70		5.5				13.5
8 辊		60×60×80 （角形材）			7/5/25		450	150	150				36.75				10.5
6 辊		350	250		0~100		350			450	70						
型材	≤350	650	300	2~12	5~50		340~700			100~750			约30				

D 压力矫直机

压力矫直主要消除一些大断面制品在经过张力矫直后仍未消除或因设备所限不能进行矫直的局部弯曲。矫直机多采用立式液压机，常用的有单柱式和四柱式两种液压机。几种压力矫直机的性能见表 31-52。

表 31-52　几种立式压力矫直机主要技术性能

项　　目		参　　数			
公称吨位/kN		630	1000	1600	3150
柱塞行程/mm		400	450	500	650
工作台面尺寸（长×宽）/mm×mm		2500×400	2400×460	3000×500	3500×900
压头到工作台距离/mm		550	600	750	900
柱塞速度/mm·s^{-1}	空程	50		45	26.4
	负载	1.5		1.58	1.5
	返回	22		40	23.8
矫直范围/mm	管材	$\phi50\sim150$		$\phi80\sim200$	最大高度 600
	棒材	$\phi30\sim120$		$\phi60\sim160$	
制造厂		合肥锻压机床厂	合肥锻压机床厂	天津锻压机床厂	
使用厂		西南铝加工厂			西南铝加工厂

31.4.2.2　锯切设备

A　圆锯床

圆锯床用于锯切型、棒材和直径较大的厚壁管，主要由锯切机构、送进机构、压紧机构和工作台组成，其性能见表 31-53。

表 31-53　圆锯床主要技术性能

项　　目		参　　数				
型　　号		$\phi350$	$\phi510$	G607	G601	G6014
锯片直径/mm		350	510	710	1010	1430
最大锯切规格/mm		80×400($H\times W$)		$\phi240$	$\phi350$	$\phi500$
主轴转速/r·min^{-1}		3000		4.75/6.75/9.5/13.5	2/3.15/5/8.1/12.4/20	1.46/2.37/4.04/5.78/9.31/15.88
进给速度/mm·min^{-1}		900～9000	0～9000	25～400	12～400	12～400
主电动机功率/kW		4	15	7.125	13.15	16.15
外形尺寸/mm	长	1600	1410	2350	2980	3675
	宽	668	600	1300	1600	1940
	高	1104	2535	1800	2100	2356
设备质量/t		0.584		3.6	6.2	10.0
制造厂		中色科技股份公司		湖南机床厂		

B　简易圆锯

简易圆锯适用于锯切直径 50mm 以下的棒材、小型材和薄壁管材。简易圆锯由锯片、皮带、电动机和工作台组成，其主要性能见表 31-54。

表 31-54　简易圆锯主要技术性能

性　　能	棒材和小型材用简易圆锯	管材用简易圆锯
锯片直径/mm	350	250~300
锯片厚度/mm	1.7	0.5~1.5
锯片齿数/个	220	125~150
锯片转速/r·min^{-1}	1920	5000
电动机功率/kW	4.5	3~4
电动机转速/r·min^{-1}	960	2900

C　杠杆式圆锯

杠杆式圆锯适用于小断面的挤压型材和棒材的热锯切和小断面半成品制品的锯切。它由带锯片的摆动框架、摆动轴、电动机组成。锯片的送进和返回是通过扳动摆动框架上的手柄，使摆动框架绕摆动轴转动来实现的，如图 31-41 所示。

D　带锯机

带锯机有卧式和立式带锯机，卧式带锯机通常用于制品的切断，立式带锯机通常用于切割不规则的曲线零件和制品端头锯切。带锯机用于管、棒、型材锯切，具

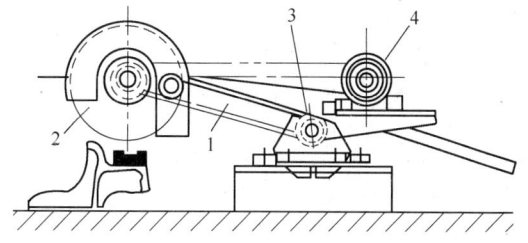

图 31-41　杠杆式圆锯机简图
1—摆动框架；2—锯片；3—摆动轴；4—电动机

有切断速度快、锯缝小等优点，但由于带锯条的使用寿命不如圆锯长，因此应用范围并不广泛。

在管材生产多使用立式普通木工带锯机，对轧管或拉伸毛料的张力矫直夹头进行锯切。一般锯条宽度为 35mm，厚度为 0.75~1.25mm，每 100mm 长度的锯条上有 15~30 个锯齿，锯带全长 7~8m。为使切口清洁，制品端部不受揉挤，应根据管材的壁厚，选择相应齿数的带锯条，选择带锯条齿数参考值见表 31-55。通常，带锯条的松紧由上导轮的上下移动和前后窜动来调整。几种带锯机主要性能见表 31-56。

表 31-55　选择带锯条齿数参考值

管材壁厚/mm	1.5 以下	1.6~3.0	3.0 以上
每 100mm 长度上的齿数	30	24	15~18

表 31-56　几种带锯机主要性能

型　号		MJ318 立式木工带锯机	G4022×40 卧式带锯机	G4030 卧式带锯机	G4516 卧、立式两用带锯机	GB4025 卧式带锯机	GB4035 卧式带锯机	GB4250 卧式带锯机
最大加工件尺寸	圆形/mm		ϕ220	ϕ300	ϕ178	ϕ250	ϕ350	ϕ500
	方形/mm×mm	715×570	220×400			230×250	300×350	500×500

续表31-56

型　号	MJ318 立式木工带锯机	G4022×40 卧式带锯机	G4030 卧式带锯机	G4516 卧、立式两用带锯机	GB4025 卧式带锯机	GB4035 卧式带锯机	GB4250 卧式带锯机
锯带规格 /mm×mm×mm	35×1.25×	27×0.9 ×3050	25×0.9 ×3840	19×0.9 ×2718	27×0.9 ×3505	34×1.1 ×4115	41×1.3 ×5600
锯削速度/m·min⁻¹		21、34、43、60		18、26、44、62	27、40、54、68、80	20、40、60、78、88	20、40、66
电动机功率/kW	4.5	1.1	2.2		1.72	3.59	5.72
外形尺寸 /mm 长	1854	1600	1995	600	1800	2150	2850
宽	943	610	810	1470	1000	1150	1450
高	2650	1130	1295	1750	1140	1250	1880
设备质量/t	0.92	0.30	1.00	0.20	0.70	1.40	2.6
制造厂	沈阳带锯机床厂	湖南机床厂			上海荷南带锯床机械有限公司		

32　铝及铝合金锻件生产技术

32.1　锻件生产的特点及主要工艺参数

32.1.1　铝及铝合金锻件的特点、应用及分类

32.1.1.1　锻压生产在国民经济中的重要地位

锻压生产是向各个工业行业提供机械零件毛坯的主要途径之一。锻压生产的优越性在于它不但能获得机械零件的形状，而且能改善材料的内部组织，提供其力学性能。对于受力大、力学性能要求高的重要机械零件，多数采用锻压方法来制造。

锻压件在飞机、坦克、汽车中应用十分广泛，电力工业中水轮机主轴、透平叶轮、转子、护环等均是锻压而成。由此可见，锻压生产在工业行业中占有极重要的地位。

铝合金具有密度小，比强度、比刚度高等一系列优点，已大量使用在各个工业部门，铝合金锻压件已成为各个工业部门机械零件必不可少的材料。凡是用低碳钢可以锻出的各种锻件，都可以用铝合金锻造生产。铝合金可以在锻锤、机械压力机、液压机、顶锻机、扩孔机等各种锻造设备上锻造，可以自由锻、模锻、轧锻、顶锻、辊锻和扩孔。一般来说，尺寸小、形状简单、偏差要求不严的铝锻件，可以很容易地在锤上锻造出来，但是对于规格大、要求剧烈变形的铝锻件，则宜选用水（液）压机来锻造。对于大型复杂的整体结构的铝锻件则非采用大型模锻液压机来生产不可。对于大型精密环形件则宜用精密轧环机轧锻。特别是近10年来，随着科学技术的进步和国民经济的发展，对材料提出越来越高的要求，迫使铝合金锻件向大型整体化、高强度韧化、复杂精度化的方向发展，大大促进了大中型液压机和锻环机的发展。

随着我国交通运输业向现代化、高速化方向发展，交通运输工具的轻量化要求日趋强烈，以铝代钢的呼声越来越大，特别是轻量化程度要求高的飞机、航天器、铁道车辆、地下铁道、高速列车、货运车、汽车、舰艇、船舶、火炮、坦克以及机械设备等重要受力部件和结构件，近几年来大量使用铝及铝合金锻件和模锻件以替代原来的钢结构件，如飞机结构件几乎全部采用铝合金模锻。汽车（特别是重型汽车和大中型客车）轮毂、保险杠、底座大梁，坦克的负重轮，炮台机架，直升机的动环和不动环，火车的气缸和活塞裙，木工机械机身，纺织机械的机座、轨道和绞线盘等都已应用铝合金模锻件来制造。而且，这些趋势正在大幅度增长，甚至某些铝合金铸件也开始采用铝合金模锻件来代替。

随着国防工业的现代化和民用工业特别是交通运输业的发展，我国的铝合金锻压技术发展很快，近年来我国建设了几条大、中型铝合金锻压生产线。特别值得提及的是，随着我国大飞机项目及其他大型重点项目的实施，我国研究开发，制造了450MN、800MN巨型立式模锻液压机及生产线。

32.1.1.2　铝及铝合金锻压件的主要特点

铝及铝合金锻压件的主要特点有：

（1）密度小。铝合金的密度只有钢锻件的 34%，铜锻件的 30%，是轻量化的理想材料。

（2）比强度大、比刚度大、比弹性模量大、疲劳强度高，宜用于轻量化要求高的关键受力部件，其综合性能远远高于其他材料。

（3）内部组织细密、均匀、无缺陷，其可靠性远远高于铝合金铸件和压铸件，也高于其他材料铸件。

（4）铝合金的塑性好，可加工成各种形状复杂的高精度硬件，机械加工余量小，仅为铝合金拉伸厚板加工余量的 20% 左右，大大节省工时和成本。

（5）铝锻件具有良好的耐蚀性、导热性和非磁性，这是钢锻件无法比拟的。

（6）表面光洁、美观，表面处理性能良好，美观耐用。

可见，铝锻件具有一系列优良特征，为铝锻件代替钢、铜、镁、木材和塑料提供了良好条件。

32.1.1.3　铝及铝合金锻件的主要应用

近几年来，由于铝材成本下降、性能提高、品种规格扩大，其应用领域越来越大。主要用于航天航空、交通运输、汽车、船舶、能源动力、电子通信、石油化工、冶金矿山、机械电器等领域。主要锻造铝合金的特性及用途见表 32-1。表 32-2 为常用汽车零件锻造铝合金的最低力学性能与典型零件。

表 32-1　锻造铝合金的特性及用途

类　别	合金及状态	强度	耐蚀性	切屑性	焊接性	特　　性	主要用途
高强度铝合金	2024-T6	B	C	A	D	锻造性、塑性好，耐蚀性差，是典型的硬铝合金	飞机部件、铁道车辆、汽车部件、机器结构件
	2124-T6						
	2424-T6						
	7075-T6	A	C	A	D	超硬锻造合金，耐蚀性、抗应力腐蚀裂纹性差	飞机部件、宇航材料、结构部件
	7175-T6						
	7475-T6						
	7075-T73	B	B	A	D	通过适当的时效处理改善了抗应力腐蚀裂纹性能，强度低于 T6	飞机、船舶、汽车部件、结构件
	7475-T73						
	7175-T736	A	B	A	D	其强度、韧性、抗应力腐蚀裂纹性能均优于 7075-T6 的新型合金	飞机、船舶、汽车部件、结构件
	7050-T73	A	B	A	D	高强、高韧、高抗应力腐蚀裂纹的系列新合金，综合性能优于 7075、7475-T73	用于高受力部件，特别是大型飞机关键部件及宇航材料和重要结构材料
	7150-T73						
	7055-T73						
	7155-T79	A	B	A	B		
	7068-T77						

类　别	合金及状态	强度	耐蚀性	切屑性	焊接性	特　　性	主要用途
耐热铝合金	2219-T6	C	B	A	A	高温下保持优秀的强度及耐蠕变性，焊接性能良好	飞机、火箭部件及车辆材料
	2618-T6	B	C	A	C	高温强度高	活塞、增压机风扇、橡胶模具、一般耐热部件
	4032-T6	C	C	C	B	中温下的强度高，热膨胀系数小，耐磨性能好	活塞和耐磨部件
耐蚀铝合金	1100-0	D	A	C	A	强度低，耐腐蚀，热、冷加工性能好，切削性不良	电子通信零件，电子计算机用记忆磁鼓
	1200-0						
	5083-0	C	A	C	A	腐蚀性强、焊接性及低温力学性能好，典型的舰船合金	液化天然气法兰盘和石化机械，舰船部件和海水淡化结构件
	5056-0						
	6061-T6	C	A	B	A	强度中等、耐腐蚀、抗疲劳，综合性能好	航空航天、大型汽车车辆和铁道车辆材料及转动体部件
	6082-T6						
	6070-T6						
	6013-T6						
	6351-T6	C	A	B	A	耐性、耐腐蚀性良好，强度略高于 6061 铝合金	增压机风扇，高速列车车厢材料及运输机械部件等
	6005A-T6						

注：A—优；B—良；C——一般；D—差。

表 32-2　常用汽车零件锻造铝合金的最低力学性能与典型零件

合　金	状　态	最低力学性能				典型零件
		抗拉强度 R_m /N·mm^{-2}	屈服强度 $R_{p0.2}$ /N·mm^{-2}	伸长率 A_5/%	布氏硬度 HBW 2.5/62.5	
2014	T6	440	380	6	135	货车与载重车零件
2017A	T4	380	230	10	107	货车等高负载零件
2024	T4	460	380	10	120	货车等高负载与要求疲劳强度的零件
5754	H112	180	80	15	50	各种工序
6401	T5、T6	235	185	14	70	装饰件
6060、6063	T5、T6	245	195	10	75	各种工序
6061	T5、T6	290	250	9	85	各种工序
6082[1]	T5、T6	310	260	6	90	结构件、液压及气动零件
6082[2]	T5、T6	340	300	10	100	安全及悬架系统零件
6082[3]	T5、T6	340	300	10	100	安全及悬架系统零件

合 金	状 态	最低力学性能				典 型 零 件
		抗拉强度 R_m /N·mm^{-2}	屈服强度 $R_{p0.2}$ /N·mm^{-2}	伸长率 A_5/%	布氏硬度 HBW 2.5/62.5	
6110	T5、T6	400	380	8	100	安全及悬架系统零件
6066	T5、T6	440	400	8	115	安全及悬架系统零件
7020	T5、T6	350	280	10	100	各种零件
7018	T5、T6	410	360	10	115	各种零件
7022	T5、T6	480	410	6	140	液压、系统零件
7075	T5/T73	530/455	470/385	8/6	145/130	各种零件及液压系统元件

① Anticorodal（高强度耐蚀合金）- 114;

② Anticorodal-116;

③ Anticorodal-117。

32.1.1.4 锻造方法的分类

A 自由锻

自由锻和模锻的区别主要在于模具几何形状的复杂程度。自由锻一般是在没有模腔的两个平模或型模之间进行。它使用的工具形状简单、灵活性大、制造周期短、成本低。但是，劳动强度大、操作困难、生产率低、锻件的质量不高、加工余量大。因此，它仅适于对制件性能没有特殊要求且件数不多的情况下采用。对于相当多的大型铝锻件，自由锻主要作为制坯工序。自由锻制坯工序可把坯料锻成阶梯形棒料，或者用镦粗或压扁的方法把坯料制成圆饼形、矩形等简单形状，如铝合金支架件。在铸锭开坯之后进行自由锻制坯，如使之成为图 32-1（a）所示的形状，再进行预锻，最后在模锻水压机上经两次模锻，成型为图 32-1（b）所示的支架件。

B 开式模锻（有毛边模锻）

与自由锻不同，坯料是在两块刻有模腔的模块间变形，锻件被限制在模腔内部，多余的金属从两块模具之间的窄缝中流出（见图 32-2），在锻件四周形成毛边。在模具和四周毛边阻力作用下，金属被迫压成模腔的形状。开式模锻是水压机上生产铝锻件最广的一种方法。

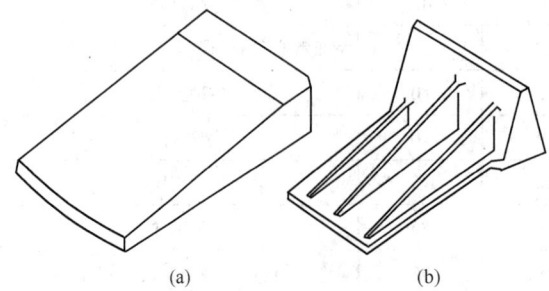

图 32-1 铝合金支架件及其预制坯形状

（a）毛坯；（b）锻件

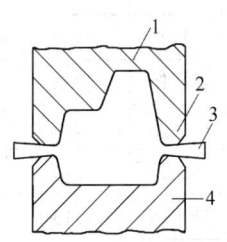

图 32-2 有毛边的模锻

1—上模；2—毛边桥部；3—毛边；4—下模

C 闭式模锻（无毛边模锻）

与开式模锻不同，模锻过程中，没有与模具运动方向垂直的横向毛边形成。闭式锻模的模腔有两个作用：其一部分用来给毛坯成型，另一部分则用来导向，如图32-3所示。

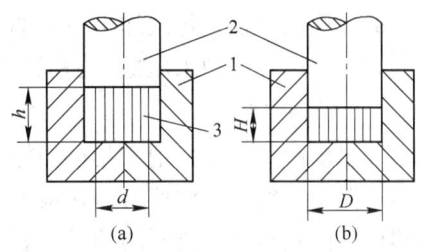

图32-3 无毛边的模锻
1—下模；2—上模；3—毛坯

在闭式模锻时，有两个问题需要注意：

（1）锻件出模问题。这需要在凹模内设置顶杆或者将凹模做成两半组合的。

（2）形成纵向毛刺问题。如果坯料体积计算过多或者模腔设计不合理，则在行程终了时少量金属将挤入凸凹模的缝隙之中，而形成与模具运动平行的纵向毛刺。这种毛刺不能用以后的切边工序去除，只能用手工铲除或用切削机床车掉或铣掉。因此，对坯料尺寸精度要求较高。但是，由于不形成横向毛边，不仅可节约金属，而且能保证锻件内的纤维完整而不被切断，这一点对于提高超硬铝制件的应力腐蚀开裂是十分重要的。

D 挤压模锻

挤压模锻，即利用挤压法模锻，有正挤模锻和反挤模锻两种，如图32-4所示。

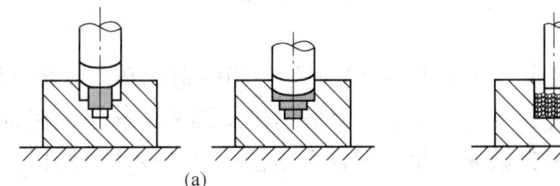

图32-4 挤压模锻
（a）正挤；（b）反挤

挤压模锻可以制造各种空心和实心制件。可以获得几何尺寸精度高、内部组织更致密的锻件。

E 多向模锻

多向模锻是在多向模锻水压机上进行的。多向模锻水压机除了有垂直冲孔柱塞1之外，还有普通水压机所没有的两个水平柱塞3，其顶出器4也可以用来冲孔（见图32-5），该顶出器的压力比普通水压机的顶出器的压力要大得多。

多向模锻时，滑块从垂直和水平两个方向交替联合地作用到工件上，并且，用一个或多个穿孔冲头使金属从模腔中心向外流动，以达到充满模腔的目的。在筒形件的分模线上没有普通锻件的毛边，这对应力腐蚀比较敏感的硬铝和超硬铝合金具有很重要的意义。

F 分部模锻

为了能在现有的水压机上锻出大型整体模锻件，可采用分段模锻、垫板模锻等分部模锻法。分部模锻法的特点

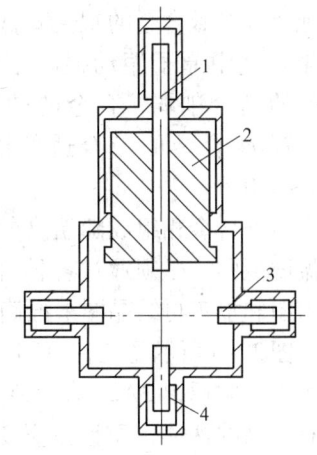

图32-5 多向模锻水压机示意图
1—垂直冲孔柱塞；2—主横梁；
3—水平柱塞；4—顶出器式下冲孔柱塞

是对锻件逐段加工，每次加工一个部位，因此所需设备吨位可以小得多。一般来说，采用这种方法可以在中型水压机上加工出特大的锻件。

G　等温模锻

等温模锻的特点是把模具也加热到毛坯的锻造温度，并且在整个模锻过程中模具和毛坯温度保持一致，这样便可以在很小变形力的作用下获得巨大的变形量。等温模锻和等温超塑模锻极其相似，所不同的是，后者在模锻前，毛坯须经过超塑处理，使之具有细小等轴晶粒。

32.1.2　铝及铝合金锻压生产的主要工艺参数

锻造和模锻时的主要工艺参数有变形温度、变形速率、变形程度和应力状态等。工艺参数的选择，对合金的可锻性及锻件的组织和性能有重要的影响。为了保证锻件成型并满足组织和性能的要求，合理选择上述几个工艺参数，是制订锻造工艺的重要一环。选择合金锻造热力学参数的主要依据是相图、塑性图、变形抗力图和加工再结晶图。

32.1.2.1　铝合金的锻造温度范围

铝合金的可锻性主要和合金锻造时的相组成有关。为了使合金在锻造时尽可能具有单相状态，以便提高工艺塑性和减小变形抗力，首先必须根据合金相图适当选择锻造温度范围。

对于合金化程度低的变形铝合金，如5A02、3A21等，当锻造加热温度为470～500℃时，强化相或过剩相一般均溶入固溶体，合金基本上呈单相α固溶体状态，在300～350℃以下温度，会从α固溶体中沉淀出少量强化相，但合金塑性无显著变化。所以，这类合金在300～500℃温度范围内锻造，其工艺塑性并无显著变化。

但是，对于合金化程度高的变形铝合金，例如7A04等，由于其绝大多数是过饱和的固溶体，随着锻造温度下降，便要从固溶体中析出强化相，使合金的显微组织呈明显的多相状态，使合金的工艺塑性明显降低。根据合金相组成随温度的变化来看，7A04合金最高塑性的温度范围应为400～500℃。而在300℃左右时，合金中则有较多的S相、T相和其他相，导致合金的塑性降低；在高于450℃时，由于合金中原子振动振幅增大，晶界以及原子之间的结合削弱，合金的塑性又明显降低，所以，7A04合金的最合适的锻造温度范围应为400～450℃。

根据合金相组成随温度的变化规律确定的锻造温度范围，必须通过各种合金的塑性图、变形抗力图和加工再结晶图来准确的进行确定。

图32-6所示是三种不同铝合金的塑性图。由图可见，防锈铝3A21合金在300～500℃范围内具有很高的塑性，而且在应变速率增大，由静变形改为动变形时，这种合金的塑性变化不大。因此，这种合金无论是在水压机上或锤上锻造，其变形量均可达到80%以上。锻铝2A50在350～

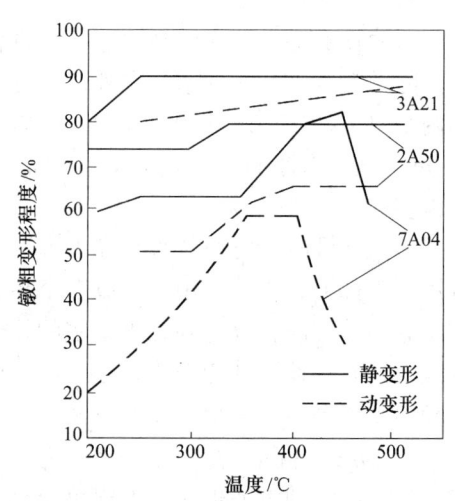

图32-6　三种铝合金的塑性图

500℃范围内具有较高的塑性，锤上锻造变形量可达 50% ~ 65%，水压机上锻造则可达 80%以上，而超硬铝 7A04 在锤上锻造时，高塑性的温度范围应为 350 ~ 400℃，允许的变形量不得超过 58%，而在水压机上锻造时，锻造温度范围应为 350 ~ 450℃，允许的变形量为 65% ~ 85%。

　　上述 3 种铝合金及其他一系列铝合金工艺塑性研究表明，大多数铝合金在 300 ~ 500℃ 的温度范围内都具有足够高的工艺塑性。

　　图 32-7 所示为 3A21、2A50 和 7A04 三种合金在不同温度下的流动应力曲线。由图可见，流动应力的数值主要与合金的种类及锻造温度有关，受变形程度的影响较小。

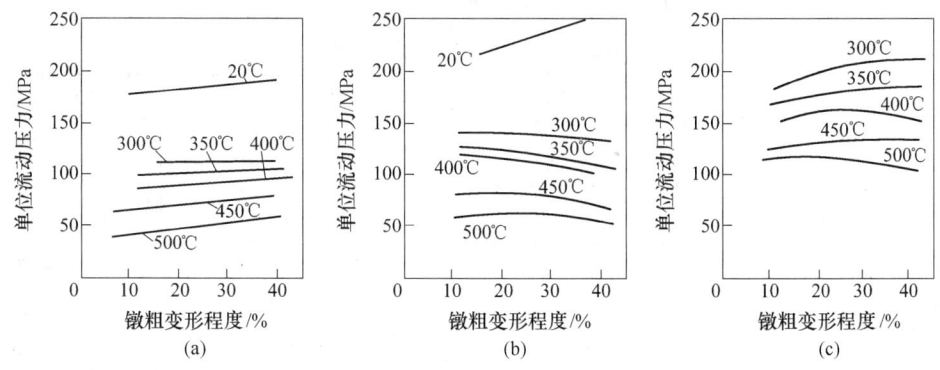

图 32-7　三种铝合金的流动压力曲线
(a) 3A21 合金；(b) 2A50 合金；(c) 7A04 合金

　　随着温度从 500 ~ 450℃ 降低到 350℃，3A21 合金的变形抗力从 40MPa 增大到 100MPa，即增大 150%；2A50 和 7A04 则相应从 60 ~ 90MPa 增加到 120 ~ 160MPa 和从 100 ~ 120MPa 增加至 160 ~ 180MPa，也几乎增加了 1 倍。这说明随着温度下降，铝合金的变形抗力剧烈增大。所以，铝合金，特别是合金化程度高的铝合金不应在过低的温度下终锻。这也是超硬铝的终锻温度比防锈铝的高，锻造温度范围窄的原因之一。

　　另外，从图 32-7 中还可看出，3A21 在 300℃，2A50 在 350℃终锻时，随变形程度增大，合金的流动压力曲线基本保持水平，这说明再结晶软化速度已达到或超过了加工硬化速度，因而，这两种合金按塑性图所选定的终锻温度，可以保证合金处于完全热变形状态。合金化程度高的 7A04 合金则有所不同，在 350℃下流动压力曲线随变形程度增大而略有升高，这说明此种合金在 350℃终锻时有加工硬化现象，即不能保证完全热变形，但这种加工硬化并不严重，因此，按塑性图确定的终锻温度仍可适用。

　　铝合金合适的锻造温度范围，除了应保证合金具有较高的塑性、较低的变形抗力、足够宽的锻造温度范围以便于操作之外，还应保证锻件具有较高的力学性能和较细的晶粒组织，对于合金化程度低的防锈铝，在确定其锻造温度范围时，应考虑到加工硬化和再结晶软化这两个因素对锻件力学性能和晶粒长大所产生的综合影响。由于防锈铝的加工硬化不严重，所以加热温度应控制在下限，以免晶粒长大、强度降低。例如，防锈铝的高塑性温度上限可超过 500℃，但在实践中，为了防止晶粒粗大，这类铝合金的始锻温度为 480℃ 就足够了。如果是多火次锻造，在最后一火锻造变形率不大时，坯料的加热温度尤应偏低，这样，终锻温度也将偏低，从而获得晶粒细小的锻件。

对于合金化程度高的硬铝、超硬铝，终锻温度偏低会使锻件中的某些部分留下加工硬化，在随后淬火加热时再结晶会充分进行，使晶粒长大、性能降低。所以，这类合金的终锻温度宜取高些。在多火次锻造时，对各火次锻造温度的规定，不需要像防锈铝那样严格，因为这类合金锻后还要进行固溶时效处理，锻件的最终力学性能主要受最终热处理参数支配。

7A04 等高强度硬铝合金的锻造温度范围虽然比较窄，但对模锻来说，是足够的。对锻造时间较长的自由锻，可用增加火次的办法来弥补锻造温度范围窄的不足，只要每一火加热后锻造不落入临界变形，便不会使晶粒明显长大及降低高强度铝合金的力学性能。表 32-3 列出了常用的变形铝合金的锻造温度范围。

表 32-3　铝合金锻造温度范围

合　　金	锻造温度/℃	合　　金	锻造温度/℃
1070A、1060、1050A	470 ~ 380	2A50（铸态）	450 ~ 350
5A02	480 ~ 380	2A50（变形）	480 ~ 350
5A03	475 ~ 380	2A80	480 ~ 380
3A21	480 ~ 380	2A14（铸态）	450 ~ 350
2A02	450 ~ 350	2A14（变形）	470 ~ 380
2A11	480 ~ 380	7A04（铸态）	430 ~ 350
2A12	460 ~ 380	7A04（变形）	450 ~ 380
6A02	500 ~ 380	7A09（铸态）	430 ~ 350
2A70	475 ~ 380	7A09（变形）	450 ~ 380

32.1.2.2　变形速率（$\dot{\varepsilon}$）

变形速率不等于设备的工作速度。应变速率不仅与滑块的运动速度有关，而且还取决于坯料的尺寸，其关系如下：

$$\dot{\varepsilon} = \frac{v}{H_0} \tag{32-1}$$

式中　v——滑块或工具的运动速度，m/s；

　　　H_0——毛坯的原始高度，m。

由式（32-1）可知，在工具运动速度一定时，毛坯高度越小，应变速率越大；毛坯尺寸相同，工具运动速度越大，应变速率就越大。各种锻压设备上的工具运动速度和合金应变速率的大致范围见表 32-4。

表 32-4　各种设备上的合金应变速率

设备名称	材料试验机	水压机	曲柄压力机	锻　锤	高速锤
工具速度/m·s^{-1}	≤0.01	0.1 ~ 0.3	0.3 ~ 0.8	5 ~ 10	10 ~ 30
应变速率/s^{-1}	0.001 ~ 0.03	0.03 ~ 0.06	1 ~ 5	10 ~ 250	200 ~ 1000

研究表明，应变速率对铝合金的塑性和变形抗力有一定影响，大多数铝合金随应变速率的增大，在锻造温度范围内的工艺塑性并不发生显著的降低。这是因为应变速率增大所引起的加工硬化速度的增加，没有使它超过铝合金的再结晶速度。但是，一部分合金化程

度高的铝合金，随着从静载变形改为动载变形，工艺塑性便要下降，允许的变形程度甚至可以从80%降低到40%。这是由于合金化程度高的铝合金，再结晶速度小，在动载变形时，加工硬化显著增大。此外，当从静载变形改为动载变形时，铝合金的变形抗力增大50%～200%。

32.1.2.3　变形程度

A　设备每一工作行程的变形程度

铝合金锻造时，在锻造设备每一工作行程内毛坯的变形程度应取多大，一方面取决于锻件的形状，另一方面则取决于合金的工艺塑性。为了保证合金在锻造过程中不开裂，每一行程的变形程度，应根据该合金塑性图与所选择的变形温度、应变速率相当的塑性曲线确定。这样确定下来的变形程度，即为每一行程允许的最大变形程度。

另外，为了保证锻件具有细小均匀的晶粒组织，在设备每一工作行程内的变形程度，还应大于或小于加工再结晶图上相应温度下的临界变形程度。尤其重要的是要控制终锻温度下的变形程度不落入临界变形程度。

研究表明，铝合金的临界变形程度大都在12%～15%以内，所以，终锻温度下的变形程度均应大于12%～15%。

根据铝合金塑性图确定的每一工作行程的允许变形程度见表32-5。

表32-5　铝合金每次行程允许变形程度　（%）

合　金	水压机 （镦粗）	锻锤、曲柄压力机 （镦粗）	高速锤（挤压）	挤压模锻
3A21、5A02、5A03、 6A02、2A50	80～85	80～85	85～90	90
5A05、5A06、2A02、 2A70、2A80、2A11	70	50～60	85～90 但5A05、5A06为40～50	
7A04、7A09、2A12、2A14	70	50	85～90	85

B　总变形程度

铝合金铸锭在锻造过程中的总变形程度，不仅决定了锻件的力学性能，而且决定了锻件的纵向和横向力学性能差异大小，即各向异性大小。

对2A11铝合金铸锭进行的实验表明：在小变形和中等变形情况下，纵向和横向的强度指标相差不多，但伸长率相差较大，如图32-8所示。当铸锭的总变形程度为60%～70%，合金力学性能最高，性能的各向异性最小。当变形程度超过60%以后，随变形程度的增加，横向力学性能由于纤维组织的形成而剧烈下降。所以，在锻造过程的各个阶段，必须避免单方向的大压缩变形（超过60%～70%）。但是，对挤压棒材进行压扁时，结果则同铸锭的相反，如图32-9所示。

棒材压扁在小变形量时，仍保持较大的纵向和横向性能的差异。随着压扁程度的增加，纵横向性能的差异减小，因为压扁时在棒材长度方向没有多大变形，而随着压扁程度的增加，棒材的宽展越来越大。在模具中镦粗挤压棒材时，锻造变形量的增加将导致轴向塑性逐渐降低而径向塑性逐渐提高。

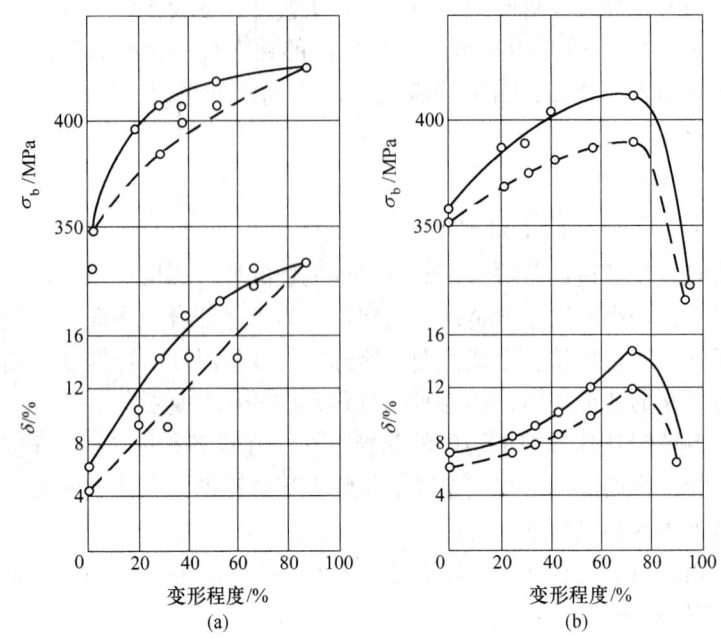

图 32-8　变形程度对 2A11 合金力学性能的影响

（a）纵向；（b）横向

——从铸锭中心切取的试样；－－－－从铸锭外层切取的试样

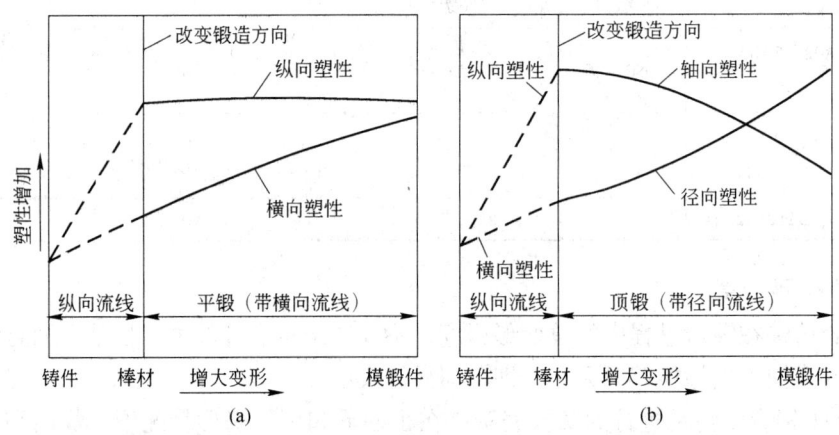

图 32-9　锻造变形程度对挤压棒材横向塑性的影响

（a）棒料平放在模具中（相当于压扁）；（b）坯料立放在模具中（相当于镦粗）

32.1.2.4　应力状态

　　大多数铝合金，经挤压成棒材后，具有足够的塑性，可以在具有拉应力和拉变形的应力应变状态下锻造。但是，铝合金铸锭和预变形过的高强度铝合金，则应在尽可能较"软"的应力状态下加工，如挤压筒中挤压，在限制宽展的开式模具或闭式模具中模锻。

　　软合金（6A02、3A21、5A02）及中等强度的铝合金（5A06、2A50、2A80、2A11 等）具有较高的塑性，可以在锤或压力机上用平砧、开式或半闭式模自由锻或模锻。高强度铝合金（7A04、7A09 等）的塑性比较低，应在"软"的应力-应变状态下自由锻或模锻。

　　脆性的铝-铍合金，每次行程允许的变形程度在 10%～30% 之间，宜采用带反压力的挤压或模锻方法成型。

32.1.3　锻压生产的力能计算

32.1.3.1　自由锻水压机能力计算

A　热镦粗时压力

$$P = m\sigma_{b}F \tag{32-2}$$

式中　σ_{b}——合金在镦粗温度下的抗拉强度，MPa；

　　　　F——镦粗坯料的横截面积，mm^2；

　　　　m——系数。

其中

$$m = 1 + \frac{\mu}{3} \cdot \frac{d}{h} \tag{32-3}$$

式中　μ——摩擦系数，$\mu = 0.5$；

　　　d，h——镦粗坯料的直径和高度，mm。

几种变形铝合金的高温抗拉强度见表 32-6。

表 32-6　几种变形铝合金的高温抗拉强度　　　　　　（MPa）

合金牌号	300℃	350℃	370℃	400℃	450℃	500℃
5A02	120	120	105	90	60	20
3A21	85	75	55	50	40	35
2A02	225	125	100	75	50	20
2A12	145	130	110	85	50	40
2A50	155	90	75	60	45	20
2A70	130	75	65	45	25	20
2A80	90	60	50	35	25	15
2A14	135	125	110	90	75	30
7A04	100	75	65	55	35	

B　拔长压力

$$P = \gamma m\sigma_{b}al \tag{32-4}$$

式中　P——拔长时的压下力，N；

　　　γ——变形条件系数，在平砧上拔长时 $\gamma = 1$；在型砧上拔长时 $\gamma = 1.25$；

　　　a——坯料宽度或直径，mm；

　　　l——送进量，mm；

　　　σ_{b}——拔长温度时的强度，MPa；

　　　m——系数。

其中

$$m = 1 + \frac{3c - e}{6b}\mu\frac{l}{h} \tag{32-5}$$

式中　μ——摩擦系数，$\mu=0.5$；

　　　h——变形毛坯的高度，mm。

　　c 和 e 按下述方法确定（a 和 h 可用毛坯的原始数值）：

　　若 $a>l$，$c=a$，若 $a<l$，则 $c=l$；若 $a>l$，$e=l$，若 $a<l$，$e=a$。

　　C　冲孔压力

$$P = m\sigma_b f \tag{32-6}$$

式中　f——冲头截面积，mm^2；

　　　σ_b——冲孔时的抗拉强度，MPa；

　　　m——系数。

其中

$$m = \left(1 + \frac{\mu}{3}\cdot\frac{d}{h}\right)\left(1 + 1.15\ln\frac{D}{d}\right) \tag{32-7}$$

式中　D——冲孔坯料直径，mm；

　　　d——冲孔孔径，mm；

　　　h——芯料厚度，mm；

　　　μ——摩擦系数，$\mu=0.5$。

32.1.3.2　模锻水压机的力能计算

A　经验公式

$$P = zmFK \tag{32-8}$$

式中　P——水压机压力，N；

　　　F——模锻件（不包括毛边）在平面图上的投影面积，cm^2；

　　　K——单位压力，N/cm^2，对于具有薄而宽腹板的铝合金模锻件，$K=49000N/cm^2$；

　　　m——考虑到变形体积影响的系数，其值见表 32-7；

　　　z——考虑到变形条件影响的系数，其值为：模锻外形简单的锻件为 1.5，模锻外形复杂的锻件为 1.8，模锻截面过渡急剧的，外形很复杂的锻件为 2.0，模锻有大量余料流入毛边槽的锻件为 2.0，模锻带压入成型的锻件为 2.0。

表 32-7　考虑到变形体积影响的系数 m 的取值

模锻件体积/cm³	<25	25~100	100~1000	1000~5000	5000~10000	10000~15000	15000~25000	>25000
m	1.0	0.9~1.0	0.8~0.9	0.7~0.8	0.6~0.7	0.5~0.6	0.4~0.5	0.4

B　经验数据

根据生产中的经验数据，可以基本决定锻件所需要的压机吨位，见表 32-8 和表 32-9。

表 32-8　不同能力水压机所能锻造的铝锻件的投影面积　　（m²）

锻件类型	17.5~35.5MN	35.5~88.5MN	88.5~175MN	>175MN
粗锻件[1]	0.1290~0.2258	0.2258~0.5160	0.5160~1.2903	1.2903~3.2250
普通锻件[2]	0.0516~0.1032	0.1032~0.2580	0.2580~0.5160	0.5160~1.4190

① 粗锻件的制造方法是先经过某些自由锻操作如镦粗或拔长，然后进行模锻；

② 普通模锻件往往先后用两副模具锻造，先用预锻模，后用终锻模。因此，普通模锻件比较接近成品尺寸，外形较精确。

表 32-9 大型水压机锻造铝合金的使用数据

锻件类型	投影面积 /m²	单位压力 /MPa	模锻斜度	腹板厚度		肋的最大 高宽比
				最小厚度/mm	最大厚宽比	
159.74MN 水压机①						
粗 锻 件	0.5677~1.1613	310~140	5°~7°	8	1:15	4:1
普通锻件	0.1290~0.5677	1260~310	3°~7°	4	1:25	8:1
精 锻 件	上限为 0.1290	最小为 1260				
308.1MN 水压机②						
粗 锻 件	1.1290~2.2581	280~140	5°~7°	10	1:15	4:1
普通锻件	0.2903~1.1291	1110~280	3°~7°③	5③	1:25	8:1
精 锻 件	上限为 0.2903	最小为 1100				
441MN 水压机②						
粗 锻 件	1.6129~3.2258	280~140	7°	10	1:15	4:1
普通锻件	0.5161~1.6129	870~280	3°~5°④	6④	1:25	8:1
精 锻 件	上限为 0.5161	最小为 870				

① 最大的锻件长度和宽度分别为 3200mm 和 915mm；
② 最大的锻件长度和宽度分别为 6100mm 和 3050mm，长度可用悬臂模的方法达到，在某些应用中，宽度可扩大到 3556mm；
③ 3°的模锻斜度和最小的腹板厚度限制了投影面积的上限只能达到 0.9030m²；
④ 3°的模锻斜度和最小腹板厚度限制了投影面积只能达到 1.290m²。

32.1.3.3 自由锻锤落下部分质量计算

$$G = \frac{\alpha V}{\beta H} \tag{32-9}$$

式中 G——锤的落下部分质量，kg；

α——单位变形功，J/cm³，见表 32-10；

V——一次锤击时金属的变形体积，cm³；

H——锤头落下高度，cm；

β——锤头的结构系数，单动蒸汽空气锤 $\beta = 3$、双动蒸汽空气锤 $\beta = 2$、空气锤 $\beta = 3$。

表 32-10 锻造时的单位变形功 α　　　　　　　（J/cm³）

变形金属	锤上锻造时的单位变形功	
	双动锤	单动锤
2A90	110	90
2A80	110	90
2A50	75	60

32.1.3.4 其他锻压机械的力能计算

A 双动模锻锤落下部分质量计算

对于圆形件，有

$$G = K(1 + 0.005D)\left(1.1 + \frac{2}{D}\right)^2(0.75 + 0.11D^2)D\sigma_b \tag{32-10}$$

对于非圆形件，有

$$G = K(1 + 0.005D_1)\left(1.1 + \frac{2}{D_1}\right)^2(0.75 + 0.11D_1^2)\left(1 + \sqrt{\frac{L}{B_1}}\right)D_1\sigma_b \tag{32-11}$$

式中　G——双动模锻锤落下部分名义质量，kg；

　　　K——模锻材料性能系数，铝合金 $K = 10 \sim 15$；

　　　D——平面图上圆形锻件的直径，cm；

　　　D_1——非圆形锻件的换算直径，$D_1 = 1.13\sqrt{F}$，cm；

　　　F——非圆形锻件在平面图上的投影面积，cm^2；

　　　B_1——非圆形锻件的平均宽度，$B_1 = \dfrac{F}{L}$，cm；

　　　L——非圆形锻件的长度，cm；

　　　σ_b——终锻温度下模锻材料的抗拉强度极限，MPa。

B　单动模锻锤落下部分质量计算

$$G' = (1.5 \sim 1.8)G \tag{32-12}$$

G 的计算可按双动模锻的锤落下部分质量计算公式。

C　热模锻曲柄压力机的压力计算

对于圆形件，有

$$P = 8(1 - 0.001D)\left(1.1 + \frac{20}{D}\right)^2 F\sigma_b \tag{32-13}$$

对于非圆形件，有

$$P = 8(1 - 0.001D_1)\left(1.1 + \frac{20}{D_1}\right)\left(1 + 0.1\sqrt{\frac{L}{B}}\right)F\sigma_b \tag{32-14}$$

式中，各项参数的确定与确定模锻锤落下部分质量公式相同。

D　摩擦压力机压力计算

$$P = 2K\sigma_b F \tag{32-15}$$

式中　P——压力机压力，N；

　　　K——变形条件系数，$K = 5$；

　　　σ_b——终锻温度下的抗拉强度，MPa；

　　　F——模锻件在平面图上的投影面积，mm^2。

32.2　自由锻造基本工序及其工艺

32.2.1　自由锻造基本工序

自由锻造的基本工序是：镦粗、拔长、冲孔、扩孔、弯曲和切断。

32.2.1.1　镦粗

使坯料的高度减小而横截面积增大的锻造工序叫镦粗。用这种工序可以由小横截面尺寸的原始毛坯得到高度较小但横截面尺寸较大的锻造毛坯（齿轮毛坯、饼坯、法兰盘毛坯等）。

镦粗如图 32-10 所示，其作用为：

（1）改变铸造组织，提高合金力学性能的预锻工序。

（2）提高下一步拔长时的锻造比的预备工作。

（3）在制造环形锻件时，作为冲孔工序前的预镦工序。

（4）作为制造盘形锻件的制坯工序。

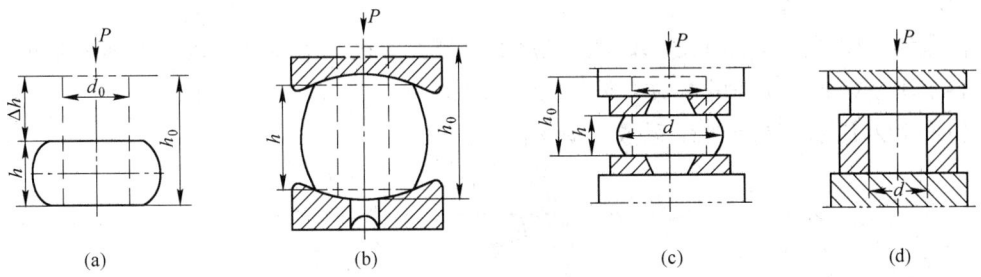

图 32-10　镦粗简图

（a）平砧间镦粗；（b）有尾坯料的镦粗；（c）在带孔的垫板间镦粗；（d）在漏盘内局部镦粗

任何镦粗时毛坯的平均直径（见图 32-10（a））为：

$$d = d_0 \sqrt{\frac{h_0}{h}} \qquad (32\text{-}16)$$

镦粗时的变形程度为：

$$\varepsilon = \frac{h_0 - h}{h_0} = \frac{\Delta h}{h_0} \times 100\% \qquad (32\text{-}17)$$

真实主应变为：

$$e = \ln \frac{h_0}{h} = -\ln(1 - \varepsilon) \qquad (32\text{-}18)$$

当 $\frac{h_0}{h} < 1.2$ 或 $\varepsilon < 20\%$ 时，就工程实用来说，取 $e = \varepsilon$ 已足够精确，误差不超过 10%。在此种情况下，转移的体积 V_0 可用式（32-19）来计算。

$$V_0 = V \frac{\Delta h}{h_0} \qquad (32\text{-}19)$$

式中　V——镦粗毛坯的体积。

在水压机上镦粗带尾柄的毛坯（见图 32-10（b））是为了下道工序拔长。镦粗后毛坯端面呈凸起形，可避免在拔长时形成凹陷的端面。

垫环上镦粗（见图 32-10（c））用于制造圆盘或其他带有直径不大但有较高台阶的锻件毛坯。由于原始毛坯直径与锻件台阶部分直径相差太大，因此不宜由毛坯一端拔出台阶部分。垫环内表面斜度一般为 5°~7°。仅一个凸起部分的锻件采用一个垫环。

环中镦粗（见图 32-10(d)）用于带头的杆形锻件，此时原始毛坯直径可以选得比环的内孔略小些（见图 32-10(c)），也可以预先把毛坯拔至杆部直径。

对于铝合金镦粗，原始毛坯的高度仍不应大于其直径的 2.5 倍。若 $h_0 \geqslant 2.5d$，毛坯出现弯曲，而消除弯曲又需增加补充工序。

为了纠正镦粗后锻件侧表面上的鼓肚，需要采用滚圆工序修整。滚圆可以在平砧或半圆弧砧块上进行。

32.2.1.2 拔长

使原坯料横断面减小而长度增加的工序称为拔长。拔长是通过一系列连续压缩而实现的，各工步及第 n 次压缩的参数（见图 32-11）为：

（1）相对压缩（高向压缩系数或变形程序）。

$$\varepsilon_n = \frac{h_{n-1} - h_n}{h_{n-1}} = \frac{\Delta h_n}{h_{n-1}} \tag{32-20}$$

因此

$$\Delta h_n = h_{n-1}\varepsilon_n$$

$$h_n = h_{n-1}(1 - \varepsilon_n)$$

（2）锻造比。

$$Y_n = \frac{F_{n-1}}{F_n} = \frac{l_n}{l_{n-1}} \tag{32-21}$$

因此

$$l_n = l_{n-1}Y_n$$

$$\Delta l_n = l_n - l_{n-1} = l_{n-1}(Y_n - 1)$$

（3）相对展宽（宽向变形程度）。

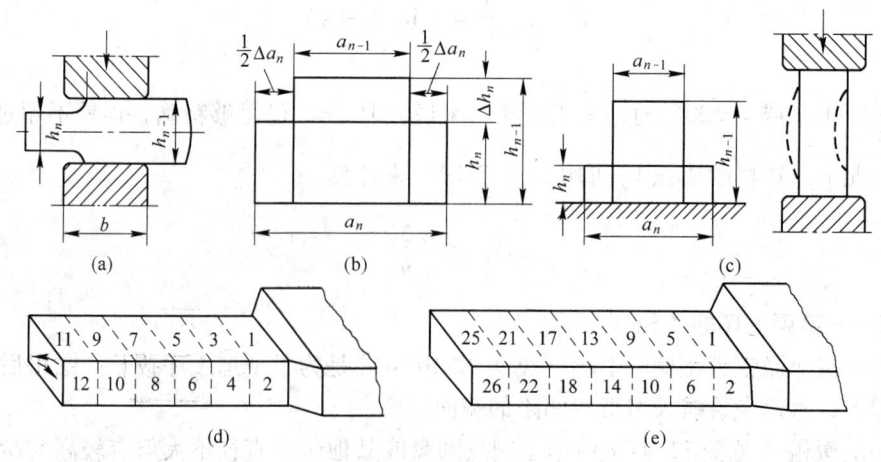

图 32-11 拔长简图

$$\varepsilon_n^1 = \frac{a_n - a_{n-1}}{a_{n-1}} = \frac{\Delta a_n}{a_{n-1}} = \frac{1}{Y_n(1 - \varepsilon_n)} - 1 \qquad (32\text{-}22)$$

因此

$$\Delta a = a_{n-1} \varepsilon_n^1$$

或

$$\Delta a = a_{n-1}\left[\frac{1}{Y_n(1 - \varepsilon_n)} - 1\right]$$

所以

$$a_n = a_{n-1}(1 + \varepsilon_n^1) = a_{n-1}\frac{1}{Y_n(1 - \varepsilon_n)}$$

而

$$a_n = \frac{F_n}{h_n}$$

(4) 工步系数（压缩后锻件宽度与高度之比）。

$$\psi = \frac{a_n}{h_n} = \frac{a_{n-1} + \Delta a_n}{h_{n-1} + \Delta h_n} = \frac{a_{n-1}}{h_{n-1}} \cdot \frac{1}{Y_n(1 - \varepsilon_n)^2} \qquad (32\text{-}23)$$

如果接着要翻转，则所选择的压缩值应使系数 ψ 不超过 2～2.5，如图 32-11（c）所示。

(5) 总锻造比。多次压缩后的总锻造比等于各次压缩锻造比的连乘，即

$$Y = \frac{F_s}{F_z} = Y_1 Y_2 Y_3 Y_4 \cdots Y_n \qquad (32\text{-}24)$$

因此

$$l_z = l_s Y$$

$$\Delta l = l_z - l_s = (Y - 1)l_s$$

式中　F_s——拔长前坯料的横断面面积，mm^2；

　　　　F_z——拔长后坯料的横断面面积，mm^2；

　　　　l_s——拔长前坯料的长度，mm；

　　　　l_z——拔长后坯料的长度，mm。

两次镦粗加拔长或两次镦粗间有拔长时，总锻造比可按两次分锻造比之和计算，但分锻造比都应不小于2.0。由铸锭直接锻造的大型自由锻件，为了改善内部组织和性能，锻造比应大于5。

压缩时坯料的展宽越小，则延伸越大，即拔长过程的效率越高。减小砧块宽度 b 或进给量 l，拔长效率提高。采用型砧或圆弧砧或赶铁，也可使拔长效率提高。

拔长有两种操作方法：在平砧上翻 90°的拔长（见图 32-11（d））和螺旋式翻转的拔长（见图 32-11（e））。前一种方法每次压下之后不一定翻转，可以沿毛坯纵向进给至压完一个边之后再翻转 90°，后一种方法用于在锻造温度下再结晶速度低的合金的锻造。相对压缩 ε 的选择应保证工步系数 ψ 不超过 2～2.5，以免形成压折；最后一次压缩的

相对压缩量应大于或小于这个温度下的临界变形量，以防止晶粒长大。为了获得光滑的表面，进给量 l 应小于 $(b-\Delta l)$，通常是取 $l=(0.4\sim0.75)b$，b 是砧块的宽度，可按表32-11确定。

表 32-11 不同能力水压机砧块的近似宽度

水压机能力/kN	砧块宽度/mm	水压机能力/kN	砧块宽度/mm
8	200~260	29.5	450~520
10	250~300	39	500~600
12	280~320	49	550~700
14.5	320~360	59	600~750
19.5	360~420	78.5	700~850
24.5	400~480	100	800~900

为得到圆截面锻件，开始毛坯拔成方形，其截面应略大于需要的圆截面，然后沿对角线压缩，倒角并滚成圆形。

在拔长工序前后，有时还要采用一些其他的锻造辅助工序，如图32-12所示。

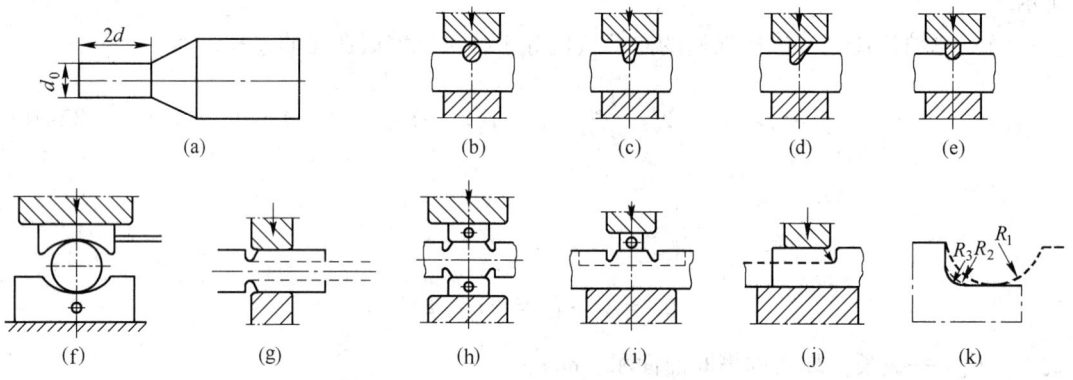

图 32-12 锻造辅助工序示意图

（1）拔尾柄（见图32-12(a)）。主要用于铸锭冒口部分的锻造，该部分长度大约是其直径的两倍。

（2）压痕。用压棍在毛坯表面上压一凹痕标记（见图32-12(b)）。

（3）压肩。根据需要截面的大小，用各种形状的压棍或压铁，将标记凹痕扩大至一定深度以形成缩颈（见图32-12(c)~(e)）。圆毛坯的压肩应用半圆槽胎具，在胎具中毛坯要绕其轴线反复旋转（见图32-12(f)）。

（4）拔长。如果毛坯台阶或凹痕之间的部分比较长，可直接以砧块拔长（见图32-12(g)）。若该部分比较短，则用平的或椭圆的压铁进行预拔长（见图32-12(h)）。如果台阶或凹槽是单面的，为避免压伤光的一面，需用压铁（见图32-12(i)）或尺寸适当的上砧块完成拔长（见图32-12(j)）。

（5）为了使台阶区域纤维不被切断，要采用逐渐减小圆弧半径的压铁（见图32-12（k））。

为了消除拔长以后的不平度，可对全长进行整平，此时要轻轻地压下砧块，并取进给量 $l = b$。水压机能力与毛坯直径的关系列于表32-12。

表 32-12　水压机能力与毛坯直径或厚度的关系

水压机能力/MN	原始毛坯直径/mm		水压机能力/MN	原始毛坯直径/mm	
	最　小	最　大		最　小	最　大
4.9	200	550	29.4	1000	1600
7.84	300	800	39.2	1200	1900
9.8	400	900	49	1400	2100
11.76	500	1000	58.8	1600	2300
14.7	600	1150	78.4	1900	2600
19.6	700	1300	98	2100	2800
24.5	850	1500			

32.2.1.3　冲孔

冲孔是在坯料上冲出透孔或盲孔的锻造工序。冲孔方法有两类：无垫环冲孔和在垫环上冲孔，如图32-13所示。

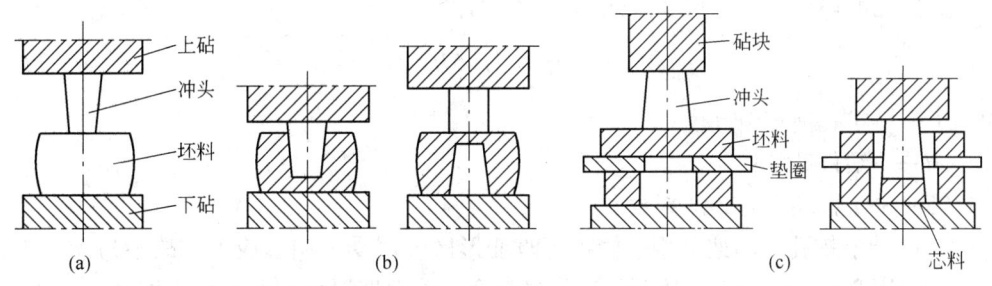

图 32-13　两类不同的冲孔方法

（a）冲孔工序示意图；（b）无垫环冲孔；（c）在垫环上冲孔

无垫环冲孔会导致毛坯形状畸变，即高度减小、直径增大、出现鼓肚、一端凸起和另一端凹隐，如图32-14所示。冲孔前后的 H_0 与 H 之比按表32-13确定。

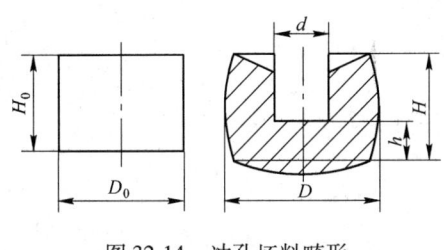

图 32-14　冲孔坯料畸形

表 32-13　H/H_0 与 d/D_0 和 h/H_0 的关系

d/D_0	$h/H_0 = 0.15 \sim 0.2$	$h/H_0 = 0.3$	$h/H_0 = 0.4$	$h/H_0 = 0.5$
0.2	0.90	0.92	0.93	0.94
0.4	0.85	0.86	0.88	0.90
0.5	0.80	0.82	0.83	0.85
0.6	0.72	0.74	0.76	0.80
0.7	0.64	0.66	0.70	0.76
0.8	0.53	0.58	0.63	0.68

冲孔以后毛坯的最大直径按式（32-25）计算。

$$D_{max} = 1.13 \times \sqrt{\frac{1.5}{H}\left[V + f(H - h) - 0.5F_0\right]} \qquad (32\text{-}25)$$

式中　V——毛坯体积，mm^3；

f——冲头横截面积，mm^2；

F_0——毛坯横截面积，mm^2；

H，h——见图 32-14，mm。

在垫环上冲孔适用于在较矮的毛坯上冲孔。这种冲孔方法形成的芯料（废料），比无垫环冲孔的大，但毛坯形状畸变较小。

32.2.1.4　扩孔

减小空心坯料壁厚，增加其内外径的工序称为扩孔。常用的扩孔方法有 3 种：辗环（或称为轧环）、冲头扩孔和在马架上用芯棒扩孔。扩孔时，环的高度增加不大，主要是直径不断增大，金属的变形情况与拔长相同，是拔长的一种变相工序。

（1）辗环（轧环）。辗环的实质是环形毛坯的径向轧制，所以又称为轧环，它需要专用设备，该生产方法材料利用率高。轧环主要是径向变形，需要有制坯工序，制坯的尺寸和形状是获得合格的辗环工件的决定因素之一。辗环的工具设计和工艺有专门书籍介绍。

（2）冲头扩孔。冲头扩孔时，壁厚减薄，内、外径扩大，高度变化很小。由于冲头扩孔时坯料沿切向受拉应力，容易胀裂，故每次扩孔量不宜太大。一般冲孔后可直接扩孔 1～2 次，当需多次扩孔时，应增加中间加热工序。

冲头扩孔前坯料的高度尺寸按式（32-26）计算。

$$H_1 = 1.05H \qquad (32\text{-}26)$$

式中　H_1——扩孔前坯料高度；

H——锻件高度；

1.05——考虑端面修整的系数。

（3）马架上扩孔。马架上用芯棒扩孔时变形区金属受三向压应力，故不易产生裂纹，但操作时应注意每次转动量与压下量应尽量一致，确保壁厚均匀。在锻大锻环时，当扩展到一定程度后应换较粗的芯棒。

马架扩孔前坯料尺寸应满足下列条件：

$$\frac{D_0 - d_0}{h_0} \leqslant 5$$

$$d_0 = d_1 + (30 \sim 50)$$

$$h_0 = h - \mu(d - d_0)$$

式中　D_0，d_0，h_0——扩孔前坯料的外径、内径、高度；

d_1——芯棒直径；

d——锻环内径；

μ——摩擦系数，光滑新平砧 $\mu = 0.06$，旧平砧 $\mu = 0.1$。

32.2.1.5 芯轴拔长

芯轴拔长是用自由锻的方式，生产长筒类锻件的一种简便方法。建议最好下砧采用 V 形砧。芯轴、平砧、V 形砧均应先预热到 300℃ 左右。芯轴应具有 1/100 ~ 1/150 的锥度和光滑的表面。

32.2.1.6 切断

切断即将毛坯分离的工序。切断毛坯有两种方法，即一面切断和两面切断。

32.2.1.7 弯曲

将坯料弯曲成所要求的形状的锻造工序称为弯曲。弯曲时，伴随发生毛坯横截面形状的畸变和弯曲区域面积的减小。毛坯弯曲半径不应小于其截面厚度之半。为了补偿毛坯弯曲区域截面面积的减小，可在毛坯需要弯曲的部位加厚。

32.2.2 锻件图设计

设计锻件图的原始资料是零件图。一般来说，在零件图的基础上加上机械加工余量和锻造公差便构成锻件图。但当锻件图上有凹挡、台阶、凸肩、法兰或孔时，还必须对它们加上"余块"。为了便于了解零件的形状和检查锻造后的实际余量，在锻件图上用双点划线画出零件轮廓形状。锻件的名义尺寸和公差注在尺寸线上面，零件尺寸注在尺寸线下面，并用括号括起来。

目前，我国用水压机锻造铝合金锻件的余量和公差尚无统一标准，由企业自行规定。在没有资料和数据时，可采用表 32-14 给出的数据。如果锻造工艺过程最终工序是切断，则锻件端面的斜角不应超过 $10°$；如果锻件为矩形截面则余量和公差按截面最大尺寸选取。

表 32-14 自由锻件的机械加工余量和尺寸公差

零件长 L /mm	规定有余量和公差的零件尺寸	余量 a 和 b 及直径 D 或截面尺寸 A 和 B 的偏差/mm					
		25 ~ 50	50 ~ 80	80 ~ 120	120 ~ 180	180 ~ 260	260 ~ 360
250 以下	D、A、B	4 ±1.5	5 ±2	6 ±3			
	L	12 ±5	15 ±5	20 ±7			
250 ~ 500	D、A、B	5 ±2	6 ±2	7 ±3	8 ±3	12 ±4	14 ±4
	L	15 ±5	20 ±6	23 ±8	26 ±8	32 ±10	36 ±10
500 ~ 800	D、A、B	6 ±2	8 ±2	9 ±3	11 ±3	12 ±4	13 ±4
	L	18 ±5	22 ±7	25 ±8	30 ±10	35 ±10	49 ±12
800 ~ 1250	D、A、B	7 ±2	9 ±3	11 ±3	12 ±4	14 ±4	15 ±5
	L	22 ±6	26 ±8	30 ±10	35 ±10	40 ±12	45 ±12

零件长 L /mm	规定有余量和公差 的零件尺寸	余量 a 和 b 及直径 D 或截面尺寸 A 和 B 的偏差/mm					
		25 ~ 50	50 ~ 80	80 ~ 120	120 ~ 180	180 ~ 260	260 ~ 360
1250 ~ 2000	D、A、B	8 ±2	10 ±3	12 ±4	13 ±4	15 ±5	16 ±5
	L	26 ±8	30 ±8	36 ±10	38 ±10	45 ±12	45 ±12
2000 ~ 2500	D、A、B	10 ±3	12 ±3	14 ±4	16 ±5	17 ±5	
	L	30 ±8	33 ±8	38 ±10	45 ±12	45 ±12	

重要用途零件的锻件图上，通常要指出纤维的要求流向，并要求锻造工艺过程予以保证。特别重要零件的锻件图上通常还加有切取力学性能试验和金相检查试样的专门的工艺余量。有时，锻件上还可能要加上机械加工工艺规程规定的特殊工艺余量。所有这些工艺余量均应由设计者和有关的工程技术专家共同商定。

32.2.3 自由锻工艺

自由锻工艺制订主要包括以下的内容：确定原始毛坯质量和尺寸；确定锻造方案，画出锻造工步简图；选择锻压设备和加热设备；确定火次、锻造温度范围及加热规范；确定锻件的检验要求和检验方法；编写工艺规程卡。

32.2.3.1 确定原始毛坯的质量和尺寸

原始毛坯的质量 $G_\text{坯}$：

$$G_\text{坯} = G_\text{锻} + G_\text{切} \tag{32-27}$$

式中　$G_\text{锻}$——锻件质量（按锻件图确定），kg；

　　　$G_\text{切}$——锻造过程中切掉的工艺余料的质量，kg。

在水压机上锻造铝合金时，切掉的工艺余料的质量是指冲孔锻件的芯料，若非冲孔锻件，则没有这种工艺余料。

与钢的锻造不同，加热时铝合金的烧损不予考虑。

原始毛坯的尺寸在水压机上用铸锭生产铝锻件时，第一步是对坯料进行镦粗；镦粗成型时，毛坯的长度与其直径之比不得超过3，因此有：

$$D_\text{p} = 0.75 \sqrt[3]{V_\text{p}} \tag{32-28}$$

式中　D_p——原始毛坯直径，mm；

　　　V_p——原始毛坯的体积，mm³。

原始毛坯高度，按式（32-29）确定：

$$H = \frac{4V_\text{p}}{\pi D_\text{p}^2} \tag{32-29}$$

32.2.3.2 制定锻造工艺

铝合金锻件的质量，在很大程度上取决于锻造工艺的选择。如果铸锭只在一个方向上变形，则铸造晶粒被拉长，铸造树枝晶和分布在树枝晶周围的组成物不能充分破碎，从而使锻件性能变坏。所以，为了得到均匀的变形组织和较好的力学性能，应注意对锻造工艺的选择。

自由锻的锻造工艺，主要有 3 类，如图 32-15 所示。

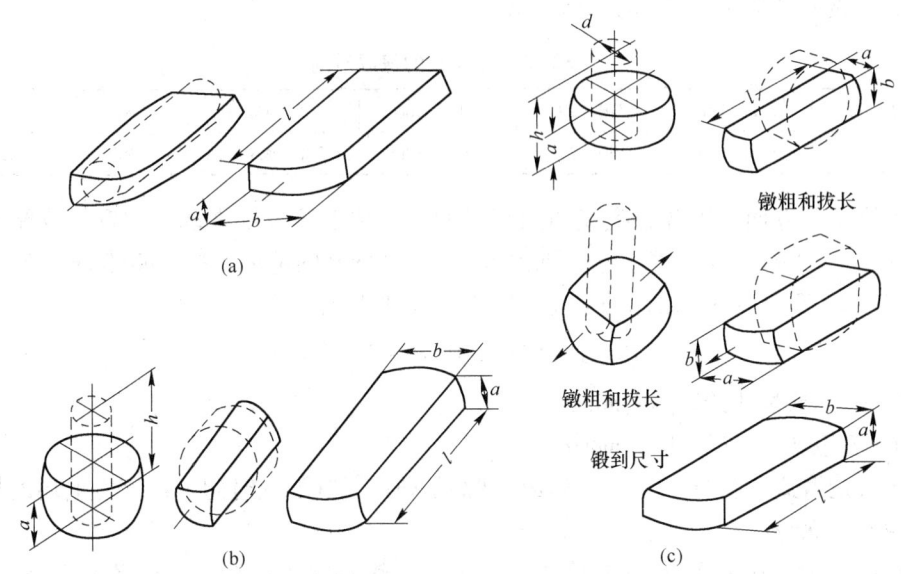

图 32-15　常用的几种自由锻造工艺方案
(a) 方案Ⅰ；(b) 方案Ⅱ；(c) 方案Ⅲ

自由锻方案的选择，应考虑到锻件形状、尺寸和力学性能的要求，以及坯料的形式是铸锭还是挤压毛坯。

方案Ⅰ和方案Ⅱ适用于已有很大变形程度（不小于80%）的挤压毛坯。

方案Ⅲ适用于铸锭开坯，或者盘、环等轴对称形状的锻件，以及中间部分具有较大孔（为锻件面积的 15% ~ 20%）的扁平锻件；由铸造毛坯锻成厚度与宽度之比为 1.0 ~ 1.2 的锻件时，也宜采用方案Ⅲ；挤压变形程度较小（小于80%）的毛坯，也应采用方案Ⅲ；当用直径大于 150mm 的挤压毛坯制造力学性能要求严格的锻件时，为了保证锻件具有均匀的力学性能，也应采用方案Ⅲ。

在锤上锻造铝合金时，开始应轻击，每次锤击的变形程度不超过 8%，随着锻造过程的进行，变形程度可以逐步加大。用水压机锻造时，变形程度实际上不受限制，锻造砧块的工作表面应光滑，其棱边要倒成圆角，圆角半径不要小于 10mm，锻前砧块应预热到 300℃左右。与不预热的砧块相比，铝合金的变形程度平均可提高 35%。在冷砧块上锻造时，沿接触面金属不发生流动。

为了防止铝合金毛坯与砧块黏着，在锻造过程中，应定时往砧块上撒滑石粉或涂抹石墨、汽缸油、锭子油混合的润滑剂。

32.2.3.3　加热规范与火次的确定

铝合金锻造前的加热温度、锻造温度范围，可参考表 32-3 给出的数据来确定。

在没有电阻炉时，可以使用煤气炉或油炉，但不允许火焰直接接触坯料，以防过烧。要严格限制燃料中的硫含量，以免高温下硫渗入晶界。

铝合金有良好的导热性（比钢的热导率大 3 ~ 4 倍），任何厚度和直径的毛坯均不需预热，可直接在高温下装炉。除了镁含量（大于 4.5%）较高的铝合金以外，对其他所有铝合金毛坯的加热时间没有严格的要求，一般不规定保温时间，以锻造时不出现裂纹为准。但是，铝铸锭必须按表 32-15 的数据保温。

表 32-15　铝铸锭的保温时间

铸锭直径/mm	162 ~ 192	270 ~ 290	310 ~ 360	405 ~ 482	630	780
保温时间/min	120 ~ 150	180 ~ 210	240 ~ 300	330 ~ 420	≥480	≥600

在实际应用方面，铝合金毛坯的加热时间，可按下述方法来确定：直径或厚度小于 50mm 的，按 1.5min/mm 计算；直径或厚度大于 100mm 的毛坯，按 2min/mm 计算；对于直径或厚度在 50 ~ 100mm 之间的毛坯，按式（32-30）计算。

$$T = \left[1.5 + 0.01(d - 50)\right] \times d \tag{32-30}$$

式中　T——需要加热的时间，min；

d——毛坯直径或厚度，mm。

对于接近锻造温度的毛坯，因故需要回炉加热时，其加热时间可以比冷毛坯的加热时间减少 40% ~ 50%。

因故障，锻造过程不得不中断时，毛坯的加热时间可以延长。如果中断时间达到 6 ~ 7h，则应将炉温降至 430 ~ 470℃ 以下，而将毛坯保留在炉内，如果中断时间超过 6 ~ 7h，则毛坯应出炉。但是，含镁高的铝合金则属例外，铝合金中镁含量较高时，在延长加热过程中，表层镁会有较多的烧损，从而导致锻件表面质量和力学性能降低。这类铝合金毛坯的保温时间不可超过 4h，否则，应关闭炉子或者将毛坯出炉，锻造时再重新加热。

锻造火次应根据实际经验确定。

32.2.3.4　编写工艺规程卡片

把锻造过程的各道工序和工步，按生产顺序编写出来。要注明工序或工步名称，所使用的工具和设备，工步简图和尺寸以及工时定额等。一般来说，工艺规程卡片应包括锻件名称，锻件简图，毛坯规格，质量和尺寸，合金牌号，工序或工步名称和简图，工具和设备，加热、冷却规范，锻造温度范围，工时定额等内容。

32.3　锻模设计和模锻工艺

水压机上的模锻方法很多，但应用最广泛的是开式模锻。本节主要讨论有关开式模锻的设计问题。

32.3.1　模锻件的设计

铝合金模锻件的设计必须合理地确定分模线位置、机械加工余量和公差、模锻斜度、圆角半径、腹板和肋的尺寸等结构要素。

32.3.1.1　分模线位置选择

分模线位置选择是否合理，不仅关系到锻件的精度和内部流线走向，而且还影响到模具和锻件的生产周期和成本。合理的分模线位置应具有如下特征：

（1）与变形力方向相垂直的锻件投影面积最大，外廓形状最简单。满足这一条，模具的型槽浅，金属容易充满，锻件容易出模，如图 32-16 所示。

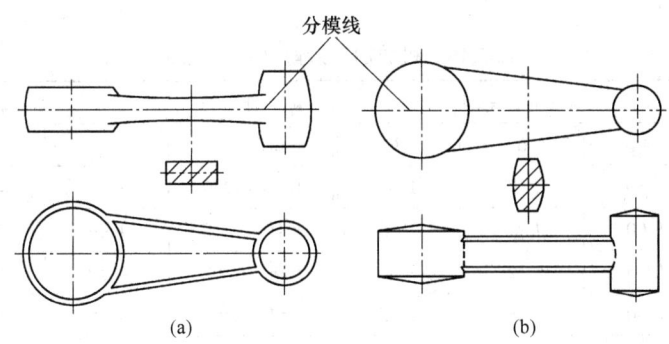

图 32-16 分模线位置

（a）合理；（b）不合理

（2）分模线平直。平直的分模线有利于消除错移。另外，锻模加工、模锻操作和锻后切边都比较方便。

（3）流线完整。模锻成型应使流线方向与取件的方向一致，这是模锻比其他加工所具有的突出优点，如图 32-17 所示。如果分模线位置选择不好，则锻件内可能产生涡流或穿流，导致锻件的疲劳强度降低。

（4）便于检查错移。对于圆柱形法兰盘锻件，宜在法兰厚度的中间部分分模，以方便锻后检查错移。如果法兰为正方形，则宜在法兰的端面分模，以简化上模，便于制造，如图 32-18 所示。

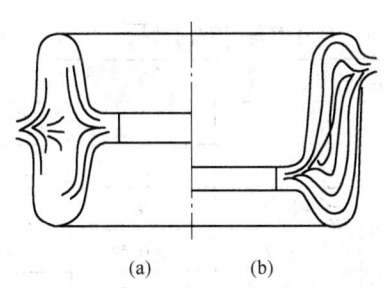

图 32-17 毛边平面对有孔锻件流线的影响

（a）不好；（b）良好

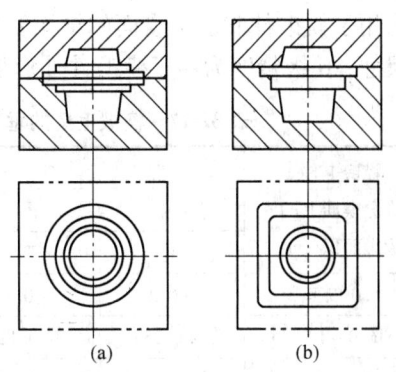

图 32-18 分模方法

（a）圆形法兰盘的分模；（b）方形法兰盘的分模

32.3.1.2 机械加工余量和公差

A 机械加工余量

锻件与零件的一项重要区别，就在于前者带有机械加工余量。加工余量的大小，取决于零件要求的表面光洁度和精度，模锻时发生形状畸变以及锻件表面缺陷等。与钢、钛合金、高温合金相比，铝合金在模锻过程中的表面氧化、污染以及金相组织变化均不很明显。因此，机械加工余量应当小一些。

铝合金锻件机械加工余量按零件最大轮廓尺寸和零件需要的表面光洁度来确定，见表32-16。

表 32-16　机械加工余量（单面余量）　　　　（mm）

模锻件最大轮廓尺寸	加工精度等级			模锻件最大轮廓尺寸	加工精度等级		
	4	6	8		4	6	8
40 以下	0.80	1.25	1.50	1000 ~ 1250	3.50	4.50	5.00
40 ~ 60	1.00	1.50	1.75	1250 ~ 1600	4.00	5.00	5.50
60 ~ 100	1.25	1.75	2.00	1600 ~ 2000	4.50	5.50	6.25
100 ~ 160	1.50	2.00	2.25	2000 ~ 2500	5.25	6.25	7.00
160 ~ 250	1.75	2.25	2.50	2500 ~ 3150	6.00	7.00	8.00
250 ~ 360	2.00	2.50	3.00	3150 ~ 4000	7.00	8.00	9.00
360 ~ 500	2.25	2.75	3.25	4000 ~ 5000	8.00	9.00	10.00
500 ~ 630	2.50	3.00	3.50	5000 ~ 6300	9.00	10.00	11.00
630 ~ 800	2.75	3.50	4.00	6300 ~ 8000	10.00	11.00	12.00
800 ~ 1000	3.00	4.00	4.50				

B　尺寸偏差

锻件的尺寸偏差受到锻压力不足、模腔磨损、锻压设备和锻模弹性变形、终锻温度、锻模温度的稳定性等因素的影响。特别突出的是锻压力不足和型槽磨损，导致锻件尺寸偏差。因此，锻件尺寸偏差一般采用非对称偏差。表32-17 ~ 表32-26列出了铝合金模锻毛坯的各种尺寸偏差和其形状的允许畸变。表中规定了3个精度等级为4、5、6级。4级精度为用于模锻件非加工表面的结构要素尺寸；5级精度为用于模锻件外形非加工表面之间的尺寸；6级精度为用于模锻件外形加工面之间的尺寸。

表 32-17　模锻毛坯的垂直（垂直于分模面）尺寸偏差（双向磨损）　　　　（mm）

模锻毛坯在分模面上的投影面积/cm²	精 度 等 级					
	4		5		6	
	上	下	上	下	上	下
6.0 以下	+0.2	-0.1	+0.3	-0.15	+0.5	-0.2
6.0 ~ 10	+0.25	-0.12	+0.35	-0.2	+0.6	-0.3
10 ~ 16	+0.3	-0.15	+0.4	-0.2	+0.7	-0.3
16 ~ 25	+0.35	-0.15	+0.5	-0.3	+0.8	-0.4
25 ~ 40	+0.4	-0.2	+0.6	-0.3	+1.0	-0.5
40 ~ 80	+0.5	-0.3	+0.8	-0.4	+1.2	-0.6
80 ~ 160	+0.5	-0.3	+1.0	-0.5	+1.5	-0.7
160 ~ 320	+0.8	-0.4	+1.2	-0.5	+2.0	-0.8
320 ~ 480	+1.0	-0.5	+1.5	-0.6	+2.5	-1.0

模锻毛坯在分模面上的投影面积/cm²	精 度 等 级					
	4		5		6	
	上	下	上	下	上	下
480 ~ 800	+1.2	-0.6	+1.8	-0.7	+3.0	-1.2
800 ~ 1250	+1.4	-0.7	+2.1	-0.8	+3.5	-1.5
1250 ~ 1700	+1.6	-0.8	+2.4	-1.0	+4.0	-1.8
1700 ~ 2240	+1.8	-0.9	+2.8	-1.2	+4.5	-2.0
2240 ~ 3000	+2.1	-1.0	+3.2	-1.4	+5.0	-2.2
3000 ~ 4000	+2.4	-1.2	+3.6	-1.6	+5.5	-2.5
4000 ~ 5300	+2.7	-1.3	+4.0	-1.8	+6.0	-2.8
5300 ~ 6300	+2.9	-1.4	+4.3	-1.9	+6.5	-3.0
6300 ~ 8000	+3.2	-1.6	+4.8	-2.2	+7.1	-3.2
8000 ~ 10000	+3.6	-1.8	+5.3	-2.4	+7.7	-3.5
10000 ~ 12500	+3.9	-1.9	+5.8	-2.7	+8.4	-3.8
12500 ~ 16000	+4.3	-2.1	+6.4	-3.0	+9.2	-4.2
16000 ~ 20000	+4.8	-2.4	+7.1	-3.3	+10.0	-4.5
20000 ~ 25000	+5.3	-2.6	+7.8	-3.7	+11.0	-5.0

表 32-18 模锻毛坯垂直（垂直于分模面）尺寸偏差（单向磨损）　　　　　（mm）

模锻毛坯在分模面上的投影面积/cm²	精 度 等 级					
	4		5		6	
	上	下	上	下	上	下
6.0 以下	+0.05	-1.0	+0.08	-0.15	+0.10	-0.25
6.0 ~ 10	+0.06	-0.12	+0.10	-0.18	+0.15	-0.30
10 ~ 16	+0.08	-0.15	+0.12	-0.20	+0.18	-0.35
16 ~ 25	+0.08	-0.17	+0.15	-0.25	+0.20	-0.40
25 ~ 40	+0.10	-0.20	+0.17	-0.30	+0.24	-0.50
40 ~ 80	+0.12	-0.25	+0.20	-0.40	+0.28	-0.60
80 ~ 160	+0.15	-0.30	+0.23	-0.50	+0.30	-0.75
160 ~ 320	+0.20	-0.40	+0.26	-0.60	+0.35	-1.00
320 ~ 480	+0.25	-0.50	+0.30	-0.80	+0.40	-1.30
480 ~ 800	+0.30	-0.60	+0.35	-0.90	+0.50	-1.50
800 ~ 1250	+0.35	-0.70	+0.40	-1.00	+0.60	-1.80
1250 ~ 1700	+0.40	-0.80	+0.50	-1.20	+0.70	-2.00
1700 ~ 2240	+0.45	-0.90	+0.60	-1.40	+0.80	-2.30
2240 ~ 3000	+0.50	-1.00	+0.70	-1.60	+0.90	-2.50
3000 ~ 4000	+0.60	-1.20	+0.80	-1.80	+1.10	-2.80
4000 ~ 5300	+0.65	-1.40	+0.90	-2.00	+1.20	-3.00

模锻毛坯在分模面上的投影面积/cm²	精 度 等 级					
	4		5		6	
	上	下	上	下	上	下
5300 ~ 6300	+ 0. 70	- 1. 50	+ 1. 00	- 2. 20	+ 1. 30	- 3. 30
6300 ~ 8000	+ 0. 80	- 1. 60	+ 1. 10	- 2. 40	+ 1. 50	- 3. 50
8000 ~ 10000	+ 0. 90	- 1. 80	+ 1. 20	- 2. 60	+ 1. 60	- 3. 80
10000 ~ 12500	+ 1. 00	- 2. 00	+ 1. 30	- 2. 90	+ 1. 80	- 4. 20
12500 ~ 16000	+ 1. 10	- 2. 20	+ 1. 50	- 3. 20	+ 1. 90	- 4. 60
16000 ~ 20000	+ 1. 20	- 2. 40	+ 1. 70	- 3. 50	+ 2. 10	- 5. 00
20000 ~ 25000	+ 1. 30	- 2. 60	+ 1. 90	- 3. 90	+ 2. 30	- 5. 50

表 32-19　模锻毛坯的水平（平行于分模面）尺寸偏差（双向磨损）　　　　（mm）

模锻毛坯尺寸	精 度 等 级					
	4		5		6	
	上	下	上	下	上	下
16 以下	+ 0. 3	- 0. 15	+ 0. 4	- 0. 2	+ 0. 5	- 0. 3
16 ~ 25	+ 0. 4	- 0. 2	+ 0. 5	- 0. 25	+ 0. 6	- 0. 4
25 ~ 40	+ 0. 5	- 0. 25	+ 0. 6	- 0. 35	+ 0. 7	- 0. 45
40 ~ 60	+ 0. 6	- 0. 3	+ 0. 8	- 0. 4	+ 0. 9	- 0. 6
60 ~ 100	+ 0. 8	- 0. 4	+ 1. 0	- 0. 6	+ 1. 2	- 0. 8
100 ~ 160	+ 1. 0	- 0. 6	+ 1. 2	- 0. 8	+ 1. 5	- 1. 0
160 ~ 250	+ 1. 2	- 0. 8	+ 1. 5	- 1. 0	+ 2. 0	- 1. 2
250 ~ 360	+ 1. 5	- 1. 0	+ 1. 8	- 1. 2	+ 2. 5	- 1. 5
360 ~ 500	+ 1. 8	- 1. 2	+ 2. 1	- 1. 5	+ 3. 0	- 2. 0
500 ~ 630	+ 2. 1	- 1. 4	+ 2. 4	- 1. 8	+ 3. 5	- 2. 2
630 ~ 800	+ 2. 4	- 1. 6	+ 2. 7	- 2. 0	+ 4. 0	- 2. 5
800 ~ 1000	+ 2. 7	- 1. 8	+ 3. 0	- 2. 4	+ 4. 5	- 3. 0
1000 ~ 1250	+ 3. 0	- 2. 0	+ 3. 5	- 2. 8	+ 5. 0	- 3. 5
1250 ~ 1600	+ 3. 3	- 2. 3	+ 4. 0	- 3. 2	+ 5. 5	- 4. 0
1600 ~ 2000	+ 3. 6	- 2. 6	+ 4. 5	- 3. 6	+ 6. 0	- 4. 5
2000 ~ 2500	+ 4. 0	- 3. 0	+ 5. 0	- 4. 0	+ 6. 5	- 5. 0
2500 ~ 3150	+ 4. 5	- 3. 3	+ 5. 9	- 4. 5	+ 7. 6	- 5. 8
3150 ~ 4000	+ 5. 0	- 3. 7	+ 6. 7	- 5. 2	+ 8. 6	- 6. 7
4000 ~ 5000	+ 5. 6	- 4. 2	+ 7. 5	- 5. 9	+ 9. 7	- 7. 6
5000 ~ 6300	+ 6. 2	- 4. 8	+ 8. 4	- 6. 7	+ 10. 9	- 9. 7
6300 ~ 8000	+ 6. 9	- 5. 4	+ 9. 5	- 7. 6	+ 12. 4	- 10. 0

表 32-20 模锻毛坯的水平（平行于分模面）尺寸偏差（与磨损无关） （mm）

模锻毛坯尺寸	精 度 等 级					
	4		5		6	
	上	下	上	下	上	下
16 以下	+0.06	-0.06	+0.10	-0.10	+0.15	-0.15
16~25	+0.08	-0.08	+0.12	-0.12	+0.18	-0.18
25~40	+0.10	-0.10	+0.15	-0.15	+0.20	-0.20
40~60	+0.12	-0.12	+0.20	-0.20	+0.30	-0.30
60~100	+0.18	-0.18	+0.30	-0.30	+0.50	-0.50
100~160	+0.25	-0.25	+0.40	-0.40	+0.60	-0.60
160~250	+0.35	-0.35	+0.50	-0.50	+0.80	-0.80
250~360	+0.50	-0.50	+0.80	-0.80	+1.20	-1.20
360~500	+0.65	-0.65	+1.00	-1.00	+1.50	-1.50
500~630	+0.85	-0.85	+1.20	-1.20	+1.80	-1.80
630~800	+1.00	-1.00	+1.50	-1.50	+2.20	-2.20
800~1000	+1.30	-1.30	+1.80	-1.80	+2.60	-2.60
1000~1250	+1.50	-1.50	+2.10	-2.10	+3.00	-3.00
1250~1600	+1.80	-1.80	+2.50	-2.50	+3.50	-3.50
1600~2000	+2.10	-2.10	+3.00	-3.00	+4.00	-4.00
2000~2500	+2.40	-2.40	+3.50	-3.50	+4.50	-4.50
2500~3150	+2.80	-2.80	+4.00	-4.00	+5.00	-5.00
3150~4000	+3.40	-3.40	+4.50	-4.50	+5.60	-5.60
4000~5000	+4.00	-4.00	+5.10	-5.10	+6.20	-6.20
5000~6300	+4.50	-4.50	+5.80	-5.80	+7.00	-7.00
6300~8000	+5.00	-5.00	+6.50	-6.50	+8.00	-8.00

表 32-21 模锻毛坯非配合工艺半径尺寸偏差 （mm）

半径名义尺寸	精 度 等 级					
	4		5		6	
	上	下	上	下	上	下
2.5	+1.0	-0.5	+1.5	-0.5		
3.0	+1.5	-0.5	+2.0	-1.0		
4.0	+2.0	-1.0	+2.5	-1.0		
5.0	+2.0	-1.0	+2.5	-1.0	+3.0	-1.5
6.0	+2.5	-1.0	+3.0	-1.5	+3.5	-2.0
8.0	+3.0	-1.5	+3.5	-2.0	+4.0	-2.0
10	+3.0	-1.5	+4.0	-2.0	+5.0	-2.5
12.5	+3.5	-1.5	+4.5	-2.0	+5.5	-2.5
15	+3.5	-2.0	+4.5	-2.5	+6.0	-3.0
20	+4.0	-2.0	+5.0	-2.5	+6.5	-3.5
25	+4.0	-2.0	+5.0	-2.5	+7.0	-3.5

半径名义尺寸	精 度 等 级					
	4		5		6	
	上	下	上	下	上	下
30	+4.5	-2.5	+5.5	-3.0	+7.5	-3.5
35	+5.0	-2.5	+6.0	-3.0	+7.5	-4.0
40	+5.5	-3.0	+6.5	-3.5	+8.0	-4.0
45	+5.5	-3.0	+7.0	-3.5	+8.5	-4.5
50	+6.0	-3.0	+7.5	-4.0	+9.0	-4.5

表 32-22 模锻毛坯分模面允许的错移　　　　　　　（mm）

模锻毛坯在分模面上的投影面积/cm²	精 度 等 级			模锻毛坯在分模面上的投影面积/cm²	精 度 等 级		
	4	5	6		4	5	6
6 以下	0.15	0.20	0.30	1700~2240	1.40	2.00	2.60
6~10	0.18	0.25	0.35	2240~3000	1.60	2.20	2.80
10~16	0.20	0.30	0.40	3000~4000	1.80	2.40	3.00
16~25	0.24	0.35	0.50	4000~5300	2.00	2.60	3.30
25~40	0.28	0.40	0.60	5300~6300	2.20	2.80	3.60
40~80	0.30	0.50	0.80	6300~8000	2.50	3.10	4.00
80~160	0.40	0.60	1.00	8000~10000	2.80	3.40	4.40
160~320	0.50	0.80	1.20	10000~12500	3.10	3.80	4.80
320~480	0.60	1.00	1.50	12500~16000	3.40	4.20	5.20
480~800	0.80	1.20	1.80	16000~20000	3.70	4.60	5.60
800~1250	1.00	1.50	2.10	20000~25000	4.00	5.00	6.00
1250~1700	1.20	1.80	2.40				

表 32-23 模锻毛坯的允许翘曲　　　　　　　（mm）

模锻毛坯最大尺寸	精 度 等 级			模锻毛坯最大尺寸	精 度 等 级		
	4	5	6		4	5	6
16 以下	0.10	0.15	0.25	800~1000	0.80	1.20	1.80
16~25	0.15	0.20	0.30	1000~1250	0.95	1.40	2.10
25~40	0.20	0.30	0.35	1250~1600	1.10	1.60	2.40
40~60	0.25	0.30	0.40	1600~2000	1.30	1.80	2.70
60~100	0.30	0.40	0.50	2000~2500	1.50	2.20	3.30
100~160	0.35	0.50	0.65	2500~3150	1.70	2.60	3.80
160~250	0.40	0.60	0.80	3150~4000	2.00	3.00	4.50
250~360	0.45	0.70	1.00	4000~5000	2.50	4.00	6.00
360~500	0.50	0.80	1.20	5000~6300	3.00	5.00	8.00
500~630	0.60	0.90	1.40	6300~8000	4.00	6.00	10.00
630~800	0.70	1.00	1.50				

表 32-24　模锻毛坯模锻斜度偏差

斜度/(°)	精度等级					
	4		5		6	
	上	下	上	下	上	下
3	+0°30′	−0°30′	+1°00′	−1°00′	+1°30′	−1°30′
5	+0°30′	−0°30′	+1°00′	−1°00′	+1°30′	−1°30′
7	+0°45′	−0°45′	+1°00′	−1°00′	+1°30′	−1°30′
10	+1°00′	−1°00′	+1°30′	−1°00′	+2°00′	−1°30′
12	+1°30′	−1°00′	+2°00′	−1°30′	+3°00′	−2°00′
15	+2°00′	−1°30′	+3°00′	−2°00′	+4°00′	−3°00′

表 32-25　模锻毛坯冲孔同心度允许偏差　　　　　　　　　　　（mm）

模锻毛坯 最大尺寸	精度等级		
	4	5	6
60 以下	0.5	0.8	1.2
60~100	0.6	1.0	1.5
100~160	0.8	1.5	2.5
160~250	1.2	2.0	3.0
250~360	1.6	2.5	3.6
360~500	2.0	3.0	4.2
500~630	2.5	3.5	4.8
630~800	3.0	4.0	5.5

表 32-26　模锻毛坯剪切周边允许的毛边残留　　　　　　　　　（mm）

模锻毛坯的 最大轮廓尺寸	精度等级		
	4	5	6
25 以下	0.2	0.3	0.5
25~40	0.3	0.4	0.6
40~60	0.4	0.6	0.8
60~100	0.6	0.9	1.3
100~160	0.8	1.2	1.7
160~250	1.0	1.5	2.0
250~360	1.2	1.8	2.4
360~500	1.4	2.0	2.8
500~630	1.6	2.3	3.2
630~800	1.8	2.7	3.6
800~1000	2.0	3.0	4.0
1000~1250	2.3	3.4	4.5
1250~1600	2.6	3.8	5.0
1600~2000	3.0	4.6	5.5
2000~2500	3.5	5.0	6.0

注：1. 当在带锯上切飞边时，允许如下飞边残留；长 1000mm 以下模锻件允许残留 3mm，1000mm 以上允许残留 6mm；

2. 圆弧部位允许飞边残留 20mm 以下。

32.3.1.3 模锻斜度

模锻斜度是从锻模型槽中取出锻件所必需的，有内模锻斜度和外模锻斜度两种。铝锻件的模锻斜度一般采用3°～7°。各种形状锻件的模锻斜度，见表32-27。

表 32-27 外模锻件斜度 α 和内模锻件斜度 β

(a) 开式截面

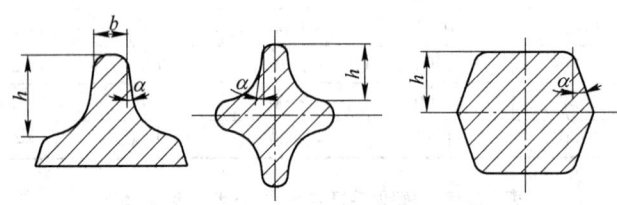

$h/(2R_1)$ 或 h/b	肋厚/mm	
	< 5	> 5
	α	
< 2.5	5°	3°
2.5 ～ 4	5°	
4 ～ 5.5		
> 5.5	7°	

(b) 闭式截面

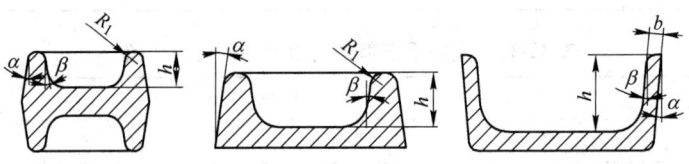

$h/(2R_1)$	肋厚/mm	
	< 5	> 5
	α ($\beta = \alpha$)	
< 2.5	5°	3°
2.5 ～ 4	5°	
4 ～ 5.5		
> 5.5	7°	

(c) 回转体形模锻件

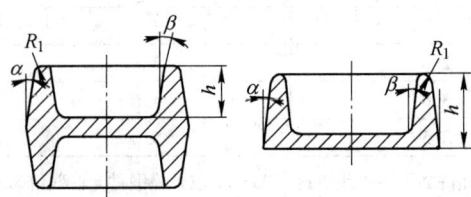

$h/(2R_1)$	α	β
<2.5	5°	5°
2.5~4		7°
4~5.5	7°	
>5.5		10°

(d) 带顶出器的模具中制造的模锻件

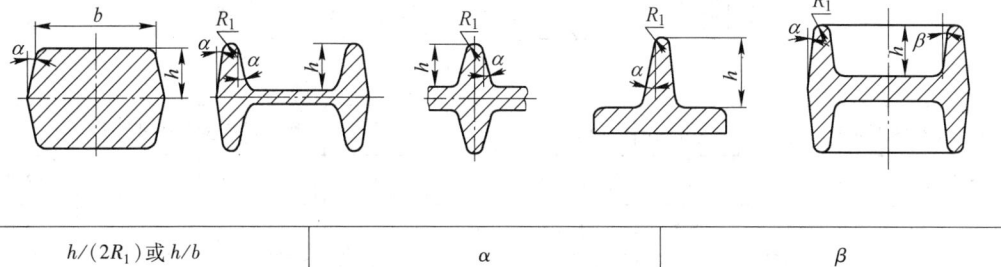

$h/(2R_1)$ 或 h/b	α	β
<2.5	1°	1.5°
2.5~5	2°	3°
>5	3°	5°

32.3.1.4 圆角半径

锻件上凡是面与面相交的地方都应用圆弧光滑地连接，从而减少锐角效应和应力集中现象，提高零件的承载能力。直接锻出的圆角半径比机械加工出来的圆角半径具有更高的抗应力腐蚀开裂的能力，因为前者的流线不会被切断而外露。

连接半径是指肋与腹板之间的圆弧半径，它具有很大的工艺意义。当肋根部分的连接半径偏小时，型槽容易压塌，这不仅会削弱肋的强度，而且使金属流入肋腔的条件变坏。对于工字形类的闭式断面，当连接半径偏小时，还可能产生严重的折叠和穿流。无论何种形状的断面，连接半径都是模腔里磨损最厉害的部位，因为在填充模腔时，金属沿其发生激烈地流动。在连接半径还未达到能够长时间稳定的某个最佳值之前，磨损特别快。

开式断面中连接半径的大小与肋高有关，而闭式断面中的连接半径，则与肋高和肋间距有关。

过渡半径也有很重要的工艺意义，当过渡半径不够大时，在肋接合处可能形成皱折和夹层。过渡半径之值与模锻件连接部分的高度有关。

圆角半径对成型过程没有重要的意义。但是，它对模锻毛坯的质量和模具的寿命有一定的影响，圆角半径偏小将导致模腔内因温度升高、过烧或应力集中过大而引起疲劳裂纹。圆角半径的大小与模腔深度有关。

铝合金模锻的各种圆角半径可按表32-28~表32-30确定。

表 32-28 铝合金模锻毛坯的连接半径 R、过渡半径 R_3、

圆角半径 R_1、R_2、R_4 和 R_5 及肋厚 $2R_1$ （mm）

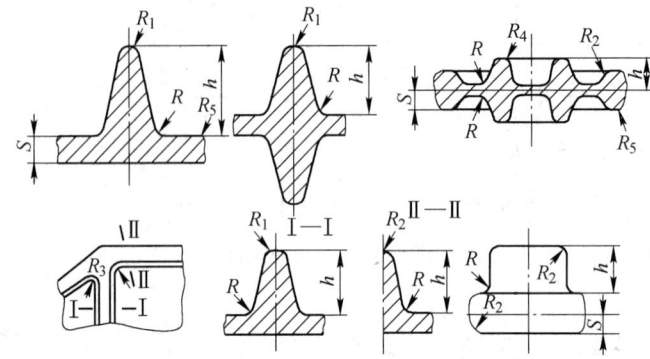

肋高或型槽深度 h	R	R_1	R_2	R_3	R_4	腹板厚度及型槽深度 S	R_5
5 以下	3	1.5	2	5	3	5 以下	2.0
5~10	4	1.5	2	5	3	5~10	2.0
10~16	5	2.0	3	8	4	10~16	2.5
16~25	8	2.5	4	10	5	16~25	3.0
25~35.5	10	3.0	5	12.5	6	25~35.5	4.0
35.5~50	12.5	4.0	6	15	8	35.5~50	5.0
50~71	15	5.0	8	20	10	50~71	7.0
71~100	20	7.0	10	25	12	71~100	10.0

表 32-29 连接半径 R、圆角半径 R_1、肋厚 $2R_1$ 和腹板斜度 γ

h/mm	a/mm																	
	40 以下			40~80			80~125			125~180			180~250			250 以上		
	R/mm	R_1/mm	γ	R/mm	R_1/mm	γ	R/mm	R_1/mm	γ	R/mm	R_1/mm	γ	R/mm	R_1/mm	γ	R/mm	R_1/mm	γ
5 以下	4	1.5		8			10	2										
5~10	5	1.5		8	2		12.5	2		12.5	2.5	1°						
10~16	6	2		10	2.5		12.5	2.5		12.5	3			3				
16~25	8	2.5		12.5	3		15	3		15	3.5		15	4				
25~35.5	10	3		15	3.5	2°	15	3.5		15	4			4.5		20	5	
35.5~50	12	4		15	4		15	4		15	4	1°30′	20	5		25	6	1°30′
50~71	3	3		20	4.5		20	5		20	5		25	6		30	7	
71~100	3	3		25	5		25	6		25	6		30	7		30	8	

表 32-30 连接半径 R、圆角半径 R_1 和 R_2、壁厚 b 和腹板斜度 γ

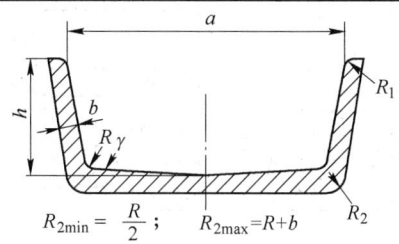

$$R_{2min} = \frac{R}{2} \; ; \quad R_{2max} = R + b$$

h/mm	a/mm											
	40 以下				40 ~ 80			80 ~ 125			125 以上	
	R_1 /mm	R /mm	b /mm	γ	R /mm	b /mm	γ	R /mm	b /mm	γ	R /mm	b /mm	γ
10 以下	2	5	2		5	3		5	4		5	5	1°
10 ~ 16		6	2.5		6			6			6	6	
16 ~ 25	2.5	8	3.5		8	4.5		8	5.5		8	7	
25 ~ 35.5	3.5	10	4.0		10	6		10	7		10	8	
35.5 ~ 50	5	12.5	6		12.5	7		12.5	8	2°	12.5	9	1°30′
50 ~ 70	6				15	8		15	9		15	10	
70 ~ 100	7							20	10		20	12	
100 ~ 140	8										25	14	

32.3.1.5 冲孔连皮

带有通孔的回转体锻件模锻时，不能直接锻出透孔，而是在孔内留有一层具有一定厚度的金属，即冲孔连皮。冲孔连皮可以在切边压力机上冲掉或在机械加工时切除。连皮厚度 s 要适当，若 s 太薄，则模锻所需单位压力增大，锻模磨损加剧，寿命缩短；若 s 太厚，则消耗金属加多，所需的切边力增大，容易使锻件产生畸变。所以连皮形状和尺寸应设计得合理。最常见的冲孔连皮为平底式连皮，如图 32-19 所示。连皮厚度 s 与锻件孔径 d 和深 h 有关，即

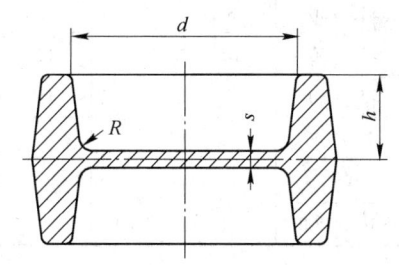

图 32-19 平底连皮

$$s = 0.45 \sqrt{d - 0.25h - 5} + 0.6\sqrt{h} \tag{32-31}$$

内孔直径小的锻件，可不冲孔而做成凹槽的形式，如图 32-20 所示。

当 $h \leqslant 0.45D$（见图 32-20(a)）时，取 $a \leqslant 0.1D$，$c \leqslant 0.078D$。

$$r = \frac{D}{8h} - \frac{h}{2} \tag{32-32}$$

当 $0.45 < h < D$（见图 32-20(b)）时，取 $a \geqslant 0.1D$。

$$r = \frac{D\cos\alpha - 2h\sin\alpha}{2(1 - \sin\alpha)} \tag{32-33}$$

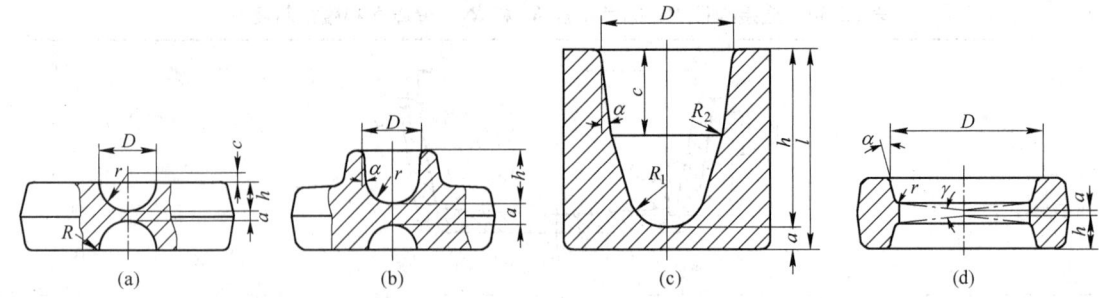

图 32-20 模锻件上的凹槽形状

当 $D < h < 2.5D$(见图 32-20(c))时，取 $c = l - 0.6D$，$a \geqslant 0.2D$，$R_1 = 0.2D$，$R_2 = 0.4D$。

对于要冲孔的连皮和凹槽(见图 32-20(d))，其尺寸除按上述式(32-32)和式(32-33)计算外，还可按表 32-31 和表 32-32 确定。

表 32-31 凹槽连皮厚度　　　　　(mm)

D	<50	50~80	80~120	120~160	160~200
h	4	6	8	10	12

表 32-32 凹连皮的圆角半径 r 和斜度 γ

压凹深度 h/mm	D/mm									
	≤50		50~80		80~120		120~160		160~200	
	r/mm	γ/(°)	r/mm	γ/(°)	r/mm	γ/(°)	r/mm	γ/(°)	r/mm	γ/(°)
<50	6		8	1	10	1	12	1	15	1
>15~30	8		10		12	2	15		20	
>30~50	10		12	2	15		20	2	25	2
>50~80			15		20		25		30	
>80~120					25	3	30		35	
>120~160							35	3	40	3
>160~200									50	

32.3.1.6 肋的厚度和高度

锻件上的肋条是用压入成型方法得到的。由于模具上的肋腔有模锻斜度，在金属的填充过程中必须施加作用力，以克服肋腔的摩擦阻力和金属的变形抗力。实验证明，在有空腔的平板上镦粗 $a \times s$ 的方坯料时(见图 32-21)，在中心线的两侧存在有金属的分流面 K-K，分流面离中心线的距离为 P。一般来说，P 值越大，流平板空腔的金属越多，这是由于 ce 和 df 面上的法向应力也越大的缘故。由图可知，只有在 $P > b/2$

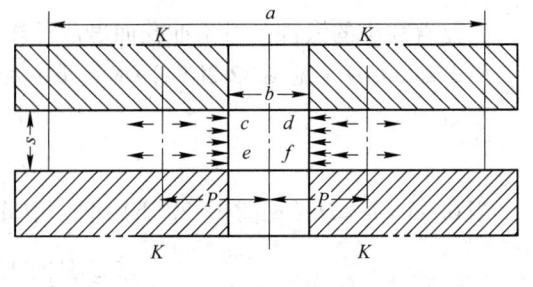

图 32-21 分流面的位置

时，才可能有金属充填模腔，P 值可由式（32-34）计算。

$$P = \frac{1}{4}\Big[a + b - \frac{s}{\mu}\Big(1 + \frac{s}{4b}\Big)\Big] \tag{32-34}$$

式中 μ——摩擦系数。

由式（32-34）可知，在 a 与 s 一定时，P 随 b 的减小而减小。

用模锻方法成型肋时（见图 32-22），与上述自由镦粗成型的肋的方法不同，模壁和毛边槽造成的阻力有助于金属流入肋腔，但肋腔上的斜度则阻碍金属的流入。为了满足肋腔充填的要求，在 e-d 分界面上要有一定的法向应力 σ，其值可按式（32-35）计算：

$$\sigma = 1.15\sigma_s \frac{h}{b - b_1}\ln\frac{b}{b_1} \tag{32-35}$$

式中 σ_s——变形的金属屈服强度；

其他符号如图 32-22 中所示。

若 b、b_1 保持不变，则肋高 h 越大，σ 也越大，若 h 保持不变，而 b 和 b_1 的差值增大，则 σ 也增大。在 $b = b_1$ 时，$\sigma = 0$。这是因为肋腔没有斜度，金属流入肋腔时，没有塑性变形发生。

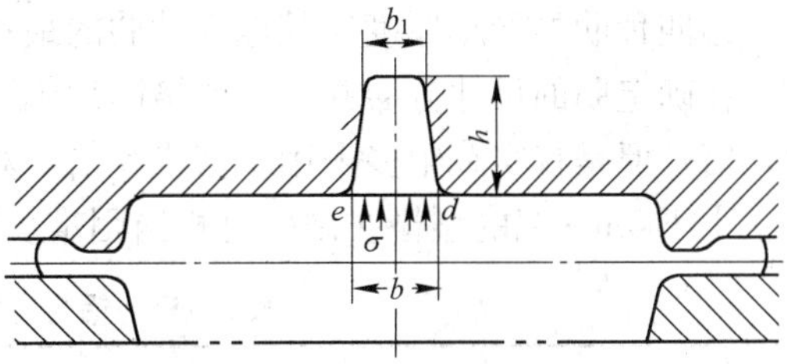

图 32-22 模锻方法成型肋

肋条厚度和高度的极限值，与锻造的金属种类和锻件的几何形状有关。对于铝合金，主要是与内圆角半径、肋条的位置以及分模线的位置有关。下面分 4 种情况予以讨论，如图 32-23 所示。

第一种是位于中心的肋。它是靠从锻件的基体中挤压金属成型的。这种肋在几何上受

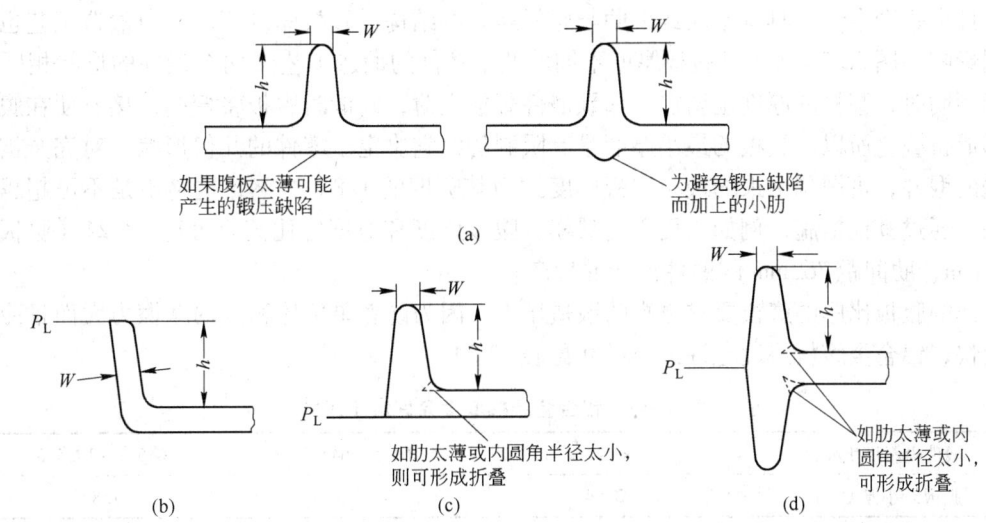

图 32-23 肋的四种基本类型

（a）第一种位于中心的肋；（b）第二种肋位于锻件边缘，分模线在顶部；（c）第三种肋位于锻件边缘，分模线在锻件底部；（d）第四种肋位于锻件边缘，分模线位于中央

到肋下边金属体积和锻造压力大小的限制。如果不能从锻件基体（腹板）得到足够的金属，则在肋的对面将形成类似"挤压缩尾"一样的缺陷。为了防止这种缺陷，腹板厚度应等于或大于肋的厚度，或者在腹板的底面与肋相对应的部位增加一个矮肋（见图32-23）。在锻造合金化程度较高的铝合金时，由于它们的锻造压力较高，肋应该适当加厚些。

第二种是肋位于锻件的边缘，分模线在肋的顶部，经反挤压而成型的。这样的肋不易产生锻造或挤压缺陷，其厚度仅受材料特性的限制。采用这种设计可比其他3种类型的肋薄一些。

第三种肋也位于锻件的边缘，但分模线在其底部，是挤压成型的。这种肋也不产生"挤压缩尾"，但可能在肋的根部产生穿流，这在很大程度上限制了肋的高度。这种肋应比第二种肋的厚度大些，内圆角半径也要适当加大。

第四种是肋位于锻件中心腹板边缘，腹板对称地两面排列着，是最难锻造的。这种肋不仅容易产生穿流缺陷，而且在和第三种肋的尺寸相当时，几乎要求双倍于它的金属体积。第四种肋的最小厚度比其他3种肋的最小厚度都要大些。

在确定肋的尺寸方面并没有严格的规则可循，一般来说，肋的高度应当不超过其宽度的8倍，但是在实践中多采用4倍或6倍。对于特别矮的肋，其宽度也不得小于3mm，因为，小于3mm宽的型槽在制模时相当困难。铝合金锻件肋的最小厚度见表32-33。

表 32-33 铝合金锻件肋的最小厚度

锻件投影面积/cm²	<64.5	64.5~645.2	645.2~1935.5
肋的最小厚度/mm	3.05	4.83	

以上数值是普通模锻工艺（普通的内、外圆角半径和模锻斜度）最先进的，生产厂一般要求放松尺寸，特别是对于合金化程度高的铝合金，尺寸更应放宽些。

32.3.1.7 腹板厚度与肋间距

许多铝合金锻件具有单肋或多肋与腹板组合的结构，腹板厚度不同，对锻造工艺也有不同影响，图32-24所示是腹板厚度不同的两个锻件的锻造工艺（两个锻件的形状相同）。在成型肋时，腹板的厚度也增加。如预锻件腹板太薄，终锻时腹板将弯曲，接着便在腹板上形成折叠。所以，腹板的最小厚度是有限制的，它决定于零件的几何形状。对完全被肋围绕的锻件，可锻制出来的最小腹板厚度约为其宽度的1/8。当然，这绝不是不可超越的极限，通过其他措施，例如采用3套锻模，腹板厚度和宽度之比甚至可达1∶24（腹板厚3.18mm，肋间距762mm的锻件已能够生产）。

薄的腹板比厚的腹板要求更高的锻造压力，因为前者单位体积上的摩擦力大而且冷却也较快，铝合金腹板厚度允许最小尺寸见表32-34。

表 32-34 铝合金腹板厚度允许最小尺寸

锻件投影面积/cm²	<64.5	64.5~645.2	645.2~1935.5
腹板最小厚度/mm	2.54	6.35	7.87

以上数据代表普通模锻工艺最先进状态，一般要放大一些，特别是对于那些合金化程度高的铝合金。

两肋之间的距离对模锻过程也有重大的影响，最小间距 a_{min} 主要取决于肋的高度 h。

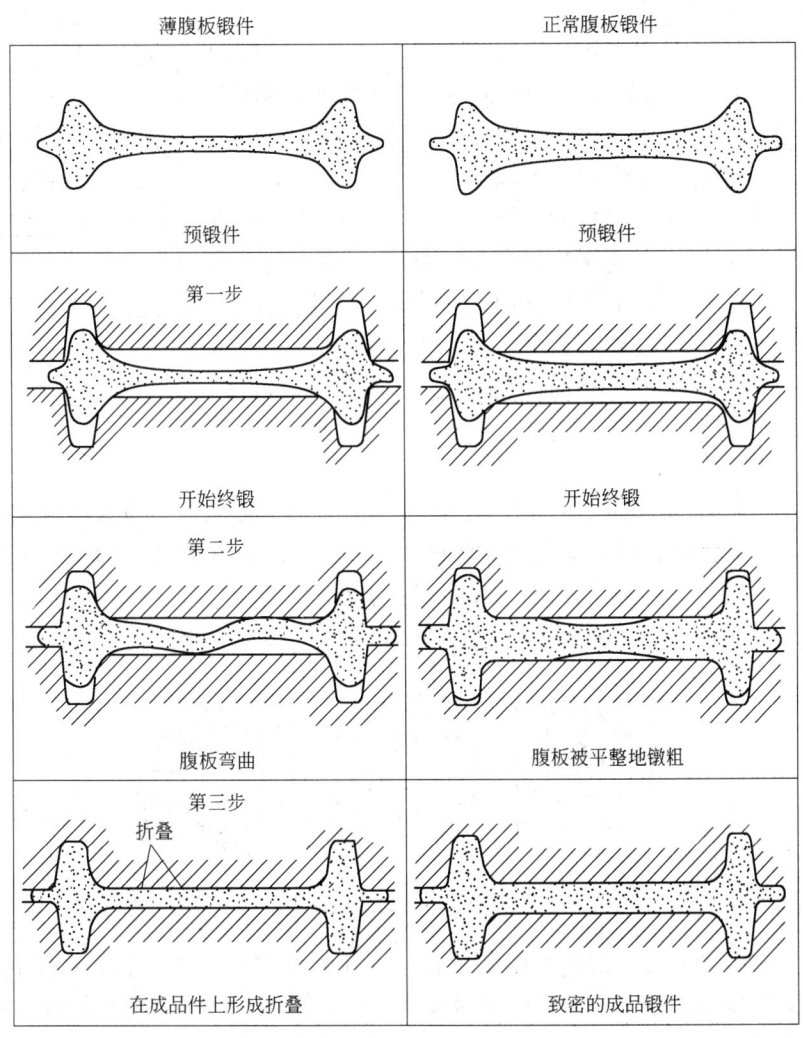

图 32-24 缺陷产生在太薄的腹板上

若肋很高而肋间距不够大，则锻模上成型腹板的凸台将很快磨损。最大肋间距 a_{max} 主要与连接肋的腹板厚 s 有关，腹板越厚，肋间距可以越大。肋间距的最大值 a_{max} 和最小值 a_{min} 可参阅表 32-35。

表 32-35 肋间距 a （mm）

h/mm	<5	>5~10	>10~16	>16~25	>25~35.5	>35.5~50	>50~71	>71~100
a_{min}		10	15	25	35	50	65	80
a_{max}		35s		30s		25s		

32.3.2 锻模设计

锻件图是锻模设计的依据，铝锻件的锻模与钢锻件锻模的设计原则是一致的。但由于材料性质上的不同，铝锻件锻模的设计有自己的一些特点。

32.3.2.1　锻模结构

锻模通常由上、下模块组成。如果是开式模锻，模槽四周有毛边槽与之相连，如图 32-25 所示。闭式模锻型槽的四周则没有毛边槽。

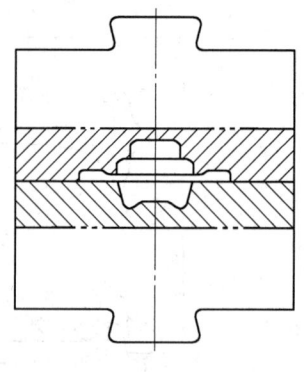

开式模锻过程的金属流动，可以分为两个阶段：第一阶段主要是充填型槽，并有少量的金属流入毛边槽；第二阶段是锻件最终成型并将多余金属排挤到毛边槽的仓部中去。在第一阶段中，毛边造成水平方向的阻力，有助于金属充填型槽。在第二阶段中，毛边越来越薄，水平方向的阻力越来越大，迫使金属进一步充填型槽的深处和棱角，之后，多余的金属流入毛边槽仓部，上下模闭合。锻后锻件上的毛边作为废料被切除。

图 32-25　开式模锻

金属在闭式锻模内成型时，周边不产生毛边，仅在成型的最终阶段出现端部毛刺，如图 32-26 所示。闭式模锻的主要优点是没有毛边消耗，以及在成型过程中，金属处于较强烈的三向不均匀压应力状态，这对于铝铍系等塑性较低的铝合金的模锻是有利的。但是，闭式模锻件形状不能像开式模锻件那样复杂，还要注意避免在上模上出现锐角。

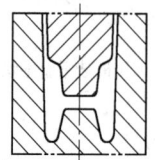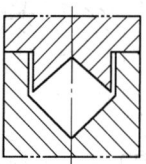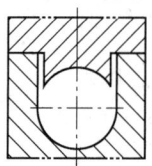

图 32-26　闭式模锻

铝合金锻造温度较低，锻造温度范围较窄，流动性欠佳，表面容易产生折叠等缺陷。因此，一般采用单型槽模锻。若锻件形状复杂，要求制坯和预锻，可另外设计制坯模和预锻模。

锻模可以做成整体或镶块模。锻模结构的主要要素除模腔、毛边槽外，还有配合部位，如导向（锁扣或导销）、安装角、运输孔等，这与钢锻模一样。但是，毛边槽、终锻型槽的收缩率等有自己的特点。

32.3.2.2　终锻型槽

终锻型槽是模锻时最后成型的模槽，它是按热锻件图制造的，其设计内容是确定并绘制热锻件图以及选择毛边槽。

A　热锻件图

将冷锻件图中的锻件尺寸加上收缩率之后，便成为热锻件图。根据冷锻件图绘制热锻件图时，铝合金毛坯的收缩率一般取 0.7% ~0.8%，肋条厚度的收缩率，考虑到蚀洗的作用，一般应放大 0.2mm。

B　毛边槽

开式模锻过程与毛边的产生是分不开的。超过充填型槽所需的多余金属最终被排除而形成毛边。毛边切除后，锻件内的金属流线往往在分模线处被切断而外露，对于要求具有较高抗应力腐蚀开裂能力的超硬铝制件，是不理想的。所以，如何选择毛边位置和毛边槽结构是应该重视的。毛边是与分模线结合在一起的，分模线（面）没有厚度，但与分模线结合的毛边却有一定的厚度要求。分模线可位于毛边顶部、底部或毛边厚度的中间。

毛边槽尺寸没有统一的标准，根据锻件外形和材料性能不同而有所区别，铝合金毛坯用的锻模，其毛边桥部厚度及模膛壁与毛边桥口的连接半径比模锻钢毛坯的锻模一般约大30%。对于外形对称的铝合金毛坯宜用均匀毛边，对于壁厚差很大的盒形件，围绕锻件周边也可采用不均匀的毛边槽。塑性较高的铝合金，毛边桥部高度 h 可取小些，而对同样尺寸但带有肋和腹板的锻件，桥部高度 h 应当取大些。

32.3.2.3　预锻型槽

对于肋高腹板薄，形状较为复杂的铝合金锻件，往往采用预锻工序来保证锻件成型和获得满意的内部质量。如果生产量不大，也可先在同一终锻模上预锻，切除毛边后重新加热，然后再进行终锻和切除毛边。是否采用预锻型槽，应根据具体情况并考虑经济效益慎重确定。

预锻模膛是对热锻件图（终锻模膛）个别部分做出修改后设计而成的。修改的内容根据锻件的形状而定，现归纳其要点如下：

（1）在锻件上高度较小的突出部分，在终锻时充满也不困难，预锻时可简化不锻出。

（2）预锻模膛四周不设毛边，横锻时也不打靠，根据工艺调试情况，确定上模和下模在模锻时的不打靠程度。

（3）模锻斜度。预锻模膛的模锻斜度一般与终锻模膛相同。但是，对于终锻模膛不易充满的局部深处（如筋等），可适当加大预锻模膛的斜度，但斜度加大后，应使预锻模膛的宽度小于相应的终锻模膛（$B_1 < B$），如图 32-27 所示。但 B_1 不应太小，B_1 太小，则该部分易于冷却，反而不利于终锻模膛的充满，甚至产生折叠。

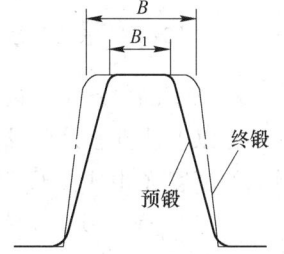

图 32-27　预锻模斜度

（4）圆角半径。预锻模膛各处，应该比终锻模膛相应处有较大的圆角半径，以利于金属流动。

（5）带有枝芽的锻件。为了使金属易于向枝芽方向流动，预锻模膛在枝芽部分的形状应尽量简化，与枝芽部分连接处的圆角半径尽量大些，在分模面上增设阻力沟，阻碍金属流向毛边，促使金属充满枝芽部分模膛。

（6）带叉头部分的锻件。此类锻件由于在终锻时金属优先向水平方向流动。而后才转向内角处流动，所以金属除了横向流入毛边，还轴向流入毛边，这样叉头端部内角处金属就很难充满。因此，对这类锻件在终锻前应预成型制坯，将坯料头部劈开，把金属挤向两边。经过坯料头部劈开预锻后，坯料再放入终锻型槽模锻时，金属将首先充满叉头部分而后才流入毛边，就避免了带叉头部分的圆角处充不满现象。

（7）工字形断面的锻件。为了增加零件的刚度，在零件结构设计时经常选用工字形断面。然而工字形断面的模锻件，在成型的过程中，与两筋相连的腹板转角处最容易出现金属对流情况，严重时还会出现折叠，破坏了金属的连续性。为此，对这类模锻件在设计预锻型槽时形状要得当，以保证预锻锻件放入终锻型槽内模锻时，金属既能充满两筋又不至于出现上述的金属对流情况。

工字形断面预锻模膛设计概括起来有3种情况：

1）$h \leqslant 2b$。此时，预锻模膛设计成简单的长方形断面，如图32-28和图32-29所示。

$$B_2 = B_1 - (1 \sim 2)$$

$$H_2 = \frac{F_1}{B_2}$$

式中　B_1——终锻模膛宽度，mm；

　　　B_2——预锻模膛宽度，mm；

　　　H_2——预锻模膛高度，mm；

　　　F_1——终锻模膛面积，mm^2。

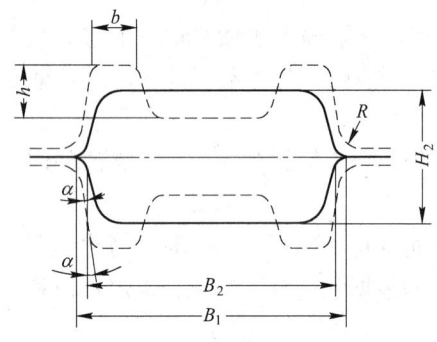

图32-28　长方形断面预锻模膛

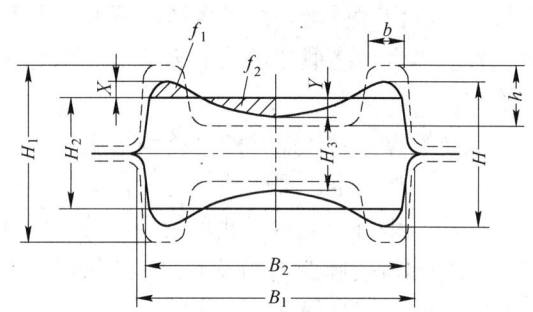

图32-29　圆滑形工字断面预锻模膛

2）$h > 2b$。此时，预锻模膛设计成圆滑形工字断面，其形状与终锻模膛更为接近。设计时先以上述方法设计成长方形断面，然后，在此基础上修改成圆滑的工字形断面。两筋增加的高度X由式（32-36）确定。

$$X = 0.25(H_1 - H_2) \quad (32-36)$$

X确定后，再以H_2为基础，用作图法做出圆浑的曲线，作图的原则是使增加的面积f_1等于减少的面积f_2。

3）两筋的距离较大或有难充满的筋，则f_2常常超过f_1。此时，预锻模膛可按图32-30设计。

图32-30中，$f_3 = f_4$，$x = (0.6 \sim 0.8)h$。

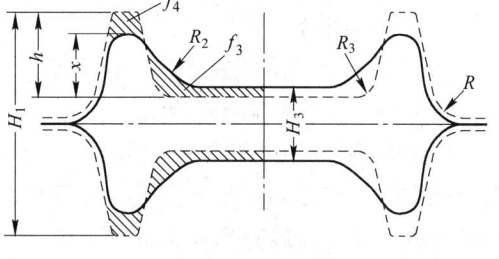

图32-30　两筋距离较大时的预锻模膛

32.3.3　模锻工艺

32.3.3.1　原材料的选择

用做铝合金锻件和模锻件的原坯料，主要有下列3种：铸锭、轧制板坯与挤压毛坯。

32.3.3.2　下料

原始毛坯尺寸和形状应尽可能与锻件尺寸和形状接近，以减小工艺上的复杂程度和产生最少的毛边废料。下料时，要求长度方向的精度要合格，端面要平整。

当用圆棒料做坯料时，毛坯体积V可按式（32-37）计算：

$$V = V_1 + V_2 \tag{32-37}$$

式中 V_1——锻件体积，按锻件图上名义尺寸计算，并加上 1/2 的正公差；

V_2——毛边体积，按式（32-38）计算：

$$V_2 = (s_1 + ks_2)L \tag{32-38}$$

s_1——毛边桥部截面积，mm^2；

s_2——毛边仓部截面积，mm^2；

k——毛边仓部充满系数，取决于锻件形状复杂程度，对于简单件 $k = 0.25$，对于中等复杂件 $k = 0.5$，对于复杂件 $k = 0.75$；

L——毛边截面重心轨迹长度，实际计算时可取之等于锻件分模线的周长，mm。

原始毛坯的形状和尺寸与模锻件的外形有关。对于用端面镦粗模锻的回转体形或接近于回转体形的模锻体，毛坯长度不得超过其直径的 3 倍，即 $l \leqslant 3b$。此时，毛坯直径可按式（32-39）计算。

$$d = 0.75 \sqrt[3]{V} \tag{32-39}$$

对于扁平或长轴类模锻件，其原始毛坯大多是经过锻造的，原始毛坯截面积按模锻件的最大截面选取，即

$$s = s_{max} + 2(s_1 + s_2)$$

式中 s——原始毛坯截面面积，mm^2；

s_{max}——锻件的最大截面积，mm^2；

s_1——毛边桥部截面积，mm^2；

s_2——毛边仓部截面积，mm^2。

因此，毛坯的下料长度为：

$$L = \frac{V}{s} \tag{32-40}$$

对于铝合金，锯床下料和车床下料是常用的下料方法。表 32-36 列出在常用设备上下料时毛坯的长度偏差。

表 32-36　切割毛坯的长度极限偏差　　　　（mm）

设　备	毛坯直径	毛　坯　长　度		
		150 以下	150~300	300 以上
		极　限　偏　差		
圆盘锯、带锯	40 以下	±1.0	±1.5	±2.0
	40~80	±1.5	±2.0	±2.5
	80 以上	±2.0	±2.5	±3.0
车床、高速铣床	40 以下	±0.6	±1.0	±1.5
	40~80	±1.0	±1.5	±2.0
	80 以上	±1.5	±2.0	±2.5

32.3.3.3 加热

铝合金的锻造温度范围窄，其加热温度又比较接近其过热、过烧温度。因此，要求加热炉必须保持精确的温度。多年的经验证明，铝合金毛坯是适合在带强制循环空气和自动调节温度的电阻炉内加热。

装炉前，毛坯要除去油垢及其他污物，以免在炉内产生硫、氢等有害气体。为了避免加热不均匀，毛坯在炉内的放置应离开炉门 250～300mm；为了避免短路和碰坏电阻丝，毛坯应离开电阻丝 50～100mm。铝合金的热导率高，可以直接在高温炉中装料加热。

32.3.3.4 模具加热

为了保证在规定的锻造温度范围内变形，改善变形的均匀性，增加金属的流动性以利于充满型槽，锻造铝合金用的模具都要预热。预热温度为 250～420℃，预热规范列于表32-37。

表 32-37 锻模加热规范

模块厚度/mm	加热时间/h	炉子温度/℃	模具预热温度/℃
<300	>8	450～500	250～420
<400	>12	450～500	250～420
<500	>16	450～500	250～420
<600	>24	450～500	250～420

32.3.3.5 模锻

铝合合最适合于在水压机上模锻，因为水压机的变形速度小，金属流动均匀，模锻件表面缺陷少。

模锻有两种情况：一种是用其他设备预先制造出异型坯料，然后将坯料放在模具上模锻；另一种是将切割好的毛坯直接放在锻模上模锻。铝合金在水压机上模锻，一般都采用两个工步：预锻和终锻。

形状复杂的模锻件，往往要进行多次模锻。多次模锻可能用一副终锻模来实现，也可以用使毛坯形状逐渐过渡到锻件形状的几副锻模。这样，每次模锻的变形量不会太大。因为，当一次模压的变形量超过40%，大量金属挤入毛边，型槽不能完全充满。多次模压，逐步成型，金属流动平缓、变形均匀、纤维连续、表面缺陷少，内部组织也比较均匀。

在模锻过程中，还必须十分注意放料和润滑。

模锻薄的大型锻件，特别是长度较大的锻件时，锻模及水压机横梁的弹性变形以及偏心加载所造成的错移，是影响锻件尺寸精度的重要因素。通常的现象是，长形锻件发生弯曲，盘形件中心鼓起，有时尺寸偏差达到 5mm 以上。如果是由于锻模弹性变形引起的，可以在设计型槽时预先对型槽形状和尺寸加以修正，如果是锻模塑性变形引起的，则应从改进锻模结构及其热处理规范等方面寻找原因。

32.3.3.6 润滑

模锻铝合金时，型槽必须润滑。因为在高温和外力作用下，铝合金对钢模具具有明显的黏附倾向。常用的润滑剂有人造蜡、动物脂、含石墨的油等。目前，使用最广泛的是下列 3 种石墨与锭子油（或）汽缸油混合的润滑油：

（1）80%～90% 锭子油 +20%～10% 石墨。

（2）70%～80% 汽缸油 +30%～20% 石墨。

（3）70%～85% 锭子油 +20%～10% 汽缸油 +10%～5% 石墨。

必须指出，含有石墨的润滑油，用于铝合金模锻有严重缺点，其残留物不易去除，嵌在锻件表面上的石墨粒子可能引起污点、麻坑和腐蚀。因此，锻后必须清理表面。

在型槽中，特别是在又深又窄的型槽中，过多的润滑剂堆积可能造成锻件充不满。所以，润滑剂的涂敷必须均匀。

32.3.3.7 切边

除超硬铝以外，铝合金锻件都是在冷态下切边的。对于大型模锻件，通常是用带锯切割毛边，连皮可以冲掉或用机械加工切除。数量多、尺寸小的模锻件，采用切边模切边较为适宜。切边模的冲头和凹模可用模具钢制造，热处理后硬度 HB444～477，模具钢无需采用新的，可用报废的模块。

对于合金化程度高的铝合金，锻后长时间不切去毛边是不适合的，因为可能引起时效强化，在切边时在剪切处易出现撕裂。

锻后的铝合金锻件，一般在空气中冷却，但为了及时切除毛边，可在水中冷却。

32.3.3.8 表面清理

在模锻工序之间，终锻以后，以及在需要检验之前，铝合金模锻件都要进行清理。常用的表面清理方法是先蚀洗，后修伤。

蚀洗是铝合金模锻件最为广泛的一种清理方法，用以清除残余的润滑剂、氧化薄膜和暴露在表面上的缺陷，铝合金锻件的蚀洗规范见表 32-38。

表 32-38 铝合金蚀洗规范

蚀洗程序	设备名称	槽液成分	工作制度	用途
1	碱槽	(10%～20%) NaOH	50～70℃,5～20min	脱脂
2	水槽	冷水	室温	冲洗残液
3	酸槽	(10%～30%) HNO_3	室温,5～10min	中和,光洁
4	水槽	冷水	室温	冲洗残液
5	水槽	热水	60～80℃	彻底冲洗,便于吹干

蚀洗时锻件在料筐中的放置，应使槽液能顺利流出，不积存在锻件内，以免蚀洗不净或残留槽液腐蚀锻件。

模锻件蚀洗后，随即进行修伤，修伤常用的工具有：风动砂轮机、电动软轴砂轮机、风铲、扁铲等。修伤处要圆滑过渡，其宽度应为其深度的 5～10 倍，不允许留下棱角。在中间工序，锻件表面上的所有缺陷都一定要清除干净。

32.3.3.9 矫直

由于模锻时变形不均，起模时使锻件局部受力，冷却时收缩不一致等原因，常常使锻件形状畸变、尺寸不符。热处理可强化的铝合金锻件，在淬火时也会引起翘曲。所有这些畸变、翘曲都必须在淬火后时效前矫直。对于自然时效的 2A11、2A12 硬铝和 2A14 锻铝锻件，淬火后矫直的最大时间间隔不得超过 24h，否则需重新淬火，其他合金的矫直时间间隔无限制。

32.4　铝及铝合金锻件的热处理

32.4.1　锻件退火

锻件退火是为了消除锻件中遗留的加工硬化和内应力，使锻件获得稳定的组织和性能，获得延展性好及易加工的状态；或者为了提高铝合金锻件坯料的塑性，以利于进行变形程度较大的压力加工和便于后续的机械加工。因此，铝合金锻件退火工序一般用于在退火（O）状态下供货的成品锻件（例如 5×××系铝合金锻件的成品退火），或者用于压力加工工序之间。在工业生产中铝合金锻件常采用的退火有：坯料退火、中间退火、再结晶退火和成品退火。

32.4.1.1　坯料退火

坯料退火是指压力加工过程中第一次冷变形前的退火，目的是为了使坯料得到平衡组织和具有最大的塑性变形能力。

32.4.1.2　再结晶退火（中间退火）

再结晶退火是将锻件加热到再结晶温度以上，保温一段时间，随后在空气中冷却下来的工艺，再结晶过程是一个形核长大的过程。此工序常安排在锻件冷精压工序之前或冷锻工序之间，故又称为中间退火。目的是为了消除加工硬化，以利于继续冷加工变形。为了获得性能良好的均匀细晶组织，再结晶退火应注意以下问题：

（1）必须正确控制退火温度和保温时间，否则可能发生聚集再结晶，形成粗晶组织，使合金性能恶化。

（2）应采用空冷或水冷，不采用炉冷。因为缓慢冷却时，5A02 等热处理不可强化铝合金，容易析出粗大的 β 相（$MgAl_2$），使合金塑性降低，抗蚀性变差。

（3）应注意变形与退火之间的配合，才能获得好的效果，因为退火前的变形情况会对再结晶组织和性能产生影响。

（4）可将炉温提高到 600～700℃，采用快速退火新工艺。这样加热速度快，高温下的保温时间短，锻件晶粒细小均匀，且表面氧化少。

铝合金锻件退火可在空气循环电炉或硝盐槽中进行。

32.4.1.3　成品退火

成品退火是根据产品技术条件的要求，给予材料以一定的组织和力学性能的最终热处理。

铝合金锻件成品退火一般用高温退火。高温退火应保证材料获得完全再结晶组织和良好的塑性。在保证材料获得良好的组织和性能的条件下，退火温度不宜过高，保温时间不宜过长。

影响退火后材料性能的因素很多，如合金的成分及其杂质、变形方式、变形程度、变形温度及保温时间等，对于可热处理强化的铝合金材料还要考虑退火后的冷却速度。为了防止产生空气淬火效应（如 6061 和 6063 等合金），应严格控制冷却速度。退火采用的加热温度、保温时间、加热和冷却速度应根据合金的性质以及对合金力学性能和耐腐蚀性能的要求来选择。

表 32-39 列出了部分变形常用铝及铝合金的推荐退火制度。

表 32-39　推荐变形铝和铝合金的退火工艺①

合　金　牌　号	金属温度②/℃	保温时间/h
1070A、1060、1050A、1035、1100、1200、3004、3105、3A21、5005、5050、5052、5056、5083、5086、5154、5254、5454、5456、5457、5652、5A02、5A03、5A05、5A06、5B05	345	③
2036	385	2 ~ 3
3003	415	2 ~ 3
2014、2017、2024、2117、2219、2A01、2A02、2A04、2A06、2B11、2B12、2A10、2A11、2A12、2A16、2A17、2A50、2B50、2A70、2A80、2A90、2A14、6005、6053、6061、6063、6066、6A02	405④	2 ~ 3
7001、7075、7175、7178、7A03、7A04、7A09	405⑤	2 ~ 3

① 该表仅供参考；

② 退火炉内金属温度范围不应大于 -15 ~ +10℃；

③ 考虑到金属坯料的厚度或直径，炉内的时间不应超过达到料中心所需温度必须的时间，冷却速度并不重要；

④ 退火消除固溶热处理的影响，从退火温度降到 260℃，冷却速度应小于 30℃/h，随后的冷却速度不重要；

⑤ 可不控制冷却速率，在空气中冷却至 205℃ 或低于 205℃，随后重新加热到 230℃，保持 4h，最后在室温下冷却，通过这种退火方式可消除固溶热处理的影响。

32.4.1.4　退火操作过程中的注意事项

退火操作过程中的注意事项有：

（1）一般来说，最好是采取最高的速度来加热零件和半成品，以免晶粒长大。但是，对于复杂形状的精致零件，在退火时加热速度应加以限制，以免加热不均匀而引起翘曲。

（2）退火后的冷却速度只要在下述情况下应当受到限制：一是必须防止合金局部淬火；二是激烈冷却能够引起半成品或零件的翘曲或产生很大的残余内应力。

（3）进行退火一般使用有强制空气循环的电炉，保证炉料能迅速加热。炉膛内用热电偶测温，热电偶放置在气流进口处和气流出口处的料上。

（4）为了提高加热速度，允许炉子的预加热温度超过退火温度。但预加热温度应比合金淬火的下限温度低 40℃ 以上（对可热处理强化合金），或比合金开始熔化的温度低 50℃ 以上（对不可热处理强化合金）。

32.4.2　固溶处理（淬火）

32.4.2.1　淬火加热温度

A　淬火加热温度的选择

淬火前的加热是为了使合金中的强化相溶入基体，淬火后，获得过饱和的 α 固溶体，为随后的时效处理做好组织上的准备。因此，淬火加热时，合金中的强化相溶入固溶体中越充分、固溶体的成分越均匀，则经淬火时效后的力学性能就越高。一般来说，加热温度越高，上述过程就进行得越快、越完全。为此，加热温度首先应高于合金的固溶温度，即相图中固溶线与合金成分线的交点；另一方面，加热温度又必须低于合金的最低熔化温度，否则金属内部将开始熔化，即出现过烧现象。淬火加热温度不能偏低，否则使铝合金零件加热不足，强化相不能完全溶解，导致固溶体浓度大大降低，最终强度、硬度也相应显著降低。选择铝合金淬火加热温度的原则是：必须防止过烧，使强化相最大限度地溶入固溶体。

工业上铝合金的淬火加热温度主要是根据合金中低熔点共晶的最低熔化温度来确定的。有些合金含量高、要求控制韧性的高强度铝合金，需要把温度控制在更为严格的范围以内，但必须低于共晶转变温度。对于固溶线与共晶熔化温度之间具有较大温度范围的合金，可允许有较宽的温差范围。另外，在选择淬火加热温度时，也要考虑生产工艺和其他方面的要求如：考虑锻件的尺寸规格、变形程度、晶粒度等因素。例如在生产大型锻件时，由于变形程度相对较小，可能会部分地保留着铸态组织，所以，对 2A12、2A14 和 7A04 等合金的大型锻件（厚度大于 50mm），其淬火加热温度应采取规定淬火温度范围的下限。表 32-40 为不同制品的固溶热处理温度。

表 32-40　固溶热处理温度

合　　金	淬火温度/℃	合　　金	淬火温度/℃
7A09、7075	$470 ^{+5}_{-2}$	2A50、2B50	$510 ^{+5}_{-1}$
7A04、7A10、7A15	$470 ^{+5}_{-1}$	6A02、6061	$525 ^{+3}_{-5}$
2A12	495 ± 3	2A70、2219	$535 ^{+5}_{-1}$
2A02、2A11、2A14	$500 ^{+5}_{-5}$	2A80、4032	$520 ^{+5}_{-5}$

注：在淬火加热或保温时间内，允许短时间内温度超过表 32-40 的规定，对 2A11、2A12、2A14 合金为 1℃，其余合金为 2℃，并应立即将温度调回。

B　淬火加热温度对力学性能的影响

淬火加热温度越高，则强化相溶解越充分，合金元素在晶格中的分布也越均匀。同时，晶格中空位浓度增加也越多。当热处理零件或毛坯所达到的温度显著低于正常温度范围时，溶解是不完全的，必然导致多少低于正常强度。下列数据说明了两种合金的固溶处理温度对强度的影响。图 32-31 为 2A16 合金棒材淬火温度对力学性能的影响，图 32-32 为 2A17 合金棒材淬火温度对力学性能的影响。表 32-41 为固溶温度 2A12 合金性能的影响。

表 32-41　固溶温度对 2A12 合金性能的影响

淬火温度/℃	拉伸性能		晶间腐蚀				最大应力 σ_{max} /N·mm^{-2}	K (σ_{max}/σ_b)	至破坏的循环次数/次
	σ_b/N·mm^{-2}	δ/%	σ_b/N·mm^{-2}	δ/%	强度损失/%	伸长率损失/%			
500	487	21.6	487	20.6	0	45	304	0.7	8841
513	489	18.4	431	8.5	10	53	308	0.7	8983
517	478	18.1	348	4.1	27	77	304	0.7	8205

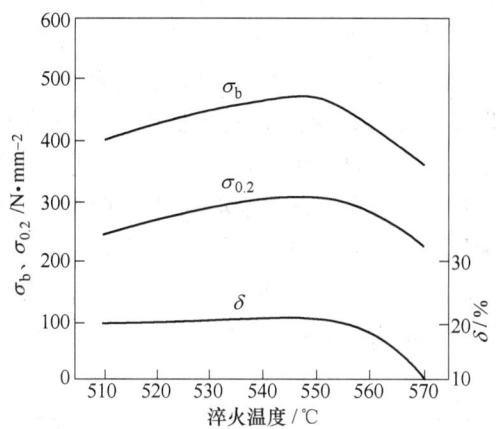

图 32-31　2A16 合金棒材（φ12mm）淬火
温度对力学性能的影响

（盐浴加热，保温时间 40min；173℃/16h 时效）

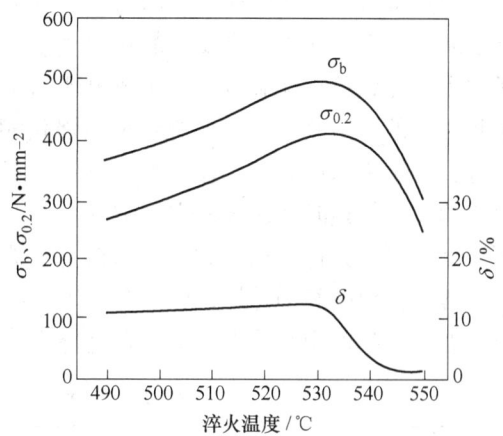

图 32-32　2A17 合金棒材（φ30mm）淬火
温度对力学性能的影响

（盐浴加热，保温时间 30min；193℃/16h 时效）

32.4.2.2　固溶处理保温时间的选择

固溶处理保温的目的在于使工件透热，并使强化相充分溶解和固溶体均匀化。保温时间随热处理前显微组织、加热方式（盐浴炉及空气循环炉）及零件的加工状态、合金的成分、零件的尺寸等不同而不同，主要取决于零件的厚度与加热温度。对于同一牌号的合金，确定保温时间应考虑以下因素：

（1）淬火加热时的保温时间与零件的形状（包括断面厚度的尺寸大小）有密切的关系，断面厚度越大，保温时间就相应越长。截面大的半成品及形变量小的工件，强化相较粗大，保温时间应适当延长，使强化相充分溶解。大型锻件和模锻件的保温时间比薄件的长好几倍。

（2）淬火加热时的保温时间与加热温度是紧密相关的，随着加热温度越高，强化相溶入固溶体的速度越大，其保温时间就相应的要短些。

（3）塑性变形程度。热处理前的压力加工可加速强化相的溶解。变形程度越大，强化相尺寸越小，保温时间可以缩短。经冷变形的工件在加热过程中要发生再结晶，应注意防止再结晶晶粒过分粗大。固溶处理前不应进行临界变形程度的加工。挤压制品的保温时间应当缩短，以保持挤压效应。对于采用挤压变形程度很大的挤压材做毛料的模锻件，如果淬火加热的保温时间过长，将由于再结晶过程的发生，而导致局部或全部挤压效应的消失，使制品的纵向强度降低。挤压时的变形程度越大，需要保温的时间就越短。

（4）原始组织。预先经过淬火的制品，再次进行淬火加热时，其保温时间可以显著缩短。而预先退火的制品与冷加工制品相比，其强化相的溶解速度显著变慢，所以，对经过预先退火的制品，其淬火保温时间就需要相应的长些。

（5）在一定的淬火温度下，淬火保温时间将取决于强化相的溶解速度，并与合金的本性、材料的种类、组织状态（强化相分布特点和尺寸大小）、加热条件、加热介质以及装炉量的多少等因素有关。可热处理强化铝合金，其各种强化相的溶解速度是不相同的，如 Mg_2Si 的溶解速度比 Mg_2Al_3 的快。淬火保温时间必须保证强化相能充分溶解，这样才能使合金获得最大的强化效应。但加热时间也不宜过长，在某些情况下，时间过长反而使合金性能降低。有些在加热温度下晶粒容易粗大的合金（如 6063、2A50 等）则在保证淬硬的条件下应尽量缩短保温时间，避免出现晶粒长大。锻造变形程度大的，所需保温时间比变形程度小的要短些。退过火的合金其强化相的尺寸较粗大，保温时间要长些。装炉量多、尺寸大的零件保温时间长些。装炉量少、零件之间间隔大的，保温时间要短些。盐浴炉加热迅速，故加热时间比普通空气炉的短，而且从工件入槽后，只要槽液温度不低于规定值下限，就可开始计算保温时间，而在空气炉中则需温度重新升到规定值，方可计时。

　　淬火保温时间的计算，应以金属表面温度或炉温恢复到淬火温度范围的下限时开始计算。在工业生产中，建议变形铝合金淬火加热保温时间见表 32-42。

表 32-42　固溶热处理时的建议保温时间

厚度/mm	时间/min			
	最　小	最大（仅包铝产品）	最　小	最大（仅包铝产品）
≤0.4	10	15	20	25
0.4~0.5	10	20	20	30
0.5~0.8	15	25	25	35
0.8~1.6	20	30	30	40
1.6~2.3	25	35	35	45
2.3~3.2	30	40	40	50
3.2~6.4	35	45	50	60
6.4~12.5	45	55	60	70
12.5~25.0	60	70	90	100
25.0~38.0	90	100	120	130
38.0~51.0	105	115	150	160
51.0~64.0	120	130	180	190
64.0~76.0	135	160	210	220
76.0~89.0	150	175	240	250
89.0~100	165	190	270	280

32.4.2.3　淬火冷却速度

　　淬火是以急冷方式，把固溶加热时所获得的溶质元素极大饱和溶解的固溶体，保持至室温，不仅使溶质原子留在固溶体里，还保留一定数量的晶格空位，以便促进形成 GP 区所需的低温扩散。淬火时的冷却速度，应该确保过饱和固溶体被固定下来，它对合金的性能起决定性的作用。

　　A　冷却速度对性能的影响

　　在大多数情况下，为了避免那些不利于力学性能或抗腐蚀性类型的沉淀，固溶热处理时形成的固溶体，应以最快冷却速度淬火，抑制合金在慢冷时出现的次生相的析出，在室温下产生高浓度的过饱和固溶体，得到潜在的最高强度及强度与韧性的最佳配合，同时还可得到较好的耐蚀性能，这是沉淀硬化的最佳条件。然而，某些不含铜的 Al-Zn-Mg 系高强度铝合

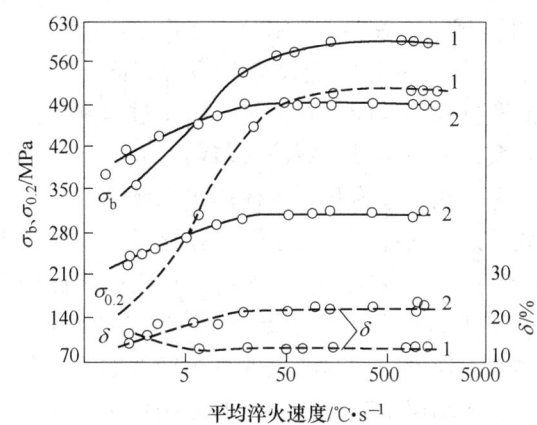

图 32-33 平均淬火速度对 2A12 和 7A04
合金力学性能的影响
1—2A12 合金；2—7A04 合金

金则是例外，慢速淬火对这些合金的耐应力腐蚀性能有益。这类铝合金的抗应力腐蚀断裂的性能是以慢速淬火予以改进的。

淬火速度的下限通常是根据合金耐蚀性来确定的，2A11、2A12 和 7A04 等合金的耐蚀性对缓慢冷却最为敏感。图 32-33 所示是平均淬火速度对 2A12 和 7A04 合金力学性能的影响。

淬火过程中沉淀首先发生在大角晶界上，时效后出现的晶界沉淀和伴生的无沉淀带是率先断裂的途径。减小淬火冷速通常会增加晶界断裂的比例，降低高合金的断裂韧度，特别是在人工时效状态是这样。如果再进一步降低淬火冷速或进行过时效，会使晶内沉淀扩展，强度开始下降。当强度下降足够多时，韧性开始增高。实践证明，快速淬火并时效到峰值强度的材料具有最佳强度、韧性的综合性能。

B 冷却速度的选择

不同铝合金对淬火冷却速度的敏感性各异。7075 和 2014 等合金对淬火冷却速度比较敏感，为了达到或接近时效处理后的最大强度，需要大约 300℃/s 以上的淬火冷却速度。其他合金，在淬火冷却速度低到 100℃/s 时，仍能保持它们的强度。但是，限制最低淬火冷却速度时，还要考虑韧性和耐腐蚀性能，以便在保持高的强度水平时，还兼有其他良好综合性能。淬火冷速太慢会使固溶体沉淀出粗大的平衡相质点，减少了溶质元素在固溶体中的过饱和程度，致使时效时的强度增加量减小。同时慢速冷却还使晶界上出现过多的沉淀相，使韧性和耐腐蚀性能降低，也使点阵中出现空穴，从而改变随后发生的沉淀动力学。

为了保证得到较高的强度及良好的耐腐蚀性能，2A11、2A12 合金淬火时的冷却速度应在 50℃/s 以上，7A04 合金的冷却速度要求在 170℃/s 以上。Al-Mg-Si 系合金则对冷却速度的敏感性较小。

需要说明的是，单纯追求最大的淬火冷却速度对零件机械加工和将来的使用未必有利。因为随着冷却速度增大，锻件的歪曲变形和残余应力增大，特别对于某些形状复杂的锻件、铸件，更应注意。实际上，当锻件厚度增大时，能够达到的最大淬火冷却速度必然减小。

C 冷却速度的影响因素

要做到淬火时的快速冷却，首先需要把锻件快速从热处理炉转移到淬火介质中去，其次是淬火介质的品质、容积及其与锻件的相对运动速度都应有利于达到快速冷却的效果。

a 淬火转移时间

淬火转移时间即从固溶处理炉炉门打开或锻件从盐浴槽开始露出到锻件全部浸入淬火介质所经历的时间。零件从加热炉到淬火介质之间的转移，无论是手工操作还是机械操作，必须在少于规定的最大时间限度内完成。最大允许转移时间因周围空气的温度和流速以及零件的质量和辐射能力而异。

延长淬火延迟时间所造成的后果导致淬火冷却速度减慢，对材料的性能影响很大。因为零件在转移到淬火槽过程中，与冷空气接触，相当于在空气中冷却。由于冷却速度慢，而铝合金，特别是硬铝和超硬铝的力学性能及抗蚀性对冷却速度十分敏感，固溶体的分解，降低时效强化效果，从而使产品力学性能和抗腐蚀性能下降，为了防止过饱和固溶体发生局部的分解和析出，使淬火和时效效果降低，应当尽量缩短淬火转移时间，特别是在400～360℃范围的温度敏感区，必须快冷。因为，此时过饱和固溶体的析出倾向最大，冷却不足会造成固溶体部分分解，从而降低时效后的力学性能及抗蚀性（强化相容易沿晶界首先析出，使晶间腐蚀倾向增加）。因此，生产中对转移时间做了规定，其依据是保证工件在不低于412℃时完全浸入淬火介质。这就需要测定不同厚度铝合金制品的冷却曲线，并由此确定相应的转移时间值。锻件转移时的空冷速度很大程度上取决于锻件的质量、截面厚度及锻件之间的间距等因素，而空气温度、流动速度和辐射能力的影响较小。在铝合金淬火过程中要同时考虑锻件转移期间的空冷速度和锻件进入淬火介质后的淬火冷却速度。锻件在冷却速度低于冷水冷速的介质中淬火时，延迟时间要尽量缩短，以求得到较好的淬火质量。但对 Al-Mg-Si 系合金中的 6A02 （LD2）合金来说，淬火转移时间对其力学性能和耐蚀性能的影响则不大。

可热处理强化的铝合金的淬火转移时间是根据合金成分、材料的形状和实际工艺操作的可能性来控制的。为了保证淬火的铝合金材料有最佳性能，淬火转移时间应尽量缩短。在生产中，小型材料的转移时间不应超过 25s，大型的或成批淬火的材料，不应超过 40s，超硬铝合金不应超过 15s。

建议铝合金最大淬火转移时间见表 32-43。表 32-44 为 7A04(LC4)合金板材淬火转移时间对力学性能的影响。

表 32-43   建议最大淬火转移时间 （浸入淬火时）

标准厚度/mm	最长时间/s	标准厚度/mm	最长时间/s
<0.4	5	≥2.31～6.5	15
≥0.4～0.8	7	>6.5	20
≥0.8～2.3	10		

注：1. 当炉门开始打开或材料的第一个角离开加热盐浴时，开始计算淬火转移时间，当炉料的最后一个角浸入淬火液时，淬火转移时间结束，2219 合金除外，若测试结果显示，淬火时材料的每一部分均超过413℃，则淬火转移时间可超过最大极限（如材料相当大或较长），就2219合金而言，若测试结果显示，淬火时材料每一部分均超过482℃，则淬火转移时间可超过最大极限；

2. 为保证7178合金淬火时的最低温度超过413℃，有必要比所示的时间短些。

表 32-44   7A04(LC4)合金板材淬火转移时间对力学性能的影响

淬火转移时间/s	$\sigma_b/N \cdot mm^{-2}$	$\sigma_{0.2}/N \cdot mm^{-2}$	$\delta/\%$
3	522	493	11.2
10	515	475	10.7
20	507	452	10.3
30	480	377	11.0
40	418	347	11.0
60	396	310	11.0

b　淬火时的冷却介质及其温度

淬火介质对铝合金冷却速度的影响有：

（1）水。由于水的蒸发热很高、黏度小、热容量大、冷却能力很强，也比较经济，因此，在工业生产中，水是铝合金淬火中使用最广泛的有效淬火介质。在室温水中淬火能得到大的冷却速度，但淬火残余应力也较大。提高淬火水温（大于60℃，甚至沸水），则使锻件的冷却速度降低，残余应力减少，但其缺点是在加热气化后冷却能力降低。

通常铝合金制品在水介质中淬火时，大致可观察到3个冷却阶段：第一个是膜状沸腾阶段，当制品与冷水刚接触时，在其表面上形成很薄的一层不均匀的过热蒸气薄膜，它很牢固，导热性不好，使制品的冷却速度降低；第二个是气泡沸腾阶段，当蒸气薄膜被破坏时，在靠近金属表面的液体剧烈沸腾，产生最强烈的热交换；第三个是锻件表面与水介质的热对流交换阶段。

如在淬火过程中使水发生强制循环运动，或者使锻件在冷却介质中来回移动，就可破坏蒸气膜的稳定性，缩短第一阶段，并延长第三阶段的效果，增大锻件的冷却速率。用喷射水流进行淬火，基本属于热对流性质。

（2）水基有机聚合物。冷却速率比水的低，但用于铝合金淬火可以获得性能合格、变形较小的锻件。其冷却能力可通过改变它在水溶液中的浓度而得到调节。浓度越低，冷却能力越大。但可以淬透的锻件截面厚度与水中淬火的厚度相比总是有限的。常用的是聚乙醇水溶液。

水基有机聚合物淬火剂具有逆溶特性，即在较低温度下溶解于水，高于一定温度时，有机聚合物从水中分离出来，所以当锻件淬入这种淬火剂中时，锻件表面的液体温度迅速升到逆溶温度以上，从水溶液中可分离出来的有机聚合物附在锻件表面，形成连续的膜，可减低热传导速率，从而减小温度梯度，使锻件的残余应力明显降低。当锻件随后冷到逆溶温度以下时，有机聚合物重新溶于水中，膜也就消失了。

不管是水、水基有机聚合物还是其他淬火剂，都应有足够的容量，以防在淬火过程中温升过高，降低淬火冷速。

生产中，也曾采用过其他能减小淬火应力及变形的冷却方式，如沸水、水雾及吹风冷却。但现在沸水淬火只限于在铝合金铸件上应用。水雾及吹风冷却可用于那些对淬火速度不太敏感的合金，如6061合金。总之，改变淬火方式必须经过慎重周密的实验，方可选用，否则容易造成废品或使用中的事故。

冷却介质温度的温度选择为：使用水聚合物溶液时，溶液的容积和循环均应保证任何时候水温不超过55℃，水槽容积和水循环一般应保证完成淬火时的水槽温度不超过40～60℃，具体淬火水温可根据锻件厚度选取，见表32-45。

表32-45　不同厚度锻件采用的淬火温度

锻件最大厚度/mm	淬火水温/℃	锻件最大厚度/mm	淬火水温/℃
≤30	30～40	76～100	50～60
31～50	30～40	101～150	60～80
51～75	40～50		

c 影响淬火冷速的其他因素

由于淬火过程中的热传导受工件表面与淬火介质所形成的阻力的限制，因此冷却速度受工件的表面积与体积之比的支配。

锻件表面状态对淬火冷却速度也有影响。新机械加工的表面、光亮蚀洗表面、清洁表面或涂上降低热传导涂层，都会减低淬火冷却速度。表面氧化膜或涂以不反光的黑色涂层会加快冷却速度，粗糙的机械加工表面也有类似作用，因为它削弱了蒸气膜的稳定性。

32.4.2.4 热处理变形及其消除方法

大多数铝合金锻件最终要通过热处理强化（固溶处理＋时效处理）获得所需要的力学性能。由于大型铝合金锻件尺寸大，壁厚不均匀，形状复杂，其热处理具有特殊性和复杂性，易产生力学性能不合格、变形、裂纹等热处理缺陷。其中由于热处理变形过大导致的锻件报废占了很大比例。

在铝合金锻件热处理加热、冷却过程中，由于存在热应力和组织应力，热处理变形不可避免。在实际生产中，热处理变形控制是以能够保证机械加工为标准，目标是将热处理变形量控制在预留的机械加工余量范围内。在加工余量已经确定的前提下，热处理的最大变形量不超过加工余量，才能保证零件的机械加工。

A 固溶处理加热过程的控制

锻件在加热升温过程中表面升温快，心部升温慢，表面和心部存在温差即存在热应力。加热速度越快，锻件壁厚越大，温差就越大，所产生的热应力也就越大。因此，可以通过降低加热速度减小热应力，有效减小锻件热处理加热过程中的变形。对一般尺寸小、形状简单的锻件，加热速度对锻件变形的影响不大，工艺上可以直接升温到规定的加热温度，加热速度由设备的加热能力确定。但对于大型铝合金锻件，尺寸大、形状复杂、壁厚差大，加热速度对锻件变形的影响作用就十分突出。为了减小加热时产生的热应力，就必须对固溶处理的加热过程进行控制，工艺上一般采取以下措施：

（1）控制升温速度。采用较低的升温速度，对减小加热时的变形无疑是有益的。在低温阶段，升温速度可以大一些；高温阶段，升温速度就应该小一点。

（2）控制形状复杂锻件的入炉温度。在连续生产时，铝合金淬火炉如果在一炉锻件淬火后，下一炉锻件又马上进炉，此时炉内的温度实际上还是很高的（通常在400℃以上），显然这对控制加热速度是不利的。一般来说，对于大多数铝合金锻件的入炉温度对其热处理变形影响不大，但是，对于形状极其复杂，壁厚差极大的铝合金锻件，入炉温度就需要控制，必要时可在工艺上明确规定锻件的入炉温度，即必须在炉温降到规定温度以下后，锻件才能进炉。

B 淬火冷却过程的控制

淬火所形成的残余应力，是铝合金锻件热处理或机械加工后变形的最主要因素。锻件表面在热处理时形成的压应力，可以减少使用中产生应力腐蚀的可能性和造成疲劳破坏的机会。然而，在随后的机械加工时，残余应力会产生扭曲变形及尺寸变化，严重时甚至会导致破裂。不同合金的淬火残余应力值有相当大的差异。室温和高温弹性模量、比例极限、线膨胀系数较高，热扩散系数低的合金产生残余应力较大。

淬火残余应力与锻件内外层的温度梯度直接有关，影响锻件内外温度梯度的因素包括淬火时的金属温度、淬火冷却速度和锻件截面形状尺寸等。对于一个特定形状、尺寸的锻件，降低淬火时的金属温度，减少淬火冷速将缩小温度梯度，从而减少残余应力。粗厚截面锻件的温度梯度比小截面锻件的要大。

生产实践证明，淬火时的冷却速度对锻件热处理变形大小的影响更大。淬火时的冷却速度越大，淬火后锻件的残余应力和热处理变形也越大。因此，对于形状简单的小型锻件，水温可稍低些，一般为 10~30℃，不应超过 40℃。对于形状复杂的锻件，为了减少淬火后的热处理变形和残余应力，降低冷却速度，在保证冷却过程中不析出第二相的前提下，可以升高水温到 40~50℃，有时可以把水温提高到 80℃以至沸腾。也可采用水基有机聚合物淬火剂、鼓风空气、喷雾和喷水等冷却手段。

C　淬火后的冷塑性变形

铝合金锻件淬火后在室温下进行变形，可以减小或消除淬火残余应力。对具有恒等截面的板材和挤压件，通常采用永久变形量为 1%~3% 的拉伸矫直。对于自由锻件，采用永久变形量为 1%~5% 的压缩变形。而对具有一定形状的模锻件，则需另行设计一套模具，在淬火后进行压缩变形。

在淬火后时效前，利用铝合金新淬火状态的高塑性可进行零件的成型和矫正工作。或者通过施加一定变形量的冷压或冷拉，可生产出力学性能较高的材料。但经过力学方法消除残余应力的锻件不宜再进行重复热处理，防止产生过度长大的晶粒，特别是对于 2A14、2A50 等合金。

淬火后时效前的冷变形对不同铝合金时效后强度增高的幅度各异。许多铝合金随冷变形量增大，使时效过程中 GP 区或沉淀相粒子数量增多，尺寸减小，从而加大强度增高幅度。通常这个冷变形量从 1% 到 10% 不等。

自然时效前进行冷变形能明显提高 Al-Cu-Mg 系等硬铝合金的强度，但如果冷变形后进行人工时效，则会降低合金的韧性和疲劳性能，只是耐蚀性能有所改善。

高强度 Al-Zn-Mg-Cu 系合金淬火后人工时效前进行冷变形，对其强度影响极小。需要指出的是，如果冷变形后进行过时效，由于位错造成粗大沉淀相不均匀成核，使合金强度显著降低。7175 铝合金自由锻件 T74 和 T7452 状态力学性能对比见表 32-46。

表 32-46　7175 铝合金自由锻件 T74 和 T7452 状态力学性能对比

锻件热处理时的名义厚度/mm	取样方向	T74 状态			T7452 状态（冷压缩）		
		σ_b /N·mm^{-2}	$\sigma_{0.2}$ /N·mm^{-2}	δ/%	σ_b /N·mm^{-2}	$\sigma_{0.2}$ /N·mm^{-2}	δ/%
≤51	纵　向	503	434	9	490	420	8
	长横向	490	414	5	475	400	4
>51~76	纵　向	503	434	9	490	420	8
	长横向	490	414	5	475	400	4
	短横向	475	414	4	460	370	3
>76~102	纵　向	490	421	9	470	395	8
	长横向	483	400	5	460	380	4
	短横向	469	393	4	450	350	3

锻件热处理时的名义厚度/mm	取样方向	T74 状态			T7452 状态（冷压缩）		
		σ_{b} /N·mm^{-2}	$\sigma_{0.2}$ /N·mm^{-2}	δ/%	σ_{b} /N·mm^{-2}	$\sigma_{0.2}$ /N·mm^{-2}	δ/%
>102~127	纵　向	469	393	8	450	370	7
	长横向	462	386	5	440	350	4
	短横向	455	379	4	435	340	3
>127~152	纵　向	448	372	8	435	350	7
	长横向	441	359	5	420	340	4
	短横向	434	359	4	415	315	3

D　减小或消除热处理变形的其他方法

（1）先粗加工后热处理。对于一些粗厚复杂的锻件，可采用先粗机械加工，后热处理的工艺流程。因为，锻件厚度减少，可使截面温度梯度减少，从而得到减少残余应力的效果。

（2）锻件进行深冷处理。将固溶淬火后的锻件保持在零下温度（例如 -73℃干冰和酒精的混合剂）一定时间，再置于室温以上温度（例如沸水100℃），如此多次循环。据介绍，经这种深冷处理后的锻件，可降低残余应力达25%。

（3）锻件装夹及摆放方式。锻件的装夹摆放方式对热处理变形影响很大。铝合金锻件热处理的保温时间相对较长，大型铝合金锻件在固溶处理温度下长时间加热时，由于自重较大，如果摆放方式不当，加热过程中容易产生变形，其次，锻件的装夹摆放要考虑合理的淬火方向，否则会增大淬火变形。每一种锻件的情况各不相同，其装夹摆放方式不能统一规定。在考虑确定锻件的装夹摆放方式时，要根据锻件的具体形状、结构，具体分析，并通过工艺实验进行确认。

（4）采用矫直方法减小变形。矫直是消除和减小锻件变形的有效手段之一。如果采用上述措施后热处理变形仍不能满足标准要求，可以利用铝合金具有在固溶处理前或固溶处理后人工时效前强度低、塑性好的特点进行矫直。锻件矫直主要有三种方法：

1）在模锻设备上用模具进行的冷矫直，适用于较为复杂且尺寸规格较大的模锻件。

2）在矫直压力机上的弯曲冷矫直，适用于较为简单的模锻件。

3）在模锻设备上用终锻模具的冷矫直，适用于较为复杂且尺寸规格较小的模锻件。

在个别情况下模锻件可采用手工矫直（整形）。

大型模锻件矫直可在水压机上进行，利用垫块对其局部施以轻微变形。矫直前，测定实际翘曲量并将它记入测量卡片上。矫直工作要一直进行到模锻件的几何尺寸符合图纸要求为止。

（5）人工时效。热处理强化铝合金在固溶处理后进行人工时效，能使淬火残余应力减少20%~40%。

32.4.2.5　淬火与时效的间隔时间

对于需进行人工时效的铝合金，还需要注意热处理工序之间的协调。因为铝合金时效后的力学性能还取决于淬火与时效之间的间隔时间，淬火与时效之间的间隔时间越短强度

越好。因为大多数铝合金存在所谓停放效
应，即淬火后在室温停放一段时间再进行
人工时效处理，将使合金的时效强化效应
降低，这种现象在 Al-Mg-Si 系合金中尤为
明显。例如 A1-1.75Mg₂Si 合金淬火后，在
室温下分别停留 3min、10min、30min 和
2h，再在 160℃ 进行人工时效，合金硬度
变化如图 32-34 所示，其中以淬火后放置
2h 的影响最大。目前对这种现象的一种解
释是 Al-Mg-Si 系合金中镁在铝中的溶解度
远大于硅的溶解度，在室温停留期间，过
剩硅将首先形成偏聚，而镁、硅原子的
GP 区是在硅核上形成的，如果停放时间

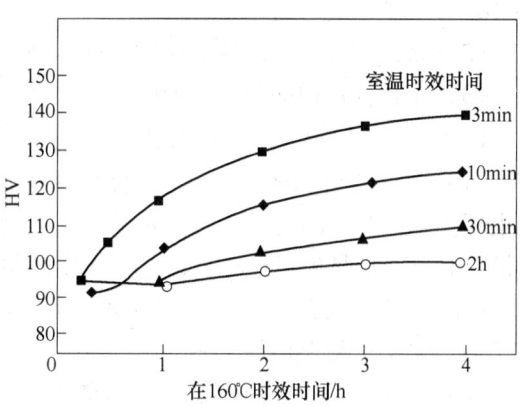

图 32-34　Al-1.75Mg₂Si 合金硬度
随室温停放时间的变化

很短，则只产生硅的偏聚，大部分溶质原子仍保留在固溶体内，随后进行人工时效，镁和
硅原子继续向硅的偏聚团上迁移，形成大量稳定的晶核，继续成长，如果在室温下停留时
间过长，合金内形成大量偏聚，因而固溶体中溶质元素浓度大大降低，这样，当温度一旦
升高到人工时效的温度时，那些小于临界尺寸的 GP 区，将重新溶入固溶体导致使稳定的
晶核数目减少，从而形成粗大的过渡相，使强度下降。因此，对于有"停放效应"的合金
制品来说，应尽可能缩短淬火与人工时效的间隔时间。具体可按表 32-47 中所规定的要求
掌握间隔时间，以保证合金的力学性能。否则，当 2A02、6A02、2A14、7A04 合金锻件的
固溶至人工时效时的间隔超过表中的规定时，时效后的强度会下降 15~20MPa。

表 32-47　铝合金淬火后能保持塑性的时间及淬火与人工时效处理允许的间隔时间

合金牌号	固溶后保持塑性时间/h	固溶至人工时效的间隔时间/h	合金牌号	固溶后保持塑性时间/h	固溶至人工时效的间隔时间/h
6A02、6061	2~3	<6	2A02	2~3	<3 或 15~100
2A50	2~3	<6	2A11	2~3	
2B50	2~3	<6	2A12	1.5	不　限
2A70	2~3	不限	2A17	2~3	不　限
2A80	2~3	不限	7A04	6	<4 或 >（2~10）昼夜
2A14	2~3	<3 或 >48	7A09	6	不　限

32.4.2.6　淬火过程中的注意事项

铝合金锻件淬火加热时一般采用带有强制热风循环装置的电阻炉或盐浴炉。炉膛温度
一般要求能控制在 ±（2~3）℃ 范围内。炉温控制多采用测量范围不超过 600℃，精度为
0.5 级的控制仪表。对所使用的控制仪表要定期用 0.2 级精度的仪表进行检查和校对。铝
合金锻件淬火工艺操作控制要点如下。

A　装炉前的准备

（1）锻件装入空气炉或盐浴槽之前应仔细清洗零件表面上的油垢，以免润滑剂燃烧，
在表面上留下烧痕。可用汽油、丙酮、香蕉水等擦拭，也可在 50~60℃ 碱性溶液中浸泡

5 ~ 10min。

（2）采用碱性溶液浸泡后必须在热水或流动的冷水中清洗干净。

（3）工件入炉前必须烘干或晾干。

B 锻件淬火操作的注意事项

（1）锻件装到淬火炉中去时应保持这样的状况，使每件锻件能受到热空气或熔融盐的自由环流。最合理的装炉方式首先是较长的锻件，应采用垂直自由吊挂。用立式淬火炉加热锻件时，装炉是先经过淬火水槽，必须使制品上的水流净后方能关闭炉门。

（2）使用空气炉时最大加料量取决于炉子的技术性能（加热元件功率、空气流速、炉子的长度或高度等）和制品类型。

（3）采用断面小、挤压系数大的挤压型（棒）料生产的细长锻件，每炉一次装料量最好少些，以使空气能特别好地环流制品，而使炉料在炉内停留时间达到最短。这样可以达到防止挤压效应消失和力学性能下降的目的。

（4）在硝盐炉中加热时，锻件与槽底、槽壁及液面的距离要大于 100mm，装的料应均匀分布在熔融盐内，保证熔融盐能自由环流锻件，且锻件之间有一定间隙（＞30 ~ 50mm）。

（5）对于厚大模锻件用料筐盛载进行淬火时，则应用隔框将其隔开，使锻件之间有一定的空隙，一般不应小于 50mm，以保证均匀冷却。

（6）炉温要均匀，控温精度在 ±（2 ~ 3）℃，最大不超过 ±5℃。

（7）形状简单的锻件可快速加热。形状复杂的锻件可阶梯升温，在 350℃ 左右可保温 1 ~ 2h，再加热到固溶处理温度。

（8）固溶处理转移时间根据锻件成分、形状和生产条件而定。一般小锻件转移时间不超过 25s，大锻件不超过 45s，超硬铝不超过 15s。

（9）工件加热可用铝丝、铝带或铁丝捆扎，不能用镀锌铁丝或铜丝捆扎，以防铜、锌扩散到锻件中，降低锻件的抗蚀性和局部熔化。

（10）在空气电炉中开始加热时，料的温度低于热空气温度，尤其是在工作炉膛空气出口处最明显。因此，应通过直接放在料上的热电偶来检测炉料温度，热电偶放在工作炉膛的空气入门处和出口处。热电偶应与制品接触牢靠。保温时间根据放置在工作炉膛空气出口处的热电偶所显示的温度来确定（即按照炉料的最低温度）。

（11）在空气炉中加热时，锻件离炉门 200mm 以上，离加热元件隔板 100mm 以上。

（12）锻件重新热处理加热时间为正常加热时间的 1/2，重复热处理次数不得超过两次。

（13）固溶处理后形状简单的锻件用清水冷却，水温一般为 10 ~ 30℃，形状复杂的锻件水温为 40 ~ 50℃，也可用聚醚做冷却介质，以减少变形。

（14）形状复杂的锻件固溶后冷却水温为 80 ~ 90℃，大型锻件可以在 160 ~ 200℃ 的硝盐中等温一段时间，然后放入流动的水中，冷却介质的容积要在锻件体积的 20 倍以上，并须循环或搅动。

（15）为了保证锻件有最好的力学性能和耐腐蚀性能，锻件由炉内加热出来到淬火槽的转移时间不得超过 15s。

（16）从盐浴槽出料时，如果挂料量很大，应在提起后停留 2 ~ 3s，使硝盐流掉，然后再迅速移到淬火槽中。

（17）为了保证锻件可靠和均匀地冷却，特别是厚大的锻件，淬火槽内的水应用压缩空气搅拌或不断抽换。

（18）为了提高空气炉淬火锻件的耐腐蚀性，在水中加入 0.02% ~ 0.04% 的重铬酸钾或重铬酸钠，或者铬酸钾或铬酸钠。

（19）为了保证淬火料激冷，淬火槽中的水温应保持在 10 ~ 40℃ 范围内，对于有些锻件，为了减少畸变和翘曲，淬火时采用沸水或 80 ~ 90℃ 的水进行冷却。

C　清洗

淬火工序中的最后一个环节是清洗，即从淬火槽中取出工件，再在流动的温水槽内把附着在工件表面上的盐迹清洗干净，以避免残留的硝盐对工件的腐蚀作用。工件在温水（40 ~ 60℃）槽内停留的时间不应超过 2min，否则可能影响产品的性能。

32.4.3　时效处理

铝合金和钢铁不同，仅在淬火状态下不能达到合金强化的目的，新（刚）淬火状态的变形铝合金的强度仅比退火状态的稍高一点，而伸长率却相当高，具有良好的塑性，在这种情况下正好可进行校正变形等工作。但是，铝合金淬火后所得到的亚稳定的过饱和固溶体，存在有自发分解的趋势，把它置于一定的温度下，保持一定的时间，过饱和固溶体便发生分解（有些合金室温就可分解），从而引起合金的强度和硬度的大幅度增高，这种室温保持或加热以使过饱和固溶体分解的热处理过程称为时效。时效处理是可热处理强化铝合金的最后一道工序，时效的目的是为了提高可热处理强化铝合金的力学性能，它决定着合金的最终性能，因此对时效工艺制度需认真选择。时效的基本工艺参数是加热温度与保温时间，加热速度与冷却速度的影响较小，一般不予考虑。

32.4.3.1　铝合金时效的分类

铝合金时效分为两种：

（1）自然时效。即淬火后在室温下贮放一定时间，以提高其强度的方法。某些铝合金在淬火后在室温下放置若干小时，快速淬火保留下的空位导致了 GP 区快速形成和强度迅速增加，在 4 ~ 5 天后达到最大的稳定值。自然时效的时间一般不少于 4 个昼夜。

（2）人工时效。即淬火后重新加热到高于室温的某一特定温度保持一定时间以提高其力学性能的操作。

自然时效过程进行得比较缓慢，人工时效过程进行的比较迅速。如何选用，需要根据合金的性质、工件的使用温度及性能要求而定。

能够进行淬火和时效强化处理的铝合金，主要有下列 5 个合金系：

（1）Al-Cu-Mg 系硬铝合金，如 2A11、2A12、2A06、2A02 等。

（2）Al-Mg-Si 系和 Al-Mg-Si-Cu 系锻铝合金，如 6A02、2A50、2A14 等。

（3）Al-Zn-Mg-Cu 系超硬铝合金，如 7A04、7A09 等。

（4）Al-Cu-Mg-Fe-Ni 系耐热锻铝合金，如 2A70、2A80、2A90。

（5）Al-Cu-Mn 系耐热铝合金，如 2A16、2A17 等。

这 5 个合金系中，只有 Al-Cu-Mg 系硬铝合金在淬火及自然时效状态下使用，其他系的合金一般都是在淬火及人工时效状态下使用。

大多数硬铝在自然时效状态下使用，这是由于自然时效状态的抗蚀性（晶间腐蚀）优于人工时效的抗蚀性。2A02 和 2A11 合金自然时效时间为 96h。2A12 合金的工作温度如超过 150℃，则需进行人工时效处理。

锻铝可进行自然时效或人工时效处理，但因自然时效速度较慢，需延续到 240h，而且强化效果不如人工时效，故锻铝一般在人工时效状态下使用。

超硬铝一般只进行人工时效处理。其原因是自然时效过程常常延续数月才能达到稳定阶段。而且和人工时效相比，抗应力腐蚀能力较差。对于 7A04 之类的超硬铝合金通常采用 120~160℃ 的人工时效，时效时间为 12~24h，为了缩短时效时间，对于这类合金常采用分级人工时效。

铝合金的人工时效，一般在空气循环电炉中进行。

32.4.3.2 铝合金时效的特点

铝合金时效的前提是溶质原子溶解在过饱和固溶体中，然后在时效过程中发生下列组织转变：

（1）溶质原子的扩散。

（2）溶质原子沿着有利的晶格位置偏聚。

（3）在偏聚区的溶质原子按形成稳定金属间化合物所需的原子比例进行排列，而形成共格沉淀相。

（4）共格沉淀相长大，当达到临界尺寸时则发生分离，释放新的自由能，从而形成非共格沉淀相。

（5）非共格沉淀相的长大。

时效过程的驱动力是固溶体过饱和的程度，它是温度的反函数。这种驱动力与扩散过程有关，而且扩散速率与温度之间成指数关系。

32.4.3.3 常用铝合金锻件时效工艺

A 时效工艺制度

常用铝合金锻件时效工艺制度见表 32-48。

表 32-48 常用铝合金人工时效温度和时间

合　　金	制品种类	时效种类	时效规范		时效后状态
			温度/℃	时间/h	
2A02	各种制品	人工时效 I	165~175	16	T6
		人工时效 II	185~195	24	T6
2A02	各种制品	自然时效	室　温	120~240	T4
2A02				96	
2A12				96	
2A12	挤压型材壁厚不大于 5mm	人工时效	185~195	12	T62
				6~12	T4
2A16	各种制品	自然时效	室　温	96	T4
		人工时效 I	160~170	10~16	T6
		人工时效 II	205~215	12	T6

合金	制品种类	时效种类	时效规范		时效后状态
			温度/℃	时间/h	
2A17	各种制品	人工时效	180 ~ 190	16	T6
2219	各种制品	人工时效	160 ~ 170	18	T6
6A02	各种制品	自然时效	室温	96	T4
		人工时效	155 ~ 165	8 ~ 15	T6
2A50	各种制品	自然时效	室温	96	T4
		人工时效	150 ~ 160	6 ~ 15	T6
2B50	各种制品	人工时效	150 ~ 160	6 ~ 15	T6
2A70	各种制品	人工时效	185 ~ 195	8 ~ 12	T6
2A80	各种制品	人工时效	165 ~ 175	10 ~ 16	T6
2A90	挤压棒材	人工时效	155 ~ 165	4 ~ 15	T6
2A14	各种制品	自然时效	室温	96	T4
		人工时效	155 ~ 165	4 ~ 15	T6
4A11	各种制品	人工时效	165 ~ 175	8 ~ 12	T6
6061	各种制品	人工时效	160 ~ 170	8 ~ 12	T6
6063	各种制品	人工时效	195 ~ 205	8 ~ 12	T6
7A04	各种制品	分段时效	115 ~ 125	3	T6
			155 ~ 165	3	
	挤压件、锻件及非包铝板材	人工时效	135 ~ 145	16	T6
7A09	挤压件、锻件	人工时效	125 ~ 135	8 ~ 16	T6
			135 ~ 145	16	T6

B 铝合金锻件时效工艺控制要点

（1）装炉前，冷炉要进行预热，预热定温应与时效第一次定温相同，达到定温后保持30min方可装炉。

（2）查看仪表，测温热电偶接线是否牢固。测温料装炉前应处于室温。

（3）停炉24h以上再装炉时，靠近工作室空气循环出口和入口处的锻件，要绑好测温热电偶。操作者应在装炉后每30min测温一次，其结果要记录在随行卡片上，并签字。

（4）装炉时，时效料架与料垛应正确摆放在推料小车上，不得偏斜，否则不准装炉。

（5）为了保证炉内锻件在热空气中具有最大的暴露面积，在堆放锻件时，应保证热空气能够自由通过，并且在空气和锻件表面之间具有最大的接触面积。尽可能沿着垂直于气流的流动方向堆放，使得气流穿过零件之间通过。

（6）不同热处理制度的锻件，不能同炉时效。

（7）为保证时效料温度均匀，热处理工可在±10℃范围内调整仪表定温。

（8）时效出炉后的热料上不允许压料（尤其是热料）。

（9）热处理工应将时效产品的合金、状态、批号、装炉时间、时效日期及生产班组等填写在生产卡片上。

（10）热处理工每隔30min检查一次仪表及各控制开关是否运行正常。

（11）在时效加热过程中，因炉子故障停电时，总加热时间按各段加热保温时间累计，并要求符合该合金总加热时间的规定。

（12）仪表工对测温用热电偶、仪器仪表，按检定周期及时送检，保证温控系统误差不大于±5℃，达不到使用要求的热电偶、仪器仪表严禁使用。

（13）时效完的锻件上，应打上合金、状态、批号等以示区分。

32.5　锻件的主要缺陷与质量控制

32.5.1　锻件的主要缺陷

锻件的缺陷有可能是原材料遗传下来的，也有可能是锻造或热处理过程中产生的。对于同样一种缺陷，可能来自不同的工序中。因此，在分析具体锻件缺陷时，一定要全面分析，逐项排除疑点，找出产生锻件缺陷的直接原因，采取针对性的措施，避免锻件缺陷的再次出现。

32.5.1.1　原材料产生的缺陷

通常，原材料在出厂和入厂时都经过严格的质量检验和复验，但是由于缺陷的分散性、隐蔽性，仍然可能有一部分缺陷遗传下去，见表32-49。

表 32-49　原材料遗传下来的锻件缺陷

缺陷名称	主要特征	产生原因及后果
非金属夹杂	锻件低倍上凹下的、轮廓不清的、分布无规律的黑褐色点状或非定形缺陷，断口上有时可见夹杂物	原辅材不干净；熔炼炉、流槽等不干净；溶体精炼温度低或精炼不彻底，使渣熔分离不干净。锻件中非金属夹杂正是应力集中处或疲劳裂纹源，它直接影响制品的寿命和强度，同时还破坏结构气密性，一般通过超声波探伤都可以发现
氧化膜	锻件低倍试片上呈短线状裂缝，多集中于最大变形部位，并沿金属流线方向分布，断口呈白色、灰色、黄褐色小平台，对称或对偶地分布在断裂面上	铝合金在熔铸过程中，铝及其他金属与氧作用生成细小的氧化物并混入铝锭中即成氧化膜。它对纵向性能无明显影响，但对高度方向性能影响较大（强度降低，特别是伸长率、冲击韧性和抗蚀性能），是零件破坏的裂纹源
金属间化合物夹杂	金属间化合物夹杂的聚积物具有很高硬度，在锻件的宏观试片上可见局部成堆或拉长成链状，呈暗色。断口上有时仍保持其最初的针状结构	铝合金在熔铸过程中，铝与铁、镍、铬、钛、锰等金属形成化合物一次晶聚集物。一般铸锭低倍检查发现有粗大的金属间化合物夹杂时，便将该熔次铸锭报废，所以，在锻件中一般发现较少，其存在影响零件的强度和韧性
锻件上的表面裂纹	锻件表面呈破坏金属连续的不规则开裂	铸锭车皮不够，表面仍保留大量的缺陷（如偏析、冷隔、裂纹等），锻造过程中形成表面微细裂纹；铸锭钠含量过高或出现粗大的扇形树枝状晶体时，铸造过程中会出现较大、较深的表面裂纹。表面裂纹破坏了金属材料的连续性，不允许残存在零件上

32.5.1.2　锻造过程中产生的缺陷

锻造过程中产生的缺陷见表32-50。

表32-50　锻造过程产生的锻件缺陷

缺陷名称	主要特征	产生原因及后果
形状和尺寸不符合图纸要求	主要表现在自由锻件缺陷，模锻件成型性不好，欠压、错移、尺寸不符等	工艺余料太小或锻工技术差，模锻时锻料放置不正、设备压力不够，上下模锁扣、导柱等导向或固定装置磨损太大。该缺陷的直接后果是加工不出零件
折叠	锻件的表面向其深处扩展，造成锻件金属局部的不连续	拔长时送进量小于压下量；锻造过程中产生的尖角突起和较深凹坑没有及时修伤；毛料模、预锻模、终锻模之间各结构要素配合不好。折叠破坏了金属的连续化，是零件的裂纹源和疲劳源
内部裂纹	锻件内部出现的横向或纵向裂纹，一般位于锻件的心部，低倍检查或超声波探伤可出现此类缺陷	拔长时，当相对送进量太小($l/H<0.5$)时，坯料中心变形小，锻不透并受轴向拉应力，易产生横向内部裂纹；当相对送进量太大($l/H>1$)时，坯料横断面对角线两侧的金属产生剧烈相对运动，容易产生横向对角线裂纹。圆断面坯料在平砧上拔长，若压下量较小、接触面较窄、较长，金属主要横向流动，轴心受到较大拉应力，锻件心部易产生纵向裂纹，尤其在温度过低时更容易出现。锻造操作不当造成的这种内部裂纹破坏了金属连续性，属废品
毛边裂纹	在模锻时，沿模锻件毛边出现的裂纹，切边后就暴露出来	当坯料在高于锻造温度，低于合金固相线温度模锻时，模具表面与锻件表面存在较大摩擦，处于相对静止状态，发生流动的是距离模具表面一定深度的金属。在模锻时，大量的多余金属流向毛边，流动的金属和相对静止的金属间产生大量的热量，使得材料处于过热状态。同时，此处正处于剪应力区，加剧了毛边处的裂纹形成。另外，模具设计不当，在毛边相邻处的垂直肋根部圆角太小，模锻时肋根处相对静止的金属与以毛边挤压去的金属间存在较大的剪应力，促使形成水平直线状的裂纹，多位于毛边的边缘处。裂纹深入零件区将判锻件报废
金属或非金属压入	在锻件表面压入与锻件金属有明显界限的外来金属或非金属	坯料表面不干净，工模具不清洁，存有金属或非金属脏物，润滑剂不干净等造成。缺陷深度超过零件加工余量，该锻件报废。铸造表面不干净，挤压坯料表面有气泡等缺陷，工模具表面太粗糙，锻造时又润滑不好，激烈变形时锻件表面粘在工模具上。起皮影响锻件外观质量
起皮	锻件表面呈小的薄片状起层或脱落	铸锭表面不干净，挤压坯料表面有气泡等缺陷；工模具表面太粗糙，锻造时又润滑不好，激烈变形时锻件表面粘在工模具上。起皮影响锻件外观质量
表面粗糙	锻件表面凹凸不平	模膛表面不光滑、润滑剂配制不当或涂抹过多，模锻后残存在锻件表面，经蚀洗后锻件表面粗糙。模锻件非加工面上不允许存在该缺陷
粗大晶粒	在锻件低倍上出现满面粗晶组织；在锻件的横向低倍上出现十字交叉的粗晶组织；在模锻件腹板中心处出现粗晶；在模锻件整个外表面出现粗晶	产生粗晶的主要原因有工模具和坯料温度低，且变形程度小，并落入临界变形程度范围内；变形很不均匀，流动剧烈的部位极易出现粗晶；采用了有粗晶环的挤压坯料，粗晶遗传到模锻件的表面上。粗大晶粒对锻件的疲劳性能、耐腐蚀性能、冲击韧性有影响。所以如飞机机轮及螺旋桨叶片，限制使用具有粗晶组织的模锻件；对于一般的结构件通常采用检查粗晶区的力学性能，如符合技术条件则合格，不符合技术条件则判废

续表 32-50

缺陷名称	主要特征	产生原因及后果
涡 流	模锻件低倍流线呈回流状、旋涡状、树木年轮状	具有人形、U 形和 H 形截面的模锻件成型时，所用坯料过大，缘条（凸台和缘条）充满后，腹板仍有多余金属继续流向毛边，使缘条处的金属产生相对回流，形成涡流。严重的涡流将使零件的疲劳强度大大降低，是不允许的
穿 流	模锻件低倍流线穿透缘条（凸台和缘条）的根部	同涡流产生原因。它破坏了流线的连续性，严重影响材料的耐腐蚀性和疲劳性能，属废品

32.5.1.3 热处理过程中产生的缺陷

锻件热处理过程中产生的缺陷见表 32-51。

表 32-51 热处理过程中产生的缺陷

缺陷名称	主要特征	产生原因及后果
翘 曲	锻件经淬火以后出现外形的不平，改变了锻件原来的形状	铝合金锻件在淬火加热和冷却中要发生相变，同时伴随体积变化，这种变化会使锻件产生内应力。另外锻件由于各处厚薄不均，淬火冷却过程中也会产生内应力。上述内应力都会使锻件出现翘曲。如果摆放不当，也会引起翘曲。翘曲严重时会使锻件不符合图纸，影响使用。通常在铝合金锻件淬火后应立即安排校正工序，以消除翘曲对模锻件形状的不良影响
淬火裂纹	一般在厚、大的锻件心部出现隐蔽性内部裂纹	厚、大锻件淬火时，由于温度梯度很大，内应力也大，当内应力值超过锻件材料的强度极限，就会产生内部裂纹。超声波探伤可以发现这种裂纹，发现后即报废
力学性能不合格	按技术条件要求进行最终力学性能检测时，出现强度、伸长率或硬度不合格	锻件材料的化学成分、变形程度、变形温度、热处理（温度、保温、时间、冷却速度、淬火转移时间、淬火和人工时效的间隔时间）都影响锻件的力学性能，所以应具体问题具体分析，逐项排查。力学性能不合格属废品
过 烧	过烧初期仅延伸率降低，后期锻件表面发暗，形成气泡或裂纹，高倍试片可看到晶界发毛、加粗，严重氧化并呈三角形，甚至形成共晶复熔球	过烧组织是由于加热温度超过了该合金中低熔点共晶的熔化温度，晶界处的低熔点共晶物发生局部氧化和熔化后形成的组织。发现过烧，不但被检查件判废，而且同热处理炉次的锻件均判废

32.5.2 锻件的质量控制

锻件生产过程的质量控制，应按人、机、料、法、环五大要素进行，下面仅就设备和材料两个方面进行分析。

32.5.2.1 加热设备的控制

锻造过程所用设备较多，而加热炉、淬火炉、时效炉系统的测试和校验尤应引起重视，它是保证锻件生产在受控状态下进行的先决条件。表 32-52 和表 32-53 列出了主要炉子的技术要求。

表 32-52 炉子分类及技术要求

炉子类别	有效加热区保温精度/℃	控温精度/℃	记录表指示精度/%	记录纸刻度/℃·mm⁻¹	炉子检测周期/月	仪表检定周期/月
硝盐淬火炉	±3	±1	≥0.2	≤2	1	3
空气淬火炉	±5	±1.5	≥0.5	≤4	6	6
时效炉	±5	±1.5	≥0.5	≤4	6	6
铝锻坯加热炉	±15	±8	≥0.5	≤6	6	6
工模具加热炉	±25	±10	≥0.5	≤10	12	12

注：炉子温度均匀性检查应 9~40 个点，均匀、对称分布。

表 32-53 炉子系统校验允许温度偏差

炉子类别	允许温度偏差/℃	炉子类别	允许温度偏差/℃
淬火炉、时效炉	±1	铝锻坯加热炉、工模具加热炉	±3

32.5.2.2 锻件的控制

锻件的控制应包含锻件生产原材料的控制、锻压生产过程的控制和锻件热处理的控制。

锻件生产前应对原材料进行复验，确保材料的成分、内部组织合乎要求，根据锻件类别不同确认毛坯的印记无误。

锻压生产过程的控制，应严格控制开锻温度、终锻温度、工步变形尺寸。由于铝合金变形温度范围窄、导热性好，一定要确保工模具均匀热透，应在专用的工模具加热炉内加热工模具。

锻件热处理的控制，应特别关注锻件加热温度的均匀性、淬火转移时间的控制和淬火与人工时效之间间隔时间控制，并应严格按照锻件试制大纲和工艺规程执行，对热处理后的锻件应打上热处理炉号。

为了有效控制锻件的质量，应在各个工序对锻件的化学成分、力学性能、内部组织、内外表面质量和尺寸精度等进行严格而科学的检测，应按工艺规程采取必要的技术措施或科学管理手段加以控制。

32.6 锻压设备

32.6.1 锻压设备的分类

锻压设备按照工作部分的运动方式不同，可分为直线往复运动和相对旋转运动两大类。

32.6.1.1 直线往复运动的锻压设备

机器运转时，滑块做直线往复运动。模具分别安装在滑块和工作台上。滑块的运动在行程范围内，改变模具模腔两部分之间的相对距离，使放在模腔内的金属坯料在外力作用下压缩而发生塑性变形。根据外作用力方式不同，又可分为4类：

（1）动载撞击。空气锤、蒸汽锤、模锻锤、无砧锤、夹板锤、弹簧锤、摩擦压力机、螺旋压力机。

（2）静载加压。热模锻压力机、平锻机、液压机，精密锻轴机、旋转锻机、剪床。

（3）动静联合。气动液压锤。

（4）高能率冲击。高速锤、爆炸成型装置、电磁成型装置。

32.6.1.2 旋转运动的锻压设备

模具分别安装在两个以上做相对旋转运动的轧辊上。由摩擦力或专门的送料装置将坯料送入轧辊之间的空隙内，在轧辊压力和表面摩擦力的联合作用下，使坯料高度缩小而产生塑性变形，轧锻出各种锻压件，变形是连续地进行的。按照坯料送进方向和轧辊的轴向之间关系不同，轧锻分纵轧和横轧两类。纵轧时，坯料的送进方向和轧辊轴线相垂直，如辊锻机、轧齿机、花键冷打机、轧环机、旋压机、摆动碾压机等。横轧时，坯料的送进方向和轧辊轴线平行或成一斜角，如楔横轧机、斜轧机、三辊轧机等。

32.6.2 几种锻压设备

32.6.2.1 锻锤

用蒸汽、压缩空气或压力液体做动力，推动汽缸内活塞上下活动，带动锤头做直线往复运动。用锤头、锤杆和活塞组成落下部分。在很高的速度下打击放置和锤砧上的坯料，落下部分释放出来的动能转变成很大的压力，使坯料发生塑性变形。

优点：通用性好，能适应镦粗、拔长、弯曲等多种工步，可锻造各种锻件，结构简单。

缺点：锤头运动由气体带动时，行程控制困难，不易实现机械化操作；没有顶料装置，出料不便，锻件尺寸精度不高；振动和噪声大，劳动条件差；锤砧和地基大，厂房要求高。

32.6.2.2 热模锻压力机

由电动机带动曲柄连杆机构使滑块做上下往复运动。安装在滑块上的上模，在滑块推动下，用静载压力压缩放在下模内的坯料。下模安装在工作台上。上模的巨大压力使坯料发生塑性变形。压力吨位为 10 ~ 120MN，滑块行程次数为 30 ~ 80 次/min。

优点：上下滑块可以安装顶料机构，容易实现机械化和自动化生产；滑块的导向机构较好，锻件尺寸精度高。

缺点：结构复杂，造价高昂；不便进行拔长和滚压等工步；一般要有辊锻机、楔横轧机等配套设备。

32.6.2.3 螺旋压力机

用电动或液压做动力，推动螺杆转动，使滑块做上下运动。螺杆上安装有飞轮，飞轮积蓄的动能在滑块和上模撞击坯料时释放出来，产生很大压力，使坯料发生塑性变形。吨位为 630kN ~ 125MN，滑块撞击时速度为 0.5 ~ 2.5m/min。

优点：利用飞轮能量提高打击力；与吨位相同的热模锻压力机比较，结构简单，成本较低；滑块导向结构好，锻件精度高；可装顶料装置，能够实现机械化生产。

缺点：生产率较热模锻压力机略低。

32.6.2.4 平锻机

由电动机和曲柄连杆机构分别带动两个滑块做往复运动。一个滑块安装冲头做锻压用，另一滑块安装凹模做夹紧棒料用。适用于在长棒料镦头或局部镦粗，如汽车的半轴。吨位为 2.5 ~ 31.5MN。

优点：能锻造形状复杂的锻件，如汽车的倒车齿轮。水平分模平锻机容易实现机械化生产。

缺点：通用性差，不宜于拔长等工步。

32.6.2.5 液压机

由泵供应高压液体进入液压缸，推动活塞和上横梁，做上下往复运动。活塞端面的巨大压力传到上模，压缩坯料发生塑性变形。自由锻用液压机自5MN到120MN。模锻用液压机自30MN到750MN。小型的液压机多用油做介质。基本结构如图32-35所示。

优点：通用性好，可制造巨大压力的压机。

缺点：水泵站和油泵等动力装置结构复杂，成本较贵。

32.6.2.6 辊锻机

由马达和齿轮带动一对轧辊做相对的旋转。轧辊上安装扇形模。坯料放入轧辊之间，由摩擦力带入模具间，在轧辊压力下发生塑性变形。压力吨位可达1MN。图32-36所示为辊锻机结构示意图。

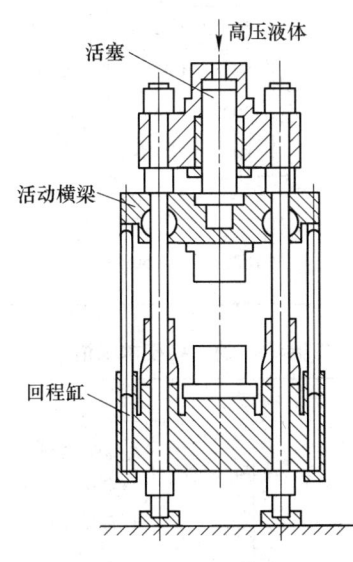

图 32-35 液压锻压机结构示意图 　　　　图 32-36 辊锻机结构示意图

优点：拔长各种坯料或轧锻形状简单的杆类锻件时生产率高。

缺点：通用性差。

32.6.2.7 其他锻压机

其他锻压机有精密锻轴机、旋转锻机、横轧机、轧环机等，它们是适用于某一类形状锻件的专用锻机，生产率高，通用性差。在大批大量生产中采用。

32.6.3 主要辅助设备

32.6.3.1 加热设备

铝合金的锻造加热炉，主要采用电阻炉。我国生产的电阻炉已经标准化了，其系列产品种类较多，表32-54中列出了锻压车间常用的电阻炉的主要技术规格。如果现有系列产品不能满足要求时，可委托电炉厂设计或自行设计制造。表32-55列出了水压机车间适用的铝合金加热专用电阻炉（带强制空气循环）的主要技术规格。表32-56列出了水压机车间里锻造和模锻铝、镁合金用的模具加热电阻电炉的主要技术规格。

表 32-54 锻压车间常用电阻炉的型号及主要技术规格

产品名称	型 号	主要技术规格						炉重/kg
		额定功率/kW	电源电压/V	相数	最高工作温度/℃	最大生产率/kg·h⁻¹	炉膛尺寸（长×宽×高）/mm×mm×mm	
高温箱式电阻炉	RJX-30-13	30	380	3	1300	50	40×300×250	2600
高温箱式电阻炉	RJX-50-13	50	380	3	1300	100	700×450×350	3000
高温箱式电阻炉	RJX-14-13	14	380	3	1350		520×220×220	700
高温箱式电阻炉	RJX-25-13	25	380	3	1350		600×280×300	1500
高温箱式电阻炉	RJX-37-13	37	380	3	1350		810×550×375	3000
中温箱式电阻炉	RJX-15-9	15	380/220	1/3	950	50	50×200×250	1050
中温箱式电阻炉	RJX-30-9	30	380	3	950	125	50×450×450	2200
中温箱式电阻炉	RJX-45-9	45	280	3	950	200	1200×600×500	3200
中温箱式电阻炉	RJX-60-9	60	380	3	950	275	1500×750×550	4100
中温箱式电阻炉	RJX-75-9	75	380	3	950	350	1800×900×600	6000
滚球炉底式中温箱式炉	RJX-100-8	100	380		860		1825×910×500	

表 32-55 水压机车间适用的铝合金加热专用电阻炉（带强制空气循环）的主要技术规格

产品名称	主要技术规格							
	额定功率/kW	电源电压/V	相数	工作温度/℃	最大生产率/kg·h⁻¹	炉膛尺寸（长×宽×高）/mm×mm×mm	通风机能力/m³·h⁻¹	加热到(480±10)℃所需要的时间/h
带强制空气循环的推料机式的箱式电阻炉	240	380/220	3	500	410~170	7600×1200×550	10000	1.2
	700	380	3	500	2500	10800×2198×750		1.5
	940	380	3	500	2500	12000×3000×1000	40000	
	120	380	3	500	2300	13608×3200×700	36000	

表 32-56 水压机车间里锻造和模锻铝、镁合金用的模具加热电阻炉主要技术规格

产品名称	主要技术规格					
	额定功率/kW	电源电压/V	相 数	工作温度/℃	最大载重/t	炉膛有效尺寸（长×宽×高）/mm×mm×mm
活底箱式电阻炉	240	380	3	500	10	3600×1100×1000
活底箱式电阻炉	250	380	3	500	20	3450×1700×1335
活底箱式电阻炉	300	380	3	500	20	3600×1100×900
活底箱式电阻炉	400	380	3	500	40	6000×1800×1150
活底箱式电阻炉	500	380	3	500	58	8200×2130×1335
活底箱式电阻炉	600	380	3	500	120	8200×2700×1100

32.6.3.2 热处理设备

铝合金锻件的热处理设备主要有立式淬火炉和人工时效炉，其炉型和主要技术参数见表 32-57 和表 32-58。

表 32-57 HL88 铝合金模锻件立式空气淬火炉技术参数

序号	项目名称		规格或型号	序号	项目名称		规格或型号
1	炉子形式		立式炉	6	工作最大温差/℃		±3
2	电热元件功率/kW		540	7	最大装炉量/t		1.5~2
	附属装置功率/kW		304.9	8	炉子外形尺寸/mm	长	24360
	总功率/kW		844.9			宽	13200
3	工作温度/℃		495~530			高	2400
4	工作室尺寸/mm	直径	φ1250	9	电炉总质量/t		100
		长度	13830	10	淬火水槽尺寸/mm×mm		φ4.0×17.0
5	电源	电压/V	380	11	卷扬机	卷筒直径/mm	φ500
		相数	3			上升速度/m·s⁻¹	0.6

表 32-58 HL13 铝合金模锻件立式时效炉技术参数

序号	项目名称		规格或型号	序号	项目名称		规格或型号
1	炉子形式		卧式（箱式）电阻炉	6	炉长尺寸/mm	长	8390
2	加热器功率/kW		300			宽	2110
	总功率/kW		393.1			高	1400
3	电源	电压/V	380	7	炉子外形尺寸/mm	长	14700
		接线方式	△/Y			宽	7000
		频率/Hz	50			高	3470
4	工作温度/℃		138~185	8	最大装炉量/t		85
5	加热区数		4	9	生产效率/kg·h⁻¹		600
				10	炉子总质量/t		40

32.6.3.3 精整矫直设备

铝合金锻件生产的主要精整矫直设备有压力矫直机、切边机、蚀洗槽和喷风装置等，表 32-59 为 3MN 压力矫直机技术参数表。

表 32-59 3MN 压力矫直机技术参数

项目	形式	公称压力/MN	最大行程/mm	液体压力/MPa	主柱塞直径/mm
参数	立式油压	3	650	20	φ450

项目	回程柱塞直径/mm	工作台面 l×B /mm×mm	制品最大规格	外形尺寸/mm×mm	设备质量/kg
参数	φ140	3500×900	φ600，高600mm，长8m，质量20kg	3500×2800	115396

33 铝粉生产技术及粉末冶金

33.1 概述

33.1.1 铝粉生产方法及分类

33.1.1.1 铝粉的生产方法

铝粉是由不同粒径金属铝的固体颗粒松散堆积而成的集合体。

铝粉的生产方法可以分为物理法和化学法两大类。其中，物理法可以分为粉碎法与构筑法两种；而化学法则可以分为沉淀法、冷冻干燥法、水解法和气相反应法等。详细的分类见表 33-1。

表 33-1 铝粉的生产方法及分类

类别	生产方法		适用范围及特点
物理法	粉碎法	雾化法	
		气体雾化法	适合于大多数金属及其合金的雾化，工艺简单、能耗较低、颗粒形状为球形或雾滴状。适当的工艺条件下可制备针状或片状粉，能实现超细粉碎，是工业生产中最重要生产方法
		超声气体雾化法	
		离心雾化法	
		真空雾化法	
		机械粉碎法	
		旋转冲击（涡流）式	最适合脆性物料的粉碎，适当的工艺条件下可生产铝粉，能实现微米级超细粉碎
		气流冲击式	
		机械（研磨）合金化法	适合于大多数金属或合金的超细粉碎，利用高能磨机可实现纳米粉体的制备，是工业生产中最有前途的方法
		辊压、盘碾法	
	构筑法	气体蒸发法	适合于制备由液相法或固相法难以直接合成的金属或氮化物、碳化物的超细粉碎，通常粒径在 100nm 以下，且分散性好。所得产品纯度高，粒度可控，但产量低，成本较高，还未进入工业化生产
		真空沉积法	
		活化氢-熔融金属反应法	
		浅射法（线爆法）	
化学法		还原法	适合于大多数金属及其氧化物、碳化物和氮化物超微粉体的制备，其特点是粒度细、纯度高、结晶组织好、粒度可控，个别方法已具备工业化生产条件，是制备超细、超纯粉体较有前途的方法，但用于制备铝粉装备复杂，成本较高
		火花放电法	
		气相（反应）沉积法	
		冷冻干燥法	
		水热法	
		溶胶-凝胶法	

由表 33-1 可以看出，铝粉的生产方法虽然很多，但真正应用于工业化大规模生产的方法却有限，除气体雾化法和机械研磨法外，其他的方法大多处于研制阶段。尤其是适合于超细铝粉或纳米铝粉制备的构筑法或化学法，尽管有些已十分成熟，但距工业性生产还

有相当的距离。

现代工业对铝粉或超细铝粉的生产有一系列严格的要求，其基本要求为：

（1）粉材粒度超细化，且均匀稳定。

（2）化学成分超纯化，且功能性强。

（3）生产过程连续化，自动化程度要高。

（4）能耗要低、效率要高、成本要低。

（5）工艺要简单，且安全可靠。

（6）符合环保要求，且无污染。

只有满足上述基本要求才有可能在工业上推广应用，才是真正有实用价值的方法。

33.1.1.2 铝粉的分类

A 按铝粉颗粒的大小分类

按铝粉颗粒的大小可以分为毫米粉体、微米粉体、亚微米粉体和纳米粉体 4 个级别。其中，毫米粉体为生产中产量最大、应用最广的粉体，并且可细分为粗、中、细等粒级。各个级别的粒度范围见表 33-2。

表 33-2 各个级别铝粉的粒度范围

毫米粉体/μm					微米粉体/μm	亚微米粉体/μm	纳米粉体/μm
粗 粉	中 粗	中 细	细 粉	特 细	超 细		超 微
2500~1000	1000~200	200~70	70~30	30~3	3~0.1		0.1~0.001

B 按品种和性能分类

铝及铝基合金粉材主要有铝粉、铝-镁合金粉和铝-硅合金粉三大类。其中铝粉可分为雾化铝粉和球磨铝粉两种；铝-镁合金粉可分为军工粉与烟花粉两种；铝-硅合金粉分为共晶、亚共晶与过共晶 3 种。详细的分类见表 33-3。

表 33-3 铝及其合金粉的分类

品 种	种 类	名 称	牌 号	规格数/个	标 准 号
铝 粉	雾化铝粉	工业铝粉	FLG	4	GB 2082—89
		易燃铝粉	FLP	4	GB 2085—89
		特细铝粉	FLT	3	GJB 1738—93
			FLQT	4	
			FLT	1	Q/Q 901—83
	球磨铝粉	涂料铝粉	FLU	2	GB 2083—89
	其 他	发气铝粉	FLQ	3	GB 2084—89
		易燃细铝粉	FLX	4	GB 2086—89
		农药铝粉	FLX农	1	GB 2086—89
		亲水发气铝粉	FLQS	2	Q/S 906—92
		烟花铝银粉	FLY	2	Q/Qc 907—1997
		焰火黑铝粉	FLH	2	DQNB—87
		烧结铝粉	FLS	2	DQNB—87

品　种	种　类	名　称	牌　号	规格数/个	标准号
铝镁合金粉	球磨合金粉	焰火合金粉	FLMH	4	Q/Q 904—1996
		军工合金粉	FLM	4	GB 5150—85
铝硅合金粉	雾化合金粉	共晶合金粉			
		亚共晶合金粉			
		过共晶合金粉			

除以上干法工艺生产的三大类产品外，还有湿磨工艺生产的铝银浆和水性铝膏。

33.1.2　铝及铝基合金粉的品种、规格及性能

33.1.2.1　雾化铝粉

雾化铝粉也称喷铝粉，主要由气体雾化法和超声气体雾化法生产。产品主要有工业铝粉、易燃铝粉和特细铝粉 3 个品种，其外观为银灰色或浅灰色，颗粒形状为雾滴状或球状。粒度范围大约在 0~2500μm 之间。

（1）工业铝粉（FLG）。工业铝粉也称炼钢铝粉。由粗到细共有 4 个规格，其大致粒度范围为 0~2500μm。其详细的理化性能指标见 GB 2082—89，其主要用途是炼钢的脱氧剂，除此外它还可以作铝热剂、还原剂和铸造翻砂用的脱模剂以及渗铝用的铝合剂等。

（2）易燃铝粉（FLP）。易燃铝粉也称喷铝粉。由粗到细也分 4 个规格，其大致粒度范围为 0~630μm。其详细的理化性能见 GB 2085—89。其主要用途是军事工业的各种火药和炸药。除此以外它也常被用于化学工业的还原剂、催化剂，影视和烟花爆竹行业的烟火剂以及塑料、橡胶和耐火材的填加剂等。

（3）特细铝粉（FLT 和 FLQT）。特细铝粉可分为球形特细铝粉（超声气体雾化法生产）和雾滴状特细铝粉（气体雾化法生产）两种。由粗到细各有 4 个规格，其大致的粒度范围为 0~80μm，其主要理化性能见 GJB 1738—93。其主要用途是作导弹与火箭固体推进剂的燃料，除此外它还常被用于催化剂、电子浆料、塑料和橡胶的填料、砂轮机的磨料以及高性能（渗铝用）的铝合剂等。

33.1.2.2　球磨铝粉

球磨铝粉简称磨铝粉，通常它是以雾化铝粉为原料，在球磨机、振动球磨机或搅拌球磨等有介磨机中，并充有一定体积氧的氮气、氦气或氩气等惰性气体的条件下研磨而成。它主要有 8 个品种（湿磨产品除外），是铝粉中品种规格最多、产量最大、用途最广的产品。

（1）涂料铝粉（FLU）。涂料铝粉也称颜料铝粉，由粗到细共有两个规格，每一规格又分 A 与 B 两个级别。通常其外观为银白色，微观形状为鳞片状或花瓣状。其粒度范围大致为 0~80μm，详细的理化性能见 GB 2083—89。涂料铝粉的主要用途是做颜料，被广泛应用于以下几个方面：

1）航空、航天工业常用它涂镀飞机的蒙皮和发动机的外壳，超细涂料铝粉也常用于高速航天器的耐热涂层。

2）航海工业常用它喷涂军舰或轮船的船帮与船底，以防止海水的电化学腐蚀。

3）机器制造及其使用行业常用它喷涂设备构件或仪器、仪表的外表面。

4）汽车、摩托车、自行车或高档家电的外壳，常用它调制的高级金属漆喷涂其表面。

5）高档的塑料和橡胶用它作填加剂，不但使其具有金属光泽增加其美观性，而且铝鳞片的不透光性可起到光屏蔽和增塑剂的作用。

6）纺织与印刷业常用它做高档的油墨染料。

7）石油化工、建筑与军工业，常用于油罐、屋顶、凉水塔以及军用油库等的涂层。

8）日常生活中常用它装饰环境。

9）涂料铝粉还常用来制造火药、炸药以及烷基铝和催化剂等。

（2）易燃细铝粉（FLX）和农药铝粉（FLX农）。易燃细铝粉由粗到细共有 4 个规格，其外观为银白色，形状为鳞片状，其粒度范围大致为 0～355μm。其理化性能见 GB 2086—89。其主要用途是用于制造军工的各种火药与炸药。除此以外它还常用于耐火材料、烷基铝、还原剂、催化剂以及矿山的水胶炸药等。

农药铝粉的理化性能与 FLX$_1$ 基本相同，其差别只是松装密度的不同。通常 FLX$_1$ 的松装密度要求不小于 0.3g/cm^3，而 FLX农 的松装密度要求在 0.4～0.55g/cm^3 之间，即工艺控制要更严格、更困难。农药铝粉的用途是做粮食的高效杀虫剂（磷化铝）。

（3）发气铝粉（FLQ）和亲水发气铝粉（FLQS）。发气铝粉按粒度的粗细共有 3 个规格，其粒度范围大致为 0～80μm。详细的理化性能见 GB 2084—89。亲水发气铝粉共有两个规格，其理化性能与发气铝粉也大体相同，它们的主要用途都是做加气混凝土的发泡剂。二者的根本区别是使用与制造的差异。FLQ 在生产中采用的是高级饱和脂肪酸——硬脂酸作分散助磨剂，故有很强的漂浮性，在用于发泡剂时必须用肥皂或洗涤剂等进行脱脂。而 FLQS 在生产中是使用合成脂肪酸做分散助磨剂，故 FLQS 具有极强的亲水性，使用时无需脱脂。另外，FLQ 粉也常用于烟花爆竹的烟火剂。

（4）焰火用铝银粉（FLY）和黑铝粉（FLH）。FLY 与 FLH 是烟火剂专用铝粉，通常其理化性能应符合表 33-4 的要求。

表 33-4 烟火剂铝粉的理化性能

牌号	活性铝含量/%	杂质含量/%				粒度分布		松装密度/g·cm^{-3}	外 观
		Fe	Cu	Zn	油脂	网孔尺寸/μm	比例/%		
FLY$_1$	≥85	≤2.0	≤2.0	≤1.5	≤2.6	+63	≤0.3	≥0.22	片状、银灰色
FLY$_2$						+45	≤0.3		
FLH$_1$	≥85	≤2.0	≤2.0	≤1.5	≤1.0	+63	≤0.3	≥0.55	粒状、黑灰色
FLH$_2$						+45	≤0.8	≥0.60	

另外，烟火剂铝粉最重要的性能是燃烧性。通常燃烧性可用点燃法测试。其方法为：取试样 5～10mL 松散地堆放在易燃的纸片上，用火柴点燃试样，用秒表测定点燃时间、燃烧时间和辉（回）光时间。点燃时间是指燃着的火柴与试样接触的瞬间至试样开始稳定燃烧的时间。通常 FLY 的点燃时间不大于 20s；FLH 的点燃时间不大于 40s。燃烧时间是指试样持续稳定燃烧到试样辉光开始出现的时间。通常烟火剂铝粉的燃烧时间不应大于 90s。回光时间指的是辉光出现到辉光熄灭的时间；一般烟火剂铝粉辉光时间应不小于 60s。一般来说，点燃时间及燃烧时间越短、辉光时间越长则其燃烧性能越好。

（5）烧结铝粉（FLS）。烧结铝粉根据氧化铝的含量可分为两个规格，其理化性能见表 33-5。

表 33-5　烧结铝粉的理化性能

牌 号	化学组成/%					粒度分布		松装密度/g·cm⁻³
	活性铝	Al_2O_3	Fe	油脂	H_2O	网孔尺寸/mm	比例/%	
FLS_1	≤93	9 ~ 11	≤0.7	≤0.3	≤0.1	+1.6	≤0.5	≤1.0
						+0.85	≤3.0	
FLS_2	≤88	11 ~ 14	≤0.7	≤0.35	≤0.1	+1.6	≤0.5	≤1.0
						+0.85	≤3.0	

烧结铝粉的用途是用粉末冶金的方法制造烧结铝。烧结铝是一种具有持久高温热强性能的材料，它具有以下特点和应用：

1）烧结铝具有密度小、耐蚀性好的特点，在 250 ~ 500℃ 工作温度范围内它可以代替轻负荷构件中的不锈钢或钛合金，故可显著地降低构件的重量。

2）烧结铝可以用于制造汽轮机的叶片，强力发动机的活塞、活塞杆，小型齿轮及其他一些在 250 ~ 500℃ 高温下工作的零部件。

3）烧结铝具有优异的吸收中子的能力，故可用于原子反应堆中。

4）由于烧结铝的耐蚀性好，故在造船工业和化工机械制造业中也有广泛的应用。

5）在深孔钻探中，由于深层中的地热温度高达 300 ~ 400℃，因此烧结铝也常用做深孔钻探管。

33.1.3　常用的几种铝及铝基合金粉

33.1.3.1　铝-镁合金粉

铝-镁合金粉是指铝和镁的含量各为 50% 的合金粉，称为 AM-50 合金粉，简称合金粉，其生产方法主要是预合金化后再经球磨研磨而成。目前这种合金粉主要有军工合金粉和烟花合金粉两种。

A　军工合金粉（FLM）

军工合金粉根据粒度不同共有 4 个规格，其主要理化性能见 GB 5150—85。其主要用途是制造各种军用的火药与炸药。除此之外，也常用于高档电焊条的焊接药剂、化工的还原剂或触媒。

B　烟花合金粉（FLMH）

烟花合金粉也可分为 4 个规格，但最常用的是 FLMH$_4$。其主要用途是烟花爆竹业的烟火剂。其理化性能应满足以下基本要求：

（1）粒度分布。大于 $80\mu m$ 的含量不大于 4%。

（2）化学成分。活性金属含量不小于 94%，铝含量为（50 ± 4）%，氯离子含量不大于 0.04%。

另外，FLMH$_4$ 也常用于制造镁碳砖或电焊条的焊药。

33.1.3.2　铝-硅合金粉

铝-硅合金粉是用预合金化的方法，应用快速凝固技术雾化而成。根据合金中硅含量的不同该产品可分 3 个系列，即亚共晶系、共晶系和过共晶系。其主要成分及粒度分布见表 33-6。

表 33-6 铝-硅合金粉的主要成分及粒度分布

合金系列	主要成分					粒度分布/%			
						筛网孔径/μm			
	Si	Ni	Fe	其他	Al	+150	+71	+45	-45
亚共晶	5~7	<0.1	<0.4	<0.1	余量	≤0.3	≤0.5	≤25	≤90
共晶	11~13	<0.1	<0.4	<0.1	余量	≤0.3	≤0.5	≤25	≤90
过共晶	25~30	<0.1	<0.4	<0.1	余量	≤0.3	≤0.5	≤25	≤90

铝-硅合金粉的用途主要是制造低线膨胀系数、高弹性模量、低密度和高耐磨性能的新型的烧结铝合金。这种合金主要有如下应用和特点：

（1）该合金具有极低的线膨胀系数，$\alpha = (1.35~1.7) \times 10^{-5}℃$。适合于各种精密仪器、仪表的制造。

（2）该合金的密度比纯铝还低，而强度确与 2A11 合金相仿，用该合金制造汽车及其他一些设备上的构件如活塞、连杆和齿轮等，其质量可以降低 30%~60%。

（3）该合金的弹性模量高、耐磨性好，比普通的铸造铝合金的弹性模量要高 20%~30%，耐磨性比 2A12 合金更好。故该合金常用来制造飞机、汽车、轮船或空压机等的气缸与活塞。

（4）该合金有优异的抗蚀性能，在适当处理或有涂漆保护的条件下，其抗蚀性比普通的铝合金可提高 4~5 倍，故该合金常用于海洋或高温环境工作的部件。

（5）该合金还有优异的力学性能，不但抗拉强度高，还有很好的延展性，其伸长率 δ 最高可达 5%。另外，它有良好的车、铣、刨、磨等机加工性能，并能保证必要的光洁度及加工精度。故该合金也常用于加工各种机加工部件。

33.1.3.3 铝银浆和水性铝膏

铝银浆或水性铝膏通常都是湿磨产品。它是以雾化铝粉或废铝箔边屑等为原料，以煤油、200 号溶剂汽油、酒精或纯水等为分散剂，在球磨机等有介磨机中研磨而成。

A 铝银浆

铝银浆是由铝鳞片和有机溶剂、清漆或石油、树脂等按一定比例混合而成的，是重要的轻金属颜料。它可以分浮型和非浮型两大类。

a 浮型铝银浆（铝膏）

在浮型铝银浆中，铝鳞片具有漂浮在漆膜表面平行排列的特点，故可获得银色铬状表面。按浆体中铝鳞片粒度的不同可以分粗、中、细 3 个规格，其性能特点见表 33-7。

表 33-7 浮型铝银浆的性能特点

规 格		粒度分布		比表面积 /cm²·g⁻¹	附着率 /%	固体份 /%	特性及用途
		网孔尺寸/μm	比例/%				
细	A级	+80	≤0.3	≥30000(35000)	≥80	≥65	可获得最高的光泽，产生镜面状多色漆膜，常用于气熔胶涂料、油墨染料和特种漆中
		+45	≤(0.05)0.1				

规 格		粒度分布		比表面积 /cm²·g⁻¹	附着率 /%	固体份 /%	特性及用途
		网孔尺寸/μm	比例/%				
中	B级	+80	≤(0.5)0.8	≥15000(20000)	≥80	≥65	质感平整、光泽较好、反射率和亮度稍逊，用于一般工业民用漆和高性能保护涂料中
		+45	≤(0.6)1.0				
粗	C级	+149	≤0.5	≥10000(12000)	≥80	≥65	可用于要求最光亮的屋顶和其他高反射、粗质感和光亮的涂饰中
		+80	≤3				
		+45	≤(10)15				

b 非浮型铝银浆

非浮型铝银浆与浮型铝银浆的根本区别在于铝鳞片在漆膜里排列的状态。非浮型浆体中的铝鳞片是均匀平行地分布在银浆的体系中，而不是分布在漆膜的表层。这种均布使之产生了与浮型铝银浆完全不同的美观和特性，使被涂表面给人以雅致的感觉。

另外，由于非浮型浆体中铝鳞片几乎呈连续态均布于整个银浆体系中，消除了铝漆的发黑和退色的可能性，也不必担心其漂浮性（附着率）的优劣。还有非浮型铝银浆可以和多种颜料混合形成双色相或金属游移，从而产生闪光（FLOP）效应。因此，根据非浮性浆体的粒度、光泽、颜色以及金属闪光等特性的不同可以细分为闪光漆型与雅光漆型两种，其规格、特性及用途见表33-8。

表33-8 非浮型铝银浆的种类及特性

种类	规 格	粒度分布		特 点	主 要 用 途
		网孔尺寸/μm	比例/%		
闪光漆型	精制粗漆	+149	≤3.0	粒度粗，给人以闪耀感，适于鲜艳色调	汽车、摩托车、屋顶、家具及其他装饰
		+45	≤15		
	粗漆	+149	≤1.0	粒度较粗，有金属闪光感，适于做防锈涂料	船底及一般防锈底漆
		+45	≤12		
	标准漆	+149	≤0.5	质感平滑，适于一般烤漆，可作为着色金属涂料	家用电器、办公用品着色金属漆
		+45	≤3.0		
	细漆	+149	≤0.1	表面光滑，可用于高品位涂漆，或锤纹漆	工艺美术品、精密器械、家具什器等
		+45	≤1.0		
雅光漆型	粗漆	+149	≤1.0	具有极佳的光辉感，且无浮浊，金属感极强	高档家电外壳，汽车、摩托车、精密器械、工艺美术品、办公用品等
		+45	≤10		
	标准漆	+149	≤0.5	具有光辉感，用于金属漆时，光亮度更强	
		+45	≤3.0		
	细漆	+149	≤0.1	具有极强的辉光感、致密感和方向性	
		+45	≤1.0		

B 水性铝膏和水性涂料

a 水性铝膏

水性铝膏是由铝鳞片、纯水及多种复合型有机缓蚀剂构成。它是一种银灰色的膏状物料，其水分散性良好，和水后为均匀的悬浮液，其稳定性极好，室温条件下保质期可达半年以上，冷冻后在室温下溶化活性金属含量几乎不变。其主要用途是加气混凝土的发气剂。水性铝膏的理化性能见表33-9。

表33-9 水性铝膏的理化性能

牌 号	粒度分布		化学特性/%		
	筛网尺寸/μm	比例/%	固体份	活性铝	固体份中活性铝
GLS$_1$	+80	≤1.5	≥65.0	≥56.0	≥85.0
	+45	≤6.0			

b 水性涂料

水性涂料是由水性铝膏或铝银浆添加一定量溶剂用表面活性剂，经特殊工艺处理而成。它也可以分为浮型与非浮型两类，其种类和特点见表33-10。

表33-10 水性涂料的种类和特点

种类	名 称	配合挥发分	特 点	用 途
浮型	水分散标准浮型漆	M	在标准浮型铝银浆中加入水溶性表面活性剂	门窗纸、纸涂漆、印染用、水性漆用
	乳胶浮型漆	M/X	对浮型铝银浆进行特殊处理，使之适于做乳胶漆	一般涂漆、混凝土涂漆纸布底漆、乳胶漆等
		M/N		
		M	在浮型铝银浆中加入水溶性表面活性剂	
非浮型	水分散标准非浮型漆	M	在标准非浮型铝银浆中加入水溶性表面活性剂	纸张、布匹底漆及水性漆
	乳胶非浮型漆	M/N	对标准非浮型铝银浆予以特殊处理形成乳胶漆	一般涂漆、混凝土涂漆纸布底漆、电泳涂漆等
		M		

注：M—矿质油漆溶剂；X—二甲苯；N—芳香族系烃。

33.2 铝粉生产工艺

33.2.1 雾化铝粉生产工艺

33.2.1.1 横喷工艺

A 横喷工艺流程

横喷工艺流程为：铝锭→熔化→雾化→收集→分级→包装。

（1）铝锭。铝锭是雾化铝粉的主要原料，铝锭品位的高低直接影响铝粉的化学成分和使用性能。通常应根据铝粉的品种或用途选择不同品位的铝锭。例如生产特细铝粉应选用Al99.7以上品位的铝锭；生产普通磨粉毛料可选用Al99.6以上品位的铝锭；若生产一般用途的烟火剂铝粉，选用复化（二次）铝锭或其他铝品废料即可。生产雾化铝粉时既要保证产品质量，又要考虑经济性和适用性。

（2）熔化。熔化是借助于一定的熔炼设备，如电阻炉、感应炉等。在一定的温度下使铝锭（原料）熔融而成为熔体的过程。

（3）雾化。雾化是熔体铝通过雾化器，在高压气流的作用下被撕裂、粉碎成小雾滴，从而快速凝固成粉体的工艺过程。

1) 雾化器的基本构造。雾化器是最重要的雾化工具，它主要由喷嘴、涡流器、雾化器外壳（雾化器头）、压盖及弯管等组成，如图33-1所示。

2) 雾化器的雾化原理。熔体铝的雾化过程实质是高压气流机械地粉碎铝熔体流的过程。当高压气流以一定的速度沿切线方向进入雾化器后，通过涡流器的导向作用，经环形缝隙加速旋转喷出，并在喷嘴中心附近形成一个圆锥状真空区，从而造成虹吸机制，使虹吸箱中的铝熔体沿弯管加速由喷嘴流出。在高速气流的引射卷吸作用下，金属熔体流与高压气流一起高速喷出并被撕裂、粉碎，形成细小的雾滴在沉降室内冷凝成为原粉。

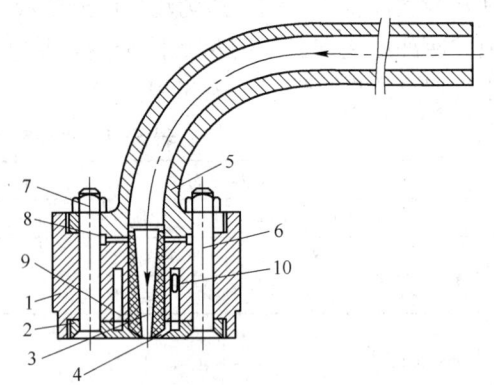

图 33-1　雾化器的基本构造

1—外壳；2—压盖；3—喷嘴；4—涡流器；5—弯管；6—螺栓；
7—螺帽；8—石棉板；9—石棉绳；10—压缩空气腔

3) 雾化器的结构参数。雾化器的结构参数对粉体的粒度分布有极其重要的影响，故应根据原粉的分散度选择合适的结构参数。通常结构参数可按表33-11来确定。

表 33-11　雾化器结构参数

类　别	喷嘴直径/mm	涡流器叶片数/个	喷嘴锥度/(°)	环形缝隙/mm	雾化粉末的粒度范围/μm
粗原粉	14 ±2	3 ~ 6	42 ±8	2 ~ 4	200 ~ 2500
细原粉	10 ±2	3 ~ 8	47 ±5	3 ~ 4	100 ~ 1000
特细粉	5 ±2	3 ~ 8	55 ±5	3.5 ~ 4.5	< 100

4) 雾化工艺参数。雾化铝粉的粒度特性除与雾化器的结构有关外，还取决于熔体温度和喷粉风压等工艺参数。故喷粉时，应选择适当的工艺参数。通常喷粉的工艺参数可按表33-12来确定。

表 33-12　喷铝粉基本工艺参数

类　别	熔体温度/℃	喷粉风压/MPa	沉降器负压/Pa	沉降器内温度/℃
粗原粉	730 ±40	0.8 ~ 2.0	≥200	≤200
细原粉	780 ±40	1.2 ~ 2.5	≥200	≤200
特细粉	810 ±40	1.8 ~ 3.0	≥400	≤200

（4）收集。雾化的原粉在沉降器内冷却沉降，再进入活底漏斗或直接通过管路由风力输送进入料仓，这一过程称为收集。

（5）分级。根据工艺要求，把收集的原粉按粒度分布的不同进行分选的操作过程称为分级。在铝粉生产中分级的方式主要有两种，即用筛分设备分级和借助流体分级。在雾化铝粉分级中，筛分分级是最重要的分级操作。

（6）包装。分级后的产品，为了防止其散失或脏污，方便储存、运输、销售或使用，采用适当的容器将其盛敛起来，这一操作过程称为包装。由于铝粉具有易燃易爆的特性，其包装除具备上述防护与使用功能外，还应满足以下基本要求：

1）对于一定容积的开口金属桶（钢桶或铝桶），盛满粉体封好盖后，抗冲击性应满足：无破裂跌落高度应不小于1.8m；抗静压能力应满足24h无损坏；堆码高度应要不小于3.0m；气密性应达到完全浸入水中无渗漏时间应不少于5min。

2）对于一定容积的复合纸箱包装，盛满铝粉后，其内容器应具有高度防水性能的塑料膜，且应采用热黏合形式封口，以保证具有良好的防水性能；其外容器应具有防火性复合保护膜，或高效耐高温的阻燃涂层，且打包带应紧固无损外包装。

3）对一定容积的复合塑料编织袋，除防水与防火性能与复合纸箱要求相同外，其外包装的封口缝针密度要保证牢固，当内容器破坏时应无内容物（铝粉）撒漏。

B 横喷工艺及装备

横喷工艺及装备主要由喷粉系统、细粉回收系统、输送系统和分级系统四大部分所组成，如图33-2所示。

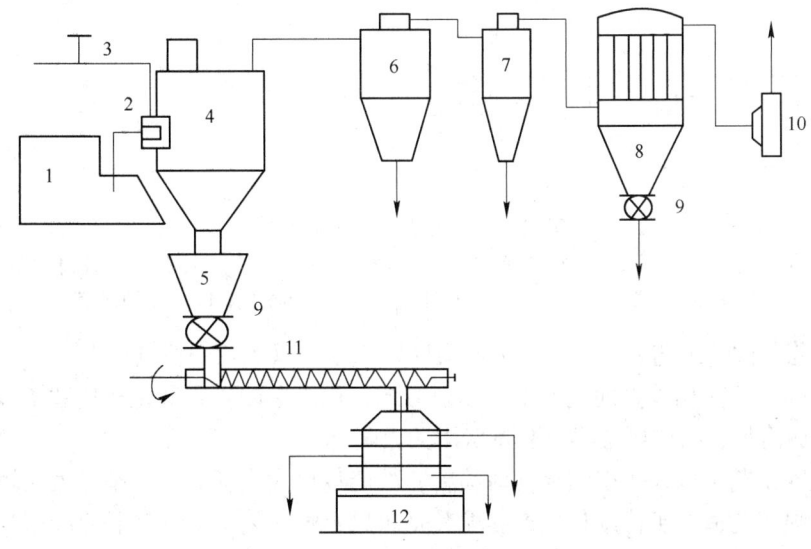

图 33-2 横喷工艺及装备系统示意图

（1）喷粉系统。喷粉系统由熔炉1、雾化器2、高压风系统3、沉降器4及中间料仓5等装备所构成。

（2）细粉回收系统。沉降器4中的细原粉由风机10抽出，经圆锥集尘器6，长锥集尘器7和布袋除尘器8，把细原粉分级并收集盛入成品桶中，洁净的空气排入大气。

（3）输送系统。集粉（中间）料仓5中的粗原粉通过回转卸料阀9喂入螺旋推料器11，由螺旋推料器将原粉给入振动筛12。

（4）分级系统物体。由螺旋推料器11直接送入到三元振动筛12中分级，分级后的产品则进入成品桶，经检查合格后编批交货。

33.2.1.2 上喷工艺

上喷工艺流程如图33-3所示。

虚线框中热风加热炉为热风上喷工艺空气加热装置，生产100μm以下细铝粉时应采用该装置，生产一般的毫米级粉体可省略该装置。

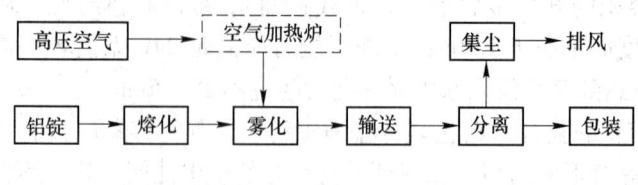

图 33-3 上喷工艺流程

上喷工艺装备系统如图 33-4 所示。

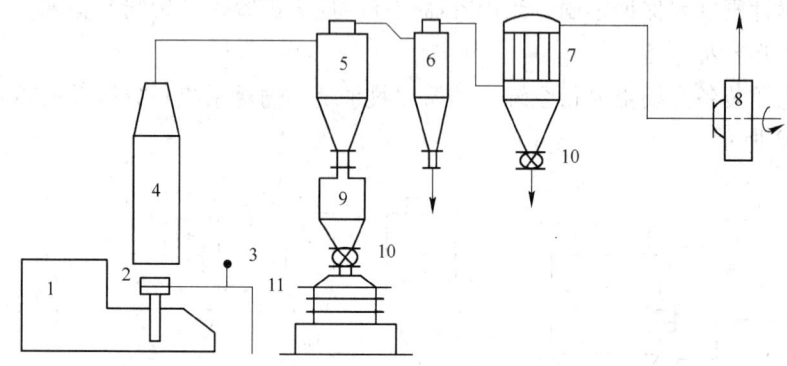

图 33-4 上喷工艺装备系统示意图

1—熔铝炉；2—雾化器；3—高压风系统；4—立式雾化室；5—圆锥集尘器；6—长锥集尘器；
7—布袋除尘器；8—风机；9—集粉料仓；10—回转卸料阀；11—三元振动筛

上喷工艺与横喷工艺大同小异，无本质区别，但有以下几个特点：

（1）上喷工艺采用垂直向上的熔体喷射方式，用简单的立式雾化式代替了笨拙的沉降器使工艺更加简单、结构更紧凑，装备费用大大降低。

（2）上喷工艺可以采用多喷嘴同时喷粉，故能耗可大大降低，产率可大大增加。

（3）上喷工艺适合于特细粉生产，尤其是热风上喷工艺 $70\mu m$ 以下的产品，占原粉的质量分数 75% 以上。

33.2.2 磨铝粉生产工艺

33.2.2.1 Hametg（干法磨粉）工艺

Hametg 工艺流程如图 33-5 所示。

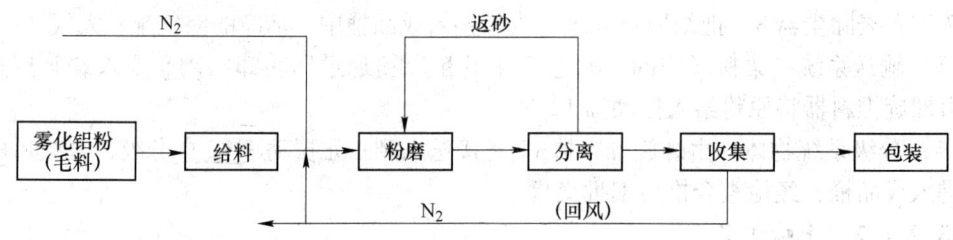

图 33-5 Hametg 工艺流程

Hametg 工艺装备系统如图 33-6 所示。

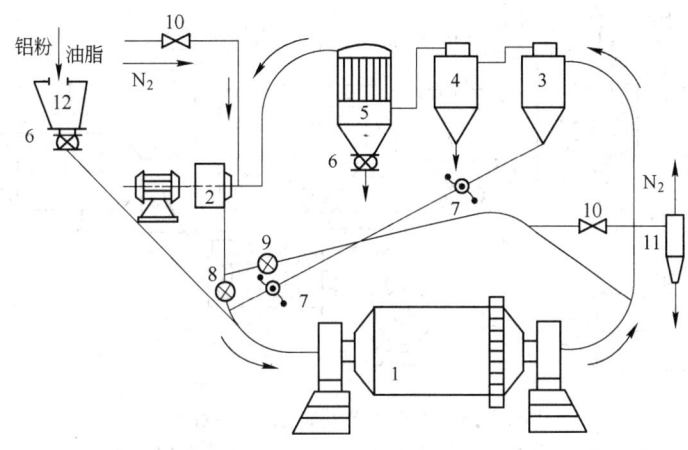

图 33-6 Hametg 工艺装备系统

（1）给料系统。给料系统由料仓 12、回转给料器 6 及下料管路所组成。配有一定比例油脂的雾化铝粉毛料加入料仓后，通过回转给料器定量喂入球磨机中。

（2）粉磨系统。粉磨系统由球磨机或振动球磨机及其辅助装置所组成。它是本系统的主体，主要起物料的粉碎和磨细作用。

（3）分离分级系统。该系统主要由旋风分离器 3、圆锥集尘器 4 及布袋除尘器 5 等装备构成。其主要作用就是将氮气与物料以及粗细物料予以分离，粗级别物料由返回料管返回磨机继续研磨，细级别物料则由集尘器和布袋除尘器予以收集。

（4）风力输送系统。风力输送系统主要由风机 2、主阀 8、分阀 9 及管路等所组成。其主要作用是调节风量和风压，输送物料。

（5）监控系统。这一系统主要由动力开关和各种计量仪器仪表所构成。其主要作用是开停机，系统温度、压力及氧含量等工艺参数的显示和报警，以便于工艺控制。

33.2.2.2 Hall（湿磨）工艺

Hall（湿磨）工艺又分为油磨工艺和水油磨工艺。

A 油磨工艺

油磨工艺的工艺流程为：油磨工艺通常是以雾化铝粉或废铝箔边屑等为原料，以煤油、200 号溶剂汽油或酒精等为分散介质，并加入一定的油脂在球磨机、振动磨或搅拌磨中，经研磨、分级、压滤和干燥等工序生产铝粉，其流程如图 33-7 所示。

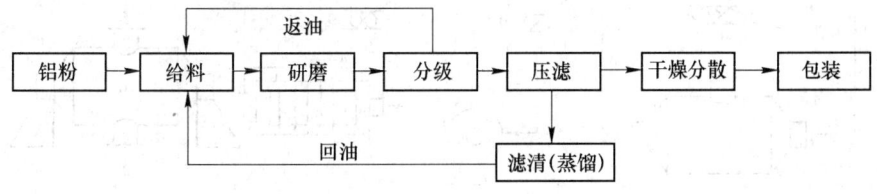

图 33-7 油磨工艺流程

油磨工艺装备系统如图 33-8 所示。

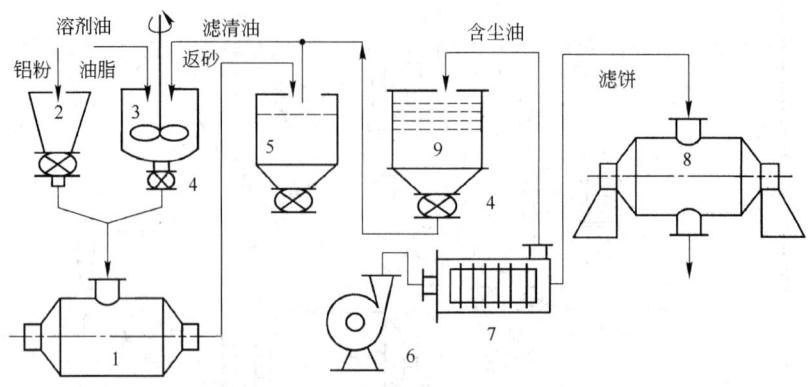

图 33-8 油磨工艺装备系统示意图

1—球磨机；2—料仓；3—混合塔；4—下料阀；5—分离塔；6—砂泵；

7—压滤机；8—干燥混合器；9—滤清塔

B 水磨工艺

水磨工艺的工艺流程为：水磨工艺与油磨工艺大同小异，其根本区别是分散介质和填加剂，通常水磨工艺是以去离子水或电渗析淡化水为分散介质，以硬脂酸（油酸）、三乙醇胺及多种复合表面活性剂为缓蚀剂，在有介磨机中经研磨、分级、脱水、干燥及分散等工艺来生产铝粉。其工艺流程如图 33-9 所示。

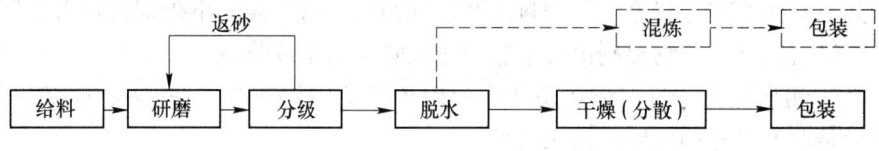

图 33-9 水磨工艺流程

其中，虚线框内工序为生产铝膏工艺流程。

水磨工艺装备系统如图 33-10 所示。

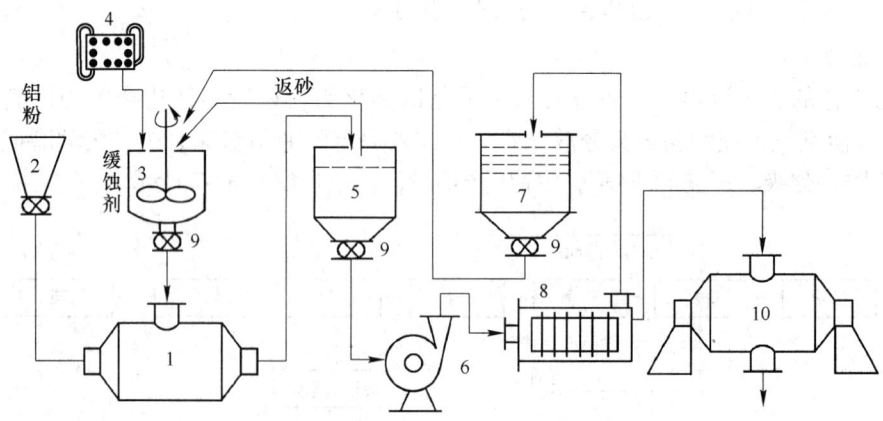

图 33-10 水磨工艺装备系统示意图

1—有介磨机；2—干粉料仓；3—搅拌机；4—电渗析淡化器；5—分离塔；6—砂泵；

7—滤清器；8—压滤机；9—卸料阀；10—干燥混均器

Hall 工艺与 Hametg 工艺相比有如下几个特点：

（1）Hall 工艺无粉尘飞扬，作业环境好，对工人身体健康有益。

（2）Hall 工艺在粉磨过程中无冲击火花与静电产生，无需惰性气体保护，化危险作业为安全作业。

（3）Hall 工艺通常为间歇作业，往往存在着过粉碎现象，故能耗较高，尤其是干燥工序，干燥温度虽不高，但时间较长，能耗大。故该工艺最适合制取铝银浆或铝膏。

33.2.3 铝-镁合金粉生产工艺

33.2.3.1 熔铸-球磨工艺

A 熔铸工艺

熔铸工艺是熔铸-球磨联合法中最关键的工艺，它几乎决定了合金粉的化学组成。其工艺流程为：（Mg + Al）锭→配料→熔化→精炼→静止→铸锭→破碎。

（1）配料。配料是根据铝锭（复化锭）、镁锭的化学成分及坩埚炉的容量确定铝与镁原料的数量，并以适当的方式加入坩埚炉中的工艺过程。通常应先加镁后加铝，交替分层加料，装料应密实，尽量减少空隙。

（2）熔化。熔化是炉料自装入坩埚后到完全成为熔融状态这一工艺过程。通常对于MY-1型电阻式坩埚炉，熔化时间为4.5h左右，在这一过程中最重的是护炉，因为开始熔化时合金中的金属镁就有燃烧的倾向，670℃以上时合金就开始燃烧，700℃以上时便可以发生较激烈的燃烧。为了避免或减少烧损，当发现有金属燃烧的现象时就要立即撒上覆盖剂以阻止燃烧。

（3）精炼。当熔融的合金温度升至750~780℃时，停止升温开始搅拌。搅拌的同时要喷撒熔剂精炼（2号熔剂），搅拌精炼约20min熔体均匀后，稍停3~5min，打净浮渣，撒上薄薄的一层熔剂覆盖熔体。精炼的目的主要是清除或降低熔体中杂质，以提高金属的纯洁度。它是通过熔剂与熔体中的氧化膜及非金属夹杂发生吸附、溶解和化学作用实现的。

（4）静止。炉前分析合格后的熔体，为使熔剂所吸附的密度较大的金属氧化物得以沉入坩底。将坩埚从坩埚炉中平稳地吊出，放入静止架上，静止1~1.5h。静止实质是一种净化方法，它是利用熔体与熔剂所吸附的杂质之间的密度差，使夹杂物沉降达到净化的目的，它是精炼过程的继续。

（5）铸锭。将静止一定时间的坩埚吊入到浇注架上，浇注入铸模中。在这一过程中应该注意的是浇注温度和浇注速度。一般浇注温度应在690~740℃之间，温度过高熔体烧损严重，温度过低浇注困难，且易带入沉渣。另外浇注过程中还要注意熔体保护。在浇注的同时要喷撒硫黄粉以防止熔体燃烧，确保浇注平稳。尤其是浇注的最后阶段，最后阶段极易使沉渣泛起影响铸锭质量。

（6）破碎（收集）。将炉后分析合格的AM-50合金铸块通过破碎机，破碎到15mm以下的碎块，盛入到活底漏斗中，以便于球磨的粉磨。

B 球磨工艺

球磨工艺的工艺流程为：AM-50破碎块→给料→球磨→分离→分级→包装。

（1）给料。给料是控制系统恒定料量的关键，每次给入磨机和卸出的成品料量应准确的计量，且给料要均匀及时，确保物料平衡。

（2）球磨。球磨是本工艺的关键工序。为保证安全，系统中氮气氧含量应控制在 2%～8% 范围内，球磨出口气、尘混合物温度不要超过 60℃，系统中氮气总管压力不应低于 15000Pa。

（3）分离。将由球磨出口流出的气、尘混合物，通过粗分离器使之粗细分离。其目的是将细粉送入分级机进行分级，而将粗粉通过返回料管返回球磨中继续研磨。

（4）分级。合金粉的分级最好采用 MS 型微粉分级器分级，这样可以简化工艺。当然也可以通过筛分设备来分级。

（5）包装。分级后粒度合格的产品即可以包装、编批、入库。通常合金粉的包装物为金属钢桶或铝桶，对其基本要求与雾化铝粉相同。

33.2.3.2 雾化—球磨联合工艺

雾化—球磨联合法制铝粉在我国几乎没有应用，主要在西欧一些工业发达国家较为普遍。其工艺流程如图 33-11 所示。

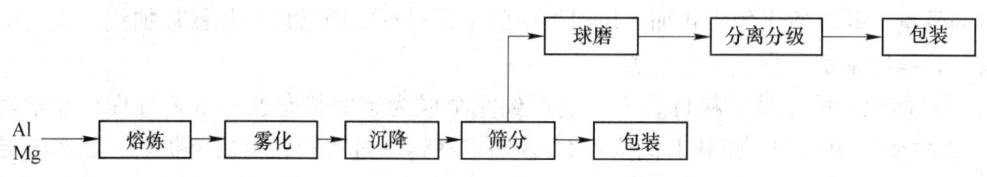

图 33-11 雾化—球磨联合法制粉工艺流程

在本工艺中，雾化铝镁合金粉的气体介质不能用空气或是氮气。因为在该雾化温度下，铝镁合金熔体在空气中燃烧剧烈，在氮气中可生成氮化镁（Mg_3N_2）。通常其雾化介质为氩气。另外，雾化的铝镁合金粉经筛分后，粒度合格的细粉可直接包装、编批、入库，而粗粉则直接由风力输送系统送入球磨机粉磨。由上述可知该工艺有如下几个特点：

（1）工艺先进、流程合理、结构紧凑、系统完整，适合于现代化的大规模工业性生产。如美国的雷马科—活性金属公司（200 名员工）用该工艺年产能力达 20000t。

（2）该工艺可以生产球形、雾滴状及多面体等多种形状的合金粉，粒度可达亚微米级。

（3）该工艺的雾化介质通常是氩气，因此其生产成本较高。另外，该工艺也适合于镁粉的生产。

33.3 铝及铝基合金粉材的主要缺陷及对策

33.3.1 外观缺陷及对策

33.3.1.1 异类杂质

异类杂质是粉体在制备或处理过程中，落入粉体中的外来异物。如树叶、草末、木屑或毛发等杂物。产生异类杂质的原因主要有：

（1）生产系统内异物脱落，如振动筛的木框破损木屑脱落进入粉体中，分离器或集尘器出、入口的密封胶垫日久破损落入粉体中。

（2）成品桶敞开盖时，外来异物落入，如风刮草末或树叶等落入成品桶中。

（3）储运不当异物落入成品桶中，如冬季运输时，成品桶坠落开盖，密封的沥青碎块进入桶中。

33.3.1.2　结团

结团也称结块，它是指粉体在储存或运输中由于包装物气密性不良或管理不当粉体沾湿或受潮所造成的板结或团聚现象。通常铝粉结团的原因主要有：

（1）包装物气密性不良粉体吸潮。如包装桶纵缝或底与盖的咬口处咬合不良，进入潮气，日久板结形成硬结团。

（2）包装物潮湿盛入粉体，如包装桶内有雨水或湿气。

（3）储运不当，如阴雨天不关闭库房的门窗，梅雨季不注意库房的通风，库房漏雨没有适当的防范措施，雨雪天运输车辆无棚等。

铝粉的外观缺陷通常具有易发现、好处理的特点，大都属于责任心和管理问题，可以通过加强管理予以解决。

33.3.2　物理缺陷及对策

33.3.2.1　粒度超标

粒度超标主要是指粉体的粒度分布或平均粒径不符合产品标准或客户的要求。通常，粒度超标主要是由分级不当所造成。

（1）筛分分级不当造成粒度超标的原因主要有：筛网破损；工作筛与检查筛网孔尺寸误差过大；操作不当，如配网不合理，给料不均或筛子倾角不当等。

（2）气流分级不当所造成的粒度超标的原因主要有：分离器或集尘器因磨损泄漏；磨机或分离器出、入口堵料；给料不均或主分阀突然大幅度地开闭；分离器挡板（叶片）或调整杆调整不当；混均操作不当。

粒度超标的主要特征是粒度不均，分散度过大或是粒度出现多峰分布。粒度缺陷主要通过过筛分析或各种粒度分布测试仪来检测。纠正办法应针对某一具体原因采取相应的措施。通常，由筛分分级造成的粒度超标可采用过筛的办法来解决，而由流体分级造成粒度超标可采用混均的办法来解决。

33.3.2.2　松装密度（ρ_b）偏低

松装密度缺陷主要是指松装密度低于标准的规定值。因为松装密度不单是粒度特性的函数，而且与制备方法及工艺条件有直接关系。因此易燃铝粉（FLP）与易燃细铝粉（FLX）松装密度超标的原因也各不相同。

（1）FLP ρ_b 超标的原因。FLP 是典型的雾化铝粉，决定其 ρ_b 高低的主要因素是粒度形状，球形度越好其 ρ_b 值越高。因此若喷粉温度低于 700℃时，易产生仿锤状的颗粒，故其 ρ_b 值偏低。解决的办法是适当地提高喷粉温度，使之凝固速度降低，以增加雾滴表面张力作用的时间，使球形度增加。通常喷粉温度以 750～780℃ 为宜。

（2）FLX ρ_b 超标的原因。FLX 是典型的球磨铝粉，其颗粒形状为鳞片状，该产品 ρ_b 值的高低主要取决颗粒的大小和径厚比，颗粒越大，径厚比越小，其 ρ_b 越高，反之则越低。因此，造成 FLX ρ_b 偏低的原因主要如下：毛料粒度粗、磨细比增大，研磨时间延长，从而径厚比增大，ρ_b 则偏低；系统堵料，干研磨不出料，导致颗粒变细、径厚比增大、松紧密度偏低；主阀开度小，物料循环速度降低，故滞留于球磨中的时间延长导致粒度细、径厚比大，故 ρ_b 偏低。

解决 FLX ρ_b 超标最好办法是降低磨细比或者是增大物料在系统中循环的速度。

33.3.2.3　附着率低

附着率也称漂浮百分率，它是表征（浮型）涂料铝粉叶展性的一个重要的工艺性能指标，这一指标的高或低，在某种程度上反映了其质量的优劣。实际上，涂料铝粉的漂浮现象是球磨工艺中所加入的硬脂酸所造成的。通常，在球磨铝粉时，为了防止锻结、保证研磨，需要加入一种既有分散润滑作用，又有助磨功能的表面活性剂，硬脂酸正是具有这种双重功能的表面活性物质。在球磨机中由于研磨体的机械力化学作用，在铝粉颗粒的表面上可以生成一层薄薄的硬脂酸铝包覆膜，电镜下观察其膜厚约为 0.5nm。正是这种近似于单分子层排列的硬脂酸铝覆膜造成涂料铝粉的漂浮特性。由此可以看出附着率实质上是一个与研磨状态、粒度特性、油脂的质量以及测试条件和测试方法都有关的复杂的多值函数。因此其影响因素很多，也很复杂，但从工艺上主要考虑的有：

（1）油脂的质量。油脂（硬脂酸）是造成其浮性的根本原因，故油脂的质与量是造成附着率低的首要原因。实践表明油脂采用以动物油和植物油为原料制造的硬脂酸比用石油化工产品合成的效果好，油脂的加入量以 3.2% ~ 3.5% 为宜。

（2）粒度形状。粒度形状以鳞片状或花瓣状为理想状态，其径厚比以 5 ~ 10 为理想径厚比；径厚比越大，附着率越高。

（3）粒度大小。粒度大小和附着率成反比，粒度越细附着率值应越高，通常涂料铝粉的粒径不应超过 80μm，否则附着率要降低。

（4）毛料粒度。毛料粒度影响研磨状态和研磨时间。实践表明毛料以 200 ~ 2500μm 级别的雾化铝粉为好，最好选用 500 ~ 2500μm 级别的毛料，否则附着率会降低。

（5）恒定料量。恒定料量是系统状态稳定的根本保证。它是各工艺参数都达到较理想状态的体现。也是操纵者能力的体现。通常系统料量应控制在 $(500 \pm 50)\,kg$ 范围内，否则附着率会降低。

除以上工艺因素外，测试条件和测试方法对附着率都有较大的影响，但这种影响可以通过改变条件和方法得以消除，而工艺因素造成的附着率降低，浮性恶化，通常是无法处理的。

33.3.2.4　盖水面积超标

盖水面积也称水面覆盖率。它是评估浮型鳞片状铝粉比表面积最简单，最直接的方法。因此，盖水面积主要是粒度特征的函数，它和附着率指标正相关。粉体的粒度越小，径厚比越大盖水面积越大。凡是影响附着率、恶化浮性的因素大都影响盖水面积。

33.3.3　化学缺陷及对策

化学缺陷主要指铝粉的化学成分超标，或超出客户要求的成分范围。通常化学缺陷主要有活性超标和杂质超标两大类。

33.3.3.1　活性超标

活性超标是指活性金属含量低于标准值。活性金属指的是没有与氧化合的纯金属或合金。通常导致铝粉活性超标的原因主要有：

（1）原料的品位低。原料的品位低、杂质多、成分复杂是导致活性超标的首要原因，故投料前应注意原料品位的选择，不能低于规定的品位。

（2）温度过高。铝是非常活泼的金属，与氧的亲和力很强，无论是熔炼、铸造，还是雾化、磨粉，温度过高都可导致熔体或粉体氧化加剧，甚至造成活性超标。

（3）过粉碎或过磨。铝粉的过粉碎或过磨导致其比表面的增大，颗粒与氧的接触面积越大则越易造成活性超标。

（4）湿度过高。铝粉在潮湿的空气中会发生缓慢的氧化反应，若湿气过重或受到雨水的浸蚀则会使氧化反应加剧，甚至造成燃烧或爆炸，因此湿度过大也会造成活性超标。

通常一旦活性金属含量超标是无法处理的。若要处理也只能采取活性高的粉末与活性低的粉末以适当的比例混匀的办法。但这样做往往比较困难，同时还要注意粒度组成的变化。

33.3.3.2 杂质超标

杂质是指粉体在制备或处理过程中，难以去除、对粉体的工艺性能或使用性能有害的微量元素或化合物。通常，铝粉的杂质主要有铁、硅、铜、锌、锰和氯等。

（1）铁和硅。铁和硅是铝粉中最常见、最难以控制的杂质。其来源主要有：

1）从原料中带入的。任何品位的铝锭总难免会有一定的杂质，尤其是复化铝锭，铁、硅等杂质含量相当的高。

2）熔炼过程中，金属工具或铁制坩埚的溶解是铝粉中铁杂质的重要来源。

3）熔炼过程中，铝熔体可以从耐火材料（Al_2O_3、SiO_2）砌铸的炉体中还原出一定量的铁或硅而进入熔体中。

4）粉磨过程中研磨介质和衬板的磨损，可以使铁或锰杂质进入粉体中。

（2）铜、锌与锰。铜、锌、锰也是铝粉中较常见的金属杂质，除锰可从衬板的磨损进粉体外，主要都来自于原料。

（3）氯元素。氯元素也是铝-镁合金粉中最常见、最易超标，且危害最大的元素。它除了来自于原料以外，主要来自于工艺过程之中。通常造成氯元素超标的原因主要有：

1）熔炼时熔剂的加入量过多，熔炼温度低于700℃。

2）精炼时搅拌不均，静止时间短。

3）浇注时撒熔剂阻燃或坩底沉渣进入铸块中。

杂质的危害及其预防主要包括以下几个方面：

（1）铁和硅的危害及预防。铁和硅可以大大地降低铝粉的活性和抗蚀性，影响其燃烧和热稳定性。防止铁和硅对产品的危害，可以采取以下措施：

1）对于熔炼和铸造工艺，铁制工具或坩埚应涂刷耐火涂料以减少或防止铁的熔解。对于钢制坩埚应采取特殊的方法予以耐高温处理，不但可以防止或减少铁杂质熔入熔体，还可以延长坩埚的使用寿命。

2）对于雾化工艺，电阻式反射炉炉体要采用高铝砖，以减少或防止耐火材料中铁或硅的氧化物被还原出铁或硅。

3）研磨筒体或衬板可采用高耐磨合金的材质以减少磨损，降低铁和锰的含量。

4）卸料口要增设电磁除铁装置，以最大限度地降低铁的含量。

5）要防止脏污的铝锭带沙石进入熔体，以降低硅的含量。

6）采用适当的沉降剂。如锰、锆、硼和钛等化合物，在熔炼过程中使铁、硅、铜等杂质形成高熔点化合物沉淀使之除去。但这种方法应慎用，否则非但不能除去原有杂质，还会带入新的杂质。

（2）铜、锌、锰的危害与预防。铜元素主要影响特细铝粉的稳定性，通常它和铁元素都对特细粉的燃速有催化作用，而铜元素的作用比铁元素的影响要更明显一些。锌元素在铝粉中有一定吸湿性，尤其在有微量铜存在的条件下其吸湿性会更强。锰元素主要会恶化铝粉涂料的颜色，哪怕只有微量的锰也会很大地影响铝粉颜料的光泽。这几种杂质元素通常都是非外来元素，唯有靠提高铝锭的品位来预防其超标。

（3）氯离子的危害与预防。氯元素主要以离子态存在于铝-镁合金粉中。通常，它的存在会增加烟火剂的吸湿性，使其感度增大，甚至会造成燃烧或爆炸。通常氯离子主要是熔炼铸造时由熔剂所带入的。故可采取以下措施预防：

1）熔炼铝镁合金时在熔体不燃烧的条件下应尽量少撒熔剂，所加入的熔剂总量不应超过铝镁熔体的1%。

2）精炼时温度不许低于750℃，搅拌时间不少于20min；静止前熔体温度不许低于700℃。

3）静止时间不应小于60min，最好要保证在90min以上，浇注时要平稳缓慢，绝不允许浇铸中撒熔剂粉阻燃。

4）最好采用无氯熔炼工艺，如用六氟化硫与二氧化碳的混合气体熔炼。

（4）其他杂质的危害。除上述一些主要杂质元素外，还有一些化合物杂质，如油脂和水等。油脂是为了分散和助磨所加入的，加入量过多会降低铝粉的活性，另外油脂有阻燃和钝化作用，它能降低烟火剂的燃烧性能。水通常是储存或使用过程中所吸附的环境中的湿气，湿气过重会造成铝粉的严重氧化，降低其活性，恶化铝粉的颜色。

33.4 铝粉生产设备

33.4.1 熔炼设备

在铝及铝基合金粉材生产中，常见的熔炼设备主要有火焰炉和电炉两大类，见表33-13。

表33-13 常见熔炼设备的分类

种 类			用 途	容量/kg
火焰炉	间热式	坩埚炉	熔炼铝-镁合金、保温	200～1000
	直热式	固定式反射炉	熔炼铝、雾化、喷粉	2000～9000
		倾动式反射炉		
电炉	电阻炉	坩埚炉	熔炼铝-镁合金	500～2000
		反射炉	熔铝、雾化粉	2000～9000
	感应炉	有铁芯	工（低）频炉、中频炉	熔炼铝及其合金	3000～7000
		无铁芯	工频炉、中频炉、高频炉	熔炼铝及其合金	50～7000

火焰炉的燃料主要有天然气、煤气、重油和焦炭。较新的燃料是高浓度水煤浆。火焰炉的优点是成本低、产量高，在严格遵守工艺规程的条件下可以得到满意的产品质量。

火焰炉的缺点是金属烧损大、热效率低，利用气体或液体燃料时噪声大，燃烧时产生大量的废气，通风排烟不良时易污染环境。

电阻炉有电阻式反射炉和电阻式坩埚炉两种。它是目前铝粉、铝-镁合金粉生产中应用最广的炉型。

电阻炉的优点是金属烧损小，热效率较火焰炉的高，工作环境好，控温方便。

电阻炉的缺点是电能消耗高，其单位能耗比感应炉高30%～35%，故电阻炉有被感应炉取代的趋势。

熔炼用的电阻式和反射炉结构和特性参见本手册的铝合金熔炼铸造设备。下面介绍几种坩埚炉。

MY-1型电阻式坩埚炉，主要由炉壳、炉体、炉底、炉盖、坩埚及流槽等几部分组成，如图33-12所示。

无铁芯感应式坩埚炉主要由坩埚、感应线圈、液压翻转装置、支架和电源线等几部分组成，如图33-13所示。

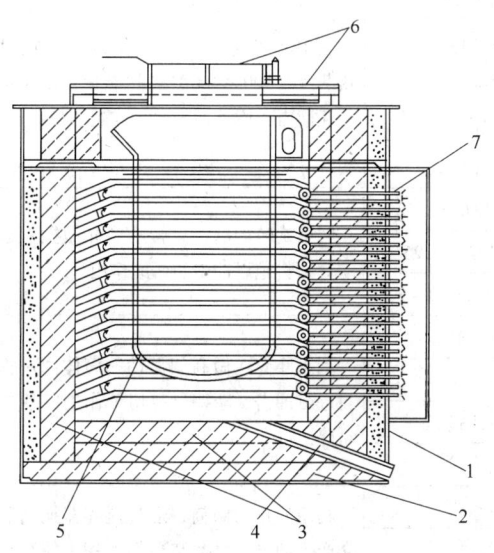

图33-12 MY-1型电阻式坩埚炉的基本结构
1—炉壳；2—炉体；3—炉底；4—流槽；
5—坩埚；6—炉盖；7—加热器

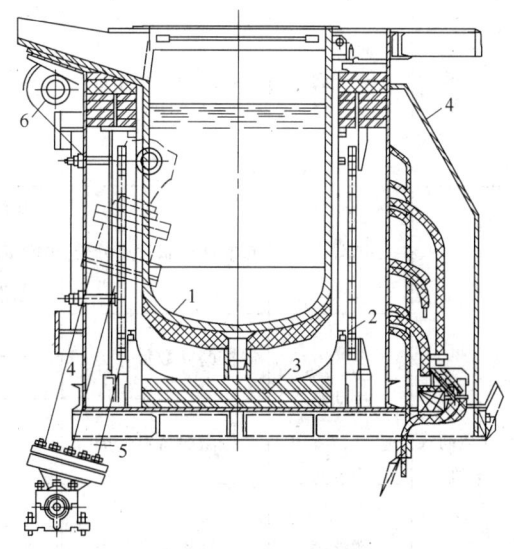

图33-13 坩埚式变频感应熔炼炉
1—坩埚；2—绝缘层；3—保温层；4—铁框架；
5—液压翻转装置；6—翻转支点

几种无铁芯变频感应熔炼炉的技术性能见表33-14。

表33-14 无芯感应熔炼炉的技术性能

炉子容量/t	额定功率/kW	熔化速度/kg·h⁻¹	电能消耗/kW·h·t⁻¹	炉子容量/t	额定功率/kW	熔化速度/kg·h⁻¹	电能消耗/kW·h·t⁻¹
0.5	165～200	260～300	540～620	3.0	660～820	1100～1250	540～620
1.0	275～320	450～550	540～620	5.0	1100～1400	2000～2200	540～620
1.5	300～350	约600	540～620	7.0	1400	2500	540～620
2.0	450～550	830～1000	540～620				

33.4.2 粉磨设备

33.4.2.1 粉磨设备的分类

在铝及基铝基合金粉材生产中，用于细磨或超细粉磨的设备主要有冲击式磨机、磨介运动式磨机和无磨介运动式磨机三大类，详细的分类见表33-15。

表 33-15 粉磨设备的分类

磨机类型	名称	分类方式或结构特点		粉碎特点
冲击式磨机	涡流磨或冲击磨	按转子布置方式分类	立式	利用高速回转转子上的锤、叶片或销棒等对物料进行撞击，使其在转子、定子及颗粒间产生涡流及高频振动，使物料受剪切或摩擦等作用而被粉碎
			卧式	
		按转子结构形式分类	销棒式	
			锤式	
			叶片式	
	气流磨	按结构形式分类	扁平式	利用高速气流（300~500m/s）或过热蒸气（300~400℃）的能量，使颗粒相互撞击、摩擦而粉碎，或超细粉碎
			循环管式	
			对喷式	
			塔靶式	
			流态化床式	
磨介运动式磨机	球磨机	按磨筒形状特点分类	短磨机 $L/D=1~2$	利用旋转的磨筒，带动磨介做抛射运动对物料施以冲击和研磨作用
			圆锥磨机 $L/D=0.25~1$	
			管磨机 $L/D=2~7$	
	振动磨	按磨筒数目分类	单筒	利用磨介在做高频振动的筒体内对物料进行冲击、摩擦、剪切等作用并使之粉碎
			多筒	
		按激振特点分类	惯性式	
			偏旋式	
	搅拌磨	按结构特点分类	间歇式	利用静止的磨筒，通过搅拌器搅动磨介产生冲击、摩擦和剪切作用，使物料粉碎
			循环式	
			连续式	
	行星磨	按结构形式分类	立式	利用一种特殊装置，使球磨筒体既产生公转，又产生自转，带动磨腔内的磨介产生强烈的冲击、研磨作用，使物料粉碎
			卧式	
无磨介运动式磨机	雷蒙磨、胶体磨、高压辊式磨、离心磨、螺旋行星磨			利用一对固定磨体和高速旋转磨体的相对运动，产生强烈的剪切、摩擦、冲压，碾磨等作用使物料粉碎

33.4.2.2 几种典型的粉磨设备

A Super Micro Mill 型超细粉碎机

Super Micro Mill 型超细粉碎机是日本细川公司20世纪90年代中期产品，它是典型的冲击式磨机。该机主要由水平轴上设置的两个串联的粉碎—分级室、风机以及定量给料器所构成，如图33-14所示。两个粉碎—分级室之间由隔环隔开，每个粉碎—分级室都是由带一定扭转角的叶片转子和定子衬套以及分级叶轮所组成。分级叶轮下有排渣口，以便于粗粒排出，并返回料仓。

B　Jet-O-Mizer 型气流磨

Jet-O-Mizer 型气流磨也称循环管式气流磨。该机主要由三部分构成：第一部分给料系统，主要由料仓、推料喷嘴和文丘里喷嘴构成；第二部分粉碎区，主要由位于磨机下部的若干个与研磨室中心线相切的研磨喷嘴及粉碎室构成；第三部分分级区，主要由位于磨机上部装有百叶窗式的惯性分级器构成，如图33-15所示。

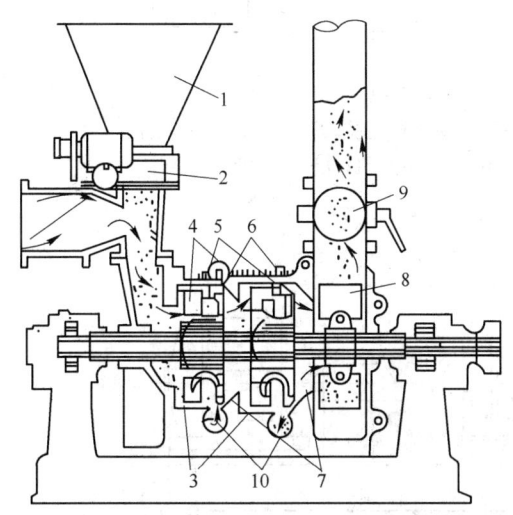

图 33-14　Super Micro Mill 型超细粉碎机原理图
1—料斗；2—加料机；3—机壳；4—第一级转子；
5—分级器；6—第二级转子；7—接管；
8—风机；9—阀；10—排渣管

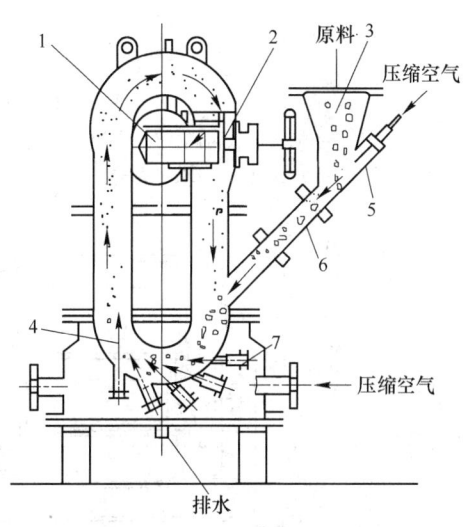

图 33-15　Jet-O-Mizer 型循环管式气流磨原理图
1—出口；2—导叶（分级区）；3—进料；4—粉碎室；
5—推料喷嘴；6—文丘里喷嘴；
7—研磨喷嘴

C　滚筒式球磨机

滚筒式球磨机是铝及铝基合金粉材生产中应用最广的粉磨设备之一，如图33-16所示。它主要由以下五大部分组成：

（1）进料装置。主要有进料溜子、进料螺旋筒及内衬等。

（2）支撑装置。主要是两端轴承座和支架。

（3）回转部分。包括空心轴、磨机筒体、挡球环、挡料圈、衬板等。

（4）卸料装置。主要有卸料螺旋筒及出料溜子等。

（5）传动装置。主要有主电动机、减速机（皮带轮）、传动轴系及一对大小齿轮副等。

D　振动球磨机

振动球磨机简称振动磨。它分单筒、多筒及偏旋式和惯性式等多种形式。其基本构造由筒体、激振器、（空气）弹簧、支架、挠性联轴器和主电动机等构成，如图33-17所示。

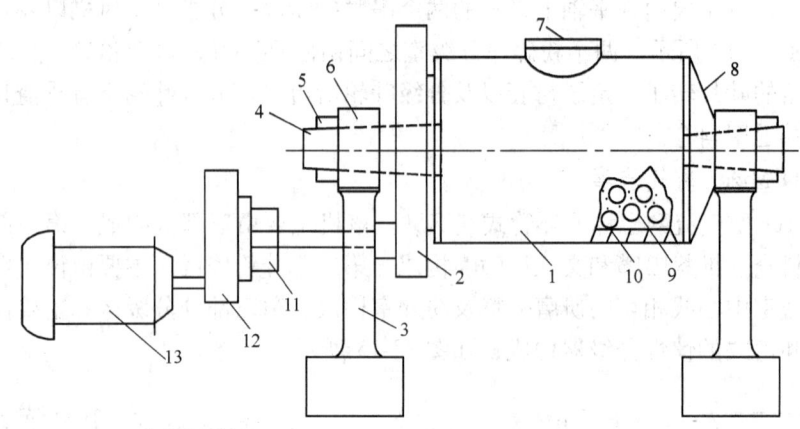

图 33-16 滚筒式球磨机机构简图

1—筒体；2—大齿圈；3—支架；4—空心轴；5—密封环；6—主轴承；7—人孔；8—端盖；
9—介质；10—衬板；11—摩擦离合器；12—减速机；13—电动机

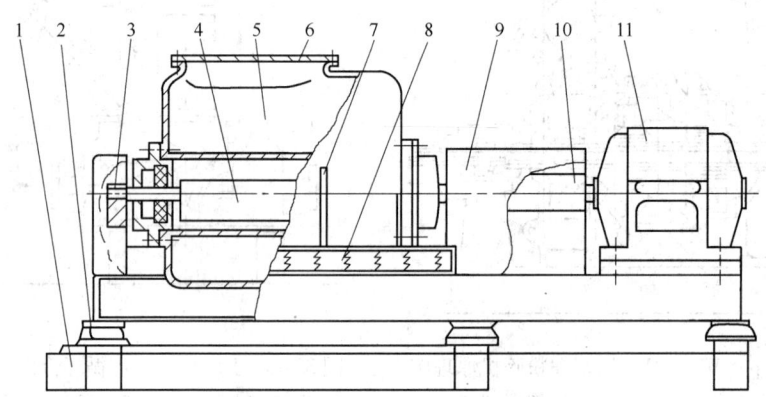

图 33-17 惯性式振动球磨机机构示意图

1—底座；2—减速橡皮垫；3—不平衡重块；4—惯性振动器；5—筒体；6—筒盖；
7—支撑角铁；8—弹簧；9—防护罩；10—挠性联轴器；11—电动机

E　搅拌磨

搅拌磨也称砂磨机，是一种新型的超细粉磨设备。它首先由美国 Unionprocess 公司发明，主要由机身、传动装置、工作部分、循环泵送系统和电控系统 5 个部分构成。通常，搅拌磨分连续式、间歇式和循环式 3 种，如图 33-18 所示。

F　行星磨

行星磨是一种新型高效的超细粉磨设备，最早由德国人开发并应用，主要有立式和卧式两种。它主要由机架、连接杆、筒体、齿轮传动轴和电动机等部分组成，如图 33-19 所示。

G　Szego（螺旋行星）磨

Szego 磨又称螺旋行星磨，是一种新型高效的超细粉磨设备，属典型的无磨介运动式磨机。它是由加拿大多伦多大学 O. Trass 和 L. L. Szego 联合研制。主要由电动机、主轴、立式粉磨桶和螺旋辊轮等组成，如图 33-20 所示。

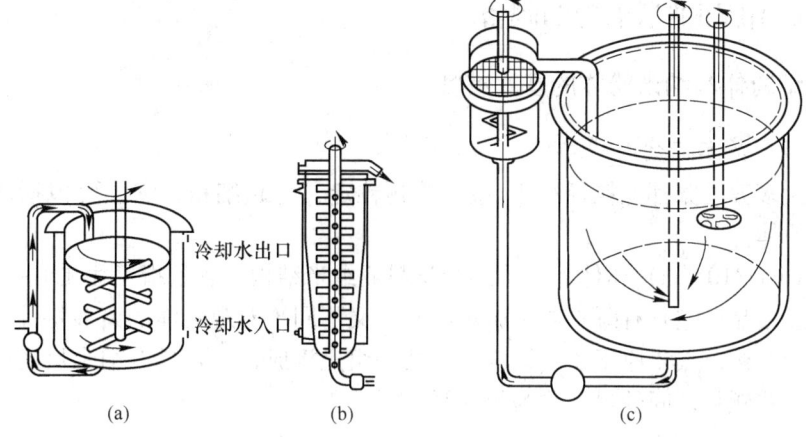

图 33-18 搅拌球磨机的 3 种形式示意图

（a）间歇式；（b）循环式；（c）连续式

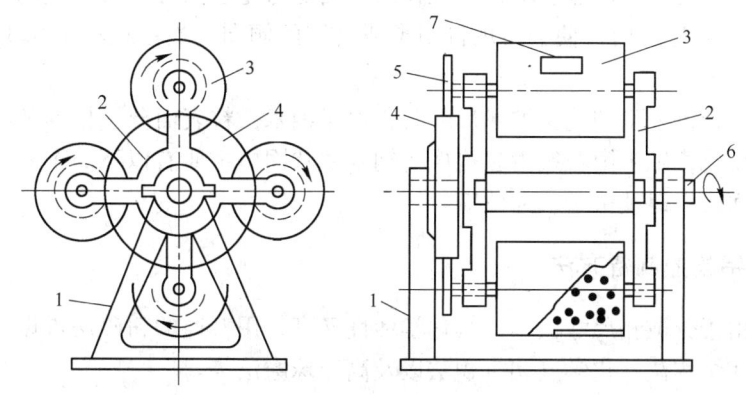

图 33-19 行星球磨机结构示意图

1—机架；2—连接杆；3—筒体；4—固定齿轮；5—传动齿轮；6—传动轴；7—料孔

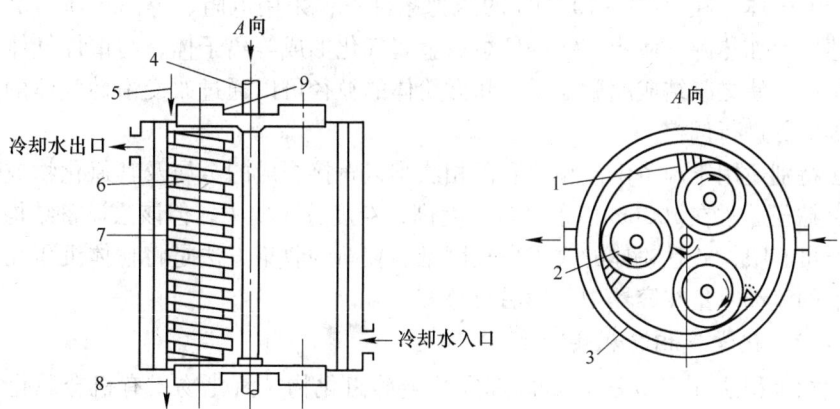

图 33-20 Szego 球磨机结构示意图

1—被粉碎物料；2—螺旋槽碾磨辊；3—固定圆筒；4—立轴；5—进料口；
6—辊子轴；7—辊子；8—出料口；9—辊子轴承

33.5　超细铝粉和纳米铝粉的制备

33.5.1　超细粉体和纳米粉体的基本特性

33.5.1.1　基本概念

目前，大多数国家都把粒径小于 $3\mu m$ 的颗粒定义为超细粉，它主要包括微米和亚微米两个级别粉体。

纳米（$1nm = 10^{-9}m$）粉体，也称纳米材料或纳米结构。它是指尺寸在 $1 \sim 100nm$ 之间的微小颗粒或结晶。它具有既不同于微观粒子，又不同于宏观物体的诸多特性，其颗粒尺寸小于亚微米结构，大于原子团。结构上由两种组元构成，一是具有纳米尺度的颗粒称为基元；二是这些颗粒之间的界面称为界面元。

33.5.1.2　基本特性

超细粉体以其极高的比表面和多分散性这两大显著特点而不同于毫米粉体。与毫米粉体相比，超细粉体的吸附性显著增强，颗粒的表面能与化学活性也大为提高。例如，当雾化铝粉的粒径小于 $3\mu m$ 时，便会出现自团聚或自燃的倾向，当粒径小于 $0.3\mu m$ 时，在空气中便会自燃。

当物料的粒径进一步细化至纳米尺度时，由于纳米微粒表面分子排列及电子分布结构均发生显著的变化，纳米微粒及由它构成的纳米块状固体主要有以下 3 个效应：小尺寸效应、表面与界面效应以及量子尺寸效应。

33.5.2　纳米铝粉的制备方法

纳米铝粉由于分散相尺寸极小，其化学活性又高，用普通的粉碎法难以制备，故通常主要有物理气相沉积法、化学气相沉积法以及高能球磨法等。

33.5.2.1　物理气相沉积法（PVD 法）

物理气相沉积法，也称气体蒸发法或蒸发冷凝法。通常该法是在真空蒸发室内充入氮、氩等惰性气体，在 $10^{-4} \sim 10^{-3}Pa$ 的压力条件下，采用电阻、等离子体、电子束、激光或高频感应等加热源，使铝、镁等低熔点金属气化形成等离子体，与惰性气体原子碰撞而失去能量后，使之凝结成超微粒子。超微粉体的粒径可以通过改变惰性气体的种类、压力和温度等参数进行调控。

该方法特别适用于制备由液相法和固相法难以直接合成的金属及其氮化物或碳化物的超微粉体，粒径通常在 100nm 以下，且纯度高，粒度分布集中。但该法设备结构复杂、造价昂贵、产量有限，并且粉体的收集也较困难。较新的收集方法是将粉体沉积在流动的油面上，随油的流动收集在容器中，然后再分离。

33.5.2.2　化学气相沉积法

化学气相沉积法（CVD 法）是以挥发性金属卤化物、氢化物或有机金属化合物等蒸气为原料，进行气相热分解或其他化学反应来合成超微粉。它将反应物由气体携带进入反应室，在一定的温度和压力下反应获取产物。当然反应可以是分解的，也可以是合成的或化学运送反应。用此法更易制得碳、氮、氧等化合物的超微粉。此法与物理气相沉积法相比较，设备简单、容易控制，能连续稳定的生产，而且能耗低，已有部分材料进入工业化生产，但该法通常反应温度较高，一般均在900℃以上。

33.5.2.3　火花放电法

火花放电法也称电火花法。它是把金属电极插入到气体或液体等绝缘性放电介质中。在电极的两端加上一个高频交变电压，不断提高电压，按图33-21所示的电压-电流曲线进行。由该曲线可以看出，当电压提高时，电流随之增加，在 b 点时产生电晕放电。一过 b 点，电压虽不增加电流还仍然增加，向瞬时稳定的电弧放电移动。这种由电晕放电向电弧放电移动的过程称为火花放电。火花放电持续的时间很短（大约为 $10^{-7} \sim 10^{-5}$ s），电压梯度极大（大约为 $10^5 \sim 10^6$ V/cm），电流密度极高（大约为 $10^6 \sim 10^9$ A/cm^2）。因此，火花放电在极短的时间内可以释放出很大的电能。这种利用电极和被加工物料之间的火花放电的能量来制备超微金属粉体的方法称为火花放电法。用该法制备超微细铝粉的典型装置如图33-22所示。

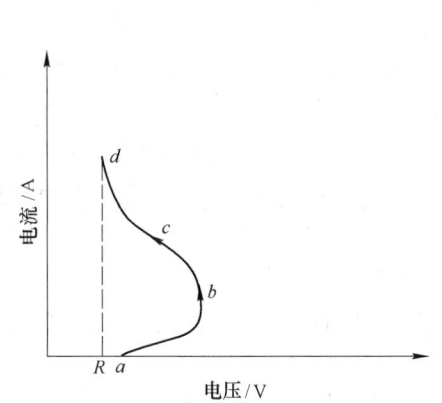

图33-21　绝缘破坏电压-电流曲线

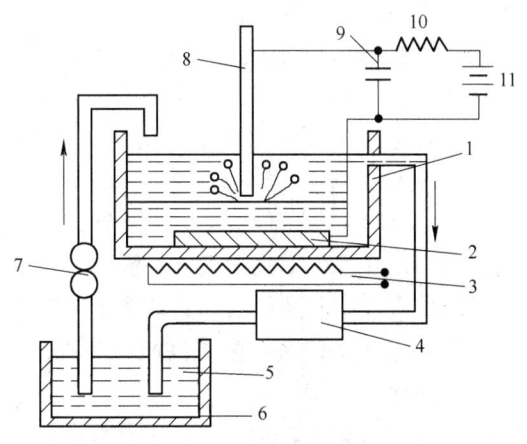

图33-22　火花放电制备超微铝粉装置示意图
1—处理槽；2—铝电极；3—金属加热器；4—油过滤器；
5—绝缘电解液；6—储液槽；7—油泵；8—金属电极；
9—电容器；10—电感；11—高压电源

用这种方法，通过控制放电电压和放电频率可以改变粉体的粒径。在通入氧气的条件下可以制备得超纯金属氧化物粉体，用以生产功能陶瓷和结构陶瓷。

33.5.2.4　线爆法

线爆法也称导线爆炸法。它是用金属丝在高压电容瞬间放电作用下，产生爆炸使之熔化、喷射和蒸发，从而制备得超微粉体或纳米粉体，这种方法称为线爆法。该法的实验线路如图33-23所示。

在该装置中，电容器的最大电容量为 100μF，最大的电压为30kV，最大的充电能量为45kJ。在用该法制备超微铝粉时，粉体的粒度与导线上输入的能量及脉冲参量有关，冲击电流越大，脉冲

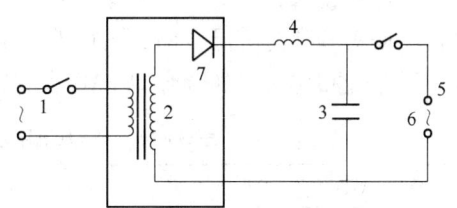

图33-23　线爆法制备超微铝粉线路图
1—电源；2—变压器；3—电容器；
4—电感；5—电极；6—熔爆
铝线；7—二极管

频率越高，粉体的粒度越细。通常，用该法可以制备100nm以下的铝粉。

33.5.2.5 高能球磨法

利用行星磨、搅拌磨或振动磨等高能球磨机，采用机械研磨或机械合金化的方法制备金属、合金或其复合纳米粉末的方法称为高能球磨法。高能球磨法是典型的机械粉碎法，它是20世纪60年代末发展起来的新技术，它与活化粉末冶金、纳米晶制备及快速凝固技术并称为粉体技术在新材料制备中的四大成就和发展方向。而高能球磨法是这四项技术中大量生产同类新材料的最简单、最经济的方法，具有十分巨大的潜在市场。通常它可以分为机械合金化和机械研磨两种方法。

（1）机械合金化法。机械合金化（mechanical alloying）法，简称MA法。它是将基元粉体与合金化元素粉体，按一定的成分混合，在高能球磨机中以惰性气体为保护介质，经长时间的反复研磨，通过物料、钢球及筒体之间的高速冲击、振动、摩擦、剪切和搅拌等作用，使物料发生形变、裂纹、焊合、加工硬化直至断裂。该过程反复进行，复合粉末的组织结构不断细化并发生扩散和固态相变，从而形成纳米合金粉体或纳米复合材料。

该法在我国的一些高校的实验室中曾多次成功地制备出纳米 Al-Pb 合金粉、Al-Cu-Fe 纳米非晶合金粉及 Al-Mg-Si-Cu 纳米复合材料等。

（2）机械研磨法。机械研磨（mechanical grinding）法，简称MG法。它与MA法略有不同，MG的对象是单质金属、单相金属间化合物或金属氧化物等。另外，在MA中有组分的传输，而在MG中化学组成一般不发生变化。

高能球磨法与普通的滚筒式球磨工艺相比具有以下特点：

（1）高能球磨法采用的是高能球磨机，其传输的能量特别高，可以实现亚微米或纳米级的超微粉碎。

（2）在高能球磨法中，机械力化学作用特别明显，它不同于普通的固态相变过程，故可以利用固溶强化、质点弥散强化、细晶粒强化及亚构强化等多种强化机制，制备许多常规条件下难以合成的非晶、准晶、纳米晶等多种亚稳态的新型材料。

33.6 粉末冶金技术与产品

粉末冶金技术是一种制造近成型零件的方法，它可以使加工余量最少。从成本角度考虑，铝粉末冶金合金完全可与传统的铸造铝合金及其他材料竞争。此外，与铸锭冶金技术相比，粉末冶金技术可得到更加细小的显微组织，从而使合金的力学性能和耐腐蚀性能得以提高。

商业铝粉末合金的成分见表33-16，它是由雾化铝粉与其他各种合金元素粉如锌粉、铜粉、镁粉和硅粉等混合而成。最普通的可热处理的粉末可与2×××和6××××系列变形铝合金相比较。如合金201AB和MD-24与2014合金相类似。它们可提供高强度和适

表33-16 典型的铝粉末冶金合金的成分（质量分数） （%）

合　金	Cu	Mg	Si	Al	润滑剂	合　金	Cu	Mg	Si	Al	润滑剂
601AB	0.25	1.0	0.6	bal	1.5	MD-22	2.0	1.0	0.3	bal	1.5
201AB	4.4	0.5	0.8	bal	1.5	MD-24	4.4	0.5	0.9	bal	1.5
602AB		0.6	0.4	bal	1.5	MD-69	0.25	1.0	0.6	bal	1.5
202AB	4.0			bal	1.5	MD-76	1.6	2.5		bal	1.5

当的耐腐蚀性。合金 601AB 和 MD-69 与 6061 合金相类似，这些合金可提供高强度和高延性及耐腐蚀性。

33.6.1　铝粉末冶金零件生产过程

33.6.1.1　压制

铝粉末冶金产品可以在低压下压制，并可采用各种压制设备。铝粉末要求的较低的压制压力，可以允许广泛使用已有的压模。根据压机大小，可以利用最大的压模力来压制大的铝零件，例如，一个表面积为 $130cm^2$ 和厚 50mm 的铝零件可以方便地在 500t 的压机上压制成型，而同样大小的铁零件必须在 500t 的压机上压制成型。此外，由于更易压制和更容易从压模中取出，因此可以生产精度较高、更加精细的形状较复杂的铝零件。

33.6.1.2　烧结

具有去润滑剂、烧结和冷却的批量和传送带式烧结炉都可用于铝粉末冶金制品的烧结。批量烧结炉具有投资少，保护气氛消耗适中，但生产率较低的特点。传送带式连续烧结炉的生产率高，但设备投资大，并需要较高的保护气氛流量。如果能控制好气氛的露点和温度，则以上两种炉子均可生产出各种用途的强韧性好的铝粉末冶金制品。

除此之外，还有真空炉。铝粉末冶金零件可在传统的冷炉壁或热炉壁真空炉中进行烧结，既不需要制备惰性气氛，也不要求有气体干燥设备。对高密度的铝粉末冶金零件的烧结，27Pa 左右的真空泵就足够。真空烧结在不锈钢制品烧结中得到越来越多的使用，因此，在铝粉末冶金零件的烧结中不可忽视这种烧结方法，可以使用各种规格大小的批量和半连续的真空烧结炉。

铝粉末冶金零件可在可控气氛、惰性气氛或真空中烧结。烧结温度决定于合金成分，通常在 595~625℃。烧结时间为 10~30min。烧结气氛有氮气、分解氨、氢气、氩气和真空，但是由于氮气烧结可得到较高的力学性能，见表 33-17，所以氮气是首选烧结气氛，大量使用时也较经济。如果使用保护性气氛，则推荐使用露点为 -40℃ 或更低的气氛。这与最大湿度 $120mL/m^3$ 相当。

表 33-17　氮气氛烧结粉末冶金铝合金的典型性能

合　金	压制压力 /MPa	毛坯密度 /g·cm⁻³	毛坯强度 /MPa	烧结密度 /g·cm⁻³	状态	抗拉强度 /MPa	屈服强度 /MPa	伸长率 /%	硬　度
601AB	96	2.29	3.1	2.45	T1	110	48	6	HRH 55~60
					T4	141	96	5	HRH 80~85
					T6	183	176	1	HRE 70~75
	165	2.42	6.55	2.52	T1	139	88	5	HRH 60~65
					T4	172	114	5	HRH 80~85
					T6	232	224	2	HRE 75~80
	345	2.55	10.4	2.58	T1	145	94	6	HRH 65~70
					T4	176	117	6	HRH 85~90
					T6	238	230	2	HRE 80~85

续表 33-17

合 金	压制压力 /MPa	毛坯密度 /g·cm⁻³	毛坯强度 /MPa	烧结密度 /g·cm⁻³	状态	抗拉强度 /MPa	屈服强度 /MPa	伸长率 /%	硬 度
	110	2.36	4.2	2.53	T1	169	145	2	HRE 60~65
					T4	210	179	3	HRE 70~75
					T6	248	248	0	HRE 80~85
201AB	180	2.50	8.3	2.58	T1	201	170	3	HRE 70~75
					T4	245	205	3.5	HRE 75~80
					T6	323	322	0.5	HRE 85~90
	413	2.64	13.8	2.70	T1	209	181	3	HRE 70~75
					T4	262	214	5	HRE 80~85
					T6	332	327	2	HRE 90~95

注：采用粉末金属板材拉伸试样，在620℃的氮气氛中烧结15min。

铝粉末预成型后，接着在批量炉或连续辐射管网炉，或铸带炉中烧结。控制尺寸最佳的方法是将炉温控制在±2.8℃。

铝制品的力学性能直接与热处理有关，与传统铝合金热处理一样，所有成分的铝制品均进行固溶、淬火和时效处理。表33-18列出了氮气氛烧结铝粉末冶金合金的典型热处理工艺及性能。

表33-18 氮气氛烧结铝粉末冶金合金的典型热处理工艺及性能

热处理参数和性能		合金牌号			
		MD-22	MD-24	MD-69	MD-76
固溶处理	温度/℃	520	500	520	475
	时间/min	30	60	30	60
	加热介质	空气	空气	空气	空气
	淬火介质	水	水	水	水
时效处理	温度/℃	150	150	150	125
	时间/h	18	18	18	18
	加热介质	空气	空气	空气	空气
T6处理后合金的性能	横向断裂强度/MPa	550	495	435	435
	屈服强度/MPa	200	195	195	275
	抗拉强度/MPa	260	240	205	310
	洛氏硬度	74	72	71	80
	导电性/%IACS	36	32	39	25

注：T6是指固溶处理，淬火+人工时效处理。

33.6.1.3 制品在烧结过程中的尺寸变化

粉末冶金铝合金零件的尺寸变化受到下述几个方面的影响：压制密度、烧结气氛、烧结温度和露点。在所有的烧结气氛中，烧结零件的尺寸随毛坯密度的增加而增加。在氮气气氛中烧结时，在所有的压制密度下，零件的尺寸都是缩小的。高于正常烧结温度将引起过量收缩和零件变形甚至熔化，而低于正常烧结温度将增加零件尺寸并降低其力学性能。

33.6.1.4 再压制（复压）

烧结铝零件的密度可以通过再压制而得到进一步的提高。当再压制是为了提高零件的尺寸精度时称做"精整"，当再压制是为了改善零件的组织结构时称做"精压"。为了消除再压制过程中产生的应力和进一步固结的需要，复压后的零件还需要再烧结。通过压制与初烧结，零件只能达到 80% 的理论密度，而通过再压制后，不管是否经过再烧结，零件可达到 90% 的理论密度，零件所能达到的密度取决于压制品的尺寸与形状。

33.6.1.5 锻造

可将粉末冶金铝粗成品锻造成各种结构零件。在锻造粉末冶金铝粗成品时，烧结铝零件上应该涂上石墨润滑剂，以便在锻压过程中产生适当的金属流动。零件的锻造既可采用热锻，也可采用冷锻。为得到轮廓清晰的零件，热锻温度推荐为 300 ~ 450℃，锻造压力不要超过 345MPa。锻造通常在密闭的压模中进行，以免产生飞边毛刺，在压制过程中只发生致密化和金属的侧向流动，废料损失小于 10%，而传统的铝合金的废料损失达到 50%。锻造粉末冶金制品的密度可达到理论密度的 99.5%，而强度比未经锻造的粉末冶金制品高，且在许多方面的性能与传统的锻造得到的结果相同，其疲劳寿命是未经锻造的粉末冶金制品的两倍。

合金 601AB、602AB 和 202AB 是为锻造设计的，合金 202AB 特别适合于冷锻。所有粉末冶金铝合金对应变硬化和时效强化敏感，因此可提供各种力学性能。例如，合金 601AB 在 425℃ 热锻后再进行热处理，可获得 σ_b 为 221 ~ 262MPa，σ_s 为 138MPa，δ 为 6% ~ 16%。

合金 601AB 经 T6 热处理后，可获得 σ_b 为 303 ~ 345MPa，σ_s 为 303 ~ 317MPa，δ 为 8%，成型压力和锻压过程中的压力减少将影响产品的最终性能。

合金 201AB 经 T4 热处理后，可获得 σ_b 为 358 ~ 400MPa，σ_s 为 255 ~ 262MPa，δ 为 8% ~ 18%，而经 T6 热处理后，可获得 σ_b 为 393 ~ 434MPa，σ_s 为 386 ~ 414MPa，δ 为 0.5% ~ 8%。

33.6.2 粉末冶金铝合金制品的性能及应用

33.6.2.1 粉末冶金铝合金烧结制品的性能

A 质量减轻

在强度要求不高的场合，铝与其他粉末冶金金属相比，有明显的质量优势。铝粉末冶金零件的质量是铁或铜粉末冶金同类零件质量的 1/3，轻质铝零件可减少机车的动力需要，减少具有非平衡的旋转和往复式运动的机械的振动和噪声。铝粉末冶金零件的生产成本比钛或铍粉末冶金零件的低。

B 腐蚀抗力增加

由于铝粉末冶金零件的抗腐蚀性能好，因此可广泛使用于结构和非结构零件，使用阳极处理或化学转化涂层，铝粉末冶金的耐腐蚀性能可进一步得到提高。

C 力学性能提高

烧结铝粉末冶金制品可以达到或超过铁或铜粉末冶金产品的强度，根据成分、密度、烧结工艺、热处理和复压工艺的不同，其抗拉强度可达到 110 ~ 345MPa，见表 33-18 和表

33-19。热处理对粉末冶金制品的性能影响很大。烧结铝粉末冶金制品的热处理制度有：

（1）O。415℃退火 1h，以不超过每小时 30℃的速度炉冷到 260℃或更低。

（2）T1。在氮气中从烧结温度冷却到 425℃（601AB 和 602AB）或 260℃（201AB），然后在空气中冷到室温。

（3）T4。601AB 和 602AB 在 520℃，201AB 在 505℃于空气中保温 30min，水冷淬火，并在室温下自然时效 4 天以上。

表 33-19　压制与烧结铝合金试棒的室温力学性能

合金名称	名义成分	状态名称	理论密度的百分数/%	抗拉强度/MPa	屈服强度/MPa	25mm 试样的伸长率/%
601AB	1.0Mg 0.6Si 0.25Cu，其余 Al	T1	91.1	110	48	6
		T4	91.1	141	97	5
		T6	91.1	183	176	1
		T61		241	237	2
		T1	93.7	121	55	7
		T4	93.7	148	100	5
		T6	93.7	224	214	2
		T61		252	247	2
		T1	96.0	124	59	8
		T4	96.0	152	103	5
		T6	96.0	252	241	2
		T61		255	248	2
201AB	0.5Mg 0.8Si 4.4Cu，其余 Al	T1	91.0	169	145	2
		T4	91.0	210	179	3
		T6	91.0	248		
		T61		343	339	0.5
		T1	92.9	201	170	3
		T4	92.9	245	205	3.5
		T6	92.9	322		
		T61		349	342	0.5
		T1	97.0	209	181	3.0
		T4	97.0	262	214	5.0
		T6	97.0	332	327	2.0
		T61		356	354	2.0

注：1. T1 为烧结态；

2. T4 态：601AB 在 520℃、201AB 在 505℃固溶 30min，淬火后在室温自然时效 4 天；

3. T6 态：固溶、淬火处理同 T4 态，然后在 160℃时效 18h；

4. T61：在 345MPa 下再压制试棒；

5. 试样为纵向拉伸；

6. 资料来源：美国铝业公司。

（4）T6。601AB 和 602AB 在 520℃，201AB 在 505℃于空气中保温 30min，水冷淬火，并在 160℃下人工时效 18h。

粉末冶金制品的延性低于同类变形铝合金，因此应用冲击实验来测定粉末冶金制品的韧性。退火试样具有最高的冲击强度，而完全热处理后的零件的冲击韧性最低。密度相同时 201AB 合金的抗冲击性能高于 601AB 合金，且冲击强度随着密度的增加而增加。该两种合金在 T4 态时有具有所希望的强度与抗冲击性能的组合。经 T4 处理后，95% 理论密度的 201AB 合金的强度与抗冲击性能优于 99Fe-1C 合金，后一种粉末冶金合金经常用于强度要求低于 345MPa 的零件。

当零件受到动态循环应力作用时，必须考虑材料的疲劳性能。压制和烧结粉末冶金零件的疲劳强度可达到成分相同的变形合金的 1/2，这种疲劳强度水平对许多工程应用是足够的。

D　导电和导热性能

与大多数其他金属相比，铝具有良好的导电和导热性能，表 33-20 比较了烧结铝合金和变形铝合金、青铜、黄铜及铁等的导电和导热性能。

表 33-20　烧结铝合金、变形铝合金、黄铜、青铜及铁的导电率和导热率

材　料	状　态	20℃的导电率 /% IACS	20℃的导热率 /W·(m·K)$^{-1}$	材　料	状　态	20℃的导电率 /% IACS	20℃的导热率 /W·(m·K)$^{-1}$
601AB	T4	38	176	6061 变形铝合金	T4	40	181
	T6	41	186		T6	43	196
	T61	44	200	黄铜(35% Zn)	硬	27	137
201AB	T4	32	147		退火	15	137
	T6	35	156	青铜(5% Sn)	硬	27	83
	T61	38	176		退火	15	83
602AB	T4	44	200	铁(变形板)	热轧	16	88
	T6	47	215				
	T61	49	220				

E　机加工性能

对粉末冶金铝制品来说，其钻、车、刨和磨削加工性能较好。与变形铝合金相比，粉末冶金铝制品的断屑性能好，因此在加工中产生的切屑更细小，不会产生长切屑，这对提高切削工具的寿命和加工效率非常有利。

33.6.2.2　粉末冶金铝合金烧结制品的应用

粉末冶金铝合金零件的使用正在逐渐增加，机械加工设备使用了许多该类零件，在其他如汽车零件、航空用零件、动力工具、仪表和结构零件等方面的应用显示出潜在的需要。粉末冶金铝合金较好的力学性能和物理性能，给工程设计与选材提供了更大的灵活性。以上因素与该生产技术的成本优势，将进一步扩大粉末冶金铝合金的应用市场。

在机器工业中，铝粉末冶金零件在运转零件如皮带轮、轮毂、端盖和连接法兰等上的应用效果良好。其良好的抗腐蚀性可以免除昂贵的表面涂层或防锈油。粉末冶金铝合金零

件有效成本低于不锈钢零件，该零件没有潜在的腐蚀问题。当需要机械加工时，铝合金零件具有良好的加工性能，与铁粉末冶金制品相比，由于增加了生产率和延长了切削工具的寿命，因此可大大节约成本。

　　汽车工业十分关心替代材料的开发应用，质轻而又耐腐蚀的材料迫切需求促进了人们对粉末冶金铝合金的兴趣。如粉末冶金铝合金吸收冲击活塞，它比铁粉末冶金制品的强度高 15%。用粉末冶金铝合金制造的卡车防滑刹车系统的传感器壳，它以前是用 6061 变形铝合金制备的，而现在使用 601AB 合金制造。

　　粉末冶金铝合金还使用于器械等其他工业，如用做缝纫机零件和烤箱自动调温器的换挡器及散热器零件等。

34　铝基复合材料生产技术

复合材料是由两种或两种以上物理和化学性质不同的物质组合而成的一种多相固体材料。复合材料包括聚合物基复合材、金属基复合材和无机非金属基复合材料。其重点应是发展：金属-金属、金属-非金属复合材制备及加工成型的高技术产业，如地铁导电轨用铝-不锈钢复合型材、民用铜-铝-不锈钢复合材、汽车散热器用复合铝箔、汽车用新型铝基轴瓦材料、铝塑复合门窗型材和水暖管材，颗粒或纤维增强金属基复合材产业。由于复合材料可以集各组成材料的优点于一体，因此复合材料既可以保持原材料的某些特点，又能发挥组合后的新特征。近年来，市场对双金属复合材料需求的增加，如钛包铜、银-铜复合带、不锈钢包铜等。新型复合材料加工技术的开发对复合材料的应用是十分重要而且必要的。因此，一些新的加工技术已引起人们的广泛重视，如冷/热复合轧制、挤压复合、爆炸复合、半固态成型、喷射沉积、多坯料挤压等。这些技术在成型，诸如双金属或多金属复合管棒型线、颗粒增强合金及特种金属陶瓷基复合材料等的成型方面具有一定的优势。因此，在航天、航空、电力和电子等领域得到了较广泛的应用。

34.1　铝基复合材料的种类

铝基复合材料是以铝或其合金为基体材料，按设计要求，以一定形式、比例和分布状态加入其他种类的材料作为其强化材，构成有明显界面的多组相复合材料，来强化或调整原基体材料所没有或不佳的材料特性。铝基复合材料的主要特性有质量轻、强度高、刚性高、耐磨耗性优、高温强度良及可调整的热膨胀率与热传导率等优点。使用在铝基复合材料中的强化材料通常有：陶瓷纤维或颗粒；石墨纤维、颗粒或薄片；金属纤维等。

铝基复合材料是当前品种和规格最多、应用最广泛的一种复合材料。利用铝合金基体和增强材料之间不同的物理和化学性质，采用不同的方式组合，可使复合材料的性能设计范围大为扩大，铝基复合材料有非常广泛的使用前景。制备铝基复合材料，关键在于获得铝合金基体与增强材料之间有良好的浸润和合适的界面结合。

现在铝基复合材料所使用的基体有以下几种：工业纯铝、铸锭冶金变形铝合金、粉末冶金变形铝合金、铸造铝合金、新型铝合金。铸锭冶金变形铝合金中，多使用可热处理强化的铝合金，如 2014、2024、2124、2219、2618、6061、7075、7475。一般不使用含 Mn 和 Cr 的铝合金，因为 Mn 和 Cr 容易产生脆性相。在粉末冶金变形铝合金中可用上述铸锭变形铝合金制成粉末，做复合材料的基体，常用的有 7064、8090 合金。常使用的铸造铝合金有 A356 和 A357。

铝基复合材料的增强体可分为连续的（长的）和非连续的（短的）纤维、晶须和颗粒，如图 34-1 所示。用作增强材料应具有高强度、高模量、高刚度、抗疲劳、耐热、耐磨、抗腐蚀、线膨胀系数小、导电、导热以及润湿性、化学相容性、易加工等特性。常用的铝基复合材料的增强纤维或颗粒有：硼纤维、碳化硅纤维、碳纤维、氧化铝纤维、芳纶纤维、碳化硅颗粒及晶须等。增强体的体积分数一般很高（约为40%～80%），得出的复合材料轴向性能都很好，但横向性能差距较大。而且加工工艺复杂，制件质量不易控制，成本太高，限制了其发展和应用。

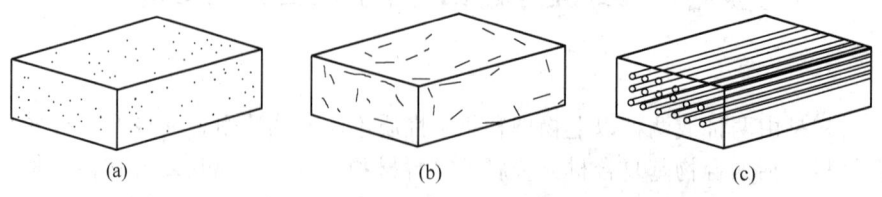

图 34-1　铝基复合材料的类型示意图

（a）颗粒强化铝基复合材料；（b）短纤维铝基复合材料；（c）长纤维铝基复合材料

　　非连续增强体主要包括短纤维、晶须和颗粒，增强体的体积分数一般在5%～40%，材料具有各向同性，可以进行二次塑性加工，具有价格优势。这类材料在20世纪80年代开始得到较迅速发展，被认为是最有发展潜力的金属基复合材料。颗粒增强铝基复合材料所用的增强体主要为碳化硅和氧化铝，也有少量氧化钛和硼化钛等颗粒（粒径一般为10μm左右）。基体可以是纯铝，但大多数为各种铝合金。此种复合材料的性能比原基体合金有明显提高。20%的碳化硅颗粒增强6061铝合金，其强度从原合金的310MPa提高到496MPa，模量则从68GPa增至103GPa，但断裂伸长率却从原来的12%降至5.5%，此外，耐磨性、尺寸稳定性、耐热性也比原合金有很大改善。晶须增强铝基复合材料，晶须不仅本身的力学性能优越，而且有一定的长径比，因此比颗粒对金属基体的增强效果更显著。20%的碳化硅晶须增强6061铝合金，其强度为608MPa，模量为122GPa。

　　表34-1及表34-2示出了一些增强纤维的性能。表34-3示出了几种主要纤维的铝基复合材料的典型性能。铝基复合材料中常用的变形铝合金和铸造铝合金（ZL）的成分及性能、中国牌号和相应的美国牌号见表34-4。表34-5对比了硼铝复合材料与硼-环氧树脂、高强石墨-环氧树脂和高强钛合金 Ti-6Al-4V 的性能，同时给出了单向增强的性能和增强物0°±60°排列的各向同性的性能。

表 34-1　硅酸铝纤维的成分及性能

名　　称		硅酸铝纤维				氧化铝（δ型）
		普通型	高纯型	高铝型	含铬型	
化学成分/%	Al_2O_3	45	52	58	44～45	95
	SiO_2	55	47	42	47～48	5
	Fe_2O_3		0.12	<0.3		
	Cr_2O_3				4～5	
纤维直径/μm		5～6	5～6	2～6	3～6	2～7
最高使用温度/℃		1100	1260	1400	1400	1600
制备方法		熔融法	熔融法	熔融法	熔融法	胶体法
结　　构		玻璃态	玻璃态	玻璃态	玻璃态	结晶态
密度/g·cm⁻³		2.6	2.6	2.6	2.6	3.3
UTS/GPa		1.3	1.3	1.3	1.3	2
弹性模量 E/GPa		120	120	120	120	300

表34-2 部分增强纤维的性能

类型	品种	生产厂家或生产地	纤维组成	直径/mm	密度/g·cm⁻³	抗拉强度/MPa	拉伸模量/GPa	伸长率/%
硼纤维	B(W)	AVCO	W 芯、B	200	2.57	3570	410	
	B(C)	AVCO	C 芯、B	100	2.29	3280	360	
	B₄C-B(W)	AVCO	B₄C 涂层	145	2.58	4000	370	
	Borsic	AVCO	SiC 涂层	100	2.58	3000	409	
碳纤维	PAN 高强	东丽	C	5	1.82	7200	300	2.4
	PAN 高模	东丽	C	5	1.94	4000	600	0.9
	沥青75	UCC	C	10	2.06	2100	506	0.42
	沥青 P100	UCC	C	11	2.10	2200	674	0.30
	T300R	Amoco	C	10	1.8	2760	276	
	R40R	Amoco	C	10	1.8	3450	276	
碳化硅纤维	SCS-2	AVCO	C 芯、表面 C 涂层	140	3.05	3450	407	0.5
	SCS-6	AVCO	C 芯，表面 C、SiC 涂层	42	3.00	3400	420	0.8
	Nicalon	日本碳	Si、C、O	10	2.55	2800	200	2.0
	Tyranno	日本宇部	Si、C、Ti、O	8	2.35	2900	200	2.2
	MPS	Dowcoming/celancae	SiC、O	10~15	2.6~2.7	1050~1400	175~210	
	Sigma	Berghof	C 芯、SiC	100	3.4	3450	410	0.4
氧化铝纤维	FP	Dupont	>99% α-Al₂O₃	20	3.9	1400	385	
	PRD166	Dupont	Al₂O₃、ZrO₂	21	4.2	2070	380	
	Sumitomo	住友	85Al₂O₃、15SiO₂	17	3.9	1450	190	
	Nexte1312	3M	62Al₂O₃、14B₂O₃、24SiO₂	11	2.7	1750	154	
	Nexte1400	3M	70Al₂O₃、20SiO₂、2B₂O₃	12	3.1	2100	189	
	Nexte1480	3M	70Al₂O₃、28SiO₂、2B₂O₃	12	3.1	2300	224	
芳纶纤维	Kevlar49	Dupont			1.45	3620	125	2.5
	Kevlar149	Dupont			1.45	2833	165	1.3
	Twaron	AKZO			1.45	3000	125	2.3
	CBM	前苏联			1.43	4000	130	4.0
	HM-50	日帝人			1.39	3100	75	4.2
	芳纶1414	中国			1.44	3000	100	2.7

表34-3 几种主要的纤维/铝基复合材料的典型性能

品种	纤维体积含量/%	拉伸强度/MPa	拉伸模量/GPa	密度/g·cm⁻³
硼/铝	50	1200~1500	200~220	2.6
CVD 碳化硅/铝	50	1300~1500	210~230	2.85~3.0
纺丝碳化硅/铝	35~40	700~900	95~100	2.6
碳/铝	35	800~1200	120~200	2.4
FP 氧化铝/铝	50	650	220	3.3
住友氧化铝/铝	50	900	130	2.9
碳化硅晶须/铝	18~20	500~620	97~138	2.8
碳化硅颗粒/铝	20	400~510	100	2.8

表 34-4 铝基复合材料中常用铝合金成分及性能

牌 号	中 国	2024	6061	2014	7075	ZL101	ZL104
	美国（对应牌号）	2024	6061	2014	7075	A356	A360
化学成分/%	Cu	3.8~4.9	0.2~0.6	3.8~4.9	1.4~2.0	<0.2	<0.3
	Mg	1.2~1.8	0.45~0.9	0.4~0.8	1.8~2.8	0.2~0.4	0.17~0.3
	Mn	0.4~1.0	0.15~0.35	0.4~1.0	0.2~0.6	<0.5	0.2~0.5
	Si	<0.5	0.5~1.2	0.6~1.2	<0.5	6.0~8.0	8.0~10.5
	Zn				5.0~7.0		
	Al	余量	余量	余量	余量	余量	余量
性 能	抗拉强度 σ_b/MPa①	500	320	480	600	230	230
	伸长率 δ/%①	10~13	16	12	12	1	2
	密度 ρ/g·cm^{-3}	2.80	2.69	2.80	2.85		

① 抗拉强度及伸长率是在热处理状态、淬火+时效后测定的。

表 34-5 多向增强复合材料的性能

材 料		抗拉强度 0°/MPa	拉伸模量 0°/GPa	抗拉强度 90°/MPa	拉伸模量 90°/GPa	抗压强度 0°/MPa
硼-环氧树脂	0°±45°	660	110	103	32	1930
	0°±60°	430	73	280	73	1490
硼-铝	0°±60°	500	180	490	180	
	0°	1300	220	130	130	>1980
石墨-环氧树脂（HGM-50/BP907）	±30°	270	50	40	10	218
	0°±45°	430	78	62	12	
铝合金 7075-T6		500	66	490	67	
Ti-6Al-4V		900~1100	105	900~1100	105	

34.2 铝基复合材料的制备

34.2.1 铝基复合材料的制备工艺

34.2.1.1 铝基复合材料的制造过程

铝基复合材料制造过程大致包括：增强材料的预处理或预成型；材料复合；复合材料的二次成型和加工。

34.2.1.2 铝基复合材料制备的常用生产工艺

常用生产工艺有两种：一是纤维与基体的组装压合和零件成型同时进行；二是先加工成复合材料的预成品，然后再将预成品制成最终形状的零件。前一种生产工艺类似于铸件，后一种工艺则类似于先铸锭然后再制造成零件的形状。制造过程可分为3个过程：纤维排列、复合材料组分的组装压合和零件层压。大多数硼-铝复合材料是用预制品或中间复合材料制造的。

34.2.1.3 金属基复合材料制备的关键

金属基复合材料的制备工艺方式、工艺过程以及工艺参数的控制对金属基复合材料的性能有很大影响。金属基复合材料的工艺控制，主要包括以下 5 个方面：

（1）金属基体与增强材料的结合方式和结合性能。

（2）金属基体/增强材料界面和界面产物在工艺过程中的形成及控制。

（3）增强材料（相）在金属基体中的均匀分布。

（4）防止连续纤维在制备工艺过程中的损伤。

（5）优化工艺参数，提高复合材料的性能和稳定性，降低成本。

34.2.2　铝基复合材料制备前准备

34.2.2.1　连续纤维增强铝基复合材料制备前准备

A　混合与预处理

各向异性纤维增强的铝基复合材料的强度和弹性模量均遵循混合定则：

$$\sigma_c = \sigma_f V_f + \sigma_m (1 - V_f) \tag{34-1}$$

$$E_c = E_f V_f + E_m (1 - V_f) \tag{34-2}$$

式中　σ——强度；

　　　　E——弹性模量；

　　　　V——纤维的体积含有率；

　　　　下标 f，m，c 分别表示纤维、基体和复合材料。

从混合定则中可以看出，复合材料的强度仅与增强体的强度、增强体的体积含有率和基体强度有关。复合材料传递载荷主要靠基体与增强体相结合的界面强度。界面结合强度又受基体对增强体的润湿性、基体与增强体界面间的化学反应和氧化物的影响。只有解决了增强体与基体界面结合问题，增强体才能真正发挥作用。为此，要对纤维进行表面涂层处理，即通过化学气相沉积（CVD）、物理气相沉积（PVD）、化学镀、电镀等方法在纤维表面均匀地涂覆一层金属或陶瓷，来改善纤维与基体的界面状态，提高界面的结合强度。当复合材料承受一定的载荷时使纤维与基体不脱黏，不断裂。此外，在制备基体合金时，还要向熔体中加入活性合金元素 Mg、Li 等，来改善界面状态，增大结合强度。

B　中间复合体的制备

在基体与增强纤维复合之前，有时需要将纤维制成中间复合体，然后再进行整体复合。预制中间复合体主要有以下 4 种方法：

（1）毛坯带。把纤维排列在铝合金箔上，用丙烯树脂或聚乙烯树脂黏结在一起，在致密化加热过程中树脂被蒸发消除。

（2）等离子喷涂带。把纤维排列在铝合金箔上，对其用等离子喷涂铝合金熔体。

（3）扩散接合带。在两张铝合金薄板之间夹上纤维，进行加热扩散接合。

（4）编织带。把纤维按纵向排列，在其横向用铝合金丝编织成带。

34.2.2.2　颗粒、晶须增强铝基复合材料制备前准备

在生产颗粒、晶须增强铝基复合材料之前，是选择增强材料颗粒或晶须。选择颗粒或晶须的主要参数是弹性模量、密度、熔点、热稳定性、线膨胀系数、尺寸稳定性、与基体的相容性及成本。目前颗粒增强材料有 C、SiC、Al_2O_3、TiB_2、TiC、AlN、B_4C、BiN、Si_3N_4 等；晶须增强材料有 C、SiC、Al_2O_3、Si_3N_4 等。表 34-6 和表 34-7 分别列出了常用颗

粒增强体及晶须增强体的基本特性。

表 34-6　常用颗粒增强体的部分特性

颗粒种类	弹性模量/GPa	密度/g·cm^{-3}	线膨胀系数/K^{-1}	导热率/W·(m·K)$^{-1}$	泊松比
SiC	420 ~ 450	3.2	3.4×10^{-6}	120	0.2
Al$_2$O$_3$	380 ~ 450	3.69	7.0×10^{-6}	30	0.25
B$_4$C	448	2.52	3.5×10^{-6}	39	0.21
AlN	345	3.26	3.3×10^{-6}	150	0.25
Si$_3$N$_4$	207	3.18	1.5×10^{-6}	28	0.27
6061 铝合金	70.3	2.68	23.4×10^{-6}	171	0.34
2024 铝合金	72.3	2.75	23.0×10^{-6}	152	0.34

表 34-7　部分晶须增强体的特性

晶　须	直径/μm	长度/μm	密度/g·cm^{-3}	抗拉强度/MPa	弹性模量/MPa
SiC$_W$ [1]	0.05 ~ 0.2	10 ~ 40	3.18	21000	49×10^4
SiC$_W$ [2]	0.1 ~ 1.0	50 ~ 200	3.17	3000 ~ 14000	$(40 ~ 70) \times 10^4$
Si$_3$N$_{4W}$	0.2 ~ 0.5	50 ~ 300	3.18	14000	38×10^4
Al$_2$O$_{3W}$	0.5 ~ 5.0	10 ~ 1000	3.96	20000	42×10^4
Fe$_W$			7.84	13000	20×10^4
Ni$_W$			8.90	3900	22×10^4
C$_W$		1 ~ 5		19600	74.5×10^4

① β-SiC$_W$ > 95%，α-SiC$_W$ < 95%；

② β-SiC$_W$。

　　为了使基体与增强体能很好地复合在一起，还必须对增强体和基体进行适当的处理，其方法有：在颗粒表面使用涂层，如 Ni、Cu 等；对颗粒进行热处理；用某些盐的水溶液处理颗粒，或用有机溶剂清洗；通过合金化改善润湿性和控制界面反应。

34.2.3　铝基复合材料制备

　　制备铝基复合材料方法的基本特点分为四大类：固态法、液态法、喷射与喷涂沉积法、原位复合法。

34.2.3.1　固相复合生产复合材料

A　扩散结合

　　扩散结合是一种制造连续纤维增强金属基复合材料的传统方法。早期研究与开发的硼纤维增强铝基或钛基复合材料和钨丝增强镍基高温合金等都是采用扩散结合方式制备的。

　　扩散结合工艺是传统金属材料的一种固态焊接技术。金属基体为固态，与增强材料的复合是在不大的塑性变形情况下，靠较长时间、较高温度和压力，把新鲜清洁表面的相同或不相同的金属，通过表面原子的互相扩散而连接在一起。

　　在这种工艺中，增强纤维与基体的结合主要分为 3 个关键的步骤：

　　(1) 先把增强纤维用不同的方法，如等离子喷涂法、液态金属浸渍法、化学涂覆法等制成预制品，包括浸渍复合丝、复合箔与无纬带。

（2）制造时仔细处理和清洗预制品后，按一定尺寸和形状剪裁，一定的比例和排列方式叠层封装。

（3）热压。通常加热压制。

增强纤维的排布可以采用以下方法：

（1）采用有机粘接剂，如聚苯乙烯十二甲苯，按复合材料设计要求的间距排列在金属基体的薄板或箔上，形成预制件。

（2）采用带槽的薄板或箔片，将纤维排布在其中。

（3）采用等离子喷涂。先在金属基体箔片上用缠绕法排布好一层纤维，然后再喷涂一层与基体金属相同的金属，这样便将增强纤维与基体金属黏结固定在一起。

（4）将与基体润湿性差的增强纤维预先进行表面化学或物理处理，然后再通过基体金属熔池，使金属充分地浸渍到纤维表面或纤维束中，形成金属基复合丝。这种复合丝既可与金属基体箔片交互排列，也可直接排布成预制件，然后进行扩散结合。

叠合是将排布好纤维的幅片或条带预制件经剪裁成一定形状，根据复合材料制品的要求叠合成一定厚度。为了防止复合材料在热压中的氧化，叠合好的坯料应真空封装于金属模套中。为了便于复合材料在热压后与模套的分离，在模套的内壁涂上云母粉类的涂料，注意不能涂会与基体金属发生反应的涂料。

扩散结合工艺中的最关键步骤是热压。多数压制是在模子中进行。一般封装好的叠层在真空或保护气氛下直接放入热压模或平板进行热压合。为了保证性能符合要求，热压过程中要控制好热压工艺参数。热压工艺参数主要有温度、压力和时间。在真空热压炉中制备硼纤维增强铝的热压板时，温度控制在铝的熔点以下，一般为 500～600℃，压力为 50～70MPa，热压时间控制在 0.5～2h。常用的压制方法有：

（1）热压法。连续纤维用滚筒缠绕法制成预制带或复合丝。按要求长度裁下，铺在金属箔上，交替叠层，其层间垫入的金属箔数量取决于材料对纤维体积含量的要求。放入金属模中或封入真空不锈钢套内，加热，加压并保持一定时间后，冷却去除封套即制成复合材料。

（2）热等静压法。以连续纤维增强铝管材制造为例，把纤维预制带或复合丝铺设并卷绕在受热易变形的薄壁钢管上达需求的厚度。套入厚壁钢管中，两端焊接密封后抽真空并置于高压容器中。向高压容器注入高压惰性气体（氦或氩）并加热。借助气体受热膨胀，均匀地对受压件施加很高的压力，扩散黏结成复合材料，如图 34-2 所示。热等静压法可用于制造形状较为复杂的零件，但设备费用非常昂贵。

（3）热轧法。经预处理的纤维、复合丝或者晶须同铝箔交替铺排成坯料，用不锈钢薄板包裹或者夹在两层不锈钢薄板之间加热和多次反复轧制，

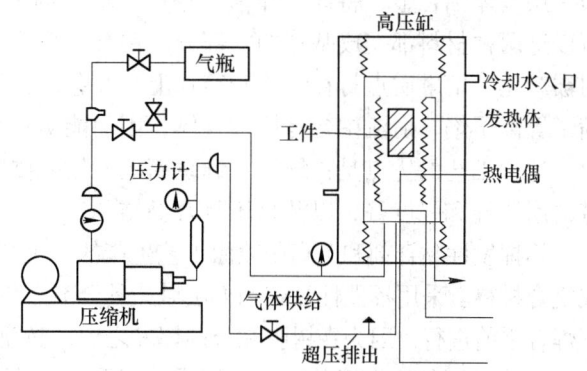

图 34-2 HIP 的工作原理和设备示意图

制成板材或带材。若采用热辊轧制（即对轧辊进行加热）可提高轧制效果。

采用扩散结合方式制备金属基复合材料，工艺相对复杂，纤维排布、叠合以及封装手工操作多，工艺参数控制要求严格、成本高。但扩散结合是连续纤维增强，并能按照复合材料的铺层要求排布的唯一可行的工艺。

采用扩散结合方式制备的金属基复合材料还可以采用热轧、热挤压、拉拔的二次加工方式进行再加工，也可以采用超塑性加工方式进行成型加工。

B．挥发性黏合

这种工艺是一种直接的方法，几乎不需要什么重要设备或专门技术。制造预制品的材料包括成卷的硼纤维、铝合金箔、气化后不留残渣的易挥发性树脂以及树脂的溶剂。铝箔的厚度应结合适当的纤维间距来选择，通常为 $50 \sim 75 \mu m$。

所用的纤维排列方法有两种，单丝滚筒缠绕和从纤维盘的线架用多丝排列成连续条带。前一种工艺因为简单而较常使用。利用滚筒缠绕可做成幅片，其尺寸等于滚筒的宽度和围长，图 34-3 为纤维滚筒缠绕的示意图。由于简单的螺杆机构便能保证纤维盘的移动与滚筒转动相配合，故能使间距非常精确和满足张力控制。

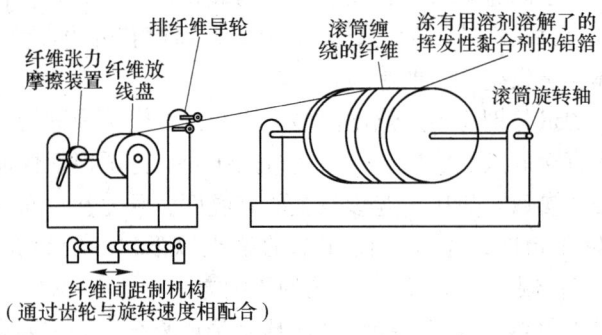

图 34-3　纤维的滚筒缠绕

第二种纤维排列方法是制造连续多丝条带，它要求更完善的设备条件。目前的设备可同时输出 600 根脆性丝。

等离子喷涂的硼-铝带用同样的方法制造，只是不喷挥发性黏合剂，而在纤维-箔片上喷一层基体铝合金，将纤维和箔片粘在一起。因为选择的等离子喷涂合金与箔基体相同，所以这两种材料都变成基体的一部分。铝合金粉注入到灼热的等离子气流中，并在放热区内被熔化。熔融质点打在纤维和箔片上，并急冷到纤维的反应温度以下。由于纤维周围充满了等离子焰，射流中含有惰性气体，因而能防止纤维氧化。

这种工艺的优点是：纤维在缠绕筒上就被基体固定住，因而纤维间距好控制，喷涂条带的耐久性和强度好，以及易于复合黏结。

用挥发性黏合剂和等离子喷涂工艺生产的"毛料"预制带，还必须经叠片和压合才能做成复合材料。采用挥发性黏合剂方法时，黏合剂必须在热压结之前排除。这一步骤直接在高压焊合之前进行，因为在树脂黏合剂挥发之后，必须依靠机械作用使纤维和铝箔保持原位。

叠片过程包括先把预制品剪切成一定形状，然后将其铺放在热压模或平压板上。剪切时一般采用比较简单的单片剪切。剪切机可以类似于钣金剪切机、剪刀或糕点扣模。假若使用平板热压，通常要将叠层封装在套内，因为控制气氛对防止铝或硼在高温下氧化是很重要的。在平板之间压制的典型封装复合材料的基体与硼纤维各占50%（体积分数）。若要制造复杂形状的零件，则使用成型模具热压叠层，这种叠层可以含有许多复杂形状的单片。层片用滚压剪切的方法切割，其方法与扣制糕点类似，随后将这些层片叠好，并在叶形模具中压制。这两种工艺都能用来热压长零件。

控制热压的温度、压力、时间和气氛是非常重要的。否则，恶劣的条件会使复合材料强度减低，并使铝的扩散结合不好。要使热压的时间缩短，应选用较高的温度。压力一般要求超过70MPa。为了防止硼的氧化，要在更长的时间内保持氧的分压很低。

在制造复合材料时，在硼和铝合金中可加入第三种组元以改进一些性能，如高温横向性能、抗腐蚀性和韧性等。目前两种最有效的附加物是钛箔和高强度"火箭丝"。因为铝基体同这些第三组元的结合条件与铝本身自结合的参数相同，所以把钛箔或"火箭"丝加到预制品中，并结合成复合材料还是比较容易的。这种丝的典型性能是20℃时抗拉强度为3.8GPa，500℃时为2.8GPa，丝材在500℃或550℃的热压过程中不会明显退火。

除了上述制造工艺以外，硼-铝复合材料的制造还包括电成型、金属粉末成型、铸造成型等。

C 粉末冶金法

粉末冶金法是将传统的粉末冶金工艺引用于制作复合材料，既可用于连续长纤维增强，又可用于短纤维、颗粒或晶须增强的金属基复合材料。该法，首先是将增强体和激冷微晶铝合金粉末用机械手段均匀混合，进行冷压实，然后加热除气，在液相线与固相线之间进行真空热压烧结，就制得了复合材料坯料，再将坯料热挤压或热压加工，就可制得所需要的零部件。

长纤维增强金属基复合材料的粉末冶金法，是将预先设计好的一定体积分数的长纤维和金属基体粉末混装于容器中，在真空或保护气氛下预烧结，然后将预烧结体进行热等静压加工。和扩散结合法相比，粉末冶金法制备的纤维增强金属基复合材料的纤维分布不够均匀，因此性能稳定性差，但可以通过二次加工，如热挤压法来改善，如图34-4所示。

短纤维、颗粒或晶须增强金属基复合材料的粉末冶金工艺主要分为两部分：首先将增强材料与金属粉末混合均匀，大多是采用机械混合方式。然后进行封装、除气或进行冷等静压，再进行热等静压或热压烧结法，以提高复合材料的致密性。经过热等静压或热压烧结的复合材料，一般还要经过二次加工（热轧、热挤压或热锻等）后才可获得金属基复合材料或复合材料零件毛坯。

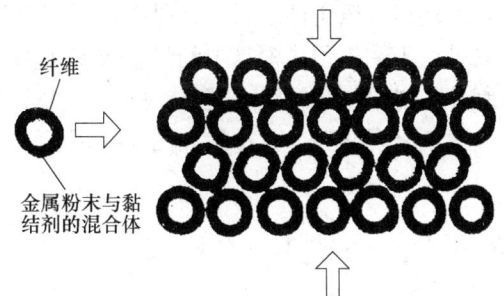

图34-4 连续纤维增强铝基粉末冶金
复合材料烧结成型法示意图

由这种方法制得的材料致密度高、增强材料分布均匀、增强材料的含量可在较大范围内变动（15%~40%体积分数）。

建立在粉末冶金法基础上的机械合金化法是用高能球墨机将纯金属粉体及合金化组分进行机械合金化，同时加入超细氧化物或碳化物粉末混合，随后按粉末冶金法制成复合材料的。

此外，还可以将混合好的增强材料（颗粒、晶须或短纤维）与金属粉末压实封装于包套金属之中，然后加热直接进行热挤压成型，同样可获得致密的金属基复合材料。表 34-8 中示出了粉末冶金铝基复合材料的力学性能。

表 34-8 粉末冶金铝基复合材料力学性能

合 金	增强体	含量/%	σ_s/MPa	σ_b/MPa	E/GPa	δ/%
2024	SiC_p	15		550	103	4.4
2024	SiC_p	20		520	108	
2124	SiC_p	20	472	580	114	3.4
2124	SiC_p	30	560	665	125	2.2
2618	SiC_p	30	484	539		4.4
6061-T6	SiC_p	20	415	498	97	6
6061-T6	SiC_w	20	440	585	120	4
6061-T6	SiC_w	30	570	795	140	2

34.2.3.2 液相复合生产复合材料

液态法也可称为熔铸法，其中包括压铸、半固态复合铸造、液态渗透法等。这些方法的共同特点是金属基体在制备复合材料时均处于液态。

液态法是目前制备颗粒、晶须和短纤维增强金属基复合材料的主要工艺方法。与固态法相比，液态法的工艺及设备相对简便易行，和传统金属材料的成型工艺如铸造和压铸等方法非常相似，制备成本较低，因此液态法得到了较快的发展。

A 压铸

压铸成型制备金属基复合材料有两种方式。一种如典型的压铸工艺，首先将包含有增强材料的金属熔体注入预热模具中后迅速加压，压力约为 70~100MPa，使液态金属基复合材料在压力下凝固。待复合材料完全固化后顶出，即制得所需形状及尺寸的金属基复合材料的坯料或压铸件。另一种是采用增强材料预制体的压铸工艺。它与典型压铸工艺的区别只是在于倒入预热模具中的是金属基体熔体，而在预热模具中是预先制备好的增强材料预制件。将熔融金属注入模具，并在压力下使之渗入预制件的间隙，在高压下，迅速凝固成金属基复合材料，其过程如图 34-5 所示。

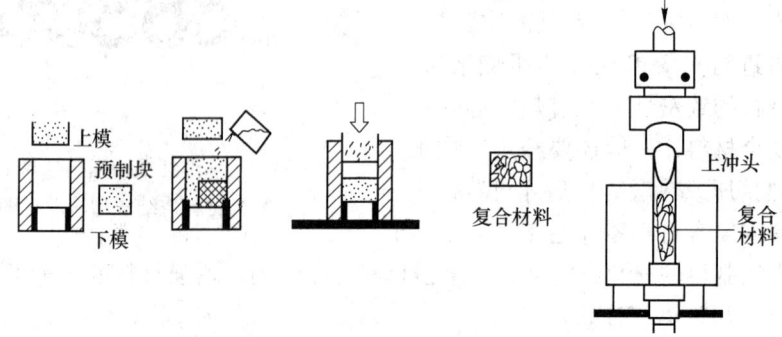

图 34-5 压铸过程及设备示意图

采用增强材料预制体的压铸工艺，需要制备增强材料预制件。通常增强材料为氧化铝纤维，采用添加结合剂将氧化铝纤维黏结，并制成预制件，然后烘干。预制件在预热模具中的预热温度为 500~800℃。

压铸工艺中的主要影响因素有熔融金属的温度、模具预热温度、使用的最大压力、加压速度等。在采用预制增强材料块时，为了获得无孔隙的复合材料，一般压力不低于50MPa，加压速度以使预制件不变形为宜，一般为 1~3cm/s。对于铝基复合材料，熔融金属温度一般为 700~800℃，预制件和模具预热温度一般可控制在 500~800℃。

采用压铸法生产的铝基复合材料的零部件，其组织细化、无气孔，可以获得比一般金属模铸件性能优良的铸件。和其他金属基复合材料制备方法相比，压铸工艺设备简单、成本低、材料的质量高且稳定，易于工业化生产。

B　半固态复合铸造

半固态复合铸造制备金属基复合材料的工艺主要应用于颗粒增强金属基复合材料。半固态复合铸造时，将金属熔体的温度控制在液相线和固相线之间，通过搅拌，使树枝状晶粒破碎成非枝晶。当加入预热后的增强颗粒时，因熔体中已有一定数量的固相颗粒，在搅拌中增强颗粒受阻碍而滞留在半固态金属熔体中，增强颗粒不会结集和偏聚而得到较均匀的分布。另外强烈的搅拌也使增强颗粒与金属熔体直接接触互相反应，促进润湿。图 34-6 所示为半固态复合铸造工艺示意图。

半固态复合铸造工艺参数控制主要是：金属基体熔体的温度应使熔体的固相体积分数为 20%~50%；搅拌速度应控制在不产生湍流，以防止空气裹

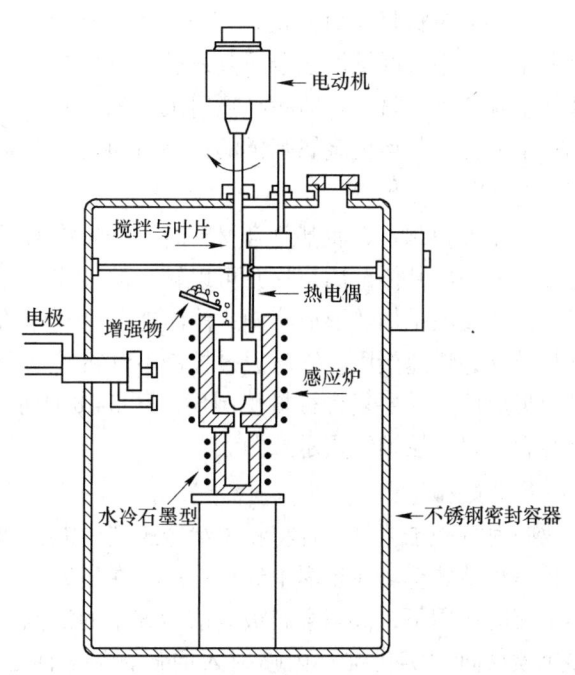

图 34-6　半固态复合铸造工艺示意图

入；应先搅拌熔体使熔体中枝晶破碎，形成近球形的固相颗粒，降低熔体的黏度以利增强颗粒的加入。由于浇注时金属基复合材料是处于半固态熔体，直接浇注成型或压铸成型所得的铸件几乎没有缩孔或孔洞，组织细化和致密。

半固态复合铸造主要应用于颗粒增强金属基复合材料。因短纤维、晶须在加入时容易结团或缠结在一起，虽经搅拌也不容易分散均匀，因而不宜采用此法来制备短纤维或晶须增强金属基复合材料。

C　无压渗透

无压渗透的原理为：首先将增强材料制成预制体，预制体放置于由氧化铝制成的容器之内。再将基体金属坯料置于可渗透的增强材料预制体上部。氧化铝容器、预制体和基体金属坯料均装入一个通入流动氮气的加热炉中。通过加热，基体金属熔化，并自发渗透到网络状增强材料预制体中。

　　无压渗透制备 MMC 具有以下优点：工艺简单，不需要高压设备；成本较低；可仿形成型，并可制作大型复杂构件；增强的材料体积分数可调，甚至可达 75%。

　　用这种方法制备的金属基复合材料零件可以不用或仅进行少量的机加工，成本低。复合材料的刚度显著高于基体金属，但强度低。一般可作为强度要求不高，但刚度要求较高的零部件，如汽车喷油嘴或制动装置的零件。图 34-7 所示为无压渗透工艺原理示意图。

34.2.3.3　喷射与喷涂沉积法

　　喷射与喷涂沉积制备金属基复合材料的工艺方法大多是由金属材料表面强化处理方法衍生而来。喷涂沉积主要应用于纤维增强金属基复合材料预制层的制备，而喷射沉积则主要用于制备颗粒增强金属基复合材料。喷涂与喷射沉积工艺的优点是对增强材料与基体金属的润湿性要求低；增强材料与熔融金属基体的接触时间短，界面反应量少。

A　喷涂沉积

　　喷涂沉积制备金属基复合材料时，首先将增强纤维预先按复合材料的设计要求缠绕在已经包覆一层基体金属箔片并可以转动的滚筒上。基体金属粉末、线或丝通过电弧喷涂枪或等离子喷涂枪加热形成溶滴，溶滴在喷涂气体的压力作用下直接喷涂在沉积滚筒上与纤维相结合并快速凝固。滚筒通过控制电动机转动和移动，以保证金属溶滴均匀地沉积在纤维上形成薄的单层复合材料预制层。图 34-8 所示为电弧或等离子喷涂形成纤维增强金属基复合材料单层预制层示意图。

B　喷射沉积

　　喷射沉积工艺是一种将粉末冶金工艺中混合和凝固两个过程相结合的新工艺。该工艺过程是将基体金属在坩埚中经熔炼后，在压力作用下通过喷嘴送入雾化器，在高速惰性气体射流的作用下，液态金属被分散为细小的液滴，形成所谓"雾化锥"。同时通过一个或多个喷嘴向"雾化锥"内喷射入增强颗粒，使之与金属雾化液滴一齐在基板（收集器）上沉积并快速凝固形成颗粒增强金属基复合材料。图 34-9 所示为喷射沉积工艺示意图。

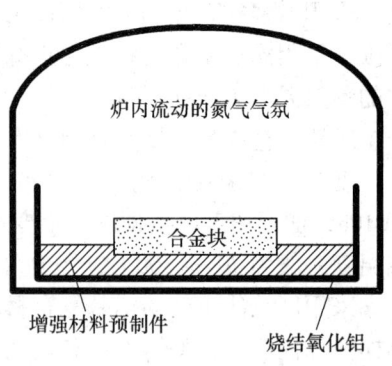

图 34-7　无压渗透工艺原理示意图

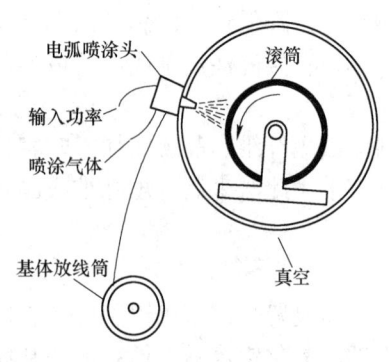

图 34-8　电弧或等离子喷涂形成
单层复合材料示意图

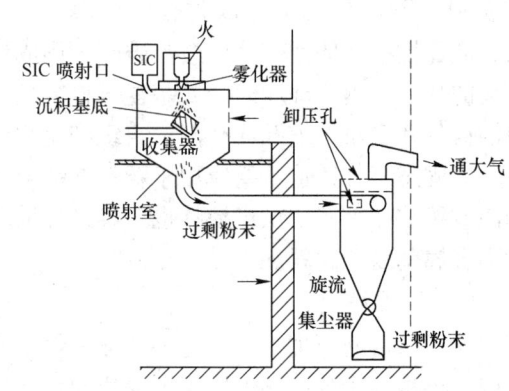

图 34-9　喷射沉积工艺示意图

喷射沉积工艺的优点是：

（1）高致密度，直接沉积的复合材料密度一般可达到理论值的 95%～98%。

（2）属快速凝固方法，冷却速度可达到 10^3～10^6 K/s，因此金属晶粒细小，消除了宏观偏析，合金成分均匀，同时增强材料与金属液滴接触时间短，很少或没有界面反应。

（3）具有通用性和产品多样性。该工艺适用于多种金属基体，如合金钢、铝及铝合金、高温合金等。同时可设计雾化器和收集器的形状和一定机械运动，以直接形成盘、棒、管和板带等接近零件实际形状的复合材料的坯料。

（4）该工艺流程短、工序简单、效率高，有利于形成工业化生产。

目前，喷射沉积可生产的铝基复合材料的单坯质量已达到 250kg。如果同时用几个喷嘴喷射几种增强颗粒便可制得共沉积金属基复合材料。用喷射沉积法生产的几种铝基复合材料的力学性能见表 34-9。

表 34-9　喷射沉积生产的铝基复合材料的力学性能

复合材料		σ_s/MPa	σ_b/MPa	E/GPa	δ/%	复合材料		σ_s/MPa	σ_b/MPa	E/GPa	δ/%
Al-Mg-Si 系	6061 + 28% SiC$_p$	322	362		5.0	Al-Li 系	8090 + 13% SiC$_p$-T4	455	520	101	4
Al-Zn-Mg 系	7075 + 15% SiC$_p$-T6	556	661	95	3		8090 + 13% SiC$_p$-T6	499	547	101	3
	7049 + 15% SiC$_p$-T6	598	643	90	2		8090 + 17% SiC$_p$-T4	310	460	103	4～7
	7090 + 29% SiC$_p$-T6	665	735	105	2		8090 + 17% SiC$_p$-T6	450	540	103	3～4

与压铸、半固态复合铸造相比，喷射沉积的雾化成本较高，沉积速度较低。

34.2.3.4　原位复合法

无论是固态法还是液态法，都存在增强材料与金属基体之间的润湿性问题和界面反应问题。如果增强材料（纤维、颗粒或晶须）能从金属基体中直接（即原位）生成，则上述问题可以得到更好解决。因为原位生成的增强相与金属基体界面结合良好，生成相的热力学稳定性好，也不存在基体与增强相之间的润湿和界面反应等问题。目前，开发的原位复合或原位增强方法主要有共晶合金定向凝固法、直接金属氧化法（DIMOX™）、反应生成法（XD™）。

A　共晶合金定向凝固法

共晶合金定向凝固法是由单晶制备方法和定向凝固制备方法衍生而来的，共晶合金定向凝固法制备的材料称为定向凝固共晶复合材料。

采用这种方法制备复合材料时，由于基体相和增强相都在相变过程中自动析出，所以避免了人工复合材料生产中所遇到的诸如污染、润湿、界面反应等问题。用该法制取的 Al-Al$_2$Ni 复合材料的组织及性能见表 34-10。

表 34-10　单向凝固共晶铝合金组织及抗拉强度

合金系	共晶组织/%	共晶温度/℃	第二相体积比/%	化合物相及其形状	抗拉强度/MPa
Al-Ni	6.2	640	10	Al$_3$Ni 晶须	350（室温）、140（480℃）
Al-Cu	3.3	548	47.5	CuAl$_2$ 层状	316（室温）、180（300℃）
Al-Si	11.7	578	13.3	Si 汉字状	130（室温）、38（300℃）
Al-Si-NiAl$_3$	4.9% Ni-11.0% Si	567	12.9% Si、8.1% NiAl$_3$	Al$_3$NiSi	260（室温）、130（300℃）

B　直接金属氧化法（DIMOX™）

根据是否有预成型体，它又可分为唯一基体法和预成型体法，两者原理是相同的。唯一基体法的特点是制备金属基复合材料的原材料中没有填充物和增强相，只是通过基体金属的氧化或氮化来获取复合材料。

唯一基体法中，例如需制备 Al_2O_3/Al，可通过铝液的氧化来获取 Al_2O_3 增强相。通常铝合金表面迅速氧化，形成一种内聚、结合紧密的氧化铝膜，这层氧化铝膜使得氧无法进一步渗透，阻止了膜下的铝进一步氧化。但在 DIMOX™ 工艺中，熔化温度上升到 900～1330℃，远超过铝的熔点 660℃。再加入促进氧化反应的合金元素 Si 和 Mg，使熔化金属通过显微通道渗透到氧化层外边并顺序氧化，即铝被氧化，但液铝的渗透通道未被堵塞。该工艺可以根据氧化程度来控制 Al_2O_3 生成量。

除可以直接氧化外，还可以直接氮化，通过 DIMOX™ 工艺还可以获得 AlN/Al 和 ZrN/Al 等金属基或陶瓷基复合材料。

当 DIMOX™ 工艺采用增强材料预成型体时其工艺原理如图 34-10 所示。增强材料预成型体是透气的，金属基体可以通过渗透的氧或氮顺序氧（氮）化形成基体。

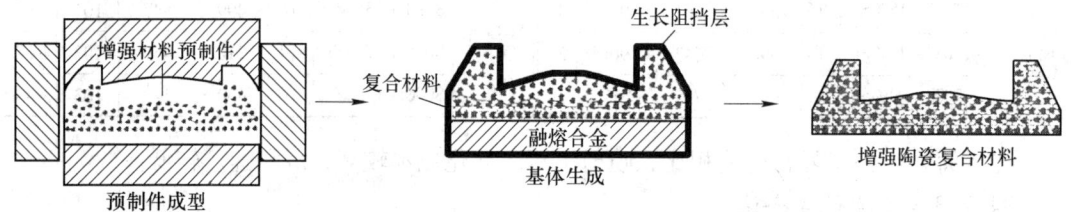

图 34-10　DIMOX™ 工艺制备复合材料的工艺原理示意图

C　反应生成法（XD™）

反应生成法制备的金属基复合材料可以通过传统加工方法如挤压或轧制进行二次加工。在 XD™ 工艺中，可以根据所选择的原位生成的增强相的类别或形态，选择基体和增强相生成所需的原材料，如一定粒度的金属粉末、硼或碳粉，按一定比例（反应要求）混合。将这种混合物制成预制体，加热到金属熔点以上或者自蔓延反应发生的温度时，混合物的组成元素进行放热反应，以生成在基体中弥散的微观增强颗粒、晶须和片晶等增强相。该工艺的关键技术是可以生成一种韧性相，属专利技术。XD™ 法工艺原理如图 34-11 所示。

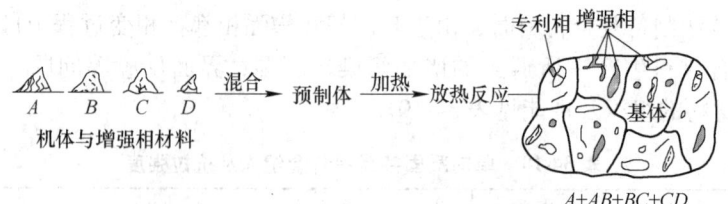

图 34-11　XD™ 法工艺原理示意图

34.3　铝基复合材料的二次加工

二次加工是指对已经制备的复合材料进行进一步的加工，主要包括：进一步的塑性加工（挤压、轧制、锻造和热等静压等）、连接、机械加工和热处理等。

34.3.1　铝基复合材料的塑性加工及连接

34.3.1.1　塑性加工

挤压、轧制、锻造和热等静压等传统塑性加工方法都可运用于铝基复合材料的后续加工。使用这些方法的目的通常是消除孔隙，使组织致密化，或使纤维同向排列，或成型为某种要求的形状。后续加工一般在高温和较大变形量的情况下进行。

挤压可应用于以各种不同方法制备的非连续增强型金属基复合材料，这些方法主要是渗透法或粉末冶金法。一般来说，所需的挤压压力高于基体材料的流动应力，材料升温更快，因而要控制挤压速度，以避免液化和表面损伤。随温度升高，总应变速度降低，纤维的断裂程度降低。在一定的挤压比条件下，减小应变速度峰值的有效方法是使用锥形的或流线型的模具形状，目前这种方法已广泛应用于 MMC 的挤压。

拉拔与挤压类似，也可应用于 MMC 的后续加工。但拉拔的变形区内静水压力较小，一般在较低温度下进行加工时，容易形成内部孔洞，应设法避免。

轧制和锻造由于速度快，剪切应变量大，很容易造成孔洞、纤维断裂及宏观裂纹等损伤，一般不适于致密化工艺。与它们相比，热等静压不会造成微观的、宏观的组织缺陷，是一种消除残余孔隙的很好的方法。

另外，金属基复合材料的超塑性加工及薄板成型也吸引了很多人的兴趣。

34.3.1.2　连接

金属基复合材料的基体是一些塑性、韧性好的金属，而增强相往往是一些高强度、高模量、高熔点、低密度和低热膨胀系数的非金属纤维或颗粒。所以焊接这类材料时，除了要解决金属基体的结合外，还要涉及金属与非金属的结合，有时甚至会遇到非金属之间的结合。在这种情况下，关键是非金属增强相在焊接过程中的行为和影响。这类材料焊接时的关键可归纳为：

（1）从化学相容性考虑，复合材料中金属基体和增强相之间，在较大的温度范围内是热力学不稳定的，焊接时加热到一定温度后它们就会反应。决定其反应可能性和激烈程度的内因是二者的化学相容性，其外因是温度。例如 B/Al 复合材料，加热到 700K 左右就能反应，生成 AlB_2 反应层，使界面强度降低。C/Al 复合材料，则加热到 850K 左右时，反应生成 Al_4C_3 反应层，使界面强度降低。SiC/Al 复合材料在固态下不发生反应，但在液态 Al 中发生反应，生成 Al_4C_3 脆性针状组织，它在含水环境下能与水反应放出 CH_4 气体，引起接头低应力破坏。

因此，避免和抑制焊接时基体金属和增强相之间的反应是保证焊接质量的关键，可从冶金和工艺两方面着手解决。例如 SiC/Al 复合材料用固态焊接就能避免反应的产生；熔化焊时需采用低的输入来限制反应。

（2）从物理相容性考虑，当基体与增强相的熔点相差较大时，熔池中存在大量未熔增强相而使其流动性变差。这将导致气孔、未焊透和未熔合等缺陷的产生；另外，在熔池凝固过程中，未熔增强相质点在凝固前沿集中偏聚，破坏了原有分布特点而使性能恶化。

解决该问题的冶金措施是采用流动性好的填充金属，并采取工艺措施，减少复合材料的熔化，如加大坡口，采用热输入低的 TIG 焊等。

（3）当固态增强相不能被液态金属润湿时，焊缝中会产生结合不良的缺陷，这可选用润湿性好的填充金属来解决。

（4）当焊接过程中加压过大时，会产生纤维的挤压和破坏，如摩擦焊和电阻焊。

金属基复合材料的焊接方法主要有：

（1）熔化焊（钨极氩弧焊 TIG 及熔化极氩弧焊 MIG）。熔化焊是最早用于金属基复合材料焊接的方法。但它们用于铝基复合材料的焊接结果却很不理想，出现了很多问题，直到近些年来人们提出了解决这些问题的相应措施，并且在工艺上得到了实现，才使得对该方法的研究又有了新的兴趣。具体改进措施如下：

1）在填充金属材料中添加适量增强相使焊缝与母材具有相同的组织结构，并在其中添加适量合金元素以改善焊缝金属的冶金性和润湿性。

2）发展电弧跟踪全自动控制氩弧焊，对焊接过程的热输入、焊速、加热冷却时间、速度及熔池深度、大小等工艺参数进行自动控制，抑制基体与增强体的反应，利于氢气逸出，控制熔池金属结晶凝固过程，实现焊接工艺过程的最优化。

3）接头采用留间隙、开坡口对接焊形式，以利熔融金属向焊缝根部流动，克服增强相带来的黏滞问题。

4）焊后再经热处理强化，消除焊接热循环对焊缝及母材所造成的不良影响。

采取以上措施后熔化焊方法基本可以用于复合材料的焊接，并获得较满意接头，母材与焊缝金属熔合良好，几乎不存在明显界线，接头强度可达到 100～260MPa，但是焊缝质量还不稳定，无法完全避免气孔和裂纹等缺陷。

（2）扩散焊。扩散焊方法很适合复合材料焊接，因为它焊接温度较低，对增强体造成的影响小。但它所需时间较长，对设备要求较高，成本很高，焊件尺寸形状也很受限制，而且质量受许多因素影响，很不稳定。主要影响因素为：表面处理方法，处理的时间、程度对焊接质量、接头强度影响很大，有时甚至相差几倍，焊接工艺参数如焊接温度、压力对接头强度影响非常大。目前国外对复合材料扩散焊研究的重点与方向为：

1）在两复合材料接合面之间增加中间过渡层，可以使原来界面上增强体-增强体（R-R）接触改为增强体-基体（R-M）接触，而 R-M 结合强度远远大于 R-R，因此使接头强度大大提高。而且在过渡层金属中添加某些有益合金元素，可以大大提高母材的可焊性，提高接头强度。

2）采用瞬时液相焊代替固态扩散焊对焊接过程、接头强度都有很大的影响。瞬时液相焊既有扩散焊过程，也有钎焊过程，它与扩散焊及钎焊既有相似又有差别，是一种新型的焊接方法，国外对该种焊接方法的理论及其在复合材料焊接上的应用做了大量研究。

（3）钎焊。钎焊是采用比母材熔点低的金属材料做钎料，将焊件和钎料加热到高于钎料熔点但低于母材熔点的温度，利用液态钎料毛细作用填充接头间隙，并用母材相互扩散实现连接的一种焊接方法，是最适合复合材料焊接的方法。目前国外采用中性气体保护及真空炉中钎焊铝基复合材料已获得成功，我国北京航空材料研究所采用真空钎焊 SiC_p/Al 复合材料与 TC4 钛合金接头也得到了满意的结果，上海交通大学采用惰性气体保护下，炉中钎焊 $SiC_p/6061Al$-$SiC_p/6061Al$ 复合材料也获得了成功。

（4）电子束、等离子、电容放电、电阻焊接方法。电容储能点焊属于新近发展起来的焊接方法。其能量高度集中，几乎可视为点热源，焊接时间极短，加热冷却速度极快（例

如电容储能点焊 SiC_p/6061Al 复合材料时熔池深度为 $90\mu m$，焊接时间为 0.0004s，加热冷却速度 106℃/s），因此完全避免了焊接过程中基体与增强体之间的剧烈反应，避免了对增强体造成大的损伤，很适合复合材料焊接。但这种焊接方法对焊件尺寸、形状有很大限制，阻碍了它们在复合材料实际焊接生产中的推广应用。

电阻焊在复合材料焊接中也有一些应用。但由于复合材料的增强体与基体电阻相差很大，在电阻焊过程中容易使复合材料产生过熔、飞溅，纤维发生黏结、破碎并产生空洞，接头强度大受影响。此外，这种焊接方法还受焊件尺寸、形状限制。

硼-铝复合材料与承载结构的附件的连接是复合材料应用中最重要的工程领域之一。硼-铝复合材料的连接技术是基于铝的连接而并不考虑硼同硼连接。其目的是想要得到高剪切强度的基体连接，而不使复合材料的力学性能降低。

硼-铝与铝板或铁板的固态扩散结合工艺，其所要求的技术和设备同前述的复合材料制造工艺基本相同。所获得的高连接强度相当于基体合金的剪切强度。

硼-铝复合材料的无焊剂炉中钎焊，如果不会使纤维损伤，可按标准的铝焊工艺进行。

铝合金的熔焊用于获得高强度的、抗蚀的韧性连接。在硼-铝的熔焊中，须考虑的最主要的问题是纤维的损伤。这就必须把热影响区尽可能限制在最小的范围。标准的技术措施是急速的加热和冷却，并使熔池的几何形状具有大的深宽比。此外，还需要考虑的因素是组分之间的残余应力状态。这些连接部位可以进行退火，但对应力引起的变形也应考虑。

除了各种焊接方法以外，机械固定和胶接也是复合材料的有效连接方法。由于胶黏剂的强度比钎焊料低得多，因此连接部位所容许的剪切应力也低得多。机械固定方法的使用要考虑两条主要的限制，承载能力与拔出应力必须按各向异性复合材料确定，为安装固紧件而对复合材料进行机械加工时必须小心，保证不产生明显的损伤。

34.3.2　铝基复合材料的机械加工及热处理

34.3.2.1　机械加工

A　切削加工

用刀具切削仍然是铝基复合材料的主要机械加工方法，但是复合材料的切削与成分相类似的基体材料的切削有很大不同。增强材料的硬度越高，对刀具硬度的要求也越高，因此，传统刀具切削金属基复合材料的效果很差，经涂覆或镀硬膜的刀具对切削某些复合材料效果有所改善，金刚石等高硬度刀具效果良好。

用聚晶金刚石在铝硅合金基复合材料（15% SiC_p）上钻、铰孔后的产品早已应用于航空和军工工业中，现已扩大到汽车工业。与共晶和过共晶合金相比，机加工 MMC 时刀具磨损要严重 7 倍之多。对铸造和粉末冶金法制备的 SiC 颗粒增强铝基复合材料，先用未涂镀的硬质合金刀具进行粗加工，然后用立方氮化硼、聚晶金刚石刀具进行精切削是最经济的途径。

Al_2O_3 短纤维增强铝基复合材料可能比未增强的基体材料有更好的切削性能，能得到更好的表面质量。但是 SiC 颗粒和 Al_2O_3 短纤维增强铝镁基复合材料比单一 SiC 颗粒增强铝基复合材料的切削加工性能更差。

对于切削铝基复合材料，添加冷却液或润滑液通常会引起更严重的刀具磨损。

B　磨削加工

在常用来磨削一般铝合金的陶瓷黏结剂砂轮磨削 SiC（粉末或晶须，质量分数为 15%）增强铝基复合材料的实验中，通过切屑形貌、磨削表面和磨削力的研究可看出，增强体的存在，从降低磨料表面粗糙度和砂轮堵塞倾向两方面表现出复合材料比基体材料有更好的磨削性。颗粒增强复合材料的磨削表面粗糙度与材料平均硬度显示为线性关系，而晶须增强复合材料的磨削表面粗糙度高于颗粒增强复合材料。随着砂轮逐渐磨蚀钝化，复合材料的磨削力显著增大，并大于碳钢的磨削力。磨削表面粗糙度与工件进给速度和磨削深度的关系较小。增强体的硬度和类型影响磨削表面的组织，不仅是其体积分数，而且其形状和尺寸大小等也对磨削表面组织和砂轮磨损起重要作用。切向磨削力和表面粗糙度随增强体硬度升高而降低。

34.3.2.2　特种加工

电火花加工 SiC/Al 复合材料的实验发现，SiC 颗粒会干扰放电，因此需探求适宜的工艺参数，研究结果认为使用大电流和短脉冲持续时间效果较好。

放电线切割金属基复合材料也是可行的，但由于增强材料通常为非导体，放电效果显然会差于切割一般金属材料。例如切割 SiC 晶须增强和 SiC 颗粒增强铝基复合材料的工艺就不能沿用铝合金的工艺参数，其切割速度和切口粗糙度也有差别，前者的某些加工表面会呈玻璃样粉状硬化。

A. P. Hoult 等人曾应用细等离子切割 2mm 厚的 2024 铝基复合材料，通过宏观和显微检查其切割质量（切口宽度及斜角、表面粗糙度），发现有一最佳切割速度范围，在此范围内切口宽度和热影响区都相对较小。

用激光切割 Al-Li/SiC 复合材料，只要工艺参数控制合适，可使热影响区最小而取得很好的加工质量。

用超压水（690MPa）可有效地切割 1.6mm 厚的铝基复合材料薄板，随压力增大加工表面质量提高，但要注意在切口边缘可能会发生过量的塑性变形。

另外，磨料流切割、电子束等高能束非接触加工也被试用于铝基复合材料。

由于硼纤维硬度高（莫氏硬度为 9），硼-铝复合材料的机械加工比较困难。然而对单层件来说，钣金剪切技术就可以胜任。拉伸试样的加工问题通常采用砂轮切割或电加工的方法来解决。用标准的浸有金刚石的黄铜切割轮可得到良好的切割表面，由于硼本身的清洁作用，铝不会沾污或损伤具有合适粒度的砂轮。

总而言之，剪切和冷冲仅对极薄板材有用，而砂轮切割和磨削则是可用的方法；金刚石切割和金刚石钻孔也是可用的，但刀具磨损过多。使用超声波加工很好，旋转式超声波机床使用浸有金刚石钻芯的钻头在硼-铝复合材料上打孔是最有效的钻削方法。对于每种工艺来说，其切割表面质量，特别是关系到纤维的压碎或开裂，必须结合切割速率和工具寿命这些价格因素加以权衡比较。

34.3.2.3　热处理

在硼-铝系中，所选择的有些基体合金可进行时效强化。这些合金包括铝铜镁合金 2024，铝镁硅合金 6061 和铝锌合金 7178 等。因为基体与纤维有强烈的相互作用，基体合金的时效硬化对复合材料性能的影响是复杂的，这影响到材料的残余应力状态。但这些合金的标准热处理方法还是可用的。

上述 3 种合金的标准 T4 和 T6 热处理工艺包括高温长时间固溶热处理。对 2024 或 7178 合金，固溶处理通常不会引起硼纤维损伤，然而 6061 所用的处理温度过高，对于未涂覆的硼纤维复合材料不宜采用。另一种曾被采用过的热处理方法为液氮淬火，但这种淬火改变了纤维与基体之间的室温残余应力状态，这会对机械应力和热循环应力产生极大的影响，因而在复合材料中没有获得广泛的应用。

34.4　铝基复合材料的性能及其主要应用

34.4.1　铝基复合材料的性能

34.4.1.1　颗粒、晶须增强铝基复合材料的性能

颗粒、晶须增强铝基复合材料在目前应用较多，这类复合材料所采用的增强材料为碳化硅、碳化硼、氧化铝颗粒或晶须，其中以碳化硅为主。

通常碳化硅颗粒的弹性模量为 450GPa，密度为 $3.2g/cm^3$，线膨胀系数（CTE）为 $4.7 \times 10^{-6} K^{-1}$，热导率为 $80 \sim 170 W/(m \cdot K)$。由这类颗粒组成的铝基复合材料的性能和碳化硅颗粒的大小有关，和制造工艺有关，和增相的体积分数有关，也和基体的力学性能有关。不同粒子直径（3.5μm 和 20μm）、不同体积分数（15% 和 30%）的碳化硅粒子增强的 2024Al 合金（$w(Cu) = 4.20\%$，$w(Mg) = 1.47\%$，$w(Mn) = 0.56\%$，$w(Zr) = 0.02\%$，$w(Fe) = 0.40\%$，$w(Si) = 0.2\%$）复合材料的室温拉伸性能见表 34-11。

表 34-11　SiC_p 增强的 2024Al 合金基复合材料的室温拉伸性能

SiC_p 含量(体积分数)/%	SiC_p 颗粒尺寸/μm	σ_b/MPa	$\sigma_{0.2}$/MPa	δ_s/%
15	3.5	558.2	411.9	4.42
15	20	490.7	364.5	9.2
30	20	558.6	459.8	2.75

从表 34-11 中的数据可以看出，在 SiC_p 体积分数相同情况下，随着 SiC_p 颗粒尺寸的增大，复合材料的强度降低，屈服强度也随之下降，但复合材料的延性则有大幅度提高。在 SiC_p 颗粒大小相同的条件下，当体积分数升高时，复合材料的抗拉强度和屈服强度均升高，而材料伸长率则下降。

在 SiC_p 体积分数相同情况下，SiC 粒子直径对铝基复合材料的弹性模量和线膨胀系数基本没有影响；但随体积分数增加，其复合材料的弹性模量增加，线膨胀系数下降，相关数据见表 34-12 和表 34-13。

表 34-12　SiC_p/2024Al 基复合材料的弹性模量

SiC_p 含量（体积分数）/%	SiC_p 颗粒尺寸/μm	不同温度下的弹性模量/GPa				
		室温	100℃	200℃	300℃	350℃
15	3.5	103.2	101.3	97.4	91.7	88.7
15	20	93.9	97.7	93.7	91.1	89.8
30	20	130.0	127.6	123.1	117.1	116.2

表 34-13　SiC$_p$/2024Al 基复合材料的线膨胀系数

SiC$_p$ 含量 (体积分数)/%	SiC$_p$ 颗粒尺寸 /μm	不同温度区间的线膨胀系数/℃$^{-1}$			
		室温 ~100℃	室温 ~200℃	室温 ~300℃	室温 ~400℃
15	3.5	15.4×10^{-6}	15.9×10^{-6}	16.7×10^{-6}	17.6×10^{-6}
15	20	15.2×10^{-6}	16.0×10^{-6}	16.9×10^{-6}	17.8×10^{-6}
30	20	12.5×10^{-6}	13.1×10^{-6}	13.5×10^{-6}	14.3×10^{-6}

　　不同的体积分数的 SiC$_p$ 粒子的体积分数增强 Al 基复合材料的耐磨性，在 ML-10 磨料磨损实验机上进行，磨料为 600 号棕刚玉砂纸，其实验结果见表 34-14。

表 34-14　2024 铝合金和 SiC$_p$ 粒子增强复合材料的耐磨性

材　　料	磨损量/g·mm^{-1}			材　　料	磨损量/g·mm^{-1}		
	10N	20N	30N		10N	20N	30N
2024 铝合金	6.75×10^{-4}	11.70×10^{-4}	16.5×10^{-4}	15% SiC$_p$(20μm)/2024Al	3.35×10^{-4}	4.01×10^{-4}	5.60×10^{-4}
15% SiC$_p$(3.5μm)/2024Al	4.85×10^{-4}	5.85×10^{-4}	10.3×10^{-4}	30% SiC$_p$(20μm)/2024Al	0.25×10^{-4}	0.70×10^{-4}	2.85×10^{-4}

　　注：磨损量定义为单位磨损距离的质量损失。

　　不同铝合金基体的 SiC$_p$ 粒子增强的复合材料性能比较见表 34-15，变形铝合金基体的复合材料性能优于铸造铝合金基体复合材料。

表 34-15　不同合金基体的 Al/SiC$_p$ 复合材料性能

材料类型	σ_b/MPa	σ_s/MPa	弹性模量/GPa	δ_5/%	密度/g·cm^{-3}
14.2% SiC$_p$/ZL101	336.9	289.3	89.8	2.01	2.76
14.2% SiC$_p$/ZL101	375.4	318.6	101.0	1.64	2.78
14.2% SiC$_p$/2Al4	391.0	333.0	91.6	4.63	2.80
14.2% SiC$_p$/6A02	504.0	414.5	94.9	3.74	2.84
10.2% SiC$_p$/7A04	569.3	540.1	94.7	1.84	2.85

　　增强体的加入在提高铝基复合材料的强度和模量的同时，降低了塑性。SiC 增强的铝基复合材料较相应的铝合金具有更优良的强度，并随着 SiC 体积分数的增大，其强度和模量均有较大程度的提高，而塑性却降低，而且在 SiC$_p$/Al 复合材料中加入更细小的弥散质点 Al$_4$C$_3$ 和 Al$_2$O$_3$ 可以明显提高复合材料的强度。此外，微结构如基体晶粒尺寸、增强相尺寸及分布是否均匀、位错密度及晶界析出均是影响强度和塑性的重要因素。组元硼纤维和铝基体的弹性常数见表 34-16。

表 34-16　硼纤维和铝基体的弹性常数

弹性常数	硼纤维	铝基体	弹性常数	硼纤维	铝基体
杨氏模量 E/GPa	390 ~ 430	72	剪切模量 G/GPa	115 ~ 143	29
泊松比 γ	0.21	0.33			

34.4.1.2　纤维增强铝基复合材料的性能

　　纤维增强铝基复合材料，增强纤维有硼纤维、碳纤维和陶瓷纤维等。一般其密度低、强度和模量高、耐高温性能好，但断裂应变和金属基体相比要低得多，大致在 0.01～0.02 范围。纤维不同排布方向对复合材料的强度和模量，甚至塑性均会产生较大的影响。采取 0°～90°排布时，材料的强度与模量和纵向相比虽降低，但不十分显著。而±45°方向铺层强度和模量均有十分显著的下降，甚至低于横向模量，但复合材料的塑性却有很大提高。表 34-17 列出了碳化硅纤维增强铝的不同铺层复合材料的性能。

表 34-17　47%（体积分数）SiC（SCS-2）纤维增强铝复合材料的拉伸性能

纤维方向	铺层数	抗拉强度/MPa	弹性模量/GPa	伸长率/%
0°	6、8、12	1462	204.1	0.89
90°	6、12、14	86.2	118	0.08
[0°/90°/0°/90°]	8	673	136.5	0.90
[0°$_2$/90°/0°]	8	1144	180	0.92
[90°$_2$/0°/90°]	8	341.3	96.5	1.01
±45°	8、12、40	309.5	94.5	10.6
[0°/±45°/0°]	8、16	800	146.2	0.86
[0°/±45°/90°]	8	572.3	127	1.0

与基体合金相比，铝基复合材料表现出良好的抗磨损性能。在滑动磨损实验中，纤维增强的铝基复合材料的耐磨性有两个数量级的提高，但随着磨粒尺寸的增大，载荷中冲击成分的提高使其耐磨性迅速下降，材料的耐磨性的好坏取决于强化机制、增强相之间的相互制约及与基体在变形过程中的协调作用。当然也与增强相类型及基体合金的性能有关。

在 ML-10 型实验机上进行的磨粒磨损实验，其中刚玉硬砂纸粒度为 0.5μm，实验机转速为 60r/min，载荷 6N，每滑动 25mm 交换一次砂纸，所用试样尺寸为 φ4mm×24mm，其磨粒磨损结果见表 34-18。

表 34-18　磨粒磨损条件下的基体和复合材料的磨损量　　　（g）

材　料	在下列距离下的磨损量				材　料	在下列距离下的磨损量			
	25m	50m	75m	100m		25m	50m	75m	100m
ZL108	0.40	0.80	1.25	1.70	ZL108+12%纤维	0.15	0.30	0.44	0.60
ZL108+8%纤维	0.20	0.40	0.58	0.80	ZL108+20%纤维	0.11	0.20	0.30	0.42

铝基复合材料的疲劳强度和疲劳寿命一般比基体金属高，这与刚度及强度的提高有关，而断裂韧性却下降。用 SiC 纤维增强的 6061Al 和 7075Al 疲劳强度增加 50%～70%。目前研究得出疲劳裂纹萌生于 SiC 附近。SiC 与铝合金界面或 SiC 晶须端部附近的基体中，也可观察到基体中大块夹杂物破碎导致裂纹萌生。而且，由于使用的绝大部分颗粒是在加工过程中从大的颗粒上碎裂下来的，碎裂的颗粒存在于复合材料中，从而提供了裂纹萌生的位置。裂纹的扩展取决于裂纹尖端的微结构和宏观上最大应变方向。由断口分析可以看出断面上的空穴分两种，一种控制材料的脆性行为，另一种则控制其塑性行为。

增强体和基体之间的热膨胀失配在任何复合材料中难以避免，但可通过控制增强体和基体含量以及增强体在基体中的分布来减少热失配。为了使复合材料的线膨胀系数与给定的基片相匹配，必须采用合适的体积分数。改变铝合金的成分也对复合材料的线膨胀系数做某些额外的补充控制。

　　导热性是另一个重要的热性能。铝基体中单向排列的碳纤维在纤维方向上具有很高的导热性，纤维横向的导热性约为铝的 2/3。事实上，在 -20 ~ 140℃时复合材料沿纤维方向的导热性优于铜。以单位质量计的导热性，复合材料约是纯铝的 4 倍，为 6061Al 的 2.6 倍。

　　常用的铸造铝基复合材料的力学性能、导热系数、线膨胀系数和耐磨性见表 34-19 ~ 表 34-22。

表 34-19　ZL101/SiC_p 复合材料的力学性能

材　料	拉伸强度/MPa	屈服强度/MPa	弹性模量/GPa	伸长率/%	密度/g·cm⁻³
W14(10%)	323.3	282.8	83.7	2.69	2.73
W14(15%)	336.9	289.3	89.8	2.01	2.76
W14(20%)	375.4	318.6	101.0	1.64	2.78
W20(10%)	341.1	296.4	84.8	2.95	2.73
W20(15%)	339.7	307.8	96.9	0.98	2.76
W20(20%)	339.1	304.4	100.0	0.83	2.78

表 34-20　几种材料的导热系数　　(W/(m·K))

材　料	20℃	50℃	100℃	150℃	200℃	250℃	300℃	350℃	400℃
Al_2O_3/Al	174.44	156.31	147	143.57	143.57	144.55	143.57	138.18	125.44
SiC_p/Al	184.24	166.11	156.8	155.33	157.78	162.19	164.15	161.7	151.9
66-1			298.9		264.6		269.5		267.54
奥氏体铸铁			37.24		38.22		39.69		42.14

表 34-21　几种材料的线膨胀系数　　(℃⁻¹)

材　料	各温度下的线膨胀系数						
	100℃	150℃	200℃	250℃	300℃	350℃	400℃
SAE328	19.23×10^{-6}	20.84×10^{-6}	21.43×10^{-6}	21.96×10^{-6}	23.14×10^{-6}	23.63×10^{-6}	23.69×10^{-6}
66-1	16.55×10^{-6}	18.15×10^{-6}	19.12×10^{-6}	20.09×10^{-6}	20.93×10^{-6}	21.57×10^{-6}	22.05×10^{-6}
Al_2O_3f/Al	16.57×10^{-6}	18.24×10^{-6}	18.43×10^{-6}	19.18×10^{-6}	20.07×10^{-6}	20.24×10^{-6}	20.96×10^{-6}
SiC_p/Al	16.65×10^{-6}	16.57×10^{-6}	17.61×10^{-6}	18.67×10^{-6}	19.94×10^{-6}	20.37×10^{-6}	20.59×10^{-6}
高镍奥氏体铸铁	17.60×10^{-6}		17.80×10^{-6}		18.00×10^{-6}		18.30×10^{-6}

表 34-22　SiC_p 增强 66-1 复合材料耐磨性能　　(mm)

材　料	磨痕宽度			材　料	磨痕宽度		
	最大	最小	平均		最大	最小	平均
稀土铝硅合金	1.9475	1.8475	1.8970	碳化硅颗粒/铝	0.9425	0.8650	0.9037
氧化铝纤维/铝	1.500	1.325	1.412	高镍奥氏体铸铁	1.1670	1.1275	1.1472

　　由表 34-19 ~ 表 34-22 可看出，与铝合金基体相比，颗粒增强铝基复合材料的弹性模量，可提高 20% ~ 40%，耐磨性与高镍奥氏体铸铁相当，线膨胀系数可在(10 ~ 23)×

$10^{-6}/℃$ 范围内调节，导热系数是铸铁的 4 倍，而密度只有铸铁的 1/3。

34.4.2 铝基复合材料的主要应用

目前，铝基复合材料除了航空航天及其他一些尖端技术领域，还用于民用工业如汽车齿轮、活塞、连杆及体育用品等。美、日、印度等国已开发出 SiC_p/Al 合金复合材料的活塞、连杆和缸套等汽车内燃机零部件，SiC_p、Al_2O_3 颗粒增强复合材料制造的制动盘已在日本的新干线和德国的 ICE 高速列车上进行实验，其最大特点是耐磨、密度小、导热性好、热容量大，是高速和超高速列车的理想制动材料。美国 Specialized 公司加州分公司以氧化铝陶瓷颗粒与 6061-T6 铝合金混合烧结的一种复合材料，制造自行车架，获得了空前的效果。它比纯铝合金制车架的强度和刚度提高了 70%，质量只有 1.18kg，整车质量8.5kg。SiC_p/Al 合金复合材料还可以用来制作高尔夫球头、齿轮、冰雪防滑链、参赛翻船的桅杆筒等。另外铝基复合材料还被应用于电子、建筑、结构、卫星和纺织等领域。随着工艺技术的提高，成本的降低，它将有更加广阔的应用前景。下面就在汽车中的一些应用进行介绍。

与钢相比，铝基复合材料的密度仅为钢的 1/3，耐磨性则与奥氏体铸铁相当；与铝合金相比，热导率与其基本相当，弹性模量则可提高 20% ~40%，线膨胀系数有较大幅度的降低。因此铝基复合材料作为先进的汽车材料具有很大的发展潜力和空间，已备受关注。金属基复合材料的应用正在以每年 12% ~15% 的速度递增，有力地推动了汽车工业的发展。

活塞是发动机的主要零件之一，它在高温高压下工作，与活塞环、汽缸壁不断摩擦，工作环境恶劣。因此选择合适的活塞材料至关重要。日本丰田公司采用铝基复合材料制备了发动机活塞，与原来铸铁发动机活塞相比，质量减轻了 5% ~10%，导热性提高了 4 倍左右。

汽车发动机中连杆目前也有应用铝基复合材料。其在工作温度下的疲劳强度接近于170MPa，而连杆主要的设计性能是在 150~180℃ 下的高周疲劳抗力。日本 Mazda 公司的铝合金复合材料连杆，质量轻，比钢质连杆轻 35%，抗拉强度和疲劳强度高，而且线膨胀系数小。

采用非连续增强铝基复合材料和先进复合材料涂层制造缸套，在后续的铸造过程中再将复合材料气缸套铸入气缸体中。与镶有灰口铸铁缸套的铝气缸体相比，铝基复合材料的气缸体减轻了 20%，并可提高发动机工作效率，改善热传导，提高缸体钢性和尺寸稳定性，减小摩擦。

铝基复合材料也已应用于刹车轮、制动盘等零件生产，将非连续增强铝基复合材料用于制动盘，可减少质量 50% ~60%，减少惯性力，提高了燃料效率和加速度，缩短了制动距离。其特点是铝合金导热性好、质量轻，铝基复合材料高的导热可以达到比铸铁快的冷却效果，工作温度可以达到 500℃。美国一汽车公司研制了用 SiC 颗粒增强的 Al-10Si-Mg 基复合材料制成的刹车轮，其使用性能等于或高于原先的铸铁刹车轮。

采用铝基复合材料的摇臂，质量将更小，优异的耐磨性能可提高摇臂的工作效率和工作寿命，较小的质量可使摇臂的运动惯性减少，节省了燃油，提高了发动机的燃油效率，降低了排放。

近年来 SiC、Al_2O_3 等硬质陶瓷颗粒、纤维、晶须等增强的复合材料，由于 SiC 颗粒增强铸造铝基复合材料成本较低、制造工艺简单、容易规模化生产，和普通铸造铝合金一样可重熔铸造成型，而且具有优异的耐磨性、高强度、低密度等特点，因而在摩擦磨损领域有很好的应用前景。铝基复合材料的部分应用范围见表 34-23。

表 34-23　铝基复合材料的部分应用范围

用　　途		所需特性	材料类型
航空与航天	空间结构	轻量、刚性、强度	Al-B
	天　线	轻量、刚性、强度	Al-B
航空器(飞机)	吊　架	轻量、刚性、热强度	Al-B、Al-SiC[①]
	支　杆	轻量、刚性、强度	Al-B、Al[①]-SiC[①]
	整流罩	轻量、刚性	Al-B、Al-SiC[①]、Al-C
	人孔盖	轻量、刚性、强度	Al-B、Al[①]-SiC[①]
	翼　舱	轻量、刚性、强度	Al-B、Al-SiC[①]
	框　架	轻量、刚性、强度	Al-B、Al-SiC[①]、Al-C
	加强肋	轻量、刚性、强度	Al-B、Al-SiC[①]、Al-C
	横　梁	轻量、刚性、强度	Al-B、Al-SiC[①]、Al-C
	桨叶和压缩机叶片	轻量、刚性、热强度、冲击韧性	Al-B、Al-SiC[①]、Al-C
航空器(直升机)	变速箱	轻量、刚性、强度	Al-C、Al$_2$O$_3$
	桁架结构	轻量、刚性、强度	Al-B、Al-SiC[①]、Al-Al$_2$O$_3$
	隔　板	轻量、刚性、强度	Al-SiC[①]、Al-Al$_2$O$_3$
	推　杆	轻量、刚性、强度	Al-SiC[①]、Al-B
	尾部旋翼叶片后缘	轻量、刚性、强度	Al-C、Al-SiC[①]
	起落架踏板	轻量、刚性、强度	Al-SiC[②]、Al-Al$_2$O$_3$
汽　车	发动机构件	轻量、刚性、强度、耐热	Al-SiC[②]
	推　杆	轻量、刚性、强度、耐热	Al-SiC[①]、Al-B
	框　架	轻量、刚性、强度	Al-SiC[②]
	活　塞	轻量、刚性、强度	Al-SiC[②]
医　疗	假　体	轻量、刚性、强度	Al-B、Al-SiC[①]
	轮　椅	轻量、刚性、强度	Al-B、Al-SiC[①]
	矫形用品	轻量、刚性、强度	Al-B、Al-SiC[①]
运动器具	网球拍	轻量、刚性、挠性	Al-B、Al-C、Al-SiC[②]
	滑雪杖	轻量、刚性、挠性	Al-B、Al-C、Al-SiC[②]
	钓鱼竿	轻量、刚性、挠性	Al-B、Al-C、Al-SiC[②]
	高尔夫球棍	轻量、刚性、挠性	Al-B、Al-C、Al-SiC[②]
	自行车架	轻量、刚性、挠性	Al-B、Al-C、Al-SiC[②]
	摩托车架	轻量、刚性、挠性	Al-B、Al-C、Al-SiC[②]
纺　织	梭　子	轻量、耐磨损性	Al-B、Al-C、Al-SiC[①]

① 碳化硅晶须和（或）连续 SiC 纤维；

② 仅是 SiC 晶须。

35　几种铝及铝合金加工制备新技术

35.1　概述

随着世界经济的快速发展和人类物质生活水平的提高，对高性能有色金属材料的品种、规格要求越来越多，品质、精度要求越来越高。因此，改进现有的加工技术，研究开发新的加工技术，积极推进先进加工技术，并使之产业化是十分重要，而且必要的。

由于资源具有不可再生性和有限性，在制订新材料开发、技术创新及有关规划时必须遵循以下原则：实施可持续性发展的资源战略；加快变资源优势为经济优势的步伐；加大开发净化环境材料的力度；重点发展改善环境，减少污染的冶炼及加工的关键技术。因此简化工艺流程而且稳定产品质量，最大限度地降低产品的加工成本，使有色金属产业向大型化、规模化、专业化和产业化的方向发展具有很深远的意义。

目前新技术的发展特点是：

（1）研究和开发新材料的加工技术。目前全世界已正式注册的铝合金达千种以上，分别包含在1×××～9×××系中。随着发展，有些合金已被淘汰，急需发展一批高强、高韧、高模、耐磨、耐蚀、耐疲劳、耐高温、耐低温、耐辐射、防火、防爆、易切削、易抛光、可表面处理、可焊接的和超轻的新型铝合金，如 $\sigma_b \geqslant 750MPa$ 的高强高韧合金，密度小于 $2.4 \times 10^3 kg/m^3$ 的铝锂合金，粉末冶金和复合材料等。

（2）提高铸坯的质量。铸坯的质量直接决定铝材的最终质量，因此提高铸坯的质量是关键的第一步。提高铝合金铸锭质量的主要方向是：

1）优化铝合金的化学成分、主要元素配比和微量元素的含量。

2）强化和优化铝熔体在线净化处理技术，尽量减少熔体中的气体（H_2 等）和夹杂物的含量。

3）强化和优化细化处理和变质处理技术。

4）采用先进的熔铝炉型和高效喷嘴，不断提高熔炼技术和热效率。

5）采用先进的铸造方法，如电磁铸造、油气混合、润滑铸造、矮结晶器铸造等。

（3）研究和开发高效、节能、短流程的加工技术：

1）热轧机向大型化、控制自动化和精密化方向发展。

2）连铸连轧向高速、高精、薄壁方向发展。

3）冷轧向宽幅（大于2000mm）、高速（最大为45m/s）、高精（±2μm）方向发展。

4）铝箔轧制向更宽、更薄、更精、更自动化的方向发展。

5）挤压技术向大型化、扁宽化、薄壁化、高精化、复杂化方向发展。

（4）研究开发和发展复合材加工技术。复合材料能充分的发挥材料的性能，从而达到节约材料的目的。复合材料的种类很多，有层状复合材料、金属基复合材料、金属间化合物等。层状复合材料包括双金属、三金属板带、金属-金属、金属-非金属复合技术，如地铁轨道用铝-不锈钢复合、铜-铝-不锈钢复合、汽车散热器用复合铝箔复合、汽车用新型铝基轴瓦材料等的复合技术。

35.2 连续挤压技术

35.2.1 连续挤压技术简介

35.2.1.1 连续挤压技术的基本原理

连续挤压（Conform）在工业上的成功应用，是金属材料（特别是铝加工业）加工工业领域继连续轧制、连续铸造和连铸连轧技术之后实际应用的又一重大技术突破。它在原理上有效地利用了坯料与旋转挤压轮之间的强摩擦所产生足够的挤压力和温度，将杆料、颗粒料或熔融金属以真正连续大剪切变形方式直接挤压成制品，其工作原理如图 35-1 ~ 图 35-3 所示。

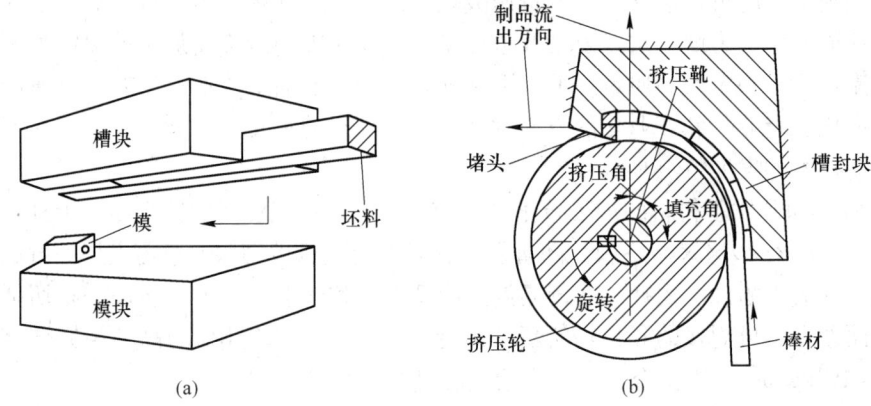

图 35-1 连续挤压（Conform）原理图

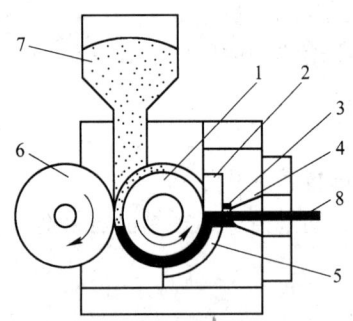

图 35-2 颗粒料连续挤压示意图

1—挤压轮；2—堵头；3—挤压模；4—靴体；
5—槽封块；6—送料轮；7—颗粒料；8—制品

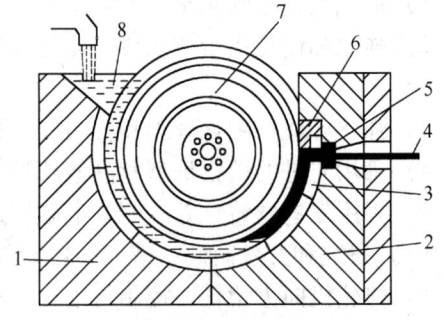

图 35-3 Castex 连续铸挤示意图

1—凝固靴；2—挤压靴；3—槽封块；4—制品靴体；
5—挤压模；6—堵头；7—挤压轮；8—液态金属

35.2.1.2 连续挤压技术的特点

连续挤压与常规挤压相比具有以下特点：

（1）能耗低。连续挤压过程中，由于摩擦和变形热的共同作用，可使铝材在挤压前无需加热，直接喂入冷料，而使变形区的温度达到铝材的挤压温度，从而挤压出热态制品。大大降低电耗，约比常规挤压节省约 3/4 的热电费用。

（2）材料利用率高。连续挤压生产过程中，除了坯料的表面清洗处理、挤压过程的工艺泄漏量以及工模具更换时的残料外，由于无挤压压余，切头尾量很少，因而材料利用率很高。连续挤压薄壁软铝合金盘管材时，材料利用率高达 96% 以上。

（3）制品长度大。只要连续地向挤压轮槽内喂料，便可连续不断地挤压出长度在理论上不受限制的产品，可生产长度达数千米，乃至万米的薄壁软铝合金盘管材、电磁扁线、铝导线和铝包钢线等。

（4）组织性能均匀。坯料在变形区内的温度与压力等工艺参数均能保持稳定，很类似于一种等温或梯温挤压工艺，正由于连续挤压变形区温度与压力等工艺参数的稳定，使得所挤压的制品组织性能均匀一致。

（5）坯料适应性强。连续挤压既可以用连铸连轧或连续铸造的铝及铝合金盘圆杆料作为坯料，也可以使用金属颗粒或粉末作为坯料直接挤压成材。还可以将各种连续铸造技术与连续挤压有机地结合成一体形成 Castex 连铸连挤，即直接使用金属熔体作为坯料挤压成制品。

（6）生产灵活、效率高。

（7）设备轻巧、占地小、投资少、基础建设费用低、生产环境好且易于实现全过程的自动控制。

连续挤压与常规挤压相比不足之处在于：

（1）对坯料表面质量要求更高。坯料表层上的氧化膜、油污和水气等污染物容易被直接挤压在制品中，严重影响产品质量。

（2）连续挤压工艺掌握较困难。

目前，有单轮单槽、单轮双槽、双轮单槽等多种形式的工业用连续挤压和连续包覆挤压机，系列化的连续挤压设备有 C250～C1000 连续挤压机。我国已于 1990 年开始生产 LJ300 铝材连续挤压设备，用于生产铝及铝合金盘管、中小复杂型材、电线电缆、金属包覆线材等。

35.2.1.3 铝材连续挤压的工艺流程及要求

铝材连续挤压法的一般生产工艺为：坯料表面预处理→放料→矫直→在线清洗→连续挤压→制品冷却→张力矫直→卷取→检验→包装入库。

A 铝及铝合金盘圆杆料要求

铝及铝合金盘圆杆料要求有：

（1）要求杆料表面在生产或储运中所沾油污极少。

（2）要求杆料在生产过程中所沾油污在高温下焦化留下残迹，以及润滑石墨残迹少。

（3）内部含有夹杂和含气体量低。

（4）表面无严重的宏观裂纹、飞边、轧制花纹、折迭等缺陷。

B 杆料表面处理

为了保证进入连续挤压变形区的杆料表面干净、干燥，以防挤压制品出现气泡、气孔和焊合不良等。常用的几种杆料表面处理方法有：碱洗、碱洗＋钢丝刷、碱洗＋超声波在线清洗、碱洗 + 钢丝刷 + 超声波在线清洗 4 种方法。

C 运转间隙的调整

运转间隙是挤压轮面与槽封块弧面之间的间隙，它是连续挤压生产中一个极为重要的工艺因素，直接影响到连续挤压过程的稳定、运行负荷、挤压轮速度、工模具的使用寿命及产品质量等。运转间隙过大，泄铝量大，挤压轮与槽封块之间的摩擦面增大，温升过高；运转间隙过小，当挤压轮、槽封块热膨胀后，容易导致挤压轮与槽封块之间的钢对钢的直接摩擦，损坏轮面、堵头和槽封块，甚至引起运行负荷剧增。因此，在生产之前，必须认真调整运转间隙。

合理的运转间隙控制以挤压轮面与槽封块弧面之间不出现钢对钢的直接摩擦，泄铝量轻微（1% ~ 5%）为原则。挤压过程中，运转间隙的大小是通过调节靴体底部和靴体背部的垫片厚度来实现的，垫片厚度从 0.1mm 到 1mm 不等。

运转间隙的控制范围为 0.8 ~ 1.2mm。

一般情况下，材料的变形抗力越大、挤压制品的挤压比越大，其运转间隙应越小，所以在生产不同合金、不同规格的产品时，应及时调整运转间隙，见表 35-1。

表 35-1 确保 LJ300 铝材连续挤压过程稳定的主要参数

制品规格 /mm	主动机 电流/A	最高挤压轮速 /r · min^{-1}	轮靴间隙 调整/mm	制品规格 /mm	主动机 电流/A	最高挤压轮速 /r · min^{-1}	轮靴间隙 调整/mm
$\phi 8 \times 1$	160 ~ 170	24	δ	5 × 22 × 0.8-5 孔	175 ~ 185	20	δ + 0.20
$\phi 10 \times 1$	150 ~ 160	24	δ - 0.10	5 × 44 × 0.8-15 孔	180 ~ 190	18	δ + 0.30
D11. 5 × 6. 5 × 1	165 ~ 175	22	δ + 0.15				

注：δ 为靴体与背门间调整垫的厚度，它是以连续挤压 $\phi 8mm \times 1mm$ 纯铝管的轮靴间隙为基准。

实际生产过程中，启动后，若运行电流超高，工具发出刺耳的声响，或喂料后有泄铝现象，说明运转间隙或工模具装配不当，应立即停机检查。并根据进料板与轮面的接触情况减少或增加调整垫片厚度。

调整运转间隙还应根据工模具，特别是挤压轮的使用时间长短来决定，轮子使用时间长，表面出现磨损，应适当增加调整垫片厚度。

D 挤压温度-速度关系

连续挤压过程中，工模具的预热和挤压温度是靠喂入金属与挤压轮之间的摩擦和金属塑性变形热的共同作用而提供的。合理控制连续挤压过程的挤压轮速，对于维持挤压温度的恒定、保证产品组织性能与表面质量、提高工模具使用寿命等，都是十分重要的。

a 升温挤压阶段

每次开始挤压时，都必须间断地向挤压轮槽内喂入短料，让挤压轮在低速(7 ~ 8r/min)下运转升温，以保证工模具逐渐均匀地达到所需的挤压温度，尤其是挤压模腔的温度必须达到挤压温度。升温挤压阶段，挤压轮速不宜太高，否则虽然挤压轮槽温度很快达到挤压温度，但挤压模腔的温度并没有达到所要求的挤压温度，反而会使稳定挤压阶段难以建立。

b 稳定挤压阶段

影响稳定挤压阶段挤压温度 – 速度关系的主要因素有：合金性质、制品品种规格、运转间隙、槽封块包角、挤压比和冷却系统冷却强度等。通常稳定挤压过程的主要工艺参数为：轮槽温度为 400~450℃；模口温度为 350~400℃；靴体温度应小于 400℃；挤压轮转速应小于 24r/min；制品流出速度应小于 70m/min；运行电流应小于 300A；运行电压应小于 400V。

35.2.2 铝材连续挤压生产线

35.2.2.1 连续挤压生产线的基本组成

铝材连续挤压生产线布置如图 35-4 所示，通常由以下几部分组成：

（1）坯料预处理机组。包括放料、矫直和在线清洗。

（2）连续挤压机主机。

（3）制品后处理机组。包括制品冷却、张力矫直和卷取机。

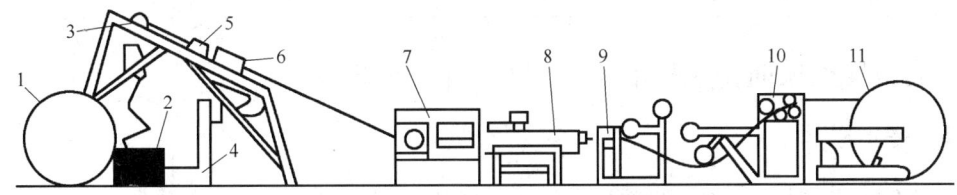

图 35-4 铝材连续挤压生产线示意图

1—开卷机；2—坯料；3—坯料固定卷盘；4—控制系统；5—矫直机；6—坯料表面处理机组；
7—连续挤压机；8—制品冷却系统；9—张力矫直；10—检验台；11—卷取机

表 35-2 为英国霍尔顿（Holten）机械设备制造公司 C300H 与国产 LJ300 铝材连续挤压生产线基本技术参数的对照情况。

表 35-2 C300H 与 LJ300 铝材连续挤压生产线基本技术参数

技术参数		C300H	LJ300	技术参数		C300H	LJ300
坯料表面处理方式		在线钢刷或在线超声波	在线超声波	额定工作油压/MPa		50	50
最大铝杆坯尺寸/mm		$\phi15$	$\phi12$	最大制品直径/mm	扩展靴	50	50
					普通靴	30	30
名义挤压轮直径/mm		$\phi300$	$\phi300$	最大理论产量/kg·h⁻¹	单槽	300	250
轮槽形式		单轮单槽	单轮单槽、单轮双槽		双槽	600	550
最高轮速/r·min⁻¹		40	25	最大卷取直径/mm		$\phi2000$	$\phi2000$
驱动功率/kW		120	144	最大排线宽度/mm		1000	1000
驱动方式		直流电动机	直流电动机	最高卷取速度/m·min⁻¹		316	323
最大运转扭矩/N·m		63300	40000	电控方式		PLC	PLC
最大启动扭矩/N·m		94950	60000	生产线宽度/m		30	36
靴体限位方式		液压	液压	生产线长度/m		3600	4000

35.2.2.2 铝材连续挤压主要产品及用途

目前，铝材连续挤压被广泛应用于铝及铝合金盘管、中小复杂型材、电线电缆，金属包覆线材等的生产上，见表 35-3。

表 35-3 铝材连续挤压主要产品及用途

类 型	材 料	规格/mm	主要用途
圆 管	1050、1060、1100、3003、5052 等软铝合金	$\phi(5 \sim 20) \times (0.5 \sim 2.5)$	冰箱管、汽车空调散热器管、天线管
半圆管	1050、1060 等工业纯铝	$\phi(6 \sim 8) \times (11 \sim 12) \times 1.0$	冰箱管、冰柜管
多孔扁管	1050、1060、1100、3003、3104、D97 等软铝合金	$(2 \sim 8) \times (16 \sim 48) \times (0.4 \sim 1.0)3 \sim 15$ 孔	汽车空调散热器管、水箱散热器管
异型材	1050、1060、1100、6061、6063 等	断面 $30 \sim 200\,mm^2$	电子仪表、装饰、民用五金等
扁 线	1050、1060、1100 等铝合金	$(3 \sim 8) \times (10 \sim 20)$	电磁扁线、电动机绕组、变压器带等
线 材	1050、1060、1100、6061、6063、6201 等	$\phi 2 \sim 8$	各种裸导线、焊丝等
包覆线材	铝包钢、铝包光纤、铝包超导线材，以金属陶瓷、非金属陶瓷或各类增强性材料为芯材的铝包覆新型线材(如包覆的 Al +20%SiC 线等)	断面 $30 \sim 200\,mm^2$，包覆层 $0.5 \sim 1.5$	包覆缆线

35.3 有效摩擦反向挤压技术

35.3.1 基本原理

有效摩擦反向挤压又称为高效反向挤压，实质上就是把本来起阻碍作用的摩擦力改变为起推动作用的有效摩擦力。当 $v_{k.m} > v_n$ 的条件下（$v_{k.m}$ 为挤压筒相对于挤压模的速度；v_n 为挤压轴的速度），在金属流动方向上，由于挤压筒与被挤压毛坯之间的有效摩擦力的补充变形而产生的一种高速挤压过程。图 35-5 所示为正向挤压变至反向挤压，再向有效摩擦力挤压过渡的示意图。

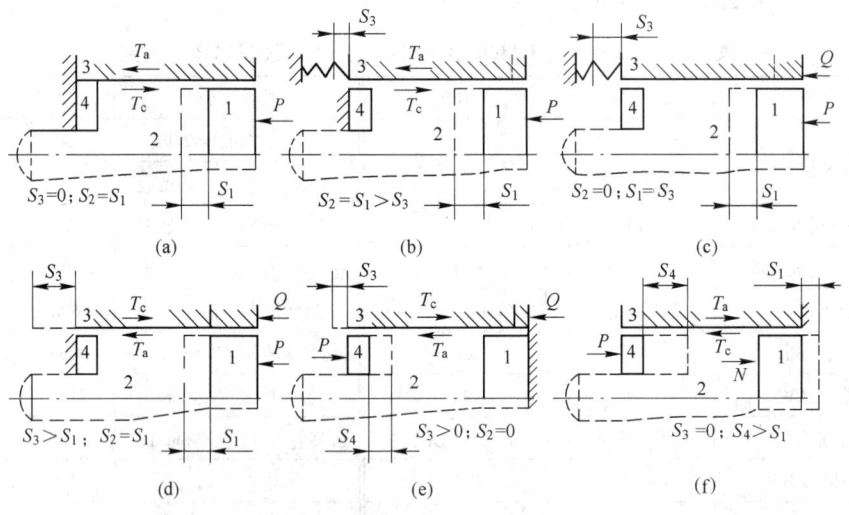

图 35-5 挤压示意图

(a)，(b) 毛坯表面上有障碍作用的摩擦力；(c) 无摩擦力；(d)，(e) 有推动作用的
有益摩擦力；(f) 同 (d)、(e)，但 $S_4 > S_1$

在正向挤压过程中（见图 35-5(a)）仅是挤压垫 1 移动，用 S_1 表示它的位移，S_2 表示挤压坯料 2 的位移。这时，挤压垫的位移等于挤压坯料的位移，即 $S_1 = S_2$。如果用

$\Delta S_{2,3}$ 表示挤压坯料相对挤压筒的位移，则 $\Delta S_{2,3} = S_2$。由于挤压筒 3 和挤压模 4 是固定不动的，因此，虽然在挤压坯料表面产生摩擦 T_c（T_c 表示阻碍摩擦力），挤压筒内壁上产生摩擦力 T_a（T_a 表示推动摩擦力），可是没有现实意义。因为此时 $S_3 = S_4 = 0$（S_3 和 S_4 分别表示挤压筒和挤压模的位移）。

如果设法使挤压筒沿挤压垫移动的方向产生位移，但 $S_3 < S_1$（见图 35-5(b)），挤压坯料与挤压筒壁之间的相对位移减少，$\Delta S_{2,3} = S_1 - S_3$，使 T_a 的一部分起作用，但这仍然是正向挤压过程。如果施加一个外力 Q，增加挤压筒的位移，保证 $S_1 = S_3$，相对地过渡至反向挤压（见图 35-5 (c)）。这时，由于挤压坯料与挤压筒之间不存在相对位移，即 $\Delta S_{2,3} = 0$，因此在它们之间也不存在摩擦力，则 $T_a = T_c = 0$。如果继续增大使挤压筒产生位移的力 Q，保证它超前于挤压垫移动，即 $S_3 > S_1$，那么在挤压筒与挤压坯料之间也产生了位移，$\Delta S_{3,2} = S_3 - S_2$（见图 35-5(d)）。在这种情况下，摩擦力的发动者是挤压筒，在挤压筒上的作用力是 T_c，在挤压坯料上的作用力是 T_a，其方向与金属流动的方向相同，并带动挤压坯料表面层金属向挤压模孔方向流动，变阻碍性质的力为推动性质的力，实现部分摩擦力有效作用。

如图 35-5(f)所示，挤压筒不动，在挤压模 4 上施加的力 P 继续增大，在挤压垫上施加力 N，它与 P 同向，产生位移 S_1，且 $S_4 > S_1$，以保证金属的变形和流动，这是实现有效摩擦力挤压的另一种形式。这里，摩擦力的发动者是挤压坯料，它在挤压筒内壁上产生力 T_a，没有实际意义，而挤压坯料本身表面上的力 T_c 与金属流动方向相同，起到有效作用。

35.3.2 有效摩擦反向挤压的优点

在高效有效摩擦反向挤压的过程中，由于在挤压筒内形成了超前的圆周流动并在接近模子处有金属流的补充压缩，就增大了流体静水压力，矫平了金属流前缘，消除了变形的不均匀性。

变形的这种动力学机理就保证了：不论同正向挤压相比（在能耗、组织的体积均匀性、型材长度方向上的尺寸精度及成品率方面），还是同反向挤压相比（力学性能均匀性、型材横截面的尺寸精度及表面质量方面），高效摩擦反向挤压都具有优越性。同时，高效摩擦反向挤压在流速、生产率和由变形及金属流来分级控制的可能性方面以及在生产有特殊性能的挤压制品方面都具有优点。

(1) 可增大金属的流出速度。在相似条件下进行无润滑高效摩擦反向挤压、反向挤压、正向挤压 2024 合金 ϕ60mm 棒材时，金属最大流动速度的相应比例为(2.9 ± 0.2)：(1.7 ±1)：1.0，因而提高了生产率。

(2) 采用高效摩擦反向挤压时，由于在挤压坯料中还存在着周边流的加速度和中心流的减速度，因此挤压制品的表面质量好、组织均匀、力学性能稳定。

(3) 采用高效摩擦反向挤压时，挤压残料高度减少 50%，挤压制品尾端粗晶环深度减少至 1mm，制品表面一般不会出现气泡、结疤和划伤，无过烧、裂口现象，成材率可达到 89.5%，最高可达 92%。

(4) 可大大增加金属的塑性变形能力，如粉末合金和颗粒合金等获得较高的可挤压性，从而获得各种复杂的挤压产品。

(5) 可实现半连续和伪等向流动，大大提高并稳定了产品的尺寸精度，消除挤压制品的各向异性，如对于 Al + 8% Fe 合金颗粒挤压成的棒材后的各向异性可从正向挤压的

35% ~45% 降低到 1% ~3% ，可使 2024 合金大型材的 K_{1c} 增加 20% ，剥落腐蚀抗力提高 35% ~40% 。

（6）可以制成硬铝合金型材的流水作业线，并具有良好的稳定性和质量。

35.3.3 高效摩擦反向挤压的应用

应用高效摩擦反向挤压的原理，研制开发了多种类型的新型挤压机。表 35-4 列出了 5MN 和 25MN 高效摩擦反向挤压机的结构与挤压工艺参数。

表 35-4　5MN 和 25MN 高效摩擦反向挤压机的结构及工艺参数

参　　数	5MN 挤压机	25MN 挤压机
额定压力/MN	5	25
挤压筒直径/mm	95、105、115	225、250、280
挤压筒长度/mm	550	1400
坯料最大长度/mm	450	1150
挤压速度范围/mm·s⁻¹	1 ~25	1 ~20
挤压速度的调节精度/%	±5	±5
设备外廓尺寸(长度×宽度×高度)/mm×mm×mm	7450 ×3800 ×2600	
挤压硬铝合金型材的生产率/kg·h⁻¹	360	1800
挤压软铝合金型材的生产率/kg·h⁻¹	1300	6500

根据铝合金产品的品种、规格和用途，开发出了成套的高效摩擦反向挤压工具。包括：1 个有圆孔的完整挤压垫块；2 ~3 个有成型槽的挤压垫块；可通过多槽截面的组合挤压垫块，表 35-5 为限制空心垫块通过截面的外径尺寸。挤压垫块由几个工作垫块和一个用结构钢管环形连接以组装工作垫块的钢套。钢套准确固定并安装这些工作垫块，并可从挤压机外面拆卸挤压垫块。挤压模有可拆的和可固定的（有弹性部件）两种。从整体型变为组合型挤压垫块可使单孔和多孔挤压型材的外径增大 25% ~30% 。成套的挤压垫块能保证生产规格、品种较多的型材，如 5MN 挤压机能生产外接圆直径为 8 ~80mm ，壁厚为 0.7 ~8mm 的型材；25MN 的挤压机能生产外接圆直径为 30 ~180mm ，壁厚为 1.5 ~8mm 的型材。

表 35-5　5MN 和 25MN 挤压机能通过的空心垫块截面最大外径　　　　　（mm）

参　　数	5MN 挤压机		25MN 挤压机	
挤压套筒直径	95	105	250	280
整体式、单槽的	47	55	146	164
组合型、单槽的	62	70	174	196
组合型、多槽的	62	74	180	210

以高效摩擦反向挤压机为基础形成的挤压生产线，包括全套工具的挤压机、有坯料分级加热的装置、拉伸系统、在线型材淬火系统，还配备有成套的典型自动化设备。

35.4　多坯料挤压

35.4.1　基本原理

如图 35-6 所示，多坯料挤压法，就是根据需要在一个筒体上开设多个挤压筒孔，在各个筒孔内装入尺寸和材质相同或不同的坯料，然后同时进行挤压，使其流入带有凹腔的挤压模内焊合成一体后再由模孔挤出，以获得所需形状与尺寸的制品。

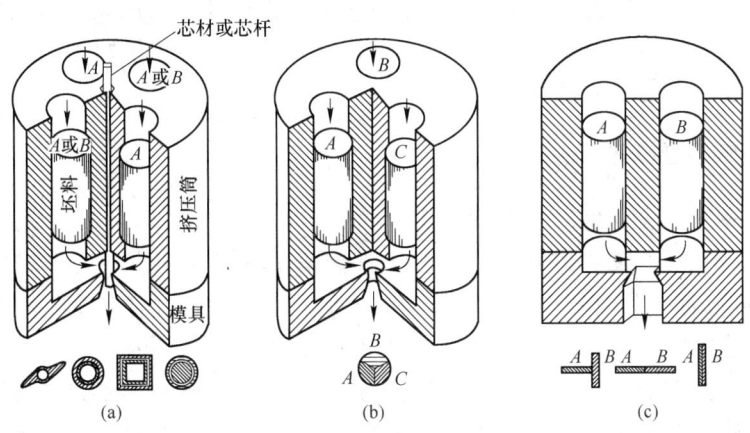

图 35-6 多坯料挤压原理图

多坯料挤压法是针对高强度铝合金高变形抗力或高挤压温度，无法采用常规的分流模挤压法成型异型空心型材的问题而提出来的。其基本思想是，若将分流模的各分流孔视为一个挤压筒孔，则坯料在分流桥被分割成几股后经分流孔流入焊合腔，然后重新焊合，从模孔挤出的过程，实际上相当于从几个挤压筒内同时向一个带有凹腔（相当于焊合腔）的挤压模内挤压坯料的过程。严格地讲，这一思想与前已有的包覆电缆侧向挤压法在原理上有相似之处。但是，通过采用特殊结构的挤压模控制金属的流动，以成型各种层状复合材料（或包覆材料）的研究，大大扩展了多坯料挤压法的可能应用领域。

35.4.2 多坯料挤压法的主要特点

多坯料挤压法的主要特点为：

（1）可以采用实心圆坯直接成型空心型材，不需要进行穿孔，也不需要使用分流组合模。模具结构简单，强度条件大大改善，适合于特种高强度合金型材成型。

（2）可以直接采用实心圆坯成型各种包覆材料、双金属管，省略制备复合坯料的工序，简化成型工艺。

（3）挤压成型包覆材料、双金属管等层状复合材料时，制品沿长度和圆周方向的尺寸均匀性好，不易产生竹节、断层、起皮等缺陷。这是常规复合坯料挤压法所难以达到，甚至是无法达到的。

（4）挤压成型各种层状复合材料时，坯料组合自由度大，即使是变形抗力相差较大的两种材料的组合也能正常成型。

（5）可以以粉末为原料，进行增塑挤压，然后烧结固化，制备由块体坯料无法挤压成型的高强低塑层状复合材料，或采用现有粉末冶金方法（包括常规的粉末增塑挤压、注射成型等）难以制备的梯度复合材料。

（6）由于一次挤压需要使用两个以上的坯料，因而挤压筒、挤压轴等工具的结构，以及挤压操作较常规挤压的复杂。

（7）采用块体坯料进行挤压时，对挤压筒、挤压垫片不能进行润滑，否则将影响坯料之间的焊合,热挤压时,坯料表面在加热过程中的氧化将对焊合质量产生显著影响,需要采取特别措施。

由上述特点可知,多坯料挤压法主要适合于附加价值高,采用其他方法成型困难,或现有产品质量不能满足使用要求的特种型材、层状复合材料、梯度材料的成型,原料可以是块体坯料,也可以是粉末材料。

35.4.3　多坯料挤压法的应用

A　多坯料挤压法成型双金属管材

图 35-7 所示为采用多坯料挤压法成型双金属管的实验装置。双金属管的成型过程如下:在位于 OA 断面上的两个挤压筒内装入外层管用坯料,在位于 OB 断面上的两个挤压筒内装入内层管用坯料。挤压时,OB 断面上的两个坯料被挤入内层挤压模的焊合腔内焊合(见图 35-8),然后通过内层挤压模的模孔流入外层挤压模的焊合腔。在外层模焊合腔内内层管在保持新生表面无氧化、承受高温和一定压力作用的状态下,被从 OA 断面上的两个挤压筒内挤入的外层管材料包覆,然后由外层挤压模的模孔流出成为双层管。如上所述,由于内层管是在表面无氧化、承受高温和一定压力作用的状态下与外层管复合成一体的,故可获得良好接合状态的内外层界面。

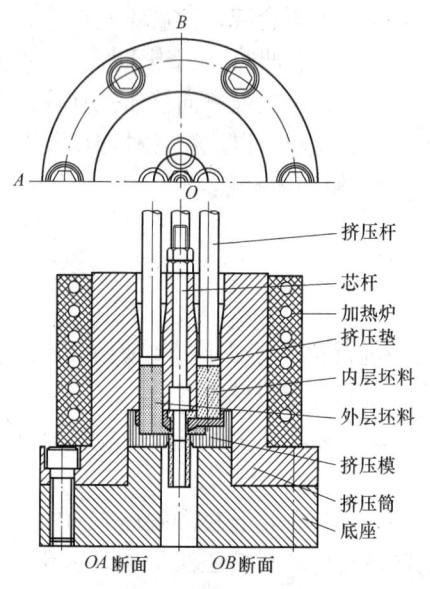

图 35-7　双金属管多坯料挤压成型装置

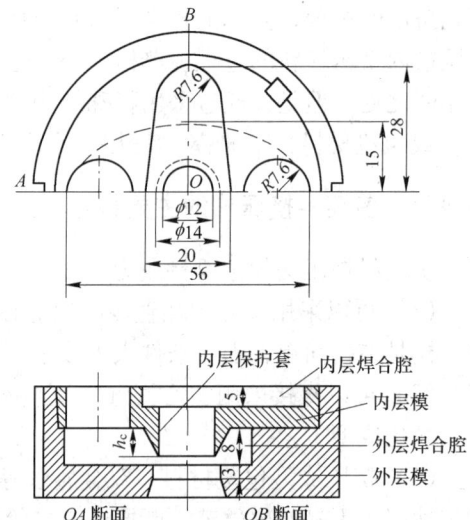

图 35-8　双金属管多坯料挤压成型用双层模

图 35-9 所示为采用多坯料挤压法成型的纯铝 1050 与铝合金 2014 双金属管的外形。其中,内层与外层的挤压比 λ 均为 8.7,挤压温度为 500℃。检测结果表明,无论是内层强度高于外层或者反之,内外层的厚度尺寸在制品的长度方向与圆周方向均匀。这一特点是常规的复合坯料挤压法所难以实现的,也表明采用多坯料挤压法成型双金属管时,内外层材料的组合自由度大。

与铝/铝合金双层复合管成型同样的原理,多坯料挤压法可以用于铝/铜、铜/钛等金属组合的双层复合管的成型。

B　粉末增塑挤压制备层状复合材料与梯度材料

由于高温、高压、氧化等问题，上述的块体坯料挤压法难以应用于高熔点材料、高温合金等层状复合材料的成型，同样，由于塑性等方面的原因，该法也难以成型陶瓷/陶瓷、陶瓷/金属等组合的层状复合材料。然而，如果以粉末为原料，在粉末中添加适当的黏结剂（增塑剂），则可利用

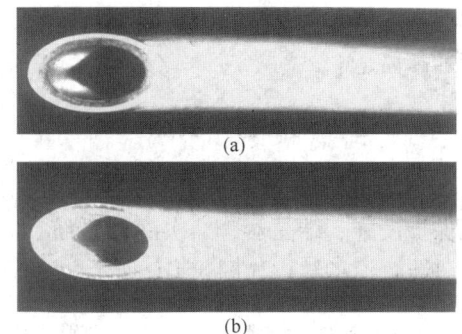

图 35-9　1050 纯铝/2014 合金双金属管外观
（a）内层 2014，外层 1050；（b）内层 1050，外层 2014

多坯料挤压法的原理成型各种金属/金属、金属/陶瓷、陶瓷/陶瓷层状复合粉末坯，再通过烧结固化，制备特种复合材料，如 W-Cu 梯度材料、不锈钢/陶瓷梯度复合管等，是多坯料挤压法的重要应用方向之一。

35.5　真空/气氛保护连铸技术

传统的熔炼加工方法已经无法满足电子工业、航空、航天等高技术产业对某些高新材料的要求：如特种铝合金(Al-Li、可焊 Al-Li 配用焊丝)、金属基复合材料(SiC/Al、Al_2O_3/Al)、金属间化合物（Ti_3Al）等。上述材料具有一些特殊的物理化学性质，如液态氧化吸气严重、含有易挥发易烧损组元、脆性难于加工、易于偏析、超纯净、均质化、低气含量，而且一般批量小、价格昂贵，传统连铸和块铸法不能生产或难以生产这一类材料。

目前，国外有色金属连铸设备制造商都在积极开发小型、精密连铸技术及装备，如英国的 RAUTOMEAD 公司采用石墨电阻加热保温炉设计制造的水平连铸机，该设备的特点是在保温炉通入氮气实现熔体保护和搅拌；日本 ASABA 株式会社开发出了系列的超小型连铸机（mini continiuous casting machine），可以铸板、棒，采用高频炉作为熔化保温炉，研制出了真空水平连铸（15~30kg）、真空垂直连铸（3~10kg）等系列连铸设备，用以生产电子材料、特殊合金，满足了高纯度、高性能的制造要求。

35.5.1　真空/气氛保护连铸的特点

真空/气氛保护连铸技术具备了连铸技术的特点：可以得到优质坯料；能耗少、生产周期短、生产成本低；设备及基建投资低；便于与后续工序连接，组成连续生产线。

真空/气氛保护连铸技术是在特殊冶金环境下实现材料连续制备的一种方法，由于在大气条件下熔炼一些材料往往与空气中多数气体反应，或吸收大量的气体，材料性能无法满足要求，而真空/气氛保护连铸技术还具备真空冶金的所有长处：

（1）特殊的冶金环境可以实现材料制备高纯度的目标，降低熔体中气体和杂质含量。

（2）对于含有易挥发组元的材料，预真空后通入惰性气体保护下熔炼铸造可保证合金成分及微量元素十分准确。

（3）对于吸气严重的合金，在真空/保护气体熔炼条件下，完全隔绝空气连铸可避免吸气。

（4）可以营造各种冶金气氛，满足不同材料制备需要。含有易烧损组元的合金，预真

空后通入气体 CO_2、Ar、H_2、CO 等，可实现在还原性气氛、中性气氛、防组元挥发介质中熔炼和铸造。

35.5.2　工艺布局及技术要点

真空/气氛保护连铸机组及其配置为：真空/气氛保护连铸机组由熔化保温炉、真空及气氛保护设施、结晶器、二次冷却系统、牵引系统和卷曲机、液压系统电气控制系统组成，该装置设备结构如图 35-10 所示。

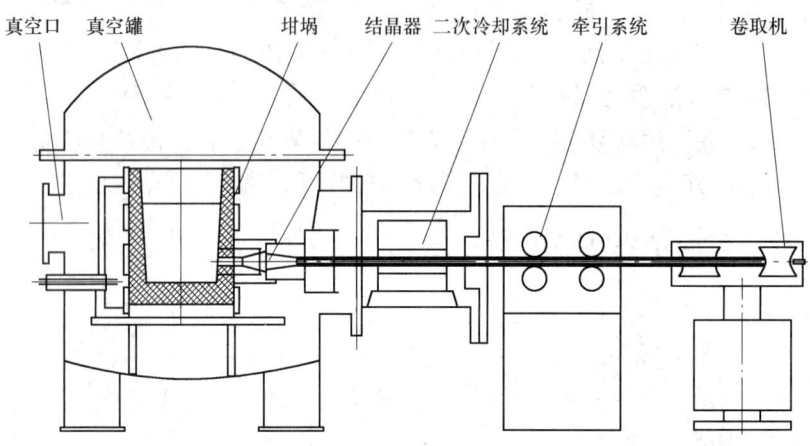

图 35-10　真空/保护气氛连铸装置示意图

工艺流程为：

（1）装炉，抽真空。将预先准备好的合金或纯金属炉料放入坩埚内，装好引锭杆后，封好各个端口，启动真空泵，抽真空。

（2）熔化合金。当罐内真空度达一定值后，启动电源，快速熔化合金。

（3）熔融金属保温或通气氛保护。使炉内熔融金属在一定过热温度下保温。对于需要气氛保护的材料，关闭真空泵通入气氛保护，罐内保持一定压力。

（4）开始引拉。启动牵引机、结晶器及二次装置通冷却水，开始连铸。

（5）正常连铸。将冷却强度、引拉工艺等参数调整到正常连铸数值。

生产技术要点为：

（1）铸坯引锭技术。连铸的坯料的牵引技术极为重要，直接影响到连铸能否成功。该技术包括炉口温度及熔体温度的控制，拉、停、退参数的选择等。

（2）真空连铸的动态密封技术。动态密封是直接影响到材料真空/保护气氛连铸的一个关键。无法真正实现动态密封就无法实现材料的连续制备，充分发挥连续化生产的高效率优势。

（3）连铸工艺专家系统。不同材料具有不同的物性，因而连铸工艺（包括连铸时熔体温度、拉坯制度、冷却制度等）有很大区别。影响工艺的物性参数是多元的，热物性（密度、导温系数、导热系数、线膨胀系数）、凝固特性（熔点、凝固温区、凝固过程的相变规律）、流变性（黏性、弹性和塑性、高温强度）对连铸工艺都起到作用。

（4）凝固组织控制技术。凝固组织受到冷却制度、过冷度、晶粒细化剂的添加液体对流条件等影响，可以得到柱状晶、等轴晶等不同的组织，因而可以通过控制连铸制度、搅拌条件等工艺达到控制凝固组织的目的。

35.5.3　应用举例

35.5.3.1　低氢铝合金焊丝材料的制备

铝锂合金在焊接过程中极易发生气孔，为保证焊缝质量焊接材料必须具有较低的氢含量和杂质含量，铝-钪合金的焊接填料也同样有很特殊的要求，如极低的氢含量、杂质含量、成分均匀准确性、防氧化等，真空/保护气氛连铸可以有效解决这类材料制备的问题。表 35-6 列出了北京有色金属研究总院采用真空/保护气氛连铸技术制备的 1420 铝-锂合金用焊丝的各项性能测试结果。与常规方法相比，采用真空熔炼可以除去铝熔体中的氢，氩气保护下连铸可避免浇铸卷入的气体和因接触铸型时吸入的气体，因此，焊丝含氢量控制在极低的范围（0.000024%）。焊缝整体无缺陷，有害杂质控制在较低的范围之内，氩气保护连铸避免了元素烧损。熔化过程中搅拌和快速凝固避免了 Al_3Zr 沉降，故成分均匀性得到保证，每批次所有主成分的差别小于 8%，晶粒细小，组织致密，气体夹杂减少，提高了焊缝力学性能，强度系数达 0.80 以上，对接焊缝达一级。

表 35-6　焊丝氢含量、杂质含量及焊缝 X 射线探伤测试结果

试 样 号	1	2	3	4	5
H 含量/%	0.18×10^{-4}	0.17×10^{-4}	0.24×10^{-4}	0.15×10^{-4}	0.14×10^{-4}
Fe 含量/%	<0.05	<0.05	<0.05	<0.05	<0.05
Si 含量/%	<0.05	<0.05	<0.05	<0.05	<0.05
杂质总和/%	<0.15	<0.15	<0.15	<0.15	<0.15
焊缝 X 射线探伤	无缺陷	无缺陷	无缺陷	无缺陷	无缺陷

35.5.3.2　电子行业用超细键合丝

用于二极管引线键合丝的超细硅铝丝直径一般达到 $20 \sim 30 \mu m$，这种超细丝对于原材料、加工工艺都有高的要求，国外要求单卷长度在 300m 以上，以利于自动化生产。目前国内硅铝超细丝普遍采用熔铸-挤压的技术路线。这种加工工艺使材料在强度和伸长率方面无法满足要求，在加工到超细情况时经常会发生拉断的现象，产品的最大长度在 $100 \sim 200m$，难以满足单卷长度的要求。真空连铸—拉拔的方法生产这种超细丝提高了质量、简化了工序，使材料的冶金质量得以提高，焊丝的强度和伸长率提高，键合线的焊接性能大大提。真空连铸法生产的超细硅铝丝单卷长度一般超过 300m，各方面性能指标满足使用要求，两种工艺生产硅铝键合丝的性能比较见表 35-7。

表 35-7　两种工艺生产硅铝键合丝（$30 \mu m$）的性能比较

性　能	拉断力/kN	可焊性	单卷长度/m
真空连铸-拉拔	≥210	好	>300
熔铸-挤压-拉拔	≤180	有飞溅	<200

35.6　半固态铝合金加工技术

半固态金属加工技术是一种先进的加工技术。半固态金属加工是金属在凝固过程中，

进行强烈搅拌或通过控制凝固条件，抑制树枝晶的生成或破碎所生成的树枝晶，形成具有等轴、均匀、细小的初生相均匀分布于液相中的悬浮半固态浆料，这种浆料在外力的作用下，即使固相率达到60%仍具有较好的流动性。可以利用压铸、挤压、模锻等常规工艺进行加工成型，也可以用其他特殊的加工方法成型为零件。这种既非完全液态，又非完全固态的金属浆料加工成型的方法，被称为半固态金属加工技术（semi-solid metal forming or semi-solid metal process，SSM）。

35.6.1 半固态加工成型的特点

35.6.1.1 半固态成型的主要优点

与普通的加工方法相比，半固态成型具有许多优点，主要优点如下：

（1）应用范围广泛，凡具有固液两相区的合金均可实现半固态成型。可适用于多种成型工艺，如铸造、挤压、锻压和焊接。

（2）SSM充形平稳、无湍流和喷溅、加工温度低、凝固收缩小，因而铸件尺寸精度高。SSM成型件尺寸与成品零件几乎相同，极大地减少了机械加工量，可以做到少或无切屑加工，从而节约了资源。同时SSM凝固时间短，从而有利于提高生产率。

（3）半固态合金已释放了部分结晶潜热，因而减轻了对成型装置，尤其是模具的热冲击，使其寿命大幅度提高。

（4）SSM成型件表面平整光滑，铸件内部组织致密，内部气孔、偏析等缺陷少，晶粒细小，力学性能高，可接近或达到变形材料的性能。

（5）应用半固态成型工艺可改善制备复合材料时非金属增强相的漂浮、偏析以及与金属基体不润湿的技术难题，为复合材料的制备和成型提供了有利条件。

（6）与固态金属模锻相比，SSM的流动应力显著降低，因此SSM模锻成型速度更高，而且可以成型十分复杂的零件。

35.6.1.2 半固态加工的组织特点

图35-11所示为常规铸造组织与半固态加工组织的比较。采用常规铸造方法，在合金熔体凝固早期，形核和长大的晶粒是可以自由移动的。但是，如果晶粒进一步长大成为大的枝晶后，他们将形成相互交错的枝晶网，那么晶粒间的相互移动就变得困难了，从而得

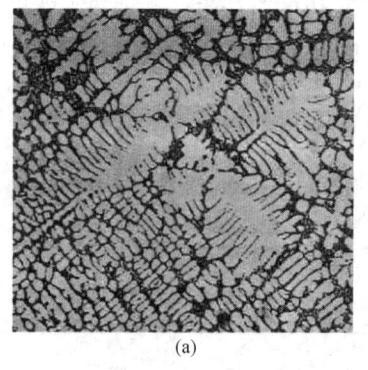 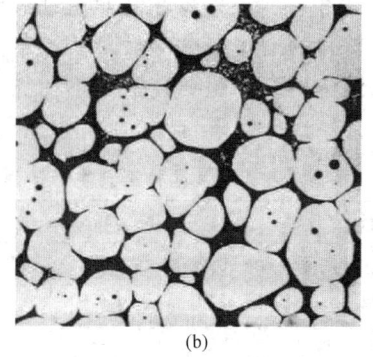

(a)   (b)

图35-11 常规铸造组织与半固态加工组织的比较

(a) 常规铸造组织；(b) 半固态加工组织

到典型的枝晶组织。在半固态加工的金属凝固过程中，由于进行了强烈搅拌，破碎所生成的树枝晶，或通过控制凝固条件，抑制树枝晶的生成，因此凝固组织中的一次相具有等轴、均匀、细小的近球形。

35.6.1.3　半固态加工成型后的力学性能

由于半固态加工成型零件的组织与常规铸造组织有明显的不同，即初生一次相具有均匀、细小、近球形。因此，成型后的零件力学性能也高，表 35-8 为几种铝合金在半固态成型后与其他成型方法后的力学性能比较。从表中可以清晰地看出，半固态加工成型技术的优越性。如经过触变成型的 A356 合金，在 T6 热处理状态下，比经过普通砂型铸造所得的铝合金具有更优良的力学性能，其力学性能相近锻件的力学性能。

表 35-8　不同加工方法所获得铝合金的力学性能比较

合　金	加工方法	热处理状态	屈服应力/MPa	抗拉强度/MPa	伸长率/%	硬度 HB
铸造合金 A356 （Al7Si0. 3Mg）	半固态成型	铸造	110	220	14	60
	半固态成型	T4	130	250	20	70
	半固态成型	T5	180	255	5～10	80
	半固态成型	T6	240	320	12	105
	半固态成型	T7	260	310	9	100
	金属模铸造	T6	186	262	5	80
	金属模铸造	T51	138	186	2	
	闭模锻造	T6	280	340	9	
A357 （Al7Si0. 6Mg）	半固态成型	铸造	115	220	7	75
	半固态成型	T4	150	275	15	85
	半固态成型	T5	200	285	5～10	90
	半固态成型	T6	260	330	9	115
	半固态成型	T7	290	330	7	110
	金属模铸造	T6	296	359	5	100
	金属模铸造	T51	145	200	4	
锻造合金 2017（Al4CuMg）	半固态成型	T4	276	386	8. 8	89
	锻造加工	T4	275	427	22	105
2024 （Al4Cu1Mg）	半固态成型	T6	277	366	9. 2	
	闭模锻造	T6	230	420	8	
	锻造加工	T6	393	476	10	
	锻造加工	T4	324	469	19	120
2219 （Al6Cu）	半固态成型	T8	310	352	5	89
	锻造加工	T6	260	400	8	
6061 （Al1MgSi）	半固态成型	T6	290	330	8. 2	104
	锻造加工	T6	275	310	12	95
7075 （Al6ZnMgCu）	半固态成型	T6	361	405	6. 6	
	闭模锻造	T6	420	560	6	
	锻造加工	T6	505	570	11	150

35.6.2　半固态加工技术的工艺流程

35.6.2.1　半固态加工技术的主要工艺流程

半固态金属加工技术适用于有较宽液固共存区的合金体系。研究和生产证明，适用于半固态加工的金属有：铝合金、镁合金、锌合金、镍合金、铜合金以及钢铁合金。其中铝合金、镁合金因其密度低，在交通运输、航天航空工业上有特别的应用意义，同时，它们熔点低，工业生产易于实现。因此，半固态金属加工技术在铝合金、镁合金方面，已得到一定的应用。

半固态加工的主要成型手段有压铸和锻造，此外也有人实验用挤压和轧制等方法。其工艺路线主要有两条：一条是将搅拌获得的半固态浆料在保持其半固态温度的条件下直接成型，通常被称为流变铸造（rheocasting）；另一条是将半固态浆料制备成坯料，根据产品尺寸下料，再重新加热到半固态温度成型，通常被称为触变成型（thixoforming），如图35-12所示。对触变成型，由于半固态坯料便于输送，易于实现自动化，因而在工业中较早得到了广泛应用。对于流变铸造，由于将搅拌后的半固态浆料直接成型，具有高效、节能、短流程的特点，近年来发展很快。

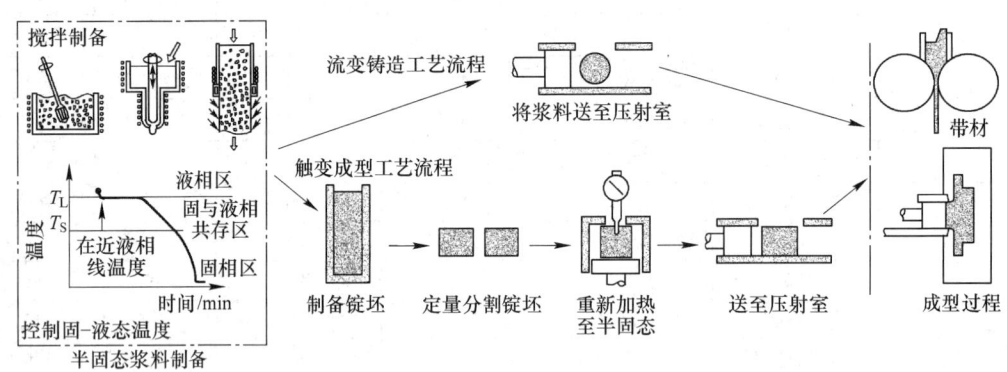

图 35-12　固态金属加工的两种工艺流程

35.6.2.2　几种半固态金属浆料的制备技术

尽管半固态加工技术有许多的优点，但它也存在一些不足，如流程较长。因此，半固态加工技术的发展趋势是：进一步简化加工工艺流程，进一步降低加工成本，扩宽半固态加工技术的应用范围。

半固态加工技术的第一步，也是非常关键的一步是如何高效、低成本地制备半固态金属浆料。近几年来，出现了许多制备半固态浆料的新方法、新工艺、新技术。这些新工艺和新技术都在一定程度上具有生产成本低、能耗低、生产效率高、设备简单、操作方便、可以生产尺寸较大的半固态坯料等优点。

A　新 MIT 工艺（new MIT process）

MIT 最近的实验研究认为，影响形成非枝晶半固态浆料的重要因素是合金的快速冷却和热传导。在一定的搅拌速度下，能获得半固态组织，进一步提高搅拌速度对产生球形晶粒没有太大影响，而且当搅拌时间为 2s 时，就能产生非枝晶半固态浆料。当合金温度低于液相线温度时，搅拌对最终的微观组织没有太大影响，只是利用搅拌消除过热，引起合金形核固化，而容器壁和浇注热传导（对流）起很大作用。

如图 35-13 所示为新 MIT 工艺过程：将容器内合金保持在液相线温度以上几度范围内，将一个带有冷却作用的镀铜棒搅拌器插入到熔体内进行短时间搅拌，使合金温度降低到液相线温度，熔融合金内只有几个固相百分数，取出搅拌器，将合金静止在半固态区间，进行短时间缓慢冷却或保持在绝热状态，然后将合金冷却到指定成型温度。在液相线温度附近的搅拌-冷却会使合金熔体内产生大量晶核。

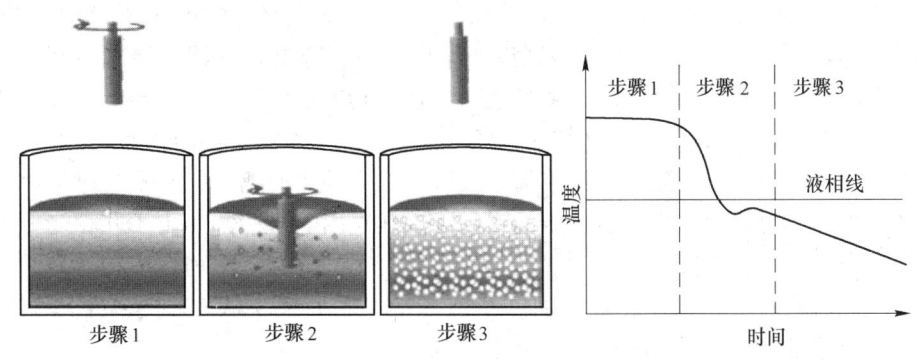

图 35-13　新 MIT 工艺的工艺过程

B　冷却斜槽法（cooling slope）

冷却斜槽法的原理为：将略高于液相线温度的熔融金属倒在冷却斜槽上，金属熔体沿斜槽内表面下流，由于斜槽的冷却作用，在斜槽壁上有细小的晶粒形核长大，金属流体的冲击和材料的自重作用使晶粒从斜槽壁上脱落并翻转，以达到搅拌效果。通过冷却斜槽的金属浆料落入容器，控制容器温度，即缓慢冷却，冷却到一定的半固态温度后保温，达到要求的固相体积分数，随后可进行流变成型和触变成型。图 35-14 所示为三种冷却斜槽法的工艺过程，图 35-14（a）和（b）是将先将制备的半固态浆料直接铸轧成板带坯，图 35-14（c）是将制备的半固态浆料铸造成坯锭后，再二次加热，重熔后触变成型的工艺过程。采用冷却斜槽法制备的半固态浆料的固相百分数在 3% ~10% 之间，其流动性同熔融金属一样。在流变铸造中，固相百分数越低，越容易铸造。因此，冷却斜槽法能应用于流变铸造成型很薄的铸件。

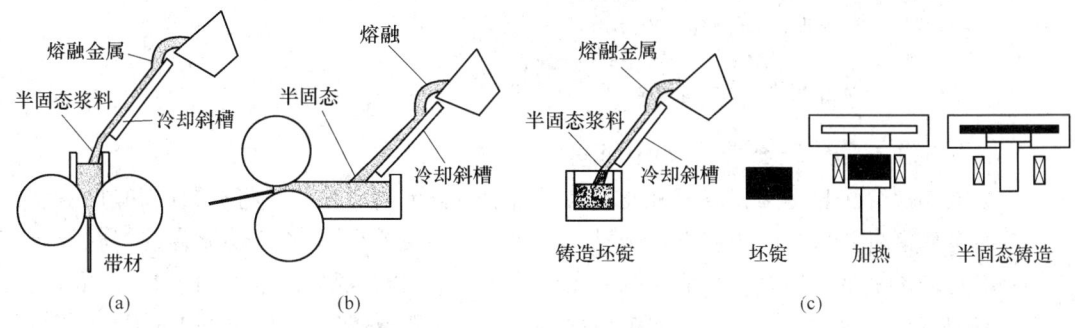

图 35-14　三种冷却斜槽法的工艺过程

C 双螺旋半固态金属流变注射成型法

双螺旋流变注射机由坩埚、双螺旋剪切装置和中央控制器等组成，双螺旋剪切装置是由筒体和一对相互紧密啮合的同向旋转螺旋组成，如图35-15所示。螺旋轴的齿形经过特殊设计，能使金属熔体得到较高的剪切速率和较高的湍流强度。沿着筒体外层轴线的分布着加热单元和冷却单元，形成一组加热-冷却带，控制装置的温度。温度控制精度可达到±1℃，能准确地控制半固态金属浆料固相体积百分数。

D 剪切-冷却-轧制法（shear-cooling roll）

剪切-冷却-轧制法（shear-cooling roll，简称SCR法），如图35-16所示。SCR法的主要结构包括剪切/冷却轧辊、由耐火材料制造的靴形座与剥离器，轧辊内通水冷却，轧辊的转动引导熔融金属沿着靴形座流动。靴形座需要预热到一定温度，防止金属在靴形座上凝固。在金属浆料出口处安装一个剥离器，将可能黏附在轧辊上的金属刮去。其工作原理是：将加热到一定温度的熔融金属经喷嘴注入辊缝上方的导向槽中，轧辊与靴形座之间留有一定的间隙，同时轧辊表面具有一定的粗糙度，轧辊内通水冷却。由于轧辊与靴形座的冷却作用，合金熔体发生凝固，转动的轧辊对部分凝固的合金产生剪切搅拌作用，使合金液转化为半固态浆料。并通过轧辊施加的摩擦力将半固态浆料从轧辊与靴形座间隙中拖出，通过安装在出料口的剥离器引导半固态浆料流动。流出的半固态浆料可直接进行流变成型，也可制成所需尺寸的具有非枝晶组织的坯料，然后进行触变成型。

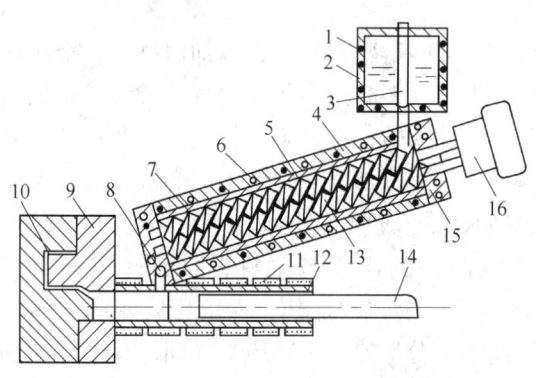
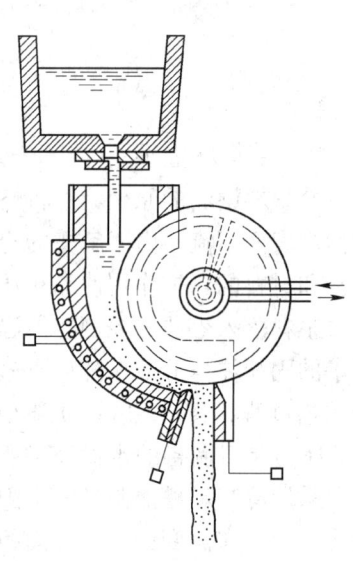

图35-15 双螺旋流变注射成型示意图
1—保温炉加热器；2—保温炉；3—进料塞杆；4—搅拌筒体；5—筒体加热器；6—冷却孔；7—衬套；8—出口阀；9—模具；10—成型零件；11—加热器；12—挤压筒体；13—螺旋轴；14—柱塞；15—筒体端盖；16—驱动装置

图35-16 SCR法原理图

E 不同液体混合法（liquid mixing process）

不同液体混合法是将两种或三种亚共晶成分的熔融金属混合，或将亚共晶和过共晶成分的熔融金属混合获得半固态浆料的方法。该方法首先是分别制备需要混合的熔融金属，并将要混合的熔融金属均保持在液相线以上，熔融金属内没有晶核或者晶核很少。混合在绝热容器中进行，或者在一个通过向绝热容器的表面涂镀石墨的静止混合槽中进行，混合槽需要预热，保证熔体流过混合槽时，其温度保持在液相线温度以上。熔体在混合槽上以湍流方式流动，使其混合程度良好。两种熔体的混合导致自发的热传导（热释放），亚共晶吸收过共晶热量，混合后得到的新合金温度在液相线温度上下，含有大量的晶核，进一步处理可以形成具有细小、球状组织的半固态浆料，如图 35-17 所示。图 35-17(a) 所示是两种不同金属熔体混合的工艺过程，图 35-17(b) 所示是两种不同金属熔体在混合前和混合后的温度变化情况。

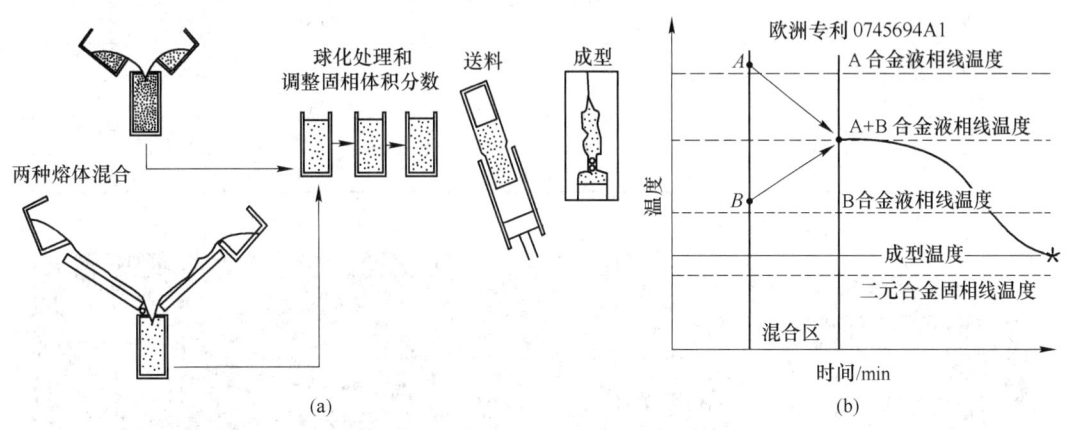

图 35-17　两种不同金属熔体混合的工艺过程及温度变化图

通过控制不同熔体的成分和质量，能获得所需半固态浆料。如果两种将要混合的熔体是不同成分，通过控制热和质量传递（或扩散）获得含有大量初始 α 相颗粒。亚共晶合金温度、对流强度和初始相颗粒尺寸对半固态浆料最终微观组织有很大影响。

　　F　近液相线铸造法（near-liquidus cast）

近液相线铸造法主要采用控制铸造的温度、静置时间、铸造速度及冷却强度等因素，将熔融温度在液相线温度以上或接近于液相线温度经保温静置后，并在一定的冷速下浇注，从而获得细小、近球形、非枝晶半固态组织。目前，已成功用于 7075、2168 和 A356 等铝合金以及 AZ91D 和 ZK60 等镁合金的半固态坯料的制备。

35.6.3　半固态加工技术的工业应用

半固态加工技术在全世界的应用日益广泛。世界上许多国家都已经开始了这项技术的研究和开发应用。目前，美国、意大利、瑞士、法国、英国、德国、日本等国家处于领先地位。

当前，半固态加工技术应用得最成功和最广泛的领域是汽车行业。表 35-9 列出了可用半固态加工的铝合金汽车零件替换铸铁零件的减重效果。图 35-18 所示是利用半固态加工方法成型的汽车零件。其中，图 35-18(a) 是 Alcan 公司应用半固态加工生产的铝合金刹车轮毂；图 35-18(b) 是意大利 Stampal 公司生产的汽车转向节，若采用铸铁制造，质量为 3kg，采用半固态加工的铝合金质量为 1.4kg，减重 114%；图 35-18(c) 是 Alfa-Romeo 汽车的悬挂支架，材料为 AlSi7Mg0.6(A357) 合金，T5 状态，重量达 7.5kg。

表 35-9 已用于汽车前悬挂系统的半固态成型零件与原铸铁零件质量比较

零件名称	铸铁零件/kg	半固态铝零件/kg	质量减少/kg	质量减少百分比/%
上控制臂：前端	0.73710	0.25515	0.48195	65
上控制臂：后端	0.79380	0.31185	0.35195	61
悬 臂	1.84275	0.70785	1.13400	62
驾驶控制杆	2.09790	1.10565	0.99225	47
支 撑	0.19845	0.11340	0.08505	43
悬挂支架	0.31185	0.14175	0.17010	55
减振器支架梁	0.19845	0.14175	0.05670	29
驾驶控制杆支撑架	0.36855	0.28350	0.08505	23
转向节	6.95575	3.88395	3.06180	44

 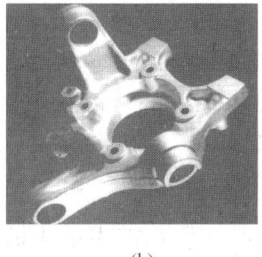 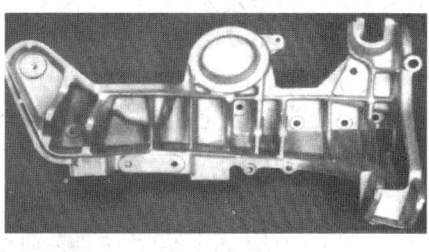

(a) (b) (c)

图 35-18 半固态加工成型的汽车零件

我国从 20 世纪 80 年代后期开始研究开发，在国家自然科学基金等科研计划的支持下，先后有不少高校和科研单位开展了这方面的研究。从而在半固态加工成型技术的基础理论和应用研究方面都取得了可喜进展，并自行设计和开发了不同类型的实验设备和生产线，如自行设计建成了 100t/年铝合金半固态材料生产实验线，研制成功 6 工位中频感应二次加热设备。图 35-19 所示为我国采用半固态加工技术生产的零件。图 35-19(a) 为重庆大学与中国嘉陵集团重庆九方铸造有限责任公司研制的 JH70 型摩托车发电机镁合金支架。图 35-19(b) 为北京有色金属研究总院与东风汽车公司合作，采用半固态压铸生产的铝合金汽车空调器零件。图 35-19(c) 是北京有色金属研究总院采用半固态加工技术生产的铝合金汽车零件，零件直径大于 120mm。

 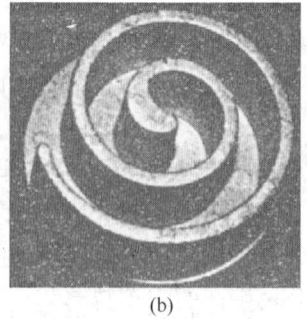 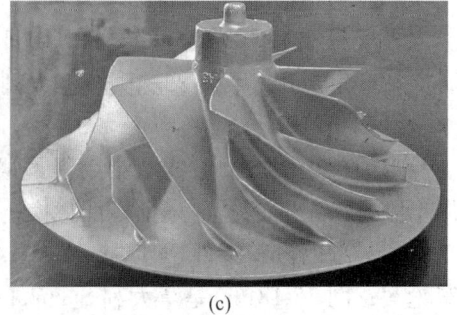

(a) (b) (c)

图 35-19 我国采用半固态加工技术生产的零件

36　铝加工材测试技术与装备

36.1　铝加工材的质量要求

产品质量要求就是所提供的合格产品要全面地、合理地满足产品的使用性能和用户的要求。即从原、辅材料选用，工艺装备和工模模具的精心设计，生产方法与工艺操作规范的精心编制与实施，以及产品在生产过程中的精确检测等方面严格把关，最终全方位（包括产品的材质成分、外观和内在质量，组织与性能以及尺寸与形位精度等）地达到技术标准或供需双方正式签订的技术质量协议对技术质量指标的要求。铝合金加工材料与绝大多数其他产品一样，其质量指标应包括以下几方面：

（1）化学成分。包括合金的主成分元素及其配比，微量元素添加量以及杂质元素的含量等均应符合相关技术标准或技术协议的要求。

（2）内部组织。主要包括晶粒的大小、形貌及分布；第二相的多少、大小及分布；金属与非金属夹杂的多少、大小及分布；疏松及气体含量与分布；内部裂纹及其他不连续性缺陷（如缩尾、折叠、氧化膜等）；金属流纹与流线等均应符合技术标准或技术协议的要求。

（3）内外表面质量。按技术标准的要求，内外表面应光洁、光滑、色泽调和，达到一定光洁度、不应有裂纹、擦伤、划伤和腐蚀痕，不应有气泡、气孔、黑白斑点、麻纹和波浪等。

（4）性能。根据技术标准或用户的使用要求，应达到合理的物理、化学性能，耐腐蚀性能、力学性能，加工性能或其他的特殊性能指标。

（5）尺寸公差和形位精度。包括断面的尺寸公差和产品的形位精度（如弯曲度、平面间隙、扭拧、扩口、并口、板形、波浪等），都应符合技术标准和使用要求。

要保证产品质量全面地满足使用性能和用户要求，就必须严格的对产品进行检测和管理。

36.2　现场测试技术

36.2.1　测氢技术

氢是以原子状态存在于铝液中，溶解平衡式为：

$$H_2(g) \Longleftrightarrow 2[H] \tag{36-1}$$

反应的平衡常数是：

$$k = \frac{C_H^2}{C_{H_2}} \tag{36-2}$$

式中 k——常数;

    C_H——氢在 100g 铝液中的溶解度,mL。

恒压条件下,k 与温度的关系近似为:

$$k = K'e^{-\frac{E_S}{RT}} \tag{36-3}$$

式中 E_S——氢的摩尔溶解热,当溶解为吸热时,E_S 为正值,氢在纯铝中的摩尔溶解热

        $E_S = 104.6\text{kJ/mol}$;

    T——铝液温度,K。

于是

$$C_H^2 = C_{H_2}K'e^{-\frac{E_S}{RT}} \tag{36-4}$$

但由于气体浓度与其分压成正比,所以式(36-4)可写为:

$$C_H^2 = K''p_{H_2}e^{-\frac{E_S}{RT}} \tag{36-5}$$

$$C_H = K\sqrt{p_{H_2}}e^{-\frac{E_S}{2RT}} \tag{36-6}$$

式中 p_{H_2}——平衡状态下铝液与气体分界面上氢气分压,Pa。

式(36-6)也可用如下 Sieverts 定律表示为:

$$\ln C_H = 0.5\ln p_{H_2} - A/T + B \tag{36-7}$$

式中 A,B——与铝合金成分有关的常数。

式(36-7)中,A、B、T 都容易确定,所以测氢含量 C_H,关键是求得 p_{H_2} 值。尽管实际温度和铝合金成分对氢含量的影响不是直接用式(36-7)计算,但关键仍是 p_{H_2} 的确定。目前实用的铝液测氢方法大都是通过测量 p_{H_2} 来确定 C_H。例如,Telegas、Alscan、ELH-ⅢB、HAD-Ⅱ、Chapel 和固体电解质氢传感法等都是采用这种方法测氢含量。p_{H_2} 的测量方法大体可分 3 种。

36.2.1.1 平衡载气法

Telegas 技术又称为闭路循环技术(CLR)或循环气体法。少量惰性气体载体通过一陶瓷管进入铝液再被钟罩形探头收集进入循环气路,铝液中的氢扩散到循环气流中并逐渐达到平衡,利用热导池(氢的热导率约是氮的 7 倍)测出氢分压。Telegas 测氢仪探头易损、价高、仪器笨重,读数还需要根据合金成分及铝液温度修正。为解决这些问题,美铝开发了 Telegas Ⅱ(见图 36-1)。其测氢基本原理与 Telegas 测氢仪相同,但氢分压采用差示热导技术测量。它采用一个连接于专门开发的连接于恒温电路的热敏膜代替原 Telegas 的两根细铂丝和惠斯登桥式电路,并配备了以微处理器为核心的控制系统。该法仍需较贵的探头。

Alscan 测氢仪(见图 36-2)工作原理与 Telegas Ⅱ 相同,主要是探头有较大改进,结实价廉的浸没式探头无需预热或特殊处理,即使在很浅的铝液中探头也可以以方便的角度使用,另外它无需将气流吹入铝液中,解决了 Telegas Ⅱ 最困难的问题,但相应地循环惰性气体中的氢达到平衡所需时间也加长,这可通过适当地移动探头来解决。

Alscan 每次测量时间约为 10min,精度为 +0.01mL/100gAl 或 ±5%,探头寿命与合金

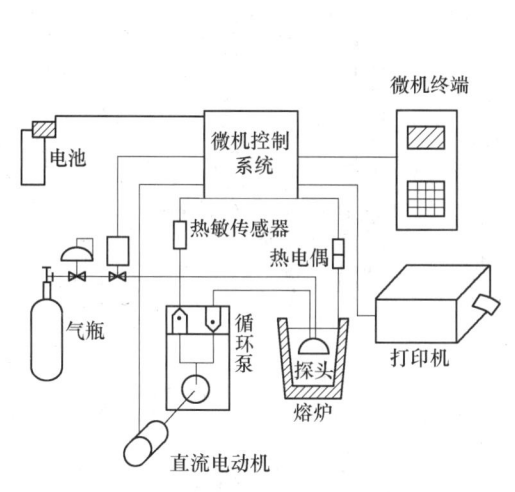

图 36-1　Telegas Ⅱ 测氢仪示意图

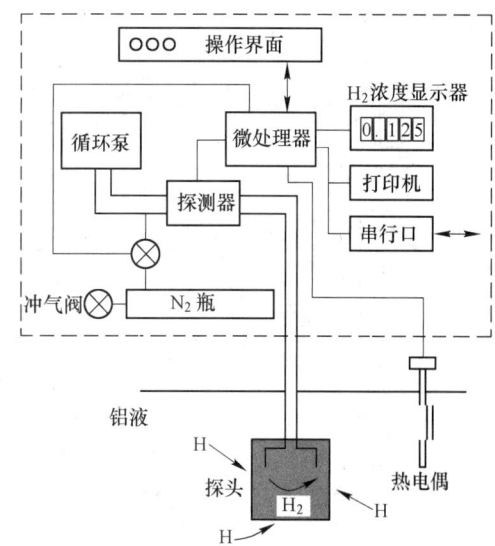

图 36-2　Alscan 测氢仪示意图

有关，多数情况下，至少可承受 10 次浸渍，或在铝液中 3h 以上的累计时间。在纯铝中的寿命会更长些。目前第三代这种类型的仪器 Alscan CM 已出现，其功能更完善。

西南铝业集团有限责任公司研制 ELH-Ⅲ B，成都瑞杰公司研制的 HAD-Ⅱ 测氢仪工作原理都与 Telegas 法相同，检测精度高，检测平衡时间为 3 ~ 5min。

目前，Telegas 和 Alscan 是最成熟的应用于工业上的铝液测氢方法。

36.2.1.2　直接压力法

直接压力法（见图 36-3）测量装置简单，但对探头要求较高，必须在高温下化学性质稳定，材料孔隙度适宜，真空下氢能透入而铝液不能渗入。E. Fromm 测氢仪是德国 E. Fromm 公司生产的直接压力法测氢仪，其工作原理是将一特殊探头插入铝液中并抽真空，氢在探头表面析出扩散到真空系统中，经过一段时间（约 20 ~ 30min）真空系统中的氢分压与铝液的氢分压达到平衡。根据 Sieverts 定律即可算出铝液中氢含量。该法不足之处是测试时间长、探头寿命短、价格高。

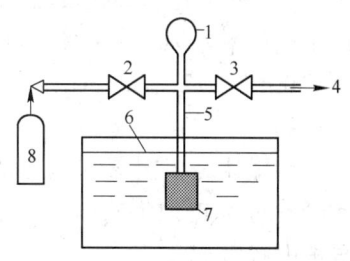

图 36-3　直接压力法示意图

1—真空室（传感器）；2，3—真空阀；
4—接真空泵；5—陶瓷管；6—铝液；
7—探头；8—氢气瓶

哈培尔法是一种直接压力法，该技术现已可连续监测熔炉炉中铝液的氢含量。哈培尔法中的圆柱形多孔石墨探头通过一个气密陶瓷管与压力测定仪相连。探头浸入铝液后迅速抽出探头内的空气，此时探头就像一个人造气泡。铝液中的氢向这个气泡中扩散，直到气泡中的压力与铝液中的氢分压 p_{H_2} 相等。此时测出探头中的气压即可确定铝液的氢分压。探头结构及气路图，如图 36-4 所示。

图 36-4(c) 是测量过程中探头内气压变化曲线，可大致分 3 个阶段：第一阶段是抽真空阶段，对应图中 AB 段；第二阶段是消除余压阶段；第三阶段是铝液中的氢向探头中扩

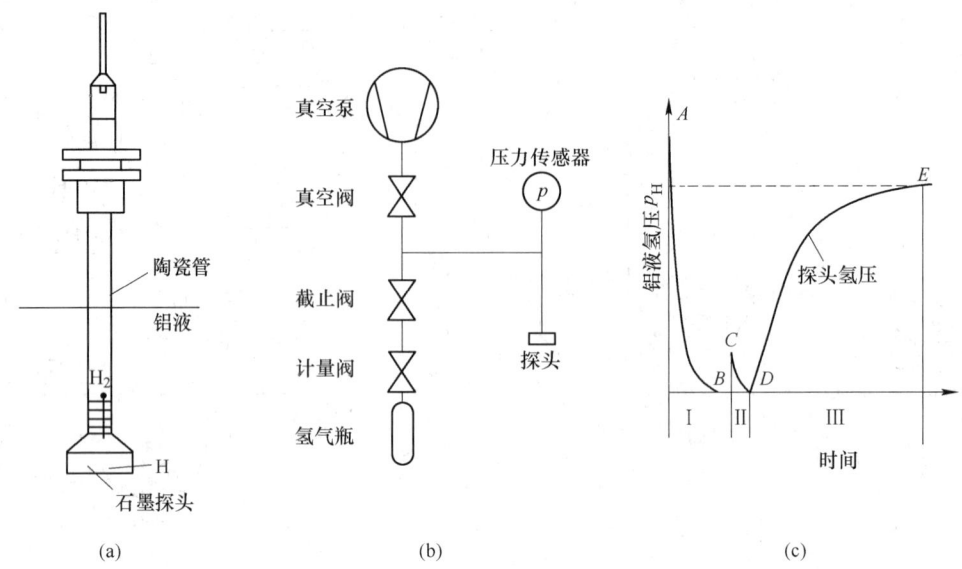

图 36-4　哈培尔法所用探头、气路原理及测量过程中探头内气压变化曲线

（a）探头示意图；（b）气路原理；（c）测量过程中探头内气压变化曲线

散。无论是否达到平衡，探头内的压力都有显示。这种方法适用于连续测氢，当然更可以间隔测量，每次测量循环时间仅为1min。

36.2.1.3　固体电解质氢传感法

20世纪80年代以来，冶金分析工作者致力于研究具有高质子电导率的特种陶瓷，以掺入 Yb 的 $SrCeO_3$（$SrCe_{0.95}Yb_{0.05}O_3$-a）致密陶瓷与 Ca/CaH_2 混合物作为参比电极组成探头，其质子迁移率为91%～93%，在873～1170K 温度范围内对溶解氢具有稳定的电势。掺入 In 的 $CaZrO_3$（$CaZr_{0.9}In_{0.1}O_3$-a）致密陶瓷与 Pt 参比的电极组成的探头，质子迁移率接近100%。

氢传感器是根据氢浓差电池原理工作，如图36-5所示。电池形式：M，$p_{H_2}^{I}$ 高温固体氢离子导电电解质 $p_{H_2}^{II}$，M。

由于两极氢的化学位差，在电解质与金属电极的接界处将发生电极反应，分别建立不同的平衡电压，电池的电动势服从 Nernst 公式：

$$E = \frac{RT}{2F} \ln \frac{p_{H_2}^{I}}{p_{H_2}^{II}} \qquad (36-8)$$

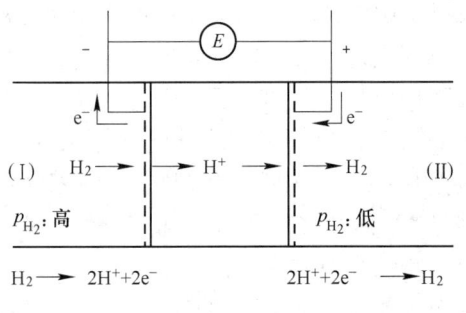

图 36-5　氢浓差电池工作原理

式中　R——理想气体常数，8.314J/（mol·K）；

　　　F——法拉第常数，965009.648456×10^4C/mol；

　　　T——绝对温度，K。

测定了电池电动势和温度后，就可以根据 $p_{H_2}^{I}$ 和 $p_{H_2}^{II}$ 中已知的一个求得未知量。氢分压已知的一侧称为参比电极。然后利用 Sieverts 定律求得铝液中的氢含量。

图 36-6 所示是 NOTORP 氢传感器示意图。由于采用氢作参比电极，需向探头通入 H_2 或 H_2-He。为了使用方便，降低成本，有人采用能提供稳定氢分压的金属氢化物为参比电极如 Ca/CaH_2，但 Ca/CaH_2 即使在实验室条件下也存在氧化。因此高效、稳定的高温固体氢参比电极的研制是亟待解决的一个重要课题。

NCH 测氢仪是由东北大学根据固体电解质电动势原理，采用固体电解质化学传感器制成的。它能在线长期、连续测氢，且响应时间很短（约 10s）。

36.2.1.4 其他方法

减压实验法又称为 RPT 实验法，装置如图 36-7 所示。该法的原理是在低压下氢将从铝液中析出，形成气泡。氢在固态铝中的溶解度远小于在铝液中的溶解度。铝液凝固时氢被富集于枝晶间的液相中，其浓度将超过溶解度极限而生成气泡，气泡形核多发生在枝晶根部或夹杂上。降低外部压力，则铝液凝固时气泡会在更高的温度，更低的固相分数，更低的氢含量下形成。同时析出的氢更多，体积也更大。如果所有的气泡都保留在金属中，则凝固的孔隙度和密度变化都被放大。利用这些不同的特征可判断氢含量。有多种不同类型的减压实验：

（1）根据真空室内试样凝固时表面的运动和气泡情况。氢含量大时，气泡多，结果试样表面隆起，氢含量少时无气泡表面不凸起甚至下降，据此可粗略判断氢含量。

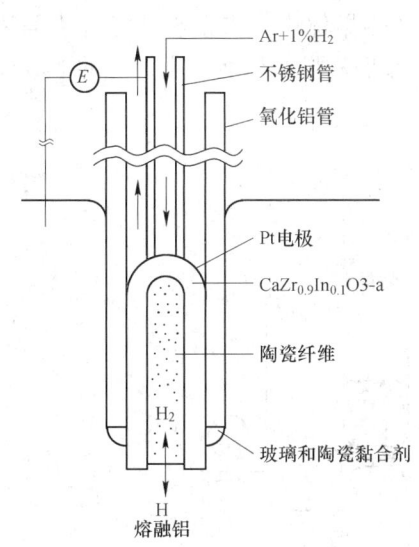

图 36-6　NOTORP 氢传感器示意图

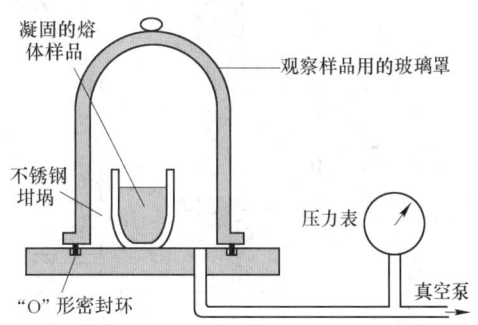

图 36-7　减压实验法装置

（2）根据孔隙度，将凝固的试样锯成两半，观察断面上的气孔情况。根据一套标准图片确定孔隙度等级，判断氢含量。

（3）根据凝固后金属的平均密度确定氢含量。

（4）将熔融金属放入保持一定温度的炉子内，密封后抽真空，根据第一个气泡从金属表面出现时的压力和温度确定氢含量，该法准确度较差。

德国一家公司正在开发铝液快速测试机，这种多用途测试仪铝液氢含量的测试时间不到 1min，并可采用 Straube-Pfeiffer 真空气体实验法测量氧化夹杂含量，此外还可在降低压力的条件下制作密度测试样品。该机采用取样法进行测量。

36.2.2　测渣技术

测渣方法有化学法、熔剂法、金相分析法、过滤法等。目前采用的主要是后两种方法。

36.2.2.1　金相分析法

金相分析法分为:

(1) 普通金相法。普通金相法是利用金相显微镜来观察凝固的试样中的夹杂物,误差较大。

(2) 压力过滤-金相法。压力过滤法是用极细的滤片在压力下将铝液(已知质量的)过滤,使夹杂物遗留在滤片上,利用金相法数出夹杂物粒子个数,测出它们在过滤片上所占的面积,测量结果用每千克过滤铝中的夹杂物面积表示。该法时间长、成本高,夹杂物的混合和滤片上的其他分散结构特征使得夹杂物面积的精确估算很困难,特别是夹杂物和氢含量高时,滤片横截面上会出现疏松,使夹杂物的计数和面积测量值出入很大。

36.2.2.2　PoDFA 法

加拿大铝业公司的 PoDFA 和 PoDFA-f 系统(见图 36-8)是目前唯一的既可对夹杂物性质进行定性分析,也可对夹杂物浓度进行定量分析的质量控制工具。生产者可根据 PoDFA 的测定结果决定铝液是否可用于一些夹杂物要求严格的产品的生产。该法将一定量的铝液在一定的控制条件下通过极细的滤片进行过滤,铝熔体中的夹杂物在滤片表面浓缩,浓度提高 10000 倍,带有残留金属的滤片被剖切,镶嵌和抛光,然后由专业的 PoDFA 金相分析人员在光学显微镜下进行分析。

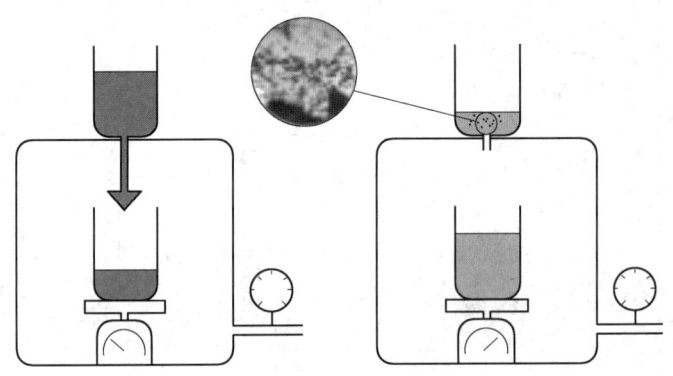

图 36-8　加拿大铝业公司的 PoDFA 法示意图

一种新的便携 PoDFA 法,配有 EDX(能量分散 X 射线分析)扫描式电子显微镜,可用于夹杂检测。它不需要通常电子显微镜的典型实验室环境,可应用于现场,是一种万能的质量检查工具。操作简单,既可以以分析扫描电镜方式使用,也可以以自动分析方式使用。操作及日常维护成本很低。

试样制备与普通金相试样相同,试样形状并不重要,日常分析用试样形状应以保证成本较低为原则。

在 Personal SEM 上,分析表面根据四角坐标来设定,调整焦点,放大倍数调整合适后,分析程序计算要分析的那些区域,通过仪器自动平台的移动逐个扫描要分析的区域。根据放大倍数,分析程序将这些区域进一步分成放大的"电子"工作区,使分析速度达到最佳值。

为记录图像,Personal SEM 有一个 SE(二次电子用于表面形貌)探测头和一个 BSE(背散射电子用于表面元素对比)探测头。BSE 探测头显示金属试样中的外来夹杂。材料中要研究的相通过对比度阈进行探测并被测量和分析。EDX 对夹杂物的分析可根据要求在中心，沿对角线、整个表面，或在周边进行。

可以选择相应的检测方式测定专门的检测内容如：尺寸、长度、宽度、外貌，化学成分和亮度。在线统计可显示每个夹杂的尺寸（长、宽、面积）及所含的元素。这样就可对夹杂进行识别和分类。为了归档和进一步的数据处理，所有粒子检测结果都被保存在数据档案中。根据保存的夹杂物的数据，可在一台独立的 PC 机上输出统计结果。一次分析的总时间为 0.5~2h。

36.2.2.3　Qualiflash 法

Qualiflash 法是一种评价铝液洁净度的过滤技术。当铝液进入一个底部有过滤器的温控罩内时，氧化物会阻塞模压陶瓷过滤器。过滤的金属被保留在有 10 个刻度的锭模中。根据铝液停止流动时锭模中铝的数量来确定铝液洁净度。Qualiflash 是一种便携式仪器，可用于炉前分析，一次测试仅需 20s 的时间。

36.2.2.4　Prefil-Footprinter 法

加拿大的 Bomem Inc(公司)开发了 Prefil-Footprinter(见图 36-9)。其测渣原理是在严格的条件下通过压力过滤使液态铝通过细孔陶瓷圆片。测试结果是过滤出去的金属质量与时间的关系曲线，该曲线 3min 内即可在计算机屏幕上显示出来。根据该曲线的斜率，与给定的合金、生产工艺或阶段的标准铝液夹杂水平相对比，即可确定夹杂含量。斜率越大，夹杂含量越少。

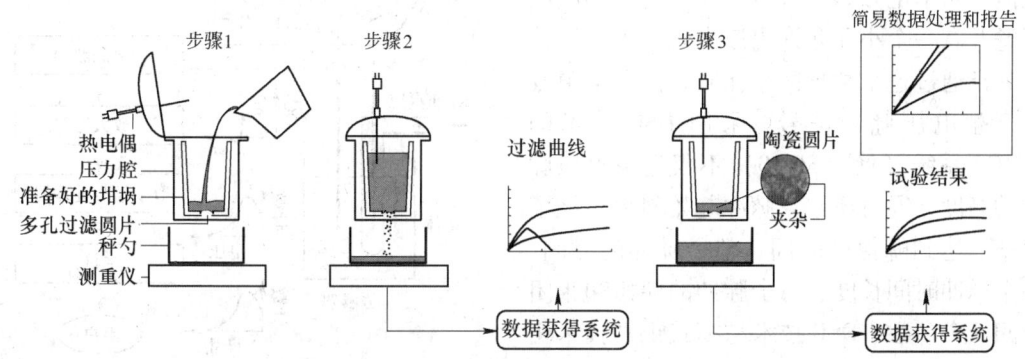

图 36-9　Prefil-Footprinter 的测量过程

数据库的建立可以确定生产中在专门检测条件下，测量的铝液夹杂的极限。数据库专门用于比较和参考。在相同的检测条件下，测得结果可与数据库进行对比。

测量后残余的金属可用来进行标准的金相分析，以确定各种夹杂的数量。

Prefil-Footprinter 的测量过程由 3 个阶段组成。首先将底部有多孔陶瓷圆片的坩埚预热并放入压力室中，放一勺铝液于坩埚内，关上盖，打开加压按钮。然后当铝液温度降到规定值时系统在坩埚内施加一恒定压力强迫铝液通过过滤圆盘。与计算机相连的负载测量装置记录下滤出的金属质量与时间的关系曲线，并即时显示在计算机屏幕上。在不到 3min 的时间内结束实验后，压力腔中压力自动降低。实验结果与有关信息一同被保存。保留在滤片上的夹杂物可采用金相法进行检查、鉴别和计数，这一过程使夹杂物浓度提高 5000~10000 倍，可测夹杂物含量在 0.005~50mm²/kg 范围内。

与 PoDFA 法及金相分析法对比，Prefil-Footprinter 法与金相分析法具有较好的一致性。A356.2 合金的检测表明，Prefil-Footprinter 法与 PoDFA 法具有较好的一致性。

Prefil-Footprinter 法测量夹杂速度快，比单纯的金属取样法灵敏，可用于铝液质量控制。

36.2.2.5 LiMCA 系统

Bomen 公司开发的 LiMCA(liquid metal cleanliness analyser)系统，可直接测量铝液中悬浮的绝缘粒子的密度，并实时分析尺寸为 $20 \sim 300\mu m$ 的夹杂物体积分布。由于配备了先进的信号和数据处理电子装置，仪器可通过分析电压波动频率及波动幅度的分布来推测铝液中粒子的密度及体积分布。粒子密度以每千克铝液夹杂物粒子个数来表示。它可以表示成关于铸造时间的函数。粒子的体积分布用直方图表示，表示每单位粒子尺寸范围内粒子的密度。LiMCA Ⅱ 适用于工艺开发、过程控制和质量控制。过滤前使用硅酸铝取样头，过滤后使用带伸长管的硼硅玻璃取样头。伸长管可减小微气泡对测量结果的影响，LiMCA Ⅱ 能在 1min 的时间内测出熔体的洁净度。它几乎能连续监测铸造过程中洁净度的变化情况，将其显示为时间的函数。熔炼炉准备、合金配制、原料混合、静置时间以及类似的参数对熔体洁净度的影响很容易检测出来。日常操作为：液面高度控制，流盘中的紊流的影响可直接看到。对应相铸造参数，夹杂从静止炉出口到达铸锭尾端的时间可以测出，以便及时停止铸造，减小切尾量。不足之处是探头易损、费用高。

LiMCA 根据电敏感区原理工作，在电敏感区两个浸于金属液中的电极间通有恒定的电流，两个电极被一个绝缘试样管所分开。管壁开有一个小孔允许铝液出入。当绝缘性的夹杂通过这个敏感区小孔时，由于电阻改变产生电压脉冲信号。采用 DSP 技术的 LiMCA 系统（见图 36-10）不仅记录电压脉冲的高度，同时还记录脉冲起始斜率、终了斜率、达到峰值的时间、整个脉冲的时间、整个脉冲时间长度、每个脉冲的起始和张闭时间 6 个参数，DSP 技术与模式识别技术相结合，以便将微气泡与夹杂区分开来。DSP-Based LiMCA 比采用模拟技术的 LiMCA Ⅱ 在成本和灵活性方面更具有优势。

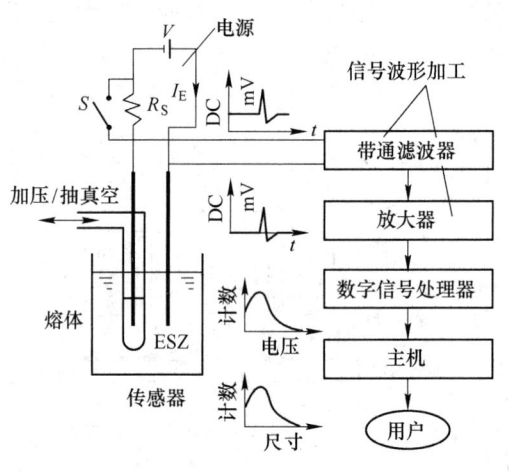

图 36-10 LiMCA 工作原理图

压力过滤法可测量全部夹杂物粒子，而 LiMCA 法只能测量一部分夹杂物粒子（$20 \sim 300\mu m$）。

36.2.2.6 K-Mold 法

K-Mold 装置采用断裂实验测量夹杂，优点是成本低，测试时间短，操作水平要求不高，取样灵活。K-Mold 铸出的试样上有 4 道刻槽，这 4 个部位是实验后的断裂点，该槽在相应铸模上的凸棱部位还可能通过涡流效应改善夹杂物粒子的捕获能力。测量时向预热的模具中浇入待测铝液，获得多块试样，然后把试样打断立即检查，断口表面有一个或多个夹杂物粒子便被认为是一次"事件"（对应的断口上的夹杂不算作独立的"事件"），这样一个试样可能有 4 次"事件"。实验结果用"事件"数与检查的全部断裂面数的比值来表示，称为 K 值。但该法对小的圆形夹杂物粒子检测困难。

36.2.2.7　LAIS 法

该法与 PoDFA 法相似，不同之处是制样装置预热后抽真空，然后从铝液中取样。样品也需要进行金相观察。

在夹渣种类和含量的取样法测量中，样品的采集是一个棘手的难题。目前已知铝液中有 30 多种夹渣物，包括从薄膜到粒子的各种形状的氧化物、碳化物、硼化物、氮化物、金属间化合物和其他化合物，大小从几微米到半毫米，密度最小的约 $2.3g/cm^3$，大的超过 $4.0g/cm^3$。取样时的条件对测试结果会有很大影响。

实际应选用何种测渣仪取决于具体产品、铸造条件和生产水平。

36.2.3　测温技术

温度测量方式可分为接触式和非接触式两种。

36.2.3.1　热电偶接触式测温技术

接触法测量温度的传感器，多采用热电偶或热电阻。热电偶结构简单、测温范围宽、测量端小、价格便宜、使用方便，因此，在铝加工测温中应用很广。该方法是将两种不同材料的导体焊接成一个闭合回路即构成热电偶。通常这两段导体为金属线或合金丝，称为热电偶丝或热电极。当两个接头的温度不同时回路中就会产生电流。其中放置在温度待测的介质中的接头称为测量端或热接点；另一接头称为参考端或冷接点。实际测量时参考端并不焊接而是接入测量仪表，参考端是某个已知的恒定温度。回路中的电动势称为热电势，它由接触电势和温差电势两部分组成。测出不同温差下对应的热电势即可做出热电偶的定标曲线。根据定标曲线，由测得的热电势及参考端温度便可确定待测温度，图 36-11 所示为热电偶测温原理。

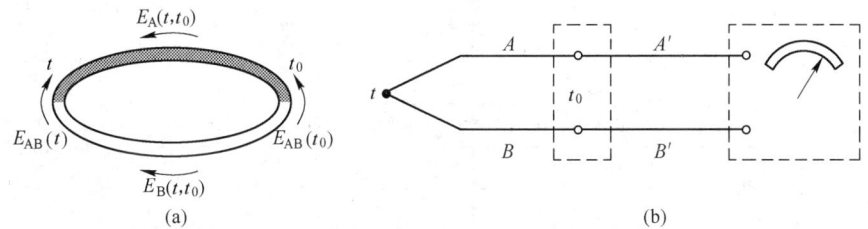

图 36-11　热电偶测温原理
（a）热电势；（b）热电偶基本测温回路

由两种均质热电极组成的热电偶，其热电势与热电极的直径、长度及沿热电极的温度分布无关，只与热电极材料和两端温度有关。如果两端温度相等，则热电势为零；如果热电极材质不均匀，则当热电极上温度不均匀时，将产生附加热电势造成测温误差，此即均质定律。因此热电极材料的均匀性是热电偶的重要质量指标之一。

在热电偶回路中接入中间导体后，只要中间导体两端温度相同就对热电偶回路的总热电势没有影响，这就是中间导体定律。据此只要接入热电偶回路的显示仪表和导线的两接入端温度相等，则它们对热电偶产生的热电势就没有影响。

热电偶测量端常常离参考端或显示仪表很远。由于热电偶丝成本较高，在温度不太高的中温区和参考端间可接入廉价的补偿导线（即延长导线），补偿导线在 0℃ 至几百摄氏度的中等温度范围内具有与热电偶相同的热电性质，它使热电偶延长而不影响热电偶的热电势。热电偶其他重要部件包括保护热电偶丝的密封保护管，将热电偶丝、热电偶丝与保护管分离开的绝缘材料，连接端子，接头，显示仪表或执行机构等。

　　根据热电偶正、负热电极丝的材质不同，可将热电偶划分为廉金属热电偶、贵金属热电偶、难熔金属热电偶和非金属热电偶。根据其长期使用的温度范围，可分为低温热电偶、中温热电偶和高温热电偶。根据热电偶的结构形式、用途或安装方法的不同，可分为可拆卸的工业热电偶、铠装热电偶、表面热电偶、多点式热电偶、快速微型热电偶、薄膜热电偶、总温热电偶、升速热电偶等。

　　标准热电偶是指生产工艺成熟、成批生产、性能优良并已列入工业标准文件中的热电偶。这类热电偶发展早、性能稳定、应用广泛，具有统一的分度表，可以互换，并有与其配套的显示仪表可供使用，十分方便。非标准型热电偶，没有列入工业标准，通常也没有统一的分度表和与其配套的显示仪表，其应用范围及生产规模也不如标准型热电偶。但在某些特殊场合，如在超高温、低温或核辐照条件下，具有特殊性能。我国标准化热电偶等级和允许偏差见表 36-1。

表 36-1　我国标准化热电偶等级和允许偏差

热电偶型号	等级	使用温度范围/℃	允许偏差	标准号
B	Ⅱ	600 ~ 1700	± 0.25% t	GB 2902—82
	Ⅲ	600 ~ 800	± 4℃	
		800 ~ 1700	± 0.5% t	
R	Ⅰ	0 ~ 1100	± 1℃	GB 1598—86
		1100 ~ 1600	± [1 + (t − 1100) × 0.003]℃	
	Ⅱ	0 ~ 600	± 1.5℃	
		1100 ~ 1600	± 0.25% t	
S	Ⅰ	0 ~ 1100	± 1℃	GB 3772—83
		1100 ~ 1600	± [1 + (t − 1100) × 0.003]℃	
	Ⅱ	0 ~ 600	± 1.5℃	
		600 ~ 1600	± 0.25% t	
K 或 N	Ⅰ	− 40 ~ 1100	± 1.5℃ 或 ± 0.4% t	GB 2614—85、ZBN05004—88
	Ⅱ	− 40 ~ 1300	± 2.5℃ 或 ± 0.75% t	
	Ⅲ	− 200 ~ 40	± 2.5℃ 或 ± 1.5% t	
E	Ⅰ	− 40 ~ 800	± 1.5℃ 或 ± 0.4% t	GB 4993—85
	Ⅱ	− 40 ~ 900	± 2.5℃ 或 ± 0.75% t	
	Ⅲ	− 200 ~ 40	± 2.5℃ 或 ± 1.5% t	
J	Ⅰ	− 40 ~ 750	± 1.5℃ 或 ± 0.4% t	GB 4994—85
	Ⅱ	− 40 ~ 750	± 2.5℃ 或 ± 0.75% t	
T	Ⅰ	− 40 ~ 350	± 0.5℃ 或 ± 0.4% t	GB 2903—82
	Ⅱ	− 40 ~ 350	± 1℃ 或 ± 0.75% t	
	Ⅲ	− 200 ~ 40	± 1℃ 或 ± 1.5% t	

　　标准化热电偶中，B 型材质为铂铑 30-铂铑 6，是一种贵金属热电偶，它具备铂铑 10-铂热电偶（或 R 型）的优点，同时，测温上限又比较高，它适宜于 0～1800℃ 的氧化性和惰性气氛中，也可短时用于真空中，但不适用于还原气氛或含有金属或非金属蒸气的气氛中（用密封性非金属保护管保护下者例外）。R 型材质为铂铑 13-铂，是一种贵金属热电偶，它不仅比 S 型热电偶稳定，而且复现性好。S 型为铂铑 10-铂，在热电偶中准确度最高，常用于科学研究和测量准确度要求比较高的生产过程中。K 型材质为镍铬-镍硅，它是一种使用十分广泛的贱金属热电偶，年产量在我国几乎占全部贱金属热电偶的一半，这种热电偶的测量范围很宽，线性度好，使得显示仪表的刻度均匀，热电势率比较大，灵敏度比较高，稳定性和均匀性很好，抗氧化性能比其他贱金属热电偶好。N 型为镍铬硅-镍铬，是一种比 K 型热电偶更好，很有发展潜力的标准化的镍基合金热电偶，它是一种最新的字母标志的热电偶，在 250～500℃ 范围内的短期热循环稳定性好。E 型材质为镍铬-铜镍合金（康铜），是一种比较普遍的贱金属热电偶，对高湿度气氛的腐蚀敏感，适宜于我国南方地区使用或湿度较高的场合使用。J 型材质为铁-铜镍合金（康铜），是工业中应用最广、价格低廉的一种贱金属热电偶。T 型材质为铜-铜镍合金（康铜），是最广泛用于测温的工具，其性能稳定，特别在 -200～0℃ 下使用，稳定性更好。

　　N 表示某类型热电偶的负电极；P 表示某类型热电偶的正电极。

　　热电偶的刻度是在冷端保持 0℃ 的条件下进行的。但在使用时，如果参考端温度不为 0℃，甚至是波动的，则应采取措施，使参考端温度恒定，或对其变化引起的热电势变化加以补偿。可采用冰点槽法、计算法、仪表机械零位调整法、补偿电桥法、补偿热电偶法等进行补偿。

　　热电偶在长期使用中，由于受到周围环境、气氛、使用温度及保护管和绝缘材料等影响，会使热电特性发生变化，必须定期进行检定或校验，以确定热电偶的可靠性、稳定性及灵敏度是否合乎要求。

　　热电偶测铝液温度的关键是保护管。按材质保护管可分为金属、非金属、金属陶瓷 3 类。金属材料坚韧但易受腐蚀不能承受高温，非金属材料则相反，金属陶瓷则兼有二者的优点。铝液连续测温用保护管有金属、Si_3N_4。金属管的强度高，但寿命短；Si_3N_4 管耐腐蚀但强度低。

　　用接触法测量固体表面的温度，多采用热电偶或热电阻。由于热电偶具有测温范围宽、测量端小、价格便宜、使用方便的优点，在表面测温中应用很广。此外，国内也开发了便携式浸入测温仪对铝液进行间断测温，使用温度范围可达 0～1200℃。

36.2.3.2　非接触式测温

　　非接触式测温是利用热光学原理，通过非接触式温度传感器测定金属（工件）表面的光谱辐射亮度、辐射强度、反射光波的波长度等物理的变化来测量金属（工件）表面的温度。

　　将环境认为是黑体的条件下，根据 Plank 定律可得到：

$$L_{\lambda_i} = \frac{c_1}{\pi \lambda_i^5} \left(\frac{\varepsilon_{\lambda_i}}{e^{\frac{c_2}{\lambda_i T_0}} - 1} + \frac{1 - \varepsilon_{\lambda_i}}{e^{\frac{c_2}{\lambda_i T_a}} - 1} \right) \tag{36-9}$$

式中　L_{λ_i}——波长 λ_i 的光谱辐射亮度；

ε_{λ_i}——被测物体在波长 λ_i 的光谱发射率，又称为发射本领；

c_1——第一辐射常数，$c_1 = 2\pi hc^2 = 3.7418 \times 10^{-12} \mathrm{W \cdot cm^2}$；

c_2——第二辐射常数，$c_2 = hc/k = 1.4888 \mathrm{cm \cdot K}$；

T_0——被测物体真实温度；

T_a——环境温度。

根据 ε_{λ_i} 的数值和其对 λ_i 的依赖情况，可分为 3 种情况：

（1）黑体。ε_{λ_i} 是固定的，且约等于 1。

（2）灰体。ε_{λ_i} 与波长无关，但与物体表面有关，$\varepsilon_{\lambda_i} = 0.2 \sim 1$。

（3）非灰体。ε_{λ_i} 与被测物体表面和波长都有关，$\varepsilon_{\lambda_i} = 0.05 \sim 0.5$。

对于第一和第二种情况，只要被测物温度远高于环境温度，则式（36-9）中第二项便可以忽略。

对于第一种情况，可采用全辐射高温计和只在一个波长测量辐射功率的光谱辐射高温计进行测温。

对于第二种情况采用比色高温计，此时 ε_{λ_i} 数值虽不知道，但对所涉及的波长范围，ε_{λ_i} 是恒定不变的。在波长 λ_1 和 λ_2 测得的辐射功率 P_1 和 P_2 的比值与光谱发射率无关，取决于目标物体的真实温度。

第三种情况的温度测量需要较高的技巧。而铝加工过程中高温铝材的温度测量便属于这种情况。实际采用或可以采用的方法如下：

（1）把在两个波长上测得的辐射功率进行综合考虑。测得在波长 λ_1、λ_2 的辐射功率，P_1、P_2 利用比色高温计的原理估算出温度 T_R，再根据 P_1 采用光谱辐射高温计原理估算出温度 T_{RD} 目标物体的真实温度。

$$T = kT_R + (1 - k)T_R \tag{36-10}$$

式中，k 必须通过实验确定，根据这一原理工作的高温计已投入使用。

（2）利用 ε_{λ_1} 与 ε_{λ_2} 之间的关系确定温度。实验确定 ε_{λ_1} 与 ε_{λ_2} 之间的关系，对 3 个未知量 ε_{λ_1}、ε_{λ_2}、T_0 列出 3 个方程，可解得目标温度。尽管根据 $\varepsilon_{\lambda_1} = $ 常数 $\times \varepsilon_{\lambda_2}$ 已获得理想的结果，但该常数必须通过实验确定。目前这一方法尚未投入商业应用中。

（3）使用 4 个波长上的辐射功率。用 4 套元件测出在 4 个波长 λ_1、λ_2、λ_3、λ_4 上的辐射功率。

$$P_i = P_i(T_0, T_a, \varepsilon_{\lambda_i}) \quad i = 1,2,3,4 \tag{36-11}$$

式中，ε_{λ_i} 之间存在一定关系。目标温度为：

$$T_0 = T_0(P_i, P_2, P_3, P_4) \tag{36-12}$$

实验建立（P_i，P_2，P_3，P_4）与目标温度的查询表，实际测量时利用查询表根据 P_i、P_2、P_3、P_4 即可确定目标温度。

此外有利用更多波长（6 个或 10 个）的辐射功率测量温度的方法，但由于商业应用的可能性很小，在此不予介绍。

非接触式光学测温计的应用比较广泛，影响其测量精度的主要原因是铝材的比辐射率随被测铝料的表面状态、组织、合金类型和温度的变化而变化，且铝的发射率与反射率的比值很低，增大了带来误差的可能。传感器与被测物间介质的吸收率$\tau(\lambda)$也对测温带来影响。铝加工用非接触式光学测温计是用两个或两个以上高温计元件在不同波段上测量光谱辐射亮度，然后将其输出值进行综合处理，计算出温度。

现已经有多种非接触式仪器投入实际应用。如以色列 3T（True Temperature Technologys）公司的 3T 测温仪，英国 Land Infrared 公司的红外测温仪 ABTS（alminium billet thermometer system）、AETS（the aluminium extrusion thermometer system）、ASTS（aluminium strip thermometer system），美国 Ircon 公司的测温仪等。

36.2.4　结晶器液面高度测定

目前测量结晶器内金属液面高度方法有电容法、涡流法和激光法。

36.2.4.1　电容法

电容式位置传感器响应速度快，再现性好；对来自烟雾、化学气体、粒子的污染不敏感；电学特性良好，在操作环境下稳定性好，此外，在电磁铸造中不受磁场影响。

测量结晶器内金属液面高度的电容式位置传感器为变极距型。电容传感器感应头与金属液面分别作为电容器的两个极板构成一个电容。通常电容量大小与探头和液面的距离成反比。该电容一般用来控制一个振荡器，然后转换为 4～20mA 的输出电流送给液面控制器。

湿度、压力、温度对介质的介电常数都有轻微的影响，但最主要的是电容器极板的边缘效应以及传感器周围的金属物体引起的寄生电容，这两种效应使电容增大。这些误差可采用附加电路，束集电容场区来减轻。

36.2.4.2　激光法

激光传感器距离测量采用光学三角测量原理。利用基准长度，通过测量（漫）反射光束的角度即可确定测量点的距离。

目前的激光探头可以离液面很远，但由于铝的反射率很高，激光探头需要很大的能量，因而被划为第三类保护级别，需要采取特殊的劳动保护措施。而且这些探测仪并不适用于所有的合金及现场条件。PreciNleter AB 公司开发的新型激光三角传感器 ProH 可避免上述缺点。

由于采用了新的发光及 CCD 线计算方法，即使对高反射率的纯铝液也可进行无系统误差的测量，同时该技术对烟雾不敏感。传感器可安装在距最低测量点 1m 高处，线性工作范围为 200～325mm。

近些年，Wagstaff 公司提供的铸造系统的其他自动控制技术，采用先进的传感器、激光谱线发射技术、图像处理/识别与数据处理技术，能够提供更多的数据（从激光谱线的多个点上的级别信息）。激光谱线获得的，提高了响应率和分辨率，即使发光金属或合金、烟尘与蒸汽的影响，也不会干扰传感器的数据。金属液位的精度可控制在 ±1mm。

36.2.5　板带材的厚度测量

轧制时板带厚度测量技术主要有涡流测厚、X 射线测厚、放射线测厚、激光测厚等，详细介绍如下。

36.2.5.1 涡流测厚

根据涡流感生原理工作，建立在测量材料电导的基础上。由于材料电导率会随温度、成分改变。对这些变化的影响必须进行补偿。

利用涡流法测量金属薄板的厚度，不仅设备简单、价格低廉、检测快速、使用方便、没有污染，而且板材越薄，测量精度越高。铝箔和薄带的测量精度可达到微米级。因此，有些铝薄板和铝箔轧机采用这种方法测厚。

36.2.5.2 X 射线测厚

当一束 X 射线通过板带时，由于散射和吸收的作用使其透射方向上的强度衰减。其衰减服从式（36-13）：

$$I_H = I_0 e^{-\mu H} \tag{36-13}$$

式中 I_0——X 射线入射前的强度；

I_H——X 射线射出后的强度；

μ——线衰减因数，与材质化学成分和射线波长有关；

H——板带厚度。

测出 X 射线通过板材前后的强度即可算出板带厚度。由于强度的衰减不但与板带厚度有关，还与板带化学成分、射线的波长有关，所以与连续 X 射线测厚仪相比，特征 X 射线测厚仪对带箔材合金成分不均的抗干扰能力强，但特征 X 射线测厚范围较窄，在一定范围内灵敏度高，超出该范围灵敏度下降，噪声增加，故多用于专用轧机，如箔材精轧机或厚度变化范围不大的特殊轧机。

在薄规格板带轧机上，已采用了管压达 100kV 的 X 射线测厚仪。其时间常数为 10ms，误差为 ±0.1%，不小于 ±0.2μm。X 射线测厚仪的最大问题仍然是合金补偿。有时为了某些目的，在生产线上安装一台机械测厚仪，机械测厚仪的精度可达 ±1μm。X 射线测厚仪各部件的分类及特点见表 36-2，可参考表 36-3 选择 X 射线测厚仪。

表 36-2 X 射线测厚仪的各部件的分类及特点

部件	类别	特点
阳极高压类型	固定高压式样	简单，在不同的测厚点，噪声系数不同，灵敏度也不同
	高压分段式及高压连续可变式	复杂，用于宽测厚范围，在不同的测厚范围都可获得最小的信噪比
X 射线频谱宽	连续光谱	钨靶 X 射线管，能量随高压变化，对被测板材杂质敏感，测厚范围宽
	特征光谱	靶由 Cr、Fe、Co、Cu、Mo、Rh 或 Ag 等金属制成，能量固定，对被测金属中的杂质不敏感，测厚范围窄
检测头	闪烁晶体-光电倍增管	灵敏度高，且可调，维修复杂，对环境温度要求严格
	电离室	灵敏度低，工作稳定，对环境温度要求不严格
射线管冷却方式	油浸/水冷	多用于大功率 X 射线管
	自冷式	多用于小功率 X 射线管
标准箱	多标样标准箱	系统复杂，可实现自动校对
	单标样无标准箱	系统简单，校对曲线较麻烦

表36-3　选择测厚仪的参考依据

轧　　机	X 测厚仪的选取
铝箔轧机	固定阳极高压电源，特征光谱射线管，电离室
铝箔万能轧机	同上或采用钨靶射线管
轧制厚度范围宽的板带轧机	可变阳极高压电源，钨靶 X 射线管，带标准箱，闪烁晶体-光电倍增管，如 DMC 产品
轧制厚度范围窄的板带轧机	同铝箔万能轧机

36.2.5.3　放射线测厚

放射线测厚仪工作原理与 X 射线测厚仪相近。放射源为高放射性比度的 Am-241 或 Sr-90，前者为 γ 射线源，适用于带厚大于 2mm 的情形，后者为 β 射线源用于最薄达 0.05mm 的铝带测厚。

36.2.5.4　激光测厚

我国研制成 JGC-H1 型激光测厚仪，如图 36-12 所示。该设备采用上下两套基本相似的光学系统。从上下发射窗发射出的两束激光束在一条直线上且垂直于水平面，这两束激光束分别照射在板材的上下表面，产生的漫反射光分别进入上下信号接收系统，信号接收系统完成光点信号的成像和背景光的滤除。CCD 器件将光信号转换为电信号。测出漫反射光的角度即可确定板材厚度。

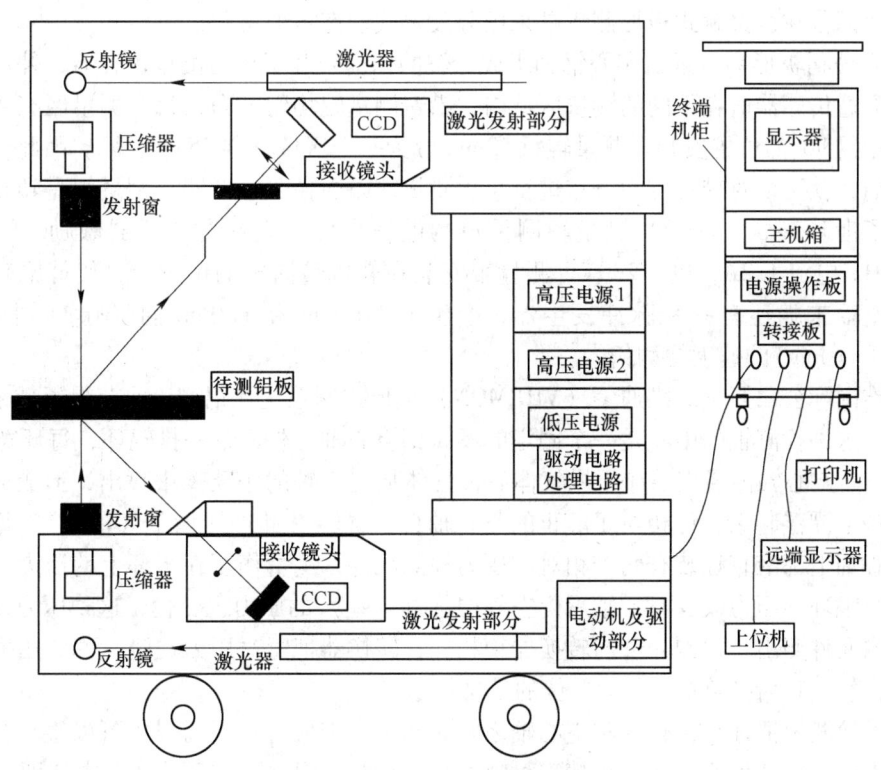

图 36-12　激光测厚仪

带材激光测厚仪有的只有一套光学系统。在带材通过导向辊前，利用导向辊将激光测厚仪读数调至 0，带材通过导向辊时便可测量带材厚度。有的有两个探头（见图 36-13），通过测量带材与导向辊间的高度差来确定带材厚度，这样可消除导向辊的椭圆度带来的影响。

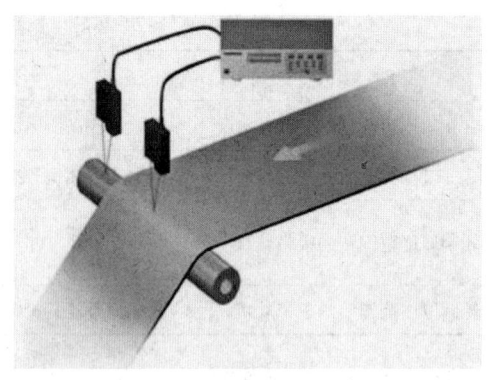

图 36-13　激光测厚工作方式

36.2.6　板形测量技术

板形是指板材的翘曲程度。

板形检测方法有接触式和非接触式。按其工作原理，还可进一步分类：张力计法、测距法、电磁法、测振法、光学法、激振测频法等。接触式板形仪测量精度高（现已达 ±0.5I 单位），是目前板形仪的主流。但其造价太高，维护难，尤其是备件昂贵。辊面磨损后必须重磨，否则会划伤板面，磨后须进行技术要求很高的重标定。非接触式板形仪的硬件结构相对简单而易于维护，因而造价及备品备件相对便宜得多；传感器为非转动件，安装方便；非接触式不会划伤板面。但非接触式板形仪的板形信号为非直接信号，处理不好容易失真，因此测量精度低（目前精度最高为 ±2.5I 左右），不能满足高标准的测量要求。

36.2.6.1　接触式板形测量

绝大部分在线接触式板形测量是采用分段辊式动态板形检测仪。

ABB 公司板形测量辊由实心钢轴组成，辊的四周安装了压力测量传感器，外部由钢环覆盖。测量传感器嵌在不同的测量区域内，沿着测量辊均匀分布，每个测量区有 4 个传感器，以相隔 90°的位置安装。测量辊每 52mm 分为一个区域，共 25 个区域。因此，测量辊每转一周，就可以对带材应力分布进行 4 次测量。因为在测量期间，测量辊是转动的。所以采用了滑环装置，用于将测量辊测量得的电信号传出去和对传感器激励。辊激励频率 2000Hz，电流 1.2A，PPV 230V。测量辊安装在轧机转向辊的位置上，代替原来的转向辊，测量辊末端还有一个脉冲发生器，产生 1024r/min 和 1r/min 同步脉冲，同时输出 3.4mV/(r·min)的速度检测信号。

戴维国际公司开发的维迪蒙（VIDIMON）板形控制系统在铝加工业获得了越来越广泛的应用。这种检测辊的中心是一个固定的不锈钢空心轴，外面是一排辊环，每环宽为 50 ~ 100mm。向空心轴内通入洁净干燥气体后，气体从空心轴的小喷嘴中喷出，形成气垫，辊环在气垫上漂浮起来，可相对于静止的空心轴自由旋转（此即所谓空气轴承）。每个辊环内的空心轴上都沿直径装有两个相对的压力检测元件，测量作用在辊环上的压力。当带材或箔材对辊环的压力改变时，轴承内空气层（即气垫）的压力也变化，这种压力变化可由压力检测元件测出。检测元件与转换器箱相连，转换器把每对压力检测元件的压力差变成电信号，经处理后换算成以 I 为单位的带材板形。

这种检测辊惯性小，辊环和空心轴之间无摩擦，带材对辊子的包角可以很小，不会擦伤带材表面，它特别适于箔材等精密材料的板形检测，但对工作环境的要求特别严格。

Hess Engineering 公司 Sundwig/BFI 带材平直度检测辊为整体式偏转辊，其电子系统得到了最大的简化，因而维修工作量大为减少，它由一个非接触式光信号传送器和多个石英压电力转换器组成，具有很高的灵敏度，不需要外电源。石英压电转换器共用一根电缆。这种平直度检测辊的特点是辊径有多种规格，轴承轴颈中心距变化范围很大，用户几乎不需要对现有的轧制设备进行改动即可采用这种平直度检测辊代替偏转辊。其每个测量区宽为 10～50mm，这种装置应用范围广。从铝箔轧机到 20 辊不锈钢轧机都可采用。

实心板形仪（即整个板形辊各部件同时转动）可以以不同的包角同时用做导向辊和测量辊，但必须有驱动力，特别是在加减速时。采用前面提到的激光测速装置，其驱动问题已经解决。

空气轴承板形辊多用于薄板带轧机，其每个张力测量区宽度不能小于 50mm。

从力学性能、测量特性、信号传送技术方面来看，BFI 的 Optiroll 是目前最先进的板形仪。

36.2.6.2 非接触式板形测量

无张力或微张力热轧或冷轧时多采用非接触式板形仪。用得较多的是激光板形仪。其工作方式有两种。一种是在板材宽向对称选择几个点，利用光学三角测量原理测出各点的高度，进而求出板形。另一种办法是光线截面法。为了排除带材振动引起的测量失真，激光源向板材表面以一定入射角 θ 投射 3 条扫描激光线。带材表面的光线被其上方的摄像机记录下来。如果带材平直，则屏幕上反映出直线，否则，屏幕上将出现其形状与带材各点高度相对应分布的光线，根据光线的平移量可计算出带材各点的高度。

36.2.7 板带表面质量检测

在高质量板带生产中，不管轧速多高，与其透射率及反射率有关的板带内部及表面缺陷，边部的状况，或裂纹及撕裂的出现都应可靠地识别和记录下来。

带材表面缺陷检测系统用来检测高速运动的带材表面的擦划伤、印痕、轧制缺陷或涂层缺陷，分辨率要求为 100～1000μm。且该系统必须与工厂的控制网络连接，以便及时防止缺陷的再发生。

早期表面检测采用激光扫描器对二维表面缺陷逐点扫描。带材速度受到限制，分辨率也较低，光学系统和机械设备不够稳定。

第二代表面检测系统是建立在 CCD 线扫描摄像仪的基础上，它是逐条线进行扫描。该技术基本可满足一些较低的分辨率要求，但要求带速很慢，而且很难将几台线扫描摄像机以必要的精度进行调节。当时使用的算法也很简单。

目前，采用新的技术方法的第三代检测系统已经出现。这些系统采用了复杂的识别算法，配有 CCD 面阵列摄像机和专门的显示缺陷的照明系统。新的检测系统可应用于宽幅、高速、高分辨率的板带检测中。由于计算机软件价格的不断下降，这种二维表面系统价格远低于一维系统的，而且已有用于现场检测的移动式图像捕集系统，所以不必安装一个整体式的表面检测系统。不同的参数的调整可以离线进行，不会影响生产。

36.2.8 尺寸测量技术

工件尺寸精度的检测是质量控制的重要内容之一。目前应用的新技术包括计算机层析 X 射线摄影技术（CT）、全数字线扫描摄像技术和视频 CAD 技术。

36.2.8.1 工业CT

工业计算机层析照相或称工业计算机断层扫描成像（简称工业 CT 或 ICT）从 20 世纪 80 年代开始发展十分迅速。它图像清晰，与一般透视照相法相比不存在影像重叠与模糊，图像对比、灵敏度都比透视照相高出两个数量级。它可用于缺陷检测、尺寸测量和密度分布表征。

CT 技术的物理原理是基于射线与物质的相互作用。辐射源多为 X 射线或 γ 射线源。目前在工业无损检测中，广泛应用的是透射层析成像技术（ICT）。以 X 射线或 γ 射线作为辐射源的工业 CT 的基本原理也是射线检测原理。

为了获得断层图像重建所需的数据，必须对被测物进行扫描，按扫描获取数据的方式可将 CT 技术的发展分为 5 个阶段，如图 36-14 所示。

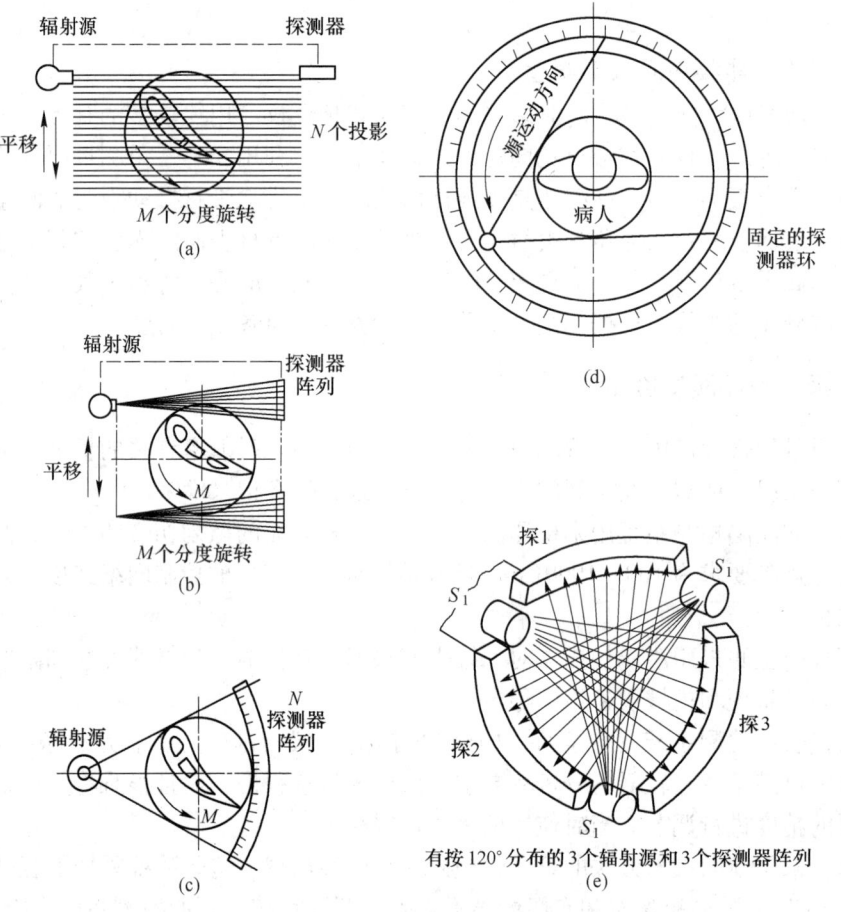

图 36-14 5 种不同的扫描方式

（a）第一代 CT 扫描方式；（b）第二代 CT 扫描方式；（c）第三代 CT 扫描方式；
（d）第四代 CT 扫描方式；（e）第五代 CT 扫描方式

第一代 CT，使用单源单探测器系统，系统相对被测物做平行步进式移动获得 N 个投影值，然后被测物按 M 个分度做旋转运动。每转动一次，获得 N 个投影值，转动 M 次共获得 $M \times N$ 个投影值。这种扫描方式被检物仅需转动 180° 即可。第一代 CT 因检测效率低，在工业 CT 中已很少采用。

第二代 CT，采用单源小角度扇形线束多探头布局。因射线扇束角小，不能全包容被测断层，所以系统仍需相对被测物做平移运动，被测物仍需做 M 个分度旋转。

第三代 CT，采用的单射线源具有大扇角，宽扇束，全包容被检断面。对应宽射线扇束有 N 个探测器，系统相对被测物无需移动便可获得 N 个投影值。仅需被测物做 M 个分度旋转运动。理论上被检物只需旋转一周即可测一个断面。

第四代 CT 辐射源也是大扇角、全包容被测断面（见图 36-14(d)），但它有相当多的探测器形成固定圆环，仅由辐射源转动实现扫描。其特点是扫描速度快，但成本高。

第五代 CT 是多源多探测器，用于实时检测与生产控制。其特点是工件与辐射源探测器都不做转动，仅需工件沿轴向做快速分层运动。

工业 CT 由射线源，射线准直器、机械扫描系统，探测器系统计算机系统，屏蔽设施等组成。

Romidot 有限公司开发了一项新的型材几何尺寸检测技术。这种新的检测线称为 Romi Shapel DX。DX 系统采用计算机层析 X 射线摄影技术（CT）。通过虚拟切割产生空心或实心型材的横断面图像。其精度水平很高。该系统易于安装在现有设备上，已应用于欧洲和北美多家型材厂。

36.2.8.2 机器摄像系统

机器摄像系统是一种高速、高精度的检测系统。它采用摄像头将被摄取目标转换成图像信号，传送给图像处理系统，根据像素分布和亮度、颜色等信息，转变成数字化信号；图像系统对这些信号进行各种运算来抽取目标的特征，如：面积、长度、数量、位置等；根据预设的容许度和其他条件输出结果，如：尺寸、角度、偏移量、个数、合格/不合格、有/无等。摄像头有面扫描摄像头和线扫描摄像头。

VISI 500 全数字线扫描摄像仪，可用于加工车间无接触测量和质量控制。采用 2592 像素时线扫描速度可达 2000 线/s。它可用来识别物体是否存在，测量其尺寸；用于宽度、形状、直径的测量；用于带材和薄板坯的边部导引、对中及测量系统；用于光透射性测量；用于计数和识别。该摄像仪像素允许曝光过度而不明显影响清晰度，这为高反射率材料（如铝箔）的检测提供了可能。专门开发的软件包括有输入程序、诊断程序以及可选基本应用程序库或用于存储处理检测结果的程序。

Video CAD（视频 CAD）的开发是为了检测各种型材的断面，测量轮廓并产生可文件化的数字图像。该仪器主要包括一个配有摄像机、远心物镜、照明装置的系统及处理测定值和显示结果的计算机系统，其核心部件是配有远心广角物镜转换头的高清晰度摄像仪。摄像机能在 2.9s 内录制 4536×3486 个像点。它采用细光栅扫描技术，由于其扫描宽度周期性地小步移动，同时检测出传感器信号，使光学扫描器的分辨率得到提高。与传统的 CCD 传感器相比，在一定限度内，通过选择细光栅扫描的步宽可设定更高的分辨率。目前的 CCD 是一个由许多单独的光敏元组成的方格栅，光敏元间距为 $11\mu m$，总光敏元数量为 756×582 个。摄像仪的高稳定单片细光栅扫描器配有在 x 轴和 y 轴独立定位的传感器。两个位置路径电路保证准确到达和稳定地保持限定的位置，精度可达 $0.2\mu m$。

为了精确测量图像，必须将影像的尺寸与一个相关物体坐标系准确对应起来。为了达到微米精度，采用对整个图像不变的比例尺是不够的，必须考虑局部比例尺的变化。为此开发了一种特殊的技术用简单的办法将单独的比例因子插入每个像点。该技术采用了一个蒸气沉积铬结构的玻璃圆盘做样板，其上圆圈相对于零点的位置是已知的。在用样板校准过程中确定影像与物体坐标系间的转换矩阵便可得到平均影像比例尺和校正矩阵，矩阵中对每个成像圆圈都有一个校正矢量。根据这些矢量通过对影像坐标系中任意一点的插值运算便可获得物体上的相应点。

不过只有在测量平面内（即校对时确定的平面）影像与物体坐标系间的尺寸联系才是准确有效的，对于离开那个平面点必须采用不同的比例尺。解决这一问题办法是采用远心镜片，由于物镜平行的光线路径，这种系统消除了比例尺误差。

Video CAD 的软件使测量结果的加工处理十分方便，具有各种测量功能：距离测定、角的计算、半径测量、点或线的对称、平直度测量、型材各处壁厚的计算、最高点计算、全部或局部轮廓的最佳配合。

测量结果包括实际几何尺寸与名义几何尺寸的相对偏差、旋转角度、最大偏差以及所有点是否在给定的误差范围内的信息。

36. 2. 9　测速技术

传统的板带测速采用机械方法，如通过压靠在板带上转动的测速辊。但机械方法有时不能满足要求。与之相比激光测速十分优越，不存在滑动等问题，不足之处是设备较贵，操作者的劳动保护也很麻烦。所以国外已经开发了白光测速仪，其成本根据用途不同，约为激光测速仪的 10% ~30% 。

36. 2. 9. 1　激光测速

激光是电磁波，和声波一样也存在多普勒效应。与声波不同的是，激光速度远远大于声波速度。运用相对论的知识，对静止光源来说，运动的观察者接收到的光波频率为：

$$f = \frac{1 \pm \dfrac{U}{c}}{\sqrt{1 - \dfrac{U^2}{c^2}}} f_{\text{o}} \tag{36-14}$$

式中　U——观察者运动速度，观察者背离光源运动时取负号；

　　　c——光速；

　　　f_{o}——光波频率。

当一束单色激光（频率为 f_{o}）照射到运动速度为 U 的物体上时，运动物体接收到的光波频率 f_{p} 不等于 f_{o}。用一个静止的光检测器，如光电倍增管来接收运动物体的散射光，则光检测器接收到的散射光频率 f_{s} 也不等于 f_{p}，这中间经过了两次多普勒效应，如图 36-15 所示。

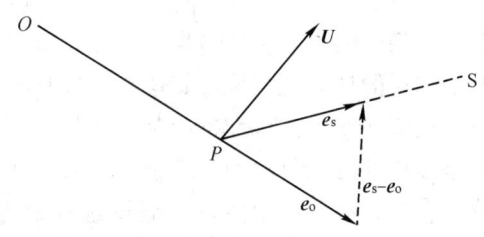

图 36-15　静止光源、运动物体和静止的光检测器

根据相对论公式，用矢量式表示物体 P 接收到的静止激光源光波频率 f_{p} 为：

$$f_{\text{p}} = f_{\text{o}} \frac{c - \boldsymbol{U}\boldsymbol{e}_{\text{o}}}{\sqrt{c^2 - (\boldsymbol{U}\boldsymbol{e}_{\text{o}})^2}} \tag{36-15}$$

$U \ll c$ 时，得到近似值为：

$$f_p = f_o\left(1 - \frac{Ue_o}{c}\right) \tag{36-16}$$

式中　e_o——入射光方向的单位矢量；

　　　c——介质中的光速。

同样，静止的光检测器接收到的物体散射光频率f_s为：

$$f_s = f_p\left(1 + \frac{Ue_s}{c}\right) \tag{36-17}$$

式中　e_s——物体散射光指向光检测器方向的单位矢量。

由于e_s方向是由物体指向光检测器，故Ue_s/c取正号。

将f_p的表达式代入f_s的表达式中，整理后略去高阶小量得到：

$$f_s = f_o\left[1 + \frac{U(e_s - e_o)}{c}\right] \tag{36-18}$$

光检测器接收到的光波频率与入射光频率之差称为多普勒频移f_D。

$$f_D = f_s - f_o = f_o\frac{U(e_s - e_o)}{c} \tag{36-19}$$

用波长表示为：

$$f_D = \frac{1}{\lambda}|U(e_s - e_o)| \tag{36-20}$$

式中　λ——入射光的波长。

铝加工过程中通常U的方向，e_s、e_o是已知的，所以测出f_D即可确定U的大小。

激光多普勒测速多采用双光束系统，测量两束入射光e_{o1}，e_{o2}的散射光之间的外差，又称双光束型光路或差动光路。激光器发出的光束被声光调制器（AOM）分成两束等强度的光，对其中的一束光采用一定的频率进行调制，使其频率为$f_o + f_R$，这样可使测速仪测到零速，并可判别物体的运动方向。两光束聚焦在测量体上。

设接收方向的单位矢量是e_s，根据式（36-18），光检测器接收到的两束散射光频率f_{s1}、f_{s2}分别可用式（36-21）和式（36-22）求得：

$$f_{s1} = (f_o + f_R)\left[1 + \frac{U(e_s - e_{o1})}{c}\right] \tag{36-21}$$

$$f_{s2} = f_o\left[1 + \frac{U(e_s - e_{o2})}{c}\right] \tag{36-22}$$

式中　U——物体运动速度；

　e_{o1}，e_{o2}——两束入射光方向的单位矢量；

　　　f_o——入射光频率；

　　　c——光速。

测速仪的光电检测器件接收频率分别为f_{s1}、f_{s2}的两束散射光，在光电检测器进行混频，检测出频率低于其截止频率的两束散射光的差频$f_{s1} - f_{s2}$，频差f_H为：

$$f_H = f_{s1} - f_{s2} = f_R + f_o \frac{U(e_{o2} - e_{o1})}{c} = f_R + \frac{U(e_{o2} - e_{o1})}{\lambda} \qquad (36\text{-}23)$$

由式（36-23）可见双光束系统的多普勒频差与接收方向无关。这是双光束系统的突出优点。设两束入射光的夹角之半为 ϕ，如果将两光束相对板带的布置方式如图 36-16 那样，使 U 的方向与 $e_{o2} - e_{o1}$ 的方向平行，则上式可简化为：

$$f_H = f_R + \frac{U(e_{o2} - e_{o1})}{\lambda} \qquad (36\text{-}24)$$

$$U = (f_H - f_R)\lambda / (2\sin\phi) \qquad (36\text{-}25)$$

激光多普勒测速的基本光路包括 5 部分：光源、分光系统、聚焦发射系统、收集和光检测系统以及机械系统。为进一步改进效果还可加某些附件，如频移装置。

通常激光测速仪的误差小于 0.1%（进行长度测量时为 0.05%）。其典型应用场合

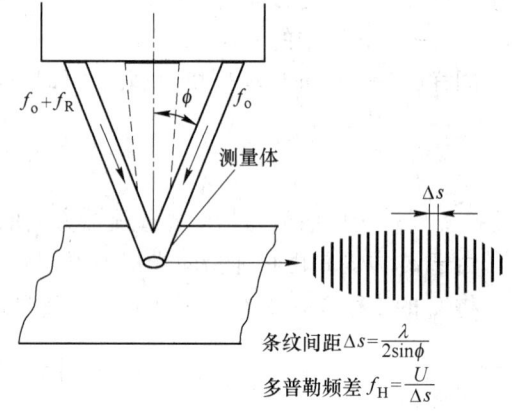

图 36-16 两光束相对板带的布置方式

有：精轧、带材拉矫、带卷长度测量、质量流控制时的速度测量、连续铸造设备的控制。

据介绍 George Kelk 公司的 Accuspeed 激光测速仪在测量中不存在传统的激光多普勒测速的散射现象，更适合秒流量 AGC 控制等关键领域。

36.2.9.2 白光测速

由 Astech 公司开发的新一代非接触式速度传感器采用白光测速，其结构比传统的激光传感器更为紧凑。该系统核心是 CCD 器件，CCD 通过栅极调制产生频率正比于被测物速度的电信号。这种测速仪应用于反射率很高的铝带或其他有色金属板带时优于传统的激光传感器，利用白光代替激光同时意味着不再需要光辐射保护装置。

36.2.10 无损探伤技术

36.2.10.1 超声探伤

铝合金常用探伤方法是超声探伤。自动超声探测设备包括直线型设备、螺旋探伤设备等。

产品探伤前，必须合理的确定最佳探伤参数。探伤仪的灵敏度设置的太高太低都不好。同时，显示出的每种类型缺陷的评定应由专门探伤人员进行。因此，超声探伤中操作者的专业技巧是十分重要的因素。

近年来，国外公司陆续开发了多功能超声波探测仪，用于探测材料缺陷、测量工件壁厚和膜层测量。可用来进行铝铸锭和铝质大锻件的检测，焊缝和折叠都可被检测出来。并可以多种方式对数据存储进行管理。超声波也可用来测量铝薄板中夹杂物。

超声导波进行无损检测的工作也正在研究中。其原因是纤维增强型复合材料的损伤与缺陷较难用超声反射方法探测到，导波有望成为单面检测这类材料与结构的良好手段。用常规超声扫查方式检测大型结构件相当费时费力，导波成为一种快速有效的无损检测技术。

36.2.10.2 涡流检测

由于涡流渗透深度有限，在涡流渗透深度以外的缺陷不能被检出，因此涡流探伤适用于管、棒、型、线材的表面缺陷探伤或薄壁管材的探伤。该法是一种将自然伤与人为加工的伤进行比较的检测法。仪器必须通过人工标样进行校准，选择最佳探伤参数。人工标样选材应与被测铝材的成分、热处理状态、规格等完全相同，且无干扰人工缺陷检验的自然缺陷和本底噪声。

涡流检测能即时测定材料的电导率、磁导率、尺寸、涂层厚度和不连续性（如裂纹），而根据电导率与其他性能的关系，可以间接确定金属纯度、热处理状态、硬度等指标。它可用于生产线上检测快速移动的棒材、管材、板材、片材和其他对称零件。

涡流检测对受检材料靠近检测线圈的表层和近表层区域具有最高的检测灵敏度。在某些情况下，由于集肤效应，涡流很难或不可能渗透到较厚样品的中心。由于涡流倾向于仅在垂直于激励场的平行于表面的路径上流动，所以对平行于这一表面的层状不连续不能做出响应。

常用的比较典型的涡流仪有两种。一种是常用于管、棒、线材探伤的涡流仪，其原理如图 36-17 所示。

振荡器产生交变信号供给电桥，探头线圈构成电桥的一个臂，一般在电桥的对应位置有一个参考线圈构成另一桥臂。因为两个线圈的阻抗不可能完全平衡，所以一般采用电桥来消除两个线圈间的电压差。电桥平衡后，如工件出现缺陷，则电桥不平衡产生一个微小信号输出，经放大，相敏检波和滤波，除掉干扰信号，最后经幅度鉴别器进一步除掉噪声以取得所要显示和记录的信号。

另一类仪器如图 36-18 所示是以阻抗的全面分析为基础，所以又称为阻抗分析。电桥平衡后，如果缺陷出现在一个线圈的下面，则产生一个很小的不平衡信号。这个信号被放大，经相敏检波和滤波变成一个包含有线圈阻抗变化的相位和幅度特征的直流信号。随后将这个信号分解成 X 和 Y 两个相互垂直的分量，在 X-Y 监视器上进行显示。信号的两个分量能同时旋转。因此可选择任意的参考相位对信号进行相位和幅度分析。

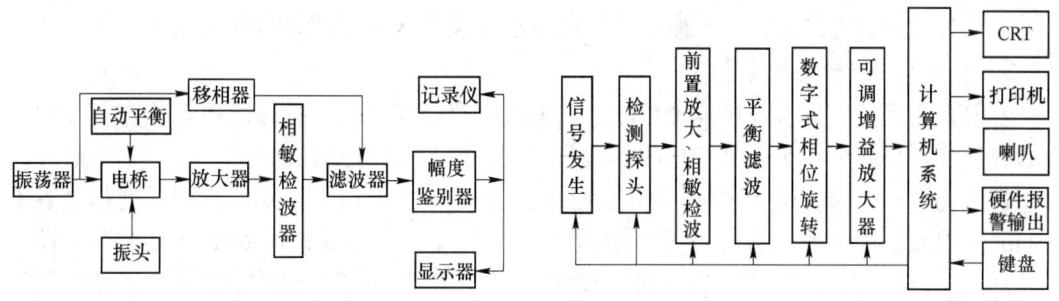

图 36-17　管、棒、线材涡流检测模式图　　图 36-18　涡流阻抗平面分析系统模式

涡流检测要对工件自动进行高效检测，通常还需要一些辅助设备，如进给装置、报警装置、耦合装置等。涡流检测中各种检测参数的设定、检测结果的分析处理是一项比较繁琐的工作。随着电脑技术的发展，涡流仪的智能化程度提高，能自动设定诸如仪器频率、增益相位、采样速率等仪器参数。

从仪器设备的发展水平来看，涡流检测仪可分为 4 代：第一代是以分立元件为主构成的涡流仪，它仅显示相关信号（如缺陷、材质变化等）的一维信息，这类产品由于价格低廉，能解决特定范围内的无损检测问题，目前仍拥有一定市场；第二代产品是以电脑为主体的、采用涡流阻抗平面分析技术的多功能涡流仪，它能把涡流信号的幅度、相位信息实时显示在屏幕上，并具有分析、储存、打印等功能；第三代是以多频涡流技术为基础的智能化仪器，它除具有第二代涡流仪的所有性能外，能在检测过程中抑制某些干扰噪声，提高检测的可靠性并拓宽其应用范围；第四代是数字电子技术、频谱分析技术及图像处理技术有机结合的一种智能多频涡流仪器，它突破了常规涡流仪使用中的某些局限，大大强化了仪器的功能。

36.2.11　膜厚测量

涡流膜厚测厚仪，用于测量铝型材表面氧化膜或绝缘涂层厚度。这种测厚仪轻便，操作简单，性能稳定，适用于铝型材膜厚现场检测，精度为 ±3%。

红外膜厚传感器专用于金属板带表面漆膜厚度连续检测。测量系统根据涂层的红外能量吸收原理和漆膜下的金属表面反射回的能量来测出膜厚。可测量铝容器、密封盖、饮料罐的涂层厚度，测量误差小于 $50mg/m^2$。工厂预先校准功能使测量系统可以方便而又迅速地投入使用。

36.3　化学成分分析

36.3.1　化学分析法

化学分析法具有分析准确度高，不受试样状态影响，设备比较简单等优点，是铝合金成分的基本分析方法。铝及铝合金中不同元素的化学分析法请参见有关标准。

36.3.2　光谱化学分析法

光谱化学分析法是一种仪器分析方法，分析速度快，分析过程简单。根据分析原理的不同，可分为发射光谱分析法，原子吸收光谱法和荧光 X 射线光谱分析法。

36.3.2.1　发射光谱分析法

发射光谱分析法具有分析准确程度好、灵敏度高、速度快、操作简单等优点。在铝合金的日常分析检验中，尤其是在炉前快速分析中获得非常广泛的应用。

发射光谱分析法，是基于每一种原子所发出的一系列光谱线，其波长和强度都是各不相同的。因此，检验各元素特有的一定波长的光谱线是否出现，可以做出元素的定性分析，进一步研究出现的谱线强度，可以做出元素的定量分析，这就是原子发射光谱分析法。根据谱线测量方法不同，该法主要分为摄谱法和光电直读法。

根据材料的不同发射光谱分析系统可采用几种不同的激发源，最常见的是电弧/火花源。1990 年前后，激发源的改进，改进的电弧/火花激发源具有更高的精度，可分析的元素浓度从不足 10^{-6} 到主合金元素含量的程度。几乎铝加工企业都采用该技术，用于生产中成分分析。

瑞士 ARL 公司是著名的光谱仪公司。ARL4460 金属分析仪采用了两种新的技术——

CCS(current controlled source)和 TRS(time resolved spectroscopy),其元素检测限可达到很低的水平,精度提高。在不到1min的时间内,化验员可检测出60种元素的含量。发射光谱仪可以采用工厂校准来代替研究实验室校准。

法国 Jobin Yvon 公司生产的分光计 ULTIMA C 适用于数量大、速度快,又需要在复杂基体中达到最低检测极限的成分分析场合。它采用伴随金属分析器,能同时分析所有元素。仪器的检测极限很低,如 Pb、Ss、Se 为 1.5×10^{-9},Cl、Br(远紫外线任选)为 200×10^{-9},Cd 为 0.09×10^{-9}。

德国斯派克公司生产各类不同用途的系列光谱仪,其中废金属分类用手持式分光计 "spectrosort" 无需电源插座和保护气体,无放射源,适于金属鉴定、进口货物检测、金属废料分类以及金属加工过程中许多其他工作。这种金属分析器可在 4s 内给出准确可靠的测试结果。

YSI 公司的 ARC-MET930SP 是可用于铝合金成分分析的便携式分光计,采用氩弧为激发源,分析速度和精度很高。ARC-MET930SP 有一个由 2048 个光电二极管阵列构成的探测器,可探测 178 ~ 340nm 范围的全部波谱。铝合金元素的校准范围为:Si,0 ~ 16%;Mg,0 ~ 10%;Cu,0 ~ 7%;Mn,0 ~ 2%;Zn,0 ~ 8%;Ni,0 ~ 2%。铝合金中的其他元素如 Fe、Pb、Bi、Cr、Ti、Sn、V、Ca、Be 等也可分析。

36.3.2.2　原子吸收光谱法

原子吸收光谱法的基本原理是在待测元素的特定和独有波长上,测量试样产生的原子蒸气对辐射的吸收值以确定待测元素含量。在铝、镁合金成分分析中多用于微量元素的测定。该法是绝对分析方法,无需标准样品,分析准确度高。

原子吸收分光光度计的光源一般为空心阴极灯。我国研制的高性能空心阴极灯发光强度比普通灯增加数倍至数十倍,由于消除了自吸收使测定灵敏度提高,标准曲线的线性也更加明显。

目前,绝大多数商品原子吸收分光光度计都是单道型仪器。这类仪器只有一个单色器和一个检测器,工作时只使用一只空心灯,不能同时测定两种或两种以上的元素。

单道型仪器又分为单光束型和双光束型两种。

原子化器的原子化方式主要有火焰原子化和石墨炉原子化,后者的检测灵敏度比前者高得多,石墨炉法的检测限一般为 10^{-14} ~ 10^{-10}g。

36.3.2.3　荧光 X 射线法

荧光 X 射线法基本原理为:当样品受到一定波长的 X 射线辐照时,试样中各个组分的原子就会吸收一部分入射 X 射线的能量,从而处于激发状态。激发态原子向稳态过渡时,这部分能量就会以荧光 X 射线的形式释放。所辐射的 X 射线波长是由元素的原子序数所决定的,故又称为特征辐射线,其强度与试样中该元素的浓度成正比。

荧光 X 射线法的优点是:

(1) 分析速度快,准确度高。

(2) 设备自动化程度高,操作容易。

(3) 属于一种非破坏性分析方法,同一样品可以进行重复测定。

(4) 光谱简单,易于鉴别元素,对化学分离比较困难的元素,更显出优越性。

(5) 可同时分析多种元素。

（6）测定成分范围宽。

此方法的主要缺点是制备标样困难，设备比较昂贵，一次投资高。而且，此方法无法分析材料中 H、He、Li、Be、O 元素，对 C、N 等轻元素分析误差也比较大。荧光 X 射线法无法确定各个组成相或矿物的结构。新的 X 射线分析仪将 X 射线荧光光谱仪同 X 射线衍射仪组合在一起，用 X 射线荧光光谱仪进行成分检测，用 X 射线衍射仪进行物相的结构测定。

由于定量分析是依靠标准样品预先制成工作曲线，然后对待测样品进行对比分析。为了保证结果准确可靠，样品要有足够的厚度，同时样品内部应无偏析、气孔等冶金缺陷。总之，应尽量使被测样品的各种条件同标样条件相一致，以提高定量分析精度。

近年来，设备生产厂家针对样品状态问题进行了大量实验，先后推出不同修正方法并测出修正曲线，以解决由于待测样品同标样状态差异所带来的测量结果误差。目前，X 射线荧光光谱仪可以采用固态、液态及粉末样品，也可以控制分析层厚度以进行薄膜样品分析，不要求特殊的样品处理，是所有化学分析方法中对样品制备要求最低的。

通常用来分析铝合金中各种元素含量，对于铝合金中常存的各种元素，如铜、锌、硅、镍、镁、铁、锆、钛、钒及稀土元素，效果相当好。

X 射线荧光光谱仪的另一个主要功能是氧化物分析，但是对氧的含量并不能进行直接测量，而是将氧作为平衡元素进行分析计算。这对于铝合金的分析则会带来误差，应该结合 X 射线衍射方法进行。通常是先进行物相的结构测定，确定氧化物类型，然后再利用 X 射线荧光光谱仪进行氧化物分析和含量测定。

36.4　组织分析与检验

36.4.1　光学金相检验

36.4.1.1　样品的制备
样品的制备包括以下几步：

（1）样品切取。铸锭样品，根据种类、规格和实验目的，选取有代表性的横截面。加工制品，根据有关标准或技术协议及制品的种类、热处理方法、使用要求，选取有代表性的部位。

（2）样品加工。铝合金的金相制样步骤同一般金属材料相同，包括机械加工、研磨、抛光。抛光方法可分为机械抛光、电解抛光和化学抛光 3 种。

（3）样品浸蚀。根据合金成分、材料状态及检验目的，选择适当的浸蚀剂。浸蚀方式及时间应根据浸蚀剂特点、用途及合金状态而定，不同铝合金适用的浸蚀剂成分及用途见国标 GB/T 3246.1—2000。低倍检验样品经过粗磨后即可进行浸蚀。

36.4.1.2　宏观组织检查
宏观组织检查是大范围的成分、形貌和密度不均匀性的详细评价。宏观组织检查包括宏观晶粒度测定及各类缺陷检查。在铝合金中，常见的组织缺陷有疏松、金属和非金属夹杂、氧化膜、化合物、羽毛状晶、光亮晶粒、气孔、冷隔、裂纹、缩尾、成层、粗晶环、焊合不良、压折、流纹不顺、裂口等。准确定义、图谱及检测规定见国标 GB/T 3246.2。

断口分析也是宏观组织检查的重要内容。铝合金在加工或服役过程中发生断裂，通过断口分析可以了解合金的断裂原因，从而对其性能进行评价。扫描电镜是断口分析的最常用设备。

36.4.1.3　金相组织分析

金相组织观察是材料研究、质量检测、失效分析中必不可少的部分。金相组织分析可观察铝合金的晶粒尺寸和形状，第二相质点的性质、尺寸、形状、数量和分布，各种显微组织缺陷的存在程度，从而了解其性能。对铝合金，金相组织分析要求的内容大致为相鉴别、组织均匀性评价、常见显微组织缺陷分析等。

36.4.2　电子显微分析

光学显微镜虽然已经成为材料分析的最常用工具，并发挥了巨大作用。但由于光学显微镜的分辨本领受波长限制，无法分辨组织中小于 $0.2\mu m$ 的细节。

电子显微镜采用电子束作为照明源。目前扫描电镜的分辨本领可达 1nm 左右，透射电镜的分辨本领可达 0.2nm 左右。而 X 射线微区成分分析仪可以在原位进行微区成分分析，俄歇谱仪、离子探针和 X 射线光电子能谱仪可以进行表面分析。因而扫描电镜、透射电镜、电子探针、能谱仪等现代分析仪器作为揭示材料组织结构的强有力手段，在铝合金的研究中得到广泛应用。

36.4.2.1　扫描电子显微分析

A　特点及工作方式

同光学显微镜相比，扫描电镜用于表面形貌成像，放大倍数 10 万～20 万倍，分辨率 1～6nm，而且图像具有很大的景深，比光学显微镜提高 300 倍左右。因此，用于金相观察和断口检测，都有着十分突出的特点。近几年来发展的扫描电镜多为复合型，将扫描电镜和波谱仪、能谱仪等组合在一起，成为一台用途广泛的多功能仪器。

扫描电子束照射到固体样品表面后，会激发产生各种物理信号，它们是样品表面形貌、成分和晶体取向特征的反映。其中二次电子、背散射电子、吸收电子、透射电子是扫描电镜利用的主要信号。为此，扫描电镜设计了不同的工作方式：

（1）发射方式。该方式所收集的信号为样品发射的二次电子信号。二次电子能量大致在 0～30eV 之间，多数来自于样品表面层下部 0.5～5nm 深度之间。其特点是对表面状态敏感，具有高的点分辨率和空间。发射方式是扫描电镜的最常用方式，尤其适用于表面形貌观察。扫描电镜的分辨率就是二次电子的分辨率。

（2）反射方式。该方式所收集的是背反射电子。这种电子能量较高，多数与入射电子能量相近。背反射电子来自表面层几个微米深度，因此所携带的信息具有块状材料特性。反射方式除了可以表示表面形貌外，还可以用来显示元素分布以及不同相成分区域的轮廓。

（3）吸收方式。吸收方式是用吸收电子作为信号的。它是入射电子射入样品后，经多次非弹性散射后能量消耗殆尽而形成的。这时如果在样品和地之间接入毫微安计并进行放大，就可以检测出吸收电子所产生的电流。吸收电子像也可以用来显示样品表面元素分布状态和样品表面形貌。

（4）透射方式。如果样品适当的薄，入射电子照射时，就会有一部分电子透过样品。

所谓透射方式就是指用透射电子成像的一种工作方式。

　　B　金相观察

　　a　样品要求

　　扫描电镜对样品的基本要求是导电。其尺寸取决于扫描电镜类型，一般为 150 ~ 200mm 长，10mm 以下高，样品的观察范围为 40 ~ 80mm。对一般的铝合金，标准的金相抛光和浸蚀技术就足够了。如果要进行二次电子像观察，要求浸蚀的程度应明显重于一般光学显微镜观察用的金相样品。对于不导电的样品，需要在表面喷镀上一层碳或金，样品相对于底座必须接地，粉末样品要分散到导电的薄片或膜上。

　　b　特点及局限性

　　扫描电镜的分辨率指标为纳米数量级，而这并不意味着对组织中大于纳米的细节都能观测到。例如，铝合金中的时效析出相及弥散相尺寸一般为纳米或亚微数量级。但是，由于二次电子像的衬度来源是样品表面的凸凹不平，目前的制样方法还无法使金相样品中这样的细节被观察到。对金相样品，在 400 倍以下，图像质量一般比光学显微镜差。

　　c　主要应用

　　用二次电子成像观察金相法制备的样品，基本观察内容同光学显微镜相同，但是有效放大倍数比光学显微镜大得多。用背散射电子和吸收电子成像，除了可以显示表面形貌外，还可以用来显示元素分布状态以及不同相成分区域的轮廓。

　　C　断口观察

　　a　样品要求

　　扫描电镜对样品的基本要求是导电。对于断口样品，希望尽可能新鲜。不要用手触摸断口表面或匹配对接以免产生人为的损伤。如果断口由于各种原因被污染或腐蚀，应该进行断口清洗。可采用丙酮、酒精或甲醇等有机溶剂进行超声波清洗。如果没有超声波清洗机可用毛刷沾上有机溶剂清洗。对在腐蚀环境下断裂的样品，一般先用 X 射线或能谱仪分析腐蚀产物结构和成分后，再进行断口清洗。

　　b　特点及局限性

　　扫描电镜是断口分析最有力的设备。随着扫描电镜分辨率的不断提高，可用放大倍数范围日益变宽。目前，光学显微镜断口观察的比例大大下降，透射电镜复型断口观察基本已不再应用。

　　c　断口分析步骤

　　断口分析步骤包括：

　　(1) 宏观分析。宏观分析指用肉眼、放大镜或低倍光学显微镜观察分析断口。通过宏观分析可以确定断裂的性质、受力状态、裂纹源位置、裂纹扩展方向。根据断口表面粗糙程度及反光情况可以大致判断断裂性质。脆性断口表面光滑平整，断口颜色光亮有金属光泽。韧性断口表面粗糙不平，表面颜色灰暗。疲劳断口通常有海滩状花样，疲劳源处光滑细腻。另外还要观察断口表面是否有氧化色及有无腐蚀的痕迹，据此判断零件工作温度、工作环境。

　　(2) 扫描电镜断口分析。分析内容包括断口的表面形貌；配有能谱的扫描电镜可以进行断口上夹杂物、第二相或微区成分分析；在配有动态拉伸台的扫描电镜上，可以观察拉伸样品的裂纹萌生、扩展直至断裂全过程；利用位向腐蚀坑技术，可以确定断裂面的晶体学位向。铝合金的常见断口类型包括韧窝断口、沿晶断口、解理断口、疲劳断口等。

36.4.2.2 透射电子显微分析

A 特点及工作方式

常规的光学显微镜及扫描电镜无法观察到铝合金组织中的细小第二相、位错、孪晶等。而透射电子显微镜就成为组织分析的最有力手段。

透射电镜是以波长极短的电子束作照明源，用电磁透镜聚焦成像的电子光学仪器。最常用的透射电镜加速电压为 100~200kV，而常用的扫描电镜加速电压为 20~25kV。因而透射电镜具有高的分辨本领，高能量的电子束可以穿透一定厚度的薄膜样品，对材料内部的显微组织进行观察和研究。

透射电镜的分辨率比扫描电镜高一个数量级。由灯丝产生的电子束经过加速、会聚后照射到薄膜样品，靠物镜成像、中间镜和投影镜放大，最终形成可在荧光屏观察和用胶片记录的图像。

与扫描电镜不同，透射电镜可以对同一微小区域进行高倍组织形貌观察、确定微观组织的晶体结构与取向，又由于近年来生产的透射电镜多配备有能谱仪等成分分析附件，所以目前的透射电镜也称为分析型电镜，可以对材料的同一微区进行组织形貌观察、结构测定和成分分析。而且，该设备还可以配备不同的样品台，在样品室中对薄膜样品进行加热、冷却、拉伸形变，并进行动态观察，研究材料在变温过程中相变的形核和长大过程，以及位错等晶体缺陷在应力下的变化过程。

透射电镜的不足包括样品制备复杂，在制备、夹持和操作过程中容易发生样品的变形和损坏，从而得出不正确的结果。此外，对图像及衍射花样的分析要求有较高的专业理论知识及一定实践经验。

B 样品制备

电子束对金属薄膜的穿透能力同材料的原子序数及加速电压有关。良好的铝合金薄膜样品，除了满足厚度要求外，还应该具有保持同大块材料相同的组织结构，较大的透明面积，一定的强度和刚度。

铝合金的薄膜样品制备方法及步骤包括：用线切割或电火花切割方法从大块材料上切下 0.2~0.3mm 厚的薄片，在砂纸上用手工机械减薄或用化学方法减薄到几十微米，最后用电解双喷设备或离子减薄仪进行最终减薄。

C 组织观察及结构分析

铝合金薄晶体的透射电子显微分析工作是研究者最有成就的领域之一。通过透射电镜组织观察及结构分析，人们对铝合金中不同第二相、位错和其他组织形态及结构进行了卓有成效的研究，获得了大量数据。对时效强化铝合金的时效过程、GP 区和其他时效强化相的形成、长大及尺寸结构变化，对铝合金的结晶过程及产物、组织均匀化、形变、再结晶过程，组织状态变化都进行了系统地研究。

铝合金铸造成型后，其组织过去多用光学金相方法加以鉴别，对结晶产物的微观形态和性质的认识都很不全面。而透射电镜分析大大丰富了人们的结晶过程和产物的认识，对生产工艺的进步起到了巨大作用。

在均匀化过程中，发生原子扩散使非平衡相溶解、晶内偏析消除和弥散相析出。对非平衡相的溶解和弥散相的析出情况，只有透射电镜分析才能给出本质性的解释。

铝合金在冷热加工过程中，组织发生明显变化。透射电镜可以观察到组织中的位错、亚晶、细小的晶粒组织等。

铝合金的时效过程研究，最初是通过其硬度变化发现的。透射电镜的应用使得研究者对这个过程中各个阶段产物的形态、结构、同基体的位向关系有了充分的了解。

铝合金在拉伸、疲劳、腐蚀及应力腐蚀过程中的组织变化也是透射电子显微分析的重要内容。

由于各种条件所限，在铝材的生产和加工过程和检验中，一般都不进行透射电镜分析。但是，在新合金开发和失效分析中，透射电镜组织分析都是必不可少的。

36.4.2.3　X 射线微区成分分析

A　特点及工作方式

电子束照射到固体样品表面，不但能够激发各种电子信号，还能够激发特征 X 射线。通过分析 X 射线的能量和波长，可以直接分析样品微区内的化学成分。

用来激发 X 射线的电子束很细，由于具有电子显微镜一样的机能，因此可知道所测区域是样品的哪一部位，使对样品所含元素的分析与其形态相对应起来。这种方法的优点还在于不像化学分析那样把样品溶解，可以进行无损检测。

通过分析 X 射线的波长或能量，都可以获取微区的化学成分信息。分析 X 射线波长的仪器称为波长分散谱仪，分析 X 射线能量称为能量分散谱仪。其相对灵敏度为万分之一到万分之五，分析元素范围是在原子序数 4 以上的元素。

B　波长分散谱仪和能量分散谱仪

波长分散谱仪简称波谱仪，也称为电子探针。由于它具有与扫描电镜相似的结构，目前已发展成为兼有扫描电镜功能的综合仪器。由于高精度微区成分分析和高分辨显微像两者对设备要求不同，现在还不能做到在一台仪器中两者皆优。因此，波谱仪是以成分分析精度高为特点，显微像观察为辅助手段使用的。

能量分散谱仪简称能谱仪。通常是作为扫描电镜附件来应用的。

波谱仪采用分光晶体对样品上激发的特征 X 射线进行反射，通过测定其波长可以定出样品所含元素，通过测定其强度可以进行定量分析。能谱分析不需要分光晶体，而直接将探测器接收的信号加以放大并进行脉冲分析。通过选择不同脉冲幅度以确定特征 X 射线能量，从而达到成分分析目的。

能谱仪分析速度快、检测效率高、可一次进行全谱检测、对样品没有特殊要求，适合于做快速定性和定点分析。而波谱仪具有分析精度高、检测极限优等特点，适合于定量分析。

由于上述特点，能谱仪和波谱仪彼此不能取代。将两个谱仪结合使用，可以快速、准确地进行材料组织、结构和成分等资料的分析。

分析前要根据实验目的制备样品，要求表面要清洁。用波谱仪分析，要求样品平整。样品表面抛光时，应选择同被分析材料化学成分不同的抛光物质，以免造成分析误差。

根据仪器设计和测试要求，可进行定性分析及定量分析。定量分析的区域大小及准确程度不仅取决于谱仪本身的分辨本领，还同谱仪配备的观察主机有关。例如，采用扫描电镜配合能谱仪或波谱仪可以分析的区域为微米数量级。而采用分析型电镜配合能谱仪分析的区域可达纳米数量级。

C 波谱仪和能谱仪分析技术在铝合金中的应用

铝合金中存在许多不同尺寸的第二相。包括在铸造时及后续加工后形成的各种组成相、各种夹杂物相、弥散相、时效析出相等。

采用光学显微镜只能对铝合金中较大尺寸的第二相进行形态观察。尽管可以根据金相图谱，按其形态给予分类和鉴别，但是这要求研究者具有一定的经验，且误差率较高。而采用能谱和波谱可以方便地测定出各种第二相的成分，根据测得的成分及含量，可以较准确的确定合金中存在的相。

例如，铸造铝合金中的组成相比较复杂，铸造条件不仅影响共晶相形态，而且影响其不同组分的比例及成分。采用能谱和波谱相结合，可以对共晶组织进行细致的形貌观察和准确的定量分析，这是传统的化学分析及光学金相方法无法实现的。

在各种铝合金的断裂过程中，第二相对裂纹的萌生和扩展起着相当重要的作用。采用配备有能谱仪的扫描电镜，能对各种断口进行形貌观察及成分分析。确定断裂原因及影响因素，从而得到预防或改进措施。

在高强铝合金的性能研究中发现，大尺寸夹杂物和热加工未消除的大尺寸金属间化合物对合金的断裂韧性有着十分不利的影响。结合微区形貌观察和成分分析，研究者可以了解不同组成相及夹杂物对性能的影响程度，进而通过调整合金成分、热加工工艺达到改善合金性能的目的。

疲劳断裂是工程上最常见、最危险的断裂形式。同材料的静态性能不同，微区组织对铝合金的疲劳性能影响更为显著。在疲劳载荷条件下，疲劳裂纹的萌生及扩展决定了材料或工件的疲劳寿命。在这方面，微区分析技术为疲劳断裂机理的研究起着巨大的推进作用。确定疲劳裂纹的萌生条件，对于材料尤其是工件的失效分析，往往起着决定性作用。而裂纹前端区域的组织及成分变化、组织均匀性对铝合金疲劳裂纹的扩展情况，也具有决定性影响。事实上，材料的断裂分析、尤其是疲劳断裂分析，必须依赖先进的微区分析技术。

采用微区分析技术进行铝合金的断裂分析，主要是了解显微组织对裂纹的萌生和扩展的影响。由于裂纹的萌生和扩展同组织中各种缺陷，如夹杂、孔洞、晶界等有关，因而判定缺陷性质尤为重要。

能谱和波谱技术可以对合金成分进行点分析、线分析和面分析，从而可明确合金元素的分布特征。

用能谱和波谱技术可以确定基体材料中合金元素在包铝层的扩散情况。

用能谱和波谱技术还可以研究铝合金在加热过程中合金元素烧损情况，尤其是含镁铝合金表面在加热过程中的镁元素贫化问题进行研究分析。

36.4.2.4 表面分析

目前，有很多表面分析方法，并具有各自的特点，可以弥补 X 射线微区分析技术的不足。其中在铝合金比较常用的方法，包括俄歇电子能谱技术和离子探针技术。

A 俄歇电子能谱技术

入射电子与固体样品发生交互作用时，样品原子的内壳层电子受入射电子激发而留下空位，外层较高能级的电子将自发地向低能级空位跃迁，多余能量或以 X 光子的形式辐射出来，或引起另一外壳层电子电离，从而发射具有一定能量的电子，这就是俄歇电子。俄歇电子具有特征能量，其产额随原子序数增加而降低。

俄歇电子能谱具有两大特点：第一是当原子序数小于 14 时，相应元素的俄歇电子产额都很高。对于分析轻元素而言，俄歇电子信息分析的灵敏度高于特征 X 射线。第二是由于俄歇电子能量较低，能够逸出表面的俄歇电子仅限于表面以下 $0 \sim 3nm$ 以内深度，相当于几个原子层厚。因此，特别适合于做表面化学成分分析。

俄歇谱仪要求分析的样品保持十分清洁，只要有单原子吸附层，就会得出错误的结论。因此不但需在高真空的样品室进行能量测量，而且要能在样品室进行低温处理和打断口，以得到新鲜的断口表面。对无法在样品室制造的表面，需分析前在样品室内用溅射离子枪进行清洗，以清除附着在表面的污物。离子枪还可以对样品进行离子蚀刻，以进行化学成分的深层测定。

俄歇谱仪可以进行铝合金的沿晶断裂分析，测定晶界表面的化学成分和表层元素的偏聚。近年来，对 Al-Mg、Al-Zn-Mg、Al-Mg-Si 等合金的沿晶断口分析都发现合金元素在晶界的富集。结合扫描电镜和透射电镜分析，得到沿晶开裂与时效析出相在晶界优先析出有关的结果。

对铝合金的氧化腐蚀、表面改性以及铝基复合材料的界面成分分析也得到许多有益的结果。

俄歇能谱技术目前只是发展的初级阶段，主要结果多为定性或半定量的。发展俄歇参考谱以简化分析尚需进行大量工作。同 X 射线微区分析技术比较，其采样体积和被检的原子数较小，这就限制了这种方法的灵敏度，对大多数元素的检测灵敏度为千分之一到万分之一。尽管如此，它仍是一个富有巨大潜力的表面分析手段。

B 离子探针技术

X 射线微区分析技术对轻元素检测困难，对 H、He 和 Li 元素则无法检测。而离子探针可以分析从 1 号元素 H 到 92 号元素 U 的全部元素，而其检测灵敏度在百万分之几到十亿分之几，比电子探针和俄歇谱仪高几个数量级。也是唯一能够分析 H 元素的表面分析技术。

当用一定能量的离子束轰击固体样品表面时，可以激发各种物理信号。其中，入射离子与样品原子碰撞时，可以将样品中的原子击出。被击出的原子可以是离子状态，也可以是原子状态，甚至是分子离子。被入射离子激发的这些离子，统称为二次离子。在离子探针分析中，应用二次离子作为检测信号。二次离子被激发后，首先由静电场进行偏转使能量相同的离子按同样的偏转半径聚焦在一起。再由扇形磁场进行第二次偏转，使能量和质量都相同的离子在同一地点聚焦。通过选择狭缝到达检测器，它可以将离子按质荷比，即离子所具有的质量和电荷，进行分类和记录。由于不同元素或化合物的离子具有不同的质荷比，从而进行成分分析。

用离子探针进行表面分析，可分析深度为 $5 \sim 10nm$。

离子探针分析的一个明显特点是数据量大，分析过程复杂，目前只能进行定性分析。而且分析是破坏性的。尽管如此，其独特的优点是其他分析方法所无法取代的。近年来，人们正在尝试离子探针的定量分析，并取得很大进展。

离子探针可以分析铝合金中微量元素的分布状态、鉴别合金表面薄膜的性质、研究晶界对材料脆性断裂的影响。如在 0.00018% Na 含量的 Al-5Mg 高纯合金的高温脆性断口表面发现 Na 的偏聚，从而证实 Na 的脆化作用。

铝合金的应力腐蚀及氢脆和氢致开裂等现象已经引起人们的高度重视。但是用一般分析仪器无法对氢进行定性和定量分析，离子探针则是进行材料微区氢分析的有效手段。

36.5　力学性能测试方法与技术

36.5.1　拉伸实验

拉伸实验是沿试样轴向施以平稳增加的单向静拉力，以测定其强度和塑性性能，显示金属材料在弹性和塑性变形时应力和应变关系的一种最普遍、而又简单迅速的力学实验方法。通过一次拉力实验可以得到一系列拉伸性能数据：断后伸长率 A、断裂总伸长率 A_t、最大力总伸长率 A_{gt}、最大力非比例伸长率 A_g、屈服点伸长率 A_e、断面收缩率 Z、规定非比例延伸强度 R_p、规定总延伸强度 R_t、规定残余延伸强度 R_r、抗拉强度 R_m、弹性模量 E 等，这些数据对设计和材料研究具有很重要的价值。因此，拉伸实验是材质检验的重要手段。

金属材料进入屈服阶段后，会呈现出典型的黏弹性状态。而材料的黏弹性行为依赖于时间，并取决于应变速率。因此，金属拉伸实验时必须控制应力速度及应变速率。

36.5.1.1　实验原理

实验是用拉伸力将试样拉伸，一般拉至断裂以便测定力学性能。

光滑试样在拉力作用下的拉伸曲线，如果把纵坐标力换成 $R = F/S_0$，把横坐标伸长 ΔL 换成应变 $\varepsilon = \Delta L/L_0$，即得到应力-应变曲线图，如图 36-19 所示。同种材料的力-伸长曲线和应力-应变曲线的形状是相似的。

试样在拉伸过程中可分为下述几个阶段：

（1）弹性变形阶段（见图 36-19 中 ob 段）。在弹性变形阶段，变形完全是弹性的。卸力与施力路线完全一致。在 oa 段力与伸长成比例。ab 段力与伸长不成比例，但变形仍然是弹性的。

（2）屈服阶段（见图 36-19 中 cd 段）。屈服阶段的特点是，在力不增加或增加很少或略有降低的情况下，伸长急剧增加，出现所谓屈服平台，或者缓慢过渡，产生大量塑性变形。其实 bc 段已发生塑性变形，只是变形很小。

（3）均匀塑性变形阶段（见图 36-19 中 de 段）。在该阶段，试样标距内任一断面，形变强化使其所能承受的外力的增加大于断面收缩使其所能承受的外力的减少。试样在标距长度内产生均匀塑性变形，要继续变形必须增大载荷。

（4）缩颈阶段（见图 36-19 中 ef 段）。在缩颈阶段力随着伸长的增大而下降，发生大量不均匀的塑性变形，且塑性变形集中在缩颈处。

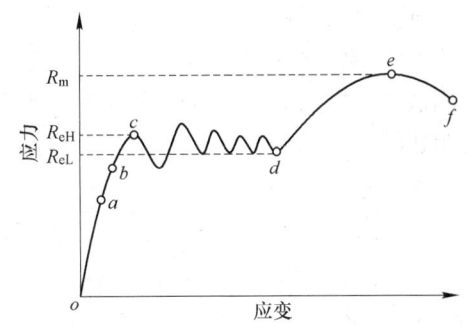

图 36-19　应力-应变曲线

实际上从 e 点开始，试样内部就形成了显微孔洞，随着缩颈的进行，显微孔洞聚集形成裂纹源，裂纹长大直至最后断裂。

在后 3 个阶段变形是不能恢复的，卸力与施力路线不一致。

在铝合金中，只有少数几种合金（如 5A03-O、5A05-O）的拉伸曲线有时可以分出上面几个阶段，而大部分铝合金没有明显的屈服阶段，其弹性阶段、屈服阶段和均匀塑性变形阶段从曲线上看是圆滑过渡的。

36.5.1.2 试样

试样的形状与尺寸取决于被实验的金属产品的形状与尺寸。具有恒定截面的产品和铸造试样可以不经机加工而进行实验。这种全截面试样适用于管、棒、线、型材。机加工的试样一般有圆形和矩形（横截面）两种。管材试样有全壁厚纵向弧形试样、管段试样（全截面试样）、全壁厚横向试样，或从管壁厚度机加工的圆形横截面试样。常用比例试样如图 36-20 所示。

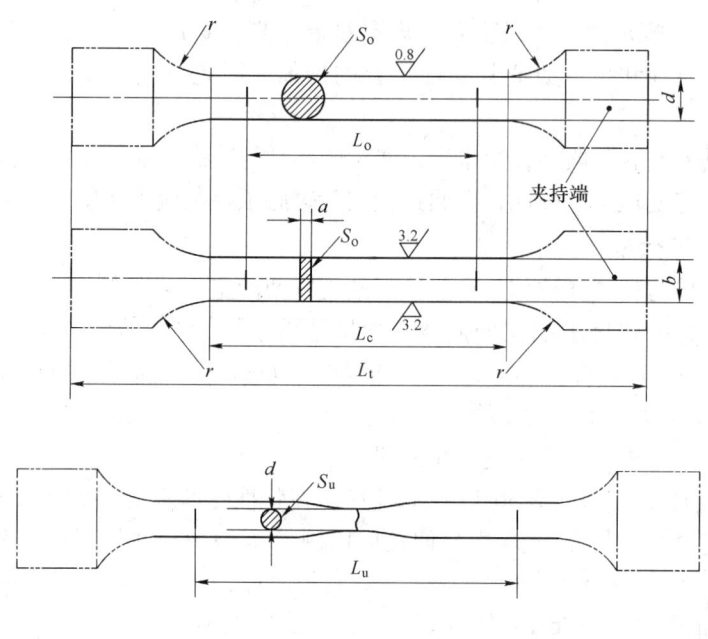

图 36-20　比例试样

试样原始标距 L_o 与原始横截面积 S_o，存在 $L_o = k\sqrt{S_o}$ 关系，称为比例试样。通常取 $k = 5.65$，原始标距应不小于 15mm。当 $k = 5.65$，$L_o < 15\text{mm}$ 时，可取 $k = 11.3$，或采用非比例试样。机加工试样的夹持端与平行长度部分的宽度不同，他们之间应以过渡弧连接，过渡弧的半径 r 可能很重要。试样平行长度 L_c 或试样不具有过渡弧时夹头间的自由长度应大于原始标距 L_o。

36.5.1.3 拉力实验所测定的各项拉伸性能

A 断面收缩率（Z）的测定

断面收缩率是断裂后试样横截面积的最大减缩量 $(S_o - S_u)$ 与原始横截面积之比的百分率。断裂后最小横截面积 S_u 的测定应准确到 $\pm 2\%$。

测量时，如需要，将试样断裂部分仔细地配接在一起，使其轴线处于同一直线上。对于圆形横截面试样，在缩颈最小处相互垂直方向测量直径，取其算术平均值计算最小横截面积；对于矩形横截面试样，测量缩颈处的最大宽度 b_u 和最小厚度 a_u（见图 36-21），两者乘积为断后最小横截面积。

薄板和薄带试样、管材全截面试样、圆管纵向弧形试样和其他复杂横截面试样及直径小于 3mm 试样，一般不测定断面收缩率。

B 断后伸长率 A 和断裂总伸长率 A_t 的测定

断后伸长率 A 是断后标距的残余伸长与原始标距之比的百分率。对于比例试样，若原始标距不为 $5.65\sqrt{S_o}$（S_o 为平行长度的原始横截面积），符号 A 应附以下脚说明所使用的比例系数，例如，$A_{11.3}$ 表示原始标距为 $11.3\sqrt{S_o}$ 的断后伸长率。对于非比例试样，符号 A 应附以下脚说明所使用的原始标距，以毫米表示，例如 A_{80mm} 表示原始标距为 80mm 的断后伸长率。

断裂总伸长率 A_t 是断裂时刻原始标距的总伸长（塑性伸长加弹性伸长）与原始标距之比的百分率，如图 36-22 所示。

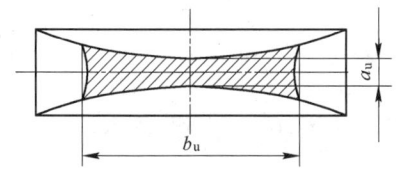

图 36-21　矩形横截面试样缩颈处
最大宽度和最小厚度

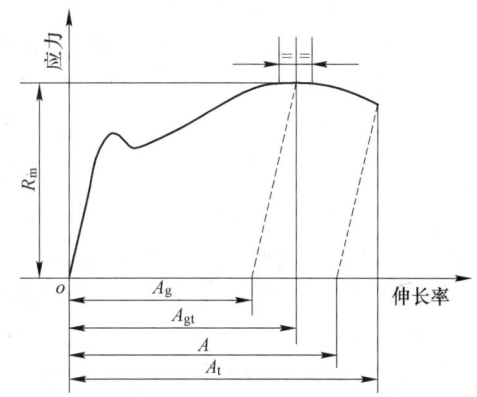

图 36-22　4 种伸长率的定义

试样拉断后，将两部分紧密对接在一起，使其轴线位于一条直线上，测量试样断后标距 L_u。原则上拉断处到最邻近标距端点的距离不小于 $L_o/3$ 实验方有效。但如果断后伸长率不小于规定值则不管断裂位置处于何处测量均为有效。当拉断处到最邻近标距端点的距离小于 $L_o/3$ 时，为避免试样报废，可以用移位法测量 L_u。如规定的断后伸长率小于5%宜采用特殊方法（见 GB/T 228—2002 金属材料　室温拉伸实验方法中的附录 E）测量，断后伸长率为：

$$A = \frac{L_u - L_o}{L_o} \times 100\% \tag{36-26}$$

引伸计标距 L_e 应等于试样原始标距 L_o。以断裂时的总延伸作为伸长测量时，为了得到断后伸长率应从总延伸中扣除弹性延伸部分。断裂时刻原始标距的总伸长（弹性伸长加塑性伸长）与试样原始标距之比的百分率为断裂总伸长率 A_t。

C 最大力下的总伸长率 A_{gt} 和最大非比例伸长率 A_g 的测定

最大力伸长率是最大力时，原始标距的伸长与原始标距之比的百分率。最大力下的总伸长率 A_{gt} 包含弹性伸长，而最大非比例伸长率 A_g 不包含弹性伸长。

在用引伸计得到的力-延伸曲线图上测定最大力时的总延伸 ΔL_m，最大力总伸长率 A_{gt} 为：

$$A_{gt} = 100\Delta L_m/L_e \qquad (36-27)$$

从最大力时的总延伸中扣除弹性延伸部分，即得到最大力时的非比例延伸，将其除以引伸计标距得到最大力非比例伸长率。

有些材料在最大力时呈现一平台。当出现这种情况，取平台中点的最大力对应的总伸长率，如图 36-22 所示。

如实验是在计算机控制的具有数据采集系统的实验机上进行，直接在最大力点测定总伸长率和相应的非比例伸长率，可以不绘制力-延伸曲线图。

D　屈服点伸长率 A_e 的测定

呈现明显屈服现象的金属材料，屈服开始至均匀加工硬化开始之间引伸计标距的延伸与引伸计标距之比的百分率称做屈服点伸长率。根据力-延伸曲线图测定屈服点伸长率，实验时记录力-延伸曲线，直至达到均匀加工硬化阶段。在曲线图上，经过屈服阶段结束点划一条平行于曲线的弹性直线段的平行线，此平行线在曲线图的延伸轴上的截距即为屈服点延伸，屈服点延伸除以引伸计标距得到屈服点伸长率，如图 36-23 所示。

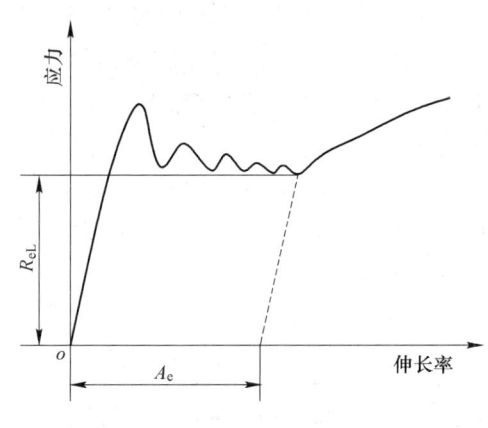

图 36-23　屈服点伸长率

可以使用自动装置（例如微处理机等）或自动测试系统测定屈服点伸长率，可以不绘制力-延伸曲线图。

E　规定非比例延伸强度 R_p 的测定

规定非比例延伸强度 R_p 是指非比例伸长率达到规定的引伸计标距百分率时的应力。表示此应力的符号应附以下角注说明规定的百分率，例如 $R_{p0.2}$ 表示规定非比例伸长率为 0.2% 时的应力。

（1）图解法。根据力-延伸曲线图测定规定非比例延伸强度。在曲线图上，画一条与曲线的弹性直线段部分平行，且在延伸轴上与此直线段的距离等效于规定非比例伸长率，例如 0.2% 的直线。此平行线与曲线的交截点给出相应于所求规定非比例延伸强度的力。此力除以试样原始横截面积得到规定非比例延伸强度，如图 36-24（a）所示。

（2）滞后环法。如力-延伸曲线图的弹性直线部分不能明确地确定，以致不能以足够的准确度画出这一平行线，推荐采用该法。

实验时，当已超过预期的规定非比例延伸强度后，将力降至约为已达到的力的 10%。然后再施加力直至超过原已达到的力。正常情况将绘出一个滞后环。为了测定规定非比例延伸强度，过滞后环画一直线。然后经过横轴上与曲线原点的距离等效于所规定的非比例伸长率的点，做平行于此直线的平行线。平行线与曲线的交截点给出相应于规定非比例延伸强度的力。此力除以试样原始横截面积得到规定非比例延伸强度，如图 36-24（b）所示。

有时还采用逐步逼近法来确定规定非比例延伸强度 R_p。

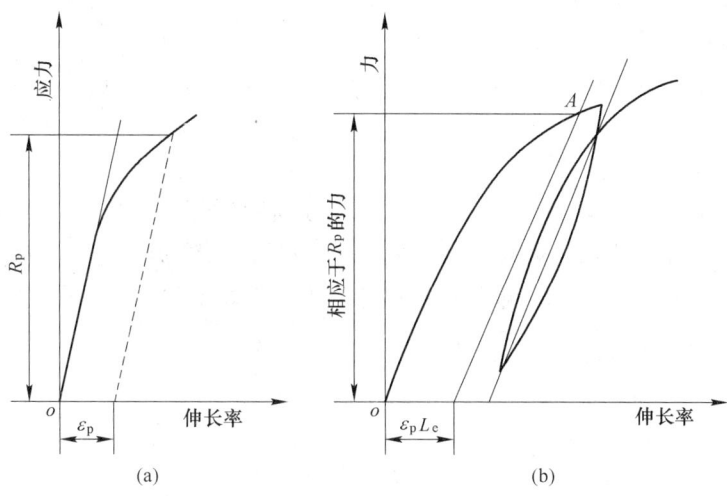

图 36-24　规定非比例延伸强度 R_p

（a）图解法；（b）滞后环法

F　抗拉强度的测定

试样在屈服阶段之后所能抵抗的最大力（没有明显的屈服阶段的金属材料为实验期间的最大力）除以试样原始横截面积之商。

采用图解方法或指针方法测定抗拉强度，对于呈现明显屈服（不连续屈服）现象的金属材料，从记录的力-延伸或力-位移曲线图，或从测力度盘，读取过了屈服阶段之后的最大力（见图 36-25）。对于呈现无明显屈服（连续屈服）现象的金属材料，从记录的力-延伸或力-位移曲线图，或从测力度盘，读取实验过程中的最大力。最大力除以试样原始横截面积得到抗拉强度。

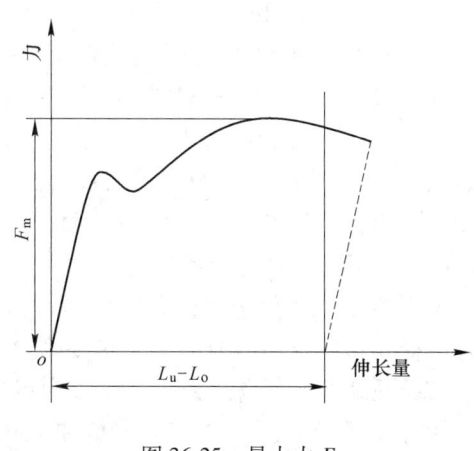

图 36-25　最大力 F_m

可以使用自动装置（例如微处理机等）或自动测试系统测定抗拉强度，可以不绘拉伸曲线图。

36.5.2　硬度测试

硬度是材料的一种综合性的力学性能指标，它是材料软硬程度的度量。由于实验的方法不同，硬度的分类和具体定义也不相同。硬度可分为两大类：压入硬度和划痕硬度。在压入硬度中，根据载荷速度的不同，又可分为静载压入硬度（即通常所用的布氏、洛氏和维氏硬度）和动载压入硬度（如肖氏硬度和锤击式布氏硬度）两种。

对具体的每一种硬度，其定义和物理含义又不一样。例如，划痕硬度主要是反映金属对切断破坏的抗力；肖氏硬度是表征金属弹性变形能力的大小；常用的布氏、洛氏和维氏硬度实际上是反映了压痕附近局部体积内金属的弹性变形、微量塑性变形、形变强化以及大量塑性变形能力的指标。

一般来说，硬度实验具有设备简单、操作迅速方便、压痕小不破坏零件以及便于现场操作等特点。

36.5.2.1 布氏硬度

布氏硬度测量是用一定直径 $D(\text{mm})$ 的淬火钢球或硬质合金球，以一定大小的实验力 $F(\text{kgf 或 N})$，压入试样表面，经规定保持时间 $t(\text{s})$ 后，卸除实验力，试样表面将留下一个压痕，测量压痕的直径 $d(\text{mm})$ 以计算压痕球形表面积 $S(\text{mm}^2)$，布氏硬度的定义即为实验力 F 除以压痕球形表面积 S 所得的商。其计算公式为：

当 F 单位为 kgf 时

$$布氏硬度值 = \frac{2F}{\pi D(D - \sqrt{D^2 - d^2})} \tag{36-28}$$

当 F 单位为 N 时

$$布氏硬度值 = 0.102 \times \frac{2F}{\pi D(D - \sqrt{D^2 - d^2})} \tag{36-29}$$

布氏硬度通常不标出单位，它只是表示材料在上述规定条件下的相对数值大小。

同一材料在不同的条件下，测得的布氏硬度值会有差别。要保证测得的布氏硬度值相同，必须使载荷与钢球直径平方比值及压入角相同。

在国家标准 GB 231—84 中规定球径分 5 种：10mm、5mm、2.5mm、2mm 和 1mm。在选定了球径后，根据 $F = KD^2$，来确定 F 的大小。标准规定 K（常数）有 7 种：30、15、10、5、2.5、1.25 和 1。材料硬的要选较大的 K 值，材料软的要选较小的 K 值。对于轻金属及其合金，当其布氏硬度小于 35 时，K 值取为 2.5（或 1.25）；布氏硬度在 35 ~ 80 范围内时，K 值取为 10（或者 5、15）；布氏硬度大于 80 时，K 值取 10（或 15）。

试样的最小厚度应大于或等于压痕深度的 10 倍，试样表面粗糙度 R_a 不大于 $0.8\mu\text{m}$，压痕直径在 $0.24D \sim 0.6D$ 之间，否则测量结果无效，应重新选 K 值进行测量。

布氏硬度的书写方法为：当压头为钢球时，以符号 HBS 表示；当压头为硬质合金球时，用符号 HBW 表示。在该符号前加上实验结果（数值），符号后注上实验条件，即钢球直径(mm)/实验载荷（以 kgf 表示）/实验力保持时间（单位为 s，一般 10 ~ 15s 的可略去）。例如：120HBS10/1000/30，即表示用 10mm 直径的钢球，施加 9806.65N（1000kgf）的力，保持载荷 30s，得到材料的布氏硬度值为 120。又如：500HBW5/750，表示用硬质合金直径为 5mm 的球，加上 7354.99N（750kgf）的载荷，保持 10 ~ 15s 所得的硬度值为 500。

36.5.2.2 维氏硬度

维氏硬度也是根据压痕单位面积所承受的实验力来计算硬度值。但是维氏硬度所采用的压头不是球体，而是两相对面间夹角为 136° 的金刚石正四棱锥体。其实验原理是，在选定的载荷 F 作用下，压头压入试样表面，经规定保持时间后，卸除载荷，在试样表面留下一个正四棱锥形的压痕，测量压痕对角线长度 d（一般取 d_1 和 d_2 的平均值），用其计算压痕表面积 S，则维氏硬度 HV 的公式如下：

当采用工程单位制，即力的单位是 kgf 时

$$维氏硬度值 = F/S = 1.8544F/d^2 \tag{36-30}$$

当采用法定单位制，即力的单位是 N 时

$$维氏硬度值 = 0.102 \times 1.8544F/d^2 = 0.1891F/d^2 \tag{36-31}$$

与布氏硬度值一样，维氏硬度值也不标注单位。

由于维氏硬度压头设计的合理性，所以其压痕总是相似的，这就给载荷 F 的选择带来方便，从而使维氏硬度检测方法可以测试从很软到很硬的材料，另外在中、低硬度范围内，对同一均匀材料维氏和布氏两种检测方法所得的硬度值很接近。GB/T 4340 根据检测力范围规定测定金属维氏硬度的方法见表 36-4 和表 36-5。

表 36-4 不同维氏硬度实验所对应的实验力范围

实验力范围/N	硬 度 符 号	实 验 名 称
$F \geqslant 49.03$	$\geqslant HV5$	维氏硬度实验
$1.961 \leqslant F < 49.03$	HV0.2 ~ HV5	小负荷维氏硬度实验
$0.09807 \leqslant F < 1.961$	HV0.01 ~ HV0.2	显微维氏硬度实验

表 36-5 维氏硬度实验应选用的实验力

维氏硬度实验		小负荷维氏硬度实验		显微维氏硬度实验	
硬度符号	实验力/N	硬度符号	实验力/N	硬度符号	实验力/N
HV5	49.03	HV0.2	1.961	HV0.01	0.09807
HV10	98.07	HV0.3	2.942	HV0.015	0.1471
HV20	196.1	HV0.5	4.903	HV0.02	0.1961
HV30	294.2	HV1	9.807	HV0.025	0.2452
HV50	490.3	HV2	19.61	HV0.05	0.4903
HV100	980.7	HV3	29.42	HV0.1	0.9807

注：1. 维氏硬度实验可使用大于 980.7N 的实验力；
  2. 显微维氏硬度实验的实验力为推荐值。

试样厚的 F 要选大一点，以便提高压痕对角线的测量精度；材料硬度高的应选择小一点的 F，以免损伤压头。实验力的加载时间一般为 2 ~ 8s，对有色金属保持时间为 30s。

维氏硬度实验要求试样表面粗糙度 R_a 不大于 0.4μm，小负荷维氏硬度实验要求试样表面粗糙度 R_a 不大于 0.2μm，显微维氏硬度实验要求试样表面粗糙度 R_a 不大于 0.1μm。试样最小厚度应大于等于压痕深度的 10 倍（不小于压痕直径的 1.43 倍）。

维氏硬度的表示方法是：在 HV 前面写硬度值，HV 后面按顺序写实验力（用 kgf 表示）和实验力保持时间（用 s 表示），一般保持时间为 10 ~ 15s 的，可不注明时间。例如：640HV30 表示在实验力为 294.2N（30kgf）下保持 10 ~ 15s 测定的维氏硬度值为 640。

640HV30/20 表示在实验力为 294.2N 下保持 20s 测定的维氏硬度值为 640。

36.5.2.3 洛氏硬度

洛氏硬度是用压痕的深度表示材料的硬度。洛氏硬度所用压头有两种,一是金刚石圆锥体,另一种是淬硬钢球。其实验的原理是:先加初载荷 F_0,使压头压入试样表面一定深度 h_0,以此作为测量压痕深度的基线,然后加上主载荷 F_1,此时压痕深度为 h_1,在 h_1 中包括弹性变形和塑性变形两部分,经规定保持时间后,卸去主载荷 F_1,保留初载荷 F_0,则 h_1 中弹性部分即行恢复,只剩下塑性部分,记为 h。洛氏硬度的高低,就以 h 来衡量,h 越大就表明硬度越低,反之则表示硬度高。

为了把压痕深度 h 计量成洛氏硬度值,可按式(36-32)计算。

$$洛氏硬度值 = K - \frac{h}{0.002} \tag{36-32}$$

式中,K 为与压头有关的常数,当压头为金刚石时,$K=100$;当压头为淬火钢球时,$K=130$。式(36-32)中 h 除以 0.002 表示每 0.002mm 的深度作为洛氏硬度一度。

洛氏硬度标尺有 HRA、HRB、HRC、HRD、HRE、HRF、HRG、HRH、HRK,铝镁合金检测采用的是 B、F、E 和 H 标尺,其技术参数见表 36-6。

表 36-6 铝合金用洛氏硬度实验条件及适用范围

表面洛氏硬度标尺	表面洛氏硬度符号	压头类型	初始实验力 F_0/N	主实验力 F_1/N	总实验力 F/N	适用范围
B	HRB	1.5875mm 钢球	98.07	882.6	980.7	20～100HRB
F	HRF	1.5875mm 钢球	98.07	490.3	588.4	60～100HRF
E	HRE	3.175mm 钢球	98.07	882.6	980.7	70～100HRE
H	HRH	3.175mm 钢球	98.07	490.3	588.4	80～100HRH

洛氏硬度检测要求试样厚度不小于压痕深度的 10 倍,试样实验面粗糙度 R_a 不大于 0.8μm。

表面洛氏硬度实验专门用来测定极薄的工件及硬化层和金属镀层的硬度,其原理和实验方法完全与洛氏硬度一样,表面洛氏硬度标尺有 15N、30N、45N、15T、30T、45T 等。前 3 种采用金刚石压头,后 3 种采用淬硬钢球压头。其中 30T 标尺适用于铝合金,其实验条件和适用范围见表 36-7。

表 36-7 金属表面洛氏硬度 HR30T 实验条件及适用范围

表面洛氏硬度标尺	表面洛氏硬度符号	压头类型	初始实验力 F_0/N	主实验力 F_1/N	总实验力 F/N	适用范围
30T	HR30T	φ1.588mm 钢球	29.42	264.8	294.2	29～82HR30T

表面洛氏硬度计算公式为:

$$表面洛氏硬度值 = 100 - \frac{h}{0.001} \tag{36-33}$$

表面洛氏硬度检测要求试样或检测层厚度不小于压痕深度的 10 倍。检测后背面不得有变形痕迹。

36.5.2.4　肖氏硬度

肖氏硬度实验是一种动载实验法。其原理是将规定的金刚石冲头从固定的高度落在试样的表面上，冲头弹起一定高度 h，用 h 与 h_0 的比值计算肖氏硬度值。

$$肖氏硬度值 = K\frac{h}{h_0} \tag{36-34}$$

肖氏硬度有 3 种：C 型和 D 型是以回跳高度来衡量硬度的大小，其 K 值分别为 153 和 140；E 型是以回跳速度（冲头回跳通过线圈时感应出与速度成正比的电压，经过硬度计配置的计算机处理得出其硬度值）来衡量硬度的大小。

试样的实验面一般为平面，对于曲面试样，其实验面的曲率半径不应小于 32mm。试样的质量，至少应在 0.1kg 以上。试样的厚度应在 10mm 以上。试样的实验面面积应尽可能大，其粗糙度 R_a 不大于 1.6μm，试样不应带磁性，表面应无油脂等污染。实验时，一定要保持计测筒处于垂直状态，任意倾斜都会使冲头受到摩擦力从而使结果不准确。计测筒应压紧在实验面上，相邻两压痕距离不应小于 2mm，压痕中心距试样边缘应不小于 4mm，一般读数至 0.5 单位，应测 5 点取平均值表示该试样（材料）的肖氏硬度值。

表示方法为：25HSC 表示用 C 型（目测型）硬度计测得的肖氏硬度值为 25。51HSD 表示用 D 型（指示型）硬度计测得的肖氏硬度值为 51。

36.5.2.5　里氏硬度

用规定质量的冲击体在弹力作用下以一定速度冲击试样表面，用冲头在距试样表面 1mm 处的回弹速度与冲击速度的比值计算硬度值。

里氏硬度定义为冲击体反弹速度与冲击速度之比乘以 1000。

$$里氏硬度值（HL） = 1000v_R/v_A \tag{36-35}$$

式中　v_R——冲击体回弹速度；
　　　v_A——冲击体冲击速度。

36.5.2.6　韦氏硬度

韦氏硬度计的基本原理是采用一定形状的淬火压针，在标准弹簧检测力作用下压入试样表面，定义 0.01mm 的压入深度为一个韦氏硬度单位。压入越浅硬度越高，压入越深硬度越低。

$$韦氏硬度值（HW） = 20 - 100L \tag{36-36}$$

式中　L——压针伸出长度，即压入试样深度，mm。

国内生产的铝合金韦氏硬度计有 3 种：W-20、W-20A、W-20B，测量的合金范围从 1×××到 7×××系，硬度测量范围相当于 42~98HRE 或 42~120HBS。W-20 型要求试样厚度为 1~6mm，W-20A 型要求试样厚度为 6~13mm。试样被检测面应光滑、洁净、无机械损伤，如有涂层应彻底清除。测量时压针应与检测面垂直。

36.5.2.7　巴氏硬度

巴氏硬度计的基本原理是采用特定压头，在标准弹簧压力作用下压入试样表面，以压痕的深度表示材料的硬度。巴氏硬度计有 100 个分度，每分度单位代表压入深度 0.0076mm。压入越浅硬度越高，压入越深硬度越低。

$$巴氏硬度值（Hba） = 100 - L/0.0076 \qquad (36\text{-}37)$$

式中 L——压针伸出长度，即压入试样深度，mm。

巴氏硬度计适于测量超大、超重、异型的铝合金工件及装配件，也可用于测量铝合金板、带、型及各种锻件。试样被检测面应光洁、无机械损伤，厚度应大于 1.5mm。在大件上检测时压针刺入的部位也应光洁、无机械损伤。硬度计的支脚必须与压针尖端在同一平面上，保证针尖与检测面垂直，必要时可加垫或支撑来实现。

第4篇

铝材深加工技术及其开发应用

37　铝材表面处理技术

37.1　概述

铝材表面处理的目的是要解决或提高防护性、装饰性和功能性 3 个方面问题。铝的腐蚀电位较负，腐蚀比较严重，特别在与其他金属接触时，铝的电偶腐蚀问题极其突出。因此，防护性主要是防止铝腐蚀和保护金属，阳极氧化膜和涂覆有机聚合物涂层等是常用的表面保护手段。装饰性主要从美观出发，提高材料的外观品质。功能性是指赋予金属表面的某些化学或物理特性，如增加硬度、提高耐磨损性、电绝缘性、亲水性等。利用阳极氧化膜的多孔型表面，赋予新的功能（电磁功能、光电功能等），形成了具有广泛潜在用途的崭新领域。在实际应用中，单独解决一方面的情况比较少见，往往需要综合兼顾考虑。

铝表面处理方法可以分为表面机械处理、表面化学处理、表面电化学处理、喷涂高聚物（物理处理）和其他物理方法处理。表面机械处理通常只是作为预处理手段，包括喷砂、喷丸、扫纹或抛光。为进一步表面处理提供均匀、平滑、光洁或纹路。通常，机械处理的有光泽美观表面，并不是表面处理的最终措施，即表面机械处理后的表面并非是使用状态的表面。

表面化学处理，一般有化学预处理和化学转化处理。前者也不是最终表面处理措施，如脱脂、碱洗、酸洗、出光和化学抛光等，使金属表面获得洁净、无氧化膜或光亮的表面状态，以保证和提高后序表面处理（如阳极氧化）的质量。而化学转化处理，如铬化、磷铬化、无铬化学转化等，既可能是以后喷涂层的底层，也可是一种最终表面处理手段。铬化膜是现在仍在采用的一种铝的保护膜。铝表面上化学镀镍又称无电镀镍，也可以说是一种得到金属镀层的表面化学处理。

表面电化学处理中的阳极氧化膜应用非常广泛，是解决铝的保护、装饰和功能的重要方法。电镀是铝工件作为阴极的一种电化学处理过程，被镀金属以电化学还原方式，在铝的表面沉积形成电镀层。近年兴起的微弧氧化，也称火花阳极化、微等离子体氧化，是电化学过程与物理放电过程共同作用的结果。阳极氧化膜一般是非晶态的氧化铝，而微弧氧化膜则含有相当数量的晶态氧化铝。这是一个硬度很高的高温相，因此微弧氧化膜的硬度特别高，耐磨性特别好。

喷涂有机聚合物涂层在建筑铝型材表面处理方面迅速发展，几乎已与阳极氧化平分秋色。目前，工业上广泛采用的有机聚合物是聚丙烯酸树脂（电泳涂层）、聚酯（粉末涂料）、聚偏二氟乙烯（氟碳涂料）等。聚酯粉末是静电粉末喷涂的主要成分，一般在铝材的化学转化膜上喷涂，当前在铝型材上已经大量应用。聚丙烯酸树脂的水溶性涂料作为电泳涂层也已使用多年，溶剂型丙烯酸涂料也可以用静电液体喷涂成膜。氟碳涂料也采用静电液体喷涂，现在认为是耐候性最佳的涂层。但是溶剂型涂料不可避免挥发有毒的有机化合物（VOC），造成大气污染，并存在着火的危险。欧洲已经开发出耐候性接近氟碳涂料的新一代高耐用粉末，并列入欧洲涂层规范（qualicoat），称之为"二类粉末"。此外，氟碳粉末也已经问世，国外已进入商品市场，我国也已经引进并应用。

铝材的表面处理工艺不是一个单一处理过程，而是一个系统工程，包含了一系列工艺流程。下面列出3个实例说明。

（1）建筑铝型材阳极氧化处理和喷涂流程。

```
                                      ┌─→ 封孔
脱脂 → 酸洗 → 出光 → 阳极氧化 → 电解着色 → 电泳 → 固化成膜
                                      └─→ 静电喷涂 → 固化成膜
脱脂 → 酸洗 → 化学转化 ──────────────────────┘
```

（2）通用工业用铝合金部件（机械部件，电器部件等）阳极氧化处理流程。

```
                        ┌─→ 草酸法
脱脂 → 碱洗 → 出光 → 阳极氧化 → 硫酸法（染色） → 封孔
                        └─→ 硬质氧化法
```

（3）装饰用铝合金部件（汽车装饰部件，照相机部件等）阳极氧化处理流程。

```
（人工修整 → 振动抛光） ─────→ 机械喷砂 ────→ 染色 → 印刷 ──┐
脱脂 → 化学抛光 → 阳极氧化（硫酸法） ──────→ 封孔
      └─→ 电解抛光 ──┘
```

以上3个实例说明不同成品应具有不同的工艺路线。其中实例（1）建筑铝型材表面处理可以有4种工艺方法，得到3种表面保护膜，即阳极氧化膜、阳极氧化电泳复合膜、静电喷涂膜。而静电喷涂膜可以在化学转化膜或阳极氧化膜（工业上少用）上生成。通用工业品在实例（2）中表示，其阳极氧化视产品要求可分别采用草酸法、硫酸法或硬质氧化（一般不封孔）法。装饰用铝合金部件在阳极氧化前一般要做表面修整，如抛光、喷砂或抛丸等，以提高铝表面的均匀性和光亮度，改善装饰效果。工艺流程和路线应视产品及其应用不同而变化。

37.2 常用铝合金材料的耐蚀性

37.2.1 铝及铝合金的主要腐蚀形式及腐蚀特性

点蚀是铝合金最常出现的腐蚀形式。一般来说，铝合金在大气中产生点蚀的情况并不严重，而在水中的点蚀却要严重得多，甚至在较短的时间内即可导致穿孔。水中含有能抑制全面腐蚀的离子，如 SO_4^{2-}、SiO_3^{2-}、PO_4^{3-} 等，同时含有能破坏局部钝态的离子，如 Cl^- 等，以及含有能促进阴极反应发生的促进剂（氧化剂）等，都是点蚀发生的条件。

为了防止铝合金发生点蚀，从环境方面考虑是去除介质中的氧化性离子，如氯离子。水中含铜离子是铝发生点蚀的原因之一，因此，应尽量去除水中的铜离子。从材料方面来看，高纯铝一般难发生点蚀；工业纯铝的杂质含量及分布对其耐点蚀性能影响极大；含铜的铝合金耐点蚀性能最差；铝锰系和铝镁系合金在材质冶金和加工质量得到保证的情况下，能有较好的耐点蚀性能。

在实际应用中，纯铝不产生晶间腐蚀。Al-Cu 系，Al-Cu-Mg 系，Al-Zn-Mg-Cu 系合金具有较大晶间腐蚀敏感性。不适当的热处理会导致较严重的晶间腐蚀倾向。特别是晶界上连续析出富铜的 $CuAl_2$ 相时，晶界上也产生贫铜区，$CuAl_2$ 与晶界贫铜区组成腐蚀电池，晶界贫铜区为阳极，发生腐蚀，即晶间腐蚀。此外，在其他合金系中也会出现晶界析出的状态，如高镁铝合金的晶界上，会出现富镁的 β 相的粗大析出，该项是阳极相，直接充当腐蚀的阳极，受到破坏，使合金发生晶间腐蚀。当然，这些情况都会随着合金的加工和热处理工艺发生变化。正确的工艺能使晶间腐蚀敏感的合金转变为较为不敏感，而不合理的工艺，可以使原来不够敏感的合金也发生严重的晶间腐蚀。

剥落腐蚀常发生在铝合金材料没有进行退火或退火不充分的情况。进行稳定化处理的铝合金常具有较大的剥落腐蚀敏感性。特别是当温度等环境条件具备时，剥落腐蚀发生，合金的局部腐蚀被加速，合金会受到比较严重的破坏，出现层层剥落的腐蚀形态。

应力腐蚀主要发生在硬铝和超硬铝中，纯铝和低强度的铝合金一般没有应力腐蚀断裂倾向。铝合金的应力腐蚀断裂均为晶间型结构，对晶间腐蚀敏感的铝合金，对应力腐蚀也是敏感的。铝合金在大气中，特别是在近海岸大气中，以及在海水中常发生应力腐蚀断裂。温度和湿度越高，Cl^- 浓度越高，pH 值越低，则应力腐蚀断裂的敏感性越大。

大量的电化学测试数据表明，耐蚀性能比较好的铝合金，其共同特点是腐蚀电位比较稳，且比较负，负于 $-700mV(SCE)$。不同铝合金在不同的环境中，具有不同的腐蚀敏感性。

37.2.2 几种铝及铝合金的耐海水腐蚀性能比较

表 37-1 给出了两种板材在榆林及厦门海域全浸暴露区各时间段的腐蚀数据，并与美国海军实验室在巴拿马运河暴露的相应牌号相同暴露区带的结果进行比较。国产工业纯铝（1050A-O，1035-O）及锻铝（6A02-T6）在海洋环境中"全浸暴露"过程中显示了较强的局部腐蚀敏感性。工业纯铝经 8 年全浸暴露，各站的试样上都有 1mm 以上的蚀坑。而 6A02-T6 在各站都已穿孔（板厚为 2.5mm）。

表 37-1 工业纯铝及锻铝在全浸区暴露 8 年的数据与国外数据对比

合金牌号	暴露地点及方式	年均腐蚀速度/$\mu m \cdot a^{-1}$				最大点蚀深度/mm				强度损失 σ_b 变化/%
		1 年	2 年	4 年	8 年	1 年	2 年	4 年	8 年	
1050A-O	榆林全浸	8.3	10	3.1	1.3	2.39	0.62	1.79	1.65	-3.4
1050A-O	厦门全浸	15	9.0	5.0	3.4	0.59	0.90	1.16	2.05	-2.0
1100	巴拿马全浸	7.1	5.0	4.2	1.9	0.38	0.20	0.38	0.48	-2.0
6A02-T6	榆林全浸	18	11	7.1	4.6	1.20	1.53	穿孔	穿孔	-16.5
6A02-T6	厦门全浸	39	27	16	11	1.44	0.87	1.93	穿孔	-44.1
6061-T6	巴拿马全浸	7.1	6.1	3.6	2.3	0	0	0.76	1.24	0

比较两种国产材料与国外相应材料的腐蚀数据，国产材料局部腐蚀数据明显偏高。比较材料的名义化学成分基本相同，其强度 6A02-T6 与 6061 相当，但 1100 的强度远远高于 1050A-O，表明前者并非软态。因此，国产材料耐蚀性差的原因应是材质问题。国产材料的特征决定了它们在完全浸入海水环境中受到的腐蚀会比较严重。

37.2.3　铝镁合金在海洋环境中的腐蚀行为

铝镁合金在海洋环境中使用，通常是在全浸条件下腐蚀最为严重，而在潮差区（即工件在海水退潮时露出水面）环境下使用，腐蚀稍轻，在飞溅条件下腐蚀最轻。这虽然是一般规律，但是在工程中，环境条件也是千差万别的，当环境条件适合，铝合金在潮差和飞溅条件下也会发生更为严重的腐蚀。这主要是如前所述，在哪一种情况下，具备更为充分的点蚀发生条件。从表 37-2 中的腐蚀数据，表明经过长时间的暴露，Al-Mg 系铝合金在潮差区遭受局部腐蚀比全浸区严重，厦门海域的情况与美国赖茨维尔海滨的腐蚀实验结果属于这种类型，不同的是厦门海域潮差区的局部腐蚀更为严重。而在我国青岛海域和海南榆林海域则表现出相反的情况。潮差区由于海水退潮时，材料露出水面，腐蚀应该减轻。这是铝合金在海洋环境中腐蚀行为报道的大多数观点。但是上述结果表明，国内材料的实验情况和国外的部分实验结果都存在着很多特例。这其中，除了海水环境因素的影响之外，不同的实验设施也会有一定影响。这说明，不同的海水环境因素给铝合金的腐蚀行为带来不同的影响，可以在铝合金耐蚀行为上产生很大的差别。

表 37-2　4 种国产和两种国外 Al-Mg 系铝合金全浸、潮差区局部腐蚀数据

合金牌号	实验海域	局部腐蚀最大深度/mm	
		潮差区	全浸
5A03-O	青岛	0.21	0.35
	厦门	1.80	2.78
	榆林	0.87	0.78
5A11-O	青岛	0.25	0.95
	厦门	2.48	3.19
	榆林	0.88	2.58
5A06-O	青岛		0.15
	厦门	3.90	
	榆林		2.14
180YS	青岛		
	厦门	1.90	0.68
	榆林	0.18	0.98
5086-0	（美）赖茨维尔海滨	0.69	0.46
5456-H321		1.83	1.15

与 5A03-O 和 5A11-O 相比，3A21-O、5A02H14 及 180YS 3 种防锈铝合金在海水全浸区耐蚀性能较好。以 180YS（铝镁系）及 3A21-O（铝锰系）为例，平均腐蚀速度均形成较好的逐年下降规律。只有 3A21-O 在 16 年数据上，在厦门和榆林两站出现了异常点。尽管这两种合金的平均点蚀深度也达到将近 1mm，但相对 5A03-O 和 5A11-O 而言，其点蚀的发展速度要缓慢得多。图 37-1 所示是将两种较好及两种较差铝合金的各时间段平均点蚀深度实验数据绘成曲线，并对其中的两条进行数学回归。从图中不难看出，两类合金的局部腐蚀发展速度具有明显的差异。在起点和初始斜率相差不大的情况下，局部腐蚀发展

速度快的合金，其点蚀深度是随时间以二次方的函数关系上升，而相对耐蚀的合金是以一次（线性）函数关系随时间变化。由此可以看出，防锈铝合金在全浸区表现出的耐蚀性能相差悬殊。其中，180YS 等性能优良，5A05-O 等性能较差。5A03-O、5A11-O、180YS 合金的数据来自厦门海域，3A21-O 数据来自榆林海域。

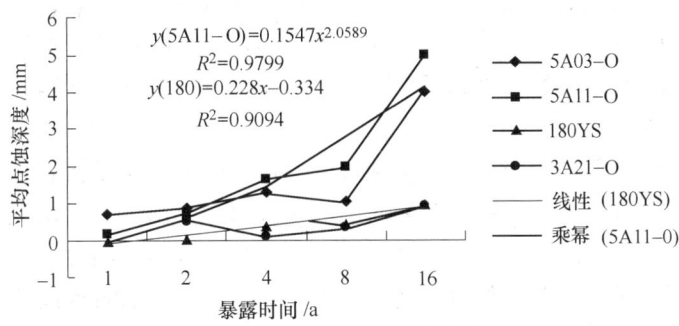

图 37-1　几种铝合金在全浸区暴露 16 年的平均点蚀深度的实验数据和回归曲线

图 37-2 和图 37-3 分别是部分铝合金在青岛和厦门的潮差区平均点蚀深度。6A02T6 与带包铝的硬铝腐蚀深度接近，16 年时平均点蚀深度不到 0.8mm；而在飞溅区，16 年的点蚀深度不到 0.2mm，接近硬铝的数据，远远低于 180YS 等防锈铝合金。

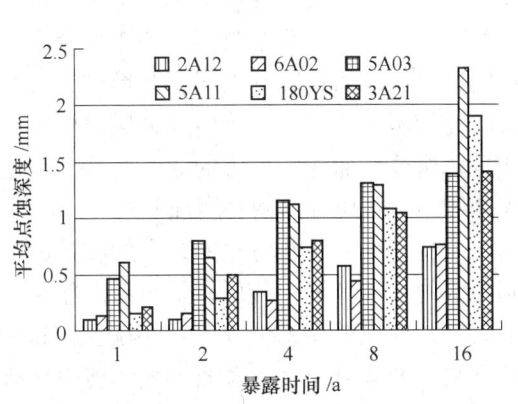

图 37-2　部分铝合金青岛潮差区平均点蚀深度

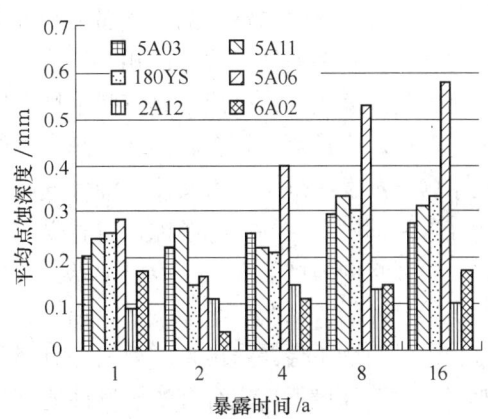

图 37-3　部分铝合金厦门潮差区平均点蚀深度

不同铝合金在不同暴露区带的耐蚀性排序不同，进一步反映出，添加不同合金元素后，铝合金对环境的适应性发生了很大的改变。原因是多方面的。一般来说，合金化之后，氧化成膜能力较强的铝合金，在腐蚀性比较强但供氧不足的全浸区显示出较强的耐蚀性能，而在供氧能力较强的飞溅区，容易造成过度氧化导致氧化膜的脱落。这个结果从一个方面表明了，在不同环境中使用时，对耐蚀合金材料进行合理选材的重要性。

37.2.4　铝合金在大气环境中的腐蚀

铝合金在大气环境中暴露，有时也会遭受严重的腐蚀，其原因虽然是多方面的，但在合金上能形成薄薄的液膜是一个基本条件。大气环境主要分为乡村大气、工业大气、海洋大气和工业海洋大气。尽管这些都是基本的大气环境条件，实际上在每一种环境条件中，其腐蚀性都会有很大的不同。

　　铝在大气中能生成一层致密的氧化膜，在洁净而干燥的大陆性大气中，腐蚀以化学历程进行，显现出铝合金具有很高的耐蚀性。铝合金在潮湿和受到污染的大气中，会产生严重的大气腐蚀。当温度高于露点时，水凝聚在铝材表面上，易发生电化学腐蚀，这是无污染的乡村大气中铝合金腐蚀的主要原因；在工业地区空气受到污染，大气中含有的污染物诸如 SO_2、CO_2、H_2S、NO_3、Cl_2 等活性气体浓度增加，pH 值降低，形成酸雨而增加铝合金的腐蚀速度；海洋大气中的卤素离子多，雨水中 Cl^- 等的浓度和含盐粒子量高，都降低铝合金的耐蚀性，加速铝合金的腐蚀。

　　氧在大气腐蚀中主要是参与电化学腐蚀过程。空气中的氧溶于铝合金表面存在的电解液膜层中作为阴极去极化剂，而铝合金表面的电解液层主要由大气中水汽所形成。水汽在大气中的含量常用相对湿度来显示。大气中的水蒸气压与该同一温度下大气中饱和水蒸气压的比值称为相对湿度。很明显相对湿度达到 100% 时，大气中的水汽就会直接凝结成水滴，降落或凝聚在铝合金表面就形成了肉眼可见的水膜。即使相对湿度小于 100%，由于毛细管凝聚作用、吸附凝聚或化学凝聚作用，水汽也可以在铝合金表面凝成很薄的肉眼不可见的水膜。正是由于这电解质液膜层的存在，具备了进行电化学腐蚀的条件，使铝合金受到的大气腐蚀相对明显。液膜层的厚度影响着大气腐蚀进行的速度，因此，也可以按照铝合金表面的潮湿不同，也就是按照电解液膜层的存在和状态不同，对大气腐蚀类型进行划分，称为干大气腐蚀、潮大气腐蚀和湿大气腐蚀。在实际大气腐蚀情况下，由于环境条件的变化，各种腐蚀形式可以相互转换。例如，最初处于干大气腐蚀类型下的铝合金，当周围大气湿度增大或生成了具有吸水性腐蚀产物时，就会开始按照潮大气腐蚀形式进行腐蚀。若雨水直接落在铝合金面上，潮大气腐蚀又转变为湿大气腐蚀。当雨后金属表面上可见水膜被蒸发干燥了，就又按照潮大气腐蚀形式进行腐蚀。而通常所说的大气腐蚀，就是指在常温下潮湿空气中的腐蚀，也就是主要考虑潮和湿大气腐蚀这两种腐蚀形式。

　　西部酸雨地区的大气环境腐蚀以及对青藏高原上特殊的大气环境对铝合金的腐蚀的影响是较特殊的，因此应给予关注。铝合金在盐湖地区的大气环境中使用，很容易被盐层覆盖，平时问题不会暴露出来。但是一旦遇到下雨天气，腐蚀就变得十分严重。在乡村和一般工业大气环境下，铝合金的年腐蚀速度只有几十纳米的数量级，在海洋大气环境中会有数量级的增加，而在酸雨地区的大气环境下，腐蚀变得更为严重，见表 37-3 和表 37-4。

表 37-3　工业纯铝在不同大气环境中的腐蚀速度　　　　　　　　($\mu m/a$)

材　料	江津（酸雨）	北京	武汉	广州	万宁	青岛
1050A-O	0.39	0.026	0.044	0.077	0.090	0.19

表 37-4　3 种铝合金在不同大气环境下腐蚀速度的比较（以北京大气为参照）

环　境	北京	海南琼海	武汉	广州	海南万宁	青岛	重庆江津
	干冷大气轻微污染	湿热大气很轻污染	湿热大气一般污染	湿热大气一般污染	湿热海洋大气	海洋大气	湿热严重污染
1050A-O	1	2.38	1.69	2.69	3.46	7.31	15
3A21-O	1	2.13	1.81	1.94	7.5	7.81	16.6
2A12	1	3.0	1.57	4.0	3.57	6.0	20

37.3 铝合金挤压材表面处理技术

37.3.1 挤压材阳极氧化着色工艺

铝合金挤压材阳极氧化生产工艺的差别主要表现在表面预处理上，其工艺流程为：装料→ 表面预处理→阳极氧化→两次水洗→着色→两次水洗→封孔→卸料。

37.3.1.1 表面预处理

铝合金挤压材在加工和热处理过程中表面黏附的油脂、污物或天然氧化物，在阳极氧化之前必须清理干净，使其露出洁净的铝基体。传统的化学预处理工艺流程为：脱脂→水洗→碱洗→两次水洗→中和→水洗。近年来我国预处理工艺有了较大变化，表37-5列出十几种不同的工艺。

表 37-5 铝合金挤压材表面预处理工艺

工 序	工艺流程种类															
	1	2	3	4	5	6	7	8	9	10	11	12	13	14	15	16
化学抛光														↓		
电解抛光															↓	
机械抛光																↓
机械喷砂				↓	↓	↓										
机械扫纹								↓	↓				↓			
碱性脱脂					↓					↓	↓	↓				↓
酸性脱脂	↓	↓	↓	↓				↓								
水 洗	↓	↓	↓	↓	↓	↓		↓	↓	↓	↓	↓				↓
三合一洗						↓	↓									
酸性磨砂		↓										↓				
水 洗						↓	↓									
碱 洗	↓			↓	↓			↓	↓	↓		↓				↓
碱洗磨砂			↓								↓					
两次水洗	↓	↓	↓	↓	↓			↓	↓	↓	↓	↓				↓
中 和	↓	↓	↓	↓	↓	↓	↓	↓	↓	↓	↓	↓				
水 洗						↓	↓	↓	↓	↓	↓	↓	↓	↓	↓	

注：比较常用的流程是 1~8 类。

A 脱脂

除了经过化学或电解抛光的挤压材外，阳极氧化过程中脱脂是必不可少的。如果没有脱脂或脱脂不够，碱洗后会出现斑状腐蚀而造成废品。脱脂方法大致分为碱性脱脂和酸性脱脂两大类。碱性脱脂能去除重油污，对下面碱洗没有窜液污染，但槽液需要加温，控制不好易造成铝材报废；酸性脱脂用硫酸，也可用氧化槽排放的硫酸。材质较差的情形，硫酸中加入 $10\sim20\mathrm{g/L}$ 硝酸，以防止铝材出现黑斑。酸脱脂实际上并不能完全去除油污，只起到表面润湿和"松化"，保证碱洗过程均匀腐蚀。酸脱脂成本低，控制方便，已被大多数工厂接受。碱性脱脂槽液一般含有碳酸盐、磷酸盐和表面活性剂。所谓"三合一"清洗指脱脂、碱洗与中和三道工序一次完成，比较适合于品质要求不高的小厂。其主要成分是氢氟酸、络合剂、缓蚀剂和乳化剂等。

B　磨砂

磨砂（也称砂面）挤压材表面没有明显挤压痕，近年来很受欢迎。挤压材砂面处理主要有 3 种方法：一是碱性砂面，二是机械喷砂，三是酸性砂面。表 37-5 中 2、3、4、5 分别是这三种砂面处理工艺。其主要优缺点见表 37-6。

表 37-6　铝合金三种磨砂工艺的比较

磨砂方法	优　点	缺　点
长寿碱洗添加剂的碱性砂面	金属光泽好、砂面均匀性好	铝损耗大、废渣多、成本较高
机械喷砂机处理的机械砂面	铝损耗小、废渣少、生产成本低	投资大、砂面均匀性较差
酸性砂面剂腐蚀的酸性砂面	铝损耗较小、砂面均匀、生产成本较低	表面金属光泽差、环境污染问题大

长寿碱洗添加剂一般含络合剂、缓蚀剂、分散剂等。为提高金属铝的光亮度，可以加入少量硝酸钠或亚硝酸钠，为提高磨砂速度，可加入少量氟化钠。络合剂山梨醇的抗沉淀效果优于葡萄糖酸钠。酸性砂面处理主要在于高浓度氟离子的腐蚀，同时配有氧化剂和缓蚀剂等。

C　中和

铝合金挤压材碱洗后，表面挂灰（碱腐蚀产物）不能溶于碱溶液，也不能水洗干净。而 6063 合金在 150~250g/L 硫酸溶液中可以洗净，中和工序也常称除灰或出光。对于挂灰难溶于硫酸的其他铝合金，可在硫酸中和槽中添加约 50g/L 硝酸，或在 150~300g/L 硝酸溶液中除灰。硝酸中和液应避免带入氧化槽，以免影响阳极氧化。即使采用硫酸中和，也不要直接入阳极氧化槽，因为中和槽里有较多杂质离子（如铁），以减轻窜液污染。

阳极表面预处理中出现的"雪花状"斑点，一般由原材料引起，在熔炼过程中过多掺入报废型材，如超过 30% 就会出现。这是由报废型材表面氧化膜熔炼分散引起的，也可能与杂质（如锌）富集有关。克服雪花斑的措施，一是报废型材在熔炼时控制在 10% 以下；二是熔铸时熔体约有 25min 静置时间；三是硫酸脱脂或中和槽内添加 50g/L 硝酸。

37.3.1.2　阳极氧化处理

A　基本过程

表面预处理后难免出现型材松动，在进入氧化槽前一般要再紧料一次，以确保导电良好。导电不良会引起电解着色的许多问题，如色浅、色差等。铝合金挤压材阳极氧化一般用直流硫酸阳极氧化，阳极是待加工的铝型材，阴极用挤压的铝板或 6063 板，为了增加刚性可将阴极断面制成齿状或波纹状，小厂也可用铅板。小零件的阳极氧化可以用交流电，阴阳两极都用面积相同的待处理铝零件，处理时间应比直流氧化延长一倍以上。

B　工艺条件与膜厚

硫酸阳极氧化得到的是多孔膜，氧化开始瞬间生成类似阻挡层的薄膜，膜在硫酸中溶解出现孔洞，孔洞延长使膜生长。膜的厚度与通过电量成正比，也就是与电流密度和氧化时间成正比。氧化膜厚度按公式 $\delta = KIt$ 计算（式中，δ 为氧化膜厚度，μm；I 为电流密度，A/dm^2；t 为电解时间，min；K 为系数，一般取 0.3）。实际上 K 值是由实验确定的。它与工艺参数密切相关，在同样工艺下，厚膜与薄膜也不同。此外，氧化膜也不可能随时间无限增加，而是有一个与工艺条件有关的极限氧化膜厚度。在生产厚膜时，一般适当降低硫酸浓度和温度，提高电流密度，并采取空气搅拌。表 37-7 是铝合金挤压材直流阳极氧化的工艺条件。

表 37-7　铝材硫酸直流阳极氧化工艺条件

工艺参数	一般条件	最佳条件	厚膜条件（≥20μm）	工艺参数	一般条件	最佳条件	厚膜条件（≥20μm）
游离硫酸	150~200g/L	160~180g/L	150~160g/L	电流密度	1.0~1.4A/dm²	1.3~1.4A/dm²	1.5~1.6A/dm²
铝离子	5~20g/L	1~5g/L	5~15g/L	时　间	按膜厚确定	25~30min	55~65min
温　度	15~23℃	19~21℃	17~19℃				

C　阳极氧化处理的工艺操作要点

阳极氧化处理的工艺操作要点有：

（1）硫酸阳极氧化一般选恒流，根据阳极氧化总面积和电流密度计算出总电流，对有型腔的铝材，氧化面积应计算大约100~300mm 一段内表面面积。

（2）需要电解着色处理的，每一挂料应是一种规格，以避免色差。

（3）导电梁与导电座之间接触良好，接触温升不大于30℃。

（4）单根导电梁，如载流大于8000A 时，建议考虑两端导电。

（5）阴极使用极板套气袋可减少酸气析出，但应加大槽液循环量，最好每小时循环3次以上。槽液循环在槽底使冷酸液均匀输入槽内。空气搅拌可适当降低循环量，但搅拌一定要均匀平稳，以免绑料松动。

（6）氧化结束应及时水洗，停电后留在氧化槽时间过长（≥2min），将影响着色与封孔质量。

（7）阴极板使用寿命与氧化状态有关，氧化槽开开停停，阴极板最容易损坏。应及时更换损坏的阴极板，以免阴阳极面积比例失调。

（8）阳极氧化电压上升应取软启动，电压上升时间一般为10~15s。

37.3.1.3　着色处理

铝合金挤压材的着色方法有3种：电解着色、化学染色和自然显色（整体着色）。建筑铝门窗主要采用电解着色，化学染色用于室内装饰和工艺品，自然显色在早期使用过，目前国内外已基本不用这个技术。在电解着色过程中，电化学还原生成的金属（也可能是氧化物）微粒沉积在氧化膜微孔的底部，颜色并不是沉积物的颜色，而是沉积的微粒对入射光散射的结果。化学染色是无机或有机染料吸附在氧化膜微孔的顶部，颜色就是染料本身的颜色。电解着色成本低，而且具有很好的耐候性等使用性能。化学染色的色彩丰富多彩，但室外使用容易变色。

A　香槟色

在电解着色铝型材中，香槟色等浅色系占了大约一半。早期采用锡盐或锡镍盐，最近两年来单镍盐以其色调稳定渐占上风。典型香槟色生产工艺见表37-8。

表 37-8　铝材香槟色典型生产工艺

方　法	槽液成分/g·L⁻¹	电压/V	温度/℃	时间/s
锡　盐	硫酸亚锡(8~10)、游离硫酸(15~20)、稳定剂(50)	14~18	20~22	40~100
锡镍盐	硫酸亚锡(6~8)、硫酸镍(20~25)、游离硫酸(20~25)、稳定剂(50)	15~20	20~22	30~120
单镍盐1	硫酸镍(140)、硼酸(40)、添加剂(15)	16~18，pH 值：4.2~4.7	20~22	50~180
单镍盐2	硫酸镍(30)、硼酸(30)、硫酸铵(150)	10~18，pH 值：3.5~5.5	20~22	30~150

香槟色在颜色深浅和色调方面差别较大，这不仅由镍盐与锡盐不同引起的，而且与合金状态、电源设备、工艺参数、槽液成分和工厂生产水质等许多因素有关。因此不同厂家很难生产出完全相同的香槟色和仿不锈钢色。生产香槟色产品的工艺操作要点如下：

（1）合理绑料，一般凹槽向上，装饰面向上或向对电极。绑料斜度不够引起上下面色差和下表面气泡。电极间距不够引起直立平面的色差。绑料时电接触不良造成一挂料上型材之间的色差和绑料处退色。

（2）着色槽中超过挂料区的对电极，应撤除或用塑料板遮挡，以免周边颜色加深。

（3）料挂入着色槽时，先不通电，浸泡 1～2min，有利于着色微粒进入孔底沉积，使颜色均匀不容易退色。

（4）着香槟色等浅色系时，电压上升速度宜快（5～10s）。由于浅色系总着色时间较短，电压上升段的低电压时间过长，会造成型材凹槽颜色太浅。

（5）着浅色电压不应低于着古铜色电压。着色电压低颜色分散性差，并且容易退色。

（6）游离硫酸浓度应高一些，以提高槽液导电性，使颜色分散性更好。着浅色时虽然硫酸浓度高，但由于时间很短，不致腐蚀氧化膜的表面。

（7）着色结束断电后，应迅速水洗。转移速度慢会出现型材的深色或浅色带。

（8）锡盐着色的添加剂中，络合剂不同颜色的底色不同。

（9）注意冷封孔对于浅色系颜色的影响。

B　金黄色（以锰酸钾为主盐）

锰酸盐着金黄色生产控制比较容易，如果随后进行电泳，则生产难度大一些。典型生产工艺见表 37-9。

表 37-9　锰酸盐着金黄色的典型生产工艺

品　种	槽液成分/g·L^{-1}	温度/℃	电压/V	时间/min
普通金黄色	锰酸钾(8～10)、游离硫酸(25～30)、添加剂(20)	20～30	12～15	2～4
电泳金黄色	锰酸钾(9～11)、游离硫酸(28～34)、添加剂(20～25)	22～25	12～14	5～7

锰酸盐着色生产的工艺操作要点如下：

（1）锰酸钾为强氧化剂，槽液本身消耗较快。槽液中游离硫酸浓度高，金黄色更加光亮，但是本身消耗也更大。

（2）锰酸钾着金黄色的质量，与阳极氧化和封孔的工艺控制关系极大。膜厚要在 12～15μm，膜太薄颜色发红不鲜艳。封孔质量不好光照后退色。

（3）着色的电极面积之比宜大于 1：1。极板松动、破损和电极比小都会影响着深色或引起表面"小白点"和挂料中间"白圈"。

（4）生产普通金黄色时，可以采取氧化膜扩孔方法加深颜色，如氧化槽中浸泡 2～4min，酸性水洗槽中浸泡 10～20min，或着色槽中浸泡 3～5min。不过此时要严格保证封孔质量。

（5）生产电泳金黄色时，不能采用扩孔法加深颜色。相反要适当降低氧化槽和着色槽的温度，加快转移速度，甚至还要适当降低电泳层的固化温度。以避免着色小白点、固化退色等缺陷。

C "钛金" 色 （以硒酸盐为主盐）

这也是一种金黄色，但与锰酸盐的金黄色有较大差异，比较接近于黄金色调，因此也称 "K金" 色。我国一般称为钛金色，实际上根本与钛无关，国外也有玫瑰金之称。电泳钛金色在固化时也有退色问题，因此固化炉温差要求在 ±5℃ 以内，温度也应适当降低。硒酸盐着色的典型生产工艺见表 37-10。

表 37-10 硒酸盐着钛金色的典型生产工艺

品 种	槽液成分/g·L^{-1}	温度/℃	电压/V	时间/min
普通钛金色	SN-7（30~35）、游离硫酸（15~18）	20~25	13~17	2~3
电泳钛金色	SN-7（35~45）、游离硫酸（18~20）	22~25	15~19	3~5

注：SN-7 是浙江黄岩精细化学品公司钛金色添加剂。

37.3.1.4 封孔处理

铝的阳极氧化膜有大量孔洞，其表面吸附性很强，手触摸有粘手的感觉。为提高氧化膜的防污染和抗腐蚀性能，封孔是必不可少的步骤。铝材阳极氧化膜的封孔主要有热封孔和冷封孔两种，目前我国基本上使用冷封孔。随着膜厚增加和封孔质量提高，每吨铝型材的冷封孔剂消耗从 0.8~1.2kg 增加到 1.5~2.0kg。氟化镍是目前冷封孔剂的主要成分，因此氟化镍质量决定了冷封孔剂质量。氟化镍中铁、锌、铜等杂质，在新配槽液中影响不明显，但生产一段时间后，封孔质量就很难保证。典型的封孔工艺见表 37-11。

表 37-11 铝氧化膜冷封孔典型生产工艺

膜厚级别	槽液主要成分/g·L^{-1}	pH 值	温度/℃	时间/min
8~12μm 氧化膜	镍离子（0.8~1.0）、氟离子（0.3~0.4）	5.5~6.5	25~28	10~15
15~20μm 氧化膜	镍离子（1.2~1.4）、氟离子（0.4~0.5）	6.0~7.0	28~32	18~25

冷封孔的 pH 值以前认为以 5.5~6.5 为宜，实际上还应根据冷封孔剂的配方特点确定。新配槽液一般 pH 值在 5.3~7.0 都可以成功，但对于用氟化铵或氟化氢铵调节氟离子的旧槽，由于铵离子的影响，pH 值控制在 6.5~7.1 最佳。此时封孔速度快，氟消耗少，也不出现 "白头" 现象。封孔槽中铵离子比钠离子不易起粉，但封孔速度较慢。为保证封孔质量，工艺操作要点如下：

（1）阳极氧化温度一般小于23℃，温度过高冷封孔剂消耗大，表面 "发绿"。

（2）阳极氧化之后应及时水洗，停留在氧化槽中会影响以后的封孔。洗不干净造成窜液污染，增加封孔槽的氟消耗。

（3）脱落在封孔槽中铝材和铝丝应及时取出，不然会加快 pH 值上升和氟的消耗。

（4）用氟化铵调氟的封孔槽，每立方米通过 20t 铝材后，应倒槽清底一次。

（5）用氢氟酸调氟的封孔槽，添加料之后，应经过 5~10min 才生产，最好以 10% 稀溶液的形式加入。

（6）为提高封孔质量并加快干燥速度，冷封孔后，推荐（55±5）℃热水洗 10~15min，也称冷封孔后处理。

37.3.2 挤压材电泳涂漆与静电粉末涂层生产工艺

铝合金挤压材涂层生产有电泳涂漆、浸渍涂漆、静电喷涂等方法，主要为电泳涂漆和静电粉末喷涂。

37.3.2.1 电泳涂漆

电泳涂漆也可以视为一种有机聚合物封孔，它是将阳极氧化的铝材放在水溶性丙烯酸漆的电泳槽中，铝材作为阳极，在直流电压 90～150V 下电泳，使得氧化膜表面沉积一层不溶性漆膜，再在 170～200℃ 下高温烘烤固化。银白色或电解着色电泳材的工艺流程大致相同，其工艺参数以一种日本漆和中国台湾漆为例示于表 37-12。电泳涂漆生产工艺操作要点如下：

（1）电源波动因数必须不大于 6%，电压波动使得漆膜产生针孔、橘皮或失光。

（2）阳极氧化温度过低，在固化时漆膜容易发生裂纹。

（3）导电梁在电泳之前必须冲洗干净，而且避免滴水污染电泳槽。

（4）电泳后的两个水洗槽以及热水槽应配置循环过滤系统。

（5）电泳后两个水洗槽的固体分数分别控制在不大于 1.5% 和不大于 0.5%，以免出现花斑、流挂、失光等缺陷。

（6）漆回收应采用阳极电泳专用 RO 膜（反渗透膜）。

（7）固化炉温度控制在 ±5℃ 之内，温差大产生色差。

（8）电解着色铝材电泳层固化时如果退色，可考虑适当降低固化温度。

（9）固化炉定期清理，车间注意防尘。

表 37-12 电泳涂漆工艺条件示例

项目	固体分数/%	温度/℃	pH 值	电阻率/Ω·cm	电泳电压/V	时间/min
日本漆	7～9	18～24	8.0～8.8	1500～2500	120～170	3～5
中国台湾漆	5～8	18～22	7.5～8.0	800～1300	90～120	1.5～3

37.3.2.2 电粉末喷涂

电粉末喷涂是铝材经表面预处理并且干燥之后入喷粉室，在强电场中通过粉末喷枪，将带负电荷的树脂粉末均匀喷涂到铝材表面，并可以达到一定厚度，最后进入固化炉加热固化。

A 预处理

表面预处理是喷涂质量的关键，其中化学转化处理更加重要。预处理可采取浸槽式，也可用喷淋式。浸槽式可在原氧化生产线上增加槽体实现，具有投资少的优点。喷淋式大都采用立式，具有占地面积小、药品消耗少、人为影响小等优点。预处理工艺如下：

（1）常规工艺流程。预脱脂—脱脂—水洗—水洗—表调（酸洗去氧化物）—水洗—水洗—化学转化—水洗—纯水洗—烘干。

（2）新工艺流程。脱脂酸洗—水洗—水洗—化学转化—水洗—纯水洗—烘干。

目前采用新工艺流程较多，将脱脂与酸洗合而为一，流程简便效果也好。化学转化膜主要有 3 种，即铬化膜、磷铬化膜和无铬膜。铬化膜最为常用，无铬膜虽有环保优势，但质量差异较大，目前还处于起步阶段。

预处理的几点注意事项如下：

（1）纯水槽的电导率应小于 $100\mu S/cm$，如达到小于 $30\mu S/cm$ 则更好。

（2）膜厚一般要求在 $200～1200mg/m^2$，尽可能控制在 $400～600mg/m^2$。生产中定期用"重量法"测定，在线检测用颜色深浅可以方便鉴别。

（3）化学转化后需要烘干才能进行喷粉，铬化膜烘干温度不大于 60℃，磷铬化膜不大于85℃。为了加快干燥，可以短时间热水洗，但热水温度不大于60℃。

（4）预处理后尽快进行喷粉，存放时间不能超过16h。

（5）烘干后的表面不许有起粉现象，生产过程中可以用橡皮拭擦，检查化学转化膜是否牢固。

　　B　静电粉末喷涂

静电粉末喷涂在化学预处理后进行，其主要工艺参数是：静电电压为40～1000kV，供粉气压为$(0.2～0.4)×10^5$Pa，流化气压为$(0.01～0.1)×10^5$Pa，粉末粒度为80μm（180目），粉末电阻率为$10^{10}～10^{14}$Ω·m，工件与喷嘴间距为150～300mm，环境温度为0～40℃，相对湿度小于85%，固化温度为180～200℃，固化时间为20～30min。

静电粉末喷涂的几点注意事项为：

（1）防止粉末受潮。

（2）喷涂前用气枪吹去铝材表面的灰尘。对不易上粉的凹槽，可先用手动枪补喷。

（3）换色时应清理干净喷房，以免窜色。

（4）固化室温差不大于5℃，热风过滤网经常清洗，并保持无尘的生产环境。

37.3.3　铝合金型材氟碳喷涂工艺

37.3.3.1　基本特点及主要工艺参数

氟碳喷涂工艺根据用途可以分为二涂系统、增加罩面清漆的三涂系统或四涂系统。三涂、四涂系统中由于罩面清漆KYNAR500R树脂相对含量高，可以进一步提高整个涂层的耐候性、耐摩擦性和耐污染性，尤其适合高盐雾的海洋性气候或高污染地区。

由于金属闪光漆有着亮丽的光彩被广泛应用。如果涂料选用大颗粒的金属颜料，由于金属颗粒易被氧化，紫外线隔离也不彻底，必须增加罩面清漆。另外需要在底漆之上增加隔离涂层或设法提高底漆的耐候性，从而采用三涂或四涂系统。

金属闪光漆的涂装难度较高，如果要达到类似的金属闪光效果也可采用二涂的耐候性光云母粉颜料涂料，以便降低材料成本和加工成本。

氟碳涂料适用于几乎所有的金属建材。如铝板、铝型材、镀铝锌板、不锈钢。

金属表面脏物、油漆、氧化层均应先除去。然后预处理形成一个无机转化层。例如：铝合金的铬化层，镀锌表面的锌磷化或氧化钴复合处理层。

底漆通常为一层很薄的有机涂层，主要作用是提高漆膜对基材的附着，提高基材抗腐蚀性和牢度。

通常的底漆有溶剂型环氧底漆、溶剂型丙烯酸底漆、水型丙烯酸底漆。有时为提高与面漆的相容性加入少量的KYNAR500R树脂。底漆中通常选用一些钝化颜料，用于保护切边和穿孔部位的防腐性。

常见涂装的主要工艺参数列于表37-13中。

表37-13　参见涂装的主要工艺参数

条　件	卷　涂	喷　涂	氟碳粉末喷涂	条　件	卷　涂	喷　涂	氟碳粉末喷涂
料温/℃	232～249	221～249	221～249	底漆厚度/μm	5～8	5～10	5～10（溶剂）、20～25（粉末）
烘烤时间/min	30～60s	10～20	10～20	面漆厚度/μm	15～20	20～25	35～40

37.3.3.2 材料的化学预处理

铝合金型材在氟碳喷涂前必须进行预处理。目前一般采用化学氧化处理。

化学氧化主要采用铬酐氧化，其氧化膜较薄（0.5~4μm），多孔，有良好的吸附能力，有一定的抗蚀性能力，但质软不耐磨，主要作为涂装底层。化学氧化工艺简单、操作方便、生产效率高、成本低，不受工件形状大小限制。按工艺规范可分为酸性氧化和碱性氧化。

酸性氧化的工艺规范很多，仅举一例说明：CrO_3 3.5~4.0g/L，NaF 1.0g/L，$NaCr_2O_7 \cdot 2H_2O$ 3~3.5g/L，室温 3min。

碱性氧化的工艺规范常用的有：Na_2CO_3 40~60g/L，$Na_2CrO_4 \cdot 4H_2O$ 10~20g/L，NaOH 2~3g/L，80~100℃，5~10min；Na_2CO_3 60g/L，$Na_2CrO_4 \cdot 4H_2O$ 20g/L，Na_3PO_4 2g/L，100℃，8~10min。

磷酸-铬酸法工艺如：H_3PO_4 20g/L，CrO_3 5g/L，NaF 2g/L，室温 5~10min。

酸性氧化膜的耐蚀性高于碱性氧化膜，基本接近阳极氧化。

典型的化学氧化的工艺流程为：工件→脱脂（50~60℃，5min）→热水洗→冷水洗→碱洗（NaOH 40g/L，40~55℃）→水洗→水洗→中和（出光）→水洗→化学氧化→水洗→纯水洗→烘干（80℃，10~15min）或封闭处理（酸性氧化：$K_2Cr_2O_7$ 30~50g/L，90~95℃，5~10min 冲洗，70℃下烘干；碱性氧化：CrO_3 20g/L，室温处理 5~10s，冲洗后低于50℃烘干）。

铝型材氟碳喷漆预处理工艺实例见表37-14。

表37-14 铝型材氟碳喷漆预处理工艺参数举例

序号	工序名称	工 艺 条 件				序号	工序名称	工 艺 条 件			
		处理液	用量/%	温度/℃	时间/min			处理液	用量/%	温度/℃	时间/min
1	预检①					6	出光⑥	出光剂	5~8	常温	1~2
2	碱性除油②	脱脂剂	2~3	常温	2~8	7	水洗⑦	流动水		常温	2
3	水洗两道③	流动水	2~3	常温	2	8	铬化成膜⑧	铬化剂	1~3	常温	1~3
4	碱蚀④	碱蚀剂(NaOH)	50~60g/L	45~60	2~10	9	纯水洗两道⑨	纯水		常温	2
5	水洗两道⑤	流动水		常温	2	10	烘干⑩			80	10~15

注：工件受损或油污严重的不予上线；按材质及油污决定处理时间。

①每班测碱度，适当补充脱脂剂；②工作时宜配合气动搅拌；③每月清渣，每3~6月更换槽液；④保持溢流，控制 pH 值为7~9，每班化验一次，适当补充烧碱和碱蚀剂；⑤保持溢流，控制 pH 值为7~9；⑥保持总酸度：20~35点；⑦保持溢流，控制 pH 值为5~7；⑧Cr^{6+} 含量：9.0~13.5，pH 值：1.5~2.5，每日测定参数，补充铬化剂，铬化膜为金黄至黄褐色，均匀；⑨使用电导率不大于100μS/cm 纯水，保持溢流，控制 pH 值为6~8；⑩干燥无水。

37.3.3.3 氟碳喷涂工艺流程及操作要求

A 氟碳喷涂工艺流程

氟碳喷涂工艺流程如图37-4所示。

（1）二涂一烤。底漆→面漆→固化。一般不含金属闪光粉的氟碳涂料，且无其他特殊要求的，均采用底漆、面漆二涂一烤工艺。

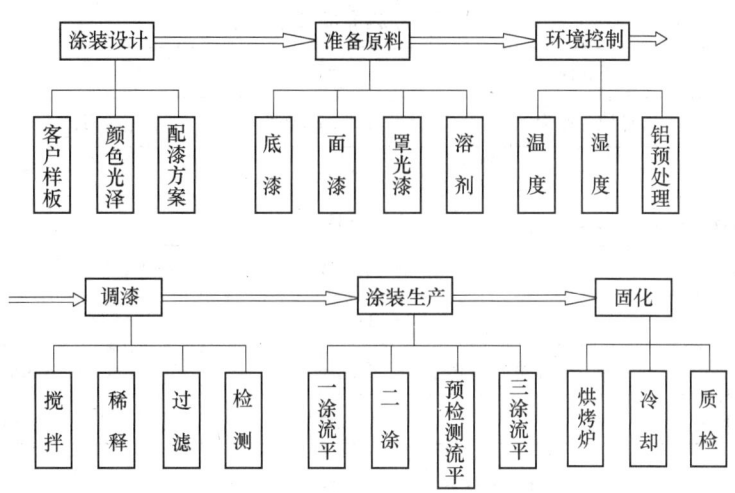

图 37-4 氟碳喷涂工艺流程图

（2）三涂一烤。底漆→面漆→罩光漆→固化。金属闪光氟碳涂料所含的金属闪光粉易受外界空气的氧化，为防止其氧化、变色，通常采用氟碳清漆罩光。三涂结构如图 37-5 所示。另外，对于某些严酷的腐蚀环境（如海滨、化工生产区等）也可以采用氟碳清漆罩光来提高氟碳涂料的耐候性，采用底漆、面漆、罩光漆三涂一烤工艺，流程实例如下：上线（人工）→自动喷底漆（4min，往复机喷涂）→补漆（2min，人工）→流平（10min）→喷涂面漆（4min，往复机喷涂）→补漆（2min，人工）→流平（10min）→喷涂罩光漆（4min，往复机喷涂）→补漆（2min，人工）→流平（15min）→烘干（25min，热风对流）→强冷（8min，强风吹）→下线（人工）。

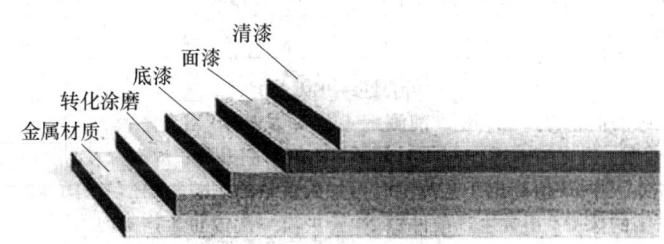

图 37-5 三涂结构示意图

（3）四涂二烤。底漆→隔离阻挡漆→固化→面漆→罩光漆→固化。一般涂装厂的生产线为二涂一烤或三涂一烤工艺，但对于颜色有特殊要求的氟碳涂料，在底漆与面漆之间增加一道隔离漆，以确保面漆有良好的遮盖力，满足无色差的要求。为此，采用底漆、隔离漆、面漆、罩光漆四涂二烤工艺。

B 喷涂漆膜厚度工艺要求

喷涂漆膜厚度工艺要求见表 37-15 和表 37-16。

C 静电喷涂操作条件

以 CG8007 静电喷枪为例各涂层操作见表 37-17 ~ 表 37-20。

表 37-15 漆膜厚度工艺要求

漆膜种类	二 涂	三 涂	四 涂
每层漆类	底漆＋面漆	底漆＋面漆＋罩光清漆	底漆＋阻挡漆＋面漆＋罩光清漆
总平均膜厚/μm	≥30	≥40	≥65
最小局部膜厚/μm	≥25	≥34	≥55
底漆膜厚/μm	7～10	7～10	7～10
面漆膜厚/μm	25～30	25～30	25～30
面漆种类	素色漆、云母漆	金属漆	金属漆
罩光漆膜厚/μm		10～15	10～15

表 37-16 涂料覆盖用量工艺实例

项 目		底 漆	面 漆	罩光漆
外 观		淡黄色或灰色分散液	各色彩色分散液	乳白色半透明分散液
细度/μm		≤20	≤20	≤20
黏度(涂-4 杯)/s		≥50	≥30	≥30
固含量/%		≥45	≥40	≥36
覆盖率	理论值	37.5m²/kg 在 7.5μm 干膜条件下	10.2m²/kg 在 25μm 干膜条件下	18m²/kg 在 12μm 干膜条件下
	自动喷涂 (效率70%计)	26.2m²/kg 在 7.5μm 干膜条件下	7.1m²/kg 在 7.5μm 干膜条件下	7.6m²/kg 在 7.5μm 干膜条件下
	手动喷涂 (效率40%计)	15m²/kg 在 7.5μm 干膜条件下	4.1m²/kg 在 7.5μm 干膜条件下	7.2m²/kg 在 7.5μm 干膜条件下
稀释比(涂料/稀释剂)		1/1～3/1	3/1～5/1	3/1～5/1
喷涂黏度(涂-4 杯)		25℃下 15～18s	25℃下 17～19s	25℃下 17～18s
流平时间/min		10	10～15	10～15
固化温度/℃		210～230	220～240	220～240

表 37-17 底漆喷涂技术参数

温度/℃	高压/kV	升降机频率/Hz	枪距/mm	雾化气压/mm	扇形气压/MPa
10～20				0.07～0.10	0.12～0.15
20～30	60～80	50～80	220～350	0.06～0.09	0.10～0.15
30～38				0.06～0.07	0.085～0.15

表 37-18 金属面漆和非金属面漆的涂装技术参数

温度/℃	高压/kV	升降机频率/Hz	枪距/mm	雾化气压/mm	扇形气压/MPa
13～20			300～350	0.085～0.10	0.12～0.18
20～30	金属漆60、非金属漆80	60～80	250～300	0.07～0.10	0.12～0.18
30～38			220～280	0.06～0.085	0.10～0.15

表 37-19　云母珠光面漆的涂装技术参数

温度/℃	高压/kV	升降机频率/Hz	枪距/mm	雾化气压/mm	扇形气压/MPa
13 ~ 20			300 ~ 350	0.085 ~ 0.10	0.12 ~ 0.15
20 ~ 30	60 ~ 80	60 ~ 80	250 ~ 300	0.085 ~ 0.10	0.12 ~ 0.15
30 ~ 38			220 ~ 280	0.08 ~ 0.10	0.10 ~ 0.15

表 37-20　罩光清漆的涂装技术参数

温度/℃	高压/kV	升降机频率/Hz	枪距/mm	雾化气压/mm	扇形气压/MPa
13 ~ 20			280 ~ 300	0.07 ~ 0.1	0.12 ~ 0.18
20 ~ 30	60 ~ 80	60 ~ 80	250 ~ 280	0.07 ~ 0.10	0.10 ~ 0.15
30 ~ 38			220 ~ 280	0.06 ~ 0.09	0.085 ~ 0.15

37.4　铝及铝合金涂层板生产技术

近年以来，建筑装饰用涂层铝材及食品类涂层罐盖系列产品有了长足发展。彩色铝板涂层是在彩色钢板涂层的基础上发展起来的新行业，其产品的装饰性更好，涂层性能更稳定，使用寿命更长，同时，采用达到 FDA（美国医药及食品卫生管理局）标准生产的食品用涂层产品也越来越受到包装行业的认可，前景广阔。

铝带涂层始于 20 世纪 40 年代，初期，欧美国家主要生产民用室内产品如百叶窗材料等，涂层方式主要是单层涂覆（一涂一烘），涂料采用成本低廉的醇酸树脂。1950 年以后，开始出现用环氧树脂涂料进行底层涂覆后再面涂的两层涂层系统，即现在称为"两涂两烘"涂层，产品的应用也由室内扩展到了室外。由此，涂层品种迅速发展，涂层带材宽度也由 400mm 增大至 1600mm，甚至更宽。

目前，随着需求的增加，涂层线正朝高速化生产发展，国外已建成 180m/min 的机列，同时，出于对保护环境的考虑，正大力研制水基型涂料，以减少有机溶剂挥发物对环境及人类的影响，并已有部分产品投入使用。另外，研究部门还大力研制采用光固化和电磁固化技术优化涂层工艺，其主要特点是采用红外线或电磁场的方式固化涂层膜，主要优点是：设备投资少，常规设备固化炉长度在 30 ~ 50m 之间，而该技术中同类装置，长度仅为 3 ~ 5m，对减少能源消耗和环境污染有利。

我国最先引进铝卷彩色涂层生产线的是西南铝业（集团）有限责任公司，该机列是从英国 Bronx 公司引进，主机配备有先进的前处理系统、美国 GFG 涂层机、英国 SAS 固化炉及热循环系统。年生产常用建材能力约 1.5 万吨。主要产品包括建筑幕墙板、吊顶天花料、门窗料、运输箱体板、罐盖及拉环料、瓶盖料、家电产品等系列几十个花色品种。

37.4.1　铝板带涂层生产线

以西南铝业（集团）公司 1600mm 彩色涂层生产线为例进行介绍。

37.4.1.1　生产机列的组成与工艺参数

1600mm 彩色涂层生产线，主要分为入口段、工艺段、出口段三大部分。机列线全长 300mm，采用三层高架折叠返回的安装方式。

主要工艺技术参数为：带材厚度为 0.2 ~ 1.6mm；带材宽度为 600 ~ 1600mm；适用的卷材为 1000 系、3000 系、5000 系、8000 系铝及铝合金卷材；机列速度为：最快 60m/min，最慢 20m/min，入出口段超速 75m/min；卷重最大为 10000kg；卷径为内径 605mm 或 505mm，最大外径 1900mm；金属最高固化温度为 260℃。

机列主要设备及其配置为：

（1）入口段。开卷机两台、缝合机 1 台、预处理槽 3 级、活套塔 1 组。

（2）工艺段。预处理槽 5 级、涂层机 4 台、固化炉 3 台、空气急冷装置 3 套、水急冷装置两套、焚烧炉 1 台、废热锅炉 1 台、张紧装置 5 套、纠偏装置 5 套。

（3）出口段。卷取机 1 台、活套塔 1 组。

37.4.1.2 主要生产工艺

A 入口段

a 开卷机与缝合机

开卷机为悬臂式，其作用是用来张紧和支撑带卷，并在机列线运行过程中建立带材张力和起对中的作用。两台开卷机的主要目的是在生产中交替使用，保证机列连续运转。开卷机放出带材头部与另一开卷机上运行完卷材的尾部，在缝合机进行压力缝合接带，经碾平后进入预处理。

b 技术规范

（1）开卷机。卷材小车承载能力为 10t；提升高度为 650mm；开卷机带卷质量为 10t；卷轴直径为 $\phi505 ~ 605mm$；带卷直径为 $\phi1900mm$；对中范围为机座可垂直于机列中心线移动 ±150mm。

（2）带材缝合机。缝合带厚为 0.2 ~ 1.6mm；模子开口度为 70mm；冲孔器直径为 $\phi38mm$；碾平辊直径为 $\phi250mm$。

c 1、2、3 级预处理

1、2、3 级预处理又称预清洗，采用喷淋式方法对带材进行连续表面清洗和脱脂，每级处理后，再经挤干辊挤干及空气吹干。预清洗的主要目的是除去带材上的油污和杂质，其工艺规范见表 37-21。

表 37-21 1、2、3 级预处理工艺规范

分级	清洗方式	喷淋方式	加热介质	槽子长度/mm	工作温度/℃
1 级	酸 洗	水平 V 形	蒸 汽	4300	60
2 级	热水洗	水平 V 形	蒸 汽	4300	80
3 级	热水洗	水平 V 形	蒸 汽	4300	80

d 入口活套塔

为保证上卷接带时工艺段带材的连续运行，可由入口活套塔储备的带材来进行调节。其主要技术规范为：最大工作速度下储带 120s；股数为 12 股；固定辊数为 8 个镀铬辊，$\phi500mm$；活动小车辊数为 6 个镀铬辊，$\phi500mm$；活动小车垂直行程为 10m。

B 工艺段

a 4、5、6、7、8 级预处理及化学涂层机

　　4、5、6、7、8级预处理及化学涂层机主要作用是进一步清洗并粗化带材表面状况，并经化学涂层形成一层致密均匀的转化膜，提高铝带的耐蚀性及与涂科的附着力。化学涂层的主要技术规范为：化学涂层机形式为两辊式；涂辊直径为 $\phi205\sim240mm$；挂料辊直径为 $\phi225mm$；辊面长度为1780mm；涂辊为浴帕伦包覆；挂料辊为不锈钢；化学干燥炉长度为6m；工作温度为 $70\sim130℃$。

　　b　初、精涂层机

　　主要是将配置好的涂料用辊子传送到带材上而进行的辊涂生产。主要工艺要素为：涂料准备及黏度控制，辊速配置，辊子转动方向及压力控制，膜厚控制等。

　　涂层机是本机列的主机设备，主要控制产品的表面质量及部分性能，其主要技术规范为：初涂机采用二辊式，上下两涂头；精涂机A采用三辊式，单涂头；精涂机B采用三辊式，上下两涂头；涂辊直径为 $\phi205\sim240mm$；挂料辊直径为 $\phi225mm$；计量辊直径为 $\phi205\sim240mm$；支撑辊直径为 $\phi760mm$；涂辊材料为人造橡胶；挂料辊材料为陶瓷；计量辊材料为人造橡胶。

　　c　初、精涂固化炉

　　用于固化初、精涂层机所涂的底漆和面漆，使其漆膜达到所要求的性能条件。固化炉是涂层机列的重要设备，主要通过炉内热气流平衡加热固化已涂层的带材。其主要特点是：根据不同厚度的铝带、不同的涂料固化温度来设定炉温；根据不同的温度，进行风门调节，以达到炉内气流平衡。固化炉的主要技术规范为：初涂炉加热区为3个；精涂炉加热区为3个；各加热区长度为10m；初、精涂炉长度为31.5m；炉子最高温度小于500℃。

　　d　空气急冷装置

　　空气急冷装置位于化学干燥炉、初涂炉和精涂炉之后，化学干燥炉后的空气急冷装置是将带材从100℃左右，空冷至45℃以下。初、精涂固化炉后的空气急冷装置，是将固化炉出来的带材温度从260℃降至150℃，生产薄带材时，可将带材温度从260℃降为50℃。空气急冷的主要技术规范为：化学干燥炉空气急冷风机1台；初、精涂固化炉空气急冷风机各两台；流量为37415L/min；转速为1040r/min；工作温度为28.7℃；功率为22kW。

　　e　水急冷装置

　　初、精涂水急冷是将空气急冷处理后的带材从150℃冷却至50℃。其主要工艺特点是：要保证冷却水的清洁，保证产品表面质量及涂层性能；要保持喷嘴方向一致，喷水均匀，以保证产品表面质量。装置的主要技术规范为：喷淋泵功率为30kW，转速为1450r/min，流量为1578L/min；水急冷排风机转速为2175r/min，流量为4578m³/h，工作温度为100℃，功率为5.5kW。

　　f　焚烧炉

　　将从初、精涂炉抽出的溶剂气体进行高温焚烧，同时，焚烧后产生的热量通过二级热交换器循环回到固化炉，满足固化炉供气的升温需求：通过初级热交换器将炉子的供气温度从18℃预热到370℃；通过二级热交换器将炉子的供气温度从201℃预热到400℃。通过一个废热锅炉产生蒸汽供预处理段槽液加热使用，多余蒸汽排出厂房。焚烧炉的主要技术规范为：设计温度为870℃；总热量输入为 $2.6\times10^7kJ/h$；溶剂负载为450L/h；焚烧炉排出气体的出口温度为760℃；焚烧炉炉壳的温度在环境温度为20℃时，最大炉壳温度为45℃。

g 1~5 号纠偏装置

1~5 号纠偏装置分布在机列的工艺段，通过液压自动控制，将带材保持在机列中心线位置或将跑偏的带材导向回到中心线位置。要根据基材不同的板型，及时调整纠偏量，否则，纠偏量过大会使基材产生折痕。纠偏装置的主要技术规范为：纠偏辊直径为500mm；纠偏辊身长为 1900mm；纠偏辊材料为镀铬钢；纠偏量为 127mm；纠偏装置数量为 5 台。

h 1~5 号张紧装置

1~5 号张紧装置分布于机列线入口段、工艺段、出口段的不同位置，采用自动、分段控制，使带材处于张紧状态，保证稳定运行。张力的大小取决于带材的张紧程度，张力过大，易造成带材断带；张力过小，易使带材产生擦划伤。在生产中，要经常对张力值做修订。1~5 号张紧装置的主要技术规范为：张紧辊直径为 650mm；张紧辊身长为1800mm；张紧辊材料为空心钢辊包覆氯丁橡胶；压辊直径为 185mm。

37.4.2 涂层产品主要缺陷及控制措施

铝及铝合金板带材涂层产品的主要缺陷产生原因及防止措施见表 37-22。

表 37-22　铝及铝合金板带材涂层产品的主要缺陷产生原因及防止措施

缺 陷 名 称	产 生 原 因	控 制 措 施
漏 涂	涂层生产中，设备故障停机	加强设备维护及保养
	基材板型差	按要求控制、检测基材板型
	工人操作不熟练	加强工人操作技能培训
	生产中断带	控制基材边部质量
色 差	漆膜厚度不均	调整辊速比或涂料黏度
	样板与实物不符	及时联系客户及涂料厂，临时改进工艺
	固化温度过高或过低	及时调整固化温度
	光泽不均匀	稀释剂使用不当，或冷却不均匀
	涂料搅拌不均匀	生产前应恒温搅拌均匀
气 泡	涂料黏度过高或漆膜过厚	适当稀释，相应调整辊速及压力
	烘烤温度过高	降低烘烤温度
	涂料搅拌不当	搅拌时间不能过长，搅拌速度不能过快
	涂料受污染或有杂质	检查涂料，可先做小样实验
橘皮或皱纹	涂料黏度条件不当	调整涂料黏度，降低生产速度
	涂料流平性差	增加辊间压力，降低生产速度
	漆膜过厚	降低膜厚
	辊速配置不当	合理调配辊速
	涂料稀释剂挥发太快	要求稀释剂配套
缩孔或鱼眼、凹坑	烘烤时间短或开始烘烤温度过高	降低生产速度或适当调整烘烤温度
	被涂层表面不干净	检查道路卫生及冷却水清洁度
	涂料配置不当	调整涂料添加剂

缺 陷 名 称	产 生 原 因	控 制 措 施
横条纹	涂辊转速过快	降涂辊转速
	涂料黏度过低	提高涂料黏度
	辊速配置与机列速度不匹配	降低辊速比或提高机列速度
竖条纹	涂料黏度过高	降低涂料黏度
	涂辊上有杂质	检查环境卫生或重新过滤涂料
	辊速配置与机列速度不一致	降低机列速度或提高辊速比
	带材表面不干净	检查前处理质量及道路卫生
颗 粒	固化炉内不清洁	生产前做好炉内卫生
	涂料不洁或受污染	注意涂装工具卫生，检查涂料质量
	稀释剂使用不当	检查稀释剂与涂料是否配套
光泽不均匀	稀释剂使用不当	按要求使用配套稀释剂
	冷却条件不一致	保持冷却水喷射均匀一致
	膜厚不均匀	调整涂辊间隙，控制湿膜厚度
	涂料搅拌不均匀	生产前充分搅拌均匀

38 铝材接合技术

38.1 铝合金材料接合技术概况

铝合金连接技术的功能是将小的、简单的或者是大型复杂的零（组）件根据结构或功能的需要，连接成更大、更复杂的整体铝合金构件或组合件。

铝合金连接技术主要包括焊接、胶接和机械连接3种。用这3种连接方法实现连接接头的机制及其在结构中承力方式有着明显的差别。焊接是在被连接材料之间产生冶金结合的连接接头，而胶接和机械连接接头则为非冶金连接，通过胶黏剂或紧固件将零（组）件的待连接部位连接在一起。胶接结构受力是通过胶黏剂与被黏金属表面的黏附力来传递，机械连接需要采用紧固件（铆钉或螺钉）。采用铆钉则称铆接，采用螺钉则称螺接，其结构受力的传递是通过紧固件及界面间的结合力来承受。由于连接机制上的不同以及待连接铝合金材料的特性有别，在连接前对工件的准备以及连接过程和连接后的处理均有很大的差异。表38-1和表38-2分别列出常用铝合金材料接合方法的分类、特点和技术特性比较。

表 38-1 常用的铝合金材料接合方法的分类及其特点

方法分类			特 点
焊接热源		焊接方法	
焊接连接	电弧热	手弧焊	接头质量差,应用较少,一般仅用于补焊修理
		气体保护焊	焊接在保护气氛中进行,能获得优良焊缝,是目前铝合金焊接应用最多的一种焊接方法,又分为不熔化极、熔化极气体保护焊和等离子焊
	电阻焊	点焊和滚焊	在压力下大电流通过电极和搭接工件,电阻加热形成焊点,航空、航天、汽车工业部门应用较多,一般用于板厚小于4mm薄板焊接
	高能束流	电子束焊	高能密度电子束起点轰击焊件,动能转化为热能熔化凝固形成焊接接头,焊接在真空室中进行,能量集中,高的深宽比,可获得优质焊接接头,焊件大小受真空室限制
		激光焊	高能密度激光束轰击焊件,动能转化为热能的熔化焊,可获得较高的深宽比的优质焊接接头,但铝件表面激光反射率高、能量有效利用低
	化学反应	气焊	用可燃气体燃烧的热量进行焊接(如氧-乙炔火焰),能量分散,焊缝中缺陷较多,接头质量差,但操作简单、价廉、易行,用于不重要结构件焊接
	机械能	搅拌摩擦焊	属固态焊接新技术,利用搅拌头插入对接处摩擦生热,塑态材料定向迁移,流动扩散形成焊缝,接头优良,不可焊以及异种铝合金的零件,有巨大的发展潜力
胶接连接	连接介质	固化温度条件	
	胶黏剂	室温固化胶接	室温下放置,自行固化,或借助其他条件实现非加热固化,工艺简便
		中温固化胶接	在120~130℃加热下固化,形成胶接接头,胶接变形小,对铝合金基体材料不会产生不利影响
		高温固化胶接	温度超过150℃加热固化的胶接接头(一般不超过175~180℃),固化温度和时间受到一定限制,有可能影响铝合金基体材料的性能

方法分类			特 点
机械连接	铆接	普通铆接	采用一般铝铆钉,对铆钉孔的加工没有特殊要求
		密封铆接	用于防渗漏,防腐蚀接头部位的连接,对铆钉和工艺有特殊要求(如涂密封剂等),以保证密封
		特种铆接	采用特种铆钉,在有特种要求的部位连接,以满足结构性能、功能要求
	螺接	螺栓连接	采用螺栓(螺钉)、螺母,用于零件与零件,组件与组件间,以及系统安装
		托板螺母连接	采用螺钉和托板螺母连接,连接前对安装孔有一定精度要求,用于经常拆卸的接头
		高锁螺栓连接	采用高锁螺栓和高锁螺母连接,有较高的自锁性和抗疲劳性能,用于重要部位的连接
		螺柱连接	螺柱一端直接与基体上的螺纹孔连接
		螺套连接	螺钉与嵌入安装孔的螺套相连,应用于易损的基体零件的固定

表38-2 不同接合方法的技术特点

项目	焊接连接	机械连接	胶接连接
连接对象	因焊接方法而异,有不同的厚度范围,以同种材料为主	不同材料,但板厚受限制	不同厚度、不同材料
连接方式	可用于多种接头形式:对接、搭接、角接、丁字接等	一般用于搭接形式,需要紧固件	界面连接,主要采用搭接形式,无连接件
受载形式	无限制	无限制	宜承剪切力,或小承载拉伸力,剥离强度低,不宜承受集中载荷
应力和变形	易产生焊接残余应力和变形,需要在焊前、焊中和焊后采取措施	孔边应力集中,需调节铆接顺序控制变形	无孔边应力集中,高温固化不当会产生热应力并引起变形
疲劳寿命	受焊接热过程影响,接头性能有所降低	低,采用干涉连接可提高疲劳寿命	高
耐环境寿命	因焊接方法而异,焊接接头耐蚀性受到一定削弱	紧固件和连接缝需要加密封防护	对胶黏剂应有耐久性要求,胶缝需要加密封防护
工艺复杂程度	因焊接方法,承载要求而异,常规焊接操作简单,特种焊接操作要求较高	一般较低	操作简单,但需严格控制
无损检测	较成熟,但固态连接检测尚待提高完善	常规检测易发现缺陷	尚待提高完善
质量控制	严格	一般	要求严格
制造成本	因焊接方法而异	低	中等

38.2 焊接技术

38.2.1 铝合金焊接的特点及方法分类

38.2.1.1 铝及铝合金焊接特点

铝及铝合金焊接特点有:

(1) 铝与氧的亲和力很强,极易与空气中的氧结合生成难熔致密的 Al_2O_3 氧化膜。氧化膜妨碍焊缝的熔合及形成,并容易在熔敷金属中造成夹渣、气孔等缺陷。因此,铝及铝合金焊前必须用严格清理焊件表面的氧化膜,并在焊接过程中采用惰性气体保护,防止熔池受到氧化。

（2）铝的导热系数高，使得焊接过程中大量的热被迅速导入基体金属内部，比热容大，使得焊接同等厚度的铝及铝合金要比钢消耗更多的热量。因此，焊接时必须采用能量集中、功率大的热源，有时还需辅以预热等工艺措施。

（3）焊缝处易形成热裂纹。铝的线膨胀系数较大，凝固时体积收缩率达6.6%左右，造成焊接接头内较大的内应力、变形和裂纹倾向。常通过调整焊丝成分、液态金属的流动性来减缓裂纹的产生。

（4）焊缝内易产生气孔。铝及铝合金表面以及焊丝表面常吸附有水分，水在电弧高温下分解出［H］溶入液体金属中。在焊接过程中溶池快速冷却凝固，［H］来不及逸出而滞留在焊缝中形成气孔。

（5）高温下铝的强度和塑性很低，以致不能支撑住熔池液体金属而使焊缝成型不良，甚至形成塌陷和烧穿缺陷。因此，一般情况下需要夹具和垫板。

（6）含有低沸点元素（如镁、锌等）的铝合金在焊接过程中，这些元素极易蒸发、烧损，从而改变焊缝金属的化学成分，降低焊接接头的性能。

（7）由于铝对辐射能的反射能力很强，铝及其合金在从低温至高温，从固态变成液态无明显的颜色变化，不易从色泽变化来判断焊接的加热状况，给焊接操作带来困难。

38.2.1.2 铝及铝合金焊接方法的分类及应用场合

铝及铝合金的焊接方法很多，各种方法有其各自的应用场合。焊接方法的选择需要根据母材合金成分、焊件厚度、接头形式、使用要求及经济性等因素合理选择。不同焊接方法对铝及其合金相对焊接性和力学性能的影响列于表38-3。各种焊接方法适用的焊件厚度和接头形式分别见表38-4和表38-5。

表38-3 铝及铝合金焊接性和力学性能

合金类别	牌号	相对焊接性				状态	力学性能			熔化温度范围/℃
		气焊	电弧焊	电阻焊	钎焊		σ_b/MPa	$\sigma_{0.2}$/MPa	δ_5/%	
工业高纯铝	1A99	好	好	好	好	O	45	10	50	648~660
						F	115	110	5	
工业纯铝	1070A	好	好	好	好					646~657
防锈铝	5A02	尚可	好	好	较好	O	195	90	25	609~649
						F	270	255	7	
	5A05	尚可	好	好	尚可	O	310	160	24	568~638
						F	370	280	12	
	3A21	好	好	较好	好	O	110	25	30	643~654
						F	200	185	4	
硬铝	2A11	差	尚可	较好	差	T6	425	275	22	513~641
	2A12	差	尚可	较好	差	T6	475	395	10	502~638
						T8	480	450	6	
	2A16	差	尚可	较好	差	T6	415	290	10	543~643
						T8	475	390	10	

| 合金类别 | 牌号 | 相对焊接性 | | | | 状态 | 力学性能 | | | 熔化温度范围/℃ |
		气焊	电弧焊	电阻焊	钎焊		σ_b/MPa	$\sigma_{0.2}$/MPa	δ_5/%	
锻 铝	6A02	较好	较好	好	较好	T6	310	275	12	582~649
	2A70	差	尚可	好	差	T6				560~641
	2A90	差	尚可	好	差	T6				513~641
超硬铝	7A04	差	尚可	较好	差	T6	570	500	11	477~635
						T7	500	430	13	
特殊铝	4A01	好	好	好	较好	F				

注：O 为退火态；F 为冷作态；T6 为固溶 + 人工时效；T7 为固溶 + 稳定化；T8 为固溶 + 冷作 + 人工时效。

表 38-4 铝材常用焊接方法特点及适用范围

焊接方法	焊接特点	适用范围
气 焊	氧乙炔焰功率低、热量分散、热影响区及焊件变形大、生产效率低	用于厚度 0.5~10mm 的不重要结构，铸件焊补
手工电弧焊	电弧稳定性较差、飞溅大、接头质量较差	用于铸件焊补及一般焊件修复
钨极氩弧焊	电弧热量集中、电弧稳定、焊缝金属致密、接头强度和塑性高	广泛用于 0.5~25mm 的重要结构焊接
熔化极氩弧焊	电弧功率大、热量集中、热影响区及焊件变形小、生成效率高	用于不小于 3mm 中厚板材焊接
电子束焊	功率密度大、熔深大、焊缝洁净度高、热影响区及焊件变形极小、生产效率高、接头质量好	用于厚度 3~75mm 的板材焊接
电阻焊	靠工件内部电阻产生热量，焊缝在外压下凝固结晶，不需焊接材料，生产效率高	用于焊接厚 4mm 以下薄板
钎 焊	靠液态钎料与固态焊件之间相互扩散而形成金属间牢固连接，应力变形小，接头强度低	用于厚不小于 0.15mm 薄板的搭接、套接

表 38-5 焊接方法适用的接头形式

焊接方法\接头形式	对接	角接	搭接	套接	T形接	焊补	焊接方法\接头形式	对接	角接	搭接	套接	T形接	焊补
气 焊	√	√					电子束焊	√		√		√	
手工电弧焊	√	√				√	电阻焊			√	√		
钨极氩弧焊	√	√	√	√		√	钎 焊	√		√	√		
熔化极氩弧焊	√	√				√							

注：√表示适用。

38.2.2 焊接材料的分类及其选择

铝及铝合金常用焊条见表 38-6，常用焊丝见表 38-7 和表 38-8。

表 38-6 铝及铝合金焊条的牌号、成分及用途

牌 号	国 际	焊缝化学成分/%	用途及特性
A1109	TAl	Al≥99.0, Si≤0.5, Fe≤0.5	焊接铝板、纯铝容器，耐蚀性好，强度较低
A1209	TAlSi	Si 4.5~6.0, Fe≤0.8, Cu≤0.3, Al 余量	焊接铝板、铝硅铸件及除铝镁合金外的一般铝合金，抗裂性好

牌　号	国　际	焊缝化学成分/%	用途及特性
A1309	TAlMn	Mn 1.0~1.6，Si≤0.5，Fe≤0.5，Al 余量	焊接铝锰合金、纯铝及其他铝合金，强度高，耐蚀
A1409	TAlMg	Mg 3.0~5.5，Mn 0.2~0.6，Si≤0.5，Fe≤0.5，Al 余量	焊接铝镁合金和焊补铝镁合金铸件

注：焊条的药皮类型为盐基型，焊接电源极性采用直流反极性。

表 38-7　国内铝及铝合金焊丝的牌号、成分

类别	型　号	化学成分/%							
		Si	Cu	Mn	Mg	Cr	Zn	Al	其　他
纯铝	SAl-1	Si+Fe<1.0	0.05	0.05			0.10	≥99.0	Ti <0.05
	SAl-2	0.20	0.40	0.03	0.03		0.04	≥99.7	Fe <0.25，Ti <0.03
	SAl-3	0.30						≥99.5	Fe <0.30
铝镁	SAlMg-1	0.25	0.10	0.5~1.0	2.4~3.0	0.05~0.20		余量	Fe <0.40，Ti 0.05~0.2
	SAlMg-2	Si+Fe<0.45	0.05	0.01	3.1~3.9	0.15~0.35	0.20	余量	Ti 0.05~0.15
	SAlMg-3	0.40	0.10	0.5~1.0	4.3~5.2	0.05~0.25	0.25	余量	Fe <0.4，Ti <0.15
	SAlMg-5	0.40		0.2~0.6	4.7~5.7			余量	Fe <0.4，Ti 0.05~0.2
铝铜	SAlCu	0.20	5.8~6.8	0.2~0.4	0.02		0.10	余量	Fe <0.3，Ti 0.1~0.205，V 0.05~0.15，Zr 0.10~0.25
铝锰	SAlMn	0.60		1.0~1.6				余量	Fe <0.70
铝硅	SAlSi-1	4.5~6.0	0.30	0.05	0.05		0.10	余量	Fe <0.80，Ti <0.20
	SAlSi-2	11.0~13.0	0.30	0.15	0.10		0.20	余量	Fe <0.80

注：除规定外，单个数值表示最大值，其他杂质小于 0.05%，其杂质总和小于 0.15%。

表 38-8　国外常用铝合金焊丝的牌号和成分

合金牌号		化学成分/%							
美国	前苏联	Si	Cu	Mn	Mg	Cr	Zn	Al	其　他[①]
1100		Si+Fe<0.95	0.05~0.2	0.05			0.10	99.00	
1188[②]		0.06	0.005	0.01	0.01		0.03	99.88	Fe <0.06，Ti <0.01，Ga <0.03，V <0.05
1199[③]		0.006	0.006	0.002	0.006		0.006	99.99	Fe <0.006，Ti <0.002，Ga <0.005
1350		0.10	0.05	0.01		0.01	0.05	99.50	Fe <0.40，Ti <0.02
2319		0.20	5.8~6.8	0.2~0.4	0.02		0.10	余量	Fe <0.3，Ti 0.1~0.2，V 0.05~0.15，Zr 0.1~0.25
4043	CBAK5	4.5~6.0	0.30	0.05	0.05		0.10	余量	Fe <0.80，Ti <0.20
4047[④]	CBAK12	11.0~13.0	0.30	0.15	0.10		0.20	余量	Fe <0.80
4145		9.3~10.7	3.3~4.7	0.15	0.15	0.15	0.20	余量	Fe <0.80

合金牌号		化学成分/%							
美国	前苏联	Si	Cu	Mn	Mg	Cr	Zn	Al	其他①
4643		3.6~4.6	0.10	0.05	0.1~0.3		0.10	余量	Fe<0.80, Ti<0.15
5039		0.10	0.03	0.3~0.5	3.3~4.3	0.10~0.20	2.4~3.2	余量	Fe<0.4, Ti<0.1
5183	CBAMГ4+Cr	0.40	0.10	0.5~1.0	4.3~5.2	0.05~0.25	0.25	余量	Fe<0.4, Ti<0.15
5356		Si+Fe<0.50	0.10	0.05~0.2	4.5~5.5	0.05~0.20	0.10	余量	Ti 0.06~0.20
5554		Si+Fe<0.40	0.10	0.5~1.0	2.4~3.0	0.05~0.20	0.25	余量	Ti 0.05~0.20
5556	CBAMГ5	Si+Fe<0.40	0.10	0.5~1.0	4.7~5.5	0.05~0.20	0.25	余量	Ti 0.05~0.20
5556A		0.25	0.10	0.6~1.0	5.0~5.5	0.05~0.20	0.20	余量	Ti 0.05~0.20
5654		Si+Fe<0.45	0.05	0.01	3.1~3.9	0.15~0.35	0.20	余量	Ti 0.05~0.15
357.0		6.5~7.5	0.15	0.03	0.45~0.60		0.05	余量	Fe<0.15, Ti<0.20
A356.0		6.5~7.5	0.20	0.10	0.25~0.45		0.10	余量	Fe<0.20, Ti<0.20
A357.2		6.5~7.5	0.12	0.05	0.45~0.70		0.05	余量	Fe<0.12, Ti 0.04~0.20, Be 0.04~0.07
C355.0		4.5~5.5	0.20	0.10	0.40~0.60		0.10	余量	Fe<0.20, Ti<0.20
	CBAMГ6	0.40	0.10	0.5~0.8	5.8~6.8		0.20	余量	Fe<0.4, Ti 0.1~0.2, Be 0.002~0.005
	B92C8			0.67	5.38		4.45	余量	Zr 0.22
	CBAMГ3	0.5~0.8	0.05	0.3~0.6	3.2~3.8		0.20	余量	Fe<0.5
	CBAMГ7	0.4	0.10	0.5~0.8	6.5~7.5		0.20	余量	Fe<0.4, Zr 0.2~0.4, Be 0.002~0.005

① 美国焊丝成分规定铍小于0.0008%，其他杂质小于0.05%，其杂质总和小于0.1%；

② 单个杂质小于0.01%；

③ 单个杂质小于0.002%；

④ 硬钎焊料。

铝及铝合金焊接材料选择原则为：主要根据母材的成分、稀释率、焊接裂纹倾向以及对接头强度、塑性、耐蚀性等使用性能的要求来综合选择。

一般来说，母材与焊丝的通常选配原则是：焊接纯铝时，应选用纯度与母材相近的焊丝；焊接铝锰合金时，应选用含锰量与母材相近的焊丝或铝硅焊丝；焊接铝镁合金时，为弥补焊接过程中镁的烧损，应选用含镁量比母材金属高1%~2%的焊丝；异种铝及铝合金焊接时，应选用和抗拉强度较高的母材相匹配的焊丝。

气焊通常选用SAl-2、SAl-3、SAlSi-1焊丝作为填充金属。相同牌号的铝及铝合金焊接时，按表38-9选用焊丝；而不同牌号的铝及铝合金焊接时，按表38-10选用焊丝。在缺乏标准型号焊丝时，可以从基体金属上切取狭条代替。对一般用途的焊接，各种母材组合推荐的填充金属，见表38-11。

表 38-9 相同牌号的铝及铝合金焊接选用的填充金属

焊件 类别	焊号	填充金属
工业 高纯铝	1A93	1A97、1A93
	1A97	1A97
工业 纯铝	1070A	1070A、1A93
	1060	1060、1070A、SAl-2
	1050A	1060、1050A、SAl-2、SAl-3
	1035	1050A、1035、SAl-2、SAl-3
	1200	1050A、1035、1200、SAl-2、SAl-3
	8A06	1050A、1035、1200、8A06、SAl-2、SAl-3
防锈铝	5A02	5A02、5A03
	5A03	5A03、5A05、SAlMg-5
	5A05	5A05、5A06、5A11、SAlMg-5
	5A06	5A06、5A14[①]
	3A21	3A21、SAlMn、SAlSi-1
硬铝	2A11	2A11
	2A12	试用焊丝:(1)Cu 4%~5%,Mg 2%~3%,Ti 0.15%~0.25%,Al 余量; (2)Cu 6%~7%,Mg 1.6%~1.7%,Ni 2%~2.5%,Ti 0.3%~0.5%,Mn 0.4%~0.6%,Al 余量
	2A16	试用焊丝:Cu 6%~7%,Mg 1.6%~1.7%,Ni 2%~2.5%,Ti 0.3%~0.5%,Mn 0.4%~0.6%,Al 余量
	2A17	试用焊丝:Cu 6%~7%,Mg 1.6%~1.7%,Ni 2%~2.5%,Ti 0.3%~0.5%,Mn 0.4%~0.6%,Al 余量
超硬铝	7A04	试用焊丝:(1)Mg 6%,Zn 3%,Cu 1.5%,Mn 0.2%,Ti 0.2%,Cr 0.25%,Al 余量; (2)Mg 3%,Zn 6%,Ti 0.5%~1%,Al 余量
锻铝	6A02	4A01、SAlSi-5
铸铝	Z1070A01	Z1070A01
	Z1070A04	Z1070A04

① 5A14 是在 5A06 中添加有合金元素钛(0.13%~0.24%)的焊丝。

表 38-10 不同牌号的铝及铝合金焊接用焊丝

母材	Z1070A01	Z1070A04	5A06	5A05、5A11	5A03	5A02	3A21	8A06	1050A~1200
1060	Z1070A01 SAlSi-1	Z1070A04 SAlSi-1	5A06	5A05	5A05 SAlSi-1	5A03 5A02	3A21 SAlSi-1	1060	1060
1050A~1200	Z1070A01 SAlSi-1	Z1070A04 SAlSi-1	5A06	5A05	5A05 SAlSi-1	5A03 5A02	3A21 SAlSi-1	1060	
8A06	Z1070A01 SAlSi-1	Z1070A04 SAlSi-1	5A06	5A05	Z1070A04 SAlSi-1	5A03 5A02	3A21 SAlSi-1		
3A21	Z1070A01 SAlSi-1	Z1070A04 SAlSi-1	5A06 3A21	5A05	5A05 SAlMg-5	5A03、5A02 SAlMn、AlMg-5			
5A02	Z1070A01 SAlSi-1	Z1070A04 SAlSi-1	5A06	5A05	5A05 SAlMg-5				
5A03			5A06	5A05					
5A05、5A11			5A06	5A05					

表38-11　对一般用途的焊接各种母材组合所推荐的填充金属

母材	319.0、333.0、354.0、355.0、C355.0	356.0、A356.0、A357.0、359.0、413.0、443.0、C355.0	514.0、A514.0、B514.0	7005、7039、7046、7146、710.0、712.0	6070	6005、6061、6063、6101、6151、6201、6351、6951	5456	5454	5154、5254①	5086	5083	5052、5652①	5005、5050	3004 Alc.3004	2219	2014、2024、2036	1100、3003、Alc.3003	1060、1350
1060、1350	4145	4043②③	4043②③	4043②	4043②	4043②	5356④	4043②④	4043②	5356④	5356④	4043②	1100④	4043	4145	4145	1100④	1100①
1100、3003、Alclad 3003	4145⑤②	4043②③	4043②③	4043②	4043②	4043②	5356④	4043②④	4043②	5356④	5356④	4043②	4043②④	4043④	4145	4145	1100④	
2014、2024、2036	4145⑥	4145	4145	4145	4145	4145	4145	4043②	4043②	4043	4043	4043②	4043	4043	4145⑥	4145⑥		
2219	4145⑥⑤②	4145⑤②	4145⑤②	4043②②	4043②②	4043②②	4043②②	4145	4145⑤②	4043②	4043②②	4043②②	4043②④	4043②②	2319⑤③②			
3004 Alclad 3004	4043②	4043②	4043②	5356④	4043②	4043②	4043	4043②	4043②	5356④	4043	4043②④	4043②④					
5005、5050	4043②	4043②	4043②	5356④	4043②	4043②	5356④	5654⑦	5654①	5356④	5356④	4043②④						
5052、5652①	4043②	4043②	4043②②	5356④	4043②②	4043②②	5356④②	5654⑦	5654①	5356④②	5356④②	5654④①⑤						
5083		5356⑤④②	5356④	5183④	5356④	5356⑤	5183④	5654④	5654④	5356④	5183④							
5086		5356⑤④②	5356④	5356④	5356④	5356⑤	5356④	5356④	5356①	5356④								
5154、5254①	4043②	4043②	5654⑦	5356④	5356④	5356⑦⑤	5356④	5356④	5654⑦⑦									
5454	4043②	4043②	5654⑦	5356④	5356④	5356⑦⑤	5356④	5654⑦										
5456	4043②	4043②	5356④	5356④	5356④	5356④	5356④											
6005、6061、6063、6101、6151、6201、6351、6951	4145⑤②	4043②②	5356⑦⑤	5356④⑦②	4043②⑦	4043②⑦												
6070	4145⑤②	4043②②	5356④	5356④⑤②	4043②													
7005、7039、7046、7146、710.0、712.0	4043②	4043②②	5356④	5039④														
514.0、A514.0、B514.0	4043②②	4043②	5654④															
356.0、A356.0、A357.0、359.0、413.0、443.0、C355.0	4145⑤②	4043②②																
319.0、333.0、354.0、355.0、C355.0	4145⑤⑧②																	

注：1. 使用条件，如在淡水和盐中浸泡，处于特殊的化学介质或持续高温（高于66℃），可能限制了填充金属的选择，对于持续高温的使用条件不推荐采用 ER5356，ER5183，ER5556 及 ER5654 填充金属；
2. 此表中的推荐适用于气体保护弧方法，用于气焊，原来使用的只有 ER1100，ER4043，ER4047 和 ER4145 填充金属；
3. 填充金属的推荐列入 AWS 规范 A 5.10—92《铝及铝合金裸填充丝及焊丝规程》中；
4. 表中没列出填充金属处，该母材组合不推荐用于焊接。
① 5254 和 5652 合金母材有时用于过氧化氢场合，采用 ER5654 填充金属用于焊接；
② 对于某些用途可以使用 ER4047 填充金属；
③ 可以使用 ER5183，ER5356 或 ER5556 填充金属；
④ 对于某些用途可以使用 ER4145 填充金属；
⑤ 对于某些用途可以使用 ER4043 填充金属；
⑥ 可以使用 ER2319 填充金属；
⑦ 可以使用 ER5183，ER5356，ER5554，ER5556 和 ER5654 填充金属适用于高温用途；
⑧ 可以使用 ER5554 填充金属适用于高温用途，ER5556 填充金属适用于高温用途。

对于持续高温的使用条件，这些填充金属提供：（1）在阳极氧化处理后改善了颜色的匹配，（2）焊缝塑性最高，（3）焊缝强度较高，ER5554 填充金属适用于高温用途；有时母材与母材成分相同的填充金属。

铝及铝合金焊丝制备工艺流程（以 $\phi1.6mm$ 的 5356 焊丝为例）为：合金成分设计→合金熔炼→半连续铸锭→均匀化退火→热加工（挤压成 $\phi8\sim10mm$ 的杆坯）→多道次粗拉（中间退火）至 $\phi3.0mm$ 的线坯→光亮退火→多道次精拉至 $\phi1.6mm$ 的成品丝→表面处理→真空包装。

近年来，国内实验成功了一种焊丝制备新工艺，其工艺流程为：焊丝合金熔化→精炼→连铸连拉（$\phi6\sim10mm$ 的杆坯）→多道次粗拉（含中间退火）至 $\phi3.0mm$ 的线坯→光亮退火→多道次精拉至 $\phi1.6mm$ 或 $\phi1.2mm$ 的成品丝→表面处理→真空包装。这种新工艺流程短，成本较低，适合于制备纯铝和铝镁系焊丝。

38.2.3　焊接工艺

38.2.3.1　焊前的准备

焊前准备包括：

（1）焊前表面清理。铝及铝合金焊接时，焊前要求严格清理焊口及焊丝表面的油污和氧化膜，生产中常用的清理方法有机械法和化学法两种，见表 38-12。

（2）衬垫。由铜或不锈钢板制成，用以控制焊缝根部形状和余高量。垫板表面开有圆弧形或方形槽，常用垫板及槽口尺寸如图 38-1 所示。

（3）焊前预热。厚度超过 8mm 的焊件，焊前要求预热，预热温度控制在 $150\sim300℃$。多层焊时，维持层间温度不低于预热温度。

表 38-12　铝及铝合金焊件焊前清理工序流程

清理方法	清　理　工　序								
机械法	先用丙酮或汽油擦洗，然后用 $\phi0.15mm$ 铜丝轮或不锈钢丝轮或刮刀清理表面								
化学法	除油	碱洗清除氧化膜			冲洗	中和光化			冲洗	干燥
	丙酮或汽油	溶　液	温度/℃	时间/min	清水	溶　液	温度/℃	时间/min	清水	风干或低温干燥
		8%～10% NaOH 溶液	40～50	10～15		30% HNO_3 溶液	40～60	2～3		

注：清理后的焊件一般应在 24h 内焊完。

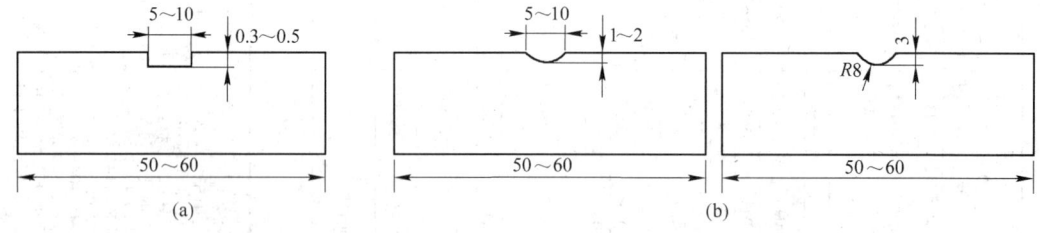

图 38-1　垫板及槽口尺寸

（a）方槽；（b）圆弧形槽

38.2.3.2　几种焊接工艺的要点

A　气焊

铝及铝合金气焊常用铝或铝硅合金做填充金属，常用气焊熔剂见表 38-13，气焊规范见表 38-14。

表38-13　铝及铝合金气焊熔剂配方　　　　　　　　　　　　　　　（%）

组分 序号	铝冰晶石	NaF	CaC1060	NaCl	KCl	BeC1060	LiCl	硼砂	其他	备注
1 号		7.5 ~ 9		27 ~ 30	49.5 ~ 52		13.5 ~ 15			气剂 CJ401
2 号			4	19	29	48				
3 号	30			30	40					
4 号	20				40	40				
5 号		15		45	30		10			
6 号				27	18				14	KNO₃ 41
7 号		20		20	40	20				
8 号				25	25			40	Na₂SO₄ 10	
9 号	4.8		14.8			33.3	19.5		MgCl₂ 2.8	MgF₂ 24.8
10 号		LiCl 15				70	15			
11 号				9	3			40	K₂SO₄ 20	KNO₃ 28
12 号	45			40	15					
13 号	20			30	50					

表38-14　铝及铝合金气焊的规范参数

板厚/mm	焊丝直径/mm	焊矩型号	焊嘴号数	焊嘴孔径/mm	乙炔流量/L·h⁻¹
1.0 ~ 1.5	1.5 ~ 2.0	H01 ~ 6	1 ~ 2	0.9	50 ~ 120
1.5 ~ 3.0	2.0 ~ 2.5	H01 ~ 6	2 ~ 3	0.9 ~ 1.0	150 ~ 300
3.0 ~ 5.0	2.5 ~ 3.0	H01 ~ 6	4 ~ 5	1.1 ~ 1.3	300 ~ 500
5.0 ~ 7.0	4.0 ~ 5.0	H01 ~ 12	2 ~ 3	1.4 ~ 1.8	500 ~ 1200
7.0 ~ 10.0	5.0 ~ 6.0	H01 ~ 12	4 ~ 5	1.6 ~ 2.0	1200 ~ 1800
10.0 ~ 20.0	5.0 ~ 6.0	H01 ~ 12	5	3.0 ~ 3.2	2000 ~ 2500

注：1. 采用中性焰或轻微还原焰；

　　2. 焊薄小件宜用左焊法；

　　3. 厚度超过 5mm 焊件，需预热，焊接层数不宜过多；

　　4. 尽可能一次焊完一条焊缝；

　　5. 焊后用热水洗净残渣；

　　6. 热处理强化铝合金要进行热处理。

铝及铝合金常用气焊熔剂（简称气剂）通常分为含氯化锂和不含氯化锂两类。含锂气剂的熔点低、黏度低、流动性好，能均匀展布在焊口，清除 Al_2O_3 氧化膜效果好，焊后容易脱渣，适用于薄件和全位置焊接，焊铝的最好气剂是 CJ401。表38-13 中其他几种气剂均不含氯化锂，这些气剂熔点高、黏度大，流动性差，容易产生焊缝夹渣，适用于原件焊接。对于搭接接头，不熔透角焊缝往往不能完全清理残留在焊缝内的熔渣，建议选用 8 号气剂。含镁较高的铝镁合金用气剂不宜含有钠的组成物，一般选用 9 号、10 号气剂。

B　手工电弧焊

一般限用于无氩弧焊、气焊的场合，焊接对质量要求不高的构件及焊补铸件。其特点是焊件变形大，生产效率低，所得焊缝金属晶粒粗大，组织疏松，且容易产生 Al_2O_3 夹渣和裂纹等缺陷。常用焊丝见表38-7，焊接规范见表38-15。

表 38-15　铝及铝合金手工电弧焊规范参数

板厚/mm	焊丝直径/mm	焊接电流/A	焊接速度/mm·min^{-1}	坡口形式	预热温度/℃
2.0	3.2	60~80	420	I 形	不预热
3.0	3.2	80~110	370	I 形	不预热
4.0	4.0	110~150	350	I 形	100~200
5.0	4.0	110~150	330	I 形	100~200
6.0	5.0	150~200	300	V 形	200~300
12.0	5.0	150~200	300	V 形	200~300

注：电源采用直流反接。

C　钨极氩弧焊（TIG 焊）

钨极氩弧焊电弧稳定，所得焊缝金属致密，焊接接头强度和塑性高，且不存在焊后残留熔剂腐蚀的问题。适用于 0.5~20mm 厚的板、管焊接及铸件焊补。

手工和自动钨极氩弧焊采用的填充焊丝参照表 38-7 和表 38-8，焊接规范见表 38-16 和表 38-17。直流反极性具有熔深浅、净化作用强的特点，有利于铝合金薄板的焊接，其焊接规范参数见表 38-18。

表 38-16　铝及铝合金手工钨极氩弧焊规范参数

板厚/mm	坡口形式			钨极直径/mm	喷嘴直径/mm	焊丝直径/mm	焊接电流/A	氩气流量/L·min^{-1}	焊接层数（正/反）
	形状	间隙/mm	钝边/mm						
约1	I 形	0.5~2		1.5	5~7	1.5~2.0	50~80	4~6	1
1.5	I 形	0.5~2		1.5	5~7	2.0	70~100	4~6	1
2	I 形	0.5~2		2	6~7	2.0~3.0	90~120	4~6	1
3	I 形	0.5~2		3	7~12	3.0	120~150	6~10	1
4	I 形	0.5~2		3	7~12	3.0~4.0	120~150	6~10	1/1
5	V 形	1~3	2	3~4	12~14	4.0	120~150	9~12	1~2/1
6	V 形	1~3	2	4	12~14	4.0	180~240	9~12	2/1
8	V 形	2~4	2	4~5	12~14	4.0~5.0	220~300	9~12	2~3/1
10	V 形	2~4	2	4~5	12~14	4.0~5.0	260~320	12~15	3~4/1~2
12	V 形	2~4	2	5~6	14~16	4.0~5.0	280~340	12~15	3~4/1~2
16	V 形	2~4	2	6	16~20	5.0	340~380	16~20	4~5/1~2
20	V 形	2~4	2	6	16~20	5.0	340~380	16~20	5~6/1~2

注：采用交流电。

表 38-17　铝合金自动钨极氩弧焊规范参数

板厚/mm	坡口形式	钨极直径/mm	焊丝直径/mm	焊接电流/A	焊接速度/m·h^{-1}	送丝速度/m·h^{-1}	氩气流量/L·min^{-1}	焊接层数
2	I 形	3~4	1.6~2.0	170~180	19	18~22	16~18	1
3	I 形	4~5	2	200~220	15	10~24	18~20	1
4	I 形	4~5	2	210~235	11	20~24	18~20	1
6	V 形(60°)	4~5	2	230~260	8	22~26	18~20	2
8~10	V 形(60°)	5~6	2	280~300	6~7	25~30	20~22	3~4

注：采用交流电。

表 38-18 铝合金薄板直流反极性钨极氩弧焊规范参数

板厚/mm	钨极直径/mm	焊丝直径/mm	焊接电流/A	氩气流量/L·min⁻¹
0.5	3 ~ 4	0.5	40 ~ 55	7 ~ 9
0.75	5	0.5 ~ 1.0	50 ~ 65	7 ~ 9
1.0	5	1.0	60 ~ 80	12 ~ 14
1.2	5	1.0 ~ 1.5	70 ~ 85	12 ~ 14

D 熔化极氩弧焊（MIG 焊）

MIG 焊分为半自动 MIG 焊和自动 MIG 焊，适用于不小于 3mm 中厚板材的焊接。其优点是电流密度大、电弧穿透力强、生产效率高。由于焊接电流密度大，焊接速度快，故而热影响区小，焊接变形小。焊前一般不需要预热，厚板较大时，也只需预热起弧部位，是目前焊接铝及铝合金最好的焊接方法。表 38-19 和表 38-20 列出了几种典型铝合金半自动和自动 MIG 焊的规范参数。

表 38-19 纯铝、铝镁合金半自动熔化极氩弧焊规范参数

板材牌号	板厚/mm	焊丝型号	焊丝直径/mm	基值电流/A	脉冲电流/A	电弧电压/V	脉冲频率/Hz	喷嘴孔径/mm	氩气流量/L·min⁻¹
1035	1.6	1035	1.0	20	110 ~ 130	18 ~ 19	50	16	18 ~ 20
1035	3.0	1035	1.2	20	140 ~ 160	19 ~ 20	50	16	20
5A03	1.8	5A03	1.0	20 ~ 25	120 ~ 140	18 ~ 19	50	16	20
5A03	4.0	5A05	1.2	20 ~ 25	160 ~ 180	19 ~ 20	50	16	20 ~ 22

表 38-20 纯铝、铝镁合金、硬铝的自动熔化极氩弧焊规范参数

板材牌号	板厚/mm	坡口形式	坡口尺寸			焊丝型号	焊丝直径/mm	喷嘴孔径/mm	氩气流量/L·min⁻¹	焊接电流/A	电弧电压/V	焊接速度/m·h⁻¹	备注
			钝边/mm	坡口角/(°)	间隙/mm								
5A05	5					SAlMg-5（HS331）	2.0	22	28	240	21 ~ 22	42	单面焊，双面成型
1060、1050A	6				0 ~ 0.5	SAl-3（HS39）	2.5	22	30 ~ 35	230 ~ 260	26 ~ 27	25	正反面均焊一层
	8	V 形	4	100	0 ~ 0.5		2.5	22	30 ~ 35	300 ~ 320	26 ~ 27	24 ~ 28	
	10	V 形	6	100	0 ~ 1		3.0	28	30 ~ 35	310 ~ 330	27 ~ 29	18	
	12	V 形	8	100	0 ~ 1		3.0	28	30 ~ 35	320 ~ 340	28 ~ 29	15	
	14	V 形	10	100	0 ~ 1		4.0	28	40 ~ 45	380 ~ 400	29 ~ 31	18	
	16	V 形	12	100	0 ~ 1		4.0	28	40 ~ 45	380 ~ 420	29 ~ 31	17 ~ 20	
	20	V 形	16	100	0 ~ 1		4.0	28	50 ~ 60	450 ~ 500	29 ~ 31	17 ~ 19	
	25	V 形	21	100	0 ~ 1		4.0	28	50 ~ 60	490 ~ 550	29 ~ 31		
	28 ~ 30	双 Y 形	16	100	0 ~ 1		4.0	28	50 ~ 60	560 ~ 570	29 ~ 31	13 ~ 15	
5A02、5A03	12	V 形	8	120	0 ~ 1	SAlMn（HS321）	3.0	22	30 ~ 35	320 ~ 350	29 ~ 30	24	
	18	V 形	14	120	0 ~ 1		4.0	28	50 ~ 60	450 ~ 470	29 ~ 30	18.7	
	20	V 形	16	120	0 ~ 1		4.0	28	50 ~ 60	450 ~ 700	28 ~ 30	18	
	25	V 形	16	120	0 ~ 1		4.0	28	50 ~ 60	490 ~ 520	29 ~ 31	16 ~ 19	
2A11	50	双 Y 形	6 ~ 8	75	0 ~ 0.5	SAlSi-1（HS311）	4.2	28	50	450 ~ 500	24 ~ 27	15 ~ 18	也可采用双面 U 形坡口，钝边 6 ~ 8mm

注：1. 正面焊完后必须铲除焊根，然后进行反面层的焊接；
   2. 焊矩向前倾斜 10° ~ 15°。

E 电子束焊接

电子束焊接需在真空室内进行,真空度不应低于 $10^{-2}Pa$,目前只限于小尺寸、高要求的焊件。其优点是熔深大、热影响区小、焊缝洁净度高、焊接变形小,接头强度和塑性好。常用的接头形式有对接、搭接、T 形接,要求接头边缘平直,接头装配间隙小于0.1mm。对于为 150~200mm 铝合金对接,可开 I 形坡口一次焊成。纯铝及铝合金典型的电子束焊接规范参数见表 38-21。

表 38-21 铝及铝合金电子束焊规范参数

板厚/mm	坡口形式	加速电压/kV	电子束电流/mA	焊接速度/m·h⁻¹	板厚/mm	坡口形式	加速电压/kV	电子束电流/mA	焊接速度/m·h⁻¹
1.3	I形	22	22	11	25.4	I形	29	250	12
3.2	I形	25	52	12			50	270	91
6.4	I形	35	95	53	50.0	I形	30	500	5.5
12.7	I形	26	240	42	60.0	I形	30	1000	6.5
		40	150	61	152.0	I形	30	1025	1.1
19.1	I形	40	180	61					

F 电阻焊

电阻点焊和缝焊在铝及铝合金薄板结构中应用很广,适用厚度为 0.04~4mm。其焊接要点为:

(1)表面清理干净,存放时间不得过长。

(2)电极一般选用 CdCu 合金,电极头工作端面一律采用球面形,并注意经常清理,电极应冷却良好。

(3)要求采用大电流、短时间、阶梯形或马鞍形压力的硬规范焊接。

因铝合金导热性好,不宜采用多脉冲规范,而宜采用单相交流点焊规范。为了最大限度地减小分流的影响,铝合金板的焊点最小间距一般不小于板厚的 8 倍。重要铝合金焊件宜采用步进缝焊。表 38-22 列出了几种典型铝合金单相交流点焊规范。

表 38-22 3A21、5A03、5A05、2A12、7A04 等铝合金在单相交流点焊机上的点焊规范

焊件厚度/mm	电极直径/mm	电极球面直径/mm	电极压力/N	焊接电流/kA	通电时间/s	熔核直径/mm
0.4+0.4	16	75	1470~1764	15~17	0.06	2.8
0.5+0.5	16	75	1764~2254	16~20	0.06~0.10	3.2
0.7+0.7	16	75	1960~2450	20~25	0.08~0.10	3.6
0.8+0.8	16	100	2254~2840	20~25	0.10~0.12	4.0
0.9+0.9	16	100	2646~2940	22~25	0.12~0.14	4.3
1.0+1.0	16	100	2646~3724	22~26	0.12~0.16	4.6
1.2+1.2	16	100	2944~3920	24~30	0.14~0.16	5.3
1.5+1.5	16	150	3920~4900	27~32	0.18~0.20	6.0
1.6+1.6	16	150	3920~5390	32~40	0.20~0.22	6.4
1.8+1.8	22	200	4018~6860	36~42	0.20~0.22	7.0
2.0+2.0	22	200	4900~6800	38~46	0.20~0.22	7.6
2.3+2.3	22	200	5300~7644	42~50	0.20~0.22	8.4
2.5+2.5	22	200	5300~7840	56~60	0.20~0.22	9.0

G 钎焊

铝及铝合金的钎焊方法可采用刮擦软钎焊、烙铁软钎焊、火焰钎焊、炉中钎焊和盐浴浸沾钎焊等。铝及铝合金钎焊的钎料见表38-23,钎剂见表38-24,钎料与钎剂的配用见表38-25。

表38-23 铝及铝合金钎焊用钎料

| 类别 | 牌号 | 化学成分/% | | | | | | | 熔化温度/℃ | | 性能与用途 |
		Si	Cu	Zn	Sn	Cd	Pb	Al	固相线	液相线	
铝基钎料	103500	11~13						余量	577	582	抗腐蚀性高,用于铝、铝锰合金的火焰、炉中、浸沾钎焊
	103501	4~7	25~30					余量	525	535	熔点较低,操作容易,抗腐蚀性差,钎料脆,用于火焰钎焊
	103502	9~11	3.3~4.7					余量	521	585	抗腐蚀性好、可填充不均匀间隙,用于5A21、5A02、6A02等炉中、火焰、浸沾钎焊
	103503	9~11	3.3~4.7	9.0~11				余量	516	560	强度高,用于5A21、5A02、6A02等炉中钎焊及盐浴浸沾钎焊
锌基钎料	120001		1.5~2.5	56~60	38~42				200	350	用于铝及铝合金的刮擦钎焊
	120002			58~62		38~42			266	335	润湿性好,可钎焊多种铝及铝合金
	120005			70~75				25~30	430	500	抗腐蚀性好,用于铝及铝合金钎焊
铅锡钎料	8A0607			8~10	30~32	8~10	50~52		150	210	钎焊铝芯电缆接头,接头抗腐蚀性差,表面须有保护措施

表38-24 铝合金钎焊用钎剂

牌号	组 分/%	钎焊温度/℃	用 途
QJ201	KCl 47~51, LiCl 31~35, ZnCl$_2$ 6~10, NaF 9~11	450~620	火焰钎焊、炉中钎焊
QJ202	KCl 27~29, LiCl 41~43, ZnCl$_2$ 23~25, NaF 5~7	420~620	
QJ203	ZnCl$_2$ 53~58, SnCl$_2$ 27~30, NH$_4$Br 13~15, NaF 1.7~2.3	270~380	软钎焊,主要用于电缆
QJ204	三乙醇胺 82.5, Cd(BF$_4$)$_2$ 10, Zn(BF$_4$)$_2$ 2, NH$_4$BF$_4$ 5	180~275	软钎焊,残渣腐蚀性较小
QJ206	SnCl 25, KCl 32, LiCl 25, LiF 10, ZnCl$_2$ 8	550~620	火焰钎焊、炉中钎焊
QJ207	KCl 43.5~47.5, NaCl 18~22, LiCl 25.5~29.5, ZnCl$_2$ 1.5~2.5, CaF$_2$ 1.5~2.5, LiF 2.5~4.0	560~620	火焰钎焊、炉中钎焊
1号	KCl 51, LiCl 41, KF·AlF$_3$ 8	500~560	浸沾钎焊
2号	KCl 44, LiCl 34, NaCl 12, KF·AlF$_3$ 10	550~620	
3号	KCl 30~55, LiCl 15~30, NaCl 20~30, ZnCl$_2$ 7~10, AlF$_3$ 8~10	>500	

表 38-25 钎料与钎剂的配用

钎料牌号	配用的钎剂牌号或处理方法	附　　注
103500	QJ201、QJ206	
103501	QJ201、QJ206	
103502	QJ201、QJ206、QJ207	（1）钎焊前必须仔细清除工件及焊料表面的油脂、氧化物等污物；
103503	QJ201、QJ206、QJ207	（2）真空钎焊时不用钎剂；
120001	刮擦法	（3）钎剂有腐蚀性，焊后必须彻底清除残留的钎剂
120002	QJ203	
120005	QJ202	
8A0607	QJ204	
铝基钎料	浸沾钎焊配用 1 号、2 号、3 号钎剂	

去除残留钎剂的方法可用热水反复冲洗或煮沸，也可在 50～80℃ 的 2% 铬酐（Cr_2O_3）溶液中保持 15min 后再冲洗。

38.2.3.3　焊接实例

国产地铁列车车体用 6005A 大型铝型材的焊接（坡焊），如图 38-2 所示。焊接母材及焊丝的主要成分见表 38-26。焊接工艺参数见表 38-27，焊接接头拉伸力学性能见表 38-28。

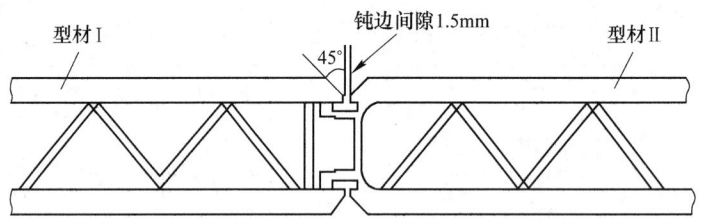

图 38-2　6005A 大型铝型材坡口焊示意图

表 38-26　焊接母材及焊丝的主要化学成分　　　　　　　　　（%）

材料名称	Mg	Mn	Cr	Ti	Si	Zn	Fe	Cu	Al
母材(6005A)	0.4～0.6	≤0.10	≤0.10	≤0.10	0.6～0.9	≤0.10	≤0.35	≤0.10	余量
ER5356 焊丝	4.5～5.5	0.05～0.20	0.05～0.20	0.06～0.20	≤0.25	≤0.10	≤0.40	≤0.10	余量
Al-Mg 焊丝	4.8～5.2	0.08～0.12	0.08～0.12	0.08～0.12	≤0.15	≤0.10	≤0.20	≤0.10	余量

表 38-27　6005A 大型铝型材自动脉冲 MIG 焊接工艺参数

焊丝型号	焊接电流/A	焊接电压/V	焊接速度/cm·min^{-1}	送丝速度/m·min^{-1}	氩气流量/L·min^{-1}	焊矩高度/mm
ER5356	215	28.5	27	9.2	14	15
Al-Mg	242	29.3	24	9.0	14	15

表 38-28　6005A 大型铝型材及焊后焊接接头拉伸力学性能

项　　目	σ_b/MPa	$\sigma_{0.2}$/MPa	δ_5/%	冷弯角/(°)	断裂部位
6005A 母材(横向)	308	278	12.1		
6005A/ER5356	197	142	13.3	120	热影响区
6005A/Al-Mg	199	143	12.8	120	热影响区

38.2.4 焊接接头的性能及检测方法

38.2.4.1 焊接接头性能

几种典型铝及铝合金熔焊焊接接头的力学性能列于表38-29～表38-31，点焊接头的力学性能列于表38-32，钎焊接头强度列于表38-33。

表38-29 几种典型铝合金熔焊接头力学性能

板材牌号	板厚/mm	焊接材料	焊接方法	接头力学性能 抗拉强度/MPa	接头力学性能 冷弯角/(°)	板材牌号	板厚/mm	焊接材料	焊接方法	接头力学性能 抗拉强度/MPa	接头力学性能 冷弯角/(°)
1070A		SAl-3	Ⅰ	68～78	180	5A02	12	5A03	Ⅰ-2	173～184	92～130
1070A		SAl-3	Ⅱ	68～78	180	5A02	16	5A03	Ⅰ-3	174～183	150～180
1070A		SAl-3	Ⅲ	≥63	180	5A03	20	5A05	Ⅰ-2	234～235	40～46
1016	20	1060	Ⅰ-1	66～78	180	5A03	20	5A03	Ⅰ-3	234～235	33
1016	8	1060	Ⅰ-2	78～79	180	5A05	16	SAlMg-5	Ⅰ-1	215～254	
1016	20	1060	Ⅰ-3	74～80	180	5A05	16	SAlMg-5	Ⅱ	215～254	
1050A	8	1050A	Ⅰ-1	82～83	180	5A06	18	SAlSi-1	Ⅰ-1	143～260	>140
1050A	12	1060	Ⅰ-2	75～76	180	5A06	18	5A06	Ⅰ-1	289～366	>140
1050A	15	1060	Ⅰ-3	78	180	5A06	18	5A06	Ⅰ-2	307～323	32～72
3A21		3A21	Ⅰ	107～113	180	2A12		5A03	Ⅰ-1	205	14～30
3A21		3A21	Ⅱ	107～112	180	2A12		SAlSi-1	Ⅰ-1	205	16～20
3A21		SAlSi-1	Ⅱ	117～137	180	2A16			Ⅰ-1	168～176	60～75
5A02	10	5A03	Ⅰ-1	178～179	151～154	7A04			Ⅰ-1	245	5

注：Ⅰ—氩弧焊；Ⅰ-1—手工钨极氩弧焊；Ⅰ-2—自动熔化极氩弧焊；Ⅰ-3—半自动熔化极氩弧焊；Ⅱ—气焊；Ⅲ—手工电弧焊。

表38-30 典型不可热处理强化铝合金氩弧焊接头力学性能

母材	填充金属	$(\sigma_b)_{平均}$/MPa	$(\sigma_b)_{min}$/MPa	$(\sigma_{0.2})_{平均}$/MPa	$(\sigma_{0.2})_{min}$/MPa	δ_5/%	母材	填充金属	$(\sigma_b)_{平均}$/MPa	$(\sigma_b)_{min}$/MPa	$(\sigma_{0.2})_{平均}$/MPa	$(\sigma_{0.2})_{min}$/MPa	δ_5/%
1350	ER1188	69	62	28	28	29	5083	ER5183	297	276	152	124	16
1060	ER1188	69	62	35	35	29	5086	ER5356	269	242	131	117	17
1100	ER1100	90	76	41	41	29	5154	ER5654	228	207	124	110	17
3003	ER1100	110	97	48	48	24	5454	ER5554	242	214	110	97	17
5005	ER5356	110	97	62	55	15	5456	ER5556	317	290	159	138	14
5050	ER5356	159	110	83	69	18	6005	ER5356	210	195	145	133	13
5052	ER5356	193	173	97	90	19							

表38-31 典型可热处理强化铝合金氩弧焊力学性能

母材	母材性能 σ_b/MPa	母材性能 $\sigma_{0.2}$/MPa	母材性能 δ_5/%	焊丝	焊接接头 σ_b/MPa	焊接接头 $\sigma_{0.2}$/MPa	焊接接头 δ_5/%	焊后热处理、时效 σ_b/MPa	焊后热处理、时效 $\sigma_{0.2}$/MPa	焊后热处理、时效 δ_5/%
2014-T6、T651	483	414	13	ER4043	235	193	4	345		2
2219-T81	455	345	10	ER2319	242	179	3	297	255	2
2219-T87	476	393	10	ER2319	242	179	3	297	255	2
2219-T6、T62	414	290	10	ER2319	242	179	3	345	262	7

母　材	母材性能				焊接接头			焊后热处理、时效		
	σ_b/MPa	$\sigma_{0.2}$/MPa	δ_5/%	焊丝	σ_b/MPa	$\sigma_{0.2}$/MPa	δ_5/%	σ_b/MPa	$\sigma_{0.2}$/MPa	δ_5/%
6061-T4、T451	242	145	22	ER4043	186	124	8	242		8
6061-T6、T651	311	276	12	ER4043	186	124	8	304	276	5
6061-T6、T651	311	276	12	ER5356	207	131	11			
6063-T4	173	90	22	ER4043	138	69	12	207		13
6063-T6	242	214	12	ER4043	138	83	8	207		13
6063-T6	242	214	12	ER5356	138	83	12			
6070-T6	380	352	10	ER4643	207			345		
7005-T53	393	345	15	ER5356	317	207	10			
7005-T6、T63、T6351	373	317	12	ER5356	317	207	10			
7039-T61	414	345	14	ER5183	324	221	10			
7039-T61	414	345	14	ER5356	311	214	11			
7039-T64	449	380	13	ER5183	311	179	12	145		
7039-T64	449	380	13	ER5356	304	173	13			

表 38-32　铝合金点焊接头力学性能（统计数据）

材料牌号	厚度/mm	焊核直径/mm	焊透率/%	单点剪力/N	单点静止拉力/N
5A03	1.0 + 1.0	4.5 ~ 5.4	33 ~ 66	1568 ~ 2215	
	1.0 + 1.8	5.2 ~ 5.3	30 ~ 67	2058 ~ 2538	
	1.5 + 1.8	6.7 ~ 6.9	50 ~ 80	3581 ~ 4606	
	1.5 + 3.0	6.4 ~ 6.6	30 ~ 68	3548 ~ 4782	
5A03	1.5 + 1.5	6.4 ~ 6.6	51 ~ 81	3332 ~ 5390	
	3.0 + 3.0	8.4 ~ 8.8		9457 ~ 14798	
2A12	0.8 + 0.8	3.1 ~ 3.6		1637	657
	1.0 + 1.0	4.0 ~ 4.5		2871	1176
	1.2 + 1.2	5.3 ~ 5.6		4616	1156
	1.5 + 1.5	6.0 ~ 6.5		6203	1842
	2.0 + 2.0	7.6 ~ 7.9		8957	2783
	2.5 + 2.5	8.2 ~ 8.8		11123	3851
2A12 （多排点焊，点距30mm，排距15mm）	0.8 + 0.8	$\dfrac{3.3}{2.7 \sim 3.9}$		$\dfrac{6968}{4410 \sim 8624}$	
	1.0 + 1.0	$\dfrac{4.3}{4.0 \sim 5.2}$		$\dfrac{12308}{9506 \sim 14504}$	
	1.2 + 1.2	$\dfrac{5.4}{5.2 \sim 5.5}$		$\dfrac{16915}{13916 \sim 19650}$	
	1.5 + 1.5	$\dfrac{6.0}{5.9 \sim 6.1}$		$\dfrac{21952}{17150 \sim 23324}$	
	2.0 + 2.0	$\dfrac{6.8}{6.7 \sim 7.0}$		$\dfrac{39670}{32536 \sim 44884}$	

表 38-33　铝及铝合金钎焊接头强度

钎料牌号	抗剪强度/MPa			抗拉强度/MPa			钎料牌号	抗剪强度/MPa			抗拉强度/MPa		
	1050A	3A21	6A02	1050A	3A21	6A02		1050A	3A21	6A02	1050A	3A21	6A02
103500	40	58		68	98		120001	39	51		63	85	
103501	41	59		69	98		120002	40	51		65	86	
103502	42	57	90	70	95	156	120005	43	56	83	65	96	135
103503	42	60	91	68	96	155							

38.2.4.2　焊接检测方法

铝及铝合金常用的焊接检测方法可分为非破坏性检验和破坏性检验两大类，其详细分类如图 38-3 所示。

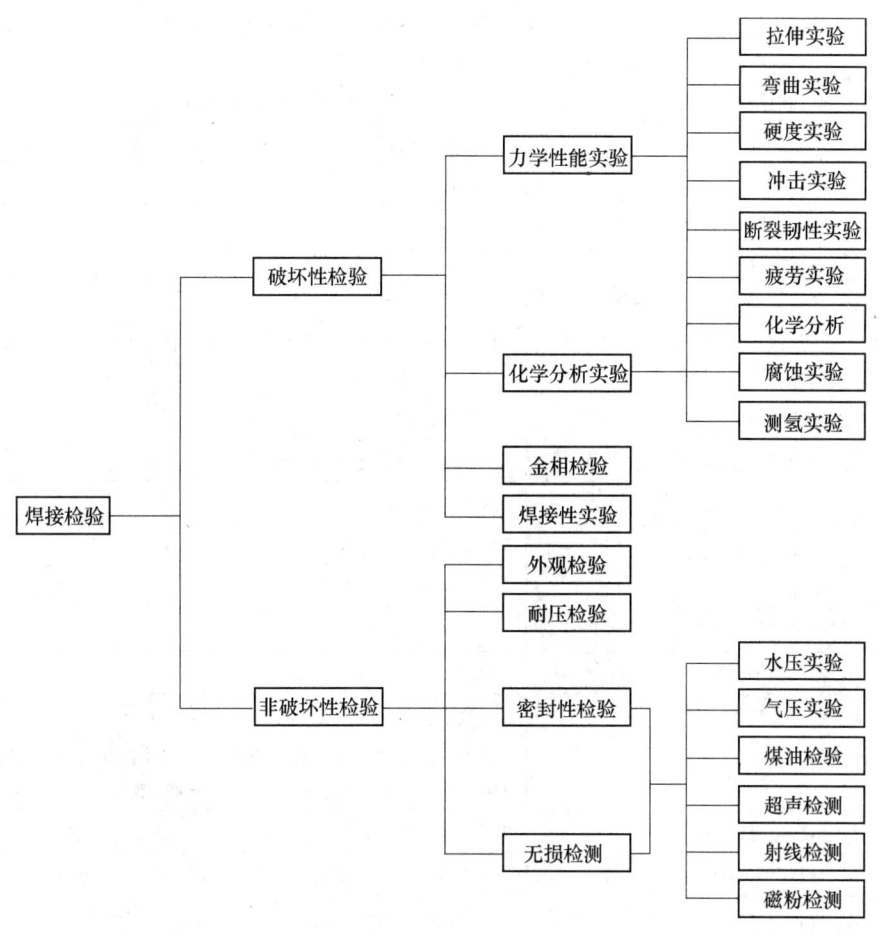

图 38-3　焊接检测方法的分类

38.2.5　常见焊接缺陷分析

铝及铝合金焊接常见缺陷、产生原因及防止措施见表 38-34。

表 38-34　铝及铝合金焊接常见缺陷的产生原因及防止措施

缺　陷	产　生　原　因	防　止　措　施
气　孔	氧化膜或焊丝、母材、焊丝盘、衬垫上油污引起的氢	将焊丝密封保存在低湿度的恒温房子里；焊前加强对焊件和焊丝的清理工作
	保护性气体中有水分或受到污染，流速不够	惰性气体保护瓶露点不应低于 $-56.7℃（-70℉）$；增大流速；隔绝空气流
	熔池冷却速度过快	使用较高的焊接电流或较低的焊接速度；焊前预热母材
焊缝开裂	填充焊丝选择不当	选择合适的、低熔点和低凝固点的填充丝
	化学成分范围要求苛刻	熔池中应避免含有 $0.5\% \sim 2.0\%$（质量分数）的 Si 和 $1.0\% \sim 3.0\%$（质量分数）的 Mg；避免 MgSi 共晶问题（用 $4×××$ 焊接 $5×××$ 时）
	坡口加工或间隙不够	通过调大坡口角和间隙减小母材对焊缝的稀释作用
	焊接工艺不当	夹住焊件以减小应力；增加焊接速度减小热影响区；减小熔融金属的过热程度，控制晶粒尺寸；焊缝宽应合适，不宜过小；焊前预热板材
烧穿或送丝不顺畅	送丝速度过快	C. V. 功率输出使用较慢的送丝速度减小电流脉冲和焊嘴起弧
	送丝速度太慢	C. C. 功率输出增大送丝速度；C. V. 功率输出减小电弧电压
	电极太软或扭曲	和供应商联系
	柔软的导丝管太长或扭曲；导丝管内衬里破损或过脏	替换
	导丝管末端飞溅或内部锈蚀	将焊嘴磨光或替换
	衬垫或导丝管上的铝屑导致嵌入或击穿	使送丝辊的中心线和导丝管口在一条直线上，使用 U 形送丝辊，使用合适的张力防止打滑
	线路电压不稳	安装线路稳压器
	导丝管内起弧	根据焊丝规格选用合适的导丝管；增加管长（$8 \sim 10cm$）
	焊枪过热	减少工作循环时间或使用水冷焊枪
	极性弄反了	更换极性
起弧困难	接地不当	重新接地
	电极氧化	除去电极氧化层
	没有保护性气氛	加以惰性气体保护
	极性弄反了	更换极性
焊缝有夹杂物	气体保护不充分	加大气体流量；将电弧罩起来；将气嘴靠近工件；替换破损的气嘴；减小焊枪角度；检查焊枪和导管气漏、水漏
	电极上有脏物	当焊丝盘固定在焊机上，将电极罩起来；联系供应商
	母材上有脏物	用化学法去除表面油污、油脂；用不锈钢丝刷除去表面杂物
	母材上有较厚的氧化膜或水渍	用圆盘打磨机或不锈钢丝刷去除氧化膜或锈蚀
焊接电弧不稳定	电路接触不良	检查电路连接
	接头区域有脏物	清除接头区域的油污、油脂、润滑液、油漆等脏物
	断弧	不要在强电磁下进行焊接；使用地线接线柱消除磁场的干扰
熔滴过宽	焊接电流过大；电弧移动过慢；电弧过长	调整焊接规范

缺　陷	产　生　原　因	防　止　措　施
未　焊　透	焊接电流太小	加大焊接电流
	焊接电弧移动速度过快	减小焊接电弧移动速度
	焊接电弧过长	通过增加送丝速度减小电弧长度
	焊接母材表面有脏物	用化学法去除表面油污、油脂；用不锈钢丝刷除去表面杂物
	坡口间隙不够	调整坡口间隙
	焊接母材或电极表面有氧化物	用圆盘打磨机或不锈钢丝刷去除氧化膜
	背底槽形状不合适或深度不够	增加背底槽的厚度，U 形槽较 V 形槽好
阳极氧化后颜色不匹配	合金选择不当	选择合适的母材和焊丝匹配；避免 4×××和 6×××配合；使用 5×××焊丝焊接 5×××和 6×××母材

38.2.6　铝合金搅拌摩擦焊（FSW）

38.2.6.1　搅拌摩擦焊原理

借助于一种非耗损的特殊形状的搅拌头上的特形指棒，旋转着插入待焊板件的接缝，如图 38-4 所示，并沿其连接界面移动，搅拌头与板料的摩擦产生热量，使待焊处的局部温度升高，材料处于塑性状态（但不熔化），随着搅拌头的前移，塑性区的材料围绕特形指棒定向迁移，在热、机联合作用下，在搅拌头的后方，材料挤压、扩散，形成致密的固态焊接接头。

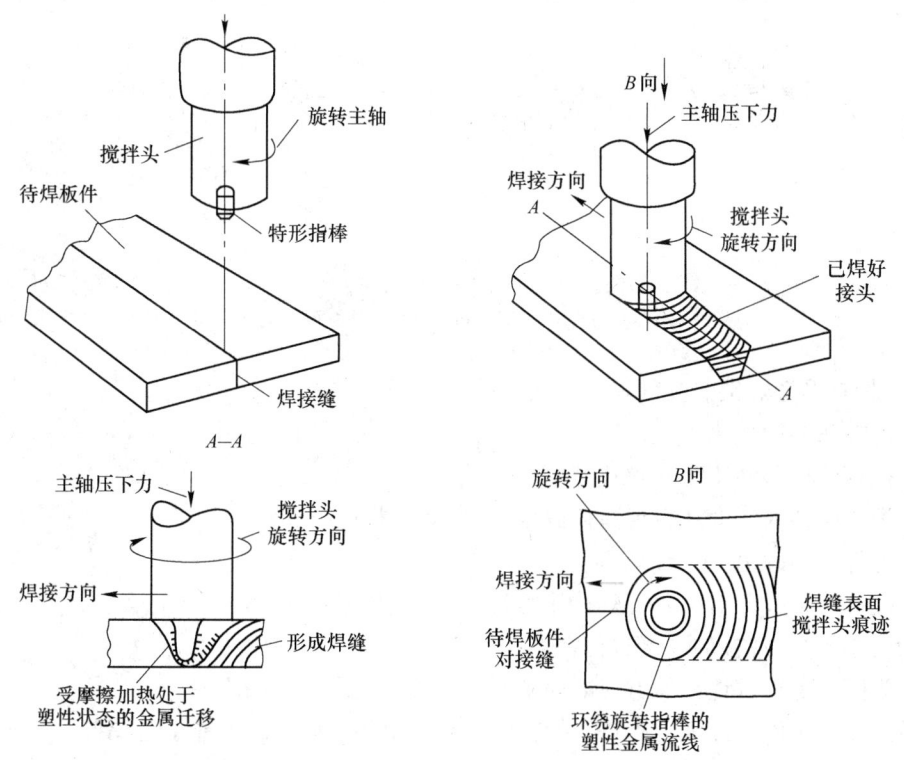

图 38-4　搅拌摩擦焊过程原理示意图

38.2.6.2 搅拌摩擦焊技术特点

搅拌摩擦焊技术特点有:

(1) 有一个非损耗、形状特殊的搅拌头,如 38-5 所示。其功能是:摩擦生热,使待焊处局部材料呈塑性态;破碎铝合金表面氧化膜;完成材料围绕特形指棒由前向后及从其顶部向底部的迁移、挤压、扩散;成型焊缝——固态焊接接头。

(2) 搅拌摩擦焊接头有多种形式,如图 38-6 所示。

(3) 搅拌摩擦焊可焊接对象为:

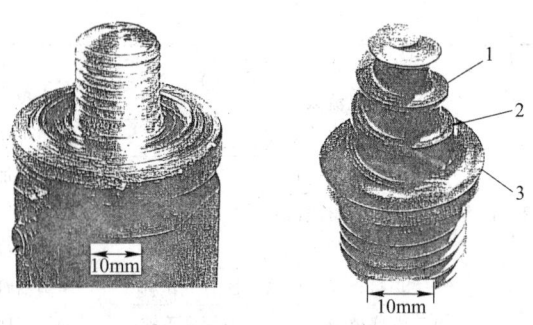

图 38-5　搅拌头
1—用于大厚度板的焊接;2—特形指棒
(其高度由待焊板厚确定);3—定向流动挤压肩

1) 铝合金 1000、2000、3000、4000、5000、6000、7000、8000 所有系列的铝合金,即使熔焊时焊接性差,不可焊的铝合金,如 2000、7000 系列,采用 FSW 也可获得较好的焊接性。

2) 异种铝合金之间焊接,如 2024 与 6061,2024 与 7075 等。

3) 铝基复合材料。

4) 各种状态的铝合金材料,如铸态、锻态。

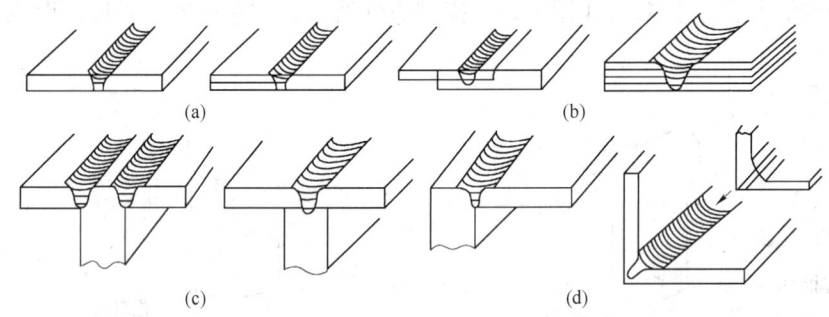

图 38-6　搅拌摩擦焊接头的形式
(a) 对接;(b) 搭接;(c) 丁字接头;(d) 角接

(4) 搅拌摩擦焊接的关键焊接参数为:

1) 搅拌头的旋转速度。

2) 搅拌头的移动速度(焊接速度)。

3) 搅拌头插入深度(特形指棒高度),与焊件板厚有关。

4) 搅拌头的倾角。

5) 搅拌头轴线方向压力(焊接压力),与待焊材料及其板厚有关。

(5) 搅拌摩擦焊接的焊接过程特点:

1) 为固态焊接过程,不出现熔焊易产生的气孔,裂纹等缺陷。

2) 焊接为机械化过程,有较大的轴向力和一定的径向力,不能手工焊接。

3) 需要将对接板材夹紧,防止在搅拌过程中工件的位移。

4) 不需要加填材料和特殊保护。

5）焊接变形小。

6）能完成熔焊无法焊接的高强铝合金零件，如2000、7000系列铝合金的焊接，焊接接头优质、力学性能好。

7）能进行全位置焊接。

8）能完成小于25mm板厚的单道焊接。

9）没有烟尘、飞溅、紫外线、电磁辐射等。

10）高效、低能耗。

（6）搅拌摩擦焊是材料在热、机联合作用下形成塑性连接接头，其接头具有明显的金属塑性流动形貌，如图38-7所示。

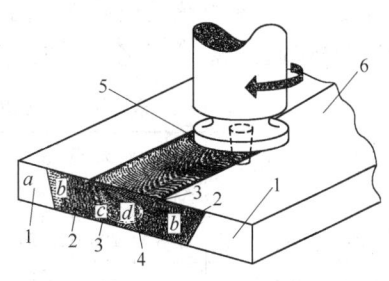

图38-7 搅拌摩擦焊接形式的塑性连接接头
1—基体金属；2—热影响区；3—热机械影响区；
4—搅拌核心区；5—挤压肩；6—零件

38.2.6.3 铝合金搅拌摩擦焊接工艺

铝合金搅拌摩擦焊焊前准备有：

（1）焊前清理。搅拌摩擦焊前，不必做特殊清理，仅需除油、除尘。

（2）焊前装配。零件的装配间隙和错边一般在不大于零件板厚的10%范围内即可，均比熔焊时的要求更宽些。

（3）加工搅拌头插入的工艺孔。焊前在引入板（或工件）焊缝中心线上钻一个等于或略大于搅拌头特形指棒直径的工艺孔。

搅拌摩擦焊是在搅拌头高速旋转摩擦热和机械力的联合作用条件下施焊，待焊零件应安装，并压紧在专用夹具上。焊件承受着由材质及其板厚所确定的轴向压力(沿搅拌头轴线，对于铝合金一般为30kN左右)和搅拌头运动的侧向力(对于铝合金，工件的压紧力应大于2MPa)。

搅拌摩擦焊接头质量与搅拌头几何形状和尺寸以及工艺参数密切相关。当搅拌头几何形状和尺寸一定时，对工艺参数的调整，主要是搅拌头旋转速度和搅拌头的移动速度（焊接速度）的优选，不同搅拌头旋转速度对焊缝质量的影响如图38-8所示。低转速时在搅拌头后面的焊缝中会出现沟槽（见图38-8（a）、（b）、（c）），随着转速的增加，沟槽由大到小，直至消失，如图38-8（d）所示，转速继续增加到最佳值时，可焊出合格的焊缝，如图38-8（e）所示，在图38-8（d）到（e）的转速区间，沟槽虽已消失，但仍未达到接头的理想强度，称为弱连接。当旋转速度继续增加，摩擦搅拌区温度继续升高，将会给热处理强化的铝合金带来负面影响，但工艺余度较大。

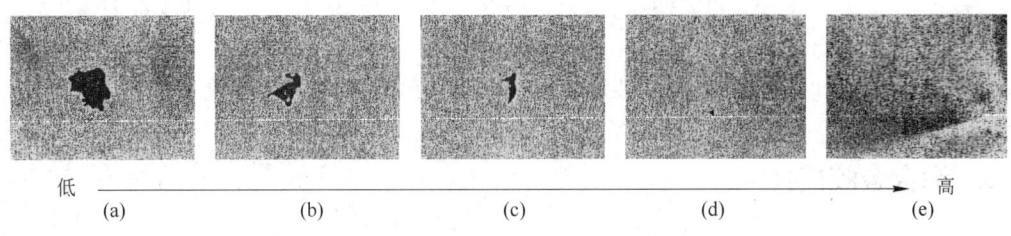

低 ————————————————————→ 高
(a)   (b)   (c)   (d)   (e)

图38-8 搅拌头转速对焊缝的影响

38.2.6.4 搅拌摩擦焊焊接接头的力学性能

搅拌摩擦焊用于铝合金的焊接时，对不可热处理强化的铝合金其接头强度基本与基体金属强度相当，对可热处理强化的铝合金，焊后有一定软化，通过焊后处理，可提高到基体金属的 90％ 左右，但两者焊后的伸长率都有不同程度的下降，见表 38-35。

表 38-35　典型铝合金搅拌摩擦焊接头力学性能

材　　料	$\sigma_{0.2}$ /MPa	σ_b /MPa	δ /%	接头强度系数	材　　料	$\sigma_{0.2}$ /MPa	σ_b /MPa	δ /%	接头强度系数
5083（基体）	148	298	23.5		6082-T4（基体）	149	260	22.9	
5083（FSW 焊后）	141	298	23.0	1.00	6082-T4（FSW 焊后）	138	244	18.8	0.93
5083-H321（基体）	249	336	16.5		6082-T4（FSW + 人工时效）	285	310	9.9	1.19
5083-H321（FSW 焊后）	153	305	22.5	0.91	7108-T79（基体）	295	370	14	
6082-T6（基体）	286	301	10.4		7108-T79（FSW 焊后）	210	320	12	0.86
6082-T6（FSW 焊后）	160	254	4.85	0.83	7108-T79（FSW + 人工时效）	245	350	11	0.95
6082-T6（FSW + 人工时效）	274	300	6.4	1.00					

38.2.6.5　铝合金搅拌摩擦焊技术的应用

搅拌摩擦焊技术，目前已在铝合金结构件的制造中，大面积工程应用。举例如下：

（1）飞机高强铝合金壁板、蒙皮、长桁、组合梁和框等，如图 38-9 所示。

（2）火箭壳体的焊接。

（3）船舶铝合金甲板和带筋壁板等部件的焊接。

（4）高速列车、地铁车厢和汽车车厢等铝合金构件的焊接。

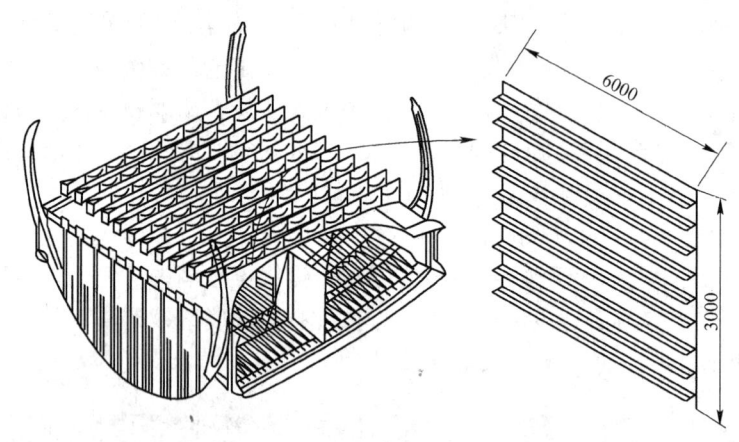

图 38-9　法国空客公司采用 FSW 制造的飞机中央翼盒上壁板

38.3　铝合金胶接技术

38.3.1　胶接连接分类及胶接常用材料

38.3.1.1　胶接连接分类

胶接连接可以根据不同原则进行分类，见表 38-36。

表 38-36 胶接连接分类

分类原则	类型	特点	备注
按应用分类	一般胶接连接	以胶接技术替代其他方法来实现某些零、组件之间连接的一种应用场合,例如对薄铝板零件连接、对不同材料连接、对紧固件的胶接防松及密封等	这种应用普遍存在于日常生活或工程应用中,是常见和大量应用的
	胶接结构连接	利用胶接技术来实现产品结构的全部(或主要)连接,以进一步发挥轻结构应用铝合金的优势	常用于制造承受一定载荷的工程轻结构
	特殊应用连接	具有特殊功能或适用于特殊场合的胶接连接,例如:导电胶接、耐辐射胶接、水下胶接、油面胶接等	在工程中时有应用,缺之不可
按使用工作温度分类(一般结构胶黏剂在常温到55℃范围内大多适用)	常温使用的胶接连接	胶接接头不能耐受较高温度、而只能用于常温者	该"常温"即指室温,但一般能耐(60~80℃)使用的胶接,也常归于此类
	高温使用的胶接连接	胶接接头能耐受较高温度者,铝合金胶接以采用树脂胶黏剂居多,能耐受的工作温度不可能很高	对铝结构胶接而言,高温使用大致可分为150℃下长期使用、220℃下长期使用以及300℃下短期使用等几类
按固化工艺温度分类(胶黏剂的固化条件对胶接设备及工艺影响很大,按此分类有利于对其工艺条件的了解)	室温固化	不需加热固化、在室温下放置一段时间后即可固化的胶接连接,另外如光敏固化、电子束流固化、厌氧胶胶接等均不需加热固化,也可归此	工艺简便,但一般连接强度不高,稍微加热,即在60℃下固化也常归入此类
	中温固化	在 120~130℃ 下加热、经一段时间(2~3h)后即可固化的胶接连接	中温固化有利于节能及减小胶接变形,更不会对铝合金性能带来不利影响
	高温固化	需在150℃以上加热固化者,高性能的结构胶黏剂大多要求高温固化,国内常用的往往需在 175~180℃ 下固化	高温固化的温度和保持时间不能超过一定限制,以免降低铝合金性能。聚酰亚胺型高温胶黏剂需要更高的固化温度

38.3.1.2 铝合金胶接常用材料

A 胶黏剂分类

(1)按树脂类型分类,见表38-37。

表 38-37 胶黏剂按树脂类型分类

树脂类型	特点	备注
酚醛树脂	具有优良的耐热性,但较脆,常增韧改性使用	酚醛-聚乙烯醇缩醛胶黏剂早期曾广泛用做航空结构胶,其他还有酚醛-有机硅胶黏剂(可用于200℃)、酚醛-橡胶胶黏剂(可在 -60~+120℃长期使用)等
环氧树脂	具有优良的黏接强度,工艺性能好,固化收缩率小,可配制室温固化胶黏剂,在日常生活中得到大量应用	对环氧树脂改性已研制成大量高性能胶黏剂,并成为当今结构胶的主要类型之一,如环氧-酚醛、环氧-聚砜胶黏剂等
聚氨酯树脂	能室温固化,具有较好的黏接性及韧性,剥离强度高,特别是能在超低温下使用,但耐热性差	广泛用于非结构胶接及非金属胶接
丙烯酸酯系树脂	可快速室温固化,使用方便。α-氰基丙烯酸酯胶黏剂适用于小面积、小间隙胶接,抗冲击强度低,以甲基丙烯酸酯为主体配制的厌氧胶胶黏剂特别适用于机械装配及密封维修	新型改性丙烯酸酯结构胶黏剂具有优良的综合胶接性能,发展快、前景好

（2）按用途分类。胶黏剂按用途分类及举例见表 38-38。

表 38-38　胶黏剂按用途分类及举例

胶　黏　剂		用　　途	特　　点	举　　例
非结构胶黏剂		一般胶接目的使用，可用于铝本身及与非金属材料（塑料、陶瓷、皮革、橡胶、织物、木材等）的胶接	强度一般、工艺方便、成本低	101 聚氨酯胶（乌利当）、FH-303 或 XY401 氯丁-酚醛胶、GDS-4 室温硫化硅橡胶胶、J-18 环氧-缩醛胶、J-39 第二代丙烯酸酯胶、501 或 502 α-氰基丙烯酸酯胶等
板-板胶接用胶黏剂	面板胶	胶接结构中板与板胶接的主胶料	胶接强度高、韧性好、工艺方便	改性环氧胶 SY-24C、SJ-2B、SY-14C、J-47A、J-116B 等
	底胶	与上述面板胶配套使用的底层胶	胶层薄、提高胶接强度及耐久性	改性环氧胶 SY-D9、SJ-2C、SY-D8、J-47B、J-117 等
蜂窝芯胶接用胶黏剂	芯条胶	蜂窝芯的铝箔与铝箔胶接主胶料	胶层薄、剥离强度高	SY-13-2、J-123、J-71 等
	抑制腐蚀底层胶	与芯条胶配套使用的底层胶	胶层薄、提高芯子耐蚀及耐久性	J-117 等
蜂窝结构胶接用胶黏剂	板-芯面板胶	蜂窝结构中板与芯胶接的主胶料	胶层厚、自动成瘤、固化挥发少	改性环氧胶 SY-24C、SJ-2A、SY-14C、J-47C、J-116A 等
	底胶	与板-芯面板胶配套使用的底层胶	胶层薄、提高胶接强度及耐久性	改性环氧胶 SY-D9、SJ-2C、SY-D8、J-47B、J-117 等
	发泡胶	蜂窝芯子拼接、蜂窝芯与骨架零件胶接及蜂窝组件封边的胶料	胶接固化过程中发泡形成连接，泡之间不连通、胶层厚、密度小	SY-P9、SY-P1A、J-47D、J-118 等
特种用途胶黏剂	厌氧胶	提高机械连接强度及密封性	涂于机械连接件上，拧紧隔绝空气后即可自行室温固化	铁锚 350、GY-340 及 J-166 甲基丙烯酸胶、Y-150 甲基丙烯酸环氧胶等
	导电胶	导电性连接	胶黏剂中掺有金属粉末，固化后胶接接头具有导电性	301 及 DAD-3 酚醛-缩醛胶、DAD-24 及 HH-701 环氧胶等
	应变胶	制作与粘贴电阻应变片	能准确传递应变，胶接强度高	J-06-2 酚醛-环氧胶、J-25 聚酰亚-环氧胶、YJ-8 聚酰亚胺胶、P-129 硅氧化合物胶等
	耐超低温胶	适用于液氮、液氧等容器或航天空间飞行器的胶接或密封	能耐 −100℃ 以下的工作温度，甚至 −196℃，剪切强度可达 20MPa	DW-3、E-6 及 H-01 环氧胶、ZW-3 环氧-聚氨酯胶等
	水下胶	可直接在水下黏接或修补	胶黏剂组分中含有吸水填料及能在水中固化的固化剂	EP2、EA-1、HY-831 及 XH-12 环氧胶等
	油面胶	可直接对带有机油的表面胶接	第二代丙烯酸酯胶、室温固化	J-39、KYY-1 及 KYY-2 丙烯酸酯胶等
	光敏胶	铝与光学透明材料胶接	紫外光辐射固化，固化快，适于自动化流水线生产	GM-924 环氧-丙烯酸酯胶及 GBN-503 光敏树脂胶等

B　胶黏剂选用

铝合金胶接的胶黏剂选用应针对具体制件的结构形式、使用环境及性能要求等统一考虑确定，应考虑的主要因素如下：

（1）胶黏剂应具有较好的综合力学性能，包括静、动强度，韧性和耐环境老化性能等。

（2）胶黏剂应具有较好的综合工艺性能，包括涂敷使用方便、固化及储存条件简单等。

（3）尽量选用无毒（不得已时选低毒）、材料及工艺成本低、来源可靠稳定的胶黏剂。

（4）应满足胶接制件的特殊要求，如阻燃、导电等。

当前国产胶黏剂的研制生产已达到相当水平，可供铝合金胶接选用的胶黏剂多达数百种。

C 胶接辅助材料

胶接制件在装配固化过程中需使用很多种胶接辅助材料，包括清洁用料、预装配用料及固化封装用料等。特别是采用真空加压或热压罐法固化时，更会涉及众多配套的先进辅助材料，对保证胶接质量发挥了显著的积极作用。

（1）清洁用料。包括擦拭胶接零件及模具表面用的擦拭材料（脱脂棉、绸布等）及溶剂（醋酸乙酯、丙酮、丁酮等）以及工人操作时戴用的绸布手套等。

（2）预装配用料。主要是校验薄膜（印痕薄膜层片），或是其他代用品（滤纸、塑料膜等）用以模拟胶膜，在胶接预装配时反映胶接零件配合质量，如 J-137 校验工艺胶膜。

（3）固化封装用料。这是最大宗的配套使用的胶接辅助材料，包括：在胶接固化时起隔离作用，防止模具与零件黏连的脱模材料（FG-1 非硅脱模剂、TFB 聚四氟乙烯玻璃布等）和有孔（或无孔）隔离膜（A4000P 等）；在胶接固化时放置在胶接制件周边，起限位防滑作用的边挡材料（铝材、耐热硬橡胶等）；用于构成真空密封袋，并在固化时能保证排出气体和传递压力的真空袋薄膜（IPPLON DP1000、C-190、ZMP 等）、密封腻子（GS-213、XM-37 等）、透气材料（A-3000、AIR WEAVE N-10 等聚酯纤维无纺毡）和压力传递材料（粗砂、金属弹丸、金属板、非硫化橡胶 AIRPAD 等）；定位固定用的压敏胶带（FLASHTAPE 1、HS8171-PS 等）等。

38.3.2 铝合金胶接技术

38.3.2.1 胶接工艺流程

制品投入胶接前应先做好被粘零件、胶接模（夹）具及胶黏剂的准备工作。铝合金结构胶接工艺的典型工艺流程如图 38-10 所示。

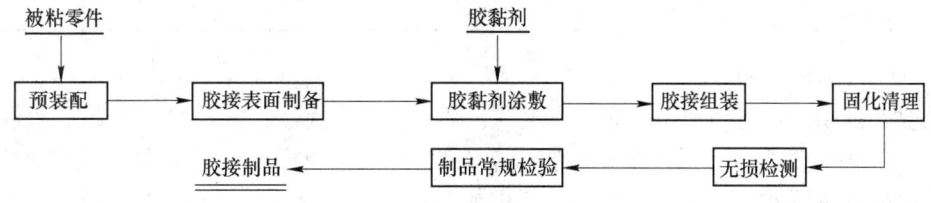

图 38-10 典型的铝合金结构胶接工艺流程

38.3.2.2 胶接工艺

A 预装配

胶接连接是面接合，要求被粘零件之间的胶接面相互贴合良好并能保持较小的间隙。为此，对参与胶接的众多零件应按产品图纸及技术条件要求进行组合装配，以保证所有胶接接合面具有合理的配合间隙（一般应小于 0.15mm）和被粘骨架零件在高度方向的合理阶差（一般也应小于 0.15mm）。同时，还应检查被粘零件与模（夹）具的贴合质量，胶接制件的贴模面应与模（夹）具贴合良好。在预装配阶段发现配合不良时，允许对被粘零件的非关键部位进行有限的加工（如修锉）修配，但不能对模具的工作面进行任何加工。

B 胶接表面制备

胶接表面制备的要求是：彻底清除胶接表面的一切油脂和污染；清除铝表面自然氧化膜，生成有利于胶接的新氧化膜。该新氧化膜应与铝基体结合力强、具有较高的内聚强度，并能充分湿润胶黏剂，亲和力较强。

铝胶接表面常用的表面制备方法可见表38-39。

表 38-39　铝胶接表面常用的表面制备方法

制备方法	处　理　工　艺	说　明
有机溶剂脱脂	（1）利用汽油、丙酮、丁酮、乙酸乙酯等有机烃类溶剂在室温下擦拭脱脂； （2）三氯乙烷、三氯乙烯、三氟三氯乙烯等有机氯化烃类溶剂加温下脱脂	仅能达到清除表面污染的作用，不改变自然氧化膜，用于对胶接强度要求不高时，应注意防燃、防毒及环保
机械处理	（1）溶剂脱脂后用金刚砂纸打磨； （2）喷砂处理（干喷或湿喷）； （3）干喷铝粉（氧化铝），粒度 $76 \times 10^{-4} \sim 124 \times 10^{-4} mm$	喷砂或铝粉可获得稳定、均匀的糙化效果，对胶接有利，手工打磨效果不够稳定，干喷铝粉用于要求中等胶接强度时
化学处理（FPL法）	（1）氢氧化钠、碳酸钠等碱性浸蚀液，一般 pH 值为 9～11； （2）重铬酸钠-硫酸浸蚀液处理：浓硫酸 10 质量份；重铬酸钠 1 质量份；蒸馏水或去离子水 30 质量份；66～68℃下浸蚀 10min	碱蚀可有效除油，但胶接性能不佳，现仅用于预处理工序；酸蚀可用于次要结构胶接，但化学氧化膜过薄，无保护功能，胶接制件易腐蚀
阳极化处理（CAA法、PAA法）	（1）铬酸阳极化：CrO_3 35～40g/L，（40±2）℃，电压在 10min 内由 0V 升至 40V，保持 40min； （2）磷酸阳极化：H_3PO_4（85%）120～140g/L，（25±5）℃，电压（10±1）V，（20±1）min	铬酸法生成的氧化膜耐蚀性尚可，但槽液污染严重，磷酸法生成的氧化膜耐水合，其胶接接头耐久性佳，但耐蚀、耐磨性差，需结合抑制腐蚀底胶使用
酸膏处理（无槽磷酸阳极化）	用上述磷酸阳极化配方的处理液，加入白炭黑调成膏状，敷在需处理的胶接表面上，再覆盖电极板通电处理，实现磷酸阳极化，（25±5）℃，电压（6±1）V，（10±1）min	适用于零件尺寸过大或是外场胶接修理，无常规阳极化处理条件的场合

C 涂胶及贴胶膜

胶黏剂的供应状态可分液态胶（胶液）、膜状胶（胶膜）、粉状胶（胶粉、胶粒）和糊状胶（胶糊）等多种。重要的结构胶接常以胶膜及底胶液形式配合使用。胶糊是室温固化环氧胶的常见形式，一般用于日常生活中或零星的机械胶接及修补。胶粉仅用于少数胶种，如发泡胶。

一般情况下，铝结构胶接的胶接表面均需先涂底胶，然后再在其上涂敷胶液、胶膜或胶粉（粒）。

D 组合装配（含真空袋封装）

被胶接零件的胶接表面经涂胶及必要干燥后，应按产品图纸及技术条件进行组合装配，胶接组装在胶接夹具或固化模具上进行。除板料零件的耳片或裕量切除外，此时已不允许再有零件修配的情况出现。组装时在胶接零件与模具工作面之间要先放一层脱模材料（如无孔隔离膜），还应注意确保胶接表面（已涂敷胶黏剂）不被污染和裹入杂物，并确保表面制备前的预装配状态得以全面再现。

组合装配结束后，即可进入后续胶接固化工序。对于采用真空加压固化或是热压罐固化的胶接制件，在固化前需先完成真空袋的封装工作。

E 固化

铝合金胶接一般均采用热固性胶黏剂，除少量在室温下只需接触压力即可固化的胶黏剂外，大多都需要经过一个固化工序，即在加热加压条件下保持一段时间（使胶黏剂分子实现交联网状结构）后才能完成胶接，形成不可拆卸的连接，并具有一定的机械强度。固化参数（温度、压力、保持时间等）随所用胶黏剂而异。因此，胶接件组装后还应连同胶接模（夹）具送入胶接固化设备进行胶接固化工序。

常用胶接固化设备主要有加热炉、热压机和热压罐3类，见表38-40。

表 38-40 常用胶接固化设备

固化设备	固化加热方式	固化加压方式	备 注
加热炉	蒸汽、油热、电热或远红外光等，以电热为主	机械加压或真空加压（需真空袋封装）	广泛适用于一般性胶接
热压机	蒸汽、油热、电热，以电热为主	机械加压	主要用于平板件胶接或形状简单、高度不大的构件胶接
热压罐	蒸汽、油热、电热，以电热为主	真空压 + 高压气体（空气或氮气）	能提供较高的固化压力及适用于形状复杂的构件胶接，主要用于高性能的航空航天构件胶接

F 无损检测

国内当前工程使用的胶接质量无损检测方法及内容见表38-41。

表 38-41 胶接质量无损检测方法

检验方法	仪器设备	检验内容	备 注
声振法	SZY-Ⅲ型声阻探伤仪	板-板胶接、薄板-蜂窝芯胶接	检测胶层脱粘或疏松；面板厚度小于2mm；不需耦合剂
	JQJ-77型胶接强度检验仪	板-板胶接的内聚剪切强度、板-蜂窝芯胶接的内聚抗拉强度	要求胶接件的黏附强度大于内聚强度；需预先制作强度校准曲线
	DJJ-Ⅰ型多层胶接检验仪	多层板-板胶接、厚板-蜂窝芯胶接	检测多达9层的胶层脱粘及判别层次；检测总厚小于15mm；蜂窝结构的面板(含垫板)总厚小于2.8mm
	WLS-1型涡流-声检验仪	板-板胶接、板-蜂窝芯胶接	检测胶层脱粘或疏松；可判别3层结构脱粘
	ZJJ-1型智能胶接检验仪	板-板胶接、板-蜂窝芯胶接	除检测胶层脱粘或疏松外，还可检测间隙型缺陷及弱粘接
X射线照相法	带铍窗口的软X射线检验装置	板-蜂窝芯胶接	检测蜂窝芯压瘪、脱粘、滑移、进水等缺陷
激光全息照相法	激光全息检验装置	板-蜂窝芯胶接	检测蜂窝芯脱粘、滑移等缺陷；对弱粘接的贴紧缺陷有剥离作用(采用表面真空吸附法加压)；对检测环境要求高

38.4 机械连接技术

38.4.1 铝合金结构的铆接技术

38.4.1.1 铆接的种类、特点及其应用

铆接是一种不可拆卸的连接方式，对铝合金结构铆接，一般使用塑性较好的铝合金如

2A12 作为铆钉材料。传统的铆接方法工艺过程简单，连接强度可靠，连接质量检查和排除故障容易，能适合较复杂结构件的连接。与其他连接形式相比，铆接结构疲劳性能较差，手工劳动量的比重大。由于新型铆钉、新的铆接方法和铆接机械化和自动化的不断发展，克服了传统铆接手工劳动强度大，质量不稳定以及疲劳强度低等弱点，使其在航空、航天和交通运输等行业的应用经久不衰。

铆接按用途可分为普通铆接、密封铆接和特种铆接。

A　普通铆接

普通铆接包括凸头铆钉铆接、沉头铆钉铆接和双面沉头铆接。在结构没有特殊要求的部位，采用半圆头铆钉、平锥头铆钉、沉头铆钉、大扁圆头铆钉等，形成标准镦头或 90°和 120°沉镦头的铆钉连接形式。

典型的普通铆接工艺过程如下：零件的定位与夹紧→确定孔位→制孔（钻孔、冲孔、铰孔）→ 制窝（锪窝、压窝）→去毛刺和清除切屑→放铆钉→施铆。

施铆一般使用锤铆法或压铆法。

B　密封铆接

在结构要求防漏气、防漏油、防漏水和防腐蚀的部位，如飞机的气密座舱、整体油箱等部位，采用不同的密封方法进行密封铆接，防止气体或液体从铆接件内部泄漏。

密封铆接可在铆缝贴合面处附加密封剂或在铆钉处附加密封剂（如密封胶）、密封元件（如密封胶圈）后进行铆接，利用干涉铆接也可在铆钉处防止泄漏或海水进入舱内（水上飞机）。典型的密封铆接工艺过程如下：预装配(零件的安装定位与夹紧)→钻孔和锪窝→分解和清理→涂敷密封剂→最后装配(按预装配的位置,用工艺螺栓固定,使零件贴紧)→放铆钉(放铆钉后擦去铆钉杆端头上的密封剂)→施铆→硫化（密封剂）。

C　特种铆接

在结构的主要承力或不开敞、封闭区等部位，采用不同于普通铆钉形式的特种铆钉，如环槽铆钉、高抗剪铆钉、螺纹空心铆钉、抽芯铆钉等进行铆接称特种铆接，如图 38-11 ～图 38-14 所示。

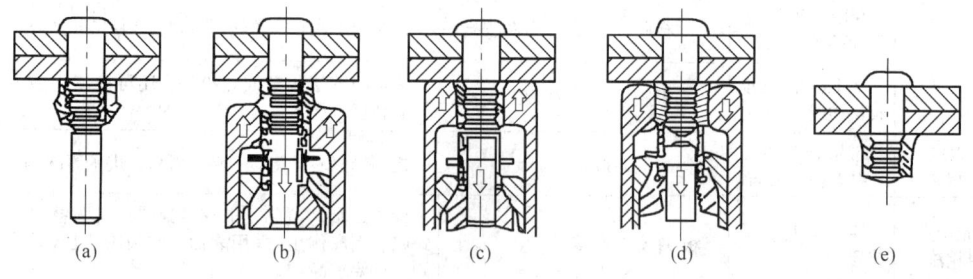

图 38-11　A 型环槽铆钉的拉铆过程

(a) 安放铆钉和铆套；(b) 对准拉枪；(c) 拉铆成型；(d) 拉断尾杆；(e) 铆完

38.4.1.2　铆接技术的发展

A　自动钻铆技术

自动钻铆技术是由钻铆机、托架系统、各种附件和相应的控制系统和软件组成。它能

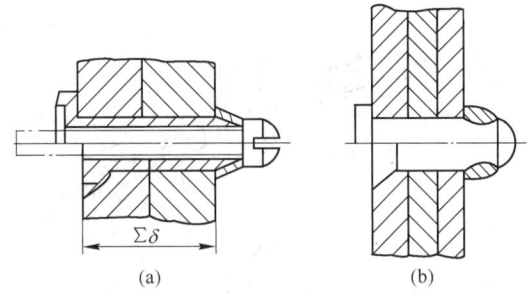

图 38-12　高抗剪铆钉连接形式

（a）螺纹抽芯高抗剪铆钉铆接；（b）镦铆型高抗剪铆钉

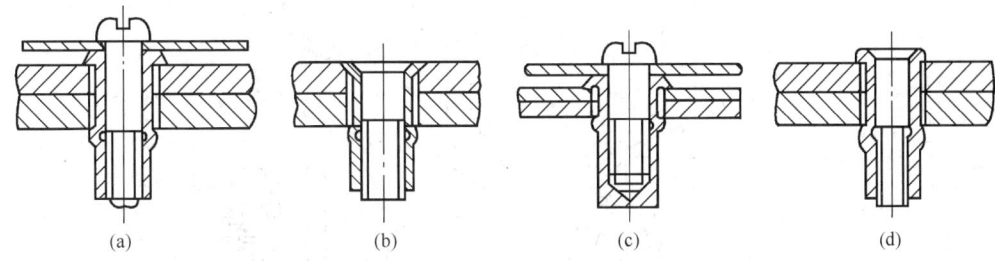

图 38-13　螺纹空心铆钉连接形式

（a）平锥头螺纹空心铆钉；（b）120°沉头螺纹空心铆钉；

（c）平锥头盲孔螺纹空心铆钉；（d）头部带120°锥坑螺纹空心铆钉

完成组合件的紧固件孔的坐标定位、钻孔（锪窝）、涂密封胶、测量工件夹层厚度、自动选钉、施铆和铣削钉头等工序。采用自动钻铆机能比手工铆接提高效率7倍以上，并能降低装配成本，改善劳动条件，提高和确保铆接质量，大大减少人为因素造成的缺陷。采用自动钻铆技术已成为改善飞机疲劳性能和提高飞机寿命的主要工艺措施之一。

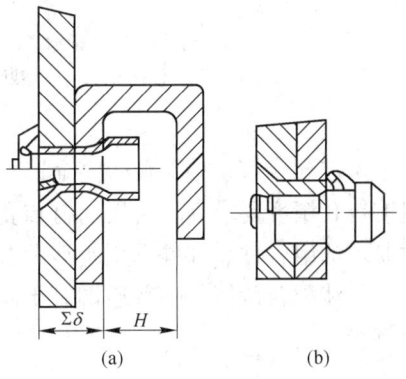

图 38-14　抽芯铆钉连接形式

（a）拉丝型抽芯铆钉；（b）鼓包型抽芯铆钉

　　B　电磁铆接技术

　　电磁铆接也称应力波铆接，是电磁成型技术在机械连接领域的一种工程应用。电磁铆接利用高压脉冲电源对铆接器线圈放电，在线圈中产生冲击大电流，并形成一个强脉冲磁场，进而在次级线圈中感应产生涡电流。涡流磁场与原脉冲磁场方向相反，两个磁场的相互作用产生强大的机械力，使应力波调节器的输入端获得一个强度高、历时短的应力波脉冲，此应力波输给铆钉使其变形。图 38-15 所示为波音公司使用的低电压手提式电磁铆接设备。

　　C　干涉配合铆接

　　干涉配合即过盈配合，铆接前保证钉与孔之间有一定的间隙，铆接时应控制钉杆的镦粗量，使孔壁受挤压而胀大，铆接后形成一定的、比较均匀的干涉量。

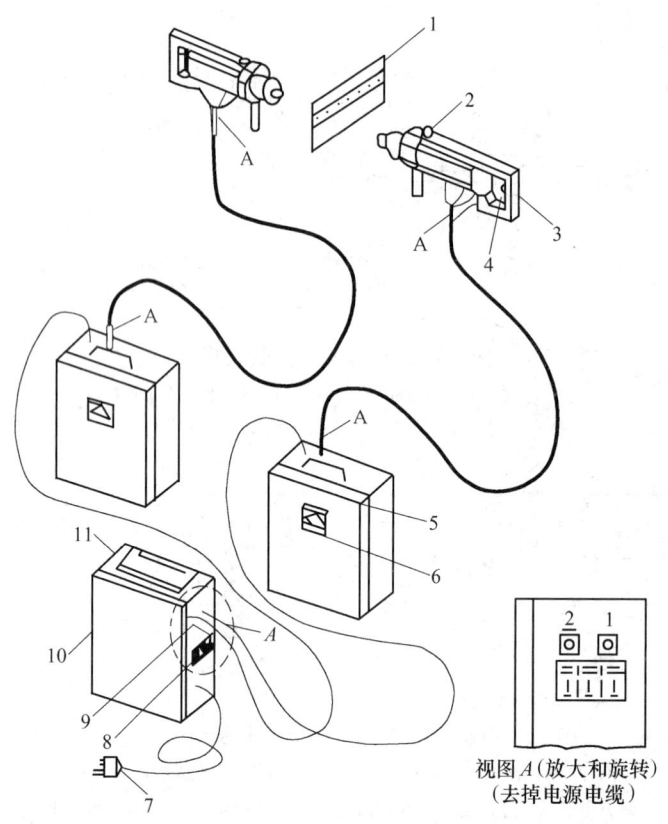

图 38-15 低电压手提式电磁铆接设备

1—铆接件；2—指示灯；3—电磁枪；4—启动器；5—电容器；6—电压表；

7—电源插头；8—熔断器；9—电源电缆；10—控制箱；11—控制器；

A—缠彩色标号

干涉配合铆接接头疲劳寿命高，并能对钉孔起密封作用，从根本上提高了铆接质量。但铆钉孔精度要求高，铆接前钉与孔的配合间隙要求严。对于抗疲劳性能要求高，或有密封要求的组合件、部件选用干涉配合铆接。

干涉配合铆接包括普通铆钉干涉配合铆接、无头铆钉干涉配合铆接和冠头铆钉干涉配合铆接。

38.4.2 铝合金结构的螺接技术

38.4.2.1 螺纹连接的形式、特点及其应用

A 螺栓连接

螺栓连接用螺栓（钉）和螺母连接，是最基本的、应用最广的螺纹连接形式。它结构简单、安装方便、能承受较大载荷。适用于组合件之间的连接、接头连接、部件对接以及设备、成品、系统的安装等。

B 托板螺母连接

用螺栓（钉）和托板螺母连接，如图 38-16 所示，托板螺母有双耳、单耳、角形、气

密、游动等类型，双耳的受力较好，游动的安装方便。安装时要注意托板螺母的螺纹孔与被连接件的螺栓孔的协调。适用于封闭、不开敞、经常拆卸处。

C　高锁螺栓连接

高锁螺栓连接是用高锁螺栓和高锁螺母连接，如图38-17所示，它比螺栓连接质量轻，疲劳性能好，自锁能力强，有较高而稳定的张紧力，可实现单面拧紧，一般用于较重要的连接。

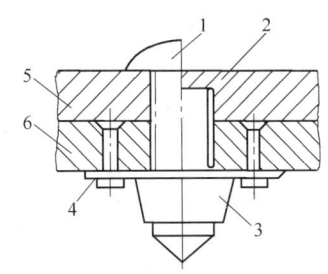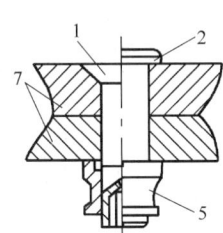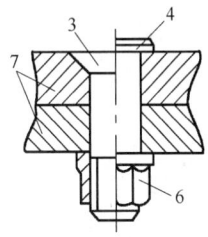

图 38-16　托板螺母连接
1—凸头螺栓；2—沉头螺栓；3—托板螺母；
4—铆钉；5，6—夹层

图 38-17　高锁螺栓连接
1～4—高锁螺栓；5，6—高锁螺母；
7—夹层

D　螺柱连接

利用螺柱一端的螺纹与基体上的螺纹孔连接，如图38-18所示，适用于夹层厚度大的零件。洛桑型螺柱连接，利用洛桑型螺柱和锁环有防松自锁性能。

E　螺套连接

螺套连接是用螺钉（柱）和螺套连接，如图38-19所示。为了加强螺纹孔，将螺套嵌入孔中。主要用于强度较差、易损的基体零件上。

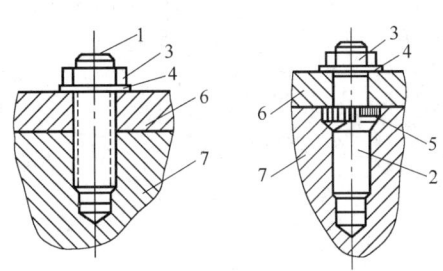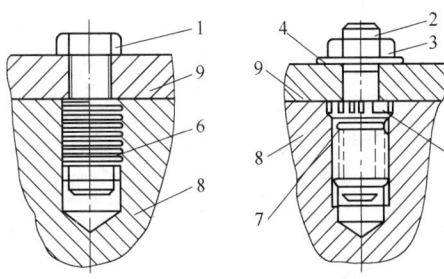

图 38-18　螺柱连接
1—螺栓；2—衬套；3—螺母；4—垫圈；
5—锁环；6，7—夹层

图 38-19　螺套连接
1—螺栓；2—螺柱；3—螺母；4—垫圈；5—锁环；
6—螺套；7—衬套；8，9—夹层

38.4.2.2　长寿命螺连接技术

螺接接头的寿命主要取决于连接孔的质量、螺接接头的干涉量和张紧力等。

（1）干涉配合螺接。干涉配合螺接即过盈配合螺栓连接。利用特殊结构的过盈配合螺栓在螺栓与孔之间形成均匀的干涉量，能保证钉杆和孔壁间的密封，提高结构的疲劳寿命。根据螺栓的特点，分为直杆螺栓、锥杆螺栓、衬套螺栓干涉配合螺接。

（2）高张紧力螺接。螺栓的张紧力引起的应力在承受外载时会减小连接处的应力集中、增加接头的刚度，并能增加接头接触面的摩擦力，使它承受一定量的外载荷，所有这些都提高了螺接接头的疲劳性能。

（3）孔强化。孔强化是对经最终热处理构件上的孔进行孔周局部强化处理，产生弹塑性变形的工艺方法。孔强化的方法很多，有冷挤压、喷丸强化、孔角强化、沉头窝强化、孔周压印强化、孔压入衬套强化等方法。

39 铝板带材深加工技术及其应用与开发

铝材不仅作为重要的军事战略物质，如用来制造飞机、舰艇、坦克、战车、火箭、导弹等军需品，同时也应用于民用工业及产品，如电气电子、机械制造和日用消费品工业等。特别需要提及的是民用工业的铝材的用铝量在不断的增加。

随着易拉罐和软包装业的兴起，使容器包装用铝材占铝材总量的20%以上，近年来的交通运输的高速化、运输工具的轻量化，使铝材在交通运输方面的用量迅速增长，也达到20%以上。2015年，我国生产的铝合金加工材5000余万吨，其中板、带、箔材的产量占40%左右。

为了满足国民经济各个领域和人民生活各个方面的需要，铝板带材的深加工技术也不断的被开发和应用，本章仅介绍几种铝板带的深加工技术及其应用与开发。

39.1 铝合金易拉罐生产技术及其应用与开发

易开盖全铝两片罐（drawn and ironed can，DI罐）简称易拉罐。由于具有质量轻、无毒、无异味、耐腐蚀、便于携带、节约能源、制罐生产与包装工序实现了自动化生产等一系列优点，在罐装饮料等方面得到了广泛应用。

39.1.1 易拉罐常用的铝合金材料

罐体和罐底常用3004H19、3104H19铝合金材料。它们属于Al-Mg-Mn系，是热处理不可强化合金，但它可通过加工过程得到强化，具有很好的加工性能、焊接性能和抗腐蚀性能。3004、3104合金做深冲制品使用时，冷轧工艺通常采取再结晶退火后再给予80%以上的冷变形量，以超硬的H19状态使用。其最终的显微组织是由高加工硬化的铝基体和在固溶体中的Mg、Cu组成，Mg起固溶强化作用。Mg含量一般控制在$0.8\% \sim 1.3\%$之间；Mn含量一般控制在$0.8\% \sim 1.5\%$之间；Fe含量一般控制在0.8%以下。

Fe和Si是影响工业纯铝制耳行为的关键因素，退火铝板的制耳变化依赖于Fe + Si含量，在Fe + Si含量不变的条件下，较低的Fe/Si值比较高的Fe/Si值更有利于降低深冲铝板的各向异性。在生产过程中，一般取Fe/Si = 1.0 ~ 2.5的中下限为佳。

通过控制、调整合金成分及退火、轧制工艺，使退火时产生的立方退火织构与冷变形产生的变形织构取得一定的平衡，从而使合金材料的各向异性达到最低，获得冲制时理想的0°、45°、90°方向的均匀制耳，即小的制耳率。由于3004、3104合金带材冷轧速度高、压下量大，材料在轧制过程中会放出大量的热，所以H19状态材料实际上处于回复状态，可保证变薄拉深工艺的顺利进行。罐体、罐盖、拉环用铝合金材料的力学性能见表39-1。

表 39-1　罐体、罐盖、拉环用铝合金材料的力学性能

用　途	合　金	状　态	厚　度	σ_b/MPa	$\sigma_{0.2}$/MPa	δ/%	特　性
罐　体	3004	H19	0.28~0.35	≥275	≥255	2	制耳率≤4%
	3104	H19	0.28~0.35	≥290	≥270	2	制耳率≤4%
罐　盖	5052	H19		304~333	245~304	4	无内压饮料
	5082	H19		372~412	313~382	2	有内压饮料
	5182	H19		382~421	343~392	3	有内压饮料
拉　环	5082	H19		382~421	313~382	2	提拉式
	5182	H19		382~421	313~382	2	提拉式
	5042	H25		274~343	201~274	10	按压式

　　罐盖常用 5052H19、5082H19 和 5182H19 铝合金材料。它们属于 Al-Mg 系热处理不可强化合金，也可通过加工过程得到强化。罐盖材料因罐内所装饮料而不同，即当罐内是咖啡等无内压饮料时，使用中等强度的 5052H19 合金；当罐内装有啤酒或碳酸饮料而有内压时，则使用高强度的 5082H19 和 5182H19 合金。

　　拉环常用 5082H19 和 5182H19 铝合金材料，拉环材料厚度及合金状态根据拉环形式和盖材合金而定。

39.1.2　易拉罐的制罐工艺

　　铝易拉罐是采用铝板材冲裁成圆形坯料，再进行拉深成为筒状（采用复合模可以在一个模具中同时完成冲裁和拉深，即为冲杯），进一步再进行变薄拉深。由于是变薄拉深加工，其侧壁比罐底的板变得更薄，大约为罐底板厚的 1/3，由于制罐线的高速自动化及变薄拉深加工特点，对铝合金毛料质量有严格要求。

　　从铝卷材到最终制品，采用高速连续流水作业方式是 DI 罐生产线的最大特点，其制罐主要工艺流程如图 39-1 所示。

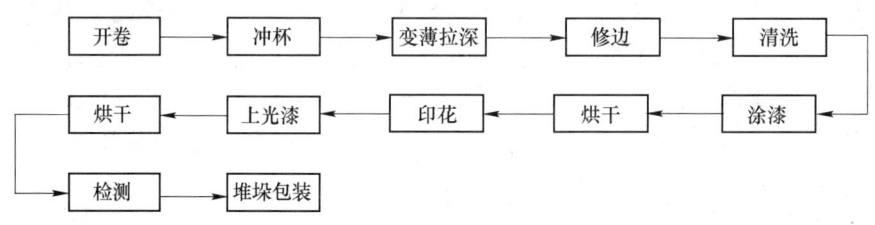

图 39-1　铝 DI 罐生产工艺流程图

39.1.2.1　冲杯

　　铝卷经过开卷机开卷后，经润滑机涂敷润滑剂，再进入多模（二步工作式）冲杯机入口侧的间隙喂料装置，通过喂料装置送入模具。每套模具由拉深冲头、拉深阴模、冲裁阳模和冲裁阴模组成。由于冲裁阳模和拉深阴模为一体，故习惯称之为冲裁拉深模。铝合金毛料在模具中进行比较浅的拉深加工。模具的排列如图 39-2 所示。冲杯过程如图 39-3 所示。

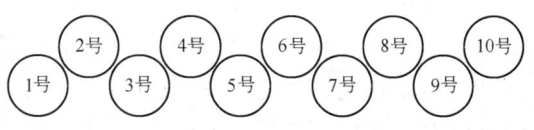

图 39-2　模具的排列

39.1.2.2 变薄拉深

冲好的浅杯，根据成品罐直径要求，由再拉深模及二级或三级变薄拉深模，最后成型为最终的罐径、罐高和壁厚，并在冲程的极点由底模将罐底成型为规定的形状。由于罐的壁厚是由变薄拉深模与冲模之间的间隙来决定，所以精度必须控制在 $1\mu m$，罐的中间部分壁厚较薄，上缘翻边部分较厚，以此来设计模具的形状和尺寸，图 39-4 所示是 DI 罐的断面图。

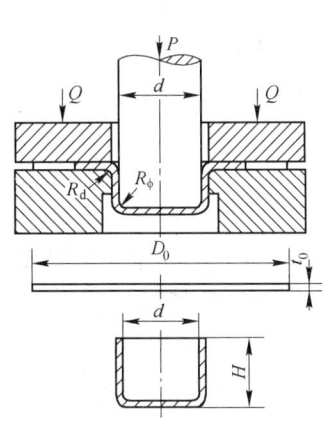

图 39-3　冲杯过程

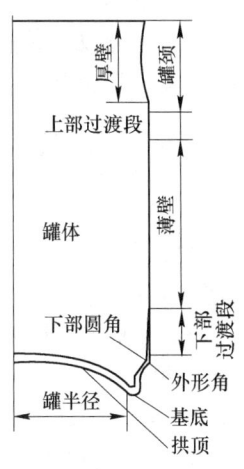

图 39-4　DI 罐的断面图

39.1.2.3　冲杯与变薄拉深中的润滑剂选择

冲杯与拉深作业过程中，有效实施润滑是十分重要的。选择润滑剂时，还应考虑冲杯和拉深润滑剂的相容性，罐易于清洗，对环境污染小等因素。通常制罐厂在冲杯和拉深作业中选择的是油基润滑剂或合成物基润滑剂。

油基润滑剂基本上是石油基的，具有脂肪酸皂乳化剂，属于比较稳定的乳液，pH 值保持在 8~9 范围内，具有一定的油膜强度，黏度始终如一，可用于冲杯与拉深两个作业。油基润滑剂应定期予以更换。

合成物基润滑剂的特点是不含石油，其成本比油基润滑剂低。合成润滑剂有两种基本类型：合成碳氢基的（聚异丁烯）和聚醚基的（聚氧烯属烃乙二醇，乙二醇醚和乙二醇酯）。为了获得符合要求的特性，应向两种合成润滑剂中添加若干添加剂，如胺、酯和脂肪酸等。碳氢基合成润滑剂有较宽范围的润滑值，它有类似油的性质。黏度保持始终如一，可乳化，与油有很强的相容性。可用做冲杯与拉深两个作业的润滑剂。

另外应当指出的是：制罐用毛料上残存有过量的轧制油或防锈油，将会明显降低在冲杯上最终见到的混合润滑剂的黏度和添加剂含量，影响冲杯质量和生产效率；同时，制罐厂本身的机械和液压装置的油基润滑剂经常会漏入拉深用的乳液系统中，污染拉深用的润滑剂。

39.1.2.4　罐底成型

为了增加罐体的耐压力，减小罐底的平面磨损、腐蚀，并改善外观。罐底需进行胀形变形，胀形工艺有如下特点：

（1）胀形时，工件的塑性变形仅局限于变形区范围内，材料不向变形区外转移，也不从区外进入变形区内。

（2）变形区金属处于双向拉应力状态，变形区内工件形状的变化主要是由于表面局部增大而实现的。故胀形时，工件一般都要变薄。胀形过大时，会出现破裂。

（3）胀形的极限变形程度，取决于材料的塑性。塑性好的材料，极限胀形系数也大。

（4）胀形工件一般不会发生失稳或起皱现象。胀形后的工件回弹较小，基本上可达到预想的形状。

表征材料极限胀形的技术参数是杯突实验的压窝深度（即胀形深度），而埃里克森杯突实验法与生产实际有较大差别。在实际生产中，胀形深度与材料的伸长率、σ_b 以及材料的成型极限有关。与变形是否均匀、材料的相对厚度、表面摩擦条件、胀形速度有关。变形均匀，相对厚度大，则胀形深度也深。胀形变形过程中，常见裂纹是发生在罐底拐角部位的周向裂纹和罐底中心部位的通心裂纹。

39.1.2.5　修边

铝罐体经变薄拉深后，其边缘口部由于毛料的制耳，不规则压曲等原因而不整齐，需用修边刀按规定的罐高予以切除，修边刀为一旋转刀和一把月牙形固定刀所组成，修边后的罐体高度决定翻边宽度，通常修边高度为正偏差，翻边后出现负偏差，修边高度为负偏差，翻边后为正偏差。

修边后在刀口重复处如出现突台、毛刺，将影响翻边质量，造成同罐差太大或出现裂口，进而造成啤酒，饮料装罐时漏罐。

39.1.2.6　清洗及表面处理

罐体清洗及表面处理的目的，在于除去罐体在冲杯及变薄拉深后表面残留的机械油、润滑剂、铝灰及其他异物。然后，通过化学的方法在罐体表面上形成一层化学转换层，以增强罐体内外表面涂敷时的附着力，提高抗腐蚀能力。

罐体表面处理工艺一般分为 7 个阶段，即预洗、脱脂、一次洗、钝化、二次洗、去离子水水洗、烘干。

目前，鉴别罐体表面质量的好坏，通常是将钝化处理后的罐放在约 540℃ 的马弗炉内烘烤 5min 左右，如表膜质量好，就会呈现锃亮的金黄色。如颜色太浅，则表明表膜很薄，易被穿透；如颜色太深，则表明表膜过厚，致密性差。或将钝化处理后的罐放入约 70～80℃ 的自来水中煮 30min 左右，观察罐底变黑程度。

表面处理工艺控制要点主要有：

（1）罐体在清洗时应倒立在传输带上，罐底形状决定了底部凹处易积存拉深润滑剂及其他杂油、异物，若槽液喷射压力不足，就不能把底部凹处积存物冲洗干净，进而影响钝化成膜。

（2）清洗剂的温度与清洗能力关系密切。一般而言，清洗能力随温度升高而增加，达到一定温度后，又有所下降。

（3）清洗是在强酸环境中进行的，酸度越大（pH 值越小），对清洗有机脏物越有利，但容易造成过腐蚀。

（4）氟活性的电位越低，对清洗无机脏物越有利，但易造成过腐蚀，甚至腐蚀设备。

（5）RP 值表示铝罐与槽液中化学药品进行化学反应后的产物，即槽液中总酸（TA）与游离酸（FA）的差值，新配的槽液 RP 值约为零，PARKER 化学公司推荐 TA/FA = 2～3时，槽液的清洗效果好。美国 CTC 介绍的工艺规程认为 RP ≤ 3.5FA，但不大于 10mL（滴定值）。在实际生产中，一般脱脂槽液为 1～6mL，钝化槽液则更小，若 RP ≥ 3，铝罐表面不能成膜，经马弗炉烘烤后呈现白色。

综上所述，表面处理是决定铝罐表面质量、涂敷性、抗蚀性、耐热水性的关键工序。

39.1.2.7　外表面印刷

因罐体表面为曲面，所以采用特殊结构的多色上漆传印轮转机印刷。印刷后，在同一轮转机上润饰光漆，然后用销钉链将罐送至炉内烘干，若需上白色底漆，则在印刷工序前就要进行全面涂漆，烘干之后再印刷。由于制罐、装罐线高速化的发展趋势，要求外表面印刷有足够的硬度、滑动性和可运动性。因此，外表面白色底漆的选择标准是润滑性好，上漆容易，且密封性好。

39.1.2.8　内喷涂

为了保持内装食品的色、鲜、味，对罐内表面采用喷雾方式涂漆，由固定在罐外部的喷枪将雾化了的涂料喷涂在高速旋转的罐内表面。喷涂后送进炉内烘干，所使用的涂料不仅要无损于内装食品质量，还应符合 FDA 标准（美国标准）。内喷涂膜的均匀性差易造成漏罐，提高均匀性的关键在于喷嘴的畅通、喷射角度的调整（尤其是单枪喷涂）、喷涂方式、喷涂时间的控制。

39.1.2.9　缩颈

缩颈是将已深拉的罐体通过缩颈模使口部缩小的一种成型工序。缩颈时，罐颈受周向压应力、正压力和摩擦力的作用，摩擦力发生在缩颈过程的 AB 段，正压力主要是 P，同时整个罐体底部受到一个很大的推力 F，如图 39-5 所示。

随缩颈变形的进行，周向压应力 σ_z 值不断增加，到 B 点时约增加 20%，由于此时的 $\sigma_z > \sigma_s$，且应力应变不均匀，当周向压应力 σ_z 大于材料的收缩能力时，变形容易失稳而发生起皱现象，皱折在随后翻边及封罐时易开裂。缩颈尺寸大小与封罐产生裂口有直接关系。在罐盖尺寸不变的条件下，罐颈尺寸出现正偏差造成尺寸过大时，封口处直壁部位要出现皱折，严重的马上出现裂口，造成漏罐。轻微的会产生应力集中，放置一段时间后，在皱折处出现渗漏，并且皱折的产生还会影响封口搭接尺寸。因此，适当减小缩颈尺寸对防止漏罐比较有利。为保证罐体质量，每家罐厂都订有罐体尺寸内控标准。其公差比国标规定的还要严一些，特别是 G、D 两项尺寸的公差，见表 39-2 和图 39-6。

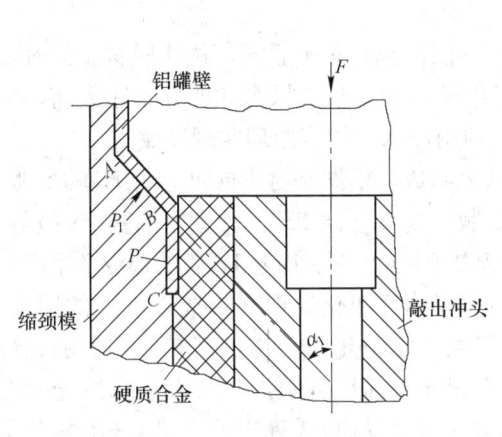

图 39-5　罐体缩颈示意图

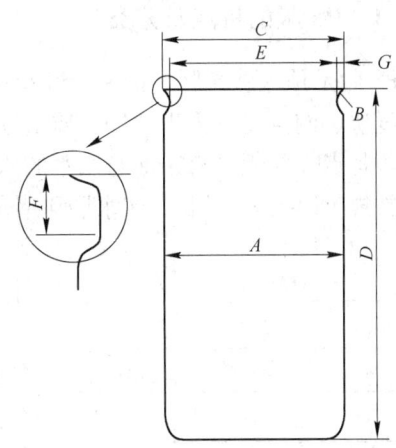

图 39-6　罐体尺寸形状图

表 39-2 罐体主要尺寸及偏差 （mm）

尺寸名称	罐体外颈 A	翻边圆弧半径 B	翻边直径 C	罐体高度 D	罐颈内径 E	缩颈高度 F	翻边宽度 G
基本尺寸	66.04	1.5~2.0	≤68.07	122.22	62.56	≥4.75	2.50
极限偏差	±0.18			±0.38	±0.13		

39.1.2.10 翻边

制罐厂通常采用旋轴式翻边，因为它与直轴式翻边相比，偏心较小，产生弯折凹曲，修边不良等缺陷少，翻边使罐壁伸长，周边增加，翻边系数 K 越小，则周边增加越多，翻边过程如图 39-7 所示。

翻边系数 $K = R_0/R_1$

式中 R_0——翻边前缩颈半径；

R_1——翻边后罐体翻边半径。

周边伸长率用 $\frac{1}{K}-1$ 来表示，则 $\frac{1}{K}-1 = \frac{R_1-R_0}{R_0}$，设

实际伸长率为 δ_0，当 $\frac{1}{K}-1 > \delta_0$ 时，会出现翻边裂口。

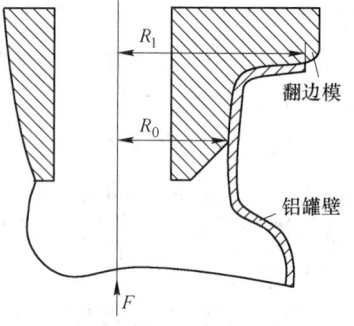

图 39-7 罐口翻边示意图

翻边质量主要受缩颈质量的影响，如缩颈产生皱折、裂口、厚度不均等缺陷，则翻边后边部不齐，有裂纹，就会造成封罐时漏罐等问题。

翻边尺寸大小与封罐的搭接尺寸有着直接关系。翻边宽度偏差为 ±0.25mm，但从各制罐厂的内控标准来看，其值还要求小一些，一般为 ±0.15mm。根据用户使用经验，一般按正偏差控制，这样对保障封口尺寸有利。

39.1.2.11 罐体检测及堆垛

利用全自动验罐机连续进行密封检查，检罐装置有用透光检测的光检方式和用气压检测的气检方式等，检查出有泄漏的罐被自动甩出，检查后的罐经堆垛打带包装入库。

39.2 铝合金 PS 版的生产技术及其应用与开发

39.2.1 PS 版的特点及分类

PS 版是预涂感光版（presensitized offset plate）的简称，是平版胶印优质版材。具有制版速度快、网点复制再现性好、质量稳定、砂目细密均匀、亲水保水性能好、印数高、可预制等特点。印版具有亲油与亲水的双重特性，利用油水不相溶原理实现印刷。

常规 PS 版是由基材、亲水层和感光层三大部分组成。根据基材不同可分为纸基 PS 版、涤纶片基 PS 版、复合金属 PS 版及普通铝基 PS 版等。本节以常规铝基 PS 版为例，简介 PS 版的构成及生产。

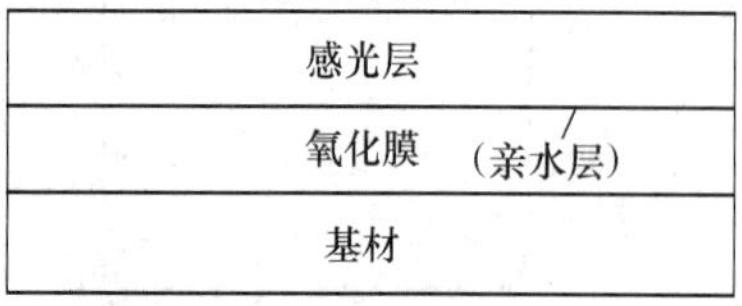

铝基 PS 版是由经粗化处理（形成砂目）的铝板、氧化膜、感光层 3 部分组成。为提高其使用性能，部分品种在涂布感光层前后分别涂布亲水层和感光密合层，如图 39-8 所示。表 39-3 列出了常见 PS 版的分类和特性。

（感光密合层）

感光层
氧化膜 （亲水层）
基材

图 39-8 PS 版的基本构成

表39-3 常见PS版的分类及特点

型号	受光特性	代号	显影特点	特 点	原 理	使用地区
阳图	光分解	PS-P型	曝光部分显影液去除	生产流程简单，印率适中	受紫外光照射后感光剂迅速分解放出氮气，同时分子结构发生重排，生成茚的衍生物并能溶于水，形成亲水性的羧基，呈弱酸性，使原先不溶于稀碱的感光剂曝光部分变为稀碱可溶，而未受光照部位的感光剂则保持原有性质，牢固地结合在铝板上并且保持良好的亲油特点，组成印版的图文	亚洲、欧洲
阴图	光交联、光聚合、光分解	PS-N型	未曝光部分显影液去除	生产流程复杂，印率高	受紫外光照射后，感光剂迅速交联（聚合、分解）变成不溶于水的物质，未见光部分则溶解，利用溶解度差膨胀去除水溶物，光敏层则牢固地结合在铝板上并且保持良好的亲油特点，组成印版的图文	北美

39.2.2 PS版的生产工艺

39.2.2.1 工艺流程

目前国内生产的PS版，无论是手工、单张连续还是卷筒的生产过程，其生产工艺都大体一致，分为板基表面处理和涂布感光层两个主要部分，其生产工艺流程如下：开卷—碱洗—水洗—酸中和—水洗—粗化（形成砂目）—水洗—除脏—水洗—氧化—水洗—封孔—水洗—烘干—涂布—烘干—定尺裁切—垛版—检查—包装—入库。

39.2.2.2 铝板基表面处理

A 对铝板基的技术要求

对制作PS版的铝板基最基本的技术要求是表面光滑平整，无擦划伤、坑包、印痕、非金属压入、气孔、轧制条纹等表观缺陷，厚薄一致，波浪度控制在1mm内，平直度小于2I；组织细密均匀，无偏析、夹渣，内应力分布对称、均匀；R_a值小于0.28μm，以保证电解砂目细密均匀。目前大量使用的板基材料为1050A、1060等。

B 碱洗

a 碱洗的目的及方法

铝是活性很强的两性金属，在大气中表面总存在一层氧化膜，由铝加工厂提供的铝板其表面都带有一定量的油。油和氧化膜对砂目处理有影响，在PS版生产中通常利用热碱冲洗铝板进行表面处理。

b 碱洗的原理及工艺参数

通常用碱液来去除氧化膜和油。反应如下：

$$Al_2O_3 + 2OH^- = 2AlO_2^- + H_2O \tag{39-1}$$

$$(R-COO)_3C_3H_5 + 3OH^- = C_3H_5(OH)_3 + 3RCOO^- \tag{39-2}$$

常用除油液的配比为：NaOH浓度25~100g/L，温度55~60℃。

c 影响碱洗效果的因素

影响碱洗效果的因素有:

(1) 浓度。浓度太高,易腐蚀铝板;浓度太低则皂化不完全,油脂及氧化膜清除不彻底。

(2) 添加剂。为防止铝腐蚀和结垢,通常碱液中加入碳酸钠、硅酸钠等缓蚀剂及葡萄糖酸钠、脂肪酸聚氧乙烯醚类增溶、络合等表面活性剂。

(3) 除油液的温度。通常控制在 55 ~ 60℃,除油的效果与溶液的温度有关,但若温度太高则造成对铝板基严重腐蚀,因而必须控制温度。

(4) 除油的时间。必须经过认真对比最后确定。因为它与各种不同生产线有关。卷筒生产线则与生产线的速度有关,以 4m/min 为例,除油时间必须达到 20s,其效果才能保证。

(5) 除油液的更新。除油过程中生成大量的皂化物、乳化物和铝盐。它们的存在影响除油效果,并阻碍对铝板表面油污的皂化和乳化,当发现除油效果不强时,必须及时更新。通常若通过碱泵进行循环时,除油液能保持较长时间,若不循环则更新时间缩短。除油的温度要经常注意,除油液的温度过低,则可能造成除油不彻底。

C 酸洗

酸洗是去除碱洗后的残留物质,中和残余的碱液。溶液浓度为 5% ~ 10%。配制时注意将硝酸小心地倒入水中,充分混合。在酸洗过程中应经常注意溶液的浓度分析,及时补充。

D 粗化

粗化是为了形成具有要求粗糙度的砂目结构。粗化既可提高铝板基表面对水的亲和力,提高板基表面湿润水量,防止版面上脏,同时粗化后的表面还可提高版面与感光剂的附着力,进而提高印版的耐印力,表 39-4 为较常用粗化方法及特点。

表 39-4 常用粗化方法及特点

名 称	内 容	特 点	砂目质量	适用范围
球磨法	采用直径在 16 ~ 20mm 的氧化铝球及 38 ~ 250μm (60 ~ 400 目)不同粒度的磨砂,靠磨版机转动磨球带动磨砂在铝板上滚动冲压出砂目	速度慢、投资小、噪声大	砂目粗	多用于单张线生产
喷砂法	利用喷砂机喷出的砂粒冲击铝板形成砂目	速度慢投资大、噪声大	砂目适中	多用于单张线生产
液体珩磨法	利用高压液体喷射砂浆研磨砂目,砂浆喷射速度为 2 ~ 25m/s,周围由水及适量酸碱组成的高压液体速度为 31 ~ 140m/s,压力为 0.5 ~ 10N/mm²	效率较高、噪声低	砂目较均匀细密、洁净	多用于卷筒连续线
刷磨法	利用 6 支由 60mm 长、直径在 0.3 ~ 0.4mm 的聚丙烯组成的圆刷在气动装置驱动下沿刷子轴向做小范围往复运动,带动喷洒在表面的磨砂形成砂目	速度较快、效率高	砂目自由性较好	多用于卷筒连续线
电解法	在电解液中通入交流电电解形成	速度快、效率高、投资可大可小、质量稳定,适于大工业生产	砂目质量好	多用于卷筒连续线

粗化后的砂目是由无数的凸峰和凹谷组成，不同的砂目结构，对保水性和感光层的附着力影响较大，并对 PS 版的使用带来较大影响。生产中用表面粗糙度测试仪绘制的砂目粗糙断面轮廓曲线的特征参数来表征。

39.2.2.3　阳极氧化处理

目前国内外 PS 版的阳极氧化工艺都采用硫酸法，因为硫酸法生成的氧化膜坚硬、耐磨、多孔，具有极好的亲水性能和涂布性能。此外还有草酸等多种方法。

A　影响氧化膜性能和生长速度的因素

氧化膜的性能包括耐磨性、耐蚀性与硬度等，影响氧化膜的性能和生长速度的主要因素有氧化液的温度及成分、电流密度和电压等。

a　氧化液温度的影响

实践表明，采用静止吊挂式阳极氧化法，氧化液温度低于 13℃，得到的氧化膜较厚，硬度虽高但易脆裂；温度超过 26℃，氧化膜薄而疏松，不耐磨。一般，将温度控制在 17～19℃较为合适。在这个温度范围内进行阳极氧化，形成的氧化膜耐磨性、耐蚀性、吸附性都很好，而且不易脆裂。为了控制阳极氧化过程中氧化液的温度，在氧化槽内应装有降温设备。在降温设备不够完善时，可在硫酸氧化液中加入少量的草酸。草酸有抑制 Al_2O_3 溶解的作用，加入量为氧化液的 1.5%～2%。加入草酸后，氧化液的温度即使达到 35℃ 也可以得到满意的氧化效果。

b　硫酸浓度的影响

随着硫酸浓度的增加，氧化膜的溶解速度将会加快。因此，使用低浓度的硫酸氧化液，有利于氧化膜的生长，在稀氧化液中所获得的氧化膜坚硬耐磨，孔隙率低。实践证明 16%～17% 的浓度比较合适，形成的氧化膜有足够的硬度和耐磨性，保证了印版的耐印力。但是，平版印刷还要求印版具有适当弹性和韧性，以防止在印版安装到印版滚筒上时出现氧化膜的龟裂。考虑这一点，可以把硫酸的浓度略微提高，达到 17%～19%，使形成的氧化膜稍薄，硬度和耐磨性有少许的降低，从而适当地提高了弹性和韧性。

c　电流密度和电压的影响

氧化膜的生长速度与电流密度的关系如图 39-9 所示，基本上符合法拉第定律，生成氧化膜的厚度 $\delta(\mu m)$ 与阳极电流密度 $D(A/dm^2)$ 和阳极氧化时间 $t(s)$ 成正比。但过高的电流密度会使印版表面过热，并导致氧化液局部温度上升，造成铝板表面氧化膜厚度的不均匀。采用静止吊挂式阳极氧化法，允许的电流密度通常为 0.5～1A/dm²。

阳极氧化过程开始后，铝板表面迅速地形成阻挡层而使电流减小。为保证阳极氧化过程继续进行，必须逐渐地提高电压，达到一个稳定值。电压对氧化膜性能的影响很大：电压过低，氧化过程不能顺利进行；电压较高时，形成的氧化膜孔径较大；电压过高，甚至可能击穿铝板，特别是在铝板的边缘，这里的电流密度会急速增加，出现类似于阳极溶解的现象，不但有氢气逸出，而且使铝板粗糙。一般将槽电压控制在 10V 左

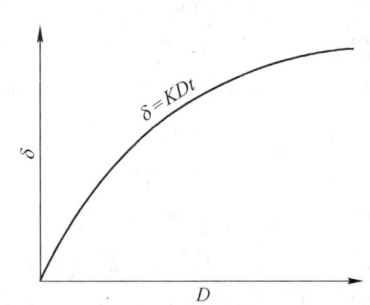

图 39-9　氧化膜生长速度与电流密度的关系

右，允许变更的范围较窄，约在 1~2V 之间。

d　铜、铝、氯等离子浓度的影响

铜离子含量过高，形成的氧化膜会出现黑色斑条，抗蚀性、耐磨性也都随之降低。清除氧化膜中铜离子的方法是通电法，即向氧化液通入电流密度为 0.1~0.2A/dm^2 的电流，使铜沉积在阴极上，再刷洗阴极。为防止阳极铜板与硫酸接触，可以用铝将铜板包覆。

铝离子增多降低了氧化膜的生长速度，也降低了氧化膜的耐蚀性及耐磨性。如果氧化液中的铝离子浓度超过 20g/L，氧化液便失效了，必须更换。

如果氧化液中氯离子的浓度超过 1g/L，阳极氧化中的铝板便会受到腐蚀。氯离子的清除十分困难，减少氯离子的办法是用蒸馏水配制氧化液和彻底清洗电解砂目后的铝板。

B　改进后的阳极氧化硫酸法

用硫酸氧化液进行阳极氧化生成的氧化膜，虽然具有极为良好的耐磨性，但与印版的感光涂层的黏附力较弱，容易吸收空气中的水分，发生自然封孔现象。因此，随着印版搁置时间的延长，常常对感光物质产生感光作用，或出现显影不良的故障。为弥补上述缺陷，美国柯达公司在 1966 年提出了"磷酸法"，日本富士照相软片公司在 1972 年又提出了"高电流密度的硫酸氧化法"，德国赫斯特公司在 1978 年还提出了高电流密度的硫酸氧化法的修正方法，即在氧化液中加入一定浓度的铝离子的氧化方法。目前认为较好的方法是，在保持一定铝离子浓度的硫酸氧化液中加入一定浓度的磷酸。这种方法的氧化液成分和工艺规范如下：

氧化液配方：　　　　　铝离子浓度　　　　1~20g/L

　　　　　　　　　　　硫酸浓度　　　　　8%~15%

　　　　　　　　　　　磷酸浓度　　　　　0.9%~5%

氧化液温度：　　　　　　　　　　　　　25~65℃

电流密度：　　　　　　　　　　　　　　4~25A/dm^2

氧化处理时间：　　　　　　　　　　　　5~60s

氧化液与极间相对速度：　　　　　　　　0.3m/s

在这样的工艺条件下，生成的氧化膜厚度范围为 0.3~3μm（1~10g/m^2），其耐磨性、耐碱性都很好，克服了用单一的硫酸氧化液生成的氧化膜对碱性显影液的敏感性，也避免了印版空白部分因吸附油墨而上脏的弊病。

C　阳极氧化常见缺陷及其消除

阳极氧化常见缺陷及其消除方法：

（1）氧化膜表面出现黑色条纹或斑点。产生的原因是：铝板基表面没有清洗干净，附有油污；氧化液中铜离子浓度过高或油性污物进入氧化液等。排除的方法有：检查铝板基的除油效果，将板面油污清除干净；分析氧化液中铜离子的浓度，并设法去除或降低；防止油污杂质进入氧化液中等。

（2）氧化膜表面出现彩虹膜。产生的原因是：阳极电流的电流密度太小；氧化液中的硫酸浓度太低；氧化液的温度过高；氧化膜的生成速度过于缓慢等。排除的方法有：适量提高阳极氧化的电流密度；提高氧化液的浓度；降低氧化液的温度等。

（3）氧化膜表面附着白色粉末状物质。产生的原因是：阳极的电流氧化密度太大；氧化液中的硫酸浓度太高；氧化液温度过高；氧化膜生成速度过快等。排除的方法有：适量降低阳极的电流密度；降低氧化液中硫酸的浓度和氧化液的温度等。

（4）氧化膜局部被腐蚀。产生的原因是：阳极氧化后的铝板表面残存氧化液或者没有得到充分的干燥。排除的方法是将阳极氧化后的铝板彻底清洗干净，充分干燥，并放置在通风良好的场所保存。

（5）氧化后的铝板周边发黑。产生的原因是：阳极电流的电流密度过大，氧化液的温度过高，氧化过程中出现边缘效应。排除的方法是适当地降低阳极氧化电流密度和氧化液的温度，使电流分布均匀，避免边缘效应的发生。

（6）铝板被击穿。产生的原因是：阳极氧化电流的电流密度过大；氧化液的温度过高；夹具锈蚀与铝板接触不良；铝板波浪度较大等。排除的方法是：降低阳极电流的电流密度，搅拌氧化液使其温度降低；及时清除夹具上的锈迹，保证夹具与铝板的良好接触；更换板型合格的铝卷等。

39.2.2.4　氧化膜的封孔

铝板经过阳极氧化后，表面上覆盖了一层多孔的氧化膜，每 $1\mu m$ 长度上大约分布有百余个孔洞。这些微小的孔洞使氧化膜具有非常强的吸附性，直接在上面涂布感光层，感光层中的亲油性物质便渗入氧化膜的孔隙中，并被牢固地吸附住，晒版时虽经过曝光显影仍很难除去，导致印刷时空白部分吸附油墨上脏。因此，阳极氧化处理后的铝板还要进行封孔处理，防止印版上脏。

封孔的方法很多，常用的有蒸气封孔法、热水封孔法和化学封孔法等，见表39-5。

表39-5　常用封孔方法及工艺效果

方法	原　理	工　艺	效　果	备　注
蒸气法	在较高的温度下使氧化膜上的氧化物 Al_2O_3 和水反应生成 $Al_2O_3 \cdot H_2O$，同质量的 $Al_2O_3 \cdot H_2O$ 比 Al_2O_3 体积大，$Al_2O_3 \cdot H_2O$ 膨胀的体积便充塞氧化膜的微孔，使极小的孔洞堵塞，较大孔的孔径变小	高温蒸汽 20～200s	封孔方法工艺简单，成本较高，但封孔质量好	适于中、高档版连续生产
热水法	在较高的温度下使氧化膜上的氧化物 Al_2O_3 和水反应生成 $Al_2O_3 \cdot H_2O$，同质量的 $Al_2O_3 \cdot H_2O$ 比 Al_2O_3 体积大，$Al_2O_3 \cdot H_2O$ 膨胀的体积便充塞氧化膜的微孔，使极小的孔洞堵塞，较大孔的孔径变小	70～100℃ 喷淋浸泡 20～200s	封孔方法工艺简单，成本很低，但封孔质量不高	适于中、低档版生产
硅酸盐法	Na_2SiO_3 在热水中水解生产 $NaHSiO_3 \cdot H_2O$，$NaHSiO_3 \cdot H_2O$ 和水聚合生成带有结晶水的 $Na_2Si_2O_5 \cdot 2H_2O$ 微粒，微粒被氧化膜的微孔吸附，起封孔作用	5% 的 Na_2SiO_3 在 90℃ 喷淋浸泡 60～600s，用3%的磷酸溶液中和并彻底烘干	封孔方法工艺复杂，效果较好	配制封孔液要用蒸馏水，忌用含钙离子的水，防止硅酸钙沉淀被氧化膜微孔吸附印刷时上脏
氟锆酸钾法		在 65℃ 0.3%～1.0% 的氟锆酸钾（K_2ZrF_6）中喷淋浸泡 60～200s	封孔方法工艺复杂，效果很好	增加感光层的稳定性，使印版具有良好的亲水性，适于中、高档版连续生产

封孔可以提高印版的亲水性能，防止上脏。同时，也使感光层与封孔后的铝板附着力

下降，引起高速印刷中感光层脱落，产生"掉版"现象，影响印版的耐印力。为了消除封孔工艺带来的副作用，日本富士照相软片公司在 1980 年提出，对于阳图型 PS 版的生产，不在涂布感光胶前封孔，而是采用使用时曝光后用碱金属硅酸盐显影，Na_2SiO_3 在水中水解产生带结晶水的 $Na_2Si_2O_5 \cdot 2H_2O$ 微粒，微粒被填充到氧化膜的毛细孔中起到封孔作用，俗称后封孔。如果使用冷的显影液，版面孔隙率可减少 3%；如果使用热的显影液，版面孔隙率可减少 8%，封孔效果较好。显影液中的 NaOH 电离后产生的 OH^- 加快了显影速度，同时还抑制 Na_2SiO_3 的水解反应，延长了显影液的使用寿命。这种显影方法操作简便，成本较低，使用中也取得了良好的封孔效果。

39.2.2.5　涂布感光材料

A　感光层的组成

PS 版的感光层主要由感光树脂、成膜树脂、溶剂及染料组成，为提高涂布性能和耐磨性，还加入一些增塑剂、稳定剂等表面活性剂。

常用阳图版感光剂为邻重氮醌，属光分解型，它决定着 PS 版的感光、着墨性能；成膜树脂多为高分子化合物，主要调节感光胶的黏度和耐磨性，其含量高低对显影宽容度和感光度也有影响；染料主要调节曝光色变，也影响感光速度。

B　涂布

PS 版感光层厚约 $1\mu m$，常用生产方式为挤压涂布、辊涂和离心涂布法。

a　挤压涂布

挤压涂布是把感光胶通过计量泵加压，而后以确定的压力进入一个加工精细的挤压涂布嘴腔体中，并通过一定的阻流间隙使之分配均匀，通过挤压涂布嘴将感光胶涂布到铝板表面，涂布嘴和铝板表面间隙为 0.05mm，其特点是涂布均匀，定量涂布，适于卷筒线连续生产，设备对涂布嘴和涂布辊的加工精度要求较高，生产中须控制感光胶黏度和涂布温度，如图 39-10 所示。

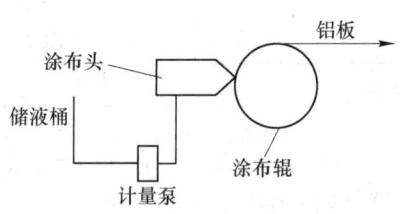

图 39-10　挤压涂布示意图

b　辊涂

辊涂分为光辊逆涂（见图 39-11）和螺纹辊顺涂（见图 39-12）两种方法。螺纹辊顺涂质

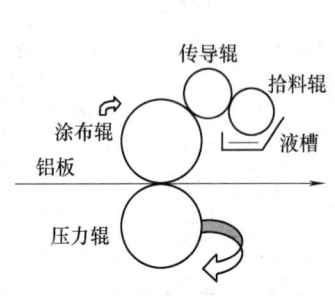

图 39-11　光辊逆涂涂布装置

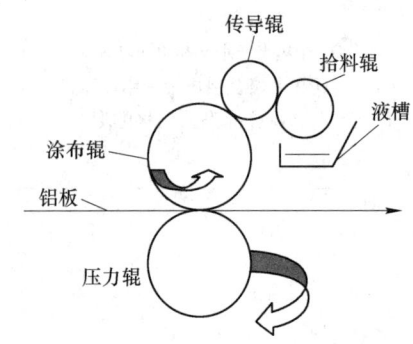

图 39-12　螺纹辊顺涂涂布装置

量明显受螺纹辊加工精度和磨损情况影响，易出现涂布不均现象，对感光胶的表面张力和黏度要求较高；光辊逆涂为较佳的辊涂方法，为保证涂布均匀，应严格控制辊子的加工和安装精度，其运转平稳，生产中利用调节辊缝和辊子转速控制涂层厚度。图 39-11 中，d_1、d_2、d_3 分别为拾料辊和传导辊、传导辊和涂布辊、涂布辊和铝板之间的间隙。拾料辊浸在感光胶槽中，机器运转过程中，拾料辊表面浸涂的感光胶经过传导辊传递到涂布光辊上，再经过涂布光辊将感光胶涂布到经处理的铝板表面，为单张和连续线较常用的方法。

c 离心涂布

离心涂布时先把经过处理的铝板用卡具固定在离心涂布机的版架上，机器启动后，铝板便在自身的平面内旋转。向铝板的中心部位浇注感光液，感光液在惯性作用下逐渐地由中心部位向四周扩散，最终均匀地布满整个铝板。为较原始的涂布方式，涂布不均匀，现在采用不多。

39.2.2.6 烘干

烘干包括流平、低温加热、高温固化 3 部分。又分热风和红外线两种加热方式。适当的流平，使涂布平滑，均匀一致；低温加热使溶剂均匀挥发，防止出气泡白点；高温固化保证感光胶溶剂挥发彻底，树脂固化。不同型号的树脂感光胶，所需加热温度不同，温度太高会使感光胶不易显掉而造成上脏，生产中低温加热和高温固化应严格控制在工艺要求范围。为保证表面质量，抽风量大小应严格控制，在固定车速下应恒定，防止版面发花。

红外加热具有投资小、成本低、从涂层内部向外加热等优点，感光胶和基体结合力强，但也存在受加热管老化及网路电压波动影响较大，加热质量不稳定等缺点。热风加热具有安全性好、温度均匀一致、质量稳定等特点，多为高速线采用。由于感光材料多使用低沸点有机溶剂，而高速生产线溶剂含量高，挥发速度快，采用红外加热对临界点要求较高，生产控制难度较大。采用热风加热则避免了挥发爆炸极限的限制，生产控制容易，但存在成本高、感光胶和基体结合强度相对较差等缺点，因此近年来新生产线多采用热风加红外双烘干法。

39.2.2.7 PS 版的包装存放与运输

PS 版属于感光材料，因此在包装、存放和运输中都有一些特殊的规定，必须有防尘、密闭、遮光等预防措施。其包装裁切车间还必须采用对 PS 版感光材料不影响的黄色光源——黄荧光灯。

PS 版之间须用中性、洁净纸隔开，再用涂塑黑纸包严，放在一只带有木框的瓦楞纸盒内，瓦楞纸盒用胶带贴封，储存地点必须有防潮措施，相对湿度保证在 70% 以下，室温在 30℃ 以下。为保护感光层，运输时应轻拿轻放，防压。正常保存条件为一年到一年半。

39.3 铝塑复合管生产技术及其应用与开发

铝塑复合管是一种以薄壁铝合金管为骨架，铝管内外有一定厚度的聚乙烯（PE）或交联聚乙烯（PEX）层，铝管和其内外聚乙烯层通过一种热熔黏合剂牢牢地结合成一体的管材。内外层分子式为 $(CH_2)_n$，属对称性非极性高聚物，化学性能非常稳定，中间铝管既可增加强度，还保留了铝材的特性。具有无毒、质轻、机械强度高、耐腐蚀、耐热性能较好、脆化温度低、抗静电、氧渗透率低、热膨胀系数低、保温性能好、易于弯曲成型、施工方便等特点；同时内层聚乙烯非常光滑，管内流体阻力小、不易结垢、不滋生微生物、流体不会受污染。

39.3.1 铝塑复合管分类及性能指标

39.3.1.1 分类

按复合材料分类有：

（1）聚乙烯（外层）/铝合金/交联聚乙烯（内层）。适用于高温和压力额定值时的流体输送。

（2）交联聚乙烯（外层）/铝合金/交联聚乙烯（内层）。适用于高温和压力额定值及较好的外部阻力时的流体输送。

（3）聚乙烯（外层）/铝合金/聚乙烯（内层）。适用于常温和压力额定值时的流体输送。

按用途分类有：

（1）冷水用铝塑复合管（L）。白色，内、外层为中、高密度聚乙烯（代号PE）的铝塑管，适用于介质温度4~60℃，管内流体工作压力不大于1.0MPa。

（2）热水用铝塑复合管（R）。橙红色，内、外层为中、高密度交联聚乙烯或内层为中、高密度交联聚乙烯（代号PEX）的铝塑管，适用于介质温度4~95℃，管内流体的工作压力不大于1.0MPa。

（3）燃气用铝塑复合管（Q）。黄色，内、外层为中、高密度聚乙烯的铝塑管，适用于介质温度4~40℃，管内气体的工作压力不大于0.4MPa。

（4）特种流体用铝塑复合管（T）。红色或蓝色，内、外层为中、高密度聚乙烯的铝塑管，适用于介质温度4~60℃，管内流体的工作压力不大于0.5MPa。

按结构形式分类有：

（1）搭接焊铝塑复合管。管外径12~75mm，管壁厚1.6~7.5mm，铝层厚度0.18~0.65mm。

（2）对接焊铝塑复合管。管外径16~110mm，管壁厚2.25~10mm，铝层厚度0.28~1.2mm。

39.3.1.2 规格尺寸与性能指标

铝塑复合管规格尺寸及性能应符合美国 ASTM F1281—1998、ASTM F1282—1998 及 ASTM F1335—1995 标准和国家 CJ/T 108—1999 城镇建设行业标准，见表39-6~表39-11。

表39-6 铝塑复合管规格尺寸

尺寸规格	管外径/mm		推荐内径/mm	管壁最小厚度/mm	外层最小厚度/mm	内层最小厚度/mm	铝层最小厚度/mm	
	外径	偏差					搭接焊	对接焊
0912	12	+0.3	9	1.60	0.40	0.70	0.18	
1014	14	+0.3	10	1.60	0.40	0.80	0.18	
1216	16	+0.3	12	1.65(2.25)	0.40	0.90	0.18	0.28
1620	20	+0.3	16	1.90(2.50)	0.40	1.00	0.23	0.36
2025	25	+0.3	20	2.25(3.00)	0.40	1.10	0.23	0.44
2632	32	+0.3	26	2.90(3.00)	0.40	1.20	0.28	0.60
3240	40	+0.4	32	4.00(3.50)	0.70	1.80	0.35	0.75
4150	50	+0.5	41	4.50(4.00)	0.80	2.00	0.45	1.00
5163	63	+0.6	51	6.00	1.00	3.00	0.55	1.00

续表39-6

尺寸规格	管外径/mm		推荐内径/mm	管壁最小厚度/mm	外层最小厚度/mm	内层最小厚度/mm	铝层最小厚度/mm	
	外径	偏差					搭接焊	对接焊
6075	75	+0.7	60	7.50	1.00	3.00	0.65	1.20
7490	90	+0.7	74	8.00				1.20
90110	110	+0.7	90	10.0				1.20

注：表中括号内数字适用于对接焊铝塑复合管。

表39-7 铝塑复合管几何尺寸要求

尺寸规格	管外径/mm			推荐内径/mm	管壁厚/mm	
	最小值	偏差	不圆度		最小值	偏差
0912	12	+0.3	0.3	9	1.60	+0.4
1014	14	+0.3	0.3	10	1.60	+0.4
1216	16	+0.3	0.3	12	1.65(2.25)	+0.4
1620	20	+0.3	0.4	16	1.90(2.50)	+0.4
2025	25	+0.3	0.4	20	2.25(3.00)	+0.5
2632	32	+0.3	0.5	26	2.90(3.00)	+0.5
3240	40	+0.4	0.5	32	4.00(3.50)	+0.6
4150	50	+0.5	0.5	41	4.50(4.00)	+0.7
5163	63	+0.6	0.5	51	6.00	+0.8
6075	75	+0.7	0.6	60	7.50	+1.0
7490	90	+0.7	0.6	74	8.00	+1.0
90110	110	+0.7	0.6	90	10.0	+1.0

表39-8 铝塑复合管力学性能指标

尺寸规格	管环径向抗拉强度/N	爆破强度(23℃时)/MPa	静内压强度				
			压力值/MPa		测试温度/℃		测试时间/h
			交联	非交联	交联	非交联	
0912	2100(2000)	7	2.72	2.48	82	60	10
1014	2300(2100)	7					
1216	2300(2100)	6					
1620	2500(2400)	5					
2025	2500(2400)	4					
2632	2700(2600)	4					
3240	3500(3300)	4					
4150	4400(4200)	4					
5163	5300(5100)	3.5					
6075	6300(6000)	3.5					
7490							
90110							

注：表中括号内数字适用于中密度聚乙烯生产的铝塑复合管。

表39-9　铝塑复合管的物理性能指标

项　目	指标值	备　注	项　目	指标值	备　注
环境温度/℃	$-40 \sim 60(95)$		纵向变化率/%	$\leqslant 1.0$	
工作温度/℃	$\leqslant 60(95)$		允许弯曲半径	$\geqslant 5D$	D 为管外径
工作压力/MPa	$\leqslant 1.0$		气体渗透率	0	
线膨胀系数/K^{-1}	2.5×10^{-5}		击穿电压/kV	10	
导热系数/$W \cdot (m \cdot K)^{-1}$	0.45		阻燃性能	氧指数 >33，难燃 B1 级	

表39-10　铝塑复合管的耐化学性能指标

质量变化(94h)/mg·cm^{-2}	10%氯化钠溶液	30%硫酸	40%硝酸	40%氢氧化钠溶液	95%(体积分数)乙醇
化学药品种类	± 0.2	± 0.1	± 0.3	± 0.1	± 1.1

表39-11　铝塑复合管的交联方式及交联度

交联方式	化学交联	辐射交联
交联度	$\geqslant 65\%$	$\geqslant 60\%$

39.3.2　铝塑复合管的生产技术

39.3.2.1　原材料

原材料包括：

（1）铝带。要求铝带伸长率不小于 20%，抗拉强度不小于 100MPa。铝带表面应平整、清洁。一般采用 8011 合金带。

（2）聚乙烯。铝塑复合管选用的聚乙烯塑料应符合表 39-12 要求；常用的国产高密度聚乙烯牌号有 2480、6100M 等。交联聚乙烯粒料通常采用二步法硅烷交联料，要求交联度大于 65%。

表39-12　铝塑复合管用聚乙烯主要指标

聚乙烯种类	密度/g·cm^{-3}	维卡软化点/℃	拉伸强度/MPa	断裂伸长率/%	长期静液强度/MPa (20℃,50年,95%)	脆化温度/℃	耐应力开裂/h(80℃,4.0MPa)
高密度	$0.941 \sim 0.959$	$\geqslant 105$	$\geqslant 22$	$\geqslant 350$	$\geqslant 6.3$	$\leqslant -70$	$\geqslant 165$
中密度	$0.926 \sim 0.940$		$\geqslant 12$			$\leqslant -60$	

注：熔融指数 $\geqslant 0.1g/min$（190℃，2.16kg）。

（3）热熔胶。聚乙烯与铝表面很难黏合，只有选择一种与聚乙烯和铝都有好的黏接性的胶黏剂把聚乙烯和铝管黏合成一个整体，才能充分发挥铝塑管复合增强的效果。热熔胶是以聚烯烃为基体添加适当比例的增黏剂混炼而成的合成树脂。它应具有良好的黏接强度；较高的机械强度；熔点、维卡软化点高；熔融指数与聚乙烯的熔融指数接近；有良好的耐水性和化学稳定性；卫生指标、使用寿命等与聚乙烯同步。铝塑复合管选用的专用热熔胶应符合表 39-13 要求。

表 39-13　铝塑复合管专用热熔胶主要指标

项目	密度/g·cm⁻³	熔融指数/g·min⁻¹	维卡软化点/℃	断裂伸长率/%	T剥离强度(25mm)/N
数值	≥0.926	≥0.1	≥105	≥400	≥70

39.3.2.2　生产方法及工艺流程

铝塑复合管按其铝管的焊接方式分为搭接式和对接式两种生产方法，前者一般采用超声波焊接，后者一般采用钨极惰性气体保护焊接或激光焊接。

搭接式焊接生产方法是将铝带搭接成型用超声波焊接机焊接成铝管，以铝管为骨架，内胶、内塑采用共挤复合、内压法成型，外胶、外塑采用涂敷法复合。其生产工艺流程如图 39-13 所示。

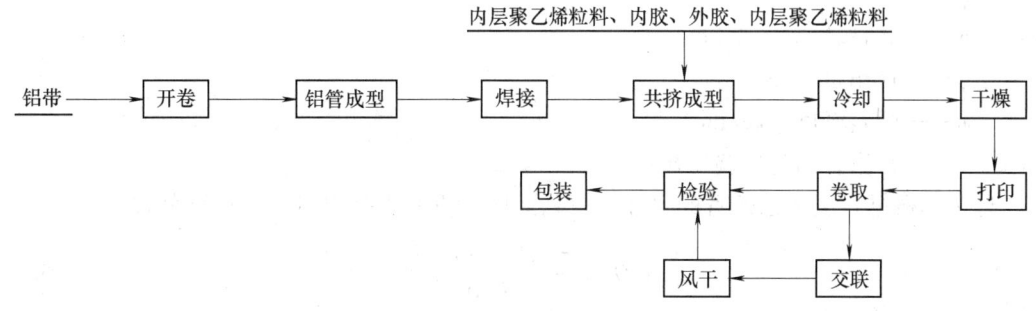

图 39-13　搭接焊工艺流程

对接式铝管焊接生产法是将铝塑复合管 5 层由内向外层层迭加复合，先挤出内层聚乙烯管，采用真空定径，随后挤出内胶涂敷在内层聚乙烯管上，将铝带成型包覆在内层聚乙烯管上，通过钨极保护性气体焊接或激光焊接成铝管，然后在铝管外涂敷外胶和挤出外聚乙烯层。其生产工艺流程如图 39-14 所示。

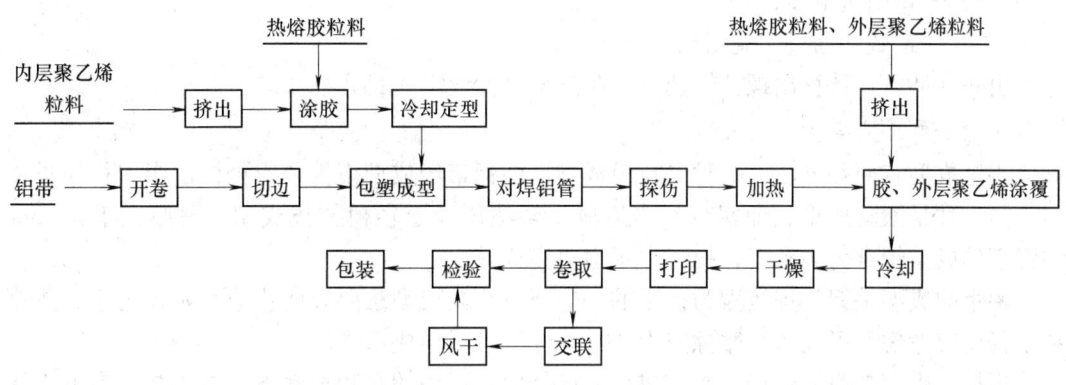

图 39-14　对接式铝塑复合管工艺流程

39.3.2.3　生产工艺

A　挤塑工艺

挤塑过程最重要的是控制挤出温度，确保聚乙烯性能的稳定。常用的挤塑温度见表 39-14。

表 39-14　挤塑温度表　　　　　　　　　　（℃）

项　目	机　身			机　头	口　模
	后	中	前		
内外层聚乙烯挤出温度	90～120	120～160	160～180	180～200	200～220
内外层交联聚乙烯挤出温度	100～140	140～160	160～190	190～200	190～210
内外层热熔胶挤出温度	130～150	150～170	170～200	200～210	210～230

挤出量与螺杆转速、螺杆结构和机头口模结构尺寸有关。在挤塑机和模具结构尺寸一定时，挤出量和螺杆转速关系如下：

$$N = \frac{CQ}{d} \tag{39-3}$$

式中　N——螺杆转速，r/min；

　　　Q——挤出量，kg/h；

　　　d——塑料密度，kg/dm^3；

　　　C——常数，通过实验得出。

通常，根据各层聚乙烯管的尺寸、机列速度计算所需挤出量，其计算公式如下：

$$Q = \frac{\pi(D_1 - t)tdS}{1000} \tag{39-4}$$

式中　D_1——该层聚乙烯管外径，mm；

　　　t——该层聚乙烯管厚度，mm；

　　　S——机列速度，m/min。

机列速度通过调节牵引机电压给定，牵引机电压计算公式如下：

$$V \approx K_1 S \tag{39-5}$$

式中　V——牵引机电压，V；

　　　K_1——常数，通过实验得出。

由式（39-3）计算出螺杆转速 N，在挤塑机上设定 N 即可。

B　铝管成型焊接

铝管成型有两种方法，一种是拉模成型，即铝带经成型模板和定径模由牵引机拉拔成型；另一种是滚动成型，即铝带经多道成型辊滚压及定径模拉拔成型。壁厚大于 0.4mm 的铝管的成型辊常为主动辊，拉拔由牵引机完成。

铝带的成型是铝管焊接极为关键的一个环节，其成型法要以防止边缘延伸为主，成型和定径模应考虑尽可能减小摩擦阻力，并确保铝带对中成型。

搭接焊采用超声波焊接，铝带成型的搭接面在焊头的高频振动下摩擦生热，变形而焊接。焊接超声频率为 16～60kHz（常用 20kHz），工作压力随铝带厚度、机列速度变化，为 0～5kg。电压为（30～80）V±5V，焊头旋转线速度与机列速度同步，其电动机的电源频率按式（39-6）计算。

$$F = 50Cv \tag{39-6}$$

式中　F——电源频率，Hz；

v——机列速度，m/min；

C——与铝带厚度有关的常数。

对接焊通常采用钨极惰性气体保护（TIG）焊接法。有两种焊接工艺：一种是同时具有正接和反接特点的交流钨极氩弧焊，具有"阴极清理作用"，易获得表面光亮美观、形状良好的焊缝；另一种是直流正接钨极氦弧焊，由于氦气价格昂贵，通常采用氦75%～80%、氩20%～25%的混合气保护焊。焊接电流根据铝带厚度和机列速度调节。

对接式激光焊接法能够焊接0.2mm厚的铝管，是一种具有发展前景的新技术。

C 制品定型冷却

搭接焊铝塑复合管内层聚乙烯的定型采用内压定径，即在管子内部通入0.05～0.4MPa的压缩空气使聚乙烯附在铝管的内壁上，随后冷却成型。对接焊铝塑复合管内层聚乙烯管通过圆筒定型套上的真空孔抽吸真空（2.3～3.8Pa）吸附在筒内壁上，定型套内通冷却水使管冷却定型。外层聚乙烯挤出后，制品经水槽快速冷却能得到表面光泽好、结晶度小、强度高的管材，但冷却速度过快聚乙烯管会在聚乙烯晶态和非晶态相变边缘产生应力，在使用过程中易龟裂。

D 交联聚乙烯铝塑复合管的交联

通过化学方法将塑料分子通常的链状结构改变为三维的空间网状结构，以提高制品的力学性能和耐热性。

铝塑复合管通常采用硅烷交联，硅烷交联有两种方法：其一为一步法工艺，即挤塑与引发接枝在挤出机内一步完成，这是一种比较经济的方法，但对挤出机的螺杆构型、控温精度、配料计量、树脂干燥等技术与设备要求相当高；其二为二步法工艺，即将硅烷接枝的聚乙烯粒料与催化剂以一定比例混合后直接挤出，成品管在热水中水解交联，由于采用已完成接枝的硅烷料，其管材的最终交联度与管材的挤出工艺无关，只与原料的接枝度和成品管的水解交联工艺有关。

成品管的水解交联工艺为：管材浸入热水中或置于蒸汽中，温度大于85℃，交联时间按每毫米厚度4h推算。

39.3.2.4 模具及设备

A 模具

模具包括：

（1）汇集板。将各挤出机流出的熔体汇集，经各自的流道流至内外管挤出模头。与挤出机连接，一般不拆卸。

（2）聚乙烯内管挤出模头。将聚乙烯熔体和热熔胶黏合剂通过各自的流道挤出与铝管复合成型为内复合管。对接焊的聚乙烯内管挤出模头与普通挤塑管模头相同。

（3）聚乙烯外管挤出模头。通过该模头的内复合管与挤出的聚乙烯液流和热熔胶黏合剂复合成型为铝塑复合管。

（4）模具上设有加热器。

B 设备

铝塑复合管生产线上的主要设备有：铝带开卷机（包括铝带头尾对焊机、活套）、铝带导向装置、铝管成型装置、铝管纵焊机、内外聚乙烯和热熔胶黏合剂烘干及上料机构、内外聚乙烯管挤出机、热熔胶黏合剂挤出机、模头及其加热装置、冷却装置、烘干装置、打印机、测径仪、牵引机、定尺锯切装置、卷取机、交联热水池等。表 39-15 列出了生产线的主要设备技术性能。图 39-15 所示为搭接焊铝塑复合管生产线的典型配置示意图。图 39-16 所示为对接焊铝塑复合管生产线典型配置图。

表 39-15　铝塑复合管生产线主要技术性能

主要性能	国　产	KRUPP 公司	UNICOR 公司	
生产工艺	搭接焊-共挤	对接焊-分步挤出	搭接焊-共挤	
管材规格范围/mm	$\phi 12 \sim 32$	$\phi 12 \sim 63$	$\phi 12 \sim 32$	$\phi 40 \sim 110$
生产速度/m·min^{-1}	$3 \sim 12$	$6 \sim 30$	$6 \sim 25$	约 3.5
年生产能力/m	$(100 \sim 300) \times 10^4$	800×10^4（最大）	$(800 \sim 950) \times 10^4$	$(100 \sim 150) \times 10^4$
内管挤出机（螺杆直径×长度）/mm×mm	$\phi 45 \times 25D$	$\phi 90 \times 30D$	$\phi 50 \times 25D$	$\phi 60 \times 25D$
外管挤出机/mm×mm	$\phi 45 \times 25D$	$\phi 60 \times 24D$	$\phi 50 \times 25D$	$\phi 60 \times 25D$
热熔胶黏合剂挤出机/mm×mm	$\phi 30 \times 25D$，1 台或两台	$\phi 30 \times 24D$，两台	$\phi 25 \times 25D$，1 台	$\phi 25 \times 25D$，两台
铝带厚度/mm	$0.18 \sim 0.35$	$0.25 \sim 1.2$	$0.18 \sim 0.35$	$0.1 \sim 0.35$
铝带焊接机方式	超声波	氩弧焊	超声波	超声波
电控方式	计算机自动控制、直流或交流变频电动机	计算机自动控制、直流或交流变频电动机	计算机自动控制、直流或交流变频电动机	计算机自动控制、直流或交流变频电动机
装机容量/kW	$90 \sim 120$	约 300	100	
用水量/m^3·h^{-1}	12	约 11	12	
机列总长度/m	约 28	约 70	约 28	约 28

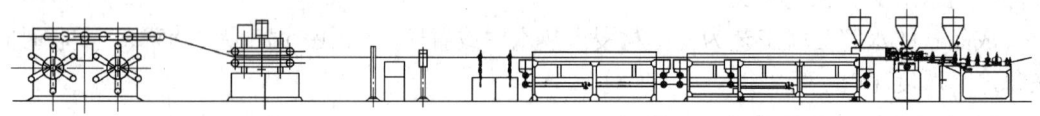

图 39-15　搭接焊铝塑复合管生产线典型配置图

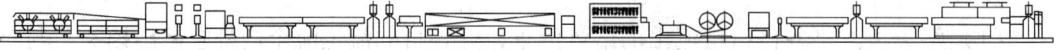

图 39-16　对接焊铝塑复合管生产线典型配置图

39.4　泡沫铝的制备技术及其应用与开发

泡沫铝是一种多空隙低密度的新型多功能材料。它既具有质量轻、结构强度适宜的特点，又具有优良的吸音、隔声、缓振、电磁屏蔽等性能。同时还具有金属固有的防火、防潮、无毒、无味等特点。因此，应用领域十分广泛。泡沫铝的研究早在 20 世纪 50 年代，首先从美国开始，继而日本等国也进行了开发，但由于发泡工艺与泡的尺寸很难控制，一直没得到发展。直到 20 世纪 80 年代中期以后，才取得长足进展，开发出了一些有工业价值的工艺。目前，日本与德国在研究、生产与应用泡沫铝材与其他泡沫金属方面居世界领先地位。俄罗斯、澳大利亚也相继开发出了各具特色的泡沫铝。我国对泡沫铝材的研究始于 20 世纪 80 年代后期，一些研究机构及大专院校等都开展过许多研究，并取得了一系列的研究成果，但是仍处于小批量生产及应用推广阶段。

最常用的泡沫铝合金是纯铝、2×××系合金及 6×××合金。铝-硅系铸造合金因其熔点低与良好的成型性能，也可用于制造泡沫材料。目前，世界各国已研制开发出多种制造泡沫铝的方法和加工工艺，生产出了不同规格品种和用途的泡沫铝材。

39.4.1 泡沫铝的特性及主要用途

39.4.1.1 泡沫铝的主要特性

泡沫铝是由气泡和铝隔膜组成的集合体，气泡的不规则性及立体性使得它具备许多优良的特性。

（1）质轻。泡沫铝的密度仅有 $0.2 \sim 0.5 g/cm^3$，大约是纯铝的 $1/5 \sim 1/10$，是铁的 $1/20$，是木材和塑料的 $1/4$。

（2）吸音性能优良。泡沫铝的吸音特点是：声音进入泡沫铝后发生漫反射，相互干扰，使声能转化为热能，从而使噪声减弱。泡沫铝与其他吸音材料相比，低频声吸收性能优良，泡沫铝加上一定尺寸的空腔，吸音效果更好，并可在较宽的频率领域内应用。例如：室内吸音处理前墙面为很硬的水泥，室内贴 10mm 厚的泡沫铝进行吸音减噪处理后，泡沫铝吸音可减噪 17dB。泡沫铝吸音性能见表 39-16。

表 39-16　泡沫铝的吸音系数

编　号	各频率(Hz)下的吸音系数						平均吸音系数 α
	125	250	500	1000	2000	4000	
FAABW(16.7)S01/2	0.252	0.625	0.375	0.492	0.721	0.667	0.52
FAABW(14.3)S01/2	0.267	0.558	0.469	0.357	0.689	0.663	0.50

（3）泡沫铝的隔声性能。泡沫铝的隔声系数见表 39-17。

表 39-17　泡沫铝的隔声系数

编　号	各频率(Hz)下的隔声系数						平均隔声系数 K
	125	250	500	1000	2000	4000	
Qb22	0.95	0.93	0.91	0.92	0.97	0.79	0.91
QW22	0.81	0.79	0.72	0.71	0.93	0.88	0.81
Qb7	0.73	0.79	0.77	0.88	0.97	0.83	0.81

泡沫铝可以与其他的隔声材料（如钢板等）加以复合，由于泡沫铝的吸音作用，可使隔声效果进一步提高。

（4）泡沫铝的耐火性能。泡沫铝具有良好的耐火性能，铝熔点为 660℃，泡沫铝达 800℃ 才开始软化（因承受不了自重），但还没有熔化。泡沫铝在无外力作用下，即使暴露在 780℃ 的高温下也是不会变形的。这说明泡沫铝可以比一般的吸音材料承受更高的温度。此外，泡沫铝是一种不燃材料，不会像塑料等材料那样，产生有害气体。

（5）泡沫铝的电磁屏蔽性能。泡沫铝具有优良电磁屏蔽性能，同时兼有吸音特性。因此，泡沫铝板最适合应用于制作电气设备房的天花板和墙壁，作为电磁屏蔽材料使用。

（6）缓冲效果好。泡沫铝受压达到其屈服点时，气泡隔膜发生形变，一层一层地连续变形，气泡破坏，产生极大的压缩变形，从而将冲击能量吸收，表现出良好的缓冲效果。

（7）低的热导率。泡沫铝的导热率很低，仅为纯铝的 $1/60 \sim 1/500$，而线膨胀系数与纯铝相当。

（8）加工方便。泡沫铝很容易进行机械加工，如切割、钻孔、弯曲和压花。可用锯将泡沫铝切割成不同规格和尺寸大小泡沫铝；能很方便地对泡沫铝进行钻孔和铆接；也能对泡沫铝进行弯曲和压花；还能用黏接剂将泡沫铝进行彼此粘贴，即可将泡沫铝进行黏接。

（9）施工方便。由于泡沫铝质轻，人工便可安装，特别适合于天花板、墙壁、屋顶等高处作业。由于加工方便，又可进行黏接和铆接，极易与其他结构物连接。因此，便于现场施工和安装组合。

（10）表面装饰效果好。采用特殊的工艺，完全可以用涂料对泡沫铝表面进行涂装。涂装几乎不损害泡沫铝的吸音效果。

（11）可制成夹心使用。泡沫铝两面黏接铝、铜、钛等薄板，制成夹层板，是一种轻质而具有较高强度的板材，可作为性能优异的结构材料使用。

39.4.1.2　泡沫铝的主要用途

由于泡沫铝具有一系列特性，因此用途十分广泛，主要应用在以下几个方面：

（1）吸音材料。适用于工厂、矿山、公路、隧道、音响等，作为吸音材料。

（2）建筑材料。适用于天花板、墙壁等，作为超轻质的建筑装修材料。

（3）结构材料。与金属板等复合成夹层板，可作为飞机、汽车、火车、建筑物的地板材料，墙体材料，屋顶材料，也可作为家具板材和减震板材。

（4）电磁屏蔽材料。适用于如计算机机房的墙壁、天花板，电子设备的壳体材料，电子指挥室内装修，电视台发射中心室内装修等。

39.4.2　泡沫铝的制备方法

所谓泡沫铝材料就是其孔隙率为 40% ~70%（体积分数）的多孔质材料。制备泡沫铝的方法不少，目前在工业上获得应用的就有五六种。尽管制造泡沫铝材的方法很多，但从泡孔的形成原理上可分为 3 类：气体发泡法，即由发泡剂形成气体，从而形成孔洞；固体溶解成孔法，即渗流法；同轴喷管制泡法。

按孔的形状可分为不规则孔法与球形孔法两类，另外还可分为开孔法（open cell）与闭孔法（close cell）。

39.4.2.1　金属氢化物发泡法

金属氢化物发泡是由夫雷霍弗实用材料研究所（IFAM）开发的，该方法制备的泡沫铝材结构相当均匀，并可以制备出接近成品尺寸的零件，具有闭孔式的显微组织，其力学性能比开孔泡沫材料高得多，可用这种材料加工成形状复杂的零部件或三明治式的复合材料，即芯层为泡沫铝而两面为金属薄板。

制取这种泡沫铝材的大致工艺及参数为：纯铝粉末或铝合金粉末 99%，1%（质量分数）钛化氢粉；在钢容器内于 200MPa 的压力下压实或挤压成无孔隙的块体；模锻成板块；

发泡温度 660~700℃；冷却。

粉末冶金法虽然工艺较复杂，但产品质量高，性能稳定，便于大规模的商业生产，德国已用此法为汽车工业提供泡沫铝合金车身板及其零部件。同时可用此法制备形状复杂的近成品尺寸的工件，机械加工量大为减少，制造周期缩短，工件的再现性高。

39.4.2.2 上压渗流铸造法

上压渗流铸造法的步骤为：首先将渗流颗粒装入嵌套内，稍加压实后，连同嵌套装入加热炉内，预热一定时间后取出，在外装上钢套，浇注铝熔体，然后迅速盖上加压盖板，同时施加气压，冷却后取出，泡于水中，待颗粒溶解后，就可得到所需的泡沫材料。此法的优点为：操作简单，成品高，设备投资小，可进行机械化工业性生产等。

用此法制备泡沫铝材的成品率大于90%，平均孔隙率达70%。泡沫直径及其形状主要决定于渗流颗粒的相应参数。

39.4.2.3 同轴喷嘴空心球形铝泡制造法

小桑德斯设计的同轴喷嘴空心球形铝泡的制造方法是用两根同心的圆管，将它们套在一起，铝熔体通过外管，面向风管通入惰性气体，将铝熔体"吹成"球形泡，其直径为1~6mm，壁厚5~150μm。然后将它们加以烧结，以增加其密度及提高其强度。每一个喷嘴的生产率为每分钟3000~15000个泡，相当于2.3~6.8kg/h。此法特别适合及制备共晶Al-Si 合金泡沫，因为它们的熔点低、流动性好，与空气的反应即化学活性较低。将制备的球状物装于容器内，通过烧结时的扩散作用可使它们连成一体，成为泡沫材料。

40 铝合金挤压材深加工技术及其应用与开发

铝合金挤压材是铝及铝合金加工材料中最重要的产品之一，占整个铝材产量的60%左右。2013年，我国铝挤压材年销量达1150万吨，占世界挤压材的70%左右。铝挤压材的品种繁多，形状规格达数十万种，用途十分广泛，可以深加工成各种不同性能、功能和用途的零部件或成品，用于现代军事工业、人民生活的国民经济各个部门和方面。其中的线材（铝线），主要应用于铆钉、焊丝和电缆，其深加工方式比较简单；棒材（铝棒）主要深加工成为模锻件，或机加工成为螺栓、螺母和其他立柱等受力部件，或弯曲成为各种异型受力构件，深加工也比较简单；铝合金管材主要用做输气（液）管道、钻杆、各种密封件的外壳，主要采用机加工和焊接等；铝及铝合金型材占铝挤压材总量的80%以上，品种繁多，形状千奇百怪，用途多种多样，既可以用于装饰部件，也可以用做结构部件和功能部件。因此，其深加工方法和技术也十分复杂。本章仅选择介绍几种常见的、用途最广泛的铝型材深加工技术及其应用与开发。

40.1 铝合金型材门窗

40.1.1 铝合金门窗的特点、种类及主要结构

40.1.1.1 铝合金门窗的特点

A 概述

铝合金门窗作为建筑门窗的一种，是工业与民用建筑重要的组成部分，围护作用是它们的基本功能。一般门窗面积约占整个建筑面积的1/5~1/4，造价占建筑总造价的12%~15%。

铝合金门窗一般由门框、门扇、玻璃、五金件、密封件、填充材料等组成。

铝合金门窗具有较强的防锈能力，使用寿命长，外形美观，其密封、防水等性能突出。随着近年来新技术的采用，困扰铝门窗技术性能的一些问题，已得到较好的解决。如：采用断热型材，较好地解决了保温、隔热性；新表面镀膜技术（如氟碳喷涂）的采用，解决了铝门窗镀膜、着色等问题。可以预见，随着经济发展，高档铝门窗必将会在建筑门窗中占据主流地位。这一点在西方和发达国家中已很好的体现出来。如：日本高层建筑有98%采用铝合金门窗，建筑用铝占铝型材产量的84%；美国建筑用铝占铝型材产量的66%。

B 铝合金门窗和其他主要门窗的比较

目前建筑市场主要采用以下几种门窗品种：木门窗、铝合金门窗、钢门窗、塑料门窗。其他品种如：钢木门窗、铝木门窗、镀锌彩板门窗、不锈钢门窗、玻璃钢门窗等也在一定范围内被使用。表40-1列出几种门窗的优缺点、适用范围及前景预测。

表40-1 几种门窗比较表

门窗材料	优　点	缺　点	适用范围	前景预测
铝合金	质轻、强度高、密封性好、防水好、变形小、维修费用低、装饰效果好、便于工业化生产	一般门窗导热系数大，保温性能差；高档门窗性能优越，但造价较高	适用于各类档次较高的工业、民用建筑工程上	前景广阔
钢	强度大、刚性好、耐火程度高、断面小、采光好、价格低	导热系数大、保温性能差、焊接变形大、密封性差、易锈蚀、寿命短	多用于工业厂房，仓库及不高的民用建筑	市场份额逐渐降低
塑料	质轻、密封性好、保温、节能效果好、不腐蚀、不助燃、工艺性能好	易变形、抗老化性能差、不能回收、污染环境	民用建筑和地下工程	当解决了老化变形和环保问题后，才有使用前景

40.1.1.2 铝门窗的种类及主要技术要求

A 铝合金门窗常用种类

铝合金门窗简称铝门窗，按开启方式分类如下：

（1）铝合金门有平开门、推拉门、弹簧门、折叠门、卷帘门、旋转门等。

（2）铝合金窗有平开窗、推拉窗、固定窗、上悬窗、中转窗、立转窗等。

B 铝合金门窗的标记方法示例

铝合金门窗的标记方法如图40-1所示。

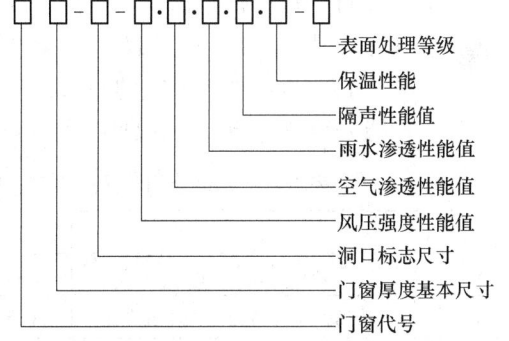

图40-1 铝合金门窗标记方法

（标注从上到下：表面处理等级、保温性能、隔声性能值、雨水渗透性能值、空气渗透性能值、风压强度性能值、洞口标志尺寸、门窗厚度基本尺寸、门窗代号）

铝合金门窗的标注示例如下：

$$PLC60\text{-}1821\text{-}3000 \cdot 1.0 \cdot 450 \cdot 35 \cdot 0.25\text{-}II$$

其中　PLC——平开铝合金门；

　　　60——窗的厚度基本尺寸为60mm；

　　1821——洞口宽度为1800mm，洞口高度为2100mm；

　　3000——抗风压强度性能值为3000Pa；

　　1.0——空气渗透性能值1.0m³/(m·h)；

　　450——雨水渗透性能值450Pa；

　　35——空气声计权隔声值35dB；

　0.25——保温性能传热阻值0.25(m²·K)/W；

　　II——阳极氧化膜厚度为II级。

C 铝合金门窗的基本尺寸

a 厚度基本尺寸

铝合金门窗的系列主要以门窗厚度尺寸分类，如70系列推拉窗，100系列铝合金门等，其基本尺寸见表40-2。

表 40-2　铝合金门窗厚度基本尺寸（系列）　　　　　　　　（mm）

类　别	厚度基本尺寸（系列）	类　别	厚度基本尺寸（系列）
门	40、45、50、55、60、70、80、90、100	窗	40、45、50、55、60、65、70、80、90

铝门窗系列可能和表 40-2 不完全相符，如市场中的 53 系列平开窗，46 系列弹簧门等。

　　b　洞口尺寸的标注

门窗洞口的规格型号，由门窗洞口标志宽度和高度的千位、百位数字，按前后顺序排列组成的四位数字表示。如：当门窗洞口的宽度为 1000mm，高度 1800mm 时，其标志方式为 1018。

　　D　铝合金门窗的技术性能指标

铝合金门窗的技术性能指标有：

（1）强度性能。铝合金门窗强度性能等级见表 40-3 中的 A 行。

（2）气密性。气密性是铝合金门窗空气渗透性能的简称，是指在 10Pa 压力差下的单位缝长空气渗透量，国标 GB 7107—86 中建筑外窗气密性分级见表 40-3 中的 B 行。

（3）水密性。水密性指外窗的雨水渗漏性能，是以门窗雨水渗漏时，内外压力差值来衡量的。性能分级及检测方法详见国标 GB 7108—86，水性分级见表 40-3 中的 C 行。

表 40-3　铝合金门窗抗风强度、空气渗透性能和雨水渗漏性能分级

	等　级	I	II	III	IV	V	VI
A	抗风强度 W_G/Pa	3500	3000	2500	2000	1500	1000
B	空气渗透性能/% ($m^3 \cdot (m \cdot h)^{-1}$)	0.5	1.5	2.5	4.0	6.0	
C	雨水渗漏性能/Pa	500	350	250	150	100	50

（4）启闭力。安装完毕后，窗扇打开或关闭所需外力应不大于 50N。

（5）隔声性。一般铝合金窗隔声性约 25dB，高隔声性能的铝合金窗，隔声量在 30 ~ 45dB 之间。其分级及检测方法见国标 GB 8485—87。

（6）隔热性。一般用窗的热对流阻抗来表示隔热性能。国家标准 GB 8484—87 中建筑外窗保温性能分级见表 40-4。

表 40-4　铝合金门窗保温性能分级

等　级	传热系数 K /W · $(m^2 \cdot K)^{-1}$	传热阻尼 /$m^2 \cdot K \cdot W^{-1}$	等　级	传热系数 K /W · $(m^2 \cdot K)^{-1}$	传热阻尼 /$m^2 \cdot K \cdot W^{-1}$
I	≤2.0	≥0.5	IV	4.0 ~ 5.0	0.2 ~ 0.25
II	2.0 ~ 3.0	0.333 ~ 0.5	V	5.0 ~ 6.0	0.156 ~ 0.2
III	3.0 ~ 4.0	0.25 ~ 0.333			

国内市场上，高档铝合金门窗隔热性能一般为 III 级，国外高档门窗已经接近 I 级水平，传热系数 K 值为 2.0W/($m^2 \cdot K$) 左右。

（7）主要附件耐久性。一般指锁、合页、铰链、导向轮等关键附件，其使用寿命应与铝门窗相适应。

40.1.1.3　铝合金门窗的主要结构

铝合金门窗主要是由铝合金型材、玻璃、密封材料和一些连接件组成。

A　铝合金型材

铝合金建筑型材是铝合金门窗主材，目前使用的主要材料是 6061、6063、6063A 等铝合金，高温挤压成型，快速冷却并人工时效（T5 或 T6）状态的型材，表面经阳极氧化（着色）或电泳涂漆、粉末喷涂、氟碳喷涂处理。GB/T 5237—2000 对铝合金建筑型材的成分和质量做了详细规定。

B　玻璃

玻璃分为：

（1）平板玻璃。主要有两种，普通平板玻璃和浮法玻璃。绝大多数铝门窗采用浮法玻璃，其特点是表面平整，无波纹，"不走像"。

（2）钢化玻璃。钢化玻璃是将玻璃热处理，其抗冲击能力是普通玻璃的 4 倍左右，且破碎时成小颗粒，对安全影响小，是一种安全玻璃。一般公共场所，人员常出入的地方，规定都要采用钢化玻璃。

（3）中空玻璃。中空玻璃是由两片或多片玻璃周边用间隔框（内含干燥剂）分开，并用密封胶密封，使玻璃层间形成有干燥气体的玻璃。其特点是保温、隔热、隔声性能大大提高，且冬季不结霜。高性能铝合金门窗都须采用中空玻璃。

（4）其他。吸热玻璃、镀膜玻璃、夹丝玻璃，以及夹层玻璃等玻璃品种也在铝合金门窗中广泛使用。

40.1.2　铝合金门窗的设计

铝合金门窗设计一般分为两类，一是结构断面设计（产品系列设计），二是产品设计，本节仅就结构断面设计原则做一简述。

铝合金门窗型材结构断面设计的前提条件有：

（1）适用于何种地区、何类建筑。

（2）门窗性能属于何种档次。主要包括抗风压、气密性、水密性、保温、隔声等。

（3）每平方米型材用量，采用何类附件，成本造价大致多少，预计适应何类市场。

（4）这种系列型材通用性如何，准备采用哪些先进理论和独特构造。

设计要求为：

（1）铝合金门窗型材结构应有很好的力学性能，主型材应有足够大的抗变形能力。

（2）铝型材组成门窗后，应便于加工、制作、组装、安装。

（3）铝型材断面形状要考虑挤压模具的约束。

（4）铝合金型材结构断面决定了铝合金门窗的性能，不同性能要求的门窗采用型材断面也不一样。

设计原则包括：

（1）铝合金型材断面在满足功能要求的前提下，结构要尽量简单，几何形状对称，壁厚变化不应太大，便于挤压成型。

（2）铝合金型材应具有各种功能性沟槽，满足装玻璃，装密封条，装五金配件，开排水孔及安装固定件等功能。

（3）铝合金型材应有足够的抗弯曲、抗冲击能力。

（4）铝合金型材拼装组合结构完善，满足门窗组装要求。

（5）力求一种型材多用，变化少数型材就能开发出一种新产品。

40.1.3 铝合金门窗加工制作

40.1.3.1 铝合金门窗制作工艺

铝合金门窗制作工艺流程如图 40-2 所示。

40.1.3.2 铝合金门窗制作前的准备

铝合金门窗制作前的准备包括：

（1）制作地点的确定。根据门窗结构和整体
尺寸大小不同，铝门窗制作分为：全部在工厂内
完成加工制作；在工厂完成散件加工，运至工地进行最终组装。要避免在现场进行
加工。

（2）材料准备。常见的铝门窗分为推拉式和平开式两大类。在制作前，按图纸准备好
各种铝型材、连接件、锁具等附件。所有材料的材质和质量均应符合现行国家标准和铝门
窗行业规范。

（3）工具准备。除上述专用设备外，铝门窗加工常用的工具还有：手电钻、台钻、小
切割锯、曲线锯、螺丝刀、扳手、锉刀、橡皮锤、打胶枪、玻璃吸盘、钢卷尺、直尺、角
度尺、线坠等。

40.1.3.3 铝合金门窗制作

建筑工程中常用的铝合金窗有平开和推拉两
种形式，门除了上述两种开启形式外还有弹簧
门。图 40-3 所示为常用的 46 系列弹簧门的组
装图。

目前，市场上出售的铝门窗型材规格众多，
不同厂家的产品不能互换，因此在选料时必须注
意各构件的匹配，否则会降低产品的性能甚至不
能组装到一起。门扇与门框间隙应根据型材的相
关尺寸和产品结构确定，选用规格合适的毛刷
条。直角下料的门框料，要按照横料顶竖料的组
装方式确定下料尺寸。各部位的加工要符合图纸
要求。

因门扇尺寸和质量较大，开关频繁，易发生
下垂和松动，所以角连接必须牢固，使用角码连
接时，角码必须要充满型材内腔，插入型材腔中

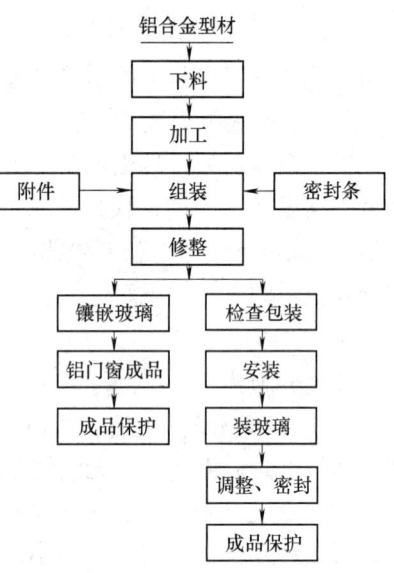

图 40-2 铝合金门窗制作工艺流程

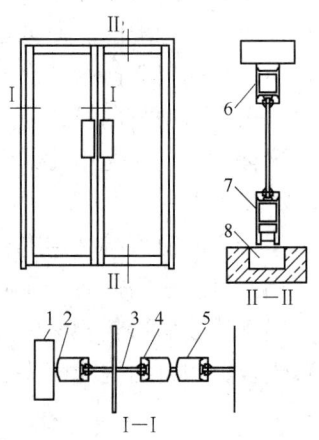

图 40-3 铝合金弹簧门组装图
1—门外框；2—毛刷条；3—玻璃；4—玻璃压条；
5—门扇竖梃；6—门扇上横框；
7—门扇下横框；8—地弹簧

要有足够的深度，连接要有预紧力。

40.1.3.4　铝合金门窗制作质量要求

铝合金门窗制作质量标准及验收规范在国家标准中都有详细要求，主要指标摘录见表 40-5 ~ 表 40-8。

表 40-5　铝合金门窗框尺寸允许偏差　　　　　　　　（mm）

项　目	门框尺寸	产 品 等 级		
		优等品	一级品	合格品
宽度、高度允许偏差	≤2000	±1.0	±1.5	±2.0
	>2000	±1.5	±2.0	±2.5
对边尺寸之差	≤2000	≤1.5	≤2.0	≤2.5
	>2000	≤2.5	≤3.0	≤3.5
对角线尺寸之差	≤3000　（2000）	≤1.5	≤2.0	≤2.5
	>3000　（2000）	≤2.5	≤3.0	≤3.5

注：括号内尺寸为铝合金窗框尺寸。

表 40-6　铝合金门窗框扇相邻件装配间隙允许偏差　　　　　　　　（mm）

项　　目	产品等级			项　　目	产品等级		
	优等品	一级品	合格品		优等品	一级品	合格品
同一平面高低差	≤0.3	≤0.4	≤0.5	装配间隙	≤0.3	≤0.4	≤0.5

表 40-7　铝合金门、平开窗和推拉窗综合性能指标要求

类别	产品等级	抗风压强度/Pa	铝合金门		铝合金平开窗		铝合金推拉窗	
			气密性 /m³·(h·m)⁻¹	水密性 /Pa	气密性 /m³·(h·m)⁻¹	水密性 /Pa	气密性 /m³·(h·m)⁻¹	水密性 /Pa
高性能门	优等品	≥3500	≤1.0	≥300	≤0.5	≥500	≤0.5	≥400
	一级品	≥3500	≤1.5	≥300	≤0.5	≥450	≤1.0	≥400
	合格品	≥3000	≤1.5	≥250	≤1.0	≥450	≤1.0	≥350
中性能门	优等品	≥3000	≤2.0	≥250	≤1.0	≥400	≤1.5	≥350
	一级品	≥3000	≤2.0	≥200	≤1.5	≥400	≤1.5	≥300
	合格品	≥2500	≤2.5	≥200	≤1.5	≥350	≤2.0	≥250
低性能门	优等品	≥2500	≤2.5	≥150	≤2.0	≥350	≤2.0	≥200
	一级品	≥2500	≤3.0	≥150	≤2.0	≥250	≤2.5	≥150
	合格品	≥2000	≤3.0	≥100	≤2.5	≥250	≤3.0	≥100

注：气密性是在压力差 10Pa 下指标值。

表 40-8 铝合金门窗外观质量标准

项 目	产 品 等 级		
	优 等 品	一 级 品	合 格 品
擦伤、划伤深度	不大于氧化膜厚度	不大于氧化膜厚度2倍	不大于氧化膜厚度3倍
擦伤面积/mm²	≤500	≤1000	≤1500
划伤总长度/mm	≤100	≤150	≤200
擦伤或划伤处数	≤2	≤4	≤6

40.1.3.5 铝合金门窗的安装施工

铝合金门窗安装方法分为干法和湿法两种。干法施工是先在洞口上安装副框,副框材料一般为碳钢板轧制成型的焊管,钢板厚度不小于3mm,管壁内外均需进行防锈处理。等内外墙面抹灰或装修完成后,再将门或窗体装入副框中。干法施工的优点是防止了因交叉施工造成门窗磕碰,污染和腐蚀,并可提高工作效率。图40-4所示为干法施工示意图。

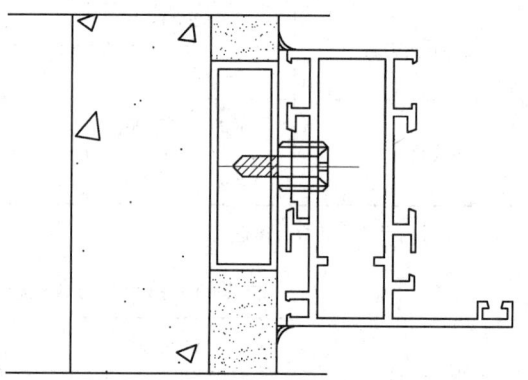

湿法施工是在抹灰前,用厚度不小于2mm的防锈铁板直接将门窗体固定在洞口内,湿法施工一定要采取有效的保护措施,除了要避免直接磕碰和污染外,还必须阻止灰浆沾染门窗框,因为碱性灰浆极易对铝合金氧化膜造成腐蚀。湿法施工的优点是成本低,施工简单。

图 40-4 干法施工示意图

地弹簧的安装要求地弹簧的轴心必须保证与门上轴同心,垂直度、高低差符合标准要求,弹簧体埋设要牢固。

40.2 铝合金幕墙

40.2.1 铝合金幕墙的特点及分类

40.2.1.1 铝合金玻璃幕墙的特点

铝合金玻璃幕墙的特点有:

(1) 能产生较好的建筑艺术效果。

(2) 自重较轻,通常为 $0.3 \sim 0.5 kN/m^2$,只是砖墙的 $1/10 \sim 1/12$,从而降低主体结构和基础结构造价。

(3) 材料品种单一,施工方便。

(4) 能较好地适应旧建筑物翻新改造的需要。

(5) 造价较高,抗风、抗震性能较弱,能源消耗较大。

40.2.1.2 铝合金玻璃幕墙的分类

通常把铝合金玻璃幕墙分为明框、隐框和半隐框3种类型。

（1）明框玻璃幕墙。明框玻璃幕墙的玻璃板块镶嵌在铝合金框内，成为四边有铝框的铝合金幕墙构件，幕墙构件镶嵌在横梁上，形成横梁、立柱均外露，铝框分格明显的立面，如图40-5所示。明框铝合金玻璃幕墙是最传统的幕墙形式，应用广泛，使用性能可靠，相对于隐框玻璃幕墙，容易满足施工技术要求。

（2）隐框玻璃幕墙。隐框玻璃幕墙是将玻璃用硅硐结构密封胶（简称结构胶）黏结在铝合金框上，大多数情况下不用金属连接件。因此，铝框全部隐蔽在玻璃后面，形成大面积全玻璃镜面，如图40-6所示。隐框玻璃幕墙的玻璃与铝框之间完全靠结构胶黏结。结构胶要承受玻璃的自重、玻璃所承受的风载荷和地震作用，还有温度变化的影响，因此，结构胶是隐框铝合金玻璃幕墙安全性的关键环节。结构胶必须能有效地黏结与之接触的所有材料，包括玻璃、铝材、耐候胶、垫杆、垫条等，称之为相溶性。在选用结构胶的厂家和牌号时，必须用已选定的幕墙材料进行相溶性实验，确认实验结果相溶后，才能在工程中应用。

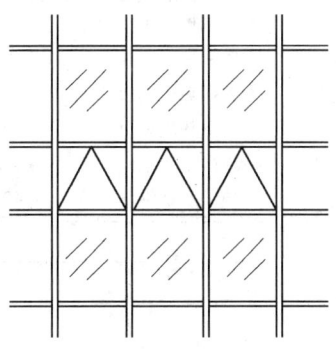

图40-5   明框玻璃幕墙

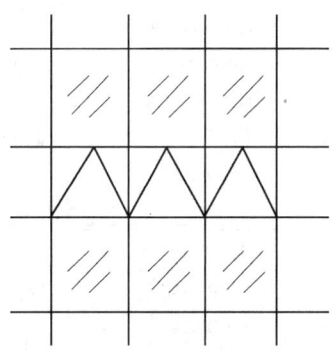

图40-6   隐框玻璃幕墙

（3）半隐玻璃幕墙。半隐玻璃幕墙是将玻璃一对边镶嵌在铝框内，另一对边用结构胶黏结在铝框上，形成半隐框效果。立柱外露横梁隐蔽的半隐框玻璃幕墙如图40-7所示；横框外露，立框隐蔽的半隐框玻璃幕墙如图40-8所示。半隐、全隐框玻璃幕墙中空玻璃所用密封胶必须为同型号的硅硐结构胶。

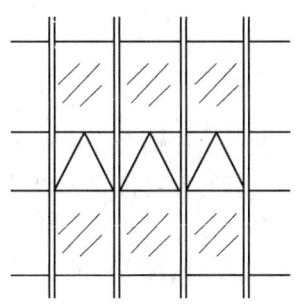

图40-7   横隐竖露玻璃幕墙示意图

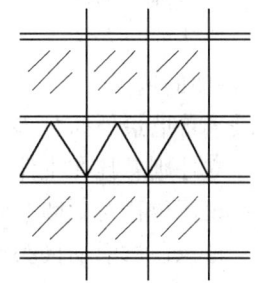

图40-8   横露竖隐玻璃幕墙示意图

40.2.1.3 铝合金玻璃幕墙安全与质量管理

铝合金玻璃幕墙是悬挂或支撑在主体结构上的外墙幕墙构件，主要起围护作用，不作为主要抵抗外荷载作用的受力构件。幕墙在风荷载作用下或地震作用下损坏的例子是非常多的，因此，幕墙的合理设计对于防止灾害发生、减少经济损失、保障生命安全是至关重要的。

玻璃幕墙的刚度和承载力都较低，在强风和地震作用下，常常发生破坏和脱落，因此，玻璃幕墙无论是抗风设计和抗震设计都是很重要的问题。尤其近年来玻璃幕墙采用越来越大的玻璃板块，使抗风和抗震的要求更高。

为了确保玻璃幕墙的质量和安全，充分发挥其效益，各地有关部门都应采取一系列加强玻璃幕墙工程安全与质量管理的措施。

40.2.1.4 铝合金幕墙材料的标准

材料是保证幕墙质量和安全的物质基础，幕墙所使用的材料，概括起来，基本上有四大类型，即：骨架材料、板材、密封填缝材料、结构黏结材料。这些材料都有国家标准或行业标准。表 40-9 列出了幕墙主要材料及执行的国家标准。

表 40-9 铝合金幕墙主要材料及执行的国家标准

铝合金材料		碳素结构钢		不 锈 钢	
平开门	GB 8478—86	碳素结构钢	GB 700	不锈钢棒	GB 1200
平开窗	GB 8479—86	优质碳素结构钢	GB 699	不锈钢冷加工棒	GB 4226
地弹簧门	GB 8482—86	合金碳素结构钢	GB 3077	不锈钢热轧钢板	GB 3280
幕墙用型材	GB/T 5237—2000	低合金结构钢	GB 1597	不锈钢热轧钢板	GB 4237
	（高精级标准）	热轧厚板及钢带	GB 3274	冷顶锻不锈钢丝	GB 4332
				冷顶锻不锈钢丝	GB 4232
五 金 件		玻 璃			
地弹簧	GB 9296	钢化玻璃	GB 7963		
平开窗把手	GB 9298	夹层玻璃	GB 9962		
不锈钢滑撑	GB 9300	中空玻璃	GB 11944		
		浮法玻璃	GB 11614		
		吸热玻璃	JC/T 536		
		夹丝玻璃	JC 433		

40.2.2 铝合金幕墙结构设计

40.2.2.1 铝幕墙结构设计的基本要求

A 结构设计的一般原则

a 玻璃幕墙的构成

铝合金玻璃幕墙最外面是玻璃或部分金属板材构件，它支撑在铝合金横梁上，横梁连接在立柱上，立柱则悬挂在主体结构上。这些连接都允许一定的相对位移，以减少主体结构在水平力作用下位移对幕墙的影响，并允许幕墙各部分因温度、风压等变化而变形。此外，上下层立柱也通过活动接头连接，可相对移动以适应温度、风压等变形和楼层的轴向压缩变形。

b 结构设计的原则

幕墙主要构件应悬挂在主体结构上，斜墙和玻璃屋顶可悬挂或支撑在主体结构上，幕墙应按围护结构设计，不承受主体结构的荷载和地震作用。

幕墙及其连接件应有足够的承载力、刚度和相对于主体结构的位移能力，避免在荷载、地震和温度作用下产生破坏、过大的变形，妨碍使用。

非抗震设计的幕墙，在风力作用下其玻璃不应破碎，且连接件应有足够的位移能力，使幕墙不破坏、不脱落。

抗震设计的幕墙，在遭遇地震作用下玻璃不应产生破损，在设防烈度地震作用下，经修理后幕墙仍可使用，在罕遇地震作用下幕墙骨架不应脱落。

幕墙构件设计时，应考虑在重力荷载、风荷载、地震作用、温度作用和主体结构位移影响下的安全性。

B　幕墙结构设计方法

a　承载力表达方式

目前，结构设计的标准是小震下保持弹性，不产生损坏。在这种情况下，幕墙也应处于弹性状态。因此，与幕墙有关的内力计算均采用弹性计算方法进行。

承载力表达方式有两种：一种是我国多数设计规范所采用的内力表达方式；另一种是采用应力的表达方式，即我国钢结构设计规范。

采用内力表达方式时，内力 S 可为弯矩、轴向力、剪力、扭矩及其组合，此时内力表达式为：

$$S \leqslant R \tag{40-1}$$

式中　S——外荷载及作用和效应产生的内力设计值；

　　　R——构件截面承载能力。

由于温度作用或地震作用产生的内力各不相同，有轴向力、弯矩等。

采用承载力表达式不很方便，为便于设计人员应用，用应力表达式更合适：

$$\delta \leqslant f \tag{40-2}$$

式中　δ——各种荷载及作用产生应力的设计值；

　　　f——材料强度的设计值。

b　幕墙结构安全度

承载力计算中，结构安全度可用两种方法来表达，其中之一如下：

$$\delta_k \leqslant [f] = \frac{f_k}{k} \tag{40-3}$$

式中　δ_k——外荷载产生的应力标准值；

　　　$[f]$——允许应力值，$[f] = \dfrac{f_k}{k}$，它为材料准强度 f_k 除以结构的安全系数 k。

在进行隐框幕墙设计时，结构胶的计算便采用这种方法，结构胶短期允许值为 $0.14 \mathrm{N/mm^2}$，为实验值的 1/5，即安全系数为 5。

c　荷载和作用效应的组合

幕墙构件采用弹性方法计算，其截面应力设计值不应超过材料的强度设计值。

$$\delta \leqslant f \tag{40-4}$$

荷载和作用效应可按下列方式进行组合：

$$S = \gamma_G S_G + \Phi_w \gamma_w S_w + \Phi_E \gamma_E S_E + \Phi_T \gamma_T S_T \tag{40-5}$$

式中　　　　　　S——荷载和作用效应组合后的设计值；

　　　　　　　　S_G——重力荷载作为不变荷载产生的效应；

S_w，S_E，S_T——风荷载、地震作用和温度作用产生的效应。按不同的组合情况，三者可分别作为第一个、第二个和第三个可变荷载和作用产生的效应；

γ_G，γ_w，γ_E，γ_T——各效应的分项系数；

Φ_w，Φ_E，Φ_T——风荷载、地震作用和温度作用效应的组合系数，其值取决于各项效应分别作为第一个、第二个和第三个可变荷载和作用的效应。

可变荷载和作用产生的效应 S_w、S_E 和 S_T 应按幕墙结构设计的条件和要求决定其组合方式。幕墙应按各效应组合中最不利组合进行设计。最不利组合可由工程经验决定。

进行幕墙构件、连接和锚固件承载力计算时，荷载和作用效应分项系数应按下列数值采用：

　　　　动荷载　　　　$\gamma_G = 1.2$

　　　　风荷载　　　　$\gamma_w = 1.4$

　　　　地震作用　　　$\gamma_E = 1.3$

　　　　温度作用　　　$\gamma_T = 1.2$

进行位移和挠度计算时，各分项系数均按 1.0 采用，当两个以上可变荷载作用（风荷载、地震作用和温度作用）效应参加组合时，第一个可变荷载或作用效应的组合系数 Φ 可取 1.0，第二个可变荷载或作用效应的组合系数可取 0.6，第三个可变荷载或作用效应的组合系数可取 0.2。

由于三种可变效应达到最大值的概率是极小的，所以，当可变效应顺序不同时，应按顺序分别采用不同的组合系数。设计中，风、地震、温度分别为第一顺序的情况都应考虑，即可以考虑以下的典型组合：

$$1.2G + 1.0 \times 1.4W + 0.6 \times 1.3E + 0.2 \times 1.2T$$

$$1.2G + 1.0 \times 1.4W + 0.6 \times 1.2T + 0.2 \times 1.3E$$

$$1.2G + 1.0 \times 1.3E + 0.6 \times 1.4W + 0.2 \times 1.2T$$

$$1.2G + 1.0 \times 1.3E + 0.6 \times 1.2T + 0.2 \times 1.4W$$

$$1.2G + 1.0 \times 1.2T + 0.6 \times 1.4W + 0.2 \times 1.3E$$

$$1.2G + 1.0 \times 1.2T + 0.6 \times 1.3E + 0.2 \times 1.4W$$

式中　G，W，E，T——重力荷载、风荷载、地震作用和温度作用产生的应力或内力。

C　结构设计基本参数

幕墙结构设计的基本参数有：荷载和作用、材料的力学性能、玻璃的应力、横梁和立柱的设计、结构胶的计算、幕墙与主体结构的连接等，其具体计算方法可参阅有关专著。

40.2.2.2　荷载和作用

荷载分为：

（1）重力荷载。幕墙结构材料的重力体积密度可按以下数值采用：普通玻璃、夹层玻璃、钢化玻璃为 25.6kN/m^2；铝合金为 27.0kN/m^2；幕墙考虑平面外的施工荷载，竖直幕墙构件为 1.0kN/m^2。

（2）风荷载。作用在幕墙上的风荷载标准值可按式（40-6）计算。

$$w_k = \beta_z \mu_z \mu_s w_o \tag{40-6}$$

式中　w_k——作用在幕墙上的风荷载标准值，kN/m^2；

　　　　β_z——考虑瞬时风压的阵风风压系数，可取为 2.25；

　　　　μ_s——风荷载体形系数，竖直幕墙外表面可按 ±1.5 取用；

　　　　μ_z——风压高度变化系数，应按照现行国家标准《建筑结构荷载规范》采用；

　　　　w_o——基本风压，应按照现行国家标准《建筑结构荷载规范》附图中的数据采用，kN/m^2。

40.2.3　铝合金幕墙的制作和安装施工

40.2.3.1　铝型材的加工

A　生产条件和加工准备

（1）型材加工应在车间内进行，车间内应有良好的清洁条件。

（2）加工铝型材的设备、机具应能保证加工的精度要求，所用的量具能够达到测量精度，而且要定期检定，进行计量认证。

（3）型材下料前，应对设计图认真核对，按图纸尺寸加工。

（4）对进场的铝型材，必须检验其出厂合格证，检查型材型号是否与图纸要求相符。

（5）必须检查型材表面氧化膜或涂层是否完好，去除有大面擦划伤或脱落的型材。

B　加工精度要求

（1）截料尺寸精度。截料尺寸允许偏差应符合表 40-10 的要求。

表 40-10　结构杆件截料允许偏差

直角截料允许偏差		斜角截料允许偏差	
长度尺寸 L	端头角度	长度尺寸 L	端头角度
1.0mm	10′	1.0mm	15′

（2）截料端头不应有明显的加工变形，毛刺不大于 0.2mm。

（3）孔位允许偏差 ±0.5mm，孔距允许偏差 ±0.5mm，累计偏差不大于 ±1.0mm。

（4）铆钉用通孔应符合 GB 1521 的规定，沉头螺钉用沉孔应符合 GB 1522 的规定。

（5）圆柱头螺栓用沉孔应符合 GB 1523 的规定。

（6）螺丝孔的加工应符合设计要求。

C　铝型材槽、豁、榫的加工精度

铝型材槽、豁、榫的尺寸允许偏差参见图 40-9 和表 40-11。

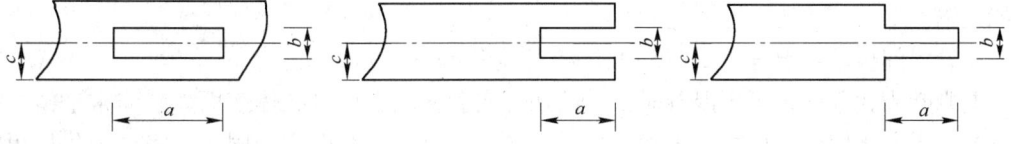

图 40-9　槽、豁、榫的尺寸

表 40-11 铣槽、豁、榫的尺寸允许偏差 （mm）

项目	铣槽尺寸允许偏差			铣豁尺寸允许偏差			铣榫尺寸允许偏差		
	长度 a	宽度 b	中心线位置 c	豁口长度 a	豁口偏差 b	中心线位置 c	榫长 a	榫宽 b	中心线位置 c
偏差	+0.5 -0.0	+0.5 -0.0	±0.5	+0.5 -0.0	+0.5 -0.0	±0.5	+0.5 -0.0	+0.5 -0.0	±0.5

D 幕墙构件中铝合金装配精度

（1）构件铝型材装配尺寸偏差应符合表 40-12 的规定。

（2）各相邻构件装配间隙及同一平面高低偏差符合表 40-13 的规定。

表 40-12 构件装配尺寸允许偏差 （mm）

项 目	槽高度、宽度		构件对边尺寸		构件对角线尺寸	
尺 寸	≤2000	>2000	≤2000	>2000	≤2000	≤2.0
允许偏差	±1.5	±2.0	≤2.0	≤3.0	>2000	≤3.5

表 40-13 相邻构件装配间隙及同一平面高低允许偏差

项 目	装配间隙	同一平面高低差
允许偏差	≤0.4	≤0.4

40.2.3.2 隐框幕墙板材的制作

A 胶缝处基材的清洁

清洁是保证隐框板材黏结力的关键工序，也是隐框幕墙的安全性、可靠性的主要技术措施之一，通常采用以下清洁剂：非油性污染物为异丙醇50%，水50%混合剂；油性污染物为二甲苯。

清洁时，必须将清洁剂倒在清洁布上，不得将布蘸入容器中，应顺着一个方向依次清洗，然后用第二块干布擦去未挥发的溶剂。第二块布脏后应立即更换。

清洁后，30min 内必须注胶，否则进行第二次清洗。

B 粘贴双面胶条

玻璃必须按设计位置固定于铝框上，在平面内铝框与玻璃要按基准线定位，要求误差±0.5mm 以内。粘贴双面胶条，保证胶缝的宽度和厚度。

C 注胶

隐框幕墙板材的结构胶须用机械注胶机注胶，注胶要按顺序进行以排走空隙内的空气，要涂布均匀。注胶后要用刮刀刮去多余的胶，并修整外露表面。

D 静置和养护

注胶后的板材应在静置房间养护，双组分结构胶静置 3 天、单组分结构胶静置 7 天后才能运输。

静置房间要求：温度（25±5）℃，相对湿度65%~90%。

要判断固化程度，可用混胶时留下的切开实验样品，切口胶体表面如果非常平滑，闪闪发光，说明未固化；反之如果切口平整，颜色发暗，说明已完全固化。完全固化后板材可运施工现场房间内继续存放 14~21 天，使其达到黏接强度后才可以安装。

40.2.3.3 幕墙的施工安装

A 施工组织设计

（1）对构件半成品进料、运输、堆放、保管、搬运、吊装和测量放线、打墨线、安装、保护、清除以及检查和分层施工等制定详细计划。

（2）应拟定玻璃幕墙安装施工的方法、要求和施工规程，并制定出连接节点图。

（3）确定安装工具、吊运机具，并拟定操作规程。

（4）制定质量要求及检查计划。

（5）制定成品保护和清扫计划。

（6）制定安全措施及劳动保护计划。

B 安装前的施工准备

（1）材料与构件。

1）材料与构件要按施工组织设计分类，按使用地点存放。

2）安装前要检查铝型材，要求平直、规方，不得有明显变形、刮痕和污染。

3）构件、材料和零附件应在施工现场验收，验收时供货方、监理方和业主应在场。

4）预埋件检查。为了保证幕墙与主体结构连接可靠，幕墙与主体结构连接的预埋件应在主体结构施工时，按设计要求的数量、位置和方法进行埋设。施工安装前，应检查各连接位置预埋件是否齐全，位置是否符合设计要求：标高偏差为 ±10mm；轴线左右差为 ±30mm；轴线垂直差为 ±20mm。

预埋件遗漏、位置偏差大、倾斜时，要会同设计单位采取补救措施。

（2）常用施工工具主要有：手动真空吸盘、牛皮带、电动吊篮、手动电钻、焊机、胶枪、螺丝刀等。

C 幕墙安装施工

a 构件式幕墙安装施工

（1）测量放线。测量放线应与主体结构测量放线相配合，水平标高要逐层从地面引上，以免误差积累。

（2）立柱的安装。立柱子先连接好连接件，再将连接件点焊在预埋钢板上，然后调整位置。立柱的垂直位置可由吊锤控制，位置调整准确后，才能将连接件焊牢。安装误差控制：标高为 ±3mm；前后为 ±2mm；左右为 ±3mm。

立柱一般为竖向构件，是幕墙安装施工的关键之一，其质量影响整个幕墙的安装质量。通过连接件，幕墙的平面轴线与建筑物的外平面轴线距离的允许偏差应控制在2mm以内。

（3）横梁的安装。横梁安装应符合下列要求：将横梁两端的连接件及弹性橡胶垫安装在立柱的预定位置，要求安装牢固，接缝严密；相邻两根横梁的水平高低偏差不大于1mm，同层标高偏差不大于4mm，同时应与立柱的玻璃嵌槽一致，其表面高低偏差不大于1mm；同一层的横梁安装应由下向上进行，当安装完一层高度时，应进行检查、调整、固定，使其符合质量要求，同层横梁标高差不大于5mm。

b 玻璃板材的安装施工

在安装前，要清洁玻璃表面，四边的铝框也要清除污物，以保证嵌缝耐候胶可靠黏结。玻璃的膜面要朝室内方向。

玻璃不能与其他构件直接接触，四周必须留有空隙，下部应有定位垫块，垫块宽度与槽口相同，长度不小于 100mm。

隐框幕墙构件下部要设两个金属支托，支托不应突出玻璃外表面。

c 耐候胶嵌缝

玻璃板材安装后，板材之间的间隙必须用耐候胶嵌缝，予以密封，防止气体和雨水渗漏。常用的嵌缝耐候胶是硅硐建筑密封胶，如 GE2000，Dowcorning783 等。打耐候胶时应注意：

（1）充分清洁板材间缝隙，不应有水、油渍、涂料、铁锈、水泥、沙浆、灰尘等。可用甲苯或甲基二乙酮做清洁剂。

（2）为调整缝的深度，避免三面粘胶，缝内塞垫杆。

（3）为避免密封胶污染玻璃，应在缝两边贴保护纸带。

（4）注胶后应将胶缝抹平，去除多余的胶。

（5）注意注胶后的养护，未固化前不要动胶，以免划、碰坏。

d 幕墙施工安全措施

（1）应根据有关劳动安全、卫生法规，结合工程制定安全措施，并经有关人员批准。

（2）安装幕墙用的施工机具在使用前必须严格检查。

（3）吊篮须做荷载实验和各种安全保护装置和运转实验；手电钻、电动改锥、焊钉枪等电动工具须做绝缘电压实验；手持玻璃吸盘和玻璃吸盘安装机，必须检查吸附质量和进行吸附持续时间实验。

（4）施工人员须配备安全帽、安全带、工具袋。在高层建筑幕墙安装与部结构施工交叉作业时，结构施工下层下方须架设竖向安全平网。

（5）现场焊接时，应在焊件下方加设接火斗，以免发生火灾。

40.3 隔热型材加工技术

40.3.1 隔热型材的特点及结构

随着国民经济发展，铝合金门窗、幕墙也向高技术、高要求发展，不仅对气密性、水密性、抗风压要求高，而且对隔热、保温、隔声、防振等都有新的要求。铝材的表面处理由阳极氧化向静电喷涂和氟碳喷涂方向发展。为了达到隔热和保温节能的要求，采用"隔热断桥技术"，生产隔热型材，能有效地解决铝合金导热性能高，热量损失大的不足。表40-14为门窗、幕墙所用材料的热导率。

表40-14 断热冷桥所用材料和铝的热导率

材　　料	铝	高密度聚氨酯	断热条
热导率 $\lambda/W \cdot (m \cdot K)^{-1}$	217	0.134	0.140

采用断热冷桥后，可以克服铝合金固有的高热导率，同时保持了铝合金的重要性能。与中空玻璃和密封材料相结合，可设计出热效应高的隔热、保温门窗。

所谓"隔热型材"是在两个铝合金型材中间加入低导热性能的非金属材料，以达到隔热要求，如图 40-10 和图 40-11 所示。

在设计隔热门窗、幕墙时，要求隔热材料膨胀系数与铝合金相差不大，否则成型后会

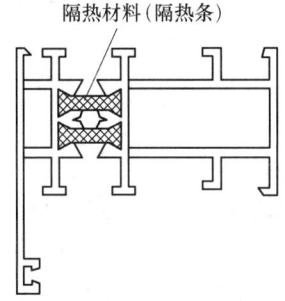
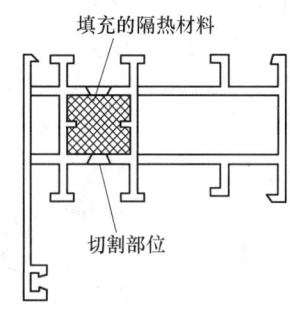

图 40-10 隔热型材示意图   图 40-11 灌注式断桥铝型材

在二者之间产生较大的应力，使型材变形。同时，要求隔热材料与铝合金型材合为一体，在门窗、幕墙结构中和铝材共同受力。因此，必须具有与铝合金型材相近的抗拉强度、抗弯强度、膨胀系数和弹性模量，否则就会使隔热条断开和破坏。

断桥的隔热系数一般要求小于 $0.4W/(m^2 \cdot K)$。目前，通常选用带强化玻璃纤维的聚酰胺尼龙 66 作为隔热的冷桥材料。聚酰胺尼龙 66 是一种人工合成的热塑料树脂，由碳酸氢和双胺化合物聚合，再经过一系列的缩聚作用并加入 25% 的玻璃纤维达到强化作用。玻璃纤维的加入要进行处理，将纤维放置顺着轴向方向，这样才能得到与铝合金型材相似的线膨胀系数，这种隔热条一般为带条状，也可以为异型，带的宽厚和形状随铝合金型材的断面形状大小而改变。

尼龙 66（PA66）的颜色一般为黑色或灰白色，其主要性能为：隔热系数 U 值（即 K 值）小于 $0.3W/(m^2 \cdot K)$；密度 $(1.3 \pm 0.03)g/cm^3$；熔点 $(250 \pm 5)℃$；肖氏硬度大于 (84 ± 2)；冲击强度大于 $3kJ/mm^2$；抗拉强度大于 $110N/mm^2$；弹性模量小于 7500MPa；弯曲强度大于 80MPa；线膨胀系数 $2.8 \times 10^{-5}/℃$；伸长率 $3.5 \sim 8.0$；使用温度 $-40 \sim +80℃$；使用寿命 30 年。

40.3.2 隔热型材的主要组合方式及比较

40.3.2.1 隔热型材的主要组合方式

制作隔热型材一般都采用以下两种方式：一种是在设计好配合尺寸的两个铝型材中间，插入用隔热材料制成的隔热条，然后用压合设备压合牢固，称为"隔热条式断桥型材"；另一种是向一根有空气腔的铝型材中间注入隔热材料，然后切去隔热材料两边上的型材，制作成一个整体的断桥型材，这种方法称为"灌注式断桥型材"。

A　隔热条式断桥型材

用隔热条的隔热型材对型材（穿条位置）和隔热条的几何尺寸要求都很高。在公差配合尺寸合理的情况下，才能顺利完成隔热型材的穿条过程，并压合紧密。具体制作方法如下：

（1）制作隔热条，挤压出铝合金型材。

（2）用卡尺检查配合几何尺寸。

（3）将型材装饰面贴保护膜，以免穿隔热条时划伤型材。

（4）穿隔热条。

（5）用专用压合设备压合型材（注意调整好压合力度，压合力太大易使型材压合处断裂，太小压不紧隔热条）。

（6）将压合后的型材锯切试样，检查压合是否牢固。

（7）测量压合后型材尺寸是否合格，是否存在扭拧等现象。

B　灌注式断桥铝型材

灌注铝型材腔体部分的隔热材料的成分是异氢酸酯和树脂。灌注隔热材料前，铝材要先进行表面处理（氧化或喷涂），然后进行一系列的准备和控制过程，这种断桥制作工艺较为复杂，操作上要求很严，如对灌装隔热液体材料的配比，铝材内腔的清洁，灌装温度控制（型材温度、环境温度、隔热材料温度）。另外，要避免在灌装过程中产生气泡。待灌装材料冷却后，切割掉灌装材料两侧的型材（见图40-11），从而达到断热作用，成为隔热型材。

C　浇注式断桥铝型材

在铝型材断面上留出开口槽，在开口槽内注入高密度聚氨酯，固化后将开口槽的底面连接部分切除。

40.3.2.2　三种不同断热型材的比较

三种不同组合方式的断热型材性能比较见表40-15。

表40-15　三种不同组合方式的断热型材性能比较

类　别	优　点	缺　点	满足窗型设计情况
嵌条式	室内外型材可分别做成不同色彩，可满足建筑工艺要求；可在组合后再进行阳极化或表面喷涂处理	型材几何精度要求高；只能生产对称的断热冷桥	设计推拉窗；嵌条大小决定窗的断面尺寸，设计随意性小
浇注式	工艺简单，对铝型材没有特殊要求；断面设计随意性大；可生产不对称冷桥	由于需要开口型材，给挤压工艺带来一些困难；室内外型材只能做成同样颜色	能满足各种窗型的设计
灌注式	工艺简单，对铝型材没有特殊要求；断面设计随意性大；可生产不对称冷桥	室内外型材只能做成同样颜色	能满足各种窗型的设计

40.4　铝合金建筑模板加工技术（绿色建筑）

建筑业一直是许多国家的第一支柱产业，对国民经济的发展，人们生活水平的提高，以及社会文明程度的进步起着特别重要的作用。长期以来，建筑材料及建筑施工机械与材料，除了水泥、沙石砖块等基础材料外，主要是木材、塑料和钢铁等。近年来，"绿色建筑"概念的提出，各国政府、学术界和产业界都在寻找"绿色建筑"用施工机械、绿色建筑与装饰材料，进行了大量有效的研发工作，并取得了突破性进展。具有一系列优异特性的轻量化铝材是理想的"绿色建筑"材料，越来越受到建筑业的青睐，大有以铝代木、以铝代塑、以铝代钢的趋势。铝合金建筑门窗、幕墙、网栏等装饰材料已广泛使用，成为不争的事实。铝合金模板和脚手架作为绿色建筑施工机械器具与材料，替代木材和钢材在近些年也取得了重大发展，并被认为是未来绿色建筑的发展方向。

绿色建筑铝合金模板系统最早诞生于美国，该系统主要由模板系统、支撑系统、紧固系统、附件系统等构成，可广泛应用于钢筋混凝土建筑结构的各个领域。铝合金模板系统具有质量轻、拆装方便、刚度高、板面大、拼缝少、稳定性好、精度高、浇注的混凝土平整光洁、使用寿命长、周转次数多、经济性好、回收率高、施工进度快、施工效率高、施工现场安全整洁、施工形象好、对机械依赖度低、应用范围广等特点。

经过几十年的发展和改进，绿色建筑铝合金模板系统技术已经基本成熟，应用也更加广泛。至今，在美国、加拿大、日本、韩国、迪拜、墨西哥、马来西亚、新加坡、巴西、印度等几十个国家已经普遍用在建筑施工中。20 世纪 70 年代初，我国建筑结构以砖混结构为主，建筑施工所用的模板以木模板为主，20 世纪 80 年代以来，在"以钢代木"方针的推动下，各种新结构体系不断出现，钢筋混凝土结构迅速增加，钢模板在建筑施工中开始盛行。

40.4.1 铝合金建筑模板的特点及生产流程

40.4.1.1 建筑模板的发展与分类

20 世纪 90 年代以来，我国建筑结构体系又有了很大的发展，伴随着大规模的基础设施建设，高速公路、铁路、城市轨道交通以及高层建筑、超高层建筑和大型公共建筑的建设，对模板、脚手架施工技术提出了新的要求。我国以组合式钢模板为主的格局已经打破，逐渐转变为多种模板并存的格局，新型模板发展的速度很快，新型模板主要有如下几种：

（1）木模板。用木材加工成的模板，常见的是杨木模板和松木模板。优点是质量相对较轻，价格相对便宜，使用时没有模数的局限，可以按要求进行加工。缺点是使用的次数较少，在加工过程中有一定损耗，对资源的破坏大。

（2）钢模板。用钢板压制成的模板。优点是强度大，周转次数多。缺点是质量重，使用不方便，易腐蚀，并且成本极高。

（3）塑料模板。利用 PE 废旧塑料和粉煤灰、碳酸钙及其他填充物挤出工艺生产的建筑模板。优点是表面光洁、不吸湿、不霉变、耐酸碱、不易开裂，成本相对钢板要便宜很多。缺点是强度和刚度都太小，其线膨胀系数较大，不能回收，污染环境。

（4）铝合金模板系统。利用铝板材或型材制作而成的新一代建筑模板，因质量轻、周转次数多、承载能力高、应用范围广、施工方便、回收价值高等特点，适用于钢筋混凝土建筑结构的各个领域。

40.4.1.2 铝合金建筑模板系统的特点

铝合金模板系统是采用不同形状与规格的 6061-T6（或 6082、6005、7005、5052）等铝合金深加工成为不同用途（功能）的零部件或模块，然后按图纸组焊而成为一个体系。

铝合金模板系统采用独立钢支撑，支撑与支撑间隙为 1.2m，不需要横向支撑，方便施工运送物料及通行，安全又环保，下层往上层搬返不需要使用塔吊，由于铝模板质量轻，采用人工转递即可，铝合金模板是目前最为理想的工具式模板，整个系统标准化程度高、配合精度高、质量轻、承载力强、板面大、拼缝少、稳定性好、拆装灵活、周转次数多、施工周期短、使用寿命长、可循环使用、施工现场安全整洁。混凝土浇注完成后表面平整光洁、施工对机械依赖程度低、能降低人工和材料成本、维护费用低、施工效率高、经济效益好、回收价值高。

铝模板主要用于墙体模板、水平楼板、柱子和梁等各类模板，适用于新建的群体公共与民用建筑，特别是超高层建筑。与其他模板系统相比，具体有以下特点和优越性：

（1）绿色环保。施工现场文明，施工程度高、安全性高，安装工地上不产生建筑垃圾，无一铁钉、无电锯残剩木片、木屑及其他施工杂物，施工现场环境安全、干净、整洁，不会像使用木模板那样产生大量的建筑垃圾，完全达到绿色建筑施工标准。

（2）质量轻。每平方米的质量仅为 20～25kg，下层往上层搬运不需要使用塔吊，人工转递即可，可节省机械费用。

（3）强度高、重复使用次数多，平均使用成本低。铝合金模板原材料是采用 6061-T6 铝合金整体挤压成型的，韧性好、强度高、耐腐蚀，可以反复周转使用 200 次以上，平均使用成本低。

（4）承载力高。铝合金模板系统的所有部件都是采用铝合金模板组装而成，组装完成后形成一个整体框架，稳定性好、承载力高，每平方米可达 30kN 以上（实验荷载每平方米 60kN 不破坏），运行成本核算低。

（5）适应性广。适用所有混凝土结构建筑物浇注的墙、柱、梁、顶板、阳台、飘窗、外装饰线条，可一次浇注成型，保证了建筑物的整体强度和使用寿命，可缩短工期。

（6）施工简便、工期短。使用铝模板可以缩短 1/3 的总工期时间；模板生产完成，试拼装时按分区、按顺序编号，正常施工时按顺序拼装即可，拼装简单规范；不依赖工人操作技术水平的高低，只要熟练工人（经过短期培训即可）；浇注混凝土后 24h 可拆除墙柱板，36h 可拆除墙侧板，48h 可拆除顶板，12 天后拆除支撑柱；施工效率高，熟练工人每工日可装拆 20～25m²，正常情况 4～5 天一层，如工期紧可以缩短 3 天一层，大大节约承建单位的管理成本。

（7）施工质量高。由于铝模板属于工具式模板，垂直误差可控制在 10mm 以内，优质工程可控制在 4～5mm 以内，几何尺寸精确，拆模后墙体平整光洁，能够达到或接近清水墙效果，施工效果好。可以减少或省去二次抹灰作业、降低建筑商的抹灰成本。

（8）铝合金模板系统支撑体系独特，采取"单管立式独立"支撑。平均间距 1.2m，无需横拉或斜拉助力支撑，施工人员在工地上搬运物料、行走皆畅通无阻，单支撑的拆除轻松便利，设计时根据建筑结构强度要求配备模板，正常配套是 1 套模板、预板支撑配 3 套、梁支撑 4 套、悬梁支撑 6 套，可满足 4 天一层整个建筑的施工。

（9）综合管理成本费用低。铝合金模板系统全部配件均可以重复使用，施工安装及拆除完成后，无任何垃圾，无须处理。可减少垃圾外运、填埋处理费用，施工现场整洁，不会出现废旧木模板堆积如山的现象，实现工地的文明施工。表 40-16 列出了铝、钢与木模板系统的性价比。

（10）回收价值高。铝合金材料可以一直循环利用，残值高，符合循环利用、低碳环保、绿色建筑材料的国家政策，每平方米可降低模板成本 200～400 元。

表 40-16 铝、钢模板与木模板系统的性价比对照表

类 别	铝模板	钢模板	木模板	类 别	铝模板	钢模板	木模板
模板系统通常可使用的次数/次	150～200	100～150	5～8	单栋高层比数(30层)/元·m⁻²	50	70	46
模板系统造价(含所有配件)/元·m⁻²	1500	850	100	单栋高层比数(60层)/元·m⁻²	37	40	46
平均安装人工/元·m⁻²	25	29	24	单栋高层比数(90层)/元·m⁻²	32	35	46
安装机械费用/元·m⁻²	2	8	3	单栋高层比数(120层)/元·m⁻²	26	30	46

40.4.1.3 模板用铝合金型材的特点

绿色建筑铝合金模板（及脚手架）主要用挤压法生产的型材（部分管材和棒材）制造，绿色建筑铝合金模板型材品种多，规格范围广，形状复杂，外廓尺寸和断面积大，壁厚相差悬殊，大部分为特殊的异型空心型材，也有宽厚比大的大型扁宽薄壁实心型材，舌比大的半空心型材以及要求特殊的管材和棒材，难度系数很大，技术含量很高，批量生产十分困难。表 40-17 为部分绿色建筑模板挤压产品的一览表。

表 40-17 我国生产的部分绿色建筑铝合金模板型材一览表

序号	合金状态	型材截面简图	型材截面积/cm²	序号	合金状态	型材截面简图	型材截面积/cm²
1	6063-T5		13.31	12	6063-T5		6.289
2	6063-T5		10.814	13	6063-T5		8.084
3	6063-T5		19.61	14	6063-T5		4.884
4	6063-T5		18.115	15	6063-T5		6.693
5	6063-T5		21.112	16	6063-T5		4.957
6	6063-T5		12.737	17	6063-T5		3.28
7	6063-T5		11.737	18	6063-T5		3.82
8	6063-T5		10.737	19	6063-T5		4.225
9	6063-T5		23.241	20	6063-T5		5.491
10	6063-T5		14.032	21	6063-T5		19.917
11	6063-T5		15.062	22	6063-T5		24.717

40.4.1.4 铝合金模板体系的生产流程

铝合金模板体系是根据工程建筑和结构施工图纸，经定型化设计和工业化加工定制完成所需要的标准尺寸模板构件及与实际工程配套使用的非标准构件。首先按图纸在工厂完成预拼装，满足工程要求后，对所有模板构件分区、分单元分类做相应标记，模板材料运至现场，按模板编号"对号入座"分别安装。安装就位后，利用可调斜支撑调整模板的垂直度、竖向可调支撑调整模板的水平标高，利用穿墙对拉螺杆机背楞，保证模板体系的刚度及整体稳定性。然后，浇注混凝土，在混凝土强度达到拆模强度后，保留竖向支撑，按顺序对墙模板、梁侧模及楼面模板进行拆除。然后，进行清理、准备，迅速进入下一层循环施工。主要生产操作流程如下：测量放线→墙柱钢筋绑扎→预留预埋→隐蔽工程验收→墙柱铝合金模板安装→梁板铝合金模板安装→铝合金模板矫正加固→梁板钢筋绑扎→预留预埋→隐蔽工程验收→混凝土浇筑并养护→铝合金模板拆除→铝合金模板倒运。

各种结构部件的铝合金模板安装如图 40-12 和图 40-13 所示。

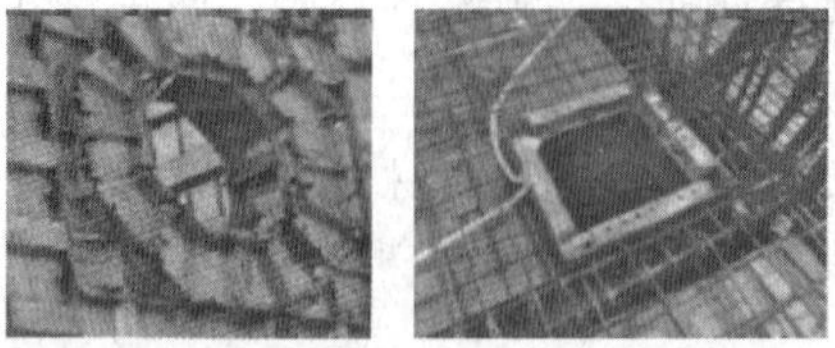

(a)

(b)

(c)

(d)

图 40-12　各种结构部件的铝合金模板安装图

（a）洞口铝合金模板；（b）各种梁、柱铝合金模板；（c）楼梯、门洞铝合金模板；（d）窗台、墙铝合金模板

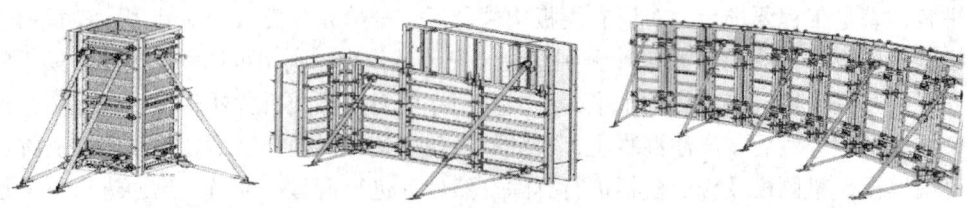

图 40-13　先墙后梁楼板的竖向结构的铝合金模板

40.4.2　铝合金模板生产的关键技术

40.4.2.1　铝合金模板型材的主要要求

如图 40-14 所示，铝合金模板型材通常采用整体组合结构，形状各异的中小型材拼组成一个大型整体结构型材，有的宽度大于 600mm，宽厚比大于 100，舌比大于 5，需要采用 7000t 以上大挤压机，设计制造特殊结构的模具才能成型。

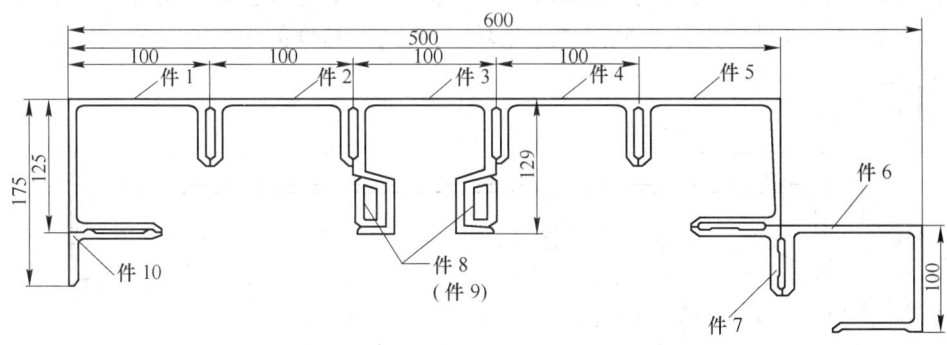

图 40-14　由多件组合的建筑铝合金模板型材断面示意图

铝合金模板型材要求要具有良好的综合性能，既有一定的强度（$\sigma_b \geqslant 300MPa$），又保证良好的可焊性、耐磨性和耐蚀性及冷冲性的良好匹配。因此，需优化合金成分，优化挤压和热处理工艺，改善和提高组织与性能才能满足要求。对合金成分、铸锭质量、模具设计与制作技术、挤压工艺和热处理工艺等提出了严格的要求，技术难度很大，需要做大量的研究和实验工作。

铝合金模板需要多次重复使用，因此，要求型材尺寸精度和形位公差十分严格才能做到方便装卸。因此，要求型材的精度控制在超高精度级以上，这对模具质量、挤压与精密淬火工艺提出了很高要求。

要求产业化大批量生产，因此对设备、铸锭质量、模具技术、挤压和热处理工艺提出了更高的要求，特别是对模具的使用寿命提出了高要求，要求较一般模具的寿命提高 2~3 倍。

铝合金模板型材要求表面光洁、尺寸和形位精度高，因此需要采用高质量的模具钢及严格的模具热处理工艺，机加工全部实施 CNC 工艺规程，才能获得具有高强度、高韧性、高精度、低的表面粗糙度的优质模具。

40.4.2.2　模板用型材生产的基本流程

铝合金模板用型材生产的基本流程与一般铝合金型材的生产过程相同。

40.4.2.3　生产的关键技术

由于铝合金模板型材具有其特有的结构和性能特点，因此对其生产和制造要求就高，下面以两种典型铝合金建筑模板生产特点来分析其技术关键。

A　两种典型铝合金建筑模板型材的特点

铝合金建筑模板型材品种多达几十种，而且规格范围广，有的型材是多块形状各异的中小型材组拼成的一个大型整体材，外接圆直径大于 $\phi600mm$。有空心型材、实心型材和半空心型材，成型难度大，尺寸和形位精度要求高，要求有高的力学性能，$\sigma_b \geq 300MPa$，优良的可焊性、耐磨、耐蚀等综合性能，而且要求产业化批量生产。因此，要求不同形式的特殊结构的模具，如特殊分流模、遮蔽式型材模、特种宽展模等才能保证不同型材的成型和尺寸精度，而且要求高的使用寿命（要求使用寿命较原用的提高 2～3 倍），确保其批量生产。

以下选取两种典型的、难度较大的型材模具为例来讨论绿色建筑铝合金模板型材生产的技术关键，其中一种为宽度达 400mm，宽厚比大于 100 的带筋壁板型材（A 型），如图 40-15 所示；另一种是舌比大于 5、尺寸和形位为超高级精度的半空心型材（B 型），如图 40-16 所示。

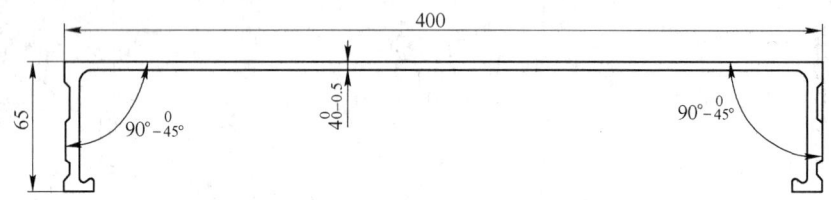

图 40-15 铝合金建筑模板用带筋壁板型材（A 型）尺寸示意图

B 带筋壁板型材（A 型）生产的技术关键

铝合金建筑模板用带筋壁板型材的合金状态为 6061-T6，挤压材经精密水、雾、气淬火 + 人工时效后交货，要求型材的尺寸与形位精度达到超高精级水平，并具有良好的力学性能、耐磨、耐蚀、可焊等综合性能的合理匹配。A 型材属于扁宽薄壁型材，其特点是容易发生严重的壁厚差和平面间隙，型材两端面因充料不足而壁厚尺寸不够，其宽厚比值高达 100，用普通平面模是达不到挤压型材技术要求的，必须设计一种特殊的组合模才能保证成型和达到精度要求。

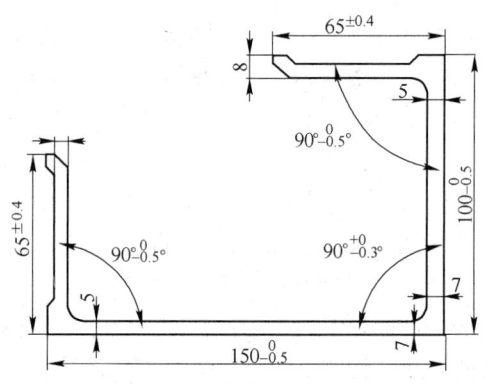

图 40-16 铝合金建筑模板用半空心型材
（B 型）尺寸示意图

A 型材外廓尺寸大，必须在 7000t 以上的大挤压机生产，配套的挤压筒直径为 ϕ418mm，型材宽度几乎与挤压筒直径相当，这就需要设计制作一种特殊的多级宽展挤压模，才能保证型材成型及宽度精度与平面间隙。

为了确保模板顺利装卸和整体的平直度，A 型材的两个支撑腿与壁板角度的形位公差值已高于 GB 5237 高精级规定，需要反复计算与平衡金属流量的分配才能保证角度精度。并且要求选择优良的模具材料，先进的热处理和表面处理工艺，确保模具的使用寿命提高 2～3 倍。

根据上述 A 型材的特点和技术要求选择宽展模与分流模相组合的特殊模具结构，如图 40-17 所示。

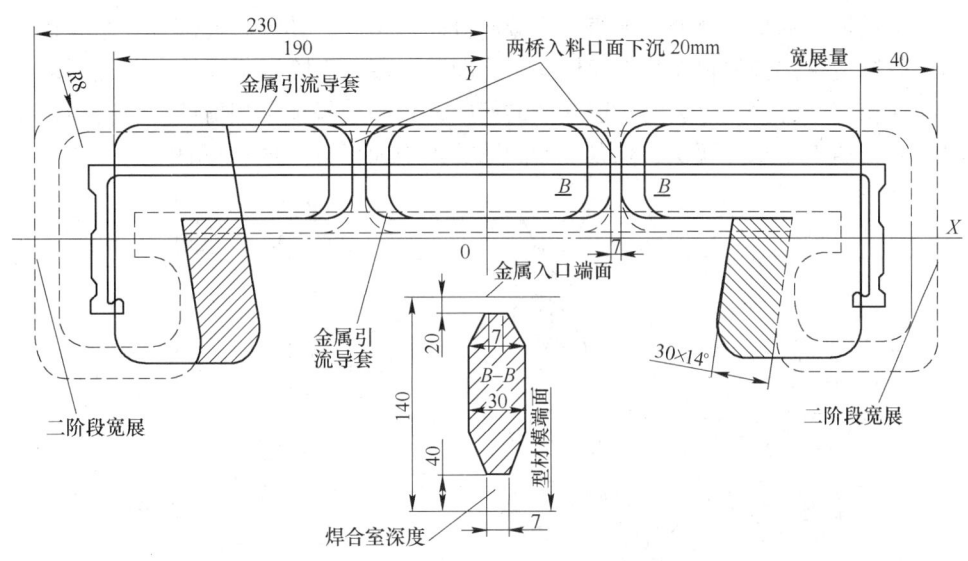

图 40-17　挤压 A 型材用特种分流宽展模示意图

这种特种分流宽展模的关键技术是：

（1）直接在宽展模孔内设计两个吊桥，形成 3 个分流孔，焊合室采用特殊形状并设有 4 个桥墩以平衡金属流量和提高模具的整体强度，从而使流动金属在焊合室内具有足够高的静水压力。

（2）在模孔前面设有金属导流槽，按型材形状进行第一次金属分配，提高型材的成型效果。

（3）宽展分流模的金属入口处下沉 20mm，可均衡金属流动并降低挤压力。

（4）宽展分流模的分流孔布置与型材形状相似，金属流经宽展分流孔的过程中逐渐由圆形铸锭变成与型材形状相似的金属流，合理控制了金属分配与调节了金属流速。

（5）两侧的分流孔向外成两级宽展角，宽展角分别为 25°、5°，以增大两端模孔处的金属流量和压力，便于填充。

此类模具结构复杂，模具的加工需要 CNC 数控加工中心来确保模具的加工质量。模具材料选用 H13 热作模具钢，电渣重熔钢坯经再锻造、退火后使用，模子热处理经 1035℃高温淬火 + 两次充分回火，模体硬度值 HRC 在 48～49，模具表面强化处理采用二阶段氮化工艺，确保模子表面硬度值 HV 在 950～1150，氮化层厚度 100～160μm，从而提高模具使用寿命。

C　半空心型材（B 型）生产的技术关键

铝合金建筑模板用半空心型材 B 是属于典型的高舌比半空心型材。该型材从形状来看是从三个半方面包围，一方面有一部分开口，被包围部分为空间面积。这类型材在挤压时模具的舌头悬臂面要承受很大的正向压力，当产生塑性变形时会导致舌头断裂而失效。因此，这类型材的模具强度很难保证，而且也增大了制造的难度。为了减少作用在悬臂表面的正压力，提高悬臂的承受能力，挤压出合格的产品又能提高模具寿命，各国挤压工作者近年来开发研制了不少如下的新型模具：

（1）保护膜或遮蔽式模，如图 40-18 所示。这种模子的设计是用分流模的中心部位遮蔽或保护下模模孔的悬臂部分，下模的悬臂部分向上突起，其突起的部分与悬臂内边留有空刀量，悬臂突起部分的顶面与上模模面留有间隙，用来消除因上模中心压陷后对悬臂的压力，从而稳定了悬臂支撑边的对边壁厚的偏差，较好地保证了型材的质量。但由于悬臂突出部分相对增大了摩擦面积，悬臂承受的摩擦力增加仍有一定的压塌。

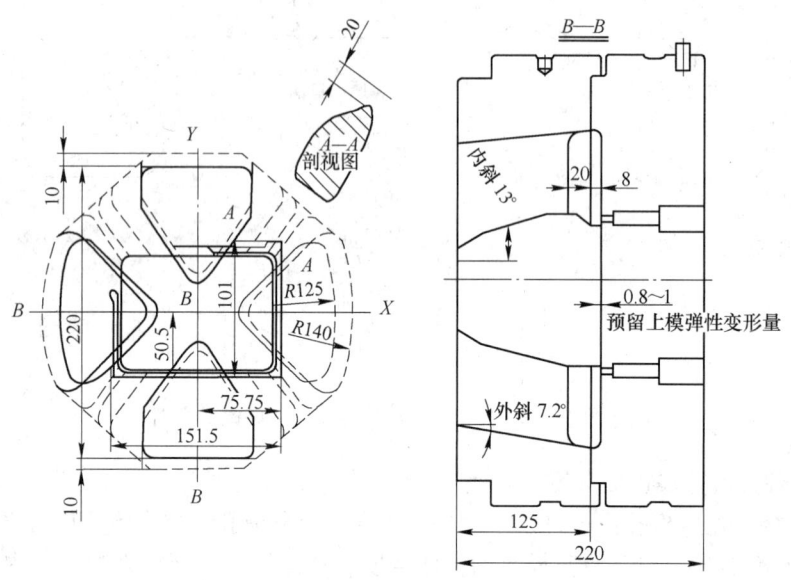

图 40-18 挤压半空心型材用遮蔽式模示意图

（2）镶嵌式结构模。这种模具结构是将上模舌头的中间部位挖空，而下悬臂相对的位置向上突起，镶嵌在舌头中空部分里。悬臂突起部分的顶面与上模舌头中空腔部分的顶面有空隙 a，其值与舌头的表面和下模空腔表面的间隙值相等，这样可消除因上模压陷而造成对下模悬臂的压迫。悬臂突起部分的垂直表面（相对于模面而言）与舌头空腔的垂直表面有间隙 c，两表面处于动配合。舌头低端与悬臂内边的空刀量为 b。这种结构的模具克服了上述遮蔽式分流模具的缺点，悬臂受力状况得到进一步改善，只要合理选取空刀量 b 和 a、c 值，便能获得合格的产品。

（3）替代式结构模具。这种结构完全将下模的悬臂取消，而以上模的舌头取而代之，在原悬臂的根部处，采用舌头与下模空腔表面互相搭接，完成悬臂的完整性，其形式与分流模完全相同。这种结构的模具加工简便，使用寿命高，更适合挤压那些"舌比"很大而用以上两种模具难以挤压的型材。

40.5 现代轨道交通铝合金车辆

轨道交通车辆主要包括普通火车、动车组、高铁、轻轨、地铁等客车和货运车。为了节能、降耗、环保、安全、高速、舒适，已经基本上实现了轻量化，其车厢已全部铝化，一般由 90% 的铝合金型材和 10% 左右的铝板带材组焊而成。

40.5.1 轨道交通铝合金车辆的基本结构及性能

40.5.1.1 轨道交通铝合金车辆的基本结构

速度大于 200km/h 的动车和高速铁路、磁悬浮及中低速度磁悬浮车辆，如轻轨地铁等，车体结构都是用铝合金制造的，城市轨道车辆的车体结构也有50%以上是铝合金的，因为铝合金可以最大限度地减轻车体质量，同时能满足密封性、安全与乘坐舒适性方面的要求。

轨道车辆结构由车体、支撑弹簧、转向架、车轴、轮、轴承、轴承弹簧、轴承箱等组成。车体通过支撑弹簧（空气垫和螺旋弹簧）坐于转向架上，转向架又通过轴承弹簧坐落在轮轴端部的轴承箱上。轴承箱相内有轴承，把支撑弹簧、转向架、轴承弹簧、轴承箱、轴轮、传动电动机、齿轮等的集成称为台车。

车体由底、侧墙、车顶、端墙组成，在其内装有坐椅、空调系统、门窗、卫生设施、照明、电视、行李架、隔声隔热材料等。车体和台车都带有制动器和连接器。车辆质量就是这些零部件质量的总和。车体、座椅架、行李架、门窗、空调系统等都是用铝材制造。在所用的铝材中，挤压材约占80%、板材约占20%，压铸件与锻件的量还不到3%。

现代化的铝合金车体是用摩擦搅拌焊（FSW）与金属电极的惰性气体保护焊（MIG）连接，也有激光焊的焊接也可。我国都是用MIG法焊接的，先进的FSW法技术及装备刚刚开始使用。铝材的焊接性能与钢材焊接有很大的差异，因此在选用铝材时应该注意以下几点：

（1）应考虑铝合金熔点低、热导率高、易焊凹透等特点。

（2）尽量采用刚度高的挤压铝型材，如用箱式封闭截面梁柱，用空心带筋挤压壁板做地板（底架）、车顶（顶板）、侧墙、车顶端面（端墙）等；用矩形封闭截面取代工字形截面，既可以提高两轴的抗弯强度，又可以明显提高其抗拉强度。实践证明，闭口式型材的抗扭强度和刚度比相同形状与截面构件的开口式的大100倍。

（3）尽量采用挤压壁板以纵向焊缝连接，尽量减少或避免横向焊缝连接，不仅可提高静载强度，而且可显著提高结构的疲劳强度。

（4）构件截面筋或转角处、框架纵架梁相交处应圆滑过渡，圆弧半径宜大一些。焊缝布置应合理，不可过分集中，以提高结构疲劳强度。

（5）根据各处的强度要求精心合理地选择合金、材料状态和尺寸。

40.5.1.2 轨道交通铝合金车辆的性能及特点

A 几种材料的车体性能比较

当前用于城市轨道车辆车体制造的材料有铝合金、不锈钢、含铜的耐磨铜钢（SS41、SPAC），不锈钢为304，铝合金为7005、6005A、7N01等，它们的主要性能比较见表40-18。

表40-18 城市轨道车辆车体材料的主要性能比较

材料	铝合金	不锈钢	含铜的耐磨钢	材料	铝合金	不锈钢	含铜的耐磨钢
抗拉强度/MPa	>350(7005)，>230(6005A)	>530	>410(SS41)，>460(SPAC)	制造工艺	挤压	轧制、压制	轧制、压制
密度/t·m^{-3}	270	780	780	可焊接性	可以	可以	可以
比强度	高	中等	低	质量(18m)/kg	约4500	约6500	7000~8000
自然振动频率/MPa	13~14	12~13	12	材料费	4.60	4.10	1.00
表面处理	无或氧化处理	无	涂油漆	人工工时	1.00~1.10	1.00~1.10	1.00

B 铝合金车体的主要性能特点

铝合金车体的主要性能特点有：

（1）质量轻，有利于轻量化。用铝合金制造列车车体的最大优点是可以大幅度减轻其自身质量，而自身质量的减轻对车的运行起着至关重要的作用，但同时能承受规定的拉伸、压缩、弯曲、垂直载荷与突发意外冲击、碰撞等作用力；抗震、耐火、耐电弧、耐磨、抗腐蚀、易加工成型及维护；价格合理等。由表40-18所列性能可见，铝合金具有最好的综合性能。

铝合金的密度仅相当于钢的1/3，此优势对城轨路线营运尤为突出，因为其停启频繁。另外，在牵引力同等条件下，可加挂车辆，不必加开列车。对于高速列车及双层客车，减轻自身质量可显著降低运行阻力，车体质量越大，行驶阻力也越大。因此，列车车辆轻量化是发展高速列车与双层客运列车最为关键的因素之一。

由表40-19可见，钢的弹性变形性能与伸长率比铝合金高得多，因而有高的抗冲撞性能与抗疲劳性能，然而由于新型铝合金与大型铝合金整体空心复杂截面壁板的挤压成功，从而很快顺利地设计与制成了新的铝合金高速列车辆，例如它的底架由4块外轮廓尺寸700mm（宽）×20mm（高），壁厚2～10mm的空心蜂窝加筋壁板型材焊成，同样侧墙与车顶也可由此焊成。采用这类材料焊接的筒形车体结构，不仅质量轻，而且局部刚度、整体刚度、疲劳强度、抗应力腐蚀能力都全面显著提高，不亚于钢结构，甚至在某些方面还有所提高，同时还大大简化了加工、制造、焊接工艺，特别是当采用摩擦搅拌焊接工艺时，可达到几乎无变形，大体上解决了焊接变形和焊接残余应力调整等方面的问题。

表40-19 不同车体材料的力学性能

性 能	抗拉强度/MPa	伸长率/%	弹性模量/MPa	比弹性模量	比强度
普通碳翎	255.0	24	2100×10^3	26.9	32.7
低合金铜钢 AC52	355.0	23	2100×10^3	26.9	45.5
不锈钢 301	510.0	38	1900×10^3	29.4	65.3
7005 铝合金	350.0	6	720×10^3	26.6	129.6
6005A 铝合金	235.0	8	750×10^3	27.7	100.0

（2）良好的物理化学性能。虽然铝的熔点（660℃）比铁（1536℃）低得多，但其热导率（238W/（m·K））远比铁（78.2W/（m·K））高，有良好的散热性能，故有良好的耐火与耐电弧性能，是一种防火材料。

铝合金车体有很强的抗腐蚀性能，铝材还有良好的表面处理性能，不会生锈，不需要涂油漆，因而维护费用比碳钢及低合金钢低得多，使用期限也更长。运营期限满后，铝车体的废铝件可得到全部回收，有利于循环经济的建设与环境保护。

铝合金具有优秀的表面处理性能，可进行阳极氧化，也可喷涂油漆、电泳着色等，不仅可进一步提高铝车体的抗腐蚀性能，而且更加美观。

（3）铝合金车辆的经济性好。铝合金的价格比钢材高，但是经济分析时，除了考虑制造费外，还应综合多方面因素，从轨道线路运输的整体社会经济效益和最终成本通盘考虑。车体金属结构费用可按式（40-7）计算。

$$P = mn + c \tag{40-7}$$

式中 P——车体金属结构总费；

c——人工费；

m——用材质量；

n——材料单价。

三种材料价格及相对费用见表40-20，以低合金钢的 c、m、n 值为1，作为参照基准。由表中数据可见，不锈钢在车体材料中既无明显的质量减轻优势，又不能降低制造费，而且需要涂覆聚氨基甲酸酯涂料防腐。按单位价格计算铝合金车体价格甚高，但其质量轻，造价又低，从而可在很大程度上弥补单位造价的高昂，同时由于铝材生产技术的提高，大型挤压铝材的相对价格还在不断下降。

表 40-20　不同材料车体的材料价格及造价比较

材　料	18m 长车体质量/kg	质量比	材料单价 n	材料费 m	造价 c	总制造费
低合金钢	8000	1	1	1	1	2
18-8 不锈钢	6500	0.810	4.80	3.88	0.88	4.76
6005A 铝合金	4500	0.560	6.20	4.01	0.97	4.98

由于车体结构形式在设计方面做了很大改进，以及摩擦搅拌焊接技术的应用，车体质量大幅度减轻，列车节能减排效果十分显著，社会效益大。

铝合金车辆的维修费用比钢车低得多，如以钢车为100%，则铝合金车辆仅约为其1/2；铝合金车辆报废后的回收价值为钢车的 4.8 倍。据统计，由于铝合金车辆的运营成本低，综合经济效益与社会效益显著。

40.5.2　铝合金车体制造的关键技术

经过十几年的发展，我国完全掌握了从铝合金材料生产到车体设计、制造、维修技术，并有许多新的独创，当前我国拥有高铁、城铁、磁悬浮列车铝合金车辆，具有自主知识产权，在此领域全面居世界领先水平。

铝合金车体关键技术归纳为：车体设计技术、自动焊接技术、焊接变形控制技术、厚铝板弯曲成型技术、大断面型材弯曲成型技术、部件分体装配技术、品质保证和检测技术。

40.5.2.1　车体设计技术

A　整体设计

铝合金型材设计是车体设计的最关键部分，如型材插口形式、宽度偏差、各部分的壁厚偏差和筋位置、厚薄等都直接与焊接熔透性、部件装配后的尺寸偏差、焊接刚度休戚相关。如果插口槽尺寸偏差不对，大型材插接后又很难调整间隙，即使优化焊接工艺参数也不能保证焊接品质；若型材宽度偏差不对，焊接后会使整个部件变窄，一旦这样，几乎无法挽回，只得报废。设计型材时应缜密考虑车体焊接、部件刚度和整体尺寸偏差。铝材企业提供的铝材不但应保证性能符合要求，而且材料各部分尺寸及其偏差必须严格符合要求，而且应尽可能地稳定。

B　部件设计

在设计铝合金部件时应充分考虑等强度设计原则，应尽量避免补强。由于铝合金的焊接难度比焊钢大得多，任何不合理部位的补焊都会对品质产生无法挽救的损失与致命的隐患，因此从单块、单根型材的设计到部件与整体设计都要精心考虑焊接技术、尺寸偏差综合控制、部件分体装配的可行性、各大部件接口的合理等问题。

40.5.2.2　焊接技术

A　自动焊接技术

焊接在车体制造中起着非常重要的作用，车体焊接分为大部分自动焊和总装组成自动焊，前者指顶板、地板、边梁、底架自动焊，以及车顶和侧墙自动焊，而后者则指侧墙和车顶、侧墙和底架连接的自动焊接。在小部件焊接中，如枕梁等关键部件也宜用机械手自动焊接。在所有的金属与合金中，铝及铝合金是较难焊接的。因此，为保证焊件品质，对焊接全过程进行全方位管理，除建设现代化的自动焊接生产线外，必须对人员进行严格的培训。

我国的车体焊接生产线都采用 MIG 工艺，而铝合金最先进的焊接工艺是 FSW 法，它们的焊口不能兼容，必须建立新的自动焊接生产线。同时，我国的车体大铝型材的侧弯曲偏差过大，远远不能满足 FSW 焊的工艺条件，但必须改进此技术与装备是不容置疑的。FSW 法在国外铝合金车体制造中的应用已有约 15 年的历史，技术与装备都很成熟，从当初的只焊接底架地板、车顶板、侧墙板发展到焊接车体几乎所有焊缝，甚至车体总装组成的焊接，设备也从当初的小型固定式发展成目前的大型多焊头龙门式工作站。

B　焊接变形控制

在自由状态下焊接的铝变形比钢大两倍，过大的焊接变形无法修整，因此，在铝合金焊接过程中，必须采用适当有效控制变形的手段。铝合金焊接变形的控制通常采用大部件整体反变形技术、压铁防变形技术、真空吸盘固定防变形技术、大刚度卡具防变形技术。这些防变形技术全国的车体制造厂都在采用。

C　焊接变形的调整

焊接变形无法避免，最佳的工艺措施只能使其变小，因此零部件在焊接后必须进行一次变形调修，通常采用的调修技术有机械加压法、火焰调修加压、铁配重法等，也可几种方法综合运用。

40.5.2.3　板材和型材的弯曲成型

与钢材相比，铝合金板材的伸长率小，硬度低，表面易擦伤与划伤，不但弯曲成型比钢困难，而且应小心翼翼，因此在铝合金板材成型时需要特殊的模具，通常采用橡胶和钢座黏合结构模具。在弯折空心铝合金型材时需用专制的型芯保护弯曲部位，以防弯曲部位产生内陷等变形。

40.5.2.4　分块装配技术

铝合金的变形量大，如果采用整体装配部件，由于每道焊缝收缩量取决于焊缝周围刚度，无法计算焊接收缩量。因此，装配部件时一般只留最后两道焊缝为焊接收缩计算单元，从而可以保证整体焊接后的偏差尺寸。

需强调引进 FSW 焊接技术及装备的必要性，与熔化焊相比它有如下的优点：焊缝强度高，与被焊铝材的强度相差无几；焊缝中不存在气孔、疏松，气密性与水密性显著提高；焊线流畅均匀；热变形显著减小；再现性与尺寸精度大为提高，全自动化操作，需要控制的参数（工具、进给速度、转速、工具位置）少，操作简便。

40.5.3　车体结构所用材料及主要加工装备

40.5.3.1　车体结构所用材料

1960 年以来，德国和日本一直是世界上铝合金轨道车的设计和制造最强的国家。后来，法国的力量也很强，经过 20 多年的发展，我国的技术进步很快，目前已经成为世界第一流的铝合金轨道车生产大国之一。

　　A　国外铝合金车体用材料及性能

　　表 40-21 列出了德国地铁车厢用铝合金及型材长度，表 40-22 列出了日本本国及援建新加坡的铝合金车厢所用铝材及技术参数。表 40-23 给出了日本轨道车辆用铝材的性能。

表 40-21　德国地铁用铝合金及型材长度

名　称	合　金	长度/m	名　称	合　金	长度/m
侧　板	6005A-T6	6、7、22	枕　梁	7005A-T6	4
地　板	6005A-T6	22.3、22.2	顶　板	6005A-T6	6、12.7、14.55、16.75
边　梁	6005A-T6	22.4			

表 40-22　日本本国及援建新加坡铝合金车厢所用铝材及技术参数

车　种		山阳电铁 3000	营团地下铁 6000	札幌地下铁 6000	JR 新干线 200	山阳电铁 3050	新加坡 地下铁	营团 地下铁 05	JR 新干线
制造年度		1964	1969	1975	1980	1981	1986	1988	1990
车体长/m		M18300	M19500	T17000	M24500	M18300	M22100	M19500	Tpw24500
车体宽/m		2768	2800	3030	3380	2780	3100	2800	3380
质量/kg		M3808	M4360	T3990	M7500	M4560	M8970	M4520	Tpw7122
单位长度质量/kg·m^{-1}		207.9	223.6	234.7	306.1	249.2	315.4	231.8	290.7
自然振动频率/Hz		M12.1	M12.0	T12.8	M13.2	M14.9	M11.9	M10.8	Tpw12.1
铝合金	底部	5083、7N01	7N01	7N01	7N01	6N01、7N01	6N01、7N01	6N01、7N01	6N01、7N01
	侧板	5083	5083	7N01、7003、5083	7N01、7003、5083	6N01、5083	6N01、5083	6N01、5083	6N01、5083
	顶板	5052、5005	5052、5005	5083	5083	6N01、5052	6N01、6083	6N01、6063	6N01、7N01
	底部	5005	5005	5005	5083				6N01
车身表面处理		无涂装	无涂装	涂装	涂装	无涂装	无涂装	无涂装	涂装

表 40-23　日本轨道车辆用铝材的性能

合金及状态	材料形态	拉伸强度/MPa	屈服强度/MPa	伸长率/%	挤压性能	成型性	可焊性	抗腐蚀	用　途
5005-0	P	108～147	≥34	≥21	○	◎	◎	◎	地板与顶板
5005-H14	P	137～177	≥108	≥3					
5005-H18	P	≥177		≥3					
5052-0	P	177～216	≥64	≥19	○	◎	◎	◎	顶　板
5083-0	P	275～353	127～196	≥16					外　板
5083-H12	S	≥275	≥108	≥12	△	○	◎	◎	骨　架
6061-T6	P	≥294	>245	≥10					外　板
6061-T6	S	≥265	>245	≥8	○	○	○	○	骨　架
6M01-T5	S	≥245	≥206	≥8	◎	○	○	◎	底架、骨架

合金及状态	材料形态	拉伸强度/MPa	屈服强度/MPa	伸长率/%	挤压性能	成型性	可焊性	抗腐蚀	用　途
6063-T5	S	≥157	>108	≥8	◎	○	◎	◎	顶板、窗框、装饰
7N01-T4	P	≥314	≥196	≥11	○	○	◎	○	底架、骨架
7N01-T4	S	≥324	≥245	≥10	○	○	◎	○	底架、骨架
7N01-T4	S	≥284	≥245	≥10	◎	○	◎	○	底架、骨架

注：1. P 为板材，S 为型材；

　　2. ◎表示优，○表示良，△表示行；

　　3. 板材厚度约 2.5mm。

B　我国高铁与城轨车辆车体结构与材料

中国轨道车辆车体结构所用型材包括底板、侧墙、顶板、端墙等，还有内部设施及装饰，运行辅助型材（导电轨、汇流排、信号系统、受电装置等）。

高铁车辆车体用型材用的合金有 6005A、6063、7005 及 Al-锌 4.5-镁 0.8。地铁车辆车体型材合金及状态为：6N01 S-T5、7N0l S-T5、6063 S-T5。

中国四方机车车辆股份有限公司设计制造的轨道车辆有几种车体型号。新一代 8 编动车组车体有 6 种不同断面的型材，16 编动车组车体由 8 种不同断面型材制成。车辆长度：头车不大于 28950mm，中间客车不大于 28600mm，车宽不大于 3380mm，车体高不大于 2790mm。采购铝材可按每辆 10t 估算。每推出一代新的车辆，型材的断面形状及其尺寸都可能有所改变。

目前，我国所开发的铝合金轨道车辆结构及外形如图 40-19 所示，内部结构如图 40-20 所示。

图 40-19　我国目前所开发的铝合金轨道车辆外形

40.5.3.2　铝合金轨道车体制造所需要的关键装备

如前所述，为了大批量、高效、连续地制造优质的铝合金轨道车辆（普通火车、动车、高铁、轻轨、地铁等），必须解决一系列关键技术难题，而先进的现代化装备是解决这些技术难题的前提和基础。除了需要组建生产铝合金型材的大型自动化挤压机生产线

图 40-20 350km/h 高速车辆外形及内部结构图

外，还需要精密高效的自动化机械加工和电加工设备（如 CNC 加工中心，数控车，铣、钻、镗床，数控电加工机床，热处理设备），高精度连续化自动冲床以及高效连续自动化焊接设备，现代化的表面处理设备，大型组装设备，先进的监测和检验设备及仪器等。几种典型的先进设备如图 40-21～图 40-27 所示。

图 40-21 自动化大型 LGM 机器人

图 40-22 德国 FOOKE 五轴数控龙门加工中心

图 40-23 大型多轴 CNC 铝型材加工中心

图 40-24 奥地利 LGM 公司的 120m 双机头
龙门焊接机器人

图 40-25 120m 龙门焊接机器人焊接地铁车顶总成　　图 40-26 NTP30/125 数控转塔式自动冲床

图 40-27 轨道车用大型铝合金部件三维折弯机

第 5 篇
废铝回收再生、环境保护与安全生产技术

41 废铝回收及再生利用技术

41.1 再生铝的行业状况及发展前景

41.1.1 再生铝行业状况

41.1.1.1 全球再生铝行业状况

根据世界金属统计局的统计，1989 年，全球再生铝的供应仅为 500 万吨，到 2013 年这一数字已经增长到 1534.5 万吨。从产量方面来看，2010 年全球再生铝产量达到了 2000 万吨，全球原生铝产量 4100 万吨，再生铝占到总供应量的 1/3，其中欧美日等发达国家显著高于这一水平。例如，2009 年，欧洲再生铝产量 352 万吨，原生铝产量 409 万吨，再生铝占比为 46.2%；美国再生铝产量 302 万吨，原生铝产量 199 万吨，再生铝占比超过了 60%；对再生资源最为重视的日本在 2011 年再生铝占全社会铝制品比重已经达到了 99.4%。

国际铝业协会估计，从 19 世纪 80 年代铝工业开始大规模商业化生产以来，全球已生产了 7 亿吨铝，通过循环利用，大约有 3/4 的铝在不断循环中，处于使用状态。大约 31% 用于建筑业；29% 用于机械、电线电缆等；28% 用于汽车、飞机、火车、轮船等运输工具；12% 用于其他领域。目前，存量铝的总量约相当于全球 14 年原铝的产量。

世界金属统计局（WBMS）2014 年年底公布的报告显示，2014 年全球铝需求量预计在 5200 万吨以上。

41.1.1.2 我国再生铝行业状况

我国再生铝工业起步较晚，20 世纪 70 年代后期才初步形成雏形。当时我国工业基础薄弱，再生铝发展规模较小。直到 20 世纪 80 年代，在需求迅速提升的拉动下，再生铝企业纷纷上马，众多小型再生铝企业和家庭作坊飞速成长。自 20 世纪 90 年代以来，外资开始进入中国再生铝行业，废铝进口数量和再生铝产品出口量也逐年扩大，中国再生铝产业加快了与国际接轨的步伐。

据有关数据报道，从 2008 年开始，我国再生铝产量开始呈现快速上升之势，并在 2012 年达到了 480 万吨；2013 年受经济下行和房地产泡沫的影响，我国再生铝产量增长速度有所放缓，但总量仍然达到了 520 万吨。根据国家统计局的数据，2013 年我国共生产原铝 2205.85 万吨，再生铝产量仍然仅占总产量的 23% 左右，远远落后于发达国家。另根据中国有色工业协会再生金属分会的数据，2014 年我国再生铝产量达到 565 万吨，我国近 10 年（2005~2014 年）的再生铝产量见表 41-1。按照《有色金属工业中长期科技发展规划（2006~2020 年）》，到 2020 年，我国再生铝产量占铝总产量的比例将提高到 40%，因此，再生铝产业未来的发展空间较为广阔。

表 41-1　我国近 10 年（2005～2014 年）的再生铝产量

年　　份	2005	2006	2007	2008	2009	2010	2011	2012	2013	2014
再生铝产量/万吨	163	200	223	261	310	395	428	480	520	565

注：数据来源于中国有色金属工业协会再生金属分会。

由于再生铝生产的技术门槛较低，是个充分竞争的市场，行业市场化程度较高，因此我国早期建立的再生铝企业技术水平较低、企业数量众多、行业集中度低，与发达国家相比有较大的差距。如，美国最大的再生铝生产企业 Aleris，2011 年共生产再生铝产品128.2 万吨，其中美国本土冶炼厂共生产 89.45 万吨，占当年美国再生铝总量的 29.6%；日本最大的再生铝生产企业大纪铝业，目前在日本国内拥有 30 万吨产能，约占日本总产能的 30%。我国最大的再生铝生产企业产量占全国总产量的比例在 2013 年才首次超过 10%。

近年来，在市场不景气的情况下，我国再生铝行业出现了重新洗牌的现象，中小型企业逐步退出竞争，大型企业逆势扩充产能，行业集中度不断提高。2013 年工信部颁布的《铝行业规范条件》规定：新建再生铝项目，规模必须在 10 万吨/年以上；现有再生铝企业的生产准入规模为大于 5 万吨/年。在市场和政策的双重作用下，2013 年，我国再生铝产量已相当于原铝产量的 23.6%，产能超过 10 万吨的企业已经达到数十家，其中 5 家年产超过了 30 万吨，企业规模分别较前几年更趋合理。

41.1.2　再生铝行业的发展前景

41.1.2.1　再生铝的发展

对主要发达国家来说，在电解铝的工业化技术诞生 7 年后，最早的再生铝生产就开始了。第二次世界大战以后，汽车进入集中报废阶段，民间积累的废铝资源不断增加，再生铝行业发展条件开始成熟。经过数十年的发展，目前发达国家社会废铝资源丰富，废铝回收技术也相对先进。特别是欧洲、美洲和日本等，从废铝分类回收到重复利用都有一整套相对成熟的法规和机制，其国民环保意识较强，目前已经形成了成熟的再生铝回收—生产—市场再销售的体系。

41.1.2.2　再生铝的发展前景

所有工业上用的结构金属中，铝的可回收性最高，再生效益最大。铝具有良好的抗腐蚀性能，铝产品在使用期间与不锈钢一样，几乎不被腐蚀。仅在重复熔炼、铸造过程中，因废料形态、尺寸的差异，熔炼装备、技术的不同，会产生一定的损耗。目前，最先进的技术可以生产出性能与原铝相当的再生铝，而且不需要添加原铝来调整成分。生产再生铝的能耗仅相当于生产原铝的 5% 左右。与生产原铝相比，生产再生铝可减少二氧化碳排放量 90%，而且不会产生沥青烟尘与氟污染。还可大幅降低投资，当前中国建设原铝厂的投资约 10000 元/t，而建设一个年生产能力为 50000t 的再生铝厂的投资仅 1800 元/t 左右，可节约投资 82%。

同时，铝的大量使用也给再生铝行业带来了无限的商机。在我国废旧物资回收与再生是一项节约能源、利国利民的行业，国家一直给予税收上的最优惠政策和行业保护政策。因此，再生铝行业是一个朝阳行业，有广阔的发展前景。

41.1.2.3 我国再生铝行业的发展展望

存量铝和废铝方面，随着我国经济的快速发展，铝消费量在 21 世纪出现了爆发式增长，目前已成为全球最大的铝消费国，社会存量铝的规模快速增长。铝制品根据应用产品的不同有着不同的寿命，随着越来越多的铝制品进入了更新换代周期，我国废铝的供应量已经步入持续快速增加的阶段，废铝原料对外依存度逐年降低。2013 年，我国废铝原料来源中 38% 左右依靠进口，而 62% 是由国内产生的，预计未来国产废铝比例将进一步提高。

经济增长和城市化方面，我国相对发达国家城市化水平仍然较低。发达国家中以美国为例，其城市化率在 80% 以上，根据统计数据计算出人均铝消费量在 30kg 以上。我国在 1996 年时城市化率超过 30%，之后进入高速发展阶段，到 2011 年城市化率首次超过 50%，预计到 2020 年我国城市化率将达到 60%，到 2030 年达到 65%。根据预测，我国人均铝消费量有望从 2012 年的 17.4kg 上升到 2020 年的 30kg。

政策导向和规划方面，由于我国目前再生铝占原铝产量仍然低于 1/3 的全球平均水平，较发达国家 1/2 以上比例的差距非常大，未来发展前景广阔。在国家相关政策的指导和支持下，铝资源的再生利用越来越受到社会的重视，同时废铝供应也在逐渐增加，再生铝行业在我国目前处于快速发展阶段，行业规模快速增加，再生铝产量从 2002 年的 100 万吨快速增加至 2014 年的 565 万吨，年复合增长率达到 13.94%。按照《有色金属工业中长期科技发展规划（2006~2020 年)》，到 2020 年，我国再生铝占铝的总产量比例将提高到 40%，按照 2020 年产量 1440 万吨来计算，届时再生铝产量将达到 960 万吨，相当于在 2014 年产量的基础上增长 80% 以上。

综上，节能减排、低碳经济以及城市化的稳步推进都有利于再生铝行业的发展。

41.2 废铝的形式、分类及管理

41.2.1 废铝的常用术语及主要形式

41.2.1.1 废铝的常用术语

废铝的常用术语有：

（1）废铝。铝及铝合金产品的报废品，如废电线电缆、废建筑型材、废铸造铝合金零部件等。

（2）废生铝。主要指各种铸造铝合金产品的报废品，如废汽车轮毂、废内燃机缸体、废摩托车减速器外壳等。

（3）废熟铝。主要指纯铝或变形铝合金产品的报废品，如废型材、废电线电缆、废锅碗瓢盆等。

（4）废硬铝。主要指铸造铝合金产品的报废品，如废汽车轮毂、废内燃机缸体、废摩托车减速器外壳等。

（5）废软铝。主要指纯铝或变形铝合金产品的报废品，如废型材、废电线电缆、废锅碗瓢盆等。

（6）再生铝。铝及铝合金的报废品经过分选、预处理、熔炼、成分调整和铸造后形成的可以直接作为深加工原料使用的铝锭或铝棒。

（7）盒锭。将各种废旧易拉罐熔化之后浇注而成的合金锭。

（8）含铝量。含铝量包括含铝合金量和含铝金属量。含铝合金量主要用来区别一堆废铝中铝合金与砂石、废橡胶、废钢铁、废纸等杂物；含铝金属量主要用来区别铝合金中的铝与硅、铜、镁、铁、锌等非铝成分。

（9）组织遗传。受熔炼温度和时间的影响，熔化后的废铝合金液仍局部保有废铝原有的组织结构，并将其带到再生铝产品中。

（10）纯度遗传。熔化后的废铝合金液成分与废铝原成分基本保持一致。

41.2.1.2　废铝的主要形式

国内外的废铝有各种各样的存在形态，常见的主要形式及特点是：

（1）切片铝。

1）切片铝主要由汽车、摩托车、各种机械和电器上的铝合金铸件的碎片组成，碎片的成分多为各种牌号的 Al-Si 系合金铸件的原成分。

2）切片铝的表面积尺寸一般为 40mm×40mm。

3）切片铝中含有废钢铁碎片、废铜合金件碎片、废锌合金件碎片、废橡胶、废塑料、废纸片、木头、砂石、泥土、油污和水分等。

（2）杂铝合金锭。

1）杂铝合金锭的原料主要来自各种废铝合金铸造件和废生活用铝件。

2）杂铝合金锭大多采用小型坩埚炉熔炼，成分不稳定。

3）锭重有 5kg、10kg、15kg 和 20kg 等多个级别。

（3）废易拉罐压块铝。

1）废易拉罐压块铝主要是从国外和香港等地区收集的废铝，它由各种废易拉罐压制而成。

2）废易拉罐压块铝的大小一般为 0.1m³，每一个压块的质量从 5kg 到 30kg 不等。

（4）废易拉罐锭。

1）把收回的废易拉罐熔化后，铸成废易拉罐锭。

2）废易拉罐锭的成分比较稳定，但杂质含量较高。

3）锭重有 5kg、10kg、15kg 和 20kg 等多个级别。

（5）易拉罐边角废料压块铝。

1）易拉罐边角废料压块铝由易拉罐生产制造过程中产生的边角废料压制而成。

2）易拉罐边角废料压块铝不含油漆，没有罐内的残液，因此质量较好。

3）压块尺寸和质量同废易拉罐压块铝。

（6）废建筑型材压捆铝。

1）废建筑型材压捆铝主要来自国外回收企业，它由各种废建筑型材压制而成。

2）废建筑铝型材压捆的目的是提高运输效率、装卸方便、增加装炉量和降低熔炼时的烧损。

3）压捆的尺寸有 500mm×500mm、1000mm×1000mm 等多种规格。

（7）散废型材。

1）散废型材主要由国内的一些废铝个体经营户四处收集而来，包括废门窗、废卷匝门等。

2）散废型材一般带有大量的钢质铆钉，如不除去会影响合金质量。

（8）废铝箔片。

1）废铝箔片是加工铝箔产品时产生的边角料或报废的铝箔产品。

2）废铝箔片的厚度极小，表面积很大，因此在所有废铝中其金属回收率最低。

3）常见废铝箔有烟箔、空调箔、包装箔等。

（9）废铝屑。

1）废铝屑是铝产品在机械加工过程中产生的，包括车屑、磨屑、刨屑、铣屑、镗屑和钻屑等。

2）废铝屑中经常混有铁屑和乳化剂、油分、水分等，必须经过预处理之后才能使用。

3）废铝屑的金属回收率很低。

（10）单一废铝铸件。

1）单一废铝铸件指某一类废铝零部件，如汽车铝轮毂、汽车减速器壳、汽车前后保险杠和内燃机缸体、活塞等。

2）许多单一废铝铸件带有螺栓、键、小齿轮等镶嵌件，在熔炼时必须将其清除干净。

（11）混杂废铝铸件。

1）混杂废铝铸件由各种形状不同、尺寸不同、牌号不同、成分不同的废铝铸件混合构成。

2）混杂废铝铸件成分复杂，它可能含有 Al-Si 系、Al-Cu 系、Al-Mg 系和 Al-Zn 系等废铝铸件，因此在使用之前必须经过仔细分拣。

3）混杂废铝铸件中含有废钢铁、废铜锌件、木头、砂石、泥土、油污和水分等杂物。

（12）废剥皮电缆。

1）废剥皮电缆指采用机械法去除外层绝缘皮和里面的钢芯之后的废地缆线。

2）废剥皮电缆属质量最好的废铝之一。

（13）废裸电线。

1）废裸电线指抽出里面钢芯之后的报废的空中输电电线。

2）废裸电线长期暴露于空气中，在电流的热效应作用下，发生化学腐蚀和电化学腐蚀，因此其金属回收率低于废剥皮电缆。

（14）焚烧后的废铝。

1）焚烧后的废铝由报废的各种家用电器经过粉碎、分选出一部分废钢后焚烧获得。

2）焚烧后的铝废料主要来自广东南海等地，他们大量地焚烧从国外进口的废家用电器等"洋垃圾"，从中获取废铝。

3）在焚烧过程中，一些薄壁铝件和部分低熔点的物料如锌、铅、锡等熔化，与其他物料形成表面琉璃状的物料，影响废铝的使用。

4）焚烧后的废铝含铝量在 40% ~60%，其余为砖头石块、废钢铁等。

（15）生活废铝。

1）生活废铝指报废的家用铝制餐具、铝壶、铝锅、铝盆和日常用的废牙膏皮等包装物。

2）生活废铝属于品位较高的废铝。

41.2.2 铝合金废料、废件的分类及管理

41.2.2.1 铝合金废料、废件的分类

铝及铝合金废料、废件主要可以分为三大类：铝及铝合金块状废料、废件；铝及铝合金屑料；铝及铝合金渣、灰废料。每一类又可以细分为不同组别，见表 41-2 ~ 表 41-4。

表 41-2 铝及铝合金块状废料、废件的主要金属牌号、级别与典型应用

组别及标准	原金属名称	原金属代表牌号	级 别	典型举例
金属铝废料、废件 GB/T 1197 GB/T 3190	工业高纯铝	1A85、1A70、1A93、1A97、1A99	1 级：同一牌号的金属铝，无腐蚀、无夹杂； 2 级：同一牌号的金属铝，夹杂率不大于 2%； 3 级：同一金属名称的金属铝，无腐蚀、无夹杂； 4 级：同一金属名称的金属铝，夹杂率不大于 2%； 5 级：同一组的金属铝，无腐蚀、无夹杂； 6 级：同一组的金属铝，夹杂率不大于 2%	（1）废旧的电容器、垫片电子管隔离器、导电体和装饰件、牙膏皮及其他报废的设备和零部件； （2）废旧电线、电缆； （3）各种牌号的铝板、铝管、铝棒、铝箔、铝带、型材等在加工过程中产生的边角料和废品
	工业纯铝	1070A、1060、1050A、1035、1A30、1200、1100、8A06、1A50		
变形铝合金废料、废件 GB/T 3190	铝镁合金	5A02、5A03、5083、5A05、5056、5A06、5B05、5A12、5A13、5B06、5A33、5A43、5A41、5A66	1 级：同一牌号的变形铝合金，无腐蚀、无夹杂； 2 级：同一牌号的变形铝合金，夹杂率不大于 4%； 3 级：同一金属名称的变形铝合金，无腐蚀、无夹杂； 4 级：同一金属名称的变形铝合金，夹杂率不大于 4%； 5 级：同一组的变形铝合金，无腐蚀、无夹杂； 6 级：同一组的变形铝合金，夹杂率不大于 4%	（1）废旧的低压容器、铆钉、焊条、冷冲压件及骨架，受力元件、焊接容器、油箱、导管、空压机叶轮盘、建筑结构件及复杂的结构件、锻件、承力结构件，飞机、汽车结构件，家用电器箱体及其他报废的设备和零部件； （2）各种变形铝合金板、棒、带、箔、型材等在加工过程中产生的边角料和废品
	铝锰合金	3A21		
	铝铜合金	2A01、2A02、2A04、2A06、2B11、2B12、2A10、2A11、2A12、2A13、2A16、2A17、2A50、2B50、2A70、2A80、2A90、2A14		
	铝镁硅合金	6A02、6B02、6061、6063、6070		
	铝硅合金	4A01、4A13、4A17、4A11		
	铝锌合金	7A03、7A04、7A09、7A10、7003、7A01		
	易拉罐合金	3004、3014	1 级：同一牌号的金属铝，无腐蚀、无夹杂； 2 级：同一牌号的金属铝，夹杂率不大于 2%	各种废旧易拉罐

组别及标准	原金属名称	原金属代表牌号	级　别	典型举例
铸造铝合金废料、废件 GB/T 1173 GB/T 8733	铝硅合金	ZLD101、ZLD102、ZLD104、ZLD115、ZLD116	1级：同一牌号的铸造铝合金，无腐蚀、无夹杂； 2级：同一牌号的铸造铝合金，夹杂率不大于4%； 3级：同一金属名称的铸造铝合金，无腐蚀、无夹杂； 4级：同一金属名称的铸造铝合金，夹杂率不大于4%； 5级：同一组的铸造铝合金，无腐蚀、无夹杂； 6级：同一组的铸造铝合金，夹杂率不大于4%	（1）废旧的仪表零件、抽水机壳、发动机壳体、汽缸体、泵壳体、活塞、支臂、挂架梁、耐切削零件、船舶、汽车和飞机上的零部件及其他报废的设备和零部件； （2）各种铸造铝合金加工过程中产生的废料和废品
	铝镁合金	ZLD301、ZLD303、ZLD305		
	铝锌合金	ZLD402		
	铝硅锌合金	ZLD401		
	铝锰合金	ZLD001		
	铝硅铜合金	ZLD103、ZLD105、ZLD106、ZLD107、ZLD108、ZLD109、ZLD110、ZLD111、ZLD207		
	铝铜合金	ZLD201、ZLD202、ZLD301		

表 41-3　铝及铝合金屑料的主要金属牌号、级别与典型应用

组别及标准	原金属名称	原金属代表牌号	级　别	典型举例
变形铝合金屑料 GB/T 3190	铝镁合金	5A02、5A03、5083、5A05、5056、5A06、5B05、5A12、5A13、5B06、5A33、5A43、5A41、5A66	1级：同一牌号的变形铝合金屑，无腐蚀、无夹杂； 2级：同一牌号的变形铝合金屑，夹杂率不大于5%； 3级：同一金属名称的变形铝合金屑，无腐蚀、无夹杂； 4级：同一金属名称的变形铝合金屑，夹杂率不大于5%； 5级：同一组的变形铝合金屑，无腐蚀、无夹杂； 6级：同一组的变形铝合金屑，夹杂率不大于5%	各种变形铝合金屑
	铝锰合金	3A21		
	铝铜合金	2A01、2A02、2A04、2A06、2B11、2B12、2A10、2A11、2A12、2A13、2A16、2A17、2A50、2B50、2A70、2A80、2A90、2A14		
	铝镁硅合金	6A02、6B02、6061、6063、6070		
	铝硅合金	4A01、4A13、4A17、4A11		
	铝锌合金	7A03、7A04、7A09、7A10、7003、7A01		
铸造铝合金屑料 GB 1173 GB 8733	铝硅合金	ZLD101、ZLD102、ZLD104、ZLD115、ZLD116	1级：同一牌号的铸造铝合金屑，无腐蚀、无夹杂； 2级：同一牌号的铸造铝合金屑，夹杂率不大于5%； 3级：同一金属名称的铸造铝合金屑，无腐蚀、无夹杂； 4级：同一金属名称的铸造铝合金屑，夹杂率不大于5%； 5级：同一组的铸造铝合金屑，无腐蚀、无夹杂； 6级：同一组的铸造铝合金屑，夹杂率不大于5%	各种铸造铝合金屑
	铝硅铜合金	ZLD103、ZLD105、ZLD106、ZLD107、ZLD108、ZLD109、ZLD110、ZLD111、ZLD207		
	铝铜合金	ZLD201、ZLD202、ZLD301		
	铝镁合金	ZLD305、ZLD303、ZLD301		
	铝锌合金	ZLD402		
	铝硅锌合金	ZLD401		
	铝锰合金	ZLD001		
混合铝及铝合金屑料			1级：铝含量不小于98%的铝的铝屑； 2级：铝含量不小于85%的铝及铝合金屑； 3级：铝含量不小于80%的铝及铝合金屑	各种铝及铝合金屑

表 41-4 铝及铝合金渣、灰废料的主要金属牌号、级别与典型应用

组别	原金属名称	原金属代表牌号	级别	典型举例
铝及铝合金渣、灰	铝硅合金	ZLD101、ZLD102、ZLD104、ZLD115、ZLD116	1 级：金属铝含量不小于 55% 的铝及铝合金渣、灰；	各种铝及铝合金的炉底结块、渣、烟灰、垃圾等废料
	铝硅铜合金	ZLD103、ZLD105、ZLD106、ZLD107、ZLD108、ZLD109、ZLD110、ZLD111、ZLD207	2 级：金属铝含量不小于 40% 的铝及铝合金渣、灰；	
	铝铜合金	ZLD201、ZLD202、ZLD301	3 级：金属铝含量不小于 20% 的铝及铝合金渣、灰；	
	铝镁合金	ZLD305、ZLD303、ZLD301	4 级：金属铝含量不小于 10% 的铝及铝合金渣、灰；	
	铝锌合金	ZLD402	5 级：金属铝含量不小于 5% 的铝及铝合金渣、灰	
	铝硅锌合金	ZLD401		
	铝锰合金	ZLD001		

41.2.2.2 铝合金废料、废件的管理

铝合金废料、废件的管理包括：

（1）铝及铝合金废料、废件应按相关标准规定的类、组（金属名称、牌号）和级别进行回收和供应，不同的类、组和级不应相混。未列入表中的牌号及以后产生的新牌号，可视其成分归入化学成分相同或相近的组中。

（2）废料、废件中不允许混有密封容器、易燃、易爆物及有毒物品。

（3）废旧武器的零部件，易燃、易爆物及有毒设备的零部件，应由供方做安全检查处理。

（4）废料、废件表面的杂物应予剔除。

（5）块状废料、废件的最大外形尺寸不大于 300mm，单块质量不大于 50kg，也可由供需双方协商解决。

（6）需方另有技术要求时，可由供需双方协商解决。

41.3 废铝的回收与再生利用

41.3.1 废铝的预处理方法

41.3.1.1 风选法

风选法是利用一定压力的风将铝废料中的废橡胶、废塑料、废木头、废纸等一些轻于铝的杂质吹走，从而达到预处理的目的。风选法的工艺很简单，操作起来也十分方便，能够高效率地分离出大部分轻质废料，但风选法必须配备较好的收尘系统和一个相对密闭的工作区域，以避免灰尘对环境的污染和人体的伤害。分选出的废纸和废塑料等一般作为燃料使用，如图 41-1 所示。

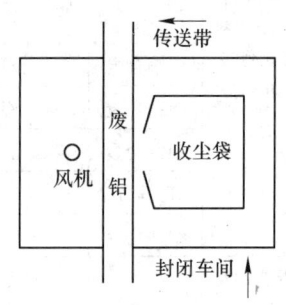

图 41-1 风选法示意图

41.3.1.2 轻介质浮选法

轻介质浮选法的主要设备是螺旋式推进器，其工作原理是

废旧铝被螺旋推进器推进水池，在水池中轻质废料被一定流速的水冲走，废旧铝从水池的另一端被螺旋推进器推出。在这个过程中，风选之后剩余的泥土和灰尘等易溶物质大量溶于水中，并被水冲走，进入沉降池。污水在经过多道沉降澄清之后，返回循环使用，污泥定时清除。此种方法可以全部分离密度小于水的轻质材料，是一种简便易行的方法。轻介质浮选法一般与筛选配合进行，浮选后的铝废料由传送带送到分选筛上，由分选筛进行分选，分选出的小块铝废料转入下一道工序，大的铝废料送到破碎工段再一次破碎，如图41-2 所示。

41.3.1.3 重介质浮选法

重介质浮选法是利用铝的密度比其他重有色金属小的原理，使废铝浮在重介质上面，而重有色金属沉在底部，从而达到分离的目的。重介质浮选法的关键技术是筛选一种密度大于铝而小于铜、锌的合适介质，这种介质是一种流体，工作时流体做往复运动，随时捞走浮出的废铝，如图41-3 所示。

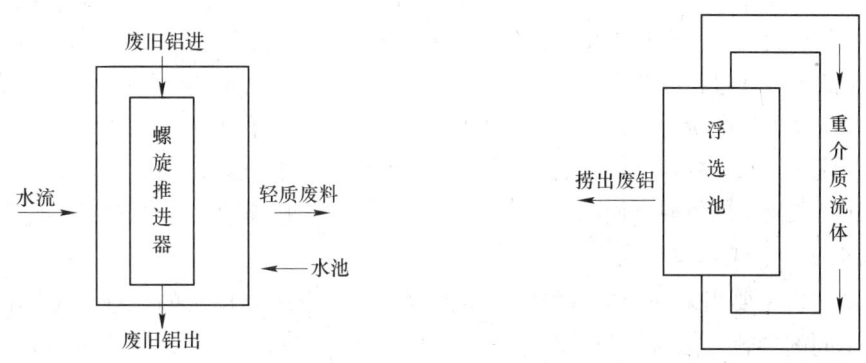

图 41-2 轻介质浮选法示意图   图 41-3 重介质浮选法示意图

41.3.1.4 磁选法

磁选法分选废钢铁的工艺适宜于废切片铝和低档次的废铝料。磁选法的设备比较简单，磁源来自电磁铁或永磁铁，磁选的工艺多种多样，比较容易实现的是传送带的十字交叉法。传送带上的废铝沿横向运动，当进入磁场之后废钢铁被吸起而离开横向输送带，如图41-4 所示。磁选法的工艺简单，投资少，效果明显，很容易被采用。但磁选法处理的铝废料体积不宜过大，大的铝废料要先经过破碎处理工序之后才能进入磁选工艺。磁选法分选出的废钢铁还要进一步处理，如铝件上的螺栓、水暖件、键、小齿轮、毂圈等。虽经过了破碎处理，但这些镶嵌件仍与铝基体密不可分，在磁选后，这一部分铝随镶嵌件一同被吸出，为此必须进一步将它们分开，以获得比较单一的废铝和废钢铁等物质。

41.3.1.5 抛物分选法

抛物分选法的原理是用相同的力沿直线射出密度不同而体积基本相同的物体时，各种物体沿不同的抛物线方向运动，其最后的落点也互不相同，从而达到分离不同密度物质的目的。通常，废铝采用抛物法分选时，把废铝不断的加到连续运行的水平传送带上，废铝随传送带高速的运转，当运转到尽头时，废铝沿直线被抛出，由于废铝中各种物质的密度不同，其最后的落地点也不同，此种方法可使废铝、废铜、废铅和其他废物均匀的分开，如图41-5 所示。

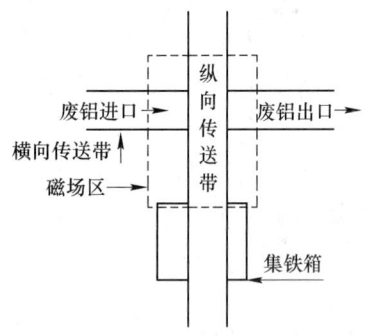

图 41-4 磁选法示意图

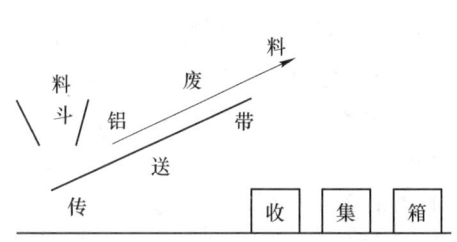

图 41-5 抛物分选法示意图

41.3.1.6 焙烧分选法

焙烧法主要用来除去废包装容器、废易拉罐等带有表面涂层的废铝。焙烧法的主要设备是回转窑，其最大的优点是热效率高，便于废铝与碳化物的分离。焙烧的热源来自加热炉的热风和废铝漆层碳化过程中产生的热量。生产时，回转窑以一定的速度旋转，废铝表面的漆层在一定的温度下逐渐炭化，由于回转窑的旋转，使得物料之间相互碰撞和振动，最后炭化物从废铝上脱落下来。脱落的炭化物一部分在回转窑的一端收集，还有一部分在收尘器回收。焙烧法的关键是要将温度控制好，在保证废铝不熔化的前提下，温度越高越好。

41.3.1.7 电缆剥皮法

电缆剥皮机主要用来处理带有绝缘胶皮的废电缆。电缆剥皮机的原理是把不同直径的电缆送入不同的导轨，由转向与导轨相反的刀具将电缆的胶皮划破，然后再由人工将胶皮撕掉。电缆剥皮机投入很小，而且剥出的铝线基本保持了原铝的全部遗传，但其效率相对比较低下。

通常，通过以上加工后，还需要烘干和压块。

烘干是将经过水洗的废铝或本身含有水分的废铝，在投入使用之前，必须进行烘干处理。烘干处理的工艺是装在轨道车上的废铝在一定温度的烘干炉窑中保持一段时间，直到水分除尽为止。

压块是将废铝屑、废易拉罐和废易拉罐边角料等表面积大、体积小的废铝，先做压块处理后再投入使用。压块的目的是减少装炉次数、提高生产效率、降低烧损。

41.3.2 废铝熔炼工艺及设备

41.3.2.1 常用的废铝熔炼设备

A 焦炭坩埚炉熔炼

焦炭坩埚炉的炉膛砌在地下，坩埚为单独的石墨坩埚，放置在炉膛中的铸铁炉条上，上面配置可人工移动的炉盖，坩埚与炉膛之间填充焦炭，焦炭产生的热量通过坩埚壁传递给埚内的废铝，废铝吸热熔化。如果在炉膛下部炉门处装上鼓风机，则能够显著提高熔化效率。焦炭坩埚炉的优点是投资小、见效快、金属回收率高，缺点是污染严重、能耗高、生产能力低下、产品质量不稳定和不易调整，如图 41-6 所示。

B　电阻坩埚炉

电阻炉是一个可以移动的整体，坩埚为单独的铸铁坩埚，放置在电阻炉膛中，炉膛壁四周均匀的布置有电阻加热元件电阻丝或硅碳棒。电阻加热元件通电后发热，热量辐射给铸铁坩埚，铸铁坩埚再将热量传导给埚内的废铝，使废铝熔化。电阻坩埚炉的缺点是设备投入大、耗电量大、熔炼成本高，优点是生产环境和劳动条件较好，熔化温度能够精确控制，如图41-7所示。

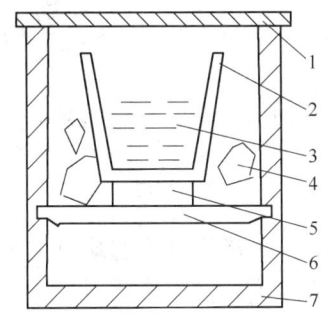

图41-6　焦炭坩埚炉简图

1—炉盖；2—石墨坩埚；3—铝液；4—焦炭；

5—耐火砖；6—炉条；7—炉膛

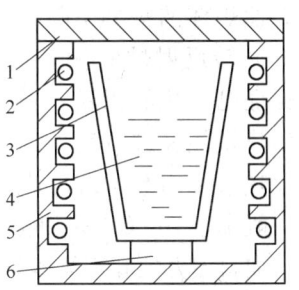

图41-7　电阻坩埚炉简图

1—炉盖；2—电阻丝；3—铸铁坩埚；

4—铝液；5—炉膛；6—耐火砖

C　无芯工频感应炉

无芯工频感应炉属坩埚型熔化炉，坩埚一般由硅砂烧结而成，在坩埚外面绕有内部通冷却水的感应线圈，感应线圈由空心铜管制成，当感应线圈内通过交变电流时，坩埚内的废铝就会在交变磁场的作用下产生感应电流，因炉料本身具有电阻而发热，从而使废铝熔化。无芯工频感应炉的优点是熔化量大、具有使炉内已熔化的废铝液自身发生搅拌的功能，其缺点是在熔化小块废铝时效率很低，甚至难以熔化，它只适于大块废铝的熔化，如图41-8所示。

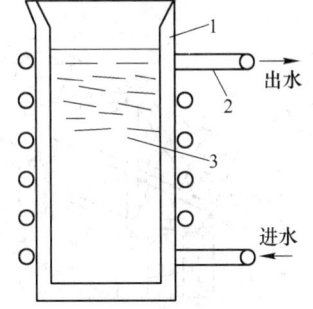

图41-8　无芯工频感应炉工作原理图

1—坩埚；2—感应圈；3—铝液

D　有芯工频感应炉

有芯工频感应炉完全按照变压器工作原理设计。感应圈绕在一个由硅钢片叠成的闭合铁芯上，作为变压器的初级线圈，炉子底侧有一条充满废铝液的熔沟环绕感应圈，它相当于变压器的初级短路线圈。由于有闭合铁芯，磁力线得以高度集中，因此，有芯炉的电效率、热效率和功率因素都比无芯的高，且占地面积小，投资费用也只有无芯炉的1/3～1/2，但起熔时间长，对熔沟耐火材料的要求高，炉子修筑比较麻烦，更换废铝成分也比较困难，而且每炉熔化后浇出铝液时应有一定的剩余量，以保证残余废铝液能充满熔沟使熔炉继续工作，如图41-9所示。

E　回转反射炉

回转反射炉主要由回转熔炼室、液压倾动系统和液压回转系统组成。回转熔炼室为圆形，炉膛内壁装有固定搅拌装置。加料时，炉体由前面的支撑枢纽和后面的支撑座支撑；熔炼时，中部的液压油缸稍微顶起炉体，后部支撑座不再受力，炉体质量由前面的支撑枢纽和液压缸承担，并由尾部的液压回转系统驱动；开始旋转熔炼，整个炉体呈头高尾低状态，加热烧嘴装在炉门上，炉门不随炉体一起转动；熔炼结束后，移走炉门，中部的液压油缸进一步顶起升高，使炉体的头部下降，尾部上升，铝液从炉门处流出。回转反射炉的优点是具有自我搅拌功能，能够随时保证已熔化的铝液、未溶化的废铝和熔盐充分混合，使热量能够进行充分的传递，废铝的加热很均匀，因此热效率很高，熔炼速度很快，同时转炉的

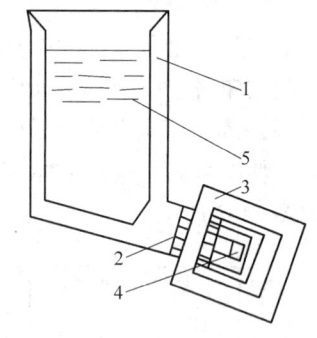

图 41-9　有芯工频感应炉工作原理图
1—坩埚；2—感应圈；3—铁芯；
4—熔沟；5—铝液

熔炼温度一般小于 700℃，可以极大地降低废铝的烧损量；回转反射炉的缺点主要是设备投入巨大、加料不方便和不能熔化大块的铝废料，如图 41-10 所示。

　　F　双室反射炉

　　双室反射炉由熔炼室和铝水池两个炉膛组成，熔炼室炉底比铝水池高，中间设有挡火墙，熔炼室底部呈倾斜状向加料门方向上升，熔化的铝液向下流入铝水池，废铝中的废钢铁等镶嵌件留在熔炼室炉底，可用工具及时除去，防止了铝液的增铁倾向。双室反射炉的缺点是烟尘被炉气从熔炼室带到铝水池，污染液态铝合金，使铝液的烧损率和含气量均增加，还容易在铝水池中生成炉瘤，同时，因熔炼室比铝水池高，铝水池的加热不是很好，如图 41-11 所示。

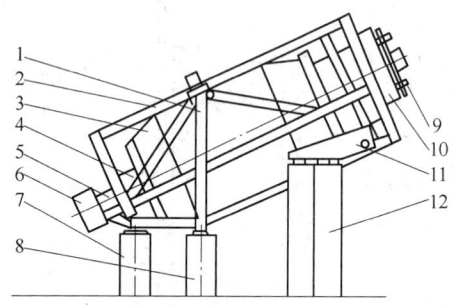

图 41-10　回转反射炉示意图
1—液压缸；2—框架；3—炉体；4—联轴器；5—减速器；
6—电动机；7—后支座；8—液压缸支座；9—烧嘴；
10—炉门；11—支撑枢纽；12—前支座

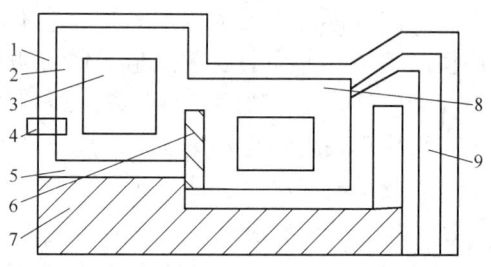

图 41-11　双室反射炉示意图
1—炉壁；2—熔炼室；3—炉门；4—烧嘴；
5—炉底；6—挡火墙；7—地基；
8—铝水池；9—烟道

　　G　侧井反射炉

　　侧井反射炉由两个炉膛组成，加热熔化在主炉膛，加料在副炉膛，两个炉膛之间设有挡火墙，挡火墙上装有一台电磁泵并开有一个回流孔。加到副炉膛的废铝碎料被电磁泵抽吸送进主炉膛，在主炉膛内加热熔化，由于重力压差的作用，主炉膛的高温铝液从回流孔返回副炉膛，预热铝废料。侧井反射炉的最大优点是不用频繁的开启炉门加料和调整成

分，大大提高了热效率；其缺点是需要配置专门的电磁泵，设备投入较大，如图41-12所示。

H 竖式反射炉

竖式反射炉主要由底部的圆形熔炼室、上部的废铝预热竖炉和空气预热系统组成，排烟管装在竖炉上部。炉料从竖炉的顶部加入，由下向上逐步熔化进入熔炼室，熔炼室的烟气必须全程穿过竖炉才能从排烟管排除，因此高热的烟气能充分的预热竖炉中的炉料，从而加快熔炼速度、提高热效率、降低能耗，竖式反射炉的缺点是设备高度大、加料不能实现机械化、加料次数多，烟尘对炉料产生污染，如图41-13所示。

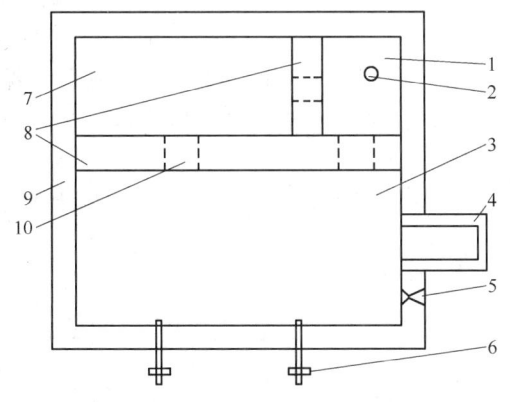 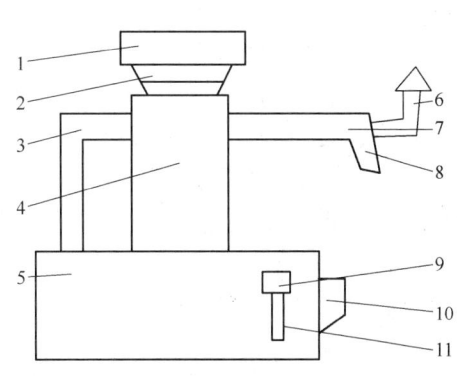

图41-12 侧井反射炉平面示意图
1—电磁泵室；2—电磁泵；3—熔炼室；4—烟道；
5—放铝口；6—烧嘴；7—加料井；8—挡火墙；
9—炉壁；10—回铝口

图41-13 竖式反射炉示意图
1—炉顶盖；2—加料斗；3—热风管；4—竖炉；5—底炉；
6—排烟管；7—空气预热器；8—进风管；9—燃烧器；
10—扒渣门；11—燃烧器进风管

41.3.2.2 废铝回收、再生工艺流程

废铝回收、再生工艺流程如图41-14所示。

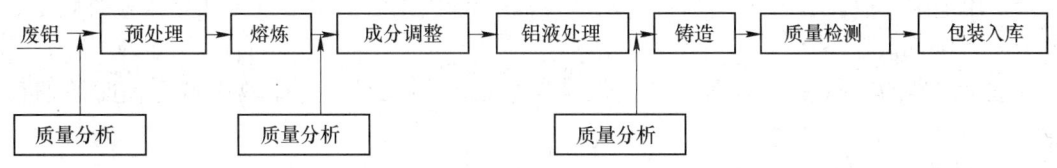

图41-14 废铝回收、再生工艺流程简图

41.3.2.3 废铝的主要熔炼工艺

废铝的主要熔炼工艺是完成两大任务：一是除气、除杂和除渣；二是调整成分，满足使用要求。目前，废铝回收再生的主要铝产品是铝硅系铸造合金，因此增加硅含量是重要的环节。同时，去除废铝中的镁、锌和铁也是十分重要的，即研究废铝熔体中的除镁、除锌和除铁工艺。

A 废铝熔硅工艺

实际生产中，废铝熔炼过程中硅的损耗大，因此在调整合金成分时，经常需要补加一

定量的结晶硅。

a　压入法

工艺简介：用专用工具——压罩，将硅压进铝液里面直到硅全部熔化为止。

适用范围：适用于硅加入量不是很大的情况，最好能一次性将硅压完，硅的粒度一般在 5～10mm。

效果：硅的收得率可达95%，但由于工具长时间处于高温熔体中，容易增加铝液含铁量和吸气量。

b　冲入法

工艺简介：先将硅放在高温的炉底，然后把过热的铝液倒入，利用高温铝液冲刷硅，促使其熔化。

适用范围：需要配置两台熔炉，一台用于熔化废铝，另一台用于调整合金成分和保温，经过计算称量的硅放在保温炉中；如果调整成分时需要用到电解液，可将硅放在真空包中；硅的粒度一般为 5～10mm。

效果：硅的收得率不高而且不稳定，一般为90%～95%，同时，在铝液倾倒过程中，熔体产生很大的二次氧化损耗；设备配置费用高，操作不方便。

c　中间合金法

工艺简介：先把硅和铝配置成一定比例的中间合金锭，再根据硅的需求量，将适量的中间合金加入熔体。

适用范围：适合于硅需求量少的熔体，而且需要配置专门的中间合金熔炼设备。

效果：硅的收得率能达到98%，硅基本上只产生自然烧损，而且不需要过热熔体，减少了其他元素的损耗，缩短了熔炼时间；其缺点是多一道生产工序，劳动强度、生产成本和纯铝的消耗均增加。

d　低温熔硅法

工艺简介：将硅加入少量低温的铝液中，铝液迅速将热量传递给硅，最后硅与铝液呈糊状并局部凝固成块，再加入废铝或分批加入熔化好的铝液，这样硅在熔炼时不会漂浮起来。

适用范围：适合于连续生产的企业，每一炉铝液放出时，留下一少部分；硅的粒度一般为 5～10mm。

效果：硅的收得率能达到95%，但其熔炼的时间较长，生产效率低下，能源消耗量大。

e　硅粉吹入法

工艺简介：采用一定压力的氮气或氩气把粉末状的硅从导管中喷入熔体，促使硅速熔。

适用范围：硅粉吹入法适合于产品质量要求特别严的复合板材或箔材的熔硅工艺；硅粉的粒度一般为 0.6～0.25mm(30～50 目)。

效果：硅的收得率可以达到98%，而且硅在熔体中分布非常均匀，不易生成粗大的初晶硅，需要的熔炼时间很短，同时兼具熔体精炼处理作用；其缺点是购买硅粉的成本高，增加产品制造成本。

B　废铝熔体除镁

常用的几种废铝熔体除镁方法见表41-5。

表 41-5　废铝熔体除镁方法

方　法	原　理	效　果
搅拌法	直接用工具搅拌熔体，利用镁与氧的亲和力比其他金属大的原理，促使镁优先氧化燃烧： $2Mg + O_2 = 2MgO$	除镁效果比较明显，如果搅拌的时间足够长，可以使镁的含量降低一半；但在除镁的同时，也造成了硅、铝等元素的损耗，一般情况下不宜采用
吹氯法	在铝液中吹入含水量小于 0.08% 的氯气，利用氯气与铝液中镁的反应，除去一部分镁，而且氯气与铝反应生成的三氯化铝也有除镁功效： $Mg + Cl_2 = MgCl_2$ $2Al + 3Cl_2 = 2AlCl_3$ $2AlCl_3 + 3Mg = 3MgCl_2 + 2Al$	除镁效果十分明显，可使铝液中的镁含量降至 0.3% ~ 0.4%，而且操作简单方便，同时兼具除气、除渣、净化熔体的作用；但氯气是剧毒物质，对人体有极大的伤害，通氯气的设备比较复杂，其装置应安放在密封的房间内，以防泄漏，熔炉、坩埚上方应安装通风罩，净化操作环境，泄漏的氯气严重腐蚀厂房、设备，通氯后的合金晶粒粗大，降低力学性能
吹 N_2 + $AlCl_3$ 法	利用一定压力的氮气把专用喷粉罐中的 $AlCl_3$ 粉末吹入熔体内部，使 $AlCl_3$ 与熔体中的镁反应，生成化合物，以达到除镁的目的，氮气的纯度大于 99.995%，$AlCl_3$ 为无水粉末： $2AlCl_3 + 3Mg = 3MgCl_2 + 2Al$ $3Mg + N_2 = Mg_3N_2$	除镁效果极佳，可以使熔体中的镁含量降至 0.1% ~ 0.2%，同时不会产生任何有毒有害的物质，也不会使其他的金属元素发生氧化损耗；但此种方法对氮气的纯度要求很高，如果达不到标准，会使铝液的含气量大幅增加，给后续工序带来麻烦，造成产品质量品位下降
加 Na_3AlF_6 法	将 40% NaCl、20% KCl、40% Na_3AlF_6 的混合物在 750 ~ 800℃ 时加在熔体表面，利用冰晶石与镁的作用将镁除去，NaCl 和 KCl 的作用是降低反应的温度： $2Na_3AlF_6 + 3Mg = 2Al + 6NaF + 3MgF_2$	可以使熔体中镁的含量降至 0.05% 以下，能够满足超低含镁量合金的需求，理论上 6kg 冰晶石可以除去 1kg 镁，实际冰晶石的用量为理论的 1.5 ~ 2 倍，冰晶石对熔体还有良好的精炼和变质作用

C　废铝熔体除锌

废铝熔体常用的两种除锌方法见表 41-6。

表 41-6　废铝熔体除锌方法

方　法	原　理	效　果
搅拌法	用工具直接搅拌熔体，让氧气卷入熔体，促使锌氧化，以达到除锌的目的： $2Zn + O_2 = 2ZnO$	除锌效果不是很明显，而且造成很大的铝和其他元素的烧损，还会让熔体吸入大量的气体，产生大量的夹杂
沉淀法	利用锌的密度比合金液中其他有用元素大的原理，对铝液采取长时间静置，使锌沉在炉底；在铸造放铝水时，保持稳定、缓慢的液流，可使含锌量高的铝液先流出，专门铸成含锌量高的锭	除锌的效果与静置的时间和熔体的温度有关，在除锌的同时，铜等有用重金属元素也被除去，必须补加，而且长时间的保温过程需消耗大量的能量

D　废铝熔体除铁

常用的几种废铝熔体除铁方法见表 41-7。

表 41-7 废铝熔体除铁方法

方 法	原 理	效 果
加锰法	锰在合金液中能有效地形成高熔点的富铁相化合物并产生沉积,从而达到除铁的目的: $Al_9Fe_2Si_2 + Mn \longrightarrow AlSiMnFe$	原则上加入 6.7~8.3kg 的锰可以除去 1kg 的铁,而且能使残留的粗大片状、既硬又脆的 $Al_9Fe_2Si_2$ 相转变为片状的 AlSiMnFe 相,从而削弱铁的有害作用,加锰除铁会使合金的含锰量增加,对锰含量有限制的合金不宜采用,而且锰除铁剂价格较贵
加铍法	铍在合金液中与 $Al_9Fe_2Si_2$ 相发生作用,从而降低铁的有害影响: $Al_9Fe_2Si_2 + Be \longrightarrow Al_5BeFeSi$	当在合金液中加入 0.05%~0.1% 的铍时,促使粗大片状的 $Al_9Fe_2Si_2$ 相转变为点状的 $Al_5BeFeSi$ 相,可明显消除合金的脆性,但铍的价格贵,且铍蒸气有毒,对人体有伤害,对工作环境造成污染,因此宜慎重使用
沉降法	利用 Mn、Cr、Ni、Zr 四种物质配制的多元中间合金的综合作用,与合金中粗大的针状富铁化合物发生作用,形成新的多元富铁化合物,多元富铁化合物随温度的降低逐步长大,当长大到足以克服沉降阻力后,就会产生沉降,从而除去铁	当四种物质用量为 2.0% Mn、0.8% Cr、1.2% Ni、0.6% Zr 时,经过沉降处理的铝液含铁量可以由 1% 降至 0.2%,锰在沉降法中起主要除铁作用,铬虽然在除铁作用上不及锰,但其抗氧化烧损性能较好,加入镍的主要目的是降低锰、铬残留所产生的脆性,加入锆除有除铁的作用之外,还兼有细化晶粒的作用
过滤法	利用铝熔体中的富铁相杂质在较低的温度和较长的保温时间下发生偏聚的原理,采用机械过滤的方法将聚集长大的富铁相物质除去	过滤法除铁一般在熔体浇铸时进行,它不但可以除去大块的富铁相物质,同时能够除去铝液中的其他尺寸较大的夹杂物。通常采用泡沫陶瓷过滤器,它先拦截部分杂质颗粒,被拦截的颗粒进而形成滤饼,进一步起拦截作用

41.3.3 废铝回收中的几个问题

41.3.3.1 影响烧损率的因素

废铝熔炼过程中的烧损率是影响整个生产经济指标的一个重要因素,它主要取决于如下环节:

(1) 设备。熔炼设备主要从两方面影响铝的烧损:设备的形式和坩埚或熔池的高径比。由于反射炉的高温火焰直接喷向铝熔体,而坩埚炉是传导传热,因此反射炉的烧损率要比坩埚炉大得多;高径比小的坩埚或熔池表面积大,铝液与炉气接触的面积也大,因此氧化烧损比较严重。

(2) 原料。原料的成分、杂质含量和形状尺寸等都影响铝的烧损率。含易烧损元素多的废铝原料在熔炼时烧损量大,如铝硅、铝镁类废铝;杂质含量多的废铝带入较多的氧气,因此烧损量大;尺寸小的废铝与炉气的接触面积大,而且其本身氧化皮多,所以损耗量大。

(3) 辅料。辅料主要指精炼剂、打渣剂、细化剂、变质剂和喷粉用的氮气。辅料如果选择不当或使用不当,都会增加铝的损耗。其损耗的途径有:辅料带入氧气和水分增加烧损;辅料中物质与合金液的组分发生反应产生损耗等。

(4) 工具。工具带来损耗的主要原因是工具不刷涂料或涂料刷后烘干不彻底。不刷涂料或烘干不彻底的工具都会使熔体中的氧含量增加，从而加大烧损。

（5）工艺。熔炼温度是铝烧损的一个主要原因，一般温度应控制在750℃以下，如果达到800～900℃，铝液表面密度为3.5g/m³的γ-Al_2O_3即开始向密度为4.0g/m³的α-Al_2O_3转变，结果使表面体积多发生13%的收缩，造成原来连续致密的氧化膜出现裂缝，使铝液向深层氧化；熔炼时间过长，造成铝液吸气量增加，吸入的氧气直接使铝氧化，吸入的水蒸气也可离解出氧原子，使铝氧化；加料顺序也是造成铝烧损量增加的主要原因之一，实际生产中，应该在炉膛最下面装表面积大而体积小的散碎料，尽量减少火焰与废铝的直接接触面积，而且对铝屑等细碎料要先压块处理后再熔化。

（6）操作。操作过程中尽量不要破坏铝液表面的保护层，不要让熔体吸气。喷粉精炼时，气压不能太大，鼓起的气泡要小于100mm；扒渣处理时，要将扒渣剂与浮渣充分搅拌，让渣铝尽可能分离，防止渣中带铝太多。

41.3.3.2 废铝熔炼过程中各种元素的烧损

根据与氧的亲和力的强弱，铝合金中常见元素的烧损率从大到小排序为：Mg > Al > Si > Mn > Zn > Cu。

而实际生产中铝合金中各元素的经验烧损率见表41-8。

表 41-8　废铝熔炼时各元素的烧损率

元　素	Si	Cu	Mg	Ni	Cr	Ti	Mn	Zn	Al	Sr
烧损率/%	5～10	1	20～30	1	1	0.5	1	10～15	3	20

41.3.3.3 废铝再生中的废水治理技术

再生铝生产过程中，废水主要产生于预处理工序，预处理废水中含有大量的泥土、油污、废塑料、废木头等溶解物和漂浮物。对废水一般采用过滤、隔油和沉淀三级处理。排出的废水首先经过过滤池，在过滤池中迅速的除去废塑料、废木头等杂物，然后进入隔油池，由集油管或设置在池面的刮油机除去液面漂浮的油污，最后废水在轮换使用的沉淀池中长时间静置，让泥土有充分的时间沉淀。处理后的废水流回循环使用，并及时将沉淀池中的泥土清除出去。

41.3.3.4 废铝再生废气处理技术

废铝再生过程中，大量废气主要来自重油、柴油、煤或煤气等燃烧产生的SO_2气体，以及在对熔体进行处理时所产生的一定量的含氯和含氟的气体，主要为HCl气体和HF气体。这些气体污染环境、损坏设备、伤害人体，必须经过净化处理之后才能排放。表41-9是常用的几种除废气方法。

41.3.3.5 再生产品的配置

用废铝及再生铝生产铝合金产品时，必须遵循就近原则，即哪一种牌号的废旧铝就近转换为这种牌号的再生铝合金，有时为了控制或稀释熔体中的杂质，可以用高品位的废铝生产低品位的铝合金，如在品位较低的ADC12废铝中加入一定量的A356废铝，从而获得成分合格的ADC12合金。一般用废铝生产的产品有铸造铝合金中的ADC12、ZL102、ZL106、YL112等和变形铝合金中的6063、6061等。

表 41-9　废铝再生废气处理技术

处理方法	基 本 原 理	处理方法	基 本 原 理
气体通过 $Ca(OH)_2$ 溶液	$Ca(OH)_2 + SO_2 = CaSO_3 + H_2O$ $Ca(OH)_2 + 2HCl = CaCl_2 + 2H_2O$ $Ca(OH)_2 + 2HF = CaF_2 + 2H_2O$	气体通过 Na_2CO_3 溶液	$Na_2CO_3 + SO_2 = Na_2SO_3 + CO_2$ $Na_2CO_3 + 2HCl = 2NaCl + CO_2 + H_2O$ $Na_2CO_3 + 2HF = 2NaF + CO_2 + H_2O$
气体通过 $CaCO_3$ 粉末	$CaCO_3 + SO_2 = CaSO_3 + CO_2$ $CaCO_3 + 2HCl = CaCl_2 + CO_2 + H_2O$ $CaCO_3 + 2HF = CaF_2 + H_2O + CO_2$	气体通过氨水 (NH_3) 溶液	$2NH_3 \cdot H_2O + SO_2 = (NH_4)_2SO_3 + H_2O$ $NH_3 + HCl = NH_4Cl$ $NH_3 + HF = NH_4F$
气体通过 ZnO 粉末	$ZnO + SO_2 = ZnSO_3$ $ZnO + 2HCl = ZnCl_2 + H_2O$ $ZnO + 2HF = ZnF_2 + H_2O$		

41.3.3.6　废铝再生粉尘控制技术

废铝再生企业产生粉尘主要在预处理工序和熔铸工序。预处理工序风选废铝时产生大量的沙土等大颗粒粉尘；熔铸工序是烟尘的主要来源，包括各种金属、非金属和熔剂的挥发物及燃料的不完全燃烧产物等。再生铝企业常用的粉尘控制技术见表 41-10。

表 41-10　废铝再生粉尘控制技术

类别	名称	简　　介
机械力除尘	沉降室	沉降室是使含尘气流中的尘粒借助本身重力作用而沉降下来的一种除尘装置。其优点是设备简单、投资少、维护容易、阻力损失小；缺点是设备庞大、占地面积多、耗时长、除尘效率低。例如对 $100\mu m$ 的尘粒，其除尘效率仅为 40%～70%
	旋风除尘器	旋风除尘器是使含尘气流沿侧壁切向进入，做高速旋转运动，尘粒受离心力的作用，聚集到筒壁四周，在自身重力的作用下降落去，气体向上排除。旋风除尘器可以用于处理高尘浓度的气体，一般作为多级除尘的预除尘；当尘粒较粗，浓度较低时，也可单独使用。旋风除尘器的除尘效果只有 50% 左右
湿式除尘	泡沫除尘器	在除尘器圆筒部分设置一层或几层多孔筛板，筛板底部供给一定的水量，当含尘气体进入后，较大的尘粒预先在筛板下部碰到湿的筛板底面，从而被水所捕获，其余尘粒进入泡沫层中，在泡沫层中绝大部分尘粒被除去，净化后的气体从设备上部排除
	水浴式除尘器	水浴式除尘器主要由喷淋塔和喷淋头构成。其原理是含尘气体通过喷淋塔时，尘粒被喷淋头喷出的雾状水滴吸附，气体从另一端排除。水浴式除尘器结构简单、易于操作、投资少；缺点是泥浆处理困难、排气带水、挡水板易堵塞，要注意维护
	冲击式除尘器	冲击式除尘器是由通风机、洗涤除尘室、清灰和水位控制装置等组成。含尘气体进入后，突然转弯向下冲击水面，较粗的尘粒被水迅速捕获，细尘粒随气流与水体充分接触混合，逐步被水捕获除去，净化后的气体经挡水装置分离水滴后排除。这种除尘器的特点是气体波动范围较大时，效率和阻力仍比较稳定，结构紧凑，占地少，便于设计、安装和管理
	卧式旋风水膜除尘器	这种除尘器又称鼓形除尘器。含尘气体由进口沿切线方向进入除尘室，并沿螺旋形通道做旋转运动，粉尘由于离心力作用，被甩向外壳的内表面。除尘器下部的水面由于含尘气体的旋转运动而在筒壁形成 3～5mm 的一层水膜，这层水膜能够不断地捕获甩向筒壁的尘粒。该除尘器结构简单、阻力小、效率高、操作稳定、耗水量不大
	文氏管除尘器	文氏管除尘器是一种高效率的湿式除尘器，它主要由收缩管、喉管、脱水管以及给水装置组成。文氏管除尘器对微细尘粒（$1\mu m$ 以下）有很高的除尘效率，其阻力损失一般控制在 980.7～11767.9Pa（100～1200mmH$_2$O）之间，因此也被称为高能文氏管。它在化工、冶金等工业部门得到广泛应用

类别	名称	简　介
过滤式除尘器	袋滤器	袋滤器除尘是使含尘气体全部进入用织物做滤料的口袋，气体通过而尘粒被截留，从而除去烟尘。对于5μm以下的尘粒，袋滤器除尘效果可在99%以上。袋滤器按其清灰方式可分为：简易清灰袋滤器、机械振打反吹风袋滤器和脉冲式袋滤器等
过滤式除尘器	颗粒除尘器	颗粒除尘器是用石英砂做过滤介质的除尘器，其最大特点是能耐高温。颗粒除尘器的主要参数为：用做过滤介质的石英砂的平均当量直径为1.3~2.2mm；过滤层厚100~150mm；过滤速度15~25m/min；颗粒层阻力490.3~1176.8Pa(50~120mmH$_2$O)；除尘器阻力784.5~1471Pa(80~150mmH$_2$O)；反吹风速40.8~71.4m/min；反吹风压1569.1~2255.5Pa(160~230mmH$_2$O)；除尘效率95%左右，最高为97%~99%；压缩空气3.5~6kg/m^2；流量0.6m^3/min
电除尘	电除尘器	电除尘器是利用高压电场产生的静电力使尘粒带电，并将其从气流中分离出来的一种除尘装置。干法中的板式电除尘器是工业除尘中应用较为广泛的一种形式，其主要部件有电晕极、集尘极、气流分布板、集尘极的清灰装置、电晕极的清灰装置和供电设备等。电除尘器的主要优点是：除尘效率高，对1~2μm的粉尘，其除尘效率可达98%~99%；处理气量大，每小时可处理几十万甚至上百万立方米的气量；阻力比较低，因此消耗的能量少，正常操作温度可达300℃。电除尘器的主要缺点是：一次性投资费用大，设备维护费用高，设备占地面积大，对粉尘有一定的选择性，结构较复杂，安装、维护、管理要求严格

41.3.3.7　废铝灰的再生利用

废铝在熔炼过程中产生大量的铝灰，经过处理之后，铝灰中还含有少量的铝，其余主要是三氧化二铝和一些熔剂的残留物。废铝灰可以用来生产硫酸铝、铝粉和碱式氯化铝等产品。表41-11是可以用铝灰生产的几种主要产品。

表41-11　可用废铝灰生产的产品

产品	工　艺　简　介
硫酸铝	废铝灰先除铁，使铁含量小于2%，然后用密度为1.425~1.1853g/mL的硫酸浸泡低铁铝灰，浸泡时间约为4~5h，当浸泡液的pH值达到2.5~3时，停止浸泡。等浸泡的矿浆澄清后，将上部澄清液用水泵抽至沉淀槽，然后一边搅拌，一边加入0.5%~1%的骨胶溶液，再经过一段时间的自由沉淀即可获得硫酸铝的上清液，其密度为1.1896~1.2000g/mL、pH值为2.2，也可以进一步将硫酸铝溶液制成固体硫酸铝
铝粉	铝粉生产由破碎过筛、熔化和喷雾三道工序组成。产品要求低铁时，先要对铝灰进行除铁处理。除铁后的废铝灰经过反复碾压，再过三次筛，除去铝粉表面的氧化铝和木炭等夹杂物。将处理好的碎料在竖炉内熔化，熔化温度为700~750℃，等铝料全部熔化后，将炉中铝液沿流槽导入漏斗中，铝液经过漏斗底部小孔流入雾化器，最后在雾化筒中6~6.5kg/m^{2}的压缩空气的作用下被雾化成铝粉
碱式氯化铝	该法是用盐酸溶解铝灰中的铝生成三氯化铝，再经过碱化、浓缩、冷却和砸碎从而获得最终三氯化铝产品。在生产过程中，先将10%~20%的盐酸加入反应槽内，然后分批加入铝灰，直到溶液pH值达到2.5，密度达到1.2000~1.2096g/mL以上，再让其自然熟化10h以上，然后用泵将溶液抽到澄清池中，加入3号絮凝剂，最终使渣液分离。澄清液即为成品，残渣经过水洗后弃去

42 铝加工的环境保护技术

42.1 概述

当今世界，不同国家、不同民族对保护资源和环境、实施可持续发展、保护人类家园方面能形成高度广泛的共识。资源短缺、环境污染和生态恶化已经成为当前各国政府面临的一个重大问题。

经过20多年的艰苦努力，我国资源和环境的法律法规已初成体系，资源和环境保护工作取得了明显成效。但也应当看到，我国环境保护工作的任务任重而道远。做好环境保护工作，实施可持续发展战略，是经济发展规律和自然环境规律的内在要求，更是大力推进我国社会主义现代化进程的现实要求。

我国有色金属工业早已形成了一个独立完整的有色金属工业经济体系。但由于资源过度开发利用，工业规模小，综合技术水平较低，能耗大，再加上资源综合利用程度低，环境污染和生态破坏比较严重。进入1980年代以来，我国有色金属工业强化了污染防治，取得了明显的成效。据不完全统计，仅从1990年到1997年，就建成废水处理装置4386套，废气处理装置9231套，固体废物处理和综合利用装置1339套，在确保了有色金属工业产量大幅增长的形势下，使主要污染物排放量得到基本控制，而有些污染物排放量呈下降趋势。

相对而言，铝加工业的环境污染在有色金属工业中是较小的。但与国外铝加工业相比，由于生产技术落后，设备老化相对严重，加上资源的再生利用率低，还是造成了现在这种高能耗、高材耗、高污染的局面。

在铝加工中，熔炼与铸造过程产生的工业废气、铝灰废渣，板材轧制压延过程产生的含油、酸碱蚀洗等工业废水和油雾、酸碱雾等工业废气，挤压、锻造过程产生的工业废气和噪声，型材加工过程产生的氧化着色工业废气和废水，粉材加工过程产生的工业粉尘，铝材铣削、锯切加工过程产生的工业废水和废气，以及工业锅炉、窑炉产生的工业废气、烟尘、锅炉灰渣等污染物，都对环境产生严重的污染。根据相关资料：2001年以前，我国部分铝加工企业资源消耗及污染物排放量见表42-1。进入21世纪以来，我国十分重视环境

表 42-1 2001 年以前部分铝加工企业资源消耗及污染物排放量

项 目	1990 年			1995 年			2001 年		
	东轻	西南铝	华北铝	东轻	西南铝	华北铝	东轻	西南铝	华北铝
工业用水量/万吨	2304	1663	810.8	1617	3373	1079	1626	3095	2125
工业排水量/万吨	270.4	558.2	76.5	212.7	498.1	96.4	223.3	465	102.2
工业用水利用率/%	86	49.69	85.2	79.11	83.59	85.8	85	83.28	93.1
工业废水达标率/%	88	100	100	100	100	100	99.6	100	100
工业废气排放量(标态)/万 m³	157168	16170	10616	125053	37297	19659	101093	31815	20738
工业烟尘排放量/t	868.7	45	106	719.3	47.5	21.4	478.9	15.4	17.02
工业粉尘排放量/t	11.68			8.76	5.77		2.18		

保护，铝加工企业在环境保护方面也做了大量的工作，大部分工业污染物得到了较好治理和控制，还有一些污染物也在治理和研究探索之中。此外，当今世界范围内，工业污染防治的内涵不再仅仅是"三废"的末端治理，现已拓宽和延伸到产品原料、生产工艺、综合利用等多层次领域的全过程污染控制，可以说环境保护的重要性已进入了社会、人口、资源与环境协调发展的新阶段，进入了国民经济可持续发展的新纪元。

目前，我国铝加工企业的资源消耗及污染物排放量基本都达到了国家要求的排放标准。

42.2　铝加工中污染物的主要来源及其危害

42.2.1　铝加工中污染物主要来源

目前，国内铝加工中铝板带材、箔材、管棒型线材、模锻件的主要生产工艺流程和加工过程中产生的主要污染因素如图42-1所示。

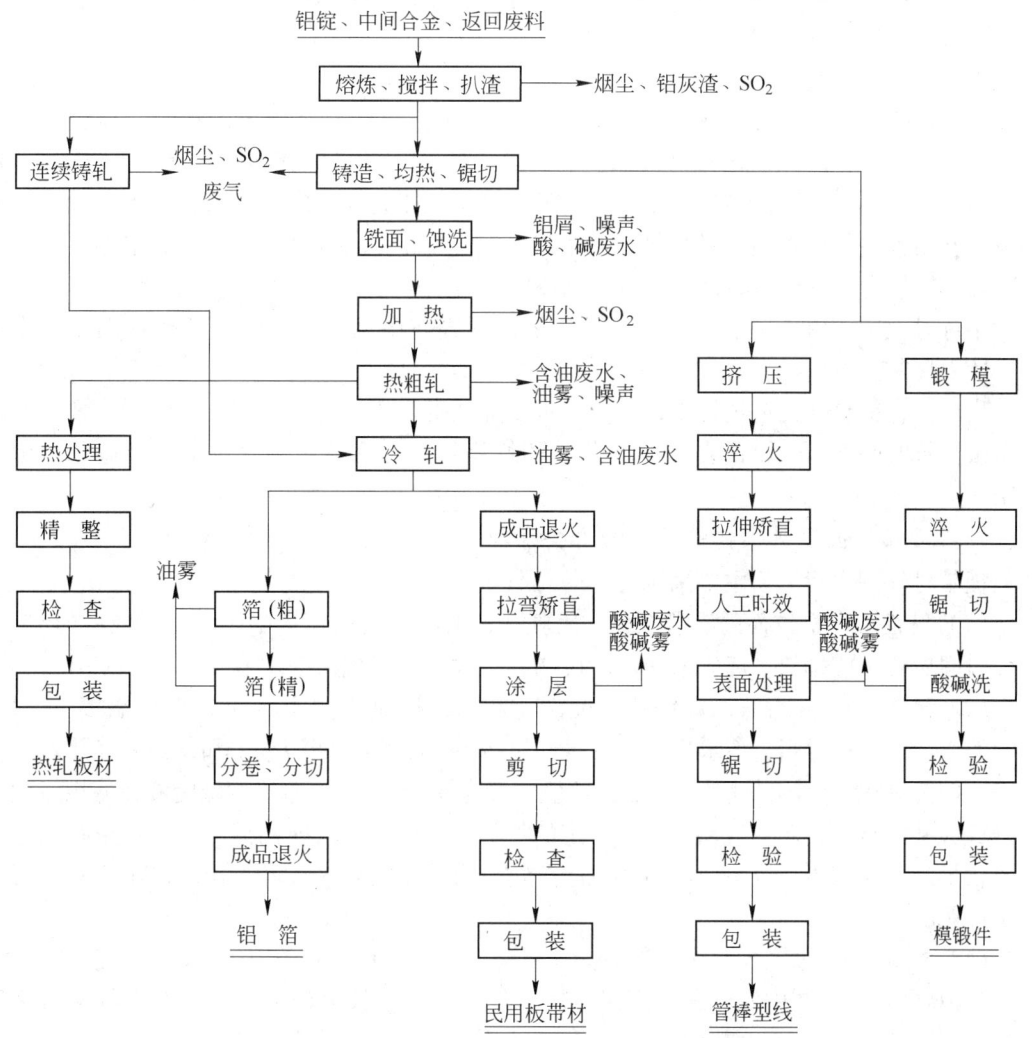

图 42-1　铝加工生产工艺流程与污染因素分析图

42.2.1.1 熔炼与铸造中污染物主要来源

从国内几个大型铝加工企业几十年生产情况统计，熔炼过程使用的燃料不同，各种燃料消耗、单位污染物排放量及起始浓度也不一样，具体情况见表42-2。

表42-2 铝熔炼过程中的燃料消耗、单位污染物排放量及起始浓度

燃料种类		煤 气	天然气	重 油	轻质柴油	电
单位（吨铝）耗量		1966.6m³	120m³	123 kg	150 kg	520kW·h
每吨铝污染物排放量/kg	烟 尘	0.52	0.25	0.16	0.10	
	SO₂	1.15	0.1	0.60	0.38	
	NOₓ	6.68			0.68	
起始浓度/mg·m⁻³	最 高	2700	3800	5860	3500	4800
	平 均	280	360	370	340	187

熔炼与铸造过程对环境的影响主要体现在工业废气的污染上。其主要的废气污染物有：烟气、二氧化硫（SO_2）、氮氧化物（NO_x）、含铝化合物（Al_2O_3）、生产性粉尘和HCl及少量的Cl_2等。

熔铝炉排放的燃烧废气主要污染物有烟气、SO_2、NO_x。在熔炼的加料、搅拌、扒渣过程中，也伴有生产性铝化合物（Al_2O_3）等粉尘产生。覆盖剂在破碎、筛分、熔化过程中，与反射炉一样，同样排放生产性粉尘和燃烧废气。此外，由于加入含有各种油类、乳化液、石墨等高污染物的三级废料（废铝屑），使得熔铝炉排放的工业废气中烟尘、SO_2、NO_x等污染物含量瞬时增高，加重对大气环境的污染。

精炼过程中，由于铝表面的氧化，加之使用固体熔剂，炉门间断性散发铝化合物粉尘、HCl及少量的Cl_2。

当然，在铝合金铸造过程中，采用的水冷却技术，需大量的冷却循环水循环使用。这些水由于长时间使用，里面含有一些杂质和悬浮物，定期排放时会对水环境造成一定的污染。

42.2.1.2 板带材轧制中污染物主要来源

板带材轧制中污染物主要来源有：

（1）铣面。润滑铣面的润滑剂多采用乳液，浓度一般在2%～10%。乳液在循环使用一段时间后要报废排放。废乳液属危险废物，会对环境造成污染。

（2）蚀洗。为去除铸、锭铸块，蚀洗过程，一般是先用10%～20%、温度为60～80℃的NaOH溶液脱脂，冷水冲洗后，再经20%～30%的硝酸溶液中和，最后经热水冲洗干净。蚀洗过程产生的漂洗废水，其pH值一般在6～8之间。但酸、碱废液在使用过程中会排放酸雾和碱雾，对大气环境造成一定的污染，且使用一段时间后（6个月左右）会因杂质含量过高而报废。废酸、碱液属危险废物，直接排放对水环境和排水设施有较大污染及腐蚀影响。

（3）热轧。比较广泛使用的冷却润滑剂是乳液，浓度一般在2%～8%，使用时间一般为3～6个月。轧制中乳液遇到高温铸块和轧辊会产生较大油雾烟气，对大气会带来一定污染。乳液循环使用一段时间后报废，直接排放对水环境造成污染。

（4）冷轧。常用的冷却润滑剂是由基础油加1%～10%添加剂混合而成。基础油主要

是饱和烃、环烷烃、芳香烃及少量烯烃组成。添加剂主要是长链的脂肪酸、脂、醇。冷轧时会产生大量的油雾烟气（主要是煤油挥发的产物），会对大气造成较大污染。另外轧制油在使用一定时间后报废，废油属危险废物，直接排放同样对环境造成严重污染。

（5）退火与淬火。目前，国内铝加工中的产品中间退火和成品退火都使用电炉，因此，退火炉工业废气一般不治理直接排放。使用空气淬火炉淬火一般不会对环境造成影响。如果使用盐浴炉（硝石）淬火，淬火后经过酸、碱蚀洗，蚀洗工艺产生的酸、碱工艺废气及废酸、碱液直接排放，会对环境造成一定的污染。

42.2.1.3　铝箔轧制中污染物主要来源

目前，在工艺上根据铝箔用途不同，将轧制油分两类。一类是低速轧制用的高黏度轧制油，主要由基础油（多用 20 号工业油）和添加剂（多用透平油、高速机油、火油等）组成。另一类是高速轧制用的低黏度轧制油，也是由基础油和添加剂组成。现在，以煤油为低黏度轧制油有了很大改进。添加剂主要是醇、脂和脂肪酸。由于轧制过程轧辊和箔的摩擦产生大量铝粉，使轧制油变黑，污染轧制油，因此需要全流过滤。但达到一定程度后仍要报废。直接排放会对环境造成严重污染。轧制过程中也会产生油雾，但油雾浓度较低，基本在 $30mg/m^3$ 以下。因此，一般对铝箔轧制时产生的油雾不进行治理而直接排放。

42.2.1.4　管、棒、型材挤压中污染物主要来源

管、棒、型材挤压中污染物主要来源有：

（1）挤压。不管是水压机还是油压机，在型、棒材生产过程中基本不产生环境污染。而在管材热挤压时，常在挤压模表面涂抹薄薄的润滑剂。润滑剂主要由 60% ~80% 的汽缸油和 20% ~40% 的石墨组成。挤压时有少量废气排出，但对车间和大气环境基本不造成污染。

（2）蚀洗。管、棒材蚀洗时，先在浓度为 170 ~200g/L、温度为 50 ~70℃的 NaOH 碱溶液中进行，再在浓度为 200 ~500g/L 的常温硝酸溶液中进行浸洗，温水漂洗后干燥。酸、碱溶液在使用一段时间后报废，直接排放会对水环境造成污染。在酸、碱洗过程中，酸、碱槽产生的酸雾和碱雾也对车间和大气环境造成污染。

（3）型材氧化着色处理。在型材的氧化处理中，无论是化学氧化处理还是阳极氧化处理，都要使用大量的酸液和碱液。化学氧化使用较多的是碳酸钠、铬酸钠、重铬酸钠、铬酐、磷酸、氢氧化钠等；阳极氧化电解液常有硫酸、草酸、铬酸和某些有机酸等。而着色的方法有电解着色、化学着色和自然着色等，这些年又发展静电喷涂着色。电解着色中主要使用无机盐电解质，如镍盐、锡盐、钴盐和铜盐等。化学着色则使用吸附性染料，如草酸高铁铵、高锰酸钾与醋酸钴等。不管采用什么样的氧化着色工艺，水洗生产过程中都会排放出酸碱废水或含铬废水，产生一定的酸雾和碱雾。采用的氧化着色槽液在使用一段时间后就会报废，产生大量的酸碱废液、含铬废液及着色废液。这些污染物直接排放都会对环境造成污染。

42.2.1.5　锻件生产中污染物主要来源

在模锻铝合金时，型槽必须使用润滑剂润滑。目前使用广泛的是由石墨与锭子油或汽缸油混合形成的润滑剂。由于模锻前坯料加热一般在 300 ~500℃之间，因此模锻时热坯料

与润滑剂模压产生大量的烟气，其主要污染物是 CO、CO_2 和 NO_x，对车间环境产生污染，排入大气对大气环境造成污染。锻件在终锻之前都要进行清洗，常用的方法是蚀洗。即先在 50~70℃、浓度为 10%~20% 的 NaOH 碱槽中进行脱脂，冷水冲洗后，再在浓度为 10%~30% 的 HNO_3 酸槽中中和，最后经冷水、热水冲洗干净。冲洗过程中的漂洗水 pH 值在 6~8 之间，可直接排放。而酸、碱槽液在蚀洗一段时间后，由于杂质含量超标应报废，直接排放会对水环境造成污染。此外，酸、碱槽液在生产过程中会产生硝酸雾和碱雾，直接排放同样会对大气环境造成污染。

42.2.1.6 粉材生产中污染物主要来源

铝粉和铝合金粉主要是采用雾化法、球磨法和铣削法制取的，生产工艺流程如图 42-2 所示。

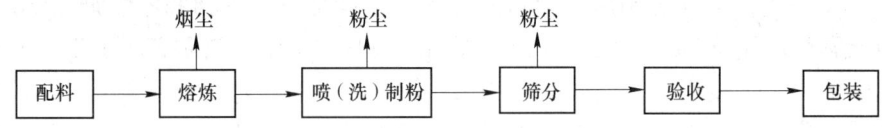

图 42-2 粉材生产工艺流程及污染分析图

在雾化法和球磨法制取尤其是球磨法过程中，为防止铝粉氧化并大量放热造成急剧燃烧爆炸，必须使用氮气做保护气体正压保护。但排氮管最后排放口带有大量的铝及铝合金粉尘，直接排放对大气环境造成粉尘污染。

42.2.2 污染物的主要危害

铝加工中排放的工业废气、废水、油雾、酸碱雾、铝灰、废渣、粉尘等污染物对环境都会有一定程度的影响和污染，其主要危害性如下：

（1）随着工业废水排入水体、工业废气排入大气，废水、废气中的污染物通过各种不同途径进入水体、土壤和作物中，并通过呼吸、皮肤接触进入人体，对生态环境和人体健康产生危害和影响。

（2）废水进入水体中，漂浮在水面上的油会隔绝空气，降低水中的溶解氧、黏附于水生生物体表和呼吸系统，使其致死。沉积于水底的油经过厌氧分解将产生硫化氢剧毒物。

（3）水受到酸、碱污染后，其 pH 值将发生改变，pH 值超出 6.5~8.5 范围，可影响水体的自净过程，并影响到水生生物的生存。

（4）有机物污染越严重，水中氧消耗越多，造成水中溶解氧含量降低，影响鱼类生存，同时还使水体"富营养化"。

（5）二氧化硫具有强烈的刺激性，人体大量吸入可致肺水肿。国内调查资料表明，平均浓度 $50mg/m^3$ 以上时，接触这种气体较多的人员可患鼻炎、牙酸蚀症，同时出现全身不良反应。除对人体健康的危害外，对建筑物与金属材料和农林水产都产生很大影响。二氧化硫还是形成酸雨的主要物质之一。

（6）氮氧化物，其中以二氧化氮毒性较大，主要对人体呼吸器官有刺激作用，可引起肺水肿，连续接触 $9mg/m^3$ 以上浓度时，可导致肺部受损及出血。除对人体健康的危害外，氮氧化物与碳氢化合物反应形成光化学烟雾。与二氧化硫的干沉降，会造成水体和土壤酸化，也是形成酸雨的主要物质之一。

（7）氯气是刺激性气体，主要损害人体上呼吸道及支气管黏膜，引起慢性和急性中毒，高浓度可引起肺水肿，浓度在 $0.11 \sim 6.56 mg/m^3$ 时，接触人员的支气管炎、慢性鼻炎及咽炎发病率较高。

（8）氯化氢是具有强烈刺激性气体，主要通过呼吸道危害人体，能引起慢性和急性中毒，浓度超过 $3.4 \sim 21 mg/m^3$ 时，大部分接触人员有黏膜刺激症及牙酸蚀症发生。

（9）人体长期吸入铝化合物粉尘，可引起铝肺。当浓度为 $4mg/m^3$ 以上时，接触人员中大部分会出现肺皱纹增强。

42.3 铝加工污染治理技术

42.3.1 工业废水治理技术

42.3.1.1 废水治理方法分类

A 物理治理法

物理治理法是用做废水一级治理或预处理的常用工业废水净化治理技术，主要用来分离废水中的悬浮物质。常用的物理治理方法有：重力分离法、离心分离法、隔截过滤法等。

重力分离法是使废水中的悬浮物质在重力作用下与水分离的过程。在铝加工生产过程中产生的含油废水多是采用这种办法治理的。

离心分离法是通过高速旋转的物体产生的离心力，将悬浮性物质从废水中分离出来。质量大的悬浮固体颗粒受到较大的离心力被抛到外侧，质量小的水受到较小的离心力被留在内侧，然后通过不同的排放口引出，达到固-液分离。

隔截过滤法是分离废水中悬浮污染物颗粒中最简单的方法，主要做废水的预处理和一级处理用。当废水通过一层或几层带孔眼的过滤装置或介质时，将大于孔眼直径的悬浮性颗粒物质截留在介质表面，从而使废水得到净化。目前在水处理中常用的介质有两类：一类是颗粒状材料，如石英砂、无烟煤、聚乙烯球等；另一类是多孔性介质，如格栅、砂滤、布滤、微孔管、反渗透和超滤等。特别是近年来超滤技术的迅猛发展，在水处理尤其是在中水回用技术上得到越来越广泛的应用。

B 化学处理法

化学处理法是处理废水中溶解性或胶体性污染物质的一种常用方法。它主要是通过投入化学药剂或材料改变污染性物质的性质，使污染性物质与水分离。常用的化学处理法有：中和法、混凝沉淀法、氧化还原法等。

中和法多用于酸碱废水、废液的处理。在铝加工中，酸碱废水尤其是废液是最大污染源之一，常用中和法进行处理。它主要是通过调节废水的酸碱度（pH 值），使其呈中性或接近中性而达标排放。处理过程中一般采用废酸中和碱性废水，废碱中和酸性废水，这样可减少处理成本。

混凝沉淀法是工业废水处理中最普遍、最基本，也是最常用的处理方法，它是通过向废水中投加某种化学药剂（水处理中称为混凝剂），使水中难以沉淀的溶解性或胶体性悬浮颗粒和乳化状污染物质失去稳定后，在互相碰撞中聚合成较大的絮凝体（水处理中俗称矾花），使之自然下沉或上浮而除去。为了使絮凝体增大稳定，除混凝剂外还适当加入少量的絮凝剂，以获得更佳的絮凝效果。在铝加工中产生的含油废水、一些含重金属离子的废水常用这种方法处理。混凝沉淀法也是此类废水处理效果最好的方法之一。

氧化还原法是在化学反应中，废水中的原子或离子失去或得到电子，导致化学价的升高或降低（污染性物质被氧化或还原），从而使有毒有害物质转化成无毒无害新物质的废水净化处理方法。这种方法通常要借助一些强氧化剂或强还原剂的作用来完成。

C　物理化学法

物理化学法主要是用来分离废水中溶解的有害污染物质，回收有用的成分，使废水得到深度净化。常用的物理化学方法有：吸附法、萃取法、电渗析法、电解法等。在铝加工过程产生的某些废水中，除吸附法个别使用外，其他方法目前使用还不广泛。

42.3.1.2　含油废水的治理

铝加工业排放的废水主要是含油废水，而且都属石油类废水，排放浓度一般为每升几十到几百毫克，连续排放乳化液废水时，浓度可高达每升几千毫克。国家建设部在 1999 年制定了《污水排入城市下水道水质标准》(CJ 3082—1999)，规定了排入城市下水道污水中 35 种有害物质的最高允许浓度，见表 42-3。

表 42-3　标准中的基本控制项目最高允许排放浓度（日均值）(CJ 3082—1999)

序号	基本控制项目		一级标准		二级标准	三级标准
			A 标准	B 标准		
1	化学需氧量（COD）/mg·L^{-1}		50/60	60	100/120	120
2	生化需氧量（BOD）/mg·L^{-1}		10/20	20	30	60
3	悬浮物（SS）/mg·L^{-1}		10/20	20	30	50
4	动植物油/mg·L^{-1}		1/20	3/20	5/20	20
5	石油类/mg·L^{-1}		1/10	3/10	5/10	15
6	阴离子表面活性剂/mg·L^{-1}		0.5/5	1/5	2/5	5
7	总氮（以 N 计）/mg·L^{-1}		15	20		
8	氨氮（以 N 计）/mg·L^{-1}		5(8)/15	8(15)/15	25(30)/25	—
9	总磷（以 P 计）/mg·L^{-1}	2005 年 12 月 31 日前建设的	1	1.5	3	5
		2006 年 1 月 1 日起建设的	0.5	1	3	5
10	色度（稀释倍数）		30/50	30/50	40/80	50
11	pH 值			6 ~ 9		
12	粪大肠菌群数/个·L^{-1}		103	104	104	—

注：括号外为水温高于 12℃时的控制指标，括号内为水温不高于 12℃时的控制指标；"/" 前后数值分别表示现标准值、原执行标准。

对于含油废水的处理，由于所含油的种类、性质、浓度的不同，处理的方法和流程也不尽相同。对于废水中的浮油，通常采取物理的方法和构筑物来分离处理，处理的方法也多，处理的效率也比较高。而以分散油，特别是乳化油形态存在于废水中的油，处理起来通常较为复杂，而且效率也较低。尤其当废水中存在某种皂类等表面活性物质时，会在油粒表面形成一层界膜,使之带有电荷形成双电层而更加稳定。况且铝加工轧制用乳化液的配制中,必须加入一定量的皂类和物质,因此,这类含油废水的分离处理十分困难。

对于乳化油(液)的处理主要的任务就是要破坏油粒的界膜,即双电层结构,使油粒相互接近而聚集成较大的油粒,从而,易于浮到水面。在水处理中常称破乳。

在铝加工的废水处理中,对乳化液的破乳是主要的一个过程。破乳效果的好坏将直接影响废水处理的最终效果,影响到能否达标排放。目前常用的方法有:

(1)高压电场法。即利用电场力对乳化油粒的吸引和排斥作用,使微小的油粒在运动中相互碰撞,以达到破坏其界膜和双电层结构的目的。高压电可采用交流、直流或脉冲电源。

(2)药剂法。药剂法就是向乳化液中投入某种电解质破乳剂,破坏油粒的水化膜,压缩双电层,使油粒与水分离。药剂破乳又分盐析法、凝聚法、盐析-凝聚法、酸化法4种。表42-4列出了四种破乳方法的优劣对比。

表42-4 四种破乳方法的对比

方 法	药剂名称	投 药 量	出 口 水 质	沉 渣	油 质	优 缺 点
盐析法	氯化钙(镁)、硫酸钙(镁)、氯化钠	一价药(3%~5%),二价药(1.5%~2.5%)	清晰透明,含油0~20mg/L	渣少、絮状	清亮、棕黄	油质好,投药量高,水中含盐量大
凝聚法	聚合氯化铝、明矾	0.4%~1%	清晰透明,含油15~50mg/L	渣少、絮状	黏胶、絮状	投药量少,油质差,水分多,再生困难
混合法	综合上述两种药剂	投盐0.3%~0.8%,凝聚剂0.3%~0.5%	清晰透明,含油0~20mg/L	渣少、絮状	稀糊状	投药量中等,破乳能力强,适应性广
酸化法	废硫酸、废盐酸和石灰	约为废水6%	清澈透明,含油20mg/L以下	约10%	清亮、棕红色	水质好,含油量低,但沉渣多

对于铝加工中的热轧乳化液,更多是采用盐析法进行破乳的。而对于铝加工中的冷轧乳化液,则是通过加入高浓度的酸破坏油粒的界膜,使脂肪酸皂变成脂肪酸而达到油粒聚集上浮分离的酸化法进行处理。药剂法目前在国内使用比较普遍。

乳化液经破乳后,废水中含油浓度仍然很高,还不能达到废水排放标准。还需要排入到下一个废水处理设施中,进一步净化处理,如进行重力分离、气浮分离、过滤和吸附分离等。

图42-3所示为某铝加工企业的污水处理工艺流程,在处理日含油废水排放量8000t,废水含油浓度在200~1000mg/L时所用的组合工艺流程。

首先,将废水经沉砂池除去大固体颗粒物,然后进入平流沉淀池,使绝大部分浮油得

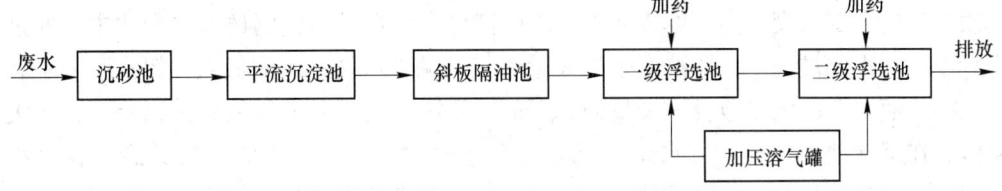

图42-3 某铝加工企业的污水处理工艺流程

以除去,再经过波纹斜板隔油池除油后,出水进入两级浮选池。浮选池采用 50% 加压溶气气浮,溶气罐压力在 0.4~0.5MPa,50% 的废水进入浮选池后投加碱式氯化铝混凝处理。经两级浮选处理后,废水基本上达到国家规定的排放标准。废水经各级处理设施后的处理效果见表 42-5。

表 42-5　含油废水处理效果

项　　目	主要污染物浓度/mg·L^{-1}			
	石油类	COD	SS	pH 值
废水总入口	200~1000	300~2000	300~2000	6~8
平流沉淀池	50~80	100~200	80~150	6.5~7.5
斜板隔油池	30~50	80~100	70~100	6.5~7.5
一级浮选池	10~20	50~80	30~70	6.5~7.5
二级浮选池	5~10	30~60	20~50	6.5~7.5

42.3.1.3　酸碱废水 (废液) 的处理

无论什么样的酸、碱废水、废液,目前在处理上大都以中和法为主,通过酸 (碱) 性废水中和碱 (酸) 性废水,废酸 (碱) 液中和废碱 (酸) 液。这种方法不仅处理成本低,而且效果也比较好。另外还有一种方法就是酸碱废液回收法。从国外引进的铝材氧化着色工艺中,废酸、废碱都是采用此法处理。在回收法中,碱的回收是将碱液化中的铝除去,使溶液重新得到利用。酸的回收是通过浓缩蒸发使硫酸铝结晶析出。现在主要介绍酸性、碱性废水和废酸、碱液处理中中和法的应用。

中和法处理酸性、碱性废水和废酸、碱液的工艺流程如图 42-4 所示。

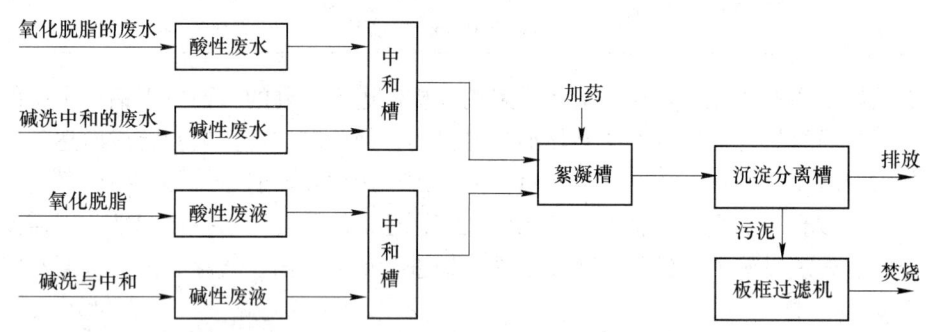

图 42-4　酸、碱废水 (液) 中和法处理工艺流程

在处理过程中,首先要将铝材氧化、着色和蚀洗中产生的酸性废水、碱性废水以及蚀洗一段时间后需要报废的高浓度废酸液、废碱液分别按规定的比例送入中和槽中,通过搅拌进行中和。中和过程中,蚀洗产生的大量 Al^{3+} 与碱性溶液反应成氢氧化铝凝胶。中和后再送入沉淀池,并向沉淀池投入少量的絮凝剂,使镁、铁等离子和氢氧化铝等形成较大的絮凝体,在沉淀池中沉淀。清水则从沉淀池上边槽中溢出,出水的水质其悬浮物可小于 20mg/L,pH 值能达到 6.5~7.5 排放。而沉到池底的泥渣通过排泥管送入板框压滤机进行脱水处理,压出的干泥饼,经焚烧后达到无害化排放。

42.3.1.4 含铬废水的处理

铬及其化合物在工业生产上的应用很广泛，特别是电镀行业，但污染十分严重。在铝加工业中使用的氧化上色和电镀液大都是铬酐与重铬酸钾等物质，同样产生大量的含铬废水和废液。总铬和三价铬均属一类污染物，国家污水综合排放标准（GB 8978—1996）规定：总铬量小于 1.5mg/L，六价铬量小于 0.5mg/L。

含铬废水的治理方法很多，主要有化学还原法、电解法、气浮分离法、离子交换法、吸附法和膜分离法等。但常见的还是化学还原法和电解法。

化学还原法是一种采用较早、处理方式简单有效的含铬废水处理方法。它主要通过向反应池加入某种还原剂，将废水中的 Cr^{6+} 还原成 Cr^{3+}，然后向沉淀池中投加一些碱性物质（如 $Ca(OH)_2$、NaOH 等），使 pH 值在 8~9 的条件下，形成 Cr^{3+} 沉淀生成难溶于水的 $Cr(OH)_3$。沉淀物经板框压滤机脱水、干燥后送专业加工厂进一步处理。

随着废水治理技术的迅速发展，在化学还原法的基础上又发展了很多含铬废水治理方法。旋流化学一步法就是一个典型的实例。这种办法采用了水轮机"旋流"的原理，在反应器内安装了使废水产生旋流的叶片，使加入的药剂与废水充分接触，加快反应速度。旋流法的工艺流程如图42-5所示。

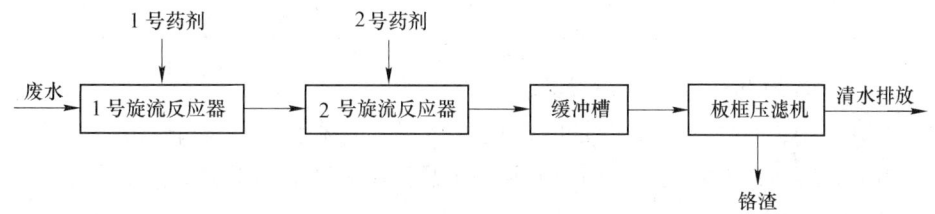

图 42-5　旋流化学一步法处理含铬废水工艺流程

电解法主要是采用普通钢板做阴阳极，在直流电作用下铁阳极不断溶解产生 Fe^{2+}，酸性条件下将 Cr^{6+} 还原成 Cr^{3+}，阴极释放出来的 H^+，也将 Cr^{6+} 还原成 Cr^{3+}。由于电解过程消耗掉 H^+，使废水中 OH^- 增加逐步成碱性，使 Cr^{3+} 生成稳定氢氧化物沉淀，而出水达到国家排放标准。

这种方法操作简单，占地少。但消耗电能，运行费用比较高，且处理水量的能力也比较小，铬渣也没有很好的处理办法。

42.3.2 工业废气治理技术

从各种工业生产过程中排放的含有污染物质的气体都称为工业废气。通常，把工业废气按其状态分成两大类，一类是直接从生产装置中经化学、物理和生物化学过程排放的气体，它既有有机污染气体，如烃类、苯类等；也有无机污染气体，如硫氧化物、氮氧化物、碳氧化物等。另一类是与生产过程有关的燃料燃烧、物料储存、装卸等过程中产生散发的气溶胶颗粒物，如油类颗粒物、矿物尘、氧化物粉尘等。在许多情况下，废气中既有气态污染物，又有颗粒物。这在治理上就相对增加了难度。

铝加工产生的工业废气主要有烟尘、粉尘等颗粒物废气和含酸、碱、油雾的工艺废气。工业废气污染物排放标准见表42-6和表42-7。

表 42-6 现有污染源大气污染物排放限值 (GB 16297—1996)

污染物	最高允许排放浓度/mg·m⁻³	最高允许排放速率/kg·h⁻¹			
		排气筒高度/m	一级	二级	三级
二氧化硫	700	20	2.6	5.1	7.7
氮氧化物	420	20	0.77	1.5	2.3
颗粒物	150	20	3.5	6.9	10
硫酸雾	70	20	禁排	3.1	4.6
氯化氢	150	20	禁排	0.51	0.77
氯气	85	20	禁排	1.0	1.5

表 42-7 工业炉窑大气污染物排放标准 (GB 9078—1996)

污染物名称	炉窑类别	污染物排放浓度/mg·m⁻³			污染物名称	炉窑类别	污染物排放浓度/mg·m⁻³		
		一级	二级	三级			一级	二级	三级
烟(粉)尘	有色金属熔炼炉	100 (禁排)	200 (150)	300 (200)	二氧化硫	有色金属熔炼炉	850 (禁排)	1430 (850)	4300 (1430)
	加热炉	100 (禁排)	300 (200)	350 (300)		燃煤(油)炉	1200 (禁排)	1430 (850)	1800 (1200)

42.3.2.1 颗粒物的基本治理技术

在工业废气中，颗粒物是最严重的污染源之一。通常我们把大于 $10\mu m$ 的称为粗颗粒，小于 $10\mu m$ 的称为细颗粒，其中长期在空中悬浮不下降的细颗粒称做飘尘。

A 颗粒物的特性

a 粉尘颗粒的粒径分布

粉尘颗粒大小不同，其物理、化学性质也不同。粉尘的粒径分布是指粉尘中各种粒径的尘粒所占质量或数量的百分数，详见表 42-8。作为除尘的主要对象，其粉尘粒径通常在 $0.1 \sim 100\mu m$ 范围内。

表 42-8 粉尘颗粒质量粒径的分布率 (%)

粒径/μm	≤1	1~30	>30	粒径/μm	≤1	1~30	>30
铝熔化炉	72.5	14.9	12.0	锅炉	2	48	50

b 粉尘的密度

粉尘的密度分为真密度 ρ_P 和堆积密度 ρ_B。两者关系是：$\rho_B = (1 - \varepsilon)\rho_P$，见表 42-9。粉尘真密度的大小与沉降速度、磨损性和除尘器的除尘效率有关。粉尘的堆积密度是指粉尘在自然状态下包括尘粒之间和尘粒之中全部空隙在内的单位体积粉尘的质量。它是设计灰斗和运输设备的依据。

表 42-9 粉尘密度对照表 (g/cm³)

粉尘密度	ρ_P	ρ_B	粉尘密度	ρ_P	ρ_B
铝熔化炉	3.0	0.3	锅炉	2.1	0.7

c 粉尘的爆炸性

当粉尘的表面积大为增大时，其化学活性会迅速加强，在一定温度和浓度下，某些在堆积状态下不宜燃烧的可燃粉尘可能发生爆炸。铝粉末的爆炸浓度下限为 $58.0g/cm^3$。

d 粉尘的比电阻

粉尘的比电阻一般通过实测求得，颗粒很细的粉末，希望通过电除尘器来净化。一般认为最适宜于电除尘器工作的粉尘比电阻范围为 $10^4 \sim 5 \times 10^{10} \Omega \cdot cm$。为了使比电阻高的粉尘适应于电除尘器进行净化，要求该含尘气体进行预处理，降低比电阻。通常用加湿或化学添加剂等措施。

铝熔化炉所产粉尘的比电阻为：一般：$2 \times 10^8 \sim 9 \times 10^8 \Omega \cdot cm$；干燥时：$4.86 \times 10^{11} \sim 5.46 \times 10^{11} \Omega \cdot cm$。

e 粉尘的亲水性

铝粉自身亲水性不强，但在熔化过程中，由于烟气所产生的含湿量，使得含铝粉尘表面具有一定的水分，烟气温度从高温降低到一定温度时，会产生覆盖剂盐类结露，而使粉尘相互黏结，当采取袋式收尘器过滤时，处理不当会黏结在滤袋上，使阻力增大，影响除尘效果。

B 除尘方法分类

大气中颗粒物的治理实际上就是一个固气相混合物的分离问题。通常我们把固体粒子从气体介质中分离出来的气体净化方法称为除尘。除尘法是一种物理分离方法，通过颗粒物的不同特性分成几种不同的除尘方法。利用它们的重力、惯性力、离心力进行分离的称为机械除尘法，种类有单管旋风除尘器、多管旋风除尘器、重力沉降室等。利用固体粒子的尺寸和质量的差异、通过过滤介质进行过滤的称为过滤法，种类有布袋除尘器、颗粒层除尘器等。利用某些固体微粒子的荷电性、比电阻在高压电场内产生静电力进行分离的称为静电除尘法，种类有干式静电除尘器、湿式静电除尘器等。还有采用湿式洗涤进行分离的称为湿式除尘法，种类有水膜除尘器、喷雾除尘器、文丘里洗涤器等。各类除尘器的性能见表42-10。

表 42-10 除尘器的分类及性能

除尘类别	设备形式	阻力/Pa	除尘效率/%	设备费用
机械除尘法	单管旋风除尘器	400~800	50~80	低
	多管旋风除尘器	800~1500	80~95	中
	重力沉降室	50~150	40~50	低
过滤法	布袋除尘器	400~1500	80~99.5	较高
	颗粒层除尘器	800~2000	85~99	较高
静电除尘法	干式静电除尘器	100~200	80~99.5	高
	湿式静电除尘器	100~200	80~99.5	高
湿式除尘法	水膜除尘器	500~1500	85~99	中
	喷雾除尘器	100~300	75~95	中
	文丘里洗涤器	500~10000	90~99.5	低

（1）单管旋风除尘器。利用尘粒随烟气流旋转运动，借助于尘粒的离心力作用，使尘

粒沿着圆筒壁切线旋转下降落入沉降斗，而净化后的气体通过筒体的中心排气管排出，达到尘粒分离的方法称为旋风除尘。只有一个旋风子的称为单管旋风除尘器。现已基本淘汰，或仅作为高效除尘的前置处理装置。

（2）多管旋风除尘器。它是在单管旋风除尘器的基础上发展起来的一种效率更高的除尘设施，如图42-6所示。其优越性主要是通过增加旋风子，使气体与尘粒同筒壁的接触面积大大增加，充分保证绝大部分尘粒都能受到离心力的作用。

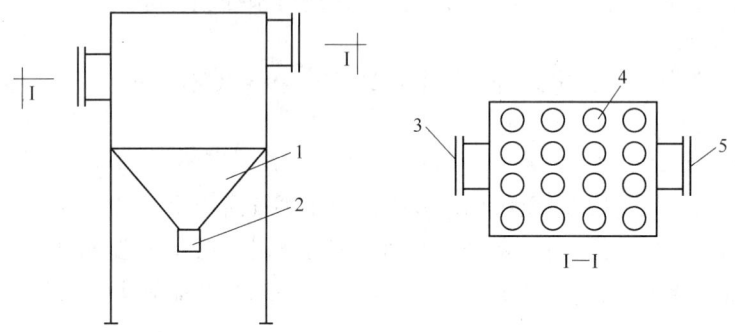

图42-6 高效多管旋风除尘器结构图

1—储灰斗；2—锁气器；3—烟气进气口；4—旋风子；5—烟气出气口

目前市场上有两种多管除尘器，一种是高效陶瓷多管除尘器。另一种是高效铸铁多管除尘器。对于锅炉、窑炉烟尘的治理，两种除尘器的效率都稳定在90%以上，除尘后的烟尘排放浓度一般不超过200mg/m³。

（3）布袋式除尘器。它是一种外滤式除尘装置，主要优点有：除尘效率高，能对1μm以上的粒子的除尘效率达到98%甚至99%；适应性强，不因为烟尘的含尘浓度和压力的变化而影响除尘效果；能耗低，维护简单，工作稳定，操作弹性大。但不宜用于吸湿性粉尘和具有爆炸危险性粉尘的除尘使用，而且占地面积也比较大。

铝加工中的熔化炉使用的燃料主要有油、天然气和煤气等。燃料燃烧排放的烟气中主要污染物颗粒较细，粒径一般不超过20μm，治理起来难度相对大一些。

（4）静电除尘器。它是利用特高压直流电源（20～100kV）造成不均匀电场，利用该电场中的电晕放电，使烟气中的含尘粒子带上电荷，借助于静电场中的库仑力把这些带电尘粒捕集到集尘极上的装置。这种除尘器的主要特点就是效率高、压力损失小，能捕集0.1μm以下的微小尘粒，而且维护简单。但这种除尘器的造价高，且影响除尘效率的因素也较多，比较难控制。

42.3.2.2 熔化炉烟尘治理技术

A 袋式除尘器处理工艺

袋式除尘器的处理工艺如图42-7所示。高温含尘烟气经过预处理器、袋式除尘器过滤后由风机、烟囱排入大气。

滤料是袋式除尘器的关键材料，其好坏直接关系到除尘效果。根据烟尘的特点选用防水防油诺梅克斯针刺毡或P-84耐高温针刺毡，其性能见表42-11。两种滤料用于铝熔化炉烟尘处理，其效率均在99%以上。

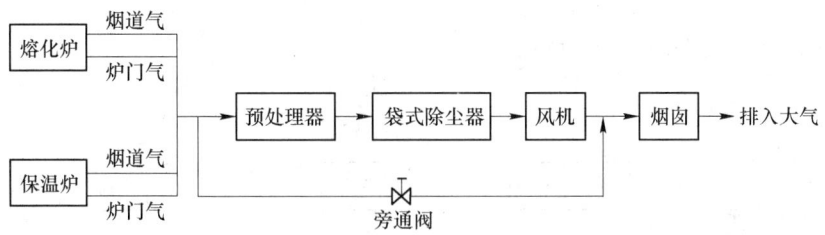

图 42-7　袋式除尘的工艺流程

表 42-11　集尘滤布性能对比表

项　目	P-84 耐高温针刺毡型号：HT-4710-8	防水防油诺梅克斯针刺毡型号：NO-4709-OWR
质量/g·m^{-2}	475	475
厚度/mm	2.3	2.3
透气性(125Pa)/m^3·(m^2·min)$^{-1}$	10.5	9.0
断裂强度/kg·cm^{-1}	12	11，16
最高操作温度/℃	260/300	204/240
回湿率/%	3.0	4.5
抗生化强度	无影响	无影响
抗酸性	很好	普通
抗碱性	普通	良好
最大伸长率/%	<2.0	<2.0
最小破裂强度/MPa	2.45	2.45
使用场合	锅炉、焚化炉高温过滤	铝铁、重油锅炉、电弧炉
后处理	热定型	热定型，防水防油处理

对烟气的温度（进入除尘器的允许高、低温点）、进出口压差、清灰、卸灰、风机等，应采用 PLC 可编程序和声光报警，确保系统的安全运行，同时也可以手动控制。

袋式除尘器类型较多，但选用旁插扁袋脉冲除尘器比较适合。旁插扁袋脉冲式设备性能见表 42-12。该系统的主要缺点是由于烟气温度变化大，如果控制不当，会产生烧袋或结露现象。为防止结露，系统管道和设备均应采取保温措施。

表 42-12　LYC/WJ 型系列旁插扁袋脉冲除尘器技术性能

项　目	LYC/WJ-60	LYC/WJ-180	LYC/WJ-300	LYC/WJ-420	LYC/WJ-540	LYC/WJ-720	LYC/WJ-960
处理风量/m^3·h^{-1}	5400~7200	16200~21600	27000~36000	37800~50400	48600~64800	64800~86400	86400~115200
过滤面积/m^2	60	180	300	420	540	720	960
电动机功率/kW	0.75	1.5	2.2	3.0	3.0	2.2×2	3.0×2
脉冲阀数量/个	10	30	50	70	90	120	140
设备质量/kg	1810	5080	8280	11600	15000	19650	22860
外形尺寸(长×宽×高)/mm×mm×mm	1115×2250×5200	3115×2250×5260	5115×2250×5260	7115×2250×5260	9115×2250×5260	6115×6500×5260	8115×6500×5260

B 电除尘器处理工艺

电除尘处理工艺如图 42-8 所示。

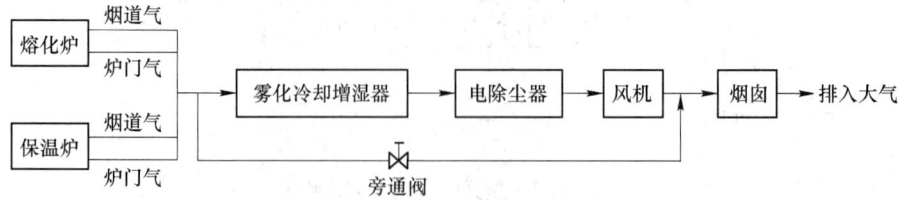

图 42-8 电除尘工艺流程

高温烟气经雾化冷却增湿器、电除尘器、风机、烟囱排入大气。

电除尘器种类很多，根据铝熔炼烟尘的性质及特点，选用主要适用于有色金属冶炼及烧结使用的 KBYC 系列电除尘器，如图 42-9 所示。DCC 与 KBYC 系列电除尘器的技术性能见表 42-13。

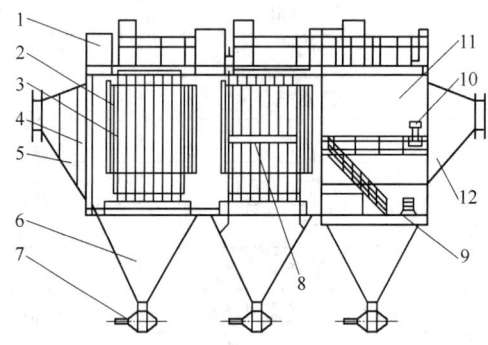

图 42-9 KBYC 系列电除尘器结构示意图

1—绝缘子室；2—阴极打框架；3—集尘极部件；4—分布板振打装置；5—进口变径管；6—灰斗；7—星形卸灰阀；8—电晕极振打的部件；9—集尘极振打；10—电晕极振打；11—出口变径；12—壳体

表 42-13 DCC 与 KBYC 系列电除尘器技术性能

项 目	DCC15-855-3/1	DCC25-1422-3/1	KBYC13-660-3/1	KBYC60-3109-3/1
电场有效断面积/m²	15	25	13	60
处理气体量/m³·h⁻¹	14400	20732	20000 ~ 24000	190000
电场风速/m·s⁻¹	0.6	0.6	0.42 ~ 0.5	0.9
极板间距/mm	400/300/300	400/300/300	400	360/408/408
电场长度/m	9.6	9.6	8.94	8.49
总收尘面积/m²	855	1422	660	3100
最高允许气体温度/℃	370	370	400	120
最高允许气体压力/Pa	+200 ~ 2000	+200 ~ 2000	+200 ~ 2000	+200 ~ 2000
阻力损失/Pa	<300	<300	<300	<300
最高允许含尘浓度(标态)/g·m⁻³	>300	<300	<300	<300
配用高压电源容量/mA·kV	200×72/200×60×2	200×72/200×60×2	200×80×3	500×72/500×80×2
设备总质量/t	104	127	59.91	240

该系统的主要缺点是长时间使用，烟气对电极及极板具有腐蚀作用，系统管道和设备必须采取保温措施，投资相对较高。

C　颗粒层除尘器处理工艺

颗粒层除尘处理的过程是高温烟气经颗粒层除尘器、风机、烟囱后直接排入大气。

颗粒除尘器除尘系统的特性为：耐高温，使用温度最高可达到800℃；滤料的价格低廉，可就地取材，节省投资；滤料耐久性强，耐腐蚀，耐磨损；设备占地面积大；对微细粉尘的除尘效率不高，且入口含尘浓度不宜太高，一般在300mg/m³以下。

根据烟尘特性选用石英砂作为滤料，滤料粒径一般取2~4mm（大粒），床层厚度取140mm，过滤风速取0.3~0.8m/s，可采取反吹清灰。

颗粒层除尘反吹清灰选择沸腾反吹形式，影响沸腾清灰的主要因素是反吹风速，风速太低，达不到沸腾的目的，太高则可能把颗粒吹出，反吹时使颗粒层达到流化最低的反吹风速称为"临界流化速度"。

石英砂的临界流化速度见表42-14。

表 42-14　石英砂临界流化速度

砂粒当量直径/mm	阿基米德数 Ar	临界流化速度/m·s⁻¹	砂粒当量直径/mm	阿基米德数 Ar	临界流化速度/m·s⁻¹
0.5	0.65×10^4	0.20	3.0	242.8×10^4	1.26
1.0	0.97×10^4	0.48	4.0	574×10^4	1.73
2.0	71.8×10^4	0.91	5.0	1120×10^4	2.60

DC-JJ 颗粒层除尘器采用了流态鼓泡原理进行反吹清灰，当某一层反吹清灰时，其余各层处于过滤状态，反吹清灰通过电动推杆阀6（见图42-10）开启反吹风口7的测孔，反吹气流由下向上经筛板3进入颗粒层4，使滤料呈流化状态。反吹气流夹带已凝聚成大颗粒的尘团进入降尘室，大部分沉降下来，气流又进入其他过滤层进行净化，粉尘经由排出口排出。

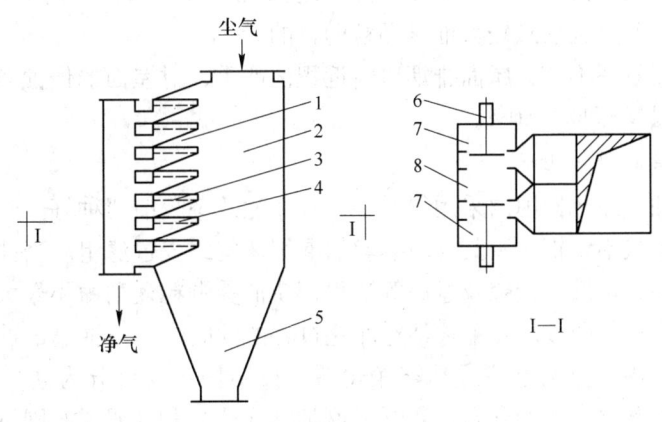

图 42-10　DC-JJ 沸腾颗粒层除尘器原理图

1—过滤室；2—沉降室；3—下筛板；4—颗粒层；5—灰斗；6—阀门；7—反吹风口；8—净化口

DC-JJ 型颗粒层除尘器主要技术性能如下：

除尘器阻力　　　　$\Delta p = 800 \sim 1200 \text{Pa}$

颗粒层阻力　　　　　$\Delta p_1 = 500 \sim 1000 Pa$

颗粒层（石英砂）厚度　　　$\delta = 130 \sim 150 mm$

砂子当量直径　　　　$\phi = 1.3 \sim 2.2 mm$

过滤风速　　　　$v = 15 \sim 25 m/min$

反吹风速　　　　$w = 50 \sim 73 m/min$

反吹阻力　　　　$\Delta p_2 = 1500 \sim 2400 Pa$

反吹周期　　　　随入口粉尘浓度变化（$T = 5 \sim 10 s$）

设备采用锅炉钢板制作，耐温550℃

净化效率　　　　90%

42.3.2.3 轧机油雾净化技术

在国家颁布的大气污染物排放标准（GB 16927—1996）中，对于现有污染源排放的甲烷总烃其最高允许排放浓度为150mg/m³；对于新污染源排放的甲烷总烃其最高允许排放浓度为120mg/m³。这个标准基本与西方国家（如德国 TALuv 标准）要求一致。因而，设计、选用实用、高效的净化器至关重要。

A 波纹挡板式净化工艺

波纹挡板式油雾净化器利用挡板间的波纹状几何间隙，使油雾气流急剧、反复地改变流向，并借助油雾颗粒自身的惯性作用，使雾滴与波纹挡板表面充分接触，从而分离出液态的油雾颗粒。在分离过程中，大颗粒雾滴较小颗粒雾滴更易于被分离。适当的操作速度和合适的波纹挡板配置，是这种净化设施的关键，操作速度一般为4.2m/s。

这类设备的特点是：结构简单，维护管理简便。但对于粒径小于2.5μm的微小油雾颗粒，净化效果不理想。

B 填料式净化工艺

填料式油雾净化器采用充填塑料阶梯环的滤组净化油雾。当含有油雾气流穿过阶梯环滤组时，阶梯环复杂的几何形状所形成的较大表面积使油雾在环隙内迂回前进、反复碰撞、充分接触，从而达到去除较大油雾颗粒的目的。

填料式净化器效率不高，屋面排烟口附近积油严重，对屋面的侵蚀较大。测定数据表明，其除雾效率只及70% ~80%。

C 丝网过滤式净化工艺

丝网过滤式油雾净化器国内采用得最多，其净化效率较前两种好。丝网式油雾净化器用多层松散的波浪状不锈钢丝及其与玻璃丝的混编丝网组成过滤组。当油雾气流穿过丝网填层时，通过吸附、扩散、凝聚及过滤等过程，使油雾颗粒逐渐由小聚大、形成油滴，并沿丝网滴入集油槽汇集回收。在上述油雾净化过程的同时，由于油滴的冲洗作用，对丝网也有相当的自净作用。丝网过滤式油雾净化器，按结构主要可分为立、卧组合式（或称正、负压分级式）丝网油雾净化器，箱式丝网油雾净化器和抽屉式丝网过滤器油雾净化器3种形式，图42-11所示为抽屉式丝网油雾净化器结构示意图。

42.3.2.4 酸、碱废气的治理技术

铝加工中，铸块、板材、模压件的蚀洗和铝材表面氧化着色的处理过程中排放大量的酸雾、碱雾工艺废气。废气中主要污染物有NO_x、SO_2、$NaOH$等。对于这类气态污染物的

净化处理，常用的方法有吸收法和吸附法。

A 吸收法

用吸收法处理含有污染物的废气就是使污染物从气体主流中传递到液体主流中去，本质上是气液两相间的物质传递。当气液两相接触时，两侧各有一个很薄的滞流层薄膜，即气膜和液膜。溶质分子以分子扩散形式从气相连续通过此两膜进入液相中，被液相吸收液所吸

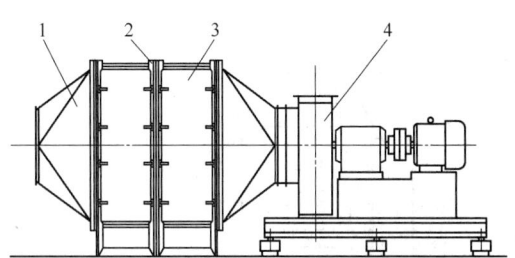

图 42-11 抽屉式丝网油雾净化器
1—进风口；2—两级净化器；3—抽屉式
净化单元密封门；4—风机

收。在这里，气体吸收既有物理吸收，也有化学吸收。酸雾、碱雾被吸收液吸收就属化学吸收。

正确选择吸收液对净化效果至关重要。在铝加工材的蚀洗中，常用的无机酸主要是硝酸，排放的主要气态污染物是 NO_x；在铝材的氧化着色中，常用的无机酸是硫酸，排放的主要气态污染物是 SO_2。因此，在吸收液的选择上应首选水，水吸收 NO_x 生成硝酸，水吸收 SO_2 生成亚硫酸、硫酸。但采用水时要控制好吸收液的 pH 值，防止二次污染。其次应选择 Na_2CO_3、$NaOH$ 等碱性吸收液，价格高些，效果好些，不会产生二次污染。

目前，采用吸收法净化废气的主要设备有填料塔、洗涤塔、湍球塔、筛板塔等。常用吸收设备的操作参数见表 42-15。

表 42-15 常用吸收设备的操作参数

填 料 塔	洗 涤 塔	湍 球 塔	筛 板 塔
空塔气速 0.5 ~ 1.2m/s 液气比 1 ~ 10L/m³ 喷淋密度 6 ~ 8m³/(m²·h) 压力损失 460Pa (50mmH₂O)	空塔气速 0.5 ~ 2m/s 液气比 0.6 ~ 1.0L/m³ 压力损失 98 ~ 196Pa (10 ~ 20mmH₂O)	空塔气速 1.5 ~ 6.0m/s 喷淋密度 20 ~ 110m³/(m²·h) 压力损失 1470 ~ 3724Pa (150 ~ 380mmH₂O)	空塔气速 1.0 ~ 3.0m/s 喷淋密度 12 ~ 15m³/(m²·h) 小孔气速 16 ~ 22m/s 液层厚度 40 ~ 60mm 单板阻力 294 ~ 588Pa (30 ~ 60mmH₂O)

填料塔在气态污染物的治理中使用比较普遍。填料塔所用的填料有拉西环、马鞍形填料、十字环、丝网波纹填料等。填料塔的结构如图 42-12 所示。

湍球塔在酸雾、碱雾废气治理中的应用也很普遍。它主要利用树脂球在塔内气流的作用下紊乱湍动，增大气液均匀接触面，使气体溶质分子迅速进入溶液而被吸收。湍球塔所用的湍球主要是薄壳空心球。为了增加吸收效果，在湍球塔内往往还增加一层填料。湍球塔的结构如图 42-13 所示。主要设备及具体工艺参数见表 42-16 和表 42-17。

表 42-16 酸洗间酸雾净化主要设备一览表

名 称	型号及规格	数 量	材质	名 称	型号及规格	数 量	材质
湍球净化塔	MFJC-S-1600	1 台	塑料	水 泵	65FB-25，流量：28.8m³/h	1 台	
风 机	4-62-106D，风量：39000m³/h	1 台		水泵电动机	Y132-SI-2	1 台	
风机电动机	Y250M-4	1 台		空心薄壳球	φ38mm	9000	塑料

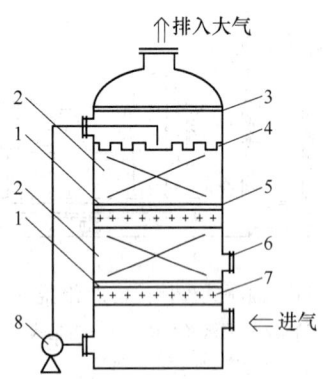

图 42-12 填料塔结构图
1—填料支撑；2—填料；3—除雾层；
4—液体分布器；5—外壳；
6—检修人孔；7—液体再
分布孔；8—循环泵

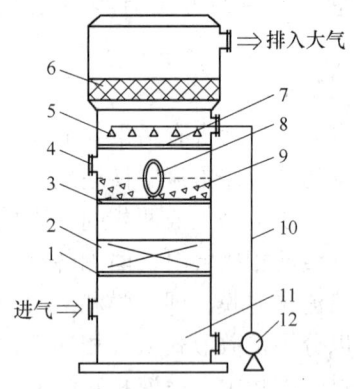

图 42-13 湍球塔结构图
1—填料支撑；2—填料；3—支撑板；4—检修人孔；
5—喷液头；6—除沫器；7—撑网；8—窥视窗；
9—空心球；10—供液管；11—储液槽；
12—循环泵

表 42-17 湍球塔工艺参数

序号	工艺参数名称	数 值	序号	工艺参数名称	数 值
1	最大处理风量/m³·h⁻¹	26640	7	湍球膨胀高度/mm	340～510
2	塔体阻力损失/Pa	1200	8	吸收液浓度/%	1～5
3	塔体最大风速/m·s⁻¹	3.7	9	循环槽液容积/m³	2
4	最大喷淋量/m³·h⁻¹	28	10	补充水量/m³·h⁻¹	0.2～0.4
5	喷淋密度/m³·(m²·h)⁻¹	14.4	11	气体温度/℃	<40
6	装球高度/mm	150	12	气体压力/Pa	<3432(350mmH₂O)

B 吸附法

吸附是利用某些具有从流体混合物中有选择性地吸着某些物质能力的多孔性固体，来从气相中吸着这种物质进行分离的过程。它主要是通过吸附剂表面与吸附质之间的作用力的差异进行吸附。在使用吸附法进行废气处理的过程中，针对净化处理的污染物不同而选择不同的吸附剂仍是最主要的问题。常用的吸附剂有活性炭、硅胶、活性氧化铝和分子筛等。对于蚀洗过程中产生的含 NO_x、SO_2 等酸雾气体，常用的吸附剂是活性炭，而且效果也比较好。各种吸附剂的性质见表 42-18。

表 42-18 常用吸附剂的性质

项　目	粒状活性炭	粉状活性炭	硅　胶	活性氧化铝	分子筛
真密度/g·cm⁻³	2.0～2.2	1.9～2.2	2.2～2.3	3.0～3.3	2.0～2.5
粒密度/g·cm⁻³	0.6～1.0		0.8～1.3	0.9～1.9	0.9～1.3
充填密度/g·cm⁻³	0.35～0.6	0.15～0.6	0.5～0.85	0.5～1.0	0.64～0.75
孔隙率/%	33～45	45～75	40～45	40～45	22～42
平均孔径/nm	0.12～0.4	0.15～0.4	0.2～1.2	0.4～1.5	0.3～1.0
流速范围/m·s⁻¹	0.1～0.6		0.1～0.5	0.1～0.5	<0.6
比表面/m²·g⁻¹	700～1500	700～1600	200～600	150～350	400～750

42.4 工业废弃物的减量化和资源化

42.4.1 工业废弃物的减量化

工业废弃物尤其是固体废物大量来自工业生产。所以工业生产中的工艺和管理合理化是大幅度减少，乃至消除工业废弃物的根本途径。今年国家颁布的《清洁生产促进法》和近几年推广的清洁生产工作就是减量化的最好体现。

实现无废或少废生产的主要途径有：原料的综合利用；开发全新的工艺流程；实现物料的闭路循环；工业废料转化成可利用的二次资源；组建无废工业区等。

42.4.2 工业废弃物的资源化

在铝加工生产过程中，工业固体废弃物，主要是工业炉渣和一些常见的工业废弃物，有毒有害固体废弃物比较少，而且可综合利用的途径较多。常见工业废弃物的处置和综合利用途径见表42-19。

表 42-19 常见工业废弃物的处置和综合利用途径

名 称	主 要 用 途
熔炼渣	制造水泥、砖瓦、砌块、铸石、筑路材料、回收金属等
锅炉渣	制造水泥、混凝土骨料、砖瓦、砌块、铸石、筑路材料、过滤介质、建筑防水材料等
粉煤灰	制造水泥、轻混凝土骨料、砖瓦、砌块、墙板、铸石、筑路材料、土壤改良剂、矿棉等
钢 渣	用做钢铁炉料、冶炼熔剂，制作铁路道床、水泥、筑路材料、防火材料等
铁 渣	制造水泥、铸石、建筑材料、土壤改良剂、回收金属等
铬 渣	制造水泥、钙镁磷肥、砖瓦、铸石、玻璃着色剂、路基等
废石膏	建筑材料等

实现工业废弃物资源化的措施有：发展废物的综合开发与利用，大力开展综合利用工艺技术的研究；发展横向联系与合作，充分利用废渣原料；大力提倡综合利用，对以废渣为原料进行加工生产的给予优惠政策等。

42.4.3 工业废水的综合利用

工业废水的综合利用的方法有：

（1）推行逐级用水，实行一水多用。生产过程中，各种工艺对水质和水温的要求并不一样，把水分成几个等级，串联起来逐级使用，便达到一水多用的目的。工艺流程如图42-14所示。该流程的最大优点是水的循环利用率高，可以一水多用，同时大幅降低废水处理负荷。

（2）改革工艺和设备，减少工业用水量。通过对现有生产工艺和设备的调查、分析、审计，确定出高费、中费、低费的改革方案，选取出无污染或少污染的清洁生产工艺以及新技术、新设备进行改造，从根本上减少工业废水的排放。

（3）采用高新技术，提高工业用水利用率。除传统的直接冷却水、间接冷却水的循环

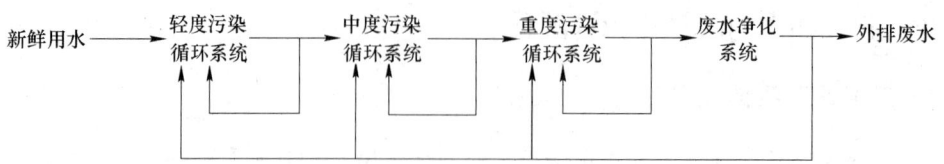

图 42-14 水循环串级使用流程图

重复利用外，现在提高工业用水利用率的主要而又有效途径是开发利用中水道技术，实行中水回用。目前国内的中水处理技术也比较成熟，有膜分离法、生物还原法等。处理后的水质基本能达到表 42-20 的指标要求。

表 **42-20** 处理前后的中水水质指标

项　　目	油	COD	BOD_5	SS	NH_3-N	浊度	pH 值
处理前废水水质	<10mg/L	<150mg/L	<60mg/L	<200mg/L	<40mg/L	<5	6～9
处理后回用中水水质	<0.5mg/L	<10mg/L	<5mg/L	<5mg/L	<2mg/L	<3	6～8

43 铝加工企业的安全生产与卫生技术

43.1 熔炼铸造安全与卫生

43.1.1 熔炼过程中爆炸的防止

43.1.1.1 铝熔体爆炸

A　爆炸机理

熔炼时，熔炉内的液体温度大多处于 750℃ 以上的高温，炉膛温度能达到 900～1000℃。在加料过程中，若带入的水、冰雪或潮气与熔融铝相遇时，过热到沸点以上后立即变成蒸汽，体积扩大为原始状态的 1603 倍，此时极易发生猛烈水蒸气爆炸，水蒸气爆炸的压力释放是在 0.1ms 的时间间隔内完成的（爆炸时间间隔是指爆炸时产生的压力达到峰值后，下降到压力最低点的时间），爆炸的同时，还伴随大量铝液爆喷和溢流的连锁反应，极易造成严重的烫伤、死亡和火灾事故。

B　预防措施

（1）防止水进入炉内。装炉前要除掉铝锭及其废料上的冰雪，对潮湿的炉壁和物料要采取烘干或晾晒的办法除去水和潮气，防止消防水进入炉内。做好设备冷却水管路的预修和检查工作，防止管路泄漏导致水进入熔炼炉，引起爆炸。

（2）保持作业工作台干燥。进行高温作业的工作台，特别是铸造台和熔炉周围，必须保持干燥。防止铝液意外外逸而发生爆炸事故。

（3）高温废弃物应堆弃在干燥的地方，而不应投入水沟、水槽中。如熔炼产生的铝渣应放入有防潮的专门堆放装置内，既可防止事故，又有利于回收。

43.1.1.2 油气爆炸

A　爆炸机理

在装入熔炼炉的铝料里若含有大量的油污时，包括不易燃烧的润滑油等重油类。一是在高温炉膛环境下，所产生的油蒸气与空气混合，可形成爆炸性混合气体；二是由于高温可能致使油的碳链发生局部裂解反应，生成短碳链的烃类气体与空气混合，使炉膛内的混合气体的爆炸上下限加宽，一旦条件成熟，就会发生极其猛烈的气体爆炸。给厂房、设备、人员均会造成很大的伤害。

B　预防措施

（1）对油污严重的物料进行特殊保管，不可与其他废料混料。

（2）对油污严重的物料在熔炼前要采用热水清洗、干燥等除油措施。

（3）对压制成包的废料合成体要有抽样检查制度、严把收料关。

（4）做好各类处理边角废料设备的维护保养，尤其是处理废料的打包机等的维护保养工作，严防设备漏油。发现漏油要及时维修处理，从而防止产生有油物料。

43.1.1.3 硫酸根爆炸

A 爆炸机理

用煤气或天然气熔炼铝合金时，需用大量的 NaCl、KCl 做熔剂。这些熔剂在高温时挥发与废气中的 SO_2 反应生成 Na_2SO_4、K_2SO_4，并被煤气带出积聚在烟道内（简称烟道灰）。烟道灰与过热的铝液相互作用就可能发生爆炸。

烟道灰（Na_2SO_4、K_2SO_4）和过热铝液发生的爆炸反应式如下：

$$3K_2SO_4 + 8Al \Longrightarrow 4Al_2O_3 + 3K_2S + 3517kJ$$

$$3Na_2SO_4 + 8Al \Longrightarrow 3Na_2S + 4Al_2O_3 + 3253kJ$$

上述反应发生的条件是：

（1）铝同烟道灰反应的最低温度为 1100℃。

（2）SO_4^{2-} 含量高于 49%，温度为 1270℃ 时，烟道灰与过热铝液作用有发生爆炸的危险。

（3）过热铝液中含 Mg 时，导致爆炸的 SO_4^{2-} 含量和温度都将相应降低，危险更大。

B 预防措施

（1）要严格制定执行"从烟道清理出来的烟道灰应及时处理，绝不允许与炉渣混合，以免重熔时发生爆炸"的安全规定。

（2）为防止煤气熔炼炉在熔炼铝及铝合金时发生爆炸，要做到不让过热铝液进入炉子的竖烟道和水平烟道，并定期清理烟道沉积物。

43.1.2 熔炼铸造安全与卫生

43.1.2.1 燃气熔炼炉的安全与卫生

A 危险机理

燃气熔炼炉是一种重要的熔炼设备。用于燃气加热炉的气体燃料有天然气、发生炉煤气、高炉煤气和焦炉煤气。

天然气中的主要成分是甲烷，其余有少量的己烷、丙烷、CO_2、N_2 和微量 O_2。甲烷是无色无臭的可燃性气体，与 10 倍空气混合便成为爆炸性气体，和空气混合的爆炸范围下限是 4%，上限为 15%，天然气燃点 650~750℃，火焰最高温度 1950℃，其燃烧值为 37800kJ，是空气密度的 50%~70%。因此，泄漏的气体一般都在室内上空，但丙烷、丁烷由于比空气重，一般都积累在地面和阴沟。

煤气的成分主要由氢（H_2）、甲烷（CH_4）、一氧化碳（CO）等气体组成，其参考成分（体积）见表 43-1。

表 43-1 煤气参考成分及含量 （%）

主要成分	高炉煤气	焦炉煤气（净化）	发生炉煤气	主要成分	高炉煤气	焦炉煤气（净化）	发生炉煤气
CO	27~30	7	26~30	CH_4	<0.5	20~25	1~3
CO_2	8~12	3	2~5	H_2	1.5~1.8	58~60	10~13
N_2	55~57	7~8	55	游离氧		0.5	

高炉和发生炉煤气含有较多的 CO，具有剧毒性，少量吸入会引起头痛、眩晕和恶心，给人体造成伤害。过量吸入可能迅速发生昏迷直至死亡。煤气与天然气都含有较多的 H_2 和 CH_4，属易燃气体，与空气相混合，达到一定的浓度，遇明火发生爆炸。各种煤气在空气中含量的爆炸范围见表 43-2。

表 43-2 各种可燃气在空气中含量的爆炸范围（体积）

可燃气		丁烷	丙烷	己烷	戊烷	CH_4	H_2	焦炉气	发生炉气	CO	氨 NH_3	高炉煤气
在空气中含量（体积）/%	下限	1.8	2.4	2.2	3.2	5.0	4.0	5.6	8.0	12.5	15.5	35.0
	上限	8.4	9.5	81.0	12.5	15.0	74.2	30.4	24.5	74.2	27	74.0

可燃气和空气混合的爆炸范围越大，危险性也越大。因此，使用煤气炉熔炼的主要预防工作是防爆炸、防中毒。

B 预防措施

（1）防止管道漏气。为便于发觉可采取加臭措施，一般加硫醇（C_2H_5SH），每 $1000m^3$ 加 15kg。但是由于偶然原因，煤气也会失去臭味，所以最好的办法是车间或有煤气的场所要有有害气体超量报警器和局部抽风。同时，对有可能泄漏的部位可用肥皂泡法和压力实验的方法进行检查并形成相关的检查制度，防止煤气意外泄漏。

（2）启动加热炉时，应首先检查抽风机并完全打开炉门，为防止炉内形成爆炸混合气体，应先通过低压置换的办法将输送管路的空气排净，并用仪表或将气体通入水的办法检测管道中的气体是否合乎标准后才可点火。

（3）烧嘴停止燃烧时，应先关闭煤气，然后再关闭空气。

（4）在点燃烧嘴的支管（在 1.5m 高度）应串接两个滑阀，一个用做开断，另一个用做调节。在两个阀间接入一个用于吹风的三通接管和排入大气管接通。

（5）在车间内每台设备上要有一个关断阀，在车间外部设一个总阀，在车间生产设备总煤气管道的一端引出一根排气管道，应高出屋顶 2m。

（6）做好煤气作业人员的安全教育培训，使作业人员懂得煤气防护知识、救护知识和具体的操作规程。

（7）在有煤气存在的条件下，进行维修工作时，必须使管内煤气保持一定的正压并采取好措施后才能进行。

（8）在有煤气泄漏危险场所进行抽堵盲板或检修作业的人员必须配戴好氧气呼吸器，防止煤气中毒。

43.1.2.2 油炉安全与卫生

A 危险机理

油炉一般使用油做燃料，油的密度在 $0.79 \times 10^{-3} \sim 0.92 \times 10^{-3} kg/m^3$，是黏度较大的石油馏分产品，和空气混合的蒸气爆炸极限下限为 1.4%，上限为 6%。在工作区域，重油蒸气在空气中的允许极限浓度为 0.3mg/L。重油蒸气闪点：10 号油 65℃，20 号油 80℃，40 号油 100℃，80 号油 110℃。对油炉使用不当或管理不善，就容易发生火灾或爆炸事故。

B 预防措施

（1）必须制定和遵守向烧嘴送空气和重油及停油顺序的规定。

（2）开始点燃前要往炉内吹风和打开烟道闸门，以排除炉内的爆炸性气体。

（3）为了避免油在燃烧室内的漏溢和集聚以及发生燃烧的可能性，在点燃烧嘴前应先通入空气，而后供给重油。

（4）为安全起见，最好采用电点燃等先进安全的点火方法。

（5）重油管道上应设发生事故时能迅速关闭燃料的装置（也称断路器）。

（6）重油的储存、向炉内的输送、油罐的容积、安放的位置必须遵守消防安全规程有关技术规定。

（7）重油储罐应放在车间室外，保持必要的防火间距。置于地下的储罐是比较安全的。

（8）油罐区应划为禁火区。储罐、管道和阀门等燃油设备需要动用明火时，应首先办理审批手续，并采取措施。

（9）消耗油罐应置于不可燃的和车间隔离的房间，与大型储槽用管道连接。小于 $5m^3$ 的消耗罐可以放车间内，但距炉子不应小于 1.5m 的水平距离。

（10）油罐的密封性要好，并配置好温度计、放油阀、呼吸阀门和阻火器等安全装置。

（11）在发生事故时要有迅速排油装置。

（12）液体燃料在管道中流动会产生火花导致油蒸气和空气混合气体燃烧和爆炸。为消除静电，排油管道和构架必须接地，而液流对管壁的冲击必须控制到最小。

（13）重油炉的车间内要时刻准备化学泡沫灭火器和砂箱。

（14）油炉必须配以有抽风罩的风机，提高职业卫生防护功能。

43.1.2.3　铸造安全与卫生

A　危险机理

危险机理主要表现在以下几个方面：

（1）熔炼过程中存在爆炸或烫伤危害的同时，还会产生高温、粉尘等污染工作场所，对作业人员产生职业危害。

（2）起重运输、材料堆放、炉料破碎时若不按章作业，会引起浇包坠落，铝水溅出伤人。炉料破碎时既产生粉尘，也容易发生碎块飞出伤人。

（3）浇铸时，若使用的工具不合要求或操作不当时，容易跑流，特别是遇潮湿或有水时，容易发生爆炸。

（4）浇铸时还会产生一定量的有害气体和粉尘、烟雾及噪声，环境温度较高，劳动强度较大，工人容易疲劳。

B　预防措施

（1）铸造车间应留有自由通行的安全通道，宽度不小于 1.5m。

（2）车间要有良好的通风和照明设施，尽可能利用出入口和门窗进行自然通风，保证良好的生产条件。

（3）场地要平整、干净，一切物品应堆放合理，不堵塞通道和工作场地。

（4）炉门应经常紧闭，防止炉气污染车间空气。

（5）铸造使用的工具和铸造场地要保持干燥，防止铝水遇潮湿发生崩溅伤人事故。

（6）要求职工按规定配戴好防尘、防灼烫等劳动保护用品。

43.1.2.4　其他危险性和预防措施

（1）搅拌、扒渣、施加熔剂和覆盖剂的危险性和预防措施。

1）搅动和扒渣切忌上下颤动或敲击液面，防止铝液飞溅伤人。灰车（包括车轮）必须全部铁制，进灰时要保持车内干燥，防止高温铝液遇水爆炸。

2）熔剂和覆盖剂要保持绝对干燥，以防进入熔炉使铝液遇水喷溅。

（2）硬铝与超硬铝扁铸锭炸裂。硬铝与超硬铝扁铸锭（特别是2A12与7A04合金扁锭），在铸造后存在很大的内应力，在降温时易使铸锭炸裂并伤害人员。因此，在实际生产中，要合理安排该类铸锭储放的安全位置或专门的防爆区，并要有警示牌，防止人员靠近，避免伤人。

43.2 铝材加工安全

43.2.1 轧制安全

43.2.1.1 危险机理

全油润滑轧制时，由于使用了大量用于降温润滑的轧制油、做动力用高压油等易燃物质，容易发生火灾爆炸事故。在板带的轧制作业中，常常由于油压、张力、卷曲力和轧制力等参数发生波动导致断带，极易发生静电积累和打火现象，从而增加了全油润滑轧机的火灾爆炸危险性。同时，对于轧机的附属油库，也是典型的危险源。

此外，作业人员稍有疏忽或操作不当，易发生操作人员的手或其他接触轧辊的部位沿轧辊旋转方向卷进轧辊之间的危险，从而发生重伤或死亡等恶性事故。

43.2.1.2 预防措施

（1）轧制油不能超过安全使用温度，轧制工艺油要每年更换一次。

（2）断带保护装置应灵敏有效，铝箔坯料厚度应均匀，不允许突然增厚很多，以避免塞料现象的发生。在操作上，在料卷的尾部，应适当降低轧制速度。

（3）轧机要设有完好有效的排风系统，防止油雾或油气积聚爆炸。特别在高速铝箔轧制中，轧机周围产生高浓度的油蒸气很难避免，为了尽量降低油蒸气的浓度，应保证排烟装置的正常运行并使其排风量达到最大值。

（4）轧机系统要有良好的电气接地和静电导出系统。特别是加强工作辊、支撑辊、导辊油雾润滑系统的点检与检查，保证油雾发生器油位、油压、风压、温度符合要求，油雾发生器与轴承箱的连接管路要畅通，以提供足够的润滑条件。油雾润滑不良是引起轧机火灾最重要原因之一，在生产中，必须对油雾润滑系统高度重视，发现问题及时停车处理。

（5）清理或修理轧制工艺油储存或输送系统及其相关设备时，要用有色金属工具，严禁使用黑色金属工具。

（6）对油库及其输送系统或相关的设备设施要制订有效的定期清理制度。

（7）整个轧机系统要配备良好的灭火系统，并对该灭火系统要有定期检查制度，确保系统灵敏好用。

（8）各轧机及其地下油库要制定完善的防火、检查、值班和责任制度。并加强员工教育，每位员工都应了解掌握安全灭火常识、灭火器材、灭火设备的正确使用方法，牢记火警电话，发生火灾时，应首先采取灭火措施，同时用最快的速度拨打火警电话，以免延误灭火时机。

（9）禁止在轧机运转状态下进行清理、清扫、检修、维护，清辊必须在停机或"反转"状态下进行。

（10）轧机本体应有紧急停车装置，且该装置能够使处于危险的作业人员能在伤害发生前的瞬间由作业人员进行操作，而进行自救。

（11）轧机的进料部位应设置安全防护挡板，达到可恰好让物料通过，而作业人员的手等即使接触该部位也不能被卷入的功能。

（12）严格动用明火作业制度。如必须在防火区动用明火作业，应及时清理作业区周围的易燃易爆物品，并由专业消防人员、安全员在现场实施安全防火保护。

43.2.2 挤压安全

43.2.2.1 危险机理

挤压生产过程是一种高温作业，若管理不善容易造成烫伤事故。另外，挤压机在"闷车"时，容易发生模具损坏，崩出伤人和挤压轴折断事故。

43.2.2.2 预防措施

（1）对挤压出的制品制作专用工具进行承接和控制，防止其颤动打伤或烫伤操作人员。

（2）在对刚挤压出的制品进行质量检查时，要配戴齐全的防护用品，并按章作业。

（3）发生"闷车"后，要及时停车进行处理，不可蛮干，防止事故发生。

43.2.3 锻压安全

43.2.3.1 危险机理

（1）炽热的锻坯、锻件和加热炉的热辐射容易灼伤工人，并使车间温度升高。特别是在炎热的夏季，操作者容易因出汗过多而造成虚脱和中暑。

（2）锻压时由于锻锤与工件接触应力大，所以在锻压时车间的振动很大、噪声也大，使工人经常在高分贝的噪声中工作，容易引起疲劳和耳聋。

（3）锻压过程中可能发生模具的突然破裂和工件、工具、料头飞出，从而造成人身击伤和烧伤的事故。

（4）劳动强度大，体力劳动多，容易致使工人疲劳。

（5）锻件形状多样，常常有圆形、棒形等难堆放的形状，堆放过高，管理不当容易发生锻件滚落，造成伤害。

43.2.3.2 预防措施

（1）现场各通道应保持畅通无阻，毛坯、锻件、工具都应放在特定地方。

（2）严禁职工直接用手清除粘上的氧化铁皮或触摸锻件，防止刮伤和烫伤。

（3）搬运锻件，要制定健全的操作规程，控制单人搬运质量，严防由于操作不当或配合不默契而造成扭伤和砸伤事故发生。

43.3 热处理和表面处理安全

43.3.1 酸洗、碱洗安全

43.3.1.1 主要危害因素

酸、碱，特别是强酸、强碱会对人体造成化学灼伤。硫酸腐蚀皮肤，轻者局部发红，中等者烧成水泡。发烟硫酸的蒸气会引起呼吸道刺激症状，严重者发生喉头水肿、支气管炎、肺炎甚至水肿。盐酸对皮肤有烧伤作用，且痊愈较慢。氢氧化钠烧伤后，皮肤变白、刺痛、周围红肿、起水泡，严重者可引起糜烂。

43.3.1.2　预防措施

（1）对酸、碱要严格保管、密闭封存，同时要制定好相应的保管使用制度。

（2）在搬运或添加酸、碱时，一定要做到轻拿缓倒，采取好防护措施，防止酸、碱溅出伤人。

（3）接触酸、碱的作业人员必须穿专门的工作服、胶鞋，戴橡胶手套和护目眼镜等防护用品。

（4）工作场所应有充足的冲洗水和应急使用的稀醋酸等溶液，在需要时能及时使用。

43.3.2　盐浴炉安全

43.3.2.1　危害机理

盐浴炉是主要用于对铝材进行淬火或高温回火。而在该工艺过程中常常会发生爆炸危险，主要表现在盐浴遇水后，水在高温状态下会被迅速汽化，容积急剧增大，压力骤然上升产生物理爆炸，造成烧伤或烫伤。同时硝盐是强氧化剂，有助燃作用，硝盐熔浴中带进可燃的有机物（生物有机物、有机化合物、活性炭等）后，会引起强烈的化学爆炸。资料表明，硝盐温度超过600℃时发生分解，其分解产物与钢铁反应而产生爆炸，而铝的还原性比钢铁强，所以高温熔融的硝盐与铝反应的爆炸危险性更大。另外，盐熔炉开炉时，炉底和侧面的盐首先熔化，而顶部表面仍结有固体盐壳，随着温度升高，内部液体不断膨胀，产生很大压力，最后冲击表壳产生物理爆炸。

43.3.2.2　预防措施

（1）保证盐浴炉房顶完好，不漏雨水。

（2）补充新盐或要入炉的工件、夹具等必须充分烘干。

（3）盐熔炉启动时，应将表面的固体壳打碎，使熔盐与大气相通。

（4）硝盐温度不得超过550℃，要设有双重自动控温、报警的保护装置。

（5）严禁将棉织物、木炭、油脂和石墨带入硝盐中。

（6）硝盐必须保存在金属容器中，严禁用木箱、布袋包装。

（7）硝盐炉发生火灾时，应使用干砂扑灭，切不可用泡沫灭火。

（8）严禁用硝盐炉处理镁含量大于10%的铝合金。

43.3.3　电阻炉安全

43.3.3.1　危险机理

容易发生触电或电弧烧伤，即电击和电伤。电击经常会导致死亡。电伤害包括皮肤烧伤、眼睛的电弧灼伤等。产生触电伤害的根源是导线破断、裸线，以及设备的金属带电部分接触和短路等。在拆换保险时，偶然短路，也会造成灼伤。

43.3.3.2　预防措施

（1）为防止热处理工人在操作电炉时触电，当进出料开启炉门时，电源应有自动切断的连锁。

（2）对电热设备的高压带电部分应隔离和屏蔽，设备不带电的金属部分必须做好接地或接零保护。

（3）变压器和电路都应设隔离保护系统。

（4）设备的控制仪表和操作台离工作位置越近越好。

（5）热工仪表、电表应装在独立的控制柜上。当电力装置和热工仪表都在一个电控柜时，接触器应分别安装在相互分隔的两块配电盘上。

（6）所有电炉都应设温度自动调节器。

（7）导电部分应有良好的绝缘。应经常监控电炉设备的接地和电缆绝缘，发现不正常现象应及时纠正。

（8）必要时采用 12～36V 的低压操作，或用绝缘棒、绝缘钳、橡皮垫等手段防止触电。

（9）固定式和移动式照明降压变压器外壳必须接地，移动式照明降压变压器（12～36V）要用软电缆连接，而绝不容许使用普通电线。

43.3.4　感应炉安全

43.3.4.1　危险机理

从生产安全和职业卫生角度，感应加热处理时，各种频率的强电流和电磁辐射对人体会造成一定伤害。同时，对电气设施管理不善，也容易发生电伤害。

43.3.4.2　预防措施

（1）中频发电机应安装在隔离的生产场地，如直接装在车间和生产流水线上要使用特制防护罩。

（2）车间内的电容器组应设置在封闭上锁的金属柜中，如放置在单独处所时，允许用丝网隔离，设网门并上锁。变压器应置于淬火间中或其带电部分用外壳封闭。变压器次级线圈和感应器若不屏蔽，则感应器的一个接头必须接地。如果工艺允许，感应器和淬火器应放在专用空间内。

（3）高频电源应有机械和电气连锁。

（4）高频电源的阳极回路（交流和直流高压）是最危险的。因此除感应器外的其他带电部分都必须封闭，而高压部分必须闭锁。

（5）电源外壳必须接地，接地电缆要接在设备或淬火机床基座上。采取墙壁和天花板的金属板或网的屏蔽，防止对无线电广播的干扰。

（6）感应加热的作业人员，应穿带好合格的防护用品，经培训合格后才可作业。

43.4　铝粉生产安全

43.4.1　铝粉的危害特性和危险机理

43.4.1.1　职业危害特性

长期吸入铝粉可导致尘肺。表现为消瘦、极易疲劳、呼吸困难、咳嗽、咳痰等。落入眼内可发生局部性坏死，角膜色素沉着，晶体膜改变及玻璃体混浊。对鼻、口黏膜有刺激性，甚至发生溃疡，可引起痤疮、湿疹和皮炎等疾病。

43.4.1.2 危险机理

在铝粉的制作过程中，将铝制成粉后，大量铝粉遇潮湿、水蒸气时，由于铝粒的比表面积增大，有的表面还没有形成氧化膜，就会发生反应并会产生自燃现象。铝粉与氧化剂混合能形成爆炸性混合物，与氟、氯等接触会发生剧烈化学反应，与酸类或与强碱接触能产生氢气，引起燃烧爆炸。铝粉与空气可形成爆炸性混合物，当达到一定浓度时，爆炸下限 $37 \sim 50 mg/m^3$，最小点火能 15mJ，燃烧热为 822.9kJ，熔点为 660℃。遇火星会发生爆炸。其部分反应方程式为：

$$2Al + 6H_2O =\!=\!= 2Al(OH)_3 + 3H_2$$

$$4Al + 3O_2 =\!=\!= 2Al_2O_3 + 3340kJ$$

铝粉与氧在有明火时，所发生的反应极为迅速，可在几微秒内完成。产生的热能使周围的空气温度与压力急剧上升，发生爆炸，形成冲击波可直接造成厂房、设备破坏与人员伤亡。

43.4.2 预防措施

43.4.2.1 预防铝粉尘的职业危害

（1）改革生产过程。充分利用现代工业技术，改革生产设备和工艺操作方法，从根本上防止和减少粉尘的危害。

（2）生产设备的密闭和隔离。

（3）采用通风和净化措施控制粉尘。

（4）个人防护。个人防护用具主要包括：防护服、口罩等，个别地点也可以采用送风头盔等。防止粉尘通过呼吸道和皮肤侵入人体。

（5）建立严格的组织管理制度。建立一套防尘设施的维修、更新、管理和操作制度，使各类防尘设备设施经常保持良好的运行状态，发挥其应有的效能。对于粉尘岗位要定期进行浓度测定、对粉尘岗位人员定期进行身体健康检查等制度。以督促进一步改善防尘工作、对职业病做到早发现、早诊断、早治疗。

43.4.2.2 预防粉尘爆炸

为了防止粉尘爆炸，首先必须防止粉尘云的产生，排除点火源，添加惰性物质。但是难以防止处理工程装置内部的粉尘云产生。另外，从经济和质量要求来看也很难在全程操作过程中使粉尘处于惰性物或惰性气体的保护中。在预防措施上还要强化因一次灾害后，引起更大的二次爆炸。为预防铝粉爆炸，主要做好以下几项预防工作：

（1）尽量控制粉尘飞扬。

1）在装卸粉尘的作业中，应尽量使用最大限度地减少粉尘飞扬的专用工具，并配以局部排风装置以便及时排走飞扬出的粉尘。

2）工艺上做到不产生不需要的过细粉尘，若有可能应尽量采用湿法加工。

3）粉尘混料作业时，要在密闭容器中进行。

4）粉碎作业区的工作人员，应在远离危险机械装置的地方进行操作，实现危险区无人化，人员在隔离室内进行操作。

（2）作业场所条件。

1）加工、包装、转运及储存铝粉的工房和库房宜为不带地下室的单层建筑，应采用钢筋混凝土柱、梁的框架结构。

2）地面构造应该用具有保护性能的被覆材料制作，表面要平，容易用水冲洗而不泄漏，并避免有槽或其他线路。

3）加工厂房内墙表面易采用平整不易积尘和易清扫的结构，且不应向上拼接。非整料构筑的墙体，墙面应用砂浆抹平，不得留有孔隙。

4）屋顶宜采用"轻型"或"抗爆"结构，顶棚也应平整，涂抹光滑，梁与柱子应覆盖起来，以防止堆积粉尘。

5）房内门窗框架应采用金属材料制作，与墙壁位于同一平面，不应有突出的地方，且不设窗帘及窗帘架。

6）当工房内发生爆炸时，窗户应能自动开启，窗扇应在窗框顶部铰接，向外开启。

7）管道要涂敷光滑无可燃性材料，最好埋入墙内，尽可能减少露出部分。

8）室内的装饰要求表面平滑，且只能使用含铝量很少的涂料。

9）铝粉主加工车间，可根据需要分隔成若干小单元。隔墙易采用耐侧压、不承重的非燃性材料构筑。每间厂房至少应有两个宽敞并彼此相隔一定距离的出口，厂房内工作地点到出口或楼梯的距离，单层不应超过 30m，双层不应超过 25m。高架平台的通道应便于上下，危险时便于撤离。

10）还应尽量限制室内的机械装置和设备台数，并采取在相邻的房间内启动设备的方法。防止粉尘直接进入机械内，应设置机械外罩，外罩的倾角要求保持在 60°以上。

（3）对设备的要求。

1）铝粉加工的所有电气设备应有相应等级的防爆性能，轴承应有防尘密封，内外便于清扫，无粉尘积累的空隙，无粉尘泄漏。

2）每台设备及管道均应设置良好的接地装置，避免静电积累。

3）设备应有过载保护、联锁控制装置和故障紧急控制装置。对本身存在爆炸危险的设备，应有防爆措施。

4）在制粉设备的进料口，应设适当的格筛、磁性或气动分离器等装置，避免混入原料中的铁块等异物进入制粉设备。

（4）对加工操作要求。

1）铝粉加工房内的粉尘浓度应控制在 $4mg/m^3$ 以下。

2）干磨时，铝合金粉干磨系统内应充氮气或其他保护气体进行保护，使设备起动时保护气体的含氧量为 2% ~ 5%。经一段时间进入正常运转后，保护气体中的含氧量为 2% ~ 8%。当多次调整仍不能达到此数值时，应立即停车处理。

3）控制好球磨机出口气体和粉尘混合物温度，磨制铝粉不得超过 80℃。球磨机系统鼓风机运转时，入口的表压应保持 200 ~ 1500Pa，当多次调整仍不能达到此数值时，应立即停车处理。

4）起动铝粉制粉设备前，应通知各有关岗位人员。正常运转后，每 30 ~ 60min 时，应检查一次运转情况。当各测点温度、压力或气体成分不符合规定时，应及时调整。如调整无效，应立即停车处理。

5）球磨机和铝合金粉筛分机在起动或停车时，球磨间、筛分间不准有人，在运转过程中，应关闭防爆门。当球磨机系统使用选粉机时，应检查选粉机的转子同外壳有无摩擦及异常现象。

6）起动设备的顺序应为：选粉机、鼓风机、油泵、球磨机、给料机。停车顺序相反。

7）严格控制好球磨机、鼓风机密封填料温度，磨制铝粉不超过75℃。

8）更换密封填料前，应停止设备运转。待系统温度降至30℃以下或室温温度时，再更换填料。更换填料时应备好定子油和机油，取下的填料应立即浸入油中，当处理球磨机系统堵料等工作需打开球磨机系统时，应使球磨机系统冷却到30℃以下或室温时方准进行，处理堵料时防止粉尘飞扬，且应使用防爆工具。

9）铝粉湿磨时，应遵守下列规定：

①在不与金属发生化学反应的液体中磨制铝粉时，磨制设备应满足采取泄爆措施的设备内充满空气，采取惰化措施的设备内含有足以氧化任何新生铝表面的氧气。

②在不与金属发生化学反应的液体中制膏或对铝粉进行其他处理时，相应设备应满足在充满空气的设备中处理铝粉，在足以氧化任何新生铝表面的惰化气氛中处理铝粉。

③球磨机轴承应使用集电器电刷透过润滑油油膜接地。溶剂处理场所应具有良好通风（自然或人工通风）。溶剂泵或膏剂浆泵应当安装当泵干运行时能自动停泵的装置。

10）粒化加工应遵守：严禁将潮湿的铝锭加入熔炉和坩埚。加工过程中，熔炉或坩埚周围不得有火焰冒出。粒化前，应检查风压、检查粒化室，确认安全后，再吹净扩散板上的铝粉尘，开动粒化室的风机，然后进行粒化。粒化室内，不允许产生正压。发现火花喷出时，应立即停止粒化。

（5）储运。

1）场内运输铝粉的容器应采用不产生火花的金属材料制作。所有轮式容器、手推车和自动装卸车均应静电接地。

2）输送管道应使用不易产生火花的有色金属或不锈钢材料制造，应保证输送管道整体具有良好的导电性和良好的接地。输送管道应设通过建筑物外的泄爆口，且应按 GB/T 15655 进行设计。

3）在管道破裂可能对其他设备和人员造成损害，而无法通过泄爆口完全泄压的区域，管道设计承受的瞬时内压为不低于690kPa（表压）。在管道破裂不会对其他设备或人员造成损害的区域，可使用承受内压较低的管道作为辅助泄爆口。在露天或潮湿环境中设置的输送管道应严格密封。

4）用空气作为输送气体时，运输系统内铝粉浓度应低于其爆炸下限值的50%。当被输送的铝粉浓度接近或达到爆炸下限时，应采用惰化气体输送。在保证惰化效果的前提下，惰性气体中应含有适量的氧化剂，应连续监测惰化气流中的氧含量。当氧含量不在规定范围内时，监测系统应发出声响报警。

5）输送气体的流速为铝粉不低于23m/s。若输送气体来自相对较暖的环境，而管道和收集器内的温度又相对较低时，应对管道和收集器采取加热措施，避免因输送气体的温度低于露点而发生冷凝。

6）用液体收集粉料（如喷雾塔）时，所用任何液体的闪点不能低于37.8℃。液体与铝粉不发生反应。遗留在产品上的液体应满足后续生产工艺过程的要求。

7）向运输管道提供载粉气体（空气或惰性气体）的风机叶片和机壳应采用导电、不产生火花的金属（如青铜、不锈钢或铝）制作。运输的粉料在进入最终集料装置前，不应通过风机。风机启动或停止时，人员不得进入离风机 15m 以内的范围，停止运转前不应进行维护工作。必要时（如测压力），只有具备相关的知识和相应资格的操作者在技术人员的指导下才能接近正在运行的风机，在操作者接近风机前应停止供应粉料（输送管道内只有载粉气体）。风机应置于铝粉加工厂房之外。风机应用滚动轴承。轴承应有温度显示装置和超温音响报警器。风机应与加工机械实行电气连锁。到风机停止运转时，加工机械也能及时停止运转。

8）加工好的铝粉应装入无水分、无油、无杂质的金属桶或其他密闭式的容器并密封良好存放于干燥地方。装有铝粉的桶或容器应置于距门窗、采暖热源 1m 以外，每两排桶间留有不小于 0.5m 的通道。严禁堵塞安全门和防火器材通道。为避免产品局部发热产生自燃，应经常检查（如用手触法进行检查）。发现温度升高，应迅速将产品转移到安全地点继续观察，直至安全冷却为止。

（6）对集尘装置的要求。

1）产生铝粉尘的地点设通风除尘设施，应采用粉尘防爆型风机并将风机置于净化装置之后。除尘器应符合下列规定：干式除尘器周围设防护屏或栅栏，应采用不宜产生火花的有色金属或不锈钢制造；过滤式除尘器滤料应为导静电材料，整个除尘系统应保持良好的电接地；旋风除尘或其他干式除尘器应安装内部温度显示仪表，并配备超温报警装置，其报警温度的设定值应低于粉尘云或粉尘层的最低着火温度，显示仪表应安装在易于观察的位置。

2）操作人员应在停机和切断动力的情况下，进行定期清扫。每周不少于一次。设备可用沾水抹布清擦，地面可用刷子和潮湿的锯末清扫，清扫后应对设备彻底检查一次。除尘器的集尘应每班清理。加工和运输过程中泄漏出的落地粉、油粉、油膏等应立即用不产生火花的导电铲子及软扫帚或天然纤维硬毛刷子清理，并收集在专用金属容器内，放在指定的地点妥善管理。然后再用真空吸尘器将剩余的粉尘吸净，禁止用压缩空气吹扫。在人员不能进入和无法使用真空吸尘器的区域，必须严格禁止可燃物进入或接近该区域，并同时停止设备运转的情况下，才允许用压缩空气吹扫。真空吸尘系统应有效地连接和接地，使静电积聚降到最少，其电动机应为粉尘防爆型，软管、吸尘嘴和接头应采用导电、不产生火花的材料制造。收集的粉尘应卸入厂房外的专用容器中。

（7）对电气设备的要求。

1）电气设备应依据 GB 12476.1 的规定选用尘密型（DT）防爆电气，处理设备故障时的照明电压应为 12V。

2）铝粉的爆炸危险场所高低压配线应采用铜芯的电缆。

3）生产厂房应设置应急照明系统，该系统应为通向安全门的通道提供不低于 10 lx 亮度的照明。当生产厂房照明系统出现故障时，应急照明系统应立即自动运行。在允许使用闪光灯和蓄电池灯的场所，可用其做照明灯具。

4）工（库）房应采取防雷措施。在粉尘爆炸危险场所电气设计、操作，除应遵守这些规定外，尚应遵守 GB 50050 中的相应条款。

（8）对检修的要求。

1）铝粉加工企业应根据本企业设备运行状况，规定设备定检周期、停修时间和维修标准，并严格执行。

2）检修设备的施工单位应制定安全措施。如需使用汽油、煤油、柴油等，还应制定专项安全措施，经主管部门和安全部门审定，主管负责人和安全负责人批准，由施工负责人执行。

3）检修用的材料、填料、润滑油等应符合有关部门规定。如用新材料或其他型号、品号的材料作为代用品应经实验或经主管负责人审批。

4）检修时除拆卸指定的检修设备、指定检修的部位外，不得触动未经安全处理的其他设备。

5）检修设备施工单位，必须制定施工网络图，严格按程序分布作业，不得在一个工房内或一个系统内同时进行多部位检修。

（9）灭火与事故应急处理。

1）火灾初起时应首先用干砂、惰性干颗粒（粉末）构成隔离带，将火源围隔起来。

2）撒播灭火剂时应特别小心，避免扰动铝粉末，而形成粉尘云。用不产生火花的金属锹或铲撒播干性灭火剂。同时关闭风机和门窗，减少空气流通。干性灭火剂应保持清洁干燥，并与撒播工具放在同一个易于使用的地点。不准使用水、泡沫或二氧化碳灭火器灭火。若使用粉末溶浆灭火应遵守下列规定：稀浆状铝粉发生火灾时，应按消防系统有关规定灭火，不允许用卤化物灭火剂；半湿性物质或过滤块状物发生火灾，应使用干性灭火剂。

3）用二氧化碳扑灭铝溶浆火灾时，残留物应立即用干砂或其他干性灭火剂覆盖，确认残留物和覆盖物的温度均降到环境温度后方可进行处理。还可采用有盖容器进行小份额分批处理。只有在其他灭火方式失败而火灾继续扩大时，才可用水扑灭铝粉溶浆火灾。采用喷雾或低速喷水的灭火方式，避免形成粉尘云，应持续供水，直至火灾被完全扑灭。灭火后，应立即清除场地中的湿粉、糊、稀浆，清除过程中应进行通风，避免铝粉遇水反应生成的氢气积聚，应在远离生产厂房的安全区设置储污装置。

4）若人身上着火时不能奔跑，应立即脱掉或撕掉衣服，无法撕掉衣服时可用湿棉被（呢布）灭火。同时应防止火花落入周围的产品中。

5）企业应制定铝粉爆炸事故抢救方案，并报主管部门批准。应在当地消防部门的密切配合和指导下组建兼职消防组织，并定期对全体职工进行避灾及抢救演习。参加事故抢救的专、兼职人员，均应接受事故抢救最高指挥员的统一指挥。事故现场必须做好治安保卫，维护好现场秩序。

43.5 安全管理与现场急救

43.5.1 安全管理

43.5.1.1 安全管理的原则和基本观点

安全管理的原则为：

（1）"安全第一、预防为主"的原则。

（2）"管生产必须管安全"的原则。

安全管理的基本观点为：

（1）系统的观点。

（2）预防的观点。

（3）强制的观点。

（4）准确的观点。

43.5.1.2 安全生产责任制

安全生产责任制就是根据"管生产必须管安全"的原则，综合各种安全生产管理、安全操作制度，对企业各级领导、各职能部门、有关工程技术人员和生产工人在生产中应负的安全责任做出明确的规定。

安全生产责任制是企业岗位责任制的重要组成部分，是企业最基本的一项安全制度，是所有安全管理制度的核心。有了这项制度，就能把安全与生产从组织领导上统一起来，才能做到事事有人管、层层有专责，使领导干部和广大职工分工协作，共同努力，认真负责做好安全工作，保证安全生产。

43.5.1.3 安全教育培训

安全是生产赖以正常进行的前提，而安全教育又是安全管理工作的重要环节。安全教育的目的是提高全员的安全意识、安全管理水平和防止事故，实现安全生产。

安全教育内容主要有：

（1）安全生产思想教育。

（2）安全知识教育。

（3）安全技能教育。

（4）法制教育。

安全教育的基本要求是：

（1）领导干部必须先受教育。

（2）新工人三级安全教育。

（3）特种作业人员培训。

（4）经常性教育。

43.5.1.4 安全检查

A 安全检查的目的与意义

安全的基本含义，一是预知危险，二是消除危险，两者缺一不可。为此，必须通过安全检查对生产中存在的不安全因素进行预测、预报和预防。

（1）通过检查，可以发现施工（生产）中的不安全（人的不安全行为和物品的不安全状态）、不卫生问题，从而采取对策，消除不安全因素，保障安全生产。

（2）利用安全生产检查，进一步宣传、贯彻、落实安全生产方针、政策和各项安全生产规章制度。

（3）安全检查实质上也是一次群众性的安全教育。

（4）通过检查可以互相学习、总结经验、吸取教训、取长补短，有利于进一步促进安全生产工作。

（5）通过安全生产检查，了解安全生产状态，为分析安全生产形势、研究加强安全管理提供信息和依据。

B　安全检查的内容和方法

安全检查的内容主要应根据生产特点，制定检查项目、标准。但概括起来，主要是查思想、查制度、查机械设备、查安全设施、查安全教育培训、查操作行为、查劳保用品使用、查伤亡事故的处理等。主要有以下几种检查形式：

（1）企业内部必须建立定期分级安全检查制度。每次安全检查应由单位领导带队，工会、安全、动力设备、保卫等部门派员参加。这种制度性的定期检查内容，属全面性和考核性的检查。

（2）专业性安全检查。专业安全检查应由企业有关业务部门组织有关人员对某项专业（如垂直提升机、脚手架、电气、塔吊、压力容器、防尘防毒等）安全问题或在施工（生产）中存在的普遍性安全问题进行单项检查，这类检查专业性强，也可以结合单项评比进行，参加专业检查组的人员，主要应由专业技术人员、懂行的安技人员和由实际操作、维修工人参加。对于新搭设的脚手架、垂直提升机（龙门架和井字架）、塔吊等重要设备在使用前进行验收，也属于专业性安全检查。

（3）经常性安全检查。在生产过程中，进行经常性的预防检查，能及时发现隐患，消除隐患，保证生产正常进行。

43.5.2　现场急救

43.5.2.1　现场抢救的步骤

（1）现场急救。

（2）叫救护车，转送伤员。

（3）检查呼吸、心跳。如呼吸、心跳已停止，应立即施行人工呼吸和心脏按压。

（4）止血。

（5）治疗休克。

（6）对骨折进行固定。

（7）包扎伤口。

43.5.2.2　常见的救护方法

A　复苏术——人工呼吸与心脏按压

（1）人工呼吸。当呼吸停止，心脏仍然跳动或停止跳动时，用人工的方法使空气进出肺部，供给人体组织所需要的氧气，称为人工呼吸。

（2）心脏按压。心脏骤停时依靠外力挤压心脏，用来暂时维持心脏排送血液功能的方法，称为心脏按压。

B　止血方法

（1）细血管出血。血液从伤口渗出，出血量少，色红，危险性小，只需要在伤口上盖上消毒纱布或干净手帕等，扎紧即可止血。

（2）静脉出血。血色暗红，缓慢不断流出。一般抬高出血肢体以减少出血，然后在出血处放几层纱布，加压包扎即可达到止血目的。

（3）动脉出血。血色鲜红，出血来自出血的近心端，呈搏动性喷出，出血量多，速度快，危险性大。动脉出血一般使用间接指压法止血。即在出血动脉的近心端用手指把动脉压在骨面上，予以止血。

C　肢（指）的处理

断肢（指）发生时，除做必要急救外，还应注意保存断肢（指），以求有再植的希望。

将断肢（指）用清洁布巾包好，不要用水冲洗伤面，也不要用各种溶液浸泡。若有条件，可将包好的断肢（指）置于冰块中间。

D　休克处理

休克是指因各种原因的强烈刺激和损害（如大出血、创伤、烧伤等）引起的急性血液循环不全所致重要生命器官缺氧、代谢紊乱而发生的严重功能障碍。

对于休克的患者应将其平卧保暖。有条件的可给氧，针刺人中穴，同时对引起休克的因素及时处理。

E　电击伤处理

人体误触电源，电流即从人体通过，引起全身或局部损伤，成为电击伤。严重者可使心跳、呼吸骤停，救治不及时可迅速死亡。

抢救方法为：

（1）以最快速度使伤员脱离电源，即切断电源。若离电源较远，可用不导电的干木棍、竹竿等拨开电线。

（2）将触电者移至通风处，解松衣服，即行人工呼吸和心脏按压。

（3）心脏和呼吸恢复后，应送医院继续救治。

（4）在行人工呼吸时，可针刺人中穴，以促苏醒。

F　烧伤处理

烧伤主要有热烧伤和化学烧伤。热烧伤主要指火焰烧伤、开水烫伤、蒸汽等高温灼伤和电流灼伤。化学灼伤主要指强酸、强碱对皮肤的灼烧。

烧伤的救治为：

（1）应立即将伤员救离火源。救护者也应注意自我保护。

（2）火焰烧伤时，应立即脱去"火衣"，或就地打滚灭火。

（3）对已烧伤者，可浸沐在自来水或冷水中，以减轻损害和疼痛，然后用消毒敷料或清洁衣服、被单简单包扎，以防感染。

（4）被强酸强碱灼烧，应立即用大量清水冲洗，然后包扎。

G　眼部伤害

（1）角结膜异物。当异物在表面时，可用清洁手帕将其揩去，如有困难，则应立即就医。

（2）眼部灼烧。强酸、强碱、高热的蒸汽或液体等冲溅到眼部而引起的灼烧。眼部灼烧的简易冲洗方法为：将患眼用手撑开，把面部浸入清水中，头使劲摇动，洗去化学物质，越快越好，越彻底越好。冲洗时间不低于10min，而后将伤员送往医院继续治疗。

H　化学中毒

化学中毒救护方法为：

（1）带好防毒面具后，迅速将中毒者撤离现场，脱去污染衣服。

（2）如毒物污染眼部、皮肤，应立即冲洗。

（3）松开领扣、腰带，呼吸新鲜空气。

（4）静卧、保暖。

（5）对于口服中毒者应设法催吐。简单有效的方法是用手指刺激舌根。对腐蚀性中毒可口服牛奶、蛋清、植物油等。

（6）化学中毒常伴有休克、呼吸障碍和心脏骤停，应实行复苏术，即人工呼吸和心脏按压，同时针刺人中穴。

（7）在护送去医院途中，应保持伤员呼吸畅通。将头部偏向一侧，避免咽下呕吐物，取下假牙，舌头拉出引向前方，以防窒息。

第 6 篇

铝材产品检验与技术
标准目录总汇

44　铝及铝合金标准汇总

　　标准是供需双方签订合同、议定产品和价格、判定产品合格与否的仲裁依据，是供需双方必须共同遵守的法律准则。同时，标准也是一种科技成果，它反映了当代产品的工艺技术水平，是科技、生产与实践工作经验的结晶。随着铝材产品市场的国际化，只有高质量的产品，才能在国内外市场上畅销和赢得足够的市场份额，过时的产品、质量水平低下的产品必将被市场所淘汰。而高质量的产品，离不开高水平的标准，对铝加工而言，目前高水平的国际、国外先进标准主要有：国际标准、欧洲标准、美国标准、日本标准和俄罗斯标准。

44.1　有关铝材的国际标准化组织、区域性标准化组织和部分国家标准化组织及代号

　　（1）国际标准化组织及代号为：

　　　　国际标准化组织　　　　　　　　　　　ISO

　　（2）区域标准化组织及代号为：

　　　　欧洲标准化委员会　　　　　　　　　　EN
　　　　欧洲标准　　　　　　　　　　　　　　EN

　　（3）中华人民共和国国家及行业标准的代号为：

　　　　国家标准　　　　　　　　　　　　　　GB
　　　　国家军用标准　　　　　　　　　　　　GJB
　　　　有色金属行业　　　　　　　　　　　　YS

　　（4）美国标准化组织的代号为：

　　　　美国国家标准　　　　　　　　　　　　ANSI
　　　　美国机动工程师学会航天材料规格　　　AMS
　　　　美国宇宙航空材料标准　　　　　　　　AMS
　　　　美国机械工程师协会锅炉压力容器规范　ASME
　　　　美国材料与实验协会　　　　　　　　　ASTM
　　　　美国军用规格　　　　　　　　　　　　MIL
　　　　美国军用标准　　　　　　　　　　　　MS

　　（5）日本国家标准代号　　　　　　　　　JIS
　　（6）俄罗斯国家标准代号　　　　　　　　ГОСТ
　　（7）英国国家标准代号　　　　　　　　　BS

44.2　中国铝及铝合金材料的标准汇总

44.2.1　铝及铝合金材料性能标准

铝及铝合金材料性能标准见表 44-1。

表 44-1　铝及铝合金材料性能标准

序号	标 准 号	标 准 名 称	国家/行业
1	GB/T 3251—1982	铝及铝合金管材压缩实验方法	国家标准
2	GB/T 5871—1986	铝及铝合金摄谱光谱分析方法	国家标准
3	GB/T 8005—1987	铝及铝合金术语	国家标准
4	GB/T 7998—1987	铝合金晶间腐蚀测定方法	国家标准
5	GB/T 7999—1987	铝及铝合金光电光谱分析方法	国家标准
6	GB/T 13586—1992	铝及铝合金废料、废件分类和技术条件	国家标准
7	GB/T 15115—1994	压铸铝合金	国家标准
8	GB/T 15114—1994	铝合金压铸件	国家标准
9	GB/T 1173—1995	铸造铝合金	国家标准
10	GB/T 3199—1996	铝及铝合金加工产品包装、标志、运输、储存	国家标准
11	GB/T 3190—1996	变形铝及铝合金化学成分	国家标准
12	GB/T 16474—1996	变形铝及铝合金牌号表示方法	国家标准
13	GB/T 16475—1996	变形铝及铝合金状态代号	国家标准
14	GB/T 16865—1997	变形铝、镁及其合金加工制品拉伸实验用试样	国家标准
15	GB/T 17432—1998	变形铝及铝合金化学成分分析取样方法	国家标准
16	GB/T 8733—2000	铸造铝合金锭	国家标准
17	GB/T 6987.1～32—2001	铝及铝合金化学分析方法	国家标准
18	GB/T 3246.1—2000	变形铝及铝合金制品显微组织检验方法	国家标准
19	GB/T 3246.2—2000	变形铝及铝合金制品低倍组织检验方法	国家标准
20	GB/T 6519—2000	变形铝合金产品超声波检验方法	国家标准
21	GB/T 7999—2000	铝及铝合金光电光谱分析方法	国家标准
22	GJB 1057—1990	LC9 铝合金过时效	国家军用标准
23	GJB 1694—1993	变形铝合金热处理规范	国家军用标准
24	GJB 2894—1997	铝合金电导率和硬度要求	国家军用标准
25	YS/T 417.1—1999	变形铝及铝合金铸锭及其加工产品缺陷　第一部分：变形铝及铝合金铸锭缺陷	行业标准
26	YS/T 282—2000	铝中间合金锭	行业标准
27	YS/T 242—2000	表盘及装饰用纯铝板	行业标准

44.2.2　各种铝及铝合金材料的标准

44.2.2.1　铝及铝合金板、带材标准

铝及铝合金板、带材标准，见表 44-2。

表 44-2　铝及铝合金板、带材标准

序号	标准号	标准名称	代替标号	国家/行业
1	GB/T 3617—1983	表盘及装饰用板		国家标准
2	GB/T 4438—1984	铝及铝合金波纹板		国家标准
3	GB/T 5125—1985	有色金属冲杯实验方法		国家标准
4	GB/T 6891—1986	铝及铝合金压型板		国家标准
5	GB/T 3618—1989	铝及铝合金花纹板		国家标准
6	GB/T 3880—1997	铝及铝合金轧制板材		国家标准
7	GB/T 8544—1997	铝及铝合金冷轧带材		国家标准
8	GB/T 16501—1996	铝及铝合金热轧带材		
9	GB/T 3194—1998	铝及铝合金板、带材的尺寸允许偏差		国家标准
10	GB/T 3880.3—2006	一般工业用铝及铝合金板、带材　第三部分：尺寸偏差	GB/T 3194—1998	国家标准
11	GB/T 3880.2—2006	一般工业用铝及铝合金板、带材　第二部分：力学性能		国家标准
12	GB/T 3880.1—2006	一般工业用铝及铝合金板、带材　第一部分：一般要求	GB/T 16501—1996 GB/T 3880—1997 GB/T 8544—1997	国家标准
13	GB/T 6891—2006	铝及铝合金压型板	GB/T 6891—1986	国家标准
14	GB/T 4438—2006	铝及铝合金波纹板	GB/T 4438—1984	国家标准
15	GJB 2051—1994	航天用 LD10 铝合金板材规范		国家军用标准
16	GJB 2053—1994	航空航天用铝合金薄板规范		国家军用标准
17	GJB 2662—1996	航空航天用铝合金厚板规范		国家军用标准
18	GJB 390—1987	航天工业用 LF6 铝镁合金板材		国家军用标准
19	GJB 1134—1991	LY19 铝合金板材规范		国家军用标准
20	GJB 1536—1992	LC19 铝合金板材规范		国家军用标准
21	GJB 1540—1992	装甲用铝合金板材规范		国家军用标准
22	GJB 1741—1993	铝合金预拉伸板规范		国家军用标准
23	GJB 1742—1993	舰用 LF15、LF16 铝合金板材规范		国家军用标准
24	YS/T 69—1993	钎接用铝合金板材		行业标准
25	YS/T 90—1995	铝及铝合金铸轧带材		行业标准
26	YS/T 91—1995	瓶盖用铝及铝合金板、带材		行业标准
27	YS/T 92—1995	铝合金花格		行业标准
28	YS/T 417.2—1999	变形铝及铝合金铸锭及其加工产品缺陷　第二部分：变形铝及铝合金板、带缺陷		行业标准
29	YS/T 417.4—1999	变形铝及铝合金铸锭及其加工产品缺陷　第四部分：变形铝及铝合金铸轧带缺陷		行业标准
30	YS/T 434—2000	铝塑复合管用铝及铝合金带材		行业标准
31	YS/T 435—2000	易拉罐罐体用铝合金带材		行业标准
32	YS/T 431—2000	铝及铝合金彩色涂层板、带材		行业标准

序号	标准号	标准名称	代替标号	国家/行业
33	YS/T 419—2000	铝及铝合金杯突实验方法		行业标准
34	YS/T 420—2000	铝合金韦氏硬度实验方法		行业标准
35	YS/T 421—2000	印刷用 PS 版铝板基		行业标准
36	YS/T 435—2000	易拉罐罐体用铝合金带材		行业标准
37	YS/T 434—2000	铝塑复合管用铝及铝合金带材		行业标准
38	YS/T 432—2000	铝塑复合板用铝带		行业标准
39	YS/T 431—2000	铝及铝合金彩色涂层板、带材		行业标准
40	YS/T 429.2—2000	铝幕墙板、氟碳喷漆铝单板		行业标准
41	YS/T 429.1—2000	铝幕墙板、板基		行业标准
42	YS/T 242—2000	表盘及装饰用铝及铝合金板		行业标准
43	YS/T 91—2002	瓶盖用铝及铝合金板、带材	YS/T 91—1995	行业标准
44	YS/T 457—2003	双零铝箔用冷轧带材		行业标准
45	YS/T 69—2005	钎焊用铝合金复合板	YS/T 69—1993	行业标准
46	YS/T 421—2007	印刷版基用铝板带	YS/T 421—2000	行业标准
47	YS/T 622—2007	铁道货车用铝合金板材		行业标准
48	YS/T 621—2007	百叶窗用铝合金带材		行业标准
49	YS/T 90—2008	铝及铝合金铸轧带材	YS/T 90—2002	行业标准

44.2.2.2 铝及铝合金箔材标准

铝及铝合金箔材标准见表 44-3。

表 44-3 铝及铝合金铝箔材标准

序号	标准号	标准名称	代替标号	国家/行业
1	GB 10570—1989	精制铝箔		国家标准
2	GB/T 3198—1996	工业用纯铝箔		国家标准
3	GB/T 3614—1999	铝合金箔		国家标准
4	GB/T 3615—1999	电解电容器用铝箔		国家标准
5	GB/T 3616—1999	电力电容器用铝箔		国家标准
6	GB/T 6608—1999	铝箔厚度的测定称量法		国家标准
7	GB/T 10570—1989	精制铝箔		国家标准
8	GB 3198—2003	铝及铝合金箔	GB 3198—1996 GB/T 3614—1999 GB/T 3616—1999 YS/T 430—2000	国家标准
9	GB/T 3615—2007	电解电容器用铝箔	GB/T 3615—1999	国家标准
10	GJB 5075—2001	航空用铝合金箔规范		国家军用标准
11	YS/T 446—2002	钎焊式热交换器用铝合金复合箔		行业标准

序号	标 准 号	标 准 名 称	代替标号	国家/行业
12	YS/T 95—1996	空调器散热片用铝箔		行业标准
13	YS/T 417.3—1999	变形铝及铝合金铸锭及其加工产品缺陷 第三部分：变形铝及铝合金箔缺陷		行业标准
14	YS/T 430—2000	电缆用铝箔		行业标准
15	YS/T 95.1—2001	空调器散热片用铝箔　第一部分：素铝箔	YS/T 95—1996	行业标准
16	YS/T 95.2—2001	空调器散热片用铝箔　第二部分：亲水铝箔		行业标准

44.2.2.3　铝及铝合金管棒材标准

铝及铝合金管棒材标准见表44-4。

表44-4　铝及铝合金管棒材标准

序号	标 准 号	标 准 名 称	代替标号	国家/行业
1	GB/T 8645—1988	旋压无缝铝筒		国家标准
2	GB/T 10571—1989	铝及铝合金焊接管		国家标准
3	GB/T 4436—1995	铝及铝合金管材外形尺寸及允许偏差		国家标准
4	GB/T 3191—1998	铝及铝合金挤压棒材	GB/T 3191—1982	国家标准
5	GB/T 6893—2000	铝及铝合金拉(轧)制无缝管	GB/T 6893—1986	国家标准
6	GB/T 4437.1—2000	铝及铝合金热挤压无缝管　第一部分：无缝管材	GB/T 4437—1984	国家标准
7	GB/T 3954—2001	电工圆铝杆	GB/T 3954—1983	国家标准
8	GB/T 5126—2001	铝及铝合金冷拉薄壁管材涡流探伤方法		国家标准
9	GB/T 4437.2—2003	铝及铝合金热挤压管　第二部分：有缝管		国家标准
10	GB/T 20250—2006	铝及铝合金连续挤压管		国家标准
11	GJB 1137—1991	LY19铝合金圆棒规范		国家军用标准
12	GJB 1744—1993	航天用LD10铝合金冷拉(轧)管材规范		国家军用标准
13	GJB 1745—1993	航天用LD10铝合金热挤压管材规范		国家军用标准
14	GJB 2054—1994	航空航天用铝合金棒材规范		国家军用标准
15	GJB 2379—1995	航空航天用铝及铝合金拉制(轧制)管材规范		国家军用标准
16	GJB 2381—1995	航空航天用铝及铝合金挤压管材规范		国家军用标准
17	GJB 2920—1997	2214、2014、2024及2017A铝合金棒材规范		国家军用标准
18	GJB 3239—1998	铝合金四筋管材规范		国家军用标准
19	GJB 3538—1999	变形铝合金棒材超声波检验方法		国家军用标准
20	GJB 3539—1999	锻件用铝合金棒材规范		国家军用标准
21	YS 67—1993	LD30、LD31铝合金挤压用圆铸锭		行业标准
22	YS/T 97—1997	凿岩机用铝合金管材		行业标准
23	YS/T 417.5—2000	变形铝及铝合金铸锭及其加工产品缺陷 第五部分：管、棒、型、线缺陷		行业标准
24	YS/T 439—2001	铝及铝合金挤压扁棒		行业标准

序号	标 准 号	标 准 名 称	代替标号	国家/行业
25	YS/T 454—2003	铝及铝合金导体		行业标准
26	YS/T 589—2006	煤矿支柱用铝合金棒材		行业标准
27	YS/T 560—2007	铸造铝阳极导杆	YS/T 560—2006	行业标准
28	YS/T 624—2007	一般工业用铝及铝合金拉制棒材		行业标准

44.2.2.4 铝及铝合金型材标准

铝及铝合金型材标准见表44-5。

表44-5 铝及铝合金型材标准

序号	标 准 号	标 准 名 称	代替标号	国家/行业
1	GB/T 8478—1987	平开铝合金门		国家标准
2	GB/T 8479—1987	平开铝合金窗		国家标准
3	GB/T 8480—1987	推拉铝合金门		国家标准
4	GB/T 8481—1987	推拉铝合金窗		国家标准
5	GB/T 8482—1987	铝合金地弹簧门		国家标准
6	GB/T 14846—1993	铝及铝合金挤压型材尺寸偏差		国家标准
7	GB/T 6892—2000	工业用铝及铝合金热挤压型材		国家标准
8	GB/T 5237.6—2004	铝合金建筑型材 第六部分：隔热型材		国家标准
9	GB/T 5237.5—2004	铝合金建筑型材 第五部分：氟碳漆喷涂型材	GB/T 5237.5—2000	国家标准
10	GB/T 5237.4—2004	铝合金建筑型材 第四部分：粉末喷涂型材	GB/T 5237.4—2000	国家标准
11	GB/T 5237.3—2004	铝合金建筑型材 第三部分：电泳涂漆型材	GB/T 5237.3—2000	国家标准
12	GB/T 5237.2—2004	铝合金建筑型材 第二部分：阳极氧化、着色型材	GB/T 5237.2—2000	国家标准
13	GB/T 5237.1—2004	铝合金建筑型材 第一部分：基材	GB/T 5237.1—2000	国家标准
14	GJB 1537—1992	LC19铝合金挤压型材规范		国家军用标准
15	GJB 1743—1993	航天用LY19铝合金型材规范		国家军用标准
16	GJB 1833—1993	舰用LF15、LF16铝合金挤压型材规范		国家军用标准
17	GJB 2506—1995	装甲用铝合金型材规范		国家军用标准
18	GJB 2507—1995	航空航天用铝合金挤压型材规范		国家军用标准
19	GJB 2663—1996	航空用铝合金大规格型材规范		国家军用标准
20	GJB/Z 125—1999	军用铝合金、镁合金挤压型材截面手册		国家军用标准
21	YS/T 86—1994	船用焊接铝合金型材尺寸和截面特性		行业标准
22	YS/T 459—2003	有色电泳涂漆铝合金建筑型材		行业标准
23	YS/T 680—2008	铝合金建筑型材用粉末涂料		行业标准

44.2.2.5 铝及铝合金材表面处理标准

铝及铝合金材表面处理标准见表44-6。

表44-6 铝及铝合金材表面处理标准

序号	标准号	标准名称	国家/行业
1	GB/T 6808—1986	铝及铝合金阳极氧化着色阳极氧化膜 耐晒度的人造光加速实验	国家标准
2	GB/T 8013—1987	铝及铝合金阳极氧化-阳极氧化膜的总规范	国家标准
3	GB/T 8014—1987	铝及铝合金阳极氧化-阳极氧化厚度的定义和有关测量厚度的规定	国家标准
4	GB/T 8015.1—1987	铝及铝合金阳极氧化膜厚度的实验 重量法	国家标准
5	GB/T 8015.2—1987	铝及铝合金阳极氧化膜厚度的实验 分光束显微法	国家标准
6	GB/T 8752—1988	铝及铝合金阳极氧化 薄阳极氧化膜连续性的检验——硫酸铜实验	国家标准
7	GB/T 8753—1988	铝及铝合金阳极氧化 薄阳极氧膜封闭后吸附能力的损失评定酸处理后的染色斑点实验	国家标准
8	GB/T 8754—1988	铝及铝合金阳极氧化 应用击穿电位测定法检验绝缘性	国家标准
9	GB/T 11109—1989	铝及铝合金阳极氧化 术语	国家标准
10	GB/T 11110—1989	铝及铝合金阳极氧化 阳极氧化膜的封孔质量的测定方法——导纳法	国家标准
11	GB/T 11112—1989	有色金属大气腐蚀实验方法	国家标准
12	GB/T 12966—1991	铝合金电导率涡流测试方法	国家标准
13	GB/T 12967.1—1991	铝及铝合金阳极氧化 用喷磨实验仪测定阳极氧化膜的平均耐磨性	国家标准
14	GB/T 12967.2—1991	铝及铝合金阳极氧化 用轮式磨损实验仪测定阳极氧化膜的耐磨性和麻醉磨损系数	国家标准
15	GB/T 12967.3—1991	铝及铝合金阳极氧化 氧化膜的铜加速醋酸盐雾实验（CASS实验）	国家标准
16	GB/T 12967.4—1991	铝及铝合金阳极氧化 着色阳极氧化膜耐紫外光性能的测定	国家标准
17	GB/T 12967.5—1991	铝及铝合金阳极氧化 用变形法评定阳极氧化膜的抗破裂性	国家标准
18	GB/T 14952.1—1994	铝及铝合金阳极氧化 阳极氧化膜的封孔质量评定 磷-铬酸法	国家标准
19	GB/T 14952.2—1994	铝及铝合金阳极氧化 阳极氧化膜的封孔质量评定 酸浸法	国家标准
20	GB/T 14952.3—1994	铝及铝合金阳极氧化 着色阳极氧化膜色差和外观质量检验方法 目视观察法	国家标准
21	GB/T 14953.3—1994	铝及铝合金阳极氧化 着色阳极氧化膜色差和外观质量检验方法 目视观察法	国家标准
22	GB/T 16259—1996	彩色建筑材料人工气候加速颜色老化实验方法	国家标准
23	GB/T 9796—1997	热喷涂铝及铝合金涂层实验方法	国家标准

44.2.2.6 铝及铝合金线材标准

铝及铝合金线材标准见表44-7。

表44-7 铝及铝合金线材标准

序号	标准号	标准名称	代替标号	国家/行业
1	GB/T 3195—1997	导电用铝线		国家标准
2	GB/T 8646—1998	半导体键合铝-1%硅细丝	GB/T 8646—88	国家标准
3	GB/T 3955—1983	电工圆铝线		国家标准
4	GB/T 3669—1983	铝及铝合金焊条		国家标准
5	GB/T 3197—2001	焊条用铝及铝合金线材	GB/T 3197—82	国家标准
6	GB/T 3196—2001	铆钉用铝及铝合金线材	GB/T 3196—82	国家标准
7	GB/T 3195—1997	导电用铝线	GB 3195—82	国家标准
8	GB/T 3129—1982	铝钛合金线		国家标准
9	YS/T 458—2003	轨道车辆结构用铝合金挤压型材配用焊丝		行业标准
10	YS/T 447.1—2002	铝及铝合金晶粒细化剂 第一部分：铝-钛-硼合金线材		行业标准

44.2.2.7　铝及铝合金粉末材标准

有关铝及铝合金粉末材标准见表44-8。

表44-8　铝及铝合金粉末材标准

序号	标准号	标准名称	代替标号	国家/行业
1	YS/T 620—2007	氮气雾化铝粉		行业标准
2	YS/T 243—2001	纺织经编机用铝合金线轴	YS/T 243—1994	行业标准
3	YS/T 92—1995	铝合金花格网		行业标准
4	YS/T 98—1997	电焊条用铝镁合金粉		行业标准
5	GB/T 13586—2006	铝及铝合金废料	GB/T 13586—1992	国家标准
6	GB/T 5150—1985	铝镁合金粉		国家标准
7	GB/T 2085.2—2007	铝粉　第二部分：球磨铝粉	GB/T 2083—1989 GB/T 2084—1989 GB/T 2086—1989	国家标准
8	GB/T 2085.1—2007	铝粉　第一部分：空气雾化铝粉	GB/T 2082—1989 GB/T 2085—1989	国家标准
9	GB/T 2084—1989	发气铝粉		国家标准
10	GB/T 2083—1989	涂料铝粉		国家标准
11	GB/T 2082—1989	工业铝粉		国家标准
12	YS/T 479—2005	一般工业用铝及铝合金锻件		行业标准

44.2.2.8　铝及铝合金锻件标准

有关铝及铝合金锻件标准见表44-9。

表44-9　铝及铝合金锻件标准

序号	标准号	标准名称	国家/行业
1	GB/T 8545—1987	铝及铝合金模锻件的尺寸偏差及加工余量	国家标准
2	GJB 2057—1994	航天用 LY19 铝合金锻件规范	国家军用标准
3	GJB 2351—1995	航空航天用铝合金锻件规范	国家军用标准
4	GJB 2380—1995	LY11 铝合金桨叶模锻件规范	国家军用标准
5	YS/T 243—2001	纺织经编机用铝合金线轴	行业标准

44.3　国外铝及铝合金材料标准汇总

44.3.1　国际标准（ISO）的标准目录

铝及铝合金国际标准见表44-10。

表44-10　铝及铝合金国际标准

序号	标准号	标准名称
1	ISO 5193—1981	铝及铝合金拉制圆棒的尺寸及偏差
2	ISO 6361.1—1986	铝及铝合金薄板、带和中厚板　第一部分：验收和交货技术条件

序号	标 准 号	标 准 名 称
3	ISO 6361.2—1990	铝及铝合金薄板、带和中厚板 第二部分：力学性能
4	ISO 6361.3—1986	铝及铝合金薄板、带和中厚板 第三部分：带材的尺寸及偏差
5	ISO 6361.4—1988	铝及铝合金薄板、带和中厚板 第四部分：薄板和中厚板尺寸及偏差
6	ISO 6362.1—1986	铝及铝合金挤压线材、棒材、管材和型材 第一部分：验收和交货条件
7	ISO 6362.2—1987	铝及铝合金挤压线材、棒材、管材和型材 第二部分：力学性能
8	ISO 6362.3—1990	铝及铝合金挤压线材、棒材、管材和型材 第三部分：挤压扁棒的尺寸及偏差
9	ISO 6362.4—1988	铝及铝合金挤压线材、棒材、管材和型材 第四部分：挤压型材的尺寸及偏差
10	ISO 6362.5—1991	铝及铝合金挤压线材、棒材、管材和型材 第五部分：挤压圆棒、正方形棒和正六角形棒的尺寸及偏差
11	ISO 6363.1—1988	铝及铝合金冷拉棒材及管材 第一部分：验收和交货条件
12	ISO 6363.2—1993	铝及铝合金冷拉棒材及管材 第二部分：力学性能
13	ISO 6363.4—1991	铝及铝合金冷拉棒材及管材 第四部分：拉制矩形棒材的尺寸及偏差
14	ISO 6363.5—1988	铝及铝合金冷拉棒材及管材 第五部分：冷拉正方形和六角形棒材的尺寸及偏差
15	ISO 6365.1—1988	铝及铝合金冷拉线材 第一部分：验收和交货技术条件
16	ISO 7271—1982	铝及铝合金箔材的尺寸及偏差
17	ISO 7273—1981	铝及铝合金挤压圆棒的尺寸及偏差
18	ISO 7274—1981	铝及铝合金拉制圆棒的尺寸及偏差

44.3.2 欧共体（EN）的标准目录

铝及铝合金欧共体标准见表44-11。

表44-11 铝及铝合金欧共体标准

序号	标 准 号	标 准 名 称
1	EN 485.1—1994	铝及铝合金板、带材 第一部分：检查和交货的技术条件
2	EN 485.2—1995	铝及铝合金板、带材 第二部分：力学性能
3	EN 485.3—1994	铝及铝合金板、带材 第三部分：热轧板材的尺寸及偏差
4	EN 485.4—1994	铝及铝合金板、带材 第四部分：冷轧板、带材的尺寸及偏差
5	EN 541—1995	铝及铝合金罐体、罐盖和密闭容器用轧制板
6	EN 546.1—1996	铝及铝合金箔材 第一部分：检查和交货的技术条件
7	EN 546.2—1996	铝及铝合金箔材 第二部分：力学性能
8	EN 546.3—1996	铝及铝合金箔材 第三部分：尺寸偏差
9	EN 546.4—1996	铝及铝合金箔材 第四部分：特殊性能要求
10	EN 586.1—1997	铝及铝合金锻件 第一部分：检查和交货的技术条件
11	EN 586.2—1994	铝及铝合金锻件 第二部分：力学性能及其他性能要求
12	EN 586.3—1997	铝及铝合金锻件 第三部分：尺寸及偏差
13	EN 603.1—1996	铝及铝合金锻坯 第一部分：检查和交货的技术条件
14	EN 603.2—1996	铝及铝合金锻坯 第二部分：力学性能
15	EN 603.3—1996	铝及铝合金锻坯 第三部分：尺寸及偏差
16	EN 604.1—1997	铝及铝合金铸锻坯 第一部分：检查和交货的技术条件

序号	标 准 号	标 准 名 称
17	EN 604.2—1997	铝及铝合金 铸锻坯 第二部分：尺寸和形状公差
18	EN 683.1—1996	铝及铝合金翅片用铝箔 第一部分：检查和交货的技术条件
19	EN 683.2—1996	铝及铝合金翅片用铝箔 第二部分：力学性能
20	EN 683.3—1996	铝及铝合金翅片用铝箔 第三部分：尺寸及偏差
21	EN 754.1—1997	铝及铝合金冷拉棒和管材 第一部分：检查和交货的技术条件
22	EN 754.2—1997	铝及铝合金冷拉棒和管材 第二部分：力学性能
23	EN 754.3—1996	铝及铝合金冷拉棒材和管材 第三部分：圆棒的尺寸及偏差
24	EN 754.4—1996	铝及铝合金冷拉棒材和管材 第四部分：方棒的尺寸及偏差
25	EN 754.5—1996	铝及铝合金冷拉棒材和管材 第五部分：矩形棒材的尺寸及偏差
26	EN 754.6—1996	铝及铝合金冷拉棒材和管材 第六部分：六角棒材的尺寸及偏差
27	EN 754.7—1995	铝及铝合金冷拉棒和管材 第七部分：无缝管的尺寸及偏差
28	EN 754.8—1995	铝及铝合金冷拉棒和管材 第八部分：有缝管的尺寸及偏差
29	EN 755.1—1997	铝及铝合金挤压棒材、管材和型材 第一部分：检查和交货的技术条件
30	EN 755.2—1997	铝及铝合金挤压棒材、管材和型材 第二部分：力学性能
31	EN 755.3—1995	铝及铝合金挤压棒材、管材和型材 第三部分：圆棒的尺寸及偏差
32	EN 755.4—1995	铝及铝合金挤压棒材、管材和型材 第四部分：方棒的尺寸及偏差
33	EN 755.5—1995	铝及铝合金挤压棒材、管材和型材 第五部分：矩形棒材的尺寸及偏差
34	EN 755.6—1995	铝及铝合金挤压棒材、管材和型材 第六部分：六角棒材的尺寸及偏差
35	EN 755.7—1995	铝及铝合金挤压棒材、管材和型材 第七部分：无缝管材的尺寸及偏差
36	EN 755.8—1995	铝及铝合金挤压棒材、管材和型材 第八部分：有缝管材的尺寸及偏差
37	EN 755.9—1995	铝及铝合金挤压棒材、管材和型材 第九部分：型材的尺寸及偏差
38	EN 851—1995	烹调器具用铝及铝合金圆片
39	EN 941—1995	一般用途的铝及铝合金圆片
40	EN 1202.1—1995	铝及铝合金挤压精密型材（ENAW-6060 和 ENAW-6063） 第一部分：检查和交货的技术条件
41	EN 1202.2—1995	铝及铝合金挤压精密型材（ENAW-6060 和 ENAW-6063） 第二部分：尺寸及偏差
42	EN 1301.1—1997	铝及铝合金拉制线材 第一部分：检查和交货的技术条件
43	EN 1301.2—1997	铝及铝合金拉制线材 第二部分：力学性能
44	EN 1301.3—1997	铝及铝合金拉制线材 第三部分：尺寸及偏差
45	EN 1386—1997	铝及铝合金脚踏板
46	EN 1592—1994	铝及铝合金 HF 有缝焊接管 第一部分：检查和交货的技术条件
47	EN 1592.2—1994	铝及铝合金 HF 有缝焊接管 第二部分：力学性能
48	EN 1592.3—1994	铝及铝合金 HF 有缝焊接管 第三部分：圆管的尺寸及偏差
49	EN 1592.4—1994	铝及铝合金 HF 有缝焊接管 第四部分：方形、矩形和异型管材的尺寸及偏差
50	EN 1715.1—1997	铝及铝合金拉制线坯 第一部分：一般要求和检查、交货的技术条件
51	EN 1715.2—1997	铝及铝合金拉制线坯 第二部分：电工用特殊要求
52	EN 1715.3—1997	铝及铝合金拉制线坯 第三部分：机械用（不包括焊接）特殊要求
53	EN 1715.4—1997	铝及铝合金拉制线坯 第四部分：焊接用特殊要求

44.3.3 美国国家标准（ANSI）及美国材料实验协会标准（ASTM）的标准目录

铝及铝合金美国国家标准及美国材料实验协会标准见表44-12。

表 44-12 铝及铝合金美国国家标准及美国材料实验协会标准

序 号	标 准 号	标 准 名 称
1	ANSI H35.1M—1993	铝及铝合金牌号和状态命名法
2	ANSI H35.2M—1993	铝加工产品的尺寸及偏差
3	ASTM E8M—1998	金属材料拉伸实验方法
4	ASTM E10—1996	金属材料布氏硬度实验方法
5	ASTM E18—1997a	金属材料洛氏硬度和洛氏表面硬度实验方法
6	ASTM E34—1994	铝及铝合金化学分析方法
7	ASTM G34—1972	7×××系中含铜铝合金的剥落腐蚀实验方法（EXCO 实验）
8	ASTM G44—1994	在 3.5%氯化钠溶液中对交替浸渍金属及其合金抗应力腐蚀裂纹的评定
9	ASTM G47—1998	高强度铝合金制品对应力腐蚀裂纹敏感性测试方法
10	ASTM E55—1991	加工有色金属及其合金测定化学成分的取样方法
11	ASTM B85—1996	铝合金模铸件
12	ASTM E88—1991	铸造有色金属及合金测定化学成分的取样方法
13	ASTM E103—1984	金属材料快速压痕硬度实验方法
14	ASTM B108—1997	铝合金永久模铸件
15	ASTM E155—1995	铝和镁铸件的 X 射线检验方法
16	ASTM B179—1996	铝合金砂型铸件及压铸件
17	ASTM B209M—1995	铝及铝合金薄板和厚板
18	ASTM B210M—1995	铝及铝合金拉制无缝管
19	ASTM B211M—1995a	铝及铝合金轧制或冷精整棒材及线材
20	ASTM E215—1987	铝合金无缝管电磁检验用标准仪
21	ASTM B221M—1996	铝及铝合金挤压管材、棒材、型材和线材
22	ASTM B234M—1995	冷凝器和热交换器用铝及铝合金拉制无缝管
23	ASTM B236M—1995	导电用铝棒（汇流排）
24	ASTM B241M—1996	铝及铝合金无缝管和挤压无缝管
25	ASTM B247M—1995a	铝及铝合金模锻件、自由锻件和轧制环形锻件
26	ASTM E252—1984	重量法测定金属箔和金属膜厚实验方法
27	ASTM B308M—1996	铝合金 6061-T6 挤压标准结构型材
28	ASTM B313M—1995	铝及铝合金焊接圆形管
29	ASTM B316M—1996	铝及铝合金铆钉和冷镦用线材及棒材
30	ASTM B317—1996	导电用铝及铝合金挤压棒材、管材和结构型材（汇流排）
31	ASTM B345M—1996	输气、输油和分配管系统用铝及铝合金无缝管和挤压无缝管
32	ASTM B373—1995	电容器用铝箔
33	ASTM E399—1990	金属材料的平面应变断裂韧性的测定方法
34	ASTM B404M—1995	冷凝器及热交换器散热用铝及铝合金无缝管
35	ASTM B429—1995	铝合金挤压结构管

序 号	标 准 号	标 准 名 称
36	ASTM B479—1997	软质保护层用退火铝及铝合金箔
37	ASTM B483M—1995	一般用铝及铝合金拉制管
38	ASTM B491M—1995	一般用铝及铝合金挤压圆管
39	ASTM E505—1996	铝和镁模铸件的 X 射线检验方法
40	ASTM B547M—1995	成型和电弧焊铝及铝合金圆管
41	ASTM B548—1990	压力容器用铝合金板超声波检验方法
42	ASTM B557M—1994	变形及铸造铝合金和镁合金拉伸实验方法
43	ASTM B565—1994	铝及铝合金铆钉和冷镦用线材及棒材的剪切实验方法
44	ASTM B594—1997	航空用铝合金加工产品超声波检验方法
45	ASTM B597—1992	铝合金热处理
46	ASTM B632M—1995	铝合金轧制花纹板
47	ASTM B645—1995	铝合金表面应力断裂韧性实验方法
48	ASTM B646—1997	铝合金断裂韧性实验方法
49	ASTM B660—1996	铝、镁产品的打包/包装方法
50	ASTM B666M—1996	铝、镁产品的标记及标志
51	ASTM B686—1997	高强度铝合金铸件
52	ASTM E716—1994	铝及铝合金光谱化学分析试样的取样
53	ASTM B744M—1995	波纹铝管用铝合金薄板
54	ASTM B745M—1997	排水管道用波纹铝管
55	ASTM B746M—1995	装配螺栓管、拱形管用波纹铝合金结构板
56	ASTM B769—1994	铝合金剪切实验方法

44.3.4　日本国家标准（JIS）的标准目录

铝及铝合金日本国家标准见表 44-13。

表 44-13　铝及铝合金日本国家标准

序 号	标 准 号	标 准 名 称
1	JIS H0001—1988	铝及铝合金状态代号
2	JIS H0201—1987	铝表面处理术语
3	JIS H0321—1973	有色金属材料检验通则
4	JIS H2102—1968	铝锭
5	JIS H2103—1965	再生铝锭
6	JIS H2110—1968	电工用铝锭
7	JIS H2111—1968	精制铝锭
8	JIS H2117—1984	铸造用再生铝合金锭
9	JIS H2118—1990	压铸用再生铝合金锭

序号	标 准 号	标 准 名 称
10	JIS H2119—1984	铝及铝合金废料分类标准
11	JIS Z2201—1980	金属材料拉伸试样
12	JIS Z2204—1971	金属材料弯曲试样
13	JIS H2211—1984	铸件用铝合金锭
14	JIS H2212—1986	压铸用铝合金锭
15	JIS Z2241—1980	金属材料拉伸实验方法
16	JIS Z2243—1986	布氏硬度实验方法
17	JIS Z2244—1986	维氏硬度实验方法
18	JIS Z2248—1975	金属材料弯曲实验方法
19	JIS Z2249—1972	圆锥杯突实验方法
20	JIS Z2343—1982	浸透探伤实验方法及缺陷指示图样的等级分类
21	JIS Z2344—1987	金属材料的脉冲反射超声波探伤实验方法通则
22	JIS Z2355—1987	超声波脉冲反射厚度测定方法
23	JIS H4000—1988	铝及铝合金板及条
24	JIS H4001—1990	铝及铝合金涂漆板和带
25	JIS H4010—1976	铝及铝合金波纹板
26	JIS H4040—1988	铝及铝合金棒材及线材
27	JIS H4080—1988	铝及铝合金无缝管
28	JIS H4090—1990	铝及铝合金焊接管
29	JIS H4100—1988	铝及铝合金挤压型材
30	JIS H4120—1976	铆钉用铝及铝合金棒材
31	JIS H4140—1988	铝及铝合金锻件
32	JIS H4160—1994	铝及铝合金箔
33	JIS H4170—1991	高纯铝箔
34	JIS H4180—1990	铝及铝合金板式或管式导体
35	JIS A6514—1990	金属制叠瓦屋顶结构材料
36	JIS A6515—1987	屋顶用铝合金叠瓦

44.3.5 俄罗斯国家标准（ΓOCT）的标准目录

铝及铝合金俄罗斯国家标准见表44-14。

表44-14 铝及铝合金俄罗斯国家标准

序号	标 准 号	标 准 名 称
1	OCT142068—1980	铝、镁合金零件毛坯等温模锻工艺过程参数
2	OCT142069—1980	铝、镁合金零件毛坯等温锻件的结构要素
3	OCT180066—1973	铝合金压力铸造典型工艺过程

序号	标 准 号	标 准 名 称
4	OCT180184—1974	АЛ2、АЛ9、АЛ32 铝合金的补压压铸典型工艺过程
5	OCT190008—1970	铸造铝和镁合金流动性测定方法
6	OCT190009—1976	ВД17 铝合金挤压扁条材
7	OCT190020—1971	铸造铝和镁合金热脆性测定方法
8	OCT190021—1992	铝合金异型铸件技术条件
9	OCT190026—1980	高纯度变形铝合金牌号
10	OCT190033—1971	铝合金在海水和氯化钠溶液中的耐腐蚀实验方法
11	OCT190038—1988	铝合金航空管材技术条件
12	OCT190048—1990	变形铝合金牌号
13	OCT190070—1992	铝合金蒙皮板材技术条件
14	OCT190073—1985	铝合金模锻件和锻件技术条件
15	OCT190074—1972	黑色及有色金属锻件、模锻件和铸件检验分类
16	OCT190088—1980	铸造铝合金热处理制度
17	OCT190113—1986	铝合金挤压型材技术条件
18	OCT190117—1983	АК4-1Ч 铝合金航空厚板
19	OCT190166—1975	铝合金薄板品种和技术要求
20	OCT190177—1975	铝合金挤压壁板
21	OCT190195—1975	冷镦用铝合金丝材
22	OCT190250—1977	无损检验。用于航空技术装备的半成品和零件的超声检验。对检验方法内容和编制一般要求
23	OCT190262—1981	01420 铝合金挤压型材
24	OCT190296—1981	01420 铝合金模锻件
25	OCT190297—1985	铝合金大型模锻件和锻件
26	OCT190395—1991	铝合金挤压棒材技术条件
27	OCT192067—1978	铝合金空心挤压型材
28	OCT192093—1983	铝合金环形挤压型材品种
29	OCT192096—1983	铝合金冷变形无缝管技术条件
30	Ту1-2-361-1979	АК4 和 АК4-1 铝合金优质挤压管材
31	Ту1-92-155-1989	冷镦用铝合金挤压棒材
32	Ту1-92-161-1990	航空用铝合金厚板
33	Ту1-92-28-1984	1420 铝合金板材
34	Ту1-92-47-1977	正常包铝的 АК4-1Ч 铝合金板材
35	Ту1-92-98-1985	ВАЛ12 铝合金铸件
36	Ту48-21-169-1983	АМг2 铝合金箔材
37	ГОСТ4784—1974	变形铝及铝合金牌号
38	ГОСТ7871—1975	铝及铝合金焊丝技术条件

续表44-14

序号	标 准 号	标 准 名 称
39	ГОСТ8617—1981	铝和铝合金挤压型材技术条件
40	ГОСТ10703—1973	印刷工业用铝板技术条件
41	ГОСТ11069—1974	原生铝牌号
42	ГОСТ13616—1978	铝及铝合金矩形带状截面挤压型材品种
43	ГОСТ13617—1982	铝和铝合金角形截面圆头挤压型材品种
44	ГОСТ13619—1981	铝和铝合金异型Z形截面矩形挤压型材品种
45	ГОСТ13621—1990	铝合金及镁合金矩形等翼缘工字形截面挤压型材品种
46	ГОСТ13624—1990	铝和镁合金槽形截面翻边矩形挤压型品种
47	ГОСТ13737—1990	铝和镁合金矩形等臂角形截面挤压型品种
48	ГОСТ13738—1991	铝和镁合金矩形不等臂角形截面挤压型品种
49	ГОСТ14838—1978	冷镦用铝及铝合金丝材技术条件
50	ГОСТ17232—1979	铝及铝合金厚板技术条件
51	ГОСТ18475—1982	铝及铝合金冷变形管材技术条件
52	ГОСТ21631—1976	铝及铝合金板材
53	ГОСТ24231—1980	有色金属及合金化学分析用试样的取样和制作的一般要求

注：上述目录中，ГОСТ代号为俄罗斯国家标准；ОСТ1为俄罗斯航空工业标准；Ту1为航空工业技术条件。

参 考 文 献

[1] 肖亚庆，谢水生，刘静安，等．铝加工技术实用手册[M]．北京：冶金工业出版社，2004．

[2] 《中国航空材料手册》编委会．中国航空材料手册[M]．北京：中国标准出版社，2002．

[3] 《轻金属材料加工手册》编写组．轻金属材料加工手册[M]．北京：冶金工业出版社，1979．

[4] 谢水生，刘静安，等．铝及铝合金产品生产技术及装备[M]．长沙：中南大学出版社，2015．

[5] 谢水生，刘相华．有色金属材料的控制加工[M]．长沙：中南大学出版社，2013．

[6] 谢水生，刘静安，等．铝加工技术问答[M]．北京：化学工业出版社，2013．

[7] 魏长传，付垚，等．铝合金管、棒、线材生产技术[M]．北京：冶金工业出版社，2013．

[8] 李凤择，刘玉珍．铝合金生产设备及使用维护技术[M]．北京：冶金工业出版社，2013．

[9] 刘静安，谢水生．铝加工缺陷与对策问答[M]．北京：化学工业出版社，2012．

[10] 刘静安，张宏伟，谢水生．铝合金锻造生产技术[M]．北京：冶金工业出版社，2012．

[11] 刘静安，单长智，等．铝合金材料主要缺陷与质量控制技术[M]．北京：冶金工业出版社，2012．

[12] 刘静安，闫维刚，谢水生．铝合金型材生产技术[M]．北京：冶金工业出版社，2012．

[13] 谢水生，李兴刚，等．金属半固态加工技术[M]．北京：冶金工业出版社，2012．

[14] 刘静安，谢水生．铝合金材料应用与开发[M]．北京：冶金工业出版社，2011．

[15] 侯波，李永春，等．铝合金连续铸轧和连铸连轧技术[M]．北京：冶金工业出版社，2010．

[16] 赵世庆，王华春，等．铝合金热轧及热连轧技术[M]．北京：冶金工业出版社，2010．

[17] 李响，尹晓辉．铝合金冷轧及薄板生产技术[M]．北京：冶金工业出版社，2010．

[18] 段瑞芬，赵刚，李建荣．铝箔生产技术[M]．北京：冶金工业出版社，2010．

[19] 李学朝，邵尉田，刘静安，等．铝合金材料组织与金相图谱[M]．北京：冶金工业出版社，2010．

[20] 刘静安，黄凯．铝合金挤压工模具技术[M]．北京：冶金工业出版社，2009．

[21] 唐剑，王德满，刘静安，等．铝合金熔炼与铸造技术[M]．北京：冶金工业出版社，2009．

[22] 吴小源，刘志铭，刘静安．铝合金型材表面处理技术[M]．北京：冶金工业出版社，2009．

[23] 钟利，马英义，等．铝合金中厚板生产技术[M]．北京：冶金工业出版社，2009．

[24] 李建湘，刘静安，等．铝合金特种管型材生产技术[M]．北京：冶金工业出版社，2008．

[25] 宋晓辉，吕新宇，谢水生．铝及铝合金粉料材生产技术[M]．北京：冶金工业出版社，2008．

[26] 王祝堂．世界铝板带箔轧制工业[M]．长沙：中南大学出版社，2010．

[27] 王祝堂，田荣璋．铝合金及其加工手册[M]．3版．长沙：中南大学出版社，2005．

[28] 周鸿章，谢水生．现代铝合金板带——投资与设计、技术与装备、产品与市场[M]．北京：冶金工业出版社，2012．

[29] 刘静安．轻合金挤压工模具手册[M]．北京：冶金工业出版社，2012．

[30] 谢水生，李强，周六如．锻压工艺及应用[M]．北京：国防工业出版社，2011．

[31] 谢水生，李雷．金属塑性成型的有限元模拟技术及应用[M]．北京：科学出版社，2008．

[32] 谢水生，刘静安，等．铝加工生产技术500问[M]．北京：化学工业出版社，2006．

[33] 刘静安，谢水生．铝合金材料的应用与技术开发[M]．北京：冶金工业出版社，2004．

[34] 林治平，谢水生，等．金属塑性成型的实验方法[M]．北京：冶金工业出版社，2002．

[35] 刘静安，赵云路．铝材生产关键技术[M]．重庆：重庆大学出版社，1997．

[36] 刘静安，傅启明．世界当代铝加工最新技术[M]．长沙：中南工业大学出版社，1992．

[37] 刘静安．轻合金挤压工具与模具(上册)[M]．北京：冶金工业出版社，1990．

[38] 黄维勇, 汪恩辉, 张超, 等. 西南铝120MN全浮动张力拉伸机组[J]. 重型机械, 2013(1):7~9.

[39] 蔡其刚. 铝合金在汽车车体上的应用现状及发展趋势探讨[J]. 金属材料, 2009, 25(1):28~29.

[40] 陈昌云, 浑玉祥. CTP用铝基材质量要求及典型质量问题分析[J]. 铝加工, 2008(5):15~18.

[41] 陈文, 林林. 论述易拉罐铝材生产的关键工艺技术[J]. 铝加工, 2007(3):12~15.

[42] 崔忻, 覃耀春. 金属学与热处理[M]. 2版. 北京: 机械工业出版社, 2007.

[43] 丁向群, 何国荣, 等. 6000系汽车用铝合金的研究应用进展[J]. 材料科学与工程学报, 2005, 23(2):302~305.

[44] 何小龙. 轧制工艺对高压阳极箔组织性能及表面形貌的影响[D]. 长沙: 中南大学, 2012.

[45] 黄金法, 张学平. 铝箔毛料质量的重要性和技术标准要求[J]. 轻合金加工技术, 2003, 31(9):17,18.

[46] 黄瑞银. 5182铝合金罐盖料生产工艺技术[J]. 轻合金加工技术, 2011, 39(8):14~17.

[47] 贾俐俐. 挤压工艺及模具[M]. 北京: 机械工业出版社, 2004.

[48] 江志邦, 宋殿臣, 关云华. 世界先进的航空用铝合金厚板生产技术[J]. 轻合金加工技术, 2005, 33(4):1~7.

[49] 李松瑞, 周善初. 金属热处理[M]. 长沙: 中南大学出版社, 2005.

[50] 林钢, 等. 铝合金应用手册[M]. 北京: 机械工业出版社, 2006.

[51] 刘静安, 李建湘. 铝合金管棒线材生产技术与装备发展概况[J]. 轻合金加工技术, 2007, 35(5):4~8.

[52] 刘志红. 关于铝钎焊工艺及其设备探讨[J]. 科技资讯, 2010(10):104.

[53] 娄燕雄, 刘贵材. 有色金属线材生产[M]. 长沙: 中南大学出版社, 1999.

[54] 卢永红. 热轧铝基钎焊板包覆率变化规律研究[J]. 铝加工, 2009(4):30~34.

[55] 马怀宪. 金属塑性加工学: 挤压拉拔与管材冷轧[M]. 北京: 冶金工业出版社, 2006.

[56] 马立蒲, 童郜静. 哈兹列特连铸连轧技术[J]. 有色金属加工, 2003, 32(2):29~32.

[57] 马鸣图, 游江海. 铝合金汽车板性能及应用[J]. 中国工程科学, 2010, 12(9):4~20.

[58] 毛卫民, 何业东. 电容器铝箔加工的材料学原理[M]. 北京: 高等教育出版社, 2012.

[59] 裴炽昌, 柳桓伟, 黄祖骥. 常用建筑材料手册[M]. 2版. 北京: 中国建筑工业出版社, 1997.

[60] 申俊明, 等. 铝合金在汽车工业中的应用[J]. 轻金属与高强材料焊接国际论坛论文集, 2008.

[61] 申蓉, 卢云. 高压铝阳极箔制备技术研究进展[J]. 材料导报, 2008, 22(11):69~73.

[62] 盛春磊, 等. 汽车热传输铝合金复合带(箔)生产技术及工艺装备的发展[J]. 轻合金加工技术, 2012, 42(9):26~28.

[63] 盛春磊, 等. 中国铝及铝合金轧制设备现状与发展趋势[C]. 中国铝板带论坛, 2005.

[64] 石永久, 等. 铝合金在建筑结构中的应用与研究[J]. 建筑科学, 2005, 21(6):11~15.

[65] 孙爱民, 程晓农. 汽车面板用铝合金的研究现状[J]. 轻合金及其加工, 2008(9):61~63.

[66] 唐和平. 变形铝合金与铸造铝合金生产及铝合金热处理手册[M]. 北京: 中国工业电子出版社, 2006.

[67] 王娟, 刘强, 等. 钎焊及扩散技术[M]. 北京: 化学工业出版社, 2013.

[68] 王玲, 赵浩峰. 铝基复合材料制备工艺、复合铝材料生产技术配方及应用[M]. 北京: 冶金工业出版社, 2012.

[69] 王锰, 卢治森, 等. 轻金属材料加工手册[M]. 北京: 冶金工业出版社, 1979.

[70] 王志勇, 曹建峰. 连续铸轧法生产PS版铝板基材用坯料的工艺技术[J]. 轻合金加工技术, 2009,

37(6).

[71] 王祝堂, 张新华. 汽车用铝合金[J]. 轻合金加工技术, 2011, 39(2):1~14.

[72] 王宗宽, 周亚军. 铝板带材轧制过程中的工艺润滑及影响因素[C]. 中国铝板带箔加工技术与装备研讨会, 2008.

[73] 魏军. 金属挤压机[M]. 北京: 化学工业出版社, 2005.

[74] 魏军. 有色金属挤压车间机械设备[M]. 北京: 冶金工业出版社, 1988.

[75] 魏云华. 铝热轧乳液的性能控制[J]. 轻合金加工技术, 2002, 30(10):14,15.

[76] 温景林, 丁桦, 曹富荣. 有色金属挤压与拉拔技术[M]. 北京: 化学工业出版社, 2007.

[77] 温景林. 金属挤压与拉拔工艺学[M]. 沈阳: 东北大学出版社, 1996.

[78] 徐胜, 徐道荣. 铝及铝合金钎焊技术的研究现状[J]. 轻合金加工技术, 2004, 32(1):1~4.

[79] 徐洲, 姚寿山. 材料加工原理[M]. 北京: 科学出版社, 2002.

[80] 易光. 铝合金热处理设备的发展与关键技术[J]. 工业加热, 1999(1).

[81] 尹晓辉, 李响, 刘静安, 等. 铝合金冷轧及薄板生产技术[M]. 北京: 冶金工业出版社, 2010.

[82] 尹晓辉, 陈新民. 铝合金钎焊板(带)热轧复合工艺研究[J]. 铝加工, 2005(8).

[83] 庾莉萍, 阮鹏跃. 高性能铝合金厚板的生产技术应用[J]. 铝加工, 2010(4).

[84] 岳德茂. 对 PS 版和 CTP 版表面粗糙度要求的探讨[C]. 印刷版材发展技术论坛论文集, 2008.

[85] 张延成, 巩亚东, 等. 预拉伸铝合金厚板内部残余应力分布的检测方法[J]. 东北大学学报(自然科学版), 2008(7).

[86] 周家荣. 铝合金熔铸生产技术问答[M]. 北京: 冶金工业出版社, 2008.

[87] 朱学纯, 胡永利, 等. 铝、镁合金标准样品制备技术[M]. 北京: 冶金工业出版社, 2011.

[88] 刘静安. 国内外铝加工技术发展特点与趋势[J]. 轻合金加工技术, 2002(1).

[89] 刘静安. 大型铝合金型材特性与用途[J]. 有色金属加工, 2002(3).

[90] 刘静安. 轨道车辆用大型铝合金型材的开发、评估及挤压工艺特点[J]. 有色金属加工, 2001(1).

[91] 刘静安, 谢水生. 国内外铝加工技术的发展特点与趋势[C]. 中国科协第二届学术年会, 2000.

[92] 谢水生, 朱琳. 高效、节能、短流程加工技术在有色金属加工中的应用[J]. 中国机械工程, 2002, 13(19).

[93] 谢水生. 半固态金属加工技术及其在工业中的应用[J]. 有色金属加工, 2002, 31(4): 10~15.

[94] 谢水生, 朱琳. 我国有色金属加工可持续发展的战略与对策探讨[J]. 中国有色金属学报, 2001, 11(增).

[95] 谢建新, 刘静安. 金属挤压理论与技术[M]. 北京: 冶金工业出版社, 2002.

[96] 美国铝业协会. 铝标准与数据[M]. 徐厚训, 刘静安, 等译. 重庆: 重庆国际信息咨询中心, 1996.

[97] 日轻金属协会. 铝合金材料手册[M].5 版. 轻金属协会出版社, 1994.

[98] 武恭, 姚良均, 等. 铝及铝合金材料手册[M]. 北京: 科学出版社, 1994.

[99] 刘静安, 等. 铝合金型材生产实用技术[M]. 重庆: 重庆国际信息咨询中心, 1995.

[100] 刘静安, 周昆. 航空航天用铝合金材料的开发与应用趋势[J]. 铝加工, 1997, 20(6).

[101] 刘静安, 等. 日本和德国大断面铝合金型材生产技术与工艺[J]. 世界有色金属, 1995(11).

[102] 刘静安, 张胜华. 铝材在铁道车辆轻量化中的开发与应用文集[M]. 长沙: 中南大学出版社, 1995.

[103] 张士林, 等. 简明铝合金手册[M]. 上海: 上海科学技术文献出版社, 2001.

［104］安继儒，等. 中外常用金属材料手册［M］. 西安：陕西科学技术出版社，1998.

［105］铝及铝合金军用标准手册［M］. 中国有色金属工业标准计量质量研究所，等，1998.

［106］金相图谱编写组. 变形铝合金金相图谱［M］. 北京：冶金工业出版社，1975.

［107］工程材料实用手册编辑委员会. 工程材料实用手册［M］. 北京：中国标准出版社，1989.

［108］Gilbert Kaufman J, FASM. Properties of aluminum alloys. The Aluminum Association, 1999.

［109］马怀宪，彭大暑. 超塑性铝基合金［J］. 轻金属，1981(12)：56～59.

［110］王祝堂. 铝材及其表面处理手册［M］. 南京：江苏科学技术出版社，1992.

［111］吴庆龄，黄海冷. 工业硬铝 LY12 合金超塑性的研究［J］. 轻合金加工技术，1992.

［112］王淑云，张晓博，崔建忠. Al-Mg-Mn-Zr 合金超塑性的研究［J］. 轻合金加工技术，1997.

［113］杨遇春. 走向实用化的铝-锂合金［J］. 轻合金加工技术，1996.

［114］张君尧. 铝合金材料的新进展［J］. 轻合金加工技术，1998(5)：1～6，(6)：1～8，(7)：1～6.

［115］何代惠，蒋呐. 俄罗斯的铝-锂工业［J］. 铝加工，1999(2)：48～54.

［116］蒲强亨，范云强，罗杰. 1420 Al-Li 合金铸锭的 DC 铸造［J］. 铝加工，1999(5)：1～4.

［117］向曙东，蒋呐，罗杰. 熔剂在铝-锂合金中的行为［J］. 铝加工，2000(2)：8～13.

［118］屠海令，钟俊辉，周廉. 有色金属新型材料［M］. 长沙：中南大学出版社，1995.

［119］呐永林，罗杰，李政. 1420 铝-锂合金热轧工艺研究［J］. 铝加工，2001(5)：5～7.

［120］周东海. 中强可焊铝-锂合金的研究［J］. 铝加工，1996(6)：30～36.

［121］Квасов Ф И, Фридляндер И Н. 工业铝合金［M］. 韩秉诚，蒋香泉，等译. 北京：冶金工业出版社，1981.

［122］崔成松，李庆春，沈军，等. 喷射沉积快速凝固材料的研究及应用概况［J］. 材料导报，1996(1)：21～26.

［123］佐野秀男. 急冷凝固铝合金的实用化［J］. 唐明达，译. 有色金属加工，1996(1)：41～52.

［124］周韩晖. 喷射沉积及其开发应用［J］. 铝加工，1996(6)：42～46，1997(1)：48～50.

［125］Квасов Ф И, Фридляндер И Н. Промышленные алюминиевые сплавы. Москва［J］. Металлугия，1984：252～297.

［126］李松瑞，徐移恒. 快速凝固耐热铝合金的力学性能和强化机制［J］. 铝加工，1995(5)：39～44.

［127］袁晓光，张淑英，等. 快速凝固耐磨高硅铝合金研究现状［J］. 材料导报，1996(2)：10～15.

［128］张绪虎，胡欣华，等. B/Al 复合材料的制造、性能及应用［J］. 宇航材料工艺，2000(1)：19～26.

［129］DURALAN F3S. S. Alloy Digest, Filling Code Al-329 Aluminium Alloy, Published by Alloy Digest Inc. , October 1994.

［130］DURALAN F3K. S. Alloy Digest, Filling Code Al-300 Aluminium Alloy, Published by Alloy Digest Inc. , Novermber 1994.

［131］Davydov V G, Rostova T D, Zakharov V V, et al. Scientific principles of making an alloying addition of scandium to aluminum alloys［J］. Materials Science and Engineering, A, 2000, 280(1)：30～36.

［132］Yin Z M, Pan Q L, Zhang Y H, et al. Effect of minor Sc and Zr on the microstructure and mechanical properties of Al-Mg based alloys［J］. Materials Science and Engineering, A, 2000, 280(1)：151～155.

［133］Filatov Y A, Yelagin V I, Zakharov V V. New Al-Mg-Sc alloys［C］. The 5th IUMRS International Conference on Adanced Materials, Beijing, 1999.

［134］Yelagin V I, Davydov V G, Zakharov V V, et al. Al-Zn-Mg alloy alloyed with scandium［C］. The 5th IUMRS International Conference on Adanced Materials, Beijing, 1999.

[135] 尹志民，杨磊，等．微量钪和锆对 Al-Zn-Mg 合金组织性能的影响[M]//2000 年工程材料科学与工程新进展．北京：冶金工业出版社，2001.

[136] 莫斯科全俄轻合金研究院资料．Al-Cu-Li-Sc-Zr 系 01460 和 01464 高强可焊合金．2000.

[137] Lavoie S，Pilote E，Awder M，et al. The alcan compact degasser, a trough-based aluminium theatmwnt process[J]. Light Metals, 1996, 1007~1010.

[138] Miniedzinski M，Smith D，Aubrey L S，et al. Staged filtration evaluation at an aircraft plate and sheet manufacturer[J]. Light Metals, 1999, 1010~1030.

[139] Syvertsen M，Thorvald F F，Engh A，et al. Voss development of a compact deep filter for aluminium [J]. Light Metals, 1999, 1049~1055.

[140] Parher G，Williams T，Black J. Production scale evaluation of a new design ceramic foam filter [J]. Light Metals, 1999, 1057~1062.

[141] Taylor M B，Cassetee M，Duke E. Recent experience with the alcan compact degasser in two plants [J]. Light Metals, 2000, 779~784.

[142] 牟大强．双级保温过滤箱的研制[J]．铝加工，1999(4).

[143] 唐剑，等．铝合金熔铸技术的现状及发展趋势[J]．铝加工，2001(4).

[144] 周家荣．铝合金熔铸问答[M]．北京：冶金工业出版社，1987.

[145] 陈存中．有色金属熔炼与铸锭 [M]．北京：冶金工业出版社，1988.

[146] 陈俊．纯铝铸轧板的变质处理 [J]．铝加工，1994(2).

[147] 高泽生．铝晶粒细化机理研究的进展(2)[J]．轻合金加工技术，1997(7).

[148] 郭芳洲，等．稀土对 Al-Ti-B 硼化物沉淀影响初探[J]．轻合金加工技术，1993(5).

[149] 张景祥，等．变形铝合金晶粒细化的进展[J]．轻合金加工技术，2000(7).

[150] 郝凤昌，等．Al-Ti-C 晶粒细化剂的实验研究[J]．轻合金加工技术，2001(10).

[151] 王永海，张发明，高阁译．变形铝合金的细化处理[M]．北京：冶金工业出版社，1988.

[152] 钱雷根．金属学[M]．上海：科学技术出版社，1980.

[153] 汪德涛．疏松的组织特征及对性能的影响[J]．轻合金加工技术，2000(4).

[154] 江志邦，刘少洲．铝加工材质量检查技术手册[M]．哈尔滨：东北轻合金加工厂出版社，1997.

[155] 轻合金材料加工手册编写组．轻合金材料加工手册[M]．北京：冶金工业出版社，1980.

[156] 王廷溥．金属塑性加工学——轧制理论与工艺[M]．北京：冶金工业出版社，1988.

[157] 郑璇．民用铝板、带、箔材料生产[M]．北京：冶金工业出版社，1992.

[158] 徐开兴．连续铸轧技术发展概述[J]．华铝技术，1997(3)：1~5.

[159] 张枝棒．提高铸轧辊工作寿命的探讨[J]．轻合金加工技术，1996(6)：8~10.

[160] 常晶，王之洵．铸轧辊失效及提高寿命的途径[J]．轻合金加工技术，1996(1)：6~11.

[161] 刘石安，连彦芳，孟春秀．铸轧辊辊芯沟槽结垢及处理对策[J]．轻合金加工技术，2000(11)：20~23.

[162] 倪时城．铸轧板横向波纹产生原因及防止措施[J]．轻合金加工技术，1999(1)：13~14.

[163] 肖立隆，蔡首军．铸轧工艺对产品质量的影响[J]．轻合金加工技术，1999(7)：8~13.

[164] 辛达夫．铸轧板厚差评价和厚度突变的预防[J]．轻合金加工技术，1999(9)：14~19.

[165] 彭文伟，林海．铸轧机轧辊新型冷却循环水系统设计原理[J]．轻合金加工技术，2001(3)：14~17.

[166] 张洪云，龙旭红，等．铸轧铝带的表层夹渣特征及形成机理[J]．轻合金加工技术，2001(1)：12~15.

[167] 刘晓波，等．铝铸轧嘴分流块对型腔流场影响的研究[J]．轻合金加工技术，2000(10)：18~21.

[168] 刘宝珩．轧钢机械设备[M]．北京：冶金工业出版社，1990.

[169] 朱诚. 国内铸轧机的装机水平和新铸轧机的开发[J]. 轻合金加工技术, 1995(11)：2~5.

[170] 林浩. 薄铸轧板组织性能的研究[J]. 华铝技术, 2001(3)：1~5.

[171] 谷吉存, 谷兰成. 连铸机铸轧辊粘铝的成因及对策[J]. 轻合金加工技术, 1995(1)：12~13.

[172] 师庆垒. 延长铸轧辊套寿命的措施[J]. 华铝技术, 2001(4)：12~13.

[173] 王爱民. 铸轧生产中粘铝现象的研究[J]. 华铝技术, 1993(4)：26~29.

[174] 刘永红. 铸轧板表面偏析的产生原因及消除方法[J]. 华铝技术, 2000(3)：1~5.

[175] 林浩. 板材表面黑条缺陷本质及消除方法的研究[J]. 华铝技术, 1995(1)：8~14.

[176] 卢德强. 双辊铸轧机铸轧铝带[J]. 华铝技术, 2001(2)：14~17.

[177] 王健译. 薄规格板带铸轧工艺性能与产品质量[J]. 华铝技术, 1997(3)：29~33.

[178] 孟兰芳. 薄规格铸轧铝带材的新工艺条件[J]. 华铝技术, 1997(1)：11~14.

[179] 马锡良. 铝带坯连续铸轧生产[M]. 长沙：中南大学出版社, 1992.

[180] 李向宇. 铝铸轧机常用铸嘴结构和材质[J]. 轻合金加工技术, 1998(10)：17~19.

[181] 王成国. 铸轧机辊缝控制系统新设计[J]. 华铝技术, 1993(4)：35~37.

[182] 洪伟. 有色金属连铸设备[M]. 北京：冶金工业出版社, 1987.

[183] 王祝堂. 世纪回首铝带坯连铸连轧技术[J]. 轻合金加工技术, 2001(5)：1~6.

[184] 孝云祯, 马宏声. 有色金属熔炼与铸锭[M]. 沈阳：东北大学出版社, 1994.

[185] 付祖铸. 有色金属板带材生产[M]. 长沙：中南工业大学出版社, 1992.

[186] Wyatt-Mair G F, Harrington D G. The aluminium can stock micromill process[J]. Light Metal Age, 1995 (8)：46~50.

[187] 毕宇虹. 平辊轧制技术的进展[J]. 铝加工技术, 1995, 19(1).

[188] 王华春. 3104H19 制罐板冷轧厚差控制[J]. 铝加工技术, 2000, 23(5).

[189] 肖智敏. 高精度同位素测厚仪[J]. 铝加工, 1997, 20(4)：27.

[190] 徐敏, 张秀华. M215 型 X 射线测厚仪的工作原理剖析[J]. 铝加工, 1999, 22(3)：23.

[191] 李迅. 板带轧机的板形控制[J]. 铝加工, 1995, 18(2)：56.

[192] 娄燕雄. 轧制板形控制技术[M]. 长沙：中南工业大学出版社, 1993.

[193] 叶茂. 金属塑性加工中摩擦润滑原理及应用[M]. 沈阳：东北工学院出版社, 1990.

[194] 冯滨江. 90 年代的铝板带箔加工技术[J]. 轻合金加工技术, 1992, 20(10)：43.

[195] 武红林. 铝板带箔生产技术新进展(5)[J]. 轻金属, 1995, 3：39~41.

[196] 毛翔. 铝合金预拉伸板残余应力的有限元数值模拟计算[J]. 轻金属, 1999(5)：50~52.

[197] 贺金宇, 等. 铝合金型材拉伸矫直变形场分析[C]. 首届中国国际轻金属冶炼加工与装备会议, 2002.

[198] 刘静安. 轻合金挤压工具与模具(上)[M]. 北京：冶金工业出版社, 1996.

[199] 马怀宪. 金属塑性加工学(挤压拉拔与管材冷轧)[M]. 北京：冶金工业出版社, 1991.

[200] 曹乃光. 金属压力加工原理[M]. 北京：冶金工业出版社, 1980.

[201] 日本金属协会. 金属"データブック"[M]. 3 版. 东京：丸善株式会社, 1993.

[202] 刘静安. 铝型材挤压模具设计、制造、使用及维修[M]. 北京：冶金工业出版社, 1999.

[203] 刘静安. 铝材在铁道车辆中的应用[J]. 轻合金加工技术, 1999(6).

[204] 刘静安. 轻合金在交通运输业中的应用与开发前景(1)、(2)[J]. 轻合金加工技术, 2002(1,2).

[205] 高荫桓, 等. 实用铝加工手册[M]. 哈尔滨：黑龙江科学技术出版社, 1987.

[206] 谢水生, 等. 扁挤压筒结构参数优化及分析研究[J]. 塑性工程学报, 2001(4).

[207] 田小凤，等．空心型材挤压模芯变形的有限元分析[J]．稀有金属，2002，26(5)．

[208] 谢水生，等．扁挤压筒内孔形状对应力分布的影响研究[J]．塑性工程学报，2002，9(3)．

[209] 严量力，等．有色金属进展，第六卷：有色金属材料加工[M]．长沙：中南工业大学出版社，1995．

[210] [日]日本塑性加工学会．压力加工手册[M]．江国平，等译．北京：机械工业出版社，1984．

[211] 姚若浩．金属压力加工中的摩擦与润滑[M]．北京：冶金工业出版社，1990．

[212] 宋禹田．游动芯头冷拉特细铝管工艺[J]．铝加工技术，1996(1)：2，3．

[213] 孔昭文，杨海云．有色压力加工算图集[M]．北京：冶金工业出版社，1985．

[214] 陈适先，等．锻压手册[M]．北京：机械工业出版社，2002．

[215] 陈适先，等．强力旋压工艺与设备[M]．北京：国防工业出版社，1986．

[216] 徐洪烈．强力旋压技术[M]．北京：国防工业出版社，1984．

[217] 邓小民．5056 合金薄壁管冷加工工艺研究[C]．全国第十二届轻合金加工学术交流会论文集，2003．

[218] 杨守山．有色金属塑性加工学[M]．北京：冶金工业出版社，1988．

[219] 徐进，等．合金钢[M]．北京：冶金工业出版社，1998．

[220] 刘静安．铝型材挤压模具设计、制造、使用及检修[M]．北京：冶金工业出版社，2007．

[221] 刘静安，赵云路．铝型材工模具设计与生产工艺优化[M]．重庆：西南铝信息中心出版社，1998．

[222] 王祝堂，田荣璋，刘静安，等．铝合金及其加工手册[M]．长沙：中南大学出版社，2000．

[223] 刘静安，等．铝材生产关键技术[M]．重庆：重庆大学出版社，1997．

[224] 刘静安．挤压模具技术理论与实践[M]．重庆：中国科技文献出版社重庆分社，1989．

[225] 樊刚．热挤压模具设计与制造基础[M]．重庆：重庆大学出版社，2001．

[226] 王树勋．模具实用技术设计综合手册[M]．广州：华南理工大学出版社，1994．

[227] 中南矿冶学院．有色金属及合金管棒型材生产，1977．

[228] 东北工学院．有色金属材料加工学，1978．

[229] 王铭霁，等．变形铝及铝合金铸锭及其加工产品缺陷[S]．YS/T 417.5—2000，第五部分 管、棒、型、线缺陷，2000．

[230] 李风生，等．超细粉体技术[M]．北京：国防工业出版社，2000．

[231] 钦征骑，钱杏南，等．新型陶瓷材料手册[M]．南京：科学技术出版社，1995．

[232] 王也杰．超细粉末制备及其应用简介[J]．稀有金属加工，1998(2)：73～74．

[233] 王盘鑫．粉末冶金学[M]．北京：冶金工业出版社，1996．

[234] 向青春，等．快速凝固法制取金属粉末的发展状况[J]．粉末冶金技术，2000，18(4)：283～289．

[235] 盖国胜，等．超细粉碎分级技术[M]．北京：中国轻工业出版社，2000．

[236] 吴一善．粉碎学概论[M]．湖北：武汉工业大学出版社，1993．

[237] 卢寿慈，等．粉体加工技术[M]．北京：中国轻工业出版社，1999．

[238] 曾凡，胡永平．矿物加工颗粒学[M]．徐州：中国矿业大学出版社，1995．

[239] 潭天佑，梁风珍．工业通风除尘技术[M]．北京：中华建筑工业出版社，1984．

[240] 童枯嵩．颗粒粒度与比表面测量原理[M]．上海：上海科学技术文献出版社，1989．

[241] 关文祥，等．特细铝粉粒度测定几种方法对比实验[C]．中国颗粒学会首届年会会议论文集，北京：清华园，1997：313～317．

[242] 赵云普．烧结铝粉的制备[C]．中国颗粒学会首届年会论文集．北京：清华园，1997：55～59．

[243] 董颖，董守信．用真空蒸发沉积法制取超细铝、镁粉的研究[J]．轻合金加工技术，2001，29(2)：43~45.

[244] 吴秀铭．21世纪最有前途的新材料——纳米材料[J]．中国铝工业，2000(9)：6~10.

[245] 黄维清，等．机械合金化法制备Al-Cu-Fe纳米非晶合金[J]．中国有色金属学报，2001，8(4).

[246] Pickens J R. High-strength aluminum P/M alloys，Vol2，ASM Handbook，ASM International，1990：200~215.

[247] 曾汉民．高新技术新材料要览[M]．北京：中国科学技术出版社，1993.

[248] 克莱因T W，威瑟斯P J．金属基复合材料导论[M]．余永宁，等译．北京：冶金工业出版社，1996.

[249] 陈华辉，等．现代复合材料[M]．北京：中国物资出版社，1998.

[250] 张国定，赵昌飞．金属基复合材料[M]．上海：上海交通大学出版社，1996.

[251] 王荣国，等．复合材料概论[M]．哈尔滨：哈尔滨工业大学出版社，1999.

[252] 张济山，陈国良．材料科学与工程，1995，13(1)：21~29.

[253] 全燕鸣．金属基复合材料加工的进展[J]．机械设计与制造工程，1999，28(2)：5~7.

[254] 林丽华，等．材料科学与工程，1997，15(3)：23~28.

[255] 李崇俊，等．无压渗透制备铝基复合材料及其性能的研究[J]．西安交通大学学报，1999，33.

[256] 白芸，等．铝基复合材料性能的研究现状[J]．材料保护，2003，36.

[257] 吴利英，等．金属基复合材料的发展与应用[J]．化工新型材料，2002，30.

[258] 欧阳求保．铝基复合材料的摩擦磨损特性及其在汽车工业中的应用前景[J]．汽车工艺与材料，2002.

[259] 吴人洁．复合材料[M]．天津：天津大学出版社，2000.

[260] 鲁云，等．材料科学和工程研究进展 第2集：先进复合材料[M]．北京：机械工业出版社，2003.

[261] 金其坚．有色加工行业应加快发展连铸技术及现代凝固技术的开发[C]．中国有色金属学会合金加工学术委员会年会，1996，136~139.

[262] Espedal R，Rodet R. Prospects of thin gauge high-speed strip casting technology[A]. Light Meatals[C]. 1994：1197~1203.

[263] 黄贞源，等．铝合金及其加工手册[M]．长沙：中南大学出版社，2000.

[264] 沈健，等．铝/铜合金复合材料的多坯料挤压成型[J]．机械工程学报，1999，35(4)：107~110.

[265] 星野伦彦．押出し21世纪へ展望[J]．塑性と加工，1994，35(400)：482~485.

[266] 星野伦彦．木内学．机械的结合界面形状を采用した二轴接合化押出し[J]．塑性と加工，1995，36(410)：225~230.

[267] 谢建新，等．新型复合材料成型方法——多坯料挤压法[J]．材料研究学报，1995，9(增)：652~658.

[268] Zhang W Q，Xie J X，Yang Z G，et al. Multi-billet extrusion of multi-layer composite pipes composed of stainless steel and partially stabilized zirconia[J]. Materials science forum，2003.

[269] 温景林．金属挤压与拉拔工艺学[M]．沈阳：东北大学出版社，1996.

[270] Flemings M C. Behavior of alloys in the semisolid state[J]. Metallurgical transactions，1990，22B：269~293.

[271] 谢水生，黄声宏．半固态金属加工技术及其应用[M]．北京：冶金工业出版社，1999.

[272] 唐靖林，曾大本. 半固态加工技术的发展和应用现状[J]. 兵器材料科学与工程，1998，21(3)：56～60.

[273] 谢建新. 材料加工新技术与新工艺[M]. 北京：冶金工业出版社，2004.

[274] 谢水生，等. 半固态金属加工技术研究现状与应用[J]. 塑性工程学报，2002，9(2)：1～11.

[275] Young K P. Recent advances in the semi-solid metal(SSM) cast aluminium and magnesium components [C]. Proceedings of the 4th International Conference on Semi-solid of Alloys and Composites. The University of Sheffield，1996：229～233.

[276] Yang X，Xie S S，Altan T. Semi solid metal casting of alumimum alloys：the influence of shear rate on viscosity[C]. 6th International Conference of Semi-solid Processing of Alloy and Composites，September 27～29th，2000，Turin (Italy).

[277] Xie S S，Ding Z，Guo J，et al. Deformation behaviour of Al-6.6%Si alloy in the semi-solid alumimum alloy[C]. 6th International Conference of Semi-solid Processing of Alloy and Composites，September 27～29th，2000，Turin (Italy).

[278] 罗守靖，田文彤，谢水生，等. 半固态加工技术应用[J]. 中国有色金属学报，2000，10(6)：765.

[279] 崔建忠，路贵民，乐启炽，等. 液相线半连续铸造——高效、经济的半固态制浆方法[C]. 首届中国国际轻金属冶炼加工与装备会议文集，2002，16～20.

[280] Flemings M C，Martins R，de Figueredo A M，et al. Efficient formation of structures suitable for semi-solid forming[C]. The 21th International Die Casting Congress，October29-November1，2001，Cicinatti，OH.

[281] Motegi T，et al. Continuous casting of semisolid Al-Si-Mg alloy. Proc. of the ICAA-6，1998，236～297.

[282] Motegi T，et al. Proceedings of the 4th Decennial International Conference on Solidification Processing，1997，7：7～10.

[283] Apelian D. Semi-solid processing routes and microstructure evolution[C]. Proceedings of the 7-th International Conference Semi-Solid Processing of Alloys and Composites，Tsukuba，Japan，2002：25～30.

[284] Kopp R，Shimahara H. State of R&D and future trends in semi-solid manufacturing[C]. Proceedings of the 7-th International Conference Semi-Solid Processing of Alloys and Composites，Tsukuba，Japan，2002：57～65.

[285] Kang C G，Seo P K，Park K J. Semi-solid die casting for automotive applications：die design，filling characteristics and mechanical proprerties[C]. Proceedings of the 7-th International Conference Semi-Solid Processing of Alloys and Composites，Tsukuba，Japan，2002：67～74.

[286] Xie S S，Pan H P，Ding Z Y. An experimental investigation on thixoforming property of AlSi7Mg alloy [C]. Proceedings of the 7-th International Conference Semi-Solid Processing of Alloys and Composites，Tsukuba，Japan，2002：95～100.

[287] Ding Z Y，Pan H P，Xie S S. Rigid-viscoplastic finite element analysis of semi-solid extrusion of AlSi7Mg alloy[C]. Proceedings of the 7-th International Conference Semi-Solid Processing of Alloys and Composites，Tsukuba，Japan，2002：455～460.

[288] Kang Y L，An L，Wang K K，et al. Experimental study on rheoformaing of semi-solid magnesium alloy [C]. Proceedings of the 7-th International Conference Semi-Solid Processing of Alloys and Composites，Tsukuba，Japan，2002：287～292.

[289] 丁志勇. 半固态铝合金触变成型的成型特性及数学模型的研究[D]. 北京：北京有色金属研究总

院，2002.

[290] 朱祖芳. 铝阳极氧化的新措施和新技术[J]. 材料保护，1997，30(9)：23.

[291] 朱祖芳. 建筑铝型材的静电粉末喷涂进展[J]. 材料保护，1995，(2)：13.

[292] 朱祖芳. 铝阳极氧化缺陷产生的工艺因素[J]. 轻合金加工技术，1997，24(2)：33.

[293] 马涛. 铝阳极氧化技术标准汇编[M]. 北京：有色标准计量研究所，1990.

[294] 潘际銮. 焊接手册(1)焊接方法及设备[M]. 北京：机械工业出版社，1992.

[295] 潘际銮. 焊接手册(2)材料的焊接[M]. 北京：机械工业出版社，1992.

[296] Johnsen M R. Friction stir welding takes off at boeing[J]. Welding Journal，1999.

[297] 白雪峰. 胶黏剂产品手册[M]. 哈尔滨：黑龙江省石油化学研究院，2000.

[298] 郭忠信，等. 铝合金结构胶接[M]. 北京：国防工业出版社，1993.

[299] 李江岩，李之毅. 节能门窗——铝门窗框的断热冷桥技术[J]. 中国建筑金属结构杂志，2000(6).

[300] 彭政国. 中国建筑装饰协会铝制品委员会通讯，第67期.

[301] 王晓峰，陈叙. 铝罐底黑斑腐蚀机理及其防止措施[J]. 铝加工，1996，3.

[302] 邢玉芳，颜金科. DI罐表面处理质量的研究[J]. 铝加工，1991，2：34～35.

[303] 邢玉芳，颜金科. 易开啤酒罐漏罐问题的研究[J]. 铝加工，1993，3.

[304] 孔祥鹏，等. 高质量PS版基铝板带材的生产技术[C]. 铝加工高新技术文集. 北京：中国有色金属工业协会高新技术论文集编辑委员会，2001：230～235.

[305] 冯瑞乾，宁承宗. PS版——制版、印刷与再生[M]. 北京：印刷工业出版社，1994.

[306] 袁朴，岳德茂，等. PS版技术及应用[M]. 北京：印刷工业出版社，1994.

[307] 化学工业部天津化工研究院，等. 化工产品手册：无机化工产品[M]. 北京：化学工业出版社，1993.

[308] 《表面处理工艺手册》编审委员会. 表面处理工艺手册[M]. 上海：上海科学技术出版社，1991.

[309] 王祝堂. 铝材及其表面处理手册[M]. 南京：江苏科学技术出版社，1992.

[310] 王冰，等. 稀土对纯铝的阳极氧化及电解着色的影响[J]. 轻合金加工技术，1990(11)：35.

[311] 赵增典，等. 泡沫金属的研究及其应用进展[J]. 轻合金加工技术，1998，26(11)：1.

[312] 赵增典，张勇，等. 泡沫铝的吸声性新探[J]. 兵器材料科学与工程，1997，21(6).

[313] 何德坪，等. 发展中的新型多孔泡沫金属[J]. 材料导报，1993(74)，11～15.

[314] 虞莲莲. 实用有色金属材料手册[M]. 北京：机械工业出版社，2002.

[315] 催忠圻. 金属学与热处理[M]. 北京：机械工业出版社，1994.

[316] 陆文华，李隆盛，黄良余. 铸造合金及其熔炼[M]. 北京：机械工业出版社，1996.

[317] 安阁英. 铸件形成理论[M]. 北京：机械工业出版社，1992.

[318] 房文斌，耿耀宏，叶荣茂. 铸造合金复合净化法的研究[J]. 铸造技术，1996(2)：8～10.

[319] 熊茹. 熔铝炉的炉型与节能[J]. 轻合金加工技术，2002，30(5)：19～21.

[320] Msamrel A，Samuel F H. Review various aspects involved in the production of low-hydrogen aluminium castings[J]. Journal of Materials Science，1992，27：6533～6563.

[321] 孙宝德，王俊，李天晓. 铝合金中的氢及其检测方法[J]. 铸造，1998(9)：45.

[322] 倪红军，等. 铝熔体测氢仪与ELH-ⅢB测氢仪使用效果初探[J]. 铝加工，2000，23(4)：6～9.

[323] 善康，原遵东. 通用热电偶分度表手册[M]. 北京：中国计量出版社，1994.

[324] Falk M. Fiction and reality of aluminum strip tolerances[J]. Aluminium，1998，74(10)：731～738.

[325] 先武，李时光. 工业CT技术[J]. 无损检测，1996，18(2)：57.

［326］汪旭光，潘家柱. 21 世纪中国有色金属工业可持续发展战略［M］. 北京：冶金工业出版社，2001.

［327］陈有军. 单位环境污染综合治理技术实用手册［M］. 北京：华龄出版社，2000.

［328］矿产资源综合利用手册编辑委员会. 矿产资源综合利用手册［M］. 北京：科技出版社，2000.

［329］工业污染治理技术丛书编委会. 烟气卷：有色冶金工业烟气治理［M］. 北京：中国环境科学出版社，1993.

［330］金德福. 煤气熔炼反射炉爆炸实例［J］. 轻金属，1999(4).

［331］樊东黎. 国家标准应用指南：金属热处理生产过程安全卫生要求［M］. 2 版. 北京：机械工业标准化技术服务部，1998.

［332］付垚，谢水生，等. 高强高韧铝合金厚板的蛇形轧制技术［J］. 铝加工，2012(2)：18 ~ 22.

［333］Liu P，Xie S S，et al. Die optimal design for a large diameter thin-walled aluminum profile extrusion by ALE algorithm［J］. Advanced Materials Research，2011.

［334］Cheng L，Xie S S，et al. Finite volume simulation in porthole dies extrusion of aluminum profiles［J］. Advanced Materials Research Vols. 291 ~ 294（2011）pp 290 ~ 296，（2011）Trans Tech Publications，Switzerland.

［335］He Y F，Xie S S，et al. FEM simulation of aluminum extrusion process in porthole die with pockets［J］. Transactions of Nonferrous Metals Society of China，2010，20(6).

［336］刘鹏，谢水生，等. 导流室设计对薄壁铝型材挤压出口速度的影响［J］. 塑性工程学报，2010，17(4).

［337］程磊，谢水生，等. 空心铝型材蝶形模挤压技术的应用［J］. 锻压技术，2011(1).

［338］刘鹏，谢水生，等. 薄壁铝合金型材稳态挤压模拟分析和实验验证［J］. 烟台大学学报（自然科学与工程版），2010，23(3)：247 ~ 250.

［339］黄国杰，程磊，谢水生，等. 空心铝型材分流模挤压的复合数值模拟［J］. 金属加工，2010(23).

［340］程磊，谢水生，等. 多孔薄壁铝型材分流模挤压过程中的模具应力分析［A］. 第四届铝型材技术国际论坛［C］. 广州，2010.

［341］和优锋，谢水生，等. 大型复杂截面铝型材挤压过程数值模拟及模具结构优化［A］. 第四届铝型材技术国际论坛［C］. 广州，2010.

［342］程磊，谢水生，等. 蝶形模在空心铝型材挤压中的应用［A］. 第四届塑性工程学会青年学术会议［C］. 北京.

［343］Liu P，Xie S S，et al. Numerical simulation and die optimal design of a large diameter thin-walled aluminum profile extrusion［C］. The Second International Conference on Information and Computing Science，2009，Manchester，378 ~ 381.

［344］程磊，谢水生，等. 空心铝合金型材挤压焊合质量的研究［C］. 第十三届材料科学与合金加工学术年会，2009，北海，162 ~ 168.

［345］刘鹏，谢水生，等. 薄壁实心铝合金型材挤压的 HyperXtrude 模拟分析和实验验证［C］. 中国有色金属学会第十三届材料科学与合金加工学术年会，2009，北海，209 ~ 214.

［346］付垚，谢水生，等. 蛇形轧制在超厚板轧制中的数值模拟研究［C］. 第十一届全国塑性工程学术年会，2009，长沙，380 ~ 383.

［347］刘鹏，谢水生. 薄壁实心铝合金型材挤压的稳态模拟分析和实验验证［C］. 烟台大学第二届研究生学术论坛——2009 驻烟高校 & 研究所研究生学术论坛论文集，2009，12：75 ~ 77.

［348］程磊，谢水生，等. 分流组合模挤压铝合金口琴管的数值模拟［J］. 塑性工程学报，2008，15(4)：131 ~ 136.

[349] 程磊，谢水生，黄国杰，等.焊合室高度对分流组合模挤压成型过程的影响[J].稀有金属，2008，32(4).

[350] 程磊，谢水生，等.中国铝板带箔轧制工业的发展[J].轻合金加工技术，2007，35(11).

[351] Cheng L，Xie S S，et al. Non-steady FE analysis in the porthole dies extrusion of aluminum harmonica-shaped tube[C]. Transactions of Nonferrous Metals Society of China，2007，special 1.

[352] 程磊，谢水生，等.铝合金口琴管分流组合模挤压过程的数值模拟[C].第三届国际塑性加工研讨会论文集，2007.

[353] 程磊，谢水生，等.焊合室高度对分流组合模挤压成型过程的影响[C].第十二届材料科学与合金加工学术年会论文集，2007.

[354] 谢水生.有色金属加工过程中的减量技术[J].有色金属再生与应用，2006(1)：12，13.

[355] Xie S S，Yang H Q，et al. Numerical simulation of continuous roll-casting process of Aluminum alloy[C]. Trans. Nonferrous Met. Soc. China，16(2006).

[356] 谢水生，程磊. Aluminum rolling in China：quality，quantity and market development[C]. 4th Chinese Aluminium Conference，15~17 November，2006，Pudong Shangri-La Hotel，Shanghai，1~11.

[357] Wang H J，Xu J，et al. Application research of a new coupling stirring on DC casting process for large-sized aluminum ingots [J]. Materials Science Forum，2015，817：48~54.

[358] Wang H J，Xu J，et al. Study on inhomogeneous characteristics and optimize homogenization treatment parameter for large size DC ingots of Al-Zn-Mg-Cu alloys [J]. Journal of Alloys and Compounds，2014，585：19~24.

[359] Wang H J，Xu J，et al. Effect of Al-Ti-B-RE on the solidification characteristics of as-cast Al-Zn-Mg-Cu alloy [J]. Journal of Materials Engineering & Performance，2014，23(4)：1165~1172.

[360] Xu J，et al. Application research on DC casting process by annular electromagnetic stirring for a modified 7075 alloy [J]. Materials Science Forum，2013，765：175~179.

[361] Gao Z H，Xu J，et al. Effect of annular electromagnetic stirring on microstructure and mechanical property of 7075 aluminium alloy[J]. Materials Science Forum，2013(749)：75~81.

[362] Gao Z H，Xu J，et al. Effect of annular electromagnetic stirring process parameters on solidification microstructure of 7075 aluminium alloy[J]. Advanced Materials Research，2013(652~654)：2418~2426.

[363] Gao Z H，Xu J，et al. Effect of high shear rate on solidification microstructure of 7075 aluminium alloy by twin roll stirring[J]. Advanced Materials Research，2013(750~752)：771~775.

[364] Xu J，et al. Application research on annular electromagnetic stirring casting process of Al-Zn-Mg-Cu alloy [J]. Solid State Phenomena，2013(192,193)：466~469.

[365] Wang Z G，Xu J，Zhang Z F，et al. The study on microstructures and properties of the direct squeeze casting Al-Zn-Mg-Cu-Zr-Sc alloy[J]. Advanced Materials Research，2013，652：2455~2459.

[366] Wang Z G，Xu J，et al. Study on refinement mechanism of Sc and Zr as-cast Al-7.2Zn-2.2Mg-1.8Cu alloys[J]. Applied Mechanics and Materials，2013，372：66~69.

[367] Tang M O，Xu J，Bai Y L，et al. New method of direct chill casting of Al-6Si-3Cu-Mg semisolid billet by annulus electromagnetic stirring[J]. Transactions of Nonferrous Metals Society of China，2010，20(9)：1591~1596.

[368] Zhu G，Xu J，et al. Annular electromagnetic stirring-a new method for the production of semi-solid A357 aluminum alloy slurry[J]. Acta Metallurgica Sinica (English Letters)，2009，22(6)：408~414.

[369] Bai Y L, Xu J, et al. Annulus electromagnetic stirring for preparing semisolid A357 aluminum alloy slurry [C]. Trans. Nonferrous Met. Soc. China 19(2009): 1104~1109.

[370] Zhao X M, Xu J, et al. Effect of closed-couple gas atomization pressure on performances of Al-20Sn-1Cu powders[J]. Rare metals, 2008, 27(4): 439~443.

[371] Xie L J, Xu J, et al. Thixoforming and industrial application of the semi-solid alloy Al-6Si-2Mg [J]. Solid State Phenomena, 2006, 116, 117: 72~75.

[372] Xu J, et al. Study on new Al-Mg-Si alloys for semi-solid processing[C]. 8th Int. Conf. Advnaced Semi-Solid Processing of Alloys and Composites, Limassol, Cyprus, September 2004.

[373] 高明伟, 张志峰, 徐骏, 等. 环缝式电磁搅拌对 7N01 合金连铸锭组织的影响[J]. 特种铸造及有色合金, 2015, 35(2): 219~222.

[374] 高志华, 徐骏, 等. 螺旋式环缝电磁搅拌处理对 7075 合金组织的影响[J]. 特种铸造及有色合金, 2015, 35(1): 5~8.

[375] 高志华, 徐骏, 等. 环缝式电磁搅拌对 7075 铝合金热处理的影响[J]. 特种铸造及有色合金, 2014, 34(2): 163~166.

[376] 王志刚, 徐骏, 等. 7075 铝合金流变挤压铸造研究[J]. 特种铸造及有色合金, 2014, 34(1): 54~57.

[377] 王志刚, 徐骏, 等. Sc、Zr 对 Al-Zn-Mg-Cu 合金挤压铸造组织性能的影响[J]. 特种铸造及有色合金, 2013, 33(9): 797~800.

[378] 汤孟欧, 张志峰, 徐骏, 等. 施加环缝式电磁搅拌对 7075 铝合金坯锭成分偏析与组织的影响[J]. 特种铸造及有色合金, 2012, 112, 113.

[379] 涂强, 杨福宝, 徐骏, 等. 挤压铸造超高强 Al-Zn-Mg-Cu-Zr-Sc 合金的热处理工艺研究[J]. 热加工工艺, 2011, 40(12): 155~159.

[380] 杨福宝, 刘恩克, 徐骏, 等. Sc、Zr 和 Er 微合金化 Al-5Mg 填充合金的焊接热裂敏感性[J]. 中国有色金属学报, 2010, 20(4): 620~627.

[381] 梁博, 徐骏, 等. MSMT 法制备 Al-6.6Si 铝合金半固态浆料保存过程中组织演变的研究[J]. 铸造技术, 2009, 30(2): 164~167.

[382] 梁维盛, 杨福宝, 徐骏, 等. 添加微量锆、铒对铸造 Al-8.25Zn-2.4Mg-2.3Cu 合金组织与力学性能的影响[J]. 稀有金属, 2009, 33(5): 631~637.

[383] 梁博, 徐骏, 等. MSMT 法制备铝合金半固态浆料组织控制的研究[J]. 铸造技术, 2008, 29(11): 1518~1521.

[384] 杨福宝, 刘恩克, 徐骏, 等. Er 对 Al-Mg-Mn-Zn-Sc-Zr-(Ti)充填合金凝固组织与力学性能的影响[J]. 金属学报, 2008, 44(8): 911~916.

[385] 唐湘山, 徐骏, 等. 电磁搅拌对 7075 铝合金微观组织及力学性能的影响[J]. 铸造技术, 2008, 29(7): 896~899.

[386] 徐骏, 等. 新型半固态铝合金的设计与优化研究[J]. 铸造技术, 2006, 27(3): 249~251.

[387] 张志峰, 田战峰, 徐骏, 等. 施加复合电磁搅拌对 A357 合金微观组织的影响[J]. 稀有金属, 2006, 30(2): 217~220.

[388] 田战峰, 张志峰, 徐骏, 等. 半固态浆料复合电磁搅拌连续制备技术研究[J]. 铸造技术, 2006, 27(8): 793~796.

[389] 田战峰, 张志峰, 徐骏, 等. 电磁搅拌对 AlSi7Mg 合金微观组织的影响[J]. 热加工工艺, 2006, 35(9): 46~49.

[390] 王海东，徐骏，等. 新型半固态合金设计与优化选择研究[J]. 铸造，2006，55(7)：686～688.

[391] 徐骏，等. 热处理对新型 Al-Mg-Si 合金微观组织及性能的影响[J]. 热加工工艺，2006，35(4)：1～3.

[392] 谢丽君，徐骏，等. 半固态成型用铝合金材料[J]. 热加工工艺，2006，35(5)：70～73.

[393] 张志峰，徐骏，等. 新型半固态加工专用铝合金的成分设计[J]. 热加工工艺，2005(9)：3～5.

[394] 王海东，徐骏，等. 半固态专用铝合金 AlSi6Mg2 微合金化研究[J]. 稀有金属，2005，29(5)：
780～784.

[395] 杨必成，徐骏，等. 半固态铝合金 AlSi6Mg2 的二次加热工艺研究[J]. 热加工工艺，2005(6)：37～39.

[396] 梁世斌，刘静安. 铝合金挤压及热处理[M]. 长沙：中南大学出版社，2015.

[397] 刘静安，邵莲芬. 铝型材挤压模具典型图册[M]. 北京：化学工业出版社，2012.

[398] 谢建新，刘静安. 铝金属挤压理论与技术[M]. 北京：冶金工业出版社，2012.

[399] 刘静安，韩鹏展，等. 软合金快速挤压的特点与关键技术[J]. 铝加工，2015(4).

[400] 刘静安，刘佩成，等. 铝合金铸锭挤压前预处理技术的发展[J]. 铝加工，2015(1).

[401] 刘静安，唐性宇，等. 铝合金空心型材一模多孔挤压设计[J]. 铝加工，2015(4).

[402] 刘静安，杨拥彬，等. 几种中小型铝合金模锻件压力机模锻技术[J]. 铝加工，2014(2).

[403] 刘静安. 铝合金挤压及其新材料概述及应用前景[J]. 铝加工，2014(6).

[404] 刘静安，刘佩成，等. 铝合金铸锭挤压前预热处理的进展，有色金属加工，2015(1).

[405] 刘静安. 建筑铝合金结构挤压材模具设计与制造[J]. 轻合金加工技术，2014(11).

[406] 刘静安，刘佩成，等. 铝合金锭挤压前的预热用永磁加热技术[J]. 轻合金加工技术，2014(12).

[407] 刘静安，韩鹏展，等. 几种典型的铝合金模锻件液压机模锻工艺[J]. 轻合金加工技术，2014(4).

[408] 刘静安. 铝合金轧制设备国产化现状及发展趋势[J]. 轻合金加工技术，2015(1).

[409] 刘静安，盛春磊，等. 先进工艺装备是实现铝轧制强国的保证[J]. 轻合金加工技术，2015(2).

[410] 刘静安. 当代铝挤压新材料发展特点及市场分析[J]. 资源再生，2015(3).

[411] 刘静安. 着眼未来瞄准铝合金反向挤压[J]. 中国金属通报，2015(4).

[412] Gu W, Li J Y, et al. Effect of dislocation structure evolution on formation of low angle grain boundary in 7050 aluminum alloy during aging[J]. International Journal of Minerals, Metallurgy and Materials, 2015.

[413] 顾伟，李静媛，等. 时效过程亚晶界析出及其对 7050 铝合金性能的影响[J]. 中国有色金属学报，2015.

[414] 顾伟，李静媛，等. 7050 铝合金时效亚晶界的演变过程研究[J]. 中国有色金属学报，2014，24(9)：1～7.

[415] 李静媛，等. 铝合金型材等温快速挤压实时自动控制技术[J]. 中国材料进展，2013，32(5)：300～306.

[416] 李凡成，李静媛. 铝合金淬火过程换热系数的反求法[J]. 铝加工，2013，6(1)：18～22.

[417] Li J Y, et al. Effects of Al and Zn on the microstructure and mechanical properties of magnesium alloys [J]. Advanced Materials Research, 2010, 97～101(3)：801～804.

[418] Li J Y, et al. Application of finite difference method in billet gradient cooling employed in isothermal extrusion[J]. Advanced Materials Research, 2010, 97～101(3)：3161～3164.

[419] 李静媛，等. 三孔双芯模挤压方管型材的金属流动行为分析[J]. 材料科学与工艺，2010，18(2)：281～286.

[420] Song Y, Li J Y, et al. Development of the online control model for aluminum ingot tapered cooling [J]. Advanced Materials Research, 2011(154,155)：955～958.

[421] 黄东男，等. 焊合室深度及焊合角对方形管双孔挤压成型质量的影响[J]. 中国有色金属学报，

2010，20(5)：954~960.

[422] 黄东男，李静媛，等．方形管分流模双孔挤压过程中金属的流动行为[J]．中国有色金属学报，2010，20(3)：488~495.

[423] 黄志其，等．铝合金等温挤压技术与装备研究现状[J]．材料研究与应用，2011，5(3)：173~176.

[424] 黄东男，等．重构在铝合金空心型材分流模挤压过程数值模拟中的应用[J]．锻压技术，2010，35(6)：128~132.

[425] 饶茂，顾伟，李静媛．基于 DEFORM-3D 模拟的 7050 铝合金型材挤压过程的晶粒尺寸研究[J]．铝加工，2011，3(3)：30~32.

[426] 孟凡旺，李静媛，等．6063 铝合金型材挤压温升数学模型的研究[J]．轻合金加工技术，2010，38(9)：23~28.

[427] 周国泰．危险化学品安全技术全书[M]．北京：化学工业出版社，1997.

[428] 孙鹏．中国再生铝产业 2014 年运行情况及 2015 年展望[J]．中国再生有色金属，2015(4).

[429] 王清道．再生铝行业的发展展望[J]．中国再生有色金属，2015(4).

[430] 王祝堂．数说全球铝合金板材预拉伸机[J]．有色金属加工，2015，44(3).

[431] 吴海旭，杨丽，等．我国轨道交通车辆用铝型材发展现状[J]．轻合金加工技术，2014(1).

[432] 孔祥鹏．中国铝板带箔加工企业现状及未来[J]．轻合金加工技术，2014(2).

[433] 何建伟，王祝堂．简议中国铝资源的进口[J]．轻合金加工技术，2015(6).